D'Ans · Lax

Taschenbuch für Chemiker und Physiker

Dritte, völlig neu bearbeitete Auflage

Band I
Makroskopische physikalisch-chemische Eigenschaften

Herausgegeben von

Dr. phil. Ellen Lax

unter Mitarbeit von

Dr. rer. nat. Claudia Synowietz

Springer-Verlag
Berlin · Heidelberg · New York
1967

Library of Congress Catalog Card Number 64-16887

Printed in Germany

Druck der Universitätsdruckerei H. Stürtz AG., Würzburg

Titel-Nr. 1268

Vorwort zur dritten Auflage

Die 3. Auflage des Taschenbuchs für Chemiker und Physiker ist vollständig umgearbeitet. Der jetzt vorliegende erste Band ist in 7 Kapitel eingeteilt, von denen das erste einen Überblick über die Maßsysteme, Einheiten und Meßmethoden sowohl für makroskopische Eigenschaften als auch für atomare Größen gibt. In diesem Kapitel findet der Benutzer die Symbole, die in den späteren Kapiteln zur Kennzeichnung der Einheiten usw. verwendet werden. Es ist zwar in den jeweiligen Einleitungen zu den Einzeltabellen der Kapitel 2 bis 7 eine Liste der in der vorliegenden Tabelle benutzten Einheiten zusammengestellt; wenn jedoch der Benutzer noch irgendeine Bezeichnung vermissen sollte, so ist in den Tabellen des 1. Kapitels nachzuschlagen.

In den Kapiteln 2 bis 7 wurde die Anordnung der Elemente und der anorganischen Verbindungen alphabetisch nach den chemischen Symbolen vorgenommen, während die organischen Verbindungen nach dem Hillschen System geordnet sind.

Die einzelnen Kapitel enthalten zunächst zusammenfassende Tabellen mit gleichzeitiger Angabe verschiedener makroskopischer Eigenschaften des gleichen Stoffes (Kap. 2), wobei das Schwergewicht bei den mechanischen Eigenschaften liegt. Es folgen dann Tabellen über mechanisch-thermische Eigenschaften und Gleichgewichte homogener Systeme (Kap. 3) und heterogener Systeme (Kap. 4). Die Grenzflächeneigenschaften bilden den Inhalt von Kap. 5. Eingehend sind die thermodynamischen Funktionen der Elemente und Verbindungen als Funktion von Temperatur, Druck und Zusammensetzung (Kap. 6) behandelt. Den Schluß bilden Angaben über Viskosität, Diffusion, Wärmeleitvermögen und die Kinetik chemischer Systeme (Kap. 7).

Der Plan zu diesem ersten Band rührt von Dr. Ellen Lax her, die eine größere Zahl von Tabellen noch selbst zusammenstellte oder vorbereiten konnte. Nach ihrem altersbedingten Ausscheiden wurde der Band unter enger Beratung und Mitwirkung von Professor Dr. Klaus Schäfer fertiggestellt. Ihm sei an dieser Stelle für seine überaus wertvolle Hilfe herzlich gedankt.

SPRINGER-VERLAG

Inhaltsverzeichnis

Druckfehlerberichtigung

S. 3 in Tabelle 113101 Längenmaße ist einzufügen:
1 Seemeile = 1852 m

S. 7 in Tabelle 113107 Geschwindigkeit ist einzufügen:
1 Knoten = 1 Seemeile/h = 1,852 km/h

S. 61 Normalbeschleunigung:
statt $9{,}80665\ \mathrm{cm^2\,s^{-2}}$ lies
$9{,}80665\ \mathrm{m\,s^{-2}}$

S. 62 Stefan-Boltzmannsche Strahlungskonstante:
statt $5{,}668\cdot 10^{-12}\ \mathrm{W\,cm^2 grd^{-4}}$ lies
$5{,}668\cdot 10^{-12}\ \mathrm{W\,cm^{-2} grd^{-4}}$

Zeeman-Aufspaltungskonstante:
statt $4{,}6686\cdot 10^{-5}$ cm/Oersted lies
$4{,}6686\cdot 10^{-5}\ \mathrm{cm^{-1}\,Oersted^{-1}}$

S. 68 Entdeckungsjahr Francium:
statt 1993 lies
1939

1. Maßsysteme und maßtechnische Daten

11. Maßsysteme

111. Kurzzeichen

1111. Kurzzeichen von Vorsätzen

Zeichen	Name	Zehnerpotenz	Zeichen	Name	Zehnerpotenz
T	Tera-	10^{12}	c	Zenti-	10^{-2}
G	Giga-	10^{9}	m	Milli-	10^{-3}
M	Mega-	10^{6}	μ	Mikro-	10^{-6}
k	Kilo-	10^{3}	n	Nano-	10^{-9}
h	Hekto-	10^{2}	p	Pico-	10^{-12}
da	Deka-	10^{1}	f	Femto-	10^{-15}
d	Dezi-	10^{-1}	a	Atto-	10^{-18}

1112. Kurzzeichen der metrischen elektrischen und chemischen Maßeinheiten

Kurzzeichen	Name	Aufgeführt in
a	Ar	113102
a	Jahr	113108
A, A_{int}	Ampere	114
Å	Ångströmeinheit	113101
Amagat	Amagat	113111
asb	Apostilb	115
at	techn. Atmosphäre	113114
atm	physik. Atmosphäre	113114
Atom	Atom	118
AU	Astronom. Einheit	113101
b	Barn	113102
b (bar)	Bar	113114
c	Molarität	118
C, C_{int}	Coulomb	114
c	Cycle	113109
°C	Grad Celsius	113106
cal	Mittlere Kalorie	113115
$cal_{15°}$	15° Kalorie	113115
cal_{IT}	internat. Dampftafel-Kalorie	113115
cbm (m^3)	Kubikmeter	11303
ccm (cm^3)	Kubikzentimeter	
cd	Candela	115
$(cgs)_m$	Einheit des absoluten elektromagnetischen Maßsystems, auch emE abgekürzt	114
$(cgs)_s$	Einheit des absoluten elektrostatischen Maßsystems, auch estE abgekürzt	114
cm	Zentimeter	113101
d	Tag	113108

Kurzzeichen	Name	Aufgeführt in
dm	Dezimeter	113101
dyn	Dyn	113113
emE	Einheit im absoluten elektromagnetischen Maßsystem	114
erg	Erg	113115
estE	Einheit im absoluten elektrostatischen Maßsystem	114
eV	Elektronenvolt	113115
°F	Grad Fahrenheit	113106
F, F_{int}	Farad	114
G	Gauß	114
g	Gramm	113104
g	Gon = Neugrad	113105
g-Atom	Grammatom	118
Gal	Galilei	113110
Gilbert	Gilbert	114
grd	Temperaturgrad	113106
γ	Gamma	113104
h	Plancksches Wirkungsquantum	113117
h	Stunde	113108
H, H_{int}	Henry	114
ha	Hektar	113102
HB	Brinellhärte	126
HRb	Rockwellhärte B	126
HRc	Rockwellhärte	126
HV	Vickershärte	126
Hz	Hertz	113109
°K	Grad Kelvin	113106
kg	Kilogramm	113104
km	Kilometer	113101

Kurzzeichen	Name	Aufgeführt in	Kurzzeichen	Name	Aufgeführt in
$\text{Knoten}_{\text{int}}$	$\text{Knoten}_{\text{int}}$	113110	pc	Parsec	113101
kp	Kilopond	113113	ph	Phot	115
kWh	Kilowattstunde	113115	phon	Phon	117
J	} Joule	113115	°R	Grad Reaumur	113106
J_{int}		113115	rad	Radiant (Radian)	113105
l	Liter	113103	°Rank	Grad Rankine	113106
L	Lambert	115	Ry	Rydberg	113115
lat	Literatmosphäre	113115	s	Sekunde	113108
Lj.	Lichtjahr	113101	S	} Siemens	114
lm	Lumen	115	S_{int}		
lx	Lux	115	sb	Stilb	115
M	Maxwell	114	sr	Steradiant (Steradian)	113105
m	Meter	113101	sone	sone	117
m	Molalität		St	Stokes	113119
Mach	Mach	113107	t	Tonne	113104
mg	Milligramm	113104	TME	Tausendstelmassen-einheit	113115
mm	Millimeter	113101			
mmWS	mmH_2O-Säule	113114	Torr	Torr	113114
min	Minute	113108	u, auch μ	Atommasseneinheit	113104
$m\mu$	Millimikron	113101	V	} Volt	114
Mol	Mol	118	V_{int}		
μ	Mikron	113101	Val	Val	118
N	Newton	113113	W	Watt	113116
n	Normalität	118	Wb	} Weber	114
nm	Nanometer	113101	Wb_{int}		
Oe	Oersted	114	X	X-Einheit	113101
Ω	} Ohm	114	∟	Rechter Winkel	
Ω_{int}			°	Winkelgrad	113105
P	Poise	113118	′	Winkelminute	
p	Pond	113112	″	Winkelsekunde	

112. Grundeinheiten des internationalen Einheitssystems

Die Grundgrößen des internationalen praktischen Einheitssystems sind:

1. Länge: das Meter.
2. Masse: das Kilogramm.
3. Zeit: die Sekunde, Frequenz: Hertz.
4. Elektrische Stromstärke: das Ampère.
5. Temperatur: ° Kelvin.
6. Lichtstärke: die Kerze: Candela.

1. Das Meter ist das 1650763,73fache der Wellenlänge der von Atomen des Nuklids ^{86}Kr beim Übergang vom Zustand $5d_4$ zum Zustand $2p_{10}$ ausgesandten, sich im Vakuum ausbreitenden Strahlung.

2. Das Kilogramm ist die Masse des internationalen Kilogramm-prototyps aus Platin-Iridium.

3. Die Sekunde ist der 1/31556925,9747te Bruchteil des Tropischen Jahres 1900 für den Januar 0 um 12 Uhr Ephemeriden-Zeit (d.i. praktisch 31. 12. 1899, 12h Weltzeit).

Das Etalon für die Frequenz wird durch den Übergang zwischen den Hyperfeinstrukturniveaus $F=4$, $M=0$ und $F=3$, $M=0$ des Grundzustandes $^2S^1/_2$ des von den äußeren Feldern ungestörten Caesium-Atoms 133 dargestellt. Dieser Übergangsfrequenz wird der Wert 9192631770 Hertz zugeordnet.

4. Das Ampère ist theoretisch definiert als diejenige Stromstärke, die beim Durchfließen zweier im Abstand von 1 m angeordneter, gerader, paralleler, unendlich langer Drähte mit vernachlässigbarem Querschnitt je m Drahtlänge eine elektrodynamische Kraft von $2 \cdot 10^{-7}$ Newton hervorruft.

5. Die Temperatur wird als thermodynamische Größe über den 2. Hauptsatz und Festsetzung des absoluten Nullpunktes zu 0° K und

einen Fixpunkt i (Tripelpunkt des Wassers) zu 273,16° K definiert. Die Temperaturskala für praktische Messungen ist durch eine Reihe von Fixpunkten und Formeln für die Temperaturabhängigkeit physikalischer Stoffwerte festgelegt (s. S. 36).

6. Die Lichteinheit Candela ist dadurch festgelegt, daß der Leuchtdichte des Schwarzen Strahlers (Hohlraumstrahler) bei der Temperatur des erstarrenden Platins (2042,15° K) der Wert $60 \cdot 10^4$ cd · m^{-2} zugeordnet wird.

Im *technischen Maßsystem* wird die Kraft anstatt der Masse als Grundgröße benutzt. Einheit: das Kilopond. Bezugsgröße: Kilogrammprototyp und die Normalbeschleunigung $g_n = 9{,}80665$ m s^{-2}.

113. Mechanisch-thermische Einheiten und Umrechnungstabellen

1131. Einheiten

113101. Längenmaße (L)

Einheit	Kurzzeichen	Umrechnung in m [1]
	Internationale Einheiten	
1 Fermi		10^{-15}
1 $^{86}_{36}$Kr-Linie $5d_5 \rightarrow 2p_{10}$)		$6057{,}8021 \cdot 10^{-10}$
1 X-Einheit [2]	1 X	$1{,}00202 \cdot 10^{-13}$
1 Ångström	1 Å	10^{-10}
1 Millimikron, Nanometer	1 mμ, nm	10^{-9}
1 Mikron	1 μ	10^{-6}
1 Millimeter	1 mm	10^{-3}
1 Zentimeter	1 cm	10^{-2}
1 Dezimeter	1 dm	10^{-1}
1 Meter [1]	1 m	1
1 Kilometer	1 km	10^{3}
1 Astronom. Einheit	1 AU	$1{,}4950 \cdot 10^{11}$
1 Lichtjahr ($c_0 \cdot a_{trop}$)	1 Lj	$9{,}4605 \cdot 10^{15}$
1 Parsec (pc≡3,263 Lichtjahre)	1 pc	$3{,}087 \cdot 10^{16}$
1 Siriometer		$1{,}495042 \cdot 10^{17}$
	Britische und USA-Einheiten	
1 mil (USA)		$2{,}540005 \cdot 10^{-5}$
1 inch (Brit)	1 in	$2{,}54 \cdot 10^{-2}$
1 inch USA)	1 in	$2{,}54 \cdot 10^{-2}$
1 foot (Brit)	1 ft	0,3048
1 foot (USA)	1 ft	0,3048006
1 yard [3]	1 yd int.	0,9144
1 rod (USA)	1 rd	5,029210
1 chain		20,1168
1 furlong (Brit.)		$2{,}01168 \cdot 10^{2}$
mile (Brit.)	mi	$1{,}60934 \cdot 10^{3}$
1 stat. mile (USA)	st mi	$1{,}60935 \cdot 10^{3}$

[1] s. 112

[2] Die X-Einheit oder Siegbahnsche Wellenlänge ist definiert durch den Wert der Gitterkonstanten des Kalkspates: $a^{18°} = 3029{,}45$ XE. Das Verhältnis

$$k = \frac{X\,(\text{Siegbahn})}{10^{-13}\,\text{m}} = 1{,}00202.$$

[3] 1 yard = 0,914 m ist als Umrechnungsfaktor von den Staatsinstituten der USA und einer großen Zahl der zum Commonwealth gehörenden Länder festgesetzt. Die weiteren Längeneinheiten, soweit sie hier aufgeführt und gemeinsam benutzt werden, unterscheiden sich oft nur in den hier nicht mehr angegebenen Dezimalen.

113102. Flächenmaße (L^2)

Einheit	Kurzzeichen	Umrechnung in m²
Internationale Einheiten		
1 Barn	1 b	10^{-28}
1 Quadratmillimeter	1 mm²	10^{-6}
1 Quadratzentimeter	1 cm²	10^{-4}
1 Quadratdezimeter	1 dm²	10^{-2}
1 Quadratmeter	1 m² (qm)	1
1 Ar	1 a	10^{2}
1 Hektar	1 ha	10^{4}
Britische und USA-Einheiten		
1 square inch (Brit.)	1 sqin (in²)	$6{,}451589 \cdot 10^{-4}$
1 square inch (USA)	1 sqin (in²)	$6{,}4516258 \cdot 10^{-4}$
1 square foot (Brit.)	1 sqft (ft²)	$9{,}290304 \cdot 10^{-2}$
1 square foot (USA)	1 sqft (ft²)	$9{,}2903412 \cdot 10^{-2}$
1 square yard (Brit.)[1]	1 sqyd (yd²)	0,83612736
1 square yard (USA)	1 sqyd (yd²)	0,8361307
1 acre (Brit.)	1 A	$4{,}046856 \cdot 10^{3}$
1 acre (USA)	1 A	$4{,}0468726 \cdot 10^{3}$

[1] Entspricht 1 yard=0,9144 m.

113103. Raum- und Hohlmaße $[L^3]$

Einheit	Kurzzeichen	Umrechnung in cm^3	Einheit	Kurzzeichen	Umrechnung in cm^3
Internationale Einheiten					
1 Kubikmillimeter	1 mm^3	10^{-3}	1 Liter[1]	1 l	$1{,}000028 \cdot 10^3$
1 Kubikzentimeter	1 cm^3	1	1 Kubikmeter[2]	1 m^3	10^6
1 Kubikdezimeter	1 dm^3	10^3			
Britische Einheiten			USA-Einheiten		
1 minim	1 min	$5{,}9194 \cdot 10^{-2}$	1 minim	1 min	$6{,}1612 \cdot 10^{-2}$
1 drachm fluid	1 dr fl	3,5516	1 fluid dram	1 dr fl	3,6967
1 cubic inch	1 in^3	16,3872	1 cubic inch	1 in^3	16,3872
1 fluid ounce	1 oz fl	28,413	1 fluid ounce	1 oz fl	29,5737
1 liquid pint	1 pt	$5{,}6826 \cdot 10^2$	1 gill	1 gi	$1{,}1829 \cdot 10^2$
1 gill	1 gi	$1{,}4207 \cdot 10^2$	1 liquid pint	1 pt	$4{,}7318 \cdot 10^2$
1 liquid quart	1 qt	$1{,}1365 \cdot 10^3$	1 dry pint	1 pt	$5{,}5061 \cdot 10^2$
1 gallon	1 gal	$4{,}5461 \cdot 10^3$	1 liquid quart	1 qt	$9{,}4636 \cdot 10^2$
1 cubic foot	1 ft^3	$2{,}8317 \cdot 10^4$	1 dry quart	1 qt dry	$1{,}1012 \cdot 10^3$
1 bushel	1 bu	$3{,}6369 \cdot 10^4$	1 gallon	1 gal	$3{,}7854 \cdot 10^3$
1 quarter	—	$2{,}909 \cdot 10^5$	1 cubic foot	1 ft^3	$2{,}8317 \cdot 10^4$
1 cubicyard	1yd^3	$7{,}6455 \cdot 10^5$	1 bushel	1 bu	$3{,}5239 \cdot 10^4$
			1 dry barrel	1 bbl dry	$1{,}1563 \cdot 10^5$
			1 cubicyard	yd^3	$7{,}6456 \cdot 10^5$

[1] Das Kilogramm sollte ursprünglich die Masse von 1 dm^3 Wasser bei 4° und 760 Torr sein. Es hat sich jedoch herausgestellt, daß diese Wassermasse=0,999972 kg ist. Da das Liter als der Raum, den 1 kg Wasser unter den oben angegebenen Bedingungen einnimmt, definiert ist, entspricht 1 l=1,000028 dm^3.

[2] Werden Gasvolumen unter Normalbedingungen (0° C und 760 Torr) angegeben, so wird dies durch Vorsatz von N vor cm^3 oder m^3 gekennzeichnet, z.B.: Nm^3.

113104. Masse (Physik. Maßsystem $[M]$, techn. Maßsystem $[L^{-1}FT^{+2}]$)

Einheiten	Kurzzeichen	Umrechnung in g
Internationale Einheiten		
1 Atommasseneinheit ($^{12}C=12$)	1 m_u	$1{,}66043 \cdot 10^{-24}$
1 Gamma	1 γ	10^{-6}
1 Milligramm	1 mg	10^{-3}
1 Zentigramm	1 cg	10^{-2}
1 Dezigramm	1 dg	0,1
1 Gramm	1 g	1
1 Pond · Sekunde²/Zentimeter	1 $cm^{-1}ps^2$	$0{,}980665 \cdot 10^3$
1 Kilogramm[1]	1 kg	10^3
1 Kilopond · Sekunde²/Meter	1 $m^{-1}kps^2$	$0{,}980665 \cdot 10^6$
1 Tonne	1 t	10^6

[1] 1 kg = 1,019716 $cm^{-1}ps^2$

Einheiten	Kurzzeichen	Umrechnung in g
Britische und USA-Einheiten		
1 grain int.	1 gr	$6{,}479891 \cdot 10^{-2}$
1 pennyweight (troy)	1 dwt	1,55517
1 dram	1 dr	1,771845
1 ounce	1 oz	28,34952
1 pound int.	1 lb	$4{,}5359237 \cdot 10^2$
1 quarter (Brit.)	—	$12{,}70058 \cdot 10^3$
1 hundredweight short (USA)	1 cwtsh	$4{,}53592 \cdot 10^4$
1 hundredweight long (USA)	1 cwtl	$5{,}08023 \cdot 10^4$
1 hundredweight long (Brit.)		$6{,}08023 \cdot 10^4$
1 ton short (USA)	1 tnsh	$9{,}071848 \cdot 10^5$
1 ton (Brit.)		$10{,}160469 \cdot 10^5$
1 ton long (USA)	1 tnl	$10{,}160470 \cdot 10^5$

113105. a) Ebener Winkel $[\Omega]$

Einheit	Kurz-zeichen	Umrechnungen		
		g	°	rad
1 Altgrad, $\frac{\pi}{180}$	1°	1,1	1	$\frac{\pi}{180}=1{,}745329 10^{-2}$
1 Gon=Neugrad, $\frac{\pi}{200}$	1t	1	0,9	$\frac{\pi}{200}=1{,}570796 10^{-2}$
1 Radiant (Radian)	1 rad	$\frac{200}{\pi}=63{,}6620$	$\frac{180}{\pi}=57{,}2958$	1
1 Rechter	1 L	100	90	1,570796

113105. b) Räumlicher Winkel $[\Omega]$

Einheit	Kurz-zeichen	Umrechnungen		
		$(g)^2$	$(°)^2$	sr
1 Quadrat Altgrad	1 $(°)^2$	1,234568	1	$3{,}046174 \cdot 10^{-4}$
1 Quadrat Neugrad	1 $(g)^2$	1	0,81	$2{,}467401 \cdot 10^{-4}$
1 Steradiant (Steradian)	1 sr	$4{,}05287 \cdot 10^3$	$3{,}2828 \cdot 10^3$	1

113106. Temperatur [grd]

Einheit	Kurzzeichen	Umrechnung in °C[1]	Umrechnung in °F
1 Grad Celsius	1° C	1	$x°\,C=(\frac{9}{5}x+32)°\,F$
1 Grad Fahrenheit	1° F	$x°\,F=\frac{5}{9}(x-32)°C$	1
1 Grad Kelvin	1° K	$x°\,K=(x-273{,}15)°C$	$=[\frac{9}{5}(x-273{,}16)+32]°F$
1 Grad Rankine	1° Rank	$x°\,Rank=\frac{5}{9}(x-491{,}7)°C$	$=(x-459{,}7)°F$
1 Grad Réaumur	1° R	$x°\,R=\frac{5}{4}x°\,C$	$=(\frac{9}{4}x+32)°F$

[1] Umrechnungstabelle s. S. 13.

113107. Geschwindigkeit $[LT^{-1}]$

Einheit[1]	Kurzzeichen	Umrechnungen in $cm \cdot s^{-1}$	Umrechnungen in $km \cdot h^{-1}$
1 Zentimeter/Sekunde	$1\,cm \cdot s^{-1}$	1	$3{,}60 \cdot 10^{-2}$
1 Kilometer/Stunde	$1\,km \cdot h^{-1}$	27,7	1
1 Meter/Sekunde	$1\,m \cdot s^{-1}$	10^2	3,6

[1] Bezieht man eine große Geschwindigkeit c auf die Schallgeschwindigkeit in Luft c_s bei der vorliegenden Temperatur, wird die dimensionslose Einheit $\left(\frac{c}{c_s}\right)$ Mach genannt.

113108. Zeit $[T]$

Einheit	Kurzzeichen	Umrechnungen in Sekunden	Umrechnungen in Stunden
1 Sekunde[1]	1 s	1	$2{,}7 \cdot 10^{-4}$
1 Minute (mittlere Sonnenzeit)	1 min	60,00	$1{,}67 \cdot 10^{-2}$
1 Stunde	1 h	$3{,}6 \cdot 10^3$	1
1 Tag (mittlerer Sonnentag)	1 d	$8{,}64 \cdot 10^4$	24
1 Jahr (Länge des tropischen Jahres 1900)	1 a	$3{,}155693 \cdot 10^7$	$8{,}7658 \cdot 10^3$

[1] Ephemeridenzeit (bezogen auf das Jahr 1900).

113109. Frequenz $[T^{-1}]$

Einheit	Kurzzeichen	Größen
1 Hertz, $\frac{\text{Schwingungen}}{\text{Sekunde}}$	1 Hz	s^{-1}
1 Cycle	1 c	s^{-1}

Atomphysikalisches *Frequenzetalon*[1]: Der Übergangsfrequenz zwischen den Hyperfeinstrukturniveaus $F=4$, $M=0$ und $F=3$, $M=0$ des Grundzustandes $^2S_{1/2}$ des ungestörten ^{133}Cs ist die Frequenz 9192631770 Hz zugeordnet.

[1] 12. Generalkonferenz für Maß und Gewicht 1964. Etalon=Maßstab.

113110. Beschleunigung $[LT^{-2}]$

Name	Kurzzeichen	Umrechnung in cms^{-2}
1 Milligal	1 mGal	10^{-3}
1 Gal (cm/s^2)	1 Gal	1
1 Meter/Sekunde²	1 ms^{-2}	10^2

113111. Dichte[1] (physik. Maßsystem $[L^{-3}M]$, techn. Maßsystem $[L^{-4}FT^2]$)

Einheit	Kurzzeichen	Umrechnung in $g \cdot cm^{-3}$
	Internationale Einheiten	
1 Gramm/Milliliter	$1\ g \cdot ml^{-1}$	0,999972
1 Gramm/Zentimeter³	$1\ g \cdot cm^{-3}$	1
	Britische- und USA-Einheiten	
1 pound/foot³	$1\ lb \cdot ft^{-3}$	$1,6018 \cdot 10^{-2}$
1 pound/gallon (Brit.)	$1\ lb \cdot gal^{-1}$ (Brit.)	$9,9777 \cdot 10^{-2}$
1 pound/gallon (USA)	$1\ lb \cdot gal^{-1}$ (USA)	0,119826
1 pound/inch³	$1\ lb \cdot in^{-3}$	27,680

113112. Wichte[1] $[L^{-2}MT^{-2}]$, techn. Maßsystem $[L^{-3}F]$

Einheit	Kurzzeichen	Umrechnung in kpm^{-3}
1 Pond/Milliliter	$1\ pml^{-1}$	$0,999972 \cdot 10^3$
1 Pond/Kubikmeter	$1\ pm^{-3}$	10^{-3}

[1] Die relative Dichte ist eine dimensionslose Zahl und gibt das Verhältnis der Raumeinheit des Stoffes zu der einer Normalsubstanz, meist Wasser von 4° C, an. — Die Amagateinheit ist ein relatives Maß für die Dichte von Gasen. Es wird das Verhältnis der Dichte des vorliegenden Gases zu der bei 0° C und 1 atm angegeben.

113113. Kraft $[LMT^{-2}]$ und $[F]$

Einheit	Kurzzeichen	Umrechnungen	
		dyn	kp[1]
	a) Internationale Einheiten		
1 Dyn	1 dyn	1	$1,019716 \cdot 10^{-6}$
1 Newton	1 N	10^5	$1,019716 \cdot 10^{-1}$
1 Kilopond	1 kp	$0,980665 \cdot 10^6$	1
	b) Britische und USA-Einheiten		
1 grain weight	1 gr (wt)	$0,63546 \cdot 10^2$	$0,64799 \cdot 10^{-4}$
1 poundal		$1,38255 \cdot 10^4$	$1,40981 \cdot 10^{-2}$
1 pound weight (av)	1 lb (wt)	$4,44822 \cdot 10^5$	$4,53592 \cdot 10^{-1}$
1 ton weight (2000 lb)	1 shtn (wt)	$0,88964 \cdot 10^9$	$0,90718 \cdot 10^3$
1 ton weight (2240 lb)	1 ltn (wt)	$0,99640 \cdot 10^9$	$1,01605 \cdot 10^3$

[1] In Großbritannien mit Kilogrammforce (kf), in Frankreich Kilogrammforce (kgf) bezeichnet.

113114. Druck $[L^{-1}MT^{-2}]$ und $[L^{-2}F]$

Einheit	Kurzzeichen	Umrechnungen	
		bar	kp/m²
	a) Internationale Einheiten		
1 Mikrobar≡1 dyn/cm²	μbar (μb)	10^{-6}	$1{,}019716 \cdot 10^{-2}$
1 Newton m⁻²	Nm⁻²	10^{-5}	
1 mm H_2O-Säule	mm W.S.	$0{,}980638 \cdot 10^{-4}$	0,999972
1 Torr (1/760 atm)	Torr	$1{,}333224 \cdot 10^{-3}$	$1{,}359510 \cdot 10$
1 Technische Atmosphäre[1] p/cm²	at	0,980665	10^4
1 Bar	bar (b)	1	$1{,}019716 \cdot 10^4$
1 Physikalische Normalatmosphäre	atm_n	1,013250	$1{,}033227 \cdot 10^4$
	b) Britische und USA-Einheiten		
1 pound weight/square foot	lb (wt)/sq.ft	$4{,}78802 \cdot 10^{-4}$	4,88243
1 inch of water		$2{,}49082 \cdot 10^{-3}$	$2{,}53993 \cdot 10$
1 inch of mercury	in.Hg	$3{,}38638 \cdot 10^{-2}$	$3{,}45315 \cdot 10^2$
1 ton weight/square foot (200 lb)	shtn (wt)/sq.ft	0,95760	$0{,}97649 \cdot 10^4$
1 ton weight/square foot (2240 lb)	ltn (wt)/sq.ft	1,07296	$1{,}09412 \cdot 10^4$

[1] Mit atü wird der Überdruck über 1 at $pü = p - 1$ bezeichnet.

113115. Energie $[L^2MT^{-2}]$ $[LF]$

Einheit	Kurzzeichen	ist gleich oder entspricht	
		J	mkp
1 Temperaturgrad	°K	$1{,}3805 \cdot 10^{-23}$	$1{,}4077 \cdot 10^{-24}$
1 Zentimeter⁻¹	cm⁻¹	$1{,}9863 \cdot 10^{-23}$	$2{,}0255 \cdot 10^{-24}$
1 Elektronenvolt	eV	$1{,}6021 \cdot 10^{-19}$	$1{,}6337 \cdot 10^{-20}$
1 Rydberg	Ry	$2{,}1785 \cdot 10^{-18}$	$2{,}2215 \cdot 10^{-19}$
1 Tausendstelmasseneinheit	TME	$1{,}4923 \cdot 10^{-13}$	$1{,}5217 \cdot 10^{-14}$
1 Erg	erg	10^{-7}	$1{,}019716 \cdot 10^{-8}$
1 Joule	J	1	$1{,}019716 \cdot 10^{-1}$
1 internat. Dampftafel cal. 1956	cal_{IT}	4,1868	$4{,}2693 \cdot 10^{-1}$
1 Meterkilopond	mkp	9,80665	1
1 Literatmosphäre (techn.)	lat	$0{,}980692 \cdot 10^2$	$1{,}000028 \cdot 10$
1 Literatmosphäre (physik.)	latm	$1{,}013278 \cdot 10^2$	$1{,}033256 \cdot 10$
1 Kilowattstunde	kWh	$3{,}600000 \cdot 10^6$	$3{,}670978 \cdot 10^5$
	früher benutzte Einheiten		
1 Joule internat.	J int.	1,00019	$1{,}01991 \cdot 10^{-1}$
1 15° Kalorie	$cal_{15°}$	4,1854	$4{,}2679 \cdot 10^{-1}$
1 Mittlere Kalorie	cal	4,1896	$4{,}2722 \cdot 10^{-1}$
	Britische und USA-Einheiten		
1 Thermochemical calory	$cal_{therm.chem.}$	4,18399	$4{,}26648 \cdot 10^{-1}$
1 foot pound weight	ftlb	$1{,}35585 \cdot 10^{-1}$	$1{,}38255 \cdot 10^{-1}$
1 Britisch thermal unit $_{60°F}$	$BTU_{60°}$	$1{,}0544 \cdot 10^3$	$1{,}0752 \cdot 10^2$
1 Britisch thermal unit $_{39°F}$	$BTU_{39°}$	$1{,}0593 \cdot 10^3$	$1{,}0802 \cdot 10^2$
1 15° Centigrade thermal unit	CTU	$1{,}8984 \cdot 10^3$	$1{,}9358 \cdot 10^2$
1 Intern. steam tables British thermal unit	BTU_{IT}	$1{,}05507 \cdot 10^3$	$1{,}07587 \cdot 10^2$

113116. Leistung $[L^2MT^{-3}]$ $[LFT^{-1}]$

Einheit	Kurzzeichen	Umrechnung in	
		W	mkp/s
1 Erg/Sekunde	1 $ergs^{-1}$	10^{-7}	$1{,}019716 \cdot 10^{-8}$
1 Watt	1 W	1	$1{,}019716 \cdot 10^{-1}$
1 Meterkilopond/Sekunde	1 $mkps^{-1}$	9,80665	1
1 Tafel-Kilokalorie/Stunde	$kcal_{IT}h^{-1}$	1,1630	$1{,}18592 \cdot 10^{-1}$

113117. Wirkung $[L^2MT^{-1}]$ $[LFT]$

Einheit	Kurzzeichen	Umrechnung in	
		J · s	mkp · s
1 Plancksches Wirkungsquantum	1 h	$6{,}6256 \cdot 10^{-34}$	$6{,}7562 \cdot 10^{-35}$
1 Elektronenvolt-Sekunde	1 eVs	$1{,}602 \cdot 10^{-19}$	$1{,}6334 \cdot 10^{-20}$
1 Erg · Sekunde	1 erg · s	10^{-7}	$1{,}019716 \cdot 10^{-8}$
1 Meterkilopond · Sekunde	1 mkp · s	9,80665	1

113118. Dynamische Zähigkeit $[L^{-1}MT^{-1}]$ und $[L^{-2}FT]$

Einheit	Kurzzeichen	Umrechnung	
		g/cms	kps/m^2
1 Poise≡1 dyn s/cm^2≡g/cms	1 P	1	$1{,}019716 \cdot 10^{-2}$
1 Kilopond · Sekunde/$Meter^2$	1 kps/m^2	$0{,}980665 \cdot 10^2$	1
1 Kilopond · Stunde/$Meter^2$	1 kph/m^2	$3{,}530394 \cdot 10^5$	$3{,}6000 \cdot 10^3$
1 Liber (mass)/foot second	1 lb/fts	14,882	0,15175

113119. Kinematische Zähigkeit $[L^2T^{-1}]$

Einheit	Kurzzeichen	Umrechnung	
		St	$m^2 \cdot h^{-1}$
1 Stokes≡1 $cm^2 \cdot s^{-1}$	1 St	1	0,360
1 $Meter^2$/Stunde	1 $m^2 \cdot h^{-1}$	2,778	1
1 $Meter^2$/Sekunde	1 $m^2 \cdot s^{-1}$	$1 \cdot 10^4$	$3{,}6 \cdot 10^3$
1 $foot^2$/second	1 $ft^2 \cdot s^{-1}$	929,03	334,45

113120. Oberflächenspannung $[MT^{-2}]$ $[L^{-1}F]$

Einheit	Kurzzeichen	Umrechnung	
		dyn/cm	kp/m
1 Dyn/Zentimeter≡1 Erg/Zentimeter²≡1 Gramm/Sekunde²	1 dyn · cm^{-1}	1	$1{,}019716 \cdot 10^{-4}$
1 Erg/Millimeter²	1 erg · mm^{-2}	10^2	$1{,}019716 \cdot 10^{-2}$
1 Millipond/Millimeter	1 mp · mm^{-1}	$0{,}980665 \cdot 10$	10^{-3}

113121. Wärmeleitfähigkeit $[LMT^{-2}\Theta^{-1}]$ $[FT^{-1}\Theta^{-1}]$

Einheit	Kurzzeichen	Umrechnung in $Wcm^{-1}grd^{-1}$	Umrechnung in $kcal_{IT}\,m^{-1}h^{-1}grd^{-1}$
	Internationale Einheiten		
1 Kilojoule/Meter · Stunde · Grad Celsius	1 $kJm^{-1}h^{-1}grd^{-1}$	$2{,}7778 \cdot 10^{-3}$	$2{,}3886 \cdot 10^{-1}$
1 Kilokalorie/Meter · Stunde · Grad Celsius	1 $kcal_{IT}m^{-1}h^{-1}grd^{-1}$	$1{,}163 \cdot 10^{-2}$	1
1 Watt/Zentimeter · Grad Celsius	1 $Wcm^{-1}grd^{-1}$	1	$8{,}5985 \cdot 10$
	Britische und USA-Einheiten		
$1 \frac{\text{Mean Brit. thermal unit. inch}}{\text{foot}^2 \text{ second degree Fahrenheit}}$	$1 \frac{\text{BTU mean} \cdot \text{in}}{\text{ft}^2\text{s}°\text{F}}$	5,191	$4{,}4691 \cdot 10^{2}$
$1 \frac{\text{Intern. steam tables Brit. thermal unit}}{\text{foot hour degree Fahrenheit}}$	$1 \frac{\text{BTU}_{IT}}{\text{fthr}°\text{F}}$	$1{,}7307 \cdot 10^{-2}$	1,488

113122. Wärmeübergangszahl, Wärmedurchgangszahl $[MT^{-2}\Theta^{-1}]$ $[FL^{-1}T^{-1}\Theta^{-1}]$

Einheit	Kurzzeichen	Umrechnung in $Wcm^{-2}grd^{-1}$	Umrechnung in $kcalm^{-2}h^{-1}grd^{-1}$
1 Watt/Zentimeter² Grad	$Wcm^{-2}grd^{-1}$	1	$8{,}5985 \cdot 10^{3}$
1 Kilokalorie/Meter² Stunde grd	$kcalm^{-2}h^{-1}grd^{-1}$	$1{,}163 \cdot 10^{-4}$	1
1 Calorie/Zentimeter² Sekunde grd	$calcm^{-2}s^{-1}grd^{-1}$	4,1868	$3{,}6 \cdot 10^{4}$
$1 \frac{\text{British thermal unit}}{\text{foot}^2 \text{ hour degree Fahrenheit}}$	$\frac{\text{B.t.u.}}{\text{ft}^2\text{hdeg.F}}$	$5{,}681 \cdot 10^{-4}$	4,886

1132. Umrechnungstabellen und -tafeln

11321. Umrechnungstafel für die Dezimaleinheiten des Stunden- und Winkelmaßes auf Minuten und Sekunden

Zehntel-stunden	Hundertstelstunden									
	0,00	0,01	0,02	0,03	0,04	0,05	0,06	0,07	0,08	0,09
0,0	0′00″	0′36″	1′12″	1′48″	2′24″	3′00″	3′36″	4′12″	4′48″	5′24″
0,1	6′00″	6′36″	7′12″	7′48″	8′24″	9′00″	9′36″	10′12″	10′48″	11′24″
0,2	12′00″	12′36″	13′12″	13′48″	14′24″	15′00″	15′36″	16′12″	16′48″	17′24″
0,3	18′00″	18′36″	19′12″	19′48″	20′24″	21′00″	21′36″	22′12″	22′48″	23′24″
0,4	24′00″	24′36″	25′12″	25′48″	26′24″	27′00″	27′36″	28′12″	28′48″	29′24″
0,5	30′00″	30′36″	31′12″	31′48″	32′24″	33′00″	33′36″	34′12″	34′48″	35′24″
0,6	36′00″	36′36″	37′12″	37′48″	38′24″	39′00″	39′36″	40′12″	40′48″	41′24″
0,7	42′00″	42′36″	43′12″	43′48″	44′24″	45′00″	45′36″	46′12″	46′48″	47′24″
0,8	48′00″	48′36″	49′12″	49′48″	50′24″	51′00″	51′36″	52′12″	52′48″	53′24″
0,9	54′00″	54′36″	55′12″	55′48″	56′24″	57′00″	57′36″	58′12″	58′48″	59′24″

Beispiel: $0{,}63^{h} = 37'48''$.

11322. Umrechnung der 360°-Teilung in die 400^g-Teilung und umgekehrt

Die unendlichen Brüche sind so abgekürzt, daß die Periode, gekennzeichnet durch Punkte über den Zahlen, einmal voll ausgeschrieben ist, bei den Graden hat sie 1 Stelle, bei den Minuten 1 oder 3, bei den Sekunden 1 oder 9 Stellen.

^{g} (hochgestellt) = Grad der 400^{g}-Teilung,
^{c} (hochgestellt) = Zentigrad der 400^{g}-Teilung,
^{cc} (hochgestellt) = Zehntausendstelgrad der 400^{g}-Teilung.

$10° = 11{,}\dot{1}^{g}$	$1° = 1{,}\dot{1}^{g}$	$1' = 0{,}0\dot{1}\dot{8}\dot{5}^{g}$	$1'' = 0{,}000\dot{3}\dot{0}\dot{8}\dot{6}\dot{4}\dot{1}\dot{9}\dot{7}\dot{5}^{g}$
$20° = 22{,}\dot{2}^{g}$	$2° = 2{,}\dot{2}^{g}$	$2' = 0{,}\dot{0}\dot{3}\dot{7}^{g}$	$2'' = 0{,}00\dot{0}\dot{6}\dot{1}\dot{7}\dot{2}\dot{8}\dot{3}\dot{9}\dot{5}^{g}$
$30° = 33{,}\dot{3}^{g}$	$3° = 3{,}\dot{3}^{g}$	$3' = 0{,}0\dot{5}^{g}$	$3'' = 0{,}000\dot{9}\dot{2}\dot{5}^{g}$
$40° = 44{,}\dot{4}^{g}$	$4° = 4{,}\dot{4}^{g}$	$4' = 0{,}\dot{0}\dot{7}\dot{4}^{g}$	$4'' = 0{,}0\dot{0}\dot{1}\dot{2}\dot{3}\dot{4}\dot{5}\dot{6}\dot{7}\dot{9}^{g}$
$50° = 55{,}\dot{5}^{g}$	$5° = 5{,}\dot{5}^{g}$	$5' = 0{,}0\dot{9}\dot{2}\dot{5}^{g}$	$5'' = 0{,}001\dot{5}\dot{4}\dot{3}\dot{2}\dot{0}\dot{9}\dot{8}\dot{7}\dot{6}^{g}$
$60° = 66{,}\dot{6}^{g}$	$6° = 6{,}\dot{6}^{g}$	$6' = 0{,}\dot{1}^{g}$	$6'' = 0{,}00\dot{1}\dot{8}\dot{5}^{g}$
$70° = 77{,}\dot{7}^{g}$	$7° = 7{,}\dot{7}^{g}$	$7' = 0{,}1\dot{2}\dot{9}\dot{6}^{g}$	$7'' = 0{,}002\dot{1}\dot{6}\dot{0}\dot{4}\dot{9}\dot{3}\dot{8}\dot{2}\dot{7}^{g}$
$80° = 88{,}\dot{8}^{g}$	$8° = 8{,}\dot{8}^{g}$	$8' = 0{,}\dot{1}\dot{4}\dot{8}^{g}$	$8'' = 0{,}0\dot{0}\dot{2}\dot{4}\dot{6}\dot{9}\dot{1}\dot{3}\dot{5}\dot{8}^{g}$
$90° = 100{,}\dot{0}^{g}$	$9° = 10{,}\dot{0}^{g}$	$9' = 0{,}1\dot{6}^{g}$	$9'' = 0{,}0027^{g}$

$10^{g} = 9°$	$1^{g} = 0°54'$	$0^{g},1 = 5'24''$	$1^{c} = 0'32'',4$	$0^{c},1 = 3'',24$
$20^{g} = 18°$	$2^{g} = 1°48'$	$0^{g},2 = 10'48''$	$2^{c} = 1'4'',8$	$0^{c},2 = 6'',48$
$30^{g} = 27°$	$3^{g} = 2°42'$	$0^{g},3 = 16'12''$	$3^{c} = 1'37'',2$	$0^{c},3 = 9'',72$
$40^{g} = 36°$	$4^{g} = 3°36'$	$0^{g},4 = 21'36''$	$4^{c} = 2'9'',6$	$0^{c},4 = 12'',96$
$50^{g} = 45°$	$5^{g} = 4°30'$	$0^{g},5 = 27'00''$	$5^{c} = 2'42'',0$	$0^{c},5 = 16'',20$
$60^{g} = 54°$	$6^{g} = 5°24'$	$0^{g},6 = 32'24''$	$6^{c} = 3'14'',4$	$0^{c},6 = 19'',44$
$70^{g} = 63°$	$7^{g} = 6°18'$	$0^{g},7 = 37'48''$	$7^{c} = 3'46'',8$	$0^{c},7 = 22'',68$
$80^{g} = 72°$	$8^{g} = 7°12'$	$0^{g},8 = 43'12''$	$8^{c} = 4'19'',2$	$0^{c},8 = 25'',92$
$90^{g} = 81°$	$9^{g} = 8°6'$	$0^{g},9 = 48'36''$	$9^{c} = 4'51'',6$	$0^{c},9 = 29'',16$
$100^{g} = 90°$				

Rechenbeispiel: 20°16′19″ in Dezimaleinheiten.

$$\begin{aligned} 20° &= 22^{g},22222 \\ 10' &= 0,18518 \\ 6' &= 0,11111 \\ 10'' &= 0,003086 \\ 9'' &= 0,002777 \\ \hline & \; 22^{g},52437 \end{aligned}$$

11323. Gradmaß in Bogenmaß

113231. Gradmaß in Bogenmaß

Umrechnungsfaktor $\frac{\pi}{180} \approx 0{,}01745$

also

$$x° \approx 0{,}01745\, x$$

n	$n\frac{\pi}{180}$
1	0,01745
2	0,03491
3	0,05236
4	0,06981
5	0,08727
6	0,10472
7	0,12217
8	0,13963
9	0,15708

Beispiel

$$\begin{aligned} 271{,}39° &\\ \approx\ & 3{,}491 \\ & +1{,}222 \\ & +0{,}017 \\ & +0{,}005 \\ & +0{,}002 \\ \hline \approx\ & 4{,}737 \end{aligned}$$

113232. Bogenmaß in Gradmaß

Umrechnungsfaktor $\frac{180°}{\pi} \approx 57{,}30°$

also

$$x \approx (x \cdot 57{,}30)°$$

n	$n\frac{180}{\pi}$
1	57,30
2	114,59
3	171,89
4	229,18
5	286,48
6	343,77
7	401,07
8	458,37
9	515,66

Beispiel

$$\begin{aligned} 4{,}737 &\\ \approx\ & 229{,}18° \\ +\ & 40{,}11° \\ +\ & 1{,}72° \\ & 0{,}40° \\ \hline \approx\ & 271{,}41° \end{aligned}$$

11324. Umrechnung von Temperaturgraden

°K	$\frac{1}{T}\ \frac{1}{°K}$	°C	°F	°R
53,15	$18{,}8147 \cdot 10^{-3}$	−220	−364,0	95,67
55,15	$18{,}1324 \cdot 10^{-3}$	−218	−360,4	99,27
57,15	$17{,}4978 \cdot 10^{-3}$	−216	−356,8	102,87
59,15	$16{,}9062 \cdot 10^{-3}$	−214	−353,2	106,47
61,15	$16{,}3532 \cdot 10^{-3}$	−212	−349,6	110,07
63,15	$15{,}8353 \cdot 10^{-3}$	−210	−346,0	113,67
65,15	$15{,}3492 \cdot 10^{-3}$	−208	−342,4	117,27
67,15	$14{,}8920 \cdot 10^{-3}$	−206	−338,8	120,87
69,15	$14{,}4613 \cdot 10^{-3}$	−204	−335,2	124,47
71,15	$14{,}0548 \cdot 10^{-3}$	−202	−331,6	128,07
73,15	$13{,}6705 \cdot 10^{-3}$	−200	−328,0	131,67
75,15	$13{,}3067 \cdot 10^{-3}$	−198	−324,4	135,27
77,15	$12{,}9618 \cdot 10^{-3}$	−196	−320,8	138,87
79,15	$12{,}6342 \cdot 10^{-3}$	−194	−317,2	142,47
81,15	$12{,}3229 \cdot 10^{-3}$	−192	−313,6	146,07
83,15	$12{,}0265 \cdot 10^{-3}$	−190	−310,0	149,67
85,15	$11{,}7440 \cdot 10^{-3}$	−188	−306,4	153,27
87,15	$11{,}4745 \cdot 10^{-3}$	−186	−302,8	156,87
89,15	$11{,}2170 \cdot 10^{-3}$	−184	−299,2	160,47
91,15	$10{,}9709 \cdot 10^{-3}$	−182	−295,6	164,07

°K	$\frac{1}{T}\ \frac{1}{°K}$	°C	°F	°R
93,15	$10{,}7354 \cdot 10^{-3}$	−180	−292,0	167,67
95,15	$10{,}5097 \cdot 10^{-3}$	−178	−288,4	171,27
97,15	$10{,}2934 \cdot 10^{-3}$	−176	−284,8	174,87
99,15	$10{,}0857 \cdot 10^{-3}$	−174	−281,2	178,47
101,15	$9{,}8863 \cdot 10^{-3}$	−172	−277,6	182,07
103,15	$9{,}6946 \cdot 10^{-3}$	−170	−274,0	185,67
105,15	$9{,}5102 \cdot 10^{-3}$	−168	−270,4	189,27
107,15	$9{,}3327 \cdot 10^{-3}$	−166	−266,8	192,87
109,15	$9{,}1617 \cdot 10^{-3}$	−164	−263,2	196,47
111,15	$8{,}9969 \cdot 10^{-3}$	−162	−259,6	200,07
113,15	$8{,}8378 \cdot 10^{-3}$	−160	−256,0	203,67
115,15	$8{,}6843 \cdot 10^{-3}$	−158	−252,4	207,27
117,15	$8{,}5361 \cdot 10^{-3}$	−156	−248,8	210,87
119,15	$8{,}3928 \cdot 10^{-3}$	−154	−245,2	214,47
121,15	$8{,}2542 \cdot 10^{-3}$	−152	−241,6	218,07
123,15	$8{,}1202 \cdot 10^{-3}$	−150	−238,0	221,67
125,15	$7{,}9904 \cdot 10^{-3}$	−148	−234,4	225,27
127,15	$7{,}8647 \cdot 10^{-3}$	−146	−230,8	228,87
129,15	$7{,}7429 \cdot 10^{-3}$	−144	−227,2	232,47
131,15	$7{,}6249 \cdot 10^{-3}$	−142	−223,6	236,07
133,15	$7{,}5103 \cdot 10^{-3}$	−140	−220,0	239,67
135,15	$7{,}3992 \cdot 10^{-3}$	−138	−216,4	243,27
137,15	$7{,}2913 \cdot 10^{-3}$	−136	−212,8	246,87
139,15	$7{,}1865 \cdot 10^{-3}$	−134	−209,2	250,47
141,15	$7{,}0847 \cdot 10^{-3}$	−132	−205,6	254,07
143,15	$6{,}9857 \cdot 10^{-3}$	−130	−202,0	257,67
145,15	$6{,}8894 \cdot 10^{-3}$	−128	−198,4	261,27
147,15	$6{,}7958 \cdot 10^{-3}$	−126	−194,8	264,87
149,15	$6{,}7047 \cdot 10^{-3}$	−124	−191,2	268,47
151,15	$6{,}6159 \cdot 10^{-3}$	−122	−187,6	272,07
153,15	$6{,}5295 \cdot 10^{-3}$	−120	−184,0	275,67
155,15	$6{,}4454 \cdot 10^{-3}$	−118	−180,4	279,27
157,15	$6{,}3633 \cdot 10^{-3}$	−116	−176,8	282,87
159,15	$6{,}2834 \cdot 10^{-3}$	−114	−173,2	286,47
161,15	$6{,}2054 \cdot 10^{-3}$	−112	−169,6	290,07
163,15	$6{,}1293 \cdot 10^{-3}$	−110	−166,0	293,67
165,15	$6{,}0551 \cdot 10^{-3}$	−108	−162,4	297,27
167,15	$5{,}9827 \cdot 10^{-3}$	−106	−158,8	300,87
165,15	$5{,}9119 \cdot 10^{-3}$	−104	−155,2	304,47
171,15	$5{,}8428 \cdot 10^{-3}$	−102	−151,6	308,07
173,15	$5{,}7753 \cdot 10^{-3}$	−100	−148,0	311,67
174,15	$5{,}7422 \cdot 10^{-3}$	−99	−146,2	313,47
175,15	$5{,}7094 \cdot 10^{-3}$	−98	−144,4	315,27
176,15	$5{,}6770 \cdot 10^{-3}$	−97	−142,6	317,07
177,15	$5{,}6449 \cdot 10^{-3}$	−96	−140,8	318,87
178,15	$5{,}6132 \cdot 10^{-3}$	−95	−139,0	320,67
179,15	$5{,}5819 \cdot 10^{-3}$	−94	−137,2	322,47
180,15	$5{,}5509 \cdot 10^{-3}$	−93	−135,4	324,27
181,15	$5{,}5203 \cdot 10^{-3}$	−92	−133,6	326,07
182,15	$5{,}4900 \cdot 10^{-3}$	−91	−131,8	327,87
183,15	$5{,}4600 \cdot 10^{-3}$	−90	−130,0	329,67
184,15	$5{,}4304 \cdot 10^{-3}$	−89	−128,2	331,47
185,15	$5{,}4010 \cdot 10^{-3}$	−88	−126,4	333,27
186,15	$5{,}3720 \cdot 10^{-3}$	−87	−124,6	335,07

°K	$\frac{1}{T}$ $\frac{1}{°K}$	°C	°F	°R
187,15	$5{,}3433 \cdot 10^{-3}$	−86	−122,8	336,87
188,15	$5{,}3149 \cdot 10^{-3}$	−85	−121,0	338,67
189,15	$5{,}2868 \cdot 10^{-3}$	−84	−119,2	340,47
190,15	$5{,}2590 \cdot 10^{-3}$	−83	−117,4	342,27
191,15	$5{,}2315 \cdot 10^{-3}$	−82	−115,6	344,07
192,15	$5{,}2043 \cdot 10^{-3}$	−81	−113,8	345,87
193,15	$5{,}1773 \cdot 10^{-3}$	−80	−112,0	347,67
194,15	$5{,}1507 \cdot 10^{-3}$	−79	−110,2	349,47
195,15	$5{,}1243 \cdot 10^{-3}$	−78	−108,4	351,27
196,15	$5{,}0981 \cdot 10^{-3}$	−77	−106,6	353,07
197,15	$5{,}0723 \cdot 10^{-3}$	−76	−104,8	354,87
198,15	$5{,}0467 \cdot 10^{-3}$	−75	−103,0	356,67
199,15	$5{,}0213 \cdot 10^{-3}$	−74	−101,2	358,47
200,15	$4{,}9963 \cdot 10^{-3}$	−73	−99,4	360,27
201,15	$4{,}9714 \cdot 10^{-3}$	−72	−97,6	362,07
202,15	$4{,}9468 \cdot 10^{-3}$	−71	−95,8	363,87
203,15	$4{,}9225 \cdot 10^{-3}$	−70	−94,0	365,67
204,15	$4{,}8984 \cdot 10^{-3}$	−69	−92,2	367,47
205,15	$4{,}8745 \cdot 10^{-3}$	−68	−90,4	369,27
206,15	$4{,}8508 \cdot 10^{-3}$	−67	−88,6	371,07
207,15	$4{,}8274 \cdot 10^{-3}$	−66	−86,8	372,87
208,15	$4{,}8042 \cdot 10^{-3}$	−65	−85,0	374,67
209,15	$4{,}7813 \cdot 10^{-3}$	−64	−83,2	376,47
210,15	$4{,}7585 \cdot 10^{-3}$	−63	−81,4	378,27
211,15	$4{,}7360 \cdot 10^{-3}$	−62	−79,6	380,07
212,15	$4{,}7136 \cdot 10^{-3}$	−61	−77,8	381,87
213,15	$4{,}6915 \cdot 10^{-3}$	−60	−76,0	383,67
214,15	$4{,}6696 \cdot 10^{-3}$	−59	−74,2	385,47
215,15	$4{,}6479 \cdot 10^{-3}$	−58	−72,4	387,27
216,15	$4{,}6264 \cdot 10^{-3}$	−57	−70,6	389,07
217,15	$4{,}6051 \cdot 10^{-3}$	−56	−68,8	390,87
218,15	$4{,}5840 \cdot 10^{-3}$	−55	−67,0	392,67
219,15	$4{,}5631 \cdot 10^{-3}$	−54	−65,2	394,47
220,15	$4{,}5424 \cdot 10^{-3}$	−53	−63,4	396,27
221,15	$4{,}5218 \cdot 10^{-3}$	−52	−61,6	398,07
222,15	$4{,}5015 \cdot 10^{-3}$	−51	−59,8	399,87
223,15	$4{,}4813 \cdot 10^{-3}$	−50	−58,0	401,67
224,15	$4{,}4613 \cdot 10^{-3}$	−49	−56,2	403,47
225,15	$4{,}4415 \cdot 10^{-3}$	−48	−54,4	405,27
226,15	$4{,}4218 \cdot 10^{-3}$	−47	−52,6	407,07
227,15	$4{,}4024 \cdot 10^{-3}$	−46	−50,8	408,87
228,15	$4{,}3831 \cdot 10^{-3}$	−45	−49,0	410,67
229,15	$4{,}3640 \cdot 10^{-3}$	−44	−47,2	412,47
230,15	$4{,}3450 \cdot 10^{-3}$	−43	−45,4	414,27
231,15	$4{,}3262 \cdot 10^{-3}$	−42	−43,6	416,07
232,15	$4{,}3076 \cdot 10^{-3}$	−41	−41,8	417,87
233,15	$4{,}2891 \cdot 10^{-3}$	−40	−40,0	419,67
234,15	$4{,}2708 \cdot 10^{-3}$	−39	−38,2	421,47
235,15	$4{,}2526 \cdot 10^{-3}$	−38	−36,4	423,27
236,15	$4{,}2346 \cdot 10^{-3}$	−37	−34,6	425,07
237,15	$4{,}2167 \cdot 10^{-3}$	−36	−32,8	426,87
238,15	$4{,}1990 \cdot 10^{-3}$	−35	−31,0	428,67
239,15	$4{,}1815 \cdot 10^{-3}$	−34	−29,2	430,47
240,15	$4{,}1641 \cdot 10^{-3}$	−33	−27,4	432,27

°K	$\frac{1}{T}$ $\frac{1}{°K}$	°C	°F	°R
241,15	$4{,}1468 \cdot 10^{-3}$	−32	−25,6	434,07
242,15	$4{,}1297 \cdot 10^{-3}$	−31	−23,8	435,87
243,15	$4{,}1127 \cdot 10^{-3}$	−30	−22,0	437,67
244,15	$4{,}0958 \cdot 10^{-3}$	−29	−20,2	439,47
245,15	$4{,}0791 \cdot 10^{-3}$	−28	−18,4	441,27
246,15	$4{,}0626 \cdot 10^{-3}$	−27	−16,6	443,07
247,15	$4{,}0461 \cdot 10^{-3}$	−26	−14,8	444,87
248,15	$4{,}0298 \cdot 10^{-3}$	−25	−13,0	446,67
249,15	$4{,}0136 \cdot 10^{-3}$	−24	−11,2	448,47
250,15	$3{,}9976 \cdot 10^{-3}$	−23	−9,4	450,27
251,15	$3{,}9817 \cdot 10^{-3}$	−22	−7,6	452,07
252,15	$3{,}9659 \cdot 10^{-3}$	−21	−5,8	453,87
253,15	$3{,}9502 \cdot 10^{-3}$	−20	−4,0	455,67
254,15	$3{,}9347 \cdot 10^{-3}$	−19	−2,2	457,47
255,15	$3{,}9193 \cdot 10^{-3}$	−18	−0,4	459,27
256,15	$3{,}9040 \cdot 10^{-3}$	−17	+1,4	461,07
257,15	$3{,}8888 \cdot 10^{-3}$	−16	+3,2	462,87
258,15	$3{,}8737 \cdot 10^{-3}$	−15	+5,0	464,67
259,15	$3{,}8588 \cdot 10^{-3}$	−14	+6,8	466,47
260,15	$3{,}8439 \cdot 10^{-3}$	−13	+8,6	468,27
261,15	$3{,}8292 \cdot 10^{-3}$	−12	+10,4	470,07
262,15	$3{,}8146 \cdot 10^{-3}$	−11	+12,2	471,87
263,15	$3{,}8001 \cdot 10^{-3}$	−10	+14,0	473,67
264,15	$3{,}7857 \cdot 10^{-3}$	−9	+15,8	475,47
265,15	$3{,}7715 \cdot 10^{-3}$	−8	+17,6	477,27
266,15	$3{,}7573 \cdot 10^{-3}$	−7	+19,4	479,07
267,15	$3{,}7432 \cdot 10^{-3}$	−6	+21,2	480,87
268,15	$3{,}7293 \cdot 10^{-3}$	−5	+23,0	482,67
269,15	$3{,}7154 \cdot 10^{-3}$	−4	+24,8	484,47
270,15	$3{,}7016 \cdot 10^{-3}$	−3	+26,6	486,27
271,15	$3{,}6880 \cdot 10^{-3}$	−2	+28,4	488,07
272,15	$3{,}6744 \cdot 10^{-3}$	−1	+30,2	489,87
273,15	$3{,}6610 \cdot 10^{-3}$	±0	+32,0	491,67
274,15	$3{,}6476 \cdot 10^{-3}$	+1	33,8	493,47
275,15	$3{,}6344 \cdot 10^{-3}$	+2	35,6	495,27
276,15	$3{,}6212 \cdot 10^{-3}$	+3	37,4	497,07
277,15	$3{,}6082 \cdot 10^{-3}$	+4	39,2	498,87
278,15	$3{,}5952 \cdot 10^{-3}$	+5	41,0	500,67
279,15	$3{,}5823 \cdot 10^{-3}$	+6	42,8	502,47
280,15	$3{,}5695 \cdot 10^{-3}$	+7	44,6	504,27
281,15	$3{,}5568 \cdot 10^{-3}$	+8	46,4	506,07
282,15	$3{,}5442 \cdot 10^{-3}$	+9	48,2	507,87
283,15	$3{,}5317 \cdot 10^{-3}$	10	50,0	509,67
284,15	$3{,}5193 \cdot 10^{-3}$	11	51,8	511,47
285,15	$3{,}5069 \cdot 10^{-3}$	12	53,6	513,27
286,15	$3{,}4947 \cdot 10^{-3}$	13	55,4	515,07
287,15	$3{,}4825 \cdot 10^{-3}$	14	57,2	516,87
288,15	$3{,}4704 \cdot 10^{-3}$	15	59,0	518,67
289,15	$3{,}4584 \cdot 10^{-3}$	16	60,8	520,47
290,15	$3{,}4465 \cdot 10^{-3}$	17	62,6	522,27
291,15	$3{,}4347 \cdot 10^{-3}$	18	64,4	524,07
292,15	$3{,}4229 \cdot 10^{-3}$	19	66,2	525,87
293,15	$3{,}4112 \cdot 10^{-3}$	20	68,0	527,67
294,15	$3{,}3996 \cdot 10^{-3}$	21	69,8	529,47

°K	$\frac{1}{T}$ $\frac{1}{°K}$	°C	°F	°R
295,15	$3{,}3881 \cdot 10^{-3}$	22	71,6	531,27
296,15	$3{,}3767 \cdot 10^{-3}$	23	73,4	533,07
297,15	$3{,}3653 \cdot 10^{-3}$	24	75,2	534,87
298,15	$3{,}3540 \cdot 10^{-3}$	25	77,0	536,67
299,15	$3{,}3428 \cdot 10^{-3}$	26	78,8	538,47
300,15	$3{,}3317 \cdot 10^{-3}$	27	80,6	540,27
301,15	$3{,}3206 \cdot 10^{-3}$	28	82,4	542,07
302,15	$3{,}3096 \cdot 10^{-3}$	29	84,2	543,87
303,15	$3{,}2987 \cdot 10^{-3}$	30	86,0	545,67
304,15	$3{,}2879 \cdot 10^{-3}$	31	87,8	547,47
305,15	$3{,}2771 \cdot 10^{-3}$	32	89,6	549,27
306,15	$3{,}2664 \cdot 10^{-3}$	33	91,4	551,07
307,15	$3{,}2557 \cdot 10^{-3}$	34	93,2	552,87
308,15	$3{,}2452 \cdot 10^{-3}$	35	95,0	554,67
309,15	$3{,}2347 \cdot 10^{-3}$	36	96,8	556,47
310,15	$3{,}2242 \cdot 10^{-3}$	37	98,6	558,27
311,15	$3{,}2139 \cdot 10^{-3}$	38	100,4	560,07
312,15	$3{,}2036 \cdot 10^{-3}$	39	102,2	561,87
313,15	$3{,}1934 \cdot 10^{-3}$	40	104,0	563,67
314,15	$3{,}1832 \cdot 10^{-3}$	41	105,8	565,47
315,15	$3{,}1731 \cdot 10^{-3}$	42	107,6	567,27
316,15	$3{,}1631 \cdot 10^{-3}$	43	109,4	569,07
317,15	$3{,}1531 \cdot 10^{-3}$	44	111,2	570,87
318,15	$3{,}1432 \cdot 10^{-3}$	45	113,0	572,67
319,15	$3{,}1333 \cdot 10^{-3}$	46	114,8	574,47
320,15	$3{,}1235 \cdot 10^{-3}$	47	116,6	576,27
321,15	$3{,}1138 \cdot 10^{-3}$	48	118,4	578,07
322,15	$3{,}1041 \cdot 10^{-3}$	49	120,2	579,87
323,15	$3{,}0945 \cdot 10^{-3}$	50	122,0	581,67
324,15	$3{,}0850 \cdot 10^{-3}$	51	123,8	583,47
325,15	$3{,}0755 \cdot 10^{-3}$	52	125,6	585,27
326,15	$3{,}0661 \cdot 10^{-3}$	53	127,4	587,07
327,15	$3{,}0567 \cdot 10^{-3}$	54	129,2	588,87
328,15	$3{,}0474 \cdot 10^{-3}$	55	131,0	590,67
329,15	$3{,}0381 \cdot 10^{-3}$	56	132,8	592,47
330,15	$3{,}0289 \cdot 10^{-3}$	57	134,6	594,27
331,15	$3{,}0198 \cdot 10^{-3}$	58	136,4	596,07
332,15	$3{,}0107 \cdot 10^{-3}$	59	138,2	597,87
333,15	$3{,}0017 \cdot 10^{-3}$	60	140,0	599,67
334,15	$2{,}9927 \cdot 10^{-3}$	61	141,8	601,47
335,15	$2{,}9837 \cdot 10^{-3}$	62	143,6	603,27
336,15	$2{,}9749 \cdot 10^{-3}$	63	145,4	605,07
337,15	$2{,}9660 \cdot 10^{-3}$	64	147,2	606,87
338,15	$2{,}9573 \cdot 10^{-3}$	65	149,0	608,67
339,15	$2{,}9485 \cdot 10^{-3}$	66	150,8	610,47
340,15	$2{,}9399 \cdot 10^{-3}$	67	152,6	612,27
341,15	$2{,}9313 \cdot 10^{-3}$	68	154,4	614,07
342,15	$2{,}9227 \cdot 10^{-3}$	69	156,2	615,87
343,15	$2{,}9142 \cdot 10^{-3}$	70	158,0	617,67
344,15	$2{,}9057 \cdot 10^{-3}$	71	159,8	619,47
345,15	$2{,}8973 \cdot 10^{-3}$	72	161,6	621,27
346,15	$2{,}8889 \cdot 10^{-3}$	73	163,4	623,07
347,15	$2{,}8806 \cdot 10^{-3}$	74	165,2	624,87
348,15	$2{,}8723 \cdot 10^{-3}$	75	167,0	626,67

°K	$\frac{1}{T}$ $\frac{1}{°K}$	°C	°F	°R
349,15	$2,8641 \cdot 10^{-3}$	76	168,8	628,47
350,15	$2,8559 \cdot 10^{-3}$	77	170,6	630,27
351,15	$2,8478 \cdot 10^{-3}$	78	172,4	632,07
352,15	$2,8397 \cdot 10^{-3}$	79	174,2	633,87
353,15	$2,8317 \cdot 10^{-3}$	80	176,0	635,67
354,15	$2,8237 \cdot 10^{-3}$	81	177,8	637,47
355,15	$2,8157 \cdot 10^{-3}$	82	179,6	639,27
356,15	$2,8078 \cdot 10^{-3}$	83	181,4	641,07
357,15	$2,7999 \cdot 10^{-3}$	84	183,2	642,87
358,15	$2,7921 \cdot 10^{-3}$	85	185,0	644,67
359,15	$2,7844 \cdot 10^{-3}$	86	186,8	646,47
360,15	$2,7766 \cdot 10^{-3}$	87	188,6	648,27
361,15	$2,7689 \cdot 10^{-3}$	88	190,4	650,07
362,15	$2,7613 \cdot 10^{-3}$	89	192,2	651,87
363,15	$2,7537 \cdot 10^{-3}$	90	194,0	653,67
364,15	$2,7461 \cdot 10^{-3}$	91	195,8	655,47
365,15	$2,7386 \cdot 10^{-3}$	92	197,6	657,27
366,15	$2,7311 \cdot 10^{-3}$	93	199,4	659,07
367,15	$2,7237 \cdot 10^{-3}$	94	201,2	660,87
368,15	$2,7163 \cdot 10^{-3}$	95	203,0	662,67
369,15	$2,7089 \cdot 10^{-3}$	96	204,8	664,47
370,15	$2,7016 \cdot 10^{-3}$	97	206,6	666,27
371,15	$2,6943 \cdot 10^{-3}$	98	208,4	668,07
372,15	$2,6871 \cdot 10^{-3}$	99	210,2	669,87
373,15	$2,6799 \cdot 10^{-3}$	100	212,0	671,67
374,15	$2,6727 \cdot 10^{-3}$	101	213,8	673,47
375,15	$2,6656 \cdot 10^{-3}$	102	215,6	675,27
376,15	$2,6585 \cdot 10^{-3}$	103	217,4	677,07
377,15	$2,6515 \cdot 10^{-3}$	104	219,2	678,87
378,15	$2,6445 \cdot 10^{-3}$	105	221,0	680,67
379,15	$2,6375 \cdot 10^{-3}$	106	222,8	682,47
380,15	$2,6305 \cdot 10^{-3}$	107	224,6	684,27
381,15	$2,6236 \cdot 10^{-3}$	108	226,4	686,07
382,15	$2,6168 \cdot 10^{-3}$	109	228,2	687,87
383,15	$2,6099 \cdot 10^{-3}$	110	230,0	689,67
384,15	$2,6031 \cdot 10^{-3}$	111	231,8	691,47
385,15	$2,5964 \cdot 10^{-3}$	112	233,6	693,27
386,15	$2,5897 \cdot 10^{-3}$	113	235,4	695,07
387,15	$2,5830 \cdot 10^{-3}$	114	237,2	696,87
388,15	$2,5763 \cdot 10^{-3}$	115	239,0	698,67
389,15	$2,5697 \cdot 10^{-3}$	116	240,8	700,47
390,15	$2,5631 \cdot 10^{-3}$	117	242,6	702,27
391,15	$2,5566 \cdot 10^{-3}$	118	244,4	704,07
392,15	$2,5500 \cdot 10^{-3}$	119	246,2	705,87
393,15	$2,5436 \cdot 10^{-3}$	120	248,0	707,67
394,14	$2,5371 \cdot 10^{-3}$	121	249,8	709,47
395,15	$2,5307 \cdot 10^{-3}$	122	251,6	711,27
396,15	$2,5243 \cdot 10^{-3}$	123	253,4	713,07
397,15	$2,5179 \cdot 10^{-3}$	124	255,2	714,87
398,15	$2,5116 \cdot 10^{-3}$	125	257,0	716,67
399,15	$2,5053 \cdot 10^{-3}$	126	258,8	718,47
400,15	$2,4991 \cdot 10^{-3}$	127	260,6	720,27
401,15	$2,4928 \cdot 10^{-3}$	128	262,4	722,07
402,15	$2,4866 \cdot 10^{-3}$	129	264,2	723,87
403,15	$2,4805 \cdot 10^{-3}$	130	266,0	725,67

°K	$\frac{1}{T}$ $\frac{1}{°K}$	°C	°F	°R
404,15	$2,4743 \cdot 10^{-3}$	131	267,8	727,47
405,15	$2,4682 \cdot 10^{-3}$	132	269,6	729,27
406,15	$2,4621 \cdot 10^{-3}$	133	271,4	731,07
407,15	$2,4561 \cdot 10^{-3}$	134	273,2	732,87
408,15	$2,4501 \cdot 10^{-3}$	135	275,0	734,67
409,15	$2,4441 \cdot 10^{-3}$	136	276,8	736,47
410,15	$2,4381 \cdot 10^{-3}$	137	278,6	738,27
411,15	$2,4322 \cdot 10^{-3}$	138	280,4	740,07
412,15	$2,4263 \cdot 10^{-3}$	139	282,2	741,87
413,15	$2,4204 \cdot 10^{-3}$	140	284,0	743,67
414,15	$2,4146 \cdot 10^{-3}$	141	285,8	745,47
415,15	$2,4088 \cdot 10^{-3}$	142	287,6	747,27
416,15	$2,4030 \cdot 10^{-3}$	143	289,4	749,07
417,15	$2,3972 \cdot 10^{-3}$	144	291,2	750,87
418,15	$2,3915 \cdot 10^{-3}$	145	293,0	752,67
419,15	$2,3858 \cdot 10^{-3}$	146	294,8	754,47
420,15	$2,3801 \cdot 10^{-3}$	147	296,6	756,27
421,15	$2,3745 \cdot 10^{-3}$	148	298,4	758,07
422,15	$2,3688 \cdot 10^{-3}$	149	300,2	759,87
423,15	$2,3632 \cdot 10^{-3}$	150	302,0	761,67
424,15	$2,3577 \cdot 10^{-3}$	151	303,8	763,47
425,15	$2,3521 \cdot 10^{-3}$	152	305,6	765,27
426,15	$2,3466 \cdot 10^{-3}$	153	307,4	767,07
427,15	$2,3411 \cdot 10^{-3}$	154	309,2	768,87
428,15	$2,3356 \cdot 10^{-3}$	155	311,0	770,67
429,15	$2,3302 \cdot 10^{-3}$	156	312,8	772,47
430,15	$2,3248 \cdot 10^{-3}$	157	314,6	774,27
431,15	$2,3194 \cdot 10^{-3}$	158	316,4	776,07
432,15	$2,3140 \cdot 10^{-3}$	159	318,2	777,87
433,15	$2,3087 \cdot 10^{-3}$	160	320,0	779,67
434,15	$2,3034 \cdot 10^{-3}$	161	321,8	781,47
435,15	$2,2981 \cdot 10^{-3}$	162	323,6	783,27
436,15	$2,2928 \cdot 10^{-3}$	163	325,4	785,07
437,15	$2,2875 \cdot 10^{-3}$	164	327,2	786,87
438,15	$2,2823 \cdot 10^{-3}$	165	329,0	788,67
439,15	$2,2771 \cdot 10^{-3}$	166	330,8	790,47
440,15	$2,2720 \cdot 10^{-3}$	167	332,6	792,27
441,15	$2,2668 \cdot 10^{-3}$	168	334,4	794,07
442,15	$2,2617 \cdot 10^{-3}$	169	336,2	795,87
443,15	$2,2566 \cdot 10^{-3}$	170	338,0	797,67
444,15	$2,2515 \cdot 10^{-3}$	171	339,8	799,47
445,15	$2,2464 \cdot 10^{-3}$	172	341,6	801,27
446,15	$2,2414 \cdot 10^{-3}$	173	343,4	803,07
447,15	$2,2364 \cdot 10^{-3}$	174	345,2	804,87
448,15	$2,2314 \cdot 10^{-3}$	175	347,0	806,67
449,15	$2,2264 \cdot 10^{-3}$	176	348,8	808,47
450,15	$2,2215 \cdot 10^{-3}$	177	350,6	810,27
451,15	$2,2166 \cdot 10^{-3}$	178	352,4	812,07
452,15	$2,2117 \cdot 10^{-3}$	179	354,2	813,87
453,15	$2,2068 \cdot 10^{-3}$	180	356,0	815,67
454,15	$2,2019 \cdot 10^{-3}$	181	357,8	817,47
455,15	$2,1971 \cdot 10^{-3}$	182	359,6	819,27
456,15	$2,1923 \cdot 10^{-3}$	183	361,4	821,07
457,15	$2,1875 \cdot 10^{-3}$	184	363,2	822,87
458,15	$2,1827 \cdot 10^{-3}$	185	365,0	824,67

°K	$\frac{1}{T}$ $\frac{1}{°K}$	°C	°F	°R
459,15	$2{,}1779 \cdot 10^{-3}$	186	366,8	826,47
460,15	$2{,}1732 \cdot 10^{-3}$	187	368,6	828,27
461,15	$2{,}1685 \cdot 10^{-3}$	188	370,4	830,07
462,15	$2{,}1638 \cdot 10^{-3}$	189	372,2	831,87
463,15	$2{,}1591 \cdot 10^{-3}$	190	374,0	833,67
464,15	$2{,}1545 \cdot 10^{-3}$	191	375,8	835,47
465,15	$2{,}1498 \cdot 10^{-3}$	192	377,6	837,27
466,15	$2{,}1452 \cdot 10^{-3}$	193	379,4	839,07
467,15	$2{,}1406 \cdot 10^{-3}$	194	381,2	840,87
468,15	$2{,}1361 \cdot 10^{-3}$	195	383,0	842,67
469,15	$2{,}1315 \cdot 10^{-3}$	196	384,8	844,47
470,15	$2{,}1270 \cdot 10^{-3}$	197	386,6	846,27
471,15	$2{,}1225 \cdot 10^{-3}$	198	388,4	848,07
472,15	$2{,}1180 \cdot 10^{-3}$	199	390,2	849,87
473,15	$2{,}1135 \cdot 10^{-3}$	200	392,0	851,67
478,15	$2{,}0914 \cdot 10^{-3}$	205	401,0	860,67
483,15	$2{,}0698 \cdot 10^{-3}$	210	410,0	869,67
488,15	$2{,}0486 \cdot 10^{-3}$	215	419,0	878,67
493,15	$2{,}0278 \cdot 10^{-3}$	220	428,0	887,67
498,15	$2{,}0074 \cdot 10^{-3}$	225	437,0	896,67
503,15	$1{,}9875 \cdot 10^{-3}$	230	446,0	905,67
508,15	$1{,}9679 \cdot 10^{-3}$	235	455,0	914,67
513,15	$1{,}9487 \cdot 10^{-3}$	240	464,0	923,67
518,15	$1{,}9299 \cdot 10^{-3}$	245	473,0	932,67
523,15	$1{,}9115 \cdot 10^{-3}$	250	482,0	941,67
528,15	$1{,}8934 \cdot 10^{-3}$	255	491,0	950,67
533,15	$1{,}8756 \cdot 10^{-3}$	260	500,0	959,67
538,15	$1{,}8582 \cdot 10^{-3}$	265	509,0	968,67
543,15	$1{,}8411 \cdot 10^{-3}$	270	518,0	977,67
548,15	$1{,}8243 \cdot 10^{-3}$	275	527,0	986,67
553,15	$1{,}8078 \cdot 10^{-3}$	280	536,0	995,67
558,15	$1{,}7916 \cdot 10^{-3}$	285	545,0	1004,67
563,15	$1{,}7757 \cdot 10^{-3}$	290	554,0	1013,67
568,15	$1{,}7601 \cdot 10^{-3}$	295	563,0	1022,67
573,15	$1{,}7447 \cdot 10^{-3}$	300	572,0	1031,67
578,15	$1{,}7297 \cdot 10^{-3}$	305	581,0	1040,67
583,15	$1{,}7148 \cdot 10^{-3}$	310	590,0	1049,67
588,15	$1{,}7002 \cdot 10^{-3}$	315	599,0	1058,67
593,15	$1{,}6859 \cdot 10^{-3}$	320	608,0	1067,67
598,15	$1{,}6718 \cdot 10^{-3}$	325	617,0	1076,67
603,15	$1{,}6580 \cdot 10^{-3}$	330	626,0	1085,67
608,15	$1{,}6443 \cdot 10^{-3}$	335	635,0	1094,67
613,15	$1{,}6309 \cdot 10^{-3}$	340	644,0	1103,67
618,15	$1{,}6177 \cdot 10^{-3}$	345	653,0	1112,67
623,15	$1{,}6048 \cdot 10^{-3}$	350	662,0	1121,67
628,15	$1{,}5920 \cdot 10^{-3}$	355	671,0	1130,67
633,15	$1{,}5794 \cdot 10^{-3}$	360	680,0	1139,67
638,15	$1{,}5670 \cdot 10^{-3}$	365	689,0	1148,67
643,15	$1{,}5548 \cdot 10^{-3}$	370	698,0	1157,67
648,15	$1{,}5429 \cdot 10^{-3}$	375	707,0	1166,67
653,15	$1{,}5310 \cdot 10^{-3}$	380	716,0	1175,67
658,15	$1{,}5194 \cdot 10^{-3}$	385	725,0	1184,67
663,15	$1{,}5080 \cdot 10^{-3}$	390	734,0	1193,67
668,15	$1{,}4967 \cdot 10^{-3}$	395	743,0	1202,67
673,15	$1{,}4856 \cdot 10^{-3}$	400	752,0	1211,67

°K	$\frac{1}{T}\ \frac{1}{°K}$	°C	°F	°R
678,15	$1{,}4746 \cdot 10^{-3}$	405	761,0	1220,67
683,15	$1{,}4638 \cdot 10^{-3}$	410	770,0	1229,67
688,15	$1{,}4532 \cdot 10^{-3}$	415	779,0	1238,67
693,15	$1{,}4427 \cdot 10^{-3}$	420	788,0	1247,67
698,15	$1{,}4324 \cdot 10^{-3}$	425	797,0	1256,67
703,15	$1{,}4222 \cdot 10^{-3}$	430	806,0	1265,67
708,15	$1{,}4121 \cdot 10^{-3}$	435	815,0	1274,67
713,15	$1{,}4022 \cdot 10^{-3}$	440	824,0	1283,67
718,15	$1{,}3925 \cdot 10^{-3}$	445	833,0	1292,67
723,15	$1{,}3828 \cdot 10^{-3}$	450	842,0	1301,67
728,15	$1{,}3733 \cdot 10^{-3}$	455	851,0	1310,67
733,15	$1{,}3640 \cdot 10^{-3}$	460	860,0	1319,67
738,15	$1{,}3547 \cdot 10^{-3}$	465	869,0	1328,67
743,15	$1{,}3456 \cdot 10^{-3}$	470	878,0	1337,67
748,15	$1{,}3366 \cdot 10^{-3}$	475	887,0	1346,67
753,15	$1{,}3278 \cdot 10^{-3}$	480	896,0	1355,67
758,15	$1{,}3190 \cdot 10^{-3}$	485	905,0	1364,67
763,15	$1{,}3104 \cdot 10^{-3}$	490	914,0	1373,67
768,15	$1{,}3018 \cdot 10^{-3}$	495	923,0	1382,67
773,15	$1{,}2934 \cdot 10^{-3}$	500	932,0	1391,67
783,15	$1{,}2769 \cdot 10^{-3}$	510	950,0	1409,67
793,15	$1{,}2608 \cdot 10^{-3}$	520	968,0	1427,67
803,15	$1{,}2451 \cdot 10^{-3}$	530	986,0	1445,67
813,15	$1{,}2298 \cdot 10^{-3}$	540	1004,0	1463,67
823,15	$1{,}2148 \cdot 10^{-3}$	550	1022,0	1481,67
833,15	$1{,}2003 \cdot 10^{-3}$	560	1040,0	1499,67
843,15	$1{,}1860 \cdot 10^{-3}$	570	1058,0	1517,67
853,15	$1{,}1721 \cdot 10^{-3}$	580	1076,0	1535,67
863,15	$1{,}1585 \cdot 10^{-3}$	590	1094,0	1553,67
873,15	$1{,}1453 \cdot 10^{-3}$	600	1112,0	1571,67
883,15	$1{,}1323 \cdot 10^{-3}$	610	1130,0	1589,67
893,15	$1{,}1196 \cdot 10^{-3}$	620	1148,0	1607,67
903,15	$1{,}1072 \cdot 10^{-3}$	630	1166,0	1625,67
913,15	$1{,}0951 \cdot 10^{-3}$	640	1184,0	1643,67
923,15	$1{,}0832 \cdot 10^{-3}$	650	1202,0	1661,67
933,15	$1{,}0716 \cdot 10^{-3}$	660	1220,0	1679,67
943,15	$1{,}0603 \cdot 10^{-3}$	670	1238,0	1697,67
953,15	$1{,}0492 \cdot 10^{-3}$	680	1256,0	1715,67
963,15	$1{,}0383 \cdot 10^{-3}$	690	1274,0	1733,67
973,15	$1{,}0276 \cdot 10^{-3}$	700	1292,0	1751,67
983,15	$1{,}0171 \cdot 10^{-3}$	710	1310,0	1769,67
993,15	$1{,}0069 \cdot 10^{-3}$	720	1328,0	1787,67
1003,15	$9{,}9686 \cdot 10^{-4}$	730	1346,0	1805,67
1013,15	$9{,}8702 \cdot 10^{-4}$	740	1364,0	1823,67
1023,15	$9{,}7737 \cdot 10^{-4}$	750	1382,0	1841,67
1033,15	$9{,}6791 \cdot 10^{-4}$	760	1400,0	1859,67
1043,15	$9{,}5863 \cdot 10^{-4}$	770	1418,0	1877,67
1053,15	$9{,}4953 \cdot 10^{-4}$	780	1436,0	1895,67
1063,15	$9{,}4060 \cdot 10^{-4}$	790	1454,0	1913,67
1073,15	$9{,}3184 \cdot 10^{-4}$	800	1472,0	1931,67
1083,15	$9{,}2323 \cdot 10^{-4}$	810	1490,0	1949,67
1093,15	$9{,}1479 \cdot 10^{-4}$	820	1508,0	1967,67
1103,15	$9{,}0650 \cdot 10^{-4}$	830	1526,0	1985,67
1113,15	$8{,}9835 \cdot 10^{-4}$	840	1544,0	2003,67
1123,15	$8{,}9035 \cdot 10^{-4}$	850	1562,0	2021,67

°K	$\frac{1}{T}$ $\frac{1}{°K}$	°C	°F	°R
1133,15	$8,8250 \cdot 10^{-4}$	860	1580,0	2039,67
1143,15	$8,7478 \cdot 10^{-4}$	870	1598,0	2057,67
1153,15	$8,6719 \cdot 10^{-4}$	880	1616,0	2075,67
1163,15	$8,5973 \cdot 10^{-4}$	890	1634,0	2093,67
1173,15	$8,5241 \cdot 10^{-4}$	900	1652,0	2111,67
1183,15	$8,4520 \cdot 10^{-4}$	910	1670,0	2129,67
1193,15	$8,3812 \cdot 10^{-4}$	920	1688,0	2147,67
1203,15	$8,3115 \cdot 10^{-4}$	930	1706,0	2165,67
1213,15	$8,2430 \cdot 10^{-4}$	940	1724,0	2183,67
1223,15	$8,1756 \cdot 10^{-4}$	950	1742,0	2201,67
1233,15	$8,1093 \cdot 10^{-4}$	960	1760,0	2219,67
1243,15	$8,0441 \cdot 10^{-4}$	970	1778,0	2237,67
1253,15	$7,9799 \cdot 10^{-4}$	980	1796,0	2255,67
1263,15	$7,9167 \cdot 10^{-4}$	990	1814,0	2273,67
1273,15	$7,8545 \cdot 10^{-4}$	1000	1832,0	2291,67
1283,15	$7,7933 \cdot 10^{-4}$	1010	1850,0	2309,67
1293,15	$7,7331 \cdot 10^{-4}$	1020	1868,0	2327,67
1303,15	$7,6737 \cdot 10^{-4}$	1030	1886,0	2345,67
1313,15	$7,6153 \cdot 10^{-4}$	1040	1904,0	2363,67
1323,15	$7,5577 \cdot 10^{-4}$	1050	1922,0	2381,67
1333,15	$7,5010 \cdot 10^{-4}$	1060	1940,0	2399,67
1343,15	$7,4452 \cdot 10^{-4}$	1070	1958,0	2417,67
1353,15	$7,3902 \cdot 10^{-4}$	1080	1976,0	2435,67
1363,15	$7,3359 \cdot 10^{-4}$	1090	1994,0	2453,67
1373,15	$7,2825 \cdot 10^{-4}$	1100	2012,0	2471,67
1383,15	$7,2299 \cdot 10^{-4}$	1110	2030,0	2489,67
1393,15	$7,1780 \cdot 10^{-4}$	1120	2048,0	2507,67
1403,15	$7,1268 \cdot 10^{-4}$	1130	2066,0	2525,67
1413,15	$7,0764 \cdot 10^{-4}$	1140	2084,0	2543,67
1423,15	$7,0267 \cdot 10^{-4}$	1150	2102,0	2561,67
1433,15	$6,9776 \cdot 10^{-4}$	1160	2120,0	2579,67
1443,15	$6,9293 \cdot 10^{-4}$	1170	2138,0	2597,67
1453,15	$6,8816 \cdot 10^{-4}$	1180	2156,0	2615,67
1463,15	$6,8346 \cdot 10^{-4}$	1190	2174,0	2633,67
1473,15	$6,7882 \cdot 10^{-4}$	1200	2192,0	2651,67
1483,15	$6,7424 \cdot 10^{-4}$	1210	2210,0	2669,67
1493,15	$6,6973 \cdot 10^{-4}$	1220	2228,0	2687,67
1503,15	$6,6527 \cdot 10^{-4}$	1230	2246,0	2705,67
1513,15	$6,6087 \cdot 10^{-4}$	1240	2264,0	2723,67
1523,15	$6,5653 \cdot 10^{-4}$	1250	2282,0	2741,67
1533,15	$6,5225 \cdot 10^{-4}$	1260	2300,0	2759,67
1543,15	$6,4803 \cdot 10^{-4}$	1270	2318,0	2777,67
1553,15	$6,4385 \cdot 10^{-4}$	1280	2336,0	2795,67
1563,15	$6,3973 \cdot 10^{-4}$	1290	2354,0	2813,67
1573,15	$6,3567 \cdot 10^{-4}$	1300	2372,0	2831,67
1583,15	$6,3165 \cdot 10^{-4}$	1310	2390,0	2849,67
1593,15	$6,2769 \cdot 10^{-4}$	1320	2408,0	2867,67
1603,15	$6,2377 \cdot 10^{-4}$	1330	2426,0	2885,67
1613,15	$6,1991 \cdot 10^{-4}$	1340	2444,0	2903,67
1623,15	$6,1609 \cdot 10^{-4}$	1350	2462,0	2921,67
1633,15	$6,1231 \cdot 10^{-4}$	1360	2480,0	2939,67
1643,15	$6,0859 \cdot 10^{-4}$	1370	2498,0	2957,67
1653,15	$6,0491 \cdot 10^{-4}$	1380	2516,0	2975,67
1663,15	$6,0127 \cdot 10^{-4}$	1390	2534,0	2993,67
1673,15	$5,9768 \cdot 10^{-4}$	1400	2552,0	3011,67

°K	$\frac{1}{T}$ $\frac{1}{°K}$	°C	°F	°R
1683,15	$5{,}9412 \cdot 10^{-4}$	1410	2570,0	3029,67
1693,15	$5{,}9062 \cdot 10^{-4}$	1420	2588,0	3047,67
1703,15	$5{,}8715 \cdot 10^{-4}$	1430	2606,0	3065,67
1713,15	$5{,}8372 \cdot 10^{-4}$	1440	2624,0	3083,67
1723,15	$5{,}8033 \cdot 10^{-4}$	1450	2642,0	3101,67
1733,15	$5{,}7698 \cdot 10^{-4}$	1460	2660,0	3119,67
1743,15	$5{,}7367 \cdot 10^{-4}$	1470	2678,0	3137,67
1753,15	$5{,}7040 \cdot 10^{-4}$	1480	2696,0	3155,67
1763,15	$5{,}6717 \cdot 10^{-4}$	1490	2714,0	3173,67
1773,15	$5{,}6397 \cdot 10^{-4}$	1500	2732,0	3191,67
1783,15	$5{,}6081 \cdot 10^{-4}$	1510	2750,0	3209,67
1793,15	$5{,}5768 \cdot 10^{-4}$	1520	2768,0	3227,67
1803,15	$5{,}5459 \cdot 10^{-4}$	1530	2786,0	3245,67
1813,15	$5{,}5153 \cdot 10^{-4}$	1540	2804,0	3263,67
1823,15	$5{,}4850 \cdot 10^{-4}$	1550	2822,0	3281,67
1833,15	$5{,}4551 \cdot 10^{-4}$	1560	2840,0	3299,67
1843,15	$5{,}4255 \cdot 10^{-4}$	1570	2858,0	3317,67
1853,15	$5{,}3962 \cdot 10^{-4}$	1580	2876,0	3335,67
1863,15	$5{,}3673 \cdot 10^{-4}$	1590	2894,0	3353,67
1873,15	$5{,}3386 \cdot 10^{-4}$	1600	2912,0	3371,67
1883,15	$5{,}3103 \cdot 10^{-4}$	1610	2930,0	3389,67
1893,15	$5{,}2822 \cdot 10^{-4}$	1620	2948,0	3407,67
1903,15	$5{,}2544 \cdot 10^{-4}$	1630	2966,0	3425,67
1913,15	$5{,}2270 \cdot 10^{-4}$	1640	2984,0	3443,67
1923,15	$5{,}1998 \cdot 10^{-4}$	1650	3002,0	3461,67
1933,15	$5{,}1729 \cdot 10^{-4}$	1660	3020,0	3479,67
1943,15	$5{,}1463 \cdot 10^{-4}$	1670	3038,0	3497,67
1953,15	$5{,}1199 \cdot 10^{-4}$	1680	3056,0	3515,67
1963,15	$5{,}0939 \cdot 10^{-4}$	1690	3073,0	3533,67
1973,15	$5{,}0680 \cdot 10^{-4}$	1700	3092,0	3551,67
1983,15	$5{,}0425 \cdot 10^{-4}$	1710	3110,0	3569,67
1993,15	$0{,}0172 \cdot 10^{-4}$	1720	3128,0	3587,67
2003,15	$4{,}9921 \cdot 10^{-4}$	1730	3146,0	3605,67
2013,15	$4{,}9673 \cdot 10^{-4}$	1740	3164,0	3623,67
2023,15	$4{,}9428 \cdot 10^{-4}$	1750	3182,0	3641,67
2033,15	$4{,}9185 \cdot 10^{-4}$	1760	3200,0	3659,67
2043,15	$4{,}8944 \cdot 10^{-4}$	1770	3218,0	3677,67
2053,15	$4{,}8706 \cdot 10^{-4}$	1780	3236,0	3695,67
2063,15	$4{,}8470 \cdot 10^{-4}$	1790	3254,0	3713,67
2073,15	$4{,}8236 \cdot 10^{-4}$	1800	3272,0	3731,67
2083,15	$4{,}8004 \cdot 10^{-4}$	1810	3290,0	3749,67
2093,15	$4{,}7775 \cdot 10^{-4}$	1820	3308,0	3767,67
2103,15	$4{,}7548 \cdot 10^{-4}$	1830	3326,0	3785,67
2113,15	$4{,}7323 \cdot 10^{-4}$	1840	3344,0	3803,67
2123,15	$4{,}7100 \cdot 10^{-4}$	1850	3362,0	3821,67
2133,15	$4{,}6879 \cdot 10^{-4}$	1860	3380,0	3839,67
2143,15	$4{,}6660 \cdot 10^{-4}$	1870	3398,0	3857,67
2153,15	$4{,}6444 \cdot 10^{-4}$	1880	3416,0	3875,67
2163,15	$4{,}6229 \cdot 10^{-4}$	1890	3434,0	3893,67
2173,15	$4{,}6016 \cdot 10^{-4}$	1900	3452,0	3911,67
2183,15	$4{,}5805 \cdot 10^{-4}$	1910	3470,0	3929,67
2193,15	$4{,}5597 \cdot 10^{-4}$	1920	3488,0	3947,67
2203,15	$4{,}5390 \cdot 10^{-4}$	1930	3506,0	3965,67
2213,15	$4{,}5184 \cdot 10^{-4}$	1940	3524,0	3983,67
2223,15	$4{,}4981 \cdot 10^{-4}$	1950	3542,0	4001,67

°K	$\frac{1}{T}$ $\frac{1}{°K}$	°C	°F	°R
2233,15	$4{,}4780 \cdot 10^{-4}$	1960	3560,0	4019,67
2243,15	$4{,}4580 \cdot 10^{-4}$	1970	3578,0	4037,67
2253,15	$4{,}4382 \cdot 10^{-4}$	1980	3596,0	4055,67
2263,15	$4{,}4186 \cdot 10^{-4}$	1990	3614,0	4073,67
2273,15	$4{,}3992 \cdot 10^{-4}$	2000	3632,0	4091,67
2283,15	$4{,}3799 \cdot 10^{-4}$	2010	3650,0	4109,67
2293,15	$4{,}3608 \cdot 10^{-4}$	2020	3668,0	4127,67
2303,15	$4{,}3419 \cdot 10^{-4}$	2030	3686,0	4145,67
2313,15	$4{,}3231 \cdot 10^{-4}$	2040	3704,0	4163,67
2323,15	$4{,}3045 \cdot 10^{-4}$	2050	3722,0	4181,67
2333,15	$4{,}2861 \cdot 10^{-4}$	2060	3740,0	4199,67
2343,15	$4{,}2678 \cdot 10^{-4}$	2070	3758,0	4217,67
2353,15	$4{,}2496 \cdot 10^{-4}$	2080	3776,0	4235,67
2363,15	$4{,}2316 \cdot 10^{-4}$	2090	3794,0	4253,67
2373,15	$4{,}2138 \cdot 10^{-4}$	2100	3812,0	4271,67
2383,15	$4{,}1961 \cdot 10^{-4}$	2110	3830,0	4289,67
2393,15	$4{,}1786 \cdot 10^{-4}$	2120	3848,0	4307,67
2403,15	$4{,}1612 \cdot 10^{-4}$	2130	3866,0	4325,67
2413,15	$4{,}1440 \cdot 10^{-4}$	2140	3884,0	4343,67
2423,15	$4{,}1269 \cdot 10^{-4}$	2150	3902,0	4361,67
2433,15	$4{,}1099 \cdot 10^{-4}$	2160	3920,0	4379,67
2443,15	$4{,}0931 \cdot 10^{-4}$	2170	3938,0	4397,67
2453,15	$4{,}0764 \cdot 10^{-4}$	2180	3956,0	4415,67
2463,15	$4{,}0598 \cdot 10^{-4}$	2190	3974,0	4433,67
2473,15	$4{,}0434 \cdot 10^{-4}$	2200	3992,0	4451,67
2483,15	$4{,}0271 \cdot 10^{-4}$	2210	4010,0	4469,67
2493,15	$4{,}0110 \cdot 10^{-4}$	2220	4028,0	4487,67
2503,15	$3{,}9950 \cdot 10^{-4}$	2230	4046,0	4505,67
2513,15	$3{,}9791 \cdot 10^{-4}$	2240	4064,0	4523,67
2523,15	$3{,}9633 \cdot 10^{-4}$	2250	4082,0	4541,67
2533,15	$3{,}9477 \cdot 10^{-4}$	2260	4100,0	4559,67
2543,15	$3{,}9321 \cdot 10^{-4}$	2270	4118,0	4577,67
2553,15	$3{,}9167 \cdot 10^{-4}$	2280	4136,0	4595,67
2563,15	$3{,}9014 \cdot 10^{-4}$	2290	4154,0	4613,67
2573,15	$3{,}8863 \cdot 10^{-4}$	2300	4172,0	4631,67
2583,15	$3{,}8712 \cdot 10^{-4}$	2310	4190,0	4649,67
2593,15	$3{,}8563 \cdot 10^{-4}$	2320	4208,0	4667,67
2603,15	$3{,}8415 \cdot 10^{-4}$	2330	4226,0	4685,67
2613,15	$3{,}8268 \cdot 10^{-4}$	2340	4244,0	4703,67
2623,15	$3{,}8122 \cdot 10^{-4}$	2350	4262,0	4721,67
2633,15	$3{,}7977 \cdot 10^{-4}$	2360	4280,0	4739,67
2643,15	$3{,}7834 \cdot 10^{-4}$	2370	4298,0	4757,67
2653,15	$3{,}7691 \cdot 10^{-4}$	2380	4316,0	4775,67
2663,15	$3{,}7550 \cdot 10^{-4}$	2390	4334,0	4793,67
2673,15	$3{,}7409 \cdot 10^{-4}$	2400	4352,0	4811,67
2683,15	$3{,}7270 \cdot 10^{-4}$	2410	4370,0	4829,67
2693,15	$3{,}7131 \cdot 10^{-4}$	2420	4388,0	4847,67
2703,15	$3{,}6994 \cdot 10^{-4}$	2430	4406,0	4865,67
2713,15	$3{,}6858 \cdot 10^{-4}$	2440	4424,0	4883,67
2723,15	$3{,}6722 \cdot 10^{-4}$	2450	4442,0	4901,67
2733,15	$3{,}6588 \cdot 10^{-4}$	2460	4460,0	4919,67
2743,15	$3{,}6454 \cdot 10^{-4}$	2470	4478,0	4937,67
2753,15	$3{,}6322 \cdot 10^{-4}$	2480	4496,0	4955,67
2763,15	$3{,}6191 \cdot 10^{-4}$	2490	4514,0	4973,67
2773,15	$3{,}6060 \cdot 10^{-4}$	2500	4532,0	4991,67

11325. Umrechnung von Druckeinheiten

	ist gleich					
	N/m^2	mm WS	Torr	at	bar	atm
1 N/m^2 =	1	$1{,}0197 \cdot 10^{-1}$	$7{,}5006 \cdot 10^{-3}$	$1{,}0197 \cdot 10^{-5}$	10^{-5}	$9{,}8692 \cdot 10^{-6}$
mm WS* =	9,8064	1	$7{,}3554 \cdot 10^{-2}$	$9{,}9997 \cdot 10^{-5}$	$9{,}8064 \cdot 10^{-5}$	$9{,}6781 \cdot 10^{-5}$
1 Torr =	$1{,}3332 \cdot 10^{2}$	$1{,}3595 \cdot 10$	1	$1{,}3595 \cdot 10^{-3}$	$1{,}3332 \cdot 10^{-3}$	$1{,}3158 \cdot 10^{-3}$
1 at = 10^4 kp/m^2 =	$9{,}8067 \cdot 10^{4}$	$1{,}00003 \cdot 10^{4}$	$7{,}3556 \cdot 10^{2}$	1	$9{,}8067 \cdot 10^{-1}$	$9{,}6784 \cdot 10^{-1}$
1 bar (10^6 dyn/cm^2) =	10^{5}	$1{,}0197 \cdot 10^{4}$	$7{,}5006 \cdot 10^{2}$	1,0197	1	$9{,}8692 \cdot 10^{-1}$
1 atm =	$1{,}0133 \cdot 10^{5}$	$1{,}0333 \cdot 10^{4}$	$7{,}6000 \cdot 10^{2}$	1,0332	1,0133	1

* 1 mmWS ≈ 1 kp/mm^2 s. S. 9.

11326. Umrechnung von Energieeinheiten

	ist gleich oder entspricht								
	J	kWh	mkp	latm	cal_{IT}	eV	cm^{-1}	Ry	°K
1 J	1	$2{,}7778 \cdot 10^{-7}$	$1{,}0197 \cdot 10^{-1}$	$9{,}8690 \cdot 10^{-3}$	$2{,}3885 \cdot 10^{-1}$	$6{,}2421 \cdot 10^{18}$	$5{,}0345 \cdot 10^{22}$	$4{,}5903 \cdot 10^{17}$	$7{,}2438 \cdot 10^{22}$
1 kWh	$3{,}600 \cdot 10^{6}$	1	$3{,}6710 \cdot 10^{5}$	$3{,}5528 \cdot 10^{4}$	$8{,}5984 \cdot 10^{5}$	$2{,}2471 \cdot 10^{25}$	$1{,}8124 \cdot 10^{29}$	$1{,}6525 \cdot 10^{24}$	$2{,}6078 \cdot 10^{29}$
1 mkp	9,8066	$2{,}7241 \cdot 10^{-6}$	1	$9{,}6782 \cdot 10^{-2}$	2,3423	$6{,}1214 \cdot 10^{19}$	$4{,}9372 \cdot 10^{23}$	$4{,}5015 \cdot 10^{18}$	$7{,}1037 \cdot 10^{23}$
1 latm	$1{,}0133 \cdot 10^{2}$	$2{,}8147 \cdot 10^{-5}$	$1{,}0333 \cdot 10$	1	$2{,}4202 \cdot 10$	$6{,}3250 \cdot 10^{20}$	$5{,}1012 \cdot 10^{24}$	$4{,}6513 \cdot 10^{19}$	$7{,}3399 \cdot 10^{24}$
1 cal_{IT}	4,1868	$1{,}1630 \cdot 10^{-6}$	$4{,}2693 \cdot 10^{-1}$	$4{,}1319 \cdot 10^{-2}$	1	$2{,}6134 \cdot 10^{19}$	$2{,}1078 \cdot 10^{23}$	$1{,}9219 \cdot 10^{18}$	$3{,}0328 \cdot 10^{23}$
1 eV	$1{,}6021 \cdot 10^{-19}$	$4{,}4503 \cdot 10^{-26}$	$1{,}6337 \cdot 10^{-20}$	$1{,}5811 \cdot 10^{-21}$	$3{,}8265 \cdot 10^{-20}$	1	$8{,}0658 \cdot 10^{3}$	$7{,}3541 \cdot 10^{-2}$	$1{,}1605 \cdot 10^{4}$
1 cm^{-1}	$1{,}9863 \cdot 10^{-23}$	$5{,}5175 \cdot 10^{-30}$	$2{,}0255 \cdot 10^{-24}$	$1{,}9603 \cdot 10^{-25}$	$4{,}7442 \cdot 10^{-24}$	$1{,}2397 \cdot 10^{-4}$	1	$9{,}1177 \cdot 10^{-6}$	1,4388
1 Ry	$2{,}1785 \cdot 10^{-18}$	$6{,}0514 \cdot 10^{-25}$	$2{,}2215 \cdot 10^{-19}$	$2{,}1500 \cdot 10^{-20}$	$5{,}2032 \cdot 10^{-19}$	$1{,}3597 \cdot 10$	$1{,}0968 \cdot 10^{5}$	1	$1{,}5781 \cdot 10^{5}$
1° K	$1{,}3805 \cdot 10^{-23}$	$3{,}8347 \cdot 10^{-30}$	$1{,}4077 \cdot 10^{-24}$	$1{,}3624 \cdot 10^{-25}$	$3{,}2973 \cdot 10^{-24}$	$8{,}6167 \cdot 10^{-5}$	$6{,}9502 \cdot 10^{-1}$	$6{,}3369 \cdot 10^{-6}$	1

114. Elektrische und magnetische Einheiten

	MKSA-System [LMTJ]		Elektromagnetische Dreiergrößen			Elektrostatische Dreiergrößen		
	Formelzeichen	Einheit	Formelzeichen	Einheit	Multiplikationsfaktor um den Zahlenwert im MKSA-System zu erhalten	Formelzeichen	Einheit	Multiplikationsfaktor um den Zahlenwert im MKSA-System zu erhalten
Absolute Dielektrizitätskonstante	ε	$m^{-3}kg^{-1}s^4A^2 = Fm^{-1}$	—	—	—	—	—	—
Elektrische Spannung	U	$m^2kgs^{-3}A^{-1} = V$ (Volt)	U_m	$cm^{\frac{3}{2}}g^{\frac{1}{2}}s^{-2}$	10^{-8}	U_s	$cm^{\frac{1}{2}}g^{\frac{1}{2}}s^{-1}$	$c_0 \cdot 10^{-8} = 2{,}9979 \cdot 10^2$
Elektrische Stromstärke	I	A (Ampère)	I_m	$cm^{\frac{1}{2}}g^{\frac{1}{2}}s^{-1}$	10	I_s	$cm^{\frac{3}{2}}g^{\frac{1}{2}}s^{-2}$	$10 \cdot c_0^{-1} = 3{,}3356 \cdot 10^{-10}$
Elektrische Stromdichte	G	$m^{-2}A$	G_m	$cm^{-\frac{3}{2}}g^{\frac{1}{2}}s^{-1}$	10^5	G_s	$cm^{-\frac{1}{2}}g^{\frac{1}{2}}s^{-2}$	$10^5 c_0^{-1} = 3{,}3356 \cdot 10^{-6}$
Elektrische Feldstärke	E	$mkgs^{-3}A^{-1} = Vm^{-1}$	E_m	$cm^{\frac{1}{2}}g^{\frac{1}{2}}s^{-2}$	10^{-6}	E_s	$cm^{-\frac{1}{2}}g^{\frac{1}{2}}s^{-1}$	$10^{-6} c_0 = 2{,}9979 \cdot 10^4$
Elektrische Verschiebung	D	$m^{-2}sA = Cm^{-2}$	D_m	$cm^{-\frac{3}{2}}g^{\frac{1}{2}}$	$\frac{10^5}{4\pi} = 0{,}795775 \cdot 10^4$	D_s	$cm^{-\frac{1}{2}}g^{\frac{1}{2}}s^{-1}$	$\frac{10^5}{4\pi c_0} = 0{,}26544 \cdot 10^{-6}$
Elektrischer Verschiebungsfluß	Ψ	$sA = C$ (Coulomb)	Ψ_m	$cm^{\frac{1}{2}}g^{\frac{1}{2}}$	$\frac{10}{4\pi} = 0{,}795775$	Ψ_s	$cm^{\frac{3}{2}}g^{\frac{1}{2}}s^{-1}$	$\frac{10}{4\pi c_0} = 2{,}6544 \cdot 10^{-11}$
Elektrische Ladung	Q	$sA = C$ (Coulomb)	Q_m	$cm^{\frac{1}{2}}g^{\frac{1}{2}}$	10	Q_s	$cm^{\frac{3}{2}}g^{\frac{1}{2}}s^{-1}$	$\frac{10}{c_0} = 3{,}3356 \cdot 10^{-10}$
Elektrische Raumladungsdichte	η	$m^{-3}sA = Cm^{-3}$	η_m	$cm^{-\frac{5}{2}}g^{\frac{1}{2}}$	10^7	η_s	$cm^{-\frac{3}{2}}g^{\frac{1}{2}}s^{-1}$	$10^7 c_0^{-1} = 3{,}3356 \cdot 10^{-4}$
Elektrische Suszeptibilität		1		1	$4\pi = 1{,}256637 \cdot 10$		1	$4\pi = 1{,}256637 \cdot 10$
Elektrische Polarisation	P	$m^{-2}sA = Cm^{-2}$	P_m	$cm^{-\frac{3}{2}}g^{\frac{1}{2}}$	10^5	P_s	$cm^{-\frac{1}{2}}g^{\frac{1}{2}}s^{-1}$	$\frac{10^5}{c_0} = 3{,}3356 \cdot 10^{-6}$
Elektrisches Moment	p	$msA = Cm$	p_m	$cm^{\frac{3}{2}}g^{\frac{1}{2}}$	10^{-1}	p_s	$cm^{\frac{5}{2}}g^{\frac{1}{2}}s^{-1}$	$\frac{10^{-1}}{c_0} = 3{,}3356 \cdot 10^{-12}$
Kapazität	C	$m^{-2}kg^{-1}s^4A^2 = F$ (Farad)	C_m	$cm^{-1}s^2$	10^9	C_s	cm	$\frac{10^9}{c_0^2} = 1{,}1126 \cdot 10^{-12}$

Elektrischer Widerstand	R	$m^2kgs^{-3}A^{-2}=\Omega$ (Ohm)	R_m	cms^{-1}	10^{-9}	R_s	$cm^{-1}s$	$10^{-9}c_0^2=0{,}8988\cdot10^{12}$
Spez. elektr. Widerstand	ϱ	$m^3kgs^{-3}A^{-2}=\Omega m$	ϱ_m	cm^2s^{-1}	10^{-11}	ϱ_s	s	$10^{-11}c_0^2=0{,}8988\cdot10^{10}$
Elektrische Leitfähigkeit	σ	$m^{-3}kg^{-1}s^3A^2=S=$ (Siemens-Meter)	σ_m	$cm^{-1}s$	10^{11}	σ_s	$cm^{+1}s^{-1}$	$\frac{10^{11}}{c_0^2}=1{,}1126\cdot10^{-10}$
Elektrische Induktivität	e_L	$m^2kgs^{-2}A^{-2}=H=$(Henry)	e_{L_m}	cm	10^{-9}	e_{L_s}	$cm^{-1}s^2$	$10^{-9}\cdot c_0^2=0{,}8988\cdot10^{12}$
Magnetische Spannung	V	A	V_m	$cm^{\frac{1}{2}}g^{\frac{1}{2}}s^{-1}$ = Gb (1)	$\frac{10}{4\pi}=0{,}795775$	V_s	$cm^{\frac{3}{2}}g^{\frac{1}{2}}s^{-2}$	$\frac{10}{4\pi c_0}=2{,}6544\cdot10^{-11}$
Magnetische Feldstärke	H	$m^{-1}A$	H_m	$cm^{-\frac{1}{2}}g^{\frac{1}{2}}s^{-1}$ = Oe (2)	$\frac{10^3}{4\pi}=0{,}795775\cdot10^2$	H_s	$cm^{\frac{1}{2}}g^{\frac{1}{2}}s^{-2}$	$\frac{10^3}{4\pi c_0}=2{,}6544\cdot10^{-9}$
Magnetische Induktion	B	$kgs^{-2}A^{-1}=Wbm^{-2}$	B_m	$cm^{-\frac{1}{2}}g^{\frac{1}{2}}s^{-1}$ = Gs (3)	10^{-4}	B_s	$cm^{-\frac{3}{2}}g^{\frac{1}{2}}$	$10^{-4}c_0=2{,}9979\cdot10^6$
Magnetischer Induktionsfluß	Φ	$m^2kgs^{-2}A^{-1}=Wb$ (Weber)	Φ_m	$cm^{\frac{3}{2}}g^{\frac{1}{2}}s^{-1}$ = Mx (4)	10^{-8}	Φ_s	$cm^{\frac{1}{2}}g^{\frac{1}{2}}$	$10^{-8}c_0=2{,}9979\cdot10^2$
Coulombsches magnet. Moment	m_H	$m^3kgs^{-2}A^{-1}=Wb\cdot m$	m_{H_m}	$cm^{\frac{5}{2}}g^{\frac{1}{2}}s^{-1}$	$4\pi\cdot10^{-10}=1{,}256637\cdot10^{-9}$	m_{H_s}	$cm^{\frac{3}{2}}g^{\frac{1}{2}}$	$4\pi\cdot10^{-10}c_0=3{,}7673\cdot10$
Magnetisierung	M	$m^{-1}A$	M_m	$cm^{-\frac{1}{2}}g^{\frac{1}{2}}s^{-1}$ = Oe	10^3	M_s	$cm^{\frac{1}{2}}g^{\frac{1}{2}}s^{-2}$	$\frac{10^3}{c_0}=3{,}3356\cdot10^{-8}$
(Ampèresches) magnetisches Moment	m_B	m^2A	m_{B_m}	$cm^{\frac{5}{2}}g^{\frac{1}{2}}s^{-1}$	10^{-3}	m_{B_s}	$cm^{\frac{7}{2}}g^{\frac{1}{2}}s^{-2}$	$10^{-3}c_0^{-1}=3{,}3356\cdot10^{-14}$
(Ampèresche) magnetische Polstärke	m	mA	m_m	$cm^{\frac{3}{2}}g^{\frac{1}{2}}s^{-1}$	10^{-1}	m_s	$cm^{\frac{5}{2}}g^{\frac{1}{2}}s^{-2}$	$10^{-1}c_0^{-1}=3{,}3356\cdot10^{-12}$
Magnetische Polarisation	I	$kgs^{-2}A^{-1}=Wbm^{-2}$	I_m	$cm^{-\frac{1}{2}}g^{\frac{1}{2}}s^{-1}$	$4\pi\cdot10^{-4}=1{,}256637\cdot10^{-3}$	I_s	$cm^{-\frac{3}{2}}g^{\frac{1}{2}}$	$4\pi\cdot10^{-4}c_0=3{,}7673\cdot10^7$
Magnetischer Leitwert	Λ	$m^2kgs^{-2}A^{-2}=H$	Λ_m	cm	$4\pi\cdot10^{-9}=1{,}256637\cdot10^{-8}$	Λ_s	$cm^{-1}s^2$	$4\pi\cdot10^{-9}c_0^2=1{,}1294\cdot10^{13}$
Elektromagnetische Induktivität	m_L	$m^2kgs^{-2}A^{-2}=H$ (Henry)	m_{L_m}	cm	10^{-9}	m_{L_s}	$cm^{-1}s^2$	$10^{-9}c_0^2=0{,}8988\cdot10^{12}$

(1) Gb = Gilbert. (2) Oe = Oersted. (3) Gs = Gauß. (4) Mx = Maxwell

115. Physikalische und lichttechnische Strahlungsgrößen

Das menschliche Auge empfindet Strahlung im Gebiete von ≈ 380 bis ≈ 780 nm als Licht. Die Empfindlichkeit ist je nach der Größe der Leuchtdichte unterschiedlich. Im Gebiete des Tagessehens (Leuchtdichten = $> \sim 10^2$ asb) sprechen nur die Zäpfchen (Tagessehen) im Gebiete $\leqq 10^{-2}$ asb nur die Stäbchen (Nachtsehen) an, in dem Zwischengebiet sprechen beide gemeinsam an.

Die relative Hellempfindlichkeit für Tagessehen ($V\lambda$) und die für Nachtsehen (V'_λ) sind in Tabelle 1151 wiedergegeben. In beiden Fällen ist die maximale Empfindlichkeit gleich 1 gesetzt. Der Maximalwert des photometrischen Strahlungsäquivalentes (Km) liegt für Tagessehen zwischen den Wellenlängen 550 und 560 nm und hat den Wert $Km = 680\,lm$, wenn folgende Werte: Platinschmelzpunkt $F_{\mathrm{Pt}} = 2042{,}15°$ K und die Konstanten des Planck'schen Strahlungsgesetzes $c_1 = 3{,}741 \cdot 10^{-16}$ Wm²sr⁻¹ und $c_2 = 1{,}438 \cdot 10^{-2}$ mgrd zugrunde gelegt werden.

1151. Spektraler Hellempfindlichkeitsgrad

Wellenlänge λ in nm	des menschlichen Auges für Tagessehen $V(\lambda)$	des menschlichen Auges für Nachtsehen $V'(\lambda)$	Wellenlänge in nm	des menschlichen Auges für Tagessehen $V(\lambda)$	des menschlichen Auges für Nachtsehen $V'(\lambda)$
380	0,0000	$5{,}89 \cdot 10^{-4}$	580	0,870	0,1212
390	0,0001	$2{,}209 \cdot 10^{-3}$	590	0,757	$6{,}55 \cdot 10^{-2}$
400	0,0004	$9{,}29 \cdot 10^{-3}$	600	0,631	$3{,}315 \cdot 10^{-2}$
410	0,0012	$3{,}484 \cdot 10^{-2}$	610	0,503	$1{,}593 \cdot 10^{-2}$
420	0,0040	$9{,}66 \cdot 10^{-2}$	620	0,381	$7{,}37 \cdot 10^{-3}$
430	0,0116	0,1998	630	0,265	$3{,}335 \cdot 10^{-3}$
440	0,023	0,3281	640	0,175	$1{,}497 \cdot 10^{-3}$
450	0,038	0,455	650	0,107	$6{,}77 \cdot 10^{-4}$
460	0,060	0,567	660	0,061	$3{,}129 \cdot 10^{-4}$
470	0,091	0,676	670	0,032	$1{,}480 \cdot 10^{-4}$
480	0,139	0,793	680	0,017	$7{,}15 \cdot 10^{-5}$
490	0,208	0,904	690	0,0082	$3{,}533 \cdot 10^{-5}$
500	0,323	0,982	700	0,0041	$1{,}780 \cdot 10^{-5}$
510	0,503	0,997	710	0,0021	$9{,}14 \cdot 10^{-6}$
520	0,710	0,935	720	0,00105	$4{,}78 \cdot 10^{-6}$
530	0,862	0,811	730	0,00052	$2{,}546 \cdot 10^{-6}$
540	0,954	0,650	740	0,00025	$1{,}379 \cdot 10^{-6}$
550	0,995	0,481	750	0,00012	$7{,}60 \cdot 10^{-7}$
560	0,995	0,3288	760	0,00006	$4{,}25 \cdot 10^{-7}$
570	0,952	0,2076	770	0,00003	$2{,}41 \cdot 10^{-7}$
			780	0,000015	$1{,}39 \cdot 10^{-7}$

1152. Strahlungsgrößen [1]

Physikalische Größen			Lichttechnische Größen			
Größe und Zeichen	Erklärung	Einheit	Größe und Zeichen	Beziehung	Einheit Name	Kurzzeichen
Strahlungsfluß Φ_l	Abgestrahlte Leistung	W	Lichtstrom P	$\Phi = K_m \int_0^\infty \Phi_{l\lambda}(\lambda)\, d\lambda$ (2)	Lumen	lm
Strahlungsmenge Q_l	Die in Form von Strahlung auftretende Energie	Ws	Lichtmenge Q	$Q = \Phi \cdot t$	Lumen · Stunde	lmh
Strahldichte L_l; B_l	Die Strahldichte ist der Quotient aus dem durch eine Fläche in einer bestimmten Richtung durchtretenden Strahlungsfluß und dem Produkt aus dem durchstrahlten Raumwinkel und der Projektion der FlächeA auf eine Ebene senkrecht zur betrachteten Richtung	$Wm^{-2}sr^{-1}$	Leuchtdichte L	$L = \frac{P}{\cos \varepsilon\, A\, \omega}$ (2)	Candela/Meter² Stilb = cd · cm^{-2} Apostilb = $\frac{1}{\pi}$ cdm^{-2} = $\frac{1}{\pi} \cdot 10^{-4}$ sb Lambert 10^4 asb	cdm^{-2} sb asb L
Strahlstärke I_l	Die Strahlstärke ist der Quotient aus dem von einer Strahlungsquelle in einer bestimmten Richtung abgestrahlten Strahlungsfluß und dem durchstrahlten Raumwinkel	Wsr^{-1}	Lichtstärke	Φ/ω	Candela	cd

[1] Zusammengestellt unter Benutzung von DIN 5031.
[2] Km=Maximalwert des photometrischen Strahlungsäquivalents; $V(\lambda)$=Spektraler Hellempfindlichkeitsgrad (s. Tabelle 1151).

Physikalische Größen			Lichttechnische Größen			
Größe und Zeichen	Erklärung	Einheit	Größe und Zeichen	Beziehung	Einheit Name	Kurzzeichen
Spezifische Ausstrahlung M_l	Die spezifische Ausstrahlung ist der Quotient aus dem von einer Fläche abgegebenen Strahlungsfluß und der strahlenden Fläche	Wm^{-2}	Spezifische Lichtausstrahlung M	$M = \frac{\Phi}{A_1}$ (3)	Lumen/m² (4)	lmm^{-2}
Bestrahlungsstärke E_l	Die Bestrahlungsstärke ist der Quotient aus dem auf eine Fläche auftreffenden Strahlungsfluß und der bestrahlten Fläche	Wm^{-2}	Beleuchtungsstärke	$E = \frac{\Phi}{A_2}$ (3)	Lux = Lumen/m²	lx
Bestrahlung H_l	Die Bestrahlung ist das Produkt aus der Bestrahlungsstärke und der Dauer des Bestrahlungsvorganges	Wsm^{-2}	Belichtung H	$H = E \cdot t$	Lux · Sekunde	lx · s
Strahlungsausbeute η_l	Die Strahlungsausbeute ist der Quotient aus dem abgestrahlten Strahlungsfluß und der zu seiner Erzeugung aufgewandten Leistung	WW^{-1}	Lichtausbeute η	Φ/W (5)	Lumen/Watt	lmW^{-1}

[3] A = Fläche, A_1 = Fläche von der Strahlung ausgeht, A_2 = Fläche die Strahlung empfängt

[4] Die Einheit $lmcm^{-2}$ wurde früher gebraucht und mit Phot (ph) bezeichnet.

[5] W = Leistung.

Zwischen der früher in Deutschland benutzten Lichtstärkeneinheit, Hefnerkerze, ist der Umrechnungsfaktor nicht konstant, sondern ändert sich mit der Temperatur des Strahlers, beim Platinschmelzpunkt ist 1 HK = 0,903 cd, bei etwa 2360° K, 1 HK = 0,877 cd und bei 2750° K, 1 HK = 0,860 cd.

1153. Umrechnungsfaktoren für Leuchtdichteeinheiten

	ist gleich						
	$cd \cdot m^{-2}$	asb	sb	L	$cd \cdot ft^{-2}$	fL	$cd \cdot in^{-2}$
1 $cd \cdot m^{-2}$	1	π	10^{-4}	$\pi \cdot 10^{-4}$	$9{,}29 \cdot 10^{-2}$	0,2919	$6{,}45 \cdot 10^{-4}$
1 Apostilb (asb)	$\frac{1}{\pi}$	1	$\frac{1}{\pi} \cdot 10^{-4}$	10^{-4}	$2{,}957 \cdot 10^{-2}$	0,0929	$2{,}054 \cdot 10^{-4}$
1 Stilb (sb)	10^4	$\pi \cdot 10^4$	1	π	929	2919	6,452
1 Lambert (L)	$\frac{1}{\pi} \cdot 10^4$	10^4	$\frac{1}{\pi}$	1	$2{,}957 \cdot 10^2$	929	2,054
1 Candela per square foot ($cd \cdot ft^{-2}$)	10,764	33,82	$1{,}076 \cdot 10^{-3}$	$3{,}382 \cdot 10^{-3}$	1	π	$6{,}94 \cdot 10^{-3}$
1 Footlambert (fL)	3,426	10,764	$3{,}426 \cdot 10^{-4}$	$1{,}0764 \cdot 10^{-3}$	$\frac{1}{\pi}$	1	$2{,}211 \cdot 10^{-3}$
1 Candela per square inch ($cd \cdot in^{-2}$)	1550	4869	0,155	0,4869	144	452,4	1

(Für die Einheit $cd \cdot m^{-2}$ ist im Ausland gelegentlich auch die Benennung Nit, für die Einheit asb die Benennung Blondel im Gebrauch.)

1154. Umrechnungsfaktoren für Beleuchtungsstärkeeinheiten

	ist gleich	
	Lx	fc
1 Lux (lx)	1	0,0929
1 Footcandle (fc)	10,764	1

116. Einheiten der Bestrahlung

Bei Bestrahlungen wird auf die Strahlungsenergie, die am Bestrahlungsort absorbiert resp. pro Masseneinheit umgesetzt wird, bezogen. Als Dosis-Einheit wurde auf dem 7. Internationalen Radiologen-Kongreß, Kopenhagen 1953, empfohlen 1 rad (*R*adiation *a*bsorbed *d*ose) = 100 erg/g.

In der Meßtechnik wird das Röntgen, r, benutzt. 1 r ist diejenige Menge von Röntgen- oder Gammastrahlen, die 0,001293 g Luft (1 cm^3 bei 760 Torr) so ionisieren, daß die Ionen beiderlei Vorzeichen eine freie Elektrizitätsmenge von einer elektrostatischen Einheit (ESE) $= 3{,}3356 \cdot 10^{-10}$ Coulomb mit sich führen. Umgerechnet auf 1 g Luft ergibt sich 1 r äquivalent zu

$$\frac{3{,}3356 \cdot 10^{-10}\,\mathrm{C}}{1{,}293 \cdot 10^{-3}\,\mathrm{g\ Luft}} = 2{,}580 \cdot 10^{7}\ \mathrm{C/g\ Luft.}$$

Jedes Ion hat eine Elementarladung $4{,}80 \cdot 10^{-10}$ ESE $= 1{,}602 \cdot 10^{-19}$ C, so daß in 1 g Luft

$$\frac{2{,}58 \cdot 10^{-7}}{1{,}602 \cdot 10^{-19}} = 1{,}61 \cdot 10^{12}$$

Ionenpaare gebildet werden.

Die mittlere Ionisierungsenergie bei mittelharten Röntgenstrahlen beträgt 32 eV, so daß zur Bildung von $1{,}61 \cdot 10^{12}$ Ionenpaaren $5{,}152 \cdot 10^{13}$ eV aufgewendet werden. 1 r als Quotient der zur Bildung der Ionenpaare aufgewandten Energie zu der Masse der Luft ist folglich äquivalent: $5{,}152 \cdot 10^{13}$ eV/g in Luft = 82,6 erg/g (Luft). Die in Luft wirksame Intensität wird in Röntgen pro Zeiteinheit, also in r/h, r/min oder r/s angegeben.

117. Empfindlichkeit des menschlichen Ohres und phonometrische Einheiten

Das menschliche Ohr reagiert auf mechanische Schwingungen im Bereich von etwa 16...16000 Hz.

Die Empfindlichkeit des Ohres ist von der Frequenz abhängig. Bei 1000 Hz liegt die Reizschwelle bei einer Bestrahlungsstärke (Schallstärke als Leistungsdichte definiert) von etwa 10^{-16} $\mathrm{Wcm^{-2}}$, eine Schallstärke von etwa 10^{-4} $\mathrm{Wcm^{-2}}$ wird als Schmerz empfunden. Der entsprechende Schallwechseldruck(Schalldruck-)bereich ist $2 \cdot 10^{-4}$ μbar bis $2 \cdot 10^{+2}$ μbar.

Die Untersuchungen über den Zusammenhang zwischen Schallstärke und subjektiver Lautheitsempfindung hat ergeben, daß das Weber-Fechnersche Gesetz nur annähernd erfüllt ist. — Um ein Maß für die Lautheit eines Schalls zu haben, einigte man sich dahin, einen subjektiven Vergleich mit einer Normaltonquelle durchzuführen, den Normalschall also auf gleiche Lautheit einzustellen. Als Normalschall dient eine ebene fortschreitende Schallwelle der Frequenz 1000 Hz, deren Schallstärke J oder Schalldruck p meßbar veränderlich sind.

Die beim Vergleich eingestellte Schallstärke J bzw. Schalldruck p gibt man nicht in absolutem Maße als „Lautstärke" an, sondern relativ in vielfachen einer vereinbarten Größe ($J_0 = 10^{-16}$ Wcm^{-2} bzw. $p_0 = 2 \cdot 10^{-4}$ µbar) deren Größe etwa der Reizschwelle entspricht. Da diese Verhältniszahlen sehr groß sind, wird der 10fache Wert bzw. 20fache Wert des dekadischen Logarithmus der Verhältniszahl als Maßzahl für die Lautstärke gewählt,

also $10 \log \frac{J}{J_0}$ bzw. $20 \log \frac{p_{\mathrm{eff}}}{p_{0\mathrm{eff}}}$.

Dieser reinen Zahl fügt man zur Kennzeichnung das Wort „phon" hinzu[1]. Die Abbildung gibt die Hörfläche nach FLETSCHER und MUNSON.

Die Lautstärke-Stufung muß unterschieden werden von der rein subjektiven Lautheitsstufung, die auf psychologischen Versuchen aufgebaut wird, für diese ist die Einheit sone.

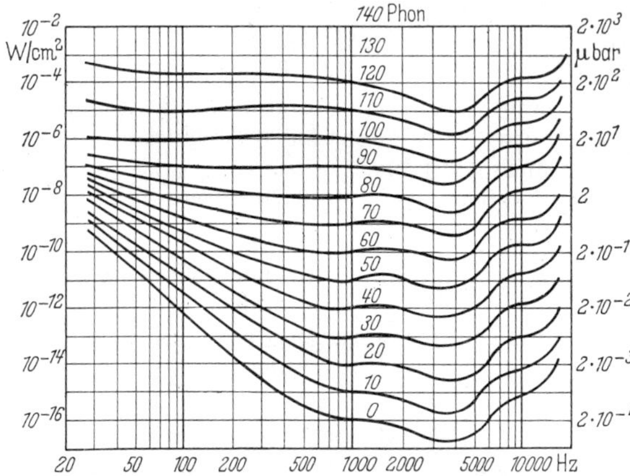

118. Chemische Bezugseinheiten

Grammatom	g-Atom	zahlenmäßig mit der relativen Atommasse (Atomgewicht) übereinstimmende Menge in Gramm eines Elements
Mol oder Grammol[1]	Mol g-Mol	zahlenmäßig mit der relativen Molekelmasse (Molekulargewicht) übereinstimmende Menge in Gramm eines Stoffes
Kilomol	kMol	1000 Mol
Millimol	mMol	$^1/_{1000}$ Mol
Val (Äquivalent)	val	zahlenmäßig mit der Äquivalentmasse übereinstimmende Menge in Gramm eines Stoffes; $\text{Äquivalentmasse} = \frac{\text{Formelmasse}}{\text{Wertigkeit}}$

[1] Die Abkürzung Mol wird nicht nur für Gramm-Mol, sondern in der englisch-sprachigen Literatur auch für „liber-mol" (=453 g-Mol) verwendet.

[1] Weiteres s. DIN 1318, 1320, 1332.

Konzentrationsangaben

Bezeichnung	Abkürzung	Erklärung
		1. Feste Stoffe
Masseprozente	Gew. %	Gramm des Stoffes in 100 g Gesamtmasse
Molprozent	Mol %	Mol in 100 Mol der Mischung
		2. Lösungen
		a) auf Masseeinheit bezogen
Masseprozent	Gew. %	Gramm des gelösten Stoffes in 100 g Lösung
	g/100 g Lösm.	Gramm des gelösten Stoffes in 100 g Lösungsmittel
Molverhältnis	Mol/100 Mol Lösm.	Mole des gelösten Stoffes auf 100 Mol Lösungsmittel
	Mol %	Mole gelöster Stoff auf 100 Mol Lösung
Verdünnung	g Lösm./1 g gel.	Gramm Lösungsmittel auf 1 g gelösten Stoff
	Mol Lösm./1 Mol gel.	Mole Lösungsmittel auf 1 Mol gelösten Stoff
		b) auf Volumeneinheit bezogen
	g/100 ml Lsg.	Gramm gelösten Stoffes in 100 ml Lösung
	g/l Lsg.	Gramm gelösten Stoffes in 1 l Lösung
	g/100 ml Lösm.	Gramm gelösten Stoffes in 100 ml Lösungsmittel
	g/l Lösm.	Gramm gelösten Stoffes in 1 l Lösungsmittel
	Vol. %	ml des gelösten Stoffes in 100 ml Lösung
molar, c	Mol/l Lsg.	Grammol in 1 l der Lösung
	g-Atom/l Lsg.	Grammatom in 1 l der Lösung
normal, n	Val/l Lsg.	Grammäquivalent in 1 l der Lösung
molal, m	Mol/1000 g Lösm.	Grammol in 1000 g Lösungsmittel
		3. Gase
	Gew. %	g des Gases in 100 g der Gasmischung
	Vol. %	ml des Gases in 100 ml der Gasmischung
	Mol %	Mol des Gases in 100 Molen aller Komponenten

Umrechnungstabelle für Konzentrationsangaben

Bekannt:	Gesucht			
	g/100 g Lösung Gew.%	g/100 g Lösm.	g/l Lösung	Mol%
Gew. %	a	$\frac{a}{100-a} \cdot 100$	$\frac{a}{100} \cdot D$	$\frac{a/M_A}{a/M_A + \frac{100-a}{M_L}} \cdot 100$
g/100g Lösm.	$\frac{a'}{100+a'} \cdot 100$	a'	$\frac{a'}{100+a'} \cdot D$	$\frac{a'/M_A}{a'/M_A + 100/M_L} \cdot 100$
g/l Lösung	$\frac{a''}{D} \cdot 100$	$\frac{a''}{D-a''} \cdot 100$	a''	$\frac{a''/M_A \cdot 100}{a''/M_A + (D-a'')/M_L}$
Mol %	$\frac{a''' M_A \cdot 100}{a''' M_A + (100-a''') M_L}$	$\frac{a''' M_A \cdot 100}{(100-a''') M_L}$	$\frac{a''' M_A \cdot D}{a''' M_A + (100-a''') M_L}$	a'''

a, a', a'', a''' die jeweils angewandten Konzentrationseinheiten
D Litergewicht der Lösung in Gramm
M_A Relative Molekelmasse (Molekulargewicht) des gelösten Stoffes A
M_L Relative Molekelmasse (Molekulargewicht) des Lösungsmittels

12. Meßtechnische Daten

121. Temperatur

1211. Die empirische Temperaturskala[1]

12111. Festsetzungen für die Temperaturskala

Die Temperaturskala für praktische Messung wird durch eine Reihe von Fixpunkten und Formeln für die Temperaturabhängigkeit einiger physikalischer Stoffwerte festgelegt. In der Celsiusskala wird die Schmelztemperatur des luftgesättigten Wassers bei dem Normdruck 1013250 dyncm^{-2} (760 Torr) mit 0° C, die Siedetemperatur des Wassers bei Normdruck (760 Torr) mit 100° C bezeichnet. Die Fixpunkte der Skala sind folgende Gleichgewichtstemperaturen beim Normdruck:

−182,97° C	zwischen flüssigem und dampfförmigem Sauerstoff (Sauerstoffpunkt); Interpolationsformel: $\vartheta_p = \vartheta_{760} + 0{,}0126\,(p-760) - 0{,}0000065\,(p-760)^2$, ($p$ in Torr).
0° C[2]	zwischen Eis und luftgesättigtem Wasser (Eispunkt).
100° C	zwischen Wasser und seinem Dampf (Dampfpunkt); Interpolationspunkt: $\vartheta_p = \vartheta_{760} + 0{,}0367\,(p-760) - 0{,}000023\,(p-760)^2$.
444,60° C	zwischen flüssigem Schwefel und seinem Dampf (Schwefelpunkt); Interpolationsformel: $\vartheta_p = \vartheta_{760} + 0{,}0909\,(p-760) - 0{,}000048\,(p-760)^2$.
960,8° C	zwischen festem und flüssigem Silber (früher 960,5° C).
1063,0° C	zwischen festem und flüssigem Gold[3].

Außerdem ist für die zweite Konstante des Planckschen Strahlungsgesetzes der Wert $c_2 = 1{,}4388$ cm · grd festgelegt[4].

Temperaturwerte zwischen diesen Festpunkten werden mittels Interpolationsinstrumenten gemessen, die nach bestimmten Vorschriften an die Fixpunkte angeschlossen sind.

Zwischen −190° und 660° wird ein Platinwiderstandsthermometer[5], zwischen 660° und 1063° ein Thermoelement aus Pt und PtRh (10% Rh)[6] benutzt. Oberhalb des Goldpunktes wird eine Temperatur T_x in °K für den Hohlraumstrahler nach dem Planckschen Strahlungsgesetz aus dem Verhältnis der Strahlungsdichte $B_{\lambda T_x}$ in dem Wellenlängenbereich von λ bis $\lambda + d\lambda$ (λ in cm) zu der entsprechenden Strahlungsdichte ($B_{\lambda T_{Au}}$) beim Goldpunkt bestimmt.

$$\frac{B_{\lambda T_x}}{B_{\lambda T_{\mathrm{Au}}}} = \frac{e^{\frac{c_2}{\lambda T_{\mathrm{Au}}}} - 1}{e^{\frac{c_2}{\lambda T_x}} - 1} \approx \frac{e^{\frac{c_2}{\lambda T_{\mathrm{Au}}}}}{e^{\frac{c_2}{\lambda T_x}}}$$

---

[1] Von der 9. und 10. Generalkonferenz des Poids et Mesures 1948 und 1954 beschlossen Die 1948 festgelegte Temperaturskala ist seit dem 1. 3. 1950 die gesetzliche in Deutschland.

[2] Für die Thermodynamische Skala ist der Fundamentalpunkt der Tripelpunkt des Wassers 273,16° K festgelegt.

[3] Neuere Messungen ergaben, daß der Goldschmelzpunkt bei 1064,7° C liegt.

[4] 1927 war für c_2 der Wert 1,432 cm · grd vereinbart.

[5] Werte in 12131.

[6] Werte in 12141.

12112. *Weitere thermometrische Hilfsfixpunkte*

E Erstarrungspunkt; F Schmelzpunkt; Sb Sublimationspunkt beim Druck 760 Torr; Tr Tripelpunkt; U Umwandlungspunkt und V Siedepunkt bei 760 Torr. Die kursiv gedruckten Stoffe sind als sekundäre thermometrische Fixpunkte festgesetzt.

Stoff		*t* in °C	Stoff		*t* in °C
Helium	V	−268,93	Schwefeldioxid	V	−10,0
Wasserstoff norm.	Tr	−259,19	*Wasser*	Tr	+0,010
Wasserstoff norm.	V	−252,77	Essigsäure	Tr	16,59
Neon	V	−246,08	*Diphenyloxid*	Tr	26,877
Stickstoff	U	−237,7	*Natriumsulfat*	U	32,38
Sauerstoff	U	−229,39	Naphthalin	E	80,29
Sauerstoff	Tr	−218,82	Benzoesäure	Tr	122,36
Stickstoff	Tr	−210,01	Anilin	V	184,4
Stickstoff	V	−195,80	*Naphthalin*	V	218,0
Kohlenoxid	V	−191,47	*Zinn*	E	231,9
Argon	V	−185,90	*Benzophenon*	V	305,9
Äthylen	Tr	−169,3	*Cadmium*	E	321,0
Methan	V	−161,5	*Blei*	E	327,3
Krypton	V	−153,4	*Quecksilber*	V	356,58
Diäthyläther, β-Krist.	E	−123,3	*Zink*	E	419,5
Xenon	Tr	−111,88	*Antimon*	E	630,5
Äthylen	V	−103,7	*Aluminium*	E	660,1
Toluol	E	−95,0	*Kupfer*	E	1083
Chlorwasserstoff	V	−85,0	*Nickel*	E	1453
Kohlendioxid	Sb	−78,5	*Kobalt*	E	1492
Chloroform	E	−63,6	*Palladium*	E	1552
Chlorbenzol	E	−45,5	*Platin*	E	1769
Quecksilber	E	−38,87	*Rhodium*	E	1960
Ammoniak	V	−33,43	*Iridium*	E	2443
Chlormethan	V	−24,22	*Wolfram*	F	3380
Tetrachlorkohlenstoff	E	−22,9			

12113. *Siedetemperaturen von Sauerstoff und Schwefel in Abhängigkeit vom Druck nach den Formeln der deutschen gesetzlichen Temperaturskala von 1950*

121131. Siedetemperatur von Sauerstoff in °C[1]

p Torr	0	2	4	6	8
660	−184,293	265	237	209	182
670	−184,154	126	099	072	044
680	−184,017	989*	962*	935*	907*
690	−183,881	854	827	800	773
700	−183,747	720	693	667	640
710	−183,614	587	561	535	508
720	−183,482	456	430	404	378
730	−183,352	326	300	275	249
740	−183,223	198	172	147	121
750	−183,096	071	045	020	995

[1] Nach Landolt-Börnstein, 6. Aufl. Bd. IV/4, Beitrag Otto/Thomas.
* Vorziffer der folgenden Zeile.

p Torr	0	2	4	6	8
760	−182,970	945	920	895	870
770	−182,845	820	796	771	746
780	−182,722	697	673	648	624
790	−182,599	575	551	527	502
800	−182,478	454	430	406	382
810	−182,358	335	311	287	263
820	−182,240	216	192	169	145
830	−182,122	099	075	052	028
840	−182,005	982*	959*	936*	913*
850	−181,890	867	844	821	798
860	−181,775				

121132. Siedetemperatur von Schwefel in °C[1]

p Torr	0	2	4	6	8
660	435,000	203	406	608	809
670	436,010	211	411	611	810
680	437,009	207	405	602	799
690	437,996	192*	387*	582*	777*
700	438,971	165*	358*	551*	744*
710	439,936	127*	318*	509*	699*
720	440,889	078*	267*	456*	644*
730	441,832	019*	206*	393*	579*
740	442,765	950	135*	319*	503*
750	443,687	871	053*	236*	418*
760	444,600	786	962	143*	323*
770	445,503	683	862	041*	219*
780	446,397	575	752	929	106*
790	447,282	458	634	809	984
800	448,159	333	507	680	854
810	449,027	199	371	543	715
820	449,886	057*	228*	398*	568*
830	450,738	907	076*	245*	414*
840	451,582	750	917	085*	252*
850	452,419	585	751	917	083*
860	453,248				

[1] Nach Landolt der-Börnstein, 6. Aufl. Bd. IV/4, Beitrag Otto/Thomas. * Vorziffer folgender Zeile.

12114. *Unterschied zwischen den Temperaturskalen 1948 u. 1927*

In der 1948 festgelegten Temperaturskala sind gegenüber der Skala von 1927 der Silberschmelzpunkt um +0,3° auf 960,8° C und die Strahlungskonstante c_2 um +0,006 auf 1,438 cmgrd geändert. Dadurch ergeben sich die in der folgenden Tabelle angegebene Unterschiede[1]

1948 °C	1927 °C	1948 °C	1927 °C	1948 °C	1927 °C	1948 °C	1927 °C
1000	999,80	1700	1703,8	2600	2600	3500	3530
1050	1049,95	1800	1804,6	2700	2715	3600	3632
1063	1063	1900	1905,5	2800	2816	3700	3735
1100	1100,2	2000	2006,4	2900	2918	3800	3837
1200	1200,6	2100	2107	3000	3020	3900	3940
1300	1301,1	2200	2208	3100	3122	4000	4043
1400	1401,7	2300	2310	3200	3223	4100	4146
1500	1502,3	2400	2411	3300	3325	4200	4249
1600	1603,0	2500	2512	3400	3428		

[1] Corruccini, R. J. J. Res. Nat. Bur. Standard **42** 133 (1949).

1212. Dampfdruck *p* verflüssigter Gase für Tensionsthermometer

12121. Dampfdruck p des flüssigen ^4He (Dampfdruck-Temperaturskala für 0,5...5,12° K)

°K	*p* in Torr bei °K				
	0	0,1	0,2	0,3	0,4
1	0,12000	0,29217	0,62502	1,20851	2,1554
2	23,767	31,428	40,466	51,012	63,304
3	182,073	210,711	242,266	276,880	314,697
4	616,537	680,740	749,328	822,411	900,258
5	1478,54	1595,44	1718,82		
	0,5	0,6	0,7	0,8	0,9
0	0,0000163	0,0002812	0,0022787	0,011445	0,041581
1	3,5990	5,689	8,5902	12,466	17,478
2	77,493	93,733	112,175	132,952	156,204
3	355,844	400,471	448,702	500,688	556,574
4	983,066	1071,03	1164,34	1263,21	1367,87

12122. Zur Messung von Temperaturen unterhalb 90° K[1]

* Dampfdruck über der festen Phase

T °K	*p* Torr	*T* °K	*p* Torr	*T* °K	*p* Torr	*T* °K	*p* Torr	*T* °K	*p* Torr
H_2 Wasserstoff T_v=20,38° K		N_2 Stickstoff T_v=77,35° K		CO Kohlenoxid T_v=81,63° K		Ar Argon T_v=87,29° K		O_2 Sauerstoff T_v=90,18° K	
14	55,7	61	59,3*	64	49,3*	70	57,7*	71	56,2
15	95,6	62	73,8*	65	61,3*	71	69,6*	72	66,8
16	154,3	63	91,1*	66	75,5*	72	83,5*	73	79,0
17	236,6	64	109,8	67	92,9*	73	99,8*	74	93,0
18	347,6	65	131,3	68	113,1*	74	118,6*	75	109,0
19	492,7	66	155,4	69	134,1	75	140,2*	76	127,1
20	677,5	67	182,5	70	157,9	76	165,2*	77	147,7
21	907,5	68	213,9	71	184,8	77	193,7*	78	170,8
22	1188,4	69	250,1	72	215,3	78	226,2*	79	196,7
		70	289,3	73	249,6	79	263,1*	80	225,7
		71	335,3	74	288,1	80	305,0*	81	258,0
		72	384,8	75	331,2	81	352,1*	82	294,0
Ne Neon T_v=27,07° K		73	440,5	76	379,1	82	405,2*	83	333,7
		74	503,4	77	432,4	83	464,7*	84	377,6
21	54,6*	75	571,9	78	491,3	84	531,6	85	426,0
22	95,4*	76	645,9	79	556,3	85	594,4	86	479,1
23	158,9*	77	728,2	80	627,9	86	662,8	87	537,2
24	254,0*	78	820,1	81	706,5	87	737,3	88	600,8
25	382,9	79	917,3	82	792,5	88	818,2	89	670,3
26	542,6	80	1024,2	83	886,4	89	905,8	90	745,8
27	743,7			84	988,8	90	1000,4	91	827,6
28	989,4			85	1100,5			92	914,5
29	1281,7							93	1009,5

[1] Nach Landolt-Börnstein, 6. Aufl., Bd. IV/4, Beitrag J. Otto/Thomas.

12123. Zur Messung von Temperaturen von —180 bis 0° C[1]

* Dampfdruck über der festen Phase

CH_4 Methan
$t_v = -161{,}49°$ C

t °C	*p* Torr
−186	52,0*
−184	60,5*
−185	70,3*
−183	81,4*
−182	93,3
−181	105,8
−180	119,7
−179	135,1
−178	152,0
−177	170,6
−176	191,0
−175	213,2
−174	237,3
−173	263,6
−172	292,0
−171	322,8
−170	356,0
−169	391,9
−168	430,4
−167	471,8
−166	516,4
−165	564,1
−164	615,2
−163	669,9
−162	728,4
−161	790,7
−160	857,1
−159	927,3
−158	1002,6

Kr Krypton
$t_v = -153{,}40°$ C

t °C	*p* Torr
−175	68,1*
−174	79,0*
−173	91,2*
−172	104,8*
−171	119,5*
−170	135,6*
−169	153,3*
−168	172,7*
−167	194,2*
−166	218,5*
−165	245,2*
−164	274,6*
−163	306,9*
−162	341,1*
−161	379,1*
−160	420,6*
−159	467,0*
−158	518,0*
−157	568,6
−156	617,6
−155	669,9
−154	725,4
−153	784,7
−152	847,4
−151	913,8
−150	984,3
−149	1059,1

C_2H_4 Äthen
$t_v = -103{,}79°$ C

t °C	*p* Torr
−137	61,2
−136	67,4
−135	74,1
−134	81,3
−133	89,2
−132	97,6
−131	106,7
−130	116,4
−129	126,9
−128	138,1
−127	150,1
−126	163,0
−125	176,7
−124	191,3
−123	206,9
−122	223,5
−121	241,1
−120	259,9
−119	279,8
−118	300,9
−117	323,2
−116	346,8
−115	371,7
−114	398,0
−113	425,9
−112	455,1
−111	486,0
−110	518,5
−109	552,7
−108	588,5
−107	626,2
−106	665,6
−105	707,1
−104	750,7
−103	796,1
−102	843,6
−101	893,2
−100	945,2

C_2H_6 Äthan
$t_v = -88{,}63°$ C

t °C	*p* Torr
−125	61,9
−124	67,6
−123	73,7
−122	80,2
−121	87,2
−120	94,7
−119	102,7
−118	111,2
−117	120,3
−116	130,0
−115	140,4
−114	151,4
−113	163,1
−112	175,5
−111	188,7
−110	202,7
−109	217,4
−108	233,1
−107	249,6
−106	267,1
−105	285,5
−104	305,0
−103	325,4
−102	347,0
−101	369,7
−100	393,5
−99	418,6
−98	444,9
−97	472,5
−96	501,4
−95	531,7
−94	563,4
−93	596,6
−92	631,3
−91	667,5
−90	705,4
−89	744,9
−88	786,2
−87	829,2
−86	873,9
−85	920,6
−84	969,1
−83	1019,6

N_2O Distickstoffmonoxid
$t_v = -88{,}46°$ C

t °C	*p* Torr
−115	59,5*
−114	66,7*
−113	74,7*
−112	83,5*
−111	93,3*
−110	104,0*
−109	115,8*
−108	128,7*
−107	142,9*
−106	158,5*
−105	175,6*
−104	194,2*
−103	214,6*
−102	236,8*
−101	261,0*
−100	287,3*
−99	316,0*
−98	347,1*
−97	380,8*
−96	417,3*
−95	456,7*
−94	499,4*
−93	545,4*
−92	595,1*
−91	648,7*
−90	692,5
−89	735,8
−88	781,4
−87	829,1
−86	879,2
−85	931,6
−84	986,4
−83	1043,6

[1] NachLandolt-Börnstein, 6. Aufl., IV/4, Beitrag J. Otto/Thomas.

CO_2 Kohlendioxid
$t_v = -78{,}51°$ C

t °C	*p* Torr
−106	54,8
−105	61,3
−104	68,4
−103	76,2
−102	84,9
−101	94,4
−100	104,8
−99	116,2
−98	128,7
−97	142,4
−96	157,3
−95	173,6
−94	191,4
−93	210,7
−92	231,9
−91	254,7
−90	279,5
−89	306,5
−88	335,7
−87	367,3
−86	401,6
−85	438,6
−84	478,6
−83	521,7
−82	568,2
−81	618,2
−80	672,2
−79	730,3
−78	792,6
−77	859,7
−76	931,7
−75	1008,9

H_2S Schwefelwasserstoff
$t_v = -60{,}26°$ C

t °C	*p* Torr
−98	62,3*
−97	68,0*
−96	74,2*
−95	80,9*
−94	88,0*
−93	95,7*
−92	103,9*
−91	112,7*
−90	122,1*
−89	132,2*
−88	143,0*
−87	154,5*
−86	166,8*
−85	179,0
−84	191,4
−83	204,5
−82	218,4
−81	233,0
−80	248,4
−79	264,5
−78	281,6
−77	299,5
−76	318,4
−75	338,1
−74	358,9
−73	380,6
−72	403,4
−71	427,3
−70	452,2
−69	478,3
−68	505,6
−67	534,0
−66	563,0
−65	594,8
−64	627,1
−63	660,7
−62	695,8
−61	732,2
−60	770,2
−59	809,6
−58	850,5
−57	893,0
−56	937,0
−55	982,6
−54	1030,0

NH_3 Ammoniak
$t_v = -33{,}38°$ C

t °C	*p* Torr
−74	60,9
−73	65,7
−72	70,9
−71	76,4
−70	82,2
−69	88,4
−68	95,1
−67	102,1
−66	109,6
−65	117,5
−64	125,9
−63	134,8
−62	144,2
−61	154,2
−60	164,7
−59	175,9
−58	187,6
−57	200,0
−56	213,1
−55	226,9
−54	241,4
−53	256,6
−52	272,7
−51	289,6
−50	307,3
−49	325,9
−48	345,5
−47	366,0
−46	387,5
−45	416,0
−44	433,6
−43	458,2
−42	484,0
−41	511,0
−40	539,2
−39	568,8
−38	599,5
−37	631,6
−36	665,1
−35	700,1
−34	736,5
−33	774,4
−32	813,9
−31	855,0
−30	897,8
−29	942,3
−28	988,5
−27	1036,5

SO_2 Schwefeldioxid
$t_v = -10{,}01°$ C

t °C	*p* Torr
−54	66,5
−53	71,1
−52	76,1
−51	81,4
−50	86,9
−49	92,8
−48	99,0
−47	105,6
−46	112,5
−45	119,8
−44	127,5
−43	135,6
−42	144,1
−41	153,1
−40	162,6
−39	172,5
−38	182,9
−37	193,9
−36	205,4
−35	217,4
−34	230,0
−33	243,1
−32	256,8
−31	271,1
−30	286,1
−29	301,7
−28	318,0
−27	335,0
−26	352,9
−25	371,6
−24	391,2
−23	411,6
−22	432,5
−21	454,3
−20	477,1
−19	501,0
−18	525,7
−17	551,4
−16	578,1
−15	605,7
−14	634,3
−13	664,1
−12	695,0
−11	727,1
−10	760,3

1213. Widerstandsthermometer

12131. Relativer-Widerstand w von Platin-Widerstandsthermometern in $w = \frac{\varrho_t}{\varrho_{0°C}}$ *

t °C	w	t °C	w	t °C	w	t °C	w
−220	10,41	−20	92,13	180	168,48	380	240,15
−210	14,36	−10	96,07	190	172,18	390	243,61
−200	18,53	0	100,00	200	175,86	400	247,07
−190	22,78	+10	103,90	210	179,54	410	250,51
−180	27,05	20	107,80	220	183,20	420	253,95
−170	31,28	30	111,68	230	186,85	430	257,37
−160	35,48	40	115,54	240	190,49	440	260,79
−150	39,65	50	119,40	250	194,13	450	264,19
−140	43,80	60	123,24	260	197,75	460	267,57
−130	47,93	70	127,08	270	201,35	470	270,95
−120	52,04	80	130,91	280	204,94	480	274,31
−110	56,13	90	134,70	290	208,52	490	277,64
−100	60,20	100	138,50	300	212,08	500	280,94
−90	64,25	110	142,29	310	215,62	510	284,23
−80	68,28	120	146,07	320	219,16	520	287,51
−70	72,29	130	149,83	330	222,68	530	290,79
−60	76,28	140	153,59	340	226,20	540	294,06
−50	80,25	150	157,33	350	229,70	550	297,30
−40	84,21	160	161,06	360	233,19		
−30	88,17	170	164,78	370	236,67		

* Nach DIN 43760

12132. Relativer-Widerstand von Nickel-Widerstandsthermometern $w = \frac{\varrho_t}{\varrho_{0°C}}$ *

t °C	w	t °C	w	t °C	w
−60	69,5	10	105,6	100	161,7
−50	74,2	20	111,3	110	168,7
−40	79,1	30	117,1	120	175,9
−30	84,1	40	123,0	130	183,3
−20	89,3	50	129,1	140	190,9
−10	94,6	60	135,3	150	198,7
		70	141,7	160	206,7
0	100	80	148,2	170	214,9
		90	154,9	180	223,1

* Nach DIN 43760

1214. Thermoelemente

Bei den Angaben der Thermospannung von den Thermoelementen bedeutet ein positives Vorzeichen, daß der Strom an der auf der Meßtemperatur befindlichen Lötstelle vom zweitgenannten Metall zum erstgenannten Metall fließt. Die Bezugstemperatur, d. h. die Temperatur der kalten Lötstelle ist meist 0° C.

12141. Thermospannung des Thermopaares Platinrhodium(10% Rh)-Platin zwischen 0 und 1700° C in mV. Bezugstemperatur 0° C[1]

°C	0	10	20	30	40	50	60	70	80	90
0	0	0,056	0,113	0,173	0,235	0,299	0,364	0,431	0,500	0,571
100	0,643	0,717	0,792	0,869	0,946	1,025	1,106	1,187	1,269	1,352
200	1,436	1,521	1,607	1,693	1,780	1,868	1,956	2,045	2,135	2,225
300	2,316	2,408	2,499	2,592	2,685	2,778	2,872	2,966	3,061	3,156
400	3,251	3,347	3,442	3,539	3,635	3,732	3,829	3,926	4,024	4,122
500	4,221	4,319	4,419	4,518	4,618	4,718	4,818	4,919	5,020	5,122
600	5,224	5,326	5,429	5,532	5,635	5,738	5,842	5,946	6,050	6,155
700	6,260	6,365	6,471	6,577	6,683	6,790	6,897	7,005	7,112	7,220
800	7,329	7,438	7,547	7,656	7,766	7,876	7,987	8,098	8,209	8,320
900	8,432	8,545	8,657	8,770	8,883	8,997	9,111	9,225	9,340	9,455
1000	9,570	9,686	9,802	9,918	10,035	10,152	10,269	10,387	10,505	10,623
1100	10,741	10,860	10,979	11,098	11,217	11,336	11,456	11,575	11,695	11,815
1200	11,935	12,055	12,175	12,296	12,416	12,536	12,657	12,777	12,897	13,018
1300	13,138	13,258	13,378	13,498	13,618	13,738	13,858	13,978	14,098	14,217
1400	14,337	14,457	14,576	14,696	14,815	14,935	15,054	15,173	15,292	15,411
1500	15,530	15,649	15,768	15,887	16,006	16,124	16,243	16,361	16,479	16,597
1600	16,716	16,834	16,952	17,069	17,187	17,305	17,422	17,539	17,657	17,774
1700	17,891	18,008	18,124	18,241	18,358	18,474	18,590	—	—	—

[1] Nach DIN 43710.

12142. *Thermospannung des Kupfer-Konstantan-Thermopaares in mV. Bezugstemperatur 0° C*[1]

°C	0	−10	−20	−30	−40	−50	−60	−70	−80	−90
−200	−5,20									
−100	−3,40	−3,68	−3,95	−4,21	−4,46	−4,69	−4,91	−5,12	−5,32	−5,51
0	0	−0,39	−0,77	−1,14	−1,50	−1,85	−2,18	−2,50	−2,81	−3,11
°C	0	10	20	30	40	50	60	70	80	90
0	0	0,40	0,80	1,21	1,63	2,05	2,48	2,91	3,35	3,80
100	4,25	4,71	5,18	5,65	6,13	6,62	7,12	7,63	8,15	8,67
200	9,20	9,74	10,29	10,85	11,41	11,98	12,55	13,13	13,71	14,30
300	14,89	15,49	16,09	16,69	17,30	17,91	18,52	19,13	19,75	20,37
400	20,99	21,61	22,24	22,87	23,50	24,14	24,78	25,43	26,08	26,74
500	27,40	28,07	28,74	29,42	30,10	30,79	31,48	32,18	32,88	33,59

12143. *Thermospannung des Eisen-Konstantan-Thermopaares in mV. Bezugstemperatur 0° C*[1]

°C	0	−10	−20	−30	−40	−50	−60	−70	−80	−90
−200	−8,15									
−100	−4,60	−5,00	−5,39	−5,77	−6,14	−6,50	−6,85	−7,19	−7,52	−7,84
0	0	−0,51	−1,01	−1,50	−1,98	−2,45	−2,90	−3,34	−3,77	−4,19
°C	0	10	20	30	40	50	60	70	80	90
0	0	0,52	1,05	1,58	2,11	2,65	3,19	3,73	4,27	4,82
100	5,37	5,92	6,47	7,03	7,59	8,15	8,71	9,27	9,83	10,39
200	10,95	11,51	12,07	12,63	13,19	13,75	14,31	14,87	15,43	15,99
300	16,55	17,11	17,67	18,23	18,79	19,35	19,91	20,47	21,03	21,59
400	22,15	22,71	23,28	23,85	24,42	25,99	25,56	26,13	26,70	27,27
500	27,84	28,42	29,00	29,58	30,16	30,74	31,32	31,90	32,48	33,07
600	33,66	34,25	34,84	35,43	36,03	36,63	37,24	37,85	38,47	39,09
700	39,72	40,35	40,99	41,63	42,28	42,93	43,58	44,24	44,90	45,56
800	46,23	46,90	47,58	48,26	48,95	49,64	50,33	51,03	51,73	52,44

[1] Nach DIN 43710.

12144. *Thermospannung der Thermopaare Chromel-Alumel*[1] *und Nickelchrom-Nickel zwischen 0° und 1200° C in mV. Bezugstemperatur 0° C*[2]

°C	0	−10	−20	−30	−40	−50	−60	−70	−80	−90
−100	−3,49	−3,78	−4,06	−4,32	−4,58	−4,81	−5,03	−5,24	−5,43	−5,60
0	0	−0,39	−0,77	−1,14	−1,50	−1,86	−2,20	−2,54	−2,87	−3,19
°C	**0**	**10**	**20**	**30**	**40**	**50**	**60**	**70**	**80**	**90**
0	0	0,40	0,80	1,20	1,61	2,02	2,43	2,85	3,26	3,68
100	4,10	4,51	4,92	5,33	5,73	6,13	6,53	6,93	7,33	7,73
200	8,13	8,54	8,94	9,34	9,75	10,16	10,57	10,98	11,39	11,80
300	12,21	12,63	13,04	13,46	13,88	14,29	14,71	15,13	15,55	15,98
400	16,40	16,82	17,24	17,67	18,09	18,51	18,94	19,36	19,79	20,22
500	20,65	21,07	21,50	21,92	22,35	22,78	23,20	23,63	24,06	24,49
600	24,91	25,34	25,76	26,19	26,61	27,03	27,45	27,87	28,29	28,72
700	29,14	29,56	29,97	30,39	30,81	31,23	31,65	32,06	32,48	32,89
800	33,30	33,71	34,12	34,53	34,93	35,34	35,75	36,15	36,55	36,96
900	37,36	37,76	38,16	38,56	38,95	39,35	39,75	40,14	40,53	40,92
1000	41,31	41,70	42,09	42,48	42,87	43,25	43,63	44,02	44,40	44,78
1100	45,16	45,54	45,92	46,29	46,67	47,04	47,41	47,78	48,15	48,52
1200	48,89	49,25	49,62	49,98	50,34	50,69	51,05	51,41	51,76	52,11
1300	52,46	52,81	53,16	53,51	53,85	54,20	54,54	54,88		

[1] Chromel: 89% Ni+10% Cr+1% Fe; Alumel: 94% Ni+2,0% Al+1,5% Si+2,5% Mn.

[2] Nach Landolt-Börnstein, Bd. IV/4, Beitrag OTTO/THOMAS.

12145. Thermospannung des Thermopaares Gold—Silber[1]*. Bezugstemperatur 0° C*

t °C	in V
−258,61	−0,289
−204,68	−0,099
−153,95	−0,015
−70,5	−0,014
0	0
+56	+0,004
+100	+0,012

[1] Nach Landolt-Börnstein, Bd. IV/4, Beitrag Otto/Thomas.

12146. Thermospannung des Thermopaares aus Legierungen von Gold, Silber und Kobalt: Au 0,95 Co—Ag 0,91 Au. Bezugstemperatur 0° C[1]

t °C	in V
−250	−8,5
−225	−7,9
−200	−7,2
−150	−5,4
−100	−3,6
−50	−1,8
0	0

12147. Thermospannungen von Thermopaaren aus Molybdän, Wolfram oder Tantal Thermospannungen in mV; Bezugstemperatur 20° C[1]

t °C	Mo-Ta	W-Ta	W-Mo
800	12,20	10,65	−1,32
900	13,60	12,20	−1,15
1000	14,80	13,72	−0,80
1200	16,90	16,65	−0,20
1400	18,35	19,05	0,85
1600	19,25	20,90	2,18
1800	19,45	22,25	3,73
2000	18,85	22,90	5,30
2200	17,70		6,80
2400	15,90		7,75
2500	14,90		8,00

[1] Nach Landolt-Börnstein, Bd. IV/4, Beitrag Otto/Thomas.

1215. Temperaturmessung mit Teilstrahlungspyrometer

Mit Teilstrahlungspyrometern wird mittels Leuchtdichtenvergleich in einem durch Filter ausgesonderten Spektralbereich festgestellt, bei welcher Temperatur der schwarze Körper dieselbe spektrale Leuchtdichte wie der Körper, dessen Temperatur gemessen werden soll, hat. Wird die Temperatur in einem Ofeninnenraum festgestellt, so ist die ermittelte Temperatur die wahre Temperatur des Körpers. Mißt man jedoch Temperaturen von Oberflächen, bei denen stets das Emissionsvermögen kleiner als das des Hohlraumstrahlers ist, so wird auf diese Weise die sogenannte schwarze Temperatur (T_s) für den bestimmten Wellenlängenbereich, bzw. für die wirksame Wellenlänge, des Filters bestimmt. Ist der Emissionsgrad des Körpers für diese Wellenlänge (ε_λ) bekannt, so läßt sich die wahre Temperatur nach der Planckschen Strahlungsgleichung berechnen:

$$\varepsilon_\lambda = \frac{e^{\frac{c_2}{\lambda T_w}} - 1}{e^{\frac{c_2}{\lambda T_s}} - 1}$$

Meist genügt die Berechnung nach der Wienschen Formel:

$$\ln \varepsilon_\lambda = \frac{c_2}{\lambda}\left(\frac{1}{T_w} - \frac{1}{T_s}\right).$$

Wird der Vergleich im roten Teil des Spektrums durchgeführt, und ein Filter mit der wirksamen Wellenlänge $\lambda = 0{,}65\ \mu$m (z.B. das Rotfilter von Schott RG 2) verwandt, so kann bei bekanntem Emissionsvermögen des Körpers für $\lambda = 0{,}65\ \mu$m mittels der Abbildung die wahre Temperatur ermittelt werden.

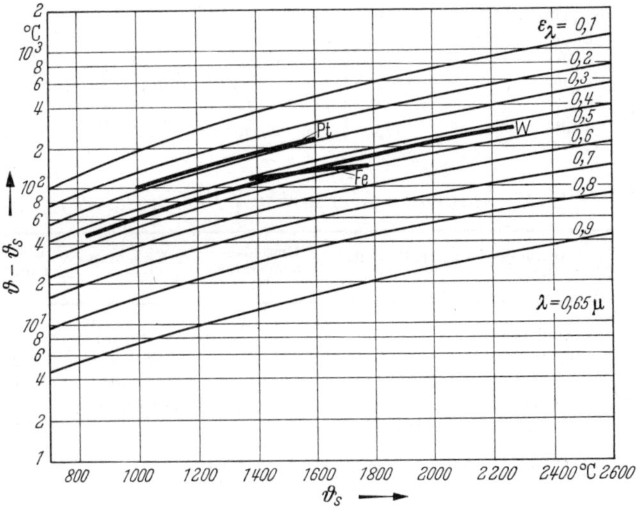

1216. Erweichungspunkte der Segerkegel in °C

Segerkegel werden vor allem in Brennöfen der keramischen Industrie verwandt. Die Erweichungstemperatur hängt auch von der Anheizgeschwindigkeit ab.

SK Nr.	Temperatur in °C	SK Nr.	Temperatur in °C	SK Nr.	Temperatur in °C	SK Nr.	Temperatur in °C
022	600	07a	960	9	1280	29	1650
021	650	06a	980	10	1300	30	1670
020	670	05a	1000	11	1320	31	1690
019	690	04a	1020	12	1350	32	1710
018	710	03a	1040	13	1380	33	1730
017	730	02a	1060	14	1410	34	1750
016	750	01a	1080	15	1435	35	1770
015a	790	1a	1100	16	1460	36	1790
014a	815	2a	1120	17	1480	37	1825
013a	835	3a	1140	18	1500	38	1850
012a	855	4a	1160	19	1520	39	1880
011a	880	5a	1180	20	1530	40	1920
010a	900	6a	1200	26	1580	41	1960
09a	920	7	1230	27	1610	42	2000
08a	940	8	1250	28	1630		

1217. Temperatur-Meßfarben und -Meßfarbstifte[2]

12171. Einfach-Meßfarben mit einem Farbumschlag (Thermocolore)[2]

Farbe Nr.	Ausgangs-farbe	Umschlag-farbe	Umschlag-temperatur °C	Farbe Nr.	Ausgangs farbe	Umschlag-farbe	Umschlag-temperatur °C
1	rosa	blau	40	6	grün	braun	220
2	hellgrün	blau	60	7	gelb	rotbraun	290
2a	blau	grün	80	8	weiß	braun	340
3	gelb	violett	110	9	violett	weiß	440
4	purpur	blau	140	10	rosa	weiß (üb. braun)	500
4a	blau	schwarz	165	11	blau	violett	580
5	weiß	braun	175	12	olivgrün	hellgrün	650

12172. Mehrfach-Meßfarben (Thermocolore)[1]

Farbe Nr.	Ausgangs-farbe	1. Umschlag farbe	Umschlag-temperatur °C	2. Umschlag-farbe	Umschlag-temperatur °C
20	hellrosa	hellblau	65	hellbraun	145
21	graugrün	olivgrün	145	braun	220
22	rosa	hellbraun	145	schwarz	175
23	dunkelgelb	graugrün	175	rotbraun	290
24	gelb	violett	290	braun	340

[1] Hersteller: Badische Anilin und Sodafabrik, Ludwigshafen.
[2] Nach F. LIENEWEG, Temperaturmessung, Leipzig 1950.

1218. Korrektionswerte für Ablesungen an Flüssigkeitsthermometern bei herausragendem Faden

Bei der Eichung von Flüssigkeitsthermometern befindet sich das ganze Thermometer auf der Meßtemperatur. Bei Betriebsthermometern wird die Eichung auch mit herausragendem Faden vorgenommen, dann befindet sich auf der Rückseite des Thermometers eine Angabe über die Länge des herausragenden Fadens und die Temperatur desselben während der Eichung. Befindet sich ein ohne herausragenden Faden geprüftes Thermometer bei der Messung nicht vollständig in dem Raume, dessen Temperatur bestimmt werden soll, sondern ragt der Faden um $n°$ heraus, und beträgt die mittlere Temperatur des herausragenden Fadens ϑ_F°, dann ist eine Korrektion, die der Differenz des Ausdehnungskoeffizienten der Flüssigkeit und des Glases Rechnung trägt (scheinbarer Ausdehnungskoeffizient γ) anzubringen.

Ist die abgelesene Temperatur ϑ_a°, dann ist die wahre Temperatur

$$\vartheta_w^\circ = \vartheta_a^\circ + n\gamma\,(\vartheta_a^\circ - \vartheta_F^\circ).$$

Die Werte des scheinbaren Ausdehnungskoeffizienten γ für Hg in Thermometern verschiedener Gläser sind in folgender Tabelle angegeben.

Die γ-Werte für Toluol und Äthanol in Glas sind 0,0010.

Scheinbarer Ausdehnungskoeffizient γ von Hg in Gläsern

Temperaturbereich °C	Glassorte			
	Jenaer Normalglas (16^{III}) Wertheimer Normalglas	Jenaer Thermometerglas (2954)	Jenaer Supremaxglas 8400	Quarzglas
− 58 bis +100	0,000158	0,000164	0,000172	0,000181
oberhalb +100 bis +200	0,000160	0,000166	0,000174	0,000184
oberhalb +200 bis +300	0,000163	0,000170	0,000179	0,000189
oberhalb +300 bis +400	0,000170	0,000178	0,000186	0,000197
oberhalb +400 bis +500		0,000189	0,000197	0,000210
oberhalb +500 bis +625			0,000212	0,000225

122. Reduktion einer Wägung in Luft auf den luftleeren Raum

Ein in Luft mit Hilfe der üblichen Gewichtsstücke gewogener Körper verliert durch Auftrieb so viel an Gewicht, wie die von ihm verdrängte Luftmenge wiegt; ebenso erleiden die Gewichtsstücke einen entsprechenden Gewichtsverlust. Das Gewicht P_v des Körpers im luftleeren Raum ergibt sich also durch eine Korrektur, welche die Dichte der abzuwägenden Substanz, die Dichte des Materials der Gewichtsstücke und die Dichte der Luft während der Wägung berücksichtigt (die Korrektur ergibt sich aus der Differenz der Auftriebe). Die Dichte der Luft ist abhängig von Temperatur Barometerstand und Luftfeuchtigkeit; in den meisten Fällen ergibt der Wert 0,0012 gcm^{-3} für die Dichte bei 20° C und 760 Torr völlig ausreichende Genauigkeit. Die Tabelle liefert die Korrekturgrößen R für Körper, deren Dichte D, zwischen 0,70 und 22 gcm^{-3} liegt und die bei Wägung entweder mit Messing- oder mit Quarzgewichten in Luft das Gewicht P_L hatten. — Die Korrektionsfaktoren für Quarzgewichte gelten wegen der nahezu gleichen Dichte von Quarz und Al auch für Aluminiumgewichte.

Es ist $P_v = P_L\left(1 + \frac{R}{1000}\right)$ zu setzen.

Reduktion einer Wägung auf den luftleeren Raum

D gcm^{-3}	R Messing-Gewichte	R Quarz- oder Al-Gewichte	D gcm^{-3}	R Messing-Gewichte	R Quarz- oder Al-Gewichte	D gcm^{-3}	R Messing-Gewichte	R Quarz- oder Al-Gewichte
0,70	1,57	1,26	1,06	0,99	0,68	2,8	0,29	−0,02
0,72	1,52	1,21	1,08	0,97	0,66	3,0	0,26	−0,05
0,74	1,48	1,17	1,10	0,95	0,64	3,5	0,20	−0,11
0,76	1,44	1,13	1,15	0,90	0,59	4	0,16	−0,15
0,78	1,40	1,09	1,20	0,86	0,55	5	0,10	−0,21
0,80	1,36	1,05	1,25	0,82	0,51	6	0,06	−0,25
0,82	1,32	1,01	1,30	0,78	0,47	7	0,03	−0,28
0,84	1,29	0,98	1,35	0,75	0,44	8	0,01	−0,30
0,86	1,25	0,94	1,4	0,71	0,40	9	−0,01	−0,32
0,88	1,22	0,91	1,5	0,66	0,35	10	−0,02	−0,33
0,90	1,19	0,88	1,6	0,61	0,30	12	−0,04	−0,35
0,92	1,16	0,85	1,7	0,56	0,25	14	−0,06	−0,37
0,94	1,13	0,82	1,8	0,52	0,21	16	−0,07	−0,38
0,96	1,11	0,80	1,9	0,49	0,18	18	−0,08	−0,39
0,98	1,08	0,77	2,0	0,46	0,15	20	−0,08	−0,39
1,00	1,06	0,75	2,2	0,40	0,09	22	−0,09	−0,40
1,02	1,03	0,72	2,4	0,36	0,05			
1,04	1,01	0,70	2,6	0,32	0,01			

123. Druckmessung

1231. Reduktion des am Maßstab aus Messing abgelesenen Barometerstandes auf 0° C

Ist b der abgelesene Barometerstand, ϑ die Temperatur des Barometers, $\bar{\gamma} = 0{,}0001823 \cdot \text{grd}^{-1}$ der mittlere kubische Ausdehnungskoeffizient des Quecksilbers zwischen $0 + 35°$, $\bar{\alpha} = 0{,}000018_5\,\text{grd}^{-1}$ der lineare Ausdehnungskoeffizient des Messings, so ist der auf 0° reduzierte Barometerstand:

$$b_0 = b \cdot \frac{1 + \bar{\alpha}\vartheta}{1 + \bar{\gamma}\vartheta} = b\,[1 - (\bar{\gamma} - \bar{\alpha})\vartheta] = b + \Delta b.$$

Bei Temperaturen oberhalb von 0° ist Δb von dem abgelesenen Barometerstand abzuziehen; liegt die Beobachtungstemperatur unterhalb von 0°, so ist die Korrektur hinzuzuzählen. Sie hat alsdann einen ein wenig größeren absoluten Wert als die bei der gleichen positiven Temperatur; doch beträgt der Unterschied bis zu Temperaturen von −10° weniger als 0,01 mm. Die Δb-Werte können aus der Tabelle auf S. 51 entnommen werden.

Erfolgt die Ablesung an einem Maßstab aus Glas, so ist $\Delta b_g = 1{,}004\,\Delta b$.

1232. Kapillardepression des Quecksilbers

Durch die Grenzflächenspannung zwischen Quecksilber und Glas gibt die Ablesung am Barometer nicht den wahren Stand an. Die anzubringende Korrektur hängt von der Rohrweite und von der Reinheit der Oberfläche ab. Für reines Quecksilber (frische Oberfläche) sind die dem abgelesenen Barometerstand hinzuzuzählenden Werte in Torr in Abhängigkeit von der Rohrweite und Kuppenhöhe angegeben.

Rohrdurchmesser in mm	Kuppenhöhe in mm								
	0,2	0,4	0,6	0,8	1,0	1,2	1,4	1,6	1,8
7	0,17	0,34	0,49	0,62	0,74	0,85	0,95	1,04	1,12
8	0,13	0,27	0,39	0,49	0,59	0,68	0,76	0,82	0,87
9	0,10	0,21	0,30	0,39	0,47	0,54	0,60	0,65	0,70
10	0,08	0,16	0,23	0,30	0,36	0,42	0,48	0,52	0,57
11	0,06	0,11	0,17	0,22	0,27	0,32	0,37	0,41	0,45
12	0,04	0,08	0,12	0,15	0,19	0,23	0,27	0,31	0,34
13	0,03	0,06	0,09	0,11	0,14	0,17	0,20	0,22	0,25
14	0,02	0,05	0,07	0,09	0,11	0,14	0,16	0,18	0,21
15	0,02	0,04	0,06	0,08	0,09	0,11	0,13	0,15	0,17
16	0,02	0,03	0,05	0,06	0,07	0,09	0,10	0,12	0,14
17	0,01	0,02	0,03	0,04	0,05	0,06	0,07	0,08	0,09
18	0,01	0,01	0,02	0,03	0,04	0,04	0,05	0,06	0,07
19	0,01	0,01	0,02	0,02	0,03	0,03	0,04	0,04	0,05

Die Werte für 7...10 mm Rohrdurchmesser nach Süring[1] sind graphisch angeglichen an die für 10...19 mm Rohrdurchmesser geltenden von Cawood und Patterson[2].

[1] Süring: Veröff. preuß. Meteor.-Inst. 1917 Nr. 292

[2] Cawood and Patterson: Trans. Faraday Soc. 29, 514 (1933)

°C	100	200	300	400	500	600	680	690	700	710	720	730	740	750	760	770	780
1	0,02	0,03	0,05	0,06	0,08	0,09	0,11	0,11	0,11	0,12	0,12	0,12	0,12	0,12	0,12	0,13	0,13
2	0,03	0,07	0,10	0,13	0,16	0,20	0,22	0,23	0,23	0,23	0,23	0,24	0,24	0,24	0,25	0,25	0,25
3	0,05	0,10	0,15	0,19	0,24	0,29	0,33	0,34	0,34	0,35	0,35	0,36	0,36	0,37	0,37	0,38	0,388
4	0,07	0,13	0,20	0,26	0,33	0,39	0,44	0,45	0,46	0,46	0,47	0,48	0,48	0,49	0,50	0,50	0,51
5	0,08	0,16	0,24	0,33	0,41	0,49	0,55	0,56	0,57	0,58	0,59	0,59	0,60	0,61	0,62	0,63	0,64
6	0,10	0,20	0,30	0,39	0,49	0,59	0,66	0,67	0,68	0,69	0,70	0,71	0,72	0,73	0,74	0,75	0,76
7	0,11	0,23	0,34	0,46	0,57	0,69	0,78	0,79	0,80	0,81	0,82	0,83	0,84	0,86	0,87	0,88	0,89
8	0,13	0,26	0,39	0,52	0,65	0,78	0,89	0,90	0,91	0,93	0,94	0,95	0,96	0,98	0,99	1,00	1,02
9	0,15	0,29	0,44	0,59	0,74	0,88	1,00	1,01	1,03	1,04	1,06	1,07	1,08	1,10	1,11	1,13	1,14
10	0,16	0,33	0,49	0,65	0,82	0,98	1,11	1,12	1,14	1,16	1,17	1,19	1,21	1,22	1,24	1,25	1,27
11	0,18	0,36	0,54	0,72	0,90	1,08	1,22	1,24	1,25	1,27	1,29	1,31	1,33	1,34	1,36	1,38	1,40
12	0,19	0,39	0,58	0,78	0,97	1,18	1,33	1,35	1,37	1,39	1,41	1,43	1,45	1,47	1,48	1,50	1,52
13	0,21	0,42	0,64	0,85	1,06	1,27	1,44	1,46	1,48	1,50	1,52	1,54	1,57	1,59	1,61	1,63	1,65
14	0,23	0,46	0,69	0,92	1,14	1,37	1,55	1,57	1,59	1,62	1,64	1,66	1,69	1,71	1,73	1,75	1,78
15	0,24	0,49	0,73	0,98	1,22	1,47	1,66	1,68	1,71	1,73	1,76	1,78	1,81	1,83	1,85	1,88	1,90
16	0,26	0,52	0,79	1,05	1,31	1,57	1,77	1,80	1,82	1,85	1,87	1,90	1,93	1,95	1,98	2,00	2,03
17	0,28	0,56	0,83	1,11	1,39	1,67	1,88	1,91	1,94	1,96	1,99	2,02	2,05	2,07	2,10	2,13	2,16
18	0,29	0,59	0,88	1,17	1,47	1,76	1,99	2,02	2,05	2,08	2,11	2,14	2,17	2,20	2,22	2,25	2,28
19	0,31	0,62	0,93	1,24	1,55	1,86	2,10	2,13	2,16	2,19	2,22	2,25	2,29	2,32	2,35	2,38	2,41
20	0,33	0,65	0,98	1,31	1,63	1,96	2,21	2,24	2,28	2,31	2,34	2,37	2,41	2,44	2,47	2,50	2,54
21	0,34	0,68	1,03	1,37	1,71	2,05	2,32	2,35	2,39	2,42	2,46	2,49	2,53	2,56	2,59	2,63	2,66
22	0,36	0,72	1,08	1,44	1,80	2,16	2,43	2,47	2,50	2,54	2,57	2,61	2,65	2,68	2,72	2,75	2,79
23	0,38	0,75	1,13	1,50	1,88	2,25	2,54	2,58	2,62	2,65	2,69	2,73	2,77	2,80	2,84	2,88	2,91
24	0,39	0,78	1,17	1,56	1,96	2,34	2,65	2,69	2,73	2,77	2,81	2,85	2,88	2,92	2,96	3,00	3,04
25	0,41	0,82	1,22	1,63	2,04	2,45	2,76	2,80	2,84	2,88	2,92	2,96	3,00	3,05	3,09	3,13	3,17
26	0,42	0,85	1,27	1,70	2,12	2,54	2,87	2,91	2,96	3,00	3,04	3,08	3,12	3,17	3,21	3,25	3,29
27	0,44	0,88	1,32	1,76	2,20	2,64	2,98	3,02	3,07	3,11	3,16	3,20	3,24	3,29	3,33	3,38	3,42
28	0,46	0,91	1,37	1,83	2,28	2,74	3,09	3,14	3,18	3,23	3,27	3,32	3,36	3,41	3,45	3,50	3,54
29	0,47	0,94	1,42	1,89	2,36	2,84	3,20	3,25	3,29	3,34	3,39	3,44	3,48	3,53	3,58	3,62	3,67
30	0,49	0,98	1,46	1,95	2,44	2,93	3,31	3,36	3,41	3,46	3,50	3,55	3,60	3,65	3,70	3,75	3,80
31	0,51	1,01	1,52	2,02	2,52	3,03	3,42	3,47	3,52	3,57	3,62	3,67	3,72	3,77	3,82	3,87	3,92
32	0,52	1,04	1,56	2,08	2,60	3,13	3,53	3,58	3,63	3,68	3,74	3,79	3,84	3,89	3,94	4,00	4,05
33	0,54	1,07	1,61	2,15	2,68	3,22	3,64	3,69	3,75	3,80	3,85	3,91	3,96	4,01	4,07	4,12	4,17
34	0,55	1,11	1,66	2,22	2,77	3,32	3,75	3,80	3,86	3,91	3,97	4,02	4,08	4,13	4,19	4,24	4,30
35	0,57	1,14	1,71	2,28	2,85	3,42	3,86	3,91	3,97	4,03	4,09	4,14	4,20	4,26	4,31	4,37	34,4

1233. Korrektionswert für den Meniskus bei Wassersäulen

Durch die Grenzflächenspannung zwischen Glas und Wasser entsteht in engen Röhren eine konkave Oberfläche. In der Tabelle sind die Zahlen angegeben, um die sich die Mitte des Meniskus bei Wasser heben würde, wenn die gleiche Flüssigkeitsmenge eine ebene horizontale Fläche bildete.

Röhren-durchmesser mm	h mm	Röhren-durchmesser mm	h mm
14	1,10	18	0,87
15	1,03	19	0,84
16	0,97	20	0,82
17	0,91	21	0,80

1234. Korrektion für die geographische Breite φ und Höhe h

Bei Druckmessungen wird auf die Normalfallbeschleunigung $g_N = 980{,}665\ \mathrm{cms^{-2}}$ bezogen, für $\varphi = 45°$ und Meereshöhe 0°.[1]

Die Fallbeschleunigung ändert sich mit der geographischen Breite φ und der Höhe h des Beobachtungsortes. Zur Berechnung von g auf der Breite φ wird die Formel

$$g_\varphi = 978{,}049\,(1 + 0{,}0052884 \sin^2 \varphi - 0{,}0000059 \sin^2 2\varphi)$$

benutzt.

Die Werte von g in Abhängigkeit von φ sind in der Tabelle 12341 angegeben, dazu ist der Wert $\Delta\varphi = \dfrac{g - g_N}{g_N}$ angegeben, der über $p_N = p(1 + \Delta\varphi)$ den gemessenen Luftdruck p in der Breite φ auf Normalschwere umzurechnen gestattet.

12341. Korrektion für die die geographische Breite

Breite $\varphi°$	Teil-beschleunigung g_φ	$\Delta\varphi\ 10^3$	Breite $\varphi°$	Teil beschleunigung g_φ	$\Delta\varphi \cdot 10^3$
0	978,049	−2,668	50	981,079	+0,4211
5	978,088	−2,628	55	981,515	+0,8658
10	978,204	−2,509	60	981,924	+1,2842
15	978,394	−2,315	65	982,294	+1,6145
20	978,652	−2,0526	70	982,614	+1,9868
25	978,969	−1,7289	75	982,873	+2,2526
30	979,338	−1,3526	80	983,065	+2,4474
35	979,746	−0,9382	85	983,182	+2,5658
40	980,181	−0,4947	90	983,221	+2,6066
45	980,629	−0,0363			

[1] Dieser Wert ist international festgelegt, genaue Messungen haben jedoch ergeben, daß $g(\varphi=45°, h=0)$ 980,62939 cms⁻² ist.

In freier Luft ändert sich g mit der Höhe: $\dfrac{\Delta g}{h} = -0{,}0003082 \dfrac{\mathrm{cm\,s^{-2}}}{\mathrm{m}}$.

Ist anstatt Luft nur Gesteinsmasse von der Dichte ϱ vorhanden, so ist

$$\frac{\Delta g}{h} = (-0{,}0003082 + 0{,}0000419\ \varrho)\,\frac{\mathrm{cm\,s^{-2}}}{\mathrm{m}}.$$

Unabhängig von der Änderung der Fallbeschleunigung mit der Höhe ist die in Tabelle 12342 angegebene Druckänderung mit der Höhe, die durch die Zusammendrückbarkeit der Luft bedingt ist (Gasgesetz).

12342. Der Luftdruck p in Torr als Funktion der Höhe h

h m	*p* Torr	*h* m	*p* Torr	*h* m	*p* Torr	*h* m	*p* Torr
0	760,0	1800	611,2	4000	462,2	7500	286,8
100	751,0	2000	596,2	4500	432,9	8000	266,9
200	742,1	2400	567,2	5000	405,1	8500	248,2
500	716,0	2800	539,3	5500	378,7	9000	230,5
800	690,6	3000	525,8	6000	353,8	9500	213,8
1000	674,1	3400	499,6	6500	330,2	10000	198,2
1400	642,0	3800	474,4	7000	307,9		

1235. Ortstabelle für die Fallbeschleunigung

λ geographische Länge östlich von Greenwich, φ geographische Breite, h Meereshöhe, g Fallbeschleunigung.

Ort	λ in °	φ in °	h in m	g in cms^{-2}
Aachen, Rathaus	6,08	50,78	179	981,112
Amsterdam	4,91	52,37	0	981,288
Baltimore	−76,62	39,30	30	980,097
Basel	7,58	47,56	277	980,778
Berlin-Charlottenburg	13,32	52,52	33	981,288
Bern	7,45	46,94	522	980,612
Bonn	7,10	50,73	60	981,132
Braunschweig	10,46	52,30	74	981,267
Bremen	8,82	53,08	0	981,341
Breslau	17,07	51,11	116	981,158
Brünn	16,60	49,21		980,961
Brüssel	4,36	50,80	102	981,112
Budapest	19,06	47,48	108	980,852
Cambridge, Engl.	0,10	52,21	25	981,268
Cambridge, Mass.	−71,13	42,38	14	980,398
Danzig	18,62	54,37	21	981,452
Darmstadt	8,66	49,88	144	981,045
Dorpat	26,72	58,38	68	981,790
Dresden	13,73	51,06	121	981,128
Edinburgh	−3,16	55,96	104	981,584
Erlangen	11,01	49,60	279	980,957
Florenz	11,26	43,76	184	980,491
Frankfurt a. M.	8,65	50,12	99	981,066
Freiburg i. Br.	7,86	48,01	266	980,841
Freiburg i. Sa.	13,33	50,92	432	981,050
Genf	6,15	46,20	402	980,582
Gießen	8,67	50,58	159	981,109
Glasgow	−4,23	55,86	61	981,605
Göttingen	9,97	51,55	270	981,157
Graz	15,45	47,08	365	980,706
Greenwich	0,00	51,48	48	981,188
Greifswald	13,4	54,10		981,44
Halle	11,97	51,48	79	981,221
Hamburg-Harburg	9,93	53,46	30	981,379
Hannover	9,71	52,39	54	981,277
Heidelberg	8,7	49,41	100	981,01
Innsbruck	11,40	47,27	576	980,570
Jena	11,58	50,93	154	981,123
Johannisburg	28,03	−26,19	1755	978,550

Ort	λ in °	φ in °	h in m	g in cms^{-2}
Karlsruhe	8,41	49,01	115	980,956
Kiel	10,14	54,32	2	981,468
Köln	6,93	50,94	49	981,154
Königsberg	20,49	54,71	22	981,473
Kopenhagen	12,50	55,74	45	981,558
Leiden	4,48	52,16	6	981,273
Leipzig	12,39	51,34	115	981,180
Leningrad	30,30	59,92	4	981,931
Madrid	3,69	40,41	655	979,981
Mailand	9,23	45,48	116	980,564
Marburg	8,77	50,82	185	981,124
Marseille	5,39	43,30	61	980,485
Melbourne	144,89	−37,79	44	979,979
Moskau	37,57	55,76	139	981,564
München	11,50	48,17	514	980,744
Münster	7,63	51,95	63	981,237
New York	−73,96	40,81	38	980,247
Oslo	10,72	59,91	28	981,927
Oxford	−1,3	51,76	58	981,207
Paris	2,22	48,83	66	980,941
Potsdam	13,07	52,38	87	981,274
Prag	14,39	50,09	297	981,014
Quito (Ecuador)	−78,50	−0,22	2815	977,280
Rom	12,50	41,89		980,362
Rostock	21,1	54,09	15	981,44
Stockholm	18,05	59,33	8	981,846
Straßburg	7,77	48,58	137	980,896
Stuttgart	9,17	48,78	247	980,891
Tübingen	9,08	48,53	326	980,845
Turin	7,70	45,07	233	980,549
Utrecht	5,13	52,09	5	981,263
Washington	−77,03	38,89	0	980,119
Wien	16,36	48,21	183	980,860
Würzburg	9,93	49,79	178	981,032
Zürich	8,55	47,38	466	980,665

1236. Normalatmosphäre

Für die Normalatmosphäre Ina nach DIN 5450 gelten bis 11 km Höhe folgende Beziehungen:

$$\vartheta = (15^\circ - 0{,}0065^\circ\, h)\,\mathrm{C} \qquad (h \text{ in m über Meereshöhe})$$

$$p = 760\left(1 - \frac{0{,}0065}{288}\, h\right)^{5{,}255} \text{Torr.}$$

Die Werte von ϑ, p und der Dichte von Luft sind in der Tabelle 1236 angegeben.

Höhe h km	Temperatur t °C	Druck p Torr	Luftdichte ϱ kg/m³	Höhe h km	Temperatur t °C	Druck p Torr	Luftdichte ϱ kg/m³
−0,2	16,30	778,20	1,2492	0,5	11,75	716,00	1,1677
−0,1	15,65	769,06	1,2373	0,6	11,10	707,45	1,1564
0	15,00	760,00	1,2255	0,7	10,45	698,99	1,1452
0,1	14,35	751,03	1,2138	0,8	9,80	690,61	1,1341
0,2	13,70	742,14	1,2021	0,9	9,15	682,31	1,1230
0,3	13,05	733,34	1,1906	1,0	8,50	674,90	1,1121
0,4	12,40	724,63	1,1791	1,2	7,20	657,98	1,0904

124. Reduktion eines Gasvolumens auf den Normzustand (0° C und 760 Torr)

Nach den Gasgesetzen ist die Reduktion für ein ideales Gas, dessen Volumen V bei ϑ° C und p Torr gemessen wurde, gegeben durch

$$V_{(0^\circ\,\mathrm{C}\;760\;\mathrm{Torr})} = \frac{V_{\vartheta,p}\cdot p}{(1+0{,}00367\cdot\vartheta)\,760}.$$

Der Faktor $\frac{p}{760}\cdot\frac{1}{1+0{,}00367\,\vartheta}$ ist in Abhängigkeit von ϑ und p in folgender Tabelle gegeben.

Die Genauigkeit der Zahl ist im allgemeinen größer als die Abweichung der realen Gase vom Gasgesetz. Für genaue Reduktionen müssen diese Abweichungen berücksichtigt werden.

Bei mit Wasserdampf gesättigten Gasen ist außerdem auf Trockenheit zu korrigieren. Der Sättigungsdruck des Wassers ist in Tabelle 22206 zu finden.

p in Torr	$\frac{p}{(1+0{,}00367\,\vartheta)\cdot 760}$ für ϑ in °C						
	−20	−10	0	+10	+20	+30	+40
10	0,01420	0,01366	0,01316	0,01270	0,01226	0,01186	0,01148
20	02840	02732	02632	02539	02452	02371	02296
30	04259	04097	03947	03808	03678	03556	03434
40	05679	05463	05263	05077	04904	04742	04591
50	07099	06829	06579	06347	06130	05928	05739
60	08519	08195	07895	07616	07357	07113	06887
70	09939	09561	09211	08886	08583	08299	08035
80	1136	1093	1053	1016	09812	09488	09185
90	1278	1229	1184	1142	1103	1067	1033
100	1420	1366	1316	1270	1226	1186	1148
110	1561	1502	1447	1396	1348	1304	1262
120	1704	1639	1579	1523	1471	1423	1377
130	1846	1775	1711	1650	1594	1541	1492
140	1988	1912	1842	1777	1716	1660	1607
150	2130	2049	1974	1904	1839	1779	1722
160	2271	2185	2105	2031	1961	1897	1836
170	2414	2322	2237	2158	2084	2016	1951
180	2555	2458	2368	2284	2207	2134	2066
190	2698	2595	2500	2412	2330	2253	2181
200	2840	2732	2632	2539	2452	2371	2296
210	2981	2868	2763	2665	2575	2489	2410
220	3124	3005	2895	2793	2698	2608	2525
230	3265	3141	3026	2919	2820	2726	2640
240	3407	3278	3158	3047	2943	2845	2755
250	3550	3415	3290	3174	3066	2964	2870
260	3691	3551	3421	3300	3188	3082	2984
270	3834	3688	3553	3428	3311	3201	3099
280	3975	3824	3684	3554	3433	3319	3214
290	4117	3961	3816	3681	3556	3438	3329

p in Torr	$\frac{p}{(1+0{,}00367\,\vartheta)\cdot 760}$ für ϑ in °C						
	−20	−10	0	+10	+20	+30	+40 °C
300	4260	4097	3947	3808	3678	3556	3443
310	4401	4234	4079	3935	3801	3675	3558
320	4544	4371	4211	4062	3924	3794	3673
330	4685	4507	4342	4189	4046	3912	3788
340	4827	4644	4474	4316	4169	4031	3903
350	4969	4780	4605	4442	4291	4149	4017
360	5111	4917	4737	4570	4414	4268	4132
370	5253	5053	4868	4696	4536	4386	4246
380	5395	5190	5000	4824	4659	4505	4362
390	5537	5327	5132	4951	4782	4624	4477
400	5679	5463	5263	5077	4904	4742	4591
410	5821	5600	5395	5205	5027	4861	4706
420	5963	5736	5526	5331	5149	4979	4820
430	6105	5873	5658	5458	5272	5098	4935
440	6247	6010	5790	5586	5395	5217	5051
450	6389	6146	5921	5712	5517	5335	5165
460	6531	6283	6053	5839	5640	5454	5280
470	6673	6419	6184	5966	5762	5572	5394
480	6815	6556	6316	6093	5885	5691	5509
490	6956	6692	6447	6219	6007	5809	5624
500	7099	6829	6579	6347	6130	5928	5739
510	7241	6966	6711	6474	6253	6047	5854
520	7383	7102	6842	6600	6375	6165	5968
530	7525	7239	6974	6728	6498	6284	6083
540	7666	7375	7105	6854	6620	6402	6198
550	7809	7512	7237	6982	6743	6521	6313
560	7950	7648	7368	7108	6866	6639	6427
570	8093	7785	7500	7235	6989	6758	6542
580	8235	7922	7632	7363	7111	6876	6657
590	8376	8058	7763	7489	7234	6994	6772
600	8519	8195	7895	7616	7357	7113	6887
610	8660	8331	8026	7743	7479	7231	7001
620	8802	8468	8158	7870	7602	7350	7116
630	8945	8605	8290	7997	7725	7469	7231
640	9086	8741	8421	8124	7842	7587	7346
650	9229	8878	8553	8251	7970	7706	7461
660	9370	9014	8684	8377	8092	7824	7575
670	9512	9151	8816	8505	8215	7943	7690
680	9654	9287	8947	8631	8337	8061	7804
690	9796	9424	9079	8759	8460	8180	7920
700	0,9939	9561	9211	8886	8583	8299	8035
710	1,0080	9697	9342	9012	8705	8417	8149
720	1,0222	9834	9474	9140	8828	8536	8264
730	1,0364	0,9970	9605	9266	8950	8654	8378
740	1,0506	1,0107	9737	9393	9073	8773	8494
750	1,0648	1,0243	0,9868	9520	9195	8891	8608
760	1,0790	1,0380	1,0000	9647	9318	9010	8723
770	1,0932	1,0517	1,0132	9774	9441	9129	8838
780	1,1074	1,0653	1,0263	0,9901	9563	9247	8952
790	1,1216	1,0790	1,0395	1,0028	9686	9366	9068
800	1,1358	1,0926	1,0526	1,0154	0,9808	0,9484	0,9182

125. Psychrometrische Daten zur Bestimmung der Luftfeuchtigkeit

Zur Feststellung der Luftfeuchtigkeit benutzt man 1. die Taupunktmethode. Dazu kühlt man ein Thermometer langsam ab, bis seine Temperatur so weit gesunken ist, daß sich der in der Luft vorhandene Wasserdampf auf ihm niederschlägt. Die Temperatur, bei der sich der Niederschlag bildet, ist die Taupunkttemperatur ϑ_T, d.h. bei dieser würde die Luft mit dem vorhandenen Wasserdampf gesättigt sein. Für jede Temperatur zwischen $-10°$ C und $+30°$ C ist der zugehörige Sättigungsdruck des Wasserdampfes aus der Tabelle, Spalte 2, zu entnehmen.

2. Die psychrometrische Methode. Dabei bestimmt man die Differenz zwischen den Temperaturangaben zweier Thermometer, des „trockenen" und des „feuchten" Thermometers. Das Gefäß des feuchten Thermometers ist mit einem dauernd feuchtgehaltenen Lappen umgeben, der durch einen Luftstrom angeblasen wird. Je höher der Wasserdampfgehalt der Luft ist, um so weniger Wasserdampf verdampft aus der feuchten Hülle und um so geringer ist infolgedessen der Wärmeentzug. Die Temperaturdifferenz zwischen dem feuchten und dem trockenen Thermometer ist folglich ein Maß für den Feuchtigkeitsgehalt der Luft. In der Tabelle ist zunächst neben der Lufttemperatur ϑ der Druck des gesättigten Wasserdampfes (a) angegeben. In den weiteren Spalten sind für die Temperaturdifferenzen 1°, 3°, 4°, 5°, 6°, 7°, 8°, 9°, 10° C die zugehörige relative Feuchtigkeit (r), d.h. die prozentuale Sättigung mit Wasserdampf, und die Taupunkttemperatur angegeben. Um den absoluten Wasserdampfdruck zu erhalten, multipliziert man r mit dem Wert a der gleichen Zeile der 2. Spalte und dividiert durch 100. Die absolute Feuchtigkeit, d.h. das Gewicht der in 1 m³ Luft enthaltenen Wasserdampfmenge, läßt sich aus Spalte 3 errechnen (Sättigungsdruck des Wasserdampfes s. auch Tabelle 22206).

Lufttemperatur °C	Sättigungsdruck a in Torr	Dichte in g · m⁻³	Differenz zwischen der Temperatur des trockenen und des feuchten Thermometers																	
			1 °C		3° C		4° C		5° C		6° C		7° C		8° C		9° C		10° C	
			r %	ϑ_T	r %	ϑ_T	r %	ϑ_T	r %	ϑ_T	r %	ϑ_T	r %	ϑ_T	r %	ϑ_T	r %	ϑ_T	r %	ϑ_T
−10	1,95	2,14	66	−14,6	—	—	—	—	—	—	—	—	—	—	—	—	—	—	—	—
−9	2,13	2,33	68	−13,3	—	—	—	—	—	—	—	—	—	—	—	—	—	—	—	—
−8	2,32	2,54	70	−12,0	—	—	—	—	—	—	—	—	—	—	—	—	—	—	—	—
−7	2,53	2,76	72	−10,7	18	−25,5	—	—	—	—	—	—	—	—	—	—	—	—	—	—
−6	2,76	2,99	74	−9,5	23	−22,1	—	—	—	—	—	—	—	—	—	—	—	—	—	—
−5	3,01	3,24	75	−8,3	27	−19,4	—	—	—	—	—	—	—	—	—	—	—	—	—	—
−4	3,28	3,51	77	−7,1	32	−16,9	10	−28,7	—	—	—	—	—	—	—	—	—	—	—	—
−3	3,57	3,81	78	−5,9	35	−14,8	15	−23,8	—	—	—	—	—	—	—	—	—	—	—	—
−2	3,88	4,13	79	−4,8	39	−12,8	20	−20,2	—	—	—	—	—	—	—	—	—	—	—	—

Luft-tempera-tur °C	Sätti-gungs-druck a in Torr	Dichte in $g \cdot m^{-3}$	Differenz zwischen der Temperatur des trockenen und des feuchten Thermometcrs																	
			1° C		3° C		4° C		5° C		6° C		7° C		8° C		9° C		10° C	
			r %	ϑ_T	r %	ϑ_T	r %	ϑ_T	r %	ϑ_T	r %	ϑ_T	r %	ϑ_T	r %	ϑ_T	r %	ϑ_T	r %	ϑ_T
−1	4,22	4,47	80	−3,6	42	−11,0	24	−17,2	—	—	—	—	—	—	—	—	—	—	—	—
0	4,58	4,84	81	−2,5	45	−9,3	28	−14,6	11	−24,2	—	—	—	—	—	—	—	—	—	—
+1	4,9	5,2	83	−1,4	48	−7,7	32	−12,4	16	−19,9	—	—	—	—	—	—	—	—	—	—
2	5,3	5,6	84	−0,4	51	−6,2	35	−10,4	20	−16,6	—	—	—	—	—	—	—	—	—	—
3	5,7	6,0	84	0,6	54	−4,7	39	−8,5	24	−13,8	10	−23,0	—	—	—	—	—	—	—	—
4	6,1	6,4	85	1,7	56	−3,5	42	−6,8	28	−11,4	14	−18,6	—	—	—	—	—	—	—	—
5	6,5	6,8	86	2,8	58	−2,3	45	−5,3	32	−9,3	19	−15,2	6	−27,1	—	—	—	—	—	—
6	7,0	7,3	86	3,9	60	−1,1	47	−3,9	35	−7,5	23	−12,3	10	−20,8	—	—	—	—	—	—
7	7,5	7,8	87	4,9	61	0,1	49	−2,6	37	−5,9	26	−10,1	14	−16,5	—	—	—	—	—	—
8	8,0	8,3	87	6,0	63	1,3	51	−1,3	40	−4,3	29	−8,1	18	−13,5	7	−22,9	—	—	—	—
9	8,6	8,8	88	7,1	64	2,6	53	−0,1	42	−2,9	31	−6,3	21	−11,0	11	−18,1	—	—	—	—
10	9,2	9,4	88	8,1	65	3,8	54	1,2	44	−1,5	34	−4,6	24	−8,7	14	−14,5	5	−26,0	—	—
11	9,8	10,0	88	9,2	66	5,0	56	2,6	46	−0,2	36	−3,1	26	−6,7	17	−11,6	8	−19,7	—	—
12	10,5	10,7	89	10,2	68	6,2	57	3,9	48	1,2	38	−1,6	29	−4,9	20	−9,1	11	−15,5	—	—
13	11,2	11,4	89	11,3	69	7,4	59	5,1	49	2,7	40	−0,2	31	−3,2	23	−7,0	14	−12,2	6	−12,2
14	12,0	12,1	89	12,3	70	8,5	60	6,4	51	4,0	42	1,3	34	−1,6	25	−5,0	17	−9,5	9	−16,3
15	12,8	12,8	90	13,4	71	9,7	61	7,6	52	5,4	44	2,8	36	−0,1	27	−3,2	20	−7,1	12	−12,6
16	13,6	13,6	90	14,4	71	10,8	62	8,8	54	6,7	46	4,3	37	1,5	30	−1,5	22	−5,0	15	−9,6
17	14,5	14,5	90	15,4	72	12,0	64	10,0	55	8,0	47	5,6	39	3,1	32	0,1	24	−3,1	17	−7,1
18	15,5	15,4	91	16,5	73	13,1	65	11,2	56	9,2	49	7,0	41	4,6	34	1,8	27	−1,3	20	−4,9
19	16,5	16,3	91	17,5	74	14,2	65	12,4	58	10,5	50	8,3	43	6,0	35	3,4	29	0,4	22	−2,9
20	17,5	17,3	91	18,5	74	15,3	66	13,5	59	11,7	51	9,6	44	7,4	37	5,0	30	2,1	24	−1,0
21	18,7	18,3	91	19,5	75	16,4	67	14,7	60	12,9	52	10,9	46	8,8	39	6,4	32	3,8	26	0,8
22	19,8	19,4	92	20,6	76	17,5	68	15,8	61	14,1	54	12,2	47	10,1	40	7,9	34	5,4	28	2,6
23	21,1	20,6	92	21,6	76	18,6	69	16,9	61	15,2	55	13,4	48	11,4	42	9,3	36	6,9	30	4,3
24	22,4	21,8	92	22,6	77	19,6	69	18,1	62	16,4	56	14,6	49	12,7	43	10,7	37	8,4	31	5,9
25	23,8	23,0	92	23,6	77	20,7	70	19,2	63	17,5	57	15,8	50	14,0	44	12,0	38	9,9	33	7,5
26	25,2	24,4	92	24,6	78	21,8	71	20,3	64	18,7	58	17,0	51	15,2	46	13,3	40	11,3	34	9,0
27	26,7	25,8	92	25,7	78	22,8	71	21,4	65	19,8	59	18,2	52	16,5	47	14,6	41	12,7	36	10,5
28	28,3	27,2	93	26,7	78	23,9	72	22,4	65	20,9	59	19,3	53	17,7	48	15,9	42	14,0	37	11,9
29	30,0	28,7	93	27,7	79	25,0	72	23,5	66	22,0	60	20,5	54	18,9	49	17,1	44	15,3	38	13,3
30	31,8	30,3	93	28,7	79	26,0	73	24,6	67	23,2	61	21,6	55	20,0	50	18,4	44	46,6	39	14,7

126. Härte

Unter Härte versteht man den Widerstand, den ein Werkstoff dem Eindringen eines Prüfkörpers entgegensetzt. Bei einem Härteversuch wird der zu prüfende Stoff an der Eindringstelle verfestigt. Dies geht in die Härteprüfung ein.

In der Mineralogie ist für Härteprüfung ein Ritzverfahren üblich nach der Maßgabe, daß ein härterer Kristall den weniger härteren ritzt. Das Verfahren führt zu der von MOHS aufgestellten, unten wiedergegebenen Skala.

In der Technik werden vor allem folgende Härteprüfungen verwandt:

1. Das Kugeldruckverfahren nach BRINELL (DIN 50351), bei dem gehärtete Stahlkugeln durch statischen Druck in das zu prüfende Material eingedrückt werden. Als Härte HB wird das Verhältnis der Last in kp zu der Fläche der Eindruckskalotte in mm^2 angegeben (kp/mm^2).

2. Die Härteprüfung nach VICKERS (DIN 50135), bei der als Prüfkörper eine Diamantpyramide mit einem Winkel von 136° zwischen zwei gegenüberliegenden Flächen benutzt und als Härtemaß (HV) das Verhältnis der Last zu der Oberfläche des Pyramideneindrucks verwandt wird (kp/mm^2)

3. Die Rockwellsche Härteprüfung (DIN 50103). Hier wird mit einer. Vorlast gearbeitet. Der Prüfkörper, ein Diamantkörper mit einem Winkel von 120° an der Spitze, wird zunächst mit einer Vorlast p_0 (= 10 kp) eingedrückt und dann erst die Prüflast $p = 140$ kp (Gesamtlast 150 kp) aufgebracht. Die dadurch zusätzlich entstehende Eindrucktiefe ε wird gemessen. Als Härtezahl HRc gilt folgende Angabe: man mißt die Eindrucktiefe ε in Einheiten von 2 μ und zieht die sich ergebende Zahl von 100 ab. HRc $= 100 - \varepsilon$ (ε in 2 μ gemessen).

Bei weichen Werkstoffen werden anstatt des Diamantkegels Stahlkugeln benutzt, Rockwell-B-Verfahren (HRb).

In der folgenden Abbildung ist ein Vergleich technischer Härteskalen mit der Härte nach MOHS gebracht.

Mineralogische Härteskala nach MOHS

Talk	1
Gips oder Steinsalz	2
Kalkspat	3
Flußspat	4
Apatit	5
Feldspat (Orthoklas)	6
Quarz	7
Topas	8
Korund	9
Diamant	10

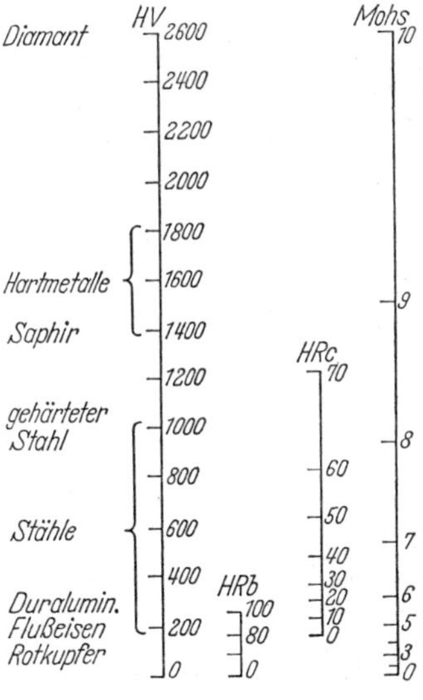

13. Grundkonstanten

	Kurzzeichen oder Definitionsgleichung	Zahlenwerte
Atommasseneinheit, relative, der Atommassenskala $^{12}C = 12$	u	$1{,}66043 \cdot 10^{-24}$ g
Avogadrosche Konstante (Zahl der Moleküle im Mol)	N_A	$6{,}02252 \cdot 10^{23}$ mol^{-1}
α-Teilchen:		
Ruhmasse	m_α	$6{,}6442 \cdot 10^{-24}$ g 4,0015 u
Ruhenergie	$m_\alpha c_0^2$	$3{,}7273 \cdot 10^3$ MeV $5{,}9715 \cdot 10^{-3}$ erg $1{,}4263 \cdot 10^{-10}$ cal$_{IT}$
Spezifische Ladung	$\frac{2e}{m_\alpha}$	$4{,}8227 \cdot 10^{-4}$ Cg^{-1}
Bohrsches Magneton	$\mu_B = \frac{e \cdot h}{4\pi m_e}$	$9{,}273 \cdot 10^{-24}$ Am^2 $9{,}273 \cdot 10^{-21}$ erg/Oersted
Bohrscher Wasserstoffradius	$a_0 = \frac{h^2}{4\pi^2 m_e e^2}$	$5{,}2917 \cdot 10^{-9}$ cm
Boltzmannsche Entropiekonstante	$k = \frac{R_0}{N_A}$	$1{,}38054 \cdot 10^{-16}$ erggrd^{-1} $3{,}29736 \cdot 10^{-24}$ cal$_{IT}$grd^{-1}
Compton-Wellenlänge des Elektrons	$\lambda_{ce} = \frac{h}{m_e c_0}$	$2{,}4262 \cdot 10^{-10}$ cm
des Protons	$\lambda_{cp} = \frac{h}{m_p c_0}$	$1{,}3214 \cdot 10^{-13}$ cm
Deuteron:		
Ruhemasse	m_d	$3{,}3433 \cdot 10^{-24}$ g 2,0135 u
Ruhenergie	$m_d c_0^2$	$1{,}87563 \cdot 10^3$ MeV $3{,}0048 \cdot 10^{-3}$ erg $7{,}1768 \cdot 10^{-11}$ cal$_{IT}$
Spezifische Ladung	$\frac{e}{m_d}$	$4{,}7920 \cdot 10^4$ Cg^{-1}
Elektrische Elementarladung	e	$1{,}60203 \cdot 10^{-19}$ C $4{,}8030\ 10^{-10}$ (cgs)$_s$
Elektrische Feldkonstante (Influenzkonstante) des Vakuums	ε_0	$8{,}85416 \cdot 10^{-12}$ F/m
Elektron:		
Radius klass.	r_e	$2{,}8178 \cdot 10^{-13}$ cm
Ruhmasse	m_e	$9{,}10891 \cdot 10^{-28}$ g $0{,}54860 \cdot 10^{-3}$ u
Ruhenergie	$m_e c_0^2$	0,51101 MeV $8{,}1866 \cdot 10^{-7}$ erg $1{,}9553 \cdot 10^{-14}$ cal$_{IT}$

	Kurzzeichen oder Definitionsgleichung	Zahlenwerte
Spezifische Ladung	$\frac{e}{m_e}$	$1{,}7589 \cdot 10^{8}$ Cg^{-1}
Energieäquivalent der Masse	1 g	$5{,}60986 \cdot 10^{26}$ MeV $8{,}98755 \cdot 10^{20}$ erg $2{,}14664 \cdot 10^{13}$ cal_{IT}
Erde:		
Masse		$5{,}97 \cdot 10^{27}$ g
Dichte		$5{,}52$ gcm^{-3}
Große Halbachse		$6{,}37839 \cdot 10^{8}$ cm
Normfallbeschleunigung	g_n	$9{,}80665$ cm^2s^{-2}
Faradaysche Konstante	F	$9{,}6487 \cdot 10^{4}$ $Cmol^{-1}$
Gaskonstante, universelle ($^{12}C = 12$)	R_0	$8{,}3143_4$ $Jgrd^{-1}$ mol^{-1} $1{,}98585$ cal_{IT}/grd^{-1} mol^{-1}
Gravitationskonstante	G	$6{,}670 \cdot 10^{-8}$ $cm^3g^{-1}s^{-2}$
Kernmagneton	$\mu_N = \frac{h \cdot e}{4\pi m_p} = \mu_B \cdot m_e/m_p$	$5{,}0504 \cdot 10^{-27}$ Am^2 $5{,}0504 \cdot 10^{-24}$ erg/Oersted
Kryptonlinie	$^{86}Kr\ (5d_5 \rightarrow 2p_{10})$	$6057{,}8021 \cdot 10^{-8}$ cm
Lichtgeschwindigkeit im Vakuum	c_0	$2{,}99793 \cdot 10^{10}$ cms^{-1}
Loschmidtsche Konstante (Zahl der Moleküle im cm^3)	$\frac{N_A}{V_0}$	$2{,}68699 \cdot 10^{19}$ cm^{-3}
Magnetische Feldkonstante	μ_0	$4\pi \cdot 10^{-7}$ H/m $1{,}256637 \cdot 10^{-6}$ H/m
Molvolumen idealer Gase (Normalvolumen bei 0° C und 1 Atm)	V_0	$2{,}24136 \cdot 10^{4}$ cm^3mol^{-1}
Neutron:		
Ruhmasse	m_n	$1{,}67481 \cdot 10^{-24}$ g 1,0086 u
Ruhenergie	$m_n \cdot c^2$	$9{,}3954 \cdot 10^{2}$ MeV $1{,}50525 \cdot 10^{-3}$ erg $3{,}59521 \cdot 10^{-11}$ cal_{IT}
Plancksches Strahlungsgesetz		
Konstante c_1	$2\pi c^2 \cdot h$	$3{,}7405 \cdot 10^{-5}$ $ergcm^2s^{-1}$ $3{,}7405 \cdot 10^{-16}$ Wm^2
Konstante c_2	$\frac{ch}{k}$	1,4388 cm grd 1,438* cm grd
Plancksches Wirkungsquantum	h	$6{,}6256 \cdot 10^{-27}$ erg s $4{,}13557 \cdot 10^{-15}$ eVs

* Gesetzlich festgelegt für Temperaturskala.

	Kurzzeichen oder Definitionsgleichung	Zahlenwerte
Proton:		
Ruhmasse	m_p	$1{,}67252 \cdot 10^{-24}$ g 1,00728 u
Ruhenergie	$m_p \cdot c_0^2$	$9{,}3826 \cdot 10^2$ MeV $1{,}50319 \cdot 10^{-3}$ erg $3{,}59030 \cdot 10^{-11}$ $\mathrm{cal_{IT}}$
Spezifische Ladung	$\frac{e}{m_p}$	$9{,}5794 \cdot 10^4$ $\mathrm{Cg^{-1}}$
Ruhmasse Proton zu Ruhmasse Elektron	$\frac{m_p}{m_e}$	1836,1
Gyromagnetisches Verhältnis	γ_p	$2{,}6752 \cdot 10^8$ $\mathrm{Am^2/Js}$
Quantenmechanische Einheit des Drehimpulses	$\hbar = \frac{h}{2\pi}$	$1{,}0544 \cdot 10^{-27}$ erg · s $6{,}5818 \cdot 10^{-16}$ eVs
Rydberg-Konstante		
für Wasserstoff	R_H	$1{,}0967757 \cdot 10^5$ $\mathrm{cm^{-1}}$
für ∞ große Kernmasse	R_∞	$1{,}097373 \cdot 10^5$ $\mathrm{cm^{-1}}$
Sommerfeldsche Feinstrukturkonstante	α $1/\alpha$	$7{,}29720 \cdot 10^{-3}$ 137,039
Stefan-Boltzmannsche Strahlungskonstante	σ	$5{,}668 \cdot 10^{-12}$ $\mathrm{Wcm^2grd^{-4}}$
Wasser		
Tripelpunkt		273,16° K
Wellenwiderstand des Vakuums	Γ_0	$376{,}731_0$ Ω
Wiensches Verschiebungsgesetz-Konstante	$A = \frac{c_2}{4{,}96511} = \lambda_{\max} \cdot T$	0,28978 cm grd
Zeemann-Aufspaltungskonstante	$e/4\pi m_e c = \mu_B/hc$	$4{,}6686 \cdot 10^{-5}$ cm/Oersted

2. Zusammenfassende Tabellen

21. Elemente

211. Periodensysteme

	Ia	a II b	a III b	b IV a	b V a	b VI a	b VII a	VIII b			I b	0
1	1 H 1,00797											2 He 4,0026
2	3 Li 6,939	4 Be 9,0122	5 B 10,811	6 C 12,01115	7 N 14,0067	8 O 15,9994	9 F 18,9984					10 Ne 20,183
3	11 Na 22,9898	12 Mg 24,312	13 Al 26,9815	14 Si 28,086	15 P 30,9738	16 S 32,064	17 Cl 35,453					18 Ar 39,948
4	19 K 39,102	20 Ca 40,08 30 Zn 65,37	21 Sc 44,956 31 Ga 69,72	22 Ti 47,90 32 Ge 72,59	23 V 50,942 33 As 74,9216	24 Cr 51,996 34 Se 78,96	25 Mn 54,938 35 Br 79,909	26 Fe 55,847	27 Co 58,9332	28 Ni 58,71	29 Cu 63,54	36 Kr 83,80
5	37 Rb 85,47	38 Sr 87,62 48 Cd 112,40	39 Y 88,905 49 In 114,82	40 Zr 91,22 50 Sn 118,69	41 Nb 92,906 51 Sb 121,75	42 Mo 95,94 52 Te 127,60	43 Tc 99 53 J 126,9044	44 Ru 101,07	45 Rh 102,905	46 Pd 106,4	47 Ag 107,87	54 Xe 131,30
6	55 Cs 132,905	56 Ba 137,34 80 Hg 200,59	57 La 138,91 59...70* 71 Lu 174,97 81 Tl 204,37	58 Ce 140,12 72 Hf 178,49 82 Pb 207,19	73 Ta 180,948 83 Bi 208,98	74 W 183,85 84 Po 210	75 Re 186,2 85 At 210	76 Os 190,2	77 Ir 192,2	78 Pt 195,09	79 Au 196,967	86 Rn 222
7	87 Fr 223	88 Ra 226,05	89 Ac 227	90 Th 232,038	91 Pa 231	92 U** 238,03						

*	59 Pr 140,907	60 Nd 144,24	61 Pm 145	62 Sm 150,35	63 Eu 151,96	64 Gd 157,25	65 Tb 158,924	66 Dy 162,50	67 Ho 164,93	68 Er 167,26	69 Tm 168,934	70 Yb 173,04
**	93 Np 237	94 Pu 242	95 Am 243	96 Cm 247	97 Bk 249	98 Cf 251	99 Es	100 Fm	101 Md	102 No		

		s ($l = 0, m = 0$)		p ($l = 1, m = 0, \pm 1$)					
K	n=1	1,0 **H** 1							4,0 **He** 2
L	2	6,9 **Li** 3	9,0 **Be** 4	10,8 **B** 5	12,0 **C** 6	14,0 **N** 7	16,0 **O** 8	19,0 **F** 9	20,2 **Ne** 10
M	3	23,0 **Na** 11	24,3 **Mg** 12	27,0 **Al** 13	28,1 **Si** 14	31,0 **P** 15	32,1 **S** 16	35,5 **Cl** 17	40,0 **Ar** 18
N	4	39,1 **K** 19	40,1 **Ca** 20	69,7 **Ga** 31	72,6 **Ge** 32	74,9 **As** 33	79,0 **Se** 34	79,9 **Br** 35	83,8 **Kr** 36
O	5	85,5 **Rb** 37	87,6 **Sr** 38	114,8 **In** 49	118,7 **Sn** 50	121,8 **Sb** 51	127,6 **Te** 52	126,9 **I** 53	131,3 **Xe** 54
P	6	132,9 **Cs** 55	137,3 **Ba** 56	204,4 **Tl** 81	207 **Pb** 82	209 **Bi** 83	210 **Po** 84	210 **At** 85	226 **Rn** 86
Q	7	223 **Fr** 87	222 **Ra** 88						

$n = 1, 2, \ldots$

$l = 0, 1, 2, \ldots, n - 1$

$m = 0, \pm 1, \ldots, \pm l$

$s = \pm {}^1/_2$

$l = 2$
$m = 0, \pm 1, \pm 2$

3 *d*	45,0 **Sc** 21	48,6 **Ti** 22	51,0 **V** 23	52,0 **Cr** 24	55,0 **Mn** 25	55,8 **Fe** 26	58,9 **Co** 27	58,7 **Ni** 28	63,5 **Cu** 29	65,4 **Zn** 30
4 *d*	88,9 **Y** 39	91,2 **Zr** 40	92,9 **Nb** 41	96,0 **Mo** 42	99 **Tc** 43	101,1 **Ru** 44	102,9 **Rh** 45	106,4 **Pd** 46	107,9 **Ag** 47	112,4 **Cd** 48
5 *d*	138,9 **La** 57	178,5 **Hf** 72	180,9 **Ta** 73	183,9 **W** 74	186,2 **Re** 75	190,2 **Os** 76	192,2 **Ir** 77	195,1 **Pt** 78	197,0 **Au** 79	200,6 **Hg** 80
6 *d*	227 **Ac** 89									

$l = 3$
$m = 0, \pm 1, \pm 2, \pm 3$

4 *f*	140,1 **Ce** 58	140,9 **Pr** 59	144,2 **Nd** 60	149 **Pm** 61	150,3 **Sm** 62	152,0 **Eu** 63	157,2 **Gd** 64	158,9 **Tb** 65	162,5 **Dy** 66	164,9 **Ho** 67	167,2 **Er** 68	168,9 **Tm** 69	173,0 **Yb** 70	175,0 **Lu** 71
5 *f*	232 **Th** 90	231 **Pa** 91	238 **U** 92	**Np** 93	**Pu** 94	**Am** 95	**Cm** 96	**Bk** 97	**Cf** 98	**Es** 99	**Fm** 100	**Md** 101	**No** 102	**Lw** 103

2111. Relative Atommasse

Bis 1960 wurde von den Chemikern der natürlichen Zusammensetzung des Elements Sauerstoff die relative Atommasse 16 zugeordnet. Die Physiker bezogen die Angaben der relativen Atommassen auf das Isotop $^{16}O = 16$ Einheiten. 1960 wurde beschlossen, künftig beide Skalen zu vereinheitlichen und auf das Atom $^{12}C = 12$ zu beziehen. In der Tabelle der relativen Atommassen sind die Werte der alten und neuen chemischen Skala aufgeführt.

Die Werte für O, ^{16}O, C, ^{12}C in den verschiedenen Skalen sind nachstehend aufgeführt:

	Alte physikalische Skala	Alte chemische Skala	Neue vereinheitlichte Skala
^{16}O	16 (genau)	15,99560	15,99491
O	—	16 (genau)	15,9994
^{12}C	12,00382	12,00052	12 (genau)
C		12,011	12,010

Umrechnungsfaktor für die Skalen

$$1\ \mathrm{ME}\ (^{12}C = 12) = 1{,}0003\ \mathrm{ME}\ (^{16}O = 16)$$
$$= 1{,}00004\ \mathrm{ME}\ (O = 16).$$

Masse eines Atoms mit der auf ^{12}C bezogenen relativen Atommasse $1 = 1{,}66043 \cdot 10^{-24}$ g. In der Tabelle sind die relativen Atommassen für die alte chemische Skala für 1925 und 1957 und die neue Skala 1961 für die Elemente, dazu noch das Entdeckungsjahr angegeben. Eingeklammerte Werte sind unsicher.

Chemisches Symbol	Name in deutsch gelegentlich lateinisch	Englisch	Französisch	Ordnungszahl	Relative Atommasse			Entdeckungsjahr
					1925	1957	1961	
Ac	Actinium	Actinium	Actinium	89			227	1899
Ag	Silber, Argentum	Silver	Argent	47	107,88	107,88	107,87	
Al	Aluminium	Aluminum	Aluminium	13	26,97	26,98	26,9815	1827
Am	Americium	Americium	Américium	95			(243)	1945
Ar	Argon	Argon	Argon	18	39,91	39,944	39,948	1894
As	Arsen	Arsenic	Arsénic	33	74,96	74,91	74,9216	
At	Astat	Astatine	Astate	85			(210)	1940
Au	Gold, Aurum	Gold	Or	79	197,2	197,0	196,967	
B	Bor	Boron	Bore	5	10,82	10,82	10,811	1808
Ba	Barium	Barium	Baryum	56	137,37	137,36	137,34	1808
Be	Beryllium	(Glucinium)	Béryllium	4	9,02	9,013	9,0122	1798
Bi	Wismuth	Bismuth	Bismuth	83	209,00	209,00	208,98	1753
Bk	Berkelium	Berkelium	Berkelium	97			(249)	1950
Br	Brom	Bromine	Brome	35	79,916	79,916	79,909	1826
C	Kohlenstoff	Carbon	Carbone	6	12,000	12,011	12,01115	
Ca	Calcium	Calcium	Calcium	20	40,07	40,08	40,08	1808
Cd	Cadmium	Cadmium	Cadmium	48	112,41	112,41	112,40	1817
Ce	Cer	Cerium	Cérium	58	140,25	140,13	140,12	1803
Cf	Californium	Californium	Californium	98			(251)	1950
Cl	Chlor	Chlorine	Chlore	17	35,457	35,457	35,453	1774
Cm	Curium	Curium	Curium	96			(247)	1944
Co	Kobalt	Cobalt	Cobalt	27	58,94	58,94	58,9332	1735
Cr	Chrom	Chromium	Chrome	24	52,01	52,01	51,996	1797
Cs	Cäsium	Cesium	Caesium	55	132,81	132,91	132,905	1860
Cu	Kupfer	Copper	Cuivre	29	63,57	63,54	63,54	
Dy	Dysprosium	Dysprosium	Dysprosium	66	162,52	162,51	162,50	1886

Chemisches Symbol	Name in deutsch gelegentlich lateinisch	Englisch	Französisch	Ordnungszahl	Relative Atommasse			Entdeckungsjahr
					1925	1957	1961	
Er	Erbium	Erbium	Erbium	68	167,7	167,27	167,26	1843
Es	Einsteinium	Einsteinium	Einsteinium	99				1955
Eu	Europium	Europium	Europium	63	152,0	152,0	151,96	1896
F	Fluor	Fluorine	Fluor	9	19,00	19,00	18,9984	1771
Fe	Eisen, Ferrum	Iron	Fer	26	55,84	55,85	55,847	
Fm	Fermium	Fermium	Fermium	100				1955
Fr	Francium	Francium	Francium	87			(223)	1993
Ga	Gallium	Gallium	Gallium	31	69,72	69,72	69,72	1875
Gd	Gadolinium	Gadolinium	Gadolinium	64	157,26	157,26	157,25	1880
Ge	Germanium	Germanium	Germanium	32	72,60	72,60	72,59	1886
H	Wasserstoff, Hydrogenium	Hydrogen	Hydrogène	1	1,008	1,0080	1,00797	1766
He	Helium	Helium	Hélium	2	4,00	4,003	4,0026	1895
Hf	Hafnium	Hafnium	Hafnium	72		178,50	178,49	1923
Hg	Quecksilber, Hydrargyrum	Mercury	Mercure	80	200,61	200,61	200,59	
Ho	Holmium	Holmium	Holmium	67	163,4	164,94	164,93	1879
In	Indium	Indium	Indium	49	114,8	114,82	114,82	1863
Ir	Iridium	Iridium	Iridium	77	193,1	192,2	192,2	1803
J	Jod	Jodine	Jode	53	126,932	126,91	126,9044	1811
K	Kalium	Potassium	Potassium	19	39,096	39,10	39,102	1807
Kr	Krypton	Krypton	Krypton	36	82,9	83,80	83,80	1898
La	Lanthan	Lanthanum	Lanthane	57	138,90	138,92	138,91	1839
Li	Lithium	Lithium	Lithium	3	6,940	6,940	6,939	1817
Lu	Lutetium	Lutetium	Lutétium	71	175,0	174,99	174,97	1907
Md	Mendelevium	Mendelevium	Mendelevium	101				1955
Mg	Magnesium	Magnesium	Magnésium	12	24,32	24,32	24,312	1755

Mn	Mangan	Manganese	Manganèse	25	54,93	54,94	54,938	1774
Mo	Molybdän	Molybdenum	Molybdène	42	96,0	95,95	95,94	1778
N	Stickstoff, Nitrogenium	Nitrogen	Azote, Nitrogène	7	14,008	14,008	14,0067	1772
Na	Natrium	Sodium	Sodium	11	22,997	22,991	22,9898	1807
Nb	Niob	Niobium (Columbium)	Niobium	41	93,1	92,91	92,906	1801
Nd	Neodym	Neodymium	Néodyme	60	144,27	144,27	144,24	1885
Ne	Neon	Neon	Néon	10	20,2	20,183	20,183	1898
Ni	Nickel	Nickel	Nickel	28	58,69	58,71	58,71	1751
No	Nobelium			102				1958
Np	Neptunium	Neptunium	Neptunium	93			(237)	1940
O	Sauerstoff, Oxygenium	Oxygen	Oxygène	8	16,000	16,00	15,9994	1774
Os	Osmium	Osmium	Osmium	76	190,8	190,2	190,2	1803
P	Phosphor	Phosphorus	Phosphore	15	31,027	30,975	30,9738	1669
Pa	Protactinium	Protactinium	Protactinium	91			(231)	1917
Pb	Blei, Plumbum	Lead	Plomb	82	207,20	207,21	207,19	
Pd	Palladium	Palladium	Palladium	46	106,7	106,7	106,4	1803
Pm	Promethium	Promethium	Prométheum	61			(145)	1947
Po	Polonium	Polonium	Polonium	84			(210)	1898
Pr	Praseodym	Praseodymium	Praséodyme	59	140,92	140,92	140,907	1879
Pt	Platin	Platinum	Platine	78	195,23	195,09	195,09	1735
Pu	Plutonium	Plutonium	Plutonium	94			(242)	1940
Ra	Radium	Radium	Radium	88	225,95		(226,05)	1898
Rb	Rubidium	Rubidium	Rubidium	37	85,44	85,48	85,47	1861
Re	Rhenium	Rhenium	Rhénium	75			186,2	1925
Rh	Rhodium	Rhodium	Rhodium	45	102,91	102,91	102,905	1803
Rn	Radon	Radon	Radon	86	222		(222)	1900
Ru	Ruthenium	Ruthenium	Ruthénium	44	101,7	101,1	101,07	1844
S	Schwefel	Sulfur	Soufre	16	32,064	32,064	32,064	
Sb	Antimon, Stibium	Antimony	Antimoine	51	121,77	121,76	121,75	

Chemisches Symbol	Name in deutsch gelegentlich lateinisch	Englisch	Französisch	Ordnuns-zahl	Relative Atommasse			Ent-deckungs-jahr
					1925	1957	1961	
Sc	Scandium	Scandium	Scandium	21	45,96	44,10	44,956	1879
Se	Selen	Selenium	Sélénium	34	79,2	78,96	78,96	1817
Si	Silizium	Silicon	Silicium	14	28,06	28,09	28,086	1823
Sm	Samarium	Samarium	Samarium	62	150,43	150,35	150,35	1879
Sn	Zinn, Stannum	Tin	Etain	50	118,70	118,70	118,69	
Sr	Strontium	Strontium	Strontium	38	87,63	87,63	87,62	1790
Ta	Tantal	Tantalum	Tantale	73	181,5	180,95	180,948	1802
Tb	Terbium	Terbium	Terbium	65	159,2	158,93	158,924	1843
Tc	Technetium	Technetium	Technécium	43			(99)	1937
Te	Tellur	Tellurium	Tellure	52	127,5	127,61	127,60	1782
Th	Thorium	Thorium	Thorium	90	232,15	232,05	232,038	1828
Ti	Titan	Titanium	Titane	22	48,1	47,90	47,90	1791
Tl	Thallium	Thallium	Thallium	81	204,39	204,39	204,37	1861
Tm	Thulium	Thulium	Thulium	69	169,4	168,94	168,934	1879
U	Uran	Uranium	Uranium	92	238,17	238,07	238,03	1789
V	Vanadin	Vanadium	Vanadium	23	50,96	50,95	50,942	1830
W	Wolfram	Tungsten	Tungstène	74	184,0	183,86	183,85	1781
Xe	Xenon	Xenon	Xénon	54	130,2	131,30	131,30	1898
Y	Yttrium	Yttrium	Yttrium	39	88,9	88,92	88,905	1794
Yb	Ytterbium	Ytterbium	Ytterbium	70	173,6	173,04	173,04	1878
Zn	Zink	Zinc	Zinc	30	65,38	65,38	65,37	1746
Zr	Zirkon	Zirconium	Zirconium	40	91	91,22	91,22	1789

212. Natürlich vorkommende Isotope der Elemente

Angegeben sind in Spalte 1 Ordnungszahl Z, in Spalte 2 chemisches Symbol, in Spalte 3 Massenzahl A, in Spalte 4 relative Häufigkeit des Isotopes in den betreffenden Elementen in %, in Spalte 5 Isotopenmasse bezogen auf $^{12}C = 12{,}00000$, in Spalte 6 Kernspinquantenzahl I, in Spalte 7 magnetisches Dipolmoment in Kernmagnetonen μ/μ_N ($\mu_N = 5{,}0504 \cdot 10^{-20}$ Am²), in Spalte 8 für radioaktive natürliche Isotope, die Zerfallsart und Halbwertszeit.

Ord-nungs-zahl Z	Chem. Sym-bol	Massen-zahl A	Relative Häufigkeit %	Isotopenmasse $^{12}C = 12{,}00000$	Kernspin I	μ/μ_N	Bemerkungen
0	n	1	—	1,0086654	1/2	−1,9130	β^-, 12,8 min
1	H	1	99,986	1,00782522	1/2	2,7927	
	(D)	2	0,014	2,0141022	1	0,8573	
	(T)	3		3,0160494	1/2	2,9788	β^-, 12,4 a
2	He	3	$1{,}3 \cdot 10^{-4}$	3,0160299	1/2	−2,1274	
		4	100	4,0026036	0	—	
3	Li	6	7,30	6,015126	1	0,8219	
		7	92,70	7,016005	3/2	3,2560	
4	Be	9	100	9,0121858	3/2	−1,1774	
5	B	10	18,83	10,0129389	3	1,8006	
		11	81,17	11,0093051	3/2	2,6880	
6	C	12	98,892	12,0000000	0	—	
		13	1,108	13,0033543	1/2	0,7022	
		14	10^{-10}	14,0032419	0		β^-, 5730 a
7	N	14	99,635	14,0030744	1	0,4036	
		15	0,365	15,0001081	1/2	−0,2830	
8	O	16	99,759	15,9949149	0	—	
		17	0,0374	16,9991334	5/2	−1,8930	
		18	0,2036	17,9991598	0	—	
9	F	19	100	18,9984046	1/2	2,6273	
10	Ne	20	90,92	19,9924404	0	—	
		21	0,257	20,993849	3/2	−0,6617	
		22	9,823	21,9913845	0	—	
11	Na	23	100	22,989773	3/2	2,2161	
12	Mg	24	78,98	23,985045	0	—	
		25	10,05	24,985840	5/2	−0,8547	
		26	10,97	25,982591	0	—	
13	Al	27	100	26,981535	5/2	3,6385	
14	Si	28	92,18	27,976927	0	—	
		29	4,71	28,976491	1/2	−0,5548	
		30	3,12	29,973761	0	—	
15	P	31	100	30,973763	1/2	1,1305	
16	S	32	95,018	31,972074	0	—	
		33	0,750	32,971460	3/2	0,6427	
		34	4,215	33,967864	0	—	
		36	0,017	35,967091	0	—	
17	Cl	35	75,40	34,968854	3/2	0,8209	
		37	24,60	36,965896	3/2	0,6833	
18	Ar	36	0,337	35,967548	0	—	
		38	0,063	37,962724	0	—	
		40	99,600	39,9623838	0	—	
19	K	39	93,8000	38,963714	3/2	0,3990	

Ordnungszahl Z	Chem. Symbol	Massenzahl A	Relative Häufigkeit %	Isotopenmasse $^{12}C=12{,}00000$	Kernspin I	μ/μ_N	Bemerkungen
		40	0,0119	39,964008	4	−1,296	β^-, $1{,}3 \cdot 10^9$ a und K (11%)
		41	6,9081	40,961835	3/2	0,2145	
20	Ca	40	96,92	39,962589	0	—	
		42	0,64	41,958627	0	—	
		43	0,129	42,958780	7/2	−1,3153	
		44	2,13	43,955490	0	—	
		46	0,003	45,95369	0	—	
		48	0,178	47,95236	0	—	
21	Sc	45	100	44,955919	7/2	4,7491	
22	Ti	46	7,95	45,952633	0	—	
		47	7,75	46,951758	5/2	−0,7871	
		48	73,45	47,947948	0	—	
		49	5,51	48,947867	7/2	−1,1023	
		50	5,34	49,944789	0	—	
23	V	50	0,23	49,947165	6	3,3413	K, $4 \cdot 10^{14}$ a
		51	99,77	50,943978	7/2	5,1392	
24	Cr	50	4,312	49,946051	(0)	—	
		52	83,76	51,940514	(0)	—	
		53	9,55	52,940651	3/2	−0,4735	
		54	2,38	53,938879	(0)	—	
25	Mn	55	100	54,938054	5/2	3,4610	
26	Fe	54	5,81	53,939621	(0)	—	
		56	91,64	55,934932	(0)	—	
		57	2,2	56,935394	1/2	0,090	
		58	0,34	57,933272	(0)	—	
27	Co	59	100	58,933189	7/2	4,6388	
28	Ni	58	67,77	57,935342	(0)	—	
		60	26,16	59,930783	(0)	—	
		61	1,25	60,931049	3/2	(0,30)	
		62	3,66	61,928345	(0)	—	
		64	1,16	63,927959	(0)	—	
29	Cu	63	68,94	62,929594	3/2	2,2206	
		65	31,06	64,927786	3/2	2,3790	
30	Zn	64	48,89	63,929145	(0)	—	
		66	27,81	65,926048	(0)	—	
		67	4,07	66,92715	5/2	0,8735	
		68	18,61	67,924865	(0)	—	
		70	0,62	69,92535	(0)	—	
31	Ga	69	60,16	68,92568	3/2	2,0108	
		71	39,84	70,92484	3/2	2,5549	
32	Ge	70	20,52	69,92428	(0)	—	
		72	27,43	71,92174	(0)	—	
		73	7,76	72,92336	9/2	−0,8768	
		74	36,54	73,92115	(0)	—	
		76	7,76	75,92136	(0)	—	
33	As	75	100	74,92158	3/2	1,4349	
34	Se	74	0,87	73,92245	(0)	—	
		76	9,02	75,91923	(0)	—	
		77	7,58	76,91993	1/2	0,5333	
		78	23,52	77,91735	(0)	—	
		80	49,82	79,91651	(0)	—	

Ordnungszahl Z	Chem. Symbol	Massenzahl A	Relative Häufigkeit %	Isotopenmasse $^{12}C = 12,00000$	Kernspin I	μ/μ_N	Bemerkungen
		82	9,19	81,91666	(0)	—	
35	Br	79	50,53	78,91835	$^3/_2$	2,0990	
		81	49,47	80,91634	$^3/_2$	2,2626	
36	Kr	78	0,354	77,920368	(0)	—	
		80	2,266	79,91639	(0)	—	
		82	11,56	81,913483	(0)	—	
		83	11,55	82,914131	$^9/_2$	−0,968	
		84	56,90	83,911504	(0)	—	
		86	17,37	85,910617	(0)	—	
37	Rb	85	72,20	84,91171	$^5/_2$	1,3483	
		87	27,80	86,90918	$^3/_2$	2,7415	β^-, $6 \cdot 10^{10}$ a
38	Sr	84	0,55	83,91337	(0)	—	
		86	9,75	85,90926	(0)	—	
		87	6,96	86,90889	$^9/_2$	−1,0893	(β^-?)
		88	82,74	87,90561	(0)	—	
39	Y	89	100	88,90543	$^1/_2$	−0,1368	
40	Zr	90	51,46	89,90432	(0)	—	
		91	11,23	90,9052	$^5/_2$	−1,3	
		92	17,11	91,9046	(0)	—	
		94	17,40	93,9061	(0)	—	
		96	2,80	95,9082	(0)	—	(β^-, $> 10^{17}$ a) ?
41	Nb	93	100	92,9060	$^9/_2$	6,1435	
42	Mo	92	15,84	91,9063	(0)	—	
		94	9,04	93,9047	(0)	—	
		95	15,72	94,9057	$^5/_2$	−0,9099	
		96	16,53	95,9045	(0)	—	
		97	9,46	96,9057	$^5/_2$	−0,9290	
		98	23,78	97,9055	(0)	—	
		100	9,63	99,9076	(0)	—	
43	Tc	99	—	98,9064	$^9/_2$	5,6572	β^-, $21 \cdot 10^5$ a
44	Ru	96	5,68	95,9076	(0)	—	
		98	2,22	97,9055	(0)	—	
		99	12,81	98,9061	$^5/_2$	−0,6	
		100	12,70	99,9030	(0)	—	
		101	16,98	100,9041	$^5/_2$	−0,7	
		102	31,4	101,9037	(0)	—	
		104	18,27	103,9055	(0)	—	
45	Rh	103	100	102,9048	$^1/_2$	−0,0879	
46	Pd	102	0,80	101,9049	(0)	—	
		104	9,30	103,9036	(0)	—	
		105	22,60	104,9046	$^5/_2$	−0,57	
		106	27,10	105,9032	(0)	—	
		108	26,70	107,9039	(0)	—	
		110	13,50	109,9045	(0)	—	
47	Ag	107	51,92	106,9050	$^1/_2$	−0,1130	
		109	48,08	108,9047	$^1/_2$	−0,1299	
48	Cd	106	1,215	105,9059	(0)	—	
		108	0,875	107,9040	(0)	—	
		110	12,39	109,9030	(0)	—	
		111	12,75	110,9041	$^1/_2$	−0,5922	
		112	24,07	111,9028	()0	—	

Ordnungszahl Z	Chem. Symbol	Massenzahl A	Relative Häufigkeit %	Isotopenmasse $^{12}C=12{,}00000$	Kernspin I	μ/μ_N	Bemerkungen
		113	12,26	112,9046	$^1/_2$	−0,6195	β^-? $>8\cdot10^{15}$ a (K?)
		114	28,86	113,9036	(0)	—	
		116	7,78	115,9050	(0)	—	
49	In	113	4,23	112,9043	$^9/_2$	5,4960	
		115	95,77	114,9041	$^9/_2$	5,5072	β^-, $6\cdot10^{14}$ a
50	Sn	112	0,94	111,9049	(0)	—	
		114	0,65	113,9030	(0)	—	
		115	0,33	114,9035	$^1/_2$	−0,9132	
		116	14,36	115,9021	(0)	—	
		117	7,51	116,9031	$^1/_2$	−0,9949	
		118	24,21	117,9018	(0)	—	
		119	8,45	118,9034	$^1/_2$	−1,0409	
		120	33,11	119,9021	(0)	—	
		122	4,61	121,9034	(0)	—	
		124	5,83	123,9052	(0)	—	
51	Sb	121	57,25	120,9037	$^5/_2$	3,3417	
		123	42,75	122,9041	$^7/_2$	2,5334	
52	Te	120	0,09	119,9045	(0)	—	
		122	2,43	121,9030	(0)	—	
		123	0,85	122,9042	$^1/_2$	−0,7319	(K?), $>5\cdot10^{13}$ a
		124	4,59	123,9028	(0)	—	
		125	6,98	124,9044	$^1/_2$	−0,8824	
		126	18,70	125,9032	(0)	—	
		128	31,85	127,9047	(0)	—	
		130	34,51	129,9067	(0)	—	
53	J	127	100	126,90435	$^5/_2$	2,7939	
54	Xe	124	0,096	123,90612	(0)	—	
		126	0,020 (90)	125,90417	(0)	—	
		128	1,919	127,90354	(0)	—	
		129	26,44	128,90478	$^1/_2$	−0,7726	
		130	4,075	129,903510	(0)	—	
		131	21,18	130,90508	$^3/_2$	0,6868	
		132	26,89	131,904162	(0)	—	
		134	10,44	133,905398	(0)	—	
		136	8,87	135,90722	(0)	—	
55	Cs	133	100	132,9051	$^7/_2$	2,5642	
56	Ba	130	0,102	129,90625	(0)	—	
		132	0,098	131,9051	(0)	—	
		134	2,42	133,9043	(0)	—	
		135	6,59	134,9056	$^3/_2$	0,837	
		136	7,81	135,9044	(0)	—	
		137	11,32	136,9056	$^3/_2$	0,936	
		138	71,66	137,90501	(0)	—	
57	La	138	0,89	137,90681	5	3,6844	β^-, $1{,}1\cdot10^{11}$a und K (11 %)
		139	99,911	138,90606	$^7/_2$	2,7615	
58	Ce	136	0,19	135,9071	(0)	—	
		138	0,25	137,90572	(0)	—	
		140	88,49	139,90528	(0)	—	
		142	11,07	141,90904	(0)	—	α, 5.10^{15}a

Ordnungszahl Z	Chem. Symbol	Massenzahl A	Relative Häufigkeit %	Isotopenmasse $^{12}C=12,00000$	Kernspin I	μ/μ_N	Bemerkungen
59	Pr	141	100	140,90739	$^5/_2$	3,8	
60	Nd	142	26,80	141,90748	(0)	—	
		143	12,12	142,90962	$^7/_2$	−1,1	
		144	23,91	143,90990	(0)	—	α, $5 \cdot 10^{15}$ a
		145	8,35	144,9122	$^7/_2$	−0,69	
		146	17,35	145,9127	(0)	—	
		148	5,78	147,9165	(0)	—	
		150	5,69	149,9207	(0)	—	
61	Pm	149	—	148,9181	$^7/_2$	—	
62	Sm	144	2,95	143,9116	(0)	—	
		147	14,62	146,9146	$^7/_2$	−0,68	α, $1,3 \cdot 10^{11}$ a
		148	10,97	147,9146	(0)	—	
		149	13,56	148,9169	$^7/_2$	−0,55	
		150	7,27	149,9170	(0)	—	
		152	27,34	151,9195	(0)	—	
		154	23,29	153,9220	(0)	—	
63	Eu	151	47,77	150,9196	$^5/_2$	3,4	
		153	52,23	152,2909	$^5/_2$	1,5	
64	Gd	152	0,2	151,9195	(0)	—	α, $\sim 10^{15}$ a
		154	2,16	153,9207	(0)	—	
		155	14,68	154,9226	$^3/_2$	−0,32	
		156	20,36	155,9221	(0)	—	
		157	15,64	156,9239	$^3/_2$	−0,40	
		158	24,95	157,9241	(0)	—	
		160	22,01	159,9271	(0)	—	
65	Tb	159	100	158,9250	$^3/_2$	(1,5)	
66	Dy	156	0,0525	155,9238	(0)	—	
		158	0,0905	157,9240	(0)	—	
		160	2,297	159,9248	(0)	—	
		161	18,88	160,9266	$^5/_2$	(0,38)	
		162	25,53	161,9265	(0)	—	
		163	24,97	162,9284	$^7/_2$	(0,53)	
		164	28,18	163,9288	(0)	—	
67	Ho	165	100	164,9303	$^7/_2$	(3,3)	
68	Er	162	0,154	161,9288	(0)	—	
		164	1,606	163,9283	(0)	—	
		166	33,36	165,9304	(0)	—	
		167	22,82	166,9321	$^7/_2$	(0,5)	
		168	27,02	167,9324	(0)	—	
		170	15,04	169,9355	(0)	—	
69	Tm	169	100	168,9343	$^1/_2$	−0,20	
70	Yb	168	0,13	167,9339	(0)	—	
		170	3,030	169,9349	(0)	—	
		171	14,27	170,9365	$^1/_2$	0,45	
		172	21,77	171,9366	(0)	—	
		173	16,08	172,9383	$^5/_2$	−0,65	
		174	31,92	173,9390	(0)	—	
		176	12,80	175,9427	(0)	—	
71	Lu	175	97,40	174,9409	$^7/_2$	2,6	
		176	2,60	175,94274	7	(2,8)	β^-, $4,6 \cdot 10^{10}$ a
72	Hf	174	0,199	173,9403	(0)	—	α, $\sim 4 \cdot 10^{15}$ a
		176	5,23	175,94165	(0)	—	

Ordnungszahl Z	Chem. Symbol	Massenzahl A	Relative Häufigkeit %	Isotopenmasse $^{12}C = 12{,}00000$	Kernspin I	μ/μ_N	Bemerkungen
		177	18,55	176,94348	(7/2)	0,61	
		178	27,23	177,94387	(0)	—	
		179	13,73	178,9460	(9/2)	−0,47	
		180	35,07	179,9468	(0)	—	
73	Ta	180	0,0123	179,94752			
		181	99,988	180,94798	7/2	2,1	
74	W	180	0,16	179,94698	(0)	—	α, ~3 · 10^{14} a
		182	26,35	181,94827	(0)	—	
		183	14,32	182,95029	1/2	0,115	
		184	30,68	183,95099	(0)	—	
		186	28,49	185,95434	(0)	—	
75	Re	185	37,07	184,95302	5/2	3,1437	
		187	62,93	186,95596	5/2	3,1760	β^-, ~5 · 10^{10} a
76	Os	184	0,018	183,9526	(0)	—	
		186	1,582	185,95394	(0)	—	
		187	1,64	186,95596	1/2	0,065	
		188	13,27	187,95597	(0)	—	
		189	16,14	188,9582	3/2	0,6507	
		190	26,38	189,95860	(0)	—	
		192	40,97	191,96141	(0)	—	
77	Ir	191	38,5	190,96085	3/2	0,16	
		193	61,5	192,96328	3/2	0,17	
78	Pt	190	0,012	189,95995	(0)	—	α, 10^{12} a
		192	0,8	191,96143	(0)	—	α, ~10^{15} a
		194	30,2	193,96281	(0)	—	
		195	35,2	194,96482	1/2	0,6004	
		196	26,6	195,96498	(0)	—	
		198	7,2	197,9675	(0)	—	
79	Au	197	100	196,96655	3/2	0,136	
80	Hg	196	0,15	195,96582	(0)	—	
		198	10,12	197,96677	(0)	—	
		199	17,04	198,96826	1/2	0,4993	
		200	23,25	199,96834	(0)	—	
		201	13,18	200,97031	3/2	−0,607	
		202	29,54	201,97063	(0)	—	
		204	6,72	203,97348	(0)	—	
81	Tl	203	29,46	202,97233	1/2	1,5960	
		205	70,54	204,97446	1/2	1,6114	
82	Pb [2]	204	1,54 [2]	203,97307	(4)	0,22	α, 1,4 · 10^{17} a
		206	22,62 [2]	205,97446	(0)	—	
		207	22,62 [2]	206,97590	1/2	0,5837	
		208	53,22 [2]	207,97664	(0)	—	
83	Bi [1]	209	100	208,98042	9/2	4,0389	
84	Po [1]	210	—	209,98287			α, 140 d
85	At [1]	210	—	209,9870			*K*, α, 8,3 h
86	Rn [1]	222	—	222,01753			α, 3,8 d
87	Fr	223	—	223,01980			β^- (α), 22 min
88	Ra [1]	226	—	226,02536			α, 1,6 · 10^3 a
89	Ac [1]	227	—	227,02781	3/2	1,1	β^- (α), 22 a
90	Th [1]	232	100	232,03821			α, 10^{10} a

[1] Natürliche radioaktive Isotope der 3 Zerfallsreihen s. Landolt-Börnstein, Bd. I, 5.
[2] Gewöhnliches Blei. Die Zusammensetzung von radioaktivem Blei schwankt.

Ordnungszahl Z	Chem. Symbol	Massenzahl A	Relative Häufigkeit %	Isotopenmasse $^{12}C=12,00000$	Kernspin I	μ/μ_N	Bemerkungen
91	Pa[2]	231	100	231,03594	$^3/_2$	(1,96)	α, $3,2 \cdot 10^4$ a
92	U[2]	234	0,006	234,04090	(0)		α, $2,5 \cdot 10^5$ a
		235	0,720	235,04393	$^7/_2$	−0,34	α, $7 \cdot 10^8$ a
		238	99,274	238,05076	(0)		α, $4,5 \cdot 10^9$ a
93	Np	237		237,04803	$^5/_2$	(−8,50)	α, $2,2 \cdot 10^6$ a
94	Pu	239		239,05216	$^1/_2$		α, $3,8 \cdot 10^5$ a
95	Am	243		243,06138	$^5/_2$	1,4	α, $8 \cdot 10^3$ a
96	Cm	245		245,06534			α, 10^4 a
97	Bk	245		247,07018			α, 10^4 a
98	Cf	248		—			α, 360 a
99	Es	255		254,0881			β^-, 38 h
100	Fm	252		252,08265			α, 30 h
101	Md	256					
102	No	254					
103	Lw	257					

213. Relative Häufigkeit der Elemente auf der Erde[1]

$Si = 1 \cdot 10^6$

Ordnungszahl	Chem. Symbol	GOLDSCHMIDT	SUESS und UREY	Ordnungszahl	Chem. Symbol	GOLDSCHMIDT	SUESS und UREY
1	H		$4,00 \cdot 10^{10}$ [3]	28	Ni	$4,6 \cdot 10^4$	$2,74 \cdot 10^4$
2	He		$3,08 \cdot 10^9$ [3]	29	Cu	460	212
3	Li	100	100	30	Zn	360	486
4	Be	20	20	31	Ga	19	11,4
5	B	24	24	32	Ge	190	50,5
6	C		$3,5 \cdot 10^6$	33	As	18	4,0
7	N		$6,6 \cdot 10^6$	34	Se	15	67,6
8	O		$2,15 \cdot 10^7$	35	Br	43	13,4
9	F	1500	1600	36	Kr		51,3
10	Ne		$8,6 \cdot 10^6$	37	Rb	6,8	6,5
11	Na	$4,42 \cdot 10^4$	$4,38 \cdot 10^4$	38	Sr	40	18,9
12	Mg	$8,7 \cdot 10^5$	$9,12 \cdot 10^5$	39	Y	9,7	8,9
13	Al	$8,8 \cdot 10^4$	$9,48 \cdot 10^4$	40	Zr	140	54,5
14	Si	$1,0 \cdot 10^6$	$1,00 \cdot 10^6$	41	Nb	6,9	1,00
15	P	$5,8 \cdot 10^3$	$1,00 \cdot 10^4$	42	Mo	9,5	2,42
16	S	$1,14 \cdot 10^5$	$3,75 \cdot 10^5$	44	Ru	3,6	1,49
17	Cl	4000 ... 6000	8850	45	Rh	1,3	0,214
18	A		$1,5 \cdot 10^5$	46	Pd	1,8	0,675
19	K	6900	3160	47	Ag	3,2	0,26
20	Ca	$5,71 \cdot 10^4$	$4,90 \cdot 10^4$	48	Cd	2,6	0,89
21	Sc	15	28	49	In	0,23	0,11
22	Ti	4700	2440	50	Sn	29	1,33
23	V	130	220	51	Sb	0,72	0,246
24	Cr	$1,13 \cdot 10^4$	7800	52	Te	0,2	4,67
25	Mn	6600	6850	53	I	1,4	0,80
26	Fe	$8,9 \cdot 10^5$	$6,00 \cdot 10^5$	54	Xe		4,0
27	Co	3500	1800	55	Cs	0,1	0,456

[1] Nach H. E. SUESS u. H. C. UREY. Rev. Mod. Phys. **28**, 56 (1956).
[2] Vergl. Fußnote[1] auf S. 76. [3] Häufigkeit im Sonnensystem.

Ordnungszahl	Chem. Symbol	Goldschmidt	Sues und Urey	Ordnungszahl	Chem. Symbol	Goldschmidt	Suess und Urey
56	Ba	8,3	3,66	72	Hf	1,5	0,438
57	La	2,1	2,00	73	Ta	0,40	0,065
58	Ce	5,2	2,26	74	W	14,5	0,49
59	Pr	0,96	0,40	75	Re	0,12	0,135
60	Nd	3,3	1,44	76	Os	1,7	1,00
62	Sm	1,15	0,664	77	Ir	0,58	0,821
63	Eu	0,28	0,187	78	Pt	2,9	1,625
64	Gd	1,65	0,684	79	Au	0,27	0,145
65	Tb	0,52	0,0956	80	Hg	0,33	0,284
66	Dy	2,0	0,556	81	Tl	0,17	0,108
67	Ho	0,57	0,118	82	Pb	9,1	0,47
68	Er	1,6	0,316	83	Bi	0,11	0,144
69	Tm	0,29	0,0318	90	Th	0,59	
70	Yb	1,5	0,220	92	U	0,23	
71	Lu	0,48	0,050				

214. Elemente

Die folgenden Tabellen bringen Werte der physikalischen Konstanten der stabilen Elemente. Die Angaben beziehen sich in den Haupttabellen auf Raumtemperatur (25° C) und Normaldruck (760 Torr); wenn gelegentlich davon abgewichen wurde, ist dies besonders vermerkt. Außerdem sind die Haupttabellen aufgeteilt in solche Elemente, die im Normzustand kondensiert sind, und in solche, die dort als Gase vorliegen. Im Anschluß daran sind noch für genauer untersuchte und wichtigere Elemente jeweils Ergänzungen gebracht, die sich auf besondere Eigenschaften und eventuell die Temperaturabhängigkeit von Angaben beziehen, welche in den Haupttabellen enthalten sind.

Vorangestellt ist eine graphische Darstellung der Atomvolumina der Elemente. Es folgt dann die Haupttabelle für im Normzustand kondensierte Elemente. Die in den Haupttabellen angegebenen Eigenschaften sind mit den benutzten Symbolen und Einheiten und mit fortlaufenden Nummern versehen vorangestellt. In der gleichen Reihenfolge sind dann in der eigentlichen Zahlentabelle die Angaben aufgeführt. Es befinden sich am linken und rechten Rande die Nummern, Symbole und Einheiten und unter den am Kopf jeder Seite aufgeführten chemischen Symbolen der Elemente die reinen Zahlenangaben. Die gleiche Art der Anordnung gilt für die im Normzustand gasförmigen Elemente. Bei einigen Elementen, die normalerweise im mehratomigen Zustand vorliegen, beziehen sich die Angaben z.T. auf den atomaren und z.T. auf den mehratomigen molekularen Zustand. In diesen Fällen ist dort, wo Zweifel entstehen könnten, hinter der Zahlenangabe der Tabelle der Molekularzustand vermerkt, auf den sich die Einzelangabe bezieht.

In den Ergänzungen werden Angaben über die Temperaturabhängigkeit der jeweiligen Eigenschaften gemacht, die in diesem Band des Taschenbuchs (Bd. I) behandelt sind, und für die in diesem Band keine zusammenfassenden Tabellen gebracht sind. Weiter findet man Angaben über die allotropen Modifikationen und Umwandlungen unter Druck, über mechanische Eigenschaften der Metalle, über die Viskosität der flüssigen Phasen, über Selbstdiffusion, über die Änderung des elektrischen Widerstandes im

Magnetfeld und über den Hall-Koeffizienten. Ferner findet man bei einigen wichtigen Metallen Zahlenwerte über die thermodynamischen Zustandsgrößen und über das Emissionsvermögen sowie bei nicht regulär kristallisierenden Metallen über die Abhängigkeit physikalischer Eigenschaften von der Kristallorientierung. Für den Dampfdruck sei auf Tabelle 4111 hingewiesen, für die Molwärme auf Tabelle 6111 und für die Wärmeleitzahl auf Tabelle 731.

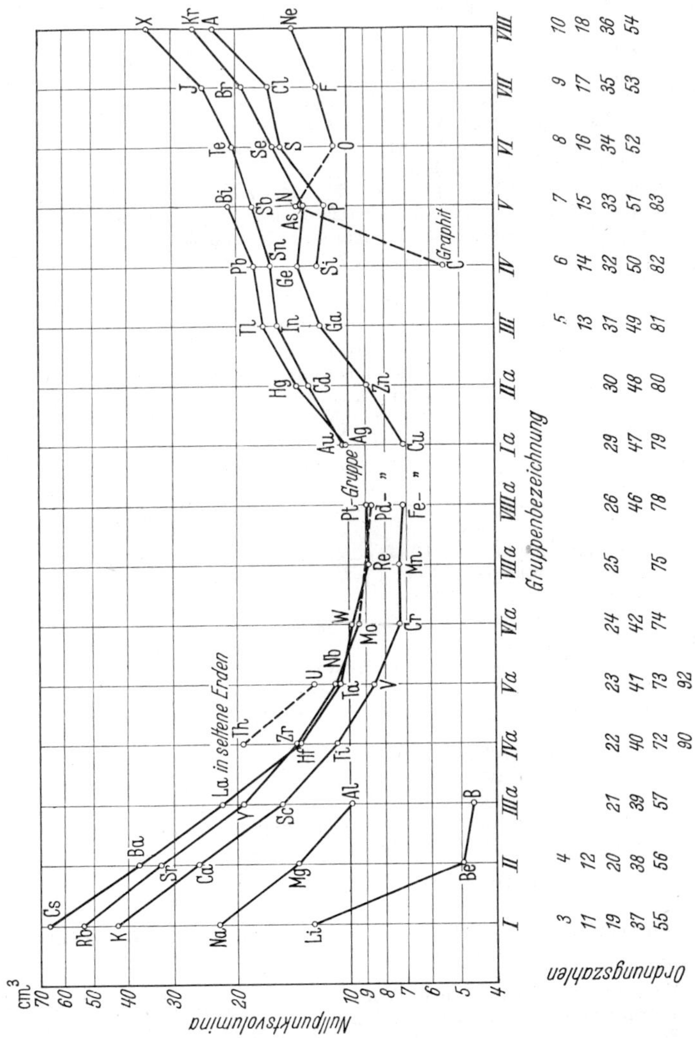

2141. Physikalische und chemische Eigenschaften der Elemente, die im Normzustand kondensiert sind

Zeile		Abkürzung
1	Ordnungszahl, in Klammern ist die Zahl der natürlich vorkommenden Isotopen hinzugefügt	Z (Isot.)
2	Relative Atommasse 1962	At.-masse
3	Elektronenkonfiguration und Grundterm	Elektr.K. Gr.T.
4a	Resonanzlinie in Å und Term	RL [Å]
4b	Resonanzlinie in Å und Term (zweite Resonanz)	RL [Å]
5	Ionisationspotential in eV und Term des ionisierten Atoms	Ion.-Pot. [eV]
6	Kristallsystem und Strukturtyp	Krist.
7	Raumgruppe, 1. Schönfliess, 2. Herman Maugin	R. G.
8	Einheitszelle Kantenlänge a, b in Å bei Z. T.	a, b [Å]
9	Kantenlänge c in Å oder Winkel β zwischen den Kristallachsen in Grad, in Klammern ist die Atomzahl in der Einheitszelle angegeben	c [Å], β [°] (Z)
10	Atomradius AR für die Koordinationszahl 12 bei Z. T. in Å	AR [Å]
11	Ionenradius IR für die Koordinationszahl 6 bei Z. T. in Å (1+); (2+)... für ein- bzw. zweiwertige Ionen usw.	IR [Å]
12	Atomvolumen V_A in cm³/g-Atom bei Z. T.	V_A [cm³/g-Atom]
13	Dichte D in g/cm³ bei Z. T.	D [g/cm³]
14	Wärmeausdehnungszahl, lineare α bzw. $\bar{\alpha}$ (mittlere) oder kubische γ bzw. $\bar{\gamma}$, in 10^{-6} grd^{-1}; in Klammern ist die Temperatur bzw. der Temperaturbereich hinzugefügt	α, γ [10^{-6} grd^{-1}]
15	Relative Volumenänderung am Schmelzpunkt $v_{fl}-v_f/v_f$	$(v_{fl}-v_f)/v_f$
16	Kubische Kompressibilität $\varkappa$ bei Z. T. in 10^{-6} at^{-1}	$\varkappa$ [10^{-6} at^{-1}]
17	Elastizitätsmodul E bei Z. T. in kp/mm²	E [kp/mm²]
18	Gleitmodul oder Schubmodul G bei Z. T. in kp/mm²	G [kp/mm²]
19	Poissonsche Zahl (Verhältnis der Querkontraktion zur Längsdehnung)	μ
20	Schallgeschwindigkeit v in ms^{-1} (l) longitudinale und (t) transversale	v_{Schall} [ms^{-1}]
21	Temperatur von allotropen Umwandlung in °C	U [°C]
22	Umwandlungsenthalpie ΔH_U in J/g-Atom	ΔH_u [J/g-Atom]
23	Schmelztemperatur F in °C	F [°C]
24	Schmelzenthalpie ΔH_F in J/g-Atom	ΔH_F [J/g-Atom]
25	Siedetemperatur ϑ_v in °C	ϑ_v °C
26	Verdampfungsenthalpie ΔH_V in J/g-Atom	ΔH_V [J/g-Atom]
27	Atomwärme C_p^0 bei 25° C in J/(g-Atomgrd)	C_p^0 [J/(g-Atomgrd)]
28	Standardentropie S^0(25°C) bei 1 atm in J/(g-Atomgrd)	$S^0_{25°\,\mathrm{C}}$ [J/(g-Atomgrd)]
29	Standardenthalpie $H^0{}_{25°\,\mathrm{C}} - H^0{}_{-273°\,\mathrm{C}}$ in J/g-Atom	$H^0_{25°\,\mathrm{C}}$ [J/g-Atom]
30	Wärmeleitzahl λ in W/cmgrd, in Klammern ist die Temperatur hinzugefügt	λ [W/cmgrd]
31	Spezifischer elektrischer Widerstand ϱ in 10^{-6} Ωcm	ϱ [10^{-6} Ωcm]
32	Temperaturkoeffizient des elektrischen Widerstandes $\frac{\Delta\varrho}{\varrho\,\Delta\vartheta}$ in 10^{-4} grd^{-1} (In Klammern Temperaturbereich)	$\frac{\Delta\varrho}{\varrho\,\Delta\vartheta}$ [10^{-4} grd^{-1}]
33	Druckkoeffizient $\frac{\varrho_2-\varrho_1}{\varrho_1(p_2-p_1)}$ des elektrischen Widerstandes $p_2=10000$ at	$\frac{\Delta\varrho}{\varrho\,\Delta p}$ [10^{-6} at^{-1}]
34	Massensusceptibilität χ_m in 10^{-6} cm³g^{-1}	χ_m [10^{-6} cm³g^{-1}]
35	Thermisches Austrittspotential ψ_{th} in V	ψ_{th} [V]
36	Photoelektrisches Austrittspotential ψ_{ph} in V	ψ_{ph} [V]

Zeilen-nummer	Symbole und Einheiten	Ag	Al
1	Z (Isot.)	47 (2)	13 (1)
2	At.-masse	107, 870	26,9815
3	Elektr. K. Gr.T.	Kr $4d^{10}5s$; $^2S_{1/2}$	Ne $3s^2 3p$; $^2P_{1/2}$
4a	RL [Å]	3382, 980; $^2P_{1/2}$	
4b	RL [Å]	3380, 893; $^2P_{1/2}$	3961,53; ^2S
5	Ion.-Pot. [eV]	7,574; $^1S_0$	5,984 ^1S
6	Krist.	kub. *A* 1	kub. *A* 1
7	R. G.	O_h^5, $Fm3m$	O_h^5, $Fm3m$
8	a, b [Å]	a 4,0856	a 4,0495
9	c [Å], β [°] (Z)	(4)	(4)
10	AR [Å]	1,44	1,43
11	IR [Å]	(1+) 1,26; (2+) 0,89	(3+) 0,51
12	V_A [cm³/g-Atom]	10,27	10,00
13	D [g/cm³]	10,50	2,698 (25° C)
14	α, γ [10^{-6} grd^{-1}]	$\bar{\alpha}$(0...100° C) 19,3	$\bar{\alpha}$(0. .100° C) 23,86
15	$(v_{fl}-v_f)/v_f$	0,038	0,048
16	$\varkappa$ [10^{-6} at^{-1}]	0,972	1,36
17	E [kp/mm²]	8350	7100
18	G [kp/mm²]	3080	2650
19	μ	0,363	0,339
20	v_{Schall} [ms^{-1}]	3640 (l); 1690 (t)	6360 (l); 3130 (t)
21	U [°C]	—	—
22	ΔH_u [J/g-Atom]	—	—
23	F [°C]	961,3	659
24	ΔH_F [J/g-Atom]	$11,27 \cdot 10^3$	$10,7 \cdot 10^3$
25	ϑ_v °C	2180	2447
26	ΔH_V [J/g-Atom]	$254 \cdot 10^3$	$293,7 \cdot 10^3$
27	C_p^0 [J/(g-Atomgrd)]	25,50	24,34
28	$S_{25°C}^0$ [J/(g-Atomgrd)]	42,71	28,31
29	$H_{25°C}^0$ [J/g-Atom]	$5,76 \cdot 10^3$	$4,58 \cdot 10^3$
30	λ [W/cmgrd]	4,18 (0° C)	2,38 (0° C)
31	ϱ [10^{-6} Ωcm]	1,49 (0° C)	2,5 (0° C)[1]
32	$\frac{\Delta\varrho}{\varrho\,\Delta\vartheta}$ [10^{-4} grd^{-1}]	43 (0...100° C)	46 (0...100° C)
33	$\frac{\Delta\varrho}{\varrho\,\Delta p}$ [10^{-6} at^{-1}]	−3,38 (30° C)	−4,06 (27,5° C)
34	χ_m [10^{-6} cm³g^{-1}]	−0,192 (20° C)	0,61 (20° C)
35	ψ_{th} [V]	4,51	3,74
36	ψ_{ph} [V]	4,63	4,23

[1] Sprungtemperatur 1,17° K.

Zeilen nummer	Symbole und Einheiten	As	Au[2]	B
1	Z (Isot.)	33 (1)	79 (1)	5 (2)
2	At.-masse	74,9211	196,967	10,811
3	Elektr. K. Gr. T.	Ar $3d^{10}\,4s^2\,4p^3$; $^4S_{3/2}$	Xe $4f^{14}\,5d^{10}\,6s$; $^2S_{1/2}$	He $2s^2\,2p$; $^2P_{1/2}$
4a	RL [Å]	1927,62 $^4P_{1/2}$	2427,95; $^2P_{3/2}$	3470,6; $^4P_{1/2}$
4b	RL [Å]	—	2675,95; $^2P_{1/2}$	2497,72; $^2S_{1/2}$
5	Ion.-Pot. [eV]	9,81 $^3P_0$	9,23 ^1S	8,296 S_0
6	Krist.	trig $A\,7$	kub. $A\,1$	tetr.
7	R. G.	D_{3d}^5, $R\bar{3}m$	O_h^5, $Fm3m$	D_{2d}^8, $P\bar{4}n2$
8	a, b [Å]	a 3,77	a 4,0781	a 8,740
9	c [Å], β [°] (Z)	c 10,57 (6)	(4)	c 5,078 (50)
10	AR [Å]	1,48	1,44	0,95
11	IR [Å]	(3+) 0,58, (5+) 0,46	(1+) 1,37; (3+) 0,85	(3+) 0,22
12	V_A [cm³/g-Atom]	13,10	10,21	4,64
13	D [g/cm³]	5,72	19,3	2,33
14	α, γ [10^{-6} grd^{-1}]	α(≈25° C) 6,0	$\bar{\alpha}$(0...100° C) 14,2	$\bar{\alpha}$(20...750° C) 8,3
15	$(v_{fl}-v_f)/v_f$	—	0,051	—
16	$\varkappa$ [10^{-6} at^{-1}]	0,66	0,575	0,551
17	E [kp/mm²]	—	7900	—
18	G [kp/mm²]	—	2480	—
19	μ	—	0,424	—
20	v_{Schall} [ms^{-1}]	—	32,80 (l); 1190 (t)	—
21	U [°C]	—	—	—
22	ΔH_u [J/g-Atom]	—	—	—
23	F [°C]	815 (36 atm)	1064,76 [2]	2030
24	ΔH_F [J/g-Atom]	—	$12{,}77\cdot10^3$	$5{,}3\cdot10^3$
25	ϑ_v °C	613 (Subl.)	2707	3900
26	ΔH_V [J/g-Atom]	$127{,}6\cdot10^3$ (Subl.)	$324{,}4\cdot10^3$	$11{,}09\cdot10^3$
27	C_p^0 [J/(g-Atomgrd)]	24,64	25,41	15,65
28	$S_{25°\,C}^0$ [J/(g-Atomgrd)]	35,1	47,39	5871
29	$H_{25°\,C}^0$ [J/g-Atom]	$5{,}13\cdot10^3$	$6{,}00\cdot10^3$	122
30	λ [W/cmgrd]		3,14 (0° C)	—
31	ϱ [10^{-6} Ωcm]	35,10 (0° C)[1]	2,06 (0° C)	—[3]
32	$\frac{\Delta\varrho}{\varrho\,\Delta\vartheta}$ [10^{-4} grd^{-1}]		40,2 (0...100° C)	—
33	$\frac{\Delta\varrho}{\varrho\,\Delta p}$ [10^{-6} at^{-1}]		−2,93 (30° C)	—
34	χ_m [10^{-6} cm³g^{-1}]	−0,075 (20° C)	−0,142 (23° C)	−0,62 (20° C)
35	φ_{th} [V]	5,71	4,54	—
36	φ_{ph} [V]	4,79	4,80	—

[1] Amorphes graues As ist Halbleiter.
[2] Als Fixpunkt für die Temperaturskala ist F zu 1063° C festgesetzt.
[3] Halbleiter.

Ba[1]	Be	Bi	Zeilen-nummer	Symbole und Einheiten
56 (7)	4 (1)	83 (1)	1	Z (Isot.)
137,34	9,0122	208,980	2	At.-masse
Xe $6s^2$; ^1S	He $2s^2$; $^1S_0$	Xe $4f^{14}5d^{10}6s^2$ $6p^3$; $^4S_{3/2}$	3	Elektr. K. Gr.T.
7911,36; $^3P_1$	4548,3; $^3P_1$	3068,6; $^4P_{1/2}$	4a	RL [Å]
—	2494,5; —	—	4b	RL [Å]
5,21; ^2S	9,32 $^2S_{1/2}$	7,287 $^3P_0$	5	Ion.-Pot. [eV]
kub. $A\,2$	hex. $A\,3$	trig. $A\,7$	6	Krist.
O_h^9, $Im3m$	D_{6h}^4, $P6_3/mmc$	D_{3d}^5, $R\bar{3}m$	7	R. G.
a 5,025	a 2,285	a 4,7356	8	a, b [Å]
(2)	c 3,5841 (2)	β 57,232° (2)	9	c [Å], β [°] (Z)
2,25	1,13	1,82	10	AR [Å]
(2+) 1,34	(2+) 0,35	(+3) 0,96; (+5) 0,74	11	IR [Å]
38,04	4,85	21,35	12	V_A cm³/g-Atom]
3,61	1,86	9,79	13	D [g/cm³]
$\bar{\alpha}$ (0...100° C) 19	$\bar{\alpha}$ (0...100° C) 12,3	$\bar{\alpha}$ (0...100° C) 13,5	14	α, γ [10^{-6} grd^{-1}]
—	—	−0,033	15	$(v_{fl}-v_f)/v_f$
10,2	0,781	2,92	16	$\varkappa$ [10^{-6} at^{-1}]
1310	29200	3450	17	E [kp/mm²]
489	13100	1300	18	G [kp/mm²]
0,276	0,118	0,332	19	μ
2080 (l); 1160 (t)	12720 (l); 8330 (t)	2298 (l); 1140 (t)	20	v_{Schall} [ms^{-1}]
370[2]	≈1260	—	21	U [°C]
0,5910	—	—	22	ΔH_u [J/g-Atom]
710	1283	271	23	F [°C]
$7{,}66\cdot10^3$	$12{,}5\cdot10^3$	$10{,}9\cdot10^3$	24	ΔH_F [J/g-Atom]
1637	2477	1560	25	ϑ_v °C
$150{,}9\cdot10^3$	$294\cdot10^3$	$151{,}5\cdot10^3$	26	ΔH_V [J/g-Atom]
26,36	16,44	25,57	27	C_p^0 [J/(g-Atomgrd)]
64,85	9,56	56,76	28	$S_{25°}^0$ [J/(g-Atomgrd)]
—	$1{,}96\cdot10^3$	$6{,}42\cdot10^3$	29	$H_{25°C}^0$ [J/g-Atom]
—	1,68 (25° C)	0,081 (18° C)	30	λ [W/cmgrd]
36 (0° C)	3,2[3]	110,0	31	ϱ [10^{-6} Ωcm]
64,9 (0...100°C)	90 (0...100° C)	45,4	32	$\frac{\Delta\varrho}{\varrho\,\Delta\vartheta}$ [10^{-4} grd^{-1}]
−3,0 (30° C)	−1,6 (25° C)	+15,2	33	$\frac{\Delta\varrho}{\varrho\,\Delta p}$ [10^{-6} at^{-1}]
0,147 (20° C)	−1,0 (18° C)	−1,34 (21° C)	34	χ_m [10^{-6} cm³g^{-1}]
2,29	3,37	4,28	35	ψ_{th} [V]
2,56	3,92	4,36	36	ψ_{ph} [V]

[1] Keine weiteren Ergänzungen.
[2] Eine Umwandlung findet unter dem Druck von 17500 at bei 0° C statt $\Delta v = -0{,}00163\, v_0$.
[3] Wahrscheinlich supraleitend $T < 11°$ K.

Zeilen-nummer	Symbole und Einheiten	Br bzw. Br_2	C	Ca
1	Z (Isot.)	35 (2)	6 (3)	20 (6)
2	At.-Masse	79,909	12,01115	40,08
3	Elektr. K. Gr.T.	Ar $3d^{10}\,4s^2\,4p^5$; $^2P_{3/2}$	He $2s^2\,2p^2$; $^3P_0$	Ar $4s^2$; $^1S_0$
4a	RL [Å]	1576,5 $^4P_{5/2}$	2967,22	6572,78 $^3P_1$
4b	RL [Å]	1488,6 $^2P_{3/2}$	1656,998	4226,73 $^1P_1$
5	Ion.-Pot. [eV]	11,84 $^3P_2$	11,256 $^2P_{1/2}$	6,111 $^2S_{1/2}$
6	Krist.	(−150°) orh. A 14	hex. A 9	kub. A 1
7	R. G.	D_{2h}^{18}, $Cmca$	D_{6h}^{4}, $P6_3/mmc$	O_h^5, $Fm3m$
8	a, b [Å]	a 4,48; b 6,6	a 2,461	a=5,582
9	c [Å], β [°] (Z)	c 8,72 (8)	c 6,707 (4)	(4)
10	AR [Å]	1,17 (Br)	0,86	1,90
11	IR [Å]	(1−) 1,96	(4+) 0,16	(2+) 0,99
12	V_A [cm³/g-Atom]	25,4 (½ Br_2)	5,46	26,03
13	D [g/cm³]	3,14 (20° C) (Br_2)	2,2	1,540
14	α, γ [10^{-6} grd^{-1}]	—	—	$\overline{\alpha}$ (20...100° C) 25,2
15	$(v_{fl}-v_f)/v_f$	50,9 (20° C) (Br_2)	—	—
16	$\varkappa$ [10^{-6} at^{-1}]	—	0,16	5,84[2]
17	E [kp/mm²]	—		1990[2]
18	G [kp/mm²]	—		800
19	μ	—		0,305[2]
20	v_{Schall} [ms^{-1}]	—		4180 (l); 2210 (t)[2]
21	U [°C]	—	—	464
22	ΔH_u [J/g-Atom]	—	—	$1{,}0\cdot10^{-3}$
23	F [°C]	−8,25	3800	850
24	ΔH_F [J/g-Atom]	$10{,}58\cdot10^3$ (Br_2)	—	$8{,}66\cdot10^3$
25	ϑ_v °C	58,2	—	1487
26	ΔH_V [J/g-Atom]	$30\cdot10^3$ (Br_2)	—	$150\cdot10^3$
27	C_p^0 [J/(g-Atomgrd)]	75,71 (Br_2)	8,54	26,28
28	$S_{25°\,C}^0$ [J/(g-Atomgrd)]	152,3 (Br_2)	5,74	41,62
29	$H_{25°\,C}^0$ [J/g-Atom]	—	—	$5{,}77\cdot10^3$
30	λ [W/cmgrd]	—	—	—
31	ϱ [10^{-6} Ωcm]	—	—	4,0
32	$\frac{\Delta\varrho}{\varrho\,\Delta\vartheta}$ [10^{-4} grd^{-1}]	—	—	41,7 (0...100° C)
33	$\frac{\Delta\varrho}{\varrho\,\Delta p}$ [10^{-6} at^{-1}]	—	—	+15,2 (30° C)
34	χ_m [10^{-6} cm³g^{-1}]	−0,399	—[1]	1,1 (18° C)
35	ψ_{th} [V]	—	—	2,76
36	ψ_{ph} [V]	—	4,36?	3,20

[1] s. Ergänzungen.
[2] Werte bei 75° C.

Cd	Ce	Co	Zeilen-nummer	Symbole und Einheiten
48 (8)	58 (4)	27 (1)	1	Z (Isot.)
112,40	140,12	58,9332	2	At.-masse
Kr $4d^{10}5s^2$; $^1S_0$	Xe $4f^2\,6s^2$; $^3H_5$	Ar $3d^7\,4s^2$; $^4F_{9/2}$	3	Elektr. K. Gr.T.
3261,04 $^3P_1$	—	4233,99 $^6F_{11/2}$	4a	RL [Å]
2288,02 $^1P_1$	—	3526,85 $^4F_{9/2}$	4b	RL [Å]
8,991 $^1P_{1/2}$	6,91	7,86 $^3F_4$	5	Ion.-Pot. [eV]
hex. A 3	kub. A 1	hex. A 3	6	Krist.
D_{6h}^4, $P6_3/mmc$	O_h^5 $Fm3m$	D_{6h}^4, $P6_3/mmc$	7	R. G.
a 2,9736	a 5,1612	a 2,507	8	a, b [Å]
c 5,6058 (2)	(4)	c 4,069 (2)	9	c [Å], β [°] (Z)
1,48, 1,65[1]	1,82	1,25	10	AR [Å]
(2+) 0,97	(3+) 1,07; (4+) 0,94	(+2) 0,72; (+3) 0,63	11	IR [Å]
13,01	20,70	6,62	12	V_A [cm³/g-Atom]
8,642	6,768	8,9	13	D [g/cm³]
$\bar{\alpha}$ (1...100° C) 29,4	$\bar{\alpha}$ (0...25° C) 8,5	$\bar{\alpha}$ (0...100° C) 12,6	14	α, γ [10^{-6} grd^{-1}]
0,05	—	—	15	$(v_{fl}-v_f)/v_f$
1,954	4,95	0,536	16	$\varkappa$ [10^{-6} at^{-1}]
6350	3060	21300	17	E [kp/mm²]
2500	1230	8150	18	G [kp/mm²]
0,262	0,248	0,310	19	μ
2980 (l); 1690 (t)	2300 (l); 1330 (t)	5730 (l); 3000 (t)	20	v_{Schall} [ms^{-1}]
—	[3]	≈495	21	U [°C]
—			22	ΔH_u [J/g-Atom]
321	797	1493	23	F [°C]
$6{,}4\cdot10^3$	$5{,}18\cdot10^3$	$15{,}3\cdot10^3$	24	ΔH_F [J/g-Atom]
765	3470	2880	25	ϑ_v °C
$99{,}87\cdot10^3$	$388\cdot10^3$	$283\cdot10^3$	26	ΔH_V [J/g-Atom]
26,04	28,8	24,66	27	C_p^0 [J/(g-Atomgrd)]
51,76	69,62	30,04	28	$S_{25°\,C}^0$ [J/(g-Atomgrd)]
$6{,}25\cdot10^3$	$7{,}31\cdot10^3$	$4{,}8\cdot10^3$	29	$H_{25°\,C}^0$ [J/g-Atom]
0,96 (0° C)	0,109	0,69 (0...100° C)	30	λ [W/cmgrd]
7,07 (0° C)[2]	75,3 (25° C)	5,57 (0° C)	31	ϱ [10^{-6} Ωcm]
46,2 (0...200° C)	9,7	60,4 (0...10° C)	32	$\frac{\Delta\varrho}{\varrho\,\Delta\vartheta}$ [10^{-4} grd^{-1}]
−7,32	−45,2 (23,4° C)	−0,904 (23,5° C)	33	$\frac{\Delta\varrho}{\varrho\,\Delta p}$ [10^{-6} at^{-1}]
−0,175	—[4]	—	34	χ_m [10^{-6} cm³g^{-1}]
3,92	2,84	4,37	35	ψ_{th} [V]
4,04	2,88	3,90	36	ψ_{ph} [V]

[1] Durch Verzerrungen sind einige Abstände kürzer.
[2] Sprungtemperatur 0,54° K.
[3] 4 Modifikationen, Kristallstruktur, Umwandlungen s. Ergänzungen.
[4] Magnetische Eigenschaften s. Ergänzung.

Zeilen-nummer	Symbole und Einheiten	Cr	Cs	Cu
1	Z (Isot.)	24 (4)	55 (1)	29 (2)
2	At.-masse	51,996	132,905	63,54
3	Elektr. K. Gr.T.	Ar $3d^5\,4s$; $^7S_3$	Xe $6s$; $^2S_{1/2}$	Ar $3d^{10}\,4s$; ^2S
4a	RL [Å]	4289,72; $^7P_2$	8943,46; $^2P_{1/2}$	3273,967; $^2P_{1/2}$
4b	RL [Å]	—	8521,10; $^2P_{3/2}$	—
5	Ion.-Pot. [eV]	6,764	3,893; ^1S	7,724
6	Krist.	kub. $A\,2$	(-10°) kub. $A\,2$	kub. $A\,1$
7	R. G.	O_h^9, $Im3m$	O_h^9, $Im3m$	O_h^5, $Fm3m$
8	a, b [Å]	a 2,8850	a 6,076	a 3,6153
9	c [Å], β [°] (Z)	(2)	(2)	(4)
10	AR [Å]	1,25	2,74	1,27
11	IR [Å]	(2+) ≈0,83; (3+) 0,63[1]	(1+) 1,67	(1+) 0,96; (2+) 0,72
12	V_A [cm³/g-Atom]	7,2	70,95	7,09
13	D [g/cm³]	7,2	1,873 (20° C)	8,96
14	α, γ [10^{-6} grd⁻¹]	$\bar{\alpha}$ (0...100° C) 6,6	$\bar{\gamma}$ (0...23° C) 291	$\bar{\alpha}$ (0...100° C) 16,8
15	$(v_{fl}-v_f)/v_f$	—	0,0263	0,042
16	$\varkappa$ [10^{-6} at⁻¹]	0,8	7,5	0,717
17	E [kp/mm²]	13500...16000[2]	172	13200
18	G [kp/mm²]	—	66	4900
19	μ	0,245[2]	0,295	0,343
20	v_{Schall} [ms⁻¹]	6850 (l); 3980 (t)[2]	1090 (l); 590 (t)	4760 (l); 2320 (t)
21	U [°C]	1840	—	—
22	ΔH_u [J/g-Atom]	$1{,}46\cdot10^3$	—	—
23	F [°C]	1903	28,64	1083
24	ΔH_F [J/g-Atom]	$14{,}6\cdot10^3$	$2{,}18\cdot10^3$	$130\cdot10^3$
25	ϑ_v °C	2642	685	2595
26	ΔH_V [J/g-Atom]	$349\cdot10^3$	$65{,}9\cdot10^3$	$304\cdot10^3$
27	C_p^0 [J/(g-Atomgrd)]	23,35	31,4	24,52
28	$S^0_{25°\,C}$ [J/(g-Atomgrd)]	23,76	84,3	33,3
29	$H^0_{25°\,C}$ [J/g-Atom]	$4{,}07\cdot10^3$	$6{,}20\cdot10^3$	$5{,}04\cdot10^3$
30	λ [W/cmgrd]	0,69	—	3,98 (0° C)
31	ϱ [10^{-6} Ωcm]	14,1 (20° C)	18,1	1,55 (0° C)
32	$\dfrac{\Delta\varrho}{\varrho\,\Delta\vartheta}$ [10^{-4} grd⁻¹]	30,1 (20...100° C)	50,3 (0...25° C)	43,3 (0...100° C)
33	$\dfrac{\Delta\varrho}{\varrho\,\Delta p}$ [10^{-6} at⁻¹]	−17,3 (30° C)	+0,5 (30° C)	−1,86 (30° C)
34	χ_m [10^{-6} cm³g⁻¹]	3,17 (20° C)	0,226	−0,085
35	ψ_{th} [V]	4,47	1,87	4,39
36	ψ_{ph} [V]	4,37	1,94	4,36

[1] (6+) 0,52 Å.
[2] Bei 50°.

Dy	Er	Eu [2]	Zeilen-nummer	Symbole und Einheiten
66 (7)	68 (6)	63(2)	1	Z (Isot.)
162,50	167,26	151,96	2	At.-masse
Xe $4f^{10}\,6s^2$; $^5I_8$	Xe $4f^{12}\,6s^2$; $^3H_6$	Xe $4f^7\,6s^2$; $^8S_{7/2}$	3	Elektr. K. Gr.T.
—	—	7106,48; $^{10}P_{7/2}$	4a	RL [Å]
—	—	4661,88; $^8P_{5/2}$	4b	RL [Å]
6,82	—	5,62 ^9S	5	Ion.-Pot. [eV]
hex. A 3	hex. A 3	kub. A 2	6	Krist.
D_{6h}^4 $P6_3/mmc$	D_{6h}^4 $P6_3/mmc$	O_h^9, $Im3m$	7	R. G.
a 3,5903	a 3,5588	a 4,5820	8	a, b [Å]
c 5,6475 (2)	c 5,5874 (2)	(2)	9	c [Å], β [°] (Z)
1,77	1,75	2,04	10	AR [Å]
(3+) 0,92	(3+) 0,89	(2+) 1,24; (3+) 1,15	11	IR [Å]
18,99	18,46	28,97	12	V_A [cm³/g-Atom]
8,559	9,062	5,24	13	D [g/cm³]
$\bar{\alpha}$(0...25°C)≈8,6	$\bar{\alpha}$(0...25° C) 9,2	$\bar{\alpha}$(−200... 780° C)≈26	14	α, γ [10^{-6} grd^{-1}]
—	—	—	15	$(v_{fl}-v_f)/v_f$
2,39	2,10	—	16	ϰ [10^{-6} at^{-1}]
6430	7470	—	17	E [kp/mm²]
2600	3020	—	18	G [kp/mm²]
0,245	0,238	—	19	μ
2960 (l); 1720 (t)	3080 (l); 1810 (t)	—	20	v_{Schall} [ms^{-1}]
—	—	—	21	U [°C]
—	—	—	22	ΔH_u [J/g-Atom]
1407, 1500	1497	826	23	F [°C]
15,8·10³	17,2·10³	8,36·10³	24	ΔH_F [J/g-Atom]
≈2330	2420	≈1430	25	ϑ_v °C
—	298·10³	—	26	ΔH_V [J/g-Atom]
2817	28,11	26,8	27	C_p^0 [J/(g-Atomgrd)]
75,1	73,14	71,5	28	$S_{25°C}^0$ [J/(g-Atomgrd)]
8,86·10³	7,38·10³	—	29	$H_{25°C}^0$ [J/g-Atom]
0,10 (Z.T.)	0,096	—	30	λ [W/cmgrd]
50 (0° C)	107 (25° C)	81,3 (25° C)	31	ϱ [10^{-6} Ωcm]
11,9 (25° C)	20,1 (0...25° C)	—	32	$\frac{\Delta\varrho}{\varrho\,\Delta\vartheta}$ [10^{-4} grd^{-1}]
−2,3 (25° C)	−2,7 (25° C)	—	33	$\frac{\Delta\varrho}{\varrho\,\Delta p}$ [10^{-6} at^{-1}]
[1]	— [1]	[1]	34	χ_m [10^{-6} cm³g^{-1}]
3,09	3,12	2,54	35	ψ_{th} [V]
—		—	36	ψ_{ph} [V]

[1] Magnetische Eigenschaften s. Ergänzungen Ce.
[2] Keine Ergänzungen.

Zeilen-nummer	Symbole und Einheiten	Fe	Ga	Gd
1	Z (Isot.)	26	31 (2)	64 (7)
2	At.-masse	55,847	69,72	157,25
3	Elektr. K. Gr.T.	Ar $3d^6\,4s^2$; $^5D_4$	Ar $3d^{10}\,4s^2\,4p$; $^2P_{1/2}$	Xe $4f^7\,5d\,6s^2$; $^9D_2$
4a	RL [Å]	5166,29; $^7D_5$	4033,03; $^2S_{1/2}$	4225,85
4b	RL [Å]	3859,91; $^5D_4$	—	—
5	Ion.-Pot. [eV]	7,90		6,16; $^{10}D_{5/2}$
6	Krist.	kub. $A\,2$	orh. $A\,11$	hex. $A\,3$
7	R. G.	O_h^9, $Im3m$	D_{2h}^{18}, $Cmca$	D_{6h}^4; $P6_3/mmc$
8	a, b [Å]	a 2,8605	a 4,5167; b 4,5107	a 3,6260
9	c [Å], β [°] (Z)	(2)	c 7,644 (8)	c 5,748 (2)
10	AR [Å]	1,28	1,22 u. 1,41[2]	1,79
11	IR [Å]	(2+) 0,74; (3+) 0,64	(3+) 0,62	(3+) 0,97
12	V_A [cm³/g-Atom]	7,096	11,8	19,94
13	D [g/cm³]	7,87	5,91	7,886
14	α, γ [10^{-6} grd⁻¹]	$\bar{\alpha}$(0...20° C) 11,5	$\bar{\alpha}$(0...20° C) 5,2	$\bar{\alpha}$(0...25° C) 6,4
15	$(v_{fl}-v_f)/v_f$	0,03	−0,03	—
16	$\varkappa$ [10^{-6} at⁻¹]	0,58	2,0	2,52
17	E [kp/mm²]	21500	1000	5740
18	G [kp/mm²]	8390	680	2280
19	μ	0,291	0,467	0,259
20	v_{Schall} [ms⁻¹]	5950 (l); 3220 (t)	3030 (l); 750 (t)	2950 (l); 1680 (t)
21	U [°C]	910; 1398[1]	—	1264
22	ΔH_u [J/g-Atom]	963; 1220	—	$4{,}31\cdot10^3$
23	F [°C]	1536	29,78	1312° ± 15
24	ΔH_F [J/g-Atom]	$15{,}5\cdot10^3$	$5{,}586\cdot10^3$	$8{,}8\cdot10^3$
25	ϑ_v °C	3070	2227	2800
26	ΔH_V [J/g-Atom]	$354\cdot10^3$	$254\cdot10^3$	—
27	C_p^0 [J/(g-Atomgrd)]	25,08	26,07	36,5
28	$S^0_{25°\,C}$ [J/(g-Atomgrd)]	27,15	41,09	66,4
29	$H^0_{25°\,C}$ [J/g-Atom]	$4{,}478\cdot10^3$	$5{,}57\cdot10^3$	$7{,}65\cdot10^3$
30	λ [W/cmgrd]	0,724 (30° C)	—	0,088
31	ϱ [10^{-6} Ωcm]	8,6 (0° C)	40 (0° C)	140,5 (0° C)
32	$\frac{\Delta\varrho}{\varrho\,\Delta\vartheta}$ [10^{-4} grd⁻¹]	65,1 (0...100° C)	39,6 (0...25° C)	17,6 (0...25° C)
33	$\frac{\Delta\varrho}{\varrho\,\Delta p}$ [10^{-6} at⁻¹]	−2,34	−2,47 (0° C)	−4,5 (25° C)
34	χ_m [10^{-6} cm³g⁻¹]	—[1]	−0,31 (17° C)	—[3]
35	φ_{th} [V]	4,50	3,96	3,07
36	φ_{ph} [V]	4,70	4,16	

[1] Magnetische Eigenschaften s. Ergänzungen Co.
[2] Zwei Abstände in der Struktur vorhanden.
[3] Magnetische Eigenschaften s. Ergänzungen Ce.

Ge	Hf	Hg	Zeilen-nummer	Symbole und Einheiten
32 (5)	72 (6)	80	1	Z (Isot.)
72,59	178,49	200,61	2	At.-masse
Ar $3d^{10}\,4s^2\,4p^2$; $^5P_0$	Xe $4f^{14}\,5d^2\,6s^2$; $^3F_2$	Xe $4f^{14}\,5d^{10}\,6s^2$; $^1S_0$	3	Elektr. K. Gr.T.
2651,58 $^3P_1$	—	2536,52 $^2P^1/_2$	4a	RL [Å]
	—	1849,57 $^2P^3/_2$	4b	RL [Å]
7,88 $^2P^1/_2$	5,5	10,434 $^2S_1$	5	Ion.-Pot. [eV]
kub. $A\,4$	hex. $A\,3$	trig. $A\,10$ (−46° C)	6	Krist.
O_h^7, $Fd3m$	D_{6h}^4, $P6_3/mmc$	D_{3d}^5, $R\overline{3}m$	7	R. G.
a 5,658	a 3,195	a 2,999	8	a, b [Å]
(8)	c 5,055 (2)	β 70,53° (4)	9	c [Å], β [°] (Z)
1,39	1,66	1,50 u. 1,73[4]	10	AR [Å]
(2+) 0,73; (4+) 0,53	(4+) 0,78	(1+) 1,27	11	IR [Å]
13,63	13,36	14,81	12	V_A [cm³/g-Atom]
5,3263	13,36	13,5459 (20° C)	13	D [g/cm³]
α (0° C) 5,2	$\overline{\alpha}$ (20...100° C) 6,6	$\overline{\gamma}$ (0...20° C) 182	14	α, γ [10^{-6} grd^{-1}]
—	—	0,037	15	$(v_{fl}-v_f)/v_f$
1,41	0,82	3,85	16	$\varkappa$ [10^{-6} at^{-1}]
8300	14060	—	17	E [kp/mm²]
3040	5400	—	18	G [kp/mm²]
0,365	0,289	—	19	μ
4580 (l); 2420 (t)	3671 (l), 2000 (t)	1451 (20° C)	20	v_{Schall} [ms^{-1}]
—	1550[2]	−79?	21	U [°C]
—		—	22	ΔH_u [J/g-Atom]
937,2	2220	−38,86	23	F [°C]
$29{,}8 \cdot 10^3$	$21{,}8 \cdot 10^3$	$2{,}295 \cdot 10^3$	24	ΔH_F [J/g-Atom]
2830	5200	356,73	25	ϑ_v °C
$334 \cdot 10^3$	$661 \cdot 10^3$	$59{,}11 \cdot 10^3$	26	ΔH_V [J/g-Atom]
23,41	25,52	27,98	27	C_p^0 [J/(g-Atomgrd)]
31,08	45,65	76,09	28	$S_{25°\,C}^0$ [J/(g-Atomgrd)]
$4{,}620 \cdot 10^3$	$6{,}06 \cdot 10^3$	$9{,}35 \cdot 10^3$	29	$H_{25°\,C}^0$ [J/g-Atom]
0,62 (20° C)	0,933	0,081 (0° C)	30	λ [W/cmgrd]
[1]	30 (0° C)[3]	94,07[5]	31	ϱ [10^{-6} Ωcm]
—	44 (0...100° C)	99 (0...100° C)	32	$\frac{\Delta\varrho}{\varrho\,\Delta\vartheta}$ [10^{-4} grd^{-1}]
—	−0,87 (25° C)	−20,8 (30° C)	33	$\frac{\Delta\varrho}{\varrho\,\Delta p}$ [10^{-6} at^{-1}]
−0,1060 (20° C)	0,42 (20° C)	−0,167 (20° C)	34	χ_m [10^{-6} cm³g^{-1}]
4,56	3,53	4,50	35	φ_{th} [V]
4,66	—	4,52	36	φ_{ph} [V]

[1] Halbleiter.
[2] Werte für U zwischen 1310 und 1950° C.
[3] Sprungtemperatur 0,35° K.
[4] 2 Abstände in der Struktur vorhanden.
[5] Sprungtemperatur 4,15° K.

Zeilennummer	Symbole und Einheiten	Ho	In	Ir
1	Z (Isot.)	67 (1)	49 (2)	77 (2)
2	At.-masse	164,930	114,82	192,2
3	Elektr. K. Gr.T.	Xe $4f^{11}\,6s^2$; $^4I_{15/2}$	Kr $4d^{10}\,5s^2\,5p$; $^2P_{1/2}$	Xe $4f^{14}\,5d^7\,6s^2$; $^4F_{9/2}$
4a	RL [Å]	—	4101,76 $^2S_{1/2}$	3800,12; $^6D_{9/2}$
4b	RL [Å]	—	—	—
5	Ion.-Pot. [eV]	—	5,785 $^1S_0$	9,2
6	Krist.	hex. $A\,3$	tetr. $A\,6$	kub. $A\,1$
7	R. G.	D_{6h}^4; $P6_3/mmc$	D_{4h}^{17}, $I4/mmm$	O_h^5, $Fm3m$
8	a, b [Å]	a 3,5773	a 4,58	a 3,8389
9	c [Å], β [°] (Z)	c 5,6158 (2)	c 4,93 (4)	(4)
10	AR [Å]	1,75	1,62 u. 1,68[2]	1,35
11	IR [Å]	(3+) 0,91	(3+) 0,81	(4+) 0,68
12	V_A [cm³/g-Atom]	18,75	15,73	8,58
13	D [g/cm³]	8,799	7,30	22,4
14	α, γ [10^{-6} grd^{-1}]	—	$\bar{\alpha}$(0...100° C) 30	$\bar{\alpha}$(0...100° C) 6,5
15	$(v_{fl}-v_f)/v_f$	—	—	—
16	$\varkappa$ [10^{-6} at^{-1}]	2,17	2,76	0,264
17	E [kp/mm²]	6840	1090	53800
18	G [kp/mm²]	2720	370	21300
19	μ	0,255	0,455	0,262
20	v_{Schall} [ms^{-1}]	3040 (l); 1740 (t)	2460 (l); 710 (t)	5380 (l); 3050 (t)
21	U [°C]	—		—
22	ΔH_u [J/g-Atom]	—		—
23	F [°C]	1461	156,17	2443
24	ΔH_F [J/g-Atom]	$17{,}2\cdot10^3$	$3{,}27\cdot10^3$	$26\cdot10^3$
25	ϑ_v °C	2490	2047	4350
26	ΔH_V [J/g-Atom]	—	$226\cdot10^3$	$\sim560\cdot10^3$
27	C_p^0 [J/(g-Atomgrd)]	27,15	26,74	25,6
28	$S^0_{25°\,\text{C}}$ [J/(g-Atomgrd)]	75,19	58,07	35,6
29	$H^0_{25°\text{C}}$ [J/g-Atom]	—	$6{,}6\cdot10^3$	—
30	λ [W/cmgrd]	—	—	0,58 (0° C)
31	ϱ [10^{-6} Ωcm]	87 (0° C)	8,19 (0° C)	4,93 (0° C)
32	$\frac{\Delta\varrho}{\varrho\,\Delta\vartheta}$ [10^{-4} grd^{-1}]	17,1 (0...25° C)	49,0 (0...100° C)	41,1 (1...100° C)
33	$\frac{\Delta\varrho}{\varrho\,\Delta p}$ [10^{-6} at^{-1}]	−2,2 (25° C)	−12,2 (25° C)	−1,37 (22,7° C)
34	χ_m [10^{-6} cm³g^{-1}]	[1]	−0,11 (20° C)	0,133 (25° C)
35	φ_{th} [V]	3,09	(4,0)	5,03
36	φ_{ph} [V]	—	4,08	—

[1] Magnetische Eigenschaften s. Ergänzungen bei Ce.
[2] Durch Verzerrungen sind einige Abstände kürzer.

J bzw. J_2	K	La	Zeilen-nummer	Symbole und Einheiten
53 (1)	19 (3)	57 (2)	1	Z (Isot.)
126,9044	39,102	138,91	2	At.-masse
Kr $4d^{10}\,5s^2\,5p^5$; $^2P_{3/2}$	Ar $4s$; $^2S_{1/2}$	Xe $5d\,6s^2$; $^2D_{3/2}$	3	Elektr. K. Gr.T.
2062,1 $^4P_{5/2}$	7664,94; $^2P_{3/2}$ (7664,91 $^2P_{1/2}$)	7539,24; $^4F_{3/2}$	4a	RL [Å]
2142,75 $^2S_1$	7699,01; $^2P_{1/2}$	6753,05; $^2D_{5/2}$	4b	RL [Å]
10,454 $^3P_2$	4,339; $^1S_0$	5,61 $^3F_2$	5	Ion.-Pot. [eV]
orh. A 14	kub. A 2	hex. A 3	6	Krist.
D_{2h}^{18}, $Cmca$	O_h^9, $Im3m$	D_{6h}^4, $P6_3/mmc$	7	R. G.
a 4,774; b 7,250	a 5,31	a 3,754	8	a, b [Å]
c 9,772 (8)	(2)	c 6,06 (2)	9	c [Å], β [°] (Z)
1,39	2,36	1,86	10	AR [Å]
(1−) 2,20; (5+) 0,62¹	(1+) 1,33	(3+) 1,14	11	IR [Å]
25,73 ($^1/_2\,J_2$)	45,4	22,88	12	V_A [cm³/g-Atom]
4,932 (J_2)	0,862	6,162	13	D [g/cm³]
$\bar{\gamma}$(10...40° C) 264 (J_2)	$\bar{\alpha}$(0...50° C) 84	$\bar{\alpha}$(0...25° C) 4,9	14	α, γ [10^{-6} grd^{-1}]
—	0,023	—	15	$(v_{fl}-v_f)/v_f$
13 (J_2)	24,2	3,52	16	$\varkappa$ [10^{-6} at^{-1}]
—	360	3920	17	E [kp/mm²]
—	133	1520	18	G [kp/mm²]
—	0,350	0,288	19	μ
—	2600 (l); 1230 (t)	2770 (l); 1540 (t)	20	v_{Schall} [ms^{-1}]
—	—	≈316, 864	21	U [°C]
—	—	≈$0{,}398\cdot10^3$, $3{,}18\cdot10^3$	22	ΔH_u [J/g-Atom]
113,6 (J_2)	63,2	920	23	F [°C]
$15{,}77\cdot10^3$ (J_2)	$2{,}33\cdot10^3$	$6{,}7\cdot10^3$	24	ΔH_F [J/g-Atom]
182,8 (J_2)	753,8	3470	25	ϑ_v °C
$41{,}71\cdot10^3$ (J_2)	$77{,}5\cdot10^3$	$393\cdot10^3$	26	ΔH_V [J/g-Atom]
54,44 (J_2)	29,51	27,8	27	C_p^0 [J/(g-Atomgrd)]
116,14 (J_2)	64,35	57,3	28	$S_{25°\,C}^0$ [J/(g-Atomgrd)]
$13{,}3\cdot10^3$	$7{,}09\cdot10^3$	$6{,}560\cdot10^3$	29	$H_{25°\,C}^0$ [J/g-Atom]
—	0,97 (20° C)	0,138	30	λ [W/cmgrd]
Halbleiter	6,1	62,4 (0° C)²	31	ϱ [10^{-6} Ω cm]
—	67,3 (0...55° C)	21,8 (0...25° C)	32	$\frac{\Delta\varrho}{\varrho\,\Delta\vartheta}$ [10^{-4} grd^{-1}]
—	−69,7 (30° C)	−1,7 (25° C)	33	$\frac{\Delta\varrho}{\varrho\,\Delta p}$ [10^{-6} at^{-1}]
−0,35 (17° C) (J_2)	0,532 (20° C)	0,81 (19° C)	34	χ_m [10^{-6} cm³g^{-1}]
—	2,15	3,3	35	ψ_{th} [V]
—	2,25	2,69	36	ψ_{ph} [V]

¹ (7+) 0,50.
² Sprungtemperatur 4,9° K.

Zeilen-nummer	Symbole und Einheiten	Li	Lu[4]	Mg
1	Z (Isot.)	3 (2)	71 (2)[5]	12 (3)
2	At.-masse	6,939	174,97	24,312
3	Elektr. K. Gr.T.	He $2s$; $^2S_{1/2}$	Xe $4f^{14}\,5d\,6s^2$; $^2D_{3/2}$	Ne $3s^2$; $^1S_0$
4a	RL [Å]	6707,85 $^2P_{1/2}(^3/_2)$	—	4571,10; $^3P_1$
4b	RL [Å]	—	—	2852,11; $^1P_1$
5	Ion.-Pot. [eV]	5,390	6,15 ^1S	7,644; ^2S
6	Krist.	kub. $A\,2$	hex. $A\,3$	hex. $A\,3$
7	R.G.	O_h^9, $Im3m$	D_{6h}^4, $P6_3/mmc$	D_{6h}^4, $P6_3/mmc$
8	a, b [Å]	a 3,51	a 3,5031	a 3,2028
9	c [Å], β [°] (Z)	(2)	c 5,5509 (2)	c 5,1998 (2)
10	AR [Å]	1,56	1,74	1,60
11	IR [Å]	(1+) 0,68	(+3) 0,85	(2+) 0,66
12	V_A [cm³/g-Atom]	12,99	17,77	13,96
13	D [g/cm³]	0,534	9,849	1,741
14	α, γ [10^{-6} grd^{-1}]	$\bar{\alpha}$(0...95° C) 56	—	$\bar{\alpha}$(0...100° C) 26,0
15	$(v_{fl}-v_f)/v_f$	0,0151	—	0,041
16	$\varkappa$ [10^{-6} at^{-1}]	8,69[1,2]	4,3	2,94
17	E [kp/mm²]	1170[1,3]	—	4540
18	G [kp/mm²]	432[1]	—	1720
19	μ	0,359[1]	0,265	0,277
20	v_{Schall} [ms^{-1}]	6030 (l)[1]; 2820 (t)[1]	—	5700 (l); 3170 (t)
21	U [°C]	≈ −190	—	—
22	ΔH_u [J/g-Atom]	—	—	—
23	F [°C]	180,5	1652	649,5
24	ΔH_F [J/g-Atom]	$3{,}01\cdot10^3$	$19\cdot10^3$	$8{,}95\cdot10^3$
25	ϑ_v °C	1317	3000	1120
26	ΔH_V [J/g-Atom]	$148{,}1\cdot10^3$	—	$131{,}8\cdot10^3$
27	C_p^0 [J/(g-Atomgrd)]	23,64	27,1	24,95
28	$S_{25°\,C}^0$ [J/(g-Atomgrd)]	28,03	51,4	32,68
29	$H_{25°\,C}^0$ [J/g-Atom]	$4{,}57\cdot10^3$	—	$5{,}00\cdot10^3$
30	λ [W/cmgrd]	0,71	—	1,71 (25° C)
31	ϱ [10^{-6} Ω cm]	8,55 (0° C)	79 (0° C)	4,31 (0° C)
32	$\frac{\Delta\varrho}{\varrho\,\Delta\vartheta}$ [10^{-4} grd^{-1}]	48,9 (0...100° C)	24 (0...25° C)	41,2 (0...100° C)
33	$\frac{\Delta\varrho}{\varrho\,\Delta p}$ [10^{-6} at^{-1}]	+7,2 (30° C)	−1,31 (25° C)	−4,7 (25° C)
34	χ_m [10^{-6} cm³g^{-1}]	3,6...4,9 (20° C)	[6]	0,2 (20° C)
35	ψ_{th} [V]	2,39	3,14	3,46
36	ψ_{ph} [V]	2,69	—	3,67

[1] Bei —190° C.
[2] Bei 20°: $9{,}12\cdot10^{-6}$ at^{-1}.
[3] Bei Z.T. 500 kpmm^{-2}.
[4] Keine Ergänzungen.
[5] ^{176}Lu Häufigkeit 2,6% β-Strahler Halbwertzeit $4{,}6\cdot10^{10}$ a.
[6] Magnetisches Verhalten s. Ergänzungen Ce.

Mn	Mo	Na	Zeilen-nummer	Symbole und Einheiten
25 (1)	42 (7)	11 (1)	1	Z (Isot.)
54,9380	95,94	22,9898	2	At.-masse
Ar $3d^5\,4s^2$; ^6S	Kr $4d^5\,5s$; ^7S	Ne $3s$; $^2S_{1/2}$	3	Elektr. K. Gr.T.
5432,5; $^8P_{5/2}$	3902,96; $^7P_{1/2}$	5889, 950; $^2P_{3/2}$	4a	RL [Å]
—	—	5895, 924; $^2P_{1/2}$	4b	RL [Å]
7,432; ^7S	7,131; ^6S	5,138; $^1S_0$	5	Ion.-Pot. [eV]
kub. A 12	kub. A 2	kub. A 2	6	Krist.
T_d^3, $I\bar{4}3m$	O_h^9, $Im3m$	O_h^9, $Im3m$	7	R. G.
a 8,912	a 3,1410	a 4,282	8	a, b [Å]
(58)	(2)	(2)	9	c [Å], β [°] (Z)
1,31	1,40	1,91	10	AR [Å]
(2+) 0,80; (3+) 0,66[1]	(3+) 0,92; (4+) 0,70[3]	(1+) 0,97	11	IR [Å]
7,39	9,387	23,68	12	V_A [cm³/g-Atom]
7,43	10,22	0,971	13	D [g/cm³]
$\bar{\alpha}$ (0...100° C) 23	$\bar{\alpha}$ (0...100° C) 5,1	$\bar{\alpha}$ (0...95° C) 71	14	α, γ [10^{-6} grd^{-1}]
0,045	—	0,027	15	$(v_{fl}-v_f)/v_f$
0,731	0,345	13,7	16	$\varkappa$ [10^{-6} at^{-1}]
20000	33600	693	17	E [kp/mm²]
8100	12800	258	18	G [kp/mm²]
0,236	0,307	0,342	19	μ
5560 (l); 3280 (t)	6650 (l); 3510 (t)	3310 (l); 1620 (t)	20	v_{Schall} [ms^{-1}]
727, 1101[2]	—	—	21	U [°C]
$2{,}24\cdot10^3$ $2{,}28\cdot10^3$	—	—	22	ΔH_u [J/g-Atom]
1244	2620	97,82	23	F [°C]
$14{,}6\cdot10^3$	$27{,}6\cdot10^3$	$2{,}602\cdot10^3$	24	ΔH_F [J/g-Atom]
2095	4800	890	25	ϑ_v °C
$224{,}7\cdot10^3$	$594\cdot10^3$	$89{,}04\cdot10^3$	26	ΔH_V [J/g-Atom]
26,32	23,78	28,22	27	C_p^0 [J/(g-Atomgrd)]
31,76	28,60	51,42	28	$S^0_{25°\,C}$ [J/(g-Atomgrd)]
$5{,}00\cdot10^3$	$4{,}99\cdot10^3$	$6{,}41\cdot10^3$	29	$H^0_{25°\,C}$ [J/g-Atom]
0,297	1,42 (0° C)	1,38 (0° C)	30	λ [W/cmgrd]
39,2 (0° C)	5,03 (0° C)	4,28 (0° C)	31	ϱ [10^{-6} Ωcm]
62,8 (0...20° C)	43,3 (0...100° C)	54,6 (0...97° C)	32	$\frac{\Delta\varrho}{\varrho\,\Delta\vartheta}$ [10^{-4} grd^{-1}]
−3,54 (25° C)	−1,29	−38,3 (30° C)	33	$\frac{\Delta\varrho}{\varrho\,\Delta p}$ [10^{-6} at^{-1}]
8,9 (27° C)	0,93	0,664 (20° C)	34	χ_m [10^{-6} cm³g^{-1}]
3,91	4,26	—	35	ψ_{th} [V]
3,76	4,20	—	36	ψ_{ph} [V]

[1] (4+) 0,60; (7+) 0,46 Å.
[2] U bei 1137° C, $\Delta H_u = 1{,}8\cdot10^3$ J/g-Atom.
[3] (6+) 0,62 Å.

Zeilen-nummer	Symbole und Einheiten	Nb	Nd	Ni
1	Z(Isot.)	41 (1)	60 (7)	28 (5)
2	At.-masse	92,906	144,24	58,71
3	Elektr. K. Gr.T.	Kr $4d^4\,5s$; $^6D_{1/2}$	Xe $4f^4\,6s^2$; $^5I_4$	Ar $3d^8\,4s^2$; $^3F_4$
4a	RL [Å]	5320,21 $^6F_{1/2}$	—	3884,58; $^5D_4$
4b	RL [Å]	4168,12 $^6F_{1/2}$	—	3670,43; $^3P_2$
5	Ion.-Pot. [eV]	6,88 $^5D_0$	6,31; $^6I_{1/2}$	7,633; $^2D_{5/2}$
6	Krist.	kub. $A\,2$	hex. $\approx A\,3$ [2]	kub. $A\,1$
7	R. G.	O_h^9, $Im3m$	D_{6h}^4; $P6_3/mmc$	O_h^5, $Fm3m$
8	a, b [Å]	a 3,299	a 3,6579	a 3,5238
9	c [Å], β [°] (Z)	(2)	c 5,896 (2)	(4)
10	AR [Å]	1,47	1,82	1,24
11	IR [Å]	(4+) 0,74; (5+) 0,69	(3+) 1,04	(2+) 0,69
12	V_A [cm³/g-Atom]	10,87	20,59	6,589
13	D [g/cm³]	8,55	7,007	8,91
14	α, γ [10^{-6} grd^{-1}]	$\bar{\alpha}$(0...100° C) 7,31	$\bar{\alpha}$(0...25° C) $\approx$6,7	$\bar{\alpha}$(0...100° C) 13
15	$(v_{fl}-v_f)/v_f$	—	—	—
16	$\varkappa$ [10^{-6} at^{-1}]	0,57	3,02	0,524
17	E [kp/mm²]	10650	3860	22400
18	G [kp/mm²]	3800	1440	8500
19	μ	0,399	0,306	0,304
20	v_{Schall} [ms^{-1}]	5100 (l); 2090 (t)	2720 (l); 1440 (t)	5810 (l); 3080 (t)
21	U [°C]	—	862	—
22	ΔH_u [J/g-Atom]	—	$2{,}98\cdot10^3$	—
23	F [°C]	2468	1020	1455
24	ΔH_F [J/g-Atom]	$26{,}8\cdot10^3$	$7{,}2\cdot10^3$	$17{,}8\cdot10^3$
25	ϑ_v °C	~4900	3210	2800
26	ΔH_V [J/g-Atom]	$696\cdot10^3$	$296\cdot10^3$	$380{,}6\cdot10^3$
27	C_p^0 [J/(g-Atomgrd)]	24,81	30	26,05
28	$S_{25°\,\mathrm{C}}^0$ [J/(g-Atomgrd)]	36,55	73,7	29,98
29	$H_{25°\,\mathrm{C}}^0$ [J/g-Atom]	$5{,}29\cdot10^3$	$7{,}55\cdot10^3$	$4{,}78\cdot10^3$
30	λ [W/cmgrd]	0,523	0,16	0,605 (50° C)
31	ϱ [10^{-6} Ωcm]	15,22[1] (0° C)	71,8 (0° C)	6,14 (0° C)
32	$\frac{\Delta\varrho}{\varrho\,\Delta\vartheta}$ [10^{-4} grd^{-1}]	25,8 (0...100° C)	16,4 (0...25° C)	69,2 (0...100° C)
33	$\frac{\Delta\varrho}{\varrho\,\Delta p}$ [10^{-6} at^{-1}]	−1,37 (24° C)	−1,5 (25° C)	1,82 (24,7° C)
34	χ_m [10^{-6} cm³g^{-1}]	2,20 (25° C)	[2]	[3]
35	ψ_{th} [V]	3,99	3,3	4,85
36	ψ_{ph} [V]	—	—	5,01

[1] Sprungtemperatur 8,6° K.
[2] Magnetische Eigenschaften s. Ergänzungen Ce.
[3] Magnetische Eigenschaften s. Ergänzungen Co.

Os[1]	P	Pb	Zeilen-nummer	Symbole und Einheiten
76 (7)	15 (1)	82 (4)	1	Z (Isot.)
190,2	30,9738	207,19	2	At.-masse
Xe $4f^{14}\,5d^6\,6s^2$; $^5D_4$	Ne $3s^2\,3p^3$; $^4S_{3/2}$	Xe $4f^{14}\,5d^{10}\,6s^2\,6p^2$; $^3P_0$	3	Elektr. K. Gr.T.
4420,67; $^7D_4$	1787,65; ^4P	2833,07; $^3P_1$	4a	RL [Å]
—	1774,94	—	4b	RL [Å]
8,7	10,484 $^3P_0$	7,415; $^2P_{1/2}$	5	Ion.-Pot. [eV]
hex. *A* 3	orh. *A* 17[3]	kub. *A* 1	6	Krist.
D_{6h}^4, $P6_3/mmc$	D_{2h}^{18}, $Cmca$[3]	O_h^5, $Fm3m$	7	R.G.
a 2,7298	*a* 3,32; *b* 4,39[3]	*a* 4,9390	8	*a*, *b* [Å]
c 4,319 (2)	*c* 10,52 (8)[3]	(4)	9	*c* [Å], β [°] (Z)
1,35	1,13	1,74	10	AR [Å]
(4+) 0,88; (6+) 0,79	(3+) 0,4; (5+) 0,35	(2+) 1,20; (4+) 0,84	11	IR [Å]
8,46	12,89[3]	18,27	12	V_A [cm³/g-Atom]
22,48	2,69[3]	11,337	13	D [g/cm³]
$\bar{\alpha}$(0...100° C) 6,58	$\bar{\gamma}$(0...44° C) 372	$\bar{\alpha}$(0...100° C) 29,4	14	α, γ [10^{-6} grd^{-1}]
—	—	0,032	15	$(v_{fl}-v_f)/v_f$
0,266	2,9 (75° C)	2,42	16	ϰ [10^{-6} at^{-1}]
57000	—	1620	17	E [kp/mm²]
22600	—	560	18	G [kp/mm²]
0,253	—	0,434	19	μ
5480 (*l*); 3140 (*t*)	—	2050 (*l*); 710 (*t*)	20	v_{Schall} [ms^{-1}]
	—	—	21	U [°C]
	—	—	22	ΔH_u [J/g-Atom]
∼2700	44,2[4]	327,4	23	F [°C]
∼28·10³	2,51·10³	4,772·10³	24	ΔH_F [J/g-Atom]
∼4400	281[4]	1751	25	ϑ_v °C
∼630·10³	12,4·10³	179,5·10³	26	ΔH_V [J/g-Atom]
24,7		26,82	27	C_p^0 [J/(g-Atomgrd)]
32,6		64,91	28	$S_{25°\,C}^0$ [J/(g-Atomgrd)]
—	—	6,88·10³	29	$H_{25°\,C}^0$ [J/g-Atom]
—	—	0,352 (0° C)	30	λ [W/cmgrd]
9,49 (20° C)[2]	—	19,2[5]	31	ϱ [10^{-6} Ω cm]
42 (0...100° C)	—	42,8 (0...100° C)	32	$\frac{\Delta\varrho}{\varrho\,\Delta\vartheta}$ [10^{-4} grd^{-1}]
—	—	−12,5 (25° C)	33	$\frac{\Delta\varrho}{\varrho\,\Delta p}$ [10^{-6} at^{-1}]
0,052 (25° C)	−0,85[3]	−0,111 (16° C)	34	χ_m [10^{-6} cm³g^{-1}]
4,55	—	4,02	35	φ_{th} [V]
—	—	4,05	36	φ_{ph} [V]

[1] Keine Ergänzungen.
[2] Sprungtemperatur 0,7° K.
[3] Die angegebenen Werte sind die für P schwarz.
[4] Werte für weißen Phosphor.
[5] Sprungtemperatur 7,22° K.

Zeilen-nummer	Symbole und Einheiten	Pd	Pm[1]	Pr
1	Z (Isot.)	46 (6)	61	59
2	At.-masse	106,4	(149)	140,907
3	Elektr. K. Gr.T.	Kr $4d^{10}$; $^1S_0$	Xe $4f^5\,6s^2$; $^6H_{5/2}$	Xe $4f^3\,6s^2$; $^4I_{9/2}$
4a	RL [Å]	2763,09; $^3P_1$	—	—
4b	RL [Å]	2447,91; $^1P_1$	—	—
5	Ion.-Pot. [eV]	8,33; $^2D_{5/2}$	—	5,76 $^5I_4$
6	Krist.	kub. $A\,1$		hex. $A\,3$
7	R. G.	O_h^5, $Fm3m$		D_{6h}^4; $P6_3/mmc$
8	a, b [Å]	a 3,8902		a 3,6725
9	c [Å], β [°] (Z)	(4)		c 5,924 (2)
10	AR [Å]	1,37	1,81	1,82
11	IR [Å]	(2+) 0,80; (4+) 0,65	(3+) 1,06	(3+) 1,06; (4+) 0,92
12	V_A [cm³/g-Atom]	8,79	—	20,82
13	D [g/cm³]	12,1	—	6,769
14	α, γ [10^{-6} grd^{-1}]	$\bar{\alpha}$(0...100° C) 11,9		$\bar{\alpha}$(0...25°) ≈4,8
15	$(v_{fl}-v_f)/v_f$	—		—
16	$\varkappa$ [10^{-6} at^{-1}]	0,516	—	3,25
17	E [kp/mm²]	12340	—	3590
18	G [kp/mm²]	4430	—	1320
19	μ	0,394	—	0,31
20	v_{Schall} [ms^{-1}]	4540 (l); 1900 (t)	—	2660 (l); 1410 (t)
21	U [°C]	—	—	792
22	ΔH_u [J/g-Atom]	—	—	$3{,}18\cdot10^3$
23	F [°C]	1550	1035	935
24	ΔH_F [J/g-Atom]	$17{,}2\cdot10^3$	$7{,}1\cdot10^3$	$6{,}91\cdot10^3$
25	ϑ_v °C	3560	3200	3017
26	ΔH_V [J/g-Atom]	$94\cdot10^3$	—	$332\cdot10^3$
27	C_p^0 [J/(g-Atomgrd)]	26,2	27,2	26,7
28	$S_{25^\circ\,C}^0$ [J/(g-Atomgrd)]	37,8	—	73,2
29	$H_{25^\circ\,C}^0$ [J/g-Atom]	$5{,}46\cdot10^3$	—	—
30	λ [W/cmgrd]	0,69 (0° C)	—	0,117
31	ϱ [10^{-6} Ωcm]	9,77 (0° C)	—	70,7 (0° C)
32	$\frac{\Delta\varrho}{\varrho\,\Delta\vartheta}$ [10^{-4} grd^{-1}]	37,7 (0...100° C)	—	17,1 (0...25° C)
33	$\frac{\Delta\varrho}{\varrho\,\Delta p}$ [10^{-6} at^{-1}]	−2,1 (26° C)	—	−0,4 (25° C)
34	χ_m [10^{-6} cm³g^{-1}]	5,15 (25° C)	—	[2]
35	ψ_{th} [V]	4,85	≈3,07	2,7
36	ψ_{ph} [V]	4,97		—

[1] Keine Ergänzungen
[2] Magnetische Eigenschaften s. Ergänzungen Ce.

Pt	Rb	Re	Zeilen-nummer	Symbole und Einheiten
78 (6)	37 (2)	75 (2)	1	Z (Isot.)
195,06	85,47	186,2	2	At.-masse
Xe $4f^{14}\,5d^9\,6s$; $^3D_3$	Kr $5s$; $^2S_{1/2}$	Xe $4f^{14}\,5d^5\,6s^2$; ^6S	3	Elektr. K. Gr.T.
3315,05; $^5D_4$	7800,29; $^2P_{3/2}$	3464,72; $^6P_{5/2}$	4a	RL [Å]
—	7947,64; $^2P_{1/2}$	5275,53; $^8P_{5/2}$	4b	RL [Å]
8,96; $^2D_{5/2}$	4,176; $^1S_0$	7,87; ^7S	5	Ion.-Pot. [eV]
kub. $A\,1$	kub. $A\,2$	hex. $A\,3$	6	Krist.
O_h^5, $Fm3m$	O_h^9, $Im3m$	D_{6h}^4, $P\,6_3/mmc$	7	R. G.
a 3,9237	a 5,709	a 2,7609	8	a, b [Å]
(4)	(2)	c 4,4583 (2)	9	c [Å], β [°] (Z)
1,38	2,53	1,37	10	AR [Å]
(2+) 0,80; (4+) 0,65	(1+) 1,47	(4+) 0,72; (7+) 0,56	11	IR [Å]
9,07	55,79	8,850	12	V_A [cm³/g-Atom]
21,5	1,532 (20° C)	21,04	13	D [g/cm³]
$\bar{\alpha}$(0...100° C) 9,09	$\bar{\gamma}$(0...23° C) 270	$\bar{\alpha}$(20...100° C) 6,6	14	α, γ [10^{-6} grd^{-1}]
—	0,0228	—	15	$(v_{fl}-v_f)/v_f$
0,358	5,2	0,270	16	$\varkappa$ [10^{-6} at^{-1}]
17400	240	47500	17	E [kp/mm²]
6200	93	18400	18	G [kp/mm²]
0,397	0,292	0,286	19	μ
4080 (l); 1690 (t)	1430 (l); 770 (t)	5360 (l); 2930 (t)	20	v_{Schall} [ms^{-1}]
—	—	—	21	U [°C]
—	—	—	22	ΔH_u [J/g-Atom]
1769	38,7	3180	23	F [°C]
$21{,}7\cdot10^3$	$2{,}20\cdot10^3$	$38\cdot10^3$	24	ΔH_F [J/g-Atom]
4300	701	≈5600	25	ϑ_v °C
$447\cdot10^3$	$69{,}20\cdot10^3$	$707\cdot10^3$	26	ΔH_V [J/g-Atom]
25,9	30,88	25,7	27	C_p^0 [J/(g-Atomgrd)]
41,87	76,2	37,18	28	$S^0_{25°\,C}$ [J/(g-Atomgrd)]
$5{,}79\cdot10^3$	$7{,}50\cdot10^3$	$5{,}46\cdot10^3$	29	$H^0_{25°\,C}$ [J/g-Atom]
0,71 (0° C)	—	0,482 (0° C)	30	λ [W/cmgrd]
9,81 (0° C)	11,29	17,3[1]	31	ϱ [10^{-6} Ωcm]
39,6 (0...100° C)	63,7 (0...25° C)	31,1 (0...100° C)	32	$\frac{\Delta\varrho}{\varrho\,\Delta\vartheta}$ [10^{-4} grd^{-1}]
−1,88 (22,4° C)	—62,9 (30° C)	—	33	$\frac{\Delta\varrho}{\varrho\,\Delta p}$ [10^{-6} at^{-1}]
0,983 (25° C)	0,228	0,36 (25° C)	34	χ_m [10^{-6} cm³g^{-1}]
5,30	2,13	5,00	35	φ_{th} [V]
5,55	2,13	4,97	36	φ_{ph} [V]

[1] Sprungtemperatur 1,7° K.

Zeilen-nummer	Symbole und Einheiten	Rh	Ru	S
1	Z (Isot.)	45	44 (7)	16 (3)
2	At.-masse	102,905	101,07	32,064
3	Elektr. K. Gr.T.	Kr $4d^8\,5s$; $^4F_{9/2}$	Kr $4d^7\,5s$; $^5F_5$	Ne $3s^2\,3p^4$; $^3P_2$
4a	RL [Å]	3692,36; $^4D_{7/2}$	3964,90; $^7D_5$	1389,78; $^4P_{5/2}$
4b	RL [Å]	3502,54; $^4G_{9/2}$ [1]	3799,35; $^5D_4$	1347,32; $^2P_{3/2}$
5	Ion.-Pot. [eV]	7,46 $^3F_4$	7,36; $^4F_{9/2}$	10,356 $^4S_{3/2}$
6	Krist.	kub. $A\,1$	hex. $A\,3$	orh. $A\,16$
7	R. G.	O_h^5, $Fm3m$	D_{6h}^4, $P6_3/mmc$	D_{2h}^{24}, $Fddd$
8	a, b [Å]	a 3,7956	a 2,7038	a 10,437; b 12,845
9	c [Å], β [°] (Z)	(4)	c 4,2816; (2)	c 24,369 (16)
10	AR [Å]	1,34	1,33	1,05 [4]
11	IR [Å]	(3+) 0,68	(4+) 0,67	(2−) 1,74; (4+) 0,37 [5]
12	V_A [cm³/g-Atom]	8,23	8,22	15,49
13	D [g/cm³]	12,5	12,3	2,07 (23° C)
14	α, γ [10^{-6} grd⁻¹]	$\bar{\alpha}$(0...100° C) 8,5	$\bar{\alpha}$(0...100° C) 9,63	$\bar{\gamma}$(−79...18° C) 180
15	$(v_{fl}-v_f)/v_f$	0,12	—	0,0515
16	$\varkappa$ [10^{-6} at⁻¹]	0,357	0,338	13,3 (30° C)
17	E [kp/mm²]	38600	44000	—
18	G [kp/mm²]	15000	17600	—
19	μ	0,270	0,251	—
20	v_{Schall} [ms⁻¹]	6190 (l); 3470 (t)	6530 (l); 3740 (t)	—
21	U [°C]	—	1035; 1200 [2]	95,3; 101
22	ΔH_u [J/g-Atom]	—	$0{,}14 \cdot 10^3$ —	401; 1,6
23	F [°C]	1960	2500	115,18
24	ΔH_F [J/g-Atom]	$\sim 21{,}8 \cdot 10^3$	$\sim 26 \cdot 10^3$	$1{,}718 \cdot 10^3$
25	ϑ_v °C	3960	4110	444,6
26	ΔH_V [J/g-Atom]	$494 \cdot 10^3$	$\sim 568 \cdot 10^3$	$90{,}57 \cdot 10^3$ [6]
27	C_p^0 [J/(g-Atomgrd)]	24,5	23,85	22,60
28	$S_{25^\circ\,C}^0$ [J/(g-Atomgrd)]	31,6	28,53	31,88
29	$H_{25^\circ\,C}^0$ [J/g-Atom]	—	—	$4{,}405 \cdot 10^3$
30	λ [W/cmgrd]	0,88 (0° C)	—	$2{,}56 \cdot 10^{-3}$(20 °C)
31	ϱ [10^{-6} Ωcm]	4,35 (0° C)	7,16 (0° C) [3]	—
32	$\frac{\Delta\varrho}{\varrho\,\Delta\vartheta}$ [10^{-4} grd⁻¹]	46,2 (0...100° C)	45,8 (0...100° C)	—
33	$\frac{\Delta\varrho}{\varrho\,\Delta p}$ [10^{-6} at⁻¹]	−1,62 (25,6° C)	−2,48 (0° C)	—
34	χ_m [10^{-6} cm³g⁻¹]	1,08 (25° C)	0,427 (25° C)	—
35	ψ_{th} [V]	4,68	4,52	—
36	ψ_{ph} [V]	4,57	—	—

[1] Weitere R.L. 3434,90 Å; $^4G_{11/2}$; 3396,82 Å; $^4F_{9/2}$.
[2] U 1500° C; ΔH_u $0{,}96 \cdot 10^3$ Jg-Atom⁻¹.
[3] Sprungtemperatur 0,47° K.
[4] Nicht auf KZ=12 korrigierter Wert.
[5] (6+) 0,30.
[6] Dampf ($S_2+S_6+S_8$).

Sb	Sc[1]	Se[2]	Zeilennummer	Symbole und Einheiten
51 (2)	21 (1)	34 (6)	1	Z (Isot.)
121,75	44,956	78,96	2	At.-masse
Kr $4d^{10}\,5s^2\,5p^3$; $^4S_{3/2}$	Ar $3d\,4s^2$; $^2D_{3/2}$	Ar $3d^{10}\,4s^2\,4p^4$; $^3P_2$	3	Elektr. K. Gr.T.
2311,47 $^4P_{1/2}$	6378,82; $^4F_{3/2}$	2074,79 ^2S	4a	RL [Å]
—	6305,67; $^8D_5$	1960,90 $^3S_4$	4b	RL [Å]
8,64 $^3P_0$	6,56 $^3D_1$	9,75 ^4S	5	Ion.-Pot. [eV]
trig. $A\,7$	hex. $A\,3$	trig. $A\,8$	6	Krist.
D_{3d}^5, $R\bar{3}m$	D_{6h}^4, $P6_3/mmc$	D_3^4, $P3_121$[3]	7	R. G.
a 4,2995	a 3,090	a 4,35448	8	a, b [Å]
c 11,2515 (6)	c 5,273 (2)	c 4,94962 (3)	9	c [Å], β [°] (Z)
1,61	1,63	1,16[4]	10	AR [Å]
(3+) 0,76; (5+) 0,62	(3+) 0,81	—	11	IR [Å]
18,22	15,04	16,47	12	V_A [cm³/g-Atom]
6,69	2,99	4,7924	13	D [g/cm³]
α (25° C) 11,0	—	$\bar{\alpha}$(0...20° C) 49,27	14	α, γ [10^{-6} grd^{-1}]
0,0125	—	—	15	$(v_{fl}-v_f)/v_f$
2,7	—	11,8	16	$\varkappa$ [10^{-6} at^{-1}]
5550	—	5913	17	E [kp/mm²]
2210	—	—	18	G [kp/mm²]
0,251	—	0,447	19	μ
3140 (l); 1800 (t)	—	—	20	v_{Schall} [ms^{-1}]
—	—	—	21	U [°C]
—	—	—	22	ΔH_u [J/g-Atom]
630,5	1538	217,4	23	F [°C]
$20{,}41\cdot10^3$	$17{,}6\cdot10^3$	$5{,}42\cdot10^3$	24	ΔH_F [J/g-Atom]
1637	2730	684,9	25	ϑ_v °C
$128{,}2\cdot10^3$	$\approx 330\cdot10^3$	$95{,}48\cdot10^3$	26	ΔH_V [J/g-Atom]
25,43	25,1	25,38	27	C_p^0 [J/(g-Atomgrd)]
45,69	37,7	42,44	28	$S^0_{25°\,C}$ [J/(g-Atomgrd)]
$5{,}90\cdot10^3$	—	$5{,}52\cdot10^3$	29	$H^0_{25°\,C}$ [J/g-Atom]
0,185	—	—	30	λ [W/cmgrd]
39,0 (0° C)	61 (26° C)	Halbleiter	31	ϱ [10^{-6} Ωcm]
51,1 (0...100° C)	28,2 (0...25° C)	—	32	$\frac{\Delta\varrho}{\varrho\,\Delta\vartheta}$ [10^{-4} grd^{-1}]
+6,0 (25° C)	—	—	33	$\frac{\Delta\varrho}{\varrho\,\Delta p}$ [10^{-6} at^{-1}]
−0,80 (24° C)	7,0 (19° C)	−0,336	34	χ_m [10^{-6} cm³g^{-1}]
4,08	3,23	4,72	35	ψ_{th} [V]
4,56		4,86	36	ψ_{ph} [V]

[1] Keine Ergänzungen.
[2] Daten für die metallische Form.
[3] Oder D_3^6, $P3_221$.
[4] Nicht auf KZ=12 korrigierter Wert.

Zeilen-nummer	Symbole und Einheiten	Si	Sm	Sn
1	Z (Isot.)	14 (3)	62 (7)	50 (10)
2	At.-masse	28,086	150,35	118,69
3	Elektr. K. Gr.T.	Ne $3s^2\ 3p^2$; $^3P_0$	Xe $4f^6\,6s^2$; $^7F_0$	Kr $4d^{10}\ 5s^2$, $5p^2$; $^3P_0$
4a	RL [Å]	2516,11 $^3P_1$	7141,13 $^8F_1$	2863,32; $^3P_1$
4b	RL [Å]		6725,88 $^9G_1$	—
5	Ion.-Pot. [eV]	8,149 $^2P_{1/2}$	5,6 $^8F_{1/2}$	7,332; $^2P_{1/2}$
6	Krist.	kub. $A\,4$	trig.	tetr. $A\,5$
7	R.G.	O_h^7, $Fd3m$	D_{3d}^5 $R\bar{3}m$	D_{4h}^{19}, $I4_1/amd$
8	a, b [Å]	a 5,4282	a 8,996	a 5,8314
9	c [Å], β [°] (Z)	(8)	β 23,22° (9)	c 3,1815 (4)
10	AR [Å]	1,34	≈1,8...1,9	1,58
11	IR [Å]	(4+) 0,42	(3+) 1,00	(2+) 0,93; (4+) 0,71
12	V_A [cm³/g-Atom]	12,08	19,95	16,28
13	D [g/cm³]	2,3263	7,53	7,29
14	α, γ [10^{-6} grd^{-1}]	α (25° C) 2,53	—	$\bar{\alpha}$ (0...100° C) 27
15	$(v_{fl}-v_f)/v_f$		—	0,028
16	$\varkappa$ [10^{-6} at^{-1}]	0,98	2,56	1,870
17	E [kp/mm²]	—	3480	5400
18	G [kp/mm²]	—	1290	2030
19	μ	—	0,352	0,332
20	v_{Schall} [ms^{-1}]	—	2700 (l); 1290 (t)	3300 (l); 1650 (t)
21	U [°C]	—	917	13,2
22	ΔH_u [J/g-Atom]	—	$\approx 3{,}12\cdot 10^3$	$2{,}09\cdot 10^3$
23	F [°C]	1423	1072	231,9
24	ΔH_F [Jg/-Atom]	$46{,}5\cdot 10^3$	$8{,}63\cdot 10^3$	$7{,}07\cdot 10^3$
25	ϑ_v °C	2355	1670	~2687
26	ΔH_V [J/g-Atom]	$394{,}5\cdot 10^3$	—	$290{,}4\cdot 10^3$
27	C_p^0 [J/(g-Atomgrd)]	19,79	29,53	26,36
28	$S_{25°\,C}^0$ [J/(g-Atomgrd)]	18,72	69,60	51,4
29	$H_{25°\,C}^0$ [J/g-Atom]	$3{,}22\cdot 10^3$	—	$6{,}30\cdot 10^3$
30	λ [W/cmgrd]	~0,8 (30° C)	—	0,63 (0° C)
31	ϱ [10^{-6} Ω cm]	Halbleiter	88 (0° C)	11,15[2]
32	$\frac{\Delta\varrho}{\varrho\,\Delta\vartheta}$ [10^{-4} grd^{-1}]	—	14,8 (0...20° C)	46,5 (0...100° C)
33	$\frac{\Delta\varrho}{\varrho\,\Delta p}$ [10^{-6} at^{-1}]	—	−3,57 (25° C)	−9,2 (25° C)
34	χ_m [10^{-6} cm³g^{-1}]	−0,111	[1]	0,026 (30° C)
35	ψ_{th} [V]	4,1	3,2	4,11
36	ψ_{ph} [V]	4,31	—	4,31

[1] Magnetische Eigenschaften s. Ergänzungen Ce.
[2] Sprungtemperatur 3,73° K.

Sr[1]	Ta	Tb	Zeilen-nummer	Symbole und Einheiten
38 (4)	73 (2)	65	1	Z (Isot.)
87,62	180,948	158,92	2	At.-masse
Kr $5s^2$; $^1S_0$	Xe $4f^{14}\,5d^3\,6s^2$; $^4F_{3/2}$	Xe $4f^9\,6s^2$	3	Elektr. K. Gr.T.
6892,62 $^3P_1$	4280,47	—	4a	RL [Å]
4607,35 ^1P	—	—	4b	RL [Å]
5,692	7,88; $^5F_1$	6,74	5	Ion.-Pot. [eV]
kub. $A\,1$	kub. $A\,2$	hex. $A\,3$	6	Krist.
O_h^5, $Fm3m$	O_h^9, $Im3m$	D_{6h}^4, $P6_3/mmc$	7	R. G.
a 6,075	a 3,3026	a 3,6010	8	a, b [Å]
(2)	(2)	c 5,6936 (2)	9	c [Å], β [°] (Z)
2,13	1,48	1,77	10	AR [Å]
(2+) 1,12	(5+) 0,68	(3+) 0,93; (4+) 0,81	11	IR [Å]
32,82	10,90	19,26	12	V_A cm³/g-Atom]
2,67	16,6	8,253	13	D [g/cm³]
—	$\bar{\alpha}$(0...100° C) 6,5	$\bar{\alpha}$(0...25° C) 7,6	14	α, γ [10^{-6} grd^{-1}]
—	—	—	15	$(v_{fl}-v_f)/v_f$
8,13	0,475	2,45	16	$\varkappa$ [10^{-6} at^{-1}]
1600	18830	5860	17	E [kp/mm²]
615	6600	2320	18	G [kp/mm²]
0,284	0,351	0,264	19	μ
2780 (l); 1520 (t)	4240 (l); 2030 (t)	2920 (l); 1060 (t)	20	v_{Schall} [ms^{-1}]
[2]	—	1317	21	U [°C]
—	—	$4{,}24\cdot10^3$	22	ΔH_u [J/g-Atom]
770	2996	1356	23	F [°C]
$9{,}2\cdot10^3$	$31{,}4\cdot10^3$	$9{,}21\cdot10^3$	24	ΔH_F [J/g-Atom]
1367	5400	2800	25	ϑ_v °C
$138{,}9\cdot10^3$	$753\cdot10^3$	—	26	ΔH_V [J/g-Atom]
25,1	25,5	28,95	27	C_p^0 [J/(g-Atomgrd)]
54,4	41,6	73,5	28	$S^0_{25°\,C}$ [J/(g-Atomgrd)]
—	$5{,}68\cdot10^3$	—	29	$H^0_{25°\,C}$ [J/g-Atom]
—	0,545 (20° C)	—	30	λ [W/cmgrd]
30,3	12,4[3]	91,2 (0° C)	31	ϱ [10^{-6} Ωcm]
38,2 (0...100° C)	38,2 (0...100° C)	11,9 (0...25° C)	32	$\frac{\Delta\varrho}{\varrho\,\Delta\vartheta}$ [10^{-4} grd^{-1}]
5,56	−1,62 (28,3° C)	—	33	$\frac{\Delta\varrho}{\varrho\,\Delta p}$ [10^{-6} at^{-1}]
1,05 (23° C)	0,840 (25° C)	[4]	34	χ_m [10^{-6} cm³g^{-1}]
2,35	4,15	3,09	35	φ_{th} [V]
2,74	4,13	—	36	φ_{ph} [V]

[1] Keine weiteren Ergänzungen.
[2] Umwandlung bei einem Druck von 25000 at bei Z.T., $\Delta v = -0{,}009\,v_0$.
[3] Sprungtemperatur 4,4° K.
[4] Magnetische Eigenschaften s. Ergänzungen Ce.

Zeilen-nummer	Symbole und Einheiten	Te	Th	Ti
1	Z (Isot.)	52 (8)	90 (1)	22 (5)
2	At.masse	127,60	232,038	47,90
3	Elektr. K. Gr.T.	Kr $4d^{10}\,5s^2\,5p^4$; $^3P_2$	Rn $6d^2\,7s^2$ ($^3F_2$)	Ar $3d^2\,4s^2$; $^3F_2$
4a	RL [Å]	2259,73 $^5S_2$ (2259,02)	—	6296,65; $^5G_2$
4b	RL [Å]	2142,75 $^3S_1$	—	5173,74; $^3D_1$
5	Ion.-Pot. [eV]	9,01	—	6,83; $^2F_{3/2}$
6	Krist.	trig. $A\,8$	kub. $A\,1$	hex. $A\,3$
7	R.G.	$D_3^{4,6}$ $P\,3_{1,2}\,21$	O_h^5, $F\,m\,3\,m$	D_{6h}^4, $P\,6_3/m\,m\,c$
8	a, b [Å]	a 4,4669	a 5,0843	a 2,9503
9	c [Å], β [°] (Z)	c 5,91494 (3)	(4)	c 4,6831 (2)
10	AR [Å]	1,43[1]	1,78	1,46
11	IR [Å]	(2−) 2,11; (4+) 0,70[2]	(4+) 1,02	(2+) 0,80; (3+) 0,76[4]
12	V_A [cm³/g-Atom]	20,41	19,83	10,63
13	D [g/cm³]	6,25	11,7	4,505
14	α, γ [10^{-6} grd^{-1}]	α(40° C) 16,8	$\bar{\alpha}$(0...100° C) 10,5	$\bar{\alpha}$(0...100° C) 8,35
15	$(v_{fl}-v_f)/v_f$	—	—	—
16	$\varkappa$ [10^{-6} at^{-1}]	4,9	1,82	0,795
17	E [kp/mm²]	4800	8000	10400
18	**G [kp/mm²]**	≈1700	3120	3800
19	μ	0,16...0,3	0,258	0,359
20	v_{Schall} [ms^{-1}]	—	2850 (l); 1630 (t)	6260 (l); 2920 (t)
21	U [°C]	—	1400	882,5
22	ΔH_u [J/g-Atom]	—	$2{,}80\cdot10^3$	$2{,}84\cdot10^3$
23	F [°C]	449,5	1695	1668° C
24	ΔH_F [J/g-Atom]	$17{,}5\cdot10^3$	$15{,}65\cdot10^3$	$15{,}5\cdot10^3$
25	ϑ_v °C	989,8	4200	3280
26	ΔH_V [J/g-Atom]	$114\cdot10^3$	$544\cdot10^3$	$430\cdot10^3$
27	C_p^0 [J/(g-Atomgrd)]	25,56	27,33	25,0
28	$S^0_{25°C}$ [J/(g-Atomgrd)]	49,71	53,39	30,66
29	$H^0_{25°C}$ [J/g-Atom]	$6{,}13\cdot10^3$	$6{,}50\cdot10^3$	$4{,}81\cdot10^3$
30	λ [W/cmgrd]	≈0,012 (25° C)	0,377 (20° C)	0,155 (50° C)
31	ϱ [10^{-6} Ωcm]	Halbleiter	≈13[3]	42[5]
32	$\frac{\Delta\varrho}{\varrho\,\Delta\vartheta}$ [10^{-4} grd^{-1}]	—	27,5 (0...25° C)	54,6 (0...100° C)
33	$\frac{\Delta\varrho}{\varrho\,\Delta p}$ [10^{-6} at^{-1}]	—	−3,4 (25° C)	−1,118 (23,2° C)
34	χ_m [10^{-6} cm³g^{-1}]	−0,290 (16° C)	0,57 (20° C)	3,2 (20° C)
35	ψ_{th} [V]	4,73	3,42	4,16
36	ψ_{ph} [V]	4,76	3,67	4,31

[1] Nicht auf KZ=12 korrigierter Wert.
[2] (6+) 0,56.
[3] Sprungtemperatur 1,4° K.
[4] (4+) 0,68. [5] Sprungtemperatur ≈0,38° K.

Tl	Tm	U	Zeilen-nummer	Symbole und Einheiten
81 (2)	69	92 (3)	1	Z (Isot.)
204,37	168,93	238,03	2	At.-masse
Xe $4f^{14}\,5d^{10}$ $6s^2\,6p$; $^2P_{1/2}$	Xe $4f^{13}\,6s^2$; $^2F_{7/2}$	Rn $5f^3\,6d^1\,7s^2$; $^5D_0$	3	Elektr. K. Gr.T.
3775,72 ^2S	5675,83	—	4a	RL [Å]
2767,81	—	—	4b	RL [Å]
6,106 $^1S_0$	—	≈4	5	Ion.-Pot. [eV]
hex. $A\,3$	hex. $A\,3$	orh. $A\,20$	6	Krist.
D_{6h}^4, $P6_3/mmc$	D_{6h}^4, $P6_3/mmc$	D_{2h}^{17}, $Cmcm$	7	R. G.
a 3,4564	a 3,5375	a 2,852, b 5,865	8	a, b [Å]
c 5,531 (2)	c 5,5546 (2)	c 4,945 (4)	9	c [Å], β [°] (Z)
1,67...1,70	1,74	1,53	10	AR [Å]
(1+) 1,47; (3+) 0,95	(3+) 0,87	(4+) 0,97; (6+) 0,80	11	IR [Å]
17,25	18,13	12,44	12	V_A cm³/g-Atom]
11,85	9,318	19,1	13	D [g/cm³]
$\bar{\alpha}$(0...100° C) 29,4	—	$\bar{\alpha}$(0...100°) 15,3	14	α, γ [10^{-6} grd^{-1}]
0,03	—	—	15	$(v_{fl}-v_f)/v_f$
3,48	—	0,801	16	$\varkappa$ [10^{-6} at^{-1}]
800	—	18200	17	E [kp/mm²]
272	—	7200	18	G [kp/mm²]
0,454	0,298	0,252	19	μ
1630 (l); 480 (t)	—	3370 (l); 1940 (t)	20	v_{Schall} [ms^{-1}]
234	—	662, 772	21	U [°C]
0,3 · 10³	—	2,93 · 10³, 4,78 · 10³	22	ΔH_u [J/g-Atom]
303,5	1545	1130	23	F [°C]
4,20 · 10³	18,4 · 10³	19,7 · 10³	24	ΔH_F [J/g-Atom]
1457	≈1720	3930	25	ϑ_v °C
162,4 · 10³	—	412 · 10³	26	ΔH_V [J/g-Atom]
26,4	27	27,45	27	C_p^0 [J/(g-Atomgrd)]
64,2	72,5	50,33	28	$S_{25°\,C}^0$ [J/(g-Atomgrd)]
6,83 · 10³	—	6,51 · 10³	29	$H_{25°\,C}^0$ [J/g-Atom]
0,502 (0° C)	—	0,24 (0° C)	30	λ [W/cmgrd]
16,2[1] (0° C)	79 (25° C)	~21[3]	31	ϱ [10^{-6} Ωcm]
51,7 (0...100° C)	19,5 (0...25° C)	28,2 (0...100° C)	32	$\frac{\Delta\varrho}{\varrho\,\Delta\vartheta}$ [10^{-4} grd^{-1}]
−1,18 (25° C)	−2,6 (25° C)	—	33	$\frac{\Delta\varrho}{\varrho\,\Delta p}$ [10^{-6} at^{-1}]
−0,242	[2]	1,72 (20° C)	34	χ_m [10^{-6} cm³g^{-1}]
3,76	3,12	3,72	35	φ_{th} [V]
4,05		4,10 (20° C)	36	φ_{ph} [V]

[1] Sprungtemperatur 2,39° K.
[2] Magnetische Eigenschaften s. Ergänzungen Ce.
[3] Sprungtemperatur 0,8° K.

Zeilen-nummer	Symbole und Einheiten	V	W	Y
1	Z (Isot.)	23 (2)	74 (5)	39
2	At.-masse	50,942	183,85	88,905
3	Elektr. K. Gr.T.	Ar $3d^3\,4s^2$, $^4F_{3/2}$	Xe $4f^{14}\,5d^4\,6s^2$; $^5D_0$	Kr $4d\,5s^2$; $^2D_{3/2}$
4a	RL [Å]	5527,72; $^6G_{1/2}$	4982,9; $^7F_1$	9494,81; $^2P_{1/2}$
4b	RL [Å]	4851,48; $^4D_{1/2}$	—	—
5	Ion.-Pot. [eV]	6,8; $^5D_0$	7,98; $^6D_{1/2}$	6,38; $^1S_0$
6	Krist.	kub. $A\,2$	kub. $A\,2$	hex. $A\,3$
7	R. G.	O_h^9, $Im3m$	O_h^9, $Im3m$	D_{6h}^4, $P6_3/mmc$
8	a, b [Å]	a 3,039	a 3,156	a 3,6474
9	c [Å], β [°] (Z)	(2)	(2)	c 5,7306 (2)
10	AR [Å]	1,36	1,41	1,79
11	IR [Å]	(2+) 0,88; (3+) 0,74[1]	(4+) 0,70; (6+) 0,62	(3+) 0,92
12	V_A [cm³/g-Atom]	8,324	9,548	19,88
13	D [g/cm³]	6,12	19,27	4,472
14	α, γ [10^{-6} grd^{-1}]	$\bar{\alpha}$(23...100° C) 8,3	$\bar{\alpha}$(0...100°) 4,5	γ (0°) 28,3
15	$(v_{fl}-v_f)/v_f$	—	—	—
16	$\varkappa$ [10^{-6} at^{-1}]	0,64	0,29	2,09
17	E [kp/mm²]	13000	41500	6760
18	G [kp/mm²]	4,800	15900	2600
19	μ	0,363	0,299	0,265
20	v_{Schall} [ms^{-1}]	6000 (l); 2780 (t)	5320 (l); 2840 (t)	4280 (l); 2420 (t)
21	U [°C]	—	—	1490
22	ΔH_u [J/g-Atom]	—	—	$4,95\cdot10^3$
23	F [°C]	1890	3390	≈1500
24	ΔH_F [J/g-Atom]	$17,5\cdot10^3$	$35,2\cdot10^3$	$10,2\cdot10^3$
25	ϑ_v °C	≈3380	5500	3630
26	ΔH_V [J/g-Atom]	$458\cdot10^3$	$799\cdot10^3$	$393\cdot10^3$
27	C_p^0 [J/(g-Atomgrd)]	24,48	24,08	25,1
28	$S_{25\,°\mathrm{C}}^0$ [J/(g-Atomgrd)]	29,3	32,76	46,0
29	$H_{25°\,\mathrm{C}}^0$ [J/g-Atom]	$4,65\cdot10^3$	$5,09\cdot10^3$	—
30	λ [W/cmgrd]	0,32 (100° C)	1,3 (20° C)	0,138
31	ϱ [10^{-6} Ωcm]	18,2 (0° C)[2]	4,89 (0° C)	80 (0° C)
32	$\frac{\Delta\varrho}{\varrho\,\Delta\vartheta}$ [10^{-4} grd^{-1}]	39,0 (0...100° C)	51,0	27,1 (0...250° C)
33	$\frac{\Delta\varrho}{\varrho\,\Delta p}$ [10^{-6} at^{-1}]	−1,6 (25° C)	−1,333 (28,4° C)	—
34	χ_m [10^{-6} cm³g^{-1}]	5,0 (20° C)	0,32 (25° C)	2,15 (19° C)
35	ψ_{th} [V]	4,09	4,50	3,07
36	ψ_{ph} [V]	3,77	4,54	—

[1] (4+) 0,63; (5+) 0,59 Å.
[2] Sprungtemperatur 5,13° K.

Yb	Zn	Zr	Zeilen-nummer	Symbole und Einheiten
70 (7)	30 (5)	40 (5)	1	Z (Isot.)
173,04	65,37	91,22	2	At.-masse
Xe $4f^{14}6s^2$; $^1S_0$	Ar $3d^{10}\,4s^2$; $^1S_0$	Kr $4d^2\,5s^2$; $^3F_2$	3	Elektr. K. Gr.T.
3987,99	3075,90; $^3P_1$	6762,38; $^5G_2$	4a	RL [Å]
—	2138,61; $^1P_1$	4575,52; $^3G_3$	4b	RL [Å]
6,24; $^2S_{1/2}$	9,391; $^2S_{1/2}$	6,835 $^4F_{3/2}$	5	Ion.-Pot. [eV]
kub. $A\,1$	hex. $A\,3$	hex. $A\,3$	6	Krist.
O_h^5, $Fm3m$	D_{6h}^4, $P6_3/mmc$	D_{6h}^4, $P6_3/mmc$	7	R. G.
a 5,4862	a 2,6649	a 3,229	8	a, b [Å]
(4)	c 4,9451 (2)	c 5,141 (2)	9	c [Å], β [°] (Z)
1,93	1,32; 1,47[2]	1,60	10	AR [Å]
(3+) 0,86	(2+) 0,74	(4+) 0,79	11	IR [Å]
24,87	9,168	14,03	12	V_A cm³/g-Atom]
6,959	7,13	6,50	13	D [g/cm³]
$\bar{\alpha}$(0...25°) 25,0	γ (0° C) 83,3	α(20° C) 5,8	14	α, γ [10^{-6} grd^{-1}]
—	0,07	—	15	$(v_{fl}-v_f)/v_f$
7,25	1,68	1,10	16	$\varkappa$ [10^{-6} at^{-1}]
1930	9450	6900	17	E [kp/mm²]
750	3800	2510	18	G [kp/mm²]
0,284	0,235	0,374	19	μ
1820 (l); 1000 (t)	3890 (l); 2290 (t)	4360 (l); 1950 (t)	20	v_{Schall} [ms^{-1}]
798	—	862	21	U [°C]
$1{,}78 \cdot 10^3$	—	$2{,}8 \cdot 10^3$	22	ΔH_u [J/g-Atom]
824	419,5	1855	23	F [°C]
$7{,}5 \cdot 10^3$	$7{,}28 \cdot 10^3$	$20 \cdot 10^3$	24	ΔH_F [J/g-Atom]
1520	907	≈4380	25	ϑ_v °C
$155 \cdot 10^3$	$114{,}7 \cdot 10^3$	$582 \cdot 10^3$	26	ΔH_V [J/g-Atom]
25,1	25,4	25,5	27	C_p^0 [J/(g-Atomgrd)]
62,8	41,11	38,9	28	$S^0_{25°\,C}$ [J/(g-Atomgrd)]
—	$5{,}64 \cdot 10^3$	$5{,}50 \cdot 10^3$	29	$H^0_{25°\,C}$ [J/g-Atom]
—	1,13 (20° C)	0,21 (25° C)	30	λ [W/cmgrd]
30 (0° C)	5,65[3]	41 (0° C)[4]	31	ϱ [10^{-6} Ωcm]
13,0 (0...25° C)	41,7	44,0 (0...100° C)	32	$\frac{\Delta\varrho}{\varrho\,\Delta\vartheta}$ [10^{-4} grd^{-1}]
+9,7 (25° C)	−6,3 (25° C)	−0,33 (25° C)	33	$\frac{\Delta\varrho}{\varrho\,\Delta p}$ [10^{-6} at^{-1}]
—[1]	−0,14 (20° C)	1,34 (20° C)	34	χ_m [10^{-6} cm³g^{-1}]
2,50	3,74	4,05	35	ψ_{th} [V]
—	4,22	3,96	36	ψ_{ph} [V]

[1] Magnetische Eigenschaften s. Ergänzungen Ce.
[2] Durch Verzerrungen sind einige Abstände kürzer.
[3] Sprungtemperatur 0,905° K.
[4] Sprungtemperatur 0,546° K.

2142. Physikalische und chemische Eigenschaften der Elemente, die im Normzustand gasförmig sind

Neben der Haupttabelle, die die unten aufgeführten Angaben bringt, sind in einer Ergänzungstabelle weitere Eigenschaften gebracht, und zwar die Dichte der koexistierenden Phasen im Sättigungszustand für diejenigen Gase, für welche diese Werte nicht bei den thermodynamischen Funktionen in Tabelle 63 aufgeführt sind. Ferner sind Daten für die Viskosität und die Wärmeleitfähigkeit im flüssigen Zustand in der Ergänzungstabelle enthalten.

Von den Eigenschaften, für die in der Haupttabelle nur der Wert in der Nähe der Zimmertemperatur aufgeführt ist, findet man für die meisten der beschriebenen Gase noch Werte bei anderen Temperaturen bzw. Drucken in den folgenden Tabellen:

Dampfdrucke in Tabelle 4111 und 1212
pv-Werte in Tabelle 3334
Wärmekapazität in Tabelle 6111
Thermodynamische Funktionen in Tabelle 63
Joule Thomson-Effekt in Tabelle 65
Viskosität von Gasen in Tabelle 7113 und 712
Selbstdiffusion in Tabelle 7231
Wärmeleitzahl in Tabelle 7331 und 7332

Zeile		Abkürzung
1	Ordnungszahl, in Klammern ist die Zahl der natürlich vorkommenden Isotopen hinzugefügt	Z (Isot. Z.)
2	Relative Atommasse 1962	At.-masse
3	Elektronenkonfiguration und Grundterm	Elektr. K. Gr.T.
4a	Resonanzlinie in Å und Term	RL [Å]
4b	Resonanzlinie in Å und Term	RL [Å]
5	Ionisationspotential in eV und Term des ionisierten Atoms	Ion.-Pot. [eV]
6	Kristallsystem und Strukturtyp bei der angegebenen Temperatur	Krist.
7	Raumgruppe, 1. Schönfliess, 2. Herman Maugin	R. G.
8	Einheitszelle Kantenlänge a, b in Å	a, b [Å]
9	Kantenlänge c in Å oder Winkel β zwischen den Kristallachsen, in Klammern ist die Atomzahl in der Einheitszelle angegeben	c Å, β [°] (Z)
10	Effektiver Radius bei van der Waalsschen Bindung in Å, in Klammern Koordinationszahl	AR [Å] (KoZ.)
11	Atomvolumen bei 0° K	V_A [cm³/g-Atom]
12	Molekel	
13	Grundzustand	GZ
14	Rotationskonstante B_0 in cm⁻¹	B_0 [cm⁻¹]

Zeile		Abkürzung
15	$\Theta_{rot}=B_0 \cdot \frac{hc}{k}$ Rotationstemperatur	Θ_{rot} [°K]
16	Wellenzahl der Kernschwingungsfrequenz ω_0	ω_0 [cm^{-1}]
17	$\Theta_s=\frac{\omega_0 hc}{k}$ Schwingungstemperatur	Θ_0 [°K]
18	Anharmonizitätszahl · Kernschwingungswellenzahl ($x_0 \cdot \omega_0$)	$x_0\,\omega_0$ (cm^{-1})
19	Wechselwirkungszahl zwischen Kernschwingung und Rotation	cm^{-1}
20	Kernabstand r_0 in Å	r_0 [Å]
21	Trägheitsmoment I in 10^{-40} cm^2	I [10^{-40} cm^2]
22	Dissoziationsenergie bei 0° K ΔH_{Dis} in eV	ΔH_{Dis} [eV]
23	Bildungsenthalpie des Atoms bei 25° C in $JMol^{-1}$	ΔH_B^0 [$JMol^{-1}$]
24	Gaskinetischer Durchmesser d aus Viskosität und kritischen Daten berechnet in Å	d [Å]
25	Sutherlandkonstante, Suth-K.	Suth-K
26	Selbstdiffusion	Dif [cm^2s^{-1}]
27	Normdichte	D [$mg \cdot cm^{-3}$]
28	Kritische Temperatur °C	ϑ_{krit} [°C]
29	Kritischer Druck	p_{krit} [at]
30	Kritische Dichte	D_{krit} [gcm^{-3}]
31	Schallgeschwindigkeit im Gas	v_g [ms^{-1}]
32	Schallgeschwindigkeit im verfl. Gas	v_{fl} [ms^{-1}]
33	Umwandlungspunkt im festen Zustand	U [°C]
34	Umwandlungsenthalpie in $JMol^{-1}$	ΔH_u [$JMol^{-1}$]
35	Tripelpunkt ,Trp in °C	Trp [°C]
36	Schmelzenthalpie in $JMol^{-1}$	ΔH_F [$JMol^{-1}$]
37	Druck am Tripelpunkt p_{Trp} in Torr	p_{Trp} [Torr]
38	Siedepunkt ϑ_v in °C	ϑ_v [°C]
39	Verdampfungsenthalpie ΔH_v in $JMol^{-1}$	ΔH_v [$JMol^{-1}$]
40	Standard Molwärme C_p^0 in $JMol^{-1}grd^{-1}$	C_p [$JMol^{-1}grd^{-1}$]
41	Standard molare Entropie ${}^{gas}S^0_{25°C}$ in $JMol^{-1}grd^{-1}$	S^0 [$JMol^{-1}grd^{-1}$]
42	Standard molare Enthalpie $H^0_{25°}-H^0_{-273°\,C}$ in $JMol^{-1}$	H^0[$JMol^{-1}grd^{-1}$]
43	Wärmeleitfähigkeit bei 0° C λ in 10^{-6} $Wcm^{-1}grd^{-1}$	λ [$10^{-6}Wcm^{-1}grd^{-1}$]
44	Statische Dielektrizitätskonstante Differenz gegen 1	$(\varepsilon-1)\cdot 10^6$
45	Massensusceptibilität χ	χ [10^{-6} cm^3Mol^{-1}]
46	Brechzahl ($n^{0°C}_{760\,Torr}$) Differenz gegen 1	$(n-1)\cdot 10^6$

Zeilennummer	Symbole und Einheiten	Ar	Cl bzw. Cl_2	F bzw. F_2
1	Z (Isot. Z.)	18 (3)	17 (2)	9 (1)
2	At.-masse	39,948	35,453	18,9984
3	Elektr. K. Gr.T.	Ne $3s^2\ 3p^6$; $^1S_0$	Ne $3s^2\ 3p^5$; $^2P_{3/2}$	He $2s^2\ 2p^5$; $^2P_{3/2}$
4a	RL [Å]	1066,66; $^3P_1$	1389,28	976,50; ^4P
4b	RL [Å]	1048,218; $^2P_1$	1347,32	954,82; ^2P
5	Ion.-Pot. [eV]	15,755; $^2P_{3/2}$	13,01; $^3P_2$	17,418; $^3P_2$
6	Krist.	−253° kub. A 1	−185° tetr. A 18	—
7	R. G.	O_h^5, $Fm3m$	D_{4h}^{16}, $P4_2/ncm$	—
8	a, b [Å]	a 5,40	a 8,56	—
9	c [Å], β [°] (Z)	(4)	c 6,12 (16)	—
10	AR [Å] (KoZ.)	1,90 (12)	1,84 (12)	1,49 (6)
11	V_A [cm³/g-Atom]	23,71		
12		—	Cl_2	F_2
13	GZ	—	$^1\Sigma^+_g$	$^1\Sigma^+_g$
14	B_0 [cm⁻¹]	—	0,2438	(0,90)
15	Θ_{rot} [°K]	—	0,351	(1,3)
16	ω_0 [cm⁻¹]	—	564,9	892,1
17	Θ_0 [°K]	—	812,8	1284
18	$x_0\,\omega_0$ (cm⁻¹)	—	4,0	—
19	cm⁻¹	—	0,007	—
20	r_0 [Å]	—	1,988	(1,4)
21	I [10^{-40} cm²]	—	113,5	(31,5)
22	ΔH_{Dis} [eV]	—	2,475	(1,62)
23	ΔH_B^0 [JMol⁻¹]	—	121,1	(79,09)
24	d [Å]	3,66 (0° C)	5,47 (15,6°) Cl_2	3,19 (−24,3° C) (F_2)
25	Suth-K	142	351	129
26	Dif [cm²s⁻¹]	0,156 (0° C)	—	—
27	D [mg·cm⁻³]	1,7837 (0° C, 760 Torr)	3,214	1,696
28	ϑ_{krit} [°C]	−122,4	144	−129
29	p_{krit} [at]	49,6	76,1	56,8
30	D_{krit} [gcm⁻³]	0,536 gcm⁻³	0,567	0,63
31	v_g [ms⁻¹]	308 (0° C, 1 atm)	206 (0° C) Cl_2	—
32	v_{fl} [ms⁻¹]	855 (−188°)	—	—
33	U [°C]	—	—	—
34	ΔH_u [JMol⁻¹]	—	—	—
35	Trp [°C]	−189,3	−101	−218,0
36	ΔH_F [JMol⁻¹]	$1{,}176 \cdot 10^3$	$6{,}406 \cdot 10^3$	$1{,}556 \cdot 10^3$
37	p_{Trp} [Torr]	515,7	10,44	1,66
38	ϑ_v [°C]	−185,87	−34,04	−188,1
39	ΔH_v [JMol⁻¹]	$6{,}519 \cdot 10^3$	$20{,}41 \cdot 10^3$	$6{,}538 \cdot 10^3$

H bzw. H_2	$^2H(D)$ bzw. $^2H_2$	^4He[3]	Zeilen-nummer	Symbole und Einheiten
1 (3)	—	2 (2)	1	Z (Isot. Z.)
1,00797 (1,007825)[1]	2,01410	4,0026	2	At.-masse
$1s$; $^2S_{1/2}$	—	$1s^2$; $^1S_0$	3	Elektr. K. Gr.T.
1215,67; ^2P	—	591,43; $^3P_1$	4a	RL [Å]
—	—	584,35; $^1P_1$	4b	RL [Å]
13,595	—	24,58 $^2S_{1/2}$	5	Ion.-Pot. [eV]
−269° hex. A 3	—	−271,7° (37 atm) hex. A 3	6	Krist.
D_{6h}^4, $P6_3/mmc$	—	D_{6h}^4, $P6_3/mmc$	7	R. G.
a 3,75	—	a 3,75	8	a, b [Å]
c 6,12 (2)	—	c 5,83 (2)	9	c [Å], β [°] (Z)
0,78[2] (12)	—	—	10	AR [Å] (KoZ.)
22,5 (H_2)	—	22,44	11	V_A [cm³/g-Atom]
H_2	D_2	—	12	
$^1\Sigma^+_g$		—	13	GZ
60,809	30,4	—	14	B_0 [cm⁻¹]
87,5	43,00	—	15	Θ_{rot} [°K]
4395	3108	—	16	ω_0 cm⁻¹]
6322	4469	—	17	Θ_0 [°K]
117,995	60	—	18	$x_0\,\omega_0$ (cm⁻¹)
2,993	1,06	—	19	cm⁻¹
0,74166	0,742	—	20	r_0 [Å]
0,473	0,937	—	21	I [10^{-40} cm²]
4,475	—	—	22	ΔH_{Dis} [eV]
217,9	—	—	23	ΔH_B^0 [JMol⁻¹]
2,48 (0° C) H; 2,75 (0° C) H_2	—	2,19 (0° C)	24	d [Å]
31 (H); 234 (H_2)	—	173[4]	25	Suth-K
1,647 (23° C)	1,27 (23° C)	1,403 (0° C)	26	Dif [cm²s⁻¹]
0,08989	0,1796	0,17847	27	D [mg·cm⁻³]
−239,9	−234,8	−267,93	28	ϑ_{krit} [°C]
13,23	16,98	2,26	29	p_{krit} [at]
0,0301	0,0668	0,06945	30	D_{krit}[gcm⁻³]
1237 (0° C) H_2	—	969 (0° C)	31	v_g [ms⁻¹]
1340 (−258,4° C)	—	—	32	v_{fl} [ms⁻¹]
—	—	−270,96 (λ-Punkt)	33	U [°C]
—	—	—	34	ΔH_u [JMol⁻¹]
−259,2	−254,5	−269,7 (103 atm)	35	Trp [°C]
$0{,}117 \cdot 10^3$	$0{,}197 \cdot 10^3$	$0{,}0209 \cdot 10^3$	36	ΔH_F [JMol⁻¹]
54	128,5	—	37	p_{Trp} [Torr]
−252,76	−249,48°	−268,94	38	ϑ_v [°C]
$0{,}904 \cdot 10^3$	$1{,}226 \cdot 10^3$	$0{,}0837 \cdot 10^3$	39	ΔH_v [JMol⁻¹]

[1] Isotopengewicht von H.
[2] Elementradius bei metallischer Bindung.
[3] Werte für ^3He s. Ergänzungen.
[4] Für hohe Temperaturen.

Zeilen-nummer	Symbole und Einheiten	Ar	Cl bzw. Cl_2	F bzw. F_2
40	C_p [$JMol^{-1}grd^{-1}$]	20,79	33,84 (Cl_2); 21,84 (Cl)	31,32 (F_2); 22,75 (F)
41	S^0 [$JMol^{-1}grd^{-1}$]	154,8	223,0 (Cl_2); 165,1 (Cl)	202,7 (F_2); 158,6 (F)
42	H^0 [$JMol^{-1}grd^{-1}$]	$6{,}196 \cdot 10^3$	$9{,}18 \cdot 10^3$ (Cl_2); $6{,}272 \cdot 10^3$ (Cl)	$8{,}828 \cdot 10^3$ (F_2); $6{,}519 \cdot 10^3$ (F)
43	λ [10^{-6} $Wcm^{-1}grd^{-1}$]	164	79,9 (Cl_2)	243
44	$(\varepsilon - 1) \cdot 10^6$	545 (0° C, 760 Torr)	—	—
45	χ [10^{-6} cm^3Mol^{-1}]	−19,5 (20° C)	−40,4	—
46	$(n-1) \cdot 10^6$	283,14 (0,5462 μm)	7,84 (0,5462 μm)	2,06 (0,5894 μm)

Zeilen-nummer	Symbole und Einheiten	Kr	N bzw. N_2	Ne
1	Z (Isot. Z.)	36 (7)	7 (2)	10 (2)
2	At.-masse	83,80	14,0067	20,183
3	Elektr. K. Gr. T.	Ar $3d^{10}\,4s^2\,4p^6$ $^1S_0$	He $2s^2\,2p^3$; $^4S^3/_2$	He $2s^2\,2p^6$; $^1S_0$
4a	RL [Å]	1285,82; $^3P_1$	1200,71; ^4P	735,89; $^1P_1$
4b	RL [Å]	1164,86; ^1P	—	743,71; $^2P_1$
5	Ion.-Pot. [eV]	13,996; $^3P_2$	14,53; $^2P_0$	21,56; $^2P^3/_2$
6	Krist.	−252° kub. $A\,1$	−234° hex. $A\,3$	≈4° K kub. $A\,1$
7	R. G.	O_h^5, $Fm3m$	D_{6h}^4, $P6_3/mmc$	O_h^5, $Fm3m$
8	a, b [Å]	a 5,60	a 4,034	a 4,52
9	c [Å], β [°] (Z)	(4)	c 6,588 (4)	(4)
10	AR [Å] (KoZ.)	1,97	1,79 (10)	1,60
11	V_A [cm^3/g-Atom]	22,35	—	22,4356
12		—	N_2	—
13	GZ	—	$^1\Sigma_g$	—
14	B_0 [cm^{-1}]	—	2,010	—
15	Θ_{rot} [°K]	—	2,89	—
16	ω_0 [cm^{-1}]	—	2359,61	—
17	Θ_0 [°K]	—	3395	—
18	$x_0\,\omega_0$ (cm^{-1})	—	14,456	—
19	cm^{-1}	—	0,0186	—
20	r_0 [Å]	—	1,094	—
21	I [10^{-40} cm^2]	—	13,84	—
22	ΔH_{Dis} [eV]	—	9,756	—
23	ΔH_B^0 [$JMol^{-1}$]	—	470,6	—
24	d [Å]	3,95 (0° C)	3,78 (0° C) N_2	2,59 (20° C)
25	Suth-K	188	105	128
26	Dif [cm^2s^{-1}]	0,045 (0° C)	0,185 (0° C)	0,452 (0° C)

H bzw. H_2	$^2H(D)$ bzw. $^2H_2$	^4He	Zeilen-nummer	Symbole und Einheiten
28,83 (H_2); 20,79 (H)	29,2	20,79	40	C_p [$JMol^{-1}grd^{-1}$]
130,6 (H_2); 114,6 (H)	144,9	126,0	41	S^0 [$JMol^{-1}grd^{-1}$]
$2{,}024 \cdot 10^3$ (H_2); $6{,}196 \cdot 10^3$ (H)	—	$6{,}190 \cdot 10^3$	42	H^0 [$JMol^{-1}grd^{-1}$]
1710 (H_2)	1310 ($^2H_2$)	1430	43	λ [10^{-6} $Wcm^{-1}grd^{-1}$]
270 (0° C, 760 Torr)	251 (20° C, 776 Torr)	68 (0° C 760 Torr),	44	$(\varepsilon - 1) \cdot 10^6$
4,00 (20° C)	−4,0	−1,9	45	χ [10^{-6} cm^3Mol^{-1}]
139,6 (0,5462 µm)	137,66 (0,5462 µm)	34,9 (0,589 µm)	46	$(n - 1) \cdot 10^6$

O bzw. O_2[1]	Xe		Zeilen-nummer	Symbole und Einheiten
8	54 (9)		1	Z (Isot. Z.)
15,9994	131,30		2	At.-masse
He $2s^2\,2p^4$; $^3P_2$	Kr $4d^{10}\,5s^2\,5p^6$ $^1S_0$		3	Elektr. K. Gr.T.
1355,60; ^2S	1469,62; $^3P_1$		4a	RL [Å]
1302,17	1295,56; $^1P_1$		4b	RL [Å]
13,614; $^4S_{3/2}$	12,127; $^2P_{3/2}$		5	Ion.-Pot. [eV]
−223 kub.	(−185°) kub. $A\,1$		6	Krist.
T_h^6, $Pa3$	O_h^5, $Fm3m$		7	R. G.
a 6,83	a 6,24		8	a, b [Å]
(12)	(4)		9	c [Å], β [°] (Z)
∼1,8 (∼12)	2,20		10	AR [Å] (KoZ.)
			11	V_A [cm^3/g-Atom]
O_2	—		12	
$^3\Sigma^-_g$	—		13	GZ
1,446	—		14	B_0 [cm^{-1}]
2,08	—		15	Θ_{rot} [°K]
1580,32	—		16	ω_0]cm^{-1}]
2274	—		17	Θ_0 [°K]
11,993	—		18	$x_0\,\omega_0$ (cm^{-1})
0,016	—		19	cm^{-1}
1,2074	—		20	r_0 [Å]
19,13	—		21	I [10^{-40} cm^2]
5,080	—		22	ΔH_{Dis} [eV]
247,4	—		23	ΔH_B^0 [$JMol^{-1}$]
3,62 (7° C) O_2	4,64 (0° C)		24	d [Å]
125 (O_2)	252		25	Suth-K
0,187 (0° C)	0,0480 (0° C)		26	Dif [cm^2s^{-1}]

[1] Daten für O_3 s. Ergänzungen.

Zeilen-nummer	Symbole und Einheiten	Kr	N bzw. N_2	Ne	O bzw. O_2[1]	Xe	Zeilen-nummer	Symbole und Einheiten
27	D [mg·cm^{-3}]	3,744	1,25046	0,9006	1,4289	5,896	27	D [mg·cm^{-3}]
28	ϑ_{krit} [°C]	−63,75	−146,9	−228,75	−118,38	16,59	28	ϑ_{krit} [°C]
29	p_{krit} [at]	56,0	34,5	27,06	51,8	57,64	29	p_{krit} [at]
30	D_{krit} [gcm^{-3}]	0,9085	0,311	0,4835	0,419	1,100	30	D_{krit} [gcm^{-3}]
31	v_g [ms^{-1}]	213	336,9 (0° C) N_2	435 (0° C)	336,95 (0° C) O_2	168	31	v_g [ms^{-1}]
32	v_{fl} [ms^{-1}]	—	929 (−203° C)	—	1079 (−203,6° C)	—	32	v_{fl} [ms^{-1}]
33	U [°C]	—	−237,34	—	−249,5; −229,4	—	33	U [°C]
34	ΔH_u [JMol^{-1}]	—	232,7	—	93,7; 743,1	—	34	ΔH_u [JMol^{-1}]
35	Trp [°C]	−157,2	−210,01	−248,60	−218,81	−111,9	35	Trp [°C]
36	ΔH_F [JMol^{-1}]	1,636·10³	0,721·10³	0,335·10³	0,445·10³	2,295·10³	36	ΔH_F [JMol^{-1}]
37	p_{Trp} [Torr]	549	94	324,5	1,14	612	37	p_{Trp} [Torr]
38	ϑ_v [°C]	−153,2	−195,81	−246,08	−183,0	−108,1	38	ϑ_v [°C]
39	ΔH_v [JMol^{-1}]	9,029·10³	3,577·10³	1,760·10³	6,819·10³	1,264·10³	39	ΔH_v [JMol^{-1}]
40	C_p [JMol^{-1}grd^{-1}]	20,79	29,08 (N_2); 20,79 (N)	20,79	29,36 (O_2); 21,90 (O)	20,79	40	C_p [JMol^{-1}grd^{-1}]
41	S^0 [JMol^{-1}grd^{-1}]	164,0	191,5 (N_2); (153,1) (N)	146,2	205 (O_2); 160,9 (O)	169,6	41	S^0 [JMol^{-1}grd^{-1}]
42	H^0 [JMol^{-1}grd^{-1}]	6,196·10³	8,669·10³ (N_2); 6,196·10³ (N)	6,196·10³	8,682·10³ (O_2); 6,724·10³ (O)	6,196·10³	42	H^0 [JMol^{-1}grd^{-1}]
43	λ [10^{-6} Wcm^{-1}grd^{-1}]	87,8	240 (N_2)	461	245 (O_2)	51,0	43	λ [10^{-6} Wcm^{-1}grd^{-1}]
44	$(\varepsilon-1)\cdot 10^6$	768 (25° C, 760 Torr)	580 (0° C, 760 Torr)	130 (0° C, 760 Torr)	525 (0° C, 760 Torr)	1238 (23° C, 760 Torr)	44	$(\varepsilon-1)\cdot 10^6$
45	χ [10^{-6} cm³Mol^{-1}]	−28,0	−12,0 (20° C)	−6,75	+3410 (Z. T.)	−42,4	45	χ [10^{-6} cm³Mol^{-1}]
46	$(n-1)\cdot 10^6$	—	299,7 (0,5462 µm)	67,25 (0,5462 µm)	270,6 (0,5897 µm)	705,5 (0,5462 µm)	46	$(n-1)\cdot 10^6$

[1] Daten für O_3 s. Ergänzungen.

2143. Zusätzliche Angaben über Eigenschaften von Elementen, die im Normzustand kondensiert sind

Ag

Umwandlung unter Druck bei 3200 at und ≈120° C.

Wärmeausdehnungszahl $\bar{\gamma}$:

	Ag (f)						Ag (fl)			
ϑ	338	459	596	724	943	961,3	970	1040	1302	°C
$\bar{\gamma}$ (0...ϑ)	61,6	63,0	64,7	66,3	71,5	81	132,0	130,8	128,9	10^{-6} grd^{-1}

Zugfestigkeit σ_B bei Z.T. $\sigma_B = 13...14,5$ kpmm^{-2}.

Vickershärte *HV*:

ϑ	20	100	200	400	600	800 °C
HV	25,6	25	23	17,5	9,3	5,6 kpmm^{-2}

Viskosität η:

ϑ	960,5	1000	1100	1200	1300 °C
η(fl)	>3,88	3,66	3,19	2,83	2,59 cP

Oberflächenspannung σ: 970° C 909 dyncm^{-1};
1100° C 800 dyncm^{-1}.

Selbstdiffusion:

Ag (f): $\Delta\vartheta$ (500...950° C), $D_0 = 0,54$ cm^{2}s^{-1}; $Q = 187$ kJg-Atom^{-1} (kleinkristallisiert);

Ag (fl): $\Delta\vartheta$ (1002...1105° C), $D_0 = 7,1 \cdot 10^{-4}$ cm^{2}s^{-1}; $Q = 7,1$ kJg-Atom^{-1}.

Thermodynamische Funktionen:

T °K	C_p^0 Jg-Atom^{-1}grd^{-1}	$H_T^0 - H_{298}^0$ kJg-Atom^{-1}	$S_T^0 - S_0^0$ Jg-Atom^{-1}grd^{-1}
298,15	25,50	0	42,71
300	25,54	0,046	42,87
400	25,91	2,616	50,27
600	27,13	7,912	60,99
800	28,47	13,479	68,99
1000	29,80	19,297	75,47
1200	31,14	25,367	81,00
1300	31,40	39,809	92,68
1500	31,40	46,088	97,16
2000	31,40	61,785	106,20

Änderung des elektrischen Widerstandes ϱ (Ag grobkrist.) im Magnetfeld *H* ⊥ zum Meßstrom:

	H	$\left(\frac{\varrho_H - \varrho_0}{\varrho_0}\right)_{20,4°}$
$T = 20,4°$ K $\frac{\varrho_{20,4°}}{\varrho_{273°}} = 0,00293$	4,58 kOe	0,51
	10,85 kOe	1,33

|| zum Meßstrom:

	H	$\left(\frac{\varrho_H-\varrho_0}{\varrho_0}\right)_{20°}$
$T=20°$ K $\frac{\varrho_{20°}}{\varrho_{273°}}=0{,}00296$	20 kOe	0,19

Hall-Konstante R bei 23° C; magnetische Induktion

$$B=0{,}3...2{,}2\ \mathrm{Vs/m^2};\qquad R=-0{,}84\cdot10^{-10}\ \mathrm{m^3/As}.$$

Reflexionsvermögen R in %:

λ µm	R_λ %	λ µm	R_λ %
0,263	20	0,500	92
0,300	8	0,600	95
0,315	4,3 *	0,700	97
0,333	20	0,800	98
0,370	70	1,000	98
0,400	80	2,000	97

Spektrales Emissionsvermögen ε_λ:

ϑ	940	980 °C
ε (λ=0,65 µm)	(f) 0,044	(fl) 0,072

Al

Umwandlungen unter Druck bei 8° C und 290 at,
bei 10° C und 5780 at.

Wärmeausdehnungszahl $\bar{\alpha}$ (Al 99,99 %):

ϑ	60		100	200	300	400	500 °C
$\bar{\alpha}$ (10...ϑ)	22,06	(20...ϑ)	23,86	24,58	25,45	26,49	27,68 10^{-6} grd^{-1}

Dehngrenze $\sigma_{0,2}$, Zugfestigkeit σ_B, Bruchdehnung δ_5 und δ_{10} und Brinellhärte HB; Al (99,99 %) bei Z.T.:

Zustand	Dicke mm	$\sigma_{0,2}$ kpmm^{-2}	σ_B kpmm^{-2}	δ_5** %	δ_{10}** %	HB kpmm^{-2}
Bleche und Bänder						
weich	5...2	1,5...3	4...6	33...35	15...20	15...20
halbhart	3...2	3...5	6...9	18...20	20...25	20...25
hart	2	5...10	10...13	5...10	22...30	25...35
Stangen und Drähte	∅ mm					
gepreßt	6	1,5	4	30...53	25...50	15
weichgeglüht	10	1,5...3	4...6	30...55	25...50	15...20
hart	2	9...12	11...14	5...10	4...8	25...35

* Minimalwert.

** 5 und 10 geben das Verhältnis der Meßlänge L_0 zu dem Durchmesser der Probe an. Ist der Querschnitt kein Kreis, dann wird der Durchmesser des dem Querschnitt flächengleichen Kreises eingesetzt.

Dehngrenze $\sigma_{0,1}$ Zugfestigkeit σ_B bei erhöhten Temperaturen; Al (99,5 %):

ϑ °C	Zustand					
	weich		1/4 hart (H 14)		3/4 hart (H 18)	
	$\sigma_{0,1}$	σ_B	$\sigma_{0,1}$	σ_B	$\sigma_{0,1}$	σ_B
	$kpmm^{-2}$		$kpmm^{-2}$		$kpmm^{-2}$	
23,9	3,5	9,1	12,0	12,7	15,5	16,9
100	3,5	7,7	10,6	11,3	12,7	15,5
204,4	2,5	4,2	4,9	6,7	2,8	4,2
315,6	1,1	1,8	1,1	1,8	1,1	1,8
371,1	0,7	1,4	0,7	1,4	0,7	1,4

Viskosität η:

ϑ	662	679	700	768	806	833 °C
η	1,379	1,339	1,286	1,175	1,102	1,058 cP

Oberflächenspannung σ bei 700...740° C ≈860 $dyncm^{-1}$.

Selbstdiffusion (f)

$\Delta\vartheta$(450...650° C), $D_0=1{,}7\ cm^2s^{-1}$; $Q=142\ kJg\text{-}Atom^{-1}$.

Thermodynamische Funktionen:

T °K	C_p^0 $Jg\text{-}Atom^{-1}grd^{-1}$	$H_T^0-H_{298}^0$ $kJg\text{-}Atom^{-1}$	$S_T^0-S_0^0$ $Jg\text{-}Atom^{-1}grd^{-1}$
298,15	24,35	0	28,35
300	24,40	0,046	28,47
400	25,61	2,512	35,54
600	28,12	7,912	46,51
800	30,58	13,85	55,05
900	31,84	16,99	58,73
930,15 (f)	30,76	—	—
930,15 (fl)	28,23	—	—

Elektrischer Widerstand ϱ_{fl} (660° C) $=20{,}1\ \Omega cm$; $\dfrac{\varrho_{fl}}{\varrho_f}=1{,}64$ (auch 2,2).

Änderung des elektrischen Widerstands ϱ (Al kleinkristallin) im Magnetfeld H:

	H	$\left(\dfrac{\varrho_H-\varrho_0}{\varrho_0}\right)_T$
⊥ zum Meßstrom:		
$T=77{,}2°$ K $\dfrac{\varrho_{77,2°}}{\varrho_{273°}}=0{,}16$	10,3 kOe	0,0025
	20,1 kOe	0,0087
$T=20{,}2°$ K $\dfrac{\varrho_{20,2°}}{\varrho_{273°}}=0{,}00675$	10,3 kOe	0,0172
	23,5 kOe	0,0640
∥ zum Meßstrom:		
$T=77{,}2°$ K $\dfrac{\varrho_{77,2°}}{\varrho_{273°}}=0{,}156$	12,6 kOe	0,0012
	20,1 kOe	0,0033
$T=20{,}2°$ K $\dfrac{\varrho_{20,2°}}{\varrho_{273°}}=0{,}00676$	10,3 kOe	0,0075
	23,5 kOe	0,0291

Hall-Koeffizient R bei 27° C; magnetische Induktion

$$B=0{,}2...1{,}5\ \mathrm{Vs/m^2};\qquad R=-0{,}343\cdot 10^{-10}\ \mathrm{m^3/As}.$$

Magnetische Suszeptibilität 660°: χ (Al f) $=0{,}578\cdot 10^{-6}\ \mathrm{cm^3g^{-1}}$;
χ (Al fl) $=0{,}433\cdot 10^{-6}\ \mathrm{cm^3g^{-1}}$.

Spektrales Emissionsvermögen ε ($\lambda=0{,}65\ \mu$m):

ϑ	700...800	900	1000 °C
ε	0,12	0,14	0,17

As

Außer der kristallinen stabilen Form kommt As in einer amorphen grauen metastabilen Form vor.

Die graue amorphe Form ist ein Halbleiter, Bandabstand

$$\Delta E\,(300^\circ\ \mathrm{K})=1{,}2\ \mathrm{eV};\qquad \frac{d\Delta E}{dT}\,(300^\circ\ \mathrm{K})=-5\cdot 10^{-4}\,\frac{\mathrm{eV}}{\mathrm{grd}}.$$

Dielektrizitätskonstante 11,2 (opt.).

Brechungsindex n(0,8 µm) $=3{,}35$.

$\vartheta_{\mathrm{krit}}=1047^\circ$ C; $p_{\mathrm{krit}}=125$ atm.

Der elektrische Widerstand von Arsen ändert sich bei Belichtung. Abb. 1, S. 166, zeigt das Absorptionsspektrum, Abb. 2, S. 166, die spektrale Verteilung der Photoempfindlichkeit.

Au

Wärmeausdehnungszahl α:

ϑ	0	50	100	200	400	800 °C
α	14,14	14,30	14,47	14,86	15,84	$18{,}54\cdot 10^{-6}\ \mathrm{grd^{-1}}$

Elastizitätsmodul E:

ϑ	0	20	40	60	100 °C
E	8060	7998	7936	7871	7730 $\mathrm{kpmm^{-2}}$

Gleitmodul G:

ϑ	25	171	351	525	770	925 °C
G	2770	2625	2150	1780	1480	959 $\mathrm{kpmm^{-2}}$

Zugfestigkeit σ_B:

weiches Au $\sigma_B=11{,}25\ \mathrm{kpmm^{-2}}$;

gezogenes Au $\sigma_B=12{,}43\ \mathrm{kpmm^{-2}}$;

gezogener Draht $\sigma_B=27{,}4\ \mathrm{kpmm^{-2}}$.

Vickershärte *HV:*

ϑ	20	100	200	400	600	800 °C
HV	22	21	19	16	7,5	4 kpmm^{-2}

Viskosität η:

ϑ	1063	1100	1200	1300 °C
η	>5,68	5,13	4,64	4,26 cP

Oberflächenspannung σ Au (fl):

ϑ	1120	1200	1300 °C
σ	1128	1120	1110 dyncm^{-1}

Selbstdiffusion:

$\Delta\vartheta$(710...1000° C), $D_0=0{,}13$ cm^{2}s^{-1}; $Q=180$ kJg-Atom^{-1}.

Änderung des elektrischen Widerstandes ϱ (Au kleinkristallin) im Magnetfeld *H* ⊥ zum Meßstrom:

	H	$\left(\frac{\varrho_H-\varrho_0}{\varrho_0}\right)_{20,4°}$ K
$T=20{,}4°$ K $\frac{\varrho_{20,4°}}{\varrho_{273°}}=0{,}0071$	7,8 kOe	0,254
	26,0 kOe	1,07
	39,8 kOe	1,71

Hallkoeffizient *R* bei 18° C; magnetische Induktion

$B=0{,}69$ Vs/m^2; $R=-0{,}704\cdot10^{-10}$ m^3/As.

Reflexionsvermögen *R:*

λ µm	*R* %	λ µm	*R* %
0,300	28	0,500	66
0,333	29	0,600	81
0,370	25*	0,700	90
0,400	32	0,800	93
0,450	54	1,000	96
		2,000	96

Spektrales Emissionsvermögen ε_λ:

	ϑ °C	$\lambda=0{,}65$ µm	$\lambda=0{,}55$ µm
Au (f)	949...1061	0,130	0,342
Au (fl)	1067...1177	0,22	—

* Minimalwert.

B

Bor ist ein Halbleiter:

Bandabstand $\Delta E\,(0°\,\mathrm{K}) = 1{,}5\ \mathrm{eV}$; $\quad \dfrac{d\,\Delta E}{dT} = -4\cdot 10^{-4}\ \dfrac{\mathrm{eV}}{\mathrm{grd}}$.

Elektronenbeweglichkeit $u_n = 1\ \mathrm{cm^2/Vs}$.

Löcherbeweglichkeit $u_p = 55\ \mathrm{cm^2/Vs}$, Dielektrizitätskonstante (bei 0,5 MHz) = 13, Brechzahl n (1 µm) = 3,2.

Bor zeigt lichtelektrische Leistung. Die Photoempfindlichkeit für aufgedampfte Schichten ist in Abb. 3, S. 166, und der Photostrom in Abhängigkeit von der Bestrahlungsleistung in Abb. 4, S. 166, wiedergegeben.

Be

Wärmeausdehnungszahl $\alpha\,\|$ und $\perp$ zur c-Achse:

$\vartheta_1 \ldots \vartheta_2$	−160... −140	−120... −100	−80... −60	−40... −20	−20...0	0...20 °C
$\bar\alpha\,\|$	1,57	3,50	5,37	7,13	8,03	$8{,}59\cdot 10^{-6}\ \mathrm{grd^{-1}}$
$\bar\alpha\,\perp$	2,78	5,43	8,06	10,30	11,16	$11{,}70\cdot 10^{-6}\ \mathrm{grd^{-1}}$

ϑ	57	127	227	327	427	527	627 °C
$\alpha\,\|$	9	12	13	14	15	15,5	$16{,}5\cdot 10^{-6}\ \mathrm{grd^{-1}}$
$\alpha\,\perp$	12	16	17	18	19,5	20	$21{,}5\cdot 10^{-6}\ \mathrm{grd^{-1}}$

Zugfestigkeit σ_B und Bruchdehnung δ bei Z.T.- a) gegossen und verformt, b) gepreßt und gesintert:

Zustand	Lage zur Verformungsrichtung	σ_B $\mathrm{kpmm^{-2}}$	δ %
a) gegossen		14	
stranggepreßt	parallel	23	0,36
	quer	13,6	0,30
stranggepreßt und bei 800° C geglüht	parallel	28	1,82
	quer	11,6	0,18
b) verformt	parallel	32,8	0,55
	quer	20,6	0,30
verformt und 1 h bei 800° C geglüht	parallel	44,5	5,00
	quer	18	0,30
verformt und 1 h bei 800° C und 1000° C geglüht	parallel	48	6,6
	quer	18,8	0,3

Brinellhärte HB:

ϑ	20	300	400	600	800	1000 °C
HB	106...130	88	85	61	21	$9\ \mathrm{kpmm^{-2}}$

Hall-Koeffizient R bei 20° C (Be 99,5 %); magnetische Induktion

$$B = 2{,}749\ \frac{\mathrm{Vs}}{\mathrm{m^2}};\qquad R = 2{,}4\cdot 10^{-10}\ \frac{\mathrm{m^3}}{\mathrm{As}}.$$

Spektrales Emissionsvermögen ε (λ=0,65 µm):

$Be_{(f)}$ bei $\vartheta < 1280°$ C, ε=0,61;
$Be_{(fl)}$ bei $\vartheta > 1280°$ C, ε=0,81.

Bi

Natürliche radioaktive Isotope:

	Strahlung	Halbwertzeit
^{214}Bi (Ra C)	β^- (99,96 %) α (0,04 %)	20 min
^{212}Bi (Th C)	β^- (64 %) α (36 %)	60,5 min
^{211}Bi (Ac C)	α (99,68 %) β^- (0,32 %)	2,15 min
^{210}Bi (Ra E)	β^- (100 %) α ($5 \cdot 10^{-5}$ %)	5 d

Umwandlungen unter Druck; Tripelpunkte (annähernde Werte):

at	°C	U	ΔV (cm³ g⁻¹)
17300	183	I–fl	−0,0045
		I–II	−0,0047
		II–fl	+0,0002
22400	185	II–fl	+0,0002
		II–III	−0,0029
		III–fl	+0,0031
32300	−110	I–II	−0,0043
		II–III	−0,0025
		III–I	−0,0068

Wärmeausdehnungszahl $\bar{\alpha}$ (Bi vielkristalliner Gußkörper):

ϑ	100	271 °C
$\bar{\alpha}$ (20...ϑ)	15,3	$12{,}7 \cdot 10^{-6}$ grd⁻¹

Dichte Bi (fl)

ϑ	305	500	727	905	1077 °C
D	10,01	9,79	9,52	9,32	9,13 gcm⁻³

Elastizitätsmodul von gegossenem Bi: E=3190...3390 kpmm⁻².
Brinellhärte *HB*:

ϑ	−30	15	30	90 °C
HB	24,7	18,8	17,1	10,7 kpmm⁻²

Viskosität η:

ϑ	300	350	400	500	600 °C
η	1,65	1,49	1,37	1,19	1,06 cP

Oberflächenspannung σ:

ϑ	300	400	500	600 °C
σ	373	368	366	352 dyncm^{-1}

Schallgeschwindigkeit in Bi (fl) bei 271° C 1635 ms^{-1} (12 MHz).

Elektrischer Widerstand bei 271° C $\varrho_{fl} = 123 \cdot 10^{-6}$ Ωcm; $\frac{\varrho_{fl}}{\varrho_f} = 0{,}43$. Änderung des elektrischen Widerstandes ϱ (Bi kleinkristallin) im Magnetfeld $H \perp$ zum Meßstrom:

	H	$\left(\frac{\varrho_H - \varrho_0}{\varrho_0}\right)_T$
$T = 291°$ K	300 kOe	37
$T = 80°$ K $\frac{\varrho_{80°}}{\varrho_{291°}} = 0{,}346$	300 kOe	1360

Hall-Koeffizient R bei 18° C (Bi kleinkristallin); magnetische Induktion

$$B = 0{,}393\ \text{Vs/m}^2; \quad R = -6{,}33 \cdot 10^{-7}\ \text{m}^3/\text{As}.$$

Abhängigkeit physikalischer Eigenschaften von der Kristallorientierung:

Eigenschaft	Richtung ‖ zur c-Achse	Richtung ⊥ zur c-Achse	Dimension
Wärmeausdehnungszahl $\bar{\alpha}$ (20...240° C)	16,2	12,0	$\cdot 10^{-6}$ grd^{-1}
Kompressibilität $\frac{l_p - l_0}{l_0 p}$	1,648	0,525	10^{-6} at^{-1}
Wärmeleitzahl λ (18° C)	0,0666	0,0925	Wcm^{-1}grd^{-1}
Selbstdiffusion $\Delta\vartheta = 210...270°$C			
D_0	$1{,}0 \cdot 10^{-3}$	10^{47}	cm^{2}s^{-1}
Q	130	586	kJg-Atom^{-1}
Elektrischer Widerstand ϱ (0° C)	127	99,1	10^{-6} Ωcm
Massensuszeptibilität χ (21° C)	−1,05	−1,48	10^{-6} cm^{3}g^{-1}

Br_2

Dichte D_{fl}:

ϑ	0	20	25	30	34,45	47,85	51,83 °C
D	3,186	3,1193	3,1023	3,0848	3,0689	3,0227	3,0003 gcm^{-3}

$$\vartheta_{krit} = 319°\ \text{C}; \quad p_{krit} = 86{,}4\ \text{atm}; \ D_{krit} = 1{,}064\ \text{gcm}^{-3}$$

Viskosität η:

ϑ	0,56	10,45	25,99	46,19	56,41 °C
η	1,259	1,114	0,916	0,786	0,721 cP

Oberflächenspannung σ:

ϑ	−21	+13 °C
σ	62 1	44,1 dyncm^{-1}

Brechzahl von Br_2 bei 15° C:

λ	0,5350	0,5890	0,6560	0,6710	0,7590 µm
n	1,671	1,659	1,646	1,644	1,636

C

Graphit.

Wärmeausdehnungszahl:

°C	längs	quer	
	geschnitten		
20...100	19	29	$\cdot 10^{-6}\,\text{grd}^{-1}$
20...300	22	32	$\cdot 10^{-6}\,\text{grd}^{-1}$
200...600	27	37	$\cdot 10^{-6}\,\text{grd}^{-1}$

Die Umwandlung von Graphit in Diamant ist ebenso wie die Änderung der Schmelztemperatur von Graphit unter Druck aus der Abb. 5, S. 166, zu ersehen.

Diamant-Halbleiter

$$A\,4,\ O_h^7,\ Fd3m;\quad a = 3{,}5670\ \text{Å},\ (Z=8);\quad D\ (22°\ \text{C}) = 3{,}515\ \text{gcm}^{-3};$$

$$\Delta E\ (300°\text{K}) = 5{,}4\,\text{eV};\quad \frac{d\Delta E}{dT}\ (300°\text{K}) = -3\cdot 10^{-4}\ \frac{\text{eV}}{\text{grd}}.$$

Elektronenbeweglichkeit $u_n = 1800\ \text{cm}^2/\text{Vs}$.

Löcherbeweglichkeit $u_p = 1400\ \text{cm}^2/\text{Vs}$.

Dielektrizitätskonstante (statisch) 5,68.

Brechzahl n ($\lambda = 0{,}589$ µm) $= 2{,}4173$.

Magnetische Massensuszeptibilität $\chi = -0{,}491\cdot 10^{-6}\ \text{cm}^3\text{g}^{-1}$ (20° C).

Die elektrische Leitfähigkeit von Diamant wird bei Belichtung erhöht. Abb. 6 und 7, S. 167, zeigen die spektrale Verteilung der Photoempfindlichkeit, Abb. 8, S. 167, das Absorptionsspektrum und Abb. 9, S. 167, die Beweglichkeit photoelektrisch ausgelöster Elektronen und Löcher.

Ca

Die Hochtemperaturmodifikation γ-Ca kristallisiert hex. $A\,3$, $a = 3{,}98$ Å, $c = 6{,}52$ Å bei $\vartheta > 450°$ C; $D = 1{,}48\ \text{gcm}^{-3}$; $\bar{\alpha}$ (450...500° C) $= 29{,}9\cdot 10^{-6}\ \text{grd}^{-1}$.

Es wird noch eine β-Ca-Modifikation im Temperaturgebiet $\approx 300 \leqq \vartheta \leqq 450°$ C vermutet.

Unter 64000 at ist bei Z.T. eine Umwandlung festgestellt.

Wärmeausdehnungszahl $\bar{\alpha}$ (für α-Ca):

$\vartheta_1 \dots \vartheta_2$	−195...−183	−160...−140	−120...−100	−80...−60 °C
$\bar{\alpha}$ (ϑ...ϑ_2)	15,32	17,95	19,30	$20{,}39 \cdot 10^{-6}$ grd^{-1}

$\vartheta_1 \dots \vartheta_2$	−40...−20	−20...0	0...20	20...100 °C
$\bar{\alpha}$ (ϑ...ϑ_2)	21,32	21,50	22,14	$25{,}2 \cdot 10^{-6}$ grd^{-}

Viskosität η:

ϑ	812	833	867	883 °C
η	1,22	1,15	1,06	1,01 cP

Debye-Temperatur Θ_D aus Wärmekapazität für T:

T	10,10	13,02	18,73	21,4	31,7 °K
Θ_D	223	220	219	220	226 °K

T	52,2	75,5	118,4 °K
Θ_D	225	234	229 °K

Cd

Umwandlungen unter Druck bei: 8° C und 290 at und 10° C und 5750 at.

Wärmeausdehnungszahl $\bar{\gamma}$:

ϑ	10	150	180 °C
$\bar{\gamma}$ (20...ϑ)	83,3	87,5	$92{,}5 \cdot 10^{-6}$ grd^{-1}

Elastizitätsmodul E:

ϑ	−180	0	100	200 °C
E	7000	6400	5900	4000 kpmm^{-2}

Elastizitätsgrenze σ_E 24° 0,13; 94° 0,065 kpmm^{-2}.
Streckgrenze σ_S 20° 2,93; 100° 1,64 kpmm^{-2}.
Zugfestigkeit σ_B von gewalztem 0,6 mm-Band je nach Vorbehandlung:
‖ zur Walzrichtung $\sigma_B = 4{,}5 \dots 7$ kpmm^{-2}; ⊥ zur Walzrichtung $\sigma_B = 7{,}2 \dots 10$ kpmm^{-2}.
Brinellhärte HB: 18...23 kpmm^{-2}.
Viskosität η:

ϑ	350	400	450	500	550	600 °C
η	2,37	2,17	2,00	1,86	1,74	1,63 cP

Oberflächenspannung σ:

ϑ	370	410 °C
σ	608	600 dyncm^{-1}

Schallgeschwindigkeit:

Cd (fl) bei 321° C: $u = 2200$ ms^{-1} (12 MHz).

Atomsuszeptibilität beim Schmelzpunkt (321° C):

$$\chi_{\text{Cd(f)}} = 18{,}1 \cdot 10^{-6}\ \text{cm}^3\text{g-Atom}^{-1}; \quad \chi_{\text{Cd(fl)}} = 16{,}4 \cdot 10^{-6}\ \text{cm}^3\text{g-Atom}^{-1}.$$

Hall-Koeffizient R bei 18° C; magnetische Induktion

$$B = 0{,}69\ \text{Vs/m}^2; \qquad R = 0{,}589 \cdot 10^{-10}\ \text{m}^3/\text{As}.$$

Abhängigkeit physikalischer Eigenschaften von der Kristallorientierung:

Physikalische Eigenschaft	∥ zur c-Achse	⊥ zur c-Achse	Dimension
Wärmeausdehnungszahl α (20...100° C)	52,6	21,4	10^{-6} grd^{-1}
Selbstdiffusion $\Delta\vartheta$ 125...215° C			
D_0	0,05	0,10	cm^{2}s^{-1}
Q	76,2	80,0	kJg-Atom^{-1}
Elektrischer Widerstand 20° C	8,24	6,82	$10^{-6}\,\Omega$cm
Massensuszeptibilität 20° C	0,243	0,142	10^{-6} cm^{3}g^{-1}
Hall-Koeffizient (15° C) $B=1,35$ Vs/m^2	1,20	0,11	10^{-10} m^3/As

Ce

	r_A^* (Å)	D (gcm^{-3})
α-Ce, kub. A 1, O_h^5, $Fm3m$, a=4,85 Å (−106° C), Z=4	1,71	8,23
β-Ce, hex. A 3, D_{6h}^4, $P6_3/mmc$, a=3,65 Å, c=5,96 Å; Z=2	1,82	6,66
γ-Ce, kub. A 1, O_h^5, $Fm3m$, a=5,1612 Å (Z.T.) Z=4	1,825	6,768

Umwandlungen:

	ΔH_u (kJMol^{-1})
$\alpha\rightarrow\gamma$ bei (−113±10) °C	3,68
$\gamma\rightarrow\alpha$ bei (−178±5) °C	—
$\beta\rightarrow\gamma$ bei (100±5) °C	0,272
$\gamma\rightarrow\beta$ bei (−10±5) °C	—
$\gamma-\delta$ bei 725° C	2,92

Die β-Form kann durch zyklische Wärmebehandlung so stabil werden, daß sie bis über Zimmertemperatur stabil bleibt.

γ-Ce unter Druck: bei 7600 at und 30° C findet eine Umwandlung statt.

Streckgrenze $\sigma_{0,2}$, Zugfestigkeit σ_B, Bruchdehnung δ_B und Härte HV; G gegossenes Cer, SG gegossenes und durch Schmieden um 50% verformtes Cer:

Zustand	ϑ °C	$\sigma_{0,2}$ kpmm^{-2}	σ_B kpmm^{-2}	δ %	HV kpmm^{-2}
G	Z.T.	9,3	10,6	24	37
SG	Z.T.	11,4	15,5	17	—
G	204	5,3	4,1	21,4	—
SG	204	8	9,7	9,5	—
SG	427	1,4	3,6	8	—

* Mittlerer Atomradius bei Koordinationszahl 12.

Debye-Temperatur 135° K aus Schallgeschwindigkeit berechnet.

Spezifischer elektrischer Widerstand:

α-Ce bei −249° C $\varrho = 3 \cdot 10^{-6}$ Ωcm

γ-Ce bei 25° C $\varrho = 75{,}3 \cdot 10^{-6}$ Ωcm.

Hall-Koeffizient R bei 24° C magnetische Induktion

$$B = 1{,}07 \ldots 1{,}08 \text{ Vs/m}^2; \qquad R = 1{,}92 \cdot 10^{-10} \text{ m}^3/\text{As}.$$

Magnetisches Verhalten der Metalle der Seltenen Erden.

Spalte 2, χ_{Atom}: Magnetische Suszeptibilität bei 25° C. Spalte 3 und 4, $(p_A)_{\text{eff}}$: effektive magnetische Atommomente im paramagnetischen Bereich. Spalte 5, Θ_p: Paramagnetische Curie-Temperatur im Curie-Weißschen Gesetz $\chi_A = \dfrac{C_A}{T - \Theta_p}$. Spalte 6: Gültigkeitsbereich des Curie-Weißschen Gesetzes. Spalte 7, Θ_N: Néel-Temperatur (antiferromagnetischer Punkt). Spalte 8, Θ_f: Curie-Temperatur (ferromagnetischer Punkt).

Element	χ_{Atom} in 10^{-6} cm³/g-Atom	$(p_A)_{\text{eff}}$ in μ_B theoretisch	$(p_A)_{\text{eff}}$ in μ_B experimentell	Θ_p °K	Temperaturbereich des Curie-Weiß-Gesetzes °K	Θ_N °K	Θ_f °K
γ-Ce[1]	2430	2,54	2,58	−42	90...293	—	—
			2,51	−38...−46	100...300	—	—
α-Pr	5320	3,58	3,56	−21	78...480	—	—
			3,34	−22	15...290	—	—
			3,56	0	120...300	—	—
α-Nd	5650	3,62	3,34	+1	31...145	—	—
			3,68	−16	145...300	—	—
			3,72	−15	290...500	—	—
			3,3	+4,3	35...300	7,5	
Pm	—	2,68					
α-Sm	1275±25	7,9	8,3	gehorcht nicht dem Curie-Weiß-Gesetz		14.8	—
Eu	33100	3,5	7,12	+108	140...300	105	—
α-Gd	356000	7,94	7,97	+302	363...634		290±1
			7,8	+302	418...623		
α-Tb	193000	9,72	9,7	+237	275...375	230?	210?
Dy	99800	10,65	10,64	+157	250...430	179	85
Ho	70200	10,61	10,9	+87	133...300	133±2	≈20
Er	44100	9,58	9,5	+40	100...300	84	19
Tm	26200±100	7,56	7,6	+20	60...300	51	22...38?
α-Yb	71	4,54	0,035	−4,2	1,2...567	—	—
Lu	17,9	0,0	0,21	—	—	—	—

[1] β-Ce: $\Theta_N = 12{,}5°$ K. Vgl. hierzu und zu den übrigen seltenen Erden Abb. 10 S. 167.

Die Bezeichnung der Co-Kristallmodifikationen ist uneinheitlich. Vielfach wird die bis 435° C stabile Modifikation (hier α-Co genannt) mit ε-Co und die hier mit β-Co bezeichnete Modifikation (stabil >435° C) mit α-Co oder mit γ-Co bezeichnet.

β-Co, kub. $A\,1$, O_h^5, $Fm3m$, $a=3{,}558$ Å (700° C); $D=8{,}85$ gcm^{-3}.

Die Umwandlung α→β zeigt Hysterese, bei Abkühlung ist sie erst bei ≈390° C vollendet.

Dichte Co (fl):

ϑ	1500	1700 °C
D	7,7	7,4 gcm^{-3}

Wärmeausdehnungszahl α:

ϑ	200	400	600	750 °C
α	14,2	15,7	16,0	16,8 10^{-6} grd^{-1}

Elastizitätsmodul E, Streckengrenze $\sigma_{0,2}$, Zugfestigkeit σ_B, Bruchdehnung δ von Co 99,9% und Härte von Co 99,65%:

Zustand	ϑ °C	E kpmm^{-2}	$\sigma_{0,2}$ kpmm^{-2}	σ_B kpmm^{-2}	δ %	HV kpmm^{-2}
geglüht	21		19,2	26	0...8	125
gesintert		21500	30,8	69	13,5	178
gegossen			14,0	24	0,4	126
gesintert und	200	20000	—	—	—	—
geschmiedet	500	18000	—	—	—	—
	700	—	—	—	—	208
	900	14700	—	—	—	—

Oberflächenspannung σ bei: 1493° C, $\sigma=1880$ dyncm^{-1},
1550° C, $\sigma=1936$ dyncm^{-1}.

Selbstdiffusion $\Delta\vartheta$(770...1048° C), $D_0=0{,}5$ cm^{2}s^{-1}; $Q=264$ kJg-Atom^{-1};
$\Delta\vartheta$(1100...1400° C), $D_0=0{,}5$ cm^{2}s^{-1}; $Q=275$ kJg-Atom^{-1}.

Thermodynamische Funktionen für die jeweils stabile Phase [$T<708$° K α-Co; 708...1766° K β-Co; $T>1766$° K Co(fl)]:

T °K	C_p^0 Jg-Atom^{-1}grd^{-1}	$H_T^0-H_{298}^0$ kJg-Atom^{-1}	$S_T^0-S_0^0$ Jg-Atom^{-1}grd^{-1}
298,15	24,66	0	30,04
300	24,70	0,041	30,18
400	26,60	2,608	37,55
600	30,01	8,288	49,02
700	30,77	11,344	53,75
800	32,02	14,693	58,23
900	34,33	18,021	62,12
1000	37,26	21,600	65,89
1200	43,95	29,679	73,26
1400	40,19	39,851	81,04
1600	40,19	47,88	86,40
1700	40,19	51,906	88,83
1800	34,74	70,953	99,63
2000	34,74	77,901	103,31

Änderung des elektrischen Widerstandes ϱ im Magnetfeld H:

	H	$\left(\frac{\varrho_H-\varrho_0}{\varrho_0}\right)_{290}$
⊥ zum Meßstrom $T=290°$ K	10 kOe	−0,0011
	18 kOe	−0,0016
‖ zum Meßstrom	10 kOe	0,0027
	18 kOe	0,0021

Gesamtemissionsvermögen E und spektrales Emissionsvermögen ε_λ (relativ):

ϑ	Z.T.	500	1000 °C
E	0,03	0,13	0,23

ϑ	1280	1500 °C
λ	0,65	0,65 µm
ε_λ	0,36	0,37

ε_λ bei Zimmertemperatur:

λ	1	2	3	4	5	7	9	12 µm
ε_λ	0,32	0,28	0,23	0,19	0,15	0,07	0,04	0,03

Magnetische Größen der ferromagnetischen Übergangselemente.

Spalte 2: M_S^0 Sättigungsmagnetisierung bei 0° C in Gauß.

3: σ_S^0 Spezifische Sättigungsmagnetisierung bei 0° C in Gauß cm³g⁻¹.

4: p_A Magnetisches Moment je Atom in μ_B.

5: Θ_f Ferromagnetische Curie-Temperatur.

6: C_A Konstante des Curie-Weiß-Gesetzes: $\chi_A = \frac{C_A}{T-\Theta_p}$;
C_A in cm³grd Mol⁻¹.

7: Θ_p Paramagnetische Curie-Temperatur, s. Spalte 6.

8: $(p_A)_{\text{eff}} = \frac{\sqrt{3\,R\,C_A}}{N_A}$ je Atom in μ_B;

R = Gaskonstante 8,317 Jgrd⁻¹Mol⁻¹;
N_A = Avogadrosche Zahl $6{,}023 \cdot 10^{23}$ Mol⁻¹.

Element	M_S^0 Gauß	σ_S^0 Gauß cm³g⁻¹	p_A in μ_B	Θ_f °K	C_A $\frac{\text{cm}^3\text{grd}}{\text{Mol}}$	Θ_p °K	$(p_A)_{\text{eff}}$ in μ_B
Ni	508,8	57,50	0,604	631...636	0,321	650	1,61
α-Co	1445	162,5	1,71	~1130			
β-Co			(1,74)	1395	1,22	~1415	3,15
α-Fe	1735	221,9	2,218	1043	1,27	1100	3,20

Magnetostriktion der ferromagnetischen Übergangselemente s. Abb. 11 und 12 S. 168.

Cr

Bei elektrolytisch abgeschiedenen Cr-Schichten wurden außer der stabilen Struktur noch drei weitere beobachtet. 1. Eine hexagonale Modifikation: $A\,3$, D_{6h}^4, $P6/mmc$, $a=2{,}717$ Å, $c=4{,}418$ Å, Elementradius 1,35 Å; 2. eine mit α-Mn isomorphe Struktur $A\,13$ mit $a=8{,}718$ Å und 3. entsteht bei hohen Stromdichten und tiefen Temperaturen ein flächenzentriertes kubisches Gitter mit $a=3{,}8605$ Å. 2 und 3 werden durch einstündiges Erhitzen auf 150° C in die stabile Modifikation umgewandelt.

Wärmeausdehnungszahl $\bar{\alpha}$:

$\vartheta_1 \ldots \vartheta_2$	1...100	100...200	200...400 °C
$\bar{\alpha}$	6,6	7,3	8,4 $\cdot 10^{-6}$ grd^{-1}

Zugfestigkeit $\sigma_B = 10 \ldots 49$ kpmm^{-2}.
Vickershärte $HV = 750 \ldots 1050$ kpmm^{-2}.
Selbstdiffusion $\Delta\vartheta$ (950...1600° C); $D_0 = 0{,}13$ cm^{2}s^{-1}; $Q = 300$ kJg-Atom^{-1}.

Thermodynamische Funktionen:

T °K	C_p^0 Jg-Atom^{-1}grd^{-1}	$H_T^0 - H_{298}^0$ kJg-Atom^{-1}	$S_T^0 - S_0^0$ Jg-Atom^{-1}grd^{-1}
298,15	23,26	0	23,85
300	23,30	0,042	23,94
400	25,44	2,485	31,00
500	26,78	5,104	36,82
600	27,53	7,824	41,80
700	27,65	10,59	46,07
800	28,53	13,43	49,83
900	30,00	16,32	53,26
1000	31,55	19,41	56,48
1200	34,94	26,07	62,55
1400	37,61	33,35	68,16
1600	39,62	41,09	73,30
1800	41,63	49,20	78,11
2000	43,64	57,74	82,51

Änderung des elektrischen Widerstandes ϱ im Magnetfeld $H \perp$ zur Stromrichtung (Cr kleinkristallin):

	H	$\left(\frac{\varrho_H - \varrho_0}{\varrho_0}\right)_{78°}$
$T = 78°$ K $\frac{\varrho_{78°}}{\varrho_{290°}} = 0{,}083$	100 kOe	1,06
	300 kOe	4,38

Hall-Koeffizient R bei 14° C (Cr 99,9 %); magnetische Induktion $B = 1{,}0 \ldots 2{,}9$ Vs/m^2; $R = 3{,}63 \cdot 10^{-10}$ m^3/As.

Reflexionsvermögen R in % von elektrolytisch abgeschiedenem Cr 100 µm dick:

λ	0,25	0,35	0,55	1,00	2,00	4,00 µm
R	62	71	70	63	70	88 %

Cs

Unter Druck bei 22070 at findet bei 30° C eine Umwandlung statt.
Dichte:

ϑ	−273	−183	40 °C
$D_{(f)}$	2,01	1,98	$D_{(fl)}$ 1,827 gcm^{-3}

Wärmeausdehnungszahl $\bar{\gamma}$:

$\vartheta_1 ... \vartheta_2$	29...50	50...123	29...100 °C
$\bar{\gamma}$ $Cs_{(fl)}$	341	348	$394{,}8 \cdot 10^{-6}$ grd^{-1}

Schallgeschwindigkeit für Cs (fl) bei 29° C: $u = 967$ ms^{-1} (12 MHz).

Verhältnis des elektrischen Widerstandes $\frac{\varrho_{fl}}{\varrho_f}$ bei 28,64 °C = 1,66.

Änderung des elektrischen Widerstandes (Cs vielkristallin) im Magnetfeld H ⊥ zum Meßstrom:

$$T = 20{,}4°\ \mathrm{K}\quad \frac{\varrho_{20,4°}}{\varrho_{273°}} = 0{,}0746; \qquad H = 40 \cdot 10^3\ \mathrm{kOe}; \qquad \left(\frac{\varrho_H - \varrho_0}{\varrho_0}\right)_{20,4°} = 0{,}03.$$

Hall-Koeffizient R bei −5° C (Cs vakuumdestilliert), magnetische Induktion $B = 0{,}337 ... 1{,}86$ Vs/m^2; $R = -7{,}8 \cdot 10^{-10}$ m^3/As.

Cu

Bei einem Druck von ≈4000 at findet bei 90...110° C eine Umwandlung statt.
Dichte D von Cu handelsüblicher Qualität:

ϑ	20	600	800	1000	1083	1083	1100	1200 °C
$D_{(f)}$	8,93	8,68	8,54	8,41	8,32	$D_{(fl)}$ 7,99	7,96	7,81 gcm^{-1}

Wärmeausdehnungszahl:

ϑ	60	100	200	300 °C
$\bar{\alpha}$ (20...ϑ)	16,6	16,8	17,1	$17{,}7 \cdot 10^{-6}$ grd^{-1}

$\vartheta_1 ... \vartheta_2$	−252,84...185,47	185,47...102,87	−102,87...0 °C
$\bar{\alpha}$	4,92	12,10	15,35 $\cdot 10^{-6}$ grd^{-1}

Streckgrenze $\varrho_{0,2}$, Zugfestigkeit ϱ_B, Bruchdehnung δ und Brinellhärte HB handelsüblicher Kupfersorten im Knetzustand (nach DIN 1787):

Bezeichnung	Zustand	Verformungsgrad in %	Streckgrenze* $kpmm^{-2}$	Zugfestigkeit* $kpmm^{-2}$	δ* %	HB $kpmm^{-2}$
F 20	weichgeglüht ggf. nachgerichtet	0	<10 (3...10)	>20 (21...23)	>30 (40...60)	≈50
F 25	kalt verformt	≈10...20	>15 (15...28)	>25 (25...30)	>8 (15...40)	≈70
F 30	kalt verformt	≈25...45	>25 (25...35)	>30 (30...37)	>3 (5...15)	≈90
F 37	kalt verformt	≈>50	>33 (33...43)	>37 (37...50)	>2 (2...8)	≈100

* Die eingeklammerten Werte geben den beobachteten Streubereich an.

Viskosität η:

ϑ	1100	1200	1300 °C
η	3,90	3,20	2,85 cP

Oberflächenspannung $\sigma = [1355 - 0{,}18\,(\vartheta - 1083)]$ dyncm^{-1}.
Selbstdiffusion

$\Delta\vartheta$(650...1060° C), $D_0 = 0{,}47$ cm^{2}s^{-1}; $Q = 197{,}5$ kJg-Atom^{-1}.

Thermodynamische Funktionen:

T °K	C_p^0 Jg-Atom^{-1}grd^{-1}	$H_T^0 - H_{298}^0$ kJg-Atom^{-1}	$S_T^0 - S_0^0$ Jg-Atom^{-1}grd^{-1}
298,15	24,49	0	33,37
300	24,49	0,0418	33,53
400	25,16	2,512	40,60
600	26,41	7,723	51,15
800	27,67	13,102	58,90
1000	28,93	18,795	65,22
1200	30,18	24,67	70,62
1300	30,81	27,69	73,00
1400	31,40	43,86	84,93
1600	31,40	50,14	89,12
1800	31,40	56,42	92,80

Änderung des spezifischen elektrischen Widerstandes ϱ beim Schmelzen:

$$\varrho_{(\mathrm{fl})}\,(\text{bei } 1083°\text{ C}) = 21{,}5\ \Omega\text{cm}; \qquad \frac{\varrho_{\mathrm{fl}}}{\varrho_{\mathrm{f}}} = 2{,}07.$$

Änderung des elektrischen Widerstandes ϱ (Cu kleinkristallin) im Magnetfeld H:

	H	$\left(\frac{\varrho_H - \varrho_0}{\varrho_0}\right)_{78°}$
⊥ zum Meßstrom:		
$T \approx 78°$ K $\frac{\varrho_{78°}}{\varrho_{290°}} = 0{,}141$	100 kOe	0,09
	300 kOe	0,46
∥ zum Meßstrom:		
$T \approx 78°$ K $\frac{\varrho_{78°}}{\varrho_{290°}} = 0{,}155$	100 kOe	0,03
	300 kOe	0,23

Hall-Koeffizient R bei 25° C; magnetische Induktion

$$B = 1{,}13...1{,}14\ \text{Vs/m}^2; \qquad R = -0{,}536 \cdot 10^{-10}\ \text{m}^3/\text{As}.$$

Gesamtemissionsvermögen E relativ (metallische Oberfläche):

ϑ	200	400	600	1000	1125	1225 °C
E	0,18	0,185	0,19	0,16	0,15	0,14

Spektrales Emissionsvermögen ε relativ:

λ	1,5	2,0	2,5	3,0	3,5	4,5	5,0 µm
ε (700° C)	0,061	0,050	0,045	0,042	0,036	0,036	0,33
ε (900° C)	0,079	0,065	0,052	0,043	0,038		

ϑ	1000	1080	1100	1225 °C
ε (λ=0,66 µm)	$Cu_{(f)}$ 0,105	0,12	$Cu_{(fl)}$ 0,15	0,13
ε (λ=0,55 µm)	0,38	0,36	0,32	0,28

Dy

Streckgrenze $\sigma_{0,2}$, Zugfestigkeit σ_B, Bruchdehnung δ und Vickershärte HV; G Gußzustand, V durch Schmieden bei Z.T. um ≈50% verformt:

Zustand	ϑ °C	$\sigma_{0,2}$ kpmm^{-2}	σ_B kpmm^{-2}	δ %	HV kpmm^{-2}
G	Z.T.	23,1	25,3	6	55
V	Z.T.	33,1	43,8	3	
G	204	14,8	22	8,5	
V	204	26	34	12	
V	427	19	21	4,2	

Debye-Temperatur: 158° K aus Wärmekapazität berechnet;
173° K aus Schallgeschwindigkeit berechnet.

Hall-Koeffizient $R=-2{,}7\cdot10^{-10}$ m³/As.

Er

Streckgrenze $\sigma_{0,2}$, Zugfestigkeit σ_B, Bruchdehnung δ und Vickershärte HV; G Gußzustand, V durch Schmieden bei Z.T. um 50% verformt:

Zustand	ϑ °C	$\sigma_{0,2}$ kpmm^{-2}	σ_B kpmm^{-2}	δ %	HV kpmm^{-2}
G	Z.T.	29,9	30	4	60
V	Z.T.	29	32,2	7	
G	204	21	24,6	5,5	
V	204	32,6	39,6	4,6	
G	427	15,5	17,8	6,8	
V		13,5	16	4,6	

Debye-Temperatur: 163° K aus Wärmekapazität berechnet;
191° K aus Schallgeschwindigkeit berechnet.

Hall-Koeffizient R bei Z.T. (Er 99,9%); magnetische Induktion

$$B \leqq 0{,}56\ \text{Vs/m}^2; \quad R=-0{,}341\cdot10^{-10}\ \text{m}^3/\text{As}.$$

Fe

γ-Fe, stabil $910 \leqq \vartheta \leqq 1398°$ C; kub. $A\,1$, O_h^5, $Fm3m$; a=3,6314 Å (916° C); Z=4; D=7,58 gcm^{-3} (928° C).

δ-Fe, stabil $1398 \leqq \vartheta \leqq 1536°$ C; kub. $A\,2$, O_h^9, $Im3m$; a=2,9256 Å (1398° C).

α-Fe, ferromagnetische Curie-Temperatur 770° C, magnetisches Verhalten der ferromagnetischen Übergangsmetalle s. Ergänzungen bei Co.

Wärmeausdehnungszahl $\bar{\alpha}$:

$\vartheta_1 \ldots \vartheta_2$	−100…−50	−50…0	0…20	20…100	100…200 °C
$\bar{\alpha}$	9,85	10,9	11,5	12,3	13,3 ·10^{-6} grd^{-1}
$\vartheta_1 \ldots \vartheta_2$	200…300	300…400	400…600	600…800	800…900 °C
$\bar{\alpha}$	13,8	14,5	16,2	16	~16 ·10^{-6} grd^{-}

Die Festigkeitseigenschaften von Eisen hängen von der Reinheit stark ab Unter Reineisen sind Sorten mit 99,8…99,9 Eisen im Handel, sehr reines Elektrolyteisen hat etwa 99,92% Fe, vakuumerschmolzenes Eisen 99,96% Fe. Reinsteisen 99,99% Fe.

Streckgrenze σ, Zugfestigkeit σ_B, Bruchdehnung δ und Brinellhärte HB:

Eisensorte	Zustand	σ kpmm⁻²	σ_B kpmm⁻²	δ %	HB kpmm⁻²
Reineisen	feinkörnig	17,65	29,15	50[1]	—
Weicheisen	geglüht	25	32	30[1]	90
	grobkörnig rekristallisiert	19	18	40[1]	90
Elektrolyteisen	in abgeschiedenem Zustand	—	38,7...79,3	3...25[2]	140...350
	umgeschmolzen und geglüht	7,0...14,0	24,6...28,0	40...60[2]	45...90
Reinsteisen	—	4,2...5,6	19,7...21,0	36...46[2]	46...52

Viskosität:

ϑ	1600	1700	1800 °C
η	6,2	5,6	5,4 cP

Selbstdiffusion:

α-Fe, $\Delta\vartheta$ (700...790° C); $D_0 = 2{,}9\ \mathrm{cm^2 s^{-1}}$; $Q = 253$ kJg-Atom⁻¹

γ-Fe, $\Delta\vartheta$ (910...1390° C); $D_0 = 0{,}62\ \mathrm{cm^2 s^{-1}}$; $Q = 285$ kJg-Atom⁻¹.

Spezifische Wärme s. Abb. 13, S. 168.

Thermodynamische Funktionen für die jeweils stabile Phase

($T \leqq 1183°$ K, α-Fe; $1183 \leqq T \leqq 1671°$ K, γ-Fe; $1671 \leqq T \leqq 1809°$ K, δ-Fe; $T > 1809°$ K, $Fe_{(fl)}$):

T °K	C_p^0 Jg-Atom⁻¹grd⁻¹	$H_T^0 - H_{298}^0$ kJg-Atom⁻¹	$S_T^0 - S_0^0$ Jg-Atom⁻¹grd⁻¹
298,15	25,08	0	27,15
300	25,12	0,046	27,29
400	27,42	2,675	34,87
600	31,56	8,548	46,72
800	38,64	15,488	56,64
1000	57,77	24,622	66,77
1100	45,33	30,260	72,21
1200	34,20	35,321	76,60
1400	35,92	42,337	82,00
1600	37,55	49,679	86,90
1700	39,68	54,204	89,62
1800	40,10	58,194	91,93
1900	44,12	77,914	102,77
2000	44,29	82,334	105,03

Änderung des elektrischen Widerstandes ϱ (Fe kleinkristallin) im Magnetfeld H ⊥ zum Meßstrom:

	H	$\left(\frac{\varrho_H - \varrho_0}{\varrho_0}\right)_{80°}$
$T \approx 80°$ K	100 kOe	0,021
	200 kOe	0,053

[1] $L_0 = 10\,d_0$; [2] $L_0 = 50$ mm.

Reflexionsvermögen R von Fe (massiv) bei Z.T.:

λ	0,5	0,6	0,7	0,8	1,0	1,4 µm
R	55,0	87,5	59,5	61,5	65,0	71,5 %

λ	2,0	3,0	4,0	5,0	6,0	7,0	8,0	9,0 µm
R	78,0	84,5	89,5	91,5	93,0	94,0	93,0	93,8 %

Ga

Umwandlungen unter Druck: Eine stabile II- und eine instabile II'-Modifikation.

Tripelpunkte:

at	°C	U	Δv [cm³g⁻¹]
12050	2,4	I→fl	−0,0074
		I→II	−0,0098
		II→fl	+0,0024
12750	0,4	I→fl	−0,0075
		I→II'	−0,0098
		II'→fl	+0,0023

Viskosität η:

ϑ	52,9	97,7	200	402	600	806	1010	1100 °C
η	1,894	1,612	1,266	0,879	0,769	0,652	0,591	0,578 cP

Schallgeschwindigkeit Ga(fl) bei 30° C $u = 2740$ ms⁻¹ (12 MHz).

Selbstdiffusion $\Delta\vartheta$ (30...100° C);

$$D_0 = 1{,}07 \cdot 10^{-4}\ \mathrm{cm^2 s^{-1}}; \qquad Q = 4{,}7\ \mathrm{kJ g\text{-}Atom^{-1}}.$$

Gd

^{152}Gd, Häufigkeit 0,20 %, α-Strahler, Halbwertzeit 10^{15} a.

β-Gd, kub. $A\,2$, O_h^9, $Im3m$, $a = 4{,}07$ Å (> 1264° C) $Z = 4$; $r_{\mathrm{Atom}} = 1{,}81$ Å; $D = 7{,}80$ gcm⁻³.

α-Gd, Streckgrenze $\sigma_{0,2}$, Zugfestigkeit σ_B, Bruchdehnung δ und Vickershärte HV. G Gußzustand, V durch Schmieden bei Z.T. um ≈50 % verformt:

Zustand	ϑ °C	$\sigma_{0,2}$ kpmm⁻²	σ_B kpmm⁻²	δ %	HV kpmm⁻²
G	Z.T.	18,6	19,6	8	52
V	Z.T.	27,6	40	7	—
G	204	11,2	12,7	6,8	—
V	204	22	29,3	4,2	—
G	427	10,1	13,6	12	—

Debye-Temperatur: 152° K aus C_p berechnet;

173° K aus Schallgeschwindigkeit berechnet.

Hall-Koeffizient R bei 350° C, magnetische Induktion

$$B \leqq 0{,}56\ \mathrm{Vs/m^2}; \qquad R = -4{,}48 \cdot 10^{-10}\ \mathrm{m^3/As}.$$

Ge

Ge ist spröde, erst bei 600...700° C verformbar.
Ge ist ein Halbleiter.
Bandabstand

$$\Delta E\ (0°\ \mathrm{K}) = 0{,}785\ \mathrm{eV}, \qquad \Delta E\ (300°\ \mathrm{K}) = 0{,}66\ \mathrm{eV};$$

$$\frac{d\,\Delta E}{dT}\ (300°\ \mathrm{K}) = -4{,}4 \cdot 10^{-4}\ \mathrm{eV/grd}.$$

Elektronenbeweglichkeit $u_n = 3900\ \mathrm{cm^2/Vs}$.
Löcherbeweglichkeit $u_p = 1900\ \mathrm{cm^2/Vs}$.
Statische Dielektrizitätskonstante 16,0; Brechzahl n (25 µm) = 4,00.
Viskosität η:

ϑ	950	1000	1100	1200 °C
η	0,75	0,64	0,56	0,51 cP

Oberflächenspannung σ bei 938° C: $\sigma = 600\ \mathrm{dyncm^{-1}}$.
Selbstdiffusion

$$\Delta\vartheta\ (790...925°\ \mathrm{C}), \qquad D_0 = 87\ \mathrm{cm^2s^{-1}}; \qquad Q = 307\ \mathrm{kJg\text{-}Atom^{-1}}.$$

Magnetische Suszeptibilität am Schmelzpunkt:

$$\chi_A\,(\mathrm{f}) = -5{,}7 \cdot 10^{-6}\ \mathrm{cm^3g\text{-}Atom^{-1}},$$
$$\chi_A\,(\mathrm{fl}) = +3{,}2 \cdot 10^{-6}\ \mathrm{cm^3g\text{-}Atom^{-1}};$$

Die elektrische Leitfähigkeit von Ge ändert sich bei Belichtung. In Abb. 14, S 169, ist die spektrale Verteilung der Photoempfindlichkeit dargestellt, in Abb. 15, S 169, das Absorptionsspektrum.

Hf

Natürlich radioaktives Isotop: ^{174}Hf, Häufigkeit 0,18%; α-Strahler. Halbwertzeit $\sim 4 \cdot 10^{15}$ a; β-Hf, beständig $1550 \leqq \vartheta \leqq 2220°$ C; kub. $A\,2$, O_h^9, $Im3m$; $a =$ 3,50 Å.

Wärmeausdehnungszahl $\bar{\alpha}$:

ϑ	100	200	400	600	1000 °C
$\bar{\alpha}$ (20...ϑ)	6,6	6,4	6,1	5,9	5,5 $\cdot 10^{-6}\ \mathrm{grd^{-1}}$

Elastizitätsmodul E:

ϑ	21	260	370 °C
E	13900	10800	9700 kpmm^{-2}

Dehngrenze $\sigma_{0,2}$, Zugfestigkeit σ_B, Bruchdehnung δ, in Abhängigkeit von der Größe der Verformung beim Schmelzen von Jodidhafnium in Walzrichtung gemessen:

Verformungsgrad	σ_B in kpmm^{-2}			$\sigma_{0,2}$ in kpmm^{-2}			δ in %		
	Z.T.	150° C	315° C	Z.T.	150° C	315° C	Z.T.	150° C	315° C
0	40,0	31,2	21,6	23,2	20,2	15,4	42,0	53,5	60,5
5	42,0	42,0	26,6	32,4	33,0	24,4	32,0	35,0	45,5
10	44,0	38,6	28,8	40,4	36,4	26,8	30,0	33,0	35,0
20	52,8	42,8	34,2	43,4	40,2	32,6	14,0	27,5	25,0

Debye-Temperatur Θ_D aus Wärmekapazität berechnet:

T	4,62	5,30	6,22	7,12	8,26	9,16	10,35	12,28	14,30	18,48 °K
Θ_D	262	252	245	246	240	237	231	225	218	208 °K

Spezifischer elektrischer Widerstand ϱ (Jodidhafnium: 0,7 % Zr, 0,015 % Si, 0,018 % Al, 0,0002 % N_2):

ϑ	0	200	400	600	800	1000 °C
ϱ	32,7	61,7	84,4	106	124	$139 \cdot 10^{-6}$ Ωcm

Gesamtemissionsvermögen E relativ:

T	266	364	550 °K
E	0,52	0,52	0,56

Hg

Unter Druck findet eine Umwandlung in eine 2. Modifikation, die mit β-Hg bezeichnet wird, statt. Einmal gebildet ist β-Hg die stabile Form für $\vartheta \leqq -194°$ C; beim Erwärmen wandelt sich β-Hg erst bei $-174°$ C irreversibel in α-Hg um. β-Hg ist auch supraleitend, der elektrische Widerstand ist etwa halb so groß wie der von α-Hg. β-Hg kristallisiert tetragonal: $a = 3{,}991$ Å, $b = 2{,}825$ Å bei $-201°$ C; berechnete Dichte $D = 14{,}77$ gcm^{-3}.

Dichte D in gcm^{-3} bei $p = 1$ atm:

ϑ °C	0	1	2	3	4	5	6	7	8	9
0	13,5951	,5926	,5902	,5877	,5852	,5828	,5803	,5778	,5753	,5729
10	,5705	,5680	,5655	,5631	,5606	,5582	,5557	,5532	,5508	,5483
20	,5459	,5434	,5410	,5385	,5361	,5336	,5312	,5287	,5263	,5238
30	,5214	,5189	,5165	,5140	,5116	,5092	,5067	,5043	,5018	,4994

ϑ	40	50	60	70	80	90	100	200	300 °C
D	13,4969	,4726	,4483	,4240	,3998	,3756	,3515	,112	12,875 gcm^{-3}

Dichte bei 20 atm:

ϑ	200	300	400	500 °C
D	13,114	12,877	12,638	12,395 gcm^{-3}

Kompressibilität $\varkappa$:

ϑ °C	Schmelzdruck at	Kompressibilität $\varkappa$ in 10^{-6} at^{-1} Druckbereich p in at			
		0...1000	2000...3000	4000...5000	9000...10000
−30	1740	3,65	—	—	—
−20	3710	3,70	3,45	—	—
−10	5670	3,75	3,50	3,30	—
0	7640	3,80	3,55	3,35	—
10	9620	3,83	3,60	3,38	—
20	11000	3,85	3,63	3,40	3,0
30		3,90	3,65	3,45	3,0
50		4,00	3,75	3,55	3,1
100		4,25	4,00	3,70	3,2
150		4,5	4,2	4,0	3,2

Dichte koexistierender Phasen:

ϑ	200	300	400	500	600	800	1000	1200	1480 °C
D'	13,1139	12,8778	12,64	12,40	12,13	11,47	10,50	9,15	4,6 gcm^{-3}
D''	0,0001	0,0014	0,008	0,025	0,06	0,23	0,55	1,15	4,6 gcm^{-3}

Kritische Temperatur $\vartheta_{krit}=1480°$ C;
Kritischer Druck $p_{krit}=1587$ atm;
Kritische Dichte $D_{krit}=4{,}60$ gcm^{-3}.

Oberflächenspannung σ bei 20° C: $\sigma=476$ $dyncm^{-1}$.

Viskosität η:

ϑ	−20	−10	0	10	20	50	100	200	300	340 °C
η	1,857	1,774	1,698	1,627	1,562	1,411	1,230	1,026	0,929	0,899 cP

Selbstdiffusion

$\Delta\vartheta$ (0...100° C); $D_0=1{,}1\cdot10^{-4}$ cm^2s^{-1}; $Q=4{,}8$ kJg-Atom^{-1}

Schallgeschwindigkeit $u=1478{,}56-0{,}458$ ($\vartheta+38{,}86°$ C) ms^{-1}.
Dissoziationsenergie $D_0(Hg_2)=0{,}121$ eV.
Debye Temperatur für 18,7...231,8° K: 96° K;
für 5,5° K: 110° K;
für 62...92° K: 60° K;
für 31,1...230° K: 97° K;
bei 232° K: 80° K.

Brechzahl

$(n_d-1)\cdot10^6$ von Hg_2-Dampf für $\lambda=0{,}5462$ µm bei 300° C = 1882.

Ho

Streckgrenze $\sigma_{0,2}$, Zugfestigkeit σ_B, Bruchdehnung δ und Vickershärte HV im Gußzustand:

ϑ °C	$\sigma_{0,2}$ $kpmm^{-2}$	σ_B $kpmm^{-2}$	δ %	HV $kpmm^{-2}$
Z.T.	22,7	26,5	5	49
204	17,6	22	6	—

Debye-Temperatur: 161° K aus Wärmekapazität berechnet;
183° K aus Schallgeschwindigkeit berechnet.

In

Unter Druck von 30000 at findet bei Z.T. eine Umwandlung statt.
Schallgeschwindigkeit In (fl) bei 156° C $u=2215$ ms^{-1} (12 MHz).
Selbstdiffusion:

∥ c-Achse $\Delta\vartheta$ (44...144° C), $D_0=2{,}7$ cm^2s^{-1}; $Q=78{,}3$ kJg-Atom^{-1}.
⊥ c-Achse $\Delta\vartheta$ (44...144° C), $D_0=3{,}7$ cm^2s^{-1}; $Q=78{,}3$ kJg-Atom^{-1}.

Ir

Wärmeausdehnungszahl $\bar{\alpha}$:

ϑ	−100	100	1000	1200	1500 °C
$\bar{\alpha}(0...\vartheta)$	−10,7	6,5	7,91	8,2	8,4 $\cdot10^{-6}$ grd^{-1}

Zugfestigkeit σ_B, Streckgrenze $\sigma_{0,2}$ für a) Ir 99,92%, heißgewalzt, Zwischenglühung 1800°, harte Flachstäbe; b) Ir hochrein, 15 min bei 1500° geglüht, Drähte:

	ϑ	20	500	1000	1500	2000 °C
a)	σ_B	117	81	52	12	6,5 kpmm⁻²
	$\sigma_{0,2}$	115	80	29	4,7	3,2 kpmm⁻²
b)	σ_B	63,5	54,0	33,8	—	— kpmm⁻²
	$\sigma_{0,2}$	24,9	24,0	4,4	—	— kpmm⁻²

Vickershärte HV (Ir 99,93%, 1,5 h bei 2000° C vakuumgeglüht):

ϑ	20	100	200	400	600	800	1000 °C
HV	179	173	161	144	129	105	97 kpmm⁻²

Hall-Koeffizient R bei Z.T.; magnetische Induktion

$$B = 4{,}53 \ldots 4{,}81\ \mathrm{Vs/m^2}; \quad R = 0{,}318 \cdot 10^{-10}\ \mathrm{m^3/As}.$$

Reflexionsvermögen R in %:

λ	0,450	0,550	0,660	0,750	1,0	2,0	3,0	4,0	5,0 μm
R	64	70	74	78	77	86	91	93	94 %

Spektrales Emissionsvermögen ε ($\lambda = 0{,}65$ μm) bei 927...2027° C = 0,30.

J bzw. J_2

Unter Druck findet bei $p = 13000$ at eine Umwandlung statt, die ziemlich unabhängig von der Temperatur ist.

$\Delta V \approx 0{,}0045\ \mathrm{cm^3 g^{-1}}$.

Viskosität η:

ϑ	116,0	128,7	149,0	169,8	178,7 °C
η	2,27	2,08	1,81	1,57	1,46 cP

Bei Lichteinstrahlung erhöht sich die elektrische Leitfähigkeit von Jod. Die Abb. 16 und 17, S. 169, zeigen das Absorptionsspektrum und die spektrale Verteilung der Photoempfindlichkeit.

K

Natürliches radioaktives Isotop: ^{40}K Häufigkeit 0,0117%; β^--Strahler (89%), K = Elektroneneinfang (11%); Halbwertzeit $1{,}3 \cdot 10^9$ a.

Viskosität η:

ϑ	70	100	150	200	300	350 °C
η	0,525	0,455	0,381	0,329	0,266	0,245 cP

La

^{138}La (Häufigkeit 0,089%); radioaktiv (K, β^-); Halbwertzeit $1{,}1 \cdot 10^{11}$ a.

β-La, kub. $A\,1$, O_h^5, $Fm3m$, $a = 5{,}304$ Å (>310° C) $Z = 4$; Atomradius $r_A = 1{,}875$ Å; Dichte $D = 6{,}19\ \mathrm{gcm^{-3}}$.

γ-La, kub. $A\,2$, O_h^9, $Im3m$, $a = 4{,}26$ Å (887° C), $Z = 2$; Atomradius $r_A = 1{,}90$ Å; Dichte $D = 5{,}97\ \mathrm{gcm^{-3}}$.

Umwandlung: $\alpha \to \beta$ bei 310° C, $\beta \to \alpha$ 220 ± 20° C; Sprungtemperatur β-La 5,9° K.

α-La. Streckgrenze $\sigma_{0,2}$, Zugfestigkeit σ_B, Bruchdehnung δ und Vickershärte HV; G Gußzustand, V gegossen und durch Schmieden um ≈50 % verformt.

Zustand	ϑ °C	$\sigma_{0,2}$ kpmm⁻²	σ_B kpmm⁻²	δ %	HV kpmm⁻²
G	Z.T.	12,9	13,4	8	37
V	Z.T.	19,1	22,6	4	—
G	204	8,8	10,9	9,4	—
V	204	17	18,5	3	—
G	427	2,6	4,8	21	—
V	427	3	3,1	27	—

Debye-Temperatur: 135±5° K aus Wärmekapazität berechnet;
149° K aus Schallgeschwindigkeit berechnet.

Hall-Koeffizient R bei Z.T.; magnetische Induktion

$$B \leqq 0{,}56\ \mathrm{Vs/m^2}; \qquad R = -0{,}8 \cdot 10^{-10}\ \mathrm{m^3/As}.$$

Spezifischer elektrischer Widerstand:

β-La bei 560° C $\varrho = 98\ \Omega\mathrm{cm}$; γ-La bei 890° C $\varrho = 126\ \Omega\mathrm{cm}$.

Li

U: −193° C; kub. $A2 \rightleftharpoons$ hex. $A3$; D_{6h}^4, $P6/mmc$, $a = 3{,}111$ Å, $c = 5{,}093$ Å (bei −195° C), $Z = 2$.

U durch Verformung bei −193° C zu kub. $A1$, O_h^5, $Fm3m$, $a = 4{,}41$ Å (bei −194° C), $Z = 4$. Beide Umwandlungen fraglich.

D (natürliches Li) $= 0{,}531$ gcm⁻³.

D (^{6}Li 99,3 %) $= 0{,}460$ gcm⁻³ bei 20° C, relative Häufigkeit 7,4 %.

D (^{7}Li 99,8 %) $= 0{,}537$ gcm⁻³ bei 20° C, relative Häufigkeit 92,6 %.

Wärmeausdehnungszahl $\bar{\alpha}$:

ϑ	−170	−130	−90	−50	−30	+20 °C
$\bar{\alpha}(-194\ldots\vartheta)$	36,6	39,6	44,2	44,6	45,7	$47{,}1 \cdot 10^{-6}$ grd⁻¹

$\bar{\alpha}(0\ldots95°\ \mathrm{C}) = 56 \cdot 10^{-6}$ grd⁻¹; $\bar{\gamma}(18\ldots180°\ \mathrm{C}) = 180 \cdot 10^{-6}$ grd⁻¹

Dichte Li (fl):

ϑ	180	200	300	400	600	800	1000 °C
D	0,508	0,507	0,498	0,490	0,474	0,457	0,441 gcm⁻³

Zugfestigkeit: $\sigma_B = 0{,}06$ kpmm⁻².

Viskosität η:

ϑ	200	300	400	600 °C
η	0,566	0,458	0,402	0,317 cP

Selbstdiffusion:

$\Delta\vartheta$ (70...170° C); $D_0 = 0{,}39$ cm²s⁻¹; $Q = 56{,}5$ kJg-Atom⁻¹.

Verhältnis des elektrischen Widerstandes am Schmelzpunkt

$$\frac{\varrho_{\mathrm{fl}}}{\varrho_{\mathrm{f}}} = 1{,}68.$$

Änderung des elektrischen Widerstandes ϱ (Li 99,9 %, kleinkristallin) im Magnetfeld H $\perp$ zum Meßstrom:

	H	$\left(\frac{\varrho_H - \varrho_0}{\varrho_0}\right)_{78°}$
$T \approx 78\,°K$ $\frac{\varrho_{78°}}{\varrho_{293°}} = 0{,}137$	100 kOe	0,024
	300 kOe	0,152

Hall-Koeffizient R bei 24° C; magnetische Induktion

$$B = 1{,}7 \ldots 1{,}8\ \mathrm{Vs/m^2}; \qquad R = -1{,}70 \cdot 10^{-10}\ \mathrm{m^3/As}.$$

Mg

$$D_{(f)}(650°\ \mathrm{C}) = 1{,}6468\ \mathrm{gcm^{-3}}.$$
$$D_{(fl)}(650°\ \mathrm{C}) = 1{,}5804\ \mathrm{gcm^{-3}}.$$

Wärmeausdehnungszahl $\bar{\alpha}$:

ϑ	100	200	300	400	500 °C
$\bar{\alpha}(20 \ldots \vartheta)$	26,0	26,9	27,9	28,8	$29{,}6 \cdot 10^{-6}\ \mathrm{grd^{-1}}$

Grenzwerte bei Z. T.	kp mm^{-2}
Elastizitätsmodul	4100...4700
Gleitmodul	1500...1800
Zugfestigkeit	3...17
Brinellhärte	32...40

Oberflächenspannung σ: bei 681° C $\sigma = 563\ \mathrm{dyncm^{-1}}$;
bei 894° C $\sigma = 502\ \mathrm{dyncm^{-1}}$.
Entzündungstemperatur an Luft $\vartheta = 623°$ C.
Selbstdiffusion

$$\Delta\vartheta\,(460 \ldots 630°\ \mathrm{C}), \qquad D_0 = 1{,}01\ \mathrm{cm^2s^{-1}}; \qquad Q = 134\ \mathrm{kJg\text{-}Atom^{-1}}.$$

Thermodynamische Funktionen:

T °K	C_p^0 Jg-Atom^{-1}grd^{-1}	$H_T^0 - H_{298}^0$ kJg-Atom^{-1}	$S_T^0 - S_0^0$ Jg-Atom^{-1}grd^{-1}
298,15	24,95	0	32,68
300	24,99	0,042	32,86
400	26,12	2,595	40,19
600	28,30	8,037	51,20
800	31,06	13,939	59,69
900	32,69	17,14	63,42
1000	32,99	29,34	76,56
1200	35,16	36,167	82,80
1300	36,25	39,725	85,65

Änderung des elektrischen Widerstandes ϱ am Schmelzpunkt 651° C:

$$\varrho_{fl} = 27{,}9\ \Omega\mathrm{cm}; \qquad \frac{\varrho_{fl}}{\varrho_f} = 1{,}63.$$

Änderung des elektrischen Widerstandes ϱ (Mg kleinkristallin) im Magnetfeld H $\perp$ zum Meßstrom:

	H	$\left(\frac{\varrho_H-\varrho_0}{\varrho_0}\right)_{78°}$
$T=78°$ K $\frac{\varrho_{78°}}{\varrho_{293°}}=0{,}17$	100 kOe 300 kOe	0,54 2,82

Hall-Koeffizient R bei 27° C, magnetische Induktion

$B=0{,}4...2{,}5$ Vs/m²; $R=-0{,}83\cdot10^{-10}$ m³/As.

Abhängigkeit physikalischer Eigenschaften von der Kristallorientierung:

Eigenschaft	∥ c-Achse	$\perp$ c-Achse	Dimension
Wärmeausdehnungszahl α 77° C	28	27	$\cdot10^{-6}$ grd^{-1}
α 327° C	29	28	$\cdot10^{-6}$ grd^{-1}
Elektrischer Widerstand 0° C	3,50	4,22	$\cdot10^{-6}$ Ωcm
Selbstdiffusion $\Delta\vartheta$ (460...630° C)	1,0	1,5	cm²s^{-1}
Q	135	136	kJg-Atom^{-1}

Mn

Eigenschaft	Modifikation			
	α-Mn	β-Mn	γ-Mn	δ-Mn
Stabilitätsbereich	$\vartheta\leqq700°$ C	$721\leqq\vartheta\leqq$ 1101° C	$1101\leqq\vartheta\leqq$ 1137° C	$1137\leqq\vartheta\leqq$ 1240°
Kristallsystem Gittertyp	kub. A 12	kub. A 13	tetr. A 6	kub. A 1
Raumgruppe	T_d^3, $I\bar{4}3m$	O^6, $P4_33$ (O^7, $P4_13$)	D_{4h}^{17}, $I4mmm$	O_h^5, $Fm3m$
Kantenlänge der Einheitszelle bei Z.T. in Å	$a=8{,}89$	$a=6{,}30$	$a=3{,}77$ $c=3{,}54$	$a=3{,}675$ (bei 1140° C)
Atomzahl in der Elementarzelle	58	20	4	4
Dichte bei 20° C in gcm^{-3}	7,43	7,29	7,18	—
Wärmeausdehnungszahl α von $\vartheta_1...\vartheta_2$ in 10^{-6} grd^{-1}	0...100° C 23	0...20° C 24,9 725...1000° C 43,0	0...20° C 14,7 0...1134° C 45,6	1137...1244° C 41,6
Spezifische Wärme bei 25° C in Jg^{-1}grd^{-1}	0,477	0,644	0,62	—
Spezifischer elektrischer Widerstand ϱ bei 0° C in 10^{-6} Ωcm	278	≈91	39,2	—
Temperaturkoeffizient des Widerstandes $\frac{\Delta\varrho}{\varrho\Delta\vartheta}$ von $\vartheta_1...\vartheta_2$ in 10^{-4} grd^{-1}	0...100° C 5,0	0...20° C 13,6	0...20° C 62,8	— —

Volumenänderung bei Umwandlung:

$$\frac{V_\gamma - V_\beta}{V_\beta}(1101^\circ\,\mathrm{C}) = 0{,}007; \qquad \frac{V_\delta - V_\gamma}{V_\gamma}(1137^\circ\,\mathrm{C}) = 0{,}0091.$$

$U(\alpha \rightarrow \beta)$ verläuft träge. β-Mn ist nach Abschrecken auch bei Z.T. beständig, γ-Mn nach Abschrecken nur bei $\vartheta <$ Z.T. α-Mn und β-Mn sind spröde.

Zugfestigkeit γ-Mn: $\sigma_B = 50$ kpmm^{-2} (extrapoliert).

Vickershärte HV für α-Mn: 1000 kpmm^{-2}, γ-Mn: 255 kpmm^{-2}.

Thermodynamische Funktionen für die jeweils stabile Phase:

$T \leqq 973^\circ$ K α-Mn; $973^\circ \leqq T \leqq 1374^\circ$ K β-Mn; $1374^\circ \leqq T \leqq 1410^\circ$ K γ-Mn; $1410^\circ \leqq T \leqq 1517^\circ$ K δ-Mn; $T > 1517^\circ$ K Mn(fl).

T °K	C_p^0 Jg-Atom^{-1}grd^{-1}	$H_T^0 - H_{298}^0$ kJg-Atom^{-1}	$S_T^0 - S_0^0$ Jg-Atom^{-1}grd^{-1}
298,15	26,32	0	32,01
300	26,32	0,0460	32,17
400	28,24	2,778	40,04
500	30,04	5,690	46,53
600	31,55	8,786	52,13
700	32,93	12,01	57,11
800	34,35	15,36	61,58
900	35,98	18,87	65,73
1000	38,91[1]	24,77	71,88
1100	38,91[1]	28,66	75,56
1200	38,91[1]	32,55	78,95
1300	38,91[1]	36,44	82,09
1400	44,77	42,76	86,73
1500	47,28	49,29	91,25
1600	46,02[2]	68,53	104,3
1800	46,02[2]	77,74	111,9
2000	46,02[2]	86,94	114,6

Hall-Koeffizient R bei 24° C, Mn geglüht; magnetische Induktion

$$B = 0{,}6 \ldots 2{,}9\ \mathrm{Vs/m^2}; \qquad R = 0{,}84 \cdot 10^{-10}\ \mathrm{m^3/As}.$$

Mo

Mo wird pulvermetallurgisch hergestellt.

Dichte D:

Bearbeitungszustand		D [gcm^{-3}]
Stäbe, gepreßte		6,1...6,3
gesintert		9,2...9,4
gehämmert		9,7...10,02
Drähte, gezogen	⌀ 2 mm	10,03
	1 mm	10,06
	0,5 mm	10,20
	0,05 mm	10,22

Wärmeausdehnungszahl α:

T	300	400	600	800	1000	1400	1800	2000 °K
α	5,0	5,1	5,4	5,7	6,1	7,2	8,5	9,3 $\cdot 10^{-6}$ grd^{-1}

[1] C_p^0-Mittelwert für β-Mn; [2] Mittelwert für Mn (fl).

Elastizitätsmodul E:

ϑ	20	980	1090	1326 °C
E	32,6	23,2	20,4	$14{,}5 \cdot 10^3$ kpmm^{-2}

Dehngrenze $\sigma_{0,1}$ und Zugfestigkeit σ_B; a) gewalzt und spannungsfrei geglüht, b) gewalzt und rekristallisiert:

ϑ °C	$\sigma_{0,1}$ kpmm^{-2}		σ_B kpmm^{-2}	
	a	b	a	b
20	58	39	68	48
650	34	7,7	46	23
1370	23	5,4	11	9,6

Vickershärte HV von gewalztem Mo:

ϑ	20	870	1000	1650 °C
HV	200...230	130	100	40 kpmm^{-2}

Oberflächenspannung σ beim Schmelzpunkt: $\sigma = 2240$ dyncm^{-1}.
Selbstdiffusion

$\Delta\vartheta$ (1850...2345° C); $D_0 = 0{,}5$ cm^{2}s^{-1}; $Q = 408$ kJg-Atom^{-1}.

Thermodynamische Funktionen:

T °K	C_p^0 Jg-Atom^{-1}grd^{-1}	$H_T^0 - H_{298}^0$ kJg-Atom^{-1}	$S_T^0 - S_0^0$ Jg-Atom^{-1}grd^{-1}
298,15	23,78	0	28,60
300	23,82	0,046	28,72
400	24,99	2,491	35,75
600	26,29	7,639	46,17
800	26,96	12,977	53,79
1000	28,05	18,460	59,94
1200	29,51	24,237	65,18
1400	31,19	30,348	69,82
1600	32,78	36,753	74,13
1800	34,24	43,451	78,07
2000	35,67	50,399	81,75
2200	37,05	57,641	85,23
2400	38,47	65,218	88,49
2600	39,89	73,088	91,63
2800	41,32	81,208	94,65
2900	41,86	112,98	110,76

Änderung des elektrischen Widerstandes ϱ im Magnetfeld H (Mo kleinkristallin):

	H	$\left(\frac{\varrho_H - \varrho_0}{\varrho_0}\right)_{78°}$
⊥ zum Meßstrom:		
$T \approx 78°$ K $\frac{\varrho_{78°}}{\varrho_{290°}} = 0{,}136$	100 kOe 300 kOe	0,16 0,915
∥ zum Meßstrom:		
$T \approx 78°$ K $\frac{\varrho_{78°}}{\varrho_{290°}} = 0{,}135$	300 kOe	0,225

Hall-Koeffizient R bei 20° C; magnetische Induktion

$$B = 1{,}7 \ldots 1{,}8\ \mathrm{Vs/m^2};\qquad R = 1{,}26 \cdot 10^{-10}\ \mathrm{m^3/As}.$$

Gesamtemissionsvermögen E und spektrales Emissionsvermögen ε_λ relativ einer gereinigten Oberfläche von Mo:

T	100	200	300	400	500	600	700	800	900 °K
E	0,030	0,032	0,037	0,040	0,043	0,050	0,054	0,066	0,076

T	1000	1100	1200	1300	1400	1500	1600	1700	1800 °K
E	0,090	0,108	0,138	0,170	0,154	0,140	0,148	0,163	0,181

ε_λ bei 22° C:

λ	0,50	0,60	0,80	1,0	2,0	3,0 µm
ε	0,55	0,52	0,48	0,42	0,18	0,12

λ	4,0	5,0	7,0	9,0	10,0	12,0 µm
ε	0,10	0,08	0,07	0,06	0,06	0,05

Na

Dichte D:

ϑ	0	100	200	400	600	800 °C
D	0,971	0,927	0,904	0,857	0,809	0,757 gcm⁻³

Selbstdiffusion

$$\Delta\vartheta\,(0 \ldots 95°\ \mathrm{C});\qquad D_0 = 0{,}24\ \mathrm{cm^2 s^{-1}};\qquad Q = 43{,}7\ \mathrm{kJg\text{-}Atom^{-1}}.$$

Viskosität η:

ϑ	143	196	250	368	447	571	686 °C
η	0,565	0,459	0,388	0,306	0,271	0,210	0,183 cP

Schallgeschwindigkeit Na (fl) bei 98° C 2395 ms^{-1} (12 MHz).
Verhältnis des elektrischen Widerstandes ϱ_{fl}/ϱ_f am Schmelzpunkt = 1,44.
Änderung des elektrischen Widerstandes ϱ (Na kleinkristallin) im Magnetfeld H ⊥ zum Meßstrom:

	H	$\left(\frac{\varrho_H - \varrho_0}{\varrho_0}\right)_{20,4°}$
$T = 20{,}4$ °K $\frac{\varrho_{20.4°}}{\varrho_{273°}} = 0{,}00675$	15,6 kOe 35,1 kOe	0,15 0,50

Hall-Koeffizient R bei 25° C (Na vakuumdestilliert); magnetische Induktion

$$B = 0{,}2 \ldots 2{,}04\ \mathrm{Vs/m^2};\ R = -2{,}1 \cdot 10^{-10}\ \mathrm{m^3/As}.$$

Nb

Wärmeausdehnungszahl $\bar{\alpha}$, Zugfestigkeit σ_B, Bruchdehnung δ und Wärmeleitzahl λ:

ϑ °C	$\bar{\alpha}$ (18...ϑ)[1] 10^{-6}grd^{-1}	σ_B[2] kpmm^{-2}	δ[2] %	λ[3] Wcm^{-1} grd^{-1}
0	—	-		0,523
20	—	34	19,2	—
100	7,10	—	—	0,545
200	7,21	37	14,2	0,565
400	7,42	34	13,2	0,607
600	7,64	32	17,5	0,652
800	7,85	31	20,7	—

Vickershärte HV von handelsüblichen Nb≈84 kpmm^{-2}.

Selbstdiffusion

$\Delta\vartheta$ (1535...2120° C), $D_0=4$ cm^{2}s^{-1}; $Q=420$ kJg-Atom^{-1}.

Dampfdruck p und Verdampfungsgeschwindigkeit v:

T °K	p Torr	v gcm^{-2}s^{-1}
1400	$4,2\cdot10^{-18}$	$6,3\cdot10^{-20}$
1600	$1,4\cdot10^{-14}$	$2,6\cdot10^{-16}$
1800	$7,5\cdot10^{-12}$	$1,0\cdot10^{-13}$
2000	$1,5\cdot10^{-9}$	$1,9\cdot10^{-11}$
2200	$1\cdot10^{-7}$	$1,3\cdot10^{-9}$
2400	$3,5\cdot10^{-6}$	$4,0\cdot10^{-8}$
2500	$1,8\cdot10^{-5}$	$2,0\cdot10^{-7}$

Thermodynamische Funktionen:

T °K	C_p^0 Jg-Atom^{-1}grd^{-1}	$H_T^0-H_{298}^0$ kJg-Atom^{-1}	$S_T^0-S_0^0$ Jg-Atom^{-1}grd^{-1}
298,15	24,91	0	36,55
1000	27,71	18,46	68,02
2000	31,73	48,18	88,45
3000	33,49	108,29	111,64

Änderung des elektrischen Widerstandes ϱ (Nb 99,9% kleinkristallin) im Magnetfeld H ⊥ zum Meßstrom:

$$T=20,4°\,\mathrm{K}\quad \frac{\varrho_{20,4°}}{\varrho_{273°}}=0,0682;\qquad H=40\,\mathrm{kOe}\quad \left(\frac{\varrho_H-\varrho_0}{\varrho_0}\right)_{20,4°}=0,001.$$

Hall-Koeffizient R bei 0° C; magnetische Induktion

$B=0,54$ Vs/m^2; $R=0,88\cdot10^{-10}$ m^3/As.

Spektrales Emissionsvermögen $\varepsilon(\lambda=0,65\,\mu$m) bei 1730° C; $\varepsilon=0,37$.

Nd

Natürliches radioaktives Isotop: ^{144}Nd, Häufigkeit 23,8%, α-Strahler, Halbwertzeit $5\cdot10^{15}$ a.

β-Nd, kub. $A\,2$, O_h^9, $Im3m$, $a=4,23$ Å (bei 850° C); Atomradius $r_A=1,84$ Å; $D=6,8$ gcm^{-3}; spezifischer elektrischer Widerstand bei 850° C, $\varrho=137$ Ωcm.

α-Nd, Streckgrenze $\sigma_{0,2}$, Zugfestigkeit σ_B, Bruchdehnung δ und Vickershärte HV; G Gußzustand, V durch Schmieden bei Raumtemperatur um ≈50% verformt:

[1] Nb 99,92%. [2] Nb 99,8%. [3] Nb 99,95%.

Zustand	ϑ °C	$\sigma_{0,2}$ kpmm^{-2}	σ_B kpmm^{-2}	δ %	HV kpmm^{-2}
G	Z.T.	16,9	17,5	11	35
V	Z.T.	—	21,2	2	—
V	204	12,6	14,1	10,3	
G	427	41	4,3	13	
V	427	8,4	8,9	8	

Debye-Temperatur: 147° K aus Schallgeschwindigkeit berechnet.
Hall-Koeffizient R bei Z.T.; magnetische Induktion

$$B \leqq 0{,}56\ \mathrm{Vs/m^2}; \quad R = 0{,}971 \cdot 10^{-10}\ \mathrm{m^3/As}.$$

Ni

Ferromagnetischer Curie-Punkt 358...363° C.
Wärmeausdehnungszahl $\bar{\alpha}$:

$\vartheta_1 \ldots \vartheta_2$	25...100	100...200	300...400	500...600	700...800 °C
$\bar{\alpha}$	13,3	14,4	16,8	17,1	17,7 · 10^{-6} grd^{-1}

Elastizitätsmodul E und Gleitmodul G (Ni hochrein 99,7 %):

ϑ	0	100	200	400	600	800 °C
E	22500	21800	21000	19400	17800	16500 kpmm^{-2}
G	7700	—	7600	7200	6600	6000 kpmm^{-2}

Streckgrenze $\sigma_{0,2}$, Zugfestigkeit σ_B, Bruchdehnung δ und Brinellhärte HB:

Zustand	$\sigma_{0,2}$ kpmm^{-2}	σ_B kpmm^{-2}	δ [1] %	HB kpmm^{-2}
Bleche warmgewalzt	14...35	38...59	55...35	100...150
Bleche weichgeglüht	10...28	38...56	60...40	90...140
Stangen gezogen	28...70	45...70	35...10	140...230
Stangen warmgewalzt	10...31	42...59	55...35	90...130
Stangen geschmiedet	14...42	45...63	55...40	100...170
Draht 1/4 hart	—	56...66		
Draht 1/2 hart	28...52	63...66	40...20	
Draht hart	73...94	73,5...98	15...4	
Draht federhart	73...94	87...101	15...2	

Selbstdiffusion

$$\Delta\vartheta\,(700 \ldots 1400°\ \mathrm{C}), \quad D_0 = 2{,}5\ \mathrm{cm^2 s^{-1}}; \quad Q = 288\ \mathrm{kJg\text{-}Atom^{-1}}.$$

Thermodynamische Funktionen für die jeweils stabilen Phasen

$$T < 1728°\ \mathrm{K\ Ni\ (f)}; \quad T > 1728°\ \mathrm{K\ Ni\ (fl)}:$$

T °K	C_p^0 Jg-Atom^{-1}grd^{-1}	$H_T^0 - H_{298}^0$ kJg-Atom^{-1}	$S_T^0 - S_0^0$ Jg-Atom^{-1}grd^{-1}
298,15	26,08	0	29,98
300	26,12	0,050	30,06
400	28,30	2,771	37,88
600	35,04	9,063	50,57
800	31,14	15,446	59,78
1000	32,65	21,809	66,89
1200	34,16	28,381	72,88
1500	36,42	39,014	80,79
1700	37,93	46,506	85,48
1800	38,5	67,939	97,83
2000	38,5	75,641	101,89

[1] 51 mm Meßlänge

Änderung des elektrischen Widerstandes ϱ (Ni kleinkristallin) im Magnetfeld H $\perp$ zum Meßstrom:

	H	$\left(\frac{\varrho_H - \varrho_0}{\varrho_0}\right)_{291°}$
$T \approx 291°$ K	100 kOe	−0,027
	300 kOe	−0,046

Magnetische Größen s. Ergänzungen Co.
Spektrales Emissionsvermögen ε_λ (relativ):

λ	1,2		1,4		1,8		2,4	µm
ϑ	800	1200	800	1200	800	1200	800	1200 °C
ε_λ	0,294	0,290	0,263	0,273	0,230	0,236	0,192	0,202

P

Phosphor kommt in verschiedenen Modifikationen vor. Die bei Z.T. stabile Form ist der schwarze Phosphor. Der weiße oder gelbe Phosphor ist wahrscheinlich unter $\approx -72°$ C die stabile Form, unter Druck erhöht sich die Umwandlungstemperatur, bei 6000 at ist sie − 2,4° C; bei 12000 at 64,4° C. Der rote Phosphor (pseudokub. $a = 11{,}31$ Å, $Z = 66$) ist vielleicht bei hohen Temperaturen die stabile Form; er entsteht bei Kompression z.B. bei 13000 at und 200° C aus weißem Phosphor. Bei höheren Drucken bzw. Temperaturen entsteht aus weißem Phosphor der schwarze.

Die rote bzw. violette und die schwarze Modifikation schmelzen nur unter Druck; zwischen 400 und 420° C erreicht der Dampfdruck 1 atm.

P weiß oder gelb, kub. $a = 7{,}17$ Å; D (22° C) $= 1{,}824$ gcm^{-3}; F 44,1° C.
Bandabstand ΔE (0° K) $> 2{,}1$ eV; Dielektrizitätskonstante 4,1 ($\lambda = 80$ cm); Brechzahl n (0,657 µm) $= 2{,}093$.

P schwarz, orh., $a = 3{,}32$ Å, $b = 4{,}39$ Å, $c = 10{,}52$ Å; D (22° C) $= 2{,}69$ gcm^{-3}; Bandabstand ΔE (0° K) $= 0{,}33$ eV; ΔE (300° K) $= 0{,}57$ eV; $\frac{d\,\Delta E}{dT}$ (300° K) $= 8 \cdot 10^{-4} \frac{\text{eV}}{\text{grd}}$; Elektronenbeweglichkeit $u_n = 220 \frac{\text{cm}^2}{\text{Vs}}$; Löcherbeweglichkeit $u_p = 350 \frac{\text{cm}^2}{\text{Vs}}$.

P violett, mkl.; D (22° C) $= 2{,}20$ gcm^{-3}; Bandabstand ΔE (0° K) $= 1{,}55$ eV; ΔE (300° K) $= 1{,}45$ eV; Dielektrizitätskonstante 6,4 ($\nu = 0{,}1$ MHz); Brechzahl für lange Wellen $n = 2{,}6$.

P gelb, Selbstdiffusion:

$$\Delta\vartheta\ (0...30°\ \text{C}), \quad D_0 = 1{,}07\ \text{cm}^2\text{s}^{-1}; \quad Q = 39{,}4\ \text{kJg-Atom}^{-1}.$$

Bei Lichteinstrahlung erhöht sich die Leitfähigkeit des Phosphors.
Die Abb. 18, S. 169, zeigt die spektrale Verteilung der Photoempfindlichkeit von Schichten von rotem Phosphor.

Pb

Natürlich radioaktives Isotop ^{204}Pb, Häufigkeit 1,5%; α-Strahler, Halbwertzeit 10^{17} a.
Zugfestigkeit σ_B von Walzblei:

ϑ	−75	−40	−20	0	20	40	80 °C
σ_B	10,5	9,3	5,0	3,0	1,4	1,0	0,80 kpmm^{-2}

Viskosität η:

ϑ	350	370	390	400	440	700	800	900	1000 °C
η	2,62	2,53	2,44	2,43	2,34	1,62	1,46	1,33	1,21 cP

Oberflächenspannung σ:

ϑ	350	400	600	800 °C
σ	442	438	424	410 dyncm^{-1}

Schallgeschwindigkeit:

Pb(fl) bei 327° C 1790 ms^{-1} (12 MHz).

Selbstdiffusion:

$\Delta\vartheta$ (180...325° C), $D_0 = 1{,}3\ \text{cm}^2\text{s}^{-1}$; $Q = 108\ \text{kJg-Atom}^{-1}$.

Thermodynamische Funktionen für die jeweils stabile Phase (>600° K Pb (fl)):

T °K	C_p^0 Jg-Atom^{-1}grd^{-1}	$H_T^0 - H_{298}^0$ kJg-Atom^{-1}	$S_T^0 - S_0^0$ Jg-Atom^{-1}grd^{-1}
298,15	26,44	0	64,81
300	26,48	0,050	64,98
400	27,45	2,745	72,72
500	28,41	5,540	78,95
600	29,37	8,427	84,22
700	30,33	16,25	96,81
800	30,00	19,27	100,9
1000	29,4	25,20	107,5
1200	27,9	31,02	112,8

Änderung des elektrischen Widerstandes ϱ am Schmelzpunkt (327° C):

$$\varrho_{fl} = 99{,}3 \cdot 10^{-6}\ \Omega\text{cm}; \quad \frac{\varrho_{fl}}{\varrho_f} = 2{,}07.$$

Änderung von ϱ (Pb vielkristallin) im Magnetfeld $H \perp$ zum Meßstrom:

	H	$\left(\frac{\varrho_H - \varrho_0}{\varrho_0}\right)_{20,4°}$
$T = 20{,}4°$ K $\frac{\varrho_{20,4°}}{\varrho_{273°}} = 0{,}0296$	8 kOe	0,0026
	24,4 kOe	0,0182
	39,8 kOe	0,0470

Hall-Koeffizient R bei 20° C; magnetische Induktion

$$B = 1{,}1 \ldots 1{,}6\ \text{Vs/m}^2; \quad R = 0{,}09 \cdot 10^{-10}\ \text{m}^3\text{/As}.$$

Änderung der Suszeptibilität am Schmelzpunkt (327° C):

$Pb_{(f)}$ $\chi = -22{,}2 \cdot 10^{-6}\ \text{cm}^3\text{g-Atom}^{-1}$; $Pb_{(fl)}$ $\chi = -15{,}55 \cdot 10^{-6}\ \text{cm}^3\text{g-Atom}^{-1}$.

Gesamtemissionsvermögen E für poliertes Pb (relativ):

ϑ	130	230 °C
E	0,056	0,075

Pd

Wärmeausdehnungszahl $\bar{\alpha}$:

ϑ	250	500	700	1000 °C
$\bar{\alpha}(0...\vartheta)$	12,1	12,8	13,3	13,8 $\cdot 10^{-6}$ grd^{-1}

Elastizitätsmodul E bei 560° C: $E=5510$ kpmm^{-2}.
Gleitmodul G:

ϑ	20	200	600	1000 °C
G	4900	4870	4260	2790 kp$\cdot$mm^{-2}

Zugfestigkeit σ_B, weiches Pd 99,9% geglüht $\sigma_B=18...26$ kp$\cdot$mm^{-2}; hartgezogenes Pd 99,9% geglüht $\sigma_B=39$ kp$\cdot$mm^{-2}.
Vickershärte HV (Pd 99,99%, 3 h bei 1300° C vakuumgeglüht):

ϑ	20	100	200	400	600	800	1000 °C
HV	47	47	47	46	28	14	9 kp$\cdot$mm^{-2}

Änderung des elektrischen Widerstandes ϱ im Magnetfeld H $\perp$ zum Meßstrom:

	H	$\left(\frac{\varrho_H-\varrho_0}{\varrho_0}\right)_{78°}$
$T=78°$ K $\frac{\varrho_{78°}}{\varrho_{293°}}=0{,}17$	100 kOe	0,02
	300 kOe	0,102

Hall-Konstante R bei 23° C; magnetische Induktion

$$B=0{,}35...2{,}2\ \mathrm{Vs/m^2};\qquad R=-0{,}86\cdot10^{-10}\ \mathrm{m^3/As}.$$

Spektrales Emissionsvermögen ε ($\lambda=0{,}65$ µm) bei 900...1530° C; $\varepsilon=0{,}33$.

Pr

β-Pr, kub. $A\,1$, O_h^5, $Fm3m$, $a=5{,}15$ Å (814° C), $Z=4$; Atomradius $r_A=1{,}84$ Å, $D=6{,}64$ gcm^{-3}; spezifischer elektrischer Widerstand $\varrho=132$ Ωcm bei 820° C.
α-Pr; Streckgrenze $\sigma_{0,2}$ Zugfestigkeit σ_B, Bruchdehnung δ und Vickershärte HV; G Gußzustand, V heißgeschmiedet:

Zustand	ϑ °C	$\sigma_{0,2}$ kpmm^{-2}	σ_B kpmm^{-2}	δ %	HV kpmm^{-2}
G	Z.T.	10,3	11,3	10	37
V	Z.T.	20,4	22	7	—
G	204	10,4	14,3	15,8	—
V	204	18	18,8	11,7	—
G	427	4,2	4,8	29	—
V	427	3,8	4,3	47,5	—

Debye-Temperatur: 144° K aus Schallgeschwindigkeit berechnet.
Hall-Koeffizient R bei Z.T.; magnetische Induktion

$$B\leqq0{,}56\ \mathrm{Vs/m^2};\qquad R=0{,}709\cdot10^{-10}\ \mathrm{m^3/As}.$$

Pt

Wärmeausdehnungszahl $\bar{\alpha}$:

ϑ	50	100	200	400	600	800	1000 °C
$\bar{\alpha}(0...\vartheta)$	8,89	8,99	9,15	9,40	9,67	9,92	$10{,}19 \cdot 10^{-6}$ grd^{-1}

Zugfestigkeit σ_B (Pt sehr rein geschmolzen, 1 h bei 900° geglüht):

ϑ	20	300	500	700	1000	1250 °C
σ_B	13,5	10,1	7,6	6,5	2,6	1,4 kpmm^{-2}

Vickershärte *HV* (Pt 99,99 %, 3 h bei 1300° C vakuumgeglüht):

ϑ	20	100	200	400	600	800	1000 °C
HV	56	57	53	51	47	32	17 kpmm^{-2}

Oberflächenspannung σ (bei 2000° C) = 1800 dyncm^{-1}.
Selbstdiffusion

$\Delta\vartheta$(1250...1725° C), $D_0 = 0{,}23$ cm^{2}s^{-1}; $Q = 282$ kJg-Atom^{-1}.

Thermodynamische Funktionen:

T °K	C_p^0 Jg-Atom^{-1} grd^{-1}	$H_T^0 - H_{298}^0$ kJg-Atom^{-1}	$S_T^0 - S_0^0$ Jg-Atom^{-1}grd^{-1}
298,15	25,91	0	41,87
300	25,95	0,046	42,03
400	26,54	2,700	49,65
600	27,50	8,04	60,45
800	28,59	13,65	68,53
1000	29,68	19,51	75,06
1200	30,81	25,58	80,58
1400	31,90	31,81	85,35
1600	32,86	38,30	89,71
1800	33,70	44,95	93,64
2000	34,54	51,78	106,8
2100	34,7	74,93	108,5
2200	34,7	78,40	110,1
2500	34,7	88,83	114,6
3000	34,7	106,20	120,9

Spezifischer elektrischer Widerstand s. Tabelle 12131.
Änderung des elektrischen Widerstandes ϱ (Pt kleinkristallin) im Magnetfeld *H*:

	H	$\left(\frac{\varrho_H - \varrho_0}{\varrho_0}\right)_{20,4°}$
⊥ zum Meßstrom		
$T = 20{,}4°$ K $\frac{\varrho_{20,4°}}{\varrho_{273°}} = 0{,}0067$	8 kOe	0,0427
	30,7 kOe	0,2849
‖ zum Meßstrom		
$T = 20{,}4°$ K $\frac{\varrho_{20,4°}}{\varrho_{273°}} = 0{,}0066$	33,4 kOe	0,146

Hall-Koeffizient *R* bei Z.T.; magnetische Induktion

$B = 2{,}71...4{,}59$ Vs/m^2; $R = -0{,}244 \cdot 10^{-10}$ m^3/As.

Spektrales Emissionsvermögen ε_λ relativ ($\lambda = 0{,}66\ \mu m$):

ϑ	727	1727	1777 °C
$Pt_{(f)}$	0,29		
$Pt_{(fl)}$		0,31	0,33

Rb

Natürlich radioaktives Isotop: ^{87}Rb Häufigkeit 27,9 %, β^--Strahler, Halbwertzeit $4{,}7 \cdot 10^{10}$ a.

Wärmeausdehnungszahl $\bar{\gamma}$ $Rb_{(fl)}$ (40...140° C): $\bar{\gamma} = 339 \cdot 10^{-6}\ grd^{-1}$.

Viskosität η bei 99,7° C: $\eta = 0{,}48$ cP.

Schallgeschwindigkeit $Rb_{(fl)}$ bei 39° C: $u = 1260\ ms^{-1}$ (12 MHz).

Verhältnis des elektrischen Widerstandes bei 38,7° C:

$$\frac{\varrho_{fl}}{\varrho_f} = 1{,}612.$$

Änderung des elektrischen Widerstandes ϱ (Rb kleinkristallin) im Magnetfeld H $\perp$ zum Meßstrom:

$$T = 14°\,K \quad \frac{\varrho_{14°}}{\varrho_{723°}} = 0{,}0339; \qquad H = 40\ kOe \quad \left(\frac{\varrho_H - \varrho_0}{\varrho_0}\right)_{14°} < 0{,}004.$$

Hall-Koeffizient R bei Z.T. (Rb reinst, destilliert); magnetische Induktion

$$B = 2{,}73...2{,}89\ Vs/m^2; \qquad R = -5{,}92 \cdot 10^{-10}\ m^3/As.$$

Re

Natürlich radioaktives Isotop: ^{187}Re Häufigkeit 62,9 %, β^--Strahler, Halbwertzeit $\approx 4 \cdot 10^{10}$ a.

Wärmeausdehnungszahl $\bar{\alpha}$ und α:

ϑ	100	150	200	250	500	1000 °C
$\bar{\alpha}(20...\vartheta)$	6,6	6,6	6,6	6,6	6,7	6,8 $\cdot 10^{-6}\ grd^{-1}$

α (20° C) $\parallel$ c-Achse: $12{,}45 \cdot 10^{-6}\ grd^{-1}$; $\perp$ c-Achse: $4{,}67 \cdot 10^{-6}\ grd^{-1}$.

Elastizitätsmodul E:

ϑ	20	200	400	880 °C
E	47,5	45,2	43	32 $\cdot 10^3\ kpmm^{-2}$

Dehngrenze $\sigma_{0,2}$, Zugfestigkeit σ_B und Bruchdehnung δ:

Verarbeitungszustand	ϑ °C	$\sigma_{0,2}$ $kpmm^{-2}$	σ_B $kpmm^{-2}$	δ %
Stäbe (3,1 mm) geglüht	Z.T.	32,3	115,3	24
Bleche (0,12 mm) geglüht	Z.T.	27,4	105,5	19
kaltgewalzt				
Verformungsgrad 10 %		170,3	191,2	3
20 %		192,7	201,8	2
Drähte ∅ 1,5...1,6 mm				
Verformungsgrad 15 %	20		237	—
	500		122	1
	1000		87	1
	1500		28	1
	2000		10	1

Änderung des elektrischen Widerstandes ϱ (Re 99,8 % kleinkristallin) im Magnetfeld H ⊥ zum Meßstrom:

	H	$\left(\frac{\varrho_H-\varrho_0}{\varrho_0}\right)_T$
$T=80°$ K $\frac{\varrho_{80°}}{\varrho_{273°}}=0{,}166$	25,1 kOe	0,015
$T=20{,}4°$ K $\frac{\varrho_{20,4°}}{\varrho_{273°}}=0{,}0179$	10,1 kOe	0,062
	34,3 kOe	0,266

Hall-Koeffizient R bei Z.T.; magnetische Induktion

$$B=4{,}82\ \text{Vs/m}^2;\qquad R=3{,}15\cdot10^{-10}\ \text{m}^3/\text{As}.$$

Gesamtemissionsvermögen E relativ:

ϑ	1400	2800 °C
E	0,425	0,36

Rh

Wärmeausdehnungszahl:

ϑ	50	100	200	300	400	500 °C
$\bar{\alpha}(20\ldots\vartheta)$	8,1	8,3	8,5	8,9	9,3	9,6 $\cdot10^{-6}$ grd^{-1}

Zugfestigkeit σ_B (Rh 99,95 %, geschmolzen und bei 1400° C warmgewalzt):

ϑ	20	300	500	700	1000	1250	1500 °C
σ_B	41,8	45,3	37,8	27,0	15,4	7,6	4,4 kpmm^{-2}

Vickershärte HV (Rh 99,6 %, 1,5 h bei 1600° C vakuumgeglüht):

ϑ	20	100	200	400	600	800	1000 °C
HV	127	123	121	103	81	69	52 kpmm^{-2}

Änderung des elektrischen Widerstandes ϱ (Rh kleinkristallin) im Magnetfeld H ⊥ zum Meßstrom:

	H	$\left(\frac{\varrho_H-\varrho_0}{\varrho_0}\right)_{20,4°}$
$T=20{,}4°$ K $\frac{\varrho_{20,4°}}{\varrho_{293°}}=0{,}0036$	13,0 kOe	0,628
	36,3 kOe	1,546

Hall-Koeffizient R bei 18° C; magnetische Induktion

$$B=4{,}9\ \text{Vs/m}^2;\qquad R=0{,}505\cdot10^{-10}\ \text{m}^3/\text{As}.$$

Spektrales Emissionsvermögen ε ($\lambda=0{,}65\ \mu$m) in der Nähe des Schmelzpunktes $\varepsilon=0{,}29$.

Ru

Zugfestigkeit σ_B für Ru (weich): $\sigma_B = 28 \ldots 39$ kpmm^{-2}.
Brinellhärte $HB = 220$ kpmm^{-2}.
Änderung des elektrischen Widerstandes ϱ (Ru kleinkristallin gesintert) im Magnetfeld $H \perp$ zum Meßstrom:

$$T = 20{,}4°\,\mathrm{K} \quad \frac{\varrho_{20,4°}}{\varrho_{293°}} = 0{,}0683; \qquad H = 40\,\mathrm{kOe} \left(\frac{\varrho_H - \varrho_0}{\varrho_0}\right)_{20,4°} = 0{,}151.$$

Hall-Koeffizient R bei Z.T., magnetische Induktion

$$B = 4{,}47\ \mathrm{Vs/m^2}; \qquad R = 2{,}2 \cdot 10^{-10}\ \mathrm{m^3/As}.$$

S

β-S, monoklin C_{2h}^5, $P2_1/c$; $a = 10{,}90$ Å, $b = 10{,}96$ Å, $c = 11{,}02$ Å; $\beta = 96{,}73°$.
Volumenänderung bei $U(V_\beta - V_\alpha) = 0{,}0236$ cm^{3}g^{-1}.
Volumenänderung beim Schmelzen $(V_{fl} - V_f) = 0{,}041$ cm^{3}g^{-1}.
S_2-Molekül im Grundzustand, Kernabstand 1,889 Å; Trägheitsmoment $94{,}57 \cdot 10^{-40}$ gcm^2.

Dichte D von α-S:

ϑ	0	20	40	60	80	100 °C
D	2,0477	2,0370	2,0283	2,0182	2,0014	1,9756 gcm^{-3}

Dichte D von S(fl):

ϑ	115,1	134,0	145,5	156,9	158,5	161,6	165,0 °C
D	1,8089	1,7938	1,7846	1,7746	1,7739	1,7739	1,7724 gcm^{-3}

ϑ	171,3	178,3	184,0	239,5	257,0	444 °C
D	1,7705	1,7681	1,7651	1,7391	1,6620	1,614 gcm^{-3}

Dichte koexistierender Phasen:

ϑ °C	D' [gcm^{-3}]	D'' [gcm^{-3}]
200	1,753	$0{,}170 \cdot 10^{-4}$
280	1,704	$1{,}98 \cdot 10^{-4}$
360	1,655	$10{,}62 \cdot 10^{-4}$
440	1,608	$34{,}08 \cdot 10^{-4}$
444,6	1,602	$36{,}41 \cdot 10^{-4}$
520	1,540	$82{,}15 \cdot 10^{-4}$
600	1,405	0,0160
646	1,313	0,0267

Viskosität η:

ϑ	118,7	125,7	140,7	151,1	157,3	159,2	164,8	170,1 °C
η	0,1146	0,1031	0,0767	0,0662	0,0672	0,116	100	436 P

ϑ	180,5	186,2	192,9	211,5	232	253,5	279,6	306,1 °C
η	857	933	918	613	302	136	53	21 P

Oberflächenspannung σ:

ϑ	119,4	155,7	183,5	211,0	280	444 °C
σ	60,46	55,4	54,3	52,8	48,2	39,4 dyncm^{-1}

Dielektrizitätskonstante bei 23° C für $10^5 \ldots 10^6$ Hz für einen S-Einkristall:

Feldrichtung in der *a*-Achse $\varepsilon = 3{,}75$;
Feldrichtung in der *b*-Achse $\varepsilon = 3{,}95$;
Feldrichtung in der *c*-Achse $\varepsilon = 4{,}45$.

Die elektrische Leitfähigkeit von Schwefel ändert sich bei Belichtung. Abb. 19, S. 170, zeigt das Absorptionsspektrum, Abb. 20, S. 170, die spektrale Verteilung der Photo-empfindlichkeit.

Sb

Umwandlung unter Druck bei Z.T. bei 85000 at, $\Delta V = 0{,}037$ cm³g⁻¹.
Dichte:

ϑ	20	630,5	630,5	700 °C
$D_{(f)}$	6,68	6,58	$D_{(fl)}$ 6,50	6,45 gcm⁻³

Wärmeausdehnungszahl $\bar{\alpha}$:

$\bar{\alpha}$(20...100° C) ∥ *c*-Achse: $\bar{\alpha} = 17{,}17 \cdot 10^{-6}$ grd⁻¹;
⊥ *c*-Achse: $\bar{\alpha} = 8{,}0 \cdot 10^{-6}$ grd⁻¹.

Brinellhärte: $HB = 38 \ldots 56$ kpmm⁻².
Viskosität η:

ϑ	650	700	750	800 °C
η	1,50	1,25	1,15	1,09 cP

Oberflächenspannung σ:

ϑ	640	700	750	800 °C
σ	384	383	382	380 dyncm⁻¹

Selbstdiffusion ($\vartheta = 390$° C) $D_0 = 1{,}6 \cdot 10^{-11}$ cm²s⁻¹.
Änderung des elektrischen Widerstandes beim Schmelzen (630,5° C):

$$\varrho_{fl} = 108\ \Omega\text{cm}; \qquad \frac{\varrho_{fl}}{\varrho_f} = 0{,}67.$$

Änderung des elektrischen Widerstandes ϱ (Sb kleinkristallin) im Magnetfeld H ⊥ zum Meßstrom:

	H	$\left(\frac{\varrho_H - \varrho_0}{\varrho_0}\right)_{291°}$
$T = 291$° K	100 kOe 300 kOe	0,82 3,50

Hall-Koeffizient R bei 20° C; magnetische Induktion

$$B = 0{,}913\ \text{Vs/m}^2; \qquad R = 0{,}27 \cdot 10^{-7}\ \text{m}^3/\text{As}.$$

Änderung der Atomsuszeptibilität beim Schmelzen (630,5° C):

$$\chi_{\text{Atom}}(\text{f}) = -35 \cdot 10^{-6}\ \text{cm}^3\text{g-Atom}^{-1} \qquad \chi_{\text{Atom}}(\text{fl}) = -1{,}6 \cdot 10^{-6}\ \text{cm}^3\text{g-Atom}^{-1}.$$

Abhängigkeit physikalischer Eigenschaften von der Kristallorientierung:

Eigenschaft	∥ c-Achse	⊥ c-Achse	Dimension
Wärmeausdehnungszahl $\bar{\alpha}$ (0...100° C)	11,8	8,4	$\cdot 10^{-6}$ grd^{-1}
Elektrischer Widerstand ϱ	31,8	38,6	$\cdot 10^{-6}$ Ωcm
χ_{Atom} (20° C)	−172,9	−60,3	$\cdot 10^{-6}$ cm^{2}g-Atom^{-1}
Lineare Kompressibilität (30° C)	1,648	0,5256	$\cdot 10^{-6}$ at^{-1}

Se

Von Selen sind verschiedene Modifikationen bekannt. Das sogenannte metallische graue Selen (hexagonal) ist die stabile Form. Die als α und β bezeichneten Formen kristallisieren monoklin und sehen rot aus. Außerdem kommt Selen glasförmig (amorph) und als schwarzes oder rotes Pulver vor. Diese Formen wandeln sich monotrop in die hexagonale Form um, feste Umwandlungspunkte sind nicht angebbar.

Wärmeausdehnung $\bar{\alpha}$ (15...60° C): ∥ c-Achse: $\bar{\alpha} = -17{,}89 \cdot 10^{-6}$ grd^{-1};
⊥ c-Achse: $\bar{\alpha} = 74{,}09 \cdot 10^{-6}$ grd^{-1}.

Dichte der Flüssigkeit:

ϑ	228	252	283	315 °C
D	3,974	3,956	3,885	3,834 gcm^{-3}

Viskosität η:

ϑ	234,0	254,8	281,7	296,4	318,1	337,0	345,8 °C
η	1260	646	306	220	135	92	78 cP

Selen ist ein Halbleiter.

Se metallisch, hexagonal: Bandabstand ΔE (300° K) = 1,79 eV,

$$\frac{d\,\Delta E}{dT}\,(300^\circ\,\text{K}) = -9 \cdot 10^{-4}\,\frac{\text{eV}}{\text{grd}}.$$

Dielektrizitätskonstante $\varepsilon = 8{,}5$ ($\lambda = 3{,}3$ cm), Brechzahlen für

$$\lambda = 0{,}589\ \mu\text{m}: n_\omega = 3{,}9,\ n_\varepsilon = 4{,}1.$$

Se rot monoklin: D (22° C) = 4,46 gcm^{-3}.
Bandabstand ΔE (0° K) = 1,7 eV; ΔE (300° K) = 1,6 eV.
Elektronenbeweglichkeit $u_n < 1$ cm^2/Vs.
Se rot amorph: D (22° C) = 4,20 gcm^{-3}.

Bandabstand ΔE (0° K) = 2,31 eV; ΔE (300° K) = 2,1 eV;

$$\frac{d\,\Delta E}{dT}\,(300^\circ\,\text{K}) = -7 \cdot 10^{-4}\,\frac{\text{eV}}{\text{grd}}.$$

Elektronenbeweglichkeit $u_n = 0{,}005$ cm^2/Vs.
Löcherbeweglichkeit $u_p = 0{,}13$ cm^2/Vs.
Dielektrizitätskonstante $\varepsilon = 6{,}37$ ($\lambda = 3$ cm).
Brechzahl für $\lambda = 0{,}589$ µm; $n = 2{,}94$.
Magnetische Suszeptibilität $\chi = -0{,}290 \cdot 10^{-6}$ cm^{3}g^{-1} bei 20° C.

Bei Lichteinstrahlung erhöht sich die elektrische Leitfähigkeit, das Absorptionsspektrum gibt Abb. 21, die spektrale Verteilung der Photoempfindlichkeit geben Abb. 22 und Abb. 23 wieder. In Abb. 24 ist die Abhängigkeit des Photostroms von der Bestrahlungsleistung dargestellt (s. S. 170).

Si

Wärmeausdehnungszahl α bezogen auf $l_{293^\circ \mathrm{K}}$:

T	40	50	60	80	100	120 °K
α	−0,05	−0,2	−0,41	−0,77	−0,31	$+0{,}01 \cdot 10^{-6}$ grd^{-1}

T	160	200	240	273	300 °K
α	0,65	1,49	2,07	2,28	$2{,}33 \cdot 10^{-6}$ grd^{-1}

Si ist ein Halbleiter.

Bandabstand ΔE (0° C) = 1,21 eV; ΔE (300° K) = 1,09 eV;

$$\frac{d\,\Delta E}{dT}\,(300^\circ\,\mathrm{K}) = -4{,}1 \cdot 10^{-4}\,\frac{\mathrm{eV}}{\mathrm{grd}}\,.$$

Elektronenbeweglichkeit $u_n = 1350$ cm²/Vs; Löcherbeweglichkeit $u_p = 480$ cm²/Vs; statische Dielektrizitätskonstante für 10^6 Hz bei −196° C $\varepsilon = 11{,}7$; Brechzahl (11 µm) $n = 3{,}4176$.

Die elektrische Leitfähigkeit von Si ändert sich bei Belichtung. Abb. 25 zeigt das Absorptionsspektrum, Abb. 26 und Abb. 27 die spektrale Verteilung der Photoempfindlichkeit (s. S. 171).

Sm

Natürlich radioaktives Isotop: ^{147}Sm Häufigkeit 15 %, α-Strahler, Halbwertzeit $1{,}3 \cdot 10^{11}$ a.

β-Sm, kub. $A\,2$, O_h^9, $Im3m$, $a = 4{,}07$ Å (> 917° C), $Z = 2$; Atomradius $r_A = 1{,}81$ Å; $D = 7{,}4$ gcm^{-3}.

α-Sm, Streckgrenze $\sigma_{0,2}$, Zugfestigkeit σ_B, Bruchdehnung δ und Vickershärte *HV*. *G* Gußzustand, *V* durch Schmieden bei Z.T. um ≈ 50 % verformt:

Zustand	ϑ °C	$\sigma_{0,2}$ kpmm^{-2}	σ_B kpmm^{-2}	δ %	*HV* kpmm^{-2}
G	Z.T.	11,5	12,8	≈ 3	42
G	204	12,7	15	10,4	—
V	204	13,6	17,6	14,5	—
G	427	7,8	8,5	5,6	—
V	427	9,2	10,4	12,5	—

Debye-Temperatur: 147° K aus Wärmekapazität berechnet;
135° K aus Schallgeschwindigkeit berechnet.

Hall-Koeffizient R bei Z.T.; $R = -0{,}2 \cdot 10^{-10}$ m³/As.

Sn

α-Sn (graues Zinn) stabil ≦ 13,2° C; kub., $A\,4$; O_h^7, $Fd3m$; ($Z = 8$) $a = 6{,}4912$ Å; D (13° C) = 5,77 gcm^{-3}. χ_g (0°) = $-0{,}13 \cdot 10^{-6}$ cm³g^{-1}.

Halbleiter: Bandabstand

$$\Delta E_0 = 0{,}094\ \mathrm{eV};\quad \Delta E\,(300^\circ\,\mathrm{K})\ 0{,}08\ \mathrm{eV};\quad \frac{d\,\Delta E}{dT}\,(300^\circ\,\mathrm{K}) = -5 \cdot 10^{-5}\,\mathrm{eVgrd^{-1}}.$$

Elektronenbeweglichkeit $u_n = 3600$ cm²V^{-1}s^{-1}; Löcherbeweglichkeit $u_p = 2400$ cm²V^{-1}s^{-1}.

Sn (fl) D (232° C) = 6,97 gcm^{-3}; χ_g (250° C) = $-0{,}036 \cdot 10^{-6}$ cm³g^{-1}.

Kub. Wärmeausdehnungszahl $\bar{\gamma}$ oder γ:

Zustand	°C	$\bar{\gamma}$ oder γ 10^{-6} grd^{-1}
α-Sn	−130...10	14,1
β-Sn	0	59,8
	50	69,2
	100	71,4
	150	80,2
Sn (fl)	232...400	106
	400...700	105

Zugfestigkeit σ_B und Dehnung δ (22 mm), Zerreißgeschwindigkeit 0,4 mm/min:

ϑ	15	50	100	200 °C
σ_B	1,48	1,26	1,12	0,46 kpmm^{-2}
δ	75	85	55	45 %

Elastizitätsmodul E: Gußzustand grobkörnig 4240 kpmm^{-2}; rekristallisiert, feinkörnig 4520 kpmm^{-2}.

Schallgeschwindigkeit Sn (fl) bei 232° C 2270 ms^{-1} (12 MHz).

Viskosität η:

ϑ	232	300	400	600	800	1000	1200 °C
η	2,71	1,66	1,32	1,04	0,89	0,80	0,77 cP

Selbstdiffusion Sn (fl):

$\Delta\vartheta$ (227...550° C), $D_0 = 3{,}25 \cdot 10^{-4}$ cm^{2}s^{-1}; $Q = 11{,}6$ kJg-Atom^{-1}.

Änderung des elektrischen Widerstandes im Magnetfeld H ⊥ zum Meßstrom:

	H	$\left(\frac{\varrho_H - \varrho_0}{\varrho_0}\right)_{80°}$
$T = 80°$ K $\frac{\varrho_{80°}}{\varrho_{291°}} = 0{,}22$	100 kOe	0,043
	300 kOe	0,23

Hall-Koeffizient R bei Z.T.; magnetische Induktion

$B = 1{,}05$ Vs/m^2; $R = -0{,}041$ m^3/As.

Richtungsabhängigkeit von physikalischen Eigenschaften bei β-Sn-Kristallen; $c_\parallel$: Richtung parallel zur c-Achse; $c_\perp$: senkrecht zur c-Achse:

	ϑ °C	$c_\parallel$	$c_\perp$	Dimension
Wärmeausdehnungszahl $\bar{\alpha}$	0...20	28,99	15,83	$\cdot 10^{-6}$ grd^{-1}
Selbstdiffusion D_0	177...220	8,2	1,4	cm^{2}s^{-1}
Q		107	97,5	kJg-Atom^{-1}
Elektrischer Widerstand	0	11	9,27	$\cdot 10^{-6}$ Ωcm
Suszeptibilität	20	0,0241	0,0270	$\cdot 10^{-6}$ cm^{3}g^{-1}
Kompressibilität	20	0,672	0,602	$\cdot 10^{-6}$ at^{-1}

Ta

Wärmeausdehnungszahl $\bar{\alpha}$:

ϑ	310	593	866	1116	1593	2204	2866 °C
$\bar{\alpha}$(24...ϑ)	7,0	7,05	7,1	7,3	7,65	8,25	9,1 $\cdot 10^{-6}$ grd^{-1}

Elastizitätsmodul E:

ϑ	−180	−50	25	200	500 °C
E	19,26	18,98	18,98	18,28	17,44 $kpmm^{-2}$

Zugfestigkeit σ_B und Bruchdehnung δ:

Bearbeitungszustand	σ_B $kpmm^{-2}$	δ %
Bleche rekristallisiert	28...35	30...40
kaltgewalzt Verformungsgrad 45 %	42,5	
Drähte geglüht ∅ 0,05 mm	70,3	11
gezogen ∅ 0,05 mm	126,5	2

Vickershärte HV von lichtbogengeschmolzenen Barren (Gußzustand):

ϑ	20	400	600	800	1000	1200 °C
HV	89	82	73	37	29	21 $kpmm^{-2}$

Selbstdiffusion

$\Delta\vartheta$ (1800...2550° C), $D_0 = 2{,}0\ cm^2s^{-1}$; $Q = 460$ kJg-Atom^{-1}.

Dampfdruck und Verdampfungsgeschwindigkeit V:

T (°K)	p (Torr)	V ($gcm^{-2}s^{-1}$)
2000	$1 \cdot 10^{-10}$	$1{,}63 \cdot 10^{-12}$
2400	$2 \cdot 10^{-7}$	$3{,}04 \cdot 10^{-9}$
2800	$5 \cdot 10^{-5}$	$6{,}61 \cdot 10^{-7}$
3000	$4 \cdot 10^{-4}$	$5{,}79 \cdot 10^{-6}$
3200	$8 \cdot 10^{-3}$	$3{,}82 \cdot 10^{-5}$

Änderung des elektrischen Widerstands (Ta kleinkristallin) im Magnetfeld H ⊥ zum Meßstrom:

	H	$\left(\frac{\varrho_H - \varrho_0}{\varrho_0}\right)_{20,4°}$
$T = 20{,}4°$ K $\frac{\varrho_{20,4°}}{\varrho_{273°}} = 0{,}0144$	6,67 kOe	0,0067
	17,4 kOe	0,0297
	35,0 kOe	0,0985

Hall-Koeffizient R bei 22° C, magnetische Induktion

$B = 1{,}7...1{,}8\ Vs/m^2$; $R = 1{,}01 \cdot 10^{-10}\ m^3/As$.

Gesamtemissionsvermögen E und spektrales Emissionsvermögen ε_λ relativ:

ϑ	−173	−73	27	127	327	527	727	1027	1227 °C
E	0,025	0,026	0,028	0,030	0,040	0,053	0,065	0,085	0,094

ϑ	1100	1800	2996	1100	1800	2500 °C
λ	0,467	0,467	0,65	0,66	0,66	0,66 µm
ε_λ	0,505	0,460	0,350	0,442	0,416	0,392

ϑ	20	930	1730	25	25	25	25 °C
λ	0,665	0,665	0,665	1	3,0	5,0	9,0 µm
ε_λ	0,493	0,469	0,418	0,22	0,08	0,07	0,06

Tb

α-Tb:

Vickershärte *HV* im Gußzustand 88 $kpmm^{-2}$.

Debye-Temperatur: 158° K aus Wärmekapazität berechnet;
173° K aus Schallgeschwindigkeit berechnet.

Te

Unter Druck findet bei 100° C und 20000 at eine Umwandlung und bei 45000 at eine zweite Umwandlung statt.

Zugfestigkeit von einem Draht (⌀ 0,33 mm) 1,15 $kpmm^{-2}$.

Dielektrizitätskonstante ε, Feldrichtung $\parallel$ zur c-Achse, $\varepsilon=5{,}0$;
Feldrichtung $\perp$ zur c-Achse, $\varepsilon=2{,}2$.

Bei Lichteinstrahlung erhöht sich die elektrische Leitfähigkeit, die Abb. 28 und 29, S. 171, zeigen die Abhängigkeit der Lichtabsorption und der Photoempfindlichkeit von den Wellenlängen.

Th

Natürlich radioaktive Isotope:

^{234}Th (UX_1)	β^--Strahler	Halbwertzeit:	24 d
^{231}Th (UY)	β^--Strahler	Halbwertzeit:	25,6 h
^{230}Th (Jo)	α-Strahler	Halbwertzeit:	$8 \cdot 10^4$ a
^{228}Th (Rd Th)	α-Strahler	Halbwertzeit:	1,91 a
^{227}Th (Rd Ac)	α-Strahler	Halbwertzeit:	18,6 d
^{322}Th	α-Strahler	Halbwertzeit:	$1{,}4 \cdot 10^{10}$ a

Häufigkeit 100%

β-Th stabil $1400 \leqq \vartheta \leqq 1690$° C, kubisch $A\,2$, O_h^9, $Im3m$, $a=4{,}11$ Å, $Z=2$.

Wärmeausdehnungszahl $\bar{\alpha}$:

ϑ	100	200	400	600	800	1000 °C
$\bar{\alpha}\,(20\ldots\vartheta)$	10,5	11,1	11,6	11,7	11,7	$12{,}3 \cdot 10^{-6}$ grd^{-1}

Dehngrenze $\sigma_{0,2}$, Zugfestigkeit σ_B und Bruchdehnung δ; Richtwerte bei Z.T.:

Herstellungsart	$\sigma_{0,2}$ $kpmm^{-2}$	σ_B $kpmm^{-2}$	δ %
Ca-reduziertes Th	10...15	10...30	4...23
unter Druck reduziertes Th	15...32	20...43	13...60
elektrolytisches Th	8...15	13...18	0...43
Jodid-Th	<8	10...15	36...44

Brinellhärte für Sinterkörper 40...54 $kpmm^{-2}$; geschmiedete Stücke $\gtrapprox$ 78 $kpmm^{-2}$; stark verformte Stücke $\approx$150 $kpmm^{-2}$.

Änderung des elektrischen Widerstandes ϱ (Th kleinkristallin 99,9%) im Magnetfeld $H \perp$ zum Meßstrom:

	H	$\left(\frac{\varrho_H-\varrho_0}{\varrho_0}\right)_{80°}$
$T=80°$ K $\frac{\varrho_{80°}}{\varrho_{293°}}=0{,}266$	100 kOe	0,022
	300 kOe	0,157

Hall-Koeffizient R bei Z.T., magnetische Induktion

$$B = 0{,}37 \ldots 0{,}45\ \mathrm{Vs/m^2};\quad R = -1{,}2 \cdot 10^{-10}\ \mathrm{m^3/As}.$$

Spektrales Emissionsvermögen ε_λ bei 1025...1435° C (relativ):

λ	(Th f) 0,667	0,656	0,550	(Th fl) 0,650 μm
ε	0,38	0,36	0,30	0,40

Ti

β-Ti, stabil $882° \leq \vartheta \leq 1665°$ C, kub. $A\,2$, O_h^9, $Im3m$, $Z=2$; a (900° C) = 3,32 Å, a (20° C) = 3,282 Å; D (900° C) = 4,319 gcm^{-3}; $\chi = 5{,}15 \cdot 10^{-6}$ cm^{3}g^{-1}.

α-Ti, Wärmeausdehnungszahl $\bar{\alpha}$:

ϑ	100	200	400	600 °C
$\bar{\alpha}(20\ldots\vartheta)$	9,0	9,4	9,7	$10{,}1 \cdot 10^{-6}$ grd^{-1}

Dehngrenze $\sigma_{0,2}$, Zugfestigkeit σ_B und Bruchdehnung δ; Ti im geglühten (weichgeglühten) Zustand bei Z.T.:

Metall	$\sigma_{0,2}$ kpmm^{-2}	σ_B kpmm^{-2}	δ %
Jodidtitan[1]	10,5	25,5	72,0
Titan (99,3 %)	28,0[2]	35,0[2]	22,0[2,3]
Titan (99,15 %)	38,5[2]	45,5[2]	18,0[2,3]
Titan (98,9 %)	49,0[2]	56,0[2]	15,0[2,3]

Brinellhärte bei Z.T. 198...240 kpmm^{-2}.

Selbstdiffusion

$$\Delta\vartheta\ (690\ldots850°\ \mathrm{C});\ D_0 = 6{,}4 \cdot 10^{-8}\ \mathrm{cm^2 s^{-1}};\ Q = 123\ \mathrm{kJg\text{-}Atom^{-1}}.$$

Thermodynamische Funktionen: α-Ti: $T < 1175{,}6°$ K; β-Ti: $T > 1175{,}6°$ K:

T °K	C_p^0 Jg-Atom^{-1}grd^{-1}	$H_T^0 - H_{298}^0$ kJg-Atom^{-1}	$S_T^0 - S_0^0$ Jg-Atom^{-1}grd^{-1}
298,15	25,02	0	30,37
300	25,02	0,046	30,53
400	26,61	2,632	38,28
500	27,70	5,356	44,35
600	28,62	8,159	49,45
700	29,58	11,046	53,93
800	30,04	14,037	57,91
900	30,67	17,07	61,50
1000	31,25	20,17	64,77
1100	31,80	23,33	67,73
1200	32,30	30,50	73,97
1400	33,26	37,07	79,04
1600	34,14	43,81	83,51
1800	34,98	50,75	87,61

Änderung des elektrischen Widerstandes (Ti-Einkristall) im Magnetfeld H ⊥ zum Meßstrom:

$$T = 20{,}4°\ \mathrm{K}\quad \frac{\varrho_{20,4°}}{\varrho_{273°}} = 0{,}1423,\quad H = 23{,}6\ \mathrm{kOe}\ \left(\frac{\varrho_H - \varrho_0}{\varrho_0}\right)_{20,4°} = 0{,}002.$$

[1] Jodidtitan: besonders rein; [2] Mindestwerte; [3] Meßlänge 50,5 mm.

Hall-Koeffizient R bei 21° C (Ti 99,87 %, vakuumgeglüht); magnetische Induktion $B=0{,}4...2{,}8\ Vs/m^2$; $R=0{,}10\cdot 10^{-10}\ m^3/As$.

Spektrales Emissionsvermögen ε_λ ($\lambda=0{,}65\ \mu m$), relativ:

ϑ	882	977	1077 °C
ε	0,5	0,52	0,50

Tl

β-Tl, stabil $234\leqq\vartheta\leqq 303{,}5°$ C; kub. $A\,2$, O_h^9, $I\,m\,3\,m$, $a=3{,}875$ Å, $Z=2$.
Dichte bei Z.T. $D=11{,}84\ gcm^{-3}$.
Dichte bei 303,5° C: $D_f=11{,}509\ gcm^{-3}$;
$D_{fl}=11{,}032\ gcm^{-3}$.
Umwandlung unter Druck in eine weitere Modifikation III.
Tripelpunkt 39000 at, 153° C:

U	ΔV (cm^3g^{-1})
I→III	+0,00029
II→III	−0,00053
I→II	−0,00024

α-Tl, Wärmeausdehnungszahl α:

ϑ	100	200	225 °C
α	29,9	30,0	$30{,}2\cdot 10^{-6}\ grd^{-1}$

Bei 75° C α ‖ zur c-Achse $72\cdot 10^{-6}\ grd^{-1}$;
⊥ zur c-Achse $9\cdot 10^{-6}\ grd^{-1}$.

Oberflächenspannung σ bei 327° C: $\sigma=401\ dyncm^{-1}$.
Schallgeschwindigkeit Tl (fl) 303° C: $u=1625\ ms^{-1}$ (12 MHz).
Selbstdiffusion α-Tl $\Delta\vartheta$ (150...230° C):

‖ c-Achse $D_0=0{,}4\ cm^2s^{-1}$; $Q=96{,}0$ kJg-Atom^{-1}.
⊥ c-Achse $D_0=0{,}4\ cm^2s^{-1}$; $Q=94{,}7$ kJg-Atom^{-1}.

Selbstdiffusion

β-Tl $\Delta\vartheta$ (240...275° C); $D_0=0{,}7\ cm^2s^{-1}$; $Q=83{,}7$ kJg-Atom^{-1}.

Debye-Temperatur Θ_D aus der Wärmekapazität berechnet:

T	11,5	16,08	18,36 °K
Θ_D	84	90	94 °K

Änderung des elektrischen Widerstandes Tl (kleinkristallin) im Magnetfeld H ⊥ zum Meßstrom:

	H	$\left(\frac{\varrho_H-\varrho_0}{\varrho_0}\right)_{80°}$
$T=80°$ K $\frac{\varrho_{80°}}{\varrho_{293°}}=0{,}33$	100 kOe 300 kOe	0,025 0,139

Hall-Koeffizient R bei 24° C; magnetische Induktion

$B=1{,}7...1{,}8\ Vs/m^2$; $R=0{,}240\cdot 10^{-10}\ m^3/As$.

Massensuszeptibilität bei 20° C: ‖ c-Achse $\chi=-0{,}412\cdot 10^{-6}\ cm^3g^{-1}$
$\chi=-0{,}165\cdot 10^{-6}\ cm^3g^{-1}$
Massensuszeptibilität bei 303,5° C: ⊥ c-Achse $\chi_{(f)}=-0{,}157\cdot 10^{-6}\ cm^3g^{-1}$
$\chi_{(fl)}=-0{,}137\cdot 10^{-6}\ cm^3g^{-1}$

U

Natürlich radioaktive Isotope:

^{238}U (U I)[1] relative Häufigkeit 99,27 %, α-Strahler, Halbwertzeit $4{,}5 \cdot 10^9$ a;
^{235}U (Ac U) relative Häufigkeit 0,720 % α-Strahler, Halbwertzeit $7 \cdot 10^8$ a;
^{234}U (U II) relative Häufigkeit 0,005 % α-Strahler, Halbwertzeit $2{,}5 \cdot 10^5$ a.

β-U, stabil $662 \leqq \vartheta \leqq 769{,}4°$ C, tetr. C_{4v}^4, $P4nm$, $a = 10{,}52$ Å, $c = 5{,}57$ Å; D (720° C) = 18,33 gcm^{-3}.

γ-U, stabil $769{,}4 \leqq \vartheta \leqq 1130°$ C, kub. $A\,2$, O_h^9, $Im3m$, $a = 3{,}48$ Å; D (805° C) = 18,06 gcm^{-3}.

α-U, Wärmeausdehnungszahl $\bar{\alpha}$:

ϑ	100	200	300	400	500	600 °C
$\bar{\alpha}(0...\vartheta)$	15,34	15,88	16,43	16,98	17,52	$18{,}07 \cdot 10^{-6}$ grd^{-1}

α‖ a-Achse bei Z.T.: 21,0; ‖ b-Achse: 0,6; ‖ c-Achse: $18{,}7 \cdot 10^{-6}$ grd^{-1}.

Dehngrenze $\sigma_{0,2}$, Zugfestigkeit σ_B und Bruchdehnung δ:

ϑ °C	$\sigma_{0,2}$ kpmm^{-2}	σ_B kpmm^{-2}	δ %
40	14	32	6
60	13,2	39,5	10
100	15,2	46	17
200	13,2	29	24
300	11	20	25,5
400	10	15	26

Selbstdiffusion:

α-U: $\Delta\vartheta$ (500...650° C), $D_0 = 2{,}0 \cdot 10^{-3}$ cm^{2}s^{-1}; $Q = 167{,}5$ kJg-Atom^{-1}
β-U: $\Delta\vartheta$ (680...760° C), $D_0 = 1{,}0 \cdot 10^{-2}$ cm^{2}s^{-1}; $Q = 175$ kJg-Atom^{-1}
γ-U: $\Delta\vartheta$ (800...1070° C), $D_0 = 1{,}7 \cdot 10^{-3}$ cm^{2}s^{-1}; $Q = 115$ kJg-Atom^{-1}

Hall-Koeffizient R bei (293...573° K); magnetische Induktion

$$B = 0{,}5...0{,}7 \text{ Vs/m}^2; \quad R = 0{,}34 \cdot 10^{-10} \text{ m}^3\text{/As}.$$

Gesamtemissionsvermögen E, relativ:

ϑ	97...1050	1052...1097 °C
E	0,453	0,415

Spektrales Emissionsvermögen ε_λ: $\vartheta > 1689°$ C, $\lambda = 0{,}65$ µm, $\varepsilon = 0{,}34$.

V

Wärmeausdehnungszahl $\bar{\alpha}$:

ϑ	100	500	900	1100 °C
$\bar{\alpha}$ (13...ϑ)	8,3	9,6	10,4	$10{,}9 \cdot 10^{-6}$ grd^{-1}

Elastizitätsmodul E:

ϑ	100	200	400	600 °C
E	12,95	12,8	12,5	$12{,}2 \cdot 10^3$ kpmm^{-2}

Zugfestigkeit σ_B bei 0° C 30...48 kpmm^{-2}.
Oberflächenspannung σ bei $\approx 1900°$ C: $\sigma = 1510$ dyncm^{-1}.
Debye-Temperatur 399,3° K.

[1] Etwa der zweimillionste Teil zerfällt durch natürliche Kernspaltung Halbwertzeit $\approx 10^{16}$ a.

Änderung des elektrischen Widerstandes ϱ (V kleinkristallin) im Magnetfeld H $\perp$ zum Meßstrom:

$$T = 80° \text{ K} \quad \frac{\varrho_{80°}}{\varrho_{298°}} = 0{,}225; \qquad H = 300 \text{ kOe} \quad \left(\frac{\varrho_H - \varrho_0}{\varrho_0}\right)_{80°} = 0{,}04.$$

Hall-Koeffizient R bei 28° C; magnetische Induktion

$$B = 0{,}3...2{,}9 \text{ Vs/m}^2; \qquad R = 0{,}82 \cdot 10^{-10} \text{ m}^3/\text{As}.$$

W

Herstellung des Metalls pulvermetallurgisch; deshalb sind die Eigenschaften besonders stark vom Bearbeitungszustand abhängig.

Dichte D:

		D in gcm^{-3}
vorgesintert bei	1000...1200° C	10...12,5
vorgesintert bei	1500° C	10...13
hochgesintert	3000° C	16...17
gehämmert auf	4 mm	17,6...19,2
Draht gezogen	0,15→0,01 mm	19,2...19,3

Brinellhärte HB:

Sinterbarren (18:18 mm)	200...250 $kpmm^{-2}$.
Gehämmerter Barren	350...400 $kpmm^{-2}$.

Elastizitätsmodul E, Gleitmodul G, Zugfestigkeit σ_B bei Z.T.:

Zustand	E oder G 10^4 kp · mm^{-2}	σ_B kp · mm^{-2}
Sinterbarren		11...13
Hartgezogener Draht		
Ø 1 mm		180
0,3 mm	E 9	220
0,2 mm		250
0,1 mm		300
0,05 mm		345
0,03 mm	E 34	
0,02 mm		415
0,015 mm		470
Geglühte Drähte	G 14...19	110
Einkristalldraht	E 36...52 G 15...22	110...160

Kompressibilität bei Z.T.:

Hämmerstab $0{,}293 \cdot 10^{-6}$ at^{-1};
Draht gezogen $0{,}315 \cdot 10^{-6}$ at^{-1}.

Selbstdiffusion:

$$\Delta\vartheta \text{ (2000...2700° C)}, \qquad D_0 = 0{,}54 \text{ cm}^2\text{s}^{-1}, \; Q = 505 \text{ kJ} \cdot \text{g-Atom}^{-1}.$$

Thermodynamische Funktionen:

T °K	C_p^0 Jg-Atom^{-1}grd^{-1}	$H_T^0-H_{298}^0$ kJg-Atom^{-1}	$S_T^0-S_0^0$ Jg-Atom^{-1}grd^{-1}
298,15	24,78	0	33,66
300	24,78	0,042	33,82
400	25,15	2,537	40,98
600	25,83	7,635	51,28
800	26,54	12,87	58,81
1000	27,21	18,25	64,80
1500	28,93	32,27	76,19
2000	30,68	47,17	84,73
2500	32,40	62,95	91,76
3000	34,12	79,57	97,83

Änderung des elektrischen Widerstandes ϱ (W kleinkristallin) im Magnetfeld H $\perp$ zum Meßstrom:

	H	$\left(\frac{\varrho_H-\varrho_0}{\varrho_0}\right)_{78°}$
$T=78°\,K \quad \frac{\varrho_{78°}}{\varrho_{273°}}=0{,}195$	100 kOe	0,16
	300 kOe	0,93

Hall-Koeffizient R bei 273° K; magnetische Induktion

$$B=0{,}54\ \mathrm{Vs/m^2};\qquad R=1{,}11\cdot 10^{-10}\ \mathrm{m^3/As}.$$

Emissionsvermögen s. Abb. 30, S. 171.

Übersicht über einige Eigenschaften von Wolfram bei höheren Temperaturen:

Temperatur °K	Wärmeausdehnung $\frac{l_T-l_{293°}}{l_{293°}}$	Dampfdruck Torr	Verdampfungsgeschwindigkeit gcm^{-2}s^{-1}	Wärmeleitfähigkeit Wcm^{-1}grd^{-1}	Spez. elektr. Widerstand 10^{-6} Ωcm	Gesamtemission
293					5,49	
300					5,65	
400	$0{,}5\cdot10^{-3}$				8,065	
600	$1{,}4\cdot10^{-3}$				13,23	
800	$2{,}3\cdot10^{-3}$				19,00	
1000	$3{,}2\cdot10^{-3}$	$1{,}40\cdot10^{-32}$		0,84	24,93	0,114
1200	$4{,}1\cdot10^{-3}$	$1{,}4\cdot10^{-25}$		0,90	30,98	0,143
1400	$5{,}2\cdot10^{-3}$	$1{,}22\cdot10^{-20}$		0,96	37,19	0,175
1600	$6{,}3\cdot10^{-3}$	$6{,}32\cdot10^{-17}$	$1{,}69\cdot10^{-20}$	1,02	43,55	0,207
1800	$7{,}5\cdot10^{-3}$	$4{,}73\cdot10^{-14}$	$3{,}61\cdot10^{-17}$	1,07	50,05	0,236
2000	$8{,}8\cdot10^{-3}$	$1{,}0\ \cdot10^{-11}$	$1{,}47\cdot10^{-14}$	1,11	56,67	0,260
2500	$12{,}4\cdot10^{-3}$	$1{,}28\cdot10^{-7}$	$7{,}58\cdot10^{-10}$	1,21	73,91	0,303
3000	$16{,}4\cdot10^{-3}$	$6{,}90\cdot10^{-5}$	$9{,}47\cdot10^{-7}$		92,04	0,334
3400	$19{,}8\cdot10^{-3}$	$2{,}56\cdot10^{-3}$	$6{,}35\cdot10^{-5}$		107,2	0,398
3500	$20{,}7\cdot10^{-3}$	$5{,}65\cdot10^{-3}$			111,1	0,351
3600	$21{,}6\cdot10^{-3}$	$1{,}15\cdot10^{-2}$			115,0	0,354

Y

β-Y, kub. $A2$, O_h^9, $Im3m$, $a=4{,}11\pm0{,}05$ Å (bei $\approx 1300°$ C); Atomradius $r_A=$ 1,83 Å; $D=4{,}25$ gcm^{-3}.

α-Y, Rockwellhärte gepreßter Stangen von 2,5 cm Durchmesser, verschieden verformt bei Z.T.:

Verformung		*HRc*
Art	Grad	
unverformt		20
rundgewalzt	5	27
	9	30
	13	35
geschmiedet	6	36
	13	40
	37	44
flachgewalzt	4	31
	17	39
	31	46

Debye-Temperatur 250° K aus Schallgeschwindigkeit berechnet.
Hall-Koeffizient R bei Z.T.; magnetische Induktion

$$B \leqq 0{,}56 \text{ Vs/m}^2; \quad R=-0{,}770\cdot10^{-10} \text{ m}^3\text{/As}.$$

Yb

β-Yb, kub. $A2$, O_h^9, $Im3m$, $a=4{,}45$ Å (bei 798° C), $Z=2$; Atomradius $r_A=$ 1,98 Å; $D=6{,}56$ gcm^{-3}.

Dehnungsgrenze $\sigma_{0,2}$, Zugfestigkeit σ_B, Bruchdehnung δ und Vickershärte HV im Gußzustand:

ϑ °C	$\sigma_{0,2}$ kpmm^{-2}	σ_B kpmm^{-2}	δ %	HV kpmm^{-2}
Z.T.	6,7	7,4	6	21
204	5,5	7,2	10,8	—

Debye-Temperatur: 94° K aus Schallgeschwindigkeit berechnet.
Hall-Koeffizient bei 80...300° K; $R=-0{,}53\cdot10^{-10}$ m^3/As.

Zn

Umwandlung unter Druck bei ≈ 3500 at und 95...112° C.
Wärmeausdehnungszahl $\bar{\alpha}$ (Kokillenguß):

ϑ	100	200	300	419,5 °C
$\bar{\alpha}(20...\vartheta)$	30,7	33,5	35,5	38,7 $\cdot10^{-6}$ grd^{-1}

Zugfestigkeit σ_B und Brinellhärte HB von Zn verschiedener Verarbeitungsarten:

Verarbeitungszustand	σ_B kpmm^{-2}	HB kpmm^{-2}
gegossen	2...4	28...33
gepreßt	12...16	30...38
gewalzt	12...17	30...34

Viskosität:

ϑ	450	500	550	600	650	700 °C
η	2,95	2,60	2,40	2,20	2,05	1,98 cP

Oberflächenspannung σ:

ϑ	440	460	500	670 °C
σ	816	808	798	756 $dyncm^{-1}$

Schallgeschwindigkeit Zn (fl) 420° C, $u=2790\ ms^{-1}$ (12 MHz).

Thermodynamische Funktionen:

T °K	C_p^0 $Jg\text{-}Atom^{-1}grd^{-1}$	$H_T^0-H_{298}^0$ $kJg\text{-}Atom^{-1}$	$S_T^0-S_0^0$ $Jg\text{-}Atom^{-1}grd^{-1}$
298,15	25,40	0	41,64
300	25,40	0,046	41,80
400	26,40	2,64	42,64
500	27,41	5,31	55,23
600	28,41	8,12	60,29
800	31,38	21,55	79,62
1000	31,38	27,82	86,65

Änderung des elektrischen Widerstandes ϱ beim Schmelzen:

$$\varrho_{fl}=32{,}6\ \Omega cm; \quad \frac{\varrho_{fl}}{\varrho_f}=2{,}1.$$

Änderung des elektrischen Widerstandes ϱ (Zn vielkristallin) im Magnetfeld H ⊥ zum Meßstrom:

	H	$\left(\frac{\varrho_H-\varrho_0}{\varrho_0}\right)_{20,4°}$
$T=20{,}4°$ K $\frac{\varrho_{20,4°}}{\varrho_{273°}}=0{,}0125$	10 kOe	0,488
	20 kOe	1,122

Hall-Koeffizient R bei 298° K (Zn kleinkristallin); magnetische Induktion

$$B=0{,}4...2{,}2\ Vs/m^2;\ R=0{,}63\cdot 10^{-10}\ m^3/As.$$

Atomsuszeptibilität bei $F=419{,}5°$ C;

$$Zn\ (f):\ \chi=-7{,}2\cdot 10^{-6}\ cm^3g\text{-}Atom^{-1};\ Zn\ (fl):\ \chi=-6{,}9\cdot 10^{-6}\ cm^3g\text{-}Atom^{-1}.$$

Reflexionsvermögen (Feinzink mechanisch poliert): $\lambda=0{,}460$ µm: 84%; $\lambda=0{,}650$ µm: 74%.

Abhängigkeit physikalischer Eigenschaften von der Kristallorientierung:

	‖ c-Achse	⊥ c-Achse	Dimension
Ausdehnung $\bar{\alpha}$ (20...100° C)	63,9	14,1	$10^{-6}\ grd^{-1}$
Selbstdiffusion D_0 (240...410° C)	0,13	0,58	cm^2s^{-1}
Q (240...410° C)	91	106	$kJg\text{-}Atom^{-1}$
Atomsuszeptibilität	−11,1	−8,11	$10^{-6}\ cm^3g\text{-}Atom^{-1}$
langwellige Grenze der Photoemission	0,377	0,400	µm
Elektronenaustrittspotential	3,28[1]	3,09[2]	eV

[1] Aus Basisfläche. [2] Aus Prismenflächen.

Zr

β-Zr, kub. $A\,2$, O_h^9, $Im3m$, $a=3{,}61$ Å (900° C).

Wärmeausdehnungszahl α ∥ und ⊥ zur c-Achse, und γ von Zr mit einem Hf-Gehalt <0,01 % und (letzte Spalte) 2,4 %:

ϑ °C	$\alpha_{\parallel}$ 10⁻⁶ grd⁻¹	$\alpha_{\perp}$ 10⁻⁶ grd⁻¹	γ(0,01) 10^{-6} grd^{-1}	γ(2,4) 10^{-6} grd^{-1}
0	6,106	5,599	17,30	17,17
20	6,389	5,644	17,68	17,46
50	6,812	5,712	18,24	17,90
100	7,517	5,825	19,17	18,67
200	8,923	6,050	21,02	20,09
400	11,72	6,489	24,72	22,99
600	14,50	6,945	28,46	25,87

Richtwerte für die Dehngrenze $\sigma_{0,2}$, Zugfestigkeit σ_B und Bruchdehnung δ:

ϑ °C	$\sigma_{0,2}$ kpmm^{-2}	σ_B kpmm^{-2}	δ %
−200	15...25	40...55	30...60
20	5...30	15...45	25...45
100	5...20	15...30	40...60
200	4...15	10...25	45...60
300	3...10	8...17	50...65
500	3...5	7...12	60...100

Selbstdiffusion:

$$\alpha\text{-Zr (820° C)}: D_0=3{,}0\cdot10^{-12}\ \text{cm}^2\text{s}^{-1};$$

$$\beta\text{-Zr (900...1500° C)}: \quad D_0=1{,}4\cdot10^{-4}\ \text{cm}^2\text{s}^{-1};\ Q=118\ \text{kJg-Atom}^{-1}.$$

Verdampfungsgeschwindigkeit V und Dampfdruck p
(*A*: Zr mit dünner Oxidschicht; *B*: nicht oxydiertes Metall):

T °K	V in gcm^{-2}s^{-1}		p in Torr	
	A	*B*	*A*	*B*
1600	$1\cdot10^{-9}$	$3\cdot10^{-9}$	$3\cdot10^{-8}$	$2\cdot10^{-7}$
1800	$8\cdot10^{-9}$	$1\cdot10^{-7}$	$6\cdot10^{-7}$	$1\cdot10^{-5}$
2000	$4\cdot10^{-8}$	$4\cdot10^{-6}$	$3\cdot10^{-6}$	$3\cdot10^{-4}$
2100	$8\cdot10^{-8}$	$1\cdot10^{-5}$	$7\cdot10^{-6}$	$1\cdot10^{-3}$

Debye-Temperatur Θ_D aus der Wärmekapazität berechnet:

T	1,5	2,0	3,0	4,0	5,0	6,0	8,0	12	16	18 °K
Θ_D	310	304	300	295	290	285	274	267	255	249 °K

Änderung des elektrischen Widerstandes ϱ (Zr kleinkristallin) im Magnetfeld H ⊥ zum Meßstrom:

$$T\approx 80°\text{ K}\quad \frac{\varrho_{80°}}{\varrho_{293°}}=0{,}23;\qquad H=300\text{ kOe};\quad \left(\frac{\varrho_H-\varrho_0}{\varrho_0}\right)_{80°}=0{,}05.$$

Hall-Koeffizient R bei 20° C, (Zr mit 2,4 % Hf).
Magnetische Induktion $B=0{,}54$ Vs/m²; $R=1{,}385\cdot10^{-10}$ m³/As.

Abbildungen zu 2143

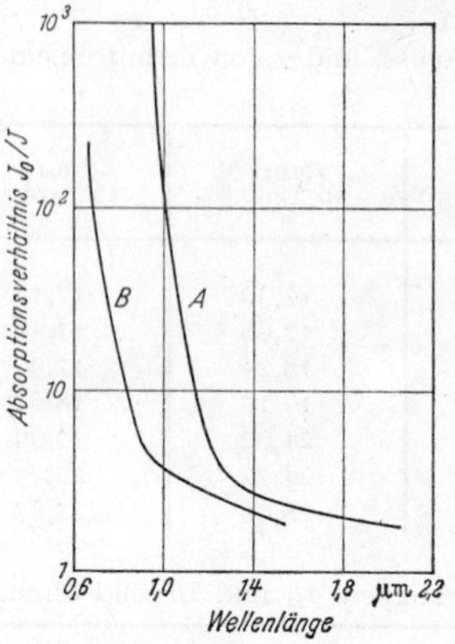

Abb. 1. As-Schichten; Absorptionsspektrum. Schichtdicken: A 1,72 µ; B 0,28 µ

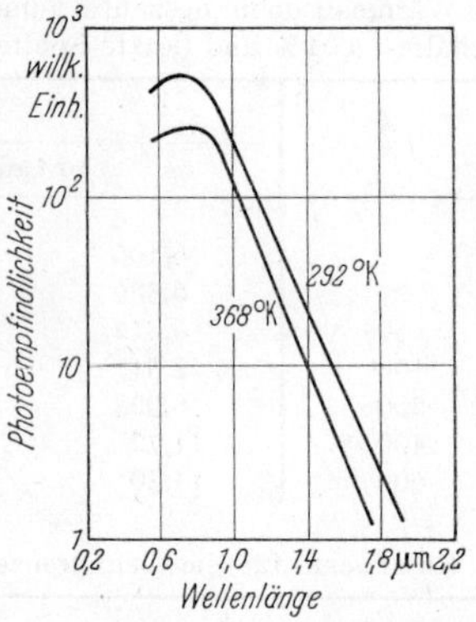

Abb. 2. As-Schicht. Relative spektrale Verteilung der Photoempfindlichkeit. Die Kurven haben verschiedenen Ordinatenmaßstab

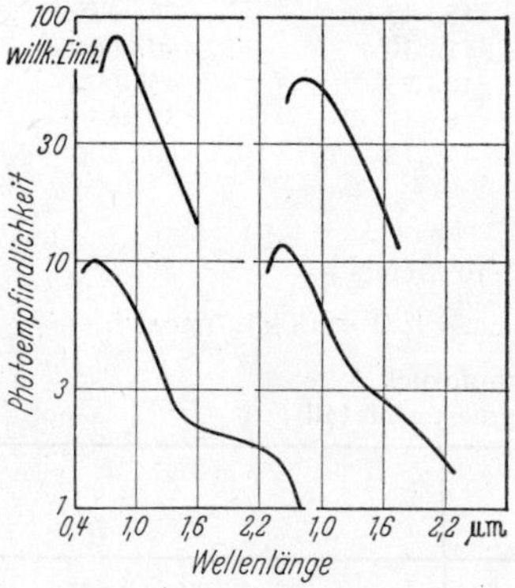

Abb. 3. B-Schichten. Spektrale Verteilung der Photoempfindlichkeit für vier verschiedene aufgedampfte Schichten

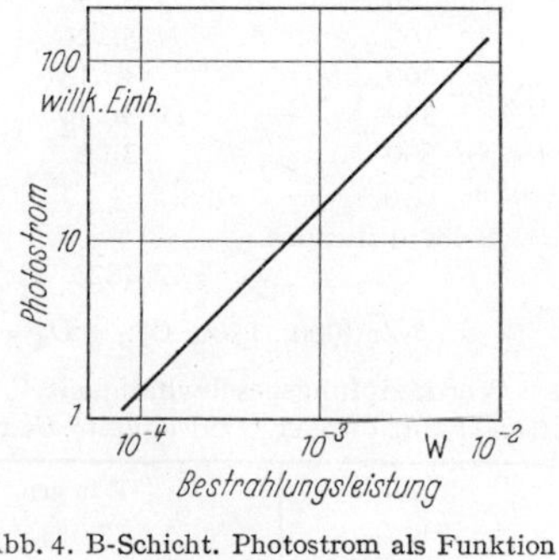

Abb. 4. B-Schicht. Photostrom als Funktion der Bestrahlungsleistung

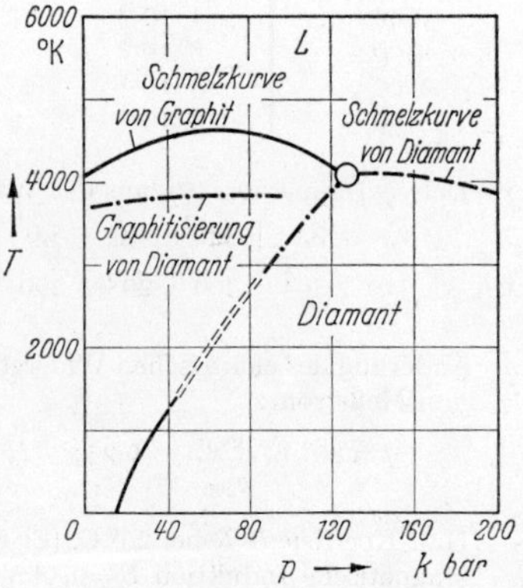

Abb. 5. Zustandsdiagramm Graphit-Diamant (Druckumwandlungen)

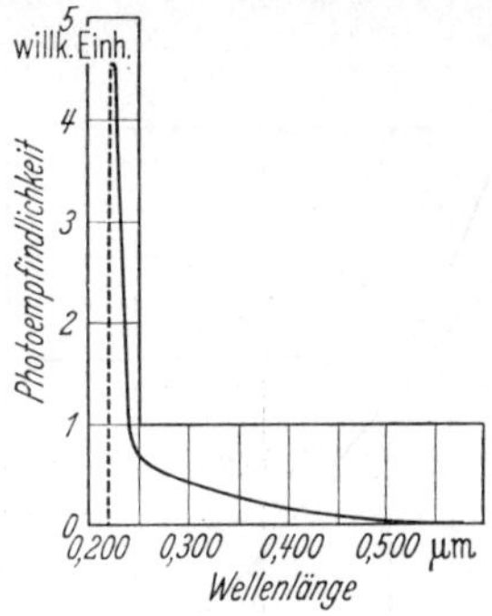

Abb. 6. C-Kristall. (Diamant) Spektrale Verteilung der Photoempfindlichkeit

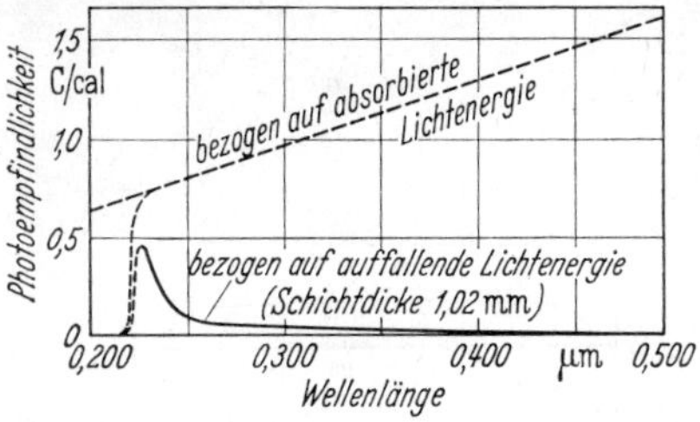

Abb. 7. C-Kristall (Diamant). Verhältnis der durch den Kristall fließenden Ladung zur auffallenden bzw. absorbierten Lichtenergie für hinreichend hohe Spannungen (Sättigungsfall) als Funktion der Wellenlänge (spektrale Verteilung der Photoempfindlichkeit)

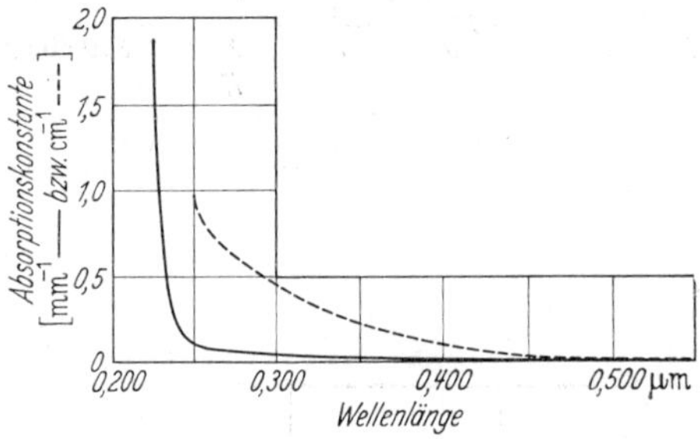

Abb. 8. C-Kristall (Diamant). Absorptionsspektrum

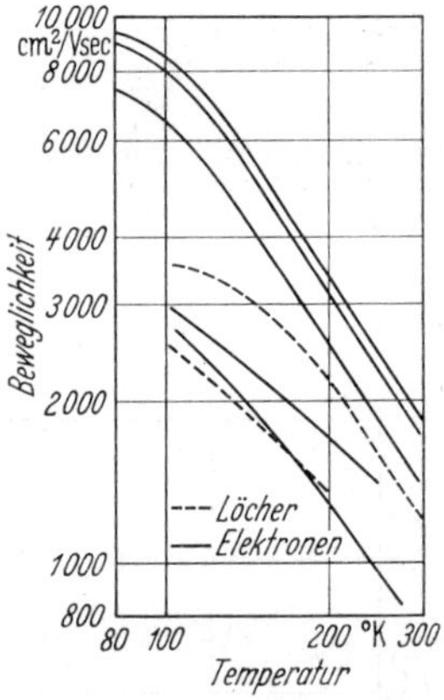

Abb. 9. C-Kristall (Diamant). Beweglichkeit photoelektrisch ausgelöster Elektronen und Löcher in Abhängigkeit von der Temperatur (aus Hall-Effekt). Verschiedene Kristalle

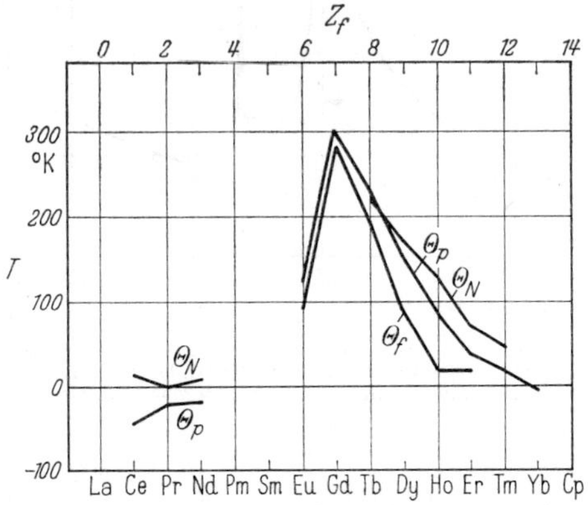

Abb. 10. Θ_p, Θ_N, Θ_f der Metalle der Seltenen Erden. Θ_f ist nur bei Gd eine echte Curie-Temperatur, bei Tb bis Er ist es die Übergangstemperatur von Ferro- zu Antiferromagnetismus

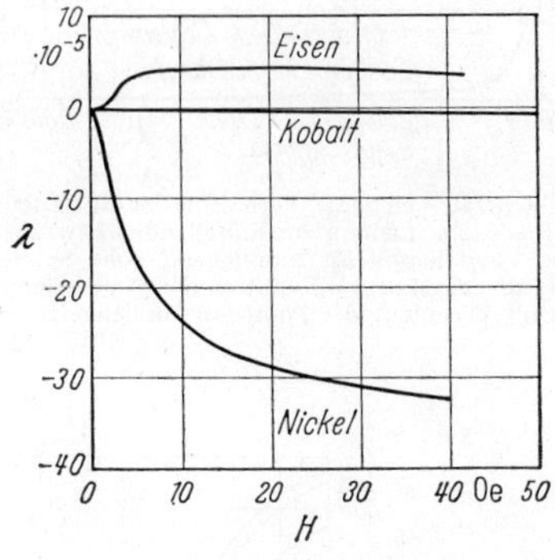

Abb. 11. Längsmagnetostriktion λ von Eisen, Kobalt und Nickel in Feldern mit geringer Feldstärke H

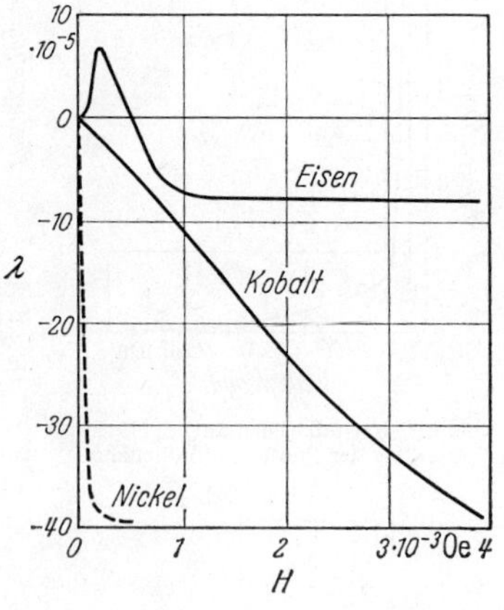

Abb. 12. Längsmagnetostriktion λ von Eisen, Kobalt und Nickel in starken Feldern

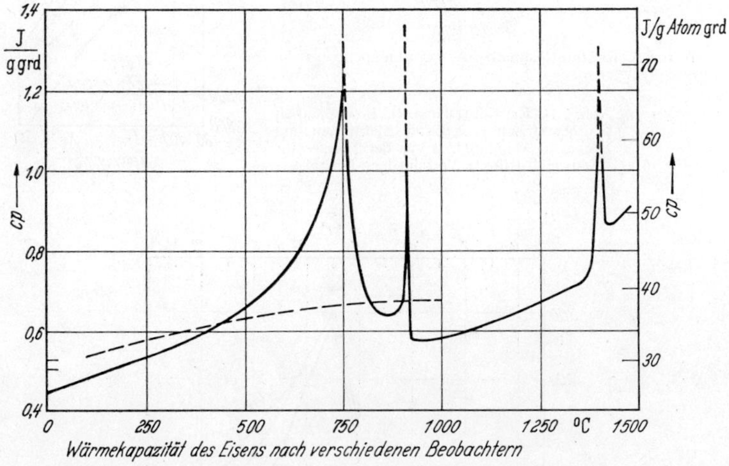

Abb. 13. Die horizontale Kurve — — — gilt für γ-Fe. Magnetische Umwandlung (Curie-Temperatur) 770° C. γ-Fe stabil >910° C; δ-Fe stabil >1398° C. Die Spitzen der Kurven bei diesen Temperaturen enthalten die Umwandlungswärmen

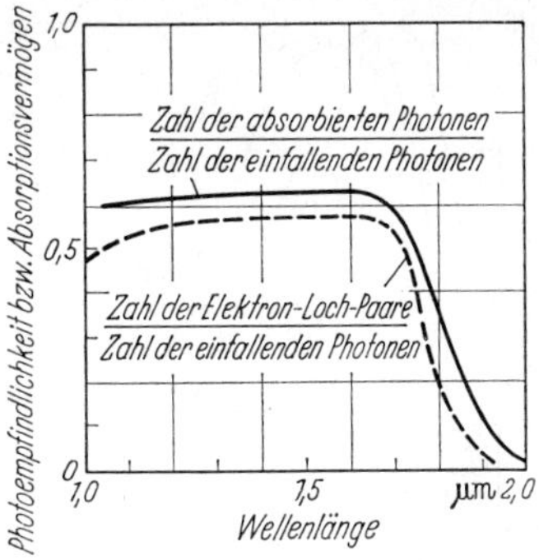

Abb. 14. Ge-Kristall. Spektrale Verteilung der Photoempfindlichkeit, dargestellt als Quantenausbeute, bezogen auf die eingestrahlten Photonen. Ferner zum Vergleich: der absorbierte Bruchteil der eingestrahlten Photonen als Funktion der Wellenlänge

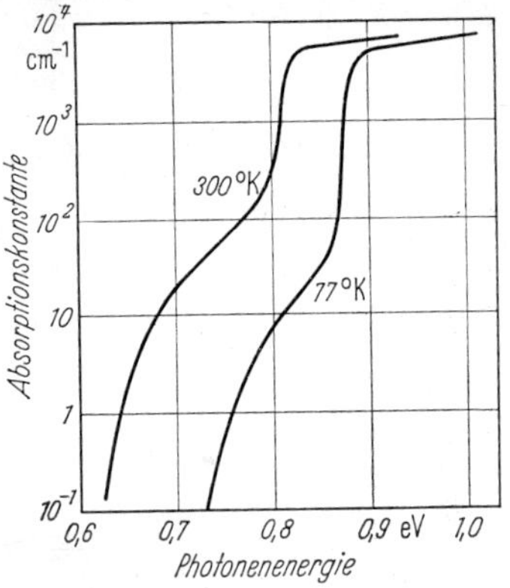

Abb. 15. Ge-Kristall. Absorptionsspektrum

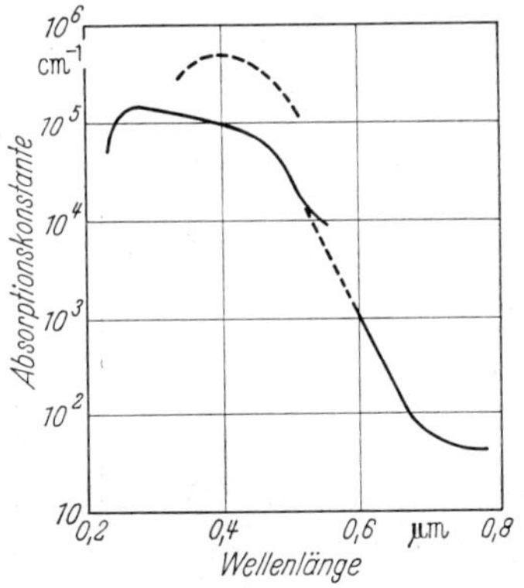

Abb. 16. J-Schichten. Absorptionsspektrum

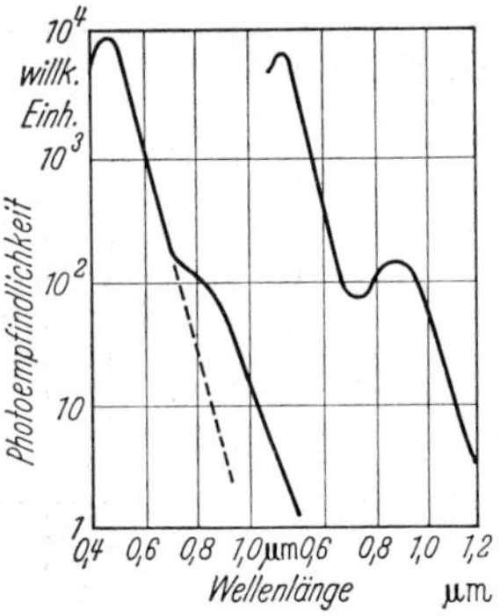

Abb. 17. J-Schichten (auf verschiedene Weise hergestellt). Spektrale Verteilung der Photoempfindlichkeit

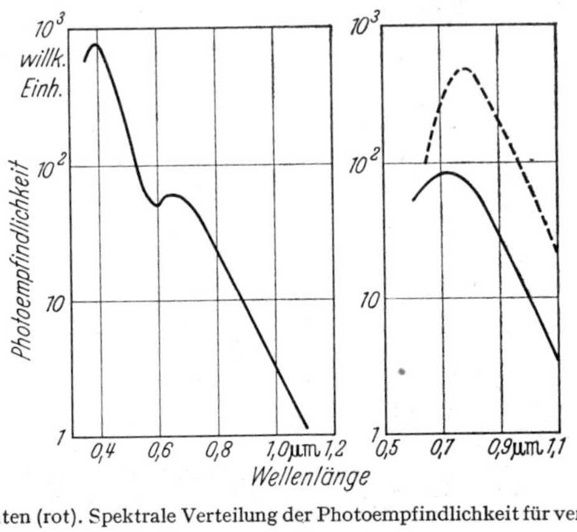

Abb. 18. P-Schichten (rot). Spektrale Verteilung der Photoempfindlichkeit für verschiedene Proben

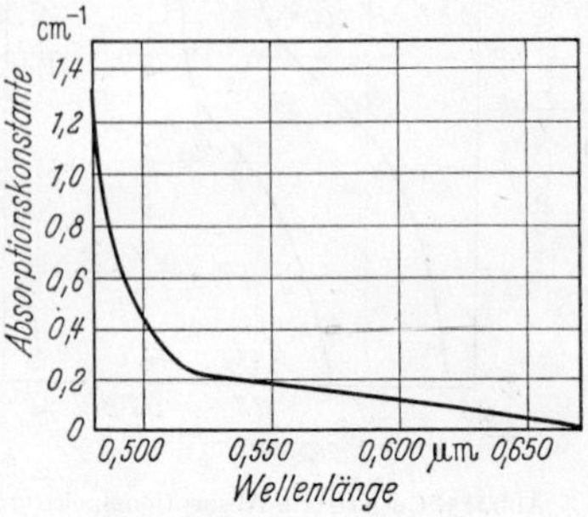

Abb. 19. S-Kristall. Absorptionsspektrum

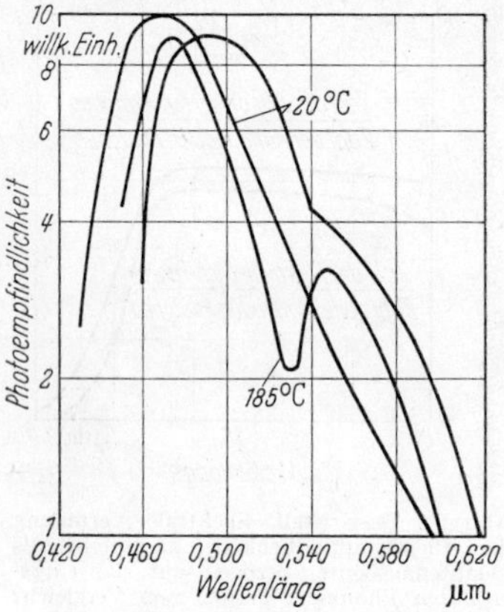

Abb. 20. S-Kristall. Spektrale Verteilung der Photoempfindlichkeit

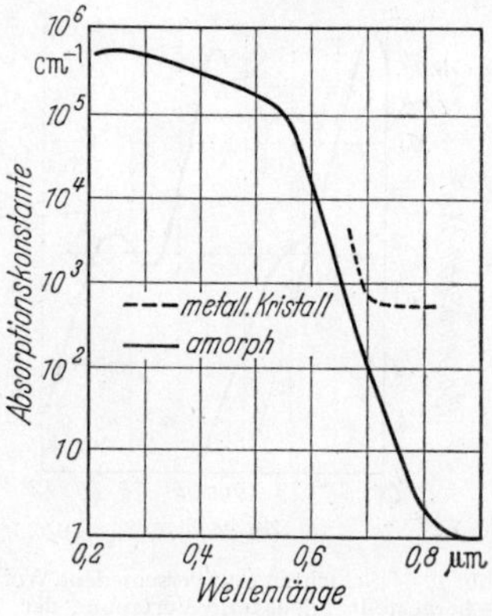

Abb. 21. Se (metallisch und amorph). Absorptionsspektrum

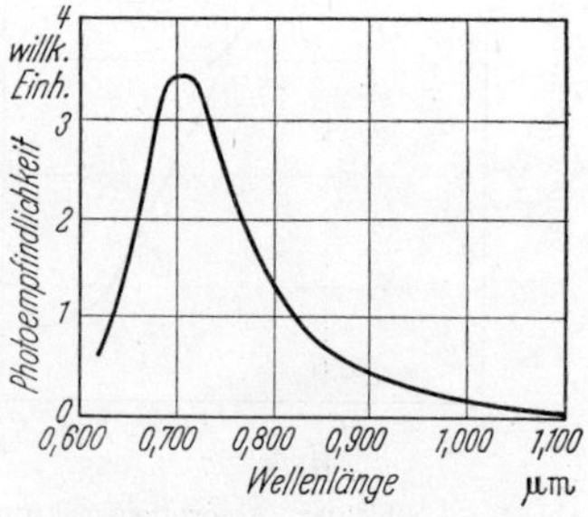

Abb. 22. Se-Kristall (rot, monoklin). Spektrale Verteilung der Photoempfindlichkeit

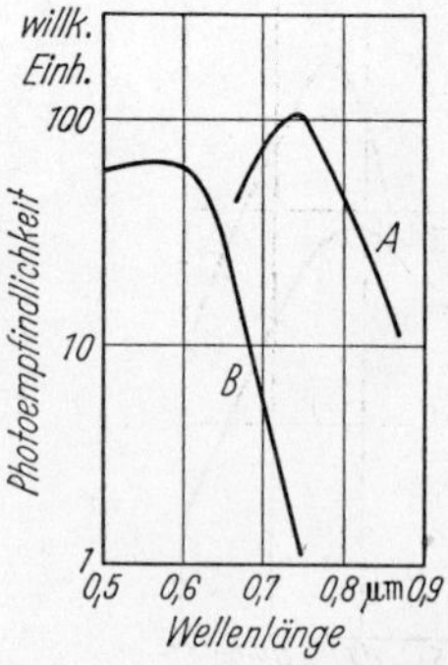

Abb. 23. Se (metallisch). Spektrale Verteilung der Photoempfindlichkeit. *A* Kristalle, aus der Dampfphase gezogen; *B* Sperrschichtzelle

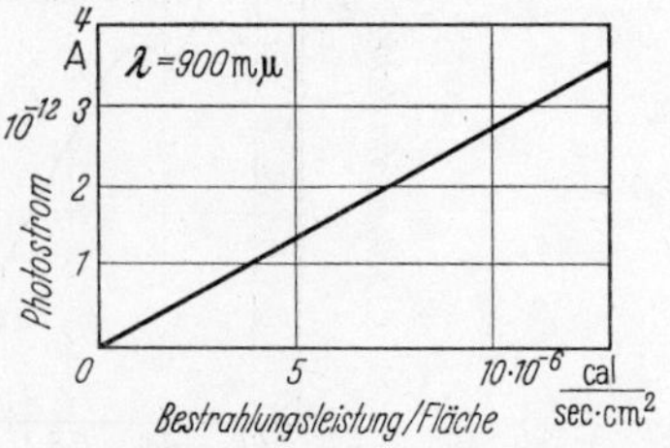

Abb. 24. Se-Kristall (rot, monoklin). Photostrom als Funktion der Bestrahlungsleistung, Fläche

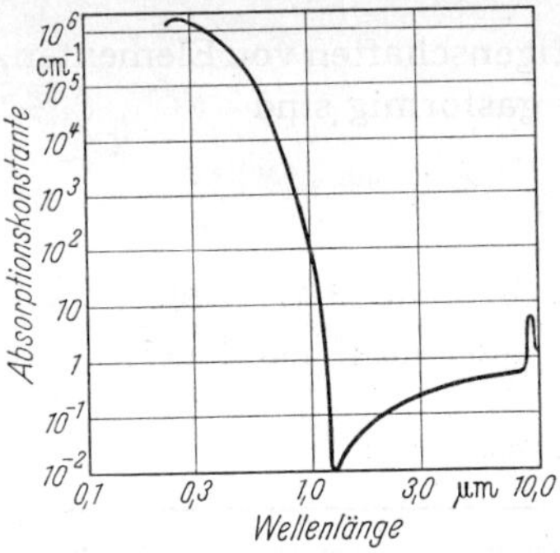

Abb. 25. Si-Kristall. Absorptionsspektrum

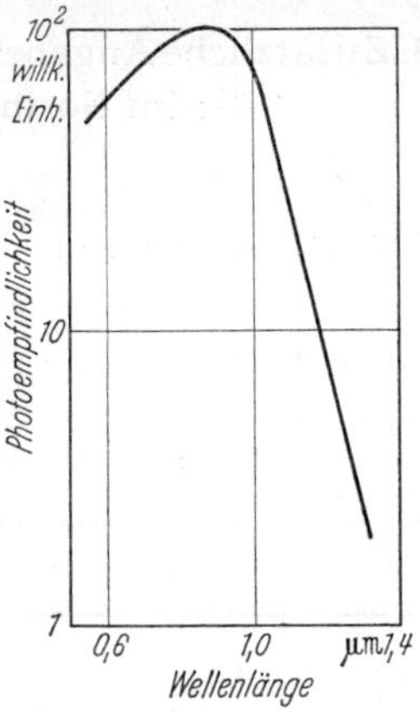

Abb. 26. Si-Schicht. Spektrale Verteilung der Photoempfindlichkeit

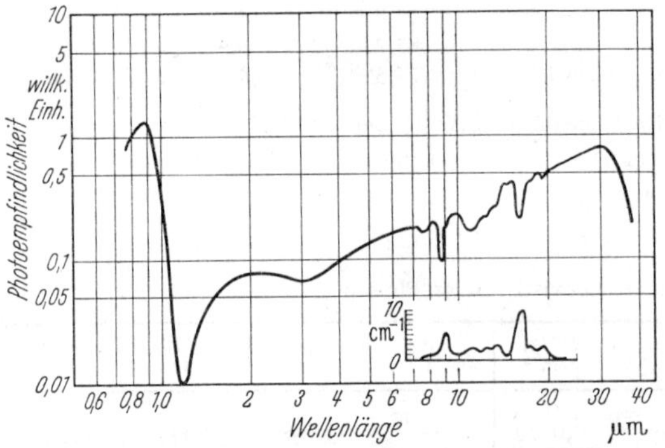

Abb. 27. Si-Kristall (n-Typ, bei 293° K $4 \cdot 10^{15}$ Ladungsträger/cm^3.) Spektrale Verteilung der Photoempfindlichkeit bei Heliumtemperatur, bezogen auf gleiche Quantenzahl. Das Absorptionsspektrum der Gitterschwingungen bei 293° K ist mit eingezeichnet

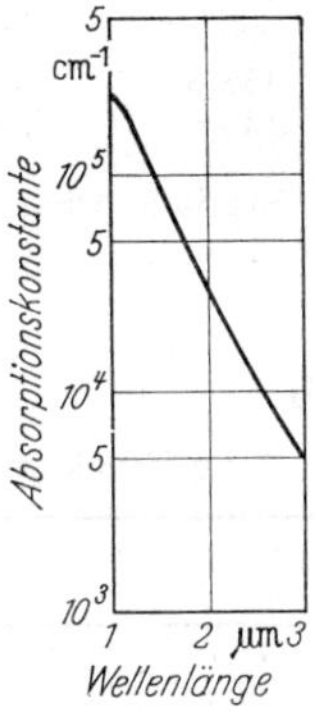

Abb. 28. Te-Schicht. Absorptionsspektrum

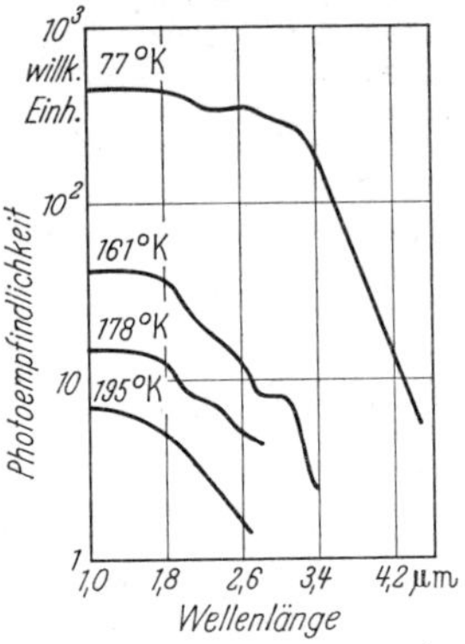

Abb. 29. Te-Schicht. Spektrale Verteilung der Photoempfindlichkeit

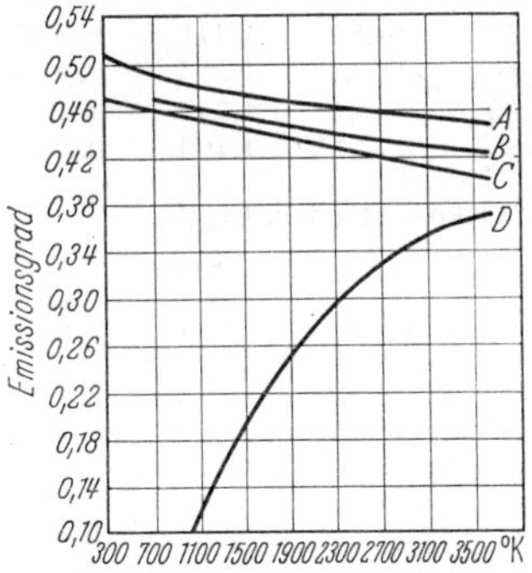

Abb. 30. Emissionsgrad von Wolfram in Abhängigkeit von der Temperatur.
Kurve A für $\lambda = 4{,}67 \cdot 10^{-5}$ cm;
Kurve C für $\lambda = 6{,}65 \cdot 10^{-5}$ cm;
Kurve B Mittelwert für die Lichtstrahlung;
Kurve D Mittelwert für die Gesamtstrahlung

2144. Zusätzliche Angaben über Eigenschaften von Elementen, die im Normzustand gasförmig sind

Ar

Dichte von festem Argon:

T	10	20	30	40	50	60	70	80	84	°K
D_f	(1,769)	1,764	1,753	1,736	1,714	1,689	1,664	1,636	(1,623)	gcm⁻³

Wärmeleitzahl von Ar_{fl} in Abhängigkeit vom Druck:

T °K	25 atm	100 atm	200 atm	300 atm	500 atm
91,1	121,3	126,5	133,0		
105,4	104,0	110,9	118,7	125,8	137,4
120,4	85,0	93,5	102,8	111,3	124,4
135,8	62,7	76,0	87,2	96,4	110,7
149,6	—	61,7	74,5	84,6	100,2

Statische Dielektrizitätskonstante ε, Ar (fl) bei −184,4° C: $\varepsilon=1,516$.
Brechzahl n, Ar (fl) bei 83,8° K für $\lambda=0,589$ µm: $n=1,2330$.

Cl_2

Dampfdruck und Dichte koexistierender Phasen:

ϑ °C	p at	D' (fl) gcm⁻³	D'' (g) gcm⁻³	ϑ °C	p at	D' (fl) gcm⁻³	D'' (g) gcm⁻³
0	3,762	1,468	0,0122	90	32,58	1,157	0,1006
10	5,142	1,439	0,0163	100	38,89	1,110	0,1237
20	6,864	1,409	0,0214	110	46,07	1,058	0,1537
30	8,973	1,377	0,0275	120	54,23	0,996	0,1935
40	11,52	1,345	0,0349	130	63,47	0,918	0,2499
50	14,55	1,311	0,0437	140	73,93	0,792	0,3519
60	18,11	1,276	0,0542	144	78,53	0,567	
70	22,27	1,239	0,0668				
80	27,07	1,199	0,0820				

Viskosität η von Cl_2 (fl):

ϑ	−76,5	−74,0	−70,5	−65,8	−60,2	−53,0	−45,1 °C
η	0,729	0,710	0,680	0,649	0,616	0,569	0,530 cP

Statische Dielektrizitätskonstante ε, Cl_2 (fl) bei −60° C: $\varepsilon=2,15$.
Brechzahl n, Cl_2 (fl) bei 92° K ($D=1,33$ gcm⁻³) für $\lambda=0,5890$ µm: $n=1,367$.

F_2

Viskosität von F_2 (g):

T	90	100	110	150	200	273,15 °K
η	59,2	69,1	78,2	108,8	142,2	209,3 µP

Dampfdruck und Dichte im Sättigungszustand:

T °K	p Torr	D gcm⁻³
65,02	35,28	
65,78		1,638
74,93		1,578
75,59	223,73	
81,39	504,10	
81,72		1,532
85,05	763,08	
85,67		1,505
88,50		1,484
88,51	1122,29	
94,73		1,434
100,21		1,391

Statische Dielektrizitätskonstante ε, F_2 (fl) bei $-189,97°$ C: $\varepsilon = 1,517$.

H_2 (und D_2)

Dichte D verschiedener flüssiger Wasserstoff-Modifikationen und Isotope:

T °K	t °C	n-H_2	para-H_2	n-D_2	HD
		D in gcm⁻³			
13,81	−259,35		0,07702		
13,96	−259,20	0,07722			
14	−259,16	0,07718	0,07687		
15	−258,16	0,07634	0,07602		
16	−257,16	0,07545	0,07512		
16,60	−256,56				0,1237
17	−256,16	0,07450	0,07417		0,1232
18	−255,16	0,07351	0,07318		0,1218
18,72	−254,44			0,1740	
19	−254,16	0,07247	0,07214	0,1740	0,1202
20	−253,16	0,07141	0,07107	0,1713	0,1185
20,39	−252,77	0,07098			
22	−251,16	0,06896			
24	−249,16	0,06620			
26	−247,16	0,06301			
28	−245,16	0,05919			
30	−243,16	0,05428			
32	−241,16	0,04665			

Dichte koexistierender Phasen von Tritium:

T °K	D'(fl) gcm⁻³	D''(g) gcm⁻³	T °K	D'(fl) gcm⁻³	D''(g) gcm⁻³
20,61	0,275	0,00079	25,66	0,256	0,00375
22,50	0,268	0,00097	26,36	0,253	0,00442
22,99	0,266	0,00175	27,09	0,249	0,00526
23,59	0,264	0,00211	28,32	0,244	0,00690
24,41	0,260	0,00266	29,13	0,239	0,00829
24,72	0,259	0,00290	40,6	0,1037	

Viskosität η von D_2 (fl):

T	18,8	19,0	19,5	20,0	20,4 °K
η	434	418	390	368	355 µP

Viskosität der gasförmigen Wasserstoffisotope bei $p = 1$ atm:

T	14,4	20,4	71,5	90,1	196,0	229,0		293,1 °K
H_2 η	7,89	11,32	32,87	39,49	66,97	74,0		86,69 µP
HD η	8,18	12,67	39,76	47,75	81,46	90,57		105,26 µP
ϑ	−200	−160	−120	−80	−40	−20	0	+20 °C
D_2 η	46,8	63,2	78,7	93,1	106,0	112,0	118,1	124,0 µP

Dampfdruck p der verschiedenen Isotope und para- und ortho-Modifikationen des Wasserstoffs:

T °K	Normaler Wasserstoff (25% para-H_2, 75% ortho-H_2)	Wasserstoff mit 99,8% para-H_2, 0,2% ortho-H_2 (Gleichgewicht bei 20,4° K)	ortho-H_2 (100% ortho-H_2)	Normales Deuterium (33,33% para-D_2, 66,67% ortho-D_2)	Deuterium mit 2,2% para-D_2, 97,8% ortho-D_2 (Gleichgewicht bei 20,4° K)	HD	DT	T_2
	p in Torr							
10	1,73	1,93		0,05	0,05	0,28		—
11	5,09	5,62		0,20	0,21	0,99		—
12	12,7	13,9		0,73	0,75	2,94		0,154[2]
13	27,9	30,2		2,14	2,20	7,46		—
13,81	49,1	*52,8*[1]		4,61	4,73	14,6		—
13,96	*54,0*[1]	57,4		5,24	5,37	16,3		—
14	55,4	58,8		5,44	5,57	16,8		—
14,05	57,0	60,5	*55,1*[1]	5,68	5,82	17,5		—
15	95,0	100,4	92,2	12,3	12,6	34,4		4,88[3]
16	153,3	161,2	149,1	25,4	26,0	65,2		—
16,60	199,7	209,3	194,4	37,9	38,7	*92,8*[1]		—
17	235,2	246,2	229,2	48,6	49,6	112,5		—
18	345,9	360,6	337,8	87,2	88,7	176,4		—
18,69	442,0	459,8	432,3	126,3	*128,5*[1]	234,5		—
18,72	446,9	464,9	437,1	*128,5*[1]	130,3	237,5		—
19	490,8	510,1	480,7	145,1	147,2	264,7		—
20	675,7	700,3	662,6	219,9	223,1	382,8	162,6	95,1[4]
20,27	733,9	760	720,0	244,9	248,4	420,9	—	—
20,39	760	786,8	745,7	256,2	259,9	438,1	—	—
20,45	774,4	801,7	760	262,5	266,2	447,7	—	—
21	906,4	937,0	890,6	322,2	326,9	536,2	246,2	194,5
22	1189,0	1226,6	1170,4	458,5	465,1	730,5	284,2	288,8
22,13	1230,8	1269,4	1211,8	479,6	486,5	760	—	—
23	1529,6	1574,9	1508,4	636,2	645,3	972,0	506,9	414,9
23,53	1734,5	1784,4	1712,2	749,3	760	1120,1	—	—
23,57	1753,3	1803,5	1730,8	760	770,6	1133,8	694,6	—
24	1854,4	—	—	851,2		1140,0	694,6	578,3
25				1102,0		1436,4	927,2	782,8
26				1390,8		1770,8	1216	1033
27				1740,0		—	1558	1345
28				—		—	1953	1710
29						—	—	2143

[1] Schmelzpunkt. [2] Bei 12,2° K. [3] Bei 15,6° K. [4] Bei 20,2° K.

H_2

Wärmeleitzahl von H_2 (fl)[1] bei $15 \leqq T \leqq 27°$ K:

$$\lambda = (71 + 2{,}333\ T) \cdot 10^{-5}\ \mathrm{Wcm^{-1}grd^{-1}}.$$

Wärmeleitzahl von D_2 (fl)[2] bei $19 \leqq T \leqq 26°$ K:

$$\lambda = (84{,}5 + 2{,}078\ T) \cdot 10^{-5}\ \mathrm{Wcm^{-1}grd^{-1}}.$$

Statische Dielektrizitätskonstante ε

H_2 (fl) bei $-252{,}85°$ C: $\varepsilon = 1{,}225$;

D_2 (fl) bei $-253{,}61°$ C($p = 184$ Torr): $\varepsilon = 1{,}227$.

Brechzahl n: H_2 (fl) bei 20° K für $\lambda = 0{,}5890$ µm: $n = 1{,}112$.

He

Dampfdruck und spezifisches Volumen von flüssigem (V_{fl}) und dampfförmigem (V''_g) ^{4}He im Sättigungszustand:

T °K	p at	V' (fl) cm³g⁻¹	V'' (g) cm³g⁻¹
1,00	$0{,}163 \cdot 10^{-3}$	6,88	$128 \cdot 10^{3}$
1,40	$2{,}93 \cdot 10^{-3}$	6,88	$9{,}95 \cdot 10^{3}$
1,80	$16{,}95 \cdot 10^{-3}$	6,87	$2{,}18 \cdot 10^{3}$
2,176[3]	$51{,}90 \cdot 10^{-3}$	6,85	823
2,2	$55{,}01 \cdot 10^{-3}$	6,84	798
2,6	0,1274	6,93	393
3,0	0,2475	7,08	223
3,4	0,4278	7,31	138
3,8	0,6807	7,60	89,8
4,2	1,019	7,99	58,7
4,215	1,033	8,00	(58,0)
4,6	1,456	8,0	(39,0)
5,0	2,010	10,4	(24,6)
5,23[4]	2,337	14,5	(14,5)

Statische Dielektrizitätskonstante ε, ^{4}He (fl) bei $-269°$ C: $\varepsilon = 1{,}048$.

Brechzahl n:

^{4}He (fl) bei 3,7° K für $\lambda = 0{,}5462$ µm: $n = 1{,}026124$;

^{4}He I bei 2,20° K ($D = 0{,}1420$ gcm⁻³) für $\lambda = 0{,}5461$ µm: $n = 1{,}0269$;

^{4}He II bei 2,18° K ($D = 0{,}1420$ gcm⁻³) für $\lambda = 0{,}5461$ µm: $n = 1{,}0269$.

---

[1] Für n-H_2 und p-H_2 übereinstimmend.
[2] Für n-D_2 und o-D_2 übereinstimmend.
[3] λ-Punkt.
[4] Kritischer Punkt.

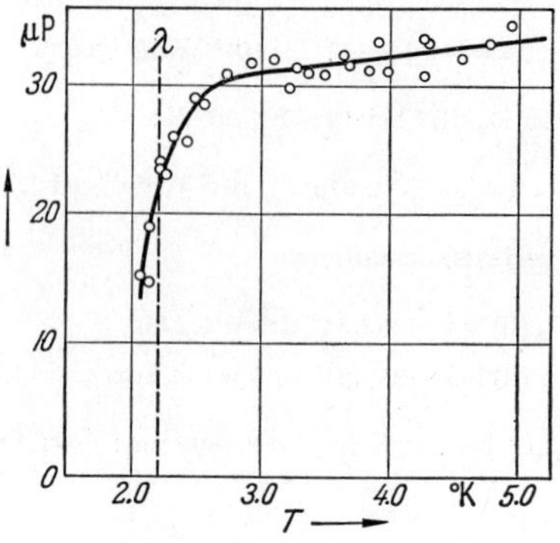

Abb. 1. Viskosität von flüssigem ^{4}He I

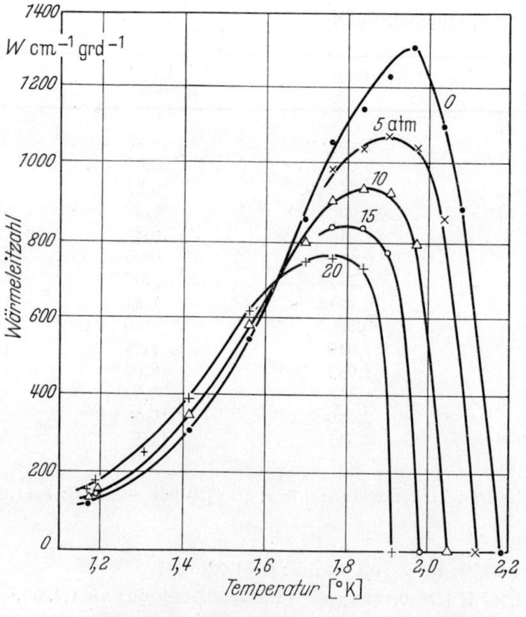

Abb. 2. Wärmeleitzahl von flüssigem ^{4}He II bei verschiedenen Drucken (unterhalb der λ-Umwandlung)

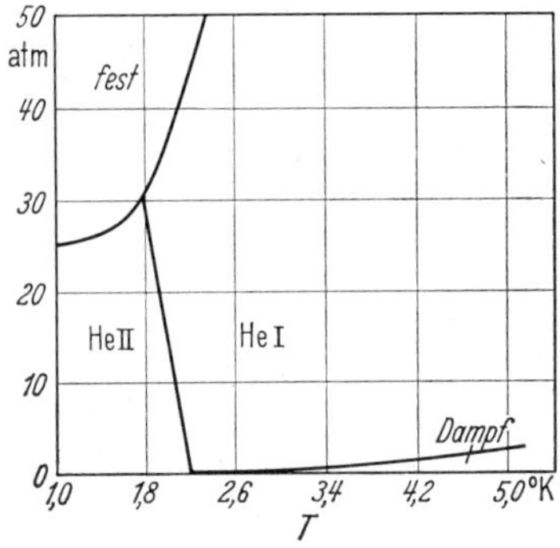

Abb. 3. Zustandsdiagramm des ⁴He, λ-Umwandlung

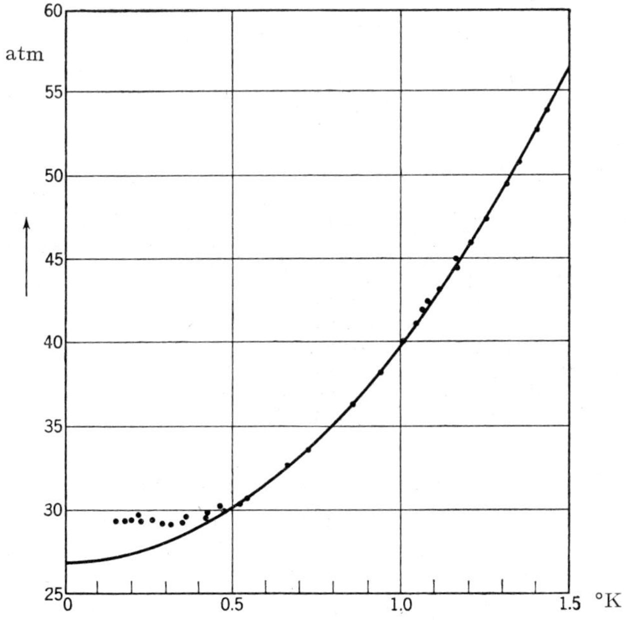

Abb. 4. Schmelzdruckkurve von ³He

^{3}He

Dampfdruck und Dichten von flüssigem (D'_{fl}) und dampfförmigem (D''_g) ^{3}He im Sättigungszustand:

T °K	p Torr	$D'_{(fl)}$ gcm^{-3}	$D''_{(g)}$ gcm^{-3}
1,0	8,842	0,08185	0,00058
1,2	20,163	0,08147	0,00098
1,4	38,516	0,08093	0,00154
1,6	65,467	0,08020	0,00228
1,8	102,516	0,07924	0,00325
2,0	151,112	0,07801	0,00450
2,2	212,673	0,07645	0,00608
2,4	288,613	0,07448	0,00806
2,6	380,383	0,07200	0,01056
2,8	489,549	0,06882	0,01376
3,0	617,967	0,06462	0,01798
3,1	689,949	0,06193	0,02067
3,2	767,656	0,05861	0,02400
3,3	851,406	0,05416	0,02847

Viskosität von ^{3}He bei 1 atm:

T	14,4	20,4	65,8	90,2	194,0	229,0	293,1 °K
η	28,5	35,0	74,1	91,1	149,3	166,4	196,1 µP

Wärmeleitzahl λ von ^{3}He (fl) bei 0,3° K: $\lambda = 0{,}26 \cdot 10^{-3}$ Wcm^{-1}grd^{-1}.

Kr

Dichte koexistierender Phasen:

ϑ °C	D' (fl) gcm^{-3}	D'' (g) gcm^{-3}	ϑ °C	D' (fl) gcm^{-3}	D'' (g) gcm^{-3}
−147,18	2,3707	0,0133	−84,76	1,7255	0,2350
−139,02	2,3040	0,0220	−79,55	1,6379	0,2903
−129,11	2,2202	0,0374	−73,51	1,5161	0,3774
−119,81	2,1363	0,0577	−71,24	1,4590	0,4217
−109,46	2,0350	0,0900	−64,94	1,1926	0,6467
−102,22	1,9574	0,1201	−63,75	0,9085	
−92,32	1,8338	0,1758			

Wärmeleitfähigkeit von Kr (fl) in Abhängigkeit vom Druck:

T °K	λ in 10^{-5} Wcm^{-1} grd^{-1} bei p in atm				
	25	100	200	300	500 atm
125,5	87,9	91,2	95,2	98,8	—
150,3	71,2	75,8	81,1	85,7	93,6
175,3	54,2	60,4	67,2	72,7	82,0
200,3	—	46,2	54,4	60,9	71,0
235,5[1]	—	27,5	39,6	47,1	58,2

[1] Überkritisch.

N_2

α-N_2 stabil $T \leqq 35{,}4°$ K, kub. $B21$, T^4, $P2_13$, $a = 5{,}667$ Å; ($Z = 4$).
Wärmeleitzahl λ von N_2 (fl) für $65 \leqq T \leqq 90°$ K:

$$\lambda = (244{,}3 - 1{,}354\ T) \cdot 10^{-3}\ \mathrm{Wcm^{-1}grd^{-1}}.$$

Wärmeleitzahl λ von N_2 (fl) in Abhängigkeit vom Druck:

T °K	λ in 10^{-5} $\mathrm{Wcm^{-1}grd^{-1}}$ bei p in atm			
	33,5	67,0	100,5	134,0 atm
85	126,0	128,9	131,8	135,4
90	117,6	121,0	124,5	128,5
100	100,4	105,9	110,3	115,1
110	83,3	90,4	96,1	101,3
120	66,1	75,1	82,2	87,9
124[1]	59,2	69,3	77,0	83,7

Statische Dielektrizitätskonstante ε, N_2 (fl) bei $-198{,}4°$ C: $\varepsilon = 1{,}445$.
Brechzahl n, N_2 (fl) bei 78° K für $\lambda = 0{,}5890$ µm: $n = 1{,}929$.

Ne

Dichte koexistierender Phasen:

ϑ °C	D'(fl) $\mathrm{gcm^{-3}}$	D''(g) $\mathrm{gcm^{-3}}$	ϑ °C	D'(fl) $\mathrm{gcm^{-3}}$	D''(g) $\mathrm{gcm^{-3}}$
−247,92	1,2382	0,00534	−235,26	0,9673	0,0931
−246,94	1,2222	0,00711	−234,01	0,9280	0,1159
−245,94	1,2042	0,00939	−232,02	0,8542	0,1656
−242,90	1,1496	0,02013	−230,07	0,7487	0,2394
−240,00	1,0883	0,0383	−228,75	0,4835	
−237,04	1,0175	0,0674			

O_2

Die Angaben über die Daten der Tieftemperaturmodifikationen des O_2 sind unsicher.

Dampfdruck von O_2 siehe Tabelle 4111 und 12112.

Wärmeleitzahl λ von O_2 (fl) in Abhängigkeit vom Druck:

T °K	λ in 10^{-5} $\mathrm{Wcm^{-1}grd^{-1}}$ bei p in atm				
	25	50	75	100	125 atm
80	164,5	166,2	167,8	169,5	171,2
90	151,5	153,6	155,7	157,8	159,9
100	138,5	141,0	143,6	146,1	148,6
110	125,1	127,9	130,6	133,5	136,4
120	110,9	114,3	117,4	120,6	123,9
130	96,3	100,4	104,0	107,6	111,2
140	—	85,8	90,0	94,2	98,4
150	—	67,8	75,4	80,8	85,8

Statische Dielektrizitätskonstante ε, O_2 (fl) bei $-192{,}4°$ C: $\varepsilon = 1{,}505$.
Brechzahl n, O_2 (fl) bei 92° K für $\lambda = 0{,}5890$ µm: $n = 1{,}221$.

[1] Kritische Temperatur.

O_3

Dichte (0° C, 760 Torr): $D = 2{,}1415 \cdot 10^{-3}$ gcm^{-3}.
Schmelzpunkt $F = -192{,}5°$ C.
Siedepunkt $V = -111{,}9°$ C; Verdampfungsenthalpie $\Delta H_v = 10{,}7$ kJ/Mol.
Kritischer Punkt: $\vartheta_{krit} = -12{,}1°$ C;
$p_{krit} = 16{,}4$ atm;
$D_{krit} = 0{,}537$ gcm^{-3}.

Dichte im Sättigungszustand:

°C	D gcm^{-3}	°C	D gcm^{-3}
	fest	−185,6	1,5839
−195,8	1,728	−183,0	1,574
	flüssig	−182,9	1,5727
−195,8	1,6137	−170,0	1,536
−195,6	1,6130	−150,0	1,473
−195,4	1,614	−120,0	1,376
−188,0	1,595	−112	1,354

Wärmeleitzahl λ von O_3 (fl):

ϑ	−196	−183	−165	−128 °C
λ	218	222	227	$231 \cdot 10^{-5}$ Wcm^{-1}grd^{-1}

Dielektrizitätskonstante $(\varepsilon - 1) \cdot 10^6 = 1900$ (0° C, 760 Torr).
Brechzahl O_3 (für $\lambda = 0{,}5462$ µm) $(n-1) \cdot 10^6 = 520$.

Xe

Dichte koexistierender Phasen:

ϑ °C	D' (fl) gcm^{-3}	D'' (g) gcm^{-3}	ϑ °C	D' (fl) gcm^{-3}	D'' (g) gcm^{-3}
−66,8	2,763	0,059	+5	1,879	0,501
−59,3	2,694	0,078	10	1,750	0,602
−42,9	2,605	0,103	12	1,677	0,662
−39,3	2,506	0,139	14	1,592	0,740
−30,3	2,411	0,180	15	1,528	0,779
−25,2	2,297	0,235	16	1,468	0,884
−10	2,169	0,313	16,6	1,155	
−5	2,074	0,363			
0	1,987	0,421			

Wärmeleitzahl λ von Xe (fl) in Abhängigkeit vom Druck:

T °K	λ in 10^{-5} Wcm^{-1}grd^{-1} bei p in atm				
	25	100	200	300	500 atm
170,3	68,9	72,0	74,8	—	—
190,4	62,0	64,9	68,3	71,5	76,8
210,2	54,4	57,7	61,8	65,4	71,2
235,0	44,7	49,0	54,1	57,7	64,5

2145. Luft

214501. Zusammensetzung der trockenen Luft am Erdboden

	N_2	O_2	Ar	CO_2	Ne	He	Kr	Xe	H_2
Vol.-%	78,09	20,95	0,93	0,03	0,0018	0,0005	0,0001	$0{,}0_58$	$0{,}0_45$
Gew. %	75,52	23,15	1,28	0,05	0,0013	0,00007	0,0003	$0{,}0_44$	$0{,}0_54$

O_3 ist zu $1 \cdot 10^{-6}$ Vol.-% und Rn zu $\approx 6 \cdot 10^{-14}$ Vol.-% vorhanden.

214502 Dichte

214502a Dichte der trockenen Luft

ϑ	D in 10^{-6} gcm^{-3} bei p in Torr								
°C	700	710	720	730	740	750	760	770	780
0	1191	1208	1225	1242	1259	1276	1293	1310	1327
2	1182	1199	1216	1233	1250	1267	1284	1301	1318
4	1174	1191	1207	1224	1241	1258	1274	1291	1308
6	1165	1182	1199	1215	1232	1249	1265	1282	1299
8	1157	1174	1190	1207	1223	1240	1256	1273	1289
10	1149	1165	1182	1198	1215	1231	1247	1264	1280
12	1141	1157	1173	1190	1206	1222	1239	1255	1271
14	1133	1149	1165	1181	1198	1214	1230	1246	1262
16	1125	1141	1157	1173	1189	1205	1221	1238	1254
18	1117	1133	1149	1165	1181	1197	1213	1229	1245
20	1110	1126	1141	1157	1173	1189	1205	1221	1236
22	1102	1118	1134	1149	1165	1181	1197	1212	1228
24	1095	1110	1126	1142	1157	1173	1189	1204	1220
26	1087	1103	1118	1134	1149	1165	1181	1196	1212
28	1080	1096	1111	1126	1142	1157	1173	1188	1204
30	1073	1088	1104	1119	1134	1150	1165	1180	1196

Dichte der trockenen Luft bei 760 Torr

ϑ	35	40	50	60	70	80	90	100° C
D	1146	1127	1092	1060	1029	999	972	$946 \cdot 10^{-6}$ gcm^{-3}

214502b. Dichte der trockenen Luft auf den physikalischen Normzustand bezogen

(D(0° C, 760 Torr) $= 0{,}001293$ gcm^{-3}

(Diese relative Dichte wird auch Amagat-Dichte genannt)

T	$\frac{D}{D_{(0°\,C,\ 760\ Torr)}}$ bei p in atm						
°K	1	4	7	10	40	70	100
100	2,7830						
200	1,3681	5,511	9,713	13,976	60,13	112,66	168,40
300	0,9102	3,644	6,383	9,125	36,72	64,34	91,61
400	0,6823	2,7277	4,771	6,811	27,043	46,89	66,27
500	0,5458	2,1809	3,813	5,441	21,526	37,23	52,53
600	0,4548	1,8171	3,176	4,532	17,917	30,977	43,71
700	0,3898	1,5575	2,7226	3,885	15,360	26,567	37,51
800	0,3411	1,3629	2,3825	3,400	13,449	23,274	32,879
900	0,3032	1,2115	2,1180	3,023	11,964	20,720	29,290
1000	0,2729	1,0905	1,9065	2,721	10,777	18,675	26,419

214502c. Kondensationsdruck p_{kond}, Verdampfungsdruck p_v und Dichte der flüssigen (D') und der dampfförmigen Luft (D'') im Sättigungszustand

t °C	p_{kond} at	p_v at	D' gcm⁻³	D'' gcm⁻³	t °C	p_{kond} at	p_v at	D' gcm⁻³	D'' gcm⁻³
−150,12	24,47	25,87			−140,89	37,79			0,262
−146,32		30,82	0,523		−140,85	37,97	38,42	0,359	
−144,35		33,60	0,503		−140,84				0,269
−144,12	32,09	34,22			−140,83	37,90			
−143,35			0,488		−140,80	37,90	38,44	0,365	0,265
−143,34	32,91	34,91		0,188	−140,75	38,08			
−143,14	33,13				−140,74	38,22	38,66		0,277
−142,35	35,04	36,48	0,461		−140,73[1]		38,49	0,35	
−141,99	35,73			0,217	−140,70			0,328	
−141,35	36,41	37,70			−140,69	38,25	38,50	0,323	
−141,34			0,439		−140,64	38,35	38,48		
−140,99	37,56			0,253	−140,63[2]	38,41	38,41	0,31	0,31

[1] Faltenpunkt. [2] Kritischer Punkt.

214503. Kompressibilität ($p \cdot v$-Werte) s. Tabelle 3333

214504. C_p/C_v

T °K	p in atm 1	10	40	70	100
200	1,4057	1,449	1,642	1,900	2,138
220	1,4048	1,439	1,574	1,732	1,877
240	1,4040	1,431	1,533	1,643	1,744
260	1,4032	1,426	1,506	1,589	1,663
280	1,4024	1,421	1,487	1,551	1,609
300	1,4017	1,418	1,472	1,524	1,571
350	1,3993	1,410	1,447	1,480	1,511
400	1,3961	1,404	1,430	1,454	1,475
500	1,3871	1,392	1,407	1,420	1,432
600	1,3768	1,379	1,388	1,397	1,404
800	1,354	1,355	1,359	1,363	1,367
1000	1,336	1,336	1,339	1,341	1,342

214505. Schallgeschwindigkeit in Luft V

	p in atm 0,1	0,5	1	2	5	10
V (17° C) ms⁻¹	341,39	341,46	341,49	341,60	341,92	342,55
V (27° C) ms⁻¹	347,22	347,26	347,33	347,46	347,82	348,49

214506. Viskosität

°C	Dichte 10^{-3} g/cm³	η µP	ν cSt	°C	Dichte 10^{-3} g/cm³	η µP	ν cSt
−200	4,830	51,5	1,07	−80	1,828	126,9	6,94
−180	3,792	64,7	1,71	−60	1,657	138,6	8,36
−160	3,120	77,6	2,49	−40	1,515	150,0	9,89
−140	2,654	90,4	3,40	−20	1,396	161,0	11,53
−120	2,308	102,8	4,46	0	1,293	171,0	13,28
−100	2,080	115,0	5,52	10	1,247	176,8	14,18

°C	Dichte 10^{-3} g/cm³	η µP	ν cSt	°C	Dichte 10^{-3} g/cm³	η µP	ν cSt
20	1,205	181,9	15,10	200	0,746	258,6	34,65
30	1,165	186,7	16,03	250	0,675	277,7	41,12
40	1,128	191,5	16,98	300	0,616	296	48,0
60	1,060	200,8	18,92	400	0,525	330	62,9
80	1,000	209,7	20,92	500	0,457	362	79,2
100	0,947	218,4	23,04	600	0,405	394	97,4
120	0,898	226,7	25,22	700	0,363	425	117,2
160	0,815	243,0	29,80				

214507. Thermodynamische Zustandsgrößen

214507a. Thermodynamische Zustandsgrößen von Luft im idealen Gaszustand. S_{id} ist unter Voraussetzung des idealen Gaszustandes die Entropie bei 1 atm (einschließlich der Mischungsentropie). H_{id} ist bei $T=0$ gleich Null gesetzt. $R=8{,}314$ J/Molgrd; $R\,T_{273{,}15°}=2271{,}2$ JMol⁻¹

T °K	$\frac{C_{p\,id}}{R}$	$\frac{H_{id}}{R \cdot T_{273{,}15}}$	$\frac{S_{id\,1}}{R}$	T °K	$\frac{C_{p\,id}}{R}$	$\frac{H_{id}}{R \cdot T_{273{,}15}}$	$\frac{S_{id\,1}}{R}$
50	3,491	0,635	17,663	550	3,622	70,80	26,067
100	3,491	1,274	20,082	600	3,661	7,746	26,384
150	3,491	1,913	21,498	650	3,703	8,420	26,678
200	3,492	2,553	22,503	700	3,745	9,102	26,954
250	3,494	3,192	23,282	750	3,786	9,791	27,214
300	3,500	3,832	23,920	800	3,827	10,488	27,460
350	3,512	4,474	24,460	850	3,867	11,192	27,693
400	3,530	5,118	24,930	900	3,905	11,901	27,915
450	3,555	5,767	25,347	950	3,941	12,622	28,127
500	3,586	6,420	25,723	1000	3,975	13,346	28,330

214507b. Thermodynamische Zustandsgrößen von flüssiger und dampfförmiger Luft im Sättigungszustand

T_v Verdampfungstemperatur, T_{kond} Kondensationstemperatur V' Volumen der flüssigen, V'' Volumen der dampfförmigen Luft, H' Enthalpie, S' Entropie der flüssigen Luft, H'' Enthalpie, S'' Entropie der dampfförmigen Luft. H' und S' sind für 78,8° K = 0 gesetzt.

p atm	T_v	T_{kond}	V'	V''	H'	H''	S'	S''
	°K		gcm⁻³		JMol⁻¹		JMol⁻¹grd⁻¹	
1	78,8	81,8	33,14	6456,7	0	5942	0	74,00
2	85,55	88,31	34,39	3389,1	349	6096	4,19	70,30
3	90,94	92,63	35,40	2319,0	585	6176	6,81	68,03
5	96,38	98,71	36,94	1427,6	926	6251	10,39	64,98
7	101,04	103,16	38,21	1029,1	1196	6280	13,05	62,84
10	106,47	108,35	40,00	718,4	1549	6284	16,34	60,42
15	113,35	114,91	43,21	464,8	2063	6233	20,83	57,37
20	118,77	120,07	46,63	330,4	2527	6120	24,67	54,76
25	123,30	124,41	50,37	246,6	2966	5960	28,08	52,25
30	127,26	128,12	55,69	186,6	3412	5740	31,40	49,64
35	130,91	131,42	64,90	134,2	3930	5399	35,40	46,60
37,17[1]	132,52[1]		90,52		4755		41,36	
37,25[2]	132,42[2]		88,28		4707		41,00	

[1] Kritischer Punkt. [2] Faltenpunkt.

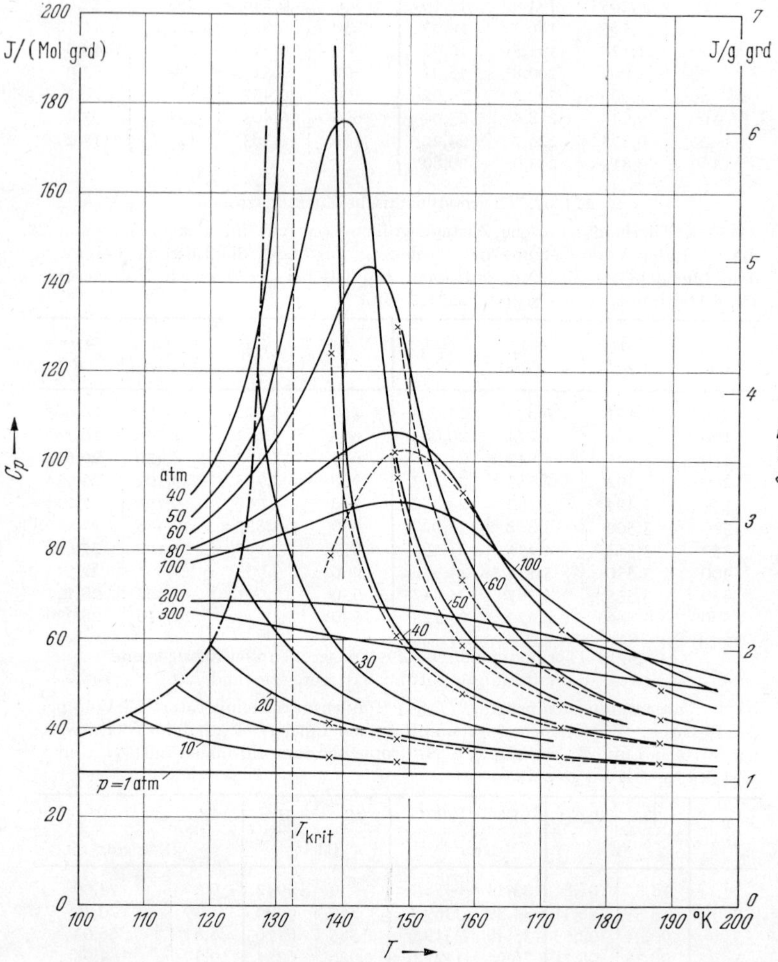

Luft, Molwärme C_p bei tiefen Temperaturen ———, --×--×-- verschiedene Autoren

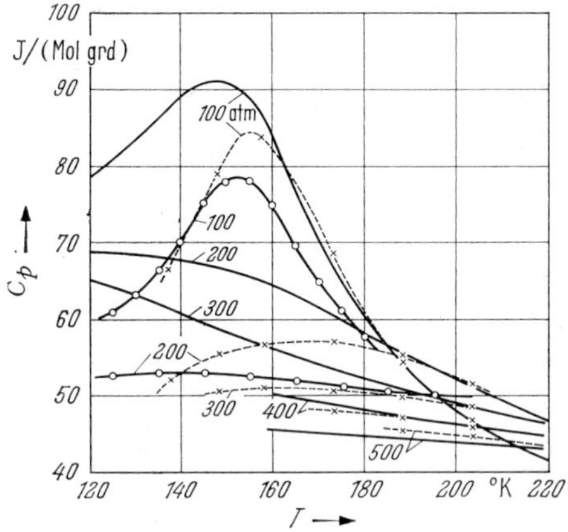

Luft, Molwärme C_p bei tiefen Temperaturen und höheren Drucken
———, —o—o—, --×--×-- verschiedene Autoren

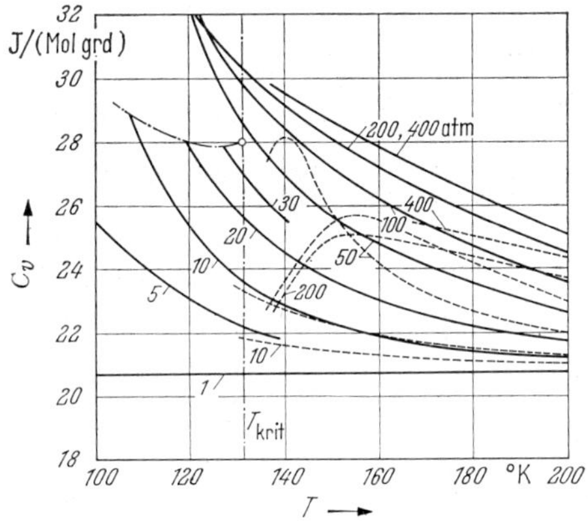

Luft, Molwärme C_v bei tiefen Temperaturen und höheren Drucken
———, ---------- verschiedene Autoren

214507c. Luft-

Temperatur °K	Zahl der Teilchen in cm³					
	n_{N_2}	n_{O_2}	n_{NO}	n_N	n_O	n_{B^+}
			1 atm			
1000	$5,79 \cdot 10^{18}$	$1,54 \cdot 10^{18}$	$3,92 \cdot 10^{14}$	$2,02 \cdot 10^{-3}$	$6,02 \cdot 10^{8}$	
2000	$2,87 \cdot 10^{18}$	$7,45 \cdot 10^{17}$	$5,05 \cdot 10^{16}$	$2,99 \cdot 10^{9}$	$1,18 \cdot 10^{15}$	
3000	$1,80 \cdot 10^{18}$	$3,60 \cdot 10^{17}$	$1,75 \cdot 10^{17}$	$2,97 \cdot 10^{13}$	$1,11 \cdot 10^{17}$	
4000	$1,21 \cdot 10^{18}$	$4,84 \cdot 10^{16}$	$1,23 \cdot 10^{17}$	$2,68 \cdot 10^{15}$	$4,56 \cdot 10^{17}$	
5000	$8,70 \cdot 10^{18}$	$3,33 \cdot 10^{15}$	$5,18 \cdot 10^{16}$	$3,78 \cdot 10^{16}$	$5,03 \cdot 10^{17}$	
6000	$6,22 \cdot 10^{17}$	$2,77 \cdot 10^{14}$	$1,82 \cdot 10^{16}$	$2,10 \cdot 10^{17}$	$3,73 \cdot 10^{17}$	
7000	$2,57 \cdot 10^{17}$	$3,95 \cdot 10^{13}$	$2,08 \cdot 10^{15}$	$5,17 \cdot 10^{17}$	$2,72 \cdot 10^{17}$	$2,83 \cdot 10^{14}$
8000	$5,39 \cdot 10^{16}$	$8,12 \cdot 10^{12}$	$1,41 \cdot 10^{15}$	$6,57 \cdot 10^{17}$	$2,02 \cdot 10^{17}$	$1,75 \cdot 10^{15}$
9000	$9,75 \cdot 10^{15}$	$2,72 \cdot 10^{12}$	$4,00 \cdot 10^{14}$	$6,22 \cdot 10^{17}$	$1,71 \cdot 10^{17}$	$6,19 \cdot 10^{15}$
10000	$2,07 \cdot 10^{15}$	$1,16 \cdot 10^{12}$	$1,32 \cdot 10^{14}$	$5,47 \cdot 10^{17}$	$1,48 \cdot 10^{17}$	$1,61 \cdot 10^{16}$
12000				$3,58 \cdot 10^{17}$	$1,02 \cdot 10^{17}$	$6,22 \cdot 10^{16}$
14000				$1,66 \cdot 10^{17}$	$5,43 \cdot 10^{16}$	$1,26 \cdot 10^{17}$
16000				$5,14 \cdot 10^{16}$	$2,02 \cdot 10^{16}$	$1,56 \cdot 10^{17}$
18000				$1,44 \cdot 10^{16}$	$6,13 \cdot 10^{15}$	$1,53 \cdot 10^{17}$
20000				$4,51 \cdot 10^{15}$	$1,95 \cdot 10^{15}$	$1,41 \cdot 10^{17}$
22000				$1,62 \cdot 10^{15}$	$6,94 \cdot 10^{14}$	$1,27 \cdot 10^{17}$
24000				$6,54 \cdot 10^{14}$	$2,84 \cdot 10^{14}$	$1,11 \cdot 10^{17}$
26000				$2,72 \cdot 10^{14}$	$1,28 \cdot 10^{14}$	$8,85 \cdot 10^{16}$
28000				$1,08 \cdot 10^{14}$	$6,33 \cdot 10^{13}$	$6,01 \cdot 10^{16}$
30000				$3,80 \cdot 10^{13}$	$3,38 \cdot 10^{13}$	$3,43 \cdot 10^{16}$
			10 atm			
1000	$5,80 \cdot 10^{19}$	$1,54 \cdot 10^{19}$	$3,91 \cdot 10^{15}$	$6,38 \cdot 10^{-3}$	$1,91 \cdot 10^{9}$	
2000	$2,87 \cdot 10^{19}$	$7,45 \cdot 10^{18}$	$5,05 \cdot 10^{17}$	$9,47 \cdot 10^{9}$	$3,72 \cdot 10^{15}$	
3000	$1,82 \cdot 10^{19}$	$3,97 \cdot 10^{18}$	$1,85 \cdot 10^{18}$	$9,42 \cdot 10^{13}$	$3,68 \cdot 10^{17}$	
4000	$1,25 \cdot 10^{19}$	$1,35 \cdot 10^{18}$	$2,09 \cdot 10^{18}$	$8,61 \cdot 10^{15}$	$2,41 \cdot 10^{18}$	
5000	$8,00 \cdot 10^{18}$	$3,00 \cdot 10^{17}$	$1,49 \cdot 10^{18}$	$1,15 \cdot 10^{17}$	$4,78 \cdot 10^{18}$	
6000	$7,31 \cdot 10^{18}$	$2,56 \cdot 10^{16}$	$5,92 \cdot 10^{17}$	$7,19 \cdot 10^{17}$	$3,59 \cdot 10^{18}$	
7000	$4,95 \cdot 10^{18}$	$5,27 \cdot 10^{15}$	$1,06 \cdot 10^{17}$	$2,27 \cdot 10^{18}$	$3,15 \cdot 10^{18}$	$4,89 \cdot 10^{14}$
8000	$2,38 \cdot 10^{18}$	$1,09 \cdot 10^{15}$	$1,09 \cdot 10^{17}$	$4,37 \cdot 10^{18}$	$2,34 \cdot 10^{18}$	$4,33 \cdot 10^{15}$
9000	$7,60 \cdot 10^{17}$	$3,15 \cdot 10^{14}$	$3,80 \cdot 10^{16}$	$5,49 \cdot 10^{18}$	$1,84 \cdot 10^{18}$	$1,88 \cdot 10^{16}$
10000	$2,06 \cdot 10^{17}$	$1,28 \cdot 10^{14}$	$1,38 \cdot 10^{16}$	$5,46 \cdot 10^{18}$	$1,55 \cdot 10^{18}$	$5,34 \cdot 10^{16}$
12000				$4,30 \cdot 10^{18}$	$1,17 \cdot 10^{18}$	$2,43 \cdot 10^{17}$
14000				$2,92 \cdot 10^{18}$	$8,40 \cdot 10^{17}$	$6,10 \cdot 10^{17}$
16000				$1,60 \cdot 10^{18}$	$5,12 \cdot 10^{17}$	$1,02 \cdot 10^{18}$
18000				$7,21 \cdot 10^{17}$	$2,60 \cdot 10^{17}$	$1,25 \cdot 10^{18}$
20000				$2,94 \cdot 10^{17}$	$1,13 \cdot 10^{17}$	$1,31 \cdot 10^{18}$
22000				$1,21 \cdot 10^{17}$	$4,92 \cdot 10^{16}$	$1,24 \cdot 10^{18}$
24000				$5,40 \cdot 10^{16}$	$2,20 \cdot 10^{16}$	$1,16 \cdot 10^{18}$
26000				$2,58 \cdot 10^{16}$	$1,05 \cdot 10^{16}$	$1,06 \cdot 10^{18}$
28000				$1,29 \cdot 10^{16}$	$5,37 \cdot 10^{15}$	$9,32 \cdot 10^{17}$
30000				$6,55 \cdot 10^{15}$	$2,97 \cdot 10^{15}$	$7,71 \cdot 10^{17}$

Plasma

n_{O^+}	$n_{N^{++}}$	n_e	Dichte g/cm³	Enthalpie J/g	Spez. Wärme J/g grd	Temperatur K°
			1 atm			
			$3{,}51 \cdot 10^{-4}$	$1{,}08 \cdot 10^{3}$	1,14	1000
			$1{,}76 \cdot 10^{-4}$	$2{,}32 \cdot 10^{3}$	1,46	2000
			$1{,}15 \cdot 10^{-4}$	$4{,}14 \cdot 10^{3}$	2,47	3000
			$7{,}90 \cdot 10^{-5}$	$7{,}51 \cdot 10^{3}$	3,62	4000
			$5{,}75 \cdot 10^{-5}$	$1{,}06 \cdot 10^{4}$	3,23	5000
			$4{,}47 \cdot 10^{-5}$	$1{,}49 \cdot 10^{4}$	6,80	6000
$1{,}38 \cdot 10^{14}$		$4{,}21 \cdot 10^{14}$	$3{,}13 \cdot 10^{-5}$	$2{,}61 \cdot 10^{4}$	$1{,}36 \cdot 10$	7000
$4{,}23 \cdot 10^{14}$		$2{,}17 \cdot 10^{15}$	$2{,}33 \cdot 10^{-5}$	$3{,}73 \cdot 10^{4}$	7,70	8000
$1{,}18 \cdot 10^{15}$		$7{,}37 \cdot 10^{15}$	$1{,}97 \cdot 10^{-5}$	$4{,}25 \cdot 10^{4}$	4,05	9000
$2{,}82 \cdot 10^{15}$		$1{,}90 \cdot 10^{16}$	$1{,}72 \cdot 10^{-5}$	$4{,}65 \cdot 10^{4}$	4,69	10000
$1{,}01 \cdot 10^{16}$		$7{,}23 \cdot 10^{16}$	$1{,}27 \cdot 10^{-5}$	$6{,}18 \cdot 10^{4}$	$1{,}13 \cdot 10$	12000
$2{,}31 \cdot 10^{16}$		$1{,}49 \cdot 10^{17}$	$8{,}84 \cdot 10^{-6}$	$9{,}54 \cdot 10^{4}$	$2{,}04 \cdot 10$	14000
$3{,}49 \cdot 10^{16}$		$1{,}91 \cdot 10^{17}$	$6{,}29 \cdot 10^{-6}$	$1{,}37 \cdot 10^{5}$	$1{,}72 \cdot 10$	16000
$3{,}83 \cdot 10^{16}$	$3{,}64 \cdot 10^{13}$	$1{,}91 \cdot 10^{17}$	$5{,}07 \cdot 10^{-6}$	$1{,}63 \cdot 10^{5}$	9,25	18000
$3{,}67 \cdot 10^{16}$	$2{,}75 \cdot 10^{14}$	$1{,}78 \cdot 10^{17}$	$4{,}41 \cdot 10^{-6}$	$1{,}76 \cdot 10^{5}$	4,94	20000
$3{,}40 \cdot 10^{16}$	$1{,}44 \cdot 10^{15}$	$1{,}64 \cdot 10^{17}$	$3{,}95 \cdot 10^{-6}$	$1{,}86 \cdot 10^{5}$	5,52	22000
$3{,}09 \cdot 10^{16}$	$5{,}50 \cdot 10^{15}$	$1{,}53 \cdot 10^{17}$	$3{,}56 \cdot 10^{-6}$	$2{,}00 \cdot 10^{5}$	8,40	24000
$2{,}76 \cdot 10^{16}$	$1{,}53 \cdot 10^{16}$	$1{,}47 \cdot 10^{17}$	$3{,}16 \cdot 10^{-6}$	$2{,}24 \cdot 10^{5}$	$1{,}72 \cdot 10$	26000
$2{,}40 \cdot 10^{16}$	$3{,}01 \cdot 10^{16}$	$1{,}44 \cdot 10^{17}$	$2{,}74 \cdot 10^{-6}$	$2{,}65 \cdot 10^{5}$	$2{,}28 \cdot 10$	28000
$2{,}07 \cdot 10^{16}$	$4{,}38 \cdot 10^{16}$	$1{,}43 \cdot 10^{17}$	$2{,}37 \cdot 10^{-6}$	$3{,}15 \cdot 10^{5}$	$2{,}66 \cdot 10$	30000
			10 atm			
			$3{,}52 \cdot 10^{-3}$	$1{,}08 \cdot 10^{3}$	1,14	1000
			$1{,}76 \cdot 10^{-3}$	$2{,}32 \cdot 10^{3}$	1,34	2000
			$1{,}16 \cdot 10^{-3}$	$3{,}88 \cdot 10^{3}$	1,90	3000
			$8{,}21 \cdot 10^{-4}$	$6{,}56 \cdot 10^{3}$	3,50	4000
			$5{,}92 \cdot 10^{-4}$	$1{,}02 \cdot 10^{4}$	2,62	5000
			$4{,}83 \cdot 10^{-4}$	$1{,}20 \cdot 10^{4}$	2,69	6000
$6{,}25 \cdot 10^{14}$		$1{,}11 \cdot 10^{15}$	$3{,}72 \cdot 10^{-4}$	$1{,}75 \cdot 10^{4}$	7,57	7000
$1{,}83 \cdot 10^{15}$		$6{,}15 \cdot 10^{15}$	$2{,}80 \cdot 10^{-4}$	$2{,}66 \cdot 10^{4}$	$1{,}02 \cdot 10$	8000
$4{,}37 \cdot 10^{15}$		$2{,}32 \cdot 10^{16}$	$2{,}14 \cdot 10^{-4}$	$3{,}66 \cdot 10^{4}$	8,51	9000
$9{,}81 \cdot 10^{15}$		$6{,}32 \cdot 10^{16}$	$1{,}80 \cdot 10^{-4}$	$4{,}27 \cdot 10^{4}$	4,38	10000
$3{,}79 \cdot 10^{16}$		$2{,}81 \cdot 10^{17}$	$1{,}38 \cdot 10^{-4}$	$5{,}20 \cdot 10^{4}$	5,78	12000
$9{,}85 \cdot 10^{16}$		$7{,}09 \cdot 10^{17}$	$1{,}07 \cdot 10^{-4}$	$6{,}72 \cdot 10^{4}$	$1{,}02 \cdot 10$	14000
$1{,}85 \cdot 10^{17}$		$1{,}21 \cdot 10^{18}$	$7{,}96 \cdot 10^{-5}$	$9{,}37 \cdot 10^{4}$	$1{,}56 \cdot 10$	16000
$2{,}66 \cdot 10^{17}$	$4{,}91 \cdot 10^{13}$	$1{,}52 \cdot 10^{18}$	$5{,}99 \cdot 10^{-5}$	$1{,}26 \cdot 10^{5}$	$1{,}55 \cdot 10$	18000
$3{,}10 \cdot 10^{17}$	$3{,}64 \cdot 10^{14}$	$1{,}59 \cdot 10^{18}$	$4{,}85 \cdot 10^{-5}$	$1{,}53 \cdot 10^{5}$	$1{,}14 \cdot 10$	20000
$3{,}14 \cdot 10^{17}$	$1{,}83 \cdot 10^{15}$	$1{,}56 \cdot 10^{18}$	$4{,}15 \cdot 10^{-5}$	$1{,}72 \cdot 10^{5}$	7,36	22000
$3{,}02 \cdot 10^{17}$	$7{,}22 \cdot 10^{15}$	$1{,}47 \cdot 10^{18}$	$3{,}70 \cdot 10^{-5}$	$1{,}84 \cdot 10^{5}$	5,59	24000
$2{,}83 \cdot 10^{17}$	$2{,}30 \cdot 10^{16}$	$1{,}39 \cdot 10^{18}$	$3{,}35 \cdot 10^{-5}$	$1{,}96 \cdot 10^{5}$	6,14	26000
$2{,}62 \cdot 10^{17}$	$6{,}01 \cdot 10^{16}$	$1{,}31 \cdot 10^{18}$	$3{,}05 \cdot 10^{-5}$	$2{,}10 \cdot 10^{5}$	8,73	28000
$2{,}38 \cdot 10^{17}$	$1{,}29 \cdot 10^{17}$	$1{,}27 \cdot 10^{18}$	$2{,}75 \cdot 10^{-5}$	$2{,}32 \cdot 10^{5}$	$1{,}32 \cdot 10$	30000

214508. Luft, Joule-Thomson-Koeffizient μ (Isobaren) ———, ------ verschiedene Autoren

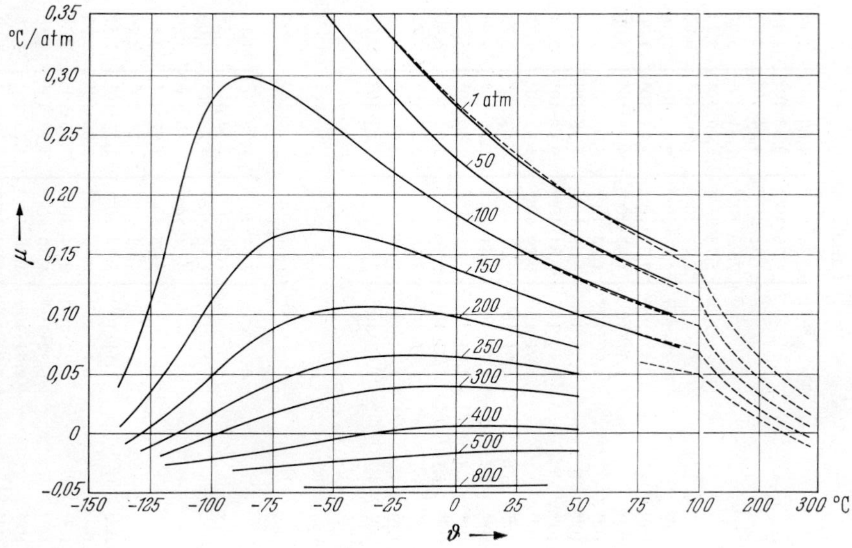

214509. Wärmeleitzahl λ bei 1 atm

ϑ °C	λ $Wcm^{-1}grd^{-1}$	ϑ °C	λ $Wcm^{-1}grd^{-1}$	ϑ °C	λ $Wcm^{-1}grd^{-1}$	ϑ °C	λ $Wcm^{-1}grd^{-1}$
−150	1,16	60	2,85	180	3,72	600	6,22
−100	1,61	80	2,99	200	3,86	700	6,66
−50	2,04	100	3,14	250	4,21	800	7,06
−0	2,43	120	3,28	300	4,54	900	7,41
20	2,57	140	3,43	400	5,15	1000	7,70
40	2,71	160	3,58	500	5,70		

Wärmeleitzahl bei höheren Drucken

ϑ	λ in $\mu Wcm^{-1}grd^{-1}$ bei p in bar				
°C	1	100	200	300	400
0	242	(295)	(388)	(466)	(522)
25	260	299	381	454	504
50	276	304	378	443	490
75	296	311	377	436	479
100	314	321	378	432	472
150	354	360	391	432	477
200	385	390	418	444	496

214510. Durchbruchspannung U_d und Durchbruchfeldstärke E_d im homogenen Feld zwischen ebenen Elektroden im Abstand l für Gleichspannung und niederfrequente Wechselspannung für Luft von $p = 760$ Torr. $\vartheta_n = 20°$ C und 11 gm^{-3} absolute Feuchtigkeit

l cm	U_{d_n} kV	E_{d_n} $kVcm^{-2}$	l cm	U_{d_n} kV	E_{d_n} $kVcm^{-2}$	l cm	U_{d_n} kV	E_{d_n} $kVcm^{-2}$
0,01	0,96	96	0,4	13,9	34,8	5	137	27,4
0,02	1,46	73	0,5	16,9	33,8	6	163	27,1
0,03	1,89	63	0,6	19,8	33,0	7	188	26,8
0,04	2,36	57,6	0,7	22,7	32,4	8	213	26,7
0,05	2,70	53,9	0,8	25,5	31,9	9	238	26,5
0,06	3,07	51,2	0,9	28,3	31,4	10	263	26,3
0,07	3,44	49,2	1,0	31,0	31,0	11	288	26,2
0,08	3,85	47,5	1,5	45,0	30,0	13	338	26,0
0,09	4,14	46,1	2,0	58,6	29,3	15	388	25,9
0,1	4,51	45,1	2,5	72	28,8	17	430	25,8
0,2	7,82	39,1	3	85	28,4	20	514	27,7
0,3	10,95	36,3	4	112	27,9			

Die Durchschlagsfeldstärke E_d bei Abweichung vom Normzustand läßt sich aus $E_{d_n} = E_d \cdot \dfrac{p_n}{p} \dfrac{(\vartheta_n + 273)}{(\vartheta + 273)}$. errechnen. p = Druck, ϑ = Temperatur.

214511. Dielektrizitätskonstante ε von trockener, CO_2 freier Luft

0° C	$(\varepsilon - 1) \cdot 10^6 = 586$
20° C	$(\varepsilon - 1) \cdot 10^6 = 590$

214512. Brechzahlen n für Luft von 15° C und 760 Torr mit 0,03 Vol.-% CO_2 gegenüber dem Vakuum in Abhängigkeit von der Wellenlänge λ_L, in Luft[1]. Die angegebenen Werte sind nach folgender Dispersionsformel (international 1952 vereinbart) für $\lambda_0 = 0{,}2000 \ldots 1{,}3500$ µm angegeben (λ_0 Wellenlänge im Vakuum in µm)

$$(n_L - 1) \cdot 10^8 = 6432{,}8 + 2949810 \left(146 - \frac{1}{\lambda_0^2}\right)^{-1} + 25540 \left(41 - \frac{1}{\lambda_0^2}\right)^{-1} \text{(bei 15° C, 760 Torr)}$$

λ_L in µm	n	λ_L in µm	n	λ_L in µm	n	λ_L in µm	n
1,97	1,0002730	0,4808	1,0002795	0,3454	1,0002865	0,2872	1,0005935
1,310	1,0002735	0,4650	1,0002800	0,3398	1,0002870	0,2842	1,0002940
1,052	1,0002740	0,4506	1,0002805	0,3345	1,0002875	0,2814	1,0002945
0,904	1,0002745	0,4376	1,0002810	0,3295	1,0002880	0,2786	1,0002950
0,805	1,0002750	0,4256	1,0002815	0,3248	1,0002885	0,2759	1,0002955
0,738	1,0002755	0,4148	1,0002820	0,3202	1,0002890	0,2734	1,0002960
0,678	1,0002760	0,4048	1,0002825	0,3158	1,0002895	0,2708	1,0002965
0,634	1,0002765	0,3954	1,0002830	0,3117	1,0002900	0,2684	1,0002970
0,5978	1,0002770	0,3868	1,0002835	0,3078	1,0002905	0,2665	1,0002975
0,5674	1,0002775	0,3788	1,0002840	0,3079	1,0002910	0,2638	1,0002980
0,5413	1,0002780	0,3712	1,0002845	0,3004	1,0002915	0,2616	1,0002985
0,5185	1,0002785	0,3642	1,0002850	0,2968	1,0002920	0,2595	1,0002990
0,4985	1,0002790	0,3576	1,0002855	0,2935	1,0002925	0,2574	1,0002995
		0,3513	1,0002860	0,2903	1,0002930	0,2554	1,0003000

[1] Entnommen F. Kohlrausch, Praktische Physik, Bd. II, S. 690.

215. Röntgenspektren

Die folgende Tabelle enthält die Röntgenspektrallinien der wichtigsten Elemente und Übergänge.

Die Tabelle enthält in den ersten beiden Spalten die Ordnungszahl und das chemische Symbol des Elements und in den folgenden Spalten die jeweiligen Röntgenwellenlängen in X-Einheiten [1 XE = (1,00202 ± 0,00003) · 10^{-11} cm].

Am Kopf der Tabelle ist jeweils der Niveauübergang nach Maßgabe der Abbildung vermerkt, so daß ein Übergang zwischen K- und L-Schale zunächst durch ein Symbol KL gekennzeichnet ist. Die Deutung des Index an dem Symbol KL usw., der die jeweilige Unterschale charakterisiert, geht aus der Abbildung hervor, in der der Zusammenhang der Indices mit den Quantenschalen angegeben ist. Außerdem findet sich neben dieser Bezeichnung KL usw. die Charakterisierung der Linien nach Siegbahn α_1, α_2, vgl. Abbildung.

Gelegentlich, vornehmlich bei den leichteren Elementen, sind die Niveauübergänge zwischen der einen und den verschiedenen Unterschalen der nächsthöher gelegenen so wenig unterschieden, daß dann nur eine gemeinsame Wellenlänge angegeben wurde.

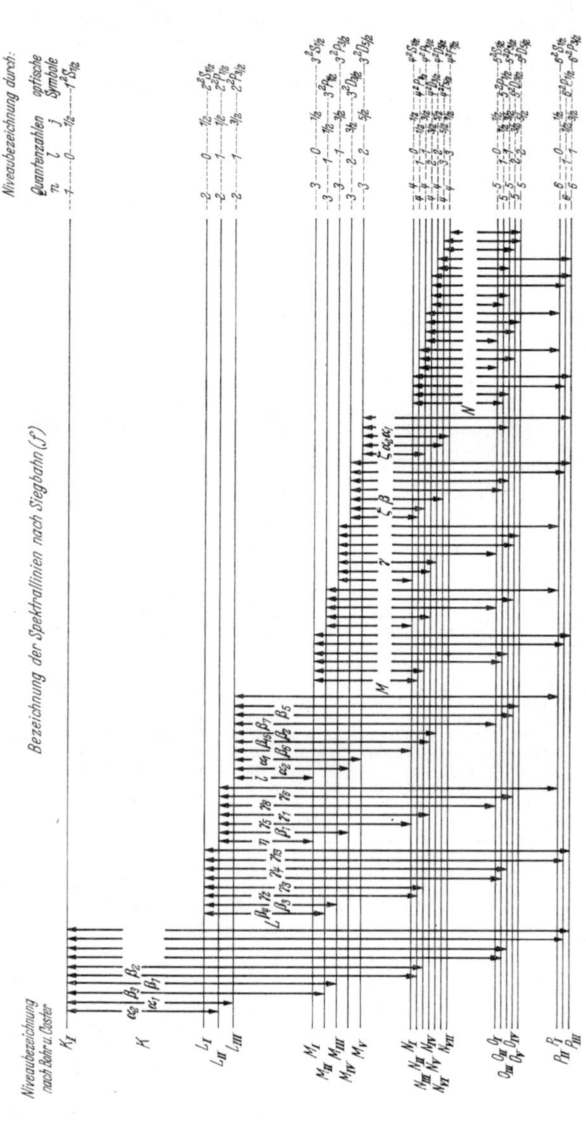

Röntgenspektrallinien (nur erlaubte Übergänge) in der Bezeichnung nach SIEGBAHN und zugehörige Niveauübergänge; Niveaubezeichnung nach BOHR und COSTER durch Quantenzahlen und durch optische Symbole

Ordnungszahl	Element	K-Serie KL_{II} α^1	KL_{III} α^2	KM_{III} β_1	KN_{III} β_2^{II}	β_2^{I}	$L_{III}M_I$ l	$L_{III}M_V$ α_2	$L_{III}M_V$ α_1
11	Na	11,885		11,594					
12	Mg	9,869		9,539					
13	Al	8,3229		7,951					
14	Si	7,1111		6,751					
15	P	6,1425		5,7921					
16	S	5,3639	5,3611	5,0125			78,37		
17	Cl	4,7201	4,7181	4,3942			66,47		
18	Ar	4,1861	4,1831	3,8779			55,56		
19	K	3,7371	3,7337	3,4468			46,78		
20	Ca	3,3547	3,3515	3,0834			40,13	35,59	
21	Sc	3,0284	3,0250	2,7739			34,88	30,70	
22	Ti	2,7465	2,7429	2,5087			30,73	26,84	
23	V	2,5021	2,4984	2,2797			27,21	23,77	
24	Cr	2,2889	2,2850	2,0805			24,29	21,23	
25	Mn	2,1015	2,0975	1,9062			21,82	19,06	
26	Fe	1,9360	1,9321	1,7530			19,742	17,112	
27	Co	1,7892	1,7853	1,6174			17,928	15,646	
28	Ni	1,6584	1,6545	1,4971	1,4856		16,373	14,272	
29	Cu	1,5412	1,5374	1,3894	1,3782		14,987	13,061	
30	Zn	1,4360	1,4322	1,2926	1,2811		13,769	12,009	
31	Ga	1,3409	1,3372	1,2052	1,1938		12,688	11,062	
32	Ge	1,2552	1,2513	1,1267	1,1146		11,922	10,224	
33	As	1,1774	1,1734	1,0551	1,0429		11,048	9,652	
34	Se	1,1065	1,1025	0,99012	0,97788		10,272	8,972	
35	Br	1,0417	1,0376	0,93085	0,91858		9,564	8,358	
36	Kr	0,9821	0,9781	0,87668	0,86434		—	—	—
37	Rb	0,9278	0,9236	0,82696	0,81476		8,3644	7,3101	7,3033
38	Sr	0,8776	0,8735	0,78130	0,76921		7,822	6,8556	6,8487
39	Y	0,8313	0,8271	0,73919	0,72727		7,3412	6,4425	6,4355
40	Zr	0,7885	0,7843	0,70028	0,68850		6,9043	6,0653	6,0580
41	Nb	0,7489	0,7447	0,66438	0,65280		6,5042	5,7201	5,7125
42	Mo	0,71211	0,70783	0,63098	0,61970		6,1381	5,40315	5,39535
43	Tc	0,6778	0,6735	0,6014	0,5899		—	—	—
44	Ru	0,64606	0,64174	0,57131	0,56051		5,4923	4,83575	4,83575
45	Rh	0,61637	0,61201	0,54449	0,53396		5,2062	4,5880	4,5880
46	Pd	0,58861	0,58424	0,51947	0,50918		4,9423	4,3588	4,3588
47	Ag	0,56264	0,55824	0,49601	0,48603		4,6979	4,14575	4,14575
48	Cd	0,53832	0,53390	0,47412	0,46437		4,4709	3,9483	3,9483
49	In	0,51548	0,51106	0,45360	0,44407		4,2599	3,7643	3,7643
50	Sn	0,49402	0,48957	0,43434	0,42504		4,0633	3,5926	3,5926
51	Sb	0,47383	0,46937	0,41622	0,40713		3,8803	3,44133	3,43222
52	Te	0,45483	0,45035	0,39917	0,39029		3,7094	3,2917	3,28246
53	J	0,43692	0,43242	0,38311	—		3,5502	3,15143	3,14214
54	Xe	0,41958	0,41512	0,36772	0,35916		—	—	—
55	Cs	0,40400	0,39946	0,35363	0,34539		3,2601	2,8958	2,8862
56	Ba	0,38886	0,38431	0,34010	0,33207		3,1287	2,7793	2,7696
57	La	0,37452	0,36996	0,32730	0,31973	0,31945	3,000	2,6689	2,6597
58	Ce	0,36094	0,35636	0,31516	0,30777	0,30751	2,8857	2,5651	2,5560
59	Pr	0,34803	0,34343	0,30363	0,29643	0,29617	2,7781	2,4676	2,4577
60	Nd	0,33577	0,33115	0,29268	0,28573		2,6703	2,3756	2,3653
61	Pm	0,32368	0,31902	0,28200	0,27503		—	2,2879	2,2775
62	Sm	0,31302	0,30833	0,27250	0,26575		2,477	2,2057	2,1950
63	Eu	0,30265	0,29790	0,26307	0,25645		2,3903	2,1273	2,1163
64	Gd	0,29261	0,28782	0,25394	0,24762		2,3071	2,0526	2,0419
65	Tb	0,28286	0,27820	0,24551	0,23912		2,2290	1,9823	1,9715
66	Dy	0,27375	0,26903	0,23710	0,23128		2,1540	1,91593	1,90485
67	Ho	0,26499	0,26030	—	—		2,0821	1,8521	1,8410
68	Er	0,25664	0,25197	0,22215	0,21671		2,0151	1,7914	1,7804
69	Tm	0,24861	0,24387	0,21487	—		1,9511	1,7339	1,7228
70	Yb	0,24098	0,23628	0,20834	0,20322		1,890	1,6793	1,6685
71	Lu	0,23358	0,22882	0,20171	0,19649		1,8318	1,6260	1,61617
72	Hf	0,22653	0,22173	0,19515	0,19042		1,7777	1,5778	1,5663
73	Ta	0,21985	0,21505	0,18969	0,184802	0,184625	1,7248	1,5297	1,5188
74	W	0,21339	0,20858	0,18397	0,179212	0,179038	1,6750	1,48438	1,47336
75	Re	0,20718	0,20236	0,17851	0,173899	0,173698	1,6272	1,44096	1,42997
76	Os	0,20122	0,19639	0,17326	0,168756	0,168558	1,5817	1,39943	1,38833
77	Ir	0,19549	0,19065	0,16819	0,163808	0,163613	—	1,3598	1,34847
78	Pt	0,18999	0,18513	0,16333	0,159053	0,158863	1,4964	1,32155	1,31033

L-Serie						M-Serie			
$L_{II}M_I$	$L_{II}M_{IV}$	L_IM_{II}	L_IM_{III}	$L_{III}N_V$	$L_{II}N_{IV}$	M_VN_{VI}	M_VN_{VII}	$M_{IV}N_{VI}$	$M_{III}N_V$
η	β_1	β_4	β_3	β_2	γ_1	α_2	α_1	β	γ
77,69									
65,89									
55,0									
46,28									
39,64									
34,42									
30,26									
26,77									
23,80									
21,38									
19,33		15,37							
17,48		14,07							
15,94		12,90							
14,61		11,85							
13,416		10,976							
12,341		—							
11,587		—							
10,711		8,912							
9,939		—	—						
9,235		—	—						
—		—	—						
8,0247	7,0614	6,8067	6,7736						
7,5046	6,6103	6,3897	6,3544						
7,0269	6,1992	6,0062	5,9708						
6,5933	5,8240	5,6565	5,6214	5,5748	5,3732				
6,1981	5,4810	5,3345	5,2993	5,2271	5,0258				
5,8354	5,16635	5,0384	5,0030	4,9131	4,7161				
—	—	—	—	—	—				
5,1944	4,6111	4,5137	4,4775	4,3627	4,1736				
4,9116	4,3651	4,2800	4,2435	4,1222	3,9355				
4,6508	4,1376	4,0627	4,0262	3,9008	3,7169				
4,4092	3,9265	3,8624	3,82545	3,6956	3,51545				
4,1845	3,73054	3,67435	3,6374	3,50699	3,3288				
3,97505	3,54803	3,49975	3,4627	3,33159	3,1557				
3,78095	3,37796	3,3365	3,2991	3,16879	2,995				
3,60025	3,2191	3,1836	3,1461	3,01724	2,84575				
3.4313	3,07046	3,04035	3,00275	2,87626	2,70648				
3,27325	2,9314	2,9061	2,8684	2,74489	2,57714				
—	—	—	—	—	—				
2,9867	2,6780	2,6611	2,6229	2,5064	2,3430				
2,8562	2,5622	2,5497	2,5109	2,3994	2,2367				
2,734	2,4533	2,4438	2,4053	2,2980	2,1372				
2,6147	2,3510	2,3442	2,3059	2,2041	2,0443				
2,507	2,2539	2,2501	2,2124	2,1148	1,9568				10,975
2,4042	2,1622	2,1622	2,1222	2,0314	1,8738		12,65	12,375	10,483
—	2,0754	—	2,0379	1,9518	1,7952		—	—	—
2,214	1,9936	1,9964	1,9580	1,8781	1,7231		11,406	11,238	9,580
—	1,9163	1,9221	1,8827	1,8082	1,6543		10,932	10,723	9,192
—	1,8425	1,8493	1,8109	1,7419	1,5886		10,394	10,233	8,826
—	1,7729	1,7814	1,7425	1,6790	1,52728		9,917	9,772	8,468
1,8922	1,7071	1,7167	1,6777	1,62034	1,46962		9,524	9,345	8,127
1,8220	1,6435	1,6553	1,6160	1,5637	1,4142		9,143	8,947	7,849
1,7548	1,5834	1,5964	1,5579	1,5106	1,3623		8,783	8,576	7,530
1,6923	1,5268	1,5412	1,5023	1,4602	1,3127		—	—	—
1,631	1,4726	1,4883	1,4494	1,4125	1,2650		8,122	7,893	7,009
1,5738	1,4206	1,4376	1,3986	1,3673	1,2198		7,824	7,585	6,748
1,5201	1,37125	1,3893	1,3502	1,32364	1,17656	—	7,524	7,289	6,530
1,4680	1,3243	1,3429	1,3041	1,28188	1,13564	—	7,237	7,008	6,299
1,4181	1,2792	1,2988	1,2599	1,24203	1,09630	6,978	6,969	6,743	6,076
1,3706	1,2360	1,2566	1,2178	1,20415	1,05881	—	6,715	6,491	5,875
1,3251	1,1948	1,2159	1,1771	1,16742	1,02292	—	6,477	6,254	5,670
1,2817	1,1554	1,1771	1,1385	1,13297	0,98876	6,262	6,249	6,025	5,490
1,2403	1,1176	1,1399	1,1017	1,09974	0,95599	6,045	6,034	5,816	5,309

Ordnungszahl	Element	K-Serie							
		KL_{II}	KL_{III}	KM_{III}	KN_{III}		$L_{III}M_{I}$	$L_{III}M_{IV}$	$L_{III}M_{V}$
		α_1	α_1	β_1	β_2^{II}	β_2^{I}	l	α_2	α_1
79	Au	0,18469	0,17982	0,15865	0,154505	0,154295	1,4567	1,28502	1,27368
80	Hg	—	—	—	—	—	1,4187	1,25005	1,23864
81	Tl	0,17468	0,16979	0,14983	—	—	1,3820	1,21633	1,20492
82	Pb	0,16994	0,16503	0,14567	0,14183	0,14162	1,3471	1,18405	1,17267
83	Bi	0,16537	0,16045	0,14166	0,13786	0,13769	1,3135	1,15298	1,14154
84	Po	—	0,155	—	0,134		—	1,12329	1,11152
85	At	—	0,151	—	—	—	—	—	1,0826
88	Ra	—	—	—	—	—	1,1648	1,01445	1,00265
90	Th	0,13754	0,13254	0,11715	0,11405	0,11381	1,1128	0,96576	0,95405
91	Pa	—	—	—	—	—	1,0885	0,9427	0,9309
92	U	0,13070	0,12569	0,11116	0,10842		1,0649	0,92062	0,90874

216. Streuungs- und Absorptionsquerschnitt (Geschwindigkeits-

Element	σ_a (barn)	$\bar{\sigma}_s$ (barn)	Element	σ_a (barn)	$\bar{\sigma}_s$ (barn)
$_1$H	0,328±0,002	38±4 (gas)	$_{22}$Ti	5,8±0,4	4±1
$_2$He	0	0,8±0,2	$_{23}$V	5,00±0,01	5±1
$_3$Li	70,4±0,4	1,4±0,3	$_{24}$Cr	3,1±0,2	3,0±0,5
$_4$Be	0,010±0,001	7±1	$_{25}$Mn	13,2±0,1	2,3±0,3
$_5$B	758±4	4±1	$_{26}$Fe	2,62±0,06	11±1
$_6$C	3,73±0,07 $\cdot 10^{-3}$	4,8±0,2	$_{27}$Co	37,1±1,0	7±1
			$_{28}$Ni	4,6±0,1	17,5±1
$_7$N	1,88±0,05	10±1	$_{29}$Cu	3,81±0,03	7,2±0,7
$_8$O	$<2\cdot 10^{-4}$	4,2±0,3	$_{30}$Zn	1,10±0,02	3,6±0,4
$_9$F	$<1\cdot 10^{-2}$	3,9±0,2	$_{31}$Ga	2,80±0,13	4±1
$_{10}$Ne	0,032±0,009	2,4±0,3	$_{32}$Ge	2,45±0,20	3±1
$_{11}$Na	0,531±0,008	4,0±0,5	$_{33}$As	4,3±0,2	6±1
$_{12}$Mg	0,063±0,003	3,6±0,4	$_{34}$Se	11,7±0,1	11±2
$_{13}$Al	0,241±0,003	1,4±0,1	$_{35}$Br	6,82±0,06	6±1
$_{14}$Si	0,16±0,02	1,7±0,3	$_{36}$Kr	31±2	7,2±0,7
$_{15}$P	0,20±0,02	5±1	$_{37}$Rb	0,73±0,07	5,5±0,5
$_{16}$S	0,52±0,02	1,1±0,2	$_{38}$Sr	1,21±0,06	10±1
$_{17}$Cl	33,8±1,1	16±3	$_{39}$Y	1,31±0,08	
$_{18}$A	0,66±0,04	1,5±0,5	$_{40}$Zr	0,185±0,004	8±1
$_{19}$K	2,07±0,07	1,5±0,3	$_{41}$Nb	1,16±0,02	5±1
$_{20}$Ca	0,44±0,02	3,2±0,3	$_{42}$Mo	2,70±0,04	7±1
$_{21}$Sc	24±1	24±2			

L-Serie						M-Serie			
$L_{II}M_{I}$	$L_{II}M_{IV}$	$L_{I}M_{II}$	$L_{I}M_{III}$	$L_{III}N_{V}$	$L_{II}N_{IV}$	$M_{V}N_{VI}$	$M_{V}N_{VII}$	$M_{VI}N_{VI}$	$M_{III}N_{V}$
η	β_1	β_4	β_3	β_2	γ_1	α_2	α_1	β	γ
1,2003	1,0813	1,1043	1,0656	1,06801	0,92470	5,842	5,828	5,612	5,135
1,1616	1,0465	1,0700	1,0315	1,03756	0,89461	5,541		5,331	—
1,1254	1,01314	1,0371	0,99863	1,00829	0,86580	5,461	5,450	5,239	4,815
1,0903	0,98099	1,00538	0,96710	0,98024	0,83802	5,288	5,274	5,065	4,665
1,0564	0,95005	0,97491	0,93664	0,95321	0,81148	5,119	5,108	4,899	4,522
—	0,92033	0,94554	0,90722	0,92743	0,78590	—	—	—	—
—	0,892	—	—	—	—	—	—	—	—
0,9055	0,81206	0,83897	0,80107	0,83364	0,69319	—	—	—	—
0,8527	0,76363	0,79098	0,75328	0,79192	0,65185	4,143	4,130	3,934	3,672
0,8278	0,7407	0,7683	0,7307	0,7721	0,6325	4,027	4,014	3,819	3,570
0,8035	0,7185	0,7464	0,70879	0,75307	0,61359	3,916	3,902	3,708	3,473

der Elemente für thermische Neutronen einheit 2200 m/sec)[1]

Element	σ_a (barn)	$\bar{\sigma}_s$ (barn)	Element	σ_a (barn)	$\bar{\sigma}_s$ (barn)
$_{43}$Tc	22±3	5±1	$_{65}$Tb	46±3	
$_{44}$Ru	2,56±0,12	6±1	$_{66}$Dy	940±20	100±20
$_{45}$Rh	149±4	5±1	$_{67}$Ho	65±3	
$_{46}$Pd	8,0±1,5	3,6±0,6	$_{68}$Er	173±17	
$_{47}$Ag	64,5±0,6	6±1	$_{69}$Tm	127±4	7±3
$_{48}$Cd	2537±9	7±1	$_{70}$Yb	37±4	12±5
$_{49}$In	194±2	2,2±0,5	$_{71}$Lu	112±5	
$_{50}$Sn	0,625±0,015	4±1	$_{72}$Hf	101,4±0,5	8±2
$_{51}$Sb	5,7±1,0	4,3±0,5	$_{73}$Ta	21,0±0,7	5±1
$_{52}$Te	4,7±0,1	5±1	$_{74}$W	19,2±1,0	5±1
$_{53}$I	6,22±0,25	3,6±0,5	$_{75}$Re	86±4	14±4
$_{54}$Xe	74±1	4,3±0,4	$_{76}$Os	15,3±0,7	15,3±1,5
$_{55}$Cs	28±1	7±1	$_{77}$Ir	440±20	
$_{56}$Ba	1,2±0,1	8±1	$_{78}$Pt	8,8±0,4	10±1
$_{57}$La	8,9±0,2	9,3±0,7	$_{79}$Au	98,6±0,3	9,3±1,0
$_{58}$Ce	0,73±0,08	2,8±0,5	$_{80}$Hg	374±5	20±5
$_{59}$Pr	11,3±0,2	4,0±0,4	$_{81}$Tl	3,4±0,5	14±2
$_{60}$Nd	49,9±2,2	16±3	$_{82}$Pb	0,170±0,002	11±1
$_{62}$Sm	5828±30		$_{83}$Bi	0,034±0,002	9±1
$_{63}$Eu	4406±30	8±1	$_{90}$Th	7,56±0,11	12,6±0,2
$_{64}$Gd	46617±100		$_{92}$U	7,68±0,07	8,3±0,2

[1] Nach Beckurts/Wirtz, Neutron Physics, Berlin-Göttingen-Heidelberg-New York: Springer 1964.

22. Anorganische Verbindungen

221. Tabelle der physikalischen und chemischen Daten

Die folgende Tabelle gibt für etwa 2200 anorganische Verbindungen die wichtigsten physikalischen und chemischen Daten an.

Die Tabelle ist so angelegt, daß neben den in der ersten Spalte aufgeführten Verbindungen in den folgenden Spalten fortlaufend die Eigenschaften angegeben sind. Die einzelnen Spalten enthalten:

Spalte 1		Formel.
Spalte 2		Name.
Spalte 3		Aggregatzustand bei 25° C.
Spalte 4	Zeile 1	Molekularmasse, berechnet nach den relativen Atommassen von 1961.
	Zeile 2	Dichte bei 20° C. Falls die Dichte bei einer wesentlich tiefer oder höher gelegenen Temperatur angegeben ist, findet man die Temperatur in der Spalte Bemerkungen. Der Hinweis erfolgt durch einen Stern. Betr. Nm^3 s. S. 5.
Spalte 5		Kristalldaten: System, Typ und Symbol. Es bedeutet kub. = kubisches System tetr. = tetragonales System orh. = orthorhombisches System hex. = hexagonales System trig. = trigonales oder rhomboedrisches System mkl. = monoklines System trikl. = triklines System. Die Typen sind vom Strukturbericht übernommen. An Symbolen sind die nach SCHOENFLIES und HERMANN-MAUGUIN in der gekürzten Form angegeben.
Spalte 6		Kristalldaten: Kantenlängen der Einheitszelle in Å.
Spalte 7		Kristalldaten: Winkel der Einheitszelle des mkl., trig. oder trikl. Systems, darunter M die Anzahl der Moleküle in der Einheitszelle.
Spalte 8		Brechzahl bei Zimmertemperatur für die Na-Linie 5893 Å gegen Luft. Ist die Brechzahl für eine andere Linie bestimmt, so ist diese in den Bemerkungen angegeben. Für feste Stoffe ist im kub. System nur eine Brechzahl vorhanden. Im tetr., hex. und trig. System tritt Doppelbrechung auf. Es bezieht sich dann die zuerst angegebene Brechzahl auf den ordentlichen Strahl (Omega), die zweite auf den außerordentlichen Strahl (Epsilon). Für optisch mehrachsige Kristalle (orh., mkl., trikl.) sind die kleinste (n_α), die mittlere (n_β) und die größte (n_γ) Brechzahl nacheinander aufgeführt.

Spalte 9 und 10 In Spalte 9 steht die Schmelztemperatur, wenn in Spalte 10 ein F steht, die Verdampfungstemperatur bei 760 Torr, wenn in Spalte 10 ein V steht, die Temperatur einer oft nicht näher gekennzeichneten Umwandlung im festen Zustand, wenn in Spalte 10 ein U steht. In einzelnen Fällen wurden die Umwandlungen in den Bemerkungen beschrieben. Ein Z vor der Zahl in Spalte 9 besagt, daß bei der angegebenen Temperatur Zersetzung erfolgt. Steht Z nach der Zahl, erfolgt die Phasenumwandlung unter Zersetzung.

Spalte 11 Molare Schmelzenthalpie, molare Verdampfungsenthalpie oder molare Umwandlungsenthalpie für die in Spalte 9 angegebene Temperatur.

Spalte 12 und 13 Standardwerte bei 25° C.

Spalte 12 Zeile 1 C_p^0 Molwärme bei konstantem Druck.

Zeile 2 S^0 molare Entropie.

Spalte 13 Zeile 1 ΔH_B^0 molare Bildungsenthalpie aus den Elementen im Normzustand.

Zeile 2 ΔG_B^0 molare freie Bildungsenthalpie. Es ist $\Delta G_B^0 = \Delta H_B^0 - T\Delta S^0$, ΔH_B^0 ist der in Spalte 13, Zeile 1 angegebene Wert, $T\Delta S^0$ die mit $T = 298{,}15°$ K (Standardtemperatur) multiplizierte Differenz zwischen dem S^0-Wert der Verbindung (Spalte 12, Zeile 2) und der Summe der S^0-Werte der die Verbindung bildenden Elemente, also zum Beispiel:

Für $SiCl_4$ ist $\Delta H_B^0 = -577{,}4$ kJ/Mol, $S^0 = 239{,}7$ J/Mol. S^0 ist für Si 18,72 und für Cl_2 223,0 J/Mol. Also ist $\Delta S^0 = 239{,}7 - (18{,}72 + 2 \cdot 223{,}0) = -225{,}02$ mit $T = 298{,}15°$ K multipliziert ergibt sich $-67{,}089$ kJ/Mol. ΔG_B^0 ist also $-510{,}3$ kJ/Mol.

Spalte 14 enthält die Dielektrizitätskonstante ε, den linearen oder kubischen Ausdehnungskoeffizienten α oder γ bei der angegebenen Temperatur bzw. $\bar{\alpha}$ und $\bar{\gamma}$ für den angegebenen Temperaturbereich, die Kompressibilität $\varkappa$, die molare Suszeptibilität χ_{Mol}, sowie alle weiteren Angaben zur Charakterisierung der Substanz wie Farbe und Beschaffenheit, Geruch, chemisches Verhalten, Umwandlungen und Veränderungen, Löslichkeit in Wasser, Säuren, Laugen und organischen Lösungsmitteln. Quantitative Angaben beziehen sich bei kristallwasserhaltigen Stoffen stets auf die wasserfreie Substanz. Die Konzentrationseinheit ist jeweils angegeben. % ohne Angabe bedeutet Gew.-%. Ein halbfett gesetztes **L** bei der Löslichkeitsangabe für Wasser, besagt, daß der Stoff auch in der Tabelle der Lösungsgleichgewichte zu finden ist. Bei Gasen sind die kritischen Daten angegeben.

Bei Verbindungen, die von der Kommission zur Prüfung gesundheitsschädlicher Arbeitsstoffe der Deutschen Forschungsgemeinschaft gemäß der Mitteilungen II und III, November 1961 und Juni 1964, geprüft sind, ist die maximale Arbeitsplatzkonzentration (MAK) für eine

Temperatur von 20° C und einen Druck von 760 Torr in cm^3/m^3 oder in mg/m^3 angegeben. Wird ein Stoff auch durch die Haut resorbiert, so ist ein H hinzugefügt.

Von den genannten Konzentrationen kann nach der bisherigen Erfahrung beim Umgang mit den Stoffen oder/und auf Grund langdauernder Tierversuche angenommen werden, daß sie selbst bei täglich rund achtstündiger Einwirkung im allgemeinen die Gesundheit nicht schädigen. Wir danken der Deutschen Forschungsgemeinschaft für die Bereitstellung der Angaben.

Anordnung der Stoffe: Eine gesuchte Verbindung findet man unter dem chemischen Symbol des Kations in lexikographischer Anordnung; sind zwei Kationen (Metalle) in der Verbindung vorhanden, so ist unter dem im Alphabet voranstehenden Kation zu suchen. H-Atome in sauren Salzen sind ebenso wie das Kristallwasser nicht alphabetisch geordnet; diese Verbindungen folgen den neutralen Salzen, kristallwasserhaltige den wasserfreien. Im Anion erfolgt die lexikographische Ordnung nach dem jeweils dominierenden Zentralatom.

Abkürzungsliste

abs.	absolut
Absp.	Abspaltung
Ä	Diäthyläther
Al	Äthanol
Alk	Alkalilauge
alkohol.	alkoholisch
Bdk.	Bodenkörper
Bzl	Benzol
Chlf	Chloroform
D	Dichte
Darst.	Darstellung
dkl	dunkel
E	Erstarrungspunkt
Eg	Eisessig
Egester	Essigsäureäthylester
Egs	Essigsäure
expl.	explodiert, explosiv
F	Schmelzpunkt
fbl.	farblos
Fl.	Flüssigkeit
fl.	flüssig
flch.	flüchtig
gebr.	gebräuchlich
geschl.	geschlossen
Ggw.	Gegenwart
g. Z.	geringe Zersetzung
h.	heiß
h (vor Farbe)	hell
hex.	hexagonal
hygr.	hygroskopisch
k.	kalt
konz.	konzentriert
Krist.	Kristall(e)
krist.	kristallisiert, kristallin
kub.	kubisch
KW	Kohlenwasserstoff(e)
l.	löslich
L	Löslichkeit (bei quantitativen Angaben)
Lg	Ligroin
ll.	leicht löslich
Lösm.	Lösungsmittel
Lsg.	Lösung
MAK	maximale Arbeitsplatz-Konzentration
Me	Methanol
met.	metallisch
mkl.	monoklin
Nd.	Niederschlag
Oxid.	Oxydation
oxid.	oxydiert (sich)
or.	orange
orh.	orthorhombisch
p	Druck
PÄ	Petroläther
Py	Pyridin
red.	reduziert
Red.	Reduktion
S	Säure(n)
Sb	Sublimation
schw.	schwarz
sied.	siedend
sll.	sehr leicht löslich
subl.	sublimiert
swl.	sehr wenig löslich
techn	technisch
Temp.	Temperatur
tetr.	tetragonal
trig.	trigonal
trikl.	triklin
unl.	(praktisch) unlöslich
V	Verdampfung
Vak.	Vakuum
verd.	verdünnt
Verw.	Verwendung
viol.	violett
Vol	Volumen
Vork.	Vorkommen
W	Wasser
wl.	wenig löslich
wss.	wäßrig
Z.	Zersetzung
zerfl.	zerfließlich
zers.	zersetzt (sich)
zll.	ziemlich leicht löslich
α	linearer thermischer Ausdehnungskoeffizient
γ	kubischer thermischer Ausdehnungskoeffizient
ε	Dielektrizitätskonstante
$\varkappa$	Kompressibilitätskoeffizient
χ	Suszeptibilität
%	Gewichts-%

Formel	Name	Zustand	Mol.-Masse / Dichte g · cm⁻³	Kristalldaten: System, Typ und Symbol	Einheitszelle: Kantenlänge in Å	Winkel und M	Brechzahl n_D
Ag	**Silber**						
Ag_3AsO_3	arsenit	f	446,53				
Ag_3AsO_4	arsenat	f	462,53 6,657	kub. $H\,2_1$ T_d^4, $P\bar{4}3n$	6,12	$M=2$	
AgBr	bromid	f	187,78 6,473	kub. $B\,1$ O_h^5, $Fm3m$	5,77	$M=4$	2,252
$AgBrO_3$	bromat	f	235,78 5,206	tetr. C_{4h}^5, $I\,4/m$	8,49 7,89	$M=8$	1,8466 1,9200
AgCN	cyanid	f	133,89 4,72 (trig.) 4,80 (kub.)	trig. C_{3v}^5, $R\,3m$	3,88	101,2° $M=1$	1,685 1,94
AgCON	fulminat	f	149,89 4,09				
Ag_2CO_3	carbonat	f	275,75 6,077	mkl. C_2^2, $P\,2_1$	4,83 9,52 3,23	92,7° $M=2$	
AgCd	cadmium	f	220,27	kub. $B\,2$ O_h^1, $Pm3m$	3,33	$M=1$	
AgCl	chlorid	f	143,32 5,56	kub. $B\,1$ O_h^5, $Fm3m$	5,54	$M=4$	2,0622
$AgClO_2$	chlorit	f	175,32 4,30	tetr. $4/mmm$	12,17 6,09	$M=16$	

Phasenumwandlungen °C		ΔH kJ/Mol	Standardwerte bei 25° C C_p J/Molgrd	S^0 J/Molgrd	ΔH_B kJ/Mol	ΔG^0 kJ/Mol	Bemerkungen und Charakteristik
150 Z	*F*						gelbes Pulver; LW 20° 0,11 %; l. S, wss. NH_3; unl. Al
							schokoladebrauner Nd.; LW 20° 0,8 · 10^{-3} %; l. S, wss. NH_3
259 430 1533	*U* *F* *V*	 916 198	52,38	107,1	−99,1	−95,5	$\varkappa$(100...510 at, 20° C) = 2,7 · 10^{-6} at^{-1}; ε(10^6 Hz) = 13,1; $\chi_{Mol} = -59,7 \cdot 10^{-6}$ cm^3Mol^{-1}; Bromargyrit; gelblichweißes geruchloses Pulver; färbt sich am Licht viol.; LW 20° 1 · 10^{-5} %; L Al 25° 8,7 Mol/l Lsg.; l. konz. wss. NH_3, KCN- und $Na_2S_2O_3$-Lsg.; unl. in den meisten S
							$\varkappa$(10000...20000 at) = 2,3 · 10^{-6} at^{-1}; weißes Salz; LW 25° 0,166 %; wl. HNO_3, l. wss. NH_3
350	*F*	11,5		83,7	146,1	164	ε(10^{12} Hz) = 15,7; $\chi_{Mol} = -43,2 \cdot 10^{-6}$ cm^3Mol^{-1}; weißes, körniges, geruchloses Pulver, an trockener Luft beständig; praktisch unl. Al, verd. S; LW 20° 2,2 · 10^{-5} %; l. wss. NH_3, KCN-, $Na_2S_2O_3$-Lsg.; 2. Form kub. *B* 1, O_h^5, *Fm*3*m*, *a* = 5,69 Å, *M* = 4
					182		Nadeln; LW 13° 0,075 %; l. wss. NH_3; unl. HNO_3; sehr expl.
218 Z	*F*		112,1	167,3	−506,0	−436,8	$\chi_{Mol} = -40,45 \times 2 \cdot 10^{-6}$ cm^3Mol^{-1}; gelbes Pulver; LW 25° 3,2 · 10^{-3} %; l. konz. Alkalicarbonatlsg., KCN-Lsg., HNO_3, H_2SO_4; beim Erhitzen → CO_2-Abspaltung
211 443	*U* *U*	 1,92		98,3	−10,9	−12,0	α(20° C) = 20 · 10^{-6}; über 443° C kub. *A* 2, O_h^9, *Im*3*m*, *a* = 3,32 Å, *M* = 1
455 1547	*F* *V*	12,73 199	55,78	96,07	−126	−108,7	$\bar{\gamma}$(25...50° C) = 103 · 10^{-6} grd^{-1}; $\varkappa$(100...500 at; 20° C) = 2,4 · 10^{-6} at^{-1}; ε(10^6 Hz) = 12,3; $\chi_{Mol} = -49,0 \cdot 10^{-6}$ cm^3Mol^{-1}; Chlorargyrit, Hornsilber; geschmeidig; käsig flockig, pulverförmig, körnig krist. Pulver; LW 20° 1,6 · 10^{-4} %; LMe 3,9 · 10^{-7} Mol/l Lsg.; L Al 25° 9,6 · 10^{-8} Mol/l Lsg.; l. wss. NH_3, KCN-, $Na_2S_2O_3$-Lsg.
			87,32	134,7	0	66,9	gelbe Kristallschuppen; verpufft bei 105°; beständig gegen sied. W; LW 0° 0,18 %; 20° 0,4 %; 60° 1,07 %; 100° 2,03 %

Formel	Name	Zustand	Mol.-Masse / Dichte g · cm⁻³	Kristalldaten: System, Typ und Symbol	Einheitszelle: Kantenlänge in Å	Einheitszelle: Winkel und M	Brechzahl n_D
$AgClO_3$	chlorat	f	191,32 4,430	tetr. C_{4h}^5, $I4/m$	8,49 7,89	$M=8$	
$AgClO_4$	perchlorat	f	207,32 2,806	kub.* $H0_5$ T_d^2, $F\bar{4}3m$	7,0	$M=4$	
Ag_2CrO_4	chromat	f	331,73 5,625				
$Ag_2Cr_2O_7$	dichromat	f	431,73 4,770				
AgF	(I)-fluorid	f	126,87 5,852	kub. $B1$ O_h^5, $Fm3m$	4,92	$M=4$	
$AgF \cdot 2H_2O$		f	162,90				
AgF_2	(II)-fluorid	f	145,87 4,78				
Ag_2F	subfluorid	f	234,74 8,57	trig. $C6$ D_{3d}^3, $P\bar{3}m1$	2,99 5,71	$M=1$	
AgJ	jodid	f	234,77 5,709	hex. $B4$ C_{6v}^4, $P6_3mc$	4,58 7,49	$M=2$	2,218 2,229
$AgJO_3$	jodat	f	282,77 5,525	orh. D_{2h}^{15}, $Pbca$	7,24 5,77 15,13	$M=7,3$ bzw. 7,6	

Phasenumwandlungen °C		ΔH kJ/Mol	Standardwerte bei 25° C C_p J/Molgrd	S^0 J/Molgrd	ΔH_B kJ/Mol	ΔG^0 kJ/Mol	Bemerkungen und Charakteristik
231 Z 270	*F*				−23,97		undurchsichtige weiße Krist.; LW 10° 10 %, 20° 13 %, 40° 22 %; l. Al; zers. mit HCl, HNO_3, Egs
					−32,5		* über 155° C; LW 20° 84 % Bdk. 1 H_2O; L Bzl 40° 6 % Bdk. 1 C_6H_6; L Egs 19,8° 44 %
			142,3	216,8	−711,7	−621,9	$\chi_{Mol} = -19{,}75 \times 2 \cdot 10^{-6}$ cm^3Mol^{-1}; rote Krist.; dklrotes krist. Pulver; LW 0° 1,4 · 10^{-3} %, 40° 5 · 10^{-3} %; l. KCN-Lsg., S, wss. NH_3; zers. durch längeres Kochen mit konz. HNO_3
							dklrote Krist.
435	*F*			84	−202,9	−208	$\chi_{Mol} = -36{,}5 \cdot 10^{-6}$ cm^3Mol^{-1}; weiße blätterig-krist. Masse, hornartig elastisch; sehr hygr.; färbt sich am Licht dkl; LW 15° 57,5 %, Bdk. 4 H_2O; 28,5° 68,2 %, Bdk. 2 H_2O; 108° 66 %, Bdk. 0 H_2O; l. HF, Egs., CH_3CN; unl. Al; MAK: 2,94 mg/m^3 Luft
				159	−799,7		große glashelle harte Prismen, zerfl. an feuchter Luft LW s. AgF
690	*F*				−354		in reinem Zustand weißes, sonst bräunliches Pulver; chemisch sehr reaktionsfähig; in W sofort Hydrolyse; MAK: 3,38 mg/m^3 Luft
					−211		$\chi_{Mol} = 64{,}3 \cdot 10^{-6}$ cm^3Mol^{-1}; große glänzende bronzefarbene grünlich schillernde Krist., am Licht langsam grauschw.; >700° C→AgF+Ag; zers. W unter Abscheiden von grauem Ag; beständig gegen Al
147 557 1506	*U** *F* *V*	6,1 9,41 143,9	54,43	114,2	−64,1	−68,15	* *U B*4→*B*23, kub. O_h^9, *Im*3*m*, $a = 5{,}03$ Å, $M = 2$; $\varkappa$(100...510 at, 20° C) = 4,0 · 10^{-6} at^{-1}; Jodargyrit; hgelbes krist. Pulver; lichtempfindlich; LW 25° 2,5 · 10^{-7} %; L Al 2,1 · 10^{-10} Mol/l Lsg.; l. KCN- und KJ-Lsg.; wl. wss. NH_3, $Na_2S_2O_3$-Lsg.; praktisch unl. S außer HJ
			102,9	156,9			weiße glänzende Nadeln, am Licht rasche Färbung; Zerfall in AgJ + O_2 bei höherer Temp.; LW 20° 4,3 · 10^{-3} %, 40° 8,5 · 10^{-3} %; l. wss. NH_3; wl. HNO_3

Formel	Name	Zustand	Mol.-Masse / Dichte g · cm⁻³	Kristalldaten: System, Typ und Symbol	Einheitszelle: Kantenlänge in Å	Einheitszelle: Winkel und M	Brechzahl n_D
[Ag(CN)$_2$]K	Kalium-dicyano-argentat	f	199,01 2,364	trig. $F\,5_{10}$ $D^2_{3d}, P\bar{3}1c$	7,38 17,55	$M=6$	1,4915 1,6035
$AgMnO_4$	permanganat	f	226,81	mkl. $H\,0_9$ $C^5_{2h}, P2_1/c$	5,67 8,27 7,13	92,5° $M=4$	
Ag_2MoO_4	molybdat	f	375,68	kub. $H\,1_1$ $O^7_h, Fd3m$	9,26	$M=8$	
AgN_3	azid	f	149,89	orh. $F\,5_2$ $D^{26}_{2h}, Ibam$	5,6 5,9 6,0	$M=4$	
$AgNO_2$	nitrit	f	153,88 4,453	orh. $F\,5_{12}$ $C^{20}_{2v}, Imm2$	3,51 6,14 5,15	$M=2$	
$AgNO_3$	nitrat	f	169,87 4,352	orh. $D_2^{2...4}$	7,328 10,118 6,995	$M=8$	1,729 1,744 1,788
Ag_2O	oxid	f	231,74 7,143	kub. $C\,3$ $O^8_h, Fd3c$	4,74	$M=2$	
Ag_2O_2	peroxid	f	247,74 7,44	kub.			
AgCNO	cyanat	f	149,89 4,09				
AgP_2	phosphid	f	169,82 4,653				
AgP_3	phosphid	f	200,79 3,881				
Ag_3PO_4	ortho-phosphat	f	418,58 6,370	kub. $H\,2_1$ $T^4_d, P\bar{4}3n$	6,00	$M=2$	1,975
$AgPO_3$	meta-phosphat	f	186,84 6,37				

Phasenumwandlungen			Standardwerte bei 25° C				Bemerkungen und Charakteristik
°C		ΔH kJ/Mol	C_p J/Molgrd	S^0 J/Molgrd	ΔH_B kJ/Mol	ΔG^0 kJ/Mol	
					−16,3		fbl. sechsseitige Tafeln; lichtempfindlich; LW 5° 12,5 %; L Al 4,85 %; giftig
							dklviol. Krist.; LW 28° 1,68 %, zers. Al
							LW 20° $3{,}4 \cdot 10^{-3}$ %, 60° $8 \cdot 10^{-3}$ %
252	*F*				279		fbl. Kristallnadeln, swl. in W, HNO_3, ll. wss. NH_3; l. KCN-Lsg. äußerst expl.; bei 170...80° grauviol. empfindlich gegen Stoß und Erhitzen
Z 140	*F*		79,2	128,1	−44,36	19,8	$\chi_{Mol} = -42 \cdot 10^{-6}$ cm³Mol⁻¹; fbl. bis gelbliche Nadeln; schwärzt sich am Licht; LW 0° 0,15 %; 20° 0,35 %; 40° 0,72 %; 60° 1,35 %; l. S, wss. NH_3, Egs, unl. Al
160 210	*U* * *F*	2,55 11,54	93,05	140,9	−120,7	−29,7	* *U* orh.→trig.; $\varepsilon(3 \cdot 10^6\ \mathrm{Hz}) = 9$; $\chi_{Mol} = -45{,}7 \cdot 10^{-6}$ cm³Mol⁻¹; $\varkappa(50...300\ \mathrm{at}; 0°) = 3{,}60 \cdot 10^{-6}$ at; fbl. Krist.; LW 20° 68,3 %; L Bzl 35° 0,22 %; L Me 20° 3,5 %; L Al 20° 2,08 %
Z 300			65,56	121,7	−30,56	−10,8	$\varepsilon = 8{,}8$; dklbraunes Pulver; LW 20° $1{,}6 \cdot 10^{-3}$ %; l. HNO_3, KCN-Lsg.; wl. NaOH, unl. Al
					−26,4		grauschw. Pulver, l. konz. HNO_3; konz. H_2SO_4 zers.→O_2-Entwicklung; wirkt stark oxid.; zers. > 100° C
					−88,3		weißes Pulver; wl. W, l. HNO_3, wss. NH_3, KCN-Lsg.; zers. beim Erwärmen unter Bildung von met. Ag
				91,2	−41,8	−42,6	$\chi_{Mol} = -54 \cdot 10^{-6}$ cm³Mol⁻¹; graue krist. Masse; l. HNO_3; wird von Cl_2, Br_2, Königsw. angegriffen
				110	−65,6	−65,2	$\chi_{Mol} = -66 \cdot 10^{-6}$ cm³Mol⁻¹
849	*F*						$\chi_{Mol} = -40 \times 3 \cdot 10^{-6}$ cm³Mol⁻¹; gelbes amorphes Pulver, aus Egs oder verd. H_3PO_4 Krist.; am Licht allmählich Schwärzung; LW 19,5° $0{,}64 \cdot 10^{-3}$ %; l. S, wss. NH_3, KCN-Lsg.
209	*F*						weißes Pulver; unl. W, l. HNO_3, wss. NH_3

Formel	Name	Zustand	Mol.-Masse / Dichte $g \cdot cm^{-3}$	Kristalldaten: System, Typ und Symbol	Einheitszelle: Kantenlänge in Å	Einheitszelle: Winkel und M	Brechzahl n_D
$Ag_4P_2O_7$	diphosphat	f	605,42 5,306				
$AgReO_4$	perrhenat	f	358,07 6,933	tetr. $H0_4$ C_{4h}^6, $I4_1/a$	5,35 11,92	$M=4$	
Ag_2S	sulfid, Akanthit	f	247,80 7,326	mkl. C_{2h}^5, $P2_1/c$	9,47 6,92 8,28	124° $M=4$	
Ag_2S	Argentit	f	247,80 7,317	kub. $C3$	4,91	$M=2$	
$AgSCN$	thiocyanat	f	165,95 3,746	mkl. C_{2h}^6, $C2/c$	8,74 7,96 8,16	93° 31′ $M=8$	
Ag_2SO_3	sulfit	f	295,80				
Ag_2SO_4	sulfat	f	311,80 5,45	orh. $H1_7$ D_{2h}^{24}, $Fddd$	5,82 12,65 10,25	$M=8$	1,7583 1,7747 1,7852
Ag_3Sb	antimonid	f	445,36 9,88	hex. $A3$ D_{6h}^4, $P6_3/mmc$	2,96 4,79		
Ag_2Se	selenid	f	294,70 8,200	kub.	5,0	$M=4$	
Ag_2SeO_4	selenat	f	358,70	orh. $H1_7$ D_{2h}^{24}, $Fddd$	6,07 12,82 10,21	$M=8$	
Ag_2Te	tellurid	f	343,34 8,5	mkl. C_{2h}^1, $P2/m$	6,57 6,14 6,10	118,8° $M=3$	
Al	**Aluminium**						
$AlAs$	arsenid	f	101,90 3,81	kub. $B3$ T_d^2, $F\bar{4}3m$	5,62	$M=4$	
$AlAsO_4 \cdot 8H_2O$	arsenat	f	310,02 3,011				

Phasen-umwandlungen °C		ΔH kJ/Mol	Standardwerte bei 25° C C_p J/Molgrd	S^0 J/Molgrd	ΔH_B kJ/Mol	ΔG^0 kJ/Mol	Bemerkungen und Charakteristik
585	*F*						fbl. Substanz; unl. W, Egs; l. S, wss. NH_3
430	*F*						$\chi_{Mol} = -47{,}6 \cdot 10^{-6}$ cm^3Mol^{-1}; LW 20° 3,2 g/l Lsg.
179	*U*	4,39	75,3		−33,18		$\bar{\gamma}$(30...75° C) = $13 \cdot 10^{-6}$ grd^{-1}; $\varkappa$(1...12000 at; 30° C) = ($3{,}206 \cdot 10^{-6} - 49{,}1 \cdot 10^{-12}$ p) at^{-1}; χ_{Mol} = $30{,}25 \times 2 \cdot 10^{-6}$ cm^3Mol^{-1}; schweres grauschw. Pulver; LW 18° $1{,}37 \cdot 10^{-5}$ %, Bdk. gefällt oder Silberglanz; l. h. konz. HNO_3, KCN-Lsg.; unl. verd. HCl, NH_3
586	*U*			140,6		−40,1	
842	*F*	14,05					
					−29,4		dklbleigraue Krist., meist würfeliger Habitus
				151		−39,2	
					88		$\chi_{Mol} = -61{,}8 \cdot 10^{-6}$ cm^3Mol^{-1}; fbl. Salz; LW 20° $1{,}4 \cdot 10^{-5}$ %; l. wss. NH_3; unl. S
Z 100							fbl. pulverige Substanz, bei Belichtung→purpur→schw.; wl. W, l. wss. NH_3, verd. S unter Z.; unl. fl. SO_2, HNO_3
412	*U*	7,9	131,4		−713,1		$\bar{\gamma}$(−195...−78° C) = 25 grd^{-1}; χ_{Mol} = $-46{,}45 \times 2 \cdot 10^{-6}$ cm^3Mol^{-1}; fbl. krist. Substanz, am Licht geringe Red.→leicht viol. Z. bei 1085°; LW 18° $2{,}57 \cdot 10^{-2}$ %
657	*F*	17,9		199,9		−615	
			101,7		~−23		Dyskrasit (ε-Phase)
				167		−21,5	
133	*U*	6,74	83,68		−20,9		Halbleiter; grauschw. krist. Substanz; unl. W, l. h. HNO_3, wss. NH_3
880	*F*			163		−31,6	
					−396,0		fbl. Krist.; LW 20° $1{,}5 \cdot 10^{-2}$, 40° $2{,}9 \cdot 10^{-2}$, 100° $5{,}3 \cdot 10^{-2}$ %
				202,0		280,8	
137	*U**	0,69	96,65		−20,9		* *U* mkl.→kub., a = 6,57 Å; M = 4; Halbleiter; Hessit; schw.graue krist. Substanz; unl. W, l. HNO_3, KCN-Lsg.
957	*F*			181,6		−34,8	
>1200	*F*						Halbleiter; k. W zers. langsam→ AsH_3, in der Wärme schnell; mit Al > 300°→Alkylarsine
							weißes Pulver; unl. W; langsam l. S

Formel	Name	Zustand	Mol.-Masse Dichte g · cm⁻³	Kristalldaten System, Typ und Symbol	Einheitszelle Kantenlänge in Å	Einheitszelle Winkel und M	Brechzahl n_D
$(AlO_2)_2Be$	Beryllium-aluminat	f	126,97 3,76	orh. $S1_2$ $D_{2h}^{16}, Pnma$	4,42 9,39 5,47	$M=4$	1,7443 1,7470 1,7530
$Al_2Be_3Si_6O_{18}$	Beryllium-aluminium-silikat	f	537,50 2,66	hex. $S3_1$ $D_{6h}^{2}, P6/mcc$	9,21 9,17	$M=2$	1,5684* 1,5640
$Al_2Be_2(SiO_4)_2 \cdot (OH)_2$	Euklas	f	290,17 3,1	mkl. $S0_9$ $C_{2h}^{5}, P2_1/c$	4,62 14,24 4,75	100,3° $M=2$	1,6520 1,6553 1,6710
$AlBr_3$	bromid	f	266,71 3,20				
Al_4C_3	carbid	f	143,96 2,36	trig. $D7_1$ $D_{3d}^{5}, R\bar{3}m$	8,53	22,5° $M=1$	2,7* 2,75
$Al_2O_3 \cdot CaO$		f	158,04 3,64	mkl. oder orh.			1,641 1,654 1,661
$Al_2O_3 \cdot 3CaO$		f	270,20 3,02	kub. $E9_1$ $O_h^1, Pm3m$	7,62	$M=3$	1,710
$Al_2CaSi_2O_8$	calcium-silikat	f	278,21 2,77	trikl. $S6_8$ $C_i^1 P\bar{1}$	8,2 13,0 14,2	93,2° 115,9° 91,2° $M=8$	1,5756 1,5835 1,5885
$AlCl_3$	chlorid	f	133,34 2,44	mkl. $D0_{15}$ $C_{2h}^{3}, C2/m$	5,93 10,24 6,14	71,4° $M=4$	
$AlCl_3 \cdot 6H_2O$		f	241,43 2,398	trig. $I2_2$ $D_{3d}^{6}, R\bar{3}c$	7,85	97,3° $M=2$	1,560 1,507
$Al(ClO_3)_3 \cdot 6H_2O$	chlorat	f	385,43	trig.			
Al_2O_4Co	Kobalt(II)-aluminat	f	176,89 4,50	kub.	8,06	$M=8$	

Phasen-umwandlungen °C		ΔH kJ/Mol	Standardwerte bei 25° C C_p J/Molgrd	S^0 J/Molgrd	ΔH_B kJ/Mol	ΔG^0 kJ/Mol	Bemerkungen und Charakteristik
1870	*F*		104,6				Chrysoberyll; gelbgrüne bis smaragdgrüne Krist.
							* fbl.; hblau (Aquamarin) 1,5715, 1,5667; hgrün (Smaragd) 1,5739, 1,5685; $\chi_{Mol} = +365$ (calc.) · 10^{-6} cm^3Mol^{-1}; Beryll; durchsichtig bis durchscheinend, Glasglanz; verschiedene Farben
							fbl., hgrün, blaugrün, gelbgrünlich, durchsichtig, Glasglanz; nur HF greift an; wird durch Schmelzen mit Phosphorsalz oder Borax gelöst
97,5 257	*F* *V*	11,3 23	102,5	184	−526,2	−502	$\bar{\gamma}$(20...150° C) = 283 · 10^{-6} grd^{-1}; fbl. glänzende Blättchen; reagiert explosionsartig mit W; ll. W, l. Al; L Nitrobzl. 20° 48 g/100 g Lsg.; ll. CS_2, Aceton, Bzl, Toluol
			140,5	105	−129,2	−121,5	* $\lambda = 700$ mμ; goldgelbe Blättchen; zers. W und S→CH_4
1600	*F*		120,6	114,2			fbl. Krist., glasiger Glanz; bindet mit W ab→$Al_2O_3 \cdot 3CaO \cdot xH_2O$ von HCl leicht angegriffen, schwerer von HNO_3, H_2SO_4, HF; zers. beim Schmelzen mit KOH, K_2CO_3
1535	*F**		209,8	205,4	−3600		* *F* inkongruent; fbl. Krist., glasiger Glanz, muscheliger Bruch; bindet mit W ab→$Al_2O_3 \cdot 3CaO \cdot xH_2O$; LW 21° 0,025 50° 0,027 g/100 cm^3 Lsg.; ll. HCl
1550	*F*	123	211,1	202,5			Anorthit; kleine weiße Krist.
192 (1625mm) 180	*F* Sb	34,5 55,8	89,1	167	−705,5	−646	$\bar{\gamma}$(20...150° C) = 60 · 10^{-6} grd^{-1}; krist. Masse; sehr hygr.; raucht an der Luft; ätzend; LW 20° 31,6 %, Bdk. $6H_2O$; L Bzl 17° 0,12 %; l. Al, Ä
				376,6	−2683	−2265	Chloroaluminit; fbl. zerfl. Krist.; ll. W, Al; l. Ä, Glycerin
Z.							fbl. Rhomboeder; sehr hygr.; ll. W, l. verd. HCl
							dklblaue harte Krist.; Cl_2, Alk und Mineralsäuren greifen nicht an; $KHSO_4$-Schmelze zers.

Formel	Name	Zustand	Mol.-Masse / Dichte $g \cdot cm^{-3}$	Kristalldaten: System, Typ und Symbol	Einheitszelle: Kantenlänge in Å	Einheitszelle: Winkel und M	Brechzahl n_D
$AlCs(SO_4)_2 \cdot 12H_2O$	Caesium-aluminium-sulfat	f	568,19 1,945	kub. $H4_{14}$ $T_h^6, Pa3$	12,13	$M=4$	1,4568
AlF_3	fluorid	f	83,98 3,197	trig. $D0_{14}$ $D_3^7, R32$	5,03	58° 39′ $M=2$	1,3765 1,3770
$AlF_3 \cdot H_2O$	fluorid	f	101,99 2,14	orh. $D_{2h}^{24}, Fddd$	11,40 21,14 8,52	$M=28$	1,473 1,490 1,511
AlJ_3	jodid	f	407,69 3,98				
AlO_2K	Kalium-metaaluminat	f	98,08	kub. $C9$ $O_h^7, Fd3m$	7,69	$M=4$	
$AlK(SO_4)_2 \cdot 12H_2O$	Kalium-aluminium-sulfat	f	474,39 1,74	kub. $H4_{13}$ $T_h^6\ Pa3$	12,13	$M=4$	1,4593
$AlKSi_3O_8$	kaliumsilikat	f	278,34 2,56	mkl. $S6_7$ $C_{2h}^3, C2/m$	~8,5 ~12,95 ~7,2	~116° $M=4$	1,5187 1,5226 1,5243
$AlKSi_3O_8$		f	278,34 2,54... 2,57	trikl. $S6_7$ $C_1^1, P1$	~8,4 ~13,0 ~7,1	89,5° ~116° 92,5°	1,5185 1,5238 1,5263
AlO_2Li	Lithium-metaaluminat	f	65,92 2,55	orh.			1,604 1,615
$[AlF_6]_2Li_3Na_3$	Lithium-natrium-hexafluoroaluminat	f	371,73 2,774	kub. $S1_4$ $O_h^{10}, Ia3d$	12,10	$M=8$	1,3393
AlN	nitrid	f	40,99 3,09*	hex. $B4$ $C_{6v}^4, P6_3mc$	3,10 4,97	$M=2$	2,13 2,20
$Al(NO_3)_3 \cdot 9H_2O$	nitrat	f	375,13	orh.	0,8925: 1: 1,0202		1,54

Phasen-umwandlungen °C		ΔH kJ/Mol	Standardwerte bei 25° C C_p J/Molgrd	S^0 J/Molgrd	ΔH_B kJ/Mol	ΔG^0 kJ/Mol	Bemerkungen und Charakteristik
117	*F*		619,6	686	−6063		fbl. Krist.; **L**W 20° 0,4 %
454 1254	*U* Sb	0,63 322	75,10	66,48	−1488	−1408	$\chi_{Mol} = -13{,}4 \cdot 10^{-6}$ cm³Mol⁻¹; fbl. durchsichtige Krist.; LW 20° 0,4 %, Bdk. 3 H_2O; swl. org. Lösm.; MAK: 3,68 mg Staub/m³ Luft
							Fluellit; fbl. seidenglänzende Krist.
191 386	*F* *V*	8,0 32,2		201	−314,5	−314	$\bar{\gamma}(20...120°\ C) = 202 \cdot 10^{-6}$ grd⁻¹; zarte weiße Blättchen; sehr hygr.; auch schwach bräunliche Substanz, enthält meist J_2, ll. W, l. Al, CS_2, Ä; L Py 25° 0,82 g/100 cm³ Lösm. Erhitzen an Luft→$Al_2O_3 + J_2$
							fbl. Substanz; ll. W; l. Alk; unl. Al
−215,3 91	*U* *F*	0,20 28,0	651,0	687,2	−6055		$\varkappa(0...12000$ at, 30° C$) = (6{,}303 - 116 \cdot 10^{-6}\,p) \cdot 10^{-6}$ at⁻¹; $\chi_{Mol} = -250 \cdot 10^{-6}$ cm³Mol⁻¹; Alaun; fbl. Oktaeder oder Würfel; **L**W 20° 5,5 % Bdk. 12 H_2O
							Feldspat; Orthoklas trübe weiß, gelblich, grau, rötlich Sanidin, Adular fbl., klar, durchsichtig
			48,4				Feldspat; Mikroklin
>1625	*F*		67,78	53,1	−1190	−1127	$\bar{\alpha}(25...1000°\ C) = 12{,}4 \cdot 10^{-6}$ grd⁻¹; weißes Pulver; LW $0{,}12 \cdot 10^{-3}$ Mol/l Lsg.
710	*F*						Kryolithionit; fbl. Krist.; l. W
2227 (4 at)	*F*		32,08	21	−320	−289	* berechnet 3,25; reines Produkt weiß, meistens grau; zers. W→ $Al(OH)_3 + NH_3$; zers. S, Alk
73 Z. 135	*F*			569	−3756	−2930	mkl. $a:b:c = 1{,}1321:1:1{,}9174$, $\beta = 131°\ 32'$; weiße Krist., sehr zerfl.; **L**W 20° 41,9 %, Bdk. 9 H_2O; ll. Al, l. Aceton, Alk; unl. Py

Formel	Name	Zustand	Mol.-Masse / Dichte $g \cdot cm^{-3}$	Kristalldaten: System, Typ und Symbol	Einheitszelle: Kantenlänge in Å	Einheitszelle: Winkel und M	Brechzahl n_D
$AlNH_4(SO_4)_2$	Ammonium-aluminium-sulfat	f	237,14 2,039	trig. $H3_2$ D_3^2, $P321$	4,72 8,23	$M=1$	
$AlNH_4(SO_4)_2 \cdot 12H_2O$	-	f	453,33 1,64	kub. $H4_{13}$ T_h^6, $I\bar{4}3d$	12,48	$M=4$	1,4594
AlF_6Na_3	Natrium-hexafluoro-aluminat	f	209,94 2,948	mkl. $I2_6$ C_{2h}^5, $P2_1/c$	5,46 5,61 7,80	90,2° $M=2$	1,3385 1,3389 1,3396
AlO_2Na	Natrium-meta-aluminat	f	81,97	kub. $C9$* O_h^7, $Fd3m$			1,566 1,575 1,580
$AlNa(SO_4)_2$	Natrium-aluminium-sulfat	f	242,09 2,85				
$AlNa(SO_4)_2 \cdot 12H_2O$		f	458,28 1,67	kub. $H4_{15}$ T_h^6, $Pa3$	12,19	$M=4$	1,4388
$AlNaSi_2O_6$	natrium-silikat	f	202,14 2,2	kub. $S6_1$ O_h^{10}, $Ia3d$	13,7	$M=16$	1,4861
$AlNaSi_3O_8$		f	262,22 2,61	trikl. $S6_8$ C_i^1 $P\bar{1}$	8,1 12,9 7,2	94,1° 116,5° 88,2° $M=4$	1,5290 1,5329 1,5388
α-Al_2O_3	α-Aluminium-oxid	f	101,96 3,99	trig. $D5_1$ D_{3d}^6, $R\bar{3}c$	5,13	55,3° $M=2$	1,7675 1,7594
γ-Al_2O_3	γ-Aluminium-oxid	f	101,96 3,423	kub. $D5_7$ O_h^7, $Fd3m$	7,9	$M=10{,}7$	1,696
α-$Al_2O_3 \cdot H_2O$, $AlOOH$	Aluminium-meta-hydroxid, Diaspor	f	119,98 3,3... 3,5	orh. $E0_2$ D_{2h}^{16}, $Pnma$	4,4 9,4 2,8	$M=4$	1,702 1,722 1,747

Phasen-umwandlungen			Standardwerte bei 25° C				Bemerkungen und Charakteristik
°C		ΔH kJ/Mol	C_p J/Molgrd	S^0 J/Molgrd	ΔH_B kJ/Mol	ΔG^0 kJ/Mol	
			226,4	216,2	−2347	−2033	weiß, krist.; **LW** 20° 5,5 %, Bdk. 12 H_2O; l. Glycerin, unl. Al
−202,2 95	*U* *F*	0,811	683,0	696,8	−5939	−4934	$\varkappa$(0...12000 at, 30° C) = (6,198 · 10^{-6} − 100,8 · 10^{-12} p) at^{-1}; Tschermigit; weißes krist. Pulver von zusammenziehendem Geschmack; LW s. $NH_4Al(SO_4)_2$, ll. Glycerin, unl. abs. Al; wss. Lsg. reagiert sauer; 100°→ −H_2O, 190°→−11,5 H_2O, −NH_3
572 1027	*U* *F*	9,04 115,6	215,9	238	−3284	−3114	Kryolith; weiße Krist. mit feuchtem Glasglanz; LW 20° 0,4 %; 60° 0,8 %; 100° 1,3 %; Bdk. 0 H_2O; unl. HCl
1650	*F*		73,30	70,7	−1133	−1068	* ähnlich; körnige weiße Substanz; l. W, Al
							weiße Substanz; **LW** 20° 28,8 %, Bdk. 12 H_2O langsam l. W
61	*F*						fbl. Krist.; LW s. $NaAl(SO_4)_2$, l. verd. S, unl. Al
			209,9	234			Analcim; fbl. Ikositetraeder, durchsichtig oder trüb, weiß, rötlich; Glasglanz
							Albit; weiß bis fbl., durchsichtig, durchscheinend, glasglänzend
2045 3530	*F* *V*	109	79,01	50,94	−1675	−1580	$\bar{\gamma}$(20...100° C) = 4,6 · 10^{-6} grd^{-1}; $\varkappa$(0...2000 at; 30° C) = 0,317 · 10^{-6} at^{-1}; χ_{Mol} = −18,5 × 2 · 10^{-6} cm^3Mol^{-1}; weißes Pulver; nicht hygr.; gewöhnliche Tonerde, in der Natur als Korund, Rubin, Saphir; entsteht beim Entwässern von $Al(OH)_3$ über 1000°
950... 1000	*U* *				−1610		* *U* monotrop→α-Al_2O_3; sehr hygr. weiße Substanz; entsteht beim Entwässern von $Al(OH)_3$ unter 950°
							bei 420° −H_2O→α-Al_2O_3

Formel	Name	Zustand	Mol.-Masse Dichte g · cm⁻³	Kristalldaten System, Typ und Symbol	Einheitszelle Kantenlänge in Å	Winkel und *M*	Brechzahl n_D
γ-Al_2O_3 · H_2O	Böhmit	f	119,98 3,014	orh. *E* 0_4 D_{2h}^{17}, *Cmcm*	3,70 12,24 2,85	*M*=4	1,649 1,659 1,665
Al_2O_3 · $3H_2O$, $Al(OH)_3$	Alu= minium= hydroxid, Hydr= argillit	f	156,01 2,42	mkl. *D* 0_7 C_{2h}^5, $P2_1/c$	8,62 5,06 9,70	85,4° *M*=8	1,568 1,568 1,587
Al_2O_3 · $3H_2O$	Bayerit	f	156,01 2,53	hex.	5,01 4,76	*M*=2	1,583
AlP	phosphid	f	57,96 2,424	kub. *B* 3 T_d^2, $F\bar{4}3m$	5,42	*M*=4	
$AlPO_4$	phosphat	f	121,95 2,58	trig. *C* 8 $D_3^{4,6}$	4,92 10,91	*M*=3	1,524 1,530
$AlPO_4$ · $2H_2O$	Variscit	f	157,98	orh., *S* 0_7 D_{2h}^{15}, *Pbca*	9,85 9,55 8,50	*M*=8	1,546 1,556 1,578
AlRb · $(SO_4)_2$ · $12H_2O$	Rubidium- alu= minium- sulfat	f	520,76 1,867	kub. *H* 4_{13} T_h^6, *Pa*3	12,22	*M*=4	1,4566
Al_2S_3	sulfid	f	150,16 2,37	hex. C_{6v}^4, $P6_3mc$	6,436 17,87		
$Al_2(SO_4)_3$	sulfat	f	342,15 2,71				
$Al_2(SO_4)_3$ · $6H_2O$		f	450,24				
$Al_2(SO_4)_3$ · $18H_2O$		f	666,42 1,69				1,483 1,484 1,496
AlSb	antimonid	f	148,73 4,23	kub. *B* 3 T_d^2, $F\bar{4}3m$	6,10	*M*=4	
Al_2Se_3	selenid	f	290,84 3,91				

Phasen-umwandlungen °C		ΔH kJ/Mol	Standardwerte bei 25° C: C_p S^0 J/Molgrd	ΔH_B ΔG^0 kJ/Mol	Bemerkungen und Charakteristik
					im Bauxit nachgewiesen; bei 300° $-H_2O \rightarrow \gamma\text{-}Al_2O_3$
			186,1 140,2	−2567 −2293	an Luft beständig, zieht keine Feuchtigkeit an; LW 20° $1{,}5 \cdot 10^{-4}$ %, beim Erwärmen l. in S, Alk
					sehr kleine Krist.; erhältlich bei sehr raschem Ausfällen oder Mangel an Hydrargillit-Impfstoff; metastabil
					Halbleiter; dklgraue bis gelbgraue Krist.; schmilzt und zers. nicht <1000°; mit W, S, Alk→Phosphin
800 1100 >1460	*U* [1] *U* [1] *F*				[1] *C* 8 800°→*C* 10 1100°→*C* 9 (kub.), $a = 7{,}11$ Å, $M = 4$; piezoelektrisch, Berlinit, weiße prism. Krist.; unl. W, Al, kaum l. konz. HCl, HNO_3, l. Alk
					weiße Krist.
99	*F*				fbl. Krist.; LW 20° 1,4 %, Bdk. $12\,H_2O$
1100	*F*		96	−723,4 −706	Halbleiter; gelbe Krist. oder Pulver; subl. bei 1550° C in N_2-Atmosphäre; mit $W \rightarrow H_2S + Al(OH)_3$; l. S; unl. Aceton
770 Z.			259,3 239,2	−3434 −3092	$\chi_{Mol} = -46{,}5 \times 2 \cdot 10^{-6}\ cm^3Mol^{-1}$; weißes Pulver; LW 20° 26,9 %; Bdk. $18\,H_2O$; Z. >960°→Al_2O_3
			492,7 468,9	−5304 −4625	weiß, krist.
86,5 Z	*F*			−8865	$\bar{\gamma}(-190...17°\ C) = 81{,}1 \cdot 10^{-6}\ grd^{-1}$; $\chi_{Mol} = -161{,}5 \times 2 \cdot 10^{-6}\ cm^3Mol^{-1}$; weiße nadelige Krist. von säuerlichem adstringierendem Geschmack LW s. $Al_2(SO_4)_2$, unl. Al
1080	*F*	61,5	71,1	−96,2± 10,5 −95,6	Halbleiter; beständig gegen trockene Luft; mit $W \rightarrow SbH_3$
950	*F*			−542,7	Halbleiter; hgelbe bis lichtbraune Substanz, leicht zu zerreiben; riecht nach H_2Se; mit $W \rightarrow H_2Se$

Formel	Name	Zustand	Mol.-Masse / Dichte g · cm⁻³	Kristalldaten: System, Typ und Symbol	Einheitszelle: Kantenlänge in Å	Einheitszelle: Winkel und *M*	Brechzahl n_D
$Al_2O_3 \cdot SiO_2$	silikat Andalusit	f	162,05 3,09	orh. $S0_2$ $D_{2h}^{12}, Pnnm$	7,76 7,9 5,56	$M=4$	1,6326 1,6390 1,6440
$Al_2O_3 \cdot SiO_2$	Disthen	f	162,05 3,6	trikl. $S0_1$ $C_1^1, P1$	7,1 7,7 5,6	90,1° 101,0° 105,7° $M=4$	1,7171 1,7272 1,7290
$Al_2O_3 \cdot SiO_2$	Sillimanit	f	162,05 3,15	orh. $S0_3$ $D_{2h}^{16}, Pnma$	7,5 7,7 5,8	$M=4$	1,659 1,661 1,680
$3\,Al_2O_3 \cdot 2\,SiO_2$		f	426,05 2,7	orh. $S0_3$	7,5 7,6 5,7	$M=1$	1,638 1,642 1,653
$Al_2O_3 \cdot 3\,SiO_2$	silikat	f	218,22				
Al_2Te_3	tellurid	f	436,76				
$[AlF_4]Tl$	Thallium-tetra-fluoro-aluminat	f	307,35 6,09	tetr. $D_{4h}^1, P4/mmm$	3,61 6,37		
$AlTl(SO_4)_2 \cdot 12\,H_2O$	Thallium-aluminium-sulfat	f	639,66 2,32	kub. $H4_{13}$ $T_h^6, Pa3$	12,21	$M=4$	1,49748
As	**Arsen**						
$AsBr_3$	(III)-bromid	fl	314,65 3,54	orh. $D_2^4, P2_12_12_1$	10,15 12,07 4,31	$M=4$	
$AsCl_3$	(III)-chlorid	f	181,28 2,16				1,598

Phasenumwandlungen °C		ΔH kJ/Mol	Standardwerte bei 25° C C_p S^0 J/Molgrd		ΔH_B ΔG^0 kJ/Mol		Bemerkungen und Charakteristik
			122,8	93,22	−2686	−2551	Krist. durchsichtig rötlich oder undurchsichtig grau oder gelb; glasglänzend
			121,8	83,8	−2689	−2538	flache Säulen und strahlige Aggregate von blauer Farbe
1545	*F**		122,6	96,10	−2715	−2567	* *F* inkongruent, bei 1860° vollständig geschmolzen; $\bar{\gamma}$(20...100° C) = 2,8 · 10^{-6} grd^{-1}; (20...800° C) = 4,3 · 10^{-6} grd^{-1}; faserige Krist., stark glänzend; unl. W; zers. mit NH_4F beim Erwärmen
1810	*F**						* *F* inkongruent, bei 1920° vollständig geschmolzen; Mullit; von W und S nicht angegriffen; zers. beim Erhitzen mit HF; Aufschluß mit Na_2O_2-Schmelze
~1800	*F*						gefälltes whaltiges Al-silikat; weiße amorphe Stücke oder weißes Pulver; praktisch unl. W und S
900	*F*				−326		schw.braune Substanz, met. glänzend, recht hart; an feuchter Luft→H_2Te
							weiße durchscheinende Krist.; sehr beständig, schmilzt unzers.; wl. W; unl. Al, Ä
91	*F*						fbl. klare Krist., meist Oktaeder; LW 20° 6,2 %, Bdk. 12 H_2O; im Vak. über H_2SO_4 Abgabe von H_2O
31,2	*F*	11,8			−195		$\bar{\gamma}$(−194...79° C) — 250 · 10^{-6} grd^{-1}; ε(3,75 · 10^8 Hz) = 3,3; χ_{Mol} = −106 · 10^{-6} cm^3Mol^{-1}; fbl. Prismen, hygr.; raucht an feuchter Luft; Wzers.
−19,8 131,4	*F* *V*	10,1 35		233,5	−335,6	−300,8	$\bar{\gamma}$(−194...79)°C = 190 · 10^{-6} grd^{-1}; ε(3,75 · 10^8 Hz) = 3,6; χ_{Mol} = −79,9 · 10^{-6} cm^3Mol^{-1}; fbl., ölige Fl., raucht an der Luft; äußerst giftig; mit W→HCl + As_2O_3; sll. Ä, Chlf; Lösm. für Schwefel, Phosphor, Alk.-jodide; fest: perlmuttglänzende Nadeln ϑ_{krit} 356° C

Formel	Name	Zustand	Mol.-Masse / Dichte g · cm⁻³	Kristalldaten: System, Typ und Symbol	Einheitszelle: Kantenlänge in Å	Einheitszelle: Winkel und M	Brechzahl n_D
AsF_3	(III)-fluorid	fl	131,92 3,01				
AsF_5	(V)-fluorid	g	169,91 7,71*				
AsH_3	wasserstoff	g	77,95 3,48*	kub. T^4 $O_h^5, Fm3m$	6,40	$M=4$	
AsJ_2	dijodid	f	328,73				
AsJ_3	(III)-jodid	f	455,63 4,39	trig. $D0_5$ $C_{3i}^2, R\overline{3}$	7,19 21,36	$M=6$	2,59* 2,23*
A_2O_3	Arsenolith	f	197,84 3,86	kub. $D5_4$ $O_h^7, Fd3m$	11,068	$M=16$	1,755
As_2O_3	Claudetit	f	197,84 4,151	mkl. $C_{2h}^5, P2_1/c$	5,25 12,90 4,53	93° 53′ $M=4$	1,871 1,92 2,01
As_2O_3	(III)-oxid	f	197,84 3,702				
$H_3AsO_4 \cdot \frac{1}{2}H_2O$	säure	f	150,95 2,0... 2,5				

Phasen-umwandlungen °C		ΔH kJ/Mol	Standardwerte bei 25° C C_p	S^0 J/Molgrd	ΔH_B	ΔG^0 kJ/Mol	Bemerkungen und Charakteristik
−5,95 −58	*F* *V*	10,4 29,7	126,8	181,2	−948,9	−901	$\varepsilon(10^6$ Hz$)=5{,}7$; fbl. Fl.; sehr flch.; raucht an der Luft; sehr giftig; verursacht auf der Haut tiefe Brandwunden; l. W→As_2O_3+HF; l. Al, Ä unter Z.; l. Bzl
−79,8 −52,8	*F* *V*	11,46 20,8					* kg/Nm³; D^{-79}(fl)=2,47; fbl. Gas, als Fl. wasserklar, fest schneeweiß; bildet an der Luft dicke weiße Nebel; l. W, Alk unter starker Wärmeentwicklung zu klarer Lsg.
−167,5 −116,9 −62,47	*U* *F* *V*	0,548 1,195 16,686	38,52	222,5	75		* kg/Nm³; *D*(g) bezogen auf Luft= 2,695; D^{-170}(f)=1,96; fbl. Gas; unangenehmer, knoblauchart. Geruch; äußerst giftig, MAK: 0,05 cm³/m³; gegen O_2 empfindlich; Z. an porösen Oberflächen; verbrennt mit fahlblauer Flamme; ϑ_{kr} 99,9° C
128... 30	*F*						rote Prismen; an der Luft außerordentlich zers.; in W zers.→As+ AsJ_3
144 424	*F* *V*	9,2 59,3				−57,3	* $\lambda=656$ mμ; $\bar{\gamma}(-195...79°$ C$)=170\cdot10^{-6}\cdot$grd^{-1}; $\varepsilon(3{,}75\cdot10^8$ Hz$)=5{,}4$; glänzende rote Tafeln oder Blättchen, an Luft allmählich Z.→ $J_2+As_2O_3$; giftig, l. W unter Z., l. Al, Ä, Chlf, Bzl, CS_2; wl. konz. HCl
274 460	*F* *V*	49,8 30,8	95,65	107,1	−656,8	−575	$\chi_{Mol}=-20{,}6\times2\cdot10^{-6}$ cm³Mol⁻¹; fbl. Krist., nicht hygr.; LW 20° 1,8 %; unl. Me, Al, fl. NH_3; swl. fl. SO_2; schmelzende Alk-hydroxide→ Arsenate
315	*F*	18,7					fbl. Krist.
							$\bar{\gamma}(0...50°$ C$)=110\cdot10^{-6}$ grd^{-1}; Halbleiter; weiße Stücke, weißes Pulver; klares durchsichtiges Glas von muscheligem Bruch, spröde, zersplittert beim Zerschlagen; Geschmack scharf, nachher süßlich; l. sied. W, ll. HCl, Alk; swl. k. W; giftig, MAK: 0,5 mg/m³ Luft
36,1	*F*						klare große Krist.; hygr.; LW 20° 44,5 % Bdk. $\frac{1}{2}H_2O$

Formel	Name	Zustand	Mol.-Masse Dichte g · cm⁻³	Kristalldaten System, Typ und Symbol	Einheitszelle Kantenlänge in Å	Winkel und M	Brechzahl n_D
As_2O_5	(V)-oxid	f	229,84 4,09				
As_2S_2	(II)-sulfid	f	213,97 3,506	mkl. C_{2h}^5, $P2_1/c$	9,27 13,50 6,56	106° 37′ $M=16$	2,538 2,700 2,704
As_2S_3	(III)-sulfid	f	246,04 3,43	mkl. C_{2h}^5, $P2_1/c$	11,46 9,57 4,22	90,5° $M=4$	2,4* 2,81* 3,02*
As_2S_5	(V)-sulfid	f	310,16				
Au	**Gold**						
AuBr	(I)-bromid	f	276,88 7,9				
$AuBr_3$	(III)-bro=mid	f	436,69				
AuCN	(I)-cyanid	f	222,98 7,122	hex. D_{6h}^1, $P6/mmm$	3,40 5,09	$M=1$	
$Au(CN)_3 \cdot 3H_2O$	(III)-cya=nid	f	329,07				
AuCl	(I)-chlorid	f	232,42 7,8				
$AuCl_3$	(III)-chlo=rid	f	303,33 4,67				
$H[AuCl_4] \cdot 4H_2O$	Tetra=chloro=goldsäure	f	411,85	mkl. C_{2h}^5, $P2_1/c$	14,5 11,6 15,0	104° $M=12$	

Phasen-umwandlungen °C		ΔH kJ/Mol	Standardwerte bei 25° C C_p J/Molgrd	S^0 J/Molgrd	ΔH_B kJ/Mol	ΔG^0 kJ/Mol	Bemerkungen und Charakteristik
			117,5	105,4	−918	−775	$\bar{\gamma}$(0...50° C) = 110 · 10^{-6} grd^{-1}; Kristallaggregate; undurchsichtige weiße Masse; zerfl. langsam an Luft; l. W→H_3AsO_4; l. Al; gepulvert l. Glycerin; giftig
267 307 565	*U* *F* *V*				−133,5		Realgar; rote Krist. oder rotgelbes krist. Pulver; 2. Form schw. $D = 3{,}254$; unl. W, wss. NH_3; l. Alk; mit HNO_3, HClO→As_2O_3+S; giftig
170 300 707	*U* *F* *V*				−146		* $\lambda = 671$ mμ; Halbleiter; $\chi_{Mol} = -35 \times 2 \cdot 10^{-6}$ cm^3Mol^{-1}; Auripigment; gelbe Stücke oder Pulver; LW 18° 5,1 · 10^{-5} %; zers. Al; unl. CS_2, Bzl; mit HNO_3, HClO→As_2O_3+S; mit ammoniakalischem H_2O_2→H_3AsO_4
							zitronengelbes Pulver, stabil bis ~90°; unl. W, Al, CS_2; l. Alk und -sulfidlsg.; Kochen mit W→As_2O_3, S, As_2S_3; zers. sied. Al; giftig
Z 212*				113	−14,2	−11	* p_{Br_2} 1 atm.; $\chi_{Mol} = -61 \cdot 10^{-6}$ cm^3Mol^{-1}; gelbgrau; l. KBr-, KCN-Lsg.; unl. HNO_3, H_2SO_4, CCl_4; zers. W; langsam zers. Al, Ä, Aceton
160	*F*[1]				−54,4		[1] Z unter Bildg. AuBr+Br_2; dklbraun; wl. W, abs. Al, Glycerin; ll. wss. Lsg. von HBr, Chlorid, Bromid
							gelb; swl. W, verd. S; l. KCN-, $(NH_4)_2S$-Lsg.; unl. Al, Ä
Z 50							Krist. blätterig, tafelförmig; ll. Al, Ä, W
Z 290[1]				104	−35,1	−18,7	[1] $p_{Cl_2} = 1$ atm; $\chi_{Mol} = -67 \cdot 10^{-6}$ cm^3Mol^{-1}; hgelb; l. Alkalichloridlsg., HCl, wss. NH_3; zers. W→Au+$AuCl_3$; langsam zers. Al, Ä, Aceton
288[1] 254 Z.	*F*			144,3	−115,1		[1] bei $p_{Cl_2} = 2$ atm.; $\chi_{Mol} = -112 \cdot 10^{-6}$ cm^3Mol^{-1}; dklrote Krist; hygr.; LW Raumtemp. 68 %; l. Al; Ä, NH_3, S; wl. abs. Al, wfreier Ä
					−1493		zerfl. Krist.; hgelb; ll. W, l. Al, Ä; ätzt die Haut

Formel	Name	Zustand	Mol.-Masse / Dichte g · cm⁻³	Kristalldaten: System, Typ und Symbol	Einheitszelle: Kantenlänge in Å	Winkel und M	Brechzahl n_D
$Cs[AuCl_4]$	Caesium-tetra-chloro-aurat-(III)	f	471,68	mkl.	1,1255 : 1 : 0,7228	108,4°	
AuJ	(I)-jodid	f	323,87 / 8,25				
$[AuBr_4]K \cdot 2H_2O$	Kalium-tetra-bromo-aurat	f	591,74	mkl. $H4_{19}$ $C_{2h}^5, P2_1/c$	9,51 / 11,93 / 8,46	94,4° / $M=4$	$<1,74$ / $>1,74$
$Au(CN)_2K$	Kalium-dicyano-aurat	f	288,10 / 3,452	orh.			1,6005 / 1,6943
$[AuCl_4]K$	Kalium-tetra-chloro-aurat-(III)	f	377,88 / 3,75	mkl. $C_{2h}^5, P2_1/c$	12,18 / 6,35 / 8,67	95,4° / $M=4$	1,55 / 1,56 / 1,69
$[AuCl_4]K \cdot 2H_2O$		f	413,91	orh.			
$AuO_2K \cdot 3H_2O$	Kalium-meta-aurat	f	322,11				
$[AuCl_4]Na \cdot 2H_2O$	Natrium-tetra-chloro-aurat-(III)	f	397,80	orh.	0,7002 : 1 : 0,5462		1,545 / — / $>1,75$
$[Au(S_2O_3)_2]Na_3 \cdot 2H_2O$	Natrium-dithiosulfato-aurat-(I)	f	526,22 / 3,09	mkl. $C_{2h}^2, P2_1/m$	18,24 / 5,46 / 11,37	98,75° / $M=4$	
Au_2O	(I)-oxid	f	409,93				
Au_2O_3	(III)-oxid	f	441,93				
$Au(OH)_3$	(III)-hydroxid	f	247,99				
Au_2P_3	(III)-phosphid	f	486,86 / 6,67				
$[AuCl_4]Rb$	Rubidium-tetra-chloro-aurat-(III)	f	424,25	mkl.	1,1954 :[1] 1 : 0,7385		

Phasen-umwandlungen °C		ΔH kJ/Mol	Standardwerte bei 25° C C_p J/Molgrd	S^0 J/Molgrd	ΔH_B kJ/Mol	ΔG^0 kJ/Mol	Bemerkungen und Charakteristik
							gelbe Krist.; LW 20° 0,9 %; swl. Al, unl. Ä
				119	−0,8	−4,82	zitronengelbes Pulver; swl. W, zers. beim Sieden→Au + J_2; l. KJ-Lsg.
							Krist.; halbmet. Glanz; l. W, Al; zers. Ä→$AuBr_3$ + KBr
							fbl.; ll. W, l. Al, unl. Ä, Aceton
357 Z							$\chi_{Mol} = -152 \cdot 10^{-6}$ cm^3Mol^{-1}; gelbe Krist.; LW 20° 38 %, 60° 80,2 %; unl. abs. Ä
							hgelbe Tafeln; l. W, Al, Ä
							hgelbe nadelförmige Krist., ll. W
							or.gelbe Krist.; zerfl.; LW 20° 60 %, 40° 69,4 %, 60° 90 %; l. Al, Ä
							fbl.; sll. W, wl. wss. Al, unl. abs. Al
							Existenz zweifelhaft, wahrscheinlich Au_2O→Au + Au_2O_3
				125	80,7	164	braunschw. Pulver; unl. W, l. HCl, konz. S, Eg
				121	−418,4	−290	gelbbraun; l. NaCN, h. KOH, konz. S
				157	−90,4	−69	zers. HNO_3→H_3PO_4 + Au
							[1] relative Werte; Prismen; LW 20° 9 %, 40° 17,7 %, 60° 26,6 %, 100° 44,2 %; swl. Al, unl. Ä

Formel	Name	Zustand	Mol.-Masse / Dichte g · cm⁻³	Kristalldaten: System, Typ und Symbol	Einheitszelle: Kantenlänge in Å	Winkel und M	Brechzahl n_D
AuS	sulfid	f	229,03				
$AuTe_2$	tellurid	f	452,17 8,2... 9,3				
B	**Bor**						
BBr_3	tribromid	fl	250,54 2,69	hex. $C_6^6, P6_3$	6,406 6,864	$M=2$	1,5312
B_4C	carbid	f	55,26 2,50	trig. $D_{3d}^5, R\bar{3}m$	5,60 12,12	$M=9$	
BH_3CO	Borincarbonyl	g	41,85				
BCl_3	trichlorid	g	117,17 1,434*	hex. $C_6^6, P6_3$	6,08 6,55	$M=2$	
B_2Cl_4	Tetrachlorodiboran	fl	163,43 1,50*	orh. $D_{2h}^{15}, Pbca$	11,90 6,281 7,69	$M=4$	
BF_3	trifluorid	g	67,81 2,99*				**
$BF_3 \cdot 2H_2O$		fl	103,84 1,6315	orh. $H0_2$ $D_{2h}^{16}, Pnma$	7,30 8,74 5,64	$M=4$	

Phasen-umwandlungen °C		ΔH kJ/Mol	Standardwerte bei 25° C C_p J/Molgrd	S^0 J/Molgrd	ΔH_B kJ/Mol	ΔG^0 kJ/Mol	Bemerkungen und Charakteristik
							schw. braun; kolloidal l. in W; unl. S, l. Königsw., KCN-Lsg.
472 Z							Calaverit; hgelb
−47,5 91,2	*F* *V*	 30,5		 228,9	−220,9	 −240,5	fbl. leicht bewegliche stechend riechende Fl.; raucht stark an feuchter Luft; zers. heftig mit W; l. CCl_4, CS_2, Bzl
2350	*F*		52,51	 27,1	−57,7	 −57	schw. glänzende Krist.; sehr beständig; nach Diamant der härteste Stoff; geschmolzenes Alk zers.; wss. Alk ohne Wirkung; Aufschluß mit Soda-Salpeter oder $KNaCO_3$; unl. S, selbst HF, HNO_3 oder Gemisch der beiden
−137 −64	*F* *V*	 19,9					fbl. Gas; wird von W bei 100° in 3 Stunden quantitativ zers. zu $B(OH)_3 + 3\,H_2 + CO$
−107,2 12,4	*F* *V*	 23,77	62,63	 289,8	−395,4	 −380,3	* *D*(fl) bei 0° C; ϑ_{krit} 178,8°; p_{krit} 39,5 at; $\chi_{Mol} = -59{,}9 \cdot 10^{-6}\,cm^3 Mol^{-1}$; fbl. Gas; leicht bewegliche, stark brechende Fl.; an der Luft dicke Nebel; zers. W→ $HCl + H_3BO_3$; mit Al→Borsäureester
−92,94 65,5	*F* *V*	10,79 33,6					* *D*(fl) bei 0° C; fbl. Fl.; zers. langsam bei Raumtemp.; l. W unter Bildung von HCl
−131 −128,7 −99,9	*U* *F* *V*	0,08 4,24 18,9	50,53	 254,2	−1110	 −1093	* kg/Nm³; ** $n^{0°}_{760\ Torr}$ (5462 Å) = 1,0004079; ϑ_{krit} −12,2°; p_{krit} 50,63 at; fbl. stechend und erstickend riechendes Gas; greift Atmungsorgane an; l. konz. H_2SO_4, HNO_3 unter Bildung einer rauchenden Fl., beim Verdünnen mit W fällt Borsäure aus; l. W bei 0°; zers. quantitativ in NaOH→$BO_2' + F'$; MAK: 1 cm³/m³
6	*F*						wasserklare, an der Luft nicht rauchende Fl.; fbl.; Blättchen; greift Glas nicht an; W hydrolysiert; mit Ä mischbar unter starker Wärmetönung; unl. org. Lösm.; l. Dioxan unter Salzbildung

Formel	Name	Zustand	Mol.-Masse / Dichte g · cm⁻³	Kristalldaten: System, Typ und Symbol	Einheitszelle: Kantenlänge in Å	Einheitszelle: Winkel und M	Brechzahl n_D
B_2H_6	Diboran	g	27,67	hex. $D41$	4,54		
			1,2389*	$D_{6h}^4, P6_3/mmc$	8,69	$M=2$	
B_4H_{10}	Tetraboran	g	53,32	mkl.	8,68	105° 54′	
			0,56*	$C_{2h}^5, P2_1/c$	10,14	$M=4$	
					5,78		
B_5H_9	Penta-boran	fl	63,13	tetr.	7,16		
			0,61*	$C_{4v}^9, I4mm$	5,38	$M=2$	
B_5H_{11}		fl	65,14	mkl.	6,76	94° 18′	
				$C_{2h}^5, P2_1/n$	8,51	$M=4$	
					10,14		
B_6H_{10}	Hexaboran	fl	74,95	orh.	8,50		
			0,70*	$C_{2v}^{12}, Cmc2_1$	9,23	$M=4$	
					7,50		
$B_{10}H_{14}$	Decaboran	f	122,22	mkl.*	12,70	110° 38′	
			0,94	$C_{2h}^4, P2/c$	5,68	$M=4$	
					12,70		
HBO_2	Metabor-säure	f	43,82	kub.	8,87		1,619
			2,486			$M=24$	
		f	43,82	mkl.	7,132	92° 15′	1,434
			2,044	$C_{2h}^5, P2_1/c$	8,852	$M=12$	1,570
					6,772		1,588
		f	43,82	orh.	8,03		1,378
			1,78	$D_{2h}^{16}, Pnma$	9,69	$M=12$	1,503
					6,25		1,507
H_3BO_3	säure	f	61,83	trikl. $G5_1$	7,039	92° 35′	1,337
			1,435	$C_i^1, P\bar{1}$	7,053	101° 10′	1,461
					6,578	119° 50′	1,462
						$M=4$	

Phasenumwandlungen °C		ΔH kJ/Mol	Standardwerte bei 25° C C_p J/Molgrd	S^0 J/Molgrd	ΔH_B kJ/Mol	ΔG^0 kJ/Mol	Bemerkungen und Charakteristik
−164,8 −92,52	*F* *V*	4,47 14,28	56,40	232,9	28,2	79,4	* kg/Nm³, bei 2° C; D^{-112} (fl) 0,447 g/cm³; ϑ_{krit} 16°; p_{krit} 41,2 at; D_{krit} 0,16 gcm⁻³; fbl. Gas von charakteristischem widerlichen Geruch; krist. in Nadeln; mit feuchter Luft Nebelbildung→H_3BO_3; sehr empfindlich gegen W→H_3BO_3+H_2; trocken haltbar; etwas l. CS_2; MAK: 0,1 cm³/m³
−120 16	*F* *V*	 27,1		280	58,2		* *D* (fl) bei −35° C; fbl. Gas oder fbl. Fl. von widerlichem Geruch; durch W langsam zers.; ll. in trockenem Bzl
−46,74 58	*F* *V*		149,8	184,8	23,8	152,6	* bei 0° C; fbl. leicht bewegliche, widerlich riechende Fl.; ziemlich haltbar; das beständigste der leichtflch. Borhydride; durch W langsam zers.
−123,3 63	*F* *V*	 31,8					fbl. leicht bewegliche Fl.; zerfällt schneller als B_5H_9
−65,1	*F*						* bei 0° C; fbl., ziemlich stark lichtbrechende Fl.; zers. leicht in festes gelbes Hydrid und H_2; reagiert langsam mit k. W
98,78	*F*	22	218,0	177	33	270	* auch orh. angegeben D_{2h}^{12}, *Pnnm*, a=7,225, b=10,44, c=5,68 Å, M=2; lange fbl. Nadeln oder kompakte Krist.; stechender eigentümlicher Geruch; W greift nicht an; l. Al, Ä, Bzl; ll. CS_2; MAK: 0,05 cm³/m³, H
236	*F*			46	−782,0	−712,2	glänzende Kriställchen; HBO_2I
							fbl. Körner; HBO_2II
							χ_{Mol} = −22,6 · 10⁻⁶ cm³Mol⁻¹; fbl. Prismen; HBO_2III
170 (4 atm.)	*F*		81,34	88,74	−1089	−962,8	χ_{Mol} = −34,1 · 10⁻⁶ cm³Mol⁻¹; Sassolin; weiße schuppige Blättchen, schwach; perlmuttglänzend; biegsam; fühlen sich fettig an; dicke Tafeln aus wss. Lsg.; LW 21° 4,89 %, Bdk. H_3BO_3; L Me 25° 2,9 Mol/l; L Al 25° 1,52 Mol/l; L Isobutanol 25° 0,6927 Mol/l; L Glycerin 20° 28 g/100 cm³; L Ä wfrei 0,00775 g/100 g, Ä mit W gesättigt 0,2391 g/100 g Lösm.

Formel	Name	Zustand	Mol.-Masse Dichte g · cm⁻³	Kristalldaten: System, Typ und Symbol	Einheitszelle: Kantenlänge in Å	Einheitszelle: Winkel und M	Brechzahl n_D
BJ_3	trijodid	f	391,52 3,35				
BN	nitrid	f	24,82 2,34	hex. $B\,1\,2$ $D_{6h}^{4}, P\,6_3/mmc$	2,51 6,69	$M=2$	
$BH_3 \cdot NH_3$	Borin= ammin	f	30,87	orh. $D_{2h}^{15}, Pbca$	8,22 9,31 8,11	$M=8$	
$B_3N_3H_6$	Borazol	fl	80,50 0,8519*				
B_2O_3	oxid	f	69,62 1,844*	kub.	10,055	$M=16$	1,4623
B_2S_3	sulfid	f	117,81 1,55				
Ba	**Barium**						
Ba_3As_2	arsenid	f	561,86 4,1				
$Ba_3(AsO_4)_2$	ortho= arsenat	f	689,86 5,6	trig. $D_{3d}^{5}, R\bar{3}m$	5,753 21,18		
$BaHAsO_4 \cdot H_2O$	hydrogen= arsenat	f	295,28 3,93	orh.	0,41708: 1: 0,4430		1,635
BaB_6	borid	f	202,21 4,25	kub. $D\,2_1$ $O_h^1, Pm3m$	4,28	$M=1$	

Phasenumwandlungen °C		ΔH kJ/Mol	Standardwerte bei 25° C C_p J/Molgrd	S^0 J/Molgrd	ΔH_B kJ/Mol	ΔG^0 kJ/Mol	Bemerkungen und Charakteristik
43 210	*F* *V*	 40,5					fbl. durchsichtige Krist. mit perlmuttartigem Glanz; sehr hygr.; an Luft zers. unter J_2-Abscheidung; zers. W; ll. CCl_4, CS_2, Benzin; schwer l. $AsCl_3$, PCl_3
			20,01	15,37	−253,9	−227,8	Halbleiter; weißes leichtes lockeres Pulver; langsam l. k. W, rasch l. sied. W; zers. durch Wdampf→ $NH_3+H_3BO_3$; zers. HNO_3, H_2SO_4, h. NaOH; unl. wfrei Hydrazin
							Borazan; fbl. glänzende Nadeln; an feuchter Luft langsame Hydrolyse; im Vak. bis 90° unverändert beständig; sll. fl. NH_3
−58 53	*F* *V*	 32,2		213			* bei 9,7° C; wasserklare bewegliche leicht flch. Fl.; krist. fbl. Tafeln; brennbar; fettlösend; l. eisk. W, bei Raumtemp. langsam zers.
450 2247	*F* *V*	23,0	62,97	53,85	−1264	−1184	* für glasiges B_2O_3; *D* (krist.) 1,805 g/cm³; $\bar{\gamma}$(275...325° C) = 610 · 10^{-6} grd⁻¹; $\chi_{Mol} = -19{,}5 \times 2 \cdot 10^{-2}$ cm³Mol⁻¹; fbl. durchsichtiges sehr hartes sprödes Glas oder schneeweiße gesinterte leicht pulverisierbare Masse; völlig geruchlos; sehr hygr.; schwach bitterer Geschmack; l. W, nicht sofort, sondern nach kurzzeitig erfolgtem Zerfall; 3,65 %ige HF→BF_3; l. warmer konz. H_2SO_4; unl. fl. NH_3
310	*F*				−238		glänzende weiße Nadeln; porzellanart. oder glasige Masse je nach Darst.; stechend schwefliger Geruch; W zers. heftig; Me, Al zers. unter H_2S-Entwicklung; ll. PCl_3, SCl_2
							dkl gefärbte kompakte Masse; unter dem Mikroskop durchsichtige braunrot gefärbte Krist.; W zers. schnell→$AsH_3+Ba(OH)_2$
1605	*F*				−3421		große durchsichtige fbl. Kristallblätter; LW 20° 5,5 · 10^{-2} %
150 $-H_2O$					−1722		kleine weiße glänzende Kristallschuppen; fast unl. W; wl. k. S, ll. sied. S
2270	*F*						viol. schw. Pulver; mikroskopisch sehr regelmäßige kleine Krist.; eisengraue glänzende Würfel

Formel	Name	Zustand	Mol.-Masse / Dichte $g \cdot cm^{-3}$	Kristalldaten: System, Typ und Symbol	Einheitszelle: Kantenlänge in Å	Einheitszelle: Winkel und M	Brechzahl n_D
$BaBr_2$	bromid	f	297,16 4,781	orh. $C23$ $D_{2h}^{16}, Pnma$	4,95 8,25 9,84	$M=4$	
$BaBr_2 \cdot H_2O$		f	315,17 4,18	orh. $D_{2h}^{16}, Pnma$	4,59 9,41 11,59	$M=4$	
$BaBr_2 \cdot 2H_2O$		f	333,19 3,85	mkl.	1,4494: 1: 1,1656	113° 29′	1,7129 1,7266 1,7441
$Ba(BrO_3)_2 \cdot H_2O$	bromat	f	411,17 3,95	mkl. $C_{2h}^{6}, C2/c$	9,66 7,92 9,06	93° 30′ $M=4$	
BaC_2	carbid	f	161,36 3,75	tetr. $C11$ $D_{4h}^{17}, I4/mmm$	4,40 7,06	$M=2$	
$Ba(CN)_2 \cdot 2H_2O$	cyanid	f	225,41				
$BaCO_3$	carbonat	f	197,35 4,43	orh. $G0_2$ $D_{2h}^{16}, Pnma$	5,252 8,828 6,544	$M=4$	1,529 1,676 1,677
$Ba(CHO_2)_2$	formiat	f	227,37 3,21	orh. $D_2^4, P2_12_12_1$	6,81 8,91 7,67	$M=4$	1,5729 1,5970 1,6361
$Ba(C_2H_3O_2)_2$	acetat	f	255,43 2,468				
$BaC_2O_4 \cdot H_2O$	oxalat	f	243,37 2,66				
$BaC_4H_4O_4$	succinat	f	253,41	tetr. $D_{4h}^{19}, I4_1/amd$	7,37 10,28	$M=4$	1,580 1,633
$BaCl_2$	chlorid	f	208,25 3,888	orh. $C23$ $D_{2h}^{16}, Pnma$	4,71 7,82 9,33	$M=4$	

Phasenumwandlungen °C		ΔH kJ/Mol	Standardwerte bei 25° C C_p J/Molgrd	S^0 J/Molgrd	ΔH_B kJ/Mol	ΔG^0 kJ/Mol	Bemerkungen und Charakteristik
847	*F*	25		148,5	−754,5		$\varkappa = 3{,}58 \cdot 10^{-6}$ at^{-1}; $\chi_{Mol} = -92 \cdot 10^{-6}$ cm^3Mol^{-1}; weißes krist. Pulver; LW 20° 49,8 %, Bdk. $2H_2O$; L Me 20° 29,5 %; L Al 20° 3,97 %; L Aceton 20° 0,026 %; giftig; MAK: 1,08 mg Staub/m³ Luft
					—1067		fbl. Krist.; LW s. $BaBr_2$
					−1365		$\chi_{Mol} = -119 \cdot 10^{-6}$ cm^3Mol^{-1}; weiße Krist., etwas durchsichtig; LW s. $BaBr_2$; ll. Me; wl. Al
			221,3	288			$\chi_{Mol} = -117{,}5 \cdot 10^{-6}$ cm^3Mol^{-1}; weiße seidenglänzende Krist. oder feinkrist. Pulver; LW 20° 0,9 %, 100° 5,1 %, Bdk. $1H_2O$; unl. Al, Aceton und den meisten org. Lösm.
							graue bis schw. Substanz; über 1750° C Z.; mit W und Al stürmisch $\rightarrow C_2H_2$
					−799,7		weiße zerfl. Krist.; LW 14° 44,4 %, Bdk. $0H_2O$; Kochen mit W wandelt um$\rightarrow BaCO_3$; unl. abs. Al; giftig
806 968	*U* *U*	16,2 2,9	85,35	112,1	−1202	−1123	$\varepsilon(1{,}67 \cdot 10^5$ Hz$) = 8{,}5$; $\chi_{Mol} = -58{,}9 \cdot 10^{-6}$ cm^3Mol^{-1}; Witherit; gefällt schweres weißes Pulver; LW 18° $1{,}72 \cdot 10^{-3}$ %; etwas l. in CO_2-haltigen W; l. unter Aufbrausen in HCl, HNO_3, Eg
					−1366		$\chi_{Mol} = -66{,}6 \cdot 10^{-6}$ cm^3Mol^{-1}; klare durchsichtige schwach glänzende Krist.; LW 20° 23 %, Bdk. $2H_2O$; unl. Al, Ä; giftig
450	*F*				−1486		weißes krist. Pulver; kleine nicht hygr. Krist.; LW 20° 42,2 %, Bdk. $3H_2O$; wl. Al; giftig
							weißes Pulver; LW 20° $9 \cdot 10^{-3}$ %, Bdk. $2H_2O$; l. verd. HCl, HNO_3, h. konz. Oxalsäurelsg.; bei 140...150° wfrei, über 400° Z.; giftig
							weißes krist. Pulver; LW 20° 0,4 %; swl. Me; unl. Al; giftig
920 960 1560	*U* *F* *V*	 22,47 	75,3	125	−859,8	−810,8	$\bar{\gamma}(20...150°$ C$) = 60 \cdot 10^{-6}$ grd^{-1}; $\chi_{Mol} = -72{,}6 \cdot 10^{-6}$ cm^3Mol^{-1}; weiße krist. Masse; LW 20° 26 % Bdk. $2H_2O$; L Glycerin 15° 8,86 %; wl. HCl, HNO_3; unl. Al, wfreiem Dioxan, Xylol, Nitrobzl, fl. NH_3, fl. SO_2 bei 0°C

Formel	Name	Zustand	Mol.-Masse / Dichte $g \cdot cm^{-3}$	Kristalldaten: System, Typ und Symbol	Einheitszelle: Kantenlänge in Å	Einheitszelle: Winkel und M	Brechzahl n_D
$BaCl_2 \cdot H_2O$		f	226,26 3,28	orh. $D_{2h}^{16}, Pnma$	4,51 9,02 11,28	$M=4$	
$BaCl_2 \cdot 2H_2O$		f	244,28 3,097	mkl. $C_{2h}^{5}, P2_1/c$	6,69 10,85 7,15	91° 5′ $M=4$	1,635 1,646 1,660
$Ba(ClO_2)_2$	chlorit		272,24				
$Ba(ClO_3)_2 \cdot H_2O$	chlorat	f	322,26 3,18	mkl. $C_{2h}^{6}, C2/c$	9,35 7,80 8,86	93° 30′ $M=4$	
$Ba(ClO_4)_2$	perchlorat	f	336,24 3,2				
$Ba(ClO_4)_2 \cdot 3H_2O$		f	390,29 2,87	hex. $H4_{18}$ $C_{6h}^{2}, P6_3/m$	7,28 9,64	$M=2$	1,5330 1,5323
$BaCrO_4$	chromat	f	253,33 4,49	orh.	0,8038: 1: 1,2149		
BaF_2	fluorid	f	175,34 4,893	kub. $C1$ $O_h^5, Fm3m$	6,196	$M=4$	1,4741
BaH_2	hydrid	f	139,36 4,21	orh. $C29$ $D_{2h}^{16}, Pnma$	6,79 7,83 4,11	$M=4$	
BaJ_2	jodid	f	391,15 5,15	orh. $C23$ $D_{2h}^{16}, Pnma$	8,862 10,566 5,268	$M=4$	
$BaJ_2 \cdot 2H_2O$		f	427,18 5,15	mkl.	1,4580: 1: 1,1528	112° 58′	
$BaJ_2 \cdot 6H_2O$		f	499,24 2,61	trig. $C_{3i}^{1}, P\bar{3}$	8,9 4,6	$M=1$	

Phasenumwandlungen °C		ΔH kJ/Mol	Standardwerte bei 25° C C_p J/Molgrd	S^0 J/Molgrd	ΔH_B kJ/Mol	ΔG^0 kJ/Mol	Bemerkungen und Charakteristik
			117,9	167	−1164	−1059	fbl. Krist.; LW s. $BaCl_2$
100 $-2H_2O$			155,2	203	−1461	−1296	$\chi_{Mol} = -100 \cdot 10^{-6}$ cm^3Mol^{-1}; fbl. Krist.; LW s. $BaCl_2$; unl. Al
				199,6	−662	−572,5	feines Pulver; LW 20° 31 %, 100° 45 %
			211,6		−1066		$\chi_{Mol} = -99{,}2 \cdot 10^{-6}$ cm^3Mol^{-1}; fbl. durchsichtige Krist.; LW 20° 20,3 %, Bdk. $0\,H_2O$; fast unl. Al; wl. Aceton; unl. Py; giftig; MAK: 1,17 mg Staub/m^3 Luft
284 505	*U* *F*				−806,8		$\chi_{Mol} = -94{,}7 \cdot 10^{-6}$ cm^3Mol^{-1}; fbl. Krist.; LW 25° 66,48 %, Bdk. $3\,H_2O$; L Me 68,5 %; L Al 25° 55,5 %; L Aceton 25° 55,5 %; ll. Propanol, Isobutanol; sll. fl. NH_3; mäßig l. fl. HF
400 Z.	*F*				−1696		weiße Nadeln, verwittern bei langem Aufbewahren über $CaCl_2$
1400	*F**						* unter vollständiger Z.; hgelbe glänzende, durchsichtige Krist.; beim Erhitzen rotor., beim Abkühlen gelb; LW 20° $7 \cdot 10^{-4}$ %; ll. verd. HCl, HNO_3; konz. H_2SO_4 zers.; Kochen mit wss. $Na_2CO_3 \rightarrow BaCO_3$; mit gasförmigem $HCl \rightarrow CrO_2Cl_2$
1290 2260	*F* *V*	12,5 292	71,21	92,6	−1200	−1147	$\chi_{Mol} = -51{,}0 \cdot 10^{-6}$ cm^3Mol^{-1}; fbl. durchsichtige Krist.; LW 20° 0,15 %; l. S, NH_4Cl-Lsg.
675 Z	*F*				−171		blaßgraue bläuliche bis fbl. Masse von krist. Bruch; zers. $W \rightarrow Ba(OH)_2 + H_2$; l. HCl unter Zischen
740	*F*			167,4	−602,3		$\chi_{Mol} = -124 \cdot 10^{-6}$ cm^3Mol^{-1}; fbl. Krist.; LW 20° 66,5 %; L Al 20° 43,5 %; L Me 15° 4,5 g/100 g Lösm.; L Py 25° 8,22 g/100 cm^3 Lösm.; l. Aceton L fl. NH_3 0° 0,2 %; wl. fl. SO_2
					−1218		$\chi_{Mol} = -163 \cdot 10^{-6}$ cm^3Mol^{-1}; fbl. zerfl. Krist.; zers. leicht; färben sich an der Luft rasch rotbraun; bei 98,8° C $-H_2O$, bei 539° wfrei
25,7	*F**						* im eigenen Kristallwasser; fbl. Krist.

Formel	Name	Zustand	Mol.-Masse / Dichte $g \cdot cm^{-3}$	Kristalldaten: System, Typ und Symbol	Einheitszelle: Kantenlänge in Å	Einheitszelle: Winkel und M	Brechzahl n_D
$Ba(JO_3)_2$	jodat	f	487,15 4,998	mkl.	1,0833: 1: 1,2403	94° 6′	
$Ba(JO_3)_2 \cdot H_2O$		f	505,16 4,657	mkl.	1,151: 1: 1,265	92° 22′	
$Ba(NH_2)_2$	amid	f	169,39				
$Ba(N_3)_2$	azid	f	221,38 2,936	mkl.	6,22 29,29 7,02	105° 14′ $M=10$	
Ba_3N_2	nitrid	f	440,03 6,46				
$Ba(NO_2)_2 \cdot H_2O$	nitrit	f	247,37 3,173	hex. $D_6^2, P6_122$	7,05 17,66	$M=6$	1,614 1,518
$Ba(NO_3)_2$	nitrat	f	261,35 3,24	kub.	8,11	$M=4$	1,5715
BaO	oxid	f	153,34 5,685	kub. $B1$ $O_h^5, Fm3m$	5,523	$M=4$	1,980
BaO_2	peroxid	f	169,34 4,958	tetr. $C11$ $D_{4h}^{17}, I4/mmm$	3,806 6,841	$M=2$	

Phasenumwandlungen °C		ΔH kJ/Mol	Standardwerte bei 25° C: C_p / S^0 J/Molgrd	ΔH_B / ΔG^0 kJ/Mol	Bemerkungen und Charakteristik
					$\chi_{Mol} = -122{,}5 \cdot 10^{-6}$ cm³Mol⁻¹; durchsichtige Prismen; LW 20° 0,02 %, 90° 0,14 %, Bdk. 1 H_2O; wl. HNO_3; l. HCl; mit verd. $H_2SO_4 \rightarrow BaSO_4 +$ HJO_3; unl. Aceton, abs. Al
130 $-H_2O$				−1337	$\chi_{Mol} = -135 \cdot 10^{-6}$ cm³Mol⁻¹; fbl. Krist.; LW s. $Ba(JO_3)_2$; l. HCl; wl. HNO_3; unl. Al, Aceton
280	*F*				weißes krist. Pulver; schmilzt unter Dklfärbung; zers. an feuchter Luft und mit $W \rightarrow Ba(OH)_2 + 2NH_3$; unl. fl. NH_3; ll. Lsg. NH_4NO_3 in fl. NH_3
			124,7	−22,3 / 131	glänzende säulenförmige Krist. oder Nadeln; zers. ohne zu schmelzen; verpufft bei Schlag oder Erhitzen mit grünem Licht; LW 0° 11,6 %, Bdk. 8 H_2O; swl. abs. Al; unl. in trockenem Ä
			152	−373 / −302,7	braune bis bronzefarbene harte Masse; gelbliche Nadeln; an feuchter Luft sofort trübe; zers. mit W; unl. fl. NH_3
115 Z				−1065	$\chi_{Mol} = -58{,}8 \cdot 10^{-6}$ cm³Mol⁻¹; weißgelbliche glänzende Nadeln; durchscheinend; LW 20° 41 %, Bdk. 1 H_2O; L Me 20° 0,057 %; L Aceton 25° 0,005 %; L Furfurol 25° 0,01 %; wl. 90 % Al; fast unl. abs. Al; unl. Egs
595	*F*	25	150,9 / 213,7	−991,6 / −796	$\bar{\gamma}(-78...+15°\text{ C}) = 50 \cdot 10^{-6}$ grd⁻¹; $\varepsilon(1{,}6 \cdot 10^6\text{ Hz}) = 5{,}7$; $\chi_{Mol} = -66{,}5 \cdot 10^{-6}$ cm³Mol⁻¹; fbl. Krist.; LW 20° 8 %, 100° 25,8 %, Bdk. 0 H_2O
1923 / 2000	*F* / *V*	57,7	47,23 / 70,3	−556,6 / −526,8	$\bar{\alpha}(20...875°\text{ C}) = 17{,}8 \cdot 10^{-6}$ grd⁻¹; $\varkappa = 2{,}01 \cdot 10^{-6}$ at⁻¹; Halbleiter; $\chi_{Mol} = -29{,}1 \cdot 10^{-6}$ cm³Mol⁻¹; weißes bis schwach gelbliches Pulver; subl. unzers.; an feuchter Luft→ $Ba(OH)_2 + BaCO_3$; zers. W; l. abs. Al, abs. und konz. Me; unl. wfreiem Aceton
450	*F*			−630	$\varepsilon(2 \cdot 10^6\text{ Hz}) = 10{,}7$; $\chi_{Mol} = -40{,}6 \cdot 10^{-6}$ cm³Mol⁻¹; schneeweißes lockeres Pulver; zieht Feuchtigkeit und CO_2 an; wl. W; mit verd. $S \rightarrow H_2O_2$; unl. Al, Ä, Aceton

Formel	Name	Zustand	Mol.-Masse / Dichte $g \cdot cm^{-3}$	Kristalldaten: System, Typ und Symbol	Einheitszelle: Kantenlänge in Å	Einheitszelle: Winkel und M	Brechzahl n_D
$BaO_2 \cdot 8H_2O$		f	313,46	tetr. D_{4h}^2, $P4/mcc$	6,51 11,50	$M=2$	
$Ba(OH)_2$	hydroxid	f	171,35 4,50				
$Ba(OH)_2 \cdot 8H_2O$		f	315,48 2,188	mkl.	0,9990: 1: 1,2779	98° 56′	1,4710 1,5017 1,5017
$Ba(H_2PO_2)_2 \cdot H_2O$	dihydrogenhypophosphit	f	285,33 2,90	mkl.	1,5760: 1: 1,2002	79° 40′	
$BaHPO_4$	hydrogenphosphat	f	233,32 4,165	orh. D_{2h}^{10}, $Pccn$	4,61 14,08 17,10	$M=12$	1,617 — 1,635
$Ba_2P_2O_7$	pyrosulfat	f	448,62 3,9	orh.	9,35 13,87 5,61		
$Ba(H_2PO_4)_2$	dihydrogenphosphat	f	331,31 2,87	orh.	0,7602: 1: 0,8238		
$Ba_3(PO_4)_2$	orthophosphat	f	601,96 4,1	trig. D_{3d}^5, $R\bar{3}m$	7,70	42,6° $M=1$	
BaS	sulfid	f	169,40 4,25	kub. $B1$ O_h^5, $Fm3m$	6,37	$M=4$	2,155
BaS_3	sulfid	f	233,53 3,64	orh. D_2^3, $P2_12_12$	8,32 9,64 4,82	$M=4$	
$Ba(CNS)_2 \cdot 3H_2O$	thiocyanat	f	307,55 2,286				

Phasen-umwandlungen °C		ΔH kJ/Mol	Standardwerte bei 25° C C_p J/Molgrd	S^0 J/Molgrd	ΔH_B kJ/Mol	ΔG^0 kJ/Mol	Bemerkungen und Charakteristik
					−3010		perlmuttglänzende Schuppen; wl. k. W; unl. Al, Ä und den meisten org. Lösm.
408	*F*	14,2			−946		$\chi_{Mol} = -53{,}2 \cdot 10^{-6}$ cm³Mol⁻¹; weißes Pulver; LW 20° 3,9 %, Bdk. $8\,H_2O$, 100° 63,1 %, Bdk. $3\,H_2O$; wl. Al; unl. wfreiem Aceton; ll. verd. HCl, HNO_3; giftig; ätzend
78	*F**				−3346		* im eigenen Kristallwasser; $\chi_{Mol} = 157 \cdot 10^{-6}$ cm³Mol⁻¹; glänzende dünne Täfelchen, durchsichtige Blättchen; LW s. $Ba(OH)_2$; swl. Al; giftig; ätzend
					−2059		perlmuttglänzende biegsame Krist.; trocken an Luft beständig; LW 20° 23 %, Bdk. $1\,H_2O$; unl. Al
					−1949		kleine dünne Tafeln, durchsichtig; beim Erhitzen auf Rotglut→ $Ba_2P_2O_7$; wss. NaOH hydrolysiert in der Siedehitze; wl. konz. HNO_3; 1,7n HNO_3 zers. beim Kochen
							fbl. Krist.; LW 20° 0,01 %; l. verd. S, konz. H_2SO_4
					−3137		weiße Krist.; zers. W, ll. starken Mineralsäuren; wl. wss. NH_3, Phosphatlsg.
1727	*F*	77,8			−4174		ziemlich große durchsichtige Kristallblättchen; l. verd. S, konz. H_2SO_4; wl. wss. NH_3, Phosphatlsg.; unl. Py
2470	*F*			87,8	−464	−461	$\bar{\gamma}$(30...75° C) $= 102 \cdot 10^{-6}$ grd⁻¹; Halbleiter; weißes krist. Pulver, an der Luft gelb; beim Übergießen mit S→H_2S-Entwicklung; zers. an feuchter Luft; LW 20° 7 %, 80° 33,3 %, Bdk. $6\,H_2O$; giftig; MAK: 0,62 mg Staub/m³ Luft
554 Z	*F*						gelbe Substanz, in der Hitze rotbraun; l. W erst beim Kochen zu alk. gelblichroten Fl., an Luft rasch zers.
							lange zerfl. Nadeln; LW 25° 62,6 %, Bdk. $3\,H_2O$; ll. Me, Al, CH_3NH_2, $C_2H_5NH_2$; mäßig l. $(CH_3)_2NH$; unl. $(CH_3)_3N$

Formel	Name	Zustand	Mol.-Masse / Dichte $g \cdot cm^{-3}$	Kristalldaten: System, Typ und Symbol	Einheitszelle: Kantenlänge in Å	Winkel und M	Brechzahl n_D
$BaSO_3$	sulfit	f	217,40				
$BaSO_4$	sulfat	f	233,40 4,48	orh. HO_2 $D_{2h}^{16}, Pnma$	8,85 5,44 7,13	$M=4$	1,6363 1,6374 1,6480
$BaS_2O_3 \cdot H_2O$	thiosulfat	f	267,48 3,446	orh.	0,7304: 1: 0,7248		
$BaS_2O_6 \cdot 2H_2O$	dithionat	f	333,49 3,124	mkl. $C_{2h}^5, P2_1/c$	10,67 6,64 10,49	108° 22′ $M=4$	1,5860 1,5951 1,6072
$BaS_2O_8 \cdot 4H_2O$	peroxid-disulfat	f	401,52				
$BaSiF_6$	hexafluoro-silikat	f	279,42 4,279	trig. $D_{3d}^5, R\bar{3}m$	4,75	97° 58′ $M=1$	
$BaSiO_3$	metasilikat	f	213,42 4,399	orh.*	5,56 12,27 4,54	$M=4$	1,673 1,674 1,678
$BaSiO_3 \cdot 6H_2O$		f	321,52 2,59	orh.	0,8555: 1: 0,5630		1,542 ~1,548 ~1,548
Ba_2SiO_4	ortho-silikat	f	366,76 5,4	orh. $D_{2h}^{16}, Pnma$	5,76 10,17 7,56	$M=4$	1,810 — 1,830
$BaTiO_3$	titanat	f	233,24 6,02	tetr. $D_{4h}^1, P4/mmm$	3,9945 4,0335	$M=1$	

Phasenumwandlungen			Standardwerte bei 25° C				Bemerkungen und Charakteristik
°C		ΔH kJ/Mol	C_p J/Molgrd	S^0 J/Molgrd	ΔH_B kJ/Mol	ΔG^0 kJ/Mol	
					−1182,6		weiße feine Nadeln; LW 20° 1,97 · 10^{-2} %, Bdk. 0 H_2O, unl. 60 % Al; wss. HCl, H_2SO_4, HNO_3 zers. heftig; ebenso zers. Oxals., Weins., Citronens.; Egs zers. nicht, desgleichen Alk und Erdalkalihydroxide
1149 1350	*U* *F*	 40,6	101,8	 131,8	−1465	 −1352	$\bar{\gamma}(-78\cdots+21°\text{ C}) = 75 \cdot 10^{-6}$ grd^{-1}; $\chi_{Mol} = -71{,}3 \cdot 10^{-6}$ cm^{3}Mol^{-1}; Schwerspat, Baryt; weißes schweres Pulver oder faserige körnige Aggregate; LW 20° 2,5 · 10^{-4} %; praktisch unl. verd. S; etwas l. konz. H_2SO_4 infolge Komplexbildung; unl. wfreiem Hydrazin, Lsg. NH_4NO_3 in fl. NH_3, Egester; l. in geschmolzenen Salzen wie NaCl, KCl, $BaCl_2$, $MnCl_2$, Na_2SO_4
100 $-H_2O$							silberglänzende weiße Blättchen; LW 20° 0,24 %
					−2312		$\chi_{Mol} = -120 \cdot 10^{-6}$ cm^{3}Mol^{-1}; fbl. glänzende Krist.; nur an feuchter Luft haltbar; LW 20° 15,9 %, Bdk. 2 H_2O; unl. Al
					−3091		weißes Pulver oder durchsichtige harte, stark geriefte Prismen; zers. langsam; LW 28 %, Bdk. 4 H_2O; wss. Lsg. zers. nur langsam; wss. Al zers. rasch
					−2894		runde säulenförmige Krist.; LW 20° 2,2 · 10^{-2} %; HCl fördert die L in W etwas; unl. Al
1605	*F*				−1597		* Hochtemperaturform; runde Körner oder abgerundete Stäbchen; LW 20° 0,012 %; l. HCl
~1490							fbl. Krist.; LW in der Kälte 0,17 %, in der Wärme Z.
					−2079		fbl. Krist.
120	*U**		102,5	 107,9			* *U* tetr.→kub., $a = 4{,}0092$ Å, $M = 1$; ferroelektrisch; piezoelektrisch

Formel	Name	Zustand	Mol.-Masse Dichte g · cm⁻³	Kristalldaten System, Typ und Symbol	Einheitszelle Kantenlänge in Å	Winkel und M	Brechzahl n_D
Be	**Beryllium**						
$Be_2(OH)BO_3$	hydroxyborat	f	93,84 2,35	orh. $G7_2$ $D_{2h}^{15}, Pbca$	9,73 12,18 4,42	$M=8$	1,5596 1,5908 1,6311
$BeBr_2$	bromid	f	168,83 3,465				
Be_2C	carbid	f	30,04 1,90	kub. $C1$ $O_h^5, Fm3m$	4,33	$M=4$	
$BeCl_2$	chlorid	f	79,92 1,899	orh. $D_{2h}^{26}, Ibam$	5,36 9,86 5,26	$M=4$	
$BeCl_2 \cdot 4H_2O$		f	151,98				
BeF_2	fluorid	f	47,01 1,986	tetr. $C9$	6,60 6,74	$M=8$	
$[SiO_4BeYO]_2Fe$	Gadolinit	f	467,85 4... 4,5	mkl. $C_{2h}^5, P2_1/c$	4,65 7,53 9,87	90,5° $M=2$	>1,775
BeJ_2	jodid	f	262,82 4,325	orh.	11,63 16,7 16,48	$M=32$	
$[BeF_4]K_2$	Kaliumtetrafluoroberyllat	f	163,21	orh. $H1_6$ $D_{2h}^{16}, Pnma$	5,69 9,90 7,27	$M=4$	
Be_3N_2	nitrid	f	55,05 2,73	kub. $D5_3$ $T_h^7, Ia3$	8,15	$M=16$	
$Be(NO_3)_2 \cdot 3H_2O$	nitrat	f	187,07				
$Be(NO_3)_2 \cdot 4H_2O$		f	205,08				
$[BeF_4]Na_2$	Natrium-tetrafluoro-beryllat	f	130,99	orh. $S1_2$ $D_{2h}^{16}, Pnma$	4,89 10,90 6,56	$M=4$	
$BeNaPO_4$	Natrium-beryllium-phosphat	f	126,97 2,845	mkl. $C_{2h}^5, P2_1/c$	8,13 7,74 14,17	~90° $M=12$	1,5520 1,5579 1,5608

Phasen-umwandlungen °C		ΔH kJ/Mol	Standardwerte bei 25° C C_p S^0 J/Molgrd	ΔH_B ΔG^0 kJ/Mol	Bemerkungen und Charakteristik
					Hambergit; prism. Krist.; fbl., weiß-grau, durchsichtig oder durch-scheinend; Glasglanz
488	*F*	18,8		−369,7	weiße, zerfl. Nadeln; subl.; ll. W, l. Al; L Py 25° 18,56 g/100 cm³ Lösm.
>2100	*F* (Z)				ziegelrote Oktaeder; zers. W, Alk, S unter Bildung von CH_4
410 547	*F* *V*	12,6 104,8	 90,0	−456,9	$\chi_{Mol} = -26{,}5 \cdot 10^{-6}$ cm³Mol⁻¹; weiße zerfl. Krist.; ll. W, l. Al, Ä, Bzl
				−1828	$\bar{\gamma}$(20...150° C) = 113 · 10^{-6} grd⁻¹; fbl. zerfl. Tafeln
545 1159	*F* *V*	 212,9*	 57,3	−1011	* $803 < \vartheta < 968$° C; sehr hygr. glasige Masse; LW 18° 18 Mol/l; L Al 25° 0,1 g/100 g Lösm.; gut l. 90 % Al und Gemisch Al+Ä; l. H_2SO_4; auch hex. *C* 8, $a = 4{,}72$, $c = 5{,}18$ Å, $M = 3$ angegeben
					schw., schw.-braun, grünschw. prismatische Krist.; undurchsichtig, schwacher Glasglanz, etwas fett-artig, Bruch muschelig bis splitterig
480 487	*F* *V*	18,8 79,5		−211,6	weiße Nadeln; zieht stark W an; W wirkt heftig→HJ; ll. W, Al, Ä
					$\chi_{Mol} = -98 \cdot 10^{-6}$ cm³Mol⁻¹
2200 ~3900	*F* *V*		69,04	−563,6	weißes Pulver; sd. W langsam→ $NH_3 + Be(OH)_2$; l. konz. Alk, S
~60 100 $-H_2O$	*F*				zerfl. Krist., sehr hygr.; Z. 200°, Rückstand unl. W
60,5	*F*				fbl. Krist.; verliert leicht an der Luft N_2O_5; LW 20° 52 % Bdk. 4 H_2O; L Ä 20° 2 · 10^{-3} g/100 cm³ Lsg.; l. Al, Aceton
~187	*U**				* *U*→trig. D^3_{3d}, $P\bar{3}m1$; $a = 5{,}31$; $c = 7{,}08$ Å; $M = 2$; LW (orh.) 0° 0,99 %; 20° 1,43 %; 50° 2 %; 80° 2,54 %; LW (trig.) 0° 1,29 %; 10° 1,5 %; 20° 1,67 %
					Beryllonit; fbl. weiß oder gelblich; langsam l. S

Formel	Name	Zustand	Mol.-Masse / Dichte $g \cdot cm^{-3}$	Kristalldaten: System, Typ und Symbol	Einheitszelle: Kantenlänge in Å	Winkel und M	Brechzahl n_D
BeO	oxid	f	25,01 3,025	hex. $B4$ $C_{6v}^4, P6_3mc$	2,69 4,37	$M=2$	1,719 1,733
$Be(OH)_2$	hydroxid	f	43,03 1,924	orh. $C31$ $D_2^4, P2_12_12_1$	4,61 7,02 4,53	$M=4$	
$Be_3(PO_4)_2 \cdot 3H_2O$	ortho-phosphat	f	271,03				
BeS	sulfid	f	41,08 2,36	kub. $B3$ $T_d^2, F\bar{4}3m$	4,86	$M=4$	
$BeSO_4$	sulfat	f	105,07 2,443				
$BeSO_4 \cdot 4H_2O$		f	177,14 1,713	tetr. $H4_3$ $D_{2d}^{10}, I\bar{4}c2$	8,02 10,75	$M=4$	1,4720 1,4395
BeSe	selenid	f	87,97 4,315	kub. $B3$ $T_d^2, F\bar{4}3m$	5,13	$M=4$	
$BeSeO_4 \cdot 4H_2O$	selenat	f	224,03 2,03	orh.	1: 0,9602: 0,9027		1,5027 1,5007 1,4667
Be_2SiO_4	silikat	f	110,11 3,0	trig. $S1_3$ $C_{3i}^2, R\bar{3}$	7,68	108,0° $M=6$	1,6539 1,6697
$Be_4Si_2O_7(OH)_2$		f	238,23 2,6	orh. $S4_6$ $C_{2v}^{12}, Cmc2_1$	15,19 8,67 4,53	$M=4$	1,584 1,603 1,611
BeTe	tellurid	f	136,61 5,09	kub. $B3$ $T_d^2, F\bar{4}3m$	5,61	$M=4$	
Bi	**Wismut**						
$BiBr_3$	(III)-bromid	f	449,71 5,594	kub.	9,23		
$BiC_6H_5O_7$	citrat	f	399,08				
$BiCl_2$	(II)-chlorid	f	280,89 4,86				

Phasenumwandlungen °C		ΔH kJ/Mol	Standardwerte bei 25° C C_p J/Molgrd	S^0 J/Molgrd	ΔH_B kJ/Mol	ΔG^0 kJ/Mol	Bemerkungen und Charakteristik
2550 ca.3900	*F* *V*	71,1	25,40	 14,10	−598,7	 −569	$\chi_{Mol} = -11{,}9 \cdot 10^{-6}$ cm³Mol⁻¹; Bromellit; weißes lockeres Pulver; LW 20° $34{,}4 \cdot 10^{-6}$% unl. S; Aufschluß mit $KHSO_4$-Schmelze
					−907,5		$\chi_{Mol} = -23{,}1 \cdot 10^{-6}$ cm³Mol⁻¹; weißes Pulver; LW 20° $0{,}6 \cdot 10^{-6}$%; l. S, Alk; zieht stark CO_2 an
100 $-H_2O$							fbl. Krist.; l. W, S, Egs
				 31,0	−238	 −232	graues Pulver; zers. W
540 Z			88		−1196		$\chi_{Mol} = -37 \cdot 10^{-6}$ cm³Mol⁻¹; weiße mikrokrist. Substanz; LW 20° 28%
100 $-2H_2O$ 250 $-4H_2O$					−2412		fbl. oktaedrische Krist.; an Luft beständig konz. $H_2SO_4 \rightarrow BeSO_4$ wfrei
							graue krist. Masse von großer Sprödigkeit; l. W; Lsg. langsam gerötet durch Se↓
100 $-2H_2O$							fbl. Krist.; bei 300° wfrei; LW 25° 36,2%, Bdk. $4H_2O$
			95,8	 64,5			Phenakit; kleine kurzprism. Krist.; wasserhell, gelblich, rötlich; unl. S
							Bertrandit; kleine tafelförmige Krist.; fbl. weiß, gelblich, wasserhell bis durchscheinend, glasglänzend; unl. HCl, HNO_3
							graues Pulver; feuchte Luft zers. etwas→H_2Te; W bildet lebhaft H_2Te
155 218 461	*U* *F* *V*	 75,4			−247		$\bar{\gamma}(-79 \cdots -17°\,C) = 200 \cdot 10^{-6}$ grd⁻¹; $\chi_{Mol} = -147 \cdot 10^{-6}$ cm³Mol⁻¹; gelbe Krist., geschmolzen tiefrot; mit W→BiOBr, l. HCl, HBr, Ä
							weißes amorphes Pulver, geruchlos, unl. W, Al, l. wss. NH_3, Ammoncitratlsg.
163	*F*						braunschw. krist. Masse, sehr hygr.; zers. W→BiOCl+Bi+HCl unl. org. Lösm.; bei 300° Z. in Bi und $BiCl_3$

Formel	Name	Zustand	Mol.-Masse Dichte g · cm⁻³	Kristalldaten System, Typ und Symbol	Einheitszelle Kanten-länge in Å	Winkel und *M*	Brechzahl n_D
$BiCl_3$	(III)-chlorid	f	316,34 4,75	kub.	8,14	*M*=4	
BiS_2Cu	Kupfer(I)-thiobismutit	f	337,65 6,10	orh. $F5_6$ D_{2h}^{16}, *Pnma*	6,125 14,512 3,890	*M*=4	
BiF_3	(III)-fluorid	f	266,98 8,73	kub. $D0_3$* O_h^5, *Fm3m*	5,865	*M*=4	
BiF_5	(V)-fluorid	f	304,97				
BiJ_3	(III)-jodid	f	590,69 5,778	trig. $D0_5$ C_{3i}^2, $R\bar{3}$	7,50 20,65	*M*=6	
$Bi(NO_3)_3 \cdot 5H_2O$	(III)-nitrat	f	486,07 2,83				
BiO_3Na	Natriumwismutat	f	280,97				
BiO	(II)-oxid	f	225,98 7,2				
Bi_2O_3	(III)-oxid	f	467,96 8,929	mkl. C_{2h}^5, $P2_1/c$	5,83 8,14 7,48	112° 56′ *M*=4	
$Bi(OH)_3$	(III)-hydroxid	f	261,00 4,36				
Bi_2O_5	(V)-oxid	f	499,96 5,10				
BiOBr	oxidbromid	f	305,89 8,082	tetr. $E0_1$ D_{4h}^7, *P4/nmm*	3,92 8,09	*M*=2	

Phasen-umwandlungen °C		ΔH kJ/Mol	Standardwerte bei 25° C C_p J/Molgrd	S^0 J/Molgrd	ΔH_B kJ/Mol	ΔG^0 kJ/Mol	Bemerkungen und Charakteristik
244 441	*F* *V*	10,9 72,61		 191,6	−379,1	 −319,4	$\bar{\gamma}$(20...150° C) = 167 · 10^{-6} grd^{-1}; $\chi_{Mol} = -100 \cdot 10^{-6}$ cm^3Mol^{-1}; fbl. hygr. Krist.; zers. W, verd. Al; l. HNO_3, HCl, Aceton, Egester, abs. Al
							Emplektit; synthetisch schw. Pulver, nach Schmelzen grauweiß, kristallin strahlig
725	*F*				−887		* 2. Vorschlag ähnlich *C* 1, T_d^1, $P\bar{4}3m$; $\chi_{Mol} = -61 \cdot 10^{-6}$ cm^3Mol^{-1}; grauweißes krist. Pulver, unl. W, Al, l. S, wss. NH_3
~550	Sb						fbl. Pulver, sehr feuchtigkeitsempfindlich→gelb bis braun
408	*F*				−100		$\bar{\gamma}$(−79···+17° C) = 160 · 10^{-6} grd^{-1}; grauschw. krist. Pulver; mit W→BiOJ; l. Al, HCl, KJ-Lsg. zers. > 500°; sublimierbar
Z 30							fbl. säulenförmige Krist., zerfl., l. HNO_3, zers. W→BiO(NO_3)
							gelbes Pulver; oxid. saure $MnSO_4$-Lsg. rasch zu MnO_4; whaltig mit 3,5 H_2O gelbe feine Nädelchen, reagiert mit S unter teilweiser Auflösung und Bildung von höheren Wismutoxiden
					−209		$\chi_{Mol} = -110 \cdot 10^{-6}$ cm^3Mol^{-1}; schweres graues krist. Pulver, etwas hygr.; zers. W langsam sied. W schnell; zers. verd. HCl, HNO_3, H_2SO_4
720 817 1890	*U** *F* *V*	 28,5	 113,5	 151,2	 −578,0	 −560	* *U*-α→δ; δ kub. *a* = 5,665 Å bei 750°; Halbleiter; $\chi_{Mol} = -41{,}5 \times 2 \cdot 10^{-6}$ cm^3Mol^{-1}; Wismutocker, Bismit, grauweiß, grünlichgelb, durchscheinend, durchsichtig; hgelbes krist. Pulver; Erhitzen→rotbraun, Erkalten→gelb; **L**W 20° 1,4 · 10^{-4} %, Bdk. BiOOH; unl. Alk, l. S
Z. 415							$\chi_{Mol} = -65{,}8 \cdot 10^{-6}$ cm^3Mol^{-1}; weiß, flockig, leicht kolloidal in Lsg.; 100°→BiO(OH); unl. verd. Alk; l. S, mit NaOH alk. gemachtem Glycerin
150 357	*F*[1] *V*[1]						[1] unter Verlust von O_2; rotbraunes Pulver
							fbl. krist. Pulver oder fbl. quadratische Krist., sehr stabil, schmilzt bei Rotglut; l. konz. HBr

Formel	Name	Zustand	Mol.-Masse Dichte g · cm⁻³	Kristalldaten System, Typ und Symbol	Einheitszelle Kantenlänge in Å	Winkel und M	Brechzahl n_D
BiOCl	oxid-chlorid	f	261,43 7,72	tetr. $E\,0_1$ $D_{4h}^7, P4/nmm$	3,883 7,347	$M=2$	
BiOF	oxidfluorid	f	244,98 9,1	tetr. $E\,0_1$ $D_{4h}^7, P4/nmm$	3,75 6,22	$M=2$	
BiOJ	oxidjodid	f	352,88 7,922	tetr. $D_{4h}^7, P4/nmm$	3,89 9,14	$M=2$	
$BiO(NO_3) \cdot H_2O$	oxidnitrat	f	306,00 4,73	hex.	15,54 7,63	$M=15$	
$BiPO_4$	(III)-phosphat	f	304,95 6,323	mkl. $C_{2h}^5, P2_1/c$	6,74 6,95 6,41	104°	
BiS	(II)-sulfid	f	242,04 7,7				
Bi_2S_3	(III)-sulfid	f	516,15 7,39	orh. $D\,5_8$ $D_{2h}^{16}, Pnma$	11,13 11,27 3,97	$M=4$	1,315 1,900 1,670
$Bi_2(SO_4)_3$	sulfat	f	708,14 5,08				
Bi_2STe_2	sulfid-tellurid	f	707,22 7,1... 7,58	trig. $C\,33$ $D_{3d}^5, R\bar{3}m$	10,31	24,2° $M=1$	
Bi_2Se_3	(III)-selenid	f	656,84 6,82	trig. $D_{3d}^5, R\bar{3}m$	4,15 28,65	$M=3$	
Bi_2Te_3	(III)-tellurid	f	802,76 7,7	trig. $D_{3d}^5, R\bar{3}m$	4,376 30,39	$M=3$	
Br	**Brom**						
BrCl	chlorid	f	115,36				
BrF_3	trifluorid	fl	136,904 2,49*				

Phasenumwandlungen °C		ΔH kJ/Mol	Standardwerte bei 25° C C_p J/Molgrd	S^0 J/Molgrd	ΔH_B kJ/Mol	ΔG^0 kJ/Mol	Bemerkungen und Charakteristik
				86,2	−365,3	−311,1	$\chi_{Mol} = -51{,}8 \cdot 10^{-6}$ cm³Mol⁻¹; weißes krist. Pulver; unl. W, Al, Egs, l. S; lichtempfindlich; Erhitzen→gelb, Erkalten→weiß
							zers. beim Erhitzen
							ziegelrotes geruchloses schweres Pulver; unl. W, Chlf, Al, l. HCl; zers. HNO_3, H_2SO_4, Alk→J_2
260 Z	*F*						weißes mikrokrist. Pulver, oder glänzende Schuppen, geruch- und geschmacklos; unl. W, Al, l. verd. S
							$\chi_{Mol} = -77 \cdot 10^{-6}$ cm³Mol⁻¹; weißes krist. Pulver, geruchlos; unl. W, Egs, Al, wl. verd. HCl, HNO_3, l. konz. HCl, HNO_3
685							schiefergraues Pulver
>750	*F*	8,9		192	−149	−145,4	Halbleiter; $\chi_{Mol} = -61{,}5 \times 2 \cdot 10^{-6}$ cm³Mol⁻¹; Wismutglanz, bleigrau bis zinnweiß, metallisch glänzende Oberfläche, bunt oder gelblich angelaufen, *D* 6,4...7,1; dklbraunes Pulver, l. konz. S, unl. Alk-sulfid-lsg.; **LW** 18° 1,8 · 10⁻⁵ %
710	*F*				−2540		$\chi_{Mol} = -99{,}5 \times 2 \cdot 10^{-6}$ cm³Mol⁻¹; weißes krist. hygr. Pulver; unl. W, Al, l. verd. HCl, HNO_3
593... 602	*F*						Tetradymit; blätterig bis körnig, lichtgrau bis grauschw.; starker Metallglanz
710	*F*				−58,1		Halbleiter; $\chi_{Mol} = -92{,}5 \times 2 \cdot 10^{-6}$ cm³Mol⁻¹
573							Halbleiter
−54	*F*		34,98	239,9	14,7	−0,88	gelbrote Fl. oder Gas; zers. W; l. Ä, CS_2
8,8 125,75	*F* *V*	12,03 47,57	124,4	178,1	314	256	* bei 135° C; $D^{8,8} = 3{,}23$; ϑ_{krit} 327°; $\chi_{Mol} = -33{,}9 \cdot 10^{-6}$ cm³Mol⁻¹; fbl. schwere Fl.; raucht stark an der Luft; greift die Haut an; zers. W→O_2, HOBr, HF, $HBrO_3$; zers. Alk; Al, Ä, Bzl entzünden sich bei Berührung

Formel	Name	Zustand	Mol.-Masse Dichte g · cm⁻³	Kristalldaten System, Typ und Symbol	Einheitszelle Kantenlänge in Å	Winkel und M	Brechzahl n_D
BrF_5	penta=fluorid	fl	174,90 2,466				
HBr	wasserstoff	g	80,92 3,6443[1]	kub.[2]	5,78	$M=4$	[3]
C	**Kohlenstoff**						
CO	Kohlen=oxid	g	28,01 1,250[1]	kub. $B\,2\,1$ T^4, $P\,2_1\,3$	5,64	$M=4$	[2]
CO_2	Kohlen=dioxid	g	44,01 1,101*	kub. T_h^6, $Pa\,3$	5,64	$M=4$	**
C_3O_2	Kohlen=suboxid	g	68,03 1,1137*				
CS_2	Schwefel=kohlen=stoff	fl	76,14 1,2705	tetr.	8,12 3,77	$M=3$	[1]
COS	Kohlen=oxidsulfid	g	60,07 1,24*	trig. $F\,0_2$ C_{3v}^5, $R\,3\,m$	4,08	98° 58′ $M=1$	
Ca	**Calcium**						
$CaHAsO_4 \cdot H_2O$	hydrogen=arsenat	f	198,02				
$Ca_3(AsO_4)_2$	arsenat	f	398,08 3,31				
$Ca_3(AsO_4)_2 \cdot 3\,H_2O$		f	452,12				

Phasenumwandlungen °C		ΔH kJ/Mol	Standardwerte bei 25° C C_p J/Molgrd	S^0 J/Molgrd	ΔH_B kJ/Mol	ΔG^0 kJ/Mol	Bemerkungen und Charakteristik
−60,5 40,76	*F* *V*	7,3 30,6					$\chi_{Mol} = -45{,}1 \cdot 10^{-6}$ cm³Mol⁻¹; fbl. Fl.; raucht stark an der Luft, dabei blaßgelb bis rot; sehr reaktionsfähig; zers. W
−184,0 −160,0 −156,4 −86,9 −66,77	*U* *U* *U* *F* *V*	0,265 0,330 0,489 2,405 17,6	29,12	198,4	−36,2	−49,7	[1] kg/Nm³; [2] bei −173° C, $D = 2{,}78$ g/cm³; [3] n(0°; 760 Torr; 5462 Å) = 1,0006221; ϑ_{krit} 89,9°; p_{krit} 87 at; D_{krit} 0,807 gcm⁻³; $\chi_{Mol} = -32{,}9 \cdot 10^{-6}$ cm³Mol⁻¹; fbl. Gas; raucht an der Luft und bildet weiße Nebel; als Fl. klar fbl.; fest krist. fbl. durchsichtig; LW bei 10° etwa 600 Vol/1 Vol H_2O; ll. Acetonitril; fast unl. Bzl; MAK: 5 cm³/m³
−211,6 −205,1 −191,5	*U* [3] *F* *V*	0,633 8,08 6,04	29,15	197,4	−110,5	−137	[1] kg/Nm³; [2] n(0°; 760 Torr; 5462 Å) = 1,0003361; [3] *U* kub.→hex., $a = 4{,}11$, $c = 6{,}79$ Å; fbl. geruchloses Gas; brennt mit blauer Flamme; sehr giftig; MAK: 100 cm³/m³
−56,6 5,28 atm	*F*	~7,95	37,13	213,6	−393,51	−394,2	* bei −37° C; D^{-79}(fest) 1,53 g/cm³; ** n(0°; 760 Torr; 5462 Å) = 1,0004505; fbl. Gas; subl. bei −78,5° C; LW 0° 171 ml/100 g W, 20° 90,1 ml/100 g W; l. Alk, Aceton
−111,3 6,8	*F* *V*	 25	65,75	257,7			* bei 0° C; Gas; ll. CS_2, Xylol; mit W→Malonsäure; giftig
−112,1 46,25	*F* *V*	4,39 26,77	75,65	151,0	87,8		[1] n(20°, 5893 Å) = 1,62761; klare fbl. stark lichtbrechende Fl.; sehr leicht brennbar; swl. W; mischbar mit wfreiem Me, Al, Ä, Bzl, Chlf, CCl_4; ausgezeichnetes Lösm. für Schwefel, Phosphor, Selen, Brom, Jod, Fette, Harze, Kautschuk, Campher; giftig; MAK: 20 cm³/m³
−138,8 −50,28	*F* *V*	4,727 18,51	41,63	231,5	−137,2	−164,5	* bei −87° C; Gas; l. W, Al; ll. Toluol; mit W langsam→H_2S und CO_2; stark narkotische Wirkung
					−1715		weißes Pulver
				146			
1455	*F*						weißes Pulver; giftig; MAK: 0,1 mg Staub/m³ Luft; aus Schmelzfluß erstarrt, ist vollständig unl. W
							weißes Pulver; swl. W, ll. verd. S

Formel	Name	Zustand	Mol.-Masse Dichte g · cm⁻³	Kristalldaten System, Typ und Symbol	Einheitszelle Kantenlänge in Å	Einheitszelle Winkel und M	Brechzahl n_D
CaB_6	borid	f	104,95 2,43	kub. $D2_1$ $O_h^1, Pm3m$	4,15	$M=1$	
$CaO \cdot B_2O_3$	diborat	f	125,70 2,70	orh. $D_{2h}^{14}, Pnca$	6,19 11,6 4,28	$M=4$	1,550 1,660 1,680
$CaO \cdot 2B_2O_3$	tetraborat	f	195,32				1,638 1,560
$2CaO \cdot B_2O_3$	Dicalcium-diborat	f	181,78				1,585 1,662 1,667
$3CaO \cdot B_2O_3$	Tricalcium-diborat	f	237,86				1,728 1,630
$CaBr_2$	bromid	f	199,90 3,354	orh. $C35$ D_{2h}^{19}, $Cmmm$	6,55 6,88 4,34	$M=2$	
$CaBr_2 \cdot 6H_2O$		f	307,99 2,313	trig. $I1_3$ $D_{3d}^1, P\bar{3}1m$	7,92 3,97	$M=1$	
CaC_2	carbid	f	64,10 2,22	tetr. $C11$ $D_{4h}^{17}, I4/mmm$	3,87 6,37	$M=2$	>1,75
$CaCN_2$	cyanamid	f	80,10	trig. $F5_1$ $D_{3d}^5, R\bar{3}m$	5,40	39,9° $M=1$	1,60 >1,95
$CaCO_3$	carbonat, Aragonit	f	100,09 2,95	orh. $G0_2$ $D_{2h}^{16}, Pnma$	4,94 7,94 5,72	$M=4$	1,5296 1,6804 1,6849
$CaCO_3$	carbonat, Kalkspat	f	100,09 2,711	trig. $G0_1$ $D_{3d}^6, R\bar{3}c$	6,36	46,1° $M=2$	1,6583 1,4864
$Ca(CHO_2)_2$	formiat	f	130,12 2,023	orh. $D_{2h}^{15}, Pbca$	10,16 13,38 6,28	$M=8$	1,51005 1,51346 1,57754
$Ca(C_2H_3O_2)_2$	acetat	f	158,17 1,50				1,55 1,56 1,57

Phasen-umwandlungen °C		ΔH kJ/Mol	Standardwerte bei 25° C C_p J/Molgrd	S^0 J/Molgrd	ΔH_B kJ/Mol	ΔG^0 kJ/Mol	Bemerkungen und Charakteristik
~2000	*F*						schw. Krist., glänzend, rechteckig oder kub.; W wirkt bei gewöhnlicher Temp. nicht ein, Lsg. $KClO_3+HCl$ zers. langsam; schmelzende Alk-hydroxide und -carbonate, $KHSO_4$ schließen unter heftiger Reaktion auf
1162	*F*	73,91	103,9	105	−2077	−1969	lange flache Platten, Perlmuttglanz auf der Spaltfläche; teilweise Z. mit W
987	*F*	113,2	157,9	134,7	−3488	−3293	unregelmäßige Körner; gegen Luft beständig; hydrolysiert zu $CaO \cdot B_2O_3$ und H_3BO_3
531 1312	*U* *F*	4,6 100,8	147,1	145,1	−2757	−2617	unregelmäßige Körner, durchsichtig; beständig gegen k. W, l. verd. S
1487	*F*	148,4	187,8	183,6	−3420	−3248	unregelmäßige Körner; l. verd. S
760 810	*F* *V*	17,6		138	−672,4	−655,6	$\chi_{Mol}=-73{,}8 \cdot 10^{-6}$ cm^3Mol^{-1}; weißes krist. Pulver, hygr., salziger Geschmack; LW 20° 59,0 %, Bdk. $6\,H_2O$; unl. Ä, Chlf; ll. Al
38,2	*F*				−2499		weiße, seidenglänzende Nadeln, sll. W
447 2300	*U*[1] *F*	5,56	62,34	70,3	−62,7	−67,8	[1] *C* 1 1→kub. $a=5{,}92$ Å; $M=4$; fbl. krist. Masse; zers. W→$C_2H_2+Ca(OH)_2$
~1200	*F*						fbl. Krist.; mit W allmähliche Z.
825 Z			81,23	88,7	−1207	−1051	$\chi_{Mol}=-40{,}8 \cdot 10^{-6}$ cm^3Mol^{-1}; fbl., weiß, gelb, rötlich; zers. HCl→CO_2; LW 20° $1{,}5 \cdot 10^{-3}$ %
970	*U*		81,85	92,9	−1206	−1128	$\chi_{Mol}=-37{,}8 \cdot 10^{-6}$ cm^3Mol^{-1}; Marmor Kalkstein, Kreide, durchsichtig bis undurchsichtig, Glasglanz, zers. S→CO_2; LW 20° $1{,}4 \cdot 10^{-3}$ %
Z 360					−1354		$\chi_{Mol}=-39{,}5 \cdot 10^{-6}$ cm^3Mol^{-1}; fbl. Krist. oder weißes krist. Pulver; LW 20° 14,24 %; ll. Ameisensäure; unl. Al, Ä
					−1486		$\chi_{Mol}=-70{,}5 \cdot 10^{-6}$ cm^3Mol^{-1}; weißes Pulver; LW 0° 30,4 %, 100° 22,9 %; wl. Al; mit $2\,H_2O$ lange seidige durchsichtige Nadeln von salzig-bitterem Geschmack

Formel	Name	Zustand	Mol.-Masse / Dichte $g \cdot cm^{-3}$	Kristalldaten: System, Typ und Symbol	Einheitszelle: Kanten-länge in Å	Einheitszelle: Winkel und M	Brechzahl n_D
$CaC_2O_4 \cdot H_2O$	oxalat	f	146,12 2,2	mkl.	0,8696: 1: 1,3695	107° 18′	1,4900 1,5552 1,6497
$Ca(C_3H_5O_3)_2 \cdot 5H_2O$	lactat	f	308,30				
$Ca(C_4H_7O_2)_2$	butyrat	f	214,28				
$CaC_4H_4O_6 \cdot 4H_2O$	tartrat	f	260,21	orh. $D_2^3, P2_12_12$	9,20 10,54 9,62	$M=4$	
$Ca(C_7H_5O_2)_2 \cdot 3H_2O$	benzoat	f	336,36 1,44				
$CaC_{14}H_{12}N_2O_6$	p-amino-salicylat	f	344,34				
$CaC_{18}H_{32}N_2O_{10}$	panto-thenat	f	476,54				
$CaC_{32}H_{62}O_4$	palmitat	f	550,93				
$CaC_{36}H_{66}O_4$	oleat	f	603,01				
$CaC_{36}H_{70}O_4$	stearat	f	607,04				
$CaCl_2$	chlorid	f	110,99 2,152	orh. $C\,35$ $D_{2h}^{12}, Pnnm$	6,22 6,42 4,15	$M=2$	1,600 1,605 1,613
$CaCl_2 \cdot 2H_2O$		f	147,02	orh.	7,19 5,85		
$CaCl_2 \cdot 6H_2O$		f	219,08 1,68	trig. $I\,1_3$ $D_{3d}^1, P\bar{3}1m$	7,86 3,87	$M=1$	1,5504 1,4949

Phasen-umwandlungen °C		ΔH kJ/Mol	Standardwerte bei 25° C C_p J/Molgrd	S^0 J/Molgrd	ΔH_B kJ/Mol	ΔG^0 kJ/Mol	Bemerkungen und Charakteristik
							weißes Krist.pulver, kleine mikroskopische Krist.; wfrei sehr hygr.; Whewellit große glänzende, fbl., durchsichtige bis opake, spröde Krist., mit muscheligem Bruch; bei 100° im Vak. beginnt Abgabe von H_2O, bei 200° völlig wfrei
120 $-H_2O$							weißes Pulver, fast geruch- und geschmacklos, l. W, unl. Al
							weiße Blättchen oder Prismen; **L**W 20° 15,25 %
							$\chi_{Mol} = -120 \cdot 10^{-6}$ cm^{3}Mol^{-1}; weißes krist. Pulver, swl. W, wl. Al, l. verd. HCl, HNO_3
110 $-3H_2O$							weißes Pulver; mäßig l. W
							weißes oder schwach gelbliches krist. Pulver, geruchlos, bittersüßer Geschmack; ll. W, wl. Al; Lsg. zers. nach Stunden
199...200	*F*						weißes, lockeres Pulver, hygr., geruchlos, von süßem Geschmack und bitterem Nachgeschmack; ll. W, l. Glycerin, wl. Me, 95 % Al; swl. Aceton, Ä, Chlf
							gelblichweißes Pulver, unl. W, Al, Ä, Aceton, PÄ, l. h. Benzin, wl. sied. Chlf, Bzl; Z. 150...5°; sintert bei 110°
83...4	*F*						weiße, wachsartige Masse, unl. W, Al, Aceton, PÄ, Ä, l. Bzl, Chlf, Xylol, HCl-haltigem Al; Z. 140...80°
							weißes Pulver, fühlt sich fettig an; unl. W, wl. h. Al
782 2000	*F* *V*	29,36 230	72,61	113,8	−785,8	−740,5	$\bar{\gamma}$(20...150° C) = $67 \cdot 10^{-6}$ grd^{-1}; $\chi_{Mol} = -54{,}7 \cdot 10^{-6}$ cm^{3}Mol^{-1}; Chlorocalcit; weiße hygr. Masse von bitterem und salzigem Geschmack; **L**W 20° 42,5 %, Bdk. $6H_2O$; L Al 20° 19,7 %; L Me 20° 23 %; swl. Py
					−1404		leicht rieselnde, fbl. Krist., hygr.; ll. W, Al
30,2	*F*				−2608		$\bar{\gamma}$(−190...17° C) = 119,1 grd^{-1}; fbl. hygr. Krist., sll. W, ll. Al; wss. Lsg. gegen Lackmus neutral

Formel	Name	Zustand	Mol.-Masse Dichte g · cm⁻³	Kristalldaten System, Typ und Symbol	Einheitszelle Kantenlänge in Å	Winkel und M	Brechzahl n_D
$CaCl_2O$	Chlorkalk	f	126,99				
$Ca(ClO_3)_2 \cdot 2H_2O$	chlorat	f	243,01 2,711	mkl.			
$Ca(ClO_4)_2$	perchlorat	f	238,98				
$CaCrO_4$	chro=mat-(VI)	f	156,07 3,12	tetr. $S1_1$ $D_{4h}^{19}, I4_1/amd$	7,25 6,38	$M=4$	
$CaCrO_4 \cdot H_2O$		f	174,09 2,79	orh. $D_{2h}^{15}, Pbca$	7,99 12,77 8,11	$M=8$	
$CaCr_2O_4\alpha$	chro=mat-(III)	f	208,07 4,70	tetr.	5,52 19,2	$M=8$	
$CaCr_2O_4\beta$		f	208,07 4,87	orh. $D_{2h}^{16}, Pnma$	9,07 10,61 2,99	$M=4$	
$CaCrO_4 \cdot 2H_2O\beta$		f	192,10 2,5	orh. $D_{2h}^{11}, Pbcm$	16,02 11,39 5,60	$M=8$	
CaF_2	fluorid	f	78,08 3,18	kub. $C1$ $O_h^5, Fm3m$	5,45	$M=4$	1,4338
$CaGe$	germanid	f	112,67	orh. $D_{2h}^{17}, Cmcm$	4,575 10,845 4,001	$M=4$	
CaH_2	hydrid	f	42,10 1,7	orh. $C29$ $D_{2h}^{16}, Pnma$	5,94 6,84 3,60	$M=4$	

Phasen-umwandlungen °C		ΔH kJ/Mol	Standardwerte bei 25° C C_p J/Molgrd	S^0 J/Molgrd	ΔH_B kJ/Mol	ΔG^0 kJ/Mol	Bemerkungen und Charakteristik
					−747,5		gelblichweißes lockeres Pulver, hygr., eigenartiger Geruch; durch Feuchtigkeit und Luft zers.→HOCl
100	*F**						* im eigenen Kristallwasser; fbl. bis hgelbe hygr. Krist.; LW 20° 66,2 %, Bdk. $2H_2O$; l. Al, Aceton; Erhitzen zers.→Cl_2- und O_2-Entwicklung
							$\chi_{Mol} = -70{,}5 \cdot 10^{-6}$ cm³Mol⁻¹; fbl. Salz; LW 25° 65,35 %; ll. Al, Me; swl. Ä
1020*	*F*			134	−1379	−1276	* als Beginn angegeben; F unter Z.; gelbe Krist.; LW 20° 2,4 %; l. S; L Al 50 Vol % 0,08 g/100 ml
							dklgelbe stark glänzende Krist.; verwittern kaum; $-H_2O$ erst ab 300°, dabei rot, beim Abkühlen wieder gelb; LW 25° 9,1 %
							große fbl. oder rosafarbige Krist.
2170	*F*						dklgrüne, met. glänzende Nadeln; gepulvert hgrün; unl. W; reagiert nicht mit Wdampf bei Rotglut; beständig gegen konz. Lsgg. von HF, HCl, HNO_3, H_2SO_4; schmelzende Alk zers.; Aufschluß durch Schmelze $KNO_3 + K_2CO_3$ oder Na_2O_2
							horgelbe Krist.; verwittern langsam; LW 20° 10,4 %, Bdk. $2H_2O$; α-Form mkl., hgelbe Prismen, verwittern in kurzer Zeit; LW 20° 14,2 %
1151 1418 2500	*U* *F* *V*	4,77 29,7 317	67,03	68,87	−1214	−1159	$\bar{\gamma}(40°) = 57{,}4 \cdot 10^{-6}$ grd⁻¹; $\varkappa$(50...200 at; 0° C) $= 1{,}22 \cdot 10^{-6}$ at⁻¹; $\varepsilon(6{,}4 \cdot 10^5$ Hz$) = 6{,}7$; $\chi_{Mol} = -28{,}0 \cdot 10^{-6}$ cm³Mol⁻¹; Flußspat, Fluorit; selten fbl., meist gefärbt, Glasglanz, weißes Pulver, unl. W, wl. verd. S; konz. S→HF
							dklgraues krist. Pulver; zers. an feuchter Luft rasch unter Gelbfärbung
816*	*F*			42	−192,5	−153,6	* in H_2-Atmosphäre; weißes krist. leicht zers. Pulver; zers. W, S→H_2; unl. org. und anorg. Lösm., l. KOH-Schmelze

Formel	Name	Zustand	Mol.-Masse Dichte $g \cdot cm^{-3}$	Kristalldaten System, Typ und Symbol	Einheitszelle Kantenlänge in Å	Winkel und M	Brechzahl n_D
CaJ_2	jodid	f	293,89 3,956	trig. $C6$ $D_{3d}^{3}, P\bar{3}m1$	4,48 6,96	 $M=1$	
$CaJ_2 \cdot 6H_2O$			401,98	trig. $I1_3$ $D_{3d}^{1}, P\bar{3}1m$	8,4 4,25	 $M=1$	
$Ca(JO_3)_2$	jodat	f	389,89 4,519	mkl. $C_{2h}^{5}, P2_1/c$	7,18 11,38 7,32	106,4° $M=4$	1,792 1,840 1,888
$CaMg_2$	magnesium	f	88,70	hex. $C14$ $D_{6h}^{4}, P6_3/mmc$	6,43 10,47	 $M=4$	
$CaMg(CO_3)_2$	magnesiumcarbonat	f	184,41 2,872	trig. $G1_1$ $C_{3i}^{2}, R\bar{3}$	6,0	47,5° $M=1$	1,6964 1,5115
$CaMg(SiO_3)_2$	magnesiumsilikat	f	216,56 3,3	mkl. $S4_1$ $C_{2h}^{6}, C2/c$	9,71 8,89 5,24	74,2° $M=4$	
$Ca_3Mg(SiO_4)_2$	magnesiumsilikat	f	328,72 3,150	mkl.	10,77 13,26 9,20	91° $M=8$	1,708 1,714 1,728
$Ca(MnO_4)_2 \cdot 4H_2O$	permanganat	f	350,01				
$CaMoO_4$	molybdat	f	200,02 4,35	tetr. HO_4 $C_{4h}^{6}, I4_1/a$	5,23 11,44	 $M=4$	1,967 1,978
$Ca(N_3)_2$	azid	f	124,12	orh.			
Ca_3N_2	nitrid	f	148,25 2,63	kub. $D5_3$* $T_h^{7}, Ia3$	11,40	 $M=16$	
$Ca(NO_2)_2$	nitrit	f	132,09 2,294				
$Ca(NO_2)_2 \cdot H_2O$		f	150,11 2,231	hex.			
$Ca(NO_3)_2$	nitrat	f	164,09 2,466	kub. $G2_1$ $T_h^{6}, Pa3$	7,60	 $M=4$	1,595
$Ca(NO_3)_2 \cdot 2H_2O$		f	200,12				
$Ca(NO_3)_2 \cdot 3H_2O$		f	218,14				

Phasenumwandlungen °C		ΔH kJ/Mol	Standardwerte bei 25° C C_p J/Molgrd	S^0 J/Molgrd	ΔH_B kJ/Mol	ΔG^0 kJ/Mol	Bemerkungen und Charakteristik
575 718	*F* *V*			142	−534,5	−529,6	$\bar{\gamma}$(20…150° C)=91 · 10^{-6} grd^{-1}; χ_{Mol}=−109 · 10^{-6} cm^{3}Mol^{-1}; fbl. krist. Pulver; **LW** 20° 67 %, Bdk. 6 H_2O
42 160	*F* *V*						weißes hygr. Pulver, zers. an der Luft; sll. W, l. Al
							χ_{Mol}=−101,4 · 10^{-6} cm^{3}Mol^{-1}; Lautarit; **LW** 20° 0,25 %, Bdk. 6 H_2O
					−89		
					−158	−155	Dolomit, weiß, gelb, grau, durchsichtig, meist jedoch trüb; mit HCl erst in der Wärme→CO_2
1391	*F*		166,5	143,1			Diopsid; braune bis grünlichgraue, met. schmimmernde Krist.
							Merwinit; fbl. bis schwach grünliche Krist.
140	*F**						* unter Z.; dkl. viol. Krist., hygr., l. W
							weiße Krist., leicht gelbstichig,-stark glänzend; unschmelzbar; **LW** 20° 5 · 10^{-3} %, Bdk. 0 H_2O; unl. Al
					317,3		fbl. Substanz; expl. bei 144…156° C **LW** 0° 27,5 %, 15° 31 %; l. Al; unl. Ä
1195	*F*		113,0	105	−436,4	−373	* Hochtemperaturform; Farbe je nach Temp. bei der Darst.; schw. (350°) bis goldgelb (1150°), meist Mischfarben; mit W→$Ca(OH)_2$+NH_3; eine zweite Form hex. a=3,55, c=4,11 Å
					−746,3		fbl. Salz; **LW** 20° 47 %, Bdk. 4 H_2O
100 −H_2O							fbl. Krist.; zerfl.; ll. W; l. 90 % Al
561	*F*	21,3	149,2	193,2	−936,9	−741	ε(1,67 · 10^5 Hz)=6,5; χ_{Mol}=−45,9 · 10^{-6} cm^{3}Mol^{-1}; weiße hygr. Krist.; **LW** 20° 56 %, Bdk. 4 H_2O
				268,9	−1539	−1228	fbl. Krist.
51,1	*F*			310	−1828	−1460	fbl. Krist.

Formel	Name	Zustand	Mol.-Masse Dichte g · cm⁻³	Kristalldaten System, Typ und Symbol	Einheitszelle Kantenlänge in Å	Winkel und M	Brechzahl n_D
$Ca(NO_3)_2 \cdot 4H_2O$		f	236,15 1,82	mkl.			1,465 1,498 1,504
CaO	oxid	f	56,08 3,40	kub. $B1$ $O_h^5, Fm3m$	4,80	$M=4$	1,837
CaO_2	peroxid	f	72,08	tetr. $C11$ $D_{4h}^{17}, I4/mmm$	5,01 5,92		
$Ca(OH)_2$	hydroxid	f	74,09 2,23	trig. $C6$ $D_{3d}^3, P\bar{3}m1$	3,6 4,9	$M=1$	1,575 1,547
Ca_3P_2	phosphid	f	182,19 2,51				
$Ca(H_2PO_2)_2$	hypophosphit	f	170,06 2,02	mkl. $C_{2h}^6, C2/c$	15,08 5,66 6,73	102° 8′ $M=4$	
$Ca_2P_2O_6 \cdot 2H_2O$	hypophosphat	f	274,13				
$Ca_3(PO_4)_2$	phosphat	f	310,18 3,14	trig. $D_{3d}^6, R\bar{3}c$	10,32 36,9	$M=7$	1,625 1,626
$CaHPO_4$	hydrogenphosphat	f	136,06 2,9	trikl. $C_i^1, P\bar{1}$	6,90 6,65 7,00	96° 21′ 103° 54′ 88° 44′ $M=4$	
$CaHPO_4 \cdot 2H_2O$	Brushit	f	172,09 2,317	mkl. $C_{2h}^6, C2/c$	5,812 15,18 6,239	116° 25′ $M=4$	1,539 1,544 1,549
$Ca(H_2PO_4)_2 \cdot H_2O$	dihydrogenphosphat	f	252,07 2,220				
$Ca(PO_3)_2$	metaphosphat	f	198,02 2,82				1,587 1,591 1,595

Phasenumwandlungen °C		ΔH kJ/Mol	Standardwerte bei 25° C: C_p / S^0 J/Molgrd	ΔH_B / ΔG^0 kJ/Mol	Bemerkungen und Charakteristik
39,7 42,6	F_I F_{II}		 339	−2130 −1701	fbl. zerfl. Krist., sll. W, l. Me, Al, Propanol, Isopropanol, Amylal., Aceton, unl. Ä; wird bei 170° wfrei
2600 3570	F V	51,2	42,8 39,7	−635,1 −603,7	$\bar{\alpha}$(30...75° C) = $21 \cdot 10^{-6}$ grd^{-1}; $\varkappa$(0...12000 at; 30° C) = $[4{,}57 \cdot 10^{-6} - 58{,}2 \cdot 10^{-12}\,p) \cdot at^{-1}$; $\chi_{Mol} = -15 \cdot 10^{-6}$ cm^3Mol^{-1}; fast weiße harte Stücke, wl. W, unl. Al, l. Glycerin, verd. S; mit 4 Teilen W→$Ca(OH)_2$ unter starker Wärmeentwicklung
Z 275				−659	$\chi_{Mol} = -23{,}8 \cdot 10^{-6}$ cm^3Mol^{-1}; weiße Substanz; zers. S unter O_2-Entwicklung; mit W allmähliche Bildung des Oktahydrates
			87,49 83,40	−986 −898	$\chi_{Mol} = -22 \cdot 10^{-6}$ cm^3Mol^{-1}; Portlandit; weißes Pulver, zieht CO_2 an; **LW** 20° 0,17 %; l. HCl, HNO_3, Egs, unl. Aceton, Me
~1600	F				rotbraune Stücke, die mit W selbstentzündlichen PH_3 entwickeln; giftig; an feuchter Luft langsam zers.
					weiße, geruchlose, bitterschmeckende Krist., ll. W, unl. Al
200 $-H_2O$					fbl. feinkörniger Nd.; etwas hygr.; unl. W; wl. Egs; ll. $H_4P_2O_6$-Lsg, HCl
~1730	F		(α) 231,6 240,9 (β) 228,2 235,9	−4125 −3877 −4136 −3897	Whitlockit; weißes amorphes Pulver, unl. W, Al, ll. HCl, HNO_3; frisch gefällt l. in Egs
			 88	−1820 −1678	durchsichtige, tafelige Krist.; Erhitzen auf 500°→$Ca_2P_2O_7$; LW 25° 0,01 %, Bdk. $2H_2O$; mit W<36°→Dihydrat→Hydroxylapatit; mit W>36°→Hydrolyse
			 167	−2409 −2154	leichtes weißes krist. Pulver, luftbeständig, geruchlos; swl. W; l. NH_4-citrat, verd. HCl, HNO_3, unl. Al; mit W→Hydroxylapatit
109[1] $-H_2O$			259,2 259,8	−3418	[1] Z. 203°; weiße, an feuchter Luft zerfl. Krist., l. in viel W unter Z., l. verd. HCl, HNO_3, Eg, unl. Al
963 984	U* F		145,1 145,9		Hochtemperaturform (α); Kristallite oder blätterige Lamellen; * U α→β, Platten oder Nadeln; n_α 1,573, n_β 1,587, n_γ 1,596; metastabiler F: 977°

Formel	Name	Zustand	Mol.-Masse / Dichte $g \cdot cm^{-3}$	Kristalldaten: System, Typ und Symbol	Einheitszelle: Kantenlänge in Å	Einheitszelle: Winkel und M	Brechzahl n_D
$Ca_3(P_3O_9)_2 \cdot 9H_2O$	trimetaphosphat	f	756,21				
$Ca_2P_4O_{12} \cdot 4H_2O$	tetrametaphosphat	f	468,11				
$Ca_2P_2O_7$	diphosphat	f	254,10 3,09	orh.[1]	8,44 12,52 5,26		1,584 1,599 1,605
$Ca_2P_2O_7 \cdot 2H_2O$		f	290,13 2,51	trikl.	7,38 8,31 6,70	102° 48′ 107° 23′ 85° 2′	
$Ca_{10}(PO_4)_6 \cdot F_2$	Fluorapatit	f	1008,63	hex. $H5_7$ $C_{6h}^2, P6_3/m$	9,36 6,88	 $M=1$	1,6335 1,6316
$Ca_{10}(PO_4)_6 \cdot (OH)_2$	Hydroxylapatit	f	1004,64	hex. $H5_7$ $C_{6h}^2, P6_3/m$	9,4 6,9	 $M=1$	1,651 1,644
CaS	sulfid	f	72,14 2,8	kub. $B1$ $O_h^5, Fm3m$	5,67	 $M=4$	2,137
$Ca(SCN)_2 \cdot 3H_2O$	thiocyanat	f	210,29				
$CaSO_3$	sulfit	f	120,14				
$CaSO_3 \cdot 2H_2O$		f	156,17				
$CaSO_4$	sulfat	f	136,14 2,96	orh. $H0_1$ $D_{2h}^{17}, Cmcm$	6,22 6,96 6,97	 $M=4$	1,5693 1,5752 1,6130

Phasen-umwandlungen °C		ΔH kJ/Mol	Standardwerte bei 25° C C_p / S^0 J/Molgrd	ΔH_B / ΔG^0 kJ/Mol	Bemerkungen und Charakteristik
110 $-6H_2O$ 350 $-H_2O$					fbl. langgestreckte Prismen oder feinkrist. Pulver; mit wss. $AgNO_3$→ $Ag_3P_3O_9$ weißer Nd.
					nadelförmige Krist.; LW 2%; S greifen kaum an außer konz. H_2SO_4; bei Rotglut Entwässerung→ β $Ca(PO_3)_2$
1140 1353	*U* *F*	6,786 100,9	187,7 189,3		[1] Hochtemperaturform α; große Krist.; *U* $\alpha\to\beta$ tetr. C_4^2, $P4_1$ $a=6{,}66$, $c=23{,}86$ Å, $M=4$; n_ω 1,630, n_ε 1,639
					fbl. Prismen
			752 776		
			770 780,7		
Z.			47,4 56,5	−478,3 −473	$\bar{\alpha}(30...75°\ C)=17\cdot10^{-6}\ grd^{-1}$; $\bar{\gamma}(30...75°\ C)=51\cdot10^{-6}\ grd^{-1}$; $\varkappa(0...12000\ at,\ 30°\ C)=(2{,}280\cdot10^{-6}-33{,}8\cdot10^{-12}\ p)\ at^{-1}$; $\varepsilon(2\cdot10^8\ Hz)=20$; Oldhamit; weißes bis hgelbes Pulver, Geruch nach H_2S; LW 40° 0,11%, 80° 0,2%: unl. Al; ll. NH_4-salzlsg.; zers. durch schwache S und feuchte Luft
					weißes, krist. Pulver; ll. W, h. Al, l. Me, Aceton, Egester; konz. Lsg. ist Lösm. für Celluloseacetat
			91,63 101,3		fbl. Salz; LW 20° 0,13%
450Z*					* Z→$CaS+CaSO_4$, 80° $-1^1/_2$ H_2O, 150° $-^1/_2H_2O$; weißes Pulver; oxid. langsam an der Luft→$CaSO_4$; l. SO_2-Lsg., S unter SO_2-Absp.
1193 1397	*U* *F*	 28,0	99,66 106,7	−1424 −1312	$V_\vartheta=V_0(1+0{,}00010170\cdot\vartheta+0{,}0000000816\cdot\vartheta^2)$; $\varkappa(50...200\ at,\ 0°\ C)=1{,}79\cdot10^{-6}\ at^{-1}$; $\chi_{Mol}=-49{,}7\cdot10^{-6}\ cm^3Mol^{-1}$; Anhydrit; prism. Krist., durchsichtig oder durchscheinend, weiß, grau, bläulich; „wasserfreier Stuckgips“: weißes krist. Pulver, LW 20° 0,199%; l. S; bindet so schnell W ab, daß es praktisch nicht verwendet werden kann; durch Brennen bei 900°→„Estrichgips“ bindet W langsam ab, >24 Stunden

Formel	Name	Zustand	Mol.-Masse / Dichte g · cm⁻³	Kristalldaten: System, Typ und Symbol	Einheitszelle: Kantenlänge in Å	Winkel und M	Brechzahl n_D
$CaSO_4 \cdot {}^1/_2 H_2O$		f	145,15	mkl. $H4_7$ $C_2^3, C2$	11,94 6,83 12,70	90,6° $M=12$	
$CaSO_4 \cdot 2H_2O$		f	172,17 2,32	mkl. $H4_6$ $C_{2h}^6, C2/c$	10,47 15,15 6,28	99° $M=8$	1,5208 1,5229 1,5305
$CaS_2O_3 \cdot 6H_2O$	thiosulfat	f	260,30 1,872	trikl. $C_i^1, P\bar{1}$	5,76 7,09 10,66	72° 24′ 98° 32′ 92° 40′ $M=2$	1,545 1,560 1,605
$CaS_2O_6 \cdot 4H_2O$	dithionat	f	272,27 2,176	hex.	12,41 18,72	$M=12$	1,5516 1,5414
CaS_2O_7	disulfat	f	216,20				
$CaS_2O_8 \cdot 4H_2O$	peroxid-disulfat	f	304,26				
CaS_4O_6	tetra-thionat	f	264,33				1,535 1,540 1,675
CaSe	selenid	f	119,04 3,57	kub. $B1$ $O_h^5, Fm3m$	5,91	$M=4$	2,274
$CaSeO_4$	selenat	f	183,04 2,93				
$CaSeO_4 \cdot 2H_2O$		f	219,07 2,672				
CaSi	silicid	f	68,17	orh. $D_{2h}^{17}, Cmcm$	3,91 4,59 10,80	$M=4$	
$CaSi_2$	disilicid	f	96,25 2,5	trig. $C12$ $D_{3d}^5, R\bar{3}m$	10,4	21,5° $M=2$	
$CaSiF_6$	hexa-fluoro-silikat	f	182,16 2,662	tetr.			
$CaSiF_6 \cdot 2H_2O$		f	218,19 2,254	tetr.			

Phasen-umwandlungen °C		ΔH kJ/Mol	Standardwerte bei 25° C C_p J/Molgrd	S^0 J/Molgrd	ΔH_B kJ/Mol	ΔG^0 kJ/Mol	Bemerkungen und Charakteristik
200 $-H_2O$			(α) 119,4 (β) 124,1	130,5 134,3	−1575 −1572	−1435 −1434	$\chi_{Mol} = -55{,}7 \cdot 10^{-6}\ cm^3Mol^{-1}$; Alabastergips; weißes Pulver, swl. W, unl. Al; erstarrt mit der Hälfte seines Gewichts W zu feinfaserigen Gipskriställchen
128 $-1^1/_2$ H_2O			186,0	193,9	−2020	−1797	$\varkappa(50...200\ at;\ 0°\ C) = 2{,}45 \cdot 10^{-6}\ at^{-1}$; $\chi_{Mol} = -74 \cdot 10^{-6}\ cm^3Mol^{-1}$; Gips, Marienglas, Alabaster; weißes krist. Pulver; wl. Glycerin, unl. Al, l. HCl
						−2520	fbl. Krist.; zers.; langsame Bildung von Schwefel und Sulfit; LW 20° 32,9 %, Bdk. $0\,H_2O$
							fbl. Tafeln; bitterer Geschmack; an Luft völlig beständig; **LW** 20° 20,2 %, Bdk. $4\,H_2O$; von 66° an langsame Absp. von H_2O
							fbl. lockere Masse, reagiert heftig mit W unter starker Erwärmung
							eisblumenartige Krist., zers. bei gewöhnlicher Temp. unter O_3-Absp.; ll. W, l. abs. Al
							fbl. Krist.
				69,9	−312,4	−308,4	weißes Pulver, an der Luft rötlich, nach einigen Stunden hbraun; zers. W; mit $HCl \rightarrow H_2Se + Se\downarrow$
							fbl. oder milchigweiße Tafeln, auch krist. Pulver; wl. W, HNO_3; langsam l. HCl in der Wärme
							durchsichtige gipsähnliche Nadeln; Erhitzen→Absp. H_2O, O_2, Se, Produkt mit W erhärtet erst nach Tagen
1245	*F*	69,0		62,8	−150,6	−151,3	met. glänzende Blättchen; zers. HCl unter Bildung von selbstentzündlichen Silanen
1220	*F*			92,0	−151	−156,5	Tafeln von bleigrauer Farbe und lebhaftem Metallglanz
							fbl. Krist. LW 22° 105,8 g/l Lsg., Bdk. $2\,H_2O$
							fbl. Krist.

Formel	Name	Zustand	Mol.-Masse / Dichte $g \cdot cm^{-3}$	Kristalldaten: System, Typ und Symbol	Einheitszelle: Kantenlänge in Å	Einheitszelle: Winkel und *M*	Brechzahl n_D
$CaSiO_3$, β		f	116,16	trikl.	7,88	90°	1,6144
			2,915		7,27	95,3°	1,6256
					7,03	91,2°	1,6265
$CaSiO_3$, α	metasilikat	f	116,16	mkl. $S3_3$	15,33	95,3°	1,6177
			2,916	$C_{2h}^5, P2_1/c$	7,28	$M=6$	1,6307
					7,07		1,6325
Ca_2SiO_4, γ	ortho= silikat	f	172,24	orh. $S1_2$	5,06		1,640
				$D_{2h}^{16}, Pnma$	11,28	$M=4$	1,645
					6,78		1,651
Ca_2SiO_4, β		f	172,24	orh.	11,08		1,718
				$D_{2h}^{12}, Pnnm$	18,55	$M=16$	1,738
					6,76		1,746
Ca_3SiO_5	silikat	f	228,32	trig.	7,08		
				$D_{3d}^5, R\bar{3}m$	24,94	$M=9$	
CaTe	tellurid	f	167,68	kub. $B1$	6,34		>2,51
			4,33	$O_h^5, Fm3m$		$M=4$	
$CaTiO_3$	titanat	f	135,98	mkl. $E2_1$	7,65	90,6°	—
			4,10	$C_{2h}^2, P2_1/m$	7,65	$M=8$	2,33
					7,65		—
$CaWO_4$	wolframat	f	287,93	tetr. $H0_4$	5,25		1,9200
			6,06	$C_{4h}^6, I4_1/a$	11,35	$M=4$	1,9365
$CaZrO_3$	meta= zirkonat	f	179,30	ps. kub. $E2_1$*	8,022	91° 43′	
			4,78	$C_{2h}^2, P2_1/m$	8,010	$M=8$	
					8,022		
Cd	**Cadmium**						
Cd_3As_2	arsenid	f	487,04	tetr. $D5_9$	8,94		
			6,25	$D_{4h}^{15}, P4_2/nmc$	12,65	$M=8$	
$CdBr_2$	bromid	f	272,22	trig. $C19$	6,67	34° 48′	
			5,192	$D_{3d}^5, R\bar{3}m$		$M=1$	
$Cd(CN)_2$	cyanid	f	164,44	kub.	6,32		
			2,23	$T_d^1, P\bar{4}3m$		$M=2$	

Phasenumwandlungen °C		ΔH kJ/Mol	Standardwerte bei 25° C C_p S^0 J/Molgrd	ΔH_B ΔG^0 kJ/Mol	Bemerkungen und Charakteristik
1190 1512	*U** *F*		85,24 82,0	−1583 −1497	* *U* $\beta \to \alpha$; Wollastonit; weiß, glasglänzend, in Aggregaten seidig; zers. S
			86,45 87,4	−1578 −1488	Pseudowollastonit
675	*U**		126,8 120,5	−2253 −2250	* $U \to D_{2h}^{12}$, $Pnnm$
1243 1983 2130	*U** *U* *F*	1,84 14,18	128,6 127,6	−2255 −2152	* $U \to D_{3d}^{3}$ trig.
			171,9 168,6	−2879 −2723	kleine fbl. Körner
			 80,8	−263,6 −260,4	weiße Substanz, färbt sich an der Luft rasch dkl; mit $S \to H_2Te$
1257	*U*	2,30	97,65 93,7		Perowskit; würfelige, meist gestreifte Krist., undurchsichtig, schw.
					weißes feines schweres Pulver, LW 20° $2{,}7 \cdot 10^{-3}$ %, Bdk. $0 H_2O$; unl. verd. S, zers. konz. S; Scheelit; gelb, braun, glasglänzend, durchscheinend; mit konz. H_2SO_4 erwärmt→blaue Lsg.
~2340	*F*				* deformiert $E2_1$, Perowskitstruktur; weiße kleine Krist., kurze Prismen; klar l. sied. verd. HCl
578 721	*U* *F*			−58,6	Halbleiter; spröde dklgraue Masse mit met. Glanz, rötliche Oktaeder; unl. W; langsam l. HCl, verd. $HNO_3 \to AsH_3$; Cl_2, Br_2, Königsw., Oxid. mittel greifen an
568 844	*F* *V*	20,9 115	 133,4	−314,3 −292	$\varepsilon(0{,}5...3 \cdot 10^{-6}$ Hz$) = 8{,}6$; $\chi_{Mol} = -87{,}3 \cdot 10^{-6}$ cm³Mol⁻¹; fbl. krist. perlglänzende Schuppen; hygr.; LW 20° 49,0 %; l. Al, HCl; wl. Ä, Aceton; giftig; Wechselstruktur hex. $a = 2{,}30$ Å, $c = 6{,}23$ Å, $M = 1/3$
					$\chi_{Mol} = -54 \cdot 10^{-6}$ cm³Mol⁻¹; weißes Pulver, durchsichtige Krist.; swl. W; unl. NaOH; l. NH_3 im Überschuß, Alk.-cyanidlsg.

Formel	Name	Zustand	Mol.-Masse / Dichte $g \cdot cm^{-3}$	Kristalldaten: System, Typ und Symbol	Einheitszelle: Kantenlänge in Å	Winkel und M	Brechzahl n_D
$CdCO_3$	carbonat	f	172,41 4,26	trig. $G0_1$ $D_{3d}^6, R\bar{3}c$	6,11	47° 24′ $M=2$	
Cd $(HCO_2)_2$	formiat	f	202,44 3,297	orh.			1,588 1,607 1,685
$Cd(HCO_2)_2 \cdot 2H_2O$		f	238,47 2,445	mkl.			1,496 1,506 1,547
Cd $(CH_3CO_2)_2$	acetat	f	230,49 2,34				
$Cd(COO)_2 \cdot 3H_2O$	oxalat	f	254,47				
Cd $C_{14}H_{10}O_6 \cdot H_2O$	salicylat	f	404,65				
$CdC_{36}H_{70}O_4$	stearat	f	679,36				
$CdCl_2$	chlorid	f	183,31 4,049	trig. $C19$ $D_{3d}^5, R\bar{3}m$	6,23	36° 2′ $M=1$	
$CdCl_2 \cdot 2^1/_2H_2O$		f	228,34 3,327	mkl.			1,6513
CdF_2	fluorid	f	150,40 6,64	kub. $C1$ $O_h^5, Fm3m$	5,39	$M=4$	1,56
CdJ_2	jodid, α	f	366,21 5,67	trig. $C6$ $D_{3d}^1, P\bar{3}1m$	4,24 6,835	$M=1$	
Cd $(CN)_4K_2$	Kalium-tetra-cyano-cadmat	f	294,68 1,847	kub. $H1_1$ $O_h^7, Fd3m$	12,87	$M=8$	

Phasenumwandlungen °C		ΔH kJ/Mol	Standardwerte bei 25° C: C_p J/Molgrd	S^0 J/Molgrd	ΔH_B kJ/Mol	ΔG^0 kJ/Mol	Bemerkungen und Charakteristik
				105,4	−747	−670	$\chi_{Mol} = -46{,}7 \cdot 10^{-6}$ cm³Mol⁻¹; weißes krist. Pulver; Z. > 360° Farbe→gelb bis braun; unl. W; l. S, KCN- und NH_4-salz-lsg.; giftig
							fbl. Kristallaggregate, selten einzeln ausgeprägte Krist.; **LW** 20° 4,95 %, 100° 49 %
							oberhalb 66° Hydratform nicht beständig
256°	*F*						$\chi_{Mol} = -83{,}7 \cdot 10^{-6}$ cm³Mol⁻¹; weißes krist. Pulver; etwas hygr.; ll. W, Al
							weißes krist. Pulver; Prismen oder Täfelchen; unl. W, l. bei Anwesenheit von NH_4-Salzen; l. verd. S
							$\chi_{Mol} = -186 \cdot 10^{-6}$ cm³Mol⁻¹; fbl. nadelförmige Krist.; wl. W; swl. Me, Al, h. Glycerin
							$\chi_{Mol} = -440 \cdot 10^{-6}$ cm³Mol⁻¹; feines fast weißes Pulver; fühlt sich fettig an; unl. W; swl. Al, Ä
564 960	*F* *V*	48,58 124,3	76,64	115,3	−389	−341,5	$\bar{\gamma}(20...150° C) = 73 \cdot 10^{-6}$ grd⁻¹; $\chi_{Mol} = -68{,}7 \cdot 10^{-6}$ cm³Mol⁻¹; fbl. glänzende Krist.; **LW** 20° 52,5 %, 100° 60,2 %; l. Al, Me; unl. Ä, Aceton; giftig
				233	−1130	−941,7	große fbl. Krist.; verwittern an trockener Luft; L Me 2,05 %; wl. Al
1110 1748	*F* *V*	22,6 214		113	−689,7	−647,3	$\bar{\gamma}(20...150° C) = 80 \cdot 10^{-6}$ grd⁻¹; $\chi_{Mol} = -40{,}6 \cdot 10^{-6}$ cm³Mol⁻¹; fbl. Krist.; LW 25° 4,16 %, Bdk. 0 H_2O; l. S, HF; unl. wfrei HF, NH_3, Al
387 742	*F* *V*	15,3 115	77,53	157,6	−200,7	−197,5	$\bar{\gamma}(20...150° C) = 107 \cdot 10^{-6}$ grd⁻¹; $\chi_{Mol} = -117{,}2 \cdot 10^{-6}$ cm³Mol⁻¹; β-CdJ_2 *C* 27, hex., C_{6v}^4, $P6_3mc$, $a = 4{,}24$ Å, $c = 13{,}67$ Å, $M = 2$; γ-CdJ_2 trig., D_{3d}^1, $P\bar{3}1m$, $a = 4{,}24$ Å, $c = 20{,}5$ Å, $M = 3$; fbl. ziemlich große glänzende Blätter; geschmolzenes CdJ_2 ist braun gefärbt; **LW** 20° 46 %; l. S, wss. NH_3; ll. Me, Al, Ä, Aceton; giftig
							$\chi_{Mol} = -138 \cdot 10^{-6}$ cm³Mol⁻¹; große fbl. stark glänzende Oktaeder; luftbeständig; stark lichtbrechend; LW 20° 33 %; kaum l. abs. Al; giftig

Formel	Name	Zustand	Mol.-Masse / Dichte $g \cdot cm^{-3}$	Kristalldaten: System, Typ und Symbol	Kristalldaten: Einheitszelle: Kantenlänge in Å	Kristalldaten: Einheitszelle: Winkel und M	Brechzahl n_D
$[CdCl_3]K$	Kaliumtrichlorocadmat	f	257,86 3,33	orh. $E2_4$ $D_{2h}^{16}, Pnma$	8,78 14,56 3,99	$M=4$	
$[CdJ_4]K_2 \cdot 2H_2O$	Kaliumtetrajodocadmat	f	734,25 3,359				
Cd_3N_2	nitrid	f	365,21 6,85	kub. $T_h^7, Ia3$	10,79	$M=16$	
$Cd(N_3)_2$	azid	f	196,44 3,24	orh. $D_{2h}^{15}, Pbca$	7,82 6,46 16,04	$M=8$	
$Cd(NH_2)_2$	amid	f	144,45 3,09				
$Cd(NO_3)_2 \cdot 4H_2O$	nitrat	f	308,47 2,46				
$[CdCl_3]NH_4$	Ammoniumtrichlorocadmat	f	236,80 2,92	orh. $D_{2h}^{16}, Pnma$	8,96 14,87 3,97	$M=4$	
$[CdCl_6](NH_4)_4$	Ammoniumhexachlorocadmat	f	397,27 1,93	trig. $D_{3d}^5, R\bar{3}m$	8,91	88,9° $M=2$	1,6038 1,6042
CdO	oxid	f	128,40 6,95 [1] 8,15 [2]	kub. $B1$ $O_h^5, Fm3m$	4,68... 4,7	$M=4$	
$Cd(OH)_2$	hydroxid	f	146,41 4,81	trig. $C6$ $D_{3d}^3, P\bar{3}m1$	3,48 4,71	$M=1$	

Phasen-umwandlungen °C		ΔH kJ/Mol	Standardwerte bei 25° C C_p J/Molgrd	S^0 J/Molgrd	ΔH_B kJ/Mol	ΔG^0 kJ/Mol	Bemerkungen und Charakteristik
431	*F*						fbl. feine Nadeln; LW 20° 27,6 %
100 $-H_2O$							große wasserhelle Krist., verzerrte Oktaeder; LW 15° 57,8 %; l. Al, Ä, Egester
							schw. Pulver; an Luft zers. unter Oxidbildung; feuchtigkeitsempfindlich; zers. stürmisch durch NaOH, verd. und konz. HCl, H_2SO_4, $HNO_3 \rightarrow N_2$-Entwicklung
							weiße, leicht gelblich gefärbte Krist.; sehr expl.
							weißes Pulver, zuweilen etwas gelblich, an der Luft rasch oberflächlich or.braun; zers. W; expl. beim schnellen Erhitzen
59,5	*F*	32,6			−1650		$\chi_{Mol} = -114{,}5 \cdot 10^{-6}$ cm^3Mol^{-1}; fbl. Krist., Säulen oder Nadeln; an Luft zerfl.; LW 20° 60,5 %, Bdk. $4\,H_2O$; l. Al, Egester, Aceton; unl. Py, Benzonitril L fl. NH_3 −21° 2,68 g/100 g NH_3, −33° 5,93 g/100 g NH_3
							durchscheinende weiße Nadeln
					−1655		rissige Krist.
>1230	*F*		43,43	54,8	−256	−226	[1] gelbrotes, braunrotes bis braunschw. Pulver; LW 20° $0{,}49 \cdot 10^{-3}$ %; unl. Alk; l. verd. S, NH_4-Salzlsg., Alk-cyanidlsg.; giftig, MAK: 0,1 mg Staub/m^3 Luft; [2] kubische Krist.; Halbleiter; $\chi_{Mol} = -30 \cdot 10^{-6}$ cm^3Mol^{-1}
				95,4	−557,4	−470	$\chi_{Mol} = -41 \cdot 10^{-6}$ cm^3Mol^{-1}; perlmuttglänzende Blättchen bei langsamem Auskristallisieren; zieht CO_2 an; LW 25° $2{,}6 \cdot 10^{-2}$ %, Bdk. $0\,H_2O$; L 1 molarer NaOH 25° $7 \cdot 10^{-6}$ Mol/l.; l. S, NH_3, NH_4-Salzlsg.

Formel	Name	Zustand	Mol.-Masse / Dichte g · cm⁻³	Kristalldaten: System, Typ und Symbol	Einheitszelle: Kantenlänge in Å	Einheitszelle: Winkel und M	Brechzahl n_D
Cd_3P_2	phosphid	f	399,15 5,60	tetr. $D5_9$ $D_{4h}^{15}, P4_2/nmc$	8,74 12,28	$M=8$	
CdS	sulfid	f	144,46 4,82	hex. $B4$ $C_{6v}^{4}, P6_3mc$	4,142 6,724	$M=2$	2,506 2,529
$CdSO_4$	sulfat	f	208,46 4,700				
$CdSO_4 \cdot {}^8/_3H_2O$		f	256,50 3,09	mkl. $H4_{20}$ $C_{2h}^{6}, C2/c$	14,78 11,87 9,44	97° 19′ $M=4$	1,565
CdSb	antimonid	f	234,15 6,72	orh. $D_{2h}^{15}, Pbca$	6,458 8,236 8,509	$M=8$	
Cd_3Sb_2	antimonid	f	580,70 7,07	mkl.	7,20 13,51 6,16	100° 14′ $M=4$	
CdSe	selenid	f	191,36 5,63	hex. $B4$ $C_{6v}^{4}, P6_3mc$	4,30 7,01	$M=2$	
$CdSeO_4 \cdot 2H_2O$	selenat	f	291,39 3,632	orh. $D_{2h}^{15}, Pbca$	10,42 10,71 9,365	$M=8$	
$CdSiF_6 \cdot 6H_2O$	hexafluorosilikat	f	362,57				
$CdSiO_3$	metasilikat	f	188,48 4,928				>1,739
Cd_2SiO_4	orthosilikat	f	316,88 5,833				>1,739

Phasen-umwandlungen °C		ΔH kJ/Mol	Standardwerte bei 25° C C_p / S^0 J/Molgrd	ΔH_B / ΔG^0 kJ/Mol	Bemerkungen und Charakteristik
~700	*F**				*unter beträchtlicher Subl.; Nadeln oder Blättchen, eisengraues Aussehen; unl. W; S greift langsam an, beim Kochen rascher→PH_3-Entwicklung
1380	Sb	209,6	55,2 71	−144,3 −140	$\chi_{Mol} = -50 \cdot 10^{-6}$ cm^3Mol^{-1}; *F* bei 10,2 atm 1475°; Greenockit; klar gelbe bis braungelbe Krist.; zitronengelbes bis or.rotes Pulver; LW 18° $1{,}3 \cdot 10^{-2}$ %; l. H_2SO_4, HCl→H_2S-Entwicklung; l. HNO_3 unter Schwefelabscheidung; unl. Alk, fl. NH_3, Cyanidlsg.; β-CdS *B* 3, kub., T_d^2, $F\bar{4}3m$, a=5,835 Å, M=4
1000	*F*		99,60 123,1	−925,9 −814	$\chi_{Mol} = -59{,}2 \cdot 10^{-6}$ cm^3Mol^{-1}; fbl. Prismen; an feuchter Luft Aufnahme von H_2O; LW 20° 43,5 %; fast unl. Me, Al
41,5	*F**		213,3 229,7	−1722 −1600	* im eigenen Kristallwasser; durchsichtige Krist., verwittern an der Luft; Erhitzen auf 80°→Monohydrat
456	*F*	32,04	45,69 92,0	−15,1	Halbleiter; Nadeln oder prismatische Krist.
421	*F*		 329,6	32,75 6,95	zinnweiße, met. glänzende Krist.
>1350	*F*		 80,3	−105 −101	Halbleiter; im Dunkeln gefällt weiß bis hgelb, im Licht rot; β-CdSe kub. *B* 3, T_d^2, $F\bar{4}3m$, a=6,05 Å, M=4; entsteht beim Fällen sied. $CdSO_4$-Lsg. mit H_2Se und ist bis mindestens 300° beständig
					kleine durchsichtige Tafeln, luftbeständig; sll. W; bildet leicht übersättigte Lösungen
					fbl. lange gut ausgebildete Säulen; luftbeständig; im Exsiccator über H_2SO_4 langsam H_2O-Abgabe; sll. W; l. 50 % Al
1243	*F*		88,2 97,5		unregelmäßig begrenzte Krist.
					fbl. durchscheinende Krist., Platten oder Prismen

Formel	Name	Zustand	Mol.-Masse Dichte g · cm⁻³	Kristalldaten System, Typ und Symbol	Einheitszelle Kantenlänge in Å	Winkel und M	Brechzahl n_D
CdTe	tellurid	f	240,00 5,86	kub. $B3$ $T_d^2, F\bar{4}3m$	6,477	 $M=4$	
$CdWO_4$	wolframat	f	360,25 6,4	mkl. $C_{2h}^5, P2_1/c$	5,076 5,868 5,028	91° 27′ $M=2$	
Ce	**Cer**						
CeB_6	borid	f	204,99 4,801	kub. $D2_1$ $O_h^1, Pm3m$	4,137	 $M=1$	
$CeBr_3$	(III)-bromid	f	379,85	hex. $D0_{19}$ $C_{6h}^2, P6_3/m$	7,936 4,435	 $M=2$	
CeC_2	carbid	f	164,14 5,23	tetr. $C11$ $D_{4h}^{17}, I4/mmm$	3,88 6,48	 $M=2$	
$Ce_2(CO_3)_3 \cdot 5H_2O$	carbonat	f	550,34				
$Ce(C_2H_3O_2)_3 \cdot 1^1/_2H_2O$	(III)-acetat	f	344,28				
$Ce_2(C_2O_4)_3 \cdot 9H_2O$	(III)-oxalat	f	706,44				
$Ce(C_6H_5O_7) \cdot 3^1/_2H_2O$	citrat	f	392,28				
$Ce(C_7H_5O_2)_3 \cdot 3H_2O$	(III)-benzoat	f	557,52				
$CeCl_3$	(III)-chlorid	f	246,48 3,92	hex. $D0_{19}$ $C_{6h}^2, P6_3/m$	7,436 4,304	 $M=2$	
$CeCl_3 \cdot 7H_2O$		f	372,59				
CeF_3	(III)-fluorid	f	197,12 6,16	hex. $D0_6$ $D_{6h}^3, P6_3/mcm$	7,11 7,27	 $M=6$	
$CeF_3 \cdot {}^1/_2H_2O$		f	206,12				
CeH_3	hydrid	f	143,14				

Phasenumwandlungen °C		ΔH kJ/Mol	Standardwerte bei 25° C C_p J/Molgrd	S^0 J/Molgrd	ΔH_B kJ/Mol	ΔG^0 kJ/Mol	Bemerkungen und Charakteristik
1042	*F*				−102,6		Halbleiter; $\varepsilon(10^3$ Hz$)=10{,}9$; schwarze
				94,5		−100	Substanz
							gelbes krist. Pulver; swl. W, verd. S; l. wss. NH_3; giftig
2190	*F*						α(Raumtemp.) $= 6{,}8 \cdot 10^{-6}$ grd^{-1}; schw. bis dklbraune Substanz
732 1705	*F* *V*	 188,5					weißes krist. Pulver, hygr.; ll. W; l. Aceton, Py
>2300	*F*						goldglänzend krist., rötlichgelbe Sechsecke; W zers. → C_2H_2, CH_4, C_2H_4; S, KOH- und K_2CO_3-Schmelze zers.
							weiße Kristallschuppen und Körner, luftbeständig; unl. W; etwas l. $(NH_4)_2CO_3$; ll. org. S
							weißes krist. Pulver; LW 15° 19,6%, 75° 13%; swl. Al
110° −8 H_2O							weißes krist. Pulver; swl. W; l. konz. S; wl. verd. S; unl. Oxalsäure
100° −H_2O							fbl. kleine Krist.; bei 120° Z.; unl. W; ll. S
100° −H_2O							weißes Pulver; swl. W; l. h. Al; ll. S
822 1925	*F* *V*	38,5 200,9			−1087		$\chi_{Mol} = 2490 \cdot 10^{-6}$ cm^{3}Mol^{-1}; weiße Krist., lange Prismen, sehr hygr.; ll. W, fbl. wss. Lsg. bald gelb → Ce IV; l. Al, HCl, Aceton, Methylacetat; unl. fl. NH_3
							fbl. durchscheinende Krist., zerfl.; ll. W; l. Al
1460	*F*				−1670		$\chi_{Mol} = 2190 \cdot 10^{-6}$ cm^{3}Mol^{-1}; weißes Pulver, beständiger als $CeCl_3$
							Prismen, durchscheinende Krist.; unl. W, S; starke S zers.
							schw. spröde Masse, als feines Pulver dklrot oder bräunlich bis dklblau; zers. an feuchter Luft schnell, häufig unter Entzündung; k. W zers. langsam, h. W schneller → $Ce(OH)_3$, $Ce(OH)_4$; l. S

Formel	Name	Zustand	Mol.-Masse / Dichte g · cm⁻³	Kristalldaten: System, Typ und Symbol	Einheitszelle: Kantenlänge in Å	Einheitszelle: Winkel und M	Brechzahl n_D
CeJ_3	(III)-jodid	f	520,83				
$CeJ_3 \cdot 9H_2O$		f	682,97				
CeN	nitrid	f	154,13	kub. $B1$ $O_h^5, Fm3m$	5,021	$M=4$	
$Ce(NO_3)_3 \cdot 6H_2O$	(III)-nitrat	f	434,23				
$Ce(OH)(NO_3)_3 \cdot 3H_2O$	(IV)-nitrat, basisch	f	397,19				
Ce_2O_3	(III)-oxid	f	328,24 6,86	trig. $D5_2$ $D_{3d}^3, P\bar{3}m1$	3,88 6,06	$M=1$	
CeO_2	(IV)-oxid	f	172,12 7,3	kub. $C1$ $O_h^5, Fm3m$	5,59	$M=4$	
CeOCl	oxidchlorid	f	191,47 5,5	tetr. $D_{4h}^7, P4/nmm$	4,080 6,831	$M=2$	
$CePO_4$	phosphat	f	235,09 5,22	mkl. $S1_1$ $C_{2h}^5, P2_1/c$	6,77 7,01 6,45	103° 38′ $M=4$	
Ce_2S_3	(III)-sulfid	f	376,43 5,10	kub. $D7_3$ $T_d^6, I\bar{4}3d$	8,6347	$M=5^1/_3$	
CeS_2	(IV)-sulfid	f	204,25 4,90	kub.	8,12	$M=8$	
$Ce_2(SO_4)_3$	(III)-sulfat	f	568,42 3,912				
$Ce_2(SO_4)_3 \cdot 5H_2O$		f	658,50 3,16	mkl.	1,4656: 1: 1,1264	102° 40′	

Phasen-umwandlungen °C		ΔH kJ/Mol	Standardwerte bei 25° C C_p J/Molgrd	S^0 J/Molgrd	ΔH_B kJ/Mol	ΔG^0 kJ/Mol	Bemerkungen und Charakteristik
752	*F*				−687,4		fbl. krist. Substanz; l. wfrei Aceton
							fbl. bis schwach gefärbte rötliche Krist.; ll. W, Al
			46,8		−326		messinggelb, bronzefarben, fast schwarz mit Anlauffarben; hart, spröde; mit warmem W→NH_3; l. S; wss. KOH zers. langsam→ $Ce(OH)_3$+NH_3
							fbl. Tafeln, sehr kleine Prismen; LW 25° 63,7 %, 50° 73,9 % Bdk. 9H_2O; wl. fl. NH_3; sll. Al; l. Aceton
							rote lange Krist.; l. W
1687	*F*				−1820	−1735	ε(1,75...2 · 10^6 Hz)=7,0; grünlichgelbe Krist.; mikrokrist. Masse; unl. k. W; sied. W allmählich→CeO_2 · aq; l. sied. verd. HCl, HNO_3; unl. fl. NH_3
1950	*F*		63,2		−975		χ_{Mol}=+26 · 10^{-6} cm^3Mol^{-1}; schwach gefärbte Krist.; weißes Pulver mit gelbem Schimmer, beim Erhitzen gelb; unl. W, HCl, HNO_3, fl. NH_3; l. S mit Red.mitteln, konz. H_2SO_4
							dklpurpurfarbenes schimmerndes Pulver; ll. verd. S; wl. konz. H_2SO_4, HNO_3, unl. HCl
							Monazit; gelbe Prismen; unl. S, selbst h. konz. HCl, HNO_3; konz. H_2SO_4 zers. beim Abrauchen→ $Ce_2(SO_4)_3$; Aufschluß durch langes Schmelzen mit Na_2CO_3; 2. Form hex. D_6^4, $P6_222$, a=7,06 Å, c=6,44 Å, M=3
1890	*F*				−644		χ_{Mol}=+2540×2 · 10^{-6} cm^3Mol^{-1}; rote Mikrokrist. und Krist.; beständig an Luft; unl. W; l. verd. S unter H_2S-Entwicklung; sied. KOH→CeO_2 · aq; H_2O_2 oxid. langsam
1400... 1500	*F*				−1250		dklgelbbraunes Pulver; l. verd. S unter H_2S-Entwicklung
			276				weißes Pulver; Erhitzen>600°→SO_3; LW 20° 8,76 %, Bdk. 8H_2O; swl. konz. H_2SO_4; unl. Al
			552		−5471		fbl. stark glänzende Prismen, luftbeständig; durch H_2O-Aufnahme undurchsichtig weiß; LW s. $Ce_2(SO_4)_3$

Formel	Name	Zustand	Mol.-Masse / Dichte $g \cdot cm^{-3}$	Kristalldaten: System, Typ und Symbol	Einheitszelle: Kantenlänge in Å	Einheitszelle: Winkel und M	Brechzahl n_D
$Ce_2(SO_4)_3 \cdot 8H_2O$		f	712,55 2,88	orh. $D_{2h}^{18}, Cmca$	9,93 17,33 9,52	$M=4$	
$Ce_2(SO_4)_3 \cdot 9H_2O$		f	730,56 2,831	hex.			
$Ce(SO_4)_2$	(IV)-sulfat	f	332,24 3,91				
$Ce_2(SeO_4)_3$	selenat	f	709,11 4,456				
$CeSi_2$	silicid	f	196,29 5,67	tetr. $D_{4h}^{19}, I4_1/amd$	4,156 13,84	$M=4$	
Cl	**Chlor**						
ClF	fluorid	g	54,45 1,62*				
ClF_3	trifluorid	g	92,45 3,57*				
HCl	wasserstoff	g	36,46 1,639*	kub.	5,45	$M=4$	1,3287**
$HCl \cdot 2H_2O$		f	72,49 1,46				
Cl_2O	(I)-oxid	g	86,91 3,887*				
ClO_2	(IV)-oxid	g	67,45 3,01*				

Phasenumwandlungen °C		ΔH kJ/Mol	Standardwerte bei 25° C: C_p S^0 J/Molgrd	ΔH_B ΔG^0 kJ/Mol	Bemerkungen und Charakteristik
					milchige oder durchsichtige Pyramiden; an Luft sehr haltbar; LW s. $Ce_2(SO_4)_3$
					weiße Krist.; bei gelindem Glühen wfrei; LW s. $Ce_2(SO_4)_3$
				−2344	$\chi_{Mol} = +37 \cdot 10^{-6}$ cm^3Mol^{-1}; gelbe Krist.; bis 150° beständig; beträchtlich l. Eisw.; wl. h. W unter Hydrolyse; l. verd. H_2SO_4; unl. konz. H_2SO_4
					weißes Pulver; an der Luft allmählich H_2O-Aufnahme, Z. bei starkem Erhitzen
					stahlgraue Lamellen, silberweiß, als Pulver grau; hart, zerbrechlich; unl. W; verd. S zers.; Königsw., konz. und schmelzende Alk greifen an
−154 −100,1	*F* *V*	 24,0	32,09 217,8	−56,16 −57,7	* bei *V*; ϑ_{krit} −14°; fast fbl. Gas; außerordentlich aggressiv
−82,65 −76,31 11,76	*U* *F* *V*	1,508 7,612 27,53	65,06 284,7	−163,1 −124	* kg/Nm³; ϑ_{krit} 153,7°; $\chi_{Mol} = -26,5 \cdot 10^{-6}$ cm^3Mol^{-1}; außerordentlich reaktionsfähiges Gas; als Fl. lichtgrün; fest fbl.; MAK: 0,1 cm³/m³
−174,7 −114,2 −85,02	*U* *F* *V*	1,189 1,992 16,15	29,12 186,9	−92,31 −95,26	* kg/Nm³; ** für fl. HCl bei 18°C, $\lambda = 5813$ Å; Gas n(0°, 760 Torr, 5462 Å) = 1,0004480; *U* kub→orh. D_2^7, $a = 5{,}03$, $b = 5{,}35$, $c = 5{,}71$ Å, $M = 4$; ϑ_{krit} 51,5°; p_{krit} 84,7 at; D_{krit} 0,41 gcm^{-3}; $\chi_{Mol} = -22{,}6 \cdot 10^{-6}$ cm^3Mol^{-1} für fl. HCl bei 0°C; fbl. Gas; raucht stark an der Luft, zieht W an; LW 20° bei 760 mm Druck 718,8 g/l; ll. Al, Ä; MAK: 5 cm³/m³
−18	*F*	10,5			fbl. Krist.; an Luft zers. unter Bildung weißer Nebel; ll. W
−116 2,0	*F* *V*	 25,9	45,6 266,3	75,7 93,2	* kg/Nm³; gelbes Gas, etwas rötlich; als Fl. rot bis bräunlich; greift Augen und Atmungsorgane stark an; LW 0° 200 Vol/1 Vol H_2O; konz. wss. Lsg. goldgelb
−59 11,0	*F* *V*	 30	41,84 251,3	104,6 124	* kg/Nm³; gelbes bis or.gelbes Gas; als Fl. dklrot; fest rote durchscheinende Krist., spröde; expl. beim Erwärmen; LW 4° 20 Vol/1 Vol.H_2O; MAK: 0,1 cm³/m³

Formel	Name	Zustand	Mol.-Masse / Dichte g · cm⁻³	Kristalldaten: System, Typ und Symbol	Einheitszelle: Kantenlänge in Å	Einheitszelle: Winkel und M	Brechzahl n_D
Cl_2O_7	(VII)-oxid	fl	182,90				
$HClO_4$	Überchlorsäure	fl	100,46 1,764				1,38189
$HClO_4 \cdot H_2O$		f	118,47 1,88	orh. $D_{2h}^{16}, Pnma$	7,339 9,065 5,569	$M=4$	
Co	**Kobalt**						
$Co_3(AsO_4)_2 \cdot 8H_2O$	arsenat	f	583,94 2,948	mkl. $C_{2h}^3, C2/m$	10,18 13,34 4,73	105°	1,6263 1,6614 1,6986
CoB	borid	f	69,74 7,32	orh. $B27$ $D_{2h}^{16}, Pnma$	3,95 5,24 3,04	$M=4$	
$CoBr_2$	(II)-bromid	f	340,74 4,849	trig. $C6$ $D_{3d}^3, P\bar{3}m1$	3,685 6,120	$M=1$	
Co_2C	carbid	f	129,88 7,76	orh. $D_{2h}^{14}, Pbcn$	2,88 4,45 4,36	$M=2$	
Co_3C	carbid		188,80	orh. $D_{2h}^{16}, Pnma$	4,52 5,08 6,73	$M=4$	
$Co(CN)_2$	(II)-cyanid	f	110,97 1,872				
$CoCO_3$	carbonat	f	118,94 4,13	trig. $G0_1$ $D_{3d}^6, R\bar{3}c$	5,71	48,2° $M=2$	1,855 1,60
$[Co_2(CO)_8]$	tetracarbonyl, dimeres	f	341,95 1,87	mkl. $C_{2h}^2, P2_1/m$ oder $C_2^2, P2_1$	11,26 15,45 6,56	90° 22′ $M=4$	
$Co(C_2H_3O_2)_2 \cdot 4H_2O$	(II)-acetat	f	249,08 1,705	mkl. $C_{2h}^5, P2_1/c$	4,77 11,85 8,42	94° 30′	

Phasenumwandlungen °C		ΔH kJ/Mol	Standardwerte bei 25° C C_p J/Molgrd	S^0 J/Molgrd	ΔH_B kJ/Mol	ΔG^0 kJ/Mol	Bemerkungen und Charakteristik
−91,5 80	*F* *V*	 34,7			265		fbl. sehr flch. Öl; in W langsam Bildung von $HClO_4$
−112	*F*				−46,5		$\chi_{Mol} = -29{,}8 \cdot 10^{-6}$ cm^3Mol^{-1}; fbl. Fl.; sehr beweglich; raucht stark an der Luft; Dampf fbl. und durchsichtig; bildet aber an Luft dicke weiße Nebel, indem er W anzieht
50	*F*				−384,5		fbl. lange Nadeln; sehr hygr.; an Luft rauchend; l. W
							Erythrin; viol.-rote sehr feine Nadeln; unl. W; nicht hydrolysierbar; l. verd. S, NH_3
							glänzende lange Nadeln; zers. W; HCl, verd. H_2SO_4 greifen nicht an; l. HNO_3, Königsw.
687	*F*				−232,1		grünes Pulver; LW 20° 53 %; L Al 20° 43,7 %, Bdk. 3 C_2H_5OH; L Aceton 20° 37,5 %, Bdk. 1 $(CH_3)_2CO$; ll. Me, Acetonitril; l. Ä; wl. Egs-anhydrid
				74,5			
					39,7		
				124,7	31		
							blauviol. Pulver; LW 18° 0,377 · 10^{-3} Mol/l Lsg.; Dihydrat bei 280° wfrei; ll. NH_3, $(NH_4)_2CO_3$-, KCN-Lsg.; Tetrahydrat tiefrotviol. sehr zerfl. Krist.
					−722,8		hrotes Pulver aus mikroskopischen Rhomboedern; unl. W; l. S; Hexahydrat viol.rote mikroskopische Krist.
							or.gelbe gut ausgebildete Krist., auch rote Krist.; unl. W, verd. S, Alk, fl. NH_3; ll. Chlf, Al, Ä; l. Me dklrot; umkristallisierbar aus PÄ, Pentan, Ä
140 $-4H_2O$							rote Krist.; Geruch nach Egs; zerfl.; ll. W, S; l. Al, Amylacetat und -alkohol

Formel	Name	Zustand	Mol.-Masse Dichte $g \cdot cm^{-3}$	Kristalldaten			Brechzahl
				System, Typ und Symbol	Einheitszelle		
					Kantenlänge in Å	Winkel und M	n_D
$CoC_2O_4 \cdot 2H_2O$	(II)-oxalat	f	182,98 2,296				
$CoCl_2$	(II)-chlorid	f	129,83 3,367	trig. $C\,19$ $D_{3d}^5, R\bar{3}m$	6,16	33° 26′ $M=1$	
$CoCl_2 \cdot 2H_2O$		f	165,86 2,477	mkl. $C_{2h}^3, C2/m$	7,32 8,54 3,58	97,5° $M=2$	1,626 1,662 1,721
$CoCl_2 \cdot 4H_2O$		f	201,90	mkl.			
$CoCl_2 \cdot 6H_2O$		f	237,93 1,924	mkl. $C_{2h}^3, C2/m$	8,81 7,06 6,67	97° 27′ $M=2$	
$[Co(NH_3)_5Cl]Cl_2$	Chloropentamminkobalt(III)-chlorid	f	250,44				
$[Co(NH_3)_6]Cl_3$	Hexamminkobalt(III)-chlorid	f	267,47 1,707	mkl.	0,9880: 1: 0,6501	88° 40′	
$[Co(NH_3)_5(H_2O)]Cl_3$	Aquopentamminkobalt(III)-chlorid	f	268,46				
$[Co(NH_3)_6](ClO_4)_3$	Hexamminkobalt(III)-perchlorat	f	459,47 2,048	kub. $C\,1$ $O_h^5, Fm3m$	11,409	$M=4$	
$Co(ClO_3)_2 \cdot 6H_2O$	chlorat	f	333,92 1,92				
$Co(ClO_4)_2$	perchlorat	f	257,83 3,327				
$Co(ClO_4)_2 \cdot 6H_2O$	(II)-perchlorat	f	365,92 2,2	ps.hex. $H4_{11}$ $C_{2v}^7, Pmn2_1$	15,52 5,26	$M=4$	1,489 1,480
$CoCr_2O_4$	(II)-chromit	f	226,92 5,4	kub.	8,319	$M=8$	

Phasen- umwandlungen			Standardwerte bei 25° C				Bemerkungen und Charakteristik
°C		ΔH kJ/Mol	C_p J/Molgrd	S^0 J/Molgrd	ΔH_B kJ/Mol	ΔG^0 kJ/Mol	
							rosenrotes Pulver; fast unl. W, wss. Oxalsäure; zll. NH_3; sll. $(NH_4)_2CO_3$-Lsg.; ll. Alk-oxalatlsg.
740 1053	*F* *V*	31,0 144,9	78,6	106,6	−325,4	−281,5	blaue Krist.; subl. sehr feine Blättchen; sehr hygr.; bei W-Aufnahme hblau→dklrosa; LW 20° 33,5 %, Bdk. $6H_2O$; L Me 20° 27,8 %, Bdk. $3CH_3OH$; L Al 20° 35,5 %, Bdk. $3C_2H_5OH$; L Butanol 25° 34,6 %; L Aceton 22,5° 8,48 %; swl. Ä
110...20 $-2H_2O$							viol. Nädelchen; hygr.
					−1537		blaurote prismatische Krist.; sehr hart
56 $-4H_2O$					−2130		rote Krist.; LW s. $CoCl_2$; l. Me, Al tiefblau
							$\chi_{Mol} = -63 \cdot 10^{-6}\ cm^3Mol^{-1}$; „Purpureokobaltchlorid"; viol.rote Krist.; LW 20° 0,018 Mol/l Lsg., Bdk. $0H_2O$; unl. HCl
							„Luteokobaltchlorid"; bräunlich or.rote Krist.; LW 20° 0,26 Mol/l Lsg., Bdk. $0H_2O$; unl. konz. HCl; konz. H_2SO_4 entwickelt Cl_2
							„Roseokobaltchlorid"; ziegelrotes krist. Pulver; LW 17,5° 0,859 Mol/l Lsg., Bdk. $0H_2O$; wl. konz. HCl
							goldgelbe Krist.; LW 18° 0,013 Mol/l Lsg., Bdk. $0H_2O$
61	*F*						rote Nadeln; zerfl.; LW 20° 64,6 %, Bdk. $6H_2O$; ll. Al
							rote Nadeln; LW 20° 51,3 %, Bdk. $5H_2O$; l. Al, Aceton
191	*F**						* im geschl. Rohr; rote Krist.; l. Al, Aceton
							grünes bis grünschw. Pulver; unl. konz. HCl, HNO_3

Formel	Name	Zustand	Mol.-Masse / Dichte g · cm⁻³	Kristalldaten: System, Typ und Symbol	Einheitszelle: Kantenlänge in Å	Einheitszelle: Winkel und M	Brechzahl n_D
CoF_2	(II)-fluorid	f	96,93 4,46	tetr. $C4$ D_{4h}^{14}, $P4_2/mnm$	4,70 3,19	$M=2$	
$CoF_2 \cdot 4H_2O$		f	168,99 2,192				
CoF_3	(III)-fluorid	f	115,92 3,89	trig. $D0_{14}$ D_3^7, $R32$	5,30	57,0° $M=2$	
CoH_2	hydrid	f	60,95 0,533				
CoJ_2	(II)-jodid	f	312,74 5,584	trig. $C6$ D_{3d}^3, $P\overline{3}m1$	3,96 6,65	$M=1$	
$[Co(NH_3)_6]J_3$	Hexamminkobalt(III)-jodid	f	541,83 2,63	kub. $C1$ O_h^5, $Fm3m$	10,902	$M=4$	
$Co(JO_3)_2$	(II)-jodat	f	408,73 4,93				
$Co(JO_3)_2 \cdot 2H_2O$		f	444,76 4,16				
$Co(JO_3)_2 \cdot 4H_2O$		f	480,80 3,46				
$[Co(CN)_6]K_3$	Kaliumhexacyanokobaltat-(III)	f	332,34 1,9	mkl.	7,1 10,4 8,4	107° 20′ $M=2$	
$[Co(CN)_6]K_4$	Kaliumhexacyanokobaltat-(II)	f	371,45 2,039				
$[CoF_4]K_2$	Kaliumtetrafluorokobaltat-(II)	f	213,13 3,22	tetr.	4,074 13,08		
$[CoF_6]K_3$	Kaliumhexafluorokobaltat-(III)	f	290,23 3,11	kub. O_h^5, $Fm3m$	8,55	$M=4$	

Phasenumwandlungen °C		ΔH kJ/Mol	Standardwerte bei 25° C: C_p / S^0 J/Molgrd	ΔH_B / ΔG^0 kJ/Mol	Bemerkungen und Charakteristik
1200	*F*		68,78 81,96	−665 −619,9	rosa Krist.; nicht luftempfindlich; LW 20° 1,358%, Bdk. 0 H_2O
				−1594	rosafarbiges mikrokrist. Pulver; luftbeständig
			94,6	−782	hbraunes Pulver; fettige, glimmerähnliche Schuppen; raucht an feuchter Luft und reagiert heftig mit W; unl. Al, Ä, Bzl
				−42,7	dklgraue fast schw. krist. Substanz; zers. W, Al, verd. S→H_2
515	*F*			−102,1	schwarzes CoJ_2 ist α-Form, graphitähnlich; β-Form ist okergelb, *D*=5,45; LW 46° 79%, Bdk. 2 H_2O; L fl. SO_2 0° 0,382 g/100 g Lösm.; ll. Al, Aceton, Acetonitril; l. Dioxan; mäßig l. Egs-anhydrid
					granatrote glänzende Krist.; LW 18° 0,015 Mol/l Lsg., Bdk. 0 H_2O
				−520,2	purpurfarbene Nadeln; LW 20° 0,46%, Bdk. 2 H_2O
				−1109	hpurpurfarbene Krist.
				−1682	rosa-viol. Krist.
					gelbe Krist., durchsichtig; schwer l. sied. fl. NH_3
					kleine viol. Kristallblättchen; sehr zerfl.; zers. S; l. wenig W tiefrot; unl. Al, Ä, Chlf, CS_2
					durchscheinend rosa Blättchen; zll. W; ll. HF, HCl, HNO_3; wl. Al, Ä; unl. Benzin; H_2SO_4 zers. in der Wärme
					hblaues Salz

Formel	Name	Zustand	Mol.-Masse / Dichte g · cm⁻³	Kristalldaten: System, Typ und Symbol	Einheitszelle: Kantenlänge in Å	Winkel und M	Brechzahl n_D
[Co $(NO_2)_6]K_3$	Kalium-hexanitritokobaltat-(III)	f	452,27 2,64	kub. $I2_4$ $T_h^3, Fm3$	10,48	$M=4$	
$CoMoO_4 \cdot H_2O$	(II)-molybdat	f	236,88				
$[Co(NO_2)_6](NH_4)_3$	Ammoniumhexanitritokobaltat-(III)	f	389,08 2,00	kub. $I2_4$ $T_h^3, Fm3$	10,80	$M=4$	
$Co(NO_3)_2$	(II)-nitrat	f	182,94 2,49				
$Co(NO_3)_2 \cdot 6H_2O$		f	291,03 1,87	mkl. $C_{2h}^6, C2/c$	15,09 6,12 12,69	119°	1,38 1,52 1,547
$[Co(NH_3)_6](NO_3)_3$	Hexamminkobalt(III)-nitrat	f	347,13 1,804	tetr.	1: 1,016		
CoO	(II)-oxid	f	74,93 5,68*	kub. $B1$ $O_h^5, Fm3m$	4,249	$M=4$	2,33
Co_2O_3	(III)-oxid	f	165,86 5,18	kub.	8,13		
$Co(OH)_2$	(II)-hydroxid	f	92,94 3,597	trig. $C6$ $D_{3d}^3, P\bar{3}m1$	3,195 4,66	$M=1$	
$Co(OH)_3$	(III)-hydroxid	f	109,95				
Co_3O_4	(II, III)-oxid	f	240,79 6,07	kub. $H1_1$ $O_h^7, Fd3m$	8,09	$M=8$	
Co_2P	phosphid	f	148,84 6,4	orh. $C23$ $D_{2h}^{16}, Pnma$	6,64 5,67 3,52	$M=4$	

Phasenumwandlungen °C		ΔH kJ/Mol	Standardwerte bei 25° C C_p J/Molgrd	S^0 J/Molgrd	ΔH_B kJ/Mol	ΔG^0 kJ/Mol	Bemerkungen und Charakteristik
							tiefgelbes glänzendes Pulver; swl. W; unl. Al, Ä, S, wss. NH_3
							viol. glänzende Krist.; unl. k. und h. W; l. verd. S; konz. S zers.→ Molybdänsäure; Alk zers.→$Co(OH)_2$
							gelbe Krist.; trocken sehr beständig; LW 0° 0,88 %; KOH färbt braun; zers. konz. H_2SO_4; nicht zers. Egs, verd. S
					−430,6		rosa Krist.; LW 20° 50 %, Bdk. $6H_2O$; unl. fl. NH_3, fl. HF
57	*F*						große or.rote Krist.; sehr zerfl.; ll. W, Al, Aceton, Egs
							kleine gelbe Tafeln; LW 20° 0,052 Mol/l Lsg., Bdk. $0H_2O$; ll. h. W; fast unl. verd. S
1800	*F*	40,2	55,31	52,97	−238,9	−215	* *D* auch 6,46 angegeben; $\chi_{Mol} = +4900 \cdot 10^{-6}\ cm^3Mol^{-1}$; olivgrünes Pulver; l. HCl, H_2SO_4, HNO_3, Egs, Weinsäure; unl. fl. NH_3, verd. Alk; l. konz. Alk
							braunschw. Pulver; unl. W, fl. NH_3; l. S
					−549		rosa Krist, β-Modifikation; LW 18° $3{,}2 \cdot 10^{-4}$ %; l. konz. NaOH, NH_4Cl-Lsg.; l. wss. NH_3, wenn frisch gefällt; α-Modifikation blau, $a = 3{,}1$, $c = 8$ Å, ist instabil, wandelt sich in β-$Co(OH)_2$ um
					−739		braune Substanz; LW 20° $3{,}2 \cdot 10^{-4}$ %; l. S
			123,1	103	−905		$\chi_{Mol} = +7380 \cdot 10^{-6}\ cm^3Mol^{-1}$; schw. Krist.; unl. W, HCl, HNO_3, Königsw.; l. konz. H_2SO_4, $KHSO_4$-Schmelze
1386	*F*				−196		graue glänzende Nadeln; stahlgraue Masse; unl. W; HCl zers. langsam; l. HNO_3, Königsw.; zers. Alk-Schmelze

Formel	Name	Zustand	Mol.-Masse Dichte g · cm⁻³	Kristalldaten: System, Typ und Symbol	Einheitszelle: Kantenlänge in Å	Einheitszelle: Winkel und *M*	Brechzahl n_D
CoS	(II)-sulfid	f	91,00 5,45	hex. *B* 8 D_{6h}^4, $P6_3/mmc$	3,374 5,188	 $M=2$	
CoS_2	sulfid		123,06 4,732	kub. T_h^6, $Pa3$	5,535	 $M=4$	
Co_2S_3	(III)-sulfid	f	214,06 4,897	kub. O_h^7, $Fd3m$			
Co_3S_4	(II, III)-sulfid	f	305,05 4,87	kub. *D* 7_2 O_h^7, $Fd3m$	9,401	 $M=8$	
$Co(CNS)_2$	(II)-thiocyanat	f	175,10 1,955				
$CoSO_3 \cdot 6H_2O$	(II)-sulfit	f	247,09 2,011	trig. C_3^4, $R3$	5,92	96,4° $M=1$	1,55* 1,50*
$CoSO_4$	(II)-sulfat	f	154,99 3,71	orh. *H* 0_2 D_{2h}^{16}, $Pnma$	4,65 6,71 8,45	 $M=4$	
$CoSO_4 \cdot 6H_2O$		f	263,09 2,019	mkl.	9,90 7,10 23,8	98,7°	1,495 1,460
$CoSO_4 \cdot 7H_2O$		f	281,10 1,948	mkl. C_{2h}^6, $C2/c$	15,45 13,08 20,04	104,7° $M=16$	1,477 1,483 1,489
CoSe	selenid	f	137,89 7,647	hex. *B* 8 D_{6h}^4, $P6_3/mmc$	3,61 5,28	 $M=2$	
$CoSeO_4 \cdot 6H_2O$	selenat	f	309,98 2,24	mkl.	1,3709: 1: 1,6815	98° 14′	1,47 1,5225 1,5227
CoSi	silicid	f	87,02 6,3	kub. *B* 20 T^4, $P2_13$	4,447	 $M=4$	
Co_2Si	silicid	f	145,95 7,28	orh. *C* 37 D_{2h}^{16}, $Pnma$	7,109 4,918 3,738	 $M=4$	
$CoSi_2$	silicid	f	115,11 4,92	kub. *C* 1 O_h^5, $Fm3m$	5,35	 $M=4$	
Co_2SiO_4	silikat	f	209,95 4,74	orh. D_{2h}^{16}, $Pnma$	5,99 10,27 4,77	 $M=4$	2,08 2,03

Phasen-umwandlungen °C		ΔH kJ/Mol	Standardwerte bei 25° C C_p J/Molgrd	S^0 J/Molgrd	ΔH_B kJ/Mol	ΔG^0 kJ/Mol	Bemerkungen und Charakteristik
1100	*F*		47,7		−95,27		schw. Nd.; LW 18° 3,4 · 10^{-4} %; polymorph; β-CoS messinggelbe Krist. von met. Glanz, fällt aus essigsaurer Lsg., schwer l. k. verd. HCl; γ-CoS ist trig. C_{3v}^5, $R3m$, $a = 5{,}63$ Å, $\alpha = 116°\ 53'$, $M = 3$, wandelt sich rasch in β-CoS um; α-CoS ist amorph, fällt aus alk. Lsg. mit Alkalisulfid
					−140,2		Cattierit; schw. glanzloses Pulver; unl. Alk, S; l. HNO_3, Königsw.
					−213,5		grauschw. glänzende Krist.
							Linneit; mattdklgraues Pulver
							gelbbraunes Pulver; LW mit rosa Farbe 25° 50,7 %
							* Tageslicht; rote Krist.; unl. W; l. wss. SO_2
989	*F*		138	113,3	−867,9	−760,5	rotes krist. Pulver; LW 20° 25,93 %, Bdk. 7 H_2O; HCl greift nicht an; etwas l. Me; mit gasförmigem $NH_3 \rightarrow [Co(NH_3)_6]SO_4$
					−2691,5		rote Krist.
98	*F*		402		−2986,5		rote Krist.; LW s. $CoSO_4$; ll. Me; l. Al; wl. Dimethylformamid
					−41,8		gelbe oder graue krist. metallähnliche Masse; unl. Alk; l. HNO_3, Königsw.; zers. durch Br_2-Wasser
							rote durchsichtige Krist.; LW 20° 35,8 %, Bdk. 6 H_2O
1393	*F*	66,9			−100,4		
1327	*F*	69,0			−115,5		graue Krist.
1277	*F*				−102,9		
1345	*F*						viol. bis dklrote Krist.; l. h. verd. HCl

Formel	Name	Zustand	Mol.-Masse Dichte g · cm⁻³	Kristalldaten System, Typ und Symbol	Einheitszelle Kantenlänge in Å	Winkel und M	Brechzahl n_D
CoTe	tellurid	f	186,53 8,77	hex. $B8$ $D_{6h}^4, P6_3/mmc$	3,88 5,37	$M=2$	
$CoWO_4$	(II)-wolframat	f	306,78 8,42	mkl. $H0_6$ $C_{2h}^4, P2/c$	4,93 5,68 4,66	90° 8′	
$CoWO_4 \cdot H_2O$		f	324,79				
Cr	**Chrom**						
CrAs	arsenid	f	126,92 6,35	orh. $B31$ $D_{2h}^{16}, Pnma$	6,21 5,73 3,48	$M=4$	
CrB	borid	f	62,81 5,4	orh. $D_{2h}^{17}, Cmcm$	2,969 7,858 2,932	$M=4$	
CrB_2	borid	f	73,62 5,60	hex. $C32$ $D_{6h}^1, P6/mmm$	2,969 3,066		
$CrBr_2$	(II)-bromid	f	211,81 4,356	mkl. $C_{2h}^3, C2/m$	7,11 3,64 6,21	93° 53′ $M=2$	
$CrBr_3$	(III)-bromid	f	291,72 4,25	trig. $D0_5$ $C_{3i}^2, R\overline{3}$	7,06	52,6° $M=2$	
$[Cr(H_2O)_4Br_2]Br \cdot 2H_2O$	Dibromotetraquochrom(III)-bromid	f	399,82 2,49				
$[Cr(H_2O)_6]Br_3$	Hexaquochrom(III)-bromid	f	399,82				
Cr_3C_2	carbid	f	180,01 6,68	orh. $D5_{10}$ $D_{2h}^{16}, Pnma$	11,46 5,52 2,82	$M=4$	

Phasen-umwandlungen °C		ΔH kJ/Mol	Standardwerte bei 25° C C_p S^0 J/Molgrd	ΔH_B ΔG^0 kJ/Mol	Bemerkungen und Charakteristik
968	*F*			−37,7	l. Br_2 und Br_2-Wasser
					grünlichblaue bis blauschw. Krist.; wl. k. verd. S; ll. h. konz. S
					viol. Pulver; unl. W, k. HNO_3; etwas l. Oxalsäure; l. warmer Egs, H_3PO_4, NH_3-Lsg.
					graue spröde Substanz, unl. W, HCl, HNO_3, verd. H_2SO_4; Königsw. zers. in der Hitze rasch; konz. H_2SO_4 reagiert in der Hitze heftig→SO_2; wss. Alk wirken nicht ein, geschmolzene Alk reagieren vollständig
1550	*F**				* *F* auch 2000 angegeben; silbrige Nadeln oder Stäbchen; unl. W, HNO_3, wss. Alk; l. $HClO_4$, HCl, H_2SO_4 beim Erwärmen; Aufschluß mit Na_2O_2-Schmelze; geschmolzene Alk oxid. bei Weißglut
1850... 1900	*F*			−130	met. harte Substanz
842	*F*	27,2		−335	weiße glänzende Krist., nach dem Schmelzen bernsteingelb
958	Sb			−427	schw. glänzende Krist., durchscheinend grün, als Pulver gelbgrün, unl. W, wenn nicht mit $CrBr_2$ verunreinigt; zers. Alk; l. warmer konz. HJ; Erhitzen an Luft→Cr_2O_3
					gelbgrüne Krist.; sehr hygr.; unter Feuchtigkeitsausschluß unbegrenzt haltbar; l. Al, Aceton; unl. Bzl, Toluol, abs. Ä; über H_2SO_4 im Vak→$CrBr_3 \cdot 4H_2O$
					grüne Krist., zerfl. sofort→viol. Lsg.; unter Luftausschluß beständig; ll. Al, Aceton, unl. Ä
1850 3800	*F* *V*		98,41 85,44	−87,9 −88,5	dklgraue, leicht pulverisierbare Masse; Körner mit silberglänzendem Bruch; unl. h. konz. HCl, rauchender HNO_3, Königsw., H_2SO_4; langsam l. konz. sied. $HClO_4$

Formel	Name	Zustand	Mol.-Masse / Dichte g · cm⁻³	Kristalldaten: System, Typ und Symbol	Einheitszelle: Kantenlänge in Å	Einheitszelle: Winkel und M	Brechzahl n_D
Cr_4C	carbid	f	220,00 6,946	kub. $D8_4$ $O_h^5, Fm3m$	10,638	$M=4$	
Cr_7C_3	carbid	f	400,01 6,915	trig. $C_{3v}^4, P31c$	13,98 4,523	$M=8$	
$Cr(C_2H_3O_2)_2 \cdot H_2O$	(II)-acetat	f	188,10	mkl. $C_{2h}^6, C2/c$	13,15 8,55 13,94	117° $M=4$	
$[Cr(H_2O)_6](C_2H_3O_2)_3$	Hexaquochrom-(III)-acetat	f	337,22				
$Cr(CO)_6$	hexacarbonyl	f	220,06 1,77	orh. $C_{2v}^9, Pna2_1$	11,72 6,27 10,89	$M=4$	
$CrCl_2$	(II)-chlorid	f	122,90 2,75	orh. $D_{2h}^{12}, Pnnm$	5,99 6,65 3,48	$M=2$	
$CrCl_3$	(III)-chlorid	f	158,36 2,76	trig. $D0_4$ $D_3^{3,5}$	6,02 17,3	$M=6$	
$[Cr(H_2O)_4Cl_2]Cl \cdot 2H_2O$	Dichlorotetraquochrom-(III)-chlorid	f	266,45 1,836				
$[Cr(H_2O)_5Cl]Cl_2 \cdot H_2O$	Monochloropentaquochrom-(III)-chlorid	f	266,45 1,76				
$[Cr(H_2O)_6]Cl_3$	Hexaquochrom-(III)-chlorid	f	266,45 1,79	trig. $I2_2$ $D_{3d}^6, R\bar{3}c$	7,95	97° 20′ $M=2$	

Phasenumwandlungen °C		ΔH kJ/Mol	Standardwerte bei 25° C C_p J/Molgrd	S^0 J/Molgrd	ΔH_B kJ/Mol	ΔG^0 kJ/Mol	Bemerkungen und Charakteristik
			108,29	105,8	−68,6	−70	„kubisches Chromcarbid", meist als $Cr_{23}C_6$ bezeichnet; l. verd. H_2SO_4; reagiert mit Wdampf bei 750°
1665	*F*				−177,8	−182,5	„hexagonales Chromcarbid", in der Lit. auch als Cr_5C_2 bezeichnet; silberglänzende Krist.; unl. verd. HCl; l. konz. HCl, sied. H_2SO_4; Königsw. greift nicht an
							rote glänzende Krist., beständig in CO_2- und N_2-atmosphäre; an Luft Oxid.; wl. k. W, l. h. W→rote Lsg. →viol.; wl. Al
							blauviol. nadelige Krist.; ll. W; mit Al Solvolyse
150 200 Z	*F**			293	−1077	−962	* im Einschmelzrohr; $\chi_{Mol} = +11 \cdot 10^{-6}\ cm^3Mol^{-1}$; weiße Krist.; etwas l. Chlf, CCl_4, swl. Al, Ä, Bzl, Egs; subl. langsam schon bei gewöhnlicher Temp.
815* 1302	*F* *V*	32,2 197	70,65	114,6	−396,5	−357	* *F* auch 824° angegeben; feine weiße nadelige Krist.; ll. W ohne Luftzutritt blau, an Luft grün; unl. Petroleum, Bzl; wl. sied. Py
1150 945	*F** Sb		91,80	122,9	−554,8	−484	* im geschlossenen Quarzröhrchen; samtartig glänzende, viol. Nadeln, feinkrist. hviol. Pulver; l. W, Me, Al in Gegenwart $CrCl_2$ oder Red.-mittel; LW 25° 33 %, Bdk. $6H_2O$; unl. HNO_3, HCl, H_2SO_4, Königsw.; zers. sied. konz. Alk
					−2430		körnige hgrüne Krist., Schuppen; hygr.; LW 25° 58 %, Bdk. $[CrCl_2(H_2O)_4]Cl \cdot 2H_2O$; unl. Benzin; ll. Me, Al mit grüner Farbe
							hgrüne Krist.; sehr zerfl.; bei Ausschluß Feuchtigkeit feinpulverig krist.; l. Gemisch Ä+HCl
					−2420		3 hydratisomere Formen; graublaue kleine Säulen; *U* allmählich und beim Schmelzen→$[CrCl_2(H_2O)_4]Cl \cdot 2H_2O$; LW 25° 62 %; L in HCl-gesättigter wss. Lsg. 10° 0,05 %; unl. Petroleum, Benzin, CCl_4, Gemisch rauchender HCl+Ä

Formel	Name	Zustand	Mol.-Masse Dichte g · cm^{-3}	Kristalldaten System, Typ und Symbol	Einheitszelle Kantenlänge in Å	Winkel und M	Brechzahl n_D
CrO_4Cs_2	Caesium- chromat	f	381,80 4,237	orh. $H1_6$ $D_{2h}^{16}, Pnma$	6,23 11,14 8,36	$M=4$	
$Cr_2O_7Cs_2$	Caesium- dichromat	f	481,80	trikl.			1,95
Cr $Cs(SO_4)_2 \cdot$ $12H_2O$	Caesium- chrom- alaun	f	593,21 2,08	kub. $H4_{13}$ $T_h^6, Pa3$	12,38	$M=4$	1,4810
CrF_2	(II)-fluorid	f	89,99 4,11	mkl. $C_{2h}^5, P2_1/c$	4,732 4,718 3,505	96,5° $M=2$	
CrF_3	(III)-fluo- rid	f	108,99 3,8	trig. $D_{3d}^6, R\bar{3}c$	4,98 13,22	$M=6$	
$CrF_3 \cdot$ $4H_2O$		f	181,05 2,18				
CrO_4Hg	Queck- silber(II)- chromat	f	316,58				
CrO_4Hg_2	Queck- silber(I)- chromat	f	517,17				
CrJ_2	(II)-jodid	f	305,80 5,196	mkl. $C_{2h}^3, C2/m$	7,545 3,929 7,505	115,5°	
CrJ_3	(III)-jodid	f	432,71	hex.	6,86 19,88		
CrO_4K_2	Kalium- chromat	f	194,20 2,73	orh. $H1_6$ $D_{2h}^{16}, Pnma$	5,92 10,40 7,61	$M=4$	1,70873 1,72611 1,73035

Phasen-umwandlungen			Standardwerte bei 25° C				Bemerkungen und Charakteristik
°C		ΔH kJ/Mol	C_p J/Molgrd	S^0	ΔH_B kJ/Mol	ΔG^0	
956	*F*						gelbe Krist.; LW 30° 47 %
							kleine glänzende hrote Krist., sehr beständig; LW 30° 5,2 %
116	*F*						dklrote Oktaeder; beim Erhitzen auf 95° Farbänderung; $-12\,H_2O$ bei 200° in 4 Stunden; LW 25° 0,5 %, 40° 1,5 %, Bdk. $12\,H_2O$
1102	*F*			83,7	−762		grünes krist. Pulver; langsam und wl. W, verd. HNO_3, H_2SO_4; unl. Al; l. sied. HCl; Glühen an der Luft→Cr_2O_3
1100... 1200	*F*	47	78,74	93,88	−1110	−1039	gelbgrüne Krist., feine Nadeln, stark lichtbrechende Prismen; unl. W, Al; wl. verd. S, selbst in der Hitze nur allmählich; Schmelze mit KNO_3→ K_2CrO_4
							grünes krist. Pulver; LW 25° 44,8 %; l. S; unl. Al
							$\chi_{Mol} = -12{,}5 \cdot 10^{-6}\ cm^3Mol^{-1}$; dklrote Krist.; W hydrolysiert schon in der Kälte, vollständig beim Erwärmen; l. wss. NH_4Cl-Lsg.; unl. Aceton; zers. S
							$\chi_{Mol} = -31{,}5 \times 2 \cdot 10^{-6}\ cm^3Mol^{-1}$; rote Krist.; W hydrolysiert in der Kälte→$Hg_2O \cdot 3\,Hg_2CrO_4$, in der Wärme $Hg_2O \cdot 2\,Hg_2CrO_4$; HCl, H_2SO_4, HNO_3 zers.; beim Lösen in HNO_3→HgII und CrIII; l. wss. KCN-Lsg.; unl. Aceton
795	*F*			154	−156	−160	dklbraune Krist., in der Durchsicht rotbraun; glänzende Blättchen, lange Nadeln; zerfl. an Luft→grüne Lsg.; ll. W, unter Ausschluß von O_2 blau
>600	*F*				−200		schw. glänzende Krist., ziemlich beständig gegen Luft und Feuchtigkeit
665 984	*U** *F*	10,2 28,9	146,0	200	−1383	−1275	* *U* orh.→hex.; $\bar{\gamma}(0...100°C) = 113{,}4 \cdot 10^{-6}\ grd^{-1}$; $\varepsilon = 7{,}31$; gelbe Krist.; nicht hygr.; LW 20° 38,5 %, Bdk. $0\,H_2O$; unl. Al; MAK: 0,2 mg Staub/m³ Luft

Formel	Name	Zustand	Mol.-Masse Dichte $g \cdot cm^{-3}$	Kristalldaten System, Typ und Symbol	Einheitszelle Kantenlänge in Å	Winkel und M	Brechzahl n_D
$Cr_2O_7K_2$	Kalium-dichromat, α	f	294,19 2,69	trikl.	7,50 13,40 7,38	98° 90° 51′ 83° 47′ $M=4$	1,7202 1,7380 1,8197
$Cr_2O_7K_2$	β	f	294,19 2,10	mkl. $C_{2h}^5, P2_1/c$	7,47 7,35 12,97	99° 55′ $M=4$	1,715 1,762 1,891
$CrK(SO_4)_2 \cdot 12H_2O$	Kalium-chrom-alaun	f	499,41 1,813	kub. $H4_{13}$ $T_h^6, Pa3$	12,2	$M=4$	1,48137
CrO_8K_3	Kalium-peroxo-chromat	f	297,30 2,89	tetr. $D_{2d}^{11}, I\bar{4}2m$	6,71 7,62	$M=2$	
$CrO_4Li_2 \cdot 2H_2O$	Lithium-chromat	f	165.90	orh.	0,662: 1: 0,466		
$Cr_2O_7Li_2 \cdot 2H_2O$	Lithium-dichromat	f	265,90 2,34				
Cr_2O_4Mg	Magnesium-chromat-(III)	f	192,30 4,4	kub. $H1_1$ $O_h^7, Fd3m$	8,32		1,90
$CrO_4Mg \cdot 5H_2O$	Magnesium-chromat-(VI)	f	230,38 1,954	trikl.	0,5883: 1: 0,5348	76° 9′ 97° 17′ 108° 14′	
$CrO_4Mg \cdot 7H_2O$	Magnesium-chromat-(VI)	f	266,41 1,66	orh. $D_2^4, P2_12_12_1$	11,89 12,01 6,89	$M=4$	1,5211 1,5500 1,5680
CrN	nitrid	f	66,00 5,8… 7,7	kub. $B1$ $O_h^5, Fm3m$	4,14	$M=4$	
$[Cr(H_2O)_6](NO_3)_3 \cdot 3H_2O$	Hexaquo-chrom-(III)-nitrat	f	400,15				
$(NH_4)_2CrO_4$	Ammonium-chromat	f	152,07 1,86	mkl. C_s^1, Pm	6,15 6,27 7,66	115,2° $M=2$	

Phasenumwandlungen			Standardwerte bei 25° C				Bemerkungen und Charakteristik
°C		ΔH kJ/Mol	C_p J/Molgrd	S^0 J/Molgrd	ΔH_B kJ/Mol	ΔG^0 kJ/Mol	
241,6 398	*U** *F*	 36,7	219,7	 291,2	−2033	 −1850	* *U* trikl. (α)→mkl. (β); or.rote Krist., tafelförmig oder prismatisch; LW 20° 11,3 %; wss. Lsg. schwach sauer; unl. Al; Z.>610°; MAK: 15 mg Staub/m³ Luft
89	*F**				−5788		* unter Farbänderung nach grün; blauviol. Krist., in dünner Schicht rubinrot durchsichtig; LW 25° 11,1 %
							große braunrote Krist.; wl. k. W, l. in der Wärme; unl. abs. Al, Ä
130 $-2H_2O$							gelbe durchscheinende Prismen; gelbes Pulver; zerfl.; LW 20° 8,5 %, Bdk. $2H_2O$
130 $-2H_2O$ 187	 *F**						* unter teilweiser Z.; or.rote Krist., dünne Plättchen; zerfl. an Luft; unl. Ä, CCl_4, KW; l. Al, Lsg. zers. rasch
2190	*F*		126,8	 105,8	−1266	 −1150	Magnesiumchromspinell; Krist.; Farbe variiert von grün bis braun nach rot; keine Veränderung beim Glühen; unl. S, Alk; Aufschluß durch Schmelze $KOH+KNO_3$ oder $Na_2CO_3+Na_2B_4O_7$
60 $-3H_2O$							Krist., verwittern nicht an der Luft
130 $-6H_2O$							durchsichtige, topasgelbe Prismen; beim Liegen an der Luft $-2H_2O$
1450 Z*			51,0	 33,5	−121		* Z.→N_2+Cr; dklbraunes bis grauschw. schweres Pulver; sehr hart; unl. W, S, Alk; l. Hypochlorit, h. konz. H_2SO_4
66	*F*						viol. Krist.; bei 36°→grün; LW 25° 44,8 % Bdk. $9H_2O$; ll. S, Alk, Al
							goldgelbe Nadeln; LW 20° 25,5 %; l. Al; an der Luft unter NH_3-Abgabe→ $(NH_4)_2Cr_2O_7$

Formel	Name	Zustand	Mol.-Masse / Dichte $g \cdot cm^{-3}$	Kristalldaten: System, Typ und Symbol	Einheitszelle: Kantenlänge in Å	Winkel und *M*	Brechzahl n_D
$(NH_4)_2$ Cr_2O_7	Ammoniumdichromat	f	252,06 2,155	mkl. $C_{2h}^6, C2/c$	7,78 7,54 13,27	93,7° $M=4$	
NH_4Cr $(SO)_4 \cdot$ $12H_2O$	Ammonium-chrom-alaun	f	478,47 1,72	kub. $H4_{13}$ $T_h^6, Pa3$	12,25	 $M=4$	1,4842
CrO_4Na_2	Natriumchromat	f	161,97 2,71	orh. $H1 8$ $D_{2h}^6, Pnna$	5,91 9,23 7,20	 $M=4$	
$CrO_4Na_2 \cdot$ $4H_2O$		f	234,03	mkl.	1,1119: 1: 1,0624	105° 4′	
$Cr_2O_7Na_2 \cdot$ $2H_2O$	Natriumdichromat	f	298,00 2,34	mkl. $C_{2h}^2, P2_1/m$	12,6 10,5 6,05	94° 54′ $M=4$	1,6610 1,6994 1,7510
CrO	(II)-oxid	f	68,00	hex.			
CrO_2	(IV)-oxid	f	83,99 4,8	tetr. $C4$ $D_{4h}^{14}, P4_2/mnm$	4,41 2,86	 $M=2$	
CrO_3	(VI)-oxid	f	99,99 2,80	orh. $C_{2v}^{16}, Ama2$	4,789 8,557 5,743	 $M=4$	
Cr_2O_3	(III)-oxid	f	151,99 5,21	trig. $D5_1$ $D_{3d}^6, R\bar{3}c$	4,94 13,57	 $M=6$	2,5
$Cr(OH)_3$	(III)-hydroxid	f	103,02				
CrO_2Cl_2	Chromylchlorid	fl	154,90 1,912				1,524

Phasenumwandlungen °C		ΔH kJ/Mol	Standardwerte bei 25° C C_p J/Molgrd	S^0 J/Molgrd	ΔH_B kJ/Mol	ΔG^0 kJ/Mol	Bemerkungen und Charakteristik
					−1790		leuchtend or. Krist.; schnelle Z. beim Erhitzen; LW 20° 11 %; mit S→ $(NH_4)_2Cr_3O_{10}$, $(NH_4)_2Cr_4O_{13}$; mit NH_3→$(NH_4)_2CrO_4$; mit KOH→ NH_3-Entwicklung; wl. fl. NH_3; ll. Me, l. Al
94	*F**		705,2	715,0			* im eigenen Kristallwasser; dkl viol. Krist., beim Erhitzen auf 70° grün; verwittert langsam an der Luft
413 792	*U** *F*				−1329		* *U* orh.→hex.; gelbe kleine Nädelchen; zerfl. an feuchter Luft; **LW** 20° 44,2 %, Bdk. $6H_2O$; l. Me, wl. Al; MAK: 0,16 mg Staub/m³ Luft
							schwefelgelbe verfilzte Nadeln; verwittern nicht an der Luft; L Furfurol 25° 0,05 %
100° $-2H_2O$ 356	 *F*						rote durchscheinende Krist.; lange Nadeln, kurze Prismen; sehr hygr.; **LW** 20° 65 %, Bdk. $2H_2O$; l. Al; unl. abs. Al, Ä; bei 400° Z.; MAK: 0,15 mg Staub/m³ Luft
							schw. Blättchen; an Luft wenig stabil, langsam→Cr_2O_3; unl. fl. SO_2
					−590	−540	schw. krist. harte Substanz; unl. W, HCl, HNO_3, Königsw. Alk; l. konz. H_2SO_4 beim Kochen; Schmelze mit Alk-hydroxiden→CrO_3, Cr_2O_3
187*	*F*			72	−594,5		* *F* auch 196° angegeben; $\bar{\gamma}$(−78... 25°C) = 170 · 10^{-6} grd⁻¹; dklrote Krist., hygr.; **LW** 20° 62,8 %; l. H_2SO_4; Al wird oxid.; MAK: 0,1 mg Staub/m³ Luft
2440*	*F*		118,7	81,1	−1141	−1059	* Werte der *F*-Bestimmungen von 1990° an aufwärts angegeben; *V* ~3000° geschätzt; ε(1,75... 2 · 10^6 Hz) = 12; grünes Pulver, kann krist. und amorph auftreten; unl. W, S, Alk, Al, Aceton
							grün bis blaugrün; LW 20° 1,2 · 10^{-6} g/l; l. S, Alk, besonders in frisch gefälltem Zustand; $Cr(OH)_3$ · aq. isomorph Bayerit; *D* = 3,12 für käufliches Präparat
−96,5 116,7	*F* *V*	41,5 35,1			−567,8		dklrote ölartige Fl.; zers. am Tageslicht in einer Woche; zers. W; l. CS_2, CCl_4, Chlf, Eg; reagiert mit org. Lösm. wie Me, Al, Butanol, Anilin, Py zuweilen heftig

Formel	Name	Zustand	Mol.-Masse Dichte $g \cdot cm^{-3}$	Kristalldaten			Brechzahl
				System, Typ und Symbol	Einheitszelle: Kantenlänge in Å	Einheitszelle: Winkel und M	n_D
CrP	phosphid	f	82,97 5,71	orh. $B\,3\,1$ $D_{2h}^{16}, Pnma$	5,93 5,36 3,12	 $M=4$	
Cr_3P	phosphid	f	186,96 6,2	tetr. $S_4^2, I\bar{4}$	9,13 4,56	 $M=8$	
$CrPO_4$	(III)-phos= phat	f	146,97 2,99	orh.	6,11 7,77 5,15		
$CrPO_4 \cdot$ $4\,H_2O$			219,03 2,10				
$CrPO_4 \cdot$ $6\,H_2O$		f	255,06 2,121	trikl.			
CrO_4Pb	Blei- chromat	f	323,18	orh. $H\,0_2$ $D_{2h}^{16}, Pnma$	7,13 8,67 5,59	 $M=4$	
CrO_4Pb	Krokoit	f	323,18 6,123	mkl. $C_{2h}^5, P2_1/c$	7,11 7,41 6,77	102° 27′ $M=4$	2,31 * 2,37 2,66
CrO_4Rb_2	Rubidium= chromat	f	286,93 3,5	orh. $H\,1_6$ $D_{2h}^{16}, Pnma$	10,70 7,98 6,29	 $M=4$	
$Cr_2O_7Rb_2$	Rubidium= dichromat	f	386,93 3,125	trikl.	0,5609: 1: 0,5690	91° 93° 52′ 81° 34′	
$Cr_2O_7Rb_2$	Rubidium= dichromat	f	386,93 3,02	mkl. $C_{2h}^5, P2_1/c$	13,62 7,62 7,67	93,4° $M=4$	
Cr $Rb(SO_4)_2 \cdot$ $12\,H_2O$	Rubidium- chrom- alaun	f	545,77 1,95	kub. $H\,4_{13}$ $T_h^6, Pa3$	12,26	 $M=4$	1,4815
$Cr_2(SO_4)_3$	(III)-sulfat	f	392,18 3,012				
$Cr(SO_4)_3 \cdot$ $18\,H_2O$		f	716,45 1,86				

Phasen-umwandlungen °C		ΔH kJ/Mol	Standardwerte bei 25° C C_p J/Molgrd	S^0 J/Molgrd	ΔH_B kJ/Mol	ΔG^0 kJ/Mol	Bemerkungen und Charakteristik
							graues Pulver; unl. W, HCl, Königsw.; l. Gemisch HNO_3+HF; Aufschluß mit schmelzenden Alk
							schw. Pulver; unl. HCl, Königsw.; sied. H_2SO_4 greift an; Erhitzen mit $K_2SO_4 \rightarrow K_2CrO_4$
							grüne Krist.; beständig gegen feuchte Luft; l. HCl, H_2SO_4, konz. Alk; bei Dunkelrotglut wfrei
							viol. Krist.; wl. W; l. S, Alk
							$\chi_{Mol} = -18 \cdot 10^{-6}$ cm^3Mol^{-1}; $PbCrO_4$ fällt orh., wandelt sich aber rasch in die mkl. Form um; orh. stabil 707...783°C; 3. Form>783°C tetr., $a=6{,}74$, $c=13{,}97$ Å; $M=8$
707 783 844	*U* *U* *F*				−910,5		* $\lambda=671$ mμ; chromgelb; gelbrote, stark glänzende, lichtbrechende Krist.; feines gelbor. Pulver; trimorph: mkl. $\xrightarrow{707°}$ orh. $\xrightarrow{783°}$ tetr.; LW 18° $1 \cdot 10^{-4}$ g/l Lsg.; l. HNO_3, Alk; >844° Z. unter Abgabe von O_2; MAK: 0,33 mg/m³ Luft
994	*F*						gelbe Krist.
							rote Krist.; LW 18° 4,96 %
							or.rote Krist.; LW 18° 5,42 %
107	*F*						$\varepsilon(10^{12}$ Hz$)=5$; viol. Oktaeder; beim Erhitzen auf 88° graugrün; $-12H_2O$ bei 200° in 4 Stunden; LW 25° 25,7 g/l
							viol. Pulver, l. W und S nur bei Gegenwart von Red.mitteln; LW 54,5 %, Bdk. $18H_2O$; l. sied. 12nHCl, 9nHBr
					−8340		viol. Krist.; l. W bei Gegenwart von Spuren Cr(II)-salz; unl. Al; bei 70...5°→$Cr_2(SO_4)_3 \cdot 15H_2O$ dkl-grünes krist. Pulver, $D=1{,}695$

Formel	Name	Zustand	Mol.-Masse Dichte g · cm⁻³	Kristalldaten System, Typ und Symbol	Einheitszelle Kantenlänge in Å	Winkel und M	Brechzahl n_D
CrSi	silicid	f	80,08 5,38	kub. $B20$ T^4, $P2_13$	4,629	 $M=4$	
$CrSi_2$	silicid	f	108,17 4,7	hex. $C40$ D_6^4, $P6_222$	4,42 6,35	 $M=3$	
Cr_2Si	silicid	f	132,08 5,78				
Cr_3Si_2	silicid	f	212,16 5,51				
CrO_4Sr	Strontium-chromat	f	203,61 3,6	mkl.	0,9666: 1: 0,9173	77° 17′	
Cs	**Caesium**						
$CsBF_4$	tetrafluoro-borat	f	219,71 3,2	orh. $H0_2$ D_{2h}^{16}, $Pnma$	9,4 5,8 7,7	 $M=4$	~1,36 ~1,36 ~1,36
CsBr	bromid	f	212,81 4,44	kub. $B2$ O_h^1, $Pm3m$	4,29	 $M=1$	1,6984
CsBrClJ	bromchlor-jodid	f	375,17	orh.	0,7230: 1: 1,1760		
$CsBr_2J$	dibrom-jodid	f	419,63 4,2	orh. D_{2h}^{16}, $Pnma$	6,57 9,18 10,66	 $M=4$	
$CsBrO_3$	bromat	f	260,81 4,093	hex.	6,506 8,230	 $M=3$	1,608 1,601

Phasenumwandlungen °C		ΔH kJ/Mol	Standardwerte bei 25° C C_p S^0 J/Molgrd	ΔH_B ΔG⁰ kJ/Mol	Bemerkungen und Charakteristik
1630	F				met. aussehende Substanz; hart, spröde
1550	F				lange graue met. glänzende Nadeln, unl. k. HCl, Königsw.; l. HF, Schmelze von Alk, KNO_3, Na_2O_2, Alk-carbonat
1606	F				kleine met. glänzende facettenförmige Krist.; hart; ritzt Korund; F_2 greift an, Cl_2 erst bei Rotglut; gasförmige HCl bei 700°→$SiCl_4$+$CrCl_3$; geschmolzenes K_2CO_3→SiO_2+ K_2CrO_4; KNO_3-Schmelze reagiert langsam
1560	F				vierkantige Prismen; ritzt Glas, nicht Quarz; unl. W, wss. Alk, HNO_3, H_2SO_4; l. HCl, HF rasch, Alk-carbonat-Schmelze; KNO_3-Schmelze wirkt nicht ein
					gelbe glänzende, durchsichtige Krist.; beim Erhitzen rotor., beim Abkühlen gelb; LW 18° 1,18 %, Al erniedrigt beträchtlich; L 25 Vol % Al 25° 0,011 %; ll. Egs, HCl
550	F				LW 20° 0,92 %, 100° 0,04 %, Bdk. 0 H_2O
636 1300	F V	7,1 150,5	51,76 121	−394,4 −383	$\bar{\alpha}$(30...75° C) = 59,8 · 10^{-6} grd^{-1}; $\varkappa$(0...12000 at; 30°) = (6,918 − 144,9 · 10^{-6} p) · 10^{-6} at^{-1}; ε(9,7 · 10^5 Hz) = 6,5; χ_{Mol} = −67,2 · 10^{-6} cm^3Mol^{-1}; fbl. reine Krist., aus wss. Lsg. sehr klein; LW 20° 52,6 %; L Aceton 18° 4 · 10^{-3} g/100 g Lösm.; l. Al
235	F				gelblichrote Substanz; an Luft beständig; Z. ab 290°; l. W, Al; Ä zers. nicht sofort
248 Z 320	F				dklkirschrote glänzende Krist., gepulvert gelb; an Luft beständig; l. W, Al ohne nennenswerte Z.; Ä zers. nicht sofort
420	F				χ_{Mol} = −75,1 · 10^{-6} cm^3Mol^{-1}; fbl. würfelförmig erscheinende Krist.; LW 25° 3,54 %; 35° 5,15 %

Formel	Name	Zustand	Mol.-Masse Dichte g · cm⁻³	Kristalldaten System, Typ und Symbol	Einheitszelle Kantenlänge in Å	Einheitszelle Winkel und M	Brechzahl n_D
CsCN	cyanid	f	158,92 2,93	kub. $B\,2$* $O_h^1, Pm3m$	4,259	$M=1$	
Cs_2CO_3	carbonat	f	325,82				
$CsHCO_3$	hydrogen-carbonat	f	193,92				
$CsCHO_2$	formiat	f	177,92				
$CsC_2H_3O_2$	acetat	f	191,95				
$Cs_2C_2O_4$	oxalat	f	353,83 3,23				1,493 1,540 1,612
CsCl	chlorid	f	168,36 3,97	kub. $B\,2$ $O_h^1, Pm3m$	4,121	$M=1$	1,6397
$CsCl_2J$	dichlor-jodid	f	330,72 3,86	trig. $F\,5_1$ $D_{3d}^5, R\bar{3}m$	5,46	70,7° $M=1$	1,611 1,645
$CsClO_3$	chlorat	f	216,36 3,568	orh.			1,587 1,508
$CsClO_4$	perchlorat	f	232,36 3,327	orh. $H\,0_2$ $D_{2h}^{16}, Pnma$	9,82 6,00 7,79	$M=4$	1,4752 1,4788 1,4804
CsF	fluorid	f	151,90 4,5	kub. $B\,1$ $O_h^5, Fm3m$	6,01	$M=4$	1,578

Phasen-umwandlungen °C		ΔH kJ/Mol	Standardwerte bei 25° C C_p J/Molgrd	S^0	ΔH_B kJ/Mol	ΔG^0	Bemerkungen und Charakteristik
							* unter −73° C trig. D_{3d}^5, $R\bar{3}m$, $a=4{,}23$ Å, $\alpha=86°\,21'$, $M=1$; sehr kleine weiße Krist.; an der Luft Geruch nach HCN; zerfl.; ll. W; die wss. Lsg. reagiert alk.
							$\chi_{Mol}=-103{,}6\cdot10^{-6}$ cm³Mol⁻¹; fbl. kleine undeutliche körnige Krist., auch blättrige Nadeln; Erhitzen im Vak. ab 600°→Cs_2O+CO_2; an Luft zerfl.; LW 20° 72,34 %; L abs. Al 19° 11,1 g/100 g Lösm.
							fbl. große undeutlich ausgebildete Krist., an Luft beständig; ll. W, l. Al
265	*F*						fbl. Prismen; sehr hygr.; LW 20° 82 %, Bdk. 1 H_2O
194	*F*						fbl. Krist., sehr hygr.; LW 21° 91,5 %, Bdk. 0 H_2O; bildet leicht übersättigte Lsg.
							fbl. Krist.; LW 25° 75,8 %
445 645 1300	*U** *F* *V*	7,5 15,06 149,3	52,63	 100,0	−432,9		* *U B*2→*B*1, kub., O_h^5, $Fm3m$, $a=7{,}1$ Å, $M=4$, $n=1{,}534$; $\bar{\alpha}$(30...75° C) = $49{,}5\cdot10^{-6}$ grd⁻¹; $\varkappa$(0...12000 at; 30° C) = $(5{,}829-96{,}6\cdot10^{-6}\,p)\cdot10^{-6}$ at⁻¹; $\varepsilon(9{,}7\cdot10^{-5}$ Hz) = 7,2; weißes krist. Pulver; an feuchter Luft zerfl.; LW 20° 65 %; L Aceton 18° $4{,}1\cdot10^{-4}$ g/100 g Lösm.; l. Al; unl. in wfreien Alkoholen
230	*F*						hor. Krist.; l. W unter g. Z.; kann aus W umkristallisiert werden; Ä zers. nicht sofort
							$\chi_{Mol}=-65\cdot10^{-6}$ cm³Mol⁻¹; fbl. winzige Krist.; LW 20° 6,0 %
220	*U**		107,6	 175,2	−434,4	 −306	* *U H*0₂→*H*0₅ kub., T_d^2, $F\bar{4}3m$, $a=7{,}97$ Å, $M=4$; $\chi_{Mol}=-70{,}4\cdot10^{-6}$ cm³Mol⁻¹; fbl. Krist.; LW 20° 1,48 %; L Me 25° $9{,}3\cdot10^{-2}$ %; L Al 25° $1{,}1\cdot10^{-2}$ %; L Aceton 25° $1{,}5\cdot10^{-1}$ %
682 1250	*F* *V*	10,25 143,6	50,66	 82,8	−530,8		$\bar{\alpha}$(30...75° C) = $31{,}7\cdot10^{-6}$ grd⁻¹; $\varkappa$(0...12000 at; 30° C) = $[4{,}155-57{,}9\cdot10^{-6}\,p]\cdot10^{-6}$ at⁻¹; $\chi_{Mol}=-44{,}5\cdot10^{-6}$ cm³Mol⁻¹; fbl. Krist.; sehr hygr.; LW 18° 78,56 %, Bdk. ½ H_2O; L Aceton 18° $7{,}7\cdot10^{-6}$ g/100 g Lösm.; ll. fl. HF; unl. Py, Dioxan

Formel	Name	Zustand	Mol.-Masse / Dichte $g \cdot cm^{-3}$	Kristalldaten: System, Typ und Symbol	Einheitszelle: Kantenlänge in Å	Winkel und M	Brechzahl n_D
$CsF \cdot HF$	hydrogenfluorid	f	171,91				
$Cs Ga(SO_4)_2 \cdot 12H_2O$	galliumsulfat	f	610,93 2,113	kub. $H4_{13}$ $T_h^6, Pa3$	12,402	$M=4$	1,46495
$Cs_2 [GeCl_6]$	Caesiumhexachlorogermanat	f	551,12 3,45	kub. $I1_1$ $O_h^5, Fm3m$	10,21	$M=4$	1,68
$Cs_2 [GeF_6]$	Caesiumhexafluorogermanat	f	452,39 4,10	kub. $I1_1$ $O_h^5, Fm3m$	8,99	$M=4$	
CsH	hydrid	f	133,91 3,4	kub. $B1$ $O_h^5, Fm3m$	6,38	$M=4$	
CsJ	jodid	f	259,81 4,51	kub. $B2$ $O_h^1, Pm3m$	4,56	$M=1$	1,7876
CsJ_3	polyjodid	f	513,62 4,47	orh. DO_{16} $D_{2h}^{16}, Pnma$	6,82 9,95 11,02	$M=4$	
$CsJO_3$	jodat	f	307,81 4,83	mkl. $E2_1$ $C_{2h}^2, P2_1/m$	9,32 9,32 9,32	~90°	
$CsJO_4$	perjodat	f	323,81 4,259	orh. HO_4* $D_{2h}^{16}, Pnma$	5,84 6,01 14,36	$M=1$	
$CsNH_2$	amid	f	148,93 3,43				
$CsNO_2$	nitrit	f	178,91	kub. $O_h^1, Pm3m$	4,34		

Phasen-umwandlungen			Standardwerte bei 25° C		Bemerkungen und Charakteristik
°C		ΔH kJ/Mol	C_p S^0 J/Molgrd	ΔH_B ΔG^0 kJ/Mol	
176	*F*			−903,9	fbl. lange Nadeln; hygr.; ll. W, wss. Lsg. reagiert sauer; ll. verd. S; wl. konz. HF-Lsg.; unl. 95 %ig Al
					fbl. Krist.; wl. W
					or. Krist., hgelbes Pulver; ll. W unter Hydrolyse; unl. abs. Al, 12nHCl; läßt sich aus Mischung 1:2 beider Fl. umkristallisieren: L 0° 1,5 g/100 cm³, 75° 4,3 g/100 cm³
					kleine fbl. Krist.; wl. k. W, verd. S, in der Wärme leichter l.
			29,83* 214,4*	121,3* 101,3*	* für gasförmigen Zustand; fbl. stark glänzende, nadelförmige Krist.; zers. W→CsOH + H_2
~445 621 1280	*U** *F* *V*	 150,3	51,87 130	−336,7 −333	* *U B*2→*B*1, kub. O_h^5, $Fm3m$, a = 7,1 Å, M = 4, n = 1,661; α(30…75°) = 54,9 · 10^{-6} grd⁻¹; $\varkappa$(0…12000 at; 30° C) = (8,403 − 201,9 · 10^{-6} p) · 10^{-6} at⁻¹; ε(9,7 · 10^5 Hz) = 5,7; χ_{Mol} = −82,6 · 10^{-6} cm³Mol⁻¹; rein weiße deutliche Krist.; **L**W 20° 43,6 %; L Aceton 20° 0,2 %; l. fl. NH_3; unl. Toluol
207,5	*F**				* *F* inkongruent; glänzende schw. Krist., an dünnsten Kanten braunrot durchscheinend, gepulvert braun; an Luft beständig; swl. W, wss. CsJ; leichter l. Al; Ä zers. nicht sofort
					χ_{Mol} = −83,1 · 10^{-6} cm³Mol⁻¹; fbl. würfelförmige Krist.; beim Erhitzen keine Jodabgabe, sondern Schmelzen unter O_2-Entwicklung; nicht zers. durch W; unl. Al
					* deformiert; weiße Kristallplatten, leicht umkristallisierbar aus h. W
262	*F*				weiße kleine Prismen; heftig zers. W, an Luft unter Feuererscheinung; sll. fl. NH_3
					glänzende durchsichtige kleine Oktaeder, schwach gelb gefärbt, stark brechend; hygr.; ll. W, fl. NH_3, aus diesem umkristallisierbar

Formel	Name	Zustand	Mol.-Masse Dichte g·cm⁻³	Kristalldaten System, Typ und Symbol	Einheitszelle Kantenlänge in Å	Winkel und M	Brechzahl n_D
CsNO₃	nitrat	f	194,91 3,68	hex.	10,74 7,68	$M=9$	1,55 1,56
Cs₂O	oxid	f	281,81 4,36	trig. $C19$ $D_{3d}^5, R\bar{3}m$	6,74	36,93° $M=1$	
CsO₂	peroxid	f	164,90 3,77	tetr. $C11a$ $D_{4h}^{17}, I4/mmm$	6,25 7,25	$M=2$	
Cs₂O₂	peroxid	f	297,81 4,47				
CsOH	hydroxid	f	149,91 3,675				
Cs₂O₃, 2CsO₂·Cs₂O₂	Mischoxid	f	313,81 4,25	kub. $D7_3$ $T_d^6, I\bar{4}3d$	9,86	$M=8$	
Cs[OsCl₆]	hexachloroosmat	f	535,82 4,24				
Cs₂[PtCl₆]	hexachloroplatinat-(IV)	f	673,62 3,98	kub. $I1_1$ $O_h^5, Fm3m$	10,19	$M=4$	
CsReO₄	perrhenat	f	383,10 4,99	orh. $H0_4$ $D_{2h}^{16}, Pnma$	5,74 5,97 14,24	$M=4$	
CsRh(SO₄)₂·12H₂O	rhodiumsulfat	f	644,12 2,238	kub. $H4_{13}$ $T_h^6, Pa3$	12,30	$M=4$	1,5077
Cs₂[RuCl₆]	hexachlororuthenat-(IV)	f	720,48				
Cs₂S	sulfid	f	297,87				

Phasen-umwandlungen			Standardwerte bei 25° C				Bemerkungen und Charakteristik
°C		ΔH kJ/Mol	C_p J/Molgrd	S^0 J/Molgrd	ΔH_B kJ/Mol	ΔG^0 kJ/Mol	
151,5 405,5	*U** *F*	37,4 20,8			−494		* $U \rightarrow B2$, kub. O_h^1, $Pm3m$, $a = 4{,}49$ Å, $M = 1$; $\chi_{Mol} = -54{,}3 \cdot 10^{-6}$ $cm^3 Mol^{-1}$; weiße prismatische glänzende Krist.; an Luft beständig; LW 20° 19 %; wl. abs. Al
490	*F*				−317,5	−276	weiche verfilzte or.rote Nadeln, beim Erhitzen Farbvertiefung; zerfl. an Luft allmählich unter Entfärbung; reagiert heftig mit W unter Entflammung, mit Al etwas weniger heftig
433	*F*				−318		gelbe bis rötliche Krist., kleine Nadeln; stark hygr.; mit W ohne Zischen→$CsOH + H_2O_2$; langsam l. verd. Al→O_2-Entwicklung
594	*F*				−403		gelblichweiße Substanz; l. W langsam→H_2O_2
223 272	*U* *F*	7,36 6,73			−406,5		weiße krist. Masse; zerfl.; LW 15° 79,4 %, 30° 75,18 %; l. Al
503	*F*				−565	−503	schw. bis braune Substanz; zers. W→$H_2O_2 + O_2$-Entwicklung; l. Al
							rote Oktaeder, an trockener Luft beständig; swl. k. W, leichter l. h. W; swl. HCl, unl. Al; die salzsaure Lsg. ist beständig, die wss. zers.
							kleine honiggelbe durchsichtige Krist.; LW 20° $8{,}6 \cdot 10^{-3}$ %, 100° $9 \cdot 10^{-2}$ %, Bdk. 0 H_2O
616	*F*				−1076		kleine Prismen oder flache quadratische Täfelchen; LW 20° 0,7 %, Bdk. 0 H_2O
110	*F*						gelbe Krist.
							dklbraune bis schw. Oktaeder, durchscheinend purpurrot; fast unl. k. W, in der Wärme zers.; ll. warmer HCl hrot→dklrot; H_2S fällt das gesamte Ru daraus
					−339		weißes bis blaßgelbes krist. Pulver oder doppelbrechende Krist.; an feuchter Luft zerfl. unter Z.; l. W unter starker Wärmeentwicklung mit heftiger Reaktion

Formel	Name	Zustand	Mol.-Masse Dichte g · cm⁻³	Kristalldaten			Brechzahl
				System, Typ und Symbol	Einheitszelle: Kantenlänge in Å	Einheitszelle: Winkel und M	n_D
CsHS	hydrogen- sulfid	f	165,98	kub. $B2$ $O_h^1, Pm3m$	4,30	 $M=1$	
Cs_2S_4	tetrasulfid	f	394,07				
Cs_2S_5	pentasulfid	f	426,13 2,806				
$Cs_2S_5 \cdot H_2O$		f	444,15 2,94	trikl. $C_i^1, P\bar{1}$	6,91 7,81 10,14	103,53° 108,17° 97,83° $M=2$	
Cs_2S_6	hexasulfid	f	458,19 3,076	trikl. $C_i^1, P\bar{1}$	11,53 9,17 4,67	89,15° 95,25° 95,12° $M=2$	
CsSCN	thiocyanat	f	190,99				
Cs_2SO_4	sulfat	f	361,87 4,243	orh. $H1_6$ $D_{2h}^{16}, Pnma$	6,24 10,93 8,23	 $M=4$	1,5598 1,5644 1,5662
$CsHSO_4$	hydrogen- sulfat	f	229,97 3,352	orh.			
$Cs_2S_2O_6$	dithionat	f	425,93 3,49	hex. $K1_2$ $D_6^6, P6_322$	6,33 11,54	 $M=2$	1,5230 1,5438
$Cs_2S_2O_8$	peroxid- disulfat	f	457,93 3,47	mkl. $K4_1$ $C_{2h}^5, P2_1/c$	8,13 8,33 6,46	95° 19′ $M=2$	
Cs_2SeCl_6	hexa- chloro- selenat	f	557,49	kub. $I1_1$ $O_h^5, Fm3m$	10,26	 $M=4$	
Cs_2SeO_4	selenat	f	408,77 4,4528	orh.	0,5700: 1: 0,7424		1,5989 1,5999 1,6003
Cs_2SiF_6	hexa- fluoro- silikat	f	407,89 3,372	kub. $I1_1$ $O_h^5, Fm3m$	8,88	 $M=4$	1,391
Cs_2SnCl_6	hexa- chloro- stan- nat-(IV)	f	597,22 3,33	kub. $I1_1$ $O_h^5, Fm3m$	10,10	 $M=4$	1,672

Phasen-umwandlungen			Standardwerte bei 25° C				Bemerkungen und Charakteristik
°C		ΔH kJ/Mol	C_p J/Molgrd	S^0 J/Molgrd	ΔH_B kJ/Mol	ΔG^0 kJ/Mol	
							weiße hygr. Kristallmasse
160 Z.							$\chi_{Mol} = -139 \cdot 10^{-6}$ cm³Mol⁻¹; rotgelbe Prismen, nicht hygr.; kurze Zeit luftbeständig; l. W ohne Schwefelabscheidung; l. verd. Al; unl. abs. Al
210	*F*						$\chi_{Mol} = -150 \cdot 10^{-6}$ cm³Mol⁻¹; dkl. korallenrote Krist.; nicht hygr.; einige Tage an Luft haltbar; ll. 70%ig Al mit dklrotgelber Farbe
85	*F*						rote Krist.
185	*F*						$\chi_{Mol} = -160 \cdot 10^{-6}$ cm³Mol⁻¹; rote bis bräunliche Krist.
							fbl. Krist., an Luft beständig; zerfl. nur an feuchter heißer Luft; sll. W; l. Me, aus diesem umkristallisierbar
660 1004	*U* *F*	 40,1			−1419		$\chi_{Mol} = -116 \cdot 10^{-6}$ cm³Mol⁻¹; weißes, luftbeständiges Kristallpulver; **LW** 20° 64%; unl. Al, Aceton
					−1145		fbl. kurze Prismen, nicht hygr.; Lsg. reagiert stark sauer; von Al und Ä nicht merklich angegriffen
							fbl. durchsichtige Tafeln, gut ausgebildete Krist.
							fbl. Nadeln; LW 23° 8,15%
							gelbe Oktaeder
							fbl. große Krist.; zerfl. vollständig an der Luft; LW 12° 71,2%, Bdk. 0 H_2O
							opalisierendes, durchscheinendes Pulver, glänzende Oktaeder; wl. k. W, besser l. h. W; unl. Al
							mikroskopische Krist.; unl. konz. HCl; zers. H_2SO_4

Formel	Name	Zustand	Mol.-Masse Dichte g · cm⁻³	Kristalldaten System, Typ und Symbol	Einheitszelle Kantenlänge in Å	Winkel und M	Brechzahl n_D
Cs_2TeBr_6	hexabromotellurat	f	872,86				
Cs_2TeCl_6	hexachlorotellurat	f	606,13 3,51	kub. $I1_1$ $O_h^5, Fm3m$	10,45	$M=4$	
Cs_2TeJ_6	hexajodotellurat	f	1154,84 4,7	kub. $O_h^5, Fm3m$	11,72		
Cs_2ZrCl_6	hexachlorozirkonat	f	569,75 3,33	kub. $I1_1$ $O_h^5, Fm3m$	10,407	$M=4$	
Cu	**Kupfer**						
Cu_3As	arsenid	f	265,54 8,0	kub. $T_d^6, I\bar{4}3d$	9,59	$M=16$	
$Cu_3(AsO_4)_2$	(II)-orthoarsenat	f	468,46 5,16	mkl.			
$Cu_2(OH)AsO_4$	orthoarsenat, bas.	f	283,01 4,54	orh. $D_2^4, P2_12_12_1$	8,18 8,56 5,87	$M=4$	1,772 1,810 1,863
$Cu_3(AsO_4)_2 \cdot 4H_2O$		f	540,52 3,86				
$Cu_3(AsO_4)_2 \cdot 5H_2O$		f	558,53	orh.	10,34 26,9 5,57	$M=4$	
$Cu_2As_2O_7$	(II)-diarsenat	f	388,32 4,67				
$Cu_2As_2O_7 \cdot H_2O$		f	406,93				
$Cu_2As_2O_7 \cdot 3H_2O$		f	442,96 3,65				
$Cu_4As_2O_7$	(I)-diarsenat	f	516,00				
$Cu_4(AsO_2)_6(CH_3CO_2)_2$	(II)-arsenitacetat	f	1013,77 3,18...3,3				

Phasen-umwandlungen °C		ΔH kJ/Mol	Standardwerte bei 25° C C_p J/Molgrd	S^0 J/Molgrd	ΔH_B kJ/Mol	ΔG^0 kJ/Mol	Bemerkungen und Charakteristik
							rubinrote Oktaeder, luftbeständig; zers. W→TeO_2; l. verd. HBr, durch konz. HBr ausfällbar; unl. Al
							gelbe, stark glänzende Oktaeder, luftbeständig; zers. W→TeO_2; l. verd. HCl, durch konz. HCl wieder ausfällbar; unl. Al
							schw. amorphes Pulver, gibt an der Luft langsam J_2 ab; zers. W→TeO_2; fast unl. HJ; unl. Al
							weißes krist. Salz; zers. leicht an der Luft
825	*F*				−107		Domeykit; zinnweiß bis stahlgrau, metallglänzend; synthetisch graue krist. Masse; sehr hart, spröde; Krist. laufen an der Luft sehr leicht an; unl. W; l. HNO_3, Königsw.
							Prismen oder Täfelchen, dichroitisch blau und olivgrün; nimmt an der Luft kein H_2O auf; ll. HCl; unl. Py
							Olivenit; hgrüne oder olivgrüne Krist., sehr beständig; l. in starken S
							grüne kurze Nadeln; sied. W hydrolysiert; l. in starken S; Abgabe von W: 110° $-2H_2O$, 250° $-H_2O$, 410° $-H_2O$
							Trichalcit; dünne Platten
							grünlichweiß; an Luft beständig; bei Feuchtigkeit Aufnahme von H_2O
200° $-H_2O$							grüne hygr. Verbindung; l. in starken S, wss. NH_3
120 $-2H_2O$							hblaue oder hgrüne glänzende Tafeln oder Blättchen; l. in starken S, wss. NH_3
							tiefrot; leicht schmelzbar; ll. HNO_3; mit verd. H_2SO_4→met. Cu
							Schweinfurter Grün; smaragdgrüne Krist., tafel-, nadel-, kugelförmig; an Luft nicht verändert; unl. W; wird aber durch W hydrolysiert; l. HCl beim Erhitzen, Bromwasser; teilweise l. h. Egs; zers. Alk; zers. S→As_2O_5; l. NH_3 tiefblau

Formel	Name	Zustand	Mol.-Masse Dichte g · cm⁻³	Kristalldaten System, Typ und Symbol	Einheitszelle Kantenlänge in Å	Winkel und M	Brechzahl n_D
Cu_3B_2	borid	f	212,24 8,116				
$Cu[BF_4]_2 \cdot 6H_2O$	(II)-tetrafluoroborat	f	345,24 2,253	mkl.			
CuB_2O_4	(II)-metaborat	f	149,16				
CuBr	(I)-bromid	f	143,45 4,72	kub. $B3$ $T_d^2, F\bar{4}3m$	5,68	$M=4$	2,345
$CuBr_2$	(II)-bromid	f	223,36 4,71	mkl. $C_{2h}^3, C2/m$	6,06 6,14 5,64	93,5° $M=1$	
$CuBr_2 \cdot 4H_2O$		f	295,42				
Cu_2C_2	(I)-acetylenid	f	151,10 4,62				
$Cu_2C_2 \cdot H_2O$		f	169,12 3,975				
CuCN	(I)-cyanid	f	89,56 2,91	orh.	12,79 18,14 7,82	$M=36$	
$Cu(CN)_2$	(II)-cyanid	f	115,58				
$Cu(CN)_2 \cdot N_2H_4$		f	147,62				
CuCON	(I)-fulminat	f	105,56				

Phasen-umwandlungen			Standardwerte bei 25° C				Bemerkungen und Charakteristik
°C		ΔH kJ/Mol	C_p J/Molgrd	S^0	ΔH_B kJ/Mol	ΔG^0	
							rötlichgelber met. Körper; läßt sich trotz seiner Sprödigkeit hämmern
							eisblumenartig aussehende Kristallmasse; sehr zerfl.; ll. W, Al
970 Z	*F*						blaue doppelbrechende Nadeln; unl. k. verd. S, wss. Alk; staubfein gepulvert l. h. konz. HCl; Abschrecken→tief dklgrünes fast schw. Glas, pulverisiert rasch l. verd. S
380 465 488 1318	*U* *U* *F* *V*	5,9 2,9 9,6 140	54,74	96,07	−105,0	−101	$\bar{\alpha}(30...75°C) = 20{,}7 \cdot 10^{-6}$ grd^{-1}; $\varkappa(1$ at; $30°C) = 2{,}87 \cdot 10^{-6}$ at^{-1}; $\varepsilon(3 \cdot 10^6$ Hz$) = 8{,}0$; feine weiße Krist. mit gelblichem Stich; verfärbt sich leicht; swl. W; l. HBr, HCl, HNO_3, wss. NH_3; unl. Egs, h. konz. H_2SO_4; L Acetonitril 3,7 %
				142,3	−130	−117	grauschw. met. glänzende Krist.; LW 20° 56 %; l. Al, Aceton, Py, wss. NH_3; unl. Bzl; Z. bei 327°, $p_{Br_2} = 1$ atm
							lange glänzende grüne Nadeln; zerfl. an feuchter Luft; über H_2SO_4 leicht H_2O-Abgabe→$CuBr_2$; ll. W
							schw. pulveriges Präparat; expl. bei Erschütterung oder Berührung mit scharfkantigen Gegenständen oder bei 120° in Gegenwart von Luft; in CO_2 nicht expl.; unl. W; l. KCN; zers. S
							rotes bis braunrotes Pulver
473	*F*						weiße sehr kleine Krist.; unl. W, sied. verd. H_2SO_4, Al; l. wss. NH_3, KCN, sied. verd. HCl, HNO_3→ HCN-Entwicklung; mäßig l. fl. NH_3; swl. Py
							gelber Nd.; färbt sich mit fl. NH_3 tiefblau und ist teilweise l.
160	*F*						gelbe glänzende Nadeln; unl. W, k. verd. S
							hgraues Produkt mit grünlichem Stich, an trockener Luft beständig; gegen Schlag empfindlich; unl. W; Verpuffungstemp. 205°

Formel	Name	Zustand	Mol.-Masse / Dichte $g \cdot cm^{-3}$	Kristalldaten: System, Typ und Symbol	Einheitszelle: Kantenlänge in Å	Einheitszelle: Winkel und M	Brechzahl n_D
$CuCO_3 \cdot Cu(OH)_2$	carbonat, bas.	f	221,10 4,0	mkl. $C_{2h}^5, P2_1/c$	9,38 11,95 3,13	91,1° $M=4$	1,655 1,875 1,909
$2CuCO_3 \cdot Cu(OH)_2$		f	344,65 3,88	mkl. $G7_4$ $C_{2h}^5, P2_1/c$	4,96 5,83 10,27	87,6° $M=2$	1,730 1,755 1,835
$CuHCO_2$	(I)-formiat	f	108,56				
$Cu(HCO_2)_2$	(II)-formiat	f	153,58				
$Cu(HCO_2)_2 \cdot 2H_2O$		f	189,61 2,56	mkl. $C_{2h}^5, P2_1/c$	8,952 6,726 8,235	96° 38′ $M=4$	
$Cu(HCO_2)_2 \cdot 4H_2O$		f	225,64 1,812	mkl. $C_{2h}^3, C2/m$	8,156 8,128 6,290	101° 5′ $M=2$	1,4143 1,5423 1,5571
$CuCH_3CO_2$	(I)-acetat	f	122,58				
$Cu(CH_3CO_2)_2$	(II)-acetat	f	181,63 1,93				
$Cu(CH_3CO_2)_2 \cdot H_2O$		f	199,64 1,907	mkl. $C_{2h}^6, C2/c$	13,176 8,463 13,89	117° 6′ $M=8$	1,545 1,55
$CuCl$	(I)-chlorid	f	98,99 3,53	kub. $B3$ $T_d^2, F\bar{4}3m$	5,41	$M=4$	1,973
$CuCl_2$	(II)-chlorid	f	134,45 3,44	mkl. $C_{2h}^3, C2/m$	6,85 3,30 6,70	121° $M=2$	

Phasen-umwandlungen			Standardwerte bei 25° C				Bemerkungen und Charakteristik
°C		ΔH kJ/Mol	C_p J/Molgrd	S^0 J/Molgrd	ΔH_B kJ/Mol	ΔG^0 kJ/Mol	
							$\varepsilon(10^{12}$ Hz$)=7{,}2$; Malachit; Krist. selten, meist nadelförmig oder glaskopfartige Aggregate; künstlicher Malachit grüne Krist., unl. W, Al; l. verd. S, wss. NH_3
							Azurit, Kupferlasur; flächenreiche Krist., auch in kugeligen Gruppen; zers. HCl; durch Aufnahme von H_2O und Verlust von CO_2→Malachit
							fbl. sehr leichte Nadeln; an feuchter Luft schnell or.rot→Cu_2O; zers. W→Cu_2O+HCO_2H; zers. S, wss. NH_3; mit wss. HCO_2H→met. Cu+Cu(II)-formiat
					−750		blaue Kristallkrusten; wl. fl. NH_3
							hblaue Tafeln; im Vak. bei 110° $-H_2O$; Z. ab 200°
					−1955		blaue durchsichtige große Krist., auch grünlich blau; oft tafelig; LW 20° 1 g $Cu(HCO_2)_2 \cdot 4H_2O$/8 g H_2O; L Al 86% 17° 1 g/400 g Al
							weiße Krist.; leichte wollige krist. Masse; an trockener Luft ziemlich beständig; Geschmack ätzend und stumpf; durch W zers.→Cu_2O+Cu(II)-acetat
					−894		blaue Krist.; ll. W, Egs, Py; L Me 15° 0,48 g/100 g Lösm.; wl. Ä
105 $-H_2O$							grüne durchsichtige glasglänzende Krist., pleochroitisch hgrün-dklblau; LW 25° 6,79%; L Al 0° 0,33 g/100 ml abs. Al; wl. Ä
430 1490	*F* *V*	10,0 165,7		91,6	−134,7	−118,8	$\bar{\alpha}(30...75°C)=21{,}8 \cdot 10^{-6}$ grd^{-1}; $\varkappa(0...12000$ at; $30°C)=(2{,}463 \cdot 10^{-6}-14{,}1 \cdot 10^{-12}\,p)$ at^{-1}; reinweißes Pulver, schneeweiße mikroskopische Krist.; am Licht Verfärbung; LW 25° 1,5%; l. HCl, NH_3, Py; ll. Acetonitril; unl. abs. Al, Aceton
630* 993 Z	*F* *V*		79,5	113	−205,9		* extrapoliert; $\varepsilon(3 \cdot 10^6$ Hz$)=10$; gelbe mikroskopische Krist.; hygr. Pulver, an der Luft grün→Dihydrat; LW 20° 42,2%, Bdk. $3H_2O$; L Al 20° 33,2%, Bdk. $2C_2H_5OH$; L Me 20° 37%, Bdk. $2CH_3OH$; L Aceton 22° 2,2%

Formel	Name	Zustand	Mol.-Masse / Dichte $g \cdot cm^{-3}$	Kristalldaten: System, Typ und Symbol	Einheitszelle: Kantenlänge in Å	Einheitszelle: Winkel und M	Brechzahl n_D
$CuCl_2 \cdot 2H_2O$		f	170,48 2,53	orh. $C4\,5$ $D_{2h}^7, Pmna$	7,39 8,05 3,73	 $M=2$	1,644 1,684 1,742
$[Cu(NH_3)_6]Cl_2$	(II)-hexamminchlorid	f	236,63 1,48				
$Cu(ClO_3)_2 \cdot 6H_2O$	chlorat	f	338,53	kub.			
$Cu(ClO_4)_2 \cdot 6H_2O$	perchlorat	f	370,53 2,22				
CuF	fluorid	f	82,54 7,07	kub. $B\,3$ $T_d^2, F\bar{4}3m$	4,26	 $M=4$	
CuF_2	(II)-fluorid	f	101,54 4,24	kub. $B\,3$ $T_d^2, F\bar{4}3m$	5,41	 $M=4$	
$CuF_2 \cdot 2H_2O$		f	137,57 2,934	mkl. $C_{2h}^3, C2/m$	6,416 7,397 3,301	99° 36′ $M=2$	
CuH	hydrid	f	64,55 6,38	hex. $B\,4$* $C_{6v}^4, P6_3mc$	2,89 4,61	 $M=2$	
$Cu_2[HgJ_4]$	(I)-tetrajodomerkurat-(II)	f	835,29 6,094	tetr. $D_{4h}^{15}, P4_2/nmc$	4,29 12,25	 $M=1$	
CuJ	(I)-jodid	f	190,44 5,65	kub. $B\,3$ $T_d^2, F\bar{4}3m$	6,05	 $M=4$	2,345

Phasen-umwandlungen °C		ΔH kJ/Mol	Standardwerte bei 25° C: C_p S^0 J/Molgrd	ΔH_B ΔG^0 kJ/Mol	Bemerkungen und Charakteristik
110	*F**			−808	* im eigenen Kristallwasser; Eriochalcit; hblaue Krist. mit grünlichem Stich; glänzende, durchsichtige Nadeln; zerfl. an feuchter Luft; LW s. $CuCl_2$; ll. Al, Me, Aceton, Py, NH_4Cl
					$\chi_{Mol} = +1480 \cdot 10^{-6}$ cm³Mol⁻¹; blaues Pulver, an Luft unter NH_3-Verlust grün; ll. W blau; viel W zers.→ $Cu(OH)_2$; unl. fl. NH_3
65 Z 100	*F*				grüne Krist.; sehr zerfl.; LW 20° 69,5%, Bdk. $4H_2O$; ll. Al
82	*F*				kleine hblaue Krist.; sehr zerfl.; Z. ab 120°; LW 0° 54,3%; l. Al, Ä; wl. wfrei HF
908* ∼1100	*F* Sb				* unter Druck; bildet sich in Schmelzen als rote durchsichtige Masse, zerfällt in $Cu+CuF_2$; unl. W; Al; l. HCl, HNO_3
950	*F*		 113	−540 −503	$\chi_{Mol} = +1050 \cdot 10^{-6}$ cm³Mol⁻¹; rein weißes krist. Pulver, am Licht langsam blauviol., an feuchter Luft grün; LW 25° 0,07%, Bdk. $2H_2O$; l. verd. HNO_3, HCl, H_2SO_4, Py; swl. Al; unl. Aceton, Egester
			 151,4	−1148 −985	$\chi_{Mol} = +1600 \cdot 10^{-6}$ cm³Mol⁻¹; hblaue kleine Krist.; LW s. CuF_2
			29,19** 196,12**	297** 278**	* auch als kub. *B* 1 beschrieben mit $a = 4{,}33$ Å, $M = 4$; ** für den gasförmigen Zustand; für festes CuH ist $\Delta H_B = 21{,}4$ kJ/Mol; dklbraunes Pulver, trocken rotbraun, gealtert schw. mit etwa 60% CuH; zers. W→H_2; l. HCl→H_2; l. $FeCl_3$-Lsg., $AuCl_3$-Lsg.→H_2
					rotes Krist.pulver oder kleine tafelförmige Krist.; bei 70° braun und *U*→kub. *B* 3, T_d^2, $F\bar{4}3m$, $a = 6{,}115$ Å, $M = 1$
588 1207	*F* *V*	10,9 130	54,0 96,6	−68,2 −69,6	$\bar{\alpha}(30...75°C) = 24{,}4 \cdot 10^{-6}$ grd⁻¹; $\varkappa(0...12000$ at, $30°C) = (2{,}752 \cdot 10^{-6} - 25{,}1 \cdot 10^{-12}\,p)$ at⁻¹; weißes krist. Pulver, leicht graustichig; allmählich bräunliche Verfärbung; LW 18° $4{,}3 \cdot 10^{-4}$%; l. KJ, KCN, verd. NaOH, h. konz. HCl; zers. konz. HNO_3, H_2SO_4; ll. fl. NH_3; unl. Al

Formel	Name	Zustand	Mol.-Masse Dichte g · cm⁻³	Kristalldaten: System, Typ und Symbol	Einheitszelle: Kantenlänge in Å	Einheitszelle: Winkel und M	Brechzahl n_D
CuJ_2	(II)-jodid	f	317,35				
$CuJ_2 \cdot 3^1/_3NH_3$		f	374,12				
$[Cu(NH_3)_6]J_2$	Hexammin-kupfer(II)-jodid	f	419,53 2,14	kub. $O_h^5, Fm3m$	10,72	$M=4$	
$[CuBr_3]K$	Kalium-tribromo-cuprat-(II)	f	342,37	mkl. $C_{2h}^2, P2_1/m$	9,29 14,43 4,28	97° 32′ $M=4$	
$[Cu(CN)_2]K$	Kalium-dicyano-cuprat-(I)	f	154,67 2,38	mkl. $C_{2h}^5, P2_1/c$	7,57 7,82 7,45	102° 12′ $M=4$	
$[Cu(CN)_4]K_2$	Kalium-tetra-cyanocu-prat-(II)	f	245,81				
$[Cu(CN)_4]K_3$	Kalium-tetra-cyano cuprat-(I)	f	284,92 2,03	trig. $D_3^7, R32$	8,02	74,1° $M=2$	1,555 1,547
$[CuCl_3]K$	Kalium-trichloro-cu-prat-(II)	f	209,00 2,86	mkl. $C_{2h}^5, P2_1/c$	8,87 13,87 4,05	98° 7′ $M=4$	
$[CuCl_4]K_2 \cdot 2H_2O$	Kalium-tetra-chlorocu-prat-(II)	f	319,59 2,392	tetr. $H4_1$ $D_{4h}^{14}, P4_2/mnm$	7,45 7,88	$M=2$	
$[CuF_4]K_2$	Kalium-tetra-fluoro-cuprat	f	217,74 3,29	tetr. $D_{4h}^{17}, I4/mmm$	4,155 12,74	$M=2$	
Cu_3N	(I)-nitrid	f	204,63 5,84	kub. $D0_9$ $O_h^1, Pm3m$	3,81	$M=1$	

Phasenumwandlungen °C		ΔH kJ/Mol	Standardwerte bei 25° C C_p J/Molgrd	S^0 J/Molgrd	ΔH_B kJ/Mol	ΔG^0 kJ/Mol	Bemerkungen und Charakteristik
			84,1		−7,1		fest nur in Form von Anlagerungsverbindungen beständig
					−405		schw. Kristallblättchen; schw. Pulver mit rötlichem Schimmer; zers. langsam an der Luft→CuJ; ll. fl. NH_3, beim Abdampfen der Lsg.→ $[Cu(NH_3)_6]J_2$
							$\chi_{Mol} = +1426 \cdot 10^{-6}\ cm^3Mol^{-1}$; dklblaue Krist. oder krist. Pulver; an der Luft langsam schw.→$CuJ_2 \cdot 3^1/_3NH_3$
							fast schw. glänzende Prismen, in geringer Dicke rot; luftbeständig
							fbl. bis blaßgelbe durchsichtige Krist. oder perlmuttartige Blättchen; wl. k. W; sied. W zers.; l. wss. NH_3 blau; zers. S→HCN-Entwicklung
							weiße Krist.; ll. W; die wss. Lsg. löst Ag und Au
							fbl. durchsichtige Krist.; zerfl.; ll. W, zers. S→HCN-Entwicklung
							granatrote feine Nadeln; ll. W
							grüne Krist.; l. W; wfrei braunrote krist. Masse
							blaß blaugrüne körnige Krist.; ll. W
Z > 300*			90,8		74,4		* Z.→Cu + N_2; dklgrünes oder schw. Pulver; glänzende schw. Schuppen; an Luft beständig; zers. W unter Wärmeentwicklung; mit konz. S heftige Z.→Cu + N_2; ll. verd. S unter Bildung von NH_4-Salz; langsame und g. Z. durch Alk→NH_3-Entwicklung

Formel	Name	Zustand	Mol.-Masse / Dichte $g \cdot cm^{-3}$	Kristalldaten: System, Typ und Symbol	Einheitszelle: Kantenlänge in Å	Winkel und M	Brechzahl n_D
CuN_3	(I)-azid	f	105,56 3,26	tetr. $C_{4h}^6, I\,4_1/a$	8,653 5,594	$M=8$	
$Cu(N_3)_2$	(II)-azid	f	147,58 2,6				
$Cu(NO_3)_2 \cdot 3\,H_2O$	nitrat	f	241,60 2,32				1,43 1,49
$Cu(NO_3)_2 \cdot 6\,H_2O$		f	295,64 2,074				
$[Cu(NH_3)_2(NO_3)_2]$	(II)-diamminnitrat	f	221,61 2,17				
$[Cu(NH_2CH_2CH_2NH_2)](NO_3)_2 \cdot 2\,H_2O$	äthylendiaminnitrat	f	283,68 1,677				
$[CuCl_3]NH_4$	Ammoniumtrichlorocuprat-(II)	f	187,94 2,42	mkl. $C_{2h}^5, P\,2_1/c$	4,066 14,189 9,003	97° 30′ $M=4$	
$[CuCl_4](NH_4)_2 \cdot 2\,H_2O$	Ammoniumtetrachlorocuprat-(II)	f	277,46 1,98	tetr. $H\,4_1$ $D_{4h}^{14}, P\,4_2/mnm$	7,58 7,96	$M=2$	1,744 1,724
Cu_2O	(I)-oxid	f	143,08 6,0	kub. $C\,3$ $O_h^4, Pn\,3\,m$	4,26	$M=2$	2,705

Phasenumwandlungen °C		ΔH kJ/Mol	Standardwerte bei 25° C C_p J/Molgrd	S^0 J/Molgrd	ΔH_B kJ/Mol	ΔG^0 kJ/Mol	Bemerkungen und Charakteristik
				166,0	251,9	297,7	fbl. Krist.; außerordentlich expl.; lichtempfindlich; Verfärbung nach dklrot; LW 20° 0,0075 g/l; l. wss. NH_3, NH_4Cl-Lsg.; mit konz. H_2SO_4 →Abscheidung von Cu; L 2% HN_3 20° 0,289 g/l
							Farbe je nach Darstellung: Fällung $Cu^{++}+NaN_3$→dklbraun, sehr feinkrist.; $Cu+HN_3$→glänzende schw.-braune Kristallnadeln; konz. HN_3+CuO→moosgrüne, met.glänzende Nadeln; sehr expl., heftige Detonation; LW 20° 0,08 g/l; beim Kochen Hydrolyse→$CuO+HN_3$; l. HN_3; ll. S
114,5 170	*F* *V*				−1218		gut ausgebildete blaue Krist.; zerfl.; LW 20° 57%, Bdk. $6H_2O$; L Al 12,5° 50%
24,4	*F**	36,4	415		−2110		* im eigenen Kristallwasser unter Bildung des Trihydrats; blaßblaue Krist.; zerfl.; im Vak.→Trihydrat
							hblaues Salz; unl. W; l. konz. NH_3
213	*F*						sehr beständige Verbindung; ll. W blauviol.; Fällungsreagenz für Hg und Cd gewichtsanalytisch
							dklrote Krist.
120 $-2H_2O$					−430,6		blaue bis grünliche Krist.; LW 20° 25,9%, Bdk. $2H_2O$; wfrei; fbl. Krist., an Luft schnell braun, dann grün
1230	*F*	56,0	63,64	94,27	−170,7	−148,4	$\varkappa$(0...12000 at; 30° C) = $(1{,}909 \cdot 10^{-6} - 19{,}92 \cdot 10^{-12}\,p)$ at^{-1}; Halbleiter; $\varepsilon = 10{,}5$; rote Krist. oder rotes Pulver; LW 20° 0,1 mg/l Lsg.; l. verd. S, NH_4Cl-Lsg., wss. NH_3; unl. Al

Formel	Name	Zustand	Mol.-Masse / Dichte g · cm⁻³	Kristalldaten: System, Typ und Symbol	Einheitszelle: Kantenlänge in Å	Einheitszelle: Winkel und M	Brechzahl n_D
CuO	(II)-oxid	f	79,54 6,48	mkl. $B26$ $C_{2h}^{6}, C2/c$	4,65 3,41 5,11	99,5° $M=4$	n_β(rot) = 2,63
$Cu(OH)_2$	(II)-hydroxid	f	97,55 3,368				
$Cu(OCN)_2$	(II)-cyanat	f	147,57 2,418				
$[Cu(C_5H_5N)_2](OCN)_2$	Dipyridinokupfer(II)-cyanat	f	305,78				
$[Cu(C_5H_5N)_6](OCN)_2$	Hexapyridinokupfer(II)-cyanat	f	622,19 1,278				
Cu_3P	phosphid	f	221,59 7,147	trig. DO_{21} $D_{3d}^{4}, P\bar{3}c1$	6,94 7,14	$M=6$	
CuP_2	phosphid	f	125,49 4,2				
Cu_3P_2	phosphid	f	252,57 6,67				
$Cu_2P_2O_7$	pyrophosphat	f	301,03				
$Cu_2(PO_4)_3$	phosphat	f	411,99				
$Cu_3(PO_4)_2 \cdot Cu(OH)_2$	phosphat, bas.	f	478,12 3,93	orh. $D_{2h}^{12}, Pnnm$	8,08 8,43 5,90	$M=4$	1,704 1,743 1,784

Phasen-umwandlungen °C		ΔH kJ/Mol	Standardwerte bei 25° C C_p J/Molgrd	S^0 J/Molgrd	ΔH_B kJ/Mol	ΔG^0 kJ/Mol	Bemerkungen und Charakteristik
1336	*F*		42,3	42,64	−165,3	−137	Halbleiter, Tenorit, Melaconit; eisenschw. Pulver, gefällt dklbraun, beim Erhitzen blaustichig schw.; LW 20° 0,15 mg/l Lsg.; unl. Al, Aceton; l. verd. S, $(NH_4)_2CO_3$, KCN; L 70 % NaOH 1 Tl. Cu/30 Tl. Na; stark geglühtes CuO löst sich auch in h. konz. S schwer
					−469		Gel oder Krist., blau; LW 20° $5{,}3 \cdot 10^{-5}$ g/l Lsg.; L 12n NaOH 30 g/l, 1n NaOH 1,88 Millimol Cu/l; l. S, NH_3, KCN
							dklmoosgrünes Produkt; >80° Z.→ CO_2+Cu-cyanid
							blaßblaue seidige Nadeln; luftbeständig; zers. W; l. wfrei und wss. Py; l. Chlf mit blauer Farbe
							azurblaue Prismen; an Luft und über P_2O_5 langsame Umwandlung→ $[Cu(C_5H_5N)_2](OCN)_2$
1030	*F*				−152,3		$\chi_{Mol} = -33 \cdot 10^{-6}$ cm^3Mol^{-1}; stahlgraues, sprödes Produkt, aus wss. Medium erhaltenes ist schw.; unl. W, HCl; ll. HNO_3; beim Kochen mit konz. HCl→PH_3
					−121		$\chi_{Mol} = -35 \cdot 10^{-6}$ cm^3Mol^{-1}; grauschw. körniges Pulver oder glänzende Nadeln je nach Darst.; bei Rotglut Oxid. an Luft; reagiert nur langsam mit HCl-Lsg.; langsam l. sied. HNO_3
							grauschw. Pulver; unl. W, HCl; l. HNO_3, Königsw.
							hblaues krist. Pulver; unl. W; wl. konz. S; l. h. HCl, HNO_3
							graugrüne Krist., gelbdurchscheinende Blättchen, gelbgrünes Pulver; unl. W, verd. HCl; etwas l. sied. verd. HNO_3; ll. konz. H_2SO_4
							Libethenit; günlichgraues krist. Pulver

Formel	Name	Zustand	Mol.-Masse Dichte g · cm⁻³	Kristalldaten			Brechzahl
				System, Typ und Symbol	Einheitszelle Kantenlänge in Å	Winkel und M	n_D
$CuSO_4 \cdot Rb_2SO_4 \cdot 6H_2O$	Rubidium-kupfer-sulfat	f	534,70 2,57	mkl.	0,7490: 1: 0,5029	105° 18′	1,4886 1,4906 1,5036
Cu_2S	(I)-sulfid	f	159,14 5,76	orh. C_{2v}^{15}, $Abm2$	11,90 27,28 13,41	$M=96$	
CuS	(II)-sulfid	f	95,60 4,68	hex. $B18$ D_{6h}^{4}, $P6_3/mmc$	3,75 16,26	$M=6$	1,45
CuSCN	(I)-thiocyanat	f	121,62 2,843				
$Cu(SCN)_2$	(II)-thiocyanat	f	179,70 2,356				
$[Cu(NH_3)_4](SCN)_2$	(II)-tetrammin-thiocyanat	f	247,83				
$CuSO_4$	sulfat	f	159,60 3,606	orh. D_{2h}^{16}, $Pnma$	4,83 6,69 8,39	$M=4$	1,724 1,733 1,739
$CuSO_4 \cdot H_2O$		f	177,62 3,149	mkl.	6,80 7,90 12,6	~90°	1,625* 1,671 1,699

Phasenumwandlungen °C		ΔH kJ/Mol	Standardwerte bei 25° C C_p J/Molgrd	S^0 J/Molgrd	ΔH_B kJ/Mol	ΔG^0 kJ/Mol	Bemerkungen und Charakteristik
							blaßgrünlichblaue tafelförmige Krist.; ll. W
103 350 1127	U* U F	5,60 0,837 23,0	76,32	120,9	−83,43	−90	* U $C_{2v}^{15} \rightarrow D_{6h}^{4}$, $P6_3/mmc$, $a = 3{,}89$, $c = 6{,}68$ Å, $M = 2$, (Hochkupferglanz); Halbleiter; Kupferglanz, Chalkosit; schwärzlich bleigraues krist. Pulver; LW 25° $1{,}9 \cdot 10^{-12}$ g/l Lsg.; l. Königsw.; langsam l. verd. HNO_3 beim Erwärmen, sied. konz. HCl; verd. HCl greift nicht an
			47,82	66,5	−48,5	−48,8	Covellin, Kupferindig; schw. glänzende mikroskopische Krist.; als feines Pulver tiefblau; LW 18° $3 \cdot 10^{-4}$ g/l Lsg.; l. HNO_3, h. konz. HCl, H_2SO_4, KCN; unl. Alk, saurer konz. Alk-chloridlsg., fl. NH_3, Aceton, Egester
							weißes körniges Pulver; LW 18° $5 \cdot 10^{-5}$ %; l. wss. NH_3, KSCN, Ä; unl. verd. S
							schw. krist. Pulver; zers. W, KOH; l. HNO_3, HCl, H_2SO_4 beim Erwärmen über Bildung von CuSCN; l. Al, Aceton, org. Lösm.; mit wss. $NH_3 \rightarrow [Cu(NH_3)_2](SCN)_2$, hblaue Nadeln, wl. W, oder $[Cu(NH_3)_4](SCN)_2$, dklblaue Tafeln, ll. W
							tiefblaue glänzende Krist., an Luft $-NH_3$ hblau; l. sied. konz. HCl, k. konz. HNO_3, wss. NH_3; l. W unter Z. zu $[Cu(NH_3)_2](SCN)_2$
			102	113,3	−771	−663	Hydrocyanit; blaßgrün, bräunlich. gelblich, auch himmelblau; weißes krist. Pulver; sehr beständig beim Erhitzen; nimmt leicht W auf→blau; mit trockenem NH_3-Gas→$CuSO_4 \cdot 5NH_3$; LW 20° 16,9 %, Bdk. $5H_2O$; L Me 18° 1,05 %, Bdk. $1CH_3OH$; Verw. zum Entwässern hochprozentigen Alkohols
			130,9	149,7	−1083		* für weißes Licht; $\varepsilon(1{,}6 \cdot 10^6$ Hz$) = 7$; grünweiße, bläulichweiße, blaßblaue Krist.; an der Luft H_2O-Aufnahme→$CuSO_4 \cdot 5H_2O$, beim Erhitzen→$CuSO_4$

Formel	Name	Zustand	Mol.-Masse Dichte $g \cdot cm^{-3}$	Kristalldaten System, Typ und Symbol	Einheitszelle Kantenlänge in Å	Winkel und *M*	Brechzahl n_D
$CuSO_4 \cdot 3H_2O$		f	213,65 2,66	mkl.	0,4321: 1: 0,5523	96° 25′	1,554* 1,577 1,618
$CuSO_4 \cdot 5H_2O$		f	249,68 2,286	trikl. $H4_{10}$ C_1^1, $P1$	6,12 10,70 5,97	82,3° 107,4° 102,7° $M=2$	1,5141 1,5368 1,5434
$[Cu(NH_3)_4]SO_4 \cdot H_2O$	tetramminsulfat	f	245,74 1,81	orh. D_{2h}^{16}, $Pnma$*	7,07 12,12 10,66	$M=4$	
$CuSbS_2$	(I)-thioantimonit	f	249,42 4,98	orh. $F5_6$ D_{2h}^{16}, $Pnma$	6,008 14,456 3,784	$M=4$	
$Cu_3(SbS_4)_2$	(II)-thioantimonat	f	690,63				
CuSe	(II)-selenid	f	142,50 6,65	hex. D_{6h}^4, $P6_3/mmc$	3,94 17,26	$M=6$	
Cu_2Se	(I)-selenid	f	206,04 6,84	kub. $C1$ O_h^5, $Fm3m$	5,76	$M=4$	
$CuSeO_3$	(II)-selenit	f	190,50				
$CuSeO_3 \cdot 2H_2O$		f	226,53 3,3	orh. D_2^4, $P2_12_12_1$	6,56 9,10 7,36	$M=4$	1,712 1,732 1,732
$CuSeO_4 \cdot 5H_2O$	selenat	f	296,57 2,56	trikl.	0,5675: 1: 0,5551	81° 58′ 106° 34′ 103° 11′	1,565

Phasen-umwandlungen °C		ΔH kJ/Mol	Standardwerte bei 25° C C_p J/Molgrd	S^0 J/Molgrd	ΔH_B kJ/Mol	ΔG^0 kJ/Mol	Bemerkungen und Charakteristik
			204,9	225,0	−1682		* für weißes Licht; $\chi_{Mol} = +1480 \cdot 10^{-6}$ cm³Mol⁻¹; himmelblaue Krist.; blaßblaues feinkrist. Pulver; nimmt H_2O auf→$CuSO_4 \cdot 5H_2O$; beim Erhitzen→$CuSO_4 \cdot H_2O$
54	*U*		281,1	305,3	−2277		Chalkanthit, Kupfervitriol; blaue Krist.; mit NH_3-Gas→$[Cu(NH_3)_4]SO_4 \cdot H_2O$; LW s. $CuSO_4$; L Al 3° 2,46 g/100 g Lösm.; L Me 18° 15,6 g/100 g Lösm.
150 Z							* oder D_{2h}^{13}, *Pmmn*; dklblaue Krist. oder feine blaue Nadeln; verwittern an der Luft unter NH_3-Abgabe zu grünem Pulver; LW 20° 15 %; unl. Al, gesättigtem wss. NH_3
542	*F**						* *F* der synthetischen Verbindung; Wolfsbergit; l. HNO_3+Weinsäure; unl. NH_3; zers. h. KOH, h. Alksulfidlsg.
							dklblauer Nd.; gibt beim Erhitzen Schwefel ab; zers. durch KOH
					−63,1		grünlichschw. oder blauschw. Nadeln; gibt beim Erhitzen Se ab; l. Br_2 und Br_2-Wasser; l. HCl→H_2Se-Entwicklung; l. H_2SO_4→SO_2-Entwicklung; HNO_3 oxid.→$CuSeO_3$
110 1113	*U** *F*	4,85	88,7		−59,3		* *U* $O_h^5 \to T_d^2$, $F\bar{4}3m$, $a = 5{,}84$ Å, $M = 4$; bläulich schw. met. glänzende Krist.; dklbraunes oder dkl-olivgrünes Pulver gefällt aus Cu^+-Lsg. mit H_2Se; l. Br_2 oder Br_2-Wasser; l. HCl→H_2Se-Entwicklung; l. H_2SO_4→SO_2-Entwicklung; HNO_3 oxid. in der Wärme→$CuSeO_3$; l. KCN
							kleine grüne Stäbchen; an der Luft rasch H_2O-Aufnahme; unl. W; l. S, NH_3
							Chalkomenit; kleine Kristallkörner, leuchtend blau; Prismen; unl. W, wss. SeO_2-Lsg.; ab 100° Abgabe von H_2O
1113	*F**						$\chi_{Mol} = +1323 \cdot 10^{-6}$ cm³Mol⁻¹; * *F* der wfreien Substanz; durchsichtige glänzende blaue Krist.; verwittern nur sehr langsam; 50...100° Abgabe von $4H_2O$, 175...250° Abgabe des letzten H_2O; unl. konz. $CuCl_2$-Lsg.; swl. Aceton

Formel	Name	Zustand	Mol.-Masse / Dichte $g \cdot cm^{-3}$	Kristalldaten: System, Typ und Symbol	Einheitszelle: Kantenlänge in Å	Einheitszelle: Winkel und M	Brechzahl n_D
$CuSiF_6 \cdot 4H_2O$	hexafluorosilikat	f	277,68 2,535	mkl.	0,7604 : 1 : 0,5519	105° 37′	
$CuSiF_6 \cdot 6H_2O$		f	313,71 2,207	trig. $C_{3i}^2, R\bar{3}$	9,15 9,87	$M=3$	1,4092 1,4080
Cu_2Te	(I)-tellurid	f	254,68 7,27	hex. $D_{6h}^1, P6/mmm$	4,23 7,27	$M=2$	
Dy	**Dysprosium**						
$DyCl_3$	(III)-chlorid	f	268,86 3,60	mkl. $C_{2h}^3, C2/m$	6,91 11,97 6,40	111,2° $M=4$	
$Dy(NO_3)_3 \cdot 5H_2O$	(III)-nitrat	f	438,59	trikl.			
Dy_2O_3	(III)-oxid	f	373,00 7,81	kub. $D5_3$ $T_h^7, Ia3$	10,63	$M=16$	
$Dy(OH)_3$	(III)-hydroxid	f	213,52	hex. $D0_{19}$ $C_{6h}^2, P6_3/m$	6,25 3,53	$M=2$	
$DyPO_4 \cdot 5H_2O$	(III)-phosphat	f	347,55				
$Dy_2(SO_4)_3 \cdot 8H_2O$	(III)-sulfat	f	757,31 3,12	mkl.			
Er	**Erbium**						
$ErCl_3$	(III)-chlorid	f	273,62 4,1	mkl. $C_{2h}^3, C2/m$	6,80 11,79 6,39	110,7° $M=4$	
$ErCl_3 \cdot 6H_2O$		f	381,71				
ErJ_3	(III)-jodid	f	547,97				
$Er(NO_3)_3 \cdot 6H_2O$	(III)-nitrat	f	461,37				

Phasen-umwandlungen			Standardwerte bei 25° C				Bemerkungen und Charakteristik
°C		ΔH kJ/Mol	C_p J/Molgrd	S^0 J/Molgrd	ΔH_B kJ/Mol	ΔG^0 kJ/Mol	
							krist. aus Lsg. bei 50° aus; LW 25° 59,08 %, Bdk. 4 H_2O
							blaßblaues krist. Pulver; verwittert an der Luft; an feuchter Luft zerfl.; ll. W; L wss. Al steigt mit W-Gehalt; zers. durch h. H_2SO_4, NaOH
870	*F*				−25		Halbleiter; Weissit; pseudokub., $a=7{,}22$ Å, $M=8$; bläulich schw. bis schw.; massiv mit unregelmäßigem Bruch; $D\approx 6$; glänzende blauschw. Krist., auch stahlblau; feuchte Luft greift langsam an; leicht oxydierbar; l. Br_2 und Br_2-Wasser; unl. k. HCl, H_2SO_4
655	*F*				−933,7		gelblichweiße perlmuttglänzende Schuppen; l. W, Me, Al
88,6	*F**						* im eigenen Kristallwasser; gelbe Krist.; ll. W, Al; HNO_3 setzt die Löslichkeit in W herab; an trockener Luft rasche Verwitterung
2340	*F*				−1866		$\chi_{Mol}=+44\,800\times 2\cdot 10^{-6}$ cm³Mol⁻¹; fast weiße Substanz; unl. W; wl. Ameisensäure; l. S
							fbl. Nd.
					−1279,7		
							weißes krist. Pulver, gelbstichig; unl. W; ll. verd. S, sogar l. Egs
					−5532		$\chi_{Mol}=+46\,380\times 2\cdot 10^{-6}$ cm^3Mol^{-1}; zitronengelbe Krist.; blaßgelblich körnig; LW 20° 4,83 %, Bdk. 8 H_2O; geringe hydrolytische Spaltung in wss. Lsg.
718 1500	*F* *V*				−970		fast fbl. hrosenrote blätterig krist. Masse; etwas hygr.; l. W
							rosafarbene sehr zerfl. Krist.; l. W, Al; ll. S
1020 1280	*F* *V*				−586,2		strahlig-krist. Masse; sehr zerfl.; ll. W, Al; unl. Ä
							große rote Krist.; nicht zerfl.; ll. W; l. Al, Ä, Aceton

Formel	Name	Zustand	Mol.-Masse Dichte g · cm⁻³	Kristalldaten System, Typ und Symbol	Einheitszelle Kantenlänge in Å	Winkel und *M*	Brechzahl n_D
Er_2O_3	(III)-oxid	f	382,52 8,64	kub. $D5_3$ $T_h^7, Ia3$	10,54	 $M=16$	
$Er(OH)_3$	(III)-hydroxid	f	218,28	hex. $D0_{19}$ $C_{6h}^2, P6_3/m$	6,25 3,53	$M=2$	
$Er_2(SO_4)_3$	(III)-sulfat	f	622,70 3,678				
$Er_2(SO_4)_3 \cdot 8H_2O$	(III)-sulfat	f	766,83 3,18	mkl.	3,0120: 1: 2,0043	118° 27′	
Eu	**Europium**						
$EuCl_3$	(III)-chlorid	f	258,32				
Eu_2O_3	(III)-oxid	f	351,92 7,42	kub. $D5_3$ $T_h^7, Ia3$	10,864	 $M=16$	
$Eu_2(SO_4)_3 \cdot 8H_2O$	(III)-sulfat	f	736,23 2,972	mkl.	18,25 6,74 13,49	102° 15′ $M=4$	
F	**Fluor**						
HF	wasserstoff	g	20,01 0,901*	orh.** $D_{2h}^{17}, Cmcm$	3,42 4,32 5,41	 $M=4$	
OF_2	Sauerstoffdifluorid	g	54,00 2,421*				

Phasen-umwandlungen °C		ΔH kJ/Mol	C_p J/Molgrd	S^0 J/Molgrd	ΔH_B kJ/Mol	ΔG^0 kJ/Mol	Bemerkungen und Charakteristik
			104,6				$\chi_{Mol} = +36960 \times 2 \cdot 10^{-6}$ cm³Mol⁻¹; schwach rosenrotes Pulver; LW 30° $4{,}9 \cdot 10^{-4}$ %; langsam l. verd. S; ll. konz. S
					−1425		voluminöser gallertartiger amethystfarbener Nd., trocknet zu harten Stücken ein; ll. S; langsam l. sied. NH_4Cl-Lsg.
			272				fast weißes Salz; LW 20° 13,7 %, Bdk. $8 H_2O$
			581,7			−5499	$\chi_{Mol} = +37300 \times 2 \cdot 10^{-6}$ cm³Mol⁻¹; rosenrote glasglänzende harte durchsichtige Krist.; hygr.; verwittern nicht über H_2SO_4; LW s. $Er_2(SO_4)_3$
623	*F*				−1034		feine gelbe Krist.; l. W klar
							$\chi_{Mol} = +5050 \times 2 \cdot 10^{-6}$ cm³Mol⁻¹; fast weißes Pulver mit rötlichgelbem Ton, auch rosafarben
375 $-8H_2O$			612,2			−5570	hrosafarbene Krist.; luftbeständig; LW 20° 2,5 %, Bdk. $8 H_2O$
−83,36 19,46 (741,4 Torr)	*F* *V*	3,928 7,489	29,14	173,7	−268,5		* kg/Nm³; ** bei −125° C, Dichte 1,663; ϑ_{krit} 188°, p_{krit} 66,2 at; D_{krit} 0,29 gcm⁻³; $\chi_{Mol} = -8{,}6 \cdot 10^{-6}$ cm³Mol⁻¹ für fl. HF bei 14° C; fbl. Gas; fbl. Fl., stechender Geruch; raucht an Luft; zieht begierig W an; fest krist. durchscheinend, weiß; mit W in jedem Verhältnis mischbar, ebenso Al, Ä, Ketonen, Nitrilen; nicht mischbar KW; mit HCl heftige Reaktion; mischbar konz. H_2SO_4, HNO_3; MAK: 3 cm³/m³
−223,8 −144,8	*F* *V*	 11,09	43,30	246,8	31,8	49,2	* kg/Nm³; *D* am *F*: 1,90, *D* am *V*: 1,52; ϑ_{krit} −58,0°; p_{krit} 50,5; D_{krit} 0,553 gcm⁻³; fbl. Gas; als Fl. or.gelb; charakteristischer Geruch; reizt Atmungsorgane heftig; wl. W; wss. Lsg. ist stark oxid.; alk. Lsg. zers. rasch; mischbar mit fl. F_2 und fl. O_2

Formel	Name	Zustand	Mol.-Masse Dichte g · cm⁻³	Kristalldaten System, Typ und Symbol	Einheitszelle Kantenlänge in Å	Winkel und *M*	Brechzahl n_D
O_2F_2	Disauerstoffdifluorid	g	70,0 *				
Fe	**Eisen**						
$FeBr_2$	(II)-bromid	f	215,67 4,636	trig. *C* 6 $D_{3d}^3, P\bar{3}m1$	3,740 6,171	$M=1$	
$FeBr_3$	(III)-bromid	f	295,57	trig. $C_{3i}^2, R\bar{3}$	6,42 18,40	$M=6$	
$FeBr_3 \cdot 6H_2O$		f	403,67				
$H_4[Fe(CN)_6]$	Hexacyanoeisen(II)-säure	f	215,99				1,644
$FeCO_3$	(II)-carbonat	f	115,86 3,85	trig. *G* 0_1 $D_{3d}^6, R\bar{3}c$	5,795	47° 45′ $M=2$	1,875 1,633
$Fe(CO)_4$	tetracarbonyl	f	167,89 1,996	mkl. $C_{2h}^5, P2_1/c$	8,88 11,33 8,35	97° 9,5′ $M=2$	
$Fe(CO)_5$	pentacarbonyl	fl	195,90 1,453				1,528
$Fe(HCO_2)_2 \cdot 2H_2O$	(II)-formiat	f	181,91				
$Fe(HCO_2)_3 \cdot H_2O$	(III)-formiat	f	208,92				
$Fe(CH_3CO_2)_2 \cdot 4H_2O$	(II)-acetat	f	246,00				
$FeC_2O_4 \cdot 2H_2O$	(II)-oxalat	f	179,90				

Phasen-umwandlungen °C		ΔH kJ/Mol	Standardwerte bei 25° C C_p J/Molgrd	S^0 J/Molgrd	ΔH_B kJ/Mol	ΔG^0 kJ/Mol	Bemerkungen und Charakteristik
−163 −57	*F* *V*	 19,1			19,8		* D^{-57} 1,44; D^{-163} 1,912; schwach braunes Gas; Fl. kirschrot; fest or. Nd.
689 967	*F* *V*	46		134	−280	−266,3	gelbe durchscheinende Krist.; an Luft allmählich Braunfärbung und zerfl.; LW 20° 53,5 %, Bdk. $6H_2O$
				176	−314	−287,1	braune grünschillernde met. glänzende Tafeln; sehr hygr. ll. W, Al, Ä, Acetonitril; l. NH_4Br-Lsg.; wl. fl. NH_3
27	*F*						dklgrüne feine nadelförmige Krist.; kaum hygr.; l. Al, A
							weiße perlmuttglänzende Blättchen; weißes Pulver, trocken haltbar; färbt sich an feuchter Luft blau; ll. W, Al, Me; l. konz. H_2SO_4; unl. Ä; beim Erhitzen NH_3- und HCN-Abgabe
			82,10	92,9	−747,4	−673,2	$\bar{\gamma}(-78...15° C) = 60 \cdot 10^{-6}$ grd^{-1}; $\varkappa(50...200$ at; 0° C$) = 0{,}97 \cdot 10^{-6}$ at^{-1}; Spateisenstein; weiß; LW 25° $6{,}7 \cdot 10^{-3}$ %; Wdampf zers.; l. S in der Wärme, $NaHCO_3$-, $KHCO_3$-, NH_4HCO_3-Lsg.; Kochen mit KOH→Fe_3O_4
140... 50 Z							wahrscheinlich $[Fe(CO)_4]_3$; dklgrüne glänzende Prismen; mit Wdampf <100° unzers. flch.; unl. konz. HCl, fl. NH_3; Alk wirken nur wenig ein, konz. H_2SO_4 nur in der Hitze; k. konz. HNO_3 greift an
−20	*F*						zähe blaßgelbe Fl.; entzündet sich leicht an der Luft→Fe_2O_3, zers. W; l. Al, Ä, Aceton, alkohol. NaOH oder KOH; unl. fl. NH_3
							grüne Tafeln; wl. W; etwas l. HCO_2H; unl. Al
							gelbes krist. Pulver; l. W; swl. Al; beim Erhitzen der wss. Lsg. vollständige Hydrolyse
							fbl. kleine Krist., auch grünlichweiße Nadeln; sll. W
							hgelbes Pulver; wl. W; l. Alk-oxalatlsg. goldgelb, warmen verd. S; bei 142° im Vak. $-2H_2O$

Formel	Name	Zustand	Mol.-Masse / Dichte $g \cdot cm^{-3}$	Kristalldaten: System, Typ und Symbol	Kristalldaten: Einheitszelle: Kantenlänge in Å	Kristalldaten: Einheitszelle: Winkel und M	Brechzahl n_D
$Fe_2(C_2O_4)_3 \cdot 6H_2O$	(III)-oxalat	f	483,85				
$FeC_6H_6O_7 \cdot H_2O$	(II)-citrat	f	263,97				
$FeC_6H_5O_7 \cdot 5H_2O$	(III)-citrat	f	335,03				
$FeCl_2$	(II)-chlorid	f	126,75 2,98	trig. $C19$ $D_{3d}^5, R\bar{3}m$	6,19	33° 33′ $M=1$	
$FeCl_2 \cdot 2H_2O$		f	162,78 2,358	mkl.			
$FeCl_2 \cdot 4H_2O$		f	198,81 1,93	mkl. $C_{2h}^5, P2_1/c$	8,28 7,17 5,91	109° 13′ $M=2$	
$FeCl_2 \cdot 6NH_3$	Hexammin	f	228,94 1,428	kub.	10,19		
$FeCl_3$	(III)-chlorid	f	162,21 2,804	trig. $D0_5$ $C_{3i}^2, R\bar{3}$	6,69	52° 30′ $M=2$	
$FeCl_3 \cdot 6H_2O$		f	270,30				
FeF_2	(II)-fluorid	f	93,84 4,09	tetr. $C4$ $D_{4h}^{14}, P4_2/mnm$	4,83 3,36	$M=2$	
$FeF_2 \cdot 4H_2O$		f	165,91 2,095				
FeF_3	(III)-fluorid	f	112,84 3,52	trig. $D0_{12}$ $D_{3d}^6, R\bar{3}c$	5,393	58° 5′ $M=2$	
FeJ_2	(II)-jodid	f	309,66 5,39	trig. $C6$ $D_{3d}^3, P\bar{3}m1$	4,04 6,75	$M=1$	

Phasen-umwandlungen °C		ΔH kJ/Mol	Standardwerte bei 25° C C_p J/Molgrd	S° J/Molgrd	$ΔH_B$ kJ/Mol	ΔG° kJ/Mol	Bemerkungen und Charakteristik
							gelbgrüne Blättchen; lichtempfindlich; ll. W; geht leicht in basisches Salz über
							schweres weißes Kristallpulver; wl. W; ll. wss. NH_3
							rotbraune Lamellen oder blaßbraunes Pulver; lichtempfindlich; langsam l. k. W; gut l. h. W; ll. wss. NH_3; unl. Al
677 1012	F V	43,0 125,5	76,33	120,1	−340,9	−302	weiße glänzende Krist., an der Luft grünlich gelb; **LW** 20° 38,6%, Bdk. 4 H_2O; l. Me, Al, Aceton, Acetonitril; wl. Bzl, Eg; unl. Ä
					−955		feine grüne Krist. LW s. $FeCl_2$
					−1550		grüne Krist.; LW s. $FeCl_2$ sll. in schwach HCl-saurem W
					−995,2		sehr leichtes lockeres Pulver; weiß, an der Luft Verfärbung nach gelb oder braun, grün, schw.
303,9 319	F V	43,1 25,18	94,93	134,7	−391,2	−323,3	$\bar{\gamma}(-78...17°\ C) = 50 \cdot 10^{-6}$ grd^{-1}; kleine stark glänzende irisierende Platten, verschiedenfarbige met. glänzende Flitter, im durchfallenden Licht purpurrot im reflektierten grün; subl.; sehr zerfl.; **LW** 20° 48%, Bdk. 6 H_2O; ll. Me, Al, Ä; l. Aceton, Bzl, Toluol, Py; unl. Glycerin
37	F				−2226		harte gelbe Krist. von herbem salzigen Geschmack; LW s. $FeCl_3$; hygr.; ll. Al, Glycerin, Gemisch Al+Ä; wss. Lsg. reagiert sauer
−194,8 1100 1800	U F V		68,12	86,97	−703		weißes Salz; fbl. durchsichtige Krist.; langsam und wl. W; unl. Al, Ä
							kleine Krist., weißes Salz; wl. W; l. wss. HF, S; etwas l. Al, Ä; gut l. HCl, H_2SO_4, HNO_3
1030	F				−983,2		grünliche kleine durchsichtige lichtbrechende Krist.; wl. sied. W; ll. wss. HF; unl. Al, Ä
601 935	F V	75 111,9			−125,4		braune Krist.; hygr.; l. W

Formel	Name	Zustand	Mol.-Masse / Dichte $g \cdot cm^{-3}$	Kristalldaten: System, Typ und Symbol	Einheitszelle: Kantenlänge in Å	Einheitszelle: Winkel und M	Brechzahl n_D
$[Fe(CN)_6]K_3$	Kalium-hexacyanoferrat-(III)	f	329,26 1,894	mkl. C^5_{2h}, $P\,2_1/c$	13,42 10,40 8,38	90° 6′ $M=4$	1,566 1,569 1,583
$[Fe(CN)_6]K_4$	Kalium-hexacyanoferrat-(II)	f	368,36	tetr. C^6_{4h}, $I\,4_1/a$	9,37 33,69	$M=8$	1,585 1,589 1,591
$[Fe(CN)_6]K_4 \cdot 3\,H_2O$		f	422,41 1,85	mkl. C^6_{2h}, $C\,2/c$	9,34 16,87 9,34	90° 5′ $M=4$	1,570 1,575 1,580
Fe_2N	nitrid	f	125,70 6,25	orh. $L'3$	4,830 5,523 4,425	$M=4$	
Fe_4N		f	237,39 6,57	kub. $L'1$ O^1_h, $Pm3m$	3,795	$M=1$	
$Fe(NO_3)_2 \cdot 6\,H_2O$	(II)-nitrat	f	287,95				
$Fe(NO_3)_2 \cdot 9\,H_2O$		f	341,99 1,684	mkl.	1,1296: 1: 1,9180		
$[Fe(CN)_6](NH_4)_4 \cdot 3\,H_2O$	Ammonium-hexacyanoferrat-(II)	f	338,15				
$[Fe(CN)_6]Na_4 \cdot 10\,H_2O$	Natrium-hexacyanoferrat-(II)	f	484,07 1,458				1,519 1,530 1,544
FeO	(II)-oxid	f	71,85 5,745	kub. $B\,1$ O^5_h, $Fm3m$	4,299	$M=4$	
Fe_2O_3	(III)-oxid	f	159,69 5,25	trig. $D\,5_1$ D^6_{3d}, $R\,\bar{3}c$	5,42	55° 14′ $M=2$	3,042* 2,797*
Fe_3O_4	(II, III)-oxid	f	231,54 5,18	kub. $H\,1_1$ O^7_h, $Fd3m$	8,434	$M=8$	2,42

Phasen-umwandlungen °C		ΔH kJ/Mol	Standardwerte bei 25° C C_p S^0 J/Molgrd	ΔH_B ΔG^0 kJ/Mol	Bemerkungen und Charakteristik
			316 420	−173 −51	rote Krist.; zers. in der Hitze; **LW** 20° 31,5 %, Bdk. 0 H_2O; l. Aceton; unl. Al, wss. NH_3
					weißes Pulver, hygr.; zers. beim stärkeren Erhitzen; **LW** 20° 22 %, Bdk. 3 H_2O
					hgelbe Krist.; luftbeständig; **LW** s. $[Fe(CN)_6]K_4$; l. Aceton; unl. Al, Ä, wss. NH_3; zwischen 60...100° −3 H_2O
			70,6 101,2	−3,8 10,7	gelblich gefärbte Substanz; Pikrinsäure greift nicht an; h. alk. Pikratlsg. verfärbt nach bräunlich
			122,4 156,5	−10,7 3,46	gelblich gefärbte Substanz; Pikrinsäure greift nicht an; h. alk. Pikratlsg. verfärbt nach bräunlich
60,5	*F*				wasserhelle Krist.; zerfl.; **LW** 20° 45,5 %, Bdk. 6 H_2O
50,1	*F*			−3279	das reine Salz ist fbl., sonst schwach viol.; Geruch nach HNO_3; zerfl.; ll. W; l. Al, Aceton; in HNO_3 steigender Konz. immer weniger löslich
					gelbes krist. Pulver; färbt sich an der Luft blau; ll. W; unl. abs. Al und verd. Al; die wss. Lsg. ist nicht haltbar
81,5 −10 H_2O					gelbe Prismen; verwittern leicht; **LW** 20° 15,5 %, Bdk. 10 H_2O; unl. Al und den meisten org. Lösm.; zers. vollständig bei 435°
−84,7	*U*		48,12 59,4	−266,9 −246	Wüstit; Zusammensetzung etwa $Fe_{0,95}O$; schw. Pulver; unl. W, Alk, Al; l. S
677 767	*U* *U*	0,67	104,8 89,9	−822,2 −740,8	* $\lambda = 656$ mμ; α-Fe_2O_3 Halbleiter; Hämatit; gut ausgebildete Krist. oder in feiner Verteilung, gelbrot bis rotbraun; unl. W; l. HCl; γ-Fe_2O_3 kub. T^4, $P2_13$, $a = 8{,}339$ Å; δ-Fe_2O_3 hex. $a = 5{,}09$, $c = 4{,}41$ Å, $M = 2$
627 1594	*U* *F*	 138	143,4 146,4	−1116 −1013	Magnetit; schw. bis blauschw. Pulver; unl. W, HNO_3, Alk; langsam l. konz. HCl; l. HF

Formel	Name	Zustand	Mol.-Masse Dichte $g \cdot cm^{-3}$	Kristalldaten System, Typ und Symbol	Einheitszelle Kantenlänge in Å	Winkel und *M*	Brechzahl n_D
$Fe(OH)_2$	(II)-hydr= oxid	f	89,86 3,40	trig. *C* 6 $D_{3d}^3, P\bar{3}m1$	3,24 4,47	 $M=1$	
$Fe(OH)_3$	(III)-hydr= oxid	f	106,87 3,12	mkl. $C_{2h}^5, P2_1/c$	9,92 5,12 8,99	93° 26′ $M=8$	
Fe_2P	phosphid	f	142,67 6,56	hex. *C* 22 $D_{3h}^3, P\bar{6}2m$	5,87 3,45	 $M=3$	
Fe_3P		f	198,51 6,74		9,10 4,45	 $M=8$	
$Fe_3(PO_4)_2 \cdot$ $8H_2O$	(II)-ortho= phosphat	f	501,61 2,58	mkl. $C_{2h}^3, C2/m$	9,99 13,43 4,70	102° 34′ $M=2$	1,579 1,603 1,633
$FePO_4 \cdot$ $2H_2O$	(III)-ortho= phosphat	f	186,85 2,87	orh. $D_{2h}^{15}, Pbca$	9,85 10,07 8,67	 $M=8$	
FeS	(II)-sulfid	f	87,91 4,82	hex. *B* 8 $D_{6h}^4, P6_3/$ mmc	3,43 5,79	 $M=2$	
FeS_2	sulfid	f	119,98 5,00	kub. *C* 2 $T_h^6, Pa3$	5,415	 $M=4$	
FeS_2		f	119,98 4,87	orh. *C* 18 $D_{2h}^{12}, Pnnm$	4,436 5,414 3,381	 $M=2$	
Fe_2S_3	(III)-sulfid	f	207,89 4,246	kub.	5,42	 $M=2$	
$Fe(SCN)_2$	(III)-thio= cyanat	f	172,01				
$Fe(SCN)_3 \cdot$ $3H_2O$	(III)-thio= cyanat	f	284,14				
$FeSO_4$	(II)-sulfat	f	151,91 2,841	orh. $D_{2h}^{17}, Cmcm$	6,59 7,975 5,225	 $M=4$	

Phasenumwandlungen °C		ΔH kJ/Mol	Standardwerte bei 25° C C_p J/Molgrd	S^0 J/Molgrd	ΔH_B kJ/Mol	ΔG^0 kJ/Mol	Bemerkungen und Charakteristik
				79	−568,0	−483,1	weißer feinflockiger Nd., an der Luft rasch oxid. und grün; LW 20° 1,3 · 10^{-5} Mol/l Lsg.; l. HCl, konz. H_2SO_4, HF; auch l. verd. S
					−825		frisch gefällt gelartig, getrocknet rotbraune Stücke; LW 18° 4,8 · 10^{-9} %; l. HCl; frisch gefällt l. HF, H_2SO_4, org. S
1360	*F*				−161		graue Krist.; unl. W, verd. S; l. Königsw., $HNO_3 + HF$
1166	*F*				−164		graue Substanz; unl. W
							Vivianit; kleine fbl. Krist. auf frischen Bruchflächen, an der Luft aber rasch blau; unl. W
					−1845		Strengit; Phosphosiderit mkl. C_{2h}^2, $P2_1/m$, $a = 8{,}67$, $b = 9{,}79$, $c = 5{,}30$ Å, $\beta = 90°\ 36'$, $M = 4$; gelblichweißer Nd.; unl. W, Egs; l. HCl, H_2SO_4
138 325 1195	*U* *U* *F*	2,38 0,50 32,34	54,8	67,3	−96,2	−98,4	$\chi_{Mol} = +977 \cdot 10^{-6}$ cm^3Mol^{-1}; grauschw. met. glänzende Stücke, Stäbchen oder Körner; sied. W zers.; LW 18° 6,1 · 10^{-4} %; l. S→H_2S-Entwicklung; unl. wss. NH_3, Py, Egester
			61,9	53,1	−177,8	−166,5	$\varkappa$(50...2000 at, 0° C) = 0,70 · 10^{-6} at^{-1}; Halbleiter; Pyrit; messinggelbe Krist.; LW 18° 5 · 10^{-4} %; unl. verd. S; l. HNO_3, konz. HCl; h. konz. H_2SO_4 oxid.→$Fe_2(SO_4)_3$
					−154,3		$\varkappa$(50...200 at, 0° C) = 0,79 · 10^{-6} at^{-1}; Markasit; Farbe wie Pyrit, aber mehr grünlich, met. glänzend
							gelblichgraue Substanz; LW 20° 3 · 10^{-18} Mol/l; l. HCl→H_2S-Entwicklung
							rote Krist. von unangenehm met. Geschmack; sehr zerfl.; ll. W blutrot, Al, Amylal., Ä, Aceton; l. Py; unl. Chlf, CCl_4, PÄ, Pentan, CS_2
							rote Krist.; zerfl.; ll. W, Al blutrot, Ä viol.; sied. wss. Lsg. zers.
				107,5	−922,6		weißliches Pulver; zieht an der Luft W an; LW 20° 21 %, Bdk. 7 H_2O

Formel	Name	Zustand	Mol.-Masse / Dichte g · cm⁻³	Kristalldaten: System, Typ und Symbol	Einheitszelle: Kantenlänge in Å	Einheitszelle: Winkel und M	Brechzahl n_D
$FeSO_4 \cdot 7H_2O$		f	278,02 1,89	mkl. $C_{2h}^5, P2_1/c$	14,02 6,50 11,01	105° 34′ $M=4$	1,4713 1,4782 1,4866
$Fe_2(SO_4)_3$	(III)-sulfat	f	399,88 3,097				
Fe_2SiO_4	ortho-silikat	f	203,78 4,34				
$Fe(VO_3)_2$	(II)-van-adat	f	253,73				
Ga	**Gallium**						
GaAs	(III)-ar-senid	f	144,64 5,307	kub. $B3$ $T_d^2, F\bar{4}3m$	5,63	$M=4$	
$GaBr_3$	(III)-bro-mid	f	309,45 3,69				
$GaBr_3 \cdot NH_3$	(III)-am-min-bromid	f	326,48 3,112				
$GaBr_3 \cdot 6NH_3$	(III)-hex-ammin-bromid	f	411,63				
$Ga(CH_3)_3$	trimethyl	fl	114,83				
$Ga(CH_3)_3 \cdot NH_3$	trimethyl-ammin	f	131,86				
$Ga(C_2H_5)_3$	triäthyl	fl	156,91 1,0576				
$Ga(C_2H_5)_3 \cdot NH_3$	triäthyl-ammin	fl	173,94				
$Ga(CH_3)_3 \cdot (C_2H_5)_2O$	trimethyl-ätherat	fl	188,95				
$Ga(C_2H_5)_3 \cdot (C_2H_5)_2O$	triäthyl-ätherat	fl	231,03				

Phasenumwandlungen °C		ΔH kJ/Mol	Standardwerte bei 25° C C_p J/Molgrd	S^0 J/Molgrd	ΔH_B kJ/Mol	ΔG^0 kJ/Mol	Bemerkungen und Charakteristik
64	*F*				−3006		grüne Krist.; mit HCl abdampfen→Chlorid; LW s. $FeSO_4$; L 40 % Al 15° 0,3 %; l. abs. Me; wl. N_2H_4; unl. fl. NH_3, Eg, Aceton, Py
							krist. hrosa, rein weiß, grünlichgelb bis gelb; Farbe abhängig vom Reinheitsgrad; hygr.; l. W, wss. H_2SO_4; unl. 100 % H_2SO_4, fl. NH_3, Eg, Aceton, Py
1205	*F*		132,8	148,1	−1438	−1337,5	Fayalit; zers. konz. sied. HCl→SiO_2
							rotbraunes voluminöses Pulver; unl. W; l. S
							Halbleiter; dklgraue schwach gesinterte Masse
124,5 279	*F* *V*	11,7 38,9			−367		weiße krist. Substanz; äußerst hygr.; ll. W unter Hydrolyse
124	*F*				−565,7		weißes Pulver
							weißes Pulver; ohne Feuchtigkeit beständig; l. wss. Alk, HCl; ziemlich l. fl. NH_3
−19 55	*F* *V*						fbl. Fl., sehr reaktionsfähig gegen O_2; entzündet sich bei −76°
31	*F*						weißer krist. Körper; subl. im Vak. bei gewöhnlicher Temp.; feuchtigkeitsempfindlich; ll. Ä, wss. KOH unter Hydrolyse
−82,3 142,6	*F* *V*						fbl. etwas viskose Fl. von unangenehmem Geruch; an Luft selbstentzündlich, brennt mit purpurner Flamme und braunem Rauch; mit W und 95 % Al heftig→C_2H_6-Entwicklung
							fbl. Fl.; an Luft langsame Z.; mit W langsame Hydrolyse→NH_3, C_2H_6, $Ga(C_2H_5)_2OH$; ll. Al 95 %, Bzl, Ä; H_2SO_4, KOH zers. rasch
98,3	*V*						fbl. Fl.; langsam oxid. an Luft; mit W stürmisch→CH_4; wss. KOH hydrolysiert→CH_4-Entwicklung
							fbl. Fl.; rasch zers. durch Feuchtigkeit; an Luft weiße Dämpfe; expl. mit O_2, HNO_3; zers. ammoniakalische H_2O_2-Lsg.

Formel	Name	Zustand	Mol.-Masse / Dichte g · cm⁻³	Kristalldaten: System, Typ und Symbol	Einheitszelle: Kantenlänge in Å	Einheitszelle: Winkel und M	Brechzahl n_D
$Ga_2(C_2O_4)_3 \cdot 4H_2O$	oxalat	f	475,56				
$GaCl_3$	(III)-chlorid	f	176,08 2,47				
$GaCl_3 \cdot NH_3$	(III)-amminchlorid	f	193,11 2,189				
GaF_3	(III)-fluorid	f	126,72 4,47	trig. D_{3d}^6, $R\bar{3}c$	5,20	57,5° $M=6$	
$GaF_3 \cdot 3H_2O$		f	180,76				
Ga_2H_6	hydrid	fl	145,49				
GaJ_3	(III)-jodid	f	450,43 4,15	orh. D_{2h}^{17}, $Cmcm$	6,09 18,29 5,94	$M=4$	
$GaJ_3 \cdot NH_3$	(III)-amminjodid	f	467,46 3,635				
GaJ_3 $6NH_3$	(III)-hexamminjodid	f	552,62				
$GaK(SO_4)_2 \cdot 12H_2O$	Kaliumgalliumsulfat	f	517,13 1,895	kub. $H4_{13}$ T_h^6, $Pa3$	12,22	$M=4$	1,4653
GaLi	lithium	f	76,66	kub. $B32$ O_h^7, $Fd3m$	6,20	$M=8$	
Ga_2O_4Mg	Magnesiumgallat	f	227,75 5,298	kub.	8,28		
GaN	(III)-nitrid	f	83,73 6,10	hex. $B4$ C_{6v}^4, $P6_3mc$	3,180 5,166	$M=2$	
$GaNH_4(SO_4)_2 \cdot 12H_2O$	Ammoniumgalliumsulfat	f	496,07 1,777	kub. $H4_{13}$ T_h^6 $Pa3$	12,268	$M=4$	1,4684
Ga_2O	(I)-oxid	f	155,44 4,77				

Phasenumwandlungen °C		ΔH kJ/Mol	Standardwerte bei 25° C C_p J/Molgrd	S^0 J/Molgrd	ΔH_B kJ/Mol	ΔG^0 kJ/Mol	Bemerkungen und Charakteristik
Z 195					−3545		weißes mikrokrist. Pulver; wl. k. W unter Hydrolyse; ll. H_2SO_4
77 200	*F* *V*	10,9 23,9		 169,5	−524,7		$\chi_{Mol} = -63 \cdot 10^{-6}$ cm^3Mol^{-1}; weiße nadelförmige Krist.; raucht stark und zerfl. an Luft; ll. W unter Hydrolyse; l. Bzl, PÄ, CCl_4, CS_2; klar l. wenn Lösm. getrocknet sind
124 438	*F* *V*	 74,1			−714,6		weißes Pulver
							weißes Pulver; nicht hygr.; LW 20° 0,02 %; l. sied. 2nHCl nur in Spuren; subl. bei 800° im N_2-Strom, bei 1000° vollständig verdampft
140° $-H_2O$							feines weißes Pulver; an Luft beständig; unl. k. W, l. h. W; wl. 50 % wss. HF; ll. verd. HCl
−21,4	*F*						Digallan; fbl. Fl.; zers. W, S, Alk
210 346	*F* *V*	16,3 56,5			−214		$\chi_{Mol} = -149 \cdot 10^{-6}$ cm^3Mol^{-1}; hgelbe krist. Substanz, geschmolzen gelbrot bis or.braun; hygr.; raucht an der Luft; hydrolysiert leicht
140	*F*				−379		weißes Pulver
							weißes Pulver; an feuchter Luft NH_3-Abgabe und Aufnahme von H_2O
							fbl. Krist.; l. W
							graue, etwas poröse Legierung
							Gallium-magnesium-spinell
				46,0	−104,2	−77,2	dklgraues Pulver, an Luft beständig; unl. verd. und konz. HF, HCl, HNO_3, Königsw.; langsam l. h. konz. H_2SO_4, h. konz. NaOH
							fbl. durchsichtige Krist.; LW 25° 13,8 %, Bdk. 12 H_2O; l. verd. wss. Al
							$\chi_{Mol} = -34 \cdot 10^{-6}$ cm^3Mol^{-1}; braunschw. Pulver; subl. bei 500° im Vak.; wl. verd. HNO_3; konz. HNO_3 reagiert heftig, verd. H_2SO_4 wird zu H_2S reduziert

Formel	Name	Zustand	Mol.-Masse Dichte g · cm⁻³	Kristalldaten System, Typ und Symbol	Einheitszelle Kantenlänge in Å	Winkel und M	Brechzahl n_D
Ga_2O_3 α	(III)-oxid		187,44 5,95	trig. $D\,5_1$ $D^6_{3d}, R\,\bar{3}c$	5,31	55,8° $M=2$	
$Ga(OH)_3$	(III)-hydr= oxid	f	120,74				
GaP	(III)-phos= phid	f	100,69	kub. $B\,3$ $T^2_d, F\,\bar{4}3m$	5,44	$M=4$	
GaRb $(SO_4)_2 \cdot$ $12\,H_2O$	Rubidium= gallium= sulfat	f	563,50 1,962	kub. $H\,4_{13}$ $T^6_h, Pa\,3$	12,22	$M=4$	1,4658
GaS	(II)-sulfid	f	101,78 3,75	hex. $D^4_{6h}, P\,6_3/$ mmc	3,585 15,50	$M=4$	
Ga_2S_3	(III)-sulfid	f	235,63 3,48	kub. $B\,3$ $T^2_d, F\,\bar{4}3m$	5,181	$M=4/3$	
$Ga_2(SO_4)_3 \cdot$ $18\,H_2O$	(III)-sulfat	f	751,90				
GaSb	(III)-anti= monid	f	191,47 5,619	kub. $B\,3$ $T^2_d, F\,\bar{4}3m$	6,095	$M=4$	
GaSe	(II)-selenid	f	148,68 5,03	hex. $D^4_{6h}, P\,6_3/$ mmc	3,742 15,919	$M=4$	
Ga_2Se_3	(III)-sele= nid	f	376,32 4,92	kub. $B\,3$ $T^2_d, F\,\bar{4}3m$	5,42	$M=4$	
GaTe	(II)-tellurid	f	197,32 5,44				
Ga_2Te_3	(III)-tel= lurid	f	522,24 5,57	kub. $B\,3$ $T^2_d, F\,\bar{4}3m$	5,87	$M=4$	
Ga_2O_4Zn	Zinkgallat	f	268,81 6,1544	kub. $H\,1\,1$ $O^7_h, Fd\,3m$	8,323	$M=8$	$>1,74$

Phasen-umwandlungen °C		ΔH kJ/Mol	Standardwerte bei 25° C C_p J/Molgrd	S^0 J/Molgrd	ΔH_B kJ/Mol	ΔG^0 kJ/Mol	Bemerkungen und Charakteristik
~600 1725	*U** *F*			91,84 84,64	−1815 	 −1725	* *U* α→β; röntgenographisch ermittelte Dichte für α=6,44, β=5,88 gcm^{-3}; weißes Pulver; schwach geglühtes Oxid l. HCl, H_2SO_4; geglühtes wird von allen S und KOH nicht angegriffen; Aufschluß durch Schmelze mit KOH oder $KHSO_4$
							weißer flockiger Nd., zeigt Alterungserscheinung; bei 420...40°→Ga_2O_3; l. verd. S, Alk, wss. NH_3; Abnahme der L durch Alterung
1350	*F*						Halbleiter; or.gelbe, schwach gesinterte Masse
							fbl. Krist.; ll. W
965	*F*				−194,1		Halbleiter; $\chi_{Mol}=-23\cdot 10^{-6}$ cm^3Mol^{-1}; kleine glitzernde gelbe Krist.; beständig gegen W; mit 15% Egs in der Siedehitze→H_2S
550 1250	*U** *F*						* *U B*3→*B*4, hex. C_{6v}^4, $P6_3mc$, $a=3{,}685$, $c=6{,}028$ Å, $M={}^2/_3$; Halbleiter; $\chi_{Mol}=-80\cdot 10^{-6}$ cm^3Mol^{-1}; gelbe Substanz; an der Luft langsam Z.→H_2S; zers. W; mit verd. und konz. HNO_3→H_2S; Alk zers. unter Bildung von Gallat
							fbl. Krist.; nicht hygr.; ll. W; l. 60% Al; unl. Ä
703	*F*	25,1			−20,8		Halbleiter; spröder metallischer Körper
960	*F*				−146,4		Halbleiter; dklrotbraune fettig glänzende Blättchen
1020	*F*						Halbleiter; fein zerrieben rotes Pulver; Schmelzkuchen schw.; ziemlich hart, spröde
824	*F*				−119,7		Halbleiter; schw. weiche fettig glänzende Blättchen, leicht zu zerreiben
790	*F*				−272		Halbleiter; schw. Substanz, hart, spröde
							weiße feinkrist. Substanz

Formel	Name	Zustand	Mol.-Masse / Dichte g · cm⁻³	Kristalldaten: System, Typ und Symbol	Einheitszelle: Kantenlänge in Å	Winkel und M	Brechzahl n_D
Gd	**Gadolinium**						
GdB_6	borid	f	222,12 5,309	kub. $D2_1$ $O_h^1, Pm3m$	4,1078	$M=1$	
$GdCl_3$	(III)-chlorid	f	263,61 4,52	hex. $C_{6h}^2, P6_3/m$	7,363 4,105	$M=2$	
Gd_2O_3	(III)-oxid	f	362,50 7,407	kub. $D5$ $T_h^7, Ia3$	10,819	$M=16$	
$Gd(OH)_3$	(III)-hydroxid	f	208,27	hex. $D0_{19}$ $C_{6h}^2, P6_3/m$	6,26 3,54	$M=2$	
$Gd_2(SO_4)_3 \cdot 8H_2O$	(III)-sulfat	f	746,81 3,01	mkl.	3,0086: 1: 2,0068	118° 2′	
Ge	**Germanium**						
$GeBr_4$	(IV)-bromid	f	392,23 3,132	kub.			1,6269
GeH_3Br	Monobromgerman	fl	155,52 2,34				
GeH_2Br_2	Dibromgerman	fl	234,42 2,80				
$Ge(CH_3CO_2)_4$	(IV)-acetat	f	308,77				
$GeCl_2$	(II)-chlorid	f	143,50				
$GeCl_4$	(IV)-chlorid	fl	214,40 1,88				1,4644
GeH_3Cl	Monochlorgerman	fl	111,07 1,75*				
$GeHCl_3$	Trichlorgerman	fl	179,96 1,93				

Phasen- umwandlungen °C		ΔH kJ/Mol	Standardwerte bei 25° C C_p J/Molgrd	S^0 J/Molgrd	ΔH_B kJ/Mol	ΔG^0 kJ/Mol	Bemerkungen und Charakteristik
							α(Raumtemp.) = 5,88 · 10^{-6} grd^{-1}
609 1580	*F* *V*				−1004		$\chi_{Mol} = +27930 \cdot 10^{-6}$ cm^3Mol^{-1}; rein weiße Nadeln mit schwach grauem Ton; l. W, Al; wird nicht hydrolysiert; · 6 H_2O dicke tafelförmig abgestumpfte Krist., $D = 2{,}424$ gcm^{-3}
2330	*F*						$\bar{\alpha}$(25...1000° C) = 10,5 · 10^{-6} grd^{-1}; $\chi_{Mol} = +26600 \times 2 \cdot 10^{-6}$ cm^3Mol^{-1}; 2. Modifikation mkl., $a = 14{,}061$, $b = 3{,}566$, $c = 8{,}760$ Å, $\beta = 100°\ 16'$, $M = 6$; weißes Pulver; schwach gelbstichig; ziemlich hygr.; nimmt leicht CO_2 auf; l. S
							fast weißer gallertartiger Nd.
						−1289	
			587,9	651,9	−6355	−5565	$\chi_{Mol} = +26640 \times 2 \cdot 10^{-6}$ cm^3Mol^{-1}; fbl. sehr kleine glänzende Krist.; LW 20° 2,81 %, Bdk. 8 H_2O
26,1 187,1	*F* *V*	12,1 41,4			−303,5		weiße glänzende Krist.; W hydrolysiert; l. abs. Al, CCl_4, Bzl, Ä
−32 52	*F* *V*						
−15 89	*F* *V*						
156	*F*						feine weiße Nadeln; W hydrolysiert→GeO_2; l. Egsanhydrid, Bzl, Aceton; wl. CCl_4
							in dünnen Schichten fbl. Substanz; sehr reaktionsfähig; W hydrolysiert→GeO, Sauerstoff greift schnell an; l. $GeCl_4$, Bzl, Ä; unl. Al, Chlf
−49,5 83,1	*F* *V*	 29,7			−649		$\varepsilon = 2{,}65$; $\chi_{Mol} = -72 \cdot 10^{-6}$ cm^3Mol^{-1}; fbl. Fl., leicht beweglich; raucht stark an der Luft; W hydrolysiert→GeO_2, verd. NaOH mit heftiger Reaktion; l. abs. Al, CS_2, CCl_4, Chlf, Bzl, Ä, Aceton
−52 28,9	*F* *V*		54,77	263,6			* bei −52° C
−71 75,3	*F* *V*	 33,5					„Germaniumchloroform"; fbl. bewegliche Fl.; mit W→$Ge(OH)_2$, desgleichen wss. NH_3

Formel	Name	Zustand	Mol.-Masse Dichte g · cm⁻³	Kristalldaten: System, Typ und Symbol	Einheitszelle: Kantenlänge in Å	Einheitszelle: Winkel und M	Brechzahl n_D
GeF_4	(IV)-fluorid	g	148,58 6,71*				
$GeFCl_3$	Fluortrichlorgerman	fl	197,95				
GeF_2Cl_2	Dichlordifluorgerman	g	181,49				
GeH_4	German	g	76,62 3,43[1]				[2]
Ge_2H_6	Digerman	fl	151,23 1,98*				
Ge_3H_8	Trigerman	fl	225,83 2,2*				
GeJ_2	(II)-jodid	f	326,40 5,3	trig. $C6$ $D_{3d}^3, P\bar{3}m1$	4,13 6,79	$M=1$	
GeJ_4	(IV)-jodid	f	580,21 4,32	kub. $D1_1$ $T_h^6, Pa3$	11,91	$M=8$	
$[GeF_6]K_2$	Kaliumhexafluorogermanat	f	264,78	trig. $I1_{13}$ $D_{3d}^3, P\bar{3}m1$	5,62 4,78	$M=1$	
GeO_3Li_2	Lithiummetagermanat	f	134,47 3,53	orh. $C_{2v}^{12}, Cmc2_1$	5,557 9,625 4,815	$M=4$	1,73
$GeMg_2$	Magnesiumgermanid	f	121,21 3,086	kub. $C1$ $O_h^5, Fm3m$	6,38	$M=4$	
GeO_4Mg_2	Magnesiumgermanat	f	185,21	orh. $S1_2$ $D_{2h}^{16}, Pnma$			1,698 1,717 1,763
Ge_3N_4	(IV)-nitrid	f	273,80 5,25	trig. $C_{3i}^2, R\bar{3}$	8,57	107,8° $M=6$	

Phasen-umwandlungen °C		ΔH kJ/Mol	Standardwerte bei 25° C C_p J/Molgrd	S^0 J/Molgrd	ΔH_B kJ/Mol	ΔG^0 kJ/Mol	Bemerkungen und Charakteristik
−15 (3032 Torr)	*F*		31,88				* kg/Nm³; D^0(fl) = 2,126; fbl. Gas, raucht stark an der Luft, stechender Geruch; greift Atmungsorgane an, verursacht Heiserkeit; zers. W→ H_2GeF_6
−36,8	Sb	32,7		303,4			
−49,8	*F*						fbl. Fl.; raucht an der Luft; Geruch nach Knoblauch; gefriert zu einer weißen Masse; zers. W→GeO_2; l. abs. Al; mit verd. NaOH heftige Reaktion
37,5	*V*	27,5					
−51,8	*F*						fbl. Gas und Fl., gefriert zu einer weißen Masse; zers. W→GeO_2; l. abs. Al; mit verd. NaOH heftige Reaktion ϑ_{kr} 132,4°
2,8	*V*	23,65					
−200	*U*	0,547	45,0				[1] kg/Nm³; D^{-142}(fl.) = 1,523; [2] n = 1,000894; fbl. Gas; <280° nur sehr langsame Z. in Ge und H_2; 340...60° Z.
−196	*U*	0,542		214,2			
−165,9	*F*	0,837					
−88,35	*V*	14,06					
−109	*F*						* bei −109° C; fbl. Fl.
30,8	*V*	25,1					
−105	*F*						* bei −105° C; fbl. Fl.
111,1	*V*	32,2					
							gelbe Krist.
145	*F*						$\chi_{Mol} = -174 \cdot 10^{-6}$ cm³Mol⁻¹; or.rote Krist.masse, beim Schmelzen rubinrote Fl.
>300	*V*						
730	*F*						weiße Krist., Tafeln aus W; feines krist. Pulver; LW 18° 0,56 %, 100° 2,7 %; unl. Al
835	*V*						
1238	*F*						weißes Pulver; strahlig ausgebildete Krist.; LW 25° 0,85 %, Bdk. $^1/_3 H_2O$; wss. Lsg. reagiert alk.; ll. verd. S
1105	*F*						Halbleiter; grauschw. bröckelige Masse; mit S→Germaniumwasserstoffe
							rein weiße Substanz; LW 26° $1,6 \cdot 10^{-3}$ %; ll. verd. S
Z 456				167	−65,3	−27,1	$\chi_{Mol} = -90,6 \cdot 10^{-6}$ cm³Mol⁻¹; hellgrau; unl. 2nHCl, H_2SO_4, . HNO_3, NaOH, konz. HCl, HNO_3; swl. konz. H_2SO_4, konz. NaOH; Aufschluß mit Alk-Schmelze

Formel	Name	Zustand	Mol.-Masse Dichte g · cm⁻³	Kristalldaten System, Typ und Symbol	Einheitszelle Kantenlänge in Å	Winkel und M	Brechzahl n_D
$[GeF_6]$ $(NH_4)_2$	Ammoniumhexafluorogermanat	f	222,66 2,564	trig. $I1_{13}$ $D_{3d}^3, P\bar{3}m1$	5,85 4,78	$M=1$	1,428 1,425
GeO_3Na_2	Natriummetagermanat	f	166,57 3,31	orh. $C_{2v}^{12}, Cmc2_1$	6,22 10,87 4,92	$M=4$	1,59
GeO	(II)-oxid	f	88,59 1,825				
GeO_2	(IV)-oxid	f	104,59 4,23	trig. $C8$ $D_3^4, P3_121$	4,972 5,684	$M=3$	1,695 1,735
GeO_2		f	104,59 6,24	tetr. $C4$	4,395 2,852	$M=2$	1,99 2,05
$[GeF_6]Rb_2$	Rubidiumhexafluorogermanat	f	357,52	trig. $I1_{13}$ $D_{3d}^3, P\bar{3}m1$	5,82 4,79	$M=1$	
GeS	(II)-sulfid	f	104,65 4,2	orh. $B16$ $D_{2h}^{16}, Pnma$	4,29 10,42 3,64	$M=4$	
GeS_2	(IV)-sulfid	f	136,72 2,94	orh. $C44$ $C_{2v}^{19}, Fdd2$	11,66 22,34 6,86	$M=24$	
H	**Wasserstoff**						
H_2O	Wasser	fl	18,01 1,00	hex. $D_{6h}^4, P6_3/mmc$	4,51[1] 7,35	$M=4$	1,333

Phasenumwandlungen °C		ΔH kJ/Mol	Standardwerte bei 25° C: C_p J/Molgrd	S^0 J/Molgrd	ΔH_B kJ/Mol	ΔG^0 kJ/Mol	Bemerkungen und Charakteristik
							weiße strahlig ausgebildete Krist.; aus der Luft CO_2-Aufnahme; LW 20° 19,85 %, Bdk. $7H_2O$
650	U*				−323		* U amorph→krist.; $\chi_{Mol} = -28{,}8 \cdot 10^{-6}$ cm³Mol⁻¹; gelbes Pulver, amorph; schw.braun, krist.; unl. W
1115	F	43,9	52,09	55,27	−540,6	−486,3	$\chi_{Mol} = -34{,}3 \cdot 10^{-6}$ cm³Mol⁻¹; weißes Pulver; feuerbeständig; LW 20° 0,4 %; wl. H_2SO_4; l. HF, HCl; rasch l. 5nNaOH; Schmelze glasklar, gibt beim Abkühlen ein klares, stark lichtbrechendes Glas
1033 1086	U* F						* U unl.→löslich; unl. W, HF, HCl, H_2SO_4; langsam l. 5nNaOH
615 827	F V	25		54,8	−108		Halbleiter; $\chi_{Mol} = -40{,}9 \cdot 10^{-6}$ cm³Mol⁻¹; dkl.grauschw. flimmernde Krist., im durchfallenden Licht rot bis gelbrot, gepulvert rot; ll. KOH; unl. fl. NH_3, HCl und anderen S; GeS frisch gefällt amorph, braunrotes Pulver; $D = 3{,}31$; in W und an feuchter Luft langsam hydrolysiert; L fl. NH_3 −33° $3 \cdot 10^{-3}$ Mol/l Lsg.; etwas l. wss. NH_3; ll. Alk; l. HCl; unl. H_2SO_4, org. S
~800	F [2]						$\chi_{Mol} = -53{,}3 \cdot 10^{-6}$ cm³Mol⁻¹; perlmuttglänzende Schuppen, gefällt weißes Pulver; wird von W nur schwierig benetzt; l. Alk, NH_3, mit H_2O_2→GeO_2; erstarrt aus Schmelze als bernsteingelbe durchsichtige Masse; L fl. NH_3 −33° 0,155 Mol/l Lsg.
0,00 100	F [2] V	6,007 40,66	75,15	66,56	−285,9	−236	[1] bei 0° C; [2] für luftgesättigtes Wasser; ausführliche Daten s. Tab. 222

Formel	Name	Zustand	Mol.-Masse Dichte g · cm⁻³	Kristalldaten System, Typ und Symbol	Einheitszelle Kantenlänge in Å	 Winkel und M	Brechzahl n_D
H_2O_2	Wasserstoffperoxid	fl	34,01 1,448	tetr. $D_4^4, P4_12_12$	4,06 8,00	$M=4$	1,406
^2H_2O	Deuteriumoxid	fl	20,029 1,107	hex. $D_{6h}^4, P6_3/mmc$	4,513* 7,355	$M=4$	1,3284
Hf	**Hafnium**						
$HfBr_4$	(IV)-bromid	f	498,13				
HfC	(IV)-carbid	f	190,50 12,20	kub. $B1$ $O_h^5, Fm3m$	4,641		
$HfCl_4$	(IV)-chlorid	f	320,30	kub.	10,41		
HfF_4	(IV)-fluorid	f	254,48 7,13	mkl. $C_{2h}^6, C2/c$	9,47 9,84 7,62	94° 29′ $M=12$	1,56
$[HfF_6]K_2$	Kaliumhexafluorohafnat	f	370,68 4,76	orh. $D_{2h}^{17}, Cmcm$	6,89 11,40 6,58	$M=4$	1,461* 1,449
HfN	nitrid	f	192,50				
HfO_2	oxid	f	210,49 9,68	kub. $C1$ $O_h^5, Fm3m$	5,125	$M=4$	
$HfOBr_2$	(IV)-oxidbromid	f	354,31	tetr.			
$HfOCl_2 \cdot 8H_2O$	(IV)-oxidchlorid	f	409,52	tetr.			1,557 1,543
Hg	**Quecksilber**						
Hg_2Br_2	(I)-bromid	f	561,00 7,3	tetr. $D3_1$ $D_{4h}^{17}, I4/mmm$	4,65 11,12	$M=2$	
$HgBr_2$	(II)-bromid	f	360,41 5,73	orh. $C24$ $C_{2v}^{12}, Cmc2_1$	4,62 6,80 12,44	$M=4$	

Phasenumwandlungen °C		ΔH kJ/Mol	Standardwerte bei 25° C C_p J/Molgrd	S^0 J/Molgrd	ΔH_B kJ/Mol	ΔG^0 kJ/Mol	Bemerkungen und Charakteristik
−0,41 150,2	*F* *V*	12,50	89,33		109,5		$\chi_{Mol} = -17{,}7 \cdot 10^{-6}$ cm^3Mol^{-1}; fbl. sirupöse Fl.; erstarrt krist.; mischbar mit W; l. Ä; unl. PÄ; MAK: 1 cm^3/m^3 Luft; Perhydrol: wss. Lsg. mit 30 Gew% H_2O_2; klare fbl. Fl.; mischbar mit Al; starkes Oxid.-mittel; hautätzend; $D_4^{20} = 1{,}114$ g · cm^{-3}; Gefrierpunkt −30° C
3,76 101,4	*F* *V*	6,280 41,69	84,35	72,36	−294,61	−244,2	* bei −50° C; ausführliche Daten s. Tab. 222
420	*F*						rein weiße Substanz; ll. W; subl. 322°, ΔH_{Sb} 100 kJ/Mol
3890 ±150	*F*						graue Substanz von met. Aussehen mit met. Glanz
432	*F*		120,5	190,8	−1050		rein weiße Substanz; subl. 317°, ΔH_{Sb} 100 kJ/Mol
							* n_{Max} und n_{Min}; L $^1/_8$nHF 20° 0,1008 Mol/l; L 5,9 nHF 20° 0,1942 Mol/l
3300	*F*			54,8	−369,2		gelbbraunes Pulver
2790	*F*		60,25	59,33	−1113	−1053	weißes Pulver
							glänzende Nadeln; sll. verd. HCl; die L sinkt rasch mit steigender Konz. an HCl
							Nadeln; l. HCl
407	*F*			212,9	−206,7	−179,7	weiß-gelbliches Pulver; LW 25° $3{,}9 \cdot 10^{-6}$ %; l. S; unl. Al, Aceton
238,1 319	*F* *V*	17,91 58,89		162,8	−169,4		$\chi_{Mol} = -100{,}2 \cdot 10^{-6}$ cm^3Mol^{-1}; fbl. glänzende Kristallblätter; geschmolzen hgelbe Fl.; LW 25° 0,62%; L Al 25° 30%; L Me 25° 69,4%; giftig

Formel	Name	Zustand	Mol.-Masse / Dichte $g \cdot cm^{-3}$	Kristalldaten: System, Typ und Symbol	Einheitszelle: Kantenlänge in Å	Einheitszelle: Winkel und M	Brechzahl n_D
$Hg(CN)_2$	(II)-cyanid	f	252,63 3,996	tetr. $F1_1$ $D_{2d}^{12}, I\bar{4}2d$	9,68 8,90	$M=8$	1,645 1,492
$Hg(CN)_2 \cdot HgO$	(II)-cyanid, bas.	f	469,214 4,437				
$Hg(CON)_2$	(II)-fulminat	f	284,62 4,42				
Hg_2CO_3	(I)-carbonat	f	461,19				
$Hg_2(CH_3CO_2)_2$	(I)-acetat	f	519,27				
$Hg(CH_3CO_2)_2$	(II)-acetat	f	318,68 3,254				
Hg_2Cl_2	(I)-chlorid	f	472,09 7,15	tetr. $D3_1$ $D_{4h}^{17}, I4/mmm$	4,46 10,91	$M=2$	1,9732 2,6559
$HgCl_2$	(II)-chlorid	f	271,50 5,44	orh. $C28$ $D_{2h}^{16}, Pnma$	5,963 12,735 4,325	$M=4$	1,725 1,859 1,965
$HgCl_2 \cdot 3HgO$	(II)-oxidchlorid	f	921,26 7,93	kub. $O_h^7, Fd3m$	9,55		
$Hg(NH_2)Cl$	(II)-amidochlorid	f	252,06 5,7	orh. $C_{2v}^1, Pmm2$	5,167 6,690 4,357	$M=2$	

Phasen-umwandlungen °C		ΔH kJ/Mol	Standardwerte bei 25° C C_p J/Molgrd	S^0 J/Molgrd	ΔH_B kJ/Mol	ΔG^0 kJ/Mol	Bemerkungen und Charakteristik
					261,5		$\chi_{Mol} = -67 \cdot 10^{-6}$ cm³Mol⁻¹; weiße Krist.; geruchlos; lichtempfindlich; LW 0° 8 %, 120° 41 %, Bdk. $0\,H_2O$; L Me 19,5° 44,1 %; L Al 19,5° 10,1 %; l. NH_3, Py, Aceton; wl. Ä; unl. Bzl; giftig
							weiße Nadeln oder krist. Pulver; wl. k. W; expl. durch Reibung oder Schlag; giftig
							Krist.; LW 18° 0,07 %; swl. sied. Ä, Chlf; wl. Egester in der Wärme; l. Aceton besonders in der Wärme; Initialexplosivstoff
				184	−553,3	−469	gelbes Pulver; LW 25° $8{,}8 \cdot 10^{-10}$ %; l. wss. NH_4Cl-Lsg.
					−841,6		weiße glänzende schuppige Krist.; lichtempfindlich; wl. W; l. verd. HNO_3; unl. Al, Ä; sied. W zers. → $Hg + Hg(CH_3CO_2)_2$; giftig
					−834,5		$\chi_{Mol} = -100 \cdot 10^{-6}$ cm³Mol⁻¹; fbl. glänzende Krist.; Geruch nach Egs; lichtempfindlich; ll. in mit Egs angesäuertem W; giftig
543	*F**		101,6	195,7	−264,8	−211,3	* unter Druck; $\bar{\gamma}$(20...150° C) = $103 \cdot 10^{-6}$ grd⁻¹; Kalomel; weißes schweres mikrokrist. Pulver; geruch- und geschmacklos; an Luft beständig; färbt sich an Licht dunkler; LW 20° $2{,}3 \cdot 10^{-4}$ %; l. Bzl, Py, h. sauerstoffhaltigen S; unl. Al, Ä
277 304	*F* *V*	17,36 58,89	76,6	144,8	−230		$\chi_{Mol} = -81{,}7 \cdot 10^{-6}$ cm³Mol⁻¹; Sublimat; weiße durchscheinende strahlig krist. Stücke oder krist. Pulver; LW 20° 6 %; L Me 20° 35 %; L Al 25° 33,6 %; L Ä 18° 6,05 %; L Chlf 20° 0,1 %; L Egester 25° 23,7 %; ll. sied. W; l. Py, Egs, Glycerin, Aceton; giftig und ätzend
					−537,35		gelbes Pulver; bei 260° C zers.; unl. k. W; h. W zers.; l. HCl
							„unschmelzbares Präcipitat“; weißes Pulver; geruchlos; lichtempfindlich; unl. W, Al; l. S, $(NH_4)_2CO_3$- und $Na_2S_2O_3$-Lsg.; bei Rotglut flch. ohne zu schmelzen; giftig

Formel	Name	Zustand	Mol.-Masse Dichte $g \cdot cm^{-3}$	Kristalldaten: System, Typ und Symbol	Einheitszelle: Kantenlänge in Å	Einheitszelle: Winkel und M	Brechzahl n_D
$Hg(NH_3)_2Cl_2$	Diamminquecksilber(II)-chlorid	f	305,56 3,77	kub.	4,07		
$Hg_2(ClO_3)_2$	(I)-chlorat	f	568,08 6,409				
$Hg(ClO_3)_2$	(II)-chlorat	f	367,49 4,998				
Hg_2F_2	(I)-fluorid	f	439,18 8,73	tetr. $D3_1$ $D_{4h}^{17}, I\,4/mmm$	3,66 10,9	 $M=4$	
HgF_2	(II)-fluorid	f	238,59 8,67	kub. $C\,1$ $O_h^5, Fm3m$	5,54	 $M=4$	
Hg_2J_2	(I)-jodid	f	654,99 7,70	tetr. $D3_1$ $D_{4h}^{17}, I\,4/mmm$	4,92 11,61	 $M=2$	
HgJ_2	(II)-jodid	f	454,40 6,28	tetr. $C\,13$ $D_{4h}^{15}, P\,4_2/nmc$	4,357 12,36	 $M=2$	2,748 2,555
$[HgJ_3]K \cdot H_2O$	Kaliumtrijodomerkurat-(II)	f	638,42				
$[HgJ_4]K_2$	Kaliumtetrajodomerkurat-(II)	f	786,41				
$Hg_2(N_3)_2$	(I)-azid	f	485,22				
$Hg(NO_3)_2 \cdot {}^1/_2 H_2O$	(II)-nitrat	f	333,61 4,3				

Phasenumwandlungen °C		ΔH kJ/Mol	Standardwerte bei 25° C C_p S^0 J/Molgrd	ΔH_B ΔG^0 kJ/Mol	Bemerkungen und Charakteristik
300	*F*			−468,7	„schmelzbares Präcipitat"; weißes kleinkrist. Salz; schmilzt unter Z.; W zers.; l. Egs, wss. KJ-Lsg.
					fbl. lange Krist., die an der Luft Durchsichtigkeit und Glanz verlieren; weißes Pulver; expl. bei 250° C; l. k. W; h. W zers.; l. Al, Egs
					kleine Nadeln; zers. beim Erhitzen; l. W
570	*F*		 184	−384	gelbes Pulver; W zers.
645 302 (178 Torr)	*F* Sb	 67	 117	−400	$\chi_{Mol} = -62 \cdot 10^{-6}$ cm³Mol⁻¹; fbl. durchsichtige Krist.; l. HF, verd. HNO_3
290	*F*		105,8 239,2	−120,9 −112	gelbes schweres Pulver; verfärbt sich am Licht; LW 25° $2 \cdot 10^{-9}$ %; l. KJ-Lsg., Hg(I)- und Hg(II)-nitrat-lsg.; unl. Al, Ä, Alk; giftig; ab 310° tritt Z. ein
127 257 354	*U* *F* *V*	2,72 18,8 59,64	77,4 176,6	−105,4	$\bar{\gamma}$(129,8...138° C) $= 235 \cdot 10^{-6}$ grd⁻¹; $\chi_{Mol} = -128,6 \cdot 10^{-6}$ cm³Mol⁻¹; scharlachrotes schweres krist. Pulver; bei 127° *U* rot→gelb; lichtempfindlich; giftig; LW 25° $6 \cdot 10^{-3}$ %; L abs. Al 25° 1,8 %; L Me 19,5° 3,15 %; l. Ä, Aceton, KJ-Lsg.; swl. Chlf; wl. Olivenöl; gelbes HgJ_2 orh. C_{2v}^{12}, $Cmc2_1$, $a = 7{,}59$, $b = 13{,}8$, $c = 4{,}97$ Å, $M = 4$
					hgelbe Kristallnadeln; zers. W→ HgJ_2; l. KJ-Lsg.; beim Erhitzen subl. HgJ_2 ab
					schwefelgelbe Krist.; zerfl.; sll. W; l. Al; wl. Ä, Aceton; giftig
				556,6	weiße Krist.; expl. bei 245° C; LW 20° $2{,}5 \cdot 10^{-2}$ %
79	*F*			−389,2	fbl. Krist.; lichtempfindlich; zerfl.; ll. in HNO_3-haltigem W; viel W oder sied. W hydrolysiert; l. NH_3, Aceton; unl. Al

Formel	Name	Zustand	Mol.-Masse / Dichte $g \cdot cm^{-3}$	Kristalldaten: System, Typ und Symbol	Kristalldaten: Einheitszelle: Kantenlänge in Å	Kristalldaten: Einheitszelle: Winkel und M	Brechzahl n_D
$Hg_2(NO_3)_2 \cdot 2H_2O$		f	570,23 4,78	mkl. $C_{2h}^5, P2_1/c$	8,64 7,52 6,30	103° 48′ $M=2$	
Hg_2O	(I)-oxid	f	417,18 9,8				
HgO	(II)-oxid	f	216,59 11,14	orh. $D_{2h}^{16}, Pnma$	5,52 6,61 3,52	$M=4$	2,37* 2,5* 2,65*
HgO		f	216,59 11,14				
Hg_2S	(I)-sulfid		433,24				
HgS	(II)-sulfid	f	232,65 8,18	trig. $B9$ $D_3^{4,6}$, $P3_{1,2}21$	4,14 9,49	$M=3$	2,9051* 3,2560
HgS		f	232,65 7,8	kub. $B3$ $T_d^2, F\bar{4}3m$	5,853	$M=4$	
HgSCN	(I)-thiocyanat	f	258,67 5,318				
$Hg(SCN)_2$	(II)-thiocyanat	f	316,75				
Hg_2SO_4	(I)-sulfat	f	497,24 7,56				
$HgSO_4$	(II)-sulfat	f	296,65 6,47				

Phasen-umwandlungen °C		ΔH kJ/Mol	Standardwerte bei 25° C: C_p S^0 J/Molgrd	ΔH_B ΔG^0 kJ/Mol	Bemerkungen und Charakteristik
70 Z	*F*			−865,8	fbl. Krist.; lichtempfindlich; zerfl. an feuchter Luft; verwittern an trockener Luft; ll. sied. W; viel W hydrolysiert; l. verd. HNO_3; unl. Al; giftig
				−91,23	$\chi_{Mol} = -76{,}3 \cdot 10^{-6}$ cm^3Mol^{-1}; braun-schw. Pulver; swl. W; l. Egs, HNO_3; unl. verd. HCl, fl. NH_3
			44,05 70,18	−90,83 −52,5	* $\lambda = 671$ mμ; $\chi_{Mol} = -44 \cdot 10^{-6}$ cm^3Mol^{-1}; Montroydit; rotes schweres krist. Pulver; LW 25° $5 \cdot 10^{-3}$ %, 100° $3{,}9 \cdot 10^{-3}$ %; l. HCl, HNO_3; unl. fl. NH_3, Al; giftig
			73,2	−90,18 −58,7	$\chi_{Mol} = -44{,}6 \cdot 10^{-6}$ cm^3Mol^{-1}; gelbes schweres Pulver; LW 25° $5{,}2 \cdot 10^{-3}$ %, 100° $4{,}3 \cdot 10^{-3}$ %; l. S, konz. NH_4Cl-Lsg.; unl. Al, giftig
					schw. Substanz; LW 25° $2{,}8 \cdot 10^{-24}$ %; unl. S, $(NH_4)_2$ S-Lsg.
386	*U*	4,2	50 76,6	−58,6 −48,12	* $\lambda = 5985$ Å; $\chi_{Mol} = -55{,}4 \cdot 10^{-6}$ cm^3Mol^{-1}; optisch aktiv; *U* rot→schw.; Zinnober, Cinnabarit; scharlachrotes Pulver oder Stücke; LW 18° $1{,}25 \cdot 10^{-6}$ %; unl. Al, HCl, HNO_3; l. Königsw. unter Bildung von $HgCl_2$ und Abscheidung von Schwefel
			84,1	−53,6 −46,45	Metacinnabarit, Quecksilbermohr; feines schw. schweres Pulver; fällt bei Einheiten von H_2S in Hg(II)-salzlsg.; unl. W, Al, verd. S; l. Königsw.
					weißes krist. Pulver; unl. W; l. HCl, KSCN-Lsg.
				200,8	$\chi_{Mol} = -96{,}5 \cdot 10^{-6}$ cm^3Mol^{-1}; weißes nadelförmig-krist. Pulver; LW 25° 0,07 %; wl. Al, Ä; l. HCl, NaCl-, KCN-, NH_4-salz-lsg.; zers. ohne zu schmelzen und brennt bläulich unter starker Aufblähung; giftig
			132,0 201	−741,7 −624,3	$\chi_{Mol} = -61{,}5 \times 2 \cdot 10^{-6}$ cm^3Mol^{-1}; weißes krist. Pulver; färbt sich am Licht grau; LW 25° $6 \cdot 10^{-4}$ %; wl. verd. H_2SO_4; l. verd. HNO_3; giftig
				−704,3	$\chi_{Mol} = -78{,}1 \cdot 10^{-6}$ cm^3Mol^{-1}; weißes krist. Pulver; viel W hydrolysiert; l. verd. S, NaCl-Lsg.; unl. Al; giftig

Formel	Name	Zustand	Mol.-Masse Dichte $g \cdot cm^{-3}$	Kristalldaten System, Typ und Symbol	Einheitszelle Kanten-länge in Å	Winkel und *M*	Brechzahl n_D
$HgSO_4 \cdot 2HgO$	(II)-sulfat, bas.	f	729,83 6,44				
In	**Indium**						
InBr	(I)-bromid	f	194,73 4,96				
$InBr_2$	(II)-bromid	f	274,64 4,22				
$InBr_3$	(III)-bro- mid	f	354,54				
InCl	(I)-chlorid	f	150,27 4,19				
$InCl_2$	(II)-chlorid	f	185,73 3,62	orh.	9,64 10,54 6,85	$M=8$	
$InCl_3$	(III)-chlo- rid	f	221,18 3,45	mkl. $C_{2h}^3, C\,2/m$	6,41 11,10 6,31	109° 8′ $M=4$	
$InCl_3 \cdot 3C_5H_5N$	(III)-pyri- din- chlorid	f	420,39				
InF_2	(II)-fluorid	f	152,82 6,1				
InF_3	(III)-fluo- rid	f	171,82 4,39				

Phasen-umwandlungen °C		ΔH kJ/Mol	Standardwerte bei 25° C C_p S^0 J/Molgrd	ΔH_B ΔG^0 kJ/Mol	Bemerkungen und Charakteristik
					schweres gelbes Pulver; geruchlos; met. Geschmack; unl. W, Al; l. S; giftig
220 656	*F* *V*	 92,0	 108,7	−173,6	$\chi_{Mol} = -107 \cdot 10^{-6}$ cm³Mol⁻¹; rote krist. Masse, geschmolzen rotbraune bis braunschw. Fl.; zers. mit W→In+$InBr_3$; ll. verd. S→H_2-Entwicklung; l. k. konz. HCl
235 632	*F* *V*	 85,6			fbl. schwach gelbliche durchscheinende Masse, geschmolzen dklgelbe Fl.; zers. W→InBr+$InBr_3$; ll. k. und h. verd. S; l. k. konz. HCl→H_2-Entwicklung
436 372	*F** Sb	 108,5		−406,3	* unter Druck; weiße krist. Substanz, leicht flch.; LW 25° 85,2 %, Bdk. $2H_2O$; mit fl. NH_3→In(III)-Amminbromide, feine weiße Pulver
120 225 609	*U** *F* *V*	6,91 17,2 89,9	 96,2	−200,8	* *U* gelb→rot; $\chi_{Mol} = -30 \cdot 10^{-6}$ cm³Mol⁻¹; die gelbe Form ist lichtempfindlich, die rote nicht; zerfl. und zerfällt in In+$InCl_3$ unter Graufärbung; zers. W
235 485	*F* *V*	 192,4		−363,4	$\chi_{Mol} = -56 \cdot 10^{-6}$ cm³Mol⁻¹; weiße krist. strahlige Masse; subl. weiße Nadeln, geschmolzen bernsteinfarben; zerfl. an feuchter Luft; zers. W→$InCl_3$+In
586 498	*F** Sb	 106		−537,6	* unter Druck; $\chi_{Mol} = -86 \cdot 10^{-6}$ cm³Mol⁻¹; weiße leichte glänzende Kristallblättchen; leicht subl.; hygr.; LW 20° 66,7 %, Bdk. $4H_2O$; l. abs. Al; mit fl. NH_3→In(III)-Amminchloride, feine weiße Pulver
253	*F*				schwere weiße Krist.; nicht hygr.; zers. W besonders beim Erwärmen; wl. abs. Al, Ä; l. Py in großem Überschuß
					$\chi_{Mol} = -61 \cdot 10^{-6}$ cm³Mol⁻¹; fbl. Substanz; hygr.; zers. W sofort→In+InF_3 unter Graufärbung
1170	*F*				fbl. Substanz; LW 22° 7,83 %, Bdk. $3H_2O$; L Me 20° 0,89 g/100 g Lsg.; L Al 20° 0,02 g/100 g Lsg.; l. verd. S

Formel	Name	Zustand	Mol.-Masse / Dichte g · cm⁻³	Kristalldaten: System, Typ und Symbol	Einheitszelle: Kantenlänge in Å	Winkel und M	Brechzahl n_D
$InF_3 \cdot 9H_2O$		f	333,95				
InJ	(I)-jodid	f	241,72 5,32	orh. $D_{2h}^{17}, Cmcm$	4,91 12,76 4,75	$M=4$	
InJ_3	(III)-jodid	f	495,53 4,68				
$InJ_3 \cdot NH_3$	(III)-amminjodid	f	512,56 3,898				
$InJ_3 \cdot 2NH_3$	(III)-diamminjodid	f	526,57 3,593				
$InLi$	lithium	f	121,76	kub. $B32$ $O_h^7, Fd3m$	6,79	$M=8$	
InN	nitrid	f	128,83 6,88	hex. $B4$ $C_{6v}^4, P6_3mc$	3,533 5,692	$M=2$	
$In(NO_3)_3 \cdot 3H_2O$	nitrat	f	306,88				
$InNa$	natrium	f	137,81 4,70	kub. $B32$ $O_h^7, Fd3m$	7,312	$M=8$	
In_2O	(I)-oxid	f	245,64 6,31				
InO	(II)-oxid	f	130,82				
In_2O_3	(III)-oxid	f	277,63 7,179	kub. $D5_3$ $T_h^7, Ia3$	10,1056	$M=16$	
$In(OH)_3$	(III)-hydroxid	f	165,84 4,41	kub. $T_h^5, Im3$	7,923	$M=8$	
$InOCl$	(III)-oxidchlorid	f	166,27				

Phasen-umwandlungen °C		ΔH kJ/Mol	Standardwerte bei 25° C C_p J/Molgrd	S^0 J/Molgrd	ΔH_B kJ/Mol	ΔG^0 kJ/Mol	Bemerkungen und Charakteristik
							mattweiße Nadeln; wl. k. W; unl. Al, Ä; ll. HCl, HNO_3 beim Erwärmen; wss. Lsg. zers. beim Kochen
351 712	*F* *V*	 90,8		 115,5	−116,3		braunrot, fein zerrieben rot; von W nicht zers., erst mit $O_2 \rightarrow In(OH)_3 +$ HJ; sehr langsam l. k. verd. S; mit Alk und wss. $NH_3 \rightarrow$schw. flockige Masse; unl. Al, Ä, Chlf
210	*F*	21,3			−236,0		gelbe krist. Substanz; geschmolzen dklrotbraune Fl.; hygr.; **LW** 20° 93,0%, Bdk. 0 H_2O; l. Al, Ä, Chlf, Bzl; mit fl. $NH_3 \rightarrow$In(III)-Ammin-jodide
141	*F*						feines weißes Pulver
							gelbe Krist. in der Wärme
630	*F*	25,5					leuchtend stahlblau; spröde
					−20,1		Halbleiter; schw. Produkt; mit wss. $HCl \rightarrow InCl_3 + NH_4Cl$
100° $-2H_2O$							fbl. Krist.; an Luft zerfl.; ll. abs. Al
500	*F*						grau; wird leicht durch Luftfeuchtigkeit zers.
							$\chi_{Mol} = -47 \cdot 10^{-6}$ cm^3Mol^{-1}; schw. feinkrist. Substanz, dünn durchscheinend gelb; spröde; ziemlich hart; Erhitzen an Luft$\rightarrow In_2O_3$; gegen k. W beständig; ll. $HCl\rightarrow$ H_2-Entwicklung
							in reiner Form weißes lockeres Pulver, meist schwach grau
≈2000	*F*		92,0	 126	−907,1	 −818	Halbleiter; $\chi_{Mol} = -56 \cdot 10^{-6}$ cm^3Mol^{-1}; dklgelbe bis hgelbe Substanz; l. S; weiße Krist. (entstehen bei hohen Temp.), stark glänzend, hart; unl. S
				 105	−895	 −759	weißer voluminöser Nd.; frisch gefällt ll. verd. S; **LW** 20° $1{,}95 \cdot 10^{-9}$ Mol/l; l. Ameisensäure, Egs, Weinsäure, Alk; unl. wss. NH_3; gealtert wl. verd. S; beim Erhitzen Gelbfärbung unter Absp. von H_2O
							weißes lockeres Pulver, nicht flch.; l. verd. S in der Kälte schwer, langsam beim Erwärmen; ll. k. konz. S

Formel	Name	Zustand	Mol.-Masse Dichte g · cm⁻³	Kristalldaten: System, Typ und Symbol	Einheitszelle: Kantenlänge in Å	Einheitszelle: Winkel und M	Brechzahl n_D
InP	phosphid	f	145,79 4,783	kub. $B\,3$ $T_d^2, F\bar{4}3m$	5,8687		
InS	(II)-sulfid	f	146,88 5,18				
In_2S_3	(III)-sulfid	f	325,83 4,89	kub.	5,37	$M = 4/3$	
$In_2(SO_4)_3$	(III)-sulfat	f	517,82 3,438				
$In_2(SO_4)_3 \cdot 9\,H_2O$		f	679,96	mkl.			
InSb	antimonid	f	236,57 5,77	kub. $B\,3$ $T_d^2, F\bar{4}3m$	6,465	$M = 4$	
InSe	(II)-selenid	f	193,78 5,55	hex. $D_{6h}^4, P6_3/mmc$	4,05 16,93	$M = 4$	
In_2Se_3	(III)-selenid	f	466,52 5,67	hex. $C_6^2, P6_1$	7,11 19,30	$M = 6$	
In_2Te_3	(III)-tellurid	f	612,44 5,75	kub. $B\,3$ $T_d^2, F\bar{4}3m$	6,158	$M = 4/3$	
Ir	**Iridium**						
IrBr	(I)-bromid	f	272,11				
$IrBr_2$	(II)-bromid	f	352,02				
$IrBr_3$	(III)-bromid	f	431,93				
IrCl	(I)-chlorid	f	227,65 10,18				
$IrCl_2$	(II)-chlorid	f	263,11				
$IrCl_3$	(III)-chlorid	f	298,56 5,30				

Phasenumwandlungen °C		ΔH kJ/Mol	Standardwerte bei 25° C C_p S^0 J/Molgrd	ΔH_B ΔG^0 kJ/Mol	Bemerkungen und Charakteristik
1054	*F*				Halbleiter; schw. Masse; l. HCl→PH_3
692	*F*		75,3	−140,6	$\chi_{Mol} = -28 \cdot 10^{-6}$ cm^3Mol^{-1}; dklfarbige Verbindung, weinrot; l. HCl→H_2S-Entwicklung; l. HNO_3 unter Bildung von Stickoxiden
1050	*F*		125,1	−425,1	β-In_2S_3 Halbleiter; $\chi_{Mol} = -98 \cdot 10^{-6}$ cm^3Mol^{-1}; rotes Pulver; durch H_2S gefällt gelber Nd., l. HCl, H_2SO_4→H_2S-Entwicklung; über 300° β-In_2S_3, kub. O_h^4, $Fd3m$, $a = 10{,}74$ Å, $M = \frac{32}{3}$
			280	−2907	weiße Masse; LW 25° 0,621 g $In_2(SO_4)_3$/g Lsg.
					fbl. kleine gut ausgebildete Krist.
525	*F*	25,5		−14,5	Halbleiter; metallartiger spröder Körper
660	*F*			−118,0	Halbleiter; schw. Substanz, zerreibbar, matt, fettglänzend
200 890	*U* *F*			−345,6	Halbleiter; schw., ziemlich weiche Substanz; ll. in starken S→H_2Se; mit HNO_3→Se→SeO_2
667	*F*			−198,3	Halbleiter; schw. harte spröde Substanz
			105	−63	dklbraunes bis hbraunrotes Pulver; subl. bei 500° unter Z.; swl. W, S, Alk
			150	−113	tiefbraunrote Substanz; unl. W, S; swl. Alk; bei 485°→IrBr
					dklrotbraunes Pulver; unl. W, S, Alk; beim Erhitzen→$IrBr_2$
			92	−67	kupferrote met. glänzende Krist.; subl. leicht; unl. S, konz. H_2SO_4, Alk; konz. Alk greifen etwas an
			130	−138	braunes krist. Produkt; Z. bei 773°→IrCl; unl. HCl, HNO_3, H_2SO_4, Königsw., KOH- und K_2CO_3-Lsg.; konz. Alk greifen etwas an; K_2CO_3-Schmelze→Oxid
			155	−209	$\chi_{Mol} = -14{,}4 \cdot 10^{-6}$ cm^3Mol^{-1}; dklgrün oder braun; flch. bei 470°; unl. W, S, Alk; konz. Alk zers. langsam→Alkaliiridit, l. HCl

Formel	Name	Zustand	Mol.-Masse / Dichte $g \cdot cm^{-3}$	Kristalldaten: System, Typ und Symbol	Einheitszelle: Kantenlänge in Å	Einheitszelle: Winkel und M	Brechzahl n_D
$H_2[IrCl_6] \cdot 6H_2O$	(IV)-hexachlorowasserstoffsäure	f	515,03				
IrF_6	(VI)-fluorid	f	306,19 6,0*				
IrJ_3	(III)-jodid	f	572,91				
IrJ_4	(IV)-jodid	f	699,82				
$[IrBr_6]K_2$	Kaliumhexabromoiridat-(IV)	f	749,86				
$[IrCl_6]K_2$	Kaliumhexachloroiridat-(IV)	f	483,12 3,546				
$[IrCl_6]K_3$	Kaliumhexachloroiridat-(III)	f	522,22				
$[IrCl_6]K_3 \cdot 3H_2O$		f	576,27	tetr.	1: 1,6149		
$[IrF_6]K_2$	Kaliumhexafluoroiridat-(IV)	f	384,39				
$[IrJ_6]K_2$	Kaliumhexajodoiridat-(IV)	f	1031,83				
$[IrJ_6]K_3$	Kaliumhexajodoiridat-(III)	f	1070,93				
$[Ir(NO_2)_6]K_3$	Kaliumhexanitritoiridat-(III)	f	585,54 3,297	kub. $I2_1$ $O_h^5, Fm3m$	10,57	$M=4$	

Phasen-umwandlungen °C		ΔH kJ/Mol	Standardwerte bei 25° C C_p S^0 J/Molgrd	ΔH_B ΔG^0 kJ/Mol	Bemerkungen und Charakteristik
					rötlichschw. Krist.; lange schw. Nadeln; zerfl.; ll. W, Al mit rotbrauner Farbe; l. Ä, Me; unl. Chlf
0,4 43,8 53,6	*U* *F* *V*	7,1 8,4 7,38		−544	* bei −190° C; hgelbe glänzende Blättchen und Nadeln; zers. an feuchter Luft→ $HF+IrOF_4$
					schw.braunes Pulver; swl. k. W, leichter l. h. W; l. Alk; fast unl. S, Al
					schw. Substanz; unl. W, S; l. Alkjodidlsg. mit rubinroter Farbe; zers. beim Erhitzen
					dklblaue stark glänzende Oktaeder; l. W; unl. Al, Ä
					$\chi_{Mol}=+978\cdot10^{-6}$ cm^3Mol^{-1}; tiefschw. bis dklrote Oktaeder; LW 20° 1 %, Bdk. 0 H_2O; unl. Al
					blaßolivgrünes Pulver; Glühen mit Alk-carbonat→IrO_2
					kleine olivgrüne glänzende Krist., Pulver grünlichweiß, grüngelb; verwittert leicht; ll. W; unl. Al
					rote Krist.; l. h. W
					dkl. met. glänzende Oktaeder; ll. W; unl. Al; Alk zers.; gegen S beständig
					feines grünglänzendes Kristallpulver; unl. W, Al; langsam l. S; verd. Alk zers.
					weißes Kristallpulver; fast unl. k. W; wl. h. W; unl. wss. KCl-Lsg.; l. h. konz. H_2SO_4→$Ir_2(SO_4)_3\cdot xH_2O$

Formel	Name	Zustand	Mol.-Masse Dichte g · cm⁻³	Kristalldaten: System, Typ und Symbol	Einheitszelle: Kantenlänge in Å	Einheitszelle: Winkel und *M*	Brechzahl n_D
$[IrCl_6](NH_4)_2$	Ammoniumhexachloroiridat-(IV)	f	441,10				
$[IrCl_6](NH_4)_3 \cdot H_2O$	Ammoniumhexachloroiridat-(III)	f	477,05	orh.	0,8581 : 1 : 0,4946		
$[IrBr_6]Na_3 \cdot 12H_2O$	Natriumhexabromoiridat-(III)	f	956,81				
$[IrBr_6]Na_2 \cdot xH_2O$	Natriumhexabromoiridat-(IV)	f	717,63*				
$[IrCl_6]Na_3 \cdot 12H_2O$	Natriumhexachloroiridat-(III)	f	690,07				
$[IrCl_6]Na_2$	Natriumhexachloroiridat-(IV)	f	450,90				
$[IrCl_6]Na_2 \cdot 6H_2O$		f	558,99	trikl.	0,50131 : 1 : 0,87023	84° 29′ 128° 12′ 100° 39′	
$[IrJ_6]Na_2$	Natriumhexajodoiridat-(IV)	f	999,61				
IrO_2	(IV)-oxid	f	224,20	tetr. *C*4 D_{4h}^{14}, $P4_2/mnm$	4,49 3,14		
$Ir(OH)_4$ $IrO_2 \cdot 2H_2O$	(IV)-hydroxid, (IV)-oxidhydrat	f	260,23				
Ir_2S_3	(III)-sulfid	f	480,59 9,64				

Phasenumwandlungen °C		ΔH kJ/Mol	Standardwerte bei 25° C C_p J/Molgrd	S^0 J/Molgrd	ΔH_B kJ/Mol	ΔG^0 kJ/Mol	Bemerkungen und Charakteristik
							schw.rote Krist., stark lichtbrechende Oktaeder; Z. beim Erhitzen; **LW** 20° 0,8 %; mit intensiv brauner Farbe, Bdk. 0 H_2O
							glänzende olivgrüne Nadeln; Farbe stark von Kristallgröße abhängig; verwittert an der Luft; LW 19° 9,2 %, Bdk. 1 H_2O; konz. H_2SO_4 bei 100°→$(NH_4)_2[IrCl_6]$
							große schw. erscheinende Krist., Pulver gelblichgrün; verwittert an der Luft; schmilzt beim Erhitzen bis 100° im Kristallw.
							* ohne H_2O berechnet; schw.blaue nadelförmige Krist.; bei 100° $-H_2O$→hblau; sehr hygr.; ll. W, Al, Ä; wss. Lsg. zers. leicht
							olivgrüne Krist.; verwittert an der Luft→holivgrünes 2-Hydrat; LW 15° 31,46 g/100 ml, 85° 307,26 g/100 ml; unl. Al; wl. Aceton
							ziegelrotes Pulver; **LW** 20° 28 %, Bdk. 0 H_2O
							glänzende schw. Krist., Pulver dklbraunrot; sehr hygr.; sll. W; l. Al unter teilweiser Red., l. Aceton
							dklbraungrünes Kristallpulver; unl. k. W, Al; wl. h. W; leichter l. S; zers. beim Erhitzen
>1100	*F*		57,3	72	−184		schw. feines Pulver, auch mit blauem Schimmer; met. glänzende Krist.; unl. S, $KHSO_4$-Schmelze, fl. NH_3; mit W→Hydratbildung; LW 20° $0,2 \cdot 10^{-3}$ %
							blaue Substanz; l. W kolloidal; l. wss. HF, HCl, HBr, H_2SO_4, Egs; unl. verd. HNO_3, Alk
				143	−176		schw. feinkrist. Pulver

Formel	Name	Zustand	Mol.-Masse / Dichte g·cm⁻³	Kristalldaten: System, Typ und Symbol	Einheitszelle: Kantenlänge in Å	Einheitszelle: Winkel und M	Brechzahl n_D
IrS_2	(IV)-sulfid	f	256,33 8,43				
$Ir_2(SO_3)_3 \cdot 6H_2O$	(III)-sulfit	f	732,68				
$Ir_2(SO_4)_3 \cdot xH_2O$	(III)-sulfat	f	672,58*				
$Ir(SO_4)_2$	(IV)-sulfat	f	384,32				
Ir_2Se_3	(III)-selenid	f	621,28				
$IrSe_2$	(IV)-selenid	f	350,12	orh. $D_{2h}^{16}, Pnma$	5,93 20,94 3,74	$M=8$	
J	**Jod**						
JBr	bromid	f	206,81 4,414				
JCl	monochlorid	f	162,36 3,86*	mkl. $C_{2h}^{5}, P2_1/c$	12,36 4,38 11,90	117° 26′ $M=8$	
JCl_3	trichlorid	f	233,26 3,11				
JF_5	pentafluorid	fl	221,90 3,5				

Phasenumwandlungen °C		ΔH kJ/Mol	Standardwerte bei 25° C C_p	S^0 J/Molgrd	ΔH_B	ΔG^0 kJ/Mol	Bemerkungen und Charakteristik
					−126		graues sandiges Pulver, auch schw.; braun; l. HNO_3 unter Bildung von $Ir(SO_4)_2$; unl. S, Alk, NH_3
180 $-H_2O$							gelber krist. Nd.; fast unl. W; l. S mit grüner Farbe; mit sied. Alk→ $Ir_2O_3 \cdot xH_2O$
							* ohne H_2O berechnet; kleine gelbe Prismen; ll. W mit gelber Farbe; mit Alk-sulfat→ Alaune
							gelbliche Substanz; l. W mit gelber Farbe
							glänzend schw. Pulver; unl. HNO_3; Königsw. greift nur langsam an; zum Teil zers. durch KNO_3, $KClO_3$, K_2CO_3 bei Rotglut
							feines grauschw. Kristallpulver; unl. S; sied. Königsw. greift spurenweise an; Z. 600...700° im CO_2-Strom
41 116	*F* *V*				−10,3		blauschw. Krist. ähnlich J_2; stechender bromähnlicher Geruch; geschmolzen braunrote Fl.; Dämpfe ätzen Augen und Nasenschleimhäute; ll. oft unter Z. W, Al, Ä, Chlf, CS_2, Eg
27,3	*F*	11,12	56,2	201,2			* bei 0° C; (α) rubinrote Krist.; wenig hygr.; stechender Geruch; greift Schleimhäute an; als Fl. dklrotbraun; l. W unter Z.→HJO_3+HCl+J_2; l. Me, Al, Ä, Aceton, Py, Egs, CCl_4, Chlf, Bzl, Toluol, CS_2; (β) braunrote Krist.; F 13,9° C, D_4^0 3,66 gcm^{-3}
101 (16 atm.)	*F*			172	−88,5	−22,6	gelbe Nadeln; stechender Geruch; an der Luft zerfl.; ll. W unter Z.→ HCl, HJO_3, JCl; l. Al, Ä, CCl_4, Bzl, Egs; bei 77° Z.
9,6 100,5	*F* *V*	12,6 41,3			−856		fbl. Fl.; raucht an der Luft; reizt die Atmungsorgane; mit W heftig→ HF+HJO_3; mit konz. H_2SO_4, HCl Reaktion; mischbar konz. HNO_3 ohne Reaktion; zers. Alk

Formel	Name	Zustand	Mol.-Masse / Dichte g · cm⁻³	Kristalldaten: System, Typ und Symbol	Einheitszelle: Kantenlänge in Å	Einheitszelle: Winkel und M	Brechzahl n_D
JF_7	hepta⸗fluorid	g	259,89 2,8*				
HJ	wasserstoff	g	127,91 5,789*				
HJO_3	säure	f	175,91 4,65	orh. $D_2^4, P2_12_12_1$	5,855 7,715 5,520	$M=4$	1,95
J_2O_5	pentoxid	f	333,81 4,799				
K	**Kalium**						
$KAsO_2$	meta⸗arsenit	f	146,02				
KH_2AsO_4	di⸗hydrogen⸗arsenat	f	180,04 2,867	tetr. $D_{2d}^{12}, I\bar{4}2d$	7,61 7,17	$M=4$	1,5674 1,5179
$K[BF_4]$	tetra⸗fluoro⸗borat	f	125,91 2,498	orh. $H0_2$ $D_{2h}^{16}, Pnma$	7,84 5,68 7,38	$M=4$	1,3239 1,3245 1,3247
KBO_2	metaborat	f	81,91	trig. $F5_{13}$ $D_{3d}^6, R\bar{3}c$	7,76	110,6° $M=6$	1,526 1,450
$K_2B_4O_7 \cdot 4H_2O$	diborat	f	649,70 1,94	orh.	11,77 12,80 6,83	$M=4$	
$KB_5O_8 \cdot 4H_2O$	pentaborat	f	293,21 1,74	orh.	11,065 11,171 9,054		

Phasen-umwandlungen °C		ΔH kJ/Mol	Standardwerte bei 25° C C_p J/Molgrd	S^0 J/Molgrd	ΔH_B kJ/Mol	ΔG^0 kJ/Mol	Bemerkungen und Charakteristik
6	*F*		99,16	328,7	−814		* bei 6° C fbl. Gas von muffig-saurem Geruch; bildet Nebel an der Luft; l. W ohne heftige Reaktion, teilweise unzers.
−247 −203 −147,6 −50,79 −35,34	*U* *U* *U* *F* *V*	 0,078 0,805 2,87 19,76	29,16	206,3	25,94	1,22	* kg/Nm³; ϑ_{krit} 151°; p_{krit} 84,7 at; fbl. stechend riechendes Gas; an feuchter Luft Nebel; klare fbl. Fl., zers. leicht am Licht; fest krist. fbl. durchsichtig; LW 10° 425 Vol/1 Vol H_2O; wss. Lsg. ist wenig stabil; l. Al, Acetonitril; unl. Chlf
110	*F*						fbl. durchscheinende Krist., Glasglanz, zuweilen fettartig; saurer Geschmack, schwach jodähnlicher Geruch; sll. W; swl. abs. Al, l. wss. Al; unl. Ä, Chlf, CS_2, Eg, KW
300	Z				−177		weiße geruchlose Blättchen; schmilzt nicht und subl. nicht; sll. W; l. konz. S besonders in der Wärme, wl. bei gewöhnlicher Temp.; l. sied. Egs-anhydrid
							weiße kleine gut ausgebildete Krist.; hygr.; nehmen leicht CO_2 auf; ll. W
−177,6 288	*U* *F*	0,36	126,7	155,1	−1136	−990,5	$\chi_{Mol} = -70{,}3 \cdot 10^{-6}$ cm³Mol⁻¹; piezoelektrisch; fbl. Krist.; vierseitige Säulen und Nadeln; salzig-kühlender Geschmack; LW 7° 21,9%, 21° 19,35%; ll. S, NH_3; l. Glycerin; unl. Egester
278 530	*U** *F*						* *U* $H0_2 \rightarrow H0_5$, kub. T_d^2, $F\bar{4}3m$, $a = 7{,}26$ Å, $M = 4$; Avogadrit; fbl. Krist.; zers. beim Erhitzen→$KF + BF_3$; LW 20° 0,4%, Bdk. 0 H_2O; fast unl. fl. HF, Al, Ä; swl. Egs
950	*F*						fbl. Krist.; aus Schmelze lange Nadeln; LW 25° 4,6 g/l Lsg.; unl. Al, Ä
							gut ausgebildete klare Krist.; l. W
							$\chi_{Mol} = -147 \cdot 10^{-6}$ cm³Mol⁻¹; fbl. Krist.; schmilzt bei Rotglut zu einem Glas; LW 20° 3%, Bdk. 4 H_2O

Formel	Name	Zustand	Mol.-Masse / Dichte g · cm⁻³	Kristalldaten: System, Typ und Symbol	Einheitszelle: Kantenlänge in Å	Einheitszelle: Winkel und M	Brechzahl n_D
KBr	bromid	f	119,01 2,75	kub. $B1$ $O_h^5, Fm3m$	6,59	$M=4$	1,5593
$KBrO_3$	bromat	f	167,01 3,25	trig. $G0_6$ $C_{3v}^5, R3m$	4,40	86,0° $M=1$	1,678 1,599
KCN	cyanid	f	65,12 1,56	kub. $F0_1$ $T^4, P2_13$	6,51	$M=4$	1,410
K_2CO_3	carbonat	f	138,21 2,428	mkl.			1,426 1,531 1,541
$K_2CO_3 \cdot {}^3/_2H_2O$		f	165,24 2,155	mkl.	0,9931: 1: 0,8540	111° 24′	
$KHCO_3$	hydrogen=carbonat	f	100,12 2,17	mkl. $C_{2h}^5, P2_1/c$	15,1 5,69 3,68	104° 30′ $M=4$	1,380 1,482 1,578
$KHCO_2$	formiat	f	84,12 1,91	orh.			
$KC_2H_3O_2$	acetat	f	98,15 1,8				

Phasenumwandlungen °C		ΔH kJ/Mol	Standardwerte bei 25° C C_p J/Molgrd	S^0 J/Molgrd	ΔH_B kJ/Mol	ΔG^0 kJ/Mol	Bemerkungen und Charakteristik
732	*F*	24,8	53,62		−392,0		$\bar{\gamma}$(0...25° C) = 112 · 10^{-6} grd^{-1}; $\varkappa$(30°) = 6,57 · 10^{-6} at^{-1}; ε(10^2...10^{10})Hz = 4,9; χ_{Mol} = −49,1 · 10^{-6} cm^{3}Mol^{-1}; fbl. glänzende Krist. von scharf-salzigem Geschmack; LW 20° 39,4 %, Bdk. 0 H_2O; L Me 20° 2 %; L Al 20° 0,453 %; L Aceton 18° 3,6 · 10^{-3} %; L Glykol 25° 13,4 %
1383	*V*	155,1		96,41		−379	
434	*F*		104,9		−332,1		ε(2 · 10^6 Hz) = 7,9; χ_{Mol} = −52,6 · 10^{-6} cm^{3}Mol^{-1}; fbl. Krist.; LW 20° 6,5 %, Bdk. 0 H_2O; unl. Al
				149,1		−242,8	
−104,9	*U**	1,3			−112,5		* *U* orh.→kub.; < −104,9° orh., a = 4,24, b = 5,14, c = 6,16 Å, M = 4; $\varkappa$(0...5000) at = 5,6 · 10^{-6} at^{-1}; ε(2 · 10^6 Hz) = 6,2; χ_{Mol} = −37 · 10^{-6} cm^{3}Mol^{-1}; fbl. Krist.; weißes Salz; LW 20° 40,4 %; L Me 19,5° 4,68 %; L Al 19,5° 0,87 %; L Glycerin 15,5° 24,24 %; L fl. NH_3 −33° 3,75 g/100 cm^3 Lösm.; schwer l. Py, Benzonitril; unl. CS_2, Egester, Egsmethylester; mit fl. HF stürmisch→HCN; wss. KCN-Lsg. wird durch S unter HCN-Entwicklung zers.
605	*F*	14,6					
250	*U*				−1138		$\bar{\gamma}$(−78...19° C) = 130 · 10^{-6}; $\bar{\gamma}$ fl. (900...1000° C) = 240 · 10^{-6}; ε(1,66 · 10^5 Hz) = 5,0; χ_{Mol} = −59 · 10^{-6} cm^{3}Mol^{-1}; weißes Pulver; krist. schlecht; hygr.; LW 20° 52,5 %, Bdk. $^3/_2$ H_2O; L fl. NH_3 −33° 0,06 g/100 cm^3 Lösm.; L 99,7 % Hydrazin 20° 1 g/100 cm^3 Lösm.; L Glykol 25° 25,6 %; L abs. Me 4,29 %; L abs. Al 25° 0,1114 g/100 cm^3 Lösm.
428	*U*			151		−1049,5	
622	*U*						
900	*F*	32,6					
							große glasglänzende Krist.; an feuchter Luft zerfl.; LW s. K_2CO_3
							fbl. durchscheinende Krist. oder weißes Pulver; beim Erhitzen→ K_2CO_3, CO_2, H_2O; LW 20° 25,0 %; unl. abs. Al, Egester, Egs-methylester
167,5	*F*						ε(10^4 Hz) = 4,31; fbl. Krist.; sehr hygr.; LW 18° 76,8 %, Bdk. 0 H_2O; l. Al, Ä
292	*F*						weißes geruchloses krist. Pulver; LW 20° 72 %, Bdk. 1,5 H_2O; ll. Al; pH einer 1 % wss. Lsg. 9,7

Formel	Name	Zustand	Mol.-Masse / Dichte $g \cdot cm^{-3}$	Kristalldaten: System, Typ und Symbol	Einheitszelle: Kantenlänge in Å	Einheitszelle: Winkel und M	Brechzahl n_D
$KH(C_2H_3O_2)_2$	hydrogenacetat	f	158,20				
$K_2C_2O_4$	oxalat	f	166,22				
$K_2C_2O_4 \cdot H_2O$		f	184,24 2,12	mkl. $C_{2h}^6, C2/c$	9,32 6,17 10,65	111,96° $M=4$	1,434 1,493 1,560
KHC_2O_4	hydrogenoxalat	f	128,13 2,030	mkl. $C_{2h}^5, P2_1/c$	4,32 12,88 10,32	133,48° $M=4$	1,382 1,553 1,573
$K_2C_4H_4O_6 \cdot {}^1/_2 H_2O$	D- oder L-tartrat	f	235,28 1,984	mkl. $C_2^3, C2$	15,49 5,049 20,101	90,85° $M=8$	1,526
$K_2C_4H_4O_6 \cdot 2H_2O$	tartrat	f	262,34 1,887	trikl. $C_1^1, P1$	1,019: 1: 1,600	95,73° 102,87° 61,78°	
$K_2C_4H_4O_6 \cdot 2H_2O$	tartrat	f	262,34	mkl.	0,8866: 1: 0,7521	92° 28′	
$KHC_4H_4O_6$	hydrogentartrat	f	188,18 1,954	mkl.	0,9771: 1: 1,5476	116° 18′	
$KHC_4H_4O_6$	D- oder L-hydrogentartrat	f	188,18 1,956	orh.	7,61 10,70 7,80	 $M=4$	1,5105 1,5498 1,5900
KCl	chlorid	f	74,56 1,984	kub. $B1$ $O_h^5, Fm3m$	6,28	 $M=4$	1,4904
$KClO_3$	chlorat	f	122,55 2,338	mkl. GO_6 $C_{2h}^2, P2_1/m$	4,65 5,59 7,09	109,6° $M=4$	1,4084 1,5167 1,5234

Phasenumwandlungen °C		ΔH kJ/Mol	Standardwerte bei 25° C: C_p S^0 J/Molgrd	ΔH_B ΔG^0 kJ/Mol	Bemerkungen und Charakteristik
148	*F*				dünne breite durchsichtige Blätter; biegsame Krist.; l. abs. Al in der Wärme; die h. konz. Lsg. erstarrt beim Erkalten
					weißes Salz; nimmt an feuchter Luft 1 H_2O auf; LW 20° 26,6 %, 50° 32,6 %
					fbl. Krist.; LW s. $K_2C_2O_4$; unl. Egester, Anilin
					glänzende durchsichtige Krist.; l. W; unl. abs. Al, Ä
					piezoelektrisch; große glasglänzende wasserhelle Krist.; sehr rein und klar durch langsames Eindunsten zu erhalten; bei 150° wfrei; ll. W; wl. Al
~90	*F**				* im eigenen Kristallwasser; inaktiv, nicht spaltbar; fbl. Krist.; LW 20° 48,7 %
					Racemat; inaktiv, spaltbar; große harte durchsichtige Krist.; fast unl. Al
					Racemat; fbl. vierseitige Platten; LW 15° 0,4 %, 28° 0,69 %; ll. S; unl. Al; Mesohydrogentartrat: kl. fbl. glasige Krist.; LW 20° 11,65 %
					piezoelektrisch; wasserhelle stark glänzende Krist., sehr wenig hygr.; unbegrenzt lange haltbar; LW 20° 0,5 %; L 17 % Al 25° 0,242 %, 51 % Al 0,062 %, 99,9 % Al 0,01 %
772 1413	*F* *V*	25,5 161,5	51,49 82,65	−435,7 −408	$\bar{\alpha}(15...25° C) = 33{,}7 \cdot 10^{-6}$ grd^{-1}; $\bar{\gamma}(-78\cdots+25° C) = 101 \cdot 10^{-6}$ grd^{-1}; $\varkappa(30°) = 5{,}52 \cdot 10^{-6}$ at^{-1}; $\varepsilon(10^6$ Hz$) = 4{,}68$; $\chi_{Mol} = -39{,}0 \cdot 10^{-6}$ cm^{3}Mol^{-1}; Sylvin; fbl. Krist.; **L**W 20° 25,5 %, Bdk. 0 H_2O; L Me 25° 0,5 %; L Al 18,5° 0,034 %; L Glykol 25° 4,92 %; l. Glycerin; unl. Ä, Aceton; p_H der gesättigten wss. Lsg. = 7
368	*F*				$\bar{\gamma}(-78\cdots+21° C) = 220 \cdot 10^{-6}$ grd^{-1}; $\varkappa(0...2000$ at$) = 5{,}2 \cdot 10^{-6}$ at^{-1}; $\chi_g = -0{,}333 \cdot 10^{-6}$ cm^{3}g^{-1}; fbl. glänzende Krist. von kühlendem Geschmack; **L**W 20° 6,5 %, Bdk. 0 H_2O; L Glycerin 15° 3,4 %; wl. Al; entzündet sich expl. beim Verreiben mit org. und oxydierbaren Substanzen

Formel	Name	Zustand	Mol.-Masse / Dichte $g \cdot cm^{-3}$	Kristalldaten: System, Typ und Symbol	Einheitszelle: Kanten-länge in Å	Einheitszelle: Winkel und M	Brechzahl n_D
$KClO_4$	perchlorat	f	138,55 2,52	orh. $H0_2$ $D_{2h}^{16}, Pnma$	8,83 5,65 7,24	 $M=4$	1,4731 1,4737 1,4769
KF	fluorid	f	58,10 2,49	kub. $B1$ $O_h^5, Fm3m$	5,33	 $M=4$	1,3610*
$KF \cdot 2H_2O$		f	94,13 2,454	orh. $C_{2v}^2, Pmc2_1$	4,06 5,15 8,87	 $M=2$	1,345 1,352 1,363
KHF_2	hydrogen=fluorid	f	78,11 2,37	tetr. $F5_2$ $D_{4h}^{18}, I4/mcm$	5,67 6,81	 $M=4$	
KH	hydrid	f	40,11 1,43	kub. $B1$ $O_h^5, Fm3m$	5,7	 $M=4$	1,453
KJ	jodid	f	166,01 3,13	kub. $B1$ $O_h^5, Fm3m$	7,05	 $M=4$	1,6666
$KJ_3 \cdot H_2O$	trijodid	f	437,83 3,498	mkl.	1,4154: 1	93,21°	
$KJCl_4$	tetra=chloro=jodat	f	307,82 2,62	mkl. $H0_{10}$ $C_{2h}^5, P2_1/c$	13,09 14,18 4,20	95,1° $M=4$	
KJO_3	jodat	f	214,00 3,89	mkl. $C_{2h}^2, P2_1/m$	8,92 8,92 8,92	~90° $M=8$	

Phasen-umwandlungen °C		ΔH kJ/Mol	Standardwerte bei 25° C C_p J/Molgrd	S^0 J/Molgrd	ΔH_B kJ/Mol	ΔG^0 kJ/Mol	Bemerkungen und Charakteristik
299,5	*U**	13,76	110,2	151,0	−433,3	−303,7	* *U* $HO_2 \rightarrow HO_5$ kub., T_d^2, $F\bar{4}3m$, $a = 7{,}47$ Å, $M = 4$; $\bar{\gamma}(-78...18°\ C) = 140 \cdot 10^{-6}$ grd^{-1}; $\chi_g = -0{,}341 \cdot 10^{-6}$ cm^{3}g^{-1}; $\varepsilon = 5{,}9$; $\chi_{Mol} = -47{,}4 \cdot 10^{-6}$ cm^{3}Mol^{-1}; fbl. Krist.; **LW** 20° 1,7 %, Bdk. 0 H_2O; L Me 25° 0,105 %; L Al 25° 0,012 %; L Aceton 25° 0,155 %; L Egester 25° 1,5 · 10^{-3} %; unl. Ä; HCl zers. nicht; wird nicht gefärbt durch konz. H_2SO_4
857 1502	*F* *V*	27,2 172,7	49,04	66,54	−562,4	−532,5	* $\lambda = 578$ mμ; $\bar{\gamma}(-79...0°\ C) = 100 \cdot 10^{-6}$ grd^{-1}; $\varkappa(0°)$ 3,25 · 10^{-6} at^{-1}; $\varepsilon_\infty = 1{,}85$; $\chi_{Mol} = -23{,}6 \cdot 10^{-6}$ cm^{3}Mol^{-1}; weißes krist. Pulver; zerfl.; **LW** 20° 48,5 %, Bdk. 2 H_2O; L Me 20° 0,19 %; L Al 20° 0,11 %; L Aceton 18° 2,2 · 10^{-5} %; l. HF
				150,6	−1159		fbl. Krist.; LW s. KF; l. HF; unl. Al
196,0 238,7	*U** *F*	11,12 6,61	76,82	104,2	−920,1	−851,8	* *U* tetr.→kub., $a = 6{,}36$ Å; fbl. Krist.; **LW** 20° 27,6 %, Bdk. 0 H_2O; l. verd. Al; unl. abs. Al
					−65,27		hgraue Substanz; zers. sofort an feuchter Luft; W zers. stürmisch unter H_2-Entwicklung; unl. Ä, CS_2, Bzl, Terpentinöl
685 1324	*F* *V*	26,4 145,1	55,06	104,6	−327,5	−322	$\bar{\gamma}(25...50°\ C) = 114 \cdot 10^{-6}$ grd^{-1}; $\varkappa(30°\ C) = 8{,}37 \cdot 10^{-6}$ at^{-1}; $\varepsilon_\infty = -2{,}69$; $\chi_{Mol} = -63{,}8 \cdot 10^{-6}$ cm^{3}Mol^{-1}; fbl. Krist., würfelförmig; geruchlos; scharf-salziger, etwas bitterer Geschmack; **LW** 20° 59 %, Bdk. 0 H_2O; L Me 19,5° 16,4 %; L Al 20° 1,72 %; L Glykol 25° 33 %; L Py 10° 0,26 %; ll. Glycerin
31	*F*						blauschw. glänzende Krist.; an Luft zerfl.; l. W unter Abscheidung von J_2
115	*F**						* im zugeschmolzenen Rohr; goldgelbe Nadeln; zers. leicht→ $JCl_3 + KCl$; ll. W unter Z.
560 Z	*F*		106,4	151,4	−508,2	−436,8	$\bar{\gamma}(-78\cdots+15°\ C) = 95 \cdot 10^{-6}$ grd^{-1}; $\varkappa((0...2000)$ at, $20°) = 3{,}4 \cdot 10^{-6}$ at^{-1}; $\varepsilon(2 \cdot 10^6\ Hz) = 16{,}9$; $\chi_{Mol} = -63{,}1 \cdot 10^{-6}$ cm^{3}Mol^{-1}; fbl. Krist.; **LW** 20° 7,5 %, Bdk. 0 H_2O; unl. Al

Formel	Name	Zustand	Mol.-Masse Dichte $g \cdot cm^{-3}$	Kristalldaten System, Typ und Symbol	Einheitszelle Kantenlänge in Å	Winkel und M	Brechzahl n_D
KJO_4	meta-perjodat	f	230,00 3,618	tetr. $H0_4$ $C_{4h}^6, I4_1/a$	5,75 12,63	$M=4$	1,6205 1,6479
$KMnO_4$	per-manganat	f	158,04 2,703	orh. $H0_2$ $D_{2h}^{16}, Pnma$	7,4114 9,0992 5,7076	$M=4$	
K_2MoO_4	molybdat	f	238,14 2,91				
KN_3	azid	f	81,12 2,038	tetr. $F5_2$ $D_{4h}^{18}, I4/mcm$	6,09 7,06	$M=4$	1,410 1,656
KNH_2	amid	f	55,12				
KNO_2	nitrit	f	85,11 1,915	mkl. $F5_{11}$ C_s^3, Cm	4,45 4,99 7,31	114,8° $M=2$	
KNO_3	nitrat	f	101,11 2,109	orh. $G0_2$ $D_{2h}^{16}, Pnma$	5,43 9,14 6,41	$M=4$	1,3320 1,5038 1,5042
$K_2[Ni(CN)_4]$	tetracyano-nickelat-(II)	f	240,98 1,875				
K_2O	oxid	f	94,20 2,32	kub. $C1$ $O_h^5, Fm3m$	6,41	$M=4$	

Phasenumwandlungen °C		ΔH kJ/Mol	Standardwerte bei 25° C C_p J/Molgrd	S^0 J/Molgrd	ΔH_B kJ/Mol	ΔG^0 kJ/Mol	Bemerkungen und Charakteristik
580	*F*						$\varkappa(0...2000$ at, $20°) = 3{,}95 \cdot 10^{-6}$ at^{-1}; $\chi_{Mol} = -70 \cdot 10^{-6}$ cm^{3}Mol^{-1}; kleine weiße Krist.; **LW** 25° 0,51 %; unl. Egsmethylester; swl. $POCl_3$
			119,2	171,7	−813,4	−713,4	dklblauviol. Krist. mit stahlblauem Glanz; luftbeständig; süßlicher, adstringierender Geschmack; LW 20° 6 %, Bdk. 0 H_2O starkes Oxid.-mittel; mit brennbaren Stoffen beim Verreiben oft explosionsartige Entzündung; Z. >240° unter O_2-Abgabe
323 458 480 926	*U*[1] *U*[2] *U*[3] *F*						[1] $\gamma \rightleftharpoons \delta$; [2] $\beta \rightleftharpoons \gamma$; [3] $\alpha \rightleftharpoons \beta$; fbl. kleine Krist.; weißes Pulver; tetramorph; LW 20° 64,3 %, Bdk. 0 H_2O; zerfl. an feuchter Luft, zieht CO_2 an
354	*F*			85,98	−1,4	77,75	fbl. glänzende durchsichtige Krist.; luftbeständig; langsame Z. im Hochvak. liefert sehr reines N_2; **LW** 20° 34 %, Bdk. 0 H_2O; L Al 0° 0,16 g/100 g Lösm.; L sied. Bzl 0,15 g/100 g Lösm.; unl. Ä
338	*F*				−113,8		weiße wachsweiche krist. Masse; subl. federartige Krist.; feines weißes Pulver; hygr.; zers. an feuchter Luft→NH_3+KOH; zers. W, S unter starker Erwärmung; l. fl. NH_3
440	*F*				−370,2		$\chi_{Mol} = -23{,}3 \cdot 10^{-6}$ cm^{3}Mol^{-1}; weißes Salz mit gelblichem Stich; sehr kleine Krist.; sehr zerfl.; **LW** 20° 74 %, Bdk. 0 H_2O; ll. wss. NH_3; unl. k. 94 % Al; etwas l. h. Al; unl. Aceton, Egester
127,7 337	*U** *F*	5,10 9,62	96,27	132,9	−492,5	−392,5	* *U* $G0_2 \rightarrow B22$, trig., D_{3h}^5, $a = 4{,}50$ Å, $\alpha = 73°\,30'$, $M = 1$; $\bar{\gamma}(-78...18°$ C$) = 210$ grd^{-1}; $\varepsilon(1{,}67 \cdot 10^5$ Hz$) = 4{,}37$; fbl. durchscheinende Krist.; wenig hygr.; **LW** 20° 24 %, Bdk. 0 H_2O; L Egs 25° 0,0183 Mol/l Lsg.; swl. wfreiem Aceton; unl. abs. Al, Egester, Propanol, Py, Acetonitril, Benzonitril
							rotgelbes krist. Pulver; l. W; wird durch S zers., · H_2O orgelbe Nadeln; bei 100° wfrei
>490	*F*	30,1		98,3	−361,5		rein weiße Substanz, in der Hitze gelb; heftige Reaktion mit W; langsam l. 95 % oder abs. Al

Formel	Name	Zustand	Mol.-Masse / Dichte g · cm^{-3}	Kristalldaten: System, Typ und Symbol	Einheitszelle: Kantenlänge in Å	Einheitszelle: Winkel und M	Brechzahl n_D
KO_2	peroxid	f	71,10	tetr. $C11a$ $D_{4h}^{17}, I4/mmm$	5,72 6,72	$M=2$	
K_2O_2	peroxid	f	110,20				
K_2O_3 $2KO_2 \cdot K_2O_2$	K-Mischoxid	f	126,20				
KOH	hydroxid	f	56,11 2,044	orh. $B33$ $D_{2h}^{17}, Cmcm$	3,95 4,03 11,4	$M=4$	
KOCN	cyanat	f	81,12 2,056	tetr. $F5_2$ $D_{4h}^{18}, I4/mcm$	6,07 7,03	$M=4$	1,532 1,412
$K_2[OsBr_6]$	hexabromoosmat	f	747,86	kub. $I1_1$ $O_h^5, Fm3m$	10,30		
$K_2[Os(CN)_6] \cdot 3H_2O$	hexacyanoosmat	f	478,56	mkl.	0,3929: 1: 0,3940	90° 6′	
$K_2[OsCl_3Br_3]$	trichlorotribromoosmat	f	614,49				
$K_2[OsCl_6]$	hexachloroosmat	f	481,12 3,42	kub. $I1_1$ $O_h^5, Fm3m$	9,73	$M=4$	
$K_2OsO_4 \cdot 2H_2O$	osmat	f	368,43				

Phasenumwandlungen °C		ΔH kJ/Mol	Standardwerte bei 25° C C_p J/Molgrd	S^0 J/Molgrd	ΔH_B kJ/Mol	ΔG^0 kJ/Mol	Bemerkungen und Charakteristik
380	*F*		77,53	117	−282,8	−237,3	$\chi_{Mol} = +3230 \cdot 10^{-6}\ cm^3Mol^{-1}$; chromgelbe Substanz, auch schwefelgelb; an trockener Luft beständig; mit W heftige Reaktion→KOH und O_2; mit kaltem W→KOH, H_2O_2, O_2
490	*F*				−494		weiße Substanz; Gelbfärbung durch KO_2-Verunreinigung; reagiert heftig mit W
430	*F*				−523		je nach Darstellung ziegelrot, gelb oder braun gefärbt; mit wenig W→ Hydratbildung, andernfalls Sauerstoffentwicklung
249 410 1327	*U** *F* *V*	6,36 7,5 129			−425,7		* *U* orh.→*B*1 kub., O_h^5, $Fm3m$, $a = 5{,}79$ Å, $M = 4$; $\bar{\gamma}(30...90°\ C) = 188 \cdot 10^{-6}\ grd^{-1}$; $\chi_{Mol} = -22 \cdot 10^{-6}\ cm^3Mol^{-1}$; weiße spröde zerfl. Stücke von strahligem Gefüge; LW 20° 53 %, Bdk. $2H_2O$; L Me 28° 40,2 g/100 g Lösm.; L Al 28° 29,0 g/100 g Lösm.; l. Glycerin; stark ätzend; unl. fl. NH_3, Py, Aceton
							$\chi_{Mol} = -38 \cdot 10^{-6}\ cm^3Mol^{-1}$; kleine wasserhelle Krist.; aus Al dünne Blättchen; LW 20° 69,9 %; wss. Lsg. hydrolysiert rasch; wird durch S unter CO_2-Entwicklung zers.; etwas l. fl. NH_3; unl. fl. SO_2; L Al 0° 0,16 g/100 g Lösm.; L sied. Bzl 0,18 g/100 g Lösm.
							schw.braune met. glänzende Oktaeder, rot durchscheinend; wl. W, mit viel W Hydrolyse; l. konz. HBr, zwl. verd. HBr
							dicke fbl. Tafeln; l. W; verd. HNO_3 bewirkt heftige Gasentwicklung
							glänzende schw. Oktaeder, rötlich durchscheinend; ll. W; mit viel W Hydrolyse
							$\chi_{Mol} = +707 \cdot 10^{-6}\ cm^3Mol^{-1}$; kleine schw. Oktaeder, gepulvert karminrot; wss. Lsg. langsam zers.
							granatrote Krist.; ll. W; unl. Al, Ä

Formel	Name	Zustand	Mol.-Masse Dichte $g \cdot cm^{-3}$	Kristalldaten System, Typ und Symbol	Einheitszelle Kantenlänge in Å	Winkel und M	Brechzahl n_D
$K[PF_6]$	hexa-fluoro-phosphat	f	184,07	kub. $T_h^6, Pa3$	7,71	$M=4$	
K_2HPO_4	hydrogen-phosphat	f	174,18 2,338				
KH_2PO_4	di-hydrogen-phosphat	f	136,09 2,338	tetr. $H2_2$ $D_{2d}^{12}, I\bar{4}2d$	7,43 6,94	$M=4$	1,5095 1,4684
K_3PO_4	ortho-phosphat	f	212,28 2,56				
$K_4P_2O_7 \cdot 3H_2O$	pyro-phosphat	f	384,40 2,33				
$K_2[PdBr_4]$	tetra-bromo-palla-dat-(II)	f	504,24				
$K_2[Pd(CN)_4] \cdot H_2O$	tetra-cyano-palla-dat-(II)	f	306,69	mkl. $C_{2h}^5, P2_1/c$	18,55 16,18 15,78	107,5° $M=20$	
$K_2[Pd(CN)_4] \cdot 3H_2O$		f	342,72				
$K_2[PdCl_4]$	tetra-chloro-palla-dat-(II)	f	326,42 2,67	tetr. $H1_5$ $D_{4h}^1, P4/mmm$	7,04 4,10	$M=1$	1,710 1,523
$K_2[PdCl_6]$	hexa-chloro-palla-dat-(IV)	f	397,32 2,738	kub. $I1_1$ $O_h^5, Fm3m$	9,76	$M=4$	
$K_2[PtBr_4]$	tetra-bromo-plati-nat-(II)	f	592,93 3,747				

Phasenumwandlungen °C		ΔH kJ/Mol	Standardwerte bei 25° C: C_p J/Molgrd	S^0 J/Molgrd	ΔH_B kJ/Mol	ΔG^0 kJ/Mol	Bemerkungen und Charakteristik
575	*F*						dicke Tafeln; LW 20° 7 %, Bdk. 0 H_2O; in wss. Lsg. keine Hydrolyse; gegen alk. Lsg. selbst beim Kochen beständig; langsame Z. in mineralsaurer Lsg.
							$\varepsilon=(2\cdot 10^6$ Hz$)=9{,}1$; weißes körniges hygr. Pulver; **L**W 20° 61,5 %, Bdk. 3 H_2O; wl. Al; beim Glühen→ $K_4P_2O_7$
−151,19 253	*U** *F*	0,36	117,0	134,9	−1568	−1411	* < −151,19° orh. C_{2v}^{19}, $Fdd2$, $a=10{,}52$, $b=10{,}44$, $c=6{,}90$ Å, $M=8$; $\varkappa(0...2500$ at$)=3{,}5\cdot 10^{-6}$ at^{-1}, $\varepsilon(2\cdot 10^6$ Hz$)=31$; $\chi_{Mol}=-59\cdot 10^{-6}$ cm^{3}Mol^{-1}; piezoelektrisch; fbl. Krist.; **L**W 20° 18,2 %, Bdk. 0 H_2O
1340	*F*	37,2			−2024		$\bar{\gamma}(-78...17°$ C$)=120$ grd^{-1}; $\varepsilon(2\cdot 10^6$ Hz$)=7{,}8$; weißes hygr. Pulver; **L**W 20° 49,7 %, Bdk. 7 H_2O; unl. abs. Al
							blendend weiße strahlige Masse; bei 100° −1 H_2O, bei 180° −1 H_2O, bei 300° wfrei
							rotbraune Nadeln, luftbeständig; sll. W
200° −H_2O							fbl. durchsichtige Blättchen, perlmuttglänzend
100° −2 H_2O							fbl. durchsichtige Nadeln oder Säulen; verwittern an Luft rasch; l. Al
524	*F*				−1095		$\chi_{Mol}=-136\cdot 10^{-6}$ cm^{3}Mol^{-1}; goldgelbe Kristallnadeln, gepulvert gelbgrün; l. W; wl. Al; mit wss. NH_3→ $[Pd(NH_3)_2Cl_2]$
					−1188		zinnoberrote Krist.; wl. W; h. W zers.; ll. verd. HCl; unl. Al, Alkchloridlsg.
							braunrote fast schw. Nadeln; sll. W

Formel	Name	Zustand	Mol.-Masse Dichte g · cm⁻³	Kristalldaten System, Typ und Symbol	Einheitszelle Kantenlänge in Å	Einheitszelle Winkel und M	Brechzahl n_D
$K_2[PtBr_6]$	hexabromoplatinat-(IV)	f	752,75 4,54	kub. $I1_1$ $O_h^5, Fm3m$	10,4	$M=4$	
$K_2[Pt(CN)_4] \cdot 3H_2O$	tetracyanoplatinat-(II)	f	431,41 2,45	orh.	0,8795: 1: 0,2736		
K_2PtCl_4	Kaliumtetrachloroplatinat-(II)	f	415,11 3,305	tetr. $D_{4h}^1, P4/mmm$	6,99 4,13	$M=1$	1,683 1,553
K_2PtCl_6	hexachloroplatinat-(IV)	f	486,012 3,474	kub. $I1_1$ $O_h^5, Fm3m$	9,745	$M=4$	
K_2PtJ_6	hexajodoplatinat-(IV)	f	1034,72 4,963				
$K_2[Pt(NO_2)_4]$	tetranitritoplatinat-(II)	f	457,32 3,13	mkl. $C_{2h}^5, P2_1/c$	9,24 12,87 7,74	96° 15′	
$K_2[Pt(SCN)_6] \cdot 2H_2O$	hexathiocyanatoplatinat-(IV)	f	657,82	orh.	0,6224: 1: 0,9712		>1,95
K_2ReCl_6	hexachlororhenat	f	477,12 3,34	kub. $I1_1$ $O_h^5, Fm3m$	9,861	$M=4$	
$KReO_4$	perrhenat	f	289,30 4,887	tetr. $H0_4$ $C_{4h}^6, I4_1/a$	5,80 13,17	$M=4$	1,645 1,675
$K_3[Rh(CN)_6]$	hexacyanorhodat-(III)	f	376,32	mkl.	1,2858: 1: 0,8109	90° 29′	1,5498 1,5513 1,5634

Phasenumwandlungen °C		ΔH kJ/Mol	Standardwerte bei 25° C: C_p / S^0 J/Molgrd	ΔH_B / ΔG^0 kJ/Mol	Bemerkungen und Charakteristik
					$\chi_{Mol} = -230 \cdot 10^{-6}$ cm³Mol⁻¹; hrote bis tiefrubinrote Krist.; wl. W; unl. Al, Toluol, Xylol
100 $-H_2O$					fbl. gelbliche oder grünliche Krist., blau fluoresz.; verwittert an der Luft; LW 20° 25,3 %; l. konz. H_2SO_4; fast unl. Al
					rubinrote Krist.; ll. W; fast unl. Al; wl. CH_3NH_2, $C_2H_5NH_2$
			205,4 333,8	−1259 −1108	$\chi_{Mol} = -177{,}5 \cdot 10^{-6}$ cm³Mol⁻¹; orgelbe Krist.; LW 20° 1 %, 100° 4,75 %, Bdk. 0 H_2O; L 1 n H_2SO_4 15° 0,9 g/100 g Lösm.; L abs. Al 20° $9 \cdot 10^{-4}$ g/100 g Lösm.; L 20 Gew % Al 20° 0,218 g/100 g Lösm.; unl. Ä
					$\chi_{Mol} = -302 \cdot 10^{-6}$ cm³Mol⁻¹; met. glänzende schw. Tafeln; spröde; sll. W weinrot; die wss. Lsg. zers. besonders am Licht→PtJ_4; fast unl. Al
					feine fbl. Prismen, wasserhell, glänzend; wl. k. W, l. beim Erwärmen
					karminrote stark glänzende dünne Blättchen; gibt leicht H_2O ab und wird undurchsichtig; l. W
					gelbgrüne Oktaeder; LW 0° 0,8 %; L 10 % HCl 20° 30 g/l Lsg.; L 37 % HCl 18° 3,72 g/l Lsg.; L 20 % H_2SO_4 18° 46 g/l Lsg.
555	*F*	85,3	122,6 167,9	−1104 −1001,3	weißes Kristallpulver; kleine weiße stark lichtbrechende Rauten; subl. unverändert im Hochvak.; LW 20° 1,0 %, Bdk. 0 H_2O l. 80 % Al; wl. 90 % Al
					schwach gelb gefärbte Prismen; ll. W; zers. konz. HCl→HCN; zers. Alk

Formel	Name	Zustand	Mol.-Masse Dichte g · cm⁻³	Kristalldaten System, Typ und Symbol	Einheitszelle Kantenlänge in Å	Winkel und M	Brechzahl n_D
$K_2[Rh(H_2O)Cl_5]$	aquo=penta=chloro=rho=dat-(III)	f	376,39	orh.	0,7604 : 1 : 0,6993		
$K_3[RhCl_6] \cdot H_2O$	hexa=chloro=rho=dat-(III)	f	450,94	orh.	1,0268 : 1 : 1,2946		
$K_3[RhCl_6] \cdot 3\,H_2O$	hexa=chloro=rho=dat-(III)	f	486,98				
$K_3[Rh(NO_2)_6]$	hexa=nitrito=rho=dat-(III)	f	496,24 2,744	kub. $I2_4$ $T_h^3, Fm3$	10,63	$M=4$	
$RhK(SO_4)_2 \cdot 12\,H_2O$	rhodium=sulfat	f	550,31 2,23				
$K_4[Ru(CN)_6] \cdot 3\,H_2O$	hexa=cyano=ruthenat	f	467,63 2,14	mkl. $C_{2h}^6, C2/c$	9,30 16,80 9,30	90° 8′ $M=4$	1,5837
$K_2[RuCl_6]$	Kalium=hexa=chloro=ruthenat	f	391,99	kub. $I1_1$ $O_h^5, Fm3m$	9,738	$M=4$	
$K_2[Ru(NO)J_5]$	nitroso=penta=jodo-ruthe=nat-(IV)	f	843,80	orh.	0,9674 : 1 : 1,5089		
$KRuO_4$	per=ruthenat	f	204,17 3,32	tetr. $C_{4h}^6, I4_1/a$	5,609 12,991	$M=4$	
$K_2RuO_4 \cdot H_2O$	ruthenat	f	261,29	orh.	0,7935 : 1 : 1,1973		
$K_2[Ru(OH)Cl_5]$	Kalium-hydroxo=penta=chloro-ruthe=nat-(IV)	f	373,55				

Phasenumwandlungen °C		ΔH kJ/Mol	Standardwerte bei 25° C: C_p S^0 J/Molgrd	ΔH_B ΔG^0 kJ/Mol	Bemerkungen und Charakteristik
					dicke schwärzlichrote Oktaeder, stark glänzende Blättchen; l. W
					dklrote Prismen oder glänzende Blätter
					dklrote glänzende Prismen; an der Luft $-1^1/_2 H_2O$→hrot; wl. W mit dklroter bis viol. Farbe, beim Stehen bräunlich
					kleine weiße Krist.; fast unl. k. W, wl. h. W; zers. S; unl. Al; mit konz. HCl→$K_3[RhCl_6] \cdot 3\,H_2O$
					braungelbe durchsichtige Oktaeder; glasglänzend; beständig an Luft; sll. W
110 $-H_2O$					fbl. durchsichtige Tafeln; an Luft beständig; wss. Lsg. in der Hitze mit S→HCN
					$\chi_{Mol} = +3816 \cdot 10^{-6}$ cm³Mol⁻¹; dklbraune bis schw. kleine Krist. mit grünlichem Schimmer, stark glänzend; ll. W mit gelber Farbe, hydrolysiert schnell→schw.; unl. konz. HCl, Al
					lange schw. Krist., met. glänzend
Z. 440					schw. undurchsichtige Krist., luftbeständig; wl. k. W mit schw.-grüner Farbe; wss. Lsg. zers.
					schw. met. glänzende Krist., zerfl.; zers. an der Luft; ll. W mit dkl.or. Farbe; wss. Lsg. zers., besonders durch S
					rotbraune bis schw.glänzende Krist.; swl. k. W, l. h. W mit or. Farbe; unl. Al, konz. NH_4Cl-Lsg.

Formel	Name	Zustand	Mol.-Masse Dichte g · cm⁻³	Kristalldaten			Brechzahl
				System, Typ und Symbol	Einheitszelle: Kantenlänge in Å	Einheitszelle: Winkel und M	n_D
K_2S	sulfid	f	110,27 1,805	kub. $C1$ $O_h^5, Fm3m$	7,39	$M=4$	
KHS	hydrogen- sulfid	f	72,17 1,71	trig. $B22$ $D_{3d}^5, R\bar{3}m$	4,37	69,03° $M=1$	
KSCN	thio- cyanat	f	97,18 1,886	orh. $F5_9$ $D_{2h}^{11}, Pbcm$	6,7 7,6 6,6	$M=4$	1,532 1,660 1,730
K_2SO_3	sulfit	f	158,27				
K_2SO_4	sulfat	f	174,27 2,662	orh. $H1_6$ $D_{2h}^{16}, Pnma$	5,73 10,01 7,42	$M=4$	1,4933 1,4946 1,4973
$KHSO_4$	hydrogen- sulfat	f	136,17 2,24	orh. $D_{2h}^{15}, Pbca$	9,79 18,93 8,40	$M=16$	1,445* 1,460* 1,491*
$K_2S_2O_3 \cdot {}^5/_3H_2O$	thiosulfat	f	220,36 2,23	orh.	0,8229: 1: 1,4372		
$K_2S_2O_5$	pyrosulfit	f	222,33 2,34	mkl. $K0_1$ $C_{2h}^2, P2_1/m$	6,95 6,19 7,55	102° 41′ $M=2$	
$K_2S_2O_7$	pyrosulfat	f	254,33 2,277	mkl.	12,35 7,31 7,27	93° 7′	

Phasen-umwandlungen °C		ΔH kJ/Mol	Standardwerte bei 25° C C_p J/Molgrd	S^0 J/Molgrd	ΔH_B kJ/Mol	ΔG^0 kJ/Mol	Bemerkungen und Charakteristik
146,4 840	*U* *F*	0,36			−367,8		$\chi_{Mol} = -30 \times 2 \cdot 10^{-6}$ cm³Mol⁻¹; weiße zerfl. Krist.; an Luft Verfärbung; sll. W; l. Al, NH_3, Glycerin; h. K_2S-Lsg. löst Schwefel unter Bildung von Polysulfiden; $K_2S \cdot 5H_2O$ aus W; fbl. Prismen, leicht zers., F 60°
180 455	*U** *F*	2,3			−264,3		* *U* $B22 \rightarrow B1$, kub., O_h^5, $Fm3m$; $a = 6{,}62$ Å; $M = 4$; weiße Krist.; hygr.; ll. W; h. W zers.; l. Al mit geringer Alkoholyse
141,4 175,1	*U* *F*	0,13 14,2			−203,4		$\chi_{Mol} = -48 \cdot 10^{-6}$ cm³Mol⁻¹; fbl. Krist.; zerfl.; **L**W 20° 69,0 %, Bdk. 0 H_2O; L Aceton 22° 17,2 %; L Py 20° 5,79 %; L Egester 14° 0,4 %; L Acetonitril 18° 11,31 %; l. Al, fl. NH_3
					−1117		$\chi_{Mol} = -32 \times 2 \cdot 10^{-6}$ cm³Mol⁻¹; fbl. Prismen; nicht zerfl.; **L**W 20° 51,6 %, Bdk. 0 H_2O; unl. fl. NH_3, wfreiem Aceton
583 1069	*U** *F*	8,11 36,64	129,9	175,7	−1433	−1315	* *U* orh.→trig. D_{3d}^3, $P\bar{3}m1$, $a = 5{,}71$, $c = 7{,}86$ Å, $M = 4$; $\bar{\gamma}(-78...21°\,C) = 130 \cdot 10^{-6}$ grd⁻¹; $\varkappa(20°\,C) = 3{,}250 \cdot 10^{-6}$ at⁻¹; $\varepsilon(4 \cdot 10^6$ Hz$) = 6{,}3$; $\chi_{Mol} = -33{,}5 \times 2 \cdot 10^{-6}$ cm³Mol⁻¹; Arcanit; fbl. harte Krist.; luftbeständig; bitterer Geschmack; **L**W 20° 10 %, Bdk. 0 H_2O; L Glycerin 25° 0,75 %; ll. fl. HF; unl. Me, Al, Aceton, Py, CS_2, fl. NH_3
164,2 180,5 218,6	*U* *U* *F*	2,05 0,40			−1158		* $\lambda = 550$ mμ; weiße durchscheinende Krist.; zerfl.; **L**W 0° 25,5 %, 100° 53 %; beim Erhitzen $-H_2O \rightarrow K_2S_2O_7$
							fbl. glänzende Krist.; sll. W unter starker Abkühlung; **L**W 20° 60,7 %, Bdk. $^5/_3 H_2O$
					−1517,5		$\chi_{Mol} = -43{,}2 \times 2 \cdot 10^{-6}$ cm³Mol⁻¹; glänzende Prismen; **L**W 20° 30,6 %, Bdk. 0 H_2O; in wss. Lsg. Bildung von HSO_3^-; unl. Al; Z. bei 190°
225 315	*U* *U*				−1984,5		$\chi_{Mol} = -46 \times 2 \cdot 10^{-6}$ cm³Mol⁻¹; fbl. Prismen; an feuchter Luft langsam Aufnahme von H_2O

Formel	Name	Zustand	Mol.-Masse Dichte g · cm⁻³	Kristalldaten System, Typ und Symbol	Einheitszelle Kantenlänge in Å	 Winkel und *M*	Brechzahl n_D
$K_2S_2O_8$	peroxid- disulfat	f	270,33 2,477	trikl. $K4_1$ C_1^1, $P1$	5,1 6,8 5,4	106,9° 90,2° 102,6° $M=1$	1,4609 1,4669 1,5657
$K_2S_2O_6$	dithionat	f	238,33 2,277	trig. $K1_1$ D_3^2, $P321$	9,82 6,36	$M=3$	1,4550 1,5153
$K_2S_3O_6$	trithionat	f	270,39 2,32	orh. $K5_1$ D_{2h}^{16}, $Pnma$	9,8 13,6 5,76	$M=4$	1,4934 1,5641 1,602
$K_2S_4O_6$	tetra- thionat	f	302,46 2,29	mkl. C_s^4, Cc	22,65 7,99 10,09	102° 6′ $M=8$	1,5896* 1,6057* 1,6435*
$K_2S_5O_6 \cdot 1^1/_2H_2O$	penta- thionat	f	361,54 2,112	orh. D_{2h}^{14}, $Pbcn$	0,4564: 1: 0,3051	$M=8$	1,570 1,630 1,658
$K_2S_6O_6$	hexa- thionat	f	366,54 2,15	trikl.	7,43 11,32 7,37	105° 56′ 90° 104° 54′ $M=2$	
K_3Sb	antimonid	f	239,06 2,35	hex. $D0_{18}$ D_{6h}^4, $P6_3/mmc$	6,03 10,69	$M=2$	
$K(SbO)C_4H_4O_6 \cdot {}^1/_2H_2O$	antimonyl- tartrat	f	333,93 2,607	orh.			1,620 1,636 1,638
$K_3SbS_4 \cdot 4^1/_2H_2O$	thio- anti- monat	f	448,38				
K_2Se	selenid	f	157,16 2,851	kub. $C1$ O_h^5, $Fm3m$	7,68	$M=4$	
K_2SeO_3	selenit	f	205,16				
K_2SeO_4	selenat	f	226,16 3,07	orh. $H1_6$ D_{2h}^{16}, $Pnma$	6,02 10,40 7,60	$M=4$	1,5352 1,5390 1,5446

Phasenumwandlungen °C		ΔH kJ/Mol	Standardwerte bei 25° C C_p J/Molgrd	S^0 J/Molgrd	ΔH_B kJ/Mol	ΔG^0 kJ/Mol	Bemerkungen und Charakteristik
					−1918		$\chi_{Mol} = -51 \times 2 \cdot 10^{-6}$ cm^3Mol^{-1}; weiße geruchlose Krist.; zers. bei 100°; LW 20° 4,5 g/100 cm^3 Lsg.; L Furfurol 25° 0,01 %; unl. Al; die wss. Lsg. hydrolysiert unter Bildung von H_2O_2
					−1736,7		$\chi_{Mol} = -45{,}5 \times 2 \cdot 10^{-6}$ cm^3Mol^{-1}; optisch aktiv, piezoelektrisch; fbl. Krist. von bitterem Geschmack; LW 20° 6,23 %; Bdk. 0 H_2O; unl. Al
					−1678,2		$\chi_{Mol} = -50 \times 2 \cdot 10^{-6}$ cm^3Mol^{-1}; fbl. Krist. von schwach salzigem und bitterem Geschmack; LW 20° 18,5 %, Bdk. 0 H_2O; unl. Al
					−1644,7		* $\lambda = 656$ mμ; $\chi_{Mol} = -59 \times 2 \cdot 10^{-6}$ cm^3Mol^{-1}; fbl. Krist.; LW 20° 23 %, Bdk. 0 H_2O; unl. abs. Al
					−2156,9		fbl. Krist.; stark hygr.; LW 20° 24,8 %, Bdk. $1^1/_2$ H_2O; unl. abs. Al
							$\chi_{Mol} = -77 \times 2 \cdot 10^{-6}$ cm^3Mol^{-1}; kleine weiße Blättchen; trocken haltbar; l. W klar, zers. beim Stehen unter Abscheidung von Schwefel
812	*F*				−188		Halbleiter; gelblichgrüner Schmelzkörper, verändert sich an Luft; unl. fl. NH_3, Bzl
							Brechweinstein; fbl. Krist. oder weißes Pulver von widerlich süßlichem Geschmack; l. k. W; ll. h. W; l. Glycerin; unl. Al
							gelbliche Krist., klein und körnig; strahlige feste krist. Masse; zerfl.; ll. W; die wss. Lsg. wird durch HCl zers.
					−331,9		$\chi_{Mol} = -33{,}5 \times 2 \cdot 10^{-6}$ cm^3Mol^{-1}; weiße harte Substanz; sehr hygr.; zers. an Luft; wss. Lsg. zers. an Luft→Se; unl. fl. NH_3
							weißes feinkörniges Salz; hygr.; LW 20° 67,2 %, Bdk. 4 H_2O; kaum l. Al; bei 875°→K_2SeO_4
							fbl. Krist.; sehr hygr.; LW 20° 53,6 %, Bdk. 0 H_2O

Formel	Name	Zustand	Mol.-Masse / Dichte $g \cdot cm^{-3}$	Kristalldaten: System, Typ und Symbol	Einheitszelle: Kantenlänge in Å	Einheitszelle: Winkel und M	Brechzahl n_D
$K_2[SiF_6]$	hexafluorosilikat	f	220,28 2,66	kub. $I1_1$ $O_h^5, Fm3m$	8,17	$M=4$	1,3391
$K_2Si_4O_9$	tetrasilikat	f	334,54 2,335				1,477 1,482
K_2SnCl_6	hexachlorostannat	f	409,61 2,70	kub. $I1_1$ $O_h^5, Fm3m$	9,98	$M=4$	1,6574
K_2TaF_7	heptafluorotantalat	f	392,14 5,2	orh. $K6_2$ D_{2h}^5, $Pmma$	5,85 12,67 8,50	$M=4$	
K_2Te	tellurid	f	205,80 2,52	kub. $C1$ $O_h^5, Fm3m$	8,15	$M=4$	
K_2TiF_6	hexafluorotitanat	f	240,10 3,012	trig. $D_{3d}^3, P\bar{3}m1$	5,715 4,656	$M=1$	
K_2ThF_6	hexafluorothorat	f	424,23 4,33	kub. $C1$ $O_h^5, Fm3m$	5,99	$M=4/3$	
K_2WO_4	wolframat	f	326,05	mkl.	1,9702: 1: 1,2341		
$K_2WO_4 \cdot 2H_2O$		f	362,08	mkl.	0,9998: 1: 0,7830		
K_2ZrF_6	hexafluorozirkonat	f	283,41 3,58	orh. $D_{2h}^{17}, Cmcm$	6,94 11,40 6,58	$M=4$	
K_3ZrF_7	heptafluorozirkonat	f	341,51	kub. $O_h^5, Fm3m$	8,95	$M=4$	1,408
La	**Lanthan**						
LaB_6	borid	f	203,78 4,73	kub. $D2_1$ $O_h^1, Pm3m$	4,153	$M=1$	
$LaBr_3$	bromid	f	218,82	hex. $D0_{19}$ $C_{6h}^2, P6_3/m$	7,951 4,501	$M=2$	

Phasenumwandlungen °C		ΔH kJ/Mol	Standardwerte bei 25° C C_p S^0 J/Molgrd	ΔH_B ΔG^0 kJ/Mol	Bemerkungen und Charakteristik
					fbl. Krist.; zers. beim Erhitzen→ SiF_4; ohne Z. schmelzbar unter Zusatz von KF; LW 20° 0,15%; unl. fl. NH_3; wl. wss. Al, Benzonitril; unl. Egs-methylester
592 765	*U* *F*	3,26 48,97			fbl. Krist., selten einfach, meist verwachsen
					oktaedrische Krist.; LW 70° 52,2% unter Hydrolyse
					fbl. Krist.; wl. W unter Z.; etwas l. HF
					$\chi_{Mol} = -46{,}5 \times 2 \cdot 10^{-6}$ cm^3Mol^{-1}; fbl. Krist.; hygr.; zers. an Luft→ Te-Abscheidung; l. W fbl.→rot→ fbl. unter Te-Abscheidung in Nadeln oder Krist.
~780	*F*				weiße Blättchen; LW 20° 1,2%, Bdk. 1 H_2O; Zusatz von HF erhöht die L; beim Erhitzen an Luft >600° geringe Z.
					Krist.; LW 25° 6,4 · 10^{-5}%, Bdk. 1 H_2O; 2. Modifikation hex. D_{3h}^3, $P\bar{6}2m$, $a=6{,}565$, $c=3{,}815$ Å, $M=1$; $D=4{,}91$ g/cm^3
338 933	*U* *F*	 18,4			nadelförmige sehr dünne Krist.; blendend weißes Pulver; hygr.; sll. W
					große glänzende Krist.; verwittern leicht; zerfl. sofort an feuchter Luft; sll. W; wss. Lsg. mit HNO_3, H_2SO_4, HCl, wss. SO_2→Wolframsäure desgl. Oxal- und Egs
					fbl. Krist., lange Nadeln, glänzende Prismen; LW 20° 1,48%, Bdk. 0 H_2O; L HF steigt mit der HF-Konz.; unl. fl. NH_3
					kleine glänzende oktaedrische Krist.; verwittern an der Luft; wl. W
2200	*F*				α(Raumtemp.) $= 5{,}6 \cdot 10^{-6}$ grd^{-1}; schw. bis dklbraune Substanz
783 1735	*F* *V*	 202			weiße sehr hygr. Substanz; ll. W, Al

Formel	Name	Zustand	Mol.-Masse Dichte g · cm⁻³	Kristalldaten			Brechzahl
				System, Typ und Symbol	Einheitszelle Kantenlänge in Å	 Winkel und M	n_D
$La(BrO_3)_3 \cdot 9H_2O$	bromat	f	684,77				
LaC_2	carbid	f	162,93 5,3	tetr. $C1_1$ $D_{4h}^{17}, I4/mmm$	3,934 6,572	 $M=2$	
$LaCl_3$	chlorid	f	245,27 3,79	hex. $D0_{19}$ $C_{6h}^2, P6_3/m$	7,468 4,366	 $M=2$	
$LaCl_3 \cdot 7H_2O$		f	371,38	trikl.	1,1593: 1: 0,8659	91° 3′ 114° 28′ 88° 12′	
LaJ_3	jodid	f	519,62 5,057	orh. $D_{2h}^{17}, Cmcm$	10,05 14,1 4,33	 $M=4$	
$La_2(MoO_4)_3$	molybdat	f	757,63 4,77	tetr.	1: 1,5504		
LaN	nitrid	f	152,92	kub. $B1$ $O_h^5, Fm3m$	5,295	 $M=4$	
$La(NO_3)_3 \cdot 6H_2O$	nitrat	f	433,02	trikl. $C_i^1, P\bar{1}$	8,924 10,689 6,647	101° 4′ 102° 12′ 87° 30′ $M=2$	
La_2O_3	oxid	f	325,82 5,84	trig. $D_3^2, P321$	3,93 6,12		
$La(OH)_3$	hydroxid	f	189,93 4,45	hex. $C_{6h}^2, P6_3/m$	6,523 3,855	 $M=2$	
LaS_2	sulfid	f	203,04 4,83	kub.	8,20	 $M=8$	
La_2S_3	sulfid	f	374,01 4,86	kub. $D7_3$ $T_d^6, I\bar{4}3d$	8,724	 $M=5^1/_3$	
$La_2(SO_4)_3$	sulfat	f	566,00 3,60				
$La_2(SO_4)_3 \cdot 9H_2O$		f	728,14 2,82	hex. $C_{6h}^2, P6_3/m$	10,98 8,13	 $M=2$	

Phasenumwandlungen °C		ΔH kJ/Mol	Standardwerte bei 25° C C_p J/Molgrd	S^0 J/Molgrd	ΔH_B kJ/Mol	ΔG^0 kJ/Mol	Bemerkungen und Charakteristik
							fbl. Krist.; **LW** 20° 59,9%, Bdk. 9 H_2O
2356	*F*						
872 1945	*F* *V*	43,1 224		 180	−1171	 −1107	$\bar{\gamma}$(50...150° C) = 48 · 10^{-6} grd^{-1}; fbl. kurze dicke Krist.; weiße Substanz, wenn rein; hygr.; **LW** 20° 48,98%, Bdk. 7 H_2O; ll. Al
							fbl. Krist.; zerfl. zuweilen vollständig; LW s. $LaCl_3$; ll. Al
761	*F*				−700,8		weißes Pulver; beim Auskrist. glänzende Schuppen; wl. k. W; l. h. W; sll. HCl
1181	*F*		360				weißer körniger Nd.; weißes Pulver; Krist. aus NaCl-KCl-Schmelze manchmal schwach hgrün getönt; swl. W
				46,0	−301,5		grauschw. graphitähnliche körnige Substanz; auch weißgraues Pulver; riecht an feuchter Luft nach NH_3; sll. S; mit h. W→NH_3; Alk.-schmelze→NH_3
40 126	*F* *V*		421,4				wasserhelle große Säulen; stark glänzend; **LW** 20° 54,5%, Bdk. 6 H_2O; ll. Al
2315 4200	*F* *V*		101,2		−2255		$\chi_{Mol} = -39 \times 2 \cdot 10^{-6}$ cm^3Mol^{-1}; weißes Pulver; blättchenförmige Krist.; ll. S, Egs, konz. NH_4NO_3-Lsg.; l. wss. Alk, Erdalk, Alkcarbonatschmelze
							weißes Pulver; etwas l. W; l. S, k. NH_4Cl-Lsg.
					−656		gelbe Substanz; 17%ige HCl entwickelt H_2S_2
2100	*F*				−1284		$\chi_{Mol} = -18{,}5 \times 2 \cdot 10^{-6}$ cm^3Mol^{-1}; helle gelbe Substanz, in der Hitze or.gelb; an Luft beständig; zers. W; mit sied. W→H_2S; ll. verd. S
1150 Z.			280,4				schneeweißes hygr. Pulver; **LW** 20° 2,2%; 100° 0,68%, Bdk. 9 H_2O; gut l. Eiswasser; wl. Al
			636			−5872	weiße nadelförmige Krist., glänzend; LW s. $La_2(SO_4)$, Zusatz von verd. H_2SO_4 erhöht LW; konz. H_2SO_4 löst ziemlich reichlich

Formel	Name	Zustand	Mol.-Masse Dichte g · cm⁻³	Kristalldaten: System, Typ und Symbol	Einheitszelle: Kantenlänge in Å	Einheitszelle: Winkel und M	Brechzahl n_D
Li	**Lithium**						
Li_3As	arsenid	f	95,74 2,42	hex. $D0_{18}$ D_{6h}^4, $P6_3/mmc$	4,39 7,81	$M=2$	
Li_3AsO_4	ortho-arsenat	f	159,74 3,07	orh.			
$LiBH_4$	boranat	f	21,78 0,68	orh. D_{2h}^{16}, $Pnma$	6,82 4,44 7,18	$M=4$	
$LiBO_2$	metaborat	f	49,75 2,223*	trikl.			
$Li_2B_4O_7 \cdot 5H_2O$	tetraborat	f	259,19				
$LiBr$	bromid	f	86,85 3,464	kub. $B1$ O_h^5, $Fm3m$	5,49	$M=4$	1,784
$LiBr \cdot H_2O$			104,86 2,51				
Li_2C_2	carbid	f	37,90 1,65				
$LiCN$	cyanid	f	32,96 1,0755	orh. D_{2h}^{16}, $Pnma$	3,73 6,52 8,73	$M=4$	
Li_2CO_3	carbonat	f	73,89 2,111	mkl. C_{2h}^6, $C2/c$	8,11 5,00 6,21	109° 41′ $M=4$	1,428 1,567 1,572
$LiCHO_2 \cdot H_2O$	formiat	f	69,97 1,46	orh. D_{2h}^{16}, $Pnma$	6,49 10,01 4,85	$M=4$	

Phasen-umwandlungen °C		ΔH kJ/Mol	Standardwerte bei 25° C C_p J/Molgrd	S^0 J/Molgrd	ΔH_B kJ/Mol	ΔG^0 kJ/Mol	Bemerkungen und Charakteristik
							dklbraune krist. Masse, in geringer Dicke durchsichtig rotbraun; empfindlich gegen feuchte Luft; zers. W→AsH_3; reagiert heftig mit Oxid.mitteln
							kleine tafelförmige Krist., fbl.; swl. W; unl. Py
250... 75 Z.			77,4		−184,7		weiße Substanz; an trockener Luft beständig; zers. allmählich an Luft; mit W→$LiBO_2+4H_2$; l. Eiswasser unter geringer Z.; l. Ä, Tetrahydrofuran; unl. Bzl
785 836	*U* *F*	 31					* *D* der zweiten Modofikation=2,749; fbl. Pulver; perlmuttglänzende Blättchen; **L**W 20° 2,5 %; unl. Aceton, Egester; >1200° Z.
200 $-2H_2O$							körniges weißes Pulver; ll. W; unl. Al, Aceton
550 1310	*F* *V*	13 148	51,9	 71,1	−350,2		$\bar{\gamma}(-78...0°\,C)=140\cdot10^{-6}\,grd^{-1}$; $\varkappa(0\,at, 0°\,C)=4{,}23\cdot10^{-6}\,at^{-1}$; $\varepsilon(2\cdot10^6\,Hz)=10{,}95$; $\chi_{Mol}=-34{,}7\cdot10^{-6}\,cm^3Mol^{-1}$; weißes feinkörniges Pulver; zerfl.; **L**W 20° 61,5 %, Bdk. $2H_2O$; L Glykol 25° 28 %; L Aceton 25° 15 %; ll. Al; beim Schmelzen→klare Fl., bei Luftzutritt Z.
			94,5		−662,3		krist. >44°; bei 44° $LiBr\cdot2H_2O$→$LiBr\cdot H_2O$; LW s. LiBr
zers.					−59,5		Lithiumacetylid; weißes Pulver; glänzende Krist., durch Luftfeuchtigkeit leicht veränderlich; zers. W→C_2H_2; geschmolzene KOH zers.; konz. S greift nur langsam an
							fbl. Kristallmasse, von Luftfeuchtigkeit hydrolytisch gespalten→LiOH+HCN; ll. W
410 720	*U* *F*		97,4	 90,34	−1215	 −1130	$\varepsilon(1{,}66\cdot10^5\,Hz)=4{,}9$; weißes, sehr leichtes Pulver; **L**W 20° 1,32 %, Bdk. $0H_2O$; l. S; unl. Al, Aceton, Py, Egester, Methylacetat
							fbl. Krist., hygr.; **L**W 20° 28,6 %

Formel	Name	Zustand	Mol.-Masse Dichte g · cm⁻³	Kristalldaten: System, Typ und Symbol	Einheitszelle: Kantenlänge in Å	Einheitszelle: Winkel und M	Brechzahl n_D
$LiC_2H_3O_2 \cdot 2H_2O$	acetat	f	102,01	orh.			1,40 1,50
$Li_2C_2O_4$	oxalat	f	101,90 2,121	orh.	6,58 7,74 6,61	$M=4$	
$LiC_7H_5O_2$	benzoat	f	128,06	trikl.			
$LiC_7H_5O_3$	salicylat	f	144,05				
$Li_3C_6H_5O_7 \cdot 4H_2O$	citrat	f	281,98				
LiCl	chlorid	f	42,39 2,068	kub. $B1$ $O_h^5, Fm3m$	5,13	$M=4$	1,662
$LiCl \cdot H_2O$		f	60,41 1,73	tetr.	3,81 3,88	$M=1$	
$LiClO_3$	chlorat	f	90,39	kub.			
$LiClO_4$	perchlorat	f	106,39 2,429				
$LiClO_4 \cdot 3H_2O$		f	160,44 1,841	hex. $H4_{18}$ $C_{6v}^4, P6_3mc$	7,71 5,42	$M=2$	1,482 1,447
LiF	fluorid	f	25,94 2,64	kub. $B1$ $O_h^5, Fm3m$	4,0173	$M=4$	1,3915
LiH	hydrid	f	7,95 0,77	kub. $B1$ $O_h^5, Fm3m$	4,085	$M=4$	1,615

Phasenumwandlungen °C		ΔH kJ/Mol	Standardwerte bei 25° C: C_p S^0 J/Molgrd	ΔH_B ΔG^0 kJ/Mol	Bemerkungen und Charakteristik
70	*F*				fbl. Krist.; **L**W 20° 28 %, Bdk. $2H_2O$; L Me 15° 27,5 %; l. Al; unl. Aceton
					fbl. prismatische Nadeln; l. W; Lsg. ist schwach alk.; unl. Al, Ä
					weißes krist. Pulver; ll. W, h. Al
					weißes Pulver; hygr.; geruchlos, süßlicher Geschmack; ll. W, Al
					fbl. Krist., hygr.; ll. W; swl. Al; wss. Lsg. schwach alk.
614 1382	*F* *V*	13,4 150,5	51,0 58,2	−408,6	$\bar{\gamma}(-79...0°\ C) = 122 \cdot 10^{-6}\ grd^{-1}$; $\varkappa[(50...200\ at); 20°\ C] = 3,6 \cdot 10^{-6}\ at^{-1}$; $\varepsilon(1,66 \cdot 10^5\ Hz) = 10,62$; $\chi_{Mol} = -24,3 \cdot 10^{-6}\ cm^3Mol^{-1}$; fbl. Krist.; zerfl.; **L**W 20° 45 %, Bdk. $1H_2O$; L Al 25° 44 %; L Me 20° 30,5 %; l. Aceton, Py; wl. Methylacetat
98 $-H_2O$			97,9 103,7	−712,3 −632,9	fbl. Krist.; sehr hygr.; **L**W s. LiCl
41,5 99,1 127,6	*U* *U* *F*				$\chi_{Mol} = -28,8 \cdot 10^{-6}\ cm^3Mol^{-1}$; fbl. lange Nadeln; hygr.; **L**W 20° 79,8 %; l. Al
236	*F*				$\varkappa(0...2000\ at) = 3,9 \cdot 10^{-6}\ at^{-1}$; fbl. Krist.; zerfl.; **L**W 20° 36 %, Bdk. $3H_2O$; L Me 25° 64 %; L Al 25° 60 %; L Aceton 25° 58 %; L Ä 25° 52 %; L Egester 25° 49 %
98 $-2H_2O$ 130... 50 $-H_2O$					$\chi_{Mol} = -71,7 \cdot 10^{-6}\ cm^3Mol^{-1}$; fbl. lange spröde Nadeln oder kurze Prismen; **L**W s. $LiClO_4$
848 1681	*F* *V*	26,4 213,3	41,9 35,65	−611,9 −582	$\alpha(0°\ C) = 38 \cdot 10^{-6}\ grd^{-1}$; $\varkappa[(0...12000\ at); 30°\ C] = (1,495 - 6,78 \cdot 10^{-6}\ at) \cdot 10^{-6}\ at^{-1}$; $\chi_{Mol} = -10,1 \cdot 10^{-6}\ cm^3Mol^{-1}$; sehr feines weißes Pulver, kleine Krist.körner; **L**W 20° 0,148 %, Bdk. $0H_2O$; L Aceton 18° $0,3 \cdot 10^{-6}$ %; unl. Al, Py, Methylacetat; ll. HNO_3, H_2SO_4
688	*F*	29,3	34,7 24,7	−89,3 −68,7	$\chi_{Mol} = -4,6 \cdot 10^{-6}\ cm^3Mol^{-1}$; weißes Pulver, glasige Masse, nadelförmige Krist.; zers. W→LiOH+H_2; abs. Al wirkt langsam ein→Alkoholat

Formel	Name	Zustand	Mol.-Masse Dichte g · cm⁻³	Kristalldaten System, Typ und Symbol	Einheitszelle Kantenlänge in Å	Winkel und M	Brechzahl n_D
LiJ	jodid	f	133,84 4,06	kub. $B1$ $O_h^5, Fm3m$	6,00	$M=4$	1,955
LiJ · H_2O		f	151,86 3,13				
LiJ · 2H_2O		f	169,87 2,607				
LiJ · 3H_2O		f	187,89 3,32	hex. $H4_{18}$ $D_{6h}^4, P6_3/mmc$	7,45 5,45	$M=2$	1,655* 1,625
$LiJO_3$	jodat	f	181,84 4,5	hex. $E2_3$ $D_6^6, P6_322$	5,47 5,16	$M=2$	
Li_2MoO_4	molybdat	f	173,82	trig. $S1_3$ $C_{3i}^2, R\overline{3}$	8,77	108° 10′ $M=6$	
Li_3N	nitrid	f	34,82 1,38	hex. $C32$ $D_{6h}^1, P6/mmm$	3,66 3,88	$M=1$	
LiN_3	azid	f	48,96				
$LiNH_2$	amid	f	22,96 1,178	tetr. $S_4^2, I\overline{4}$	5,01 10,22	$M=8$	
Li_2NH	imid	f	28,89 1,48	kub.	5,047	$M=4$	
$LiNO_2$ · H_2O	nitrit	f	70,96 1,615				

Phasen- umwandlungen °C		ΔH kJ/Mol	Standardwerte bei 25° C C_p J/Molgrd	S^0 J/Molgrd	ΔH_B kJ/Mol	ΔG^0 kJ/Mol	Bemerkungen und Charakteristik
449 1170	*F* *V*	5,94 170,6	54,4		−271		ϰ[(0...12000 at), 30° C]=(6,51−117 · 10^{-6} at) · 10^{-6} at^{-1}; ε(2 · 10^6 Hz)= 8,2; χ_{Mol}=−50 · 10^{-6} cm^3Mol^{-1}; weiße Krist., Würfel oder Oktaeder; hygr.; **L**W 20° 62,3 %, Bdk. 3 H_2O; L Me 25° 77 %; L Al 25° 21 %; L Aceton 18° 29 %
131	*F*		98,7		−590,4		fbl. Krist., LW s. LiJ
78	*F*		137,6		−891		fbl. Krist.; LW s. LiJ
75,5	*F*		180,7		−1192		* λ=550 mμ; $\bar{\gamma}$(−79...0°)=167 · 10^{-6} grd^{-1}; ϰ[(50...200) at, 20°]=7,1 · 10^{-6} at^{-1}; fbl. gut ausgebildete Prismen; plastische Krist., nicht spaltbar; LW s. LiJ; l. Al
							χ_{Mol}=−47 · 10^{-6} cm^3Mol^{-1}; fbl. kurze Prismen; LW 18° 44,5 %, Bdk. $^1/_2 H_2O$; L Aceton 20° 0,3 %
705	*F*	17,6					weiße nadelförmige Krist., häufig in Kristallaggregaten; **L**W 20° 44,4 %; ll. LiOH-Lsg.
840	*F*		77,74		−197,4		dkl. rostbraunes Pulver, schw. bis stahlgrau, bunt angelaufen; äußerst feine Krist., rubinrot durchscheinend, grünlich met. glänzend
				71,76	10,8	8,2	fbl. spießförmige Krist.; sehr hygr.; **L**W 20° 40 %, Bdk. 1 H_2O; unl. Ä; l. abs. Al; zers. beim Erhitzen unter Expl.
373 430	*F* *V*				−182		fbl. lange durchscheinende Nadeln; l. k. W ohne heftige Reaktion, l. h. W unter Aufbrausen→LiOH+NH_3; wl. Al, leichter l. beim Sieden unter NH_3-Absp.; greift Glas schwach an
					−221		weiße Masse mit krist. Bruch; lichtempfindlich, im Sonnenlicht rot unter Bildung von Li_3N+$LiNH_2$; mit Al, Py, Anilin→NH_3-Entwicklung; zers. Chlf; unl. Bzl, Toluol, Ä
<100	*F**						* im eigenen Kristallwasser; bei 160° vollständig entwässert; fbl. flache durchscheinende Nadeln; **L**W 20° 50,2 %, Bdk. 1 H_2O; ll. Al

Formel	Name	Zustand	Mol.-Masse Dichte g · cm⁻³	Kristalldaten System, Typ und Symbol	Einheitszelle Kantenlänge in Å	Winkel und M	Brechzahl n_D
$LiNO_3$	nitrat	f	68,94 2,36	trig. $G0_1$ $D_{3d}^6, R\bar{3}c$	5,74	48,05° $M=2$	1,735 1,435
$LiNO_3 \cdot 3H_2O$		f	122,98				
Li_2O	oxid	f	29,88 2,013	kub. $C1$ $O_h^5, Fm3m$	4,62	$M=4$	1,644
Li_2O_2	peroxid	f	45,88 2,26	tetr.	5,48 7,74	$M=8$	
LiOH	hydroxid	f	23,95 1,43	tetr. $B10$ $D_{4h}^7, P4/nmm$	3,55 4,33	$M=2$	1,4644 1,4521
$LiOH \cdot H_2O$		f	41,96	mkl. $B36$ $C_{2h}^3, C2/m$	7,37 8,26 3,19	110,3° $M=4$	
Li_3P	phosphid	f	51,79 1,43	hex. $D0_{18}$ $D_{6h}^4, P6_3/mmc$	4,26 7,58	$M=2$	
Li_2HPO_3	hydrogen-phosphit	f	93,86				
Li_3PO_4	ortho-phosphat	f	115,79 2,45	orh. $S1_2$ $D_{2h}^{16}, Pnma$	4,86 10,26 6,07	$M=4$	1,550 1,557 1,567
$Li_2[Pt(CN)_4] \cdot xH_2O$	tetra-cyano-platinat-(II)	f	313,04*				1,95 1,59
$LiReO_4$	perrhenat	f	257,14				
$Li_3[RhCl_6] \cdot 12H_2O$	hexa-chloro-rhodat-(III)	f	552,62				
Li_2S	sulfid	f	45,94 1,63	kub. $C1$ $O_h^5, Fm3m$	5,71	$M=4$	

Phasenumwandlungen °C		ΔH kJ/Mol	Standardwerte bei 25° C C_p J/Molgrd	S^0 J/Molgrd	ΔH_B kJ/Mol	ΔG^0 kJ/Mol	Bemerkungen und Charakteristik
250	*F*	25,5	89,12		−482,2		wasserklare, scharfe Rhomboeder; sehr hygr.; geschmolzen klare Fl., die Glas stark angreift; >600° Z.→O_2+nitrose Gase; **LW** 20° 42 %, Bdk. 3 H_2O; L Eg 8,2 Mol %; l. Al, Aceton
29,9	*F*	36,4			−1375		$\chi_{Mol} = -62 \cdot 10^{-6}$ cm^3Mol^{-1}; fbl. lange prism. Krist.; zerfl. Nadeln; LW s. $LiNO_3$
1727 2327	*F* *V*	75,3	54,09	37,89	−596,5	−560	fbl. durchscheinende Masse, unregelmäßige Schuppen; langsam l. W; LW 30° 7,0 %
					−635	−565	weiße Substanz, nicht hygr.
413 471,1	*U* *F*	 21,0	49,58	42,81	−487,8	−442	$\bar{\gamma}$(20...120° C) = $80 \cdot 10^{-6}$ grd^{-1}; $\chi_{Mol} = -12{,}3 \cdot 10^{-6}$ cm^3Mol^{-1}; weiße durchscheinende perlmuttglänzende Substanz, scharfer brennender Geschmack; **LW** 20° 11,3 %, Bdk. 1 H_2O; wl. Al; unl. Aceton, Py, Egs-methylester
			79,50	71,42	−790,5	−690	fbl. körniges Pulver, kleine spießförmige Krist.; LW s. LiOH
							rotbraune Substanz aus kleinen roten durchscheinenden Krist. und grauem Anteil mit muscheligem Bruch
							fbl. Krist.; **LW** 20° 7,7 %, Bdk. 0 H_2O
857	*F*						körniges weißes Krist.pulver, meist dünne Blättchen; LW 20° 0,03 %, Bdk. 2 H_2O; l. S, weniger l. Egs; swl. wss. NH_3; besser l. in NH_4-salzlsg. als in W; unl. Aceton
							* ohne H_2O berechnet; grüne spitze Nadeln; LW 0° 51 %, 25° 59 %
426	*F*				−1060,4		fbl. Krist.; LW 20° 74 %, Bdk. 2 H_2O
40 −6 H_2O							dklrote bis schw. dicke Krist.; sll. W; l. Al; unl. Ä; bei 200° wfrei
900... 975	*F*						rein weißes Pulver, an feuchter Luft rasch verfärbt; ll. W; l. Al

Formel	Name	Zustand	Mol.-Masse / Dichte g · cm⁻³	Kristalldaten: System, Typ und Symbol	Einheitszelle: Kantenlänge in Å	Einheitszelle: Winkel und M	Brechzahl n_D
LiSCN	thio=cyanat	f	65,02				
Li_2SO_4	sulfat	f	109,94 2,221	mkl. $C_{2h}^5, P2_1/c$	8,24 4,95 8,44	107,9° $M=4$	— 1,465 —
$Li_2SO_4 \cdot H_2O$		f	127,95 2,06	mkl. $H4_8$ $C_2^2, P2_1$	5,43 4,83 8,14	107,58° $M=2$	1,4596 1,4768 1,4882
$LiS_2O_6 \cdot 2H_2O$	dithionat	f	203,09 2,158	orh.			1,5487 1,5602 1,5763
Li_3Sb	antimonid	f	142,57 3,2	hex. $D0_{18}$ $D_{6h}^4, P6_3/mmc$	4,701 8,309	$M=2$	
Li_2Se	selenid	f	92,84 2,83	kub. $C1$ $O_h^5, Fm3m$	6,01	$M=4$	
Li_2SiF_6	hexa=fluoro=silikat	f	155,96 2,8				
$Li_2[SiF_6] \cdot 2H_2O$			191,99 2,33	mkl.	1,235: 1: 2,160	118°	1,300 1,296
Li_2SiO_3	meta=silikat	f	89,96 2,478	orh. C_{2v}^{12}, $Cmc2_1$	5,395 9,36 4,675	$M=4$	1,591 1,611
Li_4SiO_4	ortho=silikat	f	119,84 2,326	pseudohex.			1,602* — 1,610
$Li_2Si_2O_5$	disilikat	f	150,05 2,454	orh. $C_{2v}^{13}, Ccc2$ oder D_{2h}^{20}, $Cccm$	5,80 14,66 4,806	$M=4$	1,547 1,550 1,558
Li_2Te	tellurid	f	141,48 3,39	kub. $C1$ $O_h^5, Fm3m$	6,50	$M=4$	
Li_2WO_4	wolframat	f	261,73	trig. $S1_3$ $C_{3i}^2, R\overline{3}$	8,77	108,2° $M=6$	

Phasenumwandlungen °C		ΔH kJ/Mol	Standardwerte bei 25° C C_p J/Molgrd	S^0 J/Molgrd	ΔH_B kJ/Mol	ΔG^0 kJ/Mol	Bemerkungen und Charakteristik
							zerfl. Blättchen; LW 20° 53,2 %; l. Egs-methylester
575 857	*U* *F*	28,4 7,74			−1434	−1315	fbl. Krist.; LW 20° 25,65 %, Bdk. 1 H_2O; L fl. SO_2 0° 0,017 g/100 g Lösm.; unl. abs. Al, Aceton, Py, Egester, Egs-methylester, fl. NH_3
100 $-H_2O$					−1730		piezoelektrisch; fbl. Krist.; LW s. Li_2SO_4; unl. abs. Al
70...87 $-H_2O$							fbl. Krist.; verwittern nicht; beim Erhitzen ab 122° Z. unter SO_2-Verlust, bei 195°→Li_2SO_4; ll. W, Al
>950	*F*						dkl.graue krist. Substanz; Red.-mittel, red. MeO, MeS→Me mit W→H_2+flockiges Sb; verd. S→SbH_3-haltiges Gas
					−381,5		rotbraunes Pulver; zers. an der Luft leicht; l. W→rote nicht völlig klare Lsg.
					−2880		fbl. Substanz; zers. beim mäßigen Glühen→LiF+SiF_4; ll. W
							glänzende Krist.; LW 20° 43 %; etwas l. Al; unl. Ä, Benzin
1188... 1209	*F*	30,1		83,7	−1576		lange fbl. Prismen, wenig durchsichtige Nadeln; nicht hygr.; zers. sied. W, S; ll. verd. k. HCl→Rückstand Kieselsäure; unl. Py, Egester, Egs-methylester
1250	*F***	31,1					* andere Angabe: n_α 1,59, n_β 1,60, n_γ 1,61; ** *F* inkongruent; fbl. durchsichtige Prismen; krist. Pulver; zers. sied. W und schwächste S; wss. Lsg. von Li_4SiO_4 scheidet Gemisch von Li_2SiO_3+$Li_2Si_2O_5$ aus; l. verd. HCl unter Abscheidung von Kieselsäuregallert
1030	*F**			126	−159	−155	* *F* inkongruent; fbl. große Tafeln; gut spaltbar
							rein weißes Pulver, das sich an feuchter Luft rasch verfärbt
742	*F*	28,0					feinkörniges Pulver, mikroskopisch Kristallnadeln; ll. W, wss. LiOH

Formel	Name	Zustand	Mol.-Masse Dichte g · cm⁻³	Kristalldaten: System, Typ und Symbol	Einheitszelle: Kantenlänge in Å	Einheitszelle: Winkel und *M*	Brechzahl n_D
Li_2ZrF_6	hexa-fluoro-zirkonat	f	219,09	hex.			
Li_4ZrO_4	ortho-zirkonat	f	182,97				
Li_2ZrO_3	meta-zirkonat	f	153,10				
Lu	**Lutetium**						
$LuCl_3$	(III)-chlorid	f	281,33 3,98	mkl. $C_{2h}^3, C2/m$	6,72 11,60 6,39	110,4° $M=4$	
Lu_2O_3	(III)-oxid	f	397,94 9,42	kub. $D5_3$ $T_h^7, Ia3$	10,37	$M=16$	
$Lu_2(SO_4)_3 \cdot 8H_2O$	(III)-sulfat	f	782,25 3,3				
Mg	**Magnesium**						
Mg_3As_2	arsenid	f	222,78 3,165	kub. $D5_3$ $T_h^7, Ia3$	12,35	$M=16$	
$Mg_3(AsO_4)_2 \cdot 8H_2O$	arsenat	f	494,89 2,609	mkl.			1,563 1,571 1,596
$MgHAsO_4 \cdot 7H_2O$	hydrogen-arsenat	f	290,34 1,943	mkl.	0,4473: 1: 0,2598	85° 34′	
$MgB_2O_4 \cdot 3H_2O$	metaborat	f	163,98 2,28	tetr. $C_4^3, P4_2$	7,62 8,19	$M=4$	1,575 1,565
$MgB_2O_4 \cdot 8H_2O$		f	254,05				
$Mg_2B_2O_5$	pyroborat	f	150,24 2,92	trikl. $C_i^1, P\bar{1}$	6,19 9,22 3,12	90° 24′ 92° 8′ 104° 19′ $M=2$	

Phasen-umwandlungen °C		ΔH kJ/Mol	Standardwerte bei 25° C C_p S^0 J/Molgrd	ΔH_B ΔG⁰ kJ/Mol	Bemerkungen und Charakteristik
					fbl. sehr kleine Prismen und Pyramiden
					weißes Pulver; mikroskopisch gedrungene Prismen; stark lichtbrechend; swl. sied. verd. HCl
					schneeweißes Pulver; mikroskopisch kleine Krist., stark lichtbrechend; l. sied. verd. HCl
892 1480	*F* *V*			−953,1	fbl. Salz; l. W
					fbl. Pulver
				−5474	fbl. krist. Masse; schwer zu zerkleinern; an trockener Luft beständig; **L**W 20° 32,12 %, 40° 14,46 %, Bdk. $8H_2O$
					hartes sprödes braunes Produkt, mattglänzend; dklbraunes Pulver; zers. W und verd. S→AsH_3; mit sied. Al langsam→Mg-äthylat+AsH_3
					Hörnesit; fbl. Krist. oder gefällt krist. Nd.; bis 100° keine Veränderung; · $22H_2O$ fbl. Krist., an Luft langsam Verwitterung; $D=1{,}788$ g/cm³
100 $-5H_2O$					Rösslerit; große Prismen, fbl. mit starkem Glanz; an Luft beständig; durch W allmählich zers.
					Pinnoit; feine doppelbrechende Nadeln; als Mineral sowohl derbkristallin als auch feinfaserig
					stark glänzende Kristallnadeln, hart und spröde; beim Erhitzen $-H_2O$, milchweiß; unl. k. und sied. W; ll. wss. HCl
					weißes feinkörniges Kristallpulver; unl. W; ll. S; als Mineral Suanit: mkl. C_{2h}^5, $P2_1/c$, $a=12{,}10$, $b=3{,}12$, $c=9{,}36$ Å, $\beta=104°\,20'$, $M=4$; $Mg_2B_2O_5 \cdot H_2O$ Ascharit, haarfeine gebogene asbestähnliche Nadeln; schwer l. 0,1 nHCl

Formel	Name	Zustand	Mol.-Masse Dichte g · cm⁻³	Kristalldaten System, Typ und Symbol	Einheitszelle Kantenlänge in Å	Winkel und M	Brechzahl n_D
$Mg_3(BO_3)_2$	orthoborat	f	190,55 2,987	orh. $D_{2h}^{12}, Pnnm$	5,398 8,416 4,497	$M=2$	1,6527 1,6537 1,6748
$5\,MgO \cdot 7\,B_2O_3 \cdot MgCl_2$	Boracit	f	784,12 2,89	orh. C_{2v}^{12}, Cmc	17,07 17,07 12,07	$M=8$	
$MgBr_2$	bromid	f	184,12 3,72	trig. $C6$ $D_{3d}^{3}, P\bar{3}m1$	3,82 6,26	$M=1$	
$MgBr_2 \cdot 6\,H_2O$		f	292,22 2,00	mkl. $I1_7$ C_{2h}^{3},	10,25 7,40 6,30	93° 30′ $M=2$	
$Mg(BrO_3)_2 \cdot 6\,H_2O$		f	388,21 2,289				1,5139
MgC_2	carbid	f	48,33 2,1	tetr.	5,55 5,03	$M=4$	
Mg_2C_3	carbid	f	84,66 2,2	hex.	7,45 10,61	$M=8$	
$MgCO_3$	carbonat	f	84,32 3,037*	trig. $G0_1$ $D_{3d}^{6}, R\bar{3}c$	5,61	48° 10′ $M=2$	1,717 1,515
$MgCO_3 \cdot 3\,H_2O$		f	138,37 1,808	orh. D_{2h}^{1}, $Pmmm$	7,68 11,93 5,39	$M=4$	1,495 1,501 1,526
$MgCO_3 \cdot 5\,H_2O$		f	174,40 1,73	mkl.	12,48 7,55 7,34	101° 49′	1,4559 1,4755 1,5023

Phasen-umwandlungen °C		ΔH kJ/Mol	Standardwerte bei 25° C C_p J/Molgrd	S^0 J/Molgrd	ΔH_B kJ/Mol	ΔG^0 kJ/Mol	Bemerkungen und Charakteristik
							Kotoit; durchscheinende prismatische Krist., perlmuttglänzend; schwer schmelzbar; unl. W, verd. Egs; Mineralsäuren greifen an; Aufschluß: Sodaschmelze
266	*U**						* *U* orh.→kub. T_d^5, F $\bar{4}$3*c*, *a*=12,1 Å, *M*=4; weiße kleine glänzende Tetraeder; beim Erhitzen Sinterung; wl. verd. HCl
711 1230	*F* *V*	34,7 146			−517,4		$\chi_{Mol}=-72\cdot10^{-6}\,cm^3Mol^{-1}$; fbl. Krist.; sehr hygr.; **LW** 20° 50,5 %, Bdk. $6H_2O$; L Me 20° 44,6 %, Bdk. $6CH_3OH$; L Al 20° 32,7 %, Bdk. $6C_2H_5OH$; L Propanol 20° 85,1 %, Bdk. $6C_3H_7OH$; L Isobutanol 20° 65,2 %, Bdk. $6C_4H_9OH$; L Aceton 30° 0,8 %, Bdk. $3CH_3COCH_3$; mit wfreiem fl. HF lebhaft→HBr+MgF_2; swl. fl. NH_3
172,4	*F*			397	−2407	−2055	große durchsichtige Krist.; sehr hygr.; LW s. $MgBr_2$
200	*F*						fbl. Krist.; verwittern an der Luft und über H_2SO_4 im Vak.; **LW** 20° 48,2 %, Bdk. $6H_2O$
				58,6	75,0	70,6	$\bar{\gamma}(10...150°\,C)=74\cdot10^{-6}\,grd^{-1}$; zers. W unter starker Wärmeentwicklung und Bildung von C_2H_2
							zers. W heftiger als MgC_2 unter Bildung von Methylacetylen; angefeuchtete Produkte erglühen und verbrennen an der Luft
350	Z		75,52	65,7	−1105	−1021	* *D*=2,958 g/cm³ für synthetisches $MgCO_3$; $\chi_{Mol}=-32,4\cdot10^{-6}\,cm^3Mol^{-1}$; Magnesit, Bitterspat, LW 25° 0,0034 %; weißes Kristallpulver; geruch- und geschmacklos; LW 25° 0,094 %; l. S unter CO_2-Entwicklung
165	*F*						$\chi_{Mol}=-72,7\cdot10^{-6}\,cm^3Mol^{-1}$; fbl. Krist.; verlieren beim Stehen an der Luft H_2O; in h. W bildet sich basisches Carbonat; LW 25° 0,12 g/100 cm³ Lsg.; ll. verd. HCl
							Lansfordit; tafel- und säulenförmige Krist.; zers. leicht; LW 20° 0,375 g $MgCO_3\cdot5H_2O$/100 Tl. W; l. $MgSO_4$- und $MgCl_2$-Lsg., CO_2-haltigem W

Formel	Name	Zustand	Mol.-Masse Dichte g · cm⁻³	Kristalldaten System, Typ und Symbol	Einheitszelle Kantenlänge in Å	Winkel und M	Brechzahl n_D
$4\,MgCO_3 \cdot Mg(OH)_2 \cdot 4\,H_2O$	bas. carbonat	f	287,64 2,16	orh. D_{2h}^1, $Pmmm$	9,32 8,98 8,42	$M=2$	1,527 1,530 1,540
$MgCl_2$	chlorid	f	95,22 2,41	trig. $C\,19$ D_{3d}^5, $R\bar{3}m$	6,35	36,7° $M=1$	1,675 1,59
$MgCl_2 \cdot 2\,H_2O$		f	131,25				
$MgCl_2 \cdot 6\,H_2O$		f	203,31 1,57	mkl. $I\,1_7$ C_{2h}^3, $C\,2/m$	9,90 7,15 6,10	94° 20′ $M=2$	1,495 1,507 1,518
$MgCl_2 \cdot 6\,NH_3$	hexamminchlorid	f	197,40 1,243	kub. $C\,1$ O_h^5, $Fm3m$	10,179	$M=4$	
$Mg(ClO_2)_2 \cdot 6\,H_2O$	chlorit	f	267,31 1,619	pseudokub.	10,29 10,55		
$Mg(ClO_3)_2 \cdot 6\,H_2O$	chlorat	f	299,31 1,80				
$Mg(ClO_4)_2$	perchlorat	f	223,21 2,208				
$Mg(ClO_4)_2 \cdot 6\,H_2O$		f	331,30 1,98	orh. $H\,4_{1_1}$ C_{2v}^7, $Pmn2_1$	7,76 13,46 5,26	$M=2$	1,482[1] 1,458[1]
$Mg(ClO_4)_2 \cdot 6\,NH_3$	hexamminperchlorat	f	325,40 1,41	kub.	11,53		
MgF_2	fluorid	f	62,31 3,13	tetr. $C\,4$ D_{4h}^{14}, $P\,4_2/mnm$	4,64 3,06	$M=2$	1,379 0,389

Phasenumwandlungen °C		ΔH kJ/Mol	Standardwerte bei 25° C C_p J/Molgrd	S^0 J/Molgrd	ΔH_B kJ/Mol	ΔG^0 kJ/Mol	Bemerkungen und Charakteristik
							Hydromagnesit; Magnesia alba; weißes lockeres Pulver; geruch- und geschmacklos; leichte zerreibbare Masse; unl. W, Al; wl. CO_2-haltigem W; l. verd. S unter CO_2-Entwicklung
714 1418	*F* *V*	43,1 136,8	71,30	89,5	−641,1	−591,6	$\bar{\gamma}$(20...150° C) = 74 · 10^{-6} grd^{-1}; $\chi_{Mol} = -47{,}4 \cdot 10^{-6}$ cm^3Mol^{-1}; Chloromagnesit; dünne glänzende tafelige Krist.; durchscheinende Blättchen; an feuchter Luft zerfl.; LW 20° 35,2%, Bdk. $6H_2O$; l. Al; nimmt NH_3 auf unter Bildung von $MgCl_2 \cdot 6NH_3$
			159,1	179,9	−1279	−1118	sehr kleine fbl. Blättchen; sehr hygr.; LW s. $MgCl_2$
117	*F*	34,3	315,8	366,0	−2499	−2117	$\bar{\gamma}$(−190...17° C) = 107,2 · 10^{-6} grd^{-1}; fbl. durchsichtige Krist.; hygr.; LW s. $MgCl_2$; ll. 85% Al, Me
							bildet sich aus $MgCl_2$ durch Aufnahme von $6NH_3$
							fbl. Krist., meist abgeplattete Oktaeder; einige Tage haltbar
35 120	*F* Z						krist. blätterige Salzmasse; lange Nadeln; sehr zerfl.; LW 20° 57,2%, Bdk. $6H_2O$
251	*F**				−588,5		* unter Z.; weißes Salz; sehr hygr.; LW 25° 49,9%, Bdk. $0H_2O$; reagiert mit W unter heftigem Zischen
193	*F*[2]				−2440		[1] für weißes Licht; [2] im geschlossenen Rohr; $\chi_{Mol} = -142{,}8 \cdot 10^{-6}$ cm^3Mol^{-1}; fbl. nadelähnliche Krist.; nimmt sehr begierig W auf
							fbl. Salz; l. Al, Egester unter Z.
1263 2260	*F* *V*	58,1 292	61,59	57,22	−1102	−1048	$\bar{\gamma}$(20...150° C) = 32 · 10^{-6} grd^{-1}; $\chi_{Mol} = -22{,}7 \cdot 10^{-6}$ cm^3Mol^{-1}; Sellait; fbl. Krist.; längliche Prismen; LW 20° 9 · 10^{-3}%; unl. S außer konz. H_2SO_4; fast unl. fl. HF

Formel	Name	Zustand	Mol.-Masse / Dichte $g \cdot cm^{-3}$	Kristalldaten: System, Typ und Symbol	Einheitszelle: Kantenlänge in Å	Einheitszelle: Winkel und M	Brechzahl n_D
MgJ_2	jodid	f	278,12 4,48	trig. $C6$ $D_{3d}^3, P\bar{3}m1$	4,14 6,9	$M=1$	
$MgJ_2 \cdot 8H_2O$		f	422,24				
$Mg(JO_3)_2 \cdot 4H_2O$	jodat	f	446,18 3,283	mkl.	1,249: 1: 1,268	100° 40′	
Mg_3N_2	nitrid	f	100,95 2,712	kub. $D5_3$ $T_h^7, Ia3$	9,95	$M=16$	
$Mg(NO_2)_2$	nitrit	f	116,32				
$Mg(NO_3)_2$	nitrat	f	148,32				
$Mg(NO_3)_2 \cdot 2H_2O$		f	184,35 2,0256				
$Mg(NO_3)_2 \cdot 6H_2O$		f	256,41 1,6363	mkl. $C_{2h}^5, P2_1/c$	6,61 12,67 6,21	95° 56′ $M=2$	1,344 1,506 1,506
MgO	oxid	f	40,31 3,576	kub. $B1$ $O_h^5, Fm3m$	4,20	$M=4$	1,7366
MgO_2	peroxid	f	56,31				

Phasenumwandlungen °C		ΔH kJ/Mol	Standardwerte bei 25° C C_p J/Molgrd	S^0 J/Molgrd	ΔH_B kJ/Mol	ΔG^0 kJ/Mol	Bemerkungen und Charakteristik
650	*F*				−359,8		fbl. blättchenförmige Krist.; sehr hygr.; mit W zers. unter Zischen und J_2-Entwicklung; mit wfreiem fl. HF→HJ+MgF_2; LW 20° 59,7%, Bdk. 8H_2O; L Me 30° 54%, Bdk. 6CH_3OH; L Al 10° 27,5%, Bdk. 6C_2H_5OH; L Aceton 30° 6,7%, Bdk. 6CH_3COCH_3; L Benzaldehyd 20° 3,8%, Bdk. 6C_6H_5CHO
							krist. bei Raumtemp. aus wss. Lsg. aus; *Ü* 8H_2O→6H_2O bei 43° C; zerfl. Salz; verwittert über H_2SO_4
210 −4H_2O							glänzende Krist.; sehr beständig; LW 20° 7,8%, Bdk. 4H_2O
550 788 1077	*U* *U* Z	0,92 1,09	104,6	87,9	−461,1		grünlichgelbe leichte lockere Masse, gut pulverisierbar; kleine Krist. mikroskopisch; zers. an feuchter Luft; mit W stürmisch→$Mg(OH)_2$+NH_3; l. S
							weißes Salz; LW 20° 43,5%, Bdk. 6H_2O; wss. Lsg. zers. beim Erhitzen
			142,2	164,0	−789,8	−585	das wfreie Salz ist schwierig darzustellen; sehr zerfl.; LW 20° 41,5%, Bdk. 6H_2O; ll. Al unter Wärmeentwicklung; l. fl. NH_3
130	*F*						weißes grobes Pulver; durchsichtige kurze Krist.; LW s. $Mg(NO_3)_2$; sehr hygr.; l. konz. HNO_3, Al
90	*F*	41,0			−2611		wasserhelle Krist.; lange Prismen; sehr hygr.; LW s. $Mg(NO_3)_2$; l. Me, Al
2802	*F*	77,4	37,78	26,8	−601,2	−568,6	$\bar{\alpha}$(20...100° C) = 11,2 · 10^{-6} grd^{-1}; $\bar{\gamma}$(30...75° C) = 40 · 10^{-6} grd^{-1}; $\varkappa$(0...12000 at, 30° C) = (0,986 · 10^{-6} − 10,8 · 10^{-12} p) at^{-1}; Halbleiter; χ_{Mol} = −10,2 · 10^{-6} cm^3Mol^{-1}; Periklas; weiße Krist. oder Pulver; LW 20° 6,2 · 10^{-4}%; l. S, jedoch von vorheriger Glühtemp. abhängig; l. NH_4NO_3-Schmelze, Mg-citratlsg.; swl. NaOH- oder KOH-Schmelze; fast unl. Me, Al; unl. Aceton
							weißes Pulver, meist Gemisch mit MgO; unl. W; l. verd. HCl, HNO_3, H_2SO_4, Egs unter Absp. von H_2O_2; bei Lagerung Verlust von O_2

Formel	Name	Zustand	Mol.-Masse Dichte g · cm⁻³	Kristalldaten System, Typ und Symbol	Einheitszelle Kantenlänge in Å	Winkel und M	Brechzahl n_D
$Mg(OH)_2$	hydroxid	f	58,33 2,4	trig. $C6$ $D_{3d}^3, P\bar{3}m1$	3,11 4,73	 $M=1$	1,5634 1,5840
Mg $(H_2PO_2)_2 \cdot$ $6H_2O$	hypo- phosphit	f	262,38 1,56	tetr. D_{4h}^{20}, $I4_1/$ acd	10,36 20,46	 $M=8$	
Mg_3P_2	phosphid	f	134,88 2,162	kub. $D5_3$ $T_h^7, Ia3$	12,01	 $M=16$	
$Mg_2P_2O_7$	di- phosphat	f	222,57 2,598	mkl.	13,28 8,36 9,06	104° 11′	1,602 1,604 1,615
$Mg_3(PO_4)_2$	ortho- phosphat	f	262,88				
$Mg_3(PO_4)_2 \cdot$ $8H_2O$		f	407,00 2,195	mkl. $C_{2h}^6, C2/c$	9,904 27,654 4,6395	103° 1′ $M=4$	1,5468 1,5533 1,5820
$MgHPO_4 \cdot$ $3H_2O$	hydrogen- phosphat	f	174,34 2,123	orh.	0,9548: 1: 0,9360		1,517 1,520 1,531
$MgHPO_4 \cdot$ $7H_2O$		f	246,40 1,728	mkl. $C_{2h}^6, C2/c$	11,35 25,36 6,60	95° $M=8$	1,477 1,485 1,486
MgS	sulfid	f	56,38 2,82	kub. $B1$ $O_h^5, Fm3m$	5,19	 $M=4$	2,271
$MgSO_3 \cdot$ $6H_2O$	sulfit	f	212,47 1,725	trig. C_3^4, $R3$	5,91	96,3° $M=1$	
$MgSO_4$	sulfat	f	120,37 2,66	orh. D_{2h}^{17}, $Cmcm$	6,506 7,893 5,182	 $M=4$	

Phasen-umwandlungen °C		ΔH kJ/Mol	Standardwerte bei 25° C C_p S^0 J/Molgrd	ΔH_B ΔG⁰ kJ/Mol	Bemerkungen und Charakteristik
			76,99 63,11	−924,3 −833	$\bar{\alpha}$(20...100° C) = 11,0 · 10^{-6} grd^{-1}; ε = 8,9; χ_{Mol} = −22,1 · 10^{-6} cm^3Mol^{-1}; Brucit; hexagonale Täfelchen, glimmerartige Blättchen; hygr.; nimmt aus der Luft CO_2 auf; ll. S, konz. NH_4Cl-Lsg. beim Erhitzen
180 −6H_2O					fbl. große gut ausgebildete Krist., hart; verwittern an der Luft; ll. W; wl. Al
					fbl. bis blaßgelbe Krist., auch glänzend graugrün, stahlblau je nach Darst.; an trockener Luft haltbar; an feuchter rasch zers.→ PH_3; mit W heftig→PH_3+$Mg(OH)_2$; wss. S zers. heftig, konz. H_2SO_4 langsam
68 1380	*U* *F*				fbl. glasglänzende Krist.; an Luft beständig; kaum l. W; ll. wss. HCl, HNO_3, wss. NH_4-citratlsg.
1184	*F*	47,3		−4021	perlmuttglänzende Täfelchen; unl. sied. W, fl. NH_3, wfreiem N_2H_4; ll. S; langsam l. konz. HNO_3
					Bobierrit; kleine Aggregate winziger Prismen
					gut ausgebildete klare glänzende Krist.; weißes krist. Pulver; swl. W; ll. verd. S
					seidenglänzende Nadeln, verwittern an der Luft; in W löslicher als das Dreihydrat; frisch gefällt l. $MgSO_4$-Lsg.
>2000	*F*		44,4	−351 −344	rein: weißes Pulver; meist gelbgrau bis hellrötlich; mit W sofort→ $Mg(OH)_2$+$Mg(SH)_2$ bei amorphem MgS; krist. wird nur wenig angegriffen; verd. S entwickeln H_2S; mit konz. HNO_3 Abscheidung von Schwefel
200 −6H_2O			−2819		fbl. Krist.; LW 20° 0,59%, Bdk. 6H_2O; zers. >200°→SO_2 und Schwefel; das wfreie Salz in reinem Zustand schwer zu erhalten
1127	*F*	14,6	96,48 91,6	−1278 −1163	ε(1,6 · 10^6 Hz) = 8,2; porzellanartig trübe Masse aus Schmelze; mikroskopisch kleine Krist.; sehr hygr.; LW 20° 25,8%, Bdk. 7H_2O; L Al 15° 0,025 g/100 g Lösm.; zll. HCl, HNO_3; unl. fl. NH_3, Aceton

Formel	Name	Zustand	Mol.-Masse Dichte g · cm⁻³	Kristalldaten: System, Typ und Symbol	Einheitszelle: Kantenlänge in Å	Einheitszelle: Winkel und M	Brechzahl n_D
$MgSO_4$ · H_2O		f	138,39 2,57	mkl. $C_{2h}^6, C2/c$	6,89 7,69 7,65	117° 54′ $M=4$	1,523 1,535 1,586
$MgSO_4$ · $6H_2O$		f	228,46 1,75	mkl. $C_{2h}^6, C2/c$	10,0 7,2 24,3	98° 36′ $M=8$	1,456 1,453 1,426
$MgSO_4$ · $7H_2O$		f	246,48 1,68	orh. $D_2^4, P2_12_12_1$	11,94 12,03 6,87	$M=4$	1,4325 1,4554 1,4609
MgS_2O_3 · $6H_2O$	thiosulfat	f	244,53 1,818	orh. $D_{2h}^{16}, Pnma$	9,42 14,47 6,87	$M=4$	
MgS_2O_6 · $6H_2O$	dithionat	f	292,53 1,666	trikl.	0,6898: 0,9858: 1	98° 32′ 118° 10′ 93° 21′	
Mg_3Sb_2	antimonid	f	316,44 4,088	trig. $D5_2$ $D_{3d}^3, P\bar{3}m1$	4,573 7,229	$M=1$	
MgSe	selenid	f	103,27 4,21	kub. $B1$ $O_h^5, Fm3m$	5,452	$M=4$	>2,42
$MgSeO_4$ · $6H_2O$	selenat	f	275,36 1,928	mkl.	1,3853: 1: 1,6850	81° 28′	1,4856 1,4892 1,4911
Mg_2Si	silicid	f	76,71 1,95	kub. $C1$ $O_h^5, Fm3m$	6,39	$M=4$	
$MgSiF_6$ · $6H_2O$	hexa= fluoro= silikat	f	274,48 1,78	trig. $I6_1$ $C_{3i}^2, R\bar{3}$	9,58 9,91	$M=3$	1,3602 1,3439
$MgSiO_3$	meta= silikat, Enstatit	f	100,40 3,11 ...3,18	orh. $S4_3$ $D_{2h}^{15}, Pbca$	18,18 8,82 5,20	$M=16$	1,650 1,653 1,658
$MgSiO_3$	Klino= enstatit	f	100,40 3,19 ...3,28	mkl. $C_{2h}^5, P2_1/c$	9,385 8,825 5,188	103° 19′ $M=4$	1,651 1,654 1,660

Phasenumwandlungen °C		ΔH kJ/Mol	Standardwerte bei 25° C C_p J/Molgrd	S^0 J/Molgrd	ΔH_B kJ/Mol	ΔG^0 kJ/Mol	Bemerkungen und Charakteristik
							$\chi_{Mol} = -61 \cdot 10^{-6}$ cm^3Mol^{-1}; Kieserit; weiße Kristallkrusten
			348,1	352	−3083		fbl. durchsichtige Krist., an der Luft bald trübe; lange schiefe Prismen; LW s. $MgSO_4$
							$\varepsilon(1{,}6 \cdot 10^6$ Hz$)=8{,}2$; $\chi_{Mol} = -135{,}7 \cdot 10^{-6}$ cm^3Mol^{-1}; optisch aktiv, piezoelektrisch; Epsomit, Bittersalz; Nadeln oder Prismen mit seidenartigem Glanz; 2. Modifikation mkl. $a:b:c = 1{,}220:1:1{,}582$, $\beta = 104° 24'$; Tafeln oder blätterige Krist., $D = 1{,}69$ g/cm³
100 $-3H_2O$					−2834,5		durchsichtige fbl. Krist., glänzend, tafelförmig
							fbl. Krist., nadelförmig; LW 20° 33,9 %
930 1230	*U* *F*	 152,7	124,6		−330,6		α-Mg_3Sb_2 Halbleiter; Blättchen von met. Aussehen; stahlgraue Krist.
							hgraues Pulver, färbt sich an Luft braunrot infolge Abscheidung von Se; zers. durch W; mit verd. S→ H_2Se
							fbl. Krist.; LW 20° 27,2 %, Bdk. $6H_2O$
1102	*F*	85,8	67,86			−77,4	Halbleiter; wird durch W und verd. S zers. unter Bildung von H_2 und Silanen
							schöne durchsichtige oder wasserklare Krist.; verwittern an trockener Luft; LW 20° 23 %, Bdk. $6H_2O$; die wss. Lsg. reagiert sauer; wenig zers. durch konz. Al; schwer l. 30 % HF bei 20°
1525	*F*	61,5	81,84	67,8	−1497	−1409	opalartig trübe Krist.; unl. W, verd. sied. HCl und stärkeren Mineralsäuren
							$\varepsilon = 6$; weiße trübe oder durchscheinende Krist.; feinfaserige Aggregate

Formel	Name	Zustand	Mol.-Masse Dichte g · cm⁻³	Kristalldaten System, Typ und Symbol	Einheitszelle Kantenlänge in Å	Winkel und M	Brechzahl n_D
Mg_2SiO_4	ortho-silikat	f	140,71 3,21	orh. $S1_2$ $D_{2h}^{16}, Pnma$	4,76 10,21 5,99	$M=4$	1,6359 1,6507 1,6688
MgTe	tellurid	f	151,91 3,86	hex. $B4$ $C_{6v}^4, P6_3mc$	4,52 7,33	$M=2$	>2,51
Mn	**Mangan**						
$MnBr_2$	(II)-bromid	f	214,76 4,549	trig. $C6$ $D_{3d}^3, P\bar{3}m1$	3,82 6,19	$M=1$	
Mn_3C	carbid	f	176,83 6,89				
$MnCO_3$	(II)-carbonat	f	114,95 3,125	trig. $G0_1$ $D_{3d}^6, R\bar{3}c$	5,84	47,3° $M=2$	1,816 1,597
Mn $(C_2H_3O_2)_2 \cdot 4H_2O$	(II)-acetat	f	245,09 1,589	mkl.			
$MnC_2O_4 \cdot 2H_2O$	(II)-oxalat	f	178,99				
$MnCl_2$	(II)-chlorid	f	125,84 2,977	trig. $C19$ $D_{3d}^5, R\bar{3}m$	6,20	34,5° $M=1$	
$MnCl_2 \cdot 4H_2O$		f	197,91 2,01	mkl. $C_{2h}^5, P2_1/c$	11,3 9,55 6,15	99° 38′ $M=4$	1,555 1,575 1,607
MnF_2	(II)-fluorid	f	92,93	tetr. $C4$ $D_{4h}^{14}, P4_2/mnm$	4,87 3,31	$M=2$	
MnF_3	(III)-fluorid	f	111,93 3,54	mkl. $C_{2h}^6, C2/c$	13,448 5,037 8,904	92° 44′ $M=12$	
$MnHPO_4 \cdot 3H_2O$	hydrogenphosphat	f	204,96	orh.	0,9445: 1: 0,9260		1,656
Mn $(H_2PO_2)_2 \cdot H_2O$	(II)-hypophosphit	f	202,93				

Phasenumwandlungen °C		ΔH kJ/Mol	Standardwerte bei 25° C C_p J/Molgrd	S^0 J/Molgrd	ΔH_B kJ/Mol	ΔG^0 kJ/Mol	Bemerkungen und Charakteristik
1885	*F*		118,0	94,9	−2041	−1922	Olivin; weißes Pulver; erstarrte Schmelze weiß bis grünlichgelb durchscheinend; unl. W, k. verd. HCl; h. HCl zers. vollständig zu SiO_2
					−209,3		braunes gesintertes Produkt, an feuchter Luft unbeständig; mit W→ H_2Te; mit S→H_2Te+H_2
698	*F*			138	−379,4		$\chi_{Mol}=+11\,000\cdot10^{-6}$ cm^3Mol^{-1}; rosarote Krist.; LW 20° 58,8 %, 40° 62,8 %, Bdk. $4H_2O$
1037 1245	*U* *F*	13,2	93,47	98,7	−4	−3,28	zers. durch W nach: $Mn_3C+6H_2O\rightarrow 3Mn(OH)_2+CH_4+H_2$
			81,50	85,7	−894,7	−816,7	Manganspat, Rhodochrosit; himbeerrotes Mineral; gefällt weißes Pulver, allmählich hbraun; unl. W, Al; l. verd. S; bei längerem Kochen mit W teilweise Hydrolyse; Glühen über 200° $-CO_2\rightarrow Mn_3O_4$
					−2332		rosarote Krist.; sll. W; l. Al, Me
					−1626		weißes krist. Pulver; über 100° entsteht daraus das schwach rosa gefärbte wfreie MnC_2O_4
650 1231	*F* *V*	37,6 149	72,86	117,1	−466,9	−425,5	hrosarote Krist.; LW 20° 42,3 %, Bdk. $4H_2O$, 100° 53,5 %, Bdk. $2H_2O$; L Py 25° 1,06 g/100 cm³; unl. Ä; l. abs. Al
					−1703		rosarote Krist.; zerfl. an Luft; LW s. $MnCl_2$; l. Al; unl. Ä
−206,7 930	*U* *F*		67,94	93,09	−791	−748,6	rosafarbene Prismen; LW 20° 1,05 %, Bdk. $4H_2O$; unl. Ä
				117	−996		rote Krist.; l. wenig W rotbraun, beim Verdünnen zers.; $MnF_3\cdot2H_2O$ rubinrote Säulen
							blaßrote, fast fbl., stark glasglänzende Krist.; wl. W unter langsamer Z.; ll. wss. SO_2-Lsg.
							fbl. bis rosarote Krist.; LW 25° 13,1 %, Bdk. $1H_2O$; unl. Al; zers. beim Erhitzen auf 180...200° unter Entwicklung entflammbarer Dämpfe

Formel	Name	Zustand	Mol.-Masse / Dichte $g \cdot cm^{-3}$	Kristalldaten: System, Typ und Symbol	Einheitszelle: Kantenlänge in Å	Einheitszelle: Winkel und M	Brechzahl n_D
MnJ_2	(II)-jodid	f	308,75 5,01	trig. $C6$ $D_{3d}^3, P\bar{3}m1$	4,16 6,82	$M=1$	
$Mn NH_4PO_4 \cdot H_2O$	ammoniumphosphat	f	185,96				
$Mn(NO_3)_2 \cdot 6H_2O$	(II)-nitrat	f	287,04 1,82				
$MnO_4Na \cdot 3H_2O$	Natriumpermanganat	f	195,97 2,46				
MnO	(II)-oxid	f	70,94 5,18	kub. $B1$ $O_h^5, Fm3m$	4,43	$M=4$	2,18
MnO_2	(IV)-oxid	f	86,94 5,026	tetr. $C4$ $D_{4h}^{14}, P4_2/mnm$	4,380 2,856	$M=2$	
MnOOH	Manganit	f	87,94 4,5	mkl. $E0_6$ $C_{2h}^5, P2_1/c$	8,86 5,24 5,70	90° $M=8$	2,25* 2,25* 2,53*
$Mn(OH)_2$	(II)-hydroxid	f	88,95 3,258	trig. $C6$ $D_{3d}^3, P\bar{3}m1$	3,34 4,68	$M=1$	1,733 1,729
Mn_2O_3	(III)-oxid	f	157,87 4,50	kub. $D5_3$ $T_h^7, Ia3$	9,43	$M=16$	2,45* 2,15*
Mn_2O_7	(VII)-oxid	fl	221,87 2,4				
Mn_3O_4	(II), (III)-oxid	f	228,81 4,70	tetr. $D_{4h}^{19}, I4_1/amd$	5,71 9,37		
MnP	phosphid	f	85,91 5,39	orh. $B31$ $D_{2h}^{16}, Pnma$	5,91 5,27 3,17	$M=4$	

Phasen-umwandlungen			Standardwerte bei 25° C				Bemerkungen und Charakteristik
°C		ΔH kJ/Mol	C_p J/Molgrd	S^0 J/Molgrd	ΔH_B kJ/Mol	ΔG^0 kJ/Mol	
638	*F*			151	−248,0		rosa Krist., die an Licht und Luft braun werden; l. W unter Z.; kann mit Nitraten, Chloraten und anderen oxid. wirkenden Substanzen expl.
							seidenglänzende kleine Krist.; beim Glühen→$Mn_2P_2O_7+2NH_3+3H_2O$; LW 70° 0,005 %; ll. verd. S; unl. NH_3 und NH_4-salzlsg.; konz. KOH zers. unter NH_3-Entwicklung
25,8	*F*	40,19	613,6		−2369		rosarote zerfl. Krist., auch fast fbl.; verwittern nicht über H_2SO_4; **LW** 20° 56,7 %, Bdk. $6H_2O$; l. Al
							purpurfarbene Krist.; sehr zerfl.; LW 20° 58,8 %, Bdk. $3H_2O$; l. NH_3
−155,4 1780	*U* *F*	 54,4	44,10	59,71	−384,8	−362	blaßgrünes, pistaziengrünes Pulver; smaragdgrüne glänzende Krist.; l. HCl, NH_4Cl-Lsg.
250	*U*		54,02	53,1	−519,7	−465	Braunstein, Polianit; schw. Kristallpulver; l. HCl unter Cl_2-Entwicklung; über 500° Abgabe von O_2; starkes Oxid.mittel
							* $\lambda=671$ mμ; braunschw., in dünnen Splittern rot; unl. W; l. h. H_2SO_4, HCl
				88,3	−693,5	−610	Pyrochroit; weißer Nd., färbt sich an Luft braun→Mn^{IV}; l. in hochkonz. Alk
600	*U*		107,7	110,5	−959	−881	* $\lambda=671$ mμ; schw. Pulver, in feiner Verteilung braun; l. h. HCl, h. H_2SO_4; zers. sied. HNO_3
5,9	*F*				−742,2		dklrote Fl., schweres Öl; an trockener Luft haltbar; zers. beim Erwärmen; l. in viel k. W; in wenig W Z. durch die Erwärmung
1172 1590	*U* *F*	18,8	139,7	149,5	−1386	−1276	Hausmannit; zimtbraunes Pulver; l. h. konz. H_2SO_4, H_3PO_4 rot; l. Egs, HCl, Oxal- und Weinsäure braun
1190	*F*						graue Substanz; unl. W, HCl; l. HNO_3

Formel	Name	Zustand	Mol.-Masse / Dichte $g \cdot cm^{-3}$	Kristalldaten: System, Typ und Symbol	Einheitszelle: Kantenlänge in Å	Einheitszelle: Winkel und M	Brechzahl n_D
MnS	(II)-sulfid	f	87,00 3,99	kub. $B1$ $O_h^5, Fm3m$	5,21	$M=4$	2,70*
$MnSO_4$	(II)-sulfat	f	151,00 3,181	orh. $D_{2h}^{17}, Cmcm$	4,86 6,84 8,58	$M=4$	
$MnSO_4 \cdot H_2O$		f	169,01 2,95	mkl.	6,74 8,10 13,3	~90°	1,562 1,595 1,632
$MnSO_4 \cdot 4H_2O$		f	223,06 2,107	mkl.	5,97 13,8 7,87	90,9°	1,508 1,518 1,522
$MnSO_4 \cdot 5H_2O$		f	241,08 2,103	trikl.	6,2 10,7 6,1		1,495 1,508 1,514
MnS_2	sulfid	f	119,07 3,465	kub. $C2$ $T_h^6, Pa3$	6,10	$M=4$	2,69*
$MnS_2O_6 \cdot 2H_2O$	dithionat	f	251,09 1,75				
MnSe	selenid	f	133,90 5,59	kub. $B1$ $O_h^5, Fm3m$	5,45	$M=4$	
$MnSeO_4 \cdot 2H_2O$	selenat	f	233,93 3,006	orh. $D_{2h}^{15}, Pbca$	10,47 10,51 9,24	$M=8$	
MnSi	silicid	f	83,02 5,90	kub. $B20$ $T^4, P2_13$	4,557	$M=4$	
$MnSi_2$	silicid	f	111,11 5,24	orh.	5,51 17,42 3,16	$M=16$	
Mn_2Si	silicid	f	137,96 6,20				

Phasen-umwandlungen			Standardwerte bei 25° C		Bemerkungen und Charakteristik
°C		ΔH kJ/Mol	C_p S^0 J/Molgrd	ΔH_B ΔG^0 kJ/Mol	
1615	*F*	26,4	49,96 78,2	−207,0 −212,2	* $\lambda = 671$ mμ; Manganblende, Alabandin; schwarzschimmernde Krist., beim Zerreiben grünes Pulver; stabile Modifikation; instabile Modifikationen bei Fällung hrosafarben, rötlich: β-MnS kub. *B* 3, T_d^2, $F\bar{4}3m$, $a = 5{,}611$ Å, $M = 4$; γ-MnS hex. *B* 4, C_{6v}^4, $P6_3mc$, $a = 3{,}976$, $c = 6{,}432$ Å, $M = 2$; beim Kochen→grün; LW 18° $4{,}7 \cdot 10^{-2}$ %, Bdk. 0 H_2O
700 Z ~850	*F*		100,0 112,1	−1063 −955	fast rein weiße Substanz; LW 20° 38,7 %, Bdk. 5 H_2O; L Me 25° 0,114 g/100 g Lösm.; fast unl. Ä
				−1375	rosafarbige Krist.; LW s. $MnSO_4$
				−2257	rosafarbige Krist.; LW s. $MnSO_4$; unl. Al
			326	−2550	rosafarbige Krist.; LW s. $MnSO_4$
					* $\lambda = 671$ mμ; Hauerit, Mangankies; schw. krist. Substanz; gibt beim Erhitzen leicht Schwefel ab
			241,4 279,0		rosafarbige Krist.; l. W
			51,04 90,8	−117,8 −122,4	graue Krist. mit bläulichem Reflex; unl. W; l. verd. S; mit HCl→ H_2Se-Entwicklung; salzsaures H_2O_2 oxid. zu $MnSeO_4$; außer α-MnSe bestehen: β-MnSe kub. *B* 3 T_d^2, $a = 5{,}82$ Å, $M = 4$; instabil, wandelt sich in α-MnSe um; γ-MnSe hex. *B* 4 C_{6v}^4, $a = 4{,}12$, $c = 6{,}72$ Å, $M = 2$
					Tafeln oder kleine Nadeln, bisweilen verfilzt; LW 30° 36,8 %, 60° 35,4 %
1275	*F*		58,8	−58,8 −61,24	krist. Substanz; unl. W; swl. S; l. HF
					graue Substanz; unl. W, S; l. HF, Alk
1316	*F*				graue prismatische Krist.; unl. W; l. HCl, Alk

Formel	Name	Zustand	Mol.-Masse / Dichte $g \cdot cm^{-3}$	Kristalldaten: System, Typ und Symbol	Einheitszelle: Kantenlänge in Å	Winkel und *M*	Brechzahl n_D
$MnSiF_6 \cdot 6H_2O$	hexafluorosilikat	f	305,11 1,903	trig. $I6_1$ C_{3i}^2, $R\overline{3}$	9,71 9,73	 $M=3$	1,3570 1,3742
$MnSiO_3$	(II)-metasilikat	f	131,02 3,72	trikl. C_i^1, $P\overline{1}$	7,8 12,5 6,7	85,2° 94,1° 111,5° $M=10$	
Mn_2SiO_4	orthosilikat	f	201,96 4,043	orh. $S1_2$ D_{2h}^{16}, $Pnma$	6,22 4,86 10,62	 $M=4$	1,7720 1,8038 1,8143
Mo	**Molybdän**						
MoB	borid	f	106,75 8,65	tetr. D_{4h}^{19}, $I4_1/amd$	3,10 16,97	 $M=8$	
MoB_2	borid	f	117,56 7,12	hex. $C3_2$ D_{6h}^1, $P6/mmm$	3,05 3,11	 $M=1$	
Mo_2B	borid	f	202,69 9,26	tetr. $C16$ D_{4h}^{18}, $I4/mcm$	5,54 4,74	 $M=4$	
$MoBr_2$	(II)-bromid	f	255,76 4,88				
$MoBr_3$	(III)-bromid	f	335,67				
$MoBr_4$	(IV)-bromid	f	415,58				
Mo_2C	carbid	f	203,89 8,9	hex.	2,994 4,722	 $M=1$	
MoC	carbid	f	107,95 8,40	hex. D_{6h}^4, $P6_3/mmc$	2,932 10,97	 $M=4$	
$Mo(CO)_6$	hexacarbonyl	f	264,003 1,96	orh. C_{2v}^9, $Pna2_1$	11,23 12,02 6,48	 $M=4$	

Phasen-umwandlungen			Standardwerte bei 25° C				Bemerkungen und Charakteristik
°C		ΔH kJ/Mol	C_p J/Molgrd	S^0 J/Molgrd	ΔH_B kJ/Mol	ΔG^0 kJ/Mol	
							blaßrötliche Krist.; LW 17,5° 58,4 %, Bdk. $6\,H_2O$
1120	*U*		86,36		−1265		Rhodonit; rosenrote Nadeln; findet sich auch schön krist. in der Hochofenschlacke
1208	*U*			89,09		−1184	
1274	*F*	34,3					
1300	*F*		130,4		−1678,5		Tephroit; schön krist. in der Hochofenschlacke anzutreffen
							unl. verd. und konz. HCl, wss. Alk; l. verd. HNO_3, in der Wärme rasch; konz. HNO_3 wirkt heftig ein; Alk-Schmelze oxid.
							unl. verd. und konz. HCl, wss. Alk; l. verd. HNO_3, in der Wärme rasch; konz. HNO_3 wirkt heftig ein; Alk-Schmelze oxid.
							unl. verd. und konz. HCl, wss. Alk; l. verd. HNO_3, in der Wärme rasch; konz. HNO_3 wirkt heftig ein; Alk-Schmelze oxid.
					−121,4		gelbrotes amorphes Pulver; unschmelzbar; unl. W, S, Königsw.; ll. h. verd. Alk; zers. konz. Alk→$Mo(OH)_3$; wl. sied. Al; l. alkohol. Halogenwasserstoffs.; unl. Ä
					−171,5		schw. bis schw.grüne dichte verfilzte Kristallnadeln; unl. W, S; ll. sied. wfreiem Py dklbraun; zers. sied. Alk→$Mo(OH)_3$
					−188,3		schw. glänzende scharfe Nadeln; zerfl. an Luft; l. W gelbbraun
2672	*F**				−17,6		* *F* inkongruent;
				82,8		−11,65	glänzende weiße Prismen; unl. nichtoxid. S; l. HNO_3, Königsw.
2677	*F**						* *F* inkongruent; graue glänzende Krist.; Erhitzen an Luft oxid.→MoO_2+CO_2; l. konz. HF; zers. HNO_3, sied. konz. H_2SO_4; unl. sied. wss. HCl, Alk
			242,3		−982,4		fbl. diamantglänzende Krist.; l. Ä, Bzl
				327,2		−877,3	

Formel	Name	Zustand	Mol.-Masse / Dichte g · cm⁻³	Kristalldaten: System, Typ und Symbol	Einheitszelle: Kantenlänge in Å	Einheitszelle: Winkel und M	Brechzahl n_D
$MoCl_2$ Mo_3Cl_6	(II)-chlorid	f	166,85 3,714				
$MoCl_3$	(III)-chlorid	f	202,30 3,579	mkl. $C_{2h}^3, C\,2/m$	6,065 9,760 7,250	124° $M=4$	
$MoCl_4$	(IV)-chlorid	f	237,75				
$MoCl_5$	(V)-chlorid	f	273,21 2,928	mkl. $C_{2h}^3, C\,2/m$	17,31 17,81 6,079	95° 42′ $M=12$	
MoF_6	(VI)-fluorid	fl	209,93 2,543*				
MoJ_2	(II)-jodid	f	349,75 4,3				
MoO_4Na_2	Natriummolybdat	f	205,92 3,6	kub. $H\,1_1$ $O_h^7, Fd3m$	8,99	$M=8$	
$MoO_4Na_2 \cdot 2H_2O$		f	241,95 2,566	orh. $D_{2h}^{15}, Pbca$	10,537 13,825 8,453	$M=8$	
$Mo(OH)_3$ $Mo_2O_3 \cdot 3H_2O$	(III)-hydroxid	f	146,96				
MoO_2	(IV)-oxid	f	127,94 4,516	mkl. $C_{2h}^5, P2_1/c$	5,584 4,842 5,517	119° 19′ $M=4$	
Mo_2O_5	(V)-oxid	f	271,88				
$MoO(OH)_3$ $Mo_2O_5 \cdot 3H_2O$	(V)-hydroxid	f	162,96				

Phasenumwandlungen °C		ΔH kJ/Mol	Standardwerte bei 25° C C_p J/Molgrd	S^0 J/Molgrd	ΔH_B kJ/Mol	ΔG^0 kJ/Mol	Bemerkungen und Charakteristik
					−184		amorphes mattgelbes grünstichiges Pulver; luftbeständig; unschmelzbar; unl. W, aber langsam Hydrolyse; l. Alk, wss. NH_3, Me, Aceton, Py; ll. HCl, HBr; l. konz. H_2SO_4 in der Wärme; unl. HNO_3, Eg, Toluol, Ligroin, Brombzl.
					−272		dkl kupferrote Masse; sehr schwer flch.; unl. W, HCl, Al, Ä; wl. Py; l. HNO_3, k. H_2SO_4; zers. Alk
					−331		braunes mikrokrist. Pulver; empfindlich gegen Luft, Licht, Feuchtigkeit; nur teilweise l. W braun, Al, Ä rotbraun; wl. konz. HCl; l. konz. H_2SO_4, HNO_3
194 268	*F* *V*	33,5 62,8		270	−379,8		rein schw. Nadeln; schw.graue Krist.; sehr hygr.; an feuchter Luft rasch blaugrün und zerfl.; l. W, HCl, H_2SO_4, HNO_3, fl. NH_3, abs. Al, Ä, Chlf, CCl_4 und vielen org. Lösm.
17,5 35	*F* *V*	9,2 26,6		330	−1700		* D_{fl} bei 19° C; $\chi_{Mol} = -26 \cdot 10^{-6}$ cm^3Mol^{-1}; schneeweiße weichkrist. Masse; Dampf fbl.; zers. mit wenig W; l. viel W fbl.; Alk und wss. NH_3 absorbieren leicht und vollständig
							braunes Pulver; unl. W, Al; zers. sied. W→HJ; zers. H_2SO_4, HNO_3 in der Wärme
440 580 620 687	*U* *U* *U* *F*	61,1 15,1			−1466		weiße Krist.; LW 15,5° 39,27 %, 100° 45,57 %, Bdk. $2H_2O$
100 $-H_2O$							kleine perlmuttglänzende Blättchen; luftbeständig ll. W; l. 30 % H_2O_2 blutrot, leicht zers.
							schw. Pulver; swl. verd. und konz. HCl, H_2SO_4; unl. Alk; l. 30 % H_2O_2
			55,98	46,28	−544	−502	dkl.blauviol. kleine glänzende Krist.; unl. HF, HCl; swl. H_2SO_4; mit HNO_3 in der Wärme→MoO_3
							viol. schw. Pulver; schwer l. H_2SO_4, HCl, leichter beim Erwärmen
							hbrauner Nd.; LW 0,2 %; unl. Alk; wl. NH_3; l. Alk-carbonat-lsg.

Formel	Name	Zustand	Mol.-Masse / Dichte g · cm⁻³	Kristalldaten: System, Typ und Symbol	Einheitszelle: Kantenlänge in Å	Einheitszelle: Winkel und M	Brechzahl n_D
MoO_3	(VI)-oxid	f	143,94 4,50	orh. $D0_8$ D_{2h}^{16}, $Pnma$	3,9 13,8 3,7	$M=4$	
H_2MoO_4 $MoO_3 \cdot$ H_2O	säure	f	161,95 3,112				
$H_2MoO_4 \cdot$ H_2O $MoO_3 \cdot$ $2H_2O$	säure= hydrat	f	179 97 3,124	mkl.	1,0950: 1: 1,0664	90° 41′	
MoO_2Cl_2	(VI)-oxid= chlorid	f	198,84 3,31				
$Mo_2O_3Cl_5$	(V, VI)-oxid= chlorid	f	417,14				
$Mo_2O_3Cl_6$	(V, VI)-oxid= chlorid	f	452,60				
$MoOF_4$	(VI)-oxid= fluorid	f	187,93 3,0				
MoO_2F_2	(VI)-oxid= fluorid	f	165,94 3,494				
MoP	phosphid	f	126,91 6,167	hex. D_{3h}^1, $P\bar{6}m2$	3,23 3,20	$M=1$	
MoO_4Pb	Blei(II)- molybdat	f	367,13 6,05	tetr. $H0_4$ C_{4h}^6, $I4_1/a$	5,41 12,08	$M=4$	2,4053 2,2826

Phasen-umwandlungen			Standardwerte bei 25° C				Bemerkungen und Charakteristik
°C		ΔH kJ/Mol	C_p J/Molgrd	S^0 J/Molgrd	ΔH_B kJ/Mol	ΔG^0 kJ/Mol	
795 1155	*F* *V*	52,5 138	75,02	77,74	−744,6	−666,8	$\bar{\gamma}$(78···+21° C) = 70 · 10^{-6} grd^{-1}; krist. weißes Pulver mit grünlichem Stich, beim Erhitzen gelb; strahlige seidenglänzende Krist. aus Schmelze; **LW** 20° 0,13 %, Bdk. $2H_2O$; frisch gefällt zll. S, geglüht unl. S; l. konz. H_2SO_4, 10 % HSCN; ll. alk. Fl. und Schmelzen; MAK: 7,5 mg/m³ Luft
115	*F*				−1075		feine weiße Nadeln; α- und β-Form bekannt; wl. W; l. Alk, wss. NH_3, H_3PO_4, Oxalsäure; MAK: 5,62 mg/m³ Luft
					−1387		gelbe kleine Krist.; LW 15° 0,5 g/l; ll. wss. H_2O_2 beim Erwärmen; swl. S; mit konz. HNO_3→MoO_3; l. wss. Alk und -carbonatlsg.
							gelblichweiße Substanz, auch Kristallschuppen oder Blättchen; leicht flch.; ll. W; l. Al; wl. abs. Al
							große dicke braune Krist.; schmilzt leicht; Dämpfe dklbraunrot; Erhitzen an Luft→MoO_2Cl_2; zerfl. an Luft; l. W anfangs fbl., dann grün, blau; mit viel W blauer Nd.
							dklviol. Krist., rubinrot durchscheinend; zerfl. an feuchter Luft; beim Erhitzen→MoO_2Cl_2; l. W, S, Ä
98 180	*F* *V*						weiße durchscheinende Substanz; sehr hygr.; an Luft rasch blau und zerfl.; l. W, Al fbl.; l. Ä, Chlf hgrün, gelb; swl. Bzl, CS_2; unl. Toluol; zers. konz. H_2SO_4
270	Sb						weiße strahlig krist. Substanz; an Luft rasch grünblau und zerfl.; l. W, $AsCl_3$, $SiCl_4$, SO_2Cl_2 fbl., PCl_3 blau; l. h. Py; swl. Ä, Chlf, CCl_4, CS_2; unl. Toluol
							graues krist. Pulver; sehr schwer schmelzbar; l. h. konz. HNO_3
1065	*F*				−1112		Wulfenit; graues oder gelblichweißes krist. Pulver; aus Lsg. rein weiß; lichtempfindlich; frisch gefällt l. HNO_3 und starken S, NaOH; wl. Na-acetatlsg.; unl. Egs

Formel	Name	Zustand	Mol.-Masse / Dichte g · cm⁻³	Kristalldaten: System, Typ und Symbol	Einheitszelle: Kantenlänge in Å	Einheitszelle: Winkel und *M*	Brechzahl n_D
Mo_2S_3	(III)-sulfid	f	288,07 5,806	mkl. C_{2h}^2, $P\,2_1/m$	8,633 3,208 6,092	102,43° $M=2$	
MoS_2	(IV)-sulfid	f	160,07 5,06	hex. $C\,7$ D_{6h}^4, $P\,6_3/mmc$	3,15 12,30	 $M=2$	5,67*
MoS_3	(VI)-sulfid	f	192,13				
MoS_4	persulfid	f	224,20				
$MoSi_2$	silicid	f	152,11 6,31	tetr. D_{4h}^{17}, $I\,4/mmm$	3,200 7,861	 $M=2$	
N	**Stickstoff**						
NOBr	Nitrosylbromid	g	109,92				
NCl_3	Stickstofftrichlorid	fl	120,37 1,653				
NOCl	Nitrosylchlorid	g	65,46 2,99*				
$NOClO_4 \cdot H_2O$	Nitrosylperchlorat	f	147,47				
NH_3	Ammoniak	g	17,03 0,77147*	kub. $D\,0_1$ T^4, $P\,2_1 3$	5,138	 $M=4$	**

Phasenumwandlungen °C		ΔH kJ/Mol	Standardwerte bei 25° C C_p S^0 J/Molgrd	ΔH_B ΔG^0 kJ/Mol	Bemerkungen und Charakteristik
1100	*F*		 117	−427	lange stahlgraue Nadeln; unl. HCl, H_2SO_4; zers. konz. HNO_3 in der Wärme
450	Sb		63,47 63,2	−234,8 −225,2	* $\lambda = 500$ mμ; Halbleiter; Molybdänit; graublaue Blättchen; fühlen sich fettig an; l. Königsw.; mit konz. H_2SO_4 beim Kochen→MoO_3
			 66,5	−257,3 −240,5	kleine schw. Blättchen, graphitähnlich; l. Alk in der Hitze; l. Alksulfidlsg. und -hydrogensulfidlsg.
					dklzimtbraunes Pulver; oxid. teilweise an Luft; l. sied. konz. H_2SO_4; l. Alk-sulfidlsg. in der Kälte schwer, beim Kochen leicht
					eisengraue Substanz, met. glänzend; krist.; unl. HF, HCl, H_2SO_4, HNO_3, Königsw.; rasch l. Gemisch HF+ HNO_3; unl. Alk; rasch zers. Alk-Schmelze
−55,5	*F*		 272,6	81,84 82,3	braunes Gas, braune Fl.; zers. W; zers. Alk→KBr+KNO_2
					wachsgelbes dünnfl. Öl von unangenehmem Geruch; Dämpfe greifen Augen und Atmungsorgane an; W zers. langsam, Alk rasch; fast unl. W; ll. Al, Bzl, Chlf, CCl_4, CS_2, PCl_3, Ä
−59,6 −5,9	*F* *V*	5,98 25,78	39,37 263,5	52,59 66,3	* kg/Nm³; ϑ_{krit} 167,5°; p_{krit} 92,4 at; D_{krit} 0,47 gcm⁻³; zitronengelbes bis rotes Gas von erstickendem Geruch; feurig rotgelbe Fl., sehr beweglich; blutrote Krist.; l. W unter Z.→ HCl+HNO_2; zers. Alk→KCl+KNO_2
					weiße Krist.; mit W→grünblau durch freiwerdendes N_2O_3; Ä expl. heftig; Al, Aceton entflammen unter Verpuffen
−77,73 −33,41	*F* *V*	5,65 23,35	35,52 192,5	−46,19 −19,55	* kg/Nm³; ** n(0°, 760 Torr, 5462 Å) = 1,0003844; fbl. stechend riechendes Gas; **LW** 20° 33,0 %; l. Al, Me und anderen org. Lösm.; reizt Schleimhäute und Augen; MAK: 100 cm³/m³ Luft

Formel	Name	Zustand	Mol.-Masse Dichte g · cm⁻³	Kristalldaten System, Typ und Symbol	Einheitszelle Kantenlänge in Å	Winkel und M	Brechzahl n_D
N_2H_4	Hydrazin	fl	32,05 1,0083	mkl. $C_{2h}^2, P2_1/m$	4,53 5,78 3,56	109°30′ $M=2$	1,46979
HN_3	Stickstoff-wasser-stoff-säure	fl	43,03				
HNO_3	Salpeter-säure	fl	63,002 1,503	mkl. $C_{2h}^5, P2_1/c$	16,23 8,57 6,31	90° $M=16$	1,3972
$HNO_3 \cdot H_2O$		fl	81,03 1,764*	orh. $C_{2v}^9, Pna2_1$	6,31 8,69 5,44	$M=4$	
$HNO_3 \cdot 3H_2O$		fl	117,06 1,583*	orh. $D_2^4, P2_12_12_1$	9,50 14,66 3,38	$M=4$	
NO_2NH_2	Nitramid	f	62,03	mkl. $C_{2h}^6, C2/c$	7,86 4,79 6,65	112° 24′ $M=4$	
N_2O	(I)-oxid	g	44,01 1,9775*	kub. $T_h^6, Pa3$	5,72	$M=4$	**
NO	(II)-oxid	g	30,006 1,3402*	mkl. $C_{2h}^5, P2_1/c$	6,55 3,96 5,81	114° 54′ $M=2$	
N_2O_3	(III)-oxid	g	76,01 1,447*	tetr. $D_4^{10}, I4_122$	16,40 8,86	$M=32$	

Phasen-umwandlungen °C		ΔH kJ/Mol	Standardwerte bei 25° C C_p S^0 J/Molgrd	ΔH_B ΔG^0 kJ/Mol	Bemerkungen und Charakteristik
1,54 113,5	*F* *V*	12,66 41,8	98,83 121,2	50,42 149	fbl. ölige Fl.; raucht an Luft; eigentümlicher Geruch; hygr.; nicht expl., außer bei Dest. größerer Mengen; l. W, Me, Al, Propanol, Isobutanol; fast unl. in anderen org. Lösm. wie KW und halogenierten KW; gutes Lösm.; giftig beim Einatmen; MAK: 1 cm³ Dampf/m³ Luft; brennbar, Flammpunkt 52°
−80 35,7	*F* *V*	 30,5	 138,2	269,3	wasserhelle leicht bewegliche Fl.; sehr expl.; stechender Geruch, giftig beim Einatmen; in wss. Lsg. gefahrlos zu handhaben; mit $NH_3 \rightarrow NH_4N_3$
−41,6 83	*F* *V*		109,8 156,1	−173,0 −79,76	* bei 14,2° C; $\chi_{Mol} = -19{,}9 \cdot 10^{-6}$ cm³Mol⁻¹; fbl. Fl.; raucht stark an der Luft und zieht H_2O an; stark ätzend; MAK: 10 cm³/m³ Luft
−37,62	*F*	17,51	182,5 216,9	−472,6 −328	* bei −79° C; fbl. Fl.; fest kleine etwas undurchsichtige Krist.
−18,47	*F*	29,09	325,5 347,0	−1055 −809,9	* bei −79° C; fbl. Fl.; fest durchsichtige große Krist.
72 Z	*F*				glänzende weiche weiße Kristallblätter; ll. W, Al, Ä, Aceton; wl. Bzl. unl. Ligroin; zers. h. W, konz. H_2SO_4
−90,91 −88,56	*F* *V*	6,54 16,552	38,71 220,0	81,55 103,5	* kg/Nm³; ** n(0°, 760 Torr, 5462 Å) = 1,000 5079; ϑ_{krit} 36,43°; p_{krit} 74,1 at; D_{krit} 0,452 gcm⁻³; fbl. Gas; fl. N_2O ist fbl., leicht beweglich, durchsichtig; erstarrt fbl. krist.; schwach angenehmer Geruch; schwach süßlicher Geschmack
−163,6 −151,73	*F* *V*	2,299 13,774	29,83 210,6	90,37 86,6	* kg/Nm³; fbl. Gas; an Luft→NO_2, braunrote Dämpfe; wl. W; l. wss. $FeSO_4$; mit Cl_2, Br_2→Nitrosylhalogenide
−125 −102 3,5	*U* *F* *V*			83,7	* bei 2° C; tiefblaue Fl., blaßblaue Krist.; Gas dissoziiert schon unter 0° C, bei 25° zu 90% in $NO+NO_2$; mit W→HNO_2, zers. rasch; mit Alk→Nitrit

Formel	Name	Zustand	Mol.-Masse / Dichte $g \cdot cm^{-3}$	Kristalldaten: System, Typ und Symbol	Einheitszelle: Kantenlänge in Å	Einheitszelle: Winkel und M	Brechzahl n_D
$NO_2 \rightleftharpoons N_2O_4$	(IV)-oxid	g	46,01	kub. T^5, $I\,2_1 3$	7,79	$M=12$	
N_2O_5	(V)-oxid	f	108,01 1,64	hex. D_{6h}^4, $P\,6_3/mmc$	5,45 6,66	$M=2$	
NH_2OH	Hydroxylamin	f	33,03 1,2044				1,44047
$NH_2OH \cdot HCl$	Hydroxylaminhydrochlorid	f	69,49 1,67	mkl. C_{2h}^5, $P\,2_1/c$	6,95 5,95 7,27	114° 27′ $M=4$	
NH_4	**Ammonium**						
$NH_4H_2AsO_4$	dihydrogenarsenat	f	158,97 2,31				1,5766 1,5217
NH_4BF_4	tetrafluoroborat	f	104,84 1,851	orh. $H\,0_2$ D_{2h}^{16}, $P\,n\,m\,a$	9,06 5,64 7,23	$M=4$	
$NH_4B_5O_8 \cdot 4H_2O$	pentaborat	f	272,15	orh.	0,9831 : 1 : 0,8100		1,490 1,436 1,431
NH_4Br	bromid	f	97,95 2,548	kub. $B\,2$ O_h^1, $P\,m\,3\,m$	4,05	$M=1$	1,7108
NH_4CN	cyanid	f	44,05 1,02	tetr. D_{4h}^{10}, $P\,4_2/mcm$	4,17 7,62	$M=2$	

Phasen-umwandlungen °C		ΔH kJ/Mol	Standardwerte bei 25° C C_p S^0 J/Molgrd	ΔH_B ΔG^0 kJ/Mol	Bemerkungen und Charakteristik
−11,25 21,10	*F* *V*	14,65 38,12	37,11 239,8 78,99* 304,3*	33,32 51,5 9,368* 97,9*	* für N_2O_4 braunrotes, stark giftiges Gas von charakteristischem Geruch; rotbraune Fl.; verblaßt beim Abkühlen, fbl. Krist.; Gleichgewicht bei 27° 20 %, 50° 40 %, 100° 89 % NO_2
30 47	*F* *V*		143,1 153,1		fbl. harte Krist., an Luft zerfl.; mit W begierig→HNO_3
33,1 58	*F* *V*			−107	fbl. geruchlose durchsichtige Krist.; fl. NH_2OH neigt zur Unterkühlung; giftig; hygr.; flch.; zers. beim Erhitzen→N_2, NH_3, H_2O, HNO_2; l. Me, Al; wl. Propanol, Ä, Chlf; unl. Bzl, PÄ, CS_2, Aceton
157	*F*		92	−310	fbl. Krist.; hygr.; LW 20° 83 g/100 ml Lösm.; ll. Me; l. Al, Glycerin; unl. Ä
−57,1	*U*	0,92	151,2 172,0	−1052 −825,6	weißes krist. Pulver; LW 20° 32,5 %, Bdk. 0 H_2O
236	*U**				* *U* orh.→kub. $H0_5$, T_d^2, $F\bar{4}3m$, $a=7{,}55$ Å, $M=4$; feine fbl. Krist.; LW 20° 18,6 %; l. Al
					große fbl. Krist.; an Luft beständig; LW 20° 6,5 %, 40° 10,5 %, Bdk. 4 H_2O
137,8	*U**	3,22		−270,3	* *U* $B2$→$B1$ kub., O_h^5, $Fm3m$, $a=6{,}90$ Å, $M=4$; $\varkappa$(0...3000 at, 0° C)$=6{,}0\cdot10^{-6}$ at^{-1}; $\varepsilon(10^{12}$ Hz$)=7{,}3$; $\chi_{Mol}=-47{,}0\cdot10^{-6}$ cm^{3}Mol^{-1}; weißes krist. Pulver; schwach hygr.; färbt sich an der Luft gelblich; LW 20° 42 %, Bdk. 0 H_2O; L Me 19,5° 12,5 %; l. Al
			133,9	0,0	fbl. vierseitige Tafeln oder Prismen; zers. sehr leicht; ll. W, Al; weniger l. Ä; die wss. Lsg. riecht nach NH_3 und HCN

Formel	Name	Zustand	Mol.-Masse Dichte g · cm⁻³	Kristalldaten System, Typ und Symbol	Einheitszelle Kantenlänge in Å	Winkel und M	Brechzahl n_D
$(NH_4)CO_2NH_2$	carbamat	f	78,07				
$(NH_4)_2CO_3$	carbonat	f	96,09				
NH_4HCO_3	hydrogencarbonat	f	79,04 2,4	orh. $D_{2h}^{10}, Pccn$	7,29 10,79 8,76	$M=8$	1,4227 1,5358 1,5545
NH_4HCO_2	formiat	f	63,04 1,28				
$NH_4CH_3CO_2$	acetat	f	77,08 1,073				
NH_4Cl	chlorid	f	53,49 1,531	kub. $B2$ $O_h^1, Pm3m$	3,87	$M=1$	1,6422
NH_4ClO_4	perchlorat	f	117,49 1,95	orh. $H0_2$ $D_{2h}^{16}, Pnma$	9,20 5,82 7,45	$M=4$	1,4824 1,4828 1,4868
NH_4F	fluorid	f	37,04 1,0092	hex. $B4$ $C_{6v}^4, P6_3mc$	4,39 7,02	$M=2$	1,3147 1,3160
NH_4HF_2	hydrogenfluorid	f	57,04 1,21	orh. $F5_8$ $D_{2h}^7, Pmna$	8,43 8,18 3,69	$M=4$	1,368 1,385 1,387

Phasenumwandlungen °C		ΔH kJ/Mol	Standardwerte bei 25° C C_p / S^0 J/Molgrd	ΔH_B / ΔG^0 kJ/Mol	Bemerkungen und Charakteristik
			131,8 166	−645 −456	weiße krist. Masse; ll. W unter Abkühlung; gibt allmählich an der Luft NH_3 ab
					$\chi_{Mol} = -21{,}25 \times 2 \cdot 10^{-6}$ cm³Mol⁻¹; kleine seidig glänzende Krist. oder flache Prismen; an Luft zers. unter Abgabe von NH_3, CO_2, $H_2O \rightarrow$ NH_4HCO_3 als feuchtes Pulver; LW 16,7° 21 %; wl. k. wss. NH_3, beim Erwärmen etwas reichlicher l.; ziemlich l. wss. Me; unl. fl. NH_3, Al, wss. Propanol, wss. Aceton
				−852,5	Teschemacherit; weißes grobes krist. Pulver; LW 20° 17,6 %, 60° 37 %, Bdk. 0 H_2O; unl. Al
117	F			−555,8	weiße Krist.; hygr.; LW 20° 58,5 %, 100° 93,5 %; l. Al
113	F			−618,6	weiße krist. Stücke; zerfl.; sll. W; ll. Al; saures Salz: lange Nadeln; zerfl.; F 66°; ll. W; l. Al
−30,6 184,3 520[1] 337,8	U[2] U F Sb	1,1	84,1 94,6	−314,6 −203	[1] bei 34,4 atm; [2] unter −30,6° und über 184,3° C *B* 1 kub., O_h^5, $Fm3m$, $a = 6{,}53$ Å, $M = 4$; $\bar{\gamma}(-78...19°\ C) = 280 \cdot 10^{-6}$ grd⁻¹; $\varkappa(0...2000$ at, $30°\ C) = 5{,}9 \cdot 10^{-6}$ at⁻¹; $\varepsilon(10^{12}$ Hz$) = 6{,}8$; $\chi_{Mol} = -36{,}7 \cdot 10^{-6}$ cm³Mol⁻¹; piezoelektrisch; weißes krist. Pulver oder fbl. durchscheinende faserig-krist. Stücke hart, geruchlos; LW 20° 27 %, Bdk. 0 H_2O; wl. Al; l. Glycerin
240	U*			−290,6	* *U H* $0_2 \rightarrow H\,0_5$, kub. T_d^2, $F\bar{4}3m$, $a = 7{,}7$ Å, $M = 4$; $\varkappa(0...2000\ at) = 6{,}25 \cdot 10^{-6}$ at⁻¹; $\chi_{Mol} = -46{,}5 \cdot 10^{-6}$ cm³Mol⁻¹; fbl. Krist.; LW 20° 18,5 %, Bdk. 0 H_2O; zers. beim Erhitzen unter Abgabe von Cl_2 und O_2
			65,27 71,96	−467	$\chi_{Mol} = -23 \cdot 10^{-6}$ cm³Mol⁻¹; weiße Kristallnadeln; LW 20° 45 %, Bdk. 0 H_2O; die wss. Lsg. reagiert sauer; beim Kochen Bildung von NH_4HF_2 unter NH_3-Entwicklung; MAK: 4,87 mg Staub/m³ Luft
126	F				weiße Krist.; LW 20° 37,5 %, Bdk. 0 H_2O; MAK: 3,7 mg Staub/m³ Luft

Formel	Name	Zustand	Mol.-Masse Dichte g·cm⁻³	Kristalldaten System, Typ und Symbol	Einheitszelle Kantenlänge in Å	Winkel und M	Brechzahl n_D
NH_4J	jodid	f	144,94 2,515	kub. $B\,1$ $O_h^5, Fm3m$	7,24	$M=4$	1,7007
NH_4N_3	azid	f	60,06 1,3459	orh. $F\,5_8$ $D_{2h}^{16}, Pnma$	8,642 8,930 3,800	$M=4$	
NH_4NO_2	nitrit	f	64,04 1,69				
NH_4NO_3	nitrat	f	80,04 1,725	orh. $G\,0_{11}$ D_{2h}^{13}, $Pmmn$	5,45 5,75 4,96	$M=2$	1,411 1,612 1,635
$(NH_4)_2Ni(SO_4)_2 \cdot 6H_2O$	nickelsulfat	f	395,00 1,923	mkl. $H\,4_4$ $C_{2h}^5, P2_1/c$	8,98 12,22 6,10	107° 6′ $M=2$	1,4949 1,5007 1,5081
$(NH_4)_2[OsCl_6]$	hexachloroosmat	f	438,0 2,93				

Phasen-umwandlungen °C		ΔH kJ/Mol	Standardwerte bei 25° C C_p J/Molgrd	S^0 J/Molgrd	ΔH_B kJ/Mol	ΔG^0 kJ/Mol	Bemerkungen und Charakteristik
−42,5 −13 405	*U*[1] *U*[2] Sb	2,93			−202,1		[1] *U* *B*25 tetr.→*B*2 kub.; [2] *U* *B*2 kub.→*B*1 kub.; $<-42{,}5°$ C *B*25 tetr., D_{4h}^{7}, $P4/nmm$, $a=6{,}18$, $c=4{,}37$ Å, $M=2$; $<-13°$ C *B*2 kub. O_h^1, $Pm3m$, $a=4{,}38$ Å, $M=1$; $\varkappa$(0...560 at, 20° C)$=3{,}6\cdot10^{-6}$ at^{-1}; $\chi_{Mol}=-66\cdot10^{-6}$ cm^3Mol^{-1}; weißes krist. Pulver.; sehr hygr.; färbt sich an Luft und Licht gelb bis gelbbraun; **LW** 20° 63 %, Bdk. 0 H_2O; ll. Al, Glycerin
160	*F*				85,4		sehr kleine weiße Krist.; fbl. große Blätter, wasserhelle Prismen; expl. beim schnellen Erhitzen; sehr flch.; Dämpfe beim Einatmen giftig; ll. W, 80 % Al; swl. abs. Al; unl. Ä, Bzl Aceton, Chlf, CS_2, Nitrobzl., Toluol, Xylol
					−264		fbl. Krist.; subl. rein weiß; beim Eindunsten gelbstichige und elastisch formbare Salzmasse; LW 20° 67 %,Bdk. 0 H_2O; ll. wss. Al, Me; etwas l. abs. Al; fast unl. Ä, Chlf, Egester
−16 32,1 84,2 125,2 169,6	*U*[1] *U*[2] *U*[3] *U*[4] *F*	0,54 1,59 1,34 4,22 6,40	139,3	150,6	−365,1	−183,2	[1] $<-16°$ hex. $a=5{,}72$, $c=15{,}9$ Å, $M=6$; [1] *U* hex.→$G0_{11}$, orh.; [2] *U* $G0_{11}$→$G0_{10}$, orh., D_{2h}^{16}, $Pnma$, $a=7{,}06$, $b=7{,}66$, $c=5{,}88$ Å, $M=4$; $D=1{,}66$ g/cm³; [3] *U* $G0_{10}$→$G0_9$ tetr., D_{2d}^{3}, $P\bar{4}2_1m$, $a=5{,}74$, $c=5{,}00$ Å, $M=2$; $D=1{,}60$ g/cm³; [4] *U* $G0_9$→$G0_8$ kub., O_h^1, $Pm3m$, $a=4{,}41$, $M=1$; $D=1{,}55$ g/cm³; $\varkappa$(0...10200 at; 20° C)$=(6{,}554\cdot10^{-6}-132{,}3\cdot10^{-12}\,p)$ at^{-1}; fbl. Krist.; zerfl. an feuchter Luft; **LW** 20° 65,4 %, Bdk. 0 H_2O; L abs. Al 20,5° 3,8 g/100 g Lösm.; L abs. Me 20,5° 17,1 g/100 g Lösm.; L 66 % Al 25° 43,8 g/100 g Lösm.; L Py wfrei 25° 22,88 g/100 g Lösm.; fast unl. Egester; unl. Ä, Benzonitril; l. fl. NH_3; ll. Eg
							blaugrüne Krist.; LW 20° 6,5 %, 80° 20,6 %; unl. Al
							$\chi_{Mol}=+716\cdot10^{-6}$ cm^3Mol^{-1}; glänzende schw. Oktaeder; l. W; beim Erwärmen Hydrolyse

Formel	Name	Zustand	Mol.-Masse Dichte g · cm⁻³	Kristalldaten: System, Typ und Symbol	Einheitszelle: Kantenlänge in Å	Einheitszelle: Winkel und M	Brechzahl n_D
$NH_4H_2PO_2$	dihydrogenhypophosphit	f	83,02 2,515	orh. $F\,5_7$ D_{2h}^{21}, $Cmma$	3,98 7,57 11,47	$M=4$	
$NH_4H_2PO_4$	dihydrogenphosphat	f	115,02 1,803	tetr. $H\,2_2$ D_{2d}^{12}, $I\bar{4}2d$	7,51 7,53	$M=4$	1,5246 1,4792
$(NH_4)_2HPO_4$	hydrogenphosphat	f	132,05 1,619	mkl. C_{2h}^{5}, $P2_1/c$	10,72 6,68 8,03	109° 41′ $M=4$	
$(NH_4)_3PO_4 \cdot 3H_2O$	orthophosphat	f	202,23				
$(NH_4)_2[PdBr_4]$	tetrabromopalladat-(II)	f	462,11 3,40				
$(NH_4)_2[PdCl_4]$	tetrachloropalladat-(II)	f	284,29 2,17	tetr. $H\,1_5$ D_{4h}^{1}, $P4/mmm$	7,21 4,26	$M=1$	
$(NH_4)_2[PdCl_6]$	hexachloropalladat-(IV)	f	355,20 2,418	kub. $I\,1_1$ O_h^{5}, $Fm3m$	9,90	$M=4$	
$(NH_4)_2[PtCl_6]$	hexachloroplatinat-(IV)	f	443,89 3,0	kub. $I\,1_1$ O_h^{5}, $Fm3m$	9,834	$M=4$	1,95
$(NH_4)_2[PtJ_6]$	hexajodoplatinat-(IV)	f	992,59 4,61				
NH_4ReO_4	perrhenat	f	268,24 3,63	tetr. $H\,0_4$ C_{4h}^{6}, $I4_1/a$	5,87 12,94	$M=4$	
$(NH_4)_3RhCl_6 \cdot H_2O$	hexachlororhodat-(III)	f	387,75	orh.	1,0154: 1: 1,3124		

Phasen-umwandlungen °C		ΔH kJ/Mol	Standardwerte bei 25° C C_p J/Molgrd	S^0 J/Molgrd	ΔH_B kJ/Mol	ΔG^0 kJ/Mol	Bemerkungen und Charakteristik
200	*F*						piezoelektrisch; fbl. Krist.; hygr.; LW 20° 80 g/100 cm³ Lsg.; l. Al, NH_3
−124,28 190	*U* *F*	0,588	142,3	151,9	−1451	−1214	$\chi_{Mol} = -61 \cdot 10^{-6}$ cm³Mol⁻¹; weiße glänzende Krist.; wenig hygr.; LW 20° 27,2%, Bdk. 0 H_2O; p_H der wss. Lsg. = 3,8; wl. Al
			182,0		−1574		$\bar{\gamma}(-191...17°\,C) = 160 \cdot 10^{-6}$ grd⁻¹; $\chi_{Mol} = -71 \cdot 10^{-6}$ cm³Mol⁻¹; fbl. Krist.; hygr.; LW 20° 40,8%, Bdk. 0 H_2O; p_H der wss. Lsg. = 8; beim Kochen entweicht NH_3; unl. Al
							weißes krist. Pulver; riecht nach NH_3; LW 25° 18,9%, Bdk. 3 H_2O
							große olivbraune Krist.; beständig an Luft; sll. W; mit HNO_3 in der Hitze→$(NH_4)_2[PdBr_6]$
							grünlichgelbe oder braungrüne Prismen, gepulvert hbraun; ll. W mit dklroter Farbe, wss. Al; fast unl. abs. Al
							rote Krist., im durchscheinenden Licht gelb; wl. W; wss. Lsg. zers. beim Sieden→Cl_2; fast unl. NH_4Cl-Lsg.
							$\chi_{Mol} = -174 \cdot 10^{-6}$ cm³Mol⁻¹; zitronengelbes Krist.pulver oder kleine or. Krist.; LW 20° 0,49%; unl. k. HCl; in der Wärme: wl. HCl, l. verd. H_2SO_4, ll. HNO_3; wl. wss. NH_3, ll. beim Sieden; fast unl. konz. NH_4Cl-Lsg.; wl. Al; unl. Ä
							met. glänzende schw. Tafeln; zers. beim Erhitzen→J_2, NH_3, N_2, Pt, NH_4J; l. W rot; unl. NH_4J-Lsg., Al
							weiße dicke Krist.; bis 200° beständig; LW 20° 0,02%, Bdk. 0 H_2O; auch LW 20° 5,8% angegeben
							rote glasglänzende Nadeln; ll. W→viol. Lsg.; l. verd. NH_4Cl-Lsg.; unl. Al

Formel	Name	Zustand	Mol.-Masse Dichte g · cm⁻³	Kristalldaten System, Typ und Symbol	Einheitszelle Kantenlänge in Å	 Winkel und M	Brechzahl n_D
$(NH_4)_3[Rh(NO_2)_6]$	hexanitritorhodat-(III)	f	433,05 2,214	kub. $I2_4$ $T_h^3, Fm3$	10,93	 $M=4$	
$(NH_4)_3[RhCl_6]\cdot H_2O$	hexachlororhodat-(III)	f	387,75	orh.	0,4924 : 1 : 0,8617		
NH_4HS	hydrogensulfid	f	51,11 1,17	tetr. $B1\,0$ $D_{4h}^7, P4/nmm$	6,011 4,009	 $M=2$	
NH_4SCN	thiocyanat	f	76,12 1,305	mkl. $C_{2h}^5, P2_1/c$	13,0 7,2 4,3	97° 40′ $M=4$	1,533 1,684 1,696
$(NH_4)_2SO_4$	sulfat	f	132,14 1,766	orh. $H1_6$ $D_{2h}^{16}, Pnma$	5,97 10,61 7,78	 $M=4$	1,5209 1,5230 1,5330
$(NH_4)_2S_2O_3$	thiosulfat	f	148,202 1,64	mkl. $C_{2h}^3, C2/m$	10,22 6,50 8,82	94° 34′ $M=4$	
$(NH_4)_2S_2O_8$	peroxiddisulfat	f	228,20 1,98	mkl. $C_{2h}^5, P2_1/c$	7,83 8,04 6,13	95° 9′ $M=2$	1,4981 1,5016 1,5866
$(NH_4)_2SbBr_6$	hexabromoantimonat	f	637,28	kub. $I1_1$ $O_h^5, Fm3m$	10,67	 $M=4$	
$(NH_4)_2SeO_4$	selenat	f	179,03 2,194				1,5599 1,5605 1,5812
NH_4VO_3	metavanadat	f	116,98 2,326	orh. $D_{2h}^{11}, Pbcm$	5,63 11,82 4,96	 $M=4$	1,828 1,90 1,925
$(NH_4)V(SO_4)_2\cdot 12H_2O$	Vanadinammoniumalaun	f	477,29 1,683	kub.			1,475
$(NH_4)ZnPO_4$	Zinkammonphosphat	f	178,38				
$(NH_4)_2Zn(SO_4)_2\cdot 6H_2O$	Zinkammonsulfat	f	401,66 1,931	mkl. $H4_4$ $C_{2h}^5, P2_1/c$	9,21 12,48 6,23	106,9° $M=2$	1,4890 1,4934 1,4996

Phasen-umwandlungen °C		ΔH kJ/Mol	Standardwerte bei 25° C C_p J/Molgrd	S^0 J/Molgrd	ΔH_B kJ/Mol	ΔG^0 kJ/Mol	Bemerkungen und Charakteristik
							weißes krist. Pulver; fast unl. k. W, etwas l. sied. W; zers. S; unl. Al, NH_4Cl-Lsg.
130 $-H_2O$							himbeerrote nadelige Krist.; glasglänzend; ll. W; l. verd. NH_4Cl-Lsg.; unl. Al; wss. Lsg. beim Erhitzen→$(NH_4)_3[Rh(H_2O)Cl_5]$
							fbl. Krist.; sehr hygr.; subl. bei Raumtemp.; ll. W, wss. NH_3, H_2S-Wasser, Al; fast unl. Ä, Bzl
87,7 149	*U* *F*	3,3			−83,7		$\chi_{Mol} = -48,1 \cdot 10^{-6}$ cm³Mol⁻¹; fbl. Krist.; LW 20° 61 %, Bdk. 0 H_2O; ll. Al; l. fl. SO_2, Egs-methylester; bei 170° Z. unter Entwicklung von CS_2, H_2S, NH_3
498 513	*U* *F*		187,5	220,3	−1399,6	−900	$\chi_{Mol} = -33,5 \times 2 \cdot 10^{-6}$ cm³Mol⁻¹; fbl. Krist.; zerfl. an feuchter Luft; LW 20° 43 %, Bdk. 0 H_2O; unl. Al, Aceton
							fbl. Krist.; ll. W; unl. Al, Ä; subl. beim Erhitzen auf 150° unter Z.
							$\chi_{Mol} = -50 \times 2 \cdot 10^{-6}$ cm³Mol⁻¹; fbl. Krist. oder körniges Pulver; zers. allmählich, bei 160...180° sofort unter O_2-Abgabe; LW 0° 32,5 %, 20° 38 %, Bdk. 0 H_2O
							tiefschw. Oktaeder, an trockener Luft beständig, Feuchtigkeit zers.; l. 2nHCl, konz. HBr
							Krist.; LW 12° 1,2 %; l. Eg; unl. Al, Aceton, wss. NH_3
			129,3	140,5	−1051	−885,3	weißes krist. Pulver; LW 20° 0,5 %; l. wss. NH_3
							viol. Krist.; sll. W; an Luft allmählich Verwitterung
							fbl. Nd., der langsam krist.; LW 10,5° 1,36 · 10^{-2} g/l Lsg.
110 $-6H_2O$					−3999		wasserhelle harte Krist.; LW 20° 12,5 % mit saurer Reaktion

Formel	Name	Zustand	Mol.-Masse / Dichte $g \cdot cm^{-3}$	Kristalldaten: System, Typ und Symbol	Einheitszelle: Kantenlänge in Å	Einheitszelle: Winkel und M	Brechzahl n_D
$(NH_4)_3ZrF_7$	heptafluorozirkonat	f	278,32 2,20	kub. $O_h^5, Fm3m$	9,365	$M=4$	1,433
Na	**Natrium**						
$Na_3AsO_4 \cdot 12H_2O$	arsenat	f	424,07 1,759				1,4589 1,4669
Na_2HAsO_4	hydrogenarsenat	f	185,91				
$Na_2HAsO_4 \cdot 7H_2O$		f	312,02 1,871	mkl.	1,2294: 1: 1,3526		1,4622 1,4658 1,4782
$Na_2HAsO_4 \cdot 12H_2O$		f	402,09 1,667	mkl.	1,7499: 1: 1,6121		1,4453 1,4496 1,4513
$NaBF_4$	tetrafluoroborat	f	109,79 2,47	orh. $H0_1$ $D_{2h}^{17}, Cmcm$	6,25 6,77 6,82	$M=4$	1,301 1,3012 1,3068
$NaBH_4$	borhydrid	f	37,83 1,074	kub.	6,157	$M=4$	
$NaBO_2$	metaborat	f	65,80 2,464	trig. $F5_{13}$ $D_{3d}^6, R\bar{3}c$	7,22	111° 30′ $M=6$	
$Na_2B_4O_7$	diborat	f	201,22 2,37				1,51323 1,51484
$Na_2B_4O_7 \cdot 10H_2O$	Borax	f	381,37 1,73	mkl. $C_{2h}^6, C2/c$	11,89 10,74 12,19	106° 36′ $M=4$	1,4467 1,4694 1,4724

Phasenumwandlungen °C		ΔH kJ/Mol	Standardwerte bei 25° C C_p S^0 J/Molgrd	ΔH_B ΔG^0 kJ/Mol	Bemerkungen und Charakteristik
					kleine durchsichtige Oktaeder; verwittern an der Luft; LW 20° 0,551 MolZr/l und 1,655 MolNH_3/l
86,3	*F*			−5080	$\chi_{Mol} = -80 \times 3 \cdot 10^{-6}$ cm³Mol⁻¹; fbl. lange Säulen oder Pulver; luftbeständig; LW 17° 10,5 %; wird durch S zers.
					loses fbl. Pulver; LW 20° 23,5 %, Bdk. 12H_2O; ll. 100 % H_2SO_4; unl. fl. Cl_2
57 Z	*F*				fbl. Krist., verwittern nicht außer im Exsiccator; beim Erhitzen→ $Na_4As_2O_7$; LW s. Na_2HAsO_4; l. Glycerin; wl. Al
22 Z	*F*				fbl. Krist.; verwittern stark und werden trübe; LW s. Na_2HAsO_4
384	*F*				große klare Prismen; LW 26° 52 %; wl. Al
−83,3	*U*	0,97	86,90 101,5	−183,3 −118,5	fbl. Krist.; l. k. W unter Entwicklung von H_2; L Äthylamin 170° 20,9 g/100 g Lösm.; L Py 25° 3,1 g/100 g Lösm.; L Acetonitril 28° 0,9 g/100 g Lösm.; ll. Isopropylamin; wl. Tetrahydrofuran; unl. Ä; bei höheren Temp. (>300°) oder durch S zers. unter Bildung von H_2
966	*F*	33,5	65,94 73,53	−1058 −1001	$\chi_{Mol} = -52 \cdot 10^{-6}$ cm³Mol⁻¹; fbl. gut ausgebildete Prismen; **LW** 20° 20,2 %, Bdk. 4H_2O; unl. Al
742	*F*		186,8 189,5	−3290 −3093	$\chi_{Mol} = -85 \cdot 10^{-6}$ cm³Mol⁻¹; aus Schmelze durchsichtiges Glas oder krist. Masse von hohem Glanz und radial faseriger Struktur; **LW** 20° 2,5 %, Bdk. 10H_2O; HCl, H_2SO_4, HNO_3 zers. vollständig mit Hilfe von wfreiem Me, das Borsäure als Methylester verflüchtigt; unl. Al
75	*F*		615	−6262	$\bar{\gamma}(-188...17°\ C) = 100 \cdot 10^{-6}$ grd⁻¹; $\chi_{Mol} = -226 \cdot 10^{-6}$ cm³Mol⁻¹; fbl. harte Krist.; verwittern oberflächlich an trockener Luft; bläht sich beim Erhitzen stark auf und schmilzt zu einem klaren Glas; LW s. $Na_2B_4O_7$; unl. Al, Egester

Formel	Name	Zustand	Mol.-Masse Dichte $g \cdot cm^{-3}$	Kristalldaten System, Typ und Symbol	Einheitszelle Kantenlänge in Å	Einheitszelle Winkel und M	Brechzahl n_D
NaBr	bromid	f	102,90 3,202	kub. $B1$ $O_h^5, Fm3m$	5,96	 $M=4$	1,6412
NaBr · $2H_2O$		f	138,93 2,176	mkl. $C_{2h}^5, P2_1/c$	6,59 10,20 6,51	112,08° $M=4$	1,5128 1,5192 1,5252
$NaBrO_3$	bromat	f	150,90 3,34	kub. GO_3 $T^4, P2_13$	6,703	 $M=4$	1,5943
Na_2C_2	acetylenid	f	70,00 1,575	tetr. $D_{4h}^{20}, I4_1/acd$	6,756 12,688	 $M=8$	
NaCN	cyanid	f	49,01 1,546	kub. $B1$ $O_h^5, Fm3m$	5,88	 $M=4$	1,542
Na_2CO_3	carbonat	f	105,99 2,533				1,410 1,537 1,544
$Na_2CO_3 \cdot H_2O$		f	124,00 1,55	orh. $G7_6$ $C_{2v}^5, Pca2_1$	10,72 6,44 5,24	 $M=4$	1,421 1,505 1,524
$Na_2CO_3 \cdot 7H_2O$		f	232,10 1,51	orh.	0,7508: 1: 0,3604		1,422 1,433 1,437
$Na_2CO_3 \cdot 10H_2O$		f	286,14 1,46	mkl.	1,4828: 1: 1,4001	58° 52′	1,405 1,425 1,440

Phasenumwandlungen °C		ΔH kJ/Mol	Standardwerte bei 25° C C_p J/Molgrd	S^0 J/Molgrd	ΔH_B kJ/Mol	ΔG^0 kJ/Mol	Bemerkungen und Charakteristik
741 1392	*F* *V*	23,1 185	52,3	 83,7	−359,8		$\bar{\gamma}(-79...0°\ C) = 119 \cdot 10^{-6}$ grd^{-1}; $\varkappa(0...12000$ at, $30°\ C) = (4{,}98 \cdot 10^{-6} - 62{,}1 \cdot 10^{-12}\ p)$ at^{-1}; $\varepsilon(2 \cdot 10^6$ Hz$) = 6{,}1$; $\chi_{Mol} = -41 \cdot 10^{-6}$ cm^{3}Mol^{-1}; weiße Krist.; etwas hygr.; **LW** 20° 47,5 %, Bdk. $2H_2O$; L Me 15° 15 %; L Al 20° 2,18 %; L Aceton 18° 0,012 %; ll. $C_2H_5NH_2$; l. Py, fl. NH_3; unl. Benzonitril
					−951		fbl. Krist.; LW s. NaBr
381 Z							$\chi_{Mol} = -44{,}2 \cdot 10^{-6}$ cm^{3}Mol^{-1}; optisch aktiv, piezoelektrisch; weißes geruchloses krist. Pulver; **LW** 20° 27 %, Bdk. $0H_2O$; starkes Oxid.-mittel; gibt beim Erhitzen O_2 ab; l. fl. NH_3
					17,16		weißes Pulver; ohne Anwesenheit von Oxid.mitteln unempfindlich gegen Verreiben oder Stoß; sehr hygr.; mit wenig W→C_2H_2+NaOH; unl. in allen Lösm.
−101,1 15,3 562 1497	*U* *U** *F* *V*	0,63 2,93 18,2 156,0			−89,76		* *U* orh.→kub.; <15,3° orh. D_{2h}^{25}, *Immm*, $a = 4{,}77$, $b = 5{,}56$, $c = 3{,}70$ Å, $M = 2$; weißes krist. Pulver; etwas hygr.; **LW** 20° 36,7 %, Bdk. $2H_2O$; L Furfurol 25° 0,02 %; wl. Al; giftig; MAK: 9,4 mg Staub/m^3 Luft
356 486 618 854	*U* *U* *U* *F*	 33	110,5	 136,0	−1129	 −1045	$\varepsilon(10^3$ Hz$) = 7{,}14$; $\chi_{Mol} = -20{,}5 \times 2 \cdot 10^{-6}$ cm^{3}Mol^{-1}; weißes grießartiges Pulver; hygr.; **LW** 20° 17,9 %, Bdk. $10H_2O$; L Al 20° $8{,}8 \cdot 10^{-3}$ g/100 cm^3 Lsg.; l. Glycerin, Glykol; unl. fl. NH_3, CS_2
					−1431		feine weiße Krist. oder weißes krist. Pulver; LW s. Na_2CO_3; wl. Glycerin; unl. Al
35,37	*F**				−3202		* inkongruent; vierseitige Tafeln; krist. als stabiler Bdk. zwischen 32° und 35,37° aus; verwittern an trockener Luft
32	*F**		536		−4077		* im eigenen Kristallwasser; $\bar{\gamma}(-186...17°\ C) = 156 \cdot 10^{-6}$ grd^{-1}; $\varepsilon(1{,}6 \cdot 10^6$ Hz$) = 5{,}3$; fbl. bis weiße, durchscheinende, glasglänzende, leicht verwitternde Krist.; LW s. Na_2CO_3; l. Glycerin; unl. Al

Formel	Name	Zustand	Mol.-Masse Dichte g · cm⁻³	Kristalldaten System, Typ und Symbol	Einheitszelle Kantenlänge in Å	Winkel und M	Brechzahl n_D
$NaHCO_3$	hydrogencarbonat	f	84,01 2,16	mkl. $G0_{12}$ $C_{2h}^5, P2_1/c$	7,51 9,70 3,53	93° 19′ $M=4$	1,378 1,500 1,582
$NaCHO_2$	formiat	f	68,01 1,92	mkl. $C_{2h}^6, C2/c$	6,19 6,72 6,49	121,7° $M=4$	
$NaC_2H_3O_2$	acetat	f	82,03				
$NaC_2H_3O_2 \cdot 3H_2O$		f	136,08 1,45	mkl. $C_{2h}^3, C2/m$	12,4 10,5 10,3	112,1° $M=8$	1,464
$Na_2C_2O_4$	oxalat	f	134,00 2,34	mkl. $C_{2h}^5, P2_1/c$	10,35 5,26 3,46	92° 54′ $M=2$	
$NaHC_2O_4 \cdot H_2O$	hydrogenoxalat	f	130,03 1,925	trikl. $C_i^1, P\bar{1}$	6,52 6,70 5,67	95° 26′ 109° 54′ 75° 12′ $M=2$	
$Na_2C_4H_4O_6 \cdot 2H_2O$	tartrat	f	230,08 1,818	orh. $D_2^4, P2_12_12_1$	11,49 14,67 4,97	 $M=4$	
$Na_3C_6H_5O_7 \cdot 5^1/_2H_2O$ oder $5H_2O$	citrat	f	357,15[1] 1,857	orh.[1]	16,36 26,31 6,41	 $M=8$	
$NaC_7H_5O_2$	benzoat	f	144,11				
$NaC_7H_5O_3$	salicylat	f	160,11				

Phasen-umwandlungen °C		ΔH kJ/Mol	Standardwerte bei 25° C C_p S^0 J/Molgrd	$ΔH_B$ $ΔG^0$ kJ/Mol	Bemerkungen und Charakteristik
			87,70 102,1	−947,4 −849,2	ε(10^4 Hz)=4,39; weißes luftbeständiges krist. Pulver; salziger und laugenhafter Geschmack; LW 20° 8,6%, Bdk. 0H_2O; unl. Al; ab 50° beginnt die Z. unter Abspaltung von CO_2; p_H der frisch bereiteten 1% wss. Lsg. 8,2
255	*F*	16,7	69,47 110,6	−648,5	$\chi_{Mol}=-24,8\cdot10^{-6}$ cm^3Mol^{-1}; weißes krist. Pulver; zerfl.; bitter-salziger Geschmack; schwach stechender Geruch; LW 20° 46,2%, Bdk. 2H_2O; l. Glycerin; wl. Al
−251 198 324	*U* *U* *F*		81,5 123,1	−710,4	$\chi_{Mol}=-37,6\cdot10^{-6}$ cm^3Mol^{-1}; weißes körniges Pulver; hygr.; LW 0° 119 g/100 ml Lösm.; L Al 18° 2,1 g/100 ml Lösm.
58	*F*				fbl. Krist.; bitter-salziger Geschmack; geruchlos; LW s. $NaC_2H_3O_2$; l. Al; bei 120° wfrei
			142	−1314,6	weißes krist. Pulver; LW 20° 3,3%, 100° 5,9%, Bdk. 0H_2O; unl. Al, Ä
					kleine harte fbl. Krist.; luftbeständig; LW 10° 1,5%; l. verd. HCl; unl. Al, Ä; spurenweise l. 80% Al
					fbl. Krist.; LW 17° 31%; unl. Al
150	*F* [2]				[1] Angabe für $Na_3C_6H_5O_7\cdot5H_2O$; [2] *F* des wfreien Salzes; weißes körniges Pulver; verwittert; salzig-kühlender Geschmack; ll. W; wl. Al; beim Erhitzen auf 100°→ Dihydrat, mkl. C_{2h}^6, $C2/c$, $a=15,709$, $b=12,471$, $c=11,266$ Å, $\beta=103°41'$, $M=8$
					weißes geruchloses Pulver; süßlich adstringierender Geschmack; LW 20° 38,2%, Bdk. 0H_2O; ll. Glycerin; wl. Al
					weißes feinschuppiges Pulver; bei längerer Lichteinwirkung rötliche Verfärbung; geruchlos; süßsalziger Geschmack; ll. W, Glycerin; l. 95% Al; unl. Ä

Formel	Name	Zustand	Mol.-Masse Dichte $g \cdot cm^{-3}$	Kristalldaten System, Typ und Symbol	Einheitszelle Kantenlänge in Å	Winkel und *M*	Brechzahl n_D
NaCl	chlorid	f	58,44 2,163	kub. *B* 1 $O_h^5, Fm3m$	5,6387	$M=4$	1,5443
NaClO · 5H_2O	hypo= chlorit	f	164,52				
$NaClO_3$	chlorat	f	106,44 2,490	kub. $G0_3$ T^4, $P2_13$	6,55	$M=4$	1,5151
$NaClO_4$	perchlorat	f	122,44 2,50	orh. $H0_1$ $D_{2h}^{17}, Cmcm$	6,48 7,06 7,08	$M=4$	1,459 1,461 1,472
$NaClO_4$ · H_2O		f	140,46 2,02				
NaF	fluorid	f	41,99 2,79	kub. *B* 1 $O_h^5, Fm3m$	4,62	$M=4$	1,328

Phasen-umwandlungen °C		ΔH kJ/Mol	Standardwerte bei 25° C C_p J/Molgrd	S^0 J/Molgrd	ΔH_B kJ/Mol	ΔG^0 kJ/Mol	Bemerkungen und Charakteristik
800 1461	*F* *V*	28,8 170	49,69	 72,36	−410,9	 −383,5	$\bar{\gamma}(-79...0°\ C) = 110 \cdot 10^{-6}\ grd^{-1}$; $\varkappa(0...12000\ at, 30°\ C) = (4{,}182 \cdot 10^{-6} - 50{,}4 \cdot 10^{-12}\ p)\ at^{-1}$; $\chi_{Mol} = -30{,}3 \cdot 10^{-6}\ cm^3 Mol^{-1}$; Steinsalz; weißes krist. Pulver; fbl. Würfel; **LW** 20° 26,5 %, Bdk. 0 H_2O; L abs. Me 25° 1,3 %; L abs. Al 25° 6,5 · 10^{-2} %; L Aceton 18° 4,1 · 10^{-6} %; L Egester 17° 0,24 %; unl. Anilin, Py; nur spurenweise l. Propanol
27	*F*						fbl. Krist.; zerfl.; im geschlossenen Glas haltbar; im Vak. über H_2SO_4, NaOH oder CaO $-5\,H_2O$; **LW** 20° 34,6 %, Bdk. 5 H_2O; im Handel in Form der wss. Lsg.: „Eau de Labarraque"; grüngelbe Fl. von deutlichem Chlorgeruch; lichtempfindlich; zers. sich langsam
255	*F*	22,6	100,8		−358,6		$\varepsilon(1{,}6 \cdot 10^6\ Hz) = 5{,}9$; $\chi_{Mol} = -34{,}7 \cdot 10^{-6}\ cm^3 Mol^{-1}$; piezoelektrisch; weißes Kristallpulver; wenig hygr.; **LW** 20° 49,5 %, Bdk. 0 H_2O; ll. fl. NH_3, Glycerin; wl. CH_3NH_2, $C_2H_4NH_2$; kaum l. Al; unl. Egester; beim Erhitzen Z.→NaCl, $NaClO_4$, O_2
308 482 Z	*U** *F*		100,8		−385,5		* *U* $H0_1 \rightarrow H0_5$ kub., $T_d^2, F\bar{4}3m$, $a = 7{,}08$ Å, $M = 4$; $n_D = 1{,}5152$; $\chi_{Mol} = -37{,}6 \cdot 10^{-6}\ cm^3 Mol^{-1}$; rechtwinklige lange Prismen oder durchsichtige Platten; weißes krist. Pulver; **LW** 20° 66,5 %, Bdk. 1 H_2O; L Me 25° 33,93 %; L Aceton 25° 34,1 %; L Egester 25° 8,8 %; sll. konz. Al; unl. Ä; HCl greift nicht an
130 Z	*F*						$\chi_{Mol} = -50{,}3 \cdot 10^{-6}\ cm^3 Mol^{-1}$; weiße Krist.; verwittern leicht über H_2SO_4; LW s. $NaClO_4$; ll. Me, Aceton; l. Al; unl. Ä
1012 1704	*F* *V*	33,60 209	46,82	 51,30	−570,3	 −539,6	$\bar{\gamma}(-79...0°\ C) = 98 \cdot 10^{-6}\ grd^{-1}$; $\varkappa(30°\ C) = 2{,}07 \cdot 10^{-6}\ at^{-1}$; $\varepsilon(8{,}6 \cdot 10^5\ Hz) = 6{,}00$ (bezogen auf Benzol bei 20° C); $\chi_{Mol} = -16{,}4 \cdot 10^{-6}\ cm^3 Mol^{-1}$; weißes krist. Pulver; nicht hygr.; LW 20° 4 %, Bdk. 0 H_2O; konz. H_2SO_4 zers. beim Erhitzen→HF; nur in Spuren l. Al; MAK: 5,53 mg/m³ Luft

Formel	Name	Zustand	Mol.-Masse / Dichte g · cm⁻³	Kristalldaten: System, Typ und Symbol	Einheitszelle: Kantenlänge in Å	Einheitszelle: Winkel und M	Brechzahl n_D
NaH	hydrid	f	24,00 1,396	kub. $B1$ $O_h^5, Fm3m$	4,88	$M=4$	1,470
$NaHF_2$	hydrogen-fluorid	f	61,99 2,08	trig. $F5_1$ $D_{3d}^5, R\bar{3}m$	5,05	40° 2′ $M=1$	
NaJ	jodid	f	149,89 3,665	kub. $B1$ $O_h^5, Fm3m$	6,46	$M=4$	1,7745
NaJ · $2H_2O$		f	185,92 2,448	trikl. $C_i^1, P\bar{1}$	6,85 5,76 7,16	98° 119° 68,5° $M=4$	
$NaJO_3$	jodat	f	197,89 4,40	orh. $D_{2h}^{16}, Pnma$	5,74 6,37 8,10	$M=4$	1,58 1,63 1,74
$NaJO_4$	meta-perjodat	f	213,89 3,865	tetr. $H0_4$ $C_{4h}^6, I4_1/a$	5,32 11,93	$M=4$	1,705 1,743
$NaJO_4$ · $3H_2O$		f	267,94 3,22	trig. $C_3^4, R3$	5,58	65° 1′ $M=1$	1,7745
NaN_3	azid	f	65,01 1,846	trig. $F5_1$ $D_{3d}^5, R\bar{3}m$	5,48	38,72° $M=1$	
$NaNH_2$	amid	f	39,01 1,39	orh. $D_{2h}^{24}, Fddd$	8,928 10,427 8,060	$M=16$	
$NaNO_2$	nitrit	f	68,99 2,168	orh. $F5_5$ $C_{2v}^{20}, Imm2$	3,55 5,56 5,38	$M=2$	1,354 1,460 1,648

Phasenumwandlungen °C		ΔH kJ/Mol	Standardwerte bei 25° C C_p S^0 J/Molgrd	ΔH_B ΔG^0 kJ/Mol	Bemerkungen und Charakteristik
				−56,90	weiße lockere Masse, nadelförmige Kristallaggregate, manchmal durchsichtig; zers. an feuchter Luft; zers. W→$NaOH+H_2$
					weißes krist. Pulver; l. h. W; die wss. Lsg. ätzt Glas; über 160° zers.→$NaF+HF$; MAK: 4,08 mg/m³ Luft
662 1304	*F* *V*	21,9 159,7	54,3 91,2	−287,9	$\bar{\gamma}(-79...0°\,C)=135\cdot10^{-6}\,grd^{-1}$; $\chi_{Mol}=-57{,}0\cdot10^{-6}\,cm^3Mol^{-1}$; fbl. Krist.; hygr.; wird an Luft langsam gelb oder bräunlich, Abspaltung von J_2; **LW** 20° 64 %, Bdk. $2\,H_2O$; L Me 20° 42,2 %, Bdk. $3\,CH_3OH$; L Al 20° 30,8 %; L Aceton 20° 23,5 %; l. Glycerin
752	*F*			−883,2	fbl. Krist.; LW s. NaJ
					$\chi_{Mol}=-53\cdot10^{-6}\,cm^3Mol^{-1}$; weißes krist. Pulver; **LW** 20° 8,1 %, Bdk. $1\,H_2O$; unl. Al
					$\varkappa(0...2000\,at)=3{,}9\cdot10^{-6}\,at^{-1}$; weiße Krist.; **LW** 20° 9,3 %, Bdk. $3\,H_2O$; l. H_2SO_4, HNO_3, Egs; bei 300...400° oft expl. Z.
175 Z	*F*				fbl. Krist.; LW s. $NaJO_4$
			80,0 70,5	21,3 101,15	weißes krist. Pulver, nicht hygr.; expl. nicht; verpufft bei hoher Temp. mit glänzend gelbem Licht; **LW** 20° 29,3 %, Bdk. $0\,H_2O$; wl. abs. Al
208	*F*		66,15 76,90	−113,8	weiße durchscheinende Masse von krist. Struktur; zieht an Luft sofort H_2O und CO_2 an; mit W in lebhafter Reaktion→NH_3+NaOH
162 271	*U* *F*			−359	$\chi_{Mol}=-14{,}5\cdot10^{-6}\,cm^3Mol^{-1}$; schwach gelbliche Krist.; hygr.; **LW** 20° 45 %, Bdk. $0\,H_2O$; sll. fl. NH_3; l. Me; fast unl. k. Al; zll. 90 % Al in der Wärme; swl. Py

Formel	Name	Zustand	Mol.-Masse / Dichte $g \cdot cm^{-3}$	Kristalldaten: System, Typ und Symbol	Einheitszelle: Kantenlänge in Å	Winkel und M	Brechzahl n_D
$NaNO_3$	nitrat	f	84,99 2,257	trig. $G0_1$ $D_{3d}^6, R\bar{3}c$	6,32	47° 14′ $M=2$	1,5848 1,3360
Na_2O	oxid	f	61,98 2,27	kub. $C1$ $O_h^5, Fm3m$	5,55	$M=4$	
Na_2O_2	peroxid	f	77,98 2,802	hex. $D_{3h}^3, P\bar{6}2m$	6,22 4,47	$M=3$	
$Na_2O_2 \cdot 8H_2O$		f	222,10	mkl. $C_{2h}^6, C2/c$ oder C_s^4, Cc	13,49 6,45 11,49	110,52° $M=4$	
NaOH	hydroxid	f	40,00 2,13	orh. $B33$ $D_{2h}^{17}, Cmcm$	3,40 11,32 3,40	$M=2$	1,3576
$NaOH \cdot H_2O$		f	58,01				
NaOCN	isocyanat	f	65,01 1,937	trig. $F5_1$ $C_{3v}^5, R3m$	5,44	38,37° $M=1$	1,389 1,627
$Na_2[OsCl_6]$	hexa-chloro-osmat	f	448,90				

Phasen-umwandlungen °C		ΔH kJ/Mol	Standardwerte bei 25° C C_p J/Molgrd	S^0 J/Molgrd	ΔH_B kJ/Mol	ΔG^0 kJ/Mol	Bemerkungen und Charakteristik
275 306	U* F	 14,6	93,05	 116,3	−466,3	 −365,6	* U $D_{3d}^6 \to D_{3d}^5$, trig., $R\bar{3}m$, $a=6{,}56$ Å, $\alpha=45{,}58°$, $M=2$; $\bar{\gamma}(-78\cdots+20°\ C)=110\cdot 10^{-6}$ grd^{-1}; $\varkappa(50...200$ at$)=3{,}83\cdot 10^{-6}$ at^{-1}; $\varepsilon(1{,}66\cdot 10^5$ Hz$)=6{,}85$; $\chi_{Mol}=-25{,}6\cdot 10^{-6}$ cm^{3}Mol^{-1}; Natronsalpeter; fbl. Krist. von kühlendem schwach bitterem Geschmack; hygr.; **LW** 20° 46,4 %, Bdk 0 H_2O; L Me 25° 0,41 %; L Al 25° 0,036 %; unl. wfreiem Aceton, Benzonitril, Anilin
920	F	46,9	68,2	 71,1	−430,6	 −390,9	$\chi_{Mol}=-9{,}9\times 2\cdot 10^{-6}$ cm^{3}Mol^{-1}; reinweiße amorphe pulverförmige Masse, die in der Hitze gelblich wird; l. W unter heftiger Erwärmung
237 460	U F	5,355	89,33	 93,3	−510,9	 −446,7	$\chi_{Mol}=-14{,}05\times 2\cdot 10^{-6}$ cm^{3}Mol^{-1}; gelblichweiße mikrokrist. Stücke; an der Luft CO_2-Aufnahme; l. warmem W unter O_2-Entwicklung; l. W 0° ohne Gasentwicklung; l. verd. S in gleicher Weise; Alk beschleunigen die Z. des Na_2O_2; starkes Oxid.mittel
>30	F*						* im eigenen Kristallwasser; weiße große glimmerähnliche Tafeln; im Vak. über H_2SO_4 $-6\,H_2O$; l. W unter Abkühlung und ohne Gasentwicklung
292,8 319,1 1390	U F V	6,36 6,36 144,3	59,45	 64,18	−426,6	 −380,3	$\bar{\gamma}(20...120°\ C)=84\cdot 10^{-6}$ grd^{-1}; weiße sehr hygr. Stücke, Plätzchen, Tafeln; **LW** 20° 52 %, Bdk. 1 H_2O; L Me 1 g/4,2 cm^3 Lösm.; L abs. Al 1 g/7,2 cm^3 Lösm.; unl. fl. NH_3, Aceton, Ä; starkes Ätzmittel; nimmt aus der Luft H_2O und CO_2 auf; MAK: 2 mg/m^3 Luft
64,2	F			 84,5	−732,7		große spitze, halbdurchsichtige Krist.; LW s. NaOH
							fbl. Pulver; aus Al Nadeln; nicht hygr.; sll. W; L Al am Siedepunkt 0,52 g/100 g; L Bzl am Siedepunkt 0,13 g/100 g; beim Übergießen mit HCl entwickelt sich gasförmige Isocyansäure
							or. Prismen; ll. W; l. Al; wss. Lsg. zers. langsam

Formel	Name	Zustand	Mol.-Masse / Dichte $g \cdot cm^{-3}$	Kristalldaten: System, Typ und Symbol	Einheitszelle: Kantenlänge in Å	Einheitszelle: Winkel und M	Brechzahl n_D
$NaH_2PO_2 \cdot H_2O$	hypophosphit	f	105,99				
$NaPO_3$	metaphosphat	f	101,96 2,476	mkl.* $C_{2h}^5, P2_1/c$	13,92 6,10 13,75	118° 42′ $M=16$	1,473 — 1,486
$Na_3PO_4 \cdot 12H_2O$	phosphat	f	380,12 1,62	trig. $D_{3d}^4, P\,\bar{3}c1$	12,02 12,66	 $M=12$	1,4486 1,4539
$Na_2HPO_4 \cdot 7H_2O$	hydrogenphosphat	f	268,07 1,6789	mkl.	1,2047: 1: 1,3272	96° 57′	1,4412 1,4424 1,4526
$NaH_2PO_4 \cdot H_2O$	dihydrogenphosphat	f	137,99 2,040	orh.	0,9336: 1: 0,9624		1,4557 1,4852 1,4873
$Na_2HPO_4 \cdot 12H_2O$		f	358,14 1,52	mkl.	1,7319: 1: 1,4163	121° 24′	1,4348 1,4389 1,4373
$Na_4P_2O_7$	pyrophosphat	f	265,90 2,534				
$Na_4P_2O_7 \cdot 10H_2O$		f	446,06 1,82	mkl. $C_{2h}^6, C2/c$	16,81 6,97 14,50	114° 50′ $M=4$	1,4499 1,4525 1,4604
$Na_2[PtBr_6] \cdot 6H_2O$	hexabromoplatinat-(IV)	f	828,62 3,323	trikl.	0,9806: 1: 0,8553	101° 9,5′ 126° 53,5′ 73° 50,5′	
$Na_2[Pt(CN)_4] \cdot 3H_2O$	tetracyanoplatinat-(II)	f	399,19 2,633	trikl.	8,97 15,25 7,25	92° 18′ 95° 89° 23′ $M=4$	
$Na_2[Pt(CN)_4] \cdot 3H_2O$	tetracyanoplatinat-(II)	f	399,19 2,633	trikl.	8,84 15,01 7,25	92° 23′ 95° 36′ 89° 3′ $M=4$	

Phasen-umwandlungen °C		ΔH kJ/Mol	Standardwerte bei 25° C C_p J/Molgrd	S^0 J/Molgrd	ΔH_B kJ/Mol	ΔG^0 kJ/Mol	Bemerkungen und Charakteristik
							perlmuttglänzende vierseitige Tafeln; schneeweißes Pulver; hygr.; ll. W, Al, fl. NH_3
524 577 625	*U* *U* *F*	0,649 3,60	92		−1207		* β-Form, Kurrolsches Salz; α-Form, Maddrellsches Salz: mkl. C_{2h}^5, $P2_1/c$, $a = 12{,}12$, $b = 6{,}20$, $c = 6{,}99$ Å, $\beta = 92°$, $M = 8$; $\bar{\gamma}(600...700° C) = 43 \cdot 10^{-6}$ grd^{-1}; $\chi_{Mol} = -42{,}5 \cdot 10^{-6}$ cm^{3}Mol^{-1}; glasartige fbl. Stücke; hygr.; l. W, S; die wss. Lsg. reagiert alk. gegen Lackmus
75 Z	*F*				−5478		fbl. oder weiße Krist.; **L**W 20° 10,1 %, Bdk. 12 H_2O; unl. Al
			362,2		−3820		fbl. Krist.; **L**W 20° 7,1 %, Bdk. 12 H_2O
							$\chi_{Mol} = -66 \cdot 10^{-6}$ cm^{3}Mol^{-1}; 2. Modifikation orh. $a:b:c = 0{,}8170:1:0{,}4998$; fbl. durchsichtige Krist., an Luft undurchsichtig; **L**W 20° 46 %, Bdk. 2 H_2O; beim Erhitzen auf 190...204° → $Na_2H_2P_2O_7$, bei weiterem Erhitzen → $NaPO_3$
34,6	*F*		557		−5297		fbl. durchscheinende Prismen; verwittern an trockener Luft; schwach salziger Geschmack; LW s. $Na_2HPO_4 \cdot 7\,H_2O$; unl. Al
970	*F*	57,3	255		−3182		weiße krist. Masse; **L**W 20° 5,35 %, Bdk. 10 H_2O; L Glycerin der Dichte 1,2303 20° 9,6 g/100 g Lösm.; unl. fl. NH_3
							fbl. Krist.; verwittern schwach; bei 100° Entwässerung oder im Vak.; LW s. $Na_4P_2O_7$
150 $-H_2O$							$\chi_{Mol} = -292 \cdot 10^{-6}$ cm^{3}Mol^{-1}; dklrote Prismen; luftbeständig; ll. W, Al; $Na_2[PtBr_6]$ addiert 6 Mol NH_3 → hgelb
120... 125 $-H_2O$							fbl. große glasglänzende Prismen, durchsichtige Nadeln; l. W, Al
120...5 $-3\,H_2O$							fbl. große glasglänzende Prismen, durchsichtige Nadeln; l. W, Al

Formel	Name	Zustand	Mol.-Masse Dichte g · cm⁻³	Kristalldaten System, Typ und Symbol	Einheitszelle Kantenlänge in Å	Einheitszelle Winkel und *M*	Brechzahl n_D
$Na_2[PtCl_4] \cdot 4H_2O$	Natrium-tetrachloroplatinat-(II)	f	454,94				
$Na_2[PtCl_6] \cdot 6H_2O$	hexachloroplatinat-(IV)	f	561,88 2,5	trikl.	0,9625 : 1 : 0,8444	101° 56′ 128° 2′ 72° 6′	
$Na_2[PtJ_6] \cdot 6H_2O$	hexajodoplatinat-(IV)	f	1110,59 3,707				
$NaReO_4$	perrhenat	f	273,19 5,39	tetr. $C_{4h}^6, I\,4_1/a$	5,362 11,718	$M=4$	
$Na_3[RhCl_6] \cdot 12H_2O$	hexachlororhodat-(III)	f	600,78	mkl.	1,2034 : 1 : 1,4576	112° 50′	
Na_2S	sulfid	f	78,04 1,856	kub. *C* 1 $O_h^5, Fm3m$	6,53	$M=4$	
$Na_2S \cdot 9H_2O$		f	240,18 2,471				
$NaHS$	hydrogensulfid	f	56,06 1,79	trig. *B* 22 $D_{3d}^5, R\,\bar{3}m$	3,99	67° 56′ $M=1$	
$NaHS \cdot 3H_2O$		f	110,11				
$NaCNS$	thiocyanat	f	81,07 1,73				1,545 1,625 1,695
Na_2SO_3	sulfit	f	126,04 2,633	trig. $G\,3_2$ $C_{3i}^1, P\,\bar{3}$	5,44 6,13	$M=2$	1,568
$Na_2SO_3 \cdot 7H_2O$		f	252,15 1,56	mkl.	1,5728 : 1 : 1,1694	93,60°	

Phasenumwandlungen °C		ΔH kJ/Mol	Standardwerte bei 25° C C_p J/Molgrd	S^0 J/Molgrd	ΔH_B kJ/Mol	ΔG^0 kJ/Mol	Bemerkungen und Charakteristik
							kleine dklrote Prismen; an feuchter Luft etwas zerfl.; verwittert an trockener Luft→rosa; sll. W, Al; zers. abs. Al
150... 160 $-H_2O$							$\chi_{Mol} = -239 \cdot 10^{-6}$ cm³Mol⁻¹; hrote oder gelbe durchsichtige Krist.; luftbeständig; LW 20° 44 %, Bdk. $6H_2O$; $Na_2[PtCl_6]$ addiert 6 Mol NH_3→hgelb
							braune große met. glänzende Krist.; sll. W, Al mit dklroter Farbe
414	*F*				−1042		fbl. sechseckige Tafeln; an Luft zerfl.; LW 20° 57 %, Bdk. $0H_2O$ L abs. Al 18° 11,14 g/l Lsg.; L 90 % Al 19,5° 22,4 g/l Lsg.
							große tiefrote stark glänzende Krist.; verwittern leicht; sll. W; unl. Al
950	*F*	5,0		94,1	−389,1		$\chi_{Mol} = -39 \cdot 10^{-6}$ cm³Mol⁻¹; weiße hygr. Masse; als Nd. gelblich gefärbt; an Luft gelb, beim Erhitzen weiß; geschmolzenes Na_2S greift Glas an; LW 20° 16 %, Bdk. $9H_2O$; unl. Egester
					−3083		fbl. hygr. Krist.; Geruch nach H_2S; an Licht und Luft Verfärbung nach gelb; LW s. Na_2S; l. Al; stark ätzend
85 350	*U** *F*	2,9		82,8	−238,9	−219,3	* *U B*22→*B*1, kub., O_h^5, *Fm*3*m*, *a*=6,06 Å, *M*=4; rein weißes Pulver oder feste weiße Masse; hygr.; sll. W; l. HCl unter H_2S-Entwicklung zu einer klaren Fl.; mäßig l. Al
22	*F*						große fbl. glänzende Rhomben
323	*F*	18,6			−174,5		fbl. Krist.; zerfl.; LW 20° 57,5 %, Bdk. $1H_2O$; ll. Al, Aceton
			120,1	146,0	−1090	−1001	feines weißes Pulver; LW 20° 20,9 %, Bdk. $7H_2O$; l. Glycerin; wl. Al
					−3153		fbl. verwitternde Krist.; LW s. Na_2SO_3; l. Glycerin; wl. Al; bei 150° wfrei

Formel	Name	Zustand	Mol.-Masse / Dichte $g \cdot cm^{-3}$	Kristalldaten: System, Typ und Symbol	Einheitszelle: Kantenlänge in Å	Winkel und M	Brechzahl n_D
Na_2SO_4	sulfat	f	142,04 2,698	orh. $H1_7$ $D_{2h}^{24}, Fddd$	5,8 12,3 9,8	$M=8$	1,464 1,474 1,485
$Na_2SO_4 \cdot 10H_2O$	sulfat	f	322,19 1,464	mkl. $C_{2h}^5, P2_1/c$	11,43 10,34 12,90	107° 40′ $M=4$	1,394 1,396 1,398
$NaHSO_4$	hydrogen-sulfat	f	120,06 2,103	trikl.	0,6460: 1: 0,8346		1,43 1,46 1,47
$Na_2S_2O_3$	thiosulfat	f	158,11 2,119				
$Na_2S_2O_3 \cdot 5H_2O$		f	248,18 1,685	mkl. $C_{2h}^5, P2_1/c$	7,53 21,57 5,944	103° 55′ $M=4$	1,4886 1,5079 1,5360
$Na_2S_2O_4$	dithionit	f	174,11 2,37	mkl. $C_{2h}^4, P2/c$	6,544 6,559 6,404	118° 51′ $M=2$	
$Na_2S_2O_5$	pyrosulfit	f	190,10 1,48				
$Na_2S_2O_6 \cdot 2H_2O$	dithionat	f	242,13 2,18	orh. $D_{2h}^{16}, Pnma$	10,62 10,75 6,42	$M=4$	1,4820 1,4953 1,5185
$Na_2S_2O_7$	pyrosulfat	f	222,10 2,658				

Phasen-umwandlungen °C		ΔH kJ/Mol	Standardwerte bei 25° C C_p J/Molgrd	S^0 J/Molgrd	ΔH_B kJ/Mol	ΔG^0 kJ/Mol	Bemerkungen und Charakteristik
177	U^1	3,10	127,7	149,4	−1384	−1265	^{1} $U\ D_{2h}^{24} \to D_{2h}^{6}$, orh., *Pnna*, $a = 5{,}59$, $b = 8{,}93$, $c = 6{,}98$ Å, $M = 4$; ^{2} $U\ D_{2h}^{6} \to D_{3d}^{3}$, trig., $R\bar{3}c$, $a = 5{,}40$, $c = 7{,}27$ Å, $M = 2$; $\varkappa(0 \ldots 10200\ \text{at}; 20°\ \text{C}) = (2{,}324 - 22{,}9 \cdot 10^{-6}) \cdot 10^{-6}\ \text{at}^{-1}$; $\chi_{Mol} = -26 \times 2 \cdot 10^{-6}\ \text{cm}^3\text{Mol}^{-1}$; Thenardit; weißes geruchloses Pulver; **LW** 20° 16,2 %, Bdk. 10 H_2O; unl. Al und den meisten org. Lösm.
241	U^2	7,03					
884	F	28,7					
32,38	F*	69	575,7	585,6	−4323		* im eigenen Kristallwasser; $\varepsilon(10^3\ \text{Hz}) = 7{,}9$; $\chi_{Mol} = -92 \cdot 2 \cdot 10^{-6}\ \text{cm}^3\text{Mol}^{-1}$; Glaubersalz; fbl. verwitternde Krist. von kühlendem und salzig-bitteren Geschmack; **LW** s. Na_2SO_4; l. Glycerin; unl. Al; bei 100° −10 H_2O
186	F				−1105		fbl. Krist.; an Luft leicht trübe; geruchlos; LW 25° 22,2 %, 100° 50 %; die wss. Lsg. reagiert sauer; unl. Ä
							weißes Pulver; **LW** 20° 41 %, Bdk. 5 H_2O; unl. Al
48,5	F	23,4	360,5		−2601		$\bar{\gamma}(-188 \ldots 17°\ \text{C}) = 96 \cdot 10^{-6}\ \text{grd}^{-1}$; $\chi_{Mol} = -61 \times 2 \cdot 10^{-6}\ \text{cm}^3\text{Mol}^{-1}$; fbl. säulenförmige Krist. von salzig-bitterem Geschmack; an feuchter Luft etwas hygr.; an trockener Luft verwitternd; LW s. $Na_2S_2O_3$; unl. Al; bei 100° wfrei, bei höherer Temp. zers.
							weißes krist. Pulver von charakteristischem Geruch; **LW** 20° 18,3 %, Bdk. 2 H_2O; wl. Al
					−1460,7		weißes Kristallpulver; schwacher Geruch nach SO_2; über 150° Z.; **LW** 20° 39 %, Bdk. 0 H_2O; in wss. Lsg. liegt $Na^+HSO_3^-$ vor; wl. Al
							wasserklare Krist.; luftbeständig; **LW** 20° 15 %, Bdk. 2 H_2O; unl. Al; zwischen 60 und 100° C $-H_2O$
400,9	F						weiße durchscheinende Krist.; entsteht beim Erhitzen von $NaHSO_4$; bildet leicht unter H_2O-Aufnahme $NaHSO_4$; beim Erhitzen auf 460° beginnende Z.

Formel	Name	Zustand	Mol.-Masse Dichte g · cm⁻³	Kristalldaten: System, Typ und Symbol	Einheitszelle: Kantenlänge in Å	Einheitszelle: Winkel und M	Brechzahl n_D
$Na_2S_2O_8$	peroxid-disulfat	f	238,10				
$Na_2S_3O_6 \cdot 3H_2O$	trithionat	f	292,21				
Na_3Sb	antimonid	f	190,72 2,67	hex. $D0_{18}$ D_{6h}^4, $P6_3/mmc$	5,36 9,50	$M=2$	
$Na[Sb(OH)_6]$	hexa-hydroxo-anti-monat	f	246,78	tetr. C_{4h}^4, $P4_2/n$	8,01 7,88	$M=4$	
$Na_3SbS_4 \cdot 9H_2O$	thio-anti-monat	f	481,11 1,839	kub. T^4, $P2_13$	11,96	$M=4$	
Na_2Se	selenid	f	124,94 2,625	kub. $C1$ O_h^5, $Fm3m$	6,81	$M=4$	
Na_2SeO_3	selenit	f	172,94				
$NaHSeO_3$	hydrogen-selenit	f	150,96				
Na_2SeO_4	selenat	f	188,94 3,098	orh.	0,4910: 1: 0,8155		
$Na_2SeO_4 \cdot 10H_2O$		f	369,09 1,62	mkl.	1,10489: 1: 1,23637	107° 55′	
Na_2SiF_6	hexa-fluoro-silikat	f	188,06 2,755	hex. C_{6v}^4, $P6_3mc$	8,86 5,02	$M=2$	1,3125 1,3089
Na_2SiO_3	meta-silikat	f	122,06 2,4	orh. C_{2v}^{12}, $Cmc2_1$	6,02 10,43 4,81	$M=4$	1,513 1,520 1,528

Phasenumwandlungen °C		ΔH kJ/Mol	Standardwerte bei 25° C C_p J/Molgrd	S^0 J/Molgrd	ΔH_B kJ/Mol	ΔG^0 kJ/Mol	Bemerkungen und Charakteristik
							weißes krist. Pulver; ll. W; die wss. Lsg. zers. bei höherer Temp. unter O_2-Entwicklung; durch NaOH wird die Z. verlangsamt, durch H_2SO_4 beschleunigt
							durchsichtige Prismen; verwittern langsam an Luft; im Vak. $-3H_2O$; ll. W; HCl zers.→S, SO_2, H_2SO_4
856	*F*	77			−219,5		Halbleiter; schw. Pulver; tiefblaue Krist.; zers. W→H_2; mit verd. HCl, H_2SO_4→SbH_3; schwer l. NH_3
							weißes krist. Pulver; LW 12° 0,03 g/100 ml, 100° 0,3 g/100 ml; wl. Al
							Schlippesches Salz; hgelbe Krist.; ll. k. W; sll. sied. W; unl. Al
>875	*F*				−254,9		$\chi_{Mol} = -60 \cdot 10^{-6}$ cm³Mol⁻¹; weiße sehr harte Substanz von krist. Bruch oder Pulver; zerfl. unter Rotfärbung an der Luft; l. in luftfreiem W fbl., zers. W an Luft unter Abscheidung von rotem Se; unl. fl. NH_3
							$\chi_{Mol} = -25{,}9 \times 2 \cdot 10^{-6}$ cm³Mol⁻¹; weißes Kristallpulver; kleine milchweiße Prismen; **LW** 20° 46%, Bdk. $5H_2O$; unl. Al; MAK: 0,22 mg/m³ Luft; beim Erhitzen auf 700° an der Luft→Na_2SeO_4
							fbl. sternförmig angeordnete Krist.; an Luft und bis 100° beständig; **LW** 20° 58%, Bdk. $3H_2O$
					−1080		weißes krist. Pulver; krist. aus konz. wss. Lsg. oberhalb 33° aus; **LW** 20° 30%, Bdk. $10H_2O$; l. CH_3NH_2
							große durchsichtige Krist., an Luft bald matt; verwittern zu weißem Pulver; LW s. Na_2SeO_4
					−2833,5		kleine glänzende Krist.; nicht hygr.; **LW** 20° 0,68%, 100° 2,4%, Bdk. $0H_2O$; Kochen mit Sodalsg. zers.
1089	*F*	43,1	111,8	113,8	−1518	−1423	fbl. lange Krist.; klares Glas; **LW** 20° 15,6%, Bdk. $9H_2O$; konz. H_2SO_4 zers.

Formel	Name	Zustand	Mol.-Masse Dichte g · cm⁻³	Kristalldaten System, Typ und Symbol	Einheitszelle Kantenlänge in Å	Winkel und M	Brechzahl n_D
$Na_2SiO_3 \cdot 9H_2O$		f	284,20 1,646	orh.	11,7 16,9 11,5	$M=8$	1,451 1,455 1,460
Na_4SiO_4	ortho= silikat	f	184,04				1,536
$Na_2Si_2O_5$	meta= disilikat	f	182,15 2,49	mkl. C_{2h}^5, $P2_1/c$	12,307 4,849 8,124	104,12° $M=4$	1,500 1,510 1,515
Na_2Te	tellurid	f	173,58 2,93	kub. $C1$ O_h^5, $Fm3m$	7,31	$M=4$	
Na_2TiO_3	meta= titanat	f	141,88 3,19				
$Na_2Ti_2O_5$	dititanat	f	221,78 3,42	orh.	13,52 16,69 3,81	$M=8$	
$Na_2Ti_3O_7$	trititanat	f	301,68 3,507				
$NaUO_2(CH_3CO_2)_3$	uranyl-acetat	f	470,15 2,55	kub. T^4, $P2_13$	10,692	$M=4$	1,50138
Na_2UO_4	uranat	f	348,01 5,51	orh. *D_{2h}^{23}, $Fmmm$	5,97 11,68 5,795	$M=4$	
Na_2WO_4	wolframat	f	293,83 4,174	kub. $H1_1$ O_h^7, $Fd3m$	8,99	$M=8$	
$Na_2WO_4 \cdot 2H_2O$		f	329,86 3,23				
Na_2ZrF_6	hexa= fluoro= zirkonat	f	251,19	hex.			

Phasenumwandlungen °C		ΔH kJ/Mol	Standardwerte bei 25° C: C_p S^0 J/Molgrd	ΔH_B ΔG^0 kJ/Mol	Bemerkungen und Charakteristik
40	*F*			−4194	fbl. Tafeln; über 100° wfrei; LW s. Na_2SiO_3; L 0,5 n NaCl 17,5° 33,8 g $Na_2SiO_3 \cdot 9H_2O$/100 cm³ Lösm.; L 0,5 nNaOH 17,5° 25,56 g/100 cm³ Lösm.; L in gesättigter NaCl-Lsg. 17,5° 20,6 g/100 cm³ Lösm.
960 1018	*U* *F*		184,2 195,8		glasklare Krist.
884	*F*	35,4	156,5 164,8	−2398 −2251	schuppenartige Krist., Platten oder Nadeln; durch W schwer zers.; Hochtemperaturform orh. $a=6{,}428$, $b=15{,}45$, $c=4{,}909$ Å, $M=4$
452 953	*U* *F*			−351,3	$\chi_{Mol}=-75 \cdot 10^{-6}$ cm³Mol⁻¹; weiße krist. Masse, sehr zerfl.; an Luft sofort dkl; l. W; die wss. Lsg. zers. an Luft unter Abscheidung von schw. Te; etwas l. fl. NH_3
287 1030	*U* *F*	1,7 70,3	125,6 121,7		kurze derbe Prismen; W hydrolysiert; vollständig l. verd. h. HCl
985	*F*	109,8	174,3 173,6		tafelige, fast nadelige Krist.; gut haltbar; unl. W; schwer l. k. HCl, ll. sied. HCl; Alk-sulfatschmelze zers. fast vollständig
1128	*F*	155,2	229,4 233,8		weiße glänzende Nadeln; unl. W fast unl. sied. HCl; etwas l. h. H_2SO_4; sied. H_2SO_4 zers.
					gelbe Krist. mit grünlicher Fluoresz.; LW 20° 4,62 %; L Me 15° 0,74 g/100 g Lösm.; L Aceton 15° 2,37 g/100 g Lösm.
				−2096	* β-Form; α-Form orh. D_{2h}^{19}, $Cmmm$, $a=5{,}72$, $b=9{,}74$, $c=3{,}49$ Å, $M=2$; glänzende grünlichgelbe bis goldgelbe Blättchen, auch durchsichtige rötlichgelbe Prismen; unl. W; ll. verd. S
587,6 588,8 695,5	*U*[1] *U*[2] *F*	31,0 4,2 23,8		−1652	[1] $\delta \rightleftharpoons \gamma$; [2] $\gamma \rightleftharpoons \beta$; weiße undurchsichtige krist. Masse
100 $-H_2O$					sehr dünne glänzende Tafeln oder Blättchen; luftbeständig; ll. W; unl. Al, Nitrobzl, Py, CS_2, Anilin
					fbl. sehr kleine Krist.

Formel	Name	Zustand	Mol.-Masse / Dichte $g \cdot cm^{-3}$	Kristalldaten: System, Typ und Symbol	Einheitszelle: Kantenlänge in Å	Winkel und M	Brechzahl n_D
Na_2ZrO_3	meta-zirkonat	f	185,20 4,0				1,720 — >1,80
Nb	**Niob**						
$NbBr_5$	bromid	f	492,45 4,99	orh. $D_{2h}^9, Pbam$	12,92 18,60 6,125	$M=8$	
NbC	carbid	f	104,92 7,82	kub. $B1$ $O_h^5, Fm3m$	4,41	$M=4$	
$NbCl_5$	chlorid	f	270,17 2,75	mkl.	18,23 17,76 5,86	90° 36′ $M=12$	
NbF_5	fluorid	f	187,90 3,293				
NbN	nitrid	f	106,91 8,4	kub. $B1$ $O_h^5, Fm3m$	4,42	$M=4$	
NbO	(II)-oxid	f	108,91 7,3	kub. $B1$ $O_h^5, Fm3m$	4,21	$M=4$	
Nb_2O_3	(III)-oxid	f	233,81				
NbO_2	(IV)-oxid	f	124,90 7,28	tetr. $C4$ $D_{4h}^{16}, P4_2/ncm$	4,77 2,96	$M=2$	
Nb_2O_5	(V)-oxid	f	265,81 4,47	orh.* Pba	6,24 43,79 3,92	$M=12$	
Nd	**Neodym**						
NdB_6	borid	f	209,11 4,948	kub. $D2_1$ $O_h^1, Pm3m$	4,126	$M=1$	

Phasen-umwandlungen °C		ΔH kJ/Mol	Standardwerte bei 25° C C_p J/Molgrd	S^0 J/Molgrd	ΔH_B kJ/Mol	ΔG^0 kJ/Mol	Bemerkungen und Charakteristik
~1500	*F**						* *F* inkongruent; krist. Masse; kleine sechsseitige Tafeln; zieht an der Luft Feuchtigkeit an; W hydrolysiert vollständig; l. sied. HCl; schwer l. NaOH- und Na_2CO_3-Schmelze
267 361,6	*F* *V*	 78,2					rotes krist. Pulver; aus Schmelze granatrote Krist.; hygr.; raucht an der Luft; W zers. unter Zischen; ll. wfreiem C_2H_5Br, Al
3500	*F*			37,7	−140,6	−139,8	dklblaue stark glänzende, sehr feine Nadeln
203,4 247,4	*F* *V*	35,5 52,7			−787		schwefelgelbe durchsichtige Krist.; zers. W→HCl+Niobsäure l. HCl, Al, Ä, CCl_4, wss. KOH, konz. H_2SO_4
78,9 233,3	*F* *V*	36,0 52,3					fbl. stark lichtbrechende Krist.; hygr.; ll. W; l. Al
				44	−237,7	211,9	samtschw. Pulver; unl. HCl, H_2SO_4, HNO_3; l. HF+HNO_3; KOH-Schmelze zers.
2380	*F*	≈67		50,2	−486	458,9	schw. Pulver; schw. glänzende Krist.; $KHSO_4$-Schmelze oxid.→Nb_2O_5; etwas l. HCl; l. h. konz. H_2SO_4, Gemisch HF+H_2SO_4; unl. HNO_3; sied. KOH löst langsam
1772	*F*						bläulich schw. Substanz; unl. S; l. HF
~2000	*F*	~67	57,49	54,52	−795	−739	dichtes schw. Pulver, etwas bläulich; unl. W, HCl, H_2SO_4, HNO_3, HF, Königsw.; wl. sied. KOH
800 1100 1512	*U* *U* *F*	 102,9	132,1	137,2	−1905	−1770	* γ-Form; β-Form mkl. $a=20{,}28$, $b=3{,}83$, $c=20{,}28$ Å, $\beta=120°$, $M=15$; α-Form mkl. C_{2h}^4, $P2/c$, $a=20{,}39$, $b=3{,}82$, $c=19{,}47$ Å, $\beta=115°\,39'$, $M=14$; $\varepsilon(10^3\ Hz)=280$; weißes Pulver; geruch- und geschmacklos; l. $KHSO_4$-Schmelze; geglühtes unl. Alk-laugen, ungeglühtes l. h. konz. H_2SO_4; Aufschluß auch mit Alk-schmelze
2540	*F*						schw. bis dklbraune Substanz

Formel	Name	Zustand	Mol.-Masse / Dichte g · cm⁻³	Kristalldaten: System, Typ und Symbol	Einheitszelle: Kantenlänge in Å	Winkel und M	Brechzahl n_D
$NdBr_3$	bromid	f	383,97	orh. $D_{2h}^{17}, Cmcm$	9,15 12,63 4,10	$M=4$	
$Nd(BrO_3)_3 \cdot 9H_2O$	bromat	f	690,10 2,79	hex. $C_{6v}^{4}, P6_3mc$	11,73 6,76	$M=2$	
NdC_2	carbid	f	168,26 5,15	tetr. $C11$ $D_{4h}^{17}, I4/mmm$	3,82 6,23	$M=2$	
$NdCl_3$	chlorid	f	250,60 4,134	hex. DO_{19} $C_{6h}^{2}, P6_3/m$	7,381 4,231	$M=2$	
$NdCl_3 \cdot 6H_2O$		f	358,69	mkl.	9,72 6,60 7,90	93° $M=2$	
NdJ_3	jodid	f	524,95				
Nd_2O_3	(III)-oxid	f	336,48 7,24	trig. $D5_2$ $D_{3d}^{3}, P\overline{3}m1$	3,84 6,01	$M=1$	
$Nd(OH)_3$	hydroxid	f	195,26	hex. DO_{19} $C_{6h}^{2}, P6_3/m$	6,421 3,74	$M=2$	
Nd_2S_3	(III)-sulfid	f	384,67 5,179				
$Nd_2(SO_4)_3$	sulfat	f	576,66				
$Nd_2(SO_4)_3 \cdot 8H_2O$	sulfat	f	720,79 2,85	mkl. $C_{2h}^{6}, C2/c$	18,430 6,837 13,660	102° 39′ $M=4$	1,5413 1,5505 1,5621
Ni	**Nickel**						
NiAs	arsenid	f	133,63 7,57	hex. $B8$ $D_{6h}^{4}, P6_3/mmc$	3,6 5,0	$M=2$	
$Ni_3(AsO_4)_2$	(II)-orthoarsenat	f	453,97 4,98				
$NiBr_2$	(II)-bromid	f	218,53 4,64	trig. $C19$ $D_{3d}^{5}, R\overline{3}m$	6,465	33° 20′ $M=1$	

Phasenumwandlungen °C		ΔH kJ/Mol	Standardwerte bei 25° C: C_p J/Molgrd	S^0 J/Molgrd	ΔH_B kJ/Mol	ΔG^0 kJ/Mol	Bemerkungen und Charakteristik
684 1675	*F* *V*	 195,8					viol. bis rosagraue Krist.; W löst langsam; l. Me; mäßig l. Aceton
66,7	*F*						rosa Prismen; **L**W 20° 43 %, Bdk. $9H_2O$; unl. Al
>2000	*F*						gelbe Blättchen; schwärzliche Masse, auf frischem Schnitt goldgelb; zers. W; l. verd. S
760 1858	*F* *V*	 216,7			−1064		rosafarbenes Pulver; hrosa durchscheinende verfilzte Nadeln; **L**W 20° 49,5 %, Bdk. $6H_2O$; ll. Al; unl. Ä, Chlf
126	*F*				−2897		rosafarbene große Krist.; LW s. $NdCl_3$
775 1370	*F* *V*				−665		weiße Substanz, geschmolzen schw., bleibt beim Erstarren zunächst dkl, wird dann hell; empfindlich gegen O_2 und W; l. W unter Zischen; ll. Aceton
2272	*F*		111,2	140,6	−1783	−1695	$\chi_{Mol} = +5100 \times 2 \cdot 10^{-6}$ cm³Mol⁻¹; blaue Blättchen; LW 20° $1{,}9 \cdot 10^{-4}$ %; ll. HCl
						−1295	viol. graues Pulver; konz. $(NH_4)_2CO_3$-Lsg. löst nur in Spuren
					−1179		braunoliv durchsichtige Tafeln oder olivgrünes Pulver; sied. W zers. langsam→H_2S; l. verd. S
					−3968		$\chi_{Mol} = +4995 \times 2 \cdot 10^{-6}$ cm³Mol⁻¹; rosafarbene lockere Masse feiner Nadeln; **L**W 20° 6,4 %, Bdk. $8H_2O$
					−6381	−5585	rosafarbene seidenglänzende Blättchen LW s. $Nd_2(SO_4)_3$
968	*F*			64,0	−54,3		$\chi_{Mol} = +43 \cdot 10^{-6}$ cm³Mol⁻¹; Rotnickelkies; derbe hkupferrote Masse, oft mit einem Anflug apfelgrüner Nickelblüte; spröde; l. h. HNO_3, Königsw.
							gelbes bis gelbgrünes Pulver; unl. W; l. S; $\cdot 8H_2O$ mkl. C^3_{2h}, $C2/m$, $a = 10{,}015$, $b = 13{,}284$, $c = 4{,}698$ Å, $\beta = 102°\,14'$, $M = 2$
963	*F*	54,4			−226,7		gelbe Krist.; zerfl.; subl. leicht ab 880° C; **L**W 20° 56,5 %, Bdk. $6H_2O$; l. wss. NH_3, Al, Ä

Formel	Name	Zustand	Mol.-Masse Dichte g · cm⁻³	Kristalldaten System, Typ und Symbol	Einheitszelle Kantenlänge in Å	 Winkel und M	Brechzahl n_D
$[Ni(NH_3)_6]Br_2$	hex=ammin=bromid	f	320,71 1,837	kub. $H6_1$ $O_h^5, Fm3m$	10,5	$M=4$	
Ni_3C	carbid	f	188,14 7,957	trig. $D_{3d}^6, R\bar{3}c$	4,553 12,92	$M=3$	
$Ni(CN)_2$	(II)-cyanid	f	110,75				
$NiCO_3$	carbonat	f	118,72	trig.	5,55	48° 56′ $M=2$	
$Ni(CO)_4$	tetra=carbonyl	fl	170,75 1,328	kub. $T_h^6, Pa3$	10,84	$M=8$	
$Ni(C_2H_3O_2)_2 \cdot 4H_2O$	(II)-acetat	f	248,86 1,744	mkl. $C_{2h}^5, P2_1/c$	8,44 11,77 4,75	93° 36′ $M=2$	
$Ni(COO)_2 \cdot 2H_2O$	(II)-oxalat	f	182,76 2,227				
$NiCl_2$	(II)-chlorid	f	129,62 3,55	trig. $C19$ $D_{3d}^5, R\bar{3}m$	6,12	33,5° $M=1$	
$NiCl_2 \cdot 6H_2O$		f	237,71				
$[Ni(NH_3)_6]Cl_2$	hex=ammin=chlorid	f	231,80 1,526	kub. $H6_1$ $O_h^5, Fm3m$	10,11	$M=4$	
NiF_2	(II)-fluorid	f	96,71 4,63	tetr. $C4$ $D_{4h}^{14}, P4_2/mnm$	4,71 3,11	$M=2$	
NiJ_2	(II)-jodid	f	312,52 5,834	trig. $C19$ $D_{3d}^5, R\bar{3}m$	6,92	32,7° $M=1$	
$Ni(NO_3)_2 \cdot 6H_2O$	(II)-nitrat	f	290,81 2,05				
NiO	(II)-oxid	f	74,71 7,45	orh. $B1$ $O_h^5, Fm3m$	4,1768	$M=4$	

Phasen-umwandlungen °C		ΔH kJ/Mol	Standardwerte bei 25° C C_p J/Molgrd	S^0 J/Molgrd	ΔH_B kJ/Mol	ΔG^0 kJ/Mol	Bemerkungen und Charakteristik
							viol. krist. Pulver; l. W; wl. konz. wss. NH_3
				97,1	38,5	37,8	
							braungelbes Salz; frisch gefällt l. Alk-cyanidlsg. goldgelb; $\cdot 4H_2O$ hgrüne Krist.; unl. W; l. KCN-Lsg., wss. NH_3; giftig
				87,9	−682,2	−605,8	hgrünes krist. Pulver; fast unl. W; l. S
−19,3 42,4	*F* *V*	13,83 29,3		313,4	−605,4		fbl. Fl.; oxid. an Luft; verbrennt mit heller Flamme; Gemische mit Luft expl. bei etwa 60°; swl. W; l. Al, Ä, Bzl, Aceton, Chlf, CCl_4; entflammt mit konz. H_2SO_4; MAK: 0,1 cm^3/m^3
							grüne Krist.; l. W, Al; unl. abs. Al; wfreies Salz: *D* 1,798 g/cm^3; l. W; unl. Al
							$\chi_{Mol} = +3880 \cdot 10^{-6}\ cm^3Mol^{-1}$; hgrünes Pulver; unl. W und org. Lösm.; l. S, NH_4-salzlsg.; bei 150° wfrei; über 200° Z.
1030	*F*	77,28	71,67	97,42	−315,8	−269,3	goldgelbe glänzende Kristallschuppen; fühlen sich talkartig an; subl. leicht ab 970° C; LW 20° 38 %, Bdk. $6H_2O$; ll. Al; wl. Aceton
				314,5	−2115	−1718	grasgrüne körnige Krist.; grünes krist. Pulver, zerfl.; LW s. $NiCl_2$; ll. Al; verliert bei 140° das Kristallwasser
							blauviol. krist. Pulver; l. W; h. W zers.; wl. konz. wss. NH_3; unl. Al, Ä
1677	*V*		64,06	73,6	−667,3		grüne Krist.; LW 20° 2,5 %, Bdk. $4H_2O$; unl. S, wss. NH_3, Al, Ä; $\cdot 3H_2O$ körnige blaßgrüne Krist.
797	*F*				−85,7		schw. Krist.; zerfl.; LW 20° 59,5 %, Bdk. $6H_2O$; l. Al
−30 56,7 137	*U* *F* *V*	7,5	402		−2223		smaragdgrüne, glasige Krist.; hygr.; LW 20° 48,5 %, Bdk. $6H_2O$; l. Al; wl. Aceton
250 1960	*U*[1] *F*	 50,6	44,31	38,0	−239,7	−211,4	[1] antiferromagnetische Umwandlung; Halbleiter; Bunsenit; pistaziengrüne kleine Krist.; grünlichgraues Pulver; unl. W; ll. S; wird durch starkes Glühen grauschw., met. glänzend und schwer l. S

Formel	Name	Zustand	Mol.-Masse Dichte g · cm⁻³	Kristalldaten System, Typ und Symbol	Einheitszelle Kantenlänge in Å	Winkel und *M*	Brechzahl n_D
Ni_2O_3	(III)-oxid	f	165,42 4,83	kub.	4,1798		
$Ni(OH)_2$	(II)-hydr= oxid	f	92,72 4,1	trig. *C* 6 $D_{3d}^3, P\bar{3}m1$	3,12 4,60	$M=1$	
Ni_2P	phosphid	f	148,39 6,31	hex. *C* 22 $D_{3h}^3, P\bar{6}2m$	5,85 3,37	$M=3$	
Ni_3P_2	phosphid	f	238,08 5,99				
$Ni_3(PO_4)_2 \cdot$ $8H_2O$	(II)-ortho= phosphat	f	510,20				
NiS	(II)-sulfid	f	90,77 5,25	trig. *B* 13 $C_{3v}^5, R3m$	5,636	116° 35′ $M=3$	
Ni_3S_2	sulfid	f	240,26 5,82	trig. $D_3^7, R32$	4,07	90,6° $M=1$	
Ni_3S_4	sulfid	f	304,39 4,7	kub. $D7_2$ $O_h^7, Fd3m$	9,46	$M=8$	
$NiSO_4$	(II)-sulfat	f	154,77 3,68	orh. $D_{2h}^{17}, Cmcm$	6,338 7,842 5,155	$M=4$	
$NiSO_4 \cdot$ $6H_2O$		f	262,86 2,07	tetr. $H4_5$ $D_4^4, P4_12_12$	6,80 18,3	$M=4$	
$NiSO_4 \cdot$ $7H_2O$		f	280,88 1,948	orh. $H4_{12}$ $D_2^4, P2_12_12_1$	11,8 12,0 6,8	$M=4$	1,4893
$NiS_2O_6 \cdot$ $6H_2O$	(II)-di= thionat	f	326,93 1,908				
NiSb	antimonid	f	180,46 7,54	hex. *B* 8 $D_{6h}^4, P6_3/mmc$	3,938 5,138	$M=2$	

Phasenumwandlungen °C		ΔH kJ/Mol	Standardwerte bei 25° C: C_p S^0 J/Molgrd	ΔH_B ΔG^0 kJ/Mol	Bemerkungen und Charakteristik
					die Produkte sind meist noch whaltig; grauschw. Pulver; unl. W; l. S, wss. NH_3, KCN-Lsg.
			79	−538,1 −452	$\chi_{Mol}=+4500\cdot10^{-6}$ cm^3Mol^{-1}; hgrüner voluminöser Nd.; grünes Kristallpulver; ll. S, wss. NH_3, NH_4-salzlsg.; unl. Alk
1110	*F*			−184	graue krist. Substanz; unl. W, S; l. Gemisch HNO_3+HF
					graue Substanz; unl. W, HCl; l. HNO_3
					hgrüne körnige Krist.; unl. W; l. S, NH_4-salzlsg.
396 797	*U* *F*		54,7 67,4	−73,19	Millerit; künstlich dargestellt γ-NiS, wandelt sich bei Berührung mit der Lsg. um in β-NiS, hex. *B* 8, D_{6h}^4, $P6_3/mmc$, $a=3{,}42$, $c=5{,}30$ Å, $M=2$; fällt aus egs. Lsg. durch H_2S, schwer l. k. verd. HCl; α-NiS fällt als schw. Nd. durch $(NH_4)_2S$; bleibt leicht kolloid in Lsg.; wird beim Stehen unl. k. verd. HCl; l. Königsw.; konz. HCl, HNO_3; Gemisch Egs und 30%igem H_2O_2
553 790	*U* *F*	 24,3	 153,1	−181,5	$\chi_{Mol}=+1030\cdot10^{-6}$ cm^3Mol^{-1}; bronzegelbe met. glänzende Substanz; unl. W; l. HNO_3
					Polydymit; grauschw. krist.; unl. W; l. HNO_3
			138,1 77,8	−893,7 −775,7	gelbgrünes krist. Salz; zers. >840° C in Nickeloxid und SO_3; **LW** 20° 27,5%, Bdk. 7 H_2O; unl. Al, Ä, Aceton
53,3	*U**		343 305,7	−2688 −2222	* *U* tetr.→mkl. C_{2h}^6, $C2/c$, $a=24{,}0$, $b=7{,}17$, $c=9{,}84$ Å, $\beta=97{,}5°$, $M=8$; $\varkappa(0...10000\ at)=3{,}4$ 10^{-6} at^{-1}; tetr. blaugrüne Krist.; mkl. grüne Krist.; LW s. $NiSO_4$
31,5 −1 H_2O				−2983	smaragdgrüne Krist.
				−2962	grüne Krist.
1158 1400	*F* *V*			−66,2	Breithauptit; hkupferrote Masse

Formel	Name	Zustand	Mol.-Masse / Dichte g · cm⁻³	Kristalldaten: System, Typ und Symbol	Einheitszelle: Kantenlänge in Å	Einheitszelle: Winkel und M	Brechzahl n_D
NiSe	(II)-selenid	f	137,67 8,46	hex. $B8$ D_{6h}^4, $P6_3/mmc$	3,7 5,3	$M=2$	
$NiSeO_4 \cdot 6H_2O$	(II)-selenat	f	309,76 2,314				1,5393
Os	**Osmium**						
$OsCl_4$	(IV)-chlorid	f	332,01				
OsF_8	(VIII)-fluorid	f	342,19 3,87*				
OsO_2	(IV)-oxid	f	222,2 11,37	tetr. $C4$ D_{4h}^{14}, $P4_2/mnm$	4,51 3,19	$M=2$	
OsO_4	(VIII)-oxid	f	254,2 1,33	mkl. C_2^3, $C2$	7,69 4,52 4,75	95° 13′ $M=2$	
OsP_2	phosphid	f	252,15 8,9...9,2				
$[OsCl_6]Rb_2$	Rubidiumhexachloroosmat	f	573,86				
OsS_2	(IV)-sulfid	f	254,33 9,47	kub. $C2$ T_h^6, $Pa3$	5,65	$M=4$	
$OsSe_2$	selenid	f	348,12	kub. $C2$ T_h^6, $Pa3$	5,945	$M=4$	
$OsTe_2$	tellurid	f	445,40	kub. $C2$ T_h^6, $Pa3$	6,398	$M=4$	
P	**Phosphor**						
PBr_3	(III)-bromid	fl	270,70 2,852				1,687

Phasenumwandlungen °C		ΔH kJ/Mol	Standardwerte bei 25° C C_p J/Molgrd	S^0 J/Molgrd	ΔH_B kJ/Mol	ΔG^0 kJ/Mol	Bemerkungen und Charakteristik
					−41,8		weißgraue bis silbrigweiße Substanz; unl. W, HCl; l. HNO_3, Königsw.
							grüne Krist.; **LW** 20° 26,4 %, Bdk. $6 H_2O$
							schw. met. glänzende Krusten; nicht hygr.; l. W unter Hydrolyse; l. HCl, konz. oxid. S
34,4 47,3	*F* *V*	 28,4					* bei −183°; D_{fl} am *V*: 2,74 g/cm³; feine gelbe Nadeln; l. H_2SO_4; l. Alk mit gelbroter Farbe; OsF_8-Dämpfe in W fbl. löslich unter Hydrolyse
650 Z	*F*						braune dichte krist. Substanz, unl. W, S, Alk, oder schw. Pulver, *D*=7,91g/cm³; l. konz. HCl
40,1 130	*F* *V*	14,27 39,5		 119	−391	 −296	hgelbe nadelförmige Krist. oder gelbe krist. Masse; LW 20° 6 %, Bdk. $0 H_2O$; l. KW, Al, Ä, Alk, Na_2CO_3-Lsg.; mit konz. HCl Red. unter Cl_2-Entwicklung
				84	−138		grauschw. Pulver; Aufschluß durch alk. Schmelzen
							karminrote durchscheinende Oktaeder, stark glänzend; an trockener Luft beständig; fast unl. k. W, wl. h. W, h. verd. HCl; unl. Al; die Salzsäure-Lsg. ist beständig, die wss. zers.
				84	−100		schw. krist. Substanz; unl. W, S, Alk; l. HNO_3
							hgraue krist. Substanz; l. konz. HNO_3, Königsw.; unl. S, Alk
							grauschw. undeutlich krist. Substanz; unl. S, Alk; l. verd. HNO_3 unter Oxid.
−40,5 173,2	*F* *V*	 38,8			−198,7		wasserhelle dünne Fl. von stechendem Geruch; raucht stark an der Luft; zers. W, Al; l. Ä, Aceton, Chlf, CS_2, CCl_4, Bzl; Lösm. für P, J_2, $PSBr_3$ und org. Stoffe

Formel	Name	Zustand	Mol.-Masse / Dichte $g \cdot cm^{-3}$	Kristalldaten: System, Typ und Symbol	Einheitszelle: Kantenlänge in Å	Einheitszelle: Winkel und M	Brechzahl n_D
PBr_5	(V)-bromid	f	430,52 3,6	orh. $D_{2h}^{11}, Pbcm$	8,31 16,94 5,63	$M=4$	
PCl_3	(III)-chlorid	fl	137,33 1,5778				1,520
PCl_5	(V)-chlorid	f	208,24 2,12	tetr. $C_{4h}^{3}, P4/n$	9,22 7,44	$M=4$	
PF_3	(III)-fluorid	g	87,97 3,907*				
PF_5	(V)-fluorid	g	125,97 5,805*				**
PH_3	wasserstoff	g	34,00 1,5307*	kub. $T_h^2, Pn3$	6,32	$M=4$	1,317
PH_4J	Phosphoniumjodid	f	161,89 2,86				
PJ_3	(III)-jodid	f	411,69 4,18				
P_2J_4	jodid	f	569,57	trikl.	1,0365: 1: 0,6362	97° 54′ 106° 25′ 80° 30′	
P_3N_5	nitrid	f	162,95 2,51				

Phasenumwandlungen			Standardwerte bei 25° C				Bemerkungen und Charakteristik
°C		ΔH kJ/Mol	C_p J/Molgrd	S^0 J/Molgrd	ΔH_B kJ/Mol	ΔG^0 kJ/Mol	
					−276		zitronengelbe krist. Masse; subl. Nadeln; bildet stechend riechende Nebel; zerfl. an feuchter Luft; zers. W, Al; l. CS_2, CCl_4
−92 74,1	*F* *V*	4,52 30,5			−339		$\chi_{Mol} = -63{,}4 \cdot 10^{-6}$ cm³Mol⁻¹; fbl. sehr dünne Fl.; raucht stark an der Luft; reizt zu Tränen; zers. W, Al; l. Ä, Bzl, Chlf, CS_2; MAK: 0,5 cm^3/m^3
159	Sb	67,4			−463,2		$\chi_{Mol} = -102 \cdot 10^{-6}$ cm³Mol⁻¹; weißes glänzendes krist. Pulver; aus Schmelze durchsichtige Säulen; zerfl.; raucht an der Luft; stechender Geruch; die Dämpfe reizen Schleimhäute; zers. W, Al; l. CS_2, CCl_4; MAK: 1 mg/m^3 Luft
−151,5 −101,2	*F* *V*	 16,5	56,02	268,3			* kg/Nm^3; ϑ_{krit} −2,05°; p_{krit} 44,1 at; fbl. Gas; raucht nicht an der Luft; zers. W, Alk
−93,8 −84,6	*F* *V*	11,8 17,2					* kg/Nm^3; ** n(0°; 760 Torr; 5894 Å) = 1,0006416; fbl. sehr stechend riechendes Gas; greift Schleimhäute stark an; raucht an der Luft; zers. W
−242,8 −223,7 −185,0 −133,8 −87,77	*U* *U* *U* *F* *V*	0,0824 0,778 0,485 1,130 14,598	37,11	210,2	9,25	18,2	* kg/Nm^3; ** n(0°; 760 Torr; weiß) = 1,000789; ϑ_{krit} 51,9°; p_{krit} 66 at; fbl. Gas; Geruch nach faulen Fischen; sehr giftig; MAK: 0,1 cm^3/m^3; LW 20° 26 cm^3/100 cm^3
			110,9		−66,1		fbl. große wasserhelle Krist., glänzend; zerfl. an Luft; zers. durch W, wss. NH_3 oder KOH zu PH_3+HJ; HNO_3, HJO_3, $HBrO_3$, $HClO_3$ entflammen die Verbindung, $HClO_4$ zers. beim Erwärmen
61,5 227	*F* *V*	 43,9			−45,6		$\bar{\gamma}(-195 \cdots -79°\ C) = 160 \cdot 10^{-6}$ grd⁻¹; rote Kristallblätter; zers. W; sll. CS_2
124,5	*F*				−82,7		hor. Krist.; gelbe krist. Masse; zers. W; l. CS_2
			149		−317		weißes geruch- und geschmackloses Pulver; kein Lösm. für P_3N_5 bekannt; wss. Lsg. aller Art oder konz. HNO_3 wirken nicht ein

Formel	Name	Zustand	Mol.-Masse Dichte g · cm⁻³	Kristalldaten System, Typ und Symbol	Einheitszelle Kantenlänge in Å	Winkel und M	Brechzahl n_D
$(PNCl_2)_3$	Triphosphornitrilchlorid	f	347,66 1,98	orh. $D_{2h}^{16}, Pnma$	12,99 14,09 6,19	$M=4$	
$(PNCl_2)_4$	Tetraphosphornitrilchlorid	f	463,55 2,18	tetr. $C_{4h}^{4}, P4_2/n$	10,79 5,93	$M=2$	
P_4O_6	(III)-oxid	fl	219,89 2,135				
P_4O_{10}	(V)-oxid	f	283,89 2,7	orh. $C_{2v}^{19}, Fdd2$	8,14 16,3 5,26	$M=8$	
P_4O_{10}		f	283,89 2,30	trig. $C_{3v}^{6}, R3c$	7,44	87° $M=2$	
$POCl_3$	oxidchlorid	fl	153,33 1,675				1,488
H_3PO_2	Unterphosphorige Säure	f	66,00 1,49				
HPO_3	Metaphosphorsäure	f	79,98 2,17				
H_3PO_3	Phosphorige Säure	f	82,00 1,65	orh. $C_{2v}^{9}, Pna2_1$	7,257 12,044 6,845	$M=8$	
H_3PO_4	säure	f	98,00 1,88	mkl. $C_{2h}^{5}, P2_1/c$	11,65 4,84 5,78	95,5° $M=4$	
$H_4P_2O_7$	Pyrophosphorsäure	f	177,97				

Phasenumwandlungen °C		ΔH kJ/Mol	Standardwerte bei 25° C C_p S^0 J/Molgrd	$ΔH_B$ $ΔG^0$ kJ/Mol	Bemerkungen und Charakteristik
114,9 252,7	*F* *V*	20,9 55,2			wasserhelle dünne Tafeln, stark glänzende Krist.; spröde; W benetzt nicht, aber allmählich Z.; flch. mit Wdampf; wss. S und Alk reagieren nicht; l. Al, Ä, Chlf, CS_2, Bzl, $POCl_3$, fl. SO_2; Al und Ä zers. allmählich
123,5 328,5	*F* *V*	 63			Prismen; sehr wenig flch. mit Wdampf; sied. W, S, Alk greifen nicht an; l. Bzl, Ä, Eg; Al zers. allmählich
23,8 175,3	*F* *V*	14,2 37,7		−2192	weiße sehr voluminöse Flocken; schneeähnliche Masse; oxid. an der Luft zu P_2O_5; giftig; l. k. W→ H_3PO_3; h. W reagiert heftig→PH_3+ H_3PO_4 l. verd. k. Alk, Ä, CS_2, Bzl
569 591	*F* *V*	71,5 86,5	204,8 280	−3096 −2965	fbl. leichte Masse, weiß, schneeähnlich; sehr hygr.; geruchlos; schmeckt stark sauer; l. W→ Metaphosphorsäure→Orthophosphorsäure; mit HNO_3 sehr heftige Reaktion
422	*F*				metastabile Modifikation
1 105,3	*F* *V*	13,0 34,35		−631,8	fbl. Fl., stark lichtbrechend; stechender Geruch; raucht an der Luft; zers. W, S, Al; gutes Lösm. für viele anorganische Stoffe; giftig, ätzend; MAK: 0,5 cm^3/m^3
26,5	*F*	9,76		−608,8	zähe, sehr saure Fl.; fbl., ölig; krist. beim Reiben oder Impfen; große weiße blätterige Krist.; ll. W; zers. beim Erhitzen; HNO_3 oxid. zu H_3PO_4
				−955	weiche klebrige zerfl. Masse, fbl. durchsichtig oder weiß; ll. W unter Bildung von H_3PO_4; l. Al
70,1	*F*	12,8		−971,5	fbl. sehr hygr. Krist.; strahlig krist. Masse; an der Luft langsam oxid.→ H_3PO_4; sll. W; l. Al; mit konz. H_2SO_4→H_3PO_4
42,35	*F*	10,5	106,1 110,5	−1281 −1119,5	fbl. wasserhelle Krist.; spröde; sll. W; l. Al; beim Erhitzen auf 200°→ $H_4P_2O_7$
61	*F*	9,20		−2251	fbl. glasige Masse; undeutliche undurchsichtige Krist.; ll. W; l. Al, Ä; wss. Lsg. in der Wärme oder mit HNO_3→H_3PO_4

Formel	Name	Zustand	Mol.-Masse Dichte g · cm⁻³	Kristalldaten System, Typ und Symbol	Einheitszelle Kantenlänge in Å	Einheitszelle Winkel und *M*	Brechzahl n_D
P_2S_3	(III)-sulfid	f	158,14				
P_2S_5	(V)-sulfid	f	222,27 2,08	trikl. C_i^1, $\bar{1}$	9,18 9,19 9,07	101° 12′ 110° 30′ 92° 24′ *M*=2	
P_4S_3	sulfid	f	220,08 2,03	orh. D_{2h}^{16}, $Pnma$	10,597 13,671 9,660	*M*=8	
P_4S_7	sulfid	f	348,34 2,19	mkl. C_{2h}^5, $P2_1/c$	8,87 17,35 6,83	92,7° *M*=4	
$PSBr_3$	sulfo-bromid	f	302,76 2,72	kub. $D1_1$ T_h^6, $Pa3$	11,05	*M*=8	
$PSCl_3$	sulfo-chlorid	fl	169,40 1,635				
Pb	**Blei**						
$Pb_3(AsO_3)_2$	(II)-arsenit	f	867,41				
$PbHAsO_4$	(II)-hydro-gen-arsenat	f	347,12 5,78	mkl.	5,83 6,76 4,85	95° 30′ *M*=2	1,8903 1,9097 1,9765
$Pb_3(AsO_4)_2$	(II)-arsenat	f	899,41 7,30	hex. $H5_7$ C_{6h}^2, $P6_3/m$	10,02 7,37	*M*=3	
$Pb_2As_2O_7$	(II)-pyro-arsenat	f	676,22 6,85				
$Pb(AsO_3)_2$	(II)-meta-arsenat	f	453,03 6,43	trig. D_3^1, $P312$	4,859 5,481		

Phasen-umwandlungen °C		ΔH kJ/Mol	Standardwerte bei 25° C C_p	S^0 J/Molgrd	ΔH_B	ΔG^0 kJ/Mol	Bemerkungen und Charakteristik
290 490	*F* *V*						gelblichweiße glänzende Krist.; graugelbe krist. Masse; krist. aus CS_2; zers. leicht an feuchter Luft; ll. k. wss. Alk-carbonatlsg., Alk, NH_3
288 514	*F* *V*						hgelbe derbe Krist.; graugelbe krist. leicht zerreibliche Masse; zers. an feuchter Luft; zers. W; l. Alk, NH_3, CS_2; langsam l. wss. Alk-carbonatlsg.; MAK: 1 mg/m³ Luft
172 407	*F* *V*						gelbe Masse; hgelbe Krist. aus CS_2, PCl_3, $PSCl_3$; beständig an Luft; unl. W; l. Al unter Z.; l. Na_2S-, K_2S-Lsg., CS_2, PCl_3, $PSCl_3$; Cl_2-Wasser zers. langsam
307	*F*						gelbliche, fast fbl. durchsichtige Krist.; hart; zers. schnell an Luft→ H_2S
38	*F*						zitronengelbe Blättchen von unangenehmem Geruch, stechend; als Fl. gelblich gefärbt, lichtbrechend; raucht an feuchter Luft; zers. W; ll. Ä, CS_2; konz. HNO_3 oder KOH zers. stürmisch
−36,2 124	*F* *V*						fbl. leicht bewegliche Fl. von scharfem Geruch; an der Luft dünne Nebel; greift Augen an; sinkt in W unter und zers. langsam in HCl, H_3PO_4, H_2S; l. CS_2
							weißes Pulver, am Licht langsam schwärzlich; fast unl. W; swl. KOH, l. NaOH; ll. HNO_3, Egs
							weißes Pulver; glimmerähnliche durchsichtige Tafeln; fühlt sich fettig an; bei dkl Rotglut→ $Pb_2As_2O_7$; unl. W, Egs; l. HNO_3
1042	*F*						weißes Pulver; unl. W, NH_3, NH_4-salzlsg.; konz. HNO_3 zers.
802	*F*						weiße glasige Masse, etwas krist.; schmelzbar bei Rotglut; beim Befeuchten mit W→$PbHAsO_4$
							sprödes durchsichtiges Glas; zieht W an und wird undurchsichtig unter Z.

Formel	Name	Zustand	Mol.-Masse / Dichte $g \cdot cm^{-3}$	Kristalldaten: System, Typ und Symbol	Einheitszelle: Kantenlänge in Å	Winkel und *M*	Brechzahl n_D
$PbBr_2$	(II)-bromid	f	367,01 6,667	orh. *C* 23 D_{2h}^{16}, *Pnma*	4,72 8,04 9,52	*M* = 4	2,434 2,476 2,553
$Pb(CN)_2$	(II)-cyanid	f	259,23				
$PbCO_3$	(II)-carbonat	f	267,20 6,6	orh. *G* 0_2 D_{2h}^{16}, *Pnma*	5,17 8,48 6,13	*M* = 4	1,8036 2,0765 2,0786
$2PbCO_3 \cdot Pb(OH)_2$	carbonat, bas.	f	775,60 6,14	hex.	9,1064 24,839	*M* = 9	
$Pb(C_2H_3O_2)_2$	(II)-acetat	f	325,28 3,25				
$Pb(C_2H_3O_2)_2 \cdot 3H_2O$		f	379,33 2,575	mkl.	2,1791 : 1 : 2,4790	70° 12′	
$Pb(C_2H_3O_2)_4$	(IV)-acetat	f	443,37 2,228	mkl.	0,5874 : 1 : 0,4848	74° 24′	
$PbCl_2$	(II)-chlorid	f	278,10 5,85	orh. *C* 23 D_{2h}^{16}, *Pnma*	4,52 7,61 9,03	*M* = 4	2,1992 2,2172 2,2596
$PbCl_2 \cdot PbO$	(II)-chlorid, bas.	f	501,29 7,21				
$PbCl_2 \cdot 2PbO$	Mendipit	f	724,47 7,08	orh.			2,24 2,27 2,31

Phasen-umwandlungen °C		ΔH kJ/Mol	Standardwerte bei 25° C C_p J/Molgrd	S^0 J/Molgrd	ΔH_B kJ/Mol	ΔG^0 kJ/Mol	Bemerkungen und Charakteristik
488 892	*F* *V*	18,5 133	80,12	 161,4	−277	 −260	$\bar{\gamma}$(0...50° C) = 90 · 10^{-6} grd^{-1}; ε(5 · 10^5...10^6 Hz) = 30; χ_{Mol} = −90,6 · 10^{-6} cm^3Mol^{-1}; weiße seidenglänzende Nadeln; im Licht langsam Schwärzung; **L**W 20° 0,85 %, 100° 4,5 %, Bdk. 0 H_2O; l. S, KBr-Lsg.; wl. NH_3; unl. Al, Bzl; zwl. h. Py; l. Anilin
							weißer dicker Nd.; swl. W; zers. S; l. wss. NH_3, Alk-cyanidlsg., NH_4-salzlsg.; giftig; MAK: 2,5 mg Staub/m^3 Luft
Z 315			87,4	 130,9	−700	 −625	ϰ(50...200 at; 0° C) = 1,86 · 10^{-6} at^{-1}; Weißbleierz, Cerussit; weißes krist. Pulver; swl. W; l. 0,1 nKOH, stärkere zers.; l. konz. Citronensäure
Z 400							Hydrocerussit; fbl. perlmuttglänzende Blättchen; Bleiweiß; weißes Pulver; H_2S schwärzt→PbS; l. verd. HCl
280	*F*					965	χ_{Mol} = −80,1 · 10^{-6} cm^3Mol^{-1}; weiße staubige oder feste Masse; aus Schmelze sechsseitige Tafeln; LW 20° 25 %, Bdk. 0 H_2O; l. K-acetatlsg.
75,5	*F*						Bleizucker; wasserhelle glänzende Krist.; verwittern etwas an trockener Luft; süßlicher, met. Geschmack und schwacher Essiggeruch; giftig
175	*F*						fbl. durchsichtige Krist.; W zers.→ PbO_2; l. 37 % HF, HCl, HBr, HJ unter Z.; l. Eg unzers., ll. in der Wärme; l. Bzl, Nitrobzl, Chlf, $C_2H_2Cl_4$
498 951	*F* *V*	23,6 127	77,8	 136,4	−359,1	 −314	$\bar{\gamma}$(20...150° C) = 93 · 10^{-6} grd^{-1}; ε(5 · 10^6 Hz) = 33,5; χ_{Mol} = −73,8 · 10^{-6} cm^3Mol^{-1}; weiße glänzende kleine Krist.; LW 20° 0,97 %, 100° 3,2 %, Bdk. 0 H_2O; l. Alk, konz. NH_4Cl-Lsg.; swl. Al; L Glycerin 2,04 g/100 g Lösm.
524 Z.	*F*						Matlockit; dünne Tafeln; gelblichgrün, durchscheinend bis durchsichtig
693	*F*				−833,2		gelbweiße Tafeln, glänzend, durchsichtig; l. KOH

Formel	Name	Zustand	Mol.-Masse / Dichte g · cm⁻³	Kristalldaten: System, Typ und Symbol	Einheitszelle: Kantenlänge in Å	Einheitszelle: Winkel und M	Brechzahl n_D
$PbCl_4$	(IV)-chlorid	fl	349,00 3,18				
$Pb(ClO_2)_2$	(II)-chlorit	f	342,09 5,30	tetr. $4/mmm$	4,14 6,25	$M=1$	
PbF_2	(II)-fluorid	f	245,19 8,37	orh. $C23$ $D_{2h}^{16}, Pnma$	3,89 6,43 7,63	$M=4$	
PbJ_2	(II)-jodid	f	461,00 6,06	trig. $C6$ D_{3d}^{3}, $P\bar{3}m1$*	4,54 6,90	$M=1$	
$Pb(N_3)_2$	(II)-azid	f	291,23 4,71	orh. D_{2h}^{16}, $Pnma$*	6,63 11,32 16,25	$M=12$	1,86 2,24 2,64
$Pb(NO_3)_2$	(II)-nitrat	f	331,20 4,535	kub. $G2_1$ $T_h^6, Pa3$	7,81	$M=4$	1,7807
PbO	(II)-oxid	f	223,19 9,53	tetr. $B10$ $D_{4h}^{7}, P4/nmm$	3,96 5,00	$M=2$	2,665* 2,535*
PbO	Massicot, Bleiglätte	f	223,19 9,6	orh. $C_{2v}^{5}, Pca2_1$	5,48 4,74 5,88	$M=4$	2,51* 2,61* 2,71*
$PbO \cdot H_2O$		f	241,20 7,59	orh. $C_{2v}^{5}, Pca2_1$	14,08 5,71 8,70		2,229

Phasenumwandlungen °C		ΔH kJ/Mol	Standardwerte bei 25° C C_p J/Molgrd	S^0 J/Molgrd	ΔH_B kJ/Mol	ΔG^0 kJ/Mol	Bemerkungen und Charakteristik
−15 105 expl.	*F*				−330		gelbe klare schwere Fl.; stark lichtbrechend; raucht an feuchter Luft; l. konz. HCl, Chlf; W und wss. Alk zers.→PbO_2+HCl
~126 expl.							LW 20° 0,1 %, 100° 0,4 %, Bdk. 0 H_2O
250 824 1290	*U** *F* *V*	 7,78 160,4		121	−666,5	−622,5	* *U* orh.→kub. *C* 1, O_h^5, $Fm3m$, $a=5{,}94$ Å, $M=4$; $D=7{,}658$ g/cm³; $\varepsilon(<10^6$ Hz$)=3{,}6$; $\chi_{Mol}=-58{,}1\cdot10^{-6}$ cm³Mol⁻¹; weißes krist. Pulver; LW 20° 0,065 %, Bdk. 0 H_2O; swl. wss. HF, Alk-fluoridlsg.; mit konz. H_2SO_4→HF; unl. Anilin
412 872	*F* *V*	25,1 104	81,2	176,9	−175,1	−174	* oder trig. D_{3d}^5; $a=4{,}54$; $c=20{,}7$ Å; $M=3$; $\bar{\gamma}(20...150°\ C)=108\cdot10^{-6}$ grd⁻¹; $\varkappa(0...5000$ at$)=6{,}62\cdot10^{-6}$ at⁻¹; $\varepsilon(5\cdot10^5...10^6$ Hz$)=20{,}8$; $\chi_{Mol}=-125{,}6\cdot10^{-6}$ cm³Mol⁻¹; goldgelbes schweres krist. Pulver; LW 20° 0,09 %, 100° 0,45 %, Bdk. 0 H_2O; l. Alk, KJ-Lsg.; unl. Al
~350 expl.					436,5		* 2. Mod. mkl. C_{2h}, $a=5{,}10$; $b=8{,}84$; $c=17{,}50$ Å; $\beta=90{,}2°$; $n(\lambda=589\ m\mu)$: 1,98; 2,14; 2,7; fbl. lange Nadeln; sehr expl.; W zers. beim Sieden; unl. konz. wss. NH_3; ll. Egs unter langsamer Z.
Z 470	*F*				−449,3		$\varepsilon(5\cdot10^5...10^6$ Hz$)=16{,}8$; $\chi_{Mol}=-74\cdot10^{-6}$ cm³Mol⁻¹; fbl. Krist., durchsichtig oder trübe; LW 20° 34,5 %, Bdk. 0 H_2O; L Me 20° 0,04 g/100 g Lösm.; L Al 22° 8,7 g/100 g Lösm.; l. fl. NH_3
489	*U***		45,81	65,3	−219,2	−188,5	* $\lambda=671\ m\mu$; ** *U* rot→gelb; $\bar{\gamma}(-78\cdots+16°\ C)=55\cdot10^{-6}$ grd⁻¹; $\chi_{Mol}=-47\cdot10^{-6}$ cm³Mol⁻¹; Lithargit; rotes krist. Pulver; blätterige Krist. von starkem Glanz; LW 25° $0{,}23\cdot10^{-3}$ %, Bdk. 0 H_2O; wl. HCl, H_2SO_4; ll. HNO_3; unl. HF; l. h. Alk; gut l. Alk-Schmelze
890 1472	*F* *V*	11,7 213	45,81	67,4	−217,8	−188	* $\lambda=671\ m\mu$; $\chi_{Mol}=-44\cdot10^{-6}$ cm³Mol⁻¹; gelbes Pulver; metastabile Form; LW 20° $1{,}2\cdot10^{-3}$ %
							weißes Pulver; fbl. Krist.

Formel	Name	Zustand	Mol.-Masse / Dichte $g \cdot cm^{-3}$	Kristalldaten: System, Typ und Symbol	Einheitszelle: Kantenlänge in Å	Einheitszelle: Winkel und M	Brechzahl n_D
$3\,PbO \cdot H_2O$		f	687,58 7,592				
$Pb(OH)_2$	(II)-hydroxid	f	241,20	hex.	5,26 14,7		
PbO_2	(IV)-oxid	f	239,19 9,375	tetr. $C4$ $D_{4h}^{14}, P4_2/mnm$	4,93 3,37	$M=2$	2,229
Pb_3O_4 $Pb_2[PbO_4]$	(II,IV)-oxid, (II)-orthoplumbat	f	685,57 9,1	tetr. $D_{2d}^{7}, P\bar{4}b2$	8,80 6,56	$M=4$	2,42*
$PbHPO_4$	(II)-hydrogenphosphat	f	303,17 5,661	mkl. $C_{2h}^{4}, P2/c$	4,65 6,63 5,76	82,8° $M=2$	
$Pb_2P_2O_7$	(II)-pyrophosphat	f	588,32 5,8	kub. $K6_1$ $T_h^6, Pa3$	8,01	$M=4$	
$Pb_3(PO_4)_2$	(II)-orthophosphat	f	811,51 6,9...7,3	hex.	9,66 7,11	$M=2$	1,969 1,932
PbS	(II)-sulfid	f	239,25 7,5	kub. $B1$ $O_h^5, Fm3m$	5,91	$M=4$	3,912
$PbSO_4$	(II)-sulfat	f	303,25 6,29	orh. $H0_2$ $D_{2h}^{16}, Pnma$	8,45 5,38 6,93	$M=4$	1,8781 1,8832 1,8947
$PbSO_4 \cdot PbO$	(II)-sulfat, bas.	f	526,44 6,92	mkl. $C_{2h}^{3}, C2/m$	13,75 5,68 7,05	116,2° $M=4$	1,928 2,007 2,036
$Pb(SO_4)_2$	(IV)-sulfat	f	399,31				
PbS_2O_3	(II)-thiosulfat	f	319,32 5,18				

Phasen-umwandlungen °C		ΔH kJ/Mol	Standardwerte bei 25° C C_p J/Molgrd	S^0 J/Molgrd	ΔH_B kJ/Mol	ΔG^0 kJ/Mol	Bemerkungen und Charakteristik
							weißes Pulver; fbl. Krist.; l. wss. Alk→Plumbite; l. S
145 Z	F			88	−514,5	−421	weißer Nd.; l. S, Alk; LW 20° $4{,}8 \cdot 10^{-6}$ Mol/l
			64,4	76,44	−276,6	−218,8	braunes Pulver; LW 25° $0{,}57 \cdot 10^{-3}$ Mol/1000 g Lsg.; etwas l. HNO_3; mit HCl→Cl_2-Entwicklung; l. h. konz. KOH
370 Z							* $\lambda = 671$ mμ; $\varepsilon(4 \cdot 10^8$ Hz$) = 17{,}8$; Mennige, rotes krist.-körniges Pulver; wl. HF; l. HCl; zers. verd. HNO_3→PbO_2+ $Pb(NO_3)_2$; unl. Aceton, Pb(II)-acetatlsg., K-tartratlsg.
							glänzend weiße Blättchen, durchsichtig; unl. W, Egs; l. HNO_3, Alk, NH_4Cl-Lsg.
824	F						weißes Pulver; ll. verd. S; l. KOH, HNO_3; unl. NH_3, Egs, H_2SO_3
1014	F		256	353,2	−2594	−2380	$\chi_{Mol} = -60{,}7 \times 2 \cdot 10^{-6}$ cm³Mol⁻¹; weißes Pulver; h. W hydrolysiert langsam; l. Alk, NH_3; wl. Anilin; unl. $Pb(NO_3)_2$-Lsg.
1114	F	17,4	49,48	91,2	−94,28	−92,5	Halbleiter; $\chi_{Mol} = -84 \cdot 10^{-6}$ cm^3Mol^{-1}; Bleiglanz; rötlich bleigraue, stark metallglänzende kleine Krist.; schw. feines Pulver; LW 25° $3 \cdot 10^{-5}$%; l. HNO_3, konz. HCl; Königsw. zers. leicht; ll. HBr, HJ
866 1087	U F	16,98 40,2	104,3	147,2	−918,1	−810,2	$\varkappa$(50...200 at, 0° C)$= 1{,}89 \cdot 10^{-6}$ at^{-1}; $\chi_{Mol} = -69{,}7 \cdot 10^{-6}$ cm^3Mol^{-1}; Anglesit; weißes krist. Pulver; LW 20° $4{,}21 \cdot 10^{-3}$%, Bdk. 0 H_2O; l. Alk, HNO_3, konz. H_2SO_4; swl. verd. H_2SO_4; wl. h. HCl; konz. HCl→ $PbCl_2$
970	F				−1182		Lanarkit; gelblichweiß bis grau oder grünlichweiß, glänzend; weiße Krist., wasserhell oder undurchsichtig; swl. W; l. S unter Abscheidung von $PbSO_4$
							weißes Pulver, undeutlich krist.; W hydrolysiert, ebenso verd. H_2SO_4; wl. konz. H_2SO_4; ll. konz. HCl, Alk; l. Eg
					−661,3		$\chi_{Mol} = -84 \cdot 10^{-6}$ cm^3Mol^{-1}; weißes krist. Pulver; zers. >120°; swl. W; sied. W zers.; l. Alk-thiosulfatlsg.

Formel	Name	Zustand	Mol.-Masse / Dichte g · cm⁻³	Kristalldaten: System, Typ und Symbol	Einheitszelle: Kantenlänge in Å	Winkel und M	Brechzahl n_D
$Pb_2Sb_2O_7$	pyro-antimonat	f	769,88 6,71	kub. $E8_1$ $O_h^7, Fd3m$	10,4	 $M=8$	
PbSe	(II)-selenid	f	286,15 8,10	kub. $B1$ $O_h^5, Fm3m$	6,14	 $M=4$	
$PbSeO_4$	(II)-selenat	f	350,15 6,37	orh.			1,96 — 1,98
$PbSiO_3$	(II)-meta-silikat	f	283,27	mkl.	12,27 7,03 11,28	112° 47′ $M=12$	1,947 1,961 1,968
PbTe	(II)-tellurid	f	334,79 8,16	kub. $B1$ $O_h^5, Fm3m$	6,44	 $M=4$	
Pd	**Palladium**						
$PdAs_2$	arsenid	f	256,24	kub. $C2$ $T_h^6, Pa3$	5,97	 $M=4$	
$PdBr_2$	(II)-bromid	f	266,22 5,173				
$Pd(CN)_2$	(II)-cyanid	f	158,44				
$PdCl_2$	(II)-chlorid	f	177,306 4,0	orh. $C50$ $D_{2h}^{12}, Pnnm$	3,81 3,34 11,0	 $M=2$	
$PdCl_2 \cdot 2H_2O$		f	213,34				
PdF_3	(III)-fluorid	f	163,40 5,06	trig. $D_{3d}^6, R\bar{3}c$	5,56	54° $M=2$	
PdJ_2	(II)-jodid	f	360,21 6,003				
PdO	(II)-oxid	f	122,40 8,70	tetr. $D_{4h}^9, P4_2/mmc$	3,036 5,327	 $M=2$	
PdS	(II)-sulfid	f	138,46 6,60	tetr. $B34$ $C_{4h}^2, P4_2/m$	6,43 6,63	 $M=8$	

Phasen-umwandlungen °C		ΔH kJ/Mol	Standardwerte bei 25° C C_p J/Molgrd	S^0 J/Molgrd	ΔH_B kJ/Mol	ΔG^0 kJ/Mol	Bemerkungen und Charakteristik
1065	*F*			97,9	−75	−72,5	Halbleiter; Clausthalit; bleigraue weiche Masse, auch silberweiß; zers. H_2SO_4, HNO_3→Se; konz. HCl greift nur beim Sieden an; l. Citronensäure
							weißes Pulver; unl. W
766	*F*		90,04	109,6	−1082	−1016	weiße durchsichtige glänzende Fasern; schneeweißes Pulver; l. HNO_3 unter Abscheidung von SiO_2
905	*F*			110,5	−73,2		Halbleiter; graue krist. Substanz, spröde; ll. Br_2, Br_2-Wasser
600...700	*F*						hgraues Pulver
							rotbraune Masse; beständig bis 310°; unl. W; l. HBr; ll. NaCl-Lsg.
							weißer flockiger Nd., getrocknet grau; nicht zers. durch S; l. konz. HCN, wss. NH_3, KCN; unl. $Hg(CN)_2$-Lsg.
678	*F*	40,6			−189,9		$\chi_{Mol} = -38 \cdot 10^{-6}$ cm^3Mol^{-1}; rote Krist.; hygr.; addiert leicht NH_3 unter Weißfärbung; l. W, HCl, 2nNaCl-Lsg.; wl. Al; swl. Ä; unl. CS_2; l. Aceton
							kleine rotbraune Prismen; zerfl.
							schw. feinkrist. Pulver; hygr.; mit W→$PdO \cdot xH_2O + O_2$; l. konz. HCl; zers. konz. HNO_3 und H_2SO_4→HF-Entwicklung; Na_2CO_3-Schmelze →PdO+NaF
							braunschw. Pulver; addiert NH_3 unter Weißfärbung; unl. W, Al, Ä, verd. HJ; l. wss. HCN, Cyanidlsg., Egsmethylester; swl. Py; sied. KOH zers.→PdO
			31,4	56	−85,4		schw. Pulver; unl. W, S, Königsw.
970	*F*						grauschw. mattglänzendes krist. Pulver; unl. wfreiem HF, fl. NH_3 langsam l. Königsw.; swl. KCN-Lsg.

Formel	Name	Zustand	Mol.-Masse / Dichte g · cm⁻³	Kristalldaten: System, Typ und Symbol	Einheitszelle: Kantenlänge in Å	Winkel und M	Brechzahl n_D
PdS_2	(IV)-sulfid	f	170,53 4,71	orh. D_{2h}^{15}, $Pbca$	5,541 7,531 5,460	$M=4$	
$PdSO_4 \cdot 2H_2O$	(II)-sulfat	f	238,49				
PdSe	(II)-selenid	f	185,36				
$PdSe_2$	(IV)-selenid	f	264,32 6,77	orh. D_{2h}^{15}, $Pbca$	5,866 7,691 5,741	$M=4$	
PdSi	(II)-silicid	f	134,49 7,31				
PdTe	(II)-tellurid	f	234,00	hex. D_{6h}^{4}, $P6_3/mmc$	4,1521 5,6719	$M=2$	
$PdTe_2$	(IV)-tellurid	f	361,60	trig. D_{3d}^{3}, $P\bar{3}m1$	4,0365 5,1262	$M=1$	
Pr	**Praseodym**						
$PrBr_3$	bromid	f	380,63	hex. DO_{19} C_{6h}^{2}, $P6_3/m$	7,92 4,38	$M=2$	
$Pr(BrO_3)_3 \cdot 9H_2O$	bromat	f	686,77				
PrC_2	carbid	f	164,93 5,15	tetr. $C11$ D_{4h}^{17}, $I4/mmm$	3,85 6,38	$M=2$	
$PrCl_3$	chlorid	f	247,27 4,02	hex. DO_{19} C_{6h}^{2}, $P6_3/m$	7,41 4,25	$M=2$	
$PrCl_3 \cdot 7H_2O$		f	373,37 2,25	trikl. C_i^1, $P\bar{1}$	8,2 9,0 8,0	107° 98° 40′ 72° $M=2$	
PrF_3	fluorid	f	197,90	hex. DO_6 D_{6h}^{3}, $P6_3/mcm$	7,061 7,218	$M=6$	
Pr_2O_3	(III)-oxid	f	329,81 6,88	trig. $D5_2$ D_{3d}^{3}, $P\bar{3}m1$	3,85 6,00	$M=1$	
$Pr(OH)_3$	(III)-hydroxid	f	191,93	hex. DO_{19} C_{6h}^{2}, $P6_3/m$	6,47 3,76	$M=2$	

Phasenumwandlungen °C		ΔH kJ/Mol	Standardwerte bei 25° C C_p J/Molgrd	S^0 J/Molgrd	ΔH_B kJ/Mol	ΔG^0 kJ/Mol	Bemerkungen und Charakteristik
							schw.braunes dichtes krist. Pulver; l. Königsw.; unl. S
							rotbraune krist. Substanz; an feuchter Luft zerfl.; zll. W, viel W zers.
							harte glänzende Plättchen, Bruch met. glänzend; l. sied. Königsw.; wl. konz. HCl in der Kälte; beim Sieden zers.→Se
							olivgraue Substanz; langsam l. konz. HNO_3 beim Erwärmen; rasch l. Königsw.→$PdCl_2+SeO_2$; unl. S, Alk
							bläulichgraue stark glänzende Stücke; unl. HCl, H_2SO_4; zers. HNO_3, Königsw.; zers. Alk→Pd+Alk-silikat
							gefällt schw. feiner Nd., unl. HCl, H_2SO_4; ll. Königsw.; HNO_3 oxid.; getempert doppelbrechende Krist.
							hsilberglänzende krist. Substanz; gut spaltbar; ll. Königsw., konz. und verd. HNO_3; l. h. H_2SO_4; unl. S, Alk
693 1550	*F* *V*						grüne durchsichtige Nadeln; langsam l. W
56,5	*F*						grüne Prismen; **LW** 20° 47,7 %, Bdk. $9H_2O$; unl. Al
>2200	*F*						gelbe mikroskopische Blättchen; schwärzliche Masse, auf frischem Schliff goldgelb; zer.s W; l. verd. S
823 1905	*F* *V*	 218,8			−1055		grüne lange Nadeln; blaßgrünes Pulver; **LW** 20° 48,9 %, Bdk. $7H_2O$; ll. Al; unl. Ä, Chlf
106	*F*				−3199		große grüne Krist.; LW s. $PrCl_3$
1370 2300	*F* *V*						gelbliche glänzende Krist. von grünlichem Reflex
2200	*F*				−1860		grünlichgelbe Blättchen; 2. Modifikation kub. $D5_3$, $a=11{,}138$ Å; ll. S; l. Egs; LW 30° $2\cdot10^{-5}$ %
					−1300		blaßgrünes Pulver; wl. W; l. Egs, k. konz. Citronensäure

Formel	Name	Zustand	Mol.-Masse / Dichte $g \cdot cm^{-3}$	Kristalldaten: System, Typ und Symbol	Einheitszelle: Kantenlänge in Å	Winkel und M	Brechzahl n_D
PrO_2	(IV)-oxid	f	172,91 5,98	kub. $C1$ $O_h^5, Fm3m$	5,41	$M=4$	
$Pr_2(SO_4)_3$	sulfat	f	570,00 3,72				
$Pr_2(SO_4)_3 \cdot 5H_2O$		f	660,17 3,173	mkl. $C_{2h}^6, C2/c$	13,7 9,5 10,3	100° 29′ $M=4$	
$Pr_2(SO_4)_3 \cdot 8H_2O$		f	714,22 2,827	mkl. $C_{2h}^6, C2/c$	18,467 6,880 13,721	102° 59′ $M=4$	1,5494
Pt	**Platin**						
$PtAs_2$	arsenid	f	344,93 11,8	kub. $T_h^6, Pa3$	5,966	$M=4$	
$PtBr_2$	(II)-bromid	f	354,91 6,652				
$PtBr_3$	(III)-bromid	f	434,82 6,504				
$PtBr_4$	(IV)-bromid	f	514,73 5,687				
$H_2[PtBr_6] \cdot 9H_2O$	(IV)-hexabromosäure	f	837,70				
$Pt(CN)_2$	(II)-cyanid	f	247,13				
$PtCl_2$	(II)-chlorid	f	266,0 6,054	orh.	3,86 11,05 3,35	$M=2$	1,99*

Phasenumwandlungen °C		ΔH kJ/Mol	Standardwerte bei 25° C: C_p J/Molgrd	S^0 J/Molgrd	ΔH_B kJ/Mol	ΔG^0 kJ/Mol	Bemerkungen und Charakteristik
					−962,5	−908	$\chi_{Mol} = +1930 \cdot 10^{-6}$ cm³Mol⁻¹; schw. mikrokrist. Pulver; l. S
							hgrünes Pulver, LW 20° 10,8 %, Bdk. $8\,H_2O$
							blaßgrüne Krist.; LW s. $Pr_2(SO_4)_3$
					−5595		dklgrüne durchsichtige Krist., hmeergrüne seidenglänzende Blätter; LW s. $Pr_2(SO_4)_3$
							graue Masse, mikroskopisch kleine Krist., zinnweiß mit glänzenden Flächen; l. konz. HNO_3 erst bei 180° im Einschmelzrohr; swl. Königsw.; wl. konz. HCl; zers. konz. H_2SO_4
				151	−80		grünbraunes Pulver; unl. W, Al; l. HBr; wl. KBr-Lsg. mit schwach gelber Farbe
							grünschw.; langsam l. W, HBr; wl. Al, Egester; unl. Ä
				250	−141		schw. braunes Pulver; luftbeständig; addiert 6 Mol $NH_3 \rightarrow$ tiefgelb; LW 20° 0,4 % mit gelber bis rotgelber Farbe; sll. HBr; ll. Al, Ä mit tiefbrauner Farbe; l. Glycerin; wl. konz. Egs
							braunrote Krist.; zerfl.; sll. W, Al, Ä; l. Chlf, Egs; wl. CS_2
							gelbes Pulver, gefällt und getrocknet braun; frisch gefällt l. wss. NH_3, NH_4CN-Lsg.; trocken unl. W, S, Alk, wss. NH_3, NH_4CN-Lsg.; l. HCN
				130	−118		* $\lambda = 550$ mμ; $\chi_{Mol} = -54 \cdot 10^{-6}$ cm³Mol⁻¹; braungrünes oder gelbgrünes Pulver; luftbeständig; addiert 5 Mol $NH_3 \rightarrow$ hgrau bis weiß; unl. W, H_2SO_4, HNO_3, Al, Chlf, Eg, Benzin; langsam l. HCl, Königsw. beim Sieden; swl. fl. NH_3; wl. $C_2H_5NH_2$ l. Chinolin

Formel	Name	Zustand	Mol.-Masse / Dichte $g \cdot cm^{-3}$	Kristalldaten: System, Typ und Symbol	Einheitszelle: Kantenlänge in Å	Einheitszelle: Winkel und M	Brechzahl n_D
$PtCl_3$	(III)-chlorid	f	301,45 5,256				
$PtCl_4$	(IV)-chlorid	f	336,90 4,303	kub. $T_h^6, Pa3$	10,45	$M=8$	
$PtCl_4 \cdot 4H_2O$		f	408,96				
$H_2[PtCl_6] \cdot 6H_2O$	(IV)-hexachlorosäure	f	517,92				
$PtClJ_3$	(IV)-chlorojodid	f	611,26				
PtF_4	(IV)-fluorid	f	271,08				
PtJ_2	(II)-jodid	f	448,90 6,403				
PtJ_3	(III)-jodid	f	575,80 7,414				
PtJ_4	(IV)-jodid	f	702,71 6,064				
$H_2[PtJ_6] \cdot 9H_2O$	(IV)-hexajodosäure	f	1120,67				
PtO	(II)-oxid	f	211,09 14,9	tetr. $D_{4h}^9, P4_2/mmc$	3,04 5,34		
PtO_2	(IV)-oxid	f	227,09 10,2	hex. $D_{6h}^4, P6_3/mmc$	3,08 4,19	$M=1$	

Phasenumwandlungen °C		ΔH kJ/Mol	Standardwerte bei 25° C: C_p J/Molgrd	S^0 J/Molgrd	ΔH_B kJ/Mol	ΔG^0 kJ/Mol	Bemerkungen und Charakteristik
							$\chi_{Mol} = -66{,}7 \cdot 10^{-6}$ cm^3Mol^{-1}; schw. grünes Pulver; sehr langsam l. k. W, rasch l. sied. W; fast unl. konz. HCl, erst beim Erwärmen; l. wss. KJ-Lsg.; wss. Al red. zu Pt
				209	−226		$\chi_{Mol} = -93 \cdot 10^{-6}$ cm^3Mol^{-1}; rotes bis dklbraunes Pulver; hygr.; addiert 6 Mol $NH_3 \rightarrow$ hgelb; l. $HCl \rightarrow H_2[PtCl_6]$; konz. H_2SO_4 zers. $\rightarrow Cl_2$; LW 25° 58,7 %
							rote gut ausgebildete Krist.; ziegelrotes Pulver; l. Al; Z. 360° im Vak. $\rightarrow PtCl_2$, Cl_2, H_2O
							orrote Krist., sehr zerfl.; ll. W; wl. fl. NH_3 unter Weißfärbung; mit gasförmigem $NH_3 \rightarrow [Pt(NH_3)_4Cl_2]Cl_2$, weiß
							schw. Pulver; unl. W, wl. Al; l. KOH mit roter Farbe; l. NH_3, NaOH, H_2SO_3, Alk-sulfitlsg. mit schwach gelber Farbe
							dklrote Masse, kleine braungelbe Krist.; sehr hygr.; flch.; l. W unter Z.
				160	−17		schw. feines Pulver; luftbeständig; Z. 330° $\rightarrow Pt + J_2$; unl. W, Al, Ä, Egester; mäßig l. $C_2H_5NH_2$; swl. $(C_2H_5)_2NH$
							graphitähnliche Substanz; unl. W, Al, Ä, Egester; l. KJ-Lsg. tiefbraunrot
				268	−42		schw. Pulver, zuweilen krist.; gibt J_2 beim Erhitzen ab 131° ab; unl. W; l. fl. NH_3, wss. NH_3, NaOH, Na_2CO_3-Lsg. gelb, HJ, KJ-Lsg. braunrot; etwas l. Al; unl. Ä, Egester
							kleine kupferfarbene Nadeln; braune met. glänzende Tafeln; zerfl. schnell an Luft; sll. W dklrot; wss. Lsg. zers. $\rightarrow PtJ_4$
Z.* 560							* Z. gemäß $2\,PtO \rightarrow 2\,Pt + O_2$; schw. Pulver; unl. W; l. Königsw.
Z.* 380							* Z. gemäß $2\,PtO_2 \rightarrow 2\,PtO + O_2$; blauschw. Pulver; unl. in allen Mineralsäuren

Formel	Name	Zustand	Mol.-Masse Dichte g · cm⁻³	Kristalldaten: System, Typ und Symbol	Einheitszelle: Kantenlänge in Å	Einheitszelle: Winkel und M	Brechzahl n_D
$Pt(OH)_2$ $PtO \cdot xH_2O$	(II)-hydroxid oder (II)-oxidhydrat	f	229,11				
$Pt(OH)_4$ $PtO_2 \cdot 2H_2O$	(IV)-hydroxid oder (IV)-oxidhydrat	f	263,12				
$H_2[Pt(OH)_6]$	(IV)-hexahydroxosäure	f	299,15				
$[PtCl_6]Rb_2$	Rubidiumhexachloroplatinat-(IV)	f	578,75 3,68	kub. $I1_1$ $O_h^5, Fm3m$	9,88	$M=4$	
PtS	(II)-sulfid	f	227,15 10,04	tetr. $B17$ $D_{4h}^9, P4_2/mmc$	3,47 6,10	$M=2$	
PtS_2	(IV)-sulfid	f	259,22 7,66	trig. $D_{3d}^3, P\bar{3}m1$	3,5431 5,0389	$M=1$	
$Pt(SCN)_2$	(II)-thiocyanat	f	311,25				
$PtSe_2$	(IV)-selenid	f	353,01 9,53	trig. $D_{3d}^3, P\bar{3}m1$	3,7278 5,0813	$M=1$	
$PtTe_2$	(IV)-tellurid	f	450,29	trig. $D_{3d}^3, P\bar{3}m1$	4,010 5,201	$M=1$	
Ra	**Radium**						
$RaBr_2$	bromid	f	385,87 5,78				
$RaCl_2$	chlorid	f	296,96 4,91				
$RaCl_2 \cdot 2H_2O$		f	332,99				

Phasenumwandlungen °C		ΔH kJ/Mol	Standardwerte bei 25° C: C_p S^0 J/Molgrd	ΔH_B ΔG^0 kJ/Mol	Bemerkungen und Charakteristik
			1108*	−364,7 *	* für $Pt(OH)_2$; tiefschw. Pulver; $PtO \cdot 2H_2O$ lange auf 120° erhitzt→$PtO \cdot H_2O$; frisch gefällt l. konz. HNO_3, H_2SO_4, SO_2-Lsg.; unl. verd. HNO_3, H_2SO_4, verd. und konz. Egs; l. HCl, HBr, 3 % wss. KCN-Lsg.
					braun; unl. verd. und konz. S; l. konz. HCl nach längerer Zeit, Königsw.; swl. sied. W; unl. Alk
					weiß bis hgelb, am Licht bräunliche Verfärbung; unl. W; frisch gefällt: weiß, ll. verd. S; getrocknet: strohgelb, l. 2nHCl, schwer l. $2nH_2SO_4$, $2nHNO_3$, unl. Egs; zll. Alk→ $Alk_2[Pt(OH)_6]$
					honiggelbe kleine glänzende Krist.; **L**W 20° 0,0282 %, 100° 0,3 %; Bdk. $0H_2O$; unl. Al
			50,2 75	−50	Cooperit; schw. bis grauschw.; unl. S, Königsw., Alk; zers. durch Glühen mit $KClO_3$, KNO_3
			66,9 85	−86	grauschw. mikrokrist. Pulver; unl. S, Alk; zers. durch KOH-, KNO_3- oder $KClO_3$-Schmelze
					rotes oder hbraunes Pulver; unl. W, S, Alk; l. Königsw., wss. KCN-, KSCN-Lsg.
					grauschw. Pulver, mikroskopisch kleine Krist.; l. Königsw.; frisch gefällt l. Alk-sulfid- oder -selenidlsg.
1200... 1300	*F*				hgraues krist. Pulver, kleine glänzende Krist.; unl. HCl; l. HNO_3, Königsw.
					weißes Salz, schwach gelblich oder schwach grau gefärbt **L**W 20° 41,5 %
900	*F*		133,9		weißes Salz, schwach gelblich oder schwach grau gefärbt; LW 20° 19,6 %
			209,2	−1469 −1304	derbe undurchsichtige Nadeln, anfangs rein weiß, mit der Zeit gelblich

Formel	Name	Zustand	Mol.-Masse / Dichte g · cm⁻³	Kristalldaten: System, Typ und Symbol	Einheitszelle: Kantenlänge in Å	Einheitszelle: Winkel und M	Brechzahl n_D
RaF_2	fluorid	f	264,05 6,75	kub. $C1$ $O_h^5, Fm3m$	3,81	$M=4$	
$Ra(NO_3)_2$	nitrat	f	350,06				
$RaSO_4$	sulfat	f	322,11				
Rb	**Rubidium**						
$RbBF_4$	tetrafluoroborat	f	172,27 2,82	orh. $H0_2$ $D_{2h}^{16}, Pnma$	9,07 5,60 7,23	$M=4$	1,333
$RbBr$	bromid	f	165,38 3,35	kub. $B1$ $O_h^5, Fm3m$	6,85	$M=4$	1,5528
$RbBrO_3$	bromat	f	213,38 3,674				
$RbCN$	cyanid	f	111,49 2,32	kub.	6,82	$M=4$	
Rb_2CO_3	carbonat	f	230,95				
$RbHCO_3$	hydrogencarbonat	f	146,49	orh.			
$RbC_2H_3O_2$	acetat	f	144,52				
$Rb_2C_2O_4 \cdot H_2O$	oxalat	f	276,98 2,76	mkl. $C_{2h}^6, C2/c$	9,66 6,38 11,20	110,5° $M=4$	1,438 1,485 1,557
$RbHC_2O_4$	hydrogenoxalat	f	174,50 2,55	mkl. $C_{2h}^5, P2_1/c$	4,30 13,63 10,39	113° 15′ $M=4$	1,386 1,555 1,583

Phasen-umwandlungen			Standardwerte bei 25° C				Bemerkungen und Charakteristik
°C		ΔH kJ/Mol	C_p J/Molgrd	S^0 J/Molgrd	ΔH_B kJ/Mol	ΔG^0 kJ/Mol	
							fbl. Salz
				217,6	−991,8	−796,4	weiße Krist.; **LW** 20° 11,4 %
				142,3	−1473	−1364	weißes Pulver; **LW** 20° 1,4 · 10^{-4} %, L 50 % H_2SO_4 25° 2,1 · 10^{-6} g/100 cm^3 Lösm.
590	*F*						fbl. sehr kleine glänzende Krist.; LW 20° 0,5 %, 100° 0,99 %
680	*F*	15,5	53,03		−389,1		$\bar{\gamma}(-79...0° C) = 104 \cdot 10^{-6}$ grd^{-1}; $\varkappa(50...200$ at; 20° C$) = 8,0 \cdot 10^{-6}$ at^{-1}; $\varepsilon(8,6 \cdot 10^5$ Hz$) = 4,87$ (bezogen auf Bzl. von 20° C); $\chi_{Mol} = 56,4 \cdot 10^{-6}$ cm^3Mol^{-1}; fbl. würfelförmige Krist.; luftbeständig; **LW** 10° 51 %, 20° 52,7 %; L Aceton 18° 5 · 10^{-3} %; l. fl. NH_3
1352	*V*	155,3		108,2		−377	
430	*F*						kleine weiße Krist.; LW 25° 2,85 %
							fbl. Krist.pulver; ll. W; wss. Lsg. reagiert alk. und entwickelt HCN; unl. Al, Ä
303	*U*		118,8		−1128		$\varepsilon(1,67 \cdot 10^5$ Hz, 19° C$) = 6,7$; $\chi_{Mol} = -37,7 \times 2 \cdot 10^{-6}$ cm^3Mol^{-1}; weiße, undurchsichtige Krist.; sehr hygr.; ll. W; wss. Lsg. reagiert alk.; fast unl. Al
873	*F*						
							fbl. glasglänzende Krist., sehr lange Nadeln; an Luft beständig; ll. W; sied. wss. Lsg.→CO_2; l. Al
246	*F*						fbl. perlmuttglänzende Blättchen, fühlen sich fettig an; sehr hygr.; LW 44,7° 86,23 %, Bdk. 0 H_2O; l. Al; ll. Egs
							fbl. Krist., glanzlos
							fbl. prismatische Krist.

Formel	Name	Zustand	Mol.-Masse / Dichte $g \cdot cm^{-3}$	Kristalldaten: System, Typ und Symbol	Einheitszelle: Kantenlänge in Å	Einheitszelle: Winkel und M	Brechzahl n_D
RbCl	chlorid	f	120,92 2,76	kub. $B1$ $O_h^5, Fm3m$	6,54	$M=4$	1,4936
$RbClO_3$	chlorat	f	168,92 3,19	trig. $G0_7$ $C_{3v}^5, R3m$	4,44	86,6° $M=1$	1,572 1,484
$RbClO_4$	perchlorat	f	184,92 2,9	orh. $H0_2$ $D_{2h}^{16}, Pnma$	9,27 5,81 7,53	$M=4$	1,4692 1,4701 1,4731
RbF	fluorid	f	104,47 3,5	kub. $B1$ $O_h^5, Fm3m$	5,63	$M=4$	1,396
$RbHF_2$	hydrogen-fluorid	f	124,47 3,7	tetr.	5,90 7,26		
RbH	hydrid	f	86,48 2,59	kub. $B1$ $O_h^5, Fm3m$	6,05	$M=4$	
RbJ	jodid	f	212,37 3,55	kub. $B1$ $O_h^5, Fm3m$[1]	7,33	$M=4$	1,6474
RbJ_3	polyjodid	f	466,18 4,03	orh.	0,6858: 1: 1,1234		

Phasen-umwandlungen °C		ΔH kJ/Mol	Standardwerte bei 25° C C_p J/Molgrd	S^0 J/Molgrd	ΔH_B kJ/Mol	ΔG^0 kJ/Mol	Bemerkungen und Charakteristik
717 1381	*F* *V*	18,40 154,4	51,21	88,7	−430,4	−400	$\bar{\gamma}$(−79...0° C) = 98,5 · 10^{-6} grd^{-1}; $\varkappa$(0...800 at; 30° C) = 6,52 · 10^{-6} at^{-1}; ε(8,6 · 10^5 Hz) = 4,95 (bezogen auf Bzl von 20° C); χ_{Mol} = −46 · 10^{-6} cm^3Mol^{-1}; fbl. Krist.; beim langsamen Verdunsten glasglänzende Würfel; **L**W 20° 47,5 %; L Me 25° 1,41 %; L Al 25° 0,078 %; L Aceton 18° 2,1 · 10^{-4} %; l. konz. alkohol. HCl; swl. fl. NH_3
			103,2	151,8	−392,3	−292	$\varkappa$(0...2000 at) = 5,2 · 10^{-6} at^{-1}; kleine weiße Krist.; an Luft beständig; **L**W 20° 4,85 %, 80° 45 %
279	*U*[1]			160,6	−434,4	−306	[1] $H0_2$→$H0_5$ kub. T_d^2, a = 7,7 Å, M = 4; χ_{Mol} = −53,1 · 10^{-6} cm^3Mol^{-1}; fbl. kleine Krist. mit stark glänzenden Flächen; luftbeständig; Erhitzen auf Rotglut→RbCl + O_2; **L**W 20° 0,99 %; L Me 25° 0,06 %; L Al 25° 9 · 10^{-3} %; L Aceton 25° 9,5 · 10^{-2} %
775 1408	*F* *V*	17,3 165,3	50,67	75,3	−549,1		χ_{Mol} = −31,9 · 10^{-6} cm^3Mol^{-1}; weiße krist. Masse, zerspringt leicht; sehr hygr.; LW 18° 75 %, Bdk. 1 H_2O; L Aceton 18° 3,6 · 10^{-4} %; unl. Al, Ä, fl. NH_3; ll. fl. HF 14...18°; wl. wss. HF→Hydrogenfluorid
176 205	*U** *F*				−1135		* *U* tetr.→kub. a = 6,71 Å; fbl. Krist.; l. W etwas weniger als RbF; unl. Al, Ä
Z 300							fbl. prismatische Nadeln; zers. W→ RbOH + H_2; mit HCl-Gas→ RbCl + H_2
638 1304	*F* *V*	12,51 150,4	52,28	118,0	−328,3	−325	[1] bei 4500 at u. 25° kub., *B* 2, O_h^1; a = 4,34 Å, M = 1; $\bar{\gamma}$(−79...0° C) = 119 · 10^{-6} grd^{-1}; $\varkappa$(50...200 at; 20° C) = 9,1 · 10^{-6} at^{-1}; ε(8,6 · 10^5 Hz) = 5,82 (bezogen auf Bzl von 20° C.); χ_{Mol} = −72,2 · 10^{-6} cm^3Mol^{-1}; kleine weiße Krist., würfelförmig; **L**W 20° 61,6 %; L Furfurol 25° 4,9 g/100 cm^3 Lsg.; L Aceton 20° 2,8 %; L Acetonitril 25° 1,35 g/100 cm^3 Lsg.; l. fl. NH_3
190	*F*						schw. glänzende Krist., gepulvert rotbraun; ll. W; l. Al ohne Z.; zers. Ä

Formel	Name	Zustand	Mol.-Masse / Dichte $g \cdot cm^{-3}$	Kristalldaten: System, Typ und Symbol	Einheitszelle: Kantenlänge in Å	Einheitszelle: Winkel und M	Brechzahl n_D
$RbJO_3$	jodat	f	260,37 4,47	mkl. $E\,2_1$ $C_{2h}^2, P\,2_1/m$	9,06 9,06 9,06	~90° $M=8$	
$RbJO_4$	perjodat	f	276,37 3,918	tetr. $H\,0_4$ $C_{4h}^6, I\,4_1/a$	5,87 12,94	$M=4$	
Rb_3N	nitrid	f	270,42				
RbN_3	azid	f	127,49 2,787	tetr. $F\,5_2$ $D_{4h}^{18}, I\,4/mcm$	6,09 7,06	$M=4$	
$RbNH_2$	amid	f	101,49 2,59				
$RbNO_3$	nitrat	f	147,47 3,11	trig. $C_{3v}^5, R\,3\,m$	7,36	109,47° $M=4$	1,51 1,52 1,524
Rb_2O	oxid	f	186,94 3,72	kub. $C\,1$ $O_h^5, F\,m\,3\,m$	6,74	$M=4$	
$RbOH$	hydroxid	f	102,48 3,203	orh. $B\,33$ $D_{2h}^{17}, C\,mcm$	4,15 4,30 12,2	$M=4$	
RbO_2	peroxid	f	117,47 3,05	tetr. $C\,11\,a$ $D_{4h}^{17}, I\,4/mmm$	5,98 7,00	$M=2$	
Rb_2O_2	peroxid	f	202,94 3,65	kub.			
Rb_2O_3 $2\,RbO_2 \cdot Rb_2O_2$	Rb-Mischoxid	f	218,94 3,53	kub. $D\,7_3$ $T_d^6, I\,\bar{4}\,3\,d$	9,30	$M=8$	

Phasen-umwandlungen			Standardwerte bei 25° C				Bemerkungen und Charakteristik
°C		ΔH kJ/Mol	C_p J/Molgrd	S^0 J/Molgrd	ΔH_B kJ/Mol	ΔG^0 kJ/Mol	
							weiße undurchsichtige Würfel; LW 23° 2,05 %; ll. HCl unter Gelbfärbung
							$\varkappa$(0...2000 at) = 9,3 · 10^{-6} at^{-1}; fbl. Krist.; LW 23° 0,7 %
							graugrünes Pulver, sehr hygr.; an Luft Geruch nach NH_3, an trockener Luft beständig; mit W unter Zischen→RbOH + NH_4OH
							fbl. tafelförmige Krist., feine Nadeln, seidenglänzend, etwas hygr.; LW 16° 50 %; wss. Lsg. reagiert alk.; wl. Al; unl. abs. Ä
309	*F*						weiße kleine Täfelchen, zerfl.; beim Schmelzen→grünlichbraune ölige Fl.; zers. W→RbOH + NH_3; zers. Al→Rb-alkoholat + NH_3; reichlich l. fl. NH_3
165 225 291 316	*U** *U** *U* *F*	 5,60			−489,5		* *U* (165°) C_{3v}^5→*B* 2, kub., O_h^1, a = 4,37 Å, M = 1; *U* (225°)→$G0_1$, trig., D_{3d}^5, a = 7,81 Å, α = 41,1°, M = 2; $\varkappa$(1...10000 at) = 4,3 · 10^{-6} at^{-1}; χ_{Mol} = −41 · 10^{-6} cm^3Mol^{-1}; fbl. Krist.; sehr hart beim langsamen Verdunsten; LW 20° 35,0 %; L fl. NH_3 ~3 %; l. HNO_3, Aceton whaltig; swl. Aceton wfrei
>567	*F*	35,6			−330		ε(8,6 · 10^5 Hz; 19° C) = 4,95 (bezogen auf Benzol von 20° C); blaßgelbe, durchsichtige Krist.; durch Licht allmählich zers. unter Freiwerden von Metall; reagiert heftig mit W unter Entflammung
245 301	*U* *F*	7,11 6,77			−413,7		weiße krist. Masse; sehr zerfl.; nimmt an Luft CO_2 auf→Carbonat; keine Z. beim Glühen; LW 15° 64,2 %, 30° 63,4 %; l. Al
412	*F*				−285		dklor., in der Kälte gelb, außerordentlich hygr.; zers. W unter Zischen→RbOH + H_2O_2
570	*F*				−425,6		weißes Pulver mit rötlichem Stich, mikroskopisch sehr feine blaßgelbe Nadeln
489	*F*				−527	−452	mattschwarze Verbindung

Formel	Name	Zustand	Mol.-Masse / Dichte $g \cdot cm^{-3}$	Kristalldaten: System, Typ und Symbol	Einheitszelle: Kantenlänge in Å	Einheitszelle: Winkel und M	Brechzahl n_D
RbH_2PO_4	di=hydrogen=phosphat	f	182,46	tetr. $H2_2$ $D_{2d}^{12}, I\bar{4}2d$	7,58	 $M=4$	
$Rb_3PO_4 \cdot 4H_2O$	ortho=phosphat	f	423,44				
$RbReO_4$	perrhenat	f	335,67 5,7	tetr. $H0_4$ $C_{4h}^6, I4_1/a$	5,803 13,167	 $M=4$	
$Rb_2[RuCl_6]$	hexa=chloro=ruthe=nat-(IV)	f	484,73				
Rb_2S	sulfid	f	203,00 2,912	kub. $C1$ $O_h^5, Fm3m$	7,64	 $M=4$	
RbHS	hydrogen=sulfid	f	118,54	trig. $B22$ $D_{3d}^5, R\bar{3}m$	4,56	69,1° $M=1$	
Rb_2S_5	penta=sulfid	f	331,26 2,618				
RbSCN	thiocyanat	f	143,55				
Rb_2SO_4	sulfat	f	267,00 3,613	orh. $H1_6$ $D_{2h}^{16}, Pnma$	5,97 10,43 7,81	 $M=4$	1,5131 1,5133 1,5144
$RbHSO_4$	hydrogen=sulfat	f	182,54 2,892	orh. $D_{2h}^{21}, Cmma$	4,60 14,75 24,6	 $M=16$	— 1,473 —
$Rb_2S_2O_6$	dithionat	f	331,06 2,89	trig. $K1_1$ $D_3^2, P321$	10,02 6,35	 $M=3$	1,4574 1,5078
$Rb_2[SbCl_6]$	hexa=chloro=anti=monat	f	505,41 4,25	kub. $I1_1$ $O_h^5, Fm3m$	10,18	 $M=4$	
$Rb_2[SeCl_6]$	hexa=chloro=selenat	f	462,62 3,07	kub. $I1_1$ $O_h^5, Fm3m$	9,98	 $M=4$	

Phasenumwandlungen °C		ΔH kJ/Mol	Standardwerte bei 25° C C_p J/Molgrd	S^0 J/Molgrd	ΔH_B kJ/Mol	ΔG^0 kJ/Mol	Bemerkungen und Charakteristik
							piezoelektrisch; fbl. gut ausgebildete Prismen; Erhitzen→$RbPO_3$; sll. W; wss. Lsg. reagiert gegen Lackmus sauer; Al fällt aus der wss. Lsg. aus
							fbl. kurze Prismen, außerordentlich hygr.; wss. Lsg. reagiert alk; durch Al wieder ausgefällt
							oktaederähnliche Krist.; **L**W 20° 1 %, Bdk. 0 H_2O
							schw. Schuppen, undurchsichtig; ll. warmer verd. HCl hrot→dklrot; H_2S fällt daraus das gesamte Ru
530 Z*					−348		* im Vak.; $\chi_{Mol} = -40 \cdot 2 \cdot 10^{-6}$ cm³Mol⁻¹; weißes bis blaßgelbes krist. Pulver; zerfl. an feuchter Luft; beim Schmelzen Polysulfidbildung unter Verfärbung; l. W
130	*U**	1,7			−268,2		* *U B*22→*B*1, kub., O_h^5, $a = 6{,}92$ Å, $M = 4$; weißglänzende undeutlich ausgebildete Nadeln; sehr zerfl.
231	*F*						$\chi_{Mol} = -61 \times 2 \cdot 10^{-6}$ cm³Mol⁻¹; dkl-korallenrote Krist.; zerfl. an Luft→dklrote Fl., aus der Schwefel abscheidet; sll. 70 %ig Al
195	*F*				−226		fbl. Krist.
650 1074	*U* *F*				−1424		$\chi_{Mol} = -44{,}2 \times 2 \cdot 10^{-6}$ cm³Mol⁻¹; fbl. Krist., bei langsamem Verdampfen groß, hart und glasglänzend, sonst federartig; an Luft beständig; **L**W 20° 32,5 %; unl. Aceton, Py
					−1145		fbl. strahlige Kristallmasse; nicht zerfl.; Erhitzen auf höhere Temp.→ $Rb_2S_2O_7$
							fbl. harte glasglänzende Krist.
							schw. glänzende mikroskopisch kleine Oktaeder, Strich viol.; zers. W
							gelbe Krist., Oktaeder

Formel	Name	Zustand	Mol.-Masse Dichte $g \cdot cm^{-3}$	Kristalldaten System, Typ und Symbol	Einheitszelle Kantenlänge in Å	Einheitszelle Winkel und M	Brechzahl n_D
Rb_2SeO_4	selenat	f	313,90 3,8995	orh.	0,5708: 1: 0,7386		1,5515 1,5537 1,5582
$Rb_2[SiF_6]$	hexa= fluoro= silikat	f	313,02 3,332	kub. $I\,1_1$ $O_h^5, Fm3m$	8,45	$M=4$	
$Rb_2[TeCl_6]$	hexa= chloro= tellurat	f	511,26 3,146	kub. $I\,1_1$ $O_h^5, Fm3m$	10,23	$M=4$	1,867
$Rb_2[ZrF_6]$	hexa= fluoro= zirkonat	f	376,15 2,971	kub. $I\,1_1$ $O_h^5, Fm3m$	10,178	$M=4$	
Re	**Rhenium**						
$ReBr_3$	(III)-bro= mid	f	425,93				
$ReCl_3$	(III)-chlo= rid	f	292,56				
ReF_6	(VI)-fluo= rid	fl	300,19 3,616*				
ReO_2	(IV)-oxid	f	218,20 11,4	orh. D_{2h}^{14}, $Pbcn$	4,8094 5,6433 4,6007	$M=4$	
ReO_3	(VI)-oxid	f	234,20 6,9	kub. $D\,0_9$ O_h^1, $Pm3m$	3,734	$M=1$	
Re_2O_7	(VII)-oxid	f	484,39 6,103	orh. D_{2h}^5, $Pmma$	12,5 15,25 5,48	$M=8$	
$ReOF_4$	(VI)-oxid= fluorid	f	278,19 3,717*				

Phasen-umwandlungen			Standardwerte bei 25° C				Bemerkungen und Charakteristik
°C		ΔH kJ/Mol	C_p J/Molgrd	S^0 J/Molgrd	ΔH_B kJ/Mol	ΔG^0 kJ/Mol	
							fbl. sehr große Krist.; stark hygr.
							opalisierendes durchscheinendes Pulver; LW 20° 0,16 %; in S leichter l. als in W; unl. Al
							gelbe stark glänzende Krist., Oktaeder, luftbeständig zers. W→TeO_2-Nd.; l. verd. HCl, durch konz. HCl ausfällbar; wl. Al; beständig gegen Ä
							weißer Nd, mikroskopisch kleine Oktaeder; zers. bald an der Luft
					−140,6	−164,4	grünschw. Krist.; l. fl. NH_3; l. wss. HBr rot
					−200	−263,6	schw.rote stark glänzende Krist., beim Zerreiben hrotes Pulver; l. W mit langsamer Hydrolyse; l. fl. NH_3, Al, Propanol, Dioxan; wl. Ä; die saure Lsg. ist beständig gegen O_2
18,8 47,6	*F* *V*	21 28,8			−1150		* am Schmelzpunkt; blaßgelbe krist. Substanz; subl. glänzende federart. Krist.; zers. W→$HReO_4$+$ReO_2 \cdot 2\,H_2O$; l. konz. HNO_3 unter Bildung weißer Dämpfe; 8 % NaOH zers. hydrolytisch→$NaReO_4$+NaF; mit org. Lösm. wie Al, Ä, Aceton, Egs, Bzl. Anilin, CS_2, $CHCl_3$, CCl_4 Schwärzung
				72,8	−424,7		schw.graue Substanz; schwache S greifen nicht an; l. konz. Halogenwasserstoffsäuren; l. 30 % H_2SO_4 rot; mit H_2O_2, HNO_3, Chlor- oder Bromwasser→$HReO_4$
160	*F*			80,8	−610,9	−531,9	$\chi_{Mol} = +16 \cdot 10^{-6}\,cm^3Mol^{-1}$; rotes feinkrist. Pulver, aber auch tiefblau oder blauviol.; luftbeständig; nicht hygr.; unl. k. W, h. verd. HCl, k. verd. NaOH; k. starke HNO_3→$HReO_4$
300,3 360,3	*F* *V*	66,15 74,1	166,2	207,3	−1238	−1063,2	$\chi_{Mol} = -8 \times 2 \cdot 10^{-6}\,cm^3Mol^{-1}$; gelbe Krist.; sehr hygr.; l. W→$HReO_4$; ll. Al; wl. Ä
39,7 62,7	*F* *V*						* am Schmelzpunkt; schneeweiße Krist.; W hydrolysiert

Formel	Name	Zustand	Mol.-Masse Dichte g · cm⁻³	Kristalldaten System, Typ und Symbol	Einheitszelle Kantenlänge in Å	Winkel und M	Brechzahl n_D
$HReO_4$	Über⸗ rhenium⸗ säure	f	251,20				
ReS_2	(IV)-sulfid	f	250,33 7,506				
Re_2S_7	(VII)-sulfid	f	596,85 4,866	tetr.	13,66 5,53	$M=5$	
Rh	**Rhodium**						
$RhCl_3$	(III)-chlo- rid	f	209,26				
$RhCl_3 \cdot$ $4\,H_2O$		f	281,33				
$[Rh$ $(NH_3)_6]$ Cl_3	Hex⸗ ammin⸗ rhodium (III)-chlo⸗ rid	f	311,45 2,008				
$[Rh(NH_3)_5$ $Cl]Cl_2$	(III)- chloro⸗ pent⸗ ammin⸗ chlorid	f	294,42 2,06	orh. $I\,1_8$ D_{2h}^{16}, $Pnma$	13,32 6,71 10,42	$M=4$	1,707 1,703 1,700
RhF_3	(III)-fluo⸗ rid	f	159,90 5,38	trig. $D\,0_{12}$ $D_{3d}^{6}\,R\,\overline{3}\,c$	5,33	54° 42′ $M=2$	
$[Rh(NH_3)_6]$ $(NO_3)_3$	Hex⸗ ammin⸗ rhodium⸗ (III)- nitrat	f	391,10				
Rh_2O	oxid	f	221,81				
RhO	(II)-oxid	f	118,90				

Phasenumwandlungen °C		ΔH kJ/Mol	Standardwerte bei 25° C C_p J/Molgrd	S^0 J/Molgrd	ΔH_B kJ/Mol	ΔG^0 kJ/Mol	Bemerkungen und Charakteristik
150	*F*			152,3	−762,3	−652,9	feste gelbe Masse; erstarrt nach Schmelzen zu klarem gelben Glas; starke S; beim Neutralisieren mit Alk→Salze
					−185,4		Halbleiter; schw. Blättchen von geringer Härte; unl. HCl, H_2SO_4, Alk, Alk-sulfidlsg.; Oxidationsmittel→$HReO_4$
							schw. feinverteiltes Pulver; unl. wss. Na_2SO_3-Lsg., Alk-hydroxid und -sulfid; bei Luftausschluß unl. HCl, H_2SO_4; HNO_3 und H_2O_2 oder Bromwasser oxid. zu $HReO_4$
				159	−230		$\chi_{Mol} = -7{,}5 \cdot 10^{-6}$ cm^3Mol^{-1}; braunrotes oder ziegelrotes Pulver; unl. W, S, Königsw.; l. in der Wärme in stark alk. Lsg. von Na- und K-tartrat, schwach alk. Lsg. von Na- und K-oxalat, konz. KCN-Lsg.
							dklrote glasart. Masse, zerrieben feines rotes Pulver; zerfl. an der Luft; ll. W, Al; unl. Ä
210 $-NH_3$							Tafeln oder flache Prismen; ll. W
							hschwefelgelbe Krist.; LW 25° 0,83 %; l. Alk, wss. NH_3; unl. Al
							rotes feinkrist. Pulver; nicht hygr.; unl. W, konz. HCl, HNO_3, NaOH; konz. H_2SO_4 zers. in der Hitze→HF-Entwicklung; Na_2CO_3-Schmelze→Rh_2O_3+NaF
							feines schneeweißes Kristallpulver; ll. W
1127 Z			73,2		−94,9		graues Pulver; unl. S, Königsw.
1121 Z			48,1	54	−100		dklgraues Pulver; unl. W, S, Königsw.

Formel	Name	Zustand	Mol.-Masse / Dichte g · cm⁻³	Kristalldaten: System, Typ und Symbol	Einheitszelle: Kantenlänge in Å	Einheitszelle: Winkel und M	Brechzahl n_D
Rh_2O_3	(III)-oxid	f	253,81 8,20	trig. $D\,5_1$ D_{3d}^6, $R\bar{3}c$	5,47	55,7° $M=2$	
$Rh_2O_3 \cdot 5\,H_2O$		f	343,88				
$Rh(OH)_3$	(III)-hydroxid	f	153,93				
Rh_2S_3	(III)-sulfid	f	302,00 6,40				
Rh_2S_5	(V)-sulfid	f	366,13 4,92				
$Rh_2(SO_4)_3 \cdot 4\,H_2O$	(III)-sulfat	f	566,06				
$Rh_2(SO_4)_3 \cdot 15\,H_2O$		f	764,22				
Rh_2Se_5	selenid	f	600,61 6,96				
Rh_2Te_5	tellurid	f	843,81 8,43				
Ru	**Ruthenium**						
$H_4[Ru(CN)_6]$	(II)-cyanwasserstoffsäure	f	261,21				
$Ru(CO)_5$	pentacarbonyl	fl	241,12				
$Ru_2(CO)_9$	carbonyl	f	454,24	mkl.	0,5496 : 1 : 0,9861	100° 46′	
$RuCl_3$	(III)-chlorid	f	207,43 3,11				
$[Ru(NH_3)_6]Cl_3$	(III)-hexamminchlorid	f	309,61				

Phasenumwandlungen °C		ΔH kJ/Mol	Standardwerte bei 25° C C_p J/Molgrd	S^0 J/Molgrd	ΔH_B kJ/Mol	ΔG^0 kJ/Mol	Bemerkungen und Charakteristik
			104,1		−297		$\chi_{Mol} = +52 \times 2 \cdot 10^{-6}$ cm³Mol⁻¹; dklgrau bis schw. krist. Pulver; unl. W, S, Königsw.; KOH-Schmelze red. zum Metall
							zitronengelb; ll. H_2SO_4, HCl, HNO_3; l. HBr; wl. Weinsäure, HCN, konz. H_3PO_4; unl. Alk; frisch gefällt l. konz. KOH
							orgelbe glänzende Lamellen, spröde; l. W, S, Alk
							schw. sich fettig anfühlendes Pulver; unl. S, Königsw., Alk-sulfidlsg.
							dklgraue krist. Substanz; unl. verd. und konz. S, Königsw.
Z 280							„rotes Rhodiumsulfat"; rot, glasig; hygr.; bildet keine Alaune
							„gelbes Rhodiumsulfat"; gelber feinflockiger Nd.; bildet mit den Sulfaten des K, NH_4, Rb, Cs, Tl Alaune
							grauschw. mikrokrist.; beständig gegen verd. und konz. S; nur spurenweise l. Königsw.
							feines Pulver in gut ausgebildeten Kriställchen; unl. verd. und konz. S; rasch l. Königsw.
							perlmuttglänzende weiße Blättchen; ll, W, Al
−22	*F*						fbl. Fl., wird rasch gelb und scheidet $Ru_2(CO)_9$ ab; ll. Bzl, Al, Chlf, CCl_4; unl. W
							or. glänzende Krist., an Luft beständig; Z. an Luft > 150°; l. HNO_3, H_2SO_4, Al, Ä, Aceton, Chlf, Bzl, Egs-anhydrid, Py mit gelber Farbe
			159		−197		$\chi_{Mol} = +1998 \cdot 10^{-6}$ cm³Mol⁻¹; glänzende schw. Blättchen; unl. k. W; sied. W zers.; l. HCl; wl. Al
							kleine hgelbe Krist.; ll. W, HCl vermindert die L; mit konz. HCl→ $[Ru(NH_3)_5Cl]Cl_2$ dklgelb, wl. k. W, ziemlich l. h. W; swl. konz. HCl

Formel	Name	Zustand	Mol.-Masse Dichte g · cm⁻³	Kristalldaten: System, Typ und Symbol	Einheitszelle: Kantenlänge in Å	Einheitszelle: Winkel und M	Brechzahl n_D
$[Ru(NH_3)_4(NO)Cl]Cl_2$	(III)-tetramminnitrosochlorochlorid	f	305,56				
$RuCl_4 \cdot 5\,H_2O$	(IV)-chlorid	f	332,96				
RuF_5	(V)-fluorid		196,06 2,963				
RuO_2	(IV)-oxid	f	133,07 6,97	tetr. $C\,4$ D_{4h}^{14}, $P\,4_2/mnm$	4,51 3,11	$M=2$	
$Ru(OH)_3$	(III)-hydroxid	f	152,09				
RuO_4	(VIII)-oxid	f	165,07 3,29[1]				
RuS_2	(IV)-sulfid	f	165,20 6,14	kub. $C\,2$ T_h^6, $Pa\,3$	5,59	$M=4$	
RuS_2O_3	(II)-dithionat	f	213,20				
$[Ru(NH_3)_4(NO)(OH)]SO_4 \cdot H_2O$	(III)-tetramminnitrosohydroxosulfat	f	330,28	trikl.	1,63014 : 1 : 1,28274	110° 12′ 114° 4′ 83° 33′	
$RuSe_2$	(IV)-selenid	f	258,99	kub. $C\,2$ T_h^6, $Pa\,3$	5,933	$M=4$	

Phasenumwandlungen °C		ΔH kJ/Mol	Standardwerte bei 25° C C_p J/Molgrd	S^0 J/Molgrd	ΔH_B kJ/Mol	ΔG^0 kJ/Mol	Bemerkungen und Charakteristik
							kleine dichte or. Krist.; swl. W, l. viel h. W; mit $H_2[PtCl_6]$→ $[Ru(NH_3)_4(NO)Cl]PtCl_6$ sehr schwer, gelb, wl. W
							rote Krist.; zerfl. sofort an Luft; wss. Lsg. dklrotbraun; sehr rasch Hydrolyse; l. HCl
101	*F*						dklgrüne durchsichtige Masse; raucht an der Luft; sehr hygr.; W zers.→ HF, RuO_4, niedere Oxide schw.; l. konz. HCl→Cl_2-Entwicklung+ $RuCl_4$; l. konz. NaOH→Ruthenat+ schw. Nd.
>955	*F*			60,7	−220		$\chi_{Mol} = +162 \cdot 10^{-6}$ cm^3Mol^{-1}; schw. blaues Pulver; met. glänzende blauschillernde Krist.; wird nicht angegriffen von S und Säuregemischen
							schw.braunes Pulver; unl. Alk; l. S mit gelber Farbe; wl. H_2SO_4, teilweise l. HNO_3, ll. Halogenwasserstoffsäuren
25 27	*F* [2] *F* [3]						[1] für das geschmolzene Oxid; [2] gelb; [3] braun; gelbe Nadeln; sehr flch. ab 7°, Dämpfe giftig; unangenehmer Geruch; LW 20° 2%; l. verd. HCl, Alk, wss. und fl. NH_3, CCl_4; konz. HCl→$RuCl_3$; konz. HJ explosionsart.→RuJ_3; mit Al expl.; 2. Modifikation braun, körnig krist. Kugeln; fast unl. W; l. HCl erst in der Wärme
				73,2	−167		graue bläuliche Krist. oder hgrau kristallinisch; an Luft leicht oxydierbar; unl. W, S; l. HNO_3 unter Oxid.; auf trockenem Wege hergestelltes RuS_2 ist in allen S unl.
							dklgelbe kleine Krist., hgelbliches Pulver; bei 80° −SO_2; sll. W; l. S
100...110 −H_2O							or.gelbe Krist.; gut ausgebildet; verwittern an der Luft; zll. W; unl. Al
							grauschw. gut krist. Produkt; unl. verd. und konz. S; Königsw. greift in der Hitze etwas an

Formel	Name	Zustand	Mol.-Masse Dichte g · cm⁻³	Kristalldaten System, Typ und Symbol	Einheitszelle Kantenlänge in Å	Winkel und *M*	Brechzahl n_D
$RuTe_2$	(IV)-tellurid	f	356,27	kub. *C* 2 T_h^6, *Pa*3	6,373	*M*=4	
S	**Schwefel**						
S_2Br_2	Dischwefel-dibromid	fl	223,95 2,6355				1,62*
SCl_2	dichlorid	fl	102,97 1,6285				
SCl_4	tetrachlorid	fl	173,88				
S_2Cl_2	Dischwefel-dichlorid	fl	135,03 1,678				1,670
SF_4	tetrafluorid	g	108,06 1,919*				
SF_6	hexafluorid	g	146,05 6,164*				**
S_2F_2	Dischwefel-difluorid	g	102,12 4,3*				

Phasenumwandlungen °C		ΔH kJ/Mol	Standardwerte bei 25° C C_p J/Molgrd	S^0 J/Molgrd	ΔH_B kJ/Mol	ΔG^0 kJ/Mol	Bemerkungen und Charakteristik
							blaugraues krist. Produkt; unl. verd. und konz. S; l. Königswasser in der Wärme
−46	*F*						* $\lambda = 782$ mμ; granatrote ölige schwere Fl.; zerfällt leicht in die Elemente, k. W und Al langsam→Schwefel; h. W und wss. KOH zers. sofort
−65 −24 (4 Torr)	*F** *V*				−50,3		* Endschmelzpunkt; Bereich angegeben −78°···−61°; $\chi_{Mol} = -49{,}4 \cdot 10^{-6}$ cm³Mol⁻¹; granatrote Fl; raucht an feuchter Luft stark→HCl; $D_4^0 = 1{,}6567$ g/cm³; bei Dest. im Vak. etwas Cl_2-Absp.; W hydrolysiert vollständig
−31	*F**				−57		* im geschl. Rohr unter Z.;
−76 138,1	*F* *V*	 36	126		−60,2		$\varepsilon = 4{,}79$ (15°); $\chi_{Mol} = -31{,}1 \times 2 \cdot 10^{-6}$ cm³Mol⁻¹; gelbe ölige Fl., raucht an der Luft→HCl-Absp.; stark ätzend; riecht unangenehm und greift Schleimhäute an; zerstört Kork und Kautschuk; Dampf sehr giftig; MAK: 1 cm³/m³ wird durch W hydrolysiert unter Abscheidung von Schwefel; l. Al, Ä, Bzl, CS_2, CCl_4; löst leicht Schwefel
−121 −38	*F* *V*	 26,45			−736,6		* bei −73°; ϑ_{kr}; 70° fbl. Gas; charakteristischer, unangenehmer Geruch ähnlich S_2Cl_2, reizt zum Husten; sehr giftig; l. Bzl; vollständig l. W und wss. NaOH unter Z.
−178,9 −50,7 (1700 Torr) −63,7	*U* *F* Sb	1,607 5,02 22,8	96,1	290,4	−1096	−992	* mg/cm³; ** n(0°; 760 Torr; 5462 Å) = 1,0007718; ϑ_{krit} 45,58°; p_{krit} 38,3 at; D_{krit} 0,730 g cm⁻³; $\chi_{Mol} = -44 \cdot 10^{-6}$ cm³Mol⁻¹; fbl. Gas, geruchlos, ungiftig, chem. inaktiv, nicht brennbar; swl. W, wl. Al; wird durch W nicht hydrolysiert; MAK: 1000 cm³/m³
∼−112 ∼−50	*F* *V*						* mg/cm³; D^{-100} (fl.) 1,5 g/cm³; fbl. Gas; schneeweiße Masse in fl. N_2; unangenehmer Geruch ähnlich S_2Cl_2, reizt Atmungsorgane, raucht an der Luft, zers. durch W; ziemlich reaktionsfähig, met. Na sofort→NaF

Formel	Name	Zustand	Mol.-Masse Dichte g·cm⁻³	Kristalldaten System, Typ und Symbol	Einheitszelle Kantenlänge in Å	Einheitszelle Winkel und M	Brechzahl n_D
H_2S	wasserstoff	g	34,08 1,539*	kub. $C\,2$ $O_h^5, Fm3m$	5,78	$M=4$	**
^2H_2S	Deuterium=sulfid	g	36,09	kub. $C\,2$ $O_h^5, Fm3m$			*
$(SN)_x$	nitrid	f	46,07 2,19				
S_2N_2	Dischwefel=dinitrid	f	92,14				
S_4N_4	Tetra=schwefel=tetra=nitrid	f	184,28 2,20	mkl. $C_{2h}^5, P2_1/c$	8,75 7,16 8,65	92° 5′ $M=4$	
S_4N_2	Tetra=schwefel=dinitrid	f	156,27 1,71*				
$S_4N_4H_4$	Tetra=schwefel=tetraimid	f	188,31 1,88	orh. $D_{2h}^{16}, Pnma$	8,01 12,2 6,727	$M=4$	

Phasen-umwandlungen °C		ΔH kJ/Mol	Standardwerte bei 25° C: C_p S^0 J/Molgrd	ΔH_B ΔG⁰ kJ/Mol	Bemerkungen und Charakteristik
−169,6 −146,9 −85,6 −60,4	U U F V	1,51 0,45 2,38 18,67	34,22 205,5	−20,7 −33	* kg/Nm³; D^{20} bezogen auf Luft =1,189; ** n(0°; 760 Torr; 5462 Å)=1,0006499; ϑ_{krit} 100,38°, p_{krit} 88,87 at, D_{krit} 0,349 g cm⁻³; fbl. Gas; unangenehmer fauliger Geruch; brennt mit blaßblauer Flamme, entzündet sich bei 260°; expl. Gemische mit Luft 4,3... 46 Vol% H_2S; l. W, Al, Ä, Glycerin; starkes Red.mittel; giftig; MAK: 20 cm³/m³
−165,3 −140,3 −86,01	U U F	1,682 0,519 2,365	35,70 219,6	−23,9 −35,37	* n(0°; 760 Torr; 5462 Å)=1,0006405
Z 130					aus S_2N_2 bei Polym.; blaue Krist. mit messingart. Glanz, stark gestreift, faserig; unl. in allen gebr. Lösm.; verd. NaOH greift langsam an, konz. rascher; Z. ohne Expl.
					fbl. Krist., widerlicher jodart. Geruch; Darst. aus S_4N_4 bei −80°; expl. beim Zerreiben und ab 30°; bei 20°→polym. $(SN)_x$; l. Al gelbrot; fbl. l. Bzl, Ä, CCl_4, Dioxan, Aceton; W und S benetzen nicht; reagiert lebhaft mit Alk
178	F			533,9	$\chi_{Mol}=-25{,}5\times 4\cdot 10^{-6}$ cm³Mol⁻¹; or.gelbe Krist., bei −30° hgelb, bei 100° or.rot; expl. bei Schlag, Reibung, Stoß und Erhitzen >130° unter Luftabschluß; Erhitzen an Luft→rasche Verbrennung ohne Expl.; unl. W; L Bzl 0° 2,26 g/l, 30° 8,69 g/l; L Al 0° 0,64 g/l, 20° 1,05 g/l; l. Dioxan, CS_2; wl. Ä
					* D^{20} (fl.) der unterkühlten Schmelze; dklrote widerlich riechende Substanz; wenig beständig; bei 100° explosionsart. Z.; l. Bzl und Homologen, Nitrobzl., CS_2, $CHCl_3$; wl. Al; unl. W, jedoch langsame Hydrolyse
152 Z	F				$\chi_{Mol}=-22\times 4\cdot 10^{-6}$ cm³Mol⁻¹; fbl. kleine glänzende Krist.; 80...100° Verfärbung nach Rot; nicht expl.; unl. W, wl. org. Lösm., etwas l. Aceton, Al, Bzl bei höherer Temp.; ll. Py

Formel	Name	Zustand	Mol.-Masse Dichte g · cm⁻³	Kristalldaten System, Typ und Symbol	Einheitszelle Kantenlänge in Å	Winkel und M	Brechzahl n_D
$S_6(NH)_2$	Hexa- schwefel- diimid	f	222,41	orh. D_{2h}^{16}, $Pnma$	7,87 12,83 7,38	$M=4$	
S_7NH	Hepta- schwefel- imid	f	239,46 2,01	orh. D_{2h}^{16}, $Pnma$	8,04 13,03 7,61	$M=4$	
SO_2	dioxid	g	64,06 2,9262*	orh. C_{2v}^{17}, $Aba2$	6,04 6,09 5,95	$M=4$	**
$SO_3\ \gamma$	trioxid	fl	80,06 1,9229	orh. C_{2v}^{9}, $Pna2_1$	10,7 12,3 5,3	$M=12$	
SO_3		f	80,06 2,42	mkl. C_{2h}^{5}, $P2_1/c$	9,27 4,06 6,20	109° 9′ $M=4$	
H_2SO_4	säure	fl	98,08 1,834				
$H_2SO_4 \cdot$ H_2O		fl	116,09 1,788				
$H_2SO_4 \cdot$ $2\,H_2O$		fl	134,11 1,650				
$H_2SO_4 \cdot$ $3\,H_2O$		fl	152,12				
$H_2SO_4 \cdot$ $4\,H_2O$		fl	170,14				

Phasen-umwandlungen °C		ΔH kJ/Mol	Standardwerte bei 25° C: C_p S^0 J/Molgrd	ΔH_B ΔG^0 kJ/Mol	Bemerkungen und Charakteristik
					reinst fbl. durchsichtige Krist., sonst etwas gelblich; unl. W; ll. Aceton, Py, Tetrahydrofuran
113,5	*F*				fast fbl. feste Substanz; unl. W, l. Bzl, Xylol, Chlf, Ä, Dioxan, Aceton, Py und verschiedenen Alkoholen; L CCl_4 20° 0,811 g/100 ml
−75,5 −10,08	*F* *V*	7,4 24,9	39,87 248,1	−270 −300	* kg/Nm³; D^{-10}(fl.) = 1,46 g/cm³; ** n(0°; 760 Torr; 5462 Å) = 1,0006796; ϑ_{krit} 157,5°; p_{krit} 80,4 at; D_{krit} 0,525 g cm⁻³; $\chi_{Mol} = -18{,}2 \cdot 10^{-6}$ cm³Mol⁻¹ für SO_2 bei Zimmertemp.; fbl. Gas, stechender Geruch, nicht brennbar; LW 20° 9,5 %; fl. SO_2 l. Me, Al, Ä, Chlf, Aceton, H_2SO_4, S_2Cl_2; wirkt stark red., gärungshemmend, konservierend; MAK: 5 cm³/m³
16,8 43,3	*F* *V*	2,0 41,8	 −437,9		$\bar{\gamma}(-190 \cdots -78°\,C) = 280 \cdot 10^{-6}$ grd⁻¹; ϑ_{krit} 218,3°; p_{krit} 83,8 at; D_{krit} 0,633 g cm⁻³; D^{100} (g) bezogen auf Luft = 2,75; D(f) = 1,9422 g/cm³; „eisartige Form“; fbl. durchscheinende Masse; sehr hygr.; raucht an der Luft; mit W explosionsartig → H_2SO_4
32,5 (β) 62,2 (α)	*F* *F*	10,3 25,5			„asbestartige Form“; nadelförmige Krist.
10,38 338	*F* *V*	10,71	138,9 156,9	−811,3 −932	$\bar{\gamma}(-191 \ldots 78°\,C) = 220 \cdot 10^{-6}$ grd⁻¹; klare, schwer bewegliche, fbl. Fl.; verkohlt org. Stoffe; MAK: 1 mg/m³ Luft; „konz. Schwefelsäure“ ist bei 332,5° konstant siedendes Gemisch mit 1,7 % W; fbl. stark ätzende Fl.; nimmt begierig W auf unter starker Erwärmung; D_4^{20} 1,838 g/cm³
8,49	*F*	19,41	215,1 211,3	−1127	$\bar{\gamma}(-192 \ldots -78°\,C) = 80 \cdot 10^{-6}$ grd⁻¹
−39,46	*F*	18,24	261 276,7		
−36,4	*F*	24,0	320,9 335,4		
−28,26	*F*	30,64	386,2 414,5		außerdem noch $H_2SO_4 \cdot 6\,H_2O$ F: −54°; $H_2SO_4 \cdot 8\,H_2O$ F: −62°

Formel	Name	Zustand	Mol.-Masse Dichte $g \cdot cm^{-3}$	Kristalldaten System, Typ und Symbol	Einheitszelle Kantenlänge in Å	Winkel und *M*	Brechzahl n_D
$SOCl_2$	Thionyl= chlorid	fl	118,97 1,638				1,517
SO_2Cl_2	Sulfuryl= chlorid	fl	134,97 1,667				1,4437
$S_2O_5Cl_2$	Disulfuryl= chlorid	fl	215,03 1,837				1,449
HSO_3Cl	Chlor= sulfon= säure	fl	116,52 1,753				1,437
SOF_2	Thionyl= fluorid	g	86,06 2,9*				
SO_2F_2	Sulfuryl= fluorid	g	102,06 3,55*				
HSO_3F	Fluor= sulfon= säure	fl	100,07 1,74				
$(NH_2)SO_3H$	Amido= sulfon= säure	f	97,09 2,12	orh. D_{2h}^{15}, *Pbca*	8,06 8,05 9,22	*M* = 8	1,553* 1,563* 1,568*
$SO_2(NH_2)_2$	Sulfamid	f	96,11 1,807	orh. C_{2v}^{19}, *Fdd*2			
Sb	**Antimon**						
$SbBr_3$	(III)-bromid	f	361,48 4,148	orh. D_2^4, $P2_12_12_1$	0,7808 : 1 : 1,1645		>1,74

Phasen-umwandlungen °C		ΔH kJ/Mol	Standardwerte bei 25° C: C_p S^0 J/Molgrd	ΔH_B ΔG^0 kJ/Mol	Bemerkungen und Charakteristik
−104,5 75,3	*F* *V*	 31,7	120,5	−205,9	fbl. Fl.; stark lichtbrechend, raucht an der Luft; hautätzend; zers. W→ HCl und SO_2; mischbar Bzl, Chlf, CCl_4
−54,1 69,4	*F* *V*	 31,4	77,4 311,3	−389,1	$\chi_{Mol} = -54 \cdot 10^{-6}$ cm^3Mol^{-1}; $\varepsilon = 10{,}0$ (21,5°); Fl., ätzt die Haut; Dampf sehr giftig; mit W langsam→H_2SO_4, HCl, Cl_2
−37 153	*F* *V*		232,2	−697	Fl. von eigentümlichem Geruch; hygr.; raucht aber nicht stark an der Luft
−80 152	*F* *V*			−597	fbl. Fl. von stechendem Geruch; raucht stark; hautätzend; zers. explosionsart. mit W, auch beim Vermischen mit Al; als S stark assoziiert
−110 −43,8	*F* *V*	 21,8	56,82 250		* *D* (g) 0° 760 Torr bezogen auf Luft; ϑ_{krit} 89,0°; p_{krit} 57,1 at; fbl. Gas; in fl. Luft feste weiße Substanz; raucht schwach an feuchter Luft; wird leicht hydrolysiert
−136,7 −55,4	*F* *V*				* *D* (g) 15° auf Luft bezogen; *D* (fl.) 182...204° K=2,576−0,004044 T; fbl. und geruchloses Gas, in fl. N_2 schneeweiße Krist.; gegen chemische Einwirkungen sehr beständig; l. W ohne Z.
162,6	*V*				dünne fbl. Fl., schwach stechender Geruch; raucht an der Luft; reagiert heftig mit W; sehr starke S; erstarrt in fl. Luft zu glasiger Masse
205 Z	*F*				* $\lambda = 5461$ Å; große glashelle Krist., luftbeständig, nicht hygr., beständig gegen k. W; LW 20° 17,6%, 60° 27%; Kochen mit Al→NH_4-Alkyl-sulfate
92	*F*				fbl. Tafeln, nicht hygr., geschmacklos, an Luft beständig; ll. W; gut l. Me, Al, Egester, CH_3COOCH_3; swl. trocknem Ä
97 280	*F* *V*	14,7 59		−260	ϑ_{krit} 631,5° C, $p_{krit} = 56$ atm; $\bar{\gamma}(-79...+17° C) = 260 \cdot 10^{-6}$ grd^{-1}; $\varepsilon(3{,}75 \cdot 10^8$ Hz$) = 5{,}1$; $\chi_{Mol} = -115 \cdot 10^{-6}$ cm^3Mol^{-1}; weiße seidenglänzende Krist.masse, hygr.; hydrolysiert in W; l. HCl, HBr, Aceton, CS_2, CCl_4, Toluol

Formel	Name	Zustand	Mol.-Masse Dichte g · cm⁻³	Kristalldaten System. Typ und Symbol	Einheitszelle Kantenlänge in Å	Winkel und M	Brechzahl n_D
$SbCl_3$	(III)-chlorid	f	228,11 3,14	orh.			
$SbCl_5$	(V)-chlorid	fl	299,02 2,346	hex. D_{6h}^4, $P\,6_3/mmc$	7,49 8,01	$M=2$	1,601
$HSbCl_6$	Hexachlorantimonsäure	f	335,48				
SbF_3	(III)-fluorid	f	178,75 4,38	orh. C_{2v}^{16}, $A\,m\,a\,2$	7,25 7,49 4,95	$M=4$	
SbF_5	(V)-fluorid	fl	216,74 2,99				
SbH_3	wasserstoff	g	124,77 5,30*				
SbJ_3	(III)-jodid		502,46 4,85	trig. $D\,0_5$ C_{3i}^2, $R\,\bar{3}$	7,48 20,89	$M=6$	2,78* 2,36*
Sb_2O_4	tetroxid	f	307,50 3,9	orh. C_{2v}^9, $P\,n\,a\,2_1$	5,424 11,76 4,804	$M=4$	1,83 2,04 2,04

Phasen-umwandlungen °C		ΔH kJ/Mol	Standardwerte bei 25° C C_p J/Molgrd	S^0 J/Molgrd	ΔH_B kJ/Mol	ΔG^0 kJ/Mol	Bemerkungen und Charakteristik
73,3 221	*F* *V*	12,68 45,19		186,2	−382,2	−301,5	$\vartheta_{krit}=524°$ C, $p_{krit}=61$ atm; $\varepsilon(3{,}6\cdot10^8$ Hz$)=5{,}4$; $\chi_{Mol}=-86{,}7\cdot10^{-6}$ cm^{3}Mol^{-1}; fbl. lange Krist. oder krist. Masse, zerfl.; raucht an der Luft, stark ätzend; LW 20° 90%; mit viel W Hydrolyse→SbOCl; l. Al, Ä, Aceton, Bzl, CS_2, Tartrat; gutes Lösungsvermögen für viele Stoffe; giftig
4 70 18 Torr ~140 Z	*F* *V* *V*	10 48,1			−438,5		$\varepsilon(3{,}8\cdot10^8$ Hz$)=3{,}8$; fbl. bis gelbe ölige Fl., raucht an der Luft; mit wenig W→$SbCl_5\cdot H_2O$ fest, auch $SbCl_5\cdot 4\,H_2O$; mit viel W Hydrolyse→Sb_2O_5, l. HCl, Weinsäure; giftig
							grünliche Prismen, sehr hygr.; ll. Al, Aceton, Eg, wenig W, mit viel W Hydrolyse
290 376	*F* *V*				−908,8		$\chi_{Mol}=-46\cdot10^{-6}$ cm^{3}Mol^{-1}; schneeweiße Krist., schmeckt sehr sauer; raucht nicht an der Luft; LW 20° 82% ohne Z.; Krist. zerfl. und zers. unter Abgabe von HF; starkes Red.mittel
8,3 142,7	*F* *V*	 9,74					fbl. dicke ölige Fl.; ätzt stark die Haut; sehr hygr.
−88 −17	*F* *V*	 21,2					* mg/cm^3; D^{15} bezogen auf Luft$=4{,}36$; ϑ_{krit} 173° C; fbl. leicht entzündliches Gas von charakteristischem Geruch; empfindlich gegen Luft; zers. S, Alk; giftig, MAK: 0,1 cm^3/m^3
170 400	*F* *V*	17,6 68,6			−95,4		* $\lambda=671$ mμ; $\vartheta_{krit}=828°$ C, $p_{krit}=55$ atm; $\bar{\gamma}(-79...17°$ C$)=170\cdot10^{-6}$ grd^{-1}; $\varepsilon(3{,}75\cdot10^8$ Hz$)=9{,}1$; $\chi_{Mol}=-147\cdot10^{-6}$ cm^{3}Mol^{-1}; rote blättchenförmige Krist., an der Luft Verfärbung nach gelb→SbOJ; Schmelzen: granatrote Fl., Dampf or.rot; mit W Hydrolyse→SbOJ; l. HJ, HCl, KJ, CS_2, Bzl
930 Z			114,6	126,8	−817,1	−706	$\varepsilon(1{,}75...2\cdot10^6$ Hz$)=10{,}1$; winzige glitzernde Krist., beim Erhitzen gelb, unschmelzbar, bei höheren Temp.→$Sb_2O_3+O_2$; unl. W, wl. S, l. HCl, KOH

Formel	Name	Zustand	Mol.-Masse Dichte g · cm⁻³	Kristalldaten: System, Typ und Symbol	Einheitszelle: Kantenlänge in Å	Winkel und M	Brechzahl n_D
Sb_2O_5	(V)-oxid	f	323,50 3,78	kub.	10,22		
Sb_4O_6	(III)-oxid Senarmontit	f	583,00 5,2	kub. $D\,5_4$ $O_h^7, F\,d\,3\,m$	11,16	$M=16$	2,087
Sb_4O_6	Valentinit	f	583,00 5,67	orh. $D\,5_{11}$ $D_{2h}^{10}, P\,c\,c\,n$	4,92 12,46 5,42	$M=4$	2,18 2,35 2,35
$SbOCl$	oxidchlorid	f	173,20	mkl. $C_{2h}^5, P\,2_1/c$	9,54 10,77 7,94	103,6° $M=12$	
Sb_2S_3	(III)-sulfid	f	339,69 4,61				
Sb_2S_3	Antimonglanz	f	339,69 4,63	orh. $D\,5_8$ $D_{2h}^{16}, P\,n\,m\,a$	11,20 11,28 3,83	$M=4$	3,41 4,37 5,12
Sb_2S_5	(V)-sulfid	f	403,82 4,12				
$(SbO)_2SO_4$	Antimonylsulfat	f	371,56				
$Sb_2(SO_4)_3$	sulfat	f	531,68				
Sb_2Se_3	(III)-selenid	f	480,38 5,8	orh. $D_{2h}^{16}, P\,n\,m\,a$	11,62 11,77 3,962	$M=4$	
Sb_2Te_3	(III)-tellurid	f	626,30 6,47	trig. $D_{3d}^5, R\,\bar{3}\,m$	4,252 29,96	$M=3$	

Phasenumwandlungen °C		ΔH kJ/Mol	Standardwerte bei 25° C: C_p J/Molgrd	S^0 J/Molgrd	ΔH_B kJ/Mol	ΔG^0 kJ/Mol	Bemerkungen und Charakteristik
			117,7	125,1	−880	−742	feines blaßgelbes Pulver, im Vak. sublimierbar; unl. Al wl. W, wss. KOH; l. HCl, Alk-Schmelze; >300° Verlust von O_2→Sb_2O_4
557	U*	13,6	202,8	246,0	−1400	−1237	* U kub.→orh.; ε(1,75...2 · 10^6 Hz) = 12,8; weißes krist. Pulver, beim Erhitzen gelb; unl. W, l. HCl, Alk, Alksulfidlsg., Weinsäure, sauren Tartraten; wl. verd. HNO_3, H_2SO_4; giftig
655 1456	F V	 17,6					fbl. oder weißlich; unl. W; l. konz. HCl, Königsw., sublimierbar
170 Z.					−380		$\chi_{Mol} = -37 \cdot 10^{-6}$ cm^3Mol^{-1}; Antimonylchlorid; fbl. Krist. oder krist. Pulver; l. HCl, Weinsäure, CS_2; mit W Hydrolyse→Sb_2O_5
546 1150	F V	23,43		166	−160	−156	Halbleiter; grauschw. Pulver; 2. Modifikation or.rot, durch Fällung mit H_2S, $D = 4{,}12$ g/cm³; LW 18° 1,7 · 10^{-4}% l. h. HCl, Alk, Polysulfidlsg., wl. wss. NH_3; subl. bei 530° C im Vak.
							$\chi_{Mol} = -43 \times 2 \cdot 10^{-6}$ cm^3Mol^{-1}; bleigraue Krist., undurchsichtig, metallglänzend, sehr leicht schmelzbar
							or.gelbes feines Pulver; unl. W, l. h. wss. NH_3, Alk und -carbonatlsg., -sulfidlsg. unter Bildung von Thioantimonaten; l. HCl→H_2S-Entwicklung; giftig
							weißes Pulver; unl. W; l. verd. Weinsäure
							fbl. Krist., an der Luft zerfl.; k. W zers.→basisches Sulfat, beim Kochen vollständige Hydrolyse
605	F						Halbleiter; bleigraue met. Substanz von kristallinem Bruch, gefällt: schw. Nd., trocken mit Metallglanz; l. konz. HCl, Alk-selenidlsg.→ Selenoantimonid
620	F				−117		Halbleiter; stahlgraue Substanz, met. glänzend, gefällt schw., an Luft beständig; k. verd. HCl greift nicht an; l. HNO_3, Königswasser; verd. HNO_3→SbH_3-Entwicklung

Formel	Name	Zustand	Mol.-Masse Dichte g · cm⁻³	Kristalldaten System, Typ und Symbol	Einheitszelle Kantenlänge in Å	Winkel und M	Brechzahl n_D
Sc	**Scandium**						
$ScBr_3$	bromid	f	284,78 3,914				
$ScCl_3$	chlorid	f	151,32 2,38	trig. $D\,0_5$ C_{3i}^2, $R\,\overline{3}$	6,979	54° 26′ $M=2$	
$ScCl_3 \cdot 6\,H_2O$		f	259,41				
ScN	nitrid	f	58,96 4,21	kub. $B\,1$ $O_h^5, Fm3m$	4,45	$M=4$	
$Sc(NO_3)_3 \cdot 4\,H_2O$	nitrat	f	303,03				
$Sc(OH)_3$	hydroxid	f	95,98 2,65	kub. T_h^5, $Im3$	7,882	$M=8$	
Sc_2O_3	oxid	f	137,91 3,89	kub. $D\,5_3$ T_h^7, $Ia3$	9,81	$M=16$	
$Sc_2(SO_4)_3$	sulfat	f	378,10 2,579				
Se	**Selen**						
$SeBr_4$	(IV)-bromid	f	398,60				
Se_2Br_2	Diselendibromid	fl	317,74 3,604				
$SeCl_4$	(IV)-chlorid	f	220,77				
Se_2Cl_2	Diselendichlorid	fl	228,83 2,774				

Phasenumwandlungen °C		ΔH kJ/Mol	Standardwerte bei 25° C C_p J/Molgrd	S^0 J/Molgrd	ΔH_B kJ/Mol	ΔG^0 kJ/Mol	Bemerkungen und Charakteristik
927	Sb	264			−751		fbl. Krist.
960	Sb	272			−923,4		weiße krist. Masse; perlmuttglänzende Schuppen; ll. W; zll. Al, Ä
							verfilzte Masse feiner weißer Nadeln; gibt beim Erhitzen HCl neben H_2O ab
2647	*F*						tief dklblaue Substanz; KOH-Schmelze→NH_3; sll. HCl, HNO_3, H_2SO_4
150	*F*						fbl. platte kleine Prismen; zerfl.; ll. W, Al
							weißer voluminöser Nd., halb durchsichtig; **L**W 20° $1{,}2 \cdot 10^{-7}$ %; unl. Alk, NH_3; ll. verd. S, Na_2CO_3
			104,0		−1715		schneeweißes lockeres leichtes Pulver; unschmelzbar; verd. S greifen nur wenig an; ll. h. starken S; l. sied. verd. H_2SO_4; wl. HNO_3
							weiße kleine dünne Krist.; undurchsichtig; hygr.; LW 25° 28,5 %, Bdk. 5 H_2O
							or.rote Krist., gepulvert gelb; unangenehmer Geruch; an Luft unbeständig→Se_2Br_2→Se; l. wenig W gelb; mit viel W zers.→H_2SeO_3+HBr; l. HCl, HBr, CS_2, Chlf, C_2H_5Br; l. Al teilweise Z.; fl. NH_3 zers. lebhaft
							dklrote Fl. von unangenehmem Geruch; zers. an feuchter Luft→H_2SeO_3+HBr; zers. h. W; l. wss. KOH, wss. NH_3 unter langsamer Z.; zers. Al; l. Chlf, CS_2, C_2H_5Br
196 305	Sb *F**			213	−193		* im geschl. Rohr; weiße bis gelbliche kleine Krist.; zerfl. an feuchter Luft; l. W unter Z.→SeO_2+HCl; fast unl. CS_2, Al, Ä, Chlf, CCl_4, Acetylchlorid, Benzoylchlorid; unl. fl. SO_2, Cl_2, Br_2
−85 127	*F* *V*					−83,7	$\chi_{Mol} = -47{,}4 \times 2 \cdot 10^{-6}$ cm^3Mol^{-1}; klare rotbraune Fl.; zers. an feuchter Luft; mit W und wss. KOH allmählich→H_2SeO_3, HCl, Se; fl. NH_3 zers.→Se; l. rauchender H_2SO_4, Chlf, CCl_4, Bzl, Toluol, Xylol; ll. CS_2

Formel	Name	Zustand	Mol.-Masse / Dichte $g \cdot cm^{-3}$	Kristalldaten: System, Typ und Symbol	Einheitszelle: Kantenlänge in Å	Einheitszelle: Winkel und M	Brechzahl n_D
SeF_6	(VI)-fluorid	g	192,95 8,7*				**
H_2Se	wasserstoff	g	80,98 3,6624*	kub. $C\,1$ $O_h^5, Fm3m$	6,03	$M=4$	
Se_4N_4	Tetraselentetranitrid	f	371,87				
SeO_2	(IV)-oxid	f	110,96 3,95	tetr. $C\,47$ D_{4h}^{13}, $P4_2/mbc$	8,353 5,051	$M=8$	
$SeOBr_2$	(IV)-oxidbromid	f	254,78 3,38				
$SeOCl_2$	(IV)-oxidchlorid	fl	165,97 2,435				1,65159
$SeOF_2$	(IV)-oxidfluorid	fl	132,96 2,67				
H_2SeO_3	Selenige Säure	f	128,97 3,004	orh. D_2^4, $P2_12_12_1$	10,75 16,41 8,35	$M=4$	

Phasen-umwandlungen °C		ΔH kJ/Mol	Standardwerte bei 25° C C_p S^0 J/Molgrd	ΔH_B ΔG^0 kJ/Mol	Bemerkungen und Charakteristik
−34,6 1500 Torr	*F*	6,69	110,0 314,2	−1029	* kg/Nm³; D^{-10} (fl.) 2,108 g/cm³; ** n(0°; 760 Torr; 5462 Å) = 1,0009047; $\chi_{Mol} = -51 \cdot 10^{-6}$ cm³Mol⁻¹; fbl. Gas; klare bewegliche Fl., weiße schneeart. Masse; giftig; verursacht Atembeschwerden; nicht zers. beim Aufbewahren; nicht hydrolysiert durch W oder 3 *n* KOH
−190,9 −100,6 −65,73 −41,5	*U* *U* *F* *V*	1,57 1,12 2,51 19,7	34,56 218,9	85,7	* kg/Nm³; D^{-42} (fl.) 2,12 g/cm³; fbl. Gas; wasserhelle Fl.; weiße krist. Substanz; subl. leicht; ziemlich leicht zers. an feuchter Luft; LW 4° 377 cm³, 22,5° 270 cm³/100 cm³ H_2O; fbl. Lsg., an Luft Rotfärbung→Se; zers. konz. H_2SO_4, HNO_3; l. CS_2; giftig; MAK: 0,05 cm³/m³ Luft
					hrotes bis or.farbenes Pulver; sehr expl.; unl. k. W; sied. W zers. langsam; expl. mit HCl; mit verd. S, KOH→NH_3
315 340	Sb *F**			−240,8	* im geschl. Rohr; $\chi_{Mol} = -27,2 \cdot 10^{-6}$ cm³Mol⁻¹; blendend weiße krist. Substanz; glänzende Nadeln; hygr.; mit W sofort→H_2SeO_3; ll. W, Al, Me; l. wfreier H_2SO_4, H_2SeO_4; l. S_2Cl_2 unter Z.; swl. Aceton; unl. Bzl, CCl_4, fl. SO_2; giftig; MAK: 0,14 mg/m³ Luft
41,5 217 Z.	*F* *V*				lange gelbliche Nadeln; an feuchter Luft rasch zerfl. zu rotbrauner Fl.; mit W→H_2SeO_3+HBr; l. konz. H_2SO_4, Chlf, CS_2, CCl_4, $C_2H_2Cl_4$, Bzl, Toluol, Xylol
10,8 177,6	*F* *V*	4,23 42,7			$\chi_{Mol} = -48,6 \cdot 10^{-6}$ cm³Mol⁻¹; fahlgelbe Fl., stark ätzend; raucht an feuchter Luft; ll. W→H_2SeO_3+HCl; l. CCl_4, Chlf, $AsCl_3$, CS_2, Bzl, Toluol, Ä
4,6 124	*F* *V*				fbl. rauchende Fl. von ozonart. Geruch; klare eisart. Masse; greift Glas an; W hydrolysiert vollständig; ll. Al
66,5	*F*				fbl. Krist.; zerfl. an feuchter Luft; verwittern an trockener Luft, sll. W; l. Al; unl. wss. NH_3; leicht red. durch Aldehyd, Sulfit, SO_2; MAK: 0,12 mg/m³ Luft

Formel	Name	Zustand	Mol.-Masse / Dichte $g \cdot cm^{-3}$	Kristalldaten: System, Typ und Symbol	Einheitszelle: Kantenlänge in Å	Einheitszelle: Winkel und M	Brechzahl n_D
H_2SeO_4	säure	f	144,97 2,9	orh. D_2^1, $P222$	8,17 8,52 4,61	$M=4$	
$H_2SeO_4 \cdot H_2O$		f	162,99 2,63				
Si	**Silicium**						
$SiBr_4$	tetra=bromid	fl	347,72 2,814				1,5685
Si_2Br_6	Disilicium=hexa=bromid	f	535,63				
SiH_3Br	Mono=bromsilan	g	111,02 5,058*				
SiH_2Br_2	Dibrom=silan	fl	189,92 2,17*				
$SiHBr_3$	Tribrom=silan	fl	268,82 2,7				
SiC	carbid	f	40,1 3,20	hex. C_{6v}^4, $P6_3mc$	3,07 10,05	$M=4$	

Phasenumwandlungen °C		ΔH kJ/Mol	Standardwerte bei 25° C C_p S^0 J/Molgrd	ΔH_B ΔG^0 kJ/Mol	Bemerkungen und Charakteristik
60	*F*	14,4		−538,1	fbl. Krist.; geschmolzen ölige Fl.; bei 172° im Hochvak. unzers. destillierbar; sehr hygr.; sll. W; l. H_2SO_4; unl. wss. NH_3, Ä; verkohlt org. Substanzen; wird red. durch Aldehyd, org. S, Zucker; h. konz. H_2SeO_4 greift Au und Pt an; MAK: 0,18 mg/m³ Luft
25	*F*				kurze breite glänzende Krist.; die Schmelze neigt stark zur Unterkühlung
5,2 152,8	*F* *V*	 37,9		−398	ϑ_{krit}=383° C; χ_{Mol} = −128,6 · 10^{-6} cm^3Mol^{-1}; fbl., vollkommen klare, ölige Fl.; raucht stark an der Luft; fest: weiße Schuppen mit Perlmuttglanz; zers. W unter starker Erwärmung→HBr und Kieselsäure
95 240	*F* *V*				fester weißer Körper, gut krist.; durch Luftfeuchtigkeit rasch hydrolysiert; zers. W, Alk, wss. NH_3; l. CCl_4, Chlf, CS_2, Bzl, $SiCl_4$, $SiBr_4$
−94 1,9	*F* *V*	 24,4	53,09 262,6		* kg/Nm³; D^{-80} (fl.) 1,72 g/cm³, D^0 (fl.) 1,533 g/cm³; fbl. stechend riechendes Gas; entzündet sich sofort an Luft; mit W→Disiloxan; zers. NaOH→SiO_2+HBr+H_2
−70,1 66	*F* *V*	 31,0			* bei 0° C; fbl. leicht bewegliche Fl.; ziemlich stark lichtbrechend; entzündet sich an der Luft; sehr empfindlich gegen Feuchtigkeit; zers. W, Alk
−73,5 111,8	*F* *V*	 34,8			fbl. Fl.; raucht stark an der Luft und entzündet sich spontan; W, Alk zers. lebhaft
			26,56 16,46	−111,7 −109,3	$\bar{\gamma}$(18...1200° C)=6,25 · 10^{-6} grd^{-1}; $\varkappa$((50...200 at^{-1}), 20° C)=0,37 · 10^{-6} at^{-1}; Halbleiter; χ_{Mol} = −12,8 · 10^{-6} cm^3Mol^{-1}; „α-SiC“; β-SiC kub. *B* 3, T_d^2, $F\,\bar{4}\,3\,m$, *a*=4,35 Å, *M*=4; in reinem Zustand fbl. Krist., sonst grün bis blauschw., schillernd; sehr widerstandsfähig; unl. konz. S, selbst HNO_3+HF; Aufschluß mit Alk-Schmelze bei Luftzutritt

Formel	Name	Zustand	Mol.-Masse / Dichte $g \cdot cm^{-3}$	Kristalldaten: System, Typ und Symbol	Einheitszelle: Kantenlänge in Å	Einheitszelle: Winkel und *M*	Brechzahl n_D
SiH_3Cl	Mono= chlorsilan	g	66,56 / 3,033*				
SiH_2Cl_2	Dichlor= silan	g	101,01 / 4,599*				
$SiHCl_3$	Trichlor= silan	fl	135,45 / 1,34				
$SiCl_4$	tetra= chlorid	fl	169,90 / 1,483				1,413
Si_2Cl_6	Disilicium= hexa= chlorid	fl	268,89 / 1,56				1,4748
SiF_3Cl	trifluor= chlorid	g	120,53 / 5,4549*				
SiF_2Cl_2	difluor= dichlorid	g	136,99 / 6,2756*				
$SiFCl_3$	fluor= trichlorid	g	153,44 / 6,5046*				
$SiJCl_3$	jod= trichlorid	fl	261,35				
$SiHF_3$	Trifluor= silan	g	86,09 / 3,86*				

Phasenumwandlungen °C		ΔH kJ/Mol	Standardwerte bei 25° C: C_p J/Molgrd	S^0 J/Molgrd	ΔH_B kJ/Mol	ΔG^0 kJ/Mol	Bemerkungen und Charakteristik
−118 −30,4	*F* *V*	 21					* kg/Nm³; D^{-113} (fl.) 1,145 g/cm³; fbl. Gas von stechendem Geruch; als Fl. leicht beweglich; mit W sofort→ Disiloxan
−122 8,3	*F* *V*	 25	60,46	283,8			* kg/Nm³; D^{-122} (fl.) 1,42 g/cm³; fbl. Gas von stechendem Geruch; raucht stark an der Luft; als Fl. leicht beweglich; empfindlich gegen Feuchtigkeit und Fett
−128,2 31,5	*F* *V*	 26,6			−467		$\chi_{Mol} = -71,3 \cdot 10^{-6}$ cm³Mol⁻¹; „Silicochloroform"; fbl. sehr leicht bewegliche Fl. von stark reizendem Geruch; raucht heftig an der Luft; mit W Hydrolyse→Dioxodisiloxan; wss. NH_3 zers.; l. CCl_4, Chlf, Bzl
−69,9 56,7	*F* *V*	7,72 28,7	145,3	239,7	−577,4	−510	$\vartheta_{krit} = 233,5°$ C, $p_{krit} = 37,1$ atm, $D_{krit} = 0,584$ g cm⁻³; $\chi_{Mol} = -88,3 \cdot 10^{-6}$ cm³Mol⁻¹; fbl. Fl.; erstickender Geruch; raucht an der Luft; W hydrolysiert zu HCl und Kieselsäure; mischbar Ä, Bzl, Chlf
−1 145	*F* *V*	 42					fbl. ölige Fl.; raucht an feuchter Luft; hydrolysiert sehr leicht; fest: weißer eisähnlicher Körper
−142 −70,0	*F* *V*	 18,7					* kg/Nm³; ϑ_{krit} 34,48° C; p_{krit} 34,20 atm; D_{krit} 0,558 g cm⁻³; fbl. Gas von stechendem Geruch; starker Reiz beim Einatmen; hydrolysiert rasch an feuchter Luft
−139,7 −32,2	*F* *V*	 21,2					* kg/Nm³; ϑ_{krit} 95,77° C; p_{krit} 34,54 atm; D_{krit} 0,563 g cm⁻³; fbl. Gas von stechendem Geruch; starker Reiz beim Einatmen; hydrolysiert rasch an feuchter Luft
−120,8 12,2	*F* *V*	 25,1					* mg/cm³; $\vartheta_{krit} = 165,26°$ C; $p_{krit} =$ 35,33 atm; $D_{krit} = 0,577$ g cm⁻³; fbl. Gas von stechendem Geruch; starker Reiz beim Einatmen; hydrolysiert rasch an feuchter Luft
113	*V*						fbl. Fl.; raucht an der Luft infolge Hydrolyse; zers. W
−131,4 −95	*F* *V*	 16,2					* kg/Nm³; fbl. Gas; zers. leicht; zers. W, Alk, Al, Ä

Formel	Name	Zustand	Mol.-Masse / Dichte $g \cdot cm^{-3}$	Kristalldaten: System, Typ und Symbol	Einheitszelle: Kantenlänge in Å	Einheitszelle: Winkel und M	Brechzahl n_D
SiF_4	tetra-fluorid	g	104,08 4,69*	kub. $D\,1_2$ $T_d^3, I\,\bar{4}\,3\,m$	5,42	$M=2$	**
Si_2F_6	Disilicium-hexa-fluorid	g	170,16 7,75*				
SiH_4	tetrahydrid, Monosilan	g	32,12 1,4469*				
Si_2H_6	Disilan	g	62,22 2,865*				
Si_3H_8	Trisilan	fl	92,32 0,743*				
Si_4H_{10}	Tetrasilan	fl	122,42 0,786				
$SiHJ_3$	Trijod-silan	fl	409,81 3,286				
SiJ_4	Silicium-tetra-jodid	f	535,70 4,198*	kub. $D\,1_1$ $T_h^6, P\,a\,3$	12,01	$M=8$	
Si_3N_4	nitrid	f	140,28 3,44	trig. $C_{3v}^4, P\,3\,1\,c$	7,748 5,617	$M=4$	
SiO	monoxid	f	44,09 2,13	kub.	5,16	$M=4$	

Phasen-umwandlungen °C		ΔH kJ/Mol	Standardwerte bei 25° C: C_p S^0 J/Molgrd	ΔH_B ΔG^0 kJ/Mol	Bemerkungen und Charakteristik
−90,3 1320 Torr	*F*		73,47 281,6	−1548 −1510	* kg/Nm^3; ** n(0°; 760 Torr; 5462 Å) = 1,0005692; ϑ_{krit} = 6° C; p_{krit} = 33,8 atm; D_{krit} = 0,548 g · cm^{-3}; fbl. stechend riechendes Gas; bildet an feuchter Luft dicke Nebel; mit W→H_2SiF_6 und H_2SiO_3; L Glykol 26,2 %; L Butanol 23,4 %; L abs. Al 36,4 %; l. wss. Al, erst ab 8 % W→H_2SiF_6 + SiO_2; L abs. Me 32,8 %; unl. Ä, wfrei HF; l. Aceton; wl. Bzl
−19,1	Sb	42,3			* kg/Nm^3; fbl. Gas; fest schneeweiße Kristallmasse; raucht an feuchter Luft; hydrolysiert leicht
−209,7 −184,67 −111,4	*U* *F* *V*	0,615 0,667 12,1	42,76 204,5	−61,0 −39,48	* kg/Nm^3; ϑ_{krit} = −3,5° C; p_{krit} = 49,4 atm; fbl. Gas von widerlichem Geruch; entzündet sich explosionsartig an der Luft; zers. W in Glasgefäßen (Alk-Gehalt), in Quarz keine Z.; mit Alk→Na_2SiO_3 + H_2; l. Cyclohexanol; etwas l. org. Lösm.
−132 −14,3	*F* *V*	 21,2		−147,2	* kg/Nm^3; fbl. Gas von widerlichem Geruch; entzündet sich an der Luft; Alk zers.; W in Quarzgefäßen zers. nicht
−117 53	*F* *V*	 28,5		−228	* bei 0° C; fbl. leicht bewegliche Fl.; zers. am Licht; entzündet sich an Luft
−89,1 108,1	*F* *V*	 34,66			fbl. kristallklare Fl.; zers. bei Raumtemp.; entzündet sich an Luft
8	*F*				„Silicojodoform"; fbl. Fl., stark lichtbrechend; weiße leicht schmelzende Krist.; sehr empfindlich gegen Feuchtigkeit; zers. W; l. Bzl, CS_2; V bei 127° C und 45 Torr, ΔH_v 63 kJ Mol^{-1}
120,5 287,5	*F* *V*			−132	* bei −79° C; fbl. Krist., nach einiger Zeit rötlich unter Ausscheidung von J_2; subl. weiße glitzernde Krist.; zers. W→HJ und Kieselsäure
1900	*F**		99,87 95,4	−750 −647,3	* unter Druck; weißes, schwach grau gefärbtes Pulver; schwammig und sehr leicht; unl. verd. S; zers. HF; zers. langsam mit konz. H_2SO_4 beim Erwärmen
				−431	braunes Pulver; sehr voluminös

Formel	Name	Zustand	Mol.-Masse / Dichte $g \cdot cm^{-3}$	Kristalldaten: System, Typ und Symbol	Einheitszelle: Kantenlänge in Å	Einheitszelle: Winkel und *M*	Brechzahl n_D
SiO_2	dioxid, Quarz	f	60,08 2,66	trig. *C* 8 α $D_3^{4,6}$, *P* $3_{1,2}$ 2 1	4,910 5,394	*M*=3	
SiO_2	Cristobalit	f	60,08 2,21	kub. *C* 9 O_h^7, *F d* 3 *m*	7,04	*M*=8	
SiO_2	Tridymit	f	60,08 2,264	hex. *C* 1 0 D_{6h}^4, *P* 6_3/*mmc*	5,03 8,22	*M*=4	
H(O) Si · O · Si(O) H	Dioxodisiloxan	f	106,18				
$H_3SiOSiH_3$	Disiloxan	g	78,22 3,491*				
SiS_2	disulfid	f	92,21 2,02	orh. *C* 4 2 D_{2h}^{26}, *I b a m*	5,60 5,53 9,55	*M*=4	
Sm	**Samarium**						
SmB_6	borid	f	215,23 5,074	kub. *D* 2_1 O_h^1, *P m* 3 *m*	4,13	*M*=1	
$SmCl_2$	(II)-chlorid	f	221,26 3,687	orh. D_{2h}^{16}, *P n m a*	4,50 7,53 8,97	*M*=4	
$SmCl_3$	(III)-chlorid	f	256,71 4,46	hex. C_{6h}^2, *P* 6_3/*m*	7,378 4,171	*M*=2	
$SmCl_3 \cdot 6\,H_2O$		f	364,80 2,382	mkl.	9,60 6,61 8,00	93° 40′ *M*=2	1,564 1,569 1,573

Phasenumwandlungen °C		ΔH kJ/Mol	Standardwerte bei 25° C: C_p S^0 J/Molgrd	ΔH_B ΔG^0 kJ/Mol	Bemerkungen und Charakteristik
575 867	U^1 U^2	 0,50	44,43 42,09	−859,3 −804,6	[1] U α-Quarz→β-Quarz hex. C 8 β, $D_6^{5,4}$, $P\ 6_{2,4}\ 2\ 2$, $a=5{,}01$, $c=5{,}47$ Å, $M=3$; [2] U β-Quarz→β-Tridymit; $\varepsilon(1{,}6\cdot10^6\ \text{Hz})=4{,}6$ (‖ c-Achse), 4,45 (⊥ c-Achse); $\chi_{\text{Mol}}=-22$ bis $-28\cdot10^{-6}\ \text{cm}^3\text{Mol}^{-1}$; optisch aktiv; β-Quarz piezoelektrisch; fbl. geschmacklose Krist.; ziemlich reaktionsträge, nur l. HF, Alk-Schmelze→Silikat; amorphes SiO_2 (Entwässern von Kieselgel) weißes Pulver; l. sied. Alk→Silikat
225... 262 1713	 U^1 F	 1,3 7,68	44,18 43,26	−857,7 −803,3	[1] U β-Cristobalit→α-Cristobalit, metastabil, tetr. C 30, $D_4^{4,8}$, $P\ 4_{1,3}\ 2_1\ 2$, $a=4{,}973$, $c=6{,}927$ Å, $M=4$
117 1470	U^1 U^2	0,29 0,21	44,60 43,93	−856,9 −802,8	[1] U β-Tridymit→α-Tridymit, metastabil, orh. $a=16{,}3$, $b=17{,}1$, $c=9{,}88$ Å, $M=64$; [2] U β-Tridymit→β-Cristobalit
					„Silicoameisensäureanhydrid"; weiße sehr leichte, voluminöse Substanz; schwimmt auf W, sinkt in Ä unter; etwas l. W; l. Alk, wss. NH_3 unter stürmischer Gasentwicklung; S, selbst konz. HNO_3 sind ohne Wirkung; l. HF unter H_2-Entwicklung
−144 −15,2	F V				* kg/Nm³; fbl. geruchloses Gas; nicht selbstentzündlich; ohne Sauerstoff unzers. haltbar; W hydrolysiert
1090	F			−250,6	fbl. Nadeln oder faserige Masse; beständig an trockener Luft; zers. bei Feuchtigkeit→SiO_2+H_2S; l. unter Z. in W, Al, Alk; unl. Bzl
2540	F				α(Raumtemp.)$=6{,}5\cdot10^{-6}\ \text{grd}^{-1}$
740	F			−814,4	braunrotes Pulver, rot durchscheinend; hygr.; wird durch Feuchtigkeit zers.; ll. W dklbraun, zers.
686	F			−1045	weißes schwach gelbstichiges Pulver; schwach gelbe durchscheinende Krist.; **LW** 20° 48,5 %, Bdk. 6 H_2O; l. Me, Al
142	F				topasgelbe große Tafeln; LW s. $SmCl_3$

Formel	Name	Zustand	Mol.-Masse / Dichte g · cm⁻³	Kristalldaten: System, Typ und Symbol	Einheitszelle: Kantenlänge in Å	Winkel und M	Brechzahl n_D
SmJ_3	(III)-jodid	f	531,06				
$Sm(NO_3)_3 \cdot 6\,H_2O$	nitrat	f	444,46 2,375				
Sm_2O_3	(III)-oxid	f	348,70 7,43	kub. $D\,5_3$ T_h^7, $I\,a\,3$	10,87	$M=16$	
$Sm(OH)_3$	(III)-hydroxid	f	201,37	hex. $D\,0_{19}$ C_{6h}^2, $P\,6_3/m$	6,27 3,54	$M=2$	
SmOCl	(III)-oxidchlorid	f	201,80 7,017	tetr. D_{4h}^7, $P\,4/n\,m\,m$	3,982 6,721	$M=2$	
Sm_2S_3	(III)-sulfid	f	396,89 5,729	kub.	8,448		
$Sm_2(SO_4)_3 \cdot 8\,H_2O$	sulfat	f	733,01 2,93	mkl. C_{2h}^6, $C\,2/c$	18,364 6,77 13,776	102° 25′ $M=4$	1,5427 1,5516 1,5629
Sn	**Zinn**						
$SnBr_2$	(II)-bromid	f	278,51 5,117				
$SnBr_4$	(IV)-bromid	f	438,33 3,34				
$SnCl_2$	(II)-chlorid	f	189,60 3,951	orh.	9,34 9,98 6,61	$M=8$	
$SnCl_2 \cdot 2\,H_2O$		f	225,62 2,70	mkl. C_{2h}^5, $P\,2_1/c$	9,38 7,22 9,02	114° 58′ $M=4$	
$SnCl_4$	(IV)-chlorid	fl	260,50 2,33				1,5112

Phasen-umwandlungen			Standardwerte bei 25° C				Bemerkungen und Charakteristik
°C		ΔH kJ/Mol	C_p J/Molgrd	S^0 J/Molgrd	ΔH_B kJ/Mol	ΔG^0 kJ/Mol	
820	*F*				−641,8		or. krist. Pulver
78	*F*						schwach gelbliche Prismen; gut ausgebildete Krist. oder strahlige Masse aus flachen Nadeln; LW 20° 58,9%, 50° 64,8%, Bdk. 6 H_2O
2325	*F*						$\bar{\alpha}$(100...1000° C) = 9,9 · 10^{-6} grd^{-1}; weißes Pulver, kaum gelbstichig, geglüht gelblich weiß; unl. W; l. S
					−1292		weißes Pulver, etwas gelblich; unl. W, Alk; l. S
							weißes Pulver; seidenglänzende Schüppchen; hygr.; etwas l. verd. Egs
1900	*F*						$\chi_{Mol} = +1650 \times 2 \cdot 10^{-6}$ cm^3Mol^{-1}; braungelbes Pulver; W zers. erst merklich in der Hitze; l. S unter Entwicklung von H_2S
			606,8	757,5	−5577		$\chi_{Mol} = +855 \times 2 \cdot 10^{-6}$ cm^3Mol^{-1}; topasgelbe glänzende Krist.; LW 20° 2,6%, 40° 1,82%; bei 450° wfrei
232 639	*F* *V*	7,1 102			−266,0		$\chi_{Mol} = -149 \cdot 10^{-6}$ cm^3Mol^{-1}; weiße krist. schwach gelblich durchscheinende Masse; l. wenig W, Al, Ä, Py, Aceton; durch viel W zers.
−6 30 205	*U* *F* *V*	 12,5 43,5			−406,1		$\bar{\gamma}$(−195···−79° C) = 300 · 10^{-6} grd^{-1}; weiße krist. Substanz, auch große fbl. Krist., die an der Luft matt werden; geschmolzen fbl. stark lichtbrechende Fl.; ll. W (Hydrolyse), Al
247 623	*F* *V*	12,5 86,8	79		−349,6	−491,1	durchscheinende, fast reinweiße Masse; fettglänzend; LW 0° 45,6%, 25° 70,1%, Bdk. 2 H_2O; l. verd. und konz. S, Alk, Eg, Al, Egester und vielen anderen org. Lösm.
					−945,4		fbl. wasserhelle Säulen; LW s. $SnCl_2$; sll. Al, Eg
−33,3 113,9	*F* *V*	9,16 34,9	165,2	258,5	−544,9	−473,5	$\bar{\gamma}$(−195···−79° C) = 240 · 10^{-6} grd^{-1}; $\chi_{Mol} = -115 \cdot 10^{-6}$ cm^3Mol^{-1}; fbl. dünne Fl.; raucht an der Luft; gutes Lösm. für viele Substanzen; fest weiße Krist.; ll. W unter Hydrolyse; ll. Al, CCl_4, Bzl, CS_2, Toluol

Formel	Name	Zustand	Mol.-Masse Dichte g · cm⁻³	Kristalldaten System, Typ und Symbol	Einheitszelle Kantenlänge in Å	Winkel und M	Brechzahl n_D
SnF_4	(IV)-fluorid	f	194,68 4,78	tetr.	5,71 8,32	$M=4$	
SnH_4	wasserstoff	g	122,72				
SnJ_2	(II)-jodid	f	372,50 5,285				
SnJ_4	(IV)-jodid	f	626,22 4,69	kub. $D\,1_1$ T_h^6, $Pa3$	12,25	$M=8$	2,106
SnO	(II)-oxid	f	134,69 6,25	tetr. D_{4h}^7, $P4/nmm$	3,796 4,816	$M=2$	
$Sn(OH)_2$	(II)-hydroxid	f	152,70				
SnO_2	(IV)-oxid	f	150,69 6,85	tetr. D_{4h}^{14}, $P4_2/mnm$	4,718 3,161	$M=2$	1,997 2,093
SnP	phosphid	f	149,66 6,56	hex.	8,78 5,98	$M=8$	
SnS	(II)-sulfid	f	150,75 5,2	orh. $B\,29$ D_{2h}^{16}, $Pnma$	4,33 11,18 3,98	$M=4$	
SnS_2	(IV)-sulfid	f	182,82 4,5				
$SnSO_4$	(II)-sulfat	f	214,75				
$Sn(SO_4)_2 \cdot 2\,H_2O$	(IV)-sulfat	f	346,84 4,5				
$SnSb$	antimonid	f	240,44 6,94	kub. $B\,1$ O_h^5, $Fm3m$	6,142	$M=4$	

Phasen-umwandlungen °C		ΔH kJ/Mol	Standardwerte bei 25° C C_p J/Molgrd	S^0 J/Molgrd	ΔH_B kJ/Mol	ΔG^0 kJ/Mol	Bemerkungen und Charakteristik
701	*V*						schneeweiße strahlig-krist. Masse; sehr hygr.; ll. W unter Hydrolyse
−150 −51,8	*F* *V*	 19,05			414		fbl. Gas; rein ziemlich haltbar; bei Spuren met. Sn sofort zers.; verd. S und Alk zers. nicht; feste Alk, konz. H_2SO_4, $AgNO_3$- und $HgCl_2$-Lsg. zers.; stark giftig
320 714	*F* *V*	12,6 105			−144		gelbrote Nadeln; **LW** 20° 0,97 %, l. Bzl, Chlf, CS_2, Alk-jodidlsg.
143,4 348,4	*F* *V*	18,1 56,9					$\bar{\gamma}(-79...0° C) = 300 \cdot 10^{-6}$ grd^{-1}; $\chi_{Mol} = -205 \cdot 10^{-6}$ cm^{3}Mol^{-1}; rote krist. Masse; Oktaeder; W hydrolysiert; l. Al, Ä, Bzl, Chlf, CS_2
			44,31	56,74	−286,0	−256,8	schiefergraues bis schw. Pulver; unl. W, verd. Alk; l. S; mit sied. Alk→ Stannat teilweise
				96,6	−578,4	−491,1	weißer Nd.; getrocknet rötlich gelbes bis gelbbraunes Pulver; swl. W; ll. S, Alk; unl. NH_3, Alk-carbonatlsg.
410 >1930	*U* *F*	1,9	52,59	52,34	−580,8	−519,6	Halbleiter; $\chi_{Mol} = -41 \cdot 10^{-6}$ cm^{3}Mol^{-1}; Zinnstein, Kassiterit; fbl. glänzende Krist. oder weißes Pulver; unl. W, S, Alk; l. $KHSO_4$-Schmelze, fällt aber beim Verdünnen mit W wieder aus
							silberweiße Masse, spröde; ll. HCl; unl. HNO_3
584 880 1210	*U* *F* *V*	0,67 31,6	49,25	77,0	−101,8	−99,86	Halbleiter; dklbleigraue Masse, blätterig; weich; leicht zu verreiben; abfärbend; LW 18° $1{,}36 \cdot 10^{-6}$ %; l. konz. HCl, $(NH_4)_2S_x$
			74,31	87,4	−167		„Mussivgold"; goldgelbe durchscheinende feine Schuppen; fühlen sich weich und fettig an; LW 18° $1{,}46 \cdot 10^{-5}$ %; unl. konz. HCl, HNO_3; l. Königsw., Alk
							fbl. schwere Kristallnadeln; LW 25° 25 %; l. verd. H_2SO_4; die wss. Lsg. zers. leicht unter Bildung eines basischen Sulfats
							fbl. kleine Nadeln; ll. verd. H_2SO_4; viel W zers. unter Abscheidung eines weißen Nd.

Formel	Name	Zustand	Mol.-Masse / Dichte $g \cdot cm^{-3}$	Kristalldaten: System, Typ und Symbol	Einheitszelle: Kantenlänge in Å	Einheitszelle: Winkel und M	Brechzahl n_D
SnSe	selenid	f	197,65 5,24				
SnTe	(II)-tellurid	f	246,29 6,478	kub. $B\,1$ O_h^5, $Fm3m$	6,298	$M=4$	
Sr	**Strontium**						
$SrHAsO_4$	hydrogenarsenat	f	227,55 4,035				
SrB_6	borid	f	152,49 3,42	kub. $D\,2$ O_h^1, $Pm3m$	4,20	$M=1$	
SrB_4O_7	diborat		242,86				
$SrBr_2$	bromid	f	247,44 4,216	orh. $C\,53$ D_{2h}^{16}, $Pnma$	9,20 11,42 4,3	$M=4$	1,575
$SrBr_2 \cdot 6\,H_2O$		f	355,53 2,428	trig. D_3^2, $P321$	8,205 4,146	$M=1$	
$Sr(BrO_3)_2 \cdot H_2O$	bromat	f	361,47 3,773	mkl.	1,1642: 1: 1,2292		
SrC_2	carbid	f	111,64 3,26	tetr. $C\,11$ D_{4h}^{17}, $I4/mmm$	4,11 6,68	$M=2$	
$Sr(CN)_2 \cdot 4\,H_2O$	cyanid	f	211,72				
$SrCO_3$	carbonat	f	147,63 3,736	orh. $G\,0_2$ D_{2h}^{16}, $Pnma$	6,082 8,404 5,118	$M=4$	1,664
$Sr(CHO_2)_2$	formiat	f	177,66 2,695	orh. D_2^4, $P2_12_12_1$	6,87 8,74 7,77	$M=4$	
$Sr(CHO_2)_2 \cdot 2\,H_2O$		f	213,68 2,25	orh. D_2^4, $P2_12_12_1$	7,30 11,99 7,13	$M=4$	1,4838 1,5210 1,5382
$Sr(CH_3CO_2)_2$	acetat	f	205,71 2,099				

Phasenumwandlungen °C		ΔH kJ/Mol	Standardwerte bei 25° C C_p J/Molgrd	S^0 J/Molgrd	ΔH_B kJ/Mol	ΔG^0 kJ/Mol	Bemerkungen und Charakteristik
860	*F*			86,2	−69,0	−67,05	Halbleiter; hgraue met. glänzende Masse, leicht zu zerreiben, abfärbend; unl. W; ll. Königsw., Alksulfid und -selenidlsg.
790	*F*			101	−61,3	−61,39	graue Substanz; unl. W
					−1443		weißes krist. Pulver; bei 270°→ $Sr_2As_2O_7$; LW 15° 276 mg/100 g W; l. HCl, HNO_3, verd. Egs; zers. H_2SO_4
							grünlich schw. Pulver aus kleinen Krist., die in dünner Schicht rotbraun durchsichtig sind
930	*F*						lange feine Nadeln; l. k. HNO_3
643	*F*	20,1	80,04		−715,6		$\chi_{Mol} = -86{,}6 \cdot 10^{-6}$ cm³Mol⁻¹; fbl. nadelförmige Krist.; sehr hygr.; LW 20° 50%, Bdk. 6 H_2O; L Al 20° 63,9 g/100 g; L Me 20° 119,4 g/100 g; mit fl. HF lebhaft→SrF_2+HBr
88 −4 H_2O			343,2		−2528		$\chi_{Mol} = -160 \cdot 10^{-6}$ cm³Mol⁻¹; lange Prismen; LW s. $SrBr_2$; unl. Ä
120 −H_2O							hygr. Krist.; LW 20° 25,5%, Bdk. 1 H_2O
							schw. Masse mit krist. Bruch und einzelnen braunroten Krist.; zers. W→$Sr(OH)_2$+C_2H_2
							kleine weiße Krist.; beim Erhitzen langsam HCN-Abspaltung
924 1497	*U* *F*	16,7	81,42	97,0	−1218	−1137	$\varepsilon(1{,}67 \cdot 10^5\ \text{Hz}) = 8{,}85$; $\chi_{Mol} = -47 \cdot 10^{-6}$ cm³Mol⁻¹; Strontianit; weißes krist. Pulver; LW 20° $1{,}0 \cdot 10^{-3}$%; etwas leichter l. in CO_2-haltigem W; l. verd. S, Aceton, Me
71,9	*F*				−1362		$\chi_{Mol} = -60 \cdot 10^{-6}$ cm³Mol⁻¹; weißes krist. Pulver; unl. Al, Ä
65 −2 H_2O							fbl. krist. Pulver; an Luft beständig; unl. Al, Ä
					−1600		$\chi_{Mol} = -79 \cdot 10^{-6}$ cm³Mol⁻¹; weißes krist. Pulver; ll. W; wl. Al

Formel	Name	Zustand	Mol.-Masse / Dichte g · cm⁻³	Kristalldaten: System, Typ und Symbol	Einheitszelle: Kantenlänge in Å	Winkel und M	Brechzahl n_D
$SrCl_2$	chlorid	f	158,53 3,094	kub. $C\,1$ $O_h^5, F\,m\,3\,m$	6,98	$M=4$	
$SrCl_2 \cdot 2\,H_2O$		f	194,56 2,67	mkl. $C_{2h}^6, C\,2/c$	11,71 6,39 6,67	105,7° $M=4$	1,5942 1,5948 1,6172
$SrCl_2 \cdot 6\,H_2O$		f	266,62 1,954	trig. $D_3^2, P\,3\,2\,1$	7,956 4,116	$M=1$	1,5356 1,4856
$Sr(ClO_3)_2$		f	254,52 3,152				1,6047
$Sr(ClO_4)_2$		f	286,52 2,973				
SrF_2	fluorid	f	125,62 4,24	kub. $C\,1$ $O_h^5, F\,m\,3\,m$	5,78	$M=4$	1,442
SrJ_2	jodid	f	341,43 4,437				
$SrJ_2 \cdot 6\,H_2O$		f	449,52 2,67	trig. $I\,1_3$ $D_{3d}^1, P\,\overline{3}\,1\,m$	8,51 4,29	$M=1$	
$Sr(JO_3)_2$	jodat	f	437,42 5,045	trikl.	0,9697: 1: 0,5346		
Sr_3N_2	nitrid	f	290,87				
$Sr(N_3)_2$	azid	f	171,66 2,73	orh. $D_{2h}^{24}, F\,d\,d\,d$	11,82 11,42 6,08	$M=8$	
$Sr(NO_2)_2$	nitrit	f	179,63 2,867				

Phasenumwandlungen °C		ΔH kJ/Mol	Standardwerte bei 25° C C_p J/Molgrd	S^0 J/Molgrd	ΔH_B kJ/Mol	ΔG^0 kJ/Mol	Bemerkungen und Charakteristik
872	*F*	17,1	79,66	117	−879		$\varepsilon(3{,}75 \cdot 10^6\ \mathrm{Hz}) = 9{,}2$; $\chi_{Mol} = -63{,}0 \cdot 10^{-6}\ \mathrm{cm^3 Mol^{-1}}$; fbl. Krist.; weißes Salz; **L**W 20° 34,5%, Bdk. 6 H_2O; L N_2H_4 8 g/100 cm³; wl. Aceton; unl. abs. Al, wss. NH_3, Benzonitril; swl. Py, die L steigt mit W-Gehalt; mit fl. HF→SrF_2+HCl
150 −2 H_2O			160,2		−1437		dünne glänzende durchsichtige Blätter; LW s. $SrCl_2$
61 100 −5 H_2O	*F*						$\varepsilon = 8{,}5$; $\chi_{Mol} = -145 \cdot 10^{-6}\ \mathrm{cm^3 Mol^{-1}}$; lange dünne sechsseitige Nadeln; hygr.; LW s. $SrCl_2$; L abs. Me 6° 38,7 g $SrCl_2 \cdot 6\ H_2O$/100 g Lsg.; l. Al
							große fbl. Krist.; nicht zerfl.; **L**W 20° 63,7%, Bdk. 0 H_2O; unl. Al
							fbl. zerfl. Kristallmasse; äußerst hygr.; LW 25° 75,6%, Bdk. 0 H_2O
1400 2410	*F* *V*	17,8 343			−1209		$\chi_{Mol} = -37{,}2 \cdot 10^{-6}\ \mathrm{cm^3 Mol^{-1}}$; weißes Pulver; durchsichtige Oktaeder; **L**W 20° $12 \cdot 10^{-3}$%; kaum l. in wfreiem HF 14...18° und wss. HF; MAK: 8,26 mg/m³ Luft
515	*F*		82,0		−566,7		$\chi_{Mol} = -112 \cdot 10^{-6}\ \mathrm{cm^3 Mol^{-1}}$; fbl. krist. Masse; sehr hygr.; **L**W 20° 64,2%, Bdk. 6 H_2O; l. Al; unl. Ä; ll. fl. NH_3, $C_2H_5NH_2$; in wfreiem HF→SrF_2+HJ
			355,1		−2389		fbl. hygr. Krist.; an Licht und Luft→Gelbfärbung; LW s. SrJ_2; l. Al; unl. Ä
							$\chi_{Mol} = -108 \cdot 10^{-6}\ \mathrm{cm^3 Mol^{-1}}$; kleine durchscheinende Krist.; zers. beim Erhitzen unter Abgabe von O_2 und J_2
				123	−382	−312,6	mikroskopisch goldgelbe Kristallsplitter, insgesamt aber mattschw. Substanz; zers. W→$Sr(OH)_2$+NH_3; l. HCl
				148,5		7,20 150,3	kleine gut ausgebildete Krist.; milchweiße Blättchen; l. W; wl. Al; unl. Ä
					−750,4		feine seidenglänzende Nadeln; **L**W 20° 41%, Bdk. 1 H_2O; swl. sied. abs. Al; etwas l. 90% Al

Formel	Name	Zustand	Mol.-Masse / Dichte $g \cdot cm^{-3}$	Kristalldaten: System, Typ und Symbol	Einheitszelle: Kantenlänge in Å	Einheitszelle: Winkel und M	Brechzahl n_D
$Sr(NO_2)_2 \cdot H_2O$		f	197,65 2,408				1,588
$Sr(NO_3)_2$	nitrat	f	211,63 2,93	kub. $G 2_1$ T_h^6, $Pa3$	7,80	$M=4$	1,5665
$Sr(NO_3)_2 \cdot 4\,H_2O$		f	283,70 2,249	mkl.	0,6547 : 1 : 0,8976	91° 10′	
SrO	oxid	f	103,62 4,078	kub. $B\,1$ O_h^5, $Fm3m$	5,14	$M=4$	
SrO_2	peroxid	f	119,63 4,45	tetr. D_{4h}^{17}, $I\,4/mmm$	5,02 6,55	$M=4$	
$SrO_2 \cdot 8\,H_2O$		f	263,74 1,951	tetr. D_{4h}^{1}, $P4/mmm$	6,32 5,56	$M=1$	
$Sr(OH)_2$	hydroxid	f	121,63 3,625				
$Sr(OH)_2 \cdot 8\,H_2O$		f	265,76 1,91	tetr. D_{4h}^{2}, $P\,4/mcc$	8,97 11,55	$M=4$	1,4991 1,4758
$SrHPO_4$	hydrogen-phosphat	f	183,60 3,544	orh.	0,6477 : 1 : 0,8581		1,625 — 1,608
$Sr_3(PO_4)_2$	ortho-phosphat	f	452,80 4,53	trig. D_{3d}^5, $R\bar{3}m$	7,295	43° 21′ $M=1$	
SrS	sulfid	f	119,68 3,70	kub. $B\,1$ O_h^5, $Fm3m$	6,0079	$M=4$	2,107
$Sr(HS)_2 \cdot 4\,H_2O$	hydrogen-sulfid	f	225,82				
$SrSO_3$	sulfit	f	167,68				

Phasenumwandlungen °C		ΔH kJ/Mol	Standardwerte bei 25° C C_p J/Molgrd	S^0 J/Molgrd	ΔH_B kJ/Mol	ΔG^0 kJ/Mol	Bemerkungen und Charakteristik
							weiße Nadeln; feucht schwach gelblich; dünne glashelle Krist.; im Vak. $-H_2O$, desgleichen bei 118...120° C; LW s. $Sr(NO_2)_2$
645	*F*		160,2		−975,6		$\bar{\alpha}$(30...75° C) = 32,2 · 10^{-6} grd^{-1}; ε(1,67 · 10^5 Hz) = 5,33; χ_{Mol} = −57,2 · 10^{-6} cm^3Mol^{-1}; fbl. Krist.; luftbeständig; LW 20° 41 %, Bdk. 4 H_2O; wl. Me; swl. Al; ll. fl. NH_3; unl. Eg, konz. HNO_3, wfreiem HF
							χ_{Mol} = −106 · 10^{-6} cm^3Mol^{-1}; große wasserhelle Krist.; verwittern an der Luft sehr schnell; LW s. $Sr(NO_3)_2$; unl. wfreiem HF
2460 3200	*F* *V*	69,9 530	45,02	54,4	−589,1	−558,1	χ_{Mol} = −35 · 10^{-6} cm^3Mol^{-1}; weißes krist. Pulver; feuchte Luft oder W→$Sr(OH)_2$; wl. W, Me, Al; l. S; unl. Ä, Aceton
							χ_{Mol} = −32,3 · 10^{-6} cm^3Mol^{-1}; weißes Pulver; LW 20° 0,018 %; ll. S, NH_4Cl-Lsg.; unl. wss. NH_3, Aceton
							perlglänzende Schuppen; LW s. SrO_2; unl. Al, Ä, org. Lösm.; wird von Al teilweise entwässert
375	*F**				−959,6		* im H_2-Strom; χ_{Mol} = −40 · 10^{-6} cm^3Mol^{-1}; weißes Pulver; LW 20° 0,9 %, Bdk. 8 H_2O
							χ_{Mol} = −136 · 10^{-6} cm^3Mol^{-1}; fbl. Krist.; spaltbare Tafeln, zuweilen Prismen; verwittern an der Luft; LW s. $Sr(OH)_2$
					−1805		weißes krist. Pulver; unl. W; l. wss. H_3PO_4, HNO_3, HCl, NH_4Cl-Lsg.
1767	*F*	77,4			−4129		fbl. mikroskopisch dünne Schuppen; bei 100° harte glasige Masse; LW (gesättigt) 0,5 mg P_2O_5/l
>2270	*F*			71,1	−473	−468,2	Halbleiter; rein weißes körniges Produkt; an feuchter Luft schwach gelb; fast unl. k. W; sied. W zers.; mit S→H_2S-Entwicklung
							weiße nadelförmige Krist.; zers. rasch unter Verfärbung nach orange; LW 20° 29,5 %, Bdk. 4 H_2O; wl. Al, Ä
							weißes, sehr feines krist. Pulver; swl. W; l. Egs; ll. verd. HCl, Weinsäure; unl. sehr verd. Egs, 60 % Al

Formel	Name	Zustand	Mol.-Masse / Dichte $g \cdot cm^{-3}$	Kristalldaten: System, Typ und Symbol	Einheitszelle: Kantenlänge in Å	Einheitszelle: Winkel und *M*	Brechzahl n_D
$SrSO_4$	sulfat	f	183,68 3,91	orh. *H* 0_2 D_{2h}^{16}, *Pnma*	8,36 5,36 8,64	$M=4$	
$SrS_2O_3 \cdot$ $5\ H_2O$	thiosulfat	f	289,82 2,202	mkl.	1,2946: 1: 2,5848	107° 32′	
$SrS_2O_6 \cdot$ $4\ H_2O$	dithionat	f	319,81 2,373	hex.	12,84 19,28	$M=12$	1,5296 1,5252
SrSe	selenid	f	166,58 4,38	kub. *B* 1 O_h^5, *Fm*3*m*	6,226	$M=4$	2,220
$SrSeO_4$	selenat	f	230,58 4,23	orh.	0,7806: 1: 1,2892		
$SrSiF_6 \cdot$ $2\ H_2O$	hexafluoro-silikat	f	265,73 2,99				
$SrSiO_3$	meta-silikat	f	163,70 3,65	mkl.			1,599 1,637
Sr_2SiO_4	ortho-silikat	f	179,70 4,506	orh. *H* 1_6 D_{2h}^{16}, *Pnma*	5,59 9,66 7,26	$M=4$	1,7275 1,732 1,756
Ta	**Tantal**						
$TaBr_5$	bromid	f	580,49 4,67	orh.	6,125 12,92 18,60		
TaC	carbid	f	192,96 14,65	kub. *B* 1 O_h^5, *Fm*3*m*	4,451	$M=4$	
$TaCl_5$	chlorid	f	358,21 3,68				
TaF_5	fluorid	f	275,94 4,74				

Phasen-umwandlungen °C		ΔH kJ/Mol	Standardwerte bei 25° C C_p J/Molgrd	S^0 J/Molgrd	ΔH_B kJ/Mol	ΔG^0 kJ/Mol	Bemerkungen und Charakteristik
1152 1605	*U* *F*			 121,7	−1444	 −1332	$\chi_{Mol} = -57{,}9 \cdot 10^{-6}$ cm³Mol⁻¹; Cölestin; fbl. Krist.; LW 20° $13 \cdot 10^{-3}$ %, Bdk. 0 H_2O; L 1 nHCl 1,88 g/l; L 1 nHNO_3 2,17 g/l; l. konz. H_2SO_4, mit W wieder ausfällbar; fast unl. Al; unl. Aceton; mit Na_2CO_3 schmelzbar und vollständig l. HCl
							klare durchsichtige glänzende Krist.; luftbeständig; LW 0° 8,25 %, 20° 17,7 %, 40° 26,5 %, Bdk. 5 H_2O; unl. Al
							optisch aktiv; große klare Krist., luftbeständig; LW 0° 4,3 %, 20° 10,7 %, Bdk. 4 H_2O; unl. Al
							weißes krist. Pulver; zers. an feuchter Luft; färbt sich rötlich durch freies Se; zers. W→Se; zers. HCl→H_2Se; l. klar in O_2-freier HCl
							durchsichtige Krist.; Erhitzen im H_2-Strom red.→SrSe
							fbl. durchsichtige Krist.; zers. W teilweise→SrF_2+SiO_2; sll. in angesäuertem W
1580	*F*				−1601		fbl. Prismen oder fächerförmige Aggregate; k. 2 nHCl zers. vollständig
1588	*F*				−2270,5		fbl. Kristallkörner
267 345	*F* *V*	45,6 62,3					gelbe Krist.; raucht an der Luft; zers. W; l. abs. Al, Me; ll. C_2H_5Br
3877	*F*		36,76	 42,2	−161,1	 −159,5	gelbe stark glänzende lange und sehr feine Nadeln; unl. W, S; l. HF+HNO_3
215,9 232,9	*F* *V*	46,4 54,8			−857,7		$\chi_{Mol} = +140 \cdot 10^{-6}$ cm³Mol⁻¹; reingelbe pulverige Masse; zieht Feuchtigkeit an; zers. W; l. abs. Al, Eg; sied. verd. HCl löst unvollständig; ll. gesättigter HCl
95,1 229,2	*F* *V*	 56,9					fbl. stark lichtbrechende **Krist.;** hygr.; l. W, HF, konz. **HNO_3,** HCl; wl. konz. H_2SO_4

Formel	Name	Zustand	Mol.-Masse / Dichte $g \cdot cm^{-3}$	Kristalldaten: System, Typ und Symbol	Einheitszelle: Kantenlänge in Å	Einheitszelle: Winkel und M	Brechzahl n_D
TaJ_5	jodid	f	815,47 5,8	orh. D_{2h}^{16}, $Pnma$	6,65 13,95 20,10		
TaN	nitrid	f	194,95 14,36	hex. D_6^1, $P622$ oder D_{6h}^1, $P6/mmm$	5,191 2,911	$M=3$	
Ta_3N_2	nitrid	f	570,86				
Ta_2O_5	(V)-oxid	f	441,89 7,529				
Ta_2S_4	sulfid	f	490,15				
Tb	**Terbium**						
$TbCl_3$	(III)-chlorid	f	265,28 4,35				
$Tb(NO_3)_3 \cdot 6\,H_2O$	nitrat	f	453,03	mkl.			
Tb_2O_3	(III)-oxid	f	365,85 7,81	kub. $D\,5_3$ T_h^7, $Ia3$	10,70	$M=16$	
$Tb_2(SO_4)_3 \cdot 8\,H_2O$	sulfat	f	750,15				
Te	**Tellur**						
$TeBr_4$	(IV)-bromid	f	447,24 4,31				
$TeCl_4$	(IV)-chlorid	f	269,41 3,26				
TeF_4	(IV)-fluorid	f	203,59				

Phasenumwandlungen			Standardwerte bei 25° C				Bemerkungen und Charakteristik
°C		ΔH kJ/Mol	C_p J/Molgrd	S^0 J/Molgrd	ΔH_B kJ/Mol	ΔG^0 kJ/Mol	
496 543	*F* *F*	6,7 75,8					bräunlich schw. Lamellen, ähnlich J_2; fl. dklbraun; zers. etwas beim Stehen; zers. W
3090	*F*		40,6	51,9	−251	−225,6	schw. Substanz
							lebhaft rotes Pulver; unl. W, S; l. $HF+HNO_3$; mit KOH-Schmelze→ NH_3
1320 1880	*U* *F*		135,1	143,0	−2090,9	−1954	$\varepsilon(1{,}75...2 \cdot 10^6\ Hz) = 11{,}6$; weißes Pulver; unl. W und in allen S; langsam l. HF, HNO_3+HF; Aufschluß mit $KHSO_4$-Schmelze
							dklmessinggelbes bis mattschw. Pulver; unl. W, HCl; l. $HF+HNO_3$, KOH-Schmelze; sied. HNO_3 zers., konz. H_2SO_4 in der Wärme
588 1550	*F* *V*				−1011		rein weiße feine verfilzte Nadeln; l. W, Al
89,3	*F**						* im eigenen Kristallwasser; fbl. Nadeln; ll. W; l. Al
2387	*F*						$\chi_{Mol} = +39170 \times 2 \cdot 10^{-6}\ cm^3Mol^{-1}$; weißes Pulver; l. S
						−5558	$\chi_{Mol} = +38250 \times 2 \cdot 10^{-6}\ cm^3Mol^{-1}$; fbl. Pulver aus dünnen Blättchen; luftbeständig; LW 20° 3,4 %, 40° 2,4 %, Bdk. 8 H_2O; unl. Al
363,5 414... 427	*F* *V*				−208		or.gelbe Krist.; hygr.; an trockener Luft haltbar; l. wenig W ohne Z.; l. Ä, Eg; ll. HBr
224,1 388	*F* *V*	18,9 77,0	138,9		−323,0		weiße Krist., geschmolzen bräunlich gelb; sehr hygr.; l. W unter Hydrolyse; l. wss. HCl, konz. wss. Weinsäure, Me, Al, Ä, Chlf, Toluol; wl. Aceton, PÄ, Benzaldehyd; unl. Cyclohexan; fast unl. CCl_4
129,6 374,5	*F* *V*	26,57 52,80					fbl. Nadeln; sehr hygr.; mit W hydrolysiert→TeO_2

Formel	Name	Zustand	Mol.-Masse Dichte $g \cdot cm^{-3}$	Kristalldaten System, Typ und Symbol	Einheitszelle Kantenlänge in Å	Winkel und M	Brechzahl n_D
TeF_6	(VI)-fluorid	g	241,59 3,76*				**
H_2Te	wasserstoff	g	129,62 2,701*				
TeJ_4	(IV)-jodid	f	635,22 5,403				
TeO	(II)-oxid	f	143,60				
TeO_2	(IV)-oxid	f	159,60 5,90	orh. C 5 2 D_{2h}^{15}, $P\,b\,c\,a$	5,59 11,75 5,50	$M=8$	
TeO_3	(VI)-oxid	f	175,6 5,1				
H_2TeO_3	Tellurige Säure	f	177,61				
$Te(OH)_6$	Orthotellursäure	f	229,64 3,158	kub. O_h^8, $F\,d\,3\,c$	15,51	$M=32$	
Th	**Thorium**						
$ThBr_4$	(IV)-bromid	f	551,67 5,67	tetr.	8,945 7,930	$M=4$	

Phasen-umwandlungen °C		ΔH kJ/Mol	Standardwerte bei 25° C C_p J/Molgrd	S^0 J/Molgrd	ΔH_B kJ/Mol	ΔG^0 kJ/Mol	Bemerkungen und Charakteristik
−37,6	*F*		116,9	337,5	−1318	−1220	* bei −37,6°; ** n(0°; 760 Torr; 5462 Å) = 1,000 1020; $\chi_{Mol} = -66 \cdot 10^{-6}$ cm³Mol⁻¹; fbl. Gas von unangenehmem Geruch; weiße krist. Masse, beim Schmelzen fbl. Fl.; von W und wss. KOH langsam aber vollständig hydrolysiert
−51 −4	*F* *V*	4,1 19,2	35,6	228,8	154,4	169,5	* bei −17,7° C; fbl. Gas, leicht zers.; krist. weiße schneeähnliche Masse, beim Schmelzen fbl. Fl.; giftig; unangenehmer Geruch; zers. W; zers. langsam durch H_2SO_4 unter Rotfärbung der S
							kleine schw. Krist.; an Luft beständig; swl. W; ll. wss. KOH, NH_3; mit HCl, H_2SO_4, $HNO_3 \rightarrow J_2$-Entwicklung; wl. Al, Aceton; unl. Ä, Egs, Chlf, CCl_4, CS_2
							braunschw. Pulver; gegen W beständig; zers. S, Alk
733	*F*	13,4	66,48	73,7	−325,5	−274	Tellurit; synthetisches TeO_2 tetr. $C\,4$, D_{4h}^{14}, $P\,4_2/m\,n\,m$, $a = 4{,}79$, $c = 3{,}77$ Å, $M = 2$; weiße krist. Masse mit langen Nadeln; aus wss. Lsg. sehr kleine diamantglänzende Krist.; nicht hygr.; wl. W, HNO_3; l. HNO_3 beim Erwärmen; ll. KOH; langsam l. wss. NH_3; Alk-carbonatschmelze→Tellurite
795	*F**						* wahrscheinlich in O_2-Atmosphäre; or.gelbes lockeres Mehl; nicht hygr.; unl. W, Al, S, verd. Alk; langsam l. Königsw., sied. HCl; l. hochkonz. sied. Alk→Tellurat
				200	−605,4	−522	voluminöse weiße Substanz, flockig; l. HCl, HNO_3; ll. Alk, Alk-carbonatlsg., wss. NH_3; unl. Egs
136	*F*			197	−1283		fbl. sehr kleine Krist.; ll. W; wl. konz. HNO_3; unl. abs. Al; l. Al je nach W-Gehalt; fast unl. Ä, Aceton, org. Lösm.; 2. Modifikation große wasserklare Krist.; $D = 3{,}07$ g/cm³; mkl. C_{2h}^5, $P\,2_1/c$, $a = 5{,}70$, $b = 9{,}30$, $c = 9{,}74$ Å; $\beta = 104{,}5°$, $M = 4$
680 857	*F* *V*	39,8 126,7		234	−949,9		weiße krist. Masse oder durchsichtige feine Nadeln; geschmolzen hgelb; hygr.; l. W, anfangs vollständig, dann teilweise zers.; wl. Ä

Formel	Name	Zustand	Mol.-Masse Dichte g · cm⁻³	Kristalldaten System, Typ und Symbol	Einheitszelle Kantenlänge in Å	Winkel und M	Brechzahl n_D
$ThBr_4 \cdot 10\,H_2O$		f	731,83				
ThC_2	carbid	f	256,06 8,96	mkl. C_{2h}^6, $C\,2/c$	6,53 4,24 6,56	104° $M=4$	
$ThCl_4$	(IV)-chlorid	f	373,85 4,59	tetr. D_{4h}^{19}, $I\,4_1/amd$	8,473 7,468	$M=4$	
$ThCl_4 \cdot 7\,H_2O$		f	499,96				
$ThCl_4 \cdot 8\,H_2O$		f	517,97				
ThF_4	(IV)-fluorid	f	308,03 6,12	mkl. C_{2h}^6, $C\,2/c$	10,6 11,0 8,6	94° 51′ $M=12$	
ThJ_4	(IV)-jodid	f	739,66				
Th_3N_4	(IV)-nitrid	f	752,14				
$Th(NO_3)_4 \cdot 6\,H_2O$	(IV)-nitrat	f	588,14				
ThO_2	(IV)-oxid	f	264,04 9,7	kub. $C\,1$ O_h^5, $F\,m\,3\,m$	5,584	$M=4$	
$Th(OH)_4$	(IV)-hydroxid	f	300,07				
$ThOBr_2$	(IV)-oxidbromid	f	907,86				
$ThOCl_2$	(IV)-oxidchlorid	f	318,94 4,119				
$ThOJ_2$	(IV)-oxidjodid	f	501,85				

Phasen-umwandlungen °C		ΔH kJ/Mol	Standardwerte bei 25° C C_p J/Molgrd	S^0 J/Molgrd	ΔH_B kJ/Mol	ΔG^0 kJ/Mol	Bemerkungen und Charakteristik
					−4066		fbl. Prismen oder feine Nadeln; ll. Al
2655	*F*			80,8	−187		dklgelbes Produkt, met. glänzend, undurchsichtig; gelbes mikrokrist. Aggregat; zers. W→KW und H_2
770 921	*F* *V*	40,2 146,4			−1190		$\bar{\alpha}(20...150° C) = 30 \cdot 10^{-6}$ grd^{-1}; fbl. weiße Krist.; hygr.; ll. W; l. Al; swl. Ä; unl. Bzl, Toluol, Chlf, CS_2
					−3373		glänzende Krist.; verwittern im Exsiccator; an Luft zerfl.; sll. W; l. Al
					−3673		$\chi_{Mol} = -180 \cdot 10^{-6}$ cm^3Mol^{-1}; rein weiße Krist.; ll. W, abs. Al
1110 1680	*F* *V*	 258	110,7	142,0	−1996	−1900	weißes Pulver; LW 25° $1{,}9 \cdot 10^{-5}$ %; unl. wss. HF, konz. H_2SO_4; etwas l. mäßig verd. H_2SO_4, HCl
566 837	*F* *V*	33,5 120,5		264	−862		gelbe Blättchen; l. W; die thermische Z. dient zur Darst. des Metalls
2660	*F*		156,0	178,7	−1290		dklbraunes Pulver, auch schw. krist.; zerfällt an feuchter Luft unter NH_3-Entwicklung; W hydrolysiert in der Kälte langsam, in der Hitze schnell; ll. S
							große gut ausgebildete Krist.; wenig hygr., wenn gut getrocknet; weißes krist. Pulver; LW 20° 66%, Bdk. 6 H_2O; ll. Al; die wss. Lsg. zers. allmählich unter Abscheidung eines bas. Salzes
2990 4400	*F* *V*		61,76	65,24	−1231	−1173	$\chi_{Mol} = -16 \cdot 10^{-6}$ cm^3Mol^{-1}; weißes schweres krist. Pulver; LW 25° $2 \cdot 10^{-6}$ %; unl. verd. S, Alk; l. h. konz. H_2SO_4; Aufschluß mit $NaHSO_4$-Schmelze
					−1764		weißes Pulver oder gelartiger Nd.; unl. W, HF, Alk; l. S; in feuchtem Zustand leicht, getrocknet weit schwieriger löslich
					−1058		weißes Pulver; hygr.; ll. W
					−1150		kleine Nadeln; zerfl.; l. W klar; unl. Al
					−955		weißes Produkt, das sich am Licht rasch gelb färbt; l. W

Formel	Name	Zustand	Mol.-Masse Dichte g · cm⁻³	Kristalldaten: System, Typ und Symbol	Einheitszelle: Kantenlänge in Å	Einheitszelle: Winkel und M	Brechzahl n_D
ThS_2	(IV)-sulfid	f	296,17 7,234	orh. $C\,23$ $D_{2h}^{16}, Pnma$	7,249 8,600 4,259	$M=4$	
Th_2S_3	(III)-sulfid	f	560,27 7,87	orh. $D_{2h}^{16}, Pnma$	10,97 10,83 3,95	$M=4$	
$Th(SO_4)_2$	(IV)-sulfat	f	424,16 4,225				
$Th(SO_4)_2 \cdot 4\,H_2O$		f	496,22				
$Th(SO_4)_2 \cdot 8\,H_2O$		f	568,28	mkl.	0,7535: 1: 0,5570	93°	
Ti	**Titan**						
$TiBr_2$	(II)-bromid	f	207,72 4,31				
$TiBr_3$	(III)-bromid	f	287,63	trig. $C_{3i}^2, R\bar{3}$	7,263	52° 48′ $M=2$	
$TiBr_4$	(IV)-bromid	f	367,54 3,25	kub. $D\,1_1$ $T_h^6, Pa3$	11,273	$M=8$	
TiC	carbid	f	59,91 4,08	kub. $B\,1$ $O_h^5, Fm3m$	4,32	$M=4$	
$TiCl_2$	(II)-chlorid	f	118,81 3,13	trig. $C\,6$ $D_{3d}^1, P\bar{3}m$	3,561 5,875	$M=1$	
$TiCl_3$	(III)-chlorid	f	154,26	trig. $D\,0_5$ $C_{3i}^2, R\bar{3}$	6,820	53° 20′ $M=2$	
$TiCl_4$	(IV)-chlorid	fl	189,71 1,726				
TiF_3	(III)-fluorid	f	104,9 2,98	trig. $D_{3d}^6, R\bar{3}c$	5,523	58,88° $M=2$	
TiF_4	(IV)-fluorid	f	123,89 2,798				

Phasen-umwandlungen °C		ΔH kJ/Mol	Standardwerte bei 25° C C_p J/Molgrd	S^0 J/Molgrd	ΔH_B kJ/Mol	ΔG^0 kJ/Mol	Bemerkungen und Charakteristik
1905	*F*				−460		graubraunes Pulver; unter dem Mikroskop schw. Krist., braun durchscheinend; unl. W, verd. Alk; l. verd. HNO_3 warm, k. konz. HNO_3; NaOH- und KOH-Schmelze→ThO_2
1950	*F*				−1082		
			171		−2518		weißes Pulver; unter dem Mikroskop krist. Struktur; etwas hygr.; LW 20° 1,3 %, Bdk. 9 H_2O; unl. Al
100 $-2\ H_2O$					−3694		milchweiße Krist., nadelförmig; wl. W; l. wss. NH_4-acetatlsg.
					−4890		fbl. Kristallaggregate
				120	−407		tiefschw. Pulver; stark reduzierend; l. W unter H_2-Entwicklung; entzündet sich an der Luft
				182	−546,4	−525,9	$\chi_{Mol} = +520 \cdot 10^{-6}$ cm^3Mol^{-1}; blauschw. Krist., Blättchen oder Nadeln; l. W viol.
−15 38,2 233,4	*U* *F* *V*	 13,4 44,37		241	−619,7	−591	$\bar{\gamma}(-20...30°\ C) = 283 \cdot 10^{-6}\ grd^{-1}$; bernsteingelbe Krist.; hydrolysiert an feuchter Luft und in W→TiO_2+HBr; zers. HNO_3, H_2SO_4, wss. NH_3, NaOH; ll. 34 % HBr, konz. HCl
3170	*F*		33,51	24,3	−183,5	−179,8	graue Substanz, sehr spröde und hart; unl. W, HCl; l. HNO_3, verd. HF, HNO_3+HCl; Königsw. löst nur langsam, beim Sieden rasch; Fluoridschmelzen zers. TiC vollständig
1500	*V*	232		103,3	−504,6	−459,5	schw. Substanz; zers. W heftig; mit feuchter Luft→TiO_2; l. konz. HCl, konz. H_2SO_4 grün; unl. Ä, Chlf, CS_2
730 960	*F* *V*	20,9 124		143,9	−714,2	−647,9	$\chi_{Mol} = +705 \cdot 10^{-6}$ cm^3Mol^{-1}; viol. Blättchen, sehr dünn; an feuchter Luft→HCl+TiO_2; ll. W, Al; schwer l. HCl; unl. Ä, Chlf, CCl_4, CS_2, Bzl, $TiCl_4$
−24,3 136,5	*F* *V*	9,37 36,2	157,0	249	800	732	fbl. Fl.; hygr.; raucht stark an der Luft; W hydrolysiert; l. Al, Me
							$\chi_{Mol} = +1300 \cdot 10^{-6}$ cm^3Mol^{-1}; viol. Pulver; unl. W
283,1	Sb	90,2		131	−1548	−1456	weiße Substanz; hygr.; l. W klar, wfreiem Al, Py, 100 % H_2SO_4; unl. Ä

Formel	Name	Zustand	Mol.-Masse Dichte $g \cdot cm^{-3}$	Kristalldaten System, Typ und Symbol	Einheitszelle Kantenlänge in Å	Winkel und M	Brechzahl n_D
TiJ_2	(II)-jodid	f	301,71 4,99	trig. $C\,6$ D_{3d}^1, $P\,\bar{3}\,1\,m$	4,11 6,82	$M=1$	
TiJ_4	(IV)-jodid	f	555,52 4,3	kub.* $D\,1_1$ T_h^6, $P\,a\,3$	12,02	$M=8$	
TiN	nitrid	f	61,91 5,21	kub. $B\,1$ O_h^5, $F\,m\,3\,m$	4,23	$M=4$	
TiO	(II)-oxid	f	63,90 4,88	kub. $B\,1$ O_h^5, $F\,m\,3\,m$	4,17	$M=4$	
TiO_2	(IV)-oxid, Rutil	f	79,90 4,24	tetr. $C\,4$ D_{4h}^{14}, $P\,4_2/m\,n\,m$	4,58 2,95	$M=2$	2,6158 2,9029
TiO_2	Anatas	f	79,90 3,90	tetr. $C\,5$ D_{4h}^{19}, $I\,4_1/a\,m\,d$	3,73 9,37	$M=4$	2,534 2,493
TiO_2	Brookit	f	79,90 4,14	orh. $C\,21$ D_{2h}^{15}, $P\,b\,c\,a$	5,44 9,20 5,14	$M=8$	2,5832 2,5856 2,7414
Ti_2O_3	(III)-oxid	f	143,80 4,56	trig. $D\,5_1$ D_{3d}^6, $R\,\bar{3}\,c$	5,42	56° 32′ $M=2$	
TiS_2	(IV)-sulfid	f	112,03 3,27	trig. $C\,6$ C_{3i}^2, $P\,\bar{3}\,1\,m$	3,397 5,691	$M=1$	
$Ti(SO_4)_2$	(IV)-sulfat	f	240,02				

Phasenumwandlungen °C		ΔH kJ/Mol	Standardwerte bei 25° C C_p J/Molgrd	S^0 J/Molgrd	ΔH_B kJ/Mol	ΔG^0 kJ/Mol	Bemerkungen und Charakteristik
1170	*V*	223		150,6	−266		schw. met. glänzende Blättchen; zers. rasch an Luft, da hygr.; mit W heftige Z.; l. sied. HCl blau, konz. wss. HF; H_2SO_4, HNO_3 zers. unter J_2-Abscheidung
150 377,2	*F* *V*	17,6 58,4		258,6	−427		* über 125° C; bei Raumtemp. hex. $a = 7{,}978$, $c = 19{,}68$ Å; $\bar{\gamma}(20...150°C) = 222 \cdot 10^{-6}$ grd^{-1}; dklrötlichbraune große Krist.; raucht stark an der Luft; l. W unter Hydrolyse; l. konz. HF, HCl; unl. fl. H_2S, fl. PH_3
2947	*F*	84	37,07	30,11	−332,2	−303,3	hbraune pulverförmige Substanz, nach Pressen Bronzefarbe; unl. HCl, HNO_3, verd. und konz. H_2SO_4; l. Königsw. beim Erhitzen; KOH-Schmelze→K-titanat und NH_3-Entwicklung
991 1750 2700	*U* *F* *V*	3,43 58,5	39,96	34,76	−518,4	−488,6	hbronzefarbenes met. bis braunes grobkrist. Pulver; l. 40% HF, unter H_2-Entwicklung verd. H_2SO_4, HCl; konz. HCl greift langsam an; sied. HNO_3→TiO_2
1855 2900	*F* *V*	64,8	55,06	50,23	−943,9	−888	$\alpha(25° C) = 7{,}1...9{,}2 \cdot 10^{-6}$ grd^{-1}; $\chi_{Mol} = -480 \cdot 10^{-6}$ cm^3Mol^{-1}; $\varkappa(50...200$ at; 0° C$) = 0{,}57 \cdot 10^{-6}$ at^{-1}; Halbleiter; weiße Krist.; unl. W, S außer H_2SO_4 und HF; unl. verd. Alk; Aufschluß mit Schmelze $KHSO_4$, KHF_2, K_2CO_3; Schmelze mit Metalloxiden→Titanate
642	*U*	1,3	55,31	49,90			$\varepsilon(5 \cdot 10^5...10^6$ Hz$) = 48$
200 2130 3000	*U* *F* *V*	0,90 161	97,36	78,76	−1518	−1433	dklviol. bis schw. Pulver oder grobkrist. Masse; unl. W, HCl, HNO_3; l. H_2SO_4 unter Viol.färbung; wss. HF oder Königsw. greifen beim Erwärmen an
			67,91	78,37			dklgrüne Substanz, Strich messinggelb; olive Blättchen; l. HF beim Erwärmen; unl. konz. HCl, verd. H_2SO_4, wss. NH_3
							weißes Pulver, äußerst hygr.; l. W unter Wärmeentwicklung; zers. bei 150° C unter Verlust von SO_3

Formel	Name	Zustand	Mol.-Masse / Dichte g · cm⁻³	Kristalldaten: System, Typ und Symbol	Einheitszelle: Kantenlänge in Å	Winkel und M	Brechzahl n_D
$Ti_2(SO_4)_3$	(III)-sulfat	f	383,98				
$TiOSO_4 \cdot H_2O$	(IV)-oxid= sulfat	f	177,98 2,71	orh. D_2^4, $P\,2_1 2_1 2_1$	8,598 9,788 5,210	$M=4$	
Tl	**Thallium**						
Tl_3AsO_3	(I)-ortho= arsenit	f	736,03				
TlBr	(I)-bromid	f	284,28 7,557	kub. $B\,2$ O_h^1, $P\,m\,3\,m$	3,98	$M=1$	
$TlBr_3 \cdot 4\,H_2O$	(III)-bro= mid	f	516,16				
$Tl[TlBr_4]$	(I), (III)-bromid	f	728,38	orh. D_{2h}^6, $P\,n\,n\,a$	8,02 10,35 10,45	$M=8$	
TlCN	(I)-cyanid	f	230,39 6,523	kub. O_h^1, $P\,m\,3\,m$	3,994	$M=1$	2,02
$Tl[Tl(CN)_4]$	(I), (III)-cyanid	f	512,81				
Tl_2CO_3	(I)-carbo= nat	f	468,75 7,11	mkl.	1,3956: 1: 1,9586	94° 47′	
$TlHCO_2$	(I)-formiat	f	249,39				
$Tl(HCO_2)_3$	(III)-for= miat	f	339,42	mkl.	0,6218: 1: 0,4896	100° 35′	

Phasenumwandlungen °C		ΔH kJ/Mol	Standardwerte bei 25° C C_p J/Molgrd	S^0 J/Molgrd	ΔH_B kJ/Mol	ΔG^0 kJ/Mol	Bemerkungen und Charakteristik
							grünes krist. Pulver; unl. W, Al, konz. H_2SO_4, fl. NH_3; l. verd. H_2SO_4, HCl viol.
							fbl. Krist.; l. W unter Hydrolyse; l. k. HCl langsam, in der Wärme schnell
							or. Nädelchen, auch glänzende dicke Nadeln; swl. k. W; wl. Al; ll. verd. S
460 819	*F* *V*	17,2 99,56		 127,4	−172,3	 −168	$\bar{\gamma}$(20...150° C) = 172 · 10^{-6} grd^{-1}; $\varkappa$(100...510 at; 20° C) = 5,2 · 10^{-6} at^{-1}; ε(5 · 10^5...10^6 Hz) = 30; χ_{Mol} = −63,9 · 10^{-6} cm^3Mol^{-1}; fbl. krist. Pulver, am Licht gelblich grau und schw.braun; **LW** 20° 0,047 %; l. Al; unl. Aceton, Py
40	*F*						schwach gelbliche Nadeln; leicht zers.→Tl[$TlBr_4$]; ll. W
							dklgelbe lange Nadeln; etwas l. in Br_2; zers. W
							χ_{Mol} = −49 · 10^{-6} cm^3Mol^{-1}; sehr kleine weiße glänzende Blättchen; starker Geruch nach HCN; zers. durch die schwächste S; LW 25° 14,2 %, Bdk. 0 H_2O; L fl. SO_2 0° 0,012 g/100 g SO_2; ll. wss. KCN; l. Al
125... 30	*F**						* unter Entwicklung von Cyan und Z. zu schw.brauner Masse; fbl. stark glänzende Krist.; LW 30° 21,4 %; verd. S zers.→HCN-Entwicklung
228 273	*U* *F*	 18,4		 159,4	−699,6	 −615	ε(4 · 10^8 Hz) = 17; χ_{Mol} = −50,8 × 2 · 10^{-6} cm^3Mol^{-1}; fbl. große glänzende Krist.; wasserhelle Nadeln; **LW** 20° 5,2 %, Bdk. 0 H_2O; L fl. SO_2 0° 0,01 g/100 g SO_2; unl. abs. Al, Ä, Aceton, Py
104	*F*						fbl. nadelförmige Krist.; sll. W unter Hydrolyse beim Verdünnen; ll. Me; wl. Al; swl. Chlf; MAK: 0,18 mg/m^3 Luft
							fbl. strahlig krist. Krusten; wird an Luft rasch braun; in W sofort Hydrolyse; ll. verd. S; l. Al; swl. org. Lösm.

Formel	Name	Zustand	Mol.-Masse Dichte g · cm⁻³	Kristalldaten System, Typ und Symbol	Einheitszelle Kantenlänge in Å	Winkel und M	Brechzahl n_D
$TlCH_3CO_2$	(I)-acetat	f	263,42				
Tl_2CS_3	(I)-thio⸗carbonat	f	516,94				
TlCl	(I)-chlorid	f	239,82 7,00	kub. *B* 2 O_h^1, *P m* 3 *m*	3,838	*M* = 1	2,247
$TlCl_3$	(III)-chlo⸗rid	f	310,73	mkl. C_{2h}^3, *C* 2/*m*	6,54 11,33 6,32	110,2° *M* = 4	
$TlCl_3 \cdot 4\,H_2O$		f	382,79				
$TlCl_3 \cdot 3\,C_5H_5N$	(III)-pyri⸗din⸗chlorid	f	548,04				
$TlCl_3 \cdot 3\,NH_3$	(III)-tri⸗ammin⸗chlorid	f	362,05				
$Tl_3[TlCl_6]$	(I), (III)-chlorid		1030,20 5,7	trig. D_{3d}^2, *P* $\bar{3}$ 1 *c*	14,9 25,2	*M* = 32	
$TlClO_3$	(I)-chlorat	f	287,82 5,50	trig. 8C_{3v}^5, *R* 3 *m*	4,42	86° 20′ *M* = 1	
$TlClO_4$	(I)-per⸗chlorat		303,82 4,89	orh. *H* 2 D_{2h}^{16}, *P n m a*	7,50 9,42 5,88	*M* = 4	1,6427 1,6445 1,6541
TlF	(I)-fluorid	f	223,37 8,36	orh. *B* 2 4 D_{2h}^{23}, *F m m m*	5,495 6,080 5,180	*M* = 4	

Phasenumwandlungen			Standardwerte bei 25° C				Bemerkungen und Charakteristik
°C		ΔH kJ/Mol	C_p J/Molgrd	S^0 J/Molgrd	ΔH_B kJ/Mol	ΔG^0 kJ/Mol	
131	*F*						weiße seidenglänzende Krist.; hygr.; L fl. SO_2 0° 7,5 g/100 g SO_2; ll. W, Me, Al, Chlf, Egester; swl. Aceton, Toluol; MAK: 0,19 mg/m³ Luft
				136,5	−87,9	−60	zinnoberrotes Pulver; zers. beim Erhitzen; swl. W; beständig gegen Alk; H_2SO_4, HNO_3 reagieren heftig; org. S zers. erst beim Sieden; unl. Me, Al, Ä, Aceton, Bzl, Chlf, CCl_4, CS_2, PÄ
427 807	*F* *V*	16,5 102,2	50,92	111,2	−204,9	−185,8	$\bar{\gamma}$(20...150° C) = 168 · 10^{-6} grd^{-1}; $\varkappa$(100...510 at; 20° C) = 4,8 · 10^{-6} at^{-1}; ε(5 · 10^5...10^6 Hz) = 32; χ_{Mol} = −57,8 · 10^{-6} cm³Mol^{-1}; fbl. Krist.; am Licht Verfärbung rötlich bis viol.; LW 20° 0,32 %, 100° 2 %, Bdk. 0 H_2O; l. 30 % KOH, sied. NaOH; swl. wss. NH_3; wl. HCl unl. Al, Aceton, Py; MAK: 0,18 mg/m³ Luft
							rein weißes krist. Sublimat; durchsichtige Masse; sehr hygr.; LW 17° 37,6 %, Bdk. 4 H_2O; ll. Al, Ä, Aceton; fast unl. in wfreiem HF
35	*F*				−1538		fbl. Krist.; LW s. $TlCl_3$; l. Al, Ä
							weißes krist. Pulver; l. W; sll. Al; wl. Ä
							weißes krist. Pulver; zers. W→Tl_2O_3; l. HCl, zers. beim Erhitzen→NH_3, NH_4Cl, TlCl
400... 500	*F*						zitronengelbe Blättchen; beim Schmelzen→dklbraune Fl.; l. W; wss. Lsg. mit Alk→Tl_2O_3+TlCl
							χ_{Mol} = −65,5 · 10^{-6} cm³Mol^{-1}; fbl. lange Nadeln oder weißes Pulver, luftbeständig; LW 20° 3,75 %
266 501	*U** *F*						* *U* D_{2h}^{16}→kub. HO_5, T_d^2, $F\bar{4}3m$, a = 7,72 Å, M = 4; χ_{Mol} = −72,5 · 10^{-6} cm³Mol^{-1}; fbl. durchsichtige glänzende Krist.; schweres krist. Pulver; nicht hygr.; LW 20° 11,5 %; wl. Al
327 655	*F* *V*	14,0		87,4	−312,5	−263	χ_{Mol} = −44,4 · 10^{-6} cm³Mol^{-1}; weiße glänzende Krist.; im Sonnenlicht Verfärbung; LW 20° 78,8 %, Bdk. 0 H_2O; ll. fl. HF 14...18°; wl. Al

Formel	Name	Zustand	Mol.-Masse / Dichte g · cm⁻³	Kristalldaten: System, Typ und Symbol	Einheitszelle: Kantenlänge in Å	Winkel und M	Brechzahl n_D
TlF_3	(III)-fluorid	f	261,37 8,3				
TlJ	(I)-jodid	f	331,27 7,29	orh. $B\,33$ $D_{2h}^{17}, Cmcm$	5,24 45,7 12,92	$M=4$	2,78
$TlJ_3 \cdot 2\,C_5H_5N$	(III)-dipyridinjodid	f	743,29				
Tl_3N	(I)-nitrid	f	627,12				
TlN_3	(I)-azid	f	246,39				
$TlNO_3$	(I)-nitrat	f	266,38 5,56	orh. D_2^3, $P\,2_1\,2_1\,2$	6,17 12,27 3,98	$M=4$	1,817
Tl_2O	(I)-oxid	f	424,74 9,52				
Tl_2O_3	(III)-oxid	f	456,74 9,65	kub. $D\,5_3$ $T_h^7, Ia3$	10,59	$M=16$	
TlOH	(I)-hydroxid	f	221,38				
TlOF	(III)-oxidfluorid	f	239,37				
TlCNO	(I)-cyanat	f	246,39 5,487				

Phasenumwandlungen °C		ΔH kJ/Mol	Standardwerte bei 25° C C_p J/Molgrd	S^0 J/Molgrd	ΔH_B kJ/Mol	ΔG^0 kJ/Mol	Bemerkungen und Charakteristik
550	*F*						weiß, durch Luftfeuchtigkeit zers.→ braun und HF-Nebel; zers. W
165 440 823	*U** *F* *V*	 11,3 104,7		 125,5	−124,2	 −125	* *U* gelb→rot; $\varkappa$(100...510 at; 20° C) = 6,8 · 10^{-6} at^{-1}; $\varepsilon(10^{12}$ Hz) = 35; $\chi_{Mol} = -82{,}2 \cdot 10^{-6}$ cm^3Mol^{-1}; dünne gelbe Blättchen; LW 20° 6,3 · 10^{-3} %, Bdk. 0 H_2O; l. HNO_3→ J_2-Entwicklung; l. Königsw.; wl. Al; unl. KJ; l. KOH, krist. aus nach Kochen in glänzenden roten Blättchen, 2. Modifikation, kub. *B* 2 O_h^1, *Pm*3*m*, *a* = 4,19 Å, *M* = 1
							or. Pulver; ll. Me, Al, Aceton, Eg, Bzl, Nitrobzl, Nitromethan
							schw. Nd.; expl. bei Schlag oder Berührung mit W, verd. S; Wdampf hydrolysiert; l. in Lsg. von $TlNO_3$ in fl. NH_3, KNH_2 in fl. NH_3
334	*F*				233		große durchsichtige fbl. Krist., zerbrechlich; weißer feinkrist. Nd.; im Sonnenlicht→dklbraun; nicht hygr.; nicht expl.; LW 20° 0,35 %; ll. h. W; unl. abs. Al, Ä
61 143 207 433	*U* *U** *F* *V*	1,00 3,18 9,58	99,37	 160,7	−242,6	 −151	* *U* D_2^3→kub. *B* 2, O_h^1, *Pm*3*m*, *a* = 4,31 Å, *M* = 1; $\varepsilon(5 \cdot 10^5...10^6$ Hz) = 16,5; $\chi_{Mol} = -56{,}5 \cdot 10^{-6}$ cm^3Mol^{-1}; fbl. Krist.; LW 20° 8,72 %; ll. Methylamin; l. Aceton; wl. fl. NH_3; unl. Al; MAK: 0,2 mg/m^3 Luft
300 500	*F* *V*			 99,5	−178	 −139	schw. krist. Substanz; sehr hygr.; ll. W→TlOH; l. S; L abs. Al 20° 0,011 g/250 cm^3 Lösm.; MAK: 0,16 mg/m^3 Luft
717	*F*				−351		$\chi_{Mol} = +76 \cdot 10^{-6}$ cm^3Mol^{-1}; braun; unl. W, Alk, KOH-Schmelze; l. HCl, H_2SO_4, HNO_3; schw. Oxid *D* = 10,19 g/cm^3
				 72,4	−240,4	 −196	gelber voluminöser Nd.; glänzend gelbe krist. Masse; gelbweiße Nadeln; LW 20° 25,55 %; wss. Lsg. greift Glas an
							dklolivgrün; unl. W; zers. langsam durch sied. W; fast unl. HF; l. S
							$\chi_{Mol} = -55{,}5 \cdot 10^{-6}$ cm^3Mol^{-1}; fbl. kleine glänzende Blättchen, auch Nadeln; ll. W; swl. Al

Formel	Name	Zustand	Mol.-Masse Dichte g · cm⁻³	Kristalldaten System, Typ und Symbol	Einheitszelle Kantenlänge in Å	Winkel und M	Brechzahl n_D
Tl_3PO_4	(I)-orthophosphat	f	708,08 6,89				
Tl_2S	(I)-sulfid	f	440,80 8,0	trig. $C\,6$ C_3^4, $R\,3$ oder C_{3i}^2, $R\,\overline{3}$	13,61	82,1° $M=9$	
Tl_2S_3	(III)-sulfid	f	504,93				
Tl_2S_5	sulfid	f	569,06 5,19	orh. D_{2h}^{14}, $Pbcn$	10,57 23,45 8,877	$M=12$	
TlSCN	(I)-thiocyanat	f	262,45 4,956	orh. D_{2h}^{11}, $Pbcm$	6,80 6,78 7,52		
Tl_2SO_4	(I)-sulfat	f	504,80 6,765	orh. D_{2h}^{16}, $Pnma$	7,808 10,665 5,929	$M=4$	1,8600 1,8671 1,8853
Tl_2Se	(I)-selenid	f	487,70 9,05	tetr. C_{4h}^3, $P\,4/n$	8,54 12,71	$M=10$	
Tl_2SeO_3	(I)-selenit	f	535,70				
$TlHSeO_3$	(I)-hydrogenselenit	f	332,34				
$Tl_2(SeO_3)_3$	(III)-selenit	f	789,62				
Tl_2SeO_4	(I)-selenat	f	551,70 7,043	orh. D_{2h}^{16}, $Pnma$	7,938 10,932 6,255	$M=4$	1,9493 1,9592 1,9640

Phasenumwandlungen °C		ΔH kJ/Mol	Standardwerte bei 25° C C_p S^0 J/Molgrd	ΔH_B ΔG^0 kJ/Mol	Bemerkungen und Charakteristik
					$\chi_{Mol} = -48{,}4 \times 3 \cdot 10^{-6}$ cm^3Mol^{-1}; weißer krist. Nd. von seidigem Aussehen; swl. W; ll. HNO_3; sll. NH_4-salzlsg.; unl. Al
449 1367	*F* *V*	12,5 154		−87,0	$\chi_{Mol} = -44{,}4 \times 2 \cdot 10^{-6}$ cm^3Mol^{-1}; schw. krist. Substanz; LW 20° 0,02 %, Bdk. 0 H_2O; ll. verd. HNO_3, H_2SO_4; wl. verd. HCl; unl. Alk, Alk-carbonatlsg., -cyanidlsg., Egs, Aceton; rauchende HNO_3 oxid.→ Sulfat
260	*F*				schw. amorphes Produkt: <12° hart, spröde mit glasglänzendem Bruch, >25° weich und zu Fäden ziehbar; unl. W; l. h. verd. H_2SO_4
310	*F*				glänzende schw. undurchsichtige Krist.
					weißer käsiger Nd., auch gelb, grau je nach Fällung; weiße glänzende Blättchen oder Prismen; LW 20° 0,314 %; l. sied. W; L fl. SO_2 0° 0,024 g/100 g SO_2; l. Na_2CO_3-Lsg., Me; gut l. Py; unl. Aceton
632	*F*	23,0	243,5	−933,9	$\varepsilon(5 \cdot 10^5 ... 10^6$ Hz$) = 25{,}5$; fbl. Krist.; LW 20° 4,5 %; L fl. SO_2 0° 0,021 g/100 g Lösm.; l. H_2SO_4; unl. Äthylamin; reagiert lebhaft mit gasförmigem HCl, HBr; MAK: 0,19 mg/m^3 Luft
398	*F*			−75	graue glänzende Blättchen; aus Schmelzfluß schw., hart, spröde; unl. W, Egs, Alk-sulfid- und -selenidlsg.; l. S
					feine glänzende glimmerart. Blättchen; wl. k. W; wss. Lsg. zeigt alk. Reaktion; Al, Ä fällt aus wss. Lsg. wieder aus
					große gelbe wächserne Krist.; sll. W; unl. Al, Ä
					weiße krist. Masse; unl. W; l. verd. HNO_3; zers. HCl, H_2SO_4; zers. Alk→Tl_2O_3, SeO_2
					lange weiße Nadeln; F >400°→klare gelbe Fl.; bildet dabei Selenit; LW 20° 2,7 %, Bdk. 0 H_2O; unl. Al, Ä

Formel	Name	Zustand	Mol.-Masse / Dichte g · cm⁻³	Kristalldaten: System, Typ und Symbol	Einheitszelle: Kantenlänge in Å	Einheitszelle: Winkel und M	Brechzahl n_D
$Tl_2[SiF_6]$	(I)-hexafluorosilikat	f	550,82 5,72	kub. $I\,1_1$ O_h^5, $F\,m3\,m$	8,58	$M=4$	
Tm	**Thulium**						
$TmCl_3$	(III)-chlorid	f	275,29 4,34	mkl. C_{2h}^3, $C\,2/m$	6,75 11,73 6,39	110,6° $M=4$	
$TmCl_3 \cdot 7H_2O$		f	401,40				
Tm_2O_3	(III)-oxid	f	385,87 8,77	kub. $D\,5_3$ T_h^7, $I\,a\,3$	10,52	$M=16$	
U	**Uran**						
UBr_4	(IV)-bromid	f	557,67 4,838	mkl.	10,29 8,69 7,05	93° 54′ $M=4$	
UC_2	carbid	f	262,05 11,28	tetr. $C\,1\,1$ D_{4h}^{17}, $I\,4/m\,m\,m$	3,54 5,99	$M=2$	
$UO_2(CH_3CO_2)_2$	Uranylacetat	f	388,12				
$UO_2(CH_3CO_2)_2 \cdot 2\,H_2O$		f	424,15 2,89	orh. C_{2v}^9, $P\,n\,a\,2_1$	9,61 14,95 6,93	$M=4$	
$UO_2(CH_3CO_2)_2 \cdot 3\,H_2O$		f	442,16	tetr.	1: 1,4054		1,63 1,545
UCl_3	(III)-chlorid	f	344,39 5,44	hex. C_{6h}^2, $P\,6_3/m$	7,428 4,312	$M=2$	
UCl_4	(IV)-chlorid	f	379,84 4,854	kub. oder tetr. D_{4h}^{19}, $I\,4_1/a\,m\,d$	14,60 8,298 7,486	$M=24$ $M=4$	

Phasenumwandlungen °C		ΔH kJ/Mol	Standardwerte bei 25° C C_p J/Molgrd	S^0 J/Molgrd	ΔH_B kJ/Mol	ΔG^0 kJ/Mol	Bemerkungen und Charakteristik
							durchsichtige Krist.; feinkrist. Nd.; sll. W; konz. H_2SO_4 zers.→HF + SiF_4; wss. Lsg. scheidet langsam etwas SiO_2 ab
845 1490	*F* *V*				−959,8		fahl gelbgrünes Salz; l. W
							grünliche Krist.; ll. W, Al
							dichtes weißes Pulver mit schwach grünlichem Ton; unl. W; langsam l. in warmen konz. S
519 765	*F* *V*	75 134		243	−822,6	−789	$\chi_{Mol} = +3530 \cdot 10^{-6}$ cm^3Mol^{-1}; glänzende braune bis schw. Blättchen; raucht an der Luft und zerfl.; l. W unter Zischen; l. Egester, Aceton, Py; unl. Ä
2425 4100	*F* *V*			59	−176	−175,2	silberweiß, met., besitzt dichte feinkrist. Struktur; zers. W unter Gasentwicklung, zers. verd. und konz. S, Alk
110	*F*						gelbliches Kristallpulver; ll. W, Al, Py in der Wärme; etwas l. $C_2H_5NH_2$ wl. CH_3NH_2; kaum l. Ä, Chlf; MAK: 0,081 mg/m³ Luft
							gelbe Prismen; l. W (Zusatz Egs zur Hemmung der Hydrolyse); wl. Al; unl. Ä, Egester
100 $-H_2O$							zitronengelbe Krist.
835	*F*		91,5	158,9	−891	−823	$\chi_{Mol} = +3460 \cdot 10^{-6}$ cm^3Mol^{-1}; dklbraune bis dklrote glänzende Nadeln; sehr hygr.; sll. W, l. HCl; unl. Al, Chlf, CCl_4, Aceton, Py
589 618	*F* *V*	45,0	123,4	198,3	−1057	−967	$\chi_{Mol} = +3680 \cdot 10^{-6}$ cm^3Mol^{-1}; grüne Krist.; met. glänzend sehr hygr.; raucht an der Luft; l. W grün unter HCl-Entwicklung; l. Al, Aceton, Egester; unl. Ä, Chlf, Bzl

Formel	Name	Zustand	Mol.-Masse Dichte $g \cdot cm^{-3}$	Kristalldaten System, Typ und Symbol	Einheitszelle Kantenlänge in Å	Winkel und M	Brechzahl n_D
UCl_5	(V)-chlorid	f	415,30				
UF_4	(IV)-fluorid	f	314,02	mkl. $C_{2h}^6, C\,2/c$	10,29 10,75 8,43	94° 57′ $M=12$	
UF_6	(VI)-fluorid	f	352,02				
UJ_4	(IV)-jodid	f	745,65 5,6				
$UO_2(NO_3)_2 \cdot 6\,H_2O$	Uranylnitrat	f	502,13 2,807	orh. $D_{2h}^{17}, Cmcm$	11,42 13,15 8,02	$M=4$	1,4967*
UO_2	(IV)-oxid	f	270,03 10,8	kub. $C\,1$ $O_h^5, Fm3m$	5,455	$M=4$	
U_3O_8	(IV, VI)-oxid	f	842,09 7,19	orh.	4,144 6,716 3,977	$M={}^2/_3$	
UO_3	(VI)-oxid	f	286,03 7,368	trig.* $D_{3d}^3, P\bar{3}m1$	3,963 4,160	$M=1$	
$UO_3 \cdot H_2O$		f	304,04 5,926				
$UO_3 \cdot 2\,H_2O$		f	322,06				
$UO_4 \cdot 2\,H_2O$	peroxid	f	338,06				
UO_2Cl_2	Uranylchlorid	f	340,94				
UO_2F_2	Uranylfluorid	f	308,03	trig. $D_{3d}^5, R\bar{3}m$	5,755	42° 47′ $M=1$	
UO_2J_2	Uranyljodid	f	523,84				

Phasen-umwandlungen °C		ΔH kJ/Mol	Standardwerte bei 25° C: C_p S^0 J/Molgrd	ΔH_B ΔG^0 kJ/Mol	Bemerkungen und Charakteristik
			259	−1096 −991,7	nadelförmige dkl metallgrüne Krist., im durchfallenden Licht rubinrot; sehr hygr.; l. W unter HCl-Entwicklung; l. abs. Al, Aceton, CCl_3CO_2H, Egester, Benzonitril; etwas l. CCl_4, Chlf; unl. Ä, Bzl, Nitrobzl
			117,6 151,2	−1854 −1762	grünes Pulver; hygr.; unl. W, verd. S; schwierig l. konz. S, l. HF; etwas l. fl. NH_3; sied. NaOH zers.
69,2	*F*		166,75 227,8	−2163 −2033	fbl. glänzende Krist.; stark rauchend; schwach gelblich; hygr.; l. W gelblichgrün; org. Lösm. reagieren heftig; bestes Lösm.: 1,1,2,2-Tetrachloräthan
453... 505 520	 *U* *F*	 14,8 23,6	272	−531,4 −528	schw. feine Nadeln; zerfl. an feuchter Luft; l. W zu einer stark sauren Fl.
62,1	*F*		468,8 505,6	−3200	* n_β (gelbes Licht); gelbe Krist., fluoresz. gelbgrün; bei 100° Z. **LW** 20° 55 %; ll. Al, Ä
2730	*F*		64,10 77,95	−1084 −1030	Halbleiter; braunes krist. Pulver; feine oktaedrische Krist.; luftbeständig; unl. verd. HCl, H_2SO_4; l. HNO_3, konz. H_2SO_4, rauchende HCl, Königsw.
			237,9 281,8		grünes Pulver; l. HNO_3, konz. H_2SO_4 sied.; swl. verd. HCl, H_2SO_4
			84,86 98,58	−1221 −1143	* α-UO_3; $\chi_{Mol} = +128 \cdot 10^{-6}$ cm^3Mol^{-1}; hor.gelbes Pulver; sehr hygr.; l. S
				−1571	or.gelbes Pulver oder orh. Krist.; amorph ll. verd. S, konz. Lsg. von $UO_2(NO_3)_2$
				−1867	hgelbes Pulver, luftbeständig; LW 27° 0,16 g/l
				−1825	gelbweißes amorphes Pulver; l. HCl→Cl_2-Entwicklung; zers. Alk→ UO_3+Peruranat
			107,9 150,5		gelbes krist. Produkt; sehr zerfl.; l. W gelb
			103,2 135,5		gelbes Pulver; sehr zerfl.; ll. W, Al; unl. Ä, Amylal.
					rote krist. Masse, sehr zerfl.; l. W gelb; ll. Al, Ä, Bzl; l. Egester, Aceton, Py

Formel	Name	Zustand	Mol.-Masse Dichte g · cm⁻³	Kristalldaten System, Typ und Symbol	Einheitszelle Kantenlänge in Å	Winkel und M	Brechzahl n_D
US_2	Uran(IV)-sulfid	f	302,16 8,03	orh. D_{2h}^{16}, $Pnma$	7,11 8,46 4,12	$M=4$	
$UO_2SO_4 \cdot 3\,H_2O$	Uranyl-sulfat	f	420,14 3,28	orh.	12,58 17,00 6,73	$M=8$	
$U(SO_4)_2 \cdot 4\,H_2O$	Uran(IV)-sulfat	f	502,22 3,60	orh. D_{2h}^{16}, $Pnma$	11,093 14,674 5,688	$M=4$	
$U(SO_4)_2 \cdot 8\,H_2O$		f	574,28	mkl.	0,7190: 1: 0,5697	93° 24′	
Y	**Yttrium**						
YC_2	carbid	f	112,93 4,13	hex.	3,79 6,58		
$Y_2(CO_3)_3 \cdot 3\,H_2O$	(III)-carbonat	f	411,89 3,67				
YCl_3	(III)-chlorid	f	195,26 2,8	mkl. C_{2h}^{3}, $C\,2/m$	6,92 11,94 6,44	111,0° $M=4$	
YJ_3	(III)-jodid	f	469,62				
YN	nitrid	f	102,91 5,89	kub. $B\,1$ O_h^5, $Fm3m$	4,877	$M=4$	
$Y(NO_3)_3$	(III)-nitrat	f	274,92 1,7446				
$Y(NO_3)_3 \cdot 6\,H_2O$		f	383,01 2,68				
Y_2O_3	(III)-oxid	f	225,81 4,84	kub. $D\,5_3$ T_h^7, $Ia3$	10,61	$M=16$	
$Y(OH)_3$	(III)-hydroxid	f	139,93	hex. $D\,0_{19}$ C_{6h}^2, $P\,6_3/m$	6,24 3,53	$M=2$	
$Y_2(SO_4)_3$	(III)-sulfat	f	465,99 2,606				

Phasenumwandlungen °C		ΔH kJ/Mol	Standardwerte bei 25° C C_p J/Molgrd	S^0 J/Molgrd	ΔH_B kJ/Mol	ΔG^0 kJ/Mol	Bemerkungen und Charakteristik
							schw. oder eisengraue, sehr kleine Krist. von met. Glanz; zers. W-dampf, konz. HCl, HNO_3
100 $-2\ H_2O$				264	−2790		zitronengelbe kleine Krist., **LW** 20° 60 %; l. verd. S; kaum l. konz. Ameisensäure, Eg; wl. Al, Glykol
							hgrüne oder dklgrüne Krist.; luftbeständig; **LW** 20° 10,4 %; l. verd. HCl, H_2SO_4; wl. konz. S
							kleine dklgrüne Krist.; W hydrolysiert; l. verd. S, Al, Glykol
							goldglänzende krist. Masse; mikroskopisch gelbe durchsichtige Krist.; zers. W unter Bildung von KW
130 $-3\ H_2O$							weißes Pulver; praktisch unl. W; l. verd. S, überschüssiger Alk-carbonatlsg.
686	*F*				−935,9		fbl. strahlige Masse mit kleinen Krist.; durchscheinende Blättchen; LW 20° 43,9 %, Bdk. 6 H_2O; ll. Al; etwas l. Py; l. in viel Aceton; · 6 H_2O fbl. platte große Prismen; wl. Al; unl. Ä; F 160° im eigenen Kristallwasser
					−599,3		wasserhaltig: lange sehr zerfl. Krist.; ll. W; l. Al; wl. Ä; wasserfrei ll. Aceton
~2670	*F*			46,0	−299		
			316,8				weiße Krist.; LW 20° 53,3 %, 60° 68 %; ll. Al; l. Aceton; etwas l. Ä
100 $-3\ H_2O$							strahlige Masse aus fbl. Prismen; große durchsichtige Krist.; LW s. $Y(NO_3)_3$; l. Al, Ä
2400 4300	*F* *V*			123	−1906		$\bar{\alpha}$(20...1000° C) $= 9{,}3 \cdot 10^{-6}$ grd^{-1}; weißes gelblich getöntes Pulver; kleine Körner; LW 29° $1{,}8 \cdot 10^{-4}$ %; l. S, sogar Egs; langsam l. verd. HCl, ll. konz. HCl
					−1413	−1290	weißer gallertartiger Nd.; unl. W, Alk; ll. S; etwas l. NH_4Cl-Lsg.; ll. NH_4-salzlsg. beim Kochen unter Entwicklung von NH_3
			255,2				weißes Pulver; LW 20° 6,8 %, Bdk. 8 H_2O; W erhitzt heftig; ll. gesättigter K_2SO_4-Lsg.; unl. Aceton

Formel	Name	Zustand	Mol.-Masse / Dichte g · cm⁻³	Kristalldaten: System, Typ und Symbol	Einheitszelle: Kantenlänge in Å	Winkel und M	Brechzahl n_D
$Y_2(SO_4)_3 \cdot 8\,H_2O$		f	610,12 2,535	mkl.	3,0284: 1: 2,0092	118° 25′	1,5423 1,5490 1,5755
Yb	**Ytterbium**						
$YbCl_3$	(III)-chlorid	f	279,40 3,98	mkl. C_{2h}^3, $C\,2/m$	6,73 11,65 6,38	110,4° $M=4$	
$YbCl_3 \cdot 6\,H_2O$		f	387,49 2,575				
Yb_2O_3	(III)-oxid	f	394,08 9,175	kub. $D\,5_3$ T_h^7, $I\,a\,3$	10,41	$M=16$	
$Yb_2(SO_4)_3$	(III)-sulfat	f	634,26 3,793				
$Yb_2(SO_4)_3 \cdot 8\,H_2O$		f	778,39 3,286				
V	**Vanadin**						
VC	carbid	f	62,94 5,4	kub. $B\,1$ O_h^5, $F\,m\,3\,m$	4,17	$M=4$	
VCl_2	(II)-chlorid	f	121,85 3,23				
VCl_3	(III)-chlorid	f	157,30 3,00	trig. $D\,0_5$ C_{3i}^2, $R\,\overline{3}$	6,743	52° 55′ $M=2$	
VCl_4	(IV)-chlorid	fl	192,75 1,836				
VF_3	(III)-fluorid	f	107,94 3,363	trig. D_{3d}^6, $R\,\overline{3}\,c$	5,373	57° 30′ $M=2$	
VN	nitrid	f	64,95 5,75	kub. $B\,1$ O_h^5, $F\,m\,3\,m$	4,137	$M=4$	
VO	(II)-oxid	f	66,94 5,76	kub. $B\,1$ O_h^5, $F\,m\,3\,m$	4,12	$M=4$	
V_2O_3	(III)-oxid	f	149,88 4,87	trig. $D\,5_1$ D_{3d}^6, $R\,\overline{3}\,c$	5,45	53° 49′ $M=2$	
V_2O_4	(IV)-oxid	f	165,88 4,65	tetr. $C\,4$ D_{4h}^{14}, $P\,4_2/m\,n\,m$	4,54 2,88	$M=2$	

Phasen-umwandlungen °C		ΔH kJ/Mol	Standardwerte bei 25° C C_p J/Molgrd	S^0 J/Molgrd	ΔH_B kJ/Mol	ΔG^0 kJ/Mol	Bemerkungen und Charakteristik
120	*F*		577		−6329	−5554	fbl. kleine Krist., durchsichtig, luftbeständig; LW s. $Y_2(SO_4)_3$
854	*F*				−956,9		fbl. perlmuttglänzende Schuppen; ll. W unter Erwärmung; ll. abs. Al
154	*F*						wasserhelle Krist.; ll. W; l. abs. Al
2346	*F*				−1814		weißes schweres unschmelzbares Pulver; l. h. S; in der Kälte langsam l.; ll. HCl
							fbl. Nadeln, weiß, undurchsichtig; LW 20° 22,9 %, Bdk. 8 H_2O; ll. in gesättigter K_2SO_4-Lsg.
						−5477	große glasglänzende luftbeständige Prismen; LW s. $Yb_2(SO_4)_3$
2770	*F*		33,35	28,3	−117	−105	silberweiße Krist.; unl. W, H_2SO_4; l. HNO_3; KNO_3- oder $KClO_3$-Schmelze zers.
			72,22	97,04	−452	−405,6	hgrüne glimmerglänzende Tafeln; l. W nach einiger Zeit, da anfangs nicht benetzt; sehr hygr.; l. Al, Ä
			93,18	130,9	−573	−504,2	pfirsichblütenfarbene glänzende Krist.; anfangs von W nicht benetzt, dann l. mit dklbrauner Farbe; l. Al, Ä
−25,7 144,6	*F* *V*	 41,4			−577		braunrote, an der Luft rauchende Fl.; zers. am Licht und beim Sieden; zers. W; l. abs. Al, Ä, rauchender HCl
							$\chi_{Mol} = +2730 \cdot 10^{-6}$ cm³Mol⁻¹; $VF_3 \cdot 3\,H_2O$ dklgrüne Krist.; verwittern sehr schnell an der Luft; ll. h. W; unl. Al
2050	*F*		38,0	37,3	−173,3	−147,8	graubraunes Pulver mit met. glänzenden Teilchen
3100	*V*		45,44	38,9	−410	−382	met. glänzendes graues Pulver; unl. W; l. S
1967	*F*		103,9	98,3	−1213	−1133	schw. halb met. glänzendes Pulver; unl. W, S, Alk; l. HF, HNO_3; l. S und Alk erst nach Oxid.
72 1542 2700	*U* *F* *V*	8,57 113,8	118,0	101,7	−1439	−1329	tief dklblaue glänzende Krist.; schw.-erdige Substanz; stahlfarbenes schweres Kristallpulver; unl. W; l. S, Alk

Formel	Name	Zustand	Mol.-Masse Dichte g · cm⁻³	Kristalldaten System, Typ und Symbol	Einheitszelle Kantenlänge in Å	Winkel und M	Brechzahl n_D
V_2O_5	(V)-oxid	f	181,88 3,357	orh. D_{2h}^{13}, $Pmmn$	3,373 11,519 3,564	$M=2$	
VOCl	(III)-oxid⸗chlorid	f	102,39 2,824				
V_2O_2Cl	Di⸗vanadyl⸗chlorid	f	169,33 3,64				
$VOCl_2$	Vana⸗din(IV)-oxid⸗chlorid	f	137,85 2,88				
$VOCl_3$	(V)-oxid⸗chlorid	fl	173,30 1,854				
VS	(II)-sulfid	f	83,01 4,20	hex. $B\,8$ D_{6h}^4, $P\,6_3/mmc$	3,34 5,785	$M=2$	
V_2S_3	(III)-sulfid	f	198,08 4,70				
V_2S_5	(V)-sulfid	f	262,20 3,00				
$VSO_4 \cdot 7\,H_2O$	(II)-sulfat	f	273,11				
VSi_2	silicid	f	107,11 4,42				
V_2Si	silicid	f	129,97 5,48				
W	**Wolfram**						
WAs_2	arsenid	f	333,69 6,9				
WB	borid	f	194,66 15,73	orh.* D_{2h}^{17}, $Cmcm$	3,19 8,40 3,07	$M=4$	

Phasenumwandlungen °C		ΔH kJ/Mol	Standardwerte bei 25° C C_p J/Molgrd	S^0 J/Molgrd	ΔH_B kJ/Mol	ΔG^0 kJ/Mol	Bemerkungen und Charakteristik
670 1800	F V	65,08	127,3	130,9	−1560	−1428	rostgelbes bis ziegelrotes Pulver; rote Kristallnadeln; LW 20° 5 · 10^{-3} %; l. S, Alk; unl. abs. Al; wl. wss. Al; MAK: 0,1 mg Rauch bzw. 0,5 mg Staub/m³ Luft
127	F						leichtes braunes flockiges Pulver; unl. W; ll. HNO_3
							bronzefarbene Substanz, dem Mussivgold ähnlich; kleine met. glänzende gelbe Krist.; unl. W; ll. HNO_3
							glänzende grasgrüne Tafeln; zerfl. an Luft; zers. W langsam; ll. verd. HNO_3
−79 127,2	F V	 36,78			−719		gelbe Fl., klar, leicht beweglich; l. W unter langsamer Z.; l. Al, Ä, Eg, konz. HCl
1900	F			60,7	−188	−187,7	braunschw. Pulver; schwach bronzeglänzende Blättchen; unl. HCl, verd. H_2SO_4; l. h. konz. H_2SO_4 grünlichgelb; l. verd. HNO_3 blau; mit konz. HNO_3 heftig→Vanadylsulfat
							grauschw. Pulver; l. HNO_3, Königsw., konz. H_2SO_4; wl. Alk; unl. W; ll. $(NH_4)_2S$-Lsg.
							schw. Pulver; unl. W; l. verd. HNO_3, Alk, Alk- und NH_4-sulfidlsg.
							rot- bis blauviol. Krist., durchsichtig; an der Luft oxid. und zerfl.→grüne Masse; sll. W
							met. glänzende Prismen; ritzen Glas; unl. W, Al, Ä, HCl, H_2SO_4, HNO_3, KOH, NH_3; l. k. verd. HF, Si-Schmelze
							silberweiße, spröde, met. glänzende Krist.; ritzen leicht Glas; unl. W, S, Al, Ä; l. HF
							schw. krist. glänzende Masse; unl. W, HF, HCl; l. Gemisch HF + HNO_3; mit Königsw., HNO_3 beim Erwärmen→WO_3; Alk-Schmelze reagiert heftig, KNO_3 + K_2CO_3 expl.
2920	F						* Hochtemperaturform

Formel	Name	Zustand	Mol.-Masse Dichte g · cm⁻³	Kristalldaten: System, Typ und Symbol	Einheitszelle: Kantenlänge in Å	Winkel und M	Brechzahl n_D
WB_2	borid	f	205,47 10,77				
WBr_2	(II)-bromid	f	343,67				
WBr_5	(V)-bromid	f	583,40				
WC	carbid	f	195,86 15,7	hex.	2,94 2,86	$M=1$	
W_2C	carbid	f	379,71 16,06	hex. $L'3$ D_{6h}^4, $P\,6_3/mmc$	2,99 4,71	$M=1$	
$W(CO)_6$	hexacarbonyl	f	351,91	orh. C_{2v}^9, $Pna2_1$	11,27 11,90 6,42	$M=4$	
WCl_2	(II)-chlorid	f	254,76 5,436				
WCl_4	(IV)-chlorid	f	325,66 4,624				
WCl_5	(V)-chlorid	f	361,12 3,875				
WCl_6	(VI)-chlorid	f	396,57 3,52	trig. C_3^2, $P\,3_1$	6,58	55,0° $M=1$	

Phasenumwandlungen °C		ΔH kJ/Mol	Standardwerte bei 25° C C_p J/Molgrd	S^0 J/Molgrd	ΔH_B kJ/Mol	ΔG^0 kJ/Mol	Bemerkungen und Charakteristik
~2900	*F*						silberfarbene spröde Masse; krist. in Oktaedern; mit Cl_2 bei 100°→W-chloride; l. konz. S, Königsw.; unl. Na_2O_2-, KHF_2-Schmelze; heftige Reaktion mit Schmelze KNO_3+ Na_2CO_3
					−79,5		schw. samtart. Substanz; wl. W; teilweise zers.→WO_2+HBr; Reduktionsvermögen
276 333	*F* *V*				−176		dklbraune bis schw. Nadeln; sehr hygr.; raucht an der Luft; zers. W→blaues Oxid+HBr, in der Wärme→gelbe Wolframsäure; l. wss. HF, konz. HCl; mit verd. H_2SO_4, verd. u. konz. HNO_3→ Wolframsäure; l. Alk, abs. Al, Ä, Chlf, CCl_4
2867	*F*		36,1	35,5	−38,02		Härte nach Mohs: 9; unl. Gemisch 1 Tl. HNO_3+4 Tl. HF (Unterschied zu W_2C)
2857	*F*						ritzt noch den Korund; l. Gemisch 1 Tl. HNO_3+4 Tl. HF; mit Cl_2 bei 400°→WCl_6+Graphit
50	Sb						fbl. Krist.; unl. W, wss. HCl, HNO_3, Br_2-Wasser; rauchende HNO_3 zers.→CO; swl. Al, Ä, Bzl; bei 100° Z.→Wolfram+blaues Oxid
					−159		lose graue Masse, nicht krist.; nicht schmelzbar; wl. W mit bräunlicher Farbe; teilweise zers. zu WO_2+HCl; Reduktionsvermögen
					−297		lose graubraune krist. Masse; hygr.; nicht schmelzbar; nicht flch.; wl. W; teilweise zers. zu WO_2+HCl
230 286	*F* *V*	17,6 65,7			−351		glänzende schw. Nadeln; gepulvert grün; zerfl. an feuchter Luft; zers. W, HCl, Alk unter Bildung von blauem Oxid; l. frisch hergestellter HSCN, CS_2, CCl_4; l. Me, Al unter heftigem Zischen
169 226,9 284 348	*U* *U* *F* *V*	 14,2 9,6 52,7			−412,8		ϑ_{krit} 417° C; p_{krit} 32 at; dklviol. bis braunschw. Krusten mit met. glänzendem Schimmer; viol. krist. Pulver; an Luft zers.→ WO_2Cl_2+HCl; swl. W, zers. bei 60°; mit sied. HCl→gelbe Wolframsäure; l. frisch hergestellter HSCN; l. Alk→Wolframat; ll. Al, Chlf, CCl_4, CS_2, Ä, Aceton, Bzl

Formel	Name	Zustand	Mol.-Masse / Dichte g · cm⁻³	Kristalldaten: System, Typ und Symbol	Einheitszelle: Kantenlänge in Å	Winkel und M	Brechzahl n_D
WF_6	(VI)-fluorid	g	297,84 12,9*				
WJ_2	(II)-jodid	f	437,66 6,9				
WJ_4	(IV)-jodid	f	691,47 5,2				
WO_2	(IV)-oxid	f	215,85 12,11	tetr. $C4$ D_{4h}^{14}, $P4_2/mnm$	4,86 2,77	$M=2$	
WO_3	(VI)-oxid	f	231,85 7,16	mkl. C_{2h}^5, $P2_1/c$	7,274 7,501 3,824	90° 4′ $M=4$	
H_2WO_4 $WO_3 \cdot H_2O$	säure	f	249,86 5,5				2,09 2,24 2,26
$H_2WO_4 \cdot H_2O$ $WO_3 \cdot 2\,H_2O$	säurehydrat	f	267,88 4,613				1,70 1,95 2,04
$WOBr_4$	(VI)-oxidbromid	f	519,49				
WO_2Br_2	(VI)-dioxidbromid	f	375,67				

Phasenumwandlungen			Standardwerte bei 25° C				Bemerkungen und Charakteristik
°C		ΔH kJ/Mol	C_p J/Molgrd	S^0 J/Molgrd	ΔH_B kJ/Mol	ΔG^0 kJ/Mol	
−8,2 2,3 17,06	*U* *F* *V*	6,7 2,1 26,13		 372			* mg/cm³; fbl. Gas; gelbe Fl.; feste weiße Masse; raucht stark an der Luft; wss. NH_3 und Alk absorbieren vollständig; Feuchtigkeit zers.
					−4,18		met. grüne, schuppige Krist.; nicht schmelzbar; unl. W, zers. beim Sieden; zers. H_2SO_4, HNO_3, Königsw.→ WO_3; wss. HF, HCl greifen nur langsam an; zers. Alk, besonders Alk-Schmelze; unl. CS_2, Al; l. wss. Alk-thiocyanatlsg. grün
					0		schw. krist. Masse; nicht schmelzbar; unl. W, beim Sieden zers.; zers. HCl, H_2SO_4, HNO_3, Königsw.; l. Alk, Alk-carbonat, $KHSO_4$-Schmelze unter Abscheidung von Jod; l. abs. Al; unl. Ä, Chlf
				 67	−589,7	 −511	2. Form mkl. C_{2h}^5, $P\,2_1/c$, $a=5{,}565$, $b=4{,}892$, $c=5{,}550$ Å, $\beta=118{,}9°$, $M=4$; braunes Pulver; bildet leicht Krist.; unl. HCl, H_2SO_4, Alk, wss. NH_3; HNO_3 oxid. zu WO_3; Alk-carbonatschmelze→Wolframat
720 1473 1800	*U* *F* *V*	 62,8	81,50	 83,26	−837,5	 −760	Halbleiter; zitronengelbes Pulver, geschmolzen grün; aus Schmelze tafelförmige Krist.; geglüht unl. W, verd. und konz. H_2SO_4, HNO_3, verd. HCl, HBr, HJ; L Alk, wss. NH_3 abhängig von vorheriger Entwässerungstemp.; l. H_2O_2
					−1170		$\chi_{Mol} = -28{,}0 \cdot 10^{-6}$ cm³Mol⁻¹; „gelbe Wolframsäure"; gelbe Substanz, mikroskopisch amorph, röntgenographisch krist.; sehr stabil
							„weiße Wolframsäure"; blaßgelbes Pulver; mit der Zeit Übergang in gelbe Wolframsäure
277 327	*F* *V*						braunschw. glänzende Nadeln; sehr zerfl.; zers. leicht an der Luft; zers. W→gelbe Wolframsäure+HBr
							zitronengelbe bis messinggelbe Schuppen, gepulvert gelb; an der Luft zers.→HBr+Wolframsäure; nicht schmelzbar; zers. W→HBr+Wolframsäure

Formel	Name	Zustand	Mol.-Masse Dichte $g \cdot cm^{-3}$	Kristalldaten System, Typ und Symbol	Einheitszelle Kantenlänge in Å	Winkel und M	Brechzahl n_D
$WOCl_4$	(VI)-oxid⸗chlorid	f	341,66				
WO_2Cl_2	(VI)-di⸗oxid⸗chlorid	f	286,75				
WOF_4	(VI)-oxid⸗fluorid	f	275,84				
WP	phosphid	f	214,82 8,5	orh. D_{2h}^{16}, $Pnma$	5,717 6,219 3,238	$M=4$	
W_2P		f	407,67 5,21	hex.	6,18 6,78		
WP_2		f	245,80 5,8				
WS_2	(IV)-sulfid	f	247,98 7,5	hex. C 7 D_{6h}^{4}, $P\,6_3/mmc$	3,18 12,5	$M=2$	
WS_3	(VI)-sulfid	f	280,04				
WSi_2	silicid	f	240,02 9,4	tetr. C 11 D_{4h}^{17}, $I\,4/mmm$	3,212 7,880	$M=2$	
W_2Si_3	silicid	f	460,96 10,9				

Phasen-umwandlungen °C		ΔH kJ/Mol	Standardwerte bei 25° C C_p J/Molgrd	S^0 J/Molgrd	ΔH_B kJ/Mol	ΔG^0 kJ/Mol	Bemerkungen und Charakteristik
204 224	*F* *V*	5,9 67,8					lange durchsichtige glänzende Nadeln, zinnober- bis scharlachrot; zers. an feuchter Luft; zers. W→Wolframsäure; ll. CS_2, S_2Cl_2; wl. Bzl
							gelbe glänzende Schuppen, dünne kleine Tafeln; zers. W→Wolframsäure+HCl; l. Alk→Wolframat; l. wss. NH_3; unl. org. Lösm. außer Ä
110 188	*F* *V*						weiße krist. Substanz; äußerst hygr.; l. W→gelbe Wolframsäure; ll. abs. Al, Chlf; wl. Bzl; swl. CS_2; unl. CCl_4
							graue Krist. von met. Glanz; unl. wss. HF, HCl; l. Königsw., Gemisch $HF+HNO_3$; l. Alk-carbonat-schmelze→Wolframat; $KHSO_4$ schließt nur langsam auf
							stahlgraue, stark glänzende Krist.; leitet metallisch; unl. S, Königsw.; Aufschluß durch Schmelze $Na_2CO_3+NaNO_3$
							schw. krist. Masse; unl. HF, HCl, ammoniakalischem H_2O_2, Al, Ä, Chlf, CS_2; l. Gemisch $HF+HNO_3$, Königsw. beim Erwärmen; mit H_2SO_4, HNO_3→Oxid; Aufschluß durch Schmelze Na_2CO_3, K_2CO_3, $NaNO_3+Na_2CO_3$, $KHSO_4$
				96	−193,7	−193	Halbleiter; $\chi_{Mol}=+5850\cdot 10^{-6}$ cm^{3}Mol^{-1}; grauschw. Pulver; blauschw. Krist., leicht zerreibbar, abfärbend; unl. W; l. Gemisch $HF+HNO_3$; wss. HF, HCl, HNO_3 wirken nicht ein; mit Cl_2 bei 400°→WCl_6
							schw. Pulver, fein verteilt braun; etwas l. k. W, l. h. W, wss. NH_3, Alk, Alk-carbonatlsg.
							graue bläuliche met. glänzende Krist.; unl. S; l. Gemisch $HF+HNO_3$; Alk-Schmelze zers. rasch; $KHSO_4$ wirkt nicht ein, desgl. Königsw.; Aufschluß Schmelze Alk-carbonat mit -nitrat oder -chlorat
							stahlgraue Nadeln von met. Aussehen; unl. S, Königsw.; l. Gemisch $HF+HNO_3$; wl. wss. Alk, rasch l. Alk-Schmelze, auch Alk-carbonat- und KNO_3-Schmelze

Formel	Name	Zustand	Mol.-Masse Dichte $g \cdot cm^{-3}$	Kristalldaten System, Typ und Symbol	Einheitszelle Kantenlänge in Å	Winkel und *M*	Brechzahl n_D
Zn	**Zink**						
$ZnAs_2$	arsenid	f	215,21 5,08	orh.	7,72 7,99 36,28	 $M=32$	
Zn_3As_2	arsenid	f	345,95 5,578	tetr. $D\,5_9$ D_{4h}^{15}, $P\,4_2/$ $n\,m\,c$	8,32 11,76	 $M=8$	
$Zn_3(AsO_4)_2\cdot$ $8\,H_2O$	ortho- arsenat	f	618,08 3,31	mkl. C_{2h}^3, $C\,2/m$	10,11 13,31 4,70	103° $M=2$	1,662 1,683 1,717
$ZnBr_2$	bromid	f	225,19 4,219	trig. D_{3d}^5, $R\,\bar{3}\,m$	6,64	34° 20′ $M=1$	
$ZnBr_2\cdot$ $2\,H_2O$		f	261,22				
$Zn(CN)_2$	cyanid	f	117,41 1,852	kub. $C\,3$ T_d^1, $P\,\bar{4}\,3\,m$	5,89	 $M=2$	1,47
$ZnCO_3$	carbonat	f	125,38 4,44	trig. $G\,0_1$ D_{3d}^6, $R\,\bar{3}\,c$	5,67	48,4° $M=2$	1,8485 1,6212
$2\,ZnCO_3\cdot$ $3\,Zn(OH)_2$	Hydro- zinkit	f	548,90	mkl. C_{2h}^3, $C\,2/m$	13,48 6,32 5,37	95,5° $M=2$	
$Zn(HCO_2)_2\cdot$ $2\,H_2O$	formiat	f	191,43 2,205	mkl.	1,3076: 1: 1,2209	82° 41′	1,513 1,526 1,566
$Zn(CH_3$ $CO_2)_2$	acetat	f	183,46 1,84				
$Zn(CH_3$ $CO_2)_2\cdot$ $2\,H_2O$		f	219,49 1,77	mkl. C_{2h}^6, $C\,2/c$	14,50 5,32 11,02	100° $M=4$	1,432 1,492 1,553
$ZnC_2O_4\cdot$ $2\,H_2O$	oxalat	f	189,42 3,28				

Phasen-umwandlungen °C		ΔH kJ/Mol	Standardwerte bei 25° C C_p J/Molgrd	S^0 J/Molgrd	ΔH_B kJ/Mol	ΔG^0 kJ/Mol	Bemerkungen und Charakteristik
							undurchsichtige met. schw.graue Masse; subl. Nadeln oder Blättchen; W zers. nicht; zers. S→AsH_3
1015	*F*						α-Zn_3As_2 Halbleiter; met. glänzende Masse von blätterig krist. Struktur; W zers. nicht; zers. S→AsH_3
							Köttigit; durchsichtige Krist.; unl. W; l. verd. S
394 655	*F* *V*	16,7 118		 137,4	−326,9	 −310	fbl. glänzende Nadeln; geschmolzen fbl. Fl.; zerfl.; LW 20° 81,3 %, Bdk. 2 H_2O; L Aceton 20° 78,44 %; L Py 18° 4,4 g/100 cm³; l. Al, Ä
37	*F*			 235,1	−923,9		kleine Krist.; schmelzen zu einer klaren Fl., die sich schnell trübt; an feuchter Luft zerfl.
800 Z							$\chi_{Mol} = -46 \cdot 10^{-6}$ cm³Mol⁻¹; feines weißes Pulver; bei langsamer Bildung glänzende Krist.; LW 20° $5 \cdot 10^{-4}$ %; l. verd. S, Alk, wss. KCN, NH_3, fl. NH_3; unl. Al, Py
			80,17	 82,4	−810,7	 −729	$\chi_{Mol} = -34 \cdot 10^{-6}$ cm³Mol⁻¹; Zinkspat; weißes Kristallpulver; LW 25° $1,46 \cdot 10^{-4}$ Mol/l; l. S, wss. NH_3 nur in Gegenwart von NH_4-salz; unl. Aceton, Py
							fbl. Krist.; l. NH_4-salzlsg.
					−1540		fbl. prismatische Krist.; ll. sied. W; l. k. W; unl. Al; zers. beim Erhitzen
242,4	*F*						weiße Krist.; l. W, jedoch mäßig in k. W; L Egs 0,016 Mol/l; L abs. Al 0,027 Mol/l; L Ä 0,0027 Mol/l
100	*F**						* im eigenen Kristallwasser; fbl. Krist.; schwacher Geruch nach Egs; l. Al, Aceton, Egester
							fbl. Krist.; LW 25° $1,67 \cdot 10^{-4}$ Mol/l; l. HCl, H_2SO_4, HNO_3, Alk-oxalatlsg.

Formel	Name	Zustand	Mol.-Masse Dichte $g \cdot cm^{-3}$	Kristalldaten System, Typ und Symbol	Einheitszelle Kantenlänge in Å	Winkel und M	Brechzahl n_D
$ZnCl_2$	chlorid	f	136,28 2,91	tetr.* $D_{2d}^{12}, I\bar{4}2d$	5,40 10,35	$M=4$	1,687 1,713
$Zn(ClO_4)_2 \cdot 6\,H_2O$	perchlorat	f	372,36 2,26	orh.* C_{2v}^{7}, Pmn	7,76 13,44 5,20	$M=2$	1,508 1,480
ZnF_2	fluorid	f	103,37 4,95	tetr. $C\,4$ $D_{4h}^{14}, P4_2/mnm$	4,72 3,14	$M=2$	
ZnH_2	hydrid	f	67,39				
ZnJ_2	jodid	f	319,18 4,736	trig. $D_{3d}^{5}, R\bar{3}m$	4,28 21,5	$M=3$	
$Zn(JO_3)_2$	jodat	f	415,18 5,063				
Zn_3N_2	nitrid	f	224,12 6,22	kub. $D\,5_3$ $T_h^7, Ia3$	9,743	$M=16$	
$Zn(NO_3)_2 \cdot 6\,H_2O$	nitrat	f	297,47 2,065				
ZnO	oxid	f	81,37 5,66	hex. $B\,4$ $C_{6v}^{4}, P6_3mc$	3,242 5,176	$M=2$	2,008 2,029

Phasen-umwandlungen °C		ΔH kJ/Mol	Standardwerte bei 25° C C_p J/Molgrd	S^0 J/Molgrd	ΔH_B kJ/Mol	ΔG^0 kJ/Mol	Bemerkungen und Charakteristik
318	*F*	23,0	76,5		−415,7		* α-$ZnCl_2$; β-Modifikation mkl. C_{2h}^5, $P\,2_1/c$, $a=6{,}54$, $b=11{,}31$, $c=12{,}33$ Å, $\beta=90°$, $M=12$, γ-Modifikation tetr. D_{4h}^{15}, $P\,4_2/n\,m\,c$, $a=3{,}70$, $c=10{,}6$ Å; $\bar{\gamma}(20...150°\,C)=87\cdot10^{-6}\,grd^{-1}$; $\varkappa(0...12000\,at;\,30°\,C)=(4{,}14\cdot10^{-6}-107{,}71\cdot10^{-12}\,p)\,at^{-1}$; fbl. Krist.; geschmolzen fbl. klare Fl.; **LW** 20° 78,7 %, Bdk. $1^1/_2\,H_2O$; L Aceton 18° 30,3 %; L Glycerin 15° 33 %; l. Al, Ä
721	*V*	126		108,3		−368,9	
105	*F*						* hex. vorgetäuscht C_{6v}^4, $P\,6_3\,m\,c$, $a=15{,}52$, $c=5{,}20$ Å, $M=4$; fbl. Krist.; lange Nadeln; zerfl.; l. Al
872	*F*		65,65		−736,4		$\bar{\gamma}(20...150°\,C)=34\cdot10^{-6}\,grd^{-1}$; $\chi_{Mol}=-38{,}2\cdot10^{-6}\,cm^3Mol^{-1}$; fbl. durchsichtige Krist.; l. W, h. S; unl. Al, fl. NH_3
1500	*V*	190,1		73,68			
							weiße nicht flch. Substanz, von W langsam hydrolysiert, von S und Alk rasch, wobei sich H_2 entwickelt; unl. Ä
446	*F*				−209		$\chi_{Mol}=-98\cdot10^{-6}\,cm^3Mol^{-1}$; 2. Form trig. D_{3d}^3, $P\,\bar{3}\,m\,1$, $a=4{,}25$, $c=6{,}54$ Å, $M=1$; 3. Form tetr., $a=4{,}27$, $c=11{,}80$ Å; fbl. Krist.; weißes Pulver; färbt sich an Luft und Licht braun; sehr hygr.; **LW** 20° 81,5 %, Bdk. 0 H_2O; L Py 18° 12,6 g/100 cm³; L Glycerin 15° 28,5 %; l. Al, Ä, Aceton; etwas l. fl. NH_3; unl. CS_2
624	*V*			158,9		−209	
							kleine weiße sehr feine glänzende Nadeln; wl. k. W; l. HNO_3, Alk, NH_3
			107,5		−22,2		$\chi_{Mol}=-22{,}3\times3\cdot10^{-6}\,cm^3Mol^{-1}$; schw.graues Pulver; l. verd. und konz. HCl, 2 nH_2SO_4, NaOH unter Bildung von NH_3; mit konz. H_2SO_4, verd. und konz. HNO_3 entwickelt sich N_2
36,1	*F*				−2306		wasserhelle Krist.; sehr hygr.; **LW** 20° 54 %, Bdk. 6 H_2O; ll. Al
1975	*F*	52,3	40,25		−349		Halbleiter; Rotzinkerz; weiße seidenglänzende Nadeln oder Prismen; nimmt an der Luft H_2O und CO_2 auf; l. S, Alk MAK: 15 mg/m³ Luft als Rauch
				43,5		−318	

Formel	Name	Zustand	Mol.-Masse Dichte g · cm⁻³	Kristalldaten System, Typ und Symbol	Einheitszelle Kantenlänge in Å	Winkel und *M*	Brechzahl n_D
$Zn(OH)_2$	hydroxid	f	99,38 3,082	orh. *C* 31 D_2^4, $P2_12_12_1$	5,16 8,53 4,92	*M*=4	
ZnP_2	phosphid	f	127,32 3,51	tetr. D_4^4, $P4_12_12$ oder D_4^8, $P4_32_12$	5,07 18,65	*M*=8	
Zn_3P_2	phosphid	f	258,06 4,55	tetr. *D* 5_9 D_{4h}^{15}, $P4_2/nmc$	8,10 11,45	*M*=8	
$Zn_2P_2O_7$	pyro-phosphat	f	304,68 3,75				
$Zn_3(PO_4)_2 \cdot 4\,H_2O$	ortho-phosphat, Hopeit	f	458,11 3,04	orh. D_{2h}^{16}, *Pnma*	10,64 18,32 5,03	*M*=4	1,572 1,591 1,59
$Zn_3(PO_4)_2 \cdot 4\,H_2O$	Parahopeit	f	458,11 3,31	trikl. C_i^1, $P\bar{1}$	5,76 7,54 5,29	93° 18′ 91° 55′ 91° 19′ *M*=1	1,614 1,625 1,665
ZnS	sulfid, Blende		97,44 4,079	kub. *B* 3 T_d^2, $F\bar{4}3m$	5,423	*M*=4	2,3688
ZnS	Wurtzit	f	97,43 4,087	hex. *B* 4 C_{6v}^4, $P6_3mc$	3,81 6,23	*M*=2	2,378 2,356
$ZnSO_4$	sulfat	f	161,43 3,546	orh. D_{2h}^{16}, *Pnma*	8,6 6,7 4,8	*M*=4	1,658 1,669 1,670
$ZnSO_4 \cdot H_2O$		f	179,45 3,195	mkl.	6,64 7,80 13,2	~90°	
$ZnSO_4 \cdot 6\,H_2O$		f	269,52 2,074	mkl.	9,95 7,05 24,0	98° 12	

Phasenumwandlungen °C		ΔH kJ/Mol	Standardwerte bei 25° C C_p J/Molgrd	S^0 J/Molgrd	ΔH_B kJ/Mol	ΔG^0 kJ/Mol	Bemerkungen und Charakteristik
			72,4		−642,0		2. Form trig. *C* 6, D_{3d}^3, *P* 3 *m* 1, a= 3,19, c=4,65 Å, M=1; weiße Substanz in amorpher und krist. Formen; LW 29° 1,9 · 10^{-4} %; l. S, Alk
							or.rote durchsichtige nadelförmige Krist.; unl. nichtoxid. S; l. konz. HNO_3
							Halbleiter; dklgraue Nadeln oder Blättchen mit met. glänzenden Flächen; mit feuchter Luft→PH_3; unl. W; mit wss. HCl, H_2SO_4→PH_3; l. HNO_3 ohne Gasentwicklung
							schweres weißes krist. Pulver; l. S, Alk, wss. NH_3; unl. Egs beim Erhitzen in W→$Zn_3(PO_4)_2$+$ZnHPO_4$
							$\chi_{Mol} = -55 \times 3 \cdot 10^{-6}$ cm^3Mol^{-1}; weiße glänzende Krist.; unl. W, fl. NH_3, Egs-methylester; l. NH_3 in Gegenwart von NH_4Cl
							weiße glänzende Krist.
1020 1830 (10,2 atm) 1665	*U* *F* *V*	13,4 250,2	46,0	57,7	−201	−196	$\varkappa$(50...200 at; 0° C) = 1,26 · 10^{-6} at^{-1}; Halbleiter; ε=8,3 (10^{12} Hz); $\chi_{Mol} = -25 \cdot 10^{-6}$ cm^3Mol^{-1}; piezoelektrisch; Sphalerit; künstlich dargestellt durchsichtige Krist.; LW 18° 6,8 · 10^{-5} %; ll. S, selbst in stark verd. Mineralsäuren
2122 (150 atm)	*F*				−189,6		$\varkappa$(50...200 at; 0° C) = 1,31 · 10^{-6} at^{-1}; Halbleiter; gefällt weißes staubiges Pulver; LW 18° 2,81 · 10^{-4} %; ll. S
740 Z			117	124,6	−978,2	−873,1	$\chi_{Mol} = -45 \cdot 10^{-6}$ cm^3Mol^{-1}; weißes Pulver von säuerlichem Geschmack; leicht zu zerreiben; LW 20° 34,9 %, Bdk. 7 H_2O; langsam l. k. W, rasch l. h. W; L Me 18° 0,65 %; L Al 25° 0,034 %
			145,1	146	−1299		$\chi_{Mol} = -63 \cdot 10^{-6}$ cm^3Mol^{-1}; fbl. Krist.; LW s. $ZnSO_4$
			356,8	363,6	−2774		fbl. Krist.; LW s. $ZnSO_4$

Formel	Name	Zustand	Mol.-Masse Dichte g · cm⁻³	Kristalldaten: System, Typ und Symbol	Einheitszelle: Kantenlänge in Å	Einheitszelle: Winkel und M	Brechzahl n_D
$ZnSO_4 \cdot$ $7\,H_2O$		f	287,54 1,957	orh. D_2^4, $P\,2_1\,2_1\,2_1$	11,85 12,09 6,83	$M=4$	1,457 1,480 1,484
$ZnSb$	antimonid	f	187,12 6,41	orh. D_{2h}^{15}, $P\,b\,c\,n$	6,471 8,253 8,526	$M=8$	
Zn_3Sb_2	antimonid	f	439,61 6,327				
$ZnSb_2O_6$	antimonat	f	404,87 6,75	tetr. $C\,4$ D_{4h}^{14}, $P\,4_2/$ $m\,n\,m$	4,66 9,24	$M=2$	
$ZnSe$	selenid	f	144,33 5,261	kub. $B\,3$ T_d^2, $F\,\overline{4}\,3\,m$	5,66	$M=4$	
$ZnSiF_6 \cdot$ $6\,H_2O$	hexafluoro= silikat	f	315,54 2,15	trig. $I\,6_1$ C_{3i}^2, $R\,\overline{3}$	9,362 9,695	$M=3$	1,3824 1,3956
$ZnSiO_3$	meta= silikat	f	141,45 3,52				1,616 1,62 1,623
Zn_2SiO_4	ortho= silikat, Willemit	f	222,82 3,9	trig. $S\,1_3$ C_{3i}^2, $R\,\overline{3}$	8,63	107,8° $M=6$	1,694 1,723
$Zn_2SiO_4 \cdot$ H_2O	Hemi= morphit	f	240,84	orh. C_{2v}^{20}, $I\,m\,m\,2$	8,41 5,14 10,73	$M=4$	1,61376 1,61673 1,63576
$ZnTe$	tellurid	f	192,97 5,639	kub. $B\,3$ T_d^2, $F\,\overline{4}\,3\,m$	6,09	$M=4$	3,56
Zr	**Zirkon**						
ZrB_2	borid	f	112,84 5,64	hex. D_{6h}^1, $P\,6/$ $m\,m\,m$	3,170 3,533	$M=1$	
$ZrBr_2$	(II)-bro= mid	f	251,04				
$ZrBr_3$	(III)-bro= mid	f	330,95				

Phasenumwandlungen °C		ΔH kJ/Mol	Standardwerte bei 25° C C_p J/Molgrd	S^0 J/Molgrd	ΔH_B kJ/Mol	ΔG^0 kJ/Mol	Bemerkungen und Charakteristik
			380,3	388,7	−3075		$\chi_{Mol} = -143 \cdot 10^{-6}$ cm^3Mol^{-1}; piezoelektrisch; fbl. durchsichtige glasglänzende Krist.; verwittern leicht; LW s. $ZnSO_4$; swl. Al
459	*F*		52,05	89,7	−151		Halbleiter; silberweiße Krist.; sied. W zers. etwas; unl. S
405 455 566	*U* *U* *F*			256	−30,5		silberweiße Krist.; zers. sied. W
							feines weißes Pulver
				65,7	−142	−136,8	Halbleiter; gelbes Pulver oder kleine Krist.; mit rauchender HCl→H_2Se; mit kalter verd. HNO_3→Se-Abscheidung
							wasserhelle Krist.; LW 20° 35%, Bdk. 6 H_2O
1429	*F*			85,8	−1232	−1147	weißes krist. Pulver; unl. W, S; l. 20% HF
1512	*F*		123,3	131,4	−1584	−1467	fbl. Krist.; unl. W; l. 20% HF; l. HCl unter Abscheidung von Kieselsäure
							Kieselzinkerz; fbl. Krist.; l. S, auch Egs, unter Abscheidung von Kieselsäure; etwas l. Citronensäure, wss. NH_3 mit NH_4Cl; unl. $(NH_4)_2CO_3$-Lsg.
1238	*F*			79	−120,5	−117	Halbleiter; rötlich braunes Pulver; an trockener Luft beständig; zers. W, verd. HCl unter H_2Te-Entwicklung
							graue Substanz mit met. Eigenschaften; beträchtliche Härte; beständig gegen sied. HCl, HNO_3
					−502,2		$\bar{\alpha}(20...500° C) = 6{,}36 \cdot 10^{-6}$ grd^{-1}; glänzend schw. Pulver; ab 400° Z→ Zr+$ZrBr_4$; heftige Reaktion mit H_2O
					−724		blauschw. Pulver; ab 310° Z→ $ZrBr_2$+$ZrBr_4$; l. Eisw. mit heftiger Reaktion unter H_2-Entwicklung

Formel	Name	Zustand	Mol.-Masse / Dichte $g \cdot cm^{-3}$	Kristalldaten: System, Typ und Symbol	Einheitszelle: Kantenlänge in Å	Einheitszelle: Winkel und *M*	Brechzahl n_D
$ZrBr_4$	(IV)-bromid	f	410,86				
ZrC	carbid	f	103,23 6,51	kub. *B* 1 $O_h^5, Fm3m$	4,76	*M* = 4	
$Zr(CH_3CO_2)_4$	acetat	f	327,40				
$ZrCl_2$	(II)-chlorid	f	162,13 3,6				
$ZrCl_3$	(III)-chlorid	f	197,58 3,0				
$ZrCl_4$	(IV)-chlorid	f	233,03 2,80	kub. $T_h^6, Pa3$	10,43	*M* = 8	
ZrF_4	(IV)-fluorid	f	167,21 4,43	mkl. $C_{2h}^6, C2/c$	11,69 9,87 7,64	126° 9′ *M* = 16	1,57 1,60
ZrJ_2	(II)-jodid	f	345,03				
ZrJ_3	(III)-jodid	f	471,93				

Phasen-umwandlungen °C		ΔH kJ/Mol	Standardwerte bei 25° C C_p J/Molgrd	S^0 J/Molgrd	ΔH_B kJ/Mol	ΔG^0 kJ/Mol	Bemerkungen und Charakteristik
450 357	*F** Sb	 107,8			−803		* unter Druck; weißes krist. Pulver oder gelbliche Krist.masse; sehr hygr.; zers. an feuchter Luft oder mit W→$ZrOBr_2$; L fl. NH_3 −33° 1,05 g/5 cm³ fl. NH_3, bei 0° Ammonolyse; l. Eg, Aceton; wl. Ä; unl. Bzl, CCl_4, C_2H_5Br
3530 5100	*F* *V*			 35,6	−184,5	 −181,5	met. graue Substanz; unl. W; verd. oder konz. HCl greift nicht an; l. sied. konz. H_2SO_4; Königsw. zers. in der Wärme; KOH-Schmelze zers.; MAK: 5,66 mg/m³ Luft
							fbl. mikroskopische Prismen; ll. W, Al; unl. Ä; über H_2SO_4 Abgabe von Egs→$ZrO(CH_3CO_2)_2$; ll. W, Al
					−606		glänzende schw. Pulver; l. konz. S, Alk unter H_2-Entwicklung; unl. Al, Ä, Bzl
					−870		braunes krist. Pulver, an Luft oxid.→$ZrOCl_2$; zers. W; mit HCl-Lsg.→$ZrOCl_2 \cdot 8\,H_2O$ in langen Nadeln; unl. fl. SO_2
437 331	*F** Sb	38 106	119,9	 186,1	−982	 −881	* unter Druck; $\bar{\gamma}$(20...100° C) = 89 · 10^{-6} grd^{-1}; weiße Krist. oder krist. Pulver; raucht an der Luft; leicht flch.; l. W unter Hydrolyse; beim Eindampfen→$ZrOCl_2 \cdot 8\,H_2O$; l. Me, Al, Ä, Py, konz. HCl; MAK: 12,78 mg/m³ Luft
600°	Sb			 156	−1862		schneeweiße kleine Krist., stark lichtbrechend; LW 20° 1,32 %, bei 50° Hydrolyse; L fl. HF 12° $9 \cdot 10^{-3}$ g/100 g Lösm.; l. wss. HF; swl. S, Alk; mit konz. H_2SO_4→HF; MAK: 11 mg/m³ Luft, auf Fluor bezogen, 9,17 mg/m³ Luft, auf Zr bezogen
					−376		blauschw. Schicht beim Erhitzen von ZrJ_4 mit Zr; heftige Reaktion mit H_2O→H_2-Entwicklung
					−535		blauschw. Schicht beim Erhitzen von ZrJ_4 mit Zr; heftige Reaktion mit H_2O→H_2-Entwicklung

Formel	Name	Zustand	Mol.-Masse Dichte g · cm⁻³	Kristalldaten System, Typ und Symbol	Einheitszelle Kantenlänge in Å	Winkel und M	Brechzahl n_D
ZrJ_4	(IV)-jodid	f	598,84				
ZrN	nitrid	f	105,23 6,97	kub. $B\,1$ $O_h^5, Fm3m$	4,63		
$Zr(NO_3)_4 \cdot 5\,H_2O$	nitrat	f	429,32				1,60 1,61
$ZrO(NO_3)_2 \cdot 2\,H_2O$	oxidnitrat	f	267,26 6,93				1,55 1,56
ZrO_2	oxid	f	123,22 5,56	mkl. $C\,43$ $C_{2h}^5, P2_1/c$	5,21 5,26 5,37	99° 28′ $M=4$	2,13 2,19 2,20
ZrO_2 kub.		f	123,22 6,27	kub. $C\,1$* $O_h^5, Fm3m$	5,08	$M=4$	
$Zr(OH)_4$	hydroxid oxid=aquat	f	159,25 3,25				
$ZrOBr_2 \cdot 8\,H_2O$	oxid=bromid	f	411,16	tetr.			
$ZrOCl_2 \cdot 8\,H_2O$	oxid=chlorid	f	322,25	tetr.			1,552 1,563
$ZrOJ_2 \cdot 8\,H_2O$	oxidjodid	f	505,15				

Phasenumwandlungen °C		ΔH kJ/Mol	Standardwerte bei 25° C C_p J/Molgrd	S^0 J/Molgrd	ΔH_B kJ/Mol	ΔG^0 kJ/Mol	Bemerkungen und Charakteristik
500 431	*F** Sb				−544		* unter Druck; weiße feine Nadeln; gelb, rosa bis rot je nach Jodspuren; raucht an der Luft; sehr hygr.; l. W unter heftiger Reaktion→$ZrOJ_2$+HJ; l. S; wl. Bzl, PÄ, CS_2; zers. Al; unl. fl. NH_3; MAK: 32,83 mg/m³ Luft
2982	*F*		40,40	38,9	−365	−336	gelbbraunes Pulver mit goldgelben Krist.; hochgesintert zitronengelb sehr hart; ziemlich spröde; unl. W, HNO_3; l. konz. H_2SO_4, HF; sehr langsam l. HCl
140° $-H_2O$							große wasserklare Prismen; sehr hygr.; ll. W, etwas weniger l. Al; MAK: 8,66 mg/m³ Luft
					−1910		weißes krist. Pulver; ll. W; l. Al; Z. ab 110° an der Luft; MAK: 14,65 mg/m³ Luft
1205 2687 4300	*U** *F* *V*	5,94 87,0	5,81	50,32	−1094	−1035	* *U*→stabile Hochtemperaturform tetr., $a=5{,}085$ Å, $c=5{,}166$ Å; $\bar{\alpha}(20...1000°\,C)=7{,}1\cdot10^{-6}$ grd⁻¹; $\varepsilon=12{,}4$; $\chi_{Mol}=-13{,}8\cdot10^{-6}$ cm³Mol⁻¹; Baddeleyit; weißes krist. Pulver; unl. W; swl. S; l. H_2SO_4, HF; Aufschluß durch Schmelze mit Alkhydroxid; MAK: 6,75 mg/m³ Luft
							* leicht verzerrtes Gitter; $\bar{\alpha}(20...100°\,C)=3{,}7\cdot10^{-6}$ grd⁻¹, $(20...1000°\,C)=5{,}51\cdot10^{-6}$ grd⁻¹
					−1720		weißer gelatinöser Nd.; LW 20° $1{,}27\cdot10^{-9}$%, Bdk. 0 H_2O; l. S; unl. Alk
					−3471		feine durchsichtige Kristallnadeln; leicht zerfl.; an Luft langsam undurchsichtig unter Abgabe von HBr; l. W, Al
					−3560		weiße seidenglänzende Prismen, lange Nadeln; verwittern beim längeren Stehen an der Luft; ll. W, Al; wl. HCl, Abnahme der L mit steigender Konz.; MAK: 17,66 mg/m³ Luft
							fbl. Nadeln; sehr hygr.; ll. W, Al; wss. Lsg. zers. beim Erwärmen

Formel	Name	Zustand	Mol.-Masse Dichte g · cm⁻³	Kristalldaten: System, Typ und Symbol	Einheitszelle: Kantenlänge in Å	Einheitszelle: Winkel und M	Brechzahl n_D
ZrP_2	phosphid	f	153,17 4,77				
ZrP_2O_7	di- phosphat	f	265,16 3,135	kub. T_h^6, $Pa3$	8,20	$M=4$	
ZrS_2	sulfid	f	155,35 4,15	trig. $C6$ D_{3d}^3, $P\bar{3}m1$	3,68 5,85	$M=1$	
Zr_2S_3	sulfid	f	278,63 4,62				
Zr_2S_5	sulfid	f	342,76 4,10				
ZrOS	oxidsulfid	f	139,28 4,87	kub. T^4, $P2_13$	5,70	$M=4$	
$Zr(SO_4)_2$	sulfat	f	283,34 3,22				
$Zr(SO_4)_2 \cdot 4\,H_2O$		f	355,40 2,80	orh. D_{2h}^{24}, $Fddd$	11,62 25,92 5,532	$M=8$	
$ZrSi_2$	silicid	f	147,39 4,88	orh. $C49$ D_{2h}^{17}, $Cmcm$	3,72 14,61 3,67	$M=4$	
$ZrSiO_4$	silikat	f	183,30 4,70	tetr. $S1_1$ D_{4h}^{19}, $I4_1/amd$	6,58 5,93	$M=4$	1,924...1,960 1,968...2,015

Phasenumwandlungen			Standardwerte bei 25° C				Bemerkungen und Charakteristik
°C		ΔH kJ/Mol	C_p J/Molgrd	S^0 J/Molgrd	ΔH_B kJ/Mol	ΔG^0 kJ/Mol	
							graue glänzende Verbindung; hart, spröde; unl. W, S; l. konz. H_2SO_4 in der Wärme
							stark lichtbrechende Oktaeder; nicht hygr.; schwer schmelzbar; NaOH-Schmelze→ZrO_2; vollständiger Aufschluß durch zweimaliges Schmelzen mit Na_2CO_3
~1550	*F*						schw. krist. Substanz, nach Pulvern braunrot; unl. W; mit NaOH-Lsg. in der Kälte langsam, in der Hitze schnell→$Na_2S + ZrO_2 \cdot xH_2O$; mit HCl bei 165°→$ZrCl_4$
							glänzendbraune Verbindung, undurchsichtige viereckige Plättchen; unl. konz. HCl; mit 10%iger HCl sied.→$H_2S + ZrCl_4$; reagiert mit konz. HNO_3, H_2SO_4; unl. NaOH, wss. NH_3
							schw. Krist. mit stahlblauen Reflexen; in der Durchsicht rötlich; mit konz. HCl sehr langsam, rascher mit 10% HCl sied.→$H_2S + ZrCl_4$; reagiert mit konz. H_2SO_4, HNO_3
							hgelbes Pulver
			111,7		−2499		weißes mikrokrist. Pulver; beim Erhitzen bis 400° beständig; sehr hygr.; wl. k. W, ll. h. W
110... 200 $-3\,H_2O$							fbl. krist. Krusten, kurze Prismen; LW 18° 0,9045 g $Zr(SO_4)_2 \cdot 4\,H_2O$/ml Lsg.; l. verd. H_2SO_4; swl. konz. H_2SO_4; unl. Al; MAK: 19,49 mg/m³ Luft
					−151		graue Krist.; unl. S, Königsw.; l. HF; NaOH-Schmelze zers.
2420	*F*		98,83	84,07			$\chi_{Mol} = -39{,}5 \cdot 10^{-6}$ cm³Mol⁻¹; fbl. Krist.; unl. W, S, Königsw., Alk; Aufschluß durch Schmelze mit Alk oder Mischungen von Alk-verbindungen; MAK: 10,05 mg/m³ Luft

222. Wasser

22201. *Übersicht allgemeiner Daten*

	H_2O	^2H_2O
Relative Molekularmasse	18,01534	20,03128
Dichte bei 25° C, gcm^{-3}	0,99705	1,1043
Molwärme bei konstantem Druck bei 25° C, J/(Molgrd)	75,15	84,35
Standardentropie bei 25° C, J/Molgrd	66,36	72,36
Bildungsenthalpie bei 25° C, kJ/Mol	−285,9	−294,6
freie Bildungsenthalpie bei 25° C, kJ/Mol	−792,2	−819,4
Schmelzpunkt, °C	0,00	3,76
Schmelzenthalpie, kJ/Mol	6,007	6,28
Siedetemperatur V bei 760 Torr, °C	100	101,4
Verdampfungsenthalpie am V, kJ/Mol	40,66	41,69
Kritische Temperatur, °C	374,15	371,5
Kritischer Druck, atm	221,20	218,6
Kritische Dichte, g/cm^3	0,315	
Dipolmoment $10^{-18}\ g^{\frac{1}{2}}\ cm^{\frac{5}{2}}\ s^{-1}$	1,842	1,84
Molekel: Abstand H...O Å	1,013	
H...H Å	1,53	
<HOH	105,05°	

22202. *Schmelzen und Umwandlungen unter Druck*

222021. Schmelztemperatur ϑ in °C und Volumenänderung Δv beim Schmelzen, $\Delta v = v_{fl} - v_f$ in cm^3g^{-1}

Eis I H_2O

p (at)	ϑ (°C)	Δv (cm^3g^{-1})
1	0,00	−0,0900
250	−1,93	
500	−4,05	
610	−5,00	−0,1016
750	−6,31	
1000	−8,72	
1130	−10	−0,1122
1590	−15	−0,1218
1970	−20	−0,1313

Eis I ^2H_2O

p (at)	ϑ (°C)	Δv (cm^3g^{-1})
1	+3,82	−1,56
400	0,84	−1,79
800	−2,74	−2,01
1200	−6,76	−2,23
1600	−11,14	−2,45
2000	−15,82	−2,64
2400	−20,70	−2,77

222022. Tripelpunkte

H_2O				^2H_2O			
p (at)	ϑ (°C)	Δv (cm^3g^{-1})		p (at)	ϑ (°C)	Δv (cm^3g^{-1})	
2115	−22,0	III−fl.	+0,0466	2245	−18,75	I−fl.	−2,713
		I−fl.	−0,1352			III−fl.	+0,847
		I−III	−0,1818			I−III	−3,560
2170	−34,7	II−III	+0,0215	3555	−14,5	III−fl.	+0,498
		I−III	−0,1963			III−V	+0,985
		I−II	+0,2178			V−fl.	+1,483
3530	−17,0	III−V	+0,0547	5410	−6,2	IV−fl.	+1,492
		III−fl.	+0,0241			IV−VI	+0,352
		V−fl.	+0,0788			VI−fl.	+1,844
3510	−24,3	II−V	−0,0401	6405	+2,6	V−fl.	+0,978
		II−III	+0,0145			V−VI	+0,696
		III−V	+0,0546			VI−fl.	+1,674
6380	+0,16	V−VI	+0,0389	2290	−31,0	I−III	−3,498
		V−fl.	+0,0527			II−III	+0,449
		VI−fl.	+0,0916			I−II	+3,947
22400	+81,6	VI−fl.	+0,0330	3540	−21,5	II−III	+0,317
		VII−fl.	+0,0910			II−V	−0,712
		VI−VII	+0,0580			III−V	+1,029

Tripelpunkt von H_2O bei 1 at 0,01° C

Tripelpunkt von ^3H_2O bei 1 at 4,49° C

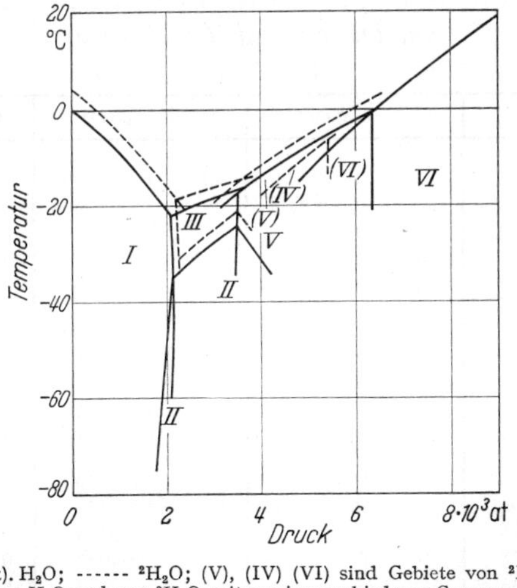

Wasser (0...8000 at). H_2O; ------ ^2H_2O; (V), (IV) (VI) sind Gebiete von ^2H_2O. I, II, III, VI, VII sind Gebiete von H_2O und von ^2H_2O mit wenig verschiedenen Grenzen. Die über die Tripelpunkte hinausgezogenen Linienstücke geben Beobachtungen instabiler Zustände wieder

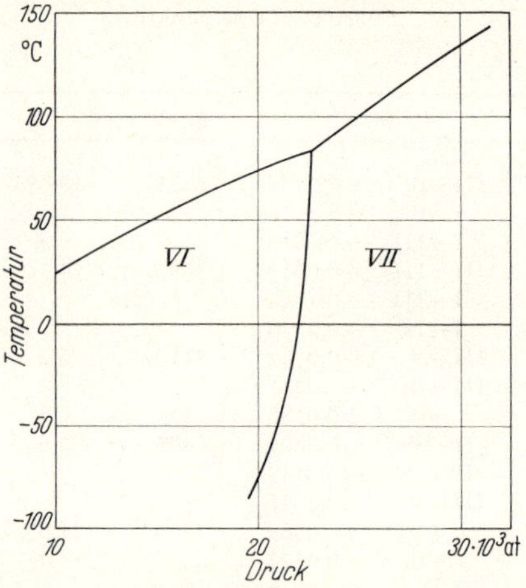

Wasser (10...30 · 10³ at)

222023. Dichte und Kristalldaten für Eis (H_2O)

	ϑ (°C)	D (gcm³)	Kristall-system	Raumgruppe	Elementarzelle: Kantenlänge	Elementarzelle: Zahl der Molekeln
Eis I	0	0,918	hex.	D_{6h}^4 $P\,6_3/m\,m\,c$	$a=4{,}51$; $c=7{,}35$ Å	4
Eis II	−115	1,15	orh.	D_2^5 $C\,2\,2\,2_1$	$a=7{,}80$; $b=4{,}50$ $c=5{,}56$ Å	8
Eis III	−155	—	tetr.	—	—	

22203. Dichte und spezifisches Volumen in Abhängigkeit von Druck und Temperatur

222031. Dichte des Wassers in g/cm³

°C	g/cm³	°C	g/cm³	°C	g/cm³	°C	g/cm³
0	0,999840	16	0,998944	31	0,995344	46	0,98980
1	0,999899	17	0,998776	32	0,995030	47	0,98937
2	0,999940	18	0,998597	33	0,994706	48	0,98894
3	0,999964	19	0,998407	34	0,994375	49	0,98849
4	0,999972	20	0,998206	35	0,994036	50	0,98805
5	0,999964						
		21	0,997994	36	0,993688	55	0,98570
6	0,999940	22	0,997772	37	0,993332	60	0,98321
7	0,999902	23	0,997540	38	0,992969	65	0,98057
8	0,999849	24	0,997299	39	0,992598	70	0,97779
9	0,999781	25	0,997047	40	0,992219	75	0,97486
10	0,999700						
		26	0,996786	41	0,99183	80	0,97183
11	0,999606	27	0,996516	42	0,99144	85	0,96862
12	0,999498	28	0,996236	43	0,99104	90	0,96532
13	0,999378	29	0,995948	44	0,99033	95	0,96189
14	0,999245	30	0,995650	45	0,99022	100	0,95835
15	0,999101						

222032. Dichte von ^2H_2O und H_2O mit ^2H_2O in g/cm³

Gew. %	0° C	5° C	10° C	20° C	25° C	30° C	40° C	60° C	80° C	100° C
5	1,0045	1,0047	1,0042	1,0029	1,0017	1,0003	0,9970	0,9879	0,9764	0,9630
10	1,0093	1,0094	1,0091	1,0078	1,0067	1,0053	1,0019	0,9929	0,9813	0,9679
20	1,0189	1,0190	1,0190	1,0177	1,0167	1,0152	1,0118	1,0028	0,9911	0,9775
30	1,0290	1,0292	1,0291	1,0278	1,0267	1,0253	1,0219	1,0129	1,0011	0,9875
40	1,0390	1,0395	1,0394	1,0380	1,0370	1,0357	1,0322	1,0231	1,0113	0,9976
50	1,0494	1,0499	1,0499	1,0487	1,0477	1,0463	1,0430	1,0338	1,0220	1,0079
60	1,0600	1,0606	1,0607	1,0593	1,0583	1,0570	1,0536	1,0443	1,0325	1,0185
70	1,0708	1,0713	1,0716	1,0704	1,0695	1,0681	1,0648	1,0556	1,0436	1,0292
80	1,0821	1,0828	1,0830	1,0819	1,0809	1,0796	1,0761	1,0670	1,0550	1,0404
90	1,0933	1,0941	1,0943	1,0934	1,0923	1,0911	1,0878	1,0785	1,0664	1,0518
100	1,1049	1,1060	1,1062	1,1053	1,1043	1,1031	1,0998	1,0904	1,0781	1,0633

222033. Dichte und Druck von gesättigtem Wasserdampf im Temperaturgebiet $-60 \leqq \vartheta \leqq 0°$ C

ϑ °C	D 10^{-3} gcm^{-3}	p Torr	p 10^{-4} kp/cm²	ϑ °C	D 10^{-3} gcm^{-3}	p Torr	p 10^{-4} kp/cm²
−60	0,011	0,007	0,0095	−28	0,41	0,34	0,46
−56	0,019	0,013	0,0177	−24	0,60	0,52	0,71
−52	0,030	0,022	0,029	−20	0,88	0,77	1,05
−48	0,048	0,037	0,050	−16	1,27	1,13	1,54
−44	0,074	0,058	0,079	−12	1,80	1,68	2,29
−40	0,117	0,093	0,126	−8	2,54	2,32	3,14
−36	0,178	0,150	0,204	−4	3,51	3,28	4,45
−32	0,271	0,227	0,308	0	4,84	4,58	6,23

222034. Dichte (D), Wärmeausdehnungszahl γ, Kompressibilitätskoeffizient $\varkappa$ in Abhängigkeit von der Temperatur für 0...100° bei 1 at, für $200 \leqq \vartheta \leqq 360°$ C beim Sättigungsdruck

ϑ °C	p at	D gcm^{-3}	γ 10^{-3}grd^{-1}	$\varkappa$ 10^{-6} at^{-1}	ϑ °C	p at	D gcm^{-3}	γ 10^{-3}grd^{-1}	$\varkappa$ 10^{-6} at^{-1}
0	1	0,99984	−0,07	50,6	140	3,6848	0,92609	0,975	57,2
10	1	0,99970	+0,088	48,6	160	6,3023	0,90736	1,098	64,5
20	1	0,99820	0,207	47,0	180	10,225	0,88692	1,233	74
30	1	0,99565	0,303	46,0	200	15,857	0,8647	1,392	85,5
40	1	0,99221	0,385	45,3	220	23,659	0,8403	1,597	102
50	1	0,98805	0,457	45,0	240	34,140	0,8136	1,862	125
60	1	0,98321	0,523	45,0	260	47,866	0,7840	2,21	160
70	1	0,97778	0,585	45,2	280	65,457	0,7507	2,70	220
80	1	0,97180	0,643	45,7	300	87,611	0,7125	3,46	312
90	1	0,96532	0,698	46,5	320	115,12	0,6670	4,60	—
100	1,0332	0,95835	0,752	48,0	340	148,96	0,6095	8,25	—
120	2,0245	0,94312	0,860	51,8	360	190,42	0,5245	—	—

222035. Dichte des Wassers D in 10^{-4} g/cm³ in Abhängigkeit von

ϑ °C	p in bar						
	100	200	300	400	500	600	800
200	8709	8780	8847	8911	8971	9031	9144
220	8468	8549	8626	8696	8764	8830	8953
240	8204	8299	8385	8469	8546	8619	8755
260	7907	8022	8125	8221	8310	8392	8544
280	7566	7711	7836	7950	8053	8148	8318
300	7158	7353	7512	7649	7770	7881	8075
320	516	6929	7140	7312	7460	5792	7816
340	466	6372	6698	6932	7119	7280	7543
360	429	5484	6146	6473	6725	6928	7244
380	400	1204	5316	5896	6262	6519	6928
400	380	1004	3571	5205	5731	6086	6577
420	364	891	2015	4277	5123	5609	6206
440	348	820	1605	3181	4401	5073	5818
460	333	763	1393	2402	3736	4488	5404
480	320	716	1258	2025	3024	3917	4990
500	309	677	1148	1778	2571	3403	4570
520	299	645	1067	1606	2261	2988	4167
540	289	619	1003	1476	2045	2666	3801
560	281	596	953	1372	1876	2413	3472
580	273	574	909	1291	1745	2213	3181
600	265	552	869	1224	1636	2063	2945
620	258	534	835	1167	1542	1934	2747
640	251	517	805	1118	1465	1828	2580
660	245	503	778	1075	1395	1737	2434
680	240	489	755	1037	1339	1656	2305
700	235	477	733	1003	1288	1585	2192
720	231	466	713	972	1242	1523	2095
740	227	456	695	945	1202	1468	2010
760	224	446	678	921	1167	1419	1933
780	220	435	661	893	1129	1369	1857
800	217	428	646	873	1100	1328	1792
820	214	419	632	850	1071	1288	1737
840	211	412	618	829	1044	1253	1685
860	207	404	605	810	1017	1221	1638
880	205	397	593	792	993	1190	1595
900	202	389	581	775	972	1163	1550
920	199	384	570	760	951	1136	1511
940	197	377	560	745	933	1111	1474
960	194	371	549	731	916	1087	1441
980	191	365	539	720	900	1066	1410
1000	189	359	529	704	885	1046	1382

[1] Auszug aus Landolt-Börnstein, 6. Aufl., Bd. III/2b. Werte nach G. C. KENNEDY. Amer.

der Temperatur $200 \leqq \vartheta \leqq 1000°$ C und dem Druck $100 \leqq p \leqq 2500$ bar

p in bar							
1000	1200	1400	1600	1800	2000	2250	2500
9250	9349	9441	9552	9656	9748	9870	9973
9068	9175	9273	9383	9484	9578	9703	9808
8880	8995	9101	9208	9308	9408	9531	9642
8681	8806	8920	9025	9129	9235	9358	9471
8469	8606	8730	8840	8949	9062	9183	9304
8243	8394	8530	8651	8766	8883	9009	9135
8006	8174	8322	8458	8577	8703	8833	8972
7761	7948	8112	8252	8388	8507	8653	8794
7495	7705	7888	8056	8195	8334	8474	8622
7220	7458	7621	7832	7992	8141	8291	8447
6923	7196	7424	7620	7786	7942	8105	8269
6624	6938	7190	7395	7574	7738	7916	8089
6320	6680	6968	7171	7363	7535	7725	7905
5994	6405	6729	6948	7152	7329	7535	7723
5662	6126	6485	6733	6942	7129	7349	7543
5321	5835	6231	6509	6747	6943	7166	7371
4982	5544	5975	6290	6547	6755	6987	7202
4638	5240	5701	6064	6347	6567	6810	7033
4304	4936	5424	5827	6141	6385	6635	6876
3992	4639	5148	5584	5928	6201	6474	6715
3731	4391	4915	5342	5713	6013	6306	6556
3501	4142	4671	5098	5497	5816	6140	6399
3298	3924	4450	4885	5283	5625	5971	6242
3112	3717	4236	4681	5068	5422	5792	6087
2940	3522	4031	4488	4875	5227	5617	5928
2791	3350	3848	4304	4692	5050	5437	5765
2663	3200	3684	4130	4522	4878	5260	5601
2550	3065	3535	3963	4351	4703	5081	5437
2446	2939	3394	3815	4198	4549	4940	5270
2344	2816	3255	3673	4051	4399	4791	5141
2255	2708	3132	3541	3912	4255	4646	5000
2180	2612	3022	3417	3782	4118	4500	4863
2107	2525	2915	3300	3660	3992	4359	4730
2040	2442	2823	3194	3543	3871	4226	4599
1978	2367	2735	3095	3435	3759	4105	4474
1920	2299	2653	3003	3334	3652	3987	4355
1867	2234	2578	2915	3241	3551	3877	4246
1819	2172	2512	2833	3151	3457	3775	4139
1773	2118	2450	2757	3066	3368	3677	4042
1732	2067	2393	2686	2985	3281	3590	3951
1695	2021	2341	2619	2910	3202	3504	3862

J. Sci. 248, 540 (1950). Neu untergliedert und auf 4 Stellen abgerundet.

222036. t, v-Diagramm des Wasserdampfes; p, t-Diagramm des Wasserdampfes

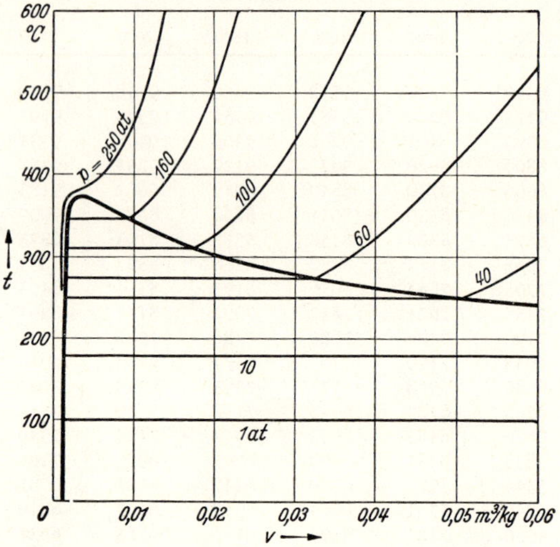

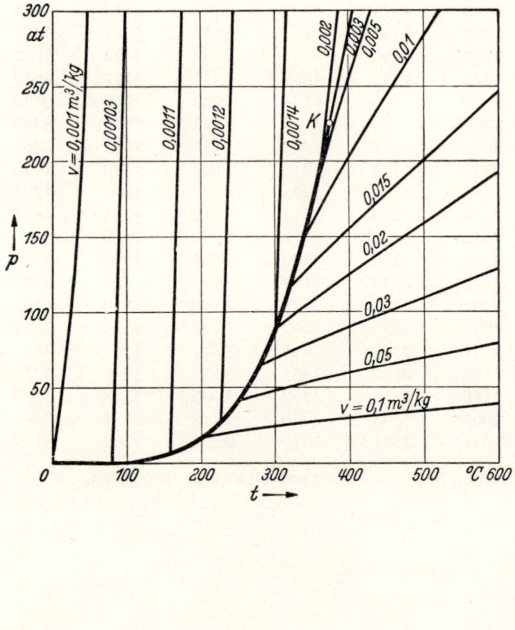

22204. *Kompressibilität* $\varkappa = -\frac{V_{p_2} - V_{p_1}}{V_1 (p_2 - p_1)}$ *in* 10^{-6} at^{-1}

Druckbereich at	in °C 0	20	40	60	100	200
1...50	50,2	46,0	44,0	44,0	47,7	—
50...100	49,3	44,5	44,0	44,0	47,0	81,9
100...200	47,4	42,9	41,5	41,5	46,0	78,5
200...300	46,6	42,0	40,1	40,3	44,5	74,6
300...400	45,2	41,0	39,6	39,5	43,3	70,2
400...500	44,1	40,1	38,8	38,4	42,1	66,8
500...1000	40,6	37,1	36,1	36,0	66,8	59,3
1000...2000	33,3	31,6	31,3	—	—	—

Als ausgezogene Mittelwerte sind von A. T. J. Hayward, Acta Imeko 1964 angegeben

p	1	100	200	300	500	750	1000	1250	1500	bar
$\varkappa_{20°}$	45,9	45,2	44,6	43,9	42,7	41,2	39,8	38,5	37,3	10^{-6} bar^{-1}

22205. *Oberflächenspannung* γ *in dyn* cm^{-1} *gegen Luft*

H_2O

ϑ °C	γ dyncm⁻¹	ϑ °C	γ dyncm⁻¹	ϑ °C	γ dyncm⁻¹	ϑ °C	γ dyncm⁻¹
−10	77,10	15	73,48	23	72,28	35	70,35
−5	76,40	16	73,34	24	72,12	40	69,55
0	75,62	17	73,20	25	71,96	50	67,90
+5	74,90	18	73,05	26	71,80	60	66,17
10	74,20	19	72,89	27	71,64	70	64,41
11	74,07	20	72,75	28	71,47	80	62,60
12	73,92	21	72,60	29	71,31	90	60,74
13	73,78	22	72,44	30	71,15	100	58,84
14	73,64						

^2H_2O

°C	γ dyncm⁻¹
15	73,35
20	72,60
25	71,85
30	71,10
35	70,30

22206. *Dampfdruck*

222061. Druck des Wasserdampfes über Eis in Abhängigkeit von der Temperatur p in Torr bei −59...0° C

Zehner	p in Torr bei ϑ in °C — Einer −9	−8	−7	−6	−5	−4	−3	−2	−1	0
−50	0,008	0,009	0,011	0,013	0,015	0,017	0,019	0,022	0,025	0,029
−40	0,033	0,037	0,042	0,047	0,052	0,058	0,066	0,074	0,083	0,093
−30	0,105	0,119	0,134	0,150	0,167	0,185	0,205	0,227	0,252	0,280
−20	0,311	0,345	0,383	0,425	0,471	0,521	0,576	0,636	0,701	0,772
−10	0,850	0,935	1,027	1,128	1,238	1,357	1,486	1,627	1,780	1,946
0	2,125	2,321	2,532	2.761	3,008	3,276	3,566	3,879	4,216	4,579

222062. Dampfdruck p des Wassers in Torr von 0...100° C
Dampfdrucke für $0 \leqq \vartheta \leqq 374{,}15°$ C in Tabelle 22209

Zehner	ϑ in °C Einer 0	1	2	3	4	5	6	7	8	9
0	4,581	4,924	5,291	5,681	6,097	6,539	7,010	7,510	8,041	8,606
10	9,204	9,839	10,512	11,226	11,982	12,781	13,628	14,524	15,47	16,47
20	17,53	18,64	19,82	21,06	22,37	23,75	25,20	26,73	28,34	30,03
30	31,81	33,69	35,65	37,72	39,89	42,17	44,55	47,06	49,69	52,44
40	55,32	58,33	61,49	64,80	68,25	71,87	75,65	79,60	83,72	88,03
50	92,52	97,21	102,11	107,21	112,53	118,07	123,83	129,85	136,11	142,63
60	149,39	156,5	163,8	171,4	179,3	187,6	196,1	205,0	214,2	223,8
70	233,7	244,0	254,7	265,8	277,2	289,2	301,4	314,2	327,4	341,1
80	355,2	369,8	385,0	400,7	416,9	433,6	450,8	468,7	487,2	506,2
90	525,9	546,2	567,1	588,8	611,0	634,0	657,8	682,2	707,3	733,3
100	760,0									

222063. Dampfdruck p von Wasser, schwerem Wasser und 50 Mol-%iger Mischung

a) Von 0° C bis zum Siedepunkt

°C	p in Torr von H_2O	^2H_2O	50%
0	4,581	3,65	4,091
1	4,924	3,93	
2	5,291	4,29	
3	5,681	4,65	
3,8		5,05	
10	9,204	7,79	8,468
20	17,53	15,2	16,293
30	31,81	28,0	29,84
40	55,32	49,3	52,24
50	92,52	83,6	87,945
60	149,39	136,6	142,86
70	233,7	216,1	224,75
80	355,2	331,6	343,25
90	525,9	495,5	510,6
100	760,0	722,2	740,8
100,7			760,0
101,43		760,0	

b) Von 100...240° C

°C	p in at von H_2O	^2H_2O	50 %
100	1,0339	0,982	1,007
110	1,461	1,353	1,393
120	2,025	1,888	1,950
130	2,754	2,584	2,714
140	3,685	3,474	3,637
150	4,854	4,596	4,801
160	6,302	5,993	6,246
170	8,076	7,707	8,020
180	10,23	9,788	10,173
190	12,80	12,29	12,75
200	15,86	15,26	15,82
210	19,46	18,77	19,44
220	23,66	22,87	23,66
230	28,53	27,63	28,54
240	34,14	33,17	34,26
371,5[1]		218,6[1]	

[1] Kritischer Punkt von ^2H_2O.

222064. Siedetemperaturen von Wasser in °C bei Drucken von 600...860 Torr.

Zehner	*p* in Torr									
	Einer									
	0	1	2	3	4	5	6	7	8	9
600	93,509	93,555	93,600	93,645	93,690	93,735	93,779	93,823	93,868	93,913
610	93,957	94,000	94,043	94,087	94,132	94,177	94,221	94,265	94,309	94,352
620	94,396	94,439	94,483	94,526	94,570	94,613	94,657	94,700	94,744	94,787
630	94,829	94,871	94,913	94,957	95,000	95,043	95,087	95,129	95,171	95,214
640	95,257	95,300	95,343	95,387	95,429	95,471	95,512	95,554	95,596	95,638
650	95,682	95,725	95,767	95,808	95,850	95,892	95,932	95,972	96,013	96,054
660	96,097	96,138	96,179	96,220	96,262	96,303	96,344	96,385	96,426	96,467
670	96,508	96,549	96,589	96,630	96,671	96,712	96,752	96,793	96,833	96,874
680	96,914	96,954	96,995	97,035	97,075	97,115	97,156	97,196	97,236	97,276
690	97,316	97,356	97,395	97,435	97,475	97,515	97,554	97,594	97,633	97,673
700	97,712	97,752	97,791	97,831	97,870	97,909	97,948	97,988	98,027	98,066
710	98,105	98,144	98,183	98,221	98,260	98,299	98,338	98,377	98,415	98,454
720	98,492	98,531	98,569	98,608	98,646	98,685	98,723	98,761	98,799	98,838
730	98,876	98,914	98,952	98,990	99,028	99,066	99,104	99,141	99,179	99,217
740	99,255	99,292	99,330	99,368	99,405	99,443	99,480	99,517	99,555	99,592
750	99,629	99,667	99,704	99,741	99,778	99,815	99,852	99,889	99,926	99,963
760	100,000	100,037	100,074	100,110	100,147	100,184	100,220	100,257	100,294	100,330
770	100,367	100,403	100,439	100,476	100,512	100,548	100,585	100,621	100,657	100,693
780	100,729	100,765	100,801	100,837	100,873	100,909	100,945	100,981	101,017	101,052
790	101,088	101,124	101,159	101,195	101,231	101,266	101,302	101,337	101,372	101,408
800	101,443	101,478	101,514	101,549	101,584	101,619	101,654	101,690	101,725	101,760
810	101,795	101,829	101,864	101,899	101,934	101,969	102,004	102,038	102,073	102,108
820	102,143	102,177	102,212	102,246	102,281	102,315	102,349	102,384	102,418	102,453
830	102,487	102,521	102,555	102,589	102,624	102,658	102,692	102,726	102,760	102,794
840	102,828	102,862	102,896	102,930	102,964	102,997	103,031	103,065	103,099	103,132
850	103,166	103,199	103,233	103,267	103,300	103,334	103,367	103,400	103,434	103,467
860	103,501									

222065. Dampfdruck des Wassers über unterkühltem Wasser.

Zehner	*p* in bar *ϑ* in °C									
	Einer									
	−9	−8	−7	−6	−5	−4	−3	−2	−1	0
−10	—	—	—	1,315	1,429	1,551	1,684	1,826	1,979	2,143
0	2,320	2,509	2,712	2,928	3,158	3,404	3,669	3,952	4,256	4,579

22207. Spezifische Wärme zwischen 0 und 100° C

222071. Spezifische Wärme bei konstantem Druck

Werte in J/(ggrd) nach der internationalen Festsetzung (Comité International des Poids et Mesures 1950)

Zehner [°C]	Einer [°C]									
	0	1	2	3	4	5	6	7	8	9
0	4,2174	4,2138	4,2104	4,2074	4,2045	4,2019	4,1996	4,1974	4,1954	4,1936
10	4,1919	4,1904	4,1890	4,1877	4,1866	4,1855	4,1846	4,1837	4,1829	4,1822
20	4,1816	4,1810	4,1805	4,1801	4,1797	4,1793	4,1790	4,1787	4,1785	4,1783
30	4,1782	4,1781	4,1780	4,1780	4,1779	4,1779	4,1780	4,1780	4,1781	4,1782
40	4,1783	4,1784	4,1786	4,1788	4,1789	4,1792	4,1794	4,1796	4,1799	4,1801
50	4,1804	4,1807	4,1811	4,1814	4,1817	4,1821	4,1825	4,1829	4,1833	4,1837
60	4,1841	4,1846	4,1850	4,1855	4,1860	4,1865	4,1871	4,1876	4,1882	4,1887
70	4,1893	4,1899	4,1905	4,1912	4,1918	4,1925	4,1932	4,1939	4,1946	4,1954
80	4,1961	4,1969	4,1977	4,1985	4,1994	4,2002	4,2011	4,2020	4,2029	4,2039
90	4,2048	4,2058	4,2068	4,2078	4,2089	4,2100	4,2111	4,2122	4,2133	4,2145
100	4,2156									

222072. Wärmekapazität bei hohen Drucken[1]

Die spezifische Wärmekapazität c_p bei konstantem Druck von 0,1...500 bar und Temperaturen von 0...800° ist in einer Tabelle gebracht, außerdem ist C_p und c_p für den überkritischen Zustand in zwei Abbildungen dargestellt.

222072a. Spezifische Wärmekapazität bei konstantem Druck, c_p in J/ggrd
(Der Strich kennzeichnet die Grenze zwischen Flüssigkeit und Dampf)

p bar	ϑ °C 0	50	100	150	200	250	300	350
0,1	4,219	1,925	1,898	1,919	1,943	1,970	1,999	2,029
1	4,218	4,178	2,337	1,961	1,967	1,986	2,010	2,037
5	4,215	4,177	4,215	4,307	2,098	2,059	2,061	2,079
10	4,213	4,176	4,214	4,305	2,422	2,167	2,127	2,120
25	4,205	4,172	4,211	4,301	4,487	2,745	2,378	2,274
50	4,192	4,167	4,205	4,293	4,473	4,860	3,164	2,630
75	4,179	4,161	4,200	4,285	4,460	4,828	4,756	3,207
100	4,167	4,156	4,195	4,278	4,447	4,798	5,698	4,110
125	4,155	4,150	4,190	4,271	4,434	4,769	5,586	5,436
150	4,143	4,145	4,184	4,264	4,422	4,743	5,489	7,369
175	4,131	4,140	4,179	4,257	4,410	4,717	5,403	9,642
200	4,120	4,135	4,174	4,250	4,399	4,693	5,327	8,147
225	4,109	4,130	4,169	4,243	4,387	4,670	5,259	7,381
250	4,098	4,125	4,165	4,237	4,376	4,648	5,197	6,950
275	4,087	4,120	4,160	4,230	4,366	4,627	5,141	6,598
300	4,077	4,115	4,155	4,224	4,356	4,608	5,089	6,351
350	4,057	4,106	4,146	4,211	4,336	4,570	4,997	5,979
400	4,037	4,097	4,137	4,199	4,317	4,536	4,918	5,673
500	4,002	4,080	4,119	4,177	4,282	4,474	4,786	5,321

p bar	ϑ °C 400	450	500	550	600	650	700	800
0,1	2,061	2,094	2,128	2,163	2,199	2,234	2,269	2,339
1	2,067	2,099	2,132	2,166	2,201	2,236	2,271	2,340
5	2,094	2,120	2,148	2,178	2,210	2,243	2,277	2,344
10	2,128	2,145	2,168	2,194	2,223	2,253	2,285	2,349
25	2,235	2,224	2,228	2,240	2,260	2,283	2,309	2,365
50	2,444	2,366	2,331	2,320	2,322	2,332	2,348	2,392
75	2,722	2,531	2,444	2,403	2,385	2,382	2,389	2,418
100	3,104	2,733	2,570	2,491	2,451	2,434	2,430	2,445
125	3,620	2,982	2,715	2,587	2,521	2,487	2,471	2,472
150	4,298	3,287	2,880	2,692	2,594	2,542	2,514	2,500
175	5,158	3,658	3,071	2,806	2,672	2,598	2,558	2,528
200	6,427	4,099	3,290	2,933	2,755	2,658	2,603	2,557
225	8,834	4,614	3,538	3,072	2,843	2,720	2,650	2,586
250	13,293	5,203	3,815	3,223	2,938	2,785	2,698	2,616
275	24,911	5,861	4,121	3,388	3,038	2,853	2,747	2,646
300	26,25	6,732	4,453	3,564	3,145	2,924	2,799	2,677
350	11,673	8,951	5,177	3,947	3,373	3,075	2,906	2,741
400	8,675	10,718	5,920	4,353	3,616	3,235	3,019	2,807
500	6,749	9,441	7,243	5,082	4,093	3,563	3,256	2,947

[1] Auszug aus VDI-Wasserdampftafeln, 6. Aufl. (B).

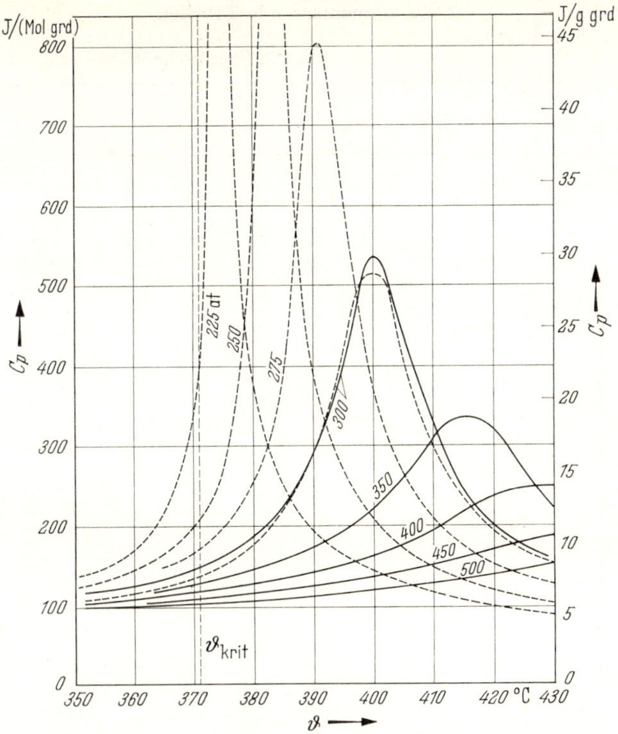

Wärmekapazität des Wasserdampfes bei überkritischen Drucken, bei 350...430° C

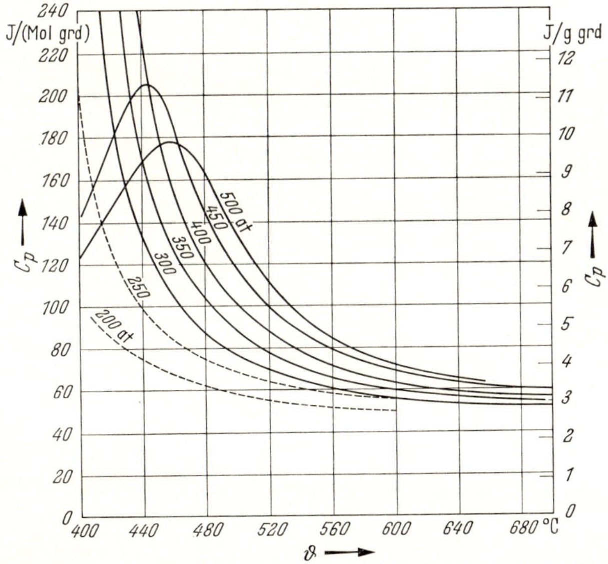

Wärmekapazität des Wasserdampfes bei überkritischen Drucken, bei 400...680° C

222073. Spezifische Wärme und Enthalpie

Temp. °K	Zahl der Teilchen im cm³					
	n_{H_2O}	n_{H_2}	n_{O_2}	n_{OH}	n_H	n_O
			1 atm			
1000	$7,25 \cdot 10^{18}$					
2000	$3,58 \cdot 10^{18}$	$2,27 \cdot 10^{16}$	$7,19 \cdot 10^{15}$	$1,69 \cdot 10^{16}$	$2,79 \cdot 10^{14}$	$1,16 \cdot 10^{14}$
3000	$1,43 \cdot 10^{18}$	$3,37 \cdot 10^{17}$	$8,80 \cdot 10^{16}$	$3,58 \cdot 10^{17}$	$1,45 \cdot 10^{17}$	$5,47 \cdot 10^{16}$
4000	$4,65 \cdot 10^{16}$	$1,72 \cdot 10^{17}$	$4,27 \cdot 10^{16}$	$2,19 \cdot 10^{17}$	$9,02 \cdot 10^{17}$	$4,25 \cdot 10^{17}$
5000	$2,63 \cdot 10^{14}$	$1,47 \cdot 10^{16}$	$2,91 \cdot 10^{15}$	$1,87 \cdot 10^{16}$	$9,42 \cdot 10^{17}$	$4,71 \cdot 10^{17}$
6000	$5,16 \cdot 10^{12}$	$2,01 \cdot 10^{15}$	$3,20 \cdot 10^{14}$	$2,56 \cdot 10^{15}$	$8,02 \cdot 10^{17}$	$4,01 \cdot 10^{17}$
7000	$3,10 \cdot 10^{11}$	$4,56 \cdot 10^{14}$	$6,32 \cdot 10^{13}$	$5,81 \cdot 10^{14}$	$6,90 \cdot 10^{17}$	$3,45 \cdot 10^{17}$
8000					$6,01 \cdot 10^{17}$	$3,01 \cdot 10^{17}$
9000					$5,28 \cdot 10^{17}$	$2,64 \cdot 10^{17}$
10000					$4,61 \cdot 10^{17}$	$2,31 \cdot 10^{17}$
12000					$3,20 \cdot 10^{17}$	$1,62 \cdot 10^{17}$
14000					$1,70 \cdot 10^{17}$	$8,70 \cdot 10^{16}$
16000					$6,39 \cdot 10^{16}$	$3,21 \cdot 10^{16}$
18000					$2,02 \cdot 10^{16}$	$1,02 \cdot 10^{16}$
20000					$6,84 \cdot 10^{15}$	$3,12 \cdot 15^{15}$
22000					$2,70 \cdot 10^{15}$	$1,11 \cdot 10^{15}$
24000					$1,21 \cdot 10^{15}$	$4,47 \cdot 10^{14}$
26000					$6,23 \cdot 10^{14}$	$1,96 \cdot 10^{14}$
28000					$3,50 \cdot 10^{14}$	$8,90 \cdot 10^{13}$
30000					$2,17 \cdot 10^{14}$	$3,87 \cdot 10^{13}$
			10 atm			
1000	$7,25 \cdot 10^{19}$	$1,06 \cdot 10^{17}$	$3,35 \cdot 10^{16}$	$7,89 \cdot 10^{16}$		
2000	$3,60 \cdot 10^{19}$	$1,89 \cdot 10^{18}$	$4,85 \cdot 10^{17}$	$1,99 \cdot 10^{18}$	$1,04 \cdot 10^{15}$	$2,49 \cdot 10^{14}$
3000	$1,89 \cdot 10^{19}$	$3,43 \cdot 10^{18}$	$7,71 \cdot 10^{17}$	$4,15 \cdot 10^{18}$	$3,44 \cdot 10^{17}$	$1,29 \cdot 10^{17}$
4000	$3,93 \cdot 10^{18}$	$1,03 \cdot 10^{18}$	$2,02 \cdot 10^{17}$	$1,31 \cdot 10^{18}$	$4,02 \cdot 10^{18}$	$1,82 \cdot 10^{18}$
5000	$1,53 \cdot 10^{17}$	$1,87 \cdot 10^{17}$	$2,99 \cdot 10^{16}$	$2,39 \cdot 10^{17}$	$7,89 \cdot 10^{18}$	$3,92 \cdot 10^{18}$
6000	$7,32 \cdot 10^{15}$	$4,47 \cdot 10^{16}$	$6,21 \cdot 10^{15}$	$5,70 \cdot 10^{16}$	$7,74 \cdot 10^{18}$	$3,88 \cdot 10^{18}$
7000	$3,02 \cdot 10^{14}$				$6,83 \cdot 10^{18}$	$3,42 \cdot 10^{18}$
8000					$6,03 \cdot 10^{18}$	$3,02 \cdot 10^{18}$
9000					$5,34 \cdot 10^{18}$	$2,67 \cdot 10^{18}$
10000					$4,75 \cdot 10^{18}$	$2,38 \cdot 10^{18}$
12000					$3,70 \cdot 10^{18}$	$1,86 \cdot 10^{18}$
14000					$2,63 \cdot 10^{18}$	$1,33 \cdot 10^{18}$
16000					$1,61 \cdot 10^{18}$	$8,09 \cdot 10^{17}$
18000					$8,37 \cdot 10^{17}$	$4,09 \cdot 10^{17}$
20000					$3,93 \cdot 10^{17}$	$1,84 \cdot 10^{17}$
22000					$1,82 \cdot 10^{17}$	$7,73 \cdot 10^{16}$
24000					$9,04 \cdot 10^{16}$	$3,46 \cdot 10^{16}$
26000					$4,92 \cdot 10^{16}$	$1,64 \cdot 10^{16}$
28000					$2,91 \cdot 10^{16}$	$8,49 \cdot 10^{15}$
30000					$1,85 \cdot 10^{16}$	$4,33 \cdot 10^{15}$

von H_2O im Plasmazustand

Zahl der Teilchen im cm^3				Dichte g/cm^3	Enthalpie J/g	Spez. Wärme J/ggrd	Temp. °K
n_p	n_{O+}	n_{O++}	n_e				
				1 atm			
				$2{,}16 \cdot 10^{-4}$	$-1{,}05 \cdot 10^{4}$	2,27	1000
				$1{,}09 \cdot 10^{-4}$	$-8{,}12 \cdot 10^{3}$	5,43	2000
				$6{,}09 \cdot 10^{-5}$	$3{,}24 \cdot 10^{2}$	$2{,}55 \cdot 10$	3000
				$2{,}34 \cdot 10^{-5}$	$3{,}38 \cdot 10^{4}$	$3{,}24 \cdot 10$	4000
				$1{,}50 \cdot 10^{-5}$	$5{,}26 \cdot 10^{4}$	8,62	5000
				$1{,}22 \cdot 10^{-5}$	$5{,}76 \cdot 10^{4}$	4.38	6000
				$1{,}04 \cdot 10^{-5}$	$6{,}12 \cdot 10^{4}$	3,80	7000
$1{,}47 \cdot 10^{15}$	$6{,}38 \cdot 10^{14}$		$2{,}11 \cdot 10^{15}$	$9{,}07 \cdot 10^{-6}$	$6{,}54 \cdot 10^{4}$	4,42	8000
$4{,}63 \cdot 10^{15}$	$2{,}02 \cdot 10^{15}$		$6{,}65 \cdot 10^{15}$	$7{,}97 \cdot 10^{-6}$	$7{,}08 \cdot 10^{4}$	5,90	9000
$1{,}15 \cdot 10^{16}$	$5{,}06 \cdot 10^{15}$		$1{,}66 \cdot 10^{16}$	$7{,}12 \cdot 10^{-6}$	$7{,}74 \cdot 10^{4}$	8,98	10000
$4{,}20 \cdot 10^{16}$	$1{,}90 \cdot 10^{16}$		$6{,}11 \cdot 10^{16}$	$5{,}46 \cdot 10^{-6}$	$1{,}07 \cdot 10^{5}$	$2{,}50 \cdot 10$	12000
$8{,}84 \cdot 10^{16}$	$4{,}21 \cdot 10^{16}$		$1{,}31 \cdot 10^{17}$	$3{,}89 \cdot 10^{-6}$	$1{,}73 \cdot 10^{5}$	$4{,}42 \cdot 10$	14000
$1{,}19 \cdot 10^{17}$	$5{,}92 \cdot 10^{16}$		$1{,}79 \cdot 10^{17}$	$2{,}75 \cdot 10^{-6}$	$2{,}65 \cdot 10^{5}$	$4{,}30 \cdot 10$	16000
$1{,}24 \cdot 10^{17}$	$6{,}57 \cdot 10^{16}$		$1{,}86 \cdot 10^{17}$	$2{,}28 \cdot 10^{-6}$	$3{,}22 \cdot 10^{5}$	$2{,}76 \cdot 10$	18000
$1{,}17 \cdot 10^{17}$	$5{,}95 \cdot 10^{16}$		$1{,}76 \cdot 10^{17}$	$1{,}89 \cdot 10^{-6}$	$3{,}68 \cdot 10^{5}$	$1{,}54 \cdot 10$	20000
$1{,}09 \cdot 10^{17}$	$5{,}44 \cdot 10^{16}$	$1{,}10 \cdot 10^{14}$	$1{,}63 \cdot 10^{17}$	$1{,}68 \cdot 10^{-6}$	$3{,}93 \cdot 10^{5}$	$1{,}04 \cdot 10$	22000
$9{,}98 \cdot 10^{16}$	$4{,}95 \cdot 10^{16}$	$5{,}47 \cdot 10^{14}$	$1{,}50 \cdot 10^{17}$	$1{,}52 \cdot 10^{-6}$	$4{,}12 \cdot 10^{5}$	$1{,}00 \cdot 10$	24000
$9{,}19 \cdot 10^{16}$	$4{,}42 \cdot 10^{16}$	$9{,}67 \cdot 10^{14}$	$1{,}40 \cdot 10^{17}$	$1{,}37 \cdot 10^{-6}$	$4{,}37 \cdot 10^{5}$	$1{,}34 \cdot 10$	26000
$8{,}42 \cdot 10^{16}$	$3{,}66 \cdot 10^{16}$	$5{,}57 \cdot 10^{15}$	$1{,}32 \cdot 10^{17}$	$1{,}28 \cdot 10^{-6}$	$4{,}67 \cdot 10^{5}$	$1{,}91 \cdot 10$	28000
$7{,}65 \cdot 10^{16}$	$2{,}67 \cdot 10^{16}$	$1{,}17 \cdot 10^{16}$	$1{,}27 \cdot 10^{17}$	$1{,}16 \cdot 10^{-6}$	$5{,}20 \cdot 10^{5}$	$3{,}18 \cdot 10$	30000
				10 atm			
				$2{,}16 \cdot 10^{-3}$	$-1{,}05 \cdot 10^{4}$	1,55	1000
				$1{,}09 \cdot 10^{-3}$	$-8{,}19 \cdot 10^{3}$	3,90	2000
				$6{,}63 \cdot 10^{-4}$	$-2{,}86 \cdot 10^{3}$	$1{,}05 \cdot 10$	3000
				$3{,}45 \cdot 10^{-4}$	$1{,}43 \cdot 10^{4}$	$2{,}62 \cdot 10$	4000
				$1{,}74 \cdot 10^{-4}$	$4{,}20 \cdot 10^{4}$	$2{,}51 \cdot 10$	5000
				$1{,}26 \cdot 10^{-4}$	$5{,}50 \cdot 10^{4}$	6,90	6000
				$1{,}05 \cdot 10^{-4}$	$6{,}05 \cdot 10^{4}$	5,28	7000
$4{,}87 \cdot 10^{15}$	$2{,}12 \cdot 10^{15}$		$6{,}98 \cdot 10^{15}$	$9{,}03 \cdot 10^{-5}$	$6{,}55 \cdot 10^{4}$	4,21	8000
$1{,}58 \cdot 10^{16}$	$6{,}87 \cdot 10^{15}$		$2{,}26 \cdot 10^{16}$	$8{,}01 \cdot 10^{-5}$	$6{,}94 \cdot 10^{4}$	4,10	9000
$4{,}16 \cdot 10^{16}$	$1{,}82 \cdot 10^{16}$		$5{,}99 \cdot 10^{16}$	$7{,}23 \cdot 10^{-5}$	$7{,}37 \cdot 10^{4}$	5,21	10000
$1{,}67 \cdot 10^{17}$	$7{,}49 \cdot 10^{16}$		$2{,}41 \cdot 10^{17}$	$5{,}83 \cdot 10^{-5}$	$8{,}88 \cdot 10^{4}$	$1{,}14 \cdot 10$	12000
$4{,}13 \cdot 10^{17}$	$1{,}93 \cdot 10^{17}$		$6{,}06 \cdot 10^{17}$	$4{,}60 \cdot 10^{-5}$	$1{,}19 \cdot 10^{5}$	$2{,}05 \cdot 10$	14000
$7{,}06 \cdot 10^{17}$	$3{,}49 \cdot 10^{17}$		$1{,}06 \cdot 10^{18}$	$3{,}49 \cdot 10^{-5}$	$1{,}71 \cdot 10^{5}$	$3{,}24 \cdot 10$	16000
$9{,}20 \cdot 10^{17}$	$4{,}71 \cdot 10^{17}$		$1{,}39 \cdot 10^{18}$	$2{,}65 \cdot 10^{-5}$	$2{,}39 \cdot 10^{5}$	$3{,}28 \cdot 10$	18000
$1{,}01 \cdot 10^{18}$	$5{,}28 \cdot 10^{17}$		$1{,}52 \cdot 10^{18}$	$2{,}14 \cdot 10^{-5}$	$3{,}00 \cdot 10^{5}$	$2{,}80 \cdot 10$	20000
$1{,}00 \cdot 10^{18}$	$5{,}16 \cdot 10^{17}$	$1{,}73 \cdot 10^{14}$	$1{,}52 \cdot 10^{18}$	$1{,}79 \cdot 10^{-5}$	$3{,}51 \cdot 10^{5}$	$2{,}12 \cdot 10$	22000
$9{,}56 \cdot 10^{17}$	$4{,}90 \cdot 10^{17}$	$8{,}28 \cdot 10^{14}$	$1{,}45 \cdot 10^{18}$	$1{,}58 \cdot 10^{-5}$	$3{,}83 \cdot 10^{5}$	$1{,}46 \cdot 10$	24000
$9{,}01 \cdot 10^{17}$	$4{,}56 \cdot 10^{17}$	$2{,}90 \cdot 10^{15}$	$1{,}36 \cdot 10^{18}$	$1{,}43 \cdot 10^{-5}$	$4{,}08 \cdot 10^{5}$	$1{,}06 \cdot 10$	26000
$8{,}49 \cdot 10^{17}$	$4{,}24 \cdot 10^{17}$	$9{,}06 \cdot 10^{15}$	$1{,}29 \cdot 10^{18}$	$1{,}33 \cdot 10^{-5}$	$4{,}27 \cdot 10^{5}$	$1{,}18 \cdot 10$	28000
$7{,}98 \cdot 10^{17}$	$3{,}65 \cdot 10^{17}$	$2{,}24 \cdot 10^{16}$	$1{,}21 \cdot 10^{18}$	$1{,}19 \cdot 10^{-5}$	$4{,}64 \cdot 10^{5}$	$1{,}71 \cdot 10$	30000

22208. *Thermodynamische Funktionen auf den Druck von einer Atmosphäre bezogen*

In der Tabelle sind in Spalte 1 die charakteristischen Daten angegeben. (Erklärungen s. Liste der Symbole und Abkürzungen.)

In Spalte 2 ist die Temperatur, für die die Daten der Spalten 3—8 gelten, angegeben. In den Spalten 3—5 sind in der ersten Hälfte der Tabelle bei H_2O und ^2H_2O Daten für den kondensierten Zustand des Wassers gebracht, in der zweiten Hälfte Daten für die Änderung der thermodynamischen Funktionen bei der Bildung von $(H_2O)_g$ aus $(H_2) + {}^1/_2\, O_2$ (den idealen Gaszustand vorausgesetzt), die Spalten 6—8 geben die Daten für den idealen Gaszustand. Unter S^0 ist bei $T = 0°$ der Wert der Entropiekonstante in Klammer bei H_2O und ^2H_2O angegeben. Die Entropie des Gases ist für den Druck von 1 atm berechnet.

I	= Trägheitsmoment
Θ_D	= Debye-Temperatur
Θ_{rot}	$= \dfrac{h^2}{8\pi^2 I k}$
Θ_s	$= \dfrac{h \nu_i}{k}$
$\Delta H_{0,f\to g}$	= Sublimationsenthalpie bei 0° K
$\Delta H_{f\to fl}$	= Schmelzenthalpie bei F
$\Delta H_{fl\to g}$	= Verdampfungsenthalpie bei V
$\Delta H_{298,15°,g}$	= Bildungsenthalpie für das ideale Gas bei 298,15° K aus den Elementen im Normzustand
F	= Schmelztemperatur
h	= Plancksches Wirkungsquantum
k	= Boltzmann-Konstante
ν_i	= Schwingungsfrequenz
Trp	= Tripelpunkt
V	= Siedetemperatur bei 760 Torr
p_F	= Druck bei F
$S_{0,f}$	= Nullpunktentropie
s	= Symmetriezahl des Moleküls.

222081. H_2O [$M = 18{,}015$, Standarddruck $(S^0_T)_{gas}$ 1 atm] [1]

Charakteristische Daten und Bildungsreaktion	Temperatur	Kondensierter Zustand			Idealer Gaszustand		
		C^0_p	$\frac{H^0_T - H^0_0}{T}$	S^0_T	C^0_p	$\frac{H^0_T - H^0_0}{T}$	S^0_T
	°K	J/(Molgrd)	J/(Molgrd)	J/(Molgrd)	J/(Molgrd)	J/(Molgrd)	J/(Molgrd)
$I_1 = 1{,}022 \cdot 10^{-40}$ g · cm²	0						[−0,975]
$I_2 = 1{,}918 \cdot 10^{-40}$ g · cm²	20	2,05	0,54	0,33			
$I_3 = 2{,}940 \cdot 10^{-40}$ g · cm²	40	6,13	2,32	3,18			
$\Theta_{rot,1} = 39{,}4°$ K	60	9,64	4,21	6,32			
$\Theta_{rot,2} = 21{,}0°$ K	80	12,87	6,02	9,54			
$\Theta_{rot,3} = 13{,}7°$ K	100	15,88	7,66	12,80	33,29	32,88	152,2
$\Theta_D = 192°$ K; $0 < T < 20°$ K	120	18,55	9,32	15,94			
$\Theta_{s,1} = 5258{,}8°$ K	140	20,89	10,75	19,00			
$\Theta_{s,2} = 2293{,}0°$ K	160	23,22	12,16	21,97			
$\Theta_{s,3} = 5400{,}8°$ K	180	25,70	13,53	24,85			
$\Delta H_{0,f \to g} = 47{,}26$ kJ/Mol	200	28,22	14,87	27,70	33,33	33,09	175,4
$\Delta H_{F,f \to fl} = 6{,}007$ kJ/Mol	220	30,92	16,21	30,54			
$\Delta H_{V,fl \to g} = 40{,}66$ kJ/Mol	240	33,53	17,54	33,35			
	260	36,16	18,87	36,15	33,43	33,16	184,1
	273,15	38,07	19,65	37,95			
$\Delta H_{298,15,g} = -241{,}74$ kJ/Mol	273,15	75,81	41,65	59,94	33,46	33,17	185,7
$F = 273{,}15°$ K	280	75,55	42,47	61,81			
$Trp = 273{,}16°$ K	298,15	75,15	44,47	66,56	33,55	33,20	188,6
$V = 373{,}15°$ K	300	75,14	44,66	67,02	33,56	33,20	188,9
$p_F = 4{,}58$ Torr	320	75,15	46,57	71,80	33,67	33,23	191,0
	340	75,30	48,25	76,37	33,79	33,27	193,1
	360	75,57	49,76	80,69	33,92	33,29	195,0
	373,15	75,82	50,68	83,41			
$S_{0,f} = 3{,}11$ J/(Molgrd); $s = 2$	373,15		159,97	193,11	34,01	33,32	196,22

		Idealer Gaszustand			Idealer Gaszustand		
		ΔS^0	ΔH^0	$\frac{\Delta G^0}{T}$	C^0_p	$\frac{H^0_T - H^0_0}{T}$	S^0_T
		J/(Molgrd)	kJ/Mol	J/(Molgrd)	J/(Molgrd)	J/(Molgrd)	J/(Molgrd)
$H_2 + \frac{1}{2}O_2 \to H_2O$		der Bildungsreaktion					
	400	−47,40	−242,9	−559,7	34,24	33,37	198,6
	500	−49,60	−243,8	−438,1	35,20	33,64	206,3
	600	−51,31	−244,8	−356,7	36,29	33,99	212,8
	700	−52,66	−245,6	−298,3	37,45	34,40	218,5
	800	−53,74	−246,5	−254,3	38,67	34,85	223,6
	900	−54,65	−247,2	−220,0	39,93	35,35	228,2
	1000	−55,35	−247,9	−192,5	41,20	35,87	232,5
	1100	−55,93	−248,5	−170,0	42,46	36,41	236,5
	1200	−56,40	−249,0	−151,1	43,68	36,97	240,2
	1300	−56,89	−249,5	−135,0	44,85	37,53	243,8
	1400	−57,15	−249,9	−121,3	45,95	38,09	247,1
	1500	−57,38	−250,3	−109,5	46,98	38,65	250,3
	2000	−58,16	−251,6	−67,6	51,08	41,28	264,5
	2500	−58,53	−252,4	−42,4	53,80	43,53	276,2
	3000	−58,75	−253,0	−25,5	55,64	45,40	286,2
	4000	−59,06	−254,2	−4,4	57,93	48,28	302,5
	5000				59,28	50,35	315,6

[1] Nach Landolt-Börnstein, 6. Aufl., Bd. II/4, Beitrag W. AUER.

222082. ^2H_2O Deuteriumoxid ($M=20{,}031$)

Charakteristische Daten und Bildungsreaktion	Temperatur °K	Kondensierter Zustand			Idealer Gaszustand		
		C_p^0	$\dfrac{H_T^0-H_0^0}{T}$	S_T^0	C_p^0	$\dfrac{H_T^0-H_0^0}{T}$	S_T^0
		J/(Molgrd)	J/(Molgrd)	J/(Molgrd)	J/(Molgrd)	J/(Molgrd)	J/(Molgrd)
$I_1=1{,}833\cdot 10^{-40}\,\mathrm{g\cdot cm^2}$	0						[8,44]
$I_2=3{,}841\cdot 10^{-40}\,\mathrm{g\cdot cm^2}$	20	2,23	0,452	0,81			
$I_3=5{,}681\cdot 10^{-40}\,\mathrm{g\cdot cm^2}$	40	6,38	2,39	3,60			
$\Theta_{\text{rot},1}=21{,}95°\,\mathrm{K}$	60	10,05	4,34	6,88			
$\Theta_{\text{rot},2}=10{,}48°\,\mathrm{K}$	80	13,53	6,20	10,24			
$\Theta_{\text{rot},3}=7{,}09°\,\mathrm{K}$	100	16,93	8,00	13,61	33,28	33,06	161,5
$\Theta_D=192°\,\mathrm{K};$	120	20,63	9,80	17,00			
$0<T<20°\,\mathrm{K}$							
$\Theta_{s,1}=3842°\,\mathrm{K}$	140	23,89	11,59	20,43			
$\Theta_{s,2}=1694°\,\mathrm{K}$	160	27,20	13,33	23,84			
$\Theta_{s,3}=4009°\,\mathrm{K}$	180	30,47	15,05	27,23			
$\Delta H_{0,f\to g}=50{,}09\,\mathrm{kJ/Mol}$	200	33,68	16,76	30,61	33,43	33,14	184,6
$\Delta H_{F,f\to fl}=6{,}280\,\mathrm{kJ/Mol}$	220	36,83	18,44	33,96			
$\Delta H_{V,fl\to g}=41{,}69\,\mathrm{kJ/Mol}$	240	39,75	20,09	37,29			
	260	42,63	21,72	40,59			
	276,97	45,27	23,07	43,35			
$\Delta H^0_{298{,}15,g}$	276,97	85,35	45,89	66,11	34,01	33,33	194,4
$=-249{,}21\,\mathrm{kJ/Mol}$							
$F=276{,}97°\,\mathrm{K}$	280	84,94	46,32	67,05			
$V=374{,}58°\,\mathrm{K}$	298,15	84,35	48,65	72,36	34,25	33,39	198,2
$p_F=5{,}06\,\mathrm{Torr}$	300	84,27	48,87	72,85	34,27	33,39	198,4
	320	83,72	51,06	78,27	34,51	33,46	200,6
	340	83,30	52,97	83,34	34,77	33,53	202,7
	360	82,89	54,65	88,07	35,04	33,60	204,7
$S_{0,f}=2{,}74\,\mathrm{J/(Molgrd)}$	374,57	82,80	55,74	91,33			
$s=2$	374,57		167,37	203,34	35,26	33,66	206,0

	Idealer Gaszustand			Idealer Gaszustand		
	ΔS^0	ΔH^0	$\dfrac{\Delta G^0}{T}$	C_p^0	$\dfrac{H_T^0-H_0^0}{T}$	S_T^0
	J/(Molgrd)	kJ/Mol	J/(Molgrd)	J/(Molgrd)	J/(Molgrd)	J/(Molgrd)
$^2H_2+\tfrac{1}{2}O_2=\,^2H_2O$	der Bildungsreaktion					
400	−51,91	−250,1	−573,3	35,62	33,78	208,4
500	−54,17	−250,9	−447,6	37,17	34,30	216,5
600	−55,07	−251,6	−364,2	38,82	34,91	223,4
700	−56,07	−252,2	−304,2	40,53	35,59	229,6
800				42,84	36,32	235,1
900				43,88	37,07	240,1
1000	−67,57	−253,6	−186,0	45,41	37,83	244,9
1100				46,81	38,58	249,2
1200				48,07	39,32	253,4
1300				49,21	40,04	257,3
1400				50,22	40,73	261,0
1500	−58,79	−254,8	−131,1	51,12	41,39	264,4
2000				54,36	44,27	279,6
2500				56,31	46,49	292,0
3000				57,58	48,24	302,4
4000				59,16	50,79	319,2
5000				60,15	52,57	332,5

222083. H²HO (HDO, $M = 19{,}023$)

Charakteristische Daten und Bildungsreaktion	Temperatur	Kondensierter Zustand			Idealer Gaszustand		
		C_p^0	$\dfrac{H_T^0 - H_0^0}{T}$	S_T^0	C_p^0	$\dfrac{H_T^0 - H_0^0}{T}$	S_T^0
	°K	J/(Molgrd)	J/(Molgrd)	J/(Molgrd)	J/(Molgrd)	J/(Molgrd)	J/(Molgrd)
$\tfrac{1}{2} H_2 + \tfrac{1}{2} D_2 +$	50				33,29	32,72	139,8
$\quad + \tfrac{1}{2} O_2 \rightarrow HDO$	100				33,29	33,00	162,9
$I_1 = 1{,}211 \cdot 10^{-40}$ g·cm²	150				33,30	33,10	176,4
$I_2 = 3{,}060 \cdot 10^{-40}$ g·cm²	200				33,35	33,15	186,0
$I_3 = 4{,}271 \cdot 10^{-40}$ g·cm²	250				33,50	33,21	193,4
$\Theta_{rot,1} = 33{,}2°$ K	300	−40,97	−245,8	−858,3	33,79	33,28	199,5
$\Theta_{rot,2} = 13{,}15°$ K	400	−43,79	−246,7	−572,9	34,76	33,52	209,4
$\Theta_{rot,3} = 9{,}42°$ K	500	−46,04	−247,7	−449,4	36,03	33,89	217,3
$\Theta_{s,1} = 3916{,}6°$ K	600	−47,38	−248,5	−368,4	37,44	34,36	224,0
$\Theta_{s,2} = 2017{,}2°$ K	700	−48,56	−249,3	−307,5	38,91	34,91	229,8
$\Theta_{s,3} = 5331{,}3°$ K	800				40,40	35,50	235,1
$\Delta H_{0,g} = -242{,}82$ kJ/Mol	900				41,86	36,12	240,0
	1000	−50,78	−250,4	−199,6	43,27	36,77	244,5
	1100				44,61	37,42	248,6
	1200				45,86	38,07	252,6
	1300				47,01	38,72	256,3
	1400				48,07	39,35	259,8
	1500	−52,30	−253,0	−116,4	49,04	39,96	263,2
	2000	−52,83	−253,9	−74,1	52,71	42,43	277,8
	2500				55,04	44,97	289,9
	3000				56,60	46,79	300,0
	4000				58,54	49,51	316,6
	5000				59,72	51,44	329,8

22209. Zustandsgrößen von Wasser, Sättigungsdruck, thermodynamischen

(Für Enthalpie und Entropie und innere Energie des flüssigen Wassers ist der Wert

Temperatur °C ϑ	Druck bar p	Spezifisches Volumen des Wassers dm^3/kg v'	Spezifisches Volumen des Dampfes m^3/kg v''	Enthalpie kJ/kg des Wassers h'	Enthalpie kJ/kg des Dampfes h''
0	0,006107	1,0002	206,3	0,00	2500,5
5	0,008722	1,0000	147,1	21,05	2509,7
10	0,012275	1,0002	106,4	42,03	2518,9
15	0,017045	1,0008	77,96	62,96	2528,1
20	0,02337	1,0017	57,84	83,86	2537,3
25	0,03166	1,0029	43,41	104,74	2546,4
30	0,04241	1,0043	32,94	125,61	2555,5
35	0,05621	1,0059	25,26	146,47	2564,5
40	0,07374	1,0078	19,56	167,34	2573,5
45	0,09581	1,0099	15,28	188,22	2582,4
50	0,12334	1,0121	12,05	209,11	2591,3
55	0,15740	1,0146	9,583	230,00	2600,1
60	0,1992	1,0172	7,682	250,91	2608,8
65	0,2501	1,0200	6,205	271,84	2617,4
70	0,3116	1,0229	5,048	292,78	2625,9
75	0,3855	1,0260	4,135	313,74	2634,2
80	0,4736	1,0293	3,410	334,72	2642,5
85	0,5780	1,0327	2,829	355,72	2650,7
90	0,7011	1,0363	2,361	376,75	2658,7
95	0,8453	1,0400	1,982	397,80	2666,6
100	1,0132	1,0438	1,673	418,88	2674,4
105	1,2080	1,0479	1,419	439,99	2682,1
110	1,4326	1,0520	1,210	461,13	2689,6
115	1,6905	1,0563	1,036	482,31	2697,0
120	1,9853	1,0608	0,8913	503,5	2704,2
125	2,3208	1,0654	0,7700	524,8	2711,4
130	2,7011	1,0702	0,6679	546,1	2718,3
135	3,131	1,0751	0,5817	567,5	2725,1
140	3,614	1,0802	0,5084	588,9	2731,8
145	4,155	1,0855	0,4459	610,4	2738,3
150	4,760	1,0910	0,3924	631,9	2744,5
155	5,433	1,0966	0,3464	653,5	2750,6
160	6,180	1,1024	0,3068	675,2	2756,5
165	7,008	1,1085	0,2724	696,9	2762,2
170	7,920	1,1147	0,2426	718,8	2767,6
175	8,925	1,1211	0,2166	740,7	2772,7
180	10,027	1,1278	0,1939	762,7	2777,6
185	11,234	1,1347	0,1740	784,8	2782,1
190	12,552	1,1418	0,1564	807,0	2786,3
195	13,989	1,1491	0,1409	829,4	2790,2
200	15,551	1,1568	0,1273	851,8	2793,7
205	17,245	1,1647	0,1151	874,4	2796,8

Dichte, Verdampfungsenthalpie und relative Werte der Funktionen

0 bei 0° C eingesetzt, die Entropie ist auf den jeweiligen Sättigungsdruck bezogen.)

Verdampfungs-enthalpie kJ/kg	Entropie kJ/kggrd		Innere Energie kJ/kg	
	des Wassers	des Dampfes	des Wassers	des Dampfes
r	s'	s''	u'	u''
2500,5	0,0000	9,1545	0	2374,5
2488,6	0,0764	9,0234	21,05	2360,4
2476,9	0,1511	8,8985	42,03	2388,3
2465,1	0,2244	8,7793	62,96	2395,2
2453,4	0,2963	8,6652	83,86	2402,1
2441,7	0,3669	8,5561	104,74	2409,0
2429,9	0,4364	8,4516	125,61	2415,7
2418,0	0,5046	8,3514	146 46	2422,5
2406,2	0,5718	8,2553	167 33	2429,3
2394,2	0,6379	8,1631	188,21	2436,0
2382,2	0,7031	8,0745	209,10	2442,7
2370,1	0,7672	7,9893	229,98	2449,3
2357,9	0,8304	7,9074	250,89	2455,8
2345,5	0,8928	7,8286	271,81	2462,2
2333,1	0,9542	7,7526	292,75	2468,6
2320,5	1,0149	7,6794	313,70	2474,8
2307,8	1,0747	7,6088	334,67	2481,0
2295,0	1,1337	7,5407	355,66	2487,2
2281,9	1,1920	7,4749	376,68	2493,2
2268,8	1,2495	7,4114	397,71	2499,1
2255,5	1,3063	7,3500	418,77	2504,9
2242,1	1,3625	7,2906	439,86	2510,7
2228,5	1,4179	7,2331	460,98	2516,3
2214,7	1,4728	7,1775	482,13	2521,9
2200,7	1,5270	7,1236	503,3	2527,3
2186,6	1,5807	7,0714	524,6	2532,7
2172,2	1,6338	7,0208	545,8	2537,9
2157,6	1,6863	6,9717	567,2	2543,0
2142,9	1,7383	6,9240	588,5	2548,1
2127,9	1,7899	6,8776	610,0	2553,1
2112,6	1,8409	6,8325	631,4	2557,7
2097,1	1,8915	6,7885	652,9	2562,4
2081,3	1,9416	6,7456	674,5	2566,9
2065,3	1,9913	6,7037	696,1	2571,3
2048,8	2,0407	6,6628	717,9	2575,5
2032,0	2,0896	6,6227	739,7	2579,4
2014,9	2,1382	6,5833	761,6	2583,2
1997,3	2,1864	6,5447	783,5	2586,6
1979,3	2,4233	6,5067	805,6	2590,0
1960,8	2,2820	6,4692	827,8	2593,1
1941,9	2,3293	6,4322	850,0	2595,7
1922,4	2,3764	6,3955	872,4	2598,3

Temperatur °C	Druck bar	Spezifisches Volumen des Wassers dm³/kg	Spezifisches Volumen des Dampfes m³/kg	Enthalpie kJ/kg des Wassers	Enthalpie kJ/kg des Dampfes
ϑ	p	v'	v''	h'	h''
210	19,080	1,1729	0,1043	897,1	2799,4
215	21,063	1,1814	0,09471	920,0	2801,7
220	23,201	1,1903	0,08611	943,0	2803,4
225	25,504	1,1994	0,07841	966,2	2804,6
230	27,979	1,2090	0,07150	989,6	2805,4
235	30,635	1,2190	0,06528	1013,2	2805,5
240	33,480	1,2293	0,05967	1036,9	2805,1
245	36,524	1,2402	0,05460	1060,9	2804,1
250	39,78	1,2515	0,05002	1085,1	2802,5
255	43,24	1,2633	0,04586	1109,5	2800,3
260	46,94	1,2757	0,04209	1134,3	2797,4
265	50,87	1,2888	0,03865	1159,3	2793,8
270	55,05	1,3025	0,03552	1184,5	2789,5
275	59,49	1,3169	0,03266	1210,2	2784,5
280	64,19	1,3322	0,03005	1236,1	2778,7
285	69,17	1,3483	0,02766	1262,5	2772,2
290	74,45	1,3655	0,02546	1289,3	2764,9
295	80,03	1,3837	0,02345	1316,5	2756,9
300	85,92	1,4033	0,02160	1344,2	2748,0
305	92,14	1,424	0,01989	1372,5	2738,3
310	98,70	1,447	0,01832	1401,3	2727,7
315	105,61	1,471	0,01687	1430,9	2716,8
320	112,90	1,498	0,01549	1461,3	2702,4
325	120,57	1,527	0,01420	1492,5	2685,7
330	128,65	1,560	0,01298	1524,8	2666,4
335	137,14	1,597	0,01184	1558,4	2644,3
340	146,08	1,638	0,01077	1593,5	2620,2
345	155,48	1,687	0,009765	1630,5	2593,4
350	165,37	1,746	0,008803	1670,3	2562,3
355	175,77	1,817	0,007878	1714,5	2527,3
360	186,74	1,908	0,006967	1762,2	2483,1
365	198,30	2,03	0,00604	1817,9	2425,9
370	210,52	2,23	0,00499	1893,7	2339,9
371	213,06	2,30	0,00474	1914,2	2316,1
372	215,62	2,37	0,00447	1938,1	2287,1
373	218,22	2,49	0,00415	1972,0	2252,3
374	220,86	2,79	0,00362	2043,2	2187,5
374,15	221,29	3,18	0,00318	2099,7	

Verdampfungs-enthalpie kJ/kg	Entropie kJ/kggrd		Innere Energie kJ/kg	
	des Wassers	des Dampfes	des Wassers	des Dampfes
r	s'	s''	u'	u''
1902,3	2,4232	6,3593	894,9	2600,4
1881,7	2,4698	6,3233	917,5	2602,3
1860,4	2,5162	6,2875	940,2	2603,6
1838,4	2,5625	6,2518	963,1	2604,6
1815,8	2,6086	6,2162	986,2	2605,4
1792,4	2,6545	6,1807	1009,5	2605,5
1768,2	2,7004	6,1452	1032,8	2605,3
1743,3	2,7461	6,1096	1056,4	2604,7
1717,4	2,7918	6,0738	1080,1	2603,5
1690,7	2,8375	6,0380	1104,0	2602,0
1663,1	2,8832	6,0019	1128,3	2599,8
1634,5	2,9289	5,9656	1152,8	2597,2
1604,9	2,9747	5,9290	1177,3	2594,0
1574,3	3,0206	5,8921	1202,4	2590,2
1542,5	3,0666	5,8549	1227,5	2585,8
1509,6	3,1128	5,8174	1253,2	2580,9
1475,6	3,1593	5,7794	1279,1	2575,4
1440,2	3,2061	5,7410	1305,4	2569,2
1403,6	3,2532	5,7022	1332,1	2562,4
1365,5	3,3008	5,6629	1359,4	2555,1
1326,0	3,3489	5,6232	1387,0	2546,9
1285,8	3,3977	5,5837	1415,4	2538,6
1241,3	3,4473	5,5401	1444,4	2527,5
1193,1	3,4978	5,4924	1474,1	2514,5
1141,5	3,5495	5,4422	1504,7	2499,4
1086,0	3,6026	5,3884	1536,5	2481,0
1026,7	3,6577	5,3321	1569,6	2462,9
963,0	3,7154	5,2733	1604,3	2441,6
892,2	3,7768	5,2087	1641,4	2416,7
812,8	3,8431	5,1371	1682,6	2388,8
720,9	3,9159	5,0545	1726,6	2353,0
608,0	4,0013	4,9541	1777,6	2306,1
446,2	4,1131	4,8069	1846,8	2234,9
401,9	4,1437	4,7675	1865,2	2214,2
349,0	4,1801	4,7211	1887,0	2190,7
280,4	4,229	4,6625	1917,7	2161,7
144,4	4,325	4,548	1981,6	2107,5
0	4,430		2029,3	

22210. Wasser, Joule-Thomson-Koeffizient μ (Isothermen)

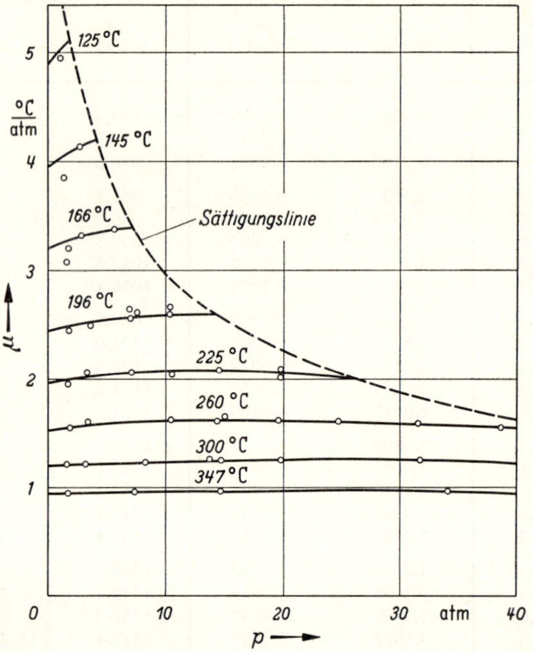

22211. Viskosität von Wasser bzw. Wasserdampf

222111. Viskosität[1] (Trennungsstrich zwischen den Phasen) η in cP, ν in cSt

°C	1 at		20 at		50 at		100 at		200 at		300 at	
	η′, η″	ν′, ν″	η″	ν″	η′, η″	ν′, ν″	η′, η″	ν′, ν″	η′, η″	ν′, ν″	η	ν
0	1,792	1,792	—	—	1,781	1,776	1,770	1,761	1,748	1,731	1,726	1,702
10	1,307	1,307	—	—	1,301	1,299	1,296	1,290	1,289	1,276	1,281	1,266
20	1,002	1,004	—	—	1,001	1,001	1,000	0,997	0,998	0,991	0,995	0,984
30	0,797	0,801	—	—	0,797	0,799	0,789	0,798	0,798	0,795	0,800	0,792
40	0,653	0,658	—	—	0,653	0,657	0,654	0,656	0,656	0,656	0,658	0,655
50	0,546	0,553	—	—	0,547	0,553	0,549	0,553	0,552	0,554	0,555	0,555
60	0,466	0,474	—	—	0,468	0,475	0,469	0,475	0,472	0,476	0,476	0,478
70	0,404	0,413	—	—	0,406	0,414	0,408	0,415	0,411	0,418	0,416	0,420
80	0,355	0,365	—	—	0,358	0,367	0,361	0,370	0,366	0,373	0,372	0,377
90	0,315	0,326	—	—	0,319	0,329	0,324	0,334	0,330	0,339	0,337	0,345
100	0,282	0,295	—	—	0,287	0,299	0,293	0,304	0,301	0,311	0,309	0,318
100	0,0124	21,5	—	—	—	—	—	—	—	—	—	—
120	0,0132	24,1	—	—	0,228	0,252	0,245	0,259	0,253	0,266	0,262	0,274
140	0,0140	26,9	—	—	0,202	0,218	0,207	0,222	0,216	0,230	0,224	0,238
160	0,0148	29,9	—	—	0,175	0,192	0,178	0,195	0,185	0,202	0,193	0,209
180	0,0155	32,9	—	—	0,154	0,173	0,157	0,176	0,163	0,181	0,169	0,186
200	0,0163	36,1	—	—	0,139	0,161	0,141	0,162	0,145	0,165	0,149	0,169
220	0,0171	39,5	0,0184	1,92	0,127	0,150	0,129	0,152	0,131	0,154	0,134	0,156

°C	1 at		20 at		50 at		100 at		200 at		300 at	
	η', η''	r', r''	η''	r''	η', η''	r', r''	η', η''	r', r''	η', η''	r', r''	η	r
240	0,0179	43,0	0,0190	2,11	0,116	0,142	0,118	0,143	0,120	0,144	0,123	0,146
260	0,0186	46,6	0,0196	2,29	0,108	0,137	0,109	0,138	0,111	0,138	0,114	0,140
					60 at							
280	0,0194	50,4	0,0203	2,49	0,0232	0,790	0,101	0,134	0,103	0,134	0,106	0,135
300	0,0202	54,3	0,0210	2,69	0,0236	0,876	0,094	0,132	0,096	0,131	0,099	0,132
320	0,0209	58,3	0,0217	2,89	0,0242	0,962	0,0268	0,531	0,089	0,129	0,093	0,131
340	0,0217	62,5	0,0225	3,11	0,0248	1,04	0,0272	0,601	0,079	0,125	0,085	0,128
360	0,0225	66,8	0,0232	3,34	0,0254	1,13	0,0278	0,664	0,067	0,123	0,077	0,125
380	0,0232	71,2	0,0240	3,58	0,0261	1,21	0,0283	0,725	0,0361	0,313	0,065	0,123
400	0,0240	75,8	0,0247	3,81	0,0268	1,30	0,0289	0,783	0,0354	0,365	0,043	0,130
420	0,0247	80,4	0,0254	4,04	0,0275	1,38	0,0295	0,841	0,0354	0,409	—	—
440	0,0254	85,2	0,0262	4,30	0,0282	1,47	0,0302	0,900	0,0358	0,450	—	—
450	—	—	—	—	—	—	—	—	—	—	0,030	0,212
460	0,0262	90,2	0,0269	4,55	0,0288	1,56	0,0308	0,975	0,0363	0,491	—	—
480	0,0269	95,2	0,0277	4,81	0,0294	1,65	0,0315	1,017	0,0370	0,531	—	—
500	0,0277	100,4	0,0284	5,09	0,0301	1,74	0,0322	1,078	0,0380	0,575	—	—

[1] Nach Landolt-Börnstein, 6. Aufl., Bd. IV/1, Beitrag Vogelpohl/Fritz. Die Trennungsstriche in den Zahlenspalten kennzeichnen den Übergang zwischen Flüssigkeit und Dampf.

222112. Dynamische Viskosität von Wasser η'; Wasserdampf η'' bei Sättigung

Umrechnung: 1 bar = 1,01972 at; 1 bar = 9,8692 · 10^{-1} atm

1 kg/ms = 10 P; 9,81 kg/ms = 1 kps/m²

t °C	p bar	η' 10^{-5} (kg/ms)	η'' 10^{-5} (kg/ms)	t °C	p bar	η' 10^{-5} (kg/ms)	η'' 10^{-5} (kg/ms)
0	0,0061	178,8	0,82	200	15,55	13,60	1,62
10	0,0123	130,5	0,86	210	19,08	13,00	1,66
20	0,0234	100,4	0,89	220	23,20	12,45	1,71
30	0,0424	80,1	0,93	230	27,98	11,96	1,76
40	0,0737	65,3	0,97	240	33,48	11,40	1,80
50	0,123	55,0	1,01	250	39,78	10,90	1,85
60	0,199	47,0	1,05	260	46,94	10,43	1,90
70	0,312	40,6	1,08	270	55,05	9,99	1,96
80	0,474	35,5	1,12	280	64,19	9,59	2,02
90	0,701	31,5	1,16	290	74,45	9,25	2,08
100	1,013	28,2	1,20	300	85,92	8,91	2,15
110	1,433	25,9	1,24	310	98,70	8,58	2,22
120	1,985	23,7	1,28	320	112,90	8,26	2,30
130	2,701	21,7	1,32	330	128,65	7,91	2,40
140	3,614	20,10	1,36	340	146,08	7,55	2,52
150	4,760	18,60	1,40	350	165,37	7,18	2,67
160	6,180	17,40	1,44	360	186,74	6,62	2,90
170	7,920	16,30	1,49	370	210,52	5,59	3,38
180	10,03	15,23	1,53				
190	12,55	14,30	1,57	374,15	221,29	4,70	

22212. Wärmeleitvermögen

222121. Wärmeleitvermögen von Wasser

ϑ	λ' in 10^{-2} $Wm^{-1}grd^{-1}$ bei p in at			ϑ	λ' in 10^{-2} $Wm^{-1}grd^{-1}$ bei p in at		
°C	p_s	100	400	°C	p_s	100	400
0	56,0	56,4	57,8	140	68,5	69,2	71,4
10	57,9	58,4	59,9	160	68,0	68,7	71,0
20	59,7	60,2	61,8	180	67,1	67,9	70,4
30	61,3	61,8	63,3	200	65,7	66,5	69,4
40	62,7	63,2	64,7	220	64,0	64,8	68,0
50	64,0	64,5	66,1	240	62,0	62,8	66,3
60	65,1	65,6	67,2	260	59,7	60,4	64,3
70	66,1	66,6	68,3	280	57,0	57,5	62,1
80	67,0	67,5	69,2	300	53,7	53,9	59,5
90	67,7	68,2	70,0	320	49,9	—	—
100	68,2	68,8	70,6	340	44,8	—	—
120	68,4	69,2	71,3	350	40,9	—	—

ϑ	λ in 10^{-2} $Wm^{-1}grd^{-1}$ bei p in at					
°C	1	1000	2500	4000	6000	8000
30	611	64,9	70,7	75,3	80,8	85,4
50	636	67,8	73,7	78,7	84,1	88,7
70	653	69,9	76,2	81,2	86,6	92,1
90	665	72,0	78,3	83,3	89,1	94,6
110	678	73,2	79,9	85,8	91,2	96,7
130	—	74,5	81,6	87,9	93,3	98,8

222122. Wärmeleitvermögen von schwerem Wasser

ϑ	λ in 10^{-2} $Wm^{-1}s^{-1}$ bei p in atm			ϑ	λ in 10^{-2} $Wm^{-1}s^{-1}$ bei p in atm		
°C	p_s	100	500	°C	p_s	100	500
10	56,6			160	62,3	63,6	66,4
20	58,3			180	60,9	62,4	65,4
30	59,3			200	59,4	60,8	64,1
40	60,2			220	57,3	59,0	62,4
50	61,1			240	54,9	56,6	60,3
60	61,9			260	52,2	54,0	58,0
70	62,6			280	49,3		
80	63,2	65,0	66,9	300	46,2		
100	63,7	65,5	67,8	320	42,4		
120	63,6	65,3	67,7	340	37,8		
140	63,2	64,6	67,2	360	30,8		

222123. Wärmeleitvermögen von Wasser λ' und Dampf λ'' bei Sättigung

t °C	p bar	λ' 10⁻² W/(mgrd)	λ''	t °C	p bar	λ' 10⁻² W/(mgrd)	λ''
0	0,006107	55,0	1,38	160	6,180	68,2	3,00
10	0,0123	57,6	1,44	180	10,03	67,4	3,35
20	0,0234	59,8	1,52	200	15,55	66,2	3,71
30	0,0424	61,7	1,60	220	23,20	64,7	4,16
40	0,0737	63,3	1,67	240	33,48	62,7	4,66
50	0,123	64,7	1,75	260	46,94	60,4	5,31
60	0,199	65,8	1,83	280	64,19	57,6	6,22
70	0,312	66,7	1,91				
80	0,474	67,5	2,00	300	85,92	54,2	7,47
90	0,701	68,0	2,08	320	112,90	56,2	9,26
				340	146,08	45,7	11,93
100	1,013	68,3	2,17	360	186,74	39,5	16,5
120	1,985	68,6	2,41	370	210,52	34,7	30,7
140	3,614	68,5	2,69				
				374,15	221,29	26,8	

Wärmeleitvermögen von Eis bei −100° C 3,5; bei 0° C 2,2 $Wm^{-1}grd$

222124. Wärmeleitfähigkeit von Wasserdampf bei erhöhtem Druck

ϑ °C	λ in 10⁻² W/(mgrd) bei p in bar: 1	10	20	50	100	200	300
300	4,35	(4,52)	4,75	5,30	—	—	—
400	5,40	(5,49)	5,60	5,94	6,50	10,70	(24,70)
500	6,60	(6,68)	6,80	7,08	7,60	9,20	11,30

222125. Wärmeleitfähigkeit von schwerem Wasserdampf bei erhöhtem Druck

ϑ °C	λ in 10⁻² W/(mgrd) bei p in bar: 1	10	20	50	100	150	200	250
350	5,09	(5,11)	(5,20)	5,65	6,82	—	—	—
400	5,77	(5,82)	(5,92)	6,20	6,88	8,12	10,70	16,20
450	6,49	(6,53)	(6,59)	6,79	7,27	8,12	9,39	11,00
500	(7,26)	(7,31)	(7,36)	7,55	7,96	8,60	9,45	10,50

22213. Schallgeschwindigkeit c in destilliertem Wasser bei 750 kHz[1]

Schallgeschwindigkeit in H_2O-Dampf berechnet für 0° C und 1 atm, 402,5 ms^{-1} (aber auch Angaben bis zu 349,2 ms^{-1})

ϑ °C	c ms⁻¹	ϑ °C	c ms⁻¹	ϑ °C	c ms⁻¹	ϑ °C	c ms⁻¹	ϑ °C	c ms⁻¹
0	1402,74	5	1426,50	10	1447,59	15	1466,25	20	1482,66
1	1407,71	6	1430,92	11	1451,51	16	1469,70	21	1485,69
2	1412,57	7	1435,24	12	1455,34	17	1473,07	22	1488,63
3	1417,32	8	1439,46	13	1459,07	18	1476,35	23	1491,50
4	1421,96	9	1443,58	14	1462,70	19	1479,55	24	1494,29

ϑ °C	c ms⁻¹	ϑ °C	c ms⁻¹	ϑ °C	c ms⁻¹	ϑ °C	c ms⁻¹	ϑ °C	c ms⁻¹
25	1497,00	40	1529,18	60	1551,30	80	1554,81	100	1543,41
26	1499,64	42	1532,37	62	1552,42	82	1554,30		
27	1502,20	44	1535,33	64	1553,35	84	1553,63		
28	1504,68	46	1538,06	66	1554,11	86	1552,82		
29	1507,10	48	1540,57	68	1554,70	88	1551,88		
30	1509,44	50	1542,87	70	1555,12	90	1550,79		
32	1513,91	52	1544,95	72	1555,37	92	1549,58		
34	1518,12	54	1546,83	74	1555,47	94	1548,23		
36	1522,06	56	1548,51	76	1555,40	96	1546,75		
38	1525,74	58	1550,00	78	1555,18	98	1545,15		

[1] Nach Landolt-Börnstein, Neue Serie, Molekularakustik, Beitrag SCHARFF.

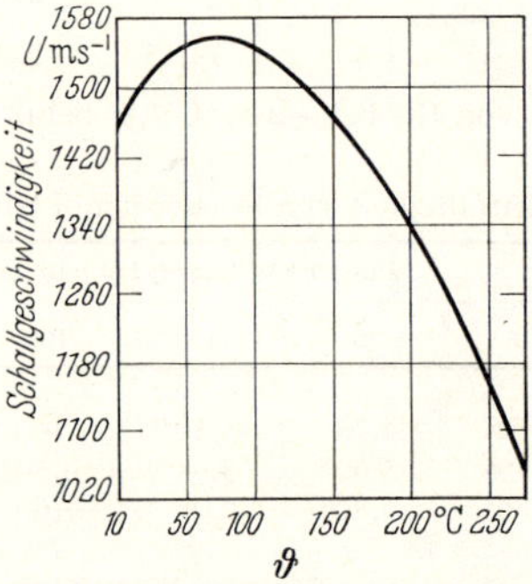

Schallgeschwindigkeit von Wasser (oberhalb 100° C unter Druck)

22214. *Elektrische Leitfähigkeit reinsten Wassers*

	Temperatur in °C								
	−2	0	2	4	10	18	26	34	50
$\varkappa$ in $10^{-8} \cdot \Omega^{-1} \cdot \text{cm}^{-1}$	1,47	1,58	1,80	2,12	2,85	4,41	6,70	9,62	18,9

22215. *Ionenprodukt des Wassers H_2O*

°C	log K_w	°C	log K_w
0	14,9435	35	13,6801
5	14,7338	40	13,5348
10	14,5346	45	13,3960
15	14,3463	50	13,2617
20	14,1669	55	13,1369
25	13,9965	60	13,0171
30	13,8330		

22216. *Statische Dielektrizitätskonstante ε*

Wasser

ϑ °C	ε
0	87,69
10	83,82
20	80,08
25	78,25
30	76,49
40	73,02
50	69,70
60	66,51
70	63,45
80	60,54
90	57,77
100	55,15

Wasser beim Sättigungsdruck

ϑ °C	ε
100	55,39
120	50,48
140	46,00
160	41,87
180	38,10
200	34,59
220	31,32
240	28,24
260	25,29
280	22,45
300	19,66
340	14,10
370	9,74

Schweres Wasser (99,95 % ^2H_2O)	
25°	78,54

Wasserdampf, $\frac{\varepsilon-1}{\varepsilon+2}\frac{M}{D}$ = Molpolarisation,

M = rel. Molmasse, D = Dichte

ϑ °C	p Torr	$(\varepsilon-1)\cdot 10^6$	$\frac{\varepsilon-1}{\varepsilon+2}\frac{M}{D}$
119,8	564,9	4060	57
109	138	—	58
210,8	222	—	47

22217. *Brechzahlen n_λ von Wasser*

222171. Im sichtbaren und ultravioletten Gebiet gegen gleichtemperierte Luft unter normalen Druck

Wellenlänge in μm	n_λ bei ϑ in °C				
	15	20	25	30	40
0,70652	1,331409	1,330019	1,329544	1,328993	1,327685
0,66871	1,331269	1,330876	1,330398	1,329843	1,328528
0,65628	1,331545	1,331151	1,330672	1,330116	1,328798
0,58926	1,333387	1,332988	1,332503	1,331940	1,330610
0,58756	1,333440	1,33041	1,332555	1,331993	1,330662
0,57696	1,333781	1,333380	1,332894	1,332331	1,330998
0,54607	1,334869	1,334466	1,333977	1,333411	1,332071
0,50157	1,336760	1,336353	1,335860	1,335289	1,333939
0,48613	1,337531	1,337123	1,336628	1,336055	1,334702
0,47131	1,338341	1,337931	1,337435	1,336860	1,335504
0,44715	1,339835	1,339423	1,338925	1,338347	1,336984
0,43583	1,340626	1,340210	1,339716	1,339131	1,337765
0,40466	1,343158	1,342742	1,342239	1,341656	1,340280
0,5893	1,33334	1,33296	1,33252	1,33195	1,33058

Wellenlänge in µm	n_λ bei ϑ in °C				
	15	20	25	30	40
0,4358	1,34055	1,34014	1,33966	1,33907	1,33757
0,4078	1,34252	1,34216	1,34172	1,34115	1,33960
0,4047	1,34303	1,34269	1,34223	1,34166	1,34017
0,3906	1,34421	1,34380	1,34327	1,34264	1,34091
0,3663	1,34731	1,34677	1,34616	1,34543	1,34379
0,3655	—	1,34697	1,34643	1,34583	1,34419
0,3341	1,35207	1,35152	1,35090	1,35015	1,34844
0,3132	1,35610	1,35559	1,35500	1,35430	1,35252
0,3023	1,35865	1,35818	1,35763	1,35696	1,35525
0,2968	1,36014	1,35957	1,35872	1,35816	1,35643
0,2925	—	1,36092	1,36029	1,35944	1,35783
0,2894	1,36218	1,36160	1,36094	1,36017	1,35836
0,2804	1,36495	1,36443	1,36383	1,36311	1,36138
0,2753	—	1,36597	1,36536	1,36463	1,36279
0,2699	—	1,36817	1,36755	1,36682	1,36521
0,2655	1,37046	1,36984	1,36914	1,36832	1,36643
0,2593	—	1,37213	1,37143	1,37062	1,36871
0,2537	1,37552	1,37504	1,37447	1,37378	1,37187
0,2482	1,37835	1,37795	1,37719	1,37619	1,37425
0,2447	1,38018	1,37956	1,37865	1,37803	1,37613
0,2400	1,38323	1,38268	—	1,38128	1,37916
0,2378	—	1,38405	—	1,38272	1,38084
0,2353	—	1,38537	—	1,38384	—

222172. Im nahen Infrarot bei 20° C gegen Luft

λ in µm	n_λ
0,808	1,32815
0,871	1,3270
0,943	1,3258
1,028	1,3245
1,130	1,3230
1,256	1,3210
1,5	1,316
2,0	1,300

222173. n_λ für H_2O und ^2H_2O gegen Luft bei 20° C

λ in µm	n_λ	
	H_2O	^2H_2O
0,404658	1,34274	1,33749
0,434048	1,34034	1,33521
0,479994	1,33745	1,33250
0,546075	1,33447	1,32976
0,58765	1,33304	1,32848
0,58930	1,33299	1,32844
0,643850	1,33146	1,32709
0,656282	1,33115	1,32683
0,76820	1,32889	1,32495

222174. Brechzahl von Eis (H_2O) bei 0° C

n_D (ordentlicher Strahl)	1,3091
n_D (außerordentlicher Strahl)	1,3105

222175. Brechungsindex von Wasserdampf

Es ist der durch Vergleich mit H_2 bei 0° und 760 Torr gewonnene Index n_d angegeben; die Reduktion auf den idealen Gaszustand (gegen H_2) ergibt

$$n^0_{i760} = 1{,}00063\ n_d$$

$\lambda =$	0,6709	0,6440	0,5792	0,5462	0,5210	0,5087	0,4801 µm
$(n_d - 1) \cdot 10^6 =$	250,28	250,69	251,91	252,70	253,45	253,80	254,95

$(n_d - 1) \cdot 10^6$ für ^2H_2O bei 0,546 µm = 250,1

223. Kristallsymbole

Strukturtyp		Raumgruppe	Zahl der Moleküle in der Einheitszelle
A 1 (Cu)	kub.	O_h^5, $Fm3m$	4
A 2 (W)	kub.	O_h^9, $Im3m$	2
A 3 (Mg)	hex.	D_{6h}^4, $P6_3/mmc$	2
A 4 (Diamant)	kub.	O_h^7, $Fd3m$	8
A 5 (Sn)	tetr.	D_{4h}^{19}, $I4_1/amd$	4
A 6 (In)	tetr.	D_{4h}^{17}, $I4/mmm$	2
A 7 (As)	trig.	D_{3d}^5, $R\bar{3}m$	1
A 8 (Se)	trig.	D_3^4, $P3_121$	3
A 9 (Graphit)	hex.	D_{6h}^4, $P6_3/mmc$	4
A 10 (Hg)	trig.	D_{3d}^5, $R\bar{3}m$	1
A 11 (Ga)	orh.	D_{2h}^{18}, $Cmca$	8
A 12 (α-Mn)	kub.	T_d^3, $I\bar{4}3m$	58
A 13 (β-Mn)	kub.	O^6, $P4_332$	20
		O^7, $P4_132$	20
A 14 (J_2)	orh.	D_{2h}^{18}, $Cmca$	8
A 15 (β-W)	kub.	O_h^3, $Pm3n$	8
A 16 (S_8)	orh.	D_{2h}^{24}, $Fddd$	128
A 17 (P schwarz)	orh.	D_{2h}^{18}, $Cmca$	8
A 18 (Cl_2)	tetr.	D_{4h}^{16}, $P4_2/ncm$	16
A 19 (Po)	mkl.	C_2^3, $C2$	12
A 20 (U)	orh.	D_{2h}^{17}, $Cmcm$	4
B 1 (NaCl)	kub.	O_h^5, $Fm3m$	4
B 2 (CsCl)	kub.	O_h^1, $Pm3m$	1
B 3 (ZnS, Blende)	kub.	T_d^2, $F\bar{4}3m$	4

Strukturtyp		Raumgruppe	Zahl der Moleküle in der Einheitszelle
B 4 (ZnS, Wurtzit)	hex.	C_{6v}^4, $P6_3mc$	4
B 8 (NiAs)	hex.	D_{6h}^4, $P6_3/mmc$	2
B 9 (HgS, Cinnabarit)	trig.	D_3^4, $P3_121$	3
		D_3^6, $P3_221$	3
B 10 (LiOH, PbO)	tetr.	D_{6h}^4, $P4/nmm$	2
B 11 (γ-TiCu)	tetr.	D_{4h}^7, $P4/nmm$	4
B 12 (BN)	hex.	D_{4h}^7, $P6_3/mmc$	2
B 13 (NiS)	trig.	C_{3v}^5, $R3m$	3
B 16 (GeS)	orh.	D_{2h}^{16}, $Pnma$	8
B 17 (PtS, Cooperit)	tetr.	D_{4h}^9, $P4_2/mmc$	2
B 18 (CuS, Covellin)	hex.	D_{6h}^4, $P6_3/mmc$	6
B 19 (AuCd)	orh.	D_{2h}^5, $Pmma$	4
B 20 (FeSi)	kub.	T^4, $P2_13$	4
B 22 (KSH)	trig.	D_{3d}^5, $R\bar{3}m$	1
B 23 (α-AgJ)	kub.	O_h^9, $Im3m$	2
B 24 (TlF)	orh.	D_{2h}^{23}, $Fmmm$	4
B 26 (CuO, Tenorit)	mkl.	C_{2h}^6, $C2/c$	4
B 27 (FeB)	orh.	D_{2h}^{16}, $Pnma$	4
B 29 (SnS)	orh.	D_{2h}^{16}, $Pnma$	4
B 31 (MnP)	orh.	D_{2h}^{16}, $Pnma$	4
B 32 (NaTl)	kub.	O_h^7, $Fd3m$	8
B 33 (TlJ)	orh.	D_{2h}^{17}, $Cmcm$	4
B 34 (PdS)	tetr.	C_{4h}^2, $P4_2/m$	8
B 35 (CoSn)	hex.	D_{6h}^1, $P6/mmm$	3
B 37 (TlSe)	tetr.	D_{4h}^{18}, $I4/mcm$	8
C 1 (CaF_2)	kub.	O_h^5, $Fm3m$	4
C 2 (FeS_2, Pyrit)	kub.	T_h^6, $Pa3$	4
C 3 (Cu_2O, Cuprit)	kub.	O_h^4, $Pn3m$	4
C 4 (TiO_2, Rutil)	tetr.	D_{4h}^{14}, $P4_2/mnm$	2
C 5 (TiO_2, Anatas)	tetr.	D_{4h}^{19}, $I4_1/amd$	4
C 6 (CdJ_2)	trig.	D_{3d}^3, $P\bar{3}m1$	1
C 7 (MoS_2)	hex.	D_{6h}^4, $P6_3/mmc$	2
C 8 (SiO_2, Quarz, $>575°$ C)	hex.	D_6^4, $P6_222$	
		D_6^5, $P6_422$	
($SiO_2 < 575°$ C)	trig.	D_3^4, $P3_121$	
		D_3^6, $P3_221$	
C 9 (β-Cristobalit)	kub.	O_h^7, $Fd3m$	8
C 10 (β-Tridymit)	hex.	D_{6h}^4, $P6_3/mmc$	4
C 11 (CaC_2)	tetr.	D_{4h}^{17}, $I4/mmm$	2
C 12 ($CaSi_2$)	trig.	D_{3d}^5, $R\bar{3}m$	2
C 13 (HgJ_2)	tetr.	D_{4h}^{15}, $P4_2/nmc$	2

Strukturtyp		Raumgruppe	Zahl der Moleküle in der Einheitszelle
$C\,14$ ($MgZn_2$)	hex.	D_{6h}^4, $P\,6_3/mmc$	4
$C\,15$ (Cu_2Mg)	kub.	O_h^7, $Fd3m$	8
$C\,16$ ($CuAl_2$)	tetr.	D_{4h}^{18}, $I\,4/mcm$	4
$C\,18$ (FeS_2, Markasit)	orh.	D_{2h}^{12}, $Pnnm$	2
$C\,19$ ($CdCl_2$)	trig.	D_{3d}^5, $R\,\bar{3}m$	1
$C\,21$ (TiO_2, Brookit)	orh.	D_{2h}^{15}, $Pbca$	8
$C\,22$ (Fe_2P)	trig.	D_3^2, $P321$	3
$C\,23$ ($PbCl_2$)	orh.	D_{2h}^{16}, $Pnma$	4
$C\,24$ ($HgBr_2$)	orh.	C_{2v}^{12}, $Cmc2_1$	4
$C\,27$ (β-CdJ_2)	hex.	C_{6v}^4, $P\,6_3/mc$	2
$C\,28$ ($HgCl_2$)	orh.	D_{2h}^{16}, $Pnma$	4
$C\,29$ (SrH_2)	orh.	D_{2h}^{16}, $Pnma$	4
$C\,36$ ($MgNi_2$)	hex.	D_{6h}^4, $P\,6_3/mmc$	8
$C\,40$ ($CrSi_2$)	hex.	D_6^4, $P\,6_222$	3
$C\,42$ (SiS_2)	orh.	D_{2h}^{26}, $Ibam$	4
$C\,43$ (ZrO_2)	mkl.	C_{2h}^5, $P\,2_1/c$	4
$C\,44$ (GeS_2)	orh.	C_{2v}^{19}, $Fdd2$	24
$D\,0_3$ (BiF_3)	kub.	O_h^5, $Fm3m$	4
$D\,0_4$ ($CrCl_3$)	trig.	D_3^3, $P\,3_112$	6
$D\,0_5$ (BiJ_3)	trig.	C_{3i}^2, $R\,\bar{3}$	2
$D\,0_6$ (LaF_3)	hex.	D_{6h}^3, $P\,6_3/mcm$	6
$D\,0_7$ ($Al(OH)_3$, Hydrargillit)	mkl.	C_{3h}^5, $P\,2_1/c$	8
$D\,0_9$ (ReO_3)	kub.	O_h^1, $Pm3m$	1
$D\,0_{11}$ (Fe_3C)	orh.	D_{2h}^{16}, $Pnma$	4
$D\,0_{14}$ (AlF_3)	trig.	D_3^7, $R32$	2
$D\,0_{15}$ ($AlCl_3$)	mkl.	C_2^3, $C2$	4
$D\,0_{19}$ (Ni_3Sn)	hex.	D_{6h}^4, $P\,6_3/mmc$	2
$D\,0_{22}$ ($TiAl_3$)	tetr.	D_{4h}^{17}, $I\,4/mmm$	4
$D\,0_{23}$ ($ZrAl_3$)	tetr.	D_{4h}^{17}, $I\,4/mmm$	4
$D\,1_1$ (SnJ_4)	kub.	T_h^6, $Pa3$	8
$D\,1_3$ (Al_4Ba)	tetr.	D_{4h}^{17}, $I\,4/mmm$	2
$D\,2_1$ (CaB_6)	kub.	O_h^1, $Pm3m$	1
$D\,2_3$ ($NaZn_{13}$)	kub.	O_h^6, $Fm3c$	8
$D\,3_1$ ($HgCl$)	tetr.	D_{4h}^{17}, $I\,4/mmm$	2
$D\,5_1$ (Al_2O_3, α-Korund)	trig.	D_{3d}^6, $R\,\bar{3}c$	2
$D\,5_2$ (La_2O_3)	trig.	D_{3d}^3, $P\,\bar{3}m1$	1
$D\,5_3$ (Mn_2O_3)	kub.	T_h^7, $Ia3$	16
$D\,5_8$ (Sb_2S_3)	orh.	D_{2h}^{16}, $Pnma$	4
$D\,5_9$ (Zn_3P_2)	tetr.	D_{4h}^{15}, $P\,4_2/nmc$	8
$D\,5_{13}$ (Ni_2Al_3)	trig.	D_{3d}^3, $P\,\bar{3}m1$	1
$D\,7_1$ (Al_4C_3)	trig.	D_{3d}^5, $R\,\bar{3}m$	1

Strukturtyp		Raumgruppe	Zahl der Moleküle in der Einheitszelle
$D8_1$ (Fe_3Zn_{10})	kub.	O_h^9, $Im3m$	4
$D8_2$ (Cu_5Zn_8)	kub.	T_d^3, $I\bar{4}3m$	4
$D8_3$ (Cu_9Al_4)	kub.	T_d^1, $P\bar{4}3m$	4
$D8_4$ ($Cr_{23}C_6$)	kub.	O_h^5, $Fm3m$	4
$D8_5$ (Fe_7W_6)	trig.	D_{3d}^5, $R\bar{3}m$	1
$D8_7$ (V_2O_5)	orh.	D_{2h}^{13}, $Pmmn$	2
$D8_9$ (Co_9S_8)	kub.	O_h^5, $Fm3m$	4
$D8_{10}$ (Cr_5Al_3)	trig.	C_{3d}^5, $R3m$	2
$D8_{11}$ (Co_2Al_5)	hex.	D_{6h}^4, $P6_3/mmc$	4
$E0_1$ (PbFCl)	tetr.	D_{4h}^7, $P4/nmm$	2
$E0_2$ (α-AlOOH, Diaspor)	orh.	D_{2h}^{16}, $Pnma$	4
$E0_4$ (γ-FeOOH)	orh.	D_{2h}^{17}, $Cmcm$	4
$E0_7$ (FeAsS)	mkl.	C_{2h}^5, $P2_1/c$	8
$E2_1$ ($CaTiO_3$, Perowskit)	kub.	O_h^1, $Pm3m$	1
$E2_2$ ($FeTiO_3$, Ilmenit)	trig.	C_{3i}^2, $R\bar{3}$	2
$F5_1$ ($NaHF_2$)	trig.	D_{3d}^5, $R\bar{3}m$	1
$F5_2$ (KHF_2)	tetr.	D_{4h}^{18}, $I4/mcm$	4
$F5_7$ ($NH_4H_2PO_2$)	orh.	D_{2h}^{21}, $Cmma$	4
$F5_9$ (KSCN)	orh.	D_{2h}^{11}, $Pbcm$	4
$G0_1$ ($CaCO_3$, Calcit)	trig.	D_{3d}^6, $R\bar{3}c$	2
$G0_2$ ($CaCO_3$, Aragonit)	orh.	D_{2h}^{16}, $Pnma$	4
$G0_3$ ($NaClO_3$)	kub.	T^4, $P2_13$	4
$G0_7$ ($KBrO_3$)	trig.	D_{3d}^5, $R3m$	1
$G1_1$ ($CaMg(CO_3)_2$, Dolomit)	trig.	C_{3i}^2, $R\bar{3}$	1
$G2_1$ ($Pb(NO_3)_2$)	kub.	T_h^6, $Pa3$	4
$G5_1$ (H_3BO_3)	trikl.	C_i^1, $P\bar{1}$	4
$H0_1$ ($CaSO_4$)	orh.	D_{2h}^{17}, $Cmcm$	4
$H0_2$ ($BaSO_4$)	orh.	D_{2h}^{16}, $Pnma$	4
$H0_4$ ($CaWO_4$)	tetr.	C_{4h}^6, $I4_1/a$	4
$H0_5$ ($KClO_4$)	kub.	T_d^2, $F\bar{4}3m$	4
$H1_1$ ($MgAl_2O_4$, Spinell)	kub.	O_h^7, $Fd3m$	8
$H1_5$ (K_2PtCl_4)	tetr.	D_{2h}^{17}, $P4/mmm$	1
$H1_6$ (β-K_2SO_4)	orh.	D_{2h}^{16}, $Pnma$	4
$H1_7$ (Na_2SO_4)	orh.	D_{2h}^{24}, $Fddd$	8
$H2_2$ (KH_2PO_4)	tetr.	D_{2d}^{12}, $I\bar{4}2d$	4
$H3_2$ ($KAl(SO_4)_2$)	trig.	D_3^2, $P321$	1
$H4_1$ ($K_2CuCl_4 \cdot 2H_2O$)	tetr.	D_{4h}^{14}, $P4/mnm$	2
$H4_6$ ($CaSO_4 \cdot 2H_2O$, Gips)	mkl.	C_{2h}^6, $C2/c$	4
$H4_{10}$ ($CuSO_4 \cdot 5H_2O$)	trikl.	C_i^1, $P\bar{1}$	2
$H4_{12}$ ($NiSO_4 \cdot 7H_2O$)	orh.	D_2^4, $P2_12_12_1$	4
$H4_{13}$ ($KAl(SO_4)_2 \cdot 12H_2O$, α-Alaun)	kub.	T_h^6, $Pa3$	4

Strukturtyp		Raumgruppe	Zahl der Moleküle in der Einheitszelle
$H4_{14}$ $((NH_3 \cdot CH_3)Al(SO_4)_2 \cdot 12\,H_2O$, β-Alaun)	kub.	T_h^6, $Pa3$	4
$H4_{15}$ $((NaAl(SO_4)_2 \cdot 12\,H_2O)$, γ-Alaun)	kub.	T_h^6, $Pa3$	4
$H5_7$ $((Ca_5(Cl, F, OH)(PO_4)_3)$, Apatit)	hex.	C_{2h}^6, $P6_3/m$	2
$I1_1$ (K_2PtCl_6)	kub.	O_h^5, $Fm3m$	4
$I1_3$ $(K_2Pt(SCN)_6)$	trig.	D_{3d}^1, $P\bar{3}1m$	1
$I2_1$ $((NH_4)_3AlF_6)$	kub.	O_h^5, $Fm3m$	4
$I2_4$ $(K_3Co(NO_2)_6)$	kub.	T_h^3, $Fm3$	4
$I2_5$ $(Cu_3[Fe(CN)_6]_2 \cdot 2\,H_2O)$	kub.	O_h^5, $Fm3m$	2
$L1_0$ (AuCu)	tetr.	D_{4h}^1, $P4/mmm$	4
$L1_1$ (PtCu)	trig.	D_{3d}^5, $R\bar{3}m$	32
$L1_2$ $(AuCu_3)$	kub.	O_h^1, $Pm3m$	4
$L2_1$ (Cu_2AlMn)	kub.	O_h^5, $Fm3m$	16
$S0_1$ $(Al_2SiO_5$, Cyanit oder Disthen)	trikl.	C_i^1, $P\bar{1}$	4
$S0_2$ (Andalusit)	orh.	D_{2h}^{12}, $Pnnm$	4
$S0_3$ (Sillimanit)	orh.	D_{2h}^{16}, $Pnma$	4
$S1_1$ $(ZrSiO_4$, Zirkon)	tetr.	D_{4h}^{19}, $I4_1/amd$	4
$S1_2$ $((Mg, Fe, Mn)_2SiO_4)$ (Olivin)	orh.	D_{2h}^{16}, $Pnma$	4
$S1_3$ $(Be_2SiO_4$, Phenakit)	trig.	C_{3i}^2, $R\bar{3}$	6
$S4_1$ $(CaMgSi_2O_6$, Diopsid)	mkl.	C_{2h}^6, $C2/c$	4
$S4_2$ $(Ca_4(Mg, Fe)_{10})$ $([(OH)_4Si_{16}O_{44}])$ (Tremolit)	mkl.	C_{2h}^3, $C2/m$	1
$S4_3$ $(MgSiO_3$, Enstatit)	orh.	D_{2h}^{15}, $Pbca$	16

23. Minerale und mineralische Rohstoffe

Von S. Koritnig, Göttingen

231. Minerale

2311. Chemische und physikalische Daten der wichtigsten Minerale

Verwendete Abkürzungen

a	kristallogr. *a*-Achse
Absg.	Absonderung
AE	opt. Achsenebene
am.	amorph
An.-Eff.	Anisotropie-Effekt
aszend.	aszendent
b	kristallogr. *b*-Achse
bas.	basisch
Begl.	Begleiter
ber.	berechnet
Birefl.	Bireflexion
c	kristallogr. *c*-Achse
d.	deutlich
diagen.	diagenetisch
dkl.	dunkel
durchs.	durchsichtig
durchschein.	durchscheinend
einachs.	einachsig
entm.	entmischt
fbl.	farblos
gef.	gefärbt
Gest.	Gestein
...gest.	...gestein
getr.	getrübt
-Gl.	-Glanz
...gl.	...glanz
glä.	glänzend
h vor Farben	hell
halbmet.	halbmetallisch
hex.	hexagonal
h.v.	höchst vollkommen
hydrotherm.	hydrothermal
krist.	kristallin(e)
kub.	kubisch, tesseral
$\varkappa_\omega$	Absorptionsindex; z.B. in Richtung von n_ω
l.hinterFarben	lich
Lgst.	Lagerstätte
magmat.	magmatisch
metall.	metallisch
met(am).	metamorph
metasom.	metasomatisch
mkl.	monoklin
Mod.	Modifikation
Mtgl.	Metallglanz
n'_α	Brechzahlwert zwischen n_α und n_β gelegen
$n'_{\varepsilon(10\bar{1}0)}$	Brechzahlwert auf der Fläche $(10\bar{1}1)$
n_γ/c	Auslöschungsschiefe z.B. von n_γ zur *c*-Achse
or.	orange
orh.	orthorhombisch (= rhombisch)
opt.	optisch
pegm.	pegmatitisch
Perlm.	Perlmutt
pneumat(olyt).	pneumatolytisch
ps.	pseudo
R, R_α usw., $\bar{R}$	Reflexionsvermögen im kub. Krist.-System, parallel n_α usw., oder mittleres Reflexionsvermögen
Rohst.	Rohstoff
schw.	schwach
sed.	sedimentär
sek.	sekundär
selt.	selten
st.	stark(er)
s.v.	sehr vollkommen
synth.	synthetisch
T.	Translationsfläche
t.	Translationsrichtung
tetr.	tetragonal
trig.	trigonal
trikl.	triklin
uv.	unvollkommen
v.	vollkommen
versch.	verschieden
viol.	violett
vorw.	vorwiegend
vulk.	vulkanisch
$2V_\alpha$, $2V_\gamma$	opt. Achsenwinkel mit n_α bzw. n_γ als I. Mittellinie
wgr.	weniger
zweiachs.	zweiachsig

Erläuterungen

Die *chemischen Formeln* sind gegenüber der natürlichen Zusammensetzung meist idealisiert. *Kristall-Klassen-* und *Raumgruppen-Symbole* nach HERMANN-MAUGUIN bzw. SCHÖNFLIESS (vgl. S. 629). Die *Spaltbarkeit* ist in den fünf Abstufungen – h.v. = höchst vollkommen; s.v. = sehr vollkommen; v. = vollkommen; d. = deutlich; uv. = unvollkommen – angegeben. Eine Gradzahl dabei gibt den Spaltwinkel zwischen den vorher genannten Spaltflächen an. Als *Härte* ist die Ritzhärte n. MOHS (vgl. S. 59) aufgeführt. Der *Strich* ist die charakteristische Farbe des gepulverten Minerals. Die *optische Hauptgruppe* gibt die Form der Lichtausbreitung im Kristall an. Bei *isotropen* ist sie eine Kugel, bei *opt. einachsigen* ein Rotationsellipsoid und bei *opt. zweiachsigen* ein dreiachsiges Ellipsoid. *Brechzahlen:* Isotrope Körper haben eine Brz. n; opt. einachsige zwei, n_ω (ordentlicher Strahl/kugelförm. Ausbreitung) und n_ε (außerordentl. Strahl/rotationsellipt. Ausbreit.); *opt. zweiachsige* haben drei charakteristische Brzn.: n_α (kleinster Wert), n_β (den Kreisschnitten des Indexellipsoides entsprechend) und n_γ (größter Wert). Bei opaken Substanzen ist an Stelle der Brechzahl meist das *Reflexionsvermögen* R, R_α, R_β usw. entsprechend der opt. Hauptgruppe oder das mittlere Reflexionsvermögen $\bar{R}$ angegeben. Der *opt. Achsenwinkel* $2V$ gibt den spitzen Winkel der auf den beiden Kreisschnitten des dreiachsigen Indexellipsoides senkrecht stehenden Geraden (opt. Achsen) an. Je nachdem n_α oder n_γ in diesem spitzen Winkel liegt, hat das Mineral opt. negativen ($2V_\alpha$) oder opt. positiven ($2V_\gamma$) Charakter. Die *Achsendispersion* $\varrho \gtreqless v$ gibt an, ob $2V$ für rotes Licht $\gtreqless$ als blaues ist. Die maximale Doppelbrechung Δ entspricht bei opt. zweiachsigen Kristallen $(n_\gamma - n_\alpha)$ und bei opt. einachsigen $(n_\varepsilon - n_\omega)$. Je nachdem $n_\varepsilon \gtreqless n_\omega$ ist, hat das Mineral opt. positiven oder negativen Charakter. Bei opt. zweiachsigen Kristallen gilt die Faustregel, daß, wenn $(n_\gamma - n_\beta) \gtreqless (n_\beta - n_\alpha)$ ist, der opt. Charakter positiv bzw. negativ ist. Bei opaken Substanzen sind an Stelle der Doppelbrechung qualitative Angaben über die Stärke des *Anisotropie-Effektes* gemacht. Unter *opt. Orientierung* ist die Lage des Indexellipsoides zum Kristallkörper angegeben, wobei die Lage der *opt. Achsenebene* (AE), in der n_α und n_γ liegen und auf der n_β senkrecht steht, eine besonders charakteristische Fläche darstellt. Unter *Pleochroismus* finden sich Angaben über die chromatischen Absorptionsunterschiede beim Lichtdurchgang in verschiedenen Richtungen. Bei *Vorkommen* finden sich allgemeine Angaben über die Art des Auftretens, die Hinweise auf die Bildungsart geben.

Mineral und Formel	Krist.-Syst.	Krist.-Kl. und Raumgruppe	Gitterkonstanten	Spaltbarkeit	Härte nach Mohs	Dichte in $g \cdot cm^{-3}$	Farbe	Strich	Glanz	Optische Hauptgruppe
Akanthit (Argentit, Silberglanz) Ag_2S <175° C	mkl. ps.orh.	$2/m$ C_{2h}^5	$a_0 = 4{,}23$ $b_0 = 6{,}91$ $c_0 = 7{,}87$ $\beta = 99° 35'$	—	2...2,5	7,3	dkl.bleigrau, schwarz anlaufend	dkl.bleigrau, glä.	Mtgl.	opt. „zweiachs.“
Aktinolith (Strahlstein) $Na_2Ca_4(Mg, Fe)_{10}$ $[(OH)_2O_2Si_{16}O_{44}]$	mkl.	$2/m$ C_{2h}^3	$a_0 = 9{,}89$ $b_0 = 18{,}14$ $c_0 = 5{,}31$ $\beta = 105° 48'$	(110) v. 124° 11′	5...6	3,0...3,1	grün...dkl.grün	hell...grünl.-grau	Glasgl.	opt. zweiachs.
Albit $Na[AlSi_3O_8]$	trikl.	$\bar{1}$ C_i^1	$a_0 = 8{,}135$ $b_0 = 12{,}788$ $c_0 = 7{,}154$ $\alpha = 94° 13^1/_2'$ $\beta = 116° 31'$ $\gamma = 87° 42^1/_2'$	(001) v. (010) wgr. v. ~87°	6...6,5	2,605	fbl.; weiß, gelbl., lichtrot, bläul.	—	(001): Perlm.-Gl. sonst. Glasgl.	opt. zweiachs.
Almandin $Fe_3^{2+}Al_2[SiO_4]_3$	kub.	$m3m$ O_h^{10}	$a_0 = 11{,}52$	—	6,5...7,5	~4,2	dklrot, blaustichig, braun...fast schwarz	—	Glasgl.... Fettgl.	opt. isotrop
Anglesit $Pb[SO_4]$	orh.	mmm D_{2h}^{16}	$a_0 = 8{,}47$ $b_0 = 5{,}39$ $c_0 = 6{,}94$	(001) d. (210) d. 76° 16′	3	6,38	fbl.; getr. u. versch. gef.	—	Diamantgl.... fettig	opt. zweiachs.
Anhydrit $Ca[SO_4]$	orh.	mmm D_{2h}^{17}	$a_0 = 6{,}23$ $b_0 = 6{,}97$ $c_0 = 6{,}98$	(001) v. (010) v. (100) d.	3...4	2,93	fbl.; weiß, bläul.-grau; rötl.	—	Glasgl.	opt. zweiachs.
Anorthit $Ca[Al_2Si_2O_8]$	trikl.	$\bar{1}$ C_i^1	$a_0 = 8{,}177$ $b_0 = 12{,}877$ $c_0 = 2 \cdot 7{,}084_5$ $\alpha = 93° 10'$ $\beta = 115° 51'$ $\gamma = 91° 13'$	(001) v. (010) wgr. v. ~86,5°	6	2,765	trübweiß, grauweiß, rötl.	—	(001): Perlm.-Gl., sonst Glasgl.	opt. zweiachs.

Mineral und Formel	Brechzahlen	Opt. Achsenwinkel $2V$ maxim. Doppelbrechung Δ	Optische Orientierung	Pleochroismus	Vorkommen
Akanthit (Argentit, Silberglanz) (Forts.)	$\bar{R}_{\text{grün}} = 37\%$ $\bar{R}_{\text{rot}} = 30\%$	An.-Eff. deutl.	—	—	Auf hydrotherm. Ag-Erzgängen
Aktinolith (Strahlstein) (Forts.)	$n_\alpha = 1{,}63 \ldots 1{,}66$ $n_\beta = 1{,}64 \ldots 1{,}67$ $n_\gamma = 1{,}65 \ldots 1{,}68$	$2V_\alpha = 80°$ $\varrho < v$ Δ 0,020	(−) AE (010) n_γ/c 10°...20°	$n_\alpha \simeq n_\beta$ n_β = gelbl.... gelbgrün n_γ = grün	In krist. Schiefern
Albit (Forts.)	$n_\alpha = \begin{cases} 1{,}5286 \text{ Tieft. Mod.} \\ 1{,}5273 \text{ Hocht. Mod.} \end{cases}$ $n_\beta = \begin{cases} 1{,}5326 \text{ Tieft. Mod.} \\ 1{,}5344 \text{ Hocht. Mod.} \end{cases}$ $n_\gamma = \begin{cases} 1{,}5388 \text{ Tieft. Mod.} \\ 1{,}5357 \text{ Hocht. Mod.} \end{cases}$	$2V_\gamma = \begin{cases} 77{,}2° \text{ T. Mod.} \\ 133{,}1° \text{ H. Mod.} \end{cases}$ $\varrho < v$ $\Delta \begin{cases} 0{,}0102 \text{ Tieft. Mod.} \\ 0{,}0084 \text{ Hocht. Mod.} \end{cases}$	(+) Tieft. Mod. (−) Hocht. Mod. AE$\sim \perp c$	—	Magmat., Gemengteil SiO_2-reicher Gest., pegm., hydrotherm. auf Klüften (Periklin), metam., diagen. i. Sed.
Almandin (Forts.)	$n \sim 1{,}76 \ldots 1{,}83$	—	—	—	Metam. in Gneisen u. Glimmerschiefern
Anglesit (Forts.)	$n_\alpha = 1{,}877$ $n_\beta = 1{,}882$ $n_\gamma = 1{,}894$	$2V_\gamma = 75° 24'$ Δ 0,017	(+) AE (010) $n_\gamma \parallel a$	—	Im Ausgehenden von Bleigl.-Lgst.
Anhydrit (Forts.)	$n_\alpha = 1{,}5698$ $n_\beta = 1{,}5754$ $n_\gamma = 1{,}6136$	$2V_\gamma = 43° 41'$ $\varrho < v$ Δ 0,044	(+) AE (010) $n_\gamma \parallel a$	—	Sed., z.T. metam. In hydrotherm. Gängen
Anorthit (Forts.)	$n_\alpha = 1{,}5750$ Hocht. Mod. $n_\beta = 1{,}5834$ Hocht. Mod. $n_\gamma = 1{,}5883$ Hocht. Mod.	$2V_\alpha = 75{,}2°$ $\varrho > v$ Δ 0,0133	(−) AE$\sim \parallel c$	—	Magmat. i. SiO_2-armen Gest., metam. in krist. Schiefern; kontaktmet.-vulk. (Somma-Auswürflinge)

Mineral und Formel	Krist.-Syst.	Krist.-Kl. und Raumgruppe	Gitterkonstanten	Spaltbarkeit	Härte nach Mohs	Dichte in $g \cdot cm^{-3}$	Farbe	Strich	Glanz	Optische Hauptgruppe
Antimonit (Stibnit) Sb_2S_3	orh.	mmm D_{2h}^{16}	$a_0=11{,}22$ $b_0=11{,}30$ $c_0=3{,}84$	(010) s. v. (100) uv. (110) uv.	2	4,63	bleigrau	dkl.bleigrau	st. Mtgl. z. T. matt angelaufen	opt. zweiachs.
Apatit $Ca_5[F(PO_4)_3]$ F→Cl, OH	hex.	$6/m$ C_{6h}^{2}	$a_0=9{,}38$ $c_0=6{,}86$	(0001) d. (10$\bar{1}$0) uv.	5	3,16...3,22	klar u. trüb, fbl. u. gef.	weiß	Glasgl.... Fettgl.	opt. einachs.
Aragonit $CaCO_3$	orh.	mmm D_{2h}^{16}	$a_0=4{,}95$ $b_0=7{,}96$ $c_0=5{,}73$	(010) uv.	3,5...4	2,947	weiß, weingelb u. a. gef.	—	Glasgl.... Harzgl.	opt. zweiachs.
Arsenkies (Arsenopyrit) FeAsS	mkl. ps.orh.	$2/m$ C_{2h}^{5}	$a_0=6{,}43$ $b_0=9{,}53$ $c_0=5{,}66$ $\beta=90°\,00'$	(110) uv.	5,5...6	5,9...6,2	zinnweiß... hstahlgrau, oft angelaufen	schwarz	Mtgl.	opt. zweiachs.
Augit $Ca_{6,5}Na_{0,5}Fe^{2+}Mg_6$ $(Al, Fe^{3+}, Ti)_2[Al_{1,5-3,5}$ $Si_{14,5-12,5}O_{48}]$	mkl.	$2/m$ C_{2h}^{6}	$a_0\sim9{,}8$ $b_0\sim9{,}0$ $c_0\sim5{,}25$ $\beta\sim105°$	(110) d. 87°	5,5...6	3,3...3,5	grün... schwarzgrün, braun	graugrün	Glasgl.	opt. zweiachs.
Auripigment As_2S_3	mkl.	$2/m$ C_{2h}^{5}	$a_0=11{,}49$ $b_0=9{,}59$ $c_0=4{,}25$ $\beta=90°\,27'$	(010) s. v. $T=(010)$ $t=[001]$	1,5...2	3,48	zitronengelb	gelb	Fettgl... Perlm.-Gl.	opt. zweiachs.
Azurit (Kupferlasur) $Cu_3[(OH)CO_3]_2$	mkl.	$2/m$ C_{2h}^{5}	$a_0=5{,}00$ $b_0=5{,}85$ $c_0=10{,}35$ $\beta=92°\,20'$	(011) v. (100) d. (110) d.	3,5...4	3,7...3,9	lasurblau durchschein.	heller blau	Glasgl.	opt. zweiachs.

Mineral und Formel	Brechzahlen	Opt. Achsenwinkel $2V$ maxim. Doppelbrechung Δ	Optische Orientierung	Pleochroismus	Vorkommen
Antimonit (Stibnit) (Forts.)	$n_\alpha=3{,}194$ 760 mμ $n_\beta=4{,}046$ 760 mμ $n_\gamma=4{,}303$ 760 mμ $R_{grün}$ R_{rot} $\parallel a$ 38,6% 32,0% $\parallel b$ 30,5% 24,9% $\parallel c$ 43,9% 35,4%	$2V_\alpha=25°\,45'$ (760 mμ) Δ 1,71	(−) AE (100) $n_\gamma \parallel b$	—	Auf Sb-Quarzgängen; auf Pb- u. Ag-Erzgängen; z.T. metasom.
Apatit (Forts.)	$n_\omega=1{,}632$ $n_\varepsilon=1{,}630$	Δ 0,002	(−)		In Eruptivgest., Sedimenten u. Metamorphiten; hydrotherm. Gängen
Aragonit (Forts.)	$n_\alpha=1{,}5300$ $n_\beta=1{,}6810$ $n_\gamma=1{,}6854$	$2V_\alpha=18°\,05'$ $\varrho<v$ Δ 0,1554	(−) AE (100) $n_\alpha \parallel c$	—	Hydrotherm....hydrisch, sed. u. biogen
Arsenkies (Arsenopyrit) (Forts.)	grün rot R_α 47,02% 49,88% R_β 47,94% 50,04% R_γ 51,00% 50,74%	An.-Eff. sehr stark	—	Birefl. schwach	Pneumatolyt....hydrotherm., oft Au-haltig. Auch metam.
Augit (Forts.)	$n_\alpha=1{,}69...1{,}74$ $n_\beta=1{,}70...1{,}77$ $n_\gamma=1{,}71...1{,}78$	$2V_\gamma=42°...70°$ $\varrho>v$ $\Delta\sim0{,}028$	(+) AE (010) n_γ/c 39°...48°	schwach, n_α=hellgrün, n_β=hellgelbgrün... hellgrün, n_γ=oliv... graugrün	Magmat. in Eruptivgest., Kontaktmetam., metam. In Schlacken
Auripigment (Forts.)	$n_\alpha=2{,}4$ Li $n_\beta=2{,}81$ Li $n_\gamma=3{,}02$ Li	$2V_\alpha=76°$ Δ 0,62	(−) AE ⊥ (010) n_β/c 1,5°...3°	in gelb. Tönen. Absorption $n_\alpha>n_\beta$ u. n_γ	Auf Erzgängen niedriger Temperatur. Verwitterungsprodukt
Azurit (Kupferlasur) (Forts.)	$n_\alpha=1{,}730$ $n_\beta=1{,}758$ $n_\gamma=1{,}838$	$2V_\gamma=67°$ $\varrho\gg v$ Δ 0,108	(+) AE ⊥ (010) n_γ/c 12,5°	gering, mit Absorption $n_\gamma>n_\beta>n_\alpha$	In der Oxydationszone von Cu-Lgst.; Imprägnation in Sandsteinen

Mineral und Formel	Krist.-Syst.	Krist.-Kl. und Raumgruppe	Gitterkonstanten	Spaltbarkeit	Härte nach Mohs	Dichte in $g \cdot cm^{-3}$	Farbe	Strich	Glanz	Optische Hauptgruppe
Baryt (Schwerspat) $Ba[SO_4]$	orh.	mmm D_{2h}^{16}	$a_0 = 8{,}87$ $b_0 = 5{,}45$ $c_0 = 7{,}14$	(001) v. (210) d.	3...3,5	4,48	klar u. durchs., weiß, trüb, oft gef. gelbl....rötl.	—	Glasgl., auf (001) Perlm.-Gl.	opt. zweiachs.
Beryll $Al_2Be_3[Si_6O_{18}]$ grün=Smaragd; hellblau=Aquamarin	hex.	$6/mmm$ D_{6h}^{2}	$a_0 = 9{,}23$ $c_0 = 9{,}19$	(0001) d.	7,5...8	2,63...2,80	fbl. u. versch. gef., klar u. getr.	—	Glasgl.	opt. einachs.
Bleiglanz (Galenit) PbS	kub.	$m3m$ O_h^5	$a_0 = 5{,}94$	(100) s. v. $T = (100)$	2,5	7,58	bleigrau	graul.... schwarz	st. Mtgl., matt anlaufend	opt. isotrop
Bornit (Buntkupferkies) Cu_5FeS_4 < ca. 200° C	tetr.	$\bar{4}2m$ D_{2d}^4	$a_0 = 10{,}94$ $c_0 = 21{,}88$	(111) uv.	3	5,08	frisch: bronzegelb ...kupferrot; rötl.-viol., blau anlaufend	grauschwarz	Mtgl.	opt. einachs.
Calcit (Kalkspat) $CaCO_3$	trig.	$\bar{3}m$ D_{3d}^6	$a_0 = 4{,}98$ $c_0 = 17{,}02$	$(10\bar{1}1)$ s. v. 74° 55′	3	2,71	fbl. u. gef., durchs.... undurchs.	—	Glasgl.	opt. einachs.
Carnallit $KMgCl_3 \cdot 6H_2O$	orh.	mmm D_{2h}^4	$a_0 = 9{,}56$ $b_0 = 16{,}05$ $c_0 = 22{,}56$	—	1...2	1,60	fbl.; weiß, gelbl., rötl.	weiß	Glasgl.... Fettgl.	opt. zweiachs.
Cassiterit (Zinnstein) SnO_2	tetr.	$4/mmm$ D_{4h}^{14}	$a_0 = 4{,}73$ $c_0 = 3{,}18$	(100) uv.	6...7	6,8...7,1	braun... schwarz	gelbl.... weiß	Glasgl. Bruchfläche =Fettgl.	opt. einachs.
Cerussit (Weißbleierz) $PbCO_3$	orh.	mmm D_{2h}^{16}	$a_0 = 5{,}15$ $b_0 = 8{,}47$ $c_0 = 6{,}11$	(110) d. (021) d.	3...3,5	6,55	fbl., weiß, grau, braun... schwärzl.	—	Diamantgl.... Fettgl.	opt. zweiachs.
Chalkanthit (Kupfervitriol) $Cu[SO_4] \cdot 5H_2O$	trikl.	$\bar{1}$ C_i^1	$a_0 = 6{,}12$ $b_0 = 10{,}69$ $c_0 = 5{,}96$ $\alpha = 97° 35'$ $\beta = 107° 10'$ $\gamma = 77° 33'$	$(1\bar{1}0)$ uv.	2,5	2,286	blau	weiß	Glasgl. durchschein.	opt. zweiachs.

Mineral und Formel	Brechzahlen	Opt. Achsenwinkel $2V$ maxim. Doppelbrechung Δ	Optische Orientierung	Pleochroismus	Vorkommen
Baryt (Schwerspat) (Forts.)	$n_\alpha=1{,}636$ $n_\beta=1{,}637$ $n_\gamma=1{,}648$	$2V_\gamma=37°\,02'$ $\varrho<v$ $\Delta\ 0{,}012$	(+) AE (010) $n_\gamma \parallel a$	—	Vorw. hydrotherm., z.T.diagen. sed.
Beryll (Forts.)	$n_\omega=1{,}57...1{,}602$ $n_\varepsilon=1{,}56...1{,}595$	$\Delta\ 0{,}004...0{,}008$	(−)	n_ω=heller n_ε=dunkler	In pegm. Gägnen, z.T. hydrotherm.
Bleiglanz (Galenit) (Forts.)	$n=4{,}30$ Na $\varkappa=0{,}40$ Na $R_{\text{grün}}=43{,}4\%$ $R_{\text{rot}}=40{,}1\%$	—	—	—	Vorw. hydrotherm., z.T. kontaktpneumat., z.T. sed.
Bornit (Buntkupferkies) (Forts.)	$\bar{R}_{\text{grün}}=18{,}5\%$ $\bar{R}_{\text{rot}}=21\%$	An.-Eff. schw.	—	—	Vorw. hydrotherm.; pegm.-pneumat., z.T. sed.
Calcit (Kalkspat) (Forts.)	$n_\omega=1{,}6584$ $n_\varepsilon=1{,}4864$ $n'_{\varepsilon(10\bar{1}1)}=1{,}566$	$\Delta\ 0{,}172$	(−)	Absorption $n_\omega>n_\varepsilon$	Hydrotherm....hydrisch; sed., auch magmat.
Carnallit (Forts.)	$n_\alpha=1{,}466$ $n_\beta=1{,}475$ $n_\gamma=1{,}494$	$2V_\gamma=70°$ $\varrho<v$ $\Delta\ 0{,}028$	(+) AE (010) $n_\alpha \parallel c$	—	In Kalisalzlagerstätten
Cassiterit (Zinnstein) (Forts.)	$n_\omega=1{,}997$ $n_\varepsilon=2{,}093$	$\Delta\ 0{,}096$	(+)	—	Zinnsteinpegmatite. Pneumat. Imprägnationen (Greisenbildung). Hydrotherm. Gänge. Seifen-Lgst.
Cerussit (Weißbleierz) (Forts.)	$n_\alpha=1{,}804$ $n_\beta=2{,}076$ $n_\gamma=2{,}078$	$2V_\alpha=9°$ $\varrho\gg v$ $\Delta\ 0{,}274$	(−) AE (010) $n_\alpha \parallel c$	—	Verwitterungsprodukt in Bleigl.-Lgst.
Chalkanthit (Kupfervitriol) (Forts.)	$n_\alpha=1{,}514$ $n_\beta=1{,}537$ $n_\gamma=1{,}543$	$2V_\alpha=56°$ $\varrho<v$ $\Delta\ 0{,}029$	(−) auf (1$\bar{1}$0) Austritt 1 Achse; auf (110) 1 Achse u. n_γ	—	Verwitterung v. Cu-Erzen, bes. in alten Grubenbauten. In Trockengebieten (Chile)

Mineral und Formel	Krist.-Syst.	Krist.-Kl. und Raumgruppe	Gitterkonstanten	Spaltbarkeit	Härte nach Mohs	Dichte in $g \cdot cm^{-3}$	Farbe	Strich	Glanz	Optische Hauptgruppe
Chamosit $\left\{\begin{matrix}(Fe, Fe^{3+})_3[(OH)_2AlSi_3O_{10}]\\ (Fe, Mg)_3(O, OH)_6\end{matrix}\right\}$	mkl.	$2/m$ (?)	$a_0 = 5{,}40$ $b_0 = 9{,}36$ $c_0 = 14{,}03$ $\beta = 90°$	?	2,5...3	3,2	schwarzgrün	lichtgraugrün	—	opt. zweiachs.
Chloanthit (Weißnickelkies) $NiAs_3$	kub.	$2/m\bar{3}$ T_h^5	$a_0 = 8{,}28$	—	5,5...6	6,5	zinnweiß... hstahlgrau, dkl. anlaufend	grauschwarz	Mtgl.	opt. isotrop
Chromit $FeCr_2O_4$	kub.	$m3m$ O_h^7	$a_0 = 8{,}361$	—	5,5	4,5...4,8	bräunl.-schwarz, undurchs.	braun	Mtgl. fettartig	opt. isotrop
Chrysotil (Serpentinasbest) $Mg_6[(OH)_8Si_4O_{10}]$	mkl.	Röllchen-Textur, Ø 50...200 Å Faserachse a_0 (häufigster Fall)	$a_0 = 5{,}34$ $b_0 = 9{,}25$ $c_0 = 14{,}65$ $\beta = ?$	(110) uv. ~130°	2...3	2,36...2,50	grün... goldgelb	—		opt. zweiachs.
Cobaltin (Kobaltglanz) CoAsS	kub.	$2/m\bar{3}$ T_h^6	$a_0 = 5{,}61$	(100) uv.	5,5	6,0...6,4	undurchs., silberweiß... rötl.	grau... schwarz	auf frischen Flächen Mtgl.	opt. isotrop
Coelestin $Sr[SO_4]$	orh.	mmm D_{2h}^{16}	$a_0 = 8{,}38$ $b_0 = 5{,}37$ $c_0 = 6{,}85$	(001) v. (210) d. (010) uv.	3...3,5	3,9...4	fbl., weiß, gelbl., bläul.	—	Glasgl.... Perlm.-Gl.	opt. zweiachs.
Covellin (Kupferindig) CuS	hex.	$6/mmm$ D_{6h}^4	$a_0 = 3{,}77$ $c_0 = 16{,}29$	(0001) s. v.	1,5...2	4,68	blauschwarz	schwarz	matt, durch Reiben halbmet.	opt. einachs.
Cuprit Cu_2O	kub.	$m3m$ O_h^4	$a_0 = 4{,}27$	(111) d.	3,5...4	6,15	rotbraun...grau, durchschein.... undurchs.	braunrot	Mtgl. auf frischen Flächen	opt. isotrop

Mineral und Formel	Brechzahlen	Opt. Achsenwinkel $2V$ maxim. Doppelbrechung Δ	Optische Orientierung	Pleochroismus	Vorkommen
Chamosit (Forts.)	$n_\alpha=1,62...1,65$ $n_\beta=1,63...1,66$ $n_\gamma=1,65...1,66$	$2V_\alpha\cong 0°$ $\Delta\sim 0,005$	(−) AE ? $n_\alpha\sim\perp(001)$	n_α=gelbl....fbl., n_β u. n_γ=dkl.grün	In oolithischen Eisenerzen
Chloanthit (Weißnickelkies) (Forts.)	$R_{\text{grün}}=58,5\%$ $R_{\text{rot}}=50,0\%$	—	—	—	Hydrotherm., auf Co-Ni-Ag-Lagerst.
Chromit (Forts.)	$n=2,1$ Li $R_{\text{grün}}=15\%$ $R_{\text{rot}}=12,5\%$	—	—	—	Magmat. Ausscheidung; in Verbindung mit Peridotiten u. Serpentinen
Chrysotil (Serpentinasbest) (Forts.)	$n_\alpha=1,53...1,560$ $n_\beta\cong 1,54$ $n_\gamma=1,54...1,567$	$2V_\gamma=30°...35°$ $\varrho>v$ Δ 0,008...0,013	(±) AE (010)		Hydrotherm....hydrisch, Umwandlprod. aus Mg-Silikaten (z.B. Olivin)
Cobaltin (Kobaltglanz) (Forts.)	$R_{\text{grün}}=52\%$ $R_{\text{rot}}=48\%$	—	—	—	Vorw. hydrotherm. Auf Fahlbändern pneumat.
Coelestin (Forts.)	$n_\alpha=1,622$ $n_\beta=1,624$ $n_\gamma=1,631$	$2V_\gamma=50°\,25'$ $\varrho<v$ Δ 0,009	(+) AE (010) $n_\gamma \parallel a$	—	Hydrotherm. u. sek. Kluftfüllungen in Sedimenten
Covellin (Kupferindig) (Forts.)	$n_\omega=1,00$ 635 mμ 1,97 505 mμ R_ω R_ε grün 18,5% 27,0% rot 10 % 22 %	—	(+)	Birefl. sehr stark n_ω=tiefblau n_ε=blauweiß	Verwitterungsprodukt von Kupfersulfiden. Selt. aszendent hydrotherm.; exhalativ
Cuprit (Forts.)	$n=2,849$ Li $R_{\text{grün}}=30\%$ $R_{\text{rot}}=21,5\%$	—	—	—	Oxydationsprodukt v.Cu-Erzen

Mineral und Formel	Krist.-Syst.	Krist.-Kl. und Raumgruppe	Gitterkonstanten	Spaltbarkeit	Härte nach Mohs	Dichte in g · cm⁻³	Farbe	Strich	Glanz	Optische Hauptgruppe
Descloizit $Pb(Zn, Cu)[(OH)(VO_4)]$	orh.	222 D_2^4	$a_0 = 6{,}06$ $b_0 = 9{,}41$ $c_0 = 7{,}58$	—	3...3,5	6,2	rotbraun... schwarzbraun auch grünl.	or....gelb; grünl.	Diamantgl.	opt. zweiachs.
Diamant β-C	kub.	$m3m$ O_h^7	$a_0 = 3{,}5668$	(111) v.	10	3,52	fbl....durchs.... trübe, z. T. schw. gef.	—	st. Gl. „Diamantgl."	opt. isotrop
Diaspor α-AlOOH	orh.	mmm D_{2h}^{16}	$a_0 = 4{,}41$ $b_0 = 9{,}40$ $c_0 = 2{,}84$	(010) s. v.	6,5...7	3,3...3,5 (3,37)	durchs.... durchschein., fbl. u. gef. (rot)	—	Glasgl. Perlm.-Gl.	opt. zweiachs.
Diopsid $CaMg[Si_2O_6]$	mkl.	$2/m$ C_{2h}^6	$a_0 = 9{,}73$ $b_0 = 8{,}91$ $c_0 = 5{,}25$ $\beta = 105° 50'$	(110) d. 87°	5,5...6 [001] ~7	3,27	durchs.... durchschein. fbl., grau, grünl.	—	Glasgl.	opt. zweiachs.
Dolomit $CaMg[CO_3]_2$	trig.	$\bar{3}$ C_{3i}^2	$a_{rh} = 6{,}19$ $\alpha = 102° 50'$	$(10\bar{1}1)$ v. 73° 45′	3,5...4	2,85...2,95	durchs.... durchschein., fbl., weiß u. gef.	—	Glasgl.	opt. einachs.
Enargit Cu_3AsS_4	orh.	$2mm$ C_{2v}^7	$a_0 = 6{,}47$ $b_0 = 7{,}44$ $c_0 = 6{,}19$	(110) v. (100) d. (010) d.	3,5	4,45	stahlgrau... eisenschwarz, viol.braunstichig	grauschwarz	Mtgl.	opt. zweiachs.
Enstatit $Mg_2[Si_2O_6]$ Mg→Fe	orh.	mmm D_{2h}^{15}	$a_0 = 18{,}22$ $b_0 = 8{,}81$ $c_0 = 5{,}21$	(110) d...uv. 88°	5...6	~3,15	grau, gelbl.-grün...dkl.grün	—	Glasgl.	opt. zweiachs.
Fluorit (Flußspat) CaF_2	kub.	$m3m$ O_h^5	$a_0 = 5{,}46$	(111) v.	4	3,18	meist gef., durchs.... durchschein.	weiß	Glasgl.	opt. isotrop
Gips $Ca[SO_4] \cdot 2H_2O$	mkl.	$2/m$ C_{2h}^6	$a_0 = 5{,}68$ $b_0 = 15{,}18$ $c_0 = 6{,}29$ $\beta = 113° 50'$	(010) s. v. $(\bar{1}11)$ d. (100) d.	1,5...2	2,317	durchs.... undurchs. fbl., weiß, manchmal gef.	—	(010) Perlm.-Gl. sonst Glasgl.	opt. zweiachs.
Goethit (Nadeleisenerz) α-FeOOH (Limonit z. T.)	orh.	mmm D_{2h}^{16}	$a_0 = 4{,}65$ $b_0 = 10{,}02$ $c_0 = 3{,}04$	(010) v. (100) d.	5...5,5	4,28	schwarzbraun ...lichtgelb	braun... braungelb	diamantartig; seidig; matt, halbmet.	opt. zweiachs.

Mineral und Formel	Brechzahlen	Opt. Achsenwinkel $2V$ maxim. Doppelbrechung Δ	Optische Orientierung	Pleochroismus	Vorkommen
Descloizit (Forts.)	$n_\alpha=2{,}185$ $n_\beta=2{,}265$ $n_\gamma=2{,}35$	$2V_\alpha\sim 90°$ $\varrho\gg v$ Δ 0,17	AE (010) $n_\gamma=a$	$n_\alpha=n_\beta$ n_β=hellgelb n_γ=braungelb	Im Ausgehenden v. Pb-Cu-Zn-Lgst.
Diamant (Forts.)	$n=2{,}4172$ Na	—	—	—	In olivinreichem Eruptivgest. (Kimberlit). In Seifen. Techn. wicht. Rohstoff
Diaspor (Forts.)	$n_\alpha=1{,}702$ $n_\beta=1{,}722$ $n_\gamma=1{,}750$	$2V_\gamma\sim 85°$ $\varrho\leqq v$ Δ 0,048	(+) AE (010) $n_\gamma \parallel a$	—	In metam. Gest., Bauxiten, auch auf Klüften
Diopsid (Forts.)	$n_\alpha=1{,}664$ $n_\beta=1{,}6715$ $n_\gamma=1{,}694$	$2V_\gamma=59°$ $\varrho>v$ Δ 0,030	(+) AE (010) n_γ/c 39°	—	In Tiefen- und Ganggest. In krist. Schiefern. Kontaktmet. in Hornfelsen
Dolomit (Forts.)	$n_\omega=1{,}6799$ Na $n_\varepsilon=1{,}5013$ Na $n_{\varepsilon(10\bar{1}1)}=1{,}588$	Δ 0,178	(−)		In Gängen, gesteinsbildend d. metasom. Verdräng. v. Kalkstein
Enargit (Forts.)	R_α R_γ grün =24,28% 28,50% rot =22,25% 24,66%	An.-Eff. stark	—	Birefl. $\Delta R_{\text{grün}}$ 4,22 ΔR_{rot} 2,41	Hydrotherm. (Gänge, Verdrängung, Imprägnationen)
Enstatit (Forts.)	$n_\alpha=1{,}650\ldots1{,}696$ $n_\beta=1{,}653\ldots1{,}707$ $n_\gamma=1{,}659\ldots1{,}710$	$2V_\gamma=55°\ldots85°$ $\varrho<v$ Δ 0,009...0,014	(+) AE (100) $n_\gamma \parallel c$	—	Magmat. in Tiefen- u. Erguß-gest.; in Meteoriten
Fluorit (Flußspat) (Forts.)	$n=1{,}4338$	—	—		Durchläufermineral. In Eruptivgest. pneumat., hydrotherm. auf Gängen, diagen. in Sedimenten
Gips (Forts.)	$n_\alpha=1{,}5205$ $n_\beta=1{,}5226$ $n_\gamma=1{,}5296$	$2V_\gamma=58°$ $\varrho>v$ (geneigt) Δ 0,009	(+) AE (010) n_γ/c 52° 30′	—	Aus wäßriger Lösg., Salz-Lgst., Ausscheidung in Tonen
Goethit (Nadeleisenerz) (Forts.)	$n_\alpha=2{,}260$ $n_\beta=2{,}394$ $n_\gamma=2{,}400$	$2V_\alpha$=klein $\varrho\gg v$ Δ 0,140	(−) für rot: AE (100), für gelb...blau: AE (001)	n_α=hellgelb n_β=braungelb n_γ=rotgelb	Verwitterungsprodukt eisenhaltiger Minerale. Selten tiefhydrotherm.

Mineral und Formel	Krist.-Syst.	Krist.-Kl. und Raumgruppe	Gitterkonstanten	Spaltbarkeit	Härte nach Mohs	Dichte in $g \cdot cm^{-3}$	Farbe	Strich	Glanz	Optische Hauptgruppe
Gold Au	kub.	$m3m$ O_h^5	$a_0 = 4{,}0783$	—	2,5...3	15,5...19,3 rein: 19,23	goldgelb... messinggelb	metall. goldfarben	st. Mtgl.	opt. isotrop
Graphit α-C	hex.	$6/mmm$ D_{6h}^4	$a_0 = 2{,}46$ $c_0 = 6{,}88$	(0001) v.	1	2,1...2,3 rein: 2,255	undurchs., stahlgrau, bräunl. Stich	grau	Mtgl. oder matt	opt. einachs.
Haematit (Eisenglanz, Roteisenerz) α-Fe_2O_3	trig.	$\bar{3}m$ D_{3d}^6	$a_0 = 5{,}04$ $c_0 = 13{,}77$	gelegentl. Absg. n. (0001)	6,5	5,2...5,3	stahlgrau... eisenschwarz, bunt angelaufen oder rot	rot... rotbraun	Mtgl. matt	opt. einachs.
Halloysit (Endellit) $\left\{ \begin{matrix} Al_4[(OH)_8Si_4O_{10}] \\ (H_2O)_4 \end{matrix} \right\}$	mkl.	m C_s^3	$a_0 = 5{,}15$ $b_0 = 8{,}9$ $c_0 = 10{,}1...9{,}5$ $\beta = 100°\,12'$	dicht, erdig	(1...2)	2,0...2,2 berechn. 2,12	wachsartig weiß, bläul. gräul. u. a.	—	schimmernd	opt. zweiachs.
Hemimorphit (Kieselzinkerz) $Zn_4[(OH)_2Si_2O_7] \cdot H_2O$	orh.	$2mm$ C_{2v}^{20}	$a_0 = 10{,}72$ $b_0 = 8{,}40$ $c_0 = 5{,}12$	(110) v. (101) d.	5	3,3...3,5	durchs.... durchschein. fbl., weiß, auch gef.	—	(010) Glasgl.	opt. zweiachs.
Hornblende, gem. $(Na, K)_{0,5-2}Ca_{3-4}\,Mg_{3-8}$ $Fe^{2+}{}_{2-4}\ (Al, Fe^{3+})_2[(OH)_4$ $Al_{2-4}Si_{14-12}O_{44}]$	mkl.	$2/m$ C_{2h}^3	$a_0 = 9{,}96$ (?) $b_0 = 18{,}42$ $c_0 = 5{,}37$ $\beta = 105°\,45'$	(110) v. 124°	5...6	3,0...3,4	grün... grünschwarz	graugrün	Glasgl.	opt. zweiachs.
Hydrargillit γ-$Al(OH)_3$	mkl.	$2/m$ C_{2h}^5	$a_0 = 8{,}64$ $b_0 = 5{,}07$ $c_0 = 9{,}72$ $\beta = 94°\,34'$	(001) v.	2,5...3	2,3...2,4	fbl., weiß, grünl., grau	—	—	opt. zweiachs.
Ilmenit $FeTiO_3$	trig.	$\bar{3}$ C_{3i}^2	$a_0 = 5{,}09$ $c_0 = 14{,}07$	Absg. nach (0001), (10$\bar{1}$1)	5...6	4,79	eisenschwarz... braunschwarz	schwarzbraun	Mtgl., teilweise matt	opt. einachs.

Mineral und Formel	Brechzahlen	Opt. Achsenwinkel $2V$ maxim. Doppelbrechung Δ	Optische Orientierung	Pleochroismus	Vorkommen
Gold (Forts.)	$n=0{,}368$ Na $\varkappa=7{,}71$ Na $R_{\text{grün}}=47{,}0\%$ $R_{\text{rot}}=86{,}0\%$	—	—	—	Wichtigstes Golderz, vorw. hydrotherm. In Seifen
Graphit (Forts.)	$\parallel n_\omega$ $\parallel n_\varepsilon$ $R_{\text{grün}}=22{,}5\%$ 5% $R_{\text{rot}}=23\%$ 5,5%	$\Delta R_g=17{,}5$ $\Delta R_r=17{,}5$	(−)	—	In metam. Gest. (Ostalpen). Pegm. Spaltenfüllung (Ceylon)
Haematit (Eisenglanz, Roteisenerz) (Forts.)	$n_\omega=3{,}042$ Li $n_\varepsilon=2{,}7975$ Li R_ω R_ε 589 mμ 27,8% 24,9%	An.-Eff. deutl. Δ 0,244	(−)	Birefl. $\Delta R_{589\,\text{m}\mu}$ 2,9	Hydrotherm., pneumat., metam., exhalativ, sed.
Halloysit (Endellit) (Forts.)	$n_{\text{Mitt.}}=1{,}490$ theoret.	$2V=?$ Δ fast isotrop	—	—	Hydrisch, Bestandteil v. Tonen u. Böden
Hemimorphit (Kieselzinkerz) (Forts.)	$n_\alpha=1{,}614$ $n_\beta=1{,}617$ $n_\gamma=1{,}636$	$2V_\gamma=46°$ $\varrho\gg v$ Δ 0,022	(+) AE (100) $n_\gamma=c$	—	Metasom., hydrotherm.
Hornblende, gem. (Forts.)	$n_\alpha=1{,}63...1{,}68$ $n_\beta=1{,}64...1{,}70$ $n_\gamma=1{,}64...1{,}71$	$2V_\alpha=87°...63°$ $\varrho\gtrless v$ Δ 0,014...0,026	(−) AE (010) n_γ/c 10°...27°	stark n_α=hellgrünl.-gelb n_β=grünlich... bräunlich n_γ=oliv... blaugrün	In vielen Eruptivgest., in manchen kristall. Schiefern (Amphiboliten)
Hydrargillit (Forts.)	$n_\alpha=1{,}567$ $n_\beta\simeq n_\alpha$ $n_\gamma=1{,}589$	$2V_\gamma\simeq 0°$ $\varrho\lesseqgtr v$ Δ 0,02	(+) AE (010) $n_\gamma/c\sim 25°$ auch $n_\alpha\parallel b$	—	Häufiges Mineral d. Bauxit-Lgst.
Ilmenit (Forts.)	$\overline{R}_{\text{grün}}=18\%$ $\overline{R}_{\text{rot}}=18\%$	An.-Eff. deutl.	—	—	In Eruptivgest., in Gängen, in metam. Gest. u. Sedimenten

Mineral und Formel	Krist.-Syst.	Krist.-Kl. und Raumgruppe	Gitterkonstanten	Spaltbarkeit	Härte nach Mohs	Dichte in $g \cdot cm^{-3}$	Farbe	Strich	Glanz	Optische Hauptgruppe
Kainit $KMg[Cl(SO_4)] \cdot 3\,H_2O$	mkl.	$2/m$ C_{2h}^3	$a_0=19{,}76$ $b_0=16{,}26$ $c_0=9{,}57$ $\beta=94°\,56'$	(100) v. (110) d. (?)	3	2,15	weiß, gelbl., grau, rötl. u. a.	—	schimmernde Bruchflächen	opt. zweiachs.
Kaolinit $Al_4[(OH)_8Si_4O_{10}]$	trikl.	$\bar{1}$ C_i^1	$a_0=5{,}14$ $b_0=8{,}93$ $c_0=7{,}37$ $\alpha=91°\,48'$ $\beta=104°\,30'...105°$ $\gamma=90°$	(001) v.	2...2,5	2,6	weiß, gelb, grünl., bläul.	—	Perlm.-Gl. teilweise matt	opt. zweiachs.
Kernit $Na_2B_4O_7 \cdot 4\,H_2O$	mkl.	$2/m$ C_{2h}^4	$a_0=15{,}68$ $b_0=9{,}09$ $c_0=7{,}02$ $\beta=108°\,52'$	(100) h.v. (001) s.v.	2,5	1,91	fbl., weiß	weiß	Glasgl. Seidengl.	opt. zweiachs.
Kieserit $Mg[SO_4] \cdot H_2O$	mkl.	$2/m$ C_{2h}^6	$a_0=6{,}90$ $b_0=7{,}71$ $c_0=7{,}54$ $\beta=116°\,05^1/_2{}'$	(110) v. (111) v. ($\bar{1}$11) d. ($\bar{1}$01) d. (011) d.	3,5	2,57	fbl. u. trübe, weiß, gelbl.	—	Glasgl., schimmernd	opt. zweiachs.
Klinoenstatit $Mg_2[Si_2O_6]$	mkl.	$2/m$ C_{2h}^6	$a_0=9{,}62$ $b_0=8{,}83$ $c_0=5{,}19$ $\beta=108°\,21^1/_2{}'$	(110) d. 88°	6	3,19	fbl....gelbl.	—	Glasgl.	opt. zweiachs.
Korund Al_2O_3 **rot** = Rubin **blau** = Saphir	trig.	$\bar{3}m$ D_{3d}^6	$a_{rh}=6{,}99$ $\alpha=85°\,43'$	Absg. nach (10$\bar{1}$1) u. (0001)	9	3,9...4,1	fbl. u. gef., bläul. u. rot, durchs....trübe	weiß	Glasgl.	opt. einachs.
Kryolith α-$Na_3[AlF_6]$ $<550°$ C	mkl.	$2/m$ C_{2h}^5	$a_0=5{,}47$ $b_0=5{,}62$ $c_0=7{,}82$ $\beta=90°\,11'$	Absg. n. (001), (110), (101)	2,5...3	2,97	schneeweiß, rötl., braun, durchschein.	—	(001) Perlm.-Gl., sonst Glasgl.	opt. zweiachs.

Mineral und Formel	Brechzahlen	Opt. Achsenwinkel $2V$ maxim. Doppelbrechung Δ	Optische Orientierung	Pleochroismus	Vorkommen
Kainit (Forts.)	$n_\alpha=1{,}495$ $n_\beta=1{,}506$ $n_\gamma=1{,}520$	$2V_\alpha=85°$ $\varrho>v$ (geneigt) Δ 0,025	(−) AE (010) n_α/c 8°...13°	—	Wichtiges Mineral d. Kalisalz-Lgst. (metam. aus Carnallit)
Kaolinit (Forts.)	$n_\alpha=1{,}553...1{,}563$ $n_\beta=1{,}559...1{,}569$ $n_\gamma=1{,}560...1{,}570$	$2V_\alpha=20°...55°$ $\varrho>v$ $\Delta\sim0{,}006$	(−) AE ⊥ (010) $n_\alpha/\perp$ (001) 1°...3½°	—	Durch Verwitterung oder hydrotherm. Umsetzung v. Feldspat u. ähnl. Silikaten; in Tonen, Böden
Kernit (Forts.)	$n_\alpha=1{,}454$ $n_\beta=1{,}472$ $n_\gamma=1{,}488$	$2V_\alpha=80°$ $\varrho>v$ Δ 0,034	(−) AE ⊥ (010) n_α/c 38,5°	—	Metam. i. Boraxseen, z.Z. wichtigster B-Rohstoff
Kieserit (Forts.)	$n_\alpha=1{,}523$ $n_\beta=1{,}535$ $n_\gamma=1{,}586$	$2V_\gamma=55°$ $\varrho>v$ (geneigt) Δ 0,063	(+) AE (010) n_α/c 14°	—	In Kalisalz-Lgst.
Klinoenstatit (Forts.)	$n_\alpha=1{,}651$ $n_\beta=1{,}654$ $n_\gamma=1{,}660$	$2V_\gamma=53°$ $\varrho<v$ Δ 0,009	(+) AE ⊥ (010) n_γ/c 22°	—	In Meteoriten; Ergußgest. selten
Korund (Forts.)	$n_\omega=1{,}769$ $n_\varepsilon=1{,}761$	Δ 0,008	(−)	teilw. pleochroitisch z.B. n_ω=indigoblau, tiefpurpur n_ε=lichtblau, hellgelb	Magmat., pegm., metam., kontaktmetam. Auf Edelsteinseifen
Kryolith (Forts.)	$n_\alpha=1{,}3385$ $n_\beta=1{,}3389$ $n_\gamma=1{,}3396$	$2V_\gamma=43°$ $\varrho<v$ Δ 0,0011	(+) AE ⊥ (010) n_γ/c 44°	—	In Pegmatiten (Ivigtut, Grönland)

Mineral und Formel	Krist.-Syst.	Krist.-Kl. und Raumgruppe	Gitterkonstanten	Spaltbarkeit	Härte nach Mohs	Dichte in g · cm⁻³	Farbe	Strich	Glanz	Optische Hauptgruppe
Kryptomelan $K_{\leq 2}Mn_8O_{16}$ „Psilomelan", Hartmanganerz...Wad z. T.	tetr. mkl. Mod.	$4/m$ C_{4h}^5 $2/m$	$a_0 = 9,84$ $c_0 = 2,86$ $a_0 = 9,78$ $b_0 = 2,88$ $c_0 = 9,94$ $\beta = 90° 37'$	dicht	6,5 (...1)	4,1...4,9	schwarz... bläul.schwz.	schwarz... schwzbraun	matt, auch st. glä.	—
Kupferglanz (Chalkosin) Cu_2S $< 103°$ C	orh.	$2mm$ C_{2v}^{15}	$a_0 = 11,92$ $b_0 = 27,33$ $c_0 = 13,44$	(110) uv.	2,5...3	5,5...5,8 ber. 5,77	dkl.bleigrau	grau glä.	Mtgl.	opt. zweiachs.
Kupferkies (Chalkopyrit) $CuFeS_2$	tetr.	$\bar{4}2m$ D_{2d}^{12}	$a_0 = 5,25$ $c_0 = 10,32$	manchmal (011) uv.	3,5...4	4,1...4,3	messinggelb mit grünl. Stich, bunt anlaufend	grünl.- schwarz	Mtgl.	opt. einachs.
Lepidokrokit (Rubinglimmer) γ-FeOOH (Limonit z. T.)	orh.	mmm D_{2h}^{17}	$a_0 = 3,88$ $b_0 = 12,54$ $c_0 = 3,07$	(010) v. (100) wgr. v. (001) d.	5	4,09	rubinrot.. gelbrot	bräunl.gelb or.braun	Diamantgl.	opt. zweiachs.
Lepidolith $K(Li, Al)_3[(F, OH, O)_2$ $Si_3AlO_{10}]$	mkl.	$2/m$ C_{2h}^6	$a_0 = 5,21$ $b_0 = 8,97$ $c_0 = 20,16$ $\beta = 100° 48'$	(001) s. v.	2,5...4	2,8...2,9	hrot, weiß, grau, grünl.	—	Perlm.-Gl.	opt. zweiachs.
Leucit $K[AlSi_2O_6]$ $<$ ca. 600° C	tetr. ps. kub.	$4/m$ C_{4h}^6	$a_0 = 13,04$ $c_0 = 13,85$	—	5,5	2,5	weiß...grau	—	Glasgl.	opt. zweiachs.
Magnesit $MgCO_3$	trig.	$\bar{3}m$ D_{3d}^6	$a_0 = 4,584$ $c_0 = 14,92$	$(10\bar{1}1)$ s. v. 72° 36'	4...4,5	3,00	fbl., weiß, gelb, braun, grau	—	Glasgl.	opt. einachs.
Magnetit Fe_3O_4	kub.	$m3m$ O_h^7	$a_0 = 8,391$	(111) uv.	5,5	5,2	undurchs. eisenschwarz	schwarz	Mtgl. matt	opt. isotrop

Mineral und Formel	Brechzahlen	Opt. Achsenwinkel $2V$ maxim. Doppelbrechung Δ	Optische Orientierung	Pleochroismus	Vorkommen
Kryptomelan (Forts.)	—	—	—	—	Oxydationszone, Verwitterungsprod. Wicht. Mn-Erz
Kupferglanz (Chalkosin) (Forts.)	$\bar{R}_{\text{grün}}=30\%$ $\bar{R}_{\text{rot}}=23\%$	An.-Eff. schwach	—	—	Hydrotherm. u. Zementationszone. Wicht. Cu-Erz
Kupferkies (Chalkopyrit) (Forts.)	$R_{\text{grün}}=41{,}5\%$ $R_{\text{rot}}=40\%$	—	—	—	Durchläufermineral: Tiefengest. (magmat. Absg.) pegm., hydrotherm., sed., metam.
Lepidokrokit (Rubinglimmer) (Forts.)	$n_\alpha=1{,}94$ $n_\beta=2{,}20$ $n_\gamma=2{,}51$	$2V_\alpha=83°$ Δ 0,57	AE (001) $n_\alpha=b$	n_α=hellgelb n_β=dkl.rotor. n_γ=dkler.rotor.	Wie Nadeleisenerz, doch seltener
Lepidolith (Forts.)	$n_\alpha\cong 1{,}543$ $n_\beta\cong 1{,}555$ $n_\gamma\cong 1{,}558$	$2V_\alpha\cong 45°$ $\Delta\sim 0{,}015$	(−) AE $\perp$ (010) $n_\alpha/c\sim 0°$ oder AE $\parallel$ (010) n_α/c 6°...7°	—	Pneumat. u. pegm., Li-Rohstoff
Leucit (Forts.)	$n_\alpha=1{,}508$ $n_\beta=?$ $n_\gamma=1{,}509$	$2V_\gamma$=sehr klein Δ 0,001	(+)	—	Magmat., in Ergußgest.
Magnesit (Forts.)	$n_\omega=1{,}700$ $n_\varepsilon=1{,}509$ $n'_\varepsilon(10\bar{1}1)=1{,}599$	Δ 0,191	(−)	—	In metam. Gest.: Chlorit- und Talkschief.; d. metasom. Umwandlung von Kalkstein
Magnetit (Forts.)	$n=2{,}42$ Na $R_{\text{grün}}=21\%$ $R_{\text{rot}}=21\%$	—	—	—	Eisenerz. Magmat. (Kiruna), kontaktpneumat., sed.

Mineral und Formel	Krist.-Syst.	Krist.-Kl. und Raumgruppe	Gitterkonstanten	Spaltbarkeit	Härte nach Mohs	Dichte in $g \cdot cm^{-3}$	Farbe	Strich	Glanz	Optische Hauptgruppe
Malachit $Cu_2[(OH)_2CO_3]$	mkl.	$2/m$ C_{2h}^5	$a_0 = 9{,}48$ $b_0 = 12{,}03$ $c_0 = 3{,}21$ $\beta = 98 \pm {}^1/_2°$	$(\bar{2}01)$ v.	3,5...4	4,0	smaragdgrün	hgrün	Glasgl. Seidengl.	opt. zweiachs.
Mikroklin $K[AlSi_3O_8]$ Tieftemp.-Mod. grün = Amazonenstein	trikl.	$\bar{1}$ C_i^1	$a_0 = 8{,}57$ $b_0 = 12{,}98$ $c_0 = 7{,}22$ $\alpha = 90° 41'$ $\beta = 115° 59'$ $\gamma = 87° 30'$	(001) v. (010) wgr. v. 89,5°...90°	6	2,54...2,57	fbl., weiß, gelb, grün, lichtfleischrot	—	(001) Perlm.-Gl., sonst Glasgl.	opt. zweiachs.
Molybdänglanz (Molybdänit) MoS_2	hex.	$6/mmm$ D_{6h}^4	$a_0 = 3{,}16$ $c_0 = 12{,}32$	(0001) s. v.	1...1,5	4,7...4,8	bleigrau (bläul.)	dkl.grau	Mtgl.	opt. einachs.
Monazit $Ce[PO_4]$	mkl.	$2/m$ C_{2h}^5	$a_0 = 6{,}79$ $b_0 = 7{,}04$ $c_0 = 6{,}47$ $\beta = 104° 24'$	(100) v. (010) d.	5...5,5	4,8...5,5	hgelb... dkl.braun, rot	hgelb... hrotbraun	Harzgl.	opt. zweiachs.
Montmorillonit $\left\{ \begin{matrix} (Al_{1,67}Mg_{0,33}) \\ [(OH)_2Si_4O_{10}]^{0,33-} \\ Na_{0,33}(H_2O)_4 \end{matrix} \right\}$	mkl.	$2/m$ (?) (?)	$a_0 = 5{,}17$ $b_0 = 8{,}94$ $c_0 = 15{,}2$ $\beta \sim 90°$	(001) v.	1...2	2,1	weiß, bräunl., grünl.	—	—	opt. zweiachs.
Mullit $Al_4^{[6]}Al_4^{[4]}[O_3(O_{0,5}, OH, F)\|Si_3AlO_{16}]$	orh.	mmm (?) (?)	$a_0 = 7{,}50$ $b_0 = 7{,}65$ $c_0 = 5{,}75$	(010) d... uv.	(?)	3,03	fbl....rosa	—	Glasgl.	opt. zweiachs.
Muskovit $KAl_2[(OH, F)_2AlSi_3O_{10}]$	mkl.	$2/m$ C_{2h}^6	$a_0 = 5{,}19$ $b_0 = 9{,}04$ $c_0 = 20{,}08$ $\beta = 95° 30'$	(001) h. v.	2...2,5	2,78...2,88	durchs.... durchschein., fbl., gelbl., bräunl., grünl.	—	Perlm.-Gl.	opt. zweiachs.
Natrolith $Na_2[Al_2Si_3O_{10}] \cdot 2H_2O$	orh. ps. tetr.	$2mm$ C_{2v}^{19}	$a_0 = 18{,}35$ $b_0 = 18{,}70$ $c_0 = 6{,}61$	(110) d. 88° 45'	5...5,5	2,2...2,4	fbl., weiß, grau, gelbl., rötl.	—	Glasgl.	opt. zweiachs.

Mineral und Formel	Brechzahlen	Opt. Achsenwinkel 2 V maxim. Doppelbrechung Δ	Optische Orientierung	Pleochroismus	Vorkommen
Malachit (Forts.)	$n_\alpha = 1{,}655$ $n_\beta = 1{,}875$ $n_\gamma = 1{,}909$	$2\,V_\alpha = 43°$ $\varrho \ll v$ Δ 0,254	(−) AE (010) n_α/c 23° $n_\alpha \sim \perp (001)$	n_α = fast fbl. n_β = gelbgrün n_γ = tiefgrün	In der Oxydationszone von Kupfererzen
Mikroklin (Forts.)	$n_\alpha = 1{,}5186$ $n_\beta = 1{,}5223$ $n_\gamma = 1{,}5250$	$2\,V_\alpha \cong 80°$ $\varrho > v$ Δ 0,006	(−) AE $\sim \perp$ (010) auf (010) n_α/a 5° auf (001) 15°...20°	—	Gemengteil in Tiefengest., krist. Schiefern. Kristalle in Drusen von Graniten u. Pegmatiten
Molybdänglanz (Molybdänit) (Forts.)	$n_\omega = 4{,}336$ 852 mμ $n_\varepsilon = 2{,}03$ 852 mμ R_ω R_ε grün = 36,0% 15,5% rot = 30,5% 15%	Δ 2,30	(−)	Birefl. $\Delta R_{\text{grün}}$ 20,5 ΔR_{rot} 15,5	Pegm.-pneumat.
Monazit (Forts.)	$n_\alpha = 1{,}796$ $n_\beta = 1{,}797$ $n_\gamma = 1{,}841$	$2\,V_\gamma \cong 13°$ $\varrho < v$ Δ 0,045	(+) AE $\perp$ (010) n_γ/c 2°...6°	Absorpt. $n_\beta > n_\alpha$ u. n_γ	Selten; in Graniten, Gneisen u. Pegmatiten. Auf Seifenlgst.
Montmorillonit (Forts.)	$n_\alpha \sim 1{,}49$ * $n_\beta = 1{,}50...1{,}56$ $n_\gamma = 1{,}50...1{,}56$	$2\,V_\alpha = 7°...27°$ Δ 0,025	(−) AE (010) $n_\alpha \sim \perp (001)$	—	In Walkerden, Bentoniten, Tonen u. Böden. Umwandl.-prod. v. vulk. Gläsern
Mullit (Forts.)	$n_\alpha \sim 1{,}642$ $n_\beta \sim 1{,}644$ $n_\gamma \sim 1{,}654$	$2\,V_\gamma = 45°...50°$ $\varrho > v$ Δ 0,012	(+) AE (010) $n_\gamma \parallel c$	n_α u. n_β = fbl. n_γ = rosa (Ti-haltig)	Hauptkomponente v. Porzellan u. anderen keramischen Massen; kontaktmet. in Tonbrocken im Basalt
Muskovit (Forts.)	$n_\alpha = 1{,}552...1{,}57$ $n_\beta = 1{,}582...1{,}60$ $n_\gamma = 1{,}588...1{,}61$	$2\,V_\alpha = 35°...50°$ $\varrho > v$ Δ 0,036...0,054	(−) AE $\perp$ (010) $n_\gamma \parallel b$ n_α/c ½°...2°	n_α = fbl. n_β u. n_γ = selten blaß gelblich	Häufigster Glimmer. Eruptivgest. (Granite). In metam. Gest. Große Krist. in Pegmatiten. Sek. in Sedimenten
Natrolith (Forts.)	$n_\alpha = 1{,}4789$ $n_\beta = 1.4822$ $n_\gamma = 1{,}4911$	$2\,V_\gamma = 63°\,03'$ Δ 0,012	(+) AE (010) $n_\gamma \parallel c$	—	Hydrotherm. i. Hohlräumen u. Klüften v. Phonolithen, Basalten, auch Syeniten

* Brechzahlen abhängig vom Einbettungsmittel!

Mineral und Formel	Krist.-Syst.	Krist.-Kl. und Raumgruppe	Gitterkonstanten	Spaltbarkeit	Härte nach Mohs	Dichte in $g \cdot cm^{-3}$	Farbe	Strich	Glanz	Optische Hauptgruppe
Nephelin $(Na, K)[AlSiO_4]$ Im Idealfall Na:K = 3:1	hex.	6 C_6^6	$a_0 = 10{,}01$ $c_0 = 8{,}41$	$(10\bar{1}0)$ uv. (0001) uv.	5,5...6	2,619	fbl. u. klar, trübe, weiß, grau u. verschied. gef.	—	Glasgl., Bruchfl. = Fettgl.	opt. einachs.
Nitrokalit (Kalisalpeter) KNO_3	orh.	mmm D_{2h}^{16}	$a_0 = 5{,}43$ $b_0 = 9{,}19$ $c_0 = 6{,}46$	(011) v. (010) d. (110) d.	2	2,1	fbl., weiß, grau	—	Glasgl.	opt. zweiachs.
Nitronatrit (Natronsalpeter) $NaNO_3$	trig.	$\bar{3}m$ D_{3d}^6	$a_0 = 5{,}07$ $c_0 = 16{,}81$	(1011) v. 73° 37′	1,5...2	2,27	fbl., wenig gef.	—	Glasgl.	opt. einachs.
Olivin $(Mg, Fe)_2[SiO_4]$ Mg-Endgl. = Forsterit Fe-Endgl. = Fayalit	orh.	mmm D_{2h}^{16}	$a_0 = 6{,}01$ $b_0 = 4{,}78$ $c_0 = 10{,}30$	(010) d. (100) uv.	6,5...7	3,4	durchs., grünl....gelbl.... rotbraun	weiß	Glasgl., Bruchfl. = Fettgl.	opt. zweiachs.
Opal $SiO_2 + aq.$	am.	—	—	—	5,5...6,5	2,1...2,2	durchs.... durchschein. versch. gef.	—	Glasgl.... Wachsgl.	opt. isotrop
Orthoklas $K[AlSi_3O_8]$	mkl.	$2/m$ C_{2h}^3	$a_0 = 8{,}562$ $b_0 = 12{,}996$ $c_0 = 7{,}193$ β 116°01′	(001) v. (010) wgr.v.	6	2,53...2,56	durchs.... trüb, weiß, gelb, rötl., grünl.	—	(001) Perlm.-Gl., sonst Glasgl.	opt. zweiachs.
Pentlandit $(Ni, Fe)_9S_8$ Ni:Fe ∼ 1:1	kub.	$m3m$ O_h^5	$a_0 = 10{,}04$	(111) d.	3,5...4	4,6...5	hbräunl.	schwarz	Mtgl.	opt. isotrop
Polyhalit $K_2Ca_2Mg[SO_4]_4 \cdot 2H_2O$	trikl. ps.orh.	1 C_i	$a_0 = 6{,}96$ $b_0 = 6{,}97$ $c_0 = 8{,}97$ $\alpha = 104°30'$ $\beta = 101°30'$ $\gamma = 113°54'$	$(10\bar{1})$ v. Querabsg. ∼∥ (010)	3,5	2,78	fbl., weiß, grau, blaß... ziegelrot	—	Glasgl.... Harzgl.	opt. zweiachs.

Mineral und Formel	Brechzahlen	Opt. Achsenwinkel $2V$ maxim. Doppelbrechung Δ	Optische Orientierung	Pleochroismus	Vorkommen
Nephelin (Forts.)	$n_\omega=1{,}537$ $n_\varepsilon=1{,}533$	Δ 0,004	(−)	—	In Eruptivgest. Durch Entm. v. $KAlSiO_4$ od. and. Umwandl-prod. getrübt=Eläolith
Nitrokalit (Kalisalpeter) (Forts.)	$n_\alpha=1{,}335$ $n_\beta=1{,}505$ $n_\gamma=1{,}506$	$2V_\alpha=7°$ $\varrho<v$ Δ 0,171	(−) AE (100) $n_\alpha \parallel c$	—	Untergeordnet auf den Salpeter-Lgst. Chiles, Höhlenprodukt
Nitronatrit (Natronsalpeter) (Forts.)	$n_\omega=1{,}585$ $n_\varepsilon=1{,}337$ $n'_{\varepsilon(10\bar{1}1)}=1{,}467$	Δ 0,248	(−)	—	Hauptvorkommen i. d. Salpeterlagern in Chile
Olivin (Forts.)	$n_\alpha=1{,}635...1{,}686$ $n_\beta=1{,}651...1{,}707$ $n_\gamma=1{,}670...1{,}726$	$2V_\alpha=94°...83°$ $\varrho<v \mid \varrho>v$ Δ 0,035...0,040	(±) AE (100) $n_\gamma=b$	n_α=grünlich-gelb n_β=orangegelb n_γ=grünlich-gelb	Magmat. in bas. Eruptivgest.; kontaktmetam., metam.; in Meteoriten, Schlacken
Opal (Forts.)	$n=1{,}3...1{,}45$	—	—	—	Hydrotherm., biogen
Orthoklas (Forts.)	$n_\alpha=1{,}5168$ $n_\beta=1{,}5202$ $n_\gamma=1{,}5227$	$2V_\alpha=66°\ 58'$ $\varrho>v$ Δ 0,006	(−) AE ⊥ (010) auch ∥ (010), auf (010) n_α/a 5°	—	In Eruptivgest., Gneisen u. Sedimentgest. In Pegmatiten, auf Klüften (Adular)
Pentlandit (Forts.)	$R_{\text{grün}}=51\%$ $R_{\text{rot}}=51\%$	—	—	—	Liquidmagmat....pneumat. mit Magnetkies verwachsen. Wichtigstes Ni-Erz
Polyhalit (Forts.)	$n_\alpha=1{,}547$ $n_\beta=1{,}560$ $n_\gamma=1{,}567$	$2V_\alpha=62°$ $\varrho<v$ Δ 0,020	(−) auf (100): $n'_\alpha/(010)+6°$ (010): $n'_\alpha/(100)-13°$ (001): $n'_\alpha/(010)+8°$	—	Metam. in Salzlgst.

Mineral und Formel	Krist.-Syst.	Krist.-Kl. und Raumgruppe	Gitterkonstanten	Spaltbarkeit	Härte nach Mohs	Dichte in $g \cdot cm^{-3}$	Farbe	Strich	Glanz	Optische Hauptgruppe
Pyrit (Eisenkies, Schwefelkies) FeS_2	kub.	$2/m\bar{3}$ T_h^6	$a_0 = 5,41...5,42$	(100) uv.	6...6,5	5...5,2	speisgelb... goldgelb	schwarz... grünl.	Mtgl. undurchs.	opt. isotrop
Pyrolusit β-$MnO_{2,00-1,89}$ (gut ausgeb. Kristalle= Polianit)	tetr.	$4/mmm$ D_{4h}^{14}	$a_0 = 4,39$ $c_0 = 2,87$	(110) v.	6...6,5 (Pol.); 6...2 (Pyr.)	5,06 (Pol.); 4,4...5,0 (Pyr.)	schwarz (Pol.); eisengrau... schwarz abfärbend (Pyr.)	schwarz	Mtgl.	opt. einachs.
Pyrop $Mg_3Al_2[SiO_4]_3$	kub.	$m3m$ O_h^{10}	$a_0 = 11,53$	—	6,5...7,5	~3,5	blutrot	—	Glasgl.... Fettgl.	opt. isotrop
Quarz SiO_2 <573° C	trig.	32 D_3^4	$a_0 = 4,9130$ $c_0 = 5,4045$	—	7	2,65	ıbl., weiß, trübe u. versch. gef.	—	Glasgl., Bruchfl.= Fettgl.	opt. einachs.
Realgar As_4S_4	mkl.	$2/m$ C_{2h}^5	$a_0 = 9,29$ $b_0 = 13,53$ $c_0 = 6,57$ $\beta = 106° 33'$	(010) v.	1,5...2	3,5...3,6	rot, durchschein.	or.-gelb	Diamantgl.	opt. zweiachs.
Rotnickelkies (Nickelin) NiAs	hex.	$6/mmm$ D_{6h}^4	$a_0 = 3,58$ $c_0 = 5,11$	(10$\bar{1}$0) uv. (0001) uv.	5,5	7,3...7,7	lichtkupferrot	bräunl.-schwarz	Mtgl. matt	opt. einachs.
Rutil TiO_2	tetr.	$4/mmm$ D_{4h}^{14}	$a_0 = 4,59$ $c_0 = 2,96$	(110) v. (100) d.	6...6,5	4,2...4,3	rot, braun... schwarz	gelbl.braun	metallartiger Diamantgl. Fettgl.	opt. einachs.

Mineral und Formel	Brechzahlen	Opt. Achsenwinkel $2V$ maxim. Doppelbrechung Δ	Optische Orientierung	Pleochroismus	Vorkommen
Pyrit (Eisenkies, Schwefelkies) (Forts.)	$R_{grün} = 54\%$ $R_{rot} = 52{,}5\%$	—	—	—	Durchläufermineral. In Kieslagern. Hydrotherm., sed. In manch. Eruptivgest.
Pyrolusit (Forts.)	$\bar{R} = 55...40\%$ (Pol.) $\bar{R} = 55...30\%$ (Pyr.)	An.-Eff. sehr stark...stark	—	—	Hydrisch, Oxydationszone Mn-halt. Lgst. u. Gest. Sed. Wicht. Mn-Erz.
Pyrop (Forts.)	$n \sim 1{,}70$	—	—	—	Aus Serpentingest. (Böhmische Granate); im Kimberlit u. in Diamantseifen
Quarz (Forts.)	$n_\omega = 1{,}54425$ Na $n_\varepsilon = 1{,}55336$ Na	Δ 0,009	(+) zirkularpolarisierend	—	Gest.bildend in Eruptiven, krist. Schiefern u. Sedimentgest. Hydrotherm. in Gängen
Realgar (Forts.)	$n_\alpha = 2{,}46$ Li $n_\beta = 2{,}59$ Li $n_\gamma = 2{,}61$ Li	$2V_\alpha \cong 40°$ Δ 0,15	(−) $n_\beta \parallel b$ n_α/c 11°	n_α = fast fbl.... orangerot n_β, n_γ = blaßgoldgelb... zinnoberrot	Hydrotherm. auf Erzgängen, Verwitt.prod. von As-Erzen
Rotnickelkies (Nickelin) (Forts.)	grün rot $n_\omega = 1{,}46$ 1,05 $n_\varepsilon = 1{,}36$ 1,93 $\varkappa_\omega = 1{,}59$ 2,37 $\varkappa_\varepsilon = 1{,}46$ 2,46 $R_\omega = 48{,}9\%$ 59,5% $R_\varepsilon = 42{,}8\%$ 58,5%	An.-Eff. sehr stark $\Delta_{grün}$ 0,10 Δ_{rot} 0,88	(−)	Birefl. $\Delta R_{grün}$ 6,1 ΔR_{rot} 1,0	Auf hydrotherm. Gängen mit Co-Ni-Erzen
Rutil (Forts.)	$n_\omega = 2{,}616$ $n_\varepsilon = 2{,}903$	Δ 0,287	(+)	n_ω = gelb... bräunl.gelb n_ε = braungelb ...gelbgrün, dkl.blutrot	Pegm., hydrotherm., metam. u. in Seifen

Mineral und Formel	Krist.-Syst.	Krist.-Kl. und Raumgruppe	Gitterkonstanten	Spaltbarkeit	Härte nach Mohs	Dichte in g · cm⁻³	Farbe	Strich	Glanz	Optische Hauptgruppe
Sanidin $K[AlSi_3O_8]$ Hochtemp.-Mod.	mkl.	$2/m$ C_{2h}^3	$a_0 = 8,56$ $b_0 = 13,03$ $c_0 = 7,175$ $\beta = 115° 59'$	(001) v. (010) wgr. v.	6	2,53...2,56	glasig, trüb fbl....blaßgelbl., blaßgrau	—	(001): Perlm.-Gl. sonst st. Glasgl.	opt. zweiachs.
Sassolin $B(OH)_3$	trikl.	$\bar{1}$ C_i^1	$a_0 = 7,04$ $b_0 = 7,05$ $c_0 = 6,58$ $\alpha = 92° 35'$ $\beta = 101° 10'$ $\gamma = 119° 50'$	(001) v.	1	1,48	weiß, blaßgrau	—	Perlm.-Gl.	opt. zweiachs.
Scheelit $Ca[WO_4]$	tetr.	$4/m$ C_{4h}^6	$a_0 = 5,25$ $c_0 = 11,40$	(111) d. (101) uv.	4,5...5	5,9...6,1	grauweiß... gelbl.	—	Fettgl.... Diamantgl.	opt. einachs.
Schwefel α-S	orh.	mmm D_{2h}^{24}	$a_0 = 10,44$ $b_0 = 12,84$ $c_0 = 24,37$	—	1,5...2	2,06	gelb, wachsgelb... braun	weiß	Diamant- gl.... Fettgl.	opt. zweiachs.
Siderit (Eisenspat) $FeCO_3$	trig.	$\bar{3}m$ D_{3d}^6	$a_{rh} = 6,03$ $\alpha = 103° 05'$	$(10\bar{1}1)$ v. 73°	4...4,5	3,89	gelbweiß... gelbbraun	—	Glasgl.... Perlm.-Gl. metall. anlaufend	opt. einachs.
Silber Ag	kub.	$m3m$ O_h^5	$a_0 = 4,0856$	—	2,5...3	9,6...12 rein: 10,5	silberweiß, gelbl., graubraun anlaufend	silberweiß	Mtgl.	opt. isotrop
Smithsonit (Zinkspat) $ZnCO_3$	trig.	$\bar{3}m$ D_{3d}^6	$a_{rh} = 5,88$ $\alpha = 103° 30'$	$(10\bar{1}1)$ v. 72° 20'	5	4,3...4,5	fbl., gelbl., braun, grau, grünl.	—	Glasgl.... Perlm.-Gl.	opt. einachs.
Soda (Natron) $Na_2CO_3 \cdot 10H_2O$	mkl.	$2/m$ C_{2h}^6	$a_0 = 12,76$ $b_0 = 9,01$ $c_0 = 13,47$ $\beta = 122° 48'$	(100) d. (010) uv.	1...1,5	1,42...1,47	fbl., weiß, grau, gelbl.	—	Glasgl. durchs.... durchschein.	opt. zweiachs.

Mineral und Formel	Brechzahlen	Opt. Achsenwinkel $2V$ maxim. Doppelbrechung Δ	Optische Orientierung	Pleochroismus	Vorkommen
Sanidin (Forts.)	$n_\alpha=1{,}5203$ $n_\beta=1{,}5248$ $n_\gamma=1{,}5250$	$2V_\alpha\cong 10°...20°$ $\varrho\lesseqgtr v$ Δ 0,005	(−) AE‖ u. ⊥ (010) n_α/a 0°...9°	—	Magmat. i. SiO_2-reichen Ergußgest.
Sassolin (Forts.)	$n_\alpha=1{,}340$ $n_\beta=1{,}456$ $n_\gamma=1{,}459$	$2V_\alpha=7°$ Δ 0,119	(−) AE∼(010) $n_\alpha\sim\parallel c$	—	Sublimationsprod. v. Fumarolen, Absätze heißer Quellen
Scheelit (Forts.)	$n_\omega=1{,}9185$ $n_\varepsilon=1{,}9345$	Δ 0,0160	(+)	—	Pegm.-pneumat., hydrotherm., Begl. v. Sn-Erz.
Schwefel (Forts.)	$n_\alpha=1{,}960$ $n_\beta=2{,}040$ $n_\gamma=2{,}248$	$2V_\gamma=69°\ 5'$ $\varrho<v$ Δ 0,288	(+) AE (010) $n_\gamma\parallel c$	—	Vulk. Exhalationen; sed. d. Reduktion organ. Substanz.
Siderit (Eisenspat) (Forts.)	$n_\omega=1{,}875$ $n_\varepsilon=1{,}633$ $n'_{\varepsilon(10\bar{1}1)}=1{,}747$	Δ 0,242	(−)	Absorpt. $n_\varepsilon<n_\omega$	Pegm.-pneumat., hydrotherm. u. sed.
Silber (Forts.)	$n=0{,}181$ Na $\varkappa=20{,}3$ Na $R_{\text{grün}}=95{,}5\%$ $R_{\text{rot}}=93\%$	—	—	—	Hydrotherm. u. aszendent zementativ i. Silber-Lgst.; auch sed.
Smithsonit (Zinkspat) (Forts.)	$n_\omega=1{,}849$ $n_\varepsilon=1{,}621$ $n'_{\varepsilon(10\bar{1}1)}=1{,}733$	Δ 0,228	(−)	—	In der Verwitterungszone von ZnS i. Verbindung mit Kalken
Soda (Natron) (Forts.)	$n_\alpha=1{,}405$ $n_\beta=1{,}425$ $n_\gamma=1{,}440$	$2V_\alpha=$ groß $\varrho>v$ (gekreuzt) Δ 0,035	(−) AE ⊥ (010) $n_\alpha\parallel b$ n_β/c 41°	—	In Natronseen. Ausblühung des Bodens

Mineral und Formel	Krist.-Syst.	Krist.-Kl. und Raumgruppe	Gitterkonstanten	Spaltbarkeit	Härte nach Mohs	Dichte in g · cm⁻³	Farbe	Strich	Glanz	Optische Hauptgruppe
Speiskobalt (Skutterudit) $CoAs_3$	kub.	$2/m\bar{3}$ T_h^5	$a_0 = 8{,}21 \ldots 8{,}29$	—	5,5...6	6,5	zinnweiß... hstahlgrau, dkl. anlaufend	grau-schwarz	Mtgl.	opt. isotrop
Sperrylith $PtAs_2$	kub.	$2/m\bar{3}$ T_h^6	$a_0 = 5{,}94$	—	6...7	10,6	zinnweiß	schwarz	st. Mtgl.	opt. isotrop
Spinell (Magnesiospinell) $MgAl_2O_4$ $Mg \rightarrow Fe$	kub.	$m3m$ O_h^7	$a_0 = 8{,}102$	(111) uv.	8	3,6	fbl. u. in allen Farben	—	Glasgl.	opt. isotrop
Spodumen $LiAl[Si_2O_6]$	mkl.	$2/m$ C_{2h}^6	$a_0 = 9{,}52$ $b_0 = 8{,}32$ $c_0 = 5{,}25$ $\beta = 110°\,28'$	(110) v. ~87°	6...7	3,12...3,2	aschgrau, grünl.-weiß, gelb, grün u. viol.	—	hoher Glasgl.	opt. zweiachs.
Steinsalz (Halit) $NaCl$	kub.	$m3m$ O_h^5	$a_0 = 5{,}6404 \pm 0{,}0001$	(100) v. $T = (110)$	2	2,1...2,2	fbl. u. rot, gelb, grau, blau gef.	—	Glasgl.	opt. isotrop
Strontianit $SrCO_3$	orh.	mmm D_{2h}^{16}	$a_0 = 5{,}13$ $b_0 = 8{,}42$ $c_0 = 6{,}09$	(110) d.	3,5	3,7	fbl., graul., gelbl., grünl.	—	Glasgl. fettartig durchs.... durchschein.	opt. zweiachs.
Sylvin KCl	kub.	$m3m$ O_h^5	$a_0 = 6{,}29$	(100) v. $T = (110)$	2	1,9...2	fbl. u. gef., trübe	—	Glasgl. durchs.... durchschein.	opt. isotrop
Talk $Mg_3[(OH)_2Si_4O_{10}]$	mkl.	$2/m$ C_{2h}^6	$a_0 = 5{,}27$ $b_0 = 9{,}12$ $c_0 = 18{,}85$ $\beta = 100°\,00'$	(001) s. v.	1	2,7...2,8	weiß, grünl. u. a. Farben	—	Perlm.-Gl.	opt. zweiachs.
Tantalit $(Fe, Mn)(Ta, Nb)_2O_6$	orh.	mmm D_{2h}^{14}	$a_0 \cong 5{,}7$ $b_0 \cong 14{,}3$ $c_0 \cong 5{,}1$	(100) d.	6...6,5	8,2	eisenschwarz... bräunl.-schwarz	bräunl.-schwarz	pechart. Mtgl.	opt. zweiachs.
Tetraedrit (Fahlerz) $Cu_{12}Sb_4S_{13}$	kub.	$\bar{4}3m$ T_d^3	$a_0 = 10{,}34$	—	3...4	4,99...5,1	stahlgrau mit olivfarbenen Stich	schwarz... rotbraun	Mtgl.	opt. isotrop

Mineral und Formel	Brechzahlen	Opt. Achsenwinkel $2V$ maxim. Doppelbrechung Δ	Optische Orientierung	Pleochroismus	Vorkommen
Speiskobalt (Skutterudit) (Forts.)	$R_{grün}=60,0\%$ $R_{rot}=51,0\%$	—	—	—	Hydrotherm., auf Co-Ni-Ag-Lgst. Wicht. Co-Erz
Sperrylith (Forts.)	R ca. 56%	—	—	—	Magmat. mit Magnetkies in bas. Tiefengest. Pt-Träger der Ni-Magnetkieslgst.
Spinell (Magnesiospinell) (Forts.)	$n=1{,}715...1{,}785$*	—	—	—	Kontaktmetam. In Silikatschmelzen. Edelstein
Spodumen (Forts.)	$n_\alpha=1{,}65...1{,}668$ $n_\beta=1{,}66...1{,}674$ $n_\gamma=1{,}676...1{,}681$	$2V_\gamma=50°...70°$ $\varrho<v$ Δ 0,025...0,013	(+) AE (010) n_γ/c 23°...27°	Absorption $n_\alpha>n_\beta>n_\gamma$	Auf pegm. Gängen, in Granit u. Gneis. Klar u. durchs. wertvoller Edelstein (viol.=Kunzit, grün=Hiddenit)
Steinsalz (Halit) (Forts.)	$n=1{,}5441$	—	—	—	Sed. in Steinsalzlgst., vulk. Sublimationsprod.
Strontianit (Forts.)	$n_\alpha=1{,}516$ $n_\beta=1{,}664$ $n_\gamma=1{,}666$	$2V_\alpha=7°$ $\varrho<v$ Δ 0,150	(−) AE (010) $n_\alpha \parallel c$		Auf Erzgängen. Ausscheidung in Mergeln
Sylvin (Forts.)	$n=1{,}4930$ für 546 mμ	—	—	—	Exhalationsprodukt. In Kalisalzlagern metam. aus Carnallit
Talk (Forts.)	$n_\alpha=1{,}538...1{,}545$ $n_\beta=?$ ...1,589 $n_\gamma=1{,}575...1{,}590$	$2V_\alpha=0°...30°$ $\varrho>v$ Δ 0,03...0,05	(−) AE (100) $n_\alpha \sim \perp$ (001)	—	Metam., hydrotherm....metasom. Umwandlungsprod. v. Olivin, Enstatit u. ähnl. Mg-Silikaten
Tantalit (Forts.)	$n_\alpha=2{,}26$ $n_\beta=2{,}32$ $n_\gamma=2{,}43$	$2V_\gamma=$ groß $\varrho<v$ Δ 0,17	(+) AE (100) $n_\gamma \parallel c$	dkl.-rot Absorption $n_\alpha<n_\beta<n_\gamma$	In Granitpegmatiten. Rohmaterial zur Tantalgewinnung
Tetraedrit (Fahlerz) (Forts.)	$R_{grün}=27\%$ $R_{rot}=20{,}5\%$	—	—	—	In hydrotherm. Gängen; sed.

* Mg:Fe=1:0,9.

Mineral und Formel	Krist.-Syst.	Krist.-Kl. und Raumgruppe	Gitterkonstanten	Spaltbarkeit	Härte nach Mohs	Dichte in g · cm⁻³	Farbe	Strich	Glanz	Optische Hauptgruppe
Thuringit $\left\{\begin{matrix}(Fe^{2+}, Fe^{3+}, Al)_3\\ [(OH)_2Al_{1,2-2}Si_{2,8-2}O_{10}]\\ (Mg, Fe, Fe^{3+})_3(O, OH)_6\end{matrix}\right\}$	mkl.	$2/m$	$a_0 = 5,39$ $b_0 = 9,33$ $c_0 = 14,10$ $\beta = 97° 20'$	(001) s. v.	1...2	3,2	grün... dkl.grün	graugrün		opt. zweiachs.
Topas $Al_2[F_2SiO_4]$	orh.	mmm D_{2h}^{16}	$a_0 = 4,65$ $b_0 = 8,80$ $c_0 = 8,40$	(001) v.	8	3,5...3,6	fbl., meist gef., weingelb, blau, grün	—	Glasgl.	opt. zweiachs.
Turmalin $XY_3Z_6[(OH, F)_4(BO_3)_3Si_6O_{18}]$ wobei für: X = Na, Ca; Y = Li, Al, Mg, Fe^{2+}, Mn; Z = Al, Mg, tritt	trig.	$3m$ C_{3v}^5	$\left.\begin{matrix}a_0 = 15,84\\ c_0 = 7,10\end{matrix}\right\}$ fbl. $\left.\begin{matrix}a_0 = 16,03\\ c_0 = 7,15\end{matrix}\right\}$ schwz.	—	7	3...3,25	durchs.... undurchs., verschied. gef., schwarz (Schörl)	—	Glasgl., pechartig	opt. einachs.
Uraninit (Uranpecherz) UO_2	kub.	$m3m$ O_h^5	$a_0 = 5,449...5,540$	—	4...6	10,3...10,9	undurchs., pechschwarz, bräunl.	dkl.grün... bräunl.-schwarz	Pech-... Fettgl., matt	opt. isotrop
Vanadinit $Pb_5[Cl(VO_4)_3]$	hex.	$6/m$ C_{6h}^2	$a_0 = 10,49$ $c_0 = 7,44$	—	3	6,8...7,1	gelb, braun, or.rot	weißl.... rötl.gelb	Diamantgl.	opt. einachs.
Vermiculit $\left\{\begin{matrix}(Mg, Fe, Al)_3 [(OH)_2(Si,\\ Al)_4O_{10}]^{0,64-} Mg_{0,32}(H_2O)_4\end{matrix}\right\}$	mkl. ps.hex.	m C_s^4	$a_0 = 5,33$ $b_0 = 9,18$ $c_0 = 28,90$ $\beta = 97°$	(001) v.	1...2	2,75	weißl. gelbl., grünl., bräunl.... bronzefarben	—	—	opt. zweiachs.
Willemit $Zn_2[SiO_4]$	trig.	$\bar{3}$ C_{3i}^2	$a_0 = 13,96$ $c_0 = 9,34$	(0001) d. (11$\bar{2}$0) d.	5,5	4,0...4,2	fbl. u. versch. gef., oft grüngelb	—	fettiger Glasgl.	opt. einachs.
Wismut Bi	trig.	$\bar{3}m$ D_{3d}^5	$a_0 = 4,55$ $c_0 = 11,85$	(0001) v. (02$\bar{2}$1) d.	2...2,5	9,7...9,8	rötl....silberweiß, oft bunt angelaufen	bleigrau	undurchs. Mtgl.	opt. einachs.
Wismutglanz (Bismuthinit) Bi_2S_3	orh.	mmm D_{2h}^{16}	$a_0 = 11,15$ $b_0 = 11,29$ $c_0 = 3,98$	(010) s. v.	2	6,78...6,81	bleigrau... zinnweiß	grau metallglä.	Mtgl.	opt. zweiachs.

Mineral und Formel	Brechzahlen	Opt. Achsenwinkel $2V$ maxim. Doppelbrechung Δ	Optische Orientierung	Pleochroismus	Vorkommen
Thuringit (Forts.)	$n_\beta=1{,}65...1{,}68$	$2V_\alpha$=klein $\varrho>v$ Δ 0,008	(−) n_α/c 5°...7°	stark n_α=fast fbl. n_β u. n_γ=dkl.grün	Metam. aus sed. Fe-Erzen, auf Klüften
Topas (Forts.)	$n_\alpha=1{,}607...1{,}629$ $n_\beta=1{,}610...1{,}630$ $n_\gamma=1{,}617...1{,}638$	$2V_\gamma=48°...67°$ $\varrho>v$ Δ 0,008...0,010	(+) AE (010) $n_\gamma\parallel c$	—	Vorw. pneumat. in der Granitgefolgschaft. Edelstein
Turmalin (Forts.)	$n_\omega=1{,}63...1{,}69$ $n_\varepsilon=1{,}61...1{,}65$	Δ 0,015...0,046	(−)	Absorption $n_\omega\gg n_\varepsilon$	Vorw. pneumat.-pegm., bes. geknüpft an Granite. Kontaktmineral. In Sedimenten
Uraninit (Uranpecherz) (Forts.)	$R_{\text{grün}}=15\%$ $R_{\text{or.}}=12{,}5\%$ $R_{\text{rot}}=12{,}5\%$	—	—	—	Besond. i. Pegmatiten u. hydrotherm. Gängen
Vanadinit (Forts.)	$n_\omega=2{,}416$ $n_\varepsilon=2{,}350$	Δ 0,066	(−)	Absorption $n_\varepsilon<n_\omega$	Oxydationszone v. Pb-Lgst.
Vermiculit (Forts.)	$n_\alpha=1{,}540$ $n_\beta=1{,}560$ $n_\gamma=1{,}560$	$2V_\alpha=0°...8°$ Δ 0,020	(−) AE (?) $n_\alpha\perp$ (001)	n_α=fbl....gelbl. n_β, n_γ=zart gelbgrün	Kontaktmetam., hydrotherm., Verwitterungsprod. (besond. v. Biotiten)
Willemit (Forts.)	$n_\omega=1{,}691$ $n_\varepsilon=1{,}719$	Δ 0,028	(+)	—	Oxydationszone v. Zn-Lgst., metam. (Franklin)
Wismut (Forts.)	$\bar{R}_{\text{grün}}=67{,}5\%$ $\bar{R}_{\text{rot}}=65\%$	—	—	—	Pegm.-pneumat., hydrotherm. Mit Sn-Erz auf Co-Ni-Ag-Erzgängen
Wismutglanz (Bismuthinit) (Forts.)	R_α R_γ grün : 41,46% 54,51% rot : 39,60% 49,18%	An.-Eff. stark	—	—	Hydrotherm. In d. Zinnstein- u. Ag-Co-Formation in den Ag-Sn-Bi-Gängen Boliviens. Exhalat. auf Vulcano

Mineral und Formel	Krist.-Syst.	Krist.-Kl. und Raumgruppe	Gitterkonstanten	Spaltbarkeit	Härte nach Mohs	Dichte in g · cm⁻³	Farbe	Strich	Glanz	Optische Hauptgruppe
Wolframit $(Mn, Fe)[WO_4]$	mkl.	$2/m$ C_{2h}^4	$a_0 = 4,79$ $b_0 = 5,74$ $c_0 = 4,99$ $\beta = 90° 26'$	(010) v.	5...5,5	7,14...7,54	dkl.braun... schwarz	gelbbraun... tiefbraun	Mtgl.... fettig	opt. zweiachs.
Wollastonit (−1 T) $Ca_3[Si_3O_9]$	trikl. ps. mkl.	$\bar{1}$ C_i^1	$a_0 = 7,94$ $b_0 = 7,32$ $c_0 = 7,07$ $\alpha = 90° 02'$ $\beta = 95° 22'$ $\gamma = 103° 26'$	(100) v. (001) v.	4,5...5	2,8...2,9	weiß od. blaß gef.	—	Glasgl. Seidengl.	opt. zweiachs.
Wulfenit (Gelbbleierz) $Pb[MoO_4]$	tetr.	4	$a_0 = 5,42$ $c_0 = 12,10$	(111) d.	3	6,7...6,9	gelb...or.	weiß... hgrau	Diamant... Harzgl.	opt. einachs.
Wurtzit β-ZnS 〉1020 °C	hex.	$6mm$ C_{6v}^4	$a_0 = 3,85$ $c_0 = 6,29$	(10$\bar{1}$0) v. (0001) v....d.	3,5...4	4,0	hell... dkl.braun	lichtbraun	Glasgl.	opt. einachs.
Zinkblende (Sphalerit) α-ZnS	kub.	$\bar{4}3m$ T_d^2	$a_0 = 5,43$	(110) v.	3,5...4	3,9...4,2 rein: 4,06	braun, gelb, rot, grün, schwarz	braun... gelbl.weiß	halbmet. Diamant... Glasgl.	opt. isotrop
Zinkit (Rotzinkerz) ZnO	hex.	$6mm$ C_{6v}^4	$a_0 = 3,25$ $c_0 = 5,19$	(0001) v. (10$\bar{1}$0) d.	4,5...5	5,4...5,7	blutrot	or.gelb	Diamantgl.	opt. einachs.
Zinnkies (Stannin) Cu_2FeSnS_4	tetr.	$\bar{4}2m$ D_{2d}^{11}	$a_0 = 5,47$ $c_0 = 10,74$	(110) uv.	4	4,3...4,5	stahlgrau (grünl.)	schwarz	Mtgl.	opt. einachs.
Zinnober (Cinnabarit) HgS	trig.	32 D_3^4	$a_0 = 4,146$ $c_0 = 9,497$	(10$\bar{1}$0) v.	2...2,5	8,18	rot; bräunl.... schwarz	rot	Diamantgl.	opt. einachs.
Zirkon $Zr[SiO_4]$ gelbrot = Hyazinth	tetr.	$4/mmm$ D_{4h}^{19}	$a_0 = 6,59$ $c_0 = 5,94$	(110) uv.	7,5	3,9...4,8	braun, braunrot, gelb, grau, grün, durchs....trüb	—	Diamantgl., Bruchfläche Fettgl.	opt. einachs.

Mineral und Formel	Brechzahlen	Opt. Achsenwinkel $2V$ maxim. Doppelbrechung Δ	Optische Orientierung	Pleochroismus	Vorkommen
Wolframit (Forts.)	$n_\alpha=2{,}26$ Li $n_\beta=2{,}32$ Li $n_\gamma=2{,}42$ Li	$2V_\gamma=78{,}5°$ Δ 0,16	(+) AE ⊥ (010) n_γ/c 17°...21° (mit Mn-Geh. zunehmend)	Absorption $n_\alpha > n_\beta > n_\gamma$	Pegm. u. pneumat. in Verbindung mit Graniten. In Seifen. Wolframerz
Wollastonit (Forts.)	$n_\alpha=1{,}619$ $n_\beta=1{,}632$ $n_\gamma=1{,}634$	$2V_\alpha=35°...40°$ $\varrho > v$ Δ 0,015	(−) AE (010) n_α/c 32°	—	Kontaktmetam., besonders in Kalken
Wulfenit (Gelbbleierz) (Forts.)	$n_\omega=2{,}405$ $n_\varepsilon=2{,}283$	Δ 0,122	(−)	—	In d. Oxydationszone von Bleiglanz-Lgst.
Wurtzit (Forts.)	$n_\omega=2{,}356$ $n_\varepsilon=2{,}378$	Δ 0,022	(+)	—	Mit Zinkblende in Schalenblende, Hüttenprodukt
Zinkblende (Sphalerit) (Forts.)	$n=2{,}369$ $R_{\text{grün}}=18{,}5\%$ $R_{\text{rot}}=18\%$	—	—	—	Pegm.-pneumat., hydrotherm., metasom., sed.
Zinkit (Rotzinkerz) (Forts.)	$n_\omega=2{,}013$ $n_\varepsilon=2{,}029$	Δ 0,016	(+)	—	Metam., fast nur auf der Zn-Lgst. von Franklin N.J.; Hüttenprod. (dann gelblich))
Zinnkies (Stannin) (Forts.)	$\bar{R}_{\text{grün}}=23\%$ $\bar{R}_{\text{rot}}=19\%$	—	—	—	Hydrotherm....pegm.
Zinnober (Cinnabarit) (Forts.)	$n_\omega=2{,}913$ Na $n_\varepsilon=3{,}272$ Na	Δ 0,359	(+)	—	Hydrotherm. b. sehr niedrigen Temp. Wichtigstes Hg-Erz
Zirkon (Forts.)	$n_\omega=1{,}960$ $n_\varepsilon=2{,}01$	Δ 0,05	(+)	—	In Eruptivgest. u. krist. Schiefern; in Sedimenten, Edelsteinseifen. Edelstein

2312. Mineralverzeichnis mit chemischen Formeln

Aus den insgesamt etwa 6300[1] vorhandenen Mineralnamen findet sich hier eine Auswahl von etwa 900. Minerale, die einer wichtigen Gruppe — z. B. Granate — angehören, sind unter dem Gruppennamen nochmals zusammen aufgeführt. Es sind nur häufigere Synonyme in die Liste aufgenommen. Mineral-Varietäten (V.) sind durch geringe chemische Unterschiede oder charakteristische Farbe und dergleichen besonders hervorgehobene Ausbildungen einer Mineralart (z. B. violetter Quarz = Amethyst). Für die mit einem (*) gekennzeichneten Minerale finden sich in Tabelle 2311 nähere Daten, die mit (†) bezeichneten Namen sind veraltet.

Achat	schichtig aufgebauter Chalcedon
Adular	K-Feldspat-V. (Tieftemp.-Modif.)
Aegirin	Pyroxen-Gr., $NaFe^{\cdot\cdot\cdot}[Si_2O_6]$
Afwillit	$Ca_3[SiO_3OH]_2 \cdot 2H_2O$
Agalmatolith	dichter Pyrophyllit
Akanthit*	Argentit, Silberglanz Ag_2S
Åkermanit	Melilith-Gr., $Ca_2Mg[Si_2O_7]$
Akmit	Pyroxen-Gr., brauner Aegirin
Aktinolith*	Strahlstein, Amphibol-Gr., $Na_2Ca_4(Mg, Fe)_{10}[(OH)_2O_2 \| Si_{16}O_{44}]$
Alabandin	Manganblende, α-MnS
Alabaster	dichter Gips, $Ca[SO_4] \cdot 2H_2O$
Albit*	Na-Feldspat, Plagioklas-Endglied, $Na[AlSi_3O_8]$
Alexandrit	Chrysoberyll-V., Al_2BeO_4
Allanit	s. Orthit
Allemontit	Gemenge von Stibarsen mit As oder Sb
Allophan	Aluminiumsilikat mit Al : Si = 1 : 1
Almandin*	Granat-Gr., $Fe_3^{\cdot\cdot}Al_2[SiO_4]_3$
Aluminit	$Al_2[(OH)_4 \| SO_4] \cdot 7H_2O$
Alunit	$KAl_3[(OH)_6 \| (SO_4)_2]$
Amazonenstein, Amazonit	grüner Mikroklin, $K[AlSi_3O_8]$
Amblygonit	$LiAl[F \| PO_4]$
Amesit	Serpentin-Gr., $(Mg_{3,2}Al_{2,0}Fe_{0,8}^{\cdot\cdot})[(OH)_8 \| Al_2Si_2O_{10}]$
Amethyst	violette Quarz-V., SiO_2
Amianth	feinfaseriger Amphibol
Amphibole:	
Aktinolith	
Anthophyllit	
Arfvedsonit	
Barkevikit	
Glaukophan	
Hornblende, basalt.	
Hornblende, gem.	
Kaersutit	
Krokydolith	
Riebeckit	
Tremolit	
Analbit	instabile (eingefrorene) K-haltige Albit-Hochtemp.-Modif. (trikl.)
Analcim	$Na[AlSi_2O_6] \cdot H_2O$
Anatas	TiO_2 (D_{4h}^{19})
Anauxit	Kaolinit-Gr., $(Al, H_3)_4[(OH)_8 \| Si_4O_{10}]$
Andalusit	$Al^{[6]}Al^{[5]}[O \| SiO_4]$
Andesin	Ca-Na-Feldspat, Plagioklas, $Ab_{70}An_{30}$—$Ab_{50}An_{50}$
Andradit	Granat-Gr., $Ca_3Fe_2^{\cdot\cdot\cdot}[SiO_4]_3$
Anglesit*	$Pb[SO_4]$
Anhydrit*	$Ca[SO_4]$
Ankerit	$CaFe[CO_3]_2$
Annabergit	Nickelblüte, $Ni_3[AsO_4]_2 \cdot 8H_2O$

[1] Ein vollständiges Verzeichnis mit chemischer Formel und Gitterkonstanten findet man in: H. STRUNZ u. CH. TENNYSON: Mineralogische Tabellen. 4. Aufl. Leipzig 1966. Diese Auflage konnte hier nur mehr zum Teil berücksichtigt werden.

Anorthit*	Ca-Feldspat, Plagioklas, $Ca[Al_2Si_2O_8]$, $Ab_{10}An_{90}$—Ab_0An_{100}
Anorthoklas	Trikl. K-Na-Feldspat-Mischkristall
Anthophyllit	Amphibol-Gr., $(Mg, Fe)_7[OH \mid Si_4O_{11}]_2$
Antigorit	Serpentin-Gr., $Mg_6[(OH)_8 \mid Si_4O_{10}]$
Antimonglanz	s. Antimonit*
Antimonit*	Antimonglanz, Stibnit, Sb_2S_3
Antimonocker	Roméit, (Ca, NaH) $Sb_2O_6(O, OH, F)$
Antiperthit	Albit mit K-Feldspat-Spindeln
Antlerit	$Cu_3[(OH)_4 \mid SO_4]$
Apatit*	$Ca_5[(F, Cl)(PO_4)_3]$
Apophyllit	$KCa_4[F \mid (Si_4O_{10})_2] \cdot 8H_2O$
Aquamarin	Beryll-V. (hellblau), $Al_2Be_3[Si_6O_{18}]$
Aragonit*	$CaCO_3$
Arfvedsonit	Amphibol-Gr., $Na_5Ca(Fe^{\cdot\cdot}, Mg, Ti)_7Fe_3^{\cdot\cdot}[(OH)_4 \mid (Al, Fe^{\cdot\cdot\cdot})Si_{15}O_{44}]$
Argentit	Silberglanz, Akanthit*, Ag_2S
Argyrodit	$4Ag_2S \cdot GeS_2$
Arsen	Scherbenkobalt, As
Arsenkies*	Arsenopyrit, FeAsS
Arsenolith	As_2O_3
Arsenopyrit	Arsenkies*, FeAsS
Asbest	1. Serpentinasbest = Chrysotil 2. Hornblendeasbest
Asbolan	Co-haltiger Wad
Ascharit	Szaibelyit, Camsellit, $MgHBO_3$
Astrakanit	Blödit, $Na_2Mg[SO_4]_2 \cdot 4H_2O$
Atacamit	$Cu_2(OH)_3Cl$
Attapulgit	Palygorskit, $Mg_{2,5}[(H_2O)_2 \mid OH \mid Si_4O_{10}] \cdot 2H_2O$
Augit*	Pyroxen-Gr., $Ca_{6,5}Na_{0,5}Fe^{\cdot\cdot}Mg_6(Al, Fe^{\cdot\cdot\cdot}, Ti)_2[Al_{1,5-3,5}Si_{14,5-12,5}O_{48}]$
Auripigment*	As_2S_3
Autunit	$Ca[UO_2 \mid PO_4]_2 \cdot 10(12-10)H_2O$

Aventurinfeldspat	Plagioklas mit eingelagerten Glimmerschüppchen
Aventurinquarz	Quarz mit eingelagerten Glimmerschüppchen
Axinit	$Ca_2(Fe, Mn)AlAl[OH \mid BO_3 \mid Si_4O_{12}]$
Azurit*	Kupferlasur, $Cu_3[OH \mid CO_3]_2$
Baddeleyit	ZrO_2
Bandeisen	s. Taenit
Bariumfeldspat	s. Celsian u. Hyalophan
Barkevikit	Amphibol-Gr., $(Na, K)_{2-3}Ca_4Mg_{4-6}Fe_{1-3}Ti_{0-2}(Fe^{\cdot\cdot\cdot}, Al)_{2-3}[(O, OH)_4 \mid Al_4Si_{12}O_{44}]$
Baryt*	Schwerspat, $Ba[SO_4]$
Barytocalcit	$BaCa[CO_3]_2$
Bastnäsit	$Ce[F \mid CO_3]$
Bauxit	Gestein aus Böhmit, Hydrargillit, Diaspor u.a.
Beidellit	$Al_{2,17}[(OH)_2 \mid Al_{0,83}Si_{3,17}O_{10}]^{0,32-}Na_{0,32}(H_2O)_4$
Benitoit	$BaTi[Si_3O_9]$
Bentonit	Montmorillonitreicher Ton
Beraunit	$Fe_3^{\cdot\cdot\cdot}[(OH)_3 \mid (PO_4)_2] \cdot 2\frac{1}{2}H_2O$
Bergholz Bergkork	z.T. Chrysotil, z.T. Palygorskit
Bergkristall	farbloser, klarer Quarzkristall aus alpinen Klüften
Bergleder	verfilzter Palygorskit oder Chrysotil
Bernstein	fossiles Harz, durchschn. Zus.: 78% C, 10% H, 11% O, S u. a.
Berthierin	Serpentin-Gr., $(Fe^{\cdot\cdot}, Fe^{\cdot\cdot\cdot}, Al, Mg)_6[(OH)_8 \mid Al_{1,5}Si_{2,5}O_{10}]$
Berthierit	$FeS \cdot Sb_2S_3$
Bertrandit	$Be_4[(OH)_2 \mid SiO_4 \mid SiO_3]$
Beryll*	$Al_2Be_3[Si_6O_{18}]$
Berzelianit	Cu_2Se

Betafit	$(Ca, Ce, Y, U, Pb)(Nb, Ti, Ta)_2(O, OH)_7$ (?)
Bildstein	Agalmatolith, dichter Pyrophyllit
Bindheimit	$Pb_{1-2}Sb_{2-1}(O, OH, H_2O)_{6-7}$
Biotit	Glimmer-Gr., $K(Mg, Fe, Mn)_3[(OH, F)_2|AlSi_3O_{10}]$
Bischofit	$MgCl_2 \cdot 6\,H_2O$
Bismuthinit	Wismutglanz*, Bi_2S_3
Bismutit	$Bi_2[O_2|CO_3]$
Bittersalz	Epsomit, $Mg[SO_4] \cdot 7\,H_2O$
Bitterspat	Magnesit*, $MgCO_3$ (z. T. auch Dolomit)
Bixbyit	Sitaparit, $(Mn, Fe)_2O_3$
Bleiglanz*	Galenit, PbS
Bleiglätte	Massicot, β-PbO
Blödit	Astrakanit, $Na_2Mg[SO_4]_2 \cdot 4\,H_2O$
Blomstrandin	Priorit, $(Y, Ce, Th, Ca, Na, U)[(Ti, Nb, Ta)_2O_6]$
Böhmit	γ-AlOOH
Boracit	$Mg_3[Cl|B_7O_{13}]$
Borax	Tinkal, $Na_2B_4O_7 \cdot 10\,H_2O$
Bornit*	Buntkupferkies, Cu_5FeS_4
Bort	Industriediamanten
Botryogen	$MgFe^{\cdot\cdot\cdot}[OH|(SO_4)_2] \cdot 7\,H_2O$
Boulangerit	$5\,PbS \cdot 2\,Sb_2S_3$
Bournonit	Rädelerz, $2\,PbS \cdot Cu_2S \cdot Sb_2S_3$
Brammallit	Hydroparagonit, $(Na, H_2O)Al_2[(H_2O, OH)_2|AlSi_3O_{10}]$
Brasilianit	$NaAl_3[(OH)_2PO_4]_2$
Brauneisenerz	z. T. Goethit, z. T. Lepidokrokit
Braunit	$Mn_4^{\cdot\cdot}Mn_3^{\cdot\cdot\cdot}[O_8|SiO_4]$
Braunstein	wesentlich Gemenge verschied. Mn-Oxid-Minerale
Bravaisit	Hydromuskovit-V.
Bravoit	Nickelpyrit, $(Ni, Fe)S_2$
Breithauptit	NiSb
Breunnerit †	Mesitinspat, $(Mg, Fe)CO_3$
Brochantit	$Cu_4[(OH)_6|SO_4]$
Bröggerit	Uraninit-V., reich an Th
Bronzit	Pyroxen-Gr., $(Mg, Fe)_2[Si_2O_6]$
Brookit	TiO_2
Brucit	$Mg(OH)_2$
Brushit	$CaH[PO_4] \cdot 2\,H_2O$
Buntkupferkies	Bornit*, Cu_5FeS_4
Bytownit	Ca-Na-Feldspat, Plagioklas, $Ab_{30}An_{70}-Ab_{10}An_{90}$
Calaverit	$(Au, Ag)Te_2$
Calcit*	Kalkspat, $CaCO_3$
Calderit	Granat-Gr., $Mn_3Fe_2^{\cdot\cdot\cdot}[SiO_4]_3$
Camsellit	Ascharit, $MgHBO_3$
Cancrinit	$(Na_2, Ca)_4[CO_3|(H_2O)_{0-3}|(AlSiO_4)_6]$
Carbonado	Graphit-haltiger, koksartiger Diamant
Carbonat-Apatit	Francolith, $Ca_5[F|(PO_4, CO_3OH)_3]$
Carborund	Moissanit, SiC
Carnallit*	$KMgCl_3 \cdot 6\,H_2O$
Carnegieit	$Na[AlSiO_4]$
Carneol	gelblicher bis orangeroter Chalcedon
Carnotit	$K_2[UO_2|VO_4]_2 \cdot 3\,H_2O$
Cassiterit*	Zinnstein, SnO_2
Celsian	Feldspat-Gr., $Ba[Al_2Si_2O_8]$
Cementit	Cohenit, Fe_3C
Cerfluorit	Yttrocerit, $(Ca,Ce)F_{2-2,33}$
Cerussit*	Weißbleierz, $PbCO_3$
Chabasit	Zeolith-Gr., $(Ca, Na_2)[Al_2Si_4O_{12}] \cdot 6\,H_2O$
Chalcedon	Quarz-V., SiO_2
Chalkanthit*	Kupfervitriol, $Cu[SO_4] \cdot 5\,H_2O$
Chalkomenit	$Cu[SeO_3] \cdot 2\,H_2O$
Chalkophanit	$ZnMn_3O_7 \cdot 3\,H_2O$
Chalkopyrit	Kupferkies*, $CuFeS_2$
Chalkosin	Kupferglanz*, α-Cu_2S
Chamosit*	Chlorit-Gr., $(Fe, Fe^{\cdot\cdot\cdot})_3[(OH)_2|AlSi_3O_{10}](Fe, Mg)_3(O, OH)_6$

Chiastolith	Andalusit-V.
Chilesalpeter	Nitronatrit, Natronsalpeter, $NaNO_3$
Chiolith	$Na_5[Al_3F_{14}]$
Chloanthit*	Weißnickelkies, $NiAs_3$
Chlorite:	
Chamosit	
Delessit	
Kämmererit	
Klinochlor	
Korundophilit	
Leuchtenbergit	
Pennin	
Rhipidolith	
Thuringit	
Chloritoid	$(Fe, Mg)_2Al_4[(OH)_4 \vert O_2 \vert (SiO_4)_2]$
Chloropal	durch Nontronit gelb gefärbter Opal
Chondrodit	$Mg_5[(OH, F)_2 \vert (SiO_4)_2]$
Chromeisenerz	s. Chromit*
Chromit*	Chromeisenerz, Spinell-Gr., $FeCr_2O_4$
Chromspinell	Cr-haltiger Spinell
Chrysoberyll	Alexandrit, Al_2BeO_4
Chrysokoll	$CuSiO_3 \cdot nH_2O$
Chrysolith	Olivin-V.
Chrysopras	durch Ni grün gefärbt. Chalcedon
Chrysotil*	Serpentin m. Röllchen-Textur (Faserserpentin) $Mg_6[(OH)_8 \vert Si_4O_{10}]$
Cinnabarit	Zinnober*, HgS
Citrin	gelber Quarz
Clausthalit	PbSe
Cobaltin*	Kobaltglanz, CoAsS
Coelestin*	$Sr[SO_4]$
Coesit	Hochdruckmodif. von SiO_2
Coffinit	$U[(Si, H_4)O_4]$
Cohenit	Fe_3C
Colemanit	$Ca[B_2^{[4]}B^{[3]}O_4(OH)_3] \cdot H_2O$
Columbit	Niobit, $(Fe, Mn)(Nb, Ta)_2O_6$
Cooperit	PtS
Copiapit	$(Fe^{\cdot\cdot}, Mg)Fe_4^{\cdot\cdot\cdot}[OH \vert (SO_4)_3]_2 \cdot 20\,H_2O$
Coquimbit	$Fe_2^{\cdot\cdot\cdot}[SO_4]_3 \cdot 9\,H_2O$
Cordierit	$Mg_2Al_3[AlSi_5O_{18}]$
Cornetit	$Cu_3[(OH)_3 \vert PO_4]$
Coronadit	$Pb_{\leq 2}Mn_8O_{16}$
Corrensit	$Mg_8[Al_3Si_6O_{20}(OH)_{10}] \cdot 4\,H_2O$ + 1 Äquiv. (Ca, Na, K u.a.)
Covellin*	Kupferindig, CuS
Crednerit	$Cu_2Mn_2O_5$
Cristobalit	SiO_2
Cronstedtit	Serpentin-Gr., $Fe_4^{\cdot\cdot}Fe_2^{\cdot\cdot\cdot}[(OH)_8 \vert Fe_2^{\cdot\cdot\cdot}Si_2O_{10}]$
Cubanit	$CuFe_2S_3$
Cuprit*	Rotkupfererz, Cu_2O
Curit	$3\,PbO \cdot 8\,UO_3 \cdot 4\,H_2O$
Cuspidin	$Ca_4[(F, OH)_2 \vert Si_2O_7]$
Cyanit	Disthen, $Al^{[6]}Al^{[6]}[O \vert SiO_4]$
Cyclowollastonit	$Ca_3[Si_3O_9]$
Danait	Arsenopyrit mit 6–9% Co
Danburit	$Ca[B_2Si_2O_8]$
Datolith	$CaB^{[4]}[OH \vert SiO_4]$
Daubréelith	$FeCr_2S_4$ (in Meteoriten)
Davidit	U-haltiger, metamikter Ilmenit
Delafossit	$CuFeO_2$
Delessit	Chlorit-Gr., $(Mg, Fe^{\cdot\cdot}, Fe^{\cdot\cdot\cdot})_3[(OH)_2 \vert Al_{0-0,9}Si_{4-3,1}O_{10}](Mg, Fe^{\cdot\cdot})_3(O, OH)_6$
Demantoid	Granat-Gr., grünl.-gelbe Andradit-V.
Descloizit*	$Pb(Zn,Cu)[OH \vert VO_4]$
Desmin	Stilbit, Zeolith-Gr., $Ca[Al_2Si_7O_{18}] \cdot 7\,H_2O$
Diallag	Pyroxen-Gr., $Ca_7Fe^{\cdot\cdot}Mg_{6,5}Fe_{0,5}^{\cdot\cdot\cdot}Al[Al_{1,5}Si_{14,5}O_{48}]$
Diamant*	β-C
Diaspor*	α-AlOOH
Dichroit	Cordierit, $Mg_2Al_3[AlSi_5O_{18}]$
Dickit	$Al_4[(OH)_8 \vert Si_4O_{10}]$
Digenit	Cu_9S_5
Diopsid*	Pyroxen-Gr., $CaMg\,[Si_2O_6]$
Dioptas	$Cu_6[Si_6O_{18}] \cdot 6\,H_2O$
Dipyr	Skapolith-Gr., Ma_8Me_2 bis Ma_5Me_5
Disthen	Cyanit, $Al^{[6]}Al^{[6]}[O \vert SiO_4]$

Dolomit*	$CaMg[CO_3]_2$
Domeykit	Cu_3As
Dravit	brauner Turmalin, $NaMg_3Al_6[(OH)_4 \vert (BO_3)_3 \vert Si_6O_{18}]$
Dufrenit	$Fe_3^{\cdot\cdot}Fe_6^{\cdot\cdot\cdot}[(OH)_3 \vert PO_4]_4$
Dufrenoysit	$2PbS \cdot As_2S_3$
Dumortierit	$(Al, Fe)_7[O_3 \vert BO_3 \vert (SiO_4)_3]$
Dyskrasit	Antimonsilber, Ag_3Sb
Edelopal	$SiO_2 + aq.$, mit prächtigem Farbspiel
Eisenblüte	bäumchenförmiger Aragonit
Eisenglanz	Haematit-V.
Eisenglimmer	dünnblättriger bis schuppiger Haematit
Eisenkies	Pyrit*, FeS_2
Eisenkiesel	Quarz, durch Fe-Oxid gefärbt
Eisenspat	Siderit*, $FeCO_3$
Eisenvitriol	Melanterit, $Fe[SO_4] \cdot 7H_2O$
Eläolith	durch Entmischung getrübter Nephelin
Elektrum	Au mit 25...28% und mehr Ag
Elpidit	$Na_2Zr[Si_6O_{15}] \cdot 3H_2O$
Enargit*	Cu_3AsS_4
Endellit	s. Halloysit
Enstatit*	Pyroxen-Gr., $Mg_2[Si_2O_6]$
Epidot	$Ca_2(Al, Fe^{\cdot\cdot\cdot})Al_2[O \vert OH \vert SiO_4 \vert Si_2O_7]$
Epsomit	Bittersalz, $Mg[SO_4] \cdot 7H_2O$
Erdwachs	s. Ozokerit
Erythrin	Kobaltblüte, $Co_3[AsO_4]_2 \cdot 8H_2O$
Ettringit	$Ca_6Al_2[(OH)_4 \vert SO_4]_3 \cdot 26H_2O$
Euchroit	$Cu_2[OH \vert AsO_4] \cdot 3H_2O$
Eudialyt	$(Na, Ca, Fe)_6Zr[(OH, Cl) \vert (Si_3O_9)_2]$
Eudidymit	$Na[BeSi_3O_7OH]$
Euklas	$Al[BeSiO_4OH]$
Eukolit	Nb-haltiger Eudialyt
Eukryptit	α-$LiAl[SiO_4]$

Eulytin	$Bi_4[SiO_4]_3$
Euxenit	$(Y, Er, Ce, U, Pb, Ca)[(Nb, Ta, Ti)_2(O, OH)_6]$
Fahlerz	Tetraedrit*, $Cu_{12}Sb_4S_{13}$ Tennantit $Cu_{12}As_4S_{13}$
Famatinit	Stibioluzonit, Cu_3SbS_4
Faserserpentin	s. Chrysotil
Fassait	Pyroxen-Gr., $Ca_8Mg_{6,5}(Fe^{\cdot\cdot\cdot}, Ti)_{0,5}Al_1[Al_{1,5-2}Si_{14,5-14}O_{48}]$
Faujasit	Zeolith-Gr., $Na_2Ca[Al_2Si_4O_{12}]_2 \cdot 16H_2O$
Fayalit	Olivin-Gr., $Fe_2[SiO_4]$
Feldspate:	
a) Kalifeldspate	
Adular	
Anorthoklas	
Mikroklin	
Orthoklas	
Sanidin	
b) Plagioklase	
Albit (Ab)	
Andesin	
Anorthit (An)	
Bytownit	
Labradorit	
Oligoklas	
Ferberit	$Fe[WO_4]$
Fergusonit	$Y(Nb, Ta)O_4$
Ferrospinell	Hercynit, $FeAl_2O_4$
Feuerblende	Pyrostilpnit, Ag_3SbS_3
Feueropal	$SiO_2 + aq.$, orangegelb...rot, wasserklar
Feuerstein	s. Flint
Fireclay	schlecht geordneter Kaolinit
Flint	Feuerstein, Opal-Chalcedon-Gemenge
Fluorit*	Flußspat, CaF_2
Flußspat	s. Fluorit*
Forsterit	Olivin-Gr., $Mg_2[SiO_4]$
Francolith	Carbonat-Apatit, $Ca_5[F \vert (PO_4, CO_3OH)_3]$
Franklinit	Spinell-Gr., $ZnFe_2O_4$

Friedelit	$(Mn, Fe)_{14}[(OH, Cl)_{14} \mid Si_{14}O_{35}]$
Fulgurit	durch Blitz gefritteter Quarzsand
Fülleisen	s. Plessit
Gadolinit	$Y_2FeBe_2[O \mid SiO_4]_2$
Gagat	Jet, schwarzglänzende Braunkohlen-V.
Gahnit	Zinkspinell, $ZnAl_2O_4$
Galaxit	Manganspinell, $MnAl_2O_4$
Galenit	Bleiglanz*, PbS
Galenobismutit	$PbS \cdot Bi_2S_3$
Galmei	z.T. Zinkspat, z.T. Hemimorphit (Kieselgalmei)
Garnierit	Nickel-Chrysotil
Gaylussit	$Na_2Ca[CO_3]_2 \cdot 5H_2O$
Gehlenit	Melilith-Gr., $Ca_2Al[(Si, Al)_2O_7]$
Geikielith	$MgTiO_3$
Gelbbleierz	Wulfenit*, $Pb[MoO_4]$
Germanit	$Cu_3(Ge, Fe)S_4$
Gersdorffit	NiAsS
Gibbsit	$Al(OH)_3$ trikl.
Gips*	$Ca[SO_4] \cdot 2H_2O$
Gismondin	Zeolith-Gr., $Ca[Al_2Si_2O_8] \cdot 4H_2O$
Glaserit	Aphthitalit, $K_3Na[SO_4]_2$
Glaskopf	roter: Fe_2O_3 brauner: FeOOH schwarzer: $\sim MnO_2$
Glauberit	$CaNa_2[SO_4]_2$
Glaubersalz	Mirabilit, $Na_2[SO_4] \cdot 10H_2O$
Glaukochroit	$CaMn[SiO_4]$
Glaukodot	(Co, Fe)AsS
Glaukonit	Glimmer-Gr., $(K, Ca, Na)_{<1}(Al, Fe^{\cdot\cdot\cdot}, Fe^{\cdot\cdot}, Mg)_2[(OH)_2 \mid Al_{0,35}Si_{3,65}O_{10}]$
Glaukophan	Amphibol-Gr., $Na_4Mg_{3-6}Fe^{\cdot\cdot}_{2-3}Fe^{\cdot\cdot\cdot}_{0-0,5}Al_{3,5-4}[(OH)_4 \mid Al_{0-0,5}Si_{15,5-16}O_{44}]$
Glimmer:	
Biotit	
Glaukonit	
Lepidolith	
Margarit	
Muskovit	
Paragonit	
Phlogopit	
Roscoelith	
Seladonit	
Zinnwaldit	
Goethit*	Nadeleisenerz, α-FeOOH
Gold*	Au, meist 2...20% u. mehr Ag enthaltend
Gonnardit	Zeolith-Gr., $(Ca, Na)_3[(Al, Si)_5O_{10}]_2 \cdot 6H_2O$
Görgeyit	$K_2Ca_5[SO_4]_6 \cdot 1,5H_2O$
Goslarit	„Zinkvitriol", $Zn[SO_4] \cdot 7H_2O$
Granate:	
Almandin	
Andradit	
Calderit	
Grossular	
Hessonit	
Hibschit	
Melanit	
Pyrop	
Spessartin	
Uwarowit	
Graphit*	α-C
Grauspießglanz	Antimonit, Sb_2S_3
Greenockit	β-CdS
Grossular	Granat-Gr., $Ca_3Al_2[SiO_4]_3$
Grünbleierz	Pyromorphit, $Pb_5[Cl \mid (PO_4)_3]$
Gummit	gummiartiges Gemenge verschiedener U-Minerale
Haematit*	Eisenglanz, Roteisenerz, α-Fe_2O_3
Halit	Steinsalz*, NaCl
Halloysit	$Al_4[(OH)_8Si_4O_{10}] \cdot (H_2O)_4$ s.a. Metahalloysit
Halotrichit	$Fe^{\cdot\cdot}Al_2[SO_4]_4 \cdot 22H_2O$
Hambergit	$Be_2[OH \mid BO_3]$
Hardystonit	$Ca_2Zn[Si_2O_7]$
Harmotom	Zeolith-Gr., $Ba[Al_2Si_6O_{16}] \cdot 6H_2O$
Hartmanganerz	z.T. Kryptomelan, Psilomelan u.a. Mn-Oxide

Hauerit	Mangankies, MnS_2
Hausmannit	$MnMn_2O_4$
Hauyn	Sodalith-Gr., $(Na, Ca)_{8-4}[(SO_4)_{2-1} \mid (AlSiO_4)_6]$
Heazlewoodit	Ni_3S_2
Hectorit	$(Mg, Li)_3[(OH, F)_2 \mid Si_4O_{10}]^{0,33-} Na_{0,33}(H_2O)_4$
Hedenbergit	Pyroxen-Gr., $CaFe[Si_2O_6]$
Heliodor	Beryll-V., grünlichgelb
Heliotrop	Chalcedon-V. (grün m. roten Flecken)
Helvin	$(Mn, Fe, Zn)_8[S_2 \mid (BeSiO_4)_6]$
Hemimorphit*	Kieselzinkerz, $Zn_4[(OH)_2 \mid Si_2O_7] \cdot H_2O$
Hercynit	Ferrospinell, $FeAl_2O_4$
Herzenbergit	SnS
Hessit	Ag_2Te
Hessonit	Granat-Gr., Fe-haltiger Grossular
Heulandit	Zeolith-Gr., $Ca[Al_2Si_7O_{18}] \cdot 6H_2O$
Hewettit	$CaH_2[V_6O_{17}] \cdot 8H_2O$
Hibschit	Granat-Gr., $Ca_3Al_2[(Si, H_4)O_4]_3$
Hiddenit	Pyroxen-Gr., Spodumen-V. (grün)
Hillebrandit	$Ca_2[SiO_4] \cdot H_2O$
Hochquarz	SiO_2, hexag.
Hollandit	$Ba_{\leqq 2}Mn_8O_{16}$
Honigstein	Mellit, $Al_2[C_{12}O_{12}] \cdot 18H_2O$
Hopeit	$Zn_3[PO_4]_2 \cdot 4H_2O$
Hornblende, basaltische	Amphibol-Gr., $(Na, K)_{2-3}Ca_4 Mg_{4-6}Fe_{1-3}Ti_{0-2} (Fe^{\cdots}, Al)_{2-3} [(O, OH)_4 \mid Al_4 Si_{12}O_{44}]$
Hornblende, gemeine*	Amphibol-Gr., $(Na, K)_{0,5-2} Ca_{3-4}Mg_{3-8}Fe^{\cdot\cdot}_{4-2} (Al, Fe^{\cdots})_2[(OH)_4 \mid Al_{2-4}Si_{14-12}O_{44}]$
Hornblende-Asbest	feinfaseriger Amphibol
Hornstein	Gemenge von Chalcedon u. Opal

Hortonolith	Olivin-Gr., $(Fe, Mg)_2[SiO_4]$
Hübnerit	$Mn[WO_4]$
Humboldtin	Oxalit, $Fe[C_2O_4] \cdot 2H_2O$
Humit	$Mg_7[(OH, F)_2 \mid (SiO_4)_3]$
Hyacinth	Zirkon-V.
Hyalit	Opal-V.
Hyalophan	Feldspat-Gr., $(K, Ba)[Al (Al, Si)Si_2O_8]$
Hydrargillit*	γ-$Al(OH)_3$
Hydrocerussit	$Pb_3[OH \mid CO_3]_2$
Hydroglimmer	Glimmer, deren Alkalien durch Auslaugung z. T. durch H_2O oder $(H_3O)^+$ ersetzt sind
Hydromagnesit	$Mg_5[OH \mid (CO_3)_2]_2 \cdot 4H_2O$
Hydromuskovit	Bravaisit, $(K, H_2O) Al_2[(H_2O, OH)_2 \mid AlSi_3O_{10}]$
Hydroparagonit	Brammallit, $(Na, H_2O)Al_2 [(H_2O, OH)_2 \mid AlSi_3O_{10}]$
Hydrotalkit	$Mg_6Al_2[(OH)_{16} \mid CO_3] \cdot 4H_2O$
Hydrozinkit	Zinkblüte, $Zn_5[(OH)_3 \mid CO_3]_2$
Hypersthen	Pyroxen-Gr., $(Fe, Mg)_2[Si_2O_6]$
Ianthinit	$[UO_2 \mid (OH)_2]$
Illit	feinstkörniger Hydromuskovit
Ilmenit*	$FeTiO_3$
Ilvait	Lievrit, $CaFe^{\cdot\cdot}_2Fe^{\cdots} [OH \mid O \mid Si_2O_7]$
Inderit	$Mg_2B_6O_{11} \cdot 15H_2O$
Isokit	$CaMg[F \mid PO_4]$
Jade } Jadeit }	Pyroxen-Gr., $NaAl[Si_2O_6]$
Jakobsit	Spinell-Gr., $MnFe_2O_4$
Jamesonit	$4PbS \cdot FeS \cdot 3Sb_2S_3$
Jarosit	$KFe^{\cdots}_3[(OH)_6 \mid (SO_4)_2]$
Jaspis	durch Beimengungen getrübter, farbiger Chalcedon
Jet	s. Gagat

Jodargyrit	Jodyrit, AgJ
Johannit	Uranvitriol, $Cu[UO_2\vert OH\vert SO_4]_2 \cdot 6H_2O$
Kaersutit	Amphibol-Gr., $(Na, K)_{2-3}Ca_4 Mg_{4-6}Fe_{1-3}Ti_{0-2} (Fe^{\cdots}, Al)_{2-3} [(O, OH)_4\vert Al_4Si_{12}O_{44}]$
Kainit*	$KMg[Cl\vert SO_4] \cdot 3H_2O$
Kakoxen	$Fe_4^{\cdots}[OH\vert PO_4]_3 \cdot 12H_2O$
Kalialaun	$KAl[SO_4]_2 \cdot 12H_2O$
Kalifeldspat	s. u. Adular, Mikroklin, Orthoklas, Sanidin
Kaliophilit	$K[AlSiO_4]$
Kalisalpeter	Nitrokalit*, KNO_3
Kalkeisengranat	s. Andradit
Kalkspat	Calcit*, $CaCO_3$
Kalktongranat	s. Grossular
Kallait	Türkis, $CuAl_6[(OH)_2\vert PO_4]_4 \cdot 4H_2O$
Kalsilit	$K[AlSiO_4]$
Kamazit	Ni-armes Meteoreisen, α-Fe
Kämmererit	Chlorit-Gr., $(Mg, Cr)_3[(OH)_2\vert Cr^{\cdots}Si_3O_{10}] Mg_3(OH)_6$
Kammkies	Markasit-V.
Kaolinit*	Kaolin, $Al_4[(OH)_8\vert Si_4O_{10}]$
Karborund	s. Carborund
Karneol	s. Carneol
Karpholith	$MnAl_2[(OH)_4\vert Si_2O_6]$
Kascholong	weißer, trüber Opal
Kasolit	$Pb[UO_2\vert SiO_4] \cdot H_2O$
Kassiterit	s. Cassiterit
Katapleit	$Na_2Zr[Si_3O_9] \cdot H_2O$
Katzengold	angewitterter Biotit
Katzensilber	angewitterter Muskovit
Kermesit	Rotspießglanz, Sb_2S_2O
Kernit*	$Na_2B_4O_7 \cdot 4H_2O$
Kieselgalmei	Hemimorphit, $Zn_4[(OH)_2\vert Si_2O_7] \cdot H_2O$

Kieselgur	Diatomeenreste aus Opal
Kieselzinkerz	Hemimorphit*, $Zn_4[(OH)_2\vert Si_2O_7] \cdot H_2O$
Kieserit*	$Mg[SO_4] \cdot H_2O$
Klinochlor	Chlorit-Gr., $(Mg, Al)_3[(OH)_2\vert AlSi_3O_{10}] Mg_3(OH)_6$
Klinoedrit	$Ca_2Zn_2[(OH)_2\vert Si_2O_7] \cdot H_2O$
Klinoenstatit*	Pyroxen-Gr., $Mg_2[Si_2O_6]$
Klinoferrosilit	Pyroxen-Gr., $Fe_2[Si_2O_6]$
Klinohumit	$Mg_9[(OH, F)_2\vert (SiO_4)_4]$
Klinohypersthen	Pyroxen-Gr., $(Mg, Fe)_2[Si_2O_6]$
Klinopyroxene:	
Aegirin	
Augit	
Diallag	
Diopsid	
Fassait	
Hedenbergit	
Jadeit	
Klinoenstatit	
Klinoferrosilit	
Klinohypersthen	
Omphacit	
Spodumen	
Klinostrengit	Phosphosiderit, $Fe^{\cdots}[PO_4] \cdot 2H_2O$
Klinozoisit	$Ca_2Al_3[O\vert OH\vert SiO_4\vert Si_2O_7]$
Kobaltblüte	Erythrin, $Co_3[AsO_4]_2 \cdot 8H_2O$
Kobaltglanz	Cobaltin*, CoAsS
Kobaltkies	Linneit, Co_3S_4
Kollophan	mikrokristalliner, meist CO_3 u. F enthaltender Apatit
Kornerupin	Prismatin, $(Mg, Fe, Al)_4(Al, B)_6 [(O, OH)_{5-6}\vert (SiO_4)_4]$
Korund*	Al_2O_3
Korundophilit	Chlorit-Gr., $(Mg, Fe, Al)_3 [(OH)_2\vert Al_{1,5-2} Si_{2,5-2}O_{10}] Mg_3(OH)_6$
Köttigit	$Zn_3[AsO_4]_2 \cdot 8H_2O$

Kramerit	Probertit, $NaCaB_5O_9 \cdot 5\,H_2O$
Krokoit	Rotbleierz, $Pb[CrO_4]$
Krokydolith	Amphibol-Gr., $(Na, K, Ca)_{3-4}$ $Mg_6Fe^{\cdot\cdot}(Fe^{\cdot\cdot\cdot}, Al)_{3-4}[(OH)_4 \vert Si_{16}O_{44}]$
Kryolith*	α-$Na_3[AlF_6]$
Kryolithionit	$Na_3Li_3[AlF_6]_2$
Kryptomelan*	$K_{\leqq 2}Mn_8O_{16}$
Kryptoperthit	K-Feldspat mit sehr fein entmischten Albitspindeln
Kunzit	Pyroxen-Gr., Spodumen-V. (rosa)
Kupferglanz*	Chalkosin, Cu_2S
Kupferindig	Covellin*, CuS
Kupferkies*	Chalkopyrit, $CuFeS_2$
Kupferlasur	Azurit*, $Cu_3[OH \vert CO_3]_2$
Kupfermanganerz	Cu-halt. Wad
Kupferpecherz	Gemenge von Stilpnosiderit mit Chrysokoll u.a.
Kupferschaum	Tirolit, $Ca_2Cu_9[(OH)_{10} \vert (AsO_4)_4] \cdot 10\,H_2O$
Kupferschwärze	Co- u. Cu-halt. Wad
Kupferuranglimmer	s. Torbernit
Kupfervitriol	Chalkanthit*, $Cu[SO_4] \cdot 5\,H_2O$
Kyanit	s. Cyanit
Labradorit	Ca-Na-Feldspat, Plagioklas, $An_{50}Ab_{50}$—$An_{70}Ab_{30}$
Långbanit	$Mn_4^{\cdot\cdot}Mn_3^{\cdot\cdot\cdot\cdot}[O_8 \vert SiO_4]$
Langbeinit	$K_2Mg_2[SO_4]_3$
Langit	$Cu_4[(OH)_6 \vert SO_4] \cdot H_2O$
Lansfordit	$MgCO_3 \cdot 5\,H_2O$
Lanthanit	$(La, Dy, Ce)_2[CO_3]_3 \cdot 8\,H_2O$
Lapis lazuli	Lasurstein, Lasurit, Sodalith-Gr., $(Na, Ca)_8[(SO_4, S, Cl)_2 \vert (AlSiO_4)_6]$
Larnit	β-$Ca_2[SiO_4]$
Larsenit	$PbZn[SiO_4]$
Lasurit	s. Lapis lazuli
Lasurstein	s. Lapis lazuli
Laumontit	Zeolith-Gr., $Ca[AlSi_2O_6]_2 \cdot 4\,H_2O$
Lawsonit	$CaAl_2[(OH)_2 \vert Si_2O_7] \cdot H_2O$
Lazulith	$(Mg, Fe^{\cdot\cdot})Al_2[OH \vert PO_4]_2$
Leadhillit	$Pb_4[(OH)_2 \vert SO_4 \vert (CO_3)_2]$
Lechatelierit	SiO_2-Glas
Leonit	$K_2Mg[SO_4]_2 \cdot 4\,H_2O$
Lepidokrokit*	Rubinglimmer, γ-FeOOH
Lepidolith*	Glimmer-Gr., $K(Li, Al)_3[(F, OH, O)_2 \vert AlSi_3O_{10}]$
Lepidomelan	Glimmer-Gr., sehr Fe-reicher Biotit
Leuchtenbergit	Chlorit-Gr., fast Fe-freier Klinochlor
Leucit*	$K[AlSi_2O_6]$
Leukoxen	Gemenge von vorzugsw. Titanit
Libethenit	$Cu_2[OH \vert PO_4]$
Liebigit	Uranothallit, $Ca_2[UO_2 \vert (CO_3)_3] \cdot 10\,H_2O$
Lievrit	Ilvait, $CaFe_2^{\cdot\cdot}Fe^{\cdot\cdot\cdot}[OH \vert O \vert Si_2O_7]$
Limonit	Brauneisenerz, Sammelname für Goethit u. Lepidokrokit
Linarit	$PbCu[(OH)_2 \vert SO_4]$
Linneit	Kobaltkies, Co_3S_4
Lithionglimmer†	z.T. Lepidolith, z.T. Zinnwaldit
Lithiophilit	$Li(Mn^{\cdot\cdot}, Fe^{\cdot\cdot})[PO_4]$
Löllingit	$FeAs_2$
Löweit	$Na_2Mg[SO_4]_2 \cdot 2\,H_2O$
Ludwigit	$(Mg, Fe^{\cdot\cdot})_2Fe^{\cdot\cdot\cdot}[O_2 \vert BO_3]$
Lüneburgit	$Mg_3[PO_4 \vert BOOH]_2 \cdot 7\,H_2O$
Lussatin	Cristobalitchalcedon, c-Achsen ‖ Faserrichtung
Lussatit	Cristobalitchalcedon, c-Achsen ⊥ Faserrichtung
Lutecin	Chalcedon-V., Faserrichtung ‖ c
Luzonit	Cu_3AsS_4
Lydit	schwarzer Kieselschiefer (Probierstein der Juweliere)

Maghaemit	γ-Fe_2O_3
Magnesiatongranat	s. Pyrop
Magnesioferrit	Spinell-Gr., $MgFe_2O_4$
Magnesiospinell	Spinell*, $MgAl_2O_4$
Magnesit*	Bitterspat, $MgCO_3$
Magneteisenerz	s. Magnetit
Magnetit*	Spinell-Gr., Fe_3O_4
Magnetkies	Pyrrhotin, $Fe_{1,00-0,83}S_1$
Malachit*	$Cu_2[(OH)_2\|CO_3]$
Manganblende	Alabandin, α-MnS
Manganit	γ-MnOOH
Mangankies	Hauerit, MnS_2
Manganophyll(it)	Glimmer-Gr., Mn-reicher Biotit
Manganosit	MnO
Manganspat	Rhodochrosit, $MnCO_3$
Manganspinell	Galaxit, $MnAl_2O_4$
Margarit	Glimmer-Gr., $CaAl_2[(OH)_2\|Al_2Si_2O_{10}]$
Marialith	Skapolith-Gr., $Na_8[(Cl_2, SO_4, CO_3)\|(AlSi_3O_8)_6]$
Markasit	FeS_2
Martit	Pseudomorphose von Haematit n. Magnetit
Massicot	Bleiglätte, gelb, β-PbO
Matlockit	PbFCl
Maucherit	Ni_4As_3
Meerschaum	Sepiolith, $Mg_4[(H_2O)_3\|(OH)_2\|Si_6O_{15}]\cdot 3H_2O$
Mejonit	Skapolith-Gr., $Ca_8[(Cl_2, SO_4, CO_3)_{2(?)}\|(Al_2Si_2O_8)_6]$
Melanit	Granat-Gr., dunkler Ti-reicher Andradit
Melanterit	Eisenvitriol, $Fe[SO_4]\cdot 7H_2O$
Melilith	$(Ca, Na)_2(Al, Mg)[(Si, Al)_2O_7]$
Melinophan	$(Ca, Na)_2(Be, Al)[Si_2O_6F]$
Mellit	Honigstein, $Al_2[C_{12}O_{12}]\cdot 18H_2O$
Merwinit	$Ca_3Mg[SiO_4]_2$
Mesitinspat	Fe-haltiger Magnesit
Mesolith	Zeolith-Gr., $Na_2Ca_2[Al_2Si_3O_{10}]_3\cdot 8H_2O$
Messingblüte	Aurichalcit, $(Zn, Cu)_5[(OH)_3\|CO_3]_2$
Metacinnabarit	HgS (schwarz)
Metahalloysit	$Al_4[(OH)_8\|Si_4O_{10}]$
Metahewettit	$CaH_2[V_6O_{17}]\cdot 2H_2O$
Meteoreisen	mit ca. 6–7% Ni (Kamazit), ca. 13–48% Ni (Taenit) u. Plessit
Miargyrit	$AgSbS_2$
Mica	Glimmer (englisch)
Mikroklin*	K-Feldspat, Tieftemp.-Modif. $K[AlSi_3O_8]$
Milarit	$KCa_2AlBe_2[Si_{12}O_{30}]\cdot \frac{1}{2}H_2O$
Milchopal	milchig getrübter Opal
Milchquarz	milchig getrübter Quarz
Millerit	β-NiS
Mimetesit	$Pb_5[Cl\|(AsO_4)_3]$
Mirabilit	Glaubersalz, $Na_2[SO_4]\cdot 10H_2O$
Mizzonit	Skapolith-Gr., Ma_5Me_5 bis Ma_2Me_8
Moissanit	SiC
Moldavit	Glas, kosmischer (?) Herkunft
Molybdänglanz*	Molybdänit, MoS_2
Molybdänit	s. Molybdänglanz*
Monalbit	$Na[AlSi_3O_8]$, monokl. Hochtemperatur-Modif. s. Analbit
Monazit*	$Ce[PO_4]$
Mondstein	K-Feldspat, milchig getrübter Sanidin oder Orthoklas
Monetit	$CaH[PO_4]$
Montebrasit	$LiAl[OH\|PO_4]$
Monticellit	$CaMg[SiO_4]$
Montmorillonit*	$(Al_{1,67}Mg_{0,33})[(OH)_2\|Si_4O_{10}]^{0,33-}Na_{0,33}(H_2O)_4$
Moosachat	Achat mit moosähnlichen Einschlüssen
Mordenit	Zeolith-Gr., $(Ca, K_2, Na_2)[AlSi_5O_{12}]_2\cdot 7H_2O$

Morion	tiefbrauner Quarz
Mottramit	$Pb(Cu, Zn)[OH \mid VO_4]$
Mullit*	$Al_4^{[6]}Al_4^{[4]}[O_3(O_{0,5}, OH, F) \mid Si_3AlO_{16}]$
Muskovit*	Glimmer-Gr., $KAl_2[(OH, F)_2 \mid AlSi_3O_{10}]$
Nadeleisenerz	Goethit*, α-FeOOH
Nakrit	$Al_4[(OH)_8 \mid Si_4O_{10}]$
Natrit	Soda*, Natron, $Na_2CO_3 \cdot 10H_2O$
Natrolith*	Zeolith-Gr., $Na_2[Al_2Si_3O_{10}] \cdot 2H_2O$
Natron	Soda*, Natrit, $Na_2CO_3 \cdot 10H_2O$
Natronalaun	$NaAl[SO_4]_2 \cdot 12H_2O$
Natronsalpeter	Nitronatrit*, $NaNO_3$
Nephelin*	$KNa_3[AlSiO_4]_4$
Nephrit	dichter Aktinolith oder Anthophyllit
Neptunit	$Na_2FeTi[Si_4O_{12}]$
Nesquehonit	$MgCO_3 \cdot 3H_2O$
Niccolit	s. Nickelin, NiAs
Nickelblüte	Annabergit, $Ni_3[AsO_4]_2 \cdot 8H_2O$
Nickeleisen	meteorisch: Kamazit, Taenit, Plessit
Nickelin	Rotnickelkies*, Niccolit, NiAs
Nickelpyrit	Bravoit, $(Ni, Fe)S_2$
Nickelvitriol	Morenosit, $Ni[SO_4] \cdot 7H_2O$
Nigrin	stark Fe-haltiger Rutil
Niobit	Columbit, $(Fe, Mn)(Nb, Ta)_2O_6$
Niter	Nitrokalit*, KNO_3
Nitrokalit*	Kalisalpeter, Niter, KNO_3
Nitronatrit*	Natronsalpeter, $NaNO_3$
Nontronit	$Fe_2^{\cdots}[(OH)_2 \mid Al_{0,33}Si_{3,67}O_{10}]^{0,33-}Na_{0,33}(H_2O)_4$
Norbergit	$Mg_3[(OH, F)_2 \mid SiO_4]$
Nosean	Sodalith-Gr., $Na_8[SO_4 \mid (AlSiO_4)_6]$
Obsidian	vulk. Gesteinsglas
Oldhamit	CaS
Oligoklas	Ca-Na-Feldspat, Plagioklas, $Ab_{90}An_{10}—Ab_{70}An_{30}$
Olivenit	$Cu_2[OH \mid AsO_4]$
Olivin*	$(Mg, Fe)_2[SiO_4]$
Omphacit	Pyroxen-V. in Eklogiten
Onyx	gebänderte Achat-V. (schwarz-weiß); auch gebänderter Aragonit oder Alabaster
Opal*	$SiO_2 + aq.$
Orangit	Thorit-V.
Orthit	Allanit, $(Ca, Ce, La, Na)_2(Al, Fe, Be, Mg, Mn)_3[O \mid OH \mid SiO_4 \mid Si_2O_7]$
Orthoklas*	K-Feldspat, $K[AlSi_3O_8]$
Orthopyroxene:	
Bronzit	
Enstatit	
Hypersthen	
Ottrelith	$Fe^{\cdot\cdot}$-reicher Chloritoid
Oxalit	Humboldtin, $Fe[C_2O_4] \cdot 2H_2O$
Ozokerit	Erdwachs, Gemenge hochmolekularer Kohlenwasserstoffe
Palygorskit	Attapulgit, $Mg_{2,5}[(H_2O)_2 \mid OH \mid Si_4O_{10}] \cdot 2H_2O$
Pandermit	Priceit, $Ca_2B_5O_9OH \cdot 3H_2O$
Paragonit	Glimmer-Gr., $NaAl_2[(OH, F)_2 \mid AlSi_3O_{10}]$
Parawollastonit	$Ca_3[Si_3O_9]$, monokl.
Parisit	$CaCe_2[F_2 \mid (CO_3)_3]$
Patronit	VS_4
Pechblende	Uraninit, UO_2
Pektolith	$Ca_2Na[Si_3O_8OH]$
Pennin	Chlorit-Gr., $(Mg, Al)_3[(OH)_2 \mid Al_{0,5-0,9}Si_{3,5-3,1}O_{10}]Mg_3(OH)_6$
Pentlandit*	Eisennickelkies, $(Fe, Ni)_9S_8$
Peridot	Olivin, $(Mg, Fe)_2[SiO_4]$
Periklas	MgO
Periklin	Ca-Na-Feldspat, Plagioklas-Tracht-V.

Perlglimmer	Margarit, Glimmer-Gr., $CaAl_2[(OH)_2\|Al_2Si_2O_{10}]$
Perowskit	$CaTiO_3$
Perthit	K-Feldspat m. entmischten Albit-Spindeln
Petalit	$Li[AlSi_4O_{10}]$
Petzit	$(Ag, Au)_2Te$
Pharmakolith	$CaH[AsO_4] \cdot 2H_2O$
Phenakit	$Be_2[SiO_4]$
Phillipsit	Zeolith-Gr., $KCa[Al_3Si_5O_{16}] \cdot 6H_2O$
Phlogopit	Glimmer-Gr., $KMg_3[(F, OH)_2\|AlSi_3O_{10}]$
Phosgenit	$Pb_2[Cl_2\|CO_3]$
Phosphorit	Apatit- u. Kollophan-reiches Sedimentgestein
Phosphosiderit	Klinostrengit, $Fe^{\cdots}[PO_4] \cdot 2H_2O$
Pickeringit	$MgAl_2[SO_4]_4 \cdot 22H_2O$
Picotit	Spinell-Gr., $(Fe, Mg)(Al, Cr, Fe)_2O_4$
Piemontit	$Ca_2(Al, Fe, Mn)_2Al[O\|OH\|SiO_4\|Si_2O_7]$
Pigeonit	Pyroxen-Gr., Ca-haltiger Klinohypersthen
Pikromerit	Schönit, $K_2Mg[SO_4]_2 \cdot 6H_2O$
Pimelit	Ni-Saponit
Pinit	durch glimmerartige Minerale pseudomorphisierter Cordierit
Plagioklas	Ca-Na-Feldspat, Mischglieder von Albit (Ab) bis Anorthit (An)
Plasma	grüne Chalcedon-V.
Plattnerit	PbO_2
Pleonast	$Fe^{\cdot\cdot}$-haltiger Spinell
Plessit	Fülleisen, feines Aggregat von Kamazit u. Taenit
Polianit	Pyrolusit*, β-$MnO_{2,00-1,89}$
Pollucit	$(Cs, Na)[AlSi_2O_6] \cdot H_2O_{<1}$
Polydymit	Ni_3S_4
Polyhalit*	$K_2Ca_2Mg[SO_4]_4 \cdot 2H_2O$
Portlandit	$Ca(OH)_2$
Powellit	$Ca[MoO_4]$
Prasem	Quarz-V. m. Strahlstein-Einschl.
Prehnit	$Ca_2Al^{[6]}[(OH)_2\|Si_3AlO_{10}]$
Priceit	Pandermit, $Ca_2B_5O_9OH \cdot 3H_2O$
Priorit	Blomstrandin, $(Y, Ce, Th, Ca, Na, U)[(Ti, Nb, Ta)_2O_6]$
Prismatin	Kornerupin, $(Mg, Fe, Al)_4(Al, B)_6[(O, OH)_{5-6}\|(SiO_4)_4]$
Probertit	Kramerit, $NaCaB_5O_9 \cdot 5H_2O$
Prochlorit	Rhipidolith, Chlorit-Gr., $(Mg, Fe, Al)_3[(OH)_2\|Al_{1,2-1,5}Si_{2,8-2,5}O_{10}]Mg_3(OH)_6$
Proustit	Lichtes Rotgültigerz, Ag_3AsS_3
Pseudobrookit	$Fe_2^{\cdots}TiO_5$
Pseudomalachit	$Cu_5[(OH)_2\|PO_4]_2$
Pseudowollastonit	s. Cyclowollastonit
Psilomelan	$(Ba, H_2O)_2Mn_5O_{10}$
Pucherit	$Bi[VO_4]$
Pumpellyit	$Ca_2(Mg, Fe, Mn, Al)(Al, Fe, Ti)_2[(OH, H_2O)_2SiO_4Si_2O_7]$ (?)
Pyrargyrit	Dunkles Rotgültigerz, Ag_3SbS_3
Pyrit*	Schwefelkies, FeS_2
Pyrochlor	$(Na, Ca)_2(Nb, Ta, Ti)_2O_6(OH, F, O)$
Pyrolusit*	Polianit, β-$MnO_{2,00-1,89}$
Pyromorphit	$Pb_5[Cl\|(PO_4)_3]$
Pyrop*	Granat-Gr., $Mg_3Al_2[SiO_4]_3$
Pyrophanit	$MnTiO_3$
Pyrophyllit	$Al_2[(OH)_2\|Si_4O_{10}]$
Pyrostilpnit	Feuerblende, Ag_3SbS_3

Pyroxene:
s. Klinopyroxene
s. Orthopyroxene

Pyrrhotin	Magnetkies, $Fe_{1,00-0,83}S_1$

Quarz*	SiO_2
Quarzin †	s. Lutecin
Quecksilberfahlerz	Schwazit, Hg-haltiger Tetraedrit
Rädelerz	Bournonit, $2PbS \cdot Cu_2S \cdot Sb_2S_3$
Rammelsbergit	$NiAs_2$
Ramsdellit	γ-MnO_2
Rauchquarz	rauchbrauner Quarz
Realgar*	As_4S_4
Reichardtit †	Bittersalz, $Mg[SO_4] \cdot 7H_2O$
Reniërit	$Cu_3(Fe, Ge)S_4$
Rhabdit	Schreibersit, $(Fe, Ni, Co)_3P$
Rhipidolith	Prochlorit, Chlorit-Gr., $(Mg, Fe, Al)_3[(OH)_2 \mid Al_{1,2-1,5}Si_{2,8-2,5}O_{10}]Mg_3(OH)_6$
Rhodochrosit	Manganspat, $MnCO_3$
Rhodonit	$CaMn_4[Si_5O_{15}]$
Riebeckit	Amphibol-Gr., $(Na, K)_{4-6}Ca_{0-1}Mg_{0-2}Fe^{\cdot\cdot}_{3-8}Fe^{\cdot\cdot\cdot}_{0-6}[(O, OH)_4 \mid Al_{0-1}Si_{15-16}O_{44}]$
Rinneit	$K_3Na[FeCl_6]$
Roscoelith	Glimmer-Gr., $KV_2[(OH)_2 \mid AlSi_3O_{10}]$
Rosenquarz	rosafarbiger Quarz
Rotbleierz	Krokoit, $Pb[CrO_4]$
Roteisenerz	Haematit*, α-Fe_2O_3
Rotgültigerz	Dunkles: Pyrargyrit, Ag_3SbS_3 Lichtes: Proustit, Ag_3AsS_3
Rotkupfererz	Cuprit*, Cu_2O
Rotnickelkies*	Nickelin, NiAs
Rotspießglanz	Kermesit, Sb_2S_2O
Rotzinkerz	Zinkit*, ZnO
Rubellit	rote Turmalin-V.
Rubin	roter Korund
Rubinglimmer	Lepidokrokit*, γ-FeOOH
Rutil*	TiO_2 (D^{14}_{4h})
Safflorit	$CoAs_2$
Sagenit	feinnadeliges, verzwill. Rutil-Netz
Salmiak	α-NH_4Cl
Samarskit	$(Y, Er)_4[(Nb, Ta)_2O_7]_3$
Sanidin*	K-Feldspat, Hochtemp.-Modif., $K[AlSi_3O_8]$
Saponit	$Mg_3[(OH)_2 \mid Al_{0,33}Si_{3,67}O_{10}]^{0,33-}Na_{0,33}(H_2O)_4$
Sapphir	blauer Korund
Sapphirin	$Mg_2Al_4[O_6 \mid SiO_4]$
Sarkolith	$(Ca, Na)_8[O_2 \mid (Al(Al, Si)Si_2O_8)_6]$(?)
Sassolin*	(Borsäure), $B(OH)_3$
Saussurit	Umwandlungsprodukt An-reicher Plagioklase in Zoisit, Skapolith u.a.
Scawtit	$Ca_6[Si_3O_9]_2 \cdot CaCO_3 \cdot 2H_2O$
Schalenblende	z.T. Wurtzit, z.T. Zinkblende
Schapbachit	α-$AgBiS_2$
Scheelit*	$Ca[WO_4]$
Scherbenkobalt	Arsen-V.
Schmirgel	Smirgel, Gestein aus Korund, Magnetit, Eisenglanz u. Quarz
Schönit	Pikromerit, $K_2Mg[SO_4]_2 \cdot 6H_2O$
Schörl	schwarzer Turmalin, $NaFe^{\cdot\cdot}_3Al_6[(OH)_{1+3} \mid (BO_3)_3 \mid Si_6O_{18}]$
Schreibersit	$(Fe, Ni, Co)_3P$
Schuchardtit	Ni-haltiger Antigorit (?)
Schungit	hoch inkohlter Anthracit
Schwazit	Hg-haltiger Tetraedrit
Schwefel*	α-S
Schwefelkies	Pyrit*, FeS_2
Schwerspat	Baryt*, $Ba[SO_4]$
Seladonit	Glimmer-Gr., $(K, Ca, Na)_{<1}(Al, Fe^{\cdot\cdot\cdot}, Fe^{\cdot\cdot}, Mg)_2[(OH)_2 \mid Al_{0,11}Si_{3,89}O_{10}]$
Sellait	MgF_2
Senarmontit	Sb_2O_3
Sepiolith	Meerschaum, $Mg_4[(H_2O)_3 \mid (OH)_2 \mid Si_6O_{15}] \cdot 3H_2O$

Sericit	dichter Muskovit
Serpentin	Sammelname für Antigorit u. Chrysotil
Serpentin-asbest	Chrysotil*, $Mg_6[(OH)_8 \| Si_4O_{10}]$
Siderit*	Eisenspat, $FeCO_3$
Sideronatrit	$Na_2Fe^{\cdot\cdot\cdot}[OH \| (SO_4)_2] \cdot 3H_2O$
Silber*	Ag
Silberfahlerz	Freibergit
Silberglanz	Argentit, Akanthit*, Ag_2S
Silex(it)	dichte SiO_2-Minerale
Sillimanit	$Al^{[6]}Al^{[4]}[O \| SiO_4]$
Sinhalit	$MgAl[BO_4]$
Sitaparit	Bixbyit, $(Mn, Fe)_2O_3$
Skapolith	Mischkristalle von Marialith u. Mejonit
Skolezit	Zeolith-Gr., $Ca[Al_2Si_3O_{10}] \cdot 3H_2O$
Skorodit	$Fe^{\cdot\cdot\cdot}[AsO_4] \cdot 2H_2O$
Skutterudit	Speiskobalt*, $CoAs_3$
Smaltin	Skutterudit
Smaragd	grüner Beryll
Smaragdit	Cr-haltige aktinolithische Hornblende
Smirgel	s. Schmirgel
Smithsonit*	Zinkspat, $ZnCO_3$
Soda*	Natrit, Natron, $Na_2CO_3 \cdot 10H_2O$
Sodalith	$Na_8[Cl_2 \| (AlSiO_4)_6]$
Sonnenstein	Feldspat-Gr., Plagioklas m. Einschlüssen v. Haematit-Schüppchen
Spargelstein	lichtgrüner Apatit
Spateisenstein	Siderit, $FeCO_3$
Speckstein	Steatit, dichter Talk
Speerkies	Markasit-V.
Speiskobalt*	Skutterudit, $CoAs_3$
Sperrylith*	$PtAs_2$
Spessartin	Granat-Gr., $Mn_3Al_2[SiO_4]_3$
Sphaero-kobaltit	Kobaltspat, $CoCO_3$
Sphalerit	Zinkblende*, α-ZnS
Sphen	keilförmige Titanitkristalle
Spinell*	Magnesiospinell, $MgAl_2O_4$

Spinelle: Chromit, Franklinit, Gahnit, Galaxit, Hercynit, Jakobsit, Magnesioferrit, Magnetit, Picotit, Spinell, Ulvit	
Spodumen*	Pyroxen-Gr., $LiAl[Si_2O_6]$
Spurrit	$Ca_5[CO_3 \| (SiO_4)_2]$
Stannin	Zinnkies*, Cu_2FeSnS_4
Staßfurtit	α-Boracit-V.
Staurolith	$Al_4Fe^{\cdot\cdot}[O_2(OH)_2 (SiO_4)_2]$
Steatit	Speckstein, dichter Talk
Steenstrupin	$Na_2Ce(Mn, Ta, Fe, ...)H_2 [(Si, P)O_4]_3$
Steinmark	Nakrit, z. T. auch Kaolinit oder Halloysit
Steinsalz*	Halit, NaCl
Sternrubin	Rubin mit Asterismus
Stern-sapphir	Sapphir mit Asterismus
Stibarsen	AsSb
Stibioluzonit	Famatinit, Cu_3SbS_4
Stibiotantalit	$Sb(Ta, Nb)O_4$
Stibnit	Antimonit*, Sb_2S_3
Stichtit	$Mg_6Cr_2[(OH)_{16} \| CO_3] \cdot 4H_2O$
Stilbit	Desmin, Zeolith-Gr., $Ca[Al_2Si_7O_{18}] \cdot 7H_2O$
Stilpnomelan	$(K, H_2O)(Fe^{\cdot\cdot}, Fe^{\cdot\cdot\cdot}, Mg, Al)_{<3} [(OH)_2 \| Si_4O_{10}] X_n(H_2O)_2$
Stilpnosiderit	Limonit-V.
Stinkquarz	bituminöser Quarz
Stishovit	Höchstdruck-Modif. von SiO_2
Stolzit	β-$Pb[WO_4]$
Stottit	$FeGe(OH)_6$
Strahlstein	Aktinolith*, Amphibol-Gr., $Na_2Ca_4(Mg, Fe)_{10} [(OH)_2O_2 \| Si_{16}O_{44}]$
Strengit	$Fe^{\cdot\cdot\cdot}[PO_4] \cdot 2H_2O$

Stromeyerit	$Cu_2S \cdot Ag_2S$
Strontianit*	$SrCO_3$
Struvit	$NH_4Mg[PO_4] \cdot 6H_2O$
Sulfoborit	$Mg_3[SO_4 \mid B_2O_5] \cdot 4\frac{1}{2}H_2O$
Sulfohalit	$Na_6[F \mid Cl \mid (SO_4)_2]$
Sulvanit	Cu_3VS_4
Sussexit	$MnHBO_3$
Svabit	$Ca_5[F \mid (AsO_4)_3]$
Sylvanit	$AuAgTe_4$
Sylvin*	KCl
Szaibelyit	Ascharit, $MgHBO_3$
Tachyhydrit	$CaCl_2 \cdot 2MgCl_2 \cdot 12H_2O$
Taenit	Bandeisen der Meteorite, α-(Fe, Ni)
Talk*	$Mg_3[(OH)_2 \mid Si_4O_{10}]$
Tantalit*	$(Fe, Mn)(Ta, Nb)_2O_6$
Tapiolit	$(Fe, Mn)(Ta, Nb)_2O_6$
Tarapacait	$K_2[CrO_4]$
Teallit	$PbSnS_2$
Tennantit	$Cu_{12}As_4S_{13}$
Tenorit	CuO
Tephroit	$Mn_2[SiO_4]$
Tetradymit	Bi_2Te_2S
Tetraedrit*	Fahlerz, $Cu_{12}Sb_4S_{13}$
Thalenit	$Y[Si_2O_7]$
Thaumasit	$Ca_3H_2[CO_3 \mid SO_4 \mid SiO_4] \cdot 13H_2O$
Thenardit	α-$Na_2[SO_4]$
Thermonatrit	$Na_2CO_3 \cdot H_2O$
Thomsenolith	$NaCa[AlF_6] \cdot H_2O$
Thomsonit	Zeolith-Gr., $NaCa_2[Al_2(Al, Si)Si_2O_{10}]_2 \cdot 5H_2O$
Thorianit	$(Th, U)O_2$
Thorit	$Th[SiO_4]$
Thortveitit	$Sc_2[Si_2O_7]$
Thuringit*	Chlorit-Gr., $(Fe^{\cdot\cdot}, Fe^{\cdot\cdot\cdot}, Al)_3[(OH)_2 \mid Al_{1,2-2}Si_{2,8-2}O_{10}](Mg, Fe, Fe^{\cdot\cdot\cdot})_3(O, OH)_6$
Tiemannit	$HgSe$
Tigerauge	Quarz mit Krokydolith-Einschlüssen
Tinkal	Borax, $Na_2B_4O_7 \cdot 10H_2O$
Titaneisenerz†	Ilmenit, $FeTiO_3$
Titanit	$CaTi[O \mid SiO_4]$
Titanomagnetit	Ti-haltiger Magnetit, z. T. entmischt
Tobermorit	$Ca_5H_2[Si_3O_9]_2 \cdot 4H_2O$
Topas*	$Al_2[F_2 \mid SiO_4]$
Topazolith	Granat-Gr., Andradit-V.
Torbernit	$Cu[UO_2 \mid PO_4]_2 \cdot 10(12-8)H_2O$
Tremolit	Amphibol-Gr., $Ca_2(Mg, Fe)_5[OH \mid Si_4O_{11}]_2$
Tridymit	SiO_2
Triphylin	$Li(Fe^{\cdot\cdot}, Mn^{\cdot\cdot})[PO_4]$
Triplit	$(Mn, Fe^{\cdot\cdot})_2[F \mid PO_4]$
Triploidit	$(Mn, Fe^{\cdot\cdot})_2[OH \mid PO_4]$
Trögerit	$H_2[UO_2 \mid AsO_4]_2 \cdot 8H_2O$
Troilit	Magnetkies in Meteoriten, FeS
Trona	$Na_3H[CO_3]_2 \cdot 2H_2O$
Troostit	$(Zn, Mn)_2[SiO_4]$
Tungstit	Wolframocker, $WO_2(OH)_2$
Türkis	Kallait, $CuAl_6[(OH)_2 \mid PO_4]_4 \cdot 4H_2O$
Turmalin*	ein Bor-Silikat: Formel vgl. S. 662
Tysonit	Fluocerit, $(Ce, La)F_3$
Ulexit	$NaCaB_5O_9 \cdot 8H_2O$
Ullmannit	$NiSbS$
Ulvit, Ulvöspinell	Spinell-Gr., $Fe_2^{\cdot\cdot}TiO_4$
Umangit	Cu_3Se_2
Uralit	Pseudomorphose von Hornblende nach Pyroxen
Uranblüte	Zippeit, $[6UO_2 \mid 3(OH)_2 \mid 3SO_4] \cdot 12H_2O \cdot 3H_2O$
Uranglimmer	$A[UO_2 \mid zO_4]_2 \cdot 2-10H_2O$; $A = H_2$, Ba, Ca, Mg, Fe, Cu u. a.; z = P oder As
Uraninit*	Uranpecherz, UO_2
Uranocircit	$Ba[UO_2 \mid PO_4]_2 \cdot 8H_2O$
Uranophan	Uranotil, $Ca(H_3O)_2[UO_2 \mid SiO_4]_2 \cdot 3H_2O$
Uranospinit	$Ca[UO_2 \mid AsO_4]_2 \cdot 10H_2O$
Uranothallit	Liebigit, $Ca_2[UO_2 \mid (CO_3)_3] \cdot 10H_2O$
Uranotil	Uranophan, $Ca(H_3O)_2[UO_2 \mid SiO_4]_2 \cdot 3H_2O$

Uranpecherz	Uraninit*, UO_2
Uranvitriol	Johannit, $Cu[UO_2\|OH\|SO_4]_2 \cdot 6H_2O$
Uvanit	$[(UO_2)_2\|V_6O_{17}] \cdot 15H_2O$
Uwarowit	Granat-Gr., $Ca_3Cr_2^{\cdot\cdot\cdot}[SiO_4]_3$
Valentinit	Antimonblüte, Sb_2O_3
Valleriit	$CuFeS_2$
Vanadinit*	$Pb_5[Cl\|(VO_4)_3]$
Vanadinocker	V_2O_5
Vanthoffit	$Na_6Mg[SO_4]_4$
Variscit	$Al[PO_4] \cdot 2H_2O$
Vaterit	hexag. $CaCO_3$-Modif.
Vermiculite*	beim Erhitzen sich stark aufblähende glimmerartige Schichtsilikate
Vesuvian	$Ca_{10}(Mg, Fe)_2Al_4[(OH)_4\|(SiO_4)_5\|(Si_2O_7)_2]$
Villiaumit	NaF
Vivianit	$Fe_3^{\cdot\cdot}[PO_4]_2 \cdot 8H_2O$
Wad	Sammelname für Weichmanganerze (lockere Mn-Oxide)
Wagnerit	$Mg_2[F\|PO_4]$
Wavellit	$Al_3[(OH)_3\|(PO_4)_2] \cdot 5H_2O$
Weddelit	$Ca[C_2O_4] \cdot H_2O$
Weichmanganerz	hauptsächlich β-MnO_2
Weißbleierz†	Cerussit*, $PbCO_3$
Weißnickelkies	Chloanthit*, $NiAs_3$
Whewellit	$Ca[C_2O_4] \cdot H_2O$
Willemit*	$Zn_2[SiO_4]$
Wismut*	Bi
Wismutglanz*	Bismuthinit, Bi_2S_3
Wismutocker	z. T. Bismit, z. T. Bismutit
Witherit	$BaCO_3$
Wöhlerit	$Ca_2NaZr[F\|(SiO_4)_2]$
Wolframit*	(Mn, Fe)$[WO_4]$
Wolframocker	Tungstit, $WO_2(OH)_2$
Wollastonit*	$Ca_3[Si_3O_9]$
Wulfenit*	Gelbbleierz, $Pb[MoO_4]$
Wurtzit*	β-ZnS
Wüstit	FeO
Xenotim	$Y[PO_4]$
Yttrocerit	Cerfluorit, (Ca, Ce)$F_{2-2,33}$
Yttrofluroit	(Ca, Y)$F_{2-2,33}$
Yttrotantalit	$Y_4[Ta_2O_7]_3$
Zaratit	$Ni_3[(OH)_4\|CO_3] \cdot 4H_2O$
Zeolithe:	
Chabasit	
Faujasit	
Gismondin	
Gonnardit	
Harmotom	
Heulandit	
Laumontit	
Mesolith	
Mordenit	
Natrolith	
Phillipsit	
Skolezit	
Stilbit	
Thomsonit	
Zinkblende*	Sphalerit, α-ZnS
Zinkblüte	Hydrozinkit, $Zn_5[(OH)_3\|CO_3]_2$
Zinkit*	Rotzinkerz, ZnO
Zinkosit	$Zn[SO_4]$
Zinkspat	Smithsonit*, $ZnCO_3$
Zinkspinell	Gahnit, $ZnAl_2O_4$
Zinnerz	Zinnstein, SnO_2
Zinnkies*	Stannin, Cu_2FeSnS_4
Zinnober*	Cinnabarit, HgS
Zinnstein	Cassiterit*, SnO_2
Zinnwaldit	Glimmer-Gr., $KLiFe^{\cdot\cdot}Al[(F, OH)_2\|AlSi_3O_{10}]$
Zippeit	Uranblüte, $[6UO_2\|3(OH)_2\|3SO_4] \cdot 12H_2O \cdot 3H_2O$
Zirkon*	$Zr[SiO_4]$
Zoisit	$Ca_2Al_3[O\|OH\|SiO_4\|Si_2O_7]$

232. Mineralische Rohstoffe[1]

2321. Mineralische Rohstoffe zur Gewinnung von Metallen (Erze) und Nichtmetallen

Element	Erzmineral	Theoretischer Höchstgehalt	Erz und Gehalt	Weltförderung Hauptförderungsländer (Anteil an der Weltförderung in %)	Verwendung
Ag	*Silberglanz* ged. Silber Rotgültigerze	87,1% Ag bis 65% Ag	Blei- Zink- u.a. sulfid. Lagerst. (75% d. Prod.) Bleigl. mit ∅ 0,01...0,03%, bis 1% Ag	*Welt* (1965): 7981 t Ag Mexico (15,7), USA (15,0), Peru (13,8), UdSSR (13,2), Canada (12,4), Japan (3,4)	Münzmetall (ca. $^1/_3$), Hptteil für Schmuck; Chem. Industr., Photo, Apparatebau
Al	*Hydrargillit* Diaspor Böhmit	65,4% Al_2O_3 85,0% Al_2O_3 85,0% Al_2O_3	Bauxit 50...70% Al_2O_3	*Welt* (1965): $36764 \cdot 10^3$ t Bauxit Jamaika (23,7), Surinam (11,9), UdSSR (11,7), Brit. Guiana (7,8), Frankreich (7,2), USA (4,6)	Leichtmet.-Leg. für Flugzeug- u. Motorenbau, Elektrotechnik, Chem. Industr., Verpackungsmaterial.
As	Arsenkies Löllingit Speiskobalt	46% As 72,8% As ca. 60% As	Nebenprodukt, z.B. d. Golderze von Boliden (Roherz ca. 12,5% As)	*Welt* (1960): $56{,}2 \cdot 10^3$ t As_2O_3 Mexico (26,8), Schweden (24,4), Frankreich (14,2), USA (8,4), Japan, Italien, Canada	Schädlingsbekämpfung (ca. 75%), Bleilegierungen (härten), Konservierungsmittel für Holz
Au	Gold in Pyrit ged. Gold Goldtelluride	z.B. Witwatersrand-Konglomerate: 11...12 g Au/t, Golderzgänge in Californien 15...20 g Au/t, Seifenlagerstätten		*Welt* (1960): $1402 \cdot 10^3$ kg Au S-Afrika (47,5), UdSSR (24,4), Canada (10,0), USA (3,7), Australien (2,4), Columbien, S-Rhodesien, Ghana	Währungsmetall, Schmuck, Chem. Ind., Medizin
B	*Kernit* Pandermit Sassolin Borax Colemanit	51 % B_2O_3 49,8% B_2O_3 56,5% B_2O_3 36,5% B_2O_3 50,8% B_2O_3	Sediment. Lager in USA, Kleinasien; vulkan. Exhalationen in Italien	*Welt* (1960): ca. ***900 · 10³***t Rohborat USA (85), Türkei (12), Argentinien (1,5), Chile, Italien	Glasindustr., Emaille (zus. ca. 50%), Waschmittel, Raketentechnik, Reaktorbau

Ba	Vgl. Tabelle 2322, S. 690 unter Baryt				
Be	Beryll	5% Be	In pegmatitischen Gängen	*Welt* (1960): ca. *10000* t Beryll-Erz (mit ca. 11% BeO) Brasilien (35), Mozambique (15), Indien (9,0), Argentinien (6,7), Madagaskar (6,0), S-Rhodesien (4,9), USA (4,6)	Legierungszusatz, Flugzeugindustr., Raketentechnik, Reaktorbau, Motorenbau, Tiegelmat.
Bi	*Bleiglanz* Wismutglanz ged. Wismut	 81,3% Bi	aus der Pb-Raffination als Nebenproduktion; aus Wismuterzgängen	*Welt* (1960): 2360 t Bi Peru (17,7), Canada (8,9), Bolivien (7,7), S-Korea (6,8), Japan (4,7), Jugoslawien (4,5), Frankreich (3,5)	Niedrig schmelzende Legier., Atomkraftwerke, Apparatebau, Elektroindustr., Leuchtfarben, Medizin
Cd	Cd-haltige Zinkblende	0,1...0,5% Cd	Blei-Zinkerze	*Welt* (1965): 12202 t Cd USA (36,0), UdSSR (15,6), Belgien (5,7), Polen (4,1), Frankreich (3,6), Canada (3,5), Rep. Kongo (L) (3,3), Deutschland (BR) (2,7), Peru (1,6)	Rostschutz, Elektroindustr., Leuchtfarben, strateg. Schutzfarben
Co	*Kobaltglanz* *Speiskobalt* Asbolan	35,4% Co 28,0% Co 4...34% Co	Cu-Lagerst. mit Kobaltnickelkies (0,5—1% Co), deren Oxydationszonen (...3% Co); hydrotherm. Co-Ni-Arsenid-Gänge	*Welt* (1960): 16600 t Co Rep. Kongo (49,4), Finnland (11,5), Fed. Rhodesien-Nyassa (11,4), USA (8,2), Uganda	Stahllegierungen, Hartmetall, Hochtemp.-Material, Katalysator, Farben, Glasurfarb., Dauermagnete, Medizin

[1] *Kursiv* gedruckte Mineralnamen deuten an, daß dieses Mineral unter den genannten Mineralen zu den Hauptlieferanten gehört. Bei den Angaben über die Weltförderung — wobei meist der Metallinhalt angegeben ist — sind, sofern bei der Aufführung der Hauptförderländer die UdSSR, China u.a. Ostblockstaaten nicht aufgeführt sind, diese auch nicht in den Zahlen der Weltförderung enthalten. Geschätzte Zahlen sind kursiv gedruckt.

Element	Erzmineral	Theoretischer Höchstgehalt	Erz und Gehalt	Weltförderung Hauptförderungsländer (Anteil an der Weltförderung in %)	Verwendung
Cr	Chromit	46,7% Cr	magmat. Ausscheidungen ultrabas. Gest. 23...37% Cr	*Welt* (1960): 980000 t Cr S-Afrik. Un. (24), Philippinen (23), Fed. Rhodesien-Nyassa (20), Türkei (15) (*UdSSR* etwas mehr als S-Afrik. Un.)	Stahlveredler, Ferrochromlegierungen, hochfeuerfeste Steine, Cr-Ni-Legierungen, Chem. Industr.
Cu	*Kupferglanz* *Kupferkies* Enargit Bornit Covellin	79,8% Cu 34,5% Cu 48,3% Cu 55...69% Cu 66% Cu	Erze zwischen 10...2% Cu	*Welt* (1965): $5022 \cdot 10^3$ t Cu USA (24,5), UdSSR (13,9), Sambia (13,8), Chile (11,6), Canada (9,2)	Elektroindustr.
F	Vgl. Tabelle 2322, S. 690 unter Flußspat				
Fe	Magnetit Haematit Brauneisen Siderit Chamosit	72,4% Fe 70% Fe 63% Fe 48% Fe ...33% Fe	Kirunaerz 58...68% Fe, Sideriterze 35...39% Fe, sedim. Brauneisenerze 28...35% Fe	*Welt* (1960): $226{,}3 \cdot 10^6$ t Fe UdSSR (27,7), USA (21,2), Frankreich (9,6), Schweden (5,8), Canada (4,8), Deutschl. (BR 2,0)	
Ge	Germanit Argyrodit Stottit	ca. 8% Ge 6,5% Ge 28% Ge	Mit Cu-Erzen in Tsumeb, Katanga; Gewinnung aus Spurengehalten von Blei-Zinkerzen, Kohlenaschen, Erdölrückständen	*Welt*: (?) Tsumeb (1955: 32 t Ge-Erz), Katanga, Bolivien	Halbleitertechnik (Gleichrichter, Fotozellen, Transistormetall)
Hg	Zinnober Metacinnabarit Quecksilberfahlerz ged. Quecksilber	86,2% Hg 86,2% Hg ...17% Hg	Gänge u. Imprägnationen 0,2...7% Hg	*Welt* (1965): 9790 t Hg Spanien (29,1), Italien (20,2), UdSSR (14,3), China (9,2), USA (6,9), Mexico (6,8), Jugoslawien (5,8), Japan (3,3)	Chem. Industr.

K	Carnallit Sylvin Kainit	16,9% K_2O 63,0% K_2O 18,9% K_2O	Salzlagerstätten: Carnallit-Gestein ca. 10...12% K_2O, Sylvinit 10...24% K_2O, Hartsalz 12...17% K_2O	*Welt* (1960): $8550 \cdot 10^3$ t K_2O Deutschl. (BR 27, Sowjetzone 19,4), USA (28), Frankreich (20), Spanien	Düngemittel (~95%), Chem. Industr., Glas, Keramik
Li	Spodumen Amblygonit Lithiumglimmer Petalit	3,5% Li_2O 8...9% Li_2O 3,5...8% Li_2O 2...4% Li_2O	Li-Erz ca. 1...3% Li_2O	*Welt* (1958): 87800 t Li-Erz S-Rhodesien (86), SW-Afrika (8), USA (?) (1954: 54000 t)	Legierungen (Lagermetall), Glas, Emaille, Chem. Ind. Schmiermittel (Li-Stearat), Reaktortechnik. Desoxydationsmittel i. NE-Metallindustr. Raketentechnik (Brennstoff). Feuerfeste Keramik
Mg	*Magnesit* *Dolomit* Carnallit Kieserit	29% Mg 13% Mg 9% Mg 17% Mg	Magnesit, Dolomit u. dolomitischer Kalkstein, Meerwasser (0,13% Mg), Ablaugen der Kalisalzgewinnung	*Welt* (1965): $160{,}5 \cdot 10^3$ t Mg USA (45,8), UdSSR (21,1), Norwegen (16,4), Canada (6,3), Italien (3,9), Japan (2,4), Frankreich (1,7) s. a. u. Magnesit u. Dolomit i. Tabelle 2322 Industrieminerale	Leichtmetallegierungen f. Flugzeug-, Motoren-, Maschinenbau, s. a. u. Magnesit u. Dolomit Tabelle 2322 Industrieminerale
Mn	*Pyrolusit* *Psilomelan* Manganit Manganspat Hausmannit	63% Mn 63% Mn 62% Mn 48% Mn 72% Mn	sedimentäre oolithische Erze ca. 40...60% Mn	*Welt* (1960): 5300000 t[1] Mn UdSSR (49), Indien (9,3), S-Afrika (8,3), Brasilien (7,1), Ghana (5,0), Rep. Kongo (3,7), Marokko (3,3), Japan (2,0)	Desoxydationsmittel i. d. Stahlindustr., Stahlveredler, Elektroindustr., Glasindustr.

[1] Ohne China.

Element	Erzmineral	Theoretischer Höchstgehalt	Erz und Gehalt	Weltförderung Hauptförderungsländer (Anteil an der Weltförderung in %)	Verwendung
Mo	*Molybdänglanz* Wulfenit	60% Mo 26% Mo	pegmatit. Quarzgänge; mit Kupfererzen	*Welt* (1960): 39090 t Mo USA (79,2), UdSSR (*12,8*), Chile (5,1), Canada (0,9), Norwegen (0,63)	Stahlveredler, Legier.-Zus., Elektroindustr., Schmiermittelzusatz
Na	Steinsalz Meerwasser	39,3% Na 1,05% Na	Steinsalzbergbau, Salinen, Salzgärten	*Welt* (1960): $64{,}477 \cdot 10^6$ t NaCl N-Amer. (41), Europa (35), UdSSR (10,4), Asien (10), Afrika (2,5), Deutschl. (BR 7 Steinsalz, 0,53 Siedesalz)	Chem. Industr. Schwerchemikal, Seifen, Detergentien, Glasindustr., Wasserenthärtung
Nb	Niobit Pyrochlor	22...54% Nb	In Pegmatiten	*Welt* (1960): ca. 2500 t Erzkonzentrat Nigeria (75), Rep. Kongo (5), Malaya (3), Brasilien (2)	Sonderleg. f. Elektrotechnik (Spulen f. sehr starke Magnetfelder), hitzebeständig. strateg. Mat. f. Raketentechnik
Ni	*Pentlandit* Garnierit Rotnickelkies Chloanthit Rammelsbergit	34,6% Ni ...30% Ni 43,9% Ni ca. 28% Ni 28% Ni	Ni-haltiger Magnetkies mit meist 1...3% Ni, auch bis 6% Verwitterungslagerstätten auf Peridotiten 3...15% Ni	*Welt* (1965): $430 \cdot 10^3$ t Ni Canada (56,8), UdSSR (18,6), Neu Kaledonien (13,4), Kuba (4,7), USA (2,9)	Stahlveredler, Rostschutz, Sonderleg., Elektroindustr., Katalysator, Münzmetall
P	*Phosphorit* Apatit	...38% P_2O_5 42% P_2O_5	Phosphorit durchschn. 15% P_2O_5; pegmatit. Apatit, P-haltige Eisenerze	*Welt* (1960): *39400* $\cdot 10^3$ t[1] Rohphosphat versch. P-Geh. USA (45,2), N-Afrika (24,6), UdSSR (*16,7*), Nauru (3,2)	Düngemittel (Superphosphat), Chem. Industr.

Pb	*Bleiglanz* *Bournonit* Cerussit Anglesit	86,8% Pb 42,4% Pb 77,5% Pb 68,3% Pb	hydrotherm. Gangerze (Bleiglanz, Bournonit) Oxydationszone von Pb-Lagerst. (Cerussit, Anglesit)	*Welt* (1965): $2715 \cdot 10^3$ t Pb UdSSR (14,7), Australien (13,3), USA (9,9), Canada (9,9), Mexico (6,3), Peru (5,4), SW-Afrika (4,0), Bulgarien (3,7), Marokko (2,8), Deutschland (BR) (1,8)	Legierungen, Elektroindustr. (Bleikabel, Akkumulatoren), Bleirohre, Farben, Strahlenschutz
Pt	Sperrylith Cooperit ged. Platin	56,6% Pt 86,5% Pt	Ni-Magnetkieslagerst. als Nebenprod. (z.B. Sudbury 0,21 g Pt/t), Seifenlagerstätten	*Welt:* (1961): 34000 kg Canada (38,7), S-Afrik. Un. (34,2), UdSSR (22,9), USA (3), Columbien (2,3)	Schmuck, Chemie (Katalysator, Geräte), Elektroindustr., Medizin. Geräte
S	ged. Schwefel Pyrit Magnetkies Gips Erdöl-Erdgas-Rückstände	 53,4% S 36,5% S 18,6% S 0,1...2% S	ca. 42% der Förderung ca 41% der Förderung (Pyrit, Magnetkies) ca. 17% der Förderung	*Welt* (1960): $7080 \cdot 10^3$ t ged. S. $6830 \cdot 10^3$ t aus Pyrit *Ged.S:* USA (72), Mexico (19), Japan (3,5), Italien (1,44). *Aus Pyrit:* Japan (22,6), Spanien (14,6), Italien (10), USA (6,2), Canada (5,6), Norwegen (5,3)	Schwerchemikalien, Schwefelsäure, Schädlingsbekämpfung, Cellulose-, Gummi-Industr.
Sb	*Antimonit* Antimonocker Sb-haltige Bleierze	71,4% Sb ...75% Sb mehrere %	Antimonit-Quarz ± Pyrit-Gänge	*Welt* (1960): ***58700*** t Sb China (***29,3***), S-Afrika (21), UdSSR (***10,2***), Bolivien (9,1), Jugoslawien (8,1), Mexico (7,2), CSR (***2,7***), USA (0,1)	Legierungszus. Lettern-, Lager-, Weiß-Metall), Farben, Keramik, Gummiindustr.
Sn	*Zinnstein* Zinnkies	78,6% Sn 27,6% Sn	Zinnerzseifen, 0,5 g/t ...1% Sn, pneumatolyl. Gänge	*Welt* (1965): $205 \cdot 10^3$ t Sn Malaysia (31,6,) China (12,2), Bolivien (11,8), UdSSR (11,2), Thailand (9,5), Indonesia (7,3), Nigerien (4,7)	Weißblech, Lagermetall, Elektroindustr., Lötzinn

[1] Ohne China, N-Vietnam.

Element	Erzmineral	Theoretischer Höchstgehalt	Erz und Gehalt	Weltförderung Hauptförderungsländer (Anteil an der Weltförderung in %)	Verwendung
Sr	*Coelestin* Strontianit	56,4% SrO 70% SrO	in Gängen	*Welt (1959)*[1]: 12200 t Strontiumerz Goßbritannien (66,7), Mexico (16,8), Italien, W-Pakistan	Zuckerindustrie, Feuerwerkerei, Glas-, Keramik-, Emailleindustrie, Legier.-Zusatz
Ta	Tantalit	43...66% Ta	in Pegmatiten	*Welt:* (?) ca. ***300...500*** t Tantalerz-Konzentr. Rep. Kongo (*38*), Mozambique (*21*), Brasilien (*20*)	Stahlveredler, Elektroindustr. (Kondensatoren), Hartmetall
Th	Monazit Thorit Thorianit	8...10% ThO_2 ...81,5% ThO_2 38...93% ThO_2	Seifenlagerstätten, in Pegmatiten	*Welt:* (?) geheim! ca. ***600*** t Th-Erz Madagaskar, Canada	Mg-Th-Legier. als Reaktorwerkstoff; Brutelement
Ti	*Ilmenit* Rutil	31,6% Ti 61,6% Ti	magmat. Ausscheidungen bas. Gesteine 7...12, ...24% Ti, Seifenlagerstätten mit ca. 6% Ti	*Welt* (1959): 1730 · 10^3 t Ilmenit; 6620 t Rutil *Ilmenit:* USA (33,5), Indien (19,4), Norwegen (14,3), Canada (14,3) *Rutil:* Australien (30), Mozambique (21)	Titanstahl, Hartmetall, Sonderleg. (Raketen- u. Düsentriebwerke), Apparatebau, Glas, Emaille, Schweißelektroden, Titanweiß
U	Uranpecherz Carnotit Autunit Torbernit	88% U 53% U 48,7% U 47,6% U	Canad. Pechbl.-Erze 0,025...0,045% U, USA-Carnotiterze 0,08...0,9% U, Witwatersrand 0,007...0,09% U	*Welt:* (?) (ca. ***32000*** t U) USA (1961) 13400 t U; Canada (1961) 7500 t U; S-Afrik. Un. (1961) 4000 t U; Frankreich (1960) ca. 2000...2200 t U; Australien (1960); 1150 t U; Katanga, Brit. Ostafr.	Herst. spaltbar. Materials f. Kernbrennstoff u. strateg. Zwecke, säurefeste Leg., Chem. Ind., Leuchtfarben, Glasfärbung

V	*Carnotit*	...13% V	Großenteils Nebenprodukt bei der Uran-(Carnotit), Ilmenit-(Titanomagnetit), Asphalt-(Patronit) u. Zink-Gewinnung	*Welt* (1960): 6440 t V[2] USA (70), SW-Afrika (11,8), S-Afrika (9,2), Finnland (8,8)	Stahlveredler, Farbstoff (Keramik)
	Descloizit	...14% V			
	Vanadinit	10,7% V			
	Patronit	28,4% V			
	Roscoelith	5,3% V			
	Titanomagnetit	1...6% V			
W	*Wolframit*	...75% WO_3	Wolframitgänge ca. 0,5% WO_3, Seifenlagerstätten	*Welt* (1960)[3]: 16900 t WO_3 USA (22,5), Rep. Korea (19), Portugal (10), Bolivien (7,6), Brasilien (7,1); China (1959): (11200 t), UdSSR (*5700* t)	Stahlveredler, Hartmetalle, hitzebeständ. Stellite, Glühbirnen
	Scheelit	...80% WO_3			
Zn	*Zinkblende*	67,1% Zn	Hydrothermale...metasom. Gangerze (7...30% Zn-Gehalt, gelegentl. auch niedriger)	*Welt* (1965): $4188 \cdot 10^3$ t Zn Canada (17,8), USA (13,2), UdSSR (10,7), Peru (6,2), Mexico (5,4), Japan (5,3), Polen (4,4), Italien (2,8), Deutschland (BR) (2,6)	Verzinken, Messing u.a. Legierungen, Kfz.-Industrie, Farbmittel (Zinkoxid, Lithopone)
	Wurtzit	67,1% Zn			
	Franklinit	18,7% Zn			
	Rotzinkerz	80,4% Zn			
	Galmei	52% Zn			
Zr	Baddeleyit	97...99% ZrO_2	in Seifenlagerstätten	*Welt* (1959)[4]: ca. *160000* t Australien (69), USA (19), Senegal (6), S-Afrik. Un. (3,7)	Hochtemperaturmaterial (Atomreaktor- u. Raketenbau), Stahlveredler, Medizin. Geräte, Getter-Material
	Zirkon	67,3% ZrO_2			

[1] Ohne UdSSR. [2] Ohne Argentinien, Kongo, Spanien, UdSSR. [3] Ohne China, UdSSR, N-Korea. [4] Ohne Ostblock.

2322. Industrieminerale, Kohlen, Erdöl

Mineralischer Rohstoff	Weltförderung 1960 Hauptförderungsländer (Anteil an der Weltförderung in %)	Verwendung
Asbest	*Welt:* 2195 · 10^3 t Canada (46), UdSSR (*27*), S-Afrika (7), Ver. Rhodes. Rep. (5,5), China, Italien, USA	Isolationsmittel in Wärme- u. Elektrotechnik, feuerfeste Gewebe, Füllmittel f. Gummi, Zementsteine. Chem. Industrie (Filter, Katalysatorträger)
Baryt	*Welt:* 2812 · 10^3 t USA (25), Deutschl. (BR 16,8), Mexico (10), Griechenld. (5,3), Canada (5), UdSSR, Großbrit., Frankr.	Beschweren von Tiefbohrspülschlamm u. Beton, Füllmittel f. Papier, Gummi, Linoleum, Farben (Lithopone), Strahlenschutz, Chem. Industrie
Diamant	*Welt:* 5460 kg (davon 5140 kg Industriediamanten) Kongo (49), Ghana (12), S-Afrika (11,5), Sierra Leone (7), Angola, Liberia, Indien, Brasilien. Auch synthetisch.	Besatz v. Gesteins-Sägen u. -Bohrkronen, Glasschneider, Schleifmittel, Ösen z. Herstellung feinst. Drähte, Lager v. Präzis.-Instrum.
Feldspat	*Welt:* ca. *1200* · 10^3 t USA (48), Deutschl. (BR 16), Frankr. (7,3), Norwegen (5,5), Italien (5,2), Schweden (3,8)	Porzellan- u. Eisenhüttenindustrie (Schlackenbildner), Glasindustrie
Flußspat	*Welt: 1700* · 10^3 t Mexico (18,4), China (*12*), UdSSR (*10*), USA (10), Deutschl. (BR 12)	Metallurg. Flußmittel, Zusatz f. Hüttenzement, Glasindustr., Chem. Industr., Pharmazie
Gips	*Welt* (1959): 30,7 · 10^6 t USA (32), Canada (17,5), UdSSR (13), Frankr. (12,3), Deutschl. (BR 6,5)	Stuck- u. Estrichgips, Düngemittelindustr., Chem. Industr., Farbträger, Wandkreide, Füllmittel i. d. Papier- u. Kautschukindustr., Keramik-, Zementindustr.
Glimmer (Mica)	*Welt:* 186 · 10^3 t USA (58,6), Indien (16), S-Afrik. Un. (1,8), Norwegen (1,6), Brasilien, Madagaskar	Isolationsmittel i. d. Elektroindustr., hitzebeständ. Isoliermaterial, Ofenfenster, Brokatfarben (Tapetenindustr.), Wärmeisolationsmittel (Abfälle)
Graphit	*Welt: 422* · 10^3 t S-Korea (22), Österr. (21), N-Korea (*12*), UdSSR (*10*), China (*9,5*), Mexico (8), Madagaskar (3,4), Deutschl. (BR 2,7), Ceylon (2,1), Norwegen (1,2)	Metallurg. Industr. (Schmelztiegel), Rostschutzanstriche, Erdfarben, Schmiermittel, Bleistifte, Elektroindustrie

Mineralischer Rohstoff	Weltförderung 1960 Hauptförderungsländer (Anteil an der Weltförderung in %)	Verwendung
Kaolin	*Welt:* ca. *2 · 10⁶* t (Rohkaolin) England (*ca. 40*), Deutschl. (BR ca. *15*), Japan (ca. *15*), Tschechoslow. (ca. *10*), Frankr. (ca. *5*), USA (ca. *5*)	Füllstoff i. d. Papier-, Gummi- u. Farbindustr., feuerfeste Keramik (Schamotte), Porzellan
Korund (Schmirgel)	*Welt: 7250* t S-Rhodesien (35), S-Afrik. Un. (7,5), Indien (3), UdSSR (?)	Schleifmittel (Schleifpapiere, Schleifscheiben u. Schleifpulver), Zuschlag f. rutschfeste Betonfußböden
Kryolith	*Welt:* 42,4 · 10^3 t Grönland (Ivigtut) praktisch 100	Flußmittel b. d. elektrolyt. Aluminium-Gewinnung (ca. 80%), Milchglas, Emaille (Hauptmenge synthet. hergestellt)
Kyanit (Disthen) einschl. Sillimanit u. Mullit	*Welt* (1959): ca. *132 · 10^3* t USA (ca. *40*), S-Afrika (34), Indien (18,5), Australien, SW-Afrika, S-Korea, Kongo	Hochfeuerfeste Keramik, Zündkerzen
Magnesit	*Welt:* 2880 · 10^3 t Österr. (56), USA (15,7), Jugoslaw. (8,8), Griechenld. (6,1), Indien (5,4)	Feuerfeste Ofenauskleidung, Eisen-, Zement-, Kalk-Industr., Chem. Industr.
Quarz	*Welt:* ? weit verbreitet Deutschl. (BR 1960): Quarzit 350,1 · 10^3 t Quarz u. Quarzsand 1030 · 10^3 t Brasilien (1959): 1100 t Piezoquarze	Glas- u. Keram. Industr., feuerfeste Steine (Dinas), Schlackenbildner i. d. Eisenindustr., Schleifmittel, Quarz-Glas u. -Gut; Schwingquarze (USA 1957: 53,6 · 10^5 Stück!) f. Radio, Fernsehen, Radar, Ultraschall; optische Industr. Präzisionsgerätebau
Talk	*Welt:* 2220 · 10^3 t USA (30), Japan (27), Frankr. (7,9), Italien, Indien, Österr. (3,7), Deutschl. (BR 1,45)	Farbfüllstoff, Füllstoff i. d. Gummi- u. Papierindustr., Dachpappe, Träger v. Insektiziden, Kosmetik; Steatit-Keramik
Vermiculit	*Welt:* (1952) 233,6 · 10^3 t USA (85), S-Afrika (14), S-Rhodesien u.a.	Isolationsmittel geg. Wärme u. Schall, Adsorptionsmittel
Steinkohle	*Welt:* 1988,3 · 10^6 t USA (19,6), UdSSR (18,8), Großbrit. (9,9), Deutschl. (BR 7,2), Polen (5,2)	Energiegewinnung, Reduktionsmittel i. d. Hüttenindustrie, Rohstoff d. Chem. Industrie

Mineralischer Rohstoff	Weltförderung 1960 Hauptförderungsländer (Anteil an der Weltförderung in %)	Verwendung
Braunkohle	*Welt:* $639{,}4 \cdot 10^6$ t Deutschl. (Sowjetzone 35, BR 15), UdSSR (21,6), Tschechoslow. (9,1), Jugoslawien, Österr.	Energiegewinnung

24. Zusammenfassende Tabellen mit mechanisch-

241. Metall-

2411.

Die nachstehenden Tabellen enthalten eine Reihe häufig benutzter essierenden physikalischen Eigenschaften wie den thermischen Auslich die elektrische Leitfähigkeit.

Die mechanischen Eigenschaften wie Härte, Zugfestigkeit für Bau-Tabellen zusammengefaßt.

24111. Zusammensetzung in Gew.%

Stahl	C %	Si %	Mn %	P %	S %	Cr %	Ni %	W %	Mo %
									Eisen-Kohlen-
1	0,06	0,01	0,38	0,017	0,035	0,022	0,055	—	0,030
2	0,08	0,08	0,31	0,029	0,050	0,045	0,07	—	0,020
3	0,23	0,11	0,635	0,034	0,034	Sp.	0,074	—	—
4	0,415	0,11	0,643	0,031	0,029	Sp.	0,063	—	—
5	0,435	0,20	0,69	0,037	0,038	0,03	0,04	—	0,01
6	0,80	0,13	0,32	0,008	0,009	0,11	0,13	—	0,01
7	0,84	0,13	0,24	0,014	0,014	Sp.	Sp.	—	—
8	1,22	0,16	0,35	0,009	0,015	0,11	0,13	—	0,01
									niedriglegierte
9	0,23	0,12	1,51	0,037	0,038	0,06	0,04	—	0,025
10	0,325	0,18	0,55	0,032	0,034	0,17	3,47	—	0,04
11	0,33	0,17	0,53	0,031	0,033	0,80	3,38	—	0,07
12	0,325	0,25	0,55	0,018	0,025	0,71	3,41	—	0,06
13	0,34	0,27	0,55	0,024	0,003	0,78	3,53	—	0,39
14	0,315	0,20	0,69	0,039	0,036	1,09	0,073	—	0,012
15	0,35	0,21	0,59	0,028	0,031	0,88	0,26	—	0,20
16	0,485	1,98	0,90	0,044	0,047	0,04	0,156	—	—
									hochlegierte
17	1,22	0,22	13,00	0,038	0,010	0,03	0,07	—	—
18	0,28	0,15	0,89	0,009	0,003	Sp.	28,37	—	—
19	0,08	0,68	0,37	0,022	0,011	19,11	8,14	0,60	—
20	0,13	0,17	0,25	0,018	0,024	12,95	0,14	—	—
21	0,27	0,18	0,28	0,022	0,022	13,69	0,20	0,25	0,01
22	0,715	0,30	0,25	0,018	0,028	4,26	0,067	18,45	Sp.

Mineralischer Rohstoff	Weltförderung 1960 Hauptförderungsländer (Anteil an der Weltförderung in %)	Verwendung
Erdöl	*Welt:* 1056,8 · 10^6 t USA (33), Venezuela (14,4), UdSSR (14), Arabische Halbinsel (18,1), Irak (4,5), Deutschl. (BR 0,55), Österr. (0,23)	Motorenbenzin, Diesel-, Schmier-, Heiz- u. Leuchtöl; Rohstoff i. d. Chem. Industr. (Petrochemie)

kalorischen Daten für wichtige Werkstoffe

legierungen

Stähle

Stahllegierungen, deren Zusammensetzung und ihre in erster Linie inter-
dehnungskoeffizienten, die Enthalpie, die Wärmeleitfähigkeit und gelegent-

stähle, Einsatzstähle und Vergütungsstähle sind in zwei besonderen

der Stähle für Tabelle 24112...24115

V %	Cu %	Al %	As %	Dichte bei 15°C	Wärmebehandlung
stoff-Legierungen					
—	0,08	0,001	0,039	7,871	geglüht bei 930° C
—	Sp.	0,002	0,032	7,856	geglüht bei 930° C
—	0,13	0,010	0,036	7,859	geglüht bei 930° C
—	0,12	0,006	0,033	7,854	geglüht bei 860° C
—	0,060	0,006	0,024	7,844	geglüht bei 860° C
—	0,070	0,004	0,021	7,851	geglüht bei 800° C
—	0,02	0,004	0,009	—	—
—	0,077	0,006	0,025	7,830	geglüht bei 800° C
Stähle					
—	0,105	0,015	0,033	7,849	geglüht bei 860° C
0,01	0,086	0,006	0,023	7,855	geglüht bei 860° C
0,01	0,053	0,006	0,028	7,847	geglüht bei 860° C, angelassen bis 640° C und im Ofen abgekühlt
0,01	0,123	0,008	0,023	7,848	
—	0,050	0,007	0,037	7,859	
—	0,066	0,005	0,028	7,842	geglüht bei 860° C
Sp.	0,12	0,004	0,039	7,845	geglüht bei 860° C, angelassen bis 640° C, Ofenabkühlung
—	0,086	0,007	0,029	7,725	geglüht bei 930° C
Stähle					
—	0,070	0,004	0,038	7,870	erwärmt bis 1050° C und an der Luft abgekühlt
—	0,030	0,012	0,027	8,161	erwärmt bis 950° C und in Wasser abgeschreckt
—	0,030	0,004	0,025	7,916	erwärmt bis 1100° C und in Wasser abgeschreckt
0,012	0,060	0,034	0,015	7,745	in Luft bei 960° C geglüht, 2 Std bei 750° C angelassen, anschließend Luftabkühlung
0,022	0,074	0,031	0,003	7,741	
1,075	0,064	0,004	0,035	8,691	geglüht bei 830° C

24112. Wärmeleitfähigkeit in W/cmgrd bei °C

Stahl-Nr.	0°	50°	100°	200°	500°	800°	1000°	1200°
1	0,653	0,628	0,603	0,557	0,410	0,301	0,276	0,297
2	0,594	0,586	0,578	0,536	0,402	0,285	0,276	0,297
3	0,519	0,515	0,506	0,486	0,393	0,260	0,272	0,297
4	0,519	0,515	0,506	0,481	0,381	0,247	0,268	0,297
5	0,481	0,481	0,481	0,465	0,385	0,268	0,268	0,297
6	0,498	0,494	0,481	0,452	0,352	0,243	0,268	0,301
7	0,511	0,502	0,490	0,460	0,356	0,243	0,268	0,297
8	0,452	0,452	0,448	0,427	0,347	0,239	0,260	0,285
9	0,460	0,460	0,465	0,448	0,373	0,297	0,272	0,297
10	0,364	0,373	0,377	0,385	0,343	0,251	0,276	0,301
11	0,343	0,352	0,360	0,368	0,352	0,260	0,276	0,297
12	0,334	0,347	0,356	0,364	0,343	0,260	0,276	0,297
13	0,331	0,335	0,339	0,352	0,335	0,268	0,285	0,301
14	0,486	0,447	0,465	0,444	0,356	0,260	0,280	0,301
15	0,431	0,427	0,427	0,419	0,364	0,264	0,280	0,301
16	0,251	0,268	0,285	0,301	0,310	0,251	0,264	0,293
17	0,130	0,138	0,146	0,163	0,205	0,234	0,255	0,280
18	0,126	0,138	0,146	0,163	0,205	0,251	0,276	0,297
19	0,159	0,159	0,163	0,172	0,218	0,268	0,280	0,297
20	0,268	0,272	0,276	0,276	0,272	0,251	0,276	0,306
21	0,251	0,260	0,264	0,272	0,272	0,251	0,276	0,301
22	0,243	0,251	0,260	0,272	0,280	0,260	0,276	0,293

24113. Mittlerer linearer Ausdehnungskoeffizient in 10^{-6} grd^{-1}

Stahl-Nr.	α_m 20...100° C	α_m 20...1000° C	Stahl-Nr.	α_m 20...100° C	α_m 20...1000° C	Stahl-Nr.	α_m 20...100° C	α_m 20...1000° C
1	12,62	13,79	9	11,89	13,67	17	18,01	23,13
2	12,19	13,49	10	11,20	13,29	18	13,73	18,83
3	12,18	13,37	11	11,36	13,11	19	14,82	19,36
4	11,21	13,59	13	11,63	12,96	20	10,13	11,70
6	11,11	15,72	14	12,16	13,66	21	9,98	12,18
8	10,60	16,84	16	11,19	14,54	22	11,23	12,44

24114. *Enthalpie* $h - h_{50°}$ *in J/g bei °C*

Stahl-Nr.	50°	100°	150°	200°	250°	500°	750°	1000°	1250°
1	0,0	24,3	49,4	75,3	102,1	252,4	463,8	655,9	823,3
2	0,0	24,3	49,4	75,3	102,5	252,8	463,8	660,9	826,2
3	0,0	24,3	49,4	75,3	102,1	252,8	478,4	660,1	825,0
4	0,0	24,3	49,4	74,9	101,3	249,9	473,8	619,9	781,4
5	0,0	23,9	49,4	75,3	102,1	251,1	493,1	658,8	819,9
6	0,0	24,3	50,2	77,0	104,2	257,0	506,0	663,4	828,3
7	0,0	25,1	51,1	78,7	105,5	258,2	521,1	676,0	839,2
8	0,0	24,3	50,2	77,3	104,6	254,1	504,4	663,0	825,8
9	0,0	23,9	48,6	74,1	100,5	248,6	473,8	628,7	784,4
10	0,0	24,3	49,4	75,3	102,1	251,5	493,1	651,3	812,8
11	0,0	24,7	50,2	76,2	103,0	255,3	494,7	643,7	805,3
12	0,0	24,3	50,2	76,2	103,0	253,2	493,5	642,1	806,1
13	0,0	24,3	49,4	75,8	103,0	255,3	506,4	665,5	825,4
14	0,0	24,7	50,2	76,2	103,0	253,2	480,5	642,2	802,4
15	0,0	23,9	48,6	74,5	100,9	249,5	481,3	643,3	799,4
16	0,0	25,1	50,2	76,6	103,8	255,3	453,7	647,1	812,4
17	0,0	26,0	52,7	81,2	110,1	262,0	428,6	594,4	767,2
18	0,0	25,1	50,6	76,6	103,4	240,7	387,2	534,9	688,9
19	0,0	25,5	51,9	78,7	105,5	248,2	406,0	567,6	734,1
20	0,0	23,4	48,6	74,5	100,9	253,6	458,7	631,6	794,4
21	0,0	23,4	48,1	73,7	100,5	251,5	464,6	649,6	812,4
22	0,0	20,5	41,9	63,6	86,2	212,6	370,0	535,3	688,1

24115. *Elektrischer Widerstand in* $10^{-6}\,\Omega \cdot cm$ *bei °C*

Stahl-Nr.	0°	50°	100°	200°	500°	800°	1000°	1200°
1	12,0	14,7	17,8	25,2	57,5	107,3	116,0	121,6
2	13,2	15,9	19,0	26,3	58,4	108,1	116,5	122,0
3	15,9	18,7	21,9	29,2	60,1	109,4	116,7	121,9
4	16,0	18,9	22,1	29,6	61,9	111,1	117,9	123,0
5	17,7	20,7	23,8	31,2	62,6	111,3	118,0	122,7
6	17,0	19,8	23,2	30,8	62,8	112,9	119,1	123,1
7	16,5	19,4	22,8	30,3	62,2	112,9	119,7	124,6
8	18,4	21,6	25,2	33,3	66,5	115,2	122,6	127,1
9	19,7	22,5	25,9	33,3	64,5	110,3	117,4	122,7
10	25,9	28,9	32,0	39,0	67,9	112,2	118,0	122,8
11	25,6	28,5	31,7	38,7	68,1	111,5	117,8	122,5
12	26,5	29,4	32,5	39,5	68,6	111,7	118,0	122,8
13	27,7	30,6	33,7	40,6	69,4	111,4	117,6	122,2
14	20,0	22,7	25,9	33,0	63,6	110,6	117,7	123,0
15	21,1	24,0	27,1	34,2	64,6	110,3	117,1	122,2
16	41,9	44,4	47,0	52,9	78,8	117,3	122,3	127,1
17	66,5	71,1	75,7	84,7	105,9	120,4	127,5	131,4
18	82,9	86,1	89,1	94,7	107,7	116,5	120,6	124,3
19	69,4	73,6	77,6	85,0	102,6	114,1	119,6	124,1
20	48,6	53,6	58,4	67,9	93,8	116,0	117,0	121,6
21	50,3	54,9	59,5	68,4	93,5	115,7	117,9	122,9
22[1]	40,6	43,8	47,2	54,4	81,5	115,2	120,9	126,6

[1] Diskontinuierlich aufgeheizt.

24116. *Zusammensetzung und*

Stahl	Werkstoff-Nr.	C	P max.	S max.	N	Si
Baustähle						
a) für allgemeine Anforderungen		∼0,20	0,10	0,05...0,06	–	
b) für höhere Anforderungen		∼0,20	0,10	0,05...0,06	0,01	
kaltgezogen						
a)						
b)						
Einsatzstähle unlegierte						
C 10/Ck 10		0,06...0,12	0,045...0,035	0,045...0,035	–	0,15...0,35
C 15/Ck 15		0,12...0,18	0,045...0,035	0,045...0,035	–	0,15...0,35
legierte* (Kurzzeichen nach DIN 17006)						
15 Cr 3	1.7015	0,12...0,18	0,035	0,035	–	0,15...0,35
16 MnCr 5	1.7131	0,14...0,19	0,035	0,035	–	0,15...0,35
20 MnCr 5	1.7147	0,17...0,22	0,035	0,035	–	0,15...0,35
15 CrNi 6	1.5919	0,12...0,17	0,035	0,035	–	0,15...0,35
18 CrNi 8	1.5920	0,15...0,20	0,035	0,035	–	0,15...0,35

24117. *Zusammensetzung und Festigkeits-*

Stahlsorte	Werkstoff-Nr.	C	Si	Mn	P max.	S max.	Cr
C 22[1]	1.0611	0,18...0,25	0,15...0,35	0,39...0,60	0,045	0,045	
C 35[1]	1.0651	0,32...0,40	0,15...0,35	0,40...0,70	0,045	0,045	
C 45[1]	1.0721	0,42...0,50	0,15...0,35	0,50...0,80	0,045	0,045	
C 60[1]	1.0751	0,57...0,65	0,15...0,35	0,50...0,80	0,045	0,045	
Kurzname nach DIN 17006:							
40 Mn 4	1.5038	0,36...0,44	0,25...0,50	0,80...1,1	0,035	0,035	
25 CrMo 4	1.7218	0,22...0,29	0,15...0,35	0,50...0,80	0,035	0,035	0,90...1,2
37 MnSi 5	1.5122	0,33...0,41	1,1 ...1,4	1,1 ...1,4	0,035	0,035	
34 Cr 4	1.7033	0,30...0,37	0,15...0,35	0,50...0,80	0,035	0,035	0,90...1,2
34 CrMo 4	1.7220	0,30...0,37	0,15...0,35	0,50...0,80	0,035	0,035	0,90...1,2
36 CrNiMo 4	1.6511	0,32...0,40	0,15...0,35	0,50...0,80	0,035	0,035	0,90...1,2
42 MnV 7	1.5223	0,38...0,45	0,15...0,35	1,6 ...1,9	0,035	0,035	
27 MnCrV 4	1.8162	0,24...0,30	0,15...0,35	1,0 ...1,3	0,035	0,035	0,60...0,90

[1] Neben den hier aufgeführten Stahlsorten C 22, C 35, C 45, C 60 gibt es Ck 22, Ck 35, Ck 45,

Festigkeitswerte besonderer Stähle

Mn	Cr	Mo	Ni	HB [1,4] kp/mm²	σ_B [2,4] kp/mm²	δ [3,4] %	Bemerkungen
					33...50	23	gewährleistete Eigenschaften bei Lieferung
					40...60	20	
					40...80		von der Dicke abhängig
					80...110		
0,25...0,50				131	42...52		
0,25...0,50				140	50...65		
							* Norm: DIN 17210 wärmebehandelt zur Erzielung einer bestimmten Zugfestigkeit
0,40...0,60	0,50...0,80			143...187	65...85		
1,0...1,3	0,80...1,1			156...207	80...100		
1,1...1,4	1,0...1,3			170...217	100...130		
0,40...0,60	1,4...1,7		1,4...1,7	170...217	90...120		
0,40...0,60	1,8...2,1		1,8...2,1	187...235	120...145		

[1] Brinellhärte; [2] Zugfestigkeit; [3] Bruchdehnung; [4] Siehe. a. 2412.

werte deutscher Vergütungsstähle

Mo	Ni	V	HB kp/mm²	σ_B kp/mm² bis 16 mm ⌀	σ_B kp/mm² über 16...40 mm ⌀	Bemerkungen
			155	55...65	50...60	unlegierte Vergütungsstähle nach DIN 17200
			172	65...80	60...72	
			206	75...90	65...80	
			243	85...105	75...90	
			217	90...105	80...95	legierte Vergütungsstähle nach DIN 17200
0,15...0,25			217	90...105	80...95	
			217	100...120	90...105	
			217	100...120	90...105	
0,15...0,25			217	100...120	90...105	
0,15...0,25	0,90...1,2		217	110...130	100...120	
		0,07...0,12	217	110...130	100...120	
		0,07...0,12	217	90...105	80...95	

Ck 60, die sich nur unwesentlich unterscheiden, aber andere Werkstoffnummern haben.

2412. Legierungen außer Stählen

Die Tabellen 241201...241217 enthalten die maßgebenden physikalischen — insbesondere die mechanischen — Eigenschaften einer Reihe wichtiger Legierungen außer Stählen. Abgesehen von speziellen Ausnahmefällen findet man in einer ersten Tabelle die Zusammensetzung der Legierungen zusammen mit ihren handelsüblichen Bezeichnungen. In einer zweiten Tabelle sind dann die physikalischen Eigenschaften wie Dichte, Längsausdehnung in einem Temperaturintervall, spezifische Wärme, Wärmeleitfähigkeit und gelegentlich elektrische Leitfähigkeit sowie Elastizitätsmodul und Gleitmodul zu finden. Die Festigkeitseigenschaften sind in einer gemeinsamen Tabelle zusammengefaßt. In dieser sind neben der durch ihr Symbol bzw. ihren Handelsnamen gekennzeichneten Legierung Angaben über die Zugfestigkeit σ_B, die 0,2%-Grenze ($\sigma_{0,2}$ das ist der zur Längsdehnung von 0,2% erforderliche Zug) die Bruchdehnung δ (Prozent der Längsdehnung bis zum Bruch) und die Härte (s. S. 59) zu

241201. Kupfer mit geringen Legierungs-

Legierung und Werkstoffzustand %=Gew.%	Dichte bei 20° C g/cm³	Mittlerer Längsausdehnungskoeffizient bei °C	 in 10^{-6} grd^{-1}
CuMg 0,4...0,7[1]	8,89	20...300	18
CuCd 0,7...1,3	8,9...8,94	20...300	17.5
CuNi 1,5 Si lösungsgeglüht warmausgehärtet	8,88	20...300	16
CuNi 2 Si lösungsgeglüht warmausgehärtet	8,88	20...300	16
CuNi 1 P (Cu 98,15%, Ni 0,85...1,35%, P 0,18...0,3%) lösungsgeglüht 760° C warmausgehärtet	8,92	20...300	17,7
CuCr 0,7 lösungsgeglüht warmausgehärtet	8,90		
lösungsgeglüht bei 1000°		20...100	16,27
abgeschreckt, kalt verformt		20...300	18,05
ausgehärtet bei 450° C (1 h)		20...600	20,71
CuBe 1,2 lösungsgeglüht, kalt verformt und ausgehärtet	8,6		
CuBe 1,7 lösungsgeglüht lösungsgeglüht und ausgehärtet lösungsgeglüht kalt verformt lösungsgeglüht, kalt verformt und ausgehärtet	8,4	20...200	17,1
CuBe 2 lösungsgeglüht warmausgehärtet	8,3	20...200	17,1
CuMn 2	8,8	20...300	17,5
CuMn 5	8,6	20...300	21,2
CuMn 14	8,3	20...300	19,9

[1] Bei den Legierungen werden oft die Konzentrationen wichtiger Legierungselemente

finden. Für Messing ist eine eigene Tabelle der Festigkeitseigenschaften vorhanden.

Vorangestellt sind Kupfer- und Messinglegierungen, es folgen hitzebeständige Gußlegierungen von Ni—Cr—Fe, denen sich Knet- und Gußlegierungen mit überwiegend Ni-Gehalt anschließen. Danach folgen Kupfer-Knetlegierungen mit weniger als 50% Ni, Zinnbronzen, Aluminiumbronzen und Neusilber. Den Schluß bilden Legierungen für besondere Zwecke, wie Legierungen hoher Härte, Lagerlegierungen, Lote und Lettermetalle.

zusätzen; Physikalische Eigenschaften

Spezifische Wärme		Wärmeleitfähigkeit		Elastizitätsmodul *E* bei 20° C in kp/mm²
bei °C	J/ggrd	bei °C	J/cmsgrd	
20...400	0,376	20	3,05...2,3	12200
20...400	0,376	20	0,322	12500
20...400	0,376			
		20	7,5	1200
		20	1,25...1,6	14300
20...400	0,376			
		20	6,7	1200
		20	1,2...1,5	14300
20	0,385			
			1,38	12000
			2,51	13400
20	0,385			
		20	1,67	
		20	3,14	
				11100 (400° C)
				12700
				11400
				12200...12700
				11500
				12800
30...100	0,4			
		20	0,59...0,7	12000
		20	0,84...1,17	
20	0,38	20	1,30	12700
20	0,38	20	0,42	12500
20	0,41	20	0,23	12000

durch Anfügen der durchschnittlichen Prozentzahl hinter dem chemischen Symbol vermerkt.

241202. Messingsorten nach DIN 17660.

Nähere Qualitätskennzeichnung und Verwendungshinweise

Werkstoff	Kurzzeichen	Zusammensetzung in Gew.% Legierungsbestandteile	zulässige Beimengungen, Höchstgehalte	Besondere Eigenschaften und Verwendungshinweise
		α-Messinge (ausgezeichnete Kaltformbarkeit)		
Messing 90 („Rottombak")	Ms 90	Cu: 88,0...92,0 Zn: Rest	Fe: 0,1 Ni: 0,2 Sn: 0,1 Pb: 0,05 Al: 0,1 Sb: 0,01 Mn: 0,1 sonst.: 0,1	plattier- und emaillierfähig; Installationsteile für Elektrotechnik; Geschoßhülsen; Schmuckwaren
Messing 85 („Goldtombak")	Ms 85	Cu: 83,0...87,0 Zn: Rest	wie bei Ms 90	korrosionsbeständig; unempfindlich gegen Spannungskorrosion: Leitungsrohre für Trinkwasser; Metallschläuche; Schmuckwaren
Messing 80 („Hellrottombak")	Ms 80	Cu: 78,0...82,0 Zn: Rest	wie bei Ms 90	Hülsen für Federungskörper; Metallschläuche; Schmuckwaren
Messing 72 („Gelbtombak") („Kartuschmessing")	Ms 72	Cu: 69,5...73,0 Zn: Rest	Pb: 0,07 sonst wie bei Ms 90	höchste Tiefziehfähigkeit; gute Federungseigenschaften; korrosionsbeständig: Hülsen; Musikinstrumente; Autokühler; Federn; Rohre für Wärmeaustauscher (DIN 1785: KMs 72); Plattierwerkstoff für Flußstahl
Messing 67 („Halbtombak")	Ms 67	Cu: 66,0...69,0 Zn: Rest	Fe: 0,2 Ni: 0,5 Sn: 0,1 Pb: 0,1 Al: 0,1 Sb: 0,01 Mn: 0,1 sonst.: 0,1	gut tiefziehfähig und ätzbar: Hülsen; Autokühler; Metalltücher; Holzschrauben; Schilder; Zifferblätter
Messing 63 Pb	Ms 63 Pb	Cu: 62,0...65,0 Pb: 0,2...3,0 Zn: Rest	wie bei Ms 67	gut zerspanbar; kaltstauchfähig:
(„Nippelmessing")		Cu: 63 Pb: 1,7 Zn: Rest		Nippel; Schrauben
Messing 63	Ms 63	Cu: 62,0...65,0 Zn: Rest	Pb: 0,2 sonst wie Ms 67	gut tiefziehfähig; gute Federungseigenschaften; gut ätzbar; korrosionsbeständig gegen Süßwasser:
(„Druckmessing")		Cu: 63,0 Zn: Rest		Hohlwaren; Autokühler; Reißverschlüsse; Blattfedern
(„Ätzqualität")		Cu: 63,7 Zn: Rest		Schilder; Zifferblätter; Druckwalzen
	KMs 63	Cu: 63,5 Zn: Rest		Rohre für Wärmeaustauscher (DIN 1785)
		α+β-Messinge (ausgezeichnete Warmformbarkeit und Zerspanbarkeit)		
Messing 60 Pb	Ms 60 Pb	Cu: 59,5...62 Pb: 0,3...3,0 Zn: Rest	Fe: 0,3 Ni: 0,5 Sn: 0,2 Sb: 0,01 Al: 0,1 sonst.: 0,2 Mn: 0,2	gut zerspanbar; ausgezeichnet bohrfähig; warm- und kaltumformbar durch Biegen, Nieten Stauchen, Prägen:
(„amerik. Bohr- und Drehqualität")		Cu: 61,5 Pb: 3 Zn: Rest		USA-Universalqualität für Dreh- und Frästeile; Warmschmiedeteile
(„weiche Bohr- und Drehqualität")		Cu: 60 Pb: 2 Zn: Rest		Rohre für Lampenindustrie

Werkstoff	Kurzzeichen	Zusammensetzung in Gew.% Legierungsbestandteile	Zusammensetzung in Gew.% zulässige Beimengungen, Höchstgehalte	Besondere Eigenschaften und Verwendungshinweise
Messing 60	Ms 60	Cu: 59,5...62 Zn: Rest	Pb: 0,3 sonst wie Ms 60 Pb	warm- und kaltformbar; korrosionsbeständig gegen Süßwasser:
(„Schmiedemessing") („Muntzmetall")		Cu: 60,5 Zn: Rest		Warmpreßteile; Beschläge; Schrauben; Reißzeug; Rohrböden für Wärmeaustauscher
Messing 58	Ms 58	Cu: 57,0...59,5 Pb: 1,0...3,0 Zn: Rest	Fe: 0,5 Ni: 0,5 Sn: 0,3 Sb: 0,02 Al: 0,1 sonst.: 0,2 Mn: 0,5	sehr gut zerspanbar; ausgezeichnet warmschmiedbar im Gesenk; gut stanzbar:
(„Warmpreßqualität")		Cu: 59 Pb: 1,8 Zn: Rest		Warmpreßteile
(„Automatenmessing")		Cu: 58,3 Pb: 2,75 Zn: Rest		Automaten-Drehteile
(„Uhrenmessing")		Cu: 58 Pb: 1,75 Zn: Rest		für Uhrenindustrie: Räder; Platinen; Wellen („Anstellqualität")
Messing 56	Ms 56	Cu: 54...57 Pb: 0...2,5 Zn: Rest	Fe: 0,5 Ni: 0,5 Sn: 0,3 Sb: 0,02 Al: 0,2 sonst.: 0,2 Mn: 0,5	ausgezeichnete Warmformbarkeit im Strangpreßverfahren (schlecht kaltformbar):
(„Profilmessing")		Cu: 56 Pb: 0,5 Zn: Rest		dünnwandige Profile mit guter Maßhaltigkeit, insbesondere für Architektur

241203. Physikalische Eigenschaften handelsüblicher Messinge

Physikalische Eigenschaft	Ms 90	Ms 85	Ms 80	Ms 72	Ms 67	Ms 63	Ms 60	Ms 58 Pb-haltig	Ms 56 Pb-haltig
Siedepunkt bei 760 Torr in °C	1400	1300	1240	1160	1130	1110	1100	1080	1070
Spezifische Wärme bei 20° C in J/ggrd	0,377	0,377	0,377	0,377	0,377	0,377	0,377	0,377	0,377
Dichte bei 20° C in gcm^{-3}	8,80	8,73	8,67	8,56	8,50	8,47	8,40	8,44	8,42
Mittlerer Längsausdehnungskoeffizient (25...100) °C in 10^{-6} grd^{-1}	17,4	17,7	18	18,5	18,8	19	19,2	19,3	19,4
Wärmeleitfähigkeit bei 20° C in J/cmsgrd	1,84	1,55	1,42	1,25	1,17	1,13	1,13	1,13	—
Spezifischer elektrischer Widerstand in $10^{-6}\,\Omega\cdot cm$ bei 20° C	3,9	4,7	5,4	6,05	6,4	6,4	6,2	6,2	—
Elektrische Leitfähigkeit bei 20° C in $m/\Omega mm^2$	25,5	21,5	19	16,5	15,5	15	15	15	15
Elastizitätsmodul *E* kp/mm^2 (Richtwerte) bei 20° C	11900	11900	11200	11200	10500	10500	10500	9800	9800
Gleitmodul *G* in kp/mm^2 bei 20° C (Richtwerte)	4500	4500	4200	4200	3930	3930	3930	3720	3720

241204. Richtwerte für die Festigkeitskenngrößen handelsüblicher Messinge im Knetzustand

Werkstoff	Zustand	Dehngrenze[1] kp/mm²	Festigkeit σ_B kp/mm²	Dehnung[2] δ %	Härte[3]	Scherfestigkeit τ_B kp/mm²
Ms 90	Bleche, Bänder (1 mm), (Rohre)	$\sigma_{0,5}$:		δ(50 mm):		
	weichgeglüht: 0,015 mm[4]	10,5	29	42	*HRF*: 65	22,4
	0,035 mm	8,5	26,5	45	57	21
	0,050 mm	7	26	45	53	18,6
	kaltverformt: 21%	31,5	36,5	11	*HRB*: 58	24,5
	37%	38	43	5	70	26,6
	50%	40,5	47	4	75	28
	60%	43,5	50,5	3	78	29,4
gemäß DIN 17670 und 17671	F 24 (weichgeglüht)		≧24	δ_5≧41	*HB* 10: ~60	
	F 30 (kaltverformt)		≧30	≧14	~80	
	F 36 (kaltverformt)		≧36	≧7	~110	
	F 44 (kaltverformt)		≧44	≧3	~140	
	Drähte (2 mm ∅), Stangen			δ(50 mm):		
	weichgeglüht: 0,015 mm[4]		29	48		22,4
	0,035 mm		28	50	*HRF*: 55	21
	kaltverformt: 11%		31	27	*HRB*: 42	23,2
	21%		35	13		24
	37%		42	6		26
	60%		52	4		29,5
	75%		58	3		
	84%		63	3		
Ms 85	Bleche, Bänder (1 mm), (Rohre)	$\sigma_{0,5}$:		δ(50 mm):		
	weichgeglüht: 0,015 mm[4]	12,5	32	42	*HRF*: 74	23,2
	0,035 mm	10	29	46	63	22,2
	0,050 mm	8,5	28	47	59	21,8
	kaltverformt: 21%	34	40	12	*HRB*: 65	26,0
	37%	40	49	5	77	29,5
	50%	43	55	4	83	30,9
	60%	44	59	3	86	32,3
gemäß DIN 17670 und 17671	F 26 (weichgeglüht)		≧26	δ_5≧42	*HB* 10: ~60	
	F 32 (kaltverformt)		≧32	≧16	~90	
	F 38 (kaltverformt)		≧38	≧8	~115	
	F 47 (kaltverformt)		≧47	≧4	~145	
	Drähte (2 mm ∅), (Stangen)			δ(50 mm):		
	weichgeglüht: 0,015 mm[4]		31,5	—		23,2
	0,035 mm		29	48		21,8
	kaltverformt: 11%		35	25		24,6
	21%		41,5	11		26,7
	37%		50,5	8		30,2
	60%		62	6		33,7
	84%		73,5	—		37,9
Ms 80	Bleche, Bänder (1 mm), (Rohre)	$\sigma_{0,5}$:		δ(50 mm):		
	weichgeglüht: 0,015 mm[4]	14	35	46	*HRF*: 75	23,2
	0,035 mm	10,5	32	48	66	—
	0,050 mm	10	31	50	61	22,4
	kaltverformt: 21%	35	43	18	*HRB*: 70	27,4
	37%	41,5	52	7	82	30,2
	60%	45,5	64	3	91	33,7
gemäß DIN 17670 und 17671	F 27 (weichgeglüht)		≧27	δ_5≧43	*HB* 10: ~65	
	F 33 (kaltverformt)		≧33	≧18	~95	
	F 40 (kaltverformt)		≧40	≧9	~120	
	F 50 (kaltverformt)		≧50	≧4	~150	

Werkstoff	Zustand	Dehngrenze[1] kp/mm²	Festigkeit σ_B kp/mm²	Dehnung[2] δ %	Härte[3]	Scherfestigkeit τ_B kp/mm²
	Drähte (2 mm ⌀), (Stangen)			δ(50 mm):		
	weichgeglüht: 0,015 mm[4]		35	47		23,2
	0,035 mm		32	50		—
	kaltverformt: 11%		39	27		26
	21%		48	12		29,5
	37%		57,5	8		33
	60%		75	5		37,2
	84%		88	3		42
Ms 72 (Ms 70)	Bleche, Bänder (1 mm), (Rohre)	$\sigma_{0,5}$:		δ(50 mm):		
	weichgeglüht: 0,015 mm[4]	15,5	37	54	*HRF:* 78	24,5
	0,035 mm	12	34	57	68	23,9
	0,050 mm	10,5	33	62	64	—
	0,070 mm	10	32	65	58	22,5
	0,100 mm	8	31	66	54	—
	kaltverformt: 21%	36,5	43,5	23	*HRB:* 70	28
	37%	44	53	8	82	30,9
	50%	45,5	60	5	88	32,3
	60%	46	66	3	91	33,8
	68%	46,5	70	3	93	
gemäß DIN 17670 und 17671	F 28 (weichgeglüht)		≧28	δ_5≧44	*HB* 10: ~70	
	F 36 (kaltverformt)		≧36	≧19	~100	
	F 43 (kaltverformt)		≧43	≧10	~125	
	F 53 (kaltverformt)		≧53	≧5	~155	
	Drähte (2 mm ⌀)			δ(50 mm):		
	weichgeglüht: 0,015 mm[4]		38	56		—
	0,035 mm		35	60		33,9
	0,050 mm		34	64		—
	kaltverformt: 11%		41	35		36,7
	21%		49	20		—
	75%		87	4		—
	84%		91	3		42
	Stangen (25 mm ⌀)	$\sigma_{0,5}$:				
	weichgeglüht: 0,050 mm[4]	11	34	65	*HRF:* 65	23,8
	kaltverformt: 6%	28	38,5	48	*HRB:* 60	25,2
	20%	36	49	30	80	29,4
Ms 65 (Ms 67)[5]	Bleche, Bänder ≧ (Rohre)	$\sigma_{0,5}$:		δ(50 mm):		
	weichgeglüht:	12	34	57	*HRF:* 68	23,8
	kaltverformt: 21%	35	43	23	*HRB:* 70	28
	37%	42	52	8	80	30,2
Ms 67	60%	43,5	64	3	90	33
gemäß DIN 17670 und 17671	F 29 (weichgeglüht)		≧29	δ_5≧45	*HB* 10: ~70	
	F 37 (kaltverformt)		≧37	≧20	~100	
	F 44 (kaltverformt)		≧44	≧10	~130	
	F 54 (kaltverformt)		≧54	≧5	~160	
Ms 63 (Ms 65)[5]	Bleche, Bänder Rohre): Richtwerte entsprechend Ms 65					
gemäß DIN 17670 und 17671	F 30 (weichgeglüht)		≧30	δ_5≧45	*HB* 10: ~70	
	F 38 (kaltverformt)		≧38	≧20	~100	
	F 45 (kaltverformt)		≧45	≧10	~130	
	F 55 (kaltverformt)		≧55	5	~160	
	F 62 (kaltverformt)		≧62	—	—	
gemäß DIN 17672	Drähte (Stangen):					
	F 30 (weichgeglüht)		≧30	δ_5≧45	*HB* 10: ~70	
	F 38 (kaltverformt)		≧38	≧25	~100	
	F 45 (kaltverformt)		≧45	≧10	~130	
	F 55 (kaltverformt)		≧55	≧8	~145	

Werkstoff	Zustand	Dehngrenze[1] kp/mm²	Festigkeit σ_B kp/mm²	Dehnung[2] δ %	Härte[3]	Scherfestigkeit τ_B kp/mm²
Ms 60	Bleche (Rohre)	$\sigma_{0,5}$:		δ(50 mm):		
	weichgeglüht:	15	38	45	*HRF:* 80	28
	kaltverformt: 21%	35	49	10	*HRB:* 67	30,8
gemäß	F 34 (weichgeglüht)		≧34	δ_5≧30	*HB* 10: ~80	
DIN 17670	F 41 (kaltverformt)		≧41	≧16	~100	
und 17671	F 48 (kaltverformt)		≧48	≧8	~130	
	F 59 (kaltverformt)		≧59	≧3	~170	
gemäß	Drähte, Stangen:					
DIN 17672	F 34 (weichgeglüht)		≧34	δ_5≧30	*HB* 10: ~80	
	F 41 (kaltverformt)		≧41	≧20	~100	
	F 48 (kaltverformt)		≧48	≧10	~130	
Ms 58	Bleche, Rohre:	$\sigma_{0,2}$:				
(Pb-haltig)	F 37 (weichgeglüht)	17	40	δ_5 45	*HB* 10: ~95	
	F 44 (kaltverformt)	30	50	25	~120	
	F 51 (kaltverformt)	47	57	12	~150	
	F 62 (kaltverformt)	55	65	10	~160	
gemäß	F 37 (weichgeglüht)		≧37	≧25	~90	
DIN 17670	F 44 (kaltverformt)		≧44	≧8	~115	
und 17671	F 51 (kaltverformt)		≧51	≧5	~140	
	F 62 (kaltverformt)		≧62	2	~170	
	F 68 (kaltverformt)		≧68	—	—	
	Stangen (Drähte):	$\sigma_{0,2}$:				
	F 37 (weichgeglüht)	17	40	δ_5 40	*HB* 10: ~95	24,5
	F 44 (kaltverformt)	28	48	20	~120	
	F 51 (kaltverformt)	45	55	10	~150	
	F 62 (kaltverformt)	65	70	5	~160	
gemäß	F 37 (weichgeglüht)		≧37	≧25	~90	
DIN 17672	F 44 (kaltverformt)		≧44	≧15	~115	
	F 51 (kaltverformt)		≧51	≧10	~140	
Ms 56	Stangen, Profile	$\sigma_{0,2}$:				
(Pb-haltig)	F 45 (gepreßt und nachgezogen)	25	50	δ_5 25	*HB* 10: ~110	
gemäß	F 45 (gepreßt)		≧45	≧10	~110	
DIN 17672						

[1] Dehngrenze $\sigma_{0,5}$: Mechanische Spannung für 0,5% Dehnung unter Last,
Dehngrenze $\sigma_{0,2}$: Mechanische Spannung für bleibende Dehnung von 0,2% (nach Entlastung).

[2] δ(50 mm): Bruchdehnung bei einer Anfangsmeßlänge von 50 mm ~2 Zoll).

[3] Härte *HRF* bzw. *HRB:* Rockwellhärte der Skala *F* bzw. *B*.
Härte *HB* 10: Brinellhärte (in kp/mm²) der Belastungsstufe 10.

[4] Mittlerer Korndurchmesser in mm.

[5] Ms 65 entspricht "yellow brass" (nach ASTM B 36) mit einer Legierungstoleranz für Cu von 64.. 68,5%, Rest Zn. Es überschneidet damit die Legierungsbereiche von Ms 67 und Ms 63 nach DIN.

241205. Zusammensetzung in Gew. % der Legierungen auf der Basis Ni—Cr—Fe. Heizleiterwerkstoffe und hitzebeständige Gußlegierungen

Kurzzeichen oder kennzeichnender Handelsname	Werkstoff-Nr.	Ni	Cr	Fe	Mn	Si	C	Ti	Mo
NiCr 80 20[1]	2.2212	76...80	19...21	<2	1	1,5	<0,15	—	—
NiCr 60 15	2.2556	58...62	15...16	Rest	1	1,5	<0,15	—	—
NiCr 30 20	1.4860	29...31	20...22	Rest	1	3,0...4,0	<0,20	—	—
CrNi 25 20	1.4843	18,5...19,5	23...25	Rest	0,5	1,8...2,3	<0,20	—	—
NiCr 20 Ti Nimonic 75	2.4630	Rest	18...21	<0,5	<1,0	<1,0	<0,15	0,2...0,6	—
Incoloy DS	—	36...39	17...19	Rest	1,3	2,0...2,5	<0,15	—	—
Incoloy 800	—	32	20,5	44...46	~0,8	~0,4	0,04	—	—
Incoloy 801	—	32	20,5	44...46	~0,8	~0,4	0,04	1,0	—
Incoloy 901	—	43	12...13	35	—	—	0,05	2,4	5,7
GFeCr 30 Ni 20 HL[2]		18...22	28...32	Rest	2,00	2,00	0,2...0,6	—	0,5
GFeNi 35 Cr 15 HT[2]		33...37	13...17	Rest	2,00	2,50	0,35...0,75	—	0,5
GFeNi 39 Cr 19 HU[2]		37...41	17...21	Rest	2,00	2,50	0,35...0,75	—	0,5
GNi 60 Cr 12 HW[2]		58...62	10...14	Rest	2,00	2,50	0,35...0,75	—	0,5
GNi 66 Cr 17 HX[2]		64...68	15...19	Rest	2,00	2,50	0,35...0,75	—	0,5
CrNi 40		37,5...42,2	Rest	—	0,01...0,3	0,9...1,2	0,01...0,15	—	—

[1] Bei den Legierungen werden oft die Konzentrationen wichtiger Legierungselemente durch Anfügen der durchschnittlichen Prozentzahl direkt hinter dem chemischen Symbol vermerkt.

[2] Bezeichnung nach Alloy Casting Institute.

241206. Physikalische Eigenschaften der Heizleiterwerkstoffe und hitzebeständigen Gußlegierungen

Legierung	Dichte bei 20° C in g · cm⁻³	Schmelztemperatur in °C	C_p bei 20° C in J/g·grd	Wärmeleitfähigkeit λ		Mittlerer Längsausdehnungskoeffizient α_m		Spez. el.-Widerstand ϱ bei 20° C in $10^{-6}\,\Omega\cdot$cm	Elastizitätsmodul E bei 20° C kp/mm²
				bei °C	in J/cm · s · grd	zwischen °C	in 10^{-6}/grd		
NiCr 80 20	8,3	1400	0,46	20	0,146	20...200	14	112	21700
NiCr 60 15	8,2	1390	0,46	20	0,133	20...200	14	113	—
Nimonic 75	8,37	1390...1420	0,46	20	0,130	20...100	12,2	109	21360
Incoloy DS	7,91	1320...1350	0,50	20	0,138	20...100	14,2	—	17990
Incoloy 800	8,02	1355...1385	0,50	20	0,113	~100	15,2	93...100	20000
Incoloy 801	7,99	—	—	—	—	~100	14,4	—	19700
Incoloy 901	8,23	—	—	—	—	27	13,95	112	19600
NiCr 30 20	7,9	1390	0,50	20	0,130	20...200	15	104	—
CrNi 25 20	7,8	1380	0,50	20	0,130	20...200	16	95	—
HL	7,71	1427	0,50	100	0,146	20...538	16,0	94	20300
HT	7,92	1345	0,46	100	0,138	20...538	15,3	100	18900
HU	8,03	1345	0,46	538	0,159	20...538	15,8	105	18900
HW	8,14	1290	0,46	100	0,138	20...538	14,0	112	17500
HX	8,14	1290	0,46	—	—	20...538	14,0	—	17500

241207. Zusammensetzung von

Kurzzeichen	Werkstoff-Nr.	Ni	Co	Cu	Fe	Mn	Mg
NiAl 4 Ti	2.4128	94	—	0,2	0,5	0,4	0,15
NiBe 2	2.4132	96	—	0,2	0,5	1	0,1
NiCo 4		Rest	4...5				
NiCo 2,4 Cr		Rest	2,4				
NiCo 1,4 Cr		Rest	1,4				
NiMn 1	2.4106	98	—	0,5	0,5	0,3...1,0	0,15
NiMn 1 C	2.4108	98	—	0,5	0,5	0,8...1,2	0,15
NiMn 2	2.4110	97	—	0,2	0,3	1,5...2,5	0,15
NiMn 3 Al	2.4122	95	—	0,1	0,3	2...4	0,1
NiMn 3 Si		Rest				2,75	
NiMn 5	2.4116	94		0,2	0,3	4,5...5,5	0,15
NiSi 2		Rest				0,5	
NiSi 4		Rest				0,3	
NiTi; Permanickel		98	—	0,5	0,1	0,1	—
NiTi 1 Al	2.4162	94	—	0,25	0,75	0,3...1,0	—
NiTi 2 Al	2.4160	92	—	0,25	0,75	0,5...1,5	—
S-NiTi 3	2.4156	93	—	0,25	1	0,3...1	0,15

241208. Zusammensetzung von

Kurz- oder Handelsname	Ni	Cu	Fe	Mn	Si
GNi 95 (Nickelguß)	93...97	1,25	1,25	1,50	2,0
GNi 94 C (G-Nickel)	93...95	1,25	1,25	1,50	2,0
GNi 88 Si (S-Nickel)	88	1,25	1,25	1,50	5,5...6,5
GNi 85 Si 10 Cu (Hastelloy D)	83...85	2,0...4,0	2,0	0,5...1,25	7,5...8,5
GNiCu 30 Fe	62...68	26...33	<2,5	<1,5	<2,0
Monel 505	60,0	27...31	<2,5	<1,5	3,5...4,5
Monel 506	63,0	27...31	1,5	0,8	3,2
Monel 507	64,0	30,5	1,5	0,8	2,7

Ni-Knetlegierungen in Gew. %

Si	C	S	W	Al	Ti	Sonstige	Eigenschaften
1	0,15	—	—	4...5	—	—	aushärtbar; hoher Verschleißwiderstand
0,1	0,1	—	—	—	—	—	aushärtbar, hohe Festigkeitswerte
						2,3 Cr	Magnetostriktive
						0,8 Cr	Schwinger hohen Wirkungsgrades
0,1	0,1	—	—	—	—	—	chem. Apparatebau
0,1	0,15...0,2	—	—	—	—	—	verbesserte Zerspanung
0,2	0,1	—	—	—	—	—	erhöhte Warmfestigkeit
0,5...1,5	0,05	—	—	1...2	—	—	hohe Thermokraft gegen Ni—Cr
1							erhöhte Beständigkeit gegen PbS und $PbSO_4$
0,2	0,1						hohe Warmfestigkeit, erhöhte Beständigkeit gegen S
2,0							erhöhte Beständigkeit gegen PbS und $PbSO_4$
4,0							
0,1	0,25	—	—	—	0,4	—	aushärtbar
0,3...1,5	0,05	0,02		0,5...2,0	0,5...2,0	—	
0...1,3	0,4	0,02	—	0,2...1,0	0...4	—	Schweißzusatz-Werkstoffe
0,5...1,3	0,1	—	—	0,3...1,0	1...4	—	

Ni-Gußlegierungen in Gew. %

C	S	sonstige	Eigenschaften
1,0	0,015	—	erhöhte Abriebfestigkeit
1,0...2,5	0,015		
1,0	0,015	—	
0,12	—	1,5 Co	gut beständig gegen Schwefelsäure, Essigsäure, Phosphorsäure; hohe Abriebfestigkeit
<0,35			gleiche Korrosionsbeständigkeit wie NiCu 30 Fe
<0,25	0,015	—	erhöhte Beständigkeit gegen Abrieb und Festfressen
0,1	0,008	—	wie Monel 505
0,55	0,008	—	verbesserte Bearbeitbarkeit

241209. Physikalische Eigenschaften

Legierung	Dichte bei 20°	Schmelz-temperatur	Spezifische Wärme	
	g/cm³	°C	bei °C	J/ggrd
NiAl 4 Ti	8,26	1400...1440	20...100	0,435
NiTi	8,75	—		0,444
NiBe 2	8,1	1160		—
NiMn 1	8,83	1445	100	0,50
NiMn 2	8,81	1440	100	0,50
NiMn 5	8,78	1425	100	0,54
NiMn 3 Si	8,75	1420	100	0,54
NiSi 2	8,68	1350...1450	—	—
NiSi 4	7,94	1370...1400	—	—
GNi 95	8,34	1345...1427	—	—
GNi 94 C	8,34	1345...1427	—	—
GNi 88 Si	8,01	1260...1370	—	—
GNi 85 Si 10 Cu	7,8	1110...1120	—	—
GNiCu 30 Fe	8,63	1305...1330	—	0,54
Monel 506	8,48	1295...1305	—	0,54
Monel 505	8,36	1240...1330	—	0,54

241210. Zusammensetzung, Hinweise auf Anwendung und typische Eigenschaften von Knetlegierungen des Kupfers mit < 50 % Nickel

Kurzzeichen oder kennzeichnender Handelsname	Werkstoff-Nr.	Zusammensetzung in Gew.%					Hinweise für Verwendung, typische Eigenschaften
		Ni mind.	Cu	Fe	Mn	Sonstige	
CuNi 44		43...45	Rest	0,5	1	0,2 Zn 0,02 Sn +Pb	allgemeine Präzisionswiderstände; kleiner Temperaturkoeffizient des elektr. Widerstandes
CuNi 30 Mn		29,0...31,0	Rest	0,5	0,5...1,5		allgemeine Widerstände; hoher elektr. Widerstand
CuNi 30 Fe	2.0882	30,0...32,0	Rest	0,4...1,0		0,5 Zn 0,05 Sn +Pb 0,1 and.	Kondensatorrohre; beständig gegen Wasser, Kühl- und Lösungsmittel
CuNi 30	2.0836	29...30	Rest	0,3	0,5	0,2 Zn 0,05 Sn +Pb 0,1 and.	chemischer Apparatebau, für dekorative Zwecke; korrosionsfest gegen Wasser
CuNi 25	2.0830	24,0...26,0	Rest	0,3	0,3		Münzlegierung; verschleißfest
CuNi 20 Fe	2.0878	20...22	Rest	0,4...1,0	0,5...1,5	0,5 Zn 0,05 Sn +Pb 0,1 and.	Kondensatorrohre
CuNi 20	2.0822	19...21	Rest	0,3	0,2	0,2 Zn 0,05 Sn +Pb 0,1 and.	wie CuNi 25, weiße Farbe
CuNi 15	2.0818	14,0...16,0	Rest	0,3	0,2		wie CuNi 25, bereits helle Farbe

der Ni-Knet- und Gußlegierungen

Wärmeausdehnungskoeffizient bei °C	Wärmeausdehnungskoeffizient 10^{-6} grd^{-1}	Wärmeleitfähigkeit bei °C	Wärmeleitfähigkeit J/cmsgrd	Elastizitätsmodul E kp/mm²
25...100	13	20...100	0,184	21000
25...100	13		—	21000
20...200	13,9	20	0,314	20000
—	—	—	—	—
—	—	—	—	22200
—	—	0...100	0,48	22700
—	12,9	300	0,3...0,4	17000
—	12,9	300	0,33	16000...18000
—	13,1	300	0,3...0,4	16000
20...760	16	100	0,59	15200
20...760	15,7	—	—	15400
20...760	15,8	—	—	16800
20	18,1	100	0,21	18200
25...600	16,2	100	0,268	16100
25...600	16	—	—	16800
25...600	16	100	0,197	16800

Kurzzeichen oder kennzeichnender Handelsname	Werkstoff-Nr.	Zusammensetzung in Gew.% Ni mind.	Cu	Fe	Mn	Sonstige	Hinweise für Verwendung, typische Eigenschaften
CuNi 10 Fe	2.0872	9,0...11,0	Rest	0,7...1,4	0,3...0,8	0,5 Zn 0,05 Sn +Pb 0,1 and.	Kondensatorrohre
CuNi 10	2.0812	9,0...11,0	Rest	0,2	0,3	0,2 Zn 0,05 Sn +Pb 0,1 and.	Leonische Drähte
CuNi 5 Fe	2.0862	4,0...6,0	Rest	0,9...1,5	0,3...0,8	0,3 Zn 0,05 Sn +Pb 0,1 and.	Rohre für Seewasserleitungen
CuNi 5	2.0806	4,0...6,0	Rest	0,2	0,3		für elektronische Zwecke

241211. Physikalische Eigenschaften von Kupfer-Knetlegierungen mit weniger als 50% Nickel

Legierung	Dichte bei 20° C in gcm^{-3}	Schmelztemperatur °C	Spezifische Wärme C_p bei °C	Spezifische Wärme C_p in J/ggrd	Wärmeleitfähigkeit λ bei °C	Wärmeleitfähigkeit λ in J/cmsgrd	Mittlerer Längsausdehnungskoeffizient α_m zwischen °C	Mittlerer Längsausdehnungskoeffizient α_m in 10^{-6}grd^{-1}	Elastizitätsmodul E bei 20° C in kp/mm²
CuNi 44	8,9	1230...1290	20	0,41	20	0,22	20...300	14,5	16000
CuNi 30	8,8	1170...1230	20	0,4	20	0,25	20...300	15,5	15300
CuNi 30 Fe	8,94	1180...1240	20	0,38	20	0,29	20...300	15,3	15000
CuNi 30 Mn	8,94	1180...1240	20	0,4	20	0,25	20...300	15,3	15000
CuNi 25	8,94	1150...1210	20	0,37	20	0,33	20...300	15,8	15000
CuNi 20	8,96	1136...1190	20	0,37	20	0,37	20...300	16,0	14500
CuNi 20 Fe	8,96	1130...1190	20	0,37	20	0,37	20...300	16,0	14500
CuNi 15	8,98	1115...1117	20	0,37	20	0,4	20...300	16,0	14000
CuNi 10	8,89	1108...1145	20	0,38	20	0,67	20...300	16,0	13500
CuNi 10 Fe	8,89	1100...1145	20	0,38	20	0,46	20...300	16,0	13500
CuNi 5	8,92	1090...1125	20	0,38	20	0,46	20...300	16,3	12600
CuNi 5 Fe	8,92	1090...1125	20	0,38	20	0,46	20...300	16,3	12600

241212. Zusammenstellung der knetbaren Neusilber-Legierungen nach DIN 17663
Eigenschaften und Verwendungshinweise

Werkstoff	Kurzzeichen	Zusammensetzung in Gew.%		Besondere Eigenschaften und Verwendungshinweise
		Legierungs-bestandteile	zulässige Beimengungen, Höchstgehalte	
Neusilber 4712	Ns 4712	Cu: 45,0...49,0 Ni: 11,0...13,0 Zn: Rest	Pb: 0,1 Mn: 0,5 Fe: 0,5 sonst.: 0,1	gut warmpreßbar und schmiedbar: Profile für Bauwesen und Innenarchitektur; Kleinschmuckwaren
Neusilber 4711 Pb	Ns 4711 Pb	Cu: 45,0...49,0 Ni: 10,0...12,0 Pb: 2 Zn: Rest	Mn: 0,5 Fe: 0,5 sonst.: 0,1	bohr- und drehfähig, gut warmpreßbar: Teile für die optische, feinmechanische und Uhrenindustrie; Schmuckwaren
Neusilber 5712 Pb	Ns 5712 Pb	Cu: 55,0...59,0 Ni: 11,0...13,0 Pb: 2,5 Zn: Rest	Mn: 0,5 Fe: 0,5 sonst.: 0,1	bohr- und drehfähig, gut kaltformbar: Schlüssel, Teile für die optische, feinmechanische und Uhrenindustrie
Neusilber 6512	Ns 6512	Cu: 63,0...67,0 Ni: 11,0...13,0 Zn: Rest	Pb: 0,05 Mn: 0,5 Fe: 0,3 sonst.: 0,1	sehr gut kaltformbar (Tiefziehen, Prägen Drücken), emaillierfähig: Tafelgeräte und Bestecke, Ätzbleche, Federn, kunstgewerbliche Artikel
Neusilber 6218 Pb	Ns 6218 Pb	Cu: 59,0...63,0 Ni: 17,0...19,0 Pb: 2 Zn: Rest	Mn: 0,7 Fe: 0,3 sonst.: 0,1	ähnlich Ns 5712 Pb; anlaufbeständig: Teile für die optische und feinmechanische Industrie; Reißzeug
Neusilber 6025	Ns 6025	Cu: 58,0...62,0 Ni: 24,0...26,0 Zn: Rest	Pb: 0,03 Mn: 0,7 Fe: 0,3 sonst.: 0,1	gut kaltformbar, sehr anlaufbeständig: Schanktischverkleidungen; Beschläge aller Art (Innenarchitektur)

Guß-Neusilber. Legierungszusammensetzung in Gew. % (Richtanalysen)

	Cu	Sn	Pb	Ni	Zn
Neusilber-Gußwerkstoffe	66	5	1,5	25	Rest
	64	4	5	20	Rest
	60	3	5	16	Rest
	57	2	9	12	Rest
	65	—	—	20	Rest
	50	—	—	12	Rest

241213. Physikalische Eigenschaften von Zinnbronzen, Aluminiumbronzen und Neusilber

Bezeichnung oder Zusammensetzung in in Gew.%	Dichte bei 20° C in gcm^{-3}	Mittlerer Längsausdehnungskoeffizient		Spezifische Wärme		Wärmeleitfähigkeit		Elastizitätsmodul E bei 20° C in kp/mm^2
		bei °C	in $10^{-6} grd^{-1}$	bei °C	in J/ggrd	bei °C	in J/cmsgrd	
SnBz2[1] (Sn1...2%, Rest Cu)	8,89	20...300	17,8	20	0,38	20	1,88	12200
SnBz4 (Sn3...5%, Rest Cu)	8,86	20...300	17,8	20	0,38	20	0,92	11800
SnBz6 (Sn5...7%, Rest Cu)	8,83	20...300	18,0	20	0,38	20	0,67	11400
SnBz8 (Sn7,5...9%, Rest Cu)	8,80	20...300	18,2	20	0,38	20	0,58	11000
Cu 95,72, Sn 4,09, P 0,035	8,86	25...300	19		—	20	0,828	
Cu 96,84, Sn 3,11, P 0,02	8,93	25...200	17,5		—	20	1,17	
		25...300	18,1			204	1,45	
Cu 96,50, Sn 3,09, P 0,39	8,89	25...200	17,5		—	20	0,67	
						204	0,98	
Cu 92,444, Sn 7,50, P 0,056	8,81	25...300	18,2		—	20	0,63	
Cu 92,20, Sn 7,41, P 0,38	8,89	25...200	18,3		—	20	0,46	
		25...300	19,0			204	0,63	
Cu 91,70, Sn 8,0, P 0,30	8,81	25...300	18,2		—	20	0,63	
AlBz 5	8,15	25...300	18	20	0,4	20	0,75	11500... 12300
AlBz 8	7,75	25...300	17,8	20	0,44	20	0,67	10500... 11500
AlBz 8 Fe[2], (Cu 90,6, Fe 2,3, Al 6,9)	7,7	20...300	16,4	20	0,38	20	0,75	
AlBz 10 Fe(Cu 85,1, Fe 3,5, Al 10,3)	7,6	20...300	17	20	0,42	20	0,33	
AlBz 9 Mn(Cu 86,6, Al 9,99, Fe 0,02, Mn 3,05)	7,6	20...300	17	20	0,4	20	0,33	
AlBz 10 Ni(Cu 81,6, Fe 2,63, Al 9,6, Ni 5,47)	7,5	20...300	16	20	0,44	20	0,33	
Neusilber:[3]								
Ns 6512	8,65	20...300	16	20	0,41	20	0,48	
Ns 6218	8,70	20...300	16,5	20	0,42	20	0,3	
Ns 6025	8,75	20...300	17	20	0,43	20	0,23	
Ns 6218 Pb	8,7	20...300	16,5	20	0,42	20	0,27	
Ns 5712 Pb	8,6	20...300	19	20	0,41	20	0,33	
Ns 4711 Pb	8,5	20...300	19,5	20	0,41	20	0,34	

[1] Bei den Legierungen werden oft die Konzentrationen wichtiger Legierungselemente durch Anfügen der durchschnittlichen Prozentzahl direkt hinter dem chemischen Symbol vermerkt.
[2] Die Zusammensetzung handelsüblicher Legierungen ist in Klammern angegeben.
[3] Zusammensetzung siehe Tabelle 241212.

241214. Festigkeitseigenschaften der Legierungen außer Messing

Legierung	Zustand	σ_B kp/mm^2	$\sigma_{0,2}$ kp/mm^2	δ %	HB kp/mm^2
CuMg 0,7	weich geglüht	27,5	8	50	
	hartgezogen 50%	46	42	5	
	hartgezogen 98%	71	65	2	
CuCd 1,05	kaltverformt	39,4	39		
CuNi 1,5 Si	lösungsgeglüht und abgeschreckt	25...30	8...15		50...70
	lösungsgeglüht und kaltverformt	42...55	36...50		110...150
	lösungsgeglüht und warmausgehärtet	45...60	30...40		120...160
	lösungsgeglüht, kaltverformt und warmausgehärtet	55...75	45...65		160...200
CuCr 0,76	lösungsgeglüht, kaltverformt und warmausgehärtet	48,7	43,3		148

Legierung	Zustand	σ_B kp/mm²	$\sigma_{0,2}$ kp/mm²	δ %	HB kp/mm²
CuBe 1,7	warmausgehärtet	>110	>100	2	
	kaltverformt, ausgehärtet	>120	>110	0,5	
CuBe 2	warmausgehärtet	>120	>110	2	
	kaltverformt, ausgehärtet	>130	>120	0,5	
CuMn 2	weich geglüht	28...32	11...15		65...75
	kalt gezogen 40%	41...45	38...42		110...120
CuMn 5	weich geglüht	33...37	13...17		70...80
	kalt gezogen 40%	48...52	45...49		120...130
CuMn 14	weichgeglüht	40...50	16...23		110...140
	kaltgezogen 40%	60...65	55...61		180...210
NiCr 20 (NiCr 8020)	weich	60...75[1]	30	30	
NiFe 20 Cr (NiCr 6015)	weich	60...75[1]	30	30	
NiCr 3020	weich	60...75[1]	30	30	
CrNi 2520	weich	60...75[1]	30	40	
NiCr 20 Ti (Nimonic 75)	Stäbe, warmgewalzt und weichgeglüht	82	36	44	
	Blech				
	kaltgewalzt				
	kaltgewalzt und weichgeglüht				
NiCr 50	gewalzt	115,3	93,8	10,5	
	geglüht, 1 Std. 980 °C/Öl	112,5	77,5	15,4	
	geglüht, 1 Std. 1090° C/Öl	100	68	7,1	
	geglüht, 1 Std. 1200° C/Öl	91,6	57,8	10,0	
FeNi 32 Cr 20 (Incoloy 800)	Stäbe				
	kaltgezogen	68...101,5	54...86,5	30...10	186...290 HV[2]
	weichgeglüht	51...67	20...38,5	50...30	121...170 HV[2]
	warmgewalzt und weichgeglüht	51...67	20...38,5	50...30	121...170 HV[2]
	warmgewalzt	54...151	24,5...62	50...25	135...225 HV[2]
	geschmiedet	54...151	24,5...62	50...25	135...225 HV[2]
	Draht				
	kaltgewalzt und weichgeglüht	51...71	17...38,5	50...25	—
	Grobbleche				
	warmgewalzt	54...151	24,5...38,5	50...30	121...184 HV[2]
	gewalzt und weichgeglüht	51...71	20...62	50...25	135...225 HV[2]
	Bleche				
	kaltgewalzt und weichgeglüht	51...67	20...38,5	50...30	—
	Druck- und Tiefziehqualität	51...67	20...31	50...30	—
	Band				
	kaltgewalzt und weichgeglüht	51...62	20...34	50...30	—
	Druck- und Tiefziehqualität	51...67	20...31	55...35	—
	Rohre				
	kaltgezogen und weichgeglüht	51...67	20...38,5	50...30	—
FeNi 38 Cr 16 (Incoloy DS)	Stäbe				
	warmgewalzt und weichgeglüht	74	—	38	—
FeNi 32 Cr 20 Ti (Incoloy 801)	weichgeglüht	63	36	40	—
FeNi 40 Cr 13 MoTi (Incoloy 901)	weichgeglüht u. warm ausgehärtet	117,5	73	26	—

[1] Für Nenndurchmesser oder Nenndicken = 1 mm.
[2] Härte nach VICKERS.

Legierung	Zustand	σ_B kp/mm²	$\sigma_{0,2}$ kp/mm²	δ %	HB kp/mm²
HL	gegossen	57,4	36	19	192
HT	gegossen	49	28	10	180
	gealtert	52	31	5	200
HU	gegossen	49	28	9	170
	gealtert	51	30	5	190
HW	gegossen	47	25	4	185
	gealtert	58	37	4	205
HX	gegossen	45	25	9	176
	gealtert	51	31	9	185
NiCr 40	gegossen	98...104	66...84		
NiTi und NiAl 4 Ti	lösungsgeglüht	63...84	21	35	135...185
	lösungsgeglüht und warmausgehärtet	105...123	77	20	185...360
	warmverarbeitet	63...91	24	30	190...240
	warmverarbeitet und warmausgehärtet	112...140	80	15	300...375
	kaltgezogen	77...105	42	15	185...300
	kaltgezogen und warmausgehärtet	113...147	87	15	300...380
NiBe 2	weich	75...85	35	40	140...160 HV[1]
	weich und warmausgehärtet	130	80	12	420 HV[1]
	halbhart	100...200	—	—	200...250 HV[1]
	halbhart und warmausgehärtet	140	—	—	450 HV[1]
	hart	160	140	—	360 HV[1]
	hart und warmausgehärtet	185	150	6	500 HV[1]
NiMn 5	weichgeglüht	50...60	23	45	115
	hart	84	—	3	225
NiMn 2	weich	54	—	45	100
	hart	75	—	3	205
NiMn 1 C	weich	52	—	40	110
	hart	73	—	3	220
NiMn 3 Si	warmgewalzt und weichgeglüht	50...57	13...16	55...60	110...130
NiSi 2	warmgewalzt und weichgeglüht	50...57	13...16	55...60	110...130
NiSi 4	warmgewalzt und weichgeglüht	56,5	16,5	56	130
GNi 95		35	10,5	15	90...130
GNi 94 C		35	17,5	15	90...125
GNi 88 Si		49...70	35	6...2	185...250
GNi 85 Si 10 Cu		70...80	70...80	2...1	255...385
GNiCu 30 Fe	Gußzustand	45...61	22...31[2]	25...50	125...150
Monel 506	Gußzustand	70...87	42...56[2]	10...20	240...290
Monel 505	Gußzustand	84...101	56...91[2]	4...1	275...350
	weichgeglüht	70...87	38...63[2]	15...5	260...175
	weichgeglüht und warmausgehärtet	84...101	59...91[2]	4...1	300...380
CuNi 5	weich	25...30	5...9		50...60
CuNi 10	weich	26...31	7...10		55...70
	halbhart	32...37	25...30		70...90
	hart	38...45	32...40		100...120
CuNi 15	weich	28...33	7...10		60...70
	halbhart	34...39	28...33		20...100
	hart	40...48	35...42		110...130

[1] Härte nach VICKERS.
[2] $\sigma_{0,5}$.

Legierung	Zustand	σ_B kp/mm²	$\sigma_{0,2}$ kp/mm²	δ %	HB kp/mm²
CuNi 20	weich	30...36	10...15		65...75
	halbhart	37...42	32...37		90...110
	hart	45...50	38...45		120...140
CuNi 25	weich	32...37	10...15		70...80
	halbhart	38...44	35...40		100...120
	hart	45...50	40...50		120...140
CuNi 30	weich	36...42	12...18		70...90
	halbhart	43...49	38...44		110...130
	hart	50...60	45...55		130...160
CuNi 10 Fe[1]	weichgeglüht	32	12...18		
CuNi 20 Fe[1]	weichgeglüht	34	12...18		
	halbweichgeglüht	38	18...24		
CuNi 30 Fe[1]	weichgeglüht	35	12...18		
	halbweichgeglüht	40	18...24		
SnBz 2	weichgeglüht	27	9		60
	halbhart	32	24		90
	hart	38	35		105
	federhart	48	46		120
SnBz 4	weichgeglüht	33	13		75
	halbhart	40	32		110
	hart	46	43		130
	federhart	60	58		150
SnBz 6	weichgeglüht	37	17		80
	halbhart	44	34		120
	hart	52	48		145
	federhart	66	64		165
SnBz 8	weichgeglüht	40	21		85
	halbhart	48	38		130
	hart	56	52		155
	federhart	72	69		175
AlBz 5	weichgeglüht	41	13		80
AlBz 8	weichgeglüht	46	17		85
AlBz 8 Fe	warmverformt und geglüht (oberhalb 500° C)	50...65	22...32		145...180
AlBz 10 Fe	warmverformt und geglüht (oberhalb 500° C)	60...70	25...35		150...170
AlBz 9 Mn	warmverformt und geglüht (oberhalb 500° C)	50...70	15...40		100...160
AlBz 10 Ni	warmverformt und geglüht (oberhalb 500° C)	65...90	34...65		150...240
Ns 6512	weichgeglüht	40	20		85
	hart	56	—		160
	federhart	72	—		190
Ns 6218	weichgeglüht	42	20		85
	hart	59	—		165
	federhart	76	—		195
Ns 6025	weichgeglüht	45	22		90
	hartgewalzt	63	—		170
	federhart gewalzt	80	—		200
Ns 5712 Pb	weichgeglüht	40	20		80
	hartgewalzt	56	50		150
	federhart gewalzt	60	55		170
Ns 4711 Pb	weichgeglüht	45	22		110
	halbhartgezogen	50	35		125
	hartgezogen	60	54		170
	stranggepreßt	40...50	22...30		110

[1] Gilt für Kondensatorrohre.

241215. Hartmetalle und Hartstoffe, Eigenschaften von Hartmetallen

a) WC—Co und WC—TiC—Co.

Zusammensetzung in Gew.% Sollanalyse WC	TiC	Co	Dichte g/cm³	Vickers-Härte kp/mm²	Biegebruchfestigkeit kp/mm²	Mittelwert Druckfestigkeit kp/mm²	Mittelwert Elastizitätsmodul kp/mm²	Wärmeleitfähigkeit cal/cm · s · grd	Längsausdehnungskoeffizient in 10^{-6}/grd	Spezifischer elektrischer Widerstand in $10^{-6}\,\Omega \cdot cm$
100		—	15,7	1800...2000	30...50	300	72200	—	5,7...7,2	53
97		3	15,1...15,2	1600...1700	100...120	590	67000	0,21	—	21
95,5		4,5	15,0...15,1	1550...1650	120...140	580	64000	0,20	—	—
94...94,5		5,5...6	14,8...15,0	1600...1700	140...160	550	63000	0,19	5,0	21
90		10	14,3...14,5	1350...1450	155...195	470	58500	0,17	—	—
85		15	13,8...14,0	1150...1250	180...220	390	54000	—	6	—
80		20	13,1...13,3	1050...1150	200...240 (260)	340	50000	—	—	30
75		25	12,8...13,0	900...1000	180...230 (270)	320	47000	—	—	—
WC	TiC	Co								
94	1	5	14,5...14,7	1500...1600	140...160	560	63000	0,19	5	20
87,5	2,5	10	14,0...14,2	1400...1500	160...180	460	57000	0,16	—	—
84,5	2,5	13	13,7...13,8	1300...1400	180...200	450	55000	0,15	5,5	23
86	5	9	13,2...13,4	1450...1550	150...160	460	59000	0,15	5,5	25
78	14	8	11,1...11,3	1550...1650	130...140	420	54000	0,08	6,2	44
78	16	6	11,0...11,2	1600...1700	110...125	430	52000	0,09	6	43
69	25	6	9,6...9,8	1650...1750	90...110	—	—	0,05	7	65
61	32	7	8,7...9,0	1650...1750	80...100	410	42000	0,04	—	—
34	60	6	6,5...6,8	1750...1850	70...80	380	38000	0,03	7,5	77

b) WC—TiC—TaC(NbC)Co.

Zusammensetzung und Eigenschaften von WC—TiC—TaC(NbC)—Co-Hartmetallen

Zusammensetzung in Gew.% Sollanalyse				Dichte	Vickers-Härte	Biegebruchfestigkeit	Mittlerer Längsausdehnungskoeffizient in 10^{-6}/grd	
WC	TiC	TaC(NbC)	Co	g/cm³	kp/mm²	kp/mm²	0...300° C	300...600° C
83,5	4	6	6,5	12,7...12,9	1550...1650	150...170	—	—
81	5	5	9	13,0...13,2	1350...1450	175...190	4,81	5,80
74,5	13	4	8,5	11,5...11,7	1450...1550	155...165	4,85	5,76
69,5	18	5	7,5	10,4...10,6	1550...1650	130...140	4,83	5,73
50,5	38	5	6,5	8,5...8,7	1600...1700	95...105	—	—

c) Eigenschaften von nichtmetallischen Hartstoffen im Vergleich zu Hartmetallen

Hartstoff Hartmetall	Dichte g/cm³	Schmelzpunkt °C	Vickers-Härte kp/mm²	Biegebruch-festigkeit kp/mm²	Druck-festigkeit kp/mm²	Elastizitäts-modul kp/mm²	Wärmeleit-fähigkeit W/cmgrd	Längsaus-dehnungs-koeffizient 10^{-6}/grd	Spezifischer elektrischer Widerstand $10^{-6}\,\Omega \cdot cm$
Diamant	3,52	3700±100	—	30	~200	~90000	1,38	0,9...1,18	nicht leitend
Borkarbid	2,52	2450	~3700	30	180	29600	—	4,5	schlecht leitend
Siliziumkarbid	3,2	~2200	~3500	10	100	—	1,55	4,4	schlecht leitend
Sinterkorund	3,8...3,9	2050	~2800	34	300	36500	1,97	7,8	nicht leitend
Geschmolzenes Wolframkarbid	~16	~2800	1800...2000	30...40	~200	—	0,29	4	~80
TiC heißgepreßt	4,9	3140±90	~3200	30...40	300	—	0,72	—	105
WC heißgepreßt	15,6	2800	1600...1800	30...50	300	72200		5,7...7,2	53
WC-Co 94/6	14,9	—	1600	170	500	60000	0,795	5	20
WC-Co 89/11	14,2	—	1400	190	460	58000	0,67	5,5	18

241216. Lagermetalle. Zusammensetzung und Brinellhärte *HB* von Lagermetallen auf Blei- und Zinnbasis (DIN 1703, Dezember 1952)

Benennung	Kurzzeichen (..): veraltete Kurzzeichen	Zusammensetzung in Gew.%	Zulässige Beimengungen % höchstens	*HB* in kp/mm² bei 20° C	*HB* in kp/mm² bei 100° C
Weißmetall 80	LgSn 80 (WM 80)	Sn 79...81 Cu 5...7 Sb 11...13 Pb 1...3	Fe 0,1 Zn 0,05 Al 0,05 zusammen höchstens0,15	27...29	10
Weißmetall 80 F	LgSn 80 F (WM 80 F)	Sn 79...81 Cu 8...10 Sb 10...12	Pb <0,5 sonst wie Weißmetall 80	27...29	10
Weißmetall 10	LgPbSn 10 (WM 10)	Sn 9,5...10,5 Cu 0,5...1,5 Sb 14,5...16,5 Pb 72,5...74,5	Fe 0,1 Zn 0,05 Al 0,05 zusammen höchstens 0,15	23...25	8,5...10
Weißmetall 5	LgPbSn 5 (WM 5)	Sn 4,5...5,5 Cu 0,5...1,5 Sb 14,5...16,5 Pb 77,5...79,5		21...22	5,5...10
Kadmiumhaltiges Weißmetall 9	LgPbSn 9 Cd	Sn 8...10 Sb 13...15 Cu 0,8...1,2 Cd 0,3...0,7 As 0,3...1,0 Ni 0,2...0,6 Pb Rest	nicht festgelegt	24...28	12...15

Benennung	Kurzzeichen (..) veraltete Kurzzeichen	Zusammensetzung in Gew. %	Zulässige Beimengungen % höchstens	*HB* in kp/mm² bei	
				20° C	100° C
Kadmiumhaltiges Weißmetall 6	LgPbSn 6 Cd	Sn 5...7 Sb 14...16 Cu 0,8...1,2 Cd 0,6...1,0 As 0,3...1,0 Ni 0,2...0,6 Pb Rest	nicht festgelegt	26...28	14...16
Lagerhartblei 12	LgPbSb 12	Sb 10,5...13,0 Cu 0,3...1,5 Ni ...0,3 As ...1,5 Pb Rest		18...25	7...13
Blei-Alkali-Lagermetall	LgPb	Ca 0,4...0,75 Ba ...0,8 Na 0,15...0,70 Li ...0,04 Mg ...0,05 Al ...0,05 Pb Rest	nicht festgelegt	20...36	10...20

Zusammensetzung und Brinellhärte *HB* von Lagerlegierungen auf Zinkbasis (DIN 1743, September 1952)

Benennung	Kurzzeichen	Zusammensetzung in Gew.%	Zulässige Beimengungen % höchstens	*HB* in kp/mm² bei	
				20° C	100° C
Feinzink-Gußlegierung	G-ZnAl 4 Cu 1	Al 3,5...4,3 Cu 0,6...1,0 Mg 0,02...0,05 Zn Rest	Pb+Cd 0,011 Sn 0,001 Fe 0,075	70...80	45
Feinzink-Knet- und Gußlegierung		Al 30...50 Cu 1...5 Mg 0...0,05 Zn Rest		87...130	65
Guß-Legierung	G-ZnCu 5 Pb 2	Cu 4...5 Pb 2...2,5 Sn 0,5...1 Zn Rest	Al 0,2 Cd 0,5 Bi+Tl 0,1 Mg 0,1 Fe 0,5	78	61

Zusammensetzung und Brinellhärte von Lagerlegierungen auf Aluminiumbasis[1]

Bezeichnung	Zusammensetzung in Gew.% Rest Aluminium		Zulässige Beimengungen % höchstens		*HB* in kp/mm² bei 20° C	*HB* in kp/mm² bei 100° C
AlSi 12 CuNi (Guß- und Knetwerkstoff)	Si 11...13 Cu 0,8...1,5	Ni 0,8...1,3 Mg 0,8...1,3	Fe 0,7 Mn 0,2	Zn 0,2 Ti 0,2	70...125	90...125
AlZn 5 PbCuMg (Knetwerkstoff)	Zn 4,5...5,5 Si 1...2 Cu 0,8...1,2	Mg 0,4...0,6 Pb 0,7...1,3	Fe 0,7		40...55	38...45
AlSn 6 Cu (Knetwerkstoff)	Sn 5,5...6,5 Cu 1,3...1,7				35...40	28...30
AlSn 20 Cu (Knetwerkstoff)	Sn 17,5...22,5	Cu 0,7...1,3	Si 0,7 Fe 0,7	Mn 0,7	28...35	—
AlSn 2 Cu 3 Mg (Knetwerkstoff)	Sn 2,0...2,6 Si 0,2...0,5	Cu 3,2...3,8 Mg 0,8...1,3	Fe 0,5 Mn 0,2...0,5	Zn 0,5	40...45	38...42
USA						
Alcoa (Guß- und Knetwerkstoff)	Sn 6,5...7,5 Si 0,2...1,5 Cu 0,7...1,3	Ni 0,2...1,5 Mg 0,1...0,8	Ti 0,1			
M 400 (Knetwerkstoff)	Si 4 Cd 2	Ni 0,5 Mg 0,5				

[1] Zur Zeit in der Praxis verwendete Werkstoffe.

Zusammensetzung und Brinellhärte von Kupfer-Gußlegierungen für Lager

Benennung	Kurzzeichen	Zusammensetzung in Gew.% ≈				Zulässige Abweichungen in %			Mindest-gehalt in %	Norm	HB in kp/mm² bei	
		Pb	Sn	Zn	Cu	Pb	Sn	Cu	Sn+Cu		20° C	100° C
Bleibronze	G-PbBz 25	25	—	—	Rest	+3,0 −7,0	—	—		DIN 1716 (Dez. 1953)	27...35	33
Zinn-Blei-Bronze	G-SnPbBz 5	5	10	—	Rest	±2,0	±1,0	—			70...85	73
	G-SnPbBz 10	10	10	—	Rest	±2,0	±1,0	—			65...75	67
	G-SnPbBz 15	15	7	—	Rest	+3,0 −2,0	±1,0	—			60...70	65
	G-SnPbBz 22	22	5	—	Rest	+3,0 −4,0	−3,0	—			45...55	53
Guß-Zinn-Bronze	G-SnBz 14	—	14	—	86	—	±1,0	±1,0	99	DIN 1705 (Dez. 1953)	85...115	80
	G-SnBz 12	—	12	—	88	—	±1,0	±1,0	99		80...95	75
	GZ-SnBz 12										95...110	90
Rotguß	Rg 10	—	10	4	86	—	±1,0	±1,0	95		65...90	55
	GZ-Rg 10										85...95	60
	Rg 5	3	5	7	85	—	+1,5	±1,0	90		60...80	50...68
	GZ-Rg 5										75...85	—
	RgA	4	5	7	84	—	+3,0	±3,0	86		60...80	—
		Al	Fe		Cu	Al	Fe	Ni				
Guß-Eisen-Aluminium-Bronze	G-FeAlBzF 45	10	3		Rest	±1,5	±1,5	+1,0		DIN 1714 (Dez. 1953)	120	115

GZ = Schleuderguß.

Zusammensetzung und Brinellhärte von Kupfer-Knetlegierungen für Lager

Benennung	Kurzzeichen[1]	Zusammensetzung in Gew.%										Norm	HB in kp/mm² bei	
		Cu	Al	Sn	Zn	Ni	Mn	Fe	Si	Pb	P		20° C	100° C
Zinnbronze	SnBz 8	Rest	—	7,5...9	—	—	—	—	—	—	...0,4	DIN 17662	80...115	99...105
Mehrstoff-Zinnbronze	MSnBz 4 Pb	Rest	—	3...5	3...5	—	—	—	—	3...5	...0,1	(Juli 1959)	70...135	55
Sondermessing	SoMs 58 Al 1	56... 61	0,4... 1,3	...0,5	Rest	...2	0,2... 3	...1,5	...0,8	...1,0	—	DIN 17661	120...135	—
	SoMs 58 Al 2	56... 61	1,3... 2,5	...0,5	Rest	...2	0,2... 3	0,5... 1,5	...0,8	...0,8	—	(Febr. 1958)	140...180	125
	SoMs 68	66... 70	—	—	Rest	0,5	—	0,4	0,75... 1,25	...0,8	—		100...140	100
Mehrstoff-Aluminium-bronze	AlBz 8 Fe (CuAl 8 Fe)	86,5... 91,0	6,5... 9,0	—	—	0,8	0,8	1,5... 3,5	—	—	—	DIN 17665	110...140	—
	AlBz 10 Fe (CuAl 10 Fe)	80,0... 86,5	9,0... 11,0	—	—	1,0	1,5... 3,5	1,5... 4,0	—	—	—	(Aug. 1961)	150...175	—
	AlBz 10 Ni (CuAl 10 Ni)	79,5... 85,0	8,5... 10,5	—	—	3,0... 6,0	—	2,5... 5,3	—	—	—		170...190	—

[1] Die eingeklammerten Kurzzeichen entsprechen DIN 1700 „Systematik der Kurzzeichen der Nichteisenmetalle“.

241217. Lote und Lettermetalle

Niedrigschmelzende Lote mit Bleigehalten

Benennung	Zusammensetzung in Gew.%	Schmelzpunkt bzw. Intervall °C
L 38 E	21,7 Pb, 42,9 Bi, 5,1 Cd, 4 Hg, 18,3 Zn, 8 Sn	43...38
L 41	22,2 Pb, 40,3 Bi, 8,1 Cd, 17,7 In, 10,7 Sn, 1 Te	41,5
L 46	22,4 Pb, 40,6 Bi, 8,2 Cd, 18 In, 10,8 Sn	46,5
L 47 E	22,6 Pb, 44,7 Bi, 11,3 Sn, 5,3 Cd, 16,1 Zn	52...47
L 47	22,6 Pb, 44,7 Bi, 5,3 Cd, 19,1 In, 8,3 Sn	47,2
L 56 E	25,1 Pb, 47,5 Bi, 9,5 Cd, 12,6 Sn, 5 Zn	65...46
L 58	18 Pb, 49 Bi, 21 In, 12 Sn	57,8
L 58 E	18 Pb, 49 Bi, 15 Sn, 18 Zn	69...58
L 61 E	25,6 Pb, 48 Bi, 9,6 Cd, 12,8 Sn, 4 Zn	65...61
L 66	25,7 Pb, 46,5 Bi, 9,5 Cd, 12,3 Sn, 6 Tl	66
	27,3 Pb, 49,6 Bi, 10 Cd, 13,1 Sn	71
	40,2 Pb, 51,7 Bi, 8,1 Cd	91,5
	31,3 Pb, 50 Bi, 18,7 Sn	96
	43 Pb, 55 Bi, 2 Zn	124
	43,5 Pb, 56,5 Bi	125
L 134 E	37,5 Pb, 37,5 Sn, 25 In	282...134
	28,6 Pb, 52,5 Sn, 16,7 Cd, 2,2 Zn	138
	32 Pb, 18,2 Cd, 49,8 Sn	145
	24 Pb, 71 Sn, 5 Zn	177
	37,7 Pb, 62,3 Sn	183
L 184 E 1	73,7 Pb, 25 Sn, 1,3 Sb	263...184
L 184 E 2	79 Pb, 20 Sn, 1 Sb	270...184
L 184	64,1 Pb, 34,5 Sn, 1,3 Sb, 0,1 As	184
L 185 E 1	58 Pb, 40 Sn, 2 Sb	231...185
L 185 E 2	63,2 Pb, 35 Sn, 1,8 Sb	243...185
L 185 E 3	68,4 Pb, 30 Sn, 1,6 Sb	250...185
L 230	75 Pb, 25 In	300...230
	81,7 Pb, 17,3 Cd, 1 Zn	245
	82,5 Pb, 17,5 Cd	248
L 302 E	93...95 Pb, 5...6 Ag, 1...2 Sn	304...302
	97,5 Pb, 2,5 Ag	304
L 304 E	94...95 Pb, 5...6 Ag	380...304
L 309	97,5 Pb, 1,5 Ag, 1 Sn	309
L 314	95 Pb, 5 In	314
	99,5 Pb, 0,5 Zn	318,2

Zusammensetzung und Eigenschaften einiger warm- und zunderfester Legierungen

Bezeichnung	Zusammensetzung in Gew.%					Dichte	Härte HV	Biegebruchfestigkeit
	TiC	TaC (NbC)	Ni	Co	Cr	g/cm³	kp/mm²	kp/mm²
WZ 1b	60		32	—	8	6,20	1010	135...150
WZ 1c	50		40	—	10	6,40	830	150...170
WZ 2	60		—	28	12	6,10	1160	110...125
WZ 3	50	10	32	—	8	6,30	1070	140...150
WZ 12a	75		15	5	5	6,00	1220	105...115
WZ 12b	60		24	8	8	6,20	1090	130...145
WZ 12c	50	—	30	10	10	6,40	860	150...165
WZ 12d	35	—	39	13	13	6,65	720	170...180

241218. Legierungen für das graphische Gewerbe

Legierungen für das graphische Gewerbe (DIN 16512) und ihre Eigenschaften

Benennung	Kurzzeichen	Sb Gew.%	Sn Gew.%	HB kp/mm²	Schmelz-Temp. °C	Gieß-Temp. °C
Hintergießmetall	PbSn 3 Sb 4	3,5...4,5	2,5...3,5	—	292	320
Typometall	PbSn 3 Sb 12	11,5...12,5	2,5...3,5	18	255	270...280
Linometall	PbSn 3 Sb 12	11,5...12,5	4,5...5,5	20	250	280
Stereometall	PbSn 4 Sb 15	14,5...15,5	3,5...4,5	22	265	290
Monometall	PbSn 9 Sb 19	18 5...19,5	8,5...9,5	29	285	350...390
Letternmetall	PbSn 5 Sb 28	28...29	5...6	21...25	350...380	380...420
Notenmetall	PbSn 15 Sb 4	4...5	15,5...16	—	—	—
Zusatzmetall	V PbSn 30 Sb 6	5...7	29...31	—	—	—
Zusatzmetall	V PbSn 5 Sb 28	28...29	5...5,5	—	—	—

Zulässige Beimengungen für alle Legierungen maximal: 0,001% Zn, 0,01% Al, 0,001% Fe.

Im besonderen ist zulässig für:

PbSn 3 Sb 4 ...0,3% As, 0,3% (Cu+Ni), verwendet zum Hintergießen von Galvanos.
PbSn 3 Sb 12...0,3% As, 0,05% (Cu+Ni), für Typographsetzmaschinen, alle Sorten Blindmaterial.
PbSn 5 Sb 12...0,3% As, 0,05% (Cu+Ni), für Linotypen und Intertype-Setzmaschinen.
PbSn 4 Sb 15...0,3% As, 0,3% (Cu+Ni), für Flach- und Rundstereoplatten.
PbSn 9 Sb 19...0,3% As, 0,05% (Cu+Ni), für Monotype-Gießmaschinen.
PbSn 5 Sb 28...0,2% As, 0,3% (Cu+Ni), Komplettgußschriften.
PbSn 15 Sb 4...0,3% As, 0,3% (Cu+Ni), für Notenstichplatten.

242. Holz[1]

Holz besteht etwa zu 50% aus Kohlenstoff, 6,1% Wasserstoff, ca. 43% Sauerstoff und ca. 0,2% Stickstoff, der Rest sind mineralische Bestandteile.

Die Reinwichte γ des Holzes, d.h. das spezifische Gewicht der wasserfreien porenlosen Holzsubstanz beträgt etwa 1,5 g · cm^{-3}. Die Rohwichte r_0 im Darrzustand, d.h. die Wichte nach Trocknung bei 103° C bis zur Gewichtskonstanz berechnet sich aus γ und dem Porenvolumen c, je cm^3 zu $r_0 = (1 - c) \cdot \gamma$.

Als Holzfeuchtigkeit u bezeichnet man die relative Raumgewichtszunahme gegenüber dem Darrzustand

$$u = \frac{G_u - G_d}{G_d} \qquad (G_d = \text{Darrgewicht},\ G_u = \text{Naßgewicht}).$$

Die Quellung ist die relative Raumzunahme α_{vu} gegenüber dem Darrzustand. Die Rohwichte bei einem Feuchtigkeitsgehalt u berechnet sich zu $r_u = r_0 \frac{1+u}{1+\alpha_{vu}}$.

Als normaler Wassergehalt des lufttrocknen Holzes gelten 12%.

Das Höchstmaß der Quellung $\alpha_{\max}$ (Fasersättigungspunkt) hat im Mittel den Wert 0,28 r_0 (niedrigere Werte z.B. bei Eichenkernholz 0,22 r_0, höhere Werte z.B. bei Linde 0,34 r_0). Das Schwindmaß $\beta = \frac{\alpha}{1+\alpha}$ wird nicht auf den Darrzustand sondern auf das Volumen des grünen (frischen) Holzes bezogen. Als Raumdichtezahl wird im deutschen Schrifttum das Verhältnis des Darrgewichtes zum Volumen im Frischzustand angegeben.

$$R = \frac{G_d}{V_u} = \frac{G_d}{V_d(1 + \alpha_{v\,\max})} = r_0(1 - \beta_{v\,\max}).$$

Bei Holz als anisotropen Körper weichen die Werte für die Quellung bzw. Schwindung wie auch weiter physikalische Eigenschaften in verschiedenen Richtungen voneinander ab. Die Richtungen werden in den Tabellen wie folgt bezeichnet: l oder $\|$ längs zur Faser, r radial quer zur Faser, t tangential zur Faser. Die spezifische Wärme vom trocknen Holz ist bei 0° C = 1,11 J g^{-1} · grd^{-1} bei $\vartheta^0 = (1{,}11 + 0{,}00485\,\vartheta)$ J g^{-1}grd^{-1}.

Der Absorptionsgrad für Wärmestrahlung beträgt etwa 0,9%.

Richtwerte physikalischer Eigenschaften des Holzes sind in Tabelle 2421a, Werte für die verschiedenen Holzarten, vor allem Dichte, Schwindung und elastische Eigenschaften, in Tabelle 2421b angegeben.

---

[1] Nach F. Kollmann: Technologie des Holzes Bd. I, 1951.

2421. Eigenschaften von Holz und Holzprodukten

a) Richtwerte

	Rohwichte $g \cdot cm^{-3}$	Wärmeausdehnungszahl $\alpha \cdot 10^6\ grd^{-1}$	Wärmeleitfähigkeit 10^{-3} W/cmgrd	Elastizitätsmodul $10^3\ kgcm^{-2}$	Druckfestigkeit $kgcm^{-2}$	Zugfestigkeit $kgcm^{-2}$	Biegefestigkeit $kgcm^{-2}$	Spezifischer Widerstand Ωcm	Dielektrizitätskonstante ε bei 50 Hz	Dielektrischer Verlustfaktor tg δ bei 50 Hz
Nicht imprägniert										
Naturholz	0,3...1,3	∥ 2...10 ⊥ 15...65	∥ 2,3...4,2 ⊥ 0,6...2,1	∥110...160 ⊥ 5...15	∥ 300...850 ⊥ 50...100	∥ 400...2100 ⊥ 20...70	∥ 500...1800 ⊥ —	ofentrocken[1] $10^{17}...5 \cdot 10^{18}$	ofentrocken[1] 2...3,5	ofentrocken[1] ≈0,01
Preßvollholz	1,05...1,45	⊥ 125	∥2,9...3,3	∥ 280	∥ 1500 ⊥ 1000	∥ 2500	∥ 2500	—	—	—
Imprägniert:										
Mineralölholz	0,85...0,9	—	∥ 3,56 ⊥2,1	— —	∥ 800 ⊥ 600...650	∥ 450...700	∥ 1000...1200	— —	3,3 60° C:4,1	0,05...0,1
Leinölholz	0,9...0,95	—	∥ 3,56 ⊥ 2,1	— —	∥ 800 ⊥ 600...650	∥ 450...700	∥ 1000...1200	—	3,3	—
Kunstharzholz	≈20% höher als Naturholz	∥ 5 ⊥ 35...40	— —	— —	∥ 600...2000 ⊥ 150...1500	∥ 600...3500 ⊥ 50...350	∥ 700...3000 ⊥ 50...550	} bei gleichem Feucht. geh. wie Holz[2]	4...8	0,05...0,1 100° : 00...1
Hartschichtholz, Preßschichtholz	1,3...1,4	10...40	∥ 2,94	100...250	1000...400	150...3500	300...3000	}	4...8	0,05...0,15

		ρ	ε	tg δ
[1]	5...10% Feuchtigkeit	$10^{10}...10^{12}$	4...6	stark ansteigend
	30% Feuchtigkeit	$10^5...10^6$	...10	

[2] Bei gleicher Luftfeuchtigkeit höhere Werte.

b) Eigenwerte

Name	Rohwichte γ_0 g/cm³ Darrtrocken	Mittleres Schwindmaß %				Wärmeausdehnungszahl $\alpha \cdot 10^6$ grd⁻¹		Elastizitätsmodul $E_{\parallel}$ kgcm⁻² bei $u=0,12$	Druckfestigkeit $\sigma_{\parallel}$ kgcm⁻² bei $u=0,12$	Zugfestigkeit kgcm⁻² bei $u=0,12$		Biegefestigkeit kgcm⁻² bei $u=0,12$	Scherfestigkeit kgcm⁻² bei $u\approx0,12$
		β_l	β_r	β_t	β_v [1]	‖ Faser	⊥ Faser			‖ Faser	⊥ Faser		
Nadelhölzer:													
Fichte	0,43	0,3	3,6	7,8	11,7	5,41	34,1	110000	500	900	27	780	67
Kiefer	0,49	0,4	4,0	7,7	12,1	—	—	120000	550	1040	30	1000	100
Weymoutskiefer	0,37	0,2	2,3	6,0	8,5	—	—	90000	340	1040	21	620	60
Lärche, europ.	0,55	0,3	3,3	7,8	11,4	—	—	138000	840	1070	23	990	90
Tanne (Weißtanne)	0,41	0,1	3,8	7,6	11,2	3,71	58,4	110000	470	840	23	730	50
Laubhölzer:													
Ahorn (Bergahorn)	0,59	0,5	3,0	8,0	11,5	6,38	48,4	94000	580	820	—	1120	90
Balsa	0,18	0,6	3,0	3,5	7,1	—	—	26000	94	—	—	190	11
Birke (Weißbirke)	0,61	0,6	5,3	7,8	13,7	—	—	165000	510	1370	70	1470	120
Buche (Rotbuche)	0,60	0,3	5,8	11,8	17,9	—	—	160000	620	1350	70	1230	80
Buchsbaum	0,92	0,7	11,0	15,0	26,7	2,57	61,4	—	—	—	—	—	—
Eiche (Roteiche)	0,66	0,7	4,0	8,2	12,9	3,43	rad. 28,3 tg. 42,3	128000	470	—	36	1000	125
Erle	0,49	0,5	4,4	7,8	12,7	—	—	77000	570	—	20	850	45
Esche	0,64	0,2	5,0	8,0	13,2	9,51	—	134000	520	1650	70	1200	128
Gabun, Okume	0,42	0,2	4,1	6,6	10,9	—	—	30000	630	660	18	966	—
Hickory, filzige	0,77	0,6	7,8	11,0	19,4	—	—	156000	630	1520	97	1350	123
Linde (Winter- und Sommerlinde)	0,49	0,3	5,5	9,1	14,9	—	—	74000	520	850	—	1000	45
Mahagoni	0,55	0,3	3,2	5,1	8,6	3,61	40,4	≈84000	—	—	25	680	105
Nuß, Walnuß	0,64	0,5	5,4	7,5	13,4	6,55	48,4	125000	720	1000	35	1470	—
Schwarzpappel	0,41	0,3	5,2	8,3	13,8	—	—	88000	350	770	—	650	50
Pockholz	1,23	0,1	5,6	9,3	15,0	—	—	123000	1260	—	—	1440	—
Robinie	0,73	0,1	4,4	6,9	11,1	—	—	136000	780	1480	43	1500	160
Teakholz	0,63	0,6	3,0	5,8	9,4	—	—	130000	720	1190	40	1480	83
Ulme (Feldulme)	0,64	0,3	4,6	8,3	13,2	5,65	44,3	110000	560	800	40	890	70
Weide (Silberweide)	0,52	0,5	3,9	6,8	11,2	—	—	72000	340	640	—	370	70
Weißbuche	0,79	0,5	6,8	11,5	18,8	6,04	—	162000	820	1350	—	1600	85

[1] Räumliches Schwindmaß, $\beta_v=\beta_l+\beta_r+\beta_t$.

243. Natursteine und künstliche Steine

2431. Richtzahlen für Natursteine (DIN 52100)

Gesteinsgruppen	1	2	3	4	5		6	7	8	9	10
	Rohwichte (Raumgewicht)	Reinwichte (Spezifisches Gewicht) DIN 52102	Wahre Porosität $\left(\frac{\gamma - s}{s}\right) \cdot 100$ Raum-%	Raummetergewicht von Schotter 30/60 eingefüllt DIN 52110	Wasseraufnahme DIN 52103		Druckfestigkeit des trockenen Gesteins DIN 52105	Mindestdruckfestigkeit	Biegezugfestigkeit	Schlagfestigkeit DIN 52107 Anzahl der Schläge bis zur Zerstörung	Abnutzung durch Schleifen Verlust auf 50 cm²
					Gew.%	„scheinbare Porosität" Raum-%					
	γ	s		t/m³			kg/cm²	kg/cm²	kg/cm²		cm³
A. Erstarrungsgesteine 1. Granit, Syenit	2,60...2,80	2,62...2,85	0,4...1,5	1,30...1,40	0,2...0,5	0,4...1,4	1600...2400	1200	100...200	10...12	
2. Diorit, Gabbro	2,80...3,00	2,85...3,05	0,5...1,2	1,40...1,50	0,2...0,4	0,5...1,2	1700...3000	1200	100...220	10...15	5...8
3. Quarzporphyr, Keratophyr, Porphyrit, Andesit	2,55...2,80	2,58...2,83	0,4...1,8	1,30...1,40	0,2...0,7	0,4...1,8	1800...3000	1200	150...200	11...13	
4. Basalt, Melaphyr Basaltlava	2,95...3,00 2,20...2,35	3,00...3,15 3,00...3,15	0,2...0,9 20...25	1,40...1,50 1,10...1,25	0,1...0,3 4...10	0,2...0,8 9...24	2500...4000 800...1500	1200 500	150...250 80...120	12...17 4...5	5...8,5 12...15
5. Diabas	2,80...2,90	2,85...2,95	0,3...1,1	1,35...1,45	0,1...0,4	0,3...1,0	1800...2500	1200	150...250	11...16	5...8
B. Schichtgesteine 6. Kieselige Gesteine a) Gangquarz, Quarzit, Grauwacke b) quarzitische Sandsteine	} 2,60...2,65	2,64...2,68	0,4...2,0	} 1,25...1,35	0,2...0,5	0,4...1,3	1500...3000 1200...2000	800	130...250 120...200	10...15 8...10	} 7...8
c) sonstige Quarzsteine	2,00...2,65	2,64...2,72	0,5...25		0,2...9	0,5...24	300...1800		30...150	5...10	10...14

7. Kalksteine											
a) Dichte (feste) Kalke und Dolomite (einschl. Marmore)	2,65...2,85	2,70...2,90	0,5...2,0	1,30...1,40	0,2...0,6	0,4...1,8	800...1800	500	60...150	8...10	15...40
b) sonstige Kalksteine einschl. Kalkkonglomerate	1,70...2,60	2,70...2,74	0,5...30	—	0,2...10	0,5...25	200...900	200	50...80	—	—
c) Travertin	2,40...2,50	2,69...2,72	5...12	—	2...5	4...10	200...600	200	40...100	—	—
8. Vulkanische Tuffsteine	1,80...2,00	2,62...2,75	20...30	—	6...15	12...30	200...300	200	20...60	—	—
C. Metamorphe Gesteine											
9. a) Gneise, Granulit	2,65...3,00	2,67...3,05	0,4...2,0	1,30...1,50	0,1...0,6	0,3...1,8	1600...2800		—	6...12	4...10
b) Amphibolit	2,70...3,10	2,75...3,15	0,4...2,0	1,40...1,50	0,1...0,4	0,3...1,2	1700...2800		—	10...16	6...12
c) Serpentin	2,60...2,75	2,62...2,78	0,3...2,0	1,30...1,40	0,1...0,7	0,3...1,8	1400...2500		—	6...15	8...18
d) Dachschiefer	2,70...2,80	2,82...2,90	1,6...2,5	—	0,5...0,6	1,4...1,8	—		500...800	—	—

Elastizitätsmodul E in kg/cm², Richtwerte[1]

Gestein	E in kg/cm²
Basalt	500...1000 · 10³
Diabas	700...800 · 10³
Quarzit	650...800 · 10³
Granit	150...700 · 10³
Porphyr	570...680 · 10³
Kalkstein	250...700 · 10³
Sandstein	40...400 · 10³
Gneis	130...360 · 10³

[1] Ausführliche Tabellen s. Landolt-Börnstein IV/1.

Schwinden und Quellen

Die zwischen Austrocknen und Durchfeuchten sich ergebenden Längenänderungen hängen vom mineralischen Aufbau, von derDauer und vom Grad der Einwirkung, vom Gefüge, von der Körpergröße usw. ab.

Als Mittelwerte lassen sich angeben:

Gesteinsart	Schwinden in mm/m	Quellen in mm/m
Sandstein	0,45	0,45
Kalkstein	0,30	0,12
Basalt	0,40	0,35
Granit	0,15	0,10

Schwankungen zwischen dem Minimal- und Maximalwert relativ groß($x_{max}/x_{min} \approx 2$).

2432. Künstliche Steine[1]

Begriffsbestimmungen. *a) Mauerziegel nach DIN 105:* Aus Lehm, Ton oder tonigen Massen gebrannt, zum Teil mit Magerungsmitteln. Steinrohwichte ~1,8 kg/dm³. *Normalform* 25 · 12 · 6,5 cm³ (Schornsteinziegel, vgl. DIN 1057). *b) Kalksandstein nach DIN 106.* Aus Quarzsand und Kalk gepreßt und unter Dampfdruck erhärtet. Abmessungen wie bei a). *c) Hüttensteine nach DIN 398.* Aus gekörnter Hochofenschlacke und Kalk, Schlackenmehl oder Zement. Abmessungen wie bei a). *d) Hüttenschwemmsteine nach DIN 399.* Leichte hochporige Mauersteine aus geschäumter Hocholfenschacke, sonst wie Hüttensteine. Abmessungen 25 · 12 cm²; Höhe 6,5 cm, 9,5 cm und 14 cm. *e) Schlackensteine nach DIN 400.* Leichte, porige Mauersteine aus Verbrennungsrückständen von Steinkohlen und Koks mit hydraulischen Bindemitteln (die Verbrennungsrückstände dürfen keinen reinen, ungelöschten oder dolomitischen Kalk, höchstens 15% unverbrannte Bestandteile, bis 1 Gew.% SO_3 und bis 0,2 Gew.% Sulfidschwefel enthalten). *f) Zementschwemmsteine aus Bimskies nach DIN 1059.* Leichte hochporige Mauersteine aus rheinischem, gekörntem Bims mit hydraulischen Bindemitteln. Abmessungen wie d).

Gütewerte

Mauerziegel und Hüttensteine

Steinart	Prüfung nach	Druckfestigkeit (Mittelwert) kg/cm³	Wasseraufnahme Gew.%
Hochbauklinker KMz 350	DIN 105	≧350	≦6
Vormauerziegel VMz 250	DIN 105	≧250	≦12
Vormauerziegel VMz 150	DIN 105	≧150	≧8
Mauerziegel, Mz 150	DIN 105	≧150	≧8
Mauerziegel, Mz 100	DIN 105	≧100	≧8
Kalksandsteine	DIN 106	≧150	≧10
Hüttenhartsteine HHS	DIN 398	≧250	≧5
Hüttensteine HS 150	DIN 398	≧150	≧10
Hüttensteine HS 100	DIN 398	≧100	≧10
Hüttensteine HS 50	DIN 398	≧50	≧10

Leichtbausteine

Steinart	Prüfung nach	Druckfestigkeit (Mittelwert) kg/cm²	Raumgewicht (Rohwichte) kg/dm³	Wärmeleitzahl bei 20° C kcal·m⁻¹·h⁻¹·°C⁻¹
Sonder-Schwemmsteine	DIN 399	≧30	≦1,2	≦0,25
Hüttenschwemmsteine	DIN 399	≧20	≦1,0	≦0,20
Sonder-Schlackensteine	DIN 400	≧50	≦1,4	≦0,28
Schlackensteine	DIN 400	≧30	≦1,2	≦0,25
Sonder-Schwemmsteine	DIN 1059	≧30	≦0,85	≦0,15
Schwemmsteine	DIN 1059	≧20	≦0,80	≦0,15

[1] Weitere Einzelheiten s. Landolt-Börnstein IV/1, S. 133.

2433. Zementmörtel und -beton

Größtkorn des Zuschlags für Mörtel bis 7 mm, für Beton bis 30 mm oder mehr. Die Eigenschaften des mit Normenzementen hergestellten Betons hängen in erster Linie ab: vom Zementgehalt, von der Kornzusammensetzung (Sieblinien vgl. DIN 1045) und vom Wassergehalt des Frischbetons (weitere Einflüsse: Kornform und Eigenschaften des Zuschlags, Feuchtigkeit der Luft und Temperatur bei der Erhärtung, Probenform, Alter, Art der Verarbeitung usw.)[1].

a) Druckfestigkeit. Gemittelte Verhältnisse aus Betonmischungen mit Kiessand bzw. mit nur gebrochenem Gestein, hergestellt und geprüft nach DIN 1045 und 1048 (Eignungsprüfung):

Würfeldruckfestigkeit in kg/cm² für 28 Tage alten Beton

Zementgehalt kg/m³	Gemischtkörniger Zuschlag (bis 30 mm, stetig abgestuft)		
	grobkörnig	mittelkörnig	feinkörnig
	Stampfbeton, etwas nässer als erdfeucht		
180	210	160	110
240	310 (6%)	260 (8%)	190 (10%)
300	420	380	260
	Weicher Beton		
180	140	120	90
240	210 (8%)	190 (11%)	150 (13%)
300	290	270	220
	Flüssiger Beton		
180	120	100	80
240	170 (10%)	160 (13%)	130 (15%)
300	230	210	190

b) Raumgewicht. Gewöhnlicher Beton: vorwiegend 2,2...2,5 kg/dm³; Leichtbeton mit Bims und ähnlichen Stoffen $\leqq$ 1,8 kg/dm³.

c) E-Modul (Druck). Gewöhnlicher Beton: rund 100000...500000 kg/cm², Leichtbeton: bis rund 10000 kg/cm² und kleiner.

d) Schwinden beim Austrocknen. Kleinere Körper im trockenen Raum zwischen 0,2 und 0,8 mm/m. Größere Betonkörper im Freien unter 0,2 mm/m. Putzmörtel bis 0,8 mm/m und mehr[1].

e) Wasseraufnahme durch Capillarwirkung zwischen rund 2 und 12 Raum-%.[2]

[1] Vgl. Graf: Die Prüfung nichtmetallischer Baustoffe, 2. Aufl., 1957, Springer-Verlag

[2] Wegen weiterer Einzelheiten vgl. Landolt-Börnstein IV/1, S. 142.

Mauerwerk

Druckfestigkeit und Elastizität des Mauerwerks hängen ab von der Gesteinsfestigkeit, dem Mauermörtel, dem Verband, der Körperform usw.

Mauerwerk aus	Druckfestigkeit kg/cm²	E-Modul kg/cm²	Raumgewicht kg/dm³
Schwemmsteinen	17	16000	1,0
Hartbrandziegeln	80	50000	1,9
Betonformsteinen	150	27000...150000	2,2
Sandstein	440	80000	2,3
Kalkstein	320	225000	2,5
Granit	560	325000	2,5

2434. Lineare Wärmeausdehnung α_ϑ, Wärmeleitzahl λ und spezifische Wärme c_p

Lineare Wärmeausdehnung α_ϑ

Die Werte für α_ϑ streuen bei Gebrauchstemperaturen entsprechend der Uneinheitlichkeit der Gesteinsbeschaffenheit, innerhalb gleicher Art in weiten Grenzen. Vergleichsweise seien folgende Werte angeführt:

Stoff	α_ϑ für 1° C	Stoff	α_ϑ für 1° C
Basalt	$9 \cdot 10^{-6}$	Mörtel	$8...11 \cdot 10^{-6}$
Granit	$8 \cdot 10^{-6}$	Zementstein	$11...18 \cdot 10^{-6}$
Kalkstein	$7 \cdot 10^{-6}$	Beton mit	
Sandstein	$12 \cdot 10^{-6}$	Granit	$9 \cdot 10^{-6}$
Quarzit	$13 \cdot 10^{-6}$	Basalt	$9 \cdot 10^{-6}$
		Kalkstein	$9 \cdot 10^{-6}$
Ziegelstein	$5 \cdot 10^{-6}$	Quarzgestein	$12 \cdot 10^{-6}$
Steinholz	$17 \cdot 10^{-6}$	Hochofenschlacke	$7...10 \cdot 10^{-6}$
Schaumbeton	$11 \cdot 10^{-6}$	Kies	$9...12 \cdot 10^{-6}$

Bei Temperaturen um 1000° C weisen besonders Ziegelbruch, dann Hochofenstückschlacke und Basalt geringe Wärmedehnung auf.

Wärmeleitzahl λ (kcal · m⁻¹ · h⁻¹ · grad C⁻¹)
und spezifische Wärme c_p (kcal · kg⁻¹ · grad C⁻¹)

Die Werte λ sind weitgehend von der Feuchtigkeit abhängig, ferner von der Struktur, dem Porenraum, der Porengröße, dem Grundstoff usw.

Stoff	Raumgewicht kg/dm³	λ	c_p
Dichte Natursteine	2,8	2,50	0,21
Feinporige Natursteine	2,6	1,50	0,22
Sandschüttung, trocken	1,6	0,50	—
Sandschüttung, naß	2,1	2,00	—
Zementstein	2,0	0,80	—
Kiesbeton	2,2	1,10	0,21
Bimsbeton	1,1	0,40	0,24
Ziegelmauerwerk	1,8	0,75	0,22
Gipsdielen	0,8	0,30	0,2
Steinholz	1,5	0,15	—
Faserstoffplatten	0,35	0,05	—

244. Quarz und Gläser

2441. Quarz und Quarzglas

24411. Allgemeine Daten

Quarz SiO_2, 25° C Molwärme C_p $= 44{,}43$ J/grd Mol
Entropie S^0 $= 42{,}09$ J/grd Mol
Bildungsenthalpie $\Delta H_B^0 = 859{,}3$ kg J/Mol
freie Bildungsenthalpie ΔG_B $= -809$ k J/Mol
Umwandlung → Tridymit bei 867° C, $\Delta H_U = 0{,}50$ k J/Mol.

24412. Umwandlungsdiagramme

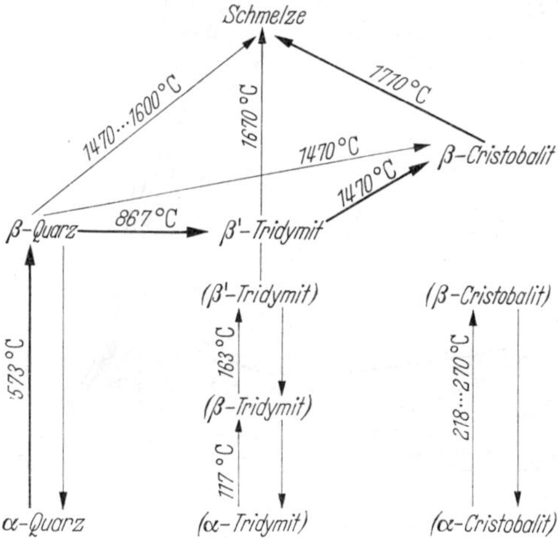

24412a. Phasengleichgewichte von SiO_2. Die instabilen Phasen sind eingeklammert. Umwandlungs temperaturen (abgerundet) nach L.B., 6. Aufl., Bd. II/3, S. 272

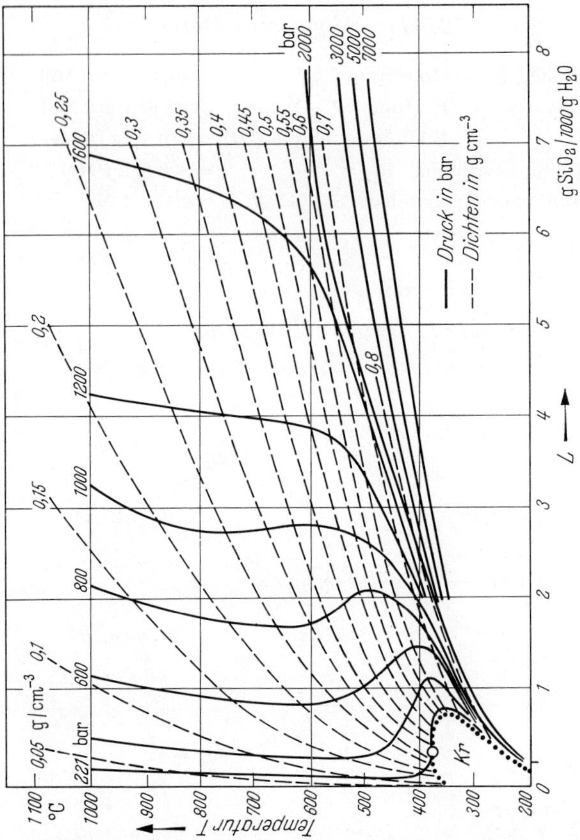

24412 b Löslichkeit von SiO_2 in Wasser bzw. Wasserdampf (überkritisch). Hydrothermales Gleichgewicht

24413. Kristalldaten

Kristalldaten	Kristall-system	Typ	Raumgruppe	Gitterkonstante in Å			M
				a	b	c	
α-Quarz tief	hex.	C8	$D_3^{4(6)}$, $C\,3_{1(2)}\,1\,2$	4,91	—	5,39	3
β-Quarz hoch	hex.	C8	$D_6^{5(4)}$, $H\,6_{4(2)}\,2$	5,01	—	5,47	3
α-Cristobalit	tetrag.	C36	$D_4^{4,8}$, $P\,4_1\,2_1$	4,96	—	6,94	4
β-Cristobalit	kub.	C9	O_h^7, $F\,d\,3\,m$	7,04	—	—	8
α-Tridymit	orh.	—	D_{2h}^{23}, $F\,m\,m\,m$	9,91	17,18	81,78	320
β-Tridymit	hex.	C10	D_{6h}^4, $C\,6/m\,m\,c$	5,03		8,22	4

24414. *Thermische Ausdehnungszahl* $\overline{\alpha}$

Temperaturbereich °C	$\overline{\alpha}$ ∥	$\overline{\alpha}$ ⊥ zur *c*-Achse
	10^{-6}grd^{-1}	
0...118	8,7	14,2
0...418	10,5	18,5
0...567	14	24,0
0...579	17,8	29,7
0...750[1]	13,5	24,0

[1] $U(\alpha \rightleftharpoons \beta)$ 578° C.

Quarzglas

Lineare Längenänderung *a*, in mm/m (‰) zwischen 0 und ϑ °C.

ϑ (C°)	−250	−200	−150	−100	−50	+50	+100
a	+0,076	+0,027	−0,002	−0,015	−0,013	+0,022	0,051

ϑ (C°)	+200	+400	+600	800	1000
a	0,117	0,254	0,36	0,45	0,54

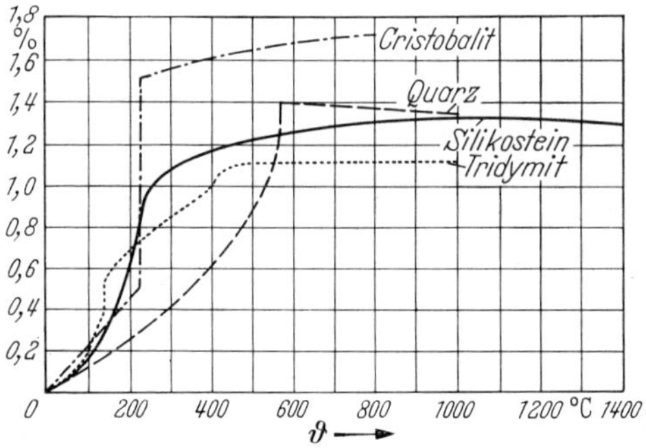

Thermische Ausdehnung der SiO_2-Modifikationen in % bis zu der Temperatur ϑ

24415. *Spezifische Wärme von Quarz und Quarzglas*

	C_p in J/g grd							
	−200	−100	0	20	100	300	600	1000 °C
Quarzkristall	0,168	0,485	0,712	0,745	0,855	1,07	—	—
Quarzglas	0,18	0,485	0,70	0,730	0,83	1,02	1,14	1,19

24416. Elektrische Eigenschaften von Quarz

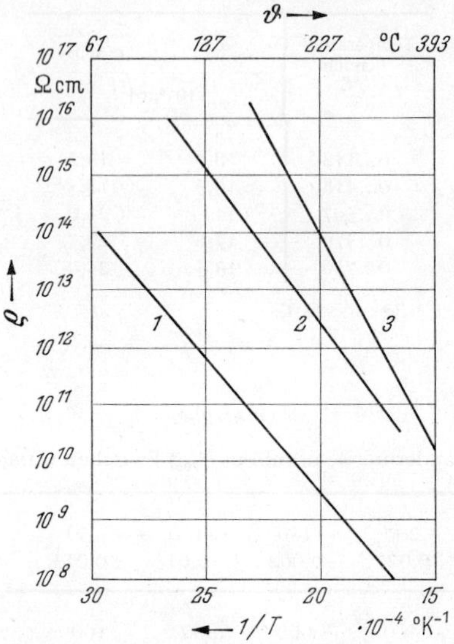

24416a. Spezifischer Widerstand ϱ von Quarz in Abhängigkeit von der Temperatur. Kurve *1* für kristallinen Quarz ∥ zur Achse; Kurve *2* für kristallinen Quarz ⊥ zur Achse; Kurve *3* für amorphen, umgeschmolzenen Quarz

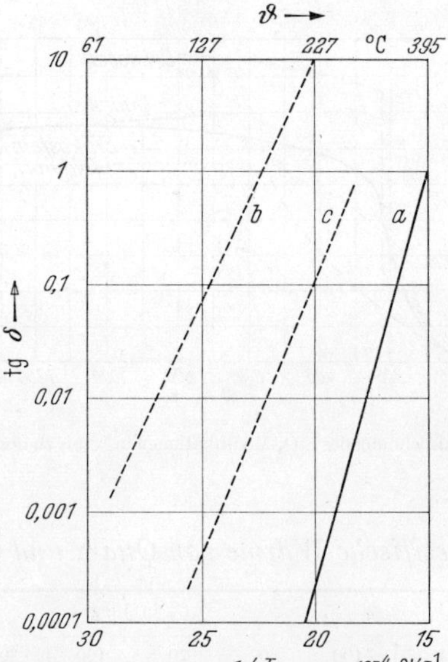

24416b. Dielektrischer Verlustfaktor tg δ von kristallinem und von amorphen Quarz bei 50 Hz in Abhängigkeit von der Temperatur T. *a* Umgeschmolzener Quarz, *b* Quarzkristall ∥ zur Achse, *c* Quarzkristall ⊥ zur Achse

24417. Brechzahlen und natürliche Drehung des Quarzes bei 20° und Brechzahlen des Quarzglases bei in Klammern hinzugefügten Temperaturen. Die Werte bei 20° C sind Durchschnittswerte, die Werte 24° C sind mit einer Dispersionsformel berechnet

λ in μm	Quarz ⊥ zur optischen Achse n_{ord} bei 20° C	Quarz ⊥ zur optischen Achse n_{ex} bei 20° C	Quarz Drehung α bei 20° in Grad/mm	Quarzglas n
0,18621	—	—	365,6	
0,19	1,66632	—	—	
0,22	1,62441	—	—	
0,22100		—	216,50	
0,26	1,59473	—	—	
0,26604		—	131,607	
0,28	1,58522	—	—	
0,28163		—	114,10	
0,30	1,57793	—	—	
0,30876		—	91,19	
0,35	1,56544	—	—	1,47701 (24° C)
0,3726		—	58,86	—
0,40467 (*h*)	1,557061	1,56667	48,948	1,4697 (20° C)
0,43405 (*G'*)	1,553944	1,56337	41,927	1,4669 (20° C)
0,47999 (*F'*)	1,550097	1,55941	33,678	1,4635 (20° C)
0,48613 (*F*)	1,549662	1,55896	32,766	1,4631 (20° C)
0,54608 (*C*)	1,546152	1,55531	25,538	1,4601 (20° C)
0,58930 (*D*)	1,544220	1,55332	21,725	1,4584 (20° C)
0,64385 *C'*	1,542249	1,55129	18,024	1,4567 (20° C)
0,65628 (*C*)	1,541873	1,55089	17,314	1,4563 (20° C)
0,76820 (*A'*)	1,539034	1,54794	12,451	1,4539 (20° C)
1,00	1,535050	—	—	1,45047 (24° C)
1,040	—	—	6,69	—
1,20	1,532340	—	—	1,44811 (24° C)
1,40	1,529742	—	—	1,44584 (24° C)
1,450	—	—	3,41	—
1,60	1,527047	—	—	1,44349 (24° C)
1,770	—	—	2,28	—
1,80	1,524145	—	—	1,44095 (24° C)
2,0	1,520972	—	—	1,43817 (24° C)
2,140	—	—	1,55	—
2,30	1,515610	—	—	1,43346 (24° C)
2,60	1,50986	—	—	1,42800 (24° C)
3,00	1,49953	—	—	1,41937 (24° C)
3,50	1,48451	—	—	1,40601 (24° C)
4,00	1,46617	—	—	—

2442. Glä-

24421. Kennzeichnende physikalische

$\vartheta_{0\,E}$ Temperatur bei der die Viskosität des Glases 10^{13} Poise beträgt.
$\vartheta_{E\,w}$ Temperatur bei der die Viskosität des Glases $10^{7,65}$ Poise beträgt.
$\vartheta_{\varkappa\,100}$ Temperatur bei der das Glas einen spezifischen, elektrischen Durchgangswiderstand von $10^8\ \Omega$cm hat.

Bezeichnung		Farbe	Hauptverwendung	Mittlere lineare Wärmeausdehnungszahl zwischen 20 und 300°C in 10^{-6} grd^{-1}	Dichte D bei 20° in gcm^{-3}	Obere Entspannungstemperatur $\vartheta_{0\,E}$ in °C	Erweichungstemperatur $\vartheta_{E\,w}$ in °C
Nr.	Art u. Name						
							Hersteller
8330	Duran 50 Borosilikatglas	farblos klar	für allgemeine Zwecke, chemische Glasapparate und Laborgeräte, feuerfestes Haushaltsglas	32	2,23	568	815
2955	Supremax	farblos, klar	hoch hitzebeständig, Verbrennungsrohre, Entladungslampen, Thermometer	37	2,47	715	938
3891	Suprax Borosilikatglas	farblos, klar	für allgemeine Zwecke, Wolframeinschmelzungen, Lampenkolben	39	2,31	567	793
8212	Wolfram-Glas	farblos, klar	Wolframeinschmelzungen, hochisolierend	41	2,31	520	742
1646	Wolfram-Glas	farblos, klar	Wolframeinschmelzungen	42	2,27	534	754
8412	Fiolax Borosilikatglas	farblos, klar	chemisch hoch resistent Ampullenfertigung	49	2,39	565	783
2877	Geräteglas 20 Borosilikatglas	klar	chemisch hoch resistent Laboratoriumsgläser	49	2,39	569	794
1447	Molybdän-Glas	farblos, klar	Röntgenröhren } für elektr. Zwecke, Einschmelzungen von Ni–Fe–Co-Legierungen u. Molybdän	51	2,48	529	725
8243	Kovar-Glas	farblos, klar	hochisolierend } für elektr. Zwecke, Einschmelzungen von Ni–Fe–Co-Legierungen u. Molybdän	52	2,26	497	715
2963	Fiolax	braun	chemisch noch resistent Ampullen für lichtempfindliche Präparate	55	2,46	560	773
2954	Thermometerglas	farblos, klar	Thermometer, Einschmelzungen von Fe–Ni–Co-Legierungen	64	2,42	590	780
8407	—	farblos, klar	pharmazeutisches Glas	80	2,50	732	732
16III	Normalglas	farblos, klar	Thermometer	90	2,58	537	712
8095	Bleiglas	farblos, klar	für elektrische Zwecke, Einschmelzungen von Fe–Ni–Cr-Legierungen	99	3,02	430	595
8405	Uviolglas	farblos, klar	UV-durchlässiges Glas Platineinschmelzungen	99	2,51	446	657
4210	Eiseneinschmelzglas	farblos, glas	Eiseneinschmelzungen	127	2,68	455	614

ser

Eigenschaften technischer Gläser

n_d Brechzahl für die He-Linie 587,6 nm
n_D Brechzahl für die Na-Linie 589,3 nm
n_C Brechzahl für die H-Linie 656,3 nm
n_F Brechzahl für die H-Linie 486,1 nm

$\vartheta_{\varkappa\,100}$ in °C	Elastizitätsmodul E in kpmm^{-2}	Brechzahl n_d	Dispersion n_F-n_C	Abbesche Zahl $=\frac{n_d-1}{n_F-n_C}$	Spezifische Wärme J/ggrd	Wärmeleitfähigkeit W/cmgrd	Dielektrizitätskonstante bei 800 Hz	Dielektrischer Verlustfaktor tg δ bei $10^6...10^7$ Hz	Durchschlagfestigkeit effektiver Wert kV/cm
Schott									
248	6290	1,472	71,9	65,6	0,8	0,117	—	—	—
517	8790	1,526	84,8	62,1	—	0,117	6,0	$18\cdot10^{-4}$	—
245	6640	1,484	74,5	64,9	—	0,113	—	—	—
401	6440	1,484	77,3	62,6	—	—	—	—	—
252	6750	1,481	73,4	65,6	—	—	—	—	—
—	—	1,493	76,2	64,8	—	—	—	—	—
195	7240	1,494	76,6	64,5	—	0,117	6,1	$75\cdot10^{-4}$	380
197	6870	1,507	83,1	61,0	—	—	6,55	$66\cdot10^{-4}$	370
342	6060	1,482	73,8	65,3	—	—	—	—	—
—	7060	1,509	—	—	—	—	—	—	—
137	7350	1,507	80,4	63,0	0,8	0,109	7,5...8	$(5...6)\cdot10^{-4}$	200...300
—	7530	1,510	80,6	63,3	—	—	—	—	—
165	7370	1,525	90,4	58,1	0,8	0,100	8,1	$79\cdot10^{-4}$	370
326	—	1,559	127,7	43,8	—	—	—	—	—
268	—	1,501	80,7	62,1	—	—	—	—	—
177	—	1,530	94,5	56,1	—	—	—	—	—

Bezeichnung: Nr.	Bezeichnung: Art u. Name	Farbe	Hauptverwendung	Mittlere lineare Wärmeausdehnungszahl zwischen 20 und 300° C in 10^{-6} grd^{-1}	Dichte D bei 20° in gcm^{-3}	Obere Entspannungstemperatur ϑ_{oE} in °C	Erweichungstemperatur ϑ_{Ew} in °C

Hersteller

7910	96% SiO_2 Silikatglas	farblos, klar	UV-durchlässiges Glas, Verwendung bei hohen Temperaturen	8	2,18	910	1500
7070	Borosilikatglas	farblos, klar	für elektrische Zwecke (geringe dielektrische Verluste), Wolframeinschmelzungen	32	2,13	495	—
7740	Pyrex, Borosilikatglas	farblos, klar	für allgemeine Zwecke, Wolframeinschmelzungen, Röntgenröhren	32,5	2,23	565	820
7760	Borosilikatglas	farblos, klar	für elektrische Zwecke	34	2,23	525	780
7720	Soda-Blei-Borosilikatglas, Nonex (mit PbO)	farblos, klar	für dielektrische Zwecke, Wolframeinschmelzungen	36	2,35	525	755
7250	Borosilikatglas	farblos, klar	Backgeräte	36	2,24	530	780
9700	—	farblos, klar	UV-durchlässiges Glas	37	2,26	565	804
3320	Soda-Pottasche-Borosilikatglas (m. Farbstoff)	gelbgrün, klar	Wolframeinschmelzungen, Röntgenröhren, Zwischenglas	40	2,29	540	780
2405	Hartglas	rot	für allgemeine Zwecke	43	2,50	540	770
7052	Soda-Pottasche-Lithium-Borosilikatglas (relat. hoher Al_2O_3-Gehalt)	gelbgrün, klar	Kovar-, Fe–Ni–Co-, Molybdän-Einschmelzungen	46	2,28	480	708
7050	(Soda-) Borosilikatglas (ca. 70% SiO_2)	farblos, klar	Kovar-, Fernico-, Molybdän-, Wolframeinschmelzungen, Röntgenröhren	46	2,25	500	703
8800	Borosilikatglas	farblos, klar	Thermometer	60	2,39	570	755
7340	Borosilikatglas	farblos, klar	Manometer	67	2,43	580	785
0041	Soda-Pottasche-Bleiglas	klar	Thermometer	85	2,89	465	648
0120	Soda-Pottasche-Bleiglas	farblos, klar	Glühlampen (Röhren) Platineinschmelzungen	89	3,05	435	630
8870	Bleiglas (mit hohem Bleigehalt)	farblos, klar	für elektrische Zwecke, Einschmelzungen	91	4,28	430	580
0010	Soda-Pottasche-Bleiglas (ca. 20% PbO)	hellgrün, klar	Glühlampen (Röhren), Platineinschmelzungen	91	2,85	430	626
0080	Soda-Kalkglas	farblos, klar	Lampenkolben	92	2,47	510	696
2475	Weichglas	rot	Neonröhren	93	2,59	505	690

* Bei 10^6 Hz.

$\vartheta_{\varkappa\,100}$ in °C	Elastizitätsmodul E in $kpmm^{-2}$	Brechzahl n_D	Spezifischer Widerstand in Ωcm bei ϑ in °C		Dielektrizitätskonstante bei 60 Hz	Dielektrischer Verlustfaktor tg δ bei		Maximale Gebrauchstemperatur °C
			250	350		60 Hz	10^6 Hz	
Corning								
430	6749	1,458	—	$1,6 \cdot 10^9$	3,8*		$2,4 \cdot 10^{-4}$	800
419	5132	1,469	$1,5 \cdot 10^{11}$	$6,1 \cdot 10^9$	3,85	$70 \cdot 10^{-4}$	$10 \cdot 10^{-4}$	230
256	6538	1,474	$1,4 \cdot 10^8$	$(4...4,7) \cdot 10^6$	5,6	$135 \cdot 10^{-4}$	$45 \cdot 10^{-4}$	—
329	6397	1,473		$5,0 \cdot 10^7$	4,5*		$(15...20) \cdot 10^{-4}$	—
296	6679	1,487	$6,5 \cdot 10^8$	$1,6 \cdot 10^7$	4,75	$95 \cdot 10^{-4}$	$(20...25) \cdot 10^{-4}$	—
261	—	1,475	—	—	—	—	—	—
250	—	1,478	—	—	—	—	—	—
286	—	1,481	$4,2 \cdot 10^8$	$1,1 \cdot 10^7$	5,0	$80 \cdot 10^{-4}$	$30 \cdot 10^{-4}$	—
—	—	1,507	—	—	—	—	—	—
313	—	1,484	$1,0 \cdot 10^9$	$(2...2,5) \cdot 10^7$	5,2	$75 \cdot 10^{-4}$	$25 \cdot 10^{-4}$	—
296	—	1,479	$2,0 \cdot 10^8$	$5,9 \cdot 10^6$... $1,6 \cdot 10^7$	4,9	$90 \cdot 10^{-4}$	$30 \cdot 10^{-4}$	230
—	—	1,502	—	—	—	—	—	—
278	8085	1,506	—	—	—	—	—	—
225	—	1,545	—	—	—	—	—	—
350	5765	1,560	$1,2 \cdot 10^{10}$	$9,6 \cdot 10^7$	6,75	$50 \cdot 10^{-4}$	$20 \cdot 10^{-4}$	—
464	5343	1,693	—	—	—	—	—	—
293	6327	1,539	$1,2 \cdot 10^9$	$\approx 1,1 \cdot 10^7$	6,7	$900 \cdot 10^{-4}$	$100 \cdot 10^{-4}$	—
164	6889	1,512	$2,3 \cdot 10^6$	$\approx 1,4 \cdot 10^5$	8,5	$8,5 \cdot 10^{-4}$	$15 \cdot 10^{-4}$	—
240	—	1,511		—	—	—	—	—

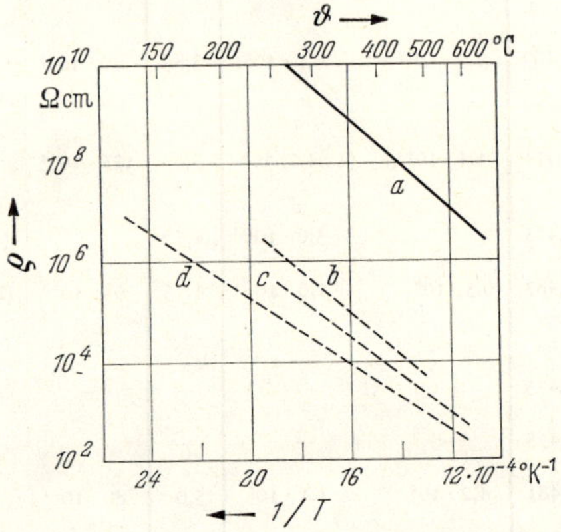

Spezifischer Widerstand von Quarzglas und verschiedenen Gläsern in Abhängigkeit von der Temperatur *T*. *a* Quarzglas; *b* Geräteglas; *c* Duranglas; *d* Glas 59^{III} (71,95 Gew.% SiO_2, 11% Na, 5% Al_2O_3, 12% B_2O_3, 0,5% Mn_2O_3)

24422. Durchlässigkeit von Gläsern im Ultraviolett und Infrarot

Glasbezeichnung Hersteller (in Klammern)[1]		Glastyp	Transmissionsgrade[2] für 1 mm Schichtdicke bei den Wellenlängen			Linearer Wärmeausdehnungskoeffizient α in $10^{-7} \cdot {}^\circ C^{-1}$ (20 bis 300° C)	Obere Entspannungstemperatur[3] T_{0E} in °C	Erweichungstemperatur[4] T_{Ew} in °C	Dichte ϱ in gcm^{-3}
			200 nm	250 nm	300 nm				
Ultrasil (H)		Quarzglas	0,88	0,94	–	5,6	1075	1585	2,20
Suprasil (H)		Quarzglas	0,93	0,94	–	5,6	1075	1585	2,20
Vycor (C)	9710	96% SiO_2	<0,01	0,82	–	8	910	1500	2,18
Vycor (C)	9712	96% SiO_2	0,06	0,85	–	8	910	1500	2,18
WG 10 (S)		Phosphatglas	0,53	0,80	–	81	525	675	2,74
WG 8 (S)		Phosphatglas	0,10	0,77	0,89	101	410	605	2,72

[1] Die Tabelle wurde aus folgenden Quellen zusammengestellt: (C) Corning, Ultraviolet Transmitting Glasses, Bulletin UV-1 (1952); (H) Heraeus Quarzschmelze, Hanau, Prospektblatt: Quarzglas für die Optik; (S) Schott & Gen., Mainz, nach unveröffentlichten Angaben dieser Firma.

[2] Kleinste Verunreinigungen in der Glasschmelze sowie der Schmelzablauf selbst können die angegebenen Transmissionsgrade bis zu ±10% schwanken lassen.

[3] Temperatur des Glases beim Viskositätswert $10^{13,0}$ Poise.

[4] Temperatur des Glases beim Viskositätswert $10^{7,65}$ Poise.

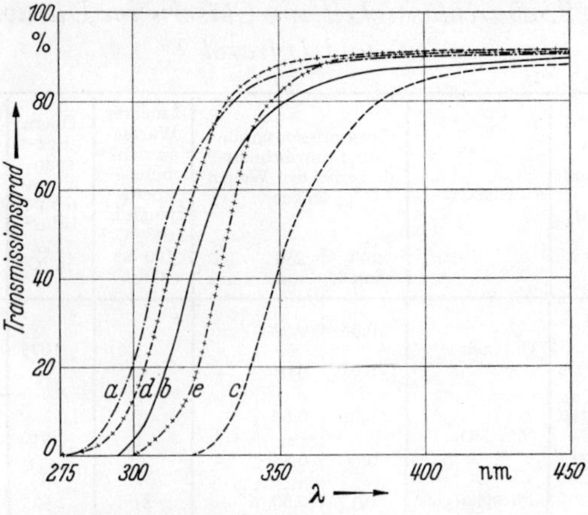

Abb. 1. UV-Durchlässigkeit technischer Gerätegläser für 2 mm Schichtdicke nach unveröffentlichten Angaben der Fa. Schott & Gen., Mainz

Kurve *a* = Duran 50
Kurve *b* = Geräteglas 20
Kurve *c* = Supremax 2955 (Al_2O_3-Gehalt ca. 20%)
} Borosilikatgläser Hersteller: Schott & Gen., Mainz
Kurve *d* = Spiegelglas der DESAG, Grünenplan
Kurve *e* = Fensterglas

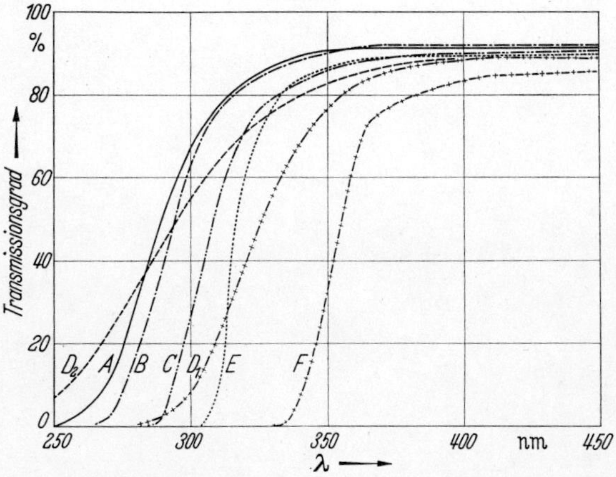

Abb. 2. UV-Durchlässigkeit verschiedener optischer Gläser für 2 mm Schichtdicke nach unveröffentlichten Angaben der Fa. Schott & Gen., Mainz

Die Klammer hinter der folgenden Typenbezeichnung enthält (Brechzahl n_d/Abbesche Zahl ν_d).

Kurve *A* = BK 7 (1,5168/64,2)
Kurve *B* = BK 1 (1,5101/63,4)
Kurve *C* = BaK 4 (1,5688/56,0)
Kurve D_1, D_2 = SK 16 (1,6204/60,3) D_1 im Schamottehafen, D_2 im Platintiegel erschmolzen.
Kurve *E* = F 5 (1,6034/38,0)
Kurve *F* = SF 4 (1,7552/27,5)

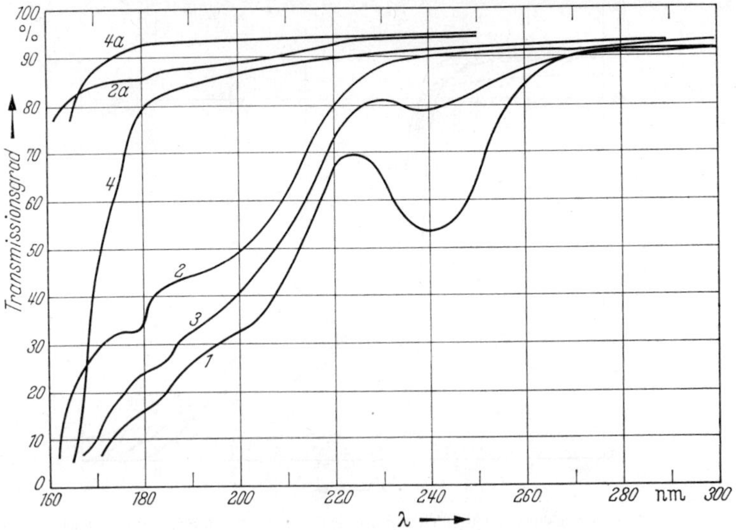

Abb. 3. UV-Durchlässigkeit von vier verschiedenen Quarzglassorten der Fa. Heraeus für 10 mm und teilweise 1 mm (Zusatzbezeichnung *a* Glasdicke, nach unveröffentlichen Messungen von H. PRUGGER, Elektrochemisches Institut der TH. München.

Homosil: Kurve *1* Ultrasil: Kurve *2*, *2a*
Infrasil: Kurve *3* Suprasil: Kurve 4, 4*a*

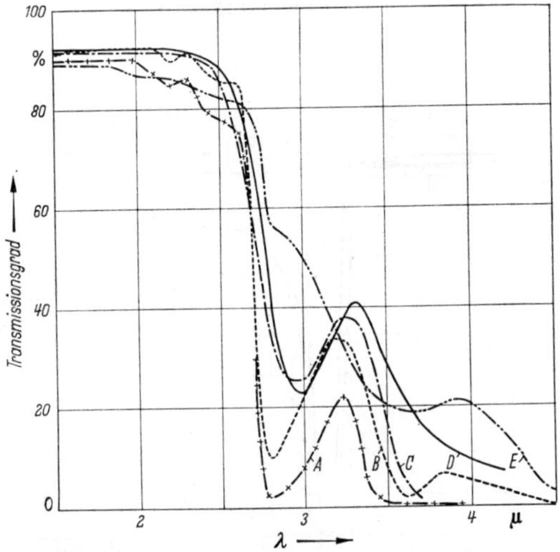

Abb. 4. IR-Durchlässigkeit handelsüblicher technischer Gerätegläser der Fa. Schott & Gen., Mainz, für 2 mm Schichtdicke, nach unveröffentlichten Angaben dieser Firma

Kurve *A:* Glas-Nummer 8243, Einschmelzglas für Fe–Ni–Co-Legierungen
Kurve *B:* Glas-Nummer 2954, Supremax
Kurve *C:* Glas-Nummer 8330, Duran-Glas
Kurve *D:* Glas-Nummer 2877, Geräteglas 20
Kurve *E:* Glas-Nummer 8095, Bleiglas

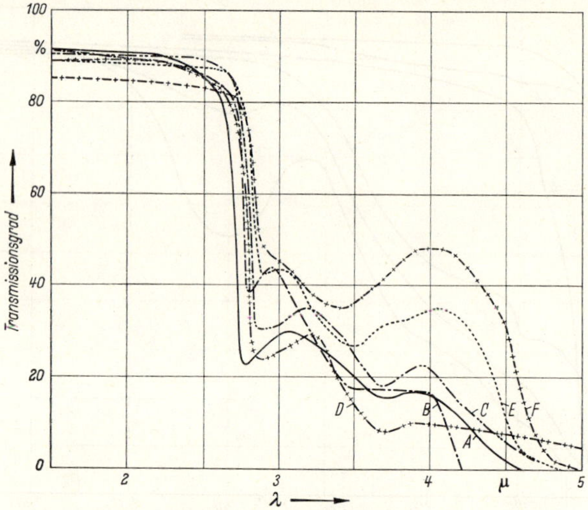

Abb. 5. IR-Durchlässigkeit handelsüblicher optischer Gläser für 2 mm Schichtdicke, nach unveröffentlichten Angaben der Fa. Schott & Gen., Mainz. Die Klammer hinter der Typenbezeichnung enthält (Brechzahl n_d/Abbesche Zahl ν_d)

Kurve A = BK 7 (1,517/64,2)
Kurve B = BK 1 (1,510/63,4)
Kurve C = BaK 4 (1,569/56,0)
Kurve D = SK 16 (1,620/60,3)
Kurve E = F 5 (1,603/38,0)
Kurve F = SF 4 (1,755/27,5)

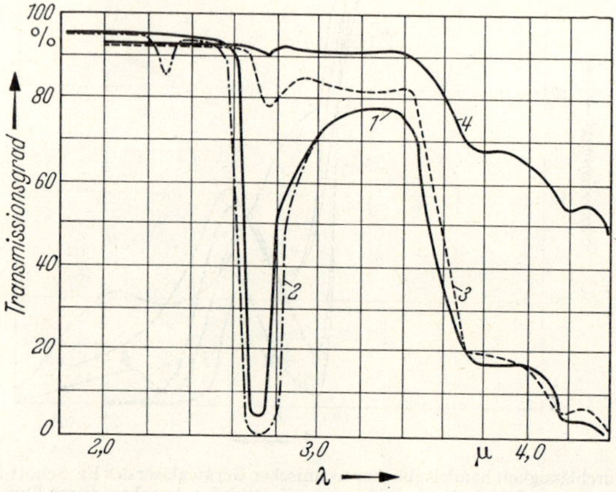

Abb. 6. Infrarotdurchlässigkeit verschiedener Quarzglassorten der Fa. Heraeus.

Kurve *1:* Herasil, Homosil Ultrasil } 10 mm Schichtdicke
Kurve *2:* Suprasil } 10 mm Schichtdicke
Kurve *3:* Infrasil } 10 mm Schichtdicke
Kurve *4:* Infrasil, 2 mm Schichtdicke

24423. Viskosität

	Kurve Nr.	SiO_2	Al_2O_3	Fe_2O_3	MnO	CaO	MgO
Schweres Bleikristall	1	52,54	0,34	0,38	0,16	0,30	0,15
Thüringer Glas	2	65,96	4,98	0,78	0,10	6,04	0,93
Sehr tonerdereiches Thüringer Glas	3	66,22	7,10	0,48	0,38	6,40	0,28
Geräteglas	4	67,60	3,40	0,26	0,10	6,24	0,34
Hartglas	5	66,26	5,48	0,64	—	0,42	—
Tafelglas	6	70,72	1,86	0,26	0,16	13,78	0,41
Jenaer Geräteglas	7	69,82	5,34	0,54	—	8,30	0,48

	Kurve Nr.	Na_2O	K_2O	B_2O_3	ZnO	BaO	PbO
Schweres Bleikristall	1	0,18	12,10	—	—	—	33,82
Thüringer Glas	2	15,74	5,72	—	—	—	—
Sehr tonerdereiches Thüringer Glas	3	15,46	3,46	—	—	—	—
Geräteglas	4	14,24	0,18	2,28	5,59	—	—
Hartglas	5	11,66	0,30	7,91	7,30	—	—
Tafelglas	6	12,40	0,30	—	—	—	—
Jenaer Geräteglas	7	3,69	2,06	—	—	5,48	—

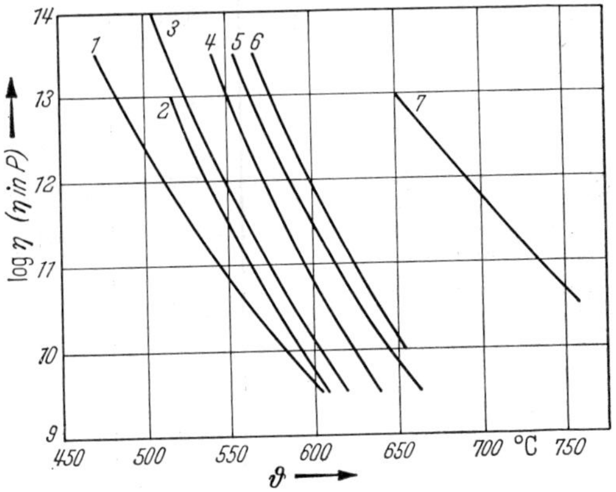

24424. Chemische Zusammen-

Art des Glases, Hersteller und Bezeichnung (in Klammern) und hauptsächliche Verwendung	Bestandteile		
	SiO_2	Al_2O_3	B_2O_3
Silicate			
Fensterglas, Mittelwerte (Kalknatronsilicat)	73,0		
Normal-Natronkalkglas (Kalknatronsilicat)	75,5		
Moosbrunner-Apparateglas (Kalkmagnesiasilicat)	70,5		
Normal-Kalikalkglas (Kalikalksilicat)	70,8		
Bleisilicate			
Weiches Bleiglas (Corning soft glass G 1), für Quetschfüße	63,1	0,28	
Weiches Bleiglas, für allgemeines Einschmelzen und für Glühlampen	56,5	0,8	0,2
Minosglas (Schott 1650 III), für Kondensatoren	45,5	0,6	
Alumosilicate			
Glühlampenkolbenglas	72,0	3,0	
Thüringisches Apparateglas	68,5	3,2	
Gundelach-Apparateglas (Osramglas V 584)	65,22	5,22	1,67
Normalglas (Schott 16III), für Thermometer	67,3	2,5	2,0
	66,58	3,84	0,91
Amerikanisches Apparateglas (Corning Pyrex 774), u. a. für Röntgenröhren	80,9	1,8	12,6
Duranglas (Schott 2956III)	76,1	1,75	16,0
Wolfram-Einschmelzglas	77,0	1,1	15,4
Molybdän-Einschmelzglas	71,2	2,5	14,6
Fernico-Einschmelz- und Röntgenröhrenglas (Corning G 705 A 3)	67,0	2,0	22,0
Fernico-, Kovar-, Nicosil-Einschmelzglas, u. a. für Quecksilberdampfgleichrichter	66,0	2,0	24,0
Nonexglas (Corning 772), u. a. für Röntgenröhren (Bleiborosilicat)	73,0		16,5
Alumoborosilicate			
Alkalifreies Jenaer Geräteglas (Schott)	65,3	3,5	15,0
Hartglas, für Quecksilberdampfgleichrichter	72,9	3,0	14,4
Thermometerglas G 80 (Corning)	72,4	5,1	10,2
Thermometerglas (Schott 59III)	72,68	6,24	10,43
	71,95	5,0	12,0
Geräteglas 20 (Schott 2877, III) für chemische Geräte	75,3	6,2	7,6
Supremaxglas (Schott 2950III)	56,0	20,0	9,0
	56,4	20,13	8,87
Hartglas, für Benutzung an offener Flamme (Kochgeräte)	57,5	19,5	5,7
Hochdruckquecksilberdampflampenglas	58,7	22,5	3,0
Natriumdampffestes Glas, für Natriumdampflampen	22,9	21,2	41,3

setzung verschiedener Gläser

in Gew.%

Na_2O	K_2O	BaO	CaO	MgO	PbO	ZnO	sonstige
13,5			13,5				
12,9			11,6				
16,6	1,0	2,5	5,5	3,9			
	18,3		10,9				
7,6	5,5		0,94		20,2		Mn_2O_3: 0,9
5,1	7,2				30,2		
6,0	3,0		0,3	5,0	43,9		
16,0	1,0		5,0	3,0			
14,2	6,3		7,1				
11,86	3,28	4,8	7,71				Fe_2O_3: 0,24
14,0			7,0			7,0	
14,8			7,18	0,17		6,24	Mn_2O_3: 0,28
4,4							
5,4	0,6		0,2				
4,6	1,9		0,4				
3,6	4,0		2,9				
6,5							
4,0	3,5		0,5				
4,5					6		
		12,0				4,2	
2,4	4,2		3,1				
9,8					1,8		
9,82							
11,0	0,1		0,35	0,2			Mn_2O_3: 0,05
5,7	0,8	3,5	1,1				
1,0	1,0		5,0	8,0			
0,63	0,64		4,8	8,65			Fe_2O_3: 0,17
1,1			6,5	9,2			
1,1	0,2		5,9	8,4			
4,8	0,8		9,0				

245. Ke-

2451. Feinkerami-

$\overline{\alpha}$ mittlere lineare Ausdehnungszahl, $\overline{C}_p$ mittlere spezifische

	Raumgewicht kg/dm³	H_2O-Aufnahme %	Mohs-Härte	Zugfestigkeit kp/cm²	Druckfestigkeit kp/cm²
1 Hartporzellan:					
glasiert	2,3...2,5	0	7	300... 500	4500...5500
unglasiert				250...350	4000...4500
Preßporzellan:					
glasiert	2,3...2,5	0,5...1,5	7	—	3000...4000
unglasiert					2500...3500
2 Steinzeug:					
chemisches und Isolatoren-St.	2,1...2,3	0,7...7	7	100...180	1400...4000
Sillimanit- und Korund-St.	2,3...2,7	0,1...0,2	7...8	140...250	5500...6500
temperaturwechselbeständig	2,1...2,5	0,3...4,3	7	100...150	1300...4000
3 Zirkonporzellan	3,0...3,8	0	7,5	700...1000	5600...10000
4 Steatit:					
glasiert	2,6...2,8	0	7	600...1000	8500...10000
unglasiert				450...600	
5 Cordiermasse	2,1...2,2	0...0,5	7	250...350	2800...5000
6 Lithiumkeramik	1,6...2,3	0...21	—	190...380	1400.,.4200
7 Erzeugnisse mit erhöhtem Al_2O_3-Gehalt	2,5...3,3	0	7...<9	400...≈1000	6500...12000

Rohstoffe:

1, 2 } Ton, Kaolin, Feldspat, Quarz.
3 Zirkonsand, Ton, Bindemittel.
4 Kalk oder Speckstein.
5 Ton (Kaolin), Speckstein (Talk).
6 Lithiummineralien.
7 Ton, Disten, Tonerde bis zu 90% Al_2O_3, wenig Sinterungsmittel.

ramik

sche Massen*

Wärme, $\bar{\lambda}$ mittlere Wärmeleitfähigkeit, F Schmelzpunkt

Biegefestigkeit kp/cm²	Elastizitätsmodul 10^6 kp/cm²	$\bar{\alpha}$(20...100)°C 10^{-6}/grd	$\bar{C}_p$(20...100) °C J/ggrd	$\bar{\lambda}$(20...100) °C J/mhgrd	F °C	Segerkegel Nr.
600...1000	0,7...0,8	3,5...4,5	0,8...0,88	4,2...5,9	1670	30
400...700						
—	—	3,5...4,5	0,8...0,88	4,2...5,9	1670	30
300...600						
250...700	0,4...0,6	3,8...5,0	0,8	4,6...6,7	—	—
590...900	—	3,6	—	6,0	—	—
250...400	0,4...0,6	1,5...2,9	0,8	5,8...7,3	—	—
1400...2400	1,4...2,1	*3,5...5,5*[1]	—	15...22	—	—
1200...1600	0,8...1,2	6...9	0,8...0,92	8,4...10	1400...1460	14...16
500...850	0,7...1,1	1,1	0,84...0,92	7,1...8,4	—	—
300...560	—	*0,06...0,85*[2]	—	—	—	—
1000...2500	0,9...≈2	3,5...5	≈0,84	8,4...42	1750...1850	34...38

Besondere Eigenschaften:

Mechanisch und thermisch gut, Preßporzellan mittelgut.
Mechanisch und thermisch brauchbar.
Mechanisch fester als Hartporzellan, gute Temperaturwechselbeständigkeit.
Mechanisch sehr fest aber empfindlich gegen schroffen Temperaturwechsel.
Sehr kleine Wärmeausdehnung, hohe Temperaturwechselbeständigkeit.
Wärmeausdehung fast Null, höchste Temperaturwechselbeständigkeit.
Mechanisch gut bis sehr gut, erhöhte Wärmeleitfähigkeit, hohe Feuerbeständigkeit.

* Nach Landolt-Börnstein, 6. Aufl., Bd. IV/1, Beitrag SCHUSTERIUS.
[1] $\bar{\alpha}$(20...700) °C. [2] $\bar{\alpha}$(20...500) °C.

2452. Feuer-

Stoff	Chemische Grundzusammensetzung	Mechanische Eigenschaften: Dichte g/cm³	Porosität %	Kaltdruckfestigkeit kg/cm²	Kaltbiegefestigkeit kg/cm²
Silika	96...93 SiO_2	1,7...1,9	18...26	200...400	30...100
Schamotte	15...25 Al_2O_3 75...85 SiO_2 } bis 30...45 Al_2O_3 55...70 SiO_2	1,7...2,1	10...30	100...1000	30...150
Sillimanit (Mullit)	60...72 Al_2O_3 28...40 SiO_2	2,2...2,4	19...24	300...1000	100...250
Corhart Standard	73...75 Al_2O_3 18...20 SiO_2	2,9...3	ca. 0	2000	—
Corhart Zac	49...51 Al_2O_3 33...35 ZrO_2 11...13 SiO_2	3,3...3,6	ca. 0	4000	—
Korund	80...99 Al_2O_3	2,5...3,2	15...25	300...1000	100...250
Magnesit	80...95 MgO Rest: Fe_2O_3; Al_2O_3 u. a.	2,6...3,1	14...25	300...1000	100...200
Chromit	30...45 Cr_2O_3 14...19 MgO 10...17 Fe_2O_2 15...33 Al_2O_3	3,0...3,8	18...25	200...500	80...150
Chrom-Magnesit	>60 MgO Rest: Cr_2O_3 und Fe_2O_3	2,8...3,2	18...25	150...350	60...150
Forsterit	47...55 MgO 33...39 SiO_2 0...11 Fe_2O_2	2,4...2,6	18...27	100...300	30...60
Zirkon	66 ZrO_2 33 SiO_2	3,2...3,5	16...20	400...900	100...250
Siliziumkarbid	50...95 SiC Rest: Al_2O_3, SiO_3	2,2...2,7	12...24	300...1000	—
Kohlenstoff	90...98 C	1,3...1,8	15...35	200...700	150...500
Poröse Silika	>92 SiO_2	0,7...1,2	50...72	30...45	—
Poröse Schamotte	30...42 Al_2O_3	0,7...1,2	55...70	35...55	—
Poröser Sillimanit	60...72 Al_2O_3	1,1...1,7	45...70	50...140	—
Moler Kieselgur	>90 SiO_2	0,3...0,9	65...80	3...10	—

feste Stoffe

Thermische Eigenschaften						
Spezifische Wärme kJ/kggrd		Wärmeleitfähigkeit kJ/mh · grd		Wärmeausdehnungskoeffizient 10^{-6}/grd		
				20 bis		
300° C	1200° C	300° C	1200° C	300° C	800° C	1200° C
0,92	1,13	3,3...4,19	6,7...7,5	unregelmäßig		
0,88	1,05	3,3...3,8	4,6...5,0	4,1...7,2	4,3...7,5	4,6...7,6
0,92	1,0	5,4...5,9	4,6...5,0	4,1	4,3	4,6
0,24 1,0	0,26 1,05	10,5	16,7	—	5	—
1,05	0,28 1,17	11,4	16,3	—	6,5	—
0,92	0,27 1,13	9,2	7,9	7,0	7,9	9,4
0,24 1,0	0,29 0,29	15,9...40,7	11...16	12	13	14
0,79	0,92	5,4	7,5	6,9	7,0	7,1
0,92	0,27 1,13	1,9...3,5 14,6	7,5	7,1	7,6	8,0
0,88	1,0	6,3	5,0	—	—	11,6
0,15 0,63	0,75	5,9	7,9	3,0	3,3	3,5
90% SiC 8,4	1,13	SiC% 50 17,2 90 63 95 105	14,2 33,4 54	—	—	4,5...5,5
1,25	1,59	1,5...10,5 poröse Kohle 12,5...41,8 Hartkohle 3,78...130 Elektrographit		—	—	5
0,92	1,13	0,3...0,4 1,25...1,67	2,5...3,76			
0,88	0,26 1,09	0,2...0,3 1,25				
0,92	0,25 1,05	0,3...0,9 1,25...3,76	1,67...2,51			
0,92	1,13	0,1...0,2 4,1...8,4	—			

Stoff	Kegelschmelz-Temperatur °C S. K.	Verwendungsgrenze in oxydierender Atmosphäre °C	Therm. mech. Eigenschaften Druckerweichungstemperatur bei Belastung von 2 kg/cm^2 °C	Abschreckfestigkeit	Elastizitätsmodul $\cdot 10^6$ kg/cm^6
Silika	1700...1750 32...34	1700	1650...1700	Unterhalb Rotglut sehr empfindlich, oberhalb Rotglut sehr gut	0,1...0,2
Schamotte	1630...1750 28...34	1300...1450	1250...1450	mittel bis gut	0,2...0,6
Sillimanit (Mullit)	1790...1880 36...39	1600	1550...1650	gut	0,3...0,6
Corhart Standard	1825 37	1700	1800	mittel	1,0
Corhart Zac	1750 34	1650	1740	mittel	—
Korund	1850...2000 38...42	1800	1550...1700	mittel	—
Magnesit	>2000 >42	1800	1500...1750	gering bis mittel	0,2...1,2
Chromit	1800...1900 36...40	1700	1400...1450	mäßig	0,8
Chrom-Magnesit	1920...2000 40...42	1800	1500...1600	mittel bis gut	—
Forsterit	>2000 >42	1800	1600...1700	gering	—
Zirkon	>2000 >42	1800	ca. 1500	gut	—
Siliziumkarbid	ca. 1920 ca. 40	—	1500...1750	sehr gut	0,3...0,5
Kohlenstoff	— —	—	>1800	sehr gut	0,1...0,3 0,05...0,15 (Elektrographit)
Poröse Silika	1710 32	1700	1610...1640	unterhalb Rotglut schlecht	—
Poröse Schamotte	1650...1730 29...33	1350	1250...1400	mittel bis gut	—
Poröser Sillimanit	1825...1880 37...39	1500	1530...1650	gut	—
Moler Kieselgur	— —	1000	1000...1200	gering	—

Elektrische Eigenschaften			Chemische Eigenschaften — Stabilität				
Spezifischer Widerstand in Ω cm			Reduzierende Atmosphäre	Kohlenstoff	Saure	Basische	Geschmolzene Metalle
					Flußmittel		
800° C	1200° C	1400° C					
$3 \cdot 10^5$	$7 \cdot 10^3$	$3 \cdot 10^3$	mäßig	gut	gut	schlecht	gut
$2 \cdot 10^4$	$2 \cdot 10^3$	10^3	mäßig	mäßig bis gut	mäßig	mäßig	mäßig
$2 \cdot 10^5$	$2 \cdot 10^4$	10^4	mäßig	mäßig	gut	mäßig	gut
$3 \cdot 10^4$	$2 \cdot 10^3$	10^3	gut	gut	gut	gut	gut
$6 \cdot 10^3$	10^3	10^3	gut	gut	gut	gut	gut
$6 \cdot 10^6$	10^5	$2 \cdot 10^4$	gut	mäßig	gut	gut	gut
$15 \cdot 10^6$	$2 \cdot 10^5$	10^4	mäßig	gut	schlecht	gut	gut
—	—	—	mäßig	mäßig	gut	gut	gut
$2 \cdot 10^6$	10^5	$2 \cdot 10^3$	mäßig	mäßig	schlecht	gut	gut
$2 \cdot 10^6$	10^4	10^3	gut	mäßig	schlecht	gut	gut
10^6	$2 \cdot 10^4$	$4 \cdot 10^3$	mäßig	mäßig	gut	schlecht	gut
$4 \cdot 10^4$	$5 \cdot 10^3$	$2 \cdot 10^3$	gut	gut	gut	schlecht	gut
—	—	—	gut	gut	gut	gut	gut

Abbildung „Lineare Wärmeausdehnung feuerfester Baustoffe“ s. S. 764

2453. Oxidische

Stoff	Zusammensetzung	Schmelzpunkt	Verwendungsgrenze in oxydierender Atmosphäre	Thermische Eigen-					
				Spezifische Wärme in J/ggrd			Wärmeleitfähigkeit kJ/mhgrd		
				C_p bei 25°	$\vartheta_1 ... \vartheta_2$ in °C	$\bar{C}_p$ ($\vartheta_1 ... \vartheta_2$)	100	500	1000
	Gew %	°C	°C						
Aluminiumoxid	100 Al_2O_3	2015	1950	0,775	20...900 20...1700	0,88 1,17	109	39,8	22,2
Berylliumoxid	100 BeO	2550	2400	1,017	20...400 20...800	1,17 1,71	792	236	73,5
Calciumoxid	100 CaO	2600	2400	0,770	—	—	54,5	28,9	28,6
Magnesiumoxid	100 MgO	2800	2400	0,94	20...900 20...1700	1,17 1,63	129	60,3	25,1
Siliziumdioxid Kieselglas	100 SiO_2	—	1200	0,746	—	—	3,45	5,87	7,5
Thoriumoxid	100 ThO_2	3300	2700	0,234	20...400 20...900	0,255 0,276	36,8	18,4	10,9
Titanoxid	100 TiO_2	1840	—	0,692	—	—	25,4	13,8	11,7
Uranoxid	100 UO_2	2878	—	0,234	—	—	35,2	18,4	12,1
Zirkonoxid	93 ZrO_2 5 CaO 2 HfO_2	2677	2500	0,453	20...400 20...800	0,528 0,565	7,13	7,55	8,4
Mullit	72 Al_2O_3 28 SiO_2	1830 inkongruent	1850	0,633	—	—	22,2	15,5	14,2
Spinell	71,8 Al_2O_3 28,2 MgO	2135	1900	0,805	—	—	54	32,6	20,9
Forsterit	57,3 MgO 42,7 SiO_2	1885	1750	0,843	—	—	19,2	11,3	8,8
Zirkon	67,1 ZrO_2 32,9 SiO_2	2420 inkongruent	1870	0,537	—	—	20,9	15,5	14,6

* Nach G. van Gijn aus: Die physikalischen und chemischen Grundlagen der Keramik

hochfeuerfeste Stoffe*

schaften			Mechanische Eigenschaften							
Wärmeausdehnungskoeffizient 10^{-6} grd^{-1} $\bar{\alpha}$(20...)			Dichte	Härte Mohs	Druckfestigkeit 10^3 kpcm^{-2}		Zugfestigkeit 10^2 kpcm^{-2}		Elastizitätsmodul 10^6 kpcm^{-2}	
500	1000	1500	g/cm^3		20°	1000°	20°	1000°	20°	1000°
7,6	8,6	9,6	3,97	9	30	7,5	27	25	9,8	3,3
7,7	9,1	10,2	3,01	9	8	2,5	10	4,8	3,2	2,3
11,2	13,0	14,7	3,32	4,5	—	—	—	—	—	—
12,8	14,2	16,0	3,58	6	—	—	9,8	8,1	2,1	1,5
—	0,54	—	2,20	6...7	—	—	—	—	—	—
8,4	9,4	9,8	9,69	6,5	15	3,6	—	—	1,5	1,2
7,3	8,0	9,1	4,24	5,5...6	—	—	—	—	—	—
9,3	—	—	10,90	—	—	—	—	—	—	—
—	—	9,4	5,9	6,5	21	12	14	10,4	1,9	1,3
4,0	4,5	5,3	3,16	6...7	—	—	—	—	—	—
7,2	0,2	9,0	3,58	8	19	9	13,4	7,0	2,4	2,1
8,3	9,5	11,0	3,22	6...7	—	—	—	—	—	—
3,0	4,0	4,2	4,60	7,5	—	—	—	6,3	—	—

4. Aufl., 1956.

Stoff	Zusammensetzung Gew %	Elektrische Eigenschaften Elektrischer Widerstand Ωcm 100° C	500° C	1000° C	1500° C	2000° C
Aluminiumoxid	100 Al_2O_3	$2 \cdot 10^{15}$	$7 \cdot 10^{11}$	$7 \cdot 10^{6}$	$3 \cdot 10^{3}$	—
Berylliumoxid	100 BeO	—	$7 \cdot 10^{8}$	10^{7}	$8 \cdot 10^{4}$	$2 \cdot 10^{3}$
Calciumoxid	100 CaO	—		760° C $7 \cdot 10^{8}$	10^{3}	—
Magnesiumoxid	100 MgO	—	—	10^{7}	$5 \cdot 10^{4}$	$7 \cdot 10^{2}$
Siliziumdioxid Kieselglas	100 SiO_2	$8 \cdot 10^{13}$	$9 \cdot 10^{7}$	10^{3}	—	—
Thoriumoxid	100 ThO_2	—	$8 \cdot 10^{7}$	10^{5}	10^{3}	—
Titanoxid	100 TiO_2	—	$3 \cdot 10^{7}$	800° C 10^{4}	1200° C $8 \cdot 10$	—
Uranoxid	100 UO_2	20° C $4 \cdot 10^{4}$	$5 \cdot 10^{2}$	—	—	—
Zirkonoxid	93 ZrO_2 5 CaO 2 HfO_2	10^{6}	$2 \cdot 10^{4}$	10^{2}	$3 \cdot 10$	10
Mullit	72 Al_2O_3 28 SiO_2	—	$3 \cdot 10^{5}$	$7 \cdot 10^{3}$	$5 \cdot 10^{2}$	—
Spinell	71,8 Al_2O_3 28,2 MgO	—	$3 \cdot 10^{7}$	$2 \cdot 10^{5}$	$6 \cdot 10^{4}$	—
Forsterit	57,3 MgO 42,7 SiO_2	—	$4 \cdot 10^{7}$	10^{5}	10^{2}	—
Zirkon	67,1 ZrO_2 32,9 SiO_2	$4 \cdot 10^{9}$	$2 \cdot 10^{7}$	10^{5}	10^{3}	—

Chemische Eigenschaften — Stabilität				
Reduzierende Atmosphäre	Kohlenstoff	Saure Flußmittel	Basische Flußmittel	Geschmolzene Metalle
gut	mäßig	gut	gut	gut
sehr gut	sehr gut	gut	mäßig	gut
schlecht	schlecht	schlecht	mäßig	mäßig
schlecht	gut	schlecht	gut	mäßig
mäßig	gut	gut	schlecht	—
gut	mäßig	schlecht	gut	sehr gut
—	—	—	—	—
gut	gut	—	—	schlecht
gut	mäßig	gut	schlecht	gut
mäßig	mäßig	gut	mäßig	mäßig
—	mäßig	mäßig	gut	—
gut	mäßig	schlecht	gut	gut
mäßig	mäßig	gut	schlecht	gut

2454. Keramische Isolierstoffe für die Elektrotechnik*

Eigenschaften / Stoffe	Hoch- und Niederspannungs-porzellan	Zirkon-Porzellan	Niederfrequenz-steatit (Steatit)	Hochfrequenz-steatit (Sondersteatit)	Natursperckstein	Poröser Sonderwerkstoff	Forsterit
Hauptrohstoffe	Ton, Kaolin, Feldspat, Quarz	Zirkonsand, Ton und Sinterungsmittel	Talk oder Speckstein und Sinterungsmittel		Speckstein	Tonerde, Magnesit, Kieselsäure	Talk (Speckstein), Magnesit oder Olivin
Chemische Grundzusammensetzung	Aluminium-silikat	Zirkon-Aluminium-Silikat	Magnesiumsilikate				
Kennzeichnende Eigenschaften	Gute Durchschlagsfestigkeit bei Raumtemperatur. Unbeschränkte Formgebung. Bewährt in der Hochspannungstechnik	Verringerter Verlustfaktor. Gute Isolation auch bei höheren Temperaturen. Relativ stoßfest und temperturwechselbeständig	Für Niederspannungsisolierteile, mittlerer Verlustfaktor, gute Maßhaltigkeit	Kleiner Verlustfaktor. Hohe Durchschlagsfestigkeit, auch bei erhöhten Temperaturen. Gute Maßhaltigkeit	Weiche, leicht zu bearbeitende, poröse Werkstoffe		Kleiner Verlustfaktor. Gute Isolierfähigkeit bei erhöhten Temperaturen. Hohe Wärmedehnung
Hauptanwendungsgebiete in der Elektrotechnik	Hoch- und Niederspannungs-isolatoren; auch großer Abmessungen	Isolatoren in der Hochfrequenztechnik für hohe Beanspruchung. Zündkerzen	Hoch- und Niederspannungsisolatoren und Isolierteile jeder Art	Isolierteile und Kondensatoren für die H.F.-Technik. Isolierkleinteile für die Elektrowärmetechnik	Modell- und Isolierteile	Modellteile, Maßgenaue Isolierteile, Halterungen in Vacuumröhren	Isolierteile für die H.F.-Technik, insbesondere für Metall-Keramik-Verbindungen von Vacuumröhren
Wasseraufnahme %	0...0,5	0	0	0	~3	~20	0
Rohdichte g/cm³	2,3...2,5	3,0...3,8	2,6...2,8	2,6...2,8	2,6...2,8	1,9...2,1	2,9
Dielektrizitätskonstante ε	5,5...6,0	7...9	~6	~6	—	—	6,4
Temp.-Koeff. der Diel.-Konst. von −20...85° C in 10^{-6}/°C	+500...+600	+100...+200	+120...+160	+100...+160	—	—	+130

Dielektrischer Verlustfaktor tg δ bei 20° C in 10^{-3}	50 Hz	17...25	—	2,5...3,0	1,0...1,5	—	—	1,4
	10^3 Hz	~15	1,5...2,5	—	0,8...1,2			0,5
	10^6 Hz	6...12	1...1,5	1,5...2,0	0,3...0,5			0,4
Dielektrischer Verlustfaktor tg δ bei 50 Hz in 10^{-3}	60° C	~ 40	—	~15	4...6	—	—	—
	80° C	~ 60	—	~35	7...12			—
	100° C	~120	—	~65	12...15			—
Elektrische Durchschlagsfestigkeit bei 50 Hz in kV_{eff}/mm		25...35	20...30	20...30	30...40	—	—	30
Spezifischer elektrischer Widerstand (Wirkwiderstand) ϱ bei 50 Hz in Ohm · cm	20° C	10^{12}	10^{14}	10^{12}	10^{13}	—	—	10^{14}
	200° C	$10^{7}...10^{9}$	$10^{11}...10^{12}$	10^{10}	$10^{11}...10^{12}$	10^{10}	10^{10}	10^{12}
	400° C	$10^{5}...10^{6}$	10^{9}	$10^{6}...10^{7}$	$10^{9}...10^{10}$	10^{8}	$10^{8}...10^{9}$	10^{10}
	600° C	$10^{4}...10^{5}$	10^{7}	$10^{5}...10^{6}$	$10^{7}...10^{8}$	10^{7}	$10^{7}...10^{8}$	$10^{8}...10^{9}$
	800° C	—	$10^{5}...10^{6}$	$10^{4}...10^{5}$	$10^{6}...10^{7}$	10^{6}	10^{6}	$10^{7}...10^{8}$
	1000° C	—	—	—	—	10^{5}	$10^{5}...10^{6}$	—
Linearer Ausdehnungskoeffizient α zwischen +20 u. +100° C in 10^{-6}/°C		3,5...4,5	3,5...5,5 (20...700° C)	7...9	6...8	9...10	8,5...9,5	10,6 (25...700° C)
Wärmeleitfähigkeit λ zwischen 20 und 100° C in kJ/mhgrd		4,2...5,8	1,5...2,3	8,4...10	8,4...10	—	5,0...5,8	12
Spezifische Wärme 20...100° C kJ/kggrd		0,79...0,88	—	0,42...0,92		—	0,88	—
Zugfestigkeit kp/cm²	glasiert	300...500	700...1000	—	—	—	—	—
	unglasiert	250...350		550...850	550...950			
Druckfestigkeit kp/cm²	glasiert	4500...5500	5000...10000	—	—	4000...8000	1000...2000	—
	unglasiert	4000...4500		8500...9500	9000...10000			
Biegefestigkeit kp/cm²	glasiert	600...1000	1400...2400	—	—	~1000	350...600	—
	unglasiert	400...700		1200...1400	1400...1600			
Schlagbiegefestigkeit kcpm/cm²	unglasiert	1,8...2,2	4,4	3...5	4...5	2,3...2,8	1,6...2,2	—
Elastizitätsmodul in kp/cm² · 10^6		0,7...0,8	1,4...2,1	0,8...1,0	1,0...1,2	—	—	—

* Nach G. van Gija aus „Die physikalischen und chemischen Grundlagen der Keramik", 4. Aufl. 1958.

Eigenschaften / Stoffe	Rutilkeramik			Cordierit-Keramik	Lithium-Keramik	Tonerdeporzellan Mullitporzellan
Hauptrohstoffe	Synthetischer Rutil und reine Oxidpräparate der chemischen Industrie			Ton (Kaolin) Talk (Speckstein)	Lithiummineralien Quarz, Ton	Ton, Tonerde, Cyanit, Sillimanit
Chemische Grundzusammensetzung	Ca 50% Titandioxid und andere Oxide, vielfach Magnesiumoxid	Mehr als 50% Titandioxid; vielfach Zirkondioxid-Zusatz	80...100% Titandioxid. Geringe Fremdzusätze	Magnesium-Aluminium-Silikat	Lithium-Aluminium-Silikat	Aluminiumsilikat mit Aluminiumoxid
Kennzeichnende Eigenschaften	Erhöhte Dielektrizitätskonstante Kleiner Verlustfaktor Geringe Durchschlagsfestigkeit			Kleine Wärmedehnung	Extreme kleine Wärmedehnung, sehr temperaturwechselbeständig	Thermisch und mechanisch hochwertiges Porzellan
Hauptanwendungsgebiete in der Elektrotechnik	Kondensatoren für die Hochfrequenztechnik			Lichtbogenfeste und temperaturwechselbeständige Isolierteile, für die Elektrowärmetechnik. Auch poröse Halterungen mit geringer Wärmedehnung		Zündkerzen, Schutzrohre für Pyrometer, Iolierteile für höhere Temperaturen, wenn tonerdereich
Wasseraufnahme %	0	0	0	0...0,5	0...21	0
Rohdichte g/cm³	3,1...3,6	3,5...5,3	3,5...3,9	2,1...2,2	1,6...2,3	2,5...3,3
Rel. Dielektrizitätskonstante ε	12...20	30...60	60...100	~5	5,5...6	6...8
Temp.-Koeff. der Diel.-Konst. von −20...85° C in 10^{-6}/°C	+100...−30	−40...−600	−650...−850	+500...+600	–	+150...+300

Dielektrischer Verlustfaktor tg δ bei 20° C in 10^{-3}	50 Hz	—	—	—	20	—	2...6
	10^3 Hz	0,3...2,0	0,2...3,0	0,3...2,0	—	—	1,5...3
	10^6 Hz	0,05...0,3	0,05...1,0	0,3...0,8	4...7	4...5	1...3
Dielektrischer Verlustfaktor tg δ bei 50 Hz in 10^{-3}	60° C	10^6 Hz 1...2	10^6 Hz 3...10		—	—	—
	80° C	1...2	3...10		—	—	
	100° C	1,5...2,5	3...10		—	—	
Elektrische Durchschlagsfestigkeit bei 50 Hz in kV_{eff}/mm		>10	>10	>10	10...20	10	20...30
Spezifischer elektrischer Widerstand (Wirkungswiderstand) ϱ bei 50 Hz in Ohm · cm	20° C	$10^{12}...10^{13}$	$10^{12}...10^{13}$	$10^{12}...10^{13}$	10^{12}	10^{12}	10^{14}
	200° C	$10^9...10^{11}$	$10^9...10^{11}$	$10^9...10^{11}$	10^9	10^8	10^{12}
	400° C	$10^7...10^9$	$10^7...10^9$	$10^7...10^9$	10^7	10^6	$10^9...10^{10}$
	600° C	$10^5...10^7$	$10^5...10^7$	$10^5...10^7$	10^5	—	$10^7...10^8$
	800° C	$10^4...10^5$	$10^4...10^5$	$10^4...10^5$	10^4	—	10^6
	1000° C	—	—	—	—	—	—
Linearer Ausdehnungskoeffizient α zwischen +20 u. +100° C in 10^{-6}/°C		6...10	6...9	6...8	1,1...1,5	0,06...0,05 (20...700° C)	3,5...6
Wärmeleitfähigkeit λ zwischen 20 und 100° C in kJ/mhgrd		12,5...13,8	11,3...13,8	11,3...14,6	7...8,4	—	8,4...42
Spezifische Wärme 20...100° C kJ/kggrd		0,92	0,79...0,88	0,71...7,9	0,84...0,92		0,88
Zugfestigkeit kp/cm²	glasiert	—	—		250...350	190...380	400...1000
	unglasiert	600...700	300...800				
Druckfestigkeit kp/cm²	glasiert	—	—		2800...5000	1400...4200	6500...12000
	unglasiert	5000...6000	3000...9000				
Biegefestigkeit kp/cm²	glasiert	—	—		500...850	300...500	1000...2500
	unglasiert	800...1100	900...1500				
Schlagbiegefestigkeit kpcm/cm²	unglasiert	2,6...3,2	2,5...3,3		1,8...2,2	1,9...3,0	2,4...5
Elastizitätsmodul in kp/cm² · 10^6		1,2	1,0...1,3		0,7...1,1	—	0,9...ca. 2

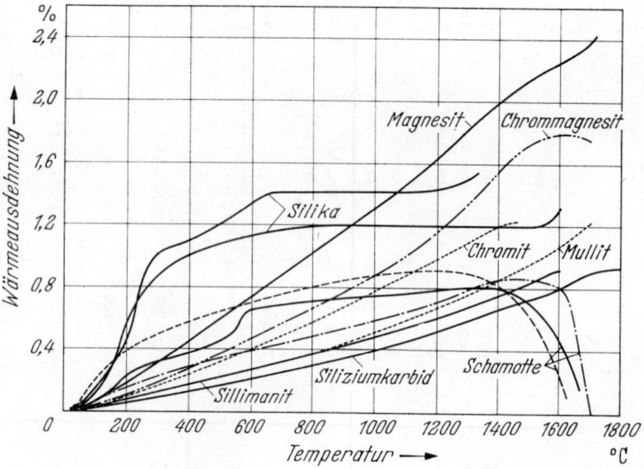

Lineare Wärmeausdehnung feuerfester Baustoffe. Angegeben ist $\frac{l_{x\,°C} - l_{20°\,C}}{l_{20°\,C}} \cdot 100$

246. Glimmer

Muskovit: Kalium-Aluminium-Doppelsilikat.
Phlogopit: Kalium-Magnesium-Aluminium-Eisen-Doppelsilikat.

	Muskovit	Phlogopit
Dichte gcm^{-3}	2,65...3,2	2,75...2,9
Zugfestigkeit $kpcm^{-2}$	3900	—
Zerreißdehnung %	3500...3900	2000...2800
Druckfestigkeit $kpcm^{-2}$	1770	1075
Elastizitätsmodul $kpcm^{-2}$	$3,8...10^5$	
Scherfestigkeit $kpcm^{-2}$	2350...2650	1000...1300
Härte (Mohs)	2,8...3,2	2,5...2,7
Wärmeausdehnungszahl grd^{-1}	$3,3...8,5 \cdot 10^{-6}$	$13,5 \cdot 10^{-8}$
Spezifische Wärme $Jg^{-1}grd^{-1}$	8,7...9	8,6
Wärmeleitzahl $Wcm^{-1}grd^{-1}$	0,00344...0,0059	—
Schmelztemperatur °C	1200...1300	≈1030
Maximale Gebrauchstemperatur °C	400...500	800...900
Spezifischer Widerstand Ω cm 20°	$3 \cdot 10^{17}$	
100°	$1,3 \cdot 10^{15}$	<Muskovit
200°	$2 \cdot 10^{14}$	
700°	$1 \cdot 10^{9}$	
Dielektrizitätskonstante ε	6...8	5...6
Dielektrischer Verlustfaktor tg δ 60...10^6 Hz	$1...8 \cdot 10^{-4}$	$30...900 \cdot 10^{-4}$

247. Kunststoffe

Von Dr. H. Wilski, Frankfurt-Höchst

Im folgenden sind die technisch wichtigsten Kunststoffe und ihre Eigenschaften dargestellt. Wegen der notwendigen Platzbeschränkung wurden dabei nur die Kunststoffe im engeren Sinne, also die handelsüblichen hochmolekularen organischen Werkstoffe, behandelt. Nicht aufgenommen wurden hochmolekulare Lackrohstoffe, Klebstoffe, Elastomere (gummiähnliche Stoffe) und Wachse; viele dieser Produkte sind zwar den Kunststoffen chemisch nahe verwandt, doch haben sie ganz andere Anwendungsgebiete. Ebenso wurde im allgemeinen auf Angaben für spezielle Mischungen und Verarbeitungsformen wie z.B. Fußbodenbelagstoffe, Bauplatten, Profile, Schaumstoffe usw. verzichtet. Ausnahmen von dieser Regel bilden nur die Tabellen für Folien und Fasern.

Wegen der großen Zahl der im Handel angebotenen Typen wurden von jeder Kunststoff-Sorte nur wenige typische Vertreter ausgewählt. Die angegebenen Zahlen sind Mittelwerte, meist nach den Angaben der Merkblätter der Rohstoff-Hersteller. Bereiche wurden immer dann angegeben, wenn die entsprechenden Zahlen stärker von der Art der Verarbeitung (d.h. von der mechanischen und thermischen Vorgeschichte) abhängen oder die Erzeugnisse verschiedener Firmen größere Unterschiede aufweisen.

Ausführliche Angaben finden sich in der ausgezeichneten Zusammenstellung von B. Carlowitz: „Kunststofftabellen für Typen, Eigenschaften, Halbzeugabmessungen", Fritz Schiffmann-Verlag, Bensberg-Frankenforst 1963.

Liste der Abkürzungen

Entzt. = Entzündungstemperatur °C

F. = Schmelzpunkt °C

Fas. = Faser

Fol. = Folie

o. B. = ohne Bruch

r. F. = relative Feuchtigkeit (der Luft)

Strb. = Strahlenbeständigkeit

T. = Teil(e)

2471. Allgemeine Eigenschaften von Kunststoffen

In die Tabelle wurden — soweit möglich — nur solche Eigenschaften aufgenommen, die unter genormten Bedingungen (DIN) erhalten wurden. Sämtliche Zahlen gelten für Proben, die ausreichend lange im Normalklima, d.h. bei 20° C und 65% relativer Luftfeuchtigkeit, gelagert und unter diesen Bedingungen geprüft wurden (Abweichungen hiervon ergeben sich von selbst bei den thermischen Eigenschaften). Die gebrachten Eigenschaften sind in den angeführten Normblättern ausführlich erläutert; eine zusammenfassende Behandlung der Prüfmethoden findet sich in „Kunststoffe" von R. Nitsche und K. A. Wolf, Band II: „Praktische Kunststoffprüfung" von R. Nitsche und P. Nowak, Springer-Verlag, Berlin-Göttingen-Heidelberg 1961.

In den Zeilen 1 bis 3 sind die Kunststoffe beschrieben und — soweit dies sinnvoll war — durch die chemische Formel ihrer *Struktureinheit* charakterisiert. Zur weiteren Kennzeichnung sind die *Dichte* (Zeile 4) angegeben (bei den teilkristallinen Stoffen als Maß für die Kristallinität), die mit dem Dilatometer bestimmte *Einfriertemperatur* (Glastemperatur; Temperatur des Übergangs vom harten, glasartig spröden in den weichen, zähen Zustand) (Zeile 5) und — bei den teilkristallinen Hochpolymeren — der, meist mit dem Polarisationsmikroskop bestimmte *Kristallitschmelzpunkt* (optischer Schmelzpunkt) (Zeile 6).

Mechanische Eigenschaften

Die Eigenschaften (Zeilen 8—12) sind aus dem im Zugversuch nach DIN 53371 und 53445 ermittelten Kraft-Verlängerungsdiagramm entnommen. Der *Elastizitätsmodul* (Zeile 12) wird aus dem (linearen) Anstieg im Anfang des Diagramms berechnet. Eine Streckgrenze (Yield point), d.h. ein relatives Maximum der Spannung tritt nicht bei allen Kunststoffen auf; die diesem entsprechenden Angaben der *Zugfestigkeit* (Zeile 8) und *Dehnung an der Streckgrenze* (Zeile 9) entfallen daher z.B. bei den verhältnismäßig spröden Duroplasten, aber auch bei einigen Thermoplasten. Die Festigkeitsangaben sind stets auf den Anfangsquerschnitt der Proben bezogen, sie gelten außerdem nur für kurzzeitige Beanspruchung. Die entsprechenden Werte für sehr lange (Monate) anhaltende Beanspruchung liegen oft (besonders bei nicht vernetzten Stoffen) erheblich niedriger („Fließen").

Die *Druckfestigkeit* (Zeile 13) wird im Druckversuch DIN 53454 gemessen, man versteht unter ihr die auf den Anfangsquerschnitt der Probe bezogene Höchstkraft bei Druckbeanspruchung unmittelbar vor dem Zusammenbruch des Probengefüges.

Die *Biegefestigkeit* (Zeile 14) wird im „Biegeversuch" DIN 53452 z. B. an Normstäben ermittelt, die auf zwei 100 mm voneinander entfernte Stützen gelegt und in der Mitte belastet werden. Als Biegefestigkeit bezeichnet man die Biegespannung unmittelbar vor dem Bruch der Probe. Weiche und flexible Stoffe brechen bei diesem Versuch überhaupt nicht, für sie läßt sich daher keine Biegefestigkeit angeben. (In solchen Fällen wurde statt dessen die „Grenzbiegespannung" bei einer bestimmten Durchbiegung (in Klammern) angegeben.)

Die *Schlagzähigkeit* (Zeile 15) wird im „Schlagbiegeversuch" nach DIN 53453 bestimmt, indem ein Normstab lose in eine Haltevorrichtung eingesetzt und durch ein Pendel mit einem bestimmten Arbeitsinhalt zerschlagen wird. Die für das Durchschlagen des Stabes verbrauchte Arbeit (bezogen auf den Querschnitt) wird als Schlagzähigkeit bezeichnet. Flexible Proben brechen bei diesem Versuch nicht; sie sind in den Tabellen mit „o. B." = ohne Bruch) gekennzeichnet. Die Zahlenwerte für die Schlagzähigkeit hängen von den Versuchsbedingungen ab; Umrechnungen auf andere Prüfmethoden sind nicht möglich. Bei neueren amerikanischen Kunststoffen, die bisher nur nach ASTM ausgeprüft wurden, mußte daher auf entsprechende Angaben verzichtet werden.

Die *Kerbschlagzähigkeit* (Zeile 16) wird wie vorher, aber an einem gekerbten Normstab, gemessen. Im übrigen gelten die gleichen Angaben wie vorher.

Die *Kugeldruckhärte* (Zeile 17) wird im „Eindruckversuch zur Prüfung der Härte" nach DIN 53456 (Entwurf) gemessen, indem eine Stahlkugel mit einer bestimmten Kraft in die Oberfläche des Prüfkörpers eingedrückt und die Eindringtiefe abgelesen wird. Die Härtewerte sind bei vielen Kunststoffen wegen des Fließens von der Meßzeit abhängig; der Einfachheit halber wurde in der Tabelle 60 sec als Meßzeit zugrunde gelegt. Umrechnungen auf andere Meßzeiten oder Härteskalen sind im allgemeinen unmöglich.

Thermische Eigenschaften

Die *lineare Wärmedehnzahl* (Wärmeausdehnungskoeffizient, Längenausdehnungskoeffizient) (Zeile 19) wird mit handelsüblichen Dilatometern bestimmt. Die angegebenen Zahlen gelten für die Umgebung von $+20^\circ$ C; es ist zu beachten, daß die Wärmedehnzahl bei den teilkristallinen Hochpolymeren stark von der Temperatur abhängt.

Die *spezifische Wärme* (Zeile 20) wird — soweit es sich um Präzisionsmessungen handelt — mit adiabatischen Kalorimetern bestimmt. Bei den teilkristallinen Stoffen ist auch dieser Wert stark von der Temperatur abhängig.

Die *Wärmeleitfähigkeit* (Zeile 21) wird jetzt meist nach der Zweiplatten-Methode in Anlehnung an DIN 52612 (vgl. auch 52613) gemessen. Eine für Kunststoffe sehr praktische Ausführungsform beschreibt W. KNAPPE, Z. angew. Physik **12**, 508 (1960).

Die *Vicat-Temperatur* (Zeile 22) ist nach VDE 0302 die Temperatur, bei der ein Stahlstift von 1 mm^2 Querschnitt, belastet mit 5 kp, 1 mm tief in einen Normstab eindringt, der mit 50° C/h aufgeheizt wird. Die Vicat-Temperatur ist eine Art „Erweichungstemperatur".

Die *Formbeständigkeit in der Wärme nach Martens* (Zeile 23) wird nach DIN 53458 mit dem Gerät DIN 53462 gemessen. Bei dieser Prüfung wird ein senkrecht stehender, unten eingespannter Normstab durch einen am oberen Ende befestigten Hebel mit einer Biegespannung von 50 kp/cm^2 belastet und mit 50° C/h erhitzt. Angegeben wird die Temperatur, bei der das Ende des 240 mm langen Hebels um 6 mm abgesunken ist.

Die *höchstzulässige Dauergebrauchstemperatur ohne mechanische Belastung* (Zeile 24) ist ein praxisnaher Wert, der sich nicht sehr genau festlegen läßt. Er wird von der Festigkeit bei höherer Temperatur und von der Alterungsbeständigkeit (chemischer Abbau) beeinflußt. Die höchstzulässigen Gebrauchstemperaturen bei *kurz*zeitiger Beanspruchung können erheblich höher liegen als die Zahlen der Zeile 24.

Zur Prüfung auf *Brennbarkeit* (Zeile 25) werden waagerecht eingespannte Probestreifen 30 sec mit der Flamme eines Bunsenbrenners berührt (vgl. z.B. VDE 0302). Nach dieser Prüfung können Proben „brennbar", „unbrennbar" oder „selbstverlöschend" sein. Die „selbstverlöschenden" Stoffe brennen nach Entfernen der Flamme nicht weiter. Die Angabe „schwer entflammbar" ist der Norm DIN 4102 entnommen und bezeichnet ein ähnliches Verhalten; die Zündung erfolgt jedoch in diesem Fall mit einem Holzwolle-Feuer. Bei einigen Kunststoffen wurden Entzündungstemperaturen angegeben. Die Zahlenwerte hängen vom Prüfverfahren ab und können nur als Anhaltspunkte dienen. Auf Angaben der Glutfestigkeit, die eine feinere Differenzierung innerhalb der selbstverlöschenden Stoffe ermöglicht, wurde verzichtet.

Elektrische Eigenschaften

Die elektrischen Eigenschaften von Kunststoffen hängen stark vom Wassergehalt (und damit von der relativen Luftfeuchtigkeit) ab. Dies macht sich besonders bei Stoffen mit größerem Wasseraufnahmevermögen bemerkbar. Abweichungen von den Norm-Meßbedingungen (20° C, 65% r. F.) sind in Fußnoten vermerkt.

Relative Dielektrizitätskonstante (Zeile 27) und *dielektrischer Verlustfaktor* tan δ (Zeile 28) werden nach DIN 53483 gemessen. Beide Größen hängen von der Meßfrequenz ab. Im allgemeinen wurden Angaben für 1 MHz gemacht, abweichende Frequenzen sind in Klammern hinter dem betreffenden Wert angegeben.

Der *spezifische Durchgangswiderstand* (Zeile 29) ist der Widerstand eines Kubikzentimeterwürfels; er wird nach DIN 53482 mit Schutzringelektroden und Gleichspannungen für Feldstärken bis zu 1000 V/cm gemessen, nachdem auf den Kunststoff elektrisch leitende Haftschichten (z.B. Leitsilber) aufgebracht wurden. Als Probenform werden Platten oder Rohre empfohlen

Zur Prüfung der *Durchschlagfestigkeit* (Zeile 30) wird nach DIN 53481 eine Probeplatte zwischen zwei Elektroden mit sinusförmiger, mit etwa 1 kV/sec steigender Wechselspannung von 50 Hz belastet bis Durchschlag eintritt. Die Durchschlagspannung, dividiert durch die Probendicke, wird als Durchschlagfestigkeit bezeichnet. Da diese von der Probendicke nicht unabhängig ist, muß die Dicke stets mit angegeben werden.

Sonstige Eigenschaften

Die qualitativen Angaben der *Lichtdurchlässigkeit* (Zeile 32) gelten für dünne (einige mm) Platten mit den Grenzfällen „undurchsichtig" und „glasklar".

Die *Brechungszahl* (Brechungsindex,) (Zeile 33) wird nach DIN 53491 mit dem Refraktometer gemessen; die angegebenen Zahlen gelten für die Na-D-Linie.

Die *Wasseraufnahme* (Zeile 34) nach DIN 53472 wird durch viertägige Lagerung der getrockneten Proben $50 \times 50 \times 4$ mm³ in Wasser bestimmt und in Milligramm angegeben. Die so bestimmte Maßzahl ist ein praxisnaher Wert, Umrechnungen auf 1 cm² Oberfläche, auf Prozent oder andere Prüfmethoden sind nicht sinnvoll. Die Zeiten bis zum Erreichen der Sättigungswerte hängen von der Probenform ab, sie sind im allgemeinen sehr groß. Bei Phenoplasten der angegebenen Abmessungen betragen sie z.B. mehr als 20 Wochen.

Als *Beständigkeit gegen energiereiche Strahlen* (Gamma-Strahlen, Elektronen usw.) (Zeile 35) wird die Dosis (Mrad) angegeben, die ausreicht, um den Kunststoff so weit zu schädigen, daß mindestens eine wichtige mechanische Eigenschaft (z.B. Zugfestigkeit, Schlagzähigkeit) auf die Hälfte ihres Ausgangswertes verkleinert wird. Bei Ausschluß von Sauerstoff (dicke Teile, kurze Bestrahlungszeiten) ist die Halbwertsdosis häufig relativ groß, bei gleichzeitiger Sauerstoff-Einwirkung (dünne Teile, lange Zeiten) in vielen Fällen wesentlich kleiner. Die Kunststoffe lassen sich — soweit überhaupt Angaben vorliegen — in 5 Güteklassen einteilen (vgl. H. WILSKI, Kunstst. **53**, 862 (1963) und Atomwirtsch. **2**, 70 (1965), sowie B. CARLOWITZ, loc. cit. S. 241):

Halbwertsdosis (Mrad)	Bei Sauerstoff-ausschluß	Bei Sauerstoff-einwirkung
<1	I	A
1—10	II	B
10—100	III	C
100—1000	IV	D
>1000	V	E

Strukturbeispiele für hochvernetzte Duroplaste

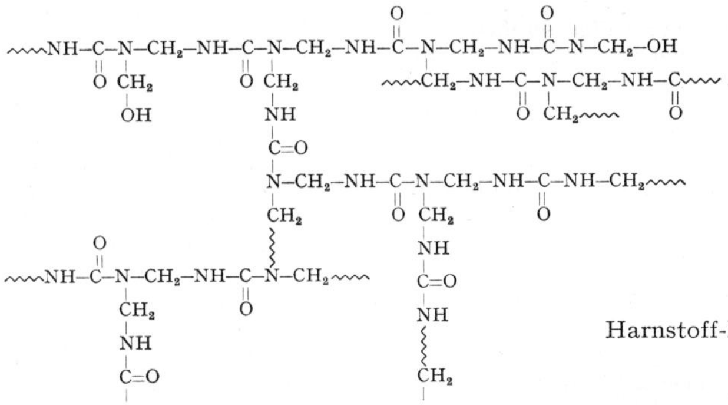

Harnstoff-Harz

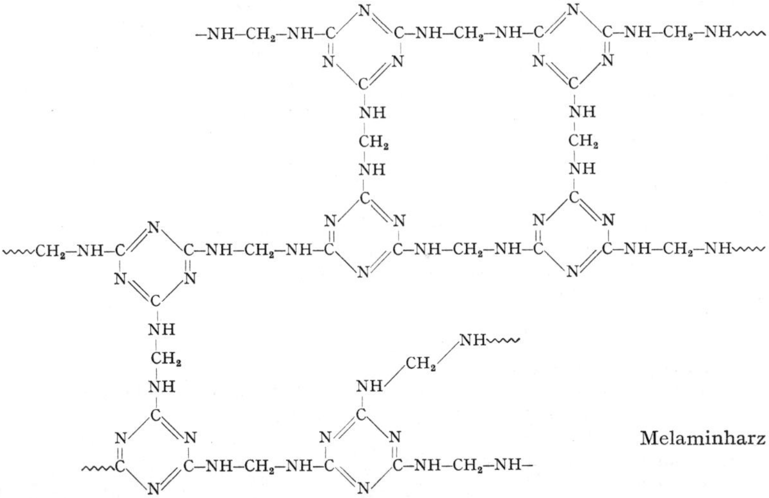

Melaminharz

	Duroplaste	
1 Kunststoff	Phenoplast-preßmasse füllstofffrei	Phenoplast-preßmasse Typ 15 mit langfaserigem Asbest
2 Struktureinheit	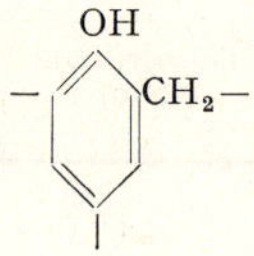	—
3 Bemerkungen	vernetzt	vernetzt
4 Dichte [g/cm³]	1,26...1,27	1,7...1,9
5 Einfriertemperatur [°C]	—	—
6 Kristallitschmelzpunkt [°C]	—	—
7 Mechanische Eigenschaften		
8 Zugfestigkeit an der Streckgrenze [kp/cm²]	—	—
9 Dehnung an der Streckgrenze [%]	—	—
10 Reißfestigkeit [kp/cm²]	550	>200
11 Reißdehnung [%]	0,5...1,5	0,2...0,5
12 Elastizitätsmodul (Zug) · 10^{-3} [kp/cm²]	60...90	130...170
13 Druckfestigkeit [kp/cm²]	3000	>1000
14 Biegefestigkeit [kp/cm²]	750...900	>500
15 Schlagzähigkeit [kpcm/cm²]	5...10	>5
16 Kerbschlagzähigkeit [kpcm/cm²]	1,5	>5
17 Kugeldruckhärte, 60 sec-Wert [kp/cm²]	1900	>1500
18 Thermische Eigenschaften		
19 Lineare Wärmedehnzahl · 10^5 [grd^{-1}]	5...8	1,5...3
20 Spezifische Wärme [kJ/kggrd]	1,3	1,1
21 Wärmeleitfähigkeit [kJ/mhgrd]	0,71	2,5
22 Vicat-Temperatur [°C]	—	—
23 Formbeständigkeit nach Martens [°C]	155	>150
24 Dauergebrauchstemperatur [°C]	125	150
25 Brennbarkeit	selbst-verlöschend	selbst-verlöschend
26 Elektrische Eigenschaften		
27 Rel. Dielektrizitätskonstante bei 1 MHz	5,0 (800 Hz)	15...25 (800 Hz)
28 Dielektrischer Verlustfaktor bei 1 MHz	0,05 (800 Hz)	0,5 (800 Hz)
29 Spezifischer Durchgangswiderstand [Ωcm]	$>10^{12}$	10^8
30 Durchschlagfestigkeit, 1 mm-Platte [kV/mm]	8...15	3...5
31 Sonstige Eigenschaften		
32 Lichtdurchlässigkeit	transparent	undurchsichtig
33 Brechungszahl (Na-D-Linie)	1,55...1,65	—
34 Wasseraufnahme [mg]	30	<130
35 Beständigkeit gegen energiereiche Strahlen	IV	V

	Duroplaste			
1	Phenoplast-preßmasse Typ 31 mit Holzmehl	Harnstoffharz-preßmasse Typ 131 mit kurzfaserigem Zellstoff	Melaminharz-preßmasse Typ 150 mit Holzmehl	Melaminharz-preßmasse Typ 155 mit Gesteinsmehl
2	—	s. Strukturbilder S. 1–769	s. Strukturbilder S. 1–769	s. Strukturbilder S. 1–769
3	vernetzt	vernetzt	vernetzt	vernetzt
4	1,3...1,4	1,5	1,5	2,0
5	—	—	—	—
6	—	—	—	—
8	—	—	—	—
9	—	—	—	—
10	>250	>300	>300	>300
11	0,4...0,8	—	0,5...1	—
12	70...100	—	80...110	—
13	>2000	>2000	>1700	>1400
14	>700	>800	>700	>400
15	>6	>6,5	>6	>2,5
16	>1,5	>1,5	>1,5	>1
17	>1300	>1400	>1500	—
19	3...5	4...5	4...6	—
20	1,3	1,5	1,4	—
21	1,1	1,3	1,4	2,3
22	—	—	—	—
23	>125	>100	>120	>130
24	100	—	100	—
25	selbstverlöschend	selbstverlöschend	selbstverlöschend	selbstverlöschend
27	6...9 (800 Hz)	6...9 (800 Hz)	6...12 (800 Hz)	5...10 (800 Hz)
28	0,3 (800 Hz)	0,3 (800 Hz)	0,3 (800 Hz)	0,3 (800 Hz)
29	10^{10}	10^{11}	10^{10}	10^{9}
30	5...10	8...15	5...14	5...15
32	undurchsichtig	Harz: durchsichtig	Harz: durchsichtig	undurchsichtig
33	—	—	—	—
34	<180	<300	<250	<200
35	III	III	IV	IV

	Duroplaste	
1 Kunststoff	Polyester-preßmasse (Alkydharz) mit 30...35 % Glasfaser und 30 % anderen anorganischen Füllstoffen	Epoxidharz-preßmasse (Äthoxylinharz) mit Glasfasern
2 Struktureinheit	—	—
3 Bemerkungen	vernetzt	vernetzt
4 Dichte [g/cm³]	1,7...1,8	1,9
5 Einfriertemperatur [°C]	—	—
6 Kristallitschmelzpunkt [°C]	—	—
7 Mechanische Eigenschaften		
8 Zugfestigkeit an der Streckgrenze [kp/cm²]	—	—
9 Dehnung an der Streckgrenze [%]	—	—
10 Reißfestigkeit [kp/cm²]	300...600	300...400
11 Reißdehnung [%]	1,5...2,5	1...2
12 Elastizitätsmodul (Zug) · 10^{-3} [kp/cm²]	—	—
13 Druckfestigkeit [kp/cm²]	1500...2000	700...1500
14 Biegefestigkeit [kp/cm²]	600...1000	1200
15 Schlagzähigkeit [kpcm/cm²]	25...50	20
16 Kerbschlagzähigkeit [kpcm/cm²]	25...50	20
17 Kugeldruckhärte, 60 sec-Wert [kp/cm²]	2000	4000
18 Thermische Eigenschaften		
19 Lineare Wärmedehnzahl · 10^5 [grd⁻¹]	—	—
20 Spezifische Wärme [kJ/kggrd]	—	—
21 Wärmeleitfähigkeit [kJ/mhgrd]	—	—
22 Vicat-Temperatur [°C]	—	—
23 Formbeständigkeit nach MARTENS [°C]	125...145	135...140
24 Dauergebrauchstemperatur [°C]	—	—
25 Brennbarkeit	selbst-verlöschend	selbst-verlöschend
26 Elektrische Eigenschaften		
27 Rel. Dielektrizitätskonstante bei 1 MHz	3...4 (800 Hz)	5...6 (800 Hz)
28 Dielektrischer Verlustfaktor bei 1 MHz	0,03 (800 Hz)	0,01 (800 Hz)
29 Spezifischer Durchgangswiderstand [Ωcm]	$>10^{12}$	10^{15}
30 Durchschlagfestigkeit, 1 mm-Platte [kV/mm]	10...15	5...10
31 Sonstige Eigenschaften		
32 Lichtdurchlässigkeit	—	—
33 Brechungszahl (Na-D-Linie)	—	—
34 Wasseraufnahme [mg]	50...100	50
35 Beständigkeit gegen energiereiche Strahlen	—	—

	Duroplaste		Thermoplaste	
1	Polyesterharz ungesättigt normale Type Gießharz	Epoxidharz mittelviskos Gießharz (Äthoxylinharz) (100 T. Harz + 90 T. Härter)	Polyäthylen niedrige Dichte (Hochdruck-polyäthylen)	Polyäthylen mittlere Dichte (vorwiegend Hochdruck-polyäthylen)
2	—	—	$-CH_2-CH_2-$	$-CH_2-CH_2-$
3	vernetzt	vernetzt	stärker verzweigt	weniger verzweigt
4	1,18...1,26	1,22	0,915...0,925	0,925...0,940
5	—	—	−21	
6	—	—	108...115	115...125
8	—	—	80...120	120...200
9	—	—	20	10...20
10	500...850	800	100...200	150...300
11	2...6	—	300...1000	300...1000
12	32...38	36	2...5	5...8
13	1200...1800	1600	—	—
14	900...1500	1200	—	(>250)
15	5...15	15	o. B.	o. B.
16	1,5	—	o. B.	o. B.
17	1300...2000	—	100...170	170...300
19	10...15	6	23	20
20	1,3...1,7	—	2,1...2,2	2,0...2,1
21	0,54...0,71	54	1,2...1,3	1,3...1,4
22	70...180[1]	—	—	—
23	55...90[1]	120	40	—
24	—	80	80	90
25	brennt langsam	brennbar	Entzt. 350° C, brennt wachsähnlich	
27	3,0...3,5[2]	3,3 (50 Hz)	2,28	2,29
28	0,01...0,03[2]	0,004 (50 Hz)	$<3 \cdot 10^{-4}$	$<3 \cdot 10^{-4}$
29	$10^{15}...10^{16}$ [2]	$>10^{16}$	10^{18}	10^{18}
30	30...40[2]	38	40	40
32	fast glasklar	—	je nach Dicke: durchsichtig bis opak	
33	1,55...1,57	—	1,51	1,51...1,52
34	30...45	—	0	0
35	—	—	IV, B	IV, B

[1] Je nach Type. [2] Absolut trocken.

	Thermoplaste	
1 Kunststoff	Polyäthylen hohe Dichte (Niederdruck-polyäthylen)	Polypropylen
2 Struktureinheit	$-CH_2-CH_2-$	$-CH_2-CH(CH_3)-$
3 Bemerkungen	fast unverzweigt	isotaktisch
4 Dichte [g/cm³]	0,940...0,965	0,905...0,907
5 Einfriertemperatur [°C]		−10...−20
6 Kristallitschmelzpunkt [°C]	125...135	160...170
7 Mechanische Eigenschaften		
8 Zugfestigkeit an der Streckgrenze [kp/cm²]	200...330	300...330
9 Dehnung an der Streckgrenze [%]	8...10	12...16
10 Reißfestigkeit [kp/cm²]	180...320	320...350
11 Reißdehnung [%]	200...1000	>650
12 Elastizitätsmodul (Zug) · 10^{-3} [kp/cm²]	8...14	11...14
13 Druckfestigkeit [kp/cm²]	—	1100
14 Biegefestigkeit [kp/cm²]	(250...420)	(450)
15 Schlagzähigkeit [kpcm/cm²]	o. B.	o. B.
16 Kerbschlagzähigkeit [kpcm/cm²]	5...20	3...12
17 Kugeldruckhärte, 60 sec-Wert [kp/cm²]	300...580	580...750
18 Thermische Eigenschaften		
19 Lineare Wärmedehnzahl · 10^5 [grd^{-1}]	15...20	16...18
20 Spezifische Wärme [kJ/kggrd]	1,8...2,0	1,7
21 Wärmeleitfähigkeit [kJ/mhgrd]	1,4...1,8	0,79
22 Vicat-Temperatur [°C]	60...70	85...90
23 Formbeständigkeit nach MARTENS [°C]	—	—
24 Dauergebrauchstemperatur [°C]	95	100
25 Brennbarkeit	Entzt. 350° C, brennt wachsähnlich	
26 Elektrische Eigenschaften		
27 Rel. Dielektrizitätskonstante bei 1 MHz	2,31...2,38	2,25
28 Dielektrischer Verlustfaktor bei 1 MHz	$<5 \cdot 10^{-4}$	$<6 \cdot 10^{-4}$
29 Spezifischer Durchgangswiderstand [Ωcm]	10^{18}	10^{18}
30 Durchschlagfestigkeit, 1 mm-Platte [kV/mm]	40	40
31 Sonstige Eigenschaften		
32 Lichtdurchlässigkeit	je nach Dicke: durchsichtig bis opak	
33 Brechungszahl (Na-D-Linie)	1,52...1,53	1,50
34 Wasseraufnahme [mg]	0	0
35 Beständigkeit gegen energiereiche Strahlen	IV, B	III, A

	Thermoplaste			
1	Polystyrol Standard-Typen	Polystyrol hochschlagfest	Polystyrol Copolymerisat	Polyvinyl-carbazol
2	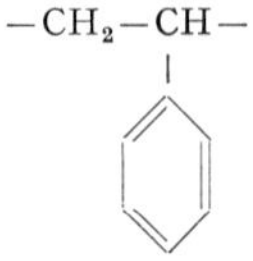	modifiziert mit butadienhaltigem Elastomeren	Copolymerisat mit Acrylnitril	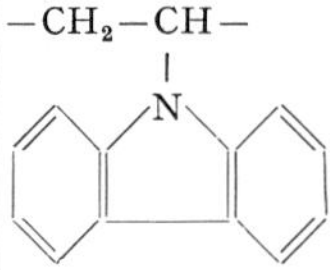
3	ataktisch	—	—	—
4	1,05	1,05...1,06	1,08	1,19
5	90...100	—	—	180...190
6	—	—	—	—
8	—	—	—	—
9	—	—	—	—
10	300...600	300...500	750	—
11	3...4	20...30	5...6	<1
12	33	—	—	—
13	—	—	—	—
14	900...1000	600...750	1250	700...1000
15	16...20	55...85	30...32	5...15
16	2...3	8...15	3	—
17	1100...1500	700...900	1200...1600	1000
19	6...8	8...10	6...8	5...6
20	1,3	0,59	—	1,3
21	0,59...0,63	0,59...0,63	0,59	0,54
22	80...92	80...90	100	200
23	63...70	67...71	75...77	150...170
24	63...70	65...70	80...85	150
25	Entzündungstemperatur 300...400° C, brennbar			brennbar
27	2,5	2,6...2,9	2,9	3,0...3,1
28	$3 \cdot 10^{-4}$	$(2...10) \cdot 10^{-3}$	$8 \cdot 10^{-3}$	$(4...10) \cdot 10^{-4}$
29	10^{16}	$10^{14}...10^{16}$	10^{16}	$10^{16}...10^{17}$
30	>50	>30	>30	50
32	glasklar	milchig trüb	durchsichtig	transparent/opak[1]
33	1,59	—	1,57	1,696
34	2...5	10...20	9...11	0...0,2[1]
35	V	—	V	V

[1] Je nach Verarbeitungsart.

	Thermoplaste		
1 Kunststoff	Polymethyl-methacrylat (Acrylglas)	Polymethyl-methacrylat (Acrylglas)	
2 Struktureinheit		$-CH_2-C(CH_3)(COOCH_3)-$	
3 Bemerkungen	nieder-molekular	hochmolekular	
			nur als
4 Dichte [g/cm³]	1,18	1,18	
5 Einfriertemperatur [°C]	105	106...112	
6 Kristallitschmelzpunkt [°C]	—	—	
7 Mechanische Eigenschaften			
8 Zugfestigkeit an der Streckgrenze [kp/cm²]	—	—	
9 Dehnung an der Streckgrenze [%]	—	—	
10 Reißfestigkeit [kp/cm²]	700	800	
11 Reißdehnung [%]	3	4	
12 Elastizitätsmodul (Zug) · 10^{-3} [kp/cm²]	32	32	
13 Druckfestigkeit [kp/cm²]	1300	1400	
14 Biegefestigkeit [kp/cm²]	1450	1450	
15 Schlagzähigkeit [kpcm/cm²]	12	12	
16 Kerbschlagzähigkeit [kpcm/cm²]	2	2	
17 Kugeldruckhärte, 60 sec-Wert [kp/cm²]	1700	1900	
18 Thermische Eigenschaften			
19 Lineare Wärmedehnzahl · 10^5 [grd^{-1}]	7...8	7...8	
20 Spezifische Wärme [kJ/kggrd]	1,2...1,4	1,2...1,4	
21 Wärmeleitfähigkeit [kJ/mhgrd]	0,67	0,67	
22 Vicat-Temperatur [°C]	110	115...120	
23 Formbeständigkeit nach MARTENS [°C]	95	100...105	
24 Dauergebrauchstemperatur [°C]	75	100	
25 Brennbarkeit	brennbar	brennbar	
26 Elektrische Eigenschaften			
27 Rel. Dielektrizitätskonstante bei 1 MHz	3,7 (50 Hz)	3,6 (50 Hz)	
28 Dielektrischer Verlustfaktor bei 1 MHz	0,06 (50 Hz)	0,06 (50 Hz)	
29 Spezifischer Durchgangswiderstand [Ωcm]	$>10^{15}$	$>10^{15}$	
30 Durchschlagfestigkeit, 1 mm-Platte [kV/mm]	40 (3 mm)	40 (3 mm)	
31 Sonstige Eigenschaften			
32 Lichtdurchlässigkeit	glasklar	glasklar	
33 Brechungszahl (Na-D-Linie)	1,492	1,492	
34 Wasseraufnahme [mg]	40...50	40...50	
35 Beständigkeit gegen energiereiche Strahlen	III	III	

[1] Der höhere Wert gilt für Acetalcopolymerisat. [2] Sättigungswert bei einer relativen Luft-

	Thermoplaste			
1	Polymethyl-methacrylat (Acrylglas)	Polyoxymethylen (Polyformaldehyd) (Polyacetal)	Polycarbonat	Polyäthylen-terephthalat
2	Copolymerisat mit Acrylnitril	$-CH_2-O-$	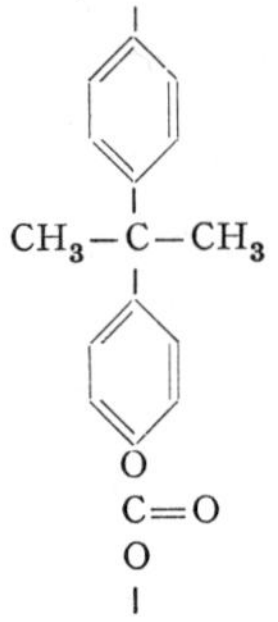	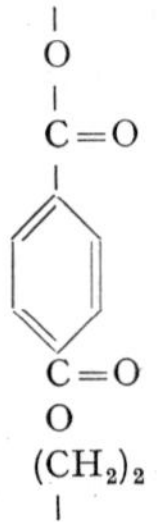
3	— Halbzeug lieferbar	—		Zusatz von Kristallisations-hilfsmitteln
4	1,17	1,41...1,42	1,20	1,37...1,38
5	—	−30...−75	140...141	69
6	—	165...175	222...230	250...255
8	—	(700)	620...670	800
9	—	(10)	12...60	6
10	900	630...700	500...550	500
11	60	25...40	80	5—20
12	48	30...35	22...25	28
13	1400	—	790...840	1300
14	1700	(1000–1200)	1100...1200	(1170)
15	45	o. B.	o. B.	o. B.
16	4	10...12	15...25	4,4
17	2100	1300...1400	870...1000	1200
19	7...8	8...13	6...7	7
20	1,2...1,4	1,4	1,2	1,1
21	0,84	1,1...1,3	0,71	0,96
22	100	154	165	—
23	80	—	115...127	—
24	75	85...100[1]	135...140	130
25	brennbar	brennbar	Entzt. > 500° C	brennbar
27	4,8 (50 Hz)	4,1	2,7	3,37
28	0,06 (50 Hz)	0,01	0,01	0,02
29	$>10^{15}$	10^{15}	10^{16}	$3\cdot10^{16}$
30	70 (3 mm)	70 (0,2 mm)	27	16
32	glasklar leicht gelblich	opak	fast glasklar	undurchsichtig
33	1,508	1,48	1,587	—
34	35...45	20	10	0,4 %[2]
35	—	II, B	III	IV, C

feuchtigkeit von 65 %.

	Thermoplaste	
1 Kunststoff	Polyphenylenoxid	Chlorierte Polyäther
2 Struktureinheit	$CH_3-\underset{\underset{|}{O}}{\bigcirc}-CH_3$	$ClCH_2-\underset{\underset{\underset{|}{O}}{CH_2}}{\overset{\overset{CH_2}{|}}{C}}-CH_2Cl$
3 Bemerkungen	—	—
4 Dichte [g/cm³]	1,06	1,40
5 Einfriertemperatur [°C]	206	−8...+10
6 Kristallitschmelzpunkt [°C]	—	(180...183)
7 Mechanische Eigenschaften		
8 Zugfestigkeit an der Streckgrenze [kp/cm²]	750	—
9 Dehnung an der Streckgrenze [%]	9	—
10 Reißfestigkeit [kp/cm²]	700	420
11 Reißdehnung [%]	80	60...160
12 Elastizitätsmodul (Zug) · 10^{-3} [kp/cm²]	26	11
13 Druckfestigkeit [kp/cm²]	—	—
14 Biegefestigkeit [kp/cm²]	1000	—
15 Schlagzähigkeit [kpcm/cm²]	—	—
16 Kerbschlagzähigkeit [kpcm/cm²]	10	—
17 Kugeldruckhärte, 60 sec-Wert [kp/cm²]	1100	—
18 Thermische Eigenschaften		
19 Lineare Wärmedehnzahl · 10^5 [grd^{-1}]	5	8...10
20 Spezifische Wärme [kJ/kggrd]	—	1,15
21 Wärmeleitfähigkeit [kJ/mhgrd]	0,67	0,66
22 Vicat-Temperatur [°C]	—	—
23 Formbeständigkeit nach MARTENS [°C]	170	—
24 Dauergebrauchstemperatur [°C]	190	—
25 Brennbarkeit	selbstverlöschend	selbstverlöschend
26 Elektrische Eigenschaften		
27 Rel. Dielektrizitätskonstante bei 1 MHz	2,58	2,9
28 Dielektrischer Verlustfaktor bei 1 MHz	$9 \cdot 10^{-4}$	0,01
29 Spezifischer Durchgangswiderstand [Ωcm]	10^{17}	10^{15}
30 Durchschlagfestigkeit, 1 mm-Platte [kV/mm]	20 (3mm)	28
31 Sonstige Eigenschaften		
32 Lichtdurchlässigkeit	opak, beige	opak, strohgelb
33 Brechungszahl (Na-D-Linie)	—	—
34 Wasseraufnahme [mg]	5	<0,01 %
35 Beständigkeit gegen energiereiche Strahlen	—	—

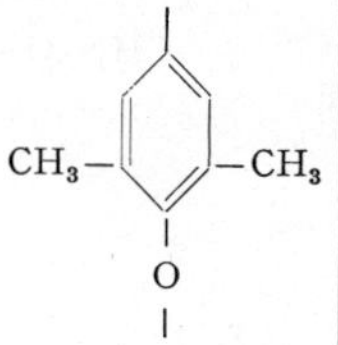

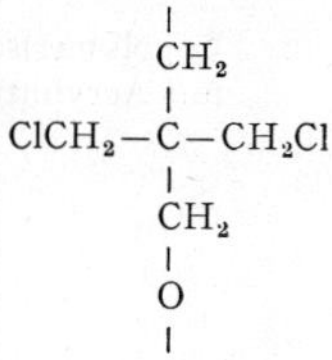

	Thermoplaste			
1	Polyvinylchlorid normal (hart)	Polyvinylchlorid hochschlagfest	Polyvinylchlorid mit Weichmacher	Polyvinylchlorid-acetat
2	$-CH_2-CH-$ | Cl	modifiziert mit chloriertem Polyäthylen	60 T. PVC + 40 T. Dioctylphthalat	Copolymerisat mit 13 % Vinyl-acetat
3	—	—	—	—
4	1,38...1,40	1,35	1,19	1,30...1,35
5	70...87	85	−30...−35	59...65
6	—	—	—	—
8	500...600	—	—	—
9	15	—	—	—
10	400...420	230...400	140...180	500...600
11	20...100	50...100	370...400	20...50
12	20...30	10...20	(0,05)	24...26
13	—	570	—	700...800
14	(750...1100)	(200...500)	—	—
15	o. B.	o. B.	o. B.	o. B.
16	2...5	50...o. B.	—	2...3
17	1000...1200	300...500	(50)	1000
19	7...8	8...10	20	7
20	0,92...1,04	1,2	1,5	1,0
21	0,59	0,59	0,54	0,59
22	75...85	55...75	—	65...75
23	65...70	40	—	65
24	60	60	—	50
25	schwer entflammbar		brennbar	schwer entflammbar
27	3,1...4,3 (50 Hz)	3,8 (50 Hz)	7,5...8,0 (50 Hz)	3,5 (800 Hz)
28	0,015 (50 Hz)	0,02 (50 Hz)	0,08 (50 Hz)	0,01 (800 Hz)
29	$10^{15}...10^{16}$	10^{16}	10^{13}	$>10^{15}$
30	40	50 (0,2 mm)	25	—
32	opak-glasklar	opak	glasklar	glasklar
33	1,52...1,55	—	—	—
34	2...20	10...12	20	3...5
35	IV, C	IV, C	IV, C	V, C

	Thermoplaste	
1 Kunststoff	Polyvinyliden-fluorid	Polytrifluor-chloräthylen
2 Struktureinheit	$-CF_2-CH_2-$	$-CF_2-CF(Cl)-$
3 Bemerkungen	—	—
4 Dichte [g/cm³]	1,74...1,78	2,1
5 Einfriertemperatur [°C]	−35...−45	45...52
6 Kristallitschmelzpunkt [°C]	171	216
7 Mechanische Eigenschaften		
8 Zugfestigkeit an der Streckgrenze [kp/cm²]	380	280...310
9 Dehnung an der Streckgrenze [%]	—	12...16
10 Reißfestigkeit [kp/cm²]	490	320...350
11 Reißdehnung [%]	20...400	185
12 Elastizitätsmodul (Zug) · 10^{-3} [kp/cm²]	17	9...10
13 Druckfestigkeit [kp/cm²]	700	—
14 Biegefestigkeit [kp/cm²]	—	(550)
15 Schlagzähigkeit [kpcm/cm²]	—	o. B.
16 Kerbschlagzähigkeit [kpcm/cm²]	—	8...9
17 Kugeldruckhärte, 60 sec-Wert [kp/cm²]	—	670
18 Thermische Eigenschaften		
19 Lineare Wärmedehnzahl · 10^5 [grd⁻¹]	15	9
20 Spezifische Wärme [kJ/kggrd]	—	0,92
21 Wärmeleitfähigkeit [kJ/mhgrd]	0,67...0,88	0,42...0,84
22 Vicat-Temperatur [°C]	—	76...89
23 Formbeständigkeit nach MARTENS [°C]	—	56...64
24 Dauergebrauchstemperatur [°C]	—	150
25 Brennbarkeit	selbst-verlöschend	unbrennbar
26 Elektrische Eigenschaften		
27 Rel. Dielektrizitätskonstante bei 1 MHz	—	2,35...2,45
28 Dielektrischer Verlustfaktor bei 1 MHz	—	(5...9) · 10^{-3}
29 Spezifischer Durchgangswiderstand [Ωcm]	—	10^{18}
30 Durchschlagfestigkeit, 1 mm-Platte [kV/mm]	—	100 (0,1 mm)
31 Sonstige Eigenschaften		
32 Lichtdurchlässigkeit	transparent	transp./opak
33 Brechungszahl (Na-D-Linie)	1,42	1,42
34 Wasseraufnahme [mg]	fast 0	0
35 Beständigkeit gegen energiereiche Strahlen	IV	III

[1] Absolut trocken. Bei geringem Wassergehalt liegt die Einfriertemperatur 20...40° C niedriger
[2] 32...100° C. Zwischen 10 und 22° C Volumensprung von 0,8...1%, zwischen 30 und 32° C
[3] Absolut trocken. [4] Sättigungswerte bei einer relativen Luftfeuchtigkeit von 65%.

	Thermoplaste			
1	Polytetrafluoräthylen	Polyurethan mittlere Type	6-Polyamid (Perlon)	6,6-Polyamid (Nylon)
2	$-CF_2-CF_2-$	$-NH(CH_2)_6NH-CO(CH_2)_4OC-$ (C=O, C=O)	$-NH(CH_2)_5C(=O)-$	$-NH(CH_2)_6NH-C(=O)(CH_2)_4C(=O)-$
3	extrem hochmolekular; nur durch Pressen (Sintern) zu verarb.	—	—	—
4	2,1...2,3	1,21	1,12...1,14	1,12...1,15
5	−113 und 127	30[1]	50...75[1]	57[1]
6	327	170...175	217...221	250...255
8	140...160	460	300...700	570
9	—	25	10...40	—
10	200...350	—	—	—
11	200...500	—	150...250	70...170
12	4...5	—	15...22	24
13	—	450	440...900	—
14	(200)	(450)	(270...400)	(500)
15	o. B.	—	o.B.	o.B.
16	13...15	8	20...o. B.	20...40
17	300	550	400...1100	900
19	12...14[2]	19	6...12	7...10
20	1,0	1,7...2,1	1,7...2,1	1,7...2,1
21	0,84...1,7	1,3	0,97...1,1	0,84...1,1
22	110	160	210...220	250
23	—	—	50	—
24	260	80	80...100	80...100
25	unbrennbar	selbstverlöschend	selbstverlöschend	selbstverlöschend
27	2,0	3,6	3,6...4,1[3]	3,5[3]
28	$<5 \cdot 10^{-4}$	0,05	0,03...0,09[3]	0,02[3]
29	10^{18}	$10^{13}...10^{14}$	$10^{13}...10^{14}$[3]	10^{15}[3]
30	50 (0,1 mm)	37	31...34[3]	40[3]
32	undurchsichtig	opak	opak-glasklar	opak-transparent
33	1,35	—	1,53	1,53
34	0	85	3,5...4,2 %[4]	3,4...3,8 %[4]
35	II, A	—	III, B	III, B

(Wasser als Weichmacher).
Sprung von 0,1...0,2% (Kristallstrukturumwandlungen).

	Thermoplaste	
1 Kunststoff	6,10-Polyamid	Celluloseacetat (Acetylcellulose) Typ 432
2 Struktureinheit	$-NH(CH_2)_6NH$ | $-C(CH_2)_8C$ ‖ ‖ O O	—
3 Bemerkungen	—	—
4 Dichte [g/cm³]	1,06...1,09	1,29...1,32
5 Einfriertemperatur [°C]	45...50 [1]	(50...69)
6 Kristallschmelzpunkt [°C]	210...215	240...260
7 Mechanische Eigenschaften		
8 Zugfestigkeit an der Streckgrenze [kp/cm²]	500...550	420
9 Dehnung an der Streckgrenze [%]	—	6
10 Reißfestigkeit [kp/cm²]	—	—
11 Reißdehnung [%]	60...100	—
12 Elastizitätsmodul (Zug) · 10^{-3} [kp/cm²]	17	22
13 Druckfestigkeit [kp/cm²]	—	400
14 Biegefestigkeit [kp/cm²]	(350)	(450)
15 Schlagzähigkeit [kpcm/cm²]	o. B.	65
16 Kerbschlagzähigkeit [kpcm/cm²]	o. B.	18
17 Kugeldruckhärte, 60 sec-Wert [kp/cm²]	700	365
18 Thermische Eigenschaften		
19 Lineare Wärmedehnzahl · 10^5 [grd⁻¹]	7...10	8...9
20 Spezifische Wärme [kJ/kggrd]	1,7...2,1	1,3...1,7
21 Wärmeleitfähigkeit [kJ/mhgrd]	0,84...1,1	0,92
22 Vicat-Temperatur [°C]	205...215	60
23 Formbeständigkeit nach Martens [°C]	—	50
24 Dauergebrauchstemperatur [°C]	80...100	75
25 Brennbarkeit	selbst-verlöschend	brennbar
26 Elektrische Eigenschaften		
27 Rel. Dielektrizitätskonstante bei 1 MHz	3,3 [3]	4,6
28 Dielektrischer Verlustfaktor bei 1 MHz	0,03 [3]	0,06 [3]
29 Spezifischer Durchgangswiderstand [Ωcm]	10^{14} [3]	10^{13} [3]
30 Durchschlagfestigkeit, 1 mm-Platte [kV/mm]	50 [3]	32 [3]
31 Sonstige Eigenschaften		
32 Lichtdurchlässigkeit	opak-transp.	transparent
33 Brechungszahl (Na-D-Linie)	1,53	1,45...1,46
34 Wasseraufnahme [mg]	1,8...2,0 % [4]	130
35 Beständigkeit gegen energiereiche Strahlen	III, B	III

[1] Absolut trocken. Bei geringem Wassergehalt liegt die Einfriertemperatur 20...40° niedriger
[2] Längs/quer. [3] Absolut trocken [4] Sättigungswerte bei einer relativen Luftfeuchtigkeit

	Thermoplaste			
1	Cellulose-acetobutyrat Typ 412	Cellulose-äthyläther (Äthylcellulose)	Celluloid (Zellhorn)	Vulkanfiber (Elektro-) Typ 3120
2	—	—	70...75 T. Cellulosedinitrat +30...25 T. Kampfer	Cellulosehydrat
3	—	—	nur als Halbzeug lieferbar	
4	1,19	1,12...1,15	1,35...1,40	1,3
5	50	45...65	55...65	—
6	—	170...180	—	—
8	330	—	—	—
9	6	—	—	—
10	—	350	600...700	1000/600[2]
11	—	—	30...50	10/15[2]
12	16	—	14...18	—
13	360	—	400...800	2500
14	(500)	(600)	(600...800)	1200/1000[2]
15	o. B.	50	100...200	120
16	18	20	20...30	—
17	500	450	650...700	800
19	10	10	10	—
20	1,3...1,7	—	1,3...1,7	—
21	0,75...0,88	0,84	0,84	—
22	85	75	70	200
23	45	45	58	100...120
24	75	75	50	—
25	brennbar	brennbar	brennbar	brennbar
27	3,3	4	7...9 (800 Hz)	—
28	0,02[3]	0,01	0,01 (800 Hz)	0,08 (800 Hz)
29	10^{15} [3]	10^{13}	10^{12}	$10^{8}...10^{9}$
30	38[3]	20 (3 mm)	15 (3 mm)	6,5
32	transparent	transparent	durchscheinend	undurchsichtig
33	1,45...1,46	1,46	1,5	—
34	50	120	200	7...9 % [4]
35	III	II	—	—

(Wasser als Weichmacher).
von 65%.

2472. Chemische Bestän-

Für die Prüfung auf Chemikalienbeständigkeit gibt es keine einheit-
dicken Platten gewonnen, die mindestens 1 Monat (meist erheblich länger)

+ beständig (keine nennenswerte Veränderung)

○ bedingt beständig (Quellung 3—8%, Gewichtsverlust 0,5—5% oder

− unbeständig (Proben stärker gequollen oder aufgelöst).

Angaben wie (z. B.) „+...−“ bedeuten, daß sich die verschiedenen
Frage kommenden Kunststoff verhalten.

	Verdünnte Säuren	Konzentrierte Säuren[1]	Verdünnte Laugen
Preßmassen:			
Phenoplaste	+	−	+
Harnstoffharz	○	−	○
Melaminharz	○	−	○
Polyester (Alkydharz)	+	+...−	○
Epoxidharz (Äthoxylinharz)	+	+...−	+
Gießharze:			
Polyester (ungesättigt), normale Type	+	+...−	○
Epoxidharz (Äthoxylinharz), 100 T.Harz+90 T.Härter	+	+	+
Thermoplaste:			
Polyäthylen, niedrige Dichte	+	+	+
Polyäthylen, hohe Dichte	+	+	+
Polypropylen (isotaktisch)	+	+	+
Polystyrol, Standardtypen	+	+	+
Polystyrol, hochschlagfest	+	○	+
Polystyrol, Copolymerisat mit Acrylnitril	+	○	+
Polyvinylcarbazol	+	+	+
Polymethylmethacrylat	+	−	+
Polymethylmethacrylat, Copolymerisat mit Acrylnitril	+	−	○
Polyoxymethylen (Polyacetal)	+...−	−	+[2]
Polycarbonat (aus Bisphenol A)	+	−	−
Polyäthylenterephthalat	+	−	+
Polyphenylenoxid	+	+	+
Polyäther, chloriert (Penton)	+	+	+
Polyvinylchlorid, hart, normal	+	+	+
Polyvinylchlorid, hochschlagfest	+	+	+
Polyvinylchlorid, weich (60 T.PVC+40 T. DOP)	+	○	+
Polyvinylchloridacetat, Copolymerisat mit 13% VAc	+...−		
Polyvinylidenfluorid	+	+	+
Polytrifluorchloräthylen	+	+	+
Polytetrafluoräthylen	+	+	+
Polyurethan, mittlere Type	○	−	+
6-Polyamid (Perlon)	−	−	+
6,6-Polyamid (Nylon)	−	−	+
6,10-Polyamid	−	−	+
Celluloseacetat	−	−	−
Celluloseacetobutyrat	+	−	○
Celluloseäthyläther	ähnlich wie Celluloseacetat		
Celluloid	+	−	+
Vulkanfiber, Typ 3120	+	−	+

[1] Stark oxydierende Säuren ausgenommen.

[2] Nur die Acetalcopolymerisate sind laugenbeständig.

digkeit von Kunststoffen

lichen Prüfvorschriften. Die Angaben der Tabelle wurden meist an 1 mm bei 20° C in der Prüfflüssigkeit gelagert wurden. Die Angaben bedeuten:

stärkere Änderung der Reißdehnung)

Vertreter der betreffenden Stoffklasse sehr verschieden gegenüber dem in

Konzentrierte Laugen	Alkohole	Ester	Ketone	Äther	Chlorkohlenwasserstoffe	Benzol	Benzin	Mineralöl, tierische u. pflanzliche Öle
−	+	+...○	+...○	+...○	+...○	+...○	+...○	+
−	+	+...○	+...○	+...○	+...○	+...○	+	+
−	+	+...○	+...○	+...○	+...○	+...○	+...○	+
○	○	−	−	−	−	−	+	+
○	+	−	−	+	−	+	+	+
○	−	−	−	−	−	○	+	+
−	+	−	−	+...−	−	+	+	+
+	+	−	+	○	−	−	○	+
+	+	+	+	○	−	○	+	+
+	+	+...○	+	+	○	○	○	+
+	+	−	−	−	−	−	−	+...−
+	+	−	−	−	−	−	−	+...−
+	+	−	−	−	−	−	+	+...−
+	+	+	+	+	○	○	+	+
+	−	−	−	−	−	−	+	+
○	+	+	−	+	−	+	+	+
+[2]	+	+...○	+...○	+...○	+...−	○	+	+
−	+...−	−	−	−	−	−	+	+
−	+	+	+	+	○...−	+	+	+
+	+	−	○	+	−	−	+	+
	+	○	○	+	○	+	+	+
+	+	−	−	○	−	−	+	+
+	+			−	−	−	+...○	+
○	−	−	−	−	−	−	−	○
	+	−	−	−	−	−	+	+
+	+					+	+	+
+	+	−	+	−	○	+	+	+
+	+	+	+	+	+	+	+	+
+	+	+	+	+	○...−	+	+	+
○	○	+	+	+	○...−	+	+	+
○	○	+	+	+	○...−	+	+	+
○	○	+	+	+...○	○...−	+	+	+
−	○	−	−	+	+...−	+	+	+
−	−	−	−	−	−	−	+	+
ähnlich wie Celluloseacetat								
−	○	−	−	−	−	○	+	+
−	+	+	+	+	+	+	+	+

2473. Kunst-

Die Angaben der Tabelle gelten für Normalklima, 20° C und 65 % relative
heblich größer, die *Reißdehnung* kleiner als bei den auf andere Weise
unten begrenzt durch das Verspröden des Materials, nach oben durch das
Flexibilität und Stoßfestigkeit (wie z. B. im Verpackungswesen) verlangt
tiefen Temperaturen ausgedehnt werden. Als Maß für die Wasserdampf-
Wasserdampfdurchlässigkeit kann man z. B. bestimmen, indem man ein
Gewichtsverlust (pro Zeit) im Exsikkator mißt. Der Permeationskoeffizient
1 cm dicken Folie bei einem Wasserdampfdruckgefälle von 1 Torr diffun-
den Druckanstieg hinter einer Folie definierter Fläche messen. Der Per-
meter an, die in einer Sekunde durch 1 cm² einer 1 cm dicken Folie bei einem

	Dichte	Reißfestigkeit		Reißdehnung		Temperatur-anwendungs-bereich
		längs	quer	längs	quer	
	g/cm³	kp/cm²	kp/cm²	%	%	°C
Polyäthylen, niedrige Dichte	0,92	150...200		300...800	600...1000	−60...+80
Polyäthylen, hohe Dichte	0,95	250...400	200...300	700...1100	500...1000	−50...+110
Polyäthylen, hohe Dichte, biaxial gereckt	0,96	1100...1600	1200...1800	40...80	20...60	−60...+80
Polypropylen	0,89	300...600	250...500	600...1000	700...1100	−10...+100
Polypropylen, biaxial gereckt	0,91	1200...1800	1400...2000	40...70	40...80	−50...+90
Polyisobutylen, rußgefüllt	1,70	15		200		−30...+65
Polystyrol, gereckt	1,05	400		2		...+80
Polycarbonat, normal	1,20	800...900		100...120		...+140
Polyäthylen-terephthalat	1,40	1800...2500[1]	1600...2500	40...140	60...150	−60...+130
Polyvinylchlorid, hart, ungereckt	1,38	500...600		30...100	10...50	−20...+75
Polyvinylchlorid, hart, gereckt	1,38	900...1200	400...500	20...50	5...20	−20...+75
Polyvinylchlorid, weich	1,30	180...350	160...340	250...340		−30...+50
Polyvinyliden-chlorid	1,68	500...1000		25...40		...+140
Kautschuk-hydrochlorid	1,13	350...420		max. 800		...+95
Polychlor-trifluoräthylen	2,10	max. 450		max. 200		−100...+200
Polyvinylfluorid, biaxial gereckt	1,38	1120		135		
Polyamid	1,10	300...400		300...500		−20...+120
Polypyromellitimid (H-Film)	1,42	1800		70		−270...+400
Polyvinylalkohol (wasserlösliche Folie)	1,28	280		350		−10...+100
Cellulosehydrat, normal	1,45	900...1200	400...700	15...25	45...75	...+190
Celluloseacetat	1,30	800...1000		20...40		−10...+120
Cellulosetriacetat, normal	1,27	800...1000		20...25		...+120
Celluloseaceto-butyrat, normal	1,24	700...800		20...30		...+120

[1] Es sind auch Folien mit Reißfestigkeiten (längs) bis zu 3500 kp/cm² im Handel.

stoff-Folien

Luftfeuchtigkeit. Bei den gereckten Folien ist die *Reißfestigkeit* ganz er-
verarbeiteten Kunststoffen. Der *Temperaturanwendungsbereich* ist nach
Erweichen, Schrumpfen oder chemischen Abbau. Wenn keine besondere
werden, kann der Anwendungsbereich bei fast allen Folien zu beliebig
und Gasdurchlässigkeit sind die *Permeationskoeffizienten* angegeben. Die
Gefäß mit Wasser durch eine Folie bestimmter Fläche abschließt und den
gibt die Menge Wasserdampf (Gramm) an, die in einer Stunde durch 1 cm^2 einer
diert. Die Gasdurchlässigkeit kann man z.B. nach ASTM D 1434-58 durch
meationskoeffizient gibt in diesem Fall die Zahl der Normalkubikzenti-
Druckgefälle von 1 Torr diffundieren.

Permeationskoeffizienten						Bemerkungen
Wasserdampf	Luft	Sauerstoff	Stickstoff	Kohlendioxid	Helium	
10^9 g/cmhTorr	10^{13} cm^3/cmsecTorr					
2...3	120...130	240...270	75...80	1000...1100	400...500	
1	40...50	100...120	25...30	400...450	200...250	
1,5	35...40	80...100	20...25	320...350	1000	
30...35	40...50	180...200	28...30	1000...1200	1500	
30...50	100	500	17	1500		
4...4,5	0,7	1,5	0,2	8...9	70...80	F. 255° C, Strb. IV, C
7...9	1...1,5	4...5	0,3...0,4	10...12	200...250	
20...30						
0,2...2	0,3	0,5	0,2	1...2		
3	3...4	8...10	2	35...40		
0,05	0,3	1...2	0,2	4...5		
						F. 200° C
20...40	2...3	6...8	2	40...50	80...100	
		15	4	27	250	Strb. V, sehr hitzefest
500		80...100				
300	20...25	60...70				
800...1000			12...14	450	900	

2474. Faser-

Die Angaben der Tabelle gelten für endlose Fäden (Kunststoff-Drähte, drücklich anders vermerkt, 65% relative Luftfeuchtigkeit.

Die *Reißfestigkeit* (Zerreißfestigkeit, Zugfestigkeit) wird nach DIN 53801 Da die Festigkeit bei manchen Faserstoffen vom Wassergehalt abhängt, festigkeit" (= Reißfestigkeit bei 65% r. F.) angegeben. Die Umrechnung (p/Denier) ist nach folgenden Formeln möglich:

$$\text{Reißlänge (km)}\ R = \frac{P}{D}$$

$$\text{Gütezahl (p/den)}\ Q = \frac{P}{9 \cdot D}$$

Als Maß für den *Querschnitt* verwendet man häufig das Gewicht eines (den = g/9000 m Faden).

Die *Schlingenfestigkeit* und die *Knotenfestigkeit* sind, wie üblich, als gleichen Bedingungen wie die Reißfestigkeitsprüfung. Unter der *Feuchtig-* durch Adsorption bis zum Gleichgewichtszustand aufnimmt. Die Werte der zogen.

Das *Wasserrückhaltevermögen* (Quellwert) beschreibt die Wasserauf- der Tabelle (Prozent) geben die Menge des nach dem Zentrifugieren zurück- Fadens, an. Die Werte sind nicht nur von der speziellen Vorbehandlung

	Dichte g/cm³	Reiß-festigkeit bei 65% r.F. kp/mm²	Relative Naß-festigkeit %
Kunstfasern (Chemiefasern):			
Polyäthylen (niedrige Dichte)	0,92	8...25	100
Polyäthylen (hohe Dichte)	0,95...0,96	30...60	100
Polypropylen	0,90...0,91	30...65	100
Polystyrol	1,05	> 4	100
Polyäthylenterephthalat, normal	1,38	50...60	100
Polyäthylenterephthalat, hochfest	1,38	80...100	100
Polyvinylchlorid	1,38...1,39	30...35	100
Polyvinylchlorid, nachchloriert (PeCe-Faser)	1,44	25	100
Polyvinylidenchlorid (mind. 80%)	1,65...1,75	17...36	100
Polytetrafluoräthylen	2,2	10...25	100
6-Polyamid (Perlon), normal	1,14...1,15	45...65	85...90
6-Polyamid (Perlon), hochfest	1,14...1,15	75...85	85...90
6,6-Polyamid (Nylon), normal	1,14...1,15	45...65	85...90
6,6-Polyamid (Nylon), hochfest	1,14...1,15	75...95	85...90
Polyacrylnitril (rein)	1,16...1,19	20...35	80...100
Polyacrylnitril (Copolymerisat mit mind. 85% Acrylnitril), hochfest	1,16...1,19	40...60	80...100
Polyurethan (Elastomer)	1,19...1,21	6,5...8,7	
Polyurethan (Perlon U)	1,19...1,21	45...50	95
Polyvinylalkohol, nachformalisiert	1,3	40...70	75...85
Fasern aus Naturstoffen und abgewandelten Naturstoffen:			
Schafwolle	1,30...1,32	12...25	75...95
Naturseide	1,33...1,37	40...65	80...90
Proteinfasern (aus Casein)	1,29	8...12	45...65
Baumwolle	1,47...1,54	26...82	100...120
Bastfasern (Flachs, Hanf)	1,49	60...104	115...125
Zellwolle (Viskose-), mittelfest	1,50...1,52	40...50	60...65
Zellwolle (Kupfer-)	1,52	20...35	60...65
Zellwolle (Triacetat)	1,33	13...20	55...70
Anorganische Fasern:			
Glasfasern (Stabziehverfahren)	2,49	115...185	75...92
Glasfasern (Düsenziehverfahren)	2,49	200...275	98

stoffe

Monofilamente), nicht aber für Stapelfasern, bei 20° C und, falls nicht aus-

bei 20° C, 65 % r. F., 10 mm Einspannlänge und 20 sec Prüfdauer gemessen. wurde auch die *relative Naßfestigkeit* in Prozent von der „Trockenreiß- der Festigkeitswerte von (kp/mm²) in die Einheiten (Reißkilometer) und

P = Reißfestigkeit (kp/mm²)

R = Reißlänge (km)

Q = Gütezahl (p/den)

D = Dichte (g/cm³).

Fadens von 9000 m Länge *(Gewichtstiter)*. Die Einheit ist das Denier

Prozentsatz der Reißfestigkeit angegeben. Die Prüfung erfolgt unter den *keitsaufnahme* versteht man die Menge an Feuchtigkeit, die ein Faserstoff Tabelle (Prozent) sind auf das Gewicht des absolut trockenen Fadens be-

nahme von Faserstoffen bei Sättigung mit (flüssigem) Wasser. Die Zahlen gehaltenen Wassers, bezogen auf das Gewicht des absolut trockenen der betreffenden Faser, sondern auch vom Meßverfahren abhängig.

Reiß-dehnung bei 65% r.F.	Reiß-dehnung naß	Relative Schlingen-festigkeit	Relative Knoten-festigkeit	Feuchtigkeits-aufnahme		Wasser-rückhalte-vermögen
				bei 65%	bei 95%	
%	%	%	%	%	%	%
20...80	20...80		80...100	0	0	
10...45	10...45	60...70	70...90	0	0	
15...50	15...50		70...90	0	0	
>2	>2			<0,1	<0,1	
20...30	20...30	90	80	0,3...0,4	0,5	3...5
8...15	8...15	75...90	40...70	0,3...0,4	0,5	3...5
20...25	20...25	60	65	0,1	<1	
25...45	25...45			0,1	1	
15...25	15...25	45...60	50...90	0	0,1	
17...27	17...27	75	75	0	0	
30...45	30...50	75...95	80...90	4...4,5	8...9	10...12
15...20	15...20	70...90	70...80	4...4,5	8...9	9...11
30...45	30...50	75...95	80...90	4...4,5	8...9	10...12
15...20	15...20	70...90	60...70	3...4	8...9	9...11
25...35	25...35	60	70	1		4...6
15...22	15...22	60...70	70	1		4...6
500...700				0,3...1,3		
12...14		90		1...1,5		6
20...25	20...25	35...40	55...65	3,5...5		25
25...45	30...60	80	85	13...16	25	40...45
15...35	25...35	60...80	80...85	9...11	22...25	40...50
25...60	60...150			13...15	25	50
6...10	7...11	70	90...100	7...11	15...25	45...50
2...3	2...3			7...11	25	50...55
15...20	23...30	25...35	40...60	11...14	30...32	90...95
10...30	15...30	70...75	60...75	11...13	27	100...125
20...30	30...40	80...90	80...90	4...8	16	12...25
2,6...3,7	3,5...4,5	15...25	30...60	0,1...0,8		13
3,6...5,1	4,3	15...25	30...60	0,1...0,8		13

2475. Handelsnamen von Kunststoffen

Die Tabelle enthält die deutschen Handelsnamen (meist eingetragene Warenzeichen) von Kunststoffen (Rohstoffe), Folien und Fasern; ausländische Markennamen wurden nur in einigen besonders wichtigen Fällen berücksichtigt. Nicht aufgeführt sind Namen für Spezialmischungen, Verbundwerkstoffe, Halbzeuge usw. Sehr umfangreiche Tabellen aller Handelsnamen befinden sich im Kunststoff-Taschenbuch von H. SAECHTLING und W. ZEBROWSKI, Verlag Carl Hanser, München 1965 (16. Ausgabe), sowie in European Plastics, herausgegeben vom bureau voor bedrijfs documentatie Hilversum 1965...67 (3. Auflage).

In der Tabelle bedeutet:

Abk. = Abkürzung nach American Society for Testing Materials (ASTM)
Fol. = Folie
Fas. = Faser.

Acetylcellulose
s. Celluloseacetat

Alkydharz
s. Polyesterpreßmasse

Äthoxylinharz
s.Epoxydharz

Äthylcellulose
s. Celluloseäthyläther

Celluloseacetat
CA(Abk.); Acetat-Folie (Fol.); Cellidor A, S, U; Cellit; Ecaron; Trolit WW, W, WH

Celluloseacetobutyrat
CAB (Abk.); Cellidor B; Cellit; Osnacell; Rabasan; Stoxyrat (Fol.); Triafol (Fol.)

Cellulosediacetat
Aceta (Fas.); Cellon (Fol.); Hacoplast; Lonzona (Fas.); Osnacell; Rhenon; Rhenophan (Fol.); Stox; Synthazen (Fol.); Ultraphan (Fol.)

Cellulosedinitrat und Campher
Campholoid; Celluloid; Collodiumwolle (=Cellulosenitrat); Dynoid; Zellhorn

Cellulosehydrat
Bemberg-Zellglas-Cuprophan (Fol.); Cellophan (Fol.); Phriphan (Fol.)

Cellulosetriacetat
CTA (Abk.); Cellidor ($2^1/_2$-Acetat und höher veresterte Typen); Stox; Stoxit; Triafol (Fol.)

Celluloseäthyläther
EC (Abk.); Trolit AE

Chlorierte Polyäther
Penton

Epoxid-Gießharz

EP (Abk.); Araldit; Beckosol; Dobeckot; Duroxyn; Epikote; Epoxin 162; Formolit; GfT-Harze; Lekutherm; Metallon

Epoxid-Preßmasse

EP (Abk.); Preßmasse GL 125; Macroplast; Madurit; Metallon

Harnstoffharz

UF (Abk.);Albamit; Bakelite; Beckamin; Beckurol; Pollopas; Resart; Resopal; Ultrapas; Urbanit

Kautschukhydrochlorid

Pliofilm

Melaminharz

MF (Abk.); Albamit; Bakelite; Biramin; Chemoplast; Formica; Keramin; Melan; Nyhamin; Resart; Resipas; Resopal; SKW-Melaminharz; Supraplast; Ultrapas

Phenolharz

PF (Abk.); Alberit; Bakelit; Beckacite; Beckophen; Biradur; Birakrit; Biralit; Chemoplast; Condensite; Dekorit; Dimikanit; Duralon; Durapol; Durax; Faturan; Fibresinol; Hefra; Kerit; Keritex; Pertinax; Resart; Resiform; Resinit; Resinol; SKW-Schnellpreßmasse; Supraplast; Trolitan; Trolon; Trolonit

Polyacetal (und Copolymerisate)

POM (Abk.); Delrin; Hostaform C

Polyacrylnitril (und Copolymerisate)

PAN (Abk.)
Fasern: Acrilan; Creslan; Dolan; Dralon; Orlon; PAN; Prelana; Redon; Wollcrylon

6-Polyamid

PA (Abk.); 6-Nylon (Fas.); Durethan BK; Perlon (Fas.); Ultramid BM

6,6-Polyamid

PA (Abk.); 6,6-Nylon (Fas.); Ultramid A

6,10-Polyamid

PA (Abk.); 6,10-Nylon; Ultramid S

Polyäthylen

PE (Abk.); Hostalen G; Hostalen GUR; (extrem hochmolekular); Irrathene (vernetzt); Lupolen; Marlex; Trolen; Trolen DUR (vernetzt); Vestolen
Folien: Baulen; Helioflex; L-Film (vernetzt); Phriolan; Polyen; Platofol; Renolen; Stoxylen; Supraflex; Suprathen; Synthen; Trespalen; Ylopan
Fasern: Polythene; Trofil

Polyäthylenterephthalat

PETP (Abk.); Arnite; *Folien:* Hostaphan; Mylar
Fasern: Dacron; Diolen; Tergal; Terital; Terlenka; Terylene; Teteron; Trevira

Polycarbonat

PC (Abk.); Lexan; Makrofol (Fol.); Makrolon; Synthon (Fol.)

Polyester-Gießharz, ungesättigt

UP (Abk.); Bendurplast; Dalespol; Dobeckan; Gießharz S; Herberts Polyester; Leguval; Palatal; Polyleit; Supraplast; Tropal; Vestopal

Polyesterpreßmasse

Bakelite; Keripol

Polyisobutylen

PIB (Abk.); Oppanol B (Fol.); Rhepanol (Fol.); Simandur (Fol.); Vistanex

Polymethylmethacrylat

PMMA (Abk.); Lucite; Perspex; Plexiglas; Plexigum; Resarit; Resartglas; Sadur

Polymethylmethacrylat, Copolymerisat mit Acrylnitril

Plexidur

Polyphenylenoxid

PPO (Abk.)

Polypropylen

PP (Abk.); Coroflex (Fol.); Hostalen PP; Luparen; Meraklon (Fas.); Moplen (Fas.); Pokalon (Fol.); Polyen (Fol.); Profax; Prolene (Fas.); Syntopron (Fol.); Trespaphan (Fol.); Trofil P (Fas.); Trolen P; Vestolen P

Polypyromellitimid

H-Film (Fol.), Kapton

Polystyrol, Copolymerisat mit Acrylnitril

SAN (Abk.); Luran 52; Trolitul AN; Vestyron B

Polystyrol, schlagfest

Polystyrol 400; Trolitul T; Vestyron MI und HI

Polystyrol, rein

PS (Abk.); Poliflex (Fol.); Polystyrol III, VI, EF; Styroflex (Fol.); Styrofol; Trolitul III, VI; Vestyron D, L, N, S, T

Polytetrafluoräthylen

PTFE (Abk.); Fluon; Hostaflon TF; Polyflon; Teflon

Polytrifluormonochloräthylen

PTFCE (Abk.); Fluorothene; Hostaflon C; Kel-F; Polyflon; Synthofluon (Fol.)

Polyurethan (schwach vernetzte Elastomere)

PUR (Abk.); Lycra (Fas.); Vulkollan

Polyurethan (linear)

PUR (Abk.); Durethan U; Perlon U (Fas.)

Polyvinylalkohol

PVAL (Abk.); Kuralon (Fas.); Manryo (Fas.); Mowiol; Polyviol; Synthol (Fol.); Vinylon (Fas.)

Polyvinylcarbazol

Luvican; Polectron

Polyvinylchlorid

PVC (Abk.); Astralit; Astralon; Hostalit; Howenol-Plastics; Lonza; Mipolam; Solivic; Trovidur; Vestolit; Vinnol; Vinoflex

Folien[1]*:* Acella; Adretta; Adrettin; Aerocella; Alkor; Alkorit; Alkorpack; Alkorphan; Alkortex; Astraglas; Baulanit; Benefol; Benelit; Beneron; Berolan; D-C-Fix; Delifol; Deliplan; Doxaphan; Elaston; Elopan; Flex; Floracella; Genafol (h); Genotherm (h); Gerstyl; Guttagena; GUV-Folie; Hagelit (h); Heliofil; Howelon; Kontakt; Mipofix; Pegulan; Plastikor; Polytherm (h); Renolit (h); Rhenofol; Sumit; Synthophan (h)

Fasern: PCU, PeCeU; PeCu Borsten; Rhovyl; Thermovyl

Polyvinylchlorid, nachchloriert

PeCe-Faser (Fas.); Rhenoflex

Polyvinylchloridacetat

PVCA (Abk.); Vinnol; Vinoflex

Polyvinylfluorid

PVF (Abk.); Tedlar (Fol.)

Polyvinylidenchlorid (und Copolymerisate)

PVDC (Abk.); Bolta-Saran (Fas.); Geon; Saran (Fas.); Vestan (Fas.)

Polyvinylidenfluorid

Kynar

Vulkanfiber

VF und Vf (Abk.); Hornex; Lignovulkan

Zellhorn

s. Celluloid

---

[1]) Meist Weich-PVC, Hart-PVC ist durch (h) gekennzeichnet.

248. Kau-

Nr.	Eigenschaften von typischen Kautschukarten	Dichte gcm^{-3}	Zugfestigkeit kpcm^{-2}
1	Naturkautschuk	0,914	10...40
2	Naturkautschuk mit S vulkan. (Weichgummi)	0,92...0,99	175...300
3	Gummi mit ≈25 Vol-% Ruß	1,15	150...350
4	Gummi mit inaktiven Füllstoffen	1,1...1,8	50...300
5	Buna-S-Gummi ohne Füllstoffe	1,8	20...60
6	Buna S mit 20...30 Vol-% Ruß	1,2	50...300
7	Perbunan Gummi ohne Füllstoffe	1,0...1,1	40...60
8	Perbunan mit 35...40 Vol-% Ruß	1,2	80...350
9	Butylgummi ohne Füllstoffe	0,91...0,92	220...240
10	Butylgummi mit ≈30 Vol-% Ruß	1,1...1,2	175...250
11	Neoprengummi	1,25	200...400
12	Neoprengummi mit ≈25 Vol-% Ruß	1,4	200...300
13	Thiokolgummi	1,5...1,53	5...10
14	Thiokolgummi mit ≈25 Vol-% Ruß	1,4...1,65	40...150
15	Siliconkautschuk	1,2...2,3	28...50

Nr.	Eigenschaften von typischen Kautschukarten	Wärmeleitfähigkeit 10^{-3}Wcm^{-1}grd^{-1}	Spezifische Wärme Jg^{-1}grd^{-1}
1	Naturkautschuk	1,26...1,47	2,3
2	Naturkautschuk mit S vulkan. (Weichgummi)	1,47	2,1
3	Gummi mit ≈25 Vol-% Ruß[1]	1,68...2,1	1,68
4	Gummi mit inaktiven Füllstoffen	1,68...2,5	—
5	Buna-S-Gummi ohne Füllstoffe	—	1,89
6	Buna S mit 20...30 Vol-% Ruß	2,5	1,47
7	Perbunan Gummi ohne Füllstoffe	—	—
8	Perbunan mit 35...40 Vol-% Ruß	2,5	—
9	Butylgummi ohne Füllstoffe	—	—
10	Butylgummi mit ≈30 Vol-% Ruß	—	—
11	Neoprengummi	0,82	2,06
12	Neoprengummi mit ≈25 Vol-% Ruß	2,1	1,77
13	Thiokolgummi	—	
14	Thiokolgummi mit ≈25 Vol-% Ruß	—	
15	Siliconkautschuk	—	—

tschuk

Bruchdehnung %	Shore-Härte	Versprödungstemperatur (Splitterpunkt) °C	Elastizitätsmodul kpcm⁻²	Lineare Wärmedehnzahl 10^{-6} grd⁻¹
800...1200	20...30	−62...−58	—	220
600...950	35...55	−58...−53	—	200...220
350...650	60...70	−58...−56	30...40	120...150
250...600	60...85	−50...−40	—	100...120
300...600	35...55	−55...−25	10...30	120...185
400...750	—	...−60	25...45	210...230
300...800	25...55	−52...−20	20...30	—
200...700	50...85	−45...−30	20...40	200...220
950	35	−50...−45	7...15	—
800	45...55	−40...−35	30...40	—
800...1050	20...40	−40...−30	15...30	—
500...750	60...70	−40...−30	30...50	200...220
500...600	25...30	—	—	—
100...700	40...90	0...+80	—	—
150...300	50...65	unter −57	—	—

Spezifischer Widerstand Ωcm	Relative Dielektrizitätskonstante bei 10^3 Hz	Dielektrischer Verlustfaktor tan δ bei 50...60 Hz	Dielektrischer Verlustfaktor tan δ bei 10^6 Hz	Durchschlagfestigkeit kVcm⁻¹	Temperaturbereich für die Verwendung °C
$10^{14}...10^{16}$	2,4...2,5	0,002...0,003	0,002...0,003	100...200	—
$10^{14}...5\cdot10^{16}$	2,5...3,7	0,001...0,01	0,002...0,03	150...300	−30...+60
$10^{9}...5\cdot10^{13}$	6	0,1	—	—	—
$10^{13}...10^{17}$	2,7...9,5	0,003...0,03	0,005	200...350	−45...+70
$10^{14}...10^{15}$	2,7...2,75	0,001...0,006	0,001...0,02	200...250	−25...+75
$10^{7}...10^{10}$	3...7	0,02...0,1	0,02...0,5	—	—
$10^{9}...5\cdot10^{10}$	5...15	0,08...0,13	0,2...0,4	—	−25...+85
$<10^{6}...10^{10}$	10...20	0,05...0,1	0,5...0,02	100...150	—
10^{18}	2,1...2,6	2,6	—	200	...≈+90
$3\cdot10^{6}$	2,3	—	—	—	—
$10^{9}...10^{10}$	6,7...8,2	0,003...0,01	0,01...0,02	150	—
$10^{11}...10^{12}$	...20	—	...0,05	—	−40...+85
—	—	—	—	—	−15...+50
$10^{10}...5\cdot10^{14}$	4...15	0,004...0,2	0,06...0,1	—	...+80
$10^{11}...10^{16}$	2,9...10	—	1...10	200...400	—

3. Mechanisch-thermische Konstanten homogener Stoffe

31. Dichte, Ausdehnung, Kompressibilität und Festigkeitseigenschaften fester Stoffe

311. Mittlerer kubischer Ausdehnungskoeffizient $\overline{\gamma}$ von anorganischen festen Verbindungen

(s. auch Tabelle 221; Elemente s. Tab. 214)

Stoff	Temperaturbereich °C	$\overline{\gamma}$ in 10^{-5} grd^{-1}	Temperaturbereich °C	$\overline{\gamma}$ in 10^{-5} grd^{-1}
$AlBr_3$	−192...−78	15	−78...+18	40
AgCl	—	—	20...150	10,3
$AlCl_3$	−183...−78	6	−78...+17	7
AlJ_3	−183...−78	19	−78...+17	23
Al_2O_3	20...100	0,46	20...200	0,58
Sinterkorund	20...400	0,68	20...600	0,75
$AsBr_3$	−194...−79	25	—	—
$AsCl_3$	−194...−79	19	—	—
As_2O_3	—	—	0...50	11
B_2O_3	100...150	5	275...325	61
$BaCl_2$	—	—	20...150	6
$Ba(NO_3)_2$	−195...−78	2	−78...15	5
BaS	—	—	30...75	10,2
$BaSO_4$	−183...−78	6	−78...+21	7,5
$BeCl_2$	—	—	20...150	11,3
$BiBr_3$	−195...−79	14	−79...+17	20
$BiCl_3$	−195...−79	15	—	—
BiJ_3	−194...−79	11	−79...+17	16
$CaCl_2$	—	—	20...150	6,7
CaF_2	—	—	40	5,74
	—	—	52	5,80
CaJ_2	—	—	20...150	9,1
CaO	—	—	30...75	6,3
β-$Ca_3(PO_4)_2$	−193...−78	6	−78...+15	10
CaS	—	—	30...75	5,1
$CdCl_2$	—	—	20...150	7,3
CdF_2	—	—	20...150	8
CdJ_2	—	—	20...150	10,7
CrO_3	−183...−78	17	−78...+25	17
CrO_4K_2	—	—	0...100	11,3
CsBr	30...75	17,9	—	—
CsCl	30...75	14,9	—	—
CsF	30...75	9,5	—	—
CsJ	30...75	16,5	—	—
CuBr	20...150	5,6	—	—
CuCl	30...75	6,5	—	—
CuJ	20...150	6,7	—	—
HF	−191...−94	80	—	—
$FeCO_3$	−195...−78	4	−78...+15	6
$FeCl_3$	−194...−78	6	−78...+17	5
$GeCl_4$	−195.. −79	52	—	—

Stoff	Temperaturbereich °C	$\bar{\gamma}$ in 10^{-5} grd^{-1}	Temperaturbereich °C	$\bar{\gamma}$ in 10^{-5} grd^{-1}
H_2O	−5...0	21,3	—	—
HgJ_2	18...125,1	14	129,8...138	23,5
HJO_3	−190...−78	11	—	—
J_2O_5	−195...−78	8	—	—
KBr	−184...−79	10,1	−79...0	11
K_2CO_3	−183...−78	9	−78...+19	13
KCl	−195...+14	18,9	−78...+25	10,1
$KClO_3$	−195...−78	13	−78...+21	22
KF	−184...−79	17,9	−79...0	10,0
KJ	−184...−79	11,6	−79...0	12,5
KJO_3	−194...−78	9	−78...+15	9,5
$KMnO_4$	−194...−78	17	−78...+18	22
KNO_2	−195...−78	14	−78...+18	21
KOH	30...90	18,8	30...130	19,6
K_3PO_4	−193...−78	8	−78...+17	12
K_2SO_4	−195...−78	7	−78...+21	13
LiBr	−184...−79	11,8	−79...0	14,0
LiCl	−184...−79	10	−79...0	12,2
LiF	−184...−79	6,1	−79...0	9,2
LiJ	−184...−79	14,1	−79...0	16,7
MgC_2	—	—	10...150	7,4
MgF_2	—	—	20...150	3,2
MgO	—	—	30...75	4
MoO_3	−195...−78	5	−78...+21	7
NH_4Cl	−195...−78	9	−78...+19	28
$(NH_4)_2HPO_4$	−191...+17	16	—	—
$(NH_4)_3PO_4$	−195...−78	22	—	—
$(NH_4)_4P_2O_7$	−195...+18	6	—	—
NaBr	−184...−79	10,7	−79...0	11,9
NaCl	−184...−79	9,3	−79...0	11,0
NaF	−184...−79	6,8	−79...0	9,8
NaJ	−184...−79	12,3	−79...0	13,5
$NaNO_3$	−188...−78	9	−78...+20	11
NaOH	—	—	20...120	8,4
$NaPO_3$	—	—	600...770	4,3
NaH_2PO_4	—	—	620...935	5,3
$POBr_3$	−183...−79	24	−19...−21	20
PCl_5	−183...−79	22	—	—
$POCl_3$	−183...−79	19	—	—
H_3PO_4	−195...−78	19	—	—
P_2O_5	−195...−78	17	—	—
P_2O_5 (glasig)	−195...−78	14	—	—
$PbBr_2$	—	—	0...50	9
$PbCl_2$	—	—	20...150	9,3
PbJ_2	—	—	20...150	10,8
PbO	−195...−78	13,5	−78...+16	5,5
RbBr	−184...−79	9,7	−79...0	10,4
RbCl	−184...−79	9,2	−79...0	9,9
RbJ	−184...−79	11,2	−79...0	11,9
SO_3	−190...−78	28	—	—
$H_2SO_4 \cdot H_2O$	−192...−78	8	−78...0	12
$SbBr_3$	−195...−79	21	−79...+17	26
$SbCl_3$	−195...−79	20	20...150	23,9
SbJ_3	−195...−79	15	−79...+17	17

Stoff	Temperaturbereich °C	$\bar{\gamma}$ in 10^{-5} grd^{-1}	Temperaturbereich °C	$\bar{\gamma}$ in 10^{-5} grd^{-1}
SeO_3	−195...−78	9	—	—
$SiBr_4$	−194...−71	44	—	—
SiC	18...1200	6,25	—	—
$SiCl_4$	−195...−79	51	—	—
SiJ_4	−195...−79	30	—	—
$SnBr_4$	−195...−79	30	—	—
$SnCl_4$	−195...−79	24	—	—
SnJ_4	−195...−79	24	−79...0	30
SnO_2 (synth.)	−192...−78	36	—	—
$Sr(NO_3)_2$	30...75	9,7	—	—
WCl_6	−195...−78	17	−78...+19	20
$ZnCl_2$	—	—	20...150	8,7
ZnF_2	—	—	20...150	3,4

312. Mittlerer kubischer Ausdehnungskoeffizient $\bar{\gamma}$ von organischen festen Verbindungen

Formel	Name	Temperaturbereich °C	$\bar{\gamma}$ in 10^{-5} grd^{-1}
CBr_4	Tetrabromkohlenstoff	−194...−79	33
CCl_4	Tetrachlorkohlenstoff	−195...−79	45
$CHBr_3$	Bromoform	−195...−79	28
CHJ_3	Jodoform	−195...−79	28
CH_2Br_2	1,2-Dibrom-methan	−194...−79	46
CH_2J_2	1,2-Dijod-methan	−194...−79	29
CH_2O_2	Ameisensäure	−183...−79	24
CH_4N_2O	Harnstoff	−190...17	32
$C_2H_3O_2K$	Essigsaures K	−78...+25	32
$C_2H_4O_2$	Essigsäure	−183...−79	28
$C_3H_4O_4$	Malonsäure	−195...+16	18
$C_3H_6O_2$	Propionsäure	−183...−79	38
$C_4H_6O_3$	Acetanhydrid	−195...−79	35
$C_4H_8O_2$	Buttersäure	−183...−79	40
$C_5H_{10}O_2$	Valeriansäure	−183...−79	35
C_6H_6	Benzol	−183...−79	35
C_6H_6O	Phenol	−195...−79	36
		−79...−21	34
		−21...+16	42
C_7H_6O	Benzaldehyd	−195...−81	26
$C_7H_6O_2$	Benzoesäure	−195...−79	20
		−79...+16	23
$C_7H_6O_3$	Salicylsäure	−195...−79	16
		−79...+17	22
C_7H_8O	Benzylalkohol	−79...+17	26
$C_8H_{16}O_2$	Caprylsäure	−195...−79	47
$C_8H_{18}O$	Octanol-(1)	−195...−79	19
$C_9H_{18}O_2$	Pelargonsäure	−195...−18	27
		−18...0	50
$C_{10}H_5$	Naphthalin	−20...+20	27
		+20...+60	28,2

Formel	Name	Temperaturbereich °C	$\bar{\gamma}$ in 10^{-5} grd^{-1}
$C_{10}H_{16}O$	Campher	20..100	48,5
		100....140	49,4
$C_{10}H_{20}O_2$	Caprinsäure	−195...−79	44
$C_{12}H_{24}O_2$	Laurinsäure	−195...+13	40
$C_{12}H_{26}O$	Dodecanol	−195...−79	32
$C_{14}H_{10}$	Anthracen	−195...+22	19
		20...100	22,2
		100...180	28,7
$C_{16}H_{31}O_2K$	Palmitinsaures K	−78...+25	26
$C_{16}H_{32}O_2$	Palmitinsäure	−195...−79	27
		−79...+17	38
$C_{18}H_{35}O_2K$	Stearinsaures K	−78...+25	24
$C_{18}H_{36}O_2$	Stearinsäure	−195...−79	32
$C_{62}H_{126}$	Dohexacontan	−195...+16	26

313. Kubischer Kompressibilitätskoeffizient $\varkappa$ in 10^{-6} at^{-1}

$\varkappa$ ist aus $\varkappa = a + bp$ zu berechnen, a in 10^{-6} at^{-1}, b in 10^{-12} at^{-2}

Abkürzungen: a. Schm. = aus dem Schmelzfluß, a. Wss. = aus wäßriger Lösung, E. = Einkrystall, gepr. = gepreßt, ges. = gesintert, Kr. = Krystall, Pulv. = Pulver, wssfr. = wasserfrei.

Formel, Angaben über Zustand	°C	Druckbereich $kg \cdot cm^{-2}$	$\varkappa = a + bp$	
			a in 10^{-6} at^{-1}	b in 10^{-12} at^{-2}
AgBr	20	100...510	2,7	—
AgCl	20	100...510	2,4	—
AgJ	20	100...510	4,0	—
$AgNO_3$	0	50...200	3,60	—
Ag_2S	0	50...200	2,94	—
$AlK(SO_4)_2 \cdot 12H_2O$, E. a. Wss.	30	0...12000	6,303	−116,1
	75	0...12000	5,574	−93,3
$AlNH_4(SO_4)_2 \cdot 12H_2O$, E. a. Wss.	30	0...12000	6,354	−102,3
	75	0...12000	6,198	−100,8
Al_2O_3, synth. Saphir	30	0...2000	0,317	—
Al_2O_3, Pulv. gepr.	30	0...9000	9,294	−272,4
As_2O_3, Pulv. gepr.	30	0...9000	9,294	−272,4
$BaCO_3$, Witherit	0	50...200	1,98	—
BaF_2, Pulv. ges.	30	0...12000	2,07	−17,7
	75	0...12000	2,08	−18,1
$BaSO_4$, Schwerspat	0	50...200	1,73	—
Bi_2S_3, Wismutgl.	0	50...200	3,25	—
CSi, Carborund	20	50...200	0,37	—
$CaCO_3$, Kalkspat	20	0...10200	1,36	—
$CaCO_3$, Marmor	20	0...10200	1,36	—
$CaCO_3$, Aragonit	0	50...200	1,50	—
CaF_2	0	50...200	1,22	—
CaO, Pulv. gepr.	30	0...12000	4,57	−58,2
	75	0...12000	4,64	−58,5
$CaSO_4$, Anhydrit	0	50...200	1,79	—
$CaSO_4 \cdot 2H_2O$ (Gips)	0	50...200	2,45	—

Formel, Angaben über Zustand	°C	Druckbereich $kg \cdot cm^{-2}$	$\varkappa = a + bp$ a in $10^{-6}\,at^{-1}$	 b in $10^{-12}\,at^{-2}$
CaS, Pulv. gepr.	30	0...12000	2,280	−38,8
	75	0...12000	2,022	−25,8
CdF_2	30	0...12000	1,102	−8,5
	75	0...12000	1,096	−8,4
CoAsS, Kobaltgl.	0	50...200	0,8	—
$CrK(SO_4)_2 \cdot 12H_2O$, E. a. Wss.	30	0...12000	6,486	−112,5
CsBr, Pulv. gepr.	30	0...12000	6,918	−144,9
	75	0...12000	7,200	−141,6
CsCl, Pulv. gepr.	30	0...12000	5,829	−96,9
	75	0...12000	6,060	−101,1
CsF, grobkryst. a. Schm.	30	0...12000	4,155	−57,9
	75	0...12000	4,347	−61,8
CsJ, Pulv. gepr.	30	0...12000	8,403	−201,9
	75	0...12000	8,661	−195,6
CuBr, Pulv. gepr.	30	0	2,87	—
	75	0	3,16	—
CuCl, Pulv. gepr.	30	0...12000	2,463	−14,1
	75	0...12000	2,716	−24,2
$CuFeS_2$, Kupferkies	0	50...200	1,25	—
CuJ, Pulv. gepr.	30	0...12000	2,752	−25,1
	75	0...12000	2,957	−33,6
Cu_2O, Pulv. gepr.	30	0...12000	1,909	−19,92
	75	0...12000	2,003	−22,74
FeAsS, Arsenkies	0	50...200	0,96	—
$FeCO_3$, Eisenspat	0	50...200	0,97	—
Fe_2O_3, Roteisenstein	0	50...200	1,06	—
FeS_2, Pyrit	0	50...200	0,70	—
KBr	30	0...12000	6,56	—
KCl	30	0...12000	5,53	—
KF	30	0	3,25	—
KJ	30	0...12000	8,37	—
K_2SO_4, Pulv. gepr.	Z. T.	0...10200	3,250	−36,8
LiBr	20	50...200	4,9	—
	30	0	4,23	—
LiCl	20	50...200	3,6	—
	30	0	3,34	—
LiF	30	0	1,50	—
$LiJ \cdot 3H_2O$	30	0...12000	6,51	−117
MgO, Pulv. gepr.	30	0...12000	0,986	−10,8
	75	0...12000	0,997	−12,2
MgO, synth. Kr.	30	0...12000	0,5904	−2,22
	75	0...12000	0,5979	−2,22
$MnCO_3$, Manganspat	0	50...200	1,3	—
$MnCl_2$, Pulv. gepr.	30	0...12000	5,409	−96,3
	75	0...12000	5,562	−106,5
NH_4Br, Pulv. gepr.	0	0...3000	6,0	—
	75	0...3000	6,7	—
NH_4Cl, Pulv. gepr.	30	0...2000	5,9	—
	75	0...2000	6,2	—
NH_4NO_3, Pulv. gepr.	Z. T.	0...10200	6,554	−132,3
NaBr	30	0...12000	4,98	—
$NaBrO_3$, E. a. Wss.	30	0...12000	4,32	−74,2

Formel, Angaben über Zustand	°C	Druckbereich $kg \cdot cm^{-2}$	$\varkappa = a + bp$	
			a in 10^{-6} at^{-1}	b in 10^{-12} at^{-2}
NaCl, Kr. a. Schm.	30	0...12000	4,182	−50,4
	75	0...12000	4,344	−51,9
$NaClO_3$, E. a. Wss.	30	0...12000	4,94	−93
	75	0...12000	5,28	−93
NaF, Pulv. ges.	30	0...12000	2,07	−17,7
	75	0...12000	2,08	−18,1
NaJ, Pulv. gepr.	30	0	6,936	—
$NaNO_3$, E. a. Schm.	30	0...12000	3,854	−39,2
Na_2SO_4, Thenardit	Z.T.	0...10200	2,324	−22,9
$PbSO_4$, Anglesit	0	50...200	1,89	—
PbS, Bleiglanz	0	50...200	1,92	—
RbBr	20	50...200	8,0	—
	30	0	7,78	—
RbCl, E. a. Schm.	30	0...800	6,52	—
	75	0...800	6,75	—
RbJ	20	50...200	9,1	—
	30	0	9,39	—
Sb_2S_3, Antimonglanz	0	50...200	1,46	—
SiO_2, Quarz	0	50...200	2,62	—
SnO_2, Zinnstein	0	50...200	0,47	—
SrF_2, Pulv. ges.	30	0...12000	1,58	−10,3
	75	0...12000	1,61	−10,8
$Sr(NO_3)_2$, Pulv. gepr.	30	0...12000	3,249	−43,2
	75	0...12000	3,366	−41,1
SrS, Pulv. gepr.	30	0...12000	2,383	−38,6
	75	0...12000	2,318	−43,5
TiO_2, Rutil	0	50...200	0,57	—
TlBr	20	100...510	5,2	—
TlCl	20	100...510	4,8	—
TlJ	20	100...510	6,8	—
$ZnCl_2$, wssfr. Pulv. gepr.	30	0...12000	4,14	−107,7
ZnO, Rotzinkerz	0	50...200	0,75	—
ZnS, Zinkblende	0	50...200	1,26	—

32. Dichte, Ausdehnung und Kompressibilität von reinen Flüssigkeiten

321. Dichte reiner Flüssigkeiten

3211. Druckabhängigkeit der relativen Volumen von Äthanol und Diäthyläther bei verschiedenen Temperaturen

Bezugsgröße: Volumen bei 20° C und 1 at

Druck in at.	Temperatur									
	20° C		100° C		200° C		300° C		350° C	400° C
	Alkohol	Äther	Alkohol	Äther	Alkohol	Äther	Alkohol	Äther	Äther	Alkohol
1	1,0000	1,0000	—	—	—	—	—	—	—	—
100	0,9913	0,9877	1,1053	1,3333	—	—	—	—	—	—
200	9839	9767	0852	1030	1,2534	—	—	—	—	—
300	9769	9670	0677	0854	2305	1,2594	—	—	—	—
400	9699	9587	0541	0692	2115	2177	—	—	—	—
500	9629	9517	0433	0530	1927	1787	—	—	—	—
600	9567	9446	0324	0383	1751	1476	1,3947	1,3406	—	—
700	9513	9376	0215	0246	1575	1232	3520	3003	1,4506	—
800	9460	9306	0106	0123	1398	1015	3190	2732	4075	1,7040
900	9406	9249	0010	0026	1249	0824	2947	2487	3751	6573
1000	9353	9192	0,9928	0,9930	1139	0720	2758	2269	3466	6251
1200	9246	9105	9806	9749	0918	0458	2419	1900	3004	5672
1400	9147	9004	9684	9596	0755	0249	2105	1584	2647	5147
1600	9065	8917	9594	9469	0621	0094	1831	1308	2357	4779
1800	8999	8830	9504	9368	0520	0,9951	1643	1098	2081	4438
2000	8943	8723	9422	9281	0428	9836	1508	0901	1817	4150
2200	8886	8663	9349	9194	0337	9735	1381	0731	1620	3875
2400	8845	8603	9283	9134	0261	9646	1254	0591	1463	3675
2500	8825	8586	9255	9103	0232	9615	1199	0550	1404	3596

Der absolute Wert des spezifischen Volumens für Alkohol bei 20° und 1 at = 1,262. Der absolute Wert des spezifischen Volumens für Äther bei 20° und 1 at = 1,40.

3212. Dichte D, kubischer Ausdehnungs- (γ) und Kompressibilitätskoeffizient ($\varkappa$) von reinen anorganischen und organischen Flüssigkeiten bei 18° C

Stoff	D in $g \cdot cm^{-3}$	γ in 10^{-5} grd^{-1}	$\varkappa$ in 10^{-6} atm^{-1}	Stoff	D in $g \cdot cm^{-3}$	γ in 10^{-5} grd^{-1}	$\varkappa$ in 10^{-6} atm^{-1}
32121. Anorganische Flüssigkeiten							
Arsenchlorid	2,17	102	—	Schwefelsäure	1,834	57	—
Brom	3,120	113	64	Siliciumtetrabromid	2,812	—	86,6
Phosphortrichlorid	1,578	—	—	Siliciliumtetrachlorid	1,483	140,44	165,2
Quecksilber	13,5457	18,1	3,91	Titantetrachlorid	1,76	—	89,6
Salpetersäure	1,512	124	—	Wasser	0,9982	18	45,9
Schwefelkohlenstoff	1,263	118	92,7[1]	Zinntetrachlorid	2,232	—	108,9

32122. Organische Flüssigkeiten

Stoff	D in g · cm⁻³	γ in 10^{-5} grd⁻¹	$\varkappa$ in 10^{-6} atm⁻¹
Aceton	0,791	143	125,6
Actonitril	0,783	138	—
Acetophenon	1,0238	84,6	—
Adipinsäure-diäthylester	1,009	94,9	—
Äthanol	0,7892	110	114[1]
Äthylbenzol	0,8669	96	83
Äthylbromid	1,4586	142	122
Äthylenglykol	1,1131	62	—
Äthyljodid	1,9330	117	—
Äthylmercaptan	0,8454	145,56	—
Allylalkohol	0,8703	103	—
Allylchlorid	0,938	141	—
Ameisensäure	1,22	102	—
Ameisensäure-äthylester	0,9229	141	—
Ameisensäure-methylester	0,975	124	—
Amylalkohol	0,81	88	90
Anilin	1,022	84	36,1
Anisol	1,0124	93	—
Benzoesäure-äthylester	1,047	88	—
Benzoesäure-amylester	1,01	85	61
Benzoesäure-methylester	1,10	88	—
Benzol	0,8786	106	95,4[1]
Benzonitril	1,0051	89	—
Benzylalkohol	1,0427	75	—
Benzylchlorid	1,1027[1]	97,2	—
Brombenzol	1,4952	92	95,4
Bromoform	2,8899	91	41,2
Butanol	0,8098	—	92
tert. Butanol	0,7887	135	—
Buttersäure	0,9599	104	—
Buttersäure-äthylester	0,879	119	101
Butylchlorid	0,8972	145	—
Butyljodid	1,614	104	—
Caprinsäure-äthylester	0,870	94,0	—
Caprinsäure-nitril	0,8295	88,4	—
Cetyljodid	1,123	80,9	—
Chloral	1,512	93	—
Chlorbenzol	1,1064	98	74,9[1]
Chloroform	1,489	128	100[1]
o-Chlortoluol	1,0817	89	—
Cyanwasserstoff	0,6969	193	—
Cyclohexan	0,7791	120	118
Cyclohexanon	0,9466	91,4	—
Diäthyläther	0,71925	162	183
Diäthylketon	0,8159	121	—
Diäthylsulfid	0,8364	119	—
1,2-Dibromäthan	2,1804	87,5	59
Dibrommethan	2,4953	104	—
1,2-Dichloräthan	1,2576	117	—
Dichlormethan	1,336	137	—
Dijodmethan	3,3254	81	—
Dimethylanilin	0,9555	85,4	—
Dimethylsulfid	0,8458	146	—
Dioxan	1,0329	109,4	—
Essigsäure	1,0492	107	—
Essigsäureanhydrid	1,082	113	—
Essigsäure-äthylester	0,9010	138	104
Essigsäure-isoamylester	0,8708	114	—
Fluorbenzol	1,0236	116	—
Formamid	1,1284	75	—
Glutarsäure-äthylester	1,0270	98,6	—
Glutarsäure-amylester	—	86,4	—
Glycerin	1,2604	50	21,7
Heptan	0,6898	124,4	120
Heptylbromid	1,133	94,5	—
Heptyljodid	1,366	88,6	—
Heptylsäure (Önanthsäure)	0,9216	90,2	—
Hexan	0,6603	135	150
Isoamylalkohol	0,8130	93	—
Isobutanol	0,805	94	100
Isobuttersäure	0,9682	108	—
Isopentan	0,6206	154	—
Isopropanol	0,786	106	100
Isopropylbromid	1,3222	128	—
Isopropylchlorid	0,8588	147	—
Isopropyljodid	1,7109	113	—
Isovaleriansäure	0,9332	100	—
Isovaleriansäurenitril	0,7884	167	—
Jodbenzol	1,8228	83	—
Malonsäure-diäthylester	1,0550	101	—
Malonsäure-diamylester	—	90,7	—
Methanol	0,7923	119	120
Methyläthylketon	0,8255	128	—
Methylanilin	0,9868	81,5	—
Methylcyclohexan	0,7718	118	—
Methyljodid	2,279	124	—
Nitrobenzol	1,203	83	47
Nitromethan	1,1322	119	—
o-Nitrotoluol	1,1674	84	—
m-Nitrotoluol	1,160	81	—
Nonylsäure (Pelargonsäure)	0,9068	84,8	—
n-Octan	0,702	114	101,6
Octanol	0,827	81,6	—
Octylbromid	1,116	91,1	—
Octyljodid	1,341	87,6	—
Oxalsäure-diäthylester	1,0785	108	—
Oxalsäure-diamylester	—	93,4	—
Pentan	0,626	160	242
Pentanol-(3)	0,8154	102	—
Propanol-(1)	0,8044	98	100
Propionitril	0,8021	127	—
Propionsäure	0,992	109	—
Propionsäure-äthylester	0,8907	127	—
Propylbenzol	0,8617	97	—
Propylbromid	1,3539	124,5	—
Propylchlorid	0,8918	139	—
Propyljodid	1,7472	109,5	—
Pyridin	0,983	112,2	—
Terpentinöl	0,855	97	79
Tetrachlorkohlenstoff	1,5985	122	110,5[1]
o-Toluidin	0,9986	84	—
m-Toluidin	0,9891	82	—
Toluol	0,866	110,9	87[1]
Triäthylamin	0,7277	126	—
Trichloräthylen	1,464	119	—
Valeriansäure	0,9397	94	—
Valeriansäurenitril	0,9566	108	—
o-Xylol	0,8892	97	—
m-Xylol	0,8642	99	—
p-Xylol	0,8611	102	—

[1] 0° C.

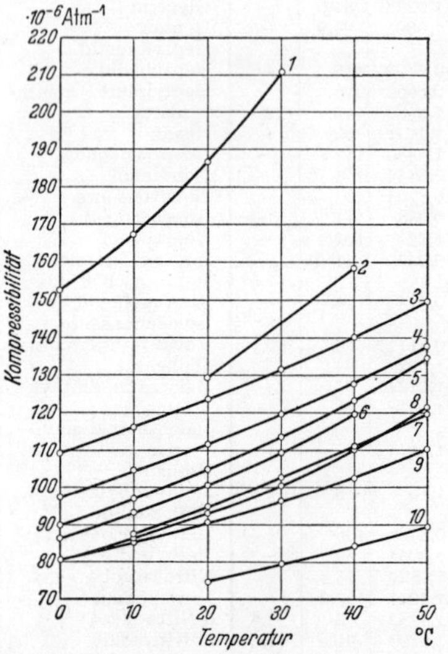

Kubischer Kompressibilitätskoeffizient von reinen Flüssigkeiten in Abhängigkeit von der Temperatur. *1* Diäthyläther, *2* Aceton, *3* Methanol, *4* Äthanol, *5* Tetrachlorkohlenstoff, *6* Chloroform *7* Benzol, *8* Schwefelkohlenstoff, *9* Toluol, *10* Chlorbenzol

3213. Dichte schwerer reiner Flüssigkeiten[1]

Anorganische reine Stoffe

Formel	ϑ °C	D_ϑ g · cm^{-3}	Formel	ϑ °C	D_ϑ g · cm^{-3}
$SnCl_4$	17	2,23	$HgNO_3+H_2O$	70	4,3
	48	2,169	OsO_4	42	4,44
MoF_6	19	2,543		100	4,19
H_2SeO_4	Z.T.	2,611	$AgHg(NO_3)_2$	110	4,5
$BaHgBr_4$	10	3,137	$AgTl(NO_3)_2$	70	4,8
$Li_2HgJ_4+H_2O$	Z.T.	3,28		90	$4,6_8$
$SnBr_4$	37,5	3,320		100	$4,6_6$
WF_6	15	3,441	$2\,AgNO_3+3\,AgJ$	70	5,0
$Na_2HgJ_4+H_2O$	26	3,46	$HgTl(NO_3)_2$	76	5,3
$BaHgJ_4$	Z.T.	3,576			

[1] Weitere schwere Flüssigkeiten s. Tabelle 32214.

Organische reine Stoffe

Name und Formel	ϑ °C	D_ϑ $g \cdot cm^{-3}$	Name und Formel	ϑ °C	D_ϑ $g \cdot cm^{-3}$
Äthyljodid, C_2H_5J	15	1,941	Bromoform,	20	2,8899
	20	1,929	$CHBr_3$	50	2,7934
1,2-Dibromäthan $C_2H_4Br_2$	20	2,1804		70	2,7364
				90	2,6823
Methyljodid, CH_3J	20	2,2790	1,1,2,2-Tetra-	0	2,996
			bromäthan	20	2,9673
Dibrommethan CH_2Br_2	20	2,4953		30,4	2,934
				50	2,897
			Dijodmethan	20	3,3254
			CH_2J_2	25	3,304

322. Dichte von Lösungen

3221. Dichte wäßriger Lösungen anorganischer Verbindungen, binäre Systeme

32211. Ausführliche Dichte-Tabellen von H_2O_2 Laugen und Säuren

a) $H_2O_2—H_2O$, Wasserstoffperoxid—Wasser

Gew.%	Dichte in gcm^{-3}			Gew.%	Dichte in gcm^{-3}		
	0° C	10° C	20° C		0 °C	10° C	20° C
2	1,0079	1,0071	1,0056	30	1,1213	1,1164	1,1111
5	1,0195	1,0184	1,0164	35	1,1431	1,1371	1,1314
10	1,0395	1,0374	1,0345	40	1,1649	1,1588	1,1525
15	1,0594	1,0564	1,0529	45	1,1867	1,1801	1,1735
20	1,0797	1,0758	1,0717	50	1,2092	1,2021	1,1952
25	1,1002	1,0959	1,0910	55	1,2321	1,2248	1,2173

b) $Ca(OH)_2—H_2O$, Kalkmilch—Wasser bei 20°

l-Gew. in g	Gew.% CaO	Gew.% $Ca(OH)_2$	gCaO/l	l-Gew. in g	Gew.% CaO	Gew.% $Ca(OH)_2$	gCaO/l
1008,5	0,99	1,31	10	1118,5	14,30	18,90	160
1017,0	1,96	2,59	20	1125,5	15,10	19,95	170
1024,5	2,93	3,87	30	1132,5	15,89	21,00	180
1031,5	3,88	5,13	40	1140,0	16,67	22,03	190
1039,0	4,81	6,36	50	1147,5	17,43	23,03	200
1046,0	5,74	7,58	60	1154,5	18,19	24,04	210
1053,5	6,65	8,79	70	1161,5	18,94	25,03	220
1060,5	7,54	9,96	80	1168,5	19,68	26,01	230
1067,5	8,43	11,14	90	1176,0	20,41	26,96	240
1075,0	9,30	12,29	100	1183,5	21,12	27,91	250
1082,5	10,16	13,43	110	1190,5	21,84	28,86	260
1089,5	11,01	14,55	120	1197,5	22,55	29,80	270
1096,5	11,86	15,67	130	1205,0	23,24	30,71	280
1104,0	12,68	16,76	140	1212,5	23,92	31,61	290
1111,0	13,50	17,84	150	1219,5	24,60	32,51	300

c) KOH—H_2O, Kalilauge—Wasser

Gew.% KOH	Dichte in gcm^{-3} bei									
	0° C	10° C	15° C	20° C	25° C	30° C	40° C	50° C	75° C	100° C
2	1,0193	1,0183	1,0174	1,0162	1,0148	1,0133	1,0098	1,0054	0,9922	0,9765
5	1,0481	1,0462	1,0450	1,0435	1,0420	1,0403	1,0363	1,0319	1,0186	1,0030
10	1,0962	1,0931	1,0913	1,0896	1,0877	1,0857	1,0812	1,0767	1,0633	1,0482
15	1,1457	1,1417	1,1396	1,1374	1,1352	1,1330	1,1283	1,1232	1,1096	1,0946
20	1,1954	1,1910	1,1887	1,1861	1,1840	1,1817	1,1766	1,1713	1,1571	1,1425
25	1,2461	1,2414	1,2390	1,2367	1,2340	1,2317	1,2264	1,2210	1,2068	1,1914
30	1,2990	1,2938	1,2910	1,2882	1,2858	1,2830	1,2776	1,2720	1,2578	1,2423
35	1,3522	1,3470	1,3441	1,3415	1,3389	1,3360	1,3304	1,3249	1,3099	1,2938
40	1,4073	1,4020	1,3992	1,3966	1,3939	1,3910	1,3850	1,3792	1,3640	1,3470
45	1,4650	1,4590	1,4560	1,4531	1,4500	1,4470	1,4413	1,4352		
50	1,5257	1,5187	1,5151	1,5120	1,5090	1,5059	1,4999	1,4940		

d) NH_3—H_2O, Ammoniak—Wasser

Gew.% NH_3	Dichte in gcm^{-3} bei									
	0° C	10° C	15° C	20° C	25° C	30° C	40° C	50° C	75° C	100° C
2	0,9919	0,9911	0,9903	0,9893	0,9881	0,9867	0,9832	0,9791	0,9660	0,9500
5	0,9804	0,9792	0,9782	0,9770	0,9756	0,9739	0,9700	0,9656	0,9517	0,9350
10	0,9625	0,9604	0,9590	0,9574	0,9556	0,9537	0,9490	0,9441	0,9289	0,9110
15	0,9464	0,9432	0,9414	0,9393	0,9371	0,9349	0,9297	0,9240	0,9082	0,8900
									60°	
20	0,9313	0,9272	0,9250	0,9227	0,9200	0,9172	0,9116	0,9057	0,8993	
25	0,9175	0,9127	0,9099	0,9070	0,9040	0,9010	0,8947	0,8880	0,8807	
30	0,9040	0,8980	0,8950	0,8919	0,8885	0,8850	0,8780	0,8704	0,8625	
35	0,8901	0,8832	0,8799	0,8761	0,8727	0,8689	0,8610	0,8527	0,8440	
40	0,8758	0,8685	0,8649	0,8609	0,8569	0,8527	0,8441	0,8351	0,8262	
45	0,8614	0,8531	0,8490	0,8449	0,8403	0,8360	0,8270	0,8175	0,8080	

e) NaOH—H_2O, Natronlauge—Wasser

Gew.% NaOH	Dichte in gcm^{-3} bei									
	0° C	10° C	15° C	20° C	25° C	30° C	40° C	50° C	75° C	100° C
2	1,0244	1,0231	1,0220	1,0208	1,0192	1,0177	1,0139	1,0095	0,9960	0,9796
5	1,0598	1,0570	1,0554	1,0537	1,0519	1,0500	1,0455	1,0407	1,0270	1,0115
10	1,1170	1,1132	1,1111	1,1090	1,1068	1,1044	1,0994	1,0941	1,0799	1,0643
15	1,1738	1,1690	1,1666	1,1641	1,1616	1,1590	1,1536	1,1479	1,1330	1,1172
20	1,2293	1,2243	1,2219	1,2191	1,2164	1,2137	1,2079	1,2020	1,1862	1,1699
25	1,2851	1,2798	1,2769	1,2740	1,2710	1,2680	1,2620	1,2559	1,2399	1,2229
30	1,3400	1,3340	1,3310	1,3280	1,3249	1,3218	1,3155	1,3090	1,2925	1,2753
35	1,3925	1,3861	1,3830	1,3799	1,3765	1,3732	1,3669	1,3601	1,3431	1,3259
40	1,4433	1,4368	1,4330	1,4300	1,4265	1,4231	1,4162	1,4096	1,3925	1,3750
45	1,4921	1,4850	1,4814	1,4780	1,4744	1,4710	1,4640	1,4570	1,4395	1,4220
50	1,5400	1,5326	1,5289	1,5251	1,5217	1,5180	1,5110	1,5039	1,4860	1,4689

f) HCl—H_2O, Salzsäure—Wasser

Gew.% HCl	Dichte in gcm^{-3}								
	0° C	10° C	15° C	20° C	25° C	30° C	50° C	75° C	100° C
2	1,0118	1,0109	1,0100	1,0090	1,0076	1,0060	0,9981	0,9845	0,9680
5	1,0266	1,0253	1,0242	1,0230	1,0216	1,0200	1,0120	0,9993	0,9841
10	1,0521	1,0501	1,0487	1,0473	1,0457	1,0440	1,0359	1,0234	1,0090
15	1,0795	1,0761	1,0744	1,0726	1,0707	1,0687	1,0600	1,0475	1,0333
20	1,1065	1,1022	1,1000	1,0979	1,0957	1,0933	1,0839	1,0711	1,0575
25	1,1338	1,1287	1,1261	1,1238	1,1211	1,1186	1,1081	1,0947	1,0806
30	1,1611	1,1551	1,1522	1,1493	1,1463	1,1433	1,1318	1,1175	1,1030
35	1,1875	1,1805	1,1771	1,1738	1,1705	1,1671	1,1540	1,1379	1,1220

Litergewicht gl^{-1} gesättigter HCl-Lösungen
bei verschiedenen Temperaturen

°C	gl^{-1}	Gew.%	°C	gl^{-1}	Gew.%	°C	gl^{-1}	Gew.%
0	1225,7	45,15	12	1214,8	43,28	23	1201,4	41,54
4	1226,5	44,36	14	1207,4	42,83			
8	1218,5	43,83	18	1206,4	42,34			

g) HNO_3-H_2O, Salpetersäure—Wasser

Gew.% HNO_3	Dichte in gcm^{-3} bei								
	0° C	10° C	15° C	20° C	25° C	30° C	50° C	75° C	100° C
2	1,0107	1,0100	1,0091	1,0081	1,0067	1,0053	0,9976	0,9844	0,9685
5	1,0287	1,0275	1,0264	1,0253	1,0239	1,0221	1,0137	0,9997	0,9827
10	1,0605	1,0579	1,0561	1,0543	1,0523	1,0501	1,0401	1,0253	1,0082
15	1,0926	1,0888	1,0866	1,0842	1,0818	1,0791	1,0680	1,0520	1,0339
20	1,1256	1,1203	1,1177	1,1150	1,1121	1,1091	1,0966	1,0791	1,0597
25	1,1594	1,1531	1,1500	1,1468	1,1435	1,1400	1,1259	1,1066	1,0857
30	1,1945	1,1871	1,1834	1,1798	1,1760	1,1720	1,1561	1,1349	1,1122
35	1,2305	1,2223	1,2180	1,2138	1,2095	1,2051	1,1870	1,1631	1,1384
40	1,2653	1,2561	1,2514	1,2468	1,2419	1,2370	1,2171	1,1911	1,1638
45	1,2992	1,2896	1,2841	1,2790	1,2738	1,2683	1,2465	1,2181	1,1884
50	1,3323	1,3212	1,3158	1,3100	1,3041	1,2983	1,2746	1,2439	1,2117
55	1,3639	1,3517	1,3455	1,3393	1,3331	1,3270	1,3011	1,2681	1,2338
60	1,3932	1,3802	1,3737	1,3669	1,3601	1,3536	1,3261	1,2909	1,2546
65	1,4199	1,4057	1,3984	1,3913	1,3841	1,3770	1,3484	1,3120	1,2750
70	1,4438	1,4289	1,4210	1,4137	1,4060	1,3983	1,3686	1,3312	1,2940
75	1,4652	1,4493	1,4412	1,4337	1,4260	1,4180	1,3868	1,3487	1,3110
80	1,4845	1,4682	1,4600	1,4521	1,4437	1,4357	1,4039	1,3648	1,3264
85	1,5020	1,4851	1,4768	1,4688	1,4603	1,4520	1,4195	1,3789	1,3390
90	1,5172	1,5000	1,4910	1,4829	1,4740	1,4657	1,4320	1,3910	1,3511
95	1,5288	1,5109	1,5019	1,4931	1,4847	1,4760	1,4425	1,4019	1,3632
100	1,5495	1,5312	1,5220	1,5130	1,5040	1,4955	1,4610	1,4202	1,3824

h) $H_2SO_4-H_2O$, Schwefelsäure—Wasser

Gew.% H_2SO_4	Dichte in gcm^{-3} bei								
	0° C	10° C	15° C	20° C	25° C	30° C	50° C	75° C	100° C
2	1,0148	1,0138	1,0129	1,0117	1,0103	1,0089	1,0006	0,9869	0,9705
5	1,0363	1,0344	1,0330	1,0317	1,0300	1,0280	1,0192	1,0052	0,9888
10	1,0736	1,0700	1,0680	1,0661	1,0638	1,0615	1,0517	1,0371	1,0205
15	1,1115	1,1069	1,1043	1,1020	1,0996	1,0970	1,0858	1,0703	1,0538
20	1,1503	1,1450	1,1421	1,1394	1,1366	1,1337	1,1216	1,1058	1,0885
25	1,1909	1,1844	1,1812	1,1781	1,1750	1,1717	1,1589	1,1421	1,1250
30	1,2321	1,2252	1,2220	1,2185	1,2150	1,2117	1,1979	1,1804	1,1630
35	1,2745	1,2671	1,2637	1,2600	1,2562	1,2528	1,2381	1,2202	1,2027
40	1,3174	1,3101	1,3066	1,3029	1,2990	1,2954	1,2809	1,2626	1,2445
45	1,3628	1,3551	1,3512	1,3475	1,3437	1,3400	1,3250	1,3066	1,2885
50	1,4109	1,4030	1,3990	1,3950	1,3910	1,3871	1,3719	1,3531	1,3348
55	1,4615	1,4533	1,4491	1,4452	1,4411	1,4371	1,4216	1,4021	1,3835
60	1,5152	1,5067	1,5022	1,4982	1,4940	1,4900	1,4737	1,4538	1,4345
65	1,5709	1,5620	1,5576	1,5532	1,5490	1,5449	1,5279	1,5070	1,4874
70	1,6287	1,6196	1,6150	1,6105	1,6061	1,6016	1,5840	1,5624	1,5417
75	1,6872	1,6781	1,6734	1,6691	1,6642	1,6598	1,6415	1,6188	1,5965
80	1,7480	1,7373	1,7320	1,7271	1,7220	1,7170	1,6971	1,6727	1,6492
85	1,8005	1,7894	1,7839	1,7787	1,7731	1,7679	1,7468	1,7211	1,6966
90	1,8359	1,8250	1,8196	1,8143	1,8090	1,8039	1,7830	1,7578	1,7331
95	1,8545	1,8439	1,8387	1,8336	1,8285	1,8235	1,8040	1,7801	1,7570
100	1,8511	1,8408	1,8357	1,8305	1,8257	1,8207	1,8013	1,7789	1,7578

Litergewicht gl^{-1} rauchender Schwefelsäure verschiedener Konzentration nach Kniebeck

Gew.% SO_3		gl^{-1}	gl^{-1}	Gew.% SO_3		gl^{-1}	gl^{-1}
frei	gesamt	15° C	35° C	frei	gesamt	15° C	35° C
0	81,63	1850,0	1818,6	52	91,18		1974,9
2	81,99		1827,0	54	91,55		1976,0
4	82,36		1836,0	56	91,91		1977,2
6	82,73		1842,5	58	92,28		1975,4
8	83,09		1849,8	60	92,65	2020 Max.	1973,8
10	83,46	1888	1856,5	62	93,02		1970,9
12	83,82		1862,7	64	93,38		1967,2
14	84,20		1869,2	66	93,75		1963,6
16	84,56		1875,6	68	94,11		1960,0
18	84,92		1883,0	70	94,48	2018	1955,0
20	85,30	1920	1891,9	72	94,85		1950,2
22	85,66		1902,0	74	95,21		1944,2
24	86,03		1909,2	76	95,58		1937,9
26	86,40		1915,8	78	95,95		1931,5
28	86,76		1922,0	80	96,32	2008	1925,1
30	87,14	1957	1928,0	82	96,69		1918,3
32	87,50		1933,8	84	97,05		1911,5
34	87,87		1940,5	86	97,42		1904,6
36	88,24		1947,4	88	97,78		1896,5
38	88,60		1953,5	90	98,16	1990	1888,8
40	88,97	1979	1958,4	92	98,53		1880,0
42	89,33		1961,2	94	98,90		1871,2
44	89,70		1964,3	96	99,26		1860,5
46	90,07		1967,2	98	99,63		1848,8
48	90,44		1970,2	100	100,00	1984	1837,0
50	90,81	2009	1973,3				

32212. *Dichte D_ϑ wäßriger Lösungen anorganischer Verbindungen, binäre Systeme*

Verbindung	ϑ °C	Dichte D_ϑ in g cm⁻³ bei der Konzentration in Gew.%														
		2	4	6	8	10	12	14	16	18	20	25	30	35	40	45	50
$AgNO_3$	20	1,0154	1,0327	1,0506	1,0690	1,0882	1,1080	1,1284	1,1495	1,1715	1,1942	1,2545	1,3205	1,3931	1,4743		1,668
$AlCl_3$	18	1,0164	1,0344	1,0526	1,0711	1,0900	1,1093	1,1290	1,1491								
$AlK(SO_4)_2$	19	1,0174	1,0369	1,0565													
$Al(NO_3)_3$	18	1,0144	1,0305	1,0469	1,0638	1,0811	1,0989	1,1171	1,1357	1,1549	1,1745		1,2805				
$Al_2(SO_4)_3$	19	1,019	1,040	1,061	1,083	1,105	1,129	1,152	1,176	1,201	1,226						
H_3AsO_4	20	1,0112	1,0245	1,0379	1,0515	1,0659	1,0802	1,0951									
H_3BO_3	20	1,0056	1,0136														
$Na_2B_4O_7$ [1]	15																
$BaBr_2$	20	1,0158	1,0335	1,0520	1,0711	1,0908	1,1113	1,1321	1,1542	1,1773	1,2009	1,2608	1,3320	1,4086	1,4929		
$BaCl_2$	20	1,0159	1,0341	1,0528	1,0721	1,0921	1,1128	1,1342	1,1564	1,1793	1,2031	1,2668					
$Ba(ClO_3)_2$	20	1,0145	1,0309	1,0477	1,0651	1,0836	1,1024	1,1220	1,1419	1,1623	1,1831						
$Ba(ClO_4)_2$	20	1,0150	1,0318	1,0484	1,0652	1,0829	1,1012	1,1202	1,1400	1,1602	1,1809	1,2355	1,2943	1,3602	1,4320	1,5085	1,5894
BaJ_2	20	1,0152	1,0330	1,0513	1,0700	1,0895	1,1100	1,1310	1,1529	1,1755	1,1989	1,2601	1,3283	1,4040	1,4898	1,5867	1,6978
$Ba(NO_3)_2$	20	1,0150	1,0318	1,0492	1,0670												
$Ba(OH)_2$	20	1,0204	1,0440														
$BeCl_2$	20	1,0112	1,0249	1,0382	1,0517	1,0658											
$Be(NO_3)_2$	18	1,0108	1,0233	1,0361	1,0491	1,0624	1,0761	1,0902	1,1046	1,1193	1,1344						
$BeSO_4$	20	1,0160	1,0336	1,0520	1,0708	1,0903											
HBr	20	1,0120	1,0262	1,0410	1,0560	1,0718	1,0876	1,1040	1,1210	1,1380	1,1566	1,2042	1,2560	1,3121	1,3733	1,4410	
HCN	18	0,996	0,993	0,990	0,986	0,982					0,958	0,943	0,925	0,908	0,892	0,876	0,860
$CaBr_2$	20	1,0152	1,0326	1,0504	1,0688	1,0877	1,1071	1,1272	1,1480	1,1696	1,1919	1,2499	1,3125	1,3809	1,457	1,541	1,635
$CaCl_2$	20	1,0148	1,0316	1,0486	1,0659	1,0835	1,1015	1,1198	1,1386	1,1578	1,1775	1,2284	1,2816	1,3373	1,3957		
$Ca(ClO_4)_2$	20	1,0129	1,0279	1,0430	1,0590	1,0749	1,0912	1,1081	1,1252	1,1428	1,1610	1,2090	1,2597	1,3125	1,3692	1,4285	1,4920
CaJ_2	20	1,0150	1,0323	1,0500	1,0683	1,0873	1,1069	1,1273	1,1485	1,1703	1,1928	1,2530	1,3195	1,3928	1,4734		
$Ca(NO_3)_2$	20	1,0130	1,0285	1,0442	1,0600	1,0762	1,0929	1,1100	1,1274	1,1450	1,1630	1,2096	1,2594	1,3122	1,3667	1,4235	1,4840
$Ca(OH)_2$ [2]	15																
$CaSO_4$	20	1,0130	1,0280	1,0431	1,0590	1,0749	1,0912	1,1082	1,1251	1,1429	1,1610	1,2090	1,2595	1,3125	1,3690	1,4282	1,4920
$CdCl_2$	20	1,0159	1,0339	1,0524	1,0715	1,0912	1,1115	1,1324	1,1540	1,1762	1,1994	1,2604	1,3273	1,4010	1,4833	1,5748	1,6762
$Cd(NO_3)_2$	18	1,0154	1,0326	1,0502	1,0683	1,0869	1,1061	1,1261	1,1468	1,1682	1,1904	1,2488	1,3124	1,3822	1,4590		1,6356
$CdSO_4$	18	1,0182	1,0383	1,0590	1,0803	1,1023	1,1250	1,1485	1,1729	1,1982	1,2243	1,2940	1,3714	1,4551	1,5470		
$Ce_2(SO_4)_3$	15	1,0190	1,0395	1,0606	1,0823	1,1047	1,1279	1,1520	1,1770	1,2030	1,2300						

[1] 15° 0,5% 1,0042 g/cm³; 1,0% 1,0084 g/cm³; 1,5% 1,0131 g/cm³; 2,0% 1,0179 g/cm³; 2,5% 1,0226 g/cm³; 3,0% 1,0274 g/cm³; 3,5% 1,0321 g/cm³.

[2] 15° 0,05% 0,9998 g/cm³; 0,10% 1,0004 g/cm³; 0,15% 1,0011 g/cm³ s. auch Tabelle „Kalkmilch“ S. 805.

Verbindung	ϑ °C	Dichte D_ϑ in gcm⁻³ bei der Konzentration in Gew.%															
		2	4	6	8	10	12	14	16	18	20	25	30	35	40	45	50
HCl	20	1,0081	1,0180	1,0280	1,0376	1,0474	1,0573	1,0673	1,0774	1,0877	1,0980	1,1237	1,1491	1,1739	1,1980		
$HClO_3$	20	1,0010	1,0216	1,0336	1,0461	1,0590	1,0718	1,0852	1,0990	1,1129	1,1271						
$HClO_4$	20	1,0098	1,0212	1,0333	1,0452	1,0578	1,0705	1,0836	1,0972	1,1109	1,1253	1,1627	1,2033	1,2469	1,2945	1,3460	1,4034
$Co(NO_3)_2$	18	1,015	1,032	1,049	1,067	1,085	1,104	1,123	1,143	1,163	1,184	1,240	1,300				
$CoSO_4$	0	1,0215	1,0436	1,0662	1,0890												
$CrCl_3$	18																
violett		1,0166	1,0349	1,0535	1,0724	1,0917	1,1114	1,1316									
dunkelgrün		1,0157	1,0332	1,0510	1,0691	1,0876	1,1065										
$CrK(SO_4)_2$	15																
violett		1,0182	1,0376	1,0573	1,0773												
grün		1,016	1,034	1,052	1,070	1,089	1,109	1,129	1,150	1,171	1,193		1,315	1,383	1,456	1,533	1,615
$Cr(NO_3)_3$	15																
violett		1,0155	1,0325	1,0492	1,0666	1,0844	1,1027	1,1214	1,1407	1,1606	1,1810		1,2929				
CrO_3	15	1,014	1,030	1,045	1,060	1,076	1,093	1,110	1,127	1,145	1,163		1,260	1,313	1,371	1,435	1,505
CrO_4Na_2	18	1,0163	1,0344	1,0529													
$Cr_2O_7Na_2$	15	1,013	1,027	1,041	1,056	1,070	1,084	1,098	1,112	1,126			1,207	1,244	1,279	1,312	1,342
$NH_4Cr(SO_4)_2$	15																
violett		1,0172	1,0357	1,0545													
grün		1,015	1,031	1,048	1,065	1,082	1,100	1,118	1,137	1,156	1,176			1,341	1,403		1,542
$Cr_2(SO_4)_3$	15																
violett		1,0191	1,0395	1,0604	1,0817	1,1034	1,1257	1,1486	1,1722	1,1966	1,2218						
grün		1,0172	1,0358	1,0551	1,0751	1,0958	1,1172	1,1392	1,1618	1,1851	1,2091		1,3401	1,4123	1,4893		
CsBr	20	1,0142	1,0299	1,0470	1,0648	1,0830	1,1018	1,1207	1,1406	1,1606	1,1818	1,2380	1,2995	1,3679	1,4424	1,5266	1,6199
CsCl	20	1,0139	1,0298	1,0462	1,0632	1,0806	1,0987	1,1170	1,1360	1,1552	1,1754	1,2294	1,2881	1,3520	1,4227	1,4999	1,5852
CsF	20	1,0156	1,0335	1,0520	1,0711	1,0910	1,1120	1,1334	1,1560	1,1790	1,2023	1,2653	1,3351	1,4120	1,4960	1,5920	
CsJ	20	1,0142	1,0299	1,0470	1,0640	1,0820	1,1009	1,1199	1,1399	1,1599	1,1809	1,2375	1,2995	1,3679	1,4430	1,5282	1,6226
$CsNO_3$	20	1,0130	1,0281	1,0442	1,0608	1,0776	1,0944	1,1120	1,1306	1,1500	16,198						
CsOH	20	1,0160	1,0345	1,0536	1,0730	1,0930	1,1140	1,1360									
Cs_2SO_4	20	1,0160	1,0340	1,0521	1,0709	1,0902	1,1100	1,1302	1,1516	1,1730	1,1952	1,2545	1,3190	1,3909	1,4713	1,5600	1,6573
$CuCl_2$	20	1,017	1,036	1,056	1,076	1,096	1,116	1,138	1,160	1,182	1,205						
$Cu(NO_3)_2$	20	1,015	1,032	1,050	1,069	1,088	1,107	1,126	1,147	1,168	1,189	1,248					
$CuSO_4$	20	1,019	1,040	1,062	1,084	1,107	1,131	1,155	1,180	1,206							
HF	20	1,0050	1,0121	1,0192	1,0258	1,0326	1,0395	1,0463	1,0535	1,0608	1,0680	1,0865	1,1052	1,1252	1,1460	1,1669	1,1870
$K_3Fe(CN)_6$	20	1,0090	1,0201	1,0314	1,0427	1,0542	1,0656	1,0789	1,0910	1,1030	1,1150						
$K_4Fe(CN)_6$	20	1,0119	1,0256	1,0395	1,0536	1,0678	1,0823	1,0971	1,1120								
$FeCl_2$	18	1,0165	1,0348	1,0535	1,0726	1,0923	1,1126	1,1336	1,1551	1,1771	1,1996	1,2596					
$FeCl_3$	20	1,015	1,032	1,049	1,067	1,085	1,104	1,123	1,142	1,162	1,182	1,234	1,291	1,353	1,417	1,485	1,551

$Fe(NO_3)_3$	18	1,0144	1,0304	1,0468	1,0636	1,0810	1,0989	1,1172	1,1359	1,1551	1,1748	1,2281					
$FeSO_4$	18	1,0180	1,0375	1,0575	1,0785	1,1000	1,1220	1,1445	1,1675	1,1905	1,2135						
$NH_4Fe(SO_4)_2$	15	1,016	1,032	1,050	1,068	1,086	1,104	1,122	1,141	1,1161	1,181	1,380					
$Fe_2(SO_4)_3$	17,5	1,016	1,033	1,050	1,067	1,084	1,103		1,141		1,181	1,241	1,307	1,376	1,449		1,613
^2H_2O	20	s. S. 603															
H_2O_2	20	1,0055	1,0128	1,0200	1,0271	1,0344	1,0417	1,0490	1,0565	1,0640	1,0717	1,0910	1,1111	1,1315	1,1525	1,1735	1,1952
$HgCl_2$	20	1,0150	1,0323	1,0500													
HJ	20	1,0126	1,0272	1,0429	1,0585	1,0750	1,0918	1,1090	1,1270	1,1457	1,1649	1,2170	1,2735	1,3355	1,4027	1,4735	
HJO_3	20	1,0146	1,0318	1,0495	1,0685	1,0880	1,1081	1,1291	1,1510	1,1732	1,1961	1,2565	1,3210	1,3900			
HJO_4	17	1,0165	1,0349	1,0539	1,0737	1,0944	1,1161	1,1388	1,1623	1,1865	1,2116	1,3545					
KBr	20	1,0124	1,0273	1,0424	1,0580	1,0739	1,0900	1,1069	1,1242	1,1418	1,1600	1,2078	1,2593	1,3144	1,3745		
$KBrO_3$	20	1,0130	1,0284	1,0440													
KCN	20	1,0082	1,0185	1,0289	1,0395	1,0500	1,0601	1,0702	1,0805	1,0909	1,1012	1,1275	1,1539	1,1807			
KCNS	20	1,0079	1,0180	1,0283	1,0388	1,0490	1,0595	1,0699	1,0805	1,0911	1,1020	1,1293					
KCl	20	1,0108	1,0238	1,0370	1,0502	1,0635	1,0770	1,0906	1,1043	1,1181	1,1324	1,1668					
$KClO_3$	20	1,0108	1,0241	1,0372													
$KClO_4$ [1]	15																
KF	20	1,0153	1,0326	1,0501	1,0681	1,0865	1,1050	1,1238	1,1425	1,1625	1,1811	1,2315	1,2840	1,3394	1,3970	1,4580	
$KHCO_3$	15	1,0125	1,0260	1,0396	1,0534	1,0674											
KHS	18	1,0105	1,0224	1,0343	1,0463	1,0583	1,0704	1,0826	1,0949	1,1072	1,1196			1,2152	1,2479	1,2810	1,3144
$KHSO_4$	20	1,0125	1,0267	1,0413	1,0563	1,0715	1,0870										
KH_2PO_4	20	1,0125	1,0269	1,0411	1,0558	1,0705	1,0858	1,1012	1,1170	1,1330	1,1492	1,1920					
KJ	20	1,0130	1,0282	1,0438	1,0597	1,0760	1,0930	1,1105	1,1286	1,1470	1,1660	1,2167	1,2713	1,3308	1,3960	1,4667	1,5455
KJO_3	20	1,0150	1,0326	1,0503													
$KMnO_4$	15	1,0130	1,0271	1,0414													
KNO_2	17,5	1,011	1,024	1,037	1,049	1,062	1,075	1,088	1,102	1,116			1,203	1,242	1,284		1,378
KNO_3	20	1,0107	1,0234	1,0360	1,0492	1,0625	1,0760	1,0898	1,1039	1,1181	1,1325	1,1705					
KOH	20	1,0162	1,0343	1,0525	1,0711	1,0897	1,1087	1,1277	1,1469	1,1664	1,1861	1,2365	1,2884	1,3415	1,3967	1,4532	1,5120
K_2CO_3	20	1,0163	1,0346	1,0531	1,0717	1,0906	1,1098	1,1292	1,1490	1,1693	1,1897	1,2428	1,2979				
K_2MoO_4	15	1,0152	1,0316	1,0484	1,0657	1,0834	1,1015	1,1200	1,1389								
K_2S	18	1,017	1,033	1,049	1,066	1,083	1,100	1,118	1,136	1,154	1,173			1,320	1,372	1,432	
K_2SO_3	15	1,016	1,032	1,049	1,067	1,085	1,103	1,121	1,140	1,160	1,179						
K_2SO_4	20	1,0140	1,0306	1,0472	1,0640	1,0809											
K_2SiO_3	20	1,0163	1,0349	1,0537	1,0729	1,0922	1,1121	1,1325	1,1535	1,1749	1,1963	1,2527					
K_2WO_4	15	1,0164	1,0341	1,0523	1,0711	1,0905	1,1105	1,1312	1,1527	1,1750							
$La(NO_3)_3$	18	1,0167	1,0353	1,0545	1,0742	1,0945	1,1153	1,1368	1,1589	1,1817	1,2052		1,3360				
LiBr	20	1,0128	1,0277	1,0429	1,0585	1,0746	1,0910	1,1079	1,1253	1,1429	1,1613	1,2102	1,2625	1,3210	1,3830	1,4540	1,5325
$LiBrO_3$	20	1,0135	1,0292	1,0457	1,0625	1,0799											
LiCl	20	1,0099	1,0211	1,0325	1,0440	1,0555	1,0671	1,0790	1,0910	1,1031	1,1155	1,1468	1,1800	1,2151	1,2522	1,2950	
$LiClO_3$	20	1,0110	1,0241	1,0375	1,0510	1,0645	1,0786	1,0926									

[1] 15° 0,2% 1,0004 g/cm³; 0,4% 1,0016 g/cm³; 0,6% 1,0029 g/cm³; 0,8% 1,0041 g/cm³; 1,0% 1,0054 g/cm³; 1,2% 1,0067 g/cm³; 1,4% 1,0079 g/cm³; 1,6% 1,0092 g/cm³; 1,8% 1,0105 g/cm³.

Verbindung	ϑ °C	Dichte D_ϑ gcm^{-3} bei der Konzentration in Gew.%														
		2	4	6	8	10	12	14	16	18	20	25	30	35	40	45	50
$LiClO_4$	20	1,0103	1,0223	1,0350	1,0475	1,0606	1,0740	1,0874	1,1013	1,1155	1,1300	1,1675	1,2077	1,2508			
LiJ	20	1,0130	1,0282	1,0441	1,0601	1,0771	1,0943	1,1120	1,1303	1,1492	1,1688	1,2204	1,2772	1,3393	1,4078	1,4840	1,5690
$LiJO_3$	20	1,0156	1,0335	1,0520	1,0711	1,0910	1,1116	1,1328	1,1554	1,1781	1,2017	1,2638	1,3325	1,4066	1,4881		
$LiNO_3$	20	1,0100	1,0220	1,0341	1,0463	1,0590	1,0718	1,0848	1,0981	1,1119	1,1254	1,1610	1,1988	1,2392	1,2837		
LiOH	20	1,0217	1,0437	1,0650	1,0862	1,1072											
Li_2SO_4	20	1,0155	1,0327	1,0501	1,0679	1,0860	1,1040	1,1228	1,1411	1,1600	1,1789	1,2280					
$MgBr_2$	20	1,0151	1,0324	1,0501	1,0683	1,0871	1,1065	1,1265	1,1471	1,1683	1,1903	1,2482	1,3110	1,379	1,452	1,532	
$MgCl_2$	20	1,0150	1,0315	1,0483	1,0654	1,0829	1,1008	1,1188	1,1374	1,1562	1,1757	1,2249	1,2772	1,3349			
$Mg(ClO_4)_2$	20	1,0127	1,0272	1,0420	1,0567	1,0718	1,0871	1,1030	1,1199	1,1370	1,1546	1,1990	1,2460	1,2960	1,3493	1,4075	
MgJ_2	20	1,0149	1,0321	1,0498	1,0680	1,0869	1,1065	1,1268	1,1480	1,1695	1,1920	1,2519	1,3180	1,3914	1,4730		
$Mg(NO_3)_2$	20	1,0132	1,0285	1,0441	1,0600	1,0762	1,0928	1,1098	1,1272	1,1449	1,1630	1,2096					
$MgSO_4$	20	1,0186	1,0392	1,0602	1,0816	1,1034	1,1256	1,1484	1,1717	1,1955	1,2198	1,2830					
$MnCl_2$	18	1,0153	1,0324	1,0498	1,0676	1,0859	1,1046	1,1238	1,1435	1,1638	1,1846		1,2988				
$Mn(NO_3)_2$	18	1,0140	1,0298	1,0459	1,0624	1,0794	1,0969	1,1149	1,1333	1,1522	1,1717		1,2781	1,3367	1,3993	1,5378	
$MnSO_4$	15	1,0188	1,0389	1,0595	1,0807	1,1025	1,1248	1,1478	1,1714	1,1956	1,2205		1,3565				
Na_2MoO_4	15	1,0165	1,0343	1,0526	1,0713	1,0905	1,1102	1,1304	1,1511	1,1724	1,1943						
HNO_3	20	s. S. 807															
$NH_2OH \cdot HCl$	17	1,0084	1,0167	1,0253	1,0340	1,0437					1,0888	1,1126					
NH_4Br	20	1,0096	1,0210	1,0327	1,0444	1,0567	1,0689	1,0815	1,0943	1,1077	1,1210	1,1558	1,1923	1,2315	1,2733		
NH_4CNS	18	1,0032	1,0078	1,0124	1,0170	1,0216	1,0263	1,0309	1,0356	1,0402			1,0645				1,1108
$(NH_4)_2CO_3$	20	1,0069	1,0155	1,0241	1,0326	1,0410	1,0497	1,0582	1,0667	1,0753	1,0838	1,0954					
NH_4Cl	20	1,0045	1,0107	1,0168	1,0227	1,0286	1,0344	1,0401	1,0457	1,0512	1,0567	1,0700					
NH_4ClO_4	20	1,0077	1,0173	1,0272	1,0374	1,0476	1,0579	1,0681									
NH_4F	18	1,0085	1,0178	1,0265	1,0346	1,0420	1,0487	1,0547									
NH_4J	20	1,0110	1,0240	1,0371	1,0507	1,0648	1,0789	1,0936	1,1088	1,1241	1,1398	1,1815	1,2252	1,2732	1,3255	1,3810	
NH_4NO_3	20	1,0064	1,0147	1,0230	1,0313	1,0397	1,0482	1,0567	1,0653	1,0740	1,0828	1,1052	1,1281	1,1512	1,1754	1,2004	1,2258
NH_4OH	20	0,9894	0,9810	0,9730	0,9650	0,9574	0,9500	0,9430	0,9361	0,9292	0,9226	0,9070	0,8918	0,8762	0,8606	0,8446	0,8274
$NH_4H_2PO_4$	20	1,0090	1,0205	1,0319	1,0431	1,0545	1,0660	1,0775	1,0890	1,1008	1,1125	1,1421					
$(NH_4)_2SO_4$	20	1,0101	1,0220	1,0338	1,0456	1,0574	1,0691	1,0808	1,0924	1,1039	1,1154	1,1440	1,1721	1,2000	1,2277	1,2550	1,2825
N_2H_4	15	1,0013	1,0034	1,0056	1,0077	1,0099	1,0121	1,0143	1,0164								
$N_2H_4 \cdot HCl$	20	1,0070	1,0158	1,0246	1,0334	1,0422	1,0509	1,0596	1,0683	1,0770							
Na_3AsO_4	17	1,0207	1,0431	1,0659	1,0892	1,1130	1,1373										
Na_2HAsO_4	14	1,0175	1,0355	1,0553	1,0755	1,0964	1,1180	1,1406	1,1635								
$NaBO_2$	20	1,0200	1,0421	1,0642	1,0870	1,1095											
$Na_2B_4O_7$ [1]	15																
NaBr	20	1,0139	1,0298	1,0462	1,0631	1,0803	1,0981	1,1163	1,1352	1,1545	1,1745	1,2271	1,2841	1,3462	1,4138		

$NaBrO_3$	20	1,0140	1,0302	1,0469	1,0638	1,0815	1,0995	1,1180	1,1370	1,1564	1,1765	1,2300					
$NaCNS$	20	1,0092	1,0195	1,0299	1,0404	1,0515	1,0620	1,0729	1,0839	1,0950	1,1061	1,1350	1,1649	1,1955	1,2300	1,2630	
Na_2CO_3	20	1,0190	1,0398	1,0607	1,0820	1,1035	1,1254	1,1473	1,1697	1,1922	1,2145	1,2739					
$NaHCO_3$	20	1,0129	1,0272	1,0410	1,0542	1,0665											
$NaCl$	20	1,0125	1,0268	1,0413	1,0559	1,0707	1,0857	1,1009	1,1162	1,1319	1,1478	1,1887					
$NaClO_3$	20	1,0115	1,0252	1,0390	1,0530	1,0675	1,0822	1,0972	1,1125	1,1280	1,1440	1,1859	1,2300				
$NaClO_4$	20	1,1014	1,0247	1,0381	1,0520	1,0667	1,0811	1,0962	1,1115	1,1270	1,1430	1,1850	1,2287	1,2766	1,3275	1,3820	1,4402
NaF	20	1,0194	1,0405														
NaJ	20	1,0138	1,0298	1,0463	1,0633	1,0808	1,0988	1,1174	1,1366	1,1565	1,1729	1,2314	1,2910	1,3556	1,4271	1,5065	1,5944
$NaJO_3$	20	1,0160	1,0350														
$NaNO_2$	20	1,0114	1,0247	1,0381	1,0518	1,0657	1,0796	1,0935	1,1078	1,1227	1,1373	1,1773	1,2150	1,2560	1,2985		
$NaNO_3$	20	1,0117	1,0253	1,0390	1,0530	1,0675	1,0820	1,0970	1,1120	1,1275	1,1430	1,1835	1,2256	1,2701	1,3176	1,3685	
$NaOH$	20	1,0209	1,0427	1,0646	1,0868	1,1087	1,1310	1,1530	1,1749	1,1971	1,2191	1,2736	1,3278	1,3799	1,4300	1,4778	1,5252
$NaPO_3$	20	1,0145	1,0309	1,0461	1,0615												
Na_3PO_4	15	1,0194	1,0405	1,0624	1,0850	1,1083											
Na_2HPO_4	18	1,020	1,043	1,067													
NaH_2PO_4	25	1,0120	1,0270	1,0422	1,0575	1,0730											
$Na_4P_2O_7$	20	1,019	1,037														
Na_2S	20	1,0190	1,0399	1,0600	1,0806	1,1013	1,1215	1,1419	1,1625								
Na_2SO_3	19	1,0172	1,0363	1,0556	1,0751	1,0948	1,1146	1,1346	1,1549	1,1755							
$NaHSO_3$	15	1,017	1,044	1,063	1,084	1,104	1,124	1,144	1,165	1,185	1,202						
Na_2SO_4	20	1,0164	1,0348	1,0535	1,0724	1,0915	1,1109	1,1306	1,1507	1,1710	1,1915	1,2450					
$NaHSO_4$	20	1,0138	1,0393	1,0450	1,0608	1,0772	1,0935	1,1101	1,1270	1,1439	1,1614						
$Na_2S_2O_3$	20	1,0149	1,0315	1,0481	1,0654	1,0828	1,1001	1,1180	1,1366	1,1550	1,1739	1,2228	1,2740	1,3275	1,3826		
Na_2SiO_3	18	1,0203	1,0425	1,0652	1,0884	1,1122	1,1365	1,1613	1,1866	1,2123	1,2385						
$Na_2O \cdot 1{,}69SiO_2$	20	1,017	1,036	1,056	1,077	1,098	1,119	1,141		1,186							
$Na_2O \cdot 2{,}06\ SiO_2$	20	1,016	1,035	1,054	1,073	1,093	1,113	1,134		1,178							
$Na_2O \cdot 2{,}4\ SiO_2$	20	1,016	1,034	1,052	1,071	1,090	1,110		1,151				1,309				
$Na_2O \cdot 3{,}36\ SiO_2$	20	1,014	1,030	1,047		1,083		1,120		1,159			1,290				
Na_2SnO_3	20	1,015	1,033	1,051	1,069	1,088	1,107	1,126	1,146	1,166	1,187						
Na_2WO_4	20	1,0166	1,0354	1,0546	1,0742	1,0944	1,1154	1,1372	1,1598	1,1833	1,2076		1,3444				
$NiCl_2$	18	1,018	1,038	1,058	1,079	1,100	1,122	1,144	1,167	1,191	1,216						
$Ni(NO_3)_2$	18	1,016	1,033	1,051	1,069	1,088	1,108	1,128	1,148	1,169	1,191	1,249	1,311	1,378			
$NiSO_4$	18	1,020	1,042	1,063	1,085	1,109	1,133	1,158	1,183	1,209							
H_3PO_4	20	1,0087	1,0198	1,0308	1,0419	1,0531	1,0646	1,0764	1,0884	1,1008	1,1134	1,1460	1,1806	1,2169	1,2554	1,2955	1,3377
$PbCl_2$ [2]	18																

[1] 15° 0,5% 1,0042 g/cm³; 1,0% 1,0084 g/cm³; 1,5% 1,0131 g/cm³; 2,0% 1,0179 g/cm³; 2,5% 1,0226 g/cm³; 3,0% 1,0274 g/cm³; 3,5% 1,0321 g/cm³.

[2] 18° 0,1% 0,99954 g/cm³; 0,2% 1,00046 g/cm³; 0,3% 1,00138 g/cm³; 0,4% 1,00230 g/cm³; 0,5% 1,00320 g/cm³; 0,6% 1,00414 g/cm³; 0,7% 1,00506 g/cm³; 0,8% 1,00598 g/cm³; 0,9% 1,00690 g/cm³.

Verbindung	ϑ °C	Dichte D_ϑ gcm^{-3} bei der Konzentration in Gew.%															
		2	4	6	8	10	12	14	16	18	20	25	30	35	40	45	50
$Pb(NO_3)_2$	18	1,0163	1,0344	1,0529	1,0720	1,0918	1,1123	1,1336	1,1557	1,1789	1,2030		1,3289				
$PtCl_4$	20	1,017	1,035	1,054	1,074	1,095	1,117	1,139	1,162	1,186	1,212	1,283	1,360	1,448	1,543	1,663	1,782
RbBr	20	1,0136	1,0296	1,0460	1,0630	1,0804	1,0984	1,1168	1,1359	1,1550	1,1748	1,2290	1,2880	1,3520	1,4226	1,5000	1,5863
RbCl	20	1,0130	1,0283	1,0439	1,0600	1,0762	1,0934	1,1102	1,1280	1,1460	1,1641	1,2140	1,2663	1,3235	1,3842	1,4521	1,5251
RbF	20	1,0159	1,0340	1,0525	1,0716	1,0913	1,1116	1,1328	1,1546	1,1772	1,2001	1,2607	1,3273	1,3991	1,4790		
RbJ	20	1,0137	1,0298	1,0460	1,0630	1,0804	1,0986	1,1168	1,1367	1,1560	1,1762	1,2312	1,2910	1,3561	1,4280	1,5080	1,5964
$RbNO_3$	20	1,0126	1,0275	1,0422	1,0577	1,0734	1,0897	1,1060	1,1227	1,1401	1,1580	1,2052	1,2550	1,3100			
RbOH	20	1,0170	1,0363	1,0563	1,0770	1,0980	1,1199	1,1422	1,1655	1,1897	1,2143	1,2795					
Rb_2SO_4	20	1,0142	1,0319	1,0499	1,0680	1,0863	1,1055	1,1246	1,1446	1,1650	1,1860	1,2428	1,3028				
H_2SO_3	15,5	1,002562	1,005124	1,007686	1,010248	1,01281											
H_2SO_4	20	1,0117	1,0250	1,0384	1,0523	1,0661	1,0802	1,0946	1,1094	1,1244	1,1396	1,1783	1,2185	1,2600	1,3027	1,3476	1,3953
$H_2S_2O_8$	14	1,011	1,022	1,034	1,046	1,059	1,072	1,085	1,099	1,113	1,127		1,205	1,245			
H_2SeO_4	20	1,0135	1,0291	1,0448	1,0607	1,0769	1,0932	1,1101	1,1279	1,1456	1,1640	1,2129	1,2653	1,3212	1,3819	1,4470	1,5181
H_2SiF_6	17,5	1,015	1,031	1,048	1,065	1,082	1,100	1,117	1,136	1,154	1,173						
$SnCl_2$	15	1,0146	1,0306	1,0470	1,0638	1,0810	1,0986	1,1167	1,1353	1,1545	1,1743			1,3461	1,4145		1,5729
$SnCl_4$	18	1,0145	1,0306	1,0469	1,0634	1,0802	1,0974	1,1150	1,1331	1,1516	1,1706						
$SrBr_2$	20	1,0160	1,0338	1,0521	1,0711	1,0910	1,1109	1,1318	1,1534	1,1760	1,1996	1,2604	1,3305				
$SrCl_2$	20	1,0161	1,0344	1,0532	1,0726	1,0925	1,1130	1,1341	1,1558	1,1781	1,2010	1,260	1,325	1,396			
$Sr(ClO_4)_2$	20	1,0150	1,0308	1,0460	1,0621	1,0790	1,0961	1,1139	1,1317	1,1502	1,1691	1,2201	1,2762	1,3348	1,3990	1,4675	1,5428
SrJ_2	20	1,0156	1,0330	1,0512	1,0701	1,0896	1,1100	1,1310	1,1528	1,1750	1,1983	1,2604	1,3300	1,4056	1,4900	1,5840	
$Sr(NO_3)_2$	20	1,015	1,031	1,048	1,065	1,083	1,101	1,119	1,138	1,158	1,179	1,233	1,290	1,352	1,419		
$Sr(OH)_2$ [1]	25																
$Th(NO_3)_4$	15	1,0169	1,0354	1,0546	1,0747	1,0957	1,1176	1,1404	1,1640	1,1885							
$Tl(NO_3)_3$	25	1,0142	1,0319	1,0501													
Tl_2SO_4	20	1,0170	1,0360														
$UO_2(NO_3)_2$	25	1,0104	1,0242	1,039	1,055	1,072	1,091	1,111	1,132	1,154	1,177		1,304				1,630
$ZnCl_2$	20	1,0167	1,0350	1,0532	1,0715	1,0899	1,1085	1,1275	1,1468	1,1665	1,1866	1,2380	1,2928		1,4173		1,5681
$Zn(NO_3)_2$	18	1,0154	1,0322	1,0496	1,0675	1,0859	1,1048	1,1244	1,1445	1,1652	1,1865	1,2427	1,3029	1,3678	1,4378		1,5944
$ZnSO_4$	20	1,0190	1,0403	1,0620	1,0842	1,1071	1,1308	1,1553	1,1806		1,232	1,304	1,378				

[1] 25° 0,1% 1,0004 g/cm³; 0,2% 1,0018 g/cm³; 0,3% 1,0032 g/cm³.

32213. Temperatur des Dichtemaximums wäßriger Lösungen anorganischer Stoffe

Gel. Stoff	Gew.%	°C
$Al(NO_3)_3$	0,551	3,56
	1,940	0,73
$Al_2(SO_4)_3$	0,418	3,52
	1,899	1,02
$BaCl_2$	0,67	3,21
	4,00	−0,84
$Ba(NO_3)_2$	0,567	3,20
	1,165	2,47
	2,440	0,95
$Be(NO_3)_2$	0,484	3,33
	2,022	1,32
$BeSO_4$	0,680	3,07
	1,375	2,19
$CaCl_2$	1,23	2,05
	3,57	−2,43
	6,89	−10,4
$Ca(NO_3)_2$	0,431	3,19
	1,787	0,70
$CaSO_4$	0,185	3,63
$CdCl_2$	1,873	2,27
	3,884	0,39
$Cd(NO_3)_2$	0,303	3,63
	2,606	1,07
$CdSO_4$	0,604	3,37
	2,558	1,39
HCl	1,49	1,19
	3,29	−2,26
	5,87	−10,6
	6,77	−14,5
	9,82	−16,3
$CoCl_2$	0,883	2,87
	1,859	0,28
$CoSO_4$	0,181	3,70
	1,823	1,43
CsCl	2,000	2,54
	4,044	0,98
$CsNO_3$	0,796	3,25
	2,993	1,18
Cs_2SO_4	0,416	3,60
	1,704	2,49
$CuCl_2$	1,032	2,63
	2,149	1,06
$Cu(NO_3)_2$	0,163	3,55
	2,365	0,29
$CuSO_4$	0,389	3,37
	1,915	1,11
K_2CO_3	3,57	−3,95
	6,89	−12,4
KCl	0,74	2,65
	1,46	1,33
KJ	3,22	1,01
KNO_3	0,16	3,77
	1,29	1,89
KOH	3,57	−5,6
K_2SO_4	0,62	2,92
	3,57	−2,28
	6,89	−8,4
$LiNO_3$	0,400	3,25
	0,812	2,52
	1,650	0,87
Li_2SO_4	0,194	3,61
	0,405	3,23
	0,826	2,52
	1,685	1,00
$MgCl_2$	1,100	2,39
	2,330	0,58
$Mg(NO_3)_2$	0,412	3,24
	1,741	0,90
$MgSO_4$	0,227	3,59
	1,745	1,15
$MnCl_2$	1,114	2,71
	2,279	1,33
$Mn(NO_3)_2$	0,494	3,23
	2,069	0,81
$MnSO_4$	0,453	3,32
	1,896	1,42
NH_3	2,12	0,8
	5,61	−7,2
	7,96	−10,5
NH_4Cl	1,23	2,28
	2,45	0,60
NH_4NO_3	0,458	3,19
	2,017	0,56
$(NH_4)_2SO_4$	0,240	3,56
	1,597	1,36
Na_2CO_3	3,57	−7,0
	6,89	−17,3
NaCl	0,5	2,91
	2	−0,61
	3	−3,33
	4	−5,72
	6	−11,16
	7	−13,78
$NaNO_3$	0,14	3,77
	0,54	2,83
	1,09	1,69
Na_2SO_4	0,62	2,52
	2,43	−1,51
	3,57	−4,33
	6,89	−12,3
$NiCl_2$	0,508	3,32
	2,104	1,27

Gel. Stoff	Gew.%	°C	Gel. Stoff	Gew.%	°C
$Ni(NO_3)_2$	0,182	3,68		2,45	−1,92
	1,593	1,47		3,57	−5,0
$NiSO_4$	0,189	3,68		6,89	−13,7
	1,667	1,60	$SrCl_2$	0,870	2,79
$Pb(NO_3)_2$	0,32	3,73		2,240	0,84
	1,29	3,07	SrJ_2	0,88	3,23
	5,16	0,25	$Sr(NO_3)_2$	0,34	3,50
$PtCl_4$	1,29	3,33		2,70	0,03
$RbNO_3$	0,650	3,19	Tl_2SO_4	0,478	3,68
	2,721	0,63		2,677	2,43
Rb_2SO_4	0,591	3,31	$Zn(NO_3)_2$	0,203	3,67
	2,468	1,24		1,858	1,17
H_2SO_4	0,62	2,18	$ZnSO_4$	0,205	3,68
	1,23	0,60		2,383	0,64

32214. Dichte wäßriger Lösungen anorganischer Stoffe (geordnet nach Dichten)

Z.T. = Zimmertemperatur, ges. = gesättigt, ges. Al. = gesättigte Lösung in absolutem Alkohol, wf. = wasserfreie Substanz.

Formel	°C	Gew.%	D_ϑ	Formel	°C	Gew.%	D_ϑ
$Nd(NO_3)_3$	25,8	60,1	1,7986	H_2SeO_4	20	90	2,386
CaJ_2	20	29,48	1,864		20	80	2,122
$CdCl_2$	Z.T.	60	1,89		20	70	1,887
NaJ	25	39,24	1,9190	ZnJ_2	Z.T.	76	2,40
MgJ_2	Z.T.	60	1,92	$PbSiF_6+4\,H_2O$	20	81,90	2,4314
$CsCl$	Z.T.	65,46	1,93	As_2O_5	Z.T.	77	2,45
HJ	Z.T.	67	1,94	HJO_3	18	74,56	2,471
$SnCl_2$	Z.T.	67	1,95	$Pb(ClO_4)_2$	Z.T.	78	2,6
$ZnCl_2$	Z.T.	72	1,95	AgF	18	66,2	2,62
NaJ	35	66,4	1,951	$ZnBr_2$	25	84	2,65
	0	61,5	1,861		25	77,5	2,39
CaJ_2	Z.T.	62	1,96		25	71	2,17
$FeCl_3$	Z.T.	79	1,98	$ZnBr_2+2\,H_2O$	18	81,5 wf.	2,660
$UO_2(NO_3)_2$	Z.T.	63	2,03	$ZnJ_2+2\,H_2O$	18	81,2 wf.	2,725
$CsCl$	100	72,5	2,037	ZnJ_2	25	81,5	2,73
	100	67,2	1,893		25	74	2,36
BaJ_2	Z.T.	63	2,05		25	68,5	2,16
$ZnCl_2$	25	75	2,07	$UO_2Cl_2+3\,H_2O$	18	88,2 wf.	2,740
$Cr(ClO_4)_3$	25	75,59	2,0837	$Pb(ClO_4)_2$	25	ges.	2,7753
$ZnBr_2$	Z.T.	68	2,10	$AgClO_4$	25	84,5	2,806
J_2O_5	Z.T.	65	2,13	$AgNO_3$	100	90,4	3,195
SrJ_2	Z.T.	65	2,15		100	81,7	2,657
$HReO_4$	17	65,1	2,15		100	77,1	2,525
BaJ_2	25	68,8	2,277		100	69,1	2,125
	20	67,2	2,222		100	51,2	1,622
	15	65,8	2,176		100	44,9	1,495
	10	64,8	2,149		100	33,2	1,310
$Cd(ClO_3)_2$	18	82,30	2,284		100	22,6	1,170
$AgNO_3$	30	ges.	2,3803		100	16,2	1,098

Formel	°C	Gew. %	D_ϑ	Formel	°C	Gew. %	D_ϑ
H_2WO_4(Kolloid)	25	79,86	3,243	$AgTl(NO_3)_2$	90	83,36	2,960
$TiBr_4$	20	ges. Al.	3,25	(Fortsetzung)	90	80	2,921
$SnBr_2$	29	ges.	3,32		90	75	2,702
$AgTl(NO_3)_2$	90	99,1	4,525		90	70	2,431
	90	97,82	4,390		90	65	2,210
	90	92,18	4,292		90	60	2,030
	90	89,1	3,651		90	45,4	1,873
	90	83,87	3,368		90	40	1,540

3222. Litergewicht gl^{-1} wäßriger Lösungen anorganischer Stoffe, ternäre Systeme

J_2 in KJ-Lösung (7,9°) Die Lösungen sind an Jod gesättigt			KCl in KOH-Lösung (20°) Die Lösungen sind an KCl gesättigt			NaCl in NaOH-Lösung (20°) Die Lösungen sind an NaCl gesättigt		
Gew.% KJ	Gew.% J_2	gl^{-1}	$\frac{g\,KOH}{l}$	$\frac{g\,KCl}{l}$	gl^{-1}	$\frac{g\,NaOH}{l}$	$\frac{g\,NaCl}{l}$	gl^{-1}
1,80	1,17	1023,3	10	293	1185	10	308	1200
3,16	2,30	1043,2	50	255	1195	50	297	1230
4,63	3,64	1066,7	100	211	1210	100	253	1250
5,94	4,78	1088,0	150	178	1225	150	213	1270
7,20	6,04	1111,1	200	148	1245	200	173	1290
8,66	7,37	1138,1	250	124	1270	250	139	1305
10,04	8,88	1163,6	300	104	1295	300	112	1330
11,03	9,95	1189,2	350	85	1320	350	85	1350
11,89	11,18	1210,9	400	68	1345	400	61	1375
12,64	12,06	1229,2	450	53	1370	450	42	1400
			500	40	1397	500	30	1425
			550	29	1425	550	26	1450
			600	22	1450	600	22	1470
			650	16	1475	640	18	1490
			700	14	1500			
			750	13	1525			
			800	11	1550			
			850	9	1580			

3223. Dichte von Meerwasser in Abhängigkeit von Salzgehalt (S) bzw. Chlorgehalt (Cl) und Temperatur des Dichtemaximums

S°/₀₀	Cl°/₀₀	Dichte in gcm^{-3} des Meerwassers bei ϑ in °C				$\vartheta\ D_{max}$ °C	D gcm^{-3}
		0°	10°	20°	25°		
5	2,76	1,00397	1,00367	1,00207	1,00088		
10	5,53	1,00801	1,00756	1,00586	1,00463	1,86	1,00818
15	8,30	1,01204	1,01443	1,009643	1,00837		
20	11,07	1,01607	1,01532	1,013422	1,01212	−0,31	1,01607
25	13,84	1,02008	1,01920	1,01720	1,01586		
30	16,61	1,02410	1,02308	1,02099	1,01961	−2,47	1,02415
35	19,37	1,02813	1,02698	1,02478	1,02337		
40	22,14	1,03218	1,03089	1,02860	1,02714	−4,54	1,03232

3224. Dichte wäßriger Lösungen organischer Verbindungen

32241. *Ausführliche Dichtetabellen Methanol, Äthanol, Propanol-(1), Propanol-(2), Glycerin, Glucose, Saccharose, Ameisensäure, Essigsäure und Aceton*

a) CH_4O-H_2O, Methanol—Wasser, Dichte *D* bei 15°

Gew.% CH_4O	Vol.%	*D* gcm^{-3}	Vol.%	*D* gcm^{-3}	Vol.%	*D* gcm^{-3}	Vol.%	*D* gcm^{-3}	Vol.%	*D* gcm^{-3}
	Einer									
Zehner	0		2		4		6		8	
0			2,50	0,99543	4,99	0,99198	7,45	0,98864	9,91	0,98547
10	12,35	0,98241	14,77	0,97945	17,18	0,97660	19,58	0,97377	21,96	0,97096
20	24,33	0,96814	26,69	0,96533	29,03	0,96251	31,35	0,95963	33,66	0,95668
30	35,95	0,95366	38,22	0,95056	40,48	0,94734	42,71	0,94404	44,92	0,94067
40	47,11	0,93720	49,28	0,93365	51,42	0,93001	53,54	0,92627	55,64	0,92242
50	57,71	0,91852	59,76	0,91451	61,78	0,91044	63,78	0,90631	65,75	0,90210
60	67,69	0,89781	69,61	0,89341	71,49	0,88890	73,34	0,88433	75,17	0,87971
70	76,98	0,87507	78,75	0,87033	80,48	0,86546	82,18	0,86051	83,86	0,85551
80	85,50	0,85048	87,11	0,84536	88,68	0,84009	90,21	0,83475	91,72	0,82937
90	93,19	0,82396	94,63	0,81849	96,02	0,81285	97,37	0,80713	98,70	0,80143
100	100,00	0,79577								

b) $C_2H_6O-H_2O$, Äthanol—Wasser, Dichte in Abhängigkeit von Temperatur und Konzentration

Gew.% C_2H_6O	Dichte in gcm^{-3} bei ϑ														
	0 °C	5° C	10° C	15° C	20° C	25° C	30° C	35° C	40° C	50° C	60° C	70° C	80° C	90° C	100 °C
2	0,9959	0,9960	0,9959	0,9952	0,9943	0,9932	0,9919	0,9901	0,9884	0,9842	0,9792	0,9738	0,9679	0,9612	0,9543
5	0,9914	0,9914	0,9910	0,9902	0,9894	0,9882	0,9867	0,9850	0,9831	0,9789	0,9738	0,9681	0,9620	0,9551	0,9480
10	0,9849	0,9847	0,9839	0,9830	0,9818	0,9803	0,9786	0,9768	0,9746	0,9698	0,9641	0,9581	0,9515	0,9443	0,9369
15	0,9800	0,9792	0,9781	0,9769	0,9752	0,9733	0,9712	0,9691	0,9668	0,9614	0,9555	0,9490	0,9420	0,9344	0,9265
20	0,9757	0,9742	0,9726	0,9708	0,9687	0,9665	0,9640	0,9615	0,9588	0,9529	0,9463	0,9395	0,9321	0,9242	0,9160
25	0,9711	0,9690	0,9669	0,9644	0,9620	0,9591	0,9563	0,9535	0,9503	0,9439	0,9370	0,9297	0,9220	0,9137	0,9050
30	0,9653	0,9627	0,9599	0,9570	0,9540	0,9508	0,9476	0,9442	0,9409	0,9337	0,9262	0,9184	0,9102	0,9020	0,8936
35	0,9578	0,9548	0,9516	0,9483	0,9450	0,9417	0,9380	0,9342	0,9305	0,9229	0,9150	0,9070	0,8989	0,8905	0,8820
40	0,9494	0,9461	0,9426	0,9389	0,9351	0,9315	0,9278	0,9239	0,9200	0,9120	0,9038	0,8954	0,8870	0,8786	0,8700
45	0,9398	0,9361	0,9326	0,9287	0,9249	0,9210	0,9170	0,9130	0,9089	0,9007	0,8923	0,8839	0,8753	0,8666	0,8580
50	0,9295	0,9259	0,9220	0,9180	0,9139	0,9099	0,9057	0,9015	0,8974	0,8890	0,8804	0,8717	0,8630	0,8543	0,8460
55	0,9184	0,9146	0,9108	0,9067	0,9027	0,8986	0,8945	0,8902	0,8861	0,8777	0,8690	0,8602	0,8514	0,8423	0,8335
60	0,9073	0,9032	0,8992	0,8951	0,8911	0,8869	0,8827	0,8784	0,8740	0,8651	0,8563	0,8477	0,8389	0,8299	0,8209
65	0,8958	0,8917	0,8878	0,8835	0,8794	0,8751	0,8710	0,8667	0,8624	0,8538	0,8449	0,8359	0,8269	0,8178	0,8084
70	0,8842	0,8801	0,8760	0,8718	0,8676	0,8632	0,8590	0,8546	0,8500	0,8411	0,8321	0,8231	0,8140	0,8048	0,7954
75	0,8724	0,8683	0,8641	0,8599	0,8555	0,8511	0,8468	0,8423	0,8380	0,8290	0,8199	0,8105	0,8012	0,7918	0,7825
80	0,8604	0,8561	0,8520	0,8477	0,8433	0,8390	0,8347	0,8301	0,8257	0,8167	0,8074	0,7979	0,7885	0,7790	0,7695
85	0,8479	0,8437	0,8395	0,8351	0,8309	0,8264	0,8220	0,8175	0,8131	0,8041	0,7949	0,7855	0,7760	0,7665	0,7565
90	0,8347	0,8306	0,8265	0,8221	0,8179	0,8136	0,8091	0,8046	0,8000	0,7908	0,7814	0,7720	0,7624	0,7529	0,7430
95	0,8213	0,8172	0,8131	0,8087	0,8043	0,8000	0,7953	0,7909	0,7864	0,7771	0,7678	0,7584	0,7490	0,7395	0,7294
100	0,8063	0,8020	0,7979	0,7935	0,7892	0,7849	0,7803	0,7759	0,7715	0,7625	0,7535	0,7439	0,7347	0,7250	0,7156

Gew.% Äthanol in Abhängigkeit von der Temperatur bezogen auf 15° C[1]

Wird mit einer auf 15° C geeichten Weingeistspindel ein Alkoholgehalt von *a* Gew.% bei einer der in den Spalten 2...6 angegebenen Temperaturen abgelesen, so gibt die Zahl in der 1. Spalte, die in gleicher Zeile steht, den wahren Gew.%-Gehalt an. (Wahre und scheinbare Stärke.)

1	2	3	4	5	6	1	2	3	4	5	6
Gew.% bei 15°	5° C	10° C	20° C	25° C	30° C	Gew.% bei 15° C	5° C	10° C	20° C	25° C	30° C
10	11	10,5	9,5	8,5	8	86	89,2	87,6	84,4	82,6	80,8
15	17	16	14	13	12	88	91,2	89,6	86,4	84,6	83,0
20	23	21,5	18,5	17	16	90	93,0	91,5	88,4	86,8	85,0
30	33,5	32	28	26,5	24,5	91	94,0	92,5	89,4	87,8	86,0
40	43,5	41,5	38	36,5	34,5	92	95,0	93,5	90,4	88,8	87,2
50	53,5	51,5	48,5	46,5	45	93	95,9	94,5	91,5	89,8	88,2
60	63,5	61,5	58,5	56,5	55	94	96,9	95,5	92,5	90,9	89,2
65	68,4	66,8	63,5	61,5	59,5	95	97,8	96,4	93,5	92,0	90,3
70	73,4	71,8	68,2	66,4	64,5	96	98,7	97,4	94,5	93,0	91,4
75	78,4	76,8	73,2	71,4	69,8	97	99,7	98,4	95,6	94,1	92,5
80	83,4	81,8	78,2	76,6	74,8	98		99,3	96,6	95,1	93,6
82	85,4	83,8	80,2	78,6	76,8	99			97,6	96,2	94,7
84	87,2	85,6	82,4	80,6	78,7	100			98,7	97,3	95,8

$C_2H_6O - H_2O$[2], Gew.% zu Vol.%

Gew.% C_2H_6O	Vol.% C_2H_6O bei 15° C	Gew.% C_2H_6O	Vol.% C_2H_6O bei 15° C	Gew.% C_2H_6O	Vol.% C_2H_6O bei 15° C
1	1,2	46	53,7	78	83,8
2	2,5	48	55,8	79	84,7
4	5,0	50	57,8	80	85,5
6	7,5	52	59,9	81	86,3
8	9,9	54	61,9	82	87,1
10	12,4	56	63,8	83	87,9
12	14,8	58	65,8	84	88,7
14	17,3	60	67,7	85	89,5
16	19,7	62	69,6	86	90,3
18	22,1	64	71,5	87	91,0
20	24,5	65	72,4	88	91,8
22	26,8	66	73,3	89	92,5
24	29,2	67	74,2	90	93,3
26	31,5	68	75,1	91	94,0
28	33,9	69	76,0	92	94,7
30	36,2	70	76,9	93	95,4
32	38,5	71	77,8	94	96,1
34	40,7	72	78,7	95	96,8
36	42,9	73	79,6	96	97,5
38	45,2	74	80,4	97	98,1
40	47,3	75	81,3	98	98,8
42	49,5	76	82,1	99	99,4
44	51,6	77	83,0	100	100,0

[1] Auszug aus Tafel 1, S. 5, der Tafeln für die amtliche Weingeistermittlung Berlin 1954

[2] Auszug aus der Tafel 1b, S. 109, der Tafel für die amtliche Weingeistermittlung Berlin 1954.

c) $C_3H_8O-H_2O$, Propanol-(1)—Wasser

Gew.% C_3H_8O	Dichte in gcm^{-3} bei					
	0° C	10° C	20° C	25° C	30° C	40° C
5	0,9925	0,9922	0,9904	0,9892	0,9877	0,9842
10	0,9874	0,9863	0,9840	0,9824	0,9806	0,9764
15	0,9832	0,9810	0,9774	0,9753	0,9730	0,9680
20	0,9788	0,9747	0,9699	0,9672	0,9644	0,9585
25	0,9717	0,9662	0,9605	0,9575	0,9545	0,9483
30	0,9626	0,9565	0,9502	0,9471	0,9440	0,9377
35	0,9530	0,9470	0,9402	0,9369	0,9333	0,9260
40	0,9430	0,9366	0,9297	0,9261	0,9227	0,9155
45	0,9332	0,9265	0,9196	0,9160	0,9123	0,9050
50	0,9231	0,9160	0,9088	0,9051	0,9014	0,8940
55	0,9131	0,9059	0,8985	0,8947	0,8910	0,8834
60	0,9032	0,8958	0,8882	0,8843	0,8806	0,8728
65	0,8933	0,8859	0,8780	0,8740	0,8701	0,8620
70	0,8833	0,8759	0,8680	0,8640	0,8600	0,8518
75	0,8734	0,8659	0,8579	0,8538	0,8498	0,8415
80	0,8633	0,8554	0,8474	0,8433	0,8391	0,8310
85	0,8533	0,8455	0,8372	0,8330	0,8288	0,8200
90	0,8429	0,8349	0,8268	0,8226	0,8183	0,8100
95	0,8320	0,8240	0,8159	0,8117	0,8073	0,7989
100	0,8192	0,8115	0,8035	0,7996	0,7953	0,7872

d) C_3H_8O, Propanol-(2)—Wasser

Gew.% C_3H_8O	Dichte in gcm^{-3} bei					
	0° C	10° C	20° C	25° C	30° C	40° C
5	0,9916	0,9910	0,9894	0,9882	0,9869	0,9837
10	0,9855	0,9844	0,9823	0,9809	0,9792	0,9755
15	0,9814	0,9793	0,9760	0,9740	0,9719	0,9669
20	0,9776	0,9740	0,9697	0,9671	0,9644	0,9585
25	0,9727	0,9672	0,9614	0,9582	0,9550	0,9480
30	0,9651	0,9587	0,9517	0,9480	0,9445	0,9373
35	0,9557	0,9486	0,9410	0,9370	0,9330	0,9251
40	0,9450	0,9375	0,9298	0,9260	0,9220	0,9145
45	0,9338	0,9260	0,9183	0,9145	0,9105	0,9027
50	0,9224	0,9149	0,9070	0,9028	0,8987	0,8905
55	0,9110	0,9031	0,8951	0,8912	0,8871	0,8790
60	0,8992	0,8918	0,8836	0,8795	0,8753	0,8670
65	0,8879	0,8800	0,8715	0,8671	0,8629	0,8540
70	0,8760	0,8679	0,8597	0,8552	0,8510	0,8425
75	0,8643	0,8561	0,8478	0,8435	0,8391	0,8306
80	0,8528	0,8445	0,8360	0,8317	0,8272	0,8184
85	0,8408	0,8325	0,8239	0,8193	0,8150	0,8060
90	0,8287	0,8203	0,8117	0,8071	0,8029	0,7939
95	0,8160	0,8076	0,7990	0,7946	0,7901	0,7814
100	0,8016	0,7937	0,7853	0,7811	0,7770	0,7686

e) $C_3H_5(OH)_3-H_2O$, Glycerin—Wasser

Gew.% $C_3H_8O_3$	Dichte in gcm^{-3} bei						
	0° C	10° C	20° C	25° C	30° C	40° C	60° C
5	1,0126	1,0119	1,0103	1,0091	1,0077	1,0042	0,9952
10	1,0252	1,0241	1,0219	1,0207	1,0191	1,0156	1,0068
15	1,0390	1,0371	1,0346	1,0330	1,0312	1,0274	1,0180
20	1,0520	1,0408	1,0469	1,0451	1,0434	1,0393	1,0301
25	1,0653	1,0629	1,0597	1,0579	1,0559	1,0519	1,0425
30	1,0786	1,0760	1,0727	1,0707	1,0688	1,0643	1,0542
35	1,0927	1,0896	1,0858	1,0837	1,0815	1,0770	1,0671
40	1,1080	1,1034	1,0994	1,0972	1,0950	1,0902	1,0794
45	1,1215	1,1173	1,1128	1,1105	1,1081	1,1031	1,0926
50	1,1357	1,1311	1,1262	1,1237	1,1211	1,1160	1,1154
55	1,1498	1,1452	1,1402	1,1375	1,1348	1,1293	1,1184
60	1,1640	1,1590	1,1538	1,1511	1,1483	1,1426	1,1312
65	1,1784	1,1731	1,1676	1,1648	1,1619	1,1561	1,1444
70	—	1,1869	1,1813	1,1783	1,1756	1,1698	1,1583
75	—	—	—	—	1,1899	1,1830	1,1712

f) $C_6H_{12}O_6-H_2O$, Glucose—Wasser, bei 20° C

Gew.% $C_6H_{12}O_6$	$g\,l^{-1}$	$\frac{g\ C_6H_{12}O_6}{1\ H_2O}$	$\frac{Mol}{1\ H_2O}$
2	1005,8	20,116	0,1117
4	1013,8	40,552	0,2251
6	1021,6	61,296	0,3402
8	1029,6	82,368	0,4572
10	1037,7	103,770	0,5760
12	1046,0	125,520	0,6967
14	1054,2	147,588	0,8192
16	1062,6	170,016	0,9437
18	1071,2	192,816	1,0703
20	1079,8	215,960	1,1987
22	1088,6	239,492	1,3294
24	1097,4	263,376	1,4619
26	1106,4	287,664	1,5967
28	1115,5	312,340	1,7337
30	1124,7	337,410	1,8729

g) $C_{12}H_{22}O_{11}-H_2O$; Saccharose—Wasser

Gew.% $C_{12}H_{22}O_{11}$	Dichte in gcm^{-3} bei								
	0° C	10° C	20° C	25° C	30° C	40° C	60° C	80° C	100° C
2	1,0080	1,0077	1,0060	1,0049	1,0034	0,9990	0,9907	0,9789	0,9650
5	1,0203	1,0197	1,0179	1,0177	1,0150	1,0118	1,0022	0,9904	0,9770
10	1,0414	1,0403	1,0381	1,0369	1,0353	1,0318	1,0220	1,0105	0,9964
15	1,0630	1,0617	1,0592	1,0579	1,0561	1,0522	1,0421	1,0300	1,0164
20	1,0855	1,0837	1,0810	1,0795	1,0778	1,0738	1,0634	1,0513	1,0380
25	1,1087	1,1066	1,1036	1,1020	1,1000	1,0959	1,0856	1,0740	1,0615
30	1,1327	1,1302	1,1271	1,1252	1,1232	1,1188	1,1085	1,0969	1,0836
35	1,1577	1,1547	1,1512	1,1493	1,1471	1,1426	1,1323	1,1204	1,1076
40	1,1834	1,1803	1,1765	1,1744	1,1722	1,1675	1,1569	1,1456	1,1330
45	—	—	—	—	—	—	1,1826	1,1714	1,1590

Gelegentlich mißt man Dichten von Flüssigkeiten (Lösungen) mit Aräometern, die in Baumé-Graden geeicht sind. Der Zusammenhang zwischen Baumégrad (rationell) n und Dichte D bei 15° C wird gegeben durch $D = \frac{144,30}{144,30 - n}$ für $D > 1$ bzw. $D = \frac{144,30}{144,30 + n}$ für $D < 1$.

h) $HCOOH - H_2O$, Ameisensäure — Wasser

Gew.% HCOOH	Dichte in gcm^{-3} bei					
	0° C	10° C	20° C	25° C	30° C	40° C
2	1,0059	1,0053	1,0034	1,0021	1,0005	0,9966
5	1,0150	1,0137	1,0111	1,0095	1,0076	1,0031
10	1,0294	1,0270	1,0237	1,0219	1,0199	1,0152
20	1,0571	1,0528	1,0480	1,0453	1,0429	1,0372
30	1,0840	1,0780	1,0720	1,0688	1,0656	1,0590
40	1,1094	1,1023	1,0950	1,0912	1,0875	1,0799

i) $CH_3COOH - H_2O$, Essigsäure — Wasser

Gew.% CH_3COOH	Dichte in gcm^{-3} bei							
	0° C	10° C	20° C	25° C	30° C	40° C	50° C	60° C
2	1,0033	1,0029	1,0011	0,9999	0,9982	0,9946	0,9901	0,9850
10	1,0177	1,0156	1,0125	1,0108	1,0089	1,0042	0,9991	0,9935
20	1,0342	1,0303	1,0260	1,0235	1,0210	1,0155	1,0098	1,0035
30	1,0492	1,0440	1,0381	1,0350	1,0320	1,0253	1,0184	1,0111
40	1,0621	1,0559	1,0488	1,0450	1,0411	1,0336	1,0260	1,0180
50	1,0729	1,0655	1,0577	1,0537	1,0495	1,0408	1,0318	1,0225
60	1,0811	1,0729	1,0641	1,0600	1,0555	1,0465	1,0375	1,0281
70	1,0870	1,0779	1,0685	1,0639	1,0590	1,0492	1,0396	1,0299
80	1,0897	1,0800	1,0700	1,0650	1,0600	1,0497	1,0390	1,0286
90	1,0863	1,0763	1,0660	1,0608	1,0555	1,0447	1,0339	1,0229

k) $CH_3COCH_3 - H_2O$, Aceton — Wasser

Gew.% CH_3COCH_3	Dichte in gcm^{-3} bei						
	0° C	10° C	20° C	30° C	40° C	50° C	60° C
10	0,9901	0,9880	0,9851	0,9813	0,9766	0,9715	0,9660
20	0,9809	0,9770	0,9722	0,9669	0,9610	0,9543	0,9474
30	0,9702	0,9646	0,9582	0,9518	0,9442	0,9368	0,9291
40	0,9561	0,9490	0,9413	0,9331	0,9245	0,9157	0,9070
50	0,9382	0,9300	0,9213	0,9121	0,9033	0,8940	0,8844
60	0,9155	0,9079	0,8994	0,8897	0,8799	0,8692	0,8587
70	0,8957	0,8860	0,8761	0,8660	0,8553	0,8442	0,8332
80	0,8704	0,8607	0,8501	0,8398	0,8282	0,8170	0,8058
90	0,8433	0,8330	0,8220	0,8101	0,7990		
100	0,8123	0,8018	0,7905	0,7797	0,7722		

32242. Dichte wäßriger Lösungen von

Name	°C	1	2	4	6	8
Ameisensäure		s. S. 823				
$(CHO_2)_2Ca$	18	1,0056	1,0126	1,0268	1,0413	1,0560
$(CHO_2)NH_4$	15	1,0019	1,0046	1,0101	1,0155	1,0209
CHO_2Na	18	1,0049	1,0112	1,0239	1,0368	1,0498
Oxalsäure	17,5	1,0035	1,0082	1,0181	1,0278	1,0375
$C_2O_4K_2$	18	1,0061	1,0136	1,0288	1,0441	1,0596
C_2HO_4K	17,5	1,0050	1,0112	1,0235		
$C_2O_4(NH_4)_2$	15	1,0035	1,0085	1,0186	1,0292	
Essigsäure		s. S. 823				
$(C_2H_3O_2)_2Ba$	18	1,0059	1,0133	1,0282	1,0433	1,0587
$(C_2H_3O_2)_2Ca$	18	1,0043	1,0100	1,0215	1,0331	1,0447
$C_2H_3O_2K$	18	1,0038	1,0089	1,0191	1,0293	1,0395
$C_2H_3O_2NH_4$	18	1,0008	1,0030	1,0074	1,0117	1,0159
$C_2H_3O_2Na$	20	1,0033	1,0084	1,0186	1,0289	1,0392
$(C_2H_3O_2)_2Pb$	18	1,0061	1,0137	1,0290	1,0446	1,0605
$(C_2H_3O_2)_2UO_2$	20	1,0055	1,0129	1,0278		
Äthylaminchlorhydrat $C_2H_7N \cdot HCl$	20	0,9992	1,0003	1,0027	1,0050	1,0073
Dimethylaminchlorhydrat $C_2H_7N \cdot HCl$	20	0,9992	1,0003	1,0024	1,0045	1,0065
Milchsaures Na $C_3H_5O_3Na$	25	1,0022	1,0072	1,0173	1,0275	1,0377
Glycerin $C_3H_8O_3$	20	1,0006	1,0030	1,0077	1,0125	1,0173
K-tartrat $C_4H_4O_6K_2$	20	1,0048	1,0114	1,0248	1,0383	1,0519
Na-K-tartrat $C_4H_4O_6KNa$	20	1,0049	1,0116	1,0252	1,0390	1,0530
Brechweinstein $C_4H_4O_6KSbO$	17,5	1,005	1,012	1,026	1,042	
Weinsäure						
$C_4H_6O_6$	20	1,0028	1,0071	1,0158	1,0247	1,0340
$C_4H_4O_6Na_2$	20	1,0052	1,0123	1,0266	1,0410	1,0555
Diäthylaminchlorhydrat $C_4H_{11}N \cdot HCl$	21	0,99835	0,99869	0,99936	1,00004	1,00072
Citronensäure						
$C_6H_8O_7$	18		1,0072	1,0145	1,0220	1,0298
$C_6H_5O_7Na_3$	25	1,0047	1,0124	1,0278	1,0432	1,0589
Dextrose, Glucose $C_6H_{12}O_6$	20		1,0058	1,0138	1,0216	1,0296
Phthalsaures Na $C_8H_4O_4Na_2$	25	1,0031	1,0092	1,0213	1,0334	1,0456
Palmitinsaures Na $C_{16}H_{31}O_2Na$	90	0,965	0,9651	0,9649	0,9647	0,9644
Stearinsaures Na $C_{18}H_{35}O_2Na$	90	0,2965	0,964	0,964	0,963	0,962

organischen Säuren und deren Salzen

10	12	16	20	25	30	35	40	50 Gew.%
1,0708	1,0858							
1,0262	1,0314	1,0418	—	—	1,0760	1,0874	1,0984	1,1189
1,0630	1,0762	1,1029	1,1300					
1,0753	1,0912							
1,0745	1,0908	1,1246	1,1599		1,2554	1,3069	1,3608	
1,0563	1,0679	1,0912	1,1146					
1,0497	1,0599	1,0808	1,1022			1,1868	1,2162	1,2761
1,0200	1,0240	1,0318	1,0393		1,0569			
1,0495	1,0598	1,0807	1,1021					
1,0768	1,0936	1,1283	1,1663		1,2711	1,3304	1,3994	
1,0096	1,0118	1,0162	1,0204	1,0254	1,0300	1,0342	1,0380	1,0441
1,0085	1,0104							
1,0478								
1,0221			1,0470	1,0597	1,0727	1,0860	1,0995	1,1263
1,0657	1,0798	1,1087	1,1387		1,2181	1,2606	1,3051	1,4001
1,0673	1,0818	1,1114	1,1419					
1,0702	1,0851	1,1156	1,1471		1,1477		1,2055	1,2660
1,0435	1,0533	1,0736	1,0944					
1,00140	1,00209	1,00354	1,00510		1,00918	1,0110	1,0125	1,0144
1,0375	1,0460	1,0620			1,1242			1,2223
1,0377	1,0460	1,0626	1,0798		1,1247			
1,0579								
0,9642	0,9640	0,9637	0,9633		0,9624			
0,962	0,961	0,960						

32243. Litergewicht von wäßrigen Lösungen von CH_3COH—H_2O, Acetaldehyd—Wasser

Gew.%	°C	$g\,l^{-1}$
15,86	19,0	1002,8
44,90	19,4	985,7
55,03	18,4	972,5
60,18	19,0	958,6
70,24	18,6	923,6
70,90	18,4	917,0
85,47	18,6	854,4
100	19,0	783,0

3225. Dichte nichtwäßriger Lösungen

Gew.% Schwefel in CS_2 (15°)		HCl in Äthylalkohol (25°)		H_2SO_4 in Essigsäure (15°)		H_2SO_4 in Diäthyläther (10°)		Äthylalkohol in Diäthyläther (15°)	
Gew.%	$g\,l^{-1}$	Gew.%	$g\,l^{-1}$	Gew.%	$g\,l^{-1}$	Gew.%	$g\,l^{-1}$	Gew.%	$g\,l^{-1}$
0	1270,8	0,00	785,1						
1	1275,5	1,27	790,7						
2	1280,2								
3	1285,2	5,22	817,4						
4	1290,1					9,84	767	10	732,0
5	1294,9	13,47	864,2			16,8	819	12	734,4
6	1299,8					21,8	858	14	736,8
7	1304,7					29,6	926	16	739,3
8	1309,6			29,9	1271	39,2	1013	18	741,9
9	1314,5					46,2	1083	20	744,3
10	1319,5			49,9	1422	52,1	1147	22	746,7
11	1324,6					58,3	1217	24	749,0
12	1329,7			70,1	1592	64,9	1299	26	751,4
13	1334,8					72,0	1383	28	754,0
14	1339,9			90,1	1758	78,1	1461	30	756,7
15	1345,0					84,9	1559		
16	1350,2					91,6	1666		
17	1355,3					97,4	1769		
18	1360,4					98,7	1795		
19	1365,6					100	1828		
20	1370,9								

Name	ϑ °C	Gew.% CH_3J	D_ϑ $g \cdot cm^{-3}$	Name	ϑ °C	Gew.% CH_3J	D_ϑ $g \cdot cm^{-3}$
Methyljodid + Äthyljodid-Mischung	15	90	2,228	Methyljodid in Äthyljodid	15	40	2,059
	15	80	2,192		15	30	2,028
	15	70	2,157		15	20	1,999
	15	60	2,123		15	10	1,970
	15	50	2,091				

323. Kompressibilität von wäßrigen Lösungen bei 25° C

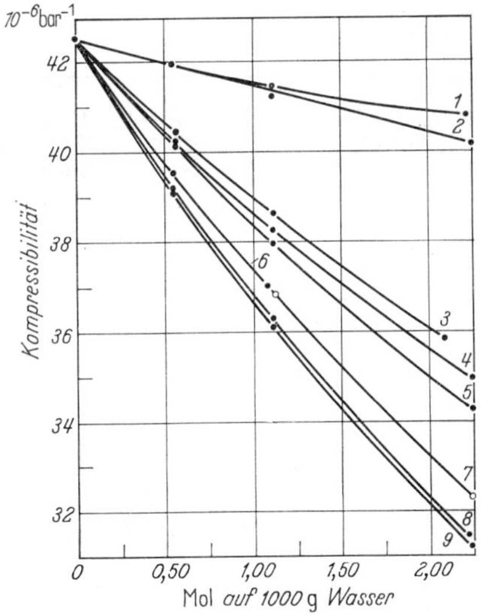

1 Essigsäure, *2* HCl, *3* LiCl, *4* KCl, *5* NaCl, *6* K-Acetat, *7* LiOH, *8* KOH, *9* NaOH

33. Dichte, Ausdehnung und

331. Übersichtstabelle über mechanisch-

Angegeben sind:

M relative Molekularmasse, D_N Normdichte (bei 0° C und 1 atm), Schmelzpunkt, Δh_F spezifische Schmelzenthalpie, K_p Siedepunkt bei tur, p_{krit} kritischer Druck, D_{krit} kritische Dichte.

Einteilung:

1. Elemente geordnet nach den chemischen Symbolen.
2. Anorganische Verbindungen, geordnet nach den chemischen Sym-
3. Organische Verbindungen, geordnet nach dem Hillschen System.

Ele-

Formel	Name des Gases	*M*	D_N kg/Nm³	V_M Nm³/kMol
Ar	Argon	39,944	1,7836	22,395
Cl_2	Chlor	70,914	3,214	22,064
F_2	Fluor	38,00	1,696	22,406
n-H_2 [1]	Wasserstoff	2,016	0,08989	22,427
p-H_2 [1]	Wasserstoff	2,016		
n-$^2H_2$ [1]	Deuterium	4,028	0,1796	22,428
o-$^2H_2$ [1]	Deuterium	4,028		
H^2H	Deuteriumhydrid	3,03		
$^3H_2$	Tritium	6,05		
H^3H	Tritiumhydrid	4,03		
$^2H^3H$	Tritiumdeuterium	5,04		
^3He	Helium 3			
^4He	Helium 4	4,003	0,17847	22,430
Kr	Krypton	83,80	3,744	22,382
N_2	Stickstoff	28,016	1,25046	22,405
$^{15}N_2$	Stickstoff 15			
Ne	Neon	20,183	0,9000	22,426
O_2	Sauerstoff	32,000	1,42895	22,394
O_3	Ozon	48,000	2,1415	22,414
	Luft	28,96	1,2928	22,401
Rn	Radon	222		
Xe	Xenon	131,30	5,896	22,269

[1] Weitere Eigenschaften der Wasserstoff- bzw. Deuteriummodifikationen s. Tabelle 63.

Anorganische

Formel	Name des Gases	*M*	D_N kg/Nm³	V_M Nm³/kMol
AsF_5	Arsenpentafluorid	169,91		
AsH_3	Arsenwasserstoff	77,93		
BCl_3	Bortrichlorid	117,19	5,252	22,313
BF_3	Bortrifluorid	67,82	3,065	22,127
B_2H_6	Diboran	27,69	1,259	21,994
$B_2{}^2H_6$	Deuteriumdiboran	33,73		
HBr	Bromwasserstoff	80,924	3,6443	22,206

Kompressibilität von Gasen

thermische Eigenschaften von Gasen

V_m Molvolumen, F Schmelzpunkt, Trp Tripelpunkt, p_F Dampfdruck am 1 atm, Δh_v spezifische Verdampfungsenthalpie, ϑ_{krit} kritische Tempera-

bolen. Verbindungen mit H stehen unter dem 2. aufgeführten Element.

mente

ϑ_{Trp} °C	p_{Trp} Torr	Δh_F kJ/kg	K_p °C	Δh_v kJ/kg	ϑ_{krit} °C	p_{krit} at	D_{krit} kg/dm³
−189,38	515,7	29,3	−185,88	163,2	−122,44	49,6	0,531
−101,0	10,44	90,3	−34,1	288	144	78,5	0,567
−219,62	1,66	13,4	−188,1	172	−129	56,8	0,63
−259,20	54	58,0	−252,77	454	−239,9	13,22	0,0301
−259,27	52,8	58,0	−252,87	446	−240,2	13,2	0,0308
−254,50	128	48,9	−249,48	304	−234,8	16,98	0,0668
−254,52	128,5	48,9	−249,56	304	−234,9	16,82	0,0668
−256,5	92,8	51,1	−251,02	366	−237,2	15,13	0,0482
−252,9	157		−248,24	230	−232,6	18,7	0,106
−254,7	124,6		−249,6		−234,9	16,9	0,0668
−253,5	142,9		−248,9		−233,7	17,9	0,0862
			−269,95		−269,81	1,21	0,04131
			−268,94	20,6	−267,95	2,336	0,6945
−157,17	549	19,5	−153,40	108	−63,75	56,0	0,908
−210,00	94,0	25,7	−195,82	198,2	−146,9	34,5	0,311
−209,96		24,0	−195,75	186,4	−146,8	34,6	0,332
−248,61	324,8		−246,06	91,2	−228,75	27,06	0,4835
−218,80	1,14	13,9	−182,97	213	−118,32	51,8	0,430
−192,5		43,5	−111,9	316	−12,1	56,4	0,537
			−191,4		−140,73	38,49	0,328
−71	500	12,3	−62	82,7	103,8	64,5	1,6
−111,8	612	17,5	−108,12	99,2	16,59	60,2	1,105

Verbindungen

ϑ_{Trp} °C	p_{Trp} Torr	Δh_F kJ/kg	K_p °C	Δh_v kJ/kg	ϑ_{krit} °C	p_{krit} at	D_{krit} kg/dm³
−79,8	149	67,5	−52,8	123			
−116,93	22,38	15,35	−62,48	214	99,9		
−107,5		18,0	12,5	208	178,8	39,5	
−128,7		62,5	−100,3	279	−12,2	50,63	0,59
−164,85		161,6	−92,5	516	16	41,2	0,16
			−93,4	436			
−86,86	224,2	37,4	−66,72	218	89,9	87	0,807

Formel	Name des Gases	M	D_N kg/Nm³	V_M Nm³/kMol
^2HBr	Bromdeuterium	81,93		
HCN	Cyanidwasserstoff	27,027		
^2HCN	Deuteriumcyanid	28,03		
C_2N_2	Cyanogen	52,038		
CO	Kohlenoxid	28,011	1,25001	22,408
COS	Kohlenoxidsulfid	60,077	2,721	22,079
CO_2	Kohlendioxid	44,011	1,9769	22,263
C_3O_2	Kohlenstoffsuboxid	68,033		
ClF	Chlorfluorid	54,46	2,425	22,458
$ClFO_3$	Perchlorylfluorid	102,46		
ClF_3	Chlortrifluorid	92,46	3,57	25,899
HCl	Chlorwasserstoff	36,465	1,6392	22,246
^2HCl	Chlordeuterium	37,47		
ClO_2	Chlordioxid	67,457		
Cl_2O	Chloroxid	86,914	3,89	22,343
HF	Fluorwasserstoff	20,01		
^2HF	Fluordeuterium	21,02		
FO	Sauerstoffluorid	35,00		
F_2O	Sauerstoffdifluorid	54,00	2,421	22,305
F_2O_2	Disauerstoffdifluorid	70,00		
$GeClF_3$	Germaniumchlortrifluorid	165,06		
$GeCl_2F_2$	Germaniumdichlordifluorid	181,51		
GeF_4	Germaniumtetrafluorid	148,60	6,715	22,130
GeH_4	Germaniumwasserstoff	76,63		
Ge^2H_4	Germaniumdeuterium	80,66		
HJ	Jodwasserstoff	127,92	5,789	22,097
^2HJ	Joddeuterium	128,93		
NF_2	Stickstoffdifluorid	52,0		
NF_3	Stickstofftrifluorid	71,01	3,16	22,472
NHF_2	Difluoramin	53,02		
NH_3	Ammoniak	17,032	0,77142	22,078
N^2H_3	Trideuteriumammoniak	20,05		
NO	Stickstoffoxid	30,008	1,3402	22,391
$NOCl$	Stickstoffoxidchlorid	65,465	2,9919	21,881
NOF	Stickstoffoxidfluorid	49,01	2,231	21,968
NO_2F	Nitrylfluorid	65,01	2,971	21,882
NO_3F	Nitroxylfluorid	81,01		
N_2O	Distickstoffoxid	44,016	1,9804	22,226
N_2O_4	Stickstofftetroxid	92,016		
$PBrF_2$	Phosphorbromidfluorid	148,89		
$PClF_2$	Phosphorchlordifluorid	104,43		
$PClF_2S$	Thiophosphorchlor-difluorid	136,50		
PCl_2F	Phosphordichlorfluorid	120,89		
PF_3	Phosphortrifluorid	87,98	3,922	22,432
PF_3O	Phosphoryltrifluorid	103,98	4,8	21,663
PF_3S	Thiophosphortrifluorid	120,04		
PF_5	Phosphorpentafluorid	125,98	5,80	21,721
PH_3	Phosphorwasserstoff	33,999	1,531	22,207
SF_2O	Schwefeloxidfluorid	86,07		
SF_2O_2	Sulfurylfluorid	102,07		
SF_4	Schwefeltetrafluorid	108,07		
SF_6	Schwefelhexafluorid	146,07	6,602	22,125

ϑ_{Trp} °C	p_{Trp} Torr	Δh_F kJ/kg	K_p °C	Δh_v kJ/kg	ϑ_{krit} °C	p_{krit} at	D_{krit} kg/dm³
−87,5		29,3	−66,8	218	88,8		
−13,3	140,4	311	25,70	933,5	183,5	55,0	0,195
−12			26				
−27,83	553,6	155,9	−21,15	448	126,55	60,1	
−205,07	115,3	29,8	−191,55	216	−140,2	35,68	0,301
−138,8		78,7	−50,23	308	102,2	63	0,44
−56,57		180,7	−78,45		31,0	75,27	0,468
			6,8	368			
−154			−100,8	440,7	−14		
−147,7		37,4	−46,67	188,7	95,2	54,8	0,64
−76,32		82,38	11,75	298	153,7		
−114,19	103,4	54,7	−85,03	443	51,54	84,7	0,411
−144,66	92,3		−84,75	464	50,3		
−59			10,5	445			
−116			2,0	298			
−83,37		196	19,51	375	188	66,2	0,29
−83,6			18,64				
−223			−185,4	193			
−223,8			−145,3	205	−58	50,2	0,553
−163,5			−57	237			
−66,2			−20,5	134	107,6		
−51,8			2,8	130,3	132,4		
−150,0	303,2		−36,8	219,4			
−165,98		10,9	−88,5	183,6			
−166,2			−89,2	194,3			
−50,8		22,4	−35,2	154	151	84,7	
−51,8	366	22,2	−360	153	148,6		
			−73	127,6	36	79,6	
−206,79		5,60	−129,0	163,2	−39,26	44,96	
−124			−23	469	130	96	
−77,74	45,58	332	−33,41	1371	132,4	115,2	0,235
−74,4	48,22		−31,04	1209	136,4	114,7	0,274
−163,6	164,38	76,6	−151,75	459	−92,9	66,7	0,52
−59,6	41,3	91,4	−5,6	394	167,5	92,4	0,47
−132,5			−59,9	393			
−166,0			−72,4	278	76,3		
−175			−45,9	244	67		
−90,81	658,9	149	−88,47	376	36,43	74,1	0,4525
−11,20	139,8	153,3	21,10	414,4	158,2	103,3	0,5504
−133,8			−16,1	161	113		
−164,8			−47,3	168,4	89,17	46,09	
−155,2			6,3	175	166,0	42,3	
−144			13,85	206,0	189,84	50,9	
−151,5	10,7	10,7	101,38	166	−2,05	44,1	
−39,1	780	145	−39,7	221	73,3	43,2	
−148,8			−52,3	163	72,8	39,0	
−93,8	427	94,0	−84,6	136,5			
−133,80	27,33	33,3	−87,77	429,6	51,9	66	
−129,5			−43,8	253	89,0	57,1	
−135,8		44,04	−55,4	188,5			
−121,0	1,3		−40,4	244	70		
−50,8		40	−63,8	162	45,58	38,3	0,730

Formel	Name des Gases	M	D_N kg/Nm³	V_M Nm³/kMol
S_2F_2	Schwefelfluorid	102,13	4,3	
H_2S	Schwefelwasserstoff	34,082	1,5362	22,186
^2H_2S	Schwefeldeuterium	36,09		
SO_2	Schwefeldioxid	64,066	2,9262	21,894
SbH_3	Antimonwasserstoff	124,78		
SeF_6	Selenhexafluorid	192,96	8,687	22,213
H_2Se	Selenwasserstoff	80,98	3,6643	22,099
^2H_2Se	Deuteriumselenid	82,99		
H^2HSe	Deuteriumwasserstoffselenid	81,98		
$SiBrH_3$	Bromsilan	111,03	4,970	22,340
$SiClF_3$	Trifluorchlorsilan	120,55	5,455	22,099
$SiClH_3$	Monochlorsilan	66,57	3,033	21,949
$SiCl_2F_2$	Difluordichlorsilan	137,00	6,276	21,829
$SiCl_2H_2$	Dichlorsilan	101,02	4,599	21,966
$SiCl_3F$	Fluortrichlorsilan	153,46	6,5	
SiF_4	Tetrafluorsilan	104,09	4,6905	22,191
Si_2F_6	Hexafluordisilan	70,18	7,759	
SiH_4	Silan	32,12	1,44	22,306
Si^2H_4	Deuteriumsilan	36,15		
$Si_2{}^2H_6$	Deuteriumdisilan	68,27		
Si_2H_6	Disilan	62,23	2,85	21,835
Si_2H_6O	Disiloxan	78,23	3,552	22,024
SnH_4	Stannan	122,73		
TeF_6	Tellurhexafluorid	241,61	10,915	22,136
H_2Te	Tellurwasserstoff	129,63	5,76	22,505
WF_6	Wolframhexafluorid	297,86		

Organische

Bruttoformel	Name des Gases	Relative Molekularmasse	D_N kgm⁻³	Molekularvolumen Nm³/kMol
$CBrF_3$	Bromtrifluormethan	148,93		
CBr_2F_2	Dibromdifluormethan	209,84		
$CClF_3$	Chlortrifluormethan	104,47		
CCl_2F_2	Dichlordifluormethan	120,92		
CCl_2O	Phosgen	98,925		
CCl_3F	Fluortrichlormethan	137,38		
CF_4	Tetrafluormethan	88,01		
$CHClF_2$	Chlordifluormethan	86,48		
$CHCl_2F$	Dichlorfluormethan	102,93		
CHF_3	Trifluormethan	70,02		
CH_2ClF	Chlor-fluor-methan	68,48		
CH_2Cl_2	Dichlormethan	84,94		
CH_2F_2	Difluormethan	52,03		
CH_3Br	Brommethan	94,951	3,97	23,8
CH_3Cl	Chlormethan	50,942	2,3075	22,077
CH_3F	Fluormethan	34,04	1,5450	22,032

ϑ_{Trp} °C	p_{Trp} Torr	Δh_F kJ/kg	K_p °C	Δh_v kJ/kg	ϑ_{krit} °C	p_{krit} at	D_{krit} kg/dm³
−105,5			−99				
−85,70	170	69,8	−60,2	548	100,38	91,9	0,349
−86,0	163	65,5			99,1		
−75,5	12,56	116	−10,02	390	157,5	80,4	0,525
−88,5			−17,0	170			
−34,7		43,6	−46,6	143			
−65,7	205,4	31,1	−41,4	243	141,2	94,0	
−66,9	193,4	30,1			139,2		
−66,35	199,4	30,5					
−94,0			1,9	219,8			
−142			−70,0	153	34,48	35,34	
−118,0			−30,4	302			
−139,7			−32,2	155	95,77	35,69	
−122,0			8,4	249			
−120,08			12,2	164	165,26	36,5	
−86,80	1680	90,2	−95,2	143	−14,15	37,9	
−18,7	780	86	−19,1	248,5			
−186,4	<1	24,6	−111,4	363	−3,5	49,4	
−186,4	<1		−111,4	343			
−130,2	<1		−15,4	312			
−132,6			−14,3	344			
−144			−15,2	276			
−149,84			−51,8	155,2			
−37,7	800	32,9	−38,9	117			
−49		31,6	−1,3	148			
2,3	419,8	71,5	17,6	87,8			

Verbindungen (Gase)

Schmelz- oder Tripelpunkt			Siedepunkt		Kritischer Punkt		
F oder Trp °C	p_{Trp} Torr	ΔH_F kJ/kg	V °C	ΔH_v kJ/kg	δ_{krit} in °C	p_{krit} in at	D_{krit} in gcm^{-3}
(α) −174,43			−57,89	152	66,8	40,4	0,745
(β) −174,68							
(α) −146,46			22,79		198,2	42,2	0,844
(β) −141,54							
−139,0	181,6		−81,9	140	28,9	39,36	0,578
−155,2		34,3	−24,9	162	112,0	41,96	0,558
−127,76		58,0	7,44	246,5	182,3	58,3	0,52
−109,5		50,2	24,4	182	198,0	44,6	0,554
−183,7		7,95	−128	140	−45,7	38,2	0,626
−157,4		47,6	−40,6	233,8	96,0	50,3	0,525
−135			8,92	242	178,5	52,7	0,522
−155,2	0,46	57,98	−82,18	239	26,0	49,3	0,516
			−9,1	341	154		0,443
−96,7			39,8	326,5	235,4	60,9	0,509
			−51,5	360,4	67		0,422
−93,66	62,79	63,0	3,56	252	192	70,5	0,642
−97,71	6,57	127,4	−23,76	428	143	68	0,353
−141,8			−78,41	516	44,55	59,9	0,300

Bruttoformel	Name des Gases	Relative Molekularmasse	D_N kg m⁻³	Molekularvolumen Nm³/kMol
CH_4	Methan	16,043	0,7168	22,381
CH_4S	Methanthiol	48,11		
CH_5N	Methylamin	31,059		
CH_6Si	Methylsilan	46,15	2,076	22,230
C_2ClF_3	Chlor-trifluor-äthen	116,48		
C_2ClF_5	Chlor-pentafluor-äthan	154,48		
$C_2Cl_2F_4$	1,2-Dichlor-1,1,2,2-tetrafluor-äthan	170,94		
$C_2Cl_2F_4$	1,1-Dichlor-1,2,2,2-tetrafluoräthan	170,94		
C_2F_4	Tetrafluoräthen	100,02		
C_2F_6	Hexafluoräthan	138,02		
C_2HClF_2	1-Chlor-2,2-difluor-äthen	98,49		
C_2H_2	Acetylen	26,038	1,1747	22,166
$C_2H_2F_2$	1,1-Difluor-äthen	64,04		
C_2H_2O	Keten	42,038		
C_2H_3Cl	Chloräthen (Vinylchlorid)	62,503		
$C_2H_3ClF_2$	1-Chlor-1,1-difluor-äthan	100,50		
C_2H_3F	Fluoräthen	46,05		
$C_2H_3F_3$	1,1,1-Trifluoräthan	84,05		
C_2H_4	Äthen	28,054	1,2604	22,258
$C_2H_4F_2$	1,1-Difluor-äthan	66,05		
C_2H_4O	Acetaldehyd	44,054		
C_2H_4O	Äthylenoxid	44,054		
C_2H_5Cl	Chloräthan	64,519		
C_2H_5F	Fluoräthan	48,06	2,19	21,945
C_2H_6	Äthan	30,070	1,3566	22,166
C_2H_6O	Dimethyläther	46,070	2,1097	21,837
C_2H_7N	Äthylamin	45,086		
C_3F_8	Octafluorpropan	188,03		
C_3H_4	Propin	40,065		
C_3H_6	Propen	42,081	1,9149	21,976
C_3H_6	Cyclopropan	42,081	1,88	22,384
C_3H_8	Propan	44,097	2,00963	21,943
C_3H_8O	Methyläthyläther	60,097		
C_3H_9N	Trimethylamin	59,113		
C_4F_8	Octafluorcyclobutan	200,04		
C_4F_{10}	Perfluorbutan	238,04		
C_4H_6	Butadien-(1,2)	54,092		
C_4H_6	Butadien-(1,3)	54,092	2,4787	21,823
C_4H_6	Butin-(1)	54,092		
C_4H_8	Buten-(1)	56,108		
C_4H_8	cis-Buten-(2)	56,108		
C_4H_8	trans-Buten-(2)	56,108		
C_4H_8	2-Methyl-propen	56,108		
C_4H_{10}	n-Butan	58,124	2,73204	21,275
C_4H_{10}	2-Methyl-propan	58,124	2,6467	21,961
C_5H_{10}	3-Methyl-1-buten	70,135		
C_5H_{12}	2,2-Dimethyl-propan (Neopentan)	72,151		

Schmelz- oder Tripelpunkt			Siedepunkt		Kritischer Punkt		
F oder *Trp*	p_{Trp} °C	ΔH_F kJ/kg	*V* °C	ΔH_v kJ/kg	ϑ_{krit} in °C	p_{krit} in at	D_{krit} in gcm^{-3}
−182,52	87,75	58,4	−161,5	510	−82,5	47,2	0,138
−123,0		123	5,96	511	196,8	73,8	0,3315
−93,46		198	−6,33	831	156,9	75,5	0,216
−156,8			−57,5	398	79,3		
−158,1		47,7	−28,36	178	105,8	41,4	0,55
−99,4		12,18	−39,1	126	80,0	31,85	0,596
−94			3,5	145	145,7	33,2	0,582
−56,6			3,0	167	145,5	33,7	0,582
−142,5		77,12	−75,12	168	33,3	38,9	0,58
−100,06		19,46	−78,2	117	19,7	29,9	0,515
−138,5			−18,6	228	127,4	45,5	0,499
−80,8	962	96,5	−84,03	687	35,5	61,7	0,231
−144			−84		30,1	43,8	0,417
−134,0		179,2	−41,0	482	107		
−159,7		75,8	−13,7	334	321,9		
−130,8		26,7	−9,6	223	137,1	40,7	0,435
−160,5			−72,2	372	47,5		
−111,34		73,7	−47,6	230	73,1	37,1	0,434
−169,15	1 · 10^{-5}	119,5	−103,78	483	9,50	50,1	0,215
−117			−25,0	326	113,5	44,4	0,365
−123,5		73,2	20,2	584	195,7	71,0	0,314
−112,55		117,5	10,7	580	195,78	71,0	0,314
−138,3		69,0	12,28	382	189	55,0	0,334
−143,2			−37,1	425,3	102,16	49,6	0,8176
−183,3	0,01	45,0	−88,6	489	32,05	48,4	0,206
−141,5			−24,82	467	126,9	52,0	0,2714
−81,0			16,6	603	183,2	55,5	0,2483
−183			−36,07	104	71,9	27,3	0,628
−101,5			−23,3	581	129,23	57,39	0,245
−185,25		71,37	−47,70	438	91,76	45,6	0,220
−127,62		129,4	−32,86	477	124,65	56,03	
−187,7		79,95	−42,1	425,9	96,8	42,1	0,224
			7	353	164,7	43,4	0,272
−117,1		111	2,87	388	160,15	40,2	0,234
−40,2	143		−6,42	116	115,32	28,4	0,620
			−1,7	98,1	113,3	23,7	0,63
−136,21		128,8	10,8	455	176,1	44	
−108,92		147,7	−4,5	418	152,0	42,7	0,245
−125,73		111,5	8,07	454	190,5		
−135,35		68,6	−6,25	391	146,4	39,7	0,233
−138,90		130,3	3,72	416,3	160	42,9	0,239
−105,5		174,0	0,88	406	155	41,8	0,238
−140,35		105,6	−7,12	401	144,7	40,8	0,234
−138,29		80,2	−0,50	385	152,01	37,4	0,228
−159,42		78,15	−11,7	366	134,98	36,0	0,221
−168,44		76,44	20,06	347	171,5	32,65	0,225
−16,60		45,15	9,50	315	160,60	31,6	0,238

332. Umrechnung der Gasvolumen bei kleinen Abweichungen vom Normzustand

Wird das Volumen eines Gases nicht im Normzustand, sondern bei dem Druck p (in Torr) und bei der Temperatur ϑ (in °C) gemessen ($V_{p,\vartheta}$), so ist das Volumen dieser Gasmenge im Normzustand V_N im allgemeinen mit genügender Genauigkeit bei kleinen Abweichungen von p und ϑ vom Normzustand gegeben durch die Beziehung: (s. a. Tab. 124, S. 55)

$$V_N = \frac{273}{273+\vartheta} \cdot \frac{p}{760} \cdot V_{p,\vartheta} = \frac{1}{1+\alpha\vartheta} \cdot \frac{p \cdot V_{p,\vartheta}}{760} \quad (\alpha = 0{,}00367)$$

oder

$$V_N = \frac{0{,}395}{273+\vartheta} \cdot p \cdot V_{p,\vartheta}.$$

Wenn es erforderlich ist, die Abweichungen vom idealen Gasgesetz zu berücksichtigen, so sind die rechten Seiten der Gleichungen mit

$$[1 - \varkappa_0 (p - 760)]$$

zu multiplizieren. Für einige Gase ist der Wert $\varkappa_0$ für $\vartheta = 0°$ nachstehend angegeben. Diese Werte gelten in den Formeln mit ausreichender Genauigkeit zwischen 0° und Raumtemperatur für Drucke in der Nähe von 760 Torr.

Korrekturwerte $\varkappa_0$

Gas		$\varkappa_0 \cdot 10^6$	Gas		$\varkappa_0 \cdot 10^6$
Ar	Argon	−1,3	HCl	Chlorwasserstoff	−9,8
CH_3Cl	Chlormethan	−32,4	H_2	Wasserstoff	+0,8
CH_4	Methan	−2,9	He	Helium	+0,7
CO	Kohlenstoffmonoxid	−0,6	N_2	Stickstoff	−0,6
CO_2	Kohlenstoffdioxid	−9,2	Luft		−0,8
C_2H_2	Acetylen	−11,8	NH_3	Ammoniak	−20,3
C_2H_4	Äthylen	−10,5	NO	Stickstoffmonoxid	−1,5
C_2H_6	Äthan	−15,5	N_2O	Distickstoffmonoxid	−9,7
C_3H_6	Propen	−26,4	Ne	Neon	+0,6
C_3H_8	Propan	−34,6	O_2	Sauerstoff	−1,3
C_4H_{10}	Butan	−54,0	H_2S	Schwefelwasserstoff	−13,7
	2-Methyl-propen	−37,6	SO_2	Schwefeldioxid	−31,2
Cl_2	Chlor	−22,9			

333. Zustandsgleichungen

3331. Die einzelnen Gleichungen

Es bedeuten:

V Molvolumen, T Temperatur in °K, p Druck, R Gaskonstante.

Der für R einzusetzende Zahlenwert richtet sich nach den Maßeinheiten für p und V, für V in l, p in at ist $R = 8{,}47868 \cdot 10^{-2}\,\text{l} \cdot \text{at grd}^{-1} \cdot \text{Mol}^{-1}$, für V in cm³ und p in atm ist $R = 82{,}0617\,\text{cm}^3\,\text{atm grd}^{-1}\,\text{Mol}^{-1}$.

1. Zustandsgleichung für ideale Gase:

$$pV = RT.$$

2. Van der Waalssche Zustandsgleichung:

$$\left(p + \frac{a}{V^2}\right)(V - b) = RT$$

$$pV\left(1 + \frac{a}{V^2 p}\right)\left(1 - \frac{b}{V}\right) = RT.$$

b trägt dem Eigenvolumen der Molekülen Rechnung; a/V^2 der Druckvermehrung infolge Kohäsion. Für einige Gase sind die Konstanten a und b in 3332 angegeben. Diese Gleichung ist dritten Grades in bezug auf V; zu bestimmten p und T gehören also drei Werte von V. Im kritischen Punkt müssen dann die drei reellen Wurzeln der van der Waalsschen Gleichung zusammenfallen, hieraus ergibt sich das

$$V_{kr} = 3\,b, \qquad p_{kr} = \frac{a}{27\,b^2}, \qquad T_{kr} = \frac{8\,a}{27\,b\,R}.$$

Oberhalb T_{kr} existiert nur eine reelle Wurzel. Für geringe Drucke kann man für V in den Korrektionsgliedern $\frac{a}{p \cdot V^2}$ und $\frac{b}{V}$ den Wert $V = \frac{R\,T}{p}$ einsetzen und erhält als Näherungsformel bei Entwicklung nach für kleine Größen gültigen Gesetzen:

$$p\,V = R\,T\left(1 - \frac{a\,p}{(R\,T)^2}\right)\left(1 + \frac{b\,p}{R\,T}\right)$$

$$= R\,T\left[1 + \frac{p}{R\,T}\left(b - \frac{a}{R\,T}\right)\right].$$

Setzt man $b - \frac{a}{R\,T} = B$, so erhält man $p\,V = R\,T + B\,p$.

B wird der zweite Virialkoeffizient genannt.

3. Reduzierte van der Waalssche Gleichung (Theorem der übereinstimmenden Zustände). Bei Einführung der kritischen Größen als Maßgrößen für Volumen, Druck und Temperatur sollen die individuellen Eigenschaften der einzelnen Gase verschwinden, man erhält eine Gleichung ohne individuelle Konstanten.

Diese reduzierte Gleichung lautet:

$$\left(\frac{p}{p_{kr}} + \frac{3\,V_{kr}^2}{V^2}\right)\left(3\frac{V}{V_{kr}} - 1\right) = 8\frac{T}{T_{kr}}.$$

Es sei $\frac{p}{p_{kr}} = \mathfrak{p}$; $\frac{V}{V_{kr}} = \mathfrak{V}$ und $\frac{T}{T_{kr}} = \mathfrak{T}$ gesetzt.

$$\left(\mathfrak{p} + \frac{3}{\mathfrak{V}^2}\right)\left(\mathfrak{V} - \frac{1}{3}\right) = \frac{3}{8}\mathfrak{T}.$$

Die reduzierte Zustandsgleichung gibt das Verhalten der Gase nicht vollständig wieder. Auch die van der Waalssche Gleichung ist nur in beschränkten Druckbereichen gültig.

Zustandsgleichungen, die in gewissen Bereichen von Druck und Temperatur das Verhalten der Gase besser wiedergeben, sind:

4. Berthelotsche Zustandsgleichung:

Es wird die Konstante a als abhängig von T angesehen und durch a'/T ersetzt

$$\left(p + \frac{a'}{V^2\,T}\right)(V - b) = R\,T.$$

5. Die von Beattie und Bridgeman:

$$p = \frac{R\,T\left(1 - \frac{c}{V\,T^3}\right)\left[V + B_0\left(1 - \frac{b}{V}\right)\right]}{V^2} - \frac{A_0}{V^2}\left(1 - \frac{a}{V}\right).$$

3332. Van der Waalssche Konstante für das Molvolumen (22416 cm^3) im idealen Gaszustand

Elemente

Stoff	a in 10^6 atm cm^6/Mol^2	b in cm^3/Mol	Stoff	a in 10^6 atm cm^6/Mol^2	b in cm^3/Mol
Ar	1,348	32,188	Kr	2,323	39,782
Cl_2	6,508	56,224	N_2	1,348	38,505
H_2	1,941	21,884	Ne	0,212	17,091
He	0,342	23,699	O_2	1,363	31,830
Hg	8,113	16,956	Xe	4,114	51,587

Anorganische Verbindungen

Stoff	a in 10^6 atm cm^6/Mol^2	b in cm^3/Mol	Stoff	a in 10^6 atm cm^6/Mol^2	b in cm^3/Mol
$(CN)_2$	7,686	69,014	NH_3	4,180	37,184
CO	1,488	39,849	NO	1,343	27,888
CO_2	3,601	42,672	N_2O	3,792	44,150
CS_2	11,649	76,854	N_2O_4	5,296	44,240
$GeCl_4$	22,655	148,512	PH_3	4,643	51,565
HBr	4,462	44,307	PH_4Cl	4,064	45,449
HCl	3,677	40,813	SO_2	6,730	56,358
H_2O	5,477	30,509	SiF_4	4,205	55,709
H_2S	4,441	42,873	SiH_4	4,331	57,859
H_2Se	5,281	46,368	$SnCl_4$	26,976	164,237

Organische Verbindungen

Formel	Name	a in 10^6 atm cm^6/Mol^2	b in cm^3/Mol
CCl_4	Tetrachlorkohlenstoff	19,577	126,80
$CHCl_3$	Chloroform	15,206	102,19
CH_3Cl	Chlormethan	7,489	64,825
CH_4	Methan	2,258	42,784
CH_4O	Methanol	9,547	67,021
CH_5N	Methylamin	7,147	59,920
C_2H_2	Acetylen	4,401	51,363
C_2H_3N	Acetonitril	17,620	116,838
C_2H_4	Äthylen	4,482	57,142
$C_2H_4O_2$	Ameisensäuremethylester	11,398	84,313
$C_2H_4O_2$	Essigsäure	17,630	106,780
C_2H_5Cl	Chloräthan	10,935	86,509
C_2H_6	Äthan	54,022	63,795
C_2H_6O	Äthanol	12,047	84,067
C_2H_7N	Äthylamin	10,628	84,089
C_2H_7N	Dimethylamin	10,407	85,702
C_3H_5N	Propionsäurenitril	16,483	106,40
C_3H_6	Propen	8,40	82,723
C_3H_6O	Aceton	13,953	99,388
$C_3H_6O_2$	Ameisensäureäthylester	14,833	105,59
$C_3H_6O_2$	Essigsäuremethylester	15,326	109,088
$C_3H_6O_2$	Propionsäure	20,160	118,653

Formel	Name	a in 10^6 atm cm^6/Mol^2	b in cm^3/Mol
C_3H_7Cl	Chlorpropan	15,945	114,195
C_3H_8	Propan	8,687	84,448
C_3H_8O	Isopropanol	13,817	98,045
C_3H_8O	Methyläthyläther	11,976	97,75
C_3H_8O	Propanol	14,959	101,875
C_3H_9N	Propylamin	15,029	108,976
C_3H_9N	Trimethylamin	13,048	108,438
C_4H_4S	Thiophen	20,774	127,008
$C_4H_6O_3$	Essigsäureanhydrid	19,954	126,313
C_4H_7N	Buttersäurenitril	25,778	159,622
$C_4H_8O_2$	Ameisensäurepropylester	20,552	137,625
$C_4H_8O_2$	Essigsäureäthylester	20,502	141,187
$C_4H_8O_2$	Propionsäuremethylester	20,256	137,648
C_4H_{10}	Isobutan	12,897	114,195
C_4H_{10}	Butan	14,506	122,573
$C_4H_{10}O$	Diäthyläther	17,424	134,445
$C_4H_{10}O$	Isobutanol	17,072	114,307
$C_4H_{11}N$	Diäthylamin	19,194	139,24
$C_5H_{10}O_2$	Buttersäuremethylester	25,517	165,85
$C_5H_{10}O_2$	Essigsäurepropylester	25,874	169,725
$C_5H_{10}O_2$	Isobuttersäuremethylester	24,561	163,699
$C_5H_{10}O_2$	Propionsäureäthylester	24,451	161,482
C_5H_{12}	Isopentan	18,364	143,56
C_5H_{12}	Pentan	19,053	145,96
C_6H_5Br	Brombenzol	28,631	153,93
C_6H_5Cl	Chlorbenzol	25,492	145,26
C_6H_5F	Fluorbenzol	19,979	128,62
C_6H_5J	Jodbenzol	33,158	165,65
C_6H_6	Benzol	18,047	115,36
C_6H_7N	Anilin	26,568	136,93
C_6H_{12}	Cyclohexan	21,865	142,44
$C_6H_{12}O_2$	Ameisensäureamylester	27,645	173,02
$C_6H_{12}O_2$	Buttersäureäthylester	30,145	191,90
$C_6H_{12}O_2$	Essigsäureisobutylester	28,570	183,34
$C_6H_{12}O_2$	Isobuttersäureäthylester	28,942	188,38
C_6H_{14}	Hexan	24,788	175,84
$C_6H_{15}N$	Dipropylamin	27,786	181,977
$C_6H_{15}N$	Triäthylamin	27,237	183,14
C_7H_8	Toluol	24,119	146,34
C_7H_8O	m-Kresol	33,158	165,65
C_7H_{16}	Heptan	31,588	265,44
$C_8H_{11}N$	Dimethylanilin	37,589	196,963
C_8H_{18}	Octan	37,423	236,77
$C_{10}H_8$	Naphthalin	39,853	193,715

3333. *pv*-Werte von Gasen in Abhängigkeit vom Druck *p* in atm und von der Temperatur *t* in °C

Von J. Otto, Braunschweig

Das Volumen des Gases *V* im Normzustand (0° C und 760 Torr) wird gleich 1 gesetzt. Diese Einheit wird vielfach als Amagat-Einheit bezeichnet. Soll das Volumen in dm^3/g oder in dm^3/Mol dargestellt werden, so sind die Tabellenwerte mit dem reziproken Wert der Normdichte oder dem Molvolumen im Normzustand zu multiplizieren.

Helium

p atm	ϑ in °C					
	−258	−252,8	−208	−183	−150	−100
0	0,0555	0,0745	0,2384	0,3299	0,4506	0,6336
1	0,0549	0,0744	0,2388	0,3304	0,4511	0,6341
10	0,0523	0,0743	0,2428	0,3348	0,4558	0,6390
20	0,0536	0,0760	0,2474	0,3397	0,4610	0,6444
30	0,0578	0,0792	0,2522	0,3447	0,4662	0,6498
40	0,0638	0,0836	0,2571	0,3497	0,4715	0,6553
50	0,0706	0,0891	0,2621	0,3549	0,4769	0,6608
60	0,0775	0,0952	0,2673	0,3601	0,4823	0,6663
80	0,0911	0,1083	0,2777	0,3706	0,4932	0,6773
100	0,1060	0,1209	0,2880	0,3815	0,5043	0,6885

p atm	ϑ in °C					
	−50	0	+50	100	200	300
0	0,8165	0,9995	1,1824	1,3654	1,7313	2,0972
1	0,8171	1,0000	1,1830	1,3659	1,7318	2,0976
10	0,8219	1,0048	1,1877	1,3705	1,7362	2,1018
20	0,8272	1,0100	1,1929	1,3756	1,7411	2,1065
30	0,8326	1,0153	1,1982	1,3807	1,7460	2,1111
40	0,8380	1,0206	1,2034	1,3858	1,7509	2,1158
50	0,8434	1,0259	1,2087	1,3910	1,7559	2,1205
60	0,8488	1,0312	1,2139	1,3961	1,7608	2,1251
80	0,8597	1,0418	1,2244	1,4063	1,7706	2,1345
100	0,8707	1,0523	1,2349	1,4165	1,7805	2,1438

p atm	ϑ in °C					
	400	500	600	800	1000	1200
0	2,4630	2,8289	3,1948	3,9266	4,6584	5,3902
1	2,4635	2,8294	3,1953	3,9270	4,6588	5,3906
10	2,4675	2,8335	3,1992	3,9307	4,6623	5,3938
20	2,4720	2,8380	3,2036	3,9348	4,6661	5,3975
30	2,4765	2,8425	3,2080	3,9389	4,6700	5,4012
40	2,4810	2,8470	3,2124	3,9430	4,6738	5,4048
50	2,4855	2,8515	3,2167	3,9471	4,6777	5,4084
60	2,4899	2,8561	3,2211	3,9512	4,6816	5,4121
80	2,4989	2,8651	3,2299	3,9593	4,6893	5,4194
100	2,5078	2,8741	3,2386	3,9675	4,6970	5,4267

p atm	ϑ in °C					
	−70	−35	0	50	100	200
100	0,7964	0,9248	1,0523	1,2349	1,4165	1,7805
200	0,8490	0,9759	1,1036	1,2859	1,4660	1,8283
400	0,9491	1,0769	1,2026	1,3848	1,5635	1,9179
600	1,0481	1,1744	1,3003	1,4768	1,6553	2,0152
800	1,1417	1,2682	1,3924	1,5706	1,7481	2,0983
1000	1,2327	1,3583	1,4838	1,6602	1,8359	2,1889

Neon

p atm	ϑ in °C				
	−207,9	−182,5	−150	−100	−50
0	0,2388	0,3317	0,4506	0,6336	0,8166
1	0,2379	0,3314	0,4507	0,6339	0,8170
10	0,2298	0,3283	0,4509	0,6365	0,8206
20	0,2207	0,3254	0,4514	0,6395	0,8248
40	0,2037	0,3208	0,4531	0,6458	0,8334
60	0,1903	0,3180	0,4559	0,6526	0,8422
80	0,1830	0,3168	0,4597	0,6599	0,8514
100	0,1842	0,3175	0,4645	0,6677	0,8610

p atm	ϑ in °C				
	0	50	100	200	300
0	0,9995	1,1825	1,3654	1,7313	2,0972
1	1,0000	1,1830	1,3660	1,7319	2,0978
10	1,0044	1,1880	1,3709	1,7372	2,1033
20	1,0092	1,1935	1,3765	1,7432	2,1094
40	1,0191	1,2045	1,3877	1,7551	2,1217
60	1,0292	1,2156	1,3991	1,7671	2,1339
80	1,0395	1,2267	1,4107	1,7791	2,1461
100	1,0500	1,2379	1,4224	1,7912	2,1583

p atm	ϑ in °C			
	400	500	600	700
0	2,4631	2,8290	3,1949	3,5608
1	2,4637	2,8296	3,1955	3,5614
10	2,4692	2,8351	3,2010	3,5670
20	2,4754	2,8412	3,2072	3,5732
40	2,4877	2,8535	3,2196	3,5857
60	2,4999	2,8657	3,2320	3,5982
80	2,5122	2,8780	3,2444	3,6106
100	2,5245	2,8902	3,2568	3,6231

Argon

p atm	ϑ in °C				
	−100	−50	0	25	50
0	0,6345	0,8178	1,0010	1,0926	1,1842
1	0,6317	0,8161	1,0000	1,0919	1,1837
10	0,6050	0,8012	0,9914	1,0856	1,1794
20	0,5733	0,7847	0,9823	1,0790	1,1750
40	0,5033	0,7521	0,9653	1,0670	1,1671
60	0,4239	0,7209	0,9500	1,0565	1,1608
80	0,3344	0,6922	0,9367	1,0476	1,1558
100	0,2341	0,6669	0,9259	1,0416	1,1521

p atm	ϑ in °C				
	75	100	125	150	174
0	1,2758	1,3674	1,4590	1,5506	1,6386
1	1,2755	1,3672	1,4590	1,5507	1,6387
10	1,2727	1,3657	1,4587	1,5514	1,6403
20	1,2699	1,3643	1,4587	1,5524	1,6423
40	1,2652	1,3623	1,4593	1,5550	1,6468
60	1,2619	1,3617	1,4609	1,5586	1,6521
80	1,2599	1,3622	1,4634	1,5630	1,6584
100	1,2595	1,3641	1,4667	1,5680	1,6652

p atm	ϑ in °C				
	200	300	400	500	600
0	1,7338	2,1003	2,4668	2,8333	3,1997
1	1,7341	2,1008	2,4674	2,8340	3,2006
10	1,7361	2,1052	2,4736	2,8412	3,2084
20	1,7386	2,1103	2,4810	2,8491	3,2171
40	1,7441	2,1208	2,4943	2,8650	3,2345
60	1,7505	2,1317	2,5082	2,8808	3,2519
80	1,7578	2,1430	2,5222	2,8967	3,2693
100	1,7661	2,1545	2,5362	2,9205	3,2954

p atm	ϑ in °C			
	0	25	50	75
100	0,9259	1,0416	1,1522	1,2595
200	0,9122	1,0396	1,1611	1,2775
300	0,9629	1,0875	1,2096	1,3281
400	1,0518	1,1690	1,2869	1,4034
600	1,2709	1,3769	1,4858	1,5957
800	1,5029	1,6033	1,7067	1,8117
1000	1,7341	1,8318	1,9323	2,0344
1200	1,9614	2,0579	2,1571	2,2575
1500	2,2939	2,3903	2,4889	2,5881
2000	2,8274	2,9254	3,0250	3,1243
2500	3,3395	3,4397		

p atm	ϑ in °C		
	100	125	150
100	1,3641	1,4667	1,5680
200	1,3902	1,4999	1,6076
300	1,4436	1,5564	1,6670
400	1,5183	1,6313	1,7426
600	1,7060	1,8161	1,9256
800	1,9179	2,0245	2,1314
1000	2,1377	2,2419	2,3465
1200	2,3591	2,4615	2,5644
1500	2,6886	2,7894	2,8909
2000	3,2249	3,3246	3,4252
2500	3,7440		

Krypton

p atm	ϑ in °C				
	0	50	100	150	200
0	1,0028	1,1864	1,3699	1,5535	1,7370
1	1,0000	1,1844	1,3686	1,5527	1,7366
10	0,9746	1,1674	1,3571	1,5456	1,7324
20	0,9461	1,1488	1,3447	1,5381	1,7282
30	0,9172	1,1307	1,3329	1,5310	1,7243
40	0,8880	1,1130	1,3215	1,5244	1,7208
50	0,8586	1,0956	1,3107	1,5182	1,7177
60	0,8288	1,0786	1,3003	1,5124	1,7150
70	0,7986	1,0620	1,2905	1,5070	1,7126
80	0,7682	1,0458	1,2811	1,5020	1,7106

p atm	ϑ in °C			
	300	400	500	600
0	2,1042	2,4713	2,8384	3,2055
1	2,1042	2,4716	2,8389	3,2063
10	2,1045	2,4746	2,8441	3,2132
20	2,1050	2,4781	2,8500	3,2210
30	2,1059	2,4819	2,8560	3,2288
40	2,1070	2,4858	2,8621	3,2367
50	2,1083	2,4899	2,8684	3,2447
60	2,1099	2,4942	2,8747	3,2527
70	2,1118	2,4987	2,8812	3,2607
80	2,1139	2,5034	2,8878	3,2689

Xenon

p atm	ϑ in °C				
	0	25	30	40	50
0	1,0070	1,0992	1,1176	1,1544	1,1913
1	1,0000	1,0932	1,1119	1,1491	1,1863
5	0,9714	1,0692	1,0887	1,1275	1,1660
10	0,9337	1,0382	1,0588	1,0996	1,1400
30	0,7477	0,8984	0,9257	0,9781	1,0284
50		0,7111	0,7548	0,8316	0,8995
100		0,3297	0,3491	0,4089	0,5107
150		0,4427	0,4556	0,4862	0,5248
200		0,5569	0,5689	0,5954	0,6259
250		0,6688	0,6805	0,7058	0,7338
300		0,7781	0,7899	0,8149	0,8420
350		0,8852	0,8971	0,9222	0,9489
400		0,9903	1,0024	1,0277	1,0543
450		1,0936	1,1059	1,1315	1,1583
500		1,1953	1,2079	1,2338	1,2608
600		1,3846	1,4076	1,4343	1,4619
700		1,5891	1,6025	1,6300	1,6582
800		1,7795	1,7934	1,8216	1,8505
900		1,9663	1,9806	2,0096	2,0391
1000		2,1500	2,1647	2,1944	2,2246
1100		2,3309	2,3460	2,3764	2,4072
1200		2,5093	2,5247	2,5558	2,5872
1300		2,6853	2,7010	2,7328	2,7648
1400		2,8592	2,8752	2,9076	2,9403
1500		3,0311	3,0475	3,0805	3,1137
1600		3,2013	3,2180	3,2515	3,2852
1700		3,3697	3,3867	3,4208	3,4551
1800		3,5366	3,5538	3,5884	3,6232
1900		3,7021	3,7195	3,7546	3,7899
2000		3,8662	3,8838	3,9193	3,9551
2100				4,0827	4,1190
2200				4,2448	4,2815

p atm	ϑ in °C			
	75	100	125	150
0	1,2835	1,3756	1,4678	1,5600
1	1,2792	1,3720	1,4646	1,5572
5	1,2619	1,3572	1,4519	1,5462
10	1,2398	1,3384	1,4358	1,5323
30	1,1480	1,2615	1,3707	1,4768
50	1,0490	1,1816	1,3047	1,4217
100	0,7819	0,9819	1,1470	1,2939
150	0,6674	0,8536	1,0355	1,2013
200	0,7244	0,8563	1,0096	1,1675
250	0,8182	0,9246	1,0509	1,1896
300	0,9202	1,0145	1,1246	1,2475
350	1,0242	1,1120	1,2126	1,3245
400	1,1282	1,2123	1,3070	1,4115
450	1,2315	1,3133	1,4042	1,5037
500	1,3338	1,4143	1,5026	1,5985
600	1,5352	1,6145	1,6999	1,7915

p atm	ϑ in °C			
	75	100	125	150
700	1,7325	1,8116	1,8958	1,9851
800	1,9259	2,0054	2,0892	2,1774
900	2,1158	2,1960	2,2799	2,3676
1000	2,3026	2,3836	2,4678	2,5554
1100	2,4865	2,5684	2,6532	2,7410
1200	2,6678	2,7507	2,8362	2,9243
1300	2,8467	2,9307	3,0169	3,1054
1400	3,0234	3,1084	3,1954	3,2845
1500	3,1981	3,2842	3,3719	3,4617
1600	3,3709	3,4581	3,5466	3,6370
1700	3,5420	3,6302	3,7195	3,8106
1800	3,7113	3,8006	3,8907	3,9825
1900	3,8791	3,9695	4,0604	4,1529
2000	4,0455	4,1368	4,2286	4,3218
2100	4,2104	4,3028	4,3954	4,4894
2200	4,3741	4,4674	4,5609	4,6556
2300	4,5365	4,6307	4,7251	4,8205
2400	4,6977	4,7928		4,9842
2500	4,8578	4,9537		5,1467

p atm	ϑ in °C					
	200	300	400	500	600	700
0	1,7437	2,1123	2,4808	2,8493	3,2178	3,5864
1	1,7416	2,1111	2,4803	2,8493	3,2182	3,5870
10	1,7226	2,1011	2,4761	2,8493	3,2214	3,5928
20	1,7019	2,0905	2,4718	2,8495	3,2250	3,5991
30	1,6814	2,0802	2,4679	2,8499	3,2286	3,6055
40	1,6014	2,0703	2,4643	2,8504	3,2321	3,6119
50	1,6416	2,0608	2,4611	2,8510	3,2357	3,6183

Wasserstoff

p atm	ϑ in °C					
	−175	−160	−170	−150	−135	−120
0	0,3591	0,3774	0,4140	0,4506	0,5055	0,5603
1	0,3590	0,3773	0,4140	0,4507	0,5057	0,5606
10	0,3581	0,3770	0,4146	0,4520	0,5078	0,5636
30	0,3578	0,3778	0,4173	0,4562	0,5138	0,5710
50	0,3601	0,3810	0,4219	0,4620	0,5212	0,5795
100	0,3769	0,3986	0,4412	0,4830	0,5444	0,6064
150	0,4060	0,4272	0,4696	0,5114	0,5733	0,6341
200	0,4420	0,4626	0,5038	0,5450	0,6063	0,6670
250	0,4815	0,5013	0,5413	0,5816	0,6422	0,7023
300	0,5226	0,5418	0,5807	0,6201	0,6796	0,7392
350		0,5829	0,6209	0,6595	0,7181	0,7670
400			0,6615	0,6994	0,7570	0,8153
450				0,7394	0,7963	0,8539
500				0,7793	0,8355	0,8926
600						0,9698

p atm	ϑ in °C					
	−100	−75	−50	−25	0	25
0	0,6335	0,7250	0,8164	0,9079	0,9994	1,0909
1	0,6339	0,7255	0,8170	0,9085	1,0000	1,0915
10	0,6376	0,7299	0,8219	0,9138	1,0055	1,0973
30	0,6465	0,7401	0,8331	0,9257	1,0181	1,1104
50	0,6562	0,7509	0,8448	0,9380	1,0310	1,1236
100	0,6833	0,7801	0,8756	0,9701	1,0640	1,1574
150	0,7139	0,8118	0,9082	1,0035	1,0980	1,1919
200	0,7470	0,8453	0,9422	1,0379	1,1328	1,2271
250	0,7819	0,8802	0,9772	1,0731	1,1683	1,2627
300	0,8182	0,9162	1,0131	1,1090	1,2042	1,2987
350	0,8554	0,9529	1,0496	1,1454	1,2404	1,3349
400	0,8930	0,9900	1,0864	1,1820	1,2769	1,3713
450	0,9310	1,0274	1,1234	1,2187	1,3135	1,4078
500	0,9691	1,0649	1,1605	1,2556	1,3501	1,4443
600	1,0452	1,1400	1,2348	1,3293	1,4234	1,5173
700	1,1208	1,2147	1,3088	1,4027	1,4963	1,5899
800		1,2888	1,3822	1,4756	1,5688	1,6620
900			1,4548	1,5478	1,6406	1,7336
1000				1,6192	1,7117	1,8044
1100					1,7820	1,8745
1200					1,8516	1,9438
1300					1,9204	2,0124
1400					1,9884	2,0802
1500					2,0557	2,1473
1600					2,1222	2,2137
1700					2,1881	2,2794
1800					2,2533	2,3446
1900					2,3179	2,4090
2000					2,3818	2,4730
2100					2,4451	2,5364
2200						2,5992
2300						2,6616

p atm	ϑ in °C				
	50	75	100	125	150
0	1,1823	1,2738	1,3653	1,4568	1,5482
1	1,1830	1,2745	1,3660	1,4575	1,5489
10	1,1890	1,2807	1,3724	1,4639	1,5555
30	1,2024	1,2945	1,3864	1,4782	1,5700
50	1,2160	1,3083	1,4004	1,4923	1,5842
100	1,2504	1,3432	1,4356	1,5279	1,6200
150	1,2854	1,3785	1,4714	1,5638	1,6561
200	1,3209	1,4143	1,5073	1,6000	1,6925
250	1,3568	1,4503	1,5435	1,6363	1,7289
300	1,3928	1,4864	1,5797	1,6727	1,7653
350	1,4291	1,5228	1,6161	1,7091	1,8017
400	1,4654	1,5591	1,6524	1,7455	1,8381
450	1,5018	1,5955	1,6888	1,7818	1,8743
500	1,5383	1,6318	1,7250	1,8180	1,9105
600	1,6110	1,7044	1,7974	1,8902	1,9825
700	1,6833	1,7765	1,8693	1,9619	2,0541

p atm	ϑ in °C				
	50	75	100	125	150
800	1,7552	1,8482	1,9407	2,0331	2,1251
900	1,8264	1,9192	2,0115	2,1038	2,1956
1000	1,8970	1,9895	2,0817	2,1737	2,2654
1100	1,9668	2,0592	2,1512	2,2430	2,3345
1200	2,0359	2,1281	2,2200	2,3117	2,4030
1300	2,1042	2,1964	2,2881	2,3797	2,4709
1400	2,1719	2,2639	2,3555	2,4470	2,5381
1500	2,2388	2,3308	2,4223	2,5137	2,6047
1600	2,3051	2,3970	2,4884	2,5798	2,6707
1700	2,3708	2,4625	2,5539	2,6452	2,7360
1800	2,4359	2,5275	2,6188	2,7100	2,8008
1900	2,5004	2,5919	2,6831	2,7743	2,8650
2000	2,5643	2,6557	2,7469	2,8381	2,9286
2100	2,6276	2,7190	2,8101	2,9012	2,9918
2200	2,6904	2,7818	2,8728	2,9639	3,0544
2300	2,7528	2,8440	2,9350	3,0261	3,1165
2400	2,8146	2,9058	2,9968	3,0878	3,1782
2500	2,8759	2,9672	3,0580	3,1490	3,2394
2600		3,0280	3,1189	3,2098	

Deuterium

p atm	ϑ in °C					
	−175	−170	−160	−150	−135	−120
0	0,3591	0,3774	0,4140	0,4506	0,5055	0,5603
1	0,3589	0,3773	0,4140	0,4507	0,5057	0,5607
10	0,3574	0,3764	0,4141	0,4516	0,5076	0,5634
30	0,3558	0,3760	0,4158	0,4549	0,5128	0,5701
50	0,3568	0,3779	0,4193	0,4598	0,5194	0,5779
100				0,4785	0,5406	0,6012
150				0,5044	0,5674	0,6290
200				0,5354	0,5983	0,6601
250				0,5699	0,6320	0,6936
300				0,6065	0,6677	0,7286
350				0,6440	0,7045	0,7648
400				0,6820	0,7418	0,8017
450					0,7794	0,8388
500					0,8173	0,8760

p atm	ϑ in °C					
	−100	−75	−50	−25	0	25
0	0,6335	0,7250	0,8164	0,9079	0,9994	1,0909
1	0,6339	0,7255	0,8170	0,9085	1,0000	1,0915
10	0,6374	0,7296	0,8217	0,9136	1,0052	1,0969
30	0,6457	0,7394	0,8324	0,9251	1,0174	1,1095
50	0,6548	0,7497	0,8437	0,9370	1,0299	1,1225
100	0,6805	0,7777	0,8733	0,9680	1,0620	1,1555
150	0,7095	0,8081	0,9048	1,0004	1,0950	1,1892
200	0,7411	0,8402	0,9376	1,0338	1,1288	1,2235

p atm	in ϑ °C					
	−100	−75	−50	−25	0	25
250	0,7744	0,8738	0,9715	1,0680	1,1633	1,2582
300	0,8091	0,9083	1,0061	1,1027	1,1982	1,2932
350	0,8448	0,9436	1,0414	1,1379	1,2335	1,3286
400	0,8811	0,9795	1,0770	1,1734	1,2690	1,3641
450	0,9177	1,0156	1,1129	1,2092	1,3047	1,3997
500	0,9545	1,0520	1,1490	1,2451	1,3404	1,4353
600	1,0280	1,1249	1,2211	1,3169	1,4118	1,5066
700		1,1974	1,2931	1,3883	1,4830	1,5775
800			1,3645	1,4894	1,5537	1,6479
900				1,5298	1,6238	1,7178
1000					1,6932	1,7870
1100					1,7619	1,8555
1200					1,8299	1,9233
1300					1,8971	1,9904
1400					1,9636	2,0568
1500					2,0294	2,1225
1600					2,0944	2,1875
1700					2,1588	2,2518
1800					2,2226	2,3156
1900					2,2856	2,3787
2000					2,3481	2,4412
2100					2,4100	2,5031
2200					2,4712	2,5648
2300					2,5320	2,6254

p atm	in ϑ °C				
	50	75	100	125	150
0	1,1823	1,2738	1,3653	1,4568	1,5482
1	1,1830	1,2745	1,3660	1,4575	1,5489
10	1,1887	1,2804	1,3720	1,4636	1,5551
30	1,2017	1,2937	1,3855	1,4773	1,5690
50	1,2150	1,3072	1,3992	1,4912	1,5830
100	1,2486	1,3414	1,4339	1,5263	1,6184
150	1,2828	1,3760	1,4690	1,5617	1,6540
200	1,3174	1,4110	1,5042	1,5972	1,6896
250	1,3524	1,4461	1,5396	1,6327	1,7254
300	1,3876	1,4815	1,5750	1,6683	1,7610
350	1,4230	1,5169	1,6105	1,7038	1,7967
400	1,4585	1,5525	1,6461	1,7394	1,8323
450	1,4941	1,5880	1,6816	1,7750	1,8678
500	1,5297	1,6236	1,7171	1,8104	1,9033
600	1,6008	1,6946	1,7880	1,8811	1,9739
700	1,6715	1,7651	1,8584	1,9514	2,0441
800	1,7417	1,8352	1,9282	2,0212	2,1138
900	1,8114	1,9047	1,9975	2,0904	2,1823
1000	1,8804	1,9736	2,0662	2,1590	2,2513
1100	1,9488	2,0418	2,1342	2,2270	2,3191
1200	2,0165	2,1094	2,2016	2,2943	2,3863
1300	2,0834	2,1763	2,2683	2,3610	2,4529
1400	2,1497	2,2425	2,3344	2,4270	2,5188
1500	2,2153	2,3081	2,4000	2,4925	2,5842

p atm	ϑ in °C				
	50	75	100	125	150
1600	2,2803	2,3730	2,4650	2,5573	2,6490
1700	2,3446	2,4373	2,5294	2,6215	2,7132
1800	2,4083	2,5011	2,5932	2,6851	2,7768
1900	2,4714	2,5642	2,6564	2,7482	2,8399
2000	2,5340	2,6268	2,7191	2,8106	2,9023
2100	2,5960	2,6889	2,7812	2,8726	2,9642
2200	2,6575	2,7504	2,8428	2,9341	3,0255
2300	2,7185	2,8115	2,9039	2,9952	3,0862
2400		2,8721	2,9645	3,0557	
2500			3,0246	3,1158	

Sauerstoff

p atm	ϑ in °C			
	0	25	50	100
0	1,0010	1,0926	1,1842	1,3674
1	1,0000	1,0919	1,1837	1,3673
10	0,9913	1,0855	1,1792	1,3660
20	0,9821	1,0788	1,1745	1,3648
30	0,9731	1,0724	1,1702	1,3639
40	0,9646	1,0664	1,1663	1,3632
50	0,9565	1,0609	1,1628	1,3629
60	0,9489	1,0557	1,1596	1,3628
80	0,9352	1,0468	1,1546	1,3634
100	0,9238	1,0398	1,1512	1,3650
120	0,9149	1,0348	1,1495	

p atm	ϑ in °C			p atm	ϑ in °C		
	0	100	200		0	100	200
200	0,91	1,40	1,82	600	1,27	1,72	2,14
300	0,96	1,45	1,89	700	1,39	1,83	2,24
400	1,05	1,53	1,96	800	1,50	1,94	2,34
500	1,16	1,62	2,05	1000	1,74	2,15	

Schwefelhexafluorid

p atm	ϑ in °C					
	0	50	100	150	200	250
0	1,0153	1,2012	1,3870	1,5729	1,7587	1,9446
1	1,0000	1,1912	1,3798	1,5675	1,7551	1,9421
2	0,9843	1,1811	1,3725	1,5621	1,7515	1,9397
5	0,9346	1,1495	1,3504	1,5460	1,7402	1,9324
10	0,8432	1,0928	1,3126	1,5192	1,7230	1,9202
15	0,7408	1,0310	1,2737	1,4924	1,7051	1,9080
20	0,6266	0,9641	1,2336	1,4655	1,6872	1,8958
25	0,5003	0,8921	1,1924	1,4387	1,6694	1,8837

Stickstoff

p atm	ϑ in °C					
	−125	−100	−75	−50	−25	0
0	0,5427	0,6343	0,7258	0,8174	0,9089	1,0005
1	0,5384	0,6312	0,7236	0,8162	0,9080	1,0000
3	0,5306	0,6252	0,7196	0,8137	0,9062	0,9991
5	0,5220	0,6194	0,7156	0,8112	0,9046	0,9982
10	0,5030	0,6058	0,7060	0,8052	0,9007	0,9962
30	0,4250	0,5556	0,6726	0,7834	0,8879	0,9893
50	0,3425	0,5146	0,6456	0,7654	0,8782	0,9856
100	0,2846	0,4482	0,6091	0,7448	0,8705	0,9847
200	0,4378	0,5335	0,6555	0,7862	0,9154	1,0362
300	0,5945	0,6809	0,7843	0,8988	1,0178	1,1344
400	0,7465	0,8310	0,9278	1,0341	1,1459	1,2566
600	1,0356	1,1216	1,2155	1,3160	1,4214	1,5250
800	1,3096	1,3990	1,4940	1,5939	1,6977	1,7983
1000	1,5727	1,6656	1,7628	1,8638	1,9679	2,0676
1200	1,8270	1,9234	2,0232	2,1258	2,2312	2,3309
1500	2,1957	2,2971	2,4006	2,5065	2,6143	2,7153
2000	2,7836	2,8925	3,0025	3,1139	3,2264	3,3311
2500	3,3468	3,4622	3,5782	3,6949	3,8121	3,9224
3000	3,891	4,0123	4,1336	4,2552	4,3775	4,4940
3500					4,9256	5,0496
4000					5,4598	5,5916
4500					5,9818	6,1224
5000						6,6431
5500						7,167
6000						7,682

p atm	ϑ in °C					
	25	50	75	100	125	150
0	1,0920	1,1836	1,2752	1,3667	1,4583	1,5498
1	1,0918	1,1836	1,2753	1,3670	1,4587	1,5504
3	1,0914	1,1836	1,2756	1,3676	1,4595	1,5514
5	1,0910	1,1836	1,2759	1,3682	1,4604	1,5524
10	1,0902	1,1837	1,2768	1,3698	1,4625	1,5551
30	1,0879	1,1851	1,2812	1,3768	1,4718	1,5663
50	1,0877	1,1883	1,2872	1,3852	1,4822	1,5785
100	1,0968	1,2044	1,3095	1,4122	1,5135	1,6136
200	1,1545	1,2690	1,3803	1,4889	1,5956	1,7007
300	1,2515	1,3661	1,4786	1,5889	1,6976	1,8048
400	1,3699	1,4825	1,5939	1,7039	1,8128	1,9204
600	1,6325	1,7407	1,8488	1,9567	2,0642	2,1710
800	1,9029	2,0086	2,1147	2,2208	2,3268	2,4327
1000	2,1710	2,2756	2,3808	2,4858	2,5910	2,6962
1200	2,4342	2,5386	2,6435	2,7481	2,8529	2,9580
1500	2,8193	2,9241	3,0292	3,1340	3,2389	3,3442
2000	3,4384	3,5444	3,6506	3,7572	3,8632	3,9695
2500	4,0342	4,1418	4,2496	4,3585	4,4671	4,5745
3000	4,6110	4,7221	4,8316	4,9426	5,0545	5,1639
3500	5,1715	5,2860	5,3988	5,5126	5,6271	5,7393
4000	5,7185	5,8370	5,9528	6,0700	6,187	6,3024

p atm	ϑ in °C					
	25	50	75	100	125	150
4500	6,2536	6,3764	6,4958	6,1664	6,737	6,8549
5000	6,7793	6,9057	7,0285	7,1529	7,276	7,3974
5500	7,2949	7,426	7,5522	7,6805	7,807	7,9311
6000	7,810	7,938	8,0678	8,2000	8,332	8,4569

p atm	ϑ in °C						
	200	300	400	500	600	700	800
0	1,7330	2,0992	2,4655	2,8317	3,1980	3,5642	3,9304
1	1,7337	2,1002	2,4665				
10	1,7399	2,1084	2,4761	2,8434	3,2104	3,5773	3,9439
40	1,7617	2,1366	2,5084	2,8789	3,2481	3,6165	3,9844
70	1,7852	2,1657	2,5414	2,9147	3,2859	3,6559	4,0249
100	1,8104	2,1959	2,5751	2,9509	3,3240	3,6954	4,0654
200	1,911	2,304	2,692	3,074	3,452	3,828	4,201
300	2,016	2,421	2,814	3,200	3,582	3,960	4,336
400	2,133	2,544	2,940	3,329	3,713	4,094	4,472
500	2,256	2,671	3,069	3,460	3,846	4,228	4,607
600	2,380	2,800	3,200	3,592	3,979	4,362	4,743
700		2,929	3,331	3,724	4,112	4,496	4,889
800			3,461	3,856	4,246	4,630	5,030
900			3,589	3,986	4,379	4,764	5,148

Luft

p atm	ϑ in °C						
	−170	−165	−160	−155	−145	−135	−125
0	0,3779	0,3962	0,4145	0,4328	0,4694	0,5061	0,5427
1	0,371	0,390	0,408	0,4273	0,4647	0,5020	0,5392
2	0,363	0,383	0,402	0,4217	0,4600	0,4980	0,5357
4	0,348	0,369	0,390	0,4100	0,4502	0,4896	0,5286
6	0,331	0,354	0,376	0,3978	0,4401	0,4812	0,5213
8				0,3849	0,4296	0,4725	0,5140
10				0,3711	0,4188	0,4635	0,5065
15				0,3315	0,3894	0,4402	0,4873
20					0,3554	0,4148	0,4670
30						0,3553	0,4232
40						0,2714	0,3735
50						0,1610	0,3171
60						0,1585	0,2624
80						0,1866	0,2343
100						0,2193	0,2547
150						0,3014	0,3299
200						0,3813	0,4085
300							0,5618

p atm	ϑ in °C						
	−115	−100	−85	−70	−50	−25	0
0	0,5793	0,6343	0,6892	0,7442	0,8174	0,9090	1,0006
1	0,5763	0,6318	0,6872	0,7425	0,8161	0,9081	1,0000
2	0,5732	0,6293	0,6852	0,7408	0,8149	0,9072	0,9994
4	0,5671	0,6243	0,6811	0,7375	0,8123	0,9054	0,9982
6	0,5609	0,6193	0,6770	0,7342	0,8098	0,9037	0,9971
8	0,5546	0,6143	0,6729	0,7309	0,8073	0,9020	0,9960
10	0,5483	0,6092	0,6689	0,7276	0,8049	0,9003	0,9949
15	0,5321	0,5965	0,6587	0,7194	0,7987	0,8961	0,9922
20	0,5154	0,5836	0,6486	0,7113	0,7928	0,8921	0,9898
30	0,4807	0,5576	0,6284	0,6955	0,7812	0,8846	0,9852
40	0,4440	0,5315	0,6087	0,6803	0,7704	0,8778	0,9814
50	0,4059	0,5057	0,5898	0,6660	0,7604	0,8716	0,9780
60	0,3684	0,4810	0,5720	0,6527	0,7513	0,8662	0,9753
80	0,3159	0,4395	0,5414	0,6300	0,7362	0,8578	0,9718
100	0,3098	0,4171	0,5210	0,6141	0,7258	0,8528	0,9710
150	0,3663	0,4374	0,5220	0,6100	0,7235	0,8564	0,9810
200	0,4407	0,4992	0,5688	0,6455	0,7514	0,8818	1,0072
300	0,5922	0,6435	0,7015	0,7652	0,8563	0,9753	1,0952
400	0,7395	0,7895	0,8440	0,9026	0,9861	1,0963	1,2096
500		0,9322	0,9858	1,0424	1,1222	1,2271	1,3356
600			1,1250	1,1810	1,2590	1,3610	1,4663
700				1,3173	1,3946	1,4950	1,5984
800					1,5284	1,6281	1,7302
900						1,7596	1,8612
1000						1,8896	1,9909

p atm	ϑ in °C					
	25	50	75	100	150	200
0	1,0922	1,1838	1,2753	1,3669	1,5501	1,7332
1	1,0918	1,1836	1,2753	1,3671	1,5504	1,7338
2	1,0915	1,1835	1,2754	1,3672	1,5508	1,7343
4	1,0908	1,1832	1,2755	1,3676	1,5516	1,7354
6	1,0901	1,1829	1,2756	1,3679	1,5523	1,7365
8	1,0895	1,1827	1,2757	1,3683	1,5531	1,7376
10	1,0888	1,1825	1,2758	1,3687	1,5539	1,7387
15	1,0876	1,1820	1,2762	1,3697	1,5559	1,7415
20	1,0861	1,1816	1,2766	1,3708	1,5581	1,7444
30	1,0839	1,1813	1,2777	1,3732	1,5625	1,7503
40	1,0823	1,1814	1,2794	1,3761	1,5672	1,7565
50	1,0811	1,1820	1,2814	1,3793	1,5723	1,7629
60	1,0805	1,1830	1,2838	1,3828	1,5776	1,7695
80	1,0808	1,1865	1,2898	1,3910	1,5892	1,7835
100	1,0834	1,1917	1,2972	1,4007	1,6019	1,7985
150	1,0991	1,2125	1,3224			
200	1,1275	1,2436	1,3560			
300	1,2136	1,3300				
400	1,3239	1,4376				
500	1,4462	1,5570				
600	1,5740	1,6824				
700	1,7040	1,8105				
800	1,8345					
900	1,9645					
1000	2,0936					

Ammoniak

p atm	ϑ in °C		
	50	75	100
0	1,2019	1,2948	1,3878
1	1,1925	1,2862	1,3813
5	1,1549	1,2550	1,3555
10	1,1051	1,2156	1,3229
20		1,128	1,251
30		1,022	1,180
40			1,094

p atm	ϑ in °C			
	150	200	250	300
0	1,5738	1,7598	1,9457	2,1317
1	1,569	1,755	1,942	2,129
5	1,549	1,741	1,931	2,120
10	1,527	1,726	1,919	2,110
20	1,482	1,692	1,895	2,092
30	1,433	1,658	1,868	2,072
40	1,382	1,623	1,846	2,052
50	1,330	1,589	1,819	2,036
60	1,274	1,552	1,794	2,017
80	1,150	1,477	1,743	1,982
100	1,032	1,408	1,695	1,948
200	0,432	0,976	1,426	1,764
300	0,545	0,811	1,234	1,630
400	0,681	0,868	1,190	1,560
500	0,806	0,974	1,225	1,553
600	0,938	1,092	1,312	1,595
700	1,059	1,208	1,414	1,671
800	1,185	1,330	1,522	1,757
900	1,304	1,451	1,635	1,859
1000	1,421	1,567	1,748	1,970

Distickstoffmonoxid

p atm	ϑ in °C				
	−30	−15	0	+15	30
0	0,8966	0,9519	1,0072	1,0625	1,1178
1	0,8873	0,9437	1,0000	1,0560	1,1123
2	0,8778	0,9355	0,9927	1,0495	1,1062
4	0,8580	0,9184	0,9777	1,0363	1,0946
6	0,8371	0,9008	0,9625	1,0230	1,0828
8	0,8155	0,8829	0,9469	1,0097	1,0710
10	0,7923	0,8638	0,9304	0,9959	1,0589
15		0,8123	0,8877	0,9592	1,0274
20		0,7524	0,8410	0,9203	0,9942
30			0,7271	0,8328	0,9216
40				0,7224	0,8397
50					0,7384
60					0,5891

p atm	ϑ in °C				
	50	75	100	125	150
0	1,1916	1,2838	1,3760	1,4682	1,5604
1	1,1867	1,2797	1,3725	1,4652	1,5579
2	1,1818	1,2755	1,3690	1,4623	1,5554
4	1,1718	1,2672	1,3619	1,4563	1,5504
6	1,1617	1,2588	1,3548	1,4502	1,5453
8	1,1515	1,2503	1,3476	1,4442	1,5402
10	1,1410	1,2416	1,3404	1,4381	1,5351
15	1,1142	1,2197	1,3221	1,4227	1,5221
20	1,0869	1,1971	1,3036	1,4071	1,5088
30	1,0285	1,1508	1,2654	1,3756	1,4822
40	0,9653	1,1024	1,2266	1,3435	1,4559
50	0,8963	1,0518	1,1868	1,3115	1,4296
60	0,8185	0,9985	1,1461	1,2795	1,4034
70	0,7275	0,9427	1,1052	1,2475	1,3785
80	0,6106	0,8839	1,0639	1,2157	1,3532
90	0,4555	0,8219	1,0223	1,1841	1,3281
100	0,3608	0,7577	0,9804	1,1528	1,3037
120	0,3591	0,6389	0,8996	1,0935	1,2574
140	0,3888	0,5715	0,8306	1,0404	1,2157
160	0,4239	0,5579	0,7823	0,9966	1,1801
180	0,4603	0,5721	0,7579	0,9662	1,1517
200	0,4976	0,5966	0,7549	0,9480	1,1319
220	0,5353	0,6268	0,7646	0,9417	1,1208
240	0,5729	0,6588	0,7840	0,9455	1,1171
260	0,6084	0,6938	0,8088	0,9576	1,1202
280	0,6480	0,7295	0,8366	0,9753	1,1289
300	0,6847	0,7637	0,8674	0,9976	1,1444

Kohlenmonoxid

p atm	ϑ in °C			p atm	t in °C		
	−70	−50	−25		−70	−50	−25
0	0,744	0,817	0,909	200	0,663	0,765	0,902
1	0,743	0,816	0,908	300	0,796	0,887	1,009
25	0,703	0,790	0,894	400	0,943	1,028	1,140
50	0,664	0,762	0,877	500	1,092	1,176	1,283
75	0,632	0,739	0,863	600	1,239	1,322	1,428
100	0,615	0,726	0,859	800	1,524	1,610	1,715
150	0,619	0,730	0,866	1000	1,799	1,887	1,994

p atm	ϑ in °C						
	0	25	50	75	100	125	150
0	1,0006	1,0922	1,1838	1,2754	1,3670	1,4585	1,5501
1	1,0000	1,0918	1,1836	1,2754	1,3672	1,4589	1,5506
50	0,9775	1,0813	1,1829	1,2829	1,3816	1,4793	1,5761
100	0,9720	1,0854	1,1948	1,3012	1,4053	1,5075	1,6085
200	1,0182	1,1387	1,2553	1,3684	1,4786	1,5864	1,6925
300	1,1188	1,2368	1,3528	1,4668	1,5784	1,6880	1,7960
400	1,2452	1,3586	1,4718	1,5843	1,6953	1,8047	1,9132

p atm	ϑ in °C						
	0	25	50	75	100	125	150
600	1,5218	1,6290	1,7372	1,8458	1,9541	2,0616	2,1690
800	1,8024	1,9068	2,0123	2,1185	2,2246	2,3304	2,4366
1000	2,0781	2,1816	2,2860	2,3910	2,4960	2,6007	2,7059
1200	2,3473	2,4510	2,5551	2,6598	2,7643	2,8686	2,9733
1500	2,7396	2,8442	2,9492	3,0541	3,1588	3,2632	3,3678
2000	3,3670	3,4737	3,5809	3,6876	3,7940	3,8998	4,0052
2500	3,965	4,0757	4,1859	4,2954	4,4041	4,5118	4,6186
3000	4,541	4,6559	4,769	4,882	4,993	5,103	5,211

Kohlendioxid

p atm	ϑ in °C				
	0	50	100	150	200
0	1,0070	1,1914	1,3757	1,5600	1,7444
1	1,0000	1,1868	1,3725	1,5578	1,7428
10	0,9340	1,1442	1,3431	1,5373	1,7291
20	0,8520	1,0948	1,3100	1,5146	1,7138
30	0,7506	1,0426	1,2762	1,4919	1,6985
40		0,9924	1,2419	1,4691	1,6832
50		0,9262	1,2070	1,4464	1,6678

p atm	ϑ in °C			
	300	400	500	600
0	2,1130	2,4817	2,8504	3,2190
1	2,1124	2,4816	2,8506	3,2196
10	2,1070	2,4810	2,8531	3,2245
20	2,1009	2,4803	2,8558	3,2299
30	2,0948	2,4796	2,8586	3,2354
40	2,0887	2,4789	2,8613	3,2408
50	2,0826	2,4782	2,8640	3,2462

p atm	ϑ in °C						
	50	75	100	125	150	198	258
0	1,1914	1,2836	1,3757	1,4679	1,5600	1,7369	1,9581
1	1,1868	1,2796	1,3725	1,4651	1,5578	1,7355	1,9574
100	0,4926	0,8272	1,0286	1,1922	1,3368	1,582	1,847
200	0,5017	0,6245	0,8098	1,0083	1,1904	1,496	1,804
300	0,6788	0,7690	0,8882	1,0331	1,1915	1,494	1,820
400	0,8534	0,7373	1,0387	1,1577	1,2911	1,563	1,883
600	1,1902	1,2726	1,3652	1,4679	1,5800	1,812	
800	1,5124	1,5968	1,6888	1,7878	1,8935	2,108	
1000	1,8232	1,9109	2,0041	2,1027	2,2065		
1200	2,1253	2,2161	2,3113	2,4109	2,5144		
1500	2,5651	2,6604	2,7591	2,8609	2,9657		
2000		3,3726	3,4770	3,5832	3,6920		

Kohlenstofftetrafluorid

p atm	ϑ in °C 0	50	100	150	250	300	400
0	1,0050	1,1889	1,3729	1,5569	1,9248	2,1087	2,4766
1	1,0000	1,1858	1,3710	1,5557	1,9248	2,1091	2,4777
10	0,9542	1,1575	1,3539	1,5458	1,9257	2,1132	2,4874
20	0,9008	1,1264	1,3358	1,5360	1,9273	2,1183	2,4984
30	0,8455	1,0959	1,3186	1,5273	1,9297	2,1241	2,5098
40	0,7881	1,0665	1,3026	1,5199	1,9328	2,1304	2,5215
50	0,7285	1,0389	1,2883	1,5136	1,9366	2,1375	2,5335

Methan

p atm	ϑ in °C −70	−50	−25	p atm	in °C −70	−50	−25
0	0,7455	0,8189	0,9106	160	0,392	0,460	0,589
1	0,7410	0,8150	0,9075	180	0,429	0,492	0,608
20	0,647	0,740	0,849	200	0,466	0,527	0,632
40	0,524	0,655	0,787	300	0,646	0,702	0,788
60	0,337	0,555	0,724	400	0,818	0,875	0,956
80	0,256	0,460	0,665	500	0,987	1,043	1,122
100	0,281	0,409	0,617	600	1,149	1,207	1,286
120	0,318	0,410	0,588	800	1,463	1,525	1,605
140	0,354	0,430	0,580	1000	1,766	1,829	1,911

p atm	ϑ in °C 0	25	50	100	150	200
0	1,0024	1,0941	1,1859	1,3695	1,5528	1,7365
1	1,0000	1,0922	1,1843	1,3684	1,5523	1,7363
20	0,9546	1,0562	1,1559	1,3513	1,5436	1,732
40	0,9074	1,0200	1,1280	1,3354	1,5361	1,731
60	0,8616	0,9862	1,1027	1,3218	1,5303	1,731
80	0,8197	0,9558	1,0805	1,3107	1,5265	1,732
100	0,7843	0,9303	1,0622	1,3024	1,5249	1,735
120	0,7584	0,9109	1,0483	1,2970	1,5254	1,740
140	0,7445	0,8984	1,0393	1,2947	1,5281	1,747
160	0,7413	0,8937	1,0356	1,2954	1,5330	1,755
180	0,7482	0,8960	1,0369	1,2992	1,5401	1,765
200	0,7630	0,9036	1,0437	1,3060	1,5492	1,776
300	0,889	1,006	1,129	1,378	1,623	1,853
400	1,049	1,150	1,261	1,493	1,727	1,959
500	1,209	1,306	1,411	1,628	1,854	2,080
600	1,371	1,466	1,565	1,773	1,994	2,213
800	1,689	1,780	1,878	2,074	2,283	2,495
1000	2,000	2,089	2,184	2,376	2,580	2,786

Äthan

p atm	ϑ in °C 0	25	p atm	ϑ in °C 0	25
0	1,0103	1,1028	5	0,9606	1,0593
1	1,0000	1,0942	10	0,9195	1,0140
2	0,9895	1,0856	20		0,9115

p atm	ϑ in °C			
	50	75	100	125
0	1,1952	1,2877	1,3802	1,4726
1	1,1880	1,2816	1,3751	1,4682
2	1,1810	1,2757	1,3698	1,4638
5	1,1592	1,2573	1,3545	1,4508
10	1,1225	1,2264	1,3287	1,4289
20	1,0434	1,1628	1,2760	1,3848
40	0,8504	1,0199	1,1648	1,2937
60	0,5498	0,8531	1,0438	1,2024
80	0,3980	0,6838	0,9275	1,1148
100	0,4300	0,6037	0,8364	1,0404
150	0,5615	0,6565	0,7971	0,9660
200	0,6992	0,7765	0,8819	1,0117
250	0,8394	0,9112	1,0015	1,1125
300	0,9770	1,0466	1,1309	1,2308
350	1,1126	1,1819	1,2622	1,3560
400	1,2458	1,3147	1,3941	1,4838
450	1,3771	1,4467	1,5251	1,6122
500	1,5065	1,5770	1,6555	1,7402

p atm	ϑ in °C			
	150	175	200	225
0	1,5651	1,6576	1,7500	1,8425
1	1,5613	1,6543	1,7490	1,8401
2	1,5576	1,6511	1,7444	1,8375
5	1,5465	1,6417	1,7364	1,8307
10	1,5277	1,6254	1,7224	1,8185
20	1,4908	1,5946	1,6954	1,7955
40	1,4166	1,5325	1,6432	1,7517
60	1,3425	1,4728	1,5942	1,7115
80	1,2735	1,4172	1,5505	1,6763
100	1,2169	1,3715	1,5132	1,6472
150	1,1402	1,3029	1,4572	1,6052
200	1,1586	1,3120	1,4620	1,6100
250	1,2396	1,3768	1,5176	1,6586
300	1,3452	1,4686	1,5992	1,7343
350	1,4610	1,5754	1,6975	1,8255
400	1,5826	1,6896	1,8048	1,9263
450	1,7063	1,8074	1,9171	2,0334
500	1,8313	1,9285	2,0323	2,1436

Äthylen

p atm	ϑ in °C					
	0	10	20	30	40	50
0	1,0073	1,0442	1,0811	1,1180	1,1548	1,1917
1	1,0000	1,0374	1,0747	1,1120	1,1492	1,1864
2	0,9925	1,0305	1,0682	1,1059	1,1435	1,1811
5	0,9693	1,0092	1,0482	1,0874	1,1263	1,1649
10	0,9279	0,9716	1,0135	1,0554	1,0967	1,1374
15	0,8832	0,9313	0,9768	1,0220	1,0660	1,1091
20	0,8350	0,8883	0,9383	0,9871	1,0343	1,0801
25	0,7834	0,8426	0,8978	0,9508	1,0015	1,0502

p atm	ϑ in °C						
	0	25	50	75	100	125	150
0	1,0073	1,0995	1,1917	1,2839	1,3761	1,4683	1,5605
1	1,0000	1,0932	1,1864	1,2796	1,3728	1,4660	1,5592
50	0,1740	0,6812	0,8868	1,0435	1,1807	1,3071	1,4264
100	0,3105	0,3794	0,5617	0,8042	1,0005	1,1666	1,3151
200	0,5672	0,6256	0,7054	0,8131	0,9474	1,0972	1,2502
300	0,8081	0,8692	0,9427	1,0306	1,1331	1,2486	1,3737
400	1,0386	1,1031	1,1768	1,2602	1,3533	1,4557	1,5661
600	1,4780	1,5491	1,6264	1,7096	1,7984	1,8930	1,9926
800	1,8969	1,9738	2,0553	2,1410	2,2305	2,3241	2,4213
1000	2,3007	2,3827	2,4684	2,5573	2,6486	2,7431	2,8406
1200	2,6925	2,7791	2,8688	2,9608	3,0544	3,1507	3,2493
1500	3,2624	3,3551	3,4501	3,5468	3,6440	3,7434	3,8443
2000	4,1750	4,2762	4,3791	4,4828	4,5859	4,6905	4,7961
2500	5,0518	5,1600	2,5699	5,3797	5,4881	5,5976	5,7077

Acetylen

p atm	ϑ in °C				
	0	15	25	40	50
0	1,0088	1,0641	1,1015	1,1569	1,1938
1	1,0000	1,0561	1,0939	1,1501	1,1875
2	0,9911	1,0479	1,0863	1,1433	1,1811
5	0,9637	1,0230	1,0631	1,1224	1,1621
10	0,9158	0,9798	1,0231	1,0871	1,1299
15	0,8651	0,9345	0,9814	1,0508	1,0972
20	0,8116	0,8871	0,9381	1,0135	1,0641
25	0,7553	0,8375	0,8932	0,9754	1,0306

Propan

p atm	ϑ in °C			
	0	10	20	30
0	1,0193	1,0566	1,0939	1,1312
1	1,0000	1,0377	1,0759	1,1141
2	0,9777	1,0177	1,0577	1,0978

p atm	ϑ in °C			
	0	10	20	30
4		0,9718	1,0168	1,0605
6			0,9741	1,0218
8				0,9759

p atm	ϑ in °C			
	40	50	75	100
0	1,1685	1,2245	1,2991	1,3924
1	1,1528	1,1914	1,2869	1,3815
2	1,1369	1,1751	1,2733	1,3715
4	1,1032	1,1455	1,2483	1,3479
6	1,0682	1,1132	1,2201	1,3242
8	1,0268	1,0759	1,1910	1,2997
10	0,9832	1,0368	1,1605	1,2765
20			0,9823	1,1405

p atm	ϑ in °C				
	125	150	200	250	300
0	1,4857	1,5790	1,7656	1,9522	2,1387
1	1,4757	1,5698	1,7590	1,9472	2,1346
2	1,4661	1,5643	1,7535	1,9427	2,1310
4	1,4466	1,5452	1,7390	1,9327	2,1255
6	1,4270	1,5280	1,7262	1,9227	2,1150
8	1,4079	1,5098	1,7140	1,9136	2,1091
10	1,3874	1,4925	1,7008	1,9031	2,1009
20	1,2797	1,4024	1,6344	1,8554	2,0637
40	1,0182	1,2024	1,5025	1,7626	1,9932
60	0,6480	0,9795	1,3752	1,6753	1,9313
80	0,5357	0,7831	1,2587	1,5994	1,8808
100	0,5853	0,7385	1,1723	1,5380	1,8417
150	0,7708	0,8643	1,1391	1,4834	1,8108
200	0,9577	1,0450	1,2724	1,5507	1,8645
300	1,3397	1,4215	1,6125	1,8281	
400	1,7008	1,7863	1,9700	2,1719	
500	2,0532	2,1351	2,3192	2,5193	
600	2,3902	2,4747	2,6630	2,8595	

Propen

p atm	ϑ in °C					
	25	50	75	100	125	150
0	1,1129	1,2062	1,2995	1,3928	1,4861	1,5794
1	1,0969	1,1928	1,2882	1,3831	1,4777	1,5721
10	0,9276	1,0586	1,1780	1,2907	1,3991	1,5045
30			0,8298	1,0404	1,2010	1,3422
50				0,5773	0,9555	1,1618
100				0,4819	0,5871	0,7843
200				0,8429	0,9152	1,0056
300				1,1859	1,2583	1,3409

p atm	ϑ in °C 25	50	75	100	125	150
400				1,5146	1,5897	1,6721
600				2,1415	2,2230	2,3092
800				2,7392	2,8267	2,9177
1000				3,3156	3,4086	3,5042
1200				3,8751	3,9731	4,0731
1500				4,6895	4,7942	4,9000
2000				5,9954	6,1097	6,2239
2500					7,3749	7,4965

p atm	ϑ in °C 175	200	225	250
0	1,6727	1,7660	1,8595	1,9527
5	1,640	1,738	1,834	1,931
10	1,607	1,710	1,810	1,909
30	1,471	1,595	1,711	1,822
50	1,330	1,477	1,614	1,742
100	1,020	1,228	1,412	1,574
200	1,113	1,242	1,388	1,538

3334. Die zweiten Virialkoeffizienten von Gasen

Von J. Otto, Braunschweig

Unter dem zweiten Virialkoeffizienten soll hier der Koeffizient B der Zustandsgleichung $pv = (pV)/(pV)_{0^\circ\,\mathrm{C};\,1\,\mathrm{atm}} = A + Bp + Cp^2 \ldots$ verstanden werden, also für den Fall, daß die Volumenwerte in Amagat-Einheiten ausgedrückt werden. $A = RT$; $T\,°\mathrm{K} = (t + 273{,}15)\,°\mathrm{C}$.

Die Zustandsgleichung wird auch häufig in den Formen

$$pv = RT + B'/v + C'/v^2 + \cdots$$

oder

$$pv = RT\,(1 + B''/v + C''/v^2 + \cdots)$$

dargestellt. Für die zweiten Virialkoeffizienten gelten dann folgende Beziehungen: $B = B'/RT = B''$.

ϑ °C	$B \cdot 10^3$ in atm^{-1} Helium He	Neon Ne	Argon Ar	Krypton Kr	Xenon Xe	Wasserstoff H_2	Deuterium D_2	Sauerstoff O_2
1000	0,38		(1,05)*	(1,13)*	(1,14)*			
900	0,39		(1,02)*	(1,06)*	(1,00)*			
800	0,41		(0,98)*	(0,98)*	(0,83)*			
700	0,42	0,624	(0,93)*	(0,88)*	0,64			
600	0,43	0,619	0,87	0,75	0,36			
500	0,45	0,613	0,79	0,57	−0,01			
400	0,46	0,612	0,68	0,33	−0,48	0,70		

* Extrapolierte Werte.

ϑ °C	Helium He	Neon Ne	Argon Ar	Krypton Kr	Xenon Xe	Wasserstoff H_2	Deuterium D_2	Sauerstoff O_2
	$B \cdot 10^3$ in atm^{-1}							
300	0,474	0,611	0,49	0,19	−1,09	0,72		
200	0,491	0,597	0,22	−0,48	−2,08	0,73		0,25
175	0,495	0,588	0,17	−0,65	−2,40	0,72		0,18
150	0,500	0,579	0,06	−0,83	−2,74	0,710	0,694	0,08
125	0,504	0,567	−0,04	−1,05	−3,17	0,705	0,688	−0,02
100	0,509	0,550	−0,18	−1,30	−3,68	0,699	0,673	−0,14
75	0,514	0,540	−0,33	−1,58	−4,26	0,686	0,662	−0,30
50	0,519	0,530	−0,55	−1,91	−4,98	0,665	0,644	−0,46
25	0,524	0,51	−0,72	−2,34	−5,85	0,641	0,621	−0,62
0	0,529	0,48	−0,98	−2,81	−6,95	0,612	0,594	−0,95
−25	0,535	0,45	−1,28			0,581	0,555	−1,30
−50	0,539	0,40	−1,67			0,538	0,514	−1,72
−75	0,540	0,35	−2,19			0,481	0,453	−2,30
−100	0,540	0,28	−2,91			0,398	0,374	−3,06
−125	0,538	0,17	−3,95			0,311	0,285	−4,15
−150	0,532	0,01				0,12	0,08	−5,72
−175	0,495	−0,27				−0,13	−0,19	
−200	0,445	−0,68						
−225	0,350							
−250	−0,010							

ϑ °C	Schwefelhexafluorid SF_6	Stickstoff N_2	Luft	Ammoniak NH_3	Distickstoffmonoxid N_2O	Kohlenmonoxid CO	Kohlendioxid CO_2
	$B \cdot 10^3$ in atm^{-1}						
1000		(1,42)*					(1,02)*
900		(1,39)*					(0,95)*
800		1,36					(0,85)*
700		1,32					(0,72)*
600		1,27					0,54
500		1,19					0,27
400		1,06					−0,08
300		0,91				0,91	−0,61
200	−3,60	0,686	0,53	−3,5		0,64	−1,53
175	−4,45	0,620	0,46	−4,0		0,50	−1,90
150	−5,37	0,530	0,37	−4,6	−2,62	0,44	−2,31
125	−6,20	0,418	0,27	−5,5	−3,07	0,33	−2,75
100	−7,21	0,290	0,16	−6,5	−3,61	0,20	−3,25
75	−8,40	0,150	0,02	−7,8	−4,25	0,04	−3,85
50	−9,82	−0,018	−0,153	−9,5	−5,02	−0,15	−4,63
25	−11,3	−0,209	−0,358	−12,0	−6,00	−0,37	−5,56
0	−15,1	−0,464	−0,600	−16,1	−7,25	−0,63	−6,90
−25		−0,78	−0,90				−8,4
−50		−1,12	−1,29				−12,2
−75		−1,65	−1,68				
−100		−2,31	−2,48				
−125		−3,30	−3,48				
−150		−4,80					

* Extrapolierte Werte.

	Kohlenstofftetrafluorid CF_4	Methan CH_4	Äthan C_2H_6	Äthylen C_2H_4	Acetylen C_2H_2	Propan C_3H_6	Propen C_3H_8
400	1,06						
300	0,42					−4,0	
200	−0,45					−6,4	
175	−0,75					−7,4	
150	−1,16	−0,52	−3,80	−2,80		−8,6	−7,29
125	−1,50	−0,73	−4,44	−3,25		−9,8	−8,36
100	−1,93	−0,97	−5,17	−3,82		−11,5	−9,67
75	−2,25	−1,25	−6,04	−4,48		−13,2	−11,26
50	−3,16	−1,55	−7,09	−5,30	−6,30	−15,4	−13,27
25	−3,95	−1,94	−8,39	−6,31	−7,52	−18,0	−15,76
0	−4,98	−2,41	−9,98	−7,54	−8,73	−21,7	
−25						−27,5	

34. Gleichgewichtskonstanten

341. Dissoziationskonstante in wäßriger Lösung

3411. Anorganische Säuren und Basen

Formel	Name	Stufe	°C	Konstante Konz. in Mol/l
H_3AlO_3	Aluminiumhydroxid	—	25	$6 \cdot 10^{-12}$
H_3AsO_3	Arsenige Säure	1	25	$4 \cdot 10^{-10}$
		2	25	$3 \cdot 10^{-14}$
		3	32	$< 10^{-15}$
H_3AsO_4	Arsensäure	1	18	$5{,}62 \cdot 10^{-3}$
		2	18	$1{,}70 \cdot 10^{-7}$
		3	18	$2{,}95 \cdot 10^{-12}$
HBO_2	Metaborsäure	—	25	$7{,}5 \cdot 10^{-10}$
H_3BO_3	Borsäure	1	20	$5{,}27 \cdot 10^{-10}$
		2	20	$1{,}8 \cdot 10^{-13}$
		3	20	$1{,}6 \cdot 10^{-14}$
HBr	Bromwasserstoffsäure	—	25	10^{9}
HBrO	Unterbromige Säure	—	20	$2{,}0 \cdot 10^{-9}$
HCN	Cyanwasserstoffsäure	—	18	$4{,}79 \cdot 10^{-4}$
HCNO	Cyansäure	—	25	$2{,}2 \cdot 10^{-4}$
HCNS	Thiocyansäure	—	25	0,142
H_2CO_3	Kohlensäure	1	25	$4{,}31 \cdot 10^{-7}$
		2	25	$5{,}61 \cdot 10^{-11}$
HCl	Chlorwasserstoffsäure	—	25	10^{7}
HClO	Unterchlorige Säure	—	15	$3{,}2 \cdot 10^{-8}$
$HClO_2$	Chlorige Säure	—	25	$4{,}9 \cdot 10^{-3}$
H_2CrO_4	Chromsäure	1	25	0,18
		2	25	$3{,}2 \cdot 10^{-7}$
HF	Fluorwasserstoffsäure	—	25	$6{,}7 \cdot 10^{-4}$
HJ	Jodwasserstoffsäure	—	25	$3 \cdot 10^{9}$
HJO	Unterjodige Säure	—	25	$2 \cdot 10^{-10}$
HN_3	Stickstoffwasserstoffsäure	—	25	$1{,}9 \cdot 10^{-5}$

Formel	Name	Stufe	°C	Konstante Konz. in Mol/l
HNO_2	Salpetrige Säure	—	20	$7 \cdot 10^{-4}$
HNO_3	Salpetersäure	—	30	22
NH_2OH	Hydroxylamin	—	25	$9{,}3 \cdot 10^{-9}$
H_2O_2	Wasserstoffperoxid	—	20	$1{,}78 \cdot 10^{-12}$
H_3PO_2	Unterphosphorige Säure	1	18	$8{,}5 \cdot 10^{-2}$
H_3PO_3	Phosphorige Säure	1	18	$1{,}0 \cdot 10^{-2}$
		2	18	$2{,}6 \cdot 10^{-7}$
H_3PO_4	Phosphorsäure	1	20	$7{,}46 \cdot 10^{-3}$
		2	20	$6{,}12 \cdot 10^{-8}$
$H_4P_2O_7$	Pyrophosphorsäure	1	18	$1{,}1 \cdot 10^{-1}$
		2	18	$3{,}2 \cdot 10^{-2}$
		3	25	$2{,}7 \cdot 10^{-7}$
		4	25	$2{,}4 \cdot 10^{-10}$
H_2S	Schwefelwasserstoffsäure	1	20	$8{,}73 \cdot 10^{-7}$
		2	20	$3{,}63 \cdot 10^{-12}$
H_2SO_3	Schweflige Säure	1	18	$1{,}66 \cdot 10^{-2}$
		2	18	$1{,}02 \cdot 10^{-7}$
H_2SO_4	Schwefelsäure	2	20	$1{,}27 \cdot 10^{-2}$
H_2SO_5	Peroxidmonoschwefelsäure	2	25	$4 \cdot 10^{-10}$
HO_3SNH_2	Amidosulfonsäure	—	20	$1{,}014 \cdot 10^{-1}$
H_2Se	Selenwasserstoffsäure	1	25	$1{,}88 \cdot 10^{-4}$
H_2SeO_3	Selenige Säure	1	18	$2{,}88 \cdot 10^{-3}$
		2	18	$9{,}55 \cdot 10^{-9}$
H_2SeO_4	Selensäure	1	25	~ 3
		2	30	$1{,}13 \cdot 10^{-2}$
H_2SiO_3	Metakieselsäure	1	25	$3{,}1 \cdot 10^{-10}$
		2	25	$1{,}7 \cdot 10^{-12}$
H_4SiO_4	Orthokieselsäure	1	30	$2{,}2 \cdot 10^{-10}$
		2	30	$2{,}0 \cdot 10^{-12}$
		3	30	$1 \cdot 10^{-12}$
		4	30	$1 \cdot 10^{-12}$
H_2Te	Tellurwasserstoffsäure	1	18	$2{,}27 \cdot 10^{-3}$
		2	25	$1{,}59 \cdot 10^{-9}$
H_2TeO_3	Tellurige Säure	1	25	$3 \cdot 10^{-3}$
		2	25	$1{,}4...4{,}3 \cdot 10^{-6}$
H_2TeO_4	Tellursäure	1	25	$1{,}55 \cdot 10^{-8}$
		2	25	$4{,}7 \cdot 10^{-11}$
$Ag(NH_3)_2OH$	Diamminsilberhydroxid	—	18	$3{,}31 \cdot 10^{-8}$
$AgOH$	Silberhydroxid	—	25	$1{,}1 \cdot 10^{-4}$
$Ba(OH)_2$	Bariumhydroxid	2	25	0,23
$Be(OH)_2$	Berylliumhydroxid	2	25	$5 \cdot 10^{-11}$
$Ca(OH)_2$	Calciumhydroxid	1	25	$3{,}74 \cdot 10^{-3}$
		2	25	$4{,}3 \cdot 10^{-2}$
$Fe(OH)_2$	Eisen(II)-hydroxid	2	25	$8{,}3 \cdot 10^{-7}$
$Ga(OH)_3$	Gallium(III)-hydroxid	2	18	$\sim 1{,}6 \cdot 10^{-11}$
		3	18	$\sim 4 \cdot 10^{-12}$
$LiOH$	Lithiumhydroxid	—	25	0,665
$Mg(OH)_2$	Magnesiumhydroxid	2	25	$2{,}6 \cdot 10^{-3}$
NH_3	Ammoniak	1	20	$1{,}71 \cdot 10^{-5}$
		—	50	$1{,}89 \cdot 10^{-5}$
N_2H_4	Hydrazin	1	25	$8{,}5 \cdot 10^{-7}$
		2	25	$8{,}9 \cdot 10^{-16}$
NH_2Cl	Chloramid	—	25	$\sim 10^{-15}$
NH_2OH	Hydroxylamin	—	20	$1{,}07 \cdot 10^{-8}$

Formel	Name	Stufe	°C	Konstante Konz. in Mol/l
NaOH	Natriumhydroxid	—	25	3,7...5,9
PH_3	Phosphorwasserstoff	—	—	$\sim 4 \cdot 10^{-28}$
$Pb(OH)_2$	Bleihydroxid	1	25	$9,6 \cdot 10^{-4}$
		2	25	$3 \cdot 10^{-8}$
$Sr(OH)_2$	Strontiumhydroxid	2	25	0,150
$Zn(OH)_2$	Zinkhydroxid	2	25	$1,5 \cdot 10^{-9}$

3412. Organische Stoffe in wäßriger Lösung

34121. Säuren und Basen

Formel	Name	Stufe	°C	Konstante Konz. in Mol/l
CH_2O	Formaldehyd		0	$1,4 \cdot 10^{-14}$
CH_2O_2	Ameisensäure		20	$1,765 \cdot 10^{-4}$
CH_3NO_2	Nitromethan		25	$1 \cdot 10^{-11}$
$CH_3N_3O_3$	Nitroharnstoff		20	$7,0 \cdot 10^{-5}$
CH_4N_2O	Harnstoff		25	$1,5 \cdot 10^{-14}$
CH_4O	Methanol		18	10^{-17}
CH_5N	Methylamin		20	$4,169 \cdot 10^{-4}$
$C_2H_2Cl_2O_2$	Dichloressigsäure		25	$5,1 \cdot 10^{-2}$
$C_2H_2O_4$	Oxalsäure	1	20	$2,4 \cdot 10^{-2}$
		2	20	$5,4 \cdot 10^{-5}$
$C_2H_3BrO_2$	Monobromessigsäure		20	$1,2963 \cdot 10^{-3}$
$C_2H_3ClO_2$	Monochloressigsäure		20	$1,3944 \cdot 10^{-3}$
$C_2H_3Cl_3O_2$	Chloralhydrat		18	$1 \cdot 10^{-11}$
$C_2H_3FO_2$	Monofluoressigsäure		20	$2,6843 \cdot 10^{-3}$
$C_2H_3JO_2$	Monojodessigsäure		20	$6,946 \cdot 10^{-4}$
C_2H_4O	Acetaldehyd		0	$7 \cdot 10^{-13}$
$C_2H_4O_2$	Essigsäure		20	$1,753 \cdot 10^{-5}$
$C_2H_4O_2S$	Thioglykolsäure	1	25	$2,8 \cdot 10^{-4}$
		2	25	$1 \cdot 10^{-6}$
C_2H_5NO	Acetamid		25	$3,1 \cdot 10^{-15}$
$C_2H_5NO_2$	Glykokoll		25	$1,2 \cdot 10^{-10}$
$C_2H_6O_2$	Glykol		19	$6 \cdot 10^{-15}$
C_2H_6S	Äthylmercaptan		25	$1,0 \cdot 10^{-12}$
C_2H_7N	Äthylamin		20	$3,02 \cdot 10^{-4}$
C_2H_7N	Dimethylamin		20	$5,689 \cdot 10^{-4}$
C_2H_7NO	α-Aminoäthanol		25	$3,0 \cdot 10^{-5}$
C_2H_7NO	β-Aminoäthanol		25	$3,18 \cdot 10^{-5}$
$C_3H_2N_2O_3$	Parabansäure	1	20	$6 \cdot 10^{-7}$
		2	20	$1,59 \cdot 10^{-11}$
$C_3H_3ClO_4$	Chlormalonsäure		25	$4 \cdot 10^{-12}$
$C_3H_3NO_2$	Cyanessigsäure		25	$3,42 \cdot 10^{-3}$
$C_3H_4N_2$	Pyrazol		25	$3,0 \cdot 10^{-12}$
$C_3H_4N_2O_2$	Hydantoin		25	$7,6 \cdot 10^{-10}$
$C_3H_4N_2O_4$	Oxalursäure		25	$4,5 \cdot 10^{-2}$
$C_3H_4O_2$	Acrylsäure		18	$5,6 \cdot 10^{-5}$
$C_3H_4O_4$	Malonsäure	1	20	$1,5 \cdot 10^{-3}$
		2	20	$2 \cdot 10^{-6}$
$C_3H_4O_5$	Tartronsäure	1	25	$5 \cdot 10^{-3}$
		2	25	$1,04 \cdot 10^{-5}$

Formel	Name	Stufe	°C	Konstante Konz. in Mol/l
$C_3H_6ClO_2$	α-Chlorpropionsäure		25	$1{,}47 \cdot 10^{-3}$
$C_3H_6ClO_2$	β-Chlorpropionsäure		25	$1{,}04 \cdot 10^{-4}$
$C_3H_6N_6$	Melamin		25	$1{,}0 \cdot 10^{-9}$
$C_3H_6O_2$	Propionsäure		20	$1{,}338 \cdot 10^{-5}$
$C_3H_6O_2S$	α-Thiomilchsäure	1	25	$2{,}0 \cdot 10^{-4}$
		2	25	$2{,}0 \cdot 10^{-11}$
$C_3H_6O_2S$	β-Thiomilchsäure	1	25	$4{,}6 \cdot 10^{-5}$
		2	25	$2{,}9 \cdot 10^{-11}$
$C_3H_6O_3$	Milchsäure		25	$1{,}374 \cdot 10^{-4}$
C_3H_7NO	Acetoxim		25	$6{,}0 \cdot 10^{-13}$
$C_3H_7NO_2$	α-Alanin		25	$9 \cdot 10^{-10}$
C_3H_8O	Propanol-(2)		25	$6{,}3 \cdot 10^{-4}$
$C_3H_8O_3$	Glycerin		17,5	$7 \cdot 10^{-15}$
C_3H_9N	Trimethylamin		20	$5{,}75 \cdot 10^{-5}$
$C_4H_3ClO_4$	Chlorfumarsäure	1	25	$1{,}67 \cdot 10^{-2}$
		2	25	$1{,}54 \cdot 10^{-4}$
$C_4H_3ClO_4$	Chlormaleinsäure	1	25	$1{,}9 \cdot 10^{-2}$
		2	25	$1{,}37 \cdot 10^{-4}$
$C_4H_3N_3O_4$	Violursäure		25	$2{,}7 \cdot 10^{-5}$
$C_4H_4Br_2O_4$	Dibrombernsteinsäure	1	25	$3{,}4 \cdot 10^{-2}$
		2	25	$1{,}6 \cdot 10^{-3}$
$C_4H_4N_2$	Pyrazin		20	$2{,}5 \cdot 10^{-14}$
$C_4H_4N_2$	Pyridazin		20	$1{,}95 \cdot 10^{-12}$
$C_4H_4N_2$	Pyrimidin		20	$1{,}35 \cdot 10^{-13}$
$C_4H_4N_2O_3$	Barbitursäure		25	$1{,}0 \cdot 10^{-4}$
$C_4H_4O_3$	Bernsteinsäureanhydrid		25	$6{,}8 \cdot 10^{-5}$
$C_4H_4O_4$	Fumarsäure	1	25	$9{,}5 \cdot 10^{-4}$
		2	25	$2{,}73 \cdot 10^{-5}$
$C_4H_4O_4$	Maleinsäure	1	25	$1{,}5 \cdot 10^{-2}$
		2	25	$7{,}7 \cdot 10^{-7}$
$C_4H_5BrO_4$	Brombernsteinsäure	1	25	$2{,}8 \cdot 10^{-3}$
		2	25	$3{,}9 \cdot 10^{-5}$
$C_4H_5ClO_2$	α-Chlorcrotonsäure		25	$7{,}2 \cdot 10^{-4}$
$C_4H_5ClO_2$	β-Chlorcrotonsäure		25	$1{,}44 \cdot 10^{-4}$
$C_4H_5ClO_2$	α-Chlorisocrotonsäure		25	$1{,}6 \cdot 10^{-3}$
$C_4H_5ClO_2$	β-Chlorisocrotonsäure		25	$9 \cdot 10^{-5}$
$C_4H_6N_4O_3$	Allantoin		25	$1{,}1 \cdot 10^{-9}$
$C_4H_6O_2$	Cyclopropancarbonsäure		25	$1{,}44 \cdot 10^{-5}$
$C_4H_6O_2$	Crotonsäure		25	$2{,}2 \cdot 10^{-5}$
$C_4H_6O_2$	Isocrotonsäure		25	$4{,}16 \cdot 10^{-5}$
$C_4H_6O_2$	Vinylessigsäure		25	$4{,}445 \cdot 10^{-5}$
$C_4H_6O_3$	Acetessigsäure		18	$2{,}62 \cdot 10^{-4}$
$C_4H_6O_4$	Bernsteinsäure	1	20	$6{,}07 \cdot 10^{-5}$
		2	20	$2{,}3 \cdot 10^{-6}$
$C_4H_6O_5$	l-Äpfelsäure	1	20	$3{,}86 \cdot 10^{-4}$
		2	20	$13{,}9 \cdot 10^{-6}$
$C_4H_6O_6$	d-Weinsäure	1	20	$9{,}04 \cdot 10^{-4}$
		2	20	$4{,}25 \cdot 10^{-5}$
$C_4H_6O_6$	l-Weinsäure	1	25	$9{,}7 \cdot 10^{-4}$
$C_4H_6O_6$	dl-Weinsäure (Traubensäure)	1	25	$1{,}1 \cdot 10^{-3}$
$C_4H_6O_6$	meso-Weinsäure	1	25	$6 \cdot 10^{-4}$
		2	25	$1{,}5 \cdot 10^{-5}$
$C_4H_7ClO_2$	α-Chlorbuttersäure		25	$1{,}39 \cdot 10^{-3}$
$C_4H_7ClO_2$	β-Chlorbuttersäure		25	$8{,}94 \cdot 10^{-5}$

Formel	Name	Stufe	°C	Konstante Konz. in Mol/l
$C_4H_7ClO_2$	γ-Chlorbuttersäure		25	$3 \cdot 10^{-5}$
$C_4H_7NO_3$	Acetursäure		25	$2{,}3 \cdot 10^{-4}$
$C_4H_7NO_4$	d-Asparaginsäure	1	25	$2{,}09 \cdot 10^{-4}$
		2	25	$3{,}47 \cdot 10^{-10}$
$C_4H_8N_2O_2$	Butandion-2,3-dioxim	1	25	$2{,}5 \cdot 10^{-11}$
		2	25	$1{,}3 \cdot 10^{-12}$
$C_4H_8O_2$	Buttersäure		20	$1{,}542 \cdot 10^{-5}$
$C_4H_8O_2$	Isobuttersäure		18	$1{,}44 \cdot 10^{-5}$
$C_4H_{10}N_2$	Piperazin	1	25	$6{,}4 \cdot 10^{-5}$
		2	15	$3{,}7 \cdot 10^{-9}$
$C_4H_{10}S$	Butylmercaptan		25	$4{,}0 \cdot 10^{-13}$
$C_4H_{10}S$	tert. Butylmercaptan		25	$1{,}6 \cdot 10^{-14}$
$C_4H_{11}N$	Diäthylamin		25	$8{,}57 \cdot 10^{-4}$
$C_5H_4N_4$	Purin		25	$3{,}3 \cdot 10^{-12}$
$C_5H_4N_4O_2$	Xanthin		40	$1{,}24 \cdot 10^{-10}$
$C_5H_4N_4O_3$	Harnsäure	1	25	$1{,}5 \cdot 10^{-6}$
		2	25	$\sim 10^{-9}$
$C_5H_4O_2$	Furfurol		0	$< 1 \cdot 10^{-16}$
$C_5H_4O_3$	Brenzschleimsäure		25	$7{,}5 \cdot 10^{-4}$
$C_5H_4O_3$	Furan-2-carbonsäure		25	$4{,}17 \cdot 10^{-6}$
C_5H_5N	Pyridin		20	$1{,}15 \cdot 10^{-9}$
$C_5H_6O_4$	Citraconsäure	1	25	$5{,}14 \cdot 10^{-3}$
		2	25	$7{,}15 \cdot 10^{-7}$
$C_5H_6O_4$	Cyclopropan-1,1-dicarbonsäure		25	$2 \cdot 10^{-2}$
$C_5H_6O_4$	Cyclopropan-1,2-dicarbonsäure, cis	1	25	$4{,}7 \cdot 10^{-4}$
		2	25	$3{,}4 \cdot 10^{-7}$
$C_5H_6O_4$	Cyclopropan-1,2-dicarbonsäure, trans	1	25	$2{,}2 \cdot 10^{-4}$
		2	25	$7{,}4 \cdot 10^{-6}$
$C_5H_6O_4$	Itaconsäure	1	25	$1{,}53 \cdot 10^{-4}$
		2	25	$2{,}8 \cdot 10^{-6}$
$C_5H_5O_4$	Mesaconsäure	1	25	$8{,}1 \cdot 10^{-4}$
		2	25	$1{,}78 \cdot 10^{-4}$
$C_5H_8O_2$	Acetylaceton		25	$1{,}5 \cdot 10^{-6}$
$C_5H_8O_2$	Angelicasäure		25	$5{,}0 \cdot 10^{-5}$
$C_5H_8O_2$	Tiglinsäure		25	$1{,}0 \cdot 10^{-5}$
$C_5H_8O_2$	Cyclobutancarbonsäure		25	$1{,}8 \cdot 10^{-5}$
$C_5H_8O_3$	Lävulinsäure		25	$2{,}55 \cdot 10^{-5}$
$C_5H_8O_4$	Glutarsäure	1	18	$4{,}6 \cdot 10^{-5}$
		2	18	$5{,}34 \cdot 10^{-6}$
$C_5H_{10}O_2$	Valeriansäure		25	$1{,}38 \cdot 10^{-5}$
$C_5H_{10}O_2$	Isovaleriansäure		25	$1{,}73 \cdot 10^{-5}$
$C_5H_{10}O_2$	Methyl-äthyl-essigsäure		25	$1{,}64 \cdot 10^{-5}$
$C_5H_{10}O_2$	Trimethylessigsäure		25	$8{,}91 \cdot 10^{-6}$
$C_5H_{11}N$	Piperidin		25	$1{,}32 \cdot 10^{-3}$
$C_6H_3N_3O_7$	Pikrinsäure		18	$1{,}6 \cdot 10^{-1}$
C_6H_5BrO	o-Bromphenol		25	$2{,}66 \cdot 10^{-10}$
C_6H_5BrO	m-Bromphenol		25	$7{,}76 \cdot 10^{-10}$
C_6H_5BrO	p-Bromphenol		25	$4{,}6 \cdot 10^{-10}$
C_6H_5ClO	o-Chlorphenol		25	$3{,}0 \cdot 10^{-10}$
C_6H_5ClO	m-Chlorphenol		25	$8{,}5 \cdot 10^{-10}$
C_6H_5ClO	p-Chlorphenol		25	$4{,}3 \cdot 10^{-10}$
$C_6H_5NO_2$	Nitrobenzol		0	$1{,}5 \cdot 10^{-4}$

Formel	Name	Stufe	°C	Konstante Konz. in Mol/l
$C_6H_5NO_2$	p-Nitrosophenol		25	$6{,}2 \cdot 10^{-7}$
$C_6H_5NO_2$	Pyridincarbonsäure-(2)			
	(Picolinsäure)	1	25	$8{,}3 \cdot 10^{-2}$
		2	25	$4{,}8 \cdot 10^{-6}$
$C_6H_5NO_2$	Pyridincarbonsäure-(3)			
	(Nicotinsäure)	1	25	$8{,}1 \cdot 10^{-3}$
		2	25	$1{,}78 \cdot 10^{-5}$
$C_6H_5NO_2$	Pyridincarbonsäure-(4)			
	(Isonicotinsäure)	1	25	$1{,}51 \cdot 10^{-2}$
		2	25	$1{,}66 \cdot 10^{-5}$
$C_6H_5NO_3$	o-Nitrophenol		25	$6{,}8 \cdot 10^{-8}$
$C_6H_5NO_3$	m-Nitrophenol		25	$5{,}3 \cdot 10^{-9}$
$C_6H_5NO_3$	p-Nitrophenol		25	$1{,}38 \cdot 10^{-9}$
C_6H_6ClN	o-Chloranilin		25	$3{,}71 \cdot 10^{-12}$
C_6H_6ClN	m-Chloranilin		25	$2{,}88 \cdot 10^{-11}$
C_6H_6ClN	p-Chloranilin		25	$8{,}45 \cdot 10^{-11}$
$C_6H_6N_2O$	Nicotinsäureamid		20	$1{,}45 \cdot 10^{-11}$
C_6H_6O	Phenol		20	$1{,}05 \cdot 10^{-10}$
$C_6H_6O_2$	Resorcin		25	$1{,}55 \cdot 10^{-10}$
$C_6H_6O_2$	Brenzkatechin		20	$1{,}4 \cdot 10^{-10}$
$C_6H_6O_2$	Hydrochinon	1	20	$0{,}91 \cdot 10^{-10}$
		2	20	$1{,}5 \cdot 10^{-12}$
$C_6H_6O_6$	Aconitsäure		25	$1{,}58 \cdot 10^{-3}$
$C_6H_6O_6$	Hexahydroxybenzol		25	$1 \cdot 10^{-9}$
C_6H_6S	Thiophenol		25	$5{,}0 \cdot 10^{-9}$
$C_6H_7BO_2$	Phenylborsäure		25	$1{,}37 \cdot 10^{-10}$
C_6H_7N	Anilin		20	$4{,}0 \cdot 10^{-10}$
C_6H_7NO	Phenylhydroxylamin		25	$6{,}3 \cdot 10^{-4}$
$C_6H_7NO_3S$	o-Amino-benzolsulfonsäure		20	$3{,}254 \cdot 10^{-3}$
$C_6H_8N_2$	Phenylhydrazin		40	$1{,}6 \cdot 10^{-9}$
$C_6H_8N_2$	o-Phenylendiamin		25	$3{,}3 \cdot 10^{-10}$
$C_6H_8N_2$	m-Phenylendiamin	1	21	$6{,}0 \cdot 10^{-10}$
		2	21	$3{,}6 \cdot 10^{-12}$
$C_6H_8N_2$	p-Phenylendiamin	1	21	$9{,}5 \cdot 10^{-9}$
		2	21	$1{,}5 \cdot 10^{-11}$
$C_6H_8N_2O_2S$	Sulfanilamid		20	$3{,}2 \cdot 10^{-4}$
$C_6H_8O_4$	Cyclobutan-1,1-dicarbonsäure		25	$7{,}0 \cdot 10^{-4}$
$C_6H_8O_6$	l-Ascorbinsäure		25	$6{,}3 \cdot 10^{-5}$
$C_6H_8O_7$	Citronensäure	1	20	$7{,}21 \cdot 10^{-4}$
		2	20	$1{,}7 \cdot 10^{-5}$
		3	20	$4{,}09 \cdot 10^{-5}$
$C_6H_9N_3O_2$	Histidin		25	$5{,}7 \cdot 10^{-3}$
$C_6H_{10}O_2$	Cyclopentancarbonsäure		25	$1{,}1 \cdot 10^{-4}$
$C_6H_{10}O_4$	Adipinsäure	1	18	$3{,}9 \cdot 10^{-5}$
		2	18	$5{,}3 \cdot 10^{-6}$
$C_6H_{10}O_4$	Methyl-äthyl-malonsäure	1	25	$1{,}4 \cdot 10^{-3}$
		2	25	$3{,}86 \cdot 10^{-7}$
$C_6H_{12}O_2$	Capronsäure		25	$1{,}32 \cdot 10^{-5}$
$C_6H_{12}O_2$	Diäthylessigsäure		25	$1{,}87 \cdot 10^{-5}$
$C_6H_{12}O_2$	Galaktose		18	$5 \cdot 10^{-13}$
$C_6H_{12}O_6$	d-Glucose		25	$5{,}1 \cdot 10^{-13}$
$C_6H_{10}N$	Triäthylamin		25	$5{,}6 \cdot 10^{-4}$
$C_7H_5BrO_2$	o-Brombenzoesäure		25	$1{,}45 \cdot 10^{-3}$
$C_7H_5BrO_2$	m-Brombenzoesäure		25	$1{,}37 \cdot 10^{-4}$

Formel	Name	Stufe	°C	Konstante Konz. in Mol/l
$C_7H_5BrO_2$	p-Brombenzoesäure		25	$9{,}95 \cdot 10^{-5}$
$C_7H_5ClO_2$	o-Chlorbenzoesäure		25	$1{,}23 \cdot 10^{-3}$
$C_7H_5ClO_2$	m-Chlorbenzoesäure		25	$1{,}55 \cdot 10^{-4}$
$C_7H_5ClO_2$	p-Chlorbenzoesäure		25	$1{,}3 \cdot 10^{-3}$
$C_7H_5NO_4$	o-Nitro-benzoesäure		25	$6{,}1 \cdot 10^{-3}$
$C_7H_5NO_4$	m-Nitro-benzoesäure		25	$3{,}48 \cdot 10^{-4}$
$C_7H_5NO_4$	p-Nitro-benzoesäure		25	$3{,}93 \cdot 10^{-4}$
$C_7H_5NO_4$	Pyridindicarbonsäure-(2,3)			
	(Chinolinsäure)	1	25	$3{,}93 \cdot 10^{-3}$
		2	25	$8{,}98 \cdot 10^{-6}$
$C_7H_5NO_4$	Pyridindicarbonsäure-(2,4)			
	(Lutidinsäure)	1	25	$6{,}8 \cdot 10^{-3}$
		2	25	$8{,}16 \cdot 10^{-6}$
$C_6H_5NO_4$	Pyridindicarbonsäure-(2,5)			
	(Isocinchomeronsäure)	1	25	$4{,}95 \cdot 10^{-3}$
		2	25	$8{,}77 \cdot 10^{-6}$
$C_7H_5NO_4$	Pyridindicarbonsäure-(3,4)			
	(Cinchomeronsäure)	1	25	$2{,}54 \cdot 10^{-3}$
		2	25	$8{,}57 \cdot 10^{-6}$
$C_7H_5NO_4$	Pyridindicarbonsäure-(3,5)			
	(Dinicotinsäure)		25	$1{,}5 \cdot 10^{-3}$
$C_7H_5NO_4$	Pyridindicarbonsäure-(4,5)			
	(Dipicolinsäure)	1	25	$6{,}8 \cdot 10^{-3}$
		2	25	$1{,}08 \cdot 10^{-5}$
C_7H_6O	Benzaldehyd		21	$5 \cdot 10^{-13}$
$C_7H_6O_2$	Benzoesäure		20	$6{,}237 \cdot 10^{-5}$
$C_7H_6O_2$	o-Hydroxy-benzaldehyd			
	(Salicylaldehyd)		25	$1{,}6 \cdot 10^{-9}$
$C_7H_6O_2$	m-Hydroxy-benzaldehyd		25	$1{,}0 \cdot 10^{-8}$
$C_7H_6O_2$	p-Hydroxy-benzaldehyd		25	$2{,}2 \cdot 10^{-9}$
$C_7H_6O_3$	o-Hydroxy-benzoesäure			
	(Salicylsäure)		20	$2{,}04 \cdot 10^{-3}$
$C_7H_6O_3$	m-Hydroxy-benzoesäure		20	$4{,}37 \cdot 10^{-5}$
$C_7H_6O_3$	p-Hydroxy-benzoesäure		20	$1{,}1 \cdot 10^{-4}$
$C_7H_6O_3$	Protocatechualdehyd		25	$2{,}8 \cdot 10^{-8}$
$C_7H_6O_4$	2,3-Dihydroxy-benzoesäure		25	$1{,}14 \cdot 10^{-3}$
$C_7H_6O_4$	2,4-Dihydroxy-benzoesäure		25	$5{,}15 \cdot 10^{-4}$
$C_7H_6O_4$	2,5-Dihydroxy-benzoesäure		25	$1{,}08 \cdot 10^{-3}$
$C_7H_6O_4$	2,6-Dihydroxy-benzoesäure		25	$5{,}0 \cdot 10^{-2}$
$C_7H_6O_4$	3,4-Dihydroxy-benzoesäure		25	$3{,}3 \cdot 10^{-5}$
$C_7H_6O_4$	3,5-Dihydroxy-benzoesäure		25	$9{,}1 \cdot 10^{-5}$
$C_7H_6O_5$	2,4,6-Trihydroxy-benzoesäure		25	$2{,}1 \cdot 10^{-2}$
$C_7H_7NO_2$	o-Amino-benzoesäure		25	$1{,}07 \cdot 10^{-5}$
$C_7H_7NO_2$	m-Amino-benzoesäure		25	$1{,}65 \cdot 10^{-5}$
$C_7H_7NO_2$	p-Amino-benzoesäure		25	$1{,}18 \cdot 10^{-5}$
$C_7H_8N_2$	Benzamidin		20	$2{,}5 \cdot 10^{-3}$
$C_7H_8N_2O_2$	3,5-Diamino-benzoesäure		25	$5 \cdot 10^{-6}$
$C_7H_8N_4O_2$	Theobromin		25	$1{,}1 \cdot 10^{-10}$
C_7H_8O	o-Kresol		25	$5 \cdot 10^{-11}$
C_7H_8O	m-Kresol		25	$9 \cdot 10^{-11}$
C_7H_8O	p-Kresol		25	$6 \cdot 10^{-11}$
$C_7H_8O_2$	Guajacol		25	$1{,}17 \cdot 10^{-10}$
$C_7H_8O_2$	o-Methoxy-phenol		25	$1{,}037 \cdot 10^{-10}$
$C_7H_8O_2$	m-Methoxy-phenol		25	$2{,}24 \cdot 10^{-10}$

Formel	Name	Stufe	°C	Konstante Konz. in Mol/l
$C_7H_8O_2$	p-Methoxy-phenol		25	$6{,}3 \cdot 10^{-11}$
C_7H_8S	Benzylmercaptan		25	$1{,}6 \cdot 10^{-12}$
C_7H_9N	o-Toluidin		25	$2{,}9 \cdot 10^{-10}$
C_7H_9N	m-Toluidin		25	$4{,}6 \cdot 10^{-10}$
C_7H_9N	p-Toluidin		25	$1{,}253 \cdot 10^{-9}$
$C_7H_{12}O_2$	Cyclohexancarbonsäure		25	$1{,}3 \cdot 10^{-5}$
$C_7H_{12}O_6$	Chinasäure		14	$2{,}77 \cdot 10^{-4}$
$C_7H_{14}O_2$	Önanthsäure		25	$1{,}29 \cdot 10^{-5}$
$C_8H_5ClO_4$	4-Chlorphthalsäure		25	$2{,}5 \cdot 10^{-2}$
$C_8H_6O_4$	Phthalsäure		25	$1{,}123 \cdot 10^{-3}$
$C_8H_6O_4$	Isophthalsäure		25	$2{,}5 \cdot 10^{-5}$
$C_8H_6O_4$	Terephthalsäure		25	$3{,}5 \cdot 10^{-5}$
$C_8H_6O_4$	Piperonylsäure		25	$4{,}5 \cdot 10^{-5}$
$C_8H_7NO_3$	Oxanilsäure		25	$1{,}21 \cdot 10^{-2}$
$C_8H_7NO_3$	Phthalamidsäure		25	$1{,}6 \cdot 10^{-4}$
$C_8H_8O_2$	Phenylessigsäure		25	$5{,}3 \cdot 10^{-5}$
$C_8H_8O_2$	o-Toluylsäure		25	$1{,}22 \cdot 10^{-4}$
$C_8H_8O_2$	m-Toluylsäure		25	$5{,}32 \cdot 10^{-5}$
$C_8H_8O_2$	p-Toluylsäure		25	$4{,}33 \cdot 10^{-5}$
$C_8H_8O_3$	Mandelsäure		25	$4{,}29 \cdot 10^{-4}$
$C_8H_8O_3$	o-Methoxy-benzoesäure		20	$8{,}3 \cdot 10^{-5}$
$C_8H_8O_3$	m-Methoxy-benzoesäure		20	$7{,}8 \cdot 10^{-5}$
$C_8H_8O_3$	p-Methoxy-benzoesäure		20	$3{,}0 \cdot 10^{-5}$
$C_8H_8O_3$	Phenylglykolsäure		25	$7{,}56 \cdot 10^{-4}$
$C_8H_8O_3$	Vanillin		25	$4 \cdot 10^{-8}$
$C_8H_8O_4$	Vanillinsäure		25	$3{,}0 \cdot 10^{-5}$
$C_8H_8O_4$	Isovanillinsäure		25	$3{,}2 \cdot 10^{-5}$
$C_8H_{10}N_4O_2$	Coffein		25	$\sim 10^{-13}$
$C_8H_{11}N$	Äthylanilin		20	$1{,}0 \cdot 10^{-9}$
$C_8H_{11}N$	Dimethylanilin		25	$1{,}15 \cdot 10^{-9}$
$C_8H_{14}O_2$	Cyclohexylessigsäure			$2{,}36 \cdot 10^{-5}$
$C_8H_{14}O_2$	Suberonsäure	1	25	$3 \cdot 10^{-5}$
		2	25	$1{,}9 \cdot 10^{-5}$
$C_8H_{14}O_4$	Korksäure		25	$2{,}98 \cdot 10^{-5}$
$C_8H_{16}N_2O_3$	Leucylglycin		25	$3 \cdot 10^{-10}$
$C_9H_6O_2$	Phenylpropiolsäure		25	$5{,}9 \cdot 10^{-3}$
$C_9H_6O_5$	Phthalonsäure		25	$2{,}7 \cdot 10^{-2}$
$C_9H_6O_6$	Trimellithsäure	1	25	$3{,}2 \cdot 10^{-3}$
		2	25	$1{,}1 \cdot 10^{-4}$
$C_9H_7ClO_2$	o-Chlorzimtsäure		25	$3{,}8 \cdot 10^{-5}$
$C_9H_7ClO_2$	m-Chlorzimtsäure		25	$5{,}085 \cdot 10^{-5}$
$C_9H_7ClO_2$	p-Chlorzimtsäure		25	$3{,}86 \cdot 10^{-5}$
C_9H_7N	Chinolin		20	$5{,}9 \cdot 10^{-10}$
$C_9H_8O_2$	Atropasäure		25	$1{,}43 \cdot 10^{-4}$
$C_9H_8O_2$	Zimtsäure		25	$3{,}8 \cdot 10^{-5}$
$C_9H_8O_3$	Phenylbrenztraubensäure		25	$2{,}09 \cdot 10^{-3}$
$C_9H_8O_4$	2,4-Dihydroxy-zimtsäure		25	$1{,}9 \cdot 10^{-5}$
$C_9H_8O_4$	Homophthalsäure	1	25	$1{,}9 \cdot 10^{-4}$
		2	25	$0{,}9 \cdot 10^{-6}$
$C_9H_9NO_3$	Hippursäure		25	$2{,}2 \cdot 10^{-4}$
$C_9H_{10}O_2$	Hydratropasäure		25	$4{,}2 \cdot 10^{-5}$
$C_9H_{10}O_2$	Hydrozimtsäure		25	$2{,}14 \cdot 10^{-5}$
$C_9H_{10}O_2$	Mesitylensäure		25	$4{,}8 \cdot 10^{-5}$
$C_9H_{10}O_3$	Tropasäure		25	$7{,}5 \cdot 10^{-5}$

Formel	Name	Stufe	°C	Konstante Konz. in Mol/l
$C_9H_{10}O_4$	Veratrumsäure		25	$3{,}6 \cdot 10^{-5}$
$C_9H_{12}O$	Mesitol		25	$1{,}32 \cdot 10^{-11}$
$C_9H_{14}O_4$	Azelainsäure	1	25	$2{,}81 \cdot 10^{-5}$
		2	25	$3{,}85 \cdot 10^{-6}$
$C_9H_{16}O_2$	Cyclohexylpropionsäure		25	$1{,}34 \cdot 10^{-5}$
$C_9H_{18}O_2$	Pelargonsäure		25	$1{,}12 \cdot 10^{-5}$
$C_{10}H_{10}O_4$	Benzylmalonsäure		25	$1{,}51 \cdot 10^{-3}$
$C_{10}H_{12}O_2$	γ-Phenylbuttersäure		25	$1{,}75 \cdot 10^{-5}$
$C_{10}H_{12}O_2$	2,4,6-Trimethylbenzoesäure		25	$3{,}66 \cdot 10^{-4}$
$C_{10}H_{14}O$	Carvacrol		25	$4{,}5 \cdot 10^{-11}$
$C_{10}H_{14}O$	Thymol		25	$3{,}2 \cdot 10^{-11}$
$C_{10}H_{16}O_4$	d-Camphersäure		25	$2{,}29 \cdot 10^{-5}$
$C_{10}H_{16}O_4$	l-Camphersäure		25	$2{,}28 \cdot 10^{-5}$
$C_{10}H_{24}N_2$	Tetraäthyl-äthylendiamin	1	25	$3{,}5 \cdot 10^{-5}$
		2	25	$1{,}51 \cdot 10^{-8}$
$C_{12}H_8N_2$	Phenazin		20	$1{,}15 \cdot 10^{-13}$
$C_{12}H_{12}N_2$	Benzidin	1	30	$9{,}3 \cdot 10^{-10}$
		2	30	$5{,}6 \cdot 10^{-11}$
$C_{13}H_9N$	Acridin		20	$2{,}69 \cdot 10^{-9}$
$C_{13}H_{11}NO$	Benzophenonoxim		25	$5{,}0 \cdot 10^{-12}$
$C_{15}H_8O_4$	Anthrachinoncarbonsäure-(1)		20	$4{,}27 \cdot 10^{-4}$
$C_{15}H_8O_4$	Anthrachinoncarbonsäure-(2)		20	$3{,}82 \cdot 10^{-4}$
$C_{15}H_{10}O_2$	Anthracencarbonsäure-(1)		20	$2{,}062 \cdot 10^{-4}$
$C_{15}H_{10}O_2$	Anthracencarbonsäure-(2)		20	$6{,}68 \cdot 10^{-4}$
$C_{15}H_{10}O_2$	Anthracencarbonsäure-(9)		20	$2{,}26 \cdot 10^{-4}$
$C_{15}H_{15}N_3O_2$	Methylrot		25	10^{-9}
$C_{16}H_{32}O_2$	Palmitinsäure		25	$2{,}0 \cdot 10^{-6}$
$C_{17}H_{19}NO_3$	Morphin		15	$6{,}8 \cdot 10^{-7}$
$C_{20}H_{14}O_4$	Phenolphthalein		18	$2 \cdot 10^{-10}$
$C_{20}H_{30}O_2$	Abietinsäure		20	$2{,}5 \cdot 10^{-8}$
$C_{24}H_{40}O_5$	Cholsäure		18	$6{,}46 \cdot 10^{-6}$

34122. Dissoziationskonstanten von amphoteren Elektrolyten

Formel	Name	Stufe	Temp.	Konz. in Mol/l	
				K_{ac}	K_{bas}
$C_2H_5NO_2$	Glycin		25	$1{,}66 \cdot 10^{-10}$	$2{,}25 \cdot 10^{-12}$
$C_3H_7NO_2$	α-Alanin		25	$1{,}35 \cdot 10^{-10}$	$2{,}23 \cdot 10^{-12}$
$C_3H_7NO_2$	β-Alanin		25	$5{,}78 \cdot 10^{-11}$	$3{,}56 \cdot 10^{-11}$
$C_3H_7NO_2$	Methylglycin		25	$1{,}2 \cdot 10^{-10}$	$1{,}7 \cdot 10^{-12}$
$C_3H_7NO_3$	dl-Serin		25	$6{,}19 \cdot 10^{-10}$	$1{,}53 \cdot 10^{-12}$
$C_3H_7NO_3$	Isoserin		25	$5{,}37 \cdot 10^{-10}$	$6{,}03 \cdot 10^{-12}$
$C_4H_5N_3O$	Cytosin	1	25	—	$2{,}5 \cdot 10^{-5}$
		2	25	—	$7{,}0 \cdot 10^{-13}$
$C_4H_5N_3O$	Isocytosin	1	25	—	$9{,}8 \cdot 10^{-5}$
		2	25	—	$3{,}8 \cdot 10^{-10}$
$C_4H_7NO_4$	Asparaginsäure	1	25	$1{,}26 \cdot 10^{-4}$	$9{,}77 \cdot 10^{-13}$
		2	25	$9{,}95 \cdot 10^{-11}$	—
$C_4H_7N_3O$	Kreatinin		25	—	$7{,}05 \cdot 10^{-10}$
$C_4H_8N_2O_3$	Glycylglycin		25	$5{,}59 \cdot 10^{-9}$	$1{,}4 \cdot 10^{-11}$
$C_4H_8N_2O_3$	β-Asparagin		25	$1{,}59 \cdot 10^{-9}$	$1{,}05 \cdot 10^{-12}$
$C_4H_9NO_2$	dl-α-Amino-n-buttersäure		25	$1{,}47 \cdot 10^{-10}$	$1{,}93 \cdot 10^{-12}$
$C_4H_9NO_2$	α-Amino-isobuttersäure		25	$6{,}21 \cdot 10^{-11}$	$2{,}27 \cdot 10^{-12}$

Formel	Name	Stufe	Temp.	Konz. in Mol/l K_{ac}	K_{bas}
$C_4H_9NO_2$	Dimethylglycin		25	$1{,}3 \cdot 10^{-10}$	$9{,}8 \cdot 10^{-13}$
$C_4H_9NO_2$	N-Dimethylglycin		25	$1{,}38 \cdot 10^{-10}$	$8{,}7 \cdot 10^{-13}$
$C_4H_9NO_3$	dl-Threonin		25	$7{,}94 \cdot 10^{-10}$	$1{,}23 \cdot 10^{-12}$
$C_5H_4N_4O_2$	Xanthin		40	$1{,}2 \cdot 10^{-10}$	$4{,}8 \cdot 10^{-14}$
C_5H_5NO	2-Hydroxy-pyridin		20	$2{,}4 \cdot 10^{-12}$	$3{,}8 \cdot 10^{-14}$
C_5H_5NO	3-Hydroxy-pyridin		20	$1{,}9 \cdot 10^{-9}$	$4{,}9 \cdot 10^{-10}$
C_5H_5NO	4-Hydroxy-pyridin		20	$8{,}13 \cdot 10^{-12}$	$1{,}26 \cdot 10^{-11}$
$C_5H_5NO_2$	2,4-Dihydroxy-pyridin	1	20	$3{,}16 \cdot 10^{-7}$	$1{,}59 \cdot 10^{-13}$
		2	20	$1{,}59 \cdot 10^{-13}$	—
$C_5H_9NO_2$	l-Prolin		25	$2{,}29 \cdot 10^{-11}$	$8{,}95 \cdot 10^{-13}$
$C_5H_9NO_4$	Glutaminsäure	1	25	$4{,}74 \cdot 10^{-5}$	$7{,}0 \cdot 10^{-12}$
		2	25	$1{,}10 \cdot 10^{-10}$	—
$C_5H_{10}N_2O_3$	Alanyl-glykokoll		25	$2{,}43 \cdot 10^{-8}$	$1{,}41 \cdot 10^{-11}$
$C_5H_{10}N_2O_3$	Glutamin		25	$1{,}32 \cdot 10^{-8}$	$6{,}5 \cdot 10^{-11}$
$C_5H_{10}N_2O_3$	Glycyl-alanin		25	$5{,}6 \cdot 10^{-9}$	$1{,}4 \cdot 10^{-11}$
$C_5H_{10}N_2O_3$	Glycyl-sarcosin		25	$2{,}9 \cdot 10^{-9}$	$6{,}8 \cdot 10^{-12}$
$C_5H_{10}N_2O_3$	Isoglutamin		25	$7{,}4 \cdot 10^{-10}$	$1{,}5 \cdot 10^{-12}$
$C_5H_{10}N_2O_3$	Sarcosyl-glykokoll		25	$3{,}1 \cdot 10^{-9}$	$1{,}3 \cdot 10^{-11}$
$C_5H_{11}NO_2$	Betain		20	—	$6{,}9 \cdot 10^{-13}$
$C_5H_{11}NO_2$	Valin		25	$1{,}89 \cdot 10^{-10}$	$1{,}93 \cdot 10^{-12}$
$C_5H_{12}N_2O_2$	Ornithin	1	25	$2{,}24 \cdot 10^{-9}$	$1{,}74 \cdot 10^{-11}$
		2	25	—	$1{,}7 \cdot 10^{-13}$
$C_6H_5NO_2$	Nicotinsäure		25	$3{,}55 \cdot 10^{-11}$	$8{,}5 \cdot 10^{-10}$
C_6H_7NO	o-Aminophenol		20	$1{,}53 \cdot 10^{-10}$	$2{,}35 \cdot 10^{-10}$
C_6H_7NO	m-Aminophenol		21	$5 \cdot 10^{-11}$	$3{,}1 \cdot 10^{-9}$
C_6H_7NO	p-Aminophenol		20	$3 \cdot 10^{-11}$	$3{,}9 \cdot 10^{-9}$
$C_6H_9NO_6$	Nitrilotriessigsäure	1	20	$3{,}24 \cdot 10^{-3}$	$7{,}1 \cdot 10^{-13}$
		2	20	$1{,}86 \cdot 10^{-10}$	—
$C_6H_9N_3O_2$	Histidin	1	25	$1 \cdot 10^{-6}$	$6{,}8 \cdot 10^{-10}$
		2	25	—	$6{,}6 \cdot 10^{-13}$
$C_6H_{12}N_2O_3$	Alanyl-alanin		20	$4{,}6 \cdot 10^{-9}$	$1{,}43 \cdot 10^{-11}$
$C_6H_{12}N_2O_3$	Sarcosyl-sarcosin		25	$7{,}95 \cdot 10^{-10}$	$7{,}25 \cdot 10^{-12}$
$C_6H_{13}NO_2$	α-Amino-n-capronsäure		25	$1{,}456 \cdot 10^{-10}$	$2{,}16 \cdot 10^{-12}$
$C_6H_{13}NO_2$	ε-Amino-n-capronsäure		25	$1{,}57 \cdot 10^{-11}$	$2{,}36 \cdot 10^{-10}$
$C_6H_{13}NO_2$	dl-Leucin		25	$1{,}786 \cdot 10^{-10}$	$2{,}13 \cdot 10^{-12}$
$C_6H_{13}NO_2$	dl-Isoleucin		25	$2{,}1 \cdot 10^{-10}$	$2{,}3 \cdot 10^{-12}$
$C_6H_{14}N_2O_2$	Lysin	1	25	$1{,}12 \cdot 10^{-10}$	$2{,}95 \cdot 10^{-11}$
		2	25	—	$1{,}51 \cdot 10^{-12}$
$C_6H_{14}N_4O_2$	Arginin	1	25	$7{,}2 \cdot 10^{-10}$	$1{,}32 \cdot 10^{-12}$
		2	25	—	$3{,}3 \cdot 10^{-13}$
$C_7H_7NO_2$	o-Amino-benzoesäure		20	$1{,}5 \cdot 10^{-5}$	$1{,}1 \cdot 10^{-12}$
$C_7H_7NO_2$	m-Amino-benzoesäure		20	$2{,}34 \cdot 10^{-5}$	$1{,}48 \cdot 10^{-11}$
$C_7H_7NO_2$	p-Amino-benzoesäure		20	$2{,}3 \cdot 10^{-5}$	$1{,}7 \cdot 10^{-12}$
$C_7H_8N_4O_2$	Theobromin		18	$1{,}3 \cdot 10^{-8}$	$1{,}3 \cdot 10^{-14}$
$C_7H_8N_4O_2$	Theophyllin		25	$4{,}0 \cdot 10^{-9}$	10^{-13}
$C_7H_{12}N_2O_3$	Glycyl-prolin		25	$4{,}19 \cdot 10^{-6}$	$6{,}95 \cdot 10^{-12}$
$C_7H_{12}N_2O_5$	Glutaminyl-glycin		25	$3{,}02 \cdot 10^{-8}$	$1{,}41 \cdot 10^{-11}$
$C_7H_{14}N_2O_3$	Glycyl-valin		25	$5{,}6 \cdot 10^{-9}$	$1{,}48 \cdot 10^{-11}$
$C_8H_{10}N_4O_2$	Coffein		25	$< 1 \cdot 10^{-14}$	—
			40	—	$4{,}0 \cdot 10^{-14}$
$C_8H_{12}N_2O_7$	Asparagyl-asparaginsäure	1	25	$4{,}0 \cdot 10^{-4}$	$8{,}5 \cdot 10^{-10}$
		2	25	$2{,}0 \cdot 10^{-5}$	$5{,}0 \cdot 10^{-12}$
$C_8H_{12}N_4O_3$	Histidyl-glykokoll	1	25	$1{,}59 \cdot 10^{-6}$	$1{,}51 \cdot 10^{-8}$
		2	25	—	$2{,}51 \cdot 10^{-12}$

Formel	Name	Stufe	Temp.	Konz. in Mol/l	
				$K_{ac.}$	$K_{bas.}$
$C_9H_{11}NO_2$	Phenylalanin		25	$2,5 \cdot 10^{-9}$	$1,3 \cdot 10^{-12}$
$C_9H_{11}NO_3$	l-Tyrosin	1	25	$7,8 \cdot 10^{-10}$	$1,59 \cdot 10^{-12}$
		2	25	$8,5 \cdot 10^{-11}$	—
$C_{10}H_{15}NO$	l-Ephedrin		18	$2,8 \cdot 10^{-10}$	$2,3 \cdot 10^{-5}$
$C_{10}H_{16}N_2O_7$	Glutaminyl-glutaminsäure	1	25	$4,2 \cdot 10^{-5}$	$1,38 \cdot 10^{-11}$
		2	25	$2,4 \cdot 10^{-8}$	—
$C_{10}H_{19}N_3O_4$	Leucyl-asparagin		20	$5,9 \cdot 10^{-9}$	$5,7 \cdot 10^{-12}$
$C_{11}H_{12}N_2O_2$	Tryptophan		25	$4,2 \cdot 10^{-10}$	$1,85 \cdot 10^{-12}$
$C_{11}H_{21}N_3O_5$	Lysyl-glutaminsäure	1	25	$1,78 \cdot 10^{-8}$	$2,95 \cdot 10^{-11}$
		2	25	$3,16 \cdot 10^{-11}$	$8,5 \cdot 10^{-12}$
$C_{12}H_{26}N_4O_3$	Lysyl-lysin	1	25	$6,8 \cdot 10^{-9}$	$3,5 \cdot 10^{-10}$
		2	25	—	$2,34 \cdot 10^{-11}$
		3	25	—	$8,9 \cdot 10^{-13}$
$C_{13}H_{16}N_2O_6$	Asparagyl-tyrosin	1	25	$2,69 \cdot 10^{-4}$	$5,9 \cdot 10^{-11}$
		2	25	$1,20 \cdot 10^{-9}$	$1,35 \cdot 10^{-11}$
$C_{15}H_{15}N_3O_2$	Methylrot		18	$1 \cdot 10^{-5}$	$3 \cdot 10^{-12}$
$C_{15}H_{23}N_5O_3$	Phenylalanyl-arginin	1	25	$4,1 \cdot 10^{-8}$	$4,4 \cdot 10^{-12}$
		2	25	—	$4,0 \cdot 10^{-13}$
$C_{15}H_{23}N_5O_4$	Tyrosyl-arginin	1	25	$2,82 \cdot 10^{-8}$	$4,3 \cdot 10^{-12}$
		2	25	$1,59 \cdot 10^{-10}$	$5,0 \cdot 10^{-13}$
$C_{18}H_{21}NO_3$	Codein		18	$6,7 \cdot 10^{-9}$	$7,9 \cdot 10^{-7}$
$C_{21}H_{21}NO_7$	Narcotolin		25	$9,8 \cdot 10^{-9}$	$1,15 \cdot 10^{-8}$
$C_{23}H_{27}NO_8$	Narcein		25	$1,6 \cdot 10^{-6}$	$1 \cdot 10^{-11}$

3413. Löslichkeitsprodukt von in Wasser schwer löslichen Salzen anorganischer Säuren

Steht ein Elektrolyt im Gleichgewicht mit seiner festen Phase, so ist aus dem Lösungsgleichgewicht die Zahl der gelösten Moleküle bekannt. Nach dem Massenwirkungsgesetz gilt für das Gleichgewicht für ein-einwertige Elektrolyte

$$\frac{[A-] \cdot [B+]}{[A\,B]} = K, \quad [A-][B+] = K \cdot [A\,B] = L_{AB}.$$

Die Konstante L nennt man das Löslichkeits- oder Ionenprodukt.

Stoff	Temp. °C	Löslichkeits-produkt Konz. in Mol/l	Stoff	Temp. °C	Löslichkeits-produkt Konz. in Mol/l
Ag_3AsO_3	25	$4,5 \cdot 10^{-19}$	$AgJO_3$	25	$3,2 \cdot 10^{-8}$
Ag_3AsO_4	25	$1,0 \cdot 10^{-19}$	$AgMoO_4$	18	$3,1 \cdot 10^{-11}$
AgBr	25	$6,3 \cdot 10^{-13}$	AgOH	18	$1,24 \cdot 10^{-8}$
$AgBrO_3$	25	$5,77 \cdot 10^{-5}$	Ag_3PO_4	20	$1,8 \cdot 10^{-18}$
$AgCH_3COO$	25	$4,4 \cdot 10^{-3}$	Ag_2S	18	$1,6 \cdot 10^{-49}$
AgCN	25	$7 \cdot 10^{-15}$	Ag_2SO_4	25	$7,7 \cdot 10^{-5}$
$AgCN_2$	25	$1,4 \cdot 10^{-9}$	Ag_3VO_4	20	$5 \cdot 10^{-7}$
AgCNO	18...20	$2,3 \cdot 10^{-7}$	$AgWO_4$	18	$5,2 \cdot 10^{-10}$
AgCNS	25	$1,16 \cdot 10^{-12}$	$Al(OH)_3$	18	$1,5 \cdot 10^{-15}$
Ag_2CO_3	25	$6,15 \cdot 10^{-12}$		25	$3,7 \cdot 10^{-15}$
AgCl	20	$1,61 \cdot 10^{-10}$	As_2S_3	18	$4 \cdot 10^{-29}$
	50	$13,2 \cdot 10^{-10}$	$BaCO_3$	16	$7 \cdot 10^{-9}$
Ag_2CrO_4	25	$4,05 \cdot 10^{-12}$	$BaC_2O_4 \cdot 3\frac{1}{2}\,H_2O$	18	$1,62 \cdot 10^{-7}$
$Ag_2Cr_2O_7$	25	$2 \cdot 10^{-7}$	$BaCrO_4$	18	$1,6 \cdot 10^{-10}$
AgJ	25	$1,5 \cdot 10^{-16}$	BaF_2	18	$1,7 \cdot 10^{-6}$

Stoff	Temp. °C	Löslichkeitsprodukt KonzinMol/l
$BaMnO_4$	25	$2{,}5 \cdot 10^{-10}$
$BaSO_4$	25	$1{,}08 \cdot 10^{-10}$
	50	$1{,}98 \cdot 10^{-10}$
$Be(OH)_2$	25	$2{,}7 \cdot 10^{-19}$
$Bi(OH)_3$	18	$4{,}3 \cdot 10^{-31}$
$BiOCl$	25	$1{,}6 \cdot 10^{-31}$
Bi_2S_3	18	$1{,}6 \cdot 10^{-72}$
$CaCO_3$	25	$4{,}8 \cdot 10^{-9}$
$Ca(COO)_2 \cdot H_2O$	18	$1{,}78 \cdot 10^{-9}$
$CaC_4H_4O_6 \cdot 2H_2O$, Tartrat	25	$7{,}7 \cdot 10^{-7}$
$CaCrO_4$	18	$2{,}3 \cdot 10^{-2}$
CaF_2	18	$3{,}4 \cdot 10^{-11}$
$Ca(JO_3)_2 \cdot 6H_2O$	18	$7{,}4 \cdot 10^{-7}$
	30	$3{,}9 \cdot 10^{-6}$
$Ca(OH)_2$	18	$5{,}47 \cdot 10^{-6}$
$CaHPO_4$	25	$\sim 5 \cdot 10^{-6}$
$Ca_3(PO_4)_2$	25	$1 \cdot 10^{-25}$
$CaSO_4$	10	$6{,}1 \cdot 10^{-5}$
$CdCO_3$	25	$2{,}5 \cdot 10^{-14}$
$Cd(OH)_2$	18	$1{,}2 \cdot 10^{-14}$
CdS aus $CdCl_2$	18	$7{,}1 \cdot 10^{-28}$
CdS aus $CdSO_4$	18	$5{,}1 \cdot 10^{-29}$
$CoCO_3$	25	$1 \cdot 10^{-12}$
CoS	20	$1{,}9 \cdot 10^{-27}$
$Cr(OH)_2$	18	$2{,}0 \cdot 10^{-20}$
$Cr(OH)_3$	25	$6{,}7 \cdot 10^{-31}$
CuBr	18...20	$4{,}15 \cdot 10^{-8}$
$CuCO_3$	25	$1{,}37 \cdot 10^{-10}$
$Cu(COO)_2$	25	$2{,}87 \cdot 10^{-8}$
CuCNS	18	$1{,}6 \cdot 10^{-11}$
CuCl	18...20	$1{,}02 \cdot 10^{-6}$
CuJ	18...20	$5{,}06 \cdot 10^{-12}$
$Cu(JO_3)_2$	25	$1{,}4 \cdot 10^{-7}$
$Cu(OH)_2$	25	$5{,}6 \cdot 10^{-20}$
Cu_2S	18	$2 \cdot 10^{-47}$
CuS	18	$8 \cdot 10^{-45}$
$FeCO_3$	20	$2{,}5 \cdot 10^{-11}$
$Fe(COO)_2$	25	$2{,}1 \cdot 10^{-7}$
$Fe(OH)_2$	18	$4{,}8 \cdot 10^{-16}$
$Fe(OH)_3$	18	$3{,}8 \cdot 10^{-38}$
FeS	18	$3{,}7 \cdot 10^{-19}$
HgBr	25	$1{,}3 \cdot 10^{-21}$
Hg_2CO_3	25	$9 \cdot 10^{-17}$
HgCN	25	$5 \cdot 10^{-40}$
HgCl	25	$2 \cdot 10^{-18}$
Hg_2CrO_4	25	$2 \cdot 10^{-9}$
HgJ	25	$1{,}2 \cdot 10^{-28}$
Hg_2O	25	$1{,}6 \cdot 10^{-23}$
HgO	25	$1{,}7 \cdot 10^{-26}$
Hg_2S	18	$1 \cdot 10^{-47}$
HgS	18	$3 \cdot 10^{-54}$
Hg_2SO_4	25	$4{,}8 \cdot 10^{-7}$
Hg_2WO_4	18	$1{,}1 \cdot 10^{-17}$
$KClO_4$	25	$1{,}07 \cdot 10^{-2}$
$KHC_4H_4O_6$ Tartrat	18	$3{,}8 \cdot 10^{-4}$
K_2PdCl_6	25	$5{,}97 \cdot 10^{-6}$
K_2PtCl_6	18	$1{,}1 \cdot 10^{-5}$
$La_2[(COO)_2]_3$	18	$2{,}02 \cdot 10^{-28}$
$La(OH)_3$	25	$\sim 10^{-20}$
$MgCO_3 \cdot 3H_2O$	12	$2{,}6 \cdot 10^{-5}$
$Mg(COO)_2$	18	$8{,}57 \cdot 10^{-5}$
MgF_2	27	$6{,}4 \cdot 10^{-9}$
$MgNH_4PO_4$	25	$2{,}5 \cdot 10^{-13}$
$Mg(OH)_2$	25	$5{,}5 \cdot 10^{-12}$
$MnCO_3$	18	$8{,}8 \cdot 10^{-10}$
$Mn(OH)_2$	18	$4 \cdot 10^{-14}$
MnS	18	$7 \cdot 10^{-16}$
$Nd_2[(COO)_2]_3$	25	$5{,}87 \cdot 10^{-29}$
$NiCO_3$	25	$1{,}35 \cdot 10^{-7}$
$Ni(OH)_2$	25	$1{,}6 \cdot 10^{-14}$
NiS	20	$1 \cdot 10^{-26}$
$PbBr_2$	25	$3{,}9 \cdot 10^{-5}$
$PbCO_3$	18	$3{,}3 \cdot 10^{-14}$
$Pb(COO)_2$	18	$2{,}74 \cdot 10^{-11}$
$PbCl_2$	25	$2{,}12 \cdot 10^{-5}$
$PbCrO_4$	25	$1{,}77 \cdot 10^{-14}$
PbF_2	9	$2{,}7 \cdot 10^{-8}$
PbJ_2	25	$8{,}7 \cdot 10^{-9}$
$Pb(JO_3)_2$	18	$1{,}2 \cdot 10^{-13}$
PbS	18	$3{,}4 \cdot 10^{-28}$
$PbSO_4$	25	$1{,}58 \cdot 10^{-8}$
$RaSO_4$	20	$4{,}25 \cdot 10^{-11}$
$Sb(OH)_3$	—	$4 \cdot 10^{-42}$
$Sn(OH)_2$	25	$5 \cdot 10^{-26}$
$Sn(OH)_4$	25	$1 \cdot 10^{-56}$
$SrCO_3$	25	$1{,}6 \cdot 10^{-9}$
$Sr(COO)_2$	18	$5{,}6 \cdot 10^{-8}$
$SrCrO_4$	18	$3{,}6 \cdot 10^{-5}$
SrF_2	18	$2{,}8 \cdot 10^{-9}$
$SrSO_4$	25	$2{,}8 \cdot 10^{-7}$
$Te(OH)_4$	18	$7 \cdot 10^{-53}$
TlBr	25	$3{,}9 \cdot 10^{-6}$
TlCl	25	$1{,}9 \cdot 10^{-4}$
TlJ	25	$5{,}8 \cdot 10^{-8}$
$Tl(OH)_3$	25	$1{,}4 \cdot 10^{-53}$
Tl_2S	25	$9 \cdot 10^{-23}$
$Yb(COO)_2 \cdot 10\,H_2O$	25	$4{,}45 \cdot 10^{-25}$
$ZnCO_3$	25	$6 \cdot 10^{-11}$
$Zn(COO)_2$	18	$1{,}35 \cdot 10^{-9}$
$Zn(OH)_2$	25	$1 \cdot 10^{-17}$
ZnS, α	20	$6{,}9 \cdot 10^{-26}$
ZnS, β	25	$1{,}1 \cdot 10^{-24}$

342. Aktivitätskoeffizient

3421. Elektrolyte in wäßrigen Lösungen

γ = Stöchiometrischer Aktivitätskoeffizient bei 25° C.
γ' = Stöchiometrischer Aktivitätskoeffizient bei einer Temperatur in der Nähe des Gefrierpunktes der Lösung.

Stoff		Mol in 1000 g Wasser										
		0,001	0,005	0,01	0,05	0,1	0,5	1,0	2,0	3,0	4,0	5,0
$AgNO_3$	γ					(0,734)	0,536	0,429	0,316	0,252	0,210	0,181
	γ'		0,925	0,896	0,787	0,717	0,501	0,390				
$AlCl_3$	γ					(0,337)	0,331	0,539				
$Al(ClO_3)_3$	γ'	0,783	0,620	0,533	0,350	0,299	0,258					
$Al_2(SO_4)_3$	γ					(0,035)	0,0143	0,0175				
$BaBr_2$	γ		0,800	0,740	0,594		0,443	0,511				
$BaCl_2$	γ	0,881	0,774	0,716	0,564	0,499	0,392	0,388				
BaJ_2	γ'	0,907	0,839	0,798	0,686	0,634						
$Ba(NO_3)_2$	γ	0,882	0,772	0,705	0,517	0,433						
$Ba(OH)_2$	γ		0,773	0,712	0,526	0,443						
$Be(NO_3)_2$	γ'	0,885	0,762	0,694	0,541	0,478						
$BeSO_4$	γ'	0,754	0,534	0,426	0,222	0,157						
$CaCl_2$	γ	0,883	0,783	0,730	0,589	0,531	0,447	0,505				
CaJ_2	γ'	0,885	0,779	0,717	0,589	0,538						
$Ca(NO_3)_2$	γ'	0,885	0,78	0,71	0,55	0,48	0,34	0,31				
CaS_2O_3	γ	0,754	0,540	0,446	0,267	0,208	0,122	0,111				
$CdBr_2$	γ'		0,527	0,432	0,249	0,179	0,072					
	γ	0,85	0,65	0,50	0,23	0,17	0,08	0,06				
$CdCl_2$	γ'		0,648	0,567	0,380	0,289	0,130					
	γ	0,755	0,569	0,475	0,277	0,206	0,093	0,061				
CdJ_2	γ'	0,70	0,47	0,36	0,15	0,094	0,032	0,021				
	γ		0,56	0,40	0,14	0,092	0,031	0,02				
$Cd(NO_3)_2$	γ'	0,906	0,835	0,800	0,696	0,653	0,60	0,61				
$CdSO_4$	γ	0,754	0,540	0,432	0,227	0,166	0,067	0,045	0,032	0,033		
$CeCl_3$	γ					(0,309)	0,264	0,342	0,847			
$CoCl_2$	γ'	0,900	0,806	0,751	0,618	0,567	0,524	0,628				
$CrCl_3$	γ					(0,331)	0,314	0,481				
$Cr(NO_3)_3$	γ					(0,319)	0,291	0,401				
$Cr_2(SO_4)_3$	γ					(0,046)	0,019	0,021				
$CsBr$	γ'		0,926	0,898	0,795	0,733	0,564	0,483				
	γ					0,754	0,603	0,538	0,486	0,465	0,457	0,453
$CsCH_3CO_2$	γ					0,799	0,762	0,802	0,950	1,145		
$CsCl$	γ		0,924	0,896	0,795	0,739	0,598	0,534	0,495	0,478	0,473	0,474
CsF	γ'	0,982	0,963	0,952	0,913	0,892	0,851	0,874				
CsJ	γ					0,754	0,599	0,533	0,470	0,434		
$CsNO_3$	γ		0,924	0,894	0,780	0,707	0,528	0,422				
$CsOH$	γ					0,795	0,739	0,771				
Cs_2SO_4	γ'	0,894	0,806	0,752	0,587	0,494						
$CuBr_2$	γ'	0,896	0,812	0,768	0,667	0,634	0,659					
$CuCl_2$	γ	0,888	0,783	0,723	0,577	0,518	0,416	0,43				
$CuSO_4$	γ	0,74	0,53	0,41	0,209	0,149	0,061	0,041				
$EuCl_3$	γ					(0,318)	0,276	0,371	0,995			
$FeCl_2$	γ'	0,895	0,804	0,752	0,624	0,580	0,568	0,668				
$FeCl_3$	γ'	0,80	0,65	0,59	0,47	0,41	0,35	0,42				
HBr	γ			0,91	0,84	0,81	0,78	0,87				
HCl	γ	0,965	0,928	0,904	0,830	0,796	0,757	0,809	1,009	1,316	1,762	2,38
$HClO_4$	γ					0,803	0,769	0,823	1,055	1,448	2,08	3,11
HJ	γ		0,927	0,902	0,822	0,818	0,839	0,963	1,356	2,015		
HJO_3	γ'	0,961	0,908	0,865	0,691	0,580	0,294	0,186				
HNO_3	γ	0,965	0,927	0,902	0,823	0,785	0,715	0,720	0,793	0,909		
H_2SO_4	γ	0,837	0,646	0,543		0,379	0,221	0,186				
KBO_2	γ'		0,930	0,906	0,818	0,763	0,582	0,495				
KBr	γ	0,965	0,927	0,903	0,822	0,777	0,665	0,625				
$KBrO_3$	γ'		0,926	0,896	0,795	0,729						
KCH_3CO_2	γ					0,796	0,751	0,783	0,910	1,086		
KCN	γ'		0,926	0,900	0,809	0,755	0,617	0,615				
K_2CO_3	γ	0,892	0,807	0,745	0,576	0,497	0,357	0,327				
KCl	γ	0,965	0,927	0,902	0,818	0,771	0,655	0,611				
$KClO_3$	γ	0,967	0,932	0,907	0,813	0,755	0,568					
$KClO_4$	γ	0,965	0,924	0,895								
KF	γ	0,971	0,949	0,934	0,881	0,848	0,741	0,710	0,658	0,705	0,779	

Stoff		Mol in 1000 g Wasser										
		0,001	0,005	0,01	0,05	0,1	0,5	1,0	2,0	3,0	4,0	5,0
$K_4Fe(CN)_6$	γ'	0,650	0,447	0,360	0,189	0,134	0,062					
$K_3Fe(CN)_6$	γ'	0,785	0,618	0,547	0,365	0,291	0,155					
KJ	γ	0,965	0,927	0,905	0,837	0,799	0,706	0,680				
KNO_3	γ					0,739	0,545	0,443	0,333	0,269		
KOH	γ		0,924	0,898	0,805	0,754	0,666	0,675				
KH_2PO_4	γ					0,731	0,529	0,421				
KSCN	γ'		0,926	0,902	0,820	0,771	0,629	0,555				
	γ					0,769	0,646	0,559	0,556	0,538	0,529	0,524
K_2SO_4	γ	0,889	0,781	0,715	0,529	0,441						
$LaCl_3$	γ					(0,314)	0,266	0,342	0,847			
$La(NO_3)_3$	γ'	0,792	0,630	0,551	0,380	0,317						
LiBr	γ	0,966	0,932	0,909	0,842	0,810	0,783	0,848				
	γ					0,796	0,753	0,803	1,015	1,341	1,897	2,74
$LiCH_3CO_2$	γ					0,784	0,700	0,689	0,729	0,798	0,877	
LiCl	γ	0,963	0,921	0,895	0,819	0,782	0,729	0,761				
	γ					0,790	0,739	0,774	0,921	1,156	1,510	2,02
$LiClO_3$	γ'	0,967	0,933	0,911	0,842	0,810	0,769	0,808				
$LiClO_4$	γ'	0,967	0,935	0,915	0,853	0,825	0,821	0,913				
	γ					0,812	0,808	0,887	1,158	1,582	2,18	
LiF	γ'	0,965	0,922	0,889								
LiJ	γ'		0,95	0,94	0,91	0,90	0,92					
	γ					0,815	0,824	0,910	1,198	1,715		
$LiNO_3$	γ	0,966	0,930	0,904	0,834	0,798	0,743	0,765				
	γ					0,788	0,726	0,743	0,835	0,966	1,125	1,310
LiOH	γ					0,760	0,617	0,554	0,513	0,494	0,481	
$MgCl_2$	γ'	0,891	0,800	0,751	0,627	0,577	0,540	0,659				
$Mg(NO_3)_2$	γ	0,882	0,771	0,712	0,554	0,508	0,443	0,496				
$MgSO_4$	γ				0,262	0,195	0,091	0,067	0,042			
$MnCl_2$	γ'	0,892	0,790	0,731	0,594	0,543	0,490	0,568				
$MnSO_4$	γ	0,780	0,621	0,536	0,333	0,247	0,110	0,080				
	γ					(0,150)	0,064	0,044	0,035	0,038	0,048	
NH_4Br	γ'	0,964	0,901	0,870	0,780	0,733	0,617	0,572				
NH_4Cl	γ	0,961	0,911	0,880	0,790	0,742	0,620	0,574				
NH_4J	γ'	0,962	0,917	0,889	0,804	0,760	0,646	0,600				
NH_4NO_3	γ	0,959	0,912	0,882	0,783	0,726	0,558	0,471				
NaBr	γ	0,966	0,934	0,914	0,844	0,807	0,726	0,717				
	γ					0,782	0,697	0,687	0,731	0,812	0,929	
$NaBrO_3$	γ	0,967	0,934	0,911	0,826	0,775						
$NaCH_3CO_2$	γ					0,791	0,735	0,757	0,851	0,982		
Na_2CO_3	γ'	0,891	0,791	0,729	0,565	0,488	0,281					
NaCl	γ	0,966	0,929	0,906	0,828	0,786	0,688	0,664				
	γ					0,778	0,681	0,657	0,668	0,714	0,783	0,874
$NaClO_3$	γ'	0,966	0,930	0,905	0,819	0,769	0,621	0,544				
	γ					0,772	0,645	0,589	0,538	0,515		
$NaClO_4$	γ'	0,966	0,929	0,904	0,821	0,773	0,640	0,576				
	γ					0,775	0,668	0,629	0,609	0,611	0,626	0,649
NaF	γ'		0,926	0,900	0,807	0,752	0,615					
	γ					0,765	0,632	0,573				
NaJ	γ	0,966	0,935	0,917	0,866	0,841	0,808	0,844				
	γ					0,787	0,723	0,736	0,820	0,963		
$NaJO_3$	γ		0,924	0,895	0,784	0,714						
$NaNO_3$	γ					0,762	0,617	0,548	0,478	0,437	0,408	0,386
NaOH	γ			0,905	0,815	0,772	0,678	0,668				
	γ					0,766	0,690	0,678	0,709	0,784	0,903	1,077
Na_2HPO_4	γ'	0,885	0,771	0,706	0,530	0,441						
NaH_2PO_4	γ					0,744	0,563	0,468	0,371	0,320	0,293	0,276
NaSCN	γ					0,787	0,715	0,712	0,744	0,804	0,897	
Na_2SO_3	γ'	0,891	0,808	0,757	0,610	0,530	0,327	0,24				
Na_2SO_4	γ	0,887	0,778	0,714	0,536	0,453						
Na_2SiO_3	γ				0,50	0,41	0,23	0,18				
$NdCl_3$	γ					(0,310)	0,264	0,344	0,867			
$NiCl_2$	γ'	0,900	0,807	0,753	0,619	0,567						
$Ni(NO_3)_2$	γ	0,90	0,805	0,76	0,63	0,58	0,515	0,58				
$NiSO_4$	γ'	0,764	0,561	0,455	0,246	0,180	0,078	0,056				
$PbCl_2$	γ	0,802	0,660	0,584								
$Pb(NO_3)_2$	γ'	0,885	0,763	0,687	0,464	0,373	0,168	0,112				
$PrCl_3$	γ					(0,311)	0,262	0,338	0,825			
RbBr	γ'		0,929	0,905	0,818	0,765	0,621	0,556				
	γ					0,763	0,632	0,578	0,536	0,520	0,514	0,515
$RbCH_3CO_2$	γ					0,796	0,755	0,792	0,933	1,126		

Stoff		Mol in 1000 g Wasser										
		0,001	0,005	0,01	0,05	0,1	0,5	1,0	2,0	3,0	4,0	5,0
RbCl	γ		0,927	0,903	0,816	0,765	0,638	0,585	0,546	0,536	0,538	0,546
RbF	γ'		0,940	0,924	0,871	0,839	0,756	0,729				
RbJ	γ					0,762	0,629	0,575	0,533	0,518	0,515	0,517
$RbNO_3$	γ'		0,297	0,902	0,792	0,720						
	γ					0,734	0,534	0,430	0,321	0,257	0,216	
$ScCl_3$	γ					(0,320)	0,298	0,443				
$SmCl_3$	γ					(0,314)	0,271	0,362	0,940			
$SnCl_2$	γ	0,809	0,624	0,512	0,283	0,233						
$SrCl_2$	γ	0,898	0,814	0,759	0,616	0,558	0,455	0,496				
SrJ_2	γ'	0,93	0,88	0,85	0,76	0,73	0,82	1,11				
$Sr(NO_3)_2$	γ'	0,895	0,82	0,77	0,62	0,54	0,34	0,27				
$Th(NO_3)_4$	γ					(0,279)	0,189	0,207	0,326	0,486	0,647	0,791
$TlCH_3CO_2$	γ					0,750	0,589	0,515	0,444	0,405	0,376	0,354
$TlNO_3$	γ		0,922	0,890	0,765	0,680						
UO_2Cl_2	γ'	0,93	0,88	0,85	0,75	0,70	0,57					
$UO_2(NO_3)_2$	γ'	0,912	0,845	0,801	0,674	0,615	0,554	0,658				
UO_2SO_4	γ'	0,754	0,533	0,420	0,214	0,150	0,060					
YCl_3	γ					(0,314)	0,278	0,385	1,136			
$ZnCl_2$	γ'	0,891	0,797	0,746	0,62	0,580	0,490	0,465				
	γ	0,881	0,767	0,708	0,556	0,502	0,376	0,325				
$Zn(NO_3)_2$	γ	0,89	0,79	0,75	0,62	0,57	0,49	0,56				
$ZnSO_4$	γ	0,700	0,477	0,387	—	0,144	0,060	0,043	0,035	0,041		

343. Gleichgewichte in Gasen[1]

Die folgende Tabelle gibt für wichtige chemische Gas-Reaktionen die Werte der Gleichgewichtskonstanten K_p als Funktion der Temperatur an. In besonderen Fällen wurden für einige spezielle Drucke (Gesamtdrucke) die Werte des Dissoziationsgrades α hinzugefügt, die sich aus den vorliegenden Gleichgewichtskonstanten für eine Dissoziation des Ausgangsstoffs ergeben. Im einzelnen kann man sich für die verschiedenen Reaktionstypen mit Hilfe der unten angegebenen Zusammenstellung S. 879 die Dissoziationsgrade wie folgt selbst errechnen:

Für die Reaktionsgleichung

$$\nu_A A + \nu_B B \rightleftharpoons \nu_C C + \nu_D D \tag{1}$$

in der die ν_i die stöchiometrischen Umsatzzahlen sind, gilt für $K_p(T)$ mit den Partialdrucken p_i der Einzelkomponenten im Gleichgewicht:

$$\frac{p_A^{\nu_A} \cdot p_B^{\nu_B}}{p_C^{\nu_C} \cdot p_D^{\nu_D}} = K_p(T). \tag{2}$$

Von einem Dissoziationsgrad spricht man meist nur dann, wenn auf der einen Seite der Umsatzgleichung (1) nur ein Stoff steht, also z.B. $\nu_D = 0$ ist. Für die am häufigsten vorkommenden Werte von ν_A, ν_B und ν_C ist in der erwähnten Zusammenstellung der Zusammenhang von Dissoziationsgrad α und Gleichgewichtskonstante K_p angegeben. Zum Beispiel findet man dort für $\nu_A = 3$, $\nu_B = 1$ und $\nu_C = 2$ unter der Reaktion:

$$3A + B \rightleftharpoons 2C \tag{1a}$$

[1] Nach Landolt-Börnstein, 6. Aufl., Bd. II/5, Beitrag GRAU.

unter der Spalte K_p die Angabe $K_p = 27\alpha^4 p^2/16(1-\alpha^2)^2$, die besagt, daß

$$\frac{27\alpha^4 p^2}{16(1-\alpha^2)^2} = K_p(T) = \frac{p_A^3 \cdot p_B}{p_C^2} \tag{3}$$

ist, so daß aus den von der Tabelle aufgeführten K_p-Werten bei gegebenem Gesamtdruck p des reagierenden Gas-Systems α berechnet werden kann.

Bei der numerischen Auswertung von Gl. (3) ist darauf zu achten, daß der $K_p(T)$-Wert auf die Umsatzgleichung (1) bezogen ist. Zum Beispiel gilt Gl. (1a) für die Bildung von Ammoniak aus den Elementen. In der Tabelle ist aber auf S. 891 der K_p-Wert auf die Reaktionsgleichung $\frac{3}{2}A + \frac{1}{2}B = C$ bezogen, nämlich auf $\frac{3}{2}H_2 + \frac{1}{2}N_2 = NH_3$, so daß

$$K_p = \frac{p_A^{\frac{3}{2}} \cdot p_B^{\frac{1}{2}}}{p_C} = \frac{p_{H_2}^{\frac{3}{2}} \cdot p_{N_2}^{\frac{1}{2}}}{p_{NH_3}} \tag{4}$$

als K_p-Wert auf S. 891 aufgeführt ist; der Wert, der in Gl. (3) zu verwenden ist, wird aus dem Gleichgewichtswert nach Gl. (4) offensichtlich durch Quadrieren erhalten. Entsprechend hat man in anderen Fällen zu verfahren.

Die Zahlentabelle für die Gleichgewichtskonstanten K_p ist so angelegt, daß am Kopf der Tabelle die chemische Reaktionsgleichung aufgeführt ist, daneben steht die Reaktionsenthalpie (für die stöchiometrischen Umsatzzahlen) der Reaktionsgleichung. Die Reaktionsenthalpie ist meist auf 0° K bezogen, in einigen Fällen auch auf Zimmertemperatur (298° K).

In Spalte 1 sind die Temperaturen aufgeführt, auf welche sich die Angaben von log K_p und K_p in Spalte 2 und 3 beziehen. Am Kopf von Spalte 3 findet man die genaue Definition von K_p; die dabei benutzte Druckeinheit steht hinter der Reaktionsenthalpie.

Die weiteren Spalten, sofern solche vorhanden sind, geben — wie oben bereits vermerkt wurde — die Werte des Dissoziationsgrades α für die am Kopf dieser Spalten vermerkten Gesamtdrucke p an.

Sucht man die Werte der Gleichgewichtskonstanten für eine Reaktion, die nicht in der vorliegenden Tabelle aufgeführt ist — sie enthält Zahlenwerte nur für besonders wichtige Fälle —, so kann man die log K_p-Werte wie folgt aus den Angaben der Tabelle 63 entnehmen, sofern dort die freien Enthalpien ΔG_B^0 für sämtliche an der Reaktion beteiligten Stoffe A, B, C, D der Reaktionsgleichung (1) aufgeführt sind oder doch aus den Angaben der Tabelle 63 leicht zu entnehmen sind. Es gilt nämlich für die Reaktion von Gl. (1)

$$\left.\begin{aligned} \Delta G_{\text{Reakt}} &= \nu_C \Delta G_B^0(C) + \nu_D \Delta G_B^0(D) - \nu_A \Delta G_B^0(A) - \nu_B \Delta G_B^0(B) \\ &= RT \ln K_p, \end{aligned}\right\} \tag{5}$$

wobei die für die Temperatur T gültigen ΔG_B^0-Werte zu verwenden sind. Zum Beispiel findet man die ΔG_B^0-Werte für die Partner der Reaktion.

$$CO + H_2O = CO_2 + H_2$$

bei 1000° K zu $\Delta G_B^0(CO) = -200{,}6$ kJ/Mol

$$\Delta G_B^0(H_2O) = -192{,}5 \text{ kJ/Mol}; \quad \Delta G_B^0(CO_2) = -395{,}8 \text{ kJ/Mol}$$

$$\Delta G_B^0(H_2) = 0{,}0 \text{ kJ/Mol},$$

womit Gl. (5) die Gestalt

$$8{,}314 \cdot 1000\ (\mathrm{J/Mol}) \cdot 2{,}303 \log K_p = 19{,}138\ \mathrm{kJ/Mol} \cdot \log K_p$$
$$= +1\,(-395{,}8) + 1\,(0{,}0) - 1\,(-200{,}6) - 1\,(-192{,}5) = -2{,}7\ \mathrm{kJ/Mol}$$

enthält, so daß daraus

$$\log K_p = -2{,}7/19{,}138 = -0{,}14$$
$$K_p = 0{,}72 \tag{5a}$$

bei $T = 1000°$ K entnommen werden kann.

Sind die ΔG_B^0-Werte der Reaktionspartner nicht in Tabelle 63 aufgeführt, so kann man in den Fällen, in denen man in Tabelle 214 für Elemente, in Tabelle 221 für anorganische und in Tabelle 143, Bd. II, für organische Verbindungen für $T = 298°$ K die Bildungsenthalpien und die Normalentropien S^0 der Reaktionspartner findet, über die Beziehung

$$R\,T \ln K_p = \Delta\,(\Delta H_B^0) - T\Delta\,S^0 \tag{6}$$

die Gleichgewichtskonstanten wenigstens näherungsweise ermitteln. In dem obigen Falle findet man z. B. in der Tabelle 214 und 221 die ΔH_B^0 bzw. S^0-Werte

$$\Delta H_B^0(\mathrm{CO}) = -110{,}5\ \mathrm{kJ/Mol} \quad \text{bzw.} \quad S^0 = 197{,}4\ \mathrm{J/Molgrd}$$
$$\Delta H_B^0(\mathrm{H_2O}) = -241{,}8\ \mathrm{kJ/Mol} \qquad S^0 = 188{,}7\ \mathrm{J/Molgrd}$$
$$\Delta H_B^0(\mathrm{H_2}) = 0\ \mathrm{kJ/Mol} \qquad S^0 = 130{,}6\ \mathrm{J/Molgrd}$$
$$\Delta H_B^0(\mathrm{CO_2}) = -393{,}5\ \mathrm{kJ/Mol} \qquad S^0 = 213{,}6\ \mathrm{J/Molgrd}$$

Womit Gl. (6) die Gestalt erhält.

$$\left.\begin{aligned} &19{,}138 \cdot 1000\ \mathrm{J/Mol} \log K_p = R\,T \ln K_p \\ &\quad = [1\,(-393{,}5) + 1(0{,}0) - 1\,(-110{,}5) - 1\,(-241{,}8)\ \mathrm{kJ/Mol}] - \\ &\quad\quad - 1000\,[1\,(213{,}6) + 1\,(130{,}6) - 1\,(197{,}4) - 1\,(188{,}7)]\ \mathrm{J/Mol,} \end{aligned}\right\} \tag{6a}$$

d. h. $19{,}138\ \mathrm{kJ/Mol} \cdot \log K_p(1000°\ \mathrm{K}) = -41{,}20\ \mathrm{kJ/Mol} - 1000(-41{,}9)\ \mathrm{J/Mol}$

$$= 0{,}7\ \mathrm{kJ/Mol}$$

oder

$$\log K_p = 0{,}04$$
$$K_p = 1{,}1.$$

Die Übereinstimmung mit den experimentellen Werten ist jetzt weniger gut als nach Gl. (5) bzw. (5a) (s. S. 895, wo für K_p bei 1000° K 0,776 angegeben ist). Zum Schluß sei noch darauf aufmerksam gemacht, daß das M. W. G. in der Form der Gl. (2) nur gilt, so lange die Partialdrucke p_i der Komponenten noch so gering sind, daß die Gase dem idealen Gasgesetz mit ausreichender Genauigkeit gehorchen. Betreffs der Abweichungen von der einfachen Gl. (2), wenn diese Voraussetzung nicht mehr zutrifft, s. z. B. NH_3-Gleichgewicht S. 892.

Zusammenhang zwischen Gleichgewichtskonstante K_p und Dissoziationsgrad α für verschiedene Reaktionstypen

Reaktion	Gleichgewichtskonstante K_p	Dissoziationsgrad α
$2A \rightleftharpoons C$	$K_p = \frac{4\alpha^2 p}{1-\alpha^2}$ für $\alpha \ll 1$ $K_p = 4\alpha^2 p$	$\alpha = \sqrt{\frac{K_p}{4p+K_p}}$ für $\alpha \ll 1$ $\alpha = \frac{1}{2}\sqrt{\frac{K_p}{p}}$
$A+B \rightleftharpoons 2C$	$K_p = \frac{\alpha^2}{4(1-\alpha^2)}$	$\alpha = 2\sqrt{\frac{K_p}{1+4K_p}}$ α druckunabhängig
$3A \rightleftharpoons 2C$	$K_p = \frac{27\alpha^2 p}{4(2+\alpha)(1-\alpha)^2}$	für $\alpha \ll 1$; $\alpha = \sqrt{\frac{8K_p}{27p}}$
$A+2B \rightleftharpoons 2C$	$K_p = \frac{\alpha^3 p}{(1-\alpha)^2(2+\alpha)}$	für $\alpha \ll 1$; $\alpha = \sqrt[3]{\frac{2K_p}{p}}$
$A+B \rightleftharpoons C$	$K_p = \frac{\alpha^2 p}{1-\alpha^2}$	$\alpha = \sqrt{\frac{K_p}{K_p+p}}$ für $\alpha \ll 1$ $\alpha = \sqrt{\frac{K_p}{p}}$
$3A+B \rightleftharpoons 2C$	$K_p = \frac{27\alpha^4 p^2}{16(1-\alpha^2)^2}$	$\left(\frac{\alpha^2}{1-\alpha^2}\right) = \sqrt{\frac{16K_p}{27p^2}}$
$2A \rightleftharpoons C+2D$	$K_p = \frac{\alpha^2(3-\alpha)}{(1-\alpha)^2 p}$	für $\alpha \ll 1$; $\alpha = \sqrt{\frac{K_p \cdot p}{3}}$
$A+B \rightleftharpoons C+D$	$K_p = \frac{\alpha^2}{(1-\alpha)^2}$	$\frac{\alpha}{1-\alpha} = \sqrt{K_p}$ α druckunabhängig

Die Anordnung der Gleichgewichte ist die folgende:

Dissoziationsgleichgewichte von Elementen

Dissoziationsgleichgewichte einfacher anorganischer Verbindungen und Radikale

Reaktionen zwischen mehreren anorganischen Verbindungen

Bildungsgleichgewichte einfacher organischer Verbindungen

Hydrierungsgleichgewichte organischer Verbindungen

$o\text{-}H_2 \rightleftharpoons p\text{-}H_2$

T(°K)	% p-H_2	T(°K)	% p-H_2	T(°K)	% p-H_2
20	99,7	120	33,0	240	25,1
30	97,0	140	29,8	260	25,0
40	90,0	160	27,8	280	25,0
60	65,0	180	26,6	300	25,0
80	48,5	200	25,8		
100	38,5	220	25,3		

$o\text{-}D_2 \rightleftharpoons p\text{-}D_2$

T(°K)	% p-D_2	T(°K)	% p-D_2	T(°K)	% p-D_2
20	1,2	80	30,2	160	33,4
30	8,0	100	32,2	180	33,5
40	15,0	120	33,0	200	33,5
60	25,6	140	33,3	220	33,5

$o\text{-}T_2 \rightleftharpoons p\text{-}T_2$

T(°K)	% p-T_2	T(°K)	% p-T_2	T(°K)	% p-T_2
10	97,2	35	37,2	125	25,0
15	83,6	40	33,2	150	25,0
20	66,2	50	28,7	175	25,0
25	52,6	75	25,5		
30	43,3	100	25,1		

$Br + Br \rightleftharpoons Br_2$, $\Delta H_0^0 = -190{,}20$ kJ/Mol (p in atm)

T(°K)	$\log K_p$	$K_p = \frac{p_{Br}^2}{p_{Br_2}}$	T(°K)	$\log K_p$	$K_p = \frac{p_{Br}^2}{p_{Br_2}}$
900	−5,63	$2{,}34 \cdot 10^{-6}$	1600	−0,68	$2{,}09 \cdot 10^{-1}$
1000	−4,53	$2{,}95 \cdot 10^{-5}$	1800	+0,02	1,05
1200	−2,82	$1{,}51 \cdot 10^{-3}$	2000	+0,59	3,89
1400	−1,60	$2{,}51 \cdot 10^{-2}$	2200	+1,06	$1{,}15 \cdot 10$
1500	−1,12	$7{,}59 \cdot 10^{-2}$	2500	+1,60	$3{,}98 \cdot 10$

$Cl + Cl \rightleftharpoons Cl_2$, $\Delta H_{298}^0 = -242{,}2$ kJ/Mol (p in atm)

T(°K)	$\log K_p$	$K_p = \frac{p_{Cl}^2}{p_{Cl_2}}$	T(°K)	$\log K_p$	$K_p = \frac{p_{Cl}^2}{p_{Cl_2}}$
1000	−6,84	$1{,}45 \cdot 10^{-7}$	2000	−0,28	$5{,}25 \cdot 10^{-1}$
1200	−4,65	$2{,}24 \cdot 10^{-5}$	2200	+0,30	2,00
1400	−3,10	$7{,}94 \cdot 10^{-4}$	2400	+0,80	6,31
1500	−2,47	$3{,}39 \cdot 10^{-3}$	2500	+1,03	$1{,}07 \cdot 10$
1600	−1,93	$1{,}18 \cdot 10^{-2}$	2600	+1,23	$1{,}70 \cdot 10$
1800	−1,03	$9{,}33 \cdot 10^{-2}$			

$F + F \rightleftharpoons F_2$, $\Delta H^0_{298} = -158{,}18$ kJ/Mol (p in atm)

T(°K)	log K_p	$K_p = \frac{p_F^2}{p_{F_2}}$	T(°K)	log K_p	$K_p = \frac{p_F^2}{p_{F_2}}$
800	−4,16	$6{,}92 \cdot 10^{-5}$	1500	+0,85	7,08
1000	−2,01	$9{,}77 \cdot 10^{-3}$	1600	+1,20	$1{,}59 \cdot 10$
1200	−0,60	$2{,}51 \cdot 10^{-1}$	1800	+1,80	$6{,}31 \cdot 10$
1400	+0,43	2,69			

$H + H \rightleftharpoons H_2$, $\Delta H^0_0 = -431{,}8$ kJ/Mol (p in atm)

T(°K)	log K_p	$K_p = \frac{p_H^2}{p_{H_2}}$	T°(K)	α		
				1 atm	10 atm	100 atm
1500	−9,52	$3{,}02 \cdot 10^{-10}$	1500	$8{,}70 \cdot 10^{-6}$	$2{,}75 \cdot 10^{-6}$	$8{,}70 \cdot 10^{-7}$
1800	−6,90	$1{,}26 \cdot 10^{-7}$	1800	$1{,}78 \cdot 10^{-4}$	$5{,}61 \cdot 10^{-5}$	$1{,}78 \cdot 10^{-5}$
2000	−5,58	$2{,}63 \cdot 10^{-6}$	2000	$8{,}10 \cdot 10^{-4}$	$2{,}56 \cdot 10^{-4}$	$8{,}10 \cdot 10^{-5}$
2200	−4,48	$3{,}31 \cdot 10^{-5}$	2200	$2{,}88 \cdot 10^{-3}$	$9{,}10 \cdot 10^{-4}$	$2{,}88 \cdot 10^{-4}$
2500	−3,20	$6{,}31 \cdot 10^{-4}$	2500	$1{,}26 \cdot 10^{-2}$	$3{,}98 \cdot 10^{-3}$	$1{,}26 \cdot 10^{-3}$
3000	−1,63	$2{,}34 \cdot 10^{-2}$	3000	$7{,}6 \cdot 10^{-2}$	$2{,}42 \cdot 10^{-2}$	$7{,}6 \cdot 10^{-3}$

$D + D \rightleftharpoons D_2$, $\Delta H^0_0 = -439{,}3$ kJ/Mol ($p = 1$ atm)

T(°K)	log K_p	$K_p = \frac{p_D^2}{p_{D_2}}$	T(°K)	log K_p	$K_p = \frac{p_D^2}{p_{D_2}}$
1000	−17,400	$3{,}98 \cdot 10^{-18}$	2500	−3,198	$6{,}34 \cdot 10^{-4}$
1500	−9,549	$2{,}83 \cdot 10^{-10}$	3000	−1,596	$2{,}54 \cdot 10^{-2}$
2000	−5,589	$2{,}58 \cdot 10^{-6}$			

$T + T \rightleftharpoons T_2$, $\Delta H^0_{298} = -443{,}2$ kJ/Mol (p in atm)

T(°K)	log K_p	$K_p = \frac{p_T^2}{p_{T_2}}$	T(°K)	log K_p	$K_p = \frac{p_T^2}{p_{T_2}}$
1000	−17,521	$3{,}01 \cdot 10^{-18}$	2000	−5,629	$2{,}35 \cdot 10^{-6}$
1500	−9,613	$2{,}44 \cdot 10^{-10}$	2500	−3,226	$5{,}94 \cdot 10^{-4}$

$H + D \rightleftharpoons HD$, $\Delta H^0_0 = -435{,}4$ kJ/Mol (p in atm)

T(°K)	log K_p	$K_p = \frac{p_H \cdot p_D}{p_{HD}}$	T(°K)	log K_p	$K_p = \frac{p_H \cdot p_D}{p_{HD}}$
1000	−17,606	$2{,}48 \cdot 10^{-18}$	2500	−3,485	$3{,}27 \cdot 10^{-4}$
1500	−9,805	$1{,}57 \cdot 10^{-10}$	3000	−1,888	$1{,}29 \cdot 10^{-2}$
2000	−5,866	$1{,}36 \cdot 10^{-6}$			

$\frac{1}{2}H_2+\frac{1}{2}T_2 \rightleftharpoons HT$, $\Delta H^0_{298} = -0{,}710$ kJ/Mol (p in atm)

T(°K)	$\log K_p$	$K_p = \frac{p_{H_2}^{1/2} \cdot p_{T_2}^{1/2}}{p_{HT}}$	T(°K)	$\log K_p$	$K_p = \frac{p_{H_2}^{1/2} \cdot p_{T_2}^{1/2}}{p_{HT}}$
300	−0,206	$6{,}22 \cdot 10^{-1}$	800	−0,284	$5{,}20 \cdot 10^{-1}$
400	−0,237	$5{,}79 \cdot 10^{-1}$	1000	−0,291	$5{,}12 \cdot 10^{-1}$
500	−0,256	$5{,}55 \cdot 10^{-1}$	2000	−0,305	$4{,}95 \cdot 10^{-1}$
600	−0,269	$5{,}38 \cdot 10^{-1}$			

$H+T \rightleftharpoons HT$, $\Delta H^0_{298} = -436{,}9$ kJ/Mol (p in atm)

T(°K)	$\log K_p$	$K_p = \frac{p_H \cdot p_T}{p_{HT}}$	T(°K)	$\log K_p$	$K_p = \frac{p_H \cdot p_T}{p_{HT}}$
1000	−17,646	$2{,}26 \cdot 10^{-18}$	2000	−5,879	$1{,}32 \cdot 10^{-6}$
1500	−9,827	$1{,}49 \cdot 10^{-10}$	2500	−3,494	$3{,}21 \cdot 10^{-4}$

$D+T \rightleftharpoons DT$, $\Delta H^0_{298} = -441{,}5$ kJ/Mol (p in atm)

T(°K)	$\log K_p$	$K_p = \frac{p_D \cdot p_T}{p_{DT}}$	T(°K)	$\log K_p$	$K_p = \frac{p_D \cdot p_T}{p_{DT}}$
1000	−17,777	$1{,}67 \cdot 10^{-18}$	2000	−5,917	$1{,}21 \cdot 10^{-6}$
1500	−9,893	$1{,}28 \cdot 10^{-10}$	2500	−3,519	$3{,}03 \cdot 10^{-4}$

$\frac{1}{2}H_2+\frac{1}{2}D_2 \rightleftharpoons HD$, $\Delta H^0_{298} = -0{,}155$ kJ/Mol (p in atm)

T(°K)	$\log K_p$	$K_p = \frac{p_{H_2}^{1/2} \cdot p_{D_2}^{1/2}}{p_{HD}}$	T(°K)	$\log K_p$	$K_p = \frac{p_{H_2}^{1/2} \cdot p_{D_2}^{1/2}}{p_{HD}}$
1000	$-0{,}299_1$		2500	$-0{,}299_5$	
1500	$-0{,}299_6$		3000	$-0{,}299_3$	
2000	$-0{,}299_8$				

$J+J \rightleftharpoons J_2$, $\Delta H^0_0 = -148{,}70$ kJ/Mol (p in atm)

T(°K)	$\log K_p$	$K_p = \frac{p_J^2}{p_{J_2}}$	T(°K)	$\log K_p$	$K_p = \frac{p_J^2}{p_{J_2}}$
800	−4,50	$3{,}16 \cdot 10^{-5}$	1600	+0,52	3,31
1000	−2,50	$3{,}16 \cdot 10^{-3}$	1800	+1,05	$1{,}12 \cdot 10$
1200	−1,15	$7{,}08 \cdot 10^{-2}$	2000	+1,52	$3{,}31 \cdot 10$
1400	−0,21	$6{,}17 \cdot 10^{-1}$	2200	+1,88	$7{,}59 \cdot 10$
1500	+0,18	1,51			

$K + K \rightleftharpoons K_2$, $\Delta H_0^0 = -49{,}4$ kJ/Mol ((p in atm)

T(°K)	log K_p	$K_p = \frac{p_K^2}{p_{K_2}}$	T(°K)	log K_p	$K_p = \frac{p_K^2}{p_{K_2}}$
500	−1,61	$2{,}46 \cdot 10^{-2}$	1500	+2,00	$1{,}00 \cdot 10^{2}$
600	−0,73	$1{,}86 \cdot 10^{-1}$	2000	+2,47	$2{,}95 \cdot 10^{2}$
800	+0,43	2,69	2500	+2,72	$5{,}25 \cdot 10^{2}$
1000	+1,10	$1{,}26 \cdot 10$	3000	+2,92	$8{,}32 \cdot 10^{2}$
1200	+1,55	$3{,}55 \cdot 10$			

$Li + Li \rightleftharpoons Li_2$, $\Delta H_0^0 = -109{,}9$ kJ/Mol (p in atm)

T(°K)	log K_p	$K_p = \frac{p_{Li}^2}{p_{Li_2}}$	T(°K)	log K_p	$K_p = \frac{p_{Li}^2}{p_{Li_2}}$
800	−3,05	$8{,}91 \cdot 10^{-4}$	2000	+1,44	$2{,}75 \cdot 10$
1000	−1,54	$2{,}88 \cdot 10^{-2}$	2500	+2,03	$1{,}07 \cdot 10^{2}$
1200	−0,55	$2{,}82 \cdot 10^{-1}$	3000	+2,45	$2{,}82 \cdot 10^{2}$
1500	+0,45	2,82			

$N + N \rightleftharpoons N_2$, $\Delta H_{298}^0 = -941{,}2$ kJ/Mol (p in atm)

T(°K)	log K_p	$K_p = \frac{p_N^2}{p_{N_2}}$	T(°K)	log K_p	$K_p = \frac{p_N^2}{p_{N_2}}$
2500	−12,93	$1{,}18 \cdot 10^{-13}$	4000	−5,45	$3{,}55 \cdot 10^{-6}$
2800	−10,80	$1{,}59 \cdot 10^{-11}$	4500	−4,05	$8{,}91 \cdot 10^{-5}$
3000	−9,65	$2{,}24 \cdot 10^{-10}$	5000	−3,00	$1{,}00 \cdot 10^{-3}$
3500	−7,25	$5{,}62 \cdot 10^{-8}$			

$Na + Na \rightleftharpoons Na_2$, $\Delta H_0^0 = -73{,}3$ kJ/Mol (p in atm)

T(°K)	log K_p	$K_p = \frac{p_{Na}^2}{p_{Na_2}}$	T(°K)	log K_p	$K_p = \frac{p_{Na}^2}{p_{Na_2}}$
600	−2,52	$3{,}02 \cdot 10^{-3}$	1500	+1,52	$3{,}31 \cdot 10$
800	−0,83	$1{,}48 \cdot 10^{-1}$	2000	+2,20	$1{,}59 \cdot 10^{2}$
1000	+0,18	1,51	2500	+2,60	$3{,}98 \cdot 10^{2}$
1200	+0,84	6,92	3000	+2,87	$7{,}41 \cdot 10^{2}$

$O + O \rightleftharpoons O_2$, $\Delta H_0^0 = -490$ kJ/Mol (p in atm)

T(°K)	log K_p	$K_p = \frac{p_O^2}{p_{O_2}}$	T(°K)	log K_p	$K_p = \frac{p_O^2}{p_{O_2}}$
1500	−10,65	$2{,}24 \cdot 10^{-11}$	3000	−1,75	$1{,}78 \cdot 10^{-2}$
1800	−7,63	$2{,}34 \cdot 10^{-8}$	3500	−0,50	$3{,}16 \cdot 10^{-1}$
2000	−6,20	$6{,}31 \cdot 10^{-7}$	4000	+1,80	$6{,}31 \cdot 10$
2500	−3,50	$3{,}16 \cdot 10^{-4}$			

$O_2 + O \rightleftharpoons O_3$, $\Delta H^0_{298} = -106{,}2$ kJ/Mol (p in atm)

T(°K)	log K_p	$K_p = \frac{p_{O_2} \cdot p_O}{p_{O_3}}$	T(°K)	log K_p	$K_p = \frac{p_{O_2} \cdot p_O}{p_{O_3}}$
800	−0,10	$7{,}94 \cdot 10^{-1}$	2000	+4,13	$1{,}35 \cdot 10^{4}$
1000	+1,30	$2{,}00 \cdot 10$	2500	+4,67	$4{,}68 \cdot 10^{4}$
1200	+2,25	$1{,}78 \cdot 10^{2}$	3000	+5,05	$1{,}12 \cdot 10^{5}$
1500	+3,15	$1{,}41 \cdot 10^{3}$	3500	+5,32	$2{,}09 \cdot 10^{5}$
1800	+3,80	$6{,}31 \cdot 10^{3}$	4000	+5,80	$6{,}31 \cdot 10^{5}$

$O_3 \rightleftharpoons \frac{3}{2} O_2$, $\Delta H^0_0 = -145{,}8$ kJ/Mol (p in atm)

T(°K)	log K_p	$K_p = \frac{p_{O_3}}{p_{O_2}^{3/2}}$	T(°K)	log K_p	$K_p = \frac{p_{O_3}}{p_{O_2}^{3/2}}$
800	−12,05	$8{,}91 \cdot 10^{-13}$	2000	−7,20	$6{,}31 \cdot 10^{-8}$
1000	−10,44	$3{,}63 \cdot 10^{-11}$	2500	−6,57	$2{,}69 \cdot 10^{-7}$
1200	−9,33	$4{,}68 \cdot 10^{-10}$	3000	−6,13	$7{,}41 \cdot 10^{-7}$
1500	−8,30	$5{,}01 \cdot 10^{-9}$	3500	−5,85	$1{,}41 \cdot 10^{-6}$
1800	−7,55	$2{,}82 \cdot 10^{-8}$	4000	−5,25	$5{,}62 \cdot 10^{-6}$

$P + P \rightleftharpoons P_2$, $\Delta H^0_0 = -483{,}0$ kJ/Mol (p in atm)

T(°K)	log K_p	$K_p = \frac{p_P^2}{p_{P_2}}$	T(°K)	log K_p	$K_p = \frac{p_P^2}{p_{P_2}}$
2000	−6,61	$2{,}46 \cdot 10^{-7}$	3000	−2,32	$4{,}79 \cdot 10^{-3}$
2200	−5,40	$2{,}51 \cdot 10^{-6}$	3500	−1,07	$8{,}51 \cdot 10^{-2}$
2500	−4,00	$1{,}00 \cdot 10^{-4}$	4000	−0,13	$7{,}41 \cdot 10^{-1}$
2800	−2,90	$1{,}26 \cdot 10^{-3}$			

$S + S \rightleftharpoons S_2$, $\Delta H^0_0 = -314{,}8$ kJ/Mol (p in atm)

T(°K)	log K_p	$K_p = \frac{p_S^2}{p_{S_2}}$	T(°K)	log K_p	$K_p = \frac{p_S^2}{p_{S_2}}$
1800	−2,83	$1{,}48 \cdot 10^{-3}$	2500	+0,10	1,26
2000	−1,79	$1{,}62 \cdot 10^{-2}$	2800	+0,90	7,94
2200	−0,92	$1{,}20 \cdot 10^{-1}$			

$Se + Se \rightleftharpoons Se_2$, $\Delta H^0_0 = -259{,}8$ kJ/Mol (p in atm)

T(°K)	log K_p	$K_p = \frac{p_{Se}^2}{p_{Se_2}}$	T(°K)	log K_p	$K_p = \frac{p_{Se}^2}{p_{Se_2}}$
1800	−1,91	$1{,}23 \cdot 10^{-2}$	2500	+0,31	2,04
2000	−1,12	$7{,}59 \cdot 10^{-2}$	2800	+0,92	8,32
2200	−0,47	$3{,}39 \cdot 10^{-1}$			

$Te + Te \rightleftharpoons Te_2$, $\Delta H_0^0 = -221{,}3$ kJ/Mol (p in atm)

T(°K)	log K_p	$K_p = \frac{p_{Te}^2}{p_{Te_2}}$	T(°K)	log K_p	$K_p = \frac{p_{Te}^2}{p_{Te_2}}$
1800	−1,13	$7{,}41 \cdot 10^{-2}$	2200	+0,09	1,23
2000	−0,46	$3{,}47 \cdot 10^{-1}$	2500	+0,74	5,50

$\frac{1}{2}Br_2 + \frac{1}{2}Cl_2 \rightleftharpoons BrCl$, $\Delta H_0^0 = -0{,}84$ kJ/Mol (p in atm)

T(°K)	log K_p	$K_p = \frac{p_{Br_2}^{1/2} \cdot p_{Cl_2}^{1/2}}{p_{BrCl}}$	T(°K)	log K_p	$K_p = \frac{p_{Br_2}^{1/2} \cdot p_{Cl_2}^{1/2}}{p_{BrCl}}$
300	−0,452	$3{,}53 \cdot 10^{-1}$	800	−0,356	$4{,}41 \cdot 10^{-1}$
400	−0,414	$3{,}86 \cdot 10^{-1}$	1000	−0,344	$4{,}53 \cdot 10^{-1}$
500	−0.390	$4{,}07 \cdot 10^{-1}$	1200	−0,336	$4{,}61 \cdot 10^{-1}$
600	−0,376	$4{,}21 \cdot 10^{-1}$			

$\frac{1}{2}F_2 + \frac{1}{2}Br_2 \rightleftharpoons BrF$, $\Delta H_{298}^0 = -76{,}83$ kJ/Mol (p in atm)

T(°K)	log K_p	$K_p = \frac{p_{F_2}^{1/2} \cdot p_{Br_2}^{1/2}}{p_{BrF}}$	T(°K)	log K_p	$K_p = \frac{p_{F_2}^{1/2} \cdot p_{Br_2}^{1/2}}{p_{BrF}}$
500	−8,27	$5{,}37 \cdot 10^{-9}$	1500	−2,92	$1{,}20 \cdot 10^{-3}$
600	−6,93	$1{,}18 \cdot 10^{-7}$	1800	−2,46	$3{,}47 \cdot 10^{-3}$
800	−5,26	$5{,}50 \cdot 10^{-6}$	2000	−2,25	$5{,}62 \cdot 10^{-3}$
1000	−4,26	$5{,}50 \cdot 10^{-5}$	2500	−1,85	$1{,}41 \cdot 10^{-2}$
1200	−3,57	$2{,}69 \cdot 10^{-4}$			

$\frac{1}{2}J_2 + \frac{1}{2}Br_2 \rightleftharpoons JBr$, $\Delta H_0^0 = -5{,}94$ kJ/Mol (p in atm)

T(°K)	log K_p	$K_p = \frac{p_{J_2}^{1/2} \cdot p_{Br_2}^{1/2}}{p_{JBr}}$	T(°K)	log K_p	$K_p = \frac{p_{J_2}^{1/2} \cdot p_{Br_2}^{1/2}}{p_{JBr}}$
400	−1,080	$8{,}32 \cdot 10^{-2}$	1000	−0,606	$2{,}48 \cdot 10^{-1}$
500	−0,922	$1{,}20 \cdot 10^{-1}$	1200	−0,555	$2{,}79 \cdot 10^{-1}$
600	−0,818	$1{,}52 \cdot 10^{-1}$	1500	−0,502	$3{,}15 \cdot 10^{-1}$
800	−0,685	$2{,}07 \cdot 10^{-1}$			

$\frac{1}{2}Cl_2 + \frac{1}{2}F_2 \rightleftharpoons ClF$, $\Delta H_0^0 = -51{,}6$ kJ/Mol (p in atm)

T(°K)	log K_p	$K_p = \frac{p_{Cl_2}^{1/2} \cdot p_{F_2}^{1/2}}{p_{ClF}}$	T(°K)	log K_p	$K_p = \frac{p_{Cl_2}^{1/2} \cdot p_{F_2}^{1/2}}{p_{ClF}}$
400	−7,68	$2{,}09 \cdot 10^{-8}$	1200	−2,68	$2{,}09 \cdot 10^{-3}$
500	−6,16	$6{,}92 \cdot 10^{-7}$	1500	−2,18	$6{,}61 \cdot 10^{-3}$
600	−5,17	$6{,}76 \cdot 10^{-6}$	1800	−1,86	$1{,}38 \cdot 10^{-2}$
800	−3,92	$1{,}20 \cdot 10^{-4}$	2000	−1,70	$2{,}00 \cdot 10^{-2}$
1000	−3,18	$6{,}61 \cdot 10^{-4}$	2500	−1,40	$3{,}98 \cdot 10^{-2}$

$\frac{1}{2}J_2 + \frac{1}{2}Cl_2 \rightleftharpoons JCl$, $\Delta H^0_{298} = -14{,}0$ kJ/Mol (p in atm)

T(°K)	log K_p	$K_p = \frac{p_{J_2}^{1/2} \cdot p_{Cl_2}^{1/2}}{p_{JCl}}$	T(°K)	log K_p	$K_p = \frac{p_{J_2}^{1/2} \cdot p_{Cl_2}^{1/2}}{p_{JCl}}$
400	−2,12	$7{,}59 \cdot 10^{-3}$	1200	−0,90	$1{,}26 \cdot 10^{-1}$
500	−1,74	$1{,}82 \cdot 10^{-2}$	1500	−0,77	$1{,}70 \cdot 10^{-1}$
600	−1,50	$3{,}16 \cdot 10^{-2}$	1800	−0,70	$2{,}00 \cdot 10^{-1}$
800	−1,20	$6{,}31 \cdot 10^{-2}$	2000	−0,65	$2{,}24 \cdot 10^{-1}$
1000	−1,02	$9{,}55 \cdot 10^{-2}$	2500	−0,57	$2{,}69 \cdot 10^{-1}$

$\frac{1}{2}H_2 + \frac{1}{2}Br_2 \rightleftharpoons HBr$, $\Delta H^0_0 = -35{,}8$ kJ/Mol (p in atm)

T(°K)	log K_p	$K_p = \frac{p_{H_2}^{1/2} \cdot p_{Br_2}^{1/2}}{p_{HBr}}$	T(°K)	log K_p	$K_p = \frac{p_{H_2}^{1/2} \cdot p_{Br_2}^{1/2}}{p_{HBr}}$
1000	−2,97	$1{,}07 \cdot 10^{-3}$	1800	−1,77	$1{,}70 \cdot 10^{-2}$
1200	−2,53	$2{,}95 \cdot 10^{-3}$	2000	−1,63	$2{,}34 \cdot 10^{-2}$
1400	−2,20	$6{,}31 \cdot 10^{-3}$	2500	−1,36	$4{,}37 \cdot 10^{-2}$
1600	−1,97	$1{,}07 \cdot 10^{-2}$	3000	−1,17	$6{,}76 \cdot 10^{-2}$

$\frac{1}{2}D_2 + \frac{1}{2}Br_2 \rightleftharpoons DBr$, $\Delta H^0_0 = -50{,}9$ kJ/Mol (p in atm)

T(°K)	log K_p	$K_p = \frac{p_{D_2}^{1/2} \cdot p_{Br_2}^{1/2}}{p_{DBr}}$	T(°K)	log K_p	$K_p = \frac{p_{D_2}^{1/2} \cdot p_{Br_2}^{1/2}}{p_{DBr}}$
500	−5,84	$1{,}45 \cdot 10^{-6}$	1200	−2,61	$2{,}46 \cdot 10^{-3}$
600	−4,92	$1{,}20 \cdot 10^{-5}$	1500	−2,16	$6{,}92 \cdot 10^{-3}$
800	−3,76	$1{,}74 \cdot 10^{-4}$	1700	−1,95	$1{,}12 \cdot 10^{-2}$
1000	−3,08	$8{,}32 \cdot 10^{-4}$	2000	−1,70	$2{,}00 \cdot 10^{-2}$

$\frac{1}{2}H_2 + \frac{1}{2}Cl_2 \rightleftharpoons HCl$, $\Delta H^0_{298} = -92{,}2$ kJ/Mol (p in atm)

T(°K)	log K_p	$K_p = \frac{p_{H_2}^{1/2} \cdot p_{Cl_2}^{1/2}}{p_{HCl}}$	T(°K)	log K_p	$K_p = \frac{p_{H_2}^{1/2} \cdot p_{Cl_2}^{1/2}}{p_{HCl}}$
1000	−5,26	$5{,}50 \cdot 10^{-6}$	1800	−3,06	$8{,}71 \cdot 10^{-4}$
1200	−4,43	$3{,}72 \cdot 10^{-5}$	2000	−2,79	$1{,}62 \cdot 10^{-3}$
1400	−3,84	$1{,}45 \cdot 10^{-4}$	2500	−2,29	$5{,}13 \cdot 10^{-3}$
1600	−3,40	$3{,}98 \cdot 10^{-4}$	3000	−1,95	$1{,}12 \cdot 10^{-2}$

$\frac{1}{2}D_2 + \frac{1}{2}Cl_2 \rightleftharpoons DCl$, $\Delta H^0_0 = -93{,}2$ kJ/Mol (p in atm)

T(°K)	log K_p	$K_p = \frac{p_{D_2}^{1/2} \cdot p_{Cl_2}^{1/2}}{p_{DCl}}$	T(°K)	log K_p	$K_p = \frac{p_{D_2}^{1/2} \cdot p_{Cl_2}^{1/2}}{p_{DCl}}$
800	−6,50	$3{,}16 \cdot 10^{-7}$	1500	−3,60	$2{,}51 \cdot 10^{-4}$
1000	−5,25	$5{,}62 \cdot 10^{-6}$	1700	−3,21	$6{,}17 \cdot 10^{-4}$
1200	−4,42	$3{,}80 \cdot 10^{-5}$	2000	−2,76	$1{,}74 \cdot 10^{-3}$

$\frac{1}{2}H_2 + \frac{1}{2}F_2 \rightleftharpoons HF$, $\Delta H^0_{298} = -268{,}5$ kJ/Mol (p in atm)

T(°K)	$\log K_p$	$K_p = \frac{p_{H_2}^{1/2} \cdot p_{F_2}^{1/2}}{p_{HF}}$	T(°K)	$\log K_p$	$K_p = \frac{p_{H_2}^{1/2} \cdot p_{F_2}^{1/2}}{p_{HF}}$
1000	−14,35	$4{,}47 \cdot 10^{-15}$	1400	−10,26	$5{,}50 \cdot 10^{-11}$
1200	−11,95	$1{,}12 \cdot 10^{-12}$	1600	−9,00	$1{,}00 \cdot 10^{-9}$

$\frac{1}{2}H_2 + \frac{1}{2}J_2 \rightleftharpoons HJ$, $\Delta H^0_0 = -3{,}85$ kJ/Mol (p in atm)

T(°K)	$\log K_p$	$K_p = \frac{p_{J_2}^{1/2} \cdot p_{H_2}^{1/2}}{p_{HJ}}$	T(°K)	$\log K_p$	$K_p = \frac{p_{J_2}^{1/2} \cdot p_{H_2}^{1/2}}{p_{HJ}}$
400	−1,155	$7{,}00 \cdot 10^{-2}$	1000	−0,715	$1{,}93 \cdot 10^{-1}$
500	−1,010	$9{,}77 \cdot 10^{-2}$	1200	−0,657	$2{,}20 \cdot 10^{-1}$
600	−0,913	$1{,}22 \cdot 10^{-1}$	1500	−0,587	$2{,}59 \cdot 10^{-1}$
800	−0,791	$1{,}62 \cdot 10^{-1}$			

$\frac{1}{2}D_2 + \frac{1}{2}J_2 \rightleftharpoons DJ$, $\Delta H^0_0 = -4{,}06$ kJ/Mol (p in atm)

T(°K)	$\log K_p$	$K_p = \frac{p_{D_2}^{1/2} \cdot p_{J_2}^{1/2}}{p_{DJ}}$	T(°K)	$\log K_p$	$K_p = \frac{p_{D_2}^{1/2} \cdot p_{J_2}^{1/2}}{p_{DJ}}$
500	−0,97	$1{,}07 \cdot 10^{-1}$	1200	−0,62	$2{,}40 \cdot 10^{-1}$
600	−0,87	$1{,}35 \cdot 10^{-1}$	1500	−0,57	$2{,}69 \cdot 10^{-1}$
800	−0,74	$1{,}82 \cdot 10^{-1}$	1700	−0,55	$2{,}82 \cdot 10^{-1}$
1000	−0,67	$2{,}14 \cdot 10^{-1}$	2000	−0,53	$2{,}95 \cdot 10^{-1}$

$O + H \rightleftharpoons OH$, $\Delta H^0_0 = -418{,}8$ kJ/Mol ($p = 1$ atm)

T(°K)	$\log K_p$	$K_p = \frac{p_O \cdot p_H}{p_{OH}}$	T(°K)	$\log K_p$	$K_p = \frac{p_O \cdot p_H}{p_{OH}}$
1500	−9,42	$3{,}80 \cdot 10^{-10}$	2500	−3,28	$5{,}25 \cdot 10^{-4}$
1800	−6,85	$1{,}41 \cdot 10^{-7}$	3000	−1,75	$1{,}78 \cdot 10^{-2}$
2000	−5,57	$2{,}69 \cdot 10^{-6}$	4000	+0,20	1,59

$\frac{1}{2}H_2 + \frac{1}{2}O_2 \rightleftharpoons OH$, $\Delta H^0_0 = +41{,}0$ kJ/Mol (p in atm)

T(°K)	$\log K_p$	$K_p = \frac{p_{O_2}^{1/2} \cdot p_{H_2}^{1/2}}{p_{OH}}$	T(°K)	$\log K_p$	$K_p = \frac{p_{O_2}^{1/2} \cdot p_{H_2}^{1/2}}{p_{OH}}$
1000	+1,35	$2{,}24 \cdot 10$	2500	+0,07	1,18
1500	+0,64	4,37	3000	−0,07	$8{,}51 \cdot 10^{-1}$
1800	+0,40	2,51	4000	−0,24	$5{,}75 \cdot 10^{-1}$
2000	+0,28	1,91			

$H_2+O \rightleftharpoons H_2O$, $\Delta H_0^0=-484{,}3$ kJ/Mol (p in atm)

T(°K)	$\log K_p$	$K_p=\frac{p_{H_2}\cdot p_O}{p_{H_2O}}$	T(°K)	$\log K_p$	$K_p=\frac{p_{H_2}\cdot p_O}{p_{H_2O}}$
1200	−15,40	$3{,}98\cdot10^{-16}$	2500	−4,00	$1{,}00\cdot10^{-4}$
1500	−11,05	$8{,}91\cdot10^{-12}$	3000	−2,25	$5{,}62\cdot10^{-3}$
1800	−8,10	$7{,}94\cdot10^{-9}$	4000	−0,05	$8{,}91\cdot10^{-1}$
2000	−6,60	$2{,}51\cdot10^{-7}$			

$H_2+\frac{1}{2}O_2 \rightleftharpoons H_2O$, $\Delta H_0^0=-238{,}91$ kJ/Mol (p in atm)

T(°K)	$\log K_p$	$K_p=\frac{p_{H_2}\cdot p_{O_2}^{1/2}}{p_{H_2O}}$	T(°K)	α		
				1 atm	10 atm	100 atm
1500	−5,73	$1{,}86\cdot10^{-6}$	1500	$0{,}000_2$	$0{,}000_1$	0,0000
1800	−4,28	$5{,}25\cdot10^{-5}$	2000	$0{,}005_2$	$0{,}002_6$	$0{,}001_2$
2000	−3,54	$2{,}88\cdot10^{-4}$	2500	0,041	0,019	$0{,}008_8$
2500	−2,23	$5{,}89\cdot10^{-3}$	3000	$0{,}14_6$	0,071	0,034
3000	−1,35	$4{,}47\cdot10^{-2}$	4000	$0{,}54_5$	$0{,}31_9$	$0{,}16_5$
4000	−0,26	$5{,}50\cdot10^{-1}$				

$\frac{1}{2}H_2+OH \rightleftharpoons H_2O$, $\Delta H_0^0=-279{,}9$ kJ/Mol (p in atm)

T(°K)	$\log K_p$	$K_p=\frac{p_{H_2}^{1/2}\cdot p_{OH}}{p_{H_2O}}$	T(°K)	α		
				1 atm	10 atm	100 atm
1500	−6,37	$4{,}27\cdot10^{-7}$	1500	$7{,}15\cdot10^{-5}$	$3{,}32\cdot10^{-5}$	$1{,}54\cdot10^{-5}$
1800	−4,70	$2{,}00\cdot10^{-5}$	1800	$9{,}29\cdot10^{-4}$	$4{,}31\cdot10^{-4}$	$2{,}00\cdot10^{-4}$
2000	−3,85	$1{,}41\cdot10^{-4}$	2000	$3{,}41\cdot10^{-3}$	$1{,}58\cdot10^{-3}$	$7{,}36\cdot10^{-4}$
2500	−2,34	$4{,}57\cdot10^{-3}$	2500	$3{,}41\cdot10^{-2}$	$1{,}60\cdot10^{-2}$	$7{,}46\cdot10^{-3}$
3000	−1,35	$4{,}47\cdot10^{-2}$	3000	$1{,}46\cdot10^{-1}$	$7{,}10\cdot10^{-2}$	$3{,}36\cdot10^{-2}$
4000	−0,05	$8{,}91\cdot10^{-1}$	4000	$6{,}4\cdot10^{-1}$	$4{,}0_5\cdot10^{-1}$	$2{,}20\cdot10^{-1}$

$2HDO \rightleftharpoons H_2O+D_2O$, $\Delta H_0^0=-0{,}293$ kJ/Mol (p in atm)

T(°K)	$\log K_p$	$K_p=\frac{p_{HDO}^2}{p_{H_2O}\cdot p_{D_2O}}$	T(°K)	$\log K_p$	$K_p=\frac{p_{HDO}^2}{p_{H_2O}\cdot p_{D_2O}}$
298,1	0,5717	3,73	700	0,6010	3,99
400	0,5843	3,84	800	0,6042	4,02
500	0,5922	3,91	900	0,6064	4,04
600	0,5977	3,96	1000	0,6075	4,05

$D_2O+H_2 \rightleftharpoons H_2O+D_2$, $\Delta H_0^0=+7{,}399$ kJ/Mol (p in atm)

T(°K)	$\log K_p$	$K_p=\frac{p_{D_2O}\cdot p_{H_2}}{p_{H_2O}\cdot p_{D_2}}$	T(°K)	$\log K_p$	$K_p=\frac{p_{D_2O}\cdot p_{H_2}}{p_{H_2O}\cdot p_{D_2}}$
298,1	1,0469	11,14	700	0,3010	2,00
400	0,7160	5,20	800	0,2330	1,71
500	0,5238	3,34	900	0,1790	1,51
600	0,3945	2,48	1000	0,1367	1,37

$HDO + H_2 \rightleftharpoons H_2O + HD$, $\Delta H_0^0 = +3{,}871$ kJ/Mol (p in atm)

T(°K)	$\log K_p$	$K_p = \frac{p_{HDO} \cdot p_{H_2}}{p_{H_2O} \cdot p_{HD}}$	T(°K)	$\log K_p$	$K_p = \frac{p_{HDO} \cdot p_{H_2}}{p_{H_2O} \cdot p_{HD}}$
298,1	0,5527	3,57	700	0,1614	1,45
400	0,3802	2,40	800	0,1271	1,34
500	0,2788	1,90	900	0,1004	1,26
600	0,2122	1,63	1000	0,0755	1,19

$D_2O + HD \rightleftharpoons HDO + D_2$, $\Delta H_0^0 = +3{,}511$ kJ/Mol (p in atm)

T(°K)	$\log K_p$	$K_p = \frac{p_{D_2O} \cdot p_{HD}}{p_{HDO} \cdot p_{D_2}}$	T(°K)	$\log K_p$	$K_p = \frac{p_{D_2O} \cdot p_{HD}}{p_{HDO} \cdot p_{D_2}}$
298,1	0,4942	3,12	700	0,1399	1,38
400	0,3365	2,17	800	0,1072	1,28
500	0,2455	1,76	900	0,0792	1,20
600	0,1847	1,53	1000	0,0607	1,15

$OH + H \rightleftharpoons H_2O$, $\Delta H_0^0 = -494{,}3$ kJ/Mol ($p = 1$ atm)

T(°K)	$\log K_p$	$K_p = \frac{p_{OH} \cdot p_{H}}{p_{H_2O}}$	T(°K)	α		
				1 atm	10 atm	100 atm
1200	−15,50	$3{,}16 \cdot 10^{-16}$	1200	$1{,}78 \cdot 10^{-8}$	$5{,}63 \cdot 10^{-9}$	$1{,}78 \cdot 10^{-9}$
1500	−11,05	$8{,}91 \cdot 10^{-12}$	1500	$2{,}99 \cdot 10^{-6}$	$9{,}46 \cdot 10^{-7}$	$2{,}99 \cdot 10^{-7}$
1800	−8,10	$7{,}94 \cdot 10^{-9}$	1800	$8{,}90 \cdot 10^{-5}$	$2{,}82 \cdot 10^{-5}$	$8{,}90 \cdot 10^{-6}$
2000	−6,60	$2{,}51 \cdot 10^{-7}$	2000	$5{,}01 \cdot 10^{-4}$	$1{,}58 \cdot 10^{-4}$	$5{,}01 \cdot 10^{-5}$
2500	−3,95	$1{,}12 \cdot 10^{-4}$	2500	$1{,}06 \cdot 10^{-2}$	$3{,}34 \cdot 10^{-3}$	$1{,}06 \cdot 10^{-3}$
3000	−2,15	$7{,}08 \cdot 10^{-3}$	3000	$8{,}39 \cdot 10^{-2}$	$2{,}66 \cdot 10^{-2}$	$8{,}40 \cdot 10^{-3}$
4000	+0,10	1,26	4000	$7{,}46 \cdot 10^{-1}$	$3{,}35 \cdot 10^{-1}$	$1{,}12 \cdot 10^{-1}$

$2\,OH \rightleftharpoons H_2O + \frac{1}{2}O_2$, $\Delta H_0^0 = -320{,}9$ kJ/Mol (p in atm)

T(°K)	$\log K_p$	$K_p = \frac{p^2_{OH}}{p_{H_2O} \cdot p^{\frac{1}{2}}_{O_2}}$	T(°K)	$\log K_p$	$K_p = \frac{p^2_{OH}}{p_{H_2O} \cdot p^{\frac{1}{2}}_{O_2}}$
1200	−9,80	$1{,}59 \cdot 10^{-10}$	2500	−2,40	$3{,}98 \cdot 10^{-3}$
1500	−6,95	$1{,}12 \cdot 10^{-7}$	3000	−1,25	$5{,}62 \cdot 10^{-2}$
1800	−5,05	$8{,}91 \cdot 10^{-6}$	3500	−0,45	$3{,}55 \cdot 10^{-1}$
2000	−4,05	$8{,}91 \cdot 10^{-5}$			

$H_2 + O_2 \rightleftharpoons H_2O_2$, $\Delta H_0^0 = -129{,}9$ kJ/Mol (p in atm)

T(°K)	$\log K_p$	$K_p = \frac{p_{H_2} \cdot p_{O_2}}{p_{H_2O_2}}$	T(°K)	$\log K_p$	$K_p = \frac{p_{H_2} \cdot p_{O_2}}{p_{H_2O_2}}$
400	−14,535	$2{,}92 \cdot 10^{-15}$	1000	−1,499	$3{,}17 \cdot 10^{-2}$
600	−6,364	$4{,}33 \cdot 10^{-7}$	1300	+0,214	1,64
800	−3,307	$4{,}93 \cdot 10^{-4}$	1500	+1,071	$1{,}18 \cdot 10$

$D_2+O_2 \rightleftharpoons D_2O_2$, $\Delta H_0^0=-138{,}3$ kJ/Mol (p in atm)

T(°K)	$\log K_p$	$K_p=\frac{p_{D_2}\cdot p_{O_2}}{p_{D_2O_2}}$	T(°K)	$\log K_p$	$K_p=\frac{p_{D_2}\cdot p_{O_2}}{p_{D_2O_2}}$
400	−13,046	$9{,}00\cdot10^{-14}$	1000	−1,625	$2{,}37\cdot10^{-2}$
600	−6,703	$1{,}98\cdot10^{-7}$	1300	+0,125	1,33
800	−3,532	$2{,}94\cdot10^{-4}$	1500	+0,904	8,02

$CO+Cl_2 \rightleftharpoons COCl_2$, $\Delta H^0_{646-724}=-109{,}4$ kJ/Mol (p in atm)

T(°K)	$\log K_p$	$K_p=\frac{p_{CO}\cdot p_{Cl_2}}{p_{COCl_2}}$	T(°K)	$\log K_p$	$K_p=\frac{p_{CO}\cdot p_{Cl_2}}{p_{COCl_2}}$
500	−4,23	$5{,}89\cdot10^{-5}$	800	+0,08	1,20
600	−2,32	$4{,}79\cdot10^{-3}$	900	+0,90	7,94
700	−0,95	$1{,}12\cdot10^{-1}$	1000	+1,52	$3{,}31\cdot10$

$CO+O \rightleftharpoons CO_2$, $\Delta H_0^0=-524{,}8$ kJ/Mol (p in atm)

T(°K)	$\log K_p$	$K_p=\frac{p_{CO}\cdot p_{O}}{p_{CO_2}}$	T(°K)	$\log K_p$	$K_p=\frac{p_{CO}\cdot p_{O}}{p_{CO_2}}$
1500	−10,70	$2{,}00\cdot10^{-11}$	2500	−3,20	$6{,}31\cdot10^{-4}$
1800	−7,55	$2{,}82\cdot10^{-8}$	3000	−1,28	$5{,}25\cdot10^{-2}$
2000	−6,00	$1\cdot10^{-6}$	3500	+0,10	1,26

$CO+\frac{1}{2}O_2 \rightleftharpoons CO_2$, $\Delta H_0^0=-279{,}4$ kJ/Mol (p in atm)

T(°K)	$\log K_p$	$K_p=\frac{p_{CO}\cdot p_{O_2}^{\frac{1}{2}}}{p_{CO_2}}$	T(°K)	$\log K_p$	$K_p=\frac{p_{CO}\cdot p_{O_2}^{\frac{1}{2}}}{p_{CO_2}}$
1300	−6,78	$1{,}66\cdot10^{-7}$	2500	−1,42	$3{,}80\cdot10^{-2}$
1500	−5,27	$5{,}37\cdot10^{-6}$	3000	−0,43	$3{,}72\cdot10^{-1}$
1800	−3,66	$2{,}19\cdot10^{-4}$	3500	+0,27	1,86
2000	−2,87	$1{,}35\cdot10^{-3}$			

$\frac{1}{2}S_2+CO \rightleftharpoons COS$, $\Delta H_0^0=-91{,}0$ kJ/Mol (p in atm)

T(°K)	$\log K_p$	$K_p=\frac{p_{S_2}^{\frac{1}{2}}\cdot p_{CO}}{p_{COS}}$	T(°K)	$\log K_p$	$K_p=\frac{p_{S_2}^{\frac{1}{2}}\cdot p_{CO}}{p_{COS}}$
400	−8,38	$4{,}17\cdot10^{-9}$	1000	−0,80	$1{,}59\cdot10^{-1}$
500	−5,86	$1{,}38\cdot10^{-6}$	1200	+0,03	1,07
600	−4,17	$6{,}76\cdot10^{-5}$	1500	+0,87	7,41
800	−2,08	$8{,}32\cdot10^{-3}$			

$CS_2 + CO_2 \rightleftharpoons 2COS$, $\Delta H_0^0 = -5{,}7$ kJ/Mol (p in atm)

T(°K)	log K_p	$K_p = \frac{p_{CO_2} \cdot p_{CS_2}}{p^2_{COS}}$	T(°K)	log K_p	$K_p = \frac{p_{CO_2} \cdot p_{CS_2}}{p^2_{COS}}$
400	−1,42	$3{,}80 \cdot 10^{-2}$	1000	−0,90	$1{,}26 \cdot 10^{-1}$
500	−1,24	$5{,}75 \cdot 10^{-2}$	1200	−0,84	$1{,}45 \cdot 10^{-1}$
600	−1,13	$7{,}41 \cdot 10^{-2}$	1500	−0,80	$1{,}59 \cdot 10^{-1}$
800	−0,98	$1{,}05 \cdot 10^{-1}$			

$NO + \frac{1}{2}Br_2 \rightleftharpoons NOBr$, $\Delta H_0^0 = -23{,}8$ kJ/Mol (p in atm)

T(°K)	log K_p	$K_p = \frac{p_{NO} \cdot p^{\frac{1}{2}}_{Br_2}}{p_{NOBr}}$	T(°K)	log K_p	$K_p = \frac{p_{NO} \cdot p^{\frac{1}{2}}_{Br_2}}{p_{NOBr}}$
250	−1,80	$1{,}59 \cdot 10^{-2}$	400	+0,09	1,23
300	−0,96	$1{,}10 \cdot 10^{-1}$	500	+0,73	5,37
350	−0,36	$4{,}37 \cdot 10^{-1}$			

$2NO + Cl_2 \rightleftharpoons 2NOCl$, $\Delta H_0^0 = -63{,}6$ kJ/Mol (p in atm)

T(°K)	log K_p	$K_p = \frac{p^2_{NO} \cdot p_{Cl_2}}{p^2_{NOCl}}$	T(°K)	log K_p	$K_p = \frac{p^2_{NO} \cdot p_{Cl_2}}{p^2_{NOCl}}$
400	−3,64	$2{,}29 \cdot 10^{-4}$	800	+1,17	$1{,}48 \cdot 10$
500	−1,72	$1{,}91 \cdot 10^{-2}$	1000	+2,13	$1{,}35 \cdot 10^{2}$
600	−0,43	$3{,}72 \cdot 10^{-1}$			

$H_2 + \frac{1}{2}S_2 \rightleftharpoons H_2S$, $\Delta H_{298}^0 = -84{,}7$ kJ/Mol (p in atm)

T(°K)	log K_p	$K_p = \frac{p_{H_2} \cdot p^{\frac{1}{2}}_{S_2}}{p_{H_2S}}$	T(°K)	log K_p	$K_p = \frac{p_{H_2} \cdot p^{\frac{1}{2}}_{S_2}}{p_{H_2S}}$
400	−9,08	$8{,}32 \cdot 10^{-10}$	1000	−2,11	$7{,}76 \cdot 10^{-3}$
500	−6,75	$1{,}78 \cdot 10^{-7}$	1200	−1,33	$4{,}68 \cdot 10^{-2}$
600	−5,22	$6{,}03 \cdot 10^{-6}$	1500	−0,53	$2{,}95 \cdot 10^{-1}$
800	−3,26	$5{,}50 \cdot 10^{-4}$	1800	−0,01	$9{,}77 \cdot 10^{-1}$

$\frac{3}{2}H_2 + \frac{1}{2}N_2 \rightleftharpoons NH_3$, $\Delta H_0^0 = -39{,}26$ kJ/Mol (p in atm)

T(°K)	log K_p	$K_p = \frac{p^{\frac{3}{2}}_{H_2} \cdot p^{\frac{1}{2}}_{N_2}}{p_{NH_3}}$	T(°K)	α			
				1 atm	10 atm	100 atm	1000 atm
600	+1,32	$2{,}09 \cdot 10$	600	0,970	0,785	0,372	0,126
800	+2,52	$3{,}31 \cdot 10^{2}$	800	0,998	0,981	0,846	0,450
1000	+3,24	$1{,}74 \cdot 10^{3}$	1000	0,999	0,996	0,964	0,757
1200	+3,71	$5{,}13 \cdot 10^{3}$	1200	1,000	0,999	0,986	0,893
1500	+4,18	$1{,}51 \cdot 10^{4}$	1500	1,000	1,000	0,996	0,960
2000	+4,65	$4{,}47 \cdot 10^{4}$	2000	1,000	1,000	0,999	0,986
2500	+4,94	$8{,}71 \cdot 10^{4}$	2500	1,000	1,000	1,000	0,993

Druckabhängigkeit der realen K_p-Werte für die Ammoniakbildung in stöchiometrischen Gemischen

T (°K)	K_p (p in atm) bei dem Gesamtdruck p				
	10 atm	30 atm	100 atm	300 atm	1000 atm
623	$3{,}79 \cdot 10$	$3{,}70 \cdot 10$	—	—	—
673	$7{,}82 \cdot 10$	$7{,}75 \cdot 10$	$7{,}25 \cdot 10$	$5{,}82 \cdot 10$	$1{,}66 \cdot 10$
723	$1{,}53 \cdot 10^2$	$1{,}49 \cdot 10^2$	$1{,}39 \cdot 10^2$	$1{,}14 \cdot 10^2$	$4{,}39 \cdot 10$
773	$2{,}62 \cdot 10^2$	$2{,}60 \cdot 10^2$	$2{,}45 \cdot 10^2$	$2{,}00 \cdot 10^2$	$1{,}02 \cdot 10^2$
873	$6{,}55 \cdot 10^2$	$6{,}80 \cdot 10^2$	$6{,}54 \cdot 10^2$	$5{,}24 \cdot 10^2$	$3{,}10 \cdot 10^2$
973	$1{,}70 \cdot 10^3$	$1{,}61 \cdot 10^3$	$1{,}69 \cdot 10^3$	$1{,}38 \cdot 10^3$	$1{,}01 \cdot 10^3$

$\frac{1}{2}H_2+\frac{3}{2}N_2 \rightleftharpoons HN_3$, $\Delta H^0_{298} = -299{,}8$ kJ/Mol (p in atm)

T(°K)	log K_p	$K_p = \frac{p_{H_2}^{\frac{1}{2}} \cdot p_{N_2}^{\frac{3}{2}}}{p_{HN_3}}$	T(°K)	log Kp	$K_p = \frac{p_{H_2}^{\frac{1}{2}} \cdot p_{N_2}^{\frac{3}{2}}}{p_{HN_3}}$
800	−25,80	$1{,}59 \cdot 10^{-26}$	2000	−13,80	$1{,}59 \cdot 10^{-14}$
1000	−21,78	$1{,}66 \cdot 10^{-22}$	2500	−12,17	$6{,}76 \cdot 10^{-13}$
1200	−19,10	$7{,}94 \cdot 10^{-20}$	3000	−11,10	$7{,}94 \cdot 10^{-12}$
1500	−16,45	$3{,}55 \cdot 10^{-17}$	4000	−9,75	$1{,}78 \cdot 10^{-10}$
1800	−14,70	$2{,}00 \cdot 10^{-15}$	5000	−9,00	$1 \cdot 10^{-9}$

$N_2+\frac{1}{2}O_2 \rightleftharpoons N_2O$, $\Delta H^0_0 = 84{,}94$ kJ/Mol (p in atm)

T(°K)	log K_p	$K_p = \frac{p_{N_2} \cdot p_{O_2}^{\frac{1}{2}}}{p_{N_2O}}$	T(°K)	log K_p	$K_p = \frac{p_{N_2} \cdot p_{O_2}^{\frac{1}{2}}}{p_{N_2O}}$
400	−14,52	$3{,}02 \cdot 10^{-15}$	1200	−7,37	$4{,}27 \cdot 10^{-8}$
500	−12,35	$4{,}47 \cdot 10^{-13}$	1500	−6,70	$2{,}00 \cdot 10^{-7}$
600	−10,93	$1{,}18 \cdot 10^{-11}$	1800	−6,20	$6{,}31 \cdot 10^{-7}$
800	−9,15	$7{,}08 \cdot 10^{-10}$	2000	−5,97	$1{,}07 \cdot 10^{-6}$
1000	−8,08	$8{,}32 \cdot 10^{-9}$			

$\frac{1}{2}N_2+\frac{1}{2}O_2 \rightleftharpoons NO$, $\Delta H^0_0 = +89{,}83$ kJ/Mol (p in atm)

T(°K)	log K_p	$K_p = \frac{p_{N_2}^{\frac{1}{2}} \cdot p_{O_2}^{\frac{1}{2}}}{p_{NO}}$	T(°K)	log K_p	$K_p = \frac{p_{N_2}^{\frac{1}{2}} \cdot p_{O_2}^{\frac{1}{2}}}{p_{NO}}$
500	+8,80	$6{,}31 \cdot 10^{8}$	1800	+1,98	$9{,}55 \cdot 10$
600	+7,22	$1{,}66 \cdot 10^{7}$	2000	+1,72	$5{,}25 \cdot 10$
800	+5,25	$1{,}78 \cdot 10^{5}$	2500	+1,25	$1{,}78 \cdot 10$
1000	+4,08	$1{,}20 \cdot 10^{4}$	3000	+0,94	8,71
1200	+3,30	$2{,}00 \cdot 10^{3}$	4000	+0,55	3,55
1500	+2,51	$3{,}24 \cdot 10^{2}$	5000	+0,31	2,04

$N+O \rightleftharpoons NO$, $\Delta H^0_0 = -496$ kJ/Mol (p in atm)

T(°K)	log K_p	$K_p = \frac{p_N \cdot p_O}{p_{NO}}$	T(°K)	log K_p	$K_p = \frac{p_N \cdot p_O}{p_{NO}}$
800	−26,60	$2{,}51 \cdot 10^{-27}$	1800	−10,60	$2{,}51 \cdot 10^{-11}$
1000	−20,80	$1{,}59 \cdot 10^{-21}$	2000	−9,30	$5{,}01 \cdot 10^{-10}$
1200	−17,00	$1 \cdot 10^{-17}$	2500	−6,95	$1{,}12 \cdot 10^{-7}$
1500	−13,15	$7{,}08 \cdot 10^{-14}$			

$NO + \frac{1}{2}O_2 \rightleftharpoons NO_2$, $\Delta H_0^0 = -52,5$ kJ/Mol (p in atm)

T(°K)	log K_p	$K_p = \frac{p_{NO} \cdot p_{O_2}^{\frac{1}{2}}}{p_{NO_2}}$	T(°K)	log K_p	$K_p = \frac{p_{NO} \cdot p_{O_2}^{\frac{1}{2}}}{p_{NO_2}}$
300	−6,12	$7,59 \cdot 10^{-7}$	600	−1,08	$8,32 \cdot 10^{-2}$
400	−3,60	$2,51 \cdot 10^{-4}$	800	+0,18	1,51
500	−2,10	$7,94 \cdot 10^{-3}$	1000	+0,95	8,91

$NO_2 \rightleftharpoons \frac{1}{2}N_2 + O_2$, $\Delta H_{298}^0 = -33,32$ kJ/Mol (p in atm)

T(°K)	log K_p	$K_p = \frac{p_{NO_2}}{p_{N_2}^{\frac{1}{2}} \cdot p_{O_2}}$	T(°K)	log K_p	$K_p = \frac{p_{NO_2}}{p_{N_2}^{\frac{1}{2}} \cdot p_{O_2}}$
300	−8,94	$1,15 \cdot 10^{-9}$	800	−5,39	$4,07 \cdot 10^{-6}$
400	−7,52	$3,02 \cdot 10^{-8}$	1000	−4,95	$1,12 \cdot 10^{-5}$
500	−6,67	$2,14 \cdot 10^{-7}$	1200	−4,67	$2,14 \cdot 10^{-5}$
600	−6,09	$8,13 \cdot 10^{-7}$			

$2\,NO_2 \rightleftharpoons N_2O_4$, $\Delta H_0^0 = -56,8$ kJ/Mol (p in atm)

(T°K)	log K_p	$K_p = \frac{p_{NO_2}^2}{p_{N_2O_4}}$	T(°K)	log K_p	$K_p = \frac{p_{NO_2}^2}{p_{N_2O_4}}$
275	−1,68	$2,09 \cdot 10^{-2}$	350	+0,65	4,47
300	−0,77	$1,70 \cdot 10^{-1}$	375	+1,21	$1,62 \cdot 10$
325	0,00	1,00	400	+1,71	$5,13 \cdot 10$

$\frac{1}{2}S_2(g) + \frac{1}{2}O_2 \rightleftharpoons SO$, $\Delta H_{298}^0 = +16,2$ kJ/Mol (p in atm)

T(°K)	log K_p	$K_p = \frac{p_{S_2}^{\frac{1}{2}} \cdot p_{O_2}^{\frac{1}{2}}}{p_{SO}}$	T(°K)	log K_p	$K_p = \frac{p_{S_2}^{\frac{1}{2}} \cdot p_{O_2}^{\frac{1}{2}}}{p_{SO}}$
300	+2,49	$3,09 \cdot 10^2$	800	+0,77	5,89
400	+1,80	$6,31 \cdot 10$	1000	+0,56	3,63
500	+1,39	$2,46 \cdot 10$	1200	+0,42	2,63
600	+1,11	$1,29 \cdot 10$	1500	+0,28	1,91

$\frac{1}{2}S_2(g) + O_2 \rightleftharpoons SO_2$, $\Delta H_{298}^0 = -361,4$ kJ/Mol (p in atm)

T(°K)	log K_p	$K_p = \frac{p_{S_2}^{\frac{1}{2}} \cdot p_{O_2}}{p_{SO_2}}$	T(°K)	log K_p	$K_p = \frac{p_{S_2}^{\frac{1}{2}} \cdot p_{O_2}}{p_{SO_2}}$
800	−19,80	$1,59 \cdot 10^{-20}$	1800	−6,70	$2,00 \cdot 10^{-7}$
1000	−15,07	$8,51 \cdot 10^{-16}$	2000	−5,67	$2,14 \cdot 10^{-6}$
1200	−11,95	$1,12 \cdot 10^{-12}$	2500	−3,80	$1,59 \cdot 10^{-4}$
1500	−8,80	$1,59 \cdot 10^{-9}$	3000	−2,50	$3,16 \cdot 10^{-3}$

$SO + \frac{1}{2}O_2 \rightleftharpoons SO_2$, $\Delta H_0^0 = -325{,}1$ kJ/Mol (p in atm)

T(°K)	log K_p	$K_p = \frac{p_{SO} \cdot p_{O_2}^{1/2}}{p_{SO_2}}$	T(°K)	log K_p	$K_p = \frac{p_{SO} \cdot p_{O_2}^{1/2}}{p_{SO_2}}$
800	−17,70	$2{,}00 \cdot 10^{-18}$	1800	−5,50	$3{,}16 \cdot 10^{-6}$
1000	−13,30	$5{,}01 \cdot 10^{-14}$	2000	−4,57	$2{,}69 \cdot 10^{-5}$
1200	−10,35	$4{,}47 \cdot 10^{-11}$	2500	−2,80	$1{,}59 \cdot 10^{-3}$
1500	−7,50	$3{,}16 \cdot 10^{-8}$	3000	−1,60	$2{,}51 \cdot 10^{-2}$

$2\,SO \rightleftharpoons SO_2 + \frac{1}{2}S_2$, $\Delta H_0^0 = -298{,}2$ kJ/Mol (p in atm)

T(°K)	log K_p	$K_p = \frac{p_{SO}}{p_{SO_2} \cdot p_{S_2}^{1/2}}$	T(°K)	log K_p	$K_p = \frac{p_{SO}}{p_{SO_2} \cdot p_{S_2}^{1/2}}$
800	−15,70	$2{,}00 \cdot 10^{-16}$	1800	−4,55	$2{,}82 \cdot 10^{-5}$
1000	−11,62	$2{,}40 \cdot 10^{-12}$	2000	−3,65	$2{,}24 \cdot 10^{-4}$
1200	−8,95	$1{,}12 \cdot 10^{-9}$	2500	−2,07	$8{,}51 \cdot 10^{-3}$
1500	−6,35	$4{,}47 \cdot 10^{-7}$	3000	−1,00	$1 \cdot 10^{-1}$

$SO_2 + \frac{1}{2}O_2 \rightleftharpoons SO_3$, $\Delta H_0^0 = -95{,}0$ kJ/Mol (p in atm)

T(°K)	log K_p	$K_p = \frac{p_{SO_2} \cdot p_{O_2}^{1/2}}{p_{SO_3}}$	T(°K)	log K_p	$K_p = \frac{p_{SO_2} \cdot p_{O_2}^{1/2}}{p_{SO_3}}$
500	−5,48	$3{,}31 \cdot 10^{-6}$	1000	−0,24	$5{,}75 \cdot 10^{-1}$
600	−3,74	$1{,}82 \cdot 10^{-4}$	1200	+0,62	4,17
800	−1,54	$2{,}88 \cdot 10^{-2}$	1500	+1,48	$3{,}02 \cdot 10$

$PCl_3 + Cl_2 \rightleftharpoons PCl_5$, $\Delta H_0^0 = -89{,}2$ kJ/Mol (p in atm)

T(°K)	log K_p	$K_p = \frac{p_{PCl_3} \cdot p_{Cl_2}}{p_{PCl_5}}$	T(°K)	log K_p	$K_p = \frac{p_{PCl_3} \cdot p_{Cl_2}}{p_{PCl_5}}$
400	−2,60	$2{,}51 \cdot 10^{-3}$	700	+2,45	$2{,}82 \cdot 10^{2}$
500	−0,23	$5{,}89 \cdot 10^{-1}$	800	+3,27	$1{,}86 \cdot 10^{3}$
600	+1,33	$2{,}14 \cdot 10$	1000	+4,50	$3{,}16 \cdot 10^{4}$

$\frac{1}{4}P_4 + \frac{3}{2}H_2 \rightleftharpoons PH_3$, $\Delta H_0^0 = -1{,}60$ kJ/Mol (p in atm)

T(°K)	log K_p	$K_p = \frac{p_{P_4}^{1/4} \cdot p_{H_2}^{3/2}}{p_{PH_3}}$	T(°K)	log K_p	$K_p = \frac{p_{P_4}^{1/4} \cdot p_{H_2}^{3/2}}{p_{PH_3}}$
400	+2,19	$1{,}55 \cdot 10^{2}$	700	+2,86	$7{,}24 \cdot 10^{2}$
500	+2,50	$3{,}16 \cdot 10^{2}$	800	+2,97	$9{,}33 \cdot 10^{2}$
600	+2,70	$5{,}01 \cdot 10^{2}$	1000	+3,12	$1{,}32 \cdot 10^{3}$

Deacon-Prozeß

$4\ HCl + O_2 \rightleftharpoons 2H_2O + 2Cl_2$, $\Delta H_0^0 = -110{,}0$ kJ/Mol (p in atm)

T(°K)	log K_p	$K_p = \frac{p_{HCl}^4 \cdot p_{O_2}}{p_{H_2O}^2 \cdot p_{Cl_2}^2}$	T(°K)	log K_p	$K_p = \frac{p_{HCl}^4 \cdot p_{O_2}}{p_{H_2O}^2 \cdot p_{Cl_2}^2}$
500	−5,20	$6{,}31 \cdot 10^{-6}$	800	−0,62	$2{,}40 \cdot 10^{-1}$
600	−3,15	$7{,}08 \cdot 10^{-4}$	1000	+0,90	7,94

Wassergas-Gleichgewicht

$CO + H_2O \rightleftharpoons CO_2 + H_2$, $\Delta H_0^0 = -40{,}4$ kJ/Mol (p in atm)

T(°K)	log K_p	$K_p = \frac{p_{CO} \cdot p_{H_2O}}{p_{CO_2} \cdot p_{H_2}}$	T(°K)	log K_p	$K_p = \frac{p_{CO} \cdot p_{H_2O}}{p_{CO_2} \cdot p_{H_2}}$
500	−2,12	$7{,}59 \cdot 10^{-3}$	1200	+0,21	1,62
600	−1,45	$3{,}55 \cdot 10^{-2}$	1500	+0,48	3,02
800	−0,62	$2{,}40 \cdot 10^{-1}$	2000	+0,69	4,90
1000	−0,11	$7{,}76 \cdot 10^{-1}$	2500	+0,79	6,17

$COS + H_2O \rightleftharpoons H_2S + CO_2$, $\Delta H_0^0 = -2{,}9$ kJ/Mol (p in atm)

T(°K)	log K_p	$K_p = \frac{p_{COS} \cdot p_{H_2O}}{p_{CO_2} \cdot p_{H_2S}}$	T(°K)	log K_p	$K_p = \frac{p_{COS} \cdot p_{H_2O}}{p_{CO_2} \cdot p_{H_2S}}$
400	−3,83	$1{,}48 \cdot 10^{-4}$	1000	−1,47	$3{,}39 \cdot 10^{-2}$
500	−3,03	$9{,}33 \cdot 10^{-4}$	1200	−1,20	$6{,}31 \cdot 10^{-2}$
600	−2,50	$3{,}16 \cdot 10^{-3}$	1500	−0,93	$1{,}18 \cdot 10^{-1}$
800	−1,86	$1{,}38 \cdot 10^{-2}$			

$CS_2 + H_2O \rightleftharpoons COS + H_2S$, $\Delta H_0^0 = -34{,}4$ kJ/Mol (p in atm)

T(°K)	log K_p	$K_p = \frac{p_{CS_2} \cdot p_{H_2O}}{p_{COS} \cdot p_{H_2S}}$	T(°K)	log K_p	$K_p = \frac{p_{CS_2} \cdot p_{H_2O}}{p_{COS} \cdot p_{H_2S}}$
400	−5,24	$5{,}75 \cdot 10^{-6}$	1000	−2,37	$4{,}27 \cdot 10^{-3}$
500	−4,28	$5{,}25 \cdot 10^{-5}$	1200	−2,05	$8{,}91 \cdot 10^{-3}$
600	−3,64	$2{,}29 \cdot 10^{-4}$	1500	−1,73	$1{,}86 \cdot 10^{-2}$
800	−2,84	$1{,}45 \cdot 10^{-3}$			

$2H_2O + CS_2 \rightleftharpoons 2H_2S + CO_2$, $\Delta H_0^0 = -0{,}940$ kJ/Mol (p in atm)

T(°K)	log K_p	$K_p = \frac{p_{H_2O}^2 \cdot p_{CS_2}}{p_{H_2S}^2 \cdot p_{CO_2}}$	T(°K)	log K_p	$K_p = \frac{p_{H_2O}^2 \cdot p_{CS_2}}{p_{H_2S}^2 \cdot p_{CO_2}}$
400	−9,03	$9{,}33 \cdot 10^{-10}$	1000	−3,94	$1{,}15 \cdot 10^{-4}$
500	−7,33	$4{,}68 \cdot 10^{-8}$	1200	−3,37	$4{,}27 \cdot 10^{-4}$
600	−6,21	$6{,}17 \cdot 10^{-7}$	1500	−2,82	$1{,}51 \cdot 10^{-3}$
800	−4,79	$1{,}62 \cdot 10^{-5}$			

$2CO + SO_2 \rightleftharpoons 2CO_2 + \frac{1}{2}S_2$, $\Delta H_0^0 = -195,4$ kJ/Mol (p in atm)

T(°K)	log K_p	$K_p = \frac{p_{CO}^2 \cdot p_{SO_2}}{p_{CO_2}^2 \cdot p_{S_2}^{1/2}}$	T(°K)	log K_p	$K_p = \frac{p_{CO}^2 \cdot p_{SO_2}}{p_{CO_2}^2 \cdot p_{S_2}^{1/2}}$
600	−12,30	$5,01 \cdot 10^{-13}$	1200	−3,51	$3,09 \cdot 10^{-4}$
800	−7,95	$1,12 \cdot 10^{-8}$	1500	−1,73	$1,86 \cdot 10^{-2}$
1000	−5,28	$5,25 \cdot 10^{-6}$			

$3H_2 + SO_2 \rightleftharpoons 2H_2O + H_2S$, $\Delta H_0^0 = -196,7$ kJ/Mol (p in atm)

T(°K)	log K_p	$K_p = \frac{p_{H_2}^3 \cdot p_{SO_2}}{p_{H_2O}^2 \cdot p_{H_2S}}$	T(°K)	log K_p	$K_p = \frac{p_{H_2}^3 \cdot p_{SO_2}}{p_{H_2O}^2 \cdot p_{H_2S}}$
1000	−7,31	$4,90 \cdot 10^{-8}$	1800	−1,85	$1,41 \cdot 10^{-2}$
1200	−5,29	$5,13 \cdot 10^{-6}$	2000	−1,20	$6,31 \cdot 10^{-2}$
1500	−3,20	$6,31 \cdot 10^{-4}$	2500	+0,03	1,07

$CO + 2H_2 \rightleftharpoons CH_3OH$, $\Delta H_0^0 = -74,0$ kJ/Mol (p in atm)

T(°K)	log K_p	$K_p = \frac{p_{CO} \cdot p_{H_2}^2}{p_{CH_3OH}}$	T(°K)	log K_p	$K_p = \frac{p_{CO} \cdot p_{H_2}^2}{p_{CH_3OH}}$
400	−0,12	$7,59 \cdot 10^{-1}$	800	+6,21	$1,62 \cdot 10^{6}$
500	+2,41	$2,57 \cdot 10^{2}$	1000	+7,48	$3,02 \cdot 10^{7}$
600	+4,08	$1,20 \cdot 10^{4}$	1200	+8,33	$2,14 \cdot 10^{8}$
700	+5,30	$2,00 \cdot 10^{5}$	1500	+9,17	$1,48 \cdot 10^{9}$

$2CO + 2H_2 \rightleftharpoons CH_4 + CO_2$, $\Delta H_0^0 = -227,8$ kJ/Mol (p in atm)

T(°K)	log K_p	$K_p = \frac{p_{CO}^2 \cdot p_{H_2}^2}{p_{CO_2} \cdot p_{CH_4}}$	T(°K)	log K_p	$K_p = \frac{p_{CO}^2 \cdot p_{H_2}^2}{p_{CO_2} \cdot p_{CH_4}}$
600	−7,77	$1,70 \cdot 10^{-8}$	1000	+1,25	$1,78 \cdot 10$
700	−4,55	$2,82 \cdot 10^{-5}$	1200	+3,50	$3,16 \cdot 10^{3}$
800	−2,14	$7,24 \cdot 10^{-3}$	1400	+5,14	$1,38 \cdot 10^{5}$
900	−0,24	$5,75 \cdot 10^{-1}$			

$CO + 3H_2 \rightleftharpoons CH_4 + H_2O$, $\Delta H_0^0 = -188,1$ kJ/Mol (p in atm)

T(°K)	log K_p	$K_p = \frac{p_{CO} \cdot p_{H_2}^3}{p_{CH_4} \cdot p_{H_2O}}$	T(°K)	log K_p	$K_p = \frac{p_{CO} \cdot p_{H_2}^3}{p_{CH_4} \cdot p_{H_2O}}$
600	−6,37	$4,27 \cdot 10^{-7}$	1000	+1,46	$2,88 \cdot 10$
700	−3,56	$2,75 \cdot 10^{-4}$	1200	+3,42	$2,63 \cdot 10^{3}$
800	−1,48	$3,31 \cdot 10^{-2}$	1400	+4,85	$7,08 \cdot 10^{4}$
900	+0,16	1,45			

$CO_2 + 4H_2 \rightleftharpoons CH_4 + 2H_2O$, $\Delta H_0^0 = -148{,}5$ kJ/Mol (p in atm)

T(°K)	log K_p	$K_p = \frac{p_{CO_2} \cdot p_{H_2}^4}{p_{CH_4} \cdot p_{H_2O}^2}$	T(°K)	log K_p	$K_p = \frac{p_{CO_2} \cdot p_{H_2}^4}{p_{CH_4} \cdot p_{H_2O}^2}$
600	−4,88	$1{,}32 \cdot 10^{-5}$	800	−0,88	$1{,}32 \cdot 10^{-1}$
700	−2,60	$2{,}51 \cdot 10^{-3}$	900	+0,45	2,82

$C_2H_4 + H_2 \rightleftharpoons C_2H_6$, $\Delta H_0^0 = -127{,}3$ kJ/Mol (p in atm)

T(°K)	log K_p	$K_p = \frac{p_{C_2H_4} \cdot p_{H_2}}{p_{C_2H_6}}$	T(°K)	log K_p	$K_p = \frac{p_{C_2H_4} \cdot p_{H_2}}{p_{C_2H_6}}$
600	−5,41	$3{,}89 \cdot 10^{-6}$	1000	−0,42	$3{,}80 \cdot 10^{-1}$
700	−3,63	$2{,}34 \cdot 10^{-4}$	1200	+0,83	6,76
800	−2,30	$5{,}01 \cdot 10^{-3}$	1500	+2,05	$1{,}12 \cdot 10^{2}$

$C_3H_6 + H_2 \rightleftharpoons C_3H_8$, $\Delta H_0^0 = -114{,}8$ kJ/Mol (p in atm)

T(°K)	log K_p	$K_p = \frac{p_{C_3H_6} \cdot p_{H_2}}{p_{C_3H_8}}$	T(°K)	log K_p	$K_p = \frac{p_{C_3H_6} \cdot p_{H_2}}{p_{C_3H_8}}$
600	−3,93	$1{,}18 \cdot 10^{-4}$	1000	+0,57	3,72
700	−2,35	$4{,}47 \cdot 10^{-3}$	1200	+1,68	$4{,}79 \cdot 10$
800	−1,13	$7{,}41 \cdot 10^{-2}$	1500	+2,78	$6{,}03 \cdot 10^{2}$

C_4H_8-(1) $+ H_2 \rightleftharpoons$ n-C_4H_{10}, $\Delta H_0^0 = -117{,}7$ kJ/Mol (p in atm)

T(°K)	log K_p	$K_p = \frac{p_{1\text{-}C_4H_8} \cdot p_{H_2}}{p_{n\text{-}C_4H_{10}}}$	T(°K)	log K_p	$K_p = \frac{p_{1\text{-}C_4H_8} \cdot p_{H_2}}{p_{n\text{-}C_4H_{10}}}$
600	−4,05	$8{,}91 \cdot 10^{-5}$	800	−1,22	$6{,}03 \cdot 10^{-2}$
700	−2,45	$3{,}55 \cdot 10^{-3}$	1000	+0,50	3,16

C_4H_8-(1) $+ H_2 \rightleftharpoons$ iso-C_4H_{10}, $\Delta H_0^0 = -124{,}6$ kJ/Mol (p in atm)

T(°K)	log K_p	$K_p = \frac{p_{C_4H_8\text{-}1} \cdot p_{H_2}}{p_{iso\text{-}C_4H_{10}}}$	T(°K)	log K_p	$K_p = \frac{p_{C_4H_8\text{-}1} \cdot p_{H_2}}{p_{iso\text{-}C_4H_{10}}}$
500	−5,88	$1{,}32 \cdot 10^{-6}$	800	−0,56	$2{,}76 \cdot 10^{-1}$
600	−3,53	$2{,}95 \cdot 10^{-4}$	1000	+1,22	$1{,}66 \cdot 10^{+1}$
700	−1,83	$1{,}48 \cdot 10^{-2}$			

iso-$C_4H_8 + H_2 \rightleftharpoons$ n-C_4H_{10}, $\Delta H_0^0 = -101{,}5$ kJ/Mol (p in atm)

T(°K)	log K_p	$K_p = \frac{p_{iso\text{-}C_4H_8} \cdot p_{H_2}}{p_{n\text{-}C_4H_{10}}}$	T(°K)	log K_p	$K_p = \frac{p_{iso\text{-}C_4H_8} \cdot p_{H_2}}{p_{n\text{-}C_4H_{10}}}$
500	−5,50	$3{,}16 \cdot 10^{-6}$	800	−1,04	$9{,}12 \cdot 10^{-2}$
600	−3,53	$2{,}95 \cdot 10^{-4}$	1000	+0,48	3,02
700	−2,10	$7{,}94 \cdot 10^{-3}$			

$cis\text{-}C_4H_8\text{-}(2) + H_2 \rightleftharpoons n\text{-}C_4H_{10}$, $\Delta H_0^0 = -110{,}0$ kJ/Mol (p in atm)

T(°K)	$\log K_p$	$K_p = \frac{p_{cis\text{-}C_4H_8} \cdot p_{H_2}}{p_{n\text{-}C_4H_{10}}}$	T(°K)	$\log K_p$	$K_p = \frac{p_{cis\text{-}C_4H_8} \cdot p_{H_2}}{p_{n\text{-}C_4H_{10}}}$
600	−3,95	$1{,}12 \cdot 10^{-4}$	800	−1,34	$4{,}57 \cdot 10^{-2}$
700	−2,45	$3{,}55 \cdot 10^{-3}$	1000	+0,25	1,78

$cis\text{-}C_4H_8\text{-}(2) + H_2 \rightleftharpoons iso\text{-}C_4H_{10}$, $\Delta H_0^0 = -118{,}9$ kJ/Mol (p in atm)

T(°K)	$\log K_p$	$K_p = \frac{p_{cis\text{-}C_4H_8\text{-}(2)} \cdot p_{H_2}}{p_{iso\text{-}C_4H_{10}}}$	T(°K)	$\log K_p$	$K_p = \frac{p_{cis\text{-}C_4H_8\text{-}(2)} \cdot p_{H_2}}{p_{iso\text{-}C_4H_{10}}}$
500	−5,52	$3{,}02 \cdot 10^{-6}$	800	−0,60	$2{,}51 \cdot 10^{-1}$
600	−3,33	$4{,}68 \cdot 10^{-4}$	1000	+1,08	$1{,}20 \cdot 10^{+1}$
700	−1,75	$1{,}78 \cdot 10^{-2}$			

$trans\text{-}C_4H_8\text{-}(2) + H_2 \rightleftharpoons n\text{-}C_4H_{10}$, $\Delta H_0^0 = -106{,}1$ kJ/Mol (p in atm)

T(°K)	$\log K_p$	$K_p = \frac{p_{trans\text{-}C_4H_8} \cdot p_{H_2}}{p_{n\text{-}C_4H_{10}}}$	T(°K)	$\log K_p$	$K_p = \frac{p_{trans\text{-}C_4H_8} \cdot p_{H_2}}{p_{n\text{-}C_4H_{10}}}$
600	−3,70	$2{,}00 \cdot 10^{-4}$	800	−1,13	$7{,}41 \cdot 10^{-2}$
700	−2,23	$5{,}89 \cdot 10^{-3}$	1000	+0,42	2,63

$trans\text{-}C_4H_8\text{-}(2) + H_2 \rightleftharpoons iso\text{-}C_4H_{10}$, $\Delta H_0^0 = -113{,}5$ kJ/Mol (p in atm)

T(°K)	$\log K_p$	$K_p = \frac{p_{trans\text{-}C_4H_8\text{-}(2)} \cdot p_{H_2}}{p_{iso\text{-}C_4H_{10}}}$	T(°K)	$\log K_p$	$K_p = \frac{p_{trans\text{-}C_4H_8\text{-}(2)} \cdot p_{H_2}}{p_{iso\text{-}C_4H_{10}}}$
500	−5,27	$5{,}37 \cdot 10^{-6}$	800	−0,47	$3{,}39 \cdot 10^{-1}$
600	−3,13	$7{,}41 \cdot 10^{-4}$	1000	+1,15	$1{,}41 \cdot 10$
700	−1,62	$2{,}40 \cdot 10^{-2}$			

$iso\text{-}C_4H_8 + H_2 \rightleftharpoons iso\text{-}C_4H_{10}$, $\Delta H_0^0 = -110{,}0$ kJ/Mol (p in atm)

T(°K)	$\log K_p$	$K_p = \frac{p_{iso\text{-}C_4H_8} \cdot p_{H_2}}{p_{iso\text{-}C_4H_{10}}}$	T(°K)	$\log K_p$	$K_p = \frac{p_{iso\text{-}C_4H_8} \cdot p_{H_2}}{p_{iso\text{-}C_4H_{10}}}$
500	−5,20	$6{,}31 \cdot 10^{-6}$	800	−0,50	$3{,}16 \cdot 10^{-2}$
600	−3,13	$7{,}41 \cdot 10^{-4}$	1000	+1,09	$1{,}23 \cdot 10^{+1}$
700	−1,63	$2{,}34 \cdot 10^{-2}$			

$1\text{-}C_5H_{10} + H_2 \rightleftharpoons n\text{-}C_5H_{12}$, $\Delta H_{298}^0 = -123{,}5$ kJ/Mol (p in atm)

T(°K)	$\log K_p$	$K_p = \frac{p_{1\text{-}C_5H_{10}} \cdot p_{H_2}}{p_{n\text{-}C_5H_{12}}}$	T(°K)	$\log K_p$	$K_p = \frac{p_{1\text{-}C_5H_{10}} \cdot p_{H_2}}{p_{n\text{-}C_5H_{12}}}$
600	−3,93	$1{,}18 \cdot 10^{-4}$	800	−1,08	$8{,}32 \cdot 10^{-2}$
700	−2,31	$4{,}90 \cdot 10^{-3}$	1000	+0,65	4,47

$1\text{-}C_6H_{12} + H_2 \rightleftharpoons n\text{-}C_6H_{14}$, $\Delta H_0^0 = -116{,}0$ kJ/Mol (p in atm)

T(°K)	log K_p	$K_p = \frac{p_{1\text{-}C_6H_{12}} \cdot p_{H_2}}{p_{n\text{-}C_6H_{14}}}$	T(°K)	log K_p	$K_p = \frac{p_{1\text{-}C_6H_{12}} \cdot p_{H_2}}{p_{n\text{-}C_6H_{14}}}$
600	−3,95	$1{,}12 \cdot 10^{-4}$	800	−1,08	$8{,}32 \cdot 10^{-2}$
700	−2,32	$4{,}79 \cdot 10^{-3}$	1000	+0,63	4,27

4. Mechanisch-thermische Konstanten für das Gleichgewicht heterogener Systeme

41. Einstoffsysteme

411. Dampfdruck

Für begrenzte Temperaturgebiete läßt sich die Abhängigkeit des Dampfdrucks von der Temperatur wiedergeben durch die Formel

$$\log p = -\frac{A}{T} + B + C \log T + D \cdot T .$$

(A, B, C, D = Konstante; A in °K, D in $(°\text{K})^{-1}$, C dimensionslos, der Wert von B hängt von der für p benutzten Druckeinheit ab.)

Innerhalb kleinerer Temperaturintervalle genügt es sogar, mit der zweigliedrigen Formel zu rechnen:

$$\log p = -\frac{A}{T} + B$$

In den folgenden Tabellen sind für einige Elemente und organische Verbindungen die Konstanten A, B und C für diese Gleichungen angegeben.

4111. Dampfdruck der Elemente[1]

Anordnung der Elemente alphabetisch nach den chemischen Symbolen[2]

41111. Dampfdrucke zwischen 10^{-4} und 760 Torr

Es sind die Temperaturen in °C angegeben, bei denen der Dampfdruck des Elementes den in der betreffenden Spalte angegebenen Wert hat. Bei der letzten Spalte ist der Schmelz- (F) bzw. Tripelpunkt (Trp) und in Klammern der Dampfdruck bei dieser Temperatur p_F vermerkt und eventuell Umwandlungstemperaturen (U) in der festen Phase. Ein unterer Index an den Elementsymbolen gibt den Assoziationsgrad der Molekeln im Dampf an. K (1+2) heißt, Dampf besteht aus K- und K_2-Molekeln.

Bei eingeklammerten Werten ist die Unsicherheit groß.

---

[1] Nach LANDOLT-BÖRNSTEIN, 6. Aufl. Bd. II/2a, Beitrag SCHÄFER/GRAU.

[2] Angaben für Ar, H_2, He, N_2, Ne, O_2 im flüssigen Zustand finden sich in Tabelle 1212 (Dampfdruck p verflüssigter Gase für Tensionsthermometer).

41111. Dampfdruck p zwischen 10^{-4} und 760 Torr

Chem. Symbol	Temperatur in °C bei p in Torr								U, F oder Trp in °C, $p_{F\,(Trp)}$ in Torr
	10^{-4}	10^{-3}	10^{-2}	10^{-1}	1	10	100	760=1 atm	
Ag	840	931	1042	1177	1346	1560	1840	2180	960,5° (1,95 · 10^{-3} Torr)
Al	974	1079	1206	1359	1549	1790	2110	2490	658,6°
Ar [1]	−238,42	−235,03	−230,92	−225,84	−219,49	−211,29	−200,13	−185,90	−189,37° (515,7 Torr)
As_4	—	—	(267)	313	369	436	519	610	817° (36 atm)
Au	1203	1319	1451	1616	1810	2050	2360	2710	1064,7°
B	—	(1240)	(1340)	1490	(1650)	(1907)	(2197)	(2527)	2030°
Ba	—	(547)	(627)	725	862	1045	1300	1640	710° (~ 7 · 10^{-3} Torr)
Be	990	1090	1210	1360	1540	1770	2060	2400	1283° (0,034 Torr)
Bi	538,2	607,5	689	788	924	1064	1341	1641	271,3°
Br_2	−110,3	−98,5	−84,7	−68,6	−49,1	−25,4	8,6	57,9	−7,31° (43,25 Torr)
C	2230	2380	2560	2760	2990	3260	3580	3920	
Ca	462	526	603	698	818	979	1210	1490	850° (~ 0,35 Torr)
Cd	179,4	217,8	263,5	318,6	391,1	485,1	611	765	321° (1,085 · 10^{-1} Torr)
Cl_2	−164,3	−155,7	−145,5	−133,3	−118,2	−101,5	−72	−34,1	−101,04° (10,44 Torr)
Co	1260	1380	(1510)	(1690)	(1880)	(2120)	(2430)	(2750)	1490° (1,4 · 10^{-2} Torr)
Cr	1160	1260	1390	(1540)	(1710)	(1930)	(2190)	(2480)	1903°
Cs	75	109	152	206	276	372	512	703	28,8° (2,13 · 10^{-6} Torr)
Cu		1142	1273	1426	1620	1870	2160	2580	1084° (2,9 · 10^{-4} Torr)
F_2			(−231,2)	−226,6	(−221)	−213,6	−202,6	−188,1	−219,6° (1,66 Torr)
Fe	1189	1300	1430	1600	1800	2050	2400		1535° (4,2 · 10^{-2} Torr)
Ge	1127	1242	1428	1541	1740	(1990)	(2320)	(2690)	960°
n-$^1H_2$			−266,30	−265,16	−263,60	−261,43	−258,05	−252,76	−259,20° (54,0 Torr)
p-$^1H_2$					−263,69	−261,53	−258,16	−252,88	−259,35° (52,8 Torr)
o-$^1H_2$							−257,49	−252,70	−259,11° (55,1 Torr)
n-$^2H_2$(D)			(−264,01)	−262,66	−260,87	−258,42	−254,90	−249,58	−254,44° (128,5 Torr)

o-$^2H_2(D_2)$			(−264,02)	−262,68	−260,90	−258,45	−254,93	−249,62	−254,47° (128,5 Torr)
^4He	−272,59	−272,49	−272,36	−272,17	−271,91	−271,44	−270,51	−268,93	U: −270,96° (38,30 Torr)
^3He	−272,90	−272,85	−272,75	−272,55	−272,49	−272,12	−271,36	−269,96	F −269,7 bei 104 atm
Hf	(1970)	(2150)	(2360)	(2630)	(2930)	(3300)			~2222°
Hg[1]	−6,3	17,6	46,8	82,0	126,5	184,0	261,6	356,7	−38,86° ($2,5 \cdot 10^{-6}$ Torr)
In	742	834	945	1080	1243	1454	1737	2079	157°
Ir		(2330)	(2550)	(2800)	(3100)	(3480)			2443°
J_2	−46,6	−30,2	−10,8	12,2	39,4	73,3	116	183	113,6° (91,62 Torr)
K (1+2)	123	162	207	266	341	441	582	765	63,2°
Kr			(−214,6)	−206,8	−198,3	−187,1	−172,3	−153,4	−157,22° (549 Torr)
Li (1+2)	(383)	(445)	521	614	730	884	1100	1360	180,5°
Mg	325	376	437	515	602	723	890	1097	650° (2,8 Torr)
Mn	(812)	(901)	(1005)	(1130)	(1290)	(1505)	(1795)	(2150)	1219° (0,397 Torr)
Mo	2130	2340	2610	2770	3110	3540	4120	4700	2622° ($3,4 \cdot 10^{-2}$ Torr)
N_2	−241,82	−239,03	−235,61	−231,40	−226,11	−219,21	−209,70	−195,80	−210,00° (94,6 Torr)
Na (1+2)	194,5	238,2	292	358	439	549	698	882	97,8°
Nb			(2580)	(3110)	(3480)	(3900)	(4480)	(5100)	2487°
Ne	−263,12	−262,10	−260,84	−259,28	−257,28	−254,66	−251,03	−246,08	−248,59° (325 Torr)
Ni	1203	1320	1450	1610	1800	2050	2370	2730	1455° ($1,6 \cdot 10^{-2}$ Torr)
O_2	−236,37	−233,34	−229,74	−225,05	−219,01	−210,65	−198,73	−182,96	−218,80° (1,14 Torr)
									U: −229,39
O_3	−207,4	−201,6	−194,6	−186,0	−172,1	−157,1	−137,0	−111,9	−192,5
Os		(2450)	(2650)	(2930)	(3230)	(3630)			2700°
P (violett)				193,6	235,9	287,0	349,2	416,8	590° (43 atm)
(weiß)	−34,2	−14,6	8,8	37,2	72,8	123,6	192,9	279,8	44,10° (0,18 Torr)
Pb	558	635	726	840	(983,5)	(1172)	(1429)	(1750)	327°
Pd		(1400)	(1540)	(1760)	(1990)	(2300)	(2700)		1555°
Pt		1912	2110	2350	2650	3030			1769,3° ($1,47 \cdot 10^{-4}$ Torr)
Rb	89	124	168	222	293	389	526	710	38,7°
Re	(2560)	(2790)	(3060)	(3400)			(5630)		3180°

[1] s. a. Tabelle 1212

Chem. Symbol	Temperatur in °C bei p in Torr								U, F oder Trp in °C, $p_{F\,(Trp)}$ in Torr
	10^{-4}	10^{-3}	10^{-2}	10^{-1}	1	10	100	760 = 1 atm	
Rh		(1950)	(2150)	(2350)	(2630)	(2980)	(3380)		1960°
Ru		(2230)	(2430)	(2660)	(2930)				2500°
S	58,7	81	107	141	186	245	328	444	U 95,54° ($3{,}8 \cdot 10^{-3}$ Torr) 124,3° ($2{,}62 \cdot 10^{-2}$ Torr)
Sb (4)	(425,7)	480,2	544	620	760	956	1242	(1635)	630°
Se (2+6)	170	198	234	287	344	431	566	685	220,5° ($5{,}1 \cdot 10^{-3}$ Torr)
Si (1, 2, 3+4)	1250	1360	1490	1650	1850	2080	2260		1412° ($7{,}5 \cdot 10^{-2}$ Torr)
Sn	(1001)	1113	1247	1409	(1610)	(1870)	(2200)	(2600)	231,9°
Sr		(477)	(547)	(637)	(752)	896	1110	1380	U = 5890°, p 770° (~ 1,8 Torr)
Ta	2590	2810	(3060)	(3380)					2996° ($5 \cdot 10^{-3}$ Torr)
Te	280	323	373	432	511	730	791	990	452,5° (~ 0,8 Torr)
Th		(2000)	(2200)	(2450)	(2700)				1700°
Ti	1430	1560	1720	1910	2150	2440	2820		1700° (~ $3 \cdot 10^{-2}$ Torr)
Tl	473	540	619	716	837	993	1204	1460	303°
U	1580	1740	(1930)	(2090)	2340	2700			1140°
V	2067	2277	2627	—	3527				1890°
W	2760	3000	3290	(3630)	(4060)				3390° ($1{,}84 \cdot 10^{-2}$ Torr)
Xe		(−196,8)	(−188,9)	(−179,6)	−167,9	−152,8	−132,8	−108,13	−111,80° (612,2 Torr)
Zn	248,6	292,3	344,4	407,0	485,9	590,9	731	904	419,50° ($1{,}55 \cdot 10^{-1}$ Torr)
Zr		(2180)	(2410)	(2680)	(2980)				1855°

41112. *Dampfdruck p zwischen 10^{-9} und 10^{-5} Torr*

Symbol	Temperatur in °C bei p in Torr				
	10^{-9}	10^{-8}	10^{-7}	10^{-6}	10^{-5}
C	1591	1690	1800	1922	2047
Ca [1]	249,7	280,5	317,1	357,9	406,7
Co			(994)	1068	1150
Cs	−31,3	−15,9	1,6	21,7	fl. 45,7
Cr		(844)	908	981	1063
Cu		(722)	782	851	928
Fe	798	857	930	1005	1091
Hg fl.	−83,9	−72,3	−59,0	−44,0	−26,7
In fl.	453,1	497,4	547,4	604,9	664
K	4,9	22,3	42,0	64,8	91,4
Mn	520,9	565,6	615,8	672,7	(738)
Mo			(1669)	1799	1950
N_2	−250,81	−249,44	−247,91	−246,15	−244,20
Na	56,7	77,0	fl. 100,3	fl. 127,1	fl. 158,1
Ni	818	880	947	1025	1106
O_2	−246,51	−244,95	−243,21	−241,23	−238,98
Pt	1205,7	1287,9	1381,7	1484,9	1608
Rb	−11,4	4,7	23,1	—	fl. 51,7
Re		(1948)	(2075)	2218	2380
S_8	−20,7	−8,0	6,2	21,9	39
Ta	(1836)	1954	2087	2235	2404
Ti	980	1049	1076	1215	1314
U		(1134)	(1224)	1327	1444
V		(1156)	1238	1330	1433
W	1947	2073	2215	2375	2549
Zn	103,3	125,4	150,3	178,2	216,3
Zr		(1473)	1574	1701	1840

[1] U 400° C.

41113. *Dampfdruck p zwischen 2 und 20 atm*

Symbol	Temperatur in °C bei			
	1520 Torr = 2 atm	3800 Torr = 5 atm	7600 Torr = 10 atm	15200 Torr = 20 atm
Ar fl.	−178,79	−163,86	−156,36	−143,19
Br_2 fl.	78,8	110,3	139,8	174,0
Cl_2 fl.	−17,7	10,4	35,0	63,6
n-$^1H_2$ fl.	−250,17	−245,75	−241,57	
n-$^2H_2(D_2)$ fl.	−246,96	−242,55	−238,33	
^{4}He fl.	−268,24			
Hg fl.	399	461	519	527
Kr fl.	−143,77	−128,23	−113,69	−96,03
N_2 fl.	−189,33	−179,07	−169,28	−157,33
Ne fl.	−243,55	−239,36	−235,52	−230,82
O_2 fl.	−175,8	−164,1	−153,3	−140,1
O_3 fl.	−101,0	−83,7	−67,8	−48,6
S fl.	507	663		
Xe fl.	−95,09	−73,93	−54,19	−30,18
Zn fl.	991,84	1091,84	1166,84	1276,84

41114. Dampfdruck des Quecksilbers

411141. Dampfdrucke des Quecksilbers in Torr zwischen −40 und +358° C

ϑ in °C	Einer					
Zehner	+0	+2	+4	+6	+8	
− 40	0,1793	0,2354	0,3066	0,4005	0,5195	
− 30	0,6696	0,8559	1,090	1,383	1,747	$\times 10^{-5}$ Torr
− 20	2,200	2,771	3,479	4,379	5,425	
− 10	0,6734	0,8343	1,032	1,279	1,553	$\times 10^{-4}$ Torr
0	1,898	2,314	2,811	3,407	4,130	
+ 10	0,4971	0,5980	0,7193	0,8658	1,024	
+ 20	1,220	1,448	1,713	2,023	2,385	$\times 10^{-3}$ Torr
+ 30	2,801	3,289	3,852	4,503	5,257	
+ 40	0,6118	0,7109	0,8240	0,9532	1,101	
+ 50	1,272	1,464	1,679	1,930	2,210	$\times 10^{-2}$ Torr
+ 60	2,526	2,883	3,285	3,738	4,243	
+ 70	4,823	5,463	6,177	6,979	7,869	
+ 80	0,8865	0,9975	1,120	1,2575	1,408	
+ 90	1,576	1,761	1,965	2,190	2,439	
+100	2,713	3,014	3,343	3,706	4,009	$\times 10^{-1}$ Torr
+110	4,535	5,010	5,527	6,095	6,722	
+120	0,7383	0,8113	0,8908	0,9772	1,094	
+130	1,173	1,283	1,400	1,530	1,672	
+140	1,821	1,983	2,158	2,346	2,549	
+150	2,768	3,001	3,252	3,522	3,812	
+160	4,126	4,458	4,813	5,194	5,599	
+170	6,034	6,494	6,990	7,521	8,063	
+180	8,678	9,311	9,988	10,706	11,47	
+190	12,28	13,13	14,04	15,01	16,03	
+200	17,12	18,26	19,47	20,75	22,10	
+210	23,52	25,03	26,65	28,27	30,06	
+220	31,92	33,87	35,93	38,09	40,36	
+230	42,75	45,25	47,90	50,64	53,54	
+240	56,57	59,79	63,12	66,60	70,28	Torr
+250	74,12	78,13	82,30	86,68	91,26	
+260	95,98	100,97	106,15	111,6	117,2	
+270	123,14	129,3	135,6	142,3	149,4	
+280	156,55	164,1	171,9	180,1	188,5	
+290	197,31	206,4	215,9	225,8	236,0	
+300	246,55	257,5	268,9	280,7	293,0	
+310	305,63	318,7	332,4	346,6	361,1	
+320	376,2	391,7	407,9	424,4	441,7	
+330	459,5	477,9	496,7	515,2	536,5	
+340	557,6	579,0	601,2	624,2	647,6	
+350	672,3	697,4	723,1	749,7	777,0	

411142. Dampfdrucke des Quecksilbers in atm zwischen +350 und 675° C

ϑ in °C Zehner	Einer +0	+5	+10	+15	+20	+25
+350	0,8847	0,9690	1,060	1,157	1,259	1,375
380	1,497	1,623	1,762	1,909	2,064	2,230
410	2,408	2,597	2,799	3,014	3,248	3,480
440	3,733	4,000	4,281	4,577	4,889	5,219
470	5,567	5,929	6,310	6,713	7,132	7,568
500	8,035	8,517	9,016	9,550	10,08	1,065
530	11,27	11,89	12,51	13,22	13,92	14,65
560	15,41	16,20	17,01	17,86	18,79	19,65
590	20,60	21,57	22,58	23,63	24,72	25,83
620	26,97	28,16	29,38	30,65	31,96	33,30
650	34,68	36,10	37,57	39,08	40,63	42,21

4112. Dampfdruck anorganischer Verbindungen[1]

41121. Dampfdruck p zwischen 10^{-1} und 760 Torr

(Der Aggregatzustand ist aus der letzten Spalte zu ersehen, eingeklammerte Werte sind unsicher)

Chem. Symbol	Temperatur in °C, p in Torr 10^{-1}	1	10	100	760	Trp oder F
						259 U
$AgBr$	(653)	(797)	(900)	(1322)	(1834)	430°
$AgCl$	789	914	1075	1294	1559	455°
AgJ	697	819	981	1148	1507	557°
Al_2Br_6	55,6	81,2	118	176	256	97,5°
Al_2Cl_6	178	99	123	151	180	192° (1625 Torr)
AlF_3	883	956	1043	1146	1256	>1273°
Al_2J_6	147	178	225	296	388	191°
Al_2O_3	—	2146	2380	2664	2974	2045°
$AsBr_3$	(20)	(51)	93	152	221	31,2°
$AsCl_3$	—	(−6)	26	70,4	131	19,8°
AsF_3	(−61)	(−43)	−16	13,5	62,2	−5,95°
AsF_5	−131,6	−108,7	−103,2	−84,2	−52,9	−79,8°
						−167,5 U
AsH_3	−157,6	−143,4	−125,2	−98,1	−62,4	116,92
AsJ_3	(121)	(163)	(220)	307	414	144°
BBr_3	—	−41,5	−10,4	33,2	90,9	−47,5°
monokl.Form						
BCl_3		−92,1	−67,7	−33,5	12,4	−107,2°
						−132 U
BF_3	−167	−155	−142	−124	−101	−128,7°
B_2H_6	—	−162	−146	−122	−92,6	−164,8°
B_4H_{10}	−112	−91,5	−64,6	−28,6	15,4	−120°
						920 U
$BaCl_2$	≈987	≈1080	≈1242	≈1507	1827	960°
BaF_2	—	1436	1639	1905	≈2220	1290°
$BeBr_2$	≈(244)	288	349	404	471	488°
$BeCl_2$	262	303	351	409	481	410°
BeF_2	≈(693)	775	880	1013	1159	545°
BeJ_2	(234)	282	339	410	—	480°
						155 U
$BiBr_3$	≈183	≈222	280	361	460	218°

[1] Nach LANDOLT-BÖRNSTEIN, 6. Aufl. Bd. II/2a, Beitrag GRAU.

Chem. Symbol	Temperatur in °C, p in Torr					
	10^{-1}	1	10	100	760	Trp oder F
$BiCl_3$	≈167	≈213	264	343	440	244°
BrF				−26,3	23	−33,0°
HBr		−140	−122	−98	−67	−86,9°
CClN	−96	−77	−54	−25	12,6	−5,2°
CFN	−149	−136	−119	−97	−73	—
HCN	−92,2	−72,9	−49	−18,6	25,6	−13,3°
^{2}HCN	−91,2	−72,0	−48,2	−18,1	25,9	−12,2°
C_2N_2	−113	−97	−77	−52	−21	−27,88°
CO	−231,3	−227	−221	−206	−192	−205,1°
						U−211,6°
COS	—	−134	−114	−56	−50	−138,8°
CO_2	−148	−135	−120	−100	−78	
CS_2	−96	−74	−45	−5	46	−112,1°
CSe_2	—	≈−22	14	63	≈122	−45,5°
						1151 U
CaF_2	1447	1625	1850	2145	2501	1418°
$CdBr_2$	450	519	≈607	≈727	863	568°
$CdCl_2$	484	558	654	794	968	564°
CdJ_2	402	487	596	742	918	387°
CdO	903	1012	1146	1313	1499	
CdS	767	875	1009	1182	1382	—
ClF		−153	−139	−121	−101	−154°
						−82,65 U
ClF_3	—	—	−61	−29	11	−76,31°
						−174,7 U
HCl	−165	−151,8	−136	−114,5	−85	−114,12°
						−168,1 U
^{2}HCl	—	−153,5	−136,8	−113,8	−84,3	−114,7°
ClJ	−40	−19	7,8	46,6	97	23,2°
ClO_2	—	—	—	−28,8	9,5	−59°
Cl_2O	—	−99	−73	−39	2,0	−116°
Cl_2O_6	−12,2	19	66	≈133	≈220	3,5°
$CoCl_2$	594	660	738	880	1053	740°
$CrBr_3$	626	693	772	864	959	842°
$Cr(CO)_6$	9,3	35,8	67,9	107	151	—
$CrCl_2$	750	842	966	1114	1308	815°
$CrCl_3$	618	684	761	852	94,9	1152°
CrF_2O_2	−44,7	−30,9	−14,5	6	25	—
CsBr	642	748	885	1071	1303	636°
						445 U
CsCl	638	745	882	1068	1301	642°
CsF	—	710	844	1025	1252	682°
CsJ	633	737	872	1056	1280	621°
						380 U
						465 U
Cu_2Br_2	—	570	714	946	1387	488°
Cu_2Cl_2	—	546	702	960	1490	430°
Cu_2J_2	—	—	654	905	1339	588°
HF			−66,6	−28,1	19,9	−83,36°
F_2O	−205	−196	−184	−167	−145	−223,8°
F_2O_2	−156	−140	−120	−93	−57	−163°
$FeBr_2$	516	583	659	799	968	689°
$Fe(CO)_5$			4,7	50	105	−21°
$FeCl_2$	519	582	691	828	1012	677°
Fe_2Cl_6	173	203	230	271	320	304°
$GaBr_3$	—	—	141	204	278	124°
$GaCl_3$	23	48	78	133	204	77°
Ga_2H_6	—	−12,9	23	71	139	−21,4°
$GeCl_3H$	−63	−41	−13	25	74	−71°
$GeCl_4$		−44	−14,3	28	86	−49,5°
GeF_4	—	−109	−85	−61	−36	—
GeH_4	—	−166	−146	−121	−89	−165,9°
Ge^2H_4	—	−(164)	−144	−119	−89,3	−166°
Ge_2H_6	−110	−88	−60	−294	31	~−109°
$Ge_2{}^2H_6$	—	(−86)	−58	−19,16	29	−108°
GeJ_4	93	126	195	277	377	144°
HgBr	143	187	242	313	393	407°
$HgBr_2$	99,8	136,8	180,8	236,8	320,8	238°
HgCl	161	199	247	309	383	543°
$HgCl_2$	100	135	179	235	305	277°
HgJ_2	120	156	203	262	354	257°

Chem. Symbol	Temperatur in °C, p in Torr					
	10^{-1}	1	10	100	760	Trp oder F
InBr	(245)	312	398	502	658	290°
$InBr_2$	(235)	298	382	494	630	240°
$InBr_3$	(174)	212	257	312	371	
						120 U
InCl	(240)	304	386	496	627	225°
$InCl_2$	(303)	341	385	436	488	235°
$InCl_3$	(292)	334	382	438	497	586°
HJ	−136	−120	−99,5	−72	−35,7	−50,8°
²HJ	−136,1	−120,1	−99,8	−72,4	−36	−51,82°
KBr	674	794	939	1137	1386	732°
KCl	766	819	965	1162	1406	772°
KF	752	884	1038	1246	1503	857°
KJ	623	747	886	1079	1323	685°
KOH	611	718	860	1060	1326	410°
LiBr	640	747	886	1076	1311	546°
LiCl	674	785	934	1130	1380	614°
LiF	920	1048	1209	1427	1679	848°
LiJ	631	724	841	994	1170	449°
Li_2O		955	1056	1145	1298	1727°
$MgCl_2$	—	776	925	1137	1417	714°
MgF_2	(1271)	(1434)	1641	1917	(2250)	1263°
$MnCl_2$	—	729	844	1017	1231	650°
$Mo(CO)_6$	(19,2)	45,5	77	115	156	—
$MoCl_5$	70	103	142	190	—	194°
MoF_6	−87,6	−67,0	−41,1	−8,1	36,3	17,5°
MoO_3	662	734	797	954	1153	795°
						−216,5 U
NF_3	—	—	−171,1	−152,7	−129	−207°
N_3H		−72,8	−44,9	−8,1	35,8	−80°
N_2H_4		—	10,9	61,0	113,6	1,54°
NH_3	−125	−110,2	−94,9	−67,4	−33,4	−77,7°
NH_4CN	—	−50,6	−28,6	−0,5	31,7	35,9°
NH_4N_3	4,9	29,5	58,8	94,4	132,8	—
NH_4HS	—	−51,3	−28,7	0,0	33,3	—
N_2O	−155,4	−143,6	−131	−111,5	−88,6	−90,8°
NO	−195,2	−187,6	−178,3	−166,9	−151,8	−163,6°
NOCl	−113,06	−96	−74,9	−44,68	−4,4	−59,6°
NOF	—	−131,3	−114,4	−91,2	−70	−132,5°
NO_2	—	−40,7	−20,0	4,4	29,2	−11,2°
NO_2F	−156	−142,9	−126	−102,8	−72,6	−166°
N_2O_4	−71,7	−56	−37	−15	29,2	−11,2°
NaBr	697	805	950	1147	1392	741°
NaCN	687	816	984	1216	1497	562°
NaCl	752	863	1014	1216	1467	800°
NaF	916	1005	1170	1390	1659	1012°
NaJ	597	768	903	1083	1304	662°
						292,8 U
NaOH	618	738	896	1111	1378	320°
$NbCl_5$	(76)	(107)	143	186	250	203°
NbF_5	45	67,1	104	163	233	78,9°
$NiBr_2$	587	653	730	823	919	963°
$Ni(CO)_4$				−5,26	40,94	−19,3°
$NiCl_2$	620	684	767	865	970	1030°
H_2O	−39,8	−17,3	11,2	51,6	100,00	0,01 (Trp)
						(3,76)
^2H_2O			13,25	54,05	101,43	3,82°
H_2O^{18}			11,4	51,7	100,12	—
H_2O_2			50,2	95,4	150	−0,40°
OsO_4 weiß	−30,7	−5,4	25,6			40,1°
OsO_4 gelb	−20,7	3	31,4	75,2	129	41°
PCl_3	−74,8	−51,8	−21,5	20,6	75,1	−92°
$PClH_4$	—	−91,0	−74,0	−52,0	−27	28,5°
PH_3			−143,1	−119	−87,8	−134°
POF_3	—	−98,7	−81,9	−62,5	−39,6	−39,3° (778 Torr)
P_4O_6			53	107,7	173,7	23,8°
P_4O_{10}	332	382	440	511	503	569° (456 Torr)
$PbBr_2$	438	514	613	748	918	488°
$PbCl_2$	474	549	650	786	956	498°
PbF_2			904	1080	1297	824°
PbJ_2	404	479	571	700	868	412°
PbO	833	944	1085	1265	1473	890°

Chem. Symbol	Temperatur in °C, p in Torr					
	10^{-1}	1	10	100	760	Trp oder F
PbS	755	853	967	1108	1281	1114°
RbBr	668	777	919	1112	1352	677°
RbCl	685	791	936	1134	1380	717°
RbF	—	827	972	1168	1409	775°
RbJ	649	749	887	1073	1306	638°
ReF_6	—	(−43,6)	−21,3	5,2	47,6	19°
$HReO_4$	4,3	40,5	87,4	151	229	—
$ReOF_4$	—	(−46,4)	−18,6	17,0	62,7	39,7°
Re_2O_7	184,04	215	249	289	360	300,4°
SCl_2	—	−64	−33	9	70	−78,1°
S_2Cl_2	−34,7	−8,2	26,5	74	137	−80°
SF_6	−159	−141	−119	−92	−64	−50,7°
H_2S[1]	−153,6	−134,9	−116,5	−92,4	−60,2	−85,6°
SO_2	−111,6	−96,2	−77,4	−47,9	−10,1	−75,5°
$SOCl_2$	−81,2	−56,2	−23,5	20,6	75	−104,5°
$SbBr_3$	(61)	(92)	(140)	(208)	284	96,6°
$SbCl_3$	(18)	45	85	143	218	73°
SbJ_3	—	164	223	303	397	170°
Sb_2O_3	512	577	660	953	1423	655°
$ScBr_3$	—	(689)	761	844	930	960°
ScJ_3	—	(669)	741	824	909	945°
$SeCl_4$	—	71,7	105,5	146,6	191,1	305°
SeF_6	−134,1	−118,6	−99,2	−74,3	−45,7	−34,7° (1500 Torr)
H_2Se	—	—	−109	−78	−41,7	−66°
SeO_2	155	189	231	282	337	—
$SiBr_2H_2$	—	−59,3	−27,6	16,7	74,1	−70,0°
$SiBr_3H$	−61,7	−34,0	2,24	51,3	111,7	−73,4°
$SiClH_3$	—	−168	−97,7	−68,5	−30,4	−118°
$SiCl_3H$	−101	−80,7	−53,8	−16,5	31,5	−128°
$SiCl_4$	—	−63	−35	5,3	57,3	−69,8°
Si_2Cl_6	—	2,5	38,2	84,6	139	−1,15°
SiF_4	−156	−144	−131	−114	−95	−90,3° (1320 Torr)
Si_2F_6	−96	−89	−63	−42	−19	−18,2°
SiH_4	—	−175,5	−160,4	−129,3	−111,2	−184°
Si^2H_4	—	−175,2	−160,2	−129,2	−111,3	—
Si_2H_6	—	−111,3	−88,4	−56,5	−14,2	−132°
Si_3H_8	−91,1	−68,6	−39,1	1,6	53,0	−117°
Si_3H_9N	−90,6	−69,0	−40,7	−1,76	48,64	−106°
Si_4H_{10}	−52,66	−28,16	3,84	46,34	99,84	
SiO_2			1737	1967	2227	+1724°
$SnBr_2$	284	343	417	518	636	232°
$SnBr_4$	5	33	75	135	217	30°
$SnCl_2$	257	319	398	508	649	247°
$SnCl_4$	—	−22,6	10,2	55	113	−33,1°
SnH_4	—	−140	−119	−89	−53	−150°
SnJ_2	—	388	468	576	712	320°
SnJ_4	87	123	181	262	361	143,4°
SnO	682	804	962	1174	1431	—
SnS	682	777	—	—	—	880°
SrF_2	—	1600	1827	2128	(2493)	1400°
$TaBr_5$	(143)	176	215	261	344	267°
$TaCl_5$	90	118	151	190	240	215,9°
TaF_5	—	80	104	161	229	95°
TaJ_5	213	265	331	420	544	496°
TeF_6	−128,3	−112,6	−92,4	−67,7	−38,9	−37,7° (800 Torr)
H_2Te	−114,2	−96,8	−74,9	−45,3	−1,26	−51°
$ThBr_4$		548	624	726	857	679°
$ThCl_4$		629	697	781	920	770°
ThJ_4		—	579	699	837	566°
$TiBr_4$	16,1	45	59,8	249	220	38,2°
$TiCl_4$	—	−13,1	22,5	73,3	138	−24,3°
TiJ_4	—	—	191	274	377	150°
TlBr	367	433	520	652	819	460°
TlCl	357	422	515	645	805	427°
TlJ	369	433	533	662	824	440°
UBr_3	860	977	1127	1332	1576	752°
UBr_4	428	476	538	643	761	519°
UCl_3	895	1023	1202	1448	1778	835°

[1] Werte bei 0,1 Torr für H_2S-Modifikation III, bei 1 Torr für H_2S II, bei 10 und 100 Torr für H_2S I, Übergang III→II 166,9 °C II→I 146,9° C.

Chem. Symbol	Temperatur in °C, p in Torr					
	10^{-1}	1	10	100	760	Trp oder F
UCl_4	457	512	577	645	761	598°
UF_3	(1294)	(1447)	(1657)	(1944)	(2307)	1427°
UF_4	872	973	1089	1243	1418	1036°
UF_6	−40,1	−30,3	−6,2	23,6	56,6	64 (1133 Torr)
UJ_4	428	476	540	642	762	≈520°
VCl_4	—	−9,6	30,4	83	152	−25°
$VOCl_3$	—	—	13,5	64	125	—
$W(CO)_6$	36	63	95	133	175	—
						169 U
						206,9 U
WCl_6	117	154	198	256	336	284°
WF_6	−89,4	−71,7	−49,1	−21	18	2,3°
WO_3	1206	1301	1408	—	—	1473°
$WOCl_4$	65	96	134	180	232	204°
$ZnBr_2$	340		463	574	702	394°
$ZnCl_2$	361	427	507	611	733	318°
ZnF_2	—	922	1070	1266	1507	872°
ZnJ_2	323	390	487	602	727	446°
$Zr(BH_4)_4$	−22,9	0,05	27,6	64,9	123	28,7°
$ZrBr_4$	172	208	250	301	357	450°
$ZrCl_4$	157	189	230	279	331	437°
ZrF_4	586	651	725	813	903	≈920°
ZrJ_4	226	265	311	369	431	499°

41122. Dampfdruck p zwischen 10^{-6} und 10^{-2} Torr

Fester Aggregatzustand. Der flüssige Aggregatzustand ist durch fl. gekennzeichnet.

	Temperatur in °C bei p in Torr				
	10^{-6}	10^{-5}	10^{-4}	10^{-3}	10^{-2}
AgCl	431	fl. 480	fl. 539	fl. 607	fl. 685
$Al_2Br_2Cl_4$	—	−6	7	21	37
Al_2Br_6	—	—	—	15	33,7
Al_2Cl_6	—	—	27,1	42,1	58,9
AlF_3	624	665	710	760	817
Al_2J_6	54	71,1	90,4	112	137
As_4O_6	65,5	83,6	104	126	152
BaO	1053	1150	1263	1395	1552
CO	−244,6	−242,6	−240,4	−237,8	−234,9
CO_2	−186	−181	−174	−167	−158
CaO	1464	1582	(1717)	—	—
$CdBr_2$	232	264	301	343	392
$CdCl_2$	266	299	337	380	430
CdJ_2	178	210	247	290	340
CdO	551	603	662	729	809
CdS	440	486	541	605	679
HCl	−200,6	−196,4	−190,4	−183,5	−175
Cl_2O_6	—	—	—	−54	−35
$CoCl_2$	373	407	445	488	537
$CrCl_2$	466	509	558	613	677
CsBr	355	394	439	490	549
CsCl	—	—	(442)	497	562
CsJ	340	378	421	471	528
$FeBr_2$	—	337	376	419	—
Fe_2Cl_6	77	92,6	110	129	151
$HgBr_2$	—	—	24,2	46	71,3

	Temperatur in °C bei p in Torr				
	10^{-6}	10^{-5}	10^{-4}	10^{-3}	10^{-2}
HgCl	43,3	60,6	80,5	103	130
$HgCl_2$	—	4,0	22,8	44,5	69,7
HgJ_2	4,2	21,3	40,8	62,8	89
KBr	387	429	477	532	598
KCl	412	457	506	566	634
KF	430	476	530	592	665
KJ	358	397	442	494	553
MoO_3	441	476	516	561	611
NH_3	−180	−175	−168	−161	−153
NO	—	−217,8	−213,7	−208,2	−203,4
N_2O	−192	−187	−181	−174	−165
NaBr	352	445	495	552	618
NaCl	442	487	539	599	670
NaF	556	606	666	738	820
NaJ	357	390	431	478	534
$NiCl_2$	382	418	458	503	555
NiO	1133	1217	(1317)	—	—
H_2O	−111	−100	−88	−75	−59
P_4O_{10}	172	197	226	258	294
$PbBr_2$	226	256	290	329	fl. 377
$PbCl_2$	259	291	327	369	417
PbJ_2	214	242	275	312	354
PbO	500	549	605	669	745
PbS	460	505	547	614	681
RbBr	377	420	468	524	590
RbCl	387	429	479	534	603
$SbCl_3$	—	—	−40	−23,4	−4,3
Sb_2O_3	297	330	367	409	457
SeO_2	37	55	75	98	124
SrO	1307	1404	(1514)	—	—
$TaBr_5$	41,4	57,9	76,3	97,1	120,8
$TaCl_5$	—	—	27,7	46,0	66,2
TaJ_5	63	84	109	138	172
TeO_2	443	486	534	589	653
ThO_2	1944	1972	—	—	—
$TiCl_2$	—	—	480	539	609
TiO	1328	1426	1538	1666	1811
TiO_2	1300	1391	1494	1608	1740
UBr_3 fl.	—	566	623	690	769
UCl_3	554	602	658	724	799
UF_3	177	200	227	257	291
UJ_3	508	556	611	674	748
UO_2	1508	1624	1748	—	—
U_2O_4	—	—	—	1967	2107
WO_3	864	919	980	1047	1122
$ZnBr_2$	147	175	207	245	288
$ZnCl_2$	183	211	241	275	315
ZnJ_2	127	155	187	225	270
ZnS	—	—	779	863	962
$ZrBr_4$	55	73	93	116	142
$ZrCl_4$	45	62	82	103	128
ZrJ_4	95	115	138	163	192
ZrO_2	1495	1600	1718	1855	2014

41123. Dampfdruck zwischen 2 und 60 atm

f=fest, fl=flüssig

Verbindung	Temperatur in °C beim Dampf in atm					
	2	5	10	20	40	60
AsH_3 fl.	−40	−17	4			
BF_3 fl.	−87,8	−71	−56	−39	−18,9	
B_2H_6 fl.	−73,3	−57,8	−37,4	−11,9		
HBr fl.	−51,5	−29,1	−8,5	16,8	48,1	76,6
HCN fl.	44,5	75,7	105	142		
C_2N_2 fl.	−6,4	21,4	44,6	72,6	107	
CO fl.	−184,8	−174,4	−164	−151,6		
CO_2 f.	−69,8	−57				
CO_2 fl.			−39,8	−19,1	5,9	22,9
COS fl.	−33	−4	20	49	85	103
CS_2 fl.	69,1	105	136	176	223	256
HCl fl.	−71,6	−50,5	−31,7	−8,8	18	36
$ClFO_3$ fl.	−30,6	−5	18,2	45,9	79,4	
HF fl.	40,1	70,2	98,3			
$GeCl_4$ fl.	120	167	202	242		
HJ fl.	−18,9	7,3	32	62,2	101	127
NH_3 fl.	−18,7	4,7	25,7	50,1	78,9	98,3
NH_4Cl fl.	367	417	452	492		
N_2H_4 fl.	131	157	182	227	272	302
NO fl.	−145,5	−135,8	−126,9	−117,0	−104,8	−96,4
N_2O fl.	−74,7	−54,5	−36,4	−14,9	11,2	28,3
N_2O_4 fl. ($+NO_2$)	37,3	60,4	79,4	100,3	121,4	132,2
H_2O fl.[1]	120,1	152,4	180,5	213,1	251,1	276,5
^2H_2O fl.[1]	120,9	153,0	180,8	213,2	251,1	276,4
H^2HO fl.	120,5	152,7	180,7	213,1	251,1	
H_2O_2 fl.	174	208	241			
$PClH_4$ fl.	−17	−7	3	13	23	34
PF_3 fl.	−82	−62	−46	−28	−10	
PF_3S fl.	−38	−10	14			
PH_3 fl.	−69	−43	−19	7	33	50
H_2S fl.	−45,9	−22,3	−0,4	25,5	55,8	76,2
SO_2 fl.	6,2	32,1	55,5	83,8	118	141,7
SO_3 fl.	58	78	94,7	113	134	147
H_2Se fl.	−25	0	23,4	50,8	84,6	118,7
$SiClF_3$ fl.	−57,3	−37,2	−18,6	4,1		
$SiCl_2F_2$ fl.	−15,1	11,6	36,6	66,2		
$SiCl_3F$ fl.	32,4	64,6	93,2	132		
SiF_4 fl.	−84,4	−67,9	−52,6	−33,4		
SiH_4 fl.	−97	−75	−57	−34	−11	
$SnCl_4$ fl.	141	184	223	270		
UF_6 fl.	74,4	108				

[1] S. a. Tabelle 222062f.

4113. Dampfdruck organischer Verbindungen

41131. Dampfdruck p zwischen 1 und 760 Torr

Verbindung		Temperatur in °C bei p in Torr				Tripel- oder Schmelzpunkt °C
Formel	Name	1	10	100	760	
CBrN	Bromcyan	−35,7	−10,0	22,6	61,5	58
CBr_4	Tetrabromkohlenstoff	29,1	68,0	119,7	189,5	90,1
$CClF_3$ [1]	Chlortrifluormethan	−149,5	−134,1	−111,7	−81,2	—
CClN	Chlorcyan	−76,7	−53,8	−24,9	+13,1	−6,5
CCl_2F_2 [1]	Dichlordifluormethan	−118,5	−97,8	−68,6	−29,8	—
CCl_2O	Phosgen	−92,9	−69,3	−35,6	+8,3	−104
CCl_3F [1]	Fluortrichlormethan	−84,3	−59,0	−23,0	23,7	—
CCl_3NO_2	Chlorpikrin	−25,5	+7,8	53,8	111,9	−64
CCl_4	Tetrachlorkohlenstoff	−50,0	−19,6	23,0	76,7	−22,6
CFN	Fluorcyan	−134,4	−118,5	−97,0	−72,6	—
CF_4	Tetrafluorkohlenstoff	−184,6	−169,3	−150,7	−127,7	—
$CHBr_3$	Tribrommethan	—	34,0	85,9	150,5	8,5
$CHClF_2$ [1]	Chlordifluormethan	−122,8	−103,7	−76,4	−40,8	−160
$CHCl_2F$ [1]	Dichlorfluormethan	−91,3	−67,5	−33,9	+8,9	−135
$CHCl_3$	Trichlormethan	−58,0	−29,7	10,4	61,3	−63,5
CHF_3	Trifluormethan	−156,9	−138,7	−113,7	−72,4	—
CHN	Cyanwasserstoff, Ameisensäurenitril	−70,8	−48,2	−18,8	25,8	−14
CH_2Br_2	Dibrommethan	−35,1	−2,4	42,3	98,6	−52,8
CH_2Cl_2 [1]	Dichlormethan	−70,0	−43,3	−6,3	40,7	−96,7
CH_2O	Formaldehyd	—	−91,0	−57,3	−19,5	−92
CH_2O_2	Ameisensäure	−20,0	+2,1	43,8	100,6	8,2
CH_3AsCl_2	Dichlormethylarsin	−11,1	24,3	73,0	134,5	—
CH_3BO	Borincarbonyl	−139,2	−121,1	−95,3	−64,0	—
CH_3Br [1]	Brommethan	−96,3	−72,8	−39,4	+3,6	−93

C^2H_3Br	Trideuterobrommethan	—	−73,6	−40,1	29	—
CH_3Cl[1]	Chlormethan	—	−92,4	−63,0	−24,0	−97,7
C^2H_3Cl	Trideuterochlormethan	—	−93,4	−63,2	−24,6	—
CH_3Cl_3Si	Siliciummethyltrichlorid	−60,8	−30,7	12,1	66,4	−90
CH_3F	Fluormethan	−147,3	−131,6	−109,0	−78,2	—
CH_3J	Jodmethan	—	−45,8	−7,0	42,4	−64,4
CH_3NO	Formamid	70,5	109,5	157,5	210,5	—
CH_3NO_2	Nitromethan	−29,0	+2,8	46,6	101,2	−29
CH_4	Methan	−205,9	−195,5	−181,4	−161,5	−182,48
CH_4Cl_2Si	Siliciummethyldichlorhydrid	−75,0	−47,8	−9,0	41,9	—
CH_4O	Methanol	−44,0	−16,2	21,2	64,7	−97,8
CH_4S	Methylmercaptan	−90,7	−67,5	−34,8	+6,8	−121
CH_5ClSi	Siliciummethylchlordihydrid	−95,0	−71,0	−36,4	+8,7	—
CH_5N	Methylamin	−95,8	−73,8	−43,7	−6,3	−93,5
CH_6Si	Siliciummethyltrihydrid	−138,5	−120,0	−93,0	−56,9	—
CH_9NSi_2	2-Methyl-disilazan	−76,3	−50,1	−13,1	34,0	—
CJN	Jodcyan	25,2	57,7	97,6	141,1	—
CN_4O_8	Tetranitromethan	—	22,7	68,9	125,7	13
COS	Kohlenoxidsulfid	−132,4	−113,3	−85,9	−49,9	−138,8
$COSe$	Kohlenoxidselenid	−117,1	−95,0	−61,7	−21,9	—
$CSSe$	Kohlensulfidselenid	−47,3	−16,0	28,3	85,6	−75,2
CS_2	Schwefelkohlenstoff	−73,8	−44,7	−5,1	46,5	−110,8
C_2BrCl_3O	Trichlor-acetylbromid	−7,6	29,3	79,5	143,0	—
C_2ClF_3	1-Chlor-1,2,2-trifluor-äthen	−116,0	−95,9	−66,7	−27,9	−157,5
$C_2Cl_2F_2$	1,2-Dichlor-1,2-difluor-äthen	−82,0	−57,3	−23,0	20,9	−112
$C_2Cl_2F_4$[1]	1,2-Dichlor-1,1,2,2-tetrafluor-äthan	−95,0	−72,3	−39,1	+3,5	−94
$C_2Cl_3F_3$	1,1,2-Trichlor-1,2,2-trifluor-äthan	−68,0	−40,3	−1,7	47,6	−35
C_2Cl_4	Tetrachloräthen	−20,6	13,8	61,3	120,8	−19,0
$C_2Cl_4F_2$	1,1,2,2-Tetrachlor-1,2-difluor-äthan	−37,5	−5,0	58,6	93	—
C_2Cl_6	Hexachloräthan	32,7	75,5	124,2	185,6	186,6

[1] S. a. Tabelle 6324 (Kältemittel).

Verbindung		Temperatur in °C bei p in Torr				Tripel- oder Schmelzpunkt °C
Formel	Name	1	10	100	760	
C_2HBr_3O	Tribromacetaldehyd	18,5	58,0	110,2	174,0	—
C_2HCl_3	Trichloräthen	−43,8	−12,4	31,4	86,7	−73
C_2HCl_3O	Trichloracetaldehyd	−37,8	−5,0	40,2	97,7	−57
$C_2HCl_3O_2$	Trichloressigsäure	51,0	88,2	137,8	195,6	57
C_2HCl_5	Pentachloräthan	+1,0	39,8	94,5	161,5	−22
C_2H_2	Acetylen	−142,9	−128,2	−107,9	−84,0	−81,5
$C_2H_2Br_4$	1,1,2,2-Tetrabromäthan	65,0	110,0	170,0	243,5	—
$C_2H_2Cl_2$	1,1-Dichloräthen	−77,2	−51,2	−15,0	31,7	−122,5
$C_2H_2Cl_2$	cis-1,2-Dichlor-äthen	−58,4	−31,4	+9,5	61,0	−80,5
$C_2H_2Cl_2$	trans-1,2-Dichloräthen	−65,4	−38,0	−1,9	47,8	−50,0
$C_2H_2Cl_2O_2$	Dichloressigsäure	44,0	82,6	134,0	194,4	9,7
$C_2H_2Cl_4$	1,1,1,2-Tetrachloräthan	−16,3	19,3	68,0	130,5	−68,7
$C_2H_2Cl_4$	1,1,2,2-Tetrachloräthan	−3,8	33,0	83,2	145,9	−36
C_2H_3Br	Bromäthen	−95,4	−68,8	−31,9	+15,8	−138
$C_2H_3BrO_2$	Bromessigsäure	54,7	94,1	146,3	208,0	49,5
$C_2H_3Br_3$	1,1,2-Tribromäthan	32,6	70,6	123,5	188,4	−26
C_2H_3Cl	Chloräthen	−105,6	−83,7	−53,2	−13,8	−153,7
$C_2H_3ClO_2$	Chloressigsäure	43,0	81,0	130,7	189,5	61,2
$C_2H_3Cl_3$	1,1,1-Trichloräthan	−52,0	−21,9	20,0	74,1	−30,6
$C_2H_3Cl_3$	1,1,2-Trichloräthan	−24,0	+8,3	55,7	113,9	−36,7
$C_2H_3Cl_3O_2$	Trichloracetaldehyd-hydrat	−9,8	19,5	55,0	96,2	51,7
C_2H_3F	Fluoräthen	−149,3	−132,2	−106,2	−72,2	−160,5
C_2H_3N	Acetonitril	−47,0	−16,3	26,8	82,0	−41
C_2H_3NS	Methylthiocyanat	−14,0	21,6	70,4	132,9	−51
C_2H_4	Äthen	−168,3	−153,2	−131,8	−103,9	−169
C_2H_4BrCl	1-Brom-1-chlor-äthan	−36,0	−9,4	28,0	82,7	16,6
C_2H_4BrCl	1-Brom-2-chlor-äthan	−28,8	+4,1	49,5	106,7	−16,6
$C_2H_4Br_2$	1,2-Dibromäthan	−27,0	18,6	70,4	131,5	10

$C_2H_4Cl_2$	1,1-Dichloräthan	−60,7	−32,3	+7,2	57,4	−96,7
$C_2H_4Cl_2$	1,2-Dichloräthan	−44,5	−13,6	29,4	82,4	−35,3
$C_2H_4F_2$	1,1-Difluoräthan	−112,5	−91,7	−63,2	−26,5	−117
C_2H_4O	Acetaldehyd	−81,5	−56,8	−22,6	20,2	−123,5
C_2H_4O	Äthylenoxid	−89,7	−65,7	−32,1	+10,7	−111,3
$C_2H_4O_2$	Ameisensäuremethylester	−74,2	−48,6	−12,9	32,0	−99,8
$C_2H_4O_2$	Essigsäure	−17,2	−17,5	63,0	118,1	16,7
C_2H_5Br	Bromäthan	−74,3	−47,5	−10,0	38,4	−117,8
C_2H_5Cl [1]	Chloräthan	−89,8	−65,8	−32,0	+12,3	−139
C_2H_5ClO	2-Chlor-äthanol-(1)	−4,0	30,3	75,0	128,8	−69
$C_2H_5Cl_3OSi$	Siliciumäthoxytrichlorid	−32,4	0,0	45,2	102,4	—
$C_2H_5Cl_3Si$	Siliciumäthyltrichlorid	—	−10,9	37,5	99,8	−40
C_2H_5F	Fluoräthan	−117,0	−97,7	−69,3	−32,0	—
$C_2H_5F_3Si$	Siliciumäthyltrifluorid	−95,4	−73,7	−43,6	−5,4	—
C_2H_5J	Jodäthan	−54,4	−24,3	18,0	72,4	−105
C_2H_5NO	Acetaldehyd-oxim	−5,8	25,8	66,2	115,0	47
C_2H_5NO	Acetamid	65,0	105,0	158,0	222,0	81
$C_2H_5NO_2$	Nitroäthan	−21,0	12,5	57,8	114,0	−90
C_2H_6	Äthan	−159,5	−142,9	−119,3	−88,6	−183,21
$C_2H_6Cl_2Si$	Siliciumdimethyldichlorid	−53,5	−23,8	17,5	70,3	−86,0
C_2H_6O	Äthanol	−31,3	−2,3	34,9	78,4	−112
C_2H_6O	Dimethyläther	−115,7	−93,3	−62,7	−23,7	−138,5
$C_2H_6O_2$	Äthandiol-(1,2)	53,0	92,1	141,8	197,3	−15,6
C_2H_6S	Äthylmercaptan	−76,7	−50,2	−13,0	35,0	−121
C_2H_6S	Dimethylsulfid	−75,6	−49,2	−12,0	36,0	−83,2
C_2H_7N	Äthylamin	−82,3	−58,3	−25,1	16,6	−80,6
C_2H_7N	Dimethylamin	−87,7	−64,6	−32,6	+7,4	−96
$C_2H_8N_2$	Äthylendiamin	−11,0	21,5	62,5	117,2	8,5
C_2H_8Si	Siliciumdimethyldihydrid	−115,0	−93,1	−61,4	−20,1	—
$C_2H_{10}B_2$	Dimethyldiboran	−106,5	−82,1	−47,0	−2,6	−150,2
$C_2H_{11}NSi_2$	2-Äthyl-disilazan	−62,0	−32,2	+10,4	65,9	−127
C_2N_2	Dicyan	−95,8	−76,8	−51,8	−21,0	−34,4

[1] S. a. Tabelle 6324 (Kältemittel).

Verbindung		Temperatur in °C bei p in Torr				Tripel- oder Schmelzpunkt °C
Formel	Name	1	10	100	760	
C_3H_3N	Acrylsäurenitril	−51,0	−21,5	23,0	78,0	−82
C_3H_4	Propadien	−120,6	−101,0	−71,5	−35,0	−136
C_3H_4	Propin	−111,0	−90,5	−61,3	−23,3	−102,7
$C_3H_4Br_2$	2,3-Dibrom-propen	−6,0	30,0	79,5	141,2	—
$C_3H_4Cl_2O_2$	Dichloressigsäuremethylester	3,2	38,1	85,4	143,0	—
C_3H_4O	Acrolein	−64,5	−36,7	+2,5	52,5	−87,7
$C_3H_4O_2$	Acrylsäure	3,5	39,0	86,1	141,0	14
$C_3H_4O_3$	Brenztraubensäure	21,4	57,9	106,5	165,0	13,6
$C_3H_5Br_3$	1,2,3-Tribrom-propan	47,5	90,0	148,0	220,0	16,5
C_3H_5Cl	1-Chlor-propen-(1)	−81,3	−54,1	−15,1	37,0	−99,0
C_3H_5Cl	3-Chlor-propen-(1)	−70,0	−42,9	−4,5	44,6	−136,4
C_3H_5ClO	3-Chlor-1,2-epoxy-propan	−16,5	16,6	62,0	117,9	−25,6
$C_3H_5ClO_2$	Chloressigsäure-methylester	−2,9	30,0	73,5	130,3	−31,9
$C_3H_5Cl_3$	1,1,1-Trichlor-propan	−28,8	+4,2	50,0	108,2	−77,7
$C_3H_5Cl_3$	1,2,3-Trichlor-propan	+9,0	46,0	96,1	158,0	−14,7
$C_3H_5Cl_3Si$	Siliciumallyltrichlorid	−20,7	13,2	59,3	118,0	—
C_3H_5N	Propionsäurenitril	−35,0	−3,0	40,6	97,1	−91,9
C_3H_5NO	3-Hydroxypropionsäurenitril	58,7	102,0	157,7	221,0	—
C_3H_5NS	Äthylisothiocyanat	−13,2	22,8	71,9	131,0	−5,9
$C_3H_5N_3O_9$	Glycerintrinitrat	127	188	—	—	11
C_3H_6	Cyclopropan	−121,3	−100,2	−71,8	−33,5	−126,6
C_3H_6	Propen	−131,9	−112,1	−84,1	−47,7	−185
C_3H_6BrNO	2-Brom-2-nitroso-propan	−33,5	−4,3	35,2	83,0	—
$C_3H_6Br_2$	1,2-Dibrom-propan	−7,0	29,4	78,7	141,6	−55,5
$C_3H_6Br_2$	1,3-Dibrom-propan	+9,7	48,0	111,3	167,5	−34,4
$C_3H_6Br_2O$	2,3-Dibrom-propanol-(1)	57,0	98,2	153,0	219,0	—
$C_3H_6Cl_2$	1,2-Dichlor-propan	−38.5	−6,1	39,4	96,8	—
$C_3H_6Cl_2O$	1,3-Dichlor-propanol-(2)	28,0	64,7	114,8	174,3	—

C_3H_6O	Aceton	−59,4	−31,1	+7,7	56,5	−94,6
C_3H_6O	Allylalkohol	−20,0	10,5	50,0	96,6	−129
C_3H_6O	1,2-Propylenoxid	−75,0	−49,0	−12,0	34,5	−112,1
$C_3H_6O_2$	Ameisensäureäthylester	−60,5	−33,0	+5,4	54,3	−79
$C_3H_6O_2$	Essigsäuremethylester	−57,2	−29,3	+9,4	57,8	−98,7
$C_3H_6O_2$	Propionsäure	4,6	39,7	85,1	141,1	−22
$C_3H_6O_3$	Glykolsäuremethylester	+9,6	45,3	93,7	151,5	—
$C_3H_6O_3$	Methoxyessigsäure	52,5	92,0	144,5	204,0	—
C_3H_6S	Trimethylensulfid	—	—	37,2	95,0	−73,3
C_3H_7Br	1-Brompropan	−53,0	−23,3	18,0	71,0	−109,9
C_3H_7Br	2-Brompropan	−61,8	−32,8	+8,0	60,0	−89,0
C_3H_7Cl	1-Chlorpropan	−68,3	−41,0	−2,5	46,4	−122,8
C_3H_7Cl	2-Chlorpropan	−78,8	−52,0	−13,7	36,5	−117
$C_3H_7Cl_3Si$	Siliciumisopropyltrichlorid	−24,3	+9,9	57,8	118,5	—
C_3H_7J	1-Jodpropan	−36,0	−2,4	43,8	102,5	−98,8
C_3H_7J	2-Jodpropan	−43,3	−11,7	32,8	89,5	−90
C_3H_7NO	Propionsäureamid	65,0	105,0	156,0	213,0	79
$C_3H_7NO_2$	Carbamidsäureäthylester	—	77,8	126,2	184,0	49
$C_3H_7NO_2$	1-Nitropropan	−9,6	25,3	72,3	131,6	−108
$C_3H_7NO_2$	2-Nitropropan	−18,8	15,8	62,0	120,3	−93
C_3H_8	Propan	−128,9	−108,5	−79,6	−42,1	−187,1
$C_3H_8Cl_2OSi$	Dichloräthoxymethylsilan	−33,8	−1,3	44,1	100,6	—
C_3H_8O	Methyläthyläther	−91,0	−67,8	−34,8	+7,5	—
C_3H_8O	Propanol-(1)	−15,0	14,7	52,8	97,8	−127
C_3H_8O	Propanol-(2)	−26,1	+2,4	39,5	82,5	−85,8
$C_3H_8O_2$	Glykolmonomethyläther	−13,5	22,0	68,0	124,4	—
$C_3H_8O_2$	Propandiol-(1,2)	45,5	83,2	132,0	188,2	—
$C_3H_8O_2$	Propandiol-(1,3)	59,4	100,6	153,4	214,2	—
$C_3H_8O_3$	Glycerin	125,5	167,2	220,1	290,0	17,9
C_3H_8S	Propanthiol-(1)	−54,0	−26,3	15,3	67,4	−112
C_3H_9ClSi	Siliciumtrimethylchlorid	−62,8	−34,0	+6,0	57,9	—
C_3H_9Ga	Gallium-trimethyl	−62,3	−31,7	+8,0	55,6	−19

Verbindung		Temperatur in °C bei p in Torr				Tripel- oder Schmelzpunkt °C
Formel	Name	1	10	100	760	
C_3H_9N	Propylamin	−64,4	−37,2	+0,5	48,5	—
C_3H_9N	Trimethylamin	−97,1	−73,8	−40,2	+2,9	—
C_3S_2	Kohlensubsulfid	14,0	54,9	109,9	—	+0,4
$C_4Cl_6O_3$	Trichloressigsäureanhydrid	56,2	99,6	155,2	223,0	—
C_4H_2	Butadiin-(1,3)	−82,5	−61,2	−34,0	+9,7	−34,9
$C_4H_2O_3$	Maleinsäureanhydrid	44,0	79,8	135,8	202,0	58
$C_4H_3NO_2S$	2-Nitrothiophen	48,2	92,0	151,5	224,5	46
C_4H_4	Buten-(1)-in-(3)	−93,2	−70,0	−37,1	+5,3	—
$C_4H_4Cl_2O_2$	Bernsteinsäuredichlorid	39,0	78,0	130,0	192,5	17
$C_4H_4Cl_2O_3$	Chloressigsäureanhydrid	67,2	108,0	159,8	217,0	46
$C_4H_4O_3$	Bernsteinsäureanhydrid	92,0	128,2	189,0	261,0	119,6
$C_4H_4O_4$	Glykolid	—	116,6	173,2	240,0	97
C_4H_4S	Thiophen	−40,7	−10,9	30,5	84,4	−38,3
C_4H_4Se	Selenophen	−39,0	−4,0	+47,0	+105,3	—
$C_4H_5Cl_3O_2$	Trichloressigsäure-äthylester	20,7	57,7	107,4	167,0	—
C_4H_5N	cis-Crotonsäurenitril	−29,0	+4,0	50,1	108,0	—
C_4H_5N	trans-Crotonsäurenitril	−19,5	15,0	62,8	122,8	—
C_4H_5N	Methacrylsäurenitril	−44,5	−12,5	32,8	90,3	—
$C_4H_5NO_2$	Succinimid	115,0	157,0	217,4	287,5	125,5
C_4H_5NS	Allylisothiocyanat	−2,0	38,3	89,5	150,7	−80
C_4H_6	Butadien-(1,2)	−93,0	−68,7	−34,8	10,6	—
C_4H_6	Butadien-(1,3)	−102,8	−79,7	−46,8	−4,5	−108,9
C_4H_6	Butin-(1)	−93,1	−68,7	−33,9	+8,7	−130
C_4H_6	Butin-(2)	−73,0	−50,5	−18,8	27,2	−32,5
C_4H_6	Cyclobuten	−99,1	−75,4	−41,2	+2,4	—
$C_4H_6Cl_2O_2$	Chloressigsäure-[β-chlor-äthyl]-ester	46,0	86,0	140,0	205,0	—
$C_4H_6Cl_2O_2$	Dichloressigsäureäthylester	9,6	46,3	96,1	156,5	—

$C_4H_6O_2$	Acrylsäuremethylester	−43,7	−13,5	28,0	80,2	—
$C_4H_6O_2$	cis-Crotonsäure	33,5	69,0	116,3	171,9	15,5
$C_4H_6O_2$	trans-Crotonsäure	—	80,0	128,0	185,0	72
$C_4H_6O_2$	Essigsäurevinylester	−48,0	−18,0	23,3	72,5	—
$C_4H_6O_2$	Methacrylsäure	25,5	60,0	106,6	161,0	15
$C_4H_6O_3$	Essigsäureanhydrid	1,7	36,0	82,2	139,6	−73
$C_4H_6O_4$	Oxalsäuredimethylester	20,0	56,0	104,8	163,3	—
C_4H_7Br	cis-1-Brom-buten-(1)	−44,0	−12,8	30,8	86,2	—
C_4H_7Br	trans-1-Brom-buten-(1)	−38,4	−6,4	38,1	94,7	−100,3
C_4H_7Br	2-Brom-buten-(1)	−47,3	−16,8	26,3	81,0	−133,4
C_4H_7Br	cis-2-Brom-buten-(2)	−39,0	−7,2	37,5	93,9	−111,2
C_4H_7Br	trans-2-Brom-buten-(2)	−45,0	−13,8	29,9	85,5	−114,6
C_4H_7BrO	1-Brom-butanon-(2)	+6,2	41,8	89,2	147,0	—
$C_4H_7Br_3$	1,1,2-Tribrom-butan	45,0	87,8	146,0	216,2	—
$C_4H_7Br_3$	1,2,2-Tribrom-butan	41,0	83,2	141,8	213,8	—
$C_4H_7Br_3$	2,2,3-Tribrom-butan	38,2	79,8	136,3	206,5	—
$C_4H_7ClO_2$	Chloressigsäure-äthylester	+1,0	37,5	86,0	144,2	−26
$C_4H_7Cl_3$	1,2,3-Trichlor-butan	+0,5	40,0	96,2	169,0	—
C_4H_8	Buten-(1)	−104,8	−81,6	−48,9	−6,3	−130
C_4H_8	cis-Buten-(2)	−96,4	−73,4	−39,8	+3,7	−138,9
C_4H_8	trans-Buten-(2)	−99,4	−76,3	−42,7	+0,9	−105,4
C_4H_8	Cyclobutan	−92,0	−67,9	−32,8	+12,9	−50
C_4H_8	Methylcyclopropan	−96,0	−72,8	−39,3	+4,5	—
C_4H_8	2-Methyl-propen	−105,1	−81,9	−49,3	−6,9	−140,3
C_4H_8BrClO	[2-Brom-äthyl]-[2-chlor-äthyl]-äther	36,5	76,3	129,8	195,8	—
$C_4H_8Br_2$	1,2-Dibrom-butan	+7,5	46,1	99,8	166,3	−64,5
$C_4H_8Br_2$	dl-2,3-Dibrom-butan	+5,0	41,6	95,3	160,5	—
$C_4H_8Br_2$	meso-2,3-Dibrom-butan	+1,5	39,3	91,7	157,3	−34,5
$C_4H_8Br_2$	1,4-Dibrom-butan	32,0	72,4	128,7	197,5	−20
$C_4H_8Br_2$	1,2-Dibrom-2-methyl-propan	−28,8	+10,5	68,8	149,0	−70,3
$C_4H_8Br_2$	1,3-Dibrom-2-methyl-propan	14,0	53,0	107,4	174,6	—
$C_4H_8Br_2O$	Bis-[2-brom-äthyl]-äther	47,7	88,5	144,0	212,5	—

Verbindung		Temperatur in °C bei p in Torr				Tripel- oder Schmelzpunkt °C
Formel	Name	1	10	100	760	
$C_4H_8Cl_2$	1,2-Dichlor-butan	−23,6	+11,5	60,2	123,5	—
$C_4H_8Cl_2$	2,3-Dichlor-butan	−25,2	+8,5	56,0	116,0	−80,4
$C_4H_8Cl_2$	1,1-Dichlor-2-methyl-propan	−31,0	+2,6	50,0	105,0	—
$C_4H_8Cl_2$	1,2-Dichlor-2-methyl-propan	−25,8	+6,7	51,7	108,0	—
$C_4H_8Cl_2$	1,3-Dichlor-2-methyl-propan	−3,0	32,0	78,8	135,0	—
$C_4H_8Cl_2O$	Bis-[2-chlor-äthyl]-äther	23,5	62,0	114,5	178,3	—
C_4H_8O	Butanon-(2)	−48,3	−17,7	25,0	79,6	−85,9
C_4H_8O	1,2-Epoxy-2-methyl-propan	−69,0	−40,3	+1,2	55,5	—
$C_4H_8O_2$	Ameisensäurepropylester	−43,0	−12,6	29,5	81,3	−92,9
$C_4H_8O_2$	Ameisensäure-isopropylester	−52,0	−22,7	17,8	68,3	—
$C_4H_8O_2$	Buttersäure	25,5	61,5	108,0	163,5	−4,7
$C_4H_8O_2$	1,4-Dioxan	−35,8	−1,2	45,1	101,1	10
$C_4H_8O_2$	Essigsäureäthylester	−43,4	−13,5	27,0	77,1	−82,4
$C_4H_8O_2$	Isobuttersäure	14,7	51,2	98,0	154,5	−47
$C_4H_8O_2$	Propionsäure-methylester	−42,0	−11,8	29,0	79,8	−87,5
$C_4H_8O_3$	Glykolsäure-äthylester	14,3	50,5	99,8	158,2	—
$C_4H_8O_3$	α-Hydroxyisobuttersäure	73,5	110,5	157,7	212,0	79
$C_4H_8O_3$	Perbuttersäure	−4,1	30,2	74,7	126,2	—
C_4H_8S	Tetrahydrothiophen	—	—	61,4	121,1	−96,2
C_4H_9Br	1-Brom-butan	−33,0	−0,3	44,7	101,6	−112,4
C_4H_9BrO	1-Brom-butanol-(2)	23,7	55,8	97,6	145,0	—
C_4H_9Cl	1-Chlor-butan	−49,0	−18,6	24,0	77,8	−123,1
C_4H_9Cl	1-Chlor-2-methyl-propan	−53,8	−24,5	16,0	68,9	−131,2
C_4H_9Cl	2-Chlor-2-methyl-propan	—	—	−1,0	51,0	−26,5
C_4H_9J	1-Jod-2-methyl-propan	−17,0	17,0	63,5	120,4	−90,7
$C_4H_{10}Cl_2Si$	Siliciumdiäthyldichlorid	−9,2	+25,4	+71,8	130,4	—
$C_4H_{10}F_2Si$	Siliciumdiäthyldifluorid	−56,8	−28,8	+9,8	+58,0	—
$C_4H_{10}O$	Butanol-(1)	−1,2	30,2	70,1	117,5	−79,9

$C_4H_{10}O$	Butanol-(2)	−12,2	16,9	54,1	99,5	−114,7
$C_4H_{10}O$	Diäthyläther	−74,3	−48,0	−11,5	34,6	−116,3
$C_4H_{10}O$	2-Methyl-propanol-(1)	−9,0	21,7	61,5	108,0	−108
$C_4H_{10}O$	2-Methyl-propanol-(2)	−20,4	+5,5	39,8	82,9	25,3
$C_4H_{10}O$	Methylpropyläther	−72,2	−45,4	−8,1	39,1	—
$C_4H_{10}O_2$	Butandiol-(1,3)	22,2	85,3	141,2	206,5	77
$C_4H_{10}O_2$	Butandiol-(2,3)	44,0	80,3	127,8	182,0	22,5
$C_4H_{10}O_2$	1,2-Dimethoxyäthan	−48,0	−15,3	31,8	93,0	—
$C_4H_{10}O_3$	Butantriol-(1,2,3)	102,0	146,0	202,5	264,0	—
$C_4H_{10}O_3$	Diglykol	91,8	133,8	187,5	244,8	—
$C_4H_{10}O_3S$	Diäthylsulfit	10,0	46,4	96,3	159,0	—
$C_4H_{10}O_4S$	Diäthylsulfat	47,0	87,7	142,5	209,5	−25,0
$C_4H_{10}S$	Diäthylsulfid	−39,6	−8,0	35,0	88,0	−104,0
$C_4H_{10}Zn$	Zinkdiäthyl	−22,4	+11,7	+59,1	118,0	—
$C_4H_{11}N$	Diäthylamin	—	−33,0	+6,0	55,5	—
$C_4H_{11}N$	Isobutylamin	−50,0	−21,0	+18,8	68,6	—
$C_4H_{12}Pb$	Bleitetramethyl	−29,0	+4,4	50,8	110,0	—
$C_4H_{12}Si$	Siliciumtetramethyl	−83,8	−58,0	−20,9	+27,0	—
$C_4H_{12}Sn$	Zinntetramethyl	−51,3	−20,6	+23,2	+78,0	—
$C_4H_{14}B_2$	Tetramethyldiboran	−59,6	−27,4	+15,3	+68,5	—
$C_5H_4O_3$	Citraconsäureanhydrid	47,1	88,9	145,4	213,5	—
C_5H_5N	Pyridin	−18,9	+13,2	+57,8	115,4	—
$C_5H_6O_2$	Furfurylalkohol	31,8	68,0	115,9	170,0	—
$C_5H_6O_3$	Methylbernsteinsäureanhydrid	69,7	114,2	173,8	247,4	—
$C_5H_6O_3$	Glutarsäure-anhydrid	100,8	149,5	212,5	287,0	—
C_5H_6S	2-Methyl-thiophen	−27,4	6,0	53,1	112,5	−63,5
C_5H_6S	3-Methyl-thiophen	−24,5	9,1	55,8	115,4	−68,9
C_5H_8	Cyclopenten	—	−45,7	−5,7	44,4	—
C_5H_8	2-Methyl-butadien-(1,3)	−79,8	−53,3	−16,0	32,6	−146,7
C_5H_8	trans-Pentadien-(1,3)	−71,8	−45,0	−6,7	42,1	—
C_5H_8	Pentadien-(1,4)	−83,5	−57,1	−20,6	26,1	—

Verbindung		Temperatur in °C bei p in Torr				Tripel- oder Schmelzpunkt °C
Formel	Name	1	10	100	760	
C_5H_8O	Tiglinaldehyd	−25,0	10,0	57,7	116,4	—
$C_5H_8O_2$	Acrylsäure-äthylester	−29,5	2,0	44,5	99,5	−71,2
$C_5H_8O_2$	α-Äthylacrylsäure	47,0	82,0	127,5	179,2	—
$C_5H_8O_2$	Lävulinaldehyd	28,1	68,0	121,8	187,0	—
$C_5H_8O_2$	Methacrylsäure-methylester	−30,8	1,5	45,6	101,2	—
$C_5H_8O_2$	Tiglinsäure	52,0	90,2	140,5	198,5	64,5
$C_5H_8O_2$	γ-Valerolacton	37,5	79,8	136,5	207,5	—
$C_5H_8O_3$	Lävulinsäure	102,0	141,8	190,2	245,8	33,5
$C_5H_8O_4$	Glutarsäure	155,5	196,0	247,0	303,0	97,5
$C_5H_8O_4$	Malonsäuredimethylester	35,0	72,0	121,9	180,7	−62
$C_5H_9ClO_2$	Chloressigsäure-isopropylester	+3,8	40,2	90,3	148,6	—
C_5H_9N	Valeriansäurenitril	−6,0	+30,0	78,6	140,8	—
C_5H_{10}	Cyclopentan	−68,0	−40,4	−1,3	49,3	−93,7
C_5H_{10}	2-Methyl-buten-(1)	−89,1	−64,3	−28,0	20,2	−135
C_5H_{10}	2-Methyl-buten-(2)	−75,4	−47,9	−9,9	38,5	−124
C_5H_{10}	Penten-(1)	−80,4	−54,5	−17,7	30,1	—
$C_5H_{10}Cl_2O$	β-Chloräthyl-β-chlorpropyläther	29,8	70,0	125,6	194,1	—
$C_5H_{10}Cl_2O$	β-Chloräthyl-β-chlorisopropyläther	24,7	63,0	115,8	180,0	—
$C_5H_{10}Cl_2O_2$	Bis-[2-chlor-äthoxy]-methan	53,0	94,0	149,6	215,0	—
$C_5H_{10}O$	3-Methyl-butanon-(2)	−19,9	8,3	45,5	88,9	−92
$C_5H_{10}O$	Pentanon-(2)	−12,0	17,9	56,8	103,3	−77,8
$C_5H_{10}O$	Pentanon-(3)	−12,7	17,2	56,2	102,7	−42
$C_5H_{10}O_2$	Ameisensäure-butylester	−26,4	6,1	51,0	106,0	—
$C_5H_{10}O_2$	Ameisensäure- sec. butylester	−34,4	−3,1	40,2	93,6	—
$C_5H_{10}O_2$	Ameisensäure-isobutylester	−32,7	−0,8	43,4	98,2	−95,3
$C_5H_{10}O_2$	Buttersäure-methylester	−26,8	5,0	48,0	102,3	—
$C_5H_{10}O_2$	Essigsäure-isopropylester	−38,3	−7,2	35,7	89,0	—
$C_5H_{10}O_2$	Essigsäure-propylester	−26,7	5,0	47,8	101,8	−92,5

$C_5H_{10}O_2$	4-Hydroxy-3-methyl-butanon-(2)	44,6	81,0	129,0	185,0	—
$C_5H_{10}O_2$	Isobuttersäure-methylester	−34,1	−2,9	39,6	92,6	−84,7
$C_5H_{10}O_2$	Isovaleriansäure	34,5	71,3	118,9	175,1	−37,6
$C_5H_{10}O_2$	Valeriansäure	42,2	79,8	128,3	184,4	−34,5
$C_5H_{10}O_3$	Kohlensäurediäthylester	−10,1	23,8	69,7	125,8	—
$C_5H_{11}Br$	1-Brom-3-methyl-butan	−20,4	13,6	60,4	120,4	—
$C_5H_{11}N$	Piperidin	—	+3,9	49,0	106,0	−9
$C_5H_{11}NO_3$	Isoamylnitrat	+5,2	40,3	88,6	147,5	—
C_5H_{12}	2,2-Dimethyl-propan	−102,0	−76,7	−39,1	+9,5	−16,6
C_5H_{12}	2-Methyl-butan	−82,9	−57,0	−20,2	27,8	−159,7
C_5H_{12}	Pentan	−76,6	−50,1	−12,6	36,1	−129,7
$C_5H_{12}O$	Äthylpropyläther	−64,3	−35,0	6,8	61,7	—
$C_5H_{12}O$	2-Methyl-butanol-(2)	−12,9	17,2	55,3	101,7	−11,9
$C_5H_{12}O$	3-Methyl-butanol-(1)	10,0	40,8	80,7	130,6	−117,2
$C_5H_{12}O$	Pentanol-(1)	13,6	44,9	85,8	137,8	—
$C_5H_{12}O$	Pentanol-(2)	1,5	32,2	70,7	119,7	—
$C_5H_{12}O_3$	Pentantriol-(2,3,4)	155,0	204,5	263,5	327,2	—
$C_5H_{14}OSi$	Siliciumäthoxytrimethyl	−50,9	−20,7	22,1	75,7	—
$C_5H_{14}Si$	Siliciumtrimethyläthyl	−60,6	−31,8	+9,2	62,0	—
$C_5H_{14}Sn$	Zinntrimethyläthyl	−30,0	+3,8	50,0	108,8	—
C_6Cl_6	Hexachlorbenzol	114,4	166,4	235,5	309,4	—
C_6HCl_5	Pentachlorbenzol	98,6	144,3	205,5	276,0	85,5
C_6HCl_5O	Pentachlor-phenol	f.	f.	239,6	309,3	188,5
$C_6H_2Cl_4$	1,2,3,4-Tetrachlor-benzol	68,5	114,7	175,7	254,0	46,5
$C_6H_2Cl_4$	1,2,3,5-Tetrachlor-benzol	58,2	104,1	168,0	246,0	54,5
$C_6H_2Cl_4$	1,2,4,5-Tetrachlor-benzol	—	—	173,5	245,0	139
$C_6H_2Cl_4O$	2,3,4,6-Tetrachlor-phenol	100,0	145,3	205,2	275,0	69,5
$C_6H_3Cl_3$	1,2,3-Trichlor-benzol	40,0	85,6	146,0	218,5	52,5
$C_6H_3Cl_3$	1,2,4-Trichlor-benzol	38,4	81,7	140,0	213,0	17
$C_6H_3Cl_3$	1,3,5-Trichlor-benzol	—	78,0	136,0	208,4	63,5
$C_6H_3Cl_3O$	2,4,5-Trichlor-phenol	72,0	117,3	178,0	251,8	62

Verbindung		Temperatur in °C bei p in Torr				Tripel- oder Schmelzpunkt °C
Formel	Name	1	10	100	760	
$C_6H_3Cl_3O$	2,4,6-Trichlor-phenol	76,5	120,2	177,8	246,0	68,5
C_6H_4BrCl	1-Brom-4-chlor-benzol	40,3	72,7	128,0	196,9	—
$C_6H_4Br_2$	1,4-Dibrom-benzol	61,0	87,7	146,5	218,6	87,5
$C_6H_4Cl_2$	1,2-Dichlor-benzol	20,0	59,1	112,9	179,0	−17,6
$C_6H_4Cl_2$	1,3-Dichlor-benzol	12,1	52,0	105,0	173,0	−24,2
$C_6H_4Cl_2$	1,4-Dichlor-benzol	29	54,8	108,4	173,9	53,0
$C_6H_4Cl_2O$	2,4-Dichlor-phenol	53,0	92,8	146,0	210,0	45,0
$C_6H_4Cl_2O$	2,6-Dichlor-phenol	59,5	101,0	154,6	220,0	—
$C_6H_4Cl_3N$	2,4,6-Trichlor-anilin	134,0	170,0	214,6	262,0	78
$C_6H_5AsCl_2$	Phenylarsin-dichlorid	61,8	116,0	178,9	256,5	—
C_6H_5Br	Brombenzol	+2,9	40,0	90,8	156,2	−30,7
C_6H_5Cl	Chlorbenzol	−13,0	22,2	70,7	132,2	−45,2
C_6H_5ClO	2-Chlor-phenol	12,1	51,2	106,0	174,5	7
C_6H_5ClO	3-Chlor-phenol	44,2	86,1	143,0	214,0	32,5
C_6H_5ClO	4-Chlor-phenol	49,8	92,2	150,0	220,0	42
$C_6H_5ClO_2S$	Benzolsulfosäurechlorid	65,2	112,0	174,5	251,5	14,5
$C_6H_5Cl_3Si$	Siliciumphenyltrichlorid	33,0	74,2	130,5	201,0	—
C_6H_5F	Fluorbenzol	−43,4	−12,4	30,4	84,7	−42,1
$C_6H_5F_3Si$	Siliciumphenyltrifluorid	−31,0	+0,8	44,2	98,3	—
C_6H_5J	Jodbenzol	24,1	64,0	118,3	188,6	−28,5
$C_6H_5NO_2$	Nitrobenzol	44,4	84,9	139,9	210,6	+5,7
$C_6H_5NO_3$	2-Nitrophenol	49,3	90,4	146,4	214,5	45
C_6H_6	Benzol	−36,7	−11,5	26,1	80,1	+5,5
C_6H_6	Divinylacetylen	−45,1	−14,0	29,5	84,0	—
C_6H_6O	Phenol	40,1	73,8	121,4	181,9	40,6
$C_6H_6O_2$	1,2-Dihydroxy-benzol	—	118,3	176,0	245,5	105
$C_6H_6O_2$	1,3-Dihydroxy-benzol	108,4	152,1	209,8	276,5	110,7
$C_6H_6O_2$	1,4-Dihydroxy-benzol	132,4	163,5	216,5	286,2	170,3

$C_6H_6O_3$	Pyrogallol	99,1	167,7	232,0	309,0	133
C_6H_6S	Thiophenol	18,6	56,0	106,6	168,0	—
C_6H_7N	Anilin	+34,8	69,4	119,9	184,4	—
$C_6H_8O_3$	α,α-Dimethylbernsteinsäureanhydrid	61,4	102,0	155,3	219,5	—
$C_6H_8O_3$	α-Methylglutarsäure-anhydrid	93,8	141,8	205,0	282,5	—
$C_6H_8O_4$	Fumarsäure-dimethylester	44,7	85,3	137,8	198,6	—
$C_6H_8O_4$	Maleinsäure-dimethylester	45,7	86,4	140,3	205,0	—
$C_6H_{10}Cl_2O_2$	Dichloressigsäure-isobutylester	28,6	67,5	119,8	183,0	—
$C_6H_{10}O$	Cyclohexanon	1,4	38,7	90,4	155,6	−45,0
$C_6H_{10}O$	Mesityloxid	—	23,6	70,1	129,6	−59
$C_6H_{10}O_3$	Lävulinsäure-methylester	39,8	79,7	133,0	197,7	—
$C_6H_{10}O_3$	Propionsäureanhydrid	20,6	57,2	107,2	167,0	−45
$C_6H_{10}O_4$	Adipinsäure	159,5	205,5	265,0	337,5	152
$C_6H_{10}O_4$	Glykoldiacetat	30,0	70,1	128,0	190,5	−31
$C_6H_{10}O_4$	Oxalsäurediäthylester	47,4	83,8	115,6	183,9	—
$C_6H_{10}O_6$	DL-Weinsäure-dimethylester	100,4	147,5	209,5	282,0	89
$C_6H_{10}O_6$	L(+)-Weinsäure-dimethylester	102,1	148,2	208,8	280,0	61,5
$C_6H_{10}S$	Diallylsulfid	−9,5	26,6	75,8	138,6	−83
$C_6H_{11}ClO_2$	Chloressigsäure-sec. butylester	17,0	54,6	105,5	167,8	—
$C_6H_{11}N$	Capronsäurenitril	+9,2	47,5	99,8	163,7	—
C_6H_{12}	Cyclohexan	−45,3	−18,9	25,5	80,7	+6,6
C_6H_{12}	Hexen-(1)	−57,5	−28,1	13,0	66,0	−98,5
C_6H_{12}	Methylcyclopentan	−52,7	−23,7	17,9	71,8	−142,4
$C_6H_{12}O$	Allylisopropyläther	−43,7	−12,9	29,0	79,5	—
$C_6H_{12}O$	Allylpropyläther	−39,0	−7,9	35,8	90,5	—
$C_6H_{12}O$	Cyclohexanol	21,0	56,0	103,7	161,0	23,9
$C_6H_{12}O$	Hexanon-(2)	7,7	38,8	79,8	127,5	−56,9
$C_6H_{12}O$	4-Methyl-pentanon-(2)	—	13,0	57,2	116,2	—
$C_6H_{12}O_2$	Capronsäure	71,4	99,5	144,0	202,0	−1,5
$C_6H_{12}O_2$	Essigsäure-isobutylester	−21,2	12,8	59,7	118,0	−98,9
$C_6H_{12}O_2$	Isocapronsäure	66,2	94,0	141,4	207,7	−35
$C_6H_{12}O_2$	Isovaleriansäure-methylester	−19,2	14,0	59,8	116,7	—

Verbindung		Temperatur in °C bei p in Torr				Tripel- oder Schmelzpunkt °C
Formel	Name	1	10	100	760	
$C_6H_{12}O_3$	Paraldehyd	−9,4	24,1	69,0	124,0	155±5
C_6H_{14}	2,2-Dimethyl-butan	−69,3	−41,5	−2,0	49,7	−99,8
C_6H_{14}	2,3-Dimethyl-butan	−63,6	−34,9	+5,4	58,0	−128,2
C_6H_{14}	Hexan	−53,9	−25,0	15,8	68,7	95,3
C_6H_{14}	2-Methyl-pentan	−60,9	−32,1	+8,1	60,3	−154
C_6H_{14}	3-Methyl-pentan	−59,0	−30,1	10,5	63,3	−118
$C_6H_{14}O$	Diisopropyläther	—	—	15,8	67,4	—
$C_6H_{14}O$	Dipropyläther	−43,3	−11,8	33,0	89,5	−122
$C_6H_{14}O$	Hexanol-(1)	24,4	58,2	102,8	157,0	−51,6
$C_6H_{14}O$	Hexanol-(2)	14,6	45,0	87,3	139,9	—
$C_6H_{14}O$	Hexanol-(3)	2,5	36,7	81,8	135,5	—
$C_6H_{14}O$	2-Methyl-pentanol-(1)	15,4	49,6	94,2	147,9	—
$C_6H_{14}O$	2-Methyl-pentanol-(2)	−4,5	27,6	69,2	121,1	−103
$C_6H_{14}O$	4-Methyl-pentanol-(2)	−0,3	33,3	78,0	131,7	—
$C_6H_{14}O_2$	1,1-Diäthoxy-äthan	−23,0	8,0	50,1	102,2	—
$C_6H_{14}O_2$	1,2-Diäthoxy-äthan	−33,5	1,6	51,8	119,5	—
$C_6H_{14}O_3$	Diglykolmonoäthyläther	45,3	85,8	140,3	201,9	—
$C_6H_{14}O_3$	Dipropylenglykol	73,8	116,2	169,9	231,8	—
$C_6H_{14}O_4$	Triglykol	111,5	152,9	204,2	(260,9)	—
$C_6H_{15}B$	Bortriäthyl	—	−148,0	−116,0	−56,2	—
$C_6H_{15}ClSi$	Siliciumtriäthylchlorid	−4,9	32,0	82,3	146,3	—
$C_6H_{15}O_4P$	Phosphorsäuretriäthylester	39,6	82,1	142,1	210,8	—
$C_6H_{15}Tl$	Thalliumtriäthyl	+9,3	51,7	112,1	192,1	−63,0
$C_6H_{16}O_2Si$	Silicium-diäthoxy-dimethyl	−19,1	13,3	57,6	113,5	—
$C_6H_{16}Si$	Siliciumtrimethylpropyl	−46,0	−13,9	31,6	90,0	—
$C_6H_{16}Sn$	Zinntrimethylpropyl	−12,0	21,8	69,8	131,7	—
$C_6H_{18}Cl_2O_2Si_3$	1,5-Dichlorhexamethyltrisiloxan	26,0	65,1	118,2	184,0	−53
$C_6H_{18}O_3Si_3$	Hexamethylcyclotrisiloxan	—	35,7	78,7	134,0	64

$C_7H_3Cl_2F_3$	3,4-Dichlor-α,α,α-trifluor-toluol	11,0	52,2	109,2	172,8	−12,1
$C_7H_4ClF_3$	2-Chlor-α,α,α-trifluor-toluol	0,0	37,1	88,3	152,2	−6,0
$C_7H_4Cl_4$	2-α,α,α-Tetrachlor-toluol	69,0	117,9	185,0	262,1	28,7
C_7H_5BrO	Benzoylbromid	47,0	89,8	147,7	218,5	0
C_7H_5ClO	Benzoylchlorid	32,1	73,0	128,0	197,2	−0,5
$C_7H_5Cl_3$	Benzotrichlorid	45,8	87,6	144,3	213,5	−21,2
$C_7H_5F_3$	Benzotrifluorid	−32,0	0,4	45,3	102,2	−29,3
C_7H_5N	Benzonitril	28,2	69,2	123,5	190,6	−12,9
C_7H_5N	Phenylisocyanid	12,0	49,7	101,0	165,0	—
C_7H_5NO	Phenylisocyanat	10,6	48,5	100,6	165,6	—
$C_7H_5NO_3$	2-Nitrobenzaldehyd	85,8	133,4	196,2	273,5	40,9
$C_7H_5NO_3$	3-Nitrobenzaldehyd	96,2	142,8	204,3	278,3	58
C_7H_5NS	Phenylisothiocyanat	47,2	89,8	147,7	218,5	−21,0
$C_7H_6Cl_2$	Benzalchlorid	35,4	78,7	138,3	214,0	−16,1
C_7H_6O	Benzaldehyd	26,2	62,0	112,5	179,0	−26
$C_7H_6O_2$	Benzoesäure	96,0	132,1	186,2	249,2	121,7
$C_7H_6O_2$	4-Hydroxy-benzaldehyd	121,2	169,7	233,5	310,0	115,5
$C_7H_6O_2$	Salicylaldehyd	33,0	73,8	129,4	196,5	−7
$C_7H_6O_3$	Salicylsäure	113,7	146,2	193,4	256,0	159
C_7H_7Br	Benzylbromid	32,2	73,4	129,8	198,5	−4
C_7H_7Br	2-Brom-toluol	24,4	62,3	112,0	181,8	−28
C_7H_7Br	3-Brom-toluol	14,8	64,0	117,8	183,7	−39,8
C_7H_7Br	4-Brom-toluol	10,3	61,1	116,4	184,5	28,5
C_7H_7Cl	Benzylchlorid	22,0	60,8	114,2	179,4	−39
C_7H_7Cl	2-Chlortoluol	5,4	43,2	94,7	159,3	—
C_7H_7Cl	3-Chlor-toluol	4,8	43,2	96,3	162,3	—
C_7H_7Cl	4-Chlor-toluol	5,5	43,8	96,6	162,3	+7,3
C_7H_7F	2-Fluortoluol	−24,2	8,9	55,3	194,0	−80
C_7H_7F	3-Fluortoluol	−22,4	11,0	57,5	116,0	−110,8
C_7H_7F	4-Fluor-toluol	−21,8	11,8	58,1	117,0	—
C_7H_7J	2-Jod-toluol	37,2	79,8	138,1	211,0	—
$C_7H_7NO_2$	2-Nitrotoluol	50,0	93,8	151,5	222,3	−4,1

Verbindung		Temperatur in °C bei p in Torr				Tripel- oder Schmelzpunkt °C
Formel	Name	1	10	100	760	
$C_7H_7NO_2$	3-Nitrotoluol	50,2	96,0	156,9	231,9	15,5
$C_7H_7NO_2$	4-Nitrotoluol	—	98,9	159,9	233,1	51,9
C_7H_8	Toluol	−26,7	+6,4	51,9	110,6	−95,0
$C_7H_8Cl_2Si$	Siliciumbenzyldichlorid	45,3	83,2	133,5	194,3	—
$C_7H_8Cl_2Si$	Siliciummethylphenyldichlorid	35,7	77,4	134,2	205,5	—
$C_7H_8Cl_2Si$	Silicium-4-tolyl-dichlorid	46,2	84,2	135,5	196,3	—
C_7H_8O	Anisol	5,4	42,2	93,0	155,5	−37,3
C_7H_8O	Benzylalkohol	58,0	92,6	141,7	204,7	−15,3
C_7H_8O	o-Kresol	38,2	76,7	124,4	190,8	30,8
C_7H_8O	m-Kresol	52,0	87,8	138,0	202,8	10,9
C_7H_8O	p-Kresol	53,0	88,6	140,0	201,8	35,5
$C_7H_8O_2$	3,5-Dimethyl-pyron-(2)	78,6	122,0	177,5	245,0	51,5
$C_7H_8O_2$	2-Methoxy-phenol	52,4	92,0	144,0	205,0	28,3
C_7H_9N	Benzylamin	29,0	67,7	120,0	184,5	—
C_7H_9N	N-Methylanilin	36,0	76,2	129,8	195,5	−57
C_7H_9N	o-Toluidin	44,0	81,4	133,0	199,7	−16,3
C_7H_9N	m-Toluidin	41,0	82,0	136,7	203,3	−31,5
C_7H_9N	p-Toluidin	42,0	81,8	133,7	200,4	44,5
$C_7H_{10}O_3$	Trimethylbernsteinsäureanhydrid	53,5	97,4	156,5	231,0	—
$C_7H_{10}O_4$	Citraconsäure-dimethylester	50,8	91,8	145,8	210,5	—
$C_7H_{10}O_4$	Itaconsäure-dimethylester	69,3	106,6	153,7	208,0	38
$C_7H_{10}O_4$	Mesaconsäure-trans-dimethylester	46,8	87,8	141,5	206,0	—
C_7H_{12}	1-Methyl-cyclohexen-(3)	−36,2	−1,3	54,3	96,9	—
$C_7H_{12}O_3$	Lävulinsäureäthylester	47,3	87,3	141,3	206,2	—
$C_7H_{12}O_4$	Malonsäurediäthylester	40,0	81,3	136,2	198,9	−49,8
$C_7H_{12}O_4$	Pimelinsäure	163,4	212,0	272,0	342,1	103
C_7H_{14}	Äthylcyclopentan	−31,2	−0,1	45,0	103,4	−138,6
C_7H_{14}	Hepten-(2)	−35,8	−3,5	41,3	98,5	—

C_7H_{14}	Methylcyclohexan	−34,9	−2,2	42,1	100,9	−126,4
C_7H_{14}	2-Methyl-hexen-(1)	—	−6,2	38,0	91,1	—
$C_7H_{14}O$	2,4-Dimethyl-pentanon-(3)	5,2	36,7	77,0	123,7	—
$C_7H_{14}O$	Heptanon-(2)	19,3	55,5	100,0	150,2	—
$C_7H_{14}O$	Heptanon-(4)	23,0	55,0	96,0	143,7	−32,6
$C_7H_{14}O$	Önanthaldehyd	12,0	43,0	84,0	155,0	−42
$C_7H_{14}O_2$	Buttersäure-propylester	−1,6	34,0	82,6	142,7	−95,2
$C_7H_{14}O_2$	Essigsäure-isoamylester	0,0	35,2	83,2	142,0	—
$C_7H_{14}O_2$	Isobuttersäure-isopropylester	−16,3	17,0	62,3	120,5	—
$C_7H_{14}O_2$	Isobuttersäure-propylester	−6,2	28,3	73,9	133,9	—
$C_7H_{14}O_2$	Önanthsäure	81,4	113,2	160,7	220,5	−10
$C_7H_{14}O_2$	Propionsäure-isobutylester	−2,3	32,3	79,5	136,8	−71
$C_7H_{14}O_4$	Glycerin-α-n-butyrat	116,5	156,3	(205,2)	(258,6)	—
C_7H_{16}	3-Äthyl-pentan	−36,8	−6,8	36,9	93,5	−118,6
C_7H_{16}	2,2-Dimethyl-pentan	−49,0	−18,7	23,9	79,2	−123,7
C_7H_{16}	2,3-Dimethyl-pentan	−42,0	−10,3	33,3	89,8	−135
C_7H_{16}	2,4-Dimethyl-pentan	−48,0	−17,1	25,4	80,5	−119,5
C_7H_{16}	3,3-Dimethyl-pentan	−44,9	−14,4	29,3	86,1	−135,0
C_7H_{16}	Heptan	−34,0	−2,1	41,8	98,4	−90,6
C_7H_{16}	2-Methyl-hexan	−39,4	−9,1	34,1	90,0	−118,2
C_7H_{16}	3-Methyl-hexan	−39,0	−7,8	35,6	101,9	−119,4
C_7H_{16}	2,2,3-Trimethyl-butan	—	−18,8	24,4	80,9	−25,0
$C_7H_{16}O$	Heptanol-(1)	42,4	74,7	119,5	175,8	34,6
$C_7H_{16}O_3$	Orthoameisensäuretriäthylester	5,5	40,5	88,0	146,0	—
$C_7H_{18}Si$	Siliciumtrimethylbutyl	−23,4	+9,9	56,3	115,0	—
$C_7H_{18}Si$	Siliciumtriäthylmethyl	−18,2	16,6	65,6	127,0	—
$C_8H_4Cl_2O_2$	Phthalylchlorid	86,3	134,2	197,8	275,8	88,5
$C_8H_4O_3$	Phthalsäureanhydrid	96,5	134,0	202,3	284,5	—
$C_8H_5Cl_5$	Pentachloräthylbenzol	96,2	148,0	216,0	299,0	—
$C_8H_6Cl_2$	2,3-Dichlor-styrol	61,0	104,6	163,5	235,0	—
$C_8H_6Cl_2$	2,4-Dichlor-styrol	53,5	97,4	153,8	225,0	—

Verbindung		Temperatur in °C bei p in Torr				Tripel- oder Schmelzpunkt °C
Formel	Name	1	10	100	760	
$C_8H_6Cl_2$	2,5-Dichlor-styrol	55,5	98,2	155,8	227,0	—
$C_8H_6Cl_2$	2,6-Dichlor-styrol	47,8	90,0	147,6	217,0	—
$C_8H_6Cl_2$	3,4-Dichlor-styrol	57,2	100,4	158,2	230,0	—
$C_8H_6Cl_2$	3,5-Dichlor-styrol	53,5	97,4	153,8	225,0	—
$C_8H_6Cl_4$	3,4,5,6-Tetrachlor-1,2-dimethyl-benzol	94,4	140,3	200,5	273,5	—
$C_8H_6O_2$	Phenylglyoxal	—	87,8	136,2	193,5	73
$C_8H_6O_2$	Phthalid	95,5	144,0	210,0	290,0	73
$C_8H_6O_3$	Piperonal	87,0	132,0	191,7	263,0	37
C_8H_7Cl	2-Chlor-styrol	—	—	118,6	186,4	—
C_8H_7Cl	3-Chlor-styrol	25,3	65,2	121,2	190,0	—
C_8H_7Cl	4-Chlor-styrol	28,0	67,5	122,0	189,2	−15,0
C_8H_7N	o-Tolunitril	36,7	77,9	135,0	205,2	−13
C_8H_7N	p-Tolunitril	42,5	85,8	145,2	217,6	29,5
C_8H_7NS	Benzylisothiocyanat	79,5	121,8	177,7	243,0	—
C_8H_7NS	2-Methylbenzthiazol	70,0	111,2	163,9	225,5	15,4
C_8H_8	Cyclooctatetraen	−5,7	28,9	77,6	—	—
C_8H_8	Styrol	7,0	30,8	82,0	145,2	−30,6
$C_8H_8Cl_2$	1,2-Dichlor-4-äthyl-benzol	47,0	92,3	153,3	226,6	−76,4
$C_8H_8Cl_2$	1,2-Dichlor-3-äthyl-benzol	46,0	90,0	149,8	222,1	−40,8
$C_8H_8Cl_2$	1,4-Dichlor-2-äthyl-benzol	38,5	83,2	144,0	216,3	−61,2
C_8H_8O	Acetophenon	37,1	78,0	133,6	202,4	20,5
$C_8H_8O_2$	Anisaldehyd	73,2	117,8	176,7	248,0	2,5
$C_8H_8O_2$	Benzoesäuremethylester	39,0	77,3	130,8	199,5	−12,5
$C_8H_8O_2$	Essigsäurephenylester	38,2	78,0	131,6	195,9	—
$C_8H_8O_2$	Phenylessigsäure	97,0	141,3	198,2	265,5	76,5
$C_8H_8O_3$	Salicylsäuremethylester	54,0	95,3	150,0	223,2	−8,3
$C_8H_8O_3$	Vanillin	107,0	154,0	214,5	285,0	81,5

$C_8H_8O_4$	Dehydracetsäure	91,7	137,3	197,5	269,0	—
C_8H_9Br	1-Brom-4-äthyl-benzol	30,4	74,0	135,5	206,0	−45,0
C_8H_9Br	(2-Brom-äthyl)-benzol	48,0	90,5	148,2	219,0	—
C_8H_9Br	2-Brom-1,4-dimethyl-benzol	37,5	78,8	135,7	206,7	+9,5
C_8H_9Cl	1-Chlor-2-äthyl-benzol	17,2	56,1	110,0	177,6	−80,2
C_8H_9Cl	1-Chlor-3-äthyl-benzol	18,6	58,2	113,6	181,1	−53,3
C_8H_9Cl	1-Chlor-4-äthyl-benzol	19,2	60,0	116,0	184,3	−62,6
C_8H_9NO	Acetanilid (Antifebrin)	114,0	162,0	227,2	303,8	113,5
$C_8H_9NO_2$	Anthranilsäuremethylester	77,6	124,2	187,8	266,5	24
C_8H_{10}	1,2-Dimethyl-benzol	−3,8	32,1	81,3	144,4	−25,2
C_8H_{10}	1,3-Dimethyl-benzol	−6,9	28,3	76,8	139,1	−47,9
C_8H_{10}	1,4-Dimethyl-benzol	−8,1	27,3	75,9	138,3	+13,3
$C_8H_{10}Cl_2OSi$	Siliciumäthoxyphenyldichlorid	52,4	94,6	151,5	222,2	—
$C_8H_{10}Cl_2Si$	Siliciumäthylphenyldichlorid	48,5	92,3	152,3	225,5	—
$C_8H_{10}O$	2-Äthyl-phenol	46,2	87,0	141,8	207,5	−45
$C_8H_{10}O$	3-Äthyl-phenol	60,0	100,2	152,0	214,0	−4
$C_8H_{10}O$	4-Äthyl-phenol	59,3	100,2	154,2	219,0	46,5
$C_8H_{10}O$	1,2-Dimethyl-3-hydroxy-benzol	56,0	97,6	152,2	218,0	75
$C_8H_{10}O$	1,2-Dimethyl-4-hydroxy-benzol	66,2	107,7	161,0	225,2	62,5
$C_8H_{10}O$	1,3-Dimethyl-4-hydroxy-benzol	51,8	91,3	143,0	211,5	25,5
$C_8H_{10}O$	1,4-Dimethyl-5-hydroxy-benzol	51,8	91,3	143,0	211,5	74,5
$C_8H_{10}O$	Phenetol	18,1	56,4	108,4	172,0	−30,2
$C_8H_{10}O$	α-Phenyl-äthanol	49,0	88,0	140,3	204,0	—
$C_8H_{10}O$	β-Phenyl-äthanol	58,2	100,0	154,0	219,5	—
$C_8H_{10}O_2$	4,6-Dimethylresorcin	49,0	90,7	147,3	215,0	—
$C_8H_{10}O_2$	2,5-Dimethyl-hydrochinon	70,6	94,5	(122,8)	(149,9)	—
$C_8H_{10}O_2$	2-Phenoxy-äthanol	78,0	121,2	176,5	245,3	11,6
$C_8H_{11}N$	N-Äthylanilin	38,5	80,6	137,3	204,0	−63,5
$C_8H_{11}N$	N,N-Dimethylanilin	29,5	70,0	125,8	193,1	+2,5
$C_8H_{11}NO$	o-Phenetidin	67,0	108,6	163,5	228,0	—
$C_8H_{12}O_4$	Fumarsäure-diäthylester	53,2	95,3	151,1	218,5	+0,6
$C_8H_{12}O_4$	Maleinsäure-diäthylester	57,3	100,0	156,0	225,0	—

Verbindung		Temperatur in °C bei p in Torr				Tripel- oder Schmelzpunkt °C
Formel	Name	1	10	100	760	
$C_8H_{14}O_4$	Bernsteinsäure-diäthylester	54,6	96,6	151,1	216,5	−20,8
$C_8H_{14}O_4$	Diäthylisosuccinat	39,8	80,0	134,8	201,3	—
$C_8H_{14}O_4$	Korksäure	172,8	219,5	279,0	345,5	142
$C_8H_{14}O_4$	Oxalsäurediisopropylester	43,2	81,9	132,6	193,5	—
$C_8H_{14}O_6$	DL-Weinsäure-diäthylester	100,0	147,2	208,0	280,0	—
$C_8H_{14}O_6$	L(+)-Weinsäure-diäthylester	102,0	148,0	208,5	280,0	—
$C_8H_{15}Br$	2-Brom-1-äthyl-cyclohexan	38,7	80,5	138,0	213,0	—
C_8H_{16}	Äthylcyclohexan	−14,5	20,6	69,0	131,8	−111,3
C_8H_{16}	1,1-Dimethyl-cyclohexan	−24,4	+10,3	57,9	119,5	−34
C_8H_{16}	2-Methyl-hepten-(2)	−16,1	17,8	64,6	122,5	—
C_8H_{16}	2,4,4-Trimethyl-penten-(2)	—	−12,9	37	109	—
$C_8H_{16}O$	Caprylaldehyd	73,4	101,2	133,9	168,5	—
$C_8H_{16}O$	6-Methyl-hepten-(3)-ol-(2)	41,6	76,7	122,6	175,5	—
$C_8H_{16}O$	6-Methyl-hepten-(5)-ol-(2)	41,9	77,8	123,8	174,3	—
$C_8H_{16}O$	Octanon-(2)	23,6	60,9	111,7	172,9	−16
$C_8H_{16}O$	2,2,4-Trimethyl-pentanon-(3)	14,7	46,4	87,6	135,0	—
$C_8H_{16}O_2$	Buttersäure-isobutylester	+4,6	42,2	94,0	156,9	—
$C_8H_{16}O_2$	Caprylsäure	92,3	124,0	172,2	237,2	16
$C_8H_{16}O_2$	Isobuttersäure-isobutylester	+4,1	39,9	88,0	147,5	−80,7
$C_8H_{16}O_2$	Isovaleriansäure-propylester	+8,0	45,1	95,0	155,9	—
$C_8H_{17}J$	1-Jod-octan	45,8	90,0	150,0	225,5	−45,9
$C_8H_{17}NO_2$	L-Leucin-äthylester	27,8	72,1	131,8	184,0	—
C_8H_{18}	3-Äthyl-hexan	−20,0	12,8	58,9	118,5	—
C_8H_{18}	2,2-Dimethyl-hexan	−29,7	+3,1	48,2	106,8	—
C_8H_{18}	2,3-Dimethyl-hexan	−23,0	+9,9	56,0	115,6	—
C_8H_{18}	2,4-Dimethyl-hexan	−26,9	+5,2	50,6	109,4	—
C_8H_{18}	2,5-Dimethyl-hexan	−26,7	+5,3	50,5	109,1	−90,7
C_8H_{18}	3,3-Dimethyl-hexan	−25,8	46,1	52,2	112,0	—

C_8H_{18}	3,4-Dimethyl-hexan	−22,1	11,3	57,7	117,7	—
C_8H_{18}	2-Methyl-3-äthyl-pentan	−24,0	+9,5	55,7	115,6	−114,5
C_8H_{18}	3-Methyl-3-äthyl-pentan	−23,9	+9,9	57,1	118,3	−90
C_8H_{18}	2-Methyl-heptan	−21,0	12,3	58,3	117,6	−109,5
C_8H_{18}	3-Methyl-heptan	−19,8	13,3	59,4	118,9	−120,8
C_8H_{18}	4-Methyl-heptan	−20,4	12,4	58,3	117,7	−121,1
C_8H_{18}	Octan	−14,0	19,2	65,7	125,6	−56,8
C_8H_{18}	2,2,3,3-Tetramethyl-butan	−17,4	13,5	54,8	106,3	−102,2
C_8H_{18}	2,2,3-Trimethyl-pentan	−29,0	+3,9	49,9	109,8	−112,3
C_8H_{18}	2,2,4-Trimethyl-pentan	−25,8	+6,9	53,8	114,8	−101,5
C_8H_{18}	2,3,4-Trimethyl-pentan	−26,3	+7,1	53,4	113,5	−109,2
$C_8H_{18}O$	Octanol-(1)	54,0	88,3	135,2	195,2	−15,4
$C_8H_{18}O$	Octanol-(2)	32,8	70,0	119,8	178,5	−38,6
$C_8H_{18}O_2$	1,2-Dipropyloxyäthan	−38,8	5,0	74,2	180,0	—
$C_8H_{18}O_3$	Diglykolmonobutyläther	70,0	107,8	159,8	231,2	—
$C_8H_{18}O_5$	Tetraäthylenglykol	153,9	197,1	250,0	307,8	—
$C_8H_{20}O_4Si$	Siliciumtetraäthoxy	**9,2**	49,3	103,4	168,6	—
$C_8H_{20}Pb$	Blei-tetraäthyl	38,4	74,8	123,8	183,0	−136
$C_8H_{20}Sb_2$	Bis-[diäthyl-stibin]	97,0	151,2	225,6	320,3	—
$C_8H_{20}Si$	Siliciumtrimethylamyl	−9,2	26,7	76,2	139,0	—
$C_8H_{20}Si$	Siliciumtetraäthyl	−1	+36,3	+88,0	153,0	—
$C_8H_{22}O_3Si_2$	1,3-Diäthoxytetramethyldisiloxan	14,8	51,2	100,3	160,7	—
$C_8H_{24}Cl_2O_3Si_4$	1,7-Dichloroctamethyltetrasiloxan	53,3	95,8	152,7	222,0	−62
$C_8H_{24}O_2Si_3$	Octamethyltrisiloxan	7,4	43,1	91,1	150,2	—
$C_8H_{24}O_4Si_4$	Octamethylcyclotetrasiloxan	21,7	59,0	110,0	171,2	17,4
$C_9H_6O_2$	Cumarin	106,0	153,4	216,5	291,0	—
C_9H_7N	Chinolin	59,7	103,8	163,2	237,7	−15
C_9H_7N	Isochinolin	63,5	107,8	167,6	240,5	24,6
C_9H_8	Inden	16,4	58,2	114,7	181,6	−2
C_9H_8O	Zimtaldehyd	76,1	120,0	177,7	246,0	−7,5
$C_9H_8O_2$	trans-Zimtsäure	127,5	173,0	232,4	300,0	133

Verbindung		Temperatur in °C bei p in Torr				Tripel- oder Schmelzpunkt °C
Formel	Name	1	10	100	760	
C_9H_9N	3-Methyl-indol	95,0	139,6	197,4	266,2	95
C_9H_{10}	4-Methylstyrol	15,0	55,1	108,2	171,5	—
C_9H_{10}	α-Methylstyrol	7,4	47,1	102,2	165,4	−23,2
C_9H_{10}	β-Methylstyrol	17,5	57,0	111,7	179,0	−30,1
$C_9H_{10}O$	Propiophenon	50,2	92,2	149,3	218,0	21
$C_9H_{10}O$	2-Vinyl-anisol	41,9	81,0	132,3	194,0	—
$C_9H_{10}O$	3-Vinyl-anisol	43,4	83,0	135,3	197,5	—
$C_9H_{10}O$	4-Vinyl-anisol	45,2	85,7	139,7	204,5	—
$C_9H_{10}O$	Zimtalkohol	72,6	117,8	177,8	250,0	33
$C_9H_{10}O_2$	Benzoesäureäthylester	44,0	86,0	143,2	213,4	−34,6
$C_9H_{10}O_2$	Essigsäurebenzylester	45,0	87,6	144,0	213,5	−51,5
$C_9H_{10}O_2$	Hydrozimtsäure	102,2	148,7	209,0	279,8	48,5
$C_9H_{10}O_3$	Salicylsäure-äthylester	61,2	104,2	161,5	231,5	1,3
$C_9H_{11}NO$	N-Methylacetanilid	—	118,6	179,8	253,0	102
$C_9H_{11}NO_2$	Carbanilsäure-äthylester	107,8	143,7	187,9	237,0	52,5
C_9H_{12}	2-Äthyl-toluol	9,4	48,4	99,2	165,1	—
C_9H_{12}	3-Äthyl-toluol	7,2	45,6	96,3	161,3	−104,7
C_9H_{12}	4-Äthyl-toluol	7,6	44,9	96,3	162,0	—
C_9H_{12}	Cumol	2,9	38,3	88,1	152,4	−96,0
C_9H_{12}	Propylbenzol	6,3	43,4	94,0	159,2	−99,5
C_9H_{12}	1,2,3-Trimethyl-benzol	16,8	56,8	109,1	176,0	−25,5
C_9H_{12}	1,2,4-Trimethyl-benzol	13,6	51,7	103,3	171,2	−44,1
C_9H_{12}	1,3,5-Trimethyl-benzol	9,6	48,8	99,7	164,7	−44,8
$C_9H_{12}O$	Äthylbenzyläther	26,0	65,0	118,9	185,0	—
$C_9H_{12}O$	2-Isopropyl-phenol	56,6	97,0	150,3	214,5	15,5
$C_9H_{12}O$	3-Isopropyl-phenol	62,0	104,1	160,2	228,0	26
$C_9H_{12}O$	4-Isopropyl-phenol	67,0	108,0	163,3	228,2	61
$C_9H_{13}ClOSi$	Siliciumäthoxymethylphenylchlorid	44,8	94,6	142,6	212,0	—

$C_9H_{13}N$	Cumidin	60,0	102,2	158,0	227,0	—
$C_9H_{13}N$	N,N-Dimethyl-2-toluidin	28,8	66,2	118,1	184,8	−61
$C_9H_{13}N$	N,N-Dimethyl-4-toluidin	50,1	86,7	140,3	209,5	—
$C_9H_{13}N$	2,4,5-Trimethyl-anilin	68,4	109,0	162,0	234,5	67
$C_9H_{14}O$	Isophoron	38,0	81,2	140,6	215,2	—
$C_9H_{14}O$	Phoron	42,0	81,5	134,0	197,2	28
$C_9H_{14}O_4$	Citraconsäure-(cis)-diäthylester	59,8	103,0	160,0	230,3	—
$C_9H_{14}O_4$	Itaconsäure-diäthylester	51,3	95,2	154,3	227,9	—
$C_9H_{14}O_4$	Mesaconsäure-diäthylester	62,8	105,3	161,6	229,0	—
$C_9H_{14}O_7$	Citronensäure-trimethylester	106,2	160,4	219,6	287,0	78,5
$C_9H_{16}O_3$	Lävulinsäure-isobutylester	65,0	105,9	160,2	229,9	—
$C_9H_{16}O_4$	Äthylenmalonsäure-diäthylester	49,9	91,6	146,0	211,5	—
$C_9H_{16}O_4$	Azelainsäure	178,3	225,5	286,5	356,5	106,5
$C_9H_{16}O_4$	Glutarsäure-diäthylester	65,6	109,7	167,8	237,0	—
$C_9H_{18}O$	Pelargonaldehyd	33,3	71,6	123,0	185,0	—
$C_9H_{18}O$	Nonanon-(2)	32,1	72,3	127,4	195,0	−19
$C_9H_{18}O_2$	Buttersäure-isoamylester	21,2	59,9	113,1	178,6	—
$C_9H_{18}O_2$	Isobuttersäure-isoamylester	14,8	52,8	104,4	168,8	—
$C_9H_{18}O_2$	Isovaleriansäure-isobutylester	16,0	53,8	105,2	168,7	—
$C_9H_{18}O_2$	Pelargonsäure	108,2	137,4	184,4	253,5	12,5
$C_9H_{19}J$	Jodnonan	70,0	109,0	159,8	219,5	—
C_9H_{20}	Nonan	+2,4	39,1	87,9	150,8	−53,7
$C_9H_{20}O$	Nonanol-(1)	59,5	99,7	151,3	213,5	−5
$C_9H_{22}Si$	Siliciumtrimethylhexyl	+6,7	44,8	97,2	163,0	—
$C_9H_{22}Si$	Siliciumtriäthylpropyl	15,2	54,0	107,4	173,0	—
$C_{10}H_7Br$	1-Brom-naphthalin	84,2	133,6	198,8	281,1	5,5
$C_{10}H_7Cl$	1-Chlor-naphthalin	80,6	118,6	180,4	259,3	−20
$C_{10}H_8$	Naphthalin	52,6	86,8	144,2	217,9	80,2
$C_{10}H_8Cl_2Si$	Silicium-1-naphthyl-dichlorid	106,2	149,2	205,9	273,3	—
$C_{10}H_8O$	Naphthol-(1)	94,0	142,0	206,0	282,5	96
$C_{10}H_8O$	Naphthol-(2)	—	145,5	209,8	288,0	122,5

Verbindung		Temperatur in °C bei p in Torr				Tripel- oder Schmelzpunkt °C
Formel	Name	1	10	100	760	
$C_{10}H_9N$	2-Methyl-chinolin	75,3	119,0	176,2	246,5	−1
$C_{10}H_9N$	1-Naphthylamin	104,3	153,8	220,0	300,8	50
$C_{10}H_9N$	2-Naphthylamin	108,0	157,6	224,3	306,1	111,5
$C_{10}H_{10}$	1,3-Divinyl-benzol	32,7	73,8	130,0	199,5	−66,9
$C_{10}H_{10}O_2$	α-Methylzimtsäure	125,7	169,8	224,8	288,0	—
$C_{10}H_{10}O_2$	Safrol	63,8	107,6	165,1	233,0	11,2
$C_{10}H_{10}O_2$	Zimtsäuremethylester	77,4	123,0	185,8	263,0	33,4
$C_{10}H_{10}O_4$	Phthalsäuredimethylester	100,3	147,6	210,0	283,7	—
$C_{10}H_{12}$	3-Äthyl-styrol	28,3	68,3	123,2	191,5	—
$C_{10}H_{12}$	4-Äthyl-styrol	26,0	66,3	121,5	189,0	—
$C_{10}H_{12}$	2,4-Dimethyl-styrol	34,2	75,8	132,3	202,0	—
$C_{10}H_{12}$	2,5-Dimethyl-styrol	29,0	69,0	124,7	193,0	—
$C_{10}H_{12}$	Tetralin	38,0	79,0	135,3	207,2	−31,0
$C_{10}H_{12}O$	Anethol	62,6	106,0	164,2	235,3	22,5
$C_{10}H_{12}O$	Cuminaldehyd	58,0	102,0	160,0	232,0	—
$C_{10}H_{12}O$	Estragol	52,6	93,7	148,5	215,0	—
$C_{10}H_{12}O$	4-Methyl-propiophenon	59,6	103,8	164,2	238,5	—
$C_{10}H_{12}O_2$	Chavibetol	83,6	127,0	185,5	254,0	—
$C_{10}H_{12}O_2$	Eugenol	78,4	123,0	182,2	253,5	—
$C_{10}H_{12}O_3$	Essigsäure-2-phenoxyäthylester	82,6	128,0	189,2	259,7	−6,7
$C_{10}H_{14}$	2-Äthyl-1,4-dimethyl-benzol	24,1	64,0	118,0	185,0	—
$C_{10}H_{14}$	4-Äthyl-1,3-dimethyl-benzol	23,2	63,0	117,2	184,5	—
$C_{10}H_{14}$	5-Äthyl-1,3-dimethyl-benzol	23,2	62,8	117,2	185,0	—
$C_{10}H_{14}$	n-Butyl-benzol	22,7	62,0	115,2	183,1	−81,2
$C_{10}H_{14}$	sec. Butyl-benzol	18,6	53,7	105,9	173,3	−82,7
$C_{10}H_{14}$	tert. Butyl-benzol	13,0	50,8	102,4	169	−58
$C_{10}H_{14}$	o-Cymol	19,0	57,6	110,1	178,0	—
$C_{10}H_{14}$	p-Cymol	13,0	56,6	109,2	137,2	—

$C_{10}H_{14}$	1,2-Diäthyl-benzol	25,6	62,8	115,6	183,4	—
$C_{10}H_{14}$	1,3-Diäthyl-benzol	21,7	61,4	113,8	181,1	−84,2
$C_{10}H_{14}$	1,4-Diäthyl-benzol	20,7	62,8	115,8	183,7	—
$C_{10}H_{14}$	Isobutyl-benzol	14,1	53,2	105,4	172,7	—
$C_{10}H_{14}$	1,2,3,4-Tetramethyl-benzol	42,6	79,5	134,8	205	−4,0
$C_{10}H_{14}$	1,2,3,5-Tetramethyl-benzol	40,6	77,8	128,3	197,9	−24,0
$C_{10}H_{14}$	1,2,4,5-Tetramethyl-benzol	45,0	73	127	195,9	79,5
$C_{10}H_{14}N_2$	Nicotin	61,8	107,2	169,5	247,3	—
$C_{10}H_{14}O$	4-Äthyl-phenetol	48,5	89,5	143,5	208,0	—
$C^{1}{}_{0}H_{14}O$	2-sec. Butyl-phenol	57,4	100,8	157,3	228,0	—
$C_{10}H_{14}O$	4-sec. Butyl-phenol	71,4	114,8	172,4	242,1	—
$C_{10}H_{14}O$	2-tert. Butyl-phenol	56,6	98,1	153,5	219,5	—
$C_{10}H_{14}O$	4-tert. Butyl-phenol	70,0	114,0	170,2	238,0	99
$C_{10}H_{14}O$	Carvacrol	70,0	113,2	169,7	237,0	+0,5
$C_{10}H_{14}O$	Carvon	57,4	100,4	157,3	227,5	—
$C_{10}H_{14}O$	Cuminalkohol	74,2	118,0	176,2	246,6	—
$C_{10}H_{14}O$	4-Isobutyl-phenol	72,1	115,5	171,2	237,0	—
$C_{10}H_{14}O$	Thymol	64,3	107,4	164,1	231,8	51,5
$C_{10}H_{15}N$	N,N-Diäthylanilin	49,7	91,9	147,3	215,5	−34,4
$C_{10}H_{16}$	Camphen	5	47,2	97,9	160,5	50
$C_{10}H_{16}$	Dipenten	14,0	53,8	108,3	174,6	—
$C_{10}H_{16}$	d-Limonen	14,0	53,8	108,3	175,0	−96,9
$C_{10}H_{16}$	Myrcen	-14,5	53,2	106,0	171,5	—
$C_{10}H_{16}$	α-Phellandren	20,0	58,0	110,6	175,0	—
$C_{10}H_{16}$	α-Pinen	−1,0	37,3	90,1	155,0	−55
$C_{10}H_{16}$	β-Pinen	+4,2	42,3	94,0	158,3	—
$C_{10}H_{16}$	Terpinolen	32,3	70,6	122,7	185,0	—
$C_{10}H_{16}AsNO_3$	Arsanilsäurediäthylester	38,0	74,8	123,8	181,0	—
$C_{10}H_{16}O$	d-Campher	41,5	82,3	138,0	209,2	178,5
$C_{10}H_{16}O$	α-Citral	61,7	103,9	160,0	228,0	—
$C_{10}H_{16}O$	l-Dihydrocarvon	46,6	90,0	149,7	223,0	—
$C_{10}H_{16}O$	d-Fenchon	28,0	68,3	123,6	191,0	5

Verbindung		Temperatur in °C bei p in Torr				Tripel- oder Schmelzpunkt °C
Formel	Name	1	10	100	760	
$C_{10}H_{16}O$	Pulegon	58,3	94,0	143,1	221,0	—
$C_{10}H_{16}O$	α-Thujon	38,3	79,3	134,0	201,0	—
$C_{10}H_{16}OSi$	Siliciumäthoxydimethylphenyl	36,3	76,2	131,4	199,5	—
$C_{10}H_{16}O_2$	Campholensäure	97,6	139,8	193,7	256,0	—
$C_{10}H_{18}$	cis-Decalin	22,5	64,2	123,2	194,6	−43,3
$C_{10}H_{18}$	trans-Decalin	−0,8	47,2	114,6	186,7	−30,7
$C_{10}H_{18}O$	Cineol	15,0	54,1	108,2	176,0	−1
$C_{10}H_{18}O$	d-Citronellal	44,0	84,8	140,1	206,5	—
$C_{10}H_{18}O$	Dihydrocarveol	63,9	105,0	159,8	225,0	—
$C_{10}H_{18}O$	d,l-Fenchol	45,8	82,1	132,3	201,0	35
$C_{10}H_{18}O$	Geraniol (trans)	69,2	110,0	165,3	230,0	—
$C_{10}H_{18}O$	d-Linalool	40,0	79,8	133,3	198,0	—
$C_{10}H_{18}O$	Nerol (cis)	61,7	104,0	159,8	226,0	—
$C_{10}H_{18}O$	α-Terpineol	52,8	94,3	150,1	217,5	35
$C_{10}H_{18}O_2$	Citronellsäure	99,5	141,4	195,4	257,0	—
$C_{10}H_{18}O_3$	Lävulinsäure-amylester	81,3	124,0	180,5	253,2	—
$C_{10}H_{18}O_3$	Lävulinsäure-isoamylester	75,6	118,8	177,0	247,9	—
$C_{10}H_{18}O_4$	Bernsteinsäurediisopropylester	77,5	122,2	180,3	250,8	—
$C_{10}H_{18}O_4$	Oxalsäure-diisobutylester	63,2	105,3	161,8	229,5	—
$C_{10}H_{18}O_4$	Sebacinsäure	183,0	232,0	294,5	352,3	134,5
$C_{10}H_{18}O_6$	L(+)-Weinsäure-diisopropylester	103,7	148,2	207,3	275,0	—
$C_{10}H_{18}O_6$	L(+)-Weinsäure-dipropylester	115,6	163,5	127,0	303,0	—
$C_{10}H_{20}$	Decen-(1)	14,0	53,3	106,0	171,3	—
$C_{10}H_{20}$	Menthan	+9,7	48,3	102,1	169,5	—
$C_{10}H_{20}Br_2$	1,2-Dibrom-decan	95,7	137,3	190,2	250,4	—
$C_{10}H_{20}O$	Caprinaldehyd	51,9	92,0	145,3	208,5	—
$C_{10}H_{20}O$	Citronellol	66,4	107,0	159,8	221,5	—
$C_{10}H_{20}O$	Decanon-(2)	44,2	85,8	142,0	211,0	+3,5

$C_{10}H_{20}O$	l-Menthol	56,0	96,0	149,4	212,0	42,5
$C_{10}H_{20}O_2$	Decansäure-(1)	109,9	149,9	203,7	267,2	31,5
$C_{10}H_{20}O_2$	Isovaleriansäure-isoamylester	27,0	68,6	125,1	194,0	—
$C_{10}H_{22}$	Decan	17,1	57,7	108,5	174,1	−29,7
$C_{10}H_{22}$	2,7-Dimethyl-octan	+6,3	42,3	93,9	159,7	−52,8
$C_{10}H_{22}O$	Decanol-(1)	69,5	111,3	165,8	231,0	+7
$C_{10}H_{22}O$	Dihydrocitronellol	68,0	103,0	145,9	193,5	—
$C_{10}H_{22}O$	Diisoamyläther	18,6	57,0	109,6	173,4	—
$C_{10}H_{22}O_2$	2-Butyl-2-äthylbutandiol-(1,3)	94,1	136,8	191,9	255,0	—
$C_{10}H_{24}Si$	Siliciumtrimethylheptyl	22,3	62,1	116,5	184,0	—
$C_{10}H_{24}Si$	Siliciumtriäthylbutyl	27,1	67,5	123,2	192,0	—
$C_{10}H_{28}O_4Si_3$	1,5-Diäthoxyhexanmethyltrisiloxan	41,8	80,7	133,2	196,6	—
$C_{10}H_{30}O_3Si_4$	Decamethyltetrasiloxan	35,3	74,3	127,3	193,5	—
$C_{10}H_{30}O_5Si_5$	Decamethylcyclopentasiloxan	45,2	86,2	142,0	210,0	−38,0
$C_{11}H_8O_2$	α-Naphthoesäure	156,0	196,8	245,8	300,0	160,5
$C_{11}H_8O_2$	β-Naphthoesäure	160,8	202,8	252,7	308,5	184
$C_{11}H_{12}O_2$	trans-Zimtsäureäthylester	87,6	134,0	196,0	271,0	12
$C_{11}H_{12}O_3$	Myristicin	95,2	142,0	205,0	280,0	—
$C_{11}H_{14}$	2,4,5-Trimethyl-styrol	48,1	91,6	149,8	221,2	—
$C_{11}H_{14}$	2,4,6-Trimethyl-styrol	37,5	79,7	136,8	207,0	—
$C_{11}H_{14}O$	2,3,5-Trimethyl-acetophenon	79,0	122,3	179,7	247,5	—
$C_{11}H_{14}O_2$	Benzoesäure-isobutylester	64,0	108,6	166,4	237,0	—
$C_{11}H_{16}$	2,4,5-Trimethyl-1-äthyl-benzol	43,7	84,6	140,3	208,1	—
$C_{11}H_{16}$	2,4,6-Trimethyl-1-äthyl-benzol	38,8	80,5	137,9	208,0	—
$C_{11}H_{16}O$	4-tert. Amyl-phenol	—	125,5	189,0	266,0	93
$C_{11}H_{18}O_2$	Ameisensäurebornylester	47,0	89,3	145,8	214,0	—
$C_{11}H_{18}O_2$	Ameisensäuregeranylester	61,8	104,3	160,7	230,0	—
$C_{11}H_{18}O_2$	Ameisensäurenerylester	57,3	99,7	155,6	224,5	—
$C_{11}H_{18}O_2Si$	Siliciumdiäthoxymethylphenyl	56,5	97,2	151,2	216,5	—
$C_{11}H_{20}O_2$	Ameisensäurementhylester	47,3	90,0	148,0	219,0	—
$C_{11}H_{20}O_3$	Lävulinsäure-hexylester	90,0	134,7	193,6	266,8	—

Verbindung		Temperatur in °C bei p in Torr				Tripel- oder Schmelzpunkt °C
Formel	Name	1	10	100	760	
$C_{11}H_{22}O$	Undecanon-(2)	68,2	108,9	161,0	224,0	15
$C_{11}H_{22}O_2$	Undecansäure-(1)	101,4	149,0	212,5	290,0	29,5
$C_{11}H_{24}$	Hendecan	32,7	75,1	127,9	195,8	−25,6
$C_{11}H_{26}Si$	Siliciumtrimethyloctyl	41,8	82,3	136,5	202,0	—
$C_{12}H_9Cl$	2-Chlor-diphenyl	89,3	134,7	197,0	267,5	34
$C_{12}H_9Cl$	4-Chlor-diphenyl	96,4	146,0	212,5	292,9	75,5
$C_{12}H_9N$	Carbazol	—	—	265,0	354,8	244,8
$C_{12}H_{10}$	Acenaphthen	—	131,2	197,5	277,5	95
$C_{12}H_{10}$	Diphenyl	70,6	117,0	180,7	254,9	69,5
$C_{12}H_{10}ClO_3P$	Diphenylchlorphosphat	121,5	182,0	265,0	378,0	—
$C_{12}H_{10}Cl_2Si$	Siliciumdiphenyldichlorid	109,6	158,0	223,8	304,0	—
$C_{12}H_{10}F_2Si$	Siliciumdiphenyldifluorid	68,4	115,5	176,3	252,5	—
$C_{12}H_{10}N_2$	Azobenzol	103,5	151,5	216,0	293,0	68
$C_{12}H_{10}O$	α-Acetylnaphthalin	115,6	161,5	223,8	295,5	—
$C_{12}H_{10}O$	β-Acetylnaphthalin	120,2	168,5	229,8	301,0	—
$C_{12}H_{10}O$	Diphenyläther	66,1	114,0	178,8	258,5	27
$C_{12}H_{10}O$	2-Hydroxy-diphenyl	100,0	146,2	205,9	275,0	56,5
$C_{12}H_{10}O$	4-Hydroxy-diphenyl	f.	176,2	240,9	308,0	164,5
$C_{12}H_{10}S$	Diphenylsulfid	96,1	145,0	211,8	292,5	—
$C_{12}H_{10}S_2$	Diphenyldisulfid	+131,6	180,0	241,3	310,0	—
$C_{12}H_{10}Se$	Diphenylselenid	105,7	154,4	220,8	301,5	+2,5
$C_{12}H_{11}N$	Diphenylamin	108,3	157,0	222,8	302,0	52,9
$C_{12}H_{12}$	1-Äthyl-naphthalin	70,0	120,0	180,7	258,3	−27
$C_{12}H_{12}$	2-Äthyl-naphthalin	—	119,1	180,1	257,9	—
$C_{12}H_{12}N_2$	1,1-Diphenyl-hydrazin	126,0	176,1	242,5	322,2	44
$C_{12}H_{14}O_3$	Essigsäure-eugenylester	101,6	148,0	209,7	282,0	29,5
$C_{12}H_{14}O_4$	Apiol	116,0	160,2	218,0	285,0	30

$C_{12}H_{14}O_4$	Phthalsäure-diäthylester	108,8	156,0	219,5	294,0	—
$C_{12}H_{16}$	2,5-Diäthyl-styrol	49,7	92,6	151,0	223,0	—
$C_{12}H_{16}$	Phenylcyclohexan	67,5	111,3	169,3	240,0	+7,5
$C_{12}H_{18}$	1,2-Diisopropyl-benzol	40,0	81,8	138,7	209,0	—
$C_{12}H_{18}$	1,3-Diisopropyl-benzol	34,7	76,0	132,3	202,0	−105
$C_{12}H_{18}$	1,2,4-Triäthyl-benzol	46,0	88,5	146,8	218,0	—
$C_{12}H_{18}$	1,3,4-Triäthyl-benzol	47,9	90,2	147,7	217,5	—
$C_{12}H_{18}O$	4-tert. Butyl-2,6-xylenol	74,0	119,0	176,0	239,8	—
$C_{12}H_{18}O$	6-tert. Butyl-2,4-xylenol	70,3	115,0	172,0	236,5	—
$C_{12}H_{18}O$	6-tert. Butyl-3,4-xylenol	83,9	127,0	184,0	249,5	—
$C_{12}H_{20}O_2$	Essigsäure-bornylester	46,9	90,2	149,8	223,0	29
$C_{12}H_{20}O_2$	Essigsäure-geranylester	73,5	117,9	175,2	243,3	—
$C_{12}H_{20}O_2$	Essigsäure-linalylester	55,4	96,0	151,8	220,0	—
$C_{12}H_{20}O_3Si$	Siliciumtriäthoxyphenyl	71,0	112,6	167,5	233,5	—
$C_{12}H_{20}O_7$	Citronensäure-triäthylester	107,0	144,0	217,8	294,0	—
$C_{12}H_{22}O_2$	Essigsäure-citronellylester	74,7	113,0	161,0	217,0	—
$C_{12}H_{22}O_2$	Essigsäure-menthylester	57,4	100,0	156,7	227,0	—
$C_{12}H_{22}O_4$	Oxalsäure-diisoamylester	85,4	131,4	192,2	265,0	—
$C_{12}H_{22}O_4$	Sebacinsäure-dimethylester	104,0	156,2	222,6	293,5	38
$C_{12}H_{24}$	Dodecen-(1)	46,8	87,6	142,9	208,4	−31,5
$C_{12}H_{24}O$	Laurinaldehyd	77,7	123,7	184,5	257,0	44,5
$C_{12}H_{24}O_2$	Laurinsäure	129,3	172,4	225,9	299,0	48
$C_{12}H_{26}$	Dodecan	47,9	91,6	146,1	215,9	−9,6
$C_{12}H_{26}O$	Dodecanol	91,0	134,7	192,0	259,0	24
$C_{12}H_{27}N$	Dodecylamin	82,8	127,8	182,1	248,0	—
$C_{12}H_{28}Si$	Siliciumtriäthylhexyl	52,4	96,4	156,0	230,0	—
$C_{12}H_{34}O_5Si_4$	1,7-Diäthoxyoctamethyltetrasiloxan	67,7	108,6	162,0	227,5	—
$C_{12}H_{36}O_4Si_5$	Dodecamethylpentasiloxan	56,6	98,0	162,8	220,5	—
$C_{12}H_{36}O_6Si_6$	Dodecamethylcyclohexasiloxan	67,3	110,0	166,3	236,0	−3,0
$C_{13}H_9N$	Acridin	129,4	184,0	256,0	346,0	110,5
$C_{13}H_{10}$	Fluoren	—	146,0	214,7	295,0	113

Verbindung		Temperatur in °C bei p in Torr				Tripel- oder Schmelzpunkt °C
Formel	Name	1	10	100	760	
$C_{13}H_{10}O$	Benzophenon	108,2	157,6	224,4	305,4	48,5
$C_{13}H_{10}O_2$	Benzoesäurephenylester	106,8	157,8	227,8	314,0	70,5
$C_{13}H_{10}O_3$	Salol	117,8	167,0	233,8	313,0	42,5
$C_{13}H_{12}$	Diphenylmethan	76,0	122,8	186,3	264,5	26,5
$C_{13}H_{12}O$	Benzhydrol	110,0	162,0	227,5	301,0	68,5
$C_{13}H_{12}O$	Benzylphenyläther	95,4	144,0	209,2	287,0	—
$C_{13}H_{13}ClSi$	Siliciumdiphenylmethylchlorid	105,0	152,7	216,0	295,5	—
$C_{13}H_{13}N$	N,N-Diphenyl-methyl-amin	103,5	149,7	210,1	282,0	−7,6
$C_{13}H_{14}$	2-Isopropyl-naphthalin	76,0	123,4	187,6	266,0	—
$C_{13}H_{14}Si$	Siliciumdiphenylmethyl	88,0	132,8	193,7	266,8	—
$C_{13}H_{20}$	Heptylbenzol	66,2	109,0	165,7	233,0	—
$C_{13}H_{20}O$	α-Jonon	79,5	123,0	181,2	250,0	—
$C_{13}H_{22}O_2$	Propionsäure-bornylester	64,6	108,0	165,7	235,0	—
$C_{13}H_{26}O$	Tridecanon-(2)	86,8	131,8	191,5	262,5	28,5
$C_{13}H_{26}O_2$	Laurinsäure-methylester	87,8	133,2	190,8	—	5
$C_{13}H_{26}O_2$	Tridecansäure-(1)	137,8	181,0	236,0	299,0	41
$C_{13}H_{28}$	Tridecan	59,4	107,0	163,4	235,4	−6,2
$C_{13}H_{30}Si$	Siliciumtrimethyldecyl	67,4	111,0	169,5	240,0	—
$C_{13}H_{30}Si$	Siliciumtriäthylheptyl	70,0	114,6	174,0	247,0	—
$C_{14}H_8O_2$	Anthrachinon	190,0	234,2	285,0	379,9	286
$C_{14}H_8O_4$	1,4-Dihydroxy-anthrachinon	196,7	259,8	344,5	450,0	194
$C_{14}H_{10}$	Anthracen	145,0	187,2	250,0	342,0	217,5
$C_{14}H_{10}$	Phenanthren	118,2	173,0	249,0	340,2	99,5
$C_{14}H_{10}O_2$	Benzil	128,4	183,0	255,8	347,0	95
$C_{14}H_{10}O_3$	Benzoesäureanhydrid	143,8	198,0	270,4	360,0	42
$C_{14}H_{12}$	1,1-Diphenyläthen	87,4	135,0	198,6	277,0	—
$C_{14}H_{12}$	cis-1,2-Diphenyl-äthen	94,1	137,9	193,4	—	—

$C_{14}H_{12}$	trans-1,2-Diphenyl-äthen	113,2	161,0	227,4	306,5	124
$C_{14}H_{12}O$	Desoxybenzoin	123,3	173,5	241,3	321,0	60
$C_{14}H_{12}O_2$	Benzoin	135,6	188,0	258,0	343,0	132
$C_{14}H_{14}$	Dibenzyl	86,8	136,0	202,8	284,0	51,3
$C_{14}H_{15}N$	Äthyldiphenylamin	98,3	146,0	209,8	286,0	—
$C_{14}H_{15}N$	Dibenzylamin	118,3	165,6	227,3	300,0	−26
$C_{14}H_{20}Cl_2$	1,2-Dichlor-3,4,5,6-tetraäthyl-benzol	105,6	155,0	220,7	302,0	—
$C_{14}H_{20}Cl_2$	1,4-Dichlor-2,3,5,6-tetraäthyl-benzol	91,7	143,8	212,0	296,5	—
$C_{14}H_{22}$	1,2,3,4-Tetraäthyl-benzol	65,7	111,6	172,4	248,0	11,6
$C_{14}H_{22}O$	2,4-Di-tert. butyl-phenol	84,5	130,0	190,0	260,8	—
$C_{14}H_{24}O_2$	Isobuttersäurebornylester	70,0	114,0	172,2	243,0	—
$C_{14}H_{26}O_4$	Sebacinsäure-diäthylester	125,3	172,1	234,4	305,5	1,3
$C_{14}H_{28}O$	Tetradecanal	99,0	148,3	214,5	297,8	23,5
$C_{14}H_{28}O_2$	Myristinsäure	149,3	192,4	248,7	318,0	57,5
$C_{14}H_{29}Cl$	1-Chlor-tetradecan	98,5	148,2	215,5	296,0	+0,9
$C_{14}H_{30}$	Tetradecan	76,4	122,0	179,7	253,6	5,5
$C_{14}H_{32}Si$	Siliciumtriäthyloctyl	73,7	120,6	184,3	262,0	—
$C_{14}H_{40}O_6Si_5$	1,9-Diäthyloxydecamethyl-pentasiloxan	89,0	131,5	187,0	253,3	—
$C_{14}H_{42}O_5Si_6$	Tetradecamethylhexasiloxan	73,7	117,6	175,2	245,5	—
$C_{14}H_{42}O_7Si_7$	Tetradecamethylcycloheptasiloxan	86,3	131,5	191,8	264,0	−32
$C_{15}H_{14}O$	1,3-Diphenyl-propanon-(2)	125,5	177,6	246,6	330,5	34,5
$C_{15}H_{14}O_2$	1-Diphenyloxy-2,3-epoxy-propan	135,3	187,2	255,0	340,0	—
$C_{15}H_{18}OSi$	Siliciumäthoxydiphenylmethyl	109,0	152,7	211,8	282,0	—
$C_{15}H_{24}$	Cadinen	101,3	146,0	205,6	275,0	—
$C_{15}H_{24}O$	2,6-Di-tert. butyl-4-kresol	85,8	131,0	190,0	262,5	—
$C_{15}H_{26}O_6$	Camphoronsäure-triäthylester	f.	166,0	228,6	301,0	135
$C_{15}H_{30}O_2$	Myristinsäure-methylester	115,0	160,8	222,6	295,8	18,5
$C_{15}H_{32}$	Pentadecan	91,6	135,0	195,2	270,7	10
$C_{16}H_{14}O_2$	Zimtsäurebenzylester	173,8	221,5	281,5	350,0	39
$C_{16}H_{20}O_2Si$	Siliciumdiäthoxydiphenyl	111,5	157,6	220,0	296,0	—

Verbindung		Temperatur in °C bei p in Torr				Tripel- oder Schmelzpunkt °C
Formel	Name	1	10	100	760	
$C_{16}H_{22}O_4$	Phthalsäure-dibutylester	148,2	198,2	263,7	340,0	—
$C_{16}H_{25}Cl$	Pentaäthylchlorbenzol	90,0	140,7	208,0	285,0	—
$C_{16}H_{26}$	Pentaäthyl-benzol	86,0	135,8	200,0	277,0	—
$C_{16}H_{26}O$	2,6-Di-tert. butyl-4-äthyl-phenol	89,1	137,0	198,0	268,6	—
$C_{16}H_{26}O$	4,6-Di-tert. butyl-3-äthyl-phenol	111,5	157,4	218,0	290,0	—
$C_{16}H_{30}O$	Muscon	118,0	170,0	241,5	328,0	—
$C_{16}H_{32}O$	Palmitinaldehyd	121,6	171,8	239,5	321,0	34
$C_{16}H_{32}O$	Hexadecanon-(2)	109,8	167,3	230,5	307,0	—
$C_{16}H_{32}O_2$	Palmitinsäure	165,2	211,8	272,2	351,8	64,0
$C_{16}H_{34}O$	Cetylalkohol	122,7	177,8	251,7	344,0	49,3
$C_{16}H_{36}N$	Cetylamin	123,6	176,0	245,8	330,0	—
$C_{16}H_{36}Si$	Siliciumtriäthyldecyl	108,5	155,6	218,3	293,0	—
$C_{17}H_{10}O$	Benzanthron	225,0	297,2	390,0	—	174
$C_{17}H_{24}O_3$	Benzoesäure-menthylester	123,2	170,0	230,4	301,0	54,5
$C_{17}H_{34}O$	Heptadecanon-(2)	129,6	178,0	242,0	319,5	—
$C_{17}H_{34}O_2$	Palmitinsäure-methylester	134,3	184,3	—	—	30
$C_{17}H_{36}$	Heptadecan	115,0	163,0	223,9	302,5	22,5
$C_{17}H_{38}Si$	Siliciumtrimethyltetradecyl	120,0	166,2	227,8	300,0	—
$C_{18}H_{15}O_4P$	Phosphorsäuretriphenylester	193,5	249,8	322,5	413,5	49,4
$C_{18}H_{30}$	Hexaäthyl-benzol	—	150,3	216,0	298,3	130
$C_{18}H_{30}O$	2,4,6-Tri-tert. butyl-phenol	95,2	142,0	203,0	276,3	—
$C_{18}H_{34}O_2$	Elaidinsäure	171,3	223,5	288,0	362,0	51,5
$C_{18}H_{34}O_2$	Ölsäure	176,5	223,0	286,0	360,0	14
$C_{18}H_{36}O$	Stearinaldehyd	140,0	192,1	260,0	342,5	63,5
$C_{18}H_{36}O_2$	Stearinsäure	182,8	229,9	291,6	370,0	69,3
$C_{18}H_{38}$	2-Methyl-heptadecan	119,8	168,7	231,5	306,5	—

$C_{18}H_{38}$	Octadecan	119,6	175,0	236,0	317,0	28
$C_{18}H_{38}O$	Stearylalkohol	150,3	202,0	269,4	349,5	58,5
$C_{19}H_{16}$	Triphenylmethan	169,7	197,0	228,4	259,2	93,4
$C_{19}H_{40}$	Nonadecan	133,2	187,0	250,0	331,5	32
$C_{20}H_{20}OSi$	Siliciumäthoxytriphenyl	167,0	213,5	273,5	344,0	—
$C_{20}H_{58}O_9Si_8$	1,15-Diäthoxyhexadekamethylocta-siloxan	133,7	179,7	240,0	311,5	—
$C_{20}H_{60}O_8Si_9$	Eicosamethylnonasiloxan	144,0	189,0	244,3	307,5	—
$C_{21}H_{44}$	Heneicosan	152,6	205,4	272,0	350,5	40,4
$C_{22}H_{42}O_2$	Brassidinsäure	209,6	256,0	316,2	382,5	61,5
$C_{22}H_{42}O_2$	Erucasäure	206,7	254,5	314,4	381,5	33,5
$C_{22}H_{46}$	Docosan	157,8	213,0	286,0	376,0	44,5
$C_{22}H_{56}O_9Si_{10}$	Dokosamethyldekasiloxan	160,3	202,8	255,0	314,0	—
$C_{23}H_{48}$	Tricosan	170,0	223,0	289,8	366,5	47,7
$C_{24}H_{50}$	Tetracosan	183,8	237,6	305,2	386,4	51,1
$C_{24}H_{72}O_{10}Si_{11}$	Tetrakosamethylhendekasiloxan	175,2	216,7	266,3	322,8	—
$C_{25}H_{52}$	Pentakosan	194,2	248,2	314,0	390,3	53,3
$C_{26}H_{54}$	Hexakosan	204,0	257,4	323,2	399,8	56,6
$C_{27}H_{56}$	Heptakosan	211,7	266,8	333,5	410,6	59,5
$C_{28}H_{58}$	Octakosan	226,5	277,4	341,8	412,5	61,6
$C_{29}H_{60}$	Nonakosan	234,2	286,4	350,0	421,8	63,8

41132. Dampfdruck p zwischen 1 und 40 atm

Verbindung		Temperatur in °C bei p in atm				
Formel	Name	1	5	10	20	40
$CClF_3$	Chlortrifluormethan	−81,2	−42,7	−18,5	12,0	52,8
CCl_2F_2	Dichlordifluormenthan	29,8	16,1	42,4	74,0	—
CCl_2O	Phosgen	8,3	57,2	84,6	119,0	160
CCl_3F	Fluortrichlormethan	23,7	77,3	108	147	194
CCl_4	Tetrachlorkohlenstoff	76,7	142	178	222	276
$CHCl_3$	Chloroform	61,3	120	152	192	238
CH_3Br	Brommethan	3,6	54,8	84	122	170
CH_3Cl	Chlormethan	−24,0	22,0	37,3	77,3	114
CH_3F	Fluormethan	−78,2	−42,0	−21,0	2,5	26,5
CH_3J	Jodmethan	42,4	102	138	176	228
CH_4	Methan	−161	−138	−125	−108	−86,3
CH_4O	Methanol	64,7	111,7	137,3	166,5	200,1
CH_4S	Methylmercaptan	6,8	55,9	83,4	117	158
CH_5N	Methylamin	−6,3	36,0	59,5	87,8	122
C_2ClF_3	1-Chlor-1,2,2-trifluor-äthen	−27,9	15,5	40,0	71,1	—
C_2H_2	Äthin	−84,0	−50,2	−32,7	−10,0	16,8
C_2H_4	Äthen	−104	−71,1	−52,8	−29,1	−1,5
$C_2H_4Cl_2$	1,2-Dichloräthan	82,4	147,8	183,5	226,5	272,0
$C_2H_4O_2$	Ameisensäuremethylester	32,0	83,5	112,0	147	188
$C_2H_4O_2$	Essigsäure	118	180	214	252	297
C_2H_5Br	Bromäthan	38,4	95,0	127	164	206
C_2H_5Cl	Chloräthan	12,3	64,0	92,6	127	167
C_2H_6	Äthan	−88,6	−52,8	−32,0	−6,4	23,6
C_2H_6O	Äthanol	78,4	126,0	152	183	218
C_2H_6O	Dimethyläther	−23,7	20,8	45,5	75,7	112,1
C_2H_6S	Äthylmercaptan	35,0	90,7	122	159	205
C_2H_7N	Äthylamin	16,6	65,3	91,8	124	163
C_2H_7N	Dimethylamin	7,4	53,9	80,0	112	150
C_3H_4	Propadien	−35,0	8,0	33,2	64,5	103
C_3H_4	Propin	−23,3	19,5	43,8	74,0	111
C_3H_6	Propen	−47,7	2,5	31,6	67,5	113
C_3H_6O	Aceton	56,5	113	144	181	214
$C_3H_6O_2$	Ameisensäureäthylester	54,3	110,5	142,2	180,0	225,0
$C_3H_6O_2$	Essigsäuremethylester	57,8	113,1	144,2	181,0	225,0
$C_3H_6O_2$	Propansäure	141	186	203	220	233
C_3H_8	Propan	−42,1	1,4	26,9	58,1	94,8
C_3H_8O	Methyläthyläther	7,5	56,4	84,0	108	160
C_3H_8O	Propanol-(1)	97,8	149	177	211	250
C_3H_8O	Propanol-(2)	82,5	130	156	186	220
C_3H_9N	Propylamin	48,5	103	133	170	214

Verbindung		Temperatur in °C bei p in atm				
Formel	Name	1	5	10	20	40
C_4H_6	Butadien-(1,3)	−4,5	47,0	76,0	114	158
$C_4H_6O_3$	Essigsäureanhydrid	140	194	221	253	288
C_4H_8	Buten-(1)	−6,3	43,5	71,8	105	147
$C_4H_8O_2$	Propansäuremethylester	79,8	140	173	212	
C_4H_{10}	Butan	−0,5	50,0	79,5	116	—
$C_4H_{10}O$	Butanol-(1)	117,5	170,0	202,3	239,7	283,5
$C_4H_{10}O$	Diäthyläther	34,6	89,0	119,8	156,4	—
$C_4H_{11}N$	Diäthylamin	55,5	113,0	145,3	184,5	—
C_5H_{10}	Cyclopentan	49,2	109	143	182	230
C_5H_{10}	Penten-(1)	29,9	86,0	118	156	—
$C_5H_{10}O_2$	Buttersäuremethylester	102	167	203	244	—
$C_5H_{10}O_2$	Isobuttersäuremethylester	92,6	155	190	232	—
C_5H_{12}	2,2-Dimethyl-propan	9,5	61,1	90,7	128	—
C_5H_{12}	2-Methyl-butan	27,8	82,8	114	154	—
C_5H_{12}	Pentan	30,0	92,4	125	164	—
$C_5H_{12}O$	Äthoxypropan	61,7	123	156	197	—
C_6H_5Br	Brombenzol	156	232	274	327	387
C_6H_5Cl	Chlorbenzol	132	205	245	293	350
C_6H_5F	Fluorbenzol	84,7	148	184	228	279
C_6H_5J	Jodbenzol	189	270	316	371	437
C_6H_6	Benzol	180	142	179	221	272
C_6H_6O	Phenol	182	248	284	229	382
C_6H_{12}	Cyclohexan	80,7	146	184	228	—
C_6H_{14}	Hexan	68,7	132	167	208	—
C_7H_8	Toluol	111	178	216	262	319
C_7H_{16}	Heptan	98,4	166	203	247	—
C_7H_{16}	2,2,3-Trimethyl-butan	80,8	148,2	186,0	—	—
C_8H_{10}	Äthylbenzol	136	207	246	294	—
C_8H_{18}	Octan	126	+196	+236	+281	—

41133. *Werte der Konstanten A und B der Formel für den Dampfdruck p in Torr:* $\log p = \frac{-A}{273+\vartheta} + B$ *und Geltungsbereich*[1]

Formel	Name	Geltungsbereich in °C	*A*	*B*	Geltungsbereich in °C	*A*	*B*
CCl_2O	Phosgen	−70...−30	1444	8,086	−15...+10	1315	7,561
CCl_4	Tetrachlorkohlenstoff	−50...−25	1975	8,821	+60...+90	1627	7,531
CH_3O_2N	Nitromethan	−30...+20	2118	8,671	30...110	1940	8,065
CH_4	Methan	−205...−195	505,7	7,521	−182...−162	451,2	0,920
CH_4O	Methanol	−5...+110	1984	8,740	110...250	1835	8,349
C_2H_2	Acetylen	−130...−80	1164	9,0286			
$C_2H_3ClO_2$	Chloressigsäure	81...150	2878	9,125	150...190	2796	8,923
C_2H_3N	Acetonitril	−40...+20	1838	8,151	26...90	1716	7,739
C_2H_4	Äthen	−150...−130	799,4	7,645	−130...−100	725,2	7,148
$C_2H_4Cl_2$	1,1-Dichlor-äthan	−60...−30	1776	8,372	+5...+60	1637	7,839
$C_2H_4Cl_2$	1,2-Dichlor-äthan	−45...−10	1910	8,364	+15...+90	1785	7,900
C_2H_4O	Acetaldehyd	−82...−50	1664	8,690	−40...+20	1537	8,133
$C_2H_4O_2$	Essigsäure	−17...+30	2174	8,483	90...120	2017	8,027
C_2H_5Cl	Chloräthan	−90...−60	1536	8,401	+10...+20	1299	7,432
$C_2H_5O_2N$	Nitroäthan	−20...+30	2119	8,411	35...120	2020	8,101
C_2H_6	Äthan	−160...−140	919,9	8,033	−130...−90	803,6	7,233
C_2H_6O	Äthanol	−30...+30	2257	9,336	30...90	2171	9,062
C_3H_6	Cyclopropan	−120...−80	1227	8,093	−50...−30	1087	7,409
C_3H_6	Propen	−140...−90	1151	8,154	−60...−40	875,4	7,205
$C_3H_6O_2$	Propionsäure	0...+60	2472	8,905	+60...+150	2331	8,506
C_3H_7Br	1-Brom-propan	−60...−20	1823	8,298	+10...+80	1691	7,807
C_3H_7Cl	1-Chlor-propan	−70...−20	1743	8,521	−10...+50	1516	7,626
C_3H_8	Propan	−150...−90	1166	8,079	−70...−30	995,5	7,196
C_3H_8O	Propanol-(1)	−20...+30	2457	9,543	30...70	2372	9,243
$C_4H_6O_3$	Essigsäureanhydrid	+0...+50	2443	8,898	50...140	2281	8,410

C_4H_8	Cyclobutan	−100...−50	1488	8,246	−53...+13	1327	7,521
$C_4H_8O_2$	Buttersäure	+25...+170	2695	9,070			
$C_4H_8O_2$	Dioxan	+40...+110	1890	7,930			
C_4H_9Cl	1-Chlor-butan	−49...−10	1847	8,250	+10...+90	1688	7,693
$C_4H_{10}O$	Diäthyläther	−60...−30	1657	8,367	−30...+50	1546	7,909
C_5H_{10}	Cyclopentan	−70...−20	1738	8,475	0...+50	1437	7,337
C_5H_{12}	Pentan	−80...−30	1739	8,792	+10...200	1381	7,345
		−30...+10	1510	7,799			
C_6H_4BrCl	1-Chlor-4-brom-benzol	+35...+55	3614	11,527	+55...+180	2475	8,162
$C_6H_4Cl_2$	1,2-Dichlor-benzol	+20...+90	2493	8,506	+90...+190	2338	8,054
$C_6H_4Cl_2$	1,3-Dichlor-benzol	+12...80	2318	8,131	+90...+190	2204	7,831
$C_6H_4Cl_2$	1,4-Dichlor-benzol	+20...+53	3876	12,826	+53...+180	2313	8,058
C_6H_5Br	Brombenzol	0...+60	2336	8,455	+130...+160	1965	7,458
C_6H_5Cl	Chlorbenzol	0...+50	2141	8,248	+50...+150	2004	7,832
C_6H_5F	Fluorbenzol	−50...0	1914	8,344	+10...+90	1758	7,795
C_6H_5J	Jodbenzol	+20...+90	2427	8,206	+100...+190	2262	7,785
$C_6H_5NO_2$	Nitrobenzol	42...210	2564	8,205			
C_6H_6	Benzol	−58...−10	2250	9,583	20...80	2388,4	20,818 f
C_6H_6O	Phenol	45...110	3017	9,693	150...190	2461	8,297
C_6H_{12}	Cyclohexan	−50...−10	1957	8,605			
C_6H_{12}	Hexen-(1)	10...70	1597	7,625			
C_6H_{14}	Hexan	−60...0	1781	8,182	0...+70	1645	7,702
C_7H_5N	Benzonitril	28...90	2504	8,320	90...200	2413	8,083
$C_7H_6O_2$	Benzoesäure	90...200	3521	9,680	210...250	3279	9,164
C_7H_7Cl	2-Chlor-toluol	+5···+70	2320	8,333	+70...+180	2189	7,945
C_7H_7Cl	3-Chlor-toluol	+5···+65	2255	8,125	+70...+170	2126	7,759
C_7H_7Cl	4-Chlor-toluol	+5···+65	2276	8,180	+70...+170	2154	7,822
C_7H_8	Toluol	−30···+20	2047	8,460	+52..,+110	1871	7,762
C_7H_8O	Benzylalkohol	58...92	3409	10,597	90...142	3096	9,468
C_7H_8O	o-Kresol	+35···+90	2828	9,084	90...130	2703	8,739
C_7H_8O	m-Kresol	52...120	3280	10,090	120...150	2875	8,976

[1] Landolt-Börnstein, 6. Aufl. Bd. II/2a, Beitrag Klemenc/Kohl.

Formel	Name	Geltungsbereich in °C	*A*	*B*	Geltungsbereich in °C	*A*	*B*
C_7H_8O	p-Kresol	50...170	2939	9,123	170...210	2697	8,560
C_7H_{16}	Heptan	30...100	1812	7,757			
C_7H_{16}	2-Methyl-hexan	−45...+50	1890	8,157			
C_7H_{16}	3-Methyl-hexan	−40...+40	1894	8,140	+102	1742	7,648
C_8H_{18}	Octan	−14...+80	1922	7,714	50...120	1893	7,511
C_9H_7N	Chinolin	59...140	2833	8,516	140...240	2584	7,938
C_9H_8	Inden	10...190	2291	7,919			
C_9H_{20}	Nonan	0...+100	2296	8,364			
$C_{10}H_8$	Naphthalin	0...−80	3616	11,109	120...200	2317	7,601
$C_{10}H_{12}$	Tetralin	+35...+80	2666	8,571	+207	2387	7,848
$C_{10}H_{16}O$	d-Campher	−3...+180	2652	8,440	180...220	2283	7,623
$C_{10}H_{18}$	cis-Dekalin	20...200	739,27	−13,605			
$C_{10}H_{18}$	trans-Dekalin	−1...+190	947,80	−13,176			
$C_{12}H_{10}$	Acenaphthen	131...197	2885	8,139	+277	2832	8,027
$C_{12}H_{10}N_2$	Azobenzol	100...180	3336	8,857	200...310	3166	8,472
$C_{12}H_{11}N$	Diphenylamin	100...180	3317	8,697	200...305	3197	8,440
$C_{13}H_{10}O$	Benzophenon	108...180	3345	8,766	180...250	3205	8,142
$C_{14}H_{10}$	Anthracen	145...187	4595	10,97	250...342	3105	7,932
$C_{14}H_{10}$	Phenanthren	118...340	2990	7,771			

4114. Dampfdrucke von Trockenmitteln[1]

Trockenmittel	H_2O-Partialdruck in Torr bei 25° C	Trockenmittel	H_2O-Partialdruck in Torr bei 25° C	Trockenmittel	H_2O-Partialdruck in Torr bei 25° C
P_2O_5	$2 \cdot 10^{-5}$	Al_2O_3	$3 \cdot 10^{-3}$	H_2SO_4 90 %	$7,7 \cdot 10^{-3}$
$Mg(ClO_4)_2$	$5 \cdot 10^{-4}$	H_2SO_4 80 %	$1,24 \cdot 10^{-1}$	H_2SO_4 konz.	$3 \cdot 10^{-3}$
KOH (geschmolzen)	$2 \cdot 10^{-3}$	H_2SO_4 85 %	$3,9 \cdot 10^{-2}$	CaO	$2 \cdot 10^{-1}$
				$CaCl_2$	$1,4-2,5 \cdot 10^{1}$

[1] Nach Leybold, Vakuum-Taschenbuch, Berlin-Göttingen-Heidelberg 1958.

4115. Dampfdruck p von Dichtungsfetten und Kitten[1]

Material	p in Torr bei: 20° C	90° C
Apiezon-Fett L, frisch	$5 \cdot 10^{-6}$	
Apiezon-Fett L, entgast	$\approx 10^{-10}$	10^{-7}
Apiezon-Fett M, frisch	10^{-5}	
Apiezon-Fett M, entgast	$10^{-8} \ldots 10^{-9}$	$6 \cdot 10^{-6}$
Apiezon-Fett P	$\approx 10^{-10}$	10^{-7}
Apiezon-Fett R	$\approx 10^{-10}$	10^{-7}
Apiezon-Fett S	$\approx 10^{-10}$	10^{-7}
Apiezon-Wachs Q	10^{-4}	$2 \cdot 10^{-4}$ (70° C)
Apiezon, weiches Wachs	10^{-4}	
Picein	$3 \ldots 4 \cdot 10^{-4}$	
Ramsay-Fett	$10^{-4} \ldots 10^{-5}$	
Siegellack, weiß	10^{-3}	
Silikon-Fett	$< 10^{-10}$	10^{-8}

[1] Nach LEYBOLD, Vakuum-Taschenbuch, Berlin-Göttingen-Heidelberg 1957.

4116. Dampfdruck p von Treibmitteln für Diffusionspumpen[1]

$$\left(\text{Dampfdruckgleichung: } \log p = -\frac{A}{T} + B\right)$$

Trivialname	Chemische Formel	p in Torr bei 25°C	ϑ in °C bei 10^{-5} Torr	ϑ in °C bei 10^{-2} Torr	Konstanten d. Dampfdruckgleichung A	B
Amoil	Di-isoamylphthalat	$1{,}3 \cdot 10^{-5}$	22	93	4610	13,60
Amoil S	Di-isoamylsebacat	$1{,}0 \cdot 10^{-6}$	25	114	5190	14,40
Apiezon A	Gemisch aus Kohlenwasserstoffen (für Apiezon A, B, C)	$2{,}0 \cdot 10^{-6}$	37	110		
Apiezon B		$4{,}0 \cdot 10^{-7}$	50	127		
Apiezon C		$1{,}0 \cdot 10^{-8}$	77	160	5925	14,67
Arochlor	ähnlich Pentachlordiphenyl	$8{,}0 \cdot 10^{-6}$	27	93		
Butylphthalat	Di-n-butylphthalat	$3{,}3 \cdot 10^{-5}$	18	81	4680	14,215
b—S	Di-benzylsebacat	$4{,}0 \cdot 10^{-9}$	64	155	6320	15,775
m—Cr	Tri-m-kresylphosphat	$9{,}0 \cdot 10^{-8}$	50	141	5373	13,982
p—Cr	Tri-p-kresylphosphat	$2{,}0 \cdot 10^{-8}$	52	144	5926	15,223
Chlophen A 40	Chloriertes Benzol	$2{,}0 \cdot 10^{-4}$	0	67	4135	13,15
Diffelen		$5{,}0 \cdot 10^{-8}$				
Diffelen V		$1{,}5 \cdot 10^{-8}$				
Littonoil	gerade Kohlenwasserstoffketten C_nH_{2n}	$1{,}4 \cdot 10^{-7}$	57	132		
Narcoil 40	Di-(3,5,5-trimethylhexyl)-phthalat	$6{,}0 \cdot 10^{-8}$	57	124	5936	15,88
Nonylphthalat	Di-n-nonylphthalat	$1{,}0 \cdot 10^{-8}$	73	146	5690	16,41
Octoil	Di-2-äthylhexylphthalat	$2{,}3 \cdot 10^{-7}$	54	128	5590	15,116
		$3{,}3 \cdot 10^{-8}$	67	134	6157	15,90
Octoil S	Di-2-äthylhexylsebacat	$2{,}0 \cdot 10^{-8}$	50	142	5514	14,26
Octylphthalat	Di-n-octylphthalat	$4{,}0 \cdot 10^{-8}$	65	128	6035	15,94
Silikon DC 703	halborganische Verbindung des Siliciums	$5{,}0 \cdot 10^{-9}$	83	153	6165	14,32

[1] Nach Leybold-Taschenbuch Berlin-Göttingen-Heidelberg 1958.

412. Dichte koexistierender Phasen und Cailletet-Mathiassche Regel

In einzelnen Fällen ist nur die Dichte verfestigter oder flüssiger Gase angegeben. Die Dichte bzw. das spezifische Volumen koexistierender Phasen von gasförmigen Elementen ist in Tabelle 6321, S. 1333, von Wasser in Tabelle 22209, S. 618, von Luft in Tabelle 214502c, S. 182, die von Kältemitteln in Tabelle 6324 zu finden.

Reihenfolge:

4121. Anorganische Verbindungen, alphabetisch nach den chemischen Symbolen geordnet.

4122. Organische Verbindungen in der Hillschen Ordnung.

4123. Cailletet-Mathiassche Regel.

D′ Dichte der Flüssigkeit, *D″* Dichte des Dampfes. Reichen die Angaben bis zum kritischen Punkt, so ist der Dichtewert an diesem Punkt zwischen die Spalten *D′* und *D″* gesetzt.

4121. Anorganische Verbindungen

ϑ °C	D′ g/cm³	D″ g/cm³
AsH_3 Arsenwasserstoff		
−111,8	1,766	
−96,0	1,723	
−85,4	1,692	
−76,9	1,670	
−64,3	1,640	
−60	1,625	
−40	1,562	
−20	1,501	
−10	1,473	
0	1,445	
BF_3 Bortrifluorid		
−124,3	1,696	
−120,7	1,680	
−117,8	1,667	
−114,6	1,653	
−108,2	1,624	
−106,3	1,617	
−102,4	1,598	
B_2H_6 Diboran		
−37,8	0,341	0,0348
−32,9	0,334	0,0407
−27,1	0,325	0,0382
−17,9	0,309	0,0470
−7,4	0,284	0,541
−2,5	0,274	0,0588
+5,7	0,256	0,0581
12	0,228	0,0927
15	0,210	0,1100
15,8	0,16	
HBr Bromwasserstoff		
−100	2,332	
−80	2,256	0,0028
−60	2,175	
−40	2,087	
−20	1,994	
0	1,896	
20	1,792	
40	1,682	
60	1,566	
80	1,446	
HCN Cyanwasserstoff		
161,4	0,3949	
168,5	0,3761	
168,8		0,0744
177,2		0,1098
177,4	0,3221	
182,1	0,2368	0,1260
182,9		0,1740
183,2	0,2175	
183,5	0,195	
F −13,3, *V* 25,7		
CO Kohlenstoffmonoxid		
−205,01	0,8474	0,0008
−195,11	0,8064	0,0030
−185,99	0,7690	0,0077
−178,98	0,7341	0,0142
−165,53	0,6617	0,0368
−152,24	0,5658	0,0820
−143,33	0,4564	0,1636
−141,75	0,4220	0,1939
−140,23	0,301	
F −205,07, *V* −191,53		
COS Kohlenstoffoxidsulfid		
−72,3	1,220	0,0012
−58,3	1,196	0,0023
−46,2	1,168	0,004
−34,3	1,142	0,006
−23,3	1,113	0,008
−9,7	1,083	0,012
+3,6	1,040	0,018
16,3	1,004	0,025
29,8	0,956	0,050
44,1	0,907	0,071
59,8	0,841	0,096
75,1	0,762	0,142
93,5	0,606	0,269
99,8	0,523	0,371
102,3	0,44	
F −138,8, *V* −50,23		
HCl Chlorwasserstoff		
−110	1,253	0,00051
−97,3	1,224	0,00105
−80,5	1,177	0,00263
0,0	0,908	0,0550
10,0	0,860	0,0742
20,0	0,813	0,0995
30,0	0,760	0,1385
40,0	0,695	0,195
45,0	0,645	0,238
48,0	0,610	0,274
50,0	0,550	0,319
51,0	0,500	0,358
51,54	0,42	
$ClFO_3$ Perchlorylfluorid		
141,8	1,989	
123,6	1,935	
103,5	1,877	
93,6	1,846	
83,6	1,816	
73,8	1,786	
63,9	1,751	
54,0	1,718	
43,9	1,684	
38,9	1,667	
HF Fluorwasserstoff		
−73,9	1,1828	
−71,5	1,1773	

ϑ °C	D' g/cm³	D'' g/cm³
−68,0	1,1705	
−63,0	1,1617	
−55,1	1,1364	
−49,1	1,1222	
−42,2	1,1022	
−37,2	1,0979	
−33,2	1,0827	
−25,8	1,0616	
−20,3	1,0493	
−13,4	1,0354	
−9,4	1,0252	
−5,4	1,0136	
−1,4	1,0047	
+4,2	0,9918	
20	0,968	0,00317
40	0,928	0,00498
60	0,888	0,00765
80	0,844	0,01144
100	0,796	0,01664
120	0,741	0,02235
140	0,682	0,0345
160	0,606	0,0545
170	0,555	0,079
180	0,470	0,130
184	0,415	0,175
188	0,290	0,290
F_2O Sauerstofffluorid		
−155,9	1,573	
−152,4	1,555	
−148,8	1,537	
−147,4	1,530	
−145,3	1,521	
GeF_4 Germaniumtetrafluorid		
−195	f. 3,148	
−36,5	fl. 2,40	
−10	fl. 2,195	
−9	fl. 2,189	
−5	fl. 2,160	
0	fl. 2,126	
NO_2F Nitrylfluorid		
272,3	f. 1,951	
272,2	fl. 1,909	
257,9	fl. 1,738	
255,7	fl. 1,668	
254,5	fl. 1,636	
253,5	fl. 1,604	
252,6	fl. 1,575	
250,4	fl. 1,507	
N_2O Distickstoffoxid		
−50	1,079	0,032
−40	1,067	0,031
−30	1,044	0,029
−20	1,013	0,038
−10	0,975	0,051
0	0,925	0,073
10	0,861	0,111
20	0,793	0,153
30	0,704	0,217
36,5	0,459	

ϑ °C	p at	D' g/cm³	D'' g/cm³
N_2O_4 Stickstoffdioxid			
21,11	1,04	1,439	0,00340
32,22	1,70	1,415	0,00516
43,33	2,71	1,387	0,00781
54,44	4,22	1,359	0,01171
65,56	6,40	1,332	0,01722
76,67	9,53	1,300	0,02489
87,78	13,81	1,265	0,03519
98,89	19,89	1,225	0,04956
110,0	27,69	1,176	0,06904
121,1	38,24	1,119	0,09632
132,2	52,26	1,050	0,1359
143,3	70,65	0,9534	0,1978
154,4	93,96	0,7731	0,3408
158,22	103,28	0,5504	

ϑ °C	D' g/cm³	D'' g/cm³
PH_3 Phosphorwasserstoff		
−106,3	0,760	0,00079
−101,3	0,756	0,00101
−97,7	0,753	0,00122
−93,2	0,746	0,00151
2,4	0,618	
8,4	0,595	
18,4	0,559	
24,6	0,545	
29,4	0,536	
39,4	0,502	
44,4	0,469	
49,4	0,417	
54,0	0,218	

ϑ °C	p at	D' g/cm³	D'' g/cm³
H_2S Schwefelwasserstoff			
−80	0,335	0,998	0,001
−60	1,05	0,969	0,001
−40	2,58	0,930	0,002
−20	5,57	0,891	0,007
0	10,5	0,847	0,017
20	18,3	0,796	0,031
40	29,2	0,741	0,049
60	44,4	0,679	0,078
80	64,7	0,595	0,133
90	77,0	0,535	0,180
100	91,5	0,420	0,282
104	91,5	0,349	

ϑ °C	D' g/cm³	D'' g/cm³
SF_6 Schwefelhexafluorid		
9,0	1,47	0,14
12,5	1,44	0,16
16,5	1,41	0,17
20,0	1,37	0,19
26,0	1,30	0,25
30,0	1,26	0,27
34,0	1,21	0,30
38,0	1,14	0,34
40,0	1,10	0,35
42,0	1,07	0,39
43,0	1,03	0,43
45,5	0,727	
$SnCl_4$ Zinntetrachlorid		
0	2,27875	(0,00009)
40	2,1749	(0,0007)
80	2,0717	(0,0031)
110	1,9916	0,007610
140	1,9073	0,01618
170	1,8182	0,03077
200	1,7224	0,05459
230	1,6090	0,09149
250	1,5221	0,1280
270	1,4219	0,1812
280	1,3628	0,2160
318,7	0,7419	
F −33°C, *V* 113° C		
SO_3 Schwefeltrioxid		
98,74	1,541	0,023
130,5	1,421	0,047
154,6	1,326	0,071
182,6	1,182	0,148
197,2	1,055	0,236
205,3	1,006	0,271
209,6	0,960	0,307
212,1	0,921	0,333
214,3	0,901	0,365
218,3	0,633	

4122. Organische Verbindungen

CCl_3F Fluortrichlormethan[1]

ϑ °C	D' g/cm³	D'' g/cm³
71,11	1,3592	0,02232
98,89	1,2791	0,04225
126,67	1,1891	0,07525
152,8	1,0837	0,122
170,0	0,9917	0,177
183,4	0,8965	0,243
190,9	0,8170	0,306

[1] Werte für −70...+70° C s. Tabelle 6324.

CCl_4 Tetrachlorkohlenstoff

ϑ °C	D' g/cm³	D'' g/cm³
70	1,4963	0,004570
100	1,4343	0,01027
140	1,3450	0,02500
160	1,2982	0,03650
180	1,2470	0,05249
200	1,1888	0,07418
220	1,1227	0,1040
240	1,0444	0,1464
260	0,9409	0,2146
270	0,8666	0,2710
280	0,7634	0,3597
283,4	0,558	

$CHCl_2F$ Dichlorfluormethan

ϑ °C	D' g/cm³	D'' g/cm³
71,11	1,2478	0,02837
90,2	1,1893	0,04441
120,6	1,0838	0,085
141,3	0,9918	0,132
157,9	0,8965	0,192
168,0	0,8132	0,253

$CHCl_3$ Chloroform

ϑ °C	D' g/cm³	D'' g/cm³
210,0	1,044	0,108
220,0	0,998	0,123
230,0	0,947	0,145
240,0	0,890	0,175
250,0	0,812	0,218
260,0	0,697	0,305
262,5	0,496	

CH_4 Methan

ϑ °C	D' g/cm³	D'' g/cm³
−145,5	0,402	0,00521
−134,4	0,382	0,00983
−123,2	0,362	0,0164
−117,7	0,349	0,0204
−112,1	0,335	0,0253
−106,6	0,321	0,0312
−101,0	0,307	0,0388
−95,5	0,292	0,0490
−90,0	0,263	0,0636
−84,5	0,223	0,0916
−82,5	0,1381	

CH_4S Methylmercaptan

ϑ °C	D' g/cm³	D'' g/cm³
92,7	0,7612	0,0115
116,5	0,7214	0,0245
131,1	0,6896	0,0381
136,8	0,6765	0,0438
144,3	0,6581	0,0536
150,4	0,6422	0,0615
154,4	0,6317	0,0688
161,2	0,6103	0,0820
169,3	0,5825	0,1006
176,8	0,5490	0,1213
182,1	0,5227	0,1393
191,1	0,4686	0,1873
196,8	0,3315	

C_2H_3N Äthannitril

ϑ °C	D' g/cm³	D'' g/cm³
212,34	0,5340	0,0248
227,72	0,4983	0,0388
236,52	0,4756	0,0480
245,77	0,4527	0,0589
252,01	0,4291	0,0728
262,00	0,3932	0,0963
269,00	0,3502	0,1288
270,92	0,3355	0,1455
274,7	0,237	

C_2H_4 Äthylen

ϑ °C	D' g/cm³	D'' g/cm³
−145,07	0,62465	0,00009363
−114,69	0,58380	0,0011127
−103,01	0,56740	0,0021928
−63,41	0,50588	0,012584
−48,15	0,47822	0,20407
−24,33	0,42655	0,041854
−14,18	0,39855	0,059942
−7,70	0,37721	0,076050
+5,84	0,30840	0,13266
6,50	0,30342	0,13716
7,98	0,28726	0,15268
9,5	0,215	

C_2H_4O Acetaldehyd

ϑ °C	D' g/cm³	D'' g/cm³
0,1	0,8112	0,0007
10,0	0,7973	0,0011
20,0	0,7831	0,0018
29,0	0,7704	0,0024
38,8	0,7565	0,0031
46,0	0,7461	0,0037
50,0	0,7404	0,0040

$C_2H_4O_2$ Essigsäure

ϑ °C	D' g/cm³	D'' g/cm³
20	1,0491	0,0000764
60	1,0060	0,0004621
100	0,9599	0,001833
140	0,9091	0,005515
180	0,8555	0,01370
220	0,7941	0,03021
240	0,7571	0,04327
260	0,7136	0,06165
280	0,6629	0,0883
300	0,5950	0,1331
310	0,5423	0,1718
320	0,4615	
321,6	0,351	

C_2H_4O Äthylenoxid

ϑ °C	D' g/cm³	D'' g/cm³
−52,0	0,9658	0,0001
−43,4	0,9547	0,0002
−32,5	0,9403	0,0003
−21,1	0,9252	0,0005
−9,6	0,9100	0,0009
−0,3	0,8976	0,0012
+5,8	0,8895	0,0016
13,3	0,8826	0,0021
37,8	0,8603	0,00499
54,5	0,8361	0,00799
71,2	0,8070	0,01227
87,8	0,7754	0,01820
104,5	0,7416	0,02630
121,2	0,7060	0,03748
137,8	0,6675	0,05306
154,5	0,6209	0,07482
171,2	0,5621	0,1064
187,8	0,4854	0,1560
195,7	0,314	

$C_2H_4O_2$ Ameisensäure-methylester

ϑ °C	D' g/cm³	D'' g/cm³
30	0,9598	0,002291
60	0,9133	0,006039
100	0,8452	0,01723
140	0,7638	0,04124
160	0,7136	0,06231
180	0,6521	0,09434
200	0,5658	0,1524
210	0,4857	0,2188
212	0,4549	0,2451
213	0,4328	0,2681
213,5	0,4157	0,2865
214,0	0,349	

C_2H_6 Äthan

ϑ °C	D' g/cm³	D'' g/cm³
−123	0,584	0,000234
−88,48	0,547	0,00204
−83,1	0,541	0,002635
−73	0,529	0,004089
−53	0,504	0,009044
−33	0,475	0,017564
−13	0,440	0,03165
+7	0,396	0,05598
+27	0,316	0,11918
32,05	0,206	

C_2H_6O Äthanol

ϑ °C	D' g/cm³	D'' g/cm³
0	0,80625	0,000033
20	0,7894	0,000111
50	0,7633	0,000506
80	0,7348	0,00174
110	0,7057	0,00486
140	0,6631	0,01152
170	0,6165	0,02446
200	0,5568	0,0508
220	0,4958	0,0854
240	0,3825	0,1715
241	0,3705	0,1835
242,5	0,3419	0,2164
243,1	0,276	

C_3H_4 Propin

ϑ °C	D' g/cm³	D'' g/cm³
−57,0	0,7109	
−47,4	0,6992	
−36,8	0,6873	
−26,5	0,6759	
−17,5	0,6652	
−12,7	0,6582	
−0,5	0,6447	
50	0,5703	0,0207
60	0,5501	0,0259
70	0,5279	0,0333
80	0,5088	0,0424

ϑ °C	D′ g/cm³	D″ g/cm³
90	0,4861	0,0547
100	0,4603	0,0705
110	0,4275	0,0915
120	0,3812	0,1252
128,5	0,3011	0,1927
129,0	0,2709	0,2221
129,23	0,2449	

C_3H_6O Aceton

ϑ °C	D′ g/cm³	D″ g/cm³
211	0,479	0,086
215	0,466	0,089
220	0,446	0,096
225	0,421	0,107
230	0,390	0,127
232	0,372	0,140
235	0,326	0,180
236,3	0,278	

$C_3H_6O_2$ Essigsäure-methylester

ϑ °C	D′ g/cm³	D″ g/cm³
20	0,9338	(0,0007)
50	0,8939	0,002212
80	0,8519	0,005618
120	0,7893	0,01570
160	0,7133	0,03731
200	0,6100	0,08658
220	0,5281	0,1416
227	0,4818	0,1776
230	0,4527	0,2028
232	0,4226	0,2288
233	0,3995	0,2525
233,7	0,320	

C_3H_8 Propan

ϑ °C	D′ g/cm³	D″ g/cm³
30	0,4858	0,0200
40	0,4715	0,0290
50	0,4543	0,0395
60	0,4340	0,0520
70	0,4080	0,0655
80	0,3760	0,0832
90	0,3320	0,1180
95	0,2930	0,1580
96,85	0,224	

C_3H_8O Propanol-(1)

ϑ °C	D′ g/cm³	D″ g/cm³
80	0,7520	0,00104
100	0,7325	0,00226
120	0,7110	0,00443
140	0,6875	0,00805
160	0,6600	0,01380
180	0,6285	0,0225
200	0,5920	0,0353
220	0,5485	0,0556
240	0,4920	0,0904
250	0,4525	0,1180
260	0,3905	0,1610
263,5	0,3380	

C_4H_6 Butadien-(1,3)

ϑ °C	D′ g/cm³	D″ g/cm³
−108,92	0,7638	0,00000275
−100,0	0,7545	0,0000073
−80,0	0,7335	0,0000445
−60,0	0,7122	0,0001817
−40,0	0,69048	0,0005572
0,0	0,64522	0,002977
+40,0	0,59533	0,010096
80,0	0,5364	0,02666
100,0	0,5006	0,04154

ϑ °C	D′ g/cm³	D″ g/cm³
120,0	0,456	0,06508
140,0	0,390	0,11141
152,0	0,245	

C_4H_8 Buten-(1)

ϑ °C	D′ g/cm³	D″ g/cm³
−78,1	0,705	
−49,8	0,674	
−31,1	0,653	
−15,1	0,636	
0	0,619	
50	0,561	
75	0,523	
100	0,477	
125	0,411	
146,1	0,247	0,210
146,4	0,233	

$C_4H_8O_2$ Essigsäureäthylester

ϑ °C	D′ g/cm³	D″ g/cm³
20	0,9005	(0,0003)
70	0,8376	0,002561
100	0,7972	0,006158
140	0,7378	0,01650
180	0,6653	0,03883
200	0,6210	0,05797
220	0,5648	0,08905
230	0,5281	0,1131
240	0,4778	0,1499
247	0,4195	0,1996
249	0,3839	0,2288
250,1	0,308	

C_4H_{10} n-Butan

ϑ °C	D′ g/cm³	D″ g/cm³
51,89	0,541	0,0128
72,50	0,513	0,0208
88,06	0,489	0,0301
100,83	0,467	0,0396
111,56	0,446	0,0508
120,61	0,425	0,0625
132,72	0,391	0,0844
139,72	0,366	0,1030
146,11	0,334	0,1288
149,17	0,310	0,1502
152,22	0,228	

C_4H_{10} 2-Methyl-propan (Isobutan)

ϑ °C	D′ g/cm³	D″ g/cm³
0	0,582	0,00435
8,0	0,573	0,00554
16,0	0,563	0,00703
24,0	0,553	0,00898
32,0	0,543	0,0109
40,0	0,533	0,0134
56,0	0,511	—

$C_4H_{10}O$ Butanol-(1)

ϑ °C	D′ g/cm³	D″ g/cm³
190	0,6251	
210	0,5956	
230	0,5618	0,0417
250	0,5197	0,0625
270	0,4585	0,0987
280	0,4146	0,1317
289,7	0,267	

$C_4H_{10}O$ Diäthyläther

ϑ °C	D′ g/cm³	D″ g/cm³
0	0,7362	0,000827
20	0,7135	0,001870
40	0,6894	0,003731
60	0,6658	0,006771
80	0,6402	0,01155

ϑ °C	D′ g/cm³	D″ g/cm³
100	0,6105	0,01867
110	0,5942	0,02349
140	0,5385	0,04488
180	0,4268	0,1135
190	0,3663	0,1620
193	0,3300	0,2012
193,4	0,265	

$C_5H_{10}O_2$ Buttersäure-methylester

ϑ °C	D′ g/cm³	D″ g/cm³
100	0,8068	0,003300
140	0,7551	0,009294
180	0,6964	0,02215
220	0,6251	0,04831
240	0,5773	0,07143
250	0,5505	0,08696
260	0,5166	0,1091
270	0,4721	0,1416
275	0,4386	0,1691
278	0,4100	0,1948
280	0,3812	0,2201
281,2	0,300	

$C_5H_{10}O_2$ 2-Methyl-propansäure-methylester

ϑ °C	D′ g/cm³	D″ g/cm³
90	0,8069	0,003361
120	0,7680	0,007628
160	0,7095	0,01903
200	0,6411	0,04228
220	0,5961	0,06289
240	0,5386	0,09615
250	0,5021	0,1218
260	0,4495	0,1623
263	0,4258	0,1838
265	0,4036	0,2033
266,5	0,3790	0,2268
267,5	0,301	

$C_5H_{10}O_2$ Propansäure-äthylester

ϑ °C	D′ g/cm³	D″ g/cm³
80	0,8201	0,0019
100	0,7951	0,003580
140	0,7415	0,01024
180	0,6795	0,02469
220	0,6027	0,05435
240	0,5501	0,08230
250	0,5181	0,1030
260	0,4744	0,1335
265	0,4459	0,1562
268	0,4227	0,1751
270	0,4018	0,1957
272,9	0,297	

$C_5H_{10}O_2$ Essigsäure-propylester

ϑ °C	D′ g/cm³	D″ g/cm³
80	0,8201	0,0017
100	0,7957	0,003328
120	0,7702	0,005760
140	0,7435	0,009497
160	0,7149	0,01489
180	0,6835	0,02268
200	0,6488	0,03390
220	0,6087	0,05025
240	0,5586	0,07576
250	0,5289	0,09390
260	0,4908	0,1205
270	0,4333	0,1661
276,2	0,296	

C_5H_{12} Pentan

ϑ °C	D′ g/cm³	D″ g/cm³
30	0,6165	0,002451
60	0,5850	0,006020
100	0,5377	0,01626
140	0,4787	0,0386
160	0,4394	0,0591
180	0,3867	0,0935
190	0,3445	0,1269
193	0,3253	0,1440
196	0,2915	0,1746
197	0,2640	0,2005
197,2	0,232	

C_5H_{12} 2-Methyl-butan

ϑ °C	D′ g/cm³	D″ g/cm³
10	0,6295	0,001650
40	0,5988	0,004456
80	0,5540	0,01287
120	0,4991	0,03106
140	0,4642	0,04728
160	0,4206	0,07289
170	0,3914	0,09337
180	0,3498	0,1258
183	0,3311	0,1418
186	0,3028	0,1676
187,4	0,2761	0,1951
187,8	0,234	

$C_5H_{12}O$ Äthoxypropan

ϑ °C	D′ g/cm³	D″ g/cm³
108,4	0,6220	0,0206
130,8	0,5898	0,0290
148,1	0,5680	0,0339
161,5	0,5451	0,0422
170,4	0,5312	0,0473
189,7	0,5093	0,0577
192,4	0,4859	0,0708
202,8	0,4577	0,0878
209,7	0,4365	0,1020
216,2	0,4055	0,1230
220,5	0,3839	0,1393
227,4	0,260	

C_6H_5Br Brombenzol

ϑ °C	D′ g/cm³	D″ g/cm³
120	1,3583	(0,0019)
150	1,3146	0,004125
160	1,2994	0,005241
180	1,2697	0,008117
200	1,2385	0,01209
220	1,2037	0,01745
240	1,1689	0,02482
260	1,1310	0,03427
270	1,1099	0,04018

C_6H_5Cl Chlorbenzol

ϑ °C	D′ g/cm³	D″ g/cm³
120	0,9960	(0,0026)
160	0,9480	0,006784
180	0,9224	0,01023
200	0,8955	0,01506
220	0,8672	0,02145
240	0,8356	0,03000
260	0,8016	0,04172
270	0,7834	0,04921
329,2	0,6411	
348,8	0,5530	
358,8	0,4400	
359,2	0,365	

C_6H_5J Jodbenzol

ϑ °C	D′ g/cm³	D″ g/cm³
80	1,7391	(0,0003)
120	1,6767	(0,0009)
160	1,6134	(0,0029)
180	1,5803	0,004733
200	1,5470	0,007278
220	1,5115	0,01076
240	1,4764	0,01555
250	1,4581	0,01852
260	1,4384	0,02200
270	1,4172	0,02604

C_6H_6 Benzol

ϑ °C	D′ g/cm³	D″ g/cm³
100	0,7927	0,004704
140	0,7440	0,01176
180	0,6906	0,02487
200	0,6605	0,03546
220	0,6255	0,05015
240	0,5851	0,07138
260	0,5328	0,1034
270	0,4984	0,1287
280	0,4514	0,1660
286,1	0,4078	
288,0	0,3856	
288,9	0,309	

C_6H_{12} Cyclohexan

ϑ °C	D′ g/cm³	D″ g/cm³
80	0,7206	0,002898
120	0,6791	0,007962
160	0,6325	0,01818
200	0,5780	0,03738
220	0,5456	0,05249
240	0,5063	0,07496
260	0,4533	0,1111
270	0,4125	0,1433
274	0,3891	0,1634
277	0,3642	0,1855
279	0,3393	0,2105
281,02	0,273	

C_6H_{14} Hexan

ϑ °C	D′ g/cm³	D″ g/cm³
60	0,6221	0,002488
100	0,5814	0,00754
140	0,5343	0,01866
180	0,4751	0,04228
200	0,4365	0,06329
220	0,3810	0,1011
230	0,3329	0,1405
233	0,3040	0,1638
234	0,2883	0,1807
234,7	0,233	

C_7H_{16} Heptan

ϑ °C	D′ g/cm³	D″ g/cm³
80	0,6311	0,002000
120	0,5926	0,006075
160	0,5481	0,01511
200	0,4952	0,03304
220	0,4616	0,04892
240	0,4177	0,07446
250	0,3877	0,09461
260	0,3457	0,1287
265	0,3059	0,1631
266,5	0,2819	0,1895
267,2	0,241	

C_8H_{10} 1,2-Dimethylbenzol (o-Xylol)

ϑ °C	D′ g/cm³	D″ g/cm³
190	0,716	0,014
200	0,705	0,016
210	0,694	0,019
220	0,682	0,021
230	0,670	0,024
240	0,656	0,028
250	0,641	0,034
260	0,625	0,040
270	0,609	0,046
280	0,593	0,052

C_8H_{10} 1,3-Dimethylbenzol (m-Xylol)

ϑ °C	D′ g/cm³	D″ g/cm³
190	0,690	0,020
200	0,678	0,023
210	0,666	0,026
220	0,654	0,030
230	0,642	0,034
240	0,629	0,038
250	0,615	0,043
260	0,600	0,048
270	0,585	0,054
280	0,570	0,060

C_8H_{10} 1,4-Dimethylbenzol (p-Xylol)

ϑ °C	D′ g/cm³	D″ g/cm³
190	0,620	0,028
200	0,612	0,030
210	0,603	0,032
220	0,594	0,035
230	0,585	0,038
240	0,575	0,041
250	0,562	0,045
260	0,548	0,051
270	0,534	0,057
280	0,520	0,062

C_8H_{18} Octan

ϑ °C	D′ g/cm³	D″ g/cm³
120	0,6168	0,003247
140	0,5973	0,005405
160	0,5772	0,008591
180	0,5556	0,01316
200	0,5317	0,01965
220	0,5053	0,02874
240	0,4732	0,04237
260	0,4364	0,06223
270	0,4123	0,07716
280	0,3818	0,09833
290	0,3365	0,1346
296,2	0,233	

C_8H_{18} 2,2,4-Trimethylpentan

ϑ °C	D′ g/cm³	D″ g/cm³
150	0,567	0,0105
175	0,540	0,0178
200	0,507	0,0287
225	0,466	0,0479
250	0,407	0,0793

C_8H_{18} Di-isobutyl

ϑ °C	D′ g/cm³	D″ g/cm³
20	0,6934	(0,0002)
40	0,6764	(0,0004)
80	0,6417	(0,0016)
120	0,6046	0,005219
160	0,5620	0,01321
200	0,5117	0,02874
220	0,4810	0,04202
240	0,4434	0,06223
260	0,3912	0,09699
270	0,3482	0,1321
274	0,3187	0,1572

ϑ °C	D' g/cm³	D'' g/cm³	ϑ °C	D' g/cm³	D'' g/cm³	ϑ °C	D' g/cm³	D'' g/cm³
$C_{10}H_8$ Naphthalin			$C_{12}H_{10}$ Diphenyl			$C_{12}H_{10}O$ Diphenyläther		
300	0,7813	0,0126	93,3	0,9747	0,0000173	280	0,8344	0,0064
320	0,7598	0,0163	121,1	0,9525	0,000066	300	0,8140	0,0084
340	0,7362	0,0218	148,7	0,9304	0,000187	320	0,7924	0,0120
360	0,7100	0,0298	176,7	0,9074	0,000455	340	0,7695	0,0166
380	0,6789	0,0424	204,4	0,8849	0,000987	360	0,7452	0,0266
400	0,6410	0,0617	232,2	0,8620	0,001954	380	0,7178	0,0316
420	0,5989	0,0850	255,3	0,8424	0,003363	400	0,6881	0,0428
440	0,5510	0,1139	287,8	0,8126	0,00713	420	0,6538	0,0585
460	0,4935	0,1522	343,3	0,7577	0,01898	440	0,6160	0,0777
470	0,4590	0,1770	398,9	0,6933	0,03844	460	0,5738	0,1012
478,5	0,314		454,4	0,6103	0,07512	480	0,5210	0,1353
			482,2	0,5539	0,10972	490	0,4595	0,1874
			528	0,393		494	0,322	

4123. Cailletet-Mathiassche Regel

Im kritischen Punkt sind die Dichten der gesättigten Dampfphase und der flüssigen Phase gleich. Trägt man graphisch die Dichten der flüssigen und der Gasphase gegen die Temperatur auf, so erhält man parabelähnliche Kurven; die Mittelwerte für gleiche Temperaturen $\frac{\varrho_{\text{fl}} + \varrho_D}{2}$ liegen fast genau auf einer Geraden. Dieser Befund wird die Cailletet-Mathiassche Regel genannt. Sie gestattet es, die kritische Dichte genauer zu bestimmen, als es durch direkte Messungen möglich ist. Die Abbildung zeigt für einige Elemente (He, Ar, Xe, O_2), Diäthyläther und Pentan den Verlauf der Kurve für die reduzierten Dichten und Temperaturen.

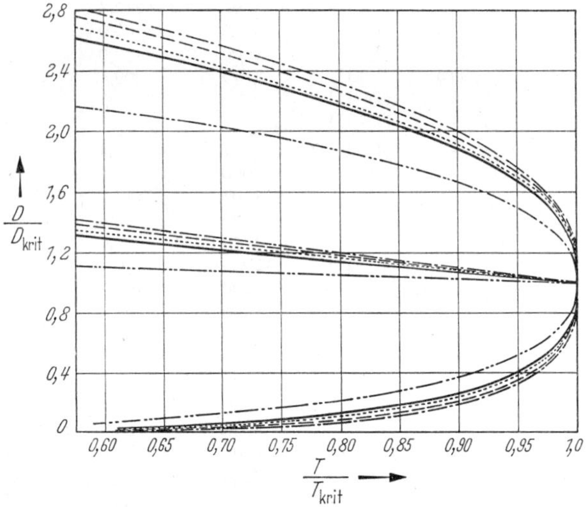

Es sind die reduzierten Dichten $\frac{D}{D_{\text{krit}}}$ in Abhängigkeit von den reduzierten Temperaturen $\frac{T}{T_{\text{krit}}}$ für Helium —··—··—, Argon ———, Xenon und Sauerstoff ········, Pentan —·—·—, Diäthyläther – – – – aufgetragen

413. Schmelzen und Umwandlungen unter Druck[1]

Angaben über Schmelzen und Umwandlungen unter Druck von Elementen sind in der Tabelle 2141, für H_2O und D_2O in Tabelle 222 zu finden.

Einteilung der Tabelle 4131: Anorganische Verbindungen, Ordnung alphabetisch nach den Symbolen.

Einteilung der Tabelle 4132: Organische Verbindungen, Ordnung nach dem Hillschen System.

Abkürzungen

I, II, III	verschiedene Modifikationen
F	Schmelzpunkt
fl.	flüssig
p	Druck
Trp	Tripelpunkt
U	Umwandlungspunkt
ΔV	Volumenänderung bei Phasenumwandlung
ϑ	Temperatur in °C

4131. Anorganische Verbindungen

Ordnung alphabetisch nach den Symbolen

			p at	ϑ °C	ΔV cm^3g^{-1}
$AgClO_4$	*U*	I–II	1	155	
		II–III	7500	0	0,0145
			9200	200	0,0120
AgJ	*U*	I–II	1	144,6	−0,00860
			3000	96,1	−0,01020
		I–III	3000	104,8	0,01390
			6500	212,3	0,00830
		II–III	2800	100,0	−0,02412
			3000	30,0	−0,0239
	Trp.	I–II	2810	99,4	−0,01010
		I–III			+0,01402
		II–III			−0,02412
$AgNO_3$	*U*	I–II	1	159,4	−0,00250
			1000	151,8	−0,00254
			5000	118,7	−0,00279
			9000	56,8	−0,00320
			9770	0,0	−0,00330
		II–III	32000	0	0,00400
			35000	100	0,00375
			38000	200	0,00350
		III–IV	37200	200	−0,0108
			40200	100	−0,0112
			43200	0	−0,0116
CO_2	*F*		1000	−37,3	
			2000	−20,5	
			4000	+8,5	0,0979
$CsClO_4$	*U*		800	0	0,01390
			1675	100	0,01475
			2550	200	0,01560

[1] Die Daten sind größtenteils dem Beitrag S. Valentiner Landolt-Börnstein 6. Auflage Band II/2a S. 216 entnommen. Literatur ist dort angegeben.

			p at	ϑ °C	ΔV cm^3g^{-1}
$CsMnO_4$	*U*	I–II	9600	200	−0,0045
			12900	100	−0,0062
			16200	0	−0,0080
		II–III	37400	200	−0,0137
			39500	100	−0,0135
			41600	0	−0,0133
$CsNO_3$	*U*	I–II	1	153,7	0,00405
			3000	181,3	0,00352
			6000	207,1	0,00298
CuJ	*U*		12200	150	−0,00480
			13880	50	−0,00630
			15560	−50	−0,00698
			16400	−100	−0,00705
FeS	*U*		1	138	
			1000	53,5	
			2000	32,7	
$HgBr_2$	*U*	I–II	1700	50	0,00185
			2600	200	0,00185
		II–III	23000	50	0,00112
			25200	150	0,00092
		III–IV	37600	150	−0,00250
			39200	0	−0,00204
$HgCl_2$	*U*		1	276	
			12600	150	−0,0016
			20800	0	−0,0010
KCN	*U*	I–II	4000	150	−0,0230
			4800	80	−0,0150
		II–III	20660	50	0,0553
			21780	150	0,0507
		II–IV	17700	−80	0,0638
			20100	+20	0,0602
		III–IV	23540	50	0,0034
			40900	130	0,0016
	Trp.	II–IV	20500	36	+0,0595
		II–III			+0,0558
		III–IV			+0,0037
KCl	*U*		20590	−78	−0,0564
$KClO_3$	*U*		5680	0	0,02510
			7730	200	0,02466
$KHSO_4$	*U*	I–II	1	180,5	0,00066
			1000	190,4	0,00137
			2000	200,3	0,00209
		I–IV	2000	201,5	0,00307
			3000	218,4	0,00290
		II–III	1	164,2	−0,00556
			2000	132,6	−0,00566
			3000	116,6	−0,00571
		II–IV	1810	200,0	−0,00113
			2340	160,0	−0,00111
			2875	120,0	−0,00110

			p at	ϑ °C	ΔV cm^3g^{-1}
		III–IV	3000	116,4	−0,0068
			4000	97,5	−0,0064
			6000	51,4	−0,0058
	Trp.	I–II	1830	198,6	+0,00197
		II–IV			−0,00113
		I–IV			+0,00310
		II–III	2900	118,2	−0,00570
		II–IV			−0,00110
		III–IV			−0,00680
KNO_2	*U*		5000	−3,0	0,0312
			8000	50,8	0,0355
			10000	109,3	0,0383
KNO_3	*U*	I–II	1	127,7	0,0060
		II–III	103,0	127,75	
			256,0	125,20	−0,0091
			510	120,0	−0,0105
			2350	60,0	−0,01480
			2955	20,0	−0,01560
		II–IV	2665	0,0	0,04474
			2920	20,0	0,04410
		III–IV	3000	23,9	0,02830
			5000	96,8	0,02680
			9000	214,5	0,02500
	Trp.	II–III	2930	21,3	−0,01560
		III–IV			+0,02840
		II–IV			+0,04400
		I–III	115	128,3	+0,01420
		II–III	83,6	128,0	−0,00886
		I–II			+0,00534
KSCN	*U*	I–II	1	140,0	0,00306
			2000	173,9	0,00200
			4000	208,3	0,00151
K_2S	*U*		1	146,4	0,000948
			2000	170,4	0,000886
			5000	206,4	0,000794
NH_4Br	*U*		1	137,8	0,0647
			300	163,4	0,0659
			600	191,8	0,0658
NH_4Cl	*U*		1	184,3	0,0985
			200	197,8	0,1160
NH_4HSO_4	*U*	I–II	1220	40	0,01330
			1520	80	0,01259
			1810	120	0,01188
		I–III	1860	130	0,00529
			1860	150	0,00529
		II–III	2000	128,4	0,00635
			4000	156,9	0,00524
		III–IV	5650	177,0	−0,00168
			5530	181,0	−0,00265

			p at	ϑ °C	ΔV cm^3g^{-1}
		IV–V	6000	178,3	0,00466
			8000	187,1	0,00360
			10000	193,8	0,00300
	Trp.	(I–II–III)	1860	126,2	
		(II–III–IV)	5660	176,9	
NH_4J	*U*		1	−17,6	0,0561
			742	40,0	0,0540
			1537	120,0	0,0518
NH_4NO_3	*F*	I–fl.	1	168	
s. auch Abb. S. 962			1000	202	(0,0510)
	U	I–II	1	125,5	0,01351
			2000	143,0	0,01028
			5000	164,5	0,00751
			9000	186,6	0,00476
		II–III	1	82,7	0,00758
			400	75,1	0,00836
			800	65,0	0,00913
		II–IV	1000	65,3	0,01210
			4000	106,8	0,01215
			8000	156,0	0,01250
$NaClO_3$	*U*	I–II	13000	170	−0,00013
			15200	70	−0,00028
			16300	20	−0,00035
		II–III	31500	100	−0,0065
			33100	70	−0,0030
		II–IV	24640	170	−0,0055
			28070	135	−0,0061
			31500	100	−0,0055
		III–IV	31500	100	0,0010
			35900	135	0,0012
			40290	170	0,0014
	Trp.	II–IV	31500	100	−0,0055
					+0,0010
					−0,0065
		III–IV	1	32,0	0,02026
			400	45,4	0,02077
			800	60,8	0,02128
		IV–V	1	−18,0	−(0,0170)
		I–IV	9000	186,6	0,00858
			11000	201,6	0,00740
		II–VI	9034	185,0	−0,00373
			9154	170,0	−0,00312
		IV–VI	9000	167,9	0,00959
			11000	184,3	0,00952
	Trp.	III–IV	860	63,3	+0,02135
		II–III			−0,00925
		II–IV			+0,01210
		I–II	9020	186,7	+0,00475
		I–VI			+0,00855
		II–VI			
		II–IV	9160	169,2	+0,01267
		II–VI			−0,00309
		IV–VI			+0,00958

			p at	ϑ °C	ΔV cm^3g^{-1}
NH_4SCN	*U*		1	88	−0,0419
			1000	53	−0,0412
			2000	26	−0,0407
$NaBrO_3$	*U*		17600	170	−0,0078
			20200	100	−0,0076
$NaClO_4$	*U*	I−II	22300	50	0,00115
			28300	150	0,00148
		II−III	29000	20	
			32500	100	0,0131
			31500	160	−0,0190
$NaNO_2$	*U*		6000	−80	
			17000	150	
RbBr	*U*		4925	50	−0,0325
			5050	0	−0,0313
RbCl	*U*		5525	50	−0,0505
			5600	0	−0,0484
$RbNO_3$	*U*	I−II	1	164,4	0,00688
			3000	192,6	0,00561
			6000	218,6	0,00434
		II−III	16500	0	0,0017
			21300	100	0,0025
			26000	200	0,0033
$SiCl_4$	*F*		1	−68,7	
			2000	−10,0	0,0522
			4000	+42,6	0,0428
$TlNO_3$	*U*	I−II	1	144,6	0,00244
			3000	169,2	0,00239
			7000	200,7	0,00232
		II−III	1	75,0	0,00073
			3000	94,5	0,00065
			8000	125,3	0,00052
			12000	149,1	0,00042
$ZnSO_4 \cdot K_2SO_4$	*U*		1	149	0,0150
			1000	165	0,0150
			2000	179	0,0150
			4000	202	0,0150

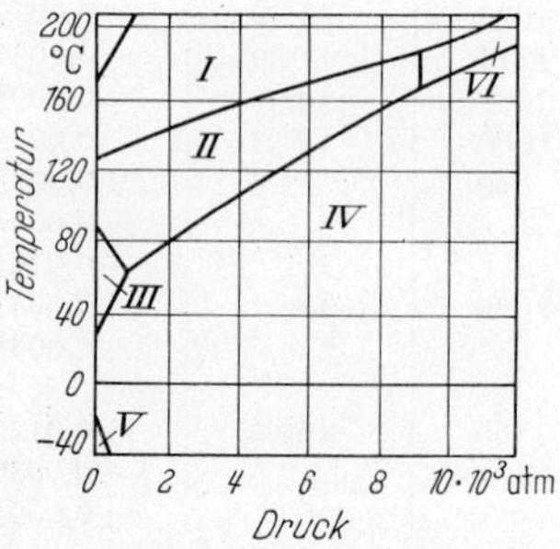

Umwandlungsdruck-Kurven verschiedener Modifikationen des NH_4NO_3

4132. Organische Verbindungen

Ordnung nach Hillschem System

Formel	Name		Druck 1 at ϑ °C	1 at ΔV cm^3g^{-1}	1000 at ϑ °C	1000 at ΔV cm^3g^{-1}	2000 at ϑ °C	2000 at ΔV cm^3g^{-1}	4000 at ϑ °C	4000 at ΔV cm^3g^{-1}
CCl_4	Tetrachlormethan	*F*	−22,6	0,02580	14,2	0,02006	45,9	0,016	102,7	0,01197
$CHBr_3$	Bromoform	*F*	7,78	0,03906	31,5	0,0355	53,8	0,0322	94,7	0,0266
$CHCl_3$	Chloroform	*F*	−61,0		−45,7		−28,3		+3,4	0,0498
CH_2O_2	Ameisensäure	*F*	8,5	0,115						
CH_4N_2O	Harnstoff	*F*	131,7	0,0100						
$C_2H_4O_2$	Essigsäure	*F* I	16,68	0,1560	37,7	0,1148	54,3	0,0887		
		F II					54,1	0,1003	83,4	0,0828
C_2H_5NO	Acetamid	*F* I	81,5	0,1098	93,1	0,0852	103,1	0,0668	119,0	0,0429
		F II							111,5	0,0746
$C_3H_7NO_2$	Carbaminsäureäthylester	*F* I	47,9	0,05990	57,3	0,03762	64,2	0,02774		
	Urethan	*F* II							75,8	0,0188
$C_4H_6O_4$	Oxalsäuredimethylester	*F*	54,24	0,1453	75,8	0,1115	95,8	0,0957	132,6	0,0798
$C_6H_4NO_2Br$	m-Nitrobrombenzol		53,6		76,8		99,7			
$C_6H_4NO_2Cl$	m-Nitrochlorbenzol		44,5		67,3		89,4			
$C_6H_4N_2O_4$	1,3-Dinitrobenzol		89,8	0,0937	114,8		138,0			
C_6H_5Br	Brombenzol	*F*	−31,1	0,0564	−12,1	0,0486	+5,3	0,0428	35,9	0,0345
C_6H_5Cl	Chlorbenzol	*F* I	−45,5	0,0711	−28,0		−12,0	0,0565	+16,7	0,0469
$C_6H_5NO_2$	Nitrobenzol		5,67	0,08136	27,9	0,07326	48,1	0,06639	87,6	0,05552
$C_6H_5NO_3$	o-Nitrophenol		46,0		68,2		89,0		130,6	
$C_6H_5NO_3$	m-Nitrophenol		95,7		115,0		133,9			
$C_6H_5NO_3$	p-Nitrophenol		112,4	0,0891	137,7	0,0740	159,8	0,0614	198,8	0,0445
C_6H_6	Benzol	*F*	5,43	0,1317	32,5	0,1026	56,5	0,0872	96,6	0,0675
C_6H_6O	Phenol	*F* I	40,87	0,0567	53,4	0,0395	63,3	0,0280		
		F II					62,1	0,0831	99,8	0,0714
C_6H_7N	Anilin	*F*	−6,4	0,0854	+13,1	0,0784	31,6	0,0724	64,5	0,0631
$C_7H_7NO_2$	p-Nitrotoluol		51,5		76,5		99,6			
C_7H_8O	o-Kresol	*F*	30,8	0,0838	47,4	0,0678	61,9	0,0557	81,8	0,0406
C_7H_9N	p-Toluidin	*F*	43,6	0,1413	69,0	0,1195	91,5	0,1037	131,3	0,0852
$C_{12}H_{11}N$	Diphenylamin	*F*	54,0	0,0958	79,1	0,0807	103,0	0,0708	144,9	0,0586
$C_{13}H_{10}O$	Benzophenon	*F*	47,77	0,0904	74,6	0,0773	98,9	0,0689	142,0	0,0571

42. Mehrstoffsysteme

421. Heterogene Gleichgewichte

Der Abschnitt ist unterteilt in:

4211. Gleichgewichte bei thermischer Zersetzung

z. B. $CaCO_{3f} \rightleftharpoons CaO_f + CO_{2p}$

4212. Gleichgewichte mit Umsetzung

z. B. $CH_{4g} + 3\,Fe_f \rightleftharpoons Fe_3C_f + 2\,H_{2g}$

Nach dem Massenwirkungsgesetz erhält man in diesen Fällen

$$K_p = p_{CO_2} \quad \text{und} \quad K_p = \frac{p^2_{H_2}}{p_{CH_4}}$$

p ist streng genommen die Fugazität, die aber bei Drucken $\lessapprox 1$ atm mit dem Partialdruck fast übereinstimmt.

Die freie Enthalpie der Reaktion ist $\Delta G = -RT \ln K_p$.

ΔH ist die Änderung der Enthalpie des Systems bei der Reaktion. (Negativer Wert der Wärmetönung.)

4211. Heterogene Gleichgewichte bei thermischer Zersetzung

$$BaCO_{3f} \rightleftharpoons BaO_f + CO_{2g}$$

$$K_p = p_{CO_2}$$

T °K	p_{CO_2} Torr	T °K	p_{CO_2} Torr
1073	0,0240	1329	5,42
1121	0,0788	1395	14,6
1161	0,187	1435	26,3
1220	0,681	1477	52,0
1271	1,77		

$$\log K_p (K_p \text{ in atm}) = -\frac{13075}{T} + 7{,}668.$$

$$C_f + CO_{2g} \rightleftharpoons 2\,CO$$

$$K_p = \frac{p^2_{CO}}{p_{CO_2}}$$

ϑ °C	K_p atm	ϑ °C	K_p atm
400	$9{,}2 \cdot 10^{-5}$	800	10,0
500	$3{,}7 \cdot 10^{-3}$	900	37,6
600	0,0794	1000	143
700	1,01	1100	759

$$C_{Graphit} + 2\,S_g \rightleftharpoons CS_{2g}$$

$$S_g = (S_8 \rightleftharpoons S_6 \rightleftharpoons S_2)$$

$$K_p = \frac{p_{CS_2}}{p_{Schwefel}}$$

T °K	p_S atm	p_{CS_2} atm	T °K	p_S atm	p_{CS_2} atm
400	1,000	0,000	1000	0,087	0,913
600	0,976	0,024	1200	0,102	0,898
800	0,213	0,787	1500	0,126	0,874

$$CH_{4\,g} \rightleftharpoons C_f + 2\,H_{2\,g}$$

$$K_p = \frac{p^2_{H_2}}{p_{CH_4}}$$

ϑ °C	K_p atm	ϑ °C	K_p atm
400	0,071	900	47,9
500	0,427	1000	105
600	2,14	1050	141
700	7,24	1150	257
800	20,0		

$$CaBr_2 \cdot 8NH_{3\,f} \geqq CaBr_2 \cdot 6\,NH_{3\,f} + 2\,NH_3$$

$$K_p = p^2_{NH_3}$$

ϑ °C	p_{NH_3} Torr	ϑ °C	p_{NH_3} Torr
0,0	130,0	20,00	503,0
14,85	362,0	22,75	619,3
18,30	469,5	26,80	770,6

$$\log K_p (K_p \text{ in atm}^2) = 2\left(-\frac{2387}{T} + 7{,}97\right)$$

$$CaBr_2 \cdot 6\,NH_{3\,f} = CaBr_2 \cdot 2\,NH_{3\,f} + 4\,NH_{3\,g}$$

$$K_p = p^4_{NH_3}$$

ϑ °C	p_{NH_3} Torr	ϑ °C	p_{NH_3} Torr
30,10	29,6	61,30	188,0
51,60	109,0	70,10	305,0
56,10	145,5	77,60	436,0

$$\log K_p (K_p \text{ in atm}^4) = 4\left(-\frac{2613}{T} + 7{,}16\right)$$

$$CaBr_2 \cdot 2NH_{3\,f} \rightleftharpoons CaBr_2NH_{3\,f} + NH_{3\,g}$$

$$K_p = p_{NH_3}$$

ϑ °C	p_{NH_3} Torr	ϑ °C	p_{NH_3} Torr
178,0	130,0	211,0	447,0
183,0	165,0	222,5	635,0
201,0	310,5	226,0	723,0

$$\log K_p (K_p \text{ in atm}) = -\frac{3399}{T} + 6{,}79$$

$$CaCO_{3f} \rightleftharpoons CaO_f + CO_{2g}$$

$$K_p = p_{CO_2}$$

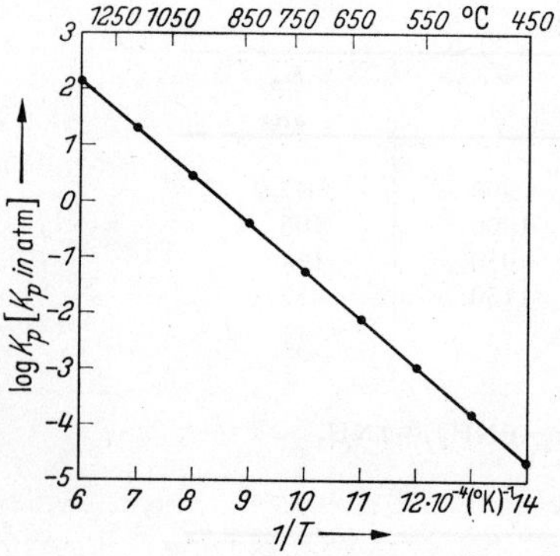

Temperaturabhängigkeit von log K_p

$$CaCl_2 - CH_3NH_2$$

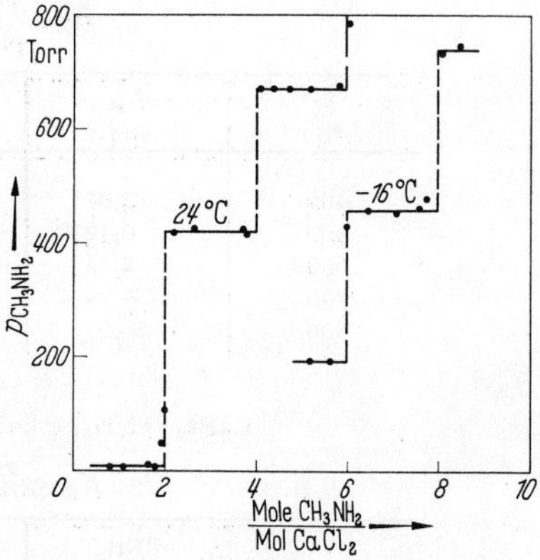

Isothermen des Systems $CaCl_2$—CH_3NH_2 bei −16° und 24° C

$$CaSO_{4\,f} \rightleftharpoons CaO_f + SO_{2\,g} + {}^1/_2 O_{2\,g}$$

$$K_p = p_{SO_2} \cdot p_{O_2}^{1/2} = \frac{2 p_{ges}^{3/2}}{3^{3/2}}$$

ϑ °C	p_{ges} Torr Messung	p_{ges} Torr Rechnung	K_p atm$^{3/2}$ Messung	K_p atm$^{3/2}$ Rechnung
1300	1,33	0,19	$2{,}82 \cdot 10^{-5}$	$1{,}55 \cdot 10^{-6}$
1500	10,5	9,3	$6{,}25 \cdot 10^{-4}$	$5{,}25 \cdot 10^{-4}$

$\Delta H_{298°\,K} = 154{,}0$ kJ/Mol$CaSO_4$ (aus Bildungsenthalpien)

$\Delta G_{1300°\,K} = 144{,}3$ kJ/Mol $CaSO_4$

$\Delta G_{1500°\,K} = 94{,}1$ kJ/Mol $CaSO_4$

Standarddruck 1 atm

Messung und Rechnung nach verschiedenen Autoren.

$$2\,FeCl_{2\,f} + Cl_{2\,g} \rightleftharpoons Fe_2Cl_{6\,g}$$

$$K_p = \frac{p_{Fe_2Cl_6}}{p_{2Cl}}$$

T °K	log K_p exp.	log K_p ber.	T °K	log K_p exp.	log K_p ber.
606	1,209	1,121	745	1,804	1,721
649	1,357	1,343	855	2,16	2,003
671	1,499	1,447	949	2,44	2,176
721	1,708	1,639	970	2,48	2,210

$\Delta H_{775^\circ K} = (41{,}0 \pm 1{,}3)$ kJ/Mol Cl_2 $\Delta S_{778^\circ K} = (89{,}5 \pm 1{,}7)$ J/Mol Cl_2

$$\text{I.}\quad FeCl_2 \cdot 6\,NH_{3\,f} \rightleftharpoons FeCl_2 \cdot 2\,NH_{3\,f} + 4\,NH_{3\,g}$$

$$K_p = p^4_{NH_3}$$

$$\text{II}\quad FeCl_2 \cdot 6\,N^2H_{3\,f} \rightleftharpoons FeCl_2 \cdot 2\,N^2H_{3\,f} + 4\,N^2H_{3\,g}$$

$$K_p = p^4_{N^2H_3}$$

ϑ °C	I p_{NH_3} Torr	II $p_{N^2H_3}$ Torr	ϑ °C	I p_{NH_3} Torr	II $p_{N^2H_3}$ Torr
46,7	28,2	—	100,5	465,0	430,0
80,9	180	157,0	106,6	612,0	574,0
86,4	250,0	226,0	109,9	706,5	666,0
92,8	327,0	299,0			

$$\text{I.}\quad \log K_p (K_p \text{ in atm}^4) = 4\left(-\frac{2719}{T} + 7{,}014\right)$$

$$\text{II.}\quad \log K_p (K_p \text{ in atm}^4) = 4\left(-\frac{2807}{T} + 7{,}273\right)$$

$$2\,FeO_f \rightleftharpoons 2\,Fe_f + O_{2\,g}$$

$$K_p = p_{O_2}$$

T °K	log K_p K_p in atm	T °K	log K_p K_p in atm
1123	−17,803	1323	−13,932
1173	−16,639	1373	−13,156
1223	−15,664	1423	−12,440
1273	−14,765	1473	−11,764

$$2\,KH_f \rightleftharpoons 2\,K_{fl} + H_{2\,g}$$

$$K_p = p_{H_2}$$

ϑ °C	p_{H_2} Torr	ϑ °C	p_{H_2} Torr
314	15	364	89
326	25	376,3	134
339	38	389,5	200
352	59		

$$\log K_p (K_p \text{ in atm}) = -\frac{5850}{T} + 8{,}3$$

$$LiCl \cdot 4\,NH_{3\,f} \rightleftharpoons LiCl \cdot 3\,NH_{3\,f} + NH_{3\,g}$$

$$K_p = p_{NH_3}$$

ϑ °C	p_{NH_3} Torr	ϑ °C	p_{NH_3} Torr
0,0	389,0	10,00	677,0
5,30	515,0	14,10	800,1

$$\log K_p (K_p \text{ in atm}) = -\frac{1750}{T} + 6{,}113$$

$$LiCl \cdot 3\,NH_{3\,f} \rightleftharpoons LiCl \cdot 2\,NH_3 + NH_{3\,g}$$

$$K_p = p_{NH_3}$$

ϑ °C	p_{NH_3} Torr	ϑ °C	p_{NH_3} Torr
20,10	82,5	45,80	378,0
26,80	126,6	49,90	470,9
30,10	154,5	54,10	586,7
40,40	282,0		

$$\log K_p (K_p \text{ in atm}) = -\frac{2395}{T} + 7{,}21$$

$$LiCl \cdot 4\,N^2H_{3\,f} \rightleftharpoons LiCl \cdot 3\,N^2H_{3\,f} + N^2H_{3\,g}$$

$$K_p = p_{N^2H_3}$$

ϑ °C	p_{NH_3} Torr	ϑ °C	p_{NH_3} Torr
0,0	322,6	10,00	560,0
5,30	430,5	14,10	700,0

$$\log K_p (K_p \text{ in atm}) = -\frac{1884}{T} + 6{,}523$$

$$LiCl \cdot 3\,N^2H_{3\,f} \rightleftharpoons LiCl \cdot 2\,N^2H_{3\,f} + N^2H_{3\,g}$$

$$K_p = p_{N^2H_3}$$

ϑ °C	$p_{N^2H_3}$ Torr	ϑ °C	$p_{N^2H_3}$ Torr
25,10	102,4	50,20	432,0
30,10	137,0	56,50	601,0
39,90	248,0	59,80	715,0
40,40	251,0		

$$\log K_p (K_p \text{ in atm}) = -\frac{2455}{T} + 7{,}35$$

$$\text{I. } MnCl_2 \cdot 6\,NH_{3\,f} \rightleftharpoons MnCl_2 \cdot 2\,NH_{3\,f} + 4\,NH_{3\,g}$$

$$K_p = p^4_{NH_3}$$

$$\text{II. } MnCl_2\,6\,N^2H_{3\,f} \rightleftharpoons MnCl_2 \cdot 2\,N^2H_{3\,f} + 4\,N^2H_{3\,g}$$

$$K_p = p^4_{N^2H_3}$$

ϑ °C	I p_{NH_3} Torr	II $p_{N^2H_3}$ Torr	ϑ °C	I p_{NH_3} Torr	II $p_{N^2H_3}$ Torr
48,50	107,4	91,0	82,00	616,0	556,5
60,50	204,0	178,7	86,1	734,0	679,5
66,00	277,5	244,0			

$$\text{I. } \log K_p (K_p \text{ in atm}^4) = 4\left(-\frac{2557}{T} + 7{,}100\right)$$

$$\text{II. } \log K_p (K_p \text{ in atm}^4) = 4\left(-\frac{2673}{T} + 7{,}386\right)$$

$$NH_4CO_2NH_{2\,f} \rightleftharpoons 2\,NH_{3\,g} + CO_{2\,g}$$

$$K_p = \frac{4}{27}\,p^3_{ges}$$

$$\Delta H = 157{,}3\ \frac{\text{kJ}}{\text{Mol } NH_4CO_2NH_2}$$

ϑ °C	p_{ges} atm	K_p atm³	ϑ °C	p_{ges} atm	K_p atm³
20	0,0811	$7{,}90 \cdot 10^{-5}$	80	3,153	4,64
40	0,3212	$4{,}91 \cdot 10^{-3}$	100 extrapol.	8,223	$8{,}23 \cdot 10^{1}$
60	1,078	$1{,}86 \cdot 10^{-1}$	140 extrapol.	42,33	$11{,}23 \cdot 10^{3}$

$$NH_4HSe_f \rightleftharpoons NH_{3\,g} + H_2Se_g$$

$$K_p = \frac{p^2_{ges}}{4}$$

ϑ °C	p_{ges} Torr	K_p atm²	ϑ °C	p_{ges} Torr	K_p atm²
15,0	6,8	$0{,}20 \cdot 10^{-4}$	23,0	12,0	$0{,}62 \cdot 10^{-4}$
17,0	7,7	$0{,}25 \cdot 10^{-4}$	24,8	14,0	$0{,}85 \cdot 10^{-4}$
19,0	9,1	$0{,}36 \cdot 10^{-4}$	27,7	18,05	$1{,}4 \cdot 10^{-4}$
21,0	10,2	$0{,}45 \cdot 10^{-4}$	30,1	23,1	$2{,}3 \cdot 10^{-4}$

Na_2HAsO_4—H_2O_{Dampf}

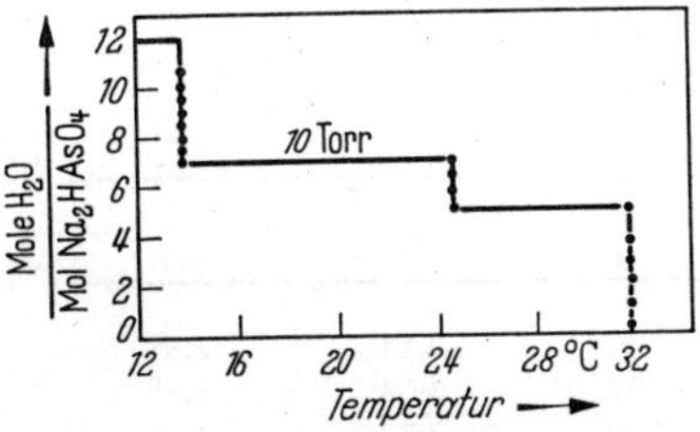

Abbauisobare bei 10 Torr

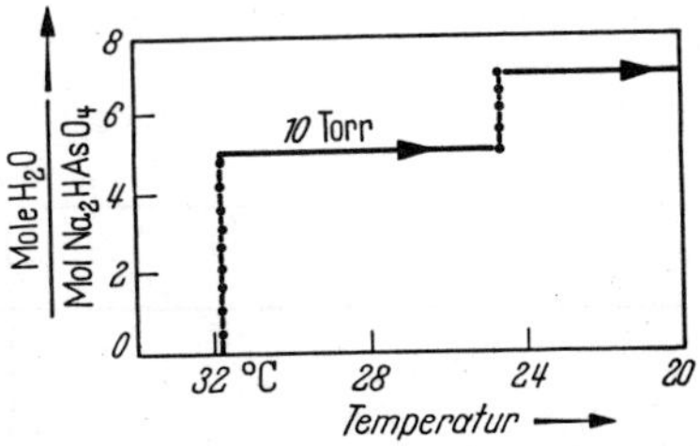

Aufbauisobare bei 10 Torr

$$\text{I. } NiCl_2 \cdot 6NH_{3\,f} \rightleftharpoons NiCl_2 \cdot 2NH_{3\,f} + 4NH_{3\,g}$$

$$K_p = p^4_{NH_3}$$

$$\text{II. } NiCl_2 \cdot 6N^2H_{3\,f} \rightleftharpoons NiCl_2 \cdot 2N^2H_{3\,f} + 4N^2H_{3\,g}$$

$$K_p = p^4_{N^2H_3}$$

ϑ °C	I p_{NH_3} Torr	II $p_{N^2H_3}$ Torr	ϑ °C	I p_{NH_3} Torr	II $p_{N^2H_3}$ Torr
99,6	32,6	28,6	158,0	517,2	463,5
110,0	56,5	49,9	164,7	664,5	614,0
118,6	87,3	77,5	172,7	929,6	853,0

$$\text{I. } \log K_p (K_p \text{ in atm}^4) = 4\left(-\frac{3285}{T} + 7{,}45\right)$$

$$\text{II. } \log K_p (K_p \text{ in atm}^4) = 4\left(-\frac{3349}{T} + 7{,}53\right)$$

$$SrCO_{3\,f} \rightleftharpoons SrO_f + CO_{2\,g}$$

$$K_p = p_{CO_2}$$

T °K	p_{CO_2} Torr	T °K	p_{CO_2} Torr
969	0,0335	1195	9,6
999	0,0804	1209	11,9
1052	0,378	1248	24,1
1113	1,71	1308	54,2
1158	4,21	1364	115,3

bei 1197° K *U* orh ⇌ hex.

$$2\,SrO_{2\,f} \leftrightharpoons SrO_f + O_{2g}$$

$$K_p = p_{O_2}$$

ϑ °C	p_{O_2}	ϑ °C	p_{O_2}
322	315 Torr	445...450	11...21 atm
338	474 Torr	515...520	27...36 atm
344	564 Torr	545...550	45...60 atm
348	644 Torr	590...600	95...115 atm
351	673 Torr		

$\Delta H_{595...873°\,K} = 84{,}8$ kJ/Mol O_2

$\Delta H_{298°\,K} = 92{,}0$ kJ/Mol O_2

$$VOSO_{4\,f} \rightleftharpoons {}^1/_2\,V_2O_{4\,f} + SO_{3\,g}$$

$$K_p = p_{SO_3}$$

T °K	$-\log K_p$ (K_p in atm) exp.	ber.	T °K	$-\log K_p$ (K_p in atm) exp.	ber.
843	1,90	1,90	800	2,51	2,55
831	2,07	2,08	798	2,64	2,58
810	2,38	2,39	796	2,72	2,60

4212. Heterogene Gleichgewichte mit Umsetzungen

$$Al_2O_{3\,f}+6\,HCl_g \rightleftharpoons 2\,AlCl_3+3\,H_2O_g$$

$$K_p=\frac{p^2_{AlCl_3}+p^3_{H_2O}}{p^6_{HCl}}$$

$$\log K_p\,(K_p \text{ in atm}^{-1})=-\frac{14879}{T}-1{,}63$$

T	$\log K_p$ (K_p in atm^{-1})		T	$\log K_p$ (K_p in atm^{-1})	
°K	exp.	ber.	°K	exp.	ber.
1276	−13.37	−13,315	1466	−11,75	−11,78
1363	−12,54	−12,55	1475	−11,73	−11,72
1378	−12,49	−12,43	1490	−11,63	11,62

$$CH_{4\,g}+3\,Fe(\alpha)_f \rightleftharpoons FeC(\beta)_f+2\,H_{2\,g}$$

$$K_p=\frac{p^2_{H_2}}{p_{CH_4}}$$

$$\Delta H=110\text{ kJ/Mol }Fe_3C$$

ϑ	K_p	ϑ	K_p
°C	atm	°C	atm
320,3	0,00065	415,9	0,01750
337,2	0,00141	452,6	0,0425
372,1	0,00402	468,0	0,0710
391,8	0,00728		

$$Fe_f+2\,HCl_g \rightleftharpoons FeCl_{2\,fl}+H_{2\,g}$$

$$K_p=\frac{p_{H_2}}{p^2_{HCl}}$$

$$\log K_p\,[K_p \text{ in atm}^{-1}]=-10{,}66+\frac{5{,}96\cdot 10^3}{T} \text{ für } \alpha\text{-Fe Bodenkörper}$$

$$\log K_p\,[K_p \text{ in atm}^{-1}]=-1071+\frac{6{,}02\cdot 10^3}{T} \text{ für } \beta\text{-Fe Bodenkörper}$$

$$\log K_p\,[K_p \text{ in atm}^{-1}]=-1078+\frac{6{,}10\cdot 10^{-3}}{T} \text{ für } \gamma\text{-Fe Bodenkörper}$$

ϑ	Boden-	K_p	ϑ	Boden-	K_p
°C	körper	atm^{-1} (ber.)	°C	körper	atm^{-1}(ber.)
702	α-Fe	$2{,}89\cdot 10^{-5}$	925	γ-Fe	$2{,}11\cdot 10^{-6}$
725	α-Fe	$2{,}11\cdot 10^{-5}$	932	γ-Fe	$1{,}07\cdot 10^{-6}$
800	β-Fe	$7{,}91\cdot 10^{-6}$			

$$FeCl_{2\,f}+H_{2\,g} \rightleftharpoons \alpha\text{-}Fe_f+2\,HCl_g$$

$$K_p=\frac{p^2_{HCl}}{p_{H_2}}$$

T	$\log K_p$ (K_p in atm)		T	$\log K_p$ (K_p in atm)	
°C	exp.	ber.	°C	exp.	ber.
757	3,52	3,438	883	1,937	1,973
803	2,82	2,849	904	1,799	1,771
843	2,43	2,392	935	1,551	1,480

$$SiO_{2f} + H_{2g} \rightleftharpoons SiO_g + H_2O$$

$$K_p = \frac{p_{SiO} \cdot p_{H_2O}}{p_{H_2}}$$

T °K	$\log p_{SiO}$ p in Torr	K_p atm	T °K	$\log p_{SiO}$ p in Torr	K_p atm
1473	−1,5228	$1,55 \cdot 10^{-9}$	1673	−0,5529	$1,35 \cdot 10^{-7}$
1573	−1,0458	$1,40 \cdot 10^{-8}$	1773	−0,2079	$6,65 \cdot 10^{-7}$

422. Dampfdruck von Mischsystemen[1]

4221. Binäre Systeme

42210. *Vorbemerkungen*

Die Partialdrucke p_i der einzelnen Komponenten über einer Mischung sind von den Dampfdrucken p_{0i} der reinen Komponenten verschieden. Nach dem Raoultschen Gesetz sollte $p_i = p_{0i}\, x_i'$ (x_i Molenbruch) sein. Der beobachtete Verlauf ist jedoch meist anders; (s. z. B. System 13 Wasser-1,4 Dioxan) es treten Abweichungen von der Raoultschen Geraden sowohl nach oben wie nach unten auf. Systeme, die wenig abweichen, werden als ideal bezeichnet. Man verwendet sie zum Eichen von Apparaturen, wie z. B. die Systeme Benzol-1,2-Dichloräthan (Nr. 41) und Benzol-Toluol (Nr. 57).

In einem Zweistoffsystem mit einer flüssigen und einer dampfförmigen Phase sind nach der Gibbschen Phasenregel 2 Freiheitsgrade vorhanden. In den Tabellen werden entweder der Druck p oder die Temperatur ϑ und x_2' vorgegeben, p oder ϑ als Festwert und x_2' als Parameter. Bei Systemen, die bis ins kritische Gebiet untersucht sind, wird häufig auch x_2' als Festwert gewählt. Bei p bzw. ϑ als Festwert und x_2' als Parameter sind x_2'' und die Siedetemperaturen ϑ bzw. der Siededruck p die abhängigen Größen. Bei x_2' als Festwert und p als Parameter sind ϑ' und ϑ'' (Siedetemperatur und Kondensationstemperatur), bei ϑ als Parameter p' und p'' (Siededruck und Verflüssigungsdruck) die abhängigen Größen.

In den Diagrammen sind die flüssigen Phasen mit ——, die Dampfphasen mit - - - - (extrapolierte Werte mit · · · · ·) gekennzeichnet.

Die p-ϑ-Diagramme für Systeme, die bis ins kritische Gebiet untersucht sind, zeigen schleifenartige Kurven. Die Punkte mit dem größten Abstand von der p-Achse jeder Schleife (Punkte maximaler Temperatur) bilden die sogenannte *kritische Kurve 2. Ordnung*; die Punkte höchsten Druckes aller Schleifen die *Kurve maximalen* Druckes. Die Enveloppe der Kurven verbindet die Punkte, in denen $x_2' = x_2''$ ist; es ist die *kritische Kurve I. Ordnung*.

Im $(p - x_2)$-Diagramm bilden im kritischen Gebiet die Maxima der zu konstantem ϑ gehörenden Schleifen die kritische Kurve I. Ordnung, die Punkte größten Abstandes von der p-Achse bilden wieder die kritische Kurve II. Ordnung und die Enveloppe der Schleifen die Kurve maximalen Druckes.

Schließlich werden im $(\vartheta - x_2)$-Diagramm bei festem Druck schleifenförmige Kurven erhalten, deren Maxima die kritische Kurve I. Ordnung bilden. Alle verschiedenen Diagramme sind in dem System $SO_2 - CO_2$ (Nr. 38) zu finden.

Die kritischen Kurven I. und II. Ordnung und die Kurven maximalen Druckes unterscheiden sich oft nur sehr wenig voneinander (z. B. System 38).

[1] Der weitaus größte Teil des Abschnittes 4221 und 4222 ist dem Beitrag C. Kux, Landolt-Börnstein 6. Auflage Bd. II/2a, S. 336, entnommen. Literaturangaben sind dort zu finden.

Besondere Fälle: *Azeotropismus.* Bei großen Abweichungen vom idealen Verhalten kann der Gesamtdruck bei vorgegebener Temperatur für einen bestimmten Molenbruch ein Maximum (z. B. Äthanol-Tetrachlorkohlenstoff, Nr. 24), oder ein Minimum (z. B. Wasser-Hydrazin, Nr. 20) erreichen. An dieser Stelle haben Dampf- und Flüssigkeitsphase die gleiche Zusammensetzung; man nennt diesen ausgezeichneten monovarianten Punkt einen azeotropen Punkt. Ist der Druck vorgegeben, so erhält man einen ausgezeichneten Wert in der Siedekurve, und zwar bei Systemen, bei denen der Druck einen Maximalwert zeigt, ein Minimum und umgekehrt. Der azeotrope Punkt verschiebt sich mit Druck und Temperatur, so daß manche Systeme nur in gewissen Druck- und Temperaturbereichen azeotrop sind. Bei den Abbildungen ist gewöhnlich auf den Azeotropismus hingewiesen.

Mischungslücken. Bei großer endothermer Mischungswärme der Komponenten kann, solange die Temperatur nicht zu hoch ist, in einem gewissen Bereich eine Mischungslücke auftreten. Im Normalfall verschwindet sie bei einer bestimmten, höher gelegenen Temperatur (oberer kritischer Lösungspunkt o. kr. Lp.). Erstrecken sich die Mischungslücken bis ins kritische Gebiet, so fällt der obere kritische Lösungspunkt mit einem kritischen Punkt erster Ordnung zusammen (kritischer Endpunkt), z. B. Wasser-Diäthyläther, Nr. 15. Es gibt auch Systeme, bei denen bei Temperaturerniedrigung sich die Mischungslücke schließt. Systeme mit geschlossenen Mischungslücken sind in den Tabellen 427132 und 42714 zu finden.

Für die Zusammensetzung des Dampfes, der sich mit den beiden nicht mischbaren Phasen im Gleichgewicht befindet, sind die folgenden Fälle möglich:

1. $(x_2')_{\text{Phase I}} < x_2'' < (x_2')_{\text{Phase II}}$. Hier ist der Gesamtdruck der Dampfphase im Gebiet der Mischungslücke größer als der Dampfdruck jeder einzelnen Komponenten. Die Siedetemperatur liegt unterhalb der Siedetemperatur der reinen Komponenten (System Ameisensäure—Benzol, Nr. 30).

2. $(x_2')_{\text{Phase I}} < (x_2')_{\text{Phase II}} < x_2''$. Hier liegt der Gesamtdruck im Gebiet der Mischungslücke zwischen den Dampfdrucken der beiden reinen Komponenten. Die Siedetemperatur der Mischung liegt zwischen den Siedetemperaturen der reinen Komponenten. (System H_2O—1,2-Propylenoxid, Nr. 11).

Es gibt Systeme, die azeotrop sind und gleichzeitig eine Mischungslücke haben, z. B. Ameisensäure—Benzol (Nr. 30).

Bei extremen Drucken — weit oberhalb normaler kritischer Drucke — beobachtet man gelegentlich das Aufspalten eines Mischsystems in zwei Phasen, die man beide als Gasphasen bezeichnen kann. Beispiel Ammoniak—Stickstoff (Nr. 3).

Abkürzungsliste

f	feste Phase
fl	flüssige Phase
g	gasförmige Phase
g_i'	Gewichtsbruch der i-ten Komponente in der flüssigen Mischung
g_i''	Gewichtsbruch der i-ten Komponente in der Gasphase
M	Molekulargewicht (Molmasse)
M. L.	Mischungslücke
o. kr. Lp.	oberer kritischer Lösungspunkt
p	Gesamtdampfdruck
p_i	Partialdruck der i-ten Komponente
p_{0i}	Dampfdruck der reinen Komponente i
p'	Siededruck

p''	Taudruck
p_{az}	Druck am azeotropen Punkt
$p_{kr\,I}$	Druck der kritischen Punkte I. Ordnung
$p_{kr\,II}$	Druck der kritischen Punkte II. Ordnung
p_{III}	Dreiphasendruck (fl, fl, g)
Qdrp.	Quadrupelpunkt
T	Temperatur in °K
u. kr. Lp.	unterer kritischer Lösungspunkt
V	Siedepunkt bei 760 Torr
x'_i	Molenbruch der i-ten Komponente in der flüssigen Mischung
x''_i	Molenbruch der i-ten Komponente der Gas-Phase
$x_{i\,az}$	Molenbruch am azeotropen Punkt
ϑ	Temperatur in °C
ϑ_{0i}	Siedetemperatur der reinen Komponente i (bei gegebenem Druck)
ϑ'	Siedetemperatur
ϑ''	Tautemperatur
ϑ_{az}	Temperatur am azeotropen Punkt
ϑ_{III}	Dreiphasentemperatur
$\vartheta_{kr\,I}$	Temperatur der kritischen Punkte I. Ordnung
$\vartheta_{kr\,II}$	Temperatur der kritischen Punkte II. Ordnung

In den Abbildungen ist — — der Kurvenzug der flüssigen Phase,
----- der Kurvenzug der gasförmigen Phase,
···· extrapolierte Werte

42211. *Übersicht über die Systeme*

Das Verhalten der einzelnen Systeme ist entweder mittels Zahlenangaben (Tabellen = T) oder mittels graphischer Wiedergabe (Diagramme = D) charakterisiert.

Reihenfolge: Systeme mit Elementen, Systeme mit H_2O dann weitere Verbindungen nach den chemischen Symbolen geordnet. Die Komponente, die im Alphabet vorangeht, ist für die Stellung in den einzelnen Teilen maßgebend. Die organischen Verbindungen sind nach dem Hillschen System geordnet. Neben der Systemübersicht ist noch eine für die einzelnen Komponenten gebracht, in der neben den Systemen, in denen die betreffende Komponente vorkommt, die relative Molekularmasse und der Siedepunkt der Verbindung angegeben ist.

422111. Systemübersicht

	Tabellen: Nr.	Diagramme: Nr.
Ar Argon — N_2 Stickstoff		1
Ar Argon — O_2 Sauerstoff	1	
H_2 Wasserstoff — CH_4 Methan	2	
H_2 Wasserstoff — CO Kohlenstoffmonoxid	3	
H_2 Wasserstoff — N_2 Stickstoff	4	
N_2 Stickstoff — CH_4 Methan		2
N_2 Stickstoff — CO Kohlenstoffmonoxid	5	
N_2 Stickstoff — NH_3 Ammoniak		3
N_2 Stickstoff — O_2 Sauerstoff		4
H_2O Wasser — HBr Bromwasserstoff		5
H_2O Wasser — CH_4O Methanol		6
H_2O Wasser — CH_2O_2 Ameisensäure	6	
H_2O Wasser — C_2H_4O Acetaldehyd		7
H_2O Wasser — $C_2H_4O_2$ Essigsäure	7	

	Tabellen: Nr.	Diagramme: Nr.
H_2O Wasser — C_2H_6 Äthan		8
H_2O Wasser — C_2H_6O Äthanol		9
H_2O Wasser — C_3H_6O Aceton		10
H_2O Wasser — C_3H_6O 1,2-Propylenoxid		11
H_2O Wasser — C_3H_8O Propanol-(2)		12
H_2O Wasser — $C_4H_8O_2$ 1,4-Dioxan		13
H_2O Wasser — $C_4H_{10}O$ Butanol-(1)		14
H_2O Wasser — $C_4H_{10}O$ Diäthyläther		15
H_2O Wasser — $C_4H_{11}N$ Diäthylamin		16
H_2O Wasser — $C_5H_4O_2$ Furfurol		17
H_2O Wasser — C_6H_6O Phenol		18
H_2O Wasser — $C_6H_{12}O_6$ Glucose	8	
H_2O Wasser — $C_{12}H_{22}O_{11}$ Saccharose	9	
H_2O Wasser — HCl Chlorwasserstoff	10	
H_2O Wasser — NH_3 Ammoniak		19
H_2O Wasser — HNO_3 Salpetersäure	11	
H_2O Wasser — H_4N_2 Hydrazin		20
H_2O Wasser — H_2S Schwefelwasserstoff		21
H_2O Wasser — SO_2 Schwefeldioxid	12	
H_2O Wasser — SO_3 Schwefeltrioxid	13	
H_2O Wasser — H_2SO_4 Schwefelsäure	14	
CCl_4 Tetrachlorkohlenstoff — $CHCl_3$ Chloroform		22
CCl_4 Tetrachlorkohlenstoff — CS_2 Schwefelkohlenstoff		23
CCl_4 Tetrachlorkohlenstoff — C_2H_6O Äthanol		24
CCl_4 Tetrachlorkohlenstoff – $C_4H_8O_2$ Essigsäureäthylester		25
CCl_4 Tetrachlorkohlenstoff — $C_4H_{10}O$ Diäthyläther		26
$CHCl_3$ Chloroform — C_2H_6O Äthanol		27
$CHCl_3$ Chloroform — C_3H_6O Aceton		28
$CHCl_3$ Chloroform — C_6H_6 Benzol		29
CH_2O_2 Ameisensäure — C_6H_6 Benzol		30
CH_4 Methan — CO_2 Kohlenstoffdioxid		31
CH_4 Methan — C_5H_{12} Pentan		32
CH_4 Methan — H_2S Schwefelwasserstoff		33
CH_4O Methanol — C_3H_6O Aceton		34
CH_4O Methanol — C_6H_6 Benzol		35
CO_2 Kohlenstoffdioxid — C_2H_4 Äthylen		36
CO_2 Kohlenstoffdioxid — C_2H_6 Äthan	15	
CO_2 Kohlenstoffdioxid — C_3H_8 Propan		37
CO_2 Kohlenstoffdioxid — SO_2 Schwefeldioxid		38
CS_2 Schwefelkohlenstoff — C_3H_6O Aceton		39
C_2H_4 Äthylen — C_7H_{16} Heptan		40
$C_2H_4Cl_2$ 1,2-Dichlor-äthan — C_6H_6 Benzol		41
$C_2H_4O_2$ Essigsäure — C_6H_6 Benzol		42
$C_2H_4O_2$ Essigsäure — $C_6H_{15}N$ Triäthylamin		43
C_2H_5Br Bromäthan — C_6H_6 Benzol		44
C_2H_6 Äthan — C_6H_6 Benzol		45
C_2H_6 Äthan — HCl Chlorwasserstoff		46
C_2H_6 Äthan — N_2O Distickstoffmonoxid		47
C_2H_6 Äthan — H_2S Schwefelwasserstoff		48
C_2H_6O Äthanol — C_6H_6 Benzol		49
C_2H_6O Äthanol — $C_6H_{15}N$ Triäthylamin		50
C_2H_6O Dimethyläther — HCl Chlorwasserstoff		51
C_3H_6O Aceton — C_6H_6 Benzol		52
C_5F_{12} Perfluorpentan — C_5H_{12} Pentan		53

	Tabellen: Nr.	Diagramme: Nr.
C_6H_6 Benzol — C_6H_7N Anilin		54
C_6H_6 Benzol — C_6H_{12} Cyclohexan		55
C_6H_6 Benzol — C_6H_{14} Hexan		56
C_6H_6 Benzol — C_7H_8 Toluol		57
C_6H_6 Benzol — C_7H_{16} Heptan		58
C_6H_6 Benzol — C_7H_{16} 2,2,3-Trimethylbutan		59
C_6H_6 Benzol — C_8H_{10} m-Xylol		60
C_6H_6O Phenol — C_7H_8 Toluol		61
C_8H_{10} Äthylbenzol — C_8H_{10} p-Xylol		62
C_8H_{10} m-Xylol — NH_3 Ammoniak		63
$FeCl_3$ Eisentrichlorid — NH_4Cl Ammoniumchlorid		64
NH_4Cl Ammoniumchlorid — $ZnCl_2$ Zinkchlorid		65

422112. Übersicht über die einzelnen Komponenten der Systeme

Formel	Name	Relative Molekularmasse	Siedepunkt V bei 760 Torr in °C	Angaben in System
Ar	Argon	39,948	−185,87	T 1, D 1
HBr	Bromwasserstoff	80,917	−66,77	D 5
CCl_4	Tetrachlorkohlenstoff	153,82	76,7	D 22, 23, 24, 25, 26
$CHCl_3$	Chloroform	119,38	61,5	D 22, 27, 28, 29
CH_2O_2	Ameisensäure	46,03	100,75	T 6, D 30
CH_4	Methan	16,04	−164	T 2, D 2, 31, 32, 33
CH_4O	Methanol	32,04	64,7	D 6, 34, 35
CO	Kohlenstoffmonoxid	28,01	−191,5	T 3, 5
CO_2	Kohlenstoffdioxid	44,01	−78,8	T 15, D 31, 36, 37, 38
CS_2	Schwefelkohlenstoff	76,14	46,4	D 23, 39
C_2H_4	Äthylen	28,05	−170	D 36, 40
$C_2H_4Cl_2$	1,2-Dichlor-äthan	98,96	84,1	D 41
C_2H_4O	Acetaldehyd	44,05	20,26	D 7
$C_2H_4O_2$	Essigsäure	60,05	118,5	T 7, D 42, 43
C_2H_5Br	Bromäthan	108,97	38,3	D 44
C_2H_6	Äthan	30,07	−88,6	T 15, D 8, 45, 46, 47, 48
C_2H_6O	Äthanol	46,07	78,32	D 9, 24, 27, 49, 50
C_2H_6O	Dimethyläther	46,07	−24,9	D 51
C_3H_6O	Aceton	58,08	56,2	D 10, 28, 34, 39, 52
C_3H_6O	1,2-Propylenoxid	58,08	34,1	D 11
C_3H_8O	Propanol-(2)	60,10	82,5	D 12
C_3H_8	Propan	44,10	−42,1	D 37
$C_4H_8O_2$	1,4-Dioxan	88,11	11,8	D 13
$C_4H_8O_2$	Essigsäureäthylester	88,11	77,06	D 25
$C_4H_{10}O$	Butanol-(1)	74,12	117,5	D 14
$C_4H_{10}O$	Diäthyläther	74,12	34,6	D 15, 26
$C_4H_{11}N$	Diäthylamin	73,14	−116,4	D 16
C_5F_{12}	Perfluorpentan	288,04	29,2	D 53
$C_5H_4O_2$	Furfurol	96,08	161,6	D 17
C_5H_{12}	Pentan	72,15	36,15	D 32, 53
C_6H_6	Benzol	78,11	80,2	D 29, 30, 35, 41, 42, 44, 45, 49, 52, 54, 55, 56, 57, 58, 59, 60

Formel	Name	Relative Molekularmasse	Siedepunkt V bei 760 Torr in °C	Angaben in System
C_6H_6O	Phenol	94,11	182,2	D 18, 61
C_6H_7N	Anilin	93,13	184,4	D 54
C_6H_{12}	Cyclohexan	84,16	80,4	D 55
$C_6H_{12}O_6$	Glucose	180,16	—	T 8
C_6H_{14}	Hexan	86,18	68,8	D 56
$C_6H_{15}N$	Triäthylamin	101,19	89	D 43, 50
C_7H_8	Toluol	92,14	110,8	D 57, 61
C_7H_{16}	Heptan	100,21	98,32	D 40, 58
C_7H_{16}	2,2,3-Trimethyl-butan	100,21	80,9	D 59
C_8H_{10}	Äthylbenzol	106,17	136,1	D 62
C_8H_{10}	m-Xylol	106,17	139	D 60, 63
C_8H_{10}	p-Xylol	106,17	138,4	D 62
$C_{12}H_{22}O_{11}$	Saccharose	342,30	—	T 9
HCl	Chlorwasserstoff	36,46	−85,1	T 10, D 46, 51
$FeCl_3$	Eisentrichlorid	162,21	307	D 64
H_2	Wasserstoff	2,015	—	T 2, 3, 4
H_2O	Wasser	18,02	100	T 6, 7, 8, 9, 10, 11, 12, 13, 14, D 5, 6, 7, 8, 9, 10, 11, 12, 13, 14, 15, 16, 17, 18, 19, 20, 21
N_2	Stickstoff	28,013	−195,65	T 4, 5, D 1, 2, 3, 4
NH_3	Ammoniak	17,03	−33,5	D 3, 19, 63
H_4N_2	Hydrazin	32,05	113,5	D 20
NH_4Cl	Ammoniumchlorid	53,49	337,6	D 64, 65
HNO_3	Salpetersäure	63,01		T 11
N_2O	Distickstoffmonoxid	44,01	−88,6	D 47
O_2	Sauerstoff	32,0	−182,83	T 1, D 4
H_2S	Schwefelwasserstoff	34,08	−60,19	D 21, 33, 48
SO_2	Schwefeldioxid	64,06		T 12, D 38
SO_3	Schwefeltrioxid	80,06		T 13
H_2SO_4	Schwefelsäure	98,08		T 14
$ZnCl_2$	Zinkchlorid	136,28	730	D 65

42212. Die Systeme

422121. Tabellen

Tabelle 1. x_1 O_2, Sauerstoff, x_2 Ar, Argon

x'_2	x''_2	p Torr	x''_2	p Torr	x''_2	p Torr
	−183,2° C		−173,2° C		−163,2° C	
0,1	0,1402	783,8	0,1314	1990	0,1245	4221
0,2	0,2623	818,9	0,2401	2063	0,2387	4352
0,3	6,3713	851,5	0,3567	2131	0,3450	4472
0,4	0,4709	881,7	0,4568	2192	0,4453	4581
0,5	0,5641	909,4	0,5514	2250	0,5417	4682
0,6	0,6529	934,6	0,6426	2300	0,6342	4770
0,7	0,7391	956,8	0,7317	2345	0,7236	4849
0,8	0,8246	975,7	0,8201	2384	0,8161	4914
0,9	0,9112	990,8	0,9091	2412	0,9073	4964

Tabelle 2. x_1 CH_4, Methan, x_2 H_2, Wasserstoff

x'_2	x''_2	p atm	x'_2	x''_2	p atm
−182,5° C			−182,5° C		
0,0038	0,9835	16,89	0,0559	0,9882	99,32
0,0070	0,9854	21,61	0,0760	0,9683	128,22
0,0056	0,9799	36,41	0,0890	0,9783	166,78
0,0064	0,9863	46,10	0,1020	0,9789	195,75
0,0170	0,9875	55,61	0,0958	0,9787	205,43
0,0383	0,9905	79,56			

Kritischer Punkt II. Ordnung: $x''_2 \approx 0{,}99$, ≈ 60 atm, $= -182{,}5°$ C
Tripelpunkt von CH_4: p 0,1150 atm, 182,46° C

Tabelle 3. x_1 CO, Kohlenstoffmonoxid, x_2 H_2, Wasserstoff

x'_2	x''_2	p atm	x'_2	x''_2	p atm	x'_2	x''_2	p atm	x'_2	x''_2	p atm
−205° C			−200° C			−190° C			−185° C		
0,030	0,979	17,02	0,033	0,967	17,3	0,027	0,899	17,2	0,036	0,840	17,2
0,033	0,982	21,69	0,056	0,975	31,8	0,102	0,931	51,2	0,052	0,866	22,1
0,042	0,976	26,61	0,084	0,967	51,0	0,195	0,918	89,5	0,071	0,888	31,4
0,049	0,986	31,67	0,120	0,964	80,1	0,206	0,906	109,6	0,129	0,893	55,8
0,062	0,985	41,41	0,165	0,948	113,7	0,292	0,840	166,7	0,134	0,902	55,9
0,102	0,977	79,89	0,206	0,930	152,4	0,368	0,808	186,1	0,203	0,888	89,3
0,138	0,965	118,38	0,218	0,917	176,4	0,415	0,777	200,6	0,217	0,887	89,6
0,163	0,946	152,33	0,236	0,914	186,2	0,448	0,759	210,4	0,303	0,848	128,2
0,188	0,939	190,97	0,257	0,902	205,4	0,486	0,694	220,9	0,410	0,771	166,7
0,202	0,934	215,16	0,275	0,890	224,9	0,541	0,663	224,8	0,454	0,704	181,3

Kritische Punkte I. Ordnung

x_2	p atm	ϑ °C
0,00	34,6	−138,7
0,58	187	−185
0,60	228	−190
0,64	325	−200
0,66	380	−205
1,00	12,80	−240

Tabelle 4. x_1 N_2, Stickstoff, x_2 H_2, Wasserstoff

x'_2	x''_2	p atm	x'_2	x''_2	p atm	x'_2	x''_2	p atm	x'_2	x''_2	p atm
−210° C			−205° C			−195° C			−185° C		
0,020	0,987	12,15	0,033	0,973	17,19	0,023	0,905	17,19	0,024	0,770	17,01
0,041	0,981	26,70	0,046	0,976	26,58	0,073	0,930	36,59	0,053	0,833	26,76
0,075	0,982	46,11	0,066	0,976	35,98	0,119	0,937	55,56	0,092	0,853	41,04
0,085	0,974	55,59	0,076	0,979	45,89	0,175	0,922	79,90	0,207	0,866	80,00
0,120	0,963	89,58	0,094	0,973	55,88	0,248	0,895	113,60	0,283	0,821	104,0
0,143	0,948	118,41	0,154	0,955	89,55	0,334	0,840	147,37	0,345	0,783	118,34
0,172	0,957	147,40	0,181	0,944	118,47	0,379	0,813	161,88	0,387	0,745	128,08
0,195	0,933	176,40	0,219	0,922	147,41	0,430	0,759	176,63	0,420	0,712	132,81
0,216	0,935	205,46	0,252	0,903	176,40	0,479	0,700	185,08	0,470	0,608	137,73
0,222	0,929	215,12	0,296	0,870	209,28	0,549	0,617	190,89	0,53[1]		138
			0,296	0,883	210,28	0,58[1]		191			
			0,307	0,881	222,84						
			0,311	0,854	224,81						

[1] Kritischer Punkt I. Ordnung.

Tabelle 5. x_1 CO, Kohlenstoffmonoxid, x_2 N_2, Stickstoff

x'_2	x''_2	p atm	x''_2	p atm	x''_2	p atm	x''_2	p atm	x''_2	p atm	x''_2	p'' atm
	70° K		80° K		90° K		100° K		110° K		122° K	
0,10	0,173	0,24	0,149	0,98	0,142	2,58	0,136	5,84	0,129	11,15	0,119	21,63
0,20	0,305	0,26	0,274	1,03	0,262	2,67	0,238	6,04	0,231	11,47	0,224	22,00
0,30	0,435	0,28	0,385	1,07	0,372	2,75	0,358	6,15	0,340	11,75	0,325	22,54
0,40	0,559	0,29	0,500	1,13	0,468	2,85	0,454	6,36	0,440	12,12	0,429	23,14
0,50	0,658	0,30	0,615	1,19	0,582	2,93	0,564	6,53	0,550	12,49	0,532	23,80
0,60	0,736	0,33	0,700	1,23	0,665	3,02	0,650	6,70	0,643	12,87	0,630	24,45
0,70	0,817	0,35	0,784	1,26	0,765	3,12	0,751	6,91	0,739	13,27	0,724	25,22
0,80	0,887	0,36	0,869	1,30	0,852	3,16	0,840	7,15	0,835	13,63	0,818	26,00
0,90	0,952	0,38	0,940	1,35	0,926	3,36	0,922	7,50	0,918	13,97	0,914	26,75

Zwischen 80 und 120° K ist das Raoultsche Gesetz erfüllt

Tabelle 6. x_1 H_2O, Wasser, x_2 CH_2O_2, Ameisensäure

$p_{01} > p_{02}$ bei $p < 726$ Torr; $\vartheta < 99{,}3°$ C

$p_{01} < p_{02}$ bei $p > 726$ Torr; $\vartheta = 99{,}3°$ C

p_{21} = Partialdruck von (HCOOH) p_{22} = Partialdruck von $(HCOOH)_2$

$p_2 = p_{21} + p_{22}$ $\quad Kp = p_{22}/(p_{21})^2$

x'_2	g'_2	x''_2	g''_2	p_1 Torr	p_2 Torr	p_{21} Torr	p_{22} Torr	Kp
				$\vartheta = 60°$ C				
0,104	0,229	0,055	0,130	132,7	6,2	4,8	1,4	0,060
0,235	0,439	0,150	0,311	114,0	14,9	9,5	5,4	0,059
0,368	0,598	0,318	0,543	94,6	29,0	15,3	13,7	0,053
0,421	0,650	0,381	0,611	79,8	33,2	17,3	15,9	0,053
0,499	0,717	0,541	0,751	66,4	50,4	22,2	28,2	0,057
0,689	0,850	0,794	0,908	40,5	95,0	32,3	64,7	0,062
				$\vartheta = 80°$ C				
0,016	0,040	0,0062	0,0156	—	—	—	—	—
0,096	0,213	0,045	0,107	324,8	13,5	11,7	1,8	0,013
0,210	0,405	0,123	0,264	274,8	31,3	23,8	7,5	0,013
0,383	0,613	0,319	0,545	211,8	73,6	48,0	25,6	0,011
0,489	0,710	0,465	0,689	177,9	106,8	58,8	48,0	0,014
0,521	0,735	0,535	0,746	156,3	122,5	65,1	57,4	0,014
0,548	0,756	0,583	0,781	146,9	138,3	72,0	66,6	0,013
0,607	0,798	0,683	0,846	123,6	172,7	80,1	91,6	0,014
0,641	0,820	0,722	0,869	112,5	191,3	87,8	103,5	0,013
0,963	0,985	0,977	0,991	14,2	376,4	143,4	233,0	0,011

Azeotrope Punkte

x_2	°C	Torr
0,466	60	113
0,514	80	280
0,56	≈107	≈760

Tabelle 7. $x_1 H_2O$, Wasser, x_2 CH_3COOH, Essigsäure
p_{21} Partialdruck von (CH_3COOH); p_{22} Partialdruck von $(CH_3COOH)_2$

x'_2	x''_2	g'_2	g''_2	p_1 Torr	p_2 Torr	p_{21} Torr	p_{22} Torr
			42,0° C				
0,0632	0,0437	0,1835	0,1323	58,3	1,9	1,1	0,8
0,2281	0,1690	0,4962	0,4040	51,4	6,6	2,7	3,9
0,3589	0,2899	0,6510	0,5763	44,2	11,2	4,2	7,0
0,5691	0,4665	0,8040	0,7445	35,2	17,6	4,4	13,2
0,8540	0,7765	0,9512	0,9205	16,4	30,8	4,6	26,2
1,00	1,000	1,000	1,000	0,0	38,5	6,5	32,0
			80,09° C				
0,0150	0,0097	0,0484	0,0315	—	—	—	—
0,0636	0,0437	0,1845	0,1323	339,8	12,3	0,9	3,3
0,1385	0,0965	0,3689	0,2625	319,5	25,1	16,1	9,0
0,2264	0,1586	0,4938	0,3858	299,0	38,2	20,2	18,0
0,3699	0,2636	0,6617	0,5431	262,6	61,0	28,0	33,0
0,5454	0,4329	0,7999	0,7178	205,9	97,6	38,0	59,6
0,8781	0,7704	0,9600	0,9179	74,8	171,9	54,9	117,0
1,000	1,000	1,000	1,000	0,0	208,3	56,1	152,2

Tabelle 8. g_1 H_2O, Wasser, g_2 $C_6H_{12}O_6$, Glucose[1]

g'_2	p in Torr bei					
	0° C	10° C	20° C	25° C	35° C	45° C
0,0	4,581	9,204	17,53	23,75	42,17	71,88
0,5	4,557	9,156	17,44	23,63	41,95	71,50
0,10	4,530	9,101	17,33	23,49	41,70	71,09
0,15	4,498	9,039	17,22	23,33	41,43	70,63
0,20	4,463	8,969	17,09	23,15	41,12	70,10
0,25	4,422	8,888	16,93	22,94	40,75	69,49
0,30	4,375	8,791	16,75	22,70	40,32	68,77
0,35	4,318	8,680	16,54	22,42	39,83	67,92
0,40	4,252	8,547	16,29	22,08	39,23	66,92
0,45	4,173	8,390	15,99	21,67	38,52	65,71
0,50	4,076	8,198	15,63	21,18	37,65	64,23
0,55	3,959	7,966	15,19	20,59	36,61	62,48
0,60	3,814	7,675	14,64	19,86	35,31	60,29

[1] Nach H. Rother, Dissertation Braunschweig 1960.

Tabelle 9. g_1 H_2O, Wasser, g_2 $C_{12}H_{22}O_{11}$, Saccharose[1]

g'_2	p in Torr bei										
	0° C	10° C	20° C	25° C	30° C	40° C	50° C	60° C*	70° C*	80° C*	90° C*
0,00	4,581	9,204	17,53	23,75	31,81	55,31	92,52	149,4	233,7	355,2	525,7
0,05	4,568	9,178	17,48	23,68	31,72	55,15	92,26	149,0	233,1	354,2	524,2
0,10	4,553	9,149	17,42	23,61	31,62	54,98	91,97	148,5	232,3	353,1	522,6
0,15	4,536	9,115	17,36	23,52	31,51	54,78	91,65	148,0	231,5	351,9	520,8
0,20	4,516	9,075	17,29	23,42	31,37	54,55	91,27	147,4	230,6	350,5	518,8
0,25	4,493	9,028	17,20	23,30	31,21	54,28	90,82	146,7	229,5	348,8	516,3
0,30	4,465	8,972	17,09	23,16	31,03	53,96	90,29	145,8	228,2	346,9	513,5

[1] Nach H. Rother, Dissertation Braunschweig 1960.
* Extrapolierte Werte.

g'_2	p in Torr bei 0°C	10°C	20°C	25°C	30°C	40°C	50°C	60°C*	70°C*	80°C*	90°C*
0,35	4,431	8,906	16,97	22,99	30,80	53,57	89,64	144,8	226,6	344,5	510,0
0,40	4,390	8,823	16,81	22,78	30,52	53,09	88,84	143,5	224,6	341,5	505,7
0,45	4,339	8,721	16,62	22,52	30,18	52,50	87,86	141,9	222,1	337,8	500,3
0,50	4,275	8,594	16,38	22,20	29,75	51,76	86,64	140,0	219,1	333,2	493,5
0,55	4,193	8,433	16,08	21,79	29,20	50,82	85,09	137,5	215,3	327,4	484,9
0,60	4,085	8,221	15,68	21,26	28,49	49,61	83,10	134,3	210,4	320,1	474,2
0,65		7,936	15,15	20,55	27,55	47,99	80,43	130,1	203,9	310,3	460,0

* Extrapolierte Werte

Tabelle 10. g_1 H_2O, Wasser, g_2 HCl, Chlorwasserstoff

g'_2	x'_2	p_1 (Torr, 0° C)	p_2 (Torr, 0° C)	p_1 (Torr, 10° C)	p_2 (Torr, 10° C)	p_1 (Torr, 20° C)	p_2 (Torr, 20° C)
0,06	0,0306	4,18	0,000066	8,45	0,000234	15,9	0,00076
0,10	0,0520	3,84	0,00042	7,70	0,00134	14,6	0,00134
0,14	0,0744	3,39	0,0024	6,95	0,0071	13,1	0,00395
0,18	0,0978	2,87	0,0135	5,92	0,037	11,3	0,095
0,20	0,1099	2,62	0,0316	5,40	0,084	10,3	0,205
0,22	0,1223	2,33	0,0734	4,82	0,187	9,30	0,45
0,24	0,1350	2,05	0,175	4,31	0,43	8,30	1,00
0,26	0,1479	1,76	0,41	3,71	0,98	7,21	2,17
0,28	0,1612	1,50	1,0	3,21	2,27	6,32	4,90
0,30	0,1748	1,26	2,4	2,73	5,23	5,41	10,6
0,32	0,1887	1,04	5,7	2,27	11,8	4,55	23,5
0,34	0,2029	0,85	13,1	1,87	26,4	3,81	50,5
0,36	0,2175	0,68	29,0	1,50	56,4	3,10	105,5
0,38	0,2324	0,53	63,0	1,20	117	2,51	210
0,40	0,2478	0,41	130	0,94	233	2,00	399
0,42	0,2635	0,31	253	0,72	430	1,56	709

g'_2	x'_2	p_1 (Torr, 25° C)	p_2 (Torr, 25° C)	p_1 (Torr, 30° C)	p_2 (Torr, 30° C)	p_1 (Torr, 40° C)	p_2 (Torr, 40° C)
0,06	0,0306	21,8	0,00131	29,1	0,00225	50,6	0,0062
0,10	0,0520	20,0	0,0067	26,8	0,0111	47,0	0,0282
0,14	0,0744	18,0	0,0316	24,1	0,050	42,1	0,121
0,18	0,0978	15,4	0,148	20,6	0,228	36,4	0,515
0,20	0,1099	14,1	0,32	19,0	0,48	33,3	1,06
0,22	0,1223	12,6	0,68	17,1	1,02	30,2	2,18
0,24	0,1350	11,4	1,49	15,4	2,17	27,1	4,5
0,26	0,1479	9,95	3,20	13,5	4,56	24,0	9,2
0,28	0,1612	8,75	7,05	11,8	9,90	21,1	19,1
0,30	0,1748	7,52	15,1	10,2	21,0	18,4	39,4
0,32	0,1887	6,37	32,5	8,70	44,5	15,7	81
0,34	0,2029	5,35	68,5	7,32	92	13,5	161
0,36	0,2175	4,41	142	6,08	188	11,4	322
0,38	0,2324	3,60	277	5,03	360	9,52	598
0,40	0,2478	2,88	515	4,09	627	7,85	
0,42	0,2635	2,30	900	3,28		6,45	

g'_2	x'_2	p_1 (Torr, 50° C)	p_2 (Torr, 50° C)	p_1 (Torr, 60° C)	p_2 (Torr, 60° C)	p_1 (Torr, 80° C)	p_2 (Torr, 80° C)
0,06	0,0306	86,0	0,0163	139	0,040	333	0,206
0,10	0,0520	80,0	0,069	130	0,157	310	0,73
0,14	0,0744	72,0	0,275	116	0,60	273	2,50
0,18	0,0978	62,5	1,11	102	2,3	248	8,6
0,20	0,1099	57,0	2,21	93,5	4,4	230	15,6
0,22	0,1223	52,0	4,42	85,6	8,6	211	29,3
0,24	0,1350	46,7	8,9	77,0	16,9	194	54,5
0,26	0,1479	41,5	17,5	69,0	32,5	173	100
0,28	0,1612	36,5	35,7	60,7	64	154	188
0,30	0,1748	32,0	71	53,5	124	136	340
0,32	0,1887	27,7	141	46,5	238	120	623
0,34	0,2029	24,0	273	40,5	450	104	
0,36	0,2175	20,4	535	34,8	860	90,0	
0,38	0,2374	17,4	955	29,6		77,5	
0,40	0,2478	14,5		25,0		67,3	
0,42	0,2635	12,1		21,2		57,2	

g'_2	x'_2	p_1 (Torr, 100°C)	p_2 (Torr, 100°C)	p_1 (Torr, 110°C)	p_2 (Torr, 110°C)
0,06	0,0306	715	0,92	—	1,78
0,10	0,0520	677	2,9	960	5,4
0,14	0,0744	625	9,0	892	16,0
0,18	0,0978	550	28	783	48
0,20	0,1099	510	49	729	83
0,22	0,1223	467	90	670	146
0,24	0,1350	426	157	611	253
0,26	0,1479	387	276	555	436
0,28	0,1612	349	493	499	760
0,30	0,1748	310	845	444	
0,32	0,1887	275		396	
0,34	0,2029	243		355	
0,36	0,2175	212		311	
0,38	0,2324	182		266	
0,40	0,2478	158		230	
0,42	0,2635	135		195	

Azeotrope Punkte

g_2	x_2	p Torr	ϑ °C	g_2	x_2	p Torr	ϑ °C
0,1936	0,1060	1220	122,98	0,2134	0,1176	400	92,08
0,2022	0,1113	760	108,58	0,2188	0,1216	250	81,21
0,2064	0,1139	600	102,21	0,2252	0,1256	150	69,96
0,2092	0,1156	500	97,58	0,2342	0,1313	50	48,72

Tabelle 11. g_1 H_2O, Wasser, g_2 HNO_3, Salpetersäure

g'_2	x'_2	p_1	p_2	p_1	p_2	p_1	p_2	p_1	p_2	p_1	p_2	p_1	p_2
		Torr											
		0° C		10° C		20° C		25° C		30° C		40° C	
0,20	0,067	4,1	—	8,0	—	15,2	—	20,6	—	27,6	—	47,5	—
0,25	0,087	3,8	—	7,6	—	14,2	—	19,2	—	25,7	—	44	—
0,30	0,109	3,6	—	7,1	—	13,2	—	17,8	—	23,8	—	41	0,11
0,35	0,133	3,3	—	6,5	—	12,0	—	16,2	—	21,7	0,09	37,7	0,20
0,40	0,160	3,0	—	5,8	—	10,8	—	14,6	0,12	19,5	0,17	33,5	0,36
0,45	0,190	2,6	—	5,0	—	9,4	0,15	12,7	0,23	16,9	0,33	29,3	0,68
0,50	0,222	2,1	—	4,2	0,12	7,9	0,27	10,7	0,39	14,4	0,56	25,0	1,13
0,55	0,259	1,8	—	3,5	0,21	6,7	0,45	9,1	0,66	12,2	0,93	21,3	1,82
0,60	0,300	1,5	0,19	3,0	0,41	5,6	0,84	7,7	1,21	10,3	1,66	18,1	3,10
0,65	0,347	1,3	0,41	2,6	0,86	4,9	1,68	6,6	2,32	8,8	3,17	15,5	5,70
0,70	0,400	1,1	0,79	2,2	1,58	4,1	3,00	5,5	4,10	7,4	5,50	12,8	9,65
0,80	0,533	—	2	1,2	4	2,4	8	3,2	10,5	4	14	7	24,5
0,90	0,720	—	5,5	—	11	—	20	1	27	1,3	36	2,4	62
1,00	1,00	—	11	—	22	—	42	—	57	—	77	—	133
		50° C		60° C		80° C		100° C		110° C		120° C	
0,20	0,067	80	—	128	0,13	307	0,53	675	1,87	—	—	—	—
0,25	0,087	75	0,13	121	0,28	287	1,05	628	3,50	—	—	—	—
0,30	0,109	69	0,25	113	0,51	267	1,87	580	6,05	—	—	—	—
0,35	0,133	63	0,42	102	0,85	243	3,07	530	9,7	755	16,5	—	—
0,40	0,160	56	0,75	90	1,48	218	5,10	480	15,5	688	25,7	—	—
0,45	0,190	49,5	1,35	80	2,54	195	8,15	430	23,0	625	37,0	—	—
0,50	0,222	42,5	2,18	70	4,05	170	12,5	383	34,2	560	54,5	785	84
0,55	0,259	36,3	3,41	60	6,15	148	18,0	331	47	485	73	685	110
0,60	0,300	31,0	5,68	51	9,9	126	27,5	285	69,5	417	103	590	156
0,65	0,347	26,0	10,0	43,0	16,8	106	43,5	238	103	345	152	490	218
0,70	0,400	21,8	16,5	35,3	27,1	86	67,5	192	152	270	221	393	312
0,80	0,533	12	41	20	67	48	158	108	330	155	465	219	640
0,90	0,720	4	103	6,5	157	16	338	35	675	—	—		
1,00	1,00	—	215	—	320	—	625	—	—	—	—		

Azeotrope Punkte: $x_2=0{,}352$, 0° C, 1,1 Torr; $x_2=0{,}347$, 20° C, 5,01 Torr.

Tabelle 12. x_1 H_2O, Wasser, x_2 SO_2, Schwefeldioxid

x'_2	p_1	p_2	p_1	p_2	p_1	p_2	p_1	p_2	p_1	p_2
	Torr									
	$\vartheta=10°$ C		$\vartheta=20°$ C		$\vartheta=30°$ C		$\vartheta=40°$ C			
0,0070	9,1	108	17,4	157	31,5	224	54,9	311		
0,0152	9,0	247	17,2	375	31,3	536	54,4	733		
0,0207	9,0	345	17,1	524	31,1	752	—	—		
0,0287	8,9	499	17,0	751	—	—	—	—		
0,0353	8,8	635	—	—	—	—	—	—		
0,0405	8,8	743	—	—	—	—	—	—		
	$\vartheta=50°$ C		$\vartheta=60°$ C		$\vartheta=70°$ C		$\vartheta=80°$ C			
0,0014	92,3	83	149,2	111	234	144	354	182		
0,0028	92,2	164	149,0	217	233	281	354	356		
0,0042	92,0	247	148,8	328	233	426	353	543		
0,0070	91,8	421	148,3	562	232	739	352	956		
0,0097	91,5	603	147,9	804	—	—	—	—		
0,0125	91,2	793	—	—	—	—	—	—		
	$\vartheta=90°$ C		$\vartheta=100°$ C		$\vartheta=110°$ C		$\vartheta=120°$ C		$\vartheta=130°$ C	
0,0014	525	225	758	274	1072	326	1486	377	2024	420
0,0028	524	445	757	548	1071	661	1484	775	2022	879
0,0042	523	684	756	850	1070	1032	—	—	—	—

Tabelle 14. x_1 H_2O, Wasser;

Berechnung nach der

g'_2	x'_2	0° C	5° C	10° C	15° C	20° C	25° C	30° C
		Gesamtdruck						
0,10	0,02	4,53	6,38	8,87	12,3	16,6	22,4	29,8
0,20	0,044	4,17	5,92	8,20	11,3	15,4	20,7	27,7
0,30	0,073	3,55	5,02	7,00	9,64	13,2	17,7	23,7
0,35	0,090	3,21	4,53	6,32	8,73	11,9	16,0	21,6
0,40	0,109	2,67	3,80	5,32	7,36	10,1	13,6	18,3
0,45	0,131	2,04	2,90	4,07	5,65	7,76	10,5	14,2
0,50	0,155	1,60	2,29	3,23	4,50	6,21	8,53	11,4
0,55	0,183	1,10	1,59	2,25	3,16	4,38	6,01	8,15
0,60	0,216	0,698	1,01	1,45	2,05	2,87	3,96	5,42
0,65	0,254	0,381	0,560	0,811	1,26	1,66	2,29	3,16
0,70	0,300	0,156	0,234	0,347	0,507	0,733	1,04	1,47
0,75	0,355	0,0561	0,0857	0,129	0,192	0,282	0,408	0,585
0,80	0,424	0,0147	0,0232	0,0362	0,0556	0,0841	0,126	0,185
0,85	0,510	0,00415	0,00670	0,0107	0,0167	0,0257	0,0391	0,0586
0,90	0,623	—	0,00118	0,00193	0,00311	0,00493	0,00771	0,0108
0,95	0,777	—	—	—	—	—	—	—

Azeotroper Punkt $x_2=0{,}925$, 335° C; 760 Torr.

Tabelle 13. x_1 H_2O, Wasser, x_2 SO_3, Schwefeltrioxid

x'_2	p_{SO_3} in Torr								
	20° C	25° C	30° C	40° C	50° C	60° C	70° C	80° C	90° C
0,52828	—	—	—	0,6	1,6	3,8	8,5	18,2	37,5
0,54314	—	—	—	0,9	2,1	4,8	10,5	22,0	44,4
0,55854	0,2	0,3	0,5	1,3	3,0	6,7	14,2	29,0	56,8
0,56646	0,3	0,4	0,7	1,7	4,0	8,9	18,8	37,9	73,9
0,57455	0,4	0,7	1,1	2,6	6,0	13,1	27,2	54,1	103,7
0,58277	0,8	1,2	1,9	4,4	9,8	20,7	42,1	81,5	153,1
0,59115	1,4	2,1	3,2	7,3	15,7	32,1	63,0	119,0	217,2
0,59970	2,4	3,6	5,5	12,0	25,0	49,8	95,5	171,2	311,9
0,60841	4,0	6,0	8,9	18,8	38,1	74,0	138,2	249,2	434,9
0,61729	6,9	10,0	14,6	29,2	56,4	104,6	167,3	323,7	547,7
0,62637	—	15,9	22,4	43,4	80,6	144,2	249,3	—	—
0,63561	—	—	35,1	64,8	115,7	199,4	333,6	—	—
0,64504	—	—	—	86,6	152,1	258,3	425,0	—	—
0,66449	—	—	—	133,7	230,1	383,5	—	—	—
0,68479	—	—	105,2	185,7	316,3	—	—	—	—
0,70594	76,1	103,2	138,5	242,4	409,9	—	—	—	—
0,72804	96,9	130,9	175,1	304,9	512,9	—	—	—	—
0,75113	119,1	160,7	214,9	373,3	626,9	—	—	—	—
0,77533	144,2	194,3	259,2	448,8	751,2	—	—	—	—

Rauchende Schwefelsäure ist hier als ein binäres Gemisch von H_2O und SO_3 mit $x'_2 > 0{,}5$ betrachtet. Wird sie als binäres Gemisch von (wasserfreier) H_2SO_4 mit SO_3 angesetzt, so ist $x_{H_2SO_4} = 2x'_{SO_3}$ (stets > 1).

x_2 H_2SO_4, Schwefelsäure

Formel $\lg p = A - \dfrac{B}{T}$

50° C	75° C	100° C	125° C	150° C	200° C	250° C	A	B	V°C
in Torr									
86,3	273,5	744,7	1664	3413	—	—	8,925	2259	102
80,4	256,4	699,8	1548	3184	—	—	8,922	2268	104
68,7	219,8	601,2	1379	2863	—	—	8,864	2271	108
63,2	203,2	559,8	1264	2649	—	—	8,873	2286	110
53,8	174,2	483,1	1125	2378	—	—	8,844	2299	114
42,2	138,4	386,4	966	2063	—	—	8,809	2322	118
34,6	115,6	328,1	818,5	1742	—	—	8,832	2357	123
25,4	86,1	248,9	631,0	1396	—	—	8,827	2400	130
17,2	59,7	179,9	465,6	1221	—	—	8,841	2458	140
10,4	37,9	115,6	310,5	737,9	—	—	8,853	2533	151
5,19	20,6	67,5	191,4	478,6	—	—	9,032	2688	165
2,19	9,20	32,0	94,8	247,7	—	—	9,034	2810	182
0,771	3,66	14,0	45,6	128,8	739,6	—	9,293	3040	202
0,260	1,32	5,36	18,4	54,6	338,0	—	9,239	3175	225
0,0583	0,330	1,48	5,52	17,5	123,6	597,0	9,255	3390	255
0,0058	0,0422	0,236	1,12	4,01	37,5	230,7	9,790	3888	290

Tabelle 15. x_1 C_2H_6, Äthan, x_2 CO_2, Kohlenstoffdioxid

ϑ °C	p′ atm	p″ atm	ϑ °C	p′ atm	p″ atm	ϑ °C	p′ atm	p″ atm	ϑ °C	p′ atm	p″ atm
$x_2=0,5$			$x_2=0,57$			$x_2=0,70$			$x_2=0,85$		
8,8	47,47	—	8,95	48,46	47,27	8,95	49,07	48,58	10,35	49,46	48,84
8,85	—	45,74	14,95	55,30	54,50	14,95	56,28	55,82	16,0	56,32	55,72
9,05	—	45,94	17,55	58,42	—	17,28	59,31	59,02	23,15	66,32	—
9,1	47,74	—	17,58	—	58,18	18,68	61,19	—	23,2	—	66,15
14,95	54,10	52,94	17,62	58,37[1]		18,69	—	61,14	23,35	66,52	66,44
17,55	57,18	56,63				18,73	61,28	—	23,37	66,57	—
17,75	57,24	56,90				18,75	61,31	61,21	23,4	66,54[1]	
17,85	57,15	56,99				18,77	61,29	—			
17,88	57,10[1]					18,80	61,26[1]				

[1] Kritische Punkte I. Ordnung.

422122. Diagramme

Nr. 1. x_1 Argon, x_2 Stickstoff

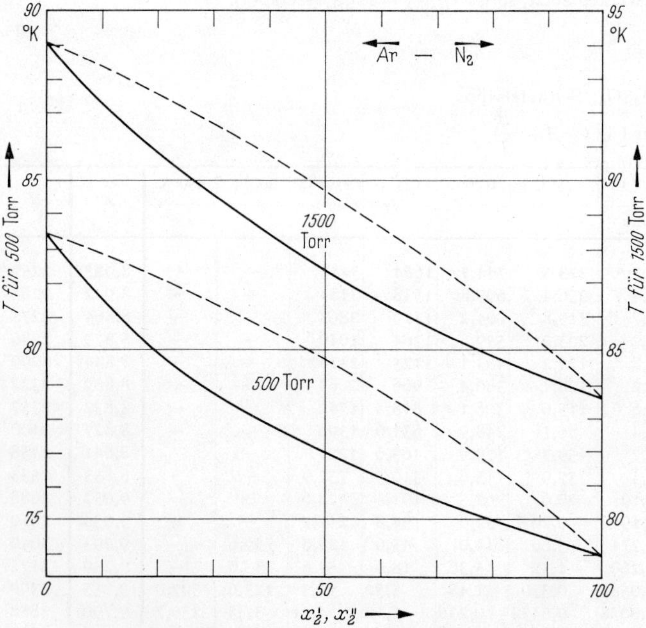

Siedediagramm des Systems Ar—N_2 bei verschiedenen Drucken

Nr. 2. x_1 Methan, x_2 Stickstoff

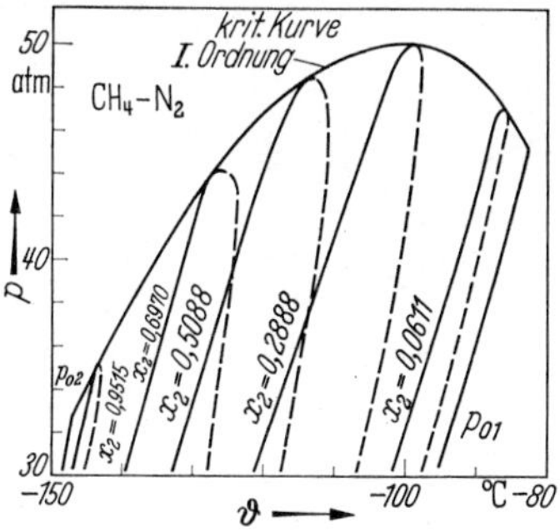

Dampfdruckdiagramm im kritischen Gebiet

Nr. 3. x_1 Ammoniak, x_2 Stickstoff

Doppelfaltenpunkt: 1000 atm; 86,5° C
Kritische Punkte oberhalb des Doppelfaltenpunktes

atm	°C
1500	88,8
1790	90
2030	100
3000	110

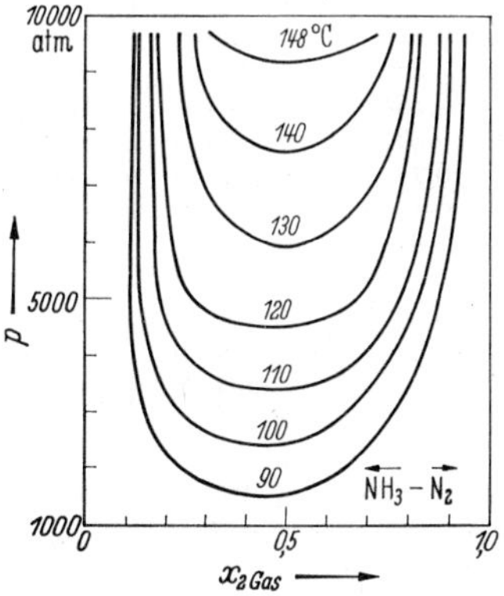

Aufspaltung des überkritischen Gasgemisches in 2 Phasen bei extrem hohen Drucken

Nr. 4. x_1 Sauerstoff, x_2 Stickstoff

x_2	Kritische Punkte			
	I. Ordnung		II. Ordnung	
	°C	atm	°C	atm
0,00	−118,8	49,7	—	—
0,25	−125,6	45,9	−125,5	45,8
0,50	−132,6	41,9	−132,5	41,9
1,00	−147,1	33,4	—	—
Luft $g_2 = 75,5\,\%$	−140,73	37,25	−140,63	37,17

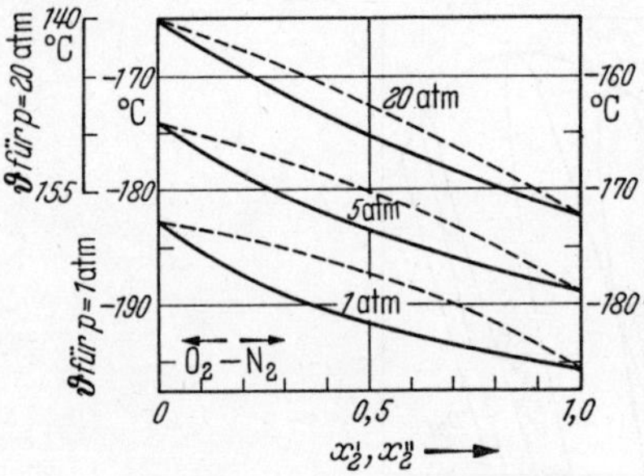

(4a). Siedetemperaturen des Systems O_2—N_2 bei verschiedenen Drucken

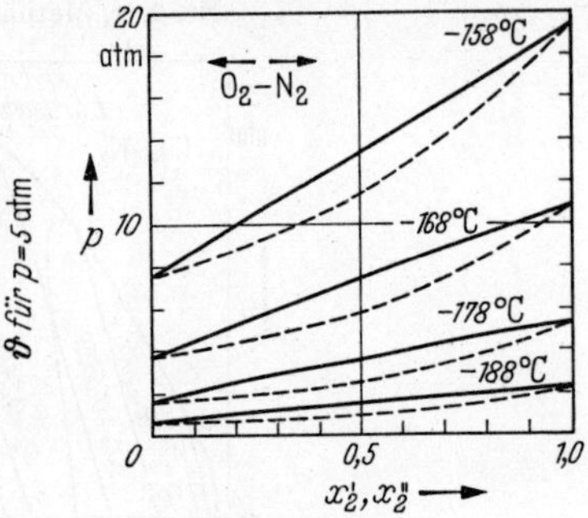

(4b). Siededrucke des Systems O_2—N_2 bei verschiedenen Temperaturen

x_1 O_2, x_2 N_2

x_2'	x_2''	°C	x_2''	°C	D fl.Ph gcm^{-3}
	0,5 atm		1 atm		
0	0	−188,99	0	−182,83	1,135
0,05	0,1980	−190,29	0,1735	−184,09	1,125
0,1	0,3545	−191,53	0,3100	−185,33	1,110
0,2	0,5585	−193,53	0,5081	−187,38	1,078
0,3	0,6850	−195,13	0,6405	−189,06	1,045
0,4	0,7705	−196,45	0,7350	−190,46	—
0,5	0,8313	−197,56	0,8046	−191,65	0,970
0,6	0,8784	−198,50	0,8591	−192,67	—
0,7	0,9158	−199,30	0,9031	−193,56	0,895
0,8	0,9476	−200,00	0,9399	−194,34	0,855
0,9	0,9751	−200,60	0,9717	−195,02	0,835
1	1	−201,09	1	−195,65	0,805

Nr. 5. x_1 Wasser, x_2 Bromwasserstoff

x_2'	x_2''	p_1 Torr	p_2 Torr
	$\vartheta = 54{,}83°$ C		
0,0240	0,0000	109,6	0,0
0,0545	0,0000	99,7	0,0
0,1285	0,0025	57,3	0,1
0,1694	0,0050	36,4	1,9
0,1820	0,1330	32,0	4,9
0,1820	0,1300	31,7	4,7
0,1880	0,1990	27,7	6,9
0,1880	0,1990	27,3	6,6
0,1920	0,2489	27,3	9,0
0,2028	0,4552	21,5	18,0
0,2112	0,5490	23,3	28,3
0,2285	0,8593	14,6	89,4
0,2517	0,9630	11,3	260,7

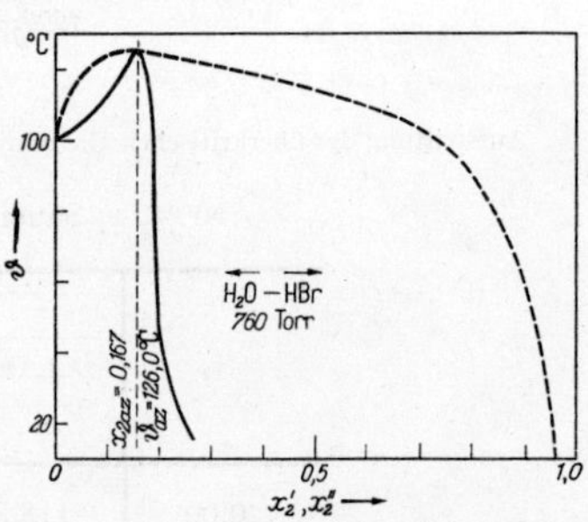

(5a). Azeotropismus im Siedediagramm H_2O—HBr

Azeotrope Punkte		
x_2	Torr	°C
0,196	4,3	19,93
0,187	33,9	54,83
0,180	—	79,9

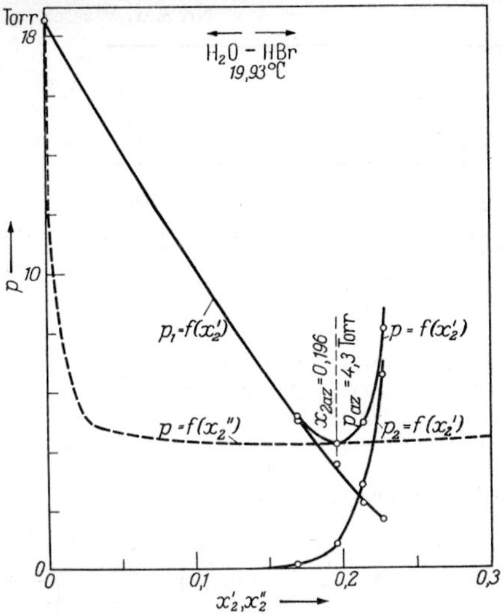

(5b). Azeotropismus im Siededruck-Diagramm H_2O—HBr

Nr. 6. x_1 Wasser, x_2 Methanol

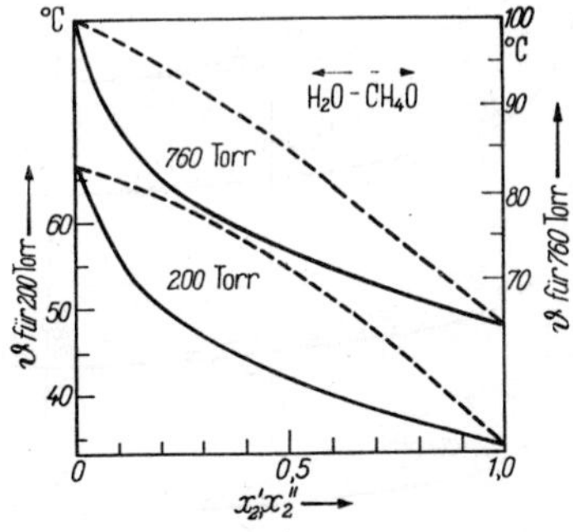

(6a). Siedediagramm H_2O—CH_4O. Kritischer Punkt I. Ordnung $x_2=0,773$; $p=83$ atm

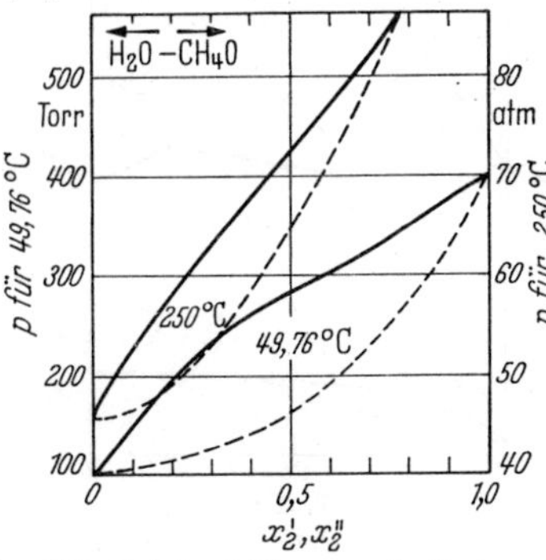

(6b). Siededruck-Diagramm des Systems H_2O—CH_4O

Nr. 7. x_1 Wasser, x_2 Acetaldehyd

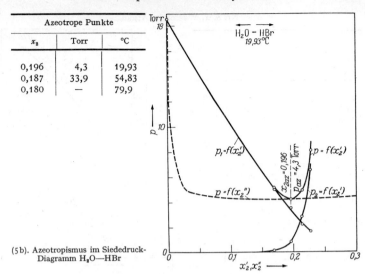

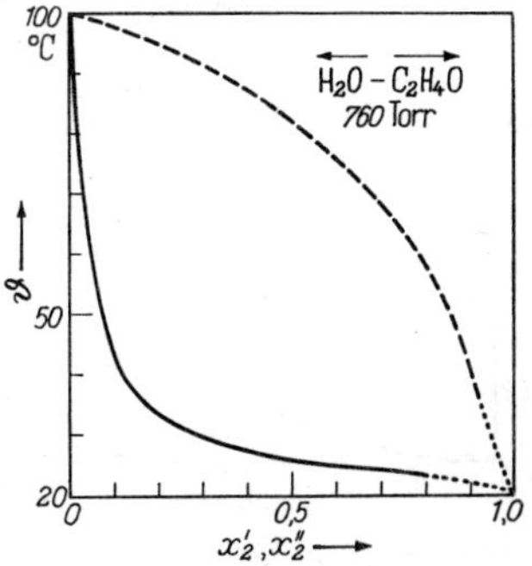

Siedediagramm bei Atmosphärendruck

Nr. 8. x_1 Wasser, x_2 Äthan

	x_2''		
	ϑ		
p atm	37,8° C	104,4° C	171,1° C
13,61	0,994993	0,91218	0,4046
27,22	0,997359	0,95493	0,6964
40,83	0,998141	0,96921	0,7935
68,05	0,998756	0,98048	0,8709
102,1	0,999051	0,98604	0,90953
204,1	0,999312	0,991447	0,94678
306,2	0,999374	0,993095	0,95862
408,3	0,999383	0,993827	0,96440
476,3	0,999381	0,994110	0,96682
544,4	0,999377	0,994350	0,96883
612,4	0,999374	0,994569	0,97056
680,5	0,999371	0,994793	0,97205

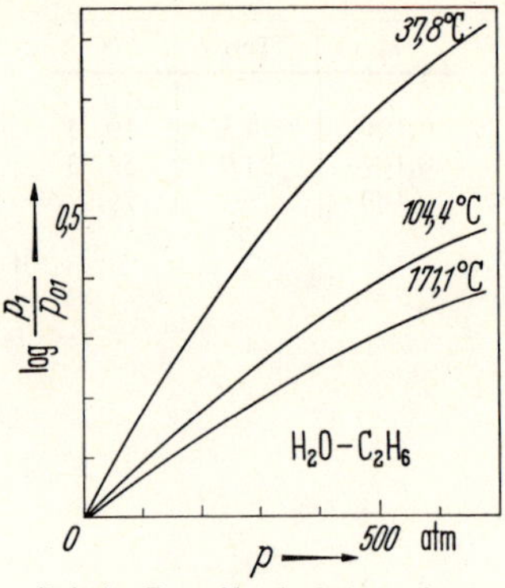

Relative Dampfdruckerhöhung durch Fremdgaszusatz

Nr. 9. x_1 Wasser, x_2 Äthanol

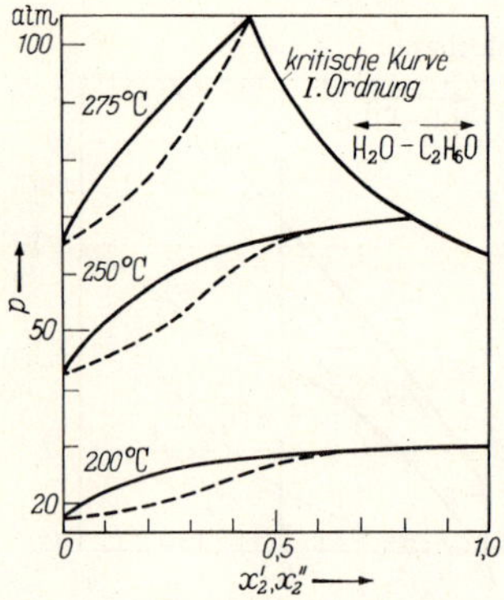

9 a

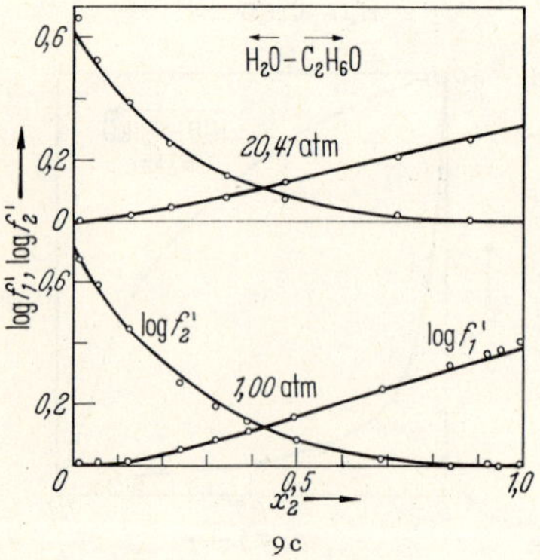

9 c

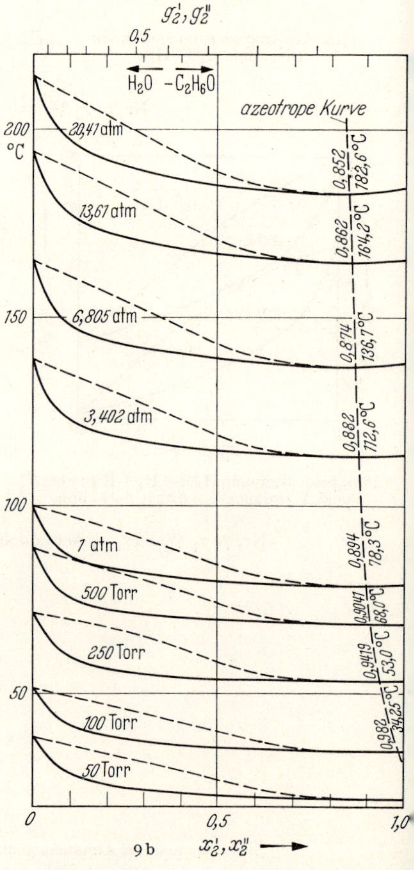

9 b

Nr. 10. x_1 Wasser, x_2 Aceton

Azeotrope Punkte		
x_2	°C	atm
0,854	125,6	6,805
0,779	157,6	13,61
0,685	200	30,14
0,555[1]	259	66,69

[1] zugleich kritischer Punkt I. Ordnung.

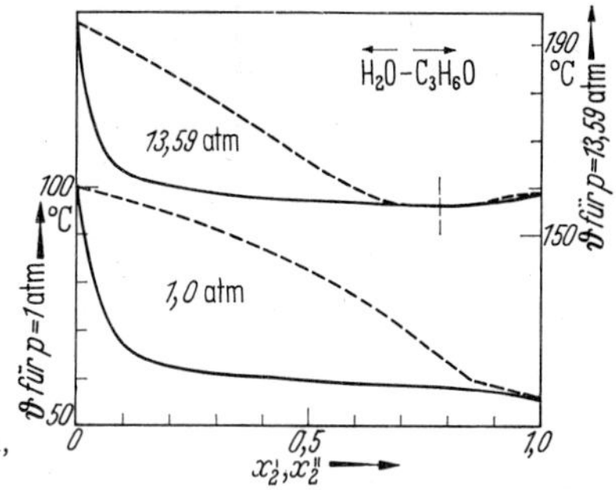

Siedediagramme bei verschiedenen Drucken, Azeotropismus

Nr. 11. x_1 Wasser, x_2 1,2-Propylenoxid

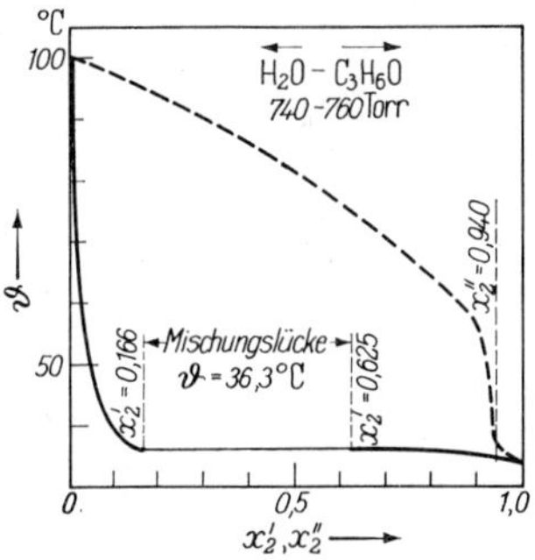

Siedediagramm mit Mischungslücke

Nr. 12. x_1 Wasser, x_2 Propanol-(2)

Azeotrope Punkte		
x_2	°C	Torr
0,6670	36,00	95
0,6705	49,33	190
0,6750	63,90	380
0,6870	80,10	760
0,6950	120,15	3087

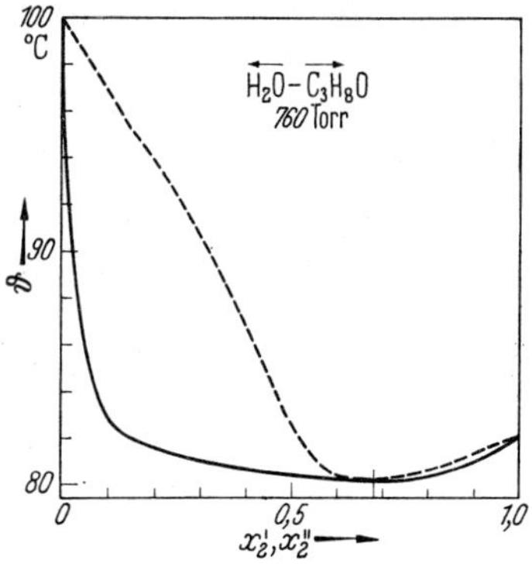

Siedediagramm und Azeotropismus

(9a). Siededrucke und kritische Kurve

(9b). Siedediagramme und Azeotropismus bei verschiedenen Drucken

(9c). ○ Experimentelle Aktivitätskoeffizienten; —— Theoretische Aktivitätskoeffizienten nach Gleichung von VAN LAAR

Nr. 13. x_1 Wasser, x_2 1,4-Dioxan

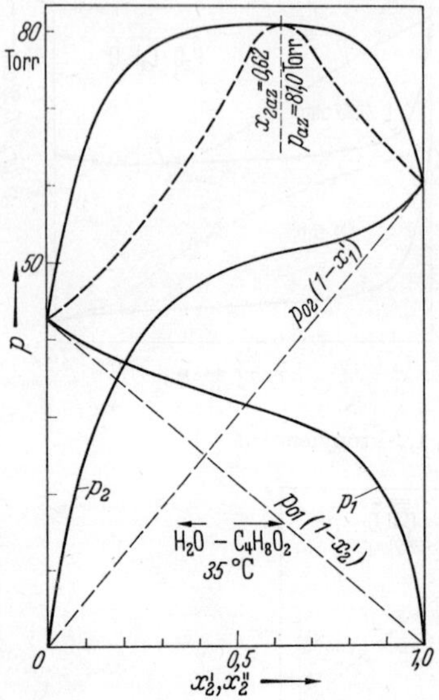

Siedediagramm, Azeotropismus und Partialdrucke

Nr. 14. x_1 Butanol-(1), x_2 Wasser

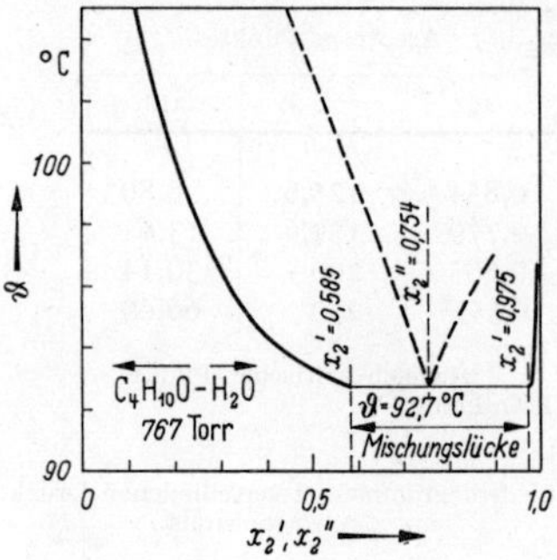

Siedediagramm mit Mischungslücke

Nr. 15. x_1 Wasser, x_2 Diäthyläther

Dreiphasenlinie	
p_{III} atm	ϑ °C
21,2	150,3
23,5	155,9
26,0	161,5
28,1	165,9
30,45	170,15
32,8	174,5
35,75	179,55
39,1	184,85
42,65	190,15
45,9	194,7
49,2	199,1
51,8[1]	202,2[1]

[1] Kritischer Endpunkt.

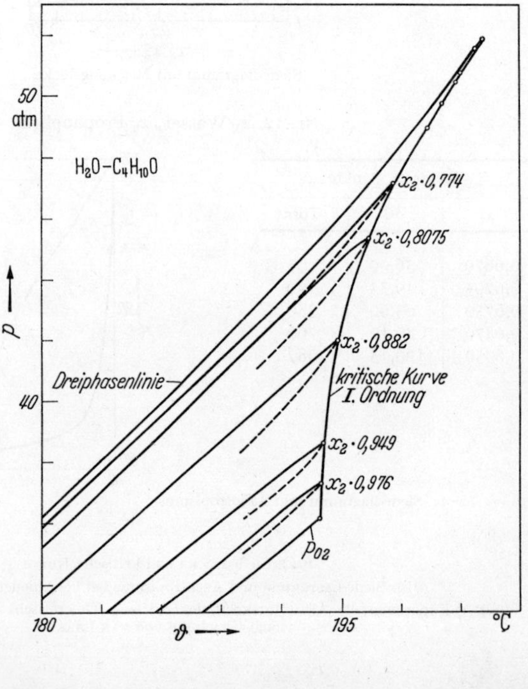

Kritische Kurve I. Ordnung bis zur Löslichkeitsgrenze (Dreiphasenlinie)

Kritische Punkte I. Ordnung			Kritische Punkte I. Ordnung			Kritische Punkte I. Ordnung		
$x_2' = x_2''$	$p_{kr\,I}$ atm	$\vartheta_{kr\,I}$ °C	$x_2' = x_2''$	$p_{kr\,I}$ atm	$\vartheta_{kr\,I}$ °C	$x_2' = x_2''$	$p_{kr\,I}$ atm	$\vartheta_{kr\,I}$ °C
—	51,8[1]	202,2[1]	0,725	49,7	200,1	0,882	41,9	194,85
0,684	51,55	201,9	0,740	48,9	199,35	0,949	38,6	194,1
0,700	50,65	201,0	0,774	47,1	197,6	0,976	33,7	194,0
0,702	50,4	200,8	0,8075	45,3	196,4	1,000	36,1	193,9

[1] Kritischer Endpunkt.

Nr. 16. x_1 Wasser, x_2 Diäthylamin

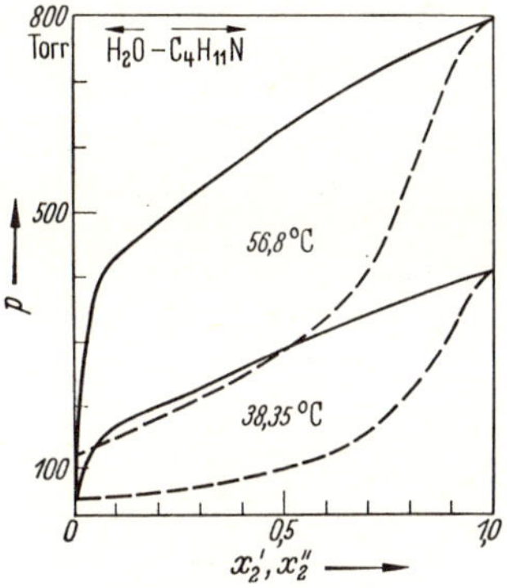

Siededrucke bei verschiedenen Temperaturen

Nr. 17. x_1 Furfurol, x_2 Wasser

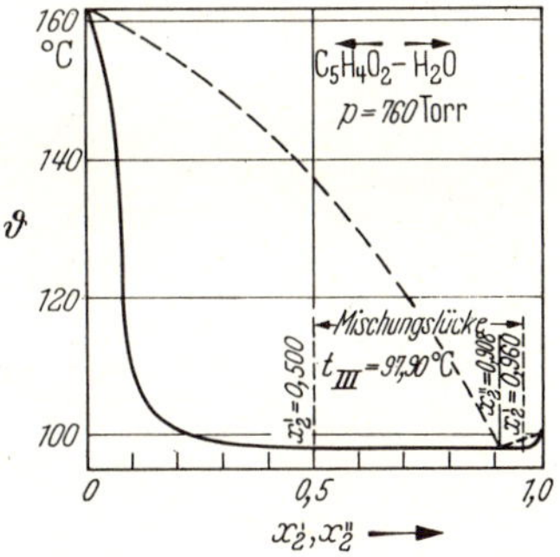

Siedediagramm mit Mischungslücke

Nr. 18. x_1 Phenol, x_2 Wasser

Azeotrope Punkte		
x_2	°C	Torr
0,981	99,6	760
0,985	75	294
0,989	56,3	127

Mischungslücke bei tiefer Temperatur

Mischungslücke				
x_2'		x_2''	°C	Torr
0,691	0,984	0,9880	29,8	29
0,729	0,979	0,9860	42,4	62
0,777	0,969	0,9840	60,1	150
0,850	0,947	0,9822	64,4	182
o. kr.				
Lp.	0,910		68	

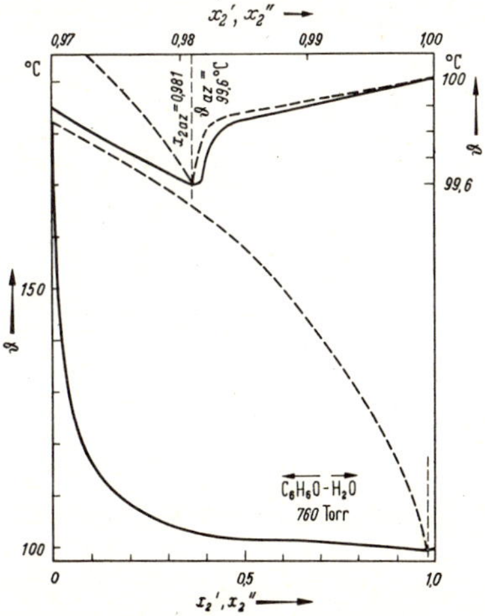

Siedediagramm mit Azeotropismus

Nr. 19. g_1 Wasser, g_2 Ammoniak

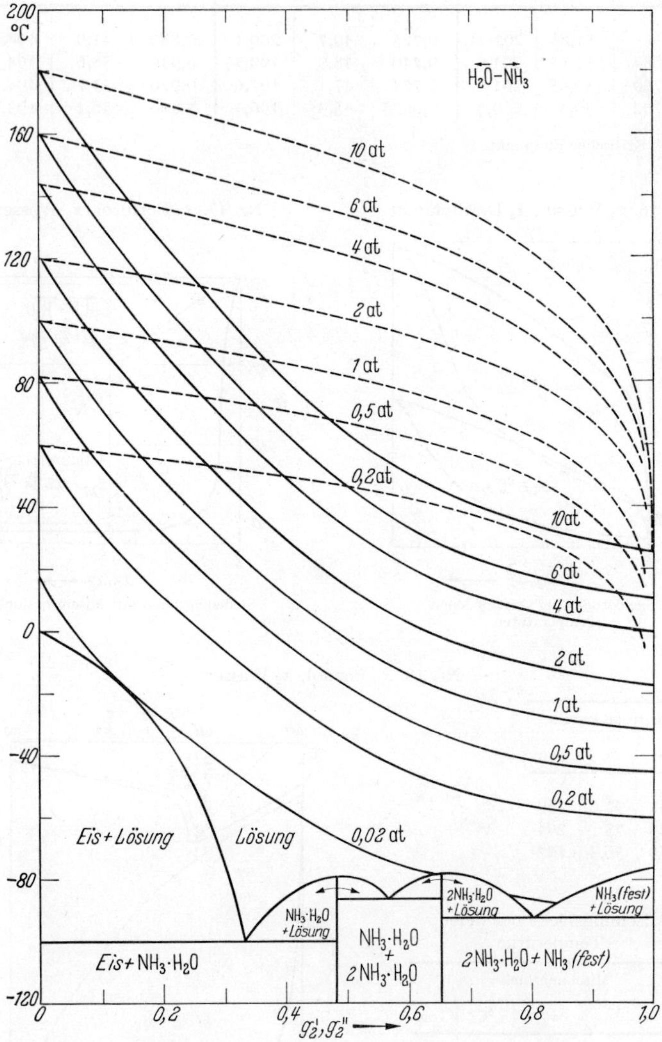

(19a). Siedediagramm und Gleichgewicht mit verschiedenen Bodenkörpern

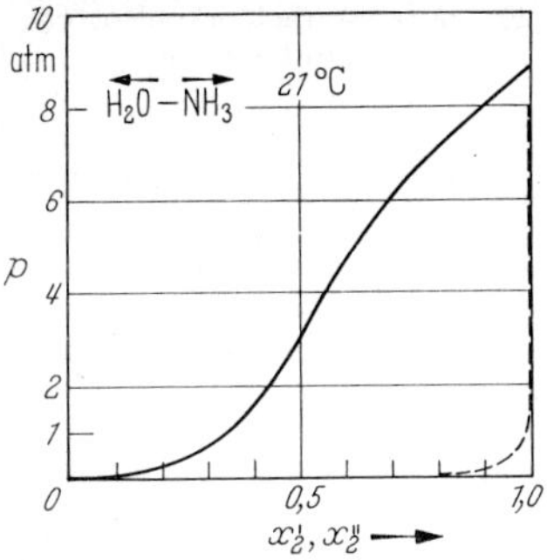

(19b). Siededruck-Kurve bei gegebener Temperatur

Nr. 20. x_1 Hydrazin, x_2 Wasser

Azeotrope Punkte		
x_2	°C	Torr
0,4700	74,3	124,8
0,4606	93,4	281,4
0,4500	111,3	560,8

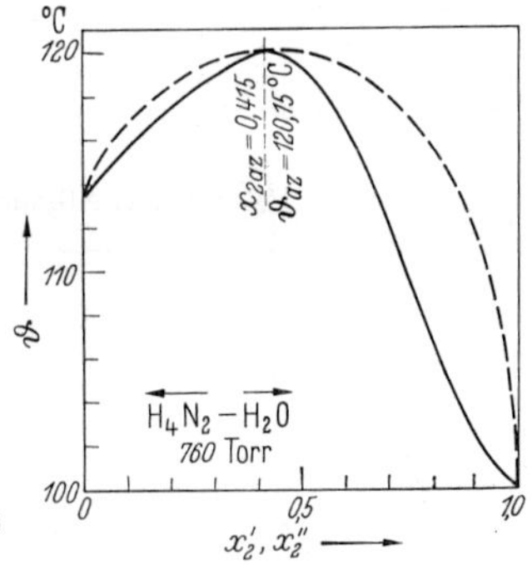

Siedediagramm und Azeotropismus

Nr. 21. x_1 Wasser, x_2 Schwefelwasserstoff

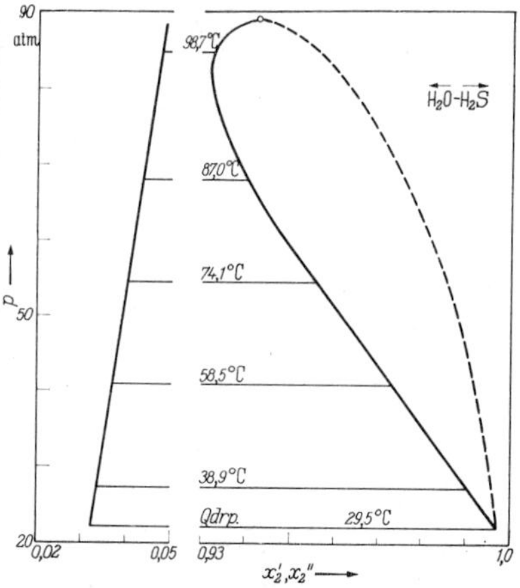

(21a)

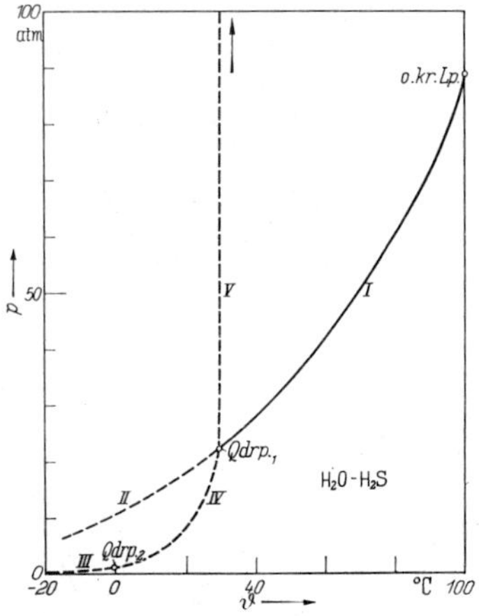

(21b)

(21a). Qdrp. $\vartheta = 29{,}5°$ C $x_2' = 0{,}0323$ bzw. 0,997 $x_2'' = 0{,}9971$, $p = 22{,}09$ atm

(21b). Drucke der Gebiete mit 3 Phasen in Abhängigkeit von der Temperatur. *I* Gasdruck über den 2 flüssigen Phasen; *II* über festem Hydrat und der H_2S-reichen flüssigen Phase; *III* über festem Hydrat und Eis; IV über festem Hydrat und H_2O-reicher, flüssiger Phase; V Druck über festem Hydrat und H_2O-reicher und H_2S-reicher, flüssiger Phase

Qdrp. $\vartheta = -0{,}4°$ C, Eis + festes Hydrat, H_2O-reiche, flüssige Phase, $p = 0{,}919$ atm

Nr. 22. x_1 Tetrachlorkohlenstoff, x_2 Chloroform

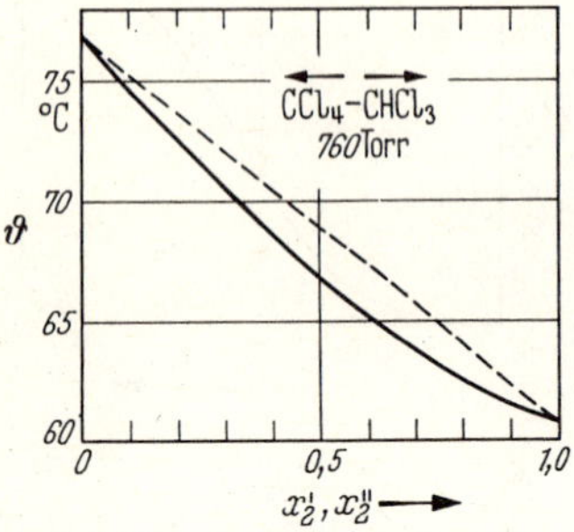

Siedediagramm bei Atmosphärendruck

Nr. 23. x_1 Tetrachlorkohlenstoff, x_2 Schwefelkohlenstoff

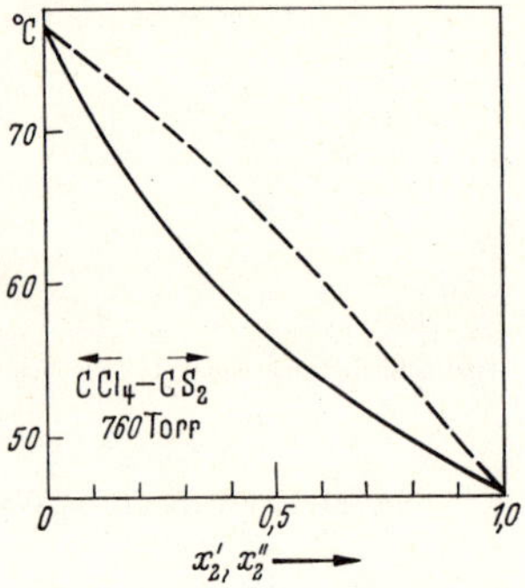

Siedediagramm bei Atmosphärendruck

Nr. 24. x_1 Äthanol, x_2 Tetrachlorkohlenstoff

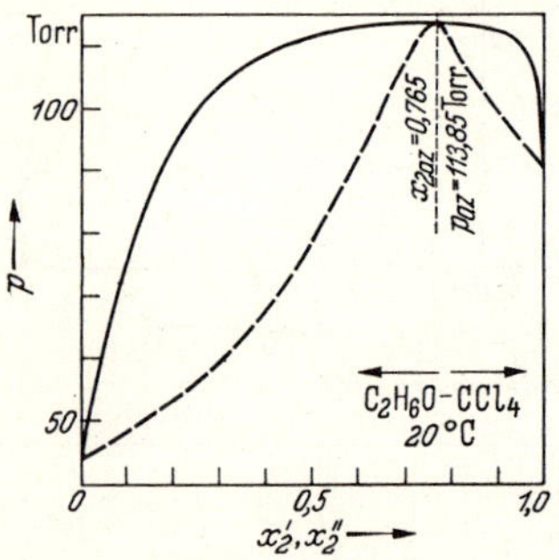

(24 a). Siededruck-Diagramm mit Azeotropismus

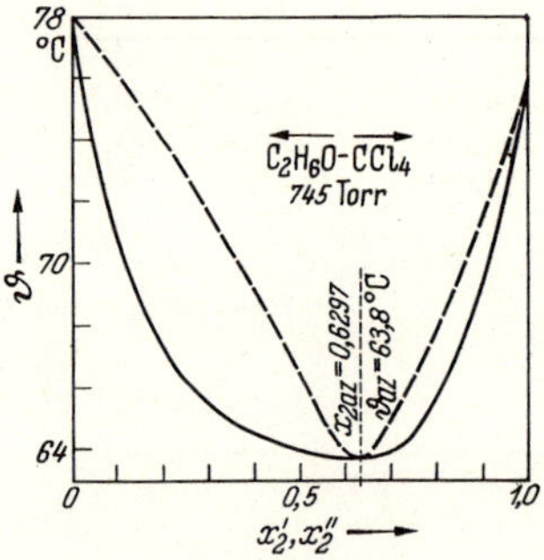

(24 b). Siedediagramm mit Azeotropismus

Nr. 25. x_1 Essigsäureäthylester, x_2 Tetrachlorkohlenstoff

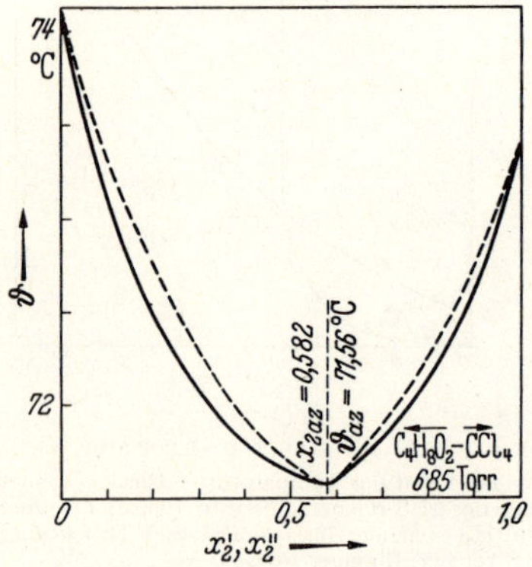

Siedediagramm mit Azeotropismus

Nr. 26. x_1 Tetrachlorkohlenstoff, x_2 Diäthyläther

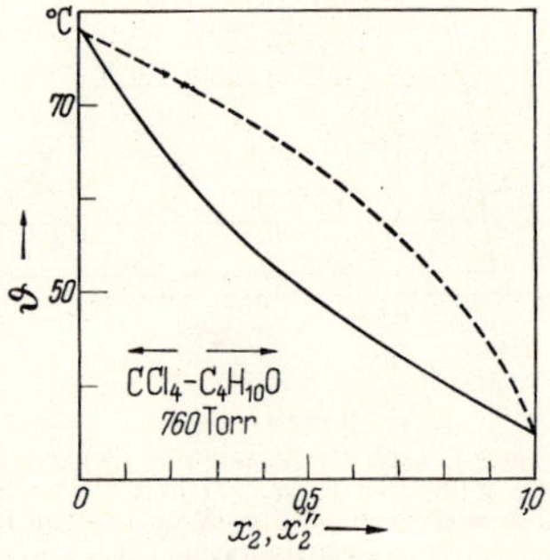

Siedediagramm

Nr. 27. x_1 Äthanol, x_2 Chloroform

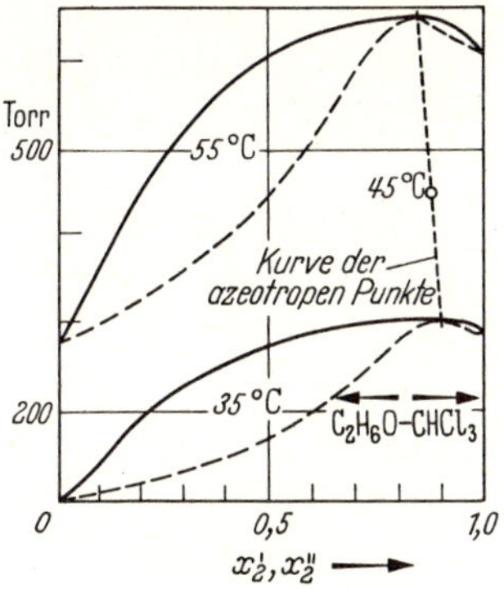

Siededruck-Diagramm mit Azeotropismus bei verschiedenen Temperaturen

Nr. 28. x_1 Chloroform, x_2 Aceton

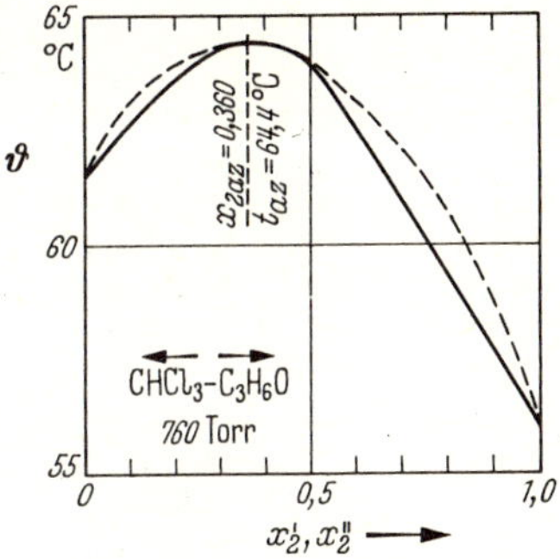

Siedediagramm mit Azeotropismus

Nr. 29. x_1 Benzol, x_2 Chloroform

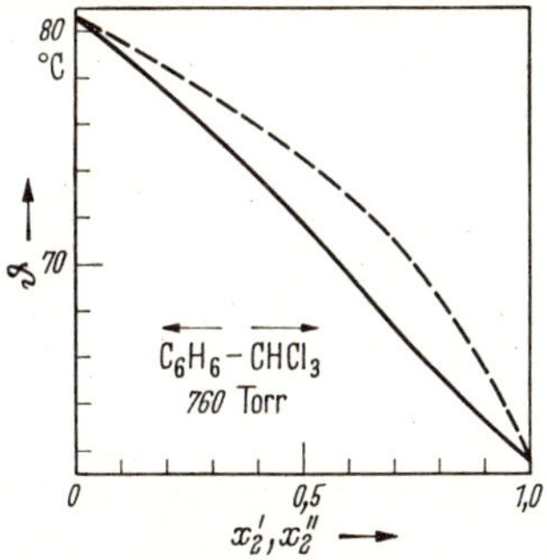

Siedediagramm

Nr. 30. x_1 Ameisensäure, x_2 Benzol

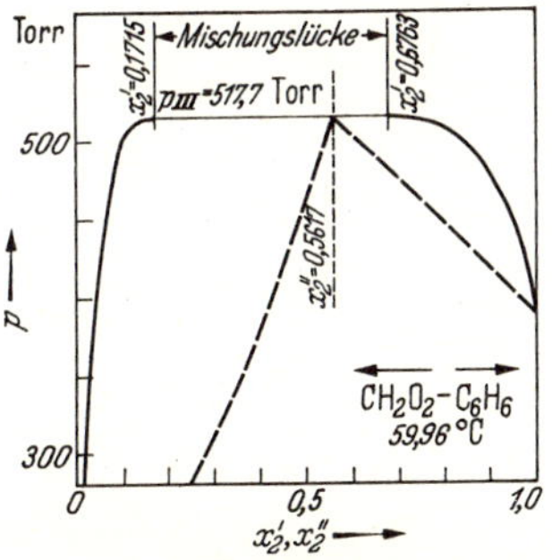

(30a). Siededruckdiagramm mit Mischungslücke

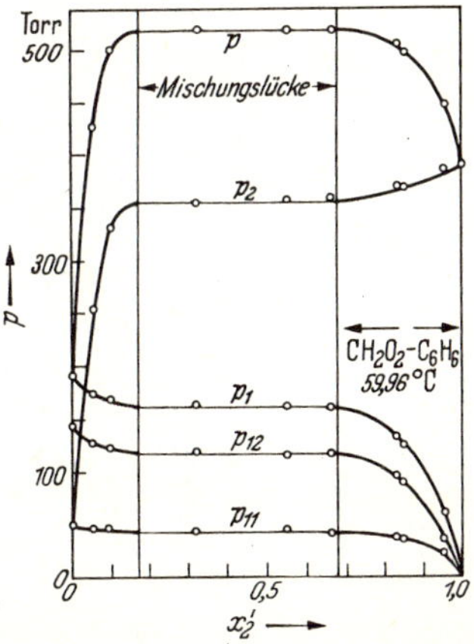

(30b) Dampfdruck und Partialdrucke mit Mischungslücke

Nr. 31. x_1 Kohlenstoffdioxid, x_2 Methan

Kritische Punkte I. Ordnung		
x_2	°C	atm
0	31,1	73,00
0,12	13,3	82,68
0,295	0,6	85,06
0,457	−16,7	83,36
0,82	−51,1	67,03
1,00	−82,2	43,79

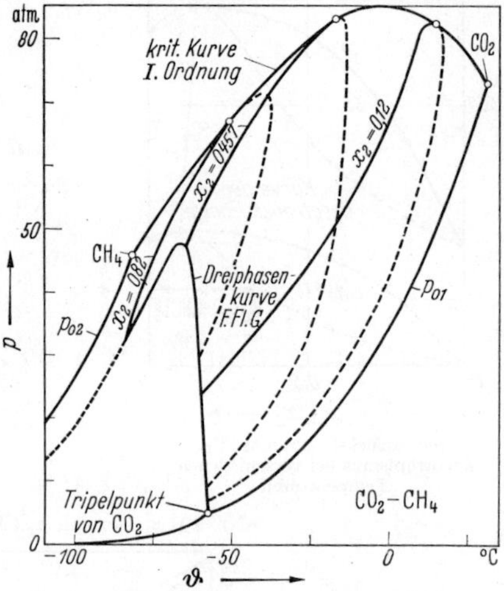

(31 b). Dampfdruckdiagramm im kritischen Gebiet und Gleichgewicht mit festem Bodenkörper

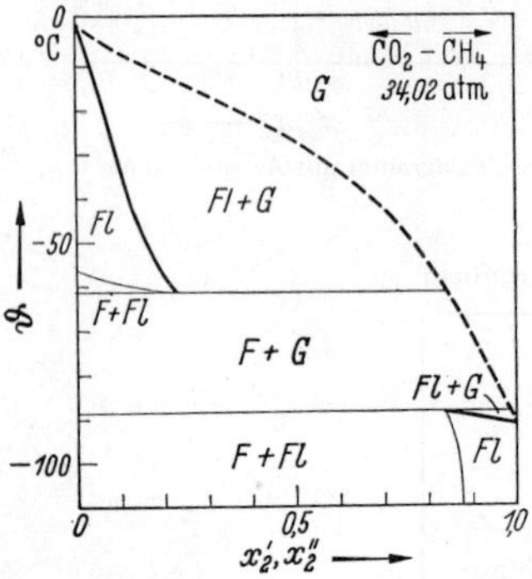

(31 a). Siedediagramm und Gleichgewicht mit festem Bodenkörper

Nr. 32. x_1 Pentan, x_2 Methan

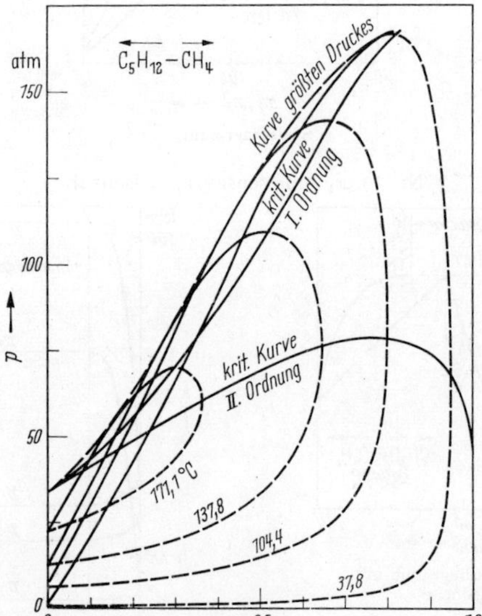

Siededruck-Kurven im kritischen Gebiet

Nr. 33. x_1 Schwefelwasserstoff, x_2 Methan

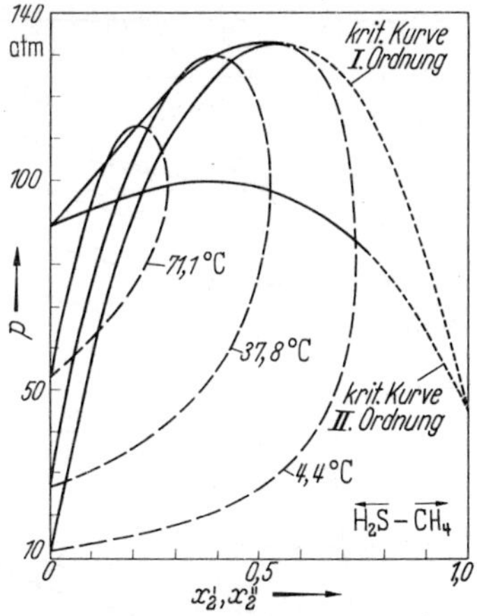

Siededruck-Kurven im kritischen Gebiet

Nr. 34. x_1 Methanol, x_2 Aceton

Azeotrope Punkte		
x_2	°C	atm
0,228	150	14,09
0,507	100	3,97
0,754	55,7	1

Siededruck-Diagramm und Azeotropismus bei verschiedenen Temperaturen

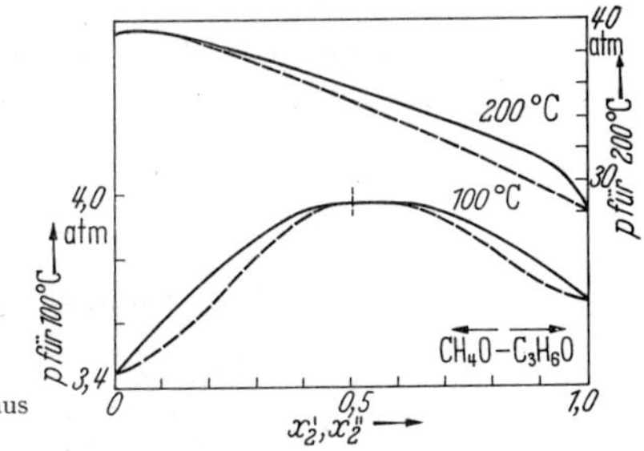

Nr. 35. x_1 Benzol, x_2 Methanol

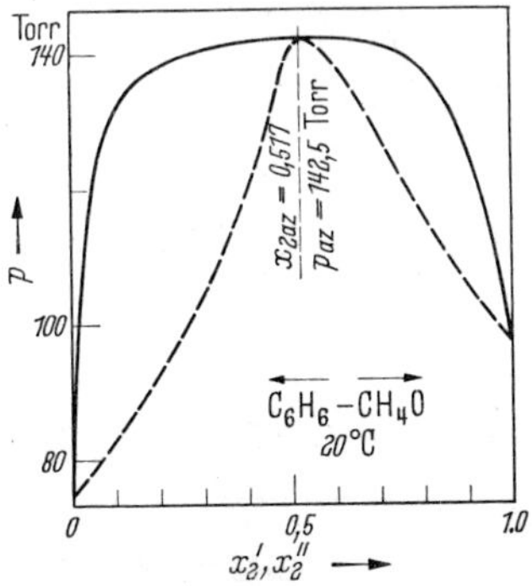

Siededruck-Diagramm mit Azeotropismus

Nr. 36. x_1 Äthen, x_2 Kohlenstoffdioxid

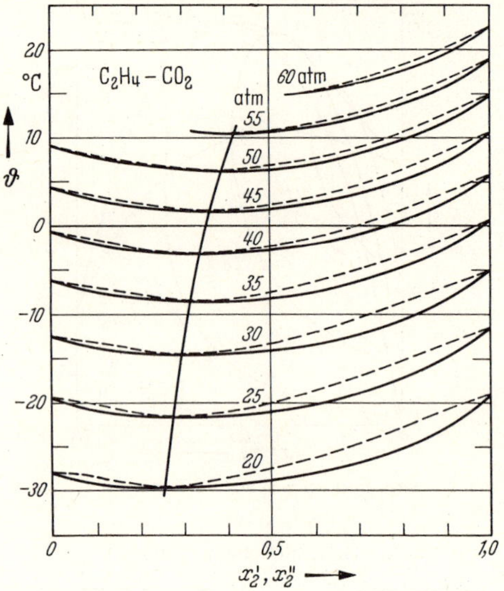

Siedediagramme mit Azeotropismus bei höheren Drucken

Nr. 37. x_1 Propan, x_2 Kohlenstoffdioxid

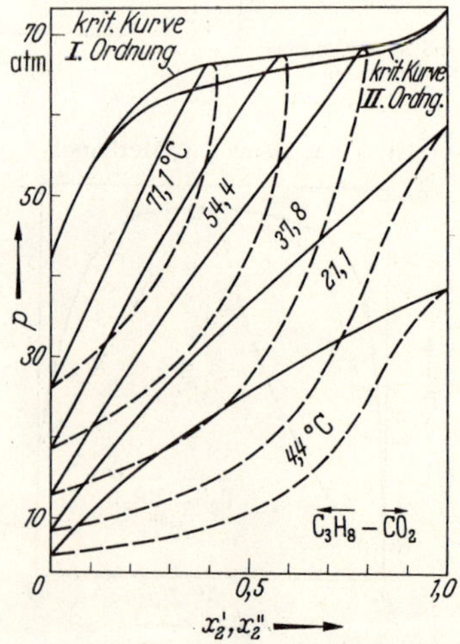

Siededruck-Kurven bis zum kritischen Gebiet

Nr. 38. x_1 Schwefeldioxid, x_2 Kohlenstoffdioxid

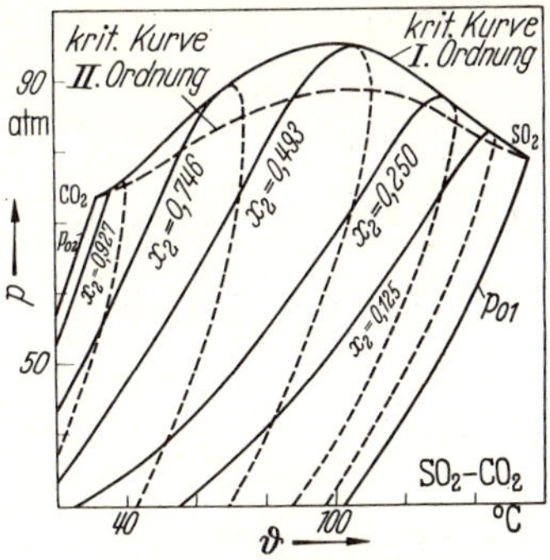

(38a). Dampfdruckdiagramm im kritischen Gebiet

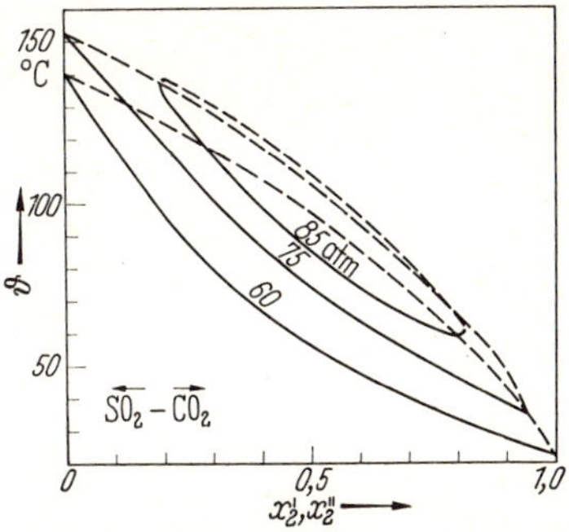

(38b). Siedediagramme bei verschiedenen Drucken

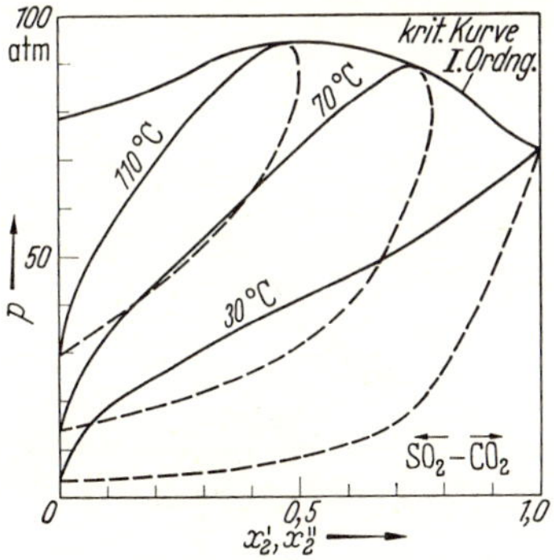

(38c). Siededruck-Kurven im kritischen Gebiet

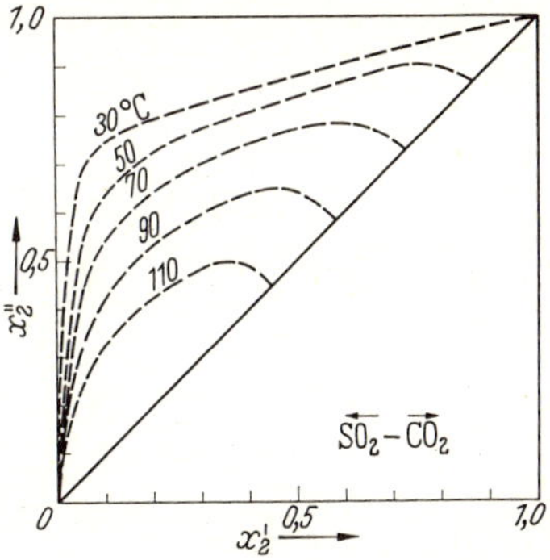

(38d). Flüssigkeits- und Dampfzusammensetzung bei verschiedenen Temperaturen

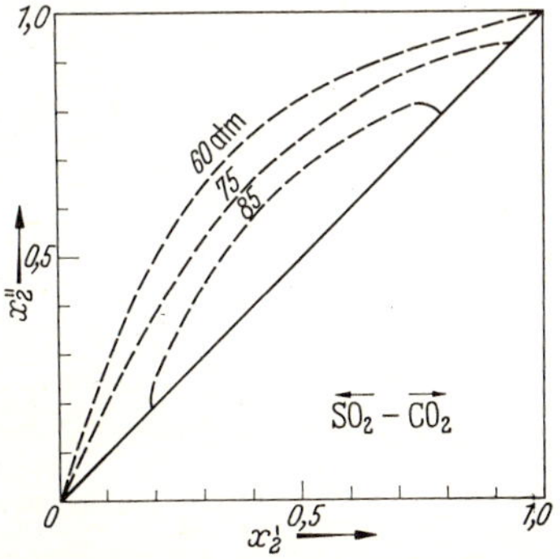

(38e). Flüssigkeits- und Dampfzusammensetzung bei verschiedenen Drucken

Nr. 39. x_1 Aceton, x_2 Schwefelkohlenstoff

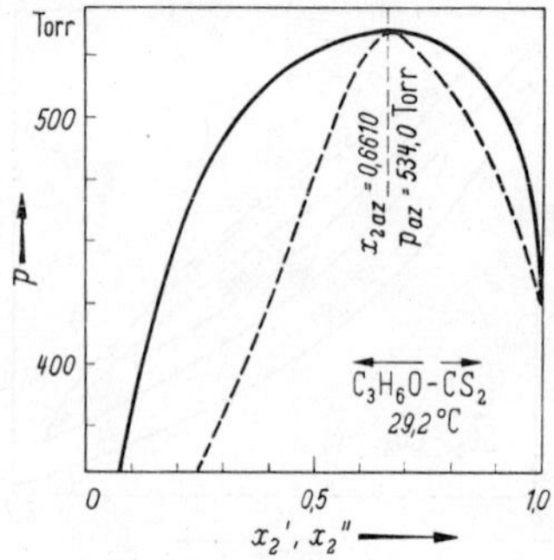

Siededruck-Diagramm mit Azeotropismus. Azeotroper Punkt bei Atmosphärendruck $p = 760$ Torr, $\vartheta = 39{,}0°$ C, $x'_{2az} = 0{,}664$

Nr. 40. x_1 Heptan, x_2 Äthen

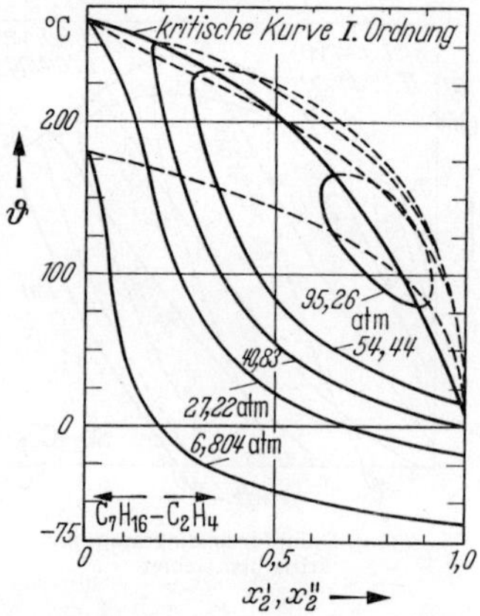

Siede- und Taulinien bis ins kritische Gebiet

Nr. 41. x_1 1,2-Dichloräthan, x_2 Benzol

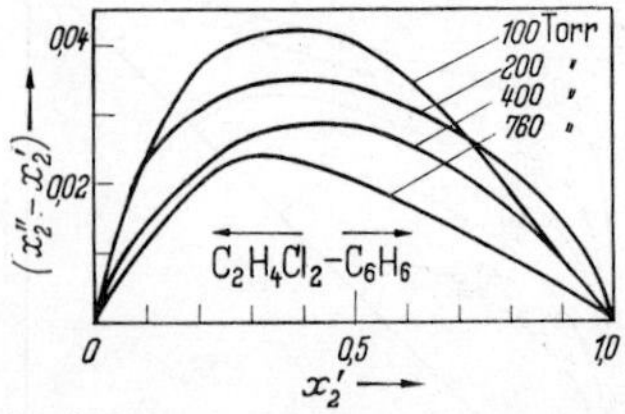

(41 a). Differenz der Dampf- und Flüssigkeitszusammensetzung bei verschiedenen Gesamtdrucken (Testgemisch)

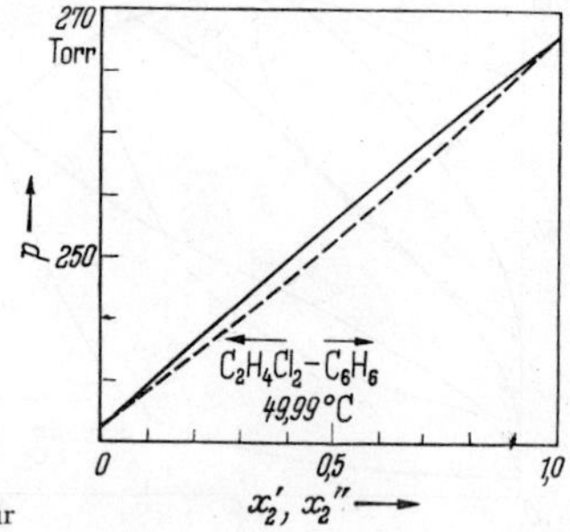

(41 b). Siede- und Taulinie bei konstanter Temperatur

Nr. 42. x_1 Essigsäure, x_2 Benzol

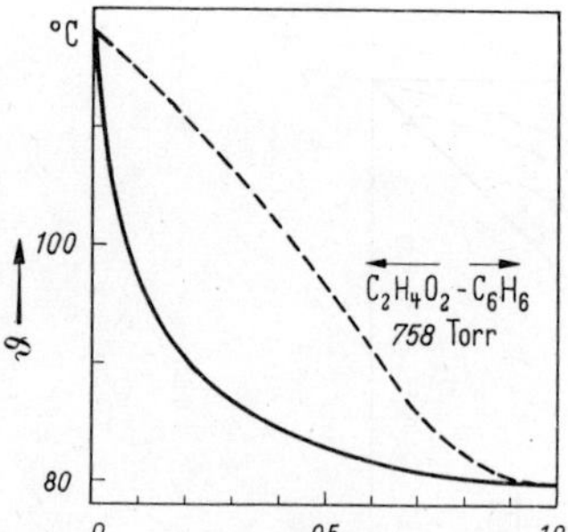

Siedediagramm

Nr. 43. x_1 Essigsäure, x_2 Triäthylamin

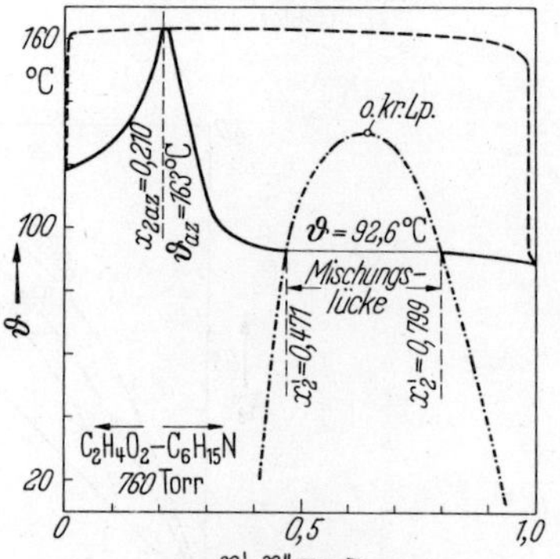

System mit Azeotropismus und Mischungslücke. —·—·— Dreiphasenkurve (fl, fl, g) o. kr. Lp $x_2 = 0{,}640$, $\vartheta = 130°$ C, $p = 760$ Torr, M. L. 92° C, 760 Torr, $x_2'' = 0{,}983$

Nr. 44. x_1 Benzol, x_2 Bromäthan

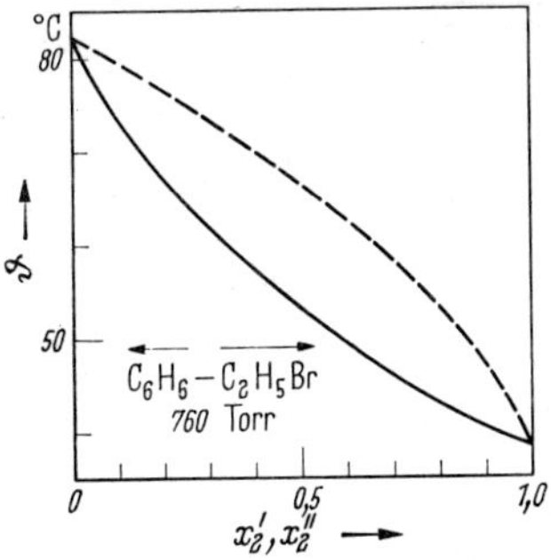

Siedediagramm bei Atmosphärendruck

Nr. 45. x_1 Benzol, x_2 Äthan

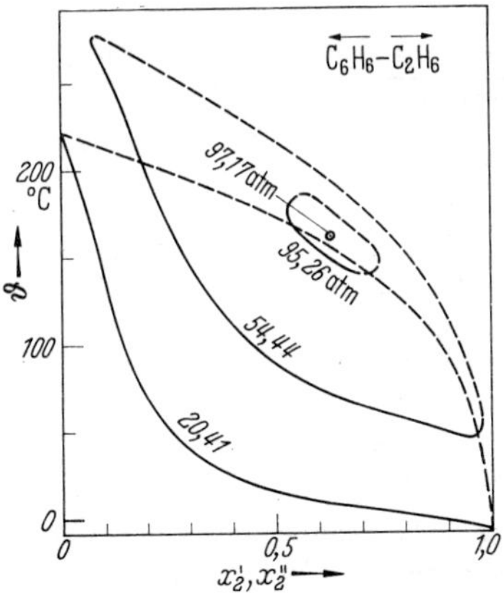

(45a). Siede- und Taulinien bei verschiedenen Drucken bis ins kritische Gebiet

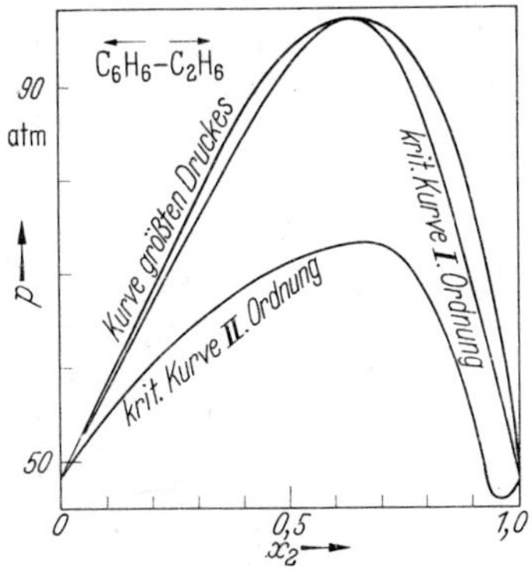

(45b)

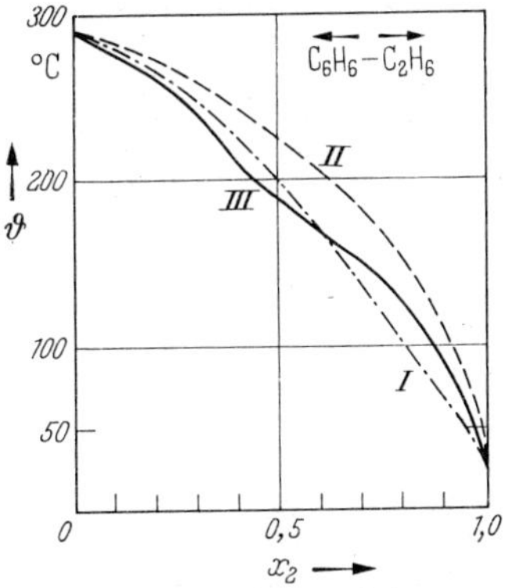

(45c). *I* KritischeKurve I. Ordnung; *II* KritischeKurve II. Ordnung; *III* Kurve größten Druckes

Nr. 46. x_1 Chlorwasserstoff, x_2 Äthan

Kritische Punkte I. Ordnung		
x_2	°C	atm
0,00	51,3	84,1
0,1318	43,1	77,5
0,4035	30,5	65,4
0,6167	27,2	59,3
0,7141	27,4	50,8
1,000	31,9	48,9

Azeotrope Punkte		
x_2	atm	°C
0,513	5,049	−60
0,503	7,397	−50
0,495	10,48	−40
0,480	14,24	−30

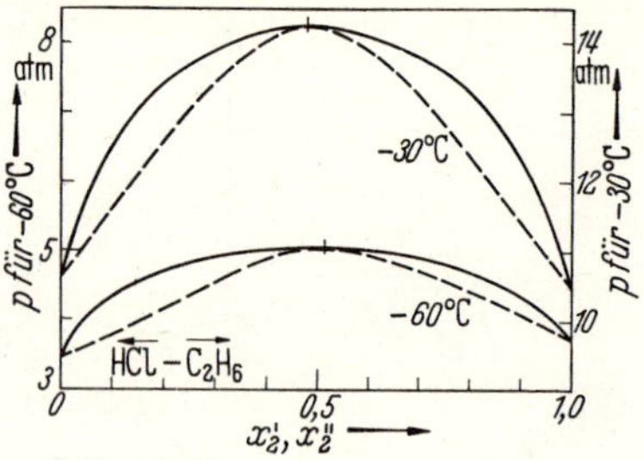

Siededruck bei verschiedenen Temperaturen; Azeotropismus

Nr. 47. x_1 Äthan, x_2 Distickstoffmonoxid

Kritische Punkte I. Ordnung		
x_2	°C	atm
0,00	32,0	48,8
0,24	27,85	52,55
0,45	26,05	56,12
0,57	26,05	58,42
0,75	28,15	63,32
0,82	29,8	65,32
1,00	36,6	71,9

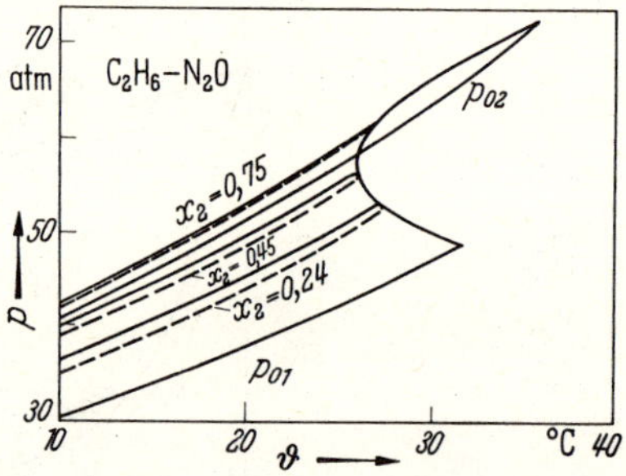

Kritisches Gebiet des Systems

Nr. 48. x_1 Schwefelwasserstoff, x_2 Äthan

Kritische Punkte I. Ordnung		
x_2	°C	atm
0,000	99,9	88,26
0,1103	87,2	82,83
0,2890	68,3	72,97
1,4990	50,6	62,30
0,6694	40,7	55,87
0,7779	36,4	52,78
0,8901	33,5	50,20
0,000	32,0	48,12

Azeotrope Punkte		
x_2	°C	atm
0,823	23,5	40,83
0,845	15,0	34,02
0,870	4,9	27,22
0,896	−6,5	26,41
0,930	−21,7	13,61

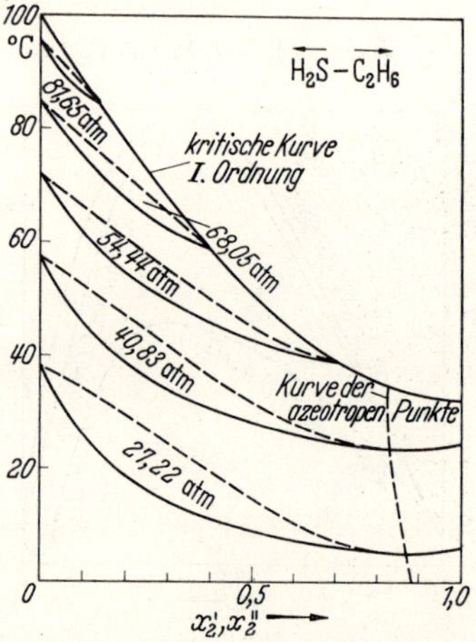

Siede- und Taulinien bei gegebenen Drucken bis ins kritische Gebiet; Azeotropismus

Nr. 49. x_1 Benzol, x_2 Äthanol

Azeotrope Punkte		
x_2	°C	Torr
0,297	34,8	198
0,397	60,0	570
0,443	67,8	760

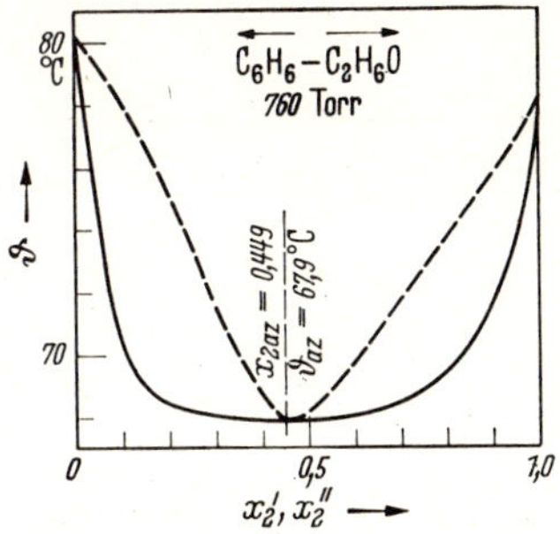

Siedediagramm bei Atmosphärendruck, Azeotropismus

Nr. 50. x_1 Triäthylamin, x_2 Äthanol

Azeotrope Punkte		
x_2	°C	Torr
0,395	34,85	119,0
0,520	49,60	239,1
0,629	64,85	463,3
0,716	77,10	759,9

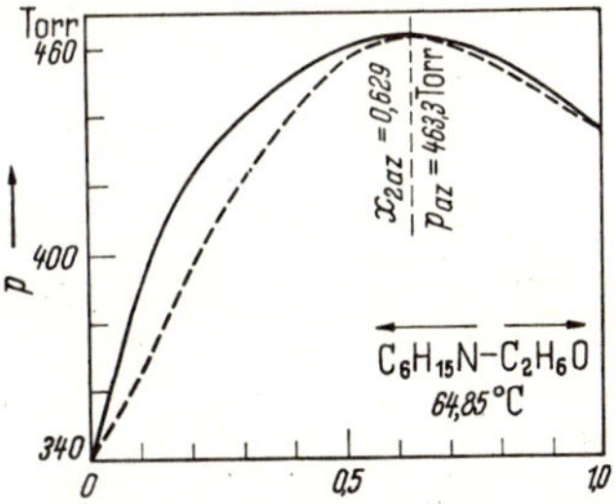

Siededrucke bei gegebener Temperatur; Azeotropismus

Nr. 51. x_1 Dimethyläther, x_2 Chlorwasserstoff

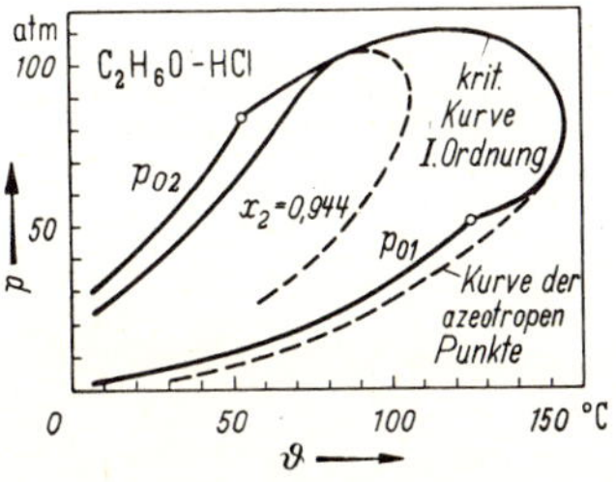

Kritisches Gebiet; Azeotropismus

Nr. 52. x_1 Benzol, x_2 Aceton

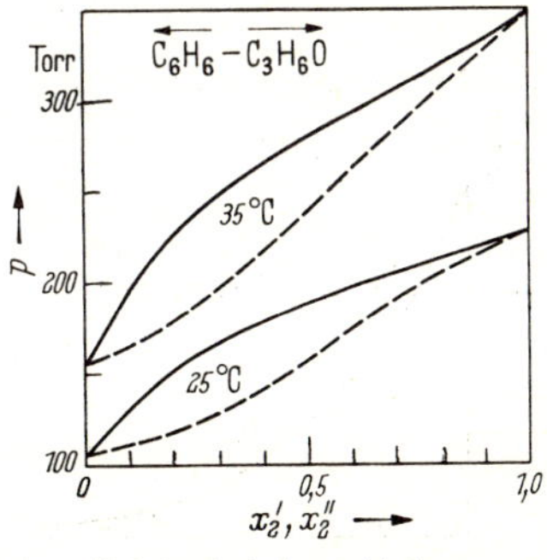

Siededrucke bei verschiedenen Temperaturen

Nr. 53. x_1 Pentan, x_2 Perfluorpentan

Azeotrope Punkte		
x_2	°C	Torr
0,522	5,4	445
0,526	15,0	652
0,528	19,7	781

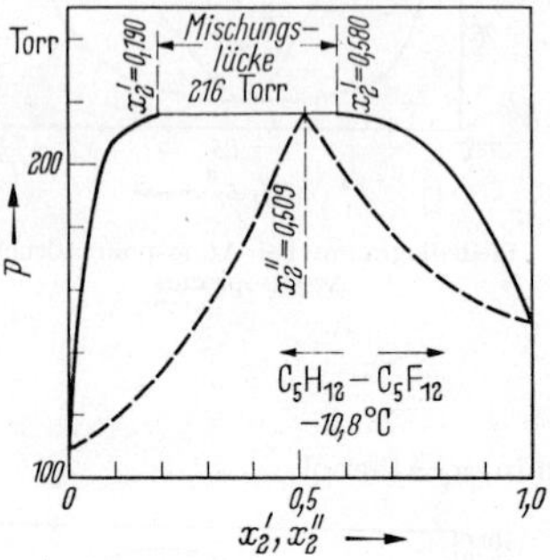

(53a). Siede- und Taulinien; Siededruckkurve bei konstanter Temperatur; Mischungslücke

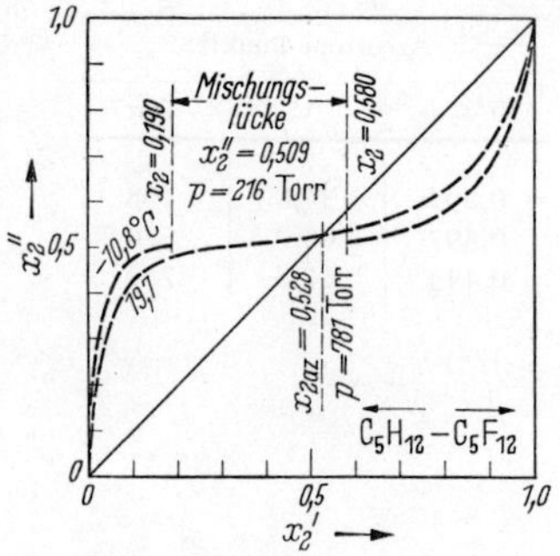

(53b). Dampf- und Flüssigkeitszusammensetzung bei gegebenen Temperaturen; Mischungslücke und Azeotropismus

Nr. 54. x_1 Anilin, x_2 Benzol

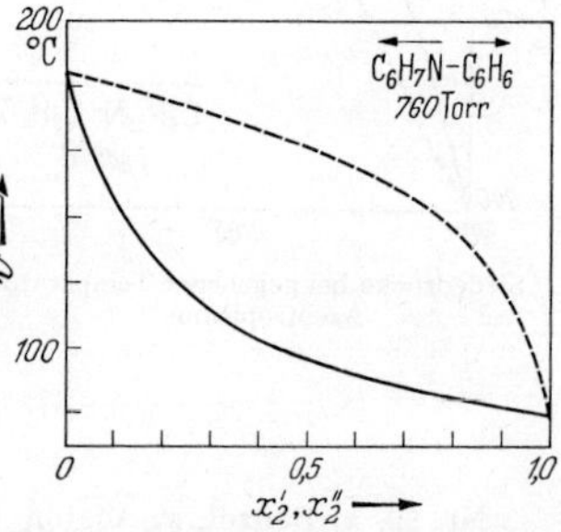

Siedediagramm bei Atmosphärendruck

Nr. 56. x_1 Benzol, x_2 Hexan

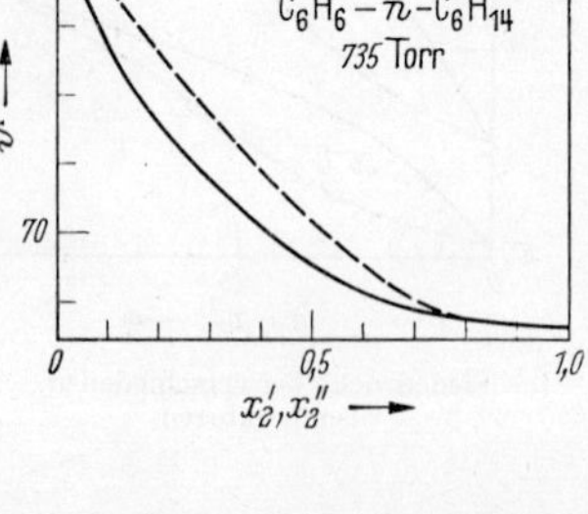

Siedediagramm

Nr. 55. x_1 Cyclohexan, x_2 Benzol

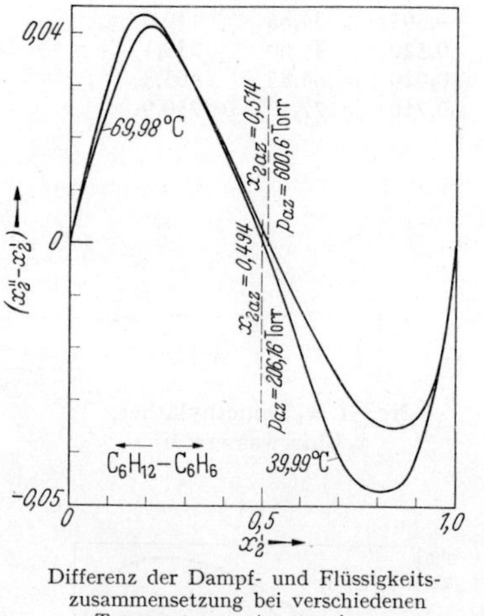

Differenz der Dampf- und Flüssigkeitszusammensetzung bei verschiedenen Temperaturen; Azeotropismus

Nr. 57. x_1 Toluol, x_2 Benzol

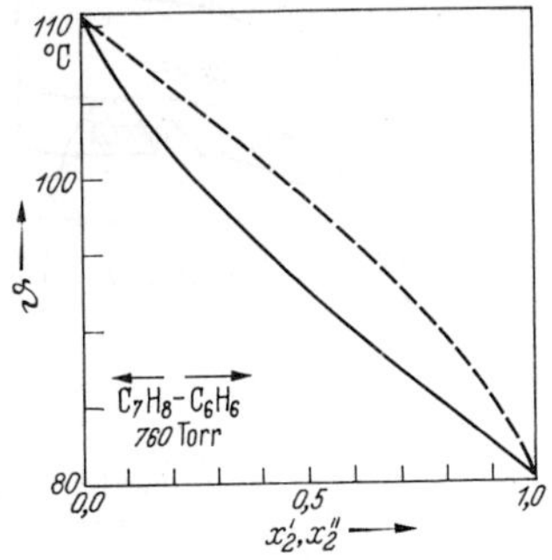

Siedediagramm bei Atmosphärendruck

Nr. 58. x_1 Heptan, x_2 Benzol

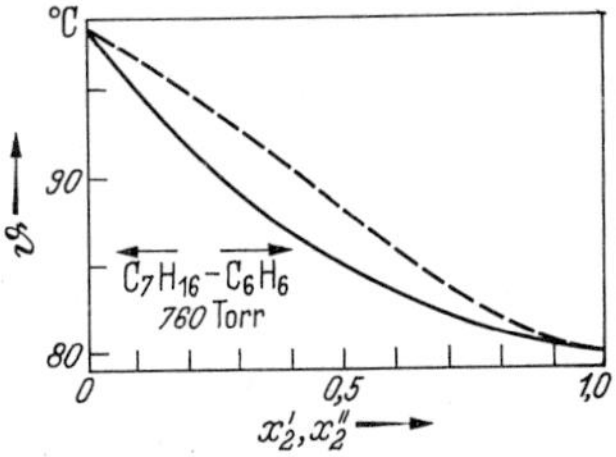

Siedediagramm bei Atmosphärendruck

Nr. 59. x_1 2,2,3-Trimethyl-butan, x_2 Benzol

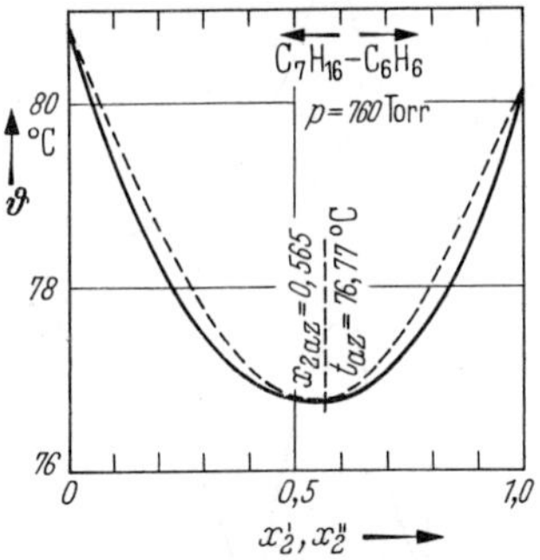

Siedediagramm bei Atmosphärendruck, Azeotropismus

Nr. 60. x_1 m-Xylol, x_2 Benzol

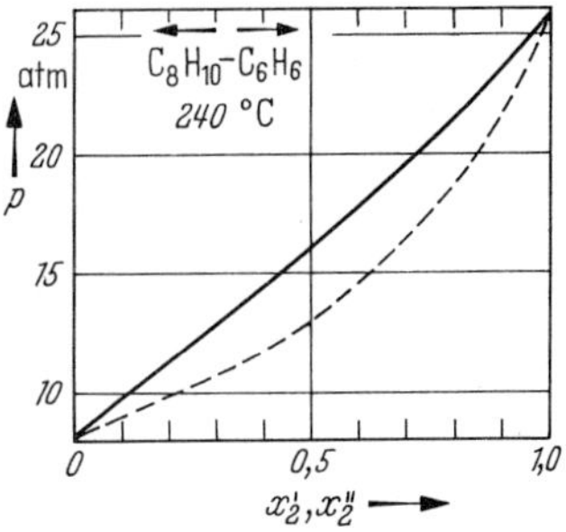

Siededruckdiagramm bei gegebener Temperatur

Nr. 61. x_1 Phenol, x_2 Toluol

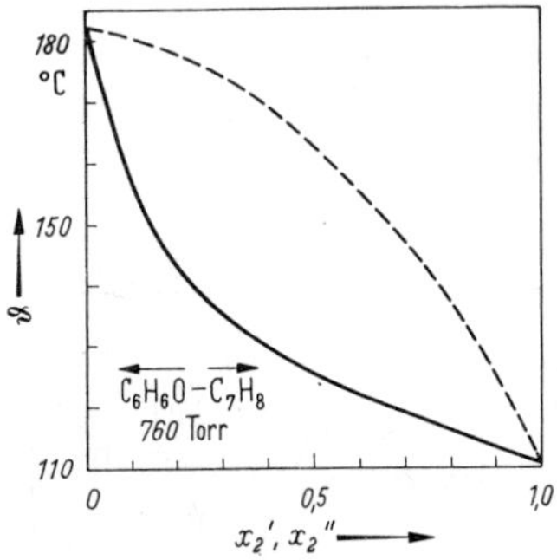

Siedediagramm bei Atmosphärendruck

Nr. 62. x_1 p-Xylol, x_2 Äthylbenzol

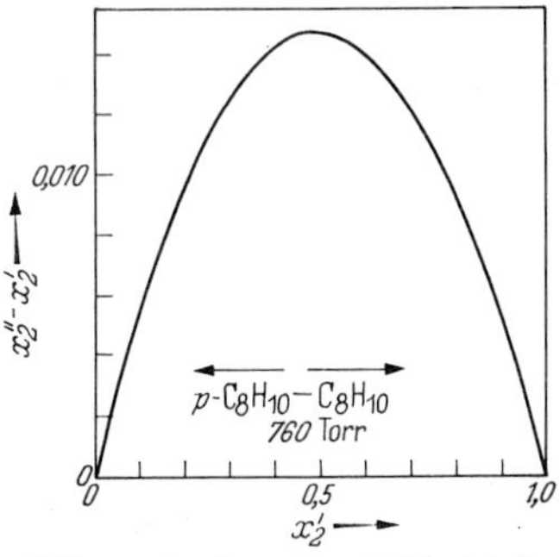

Differenz der Dampf- und Flüssigkeitszusammensetzungen bei Atmosphärendruck

Nr. 63. x_1 m-Xylol, x_2 Ammoniak

Mischungslücke		
x_2'	°C	atm
0,567 u. 0,936	7,83	5,50
0,604 u. 0,922	9,82	5,87
0,638 u. 0,905	11,81	6,28
0,718 u. 0,875	13,79	6,69
o. kr. Lp. 0,814	14,5	6,85

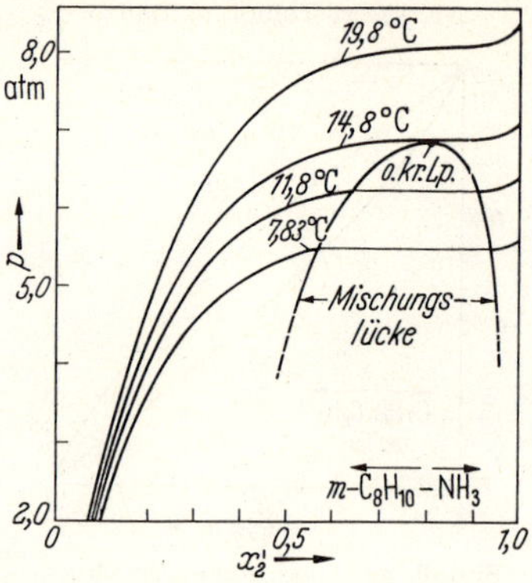

Dampfdrucke bei verschiedenen Temperaturen; Mischungslücke

Nr. 64. x_1 Ammoniumchlorid, x_2 Eisentrichlorid

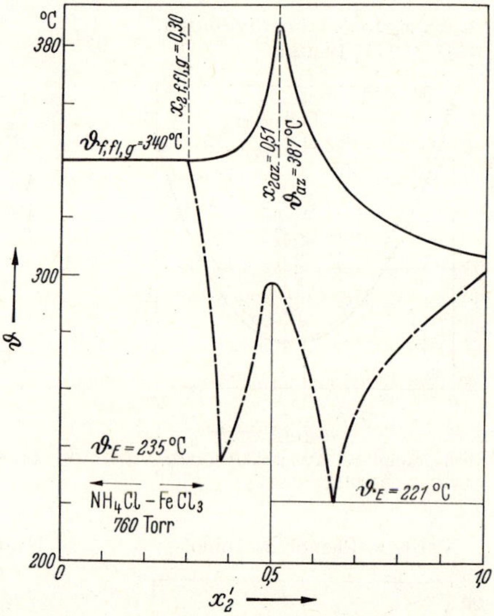

——— Siedekurve;
—·—·— Schmelzkurve

Nr. 65. x_1 Zinkchlorid, x_2 Ammoniumchlorid

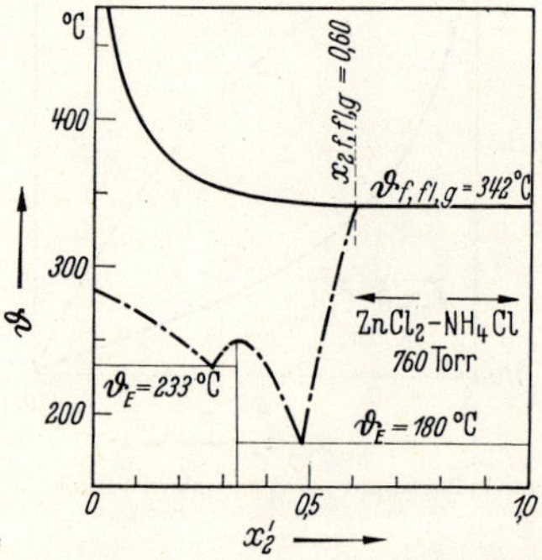

——— Siedekurve;
—·—·— Schmelzkurve

4222. Ternäre Systeme

Ternäre Systeme haben gemäß dem Phasengesetz, sofern nur eine Flüssigkeitsphase neben der gasförmigen vorhanden ist, drei Freiheitsgrade.

In den Diagrammen sind bei fester Temperatur die zu verschiedenen Drucken gehörenden Siedelinien (——) oder Taulinien (-----) eingezeichnet. Zusammengehörige Punkte der Siede- und Taulinien sind durch Verbindungslinien (Konoden) gekennzeichnet. Im Falle idealer Mischungen sind Siede- und Taulinien geradlinig. In einer anderen Art der Darstellung ist ohne Angabe des jeweiligen Druckes, bzw. der jeweiligen Temperatur, nur durch Linien angezeigt, welche Dampfzusammensetzung mit einer gegebenen Flüssigkeitszusammensetzung im Gleichgewicht steht. Andere Diagramme geben an, welche Mischungen bei konstantem Druck die gleiche Siedetemperatur haben oder bei konstanter Temperatur unter dem gleichen Druck sieden.

Besondere Fälle: *Azeotropismus.* Neben einem Azeotropismus von einem oder mehreren binären Teilsystemen gibt es ternäre azeotrope Punkte mit einem Extremwert des Druckes bzw. der Temperatur. Einem Maximum des Druckes entspricht wieder ein Minimum der Temperatur. Daneben gibt es auch noch Extrema von der Natur eines Sattelpunktes.

Mischungslücken. In ternären Systemen gibt es Mischungslücken die bei gegebener Temperatur nur im Inneren liegen und solche, die sich an die Mischungslücke von einem oder mehreren binären Teilsystemen stetig anschließen. Mit zunehmender Temperatur werden die Lücken im allgemeinen kleiner und verschwinden oberhalb einer oberen kritischen Lösungstemperatur vollständig. Liegt die Mischungslücke bei gegebener Temperatur nur im Inneren, so sind bei Änderung der Zusammensetzung zwei Punkte auf der Begrenzungslinie ausgezeichnet, in denen die im Gleichgewicht stehenden Schichten identisch werden.

Es gibt Systeme, die eine Mischungslücke und gleichzeitig in der Mischungslücke Azeotropismus aufweisen.

---

[1] Entnommen dem Beitrag C. Kux, Landolt-Börnstein, 6. Auflage, Bd. II/2a

Nr. 1.	x_1	O_2, Sauerstoff	M: 32,0	V: −183,01° C
	x_2	Ar, Argon	M: 39,94	V: −185,94° C
	x_3	N_2, Stickstoff	M: 28,016	V: −195,8° C

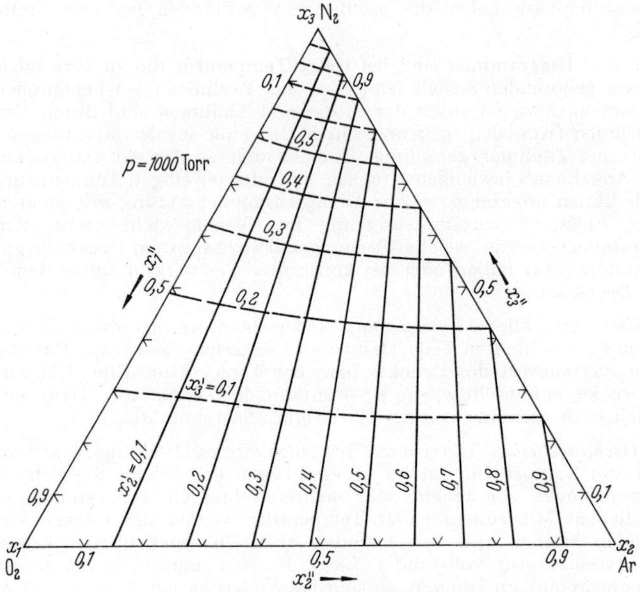

—— $x_2' = \text{const.}$; - - - - - - $x_3' = \text{const.}$

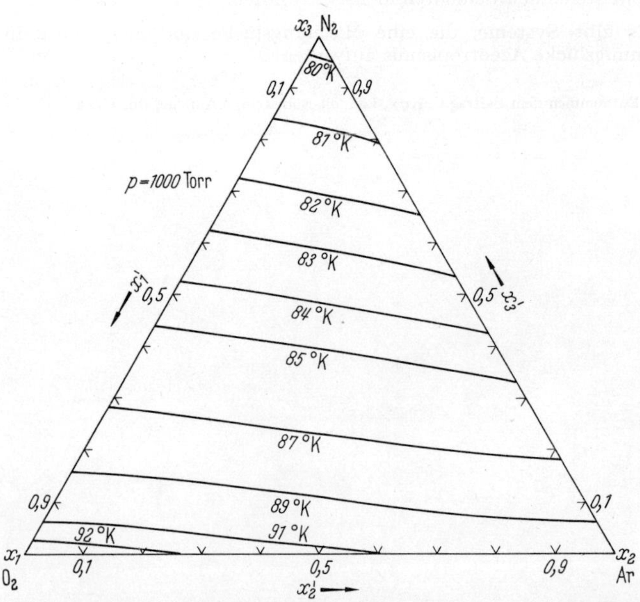

Praktisch ideales Verhalten

Nr. 2.	x_1, g_1	C_6H_6O, Phenol	M: 94,11	V: 181,9° C
	x_2, g_2	H_2O, Wasser	M: 18,02	V: 100° C
	x_3, g_3	C_3H_6O, Aceton	M: 58,08	V: 56,5° C

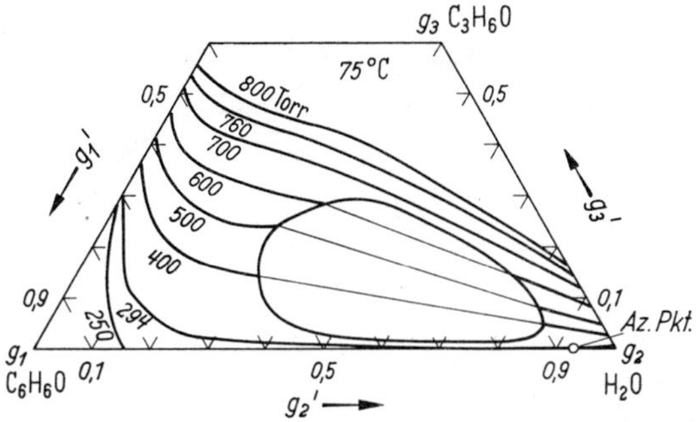

Mischungslücke und Konoden bei verschiedenen Gesamtdrucken und gegebener Temperatur

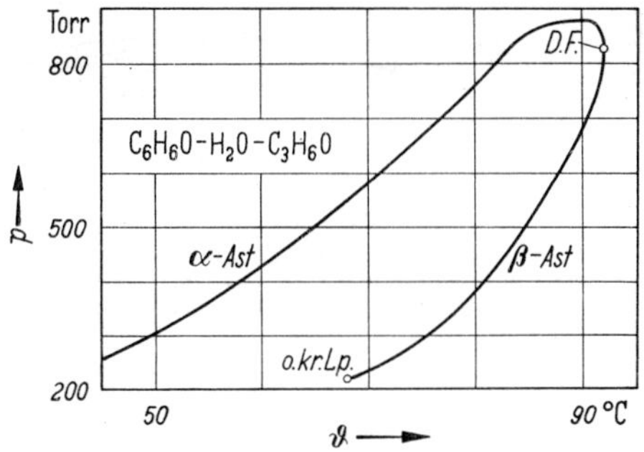

Kurve der kritischen Lösungspunkte DF = Doppelfaltenpunkt; $\vartheta = 92°$ C; $o.kr.Lp.$ = oberer kritischer Lösungspunkt im System C_6H_6O—H_2O; $\vartheta = 68°$ C

Nr. 3.	x_1	H_2O, Wasser	M: 18,02	V: 100° C
	x_2	C_6H_6, Benzol	M: 78,11	V: 80,2° C
	x_3	C_2H_6O, Äthanol	M: 46,07	V: 78,32° C

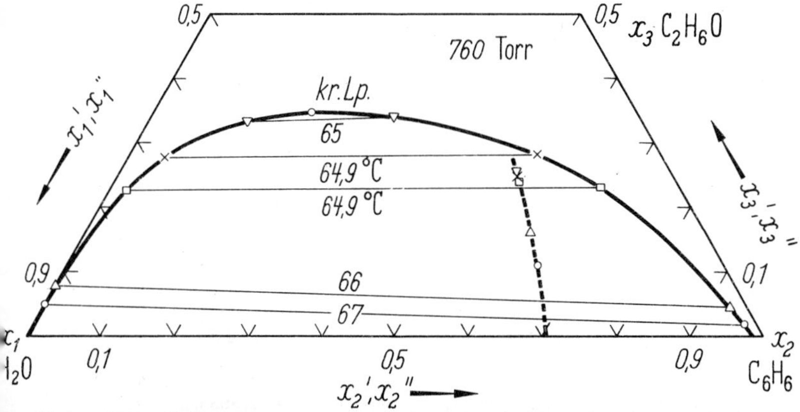

Mischungslücke. Die Dampfzusammensetzung der koexistierenden Phasen ist mit entsprechender Markierung auf der Dampfkurve eingetragen

Nr. 4. x_1	H_2O,	Wasser	M: 18,02	V:	100° C
x_2	C_3H_6O,	Propen-(2)-ol-(1)	M: 58,08	V:	96,99° C
x_3	CCl_4,	Tetrachlorkohlenstoff	M: 153,84	V:	76,7° C

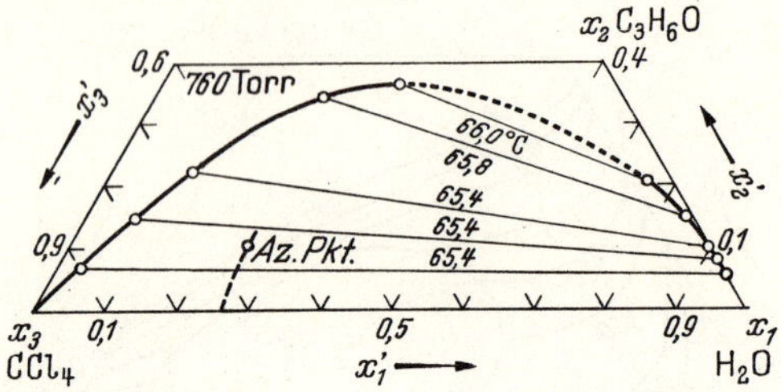

Nr. 5. x_1	H_2O,	Wasser	M: 18,02	V:	100° C
x_2	C_2H_6O,	Äthanol	M: 46,07	V:	78,4° C
x_3	$C_4H_8O_2$,	Essigsäureäthylester	M: 88,10	V:	77,1° C

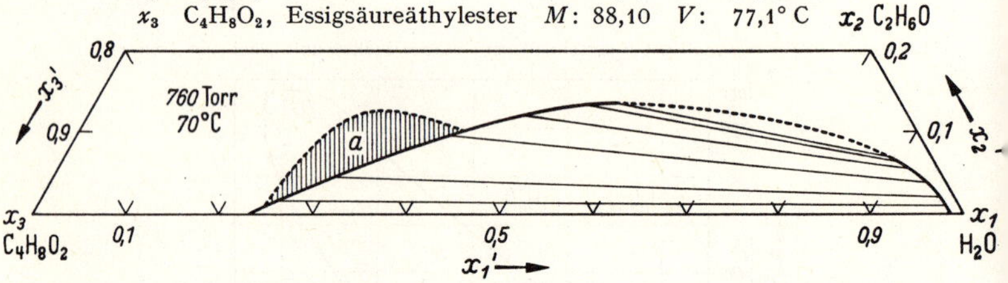

a Gebiet niedrig siedender Gemische (ternärer, azeotroper Punkt, ϑ_{min}). Zweiphasengleichgewicht (flüssig-flüssig): Eigendampfdruck im System < 760 Torr. Der Druck wurde durch äußeren Zwang auf 760 Torr heraufgesetzt

Nr. 6.

x_1 C_2H_6, Äthan
M: 30,07 V: −88,6° C
x_2 C_2H_4, Äthen
M: 28,05 V: −103,9° C
x_3 CH_4, Methan
M: 16,04 V: −161,5° C

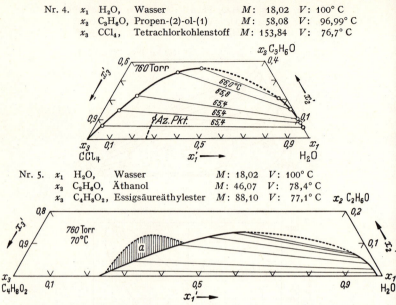

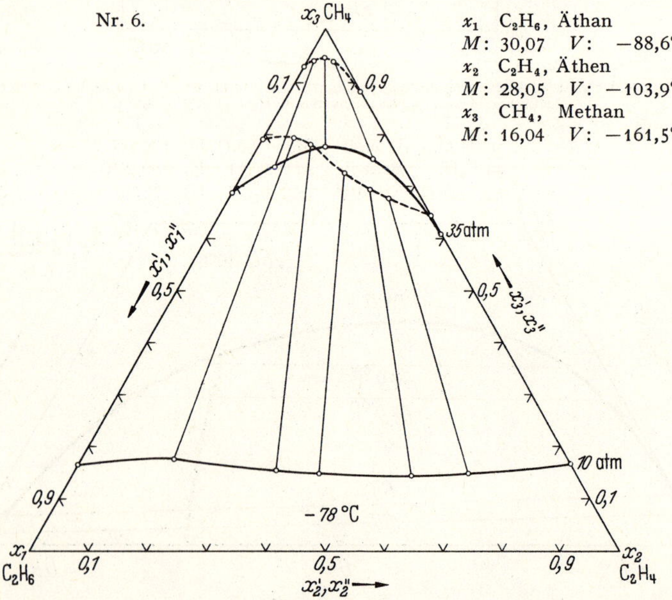

Flüssigkeits- und Dampfzusammensetzungen bei 10 und 35 atm und −78° C

Nr. 7.	x_1	C_2H_6, Äthan	M: 30,07	V: −88,6° C
	x_2	C_2H_2, Acetylen	M: 26,04	V: −83,6° C
	x_3	C_2H_4, Äthen	M: 28,05	V: −103,9° C

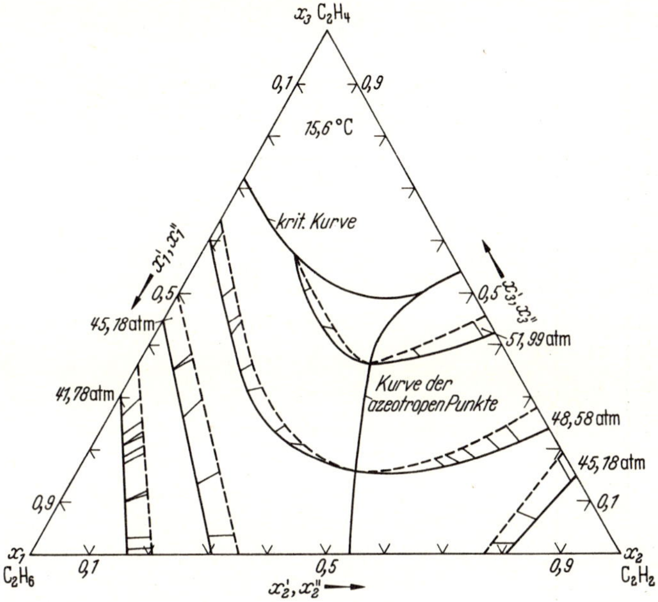

Flüssigkeits- und Dampfzusammensetzungen in der Nähe der azeotropen Punkte im kritischen Gebiet

4223. Dampfdrucke p in Torr über gesättigten wäßrigen Salzlösungen

Es sind die Temperaturen ϑ in °C angegeben, bei denen der in der Kolonnenüberschrift angegebene Druck vorhanden ist.

Formel des gelösten Stoffes	p in Torr									Bodenkörper
	20	30	50	100	500	760	1520	3800	7600	
CH_4N_2O Harnstoff	26,6	34,8	46,1							
$C_4H_6O_6$ Weinsäure	24,25	32,43	43,27							
$CaHPO_4 \cdot 2H_2O$	22,8	30,1	39							
$CdBr_2$	24	31,6	41,5							$CdBr_2 \cdot 4H_2O$
$CdSO_4$	23,9	31,4								$CdSO_4 \cdot {}^8/_3 H_2O$
$CuCl_2 \cdot 2H_2O$	28,9	36,1								
$CuSO_4$	22,6	29,5	38,7							$CuSO_4 \cdot 5H_2O$
$CuSO_4$					91,74					$CuSO_4 \cdot 3H_2O$
$C_4H_4O_6K_2 \cdot {}^1/_2 H_2O$ Kaliumtartrat	27,3	34,6								
KCl	24,5	32,3	41,8	55,4	95,5					
$KClO_3$				52,4	91,52					
KNO_3	24,8	30,6	39,3	55,3	99,9	115,6				
KH_2PO_4	22,7	30,2	39,3							
K_2SO_4	22,2	29,5	38,6	52	90,3					
LiCl	64,62	73,06	88,96	105,8	153,4	168,6	195,4	236,9	273,5	
Li_2SO_4	24,7	31,7	41,0	54,5	92,3	103,8				
$MgCl_2$	41,7	50,8	62,3	79,5						
$MgSO_4$		30	40,8	55,1	95,4					
$Mg(NO_3)_2$	33,9	42,6	54,8	76,3						$Mg(NO_3)_2 \cdot 6H_2O$
NH_4Br					95,6	116,5	141,6			
NH_4Cl	26,1	38,8	43,7							
NH_4NO_3	28	42	52,9	76						
$NH_4H_2PO_4$	23,3	30,4	40							
$(NH_4)_2SO_4$	25,6	32,6	42,3							

$C_4H_4O_6Na_2 \cdot 2H_2O$ Natriumtartrat	23,7	30,6								
$C_4H_4O_6NaK \cdot 4H_2O$	24,3	31,7	41							
Na_2CO_3						104,8	123,5	149,7	181,8	Na_2CO_3
Na_2CO_3		35	42,4	56,3	91,9					$Na_2CO_3 \cdot H_2O$
Na_2CO_3	24,5	32,8								$Na_2CO_3 \cdot 7H_2O$
Na_2CO_3		31,7								$Na_2CO_3 \cdot 10H_2O$
$NaCl$	26,82	34,2	43,71	57,49	96,8					
$NaNO_3$	27,4	35,1	44	59	102	119				
Na_2HPO_4	22,9									$Na_2HPO_4 \cdot 12H_2O$
$Na_4P_2O_7$	22,6									$Na_4P_2O_7 \cdot 10H_2O$
Na_2SO_3	24,2	31,1	40,3	53,7	89,7	100,3	119,5	148,1	172,6	Na_2SO_3
Na_2SO_3	23,5	30,9	40,8	55,4	94,9	106,8	128,3	160,7	188,9	$Na_2SO_3 \cdot 7H_2O$
Na_2SO_4	25,3	31,9	40,9	53,9	91,5	104,8	123,1	154,2	182,9	Na_2SO_4
Na_2SO_4	23,4	31,3								$Na_2SO_4 \cdot 10H_2O$
$Na_2S_2O_3$			53,9							$Na_2S_2O_3 \cdot 5H_2O$
$TlNO_3$						104,5				

4224. Siedetemperatur (bei 760 Torr) ϑ_V wäßriger Lösungen in Abhängigkeit von der Konzentration k

Stoff	ϑ_V in °C bei k in g Stoff/100 g H_2O									Sättigung		
	10	25	50	75	100	500	1000	1500	3000	ϑ_V °C	k g Stoff/100g H_2O	Bodenkörper
$AlK(SO_4)_2$		100,8	101,9	103,4	105,2							
$BaCl_2$		102,0	104,0									
$BaCl_2 \cdot 2H_2O$		101,5	103,2									
$Ba(NO_3)_2$		101,0								101,1	27,5	$Ba(NO_3)_2$
Oxalsäure $(COOH)_2$		102,0	104,1	106,5	109,2	139,2	147,5	150,5	154,2			

Stoff	ϑ_V in °C bei k in g Stoff/100 g H_2O									Sättigung		
	10	25	50	75	100	500	1000	1500	3000	ϑ_V °C	k g Stoff/100g H_2O	Bodenkörper
Weinsäure $C_4H_6O_6$		101,5	102,9	104,3	105,7	125,7	140,4	148,1	157,7			
Citronensäure $C_6H_8O_7$			102,0	103,0	104,2	120,6	131,3	137,7	147,3			
$CaCl_2$		105,0	113,0	122,0	129,7					178,0	305,0	$CaCl_2 \cdot 1\,H_2O$ oder $2\,H_2O$
$Ca(NO_3)_2$	101,0	102,5	105,0	107,5	110,0							
$Ca(NO_3)_2 \cdot 2\,H_2O$		101,9	103,7	105,5	107,0							
$CuSO_4$		100,6	101,6	103,5						104,2	82,2	$CuSO_4 \cdot 5\,H_2O$
$FeSO_4$		100,7	101,5									
$KC_2H_3O_2$ K-acetat	101,7	104,1	108,0	112,5	115,1	153,0				161,0	626,0	
$K_2C_4H_4O_6$ K-tartrat		101,5	103,0	104,5	106,0					115,0	246,3	
$K_2C_4H_4O_6 \cdot {}^1/_2\,H_2O$		101,3	102,8	104,0	105,6							
K_2CO_3		102,2	105,3	108,4	113,1							
KCl	101,1	103,3	107,7							108,5	57,4	KCl
$KClO_3$	100,7	101,8	103,3							104,4	69,2	$KClO_3$
KJ		101,3	103,3	105,0	107,1					118,5	220,0	KJ
KNO_3		101,7	103,2	104,6	106,0					115,0	338,5	KNO_3
KOH		106,0	116,5	129,0	145,0	312,0						
K_2SO_4	100,7	101,7								102,1	31,6	K_2SO_4
LiCl	103,0	109,5	125,0	140,9	152,0					168,6	151,0	LiCl
$LiCl \cdot 2\,H_2O$	101,5	103,9	108,0	112,2	116,3							
$MgCl_2$	102,2	106,5	120,4							130,0	62,9	
$MgCl_2 \cdot 6\,H_2O$	100,9	102,3	104,6	106,6	109,1							
$MgSO_4$	100,6	101,6	104,3	108,0						108,0	75,0	

$MgSO_4 \cdot 7\,H_2O$			101,2	101,7	102,3							
$MnSO_4$		100,8	101,8							102,4	68,4	
NH_4Cl	101,5	104,0	108,9	113,1						114,8	87,1	NH_4Cl
NH_4NO_3	101,0	102,5	104,8	107,1	109,3	132,7	150,6	163,0	188,3			
$(NH_4)_2SO_4$		101,6	104,4	105,6	107,1					108,2	115,3	$(NH_4)_2SO_4$
$Na_2B_4O_7$	100,6	101,6	102,6	103,5	104,3							
$Na_2B_4O_7 \cdot 10\,H_2O$			101,3	101,6	102,0	103,5	104,1	104,3	104,4	104,5	5555,5	$Na_2B_4O_7 \cdot 5\,H_2O$
$NaC_2H_3O_2$	101,2	103,2	107,3	111,4	115,0					125,0	207,0	
Na-acetat												
$NaC_2H_3O_2 \cdot 3\,H_2O$		101,7	103,3	104,8	106,2	115,3	117,6	118,8	119,8			
$Na_2C_4H_4O_6$		101,4	102,9	104,4	105,8					108,4	146,0	
Na-tartrat												
$Na_2C_4H_4O_6 \cdot 2\,H_2O$		101,2	102,3	103,3	104,2					108,4	273,3	
Na_2CO_3	101,0	102,4	104,9							105,0	51,2	$Na_2CO_3 \cdot 1\,H_2O$
$Na_2CO_3 \cdot 10\,H_2O$			101,3	101,9	102,3	104,3	104,9					
$NaCl$	101,6	104,6								108,8	40,7	$NaCl$
$NaNO_3$	101,1	102,7	105,2	107,6	110,1					120,0	222,0	$NaNO_3$
$NaOH$		108,1	119,5	132,5	142,5	217,4	250,0	264,1	285,3			
$NaHPO_4$	100,6	101,5	102,9	104,4	105,9					106,5	110,5	
Na_2SO_4	100,6	101,6								103,2	46,7	Na_2SO_4
$Na_2S_2O_3$		101,8	104,1	106,8	109,6					126,0	348,0	$Na_2S_2O_3 \cdot 5\,H_2O$
$Na_2S_2O_3 \cdot 5\,H_2O$		101,1	102,0	102,9	103,7	110,7	113,5	114,6				
$PbC_4H_6O_4$					101,4	105,4	109,5	112,6	119,0			
Pb(II)-acetat												
$Pb(NO_3)_2$		101,0	101,6	102,2	102,8					103,5	137,0	
$SrCl_2$		102,5	106,0	110,7	115,1							
$SrCl_2 \cdot 6\,H_2O$		101,3	102,5	103,7	104,9	114,6						
$Sr(NO_3)_2$		101,0	102,3	103,6	105,2					106,3	116,5	
$ZnSO_4$		101,0	102,3							105,0	85,7	

423. Azeotrope Gemische

4231. Azeotrope Punkte von binären Mischungen

Alle aufgeführten Systeme enthalten organische Verbindungen. Die Systeme, die eine anorganische Komponente enthalten, sind vorausgenommen und diese ist als 1. Komponente aufgeführt (Reihenfolge H_2O, Br_2, HBr, CS_2, $SiCl_4$). Die organischen Komponenten sind nach dem Hillschen System angeordnet. Bei zwei organischen Komponenten sind die Systeme bei der Komponente, die in dem Hillschen System vorangeht, gebracht. Systeme von denen der azeotrope Punkt bei 760 Torr in Tabelle 4221 zu finden ist, sind nicht aufgenommen.

In Spalte 1 sind die Formeln, in Spalte 2 die Namen der Verbindungen angegeben. Für die 1. Komponente ist die Formel herausgestellt, und Formel, Name und Siedepunkt (Spalte 3) sind halbfett gedruckt. Spalte 3 gibt die Siedepunkte der Komponenten bei Atmosphärendruck an. Spalte 4 gibt die Siedetemperatur des Azeotropengemisches bei 760 Torr an. In Spalte 5 ist die Zusammensetzung des Gemisches durch Angabe des Molenbruches x_1 der 1. Komponente gekennzeichnet. Falls der Druck, auf den sich die Angaben über das azeotrope Gemisch beziehen von 760 Torr abweicht, ist sein Wert als p_{az} mit in Spalte 2 angegeben.

Formel	Namen	ϑ_V °C	ϑ_{az} °C	$x_{1\,az}$
H_2O	**Wasser**	**100**		
CH_3O_2N	Nitromethan	101,0	83,6	0,512
C_2HCl_3	Trichloräthen	86,9	73,6	0,268
$C_2H_4Cl_2$	1,2-Dichlor-äthan	84	72	0,60
$C_2H_2Cl_2$	cis-1,2-Dichlor-äthen	60,2	55,3	0,156
$C_2H_2Cl_2$	trans-1,2-Dichlor-äthen	48,55	45,3	0,129
C_2H_3N	Acetonitril	81,5	76,8	0,31
C_2H_6O	Äthanol	78,3	78,39	0,105
$C_2H_8N_2$	1,2-Diamino-äthan	116,2	118,5	0,375
C_3H_6O	Allylalkohol	96,99	88,7	0,56
$C_3H_6O_2$	Essigsäuremethylester (p_{az}=776 Torr)	57	56,9	0,102
$C_3H_6O_2$	Propansäure	141,3	99,98	0,947
C_3H_8O	Propanol-(1)	97,3	87,8	0,568
$C_3H_8O_2$	2-Methoxy-äthanol-(1)	124,5	99,75	0,949
$C_4H_6O_2$	Acrylsäuremethylester	80	71	0,314
C_4H_8O	Butanon-(2)	79,5	73,1	0,347
$C_4H_8O_2$	Ameisensäure-propylester	80,9	71,6	0,535
$C_4H_8O_2$	Butanol-(2)-on-(3)	143,6	99,87	0,965
$C_4H_8O_2$	Buttersäure	164,0	99,4	0,94
$C_4H_8O_2$	Essigsäure-äthylester			
	(p_{az}=1500 Torr)	77,15	90,30	0,354
	(p_{az}=1000 Torr)		78,17	0,327
	(p_{az}= 760 Torr)		70,37	0,31
	(p_{az}= 500 Torr)		59,36	0,286
	(p_{az}= 100 Torr)		23,03	0,194
	(p_{az}= 25,5 Torr)		−1,89	0,155
$C_4H_8O_2$	Ameisensäure-isopropylester	68,8	65,0	0,215
$C_4H_8O_2$	Propansäure-methylester	79,85	71,4	0,166
C_4H_9J	1-Jod-2-methyl-propan	122,5	≈96	0,21 Vol.
$C_4H_{10}O$	2-Methyl-propanol-(2)	82,57	79,9	0,354
$C_4H_{10}O_2$	1,1-Dimethoxy-äthan	64,3	61,3	0,067

Formel	Name	ϑ_p °C	ϑ_{az} °C	$x_{1\,az}$
C_5H_5N	Pyridin	115,5	94,4	0,0076
$C_5H_{10}O$	Pentanon-(3)	102,05	82,9	0,438
$C_5H_{10}O_2$	2-Methyl-butanol-(2)-on-(3)	143	98,8	0,897
$C_5H_{10}O_2$	Ameisensäurebutylester	106,6	83,8	0,535
$C_5H_{10}O_2$	Essigsäurepropylester	101,6	82,4	0,481
$C_5H_{10}O_2$	Propansäureäthylester	99,1	81,0	0,463
$C_5H_{10}O_2$	Butansäure-methylester	102,65	82,7	0,48
$C_5H_{10}O_2$	Isobutansäure-methylester	92,5	77,9	0,359
$C_5H_{10}O_3$	Kohlensäurediäthylester	126,5	≈91	0,737
$C_5H_{12}O$	Pentanol-(1)	137,8	95,8	0,855
$C_5H_{12}O$	3-Methyl-butanol-(1)	132,05	95,15	0,828
$C_5H_{12}O$	2-Methyl-butanol-(2) (p_{az}=768,5 Torr)	101,7	91,1	0,656
$C_5H_{12}O$	Äthylpropyläther	63,85	60,0	0,169
$C_5H_{10}O$	Pentanon-(2)	102,35	83	0,427
$C_5H_{11}N$	Piperidin	105,8	93,7	0,735
C_6H_5Cl	Chlorbenzol	131,8	90,2	0,714
C_6H_6	Benzol	80,2	69,3	0,296
C_6H_6O	Phenol	181,4	99,6	0,98
C_6H_7N	Anilin	184,4	41	0,975
	(Druck nicht angegeben)		56,3	0,969
			75	0,962
			90	0,956
C_6H_7N	2-Methyl-pyridin	128	94,8	0,819
$C_6H_{12}O_2$	Diacetonalkohol	164	99,5	0,972
$C_6H_{14}O_2$	2-Butoxy-äthanol-(1)	171,2	98,8	0,961
C_7H_8O	Benzylalkohol	205,25	99,8	≈0,98
C_7H_8O	Anisol	153,85	95,5	0,83
$C_7H_{16}O$	Heptanol-(1)	176,15	98,7	0,969
$C_8H_8O_2$	Benzoesäure-methylester	199,4	99,08	0,966
C_8H_{10}	m-Xylol	139	92	0,757
$C_8H_{10}O$	Phenetol	170,45	97,3	0,90
$C_8H_{18}O$	Octanol-(1)	195,2	99,5	0,983
$C_9H_{10}O_2$	Essigsäurebenzylester	215,0	99,60	0,988
$C_9H_{10}O_2$	Benzoesäureäthylester	212,5	99,40	0,98
$C_{10}H_{10}O_2$	Safrol	235,9	99,72	0,99
$C_{10}H_{14}N_2$	Nicotin	247,3	99,85	0,997
$C_{10}H_{18}O$	Cineol	176,35	97,65	0,926
$C_{12}H_{10}O$	Diphenyläther	259,0	99,93	0,995
Br_2	**Brom**	**57,9**		
CCl_4	Tetrachlorkohlenstoff (p_{az}=735,6 Torr)	76,7	57,7	0,884
$C_2Cl_3F_3$	1,1,2-Trifluor-1,2,2-trichlor-äthan	47,6	41,0	0,455
$C_7H_5F_3$	Benzotrifluorid	102,2	58,1	0,967
HBr	**Bromwasserstoff**	**−66,8**		
H_2S	Schwefelwasserstoff (p_{az}=420 Torr)	−60,4	−70	0,393
H_2S	**Schwefelwasserstoff**	**−60,2**		
C_2H_6	Äthan (p_{az}=13,61 Torr)	−88,6	−21,7	0,07
C_3H_8	Propan (p_{az}=13,61 Torr)	−42,1	7,8	0,797

Formel	Name	ϑ_V °C	ϑ_{az} °C	$x_{1\,az}$
CS_2	**Schwefelkohlenstoff**	**46,2**		
CH_2Cl_2	Dichlormethan	40,0	37,0	0,415
CH_2O_2	Ameisensäure	100,75	42,55	0,748
CH_3J	Jodmethan	42,5	41,55	0,553
CH_3NO_2	Nitromethan	101,22	44,25	0,88
CH_4O	Methanol	64,65	37,65	0,716
$C_2H_4Cl_2$	1,1-Dichlor-äthan	57,25	44,75	0,771
$C_2H_4O_2$	Ameisensäure-methylester	31,7	24,75	0,281
C_2H_5Br	Bromäthan	38,4	37,8	0,414
C_3H_5Cl	3-Chlor-propen-(1)	45,3	41,2	0,502
C_3H_6O	Allylalkohol	96,85	45,25	0,915
C_3H_6O	Propionaldehyd	48,7	40,0	0,535
C_3H_6O	Aceton	56,2	39,0	0,664
C_3H_7Br	2-Brom-propan	59,4	46,08	0,935
C_3H_7Cl	1-Chlor-propan	46,65	42,05	0,563
C_3H_7Cl	2-Chlor-propan	34,9	33,7	0,227
C_3H_8O	Propanol-(1)	97,2	45,65	0,932
C_3H_8O	Propanol-(2)	82,42	44,22	0,885
$C_4H_{10}O$	2-Methyl-propanol-(2)	82,45	44,8	0,928
$C_4H_{10}O$	Diäthyläther	34,6	20,10	0,136
C_4H_8O	Butanon-(2)	79,6	45,85	0,84
C_5H_{10}	Cyclopentan	49,4	44,0	0,652
C_5H_{12}	Pentan	36,15	35,7	0,105
$SiCl_4$	**Siliciumtetrachlorid**	**57,3**		
CH_3O_2N	Nitromethan	101	53,8	0,847
C_2H_3N	Acetonitril	82	49	0,698
C_3H_3N	Acrylsäurenitril	79	51,2	0,524
C_3H_5N	Propansäurenitril	97	55,6	0,801
CCl_3NO_2	**Trichlornitromethan**	**111,9**		
$C_2H_4O_2$	Essigsäure	118,1	107,65	0,602
$C_4H_{10}O$	Butanol-(1)	117,5	106,65	0,644
$C_5H_{12}O$	Pentanol-(2)	119,8	108,0	0,724
$C_5H_{12}O$	2-Methyl-butanol-(2)	102,35	98,9	0,50
CCl_4	**Tetrachlorkohlenstoff**	**76,7**		
CH_4O	Methanol	64,7	55,7	0,449
$C_2H_4Cl_2$	1,2-Dichlor-äthan	82,85	75,5	0,746
C_3H_6O	Aceton	56,08	55,98	0,052
C_3H_8O	Propanol-(1)	97,19	73,4	0,818
C_6H_{12}	Methylcyclopentan	71,8	71,6	0,205
$CHBr_3$	**Bromoform**	**149,5**		
CH_2O_2	Ameisensäure	100,75	97,4	0,163
$C_2H_2Cl_4$	1,1,2,2-Tetrachlor-äthan	146,2	145,5	0,352
$C_2H_3ClO_2$	Chloressigsäure	189,35	148,5	0,538
$C_2H_4O_2$	Essigsäure	118,1	117,9	0,049
$C_2H_6O_2$	Glykol	197,4	146,45	0,776
$C_4H_8O_2$	Buttersäure	164,0	146,8	0,825
$C_6H_{14}O$	Hexanol-(1)	157,85	147,6	0,713
$CHCl_3$	**Chloroform**	**61,3**		
CH_2O_2	Ameisensäure	100,75	59,15	0,687
CH_4O	Methanol (p_{az}=770,2 Torr)	64,7	54,0	0,657
$C_3H_8O_2$	Dimethoxymethan (p_{az}=289,5 Torr)	42,3	35,0	0,853

Formel	Name	ϑ_V °C	ϑ_{az} °C	$x_{1\,az}$
C_6H_{12}	Methylcyclopentan	71,8	60,5	0,747
C_6H_{14}	Hexan	68,7	59,95	0,65
$C_6H_{14}O$	Diisopropyläther	68,00	70,48	0,324
CH_2Br_2	**Dibrommethan**	**97,0**		
CH_4O	Methanol	64,65	64,25	0,812
$C_2H_4O_2$	Essigsäure	118,1	94,8	0,646
C_2H_6O	Äthanol	78,3	75,5	0,285
CH_2Cl_2	**Dichlormethan**	**40,0**		
CH_4O	Methanol	64,65	37,8	0,828
C_2H_6O	Äthanol	78,3	39,85	0,912
$C_4H_{10}O$	Diäthyläther	34,6	40,8	0,672
$C_4H_{10}O$	Methylpropyläther	38,9	44,8	0,541
CH_2J_2	**Dijodmethan**	**181**		
$C_2H_6O_2$	Glykol	197,4	168,65	0,576
$C_4H_8O_2$	Buttersäure	164,0	159,1	0,35
CH_2O_2	**Ameisensäure**	**100,75**		
C_2HCl_3	Trichloräthen	86,9	74,1	0,487
C_5H_{10}	Cyclopentan	49,2	46,0	0,225
C_6H_5Cl	Chlorbenzol	131,75	93,7	0,779
C_6H_{14}	Hexan	68,7	60,5	0,421
C_8H_{10}	o-Xylol	144,3	95,7	0,868
C_8H_{10}	m-Xylol	139,0	92,8	0,855
C_8H_{10}	p-Xylol	138,3	94,5	0,83
CH_3Br	**Brommethan**	**3,65**		
CH_4O	Methanol	64,7	≈3,55	0,984
CH_3J	**Jodmethan**	**42,5**		
CH_4O	Methanol	64,7	37,8	0,795
C_2H_6O	Äthanol	78,3	40,7	0,91
C_3H_6O	Aceton	56,15	42,4	0,885
CH_3NO_2	**Nitromethan**	**101,2**		
CH_4O	Methanol	64,7	64,5	0,043
C_2HCl_3	Trichloräthen ($p_{az}=740$ Torr)	86,9	80,2	0,346
$C_2H_4O_2$	Essigsäure	118,1	101,2	0,954
C_2H_6O	Äthanol	78,4	75,95	0,216
C_3H_8O	Propanol-(1)	97,2	89,3	0,471
C_3H_8O	Propanol-(2)	82,3	79,3	0,279
$C_4H_8O_2$	Dioxan	101,35	100,55	0,652
$C_4H_{10}O$	Butanol-(1)	117,5	97,8	0,739
C_5H_{10}	Cyclopentan	49,2	<47,5	<0,10
$C_5H_{12}O$	2-Methyl-butanol-(2)	102,35	93,1	0,585
C_6H_{14}	Hexan	68,7	62,0	0,273
C_7H_8	Toluol	110,6	96,5	0,648
C_7H_{14}	Methylcyclohexan	101,15	81,25	0,512
C_7H_{16}	Heptan	98,4	80,2	0,491
C_8H_{18}	Octan	125,6	92,0	0,632
CH_4O	**Methanol**	**64,65**		
C_4H_4O	Furan	31,7	<30,5	<0,138
C_4H_4S	Thiophen	84,7	<59,55	<0,244
C_5H_8	2-Methyl-butadien-(1,3)	34,3	29,5	0,101
C_5H_{10}	Cyclopentan	49,2	38,8	0,26
C_6H_5F	Fluorbenzol	84,9	59,7	0,585
C_6H_6	Benzol	80,1	57,6	0,609

Formel	Namen	ϑ_V °C	ϑ_{az} °C	$x_{1\,az}$
C_6H_{12}	Methylcyclopentan	71,8	51,3	0,552
C_6H_{12}	Cyclohexan	80,7	54,2	0,618
C_6H_{14}	Hexan	68,7	45	0,495
	(p_{az}=630,3 Torr)			
C_7H_8	Toluol	110,6	63,6	0,88
C_8H_{18}	Octan	125,6	63,0	0,902
C_8H_{18}	2,2,4-Trimethyl-pentan	99,2	59,4	0,801
C_2Cl_4	**Tetrachloräthen**	**121,1**		
C_2H_6O	Äthanol	78,3	76,6	0,133
$C_2H_6O_2$	Glykol	197,4	119,1	0,857
C_3H_8O	Propanol-(1)	97,2	94,05	0,28
C_3H_8O	Propanol-(2)	82,4	81,65	0,125
C_4H_5N	Pyrrol	130,0	113,35	0,626
$C_4H_{10}O$	Butanol-(1)	117,8	108,95	0,523
$C_4H_{10}O$	Butanol-(2)	99,5	97,0	0,25
C_5H_5N	Pyridin	115,4	112,85	0,336
C_2HCl_3	**Trichloräthen**	**86,9**		
$C_2H_4O_2$	Essigsäure	118,1	86,45	0,92
C_2H_6O	Äthanol	78,3	70,8	0,474
C_3H_6O	Allylalkohol	96,85	80,9	0,705
$C_4H_{10}O$	Butanol-(1)	117,8	86,65	0,948
$C_4H_{10}O$	Butanol-(2)	99,5	84,2	0,761
$C_4H_{10}O$	2-Methyl-propanol-(1)	108,0	85,35	0,851
$C_4H_{10}O$	2-Methyl-propanol-(2)	82,45	77,0	0,546
$C_2HCl_3O_2$	**Trichloressigsäure**	**197,55**		
$C_6H_4Cl_2$	1,4-Dichlor-benzol	174,4	174,1	0,09
C_6H_5J	Jodbenzol	188,45	$<$184,3	0,265
$C_2H_2Cl_2$	**cis-1,2-Dichlor-äthen**	**60,3**		
C_2H_6O	Äthanol	78,3	—	0,902
C_3H_6O	Aceton	56,4	61,9	0,674
$C_3H_6O_2$	Essigsäuremethylester	57,2	61,7	0,674
C_4H_8O	Tetrahydrofuran	66,1	69,9	0,386
$C_2H_2Cl_2$	**trans-1,2-Dichlor-äthen**	**48,3**		
C_2H_6O	Äthanol	78,3	—	0,94
$C_2H_2Cl_4$	**1,1,2,2-Tetrachlor-äthan**	**146,2**		
C_2H_5ClO	2-Chlor-äthanol-(1)	128,6	128,2	0,177
$C_2H_6O_2$	Glykol	197,4	144,9	0,82
$C_5H_4O_2$	Furfurol	161,45	161,55	0,018
$C_6H_{10}O$	Cyclohexanon	155,7	159,0	0,324
$C_2H_3ClO_2$	**Monochloressigsäure**	**189,35**		
$C_{10}H_8$	Naphthalin	218,0	187,1	0,828
C_2H_3N	**Acetonitril**	**81,6**		
C_2H_6O	Äthanol	78,4	72,6	0,469
C_3H_8O	Propanol-(1)	97,2	$<$81,0	$>$0,838
C_6H_{14}	Hexan	68,7	56,8	0,25 Vol.
C_7H_8	Toluol	110,6	81,1	0,78 Vol.
C_7H_{14}	Methylcyclohexan	101,15	71,1	0,51 Vol.
C_8H_{18}	Octan	125,6	77,2	0,64 Vol.
C_8H_{18}	2,2,4-Trimethyl-pentan	99,2	68,9	0,38 Vol.
$C_2H_4Br_2$	**1,2-Dibrom-äthan**	**131,6**		
C_4H_5N	Pyrrol	130,0	126,5	0,421
$C_2H_4Cl_2$	**1,2-Dichlor-äthan**	**83,4**		
C_2H_6O	Äthanol	78,3	70,5	0,464

Formel	Name	ϑ_V °C	ϑ_{az} °C	$x_{1\,az}$
C_6H_{12}	Cyclohexan	80,7	74,1	0,462
C_2H_4O	**Acetaldehyd**	**20,2**		
$C_4H_{10}O$	Diäthyläther	34,6	18,9	0,846
$C_2H_4O_2$	**Essigsäure**	**118,1**		
$C_2H_5NO_2$	Nitroäthan	114,2	112,4	0,348
$C_4H_8O_2$	Dioxan	101,35	119,5	0,83
C_5H_5N	Pyridin	115,5	83,8	0,605
C_6H_{14}	Hexan	68,7	67,5	0,071
C_7H_8	Toluol	110,6	100,6	0,632
C_8H_{10}	o-Xylol	144,3	116,2	0,863
C_8H_{10}	m-Xylol	139,0	115,35	0,177
C_8H_{10}	p-Xylol	138,3	115,2	0,812
C_2H_5J	**Jodäthan**	**72,4**		
$C_4H_8O_2$	Essigsäureäthylester	77,1	71,0	0,658
C_2H_5NO	**Acetamid**	**221,15**		
C_6H_5ClO	4-Chlor-phenol	219,75	231,7	0,517
C_7H_6O	Benzaldehyd	179,2	178,6	0,101
C_8H_8O	Acetophenon	202,0	197,45	0,284
C_8H_{10}	o-Xylol	144,3	142,6	0,182
$C_{10}H_8$	Naphthalin	218,0	199,55	0,446
$C_{12}H_{12}O$	Diphenyläther	259,0	214,5	0,758
$C_2H_5NO_2$	**Nitroäthan**	**114,2**		
C_3H_8O	Propanol-(1)	97,2	$<$95,0	$>$0,19
$C_4H_{10}O$	Butanol-(1)	117,5	107,7	0,547
C_7H_{14}	Methylcyclohexan	101,15	90,8	0,36
C_2H_6O	**Äthanol**	**78,4**		
C_4H_4S	Thiophen	84,7	70,0	0,596
C_4H_8O	Butanon-(2)	79,2	74,0	0,501
$C_4H_8O_2$	Dioxan	101,07	78,13	0,949
C_5H_8	2-Methyl-butadien-(1,3)	34,3	32,65	0,045
C_5H_{10}	Cyclopentan	49,2	44,7	0,11
C_6H_5F	Fluorbenzol	84,9	69,5	0,435
C_6H_{12}	Methylcyclopentan	71,8	60,3	0,378
C_6H_{12}	Cyclohexan (p_{az} = 140,5 Torr)	80,7	25	0,334
C_6H_{14}	Hexan	68,7	58,68	0,332
C_7H_8	Toluol	110,6	55	0,76
C_7H_{14}	Methylcyclohexan (p_{az} = 380,06 Torr)	101,15	55	0,613
C_8H_{18}	Octan	125,6	76,3	0,886
$C_2H_6O_2$	**Glykol**	**197,4**		
$C_6H_4Cl_2$	1,2-Dichlor-benzol	179,5	165,8	0,373
C_6H_5Br	Brombenzol	156,1	150,2	0,255
C_6H_5Cl	Chlorbenzol	131,75	129,8	0,097
C_6H_5J	Jodbenzol	188,45	170,2	0,545
C_7H_6O	Benzaldehyd	179,2	$<$173,5	$>$0,23
C_7H_8	Toluol	110,6	110,2	0,09
C_7H_8O	Benzylalkohol	205,25	193,35	0,667
C_7H_8O	Anisol	153,85	150,45	0,185
C_7H_8O	o-Kresol	191,1	189,6	0,392
C_7H_8O	m-Kresol	202,8	—	0,736
C_7H_{14}	Methylcyclohexan	101,15	100,6	$\approx$0,06
C_8H_8	Styrol	145,8	141,2	0,312

Formel	Name	ϑ_V °C	ϑ_{az} °C	$x_{1\,az}$
C_8H_8O	Acetophenon	202,0	185,65	0,677
C_8H_{10}	Äthylbenzol	136,15	133,2	0,21
C_8H_{10}	o-Xylol	144,3	140,0	0,245
C_8H_{10}	m-Xylol	139,0	135,8	0,23
C_8H_{10}	p-Xylol	138,3	135,2	0,225
C_8H_{18}	Octan	125,6	123,5	0,193
$C_{10}H_8$	Naphthalin	218,0	183,9	0,683
$C_{12}H_{10}$	Diphenyl	256,1	192,25	0,833
C_2H_6S	**Äthanthiol**	**35,04**		
C_5H_{10}	Cyclopentan	49,2	34,95	0,99
C_3H_6O	**Aceton**	**56,3**		
$C_3H_6O_2$	Essigsäuremethylester	56,9	≈56	0,56
C_5H_8	2-Methyl-butadien-(1,3)	34,3	30,5	0,224
C_5H_{10}	Cyclopentan	49,2	41,0	0,405
C_6H_{12}	Cyclohexan	80,7	53,0	0,749
C_6H_{12}	Methylcyclopentan	71,8	50,3	0,658
C_6H_{14}	Hexan	68,7	49,7	0,631
$C_3H_6O_2$	**Propansäure**	**141,3**		
C_8H_8	Styrol	145,8	135,0	0,535
C_3H_8O	**Propanol-(1)**	**97,2**		
$C_4H_8O_2$	Dioxan	101,35	95,3	0,642
C_6H_5Cl	Chlorbenzol	131,75	96,90	0,895
C_6H_{12}	Cyclohexan	80,7	74,3	0,259
C_8H_{18}	2,2,4-Trimethyl-pentan	99,2	<85,3	<0,57
C_3H_8O	**Propanol-(2)**	**82,4**		
C_6H_{12}	Cyclohexan	80,7	68,6	0,408
C_8H_{18}	2,2,4-Trimethyl-pentan	99,2	76,8	0,69
$C_3H_8O_2$	**Propandiol-(1,2)**	**187,8**		
C_6H_7N	Anilin	184,35	179,5	0,48
C_8H_8O	Acetophenon	202,0	183,5	—
$C_3H_8O_3$	**Glycerin**	**290,5**		
$C_6H_{14}O_4$	Triäthylenglykol	288,7	≈285,1	≈0,49
$C_{10}H_8$	Naphthalin	218,0	215,2	0,135
$C_{12}H_{10}$	Diphenyl	256,1	245,8	0,358
C_3H_8S	**Propanthiol-(1)**	**67,82**		
C_6H_{14}	2-Methyl-pentan	60,2	59,20	0,262
C_3H_8S	**Propanthiol-(2)**	**52,60**		
C_5H_{10}	Cyclopentan	49,2	47,75	0,334
C_4H_4S	**Thiophen**	**83,97**		
C_6H_{14}	Hexan	68,7	68,46	0,113
C_7H_{16}	Heptan	98,4	83,09	0,855
C_4H_8O	**Butanon-(2)**	**79,6**		
C_7H_{14}	Methylcyclohexan	101,15	77,7	0,845
$C_4H_8O_2$	**Buttersäure**	**164,0**		
$C_5H_4O_2$	Furfurol	161,45	159,4	0,447
C_6H_5Cl	Chlorbenzol	131,75	131,5	0,036
C_7H_8O	Anisol	153,85	152,85	0,143
C_8H_{10}	o-Xylol	144,3	143,0	0,118
C_8H_{10}	p-Xylol	138,3	137,8	0,065
C_8H_{10}	Äthylbenzol	136,15	135,8	0,048
$C_8H_{10}O$	Phenetol	170,45	162,35	0,72

Formel	Name	ϑ_V °C	ϑ_{az} °C	$x_{1\,az}$
$C_4H_8O_2$	**Dioxan**	**101,35**		
$C_4H_{10}O$	Butanol-(2)	99,5	<98,8	<0,555
$C_5H_{12}O$	2-Methyl-butanol-(2)	102,35	100,65	0,80
C_6H_{12}	Methylcyclopentan	71,8	<71,5	>0,047
C_7H_{14}	Methylcyclohexan	101,15	93,5	>0,48
C_7H_{16}	Heptan	98,4	91,85	0,472
C_4H_8S	**Tetrahydrothiophen**	**120,79**		
C_5H_5N	Pyridin	115,4	113,5	0,424
C_8H_{16}	Äthylcyclohexan	131,8	120,46	0,841
$C_4H_{10}O$	**Butanol-(1)**	**117,5**		
C_5H_5N	Pyridin	115,4	118,7	0,723
C_6H_5Cl	Chlorbenzol	131,75	115,35	0,64
C_6H_{12}	Cyclohexan	80,7	79,8	0,045
C_6H_{12}	Methylcyclopentan	71,8	71,8	<0,09
C_8H_{10}	o-Xylol	144,3	117,1	0,828
C_8H_{10}	p-Xylol	138,3	116,2	0,752
$C_4H_{10}O$	**Butanol-(2)**	**99,5**		
C_6H_{12}	Cyclohexan	80,7	76,5	0,20
C_6H_{12}	Methylcyclopentan	71,8	69,7	0,129
C_6H_{14}	Hexan	68,7	67,1	0,098
C_7H_{14}	Methylcyclohexan	101,1	90,8	0,49
$C_4H_{10}O$	**2-Methyl-propanol-(1)**	**108,0**		
C_6H_5Cl	Chlorbenzol	131,7	107,2	0,721
C_6H_{12}	Cyclohexan	80,7	78,15	0,156
C_6H_{12}	Methylcyclopentan	71,8	71,0	≈0,056
$C_4H_{14}O$	**2-Methyl-propanol-(2)**	**82,45**		
C_6H_{12}	Cyclohexan	80,7	71,45	0,40
C_6H_{12}	Methylcyclopentan	71,8	66,6	0,304
C_6H_{14}	Hexan	68,7	64,2	0,258
$C_5H_4O_2$	**Furfurol**	**161,45**		
$C_6H_4Cl_2$	1,2-Dichlor-benzol	179,5	161,0	≈0,845
$C_6H_4Cl_2$	1,4-Dichlor-benzol	174,4	160,3	0,727
C_6H_5Br	Brombenzol	156,1	153,3	0,327
$C_6H_{12}O$	Cyclohexanol	160,8	156,4	0,56
$C_6H_{14}O$	Hexanol-(1)	157,85	154,1	0,455
C_7H_8O	Anisol	153,85	153,2	0,241
$C_7H_{16}O$	Heptanol-(1)	176,15	<160,9	<0,655
C_8H_8	Styrol	145,8	<145	—
C_8H_{10}	o-Xylol	<144,3	<144,1	<0,084
$C_8H_{10}O$	Phenetol	170,45	161,0	0,86
C_8H_{18}	2,2,4-Trimethyl-pentan	99,2	99,0	0,04
$C_{10}H_{16}$	Dipenten	177,7	155,95	0,725
C_5H_5N	**Pyridin**	**115,4**		
C_7H_8	Toluol	110,6	110,15	0,247
C_7H_{16}	Heptan	98,4	<97,0	<0,17
C_8H_{18}	Octan	125,6	<112,8	<0,92
C_8H_{18}	2,2,4-Trimethyl-pentan	99,2	95,4	0,306
$C_6H_4Cl_2$	**1,2-Dichlor-benzol**	**179,5**		
C_6H_6O	Phenol	182,2	173,7	0,543
C_6H_7N	Anilin	184,35	177,4	0,597
C_7H_6O	Benzaldehyd	179,2	<178,5	>0,40
$C_6H_4Cl_2$	**1,4-Dichlor-benzol**	**174,4**		
C_6H_6O	Phenol	182,2	171,05	0,655

Formel	Name	ϑ_V °C	ϑ_{az} °C	$x_{1\,az}$
C_6H_7N	Anilin	184,35	173,95	0,822
$C_6H_{14}O$	Hexanol-(1)	157,85	157,65	0,14
C_6H_5Br	**Brombenzol**	**156,1**		
$C_6H_{12}O$	Cyclohexanol	160,8	153,6	0,587
$C_6H_{14}O$	Hexanol-(1)	157,85	151,6	0,559
C_6H_5J	**Jodbenzol**	**188,45**		
C_6H_6O	Phenol	182,2	177,7	0,311
C_6H_7N	Anilin	184,35	181,6	>0,208
$C_6H_5NO_2$	**Nitrobenzol**	**210,75**		
C_7H_8O	Benzylalkohol	205,25	204,2	0,35
C_6H_6	**Benzol**	**80,10**		
C_6H_{12}	Cyclohexan	80,7	77,62	0,545
C_6H_{12}	Methylcyclopentan	71,8	71,5	0,099
C_8H_{18}	2,2,4-Trimethyl-pentan	99,2	80,1	0,984
C_6H_6O	**Phenol**	**181,9**		
C_6H_7N	Anilin	184,35	186,2	≈0,418
$C_6H_{10}O_4$	Glykoldiacetat	186,3	189,9	0,509
C_7H_5N	Benzonitril	191,1	192,0	0,215
C_7H_6O	Benzaldehyd	179,2	186,0	0,54
C_7H_9N	Benzylamin	185	196,6	0,482
$C_7H_{16}O$	Heptanol-(1)	176,15	185,0	0,76
C_8H_8O	Acetophenon	202	—	0,193
$C_8H_{18}O$	Octanol-(1)	195,2	194,4	≈0,107
$C_{10}H_{16}$	Dipenten	177,7	168,95	0,495
$C_6H_6O_3$	**Pyrogallol**	**309**		
$C_{12}H_{10}$	Diphenyl	256,1	253,5	0,12
C_6H_7N	**Anilin**	**184,35**		
$C_7H_{16}O$	Heptanol-(1)	176,15	175,4	0,263
$C_8H_{18}O$	Octanol-(1)	195,2	183,95	0,872
$C_6H_{10}O$	**Cyclohexanon**	**155,7**		
$C_6H_{14}O$	Hexanol-(1)	157,85	155,65	0,94
$C_6H_{10}O_2$	**Hexandion-(2,5)**	**194,4**		
C_7H_8O	m-Kresol	202,8	—	0,34
C_7H_8O	p-Kresol	201,8	—	0,314
$C_6H_{10}O_4$	**Glykoldiacetat**	**190,5**		
C_7H_8O	m-Kresol	202,8	—	0,20
$C_{10}H_{16}$	Dipenten	177,7	173,5	0,354
$C_6H_{12}O$	**Cyclohexanol**	**160,8**		
C_7H_8O	Anisol	153,85	152,3	0,306
C_8H_8	Styrol	145,8	144,4	0,165
$C_8H_{10}O$	Phenetol	170,45	159,5	0,758
$C_{10}H_{16}$	Dipenten	177,7	159,3	0,79
$C_6H_{14}O$	**Hexanol-(1)**	**157,85**		
C_7H_8O	Anisol	153,85	151,0	0,382
C_8H_8	Styrol	145,8	≈144	0,234
C_8H_{10}	o-Xylol	144,3	143,1	0,206
$C_8H_{10}O$	Phenetol	170,45	157,55	0,825
$C_{10}H_{16}$	Dipenten	177,7	157,2	0,825
C_7H_6O	**Benzaldehyd**	**179,2**		
C_7H_8O	o-Kresol	191,1	192,0	0,234
$C_7H_{16}O$	Heptanol-(1)	176,15	<174,5	<0,473
$C_8H_{10}O$	Phenetol	170,45	<169,8	<0,135

Formel	Name	ϑ_V °C	ϑ_{az} °C	$x_{1\,az}$
$C_7H_6O_2$	**Benzoesäure**	**250,8**		
$C_7H_7NO_2$	4-Nitro-toluol	238,9	237,4	0,122
$C_{10}H_8$	Naphthalin	218,0	217,65	0,054
$C_{10}H_{10}O_2$	Safrol	235,9	234,75	0,159
$C_{10}H_{14}O$	Carvacrol	237,85	<237,75	—
C_7H_8O	**Benzylakohol**	**205,25**		
C_7H_8O	m-Kresol	202,2	206,6	0,63
C_7H_8O	p-Kresol	201,7	206,7	0,62
C_7H_9N	N-Methyl-anilin	196,25	195,8	0,698
$C_8H_{11}N$	N-Äthyl-anilin	205,5	202,8	0,528
$C_{10}H_8$	Naphthalin	218,0	204,15	0,64
$C_{10}H_{15}N$	N,N-Diäthyl-anilin	217,05	204,2	0,781
C_7H_8O	**o-Kresol**	**191,1**		
C_8H_8O	Acetophenon	202,0	203,75	0,281
$C_8H_{16}O$	Octanon-(2)	172,85	192,05	0,79
$C_8H_{18}O$	Octanol-(1)	195,2	196,4	0,393
$C_7H_8O_2$	**Guajacol**	**205,05**		
C_8H_8O	Acetophenon	202,0	205,25	0,667
$C_8H_8O_2$	**Essigsäurephenylester**	**195,7**		
$C_8H_{18}O$	Octanol-(1)	195,2	192,8	0,519
$C_8H_8O_2$	**Benzoesäuremethylester**	**199,4**		
$C_8H_{18}O$	Octanol-(1)	195,2	194,4	0,34
$C_8H_8O_2$	**Anisaldehyd**	**249,5**		
$C_9H_{10}O$	Zimtalkohol	257,0	<248,0	—
$C_8H_8O_2$	**Phenylessigsäure**	**266,5**		
$C_{10}H_{12}O_2$	Isoeugenol	268,8	<266,2	>0,625
$C_{12}H_{10}$	Diphenyl	256,1	252,35	0,256
$C_{12}H_{10}O$	Diphenyläther	259,0	255,05	0,324
C_8H_{10}	**Äthylbenzol**	**136,15**		
C_8H_{18}	Octan	125,6	<125,6	<0,128
C_9H_8O	**Zimtaldehyd**	**253,7**		
$C_{12}H_{10}$	Diphenyl	256,1	252,5	0,567
$C_9H_{10}O$	**Zimtalkohol**	**257,0**		
$C_{12}H_{10}$	Diphenyl	256,1	253,0	≈0,485
$C_{12}H_{10}O$	Diphenyläther	259,0	<256,0	—
$C_{10}H_8$	**Naphthalin**	**218,0**		
$C_{10}H_{20}O$	Menthol	216,3	215,05	0,706

4232. Siedepunkte ternärer azeotroper Gemische bei 760 Torr

1. Stoff			2. Stoff			3. Stoff			ϑ_V in °C
Formel	Name	x_{1az}	Formel	Name	x_{2az}	Formel	Name	x_{3az}	
H_2O	Wasser	0,251	CCl_4	Tetrachlorkohlenstoff	0,645	C_3H_6O	Allylalkohol [Propen-(2)-ol-(1)]	0,104	65,4
H_2O	Wasser	0,163	$CHCl_3$	Chloroform	0,353	C_3H_6O	Aceton	0,484	60,4
H_2O	Wasser	0,306	CH_2O_2	Ameisensäure	0,455	C_8H_{10}	m-Xylol	0,239	97,9
H_2O	Wasser	0,417	CH_3NO_2	Nitromethan	0,393	C_3H_8O	Propanol-(1)	0,190	82,3
H_2O	Wasser	0,176	CH_3NO_2	Nitromethan	0,278	C_3H_8O	Propanol-(2)	0,546	78
H_2O	Wasser	0,315	C_2HCl_3	Trichloräthen	0,555	C_3H_6O	Allylalkohol [Propen-(2)-ol-(1)]	0,130	71,6
H_2O	Wasser	0,105	C_2H_6O	Äthanol	0,853	$C_4H_8O_2$	1,4-Dioxan	0,042	78,08
H_2O	Wasser	0,233	C_2H_6O	Äthanol	0,228	C_6H_6	Benzol	0,539	64,85
H_2O	Wasser	0,283	C_3H_6O	Allylalkohol	0,095	C_6H_6	Benzol	0,622	68,3
H_2O	Wasser	0,283	C_3H_8O	Propanol	0,089	C_6H_6	Benzol	0,628	68,48
H_2O	Wasser	0,7005	$C_4H_{10}O$	Butanol-(1)	0,1594	$C_6H_{12}O_2$	Essigsäure-butylester	0,1401	91,4
CS_2	Carbondisulfid	0,405	CH_4O	Methanol	0,241	C_2H_5Br	Äthylbromid	0,354	68,3
$C_2H_4O_2$	Ameisensäure-methylester	0,452	C_2H_5Br	Äthylbromid	0,238	C_5H_{12}	Isopentan	0,31	16,95
$C_2H_4O_2$	Ameisensäure-methylester	0,446	$C_4H_{10}O$	Diäthyläther	0,072	C_5H_{12}	Pentan	0,482	20,4
$C_3H_8O_2$	2-Methoxy-äthanol-(1)	0,0953	C_6H_6	Benzol	0,4055	C_6H_{12}	Cyclohexan	0,4992	73
$C_6H_{10}O_3$	Milchsäurepropylester	0,307	$C_8H_{10}O$	Phenetol	0,352	$C_{10}H_{18}$	Menthen	0,341	163

424. Molale Siedepunktserhöhung E_0 („Ebullioskopische Konstanten E_0") anorganischer und organischer Lösungsmittel

E_0 ist der auf unendliche Verdünnung extrapolierte Grenzwert der Siedepunktserhöhung, den ein Mol einer nicht dissoziierenden Substanz hervorruft, wenn es in 1000 g Lösungsmittel gelöst ist und nur reines Lösungsmittel verdampft.

Außer der Bestimmung auf experimentellem Wege kann man E_0 auch berechnen z. B. nach der Formel von VAN'T HOFF

$$E_0 = \frac{R T_v^2}{1000 \, \Delta H_v}.$$

R Gaskonstante, T_v Siedetemperatur in °K, ΔH_v Verdampfungsenthalpie pro g Lösungsmittel.

In der Tabelle ist für die anorganischen Lösungsmittel neben der Formel die Siedetemperatur und E_0 angegeben. In der Tabelle der organischen Lösungsmittel ist außerdem noch der Name der Verbindung hinzugefügt.

4241. Anorganische Lösungsmittel

Formel	Siedetemperatur °C	E_0	Formel	Siedetemperatur °C	E_0	Formel	Siedetemperatur °C	E_0
$AsCl_3$	130	7,1	Hg	357	11,4	H_2SO_4	331,7	5,33
Br_2	58,8	5,2	H_2O	100	0,521	$SiCl_4$	57,5	5,5
HBr	−68,7	1,50	J_2	184	10,5	$SnCl_4$	114	10,2
CS_2	46,3	2,40	HJ	−35,7	2,83	SCl_2O	75,6	3,89
Cl_2	−33,6	1,73	NH_3	−33,46	0,34	SCl_2O_2	69,5	4,5
HCl	−82,9	0,64	N_2O_4	22,0	1,37	S_2Cl_2	138	5,02
$CrCl_2O_2$	118	5,50	PCl_3	74,7	5,0	SO_3	46	1,34
HF	19,54	1,90	H_2S	−60,2	0,63	$TiCl_4$	135,8	6,6

4242. Organische Lösungsmittel

Lösungsmittel		Siedetemperatur °C	E_0
Formel	Name		
CCl_4	Tetrachlorkohlenstoff	76,50	5,07
$CHCl_3$	Chloroform	61,12	3,80
CH_2O_2	Ameisensäure	101	2,4
CH_3J	Methyljodid	41,3	4,23
CH_3NO_2	Nitromethan	101,2	1,86
CH_4O	Methanol	64,67	0,83
C_2Cl_4	Tetrachloräthylen	121,9	5,50
$C_2H_2Cl_2$	1,2-Dichlor-äthylen, trans	60	3,44
$C_2H_4Br_2$	1,2-Dibrom-äthan	130	6,43
$C_2H_4Cl_2$	1,1-Dichlor-äthan	57	3,20
$C_2H_4Cl_2$	1,2-Dichlor-äthan	82,3	3,12
$C_2H_4O_2$	Essigsäure (wasserfrei)	118,5	3,08
C_2H_5Br	Äthylbromid	37,7	2,29

Lösungsmittel		Siede-temperatur °C	E_0
Formel	Name		
C_2H_5Cl	Äthylchlorid	12,5	1,95
$C_2H_5NO_2$	Nitroäthan	114	2,60
C_2H_6O	Äthanol	78,3	1,07
C_3H_6O	Aceton	56,2	1,69
$C_3H_6O_2$	Propionsäure	141	3,51
$C_3H_6O_2$	Methylacetat	56,5	2,06
$C_3H_6O_2$	Äthylformiat	53,8	2,18
C_3H_8O	n-Propanol	97,3	1,73
$C_4H_8O_2$	1,4-Dioxan	100,3	3,27
$C_4H_{10}O$	Diäthyläther	34,5	2,16
C_5H_5N	Pyridin	115,8	2,69
$C_5H_{12}O$	2-Methyl-butanol-(4)	131,5	2,58
$C_5H_{12}O$	2-Methyl-butanol-(2)	102	2,26
C_6H_6	Benzol	18,15	2,54
C_6H_6O	Phenol	182,2	3,60
C_6H_7N	Anilin	184,3	3,69
C_6H_{12}	Cyclohexan	81,5	2,75
C_6H_{14}	n-Hexan	68,7	2,78
C_7H_9N	p-Toluidin	198	4,14
C_7H_{16}	n-Heptan	98,4	3,58
C_8H_{18}	2,2,4-Trimethylpentan	99,3	5,042
$C_{10}H_8$	Naphthalin	218,0	5,80
$C_{10}H_{16}O$	Campher	204	6,09
$C_{10}H_{18}$	Dekahydronaphthalin („Dekalin“)	191,7	5,76
$C_{12}H_{10}$	Diphenyl	254,9	7,06

425. Gefrierpunktserniedrigung

4251. Molale Gefrierpunktserniedrigung E_0 („Kryoskopische Konstanten“) anorganischer und organischer Lösungsmittel

E_0 ist der auf unendliche Verdünnung extrapolierte Grenzwert der Gefrierpunktserniedrigung, den ein Mol einer nicht dissoziierenden Substanz hervorruft, wenn es in 1000 g Lösungsmittel gelöst ist und nur reines Lösungsmittel auskristallisiert.

Kryoskopische Konstanten lassen sich auch nach der Formel von VAN'T HOFF

$$E_0 = \frac{R T_F^2}{1000 \cdot \Delta H_F}$$

berechnen. R Gaskonstante, T_F: Schmelztemperatur in °K; ΔH_F: Schmelzenthalpie pro g Lösungsmittel.

In der Tabelle ist für die anorganischen Lösungsmittel neben der Formel die Schmelztemperatur und E_0 angegeben. In der Tabelle der organischen Lösungsmittel ist außerdem noch der Name der Verbindung hinzugefügt.

42511. *Anorganische Lösungsmittel*

Formel	Schmelztemperatur °C	E_0	Formel	Schmelztemperatur °C	E_0
$AgNO_3$	208,5	28,36	Li_2SO_4	870	95
$AlNa_3F_6$	1008	41,1	NH_3	−77,3	1,32
$AsBr_3$	31,2	18,2	NH_4NO_3	169,6	22,1
Br_2	−7,20	8,8	N_2O_4	−11,26	4
HBr	−86	9,41	NaCl	800	20,5
HCl	−112	4,98	$NaNO_3$	305,8	15,0
HCN	−13,3	1,845	Na_2SO_4	885	62
$CaCl_2$	767	38,0	$Na_2SO_4 \cdot 10\,H_2O$	32,383	3,27
$CaCl_2 \cdot 6\,H_2O$	29,5	4,13	H_2O	0	1,858
$HgBr_2$	238,5	37,45	^2H_2O	3,82	2,00 ± 0,01
$HgCl_2$	265	34,0	$POCl_3$	1,3	7,57
J_2	114	20,4	P_4O_6	23,8	11,45
HJ	−51	20,26	H_2S	−82,3	3,83
KCl	772	25	H_2SO_4	10,36	6,12
KNO_3	335,08	29,0	$SbCl_3$	73,2	18,4
KSCN	177,9	17,4	$SbCl_5$	3,0	18,5
$LiBO_2$	840	15	$SeOCl_2$	8,5	26
$LiNO_3$	246,7	6,04	$SnBr_4$	29,5	27,6
$LiNO_3 \cdot 3\,H_2O$	29,88	2,6			

42512. *Organische Lösungsmittel*

Lösungsmittel		Schmelztemperatur °C	E_0
Formel	Name		
CBr_4	Tetrabrommethan	92,7	87,1
CCl_4	Tetrachlorkohlenstoff	−24,7	29,8
$CHBr_3$	Bromoform	7,8	14,4
$CHCl_3$	Chloroform	−63,2	4,90
CH_2O_2	Ameisensäure	8,40	1,932
CH_3NO	Formamid	2,45	3,56
CH_4N_2O	Harnstoff	132,1	21,5
CH_4O_3S	Methansulfonsäure	19,66	5,69
$C_2Cl_4F_2$ sym.	Difluortetrachloräthan	24,7	37,7
$C_2Cl_4F_2$ unsym.	Difluortetrachloräthan	52	38,6
C_2Cl_5F	Fluorpentachloräthan	99,9	42,0
$C_2HCl_3O_2$	Trichloressigsäure	57,0	12,1
$C_2H_2Br_4$	Tetrabromäthan	0,13	21,7
$C_2H_4Br_2$	1,2-Dibromäthan	9,975	12,5
$C_2H_4N_2O_6$	Glykoldinitrat	−22,3	4,17
$C_2H_4O_2$	Essigsäure	16,60	3,59
C_2H_5NO	Acetamid	82,3	5,5
$C_3H_2N_2$	Malonitril	31,5	4,89
$C_3H_7NO_2$	Urethan	48,7	5,14
$C_4H_4O_3$	Bernsteinsäureanhydrid	118,6	6,3
$C_4H_8O_2$	1,4-Dioxan	11,78	4,63
$C_4H_{10}O$	tert. Butanol	25,4	8,25
$C_4H_{10}O$	Diäthyläther	−117	1,79
C_5H_5N	Pyridin	−40	4,97

Lösungsmittel		Schmelz-temperatur °C	E_0
Formel	Name		
$C_5H_8N_2$	endo-Methylendehydro-piperidazin	100	29,4
$C_5H_{10}N_2$	endo-Methylenpiperidazin	53	32,4
C_6Cl_6	Hexachlorbenzol	227	20,75
$C_6H_4BrNO_2$	o-Bromnitrobenzol	36,5	9,10
$C_6H_4BrNO_2$	m-Bromnitrobenzol	54,0	8,75
$C_6H_4BrNO_2$	p-Bromnitrobenzol	124	11,53
$C_6H_4ClNO_2$	o-Chlornitrobenzol	32,5	7,50
$C_6H_4ClNO_2$	m-Chlornitrobenzol	44,4	6,07
$C_6H_4ClNO_2$	p-Chlornitrobenzol	83	10,9
$C_6H_4N_2O_4$	m-Dinitrobenzol	91	10,6
C_6H_5ClO	o-Chlorphenol	7	7,72
C_6H_5ClO	m-Chlorphenol	28,5	8,30
C_6H_5ClO	p-Chlorphenol	37	8,58
$C_6H_5NO_2$	Nitrobenzol	5,668	6,89
$C_6H_5NO_3$	o-Nitrophenol	44,3	7,44
C_6H_6	Benzol	5,455	5,065
$C_6H_6Cl_6$	γ-Hexachlorcyclohexan	114	16,1
C_6H_6O	Phenol	40	7,1
$C_6H_6O_2$	Brenzcatechin	104,03	5,9
$C_6H_6O_2$	Resorcin	110	6,5
C_6H_7N	Anilin	−5,96	5,87
$C_6H_{10}N_2$	1,4-endo-Azocyclohexan	141	32,2
C_6H_{12}	Cyclohexan	6,2	20,2
$C_6H_{12}O$	Cyclohexanol	24,5	37,7
$C_6H_{12}O_3$	Paraldehyd	12,6	7,05
C_6H_{14}	n-Hexan	−95,45	1,8
$C_7H_5F_3$	Benzotrifluorid	−28,16	4,90
$C_7H_5N_3O_6$	2,4,6-Trinitrotoluol	82	11,5
$C_7H_6N_2O_4$	2,4-Dinitrotoluol	70	8,9
$C_7H_6O_2$	Benzoesäure	119,53	8,79
C_7H_7Cl	p-Chlortoluol	6,86	5,53
$C_7H_7NO_2$	o-Nitrotoluol	−4,14	7,18
$C_7H_7NO_2$	m-Nitrotoluol	16,1	6,78
$C_7H_7NO_2$	p-Nitrotoluol	52	7,8
C_7H_8O	o-Kresol	30	5,60
C_7H_8O	p-Kresol	37	7,00
C_7H_{16}	n-Heptan	−90,7	1,9
C_8H_8O	Acetophenon	19,7	4,83
$C_8H_8O_2$	Phenylessigsäure	78	9,0
C_8H_9NO	Acetanilid	113,94	6,93
C_8H_{10}	p-Xylol	16	4,3
$C_8H_{11}N$	Dimethylanilin	2,40	6,8−7,2
C_8H_{18}	n-Octan	−57,0	2,0
C_9H_8	Inden	−1,76	7,28
C_9H_{20}	n-Nonan	−53,7	3,1
$C_{10}H_7Br$	β-Bromnaphthalin	59	12,4
$C_{10}H_7Cl$	β-Chlornaphthalin	54	9,76
$C_{10}H_7NO_2$	α-Nitronaphthalin	61	9,1
$C_{10}H_8$	Naphthalin	79,25	6,9
$C_{10}H_8O$	β-Naphthol	121	11,25
$C_{10}H_{12}O$	Anethol	20,1	6,2
$C_{10}H_{15}BrO$	3-Bromcampher	76	9,6
$C_{10}H_{16}O$	Campher	179,5	40

Lösungsmittel Formel	Lösungsmittel Name	Schmelztemperatur °C	E_0
$C_{10}H_{20}O_2$	Caprinsäure	27	4,7
$C_{10}H_{22}$	n-Decan	−30,0	2,3
$C_{12}H_{10}$	Diphenyl	70,5	7,8
$C_{12}H_{10}N_2$	Azobenzol	69	8,25
$C_{12}H_{10}O$	Diphenyläther	27	7,59
$C_{12}H_{11}N$	Diphenylamin	50,2	8,6
$C_{13}H_{10}O$	Benzophenon	48,1	9,8
$C_{13}H_{10}O_3$	Salol	43	13
$C_{13}H_{11}NO$	Benzanilid	161	9,65
$C_{14}H_8O_2$	Anthrachinon	277	14,8
$C_{14}H_{10}$	Anthracen	213	11,65
$C_{14}H_{10}$	Phenanthren	96,25	12,0
$C_{14}H_{10}O_2$	Benzil	94	10,5
$C_{14}H_{14}$	Dibenzyl	52	7,23
$C_{14}H_{14}O$	Dibenzyläther	3,60	6,27
$C_{16}H_{32}O_2$	Palmitinsäure	61,2	4,35

4252. Reale Gefrierpunktserniedrigung in anorganischen und organischen Lösungsmitteln

Die Tabellen enthalten Angaben über die reale Gefrierpunktserniedrigung von Lösungen anorganischer und organischer Stoffe in Wasser, ferner für anorganische Stoffe in Schwefelsäure und für organische Stoffe in Benzol.

Die Konzentrationsangaben für die Lösungen sind in Molalitäten m (Zahl der Mole des gelösten Stoffes in 1000 g Lösungsmittel) angegeben. Die in der Tabelle angegebene reale molale Gefrierpunktserniedrigung $E = \frac{\Delta T}{m}$ hat die Einheit: Grad · Mol^{-1} · 1000 g.

42521. Anorganische Stoffe

Stoff	Molekulargewicht	Konzentration: Mol in 1000 g H_2O 0,001	0,005	0,01	0,05	0,1	0,5	1	2	5
$AgNO_3$	169,87	—	—	3,60	3,42	3,32	2,96	2,63	2,16	—
$AlCl_3$	133,34	—	—	7,10	6,02	5,68	7,06	9,45	—	—
$Al(NO_3)_3$	212,99	—	—	—	6,3	6,1	7,9	10,6	—	—
$Al_2(SO_4)_3$	342,15	—	—	—	—	—	4,19	—	—	—
$BaCl_2$	208,25	5,30	5,120	5,034	4,796	4,698	4,82	5,20	—	—
$Ba(ClO_4)_2$	336,24	$5{,}38_6$	$5{,}21_1$	5,107	4,845	4,780	4,893	5,300	—	—
$Ba(NO_3)_2$	261,35	5,38	5,13	4,98	—	—	—	—	—	—
Br_2	159,82	—	—	1,95	1,875	1,870	—	—	—	—
$CaCl_2$	110,99	—	—	5,112	4,886	4,832	4,98	5,85	7,68	—
$Ca(ClO_4)_2$	238,98	$5{,}40_6$	$5{,}24_7$	5,145	4,956	4,941	5,566	6,742	—	—
$Ca(NO_3)_2$	164,09	—	—	—	4,7	4,58	—	4,59	4,86	—
$CdBr_2$	272,22	—	4,76	4,47	3,65	3,22	—	—	—	—
$CdCl_2$	183,31	—	4,79	4,71	4,12	3,84	3,24	–	—	—
CdJ_2	366,21	—	4,06	3,86	2,69	2,27	2,1	2,25	—	—

Stoff	Molekulargewicht	Konzentration: Mol in 1000 g H_2O								
		0,001	0,005	0,01	0,05	0,1	0,5	1	2	5
$Cd(NO_3)_2$	236,42	—	5,28	5,20	—	5,08	—	5,42	6,2	—
$CdSO_4$	208,46	—	2,916	2,744	2,3	2,1	—	1,79	—	—
Cl_2	70,91	—	—	4,0	3,145	—	—	—	—	—
HCl	36,46	3,651	3,634	3,617	3,542	3,526	3,654	3,925	—	—
$CoCl_2$	129,83	—	5,208	5,107	4,918	4,882	—	6,31	8,51	—
$Co(NO_3)_2$	182,94	—	—	—	—	4,6	—	5,5	—	—
$CoSO_4$	154,99	—	—	—	—	—	1,75	—	—	—
K_2CrO_4	194,20	—	—	—	3,0	3,3	—	—	—	—
$K_2Cr_2O_7$	294,19	7,06	—	—	—	—	—	—	—	—
Na_2CrO_4	161,97	—	—	—	—	4,49	—	3,71	—	—
$Cr_2(SO_4)_2$	392,18	—	—	—	4,6	4,2	—	—	—	—
$CuSO_4$	159,60	3,37	3,040	2,800	—	2,12	—	—	—	—
HF	21,00	—	—	—	—	1,98	—	1,93	2,03	—
$FeCl_3$	162,21	—	—	—	6,28	6,01	6,55	8,18	12,45	—
$K_3[Fe(CN)_6]$	329,26	7,10	6,53	6,26	5,60	5,30	5,00	4,55	—	—
$K_4[Fe(CN)_6]$	368,36	—	—	—	5,72	5,18	—	—	—	—
$Fe(NO_3)_3$	241,86	—	—	—	—	6,30	—	9,4	—	—
$FeSO_4$	151,91	—	—	—	—	2,39	—	—	—	—
H_2O_2	34,01	—	—	—	—	1,84	1,86	1,88	1,91	1,96
HJ	127,91	—	—	—	—	3,50	—	4,09	4,75	7,70
HJO_3	175,91	—	—	—	3,12	2,95	2,21	1,72	1,16	0,75
KBr	119,01	3,67	3,63	3,601	3,505	3,453	3,324	3,280	—	—
KCN	65,12	—	—	—	3,49	3,41	3,27	3,25	3,27	3,44
K_2CO_3	138,21	—	—	5,20	4,74	4,56	4,39	4,51	5,01	—
$KHCO_3$	100,12	—	—	—	—	—	3,09	2,91	2,68	—
$KHCO_2$	84,12	$3{,}67_6$	$3{,}63_6$	3,610	3,528	3,487	3,452	3,497	—	—
$KC_2H_3O_2$	98,15	$3{,}67_5$	$3{,}63_4$	3,609	3,544	3,527	3,625	3,825	—	—
KCl	74,56	$3{,}67_5$	$3{,}62_9$	3,599	3,498	3,443	3,314	3,2634	—	—
$KClO_3$	122,55	3,68	3,63	3,602	3,461	3,359	—	—	—	—
$KClO_4$	138,55	3,67	3,62	3,575	—	—	—	—	—	—
KF	58,10	—	—	—	—	3,39	3,36	3,39	—	—
KJ	166,01	—	—	—	—	3,54	3,88	3,37	3,40	3,50
KNO_3	101,11	3,67	3,62	3,587	3,438	3,331	2,893	2,561	—	—
KOH	56,11	—	3,706	—	—	—	—	—	—	—
KH_2PO_4	136,09	—	—	—	3,47	3,34	—	—	—	—
KSCN	97,18	—	—	—	—	3,44	3,25	—	—	—
K_2SO_4	124,27	5,280	5,150	5,01	4,559	4,319	—	—	—	—
LiBr	86,85	3,676	3,637	3,613	—	3,537	3,666	3,934	$4{,}54_6$	—
$LiHCO_2$	51,96	3,675	3,632	3,603	3,511	3,469	3,421	3,467	—	—
$LiC_2H_3O_2$	65,98	3,675	3,632	3,604	3,524	3,494	3,531	3,677	—	—
LiCl	42,39	3,670	3,622	3,594	3,528	3,505	3,589	3,800	—	—
$LiClO_3$	90,39	3,675	3,636	3,610	3,544	3,524	3,607	3,803	—	—
$LiClO_4$	106,39	3,677	3,640	3,618	3,561	3,550	3,718	4,013	—	—
$LiNO_3$	68,94	$3{,}67_5$	3,635	3,607	3,538	—	3,569	3,724	—	—
$MgCl_2$	95,22	—	—	5,144	4,974	4,938	5,38	6,35	8,8	—
$Mg(ClO_4)_2$	223,21	$5{,}39_6$	$5{,}23_7$	5,147	4,959	4,953	5,844	7,2061	—	—
$Mg(NO_3)_2$	148,32	—	—	—	—	4,74	5,08	5,78	7,0	—
$MgSO_4$	120,37	3,38	3,02	2,85	2,420	2,252	—	2,02	—	—
$MnCl_2$	125,84	—	—	—	—	4,86	—	6,05	—	—
$Mn(NO_3)_2$	178,95	—	—	—	—	—	—	6,00	6,64	—
$MnSO_4$	151,00	—	—	—	—	—	—	2,02	2,5	—
HN_3	17,03	—	—	—	—	—	—	1,94	1,94	2,06
HNO_3	63,00	$3{,}67_4$	3,630	3,601	3,519	3,494	3,496	3,604	3,861	4,708

Stoff	Molekulargewicht	Konzentration: Mol in 1000 g H_2O								
		0,001	0,005	0,01	0,05	0,1	0,5	1	2	5
NH_4Br	97,95	$3{,}65_6$	$3{,}58_6$	3,556	3,470	3,425	3,331	3,3169	—	—
NH_4Cl	53,49	$3{,}66_4$	$3{,}59_7$	3,563	3,474	3,424	3,315	3,3002	—	—
NH_4NO_3	80,04	$3{,}66_0$	$3{,}60_4$	3,568	3,451	3,379	3,119	2,9342	—	—
NH_4NaHPO_4	137,00	—	—	4,95	4,51	4,23	—	—	—	—
$NaBr$	102,90	3,68	3,64	3,620	3,540	3,499	3,444	3,4815	—	—
Na_2CO_3	105,99	—	—	5,12	—	4,44	—	—	—	—
$NaHCO_3$	84,01	—	—	—	—	3,65	—	—	—	—
$NaHCO_2$	68,01	3,68	3,63	3,606	3,523	3,482	3,414	3,423	—	—
$NaC_2H_3O_2$	82,03	3,68	3,63	3,609	3,542	3,521	3,581	3,730	—	—
$NaCl$	58,44	$3{,}67_6$	$3{,}63_4$	3,606	3,516	3,470	3,383	3,388	—	—
$NaClO_3$	106,44	$3{,}67_5$	$3{,}62_9$	3,598	3,494	3,433	3,238	3,111	—	—
$NaClO_4$	122,44	3,67	3,63	3,598	3,501	3,447	3,292	3,217	—	—
NaJ	149,89	—	—	—	—	3,68	—	3,66	3,97	—
$NaNO_3$	84,99	$3{,}67_5$	3,630	3,600	3,489	3,418	3,173	3,007	—	—
$NaOH$	40,00	—	3,719	3,654	3,408	—	—	—	—	—
Na_3PO_4	163,94	—	—	7,15	6,11	5,69	—	—	—	—
Na_2HPO_4	143,97	—	—	4,99	4,61	4,34	—	—	—	—
Na_2S	78,04	—	—	—	—	7,12	—	6,87	—	—
Na_2SO_4	142,04	—	5,2	5,04	—	4,344	—	—	—	—
Na_2SiO_3	122,06	—	—	6,6	—	5,32	4,02	—	—	—
$NiCl_2$	129,62	—	—	—	5,41	5,38	5,69	6,22	8,67	—
$Ni(NO_3)_2$	182,72	—	—	—	5,32	5,20	—	—	—	—
$NiSO_4$	154,77	—	3,036	2,832	2,37	2,20	—	1,94	—	—
H_3PO_4	98,00	—	3,1	2,95	—	2,36	—	2,14	2,41	—
$Pb(NO_3)_2$	331,20	5,368	5,090	4,898	4,276	3,955	2,940	2,435	—	—
H_2SO_3	82,09	—	—	—	—	2,8	—	2,35	—	—
H_2SO_4	98,08	—	4,814	4,584	4,112	3,940	—	4,04	5,07	—
$SrCl_2$	158,53	—	—	5,3	—	4,82	—	5,83	7,54	—
$Sr(ClO_4)_2$	286,52	5,40	5,29	5,137	4,941	4,925	5,374	6,2262	—	—
$Sr(NO_3)_2$	211,64	—	—	5,7	—	4,63	—	3,90	—	—
$UO_2(NO_3)_2$	394,04	—	—	—	5,16	5,00	—	6,15	—	—
$ZnCl_2$	136,28	—	5,28	5,15	—	4,94	—	5,21	5,49	—
$Zn(NO_3)_2$	189,38	—	—	—	—	4,89	—	5,83	7,12	—
$ZnSO_4$	161,43	—	—	2,80	—	2,29	—	1,87	—	—

42522. *Organische Stoffe*

Stoff		Molekulargewicht	Konzentration: Mol in 1000 g H_2O								
Formel	Name		0,005	0,01	0,05	0,1	0,2	0,5	1	2	5
CHO_2K	Kaliumformiat	84,12	$3{,}63_6$	3,610	3,528	3,487	3,457	3,452	3,497	—	—
CHO_2Li	Lithiumformiat	51,96	3,632	3,603	3,511	3,469	3,433	3,421	3,467	—	—
CHO_2Na	Natriumformiat	68,01	3,63	3,606	3,523	3,482	3,444	3,414	3,423	—	—
CH_4O	Methanol	32,04	—	1,82	—	1,81	1,81	—	—	1,86	—
$C_2H_2O_4$	Oxalsäure	90,04	—	—	3,04	2,84	2,64	—	—	—	—
$C_2H_3O_2K$	Kaliumacetat	98,15	$3{,}63_4$	3,609	3,544	3,527	3,533	3,625	3,825	—	—
$C_2H_3O_2Li$	Lithiumacetat	65,98	3,63	3,604	3,524	3,494	3,482	3,531	3,677	—	—
$C_2H_3O_2Na$	Natriumacetat	82,03	3,63	3,609	3,542	3,521	3,519	3,581	3,730	—	—
$C_2H_4O_2$	Essigsäure	60,05	—	—	—	1,90	—	—	1,79	—	1,6
C_2H_6O	Äthanol	46,07	—	—	—	1,83	—	—	1,83	1,84	—
C_2O_4K	Kaliumoxalat	127,12	—	—	—	4,46	—	4,18	—	—	—
C_3H_6O	Aceton	58,08	—	—	—	1,85	—	—	1,79	—	—
C_3H_8O	Propanol-(1)	60,09	—	1,86	1,84	1,83	—	—	1,79	1,79	1,76
$C_3H_8O_3$	Glycerin	92,09	—	1,86	—	—	1,87	1,89	1,92	—	2,1
$(C_2H_3O_2)_2Pb$	Bleiacetat	325,28	—	—	3,63	2,85	2,37	—	—	—	—
$(C_2H_3O_2)_2Zn$	Zinkacetat	183,46	—	—	—	4,74	4,37	—	—	—	—
$C_4H_6O_6$	Weinsäure	150,09	—	2,34	2,12	2,05	1,98	1,94	—	—	2,35
$C_4H_8O_2$	Essigsäureäthylester	88,11	—	—	—	1,85	1,83	1,82	—	—	—
$C_4H_{10}O$	Diäthyläther	74,12	—	1,67	1,70	1,72	1,70	—	—	—	—
$C_6H_3O_7N_3$	Pikrinsäure	229,10	3,82	3,63	—	—	—	—	—	—	—
C_6H_6O	Phenol	94,11	—	—	—	1,81	1,83	1,63	—	—	—
C_6H_7N	Anilin	93,19	—	1,85	1,82	1,79	1,73	—	—	—	—
$C_6H_8O_7$	Zitronensäure	192,12	—	2,26	2,08	2,03	—	1,93	1,94	2,00	—
$C_6H_{12}O_6$	Dextrose	180,16	—	—	1,86	1,86	1,87	—	1,92	—	—
$C_{12}H_{22}O_{11}$	Rohrzucker	342,30	1,86	—	1,87	1,88	1,90	1,96	2,06	2,3	—

4253. Reale molale Gefrierpunktserniedrigung $\frac{\Delta T}{m}$

Anorganische Stoffe in Schwefelsäure H_2SO_4

Die Gefrierpunktserniedrigungen ΔT sind wegen Autoprotolyse ($2 H_2SO_4 = H_3SO_4^+ + HSO_4^-$) und wegen ionischer Selbstdehydratation ($2 H_2SO_4 = H_3O^+ + HS_2O_7^-$) der Schwefelsäure korrigiert. Sie entsprechen daher dem durch den gelösten Stoff allein bewirkten Effekt.

Stoff		Molekular-gewicht	Konzentration: Mol in 1000 g H_2SO_4		
Formel	Name		0,01	0,05	0,1
Ag_2SO_4	Silbersulfat	311,80	23,2	$23,4_0$	$23,4_0$
Cs_2SO_4	Caesiumsulfat	361,87	23,5	$24,3_2$	$24,4_5$
K_2SO_4	Kaliumsulfat	174,27	23,7	$24,4_0$	$24,9_8$
Li_2SO_4	Lithiumsulfat	109,94	23,7	24,3	$24,8_5$
$(NH_4)_2SO_4$	Ammoniumsulfat	132,14	23,5	$23,8_2$	$24,0_0$
Na_2SO_4	Natriumsulfat	142,04	24,0	$24,9_0$	$25,6_5$
Tl_2SO_4	Thallium(I)-sulfat	504,80	23,2	$23,3_6$	$23,3_5$

4254. Reale molale Gefrierpunktserniedrigung $\frac{\Delta T}{m}$

Organische Stoffe in Benzol C_6H_6

Stoff		Molekular-gewicht	Konzentration: Mol in 1000 g C_6H_6			
Formel	Name		0,05	0,1	0,2	0,5
C_6H_6O	Phenol	95,11	3,80	3,40	3,15	2,80
$C_2H_3ClO_2$	Monochloressigsäure	94,50	3,00	3,00	2,90	2,46
$C_2HCl_3O_2$	Trichloressigsäure	163,39	4,40	—	3,30	3,22
CH_3CN	Acetonitril	41,05	4,80	4,70	4,80	4,50
$C_6H_4(OH)NO_2$	o-Nitrophenol	139,11	5,00	5,20	5,25	4,90

426. Osmotischer Druck

Der osmotische Druck wird aus der Druckdifferenz ermittelt, die sich zwischen dem reinen Lösungsmittel und der Lösung (zu untersuchende Substanz in bekannter Konzentration in dem Lösungsmittel gelöst) einstellt. Zur Trennung der gelösten Moleküle von dem reinen Lösungsmittel benutzt man semipermeable Membranen. Zur Untersuchung von niedermolekularen Stoffen werden meistens Kupfer(II)-hexacyanoferrat(II)-Membranen benutzt, für hochmolekulare solche auf Cellulosebasis. Für ideale Lösungen gilt für die Konzentrationsabhängigkeit des osmotischen Druckes das van't Hoffsche Gesetz.

$$p = \frac{RT}{M} \cdot c$$

p = osmotischer Druck
R = Gaskonstante
T = absolute Temperatur
M = relative Molekularmasse des gelösten Stoffes
c = Konzentration des gelösten Stoffes

Besteht die zu untersuchende Substanz aus verschieden großen Molekülen so wird für M ein Mittelwert gewonnen, der dem Zahlendurchschnitt

$$M = \frac{\sum m_i}{\sum \frac{m_i}{M_i}}$$

entspricht.

4261. Osmotischer Druck niedermolekularer Stoffe in Wasser

42611. Anorganische Stoffe

Membran: Kupfer(II)-hexacyanoferrat(II)

Gelöster Stoff	Temperatur °C	Konzentration	Osmotischer Druck in atm
$Ca_2[Fe(CN)_6]$	0	29,89 g/kg H_2O	2,54
		313,88 g/kg H_2O	41,22
		395,03 g/kg H_2O	70,84
		428,89 g/kg H_2O	87,09
		472,18 g/kg H_2O	112,84
		500,48 g/kg H_2O	131,21
$Ca_3[Fe(CN)_6]_2$	0	19,84 g/kg H_2O	2,56
		26,26 g/kg H_2O	3,23
		67,02 g/kg H_2O	8,68
		101,36 g/kg H_2O	14,33
$CaSO_4$	15...19	0,007125 Mol/l Lsg.	0,245
		0,01435 Mol/l Lsg. (gesätt. Lsg.)	0,467
$[Fe(CN)_6]K_3$	0	40,0 g/l Lsg.	7,58
		194,0 g/l Lsg.	32,39
		280,1 g/l Lsg.	47,61
$[Fe(CN)_6]Mg_2$	0	61,05 g/kg H_2O	6,20
		84,44 g/kg H_2O	8,70
$[Fe(CN)_6]Na_4$	0	22,63 g/kg H_2O	5,33
		35,33 g/kg H_2O	7,84
		50,67 g/kg H_2O	10,69
		70,03 g/kg H_2O	14,21
		89,64 g/kg H_2O	17,69
NH_4NO_3	0	0,0250 Mol/l Lsg.	0,66
		0,0500 Mol/l Lsg.	1,48
$(NH_4)_2SO_4$	0	0,0250 Mol/l Lsg.	1,30
		0,0500 Mol/l Lsg.	2,64
$NaNO_3$	0	0,0250 Mol/l Lsg.	0,60
		0,0500 Mol/l Lsg.	1,64
		0,1000 Mol/l Lsg.	3,11
Na_2HPO_4	0	0,0125 Mol/l Lsg.	0,51
		0,0250 Mol/l Lsg.	1,50
		0,0500 Mol/l Lsg.	1,82
$Na_2S_2O_3$	0	0,0250 Mol/l Lsg.	1,30
		0,0500 Mol/l Lsg.	2,21

42612. *Organische Stoffe*

426121. Rohrzucker ($C_{12}H_{22}O_{11}$) in Wasser
Membran: Kupfer(II)-hexacyanoferrat(II)

Konzentration Mol/kg H_2O	Osmotischer Druck p in atm bei einer Temperatur von			
	0° C	10° C	20° C	50° C
0,1	(2,462)	2,498	2,590	2,635
0,2	4,722	4,893	5,064	5,278
0,3	7,085	7,334	7,605	7,974
0,4	9,442	9,790	10,137	10,724
0,5	11,895	12,297	12,748	13,504
0,6	14,381	14,855	15,388	16,319
0,7	16,886	17,503	18,128	19,202
0,8	19,476	20,161	20,905	22,116
0,9	22,118	22,884	23,717	25,123
1,0	24,825	25,693	26,638	28,213

426122. Weitere Zuckerarten
Membran: Kupfer (II)-hexacyanoferrat (II)

c g/kg H_2O	p atm	c g/kg H_2O	p atm
Glucose $C_6H_{12}O_6$ $\vartheta = 10°$ C		Mannit $C_6H_{14}O_6$ $\vartheta = 0°$ C	
18,01	2,39	100	13,1
36,02	4,76	110	14,6
72,04	9,52	125	16,7
108,06	14,31		
144,08	19,05	β-Dextrin $\vartheta = 25°$ C	
180,10	23,80		
Galaktose $C_6H_{12}O_6$ $\vartheta = 0°$ C		0,00452	0,00748
		0,00822	0,0108
250	35,5	0,0158	0,0148
380	62,8	0,0321	0,0207
500	95,8	0,0513	0,0246

4262. Osmotischer Druck hochmolekularer Stoffe (Nichtelektrolyte)

42621. Synthetische Stoffe

Gelöster Stoff	Lösungsmittel	Membran	Temp. °C	Konzentration c	Osmot. Druck p	p/c	$(p/c)_{c\to 0}$	Molekulargewicht M
Polystyrol	Methyl-iso-propylketon	Ultracella	27	5,0 g/l Lsg	10^{-3} at	0,144	0,132	190000
				9,9 g/l Lsg.	10^{-3} at	0,156		
				19,8 g/l Lsg.	10^{-3} at	0,164		
				5,0 g/l Lsg.	10^{-3} at	0,044	0,029	870000
				9,9 g/l Lsg.	10^{-3} at	0,058		
				19,8 g/l Lsg.	10^{-3} at	0,087		
Polystyrol	Benzol	Polyvinylalkohol	31,5	0,216 g/l Lsg.	10^{-3} at	13,65		1900
				0,435 g/l Lsg.	10^{-3} at	13,71		
				0,437 g/l Lsg.	10^{-3} at	1,640		15800
				1,452 g/l Lsg.	10^{-3} at	1,663		
				2,923 g/l Lsg.	10^{-3} at	1,697		
				0,858 g/l Lsg.	10^{-3} at	0,1727		156500
				2,890 g/l Lsg.	10^{-3} at	0,1910		
				8,663 g/l Lsg.	10^{-3} at	0,2431		
Polystyrol	Toluol	Polyvinylalkohol	31,5	0,858 g/l Lsg.	10^{-3} at	0,134		220000
				2,851 g/l Lsg.	10^{-3} at	0,171		
				5,985 g/l Lsg.	10^{-3} at	0,230		
				8,546 g/l Lsg.	10^{-3} at	0,278		
	Butanon	Polyvinylalkohol	31,5	0,789 g/l Lsg.	10^{-3} at	0,125		220000
				1,971 g/l Lsg.	10^{-3} at	0,135		

				5,918 g/l Lsg.	10^{-3} at	0,170		
				7,897 g/l Lsg.	10^{-3} at	0,188		
Polyisobutylen	Cyclohexan	denitriertes Kollodium, Cellophan (alkalisch behandelt)	25	20,4 g/l Lsg.	10^{-3} at	0,531		
				10,0 g/l Lsg.	10^{-3} at	0,242	0,030	840000
				3,4 g/l Lsg.	10^{-3} at	0,088		
				20,0 g/l Lsg.	10^{-3} at	0,605		
				10,0 g/l Lsg.	10^{-3} at	0,312	0,099	255000
				2,5 g/l Lsg.	10^{-3} at	0,144		
				20,0 g/l Lsg.	10^{-3} at	0,820	0,324	78000
				5,0 g/l Lsg.	10^{-3} at	0,415		
				10,0 g/l Lsg.	10^{-3} at	1,077	0,867	29000
				2,5 g/l Lsg.	10^{-3} at	0,900		
				7,5 g/l Lsg.	10^{-3} at	1,975	1,820	13900
				3,75 g/l Lsg.	10^{-3} at	1,877		
				3,75 g/l Lsg.	10^{-3} at	4,54	4,49	5640
				2,5 g/l Lsg.	10^{-3} at	4,544		
Polymethacryl-säuremethylester unfraktioniert	Benzol	Polyvinylalkohol	31,5	1,450 g/l Lsg.	10^{-3} at	0,1970		141100
				2,910 g/l Lsg.	10^{-3} at	0,2110		
				8,700 g/l Lsg.	10^{-3} at	0,2652		
Polyvinylacetat	Aceton	regenerierte Cellulose	25	5,0 g/l Lsg.	10^{-3} at	0,088	0,0155	1630000
				15 g/l Lsg.	10^{-3} at	0,249		
				5,0 g/l Lsg.	10^{-3} at	0,120	0,046	540000
				20,0 g/l Lsg.	10^{-3} at	0,352		
				5,0 g/l Lsg.	10^{-3} at	0,196	0,124	204000
				20,0 g/l Lsg.	10^{-3} at	0,462		
				5,0 g/l Lsg.	10^{-3} at	0,484	0,424	60000
				15,0 g/l Lsg.	10^{-3} at	0,635		

Gelöster Stoff	Lösungsmittel	Membran	Temp. °C	Konzentration c	Osmot. Druck p	p/c	$(p/c)_{c\to 0}$	Molekular-gewicht M
Polyvinylalkohol	Wasser	Polyvinylalkohol (auf 215° C erhitzt)	30	5,36 g/l Lsg.	10^{-3} at	0,238	0,217	118000
				10,72 g/l Lsg.	10^{-3} at	0,264		
				4,52 g/l Lsg.	10^{-3} at	0,490	0,465	55000
				11,97 g/l Lsg.	10^{-3} at	0,508		
				3,25 g/l Lsg.	10^{-3} at	0,942	0,315	28000
				13,01 g/l Lsg.	10^{-3} at	1,077		
Emulsionsbuna	Toluol	Ultracella		2,15 g/l Lsg.	10^{-3} at	0,56		54000
				7,91 g/l Lsg.	10^{-3} at	0,69		
				2,07 g/l Lsg.	10^{-3} at	0,17		227000
				3,95 g/l Lsg.	10^{-3} at	0,21		
				8,30 g/l Lsg.	10^{-3} at	0,31		
				1,90 g/l Lsg.	10^{-3} at	0,09		440000
				4,00 g/l Lsg.	10^{-3} at	0,14		
				8,30 g/l Lsg.	10^{-3} at	0,24		

42622. *Naturstoffe, Polysaccharide (Nichtelektrolyte)*

Gelöster Stoff	Lösungsmittel	Membran	Temp. °C	Konzentration	Osmot. Druck p	p/c	$(p/c)_{c \to 0}$	Molekular-gewicht M
Cellulosenitrat Ramie	Aceton	Ultracella	27	5,0 g/l Lsg.	10^{-3} at	0,249		224400
				7,5 g/l Lsg.	10^{-3} at	0,312		
				2,5 g/l Lsg.	10^{-3} at	0,467		75750
				7,5 g/l Lsg.	10^{-3} at	0,568		
Celluloseacetat	Aceton	denitriertes Cellulosenitrat	26	2,59 g/l Lsg.	10^{-3} at	0,258		130000
			24	5,47 g/l Lsg.	10^{-3} at	0,286		
			24	4,28 g/l Lsg.	10^{-3} at	0,570		61000
			25	8,55 g/l Lsg.	10^{-3} at	0,617		
			25	1,46 g/l Lsg.	10^{-3} at	3,10		11000
			25	2,91 g/l Lsg.	10^{-3} at	3,55		
Amyloseacetat Tapioka	Chloroform	Kollodium	27	5,18 g/l Lsgm.	10^{-3} at	0,138	0,069	370000
				12,5 g/l Lsgm.	10^{-3} at	0,291		
Kartoffel				5,74 g/l Lsgm.	10^{-3} at	0,169	0,098	260000
				12,8 g/l Lsgm.	10^{-3} at	0,312		
Korn				5,71 g/l Lsgm.	10^{-3} at	0,182	0,113	230000
				14,8 g/l Lsgm.	10^{-3} at	0,371		
Sago				5,00 g/l Lsgm.	10^{-3} at	0,176	0,116	220000
				10,00 g/l Lsgm.	10^{-3} at	0,273		

Gelöster Stoff	Lösungsmittel	Membran	Temp. °C	Konzentration	Osmot. Druck p	p/c	$(p/c)_{c \to 0}$	Molekular-gewicht M
Apfelstärke				5,74 g/l Lsgm.	10^{-3} at	0,235	0,157	160000
				10,05 g/l Lsgm.	10^{-3} at	0,319		
Amylopectinacetat	Chloroform	Kollodium	27					
Korn				10,4 g/l Lsgm.	10^{-3} at	0,144	0,0030	8000000
				20,0 g/l Lsgm.	10^{-3} at	0,515		
Tapioka				12,5 g/l Lsgm.	10^{-3} at	0,0216	0,0045	6000000
				20,1 g/l Lsgm.	10^{-3} at	0,0538		
Sago				12,2 g/l Lsgm.	10^{-3} at	0,0248	0,0115	2000000
				20,1 g/l Lsgm.	10^{-3} at	0,0527		
Apfelstärke				12,3 g/l Lsg.	10^{-3} at	0,0389	0,0210	1200000
				20,0 g/l Lsg.	10^{-3} at	0,0778		
Glykogen	Wasser	Ultracella	27	5 g/l Lsg.	10^{-3} at	0,089	0,090	283000
				20 g/l Lsg.	10^{-3} at	0,090		
	0,1 n $CaCl_2$-Lösung			5 g/l Lsg.	10^{-3} at	0,089	0,090	283000
				40 g/l Lsg.	10^{-3} at	0,089		
	Formamid			5 g/l Lsg.	10^{-3} at	0,091	0,089	286000
				40 g/l Lsg.	10^{-3} at	0,088		
Guttapercha I	Tetrachlorkohlenstoff	Ultracella	27	2,19 g/l Lsg.	10^{-3} at	0,33		127000
				7,74 g/l Lsg.	10^{-3} at	0,68		
Guttapercha II	Toluol	Ultracella	27	1,03 g/l Lsg.	10^{-3} at	0,29		105000
				8,07 g/l Lsg.	10^{-3} at	0,54		
Balata I	Toluol	Ultracella	27	1,04 g/l Lsg.	10^{-3} at	0,34		88000
				6,01 g/l Lsg.	10^{-3} at	0,52		

427. Lösungsgleichgewichte (Zustandsdiagramme)

Bei den zwischen zwei oder mehr Komponenten auftretenden Gleichgewichten pflegt man meist zwischen den Schmelzgleichgewichten und den Lösungsgleichgewichten im engeren Sinne (Auskristallisieren aus flüssigen Lösungen und Gemischen) zu unterscheiden, obwohl vom thermodynamischen Standpunkt prinzipiell kein Unterschied zwischen diesen Fällen besteht. Die genannte Klassifizierung wird lediglich durch die verschiedene experimentelle Methodik nahegelegt, weshalb diese Fallunterscheidung auch hier gemacht werden soll.

Bei den zunächst behandelten binären Schmelzen handelt es sich um Gemische zweier Komponenten, die unter Normalbedingungen fest sind und erst bei höherer Temperatur d.h. im geschmolzenen Zustand zur Mischung gebracht werden. Bei genügend hoher Temperatur bildet das Gemisch bei jedem vorgegebenen Molverhältnis (Mischungsverhältnis) eine homogene flüssige Phase. Im Einklang mit dem Phasengesetz kann bei „normalem Druck" d.h. bei gleichzeitigem Vorliegen der Gasphase neben der flüssigen Phase außer der Konzentration nur noch die Temperatur willkürlich gewählt werden. Beim Abkühlen der Schmelze kristallisieren teils Mischkristalle, teils die reinen Komponenten aus; die Temperatur, bei der eine neue Phase auftritt, kennzeichnet das Gleichgewicht. Im einzelnen pflegt man folgende Fälle zu unterscheiden:

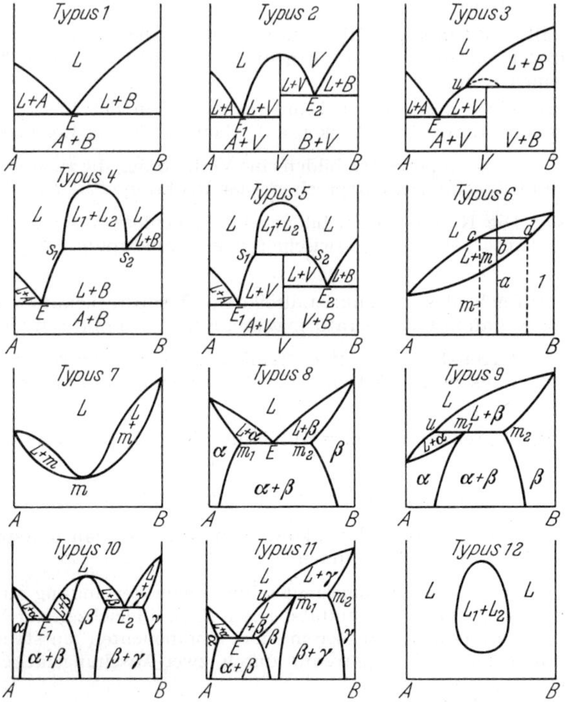

Typus 1: Mischbarkeit der flüssigen Komponenten A und B in allen Verhältnissen, keine Mischbarkeit im kristallisierten Zustand. Die eutektische Schmelze E kristallisiert zu einem Eutektikum aus den beiden reinen Komponenten. Das Eutektikum ist im Sinne des Phasengesetzes ein mechanisches Gemenge von zwei Phasen. Unter den metallischen Systemen ist der Typus 1 selten, da gewöhnlich eine, wenn auch nur geringe Löslichkeit der Komponenten im festen Zustand vorhanden ist.

Typus 2: Die im flüssigen Zustand völlig, im festen Zustand nicht mischbaren Komponenten bilden eine kongruent schmelzende Verbindung mit einem „offenen" Kurvenmaximum als Schmelzpunkt. Die Verbindung bildet einerseits mit A ein Eutektikum E_1 andererseits mit B ein zweites E_2.

Typus 3: Die Komponenten bilden eine inkongruent schmelzende Verbindung mit einem „verdeckten" (instabilen) Maximum. Bildung und Zerfall der Verbindung entspricht der Reaktion: Schmelze $u +$ Kristalle $B \rightleftharpoons V$. Die Verbindung bildet nur mit A ein Eutektikum E. Der Grenzfall zwischen kongruent und inkongruent schmelzender Verbindung entsteht, wenn die Konzentrationen von u (Übergangspunkt) und V zusammenfallen.

Gelegentlich beobachtet man im gesamten Mischungsgebiet mehrere Verbindungen mit gegenseitigem Eutektikum oder auch eine Verbindung vom Typus 2 in Kombination mit einem verdeckten Maximum Typus 3.

Typus 4: Die Komponenten sind im flüssigen Zustand nur partiell mischbar. Die Mischungslücke $S_1 - S_2$ führt zur Schichtenbildung. Nach beendigter Kristallisation enthält Schicht S_1 das Eutektikum, Schicht S_2 besteht aus B-Kristallen.

Grenzfall: vollständige Nichtmischbarkeit. Die Löslichkeitsgebiete beiderseits der Mischungslücke fallen fort, die beiden Schichten bestehen aus den reinen Komponenten.

Oberhalb einer bestimmten Temperatur tritt in der flüssigen Phase schließlich vollständige Mischbarkeit auf (oberer kritischer Lösungspunkt).

Typus 5: Die Komponenten bilden eine Verbindung, die zu zwei Flüssigkeiten S_1 und S_2 schmilzt, entsprechend der Reaktion: $S_1 + S_2 \rightleftharpoons V$.

Typus 6: Die Komponenten bilden eine lückenlose Mischkristallreihe, ihre Schmelzintervalle liegen zwischen den Schmelzpunkten der Komponenten.

Typus 7: Lückenlose Mischkristallreihe mit Temperaturminimum. (Der entsprechende Fall mit Temperaturmaximum kommt praktisch nicht vor.)

Typus 8: Begrenzte gegenseitige Mischkristallbildung der Komponenten. Eutektikum E aus zwei gesättigten Mischkristallen m_1 und m_2. Mischungslücke $\alpha + \beta$.

Typus 9: Begrenzte Mischkristallbildung der Komponenten mit peritektischer Reaktion.

$$\text{Schmelze } u + m_2 \rightleftharpoons m_1 \quad \text{(vgl. Typus 3)}$$

Der α-Mischkristall m_1 schmilzt inkongruent. Im Grenzfall (entsprechend Typus 3) fallen u und m_1 zusammen.

Typus 10: Es tritt eine kongruent schmelzende Verbindung auf (intermetallische Phase mit Homogenitätsbereich β). Bei gleichzeitiger begrenzter Mischkristallbildung auf seiten der Komponenten entstehen drei Mischkristallgebiete α, β, γ getrennt durch zwei Mischungslücken $\alpha + \beta$ und $\beta + \gamma$.

Typus 11: Eine intermetallische Phase mit Homogenitätsbereich (β) schmilzt inkongruent. Peritektische Reaktion: Schmelze $u + m_2 \rightleftharpoons m_1$, entsprechend Typus 9. Im kristallisierten Zustand sind die Verhältnisse wie bei Typus 10.

Bei den Lösungsgleichgewichten im engeren Sinne kann man die gleichen Fallunterscheidungen wie oben durchführen; gelegentlich beobachtet man hier in flüssiger Phase noch das Auftreten einer geschlossenen Mischungslücke mit einem oberen und unteren kritischen Lösungspunkt (Typus 12).

In den folgenden Tabellen sind die Zustandsdiagramme der Lösungsgleichgewichte entweder in Gestalt von Abbildungen gegeben oder vielfach nur durch Angabe der charakteristischen Punkte wie Eutektikum, Schmelzpunkte von Verbindungen usw. gekennzeichnet.

In den Abschnitten „Lösungsgleichgewichte" benutzte Bezeichnungen und Abkürzungen:

α, β	Mischkristallphasen
Bdk.	Bodenkörper
E	Eutektikum
F	Schmelzpunkt
F(I · 2II)	Schmelzpunkt einer Verbindung aus 1 Mol Komponente I und 2 Mol Komponente II
IF(I · II)	Inkongruenter Schmelzpunkt einer Verbindung aus 1 Mol, Komponente I und 1 Mol Komponente II
L	flüssige Phasen (in den Diagrammen)
L	Löslichkeit
M.L.	Mischungslücke
U	Umwandlungspunkt einer Komponente
u bzw. *Ü*	Übergangspunkt
V	Verbindung

Bei Lösungsgleichgewichten mit Wasser:

F(6)	Schmelzpunkt des Bodenkörpers mit 6 Mol Kristallwasser
(6 → 4)	Übergangspunkt vom Gebiet mit Bodenkörper aus Komponente I mit 6 Kristallwasser zum Gebiet mit Bodenkörper aus Komponente I mit 4 Kristallwasser.

4271. Lösungsgleichgewichte zwischen zwei kondensierten Stoffen

42711. Lösungsgleichgewichte zwischen zwei Elementen

System	wo
Ag	
Ag—Au	1
Ag—Bi	*T*
Ag—Cr	*T*
Ag—Cu	*T*
Ag—Ge	*T*
Ag—La	*T*
Ag—Pb	*T*
Ag—Pd	*T*
Ag—S	2
Ag—Se	*T*
Ag—Si	*T*
Ag—Tl	*T*
Al	
Al—Be	*T*
Al—Ca	*T*
AlCo—Mn	3
Al—Cr	4
Al—Cu	5 u. 5a +*T*
Al—Fe	5b
Al—Ge	*T*
Al—Hg	*T*
Al—In	*T*
Al—Mg	6
Al—$MgZn_2$	7
Al—Mn	8+*T*
Al—Ni	9
Al—Pb	*T*
Al—Sb	*T*
Al—Si	*T*
Al—Sn	*T*
Al—Ti	10
Al—U	11
Al—Zn	12
Ar	
Ar—N_2	*T*
Ar—O_2	*T*
As	
As—Bi	*T*
As—Cu	*T*
As—Ge	13
As—In	*T*
As—Si	*T*
Au	
Au—Bi	*T*
Au—Cu	*T*
Au—Ge	*T*
Au—Mn	14
Au—Pb	*T*
Au—Pd	*T*
Au—Sb	*T*
Au—Si	*T*
Au—Te	*T*
Ba	
Ba—Ca	*T*
Ba—Mg	*T*
Be	
Be—Cu	15
Be—Si	*T*
Bi	
Bi—Cd	*T*
Bi—Cu	*T*
Bi—Ge	*T*
Bi—J_2	*T*
Bi—Pb	16
Bi—Sb	*T*
Bi—Si	*T*
Bi—Sn	*T*
Bi—Te	17
Bi—Zn	*T*
C	
C—Cr	18
C—Fe	19
C—Ni	*T*
C—U	20
Ca	
Ca—Mg	*T*
Cd	
Cd—Cu	21
Cd—Ge	*T*
Cd—In	*T*
Cd—Pb	*T*
Cd—Sb	22
Cd—Tl	*T*
Cd—Zn	*T*
Ce	
Ce—Fe	23
Ce—La	*T*
Ce—Ti	24
Cl	
Cl—J_2	*T*
Cl_2—S	*T*
Co	
Co—Fe	25
Co—Ni	26
Co—U	*T*
Co—W	27
Cr	
Cr—Cu	*T*
Cr—Fe	28
Cr—Mn	29
Cr—Mo	*T*
Cr—Ni	30
Cr—O	*T*
Cr—Re	31
Cr—S	*T*
Cr—Ti	32
Cr—Zr	33
Cs	
Cs—K	*T*
Cs—Na	*T*
Cs—Rb	*T*
Cu	
Cu—Fe	34
Cu—Ge	35
Cu—La	*T*
Cu—Mg	36
Cu—Mn	37
Cu—Ni	*T*
Cu—O	38
Cu—P	39
Cu—Pb	*T*
Cu—S	*T*
Cu—Si	40
Cu—Sn	41
Cu—U	*T*
Cu—Zn	42
Fe	
Fe—Mn	43
Fe—Mo	44

System	wo
Fe—N	45
Fe—Ni	46
Fe—O	47
Fe—P	48
Fe—S	49
Fe—Si	50
Fe—Te	51
Fe—Ti	52
Fe—V	53
Fe—Zr	54
Ga	
Ga—Ge	*T*
Ga—Mg	*T*
Ga—Pr	*T*
Ga—Sb	*T*
Ga—Si	*T*
Ga—Sn	*T*
Ga—Zn	*T*
Ge	
Ge—In	*T*
Ge—Mg	*T*
Ge—Pb	*T*
Ge—Sb	*T*
Ge—Si	*T*
Ge—Sn	*T*
Ge—Te	*T*
Ge—Zn	*T*
H	
H_2—Pd	55
Hg	
Hg—Na	*T*
In	
In—Sb	*T*
In—Si	*T*
In—Zn	*T*
Ir	
Ir—Pt	*T*

System	wo
J	
J_2—S	*T*
J_2—Se	*T*
J_2—Te	*T*
K	
K—Na	*T*
K—Pb	56
K—Rb	*T*
Kr	
Kr—O_2	*T*
Li	
Li—Na	*T*
Li—Si	*T*
Mg	
Mg—Na	*T*
Mg—Si	57
Mg—Zn	57a
Mn	
Mn—N	58
Mn—Ni	59
Mn—P	60
Mo	
Mo—Ni	61
Mo—Ti	*T*
Mo—U	62
N	
N_2—O_2	*T*
Nb	
Nb—Ni	63
Nb—O_2	*T*
Nb—Ta	*T*
Nb—Ti	*T*
Nb—V	*T*
Nb—U	64
Nb—W	*T*

System	wo
Ni	
Ni—Si	65
Ni—Ti	66
Ni—Zr	67
O	
O—Ti	68
O—Zr	69
P	
P—S	*T*
Pb	
Pb—Sb	*T*
Pb—Sn	*T*
Pb—Te	70
Pb—U	71
Pt	
Pt—Rh	*T*
S	
S—Sb	*T*
S—Te	*T*
Sb	
Sb—Si	*T*
Sb—Te	72
Sb—Zn	73
Se	
Se—Te	*T*
Sn	
Sn—Te	74
Sn—Zn	*T*
Sn—Zr	75
Ti	
Ti—Zr	*T*

Ag	960,5°	*E* ≈961°; Monotekt. Cr+2 fl. Ph. (≈15 u. ≈96 At.-%) ≈1445°	(1800°)	Cr
Ag	960,5°	*E* 39,9 At.-%/779°; (*ML* 14,1...95,1 At.-%)	1083°	Cu
Ag	960,5°	*E* 25,9 At.-%/651°; (*ML* ≈9,6...100 At.-%)	945°	Ge
Ag	960,5°	*E* ≈11 At.-%/778°; *F*(Ag_3La) 955°; *IF*(Ag_2La) 864°; (*Ü* ≈34 At.-%); *E* ≈43,5 At.-%/741°; *F*(AgLa) 886°; *E* ≈71 At.-%/518°	(812°)	La

Ag	960,5°	E 95,3 At.-%/304° (ML 0,8...100 At.-%); f. L_{max} 2,8 At.-% Pb ≈650°	327°	Pb
Ag	960,5°	Lückenlos mb.	1552°	Pd
Ag	960°	Monotekt. Ag+2 fl. Ph. (12 u. ≈31 At.-%)/890°; E ≈32 At.-%/840°; $F(Ag_2Se)$ 897°; Monotekt. Ag_2Se +2 fl. Ph. (44,5 u. ≈95,5 At.-%/616°	217°	Se
Ag	950°	E 15,4 At.-%/830°; L 20 At.-%/1015°; L 40 At.-%/1210°; 60 At.-%/1290°; 80 At.-%/1340°; 90 At.-%/1365°	1415°	Si
Ag	960,5°	E 98,7 %/29°; (ML 9,2...100 %); f. L_{max} 13,2 %/55°; U(Tl) 232°	302°	Tl
Al	660°	E 2,5 At.-%/645°; L 20 At.-%/980°; 40 At.-%/1090°; , 90 At.-%/1225°	1264°	Be
Al	660°	E 5,32 At.-%/616°; f. L ≈0,4 At.-%; IF Al_4Ca 700° ($Ü$ 10 At.-%); $F(Al_2Ca)$ 1079°; E 65 At.-%/545°	(816°)	Ca
Al		E 33 %/548° (f. L 5,65 %); f. L 4 %/500°, 2 %/400°, 0,7 %/300°, 0,5 %/100°, 0,3 %/0°		Cu
Al	660°	E 30 At.-%/424° (ML ≈2,8...100 At.-%)	940°	Ge
Al	660°	L 10 At.-%/620°, 40 At.-%/575°, 80 At.-%/510°	−38,9°	Hg
Al	660°	Monotekt. Al +2 fl. Ph. (4,7 u. ≈89 At.-%)/≈637°	—156°	In
Al	660°	f. L 1,40 %/658,5°, 0,95 %/600°, 0,78 %/570°, 0,60 %/550°, 0,36 %/500°, 0,09 %/400°, 0,02 %/300°	1252	Mn
Al	660°	Monotekt. Al +2 fl. Ph. (0,2 u. 99,1 At.-%)/658°; E 99,84 At.-%/326,2°	327,3°	Pb
Al	660°	E 0,25 At.-%/657°; L 10 At.-%/920°, 40 At.-%/985°; F(AlSb)/1065°; L 70 At.-%/990°	630,5°	Sb
Al	660°	E 11,7 %/577° (ML 1,65...100 %); f. L 1,30 %/550°, 0,8 %/480°, 0,29 %/400°, 0,06 %/300°, 0,008 %/250°	1430°	Si
Al	660°	L 30 At.-%/590°, 60 At.-%/5,50°, 80 At.-%/470°; E 97,8 At.-%/228,3°	232°	Sn
Ar	−189,1°	lückenlos mb. Min. 75 Mol %/−210,3°	−210,1°	N_2
Ar	−189,4°	ML 79...90 Mol %/−217,4°	−218,7°	O_2
As	811°	E 98,2 %/270,3°	271,3°	Bi
As	—	$IF(As_2Cu_5)$ 710° ($Ü$ 64,2 At.-%); $F(AsCu_3)$ 830°;E 81,6 %At.-%/689° (f. L 93,15 At.-%)	1083°	Cu
As	(813°)	E 16,5 At.-%/731°; F(InAs) 942°; E nahe 100 At.-%/155,2°; $p > 1$ atm	156,4°	In
Au	1063°	$IF(Au_2Bi)$ 373° ($Ü$ ≈36 At.-%); E 81,2 At.-%/241° (Au_2Bi) supraleitend	(288°)	Bi
Au	1063°	lückenlos mb.; Min. 43,5 At.-%/889°; bei tieferer Temp. geordnete Atomverteilung; F AuCu 410°; F $AuCu_3$ 390°	1085°	Cu
Au	1063°	E 27 At.-%/356° (ML 3,2...100 At.-%)	930°	Ge
Au	1063°	$IF(Au_2Pb)$ 418° ($Ü$ 44 At.-%); $IF(AuPb_2)$ 254° ($Ü$ ≈71,5 At.-%); E ≈84,4 At.-%/215°	327°	Pb
Au	1063°	lückenlos mb.; L 20 At.-%/1300°, 40 At.-%/1410°, 60 At.-%/1470°	1541°	Pd

Au	1063°	$E \approx 34$ At.-%/360° (f. L 0,64 At.-%); IF $AuSb_2$ 460° ($\ddot{U} \approx 66$ At.-%)	631°	Sb
Au	1063°	L 20 At.-%/840°; $E \approx 31$ At.-%/370°; L 60 At.-%/1150°	1404°	Si
Au	1063°	L 30 At.-%/845°; E 53 At.-%/447°; F $AuTe_2$ 464°; E 88 At.-%/416°	≈451°	Te
Ba	712°	lückenlose M.K.; Min. ≈45,4 At.-%/605°; durch U(Ca) 610° u. 355°; Änderung der Kristallstruktur der M.K. und Auftreten von 2 Phasengebieten, bei Z.T. zwischen 19 u. 44 At.-%	842°	Ca
Be	1262°	$E \approx 61$ %/1090°	1414°	Si
Bi	271°	$E \approx 60$ %/144°	321°	Cd
Bi	271°	E 0,5 At.-%/270°; L 20 At.-%/670°, 40 At.-%/800°, 70 At.-%/870°	1083°	Cu
Bi	271°	E $2 \cdot 10^{-2}$ At.-%/271° ($ML \approx 0...99$ At.-%); L 1,5 At.-%/600°, 10 At.-%/700°, 22 At.-%/800°, 40 At.-%/850°, 80 At.-%/885°	936°	Ge
Bi	272°	E 0,5 Mol%/270°; IF(BiJ) 281°; F(BiJ_3) 408°; E 85 Mol%/113°	113,5°	J_2
Bi	271°	lückenlos mb.	630,5°	Sb
Bi	(267°)	Monotekt. Si +2 fl. Ph. (≈4 u. ≈95 At.-%) 1393°	(1417°)	Si
Bi	271°	E 57 At.-%/139° (ML 0...86,9 At.-%; f. L 93,1 At.-%/100°; 99,5 At.-%/20°	231,9°	Sn
Bi	269°	$E \approx 28,1$ At.-%/≈254°; Monotekt. 2 fl. Ph.+Zn (47 u. 99,4 At.-%) 416°	419°	Zn
C	—	E 90 At.-%/1318° (f. L 2,7 At.-%)	1455°	Ni
Ca	850°	$E \approx 27$ At.-%/445°; F($CaMg_2$) 714°; E 89,5 At.-%/517° (f. $L \approx 99,4$ At.-%)	650°	Mg
Cd	321°	E 2,9 At.-%/319°; L 5 At.-%/560°, 20 At.-%/700°, 50 At.-%/800°, 80 At.-%/875°	958°	Ge
Cd	321°	E 74 At.-%/125° (ML 3...≈90 At.-%)	151°	In
Cd	321°	E 72 At.-%/248° ($ML \approx 0,14...94$ At.-%)	327°	Pb
Cd	321°	E 72,8 At.-%/203,5° (ML 0...≈96 At.-%)	301°	Tl
Cd	321°	E 26,5 %/266° (ML 5,01...98,7 At.-%)	419,5°	Zn
Ce	800°	α-Ce mit α-La, β-Ce mit β-La und γ-Ce mit γ-La; lückenlos mb.	865°	La
Cl_2	−102,0°	E 0,1 Mol%/−102,0°; F(Cl_3J) 101,0°; E 45,6 Mol%/22,7°; F(ClJ) 27,5°; E 69,2 Mol%/7,9°	114,5°	J_2
Cl_2	−101°	F(Cl_4S) ?°; IF(Cl_2S) −86,1°; E 58 Mol%/−107,4°; IF(Cl_4S_3)≈ −100°; F(Cl_2S_2) −79°; E 69 Mol%/−83,1°	119° (48,5... 100 Mol%)	S
Co	1495°	E 13,5 At.-%/1063°; F(Co_2U) 1170°; IF(CoU) 805°; ($\ddot{U}$ 62,5 At.-%); E 66 At.-%/734°; IF(CoU_3) 826°; ($\ddot{U}$ 78,5 At.-%); U(α-U ⇌ β-U) 645°; (β-U ⇌ γ-U) 756°	1125°	U
Cr	1550°	Monotekt. Cr+2 fl. Ph. (≈6 u. ≈58 At.-%)/1470°; $E \approx 98,2$ At.-%/1075° (f. L 99,2 At.-%)	1083°	Cu

Cr	≈1900°	lückenlos mb.; Min. ≈12 At.-%/1860°	≈2620° 0...40 At.-%	Mo
Cr	1900°	Monotekt. Cr+2 fl. Ph. (2 u. ≈48 At.-%)/≈1800°; *E*($Cr+Cr_3O_4$) ≈52 At.-%/1660°; *IF* Cr_3O_4?/≈2090°; f. Ph. <1600°; $Cr+Cr_2O_3$	(0...60 At.-%)	O
Cr	1850°	Monotekt. Cr+2 fl. Ph. (3,5 u. 38,1 At.-%)/1550°; *E* 43,9 At.-% 1350°; *F* CrS ≈1565°	(0...50 At.-%)	S
Cs	28,4°	lückenlos mb.; Min. bei 50 At.-%/−37,5°	63,6°	K
Cs	28°	*E* ≈25 At.-%/−29°; *IF* $CsNa_2$ −8° (*Ü* 30 At.-%); *L* 50 At.-%/45°; 90 At.-%/78°	97,5°	Na
Cs	28,4°	lückenlos mb.; Min. 50 At.-%/9°	38,9°	Rb
Cu	1083°	*E* 9 At.-%/840°; *F* Cu_6La 913°; *IF* Cu_4La ≈785°; (*Ü* ≈25,5 At.-%); *E* ≈27,5 At.-%/725°; *F*(Cu_2La) 834°; *IF*(CuLa) 551°; (*Ü* ≈57 At.-%); *E* 74 At.-%/468°	(812°)	La
Cu	1083°	lückenlos mb.; Magnet. *U* bei 43 At.-%/−273° steigend auf 368° bei 100% Ni	1453°	Ni
Cu	1083°	Monotekt. Cu+2 fl. Ph. (36 u. ~92,5%)/954°; *L* 95%/850°; *L* 98%/630°	327°	Pb
Cu	1083°	*E* 1,5 At.-%/1067°; Monotekt. Cu_2S+2 fl. Ph. (2,9 u. 32,9 At.-%)/1105°; *F*(Cu_2S) 1129°; *U*(Cu_2S) ≈103°	1...35 At.-%	S
Cu	1083°	*E* 8 At.-%/950°; *IF*(Cu_5U) 1052° (*Ü* ≈16 At.-%); Monotekt. *U*+2 fl. Ph. (≈22,5 u. ≈95,1 At.-%)/1080°	1132°	U
Ga	29,8°	*E* ≈29,8° (*ML* 0...>95 At.-%);	937°	Ge
Ga	29,8°	*E* 29,8°; *IF*(Ga_2Mg) 285° (*Ü* ≈33,3 At.-%); *IF*(GaMg) 375° (*Ü* ≈49 At.-%); *IF*($GaMg_2$) 441° (*Ü* ≈66,6 At.-%); *F*(Ga_2Mg_5) 456°; *E* 80,9 At.-% 422,7° (M.K. 91,5...100 At.-%)	650°	Mg
Ga	≈28,9°	*E* 28,9°; *F*(Ga_2Pr) 1470°; *IF*(GaPr) 1044° (*Ü* ≈57 At.-%); *IF*(Ga_2Pr_3) 852° (*Ü* ≈67 At.-%); *IF*($GaPr_3$?) 686° (*Ü* ≈75,5 At.-%); *E* ≈80 At.-%/576°	911°	Pr
Ga	29,8°	*E* 29,8°; *L* 10 At.-%/585°, 40 At.-% 700°; *F*(GaSb) 706°; *E* ≈88 At.-%/≈590°	630,5°	Sb
Ga	29,9°	*E* $5 \cdot 10^{-8}$/29,9°; *L* 5 At.-%/800°, 18 At.-%/1000°, 40 At.-%/1150°, 60 At.-%/1230°, 80 At.-%/1300°	1396°	Si
Ga	29,8°	*E* ≈5 At.-%/≈20°	232°	Sn
Ga	28,8°	*E* ≈5 At.-%/25°; *L* 20 At.-%/140°	419°	Zn
Ge	936°	*L* 40 At.-%/790°, 80 At.-%/600°; *E* 156°	156°	In
Ge	936°	*E* ≈39 At.-%/680°; *F*($GeMg_2$) 1115°; *E* 98,5 At.-%/635°	650°	Mg
Ge	936°	*L* 80 At.-%/810°, 95 At.-%/780°; *E* 327°	327°	Pb
Ge	936°	*E* ≈83 At.-%/590°	630,5°	Sb
Ge	936°	lückenlos mb.	1412°	Si
Ge	(940°)	*L* 40 At.-%/800°, 80 At.-%/600°, 95 At.-%/400°; *E* nahe *F* Sn	232°	Sn
Ge	936°	*IF*(GeTe) 725° (*Ü* ≈50 At.-%); *E* 85 At.-%/≈375°	452,5°	Te
Ge	936°	*E* 94,5 At.-%/398°	419°	Zn

Hg	−38,9°	*E* 2,8 At.-%/−48°; *IF*(Hg_4Na) 157° (*Ü* 18 At.-%); *F*(Hg_2Na) 353°; *IF*(Hg_3Na_7) 223° (*Ü* 48 At.-%); *U*(Hg_8Na_7) 180° *IF*(HgNa) ≈215° (*Ü* 51 At.-%); *IF*(Hg_2Na_3) 121° (*Ü* 62 At.-%); *IF*(Hg_2Na_5) 66° (*Ü* 71,8 At.-%); *IF*($HgNa_3$) 34° (*Ü* 84,1 At.-%); *E* 85,2 At.-%/21,4°	97,5°	Na
In	156,4°	*E* 0,66 At.-%/155°; *L* 20 At.-%/430°; *F*(InSb) 530°; *E* 68,3 At.-%/500°	630,5°	Sb
In	156°	*E* $2 \cdot 10^{-8}$ At.-%/156°; *L* 5 At.-%/1100°, 10 At.-%/1200°, 30 At.-%/1300°, 80 At.-%/1350°	1396°	Si
In	156°	*E* 4,8 At.-%/143,5° (*ML* ≈2,5...100 At.-%); *L* 20 At.-%/283°, 50 At.-%/350,5°, 90 At.-%/380°	419°	Zn
Ir	2454°	lückenlos mb.; im festen Zustand unterhalb 960° bei 60...90% wahrscheinl. *ML*	1769°	Pt
J_2	108°	*E* 89,2 Mol%/65,6°	114,5°	S
J_2	113°	*E* 66,7 Mol%/58°	218,5°	Se
J_2	113,5°	*E* nahe I; *F*(J_4Te) 280°; *E* 58,5 Mol%/176°	453°	Te
K	63°	*E* 34 At.-%/−12,5°; *IF*(KNa_2) 6,6° (*Ü* ≈58,2 At.-%)	97,5°	Na
K	63°	lückenlos mb.; Min. ≈70 At.-%/34°	39°	Rb
Kr	−156,6°	*E* 96,4 Mol%/−220,8°	−218,8°	O_2
Li	179,4°	Monotekt. Li+2 fl. Ph. (3,8 u. 86,9 At.-%)/171°; *E* ≈96,3 At.-% 93,4°	97,8°	Na
Li	179°	*IF*(Li_4Si) 633° (*Ü* 18,8 At.-%); *F*(Li_2Si) 752°; *E* 39,4 At.-%/635° (auch 42 At.-%/590° gefunden)	1412°	Si
Mg	650°	Monotekt.; Mg+2 fl. Ph. (2,1 u. 98,6 At.-%)/638°	97,5°	Na
Mo	≈2625°	lückenlos mb.	1660	Ti
N_2	−210,1°	*E* 77,5 Mol%/−223,1° (*ML* 69...84,3 Mol%)	−219,1°	O_2
Nb	≈2420°	*E* ≈10°/1915° (*L* ≈2%); *F* NbO ≈14,5%/≈1930°; *E* ≈21%/1810°; *F* NbO_2 ≈26%/≈1910°; *Ü*? ≈29,5%/1510°	— 0...30%	O_2
Nb	2468°	lückenlos mb.	3000°	Ta
Nb	2410°	lückenlos mb.	1720°	Ti
Nb	2420°	lückenlos mb.; Min. 77,2 At.-%/1810°	1860°	V
Nb	2468°	lückenlos mb.	3410°	W
P	44°	*E* 20 Mol%/−7°; *IF*(P_2S?) 44°; *F*(P_4S_3) 167°; *E* 50 Mol%/46°; *F*(P_2S_3) 296°; *E* 67,5 Mol%/230°; *F*(P_2S_5) 271°; *E* 72,1 Mol%/243°; *F*(P_2S_6) 314°	115,2°	S
Pb	327°	*E* 17,5 At.-%/252° (*ML* 5,8...≈97 At.-%); f. *L* 0,75 At.-%/100°	630,5°	Sb
Pb	327°	*E* 61,9%/183° (*ML* ≈19...97,5%); f. *L* 11%/150°, 4%/100°, 2%/20°	232°	Sn
Pb	1769°	lückenlos mb.	1966°	Rh
S	112,8°	[Monotekt. Sb_2S_3+2 fl. Ph. (≈2 u. ≈37 At.-%) 530°]?; *F*(S_3Sb_2) 546°; *E* ≈43 At.-%/520°; Monotekt. Sb+2 fl. Ph. (≈44,5° u. ≈94,5 At.-%)/615°	630,5°	Sb

S	112,8°	$E \approx 2$ At.-%/$\approx 107°$ ($ML \approx 1...84$ At.-%); L 10 At.-%/295°; 30 At.-%/362°	453°	Te
Sb	630,5°	E 0,3 At.-%/630°; L 10 At.-%/1090°, 20 At.-%/1220°, 40 At.-%/1260°, 70 At.-%/1315°	1414°	Si
Se	220°	lückenlos mb.	453°	Te
Sn	232°	E 15 At.-%/198° ($ML \approx 2...99{,}4$ At.-%)	419,4°	Zn
Ti	1720°	lückenlos mb.; Min. bei ≈ 35 At.-%/$\approx 1615°$; U $\alpha \rightleftharpoons \beta$-Ti 882°; U $\alpha \rightleftharpoons \beta$-Zr 865°; α-Ti mit α-Zr lückenlos mb.; Min. ≈ 51 At.-%/$\approx 530°$	1860°	Zr

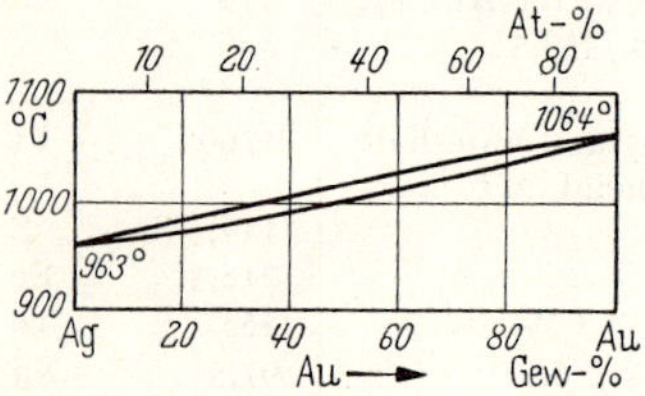

Abb. 1

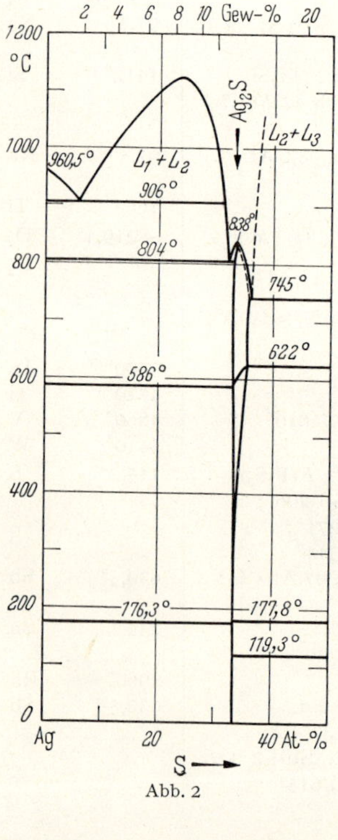

Abb. 2

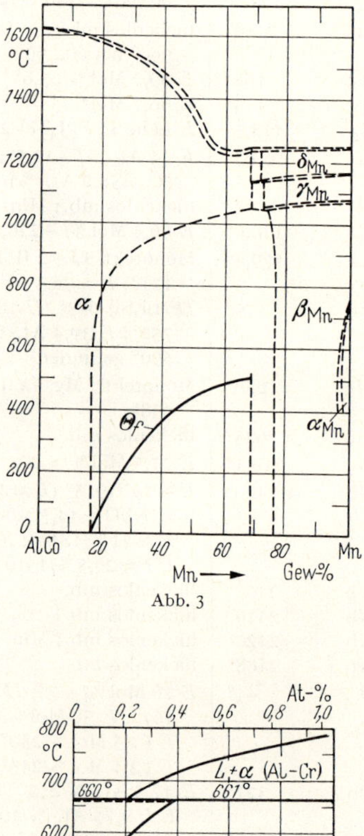

Abb. 3

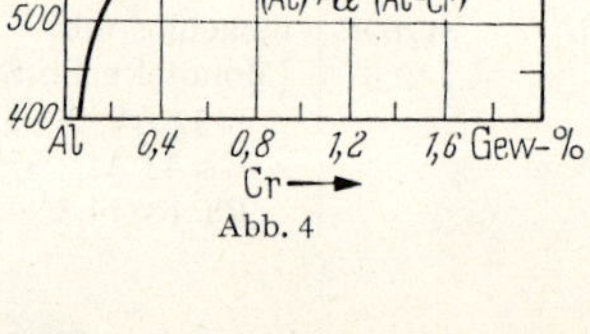

Abb. 4

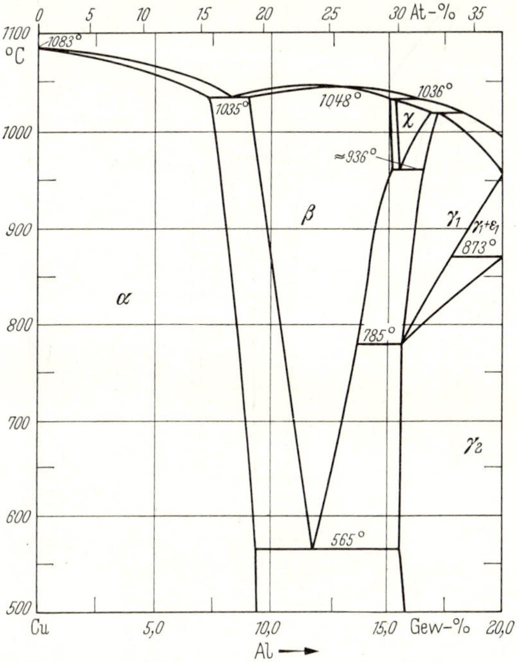

Abb. 5

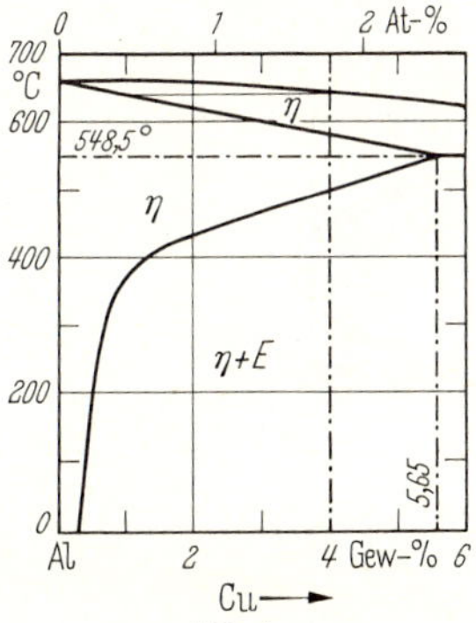

Abb. 5a

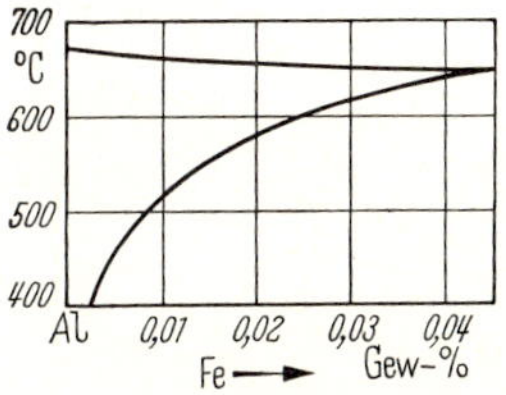

Abb. 5b

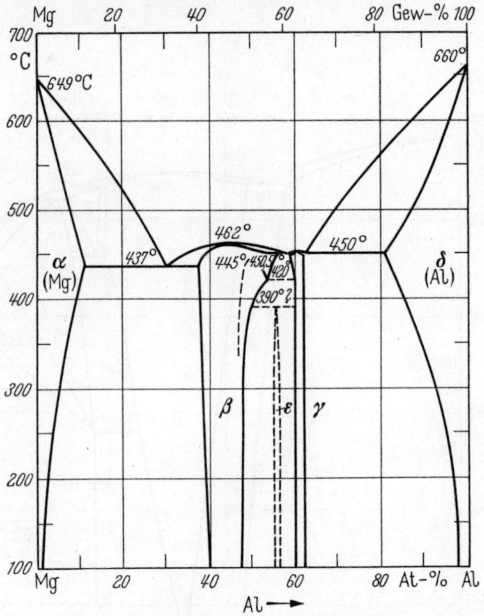

Abb. 6

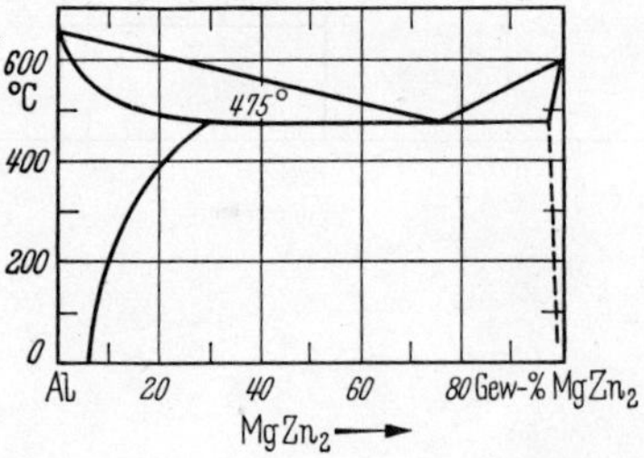

Abb. 7

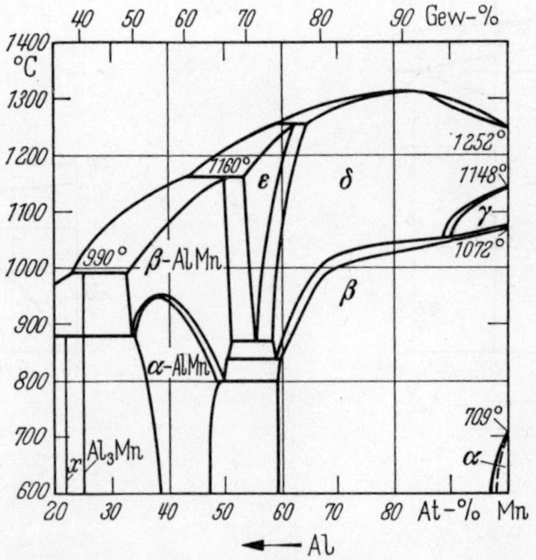

Abb. 8

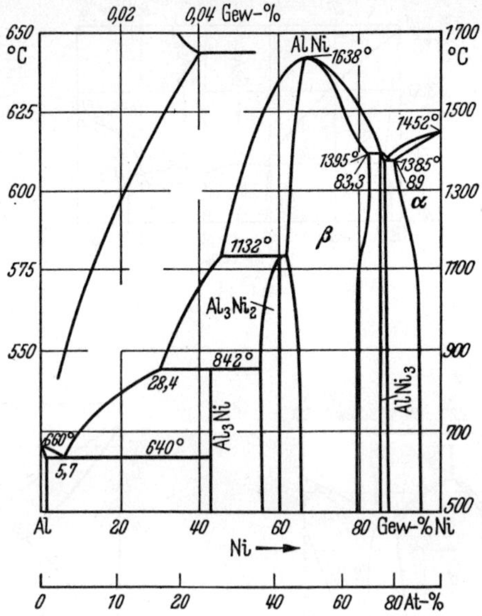

Abb. 9

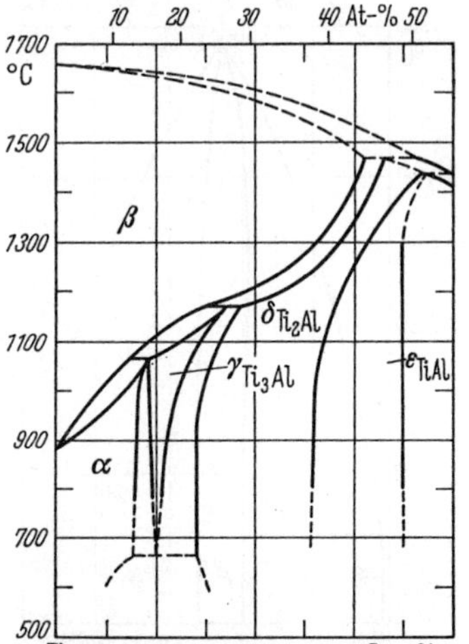

Abb. 10

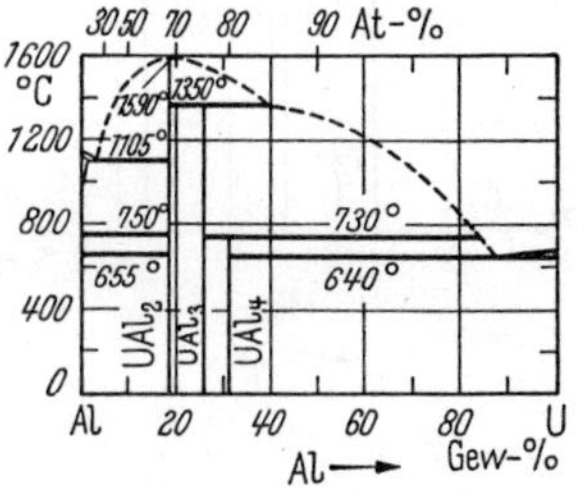

Abb. 11

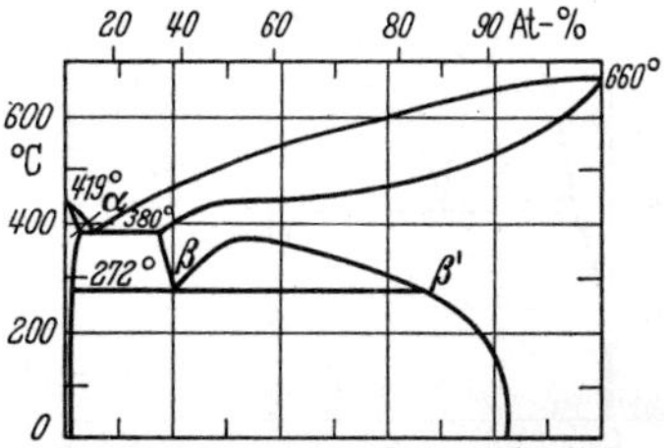

Abb. 12

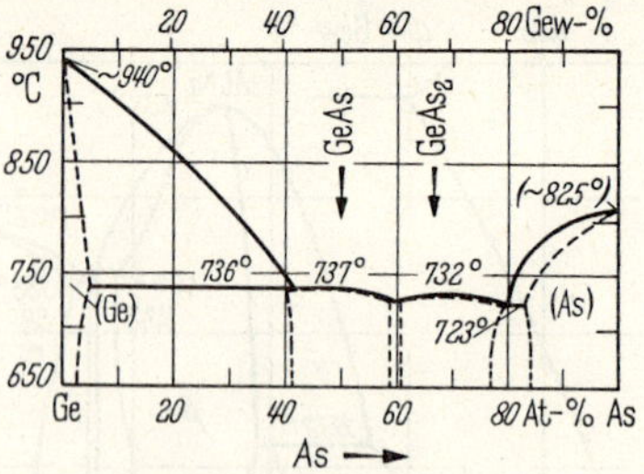

Abb. 13

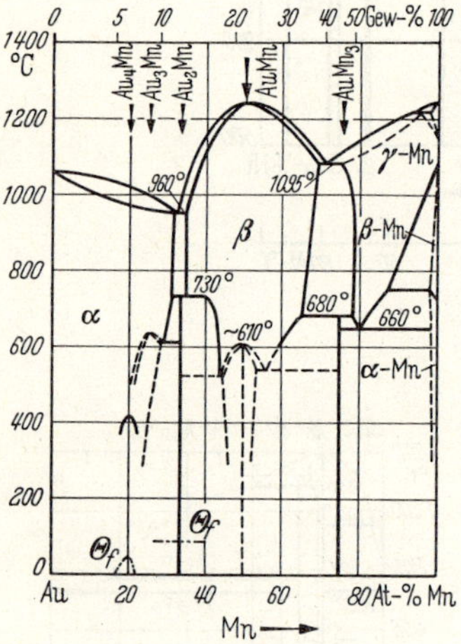

Abb. 14

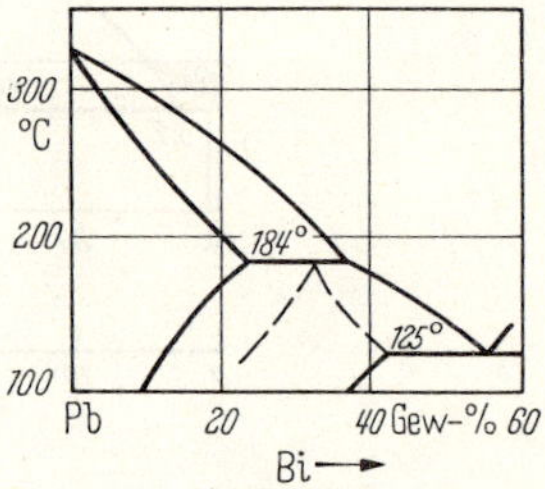

Abb. 16

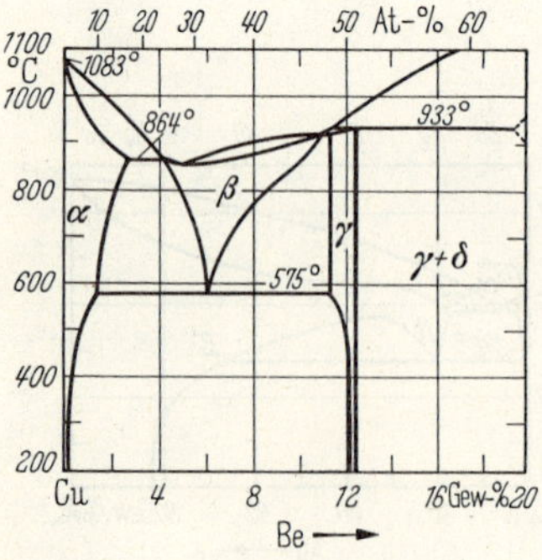

Abb. 15

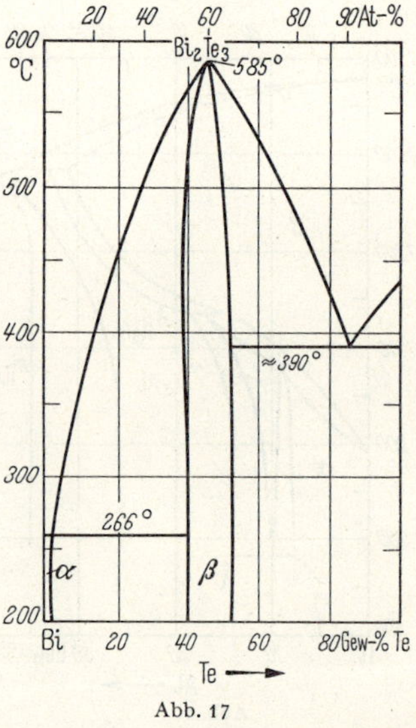

Abb. 17

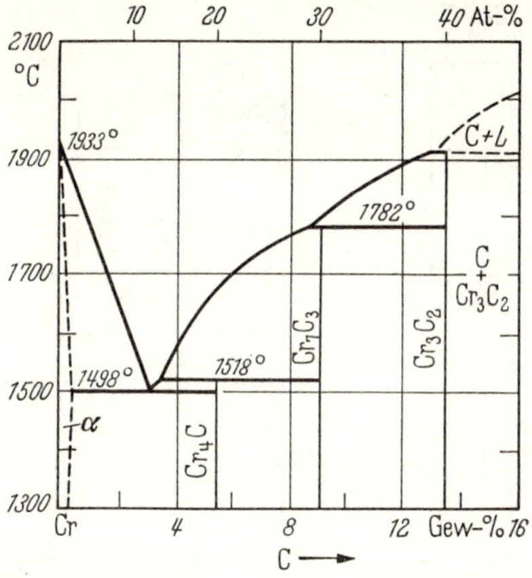

10 20 30 40 At-%
2100 °C
1933°
1900
C+L
1782°
1700
C + Cr3C2
Cr7C3
Cr3C2
1518°
1498°
1500
α
Cr4C
1300
Cr 4 8 12 Gew-% 16
C →

Abb. 18

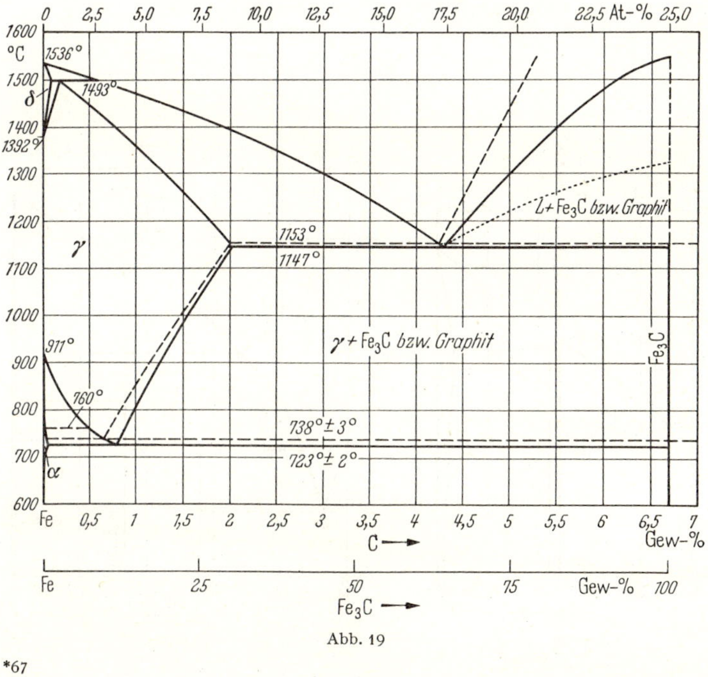

0 2,5 5,0 7,5 10,0 12,5 15,0 17,5 20,0 22,5 At-% 25,0
1600 °C
1536°
1500
1493°
δ
1400
1392°
1300
1200
L+Fe3C bzw. Graphit
1153°
γ
1147°
1100
1000
γ+Fe3C bzw. Graphit
Fe3C
911°
900
760°
800
738° ± 3°
700
723° ± 2°
α
600
Fe 0,5 1 1,5 2 2,5 3 3,5 4 4,5 5 5,5 6 6,5 7 Gew-%
C →
Fe 25 50 75 Gew-% 100
Fe3C →

Abb. 19

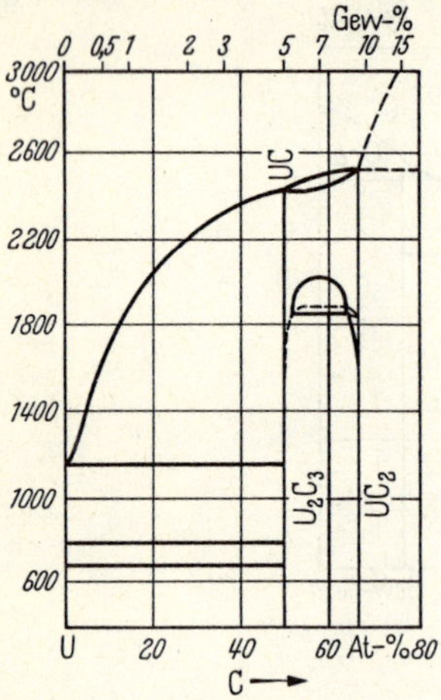

Abb. 20

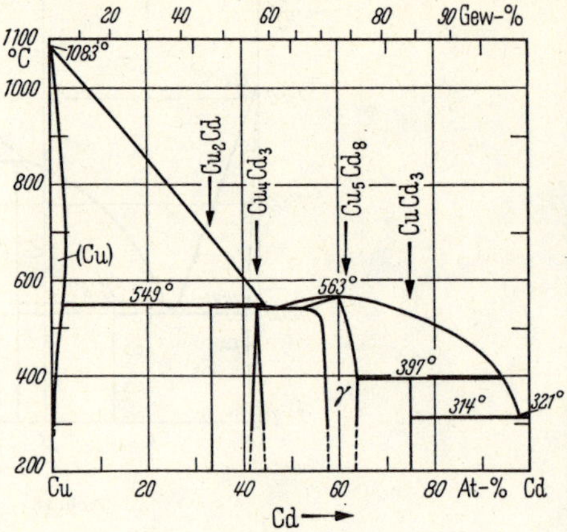

Abb. 21

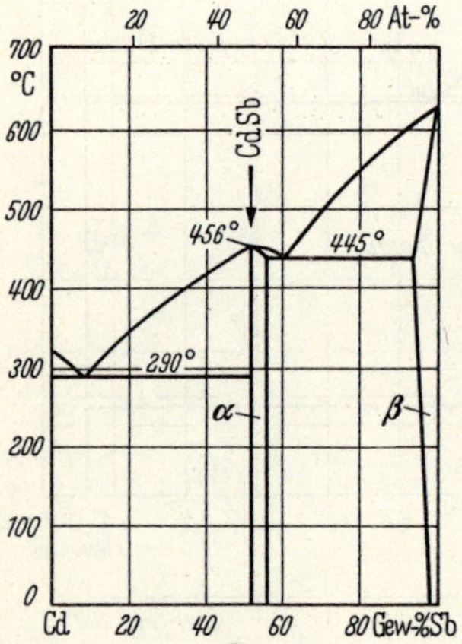

Abb. 22

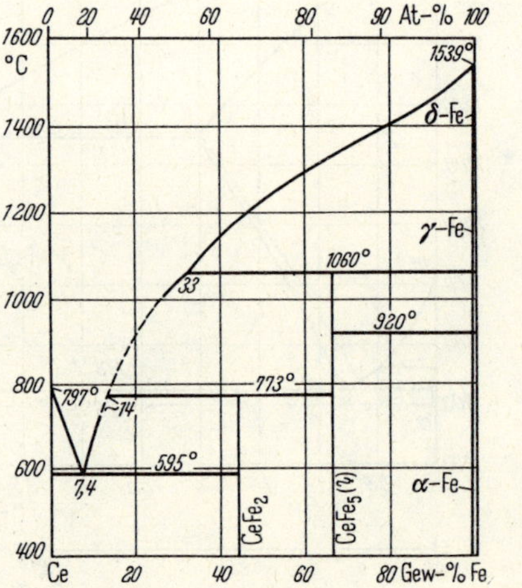

Abb. 23

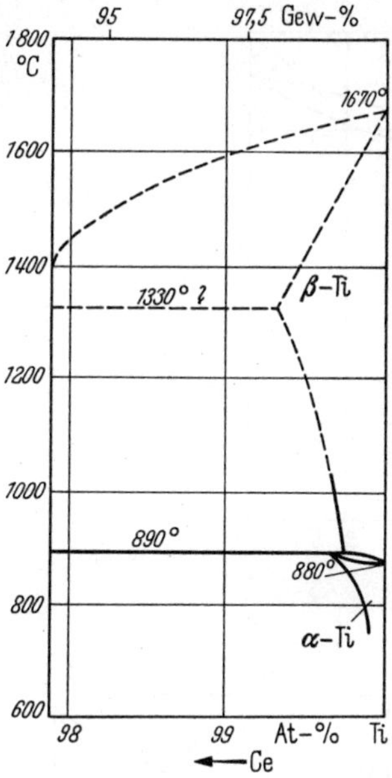

Abb. 24

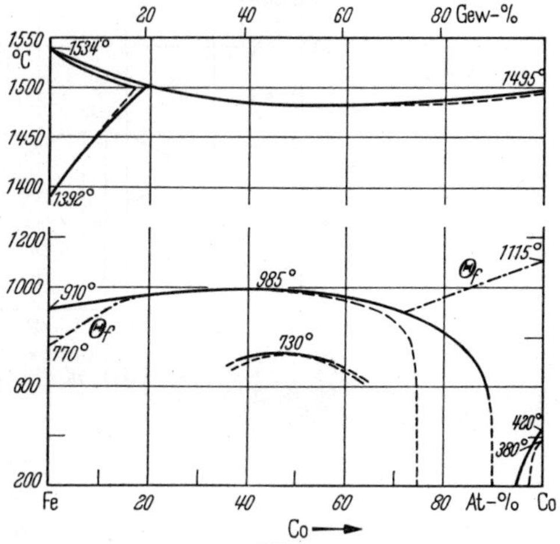

Abb. 25

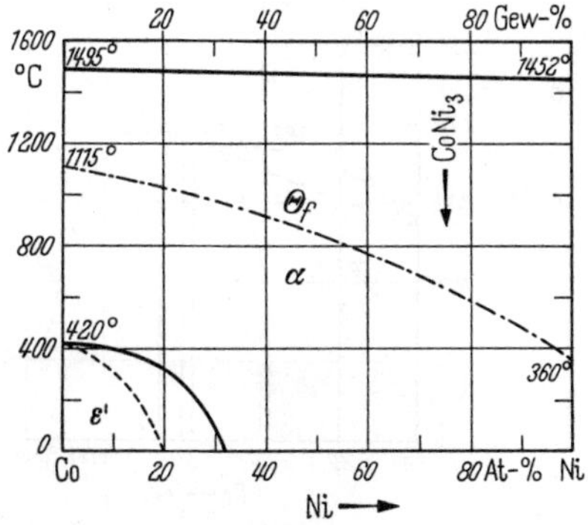

Abb. 26

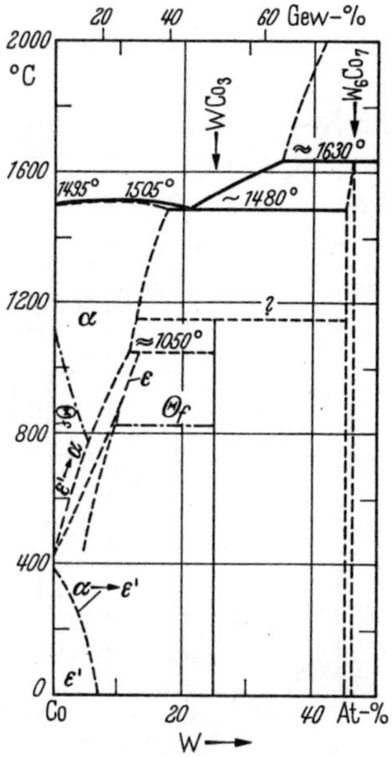

Abb. 27

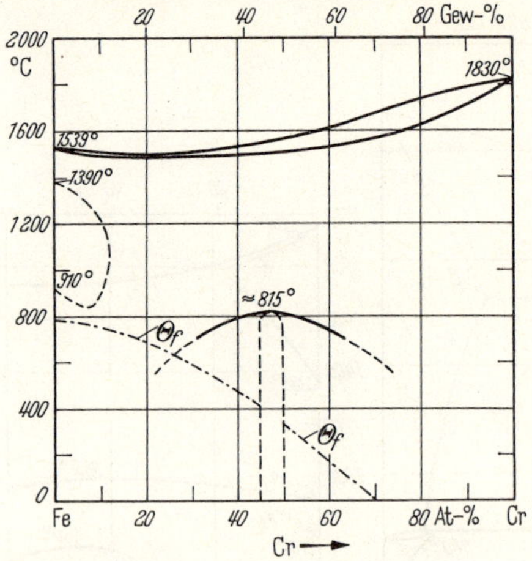

Abb. 28

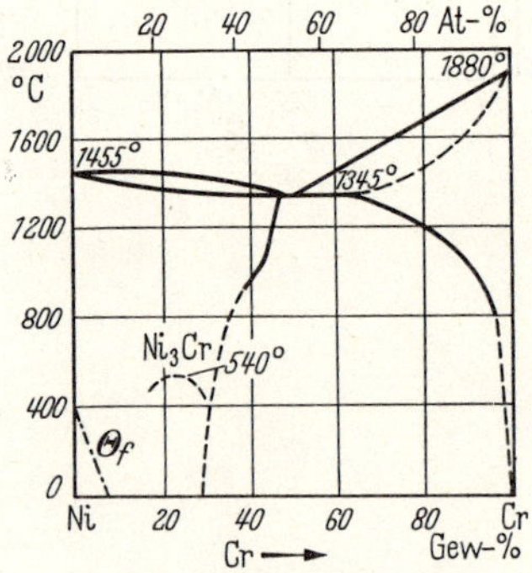

Abb. 30

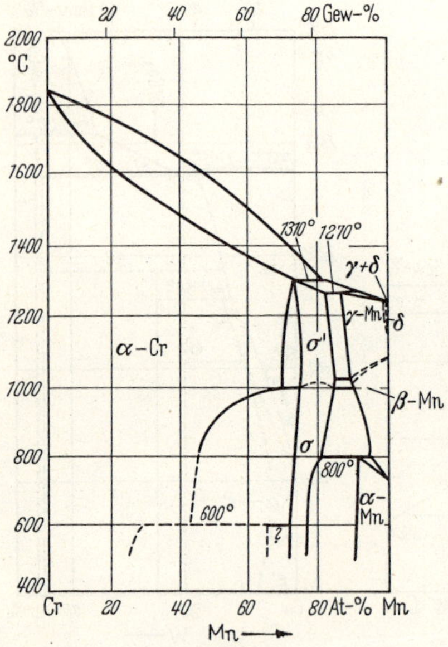

Abb. 29

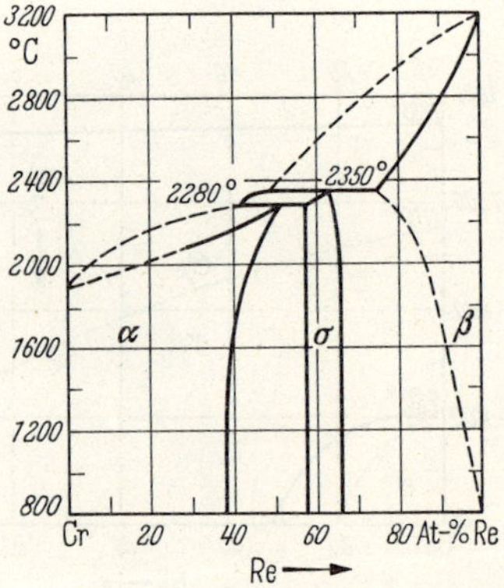

Abb. 31

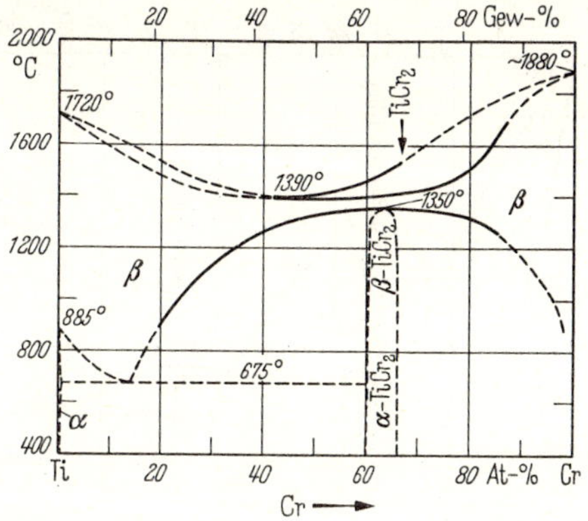

Abb. 32

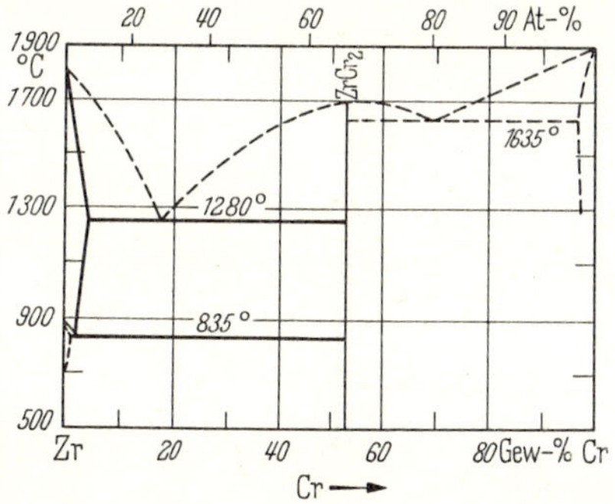

Abb. 33

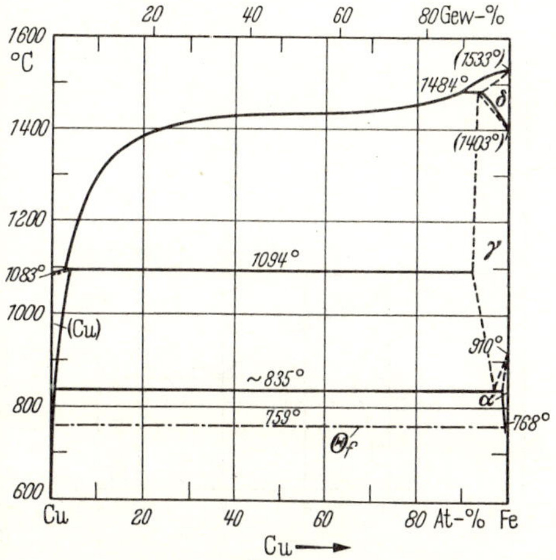

Abb. 34

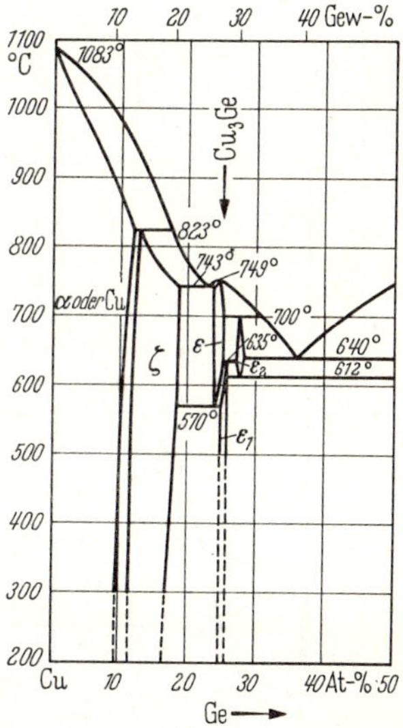

Abb. 35

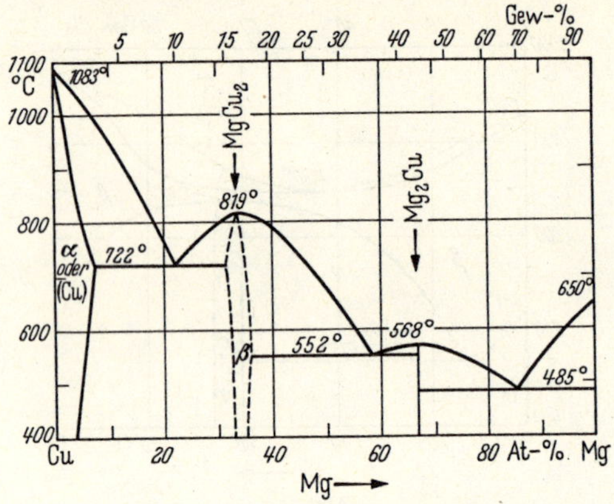

Abb. 36

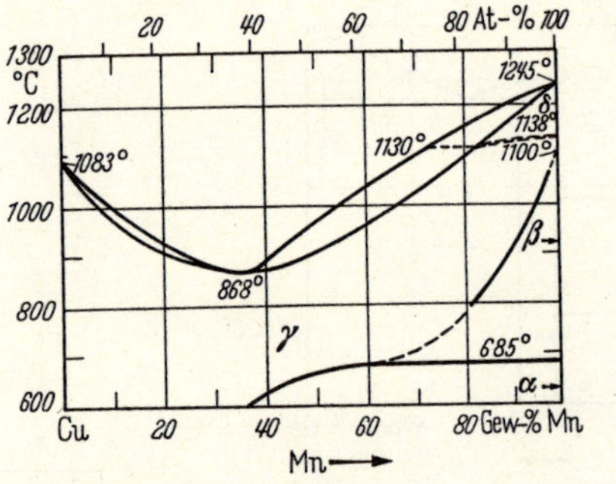

Abb. 37

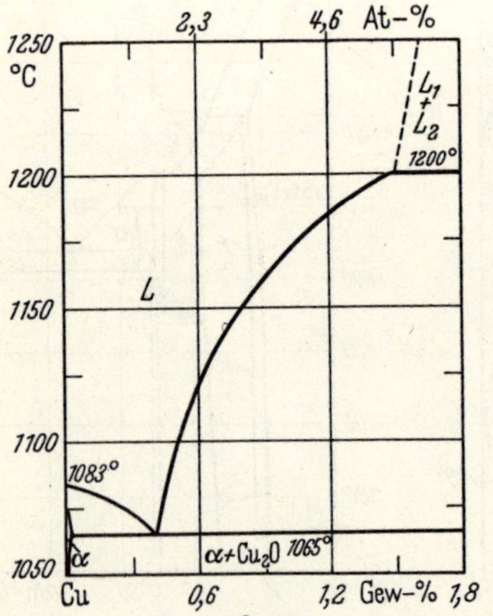

Abb. 38

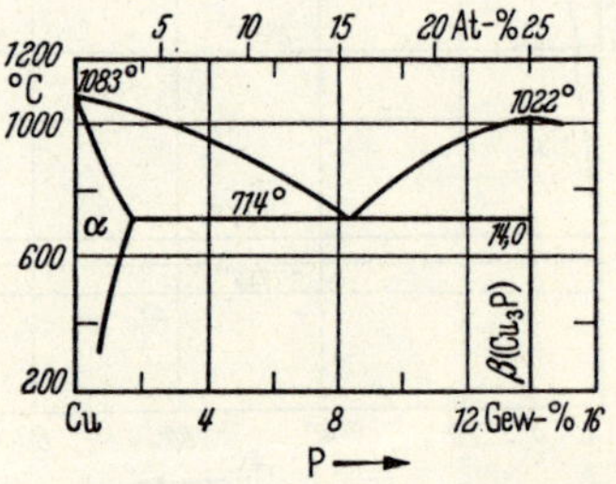

Abb. 39

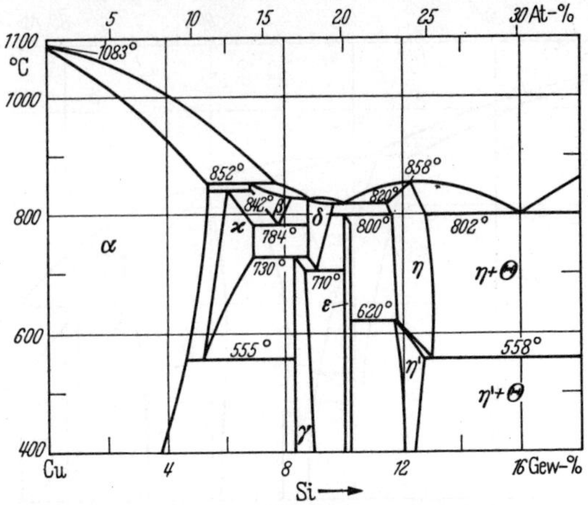

5
10
15
20
25
30 At-%
1100
°C
1083°
1000
852°
858°
842°
β
820°
δ
800
800°
802°
ϰ
784°
α
730°
η
η+Θ
710°
ε
620°
600
555°
558°
η'
η'+Θ
γ
400
Cu
4
8
12
16 Gew-%
Si

Abb. 40

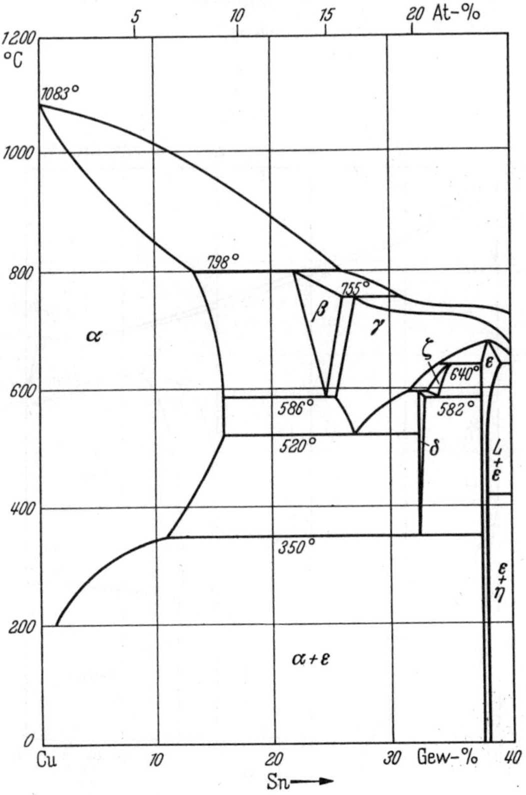

5
10
15
20 At-%
1200
°C
1083°
1000
798°
800
755°
β
γ
α
ζ
ε
640°
600
586°
582°
520°
δ
L+ε
400
350°
ε+η
200
α+ε
0
Cu
10
20
30
Gew-%
40
Sn

Abb. 41

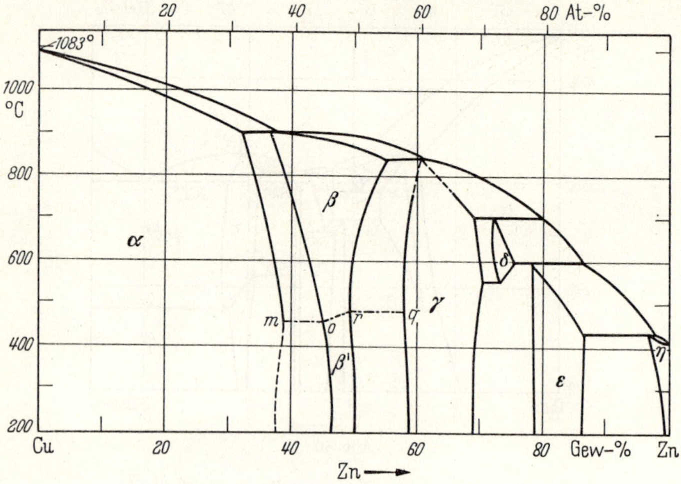
20
40
60
80 At-%
1083°
1000
°C
800
600
400
200
α
β
γ
δ
ε
η
β'
m
o
r
q
Cu
20
40
60
80
Gew-%
Zn
Zn

Abb. 42

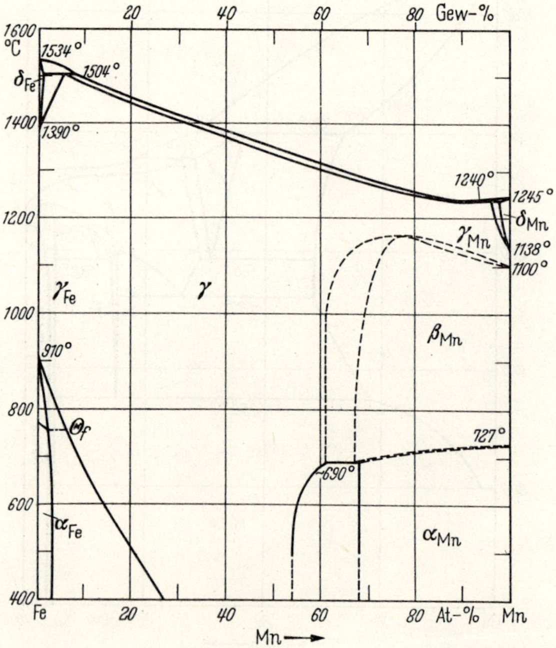
20
40
60
80 Gew-%
1600
°C
1534°
1504°
δFe
1400
1390°
1240°
1245°
δMn
1200
γMn
1138°
1100°
γFe
γ
1000
βMn
910°
800
Θf
727°
~690°
600
αFe
αMn
400
Fe
20
40
60
80 At-%
Mn
Mn

Abb. 43

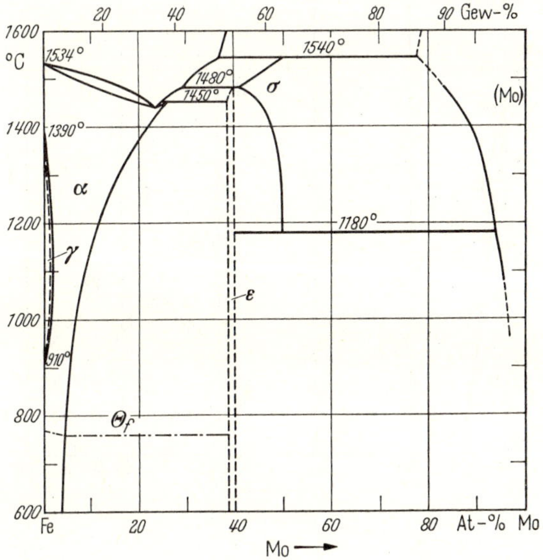

20
40
60
80
90 Gew-%
1600
°C
1534°
1540°
1480°
1450°
σ
(Mo)
1400
1390°
α
1200
1180°
γ
ε
1000
910°
800
Θf
600
Fe
20
40
60
80
At-% Mo
Mo

Abb. 44

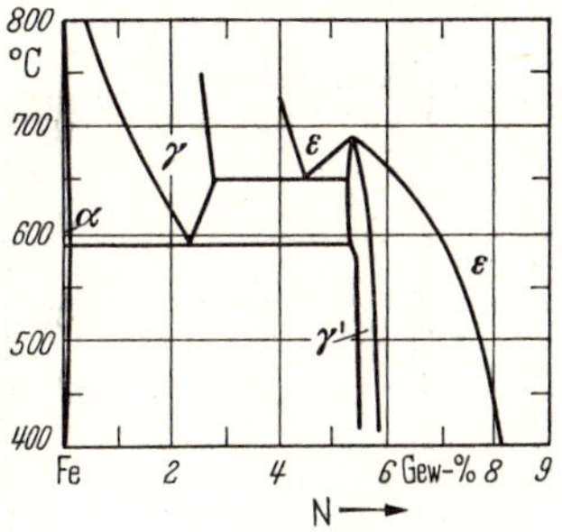

800
°C
700
γ
ε
600
α
ε
500
γ'
400
Fe
2
4
6 Gew-%
8
9
N

Abb. 45

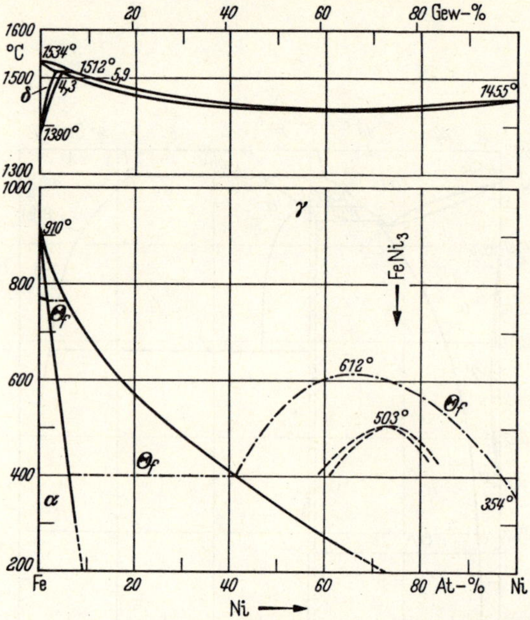

Abb. 46

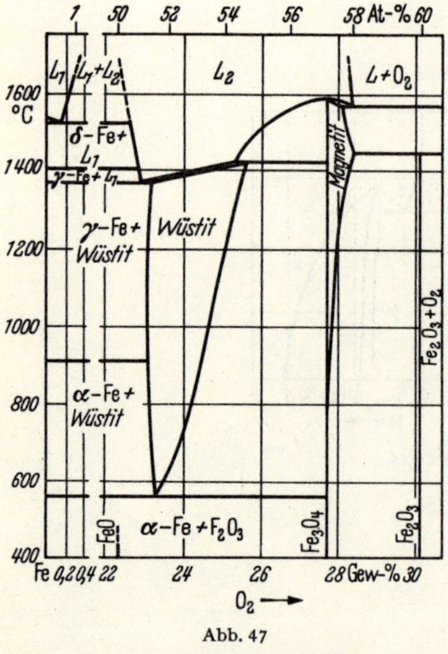

Abb. 47

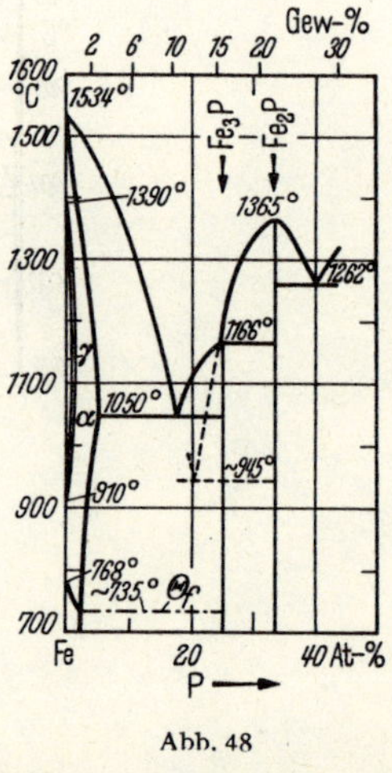

Abb. 48

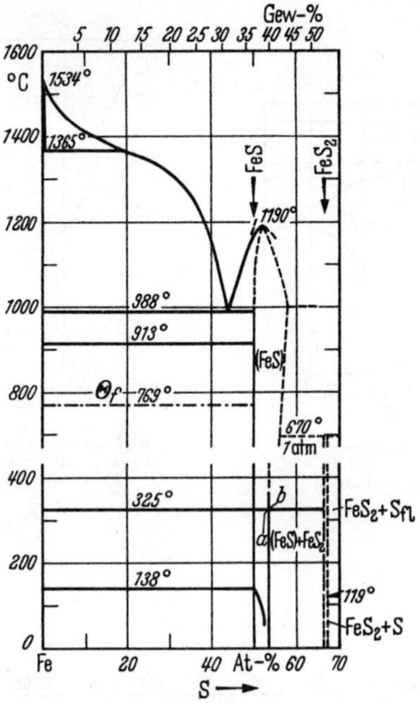
Gew-%
5 10 15 20 25 30 35 40 45 50
1600
°C
1534°
1400
1365°
FeS
FeS2
1200
1190°
1000
988°
913°
(FeS)
800
Θf 769°
670°
1 atm
400
325°
b
FeS2+Sfl
a (FeS)+FeS2
200
138°
119°
FeS2+S
0
Fe 20 40 At-% 60 70
S →

Abb. 49

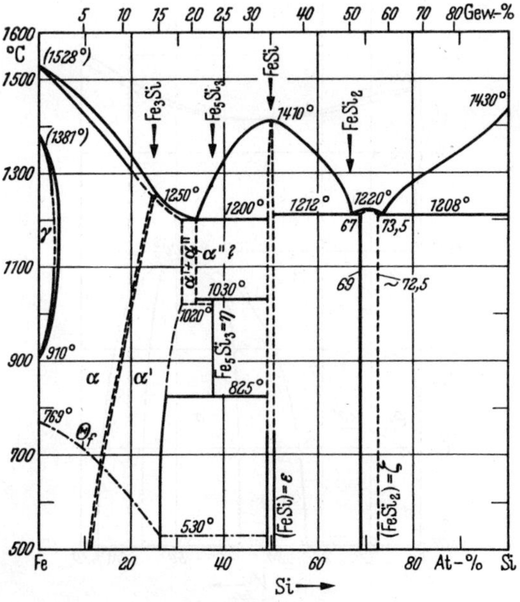
5 10 15 20 25 30 40 50 60 70 80 Gew-%
1600
°C
(1528°)
1500
Fe3Si
Fe5Si3
FeSi
1410°
FeSi2
1430°
(1381°)
1300
1250°
1200°
1212°
1220°
1208°
γ
67
73,5
α''+α'
α'' ?
1100
69
~72,5
1030°
1020°
Fe5Si3=η
900
910°
α
α'
825°
769°
Θf
700
(FeSi)=ε
(FeSi2)=ζ
530°
500
Fe 20 40 60 80 At-% Si
Si →

Abb. 50

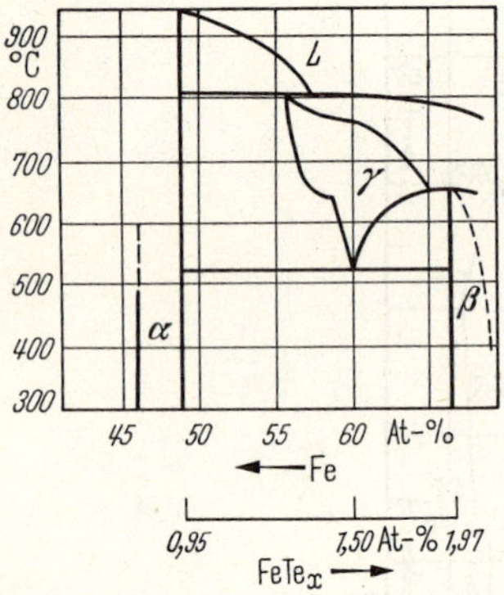

Abb. 51

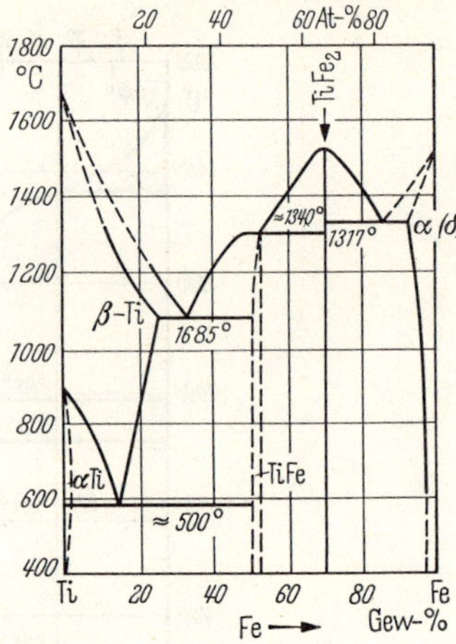

Abb. 52

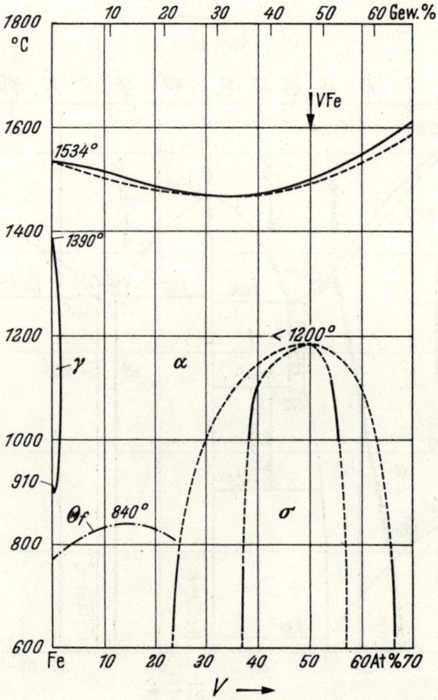

Abb. 53

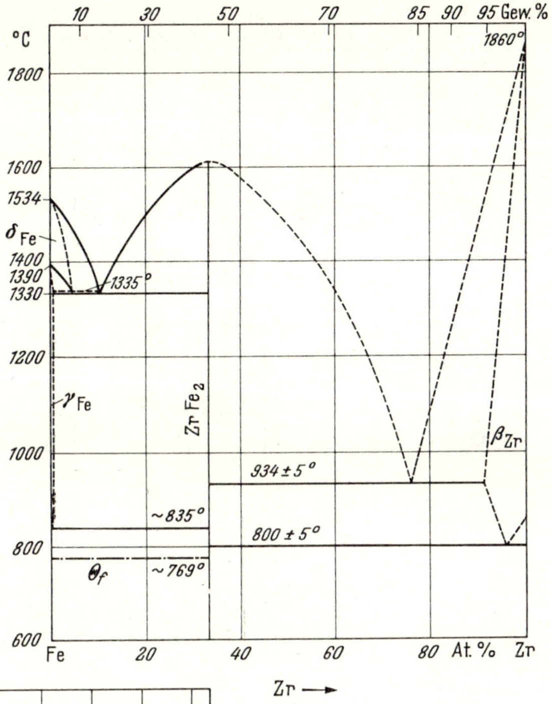

Abb. 54

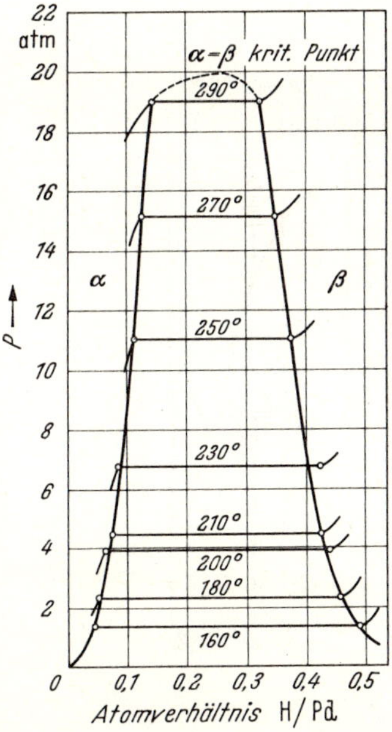

Abb. 55

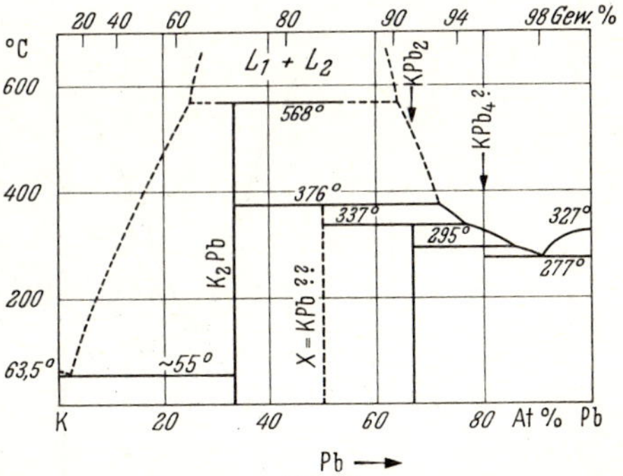

Abb. 56

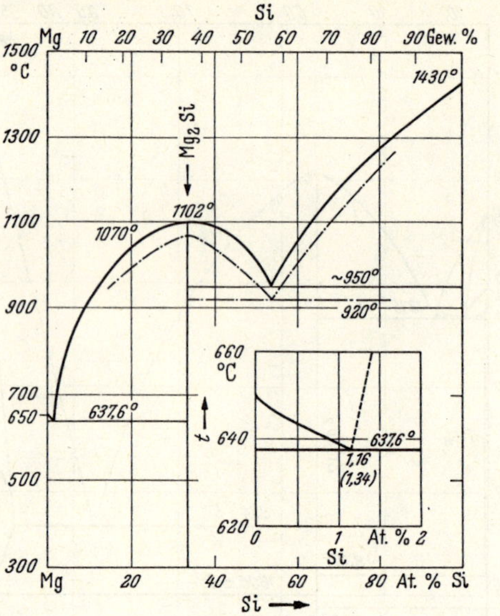

Abb. 57

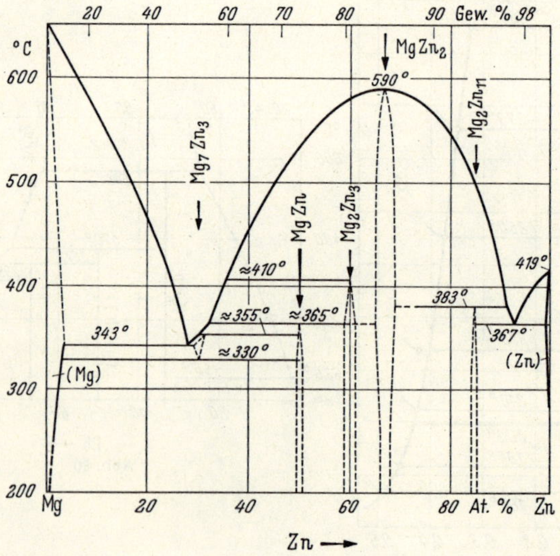

Abb. 57 a

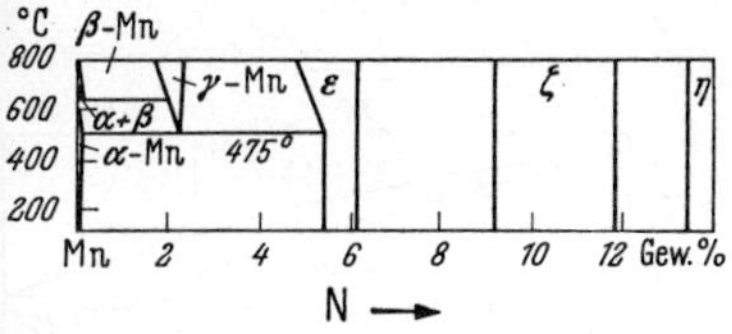

Abb. 58

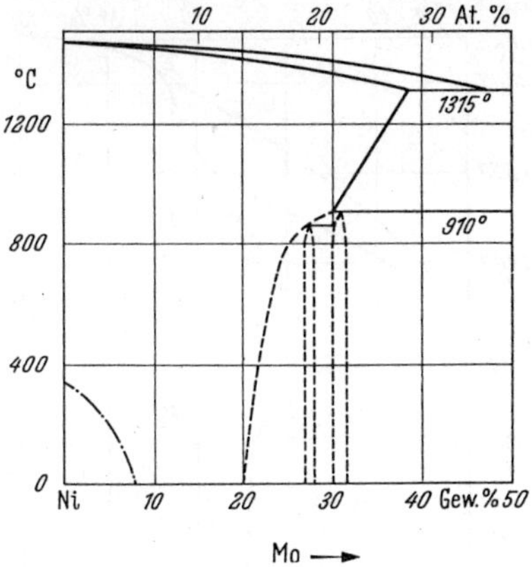

Abb. 61

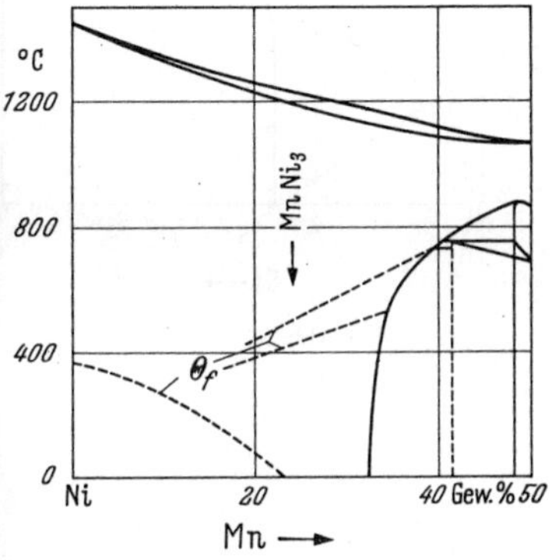

Abb. 59

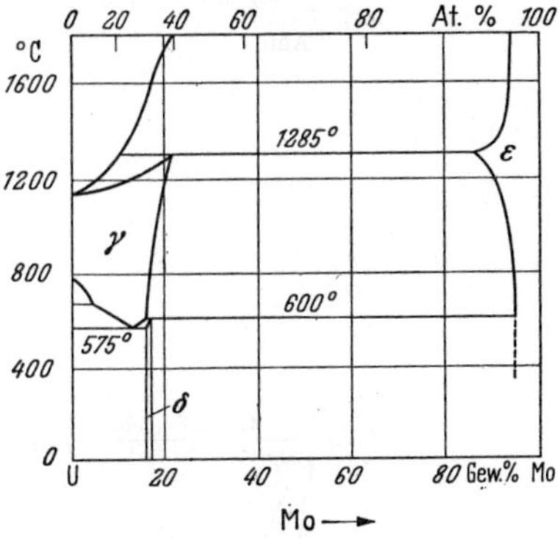

Abb. 62

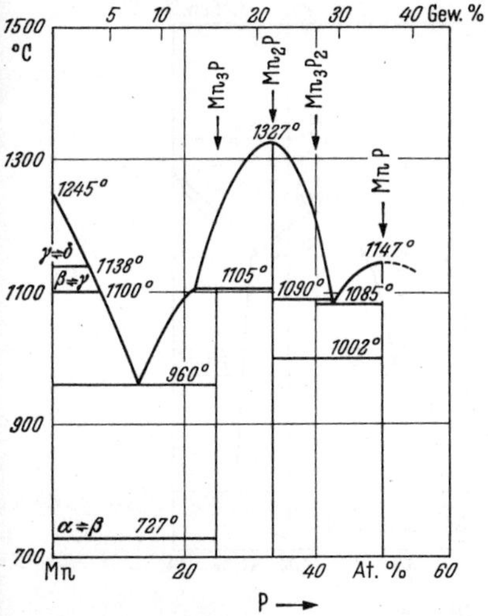

Abb. 60

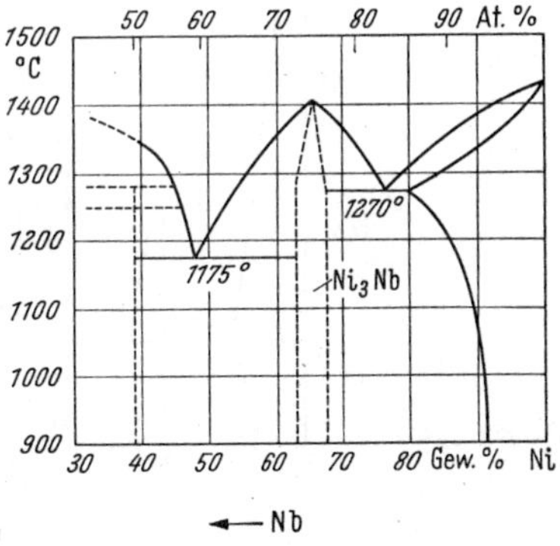

Abb. 63

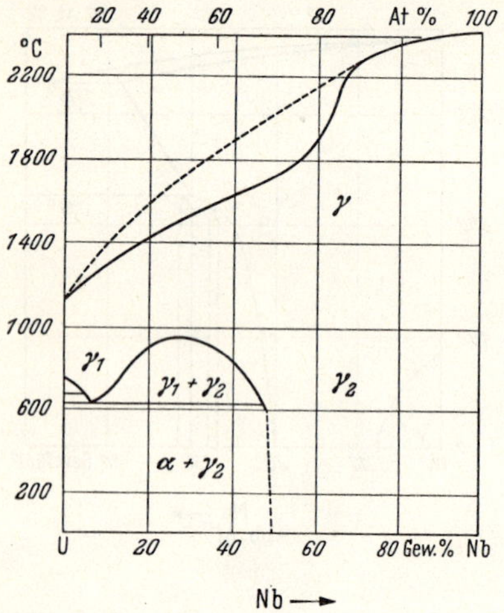

Abb. 64

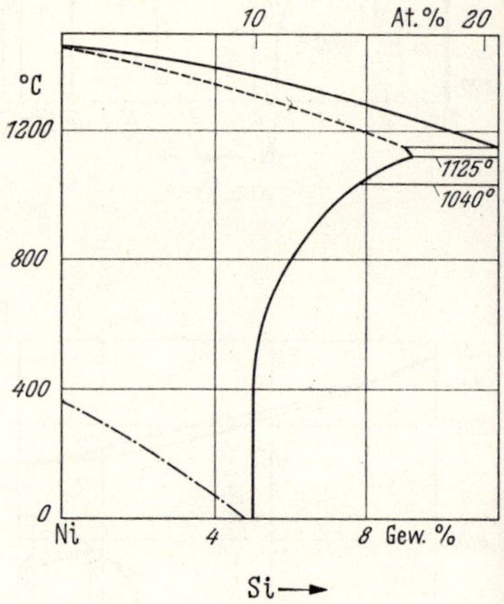

Abb. 65

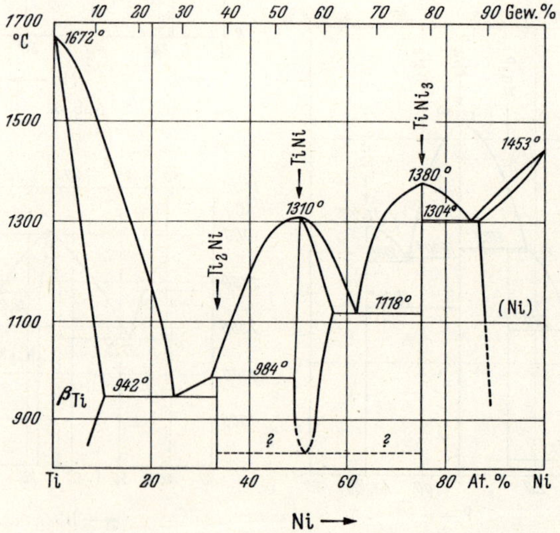

Abb. 66

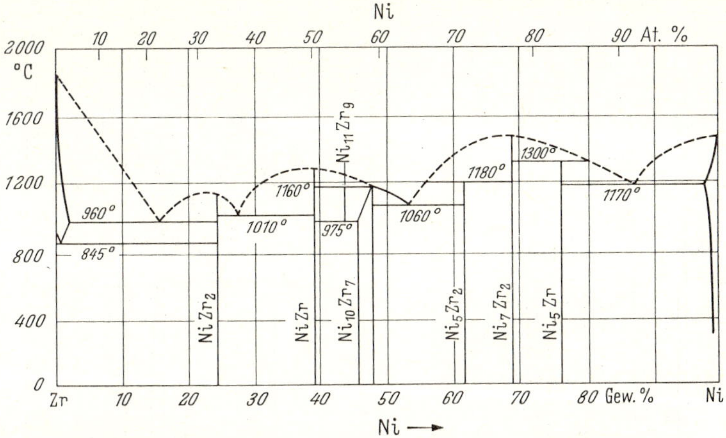

Abb. 67

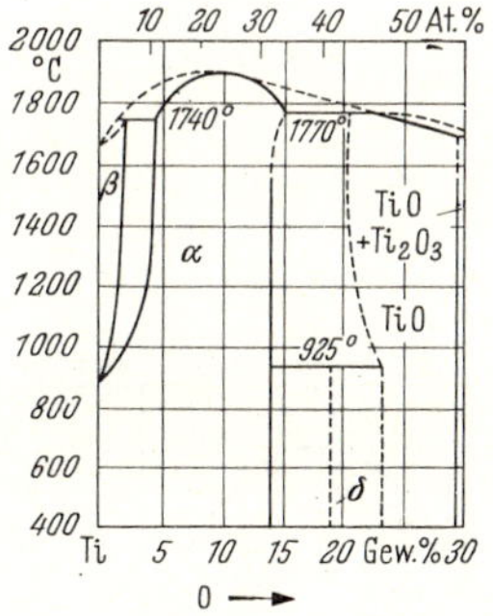

Abb. 68

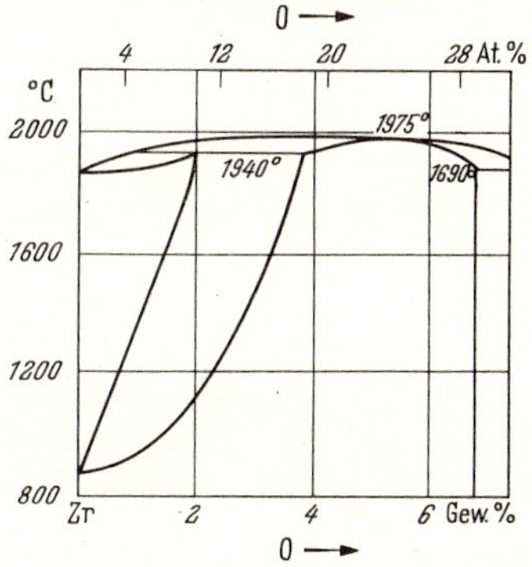

Abb. 69

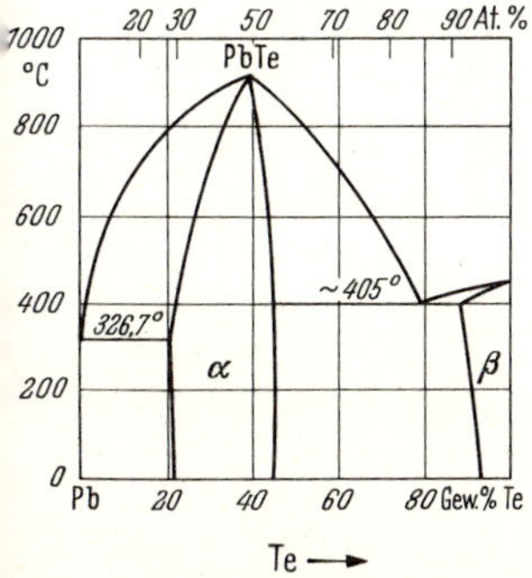

Abb. 70

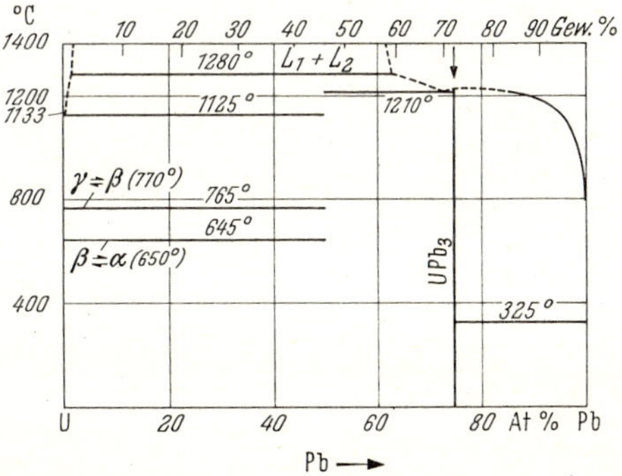

Abb. 71

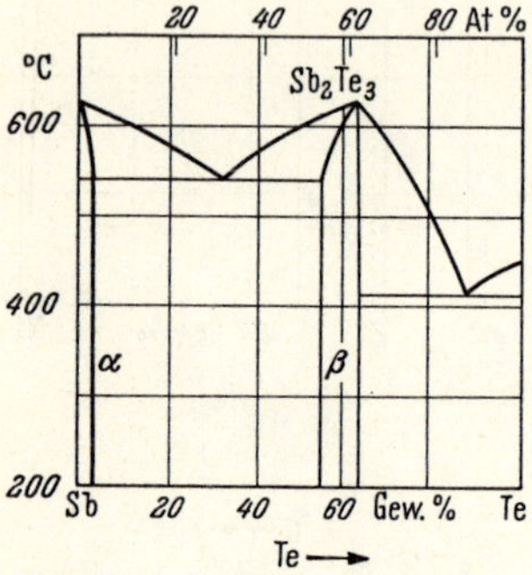

Abb. 72

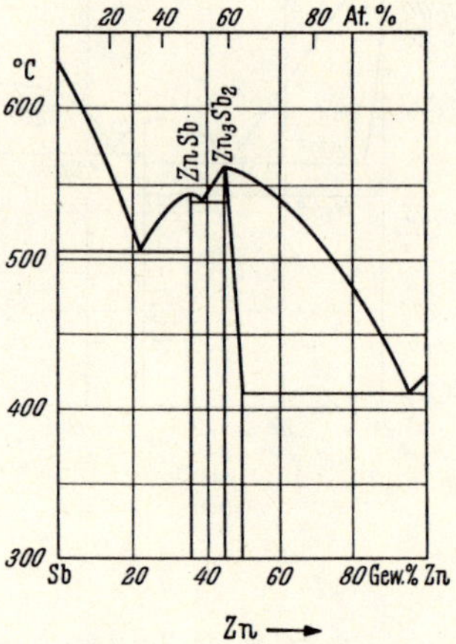

Abb. 73

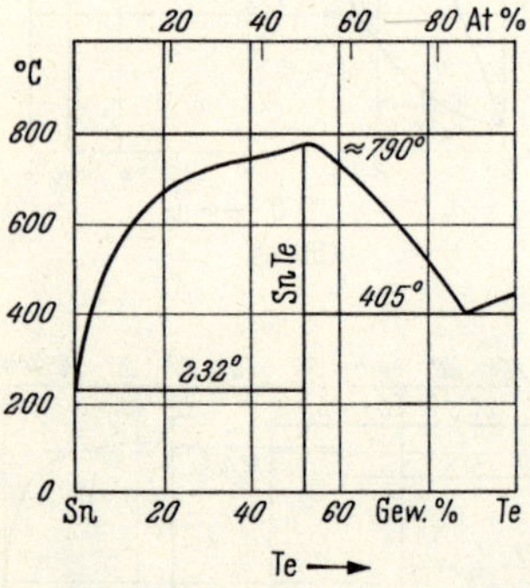

Abb. 74

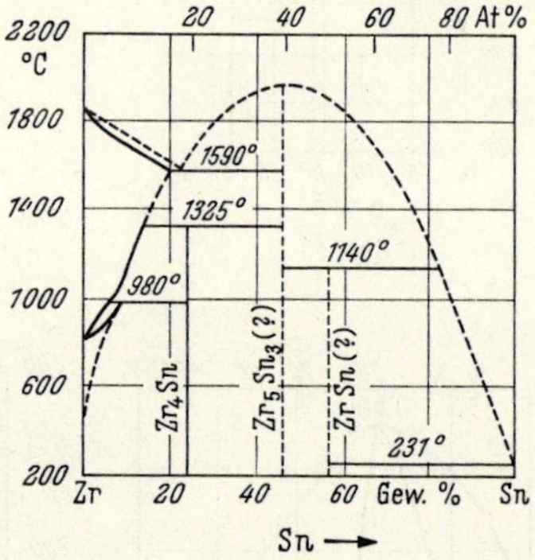

Abb. 75

42712. Lösungsgleichgewichte zwischen anorganischen Verbindungen

427121 Lösungsgleichgewichte zwischen anorganischen Verbindungen mit Ausnahme von H_2O und anorganischen Flüssigkeiten (Schmelzgleichgewichte)

Verbindung I		Angaben über die Liquiduskurve und das Zustandsdiagramm in % (=Gew.%) oder Mol% der Verbindung II, Temperaturangaben in °C	Verbindung II	
Formel	F in °C		F in °C	Formel
AgBr	422	lückenlos mb.; Min. 35 Mol %/413°	452	AgCl
AgBr	422	lückenlos mb.; Min. 28 Mol %/377°	556	AgJ
AgBr	422	*E* 32 Mol %/285°	740	KBr
AgBr	419	lückenlos mb.	766	NaBr
AgCN	350	*E* 15,2 Mol %/290°; *F* (I · II) 370°; *E* 67,3 Mol %/290°	622,5	KCN
AgCN	350	*E* 7,8 Mol %/320°; *F* (I · II) 471°; *E* 69,1 Mol %/422°	562,3	NaCN
AgCl	455	*E* 47 Mol %/264°	552	AgJ
AgCl	455	*IF* (I · II) 200°; *E* 81,5 Mol %/176°	209	$AgNO_3$
AgCl	455	*E* 40,4 Mol %/376°	834	Ag_2S
AgCl	455	*E* 18,6 Mol %/450°	772	$CaCl_2$
AgCl	455	*E* 29 Mol %/260°; *IF* (I · II) 310°	639	CsCl
AgCl	455	*E* 54 Mol %/260°	422	CuCl
AgCl	465	*E* 42,6 Mol %/≈250°	383	HgCl
AgCl	452	*E* 30 Mol %/318°	774	KCl
AgCl	465	*E* 91,5 Mol %/245°	335 (subl.)	NH_4Cl
AgCl	455	lückenlos mb.	806	NaCl
AgCl	455	*E* 40 Mol %/251°	717	RbCl
AgCl	455	*E* 40 Mol %/210°; *IF* (I · 2II) 252°	429	TlCl
AgJ	554	*E* 41 Mol %/103°; *F* (I · II)/109°; *E* 55,7 Mol %/106°; *F* (I · 2II)/119°; *E* 73,5 Mol %/113°	208	$AgNO_3$
AgJ	554	*E* 26,8 Mol %/234°	640	CsCl
AgJ	555	lückenlos mb.; Min. 50 Mol %/500°	602	CuJ
AgJ	556	*E* 89,5 Mol %/245°	257	HgJ_2
AgJ	552	*E* 38 Mol %/243°; *IF* (4I · II) 263°	680	KJ
AgJ	546	lückenlos mb.; Min. 80 Mol %/422°	440	LiJ
AgJ	546	*E* 40 Mol %/394	662	NaJ
AgJ	554	*E* 15 Mol %/370°	713	RbCl
$AgNO_3$	208	*U* (I) 159°; *E* 2 Mol %/205°; *U* (II) 412°	656	Ag_2SO_4
$AgNO_3$	208	*U* (I) 159,6°; *E* 39 Mol %/131°; *IF* (I · II) 136°	337	KNO_2
$AgNO_3$	208	*U* (I) 159°; *E* 25 Mol %/171,5°	249	$LiNO_3$
$AgNO_3$	209	*U* (I) 159,6°; *IF* (I · II) 109,6° *E* 68 Mol %/101,5° *U* (II) 35°, 85,4° u. 185°	167,8	NH_4NO_3
$AgNO_3$	209,5	*E* 4,5 Mol %/200,2°	zers.	$Pb(NO_3)_2$

Verbindung I		Angaben über die Liquiduskurve und das Zustandsdiagramm in % (=Gew.%) oder Mol% der Verbindung II, Temperaturangaben in °C	Verbindung II	
Formel	F in °C		F in °C	Formel
Ag_2S	835	lückenlos mb.; Min. 33 Mol%/665°	1121	Cu_2S
Ag_2S	812	*E* 25,8 Mol%/610°	1171	FeS
Ag_2S	835	23,5 Mol%/630°	1114	PbS
Ag_2S	842	*E* 19 Mol%/463°; *F*(3I·II) 483°; *E* 35,5 Mol%/455°; *F*(I·II) 509°; *E* 64 Mol%/449°	546	Sb_2S
Ag_2S	843	*E* 9,6 Mol%/807°	1670	ZnS
Ag_2SO_4	654	*E* 36 Mol%/583°	1000	$CdSO_4$
Ag_2SO_4	655	*U*(I) 412°; *E* 25 Mol%/567°; *F*(I·II) 575°; *E* 68,5 Mol%/556°; *U*(II) 572°	845	Li_2SO_4
Ag_2SO_4	651	*U*(I) 412°; lückenlos mb.; *U*(II) 235°	883	Na_2SO_4
Ag_2SO_4	656	*E* 33 Mol%/474°; *F*(I·II) 502°; *E* 62 Mol%/500°	632	Tl_2SO_4
Ag_2Se	880	*E* –/760°; *F*(3I·4II) 773°; *E* –/692°	—	Bi_2Se_3
$AlBr_3$	97	*E* 42 Mol%/76°	190	$AlCl_3$
$AlBr_3$	97,1	*E* 0,7 Mol%/95,6°; *F*(2I·II) 224°; *E* 35,3 Mol%/223,1°	566	$CdBr_2$
$AlBr_3$	97,1	*E* 0,6 Mol%/96,6°; Monotekt. (I·II)+2 fl. Ph. (1,8 u. 30,8 Mol%)/238,1°; *F*(I·II) 261°; *E* 60 Mol%/241°	345	HgBr
$AlBr_3$	97	Monotekt. I+2 fl. Ph (2 u. 13 Mol%)/96°; *E* 28 Mol%/83°; *IF*(I·II) 177°	682	KJ
$AlBr_3$	97,1	*E* nahe I; Monotekt. (2I·II)+2 fl.Ph. (0,8 u. 16,2 Mol%)/210,4°; *F*(2I·II) 274°; *E* 47 Mol%/234°	488	$PbBr_2$
$AlBr_3$	97,1	*E* 1 Mol%/96,3°; Monotekt. (2I·II)+2 fl. Ph. (1,8 u. 14,2 Mol%)/161,1°; *F*(2I·II) 205°; *E* 44 Mol%/175°; *F*(I·II) 183°; *E* 63 Mol% 158°	232	$SnBr_2$
$AlBr_3$	≈95	*E* 77 Mol%/20°	30	$SnBr_4$
$AlCl_3$	190,2	*E* 90 Mol%/69°	73,4	$SbCl_3$
AlF_3	—	*E* 64 Mol%/820°	1360	CaF_2
AlF_3	—	*E*≈60 Mol%/490°; *F*(I·3II)/820°; *E* 95 Mol%/685°	715	CsF
AlF_3	—	*IF*(I·II)/575°; *E* 55 Mol%/565°; *F*(I·3II)/1025°; *E* 94 Mol%/840°	875	KF
AlF_3	—	*E* 64 Mol%/710°; *F*(I·3II)/790°; *E* 85 Mol%/715°	860	LiF
AlF_3	—	*E* 53 Mol%/685°; *IF*(3I·5II)/725°; *F*(I·3II)/1000°; *E* 86 Mol%/885°	992	NaF

Verbindung I		Angaben über die Liquiduskurve und das Zustandsdiagramm in % (=Gew.%) oder Mol% der Verbindung II, Temperaturangaben in °C	Verbindung II	
Formel	F in °C		F in °C	Formel
AlF_3	—	*E* 60 Mol%/560°; *F*(I · 3II)/980°; *E* 93 Mol%/790°	833	RbF
AlJ_3	188	*E* 35 Mol%/120°; *F*(I · II)/157°; *E* 58 Mol%/132°	≈250	HgJ_2
AlJ_3	188	*E* 67 Mol%/94°	113,6	J_2
AlJ_3	188	*E* 34 Mol%/140°; *F*(I · II) ≈147°; *E* 60 Mol%/≈135°	170	SbJ_3
AlK_3F_6	991	*E* 23,5 Mol%/945°; *F*(5I·2II) 952°; *E* 31 Mol%/948°; *F*(2I·II) 952°; *E* 34,5 Mol%/950°; *F*(5I · 3II) 952°; *E* 45 Mol%/941°; *F*(I · II) 948°; *E* 57 Mol%/940°; *F*(3I · 5II) 945°; *E* 66 Mol%/936°; *F*(I·2II) 941°; *E* 68,5 Mol%/939°	1001	$AlNa_3F_6$
$AlLi_3F_6$	≈790	lückenlos mb.; Min. 35 Mol%/≈730°	1000	$AlNa_3F_6$
$AlLi_3F_6$	790	*E* nahe II	2050	Al_2O_3
$AlNa_3F_6$	1000	*E* 27,5 Mol%/937°	2050	Al_2O_3
$AlNa_3F_6$	977	*E*≈27 Mol%/≈900°	1360	CaF_2
Al_2O_3	2050	*E* 12 Mol%/1890°; *F*(6I · II) 1900°; *E* 35 Mol%/1790°; *F*(I · II) 1830°; *E* 69,5 Mol%/1710°; *F*(I · 3II) 1750°; *E* 79 Mol%/1660°	1923	BaO
Al_2O_3	2015	*E* 21 Mol%/1890°; *F*(3I · II) 1910°; *E* 40 Mol%/1850°; *F*(I · II) 1870°; *E* 58 Mol%/1835	2500	BeO
Al_2O_3	2040	*E* 36 Mol%/1715°; *F*(5I · 3II) 1735°; *E* 48 Mol%/1596°; *F*(I · II) /1606°; *E* 62 Mol%/1402°; *F*(3I · 5II)/1458°; *E* 65 Mol%/1397°; *IF*(I · 3II)/1539°	2570	CaO
Al_2O_3	2050	*E* 45 Mol%/1785°	>2600	CeO_2
Al_2O_3	2050	*E* 20 Mol%/1910°; *F*(I · II)/1960°; *E* 90 Mol%/1715°	1810	CoO
Al_2O_3	2045	lückenlos mb.	2275	Cr_2O_3
Al_2O_3	2050	*E* 92 Mol%/1160°	1230	Cu_2O
Al_2O_3	2050	*IF*(I · II)/1440°; *E* 96,4 Mol%/1305°	1370	FeO
Al_2O_3	2050	lückenlos mb.	1740	Ga_2O_3
Al_2O_3	2050	*E* 30 Mol%/1870°	2315	La_2O_3
Al_2O_3	2050	*E* 17 Mol%/2000°; *F*(I · II)/2115°; *E* 66 Mol%/1990°	2800	MgO
Al_2O_3	2050	*IF*(I · II) 1560°; *E* 81 Mol%/1520°	1785	MnO
Al_2O_3	2045	lückenlos mb.	1560	Mn_3O_4
Al_2O_3	2050	*E* 20 Mol%/1955°; *F*(I · II) 2020°; *E* 90 Mol%/1875°	1960	NiO

Verbindung I		Angaben über die Liquiduskurve und das Zustandsdiagramm in % (=Gew.%) oder Mol% der Verbindung II, Temperaturangaben in °C	Verbindung II	
Formel	F in °C		F in °C	Formel
Al_2O_3	2035	*Ü*(I→3I · 2II)≈44%/1810°; *E*(3I · 2II+α-Crist.) 94,5°/1595°	1730	SiO_2
Al_2O_3	2050	*E* 33 Mol%/1805°; *F*(I · II) 2015°; *E*—	2430	SrO
Al_2O_3	2050	*E* 46 Mol%/1870°; *F*(I · 2II) 1900°; *E* 87 Mol%/1700°	1850	TiO_2
Al_2O_3	2050	*E* 25 Mol%/1920°	3055	ThO_2
Al_2O_3	2050	*E*—; *F*(I · II) 1950°; *E* 83 Mol%/1820°	1975	ZnO
Al_2O_3	2015	*E* 50 Mol%/1885°	—	ZrO_2
Al_2S_3	1100	*E* 63 Mol%/1060°; *F*(I · 4II) 1110°; *E* 96 Mol%/1025°	1131	Cu_2S
$AsBr_3$	30,8	lückenlos mb.	−16,2	$AsCl_3$
$AsBr_3$	31	*E* 28 Mol%/22,2°	142	AsJ_3
$AsBr_3$	31	*E* 66 Mol%/−31,5°	−7,3	Br_2
$AsBr_3$	30	lückenlos mb.	−40	PBr_3
$AsBr_3$	30	*E* 18 Mol%/23°	108	PBr_5
$AsBr_3$	30	*E* 87 Mol%/−56°	−46	S_2Br_2
$AsBr_3$	30	lückenlos mb.	90	$SbBr_3$
$AsCl_3$	−13	*E* 2,5 Mol%/−20,9°	142	AsJ_3
$AsCl_3$	−16	*E* 94 Mol%/−107°	−102,5	Cl_2
AsJ_3	135,5	*E* 8 Mol%/71,5°	114,5	J_2
AsJ_3	135,5	lückenlos mb.; Min. 70 Mol%/128°	165	SbJ_3
As_2S_3	540	*E* 17,3 Mol%/580°; *IF*(I · 2II) 580°	1109	PbS
BBr_3	−47,5	*E* 20 Mol%/−60,4°	−5,7	Br_2
BCl_3	−108,7	*E* 46,5 Mol%/−135,4°	−103	Cl_2
BCl_3	−108,7	*E* 80,3 Mol%/−134,5°	−115,5	HCl
BF_3	−127,0	*E* 8,1 Mol%/−130,2°; 2 fl. Ph. (21,3...87,5 Mol%)/−92°	−86,0	HBr
BF_3	−127,0	*E* 27,7 Mol%/−134,2°	−113,1	HCl
BF_3	−126,8	*E* 23,4 Mol%/−138°	−91	N_2O
BF_3	−127,5	*E* 78,5 Mol%/−163,5°	−151,5	PF_3
BF_3	−128,8	*E* 22 Mol%/−148°; *F*(I · II) −137°; *E* 53 Mol%/−140°; *IF*(I · 7II) −99°	−85,5	H_2S
BF_3	−126,8	*E* 4,8 Mol%/−128,6°; *F*(I·II) −96°; *E* 62 Mol%/−97,2°	−73,5	SO_2
B_2O_3	580	*E*—; Monotekt (3I · II) +2 fl. Ph. (3 u. 19 Mol%)/740°; *F*(2I · II) 768°; *IF*(4I · 5II) 548°; *IF*(I · 2II) 497°; *E* 70 Mol%/493°; *F*(I · 4II) 565°; *E* 83 Mol%/560°; *U*(II) 552°	886	PbO
$BaBr_2$	847	*E* 48 Mol%/613°; *F*(I · 2II) 634°; *E* 77 Mol%/632°	730	KBr
$BaBr_2$	847	*E* 60 Mol%/600°	742	NaBr

Verbindung I		Angaben über die Liquiduskurve und das Zustandsdiagramm in % (=Gew.%) oder Mol% der Verbindung II, Temperaturangaben in °C	Verbindung II	
Formel	F in °C		F in °C	Formel
$BaCO_3$	1740	*U*(I) 982°; *E* 92,5 Mol %/860°; *U*(II) 925°	960	$BaCl_2$
$BaCO_3$	1740	*E* 52 Mol %/1139°	1259	$CaCO_3$
$BaCO_3$	1740	*E* 63 Mol %/686°	857	Na_2CO_3
$BaCl_2$	958	*E* 19 Mol %/854°; *F*(I · II) 1008°; *E* 73,5 Mol %/936°	1280	BaF_2
$BaCl_2$	960	*E* 90 Mol %/700°	740	BaJ_2
$BaCl_2$	962	*U*(I) 921°; *E* 12,5 Mol %/900°; *IF*(I · 2II) 995°; *IF*(I · 3II) 1335°	1923	BaO
$BaCl_2$	962	*IF*(I · II) 623°; *E* 63,3 Mol %/592°	772	$CaCl_2$
$BaCl_2$	960	*U*(I) 923°; *E* 56 Mol %/450°	568	$CdCl_2$
$BaCl_2$	963	*U*(I) 927°; *E* 55 Mol %/655°; *F*(I · 2II) 670°; *E* 75 Mol %/670°	775	KCl
$BaCl_2$	923	*E* 70 Mol %/511°	602	LiCl
$BaCl_2$	922	*E* 37 Mol %/550°	720	$MgCl_2$
$BaCl_2$	960	*IF*(2I · II) 545°; *E* 63 Mol %/505°	650	$MnCl_2$
$BaCl_2$	962	*E* 61 Mol %/640°	800	NaCl
$BaCl_2$	955	lückenlos mb.	510	$PbCl_2$
$BaCl_2$	955	*U*(I) 922°; lückenlos mb.; Min. 70 Mol %/847°	870	$SrCl_2$
$BaCl_2$	962	*U*(I) 925°; *E* nahe II	435	TlCl
BaF_2	1280	*E* 72 Mol %/750°	885	KF
BaF_2	1285	*E* 65 Mol %/825°	992	NaF
BaF_2	1280	lückenlos mb.; Min. 50 Mol %/1080°	1260	SrF_2
BaJ_2	710	*E* 80 Mol %/475°	528	SrJ_2
$Ba(NO_3)_2$	592	*E* 94 Mol %/284°	312	$NaNO_3$
BaO	1923	*E* 45 Mol %/1475°	2800	MgO
BaO	—	*F*(2I · II) 16,4 %/$>$1750°; *E* 25,5 %/1551°; *F*(I · II) 28,2 %/1604°; *E* 35 %/1437°; *F*(2I · 3II) 37,1 %/1450°; *Ü*(2I · 3II→I · 2II) 44 %/1420°; *E* 53 %/1374°; *U*(α-Trid ⇌ α-Crist.) ≈ 57 %/1470°	1740	SiO_2
BaO	1923	*E* 10 Mol %/1340°; *F*(I · II) 2630°; *E* 86 Mol %/2060°	2687	ZrO_2
$BaSO_4$	1350	lückenlos mb.	1297	$CaSO_4$
$BaSO_4$	1350	*E* 80Mol %/760°	856	Li_2SO_4
$BaSiO_3$	1604	*E* 27, %/1263°; *Ü*(I · 2II ⇌ II) 48 %/51320°	1540	$CaSiO_3$
$BeCl_2$	404	*E* 53 Mol %/292°	498	$PbCl_2$
BeF_2	543	*E* 11 Mol %/495°; *IF*(I · II) 890°	1330	CaF_2
BeF_2	540	*IF*(2I · II) 417°; *E* 48 Mol %/360°; *IF*(I · II) 360°; *IF*(2I · 3II) 445°; *F*(I · 2II) 475°; *E* 69 Mol %/462°	845	LiF

Verbindung I		Angaben über die Liquiduskurve und das Zustandsdiagramm in % (=Gew.%) oder Mol% der Verbindung II, Temperaturangaben in °C	Verbindung II	
Formel	F in °C		F in °C	Formel
BeF_2	543	*E* 6 Mol %/528°	1240	MgF_2
BeF_2	540	*E* 38 Mol %/340°; *F*(I · II) 372°; *E* 55,7 Mol %/340°; *IF*(2I · 3II) 348°; *F*(I · 2II) 578°; *E* 69 Mol %/560°	990	NaF
BeO	2520	lückenlos mb.; Min. 35 Mol %/2230°	≈2400	Cr_2O_3
BeO	2520	*E* 94 Mol %/1200°	1230	Cu_2O
BeO	2520	*E* 40 Mol %/1855°	2800	MgO
BeO	2520	*E* 40 Mol %/1530°	1590	Mn_3O_4
BeO	2570	*E* ≈36 Mol %/2240°	2687	ZrO_2
$BeSO_4$	1000	*E* ≈20 Mol %/≈880°; *F*(2I · II) 910°; *E* 68 Mol %/768°; *U*(II) 588°	1071	K_2SO_4
$BiCl_3$	224	*E* 36 Mol %/190°	424	CuCl
$BiCl_3$	224	*E* 36,8 Mol %/171,5°	298	$FeCl_3$
$BiCl_3$	224	*E* 11,2 Mol %/205,3°	510	$PbCl_2$
$BiCl_3$	224	*E* 33 Mol %/150°; *IF*(2I · 3II) 225°; *IF*(I · 2II) 330°; *F*(I · 3II) 413°; *E* 87,5 Mol %/360°	429	TlCl
$BiCl_3$	232,5	*E* 5 Mol %/215°	318	$ZnCl_2$
$Bi_2(MoO_4)_3$	643	*E* 30 Mol %/616°	1065	$PbMoO_4$
Bi_2O_3	817	*IF*(4I · II) 695°; *E* 36 Mol %/680°; *F*(3I · 2II) 686°; *E* 65 Mol %/610°; *F*(I · 2II) 625°; *E* 74 Mol %/580°	870	PbO
Bi_2S_3	727	*E* 50 Mol %/614°; *F*(I · II) 615°; *E* 97 Mol %/570°	575	Bi_2Te_3
Br_2	−7,2	*E* 18 Mol %/−15,5°	93	$SbBr_3$
Br_2	−7,3	*E* 92,3 Mol %/−95°	−87,3	HBr
Br_2	−7,3	*E* 77 Mol %/−52°	−39,5	S_2Br_2
Br_2	−7,1	*E* 99 Mol %/−75,5°	−75,1	SO_2
HBr	−83,1	lückenlos mb.; Min. 51,5 Mol %/−88°	−82,6	H_2S
Ca	851	*E* 3 Mol %/780° oder 809°	1195	Ca_3N_2
$CaBr_2$	760	lückenlos mb.; Min. 40 Mol %/740°	780	$CaCl_2$
$CaCO_3$	zers.	*IF*(2I · II) ≈840°; *E* ≈40 Mol %/≈790°; *F*(I · II) ≈820°; *E* ≈60 Mol %/≈750°	≈890	K_2CO_3
$CaCl_2$	765	*E* 19 Mol %/664°; *IF*(I · II) 755°	1360	CaF_2
$CaCl_2$	770	lückenlos mb.; Min. 85 Mol %/545°	565	$CdCl_2$
$CaCl_2$	772	*E* 9 Mol %/708°; *F*(I · II) 1030°; *E* 90 Mol %/610°	640	CsCl
$CaCl_2$	777	*E* 26 Mol %/640°; *F*(I · II) 754°; *E* 73,5 Mol %/600°	776	KCl
$CaCl_2$	774	*E* 62 Mol %/496°	612	LiCl
$CaCl_2$	777	*E* 60,9 Mol %/621°	711	MgC_2l

Verbindung I		Angaben über die Liquiduskurve und das Zustandsdiagramm in % (=Gew.%) oder Mol% der Verbindung II, Temperaturangaben in °C	Verbindung II	
Formel	F in °C		F in °C	Formel
$CaCl_2$	782	lückenlos mb.; Min. 65,4 Mol%/590°	650	$MnCl_2$
$CaCl_2$	777	*E* 47 Mol%/500°	800	NaCl
$CaCl_2$	772	*E* 83 Mol%/468°	495	$PbCl_2$
$CaCl_2$	777	*E* 98,3 Mol%/245°	245	$SnCl_2$
$CaCl_2$	782	*E* 33 Mol%/648°; *F*(I · II) 683°; *E* 93 Mol%/419°	435	TlCl
$CaCl_2$	777	*E* 98,8 Mol%/274°	274	$ZnCl_2$
CaF_2	1330	*E* 81 Mol%/620°	740	CaJ_2
CaF_2	1386	*E* 23,5 Mol%/1362°	2570	CaO
CaF_2	1360	*E* 37,5 Mol%/1060°; *F*(I · II) 1068°; *E* 84,5 Mol%/782°	860	KF
CaF_2	1403	*E* 57 Mol%/945°	1270	MgF_2
CaF_2	1403	*E* 68 Mol%/810°	990	NaF
$Ca(NO_3)_2$	556	lückenlos mb.; Min. nahe II	—	$Mg(NO_3)_2$
$Ca(NO_3)_2$	561	*E* 90 Mol%/129°	169,6	NH_4NO_3
$Ca(NO_3)_2$	561	*E* 71 Mol%/222,8°	305,5	$NaNO_3$
$Ca(NO_3)_2$	561	lückenlos mb.	645	$Sr(NO_3)_2$
CaO	2580	*E* 58 Mol%/1425°	1810	CoO
CaO	2570	*E* 68 Mol%/1079°	1370	FeO
CaO	2570	*IF*(2I · II) 1436°; *IF*(I · II) 1216°; *E* 54 Mol%/1203°; *IF*(I · 2II) 1227°-	1580	Fe_2O_3
CaO	2580	*E* 57 Mol%/1725°	1960	NiO
CaO	2570	*IF*(4I · II) 1630°; *E* 22 Mol%/1570°; *F*(3I · II) 1730°; *E* 30 Mol%/1270°; *F*(2I · II) 1300°; *E* 45 Mol%/960°; *F*(I · II) 975°; *IF*(2I · 3II) 780°; *E* 63 Mol%/740°; *F*(I · 2II) 800°; *E* 85,5 Mol%/480°	566	P_2O_5
CaO	2570	*E* 32,5%/2065°; *F*(α-2I · II) 35%/2130°; *Ü*(α-2I · II) → (3I · 2II) 41,8%/1475°; *E* 46%/1455°; *F*(α-I · II) 51,8%/1540; *E* 63%/1436°; *U*(α-Trid ⇌ α-Crist.) ≈68%/1470°; Monotekt. α-Crist. + 2 fl. Ph. (≈72 u. 99,4%)/1698°	1730	SiO_2
CaO	2570	lückenlos mb.	2430	SrO
CaO	2580	*E* 24 Mol%/1860°; *F*(3I · II)? 1870°; *E* 32 Mol%/1760°; *F*(2I · II) 1800°; *E* 42 Mol%/1750°; *F*(I · II) 1980°; *E* 83 Mol%/1440°	1855	TiO_2
CaO	2580	*E* 40 Mol%/2300°	3055	ThO_2
CaO	2500	*E* ≈45 Mol%/2080°; MK-Bildung bei II	2700	UO_2
CaO	2580	*E* 24 Mol%/2230°; *F*(I · II) 2580°; *E* 62 Mol%/2370°	2687	ZrO_2

Verbindung I		Angaben über die Liquiduskurve und das Zustandsdiagramm in % (=Gew.%) oder Mol% der Verbindung II, Temperaturangaben in °C	Verbindung II	
Formel	F in °C		F in °C	Formel
CaS	2450	*E* 77 Mol%/1120°	1174	FeS
$CaSO_4$	1450	*U*(I) 1196°; *E* ≈87 Mol%/≈730°	777	$CaCl_2$
$CaSO_4$	1450	*U*(I) 1196°; *F*(2I · II) 1004°; *E* 58 Mol%/867°; *U*(I · 2II) 938°; *U*(II) 580°	1057	K_2SO_4
$CaSO_4$	1450	*U*(I) 1205°; *E* 83,5 Mol%/695°; *U*(II) 575°	852	Li_2SO_4
$CaSO_4$	1297	*E* 80 Mol%/725°	800	NaCl
$CaSiO_3$	1540	lückenlos mb.; Min. 56%/1477°		$SrSiO_3$
$CdBr_2$	567	lückenlos mb.; Min. 40 Mol%/551°	563	$CdCl_2$
$CdBr_2$	567	*E* 45 Mol%/345°; *F*(I · II) 354°; *E* 63 Mol%/305°; *IF*(I+4II) 324°	735	KBr
$CdBr_2$	567	*E* 53 Mol%/368°	747	NaBr
$CdBr_2$	575	*E* 82 Mol%/344°	375	$PbBr_2$
$CdCl_2$	563	*E* 69 Mol%/359°	385	CdJ_2
$CdCl_2$	571	*E* 16,5 Mol%/542°	1000	$CdSO_4$
$CdCl_2$	560	lückenlos mb.	724	$CoCl_2$
$CdCl_2$	562	*E* 26 Mol%/440°; *F*(I · II) 545°; *E* 65 Mol%/454°; *F*(I · 2II) 462°; *E* 77 Mol%/445°	630	CsCl
$CdCl_2$	560	lückenlos mb.	674	$FeCl_2$
$CdCl_2$	562	*E* 34 Mol%/382°; *F*(I · II) 431°; *E* 62 Mol%/391°; *IF*(I·4II) 461°	774	KCl
$CdCl_2$	568	*E* 21 Mol%/312°; *F*(2I·II) 366°; *E* 47 Mol%/267°; *IF*(I · II) 289°; *F*(I · 4II) 340°; (I · 4II) im Gleichgewicht mit fl. $CdCl_2$ und NH_4Cl-Dampf	340 subl.	NH_4Cl
$CdCl_2$	562	*E* 45 Mol%/392°; *IF*(I·2II) 425°	798	NaCl
$CdCl_2$	568	*E* 90 Mol%/235°	250	$SnCl_2$
$CdCl_2$	578	*E* 35 Mol%/408°; *F*(I·II) 436°; *E* 79 Mol%/315°	435	TlCl
$CdCl_2$	568	*E* nahe II	261,5	$ZnCl_2$
CdF_2	1110	*E* 53 Mol%/660°	1040	NaF
CdJ_2	380	lückenlos mb.; *U*(II) 128°	253	HgJ_2
CdJ_2	383	*E* 47,5 Mol%/185°; *IF*(I · 2II) 269° *U*(I·2II) 215°;	678	KJ
CdJ_2	385	*E* 47 Mol%/287°	653	NaJ
$Cd(NO_3)_2$	350	*E* 54 Mol%/168°; *F*(I·2II) 199°; *E* 75 Mol%/175°	337	KNO_3
$Cd(NO_3)_2$	350	*E* 53 Mol%/135°	309	$NaNO_3$
$CdSO_4$	1000	*IF*(3I · II) 813°; *IF*(2I·II) 763°; *E* 54,5 Mol%/653°	1066	K_2SO_4
CeF_3	≈197	*E* 75 Mol%/660°	885	KF
CeO_2	>2600	*E* 30 Mol%/2240°	2800	MgO

Verbindung I		Angaben über die Liquiduskurve und das Zustandsdiagramm in % (=Gew.%) oder Mol% der Verbindung II, Temperaturangaben in °C	Verbindung II	
Formel	F in °C		F in °C	Formel
CeO_2	≈2550	lückenlos mb.; Min. 80 Mol%/≈2200°	2680	ZrO_2
Cl_2	−94,4	*E* 60 Mol%/−107,4°	−64,5	NOCl
Cl_2	−103	*E* 18 Mol%/−107,2°; *IF*(I · 2II) −55°	1,15	$POCl_3$
Cl_2	−100,9	*E* 3 Mol%/−102,2°	−75,2	SO_2
Cl_2	−100,9	*E* 22,7 Mol%/−109,1°	−54,1	SO_2Cl_2
Cl_2	−102,5	*E* 25 Mol%/−117,0°	−67,8	$SiCl_4$
Cl_2	−102,5	*E* 22 Mol%/−108°	−22,5	$TiCl_4$
HCl	−111,5	*E* 5,8 Mol%/−122°; *IF*(3I·II) −99,4°; *F*(2I · II) −61°; *E* 43,1 Mol%/−77°; *F*(I · II) −54,8°; *E* 61,5 Mol%/−90° *F*(I · 3II) −57,2°; *E* 86,2% −86,2°	−41,3	HNO_3
HCl	−111,6	lückenlos mb.; Min. 28,7 Mol%/−117,4°	−82,6	H_2S
HCl	−112,0	*E* 20,7 Mol%/−133,4°	−72,0	SO_2
ClNO	−60,8	*E* 38 Mol%/−74,8°	−9,3	N_2O_4
Cl_3PO	1	*E* 74,9 Mol%/−738°	−54,1	SO_2Cl_2
$CoCl_2$	732	*U*(I) 700°; *E* 30 Mol%/658°	1050	$CoSO_4$
$CoCl_2$	730	lückenlos mb.	677	$FeCl_2$
$CoCl_2$	724	lückenlos mb.	649	$MnCl_2$
$CoCl_2$	≈730	*E* 60,4 Mol%/424°	498	$PbCl_2$
$CoCl_2$	735	*E* 93 Mol%/312°	313	$ZnCl_2$
$Co(NO_3)_2$ · $4H_2O$		lückenlos mb.	45,5	$Zn(NO_3)_2$ · $4H_2O$
CoO	1810	lückenlos mb.	1370	FeO
CoO	1810	lückenlos mb.	2800	MgO
CoO	1810	*E* 55 Mol%/1725°	2687	ZrO_2
CoS	1060	lückenlos mb.	1180	FeS
$CoSO_4$	1076	*E* 32 Mol%/729°; *F*(2I·II) 739°; *IF*(I · II) 590°; *E* 60 Mol%/536°; *U*(2I·II) 440°; *U*(II) 595°	1069	K_2SO_4
$CoSO_4$	990	*E* 52 Mol%/575°; *IF*(I·3II) 425°	887	Na_2SO_4
CrO_4K_2	978	*U*(I) 666°; lückenlos mb.; Min. 75 Mol%/740°; *U*(II) 392°	780	CrO_4Na_2
CrO_4K_2	971	*U*(I) 666°; *E* 99 Mol%/393°	396	$Cr_2O_7K_2$
CrO_4K_2	984	*U*(I) 666°; *E* 69 Mol%/650°	770	KCl
CrO_4K_2	976	*U*(I) 670°; *E* 47 Mol%/758°; *F*(I · II) 762°; *E* 70 Mol%/732°; *U*(I · II) 616°	857	KF
CrO_4K_2	978	lückenlos mb.	926	K_2MoO_4
CrO_4K_2	976	*E* 99 Mol%/325°	336	KNO_3
CrO_4K_2	976	*E* 92 Mol%/358°; *U*(II) 375°	403	KOH
CrO_4K_2	971	lückenlos mb.	1072	K_2SO_4
CrO_4K_2	971	*U*(I) 666°; lückenlos mb.; *U*(II) 575°	894	K_2WO_4
$Cr_2O_7K_2$	393	*E*−; *F*(I · II) 310°; *E* 74 Mol%/308°; *U*(II) 350°	360	$Cr_2O_7Na_2$

Verbindung I		Angaben über die Liquiduskurve und das Zustandsdiagramm in % (=Gew.%) oder Mol% der Verbindung II, Temperaturangaben in °C	Verbindung II	
Formel	F in °C		F in °C	Formel
$Cr_2O_7K_2$	395	*E* 28 Mol%/366°	790	KCl
CrO_4Li_2	517	*E* 31,5 Mol%/383°; *F*(I · II) 412°; *E* 53,5 Mol%/408°	790	CrO_4Na_2
CrO_4Li_2	517	*E* 36 Mol%/450°; *F*(I · II) 458°; *E* 53 Mol%/427°; *F*(3I·4II) 430°; *E* 71 Mol%/318°	477	LiOH
CrO_4Na_2	780	*E* 45 Mol%/572°	800	NaCl
Cr_2O_3	>2200	*E* 45 Mol%/≈2200°	2687	ZrO_2
CsCl	632	*E* 17 Mol%/574°	860	Cs_2SO_4
CsCl	639	*IF*(3I · 2II) 320°; *E* 55 Mol%/235°; *F*(I · 2II) 274°; *E* 77 Mol%/218°	422	CuCl
CsCl	632	lückenlos mb.; Min. 34 Mol%/616°	775	KCl
CsCl	630	*U*(I) 397°; *E* 58,5 Mol%/332°	607	LiCl
CsCl	646	*U*(I) 451°; *E* 35 Mol%/493°	819	NaCl
CsCl	629	lückenlos mb.	722	RbCl
CsF	705	*E* 16 Mol%/648°; *F*(I · II) 798°; *E* 54 Mol%/793°	1019	Cs_2SO_4
CsF	705	*E* 45 Mol%/151,5°; *F*(I · II) 176°; *E* 64 Mol%/38,3°; *F*(I · 2II) 50,2°; *E* 71 Mol%/16,9°; *F*(I · 3II) 32,6°; *E* 83 Mol%/−49,5°; *F*(I·6II) −42,3°; *E*−	−85	HF
$CsNO_3$	414	MK mehrerer Typen	169	NH_4NO_3
$CsNO_3$	414	MK mehrerer Typen	316	$RbNO_3$
Cs_2SO_4	860	lückenlos mb.	1076	K_2SO_4
Cs_2SO_4	—	*E* 31 Mol%/680°; *F*(I · II) 738°; *E* 75,5 Mol%/630°; *F*(I·4II) 637°; *E* 89,5 Mol%/620°	852	Li_2SO_4
CuBr	480	*U*(I) 384°; lückenlos mb.; Min. 70 Mol%/408°	419	CuCl
CuCN	473	*E* 24,4 Mol%/280°; *F*(2I·II) 327°; *E* 39,3 Mol%/324°; *F*(I · II) 327°; *E* 57,9 Mol%/277°; *E*(I · 3II) 398°; *E*∼75 Mol%/398°	622,5	KCN
CuCN	473	*E* 26 Mol%/350°; *F*(I·II) 398°; *E* 60 Mol%/370°; *F*(I · 2II) 375°; *E* 67 Mol%/375°; *IF*(I · 3II) 400°	562,3	NaCN
CuCl	422	*E* 13 Mol%/378°	622	$CuCl_2$
CuCl	419	*E* 43 Mol%/284°; *U*(II) 400°	590	CuJ
CuCl	423	*E* nahe I	1230	Cu_2O
CuCl	424	*E* 37,9 Mol%/304°; *F*(I·II) 320°; *E* 81,7 Mol%/263°	298	$FeCl_3$
CuCl	425	*E* 44 Mol%/330°	383	HgCl
CuCl	422	*E* 34 Mol%/150°; *IF*(I·2II) 245°	760	KCl
CuCl	422	*E* 27 Mol%/314°	806	NaCl

Verbindung I		Angaben über die Liquiduskurve und das Zustandsdiagramm in % (=Gew.%) oder Mol% der Verbindung II, Temperaturangaben in °C	Verbindung II	
Formel	F in °C		F in °C	Formel
CuCl	440	*E* 32 Mol%/258°	496	$PbCl_2$
CuCl	422	*E* 32 Mol%/150°; *IF*(3I·2II) 190°; *IF*(I·2II) 250°	717	RbCl
CuCl	424	*E* 64,3 Mol%/171,7°	247,3	$SnCl_2$
CuCl	422	*E* 40 Mol%/122°; *IF*(I·2II) 225°	429	TlCl
CuCl	424	*E* 84,7 Mol%/241,6°	261,5	$ZnCl_2$
$CuCl_2$	622	*E* 46 Mol%/360°; *F*(I·II) 364°; *E* 62 Mol%/320°; *F*(I·2II) 330°; *E* 70 Mol%/325°	760	KCl
$CuO \cdot Fe_2O_3$	455	lückenlos mb.	590	$NiO \cdot Fe_2O_3$
CuJ	605	*E* nahe II	113,6	J_2
CuO	1336	*E* 19,9 Mol%/698°	875	PbO
Cu_2O	1230	*E* 20 Mol%/1175°	2800	MgO
Cu_2S	1140	*E* –; *F*(2I·II) 1090°; *E* 70 Mol%/940°	1191	FeS
Cu_2S	1121	*E* 41 Mol%/540°	1114	PbS
Cu_2S	1115	*E* 24 Mol%/610°; *F*(3I·II) 610°; *E* 49 Mol%/542°; *F*(I·II) 552°; *E* 79 Mol%/490°	545	Sb_2O_3
HF	–83,7	*E* 6,9 Mol%/–97°; *F*(4I·II) 72°; *E* 22,9 Mol%/63,6°; *F*(3I·II) 65,8°; *E* 27,3 Mol%/62,4°; *F*(5I·2II) 64,3°; *E* 30,3 Mol%/61,8°; *F*(2I·II) 71,7°; *E* 35,1 Mol%/68,3°; *F*(I·II) 239°; *E* 51,4 Mol%/229,5°; *U*(I·II) 195°	857	KF
$FeCl_2$	674	lückenlos mb.	712	$MgCl_2$
$FeCl_2$	677	lückenlos mb.	690	$MnCl_2$
$FeCl_2$	677	*E* 53,4 Mol%/421°	498	$PbCl_2$
$FeCl_2$	675	*E* 98 Mol%/≈240°	248	$SnCl_2$
$FeCl_2$	683	*E* nahe II	300	$ZnCl_2$
$FeCl_3$	303	*E* 35 Mol%/221°; *F*(I·II) 295°; *E* 62 Mol%/235°	340 subl.	NH_4Cl
$FeCl_3$	303	*E* 46 Mol%/158°	800	NaCl
$FeCl_3$	298	*E* 36,8 Mol%/178,6°	501	$PbCl_2$
$FeCl_3$	298	*E* 73,5 Mol%/214°	261,5	$ZnCl_2$
FeO	1370	*E* 65 Mol%/920°	1174	FeS
FeO	≈1370	lückenlos mb.	≈2800	MgO
FeO	1370	*E* 33 Mol%/950	—	Na_2O
FeO	1380	*E* 24%/1177°; *F*(2I·II) 29,5%/1205°; *E* 38%/1178°; *Ü*(α-Trid→α-Crist.) 42,5%/1470°; Monotekt. α-Crist. +2 fl. Ph. (58 u. 97%) 1690° s. Abb. 1	1730	SiO_2
FeO	1380	*E* 4,5 Mol%/1305°; *F*(2I·II) 1470°; *E* 39,4 Mol%/1370; *F*(I·II) 1470°; *E* 65,6 Mol%/1330°	1775	TiO_2

Verbindung I		Angaben über die Liquiduskurve und das Zustandsdiagramm in % (=Gew.%) oder Mol% der Verbindung II, Temperaturangaben in °C	Verbindung II	
Formel	F in °C		F in °C	Formel
Fe_2O_3	—	lückenlos mb. s. Abb. 2	—	$FeTiO_3$
Fe_2O_3	1550...1590	*E* 35 Mol%/1520°	2687	ZrO_2
$Fe_2O_3 \cdot NiO$	590	lückenlos mb.	—	Fe_2O_3ZnO
Fe_3O_4	1600	lückenlos mb.	2800	MgO
Fe_3O_4	1591	lückenlos mb.	1565	Mn_3O_4
FeS	1163	*E* 6,5 Mol%/1164°	1610	MnS
FeS	1174	*IF*(I · II) 660°; *E* 57 Mol%/585°	970	Na_2S
FeS	1187	*E* 46,2 Mol%/863°	1114	PbS
FeS	1188	*E* 70 Mol%/785°	870	SnS
FeS	1188	*E* 6,4 Mol%/1180°	1680	ZnS
Ga_2O_3	1741	lückenlos mb.	>2000	In_2O_3
GeO_2	1126	*E* 19,7 Mol%/1006°; *F*(3I · II) 1038°; *E* 46,7 Mol%/789°; *F*(I · II) 797°; *E* 63,7 Mol%/710°	842	GeO_3K_2
GeO_2	1126	*E* 20,5 Mol%/1042°; *F*(3I · II) 1052°; *E* 46,2 Mol%/789°; *F*(I · II) 799°; *E* 53,8 Mol%/778°	1083	GeO_3Na_2
H_2O_2	−1,72	*E* 16 Mol%/−32,2°	770	KCl
H_2O_2	−1,72	*E* 15 Mol%/−14°	800	NaCl
H_2O_2	−1,72	*E* 6,5 Mol%/−15,2°	992	NaF
H_2O_2	−1,72	*E* 22 Mol%/−11°	312	$NaNO_3$
HfC	3880	lückenlos mb.; Max. 80 Mol%/≈3940°	3890	TaC
$HgBr_2$	222	lückenlos mb.; Min. 30 Mol%/215°	265	$HgCl_2$
$HgBr_2$	236	lückenlos mb.; Min. 45 Mol%/216,7°; *U*(II) 127°	255	HgJ_2
$HgBr_2$	240	*E*<1 Mol%/240°	850	$HgSO_4$
$HgCl_2$	281	*E* 48 Mol%/145°	257	HgJ_2
HgCl	383	*E* 55 Mol%/328°; *Ü* 67 Mol%/336°	340	NH_4Cl
HgJ_2	252	*E* 86,2 Mol%/100,8°	113,6	J_2
$InCl_3$	—	*E* 72 Mol%/374°	498	$PbCl_2$
$InCl_3$	—	*E* 96 Mol%/276°	313	$ZnCl_2$
J_2	112,5	*E* 20 Mol%/78°; *F*(3I · 2II) 79,8°; *E* 50 Mol%/77°	682	KJ
J_2	113,6	*E* 66,7 Mol%/64,1°	73,3	$SbCl_3$
J_2	114,5	*E* 93,3 Mol%/80°	165	SbJ_3
J_2	113,5	*E* 38 Mol%/79,6°	143,5	SnJ_4
J_2	113,6	*E* 37 Mol%/90°	440	TlJ
HJ	−46	lückenlos mb.; Min. 71,6 Mol%/−90,8°	−82,6	H_2S
KBO_2	947	*E* 24 Mol%/770°; *F*(I · II) 885°; *E* 88 Mol%/681°	810	KPO_3
KBO_2	947	*E* 57 Mol%/582°; *U*(II) 794°	843	$LiBO_2$
$K_2B_4O_7$	814	*IF*(2I · II) 754°; *E* 72 Mol%/712°	856	KF
KBr	740	lückenlos mb.; Min. 28,5 Mol%/734°	775	KCl

Verbindung I		Angaben über die Liquiduskurve und das Zustandsdiagramm in % (=Gew.%) oder Mol% der Verbindung II, Temperaturangaben in °C	Verbindung II	
Formel	F in °C		F in °C	Formel
KBr	732	*E* 40 Mol%/576°	846	KF
KBr	737	lückenlos mb.; Min. 70 Mol%/ 664°	683	KJ
KBr	760	*E* 75 Mol%/300°; *U*(II) 205°	380	KOH
KBr	730	*E* 60 Mol%/348°	552	LiBr
KBr	740	lückenlos mb.; Min. 54 Mol%/ 638°	760	NaBr
KBr	740	lückenlos mb.; Min. 50 Mol%/ 615°	800	NaCl
			800	NaCl
KBr	740	*E* 91,5 Mol%/435°	457	TlBr
KCN	622	lückenlos mb.	755	KCl
KCN	622	lückenlos mb.; Min. 55 Mol%/ 500°	561,7	NaCN
K_2CO_3	896	*E* 62 Mol%/623°	774	KCl
K_2CO_3	896	*IF*(I · II) 688°; *E* 63 Mol%/ 677°	850	KF
K_2CO_3	896	*E* 96,3 Mol%/326°	336	KNO_3
K_2CO_3	896	lückenlos mb.	1066	K_2SO_4
K_2CO_3	860	*E* 42 Mol%/500°; *F*(I · II) 515°; *E* 61 Mol%/492°	710	Li_2CO_3
K_2CO_3	860	*E* 42 Mol%/500°; *F*(I · II) 515°; *E* 61 Mol%/492°	710	Li_2CO_3
K_2CO_3	896	lückenlos mb.; Min. 55 Mol%/ 712°	860	Na_2CO_3
KCl	775	*E* 87,35 Mol%/345°	370	$KClO_3$
KCl	772	*E* 45 Mol%/606°	850	KF
KCl	775	*E* 52,5 Mol%/598°	680	KJ
KCl	775	*IF*(I · II) 360°; *E* 94 Mol%/320°	337	KNO_3
KCl	775	*IF*(I · II) 592°; *IF*(I · 2II) 448°; *E* 84 Mol%/401°	404	KOH
KCl	774	*E* 15 Mol%/720°	1340	K_3PO_4
KCl	775	*E* 94,5 Mol%/260°	273	KH_2PO_4
KCl	774	*E* 15 Mol%/735°	1088	$K_4P_2O_7$
KCl	778	*E* 40 Mol%/691°; *U*(II) 587°	1074	K_2SO_4
KCl	775	*E* 58 Mol%/358	605	LiCl
KCl	775	*E* 96 Mol%/458°	477	LiOH
KCl	776	*E* 30 Mol%/430°; *F*(2I · II) 433°; *E* 35 Mol%/431°; *F*(I · II) 488°; *E* 62 Mol%/ 470°	712	$MgCl_2$
KCl	776	lückenlos mb.	530	NH_4Cl
KCl	774	*E* 42 Mol%/563°	860	Na_2CO_3
KCl	775	lückenlos mb.; Min. 50 Mol%/ 658°	800	NaCl
KCl	772	*E* 26,5 Mol%/648	990	NaF
KCl	775	*IF*(2I · II) 490°; *E* 52 Mol%/ 412°; *F*(I · 2II) 440°; *E* 77 Mol%/429°	500	$PbCl_2$
KCl	770	lückenlos mb.; Min. 67 Mol%/ 685°	689	RbBr
KCl	775	lückenlos mb	730	RbCl

Verbindung I		Angaben über die Liquiduskurve und das Zustandsdiagramm in % (=Gew.%) oder Mol% der Verbindung II, Temperaturangaben in °C	Verbindung II	
Formel	F in °C		F in °C	Formel
KCl	777	*E* nahe (I · II); *F*(I · II) 224°; *E* 62 Mol%/180°; *F*(I · 3II) 208°; *E* 83 Mol%/201°	239	$SnCl_2$
KCl	775	*E* 28 Mol%/595°; *F*(2I · II) 597°; *E* 43 Mol%/575°; *F*(I · 2II) 638°; *E* 67 Mol% %/638°	870	$SrCl_2$
KCl	775	*E* 92,5 Mol%/426°	429	TlCl
$KClO_3$	365	lückenlos mb.; Min. 89 Mol%/ 236°	258	$NaClO_3$
KF	857	lückenlos mb.; *U*(II) 265°	380	KOH
KF	855	*E* 17,5 Mol%/742°; *IF*(2I·II) 790°; *F*(I · II) 880°; *E* 82 Mol%/604	798	KPO_3
KF	855	*E* 48 Mol%/766°	1340	K_3PO_4
KF	855	*E* 20 Mol%/730°	1088	$K_4P_2O_7$
KF	850	*E* 18 Mol%/786°; *F*(I · II) 887°; *E* 59 Mol%/883°	1076	K_2SO_4
KF	857	*E* 28 Mol%/729°; *F*(I · II) 761°; *E* 60 Mol%/757°; *U*(II) 370°	922	K_2WO_4
KF	856	*E* 50 Mol%/492°	844	LiF
KF	856	*E* 40 Mol%/710°	990	NaF
KF	848	*E* 9 Mol%/797°; *IF*(2I·II) 930°; *F*(I · II) 1130°; *E* 65,5 Mol%/1084°	>1250	NiF_2
KJ	680	*E* 60 Mol%/457°	560	KJO_3
KJ	695	*E* 71 Mol%/250°; *U*(II) 265°	380	KOH
KJ	705	*E* 15 Mol%/660°; *U*(II) 587°	1050	K_2SO_4
KJ	682	*E* 50 Mol%/77°; *F*(2I · 3II) 79,8°; *E* 80 Mol%/78°	112,5	J_2
KJ	682	*E*≈39 Mol%/255°	≈650	MgJ_2
KJ	682	lückenlos mb.	—	NH_4J
KJ	680	*E* 43,5 Mol%/514°	800	NaCl
KJ	680	lückenlos mb.; Min. 58 Mol%/ 586°	670	NaJ
KJ	686	*E* 47,5 Mol%/346°; *F*(I · II) 349°; *E* 69 Mol%/321°	412	PbJ_2
KJ	680	*E* 90 Mol%/438°	440	TlJ
K_2MoO_4	926	lückenlos mb.; Min. 20 Mol%/ 920°; *U*(II) 595°	1066	K_2SO_4
K_2MoO_4	926	*U*(I) 475° lückenlos mb.; *U*(II) 575°	894	K_2WO_4
K_2MoO_4	926	*U*(I) 323°; 458° u. 480°; *E* 40 Mol%/550°; *F*(I · II) 571°; *E* 67,5 Mol%/522°; *U*(I · II) 412°; s. a. Abb. 3	705	Li_2MoO_4

Verbindung I		Angaben über die Liquiduskurve und das Zustandsdiagramm in % (=Gew.%) oder Mol% der Verbindung II, Temperaturangaben in °C	Verbindung II	
Formel	F in °C		F in °C	Formel
K_2MoO_4	926	*U*(I) 480°; *E* 45 Mol%/467°; *F*(I · II) 489°; *E* 53 Mol%/481°; *F*(I · 2II) 571°; *E* 73 Mol%/553°; *F*(I · 3II) 559°; *E* 78 Mol%/547°; *IF*(I · 5II) 589°; *IF*(I · 7II) 646°	795	MoO_3
KNO_2	387	lückenlos mb.; Min. 86 Mol%/320°	336	KNO_3
KNO_2	387	lückenlos mb.; Min. 70 Mol%/230,5°	284	$NaNO_2$
KNO_3	337	*E* 31 Mol%/217°; *F*(I · II) 236,5°; *E* 67 Mol%/223°; *U*(II) 256° u. 375°	403	KOH
KNO_3	339	*U*(I) 120°; *E* 3 Mol%/332°	1096	K_2SO_4
KNO_3	337	*E* 44 Mol%/125°	255	$LiNO_3$
KNO_3	336	*E* 19 Mol%/195°; *F*(2I · II) 225°; *E* 44 Mol%/178°	—	$Mg(NO_3)_2$
KNO_3	340	*E* 88,9 Mol%/156,5°	169,6	NH_4NO_3
KNO_3	337	lückenlos mb.	670	NaJ
KNO_3	337	lückenlos mb.; Min. 50 Mol%/223°	309	$NaNO_3$
KNO_3	340	*E* 23 Mol%/217,8°	zers.	$Pb(NO_3)_2$
KNO_3	336,5	lückenlos mb.; Min. 70 Mol%/291°	312	$RbNO_3$
KNO_3	337	*E* 15 Mol%/275°	645	$Sr(NO_3)_2$
K_2O	—	*F*(I · II) 38,9%/976°; *E* 45,5%/780°; *F*(I · 2II) 56,1%/1045°; *E* 67,6%/742°; *F*(I · 4II) 71,8%/770°; *E* 72,5%/769°; *Ü*(α-Quarz→α-Trid) 74,9%/870°; *Ü*(α-Trid→α-Crist.) 89,7%/1470° s. a. Abb. 4	1730	SiO_2
KOH	403	*U*(I) 256° u. 375°; *E* 29 Mol%/226°; *IF*(I · 2II) 312°	477	LiOH
KOH	360	*U*(I) 248°; lückenlos mb.; Min. 60 Mol%/185°; *U*(II) 299,6°; s. a. Abb. 5	318,4	NaOH
KPO_3	823	*E* 44 Mol%/615°	1097	$K_4P_2O_7$
$K_4P_2O_7$	1090	*U*(I) 275°; lückenlos mb.; Min. 65 Mol%/875°; *U*(II) 395°	994	$Na_4P_2O_7$
K_2S	912	*E* 22 Mol%/730°; *F*(3I · II) 759°; *E* 33 Mol%/587°	1067	K_2SO_4
K_2S	840	*IF*(I · II) 475°; *IF*(I · 2II) ≈250°; *E* 72,5 Mol%/110°; *F*(I · 3II) 144°; *F*(I · 4II) 206°; *E* 83 Mol%/183°; *IF*(I · 5II) 189°; ab 86 Mol% feste Lsg. von K_2S_2 in S bei 188,2°	119	S

Verbindung I		Angaben über die Liquiduskurve und das Zustandsdiagramm in % (=Gew.%) oder Mol% der Verbindung II, Temperaturangaben in °C	Verbindung II	
Formel	F in °C		F in °C	Formel
K_2SO_4	1072	*U*(I) 586°; lückenlos mb.; Min. 65 Mol%/884°; *U*(II) 575°	894	K_2WO_4
K_2SO_4	1076	*E* 40 Mol%/698°; *F*(I · II) 716°; *E* 80 Mol%/535°	845	Li_2SO_4
K_2SO_4	1076	*E*≈36 Mol%/725°; *F*(I · 2II) 930°; *E*≈67 Mol%/875°	1185	$MgSO_4$
K_2SO_4	1076	*E* 40 Mol%/680°; *F*(I · 2II) 845°; *E* 80 Mol%/800°	1030	$MnSO_4$
K_2SO_4	1074	*E* 65 Mol%/540°; an beiden Enden MK$(K, Na)_2SO_4$ und (K, Na)Cl	801	NaCl
K_2SO_4	1076	lückenlos mb.; Min. 80 Mol%/830°	884	Na_2SO_4
K_2SO_4	1076	*E* 45 Mol%/792°; *F*(I · 2II) 948°; *E* 81 Mol%/837°; *U*(I · 2II) 544°	1080	$PbSO_4$
K_2SO_4	1076	lückenlos mb.	890	Rb_2SO_4
K_2SO_4	1096	*E* 42 Mol%/400°; *F*(I · II) 470°; *E* 58 Mol%/440°; *F*(I · 2II) 484°; *E* 78 Mol%/475°	730	$ZnSO_4$
$KHSO_4$	207,1	*E* 83 Mol%/110,5°	144,8	NH_4HSO_4
$KHSO_4$	207,1	*E* 53,5 Mol%/125°	178,3	$NaHSO_4$
K_2WO_4	921	*E* 40 Mol%/603°; *F*(I · II) 632°; *E* 70 Mol%/572°; s.a. Abb. 3	742	Li_2WO_4
K_2WO_4	926	lückenlos mb.; Min. 82 Mol%/646°	705	Na_2WO_4
K_2WO_4	919	*E* 32 Mol%/792°; *F*(I · II) 840°; *E* 59 Mol%/825°	1123	$PbWO_4$
La_2O_3	2315	*E* 45 Mol%/1960°; *F*(I · II) 2030°; *E* 80 Mol%/2000°	2800	MgO
$LiBO_2$	843	*U*(I) 815°; *E* 53 Mol%/737°; *F*(2I · 3II) 742°; *E* 72 Mol%/737°	860	Li_2SO_4
$LiBO_2$	843	*E* 42 Mol%/648°	966	$NaBO_2$
LiBr	549	lückenlos mb.; Min.≈22 Mol%/522°; s.a. Abb. 6	607	LiCl
LiBr	550	*E* 45 Mol%/275°; *IF*(I · 3II) 310°	462	LiOH
LiBr	552	lückenlos mb.; Min. 80 Mol%/525°	742	NaBr
Li_2CO_3	732	*E* 60 Mol%/506°	605	LiCl
Li_2CO_3	732	*E* 98 Mol%/250°	258	$LiNO_3$
Li_2CO_3	732	*E* 60 Mol%/540°	860	Li_2SO_4
Li_2CO_3	735	*E* 47 Mol%/510°; *F*(I · II) 514°; *E* 52 Mol%/510°	860	Na_2CO_3
LiCl	605	*E* 28 Mol%/498°	847	LiF
LiCl	606	*E* 88,2 Mol%/252°	258	$LiNO_3$
LiCl	610	*IF*(I · II) 285°; *E* 63 Mol%/262°	477	LiOH
LiCl	605	*E* 36,5 Mol%/478°; *U*(II) 575°	852	Li_2SO_4

Verbindung I		Angaben über die Liquiduskurve und das Zustandsdiagramm in % (=Gew.%) oder Mol% der Verbindung II, Temperaturangaben in °C	Verbindung II	
Formel	F in °C		F in °C	Formel
LiCl	606	*E* 3 Mol%/598°	1230	Li_3VO_4
LiCl	602	lückenlos mb.; Min. 40 Mol%/570°	712	$MgCl_2$
LiCl	602	lückenlos mb.; Min. 52 Mol%/555°	650	$MnCl_2$
LiCl	614	*E* 50 Mol%/267°; *U*(II) 174°	330 subl.	NH_4Cl
LiCl	605	lückenlos mb.; Min. 27 Mol%/546°	800	NaCl
LiCl	596	*E* 55 Mol%/410°	496	$PbCl_2$
LiCl	607	*E* 42,3 Mol%/316°; *IF*(I · II) 321°	722	RbCl
LiCl	602	*E* 48 Mol%/473°	872	$SrCl_2$
LiF	845	*E* 62 Mol%/617°	702	Li_2MoO_4
LiF	870	*E* 80 Mol%/430°	462	LiOH
LiF	845	*E* 62 Mol%/642°	740	Li_2WO_4
LiF	844	lückenlos mb.; Min. 33 Mol%/742°	1270	MgF_2
LiF	844	*E* 39 Mol%/652°	990	NaF
LiJ	440	*E* 45 Mol%/180°; *IF*(I · 4II) 310°	462	LiOH
$LiNO_3$	255	*E* 13 Mol%/252°; *U*(II) 574°	860	Li_2SO_4
$LiNO_3$	258	*E* 12 Mol%/233°	800	NaCl
$LiNO_3$	253	*E* 53 Mol%/206°	308	$NaNO_3$
$LiNO_3$	254	*E* 35 Mol%/179,5°; *F*(I · II) 191°; *E* 68 Mol%/154°	312	$RbNO_3$
Li_2O (0...60 %	≈1700	*U*(I→2I · II) 50,9%/1255°; *E* 52,9%/1024°; *F*(I · II) 66,8%/1201°; *Ü*(I · II→I·2II) 80,1%/1033°; *E* 82,2%/1028°; *Ü*(α-Trid→α-Crist.) 91%/1470°	1730	SiO_2
LiOH	477	*E* 93 Mol%/≈290°	309	$NaNO_3$
LiOH	477	*IF*(I · II) 254°; *E* 63 Mol%/238°	320	NaOH
Li_2SO_4	856	*E* 35 Mol%/585°	1030	$MnSO_4$
Li_2SO_4	852	lückenlos mb.; Min. 40 Mol%/596°	884	Na_2SO_4
Li_2SO_4	856	*E* 16,6 Mol%/746°	1605	$SrSO_4$
Li_2WO_4	742	*E* 20 Mol%/696°, *F*(I · II) 745°; *E* 55 Mol%/740°; *IF*(I · 3II) 800°	—	WO_3
$MgBr_2$	711	*E* 59 Mol%/431°	742	NaBr
$MgCl_2$	712	*E* 19 Mol%/656°	1185	$MgSO_4$
$MgCl_2$	712	*IF*(I · II) 465°; *E* 62 Mol%/450°; *IF*(I · 2II) 485°	790	NaCl
$MgCl_2$	711	*E* nahe II	245	$SnCl_2$
$MgCl_2$	712	*E* 49,5 Mol%/535°	872	$SrCl_2$
$MgCl_2$	711	*E* nahe II	271	$ZnCl_2$
MgF_2	1270	*E* 36 Mol%/1000°; *F*(I · II) 1030°; *E* 75 Mol%/830°	990	NaF

Verbindung I		Angaben über die Liquiduskurve und das Zustandsdiagramm in % (=Gew.%) oder Mol% der Verbindung II, Temperaturangaben in °C	Verbindung II	
Formel	F in °C		F in °C	Formel
MgF_2	1396	*E* 37,5 Mol%/883°; *F*(I · II) 912°; *E* 66,5 Mol%/792°; *F*(I · 2II) 792°; *E* 81 Mol%/686°	780	RbF
$Mg(NO_3)_2$	—	*E* 67 Mol%/136°	310	$NaNO_3$
MgO	2800	*E* 67 Mol%/1600°	zers.	MgS
MgO	2800	lückenlos mb.	1560	Mn_3O_4
MgO	2800	lückenlos mb.	1990	NiO
MgO	≈2800	*E*≈38%/1850°; *F*(2I · II) 42,7%/1890°; *Ü*(2I · II→I · II) ≈62%/1557°; *E* 65%/1543°; Monotekt. α-Crist. + 2 fl. Ph. (70 u. 99,2%) 1698°	1730	SiO_2
MgO	2800	*E* 50 Mol%/1935°	2430	SrO
MgO	—	*E* 21 Mol%/1707°; *F*(2I · II) 1732°; *E* 44 Mol%/1583°; *F*(I · II) 1630°; *E* 56 Mol%/1592°; *F*(I · 2II) 1652°; *E* 86 Mol%/1606°	1840	TiO_2
MgO	2800	lückenlos mb.; Min. 40 Mol%/2080°	2780	ThO_2
MgO	2800	*E* 51 Mol.%/2070°	2715	ZrO_2
$MgSO_4$	1185	*E* 65 Mol%/642°	800	NaCl
$MgSO_4$	1185	*IF*(3I · II) 818°; *E* 55 Mol%/668°	884	Na_2SO_4
$MnCl_2$	650	*IF*(2I · II) 441°; *E* 50 Mol%/425°; *IF*(I · 4II) 445°	803	NaCl
$MnCl_2$	650	*E* 70 Mol%/408°	495	$PbCl_2$
$MnCl_2$	650	*E* nahe II	275	$ZnCl_2$
MnO	1585	*E* 45 Mol%/1285°	1620	MnS
MnO	1785	*E* 31 Mol%/1320°; *F*(2I · II) 1455°; *IF*(I · II) 1360°; *E* 61 Mol%/1290°	1775	TiO_2
$MnSO_4$	1030	*E*—; *F*(3I · II) 715°; *E* 45 Mol%/645°	887	Na_2SO_4
MoO_3	795	*E* 22 Mol%/507°; *IF*(3I · II) 515°; *IF*(2I · II) 528°; *F*(I · II) 612°; *E* 74 Mol%/556°; *U*(II) 423°, 580 °u. 621°	687	MoO_4Na_2
MoO_3	795	*E* 2 Mol%/765°...770°	1473	WO_3
MoO_4Na_2	698	lückenlos mb.; Min. 30 Mol%/680°	884	Na_2SO_4
MoO_4Na_2	692	*U*(I) 431°, 587°, 619°; lückenlos mb.; Min. 30 Mol%/685°; *U*(II) 564°, 588°	698	Na_2WO_4
MoO_4Pb	1065	*E* 47,8 Mol%/962°	1170	$PbSO_4$
HNO_3	−42	s. Abb. 7	−10,2	N_2O_4
N_2O_3	−102	*E* 13,7 Mol%/−107°	−11,3	N_2O_4
N_2O_4	−9,5	*E* 9 Mol%/−15,8°	41	N_2O_5
N_2O_4	−11,3	*E* 92,3 Mol%/−84,2°	−75,7	SO_2
NH_4Br	542	lückenlos mb.; Min. 65 Mol%/512°	520	NH_4Cl

Verbindung I		Angaben über die Liquiduskurve und das Zustandsdiagramm in % (=Gew.%) oder Mol% der Verbindung II, Temperaturangaben in °C	Verbindung II	
Formel	F in °C		F in °C	Formel
NH_4Cl	591	*E* 83 Mol%/141°	169,6	NH_4NO_3
NH_4Cl	340	*F*(4I·II) 340°; *F*(3I·II) 340°; *F*(2I·II) 340°; *E* 51 Mol%/179°; *F*(I·2II) 250°; *E* 67 Mol%/232°; *V*(4I·II), *V*(3I·II) u. *V*(2I·II) im Gleichgew. mit fl. $ZnCl_2$ u. NH_4Cl-Dampf	383	$ZnCl_2$
NH_4NO_3	169,6	*E* 19,5 Mol%/120,8°	312	$NaNO_3$
NH_4NO_3	169	*E* 33 Mol%/131,5°	zers.	$Pb(NO_3)_2$
$NaBO_2$	966	*F*(I·II) ? 800°; 5...25 Mol% und 60...75 Mol% glasig	610	$NaPO_3$
NaBr	760	lückenlos mb.; Min. 28 Mol%/731°	800	NaCl
NaBr	740	*E* 23 Mol%/642°	997	NaF
NaBr	760	lückenlos mb.; Min. 68 Mol%/636°	670	NaJ
NaBr	765	*E* 79 Mol%/260°	310	NaOH
NaBr	765	*E* 40 Mol%/645°	880	Na_2SO_4
NaCN	562	*E* 50 Mol%/490°	—	NaCNO
NaCN	562	*E* 14 Mol%/550°	850	Na_2CO_3
NaCN	562,5	lückenlos mb.	795	NaCl
Na_2CO_3	860	*E* 57 Mol%/638°	800	NaCl
Na_2CO_3	860	*E* 39 Mol%/690°	996	NaF
Na_2CO_3	854	*E* 97,5 Mol%/304°	310	$NaNO_3$
Na_2CO_3	854	*E* 90 Mol%/286°; *U*(II) 294°	320	NaOH
Na_2CO_3	852	*E* 50 Mol%/795°	1180	Na_2S
Na_2CO_3	820	lückenlos mb.; Min. 33 Mol%/790°	859	Na_2SO_4
NaCl	800	*E* 85 Mol%/417°	482 zers.	$NaClO_4$
NaCl	800	*E* 33,5 Mol%/676°	996	NaF
NaCl	800	*E* 63 Mol%/570°	670	NaJ
NaCl	800	lückenlos mb.; Min. nahe II	281,5	$NaNO_2$
NaCl	800	*E* 95,2 Mol%/304°	312	$NaNO_3$
NaCl	800	*E* 7 Mol%/775°	≈1550	Na_3PO_4
NaCl	800	*E* 21,5 Mol%/724°	990	$Na_4P_2O_7$
NaCl	800	*E* 48 Mol%/628°	884	Na_2SO_4
NaCl	801	*E* 76 Mol%/589°	636	$NaVO_3$
NaCl	798	*E* 72 Mol%/411°	493	$PbCl_2$
NaCl	819	*E* 54 Mol%/541°	726	RbCl
NaCl	800	*E* 69 Mol%/183°	239	$SnCl_2$
NaCl	798	*E* 50 Mol%/565°	870	$SrCl_2$
NaCl	800	*E* 14,5 Mol%/738°; *U*(II) 1150°	≈1600	$SrSO_4$
NaCl	806	*E* 82 Mol%/412°	429	TlCl
NaCl	800	*IF*(2I·II) 410°; *E* 58,5 Mol%/262°	318	$ZnCl_2$
NaF	990	*E* 82 Mol%/603°	670	NaJ
NaF	922	*IF*(I·II) 673°; *E* 85 Mol%/627°; *U*(II) 426°, 582°, 620°	689	Na_2MoO_4
NaF	955	*E* 30 Mol%/850°	≈1510	Na_3PO_4

Verbindung I		Angaben über die Liquiduskurve und das Zustandsdiagramm in % (=Gew.%) oder Mol% der Verbindung II, Temperaturangaben in °C	Verbindung II	
Formel	F in °C		F in °C	Formel
NaF	997	*E* 40 Mol %/772°; *F*(I · II) 781°; *E* 70 Mol %/742°	884	Na_2SO_4
NaF	992	*IF*(I · II) 693°; *E* 80 Mol %/635°	692	Na_2WO_4
NaF	1040	*E* 67 Mol %/540°	855	PbF_2
NaF	992	*E* 67 Mol %/644°	780	RbF
NaJ	665	*IF*(3I · 2II) 295°; *E* 82 Mol %/225°; *U*(II) 290°	310	NaOH
$NaNO_3$	311	*E* 27 Mol %/245°; *F*(I · II) 272°; *E* 58 Mol %/262°; *F*(I · 2II) 272°; *E* 81 Mol %/256°; *U*(II) 296°	320	NaOH
$NaNO_3$	310	*E* 13 Mol %/300°	883	Na_2SO_4
$NaNO_3$	310	*E* 15,8 Mol %/275°	zers.	$Pb(NO_3)_2$
$NaNO_3$	312	*E* 55 Mol %/178,5°	312	$RbNO_3$
$NaNO_3$	308	*E* 77 Mol %/162°	206	$TlNO_3$
NaOH	318	*E* 22 Mol %/241°; *F*(2I · II) 278°; *E* 64 Mol %/237°	301	RbOH
$NaPO_3$	619	*E* 15 Mol %/552°; *IF*(I · II) 662°	972	$Na_4P_2O_7$
Na_2S	1040	*E* 59,5 Mol %/740°	888	Na_2SO_4
Na_2SO_4	888	lückenlos mb.; Min. 70 Mol %/662°	698	Na_2WO_4
Na_2SO_4	884	*E* 53 Mol %/735°; *U*(II) 860°	1170	$PbSO_4$
Na_2SO_4	887	*E* —; *F*(3I · II) 965°; *E* 50 Mol %/955°	1225	$SrSO_4$
Na_2WO_4	695	*E* 20 Mol %/605°	1123	$PbWO_4$
Na_2WO_4	700	*E* 22 Mol %/629°; *F*(I · II) 738°; *E* 52,5 Mol %/730°; *IF*(I · 3II) 784°	—	WO_3
NbC	3500	lückenlos mb.	3890	TaC
NbC	3500	lückenlos mb.; Min. 80 Mol %/2830°	2860	W_2C
NbC	3500	lückenlos mb.	3530	ZrC
NiO	1990	*E* 30 Mol %/1950°	2687	ZrO_2
PBr_3	−40	*E* nahe I	93	$SbBr_3$
PBr_5	108	lückenlos mb.	−46	S_2Br_2
PCl_3	−92	*E* nahe I	149	PCl_5
H_3PO_3	73,6	*E* 61 Mol %/−13,0°	35,0	H_3PO_4
$PbCl_2$	499	*E* 22 Mol %/438°; *IF*(I · II) 522°; *F*(I · 2II) 693°; *E* 70 Mol %/690°; *F*(I · 4II) 711°; *E* 84 Mol %/703°	835	PbO
$PbCl_2$	499	*E* 22,5 Mol %/442°	1106	PbS
$PbCl_2$	496	*E* 4 Mol %/474°	1080	$PbSO_4$
$PbCl_2$	500	lückenlos mb.; Min. 80 Mol %/308°	310	$ZnCl_2$
PbF_2	824	*IF*(4I · II) 573°; *IF*(I · II) 432°; *E* 90 Mol %/383°	400	PbJ_2
PbF_2	824	*E* 54 Mol %/494°	892	PbO
$Pb(NO_3)_2$	zers.	*E* 87,8 Mol %/175,5°	206,2	$TlNO_3$

Verbindung I		Angaben über die Liquiduskurve und das Zustandsdiagramm in % (=Gew.%) oder Mol% der Verbindung II, Temperaturangaben in °C	Verbindung II	
Formel	F in °C		F in °C	Formel
PbO	883	*E* 25 Mol%/790°	1110	PbS
PbO	886	*Ü*(I→4I · II) 6,3%/725°; *U*(α→β 4I · II) 6%/720°; *E* 8,2%/714°; *F*(2I · II) 11,9%/743°; *E* 15,4%/716°; *F*(I · II) 21,2%/764°; *E* 29,6%/732; *Ü*(α-Quarz→α-Trid.) ≈29%/870°	1730	SiO_2
PbS	1120	*IF*(2I · II) 609°; *IF*(5I·4II) 570°; *E* 80 Mol%/485°; *U*(5I · 4II) 523°	546	Sb_2O_3
PbS	1110	MK 53...100% bei 890°	880	SnS
PbS	1108	*E* 45 Mol%/282°	448,5	Tl_2S
PbS	1114	*E* 17,6 Mol%/1044°	1675	ZnS
$PbWO_4$	1123	*E* 82,5 Mol%/837°	844	$PbCrO_4$
RbCl	730	*E* 20 Mol%/642°	890	Rb_2SO_4
RbCl	726	*E* 28 Mol%/542°; *F*(I · II) 705°; *E* 66 Mol%/623°	872	$SrCl_2$
RbF	794	*E* 14 Mol%/723°; *F*(I · II) 856°; *E* 57 Mol%/847°	1051	Rb_2SO_4
SO_2	−75,1	*E* 28,5 Mol%/−84,5°	−54,1	SO_2Cl_2
SO_2Cl_2	−54,1	*E* 22,7 Mol%/−66,4°; *F*(2I·II) −19,1°; *E* 46 Mol%/−39,1°	16,8	SO_3
HSO_3Cl	−80	*E* 13,9 Mol%/−109,3°	10,4	H_2SO_4
H_2SO_4	10,4	*E* 26,9 Mol%/−12°	36	$H_2S_2O_7$
H_2SO_4	10,3	*E* 11,4 Mol%/3,2°	56,0	H_2SeO_4
$H_2SO_4 \cdot H_2O$	95	*E* 30 Mol%/5°	24,0	$H_2SeO_4 \cdot H_2O$
$H_2SO_4 \cdot 4H_2O$	−28,8	lückenlos mb.	−50,5	$H_2SeO_4 \cdot 4H_2O$
$SbBr_3$	93	lückenlos mb.; Min. 30 Mol%/54°	73	$SbCl_3$
$SbBr_3$	93	lückenlos mb.; Min. 15 Mol%/84°	165	SbJ_3
$SbCl_3$	73	*E* 95 Mol%/2°	4	$SbCl_5$
$SbCl_3$	73	*E* 18 Mol%/41,5°; (ML 0...55 Mol%)	165	SbJ_3
Sb_2O_3	656	*E* 75 Mol%/485°	546	Sb_2S_3
Sb_2S_3	546	*E* 36 Mol%/461°; *IF*(I·II) 510°	880	SnS
$SiBr_4$	5	*E* 87 Mol%/−67°	−65	$SiCl_4$
$SiBr_4$	5	*E* 8 Mol%/3°	120	SiJ_4
$SiCl_4$	−65	*E* nahe I	120	SiJ_4
$SiCl_4$	−70,3	*E* nahe I	−24,8	$TiCl_4$
SiO_2	1730	Monotekt. α-Crist.+2 fl. Ph.; (2,4 u. ≈30%) 1698°; *Ü*(α-Crist.→α-Trid.)≈44%/1470°; *E* 46,5%/1358°; *F*(I·II) 63,2%/1580°; *E* 65,5°/1545°; *F*(I · 2II) 77,2%/>1755°	—	SrO

Verbindung I		Angaben über die Liquiduskurve und das Zustandsdiagramm in % (=Gew.%) oder Mol% der Verbindung II, Temperaturangaben in °C	Verbindung II	
Formel	F in °C		F in °C	Formel
$SnCl_2$	241	*E* 28 Mol%/178°; *F*(I · II) 244°; *E* 57 Mol%/233°; *F*(I · 3II) 310°; *E* 80 Mol%/299°	435	TlCl
$SnCl_2$	247,2	*E* 43,9 Mol%/171°	261,5	$ZnCl_2$
$SnCl_4$	−36,2	lückenlos mb.	−24,8	$TiCl_4$
$SrBr_2$	650	lückenlos mb.; Min. 70 Mol%/470°	528	SrJ_2
$SrCl_2$	863	*E* 14 Mol%/763°; *F*(I · II) 960°; *E* 58 Mol%/944°	1400	SrF_2
$SrCl_2$	875	*E* 5 Mol%/825°; *F*(4I·II) 1000°; *E* 28 Mol%/950°; *IF*(I · 2II) 1022°	2430	SrO
SrO	2430	*E* 38 Mol%/2220°; *F*(I · II) >2700°; *E* 74 Mol%/2160°	2687	ZrO_2
TaC	3890	lückenlos mb.	3090	TaN
TaC	3890	lückenlos mb.; Min. 85 Mol%/2780°	2860	W_2C
TaC	3890	lückenlos mb.; Max. 20 Mol%/3940°	3530	ZrC
Te	453	*E* 22,4 Mol%/200°; 3 verschiedene MK	363	$TeBr_4$
Te	453	*E* 23,5 Mol%/205°; 3 verschiedene MK	223	$TeCl_4$
ThO_2	3055	*E* 75,5 Mol%/1625°	1855	TiO_2
ThO_2	>3200	lückenlos mb.	2875	UO_2
ThO_2	3050	lückenlos mb.	2687	ZrO_2
TiC	3140	lückenlos mb.; Max. 50 Mol%/3180°	2950	TiN
TiO_2	1830	lückenlos mb.; Min.≈42 Mol%/≈1600°	2680	ZrO_2
TlBr	455	lückenlos mb.; Min. 60 Mol%/423°	428	TlCl
TlCl	431	*E* 48 Mol%/316°	426	TlJ
TlCl	429	*E* 22 Mol%/358°	632	Tl_2SO_4
TlCl	435	*E* 23 Mol%/334°; *F*(2I·II) 352°; *E* 52 Mol%/193°; *F*(I · 2II) 226°; *E* 70 Mol%/214°	275	$ZnCl_2$
ZnO	≈1970	*E* 30 Mol%/1810°	2687	ZrO_2

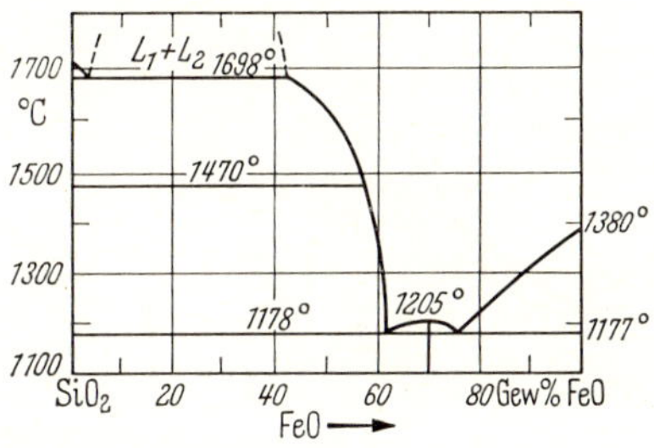

SiO_2—FeO

Abb. 1. *F* SiO_2 (Cristobalit) 1710° C; *F* FeO_2 (Wüstit) 1380° C; *U* (Tridymit⇌Cristobalit) 1470° C; *F* 2 FeO · SiO_2 (Fayalit) 1205° C

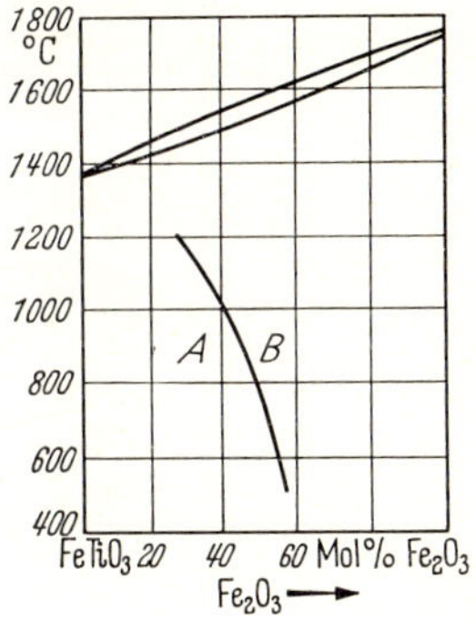

$FeTiO_3$—Fe_2O_3

Abb. 2. *A* geordnet Ilmenit ($FeTiO_3$), Strukturtyp: C_{3i}^{2}, $R\overline{3}$; *B* ungeordnet Hämatit (Fe_2O_3), Strukturtyp: D_{3d}^{6}, $R\overline{3}c$

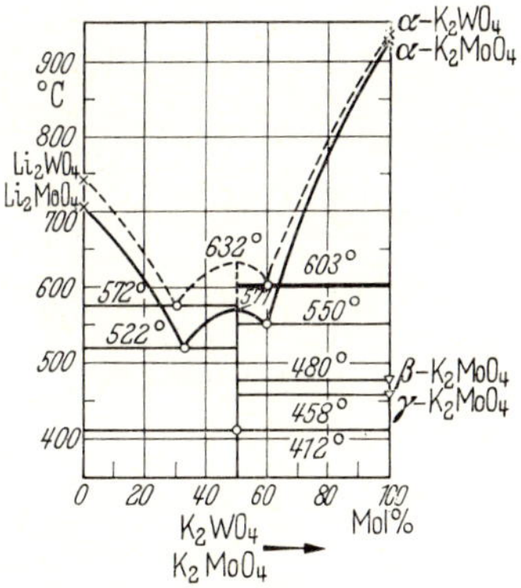

Abb. 3

Li_2WO_4—K_2WO_4 und Li_2MoO_4—K_2MoO_4
F($LiWO_4$) 742° C; *F*(K_2WO_4) 930° C
F($LiMoO_4$) 705° C; *F*(Li_2WO_4 · K_2WO_4) 632° C
F(K_2MoO_4) 922° C; *F*($LiMoO_4$ · K_2MoO_4) 571° C
U(α-K_2MoO_4⇌β-K_2MoO_4) 480° C
U(β-K_2MoO_4⇌γ-K_2MoO_4) 458° C
U(γ-K_2MoO_4⇌δ-K_2MoO_4) 323° C
U(Li_2MoO_4 · K_2MoO_4) 412° C

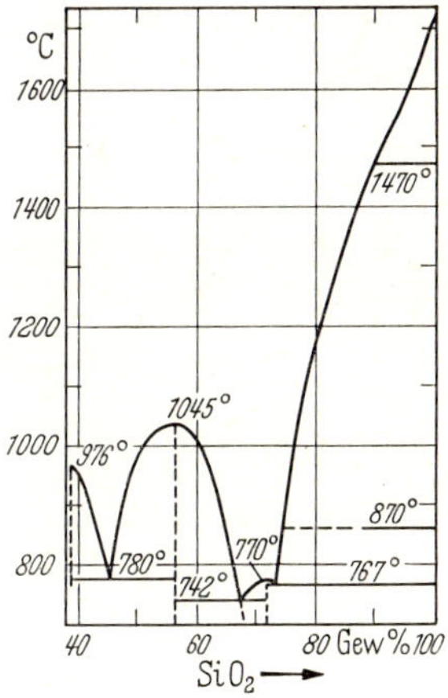

Abb. 4. K_2O—SiO_2

U α-Quarz⇌Tridymit 870° C
U Tridymit⇌Cristobalit 1470° C
F Cristobalit 1710° C
F(K_2O · SiO_2) 976° C; *F*(K_2O · 2 SiO_2) 1045° C
F(K_2O · 4 SiO_2) 770° C

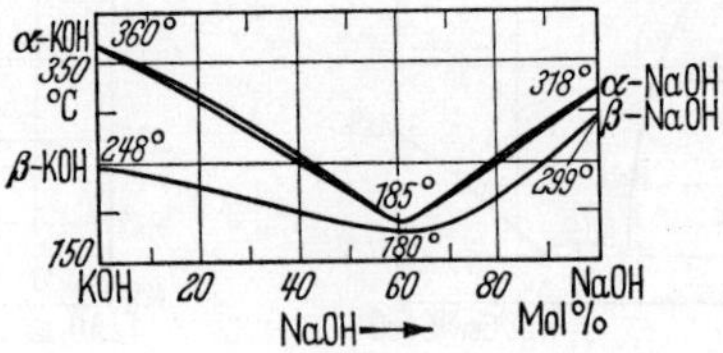

Abb. 5. KOH—NaOH

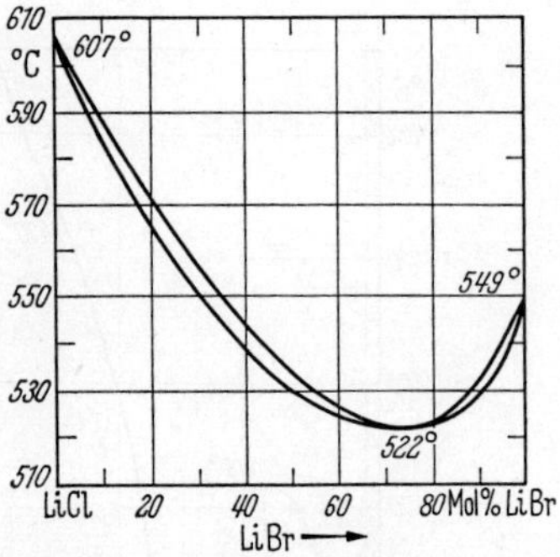

Abb. 6. LiBr—LiCl

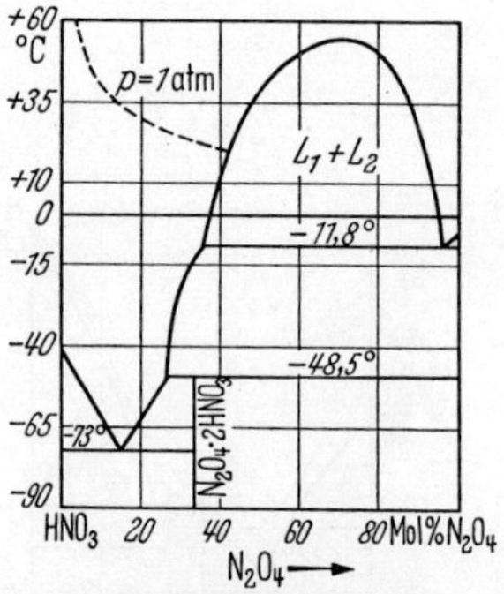

Abb. 7. HNO_3—N_2O_4

427122a. Lösungsgleichgewichte anorganischer Stoffe in Wasser

Betreffs der Bezeichnungen siehe Einleitung S. 1045 f.

Verbindung	Lösungsgleichgewicht in Gew.% der Verbindung bei ϑ in °C							Angaben über die Liquiduskurve
	0°	10°	20°	40°	60°	80°	100°	
AgBr			$1 \cdot 10^{-5}$	$3 \cdot 10^{-5}$	$7{,}5 \cdot 10^{-5}$	$1{,}6 \cdot 10^{-4}$	$2{,}5 \cdot 10^{-4}$	
AgCl	$5 \cdot 10^{-5}$		$1{,}6 \cdot 10^{-4}$	$3{,}5 \cdot 10^{-4}$	$7 \cdot 10^{-4}$	$1{,}3 \cdot 10^{-3}$	$2 \cdot 10^{-3}$	
$AgClO_4$	80	82	84	85,5	87	88	89	E(Eis+2) 73,9 %/−58,2°; $Ü$(1→0) 86,5 %/43°
$AgCrO_4$	$1{,}5 \cdot 10^{-3}$	$2 \cdot 10^{-3}$	$2{,}9 \cdot 10^{-3}$	$4{,}4 \cdot 10^{-3}$	$6{,}5 \cdot 10^{-3}$			
$AgNO_3$	53,49	61,45	68,30	77,0	82,49	86,70	91,10	E(Eis+0) 46,9 %/7,57°
Ag_2O			$1{,}6 \cdot 10^{-3}$	$3{,}6 \cdot 10^{-3}$	$4{,}75 \cdot 10^{-3}$	$5{,}5 \cdot 10^{-3}$		
Ag_2SO_4			0,784	0,941	1,108	1,283	1,48	
$AlCl_3$	31,0	31,3	31,6	32,0	32,2	32,5	33,0	Bdk. $6\,H_2O$
$Al(NO_3)_3$	38,1	40,1	41,9	45,6	50,0	59,4	61,3	E(Eis+9) 30,5 %/−27°; F(9) 56,8 %/72° E(9+8) 59 %/71°; $Ü$(8→6) 82 %/102°
$Al_2(SO_4)_3$	23,9	25,0	26,9	31,5	36,4	41,7	47,0	E(Eis+18) 23,1 %/−4°
$CsAl(SO_4)_2$	0,2	0,3	0,4	0,8	2,0	5,2	17,2	F(12) 62,0 %/122°
$KAl(SO_4)_2$	3,0	4,0	5,5	10,2	19,5	33,5	60,8	F(12) 54,5 %/92,5°; E(12+x) 56,8 %/91,5°
$NaAl(SO_4)_2$	27,5	28,2	28,8	30,6				
$NH_4Al(SO_4)_2$	2,5	3,9	5,5	10,5	18,0	30,5	57,8	E(Eis+12) 2,59 %/−0,2°; F(12) 52,2 %/95° E(12+x) 53,7 %/94,5°
$RbAl(SO_4)_2$	0,8	1,1	1,4	3,1	7,0	17,7	38,0	F(12) 58,5 %/109°
$TlAl(SO_4)_2$	3,05	4,398	6,19	12,66	26,03			
H_3AsO_4	*35,5*	*99,3*	*44,5*	*55*	*59*	*63,5*	*68,2*	Mol % H_3AsO_4; $2\,H_3AsO_4 \cdot \frac{1}{2}\,H_2O = As_2O_5 \cdot 4\,H_2O$; E(Eis+$As_2O_5 \cdot 4$) ***22*** Mol % H_3AsO_4/−59°; $Ü$($As_2O_5 \cdot 4 \rightarrow As_2O_5 \cdot \frac{5}{3}$)/*53* Mol % H_3AsO_4/30°
$CsAuCl_4$	—	0,5	0,9	3,2	8,2	16,3	27,5	
$KAuCl_4$		27,6	38	59,2	80,4			

Verbindung	Lösungsgleichgewicht in Gew.% der Verbindung bei ϑ in °C							Angaben über die Liquiduskurve
	0°	10°	20°	40°	60°	80°	100°	
$LiAuCl_4$		53	57,5	67,3	76,4	85,5		
$NaAuCl_4$		58,2	60	69,4	90			
$RbAuCl_4$		4,6	9	17,5	26,6	35,3	44,2	
H_3BO_2 s. Ergänzungstabelle								
$BaBr_2$	48,2	49,0	49,8	51,4	53,0	55,0	57,0	*E*(Eis+2) 46,6 %/−22,6°; Ü(2→1) 58,5 %/113°; Ü(1→0) 83 %/350°
$BaCl_2$	23,5	25,0	26,0	29,0	31,6	34,2	37,0	*E*(Eis+2) 22,5 %/−7,8°; Ü(2→1) 37,5 %/102°; Ü(1→0) 50 %/270°; *L*: 150° 39 %; 200° 41 %; 250° 46 %; 300° 49,7 %
BaF_2		0,16	0,15	0,13	0,11	0,09	0,08	*L* 150° 0,05 %; 200° 0,032 %
BaJ_2	62,8	64,5	66,5	69,6	70,5	71,6	73,0	Ü(6?→2) 69,3 %/34,5°
$Ba(NO_2)_2$	31	36	41	52	59	67,8	76	*E*(Eis+1 β) 29,4 %/−5,9°; Ü(1 β→1 α) 52 %/40°
$Ba(NO_3)_2$	4,95	6,0	8,0	12,0	17,0	21,5	25,0	*E*(Eis+0) 4,56 %/−0,55°; *L*: 150 35 %; 200° 44 %; 300° 61 %; 400° 79 %
$Ba(OH)_2$	1,50	2,5	3,9	7,9	17,5	53,5	63,1	*E*(Eis+8) 1,65 %/−0,5°; Ü(8→3) 52,4 %/77,9°; Auftreten mst. Ph.
BaS	2,91	4,76	7,25	13,71	21,88	33,28	38,0	Ü(6→?) 40,2 %/90°
$BaSO_3$			$19{,}7 \cdot 10^{-3}$				$1{,}7 \cdot 10^{-3}$	
$BaSO_4$	$1{,}7 \cdot 10^{-4}$	$2{,}14 \cdot 10^{-4}$	$2{,}5 \cdot 10^{-4}$	$3{,}2 \cdot 10^{-4}$	$3{,}5 \cdot 10^{-4}$	$3{,}8 \cdot 10^{-4}$	$3{,}9 \cdot 10^{-4}$	
BaS_2O_3		0,19	0,249	0,328	0,398			
$BaSiF_6$	0,015	0,018	0,022	0,029	0,036			*L* 70° 0,041 %; 78° 0,044 %;
$Be(NO_3)_2$	49,5	50,5	52,0	55,5	63,0			Bdk. $4\,H_2O$; *F*(4) 64,8 %/61°
$BeSO_4$	26,2	27,0	28,0	31,0	38,8	37,5	30,0	*E*(Eis+5) 24,0 %/−18,5; Ü(5→4) 25,0 %/−16,9°; Ü(4→1) 76°/41,14 %
Br [1]	*0,4*	*0,84*	*0,78*	*0,77*	*0,82*			Mol %; *E*(Eis+8)[1] *0,49* Mol %/−0,3°; Ü(8→0)[1] *0,855* Mol %/5,84°
HBr s. Ergänzungstabelle								

HCN s. Ergänzungstabelle								
HCNO s. Ergänzungstabelle								
$CaBr_2$	55,5	57,0	59,0	68,0	73,5	74,3	75,4	*F*(6) 65 %/34°; *E*(6+4 ?) 67 %/34°; *Ü*(4 ?→2 ?) 73 %/54°
$CaCO_3$			$1{,}5 \cdot 10^{-3}$				$2 \cdot 10^{-3}$	
$CaCl_2$	37,0	39,5	42,5	56,0	58,0	59,5	61,2	*E*(Eis+6) 30,2 %/−49,8°; *Ü*(6→4) 50,1 %/29,8°; *Ü*(4→2) 56,6 %/45,3°; *Ü*(2→1) 74,8 %/175,5°; *L* 120° 63,2 %; 160° 69 %; 200° 75,7 %; 240° 77 %
$Ca(ClO_3)_2$	63,7	65,0	66,2	69,4	73,1	77,1	78,5	*E*(Eis+6) 45,5 %/−41°; *Ü*(6→4) 55 %/−26,8°; *Ü*(4→2) 62,7 %/−7,8°; *Ü*(2→0) 77 %/76°; *L* 120° 79,7 %; 200° 85 %; Abb. 1
$Ca_2Fe(CN)_6$	32,0	33,5	35,5	39,7	44,2	44		*E*(Eis+11) 30,45 %/−10,1°; *Ü*(11→ ?) 44 %/50°
$CaHPO_4$				0,014	0,018		0,025	Bdk. $0H_2O$; *L* 25° 0,01 %; Bdk. $2H_2O$
CaJ_2	66,0	66,4	67,0	70,8				*F*(6) 73 %/42°; *E*(6+*x*) 74 %/41,5°
$Ca(JO_3)_2$	0,10	0,15	0,25	0,505	0,62	0,68		*Ü*(6→1) 0,48 %/33°; *Ü*(1→0) 0,62 %/57,5°
$CaMoO_4$	$4 \cdot 10^{-3}$		$5 \cdot 10^{-3}$		$9 \cdot 10^{-3}$		$2{,}4 \cdot 10^{-2}$	
$Ca(NO_2)_2$	39,0	43,0	47,0	55,2	57,3	60,3	64	*E*(Eis+4) 34,2 %/−20°; *Ü*(4→1) 55 %/34,5°
$Ca(NO_3)_2$	50,0	53,0	56,0	65,2	78,0	78,2	78,6	*E*(Eis+4) 42,9 %/−28,7°; *F*(4α) 69,5 %/42,7°; *E*(4α+3) ≈69,6 %/42,6°; *F*(3) 75,25 %/51,1°; *E*(3+2) ≈77 %/50,6°; *Ü*(2→0) 77,8 %/51,6°. Auftreten mst. Ph.
$Ca(OH)_2$	0,19	0,18	0,17	0,13	0,11	0,087	0,066	*L* 120° 0,048 %; 160° 0,002 %
CaS				0,11	0,14	0,2		
$CaSO_3$		0,132	0,134	0,135	0,134	0,132	0,13	
$CaSO_4$	0,176	0,193	0,199	0,21	0,15	0,1	0,065	*Ü*(2→0) ≈0,21 %/42°; *Ü*(mst. 2→mst.½) 0,17 %/97°; *L* 120° 0,04 %; 200° 0,008 %

[1] Die Mol% sind auf Br bezogen, die Verbindung ist $Br_2 \cdot 8\,H_2O$.

Verbindung	Lösungsgleichgewicht in Gew.% der Verbindung bei ϑ in °C							Angaben über die Liquiduskurve
	0°	10°	20°	40°	60°	80°	100°	
$CdBr_2$	36,0	42,8	49,0	60,8	61,0	61,2	61,7	*E*(Eis+4) 33,2 %/−4,4°; Ü(4→0) 60,3 %/36°
$CdCl_2$	49,0	55,5	57,5	57,6	58,0	58,5	59,5	*E*(Eis+4) 43,4 %/−11,5°; Ü(4→$^5/_2$) 46,2 %/−5°; Ü($^5/_2$→1) 57,3 %/12,5°; Ü(1→0) 69 %/174°
$[CdCl_3]K$	21	24,2	27,6	34,5	39,4	45,7	50,3	*E*(Eis+1) 19 %/4,1°; Ü(1→0) 33,5 %/36,6°
$Cd(ClO_3)_2$	74	75,5	76,5	79	82			*F*(2) 88,6 %/79°
$Cd(ClO_4)_2$	56,5	57,4	88,2	60	62	[1]	[2]	*E*(Eis+6) 51,2 %/−66,5°; *F*(6) 74,3 %/129°; *E*(6+2β) 82,4 %/58,5°; *U*(2$\beta \rightleftharpoons$2α) 82,8 %/66°; *F*(2, α) 89,6 %/157,9°; *E*(2+0) 92 %/144,4° [1] *L* 80°: 65 % u. 81 % Bdk. 6; 83,5 % Bdk. 2α. [2] *L* 100°: 67 % Bdk. 6; 80 % Bdk. 2α
CdJ_2	44,2	45,0	46,0	47,8	50,0	52,2	44,9	*E*(Eis+0) 43,5 %/−7,5°
$Cd(NO_3)_2$	51,5	57,5	60,5	66	86	86,6	87,2	*E*(Eis+9) 36,9 %/−16°; Ü(9→4) 56,1 %/3,5°; *F*(4) 76,6 %/59,5°; *E*(4+2) 82,3 %/48,7°; Ü(2→0) 86 %/56,8°
$CdSO_4$	43,0	43	43,5	44,3	45,0	43,5	37,0	*E*(Eis+$^8/_3$) 43 %/−12°; Ü($^8/_3$→1 β) 44,3 %/−41,5°; *U*(1β→1α) 40,9 %/74,5°; Ü(1α→0) (34,5 %/114,5°)
$Ce_2(SO_4)_3$	14,2	11,5	8,76	5,3	2,15	0,89	0,398	Ü(12→8) 14,31 %/3°; Ü(8→9) 6,36 %/33°; Ü(9→4) 5,21 %/42°; [Ü(12→9) mst. 14,34 %/4,5°]; [Ü(8→4) mst. 5,39 %/41,2°]; [Ü(8→5) mst. 4,286 %/54,5°]; [Ü(9→5) mst. 4,03 %/56°]
Cl[1]	*0,25*	*0,5*	*0,96*					Mol %; *E*(Eis+8Cl_2) *0,25* Mol %/−0,24°; Ü(8→2 fl. Ph.) *1,843* Mol %/28,7°

HCl s. Ergänzungstabelle								
HClO s. Ergänzungstabelle								
$HClO_4$ s. Ergänzungstabelle								
ClO_2	*0,75*	*1,55*						Mol % ; *E*(Eis+8) ***0,73*** Mol %/−0,79°; *Ü*(8→0) ***3,13*** Mol %/18,2°
$CoBr_2$	48,0	50,3	53,0	61,0	69,4	70,6	72	*Ü*(6→4) 65,2 %/43°; *Ü*(4→2) 69,4 %/60°
$CoCl_2$	28,8	31	33,5	40,2	48,1	49,3	51,3	*E*(Eis+6) 24 %/−22,5°; *Ü*(6→4) 46,3 %/50°; *Ü*(4→2) 48,1 %/60°
$Co(ClO_3)_2$	58,4	60,6	64,6	68,0				*Ü*(6→4) 64,2 %/18,5°
$Co(ClO_4)_2$	50,3	50,8	51,3	53,0				*Ü*(9→5) (50 %)/(15°)
$Co(JO_3)_2$	0,32	0,39	0,46	0,60	0,73	0,74	0,69	*Ü*(2→0) 0,77 %/65°
$Co(NO_3)_2$	45,4	47,6	50,0	55,5	62,8	68,0		*E*(Eis+9) 38,7 %/−29°; *Ü*(9→6) 41,5 %/−22°; *Ü*(6→3) 61,7 %/55°; *F*(3) 77,2 %/91°
$CoSO_4$	20,0	22,77	25,93	31,97	35,9	32,9	27,55	*E*(Eis+7) 19,0 %/−2,7°; *Ü*(7→6) 32,9 %/43,3°; *Ü*(6→1) 36,63 %/64,2°
$CoSeO_4$	31,97	34,64	35,81	37,5	37,9	32,66	18,0	*E*(Eis+7) 30,27 %/−6,4°; *Ü*(7→6) 30,27 %/11,4°; *Ü*(6→4) (37,3 %)/33,5°; *Ü*(4→1) (38,46 %)/73,2°
CrO_3	62,0	62,4	62,8	64,0	65,2	66,5	68,5	*E*(Eis+0) 60,5 %/−155°; *L* 120° 71,0 %; 140° 75 %; 160° 82 %
CrO_4K_2	37,0	38,0	38,5	40,0	41,5	43,0	44,0	*E*(Eis+0) 36,2 %/−11,35°; *L* 150° 47 %; 200° 49,8 %; 250° 52,4 %; 300° 54,8 %
$Cr_2O_7K_2$	4,5	7,3	11,0	21,0	32,0	42,0	50,5	*E*(Eis+0) ≈4,2 %/≈−0,63°; *L* 120° 57,9 %,; 140° 64 %; 160°, 69 %; 180° 72,5 %
CrO_4Li_2	7,2	7,8	8,5	10,7	13,5	16,2	17	*Ü*(2→0) ≈56,2 %/74,6°
$Cr_2O_7Li_2$	62,2	63,2	64	66	68	70,5	73,5	*E*(Eis+2) 56,3 %/−70°
CrO_4Na_2	24,0	33,5	44,2	49,0	53,2	55,0	55,8	*Ü*(10→6) 44 %/19,9°; *Ü*(6→4) 46,2 %/26,8°; *Ü*(4→0) 55 %/68°; *L* 160 56,8 %; 200° 58,6 %; 260°; 62 %;

[1] Mol% sind auf Cl bezogen.

Verbindung	Lösungsgleichgewicht in Gew.% der Verbindung bei ϑ in °C							Angaben über die Liquiduskurve
	0°	10°	20°	40°	60°	80°	100°	
$Cr_2O_7Na_2$	62,0	63,3	65,0	69,0	73,9	79,5	81,3	$\ddot{U}(2\to0)$ ≈80,0 %/83°
$Cr_2O_7(NH_4)_2$	15,0	21,0	26,0	36,6	46,0	53,8	61,0	
CrO_4Rb_2	38,3	40,5	42,5	46,0	48,8			E(Eis+0) ≈36,5 %/≈−8°
CsBr			52,6					L 30° 57,3 %
CsCl	61,9	63,5	65,0	67,5	69,6	71,5	73,0	L 120° 74,5 %
$CsClO_3$	2,44	3,84	6,0	12,3	20,6	31,05	43,5	
$CsClO_4$		0,99	1,48	3,1	6,8	12,6	22,2	
CsJ	30,5	37,5	43,6	53,4	60,0	65,5	69,8	E(Eis+0) 27,45 %/−4°; L 110° 71,5 %
$CsNO_3$	9,0	12,5	19,0	32,0	46,0	57,0		E(Eis+0) 7,84 %/−1,25°; L 90° 66 %
Cs_2PtCl_6	0,005	0,006	0,009	0,016	0,029	0,053	0,092	
$CsReO_4$	0,299	0,497	0,74	1,67				L 25° 0,912 %; 50° 2,39 %
Cs_2SO_4	62,5	63,4	64,0	65,5	66,5	68,0	69,0	
$CuBr_2$	51,8	53,7	56,0	56,3				$\ddot{U}(4\to0)$ ≈56 %/≈18°
$CuCl_2$	41,0	41,6	42,2	44,7	46,6	49,2	52,5	E(Eis+4) 39,9 %/−43,4°; $\ddot{U}(4\to3)$ 42,1 %/15°; $\ddot{U}(3\to2)$ 43,6 %/25,7°; $\ddot{U}(2\to1)$ 45,2 %/42,2°
$[CuCl_4](NH_4)_2$	22	23,9	25,9	30,5	36,2			E(Eis+2) 20,3 %/−11°
$Cu(ClO_3)_2$	59,0	60,6	62,0	65,5	69,4			Bdk. 4 H_2O
$Cu(NO_3)_2$	45,0	50,2	57,0	61,8	64,0	67,5	71,6	E(Eis+9) 35,9 %/−24°; $\ddot{U}(9\to6)$ 39,8 %/−20°; $\ddot{U}(6\to3)$ 61,4 %/24,5°; F(3) 77,6 %/114,5°
$CuSO_4$	12,5	14,4	16,9	22,2	28,5	35,9	43,5	E(Eis+5) 11,97 %/−1,5°; $\ddot{U}(5\to3)$ 43,37 %/95,5°
$CuSeO_4$	10,7	12,3	14,2	19,5	26,5	34,6		E(Eis+5) ≈11,2 %/≈−1,0°
$Dy_2(SO_4)_3$			4,83	3,23				Bdk. 8 H_2O
$Er_2(SO_4)_3$			13,8	6,10				Bdk. 8 H_2O
$Eu_2(SO_4)_3$			2,5	1,855				Bdk. 8 H_2O
HF s. Ergänzungstabelle								

$FeBr_2$	50,8	52,0	53,5	57,0	59,0	62,6	64,5	*E*(Eis+9) 42,25 %/−43,6°; *Ü*(9→6) 47,65 %/−29,3°; *Ü*(6→4) 58,45 %/49°; *Ü*(4→2) 63,3 %/83°
$Fe(CN)_6K_3$	23,5	28,0	31,5	37,0	41,4	44,5	47	*E*(Eis+0) 21,7 %/−3,9°
$Fe(CN)_6K_4$	12,5	17,0	22,0	27,0	32,3	38,5	42	*E*(Eis+3 β) 11,8 %/−1,7°; *U*(3 β ⇌ 3 α) 21,6 %/17,7°; *Ü*(3 α→0) 41 %/87,3°; *L* 140° 45 %
$Fe(CN)_6Na_4$			15,5	22,6	30,0	38,0		*Ü*(10→*x*) (38,9 %)/81,5°
$FeCl_2$	33,0	36,7	38,6	41,0	44,0	47,5	48,6	*E*(Eis+6) 30,4 %/−36,5°; *Ü*(6→4) 37,6 %/12,3°; *Ü*(4→2) 47,4 %/76,5°
$FeCl_3$	43,0	45,0	48,0	74,3	79,0	84,0	84,2	*E*(Eis+6) 28,5 %/−35°; *F*(6) 60 %/37°; *E*(6+3,5) 68,6 %/27,4°; *F*(3,5) 72 %/32,5°; *E*(3,5+2,5) 73,2 %/30°; *F*(2,5) 78,3 %/56°; *E*(2,5+2) 78,6 %/55°; *F*(2) 84 %/66°; Auftreten mst. Ph.
$Fe(NO_3)_2$	41,5	43,3	45,5	50,8	61,0			*E*(Eis+9) 35,5 %/−28°; *Ü*(9→6) 39,4 %/−12°; *F*(6) 62,5 %/60,5°
$FeSO_4$	13,8	17,0	21,0	28,5	36,5	30,0		*E*(Eis+7) 12,99 %/−1,82°; *Ü*(7→4) 35,32 %/56,17°; *Ü*(4→1) 35,65 %/64°
$Fe(SO_4)_2(NH_4)_2$	15,11	18,1	21,2	27,8	34,8	42,2		Bdk. 6 H_2O
$Gd(BrO_3)_3$	25,7	32,05	37,54	47,89				Bdk. 9 H_2O
$Gd_2(SO_4)_3$	3,84	3,1	2,81	2,13				Bdk. 8 H_2O
H_2O_2 s. Ergänzungstabelle								
HfO			$2{,}2 \cdot 10^{-6}$	$2{,}4 \cdot 10^{-6}$	$3 \cdot 10^{-6}$	$3{,}8 \cdot 10^{-6}$		
$HgBr_2$				1,0	1,8	3,0	4,6	*L* 140° 11,5 %; 160° 20 %; 180° 45 %; 200° 96 %
$HgCl_2$	4,3	5,1	6,2	8,8	13,3	22,0	35,0	*E*(Eis+0) 3,29 %/−0,2°; *L* 140° 70 %; 180° 88 %; 220° 95,5 %; 260° 98,7 %
Hg_2Cl_2	$1{,}4 \cdot 10^{-4}$	$1{,}7 \cdot 10^{-4}$	$2{,}3 \cdot 10^{-4}$	$6 \cdot 10^{-4}$				
$Ho_2(SO_4)_3$			7,58	4,284				Bdk. 8 H_2O

Verbindung	Lösungsgleichgewicht in Gew.% der Verbindung bei ϑ in °C							Angaben über die Liquiduskurve
	0°	10°	20°	40°	60°	80°	100°	
$InBr_3$	71,0	73,3	*	85,7	86,0	86,9	87,7	*F*(5) (79,7 %/20,5°); *E*(5+2) (85 %/14°); *Ü*(2→0) 85,5 %/30,5° * *L* 20° (5) 79,5 % u. (2) 85 %
$InCl_3$	62,1	64,0	66,7	71,4	75,2	78,8	81,0	*Ü*(4/3) 69,4 %/28°; *Ü*(3/$^5/_2$) 78,45 %/71,5°; *Ü*($^5/_2$/2) 81,2 %/100,5°; Auftreten mst. Phasen
InJ_3	92,2	92,6	93,0	93,7	94,6			
$In(OH)_3$		*1,1 · 10⁻⁹*	*1,95 · 10⁻⁹*	*3 · 10⁻⁹*				Mol/l
$IrCl_6(NH_4)_2$	0,596	0,695	0,794	1,186	2,34	4,21		
$IrCl_6Na_2$			28,0	48,4	65,5	73,5		
J_2	0,017	0,022	0,03	0,055	0,105	0,23	0,46	
HJ s. Ergänzungstabelle								
HJO_3	*22,7*	*23,3*	*24,4*	*26,2*	*99*	*32,3*	*36,8*	Mol %; *E*(Eis+HJO_3) *21,6* Mol %/−14°; *Ü*(HJO_3→HJ_3O_8) *39,6* Mol %/110°
KB_5O_8	1,6	2,3	3,0	5,2	9,0	14,7	22,3	*E*(Eis+4) 1,54 %/−0,53°
KBr	35,0	37,5	39,4	43,0	46,0	48,7	51,0	*E*(Eis+0) 31,2 %/−11,5°; *L* 120° 53 %; 140° 55,5 %; 180° 59 %; 220° 62 %
$KBrO_3$	3,0	4,5	6,5	11,7	18,2	25,4	32,5	*L* 140° 45,8 %; 180° 58 %; 220° 68,6 %; 260° 77 %; 300° 84,1 %
KCN	38,0	39,1	40,4	43,5	46,9	50,7	54,4	*E*(Eis+0) 34,64 %/−29,61°
K_2CO_3	51,2	52,0	52,5	54,0	56,0	58,0	61,0	*E*(Eis+6) 39,6 %/−36,5°; *Ü*(6→$^3/_2$) 51,6 %/−6,2°
$KHCO_3$	18,5	21,6	25,0	31,0	37,5			*E*(Eis+0) 16,5 %/−5,43°
KCl	22,0	23,8	25,5	28,5	31,3	33,6	35,6	*E*(Eis+0) 19,34 %/−10,7°; *L* 120° 37,5 %; 160° 41 %; 200° 44,8 %
$KClO_3$	3,0	4,5	6,5	12,7	20,4	28,2	36,5	*L* 120° 44 %; 160° 59 %; 200° 72 %; 240° 83 %; 280° 91 %; 300° 95 %
$KClO_4$	0,7	1,1	1,7	4,1	7,5	12,0	18,0	*L* 140° 31,5 %; 180° 46,5 %; 220° 59 %; 260° 68,7 %

KF	30,3	35,0	48,5	58,5	59,0	60,0		*E*(Eis+4) 21,5 %/−21,8°; *F*(4) ≈44,7 %/≈18,5°; *E*(4+2) 47,7 %/17,7°; *Ü*(2→0) 58,6 %/40,2°. Auftreten mst. Ph.
KHF_2	19,6	23,5	27,6	36,0	44,5	53,3		*E*(Eis+0) 16,5 %/−7,6°
KJ	56,0	57,5	59,0	61,5	63,8	65,6	67,5	*E*(Eis+0) 52,2 %/−23,0°; *L* 140° 70,5 %; 180° 73,4 %; 200° 74,6 %; 250° 77,5 %; 300° 80,5 %; 350° 83,4 %; 400° 86,2 %
KJO_3	4,5	6,0	7,5	11,2	15,2	19,1	23,0	*L* 140° 30,4 %; 180° 37,7 %; 220° 44,6 %; 260° 51,3 %; 300° 58 %
KJO_4	0,1	0,3	0,5	1,0	2,1	4,1	7,4	
$KMnO_4$	3,0	4,0	6,0	11,1	18,0			*E*(Eis+0) 2,86 %/−0,58°
K_2MoO_4	63,71	64,03	64,3	64,84	63,1	63,95	66,93	*E*(Eis+0) 62,7 %/−38°; *L* 120° 67,53 %
KN_3	29,2	31,6	34,0	38,2	43,0	47,1	51,2	*E*(Eis+0) 26,2 %/−12,9°
KNO_2	72,5	73,2	74,0	75,3	76,7	78,2	79,8	*E*(Eis+½) 65 %/−40°; *Ü*(½→0) 72 %/−9,5°; *L* 120° 64,5 %
KNO_3	11,5	17,5	24,0	39,3	52,6	62,5		*E*(Eis+0) 9,66 %/−2,85°; *L* 140° 81 %; 180° 86,5 %; 220° 91 %; 260° 94,5 %; 300° 98,8 %
KOCN	33,3	37,4	41,1					*E*(Eis+0) 26,5 %/−18,1°
KOH	49,0	51,0	53,2	57,6	59,1	61,5	64,2	*E*(Eis+4 ?) (31 %/−74°); *Ü*(4→2) 43,3 %/−33,0°; *Ü*(2→1) 57,0 %/33°; *F*(1) 143°/75,7 %; *L* 120° 67,8 %; 140° 73,5 % Auftreten mst. Ph.
K_3PO_4	44,0	47,0	49,7	57,8	64,0			*E*(Eis+9) 38,33 %/−24°; *Ü*(9→7) ≈42,4 %/≈11,2°; *Ü*(7→3) 63,3 %/45,4° Auftreten mst. Ph.
K_2HPO_4	46,0	54,0	61,5	67,5	72,2	72,9	73,8	*E*(Eis+6) 36,78 %/−13,5°; *Ü*(6→3) 60,2 %/14,3°; *Ü*(3→0) 71,9 %/48,3°
KH_2PO_4	12,5	15,0	18,2	25,0	33,0	41,0		*E*(Eis+0) 12,1 %/−2,5°

Verbindung	Lösungsgleichgewicht in Gew.% der Verbindung bei ϑ in °C							Angaben über die Liquiduskurve
	0°	10°	20°	40°	60°	80°	100°	
$K_2Pt(CN)_4$	10,5	16,8	25,0	44,0	58,0	63,6		$\ddot{U}(5\to3)$ 21,4 %/15,3°; $\ddot{U}(3\to2)$ 55 %/52,4°; $\ddot{U}(2\to1)$ 63,7 %/74,5°
K_2PtCl_6	0,596	0,794	1,088	1,67	2,53	3,57	4,76	
$KReO_4$	0,47	0,5	1,0	2,0	4,0	7,6	11,8	E(Eis+0) 0,343 %/−0,06°; F(0) 518° L 200° 44 %; 400° 88 %
KSCN	62,8	66,0	69,0	74,0	78,8	83,8	87,5	E(Eis+0β) 50,25 %/−31,2°; $U(0\beta\to0\alpha)$ ≈94,9 %/≈141°; L 120° 91,2 %; 140° 95 %
K_2SO_3	51,4	51,4	51,6	52,0	52,3	52,8	53,1	E(Eis+0) 51,0 %/−45,5°
K_2SO_4	7,0	8,5	10,0	12,7	15,2	17,5	19,4	E(Eis+1) 7,09 %/−1,8°; $\ddot{U}(1\to0)$ 8,48 %/9,7°; L 160° 24,3 %; 200° 25,7 %; 240° 26 %; 300° 25,8 %; 320° 19 %; 340° 10,4 %
$K_2S_2O_3$	49,0	53,5	60,8	67,2	70,2	74,6		$\ddot{U}(^5/_3\to1)$ 66,9 %/35°; $\ddot{U}(1\to{}^1/_3)$ 70 %/56,1°; $\ddot{U}(^1/_3\to0)$ 74,5 %/78,3°
$K_2S_2O_5$	22,0	26,5	30,6	39,0	46,0	52,0		E(Eis+$^2/_3$) 19,2 %/−5,5°; $\ddot{U}(^2/_3\to0)$ 24,1 %/4,0°
$K_2S_2O_6$			6,0					
$K_2S_2O_8$	*1,77*	*2,5*	*4,5*	*10,0*				Angabe in g/100 cm³ Lösung
K_3SbS_4	75,5	76,0	76,2	77,2	78,2	79,2		E(Eis+6) 62,0 %/−34°; $\ddot{U}(6\to5)$ 75,5 %/0°
K_2SeO_3	63,0	65,4	67,2	68,5	68,7	68,8	68,9	$\ddot{U}(4\to0)$ 68,5 %/24,3°
K_2SeO_4	52,4	53,0	53,2	54,0	54,9	55,8	56,5	
K_2SiF_6	0,07	0,1	0,15	0,24	0,35	0,52	0,79	
$KSnCl_3$		31,7	40,8	57	73,5			
K_2TiF_6	0,497	0,89	1,28					Bdk. 1 H_2O
K_2ZrF_6		1,18	1,48	2,06	3,84	6,54	18,9	
$La(BrO_3)_3$	49,4	54,5	59,9					Bdk. 9 H_2O; L 25°/63,0 %; 30°/66,3 %
$LaCl_3$	48,18	48,45	48,98	50,44	53,7	58,84		Bdk. 7 H_2O

$La(NO_3)_3$	50,0	52,0	54,5	61,5	70,0			Ü(6 β→6 α) 43°/63,5 %; *F*(6 α) 65,4°/75 %
$La_2(SO_4)_3$	2,91	2,53	2,2	1,57	1,28	0,89	0,69	Bdk. 9 H_2O
$LiBO_2$	1,0	1,5	2,5	*				*E*(Eis+8) −0,515°/0,78 %; *F*(8) 47°/25,76 %; * *L* 40° 10,1 % u. 35,1 %
LiBr	58,8	59,1	61,5	68,0	69,0	70,5	73,0	Ü(3→2) 4°/59 %; Ü(2→1) 33,2°/67,5 %; Auftreten mst. Ph.
$LiBrO_3$	61,1	62,8	64,5	69,0	73,4	76,0	78,5	*E*(Eis+1) −47°/54,5 %; Ü(1→0) 52°/72,4 %
Li_2CO_3	1,5	1,415	1,32	1,15	0,99	0,84	0,73	
LiCl	41,0	42,8	45,0	47,0	49,7	53,0	56,1	Ü(3→2) ≈ −15°/≈38,5 %; Ü(2→1) 19,1°/45,0 %; Ü(1→0)≈95°/≈56,0 %; *L* 140°/57,9 %
$LiClO_3$	53,0	74,0	79,8	86,0	88,5	91,2	95,0	*E*(Eis+3) −40°/37 %; *F*(3) 8°/62,6 %; *E*(3+1) 1,5°/71,1 %; Ü(3→0 γ) 21°/81,2 %; Ü(0γ→0 β) 41,5°/86,6 %; Ü(0 β→0 α) 90°/94,9 %; Auftreten mst. Ph.
$LiClO_4$	30,0	32,7	36,0	41,8	48,2	55,8	71,2	*F*(3) 95,1°/66,3 %; *E*(3+1) 92,5°/70,2 %; *F*(1) 149°/86,5 %; *E*(1+0) 145,7°/89,6 %
LiF	0,152	0,15	0,148	0,139	0,13	0,12	0,112	*L* 200° 0,745 %; 400° 0,159 %
LiJ	60,2	61,2	62,3	64,1	67,0	81,5	83,0	
Li_2MoO_4	45	44,7	44,4	43,8	43,3	42,8		Bdk. $^3/_4$ H_2O
LiN_3	37,2	38,9	40,0	43,2	46,6			*E*(Eis+4) −47,5°/26 %; Ü(4→1) −31°/33,5 %; Ü(1→0) 68,2°/48,0 %
$LiNO_2$	44,8	47,0	50,2	58,0	64,8	70,0	76,3	*E*(Eis+$^3/_2$) −38,7°/26,58 %; Ü($^3/_2$→1) −7,95°/43,5 %; Ü(1→$^1/_2$) 50°/63 %; Ü($^1/_2$→0) 94,2°/75,9 %; s. Abb. 3
$LiNO_3$	35,0	37,6	42,0	59,0	62,5			*E*(Eis+3) −17,8°/31,2 %; *F*(3) 29,88°/56,1 %; *E*(3+$^1/_2$) 29,6°/57,8 %; Ü($^1/_2$→0) 61,1°/65 %; s. Abb. 4
LiOH	11,2	11,25	11,3	11,5	12,3	13,2	15,0	*E*(Eis+1) −18°/11,2 %
Li_2HPO_3	9,0	8,4	7,7	6,6	5,7	4,9	4,2	

Verbindung	Lösungsgleichgewicht in Gew.% der Verbindung bei ϑ in °C							Angaben über die Liquiduskurve
	0°	10°	20°	40°	60°	80°	100°	
Li_2SO_4	26,47	25,93	25,65	24,81	24,24	23,66	23,13	*E*(Eis+2?) −23°/27,8 %; *Ü*(2→1) −8°/≈27,01 %; *Ü*(1→0) 232,8°/≈23,55 %
$Li_2Pt(CN)_4$	56,2	57,0	58,4	61,0	64,0	68,3		*Ü*(?) 29,5°/(60,1 %); *Ü*(?) 39,5°/(61 %); *Ü*(?) 49°/(63,4 %); *Ü*(?) 72°/(67,3 %); Auftreten mst. Ph.
LiSCN			53,2	60,5				*E*(2+1) 32°/58,5 %
Li_3SbS_4	45,5	46,8	48,5	51				*E*(Eis+10) −42°/40,4 %
Li_2SeO_3	20	18,8	17,5	15,3	13,1	11,0	9	
Li_3VO_4	2,7	3,4	4,6	4,6	2,5			*Ü*(9→1) 35,2°/6,25 %
$Lu_2(SO_4)_3$			32,12	14,46				Bdk. 8 H_2O
$MgBr_2$	49,5	50,0	50,5	51,8	53,0	54,1	55,6	*E*(Eis+10) 36,8 %/−42,7°; *Ü*(10→6) 49,4 %/0,8°; *F*(6) 172,4°; *L* 120° 57 %; 160° 60,1 %
$Mg(BrO_3)_2$	42,4	45,5	48,5	54,5	61	70,1	71,3	*E*(Eis+6) 38,5 %/−13°
$MgCl_2$	34,5	35,0	35,2	36,5	38,0	40,0	42,0	*E*(Eis+12) 20,6 %/−33,6°; *F*(12) 30,5 %/−16,4°; *Ü*(8α→6) 34,3 %/−3,4°; *Ü*(6→4) 46,1 %/116,7°; *Ü*(4→2) 55,8 %/181,5°; *L* 120° 46,2 %; 160° 50,5 %; 200° 57,2 %; 250° 62 %; 300° 67,8 %; Auftreten mst. Ph.
$Mg(ClO_3)_2$	53,4	55	57,2	64,3	68			*Ü*(6→4) 63,6 %/35°; *Ü*(4→2) 72,1 %/75°
$Mg(JO_3)_2$	3,2	6	7,8	10,2	13	13,4		*E*(Eis+10) 3,18 %/−0,36°; *Ü*(10→4) 7,32 %/13°; *Ü*(4→0) 13,1 %/57,5°
$MgMoO_4$	12,13	14,31	15,25	17,35	19,74	13,8		*E*(Eis+7) 11,58 %/1,67°; *Ü*(7→5) 15,11 %/12,7°; *Ü*(5→2) 60,8°/19,87 %
$Mg(NH_4)PO_4$			0,052	0,036		0,019		
$Mg(NH_4)_2(SO_4)_2$	10,3	12,66	15,25	20,32	25,93	32,66	38,78	*E*(Eis+6) 9,58 %/−2,34°

$Mg(NO_2)_2$	32,0	38,0	43,5	57,5				E(Eis+9) 23,2 %/−21,2°; $\ddot{U}$(9→6) 38,5 %/11°; F(6) 51,7 %/29,5°; E(6+3) 52,5 %/29,3°
$Mg(NO_3)_2$	39,0	40,5	41,5	44,5	48,0	52,0	72,2	E(Eis+9) 32,4 %/−31,9°; L 120° 75,8 %; 140° 82,3 %; 180° 84,2 %
$MgPt(CN)_4$	26,6	30,0	33,3	40,0	42,0	44,7	44,0	$\ddot{U}$(6,8 bis 8,1→4) (40 %/40°); $\ddot{U}$(4→2) (46 %/91°)
$MgSO_4$	20,64	23,66	25,82	30,6	35,24	35,9	32,9	E(Eis+12) 19 %/−3,9°; L 120° 28,6 %; 140° 22,24 %; 160° 13,04 %; 180° 5,124 %; 200° 1,96 %
$MnCl_2$	39,0	40,5	42,3	47,0	51,8	52,5	53,5	E(Eis+6) 30,5 %/−26,5°; $\ddot{U}$(6→4) 38,5 %/−2°; $\ddot{U}$(4→2) 51,6 %/58°; $\ddot{U}$(2→1) 63,7 %/198°; $\ddot{U}$(1→0) 85 %/362°; Abb. 2
$Mn(NO_3)_2$	49,8	53,0	56,6	81,0	82,0			F(6) 62,4 %/25,3°; E(6+4) 64 %/23,5°; F(4) 71,3 %/35,5°; E(4+2) 77,2 %/36°; $\ddot{U}$(2→1) (81 %)/36°
MnO_4Na	48,7	54	58,5	76,5	82,3			E(Eis+3) 41,4 %/−15,8°; F(3) 72 %/36°; E(3+1) 75,2 %/33,7°; F(1) 88 %/68,7°
$MnSO_4$	34,5	37,0	38,5	37,4	35,0	31,2	25,0	E(Eis+7) 32,3 %/−11,4°; $\ddot{U}$(7→5) 37,2 %/9°; $\ddot{U}$(5→1) 39 %/23,9°
MoO_4Na_2	30,8	39,1	39,4	40,5	42,2	43,82	45,6	$\ddot{U}$(10→2) 39,21 %/11°
MoO_3			0,13	0,448	1,18	2,06		$\ddot{U}$(2→1) (2,04 %/70,5°)
HNO_3 s. Ergänzungstabelle								
NH_3 s. Ergänzungstabelle								
NH_4Br	37,0	40,0	42,0	49,0	51,0	54,0	58,0	E(Eis+0) 32,1 %/−17°; L 150° 66 %; 200° 72 %; 250° 77 %; 300° 81 %; 350° 85 %; 400° 88 %
NH_4HCO_3	10	13,5	17,2	26	37	52	78	E(Eis+0) 9,5 %/−3,9°
NH_4Cl	23,0	25,0	27,0	32,0	35,0	40,0	44,0	E(Eis+0) 19,5 %/−16°; L 150° 56 %; 200° 62 %; 250° 69 %; 300° 76 %; 350° 82 %; 400° 88 %

Verbindung	Lösungsgleichgewicht in Gew.% der Verbindung bei ϑ in °C							Angaben über die Liquiduskurve
	0°	10°	20°	40°	60°	80°	100°	
NH_4ClO_4	11	14,8	18,4	26,0	33,6			E(Eis+0) 9,8 %/−2,7°
NH_4F	42,0	43,0	45,0	48,0	53,0	59,0		E(Eis+1) 32,3 %/−26,5°; $\ddot{U}(1\to0)$ 41 %/−16°
NH_4HF_2	28,8	32,0	37,8	49,0	61,8	74,2	86,0	E(Eis+0) 23,6 %/−14,8°; L 120° 96,8 %
NH_4J	60,2	62,0	63,0	65,8	67,9	69,7	71,2	E(Eis+0) 55,5 %/−27,4°; L 120° 70,3 %
NH_4NO_3	53,6	60,0	65,5	74,5	80,5	86,2	91,0	E(Eis+0,ε) 42,3 %/−16,9°; $\ddot{U}(\varepsilon\to\delta)$ (43,3 %)/−16°; $\ddot{U}(\delta\to\gamma)$ 72 %/32,5°; $\ddot{U}(\gamma\to\beta)$ (87,4 %)/84°; $\ddot{U}(\beta\to\alpha)$ (96,1 %)/125°
$(NH_4)_3PO_4$	8,6		16,87					L 25° 18,96 %; 50° 27,38 %; Bdk. 3 H_2O
$(NH_4)_2HPO_4$	36,5	38,5	40,8	45	49,2	54	59	
$NH_4H_2PO_4$	18	22,5	27	36,2	45,6	54,8	63,5	E(Eis+0) 16,5 %/−4°; L 120° 72,6 %
$(NH_4)_2PtBr_6$	0,398	0,457	0,695	0,99	1,575	2,34	3,47	
$(NH_4)_2PtCl_6$	0,299	0,398	0,497	0,794	1,283	2,057	3,19	
NH_4ReO_4		0,01	0,02	0,05				
NH_4SCN	55,0		62,0	70,0	78,0			E(Eis+0) 42 %/−25,2°; L 70° 82 %
$(NH_4)_2SO_3$	32,5	35,0	37,8	44,3	51,0	59	60,5	E(Eis+1) 28,9 %/−12,96°; $\ddot{U}(1\to0)$ (59 %)/80,8°
$(NH_4)_2SO_4$	41,0	42,0	43,0	45,0	46,7	48,5	50,5	E(Eis+0) 39,7 %/−18,5°; L 150° 55 %; 200° 59,7 %; 250° 64,5 %; 300° 69 %; 350° 73,3 %; 400° 78 %
$(NH_4)_2SnCl_4$		33,1	38,8	50	62,5			
$(NH_4)_2ZrF_6$	0,65	0,85	1,1	1,6	2,14	2,67		Angaben in Mol/l
N_2H_4 s. Ergänzungstabelle								
Na_2HAsO_4	5,4	11	22,9					$\ddot{U}(12\to7)$ (25,9 %)/(21,5°)
$NaBO_2$	14	17	20,2	29	39,1	45,8	55,8	$\ddot{U}(4\to2)$ 37,85 %/54°
NaB_5O_8	6,3	8,1	10,6	17,5	26,9	37,8	50,5	E(Eis+5) 5,80 %/−1,70°; $\ddot{U}(5\to1)$ (52,60 %/103°)

$Na_2B_4O_7$	1,1	1,6	2,5	6,0	15,0	20,0	28,3	*E*(Eis+10) 1,09 %/−0,45°; *Ü*(10→4) 14,5 %/58,5°; [*Ü*(10→5) 16,65 %/60,8°]; *L* 120° 49 %; 140° 69 %
NaBr	44,2	45,7	47,5	51,5	54,0	54,4	55,0	*E*(Eis+5) 40,3 %/−28,0°; *Ü*(5→2) 41 %/−24,0°; *Ü*(2→0) 53,97 %/50,8°; *L* 120° 55,5 %; 160° 57,5 %; 200° 60 %
$NaBrO_3$	21,5	24,0	27,0	33,0	38,0	43,0	48,0	
NaCN	30,0	32,9	36,7	46,0				*E*(Eis+2) 23,46 %/−26,4°; *Ü*(2→0) 44,82 %/34°
Na_2CO_3	6,5	11,0	17,9	32,8	31,5	30,6	30,6	*E*(Eis+10) 5,93 %/−2,10°; *Ü*(10→7) 31,2 %/32°; *Ü*(7→1) 33,3 %/35,3°; *Ü*(1→0) 30,8 %/112,5°; *L* 150° 27,2 %; 200° 23 %; 250° 16,8 %; 300° 8,5 %
$NaHCO_3$	6,5	7,5	8,6	11,2	13,7	15,4	19,2	*E*(Eis+0) 6,26 %/−2,33°; *L* 120° 22,2 %; 140° 25,5 %; 160° 29,5 %; 180° 34,5 %
NaCl	26,3	26,4	26,5	26,8	27,0	27,5	28,0	*E*(Eis+2) 22,42 %/−21,2°; *Ü*(2→0) 26,27 %/0,1°; *L* 120° 28,5 %; 160° 30 %; 200° 31,5 %
NaClO	22,7	26,8	34,6	53,0				*E*(Eis+5) 19,2 %/−16,6°; *F*(5) 44,0 %/24,5°; *E*(5+2,5) 48,5 %/23,0°
$NaClO_3$	45,0	47,0	49,0	54,0	58,0	63,0	68,0	
$NaClO_4$	62,5	64,3	66,5	71,0	74,0	75,3	77,0	*E*(Eis+1) 56 %/−32°; *Ü*(1→0) 73,8 %/52,75°
NaF	3,94	3,96	4,03	4,06	4,22	4,49		*E*(Eis+0) 3,92 %/−3,5°
NaJ	61,5	62,8	64,0	68,5	72,0	74,6	75,0	*E*(Eis+5) 55,9 %/−33°; *Ü*(5→2) 60,2 %/−13,5°; *Ü*(2→0) 74,57 %/68,2°; *L* 180°/77,5 %
$NaJO_3$	2,1	4,0	8,1	12,0	16,5	21,0	25,0	*E*(Eis+5) 2,38 %/−0,35°; *Ü*(5→1) 7,83 %/19,85°; *Ü*(1→0) 20,0 %/73,4°
$NaJO_4$		5,2	9,3	23,0				*Ü*(3→0) 21,3 %/34,5°
NaN_3	28,0	28,5	29,2	30,9	32,2	34,0	35,5	*E*(Eis+3) 21,6 %/−15,1°; [*E*(Eis+0) 26,8 %/−20°]; *Ü*(3→0) 27,8 %/−2,1°

Verbindung	Lösungsgleichgewicht in Gew.% der Verbindung bei ϑ in °C							Angaben über die Liquiduskurve
	0°	10°	20°	40°	60°	80°	100°	
$NaNO_2$	42,0	43,4	45,0	49,0	53,0	57,0	61,0	*E*(Eis+½) 28,1 %/−19,5°; [*E*(Eis+0) 36 %/−26°]; *Ü*(½→0) 41,65 %/−5,1°; *L* 120° 66 %
$NaNO_3$	41,8	44,0	46,4	51,0	55,5	59,6	63,5	*E*(Eis+0) 36,9 %/−18,5°; *L* 120° 67,5 %; 140° 71,5 %; 160° 76 %; 200° 83 %; 250° 92 %; 300° 99 %
NaOH	29,6	3 Werte	52,0	56,3	64,0	75,5	77,0	s. Abb. 3
Na_3PO_4	4,29	7,4	10,15	18,03	28,2	36,9	43,4	*Ü*(12→10) 20,94 %/45,5°; *Ü*(10→8) 30,8 %/64,5°; *E*(8+1) 48,18 %/121°; *E*(1+0) 33,8 %/215°
Na_2HPO_4	1,2	3,5	7,1	35	44,5	48	51	*E*(Eis+12/β) 1,2 %/−0,5°; *U*(12β→12α) 29,6°/19,2 %; *Ü*(12→7) 29,3 %/35,2°; *Ü*(7→2) 48,3°/44,4 %; *Ü*(2→0)95,0°/51,3 %
NaH_2PO_4	36	41	46	58	65,7	68	71	*E*(Eis+2) 32,4 %/−9,9°; *Ü*(2→1) 58,5 %/40,8°; *Ü*(1→0) 65,5 %/57,4°
$Na_4P_2O_7$	2,63	3,84	5,19	11,1	17,96	23,08		*E*(Eis+10) 2,124 %/−0,43°; *E*(10+0) 36,38 %/79,5°
Na_2PtCl_6	38,5	41,5	44,0	50,0	56,5	64,0	72,0	Bdk. $6\,H_2O$
Na_2S	11,0	13,2	16,0	22,0	28,0	33,0	60,8	*E*(Eis+9) 9,5 %/−9,5°; *Ü*(9→6) 26,3 %/48,0°; *Ü*(6→5,5) 38,0 %/92,0°; *F*(5,5) 44,1 %/98,0°; *E*(5,5+1) 55,5 %/85,0°; *Ü*(1→*x*) 60,0 %/95,0°
NaSCN		53,0	57,5	63,9	65,0	67,0	69,0	*Ü*(1→0) 63,15 %/30,4°
Na_2SO_3	12,45	16,31	20,89	27,01	24,43	22,24	21,02	*E*(Eis+7) 10,47 %/−3,35°; *Ü*(7→0) 28 %/33,4°
$Na_2SO_4 \cdot 7\,H_2O$	15,6	23,36	30,9					Bdk. $7\,H_2O$, metastabil, *E*(Eis+7) 12,73 %/−3,6°; *Ü*(7→0 monokl.) 34 %/24,5°

$Na_2SO_4 \cdot 10H_2O$	4,36	8,37	16,2					Bdk. $10H_2O$; E(Eis+10) 3,84 %/−1,2°; $\ddot{U}$(10→0 monoklin) 33,11 %/32,2°; U(0 monokl.→0 rhomb. I) (220°)/(33) %; U(0 rhomb. I→0 rhomb. II) (270°)/(29) %;
$Na_2S_2O_3$	33,5	37,0	41,0	50,8	65,3	69,7	71,0	E (Eis+5α) 30,25 %/-10,6°; $\ddot{U}$(5α→2α) 61,6 %/48,17°; $\ddot{U}$(2α→½) 67,6 %/65,0°; $\ddot{U}$(½→0) 69,4 %/75°; Auftreten mst. Phasen
$Na_2S_2O_4$	16,5	17,4	18,3	20,5	22,8			E(Eis+2) 15,95 %/−4,58°; $\ddot{U}$(2→0) 21,8 %/52°
$Na_2S_2O_5$	31,0	38,0	39,0	41,2	44,0	46,8		E(Eis+7) 23,5 %/−9,05; $\ddot{U}$(7→0) 37,8 %/5,5°
$Na_2S_2O_6$	6,0	11,0	15,0	24,6	36,0	49,0	65,0	E(Eis+8) 5,72 %/−1,136°; $\ddot{U}$(8→6) 6,27 %/0°; $\ddot{U}$(6→2) 10,75 %/9,1°
Na_2SeO_3	43,2	44,3	46	49,8	47,8	46,5	45,5	$\ddot{U}$(8→5) 42,65 %/−7,2°; $\ddot{U}$(5→0) 49,79 %/37,0°
$NaHSeO_3$	41	49	57,9	68,6	72,1	76,6		E(Eis+3) 33,6 %/−9,3°; $\ddot{U}$(3→0) 67,11 %/28,0
Na_2SeO_4	11,5	20,0	30,0	45,0	43,8	42,5	42,0	$\ddot{U}$(10→0) 46 %/32°
Na_2SiF_6	0,428	0,517	0,69	1,02	1,43	1,89	2,39	Bdk. 0 H_2O
Na_2SiO_3	6,7	10,8	15,7	30,2	48,2	51,8		E(Eis+9) 5,6 %/−2,7°; $\ddot{U}$(9→6) 39,8 %/46,8°; $\ddot{U}$(6→5) 48 %/59,8°; $\ddot{U}$(5→0) 56,6 %/72°
Na_3VO_4			10,7	20,64	24,81	29,1		$\ddot{U}$(2→0) (19,49 %/35°)
Na_2WO_4	36,31	41,86	42,36	43,82	45,62	47,26	49,24	$\ddot{U}$(10→2) 41,8 %/6°
$Nd(BrO_3)_3$	30,5	37,2	43,0	54,1				Bdk. $9H_2O$; L 45° 56,8 %
$NdCl_3$	49,24	49,3	49,5	50,8	53,27	55,95	58,1	Bdk. $6H_2O$; L 50° 51 %
$Nd(NO_3)_3$	56,0	56,8	58,5	61,5	68,5			$\ddot{U}$(6β→6α) (20°/58,5 %); F(6α) 67,5°/75,3 %
$Nd_2(SO_4)_3$	11,38	8,76	6,37	4,22	2,91	2,15	1,09	$\ddot{U}$(15→8) (11,38 %/1°); $\ddot{U}$(8β→8α) (2,15 %/80°)

Verbindung	Lösungsgleichgewicht in Gew.% der Verbindung bei ϑ in °C							Angaben über die Liquiduskurve
	0°	10°	20°	40°	60°	80°	100°	
$NiBr_2$	53,1	54,9	56,6	59,1	60,4	60,6	60,8	Ü(9→6) (53 %)/−2,5°; Ü(6→3) (57,8 %)/28,5°; Ü(3→ ?) (60,1 %/52°)
$NiCl_2$	35,0	36,0	38,0	42,0	44,6	46,5	46,8	*E*(Eis+7) 29,9 %/−45,3°; Ü(7→6) 33,8 %/−33,3°; Ü(6→4) 28,8°/41,6 %; Ü(4→2) 64,3°/46,1 %
$Ni(ClO_3)_2$	52,8	55,0	57,2	64,5	69,0	69,5		Ü(6→5) (68 %)/(48°)
$Ni(ClO_4)_2$	51,1	51,9	52,5	54,0				Ü(9→5) (50,9 %)/(−2,8°)
$Ni(ClO_4)_2$	51,1	51,8	52,3	54				Ü(9→5) (50,9 %/−2,8°)
NiJ_2	55,9	57,5	59,5	63,6	64,5	65,1		Ü(6→4) (64,2 %/43°)
$Ni(NO_3)_2$	44,2	46,5	48,5	54,5	61,3	65,3	68,6	*E*(Eis+9) 36 %/−27,8°; Ü(9→6) (42 %)/(9°); Ü(6→4) 60 %/54°; Ü(4→2) 67,2 %/85,4°
$NiSO_4$	21,88	24,81	27,55	32,62	36,22	39,94	40,93	*E*(Eis+7) 20,64 %/−3,4°; Ü(7→6 β) 30,7 %/30,7°; Ü(6 β→6 α) 35,32 %/53,8°; Ü(6 β→1) 40,93 %/84,8°
$NiSeO_4$	21,81	24,0	26,3	31,12	36,83	42,73	45,66	*E*(Eis+6) 21,02 %/−3°; Ü(6→4) 43,62 %/(82°)
H_3PO_4 s. Ergänzungstabelle								
$H_4P_2O_7$ s. Ergänzungstabelle								
$PbBr_2$	0,45	0,62	0,85	1,45	1,97	3,3	4,55	2 fl. Ph.(39 u. 80%)/302°
$PbCl_2$	0,63	0,75	0,97	1,42	1,97	2,55	3,2	2 fl. Ph. (24 u. 76%)/345°
PbF_2		$6,1 \cdot 10^{-2}$	$6,5 \cdot 10^{-2}$					
PbJ_2	0,05	0,05	0,09	0,11	0,2	0,3	0,44	2 fl. Ph. (12 u. 82%)/334°
$Pb(NO_3)_2$	26,8	30,8	34,5	41,0	46,8	52,0	56,0	*E*(Eis+0) 26,0 %/−2,7°
$Pb_3(PO_4)_2$			$1,3 \cdot 10^{-5}$					
$Pb(SCN)_2$			$1,37 \cdot 10^{-3}$					
$PbSO_4$	$3,34 \cdot 10^{-3}$	$0,37 \cdot 10^{-3}$	$4,21 \cdot 10^{-3}$					
$PbSiF_6$	5,5	7,0	8,5	12,0	—	21	22	Ü(4→2) 60°/20,1 %
$Pr(BrO_3)_3$	35,8	42,2	47,7	59,0				Bdk. 9 H_2O; *L* 45° 62 %

$PrCl_3$	47,77	48,24	48,89	50,7	54,12	58,1		
$Pr(NO_3)_3$			60,0	64,1				Bdk. $6H_2O$; *F*(6) 75,2 %/56°; *L* 50° 68 %
$Pr_2(SO_4)_3$	16,46	13,57	10,95	6,8	4,579	2,44	0,764	*Ü*(8→5) 29,57 %/75°
$PtCl_4$				62,2	74,0	78,2	88,0	*Ü*(5→4) 72 %/52°; *Ü*(4→3) 78 %/75°
$PtCl_6Rb_2$	0,0137	0,020	0,0282	0,0565	0,0997	0,182	0,334	
$RaBr_2$			41,5					
$Ra(NO_3)_2$			12,2					
$RaSO_4$			$1,4 \cdot 10^{-4}$	$5 \cdot 10^{-6}$				
RbBr		50,6	52,7					
RbCl	43,5	45,8	47,5	50,8	53,5	56,0	58,0	*L* 110° 59 %
$RbClO_3$	1,96	3,1	4,85	10,3	18,05	27,55	38,7	
$RbClO_4$		0,59	0,99	2,34	4,76	8,42	14,9	
RbJ	55,6	59,0	61,6	65,1	68,3	71,2	73,8	*E*(Eis+0) 50,0 %/—13,0°; *L* 110° 75 %
$RbNO_3$	17,0	25,0	35,0	54,0	66,0	75,0	86,0	
$RbReO_4$	0,398	0,695	1,08	2,34				*L* 25° 1,33 %; 50° 3,353 %
Rb_2SO_4	26,6	30,0	32,5	36,6	40,5	42,9	45,0	*L* 120° 46,9 %; 140° 48 %; 160° 48,8 %
ReO_4Tl			0,15	0,547	0,91	1,29		
SO_2 s. Ergänzungstabelle								
H_2SO_4 s. Ergänzungstabelle								
$SbCl_3$	85,8	87,7	89,6	93,3	97,8			
$Sc(OH)_3$			$1,25 \cdot 10^{-7}$					Bdk. $0\,H_2O$
$Sc_2(SO_4)_3$			28,53*					* bei 25° C; Bdk. $5H_2O$
SeO_2, H_2SeO_4 } s. Ergänzungstabelle								
$SmCl_3$		48,03	48,28	49,1				Bdk. $6H_2O$
$Sm_2(SO_4)_3$			2,6	1,967				Bdk. $8H_2O$; *L* 25° 1,48 %
$SnCl_2$	45,6							*L* 15° 73,0 %; 25° 70,1 %; Bdk. $2H_2O$
SnJ_2			0,97	1,37	1,99	2,79	3,74	
$SrBr_2$	47,0	48,2	50,0	53,5	58,0	64,0	69,0	*Ü*(6→2?)68 %/88°; *Ü*(2?→1) 72 %/∼140°; *Ü*(1→0) 92,8 %/344,5°

Verbindung	Lösungsgleichgewicht in Gew.% der Verbindung bei ϑ in °C							Angaben über die Liquiduskurve
	0°	10°	20°	40°	60°	80°	100°	
$SrCl_2$	30,0	32,2	34,5	40,0	46,0	48,0	51,0	*E*(Eis + 6) 26,2 %/− 18,7°; *Ü*(6→2) 46,65 %/61,3°; *Ü*(2→1) 56,1 %/134,4°; *Ü*(1→0) 78,5 %/320°; *L* 150° 57 %; 200° 62 %; 300° 75 %; 350° 89 %; 400° 81 %
$Sr(ClO_3)_2$	61,5	63,4	63,7	64,4	65	66,2	66,5	*E*(Eis + 3) 54,5 %/− 37°
SrF_2	$11,3 \cdot 10^{-3}$	$11,5 \cdot 10^{-3}$	$12 \cdot 10^{-3}$					
SrJ_2	62,5	63,0	64,5	66,5	69,5	73,7	78,5	*F*(6) 76 %/84°; *E*(6+2) (77 %/83°); *L* 120° 80,8 %; 160° 84,3 %
$Sr(NO_2)_2$	31	36	41,0	44,0	48	52	57	*E*(Eis + 4) 26,4 %/− 8,8°; *Ü*(4→1) 39 %/15°
$Sr(NO_3)_2$	28,0	33,0	41,0	48,9	49,0	50,0	50,1	*E*(Eis + 4) 24,7 %/− 5,4°; *Ü*(4→0) 47,4 %/31,3°; *L* 150° 53 %; 200° 57 %; 300° 67 %; 400° 77,2 %
$Sr(OH)_2$	0,34	0,497	0,89	1,87	3,48	8,1	22,48	*E*(Eis + 8) 0,438 %/− 0,1°
$SrSO_4$	$11,3 \cdot 10^{-3}$	$12,6 \cdot 10^{-3}$	$13 \cdot 10^{-3}$	$13,8 \cdot 10^{-3}$	$13 \cdot 10^{-3}$	$11,5 \cdot 10^{-3}$	$10,1 \cdot 10^{-3}$	*L* 200° $4,5 \cdot 10^{-3}$; 400° $8 \cdot 10^{-4}$
$Tb(BrO_3)_3$	30,75	36,3	41,5	51,2				Bdk. $9\,H_2O$
$Tb_2(SO_4)_3$			3,44	2,45				Bdk. $8\,H_2O$
H_2TeO_4	s. Ergänzungstabelle							
$Th(NO_3)_4$	65,0	65,4	66,0	68,0	71,0	74,5	78,5	*E*(Eis + 6)(64 %)/− 48°; *E*(6+4) 81,6 %/111°; *E*(4+*x*) 86,9 %/151°; *F*(6) etwa zusammenfallend mit *E*(6+4) (81,6 %)/111°; *F*(4) etwa mit *E*(4+*x*) (86,9 %)/151°; *L* 120° 82 %; 160° 87,6 %; 200° 90,8 %
$Th(SO_4)_2$	0,69	0,99	1,28	2,91	1,57	0,892		*Ü*(9→4) 3,24 %/43°
$TlBr$	$23,8 \cdot 10^{-3}$		$47,6 \cdot 10^{-3}$		$20,4 \cdot 10^{-2}$			
$TlBrO_3$			0,345	0,70				
Tl_2CO_3	—	—	5,2	8,2	11,2	14,7	18,3	
$TlCl$	0,169		0,318	0,596	1,01	1,575	2,32	*F* 430°
$TlCl_3$								*L* 17° 37,57 %; Bdk. $4\,H_2O$

$TlClO_3$	1,96	2,53	3,75	8,1	15,25	25,15	36,31	
$TlClO_4$		7,92	11,5					
TlN_3	0,17		0,35					
$TlNO_2$	15	22	29	45,5	62	92	96	E(Eis+0) 12,3 %/−7°; L 160° 97,5 %
$TlNO_3$	3,67	6,0	8,72	17,29	31,6	52,67	80,52	U(rhomb.→rhomboedr.) 72,8°/45 %; U(rhomboedr.→regulär) 142,5°/96 %
TlSCN			0,314	0,725				
Tl_2SO_4	3,0	3,6	4,5	7,0	9,5	12,5	16,8	L 200° 28,7 %; 300° 36 %; 2 fl. Ph. 360° 37...76 %; 400° 98 %
$UO_2(NO_3)_2$	48,6	51,5	55,0	63,2	76,6	79,0	82,0	E(Eis+6) 43 %/−18,1°; Ü(6→3) 76,2 % 58,6°; [F(6) 78 %/59,5°]; Ü(3→2) 84,8 %/113°; F(2) 91,63 %/184°; L 140° 87 %; 180° 91 %
UO_2SO_4	59,2	59,8	60,0	61,0	62,3	64,0	66,0	E(Eis+3) 58,3 %/−38,5°; Ü(3→1) 76 %/181°
$U(SO_4)_2$			10,4	8,4	6,8			Bdk. 4 H_2O; Ü(8→4) 10,5 %/19,5°
			10,6	22	37	51		Bdk. 8 H_2O, metastabil
YBr_3	39,03	41,5	43,66	47,26	50,49	53,7		Bdk. ? H_2O
YCl_3		43,82	43,98	44,75	45,66	46,67		Bdk. 6 H_2O
$Y(NO_3)_3$	48,0	53,0	56,7	62,2	66,6			L 65° 67,5 %
$Y_2(SO_4)_3$	7,4	7,0	6,8	5,84	4,4	3,0	1,57	Bdk. 8 H_2O
$Yb_2(SO_4)_3$	30,7	26,8	22,9	15,04	9,09	6,0	4,4	Bdk. 8 H_2O
$ZnBr_2$	79,5	80,2	81,3	85,6	86,0	86,5	87,0	Ü(3→2) 79,1 %/−8°; F(2) 86,2 %/37°; mst. Ü(2→0) 85,4 %/35°
$ZnCl_2$	67,6	73,0	78,7	82,0	83,0	84,5	86,0	E(Eis+4) 51 %/−62°; Übergänge bei Bodenkörpern verschiedenen Kristallwassergehaltes: Ü(4→3) 61,5 %/−30,0°; Ü(3→2,5) 71,6 %/6,5°; F(2,5) 75,2 %/12,5°; E(2,5+1,5) 77,0 %/11,5°; Ü(1,5→1) 80,9 %/26,0°; Ü(1→0) 81,3 %/28,0°
$Zn(ClO_3)_2$	59	63,5	66,7	69,4	76			Ü(6/4) 66,3 %/14,5°; Ü(4→2) 75,4 %/55°

Verbindung	Lösungsgleichgewicht in Gew.% der Verbindung bei ϑ in °C							Angaben über die Liquiduskurve
	0°	10°	20°	40°	60°	80°	100°	
ZnJ_2	81,0	81,2	81,4	82,0	82,4	83,0	83,6	Ü(2→0) 81,1 %/0°; *F*(2) 89,9 %/27°; mst.
$Zn(NO_3)_2$	48,0	51,0	54,0	Anm.	87,4			Anm.: *L* 40° (4) 67,5 % und 77,0 %; *L* 40° (2) 78,6 %; Übergänge bei Bodenkörpern verschiedenen Kristallwassergehaltes: *E*(Eis+9) 38,9 %/−32,0°; Ü(9→6) 44,8 %/−17,6° *F*(6) 63,4 %/36,1°; *E*(6+4) 65,0 %/35,6°; *F*(4) 72,5 %/44,7°; *E*(4+2) 77,9 %/37,0°; *F*(2) 84,0 %/55,4°; *E*(2+1) 86,2 %/51,8°; *F*(1) 91,4 %/73,0°
$ZnSO_4$	29,2	32	35	41,5	45	46	44	*E*(Eis+7, rhomb.) 27,2 %/−6,55°; Ü(7→6) 41,2 %-39°; Ü(6→1)47,1 %/70°; *L* 150° 37 %; 200° 26 %; 260° 7 %
$ZnSeO_4$	33,5	35	37,2	42,9	40,4	35,8	~31	*E*(Eis+6) 32,2 %/−7,8°; Ü(6→5) 41,8 %/34,4°; Ü(5→1) 43,8 %/43,4°; Ü(1→0) 40,4 %/60°
$ZnSiF_6$	33,5	34,3	35	37	39	40,5	42	*E*(Eis+6) 32 %/−14,6°

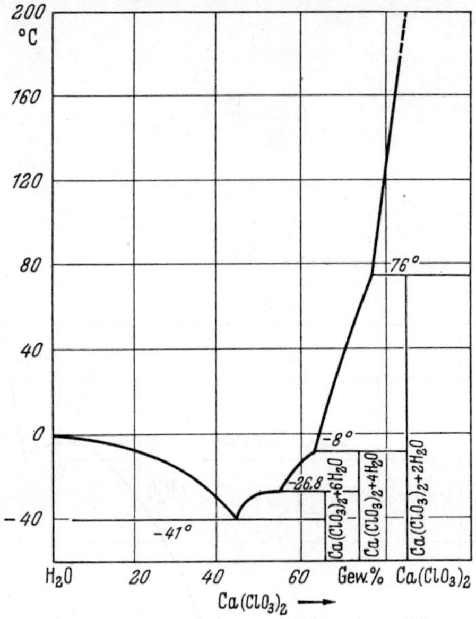

Abb. 1. H_2O—$Ca(ClO_3)_2$

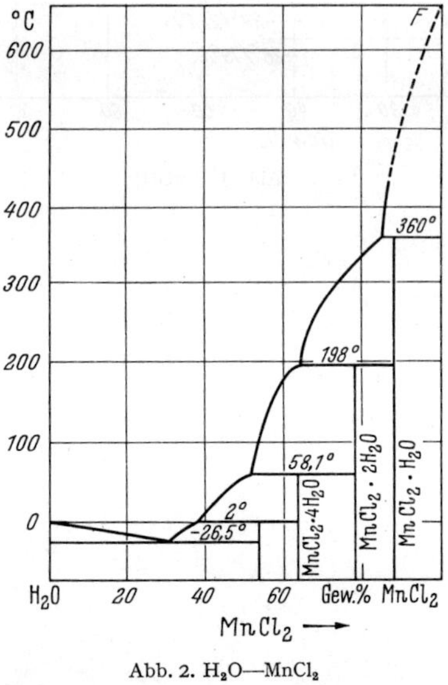

Abb. 2. H_2O—$MnCl_2$

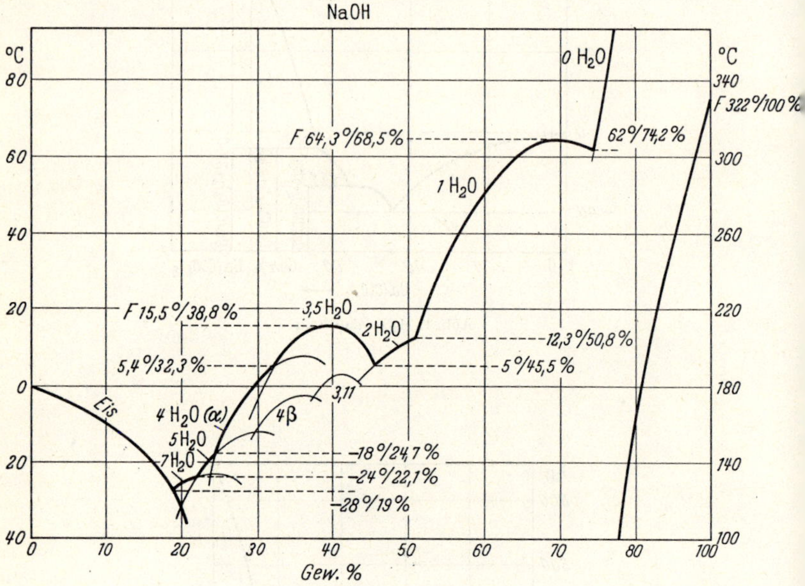
NaOH
°C
°C
0 H2O
F 64,3°/68,5%
62°/74,2%
F 322°/100%
1 H2O
F 15,5°/38,8%
3,5 H2O
2 H2O
12,3°/50,8%
5,4°/32,3%
5°/45,5%
Eis
3,11
4 H2O (α)
4β
5 H2O
7 H2O
−18°/24,7%
−24°/22,1%
−28°/19%
Gew. %

Abb. 3. (NaOH)

427122b. Lösungsgleichgewichte anorganischer Säuren in Wasser

Verbindung	Angaben über die Liquiduskurve in % (= Gew.%) oder Mol% der Verbindung Temperaturangaben in °C
H_3AsO_4	*E*(Eis + ½ H_2O (= $As_2O_5 \cdot 4\ H_2O$); 22,03 Mol%/— 59°; *Ü*($As_2O_5 \cdot 4\ H_2O \rightarrow As_2O_5 \cdot \frac{5}{3}\ H_2O$) 53,04 Mol%/30°
H_3BO_3	*E*(Eis + 0) 0,333 Mol% B_2O_3/—0,76°; 10 Mol% B_2O_3/141°; *Ü*(0 → HBO_2I) 21 Mol% B_2O_3/169°; *E*(I + B_2O_3) 55,1 Mol% B_2O_3/235°; Auftreten mst. Ph. von HBO_2
HBr	10 Mol%/— 55° Bdk. Eis; *F*(4) 20 Mol%/— 55,8°; *E*(4 + 3) 21,24 Mol%/— 57°; *F*(3) 25,0 Mol%/— 48°; *E*(3 + 2) 25,17 Mol%/— 48,2°; *F*(2) 33,33 Mol%/— 11,3°; *E*(2 + 1) 37,4 Mol%/— 15,5°; 2 fl. Ph. 45,4 Mol%/— 3,3°
HCN	10 Mol%/— 12,5°; 20 Mol%/14,6°; 40 Mol%/— 16,0°: 60 Mol%/— 17,5°; *E*(Eis + 0) 74,5 Mol%/— 23,4°; Auftreten mst. Phasen
HCNO Cyansäure	20 Mol%/—15,8°; 40 Mol%/— 36°; 60 Mol%/— 76°; *E*(Eis + 0) 67 Mol%/— 102,5°; 80 Mol%/—95°
HCl	10 Mol%/—15°; *E*(Eis + 3) 14,02 Mol%/— 86°; *F*(3) 25 Mol%/ — 24,9°; *E*(3 + 2) 27,93 Mol%/— 27,5°; *F*(2) 33,33 Mol%/ — 17,7°; *E*(2 + 1) 39,86 Mol%/— 23,2°
HClO	*E*(Eis + 2) 11,7Mol%/— 38,95°; Monotekt. (2 + 2 fl. Ph.) 20,7 und 97,1 Mol%/— 36,4°
$HClO_4$	*E*(Eis + 5,5) 10,9 Mol%/— 59,7°; *F*(5,5) 15,4 Mol%/— 41,0°; *E*(5,5 + 3,5) ≈ 17,1 Mol%/≈ — 46,7°; *F*(3,5α) 22,2 Mol%/ — 33,5°; *E*(3,5α + 3α) 23,7Mol%/— 38,0°; *F*(3α) 25Mol%/37°; *E*(3α + 2,5) 25,0 Mol%/— 37°; *F*(2,5) 28,6 Mol%/— 29,8°; *E*(2,5 + 2) 28,6 Mol%/— 29,8°; *F*(2) 33,33 Mol%/— 17,8°; *E*(2 + 1) 36,5 Mol%/— 23,6°; *F*(1) 50 Mol%/50°; *E*(1 + 0) ≈ 99,5 Mol%/≈ — 102°; Auftreten mst. Ph. (β-Form)
HF	20 Mol%/— 36,8°; *E*(Eis + 1) 27,6 Mol%/— 70,2°; *F*(1) 50 Mol%/— 35,4°; *Ü*(1 → ½) 68,5 Mol%/— 75,2°; *E* (½ + ¼) 77,6 Mol%/— 101,4°; *F*(¼) 80 Mol%/— 100,3°; *E*(¼ + 0) 88,3 Mol%/— 110,9°; *F*(0) — 83,0°
HJ	*E*(Eis + 4) 11,31 Mol%/— 80°; *F*(4) ≈ 20 Mol%/ ≈ 36,5°; *E*(4 + 3) 21,77/— 49°; *F*(3) 25 Mol%/— 48°; *E*(3 + 2) 28,05 Mol%/56°
NH_3	20 Mol%/— 33°; *E*(Eis + 1) 34,5 Mol%/— 100,3°; *F*(1) 50,0 Mol%/— 70°; *E*(1 + ½) 58,5 Mol%/— 88,0°; *F*(½) 66,6 Mol%/— 78,8°; *E*(½ + 0) 81,4 Mol%/— 92,5°; *F*(0) — 77,0° s. a. Tabelle 422122, S. 994
HNO_3	10 Mol%/— 30,5°; *E*(Eis + 3) 12,2 Mol%/— 43,0°; *F*(3) 25 Mol%/— 18,5°; *E*(3 + 1) 40,6 Mol%/— 42,0°; *F*(1) 50 Mol%/— 38,2°; *E*(1 + 0) ≈ 71,5 Mol%/≈ — 66°
N_2H_4	20 Mol%/— 51° Bdk Eis; 40 Mol%/— 56°; *F*(1) 50 Mol%/ — 51,7°; *E*(1 + 0) 56 Mol%/— 54°; *F*(0) + 2°
H_2O_2	10 Mol%/— 12°; 20 Mol%/— 28°; *E*(Eis + 2) 29,9 Mol%/ — 51,8°; *F*(2) 33,3 Mol%/— 52,1°; *E*(2 + 0) ≈45,5 Mol%/ ≈ — 56,5°; *F*(0) — 1,7°
H_3PO_4	10 Mol%/— 21°; *E*(Eis + ½) 23,41 Mol%/— 85,0°; *F*(½) 66,67 Mol%/29°; *E*(½ + 0) 76,97 Mol%/23,5°; 90 Mol%/36°
$H_4P_2O_7$	10 Mol%/— 41°; *E*(Eis + 1½) 12,69 Mol%/— 75°; *F*(1½) 40 Mol%/26°; *E*(1½ + 0) 44,46 Mol%/23°; 60 Mol%/40,5°; 80 Mol%/54,6°; *F*(0) 61°

Verbindung	Angaben über die Liquiduskurve in % (= Gew.%) oder Mol% der Verbindung Temperaturangaben in °C
SO_2	*E*(Eis + 7) ≈ 0,65 Mol%/≈ — 3°; Monotekt (7 + 2 fl. Ph.) 2,38 u. 87 Mol%/12,2°; *E*(7 + 0) 90,1 Mol%/— 74°; *F*(0) — 72,5°
SO_3	s. Abb.
H_2SO_4	*E*(Eis + 4) 10,3 Mol%/— 83,0°; *F*(4) 20 Mol%/— 51,7°; *E*(4 + 1) 26,6 Mol%/— 55°; *F*(1) 50 Mol%/≈ 26°; 1(*E* + 0) 55,9 Mol%/17°
SeO_2	10 Mol%/— 11°; *E*(Eis + 1) 17,75 Mol%/— 23°; *F*(1) 50 Mol%/ 66,5°
H_2SeO_4	*E*(Eis + 4) 10,3 Mol%/— 83,0°; *F*(4) 20 Mol%/— 51,7°; *E*(4 + 1) 26,6 Mol%/— 55°; *F*(1) ≈ 50 Mol%/≈ 26°; *E*(1 + 0) 55,9 Mol%/17,0°
H_2TeO_4	*E*(Eis + 6) 1,37 Mol%/— 1,5°; *U* (6 → 2) 3,20 Mol%/10°

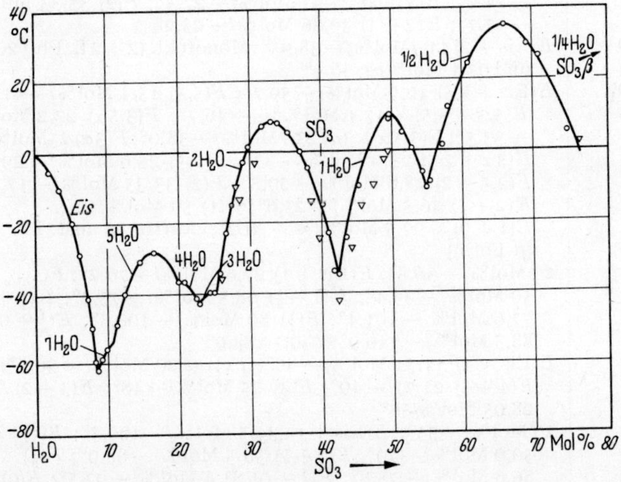

H_2O—SO_3

○ Gable, C. M., H. F. Betz und S. H. Maron: J. Am. Chem. Soc. **72** (1950), 1445.
▽ Kunzler, J. E., und W. F. Giauque: J. Am. Chem. Soc. **74** (1952), 5271.

E	Eis + $SO_3 \cdot 7\,H_2O$	8,53 Mol%/−61,98° C
Ü	$SO_3 \cdot 7\,H_2O \rightleftharpoons SO_3 \cdot 5\,H_2O$	10,64 Mol%/−53,73° C
F	$SO_3 \cdot 5\,H_2O$	16,66 Mol%/−28,36° C
E	$SO_3 \cdot 5\,H_2O + SO_3 \cdot 4\,H_2O$	20,09 Mol%/−36,56° C
E	$SO_3 \cdot 4\,H_2O + SO_3 \cdot 3\,H_2O$	22 Mol%/−42,7° C
F	$SO_3 \cdot 3\,H_2O$	25 Mol%/−39,51° C
E	$SO_3 \cdot 3\,H_2O + SO_3 \cdot 2\,H_2O$	25,37 Mol%/−39,85° C
F	$SO_3 \cdot 2\,H_2O$	33,33 Mol%/+ 8,36° C
E	$SO_3 \cdot 2\,H_2O + SO_3 \cdot 1\,H_2O$	42,56 Mol%/−34,86° C
F	$SO_3 \cdot 1\,H_2O$	50 Mol%/+10,37° C
E	$SO_3 \cdot 1\,H_2O + SO_3 \cdot \frac{1}{2}\,H_2O$	55 Mol%/−10,15° C
F	$SO_3 \cdot \frac{1}{2}\,H_2O$	66,67 Mol%/+35,15° C

427122c. Lösungsgleichgewichte anorganischer Verbindungen in schwerem Wasser.
(Erläuterungen zur letzten Spalte s. S. 1047)

Verbindung	Gew.% der Verbindung in der gesättigten Lösung bei ϑ in °C							
	0	10	20	40	60	80	100	
$BaCl_2$		20	22	24,7	27,6	30,6	32,4	Ü (2→1) 32 %/93,3°
CdJ_2		34,2	35,6	30	41,5	44,4	47,6	
$CuSO_4$			10	18,7	26,4	33,2		*E* (0+5) 10,5° Ü (5→3) 40 %/95,5°
$HgCl_2$		2,9	4,04	6,8	10,7	17,4	29,1	
KBr			35,1	38,4	41,5	44,7	47,5	
KCl		19,4	20,6	24,3	27,6	30,5	35,1	
KJ			34,4	38,3	41,5	44,5	47,4	
NaBr	41,3	43	44,6	48,7	50,5	51	51,5	Ü (2→0) 50,4 %/47°
NaCl	22,6	22,9	23	23,5	24	24,5	25	Bdk. 0 ^2H_2O
NaJ			61,3	64,9	70	72,2	72,6	Ü (2→0) 72 %/66°
Na_2SO_4		6,3	13,0	30	38,6	38,0	37,2	Ü (10→0) 30,6 %/34,2°
$SrCl_2$		30,5	32,4	37,3	43,2	45,0	47,5	Ü (6→2) 43 %/56,4° Ü (2→1) 50,2 %/128,5°

427123. Lösungsgleichgewichte anorganischer Verbindungen in anorganischen Flüssigkeiten

a) in Ammoniak (Erläuterungen zur letzten Spalte s. S. 1047)

Gelöste Verbindung	Gew.% der Verbindung in der gesättigten Lösung bei ϑ in °C						Weitere Angaben
	−60	−40	−20	0	20	60	
$Ba(NO_3)_2$			4,28	21,2	49,0		Ü(4 (?)→0) 12,1%/−9,0°
$Ca(NO_3)_2$	39,2	43,2	44,2	45,7	47,5	54,6	Ü(6,5 (?)→4 (?)) 43,2%/−43°; Ü(4 (?)→0) 48%/20°
$Cd(NO_3)_2$	22,9	8,2	2,92	1,53	0,795		E(? NH_3?+4) 22,8%/−77,5°
K	32,3	32,4	32,5	32,6	32,7		
KCl	0,225	0,195	0,165	0,134	0,104		E(NH_3+0) 0,25%/ −77,2°
Li	9,74	9,75	9,75	9,75			
LiCl			0,795	1,32	2,72		Bdk. 0 NH_3
$LiNO_3$	30	38	41,8	47	69,8	73	F(NH_3)−77,7°; E(NH_3+8)≈23%/≈−81,0°; F(8)≈33,6%/≈−52,5°; E(8+4)≈35,8%/−57,0°; F(4)≈50,3%/≈6,0°; E(4+2) 57%/−3,0°; F(2)≈66,9%/≈15,0°; E(2+0) 69,2%/12,5°; F($LiNO_3$) 264,0°
NH_4Br	39,5	43,7	49,6	56,8	69,8	71,3	E(NH_3+3)≈36,7%/≈−78,0°; F(3) 65,7%/13,7°; E(3+0) 69,3%/9,2°
NH_4Cl	4,0	10,8	22,7	38,5	54,7		F(3) 51,2%/10,7°; E(3+0)≈54,2%/≈8,5°;
NH_4ClO_4	55	59,9	65	72	73,8	78,5	E(NH_3+6) 49,0%/−96,5°; Ü(6→4)≈57,6%/≈−50,0°; Ü(4→0)≈72,0%/0,0°
NH_4J	46	52,6	60,5	77	78,3	81	E(NH_3+4)≈39,7%/≈−81,0°; F(4) 68,0%/−5,1°; E(4+3)≈71,8%/≈−11,0°; F(3) 73,9%/−8,0°; E(3+0)≈76,0%/≈−12,5°.
NH_4NO_3	24	61	72	74	77	84	F(3) 61%/−40,0°; E(3+0)≈68,0%/≈−41,5°
Na	20,3	20	19,4	18,6	18		
NaBr			26,5	41,4			F(5)≈54,7%/≈13,2°; Ü(5→0) ?%/?°C
NaCl	0,06	2	8	10,5	5,3		F(NH_3)−76,3°; E(NH_3+5) 0,28%/−76,6°; Ü(5→0) 15,37%/−9,5°
$NaNO_3$		52	54	55,8	57	59,7	Bdk. 0 NH_3
$Sr(NO_3)_2$	7,84	11,5	19,3	29,0	39,6		Ü(x→0) 37,23%/14,0°
$Zn(NO_3)_2$	24,8	24,6	23,0	22,4	23	27	E((?) NH_3 +10) 16,7%/−77°; Ü(10→8) 25,97%/−58°; Ü(8→6) 22,5%/0°; Ü(6→4) 25,9%/58°

b) in Schwefeldioxid

Gelöste Verbindung	g der Verbindung/100 g SO_2 in der gesättigten Lösung bei ϑ in °C	
	0	25
AgCl	<0,001	
AgJ	0,016	
$BaCl_2$	unlöslich	0,03
$CaBr_2$		0,02
$CaCl_2$		0,02
$CoCl_2$	0,013	
$HgBr_2$	0,074	
$HgSO_4$	0,010	
KBr	2,81	0,50
		0,38
KCl	0,041	0,0126
LiBr	0,052	0,067
LiCl	0,012	0,00062
NH_4Br	0,059	0,052
NH_4Cl	0,009	0,0031
NaBr	0,014	0,0038
NaCl	0,016	0,0004
$PbCl_2$	0,019	
$SrCl_2$		<0,01
TlBr		0,017
TlCl		0,007
$ZnCl_2$		0,160

42713. Lösungsgleichgewichte zwischen anorganischen und organischen Stoffen

427131. Organische Säuren und deren Salze in Wasser

Betreffs der Bezeichnungen siehe Einleitung S. 1045 f.

Verbindung		Lösungsgleichgewicht in Gew.% der Verbindung bei ϑ in °C							Bemerkungen
Formel	Name	0°	10°	20°	40°	60°	80°	100°	
CH_2O_2	Ameisensäure	95	∞						E(Eis+0) −49°/70 %
$(CHO_2)_2Ba$	Ba-formiat	21,88	23,08	24,24	25,37	27,55	30,6	34,12	Bdk. 2 H_2O
$(CHO_2)_2Ca$	Ca—	13,94	14,09	14,24	14,54	14,9	15,25	15,61	
$(CHO_2)_2Cd$	Cd—	8,25	9,91	12,3	20,38	37,11	44,75	48,72	$Ü$(2→0) 68°/43,18 %
CHO_2Cs	Cs—	76	78	82	87	94,7	95	95,2	F(1) 45°/90,8 %; E(1+0) 41°/94,2 %
CHO_2K	K—	74,8	75,9	76	79,5	82,3	85,2	88,5	L 120° 92 %; F(0) 157°
CHO_2Li	Li—	24,81	26,47	28,6	32,9	39,4	48,75	57,26	$Ü$(1→0) 88°/56,72 %
$(CHO_2)_2Mg$	Mg—	12,3	12,45	12,66	13,8	15,25	17,01	19,35	Bdk. 2 H_2O
CHO_2NH_4	NH_4—	52	54	58,5	66,5	75	83,6	92,5	F(0) 116°
CHO_2Na	Na—	30,6	37,5	46,24	51,69	54,75	57,98	62,4	$Ü$(3→2) 17°/44,15 %; $Ü$(2→0) 25°/49,9 %
CHO_2Rb	Rb—	77	82	85	87,4	90	92	93,8	$Ü$(1→$^1/_2$) 16°/84,7 %; $Ü$($^1/_2$→0) 50°/89,5 %
$(CHO_2)_2Sr$	Sr—	9,09	9,91	10,7	15,25	21,26	24,24	25,37	$Ü$(2→1) 72°/23,78 %
$(CHO_2)_2Zn$	Zn—	3,84	4,28	4,76	6,98	10,7	14,9	27,55	
$C_2H_2O_4$	Oxalsäure	3,84	5,48	7,4	18,7				Bdk. 2 H_2O
C_2O_4Ba	Ba-oxalat	$5,5 \cdot 10^{-3}$	$7 \cdot 10^{-3}$	$9,4 \cdot 10^{-3}$	$1,5 \cdot 10^{-2}$	$1,75 \cdot 10^{-2}$	$1,9 \cdot 10^{-2}$	$2,1 \cdot 10^{-2}$	$Ü$(?→$^1/_2$) 40° $1,5 \cdot 10^{-2}$ %
C_2O_4Ca	Ca—	$5 \cdot 10^{-4}$	$5 \cdot 10^{-4}$	$5,1 \cdot 10^{-4}$	$8 \cdot 10^{-4}$	$1 \cdot 10^{-3}$	$1,3 \cdot 10^{-3}$		
$C_2O_4K_2$	K—	20,19	22,2	25,37					E(Eis+1) −6,3°/19,87 %; L 30° 44,4 %
C_2O_4Mn	Mn—	$2 \cdot 10^{-2}$	$2,4 \cdot 10^{-2}$	$2,9 \cdot 10^{-2}$					Bdk. 2 H_2O
C_2O_4Mn	Mn—	$3,3 \cdot 10^{-2}$	$4,4 \cdot 10^{-2}$	$5,9 \cdot 10^{-2}$					Bdk. 3 H_2O
$C_2O_4(NH_4)_2$	NH_4—	1,96	2,91	3,84	7,4	10,7	15,25	20,94	Bdk. 1 H_2O

Verbindung		Lösungsgleichgewicht in Gew.% der Verbindung bei ϑ in °C							Bemerkungen
Formel	Name	0°	10°	20°	40°	60°	80°	100°	
$C_2O_4Na_2$	Na—	1,96	4,94	9,09	18,7	31,05	46,24		Bdk. 2 H_2O
C_2O_4Sr	Sr—	$3 \cdot 10^{-3}$	$4 \cdot 10^{-3}$	$4,7 \cdot 10^{-3}$					
$C_2O_4UO_2$	UO_2—		0,448	0,497	0,794	1,186	1,86	3,10	Bdk. 3 H_2O
$C_2H_3ClO_2$	Monochlor-essigsäure								
	α-Modifikation				90,8	98			*F* 62,4°
	β-Modifikation				93				*F* 56,5°
	γ-Modifikation			88	95,8				*F* 51°
$C_2H_4O_2$	Essigsäure	87	96						*E*(Eis+0) −26,7°/60 %
$C_2H_3O_2Ag$	Ag-acetat	0,744	0,863	0,99	1,38	1,845	2,44		
$(C_2H_3O_2)_2Ba$	Ba—	32,9	38,7	41,86	44,15	35,49	35,07	35,49	Ü(3→1) 24°/43,82 %; Ü(1→0) 41°/44,2 %
$(C_2H_3O_2)_2Ca$	Ca—	27,55	26,47	25,65	24,81	24,81	27,27	22,48	Ü(2→1) 84°/27,27 %
$C_2H_3O_2Cs$	Cs—	91	91	91,5	92	92,5	93	94	*L* 160° 98 %; *F* 194°
$C_2H_3O_2K$	K—	68,3	70	72	76,3	78	79,3		Ü(³/₂→¹/₂) 40°/76,3 %
$C_2H_3O_2Li$	Li—	24	25	28	40	66	66	67	Ü(2→0) 38°/66 %; *L* 200° 79 %
$(C_2H_3O_2)_2Mg$	Mg—	35,9	37,3	38,7	42,96	53,7			*E*(Eis+4) −28,5°/34,64 %; *L* 68° 64,3 %
$C_2H_3O_2Na$	Na—	26,47	29,1	32,1	39,4				*E*(Eis+3) 18°/23,31 %; Ü(3→0) 58°/58 %
$(C_2H_3O_2)_2Pb$	Pb—	13,8	16,81	24,24	35,07				Bdk. 3 H_2O
$C_2H_3O_2Rb$	Rb—	83	84	84,5	86	87	88	91	*L* 150° 94 %; 200° 97 %; *F* 242°
$(C_2H_3O_2)_2Sr$	Sr—	24,24	30,0	29,1	27,8	26,74	26,47		Ü(4→¹/₂) 8,5°/30,31 %
$C_2H_4O_3$	Glykolsäure			0,04	0,06	0,099	0,239	0,84	
$(C_2H_3O_3)_3Gd$	Gd-glykolat			1,38					
$(C_2H_3O_3)_3La$	La—			0,329					

$C_2H_5NO_2$	Aminoessigsäure	14,15	15,25	17,35	25,09	31,27	36,9	42,96	
$C_2H_7NO_3S$	Taurin	3,84	5,66	8,256	14,54	21,6	27,55	31,05	
$C_3H_4O_4$	Malonsäure	51,9							*L* 16,1° 57,95 %
$C_3H_2O_4Ba$	Ba-malonat	0,1398	0,1797	0,2195	0,2693	0,304	0,329		Bdk. 2 H_2O
$C_3H_2O_4Ca$	Ca —	0,279	0,329	0,359	0,418	0,453	0,478		Bdk. 4 H_2O
$C_3H_6O_2$	Propionsäure								*E*(Eis+0)) −29,4°/87,65 %; *F* −19,3°
$C_3H_5O_2Ag$	Ag-propionat	0,497	0,675	0,813	1,147	1,55			
$(C_3H_5O_2)_2Ba$	Ba —	36,7	36,18	36,10	36,9	38,27	40,48	44,91	Bdk. 1 H_2O
$(C_3H_5O_2)_2Ca$	Ca —	29,82	29,1	28,6	28,0	27,8	28,6	32,9	Bdk. 1/2 H_2O
$C_3H_6O_3$	Milchsäure								
$(C_3H_5O_3)_2Ca$	Ca-lactat	3,0	4,398	5,838					
$(C_3H_5O_3)_2Zn$	d-Zn —	4,58	4,625	4,94					*L* 30° 6,54 %
$(C_3H_5O_3)_2Zn$	l-Zn —	4,25	4,398	4,76					*L* 30° 6,05 %
$(C_3H_5O_3)_2Zn$	inaktives Zn—	1,088	1,33	1,575					*L* 30° 1,77 %
$C_3H_7NO_2$	α-Amino-propionsäure								
	d-Alanin	11,5	12,66	13,8	16,67	19,35	23,37	27,27	
	d, l—	10,7	12,3	13,8	17,01	21,26	26,47	30,6	
$C_3H_7NO_3$	α-Amino-β-hydroxypropionsäure								
	d,l-Serin	2,246	2,91	4,03	7,322	11,97	17,63	24,43	
$C_4H_4O_4$	Fumarsäure				1,5	2,5	5,2	9,0	
$C_4H_2O_4HNa$	Na-hydrogen-fumarat				9,698	15,79		23,2	*L* 25° 6,43 %
$C_4H_4O_4$	Maleinsäure				51	60	70,5		
$C_4H_2O_4Ca$	Ca-maleat				2,799				*L* 25° 2,43 % Bdk 1 H_2O
$(C_4H_2O_4)_2H_2Ca$	—hydrogen —				29,5	48			Bdk. 5 H_2O
$C_4H_2O_4HNa$	Na-hydrogen—				11	23,5	44,9	74	Bdk. 3 H_2O
$C_4H_6O_5$	Äpfelsäure, rac.				65	72,8	81		

Verbindung		Lösungsgleichgewicht in Gew.% der Verbindung bei ϑ in °C							Bemerkungen
Formel	Name	0°	10°	20°	40°	60°	80°	100°	
$C_4H_4O_5Ba$	l-Ba-malat	0,99	1,127	1,20					
$C_4H_4O_5Ba$	d,l-Ba—	0,76							L 25° 0,576 %
$C_4H_4O_5Ca$	l-Ca—	0,665	0,774	0,882					Bdk. 2 H_2O
$C_4H_4O_5Ca$	d,l-Ca—	0,239	0,269	0,284					Bdk. 3 H_2O
$(C_4H_4O_5)_2H_2Ca$	Ca-hydrogen			1,48	5,48				Bdk. 6 H_2O
$C_4H_4O_5Mg$	Mg— aktives	2	2,18	2,4					Bdk. 3 H_2O
$C_4H_4O_5Mg$	Mg— inaktives	0,9	1,05	1,19					Bdk. $^5/_2$ H_2O
$C_4H_4O_5Pb$	l-Pb—	0,02	0,025	0,04					Bdk. 2 H_2O
$C_4H_4O_5Pb$	d,l-Pb—	0,02	0,021	0,03					Bdk. 2 H_2O
$C_4H_4O_5Sr$	l-Sr—	0,189	0,299	0,428					Bdk. 4 H_2O
$C_4H_4O_5Sr$	d,l-Sr—	0,289	0,309	0,378					Bdk. 5 H_2O
$C_4H_6O_6$	Weinsäure, rac. Traubensäure	8,5	12	17,5	30	43,5	55,5	65	Bdk. 1 H_2O
$C_4H_6O_6$	d- oder l-Weinsäure	53,5	56	58	64	68	73	77,5	
$C_4H_4O_6K_2$	K-tartrat	68	64	56	49				Bdk. $^1/_2$ H_2O
$C_4H_4O_6HK$	K-hydrogen—	0,199	0,398	0,596	1,186	2,39	4,17	6,45	
$C_4H_4O_6NaK$	d-KNa—	24,53	31,51	40,48					E(Eis+0) −5°/22,36 %; Bdk. 4 H_2O
$C_4H_4O_6NaK$	rac. KNa—	32,25	36,7	42,53					E(Eis+0) −7°/29,82 %; Bdk. 3 H_2O
$C_4H_4O_6HLi$	d-Li-hydrogen	29,57	24,24	21,26	21,26	22,77			$\ddot{U}$(2→0) 17,5°/21,88 %
$C_4H_4O_6(NH_4)_2$	NH_4—	30,6	33,56	36,31	41,5	46,53			
$C_4H_6O_4$	Bernsteinsäure	3,0	4,5	7,0	14	26,5	41,5	56	L 120° 69 %; 140° 79,5 %; 160° 88 %; 180° 97 %

	Salze:								
$C_4H_4O_4Ba$	Ba-succinat	0,418	0,408	0,398	0,379	0,299	0,199		
$C_4H_4O_4Ca$	Ca—	1,108	1,234	1,28	1,137	0,892			Bdk. 3 H_2O
$C_4H_6O_4$	Methylmalonsäure, Isobernsteinsäure								*L* 25° 55,31 %
$C_4H_4O_4Ba$	Ba-isosuccinat	1,82	2,77	3,47	4,32	4,44	3,80		Bdk. 2 H_2O
$C_4H_4O_4Ca$	Ca—	0,517	0,507	0,497	0,487	0,398	0,279		Bdk. 1 H_2O
$C_4H_8O_2$	Buttersäure								*E*(Eis+0) 13,4°/87,62 %; *F* —4,7°
$C_4H_7O_2Ag$	Ag-butyrat	0,349	0,398	0,487	0,636	0,843	1,127		
$(C_4H_7O_2)_2Ba$	Ba—	27,01	26,47	26,15	26,03	27,17	29,48		
$(C_4H_7O_2)_2Ca$	Ca—	16,67	16,11	15,25	14,15	13,11	13,04	13,65	Bdk. 1 H_2O
$C_4H_8O_2$	Isobuttersäure								
	Salze:								
$C_4H_7O_2Ag$	Ag-isobutyrat	0,794	0,863	0,941	1,166	1,45	1,86		
$(C_4H_7O_2)_2Ca$	Ca—	16,67	17,35	18,37	20,32	22,2	21,26	20,76	*Ü*(5→2) 62°/22,3 %
$C_4H_7NO_4$	Asparaginsäure								
	d,l—	0,2494	0,4282	0,636	1,38	2,724			
	l—	0,2494	0,299	0,4282	0,8428	1,67	3,148		
$C_4H_8N_2O_3$	l-Asparagin	0,99	1,575	2,34	5,66	11,97	22,36		
$C_5H_4N_4O_3$	Harnsäure	0,002	0,004	0,006	0,013	0,023	0,0395	0,063	
$C_5H_8O_4$	Glutarsäure	27	40	52,5	71				
$C_5H_9NO_4$	Glutaminsäure								
	d,l—	0,99	1,283	1,77	3,475	6,542	12,81	22,2	
	d—	0,3984	0,4975	0,7936	1,48	2,91	6,542	12,3	
$C_5H_{10}O_2$	2-Methylbuttersäure								
$C_5H_9O_2Ag$	Salze: Ag—	1,088	1,117	1,176	1,39	1,80	2,34		
$(C_5H_9O_2)_2Ca$	Ca—	18,7	19,0	19,68	22,48	19,68	17,69	16,67	*Ü*(5→½) 36,5°/23,02 %
$C_5H_{10}O_2$	3-Methylbuttersäure								

Verbindung		Lösungsgleichgewicht in Gew.% der Verbindung bei ϑ in °C							Bemerkungen
Formel	Name	0°	10°	20°	40°	60°	80°	100°	
$C_5H_9O_2Ag$	Salze: Ag-isovalerat	0,189	0,209	0,249	0,319	0,398	0,487		
$(C_5H_9O_2)_2Ca$	Ca—	20,94	18,5	17,96	18,03	15,33	14,38	14,15	*Ü*(3→1) 45,5°/18,27 %
$C_5H_{10}O_2$	Valeriansäure								
$C_5H_9O_2Ag$	Ag-valerat	0,25	0,26	0,3	0,4	0,55	0,73		
$(C_5H_9O_2)_2Ba$	Ba—	22	21	20	20	21			
$(C_5H_9O_2)_2Ca$	Ca—	9,8	9,3	8,8	8,0	7,75	8,0	8,6	Bdk. 1 H_2O
$C_5H_{11}NO_2$	d,l-Valin	5,66	6,0	6,366	7,49	9,256	11,97	15,25	
$C_5H_{11}NO_2S$	d,l-Methionin	1,77	2,246	2,91	4,579	7,06			
$C_6H_5NO_2$	Nicotinsäure	0,744	1,186	1,575	2,53	3,938	6,19	9,67	
$C_6H_4NO_2Na$	Na-Salz	9,48	19,35	25,93	34,21	39,03	43,98	50,0	Bdk. $^1/_2$ H_2O
$C_6H_5NO_2$	Isonicotinsäure	0,4975	0,7936	1,186	2,34	5,30	9,67	14,9	
$C_6H_6O_4S$	p-Phenylsulfonsäure								
	Ni-Salz	15,98	19,0	23,8	30,6	40,12	48,18		Bdk. 8 H_2O
$C_6H_7NO_3S$	o-Anilinsulfonsäure	0,793	1,186	1,67	2,91	4,94	8,00		*Ü*(1→0) 15,55°/1,46 %
	m-Anilinsulfonsäure	0,793	1,1	1,45	2,45	3,98	6,25		Bdk. 0 H_2O
	p-Anilinsulfonsäure	0,398	0,744	1,186	2,152	3,05	4,286	6,278	*Ü*(2→1) 18,9°/1,137 %; *Ü*(1→0) 44°/2,44 %
$C_6H_8O_6$	l-Ascorbinsäure	11,38	14,97	18,17	24,7	29,7	33,6	36,63	
$C_6H_8O_7$	Citronensäure	55,7	59,2	62					*E*(Eis+1) −11,8°/46,47 %
$C_6H_{10}O_4$	Adipinsäure			1,86	4,76	15,25	33,8	50,0	
$C_6H_{12}N_2O_4S_2$	l-Cystin	0,005	0,007	0,0095	0,0175	0,033			
$C_6H_{12}O_2$	Diäthylessigsäure								
$(C_6H_{11}O_2)_2Ca$	Ca-Salz	23,31	21,88	20,38	18,17	16,53			

$C_6H_{12}O_2$	Capronsäure	0,793	0,892	0,99	1,088	1,186			
$(C_6H_{11}O_2)_2Ca$	Ca-capronat	2,246	2,152	2,152	2,057	2,152	2,296	2,44	Bdk. 1 H_2O
$C_6H_{12}O_2$	2-Methyl pentansäure								
$(C_6H_{11}O_2)_2Ba$	Salze: Ba	12,6	11,82	11,19	11,02	12,81	14,02		Bdk. 4 H_2O
$(C_6H_{11}O_2)_2Ca$	Ca—	14,15	13,72	13,19	12,45	12,2	12,3		
$C_6H_{12}O_2$	3-Methyl-pentansäure								
$(C_6H_{11}O_2)_2Ba$	Salze: Ba	10,23	7,66	6,36	5,48	7,75	12,81		Bdk. $^7/_2$ H_2O
$(C_6H_{11}O_2)_2Ca$	Ca—	10,86	13,11	14,68	15,98	14,97	11,82		Bdk. 3 H_2O
$C_6H_{12}O_2$	4-Methyl-pentansäure								
$(C_6H_{11}O_2)_2Ca$	Ca-Salz	6,98	6,0	5,30	5,12	6,0	8,25		
$C_7H_5JO_3$	3-Jodsalicyl-säure								
$C_7H_4JO_3Na$	Na-Salz			7	10	16	25	50	
$C_7H_5JO_3$	5-Jodsalicyl-säure								
$C_7H_4JO_3Na$	Na-Salz			4,5	6,5	11,5	20	33,5	
$C_7H_5NO_5$	5-Nitrosalicyl-säure		0,06	0,07	0,1598	0,3289	0,6655	1,55	$\ddot{U}(1\rightarrow0)$ 42,5°/0,1647 %
$C_7H_6O_2$	Benzoesäure								
$(C_7H_5O_2)_2Ca$	Ca-benzoat	2,2	2,3	2,4	3,5	5	7	9	E(Eis+3) −0,37°/2,22 %; $\ddot{U}(3\rightarrow1)$ 84,7°/7,62 %
$C_7H_5O_2Cs$	Cs—	74	74,8	75,5	76,5	77,5	78,8	80	E(Eis+0) −19°/73 %
$C_7H_5O_2K$	K—	38,2	40	41,5	45	48	51	54	E(Eis+0) −8°/37 %
$C_7H_5O_2Li$	Li—	28	29	31	33,5	33,5	34,3	36	E(Eis+1) −11°/26 %; $\ddot{U}(1\rightarrow0)$ 34°/33,5 %
$C_7H_5O_2Na$	Na—	38,2	38,2	38,3	38,5	39	40,8	43	E(Eis+0) −14°/38,5 %
$C_7H_5O_2Rb$	Rb—	55	56	57	58,8	60,8	63	65,4	E(Eis+0) −22°/55 %
$C_7H_6O_3$	o-Hydroxy-benzoesäure	0,08	0,12	0,179	0,398	0,852			

Verbindung		Lösungsgleichgewicht in Gew.% der Verbindung bei ϑ in °C							Bemerkungen
Formel	Name	0°	10°	20°	40°	60°	80°	100°	
$C_7H_5O_3Cs$	Salze: Cs-salicylat	67	70,5	74	83,5	87,2	92,3	94	*E*(Eis+1) −12,5°/63 %; *Ü*(1→1/2) 39,5°/83,5 %; *Ü*(1/2→0) 73°/92 %
$C_7H_5O_3K$	K—	44	48	51,8	59,5	62	65	68	*E*(Eis+1) −10,5°/42 %; *Ü*(1→0) 31°/58 %
$C_7H_5O_3Li$	Li—	50	52,5	54	59,5	66	67,2	69,5	*E*(Eis+6) −16,5°/42 %; *Ü*(6→1) 1,5°/51,5 %; *Ü*(1→0) 55°/65,5 %
$C_7H_5O_3Na$	Na—	22	31	50	54	57	59,7	62	*E*(Eis+6) −5,04°/21,18 %; *Ü*(6→0) 21°/51,5 %
$C_7H_5O_3Rb$	Rb—	63	65,5	67,8	73	76	78,8	81,5	*E*(Eis+1) −16°/60 %; *Ü*(1→0) 49,0°/74,97 %
$C_7H_6O_3$	m-Hydroxybenzoesäure						10,8	33	
$C_7H_5O_3Cs$	Salze: Cs—	74,5	76	79	86	88,8	90	91,5	*E*(Eis+1) −25°/71,5 %; *Ü*(1→0) 41,5°/87,88 %
$C_7H_5O_3K$	K—	57,9	59	60	62,5	65	67,5		*E*(Eis+0) −22,5°/55,5 %
$C_7H_5O_3Li$	Li—	52	52,5	53	54	55,2	56,5	58	*E*(Eis+0) −22,5°/52 %
$C_7H_5O_3Rb$	Rb—	50	50,5	51,5	57,5	63,5	68,5	73,5	*E*(Eis+1) −13,8°/50,5 %; *Ü*(1→0) 45°/60,02 %
$C_7H_6O_3$	p-Hydroxybenzoesäure					4	11,5	34,0	*L* 120° 58 %; 140° 75 %; 180° 94 %; *F* 213°
$C_7H_5O_3Cs$	Salze: Cs—	29	33	38	46	55	62	68,8	*E*(Eis+1) −4,27°/27 %; *Ü*(1→0) 62°/56 %
$C_7H_5O_3K$	K—	18	25,5	32	43,5	54	62,4	64	*E*(Eis+3) −3,24°/15,55 %; *Ü*(3→0) 78°/62,3 %
$C_7H_5O_3Li$	Li—	31	30,5	30,2	30,0	30,7	31,7	33,8	*E*(Eis+0) −16,3°/32 %

$C_7H_5O_3Na$	Na —	13	21	28	43,5	47	48,1	49,7	*E*(Eis + 5) −2,07°/10,43 %; *Ü*(5→0) 39°/45,61 %
$C_7H_5O_3Rb$	Rb —	28	32	36,5	44,5	52,5	60	67,2	*E*(Eis + 1) −4,22°/26,22 %; *Ü*(1→0) 74°/58 %
$C_7H_{14}O_2$	Önanthsäure Heptansäure	0,87	0,92	0,97	1,06	1,17			
$C_7H_{13}O_2Ag$	Salze: Ag —	0,045	0,05	0,06	0,07	0,1	0,17		
$(C_7H_{13}O_2)_2Ca$	Ca —	0,95	0,9	0,86	0,81	0,82	0,98	1,21	Bdk. 1 H_2O
$C_8H_2Cl_4O_4$	Tetrachlor-phthalsäure	0,299	0,329	0,359	0,488	0,695	1,186		
$C_8Cl_4O_4K_2$	K-tetrachlor-phthalat	28,0	28,6	29,2	31,51	34,86			
$C_8Cl_4O_4Na_2$	Na —	13,42	14,54	16,67	23,08	32,43	34,64		*Ü*(5→0) 63,5°/34,0 %
$C_8H_6O_4$	Phthalsäure		0,8	1,0	2,3	6,0	15	38,8	*F* 193,3°
$C_8H_4O_4Na_2$	Na-phthalat	39,94	41,31	43,01	47,09				Bdk. $^7/_2$ H_2O
$C_8H_8O_3$	d-Mandelsäure	9	10,5	17	60				
$C_8H_8O_3$	l —				21	65			
$C_8H_{16}O_2$	Caprylsäure, Octansäure	0,044		0,068	0,1129			0,249	*L* 30° 0,079 %; 45° 0,095 %
$(C_8H_{15}O_2)_2Ca$	Ca-caprylat	0,329		0,309	0,279	0,239	0,319	0,497	Bdk. 1 H_2O
$C_9H_8O_2$	Allozimtsäure, cis	0,38	0,54	0,73	1,27				*F* 68°
$(C_9H_7O_2)_2Ba$	Ba-allo-cinnamat			0,636					Bdk. 3 H_2O
$C_9H_9Br_2NO_3$	l-Dibrom-tyrosin	0,1199	0,1647	0,2425	0,3825				*Ü*(1→0) 17,5°/0,2345 %
$C_9H_9Cl_2NO_3$	l-Dichlor-tyrosin	0,0999	0,1298	0,1697	0,313				Bdk. 1 H_2O
$C_9H_9J_2NO_3$	l-Dijodtyrosin	0,02	0,034	0,05	0,1189				
	d,l —	0,015	0,02	0,029	0,057				
$C_9H_{11}NO_2$	d,l-Phenyl-alanin	0,99	1,137	1,283	1,82	2,579			
	l —	1,96	2,246	2,676	3,615	4,94	6,67	9,0	

Verbindung		Lösungsgleichgewicht in Gew.% der Verbindung bei ϑ in °C							Bemerkungen
Formel	Name	0°	10°	20°	40°	60°	80°	100°	
$C_9H_{11}NO_3$	d,l-Tyrosin	0,014	0,021	0,029	0,058				
	d bzw. l—	0,02	0,027	0,038	0,075	0,1478			
$C_9H_{18}O_2$	Pelargonsäure	0,014	0,02	0,026	0,038	0,051			
$(C_9H_{17}O_2)_2Ca$	Ca-Salz	0,1598	0,1528	0,1448	0,1298	0,1228	0,1408	0,259	Bdk. 1 H_2O
$C_9H_{16}O_4$	Azelainsäure	0,1	0,13	0,2	0,54	1,55			
$C_{10}H_{20}O_2$	Caprinsäure, Decansäure	$9 \cdot 10^{-3}$	$1{,}2 \cdot 10^{-2}$	$1{,}5 \cdot 10^{-2}$	$2{,}1 \cdot 10^{-2}$	$2{,}7 \cdot 10^{-2}$			
$C_{11}H_{12}N_2O_2$	l-Tryptophan	0,7936	0,941	1,04	1,38	2,01	3,0	4,76	
$C_{11}H_{22}O_2$	Undecylsäure	$6{,}4 \cdot 10^{-3}$	$8 \cdot 10^{-3}$	$9{,}5 \cdot 10^{-3}$	$1{,}34 \cdot 10^{-2}$	$1{,}5 \cdot 10^{-2}$			
$C_{12}H_{24}O_2$	Laurinsäure	$3{,}7 \cdot 10^{-3}$	$4{,}6 \cdot 10^{-3}$	$5{,}5 \cdot 10^{-3}$	$7{,}1 \cdot 10^{-3}$	$8 \cdot 10^{-3}$			
$C_{13}H_{26}O_2$	Dodecan-carbonsäure	$2{,}1 \cdot 10^{-3}$	$2{,}7 \cdot 10^{-3}$	$3{,}3 \cdot 10^{-3}$	$4{,}36 \cdot 10^{-3}$	$5{,}4 \cdot 10^{-3}$			
$C_{14}H_{28}O_2$	Myristinsäure	$1{,}3 \cdot 10^{-3}$	$1{,}65 \cdot 10^{-3}$	$2 \cdot 10^{-3}$	$2{,}7 \cdot 10^{-3}$	$3{,}4 \cdot 10^{-3}$			
$C_{15}H_{30}O_2$	Pentadecyl-säure	$7{,}5 \cdot 10^{-4}$	$1 \cdot 10^{-3}$	$1{,}2 \cdot 10^{-3}$	$1{,}6 \cdot 10^{-3}$	$2 \cdot 10^{-3}$			
$C_{16}H_{32}O_2$	Palmitinsäure	$4{,}5 \cdot 10^{-4}$	$5{,}7 \cdot 10^{-4}$	$7 \cdot 10^{-4}$	$9{,}4 \cdot 10^{-4}$	$1{,}2 \cdot 10^{-3}$			
$C_{16}H_{31}O_2Na$	Na-palmitat								*L* 30° 0,497 %; 50° 1,088 % 90° 27,48 %; 150° 34,21 %
$C_{17}H_{34}O_2$	Margarinsäure	$2{,}8 \cdot 10^{-4}$	$3{,}7 \cdot 10^{-4}$	$4{,}7 \cdot 10^{-4}$	$6{,}4 \cdot 10^{-4}$	$8{,}1 \cdot 10^{-4}$			
$C_{18}H_{33}O_2Tl$	Tl-oleat			0,05	0,07	0,09	0,1498	0,299	
$C_{18}H_{36}O_2$	Stearinsäure	$1{,}8 \cdot 10^{-4}$	$2{,}35 \cdot 10^{-4}$	$2{,}9 \cdot 10^{-4}$	$3{,}9 \cdot 10^{-4}$	$5 \cdot 10^{-4}$			
$C_{18}H_{35}O_2Tl$	Tl-stearat			0,01	0,02	0,05	1,088		
$C_{24}H_{39}O_4Na$	Na-salz der Desoxychol-säure	48	48,5	49	52	64	71,5	74	*E*(Eis+8) −2,9°/47,8 %; *Ü*(8→0) 64°/70 %; *F*(8) (64,5°)/74,2 %
$C_{26}H_{43}NO_6$	Glykocholsäure			0,3488	0,4975	1,04	2,39	8,5	

427 132. Lösungsgleichgewichte organischer Verbindungen außer Säuren und deren Salze in Wasser

Verbindung		Angaben über die Liquiduskurve in % (=Gew.%) oder Mol% der Verbindung, Temperaturangaben in °C
CBr_4	Tetrabromkohlenstoff	2 fl. Ph. 0,024%/30°
CCl_4	Tetrachlorkohlenstoff	2 fl. Ph. (0,096 u. 99,993%)/0°, (0,08 u. 99,992%)/20°; 99,985%/40°
$CHCl_3$	Chloroform	2 fl. Ph. (0,98 u. 99,98%)/0°, (0,87 u. 99,96%)/10°, (0,795 u. 99,94%)/20°, (0,72 u. 99,88%)/40°
CH_2Br_2	Dibrommethan	2 fl. Ph. 1,16%/0°, 1,13%/10°; 1,135%/20°
CH_2Cl_2	Dichlormethan	2 fl. Ph. (2,3 u. 99,92%)/0°, (2,08 u. 99,9%)/10°, (1,96 u. 99,86%)/20°; 1,92 u. 99,80%/30°
CH_2N_2	Cyanamid	*L* 20%/− 8°; *E*(Eis + 0) 37,8%/16,6°; *L* 60%/0°, 82%/20°; *F*(0) 43°
CH_3NO	Formamid	*L* 24,8%/− 10°, 41%/− 20°; *E*(Eis + 1) 65,3%/− 45,4°; *F*(1) 71,4%/− 40°; *E*(1 + 0) 71,4%/− 40°; *L* 80%/− 28°
CH_4N_2O	Harnstoff	*E*(Eis + 0) 32,5%/− 11,5°; *L* 40%/0°, 51%/20°; 62,5%/40°, 80,2%/80°, 95%/120°
CH_4N_2S	Thioharnstoff	*L* 4%/0°, 24%/40°, 57%/80°, 80%/120°; *F*(0) 180°
CH_4O	Methanol	*L* 40%/− 40°, 60%/− 75°; *E*(Eis + 1) 69,0%/− 104,5°; *F*(1) 64%/− 104°; *E*(1 + 0) 82,1%/− 125°; *F*(0) − 98°
C_2HBr_3O	Bromal	*E*(Eis + 1) 11,3%/− 11,3°; o. kr. Lp. 52%/≈ 110°; *F*(1) 93,94%/53,5°
C_2HCl_3	Trichloräthylen	2 fl. Ph. 12,5 · 10^{-3} g H_2O/100 g Lsg. bei 0°; 25 · 10^{-3} g H_2O/100 g Lsg. bei 20°
$C_2HCl_3O_2$	Trichloracrylsäure	*E*(Eis + $^5/_2$) 4,5%/− 0,6°; Monotekt. $^5/_2$ + 2 fl. Ph. (4,8 u. 64,1%)/13,7°; o. kr. Lp. 38,0%/62,0°; *F*($^5/_2$) 80%/19,2°; *E*($^5/_2$ + 0) 81,1%/17,0°; *F*(0) ≈ 73°
$C_2H_2Cl_4$	1,1,1,2-Tetrachloräthan	2 fl. Ph. (0,12 u. 99,98%)/0°, (0,11 u. 99,97%)/10°, (0,11 u. 99,96%)/20°, 0,12%/40°
$C_2H_2Cl_4$	1,1,2,2-Tetrachloräthan	2 fl. Ph. (0,292 u. 99,87%)/30°
$C_2H_3Cl_3$	1,1,1-Trichloräthan	2 fl. Ph. (0,16 u. 99,98%)/0°, (0,14 u. 99,975%)/10°, (0,13 u. 99,97%)/20°
$C_2H_3Cl_3$	1,1,2-Trichloräthan	2 fl. Ph. (0,46 u. 99,94%)/0°, (0,44 u. 99,92%)/10°, (0,43 u. 99,9%)/20°, 0,47%/40°
$C_2H_3Cl_3O_2$	Chloralhydrat	*E*(Eis + 7) ≈ 6,6 Mol%/≈ − 7,6°; *F*(7) − 1,4°; *E*(7 + 1) ≈ 15 Mol%/≈ − 2°; *F*(1) 47,4°; *E*(1 + $^1/_2$) 62 Mol%/43,4°; *F*($^1/_2$) 49°; Auftreten mst. Phasen
$C_2H_4Cl_2$	1,1-Dichlor-äthan	2 fl. Ph. (0,59 u. 99,88%)/0°, (0,54 u. 99,86%)/10°, (0,5 u. 99,82%)/20°, 0,482%/40°

Verbindung		Angaben über die Liquiduskurve in % (=Gew.%) oder Mol% der Verbindung, Temperaturangaben in °C
$C_2H_4Br_2$	1,2-Dibrom-äthan	2 fl. Ph. 0,25%/0°, 0,28%/10°, 0,33%/20°, (0,46 u. 99,18%)/40°, (0,62 u. 98,63%)/60°
$C_2H_4Cl_2$	1,2-Dichlor-äthan	2 fl. Ph. (0,91 u. 99,8%)/0°, (0,88 u. 99,79%)/10°, (0,86 u. 99,73%)/20°, 0,91%/40°
C_2H_4O	Äthylenoxid	*L* 6,5%/0°, 20%/10°, 40%/10°, 60%/8°, 80%/6°, 90%/0°, 95,5%/−20°
C_2H_5Br	Bromäthan	2 fl. Ph. 1,06%/0°, 0,96%/10°, 0,91%/20°
C_2H_5Cl	Chloräthan	0,447 g C_2H_5Cl/100 g H_2O/0°
C_2H_5J	Jodäthan	2 fl. Ph. 0,44%/0°, 0,415%/10°, 0,405%/20°
C_2H_5NO	Acetamid	*L* 58%/0°, 69%/20°, 80,5%/40°, 89,5%/60°
C_2H_6O	Äthanol	*L* 20%/−11°, 40%/−26°, 60%/−43°, 80%/−70°; *E*(Eis + 0) 92,5%/−125°
$C_2H_6O_2$	Äthandiol	*L* 20%/−9°, 40%/−24°; *E*(Eis + 2) 57,3%/−51,2°; *F*(2) 61,6%/−49,6°; *E*(2 + $^2/_3$) 75,6%/−63,3°; *F*($^2/_3$) 84,4%/−39,7°; *E*($^2/_3$ + 0) 87,0%/−49,4°; *F*(0) −12,8°
C_3H_3N	Acrylsäurenitril	2 fl. Ph. (7,2 u. 98%)/0°, (8 u. 95%)/40°, (11 u. 89,5%)/80°
$C_3H_4N_2$	Pyrazol	*L*(2,9 Mol%/1000 g H_2O)/10°, (8,3 Mol%/1000 g)/20°, (17 Mol%/1000 g H_2O)/24°
C_3H_4O	Acrolein	2 fl. Ph. (20 u. 95%)/0°, (20,1 u. 94%)/10°, (20,6 u. 93%)/20°, (23,5 u. 90%)/40°, (29,5 u. 84,5%)/60°, (41,4 u. 72,5%)/80°; o. kr. Lp. 56,2%/85°
C_3H_5ClO	Epichlorhydrin	2 fl. Ph. (7,0 u. 97,73%)/40°, (8,1 u. 96,5%)/60°, (10,4 u. 94,2%)/80°
C_3H_5N	Propionsäurenitril	2 fl. Ph. (11 u. 92%)/40°, (12 u. 88%)/60°, (15 u. 83%)/80°, (22,5 u. 75,5%)/100°; o. kr. Lp. 48,8%/113,5°
$C_3H_6N_6$	Melamin	*L* 0,35%/20°, 1,5%/60°, 2,8%/80°, 4,8%/100°
$C_3H_6O_2$	Essigsäuremethylester	*L* 22,3%/0°, 22,48%/10°, 22,60%/20°, 23,08%/40°, 23,96%/60°, 27,55%/80°
$C_3H_7NO_2$	Urethan	*L* 15%/0°, 23%/10°, 60,5%/20°, 76,5%/30°, 79%/40°
$C_3H_8O_2$	Formaldehyddimethylacetal	Monotekt. Eis + 2 fl. Ph. (34,4 u. 97,5%)/−11°; 2 fl. Ph. (35 u. 93%)/40°, (35 u. 91,5%)/60°, (35,9 u. 88,5%)/80°, (36 u. 88%)/100°; o. kr. Lp. 57,34%/160,3°
$C_3H_8O_3$	Glycerin	*L* 46%/−20°; *E*(Eis + 0) 66,7%/−46,5°; *L* 91%/0°; *F*(0) 18°
$C_4H_4N_2$	Bernsteinsäuredinitril	2 fl. Ph. (11 u. 91,5%)/20°, (18,5 u. 84,5%)/40°, (28 u. 72,5%)/50°; o. kr. Lp. 51%/55,4°
$C_4H_5NO_2$	Succinimid	*L* 9,5°/0°, 15,5%/10°, 23,5%/20°, 49%/40°, 65%/60°; Bdk. 1 H_2O
C_4H_6	Butadien	2 fl. Ph. 38 · 10^{-3} g H_2O/100 g Lsg. bei 0°, 64 · 10^{-3} g H_2O/100 g Lsg. bei 20°

Verbindung		Angaben über die Liquiduskurve in % (=Gew.%) oder Mol% der Verbindung, Temperaturangaben in °C
$C_4H_6O_3$	Essigsäureanhydrid	2 fl. Ph. (10,72 u. 97,74%)/15°
C_4H_8	Buten-(2)	2 fl. Ph. 18 · 10^{-3} g H_2O/100 g Lsg. bei 0°, 43 · 10^{-3} g H_2O/100 g Lsg. bei 20°
C_4H_8	Buten-(1)	2 fl. Ph. 16 · 10^{-3} g H_2O/100 g Lsg. bei 0°, 37 · 10^{-3} g H_2O/100 g Lsg. bei 20°
C_4H_8	2 Methylpropen	2 fl. Ph. 14 · 10^{-3} g H_2O/100 g Lsg. bei 0°, 40 · 10^{-3} g H_2O/100 g Lsg. bei 20°
C_4H_8O	Butanon-(2)	2 fl. Ph. (30 u. 90%)/0°, (23 u. 90%)/20°, (18 u. 89,8%)/40°, (16,2 u. 88%)/60°, (16 u. 86%)/80°, (16,2 u. 82%) 100°, (18,3 u. 77%)/120°; o. kr. Lp. 45%/150°; bei 150 atm.: o. kr. Lp. 44%/132,8° u. kr. Lp. 62,35%/−6,1°
$C_4H_8O_2$	Essigsäureäthylester	2 fl. Ph. (10,0 u. 97,7%)/0°, (8,8 u. 97,4%)/10°, (7,8 u. 97,0%)/20°, (6,6 u. 96,1%)/40°, 95,55%/50°, 95,0%/60°
C_4H_{10}	n-Butan 2 Methyl-propan	2 fl. Ph. 2 · 10^{-3} g H_2O/100 g Lsg. bei 0°
$C_4H_{10}O$	Butanol-(1)	Qdrp. Eis + 2 fl. Ph. −2,95°; 2 fl. Ph. (10 u. 80,4%)/0°, (8 u. 80%)/20°, (6 u. 76%)/60°, (8 u. 66,5%)/100°; o. kr. Lp. 32,5%/125,5°
$C_4H_{10}O$	Butanol-(2)	2 fl. Ph. (28,0 u. 61%)/0°, (26 u. 61%)/10°, (20 u. 64%)/20°, (14 u. 66%)/40°, (13 u. 66%)/60°, (13 u. 65%)/80°, (17 u. 60%)/100°; o. kr. Lp. 35,2%/114,9°
$C_4H_{10}O$	Diäthyläther	Monotekt. Eis + 2 fl. Ph. (12,75 u. 99,02%)/−3,83°; 2 fl. Ph. (11,6 u. 99,0%)/0°, (8,8 u. 98,9%)/10° (6,4 u. 98,8%)/20°, (4,4 u. 98,5%)/40°, (3,5 u. 98,2%)/60°, (2,8 u. 97,8%)/80°
$C_4H_{10}O$	2-Methyl-propanol-(1)	2 fl. Ph. (9,8 u. 84%)/20°, (6,8 u. 81,5%)/40°, (6,0 u. 78,5%)/60°, (7,2 u. 75%)/80°, (9,3 u. 70,6%)/100°; o. kr. Lp. ≈35%/≈134°
$C_4H_{10}O_2$	l-Butandiol-(2,3)	*L* 24%/−10°, 52%/−40°; *E*(Eis + 0) ≈67%/≈−67°, *L* 57%/−40°, 87%/−10°; *F*(0) 20°; Auftreten mst. Ph.
$C_4H_{10}O_4$	Erythrit	*E*(Eis + 0) 3,0 Mol%/−4,4°; *L* 4 Mol%/0°, 8 Mol%/20°, 14 Mol%/40°, 37 Mol%/80°, 61 Mol%/100°; *F*(0) 116,5°
$C_4H_{11}N$	Diäthylamin	2 fl. Ph. (23,5 u. 54,5%)/150°; u. kr. Lp. 37,4%/143,5°
$C_5H_4O_2$	Furfurol	2 fl. Ph. (8,0 u. 96%)/10°, (8,5 u. 93,5%)/40°, (10,5 u. 91,5%)/60°, (14 u. 88%)/80°, (19 u. 83%)/100°, (34,2 u. 68%)/120°; o. kr. Lp. 52,1%/122,8°

Verbindung		Angaben über die Liquiduskurve in % (=Gew.%) oder Mol% der Verbindung, Temperaturangaben in °C
C_5H_5N	Pyridin	*L* 20%/−2°, 60%/11,5°, 58%/−10°; *Ü*(Eis + 2) ≈ 72%/−28,6°; *E*(2 + 0) 85%/65°; *F*(0) ≈ −42°
$C_5H_6N_2$	Glutarsäure-dinitril	2 fl. Ph. (10 u. 92%)/20°, (14 u. 86,7%)/40°, (25 u. 75,5%)/60°; o. kr. Lp. 48,83%/68,3°
$C_5H_8O_2$	Acetylaceton, Pentandion-(2,4)	2 fl. Ph. (17,5 u. 93,5%)/40°, (23,0 u. 89,5%)/60°, (34,0 u. 78,5%)/80°; o. kr. Lp. 56,8%/87,7°
$C_5H_{10}O$	Pentanon-(2)	2 fl. Ph. (5,94 u. 96,6%)/20°, (5,19 u. 96,3%)/30°
$C_5H_{10}O$	Pentanon-(3)	2 fl. Ph. (5,1 u. 98,55%)/20°, (3,08 u. 96,18%)/60°, (3,20 u. 94,02%)/80°, (3,68 u. 93,10%)/100°
$C_5H_{10}O$	Tetrahydropyran	2 fl. Ph. (13,5 u. 98,4%)/0°, (10,7 u. 98,0%)/10°, (8,7 u. 97,4%)/20°
C_5H_{12}	n-Pentan	2 fl. Ph. $2{,}6 \cdot 10^{-3}$ g H_2O/100 g Lsg. bei 0°, $8{,}4 \cdot 10^{-3}$ g H_2O/100 g Lsg. bei 20°
$C_5H_{12}O$	Äthyl-n-propyl-äther	2 fl. Ph. (3,6 u. 99,3%)/0°, (2,7 u. 99,2%)/10°, (2,0 u. 99,0%)/20°
$C_5H_{12}O$	2,2-Dimethyl-propanol-(1)	2 fl. Ph. (3,74 u. 91,77%)/20°, (3,28 u. 91,49%)/30°
$C_5H_{12}O$	Methyl-n-butyl-äther	2 fl. Ph. (2,5 u. 99,5%)/0°, (1,5 u. 99,55%)/10°, (1,0 u. 99,3%)/20°
$C_5H_{12}O$	2-Methyl-butanol-(1)	2 fl. Ph. (3,18 u. 91,05%)/20°; (2,83 u. 90,74%)/30°
$C_5H_{12}O$	2-Methyl-butanol-(2)	2 fl. Ph. (12,15 u. 75,74%)/20°, (10,10 u. 77,31%)/30°
$C_5H_{12}O$	3-Methyl-butanol-(1)	2 fl. Ph. (2,8 u. 90,5%)/20°, (2,0 u. 88,5%)/40°, (3 u. 84%)/100°, (11,8 u. 69,5%)/160°; o. kr. Lp. ≈ 36%/≈ 188°
$C_5H_{12}O$	3-Methyl-butanol-(2)	2 fl. Ph. (6,07 u. 88,12%)/20°, (5,10 u. 87,95%)/30°
$C_5H_{12}O$	Pentanol-(1)	2 fl. Ph. (2,36 u. 92,52%)/20°, (2,03 u. 92,35%)/30°
$C_5H_{12}O$	Pentanol-(2)	2 fl. Ph. (4,86 u. 88,30%)/20°, (4,13 u. 88,10%)/30°
$C_5H_{12}O$	Pentanol-(3)	2 fl. Ph. (5,61 u. 91,81%)/20°, (4,75 u. 91,42%)/30°
$C_6H_4N_2O_5$	2,3-Dinitro-phenol	Monotekt. 0 + 2 fl. Ph. (6,75 u. 73%)/95°; 2 fl. Ph. (11 u. 66%)/110°, (21 u. 54%)/120°, o. kr. Lp. ≈ 37%/122,5°; *L* 92,5%/120°; *F*(0) 145,1°
$C_6H_4N_2O_5$	2,4-Dinitro-phenol	Monotekt. (0 + 2 fl. Ph. (1,2 u. 97%)/104°; 2 fl. Ph. (4 u. 96,5%)/140°, (12,5 u. 90,5%)/180°; o. kr. Lp. ≈ 52%/200°; *F*(0) 112,9°
$C_6H_4N_2O_5$	2,5-Dinitro-phenol	Monotekt. 0 + 2 fl. Ph. (≈ 2,8 u. ≈ 97%)/97,5°; 2 fl. Ph. (3 u. 96%)/140°, (8 u. 90%)/180°; o. kr. Lp. ≈ 48%/200°; *F*(0) 105,6°

Verbindung		Angaben über die Liquiduskurve in % (=Gew.%) oder Mol% der Verbindung, Temperaturangaben in °C
$C_6H_4N_2O_5$	2,6-Dinitro-phenol	Monotekt. 0 + 2 fl. Ph. (≈ 1 u. ≈ 99%)/59,2°; 2 fl. Ph. (3 u. 96%)/140°, (8 u. 90%)/180°; o. kr. Lp. ≈ 48%/200°; *F*(0) 62,2°
$C_6H_4N_2O_5$	3,4-Dinitro-phenol	Monotekt. (0 + 2 fl. Ph.) (≈ 2 u. ≈ 73%)/52,2°; 2 fl. Ph. (5,5 u. 68,5%)/80°, (15 u. 57%)/100°; o. kr. Lp. 36,65%/105,2°; *L* 89%/80°, 94,5%/100°; *F* 134,7°
$C_6H_4N_2O_5$	3,5-Dinitro-phenol	Monotekt. 2 + 2 fl. Ph. ≈ (1,3 u. 77,6%)/59,1°; 2 fl. Ph. (4 u. 73,5%)/80°, (8 u. 68%)/100°, (17 u. 58,5%)/120°; o. kr. Lp. ≈ 36%/125°; *L* 92,5%/80°, 96%/100°; *F*(0) 126,1°
$C_6H_4N_2O_6$	2,4-Dinitro-resorcin	Monotekt. 0 + 2 fl. Ph. (8,7 u. 71,8%)/95,1°; 2 fl. Ph. (11 u. 68%)/120°, (14 u. 63%)/140°, (21 u. 54%)/160°; o. kr. Lp. 37,7%/167°; *L*94%/120°; *F*(0) 142°
C_6H_5Cl	Chlorbenzol	0,0488 g C_6H_5Cl/100 g H_2O bei 30°
C_6H_5ClO	2-Chlorphenol	Monotekt. 0 + 2 fl. Ph. (2,44 u. 86,5%)/−0,30°; 2 fl. Ph. (2,5 u. 86,5%)/20°, (3 u. 86,2%)/60°, (4,7 u. 85%)/100°, (9 u. 77%)/140°, (14 u. 67%)/160°; o. kr. Lp. 33,0%/173°; *E*(Eis + 0) 91,2%/−9°; *F*(0) 7°
C_6H_5ClO	3-Chlorphenol	Monotekt. 0 + 2 fl. Ph. ≈ (2,1 u. 82,3%)/3,2°; 2 fl. Ph. (2,3 u. 82,5%)/20°, (3,5 u. 80,3%)/60°, (4,75 u. 78%)/80°, (6,9 u. 75%)/100°, (13 u. 65,8%)/120°; o. kr. Lp. 32%/130,8°; *E*(Eis + 0) 83,4%/−0,4°; *F*(0) 32,5°
C_6H_5ClO	4-Chlorphenol	Monotekt. 0 + 2 fl. Ph. (2,07 u. ≈ 86,5%)/−0,2°; 2 fl. Ph. (2,3 u. 85%)/20°, (3,7 u. 81,4%)/60°, (5,25 u. 77,8%)/80°, (7,7 u. 73%)/100°, (16,2 u. 62%)/120°; o. kr. Lp. ≈ 36%/129°; *E*(Eis + 0) 86,5%/−0,3°
$C_6H_5NO_2$	Nitrobenzol	2 fl. Ph. (0,167 u. ≈ 100%)/0°, (0,19 u. ≈ 100%)/20°, (1 u. 99%)/100°, (4,8 u. 96%)/160°, (12 u. 92%)/200°, (19 u. 84%)/220°; o. kr. Lp. 50%/235°
$C_6H_5NO_3$	o-Nitrophenol	Monotekt. 0 + 2 fl. Ph. (0,35 u. 99,48%)/43,5°; 2 fl. Ph. (1 u. 98%)/100°, (4 u. 95%)/160°, (11 u. 90%)/200°
$C_6H_5NO_3$	m-Nitrophenol	Monotekt. 0 + 2 fl. Ph. (3,16 u. 74%)/41,5°; 2 fl. Ph. (4,5 u. 70,9%)/60°, (8 u. 64,5%)/80°; o. kr. Lp. 40,94%/98,7°; *L* 89%/60°, 96%/80°; *F*(0) 95,1°
$C_6H_5NO_3$	p-Nitrophenol	Monotekt. 0 + 2 fl. Ph. (3,26 u. 71,2%)/39,6°; 2 fl. Ph. (5,5 u. 67,5%)/60°, 11,0 u. 60%/80°; o. kr. Lp. 33,19%/92,8°; *L* 84%/60°, 91%/80°, 96,8%/100°; *F*(0) 113,8°

Verbindung		Angaben über die Liquiduskurve in % (=Gew.%) oder Mol% der Verbindung, Temperaturangaben in °C
$C_6H_5NO_4$	Nitrohydrochinon	*E*(Eis + 0) 0,5%/− 0,6°; Monotekt. 0 + 2 fl. Ph. (17,5 u. 75,7%)/66,5°; 2 fl. Ph. (18 u. 71%)/80°, (21,3 u. 67%)/100°; o. kr. Lp. 42%/120,2°, 87%/80°, 97%/120°; *F*(0) 131,2°
$C_6H_5NO_4$	2-Nitro-resorcin	Monotekt. 0 + 2 fl. Ph. (1,83 u. 96,9%)/78,9°; 2 fl. Ph. (3,5 u. 95,4%)/120°; *F*(0) 84,8°
$C_6H_5NO_4$	4-Nitro-resorcin	Monotekt. 0 + 2 fl. Ph. (6,4 u. 62%)/54,4°; 2 fl. Ph. (9 u. 59%)/60°; o. kr. Lp. 32,7%/74,4°; *L* 91%/80°; *F*(0) 112,2°
C_6H_6	Benzol	2 fl. Ph. (0,138 u. 99,97%)/0°, (0,148 u. 99,96%)/10°, (0,16 u. 99,94%)/20°, (0,2 u. 99,92%)/40°, (0,26 u. 99,79%)/60°, (0,34 u. 99,64%)/80°, 0,45%/100°
C_6H_6ClN	o-Chloranilin	2 fl. Ph. (1 u. 98,4%)/80°, (1,9 u. 97,4%)/120°, (2,6 u. 96,7%)/140°; *E*(Eis + 0) 99,8%/− 7,0°; *F*(0) − 2,1°
C_6H_6ClN	m-Chloranilin	2 fl. Ph. (0,6 u. 98%)/80°, (0,9 u. 97,6%)/100°, (1,35 u. 96,8%)/120°; *E*(Eis + 0) 99,5%/− 15°; *F*(0) − 10,4°
C_6H_6ClN	p-Chloranilin	*L* 0,5%/42°; Monotekt. 0 + 2 fl. Ph. (1,45 u. 97,5%)/65,0°; 2 fl. Ph. (1,55 u. 97%)/80°, (1,9 u. 96,45%)/100°, (2,5 u. 95,3%)/120°, (3,5 u. 94,5%/140°; *F*(0) 70,5°
$C_6H_6N_2O_2$	2-Nitro-anilin	Monotekt. 0 + 2 fl. Ph. ≈ (0,5 u. 97,5%)/63°; 2 fl. Ph. (1,5 u. 95,5%)/100°, (6 u. 91%)/160°, (22 u. 73%)/200°; o. kr. Lp. ≈ 48%/211°; *F*(0) 69,7°
$C_6H_6N_2O_2$	3-Nitro-anilin	Monotekt. 0 + 2 fl. Ph. (≈ 3,5 u. 93,5%)/99°; 2 fl. Ph. (7 u. 87,5%)/140°, (11,5 u. 83,5%)/160°, (25 u. 71%)/180°; o. kr. Lp. ≈ 47%/187,5°; *F*(0) 114,6°
$C_6H_6N_2O_2$	4-Nitro-anilin	Monotekt. 0 + 2 fl. Ph. (≈ 4 u. 90%)/115,2°; 2 fl. Ph. (8,5 u. 83%)/140°, (19 u. 73%)/160°; o. kr. Lp. ≈ 44%/172,5°; *F*(0) 147,0°
C_6H_6O	Phenol	*E*(Eis + ½) 5%/− 0,85°; Monotekt. ½ + 2 fl. Ph. (9 u. 72%)/12,2°; 2 fl. Ph. (8,3 u. 71,8%)/20°, (9,0 u. 66,0%)/40°, (16,0 u. 55,5%)/60°; o. kr. Lp. ≈ 33,5%/≈ 65,90°; *F*(½) 15,9°; *E*(½ + 0) ≈ 91,7%/15,8°; *F*(0) 40,8°; Auftr. mst. Ph.
$C_6H_6O_2$	Brenzcatechin	*L* 18,5 Mol%/20°, 30 Mol%/40°, 44,5 Mol%/60°, 62,7 Mol%/80°, 86,8 Mol%/100°
$C_6H_6O_2$	Hydrochinon	*L* 1,0 Mol%/20°, 2 Mol%/40°, 5,5 Mol%/60°, 12,5 Mol%/80°, 24,3 Mol%/100°, 39 Mol%/120°, 58 Mol%/140°, 82 Mol%/160°

Verbindung		Angaben über die Liquiduskurve in % (=Gew.%) oder Mol% der Verbindung, Temperaturangaben in °C
$C_6H_6O_2$	Resorcin	*L* 7 Mol%/20°, 21,8 Mol%/40°, 40,5 Mol%/60°, 63,5 Mol%/80°, 92 Mol%/100°
C_6H_7N	Anilin	Monotekt. 0 + 2 fl. Ph. (3,28 u. 95,64%)/ − 0,665°; 2 fl. Ph. (4 u. 94%)/40°, (5,8 u. 91,5%)/80°, (9 u. 86%)/120°, (23 u. 69%)/160°; o. kr. Lp. 48,6%/ 167°; *E*(Eis + 0) 97,17%/− 11,7°
C_6H_7N HCl	Anilin-hydrochlorid	*L* 40%/0°, 44,5%/10°, 50%/20°, 60,3%/ 40°, 68,5%/60°, 74,2%/80°, 78,5%/ 100°
C_6H_7N	3-Methyl-pyridin	u. kr. Lp. 26,4%/49,4°; 2 fl. Ph. (14 u. 49%)/60°, (11,3 u. 58%)/80°, (11 u. 61%)/100°, (12 u. 61,5%)/120°, (16,3 u. 56%)/140°; o. kr. Lp. 26,4%/152,5°
C_6H_7NO	2-Aminophenol	*L* 1,6%/20°, 2%/40°, 2%/60°, 7%/100°, 25%/120°, 77%/140°, 95%/160°; *F*(0) 177,0°
C_6H_7NO	3-Aminophenol	*L* 2,4%/20°, 5%/40°, 18%/60°, 75%/80°, 91%/100°; *F*(0) 122,1°; Auftreten mst. Phasen
C_6H_7NO	4-Aminophenol	*L* 1,6%/20°, 2%/40°, 3%/60°, 29%/ 100°, 71%/120°, 87%/140°, 94%/160°; *F*(0) 186,0°
$C_6H_8N_2$	o-Phenylendiamin	*L* 4%/40°, 20%/61,8°, 40%/65,5°, 60%/67,5°, 80%/74°, 90%/82°; *F*(0) 103,8°
$C_6H_8N_2$	m-Phenylendiamin	*L* β 3%/0°, 6,6%/10°, 14,5%/20°, 68%/ 30°; *L* α 8,5%/0°, 19%/10°, 60%/20°, 81,2%/30°; *Ü* α→β 87%/36°; *F* 62,8°
$C_6H_8N_2$	p-Phenylendiamin	*L* 2%/10°, 3%/20°, 11%/40°, 28,8%/60°, 59%/80°, 82%/100°; *F*(0) 139,7°
$C_6H_8N_2$	Phenylhydrazin	*E*(Eis + 1/2) 4,6%/− 0,7°. Monotekt. 1/2 + 2 fl. Ph. (11,6 u. 60,1%)/19,8°; 2 fl. Ph. (13 u. 59%/30°, (15 u. 56%)/ 40°, (18,7 u. 50%)/50°; o. kr. Lp. 33,6%/55,2°; *F*(1/2) 92,3%/26,2°; *E*(1/2 + 0) 99%/16,6°; *F*(0) 19,6° s. a. Abb. 1
$C_6H_{10}O$	Diallyläther	2 fl. Ph. (11,65 u. 99,29%)/0°, (10,2 u. 99,09%)/10°, (9,2 u. 98,75%)/20°
C_6H_{12}	Cyclohexan	2 fl. Ph. $10 \cdot 10^{-3}$ g H_2O/100 g Lsg. bei 20°, $30 \cdot 10^{-3}$ g H_2O/100 g Lsg. bei 40°
$C_6H_{12}O$	Cyclohexanol	Monotekt. Eis + 2 fl. Ph. (5 u. 88,4%)/ − 0,9°; 2 fl. Ph. (4,0 u. 88,2%)/20°, (3,3 u. 88,0%)/40°, (3,9 u. 84,5%)/ 100°, (10,5 u. 72%)/160°; o. kr. Lp. ≈ 40%/189,5°; *E*(Eis + 0) 95,03%/ − 57,7°; *F*(0) 22,45°
$C_6H_{12}O$	Hexanon-(2)	2 fl. Ph. (1,75 u. 97,88%)/20°, (1,53 u. 97,64%)/30°
$C_6H_{12}O$	Hexanon-(3)	2 fl. Ph. (1,57 u. 98,47%)/20°, (1,98 u. 98,30%)/30°

Verbindung		Angaben über die Liquiduskurve in % (=Gew.%) oder Mol% der Verbindung, Temperaturangaben in °C
$C_6H_{12}O$	3,3-Dimethyl-butanon-(2)	2 fl. Ph. (2,04 u. 98,35%)/20°, (1,77 u. 98,14%)/30°
$C_6H_{12}O$	3-Methyl-pentanon-(2)	2 fl. Ph. (2,26 u. 98,05%)/20°, (1,93 u. 97,83%)/30°
$C_6H_{12}O$	4-Methyl-pentanon-(3)	2 fl. Ph. (1,63 u. 98,79%)/20°, (1,42 u. 98,60%)/30°
$C_6H_{12}O_3$	Paraldehyd	*E*(Eis + 0) 11,8%/− 1,71°; Monotekt. 0 + 2 fl. Ph. (12,7 u. 99,1%)/10,0°; 2 fl. Ph. (12,68 u. 99,1%)/10°, (10,4 u. 98,9%)/20°, (7,6 u. 98,37%)/40°, (6,35 u. 97,65%)/60°, (96,8%)/80°
$C_6H_{12}O_6$	Glucose	*E*(Eis + 1) 31,75%/− 5,3°; *L* 35%/0°, 40%/10°, 47%/20°, 62%/40°; *Ü*(1 + 0) 70,9%/50°; *L* 74,5%/60°, 81,5%/80°
$C_6H_{12}O_6$	Sorbose	*L* 37,5%/0°, 41%/10°, 44%/20°, 51%/40°, 57,7%/60°, 64,5%/80°, 72%/100°
$C_6H_{13}N$	1-Methyl-piperidin	u. kr. Lp. 16,7%/48,3°; s. Abb. 2
	2-Methyl-piperidin	u. kr. Lp. 19,4%/79,3°; o. kr. Lp. ≈24%/227°; s. Abb. 2
	3-Methyl-piperidin	u. kr. Lp. 19,2%/56,9°; o. kr. Lp. 29,2%/235°; s. Abb. 2
	4-Methyl-piperidin	u. kr. Lp. 23,7%/84.9°; o. kr. Lp. 36,2%/189,5°; s. Abb. 2
$C_6H_{14}O$	2,2-Dimethyl-butanol-(1)	2 fl. Ph. (0,82 u. 98,28%)/20°, (0,71 u. 98,16%)/30°
$C_6H_{14}O$	2,2-Dimethyl-butanol-(3)	2 fl. Ph. (2,64 u. 92,74%)/20°, (2,26 u. 92,67%)/30°
$C_6H_{14}O$	2,3-Dimethyl-butanol-(3)	2 fl. Ph. (4,65 u. 89,06%)/20°, (3,76 u. 89,26%)/30°
$C_6H_{14}O$	Hexanol-(3)	2 fl. Ph. (1,75 u. 95,34%)/20°, (1,49 u. 94,93%)/30°
$C_6H_{14}O$	Hexanol-(2)	2 fl. Ph. (1,51 u. 93,5%)/20°, (1,28 u. 93,25%)/30°
$C_6H_{14}O$	2-Methyl-pentanol-(2)	2 fl. Ph. (3,63 u. 89,87%)/20°, (2,96 u. 89,99%)/30°
$C_6H_{14}O$	2-Methyl-pentanol-(3)	2 fl. Ph. (2,24 u. 94,97%)/20°, (1,82 u. 94,72%)/30°
$C_6H_{14}O$	2-Methyl-pentanol-(4)	2 fl. Ph. (1,79 u. 93,79%)/20°, (1,52 u. 93,45%)/30°
$C_6H_{14}O$	3-Methyl-pentanol-(2)	2 fl. Ph. (2,09 u. 93,43%)/20°, (1,79 u. 93,21%)/30°
$C_6H_{14}O$	Di-n-propyläther	2 fl. Ph. (1,05 u. 99,63%)/0°, (0,72 u. 99,71%)/10°, (0,54 u. 99,63%)/20°
$C_6H_{14}O$	n-Propyl-isopropyläther	2 fl. Ph. (0,75 u. 99,71%)/10°, (0,51 u. 99,63%)/20°
$C_6H_{14}O_2$	Glykolmono-n-butyläther	u. kr. Lp. 24,78%/49,1°; 2 fl. Ph. (10,8 u. 51,5%)/60°, (8,8 u. 58,0%)/80°, (10,0 u. 56,5%)/100°, (25 u. 48%)/120°; o. kr. Lp. 24,78%/128°
$C_6H_{14}O_2$	Pinakon	*E*(Eis + 6) − 0,45°; *F*(6) 45,4°; *E*(6 + 1) 36,5 Mol%/40,4°; *F*(1) 41,25°; *E*(1 + 0) 80,4 Mol%/29,4°; *F*(0) 41,1°
$C_6H_{14}O_6$	Mannit	*L* 10,5%/10°, 26%/40°, 53%/80°, 80%/120°, 97%/160°

Verbindung		Angaben über die Liquiduskurve in % (=Gew.%) oder Mol% der Verbindung, Temperaturangaben in °C
$C_6H_{14}O_6$ $^1/_2\,H_2O$	Sorbit	*L* 41,8%/20°, 46,5%/60°, ≈ 49%/100°
$C_6H_{15}N$	Dipropylamin	u. kr. Lp. ≈ 25%/≈ −5°; 2 fl. Ph. (9 u. 51,5%)/0°, (5,5 u. 67%)/10°, (4,0 u. 76%)/20°, (2,2 u. 86%)/40°
$C_6H_{15}N$	Triäthylamin	u. kr. Lp. zwischen 31 u. 52%/≈ 18,5°; 2 fl. Ph. (13,8 u. 82%)/20°, (4,0 u. 96,0%)/40°, (2,0 u. 96,1%)/60°
$C_7H_5N_3O_6$	2,4,5-Trinitrotoluol	*L* 0,01%/0°, 0,012%/10°, 0,014%/20°, 0,027%/40°, 0,066%/60°, 0,147%/100°
$C_7H_5N_5O_8$	Tetryl, Trinitrophenylmethylnitramin	*L* 0,005%/0°, 0,0055%/10°, 0,007%/20°, 0,013%/40°, 0,035%/60°, 0,084%/80° 0,155%/96°
$C_7H_6O_2$	o-Hydroxybenzaldehyd	2 fl. Ph. (2 u. 94,5%)/100°, (4 u. 91%)/140°
$C_7H_6O_2$	m-Hydroxybenzaldehyd	*L* 6%/50°; Monotekt. 0 + 2 fl. Ph. (≈ 13 u. ≈ 59%)/≈ 60°; o. kr. Lp. ≈ 62°; *L* 88%/80°, 97,5%/100°
$C_7H_6O_2$	p-Hydroxybenzaldehyd	*L* 1,9%/40°, 9%/60°; Monotekt. 0 + 2 fl. Ph. (27,4 u. 46,2%)/62,8°, *L* 86%/80°, 95,5%/100°
C_7H_7NO	Benzamid	*L* 2%/50°, 10%/74°, 20%/78°, 60%/83°, 80%/89,5°, 90%/100°
$C_7H_7NO_2$	2-Nitro-toluol	2 fl. Ph. (1 u. 97%)/160°, (3 u. 93,5%)/200°, (11 u. 84%)/240°; o. kr. Lp. 51%/245°
C_7H_8	Toluol	2 fl. Ph. (0,037 u. 99,98%)/10°, (0,051 u. 99,96%)/20°, 99,92%/40°, 99,72%/80°
C_7H_8O	Benzylalkohol	2 fl. Ph. (3,92 u. 95,1%)/20°, (4,18 u. 92,8%)/40°
C_7H_8O	o-Kresol	Monotekt. 0 + 2 fl. Ph. (2,5 u. 87,0%)/8°; 2 fl. Ph. (3 u. 86%)/40°, (3,4 u. 85%)/60°, (4,5 u. 82%)/100°, (7,5 u. 73%)/140°, (15 u. 63%)/160°; o. kr. Lp. 40,89%/≈ 169°
C_7H_8O	m-Kresol	2 fl. Ph. (2,4 u. 87%)/20°, (2,5 u. 85,2%)/40°, (5 u. 78%)/100°, (13 u. 61%)/140°; o. kr. Lp. 35,07%/147°
C_7H_8O	p-Kresol	Qdrp. 0 + 2 fl. Ph. (≈ 2 u. 86,86%)/8,7°; 2 fl. Ph. (2,5 u. 83,5%)/40°, (4,8 u. 74,5%)/100°, (18 u. 52%)/140°; o. kr. Lp. 36%/142,6°
C_7H_9N	2,4-Dimethylpyridin	u. kr. Lp. ≈ 25%/22,5°; 2 fl. Ph. (6 u. 55%)/40°, (5 u. 60,8%)/50°
C_7H_9N	2,6-Dimethylpyridin	u. kr. Lp. 27,2%/45,3°; 2 fl. Ph. (16,5 u. 46%)/50°, (12 u. 55,5%)/60°, (9,2 u. 64,5%)/80°, (11 u. 68%)/120°, (23 u. 50%)/160°; o. kr. Lp. 33,8%/164,9°
C_7H_9N	o-Toluidin	2 fl. Ph. (2 u. 97,5%)/20°, (2,3 u. 95%)/80°, (4 u. 93,3%)/120°, (7 u. 89%)/160°, (18 u. 79%)/200°; o. kr. Lp. 50,09%/216°
C_7H_9N	p-Toluidin	2 fl. Ph. (44,5 u. 98,2%)/44°, (58,9 u. 97,7%)/69°

Verbindung		Angaben über die Liquiduskurve in % (=Gew.%) oder Mol% der Verbindung, Temperaturangaben in °C
C_7H_{14}	Hepten-(1)	2 fl. Ph. $70 \cdot 10^{-3}$ g H_2O/100 g Lsg. bei 10°, 0,111 g H_2O/100 g Lsg. bei 20°
$C_7H_{14}O$	Önanthaldehyd	*E*(Eis + 1) 0,016 Mol%/− 0,058°; Monotekt. 1 + 2 fl. Ph. (0,019 u. 90 Mol%)/11,4°; *E*(1 + 0) fast 100 Mol%/− 42,5°
$C_7H_{15}N$	Äthylpiperidin	u. kr. Lp. 27%/7,45°; 2 fl. Ph. (6 u. 82%)/20°, (2,8 u. 92,6%)/40°
C_7H_{16}	Heptan	2 fl. Ph. $7 \cdot 10^{-3}$ g H_2O/100 g Lsg. bei 10°, $14 \cdot 10^{-3}$ g H_2O/100 g Lsg. bei 20°
$C_7H_{16}O$	3-Äthyl-pentanol-(3)	2 fl. Ph. (1,91 u. 94,25%)/20°, (1,26 u. 94,31%)/40°
$C_7H_{16}O$	2,2-Dimethyl-pentanol-(3)	2 fl. Ph. (0,88 u. 97,0%)/20°, (0,79 u. 96,88%)/30°
$C_7H_{16}O$	2,3-Dimethyl-pentanol-(2)	2 fl. Ph. (1,69 u. 93,69%)/20°, (1,40 u. 93,71%)/30°
$C_7H_{16}O$	2,3-Dimethyl-pentanol-(3)	2 fl. Ph. (1,87 u. 94,11%)/20°, (1,43 u. 94,12%)/30°
$C_7H_{16}O$	2,4-Dimethyl-pentanol-(3)	2 fl. Ph. (0,78 u. 96,79%)/20°, (0,67 u. 96,56%)/30°
$C_7H_{16}O$	Heptanol-(1)	2 fl. Ph. (0,053 Mol%)/0°, (0,046 Mol%)/10°, (0,031 Mol%)/20°, (0,020 Mol%)/40°
$C_7H_{16}O$	2-Methyl-hexanol-(2)	2 fl. Ph. (1,08 u. 93,77%)/20°, (0,87 u. 93,56%)/30°
$C_7H_{16}O$	3-Methyl-hexanol-(3)	2 fl. Ph. (1,35 u. 94,77%)/20°, (1,07 u. 94,73%)/30°
$C_8H_6O_2$	o-Phthalaldehyd	*E*(Eis + 1) 0,64 Mol%/− 0,61°; *L* 0,69 Mol%/40°; Monotekt. 1 + 2 fl. Ph. (0,69 u. 50 Mol%)/45,3°; 2 fl. Ph. (0,68 u. 50 Mol%)/50°; *L* 60 Mol%/46°, 80 Mol%/48,5°; *F*(0) 53,2°
C_8H_8	Styrol	2 fl. Ph. (0,028 u. 99,97%)/0°, (0,032 u. 99,95%)/20°, (0,039 u. 99,90%)/40°, 0,053%/60°
$C_8H_8O_2$	2-Hydroxy-5-methyl-benzaldehyd	2 fl. Ph. (99%)/60°, (2,4 u. 95%)/100°, (3,8 u. 93,5%)/120°
$C_8H_8O_2$	4-Hydroxy-5-methyl-benzaldehyd	*L* 2%/60°; Monotekt. 0 + 2 fl. Ph. (≈ 3 u. 56%)/79,5°; 2 fl. Ph. (6 u. 56%)/100°, (12,5 u. 54,5%)/120°; o. kr. Lp. 35,4%/136,8°; *L* 80%/83°, 92%/100°
$C_8H_8O_2$	4-Hydroxy-6-methyl-benzaldehyd	*L* 6%/60°; Monotekt. 1 + 2 fl. Ph. (≈ 6,5 u. 50,6%)/69,1°; 2 fl. Ph. (7,5 u. 50%)/80°, (10 u. 50%)/100°, (17 u. 49%)/120°; o. kr. Lp. 34%/125°; *L* 71%/70°, 86%/80°, 96%/100°
C_8H_9NO	Acetanilid	*E*(Eis + 0) 0,5%/− 0,03°; *L* 0,4%/10°, 0,9%/40°, 1,84%/60°; Monotekt. 0 + 2 fl. Ph. (5,2 u. 87,0%)/83,2°; 2 fl. Ph. (7 u. 80%)/100°, (13 u. 79%)/120°, (28 u. 63%)/140°; o. kr. Lp. 45%/144°; *L* 98%/100°; *F*(0) 114°

Verbindung		Angaben über die Liquiduskurve in % (=Gew.%) oder Mol% der Verbindung, Temperaturangaben in °C
C_8H_{10}	o-Xylol	2 fl. Ph. 0,0228%/22°
	m-Xylol	2 fl. Ph. 0,0187%/22°
	p-Xylol	2 fl. Ph. 0,0192%/22°
$C_8H_{10}N_4O_2$	Coffein	*E*(Eis + 0) 3,84%/− 0,4°; *L* 4,40%/10°, 5,21%/20°, 9,75%/40°, 15,2%/50°; *Ü*(1 → 0) 31%/61°; *L* 44,7%/80°, 59%/100°
$C_8H_{10}O$	1,3,5-Xylenol	Monotekt. 0 + 2 fl. Ph. (≈ 1 u. 90,2%)/43,2°; 2 fl. Ph. (1 u. 89,7%)/60°, (1,4 u. 88,3%)/80°; o. kr. Lp. ≈ 200°; *L* 99,0%/60°
$C_8H_{11}N$	2,4,6-Trimethyl-pyridin	u. kr. Lp. 17,2%/5,7°; 2 fl. Ph. (7,5 u. 42%)/10°, (3,5 u. 55%)/20°, (2,0 u. 70%)/40°, (2 u. 86%)/80°, (2,0 u. 88,5%)/120°
C_8H_{18}	n-Octan	2 fl. Ph. 14 · 10^{-3} g H_2O/100 g Lsg. bei 20°
$C_{10}H_8$	Naphthalin	2 fl. Ph. 1,9 · 10^{-3}%/0°, 3 · 10^{-3}%/30°
$C_{10}H_{12}$	1,2,3,4-Tetrahydro-naphthalin	0,02 cm^3 $C_{10}H_{12}$/100 cm^3 H_2O bei 15°, 0,04 cm^3 $C_{10}H_{12}$/100 cm^3 H_2O bei 20°
$C_{10}H_{14}N_2$	Nicotin	u. kr. Lp. 32,2%/61°; 2 fl. Ph. (8,3 u. 74,5%)/80°, (6,3 u. 80,8%)/100°, (6,5 u. 82%)/140°, (11 u. 74,5%)/180°, (17 u. 59%)/200°; o. kr. Lp. 32,2%/210°; s. a. Abb. 3
$C_{11}H_{12}N_2O$	Antipyrin	*E*(Eis + 0) 37,5%/− 3,3°; *L* 47,6%/10°, 57%/20°, 74%/40°, 85%/60°, 92%/80°; *F* 109,0°
$C_{12}H_{11}N$	Diphenylamin	2 fl. Ph. (1,8 u. 89,5%)/240°, (3 u. 87,5%)/260°, (6,9 u. 85%)/280°, (21 u. 71%)/300°; o. kr. Lp. 52,5%/305°
$C_{12}H_{22}O_{11}$	Lactose	*L* 10,8%/0°, 16%/20°, 25%/40°, 37%/60°, 49,5%/80°; *Ü*(1 + 0) 58%/93,5°; *L* 60,8%/100°, 69%/120°, 82%/160°
$C_{12}H_{22}O_{11}$	Maltose	*E*(Eis + 1) ≈ 35%/≈ − 2°; *L* 36%/0°, 44%/20°, 53%/40°, 64%/60°, 75%/80°
$C_{13}H_{17}N_3O$	Pyramidon	*L* 5%/20°, 9,5%/60°; Monotekt. (0 + 2 fl. Ph.) 45%/70°; u. kr. Lp. 45%/70°; 2 fl. Ph. (16 u. 71,5%)/80°, (10,5 u. 79%)/100°, (10 u. 77%)/140°, (13,5 u. 73%)/160°, (24 u. 61%)/180°; o. kr. Lp. 45%/190°; *L* 83%/80°, 98%/100°; *F*(0) 108°
$C_{14}H_{10}$	Anthracen	2 fl. Ph. 89 · 10^{-6} g $C_{14}H_{10}$/l Lsg. bei 20°
$C_{14}H_{10}$	Phenanthren	2 fl. Ph. 2,7 · 10^{-3} g $C_{14}H_{10}$/l Lsg. bei 20°
$C_{17}H_{19}NO_3$	Morphin	*L* 0,026%/20°, 0,04%/40°, 0,065%/60°, 0,11%/80°

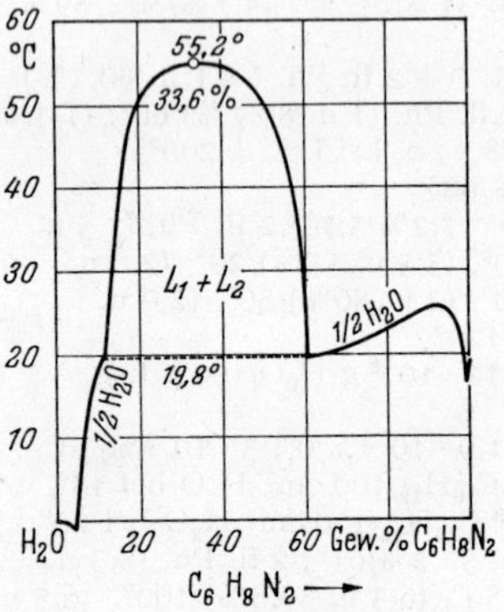

Abb. 1. Wasser—Phenylhydrazin

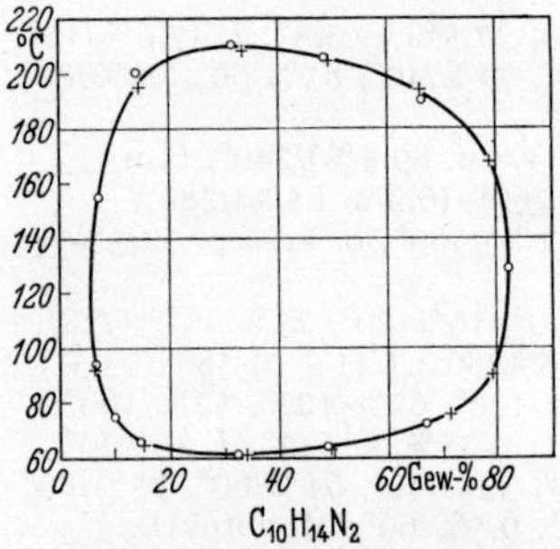

Abb. 3. Wasser—Nikotin

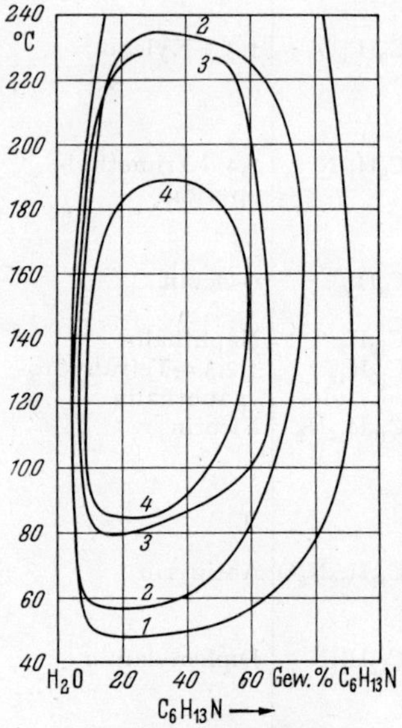

Abb. 2. Wasser—Methylpiperidine

Kurve *1*: 1-Methyl-piperidin
Kurve *2*: 3-Methyl-piperidin
Kurve *3*: 2-Methyl-piperidin
Kurve *4*: 4-Methyl-piperidin

427133. Lösungsgleichgewichte anorganischer Verbindungen in organischen Lösungsmitteln

Es sind die bei den vorgegebenen Temperaturen gelösten Mengen der anorganischen Verbindungen in dem organischen Lösungsmittel angegeben. Die Einheiten der Konzentration sind in Spalte 10 vermerkt. Ein Strich zwischen den Zahlen weist darauf hin, daß auf der Liquiduskurve zwischen den beiden Temperaturen ein ausgezeichneter Punkt liegt. In der Spalte „Weitere Angaben" ist dieser vermerkt. In diesen ist bei der Kennzeichnung des Stoffes der anorganischen Verbindung die Formel fortgelassen, und sie nur durch die Zahl der vom Lösungsmittel in den betreffenden Temperaturgebieten enthaltenen Mole des Bodenkörpers gekennzeichnet, also z. B. beim System $CaCl_2$ in Methanol $\ddot{U}\,(4 \rightarrow 3) = \ddot{U}\; CaCl_2 \cdot 4\,CH_4O \rightarrow CaCl_2 \cdot 3\,CH_4O$ oder im System $CaCl_2$ in Essigsäure $E\,(CH_3CO_2H + 4)$ Eutektikum, bei dem sich Essigsäure und $CaCl_2 \cdot 4\,CH_3CO_2H$ ausscheiden.

F = Schmelzpunkt, E = Eutektischer Punkt, $\ddot{U}$ = Übergangspunkt

In dem Anhang sind die Stoffpaare aufgeführt, bei denen die Liquiduskurve in anderen Temperaturgebieten liegt.

Gelöste Verbindung	Lösungsmittel	Lösungsgleichgewicht bei ϑ in °C							Einheit der Konzentration	Weitere Angaben
		0	10	20	40	60	80	100		
$B(OH)_3$	Glycerin	13	16	18,2	23,5	28,5	32,6	36,2	Gew. %	
$BaCl_2$	Nitrobenzol	—	—	0,0167	—	—	—	0,040	g/100 cm³ Lösung	
$BaBr_2$	Methanol	30,7	30,1	29,5	28,5	28	—	—	Gew. %	Bdk. 0 CH_3OH
	Äthanol	5,553	4,823	3,966	2,375	1,457	—	—	Gew. %	Bdk. 0 C_2H_5OH
	Aceton	0,0287	0,0275	0,0262	0,0254	—	—	—	Gew. %	Bdk. 0 $(CH_3)_2CO$
BaJ_2	Äthanol	43,74	43,61	43,50	43,25	43,02			Gew. %	Bdk. 0 C_2H_5OH
Br_2, HBr[1]										
$CaCl_2$	Methanol	—	20,3	22,7	28	▮ 32,8	34	36	Gew. %	$\ddot{U}(4 \rightarrow 3)$ 32,4 %/55°; $F(3)$ 536 %/177°; $E(3+1) \approx 55$ %/$\approx 176°$
	Äthanol	15	17,5	20	25	31	37	—	Gew. %	$F(3)$ 44,45 %/$\approx 97{,}5°$
	Propanol-(1)	7,5	10,5	13,5	19,5	25,5	—	—	Gew. %	
	Aceton	0,006	0,007	0,01	0,017	—	—	—	Gew. %	
	Essigsäure	—	—	▮ 14,7	18,2	24	—	—	Gew. %	$E(CH_3CO_2H + 4)$ 13,3 %/11,1°; $F(4)$ 31,6 %/73°
	Butanol	14	17,5	20,5	24	25,8	—	—	Gew. %	

[1] s. Anhang.

Gelöste Verbindung	Lösungsmittel	Lösungsgleichgewicht bei ϑ in °C							Einheit der Konzentration	Weitere Angaben
		0	10	20	40	60	80	100		
$CaBr_2$	Methanol	33,5	34,3	36	42	59,5	—	—	Gew. %	
	Äthanol	32	32,5	34,8	37,2	43,5	50,9	—	Gew. %	$\ddot{U}(4\rightarrow3)\approx34{,}5\,\%/17°$; $\ddot{U}(3\rightarrow1)\approx50{,}3\,\%/73{,}9°$
	Propanol	6	11,8	18,5	33	43	—	—	Gew. %	
	Aceton	2,81	2,72	2,67	2,81	—	—	—	Gew. %	Bdk. 2 $(CH_3)_2CO$
CaJ_2	Methanol	53,7	54,8	55,8	57,7	60	—	—	Gew. %	Bdk. 6 CH_3OH
	Aceton	42	44,6	47	51,1	54,5	—	—	Gew. %	Bdk. 3 $(CH_3)_2CO$
$Ca(NO_3)_2$	Methanol	—	57,3	57,7	59	61,3	62,9	—	Gew. %	$\ddot{U}(2\rightarrow0)\approx63{,}1\,\%/72{,}2°$
	Äthanol	—	31,6	33,7	38,8	45,3	47,8		Gew. %	$\ddot{U}(2\rightarrow0)\approx47{,}3\,\%/65{,}5°$
	Aceton	17,3	14,5	14,4	14,99	—	—	—	Gew. %	Bdk. 1 $(CH_3)_2CO$
KBr	Methanol	1,8	1,9	2,0	2,3	2,7	—	—	Gew. %	
	Äthanol	—	—	0,453	0,563	—	—	—	Gew. %	
KF	Methanol	—	—	0,19	0,15	—	—	—	Gew. %	
	Äthanol	—	—	0,108	0,069	—	—	—	Gew. %	
KJ	Methanol	12,0	12,7	13,6	15,4	17	18,6	20	Gew. %	
LiBr	Äthanol	24,7	26,5	29,3[1] 37,2[1] 41,3[2]	42,5	45,1	50	—	Gew. %	$F(4)$ 32 %/23,8°; $E(4+0)$ $\approx41{,}5°/13{,}2°$
	Aceton	—	12	15,5	21	28,5	—	—	Gew. %	$\ddot{U}(2\rightarrow0)$ 18,5 %/35,5°
LiCl	Methanol	31,1	30,7	30,5	30,5	31	—	—	Gew. %	$\ddot{U}(3\rightarrow0)$ 31,1 %/0,1°
	Äthanol	79,3	84,7	79,1	78,4	79,7	—	—	Gew. %	$\ddot{U}(4\rightarrow0)$ 79,3 %/17,4°
	Aceton	—	1,5	1,2	0,7	—	—	—	Gew. %	Bdk. 1 $(CH_3)_2CO$
	Pyridin	—	11,3	11,6	11,6	11,4	11,7	12,9	Gew. %	$\ddot{U}(2\rightarrow1)$ 11,8 %/28°
$LiNO_3$	Essigsäure	—	—	8,3	9,7	11,8	14,3	17	Mol %	$E(CH_3CO_2H+0)\approx8$ Mol %/ $\approx13°$
$MgBr_2$	Methanol	21	21,4	21,9	23	24	25,1	27,1	Gew. %	Bdk. 6 CH_3OH
	Äthanol	6,9	10	13,1	19,2	25	29,6	34,7	Gew. %	Bdk. 6 C_2H_5OH
	Ameisensäure	20	21,5	23	26	29,3	34,5	—	Gew. %	$F(6)$ 40,0 %/88°
	Propanol-(1)	26,2	27,5	28,9	31,1	—	—	—	Gew. %	$F(6)$ 33,8 %/52°
	tert. Butanol	—	—	—	4	11,9	29,0	—	Gew. %	$F(4)$ 29,3 %/80°

$MgCl_2$	Methanol	15,5	15,6	16	17,7	20,4	—	—	Gew. %	Bdk. 6 CH_3OH
	Äthanol	3,5	4,5	5,5	10	16	—	—	Gew. %	Bdk. 6 C_2H_5OH
MgJ_2	Aceton	—	2,4	2,6	3,3	4,7	13,5	—	Gew. %	$F(6)$ 4,4 %/106,3°
	Äthanol	—	13,8	16,6	22,2	27,8	33	37,5	Gew. %	$F(6)$ 50,2 %/146,5°
$Mg(NO_3)_2$	Methanol	—	13,7	14,9	18,5	26	—	—	Gew. %	Bdk. 6 CH_3OH
	Äthanol	—	2	3	9,5	19,5	24,7		Gew. %	$\ddot{U}(6\rightarrow 0)$ 24,5 %/67,5°
NH_4Br	Methanol	10,5	11,5	12,49	14	15,5	—	—	Gew. %	
	Äthanol	3	3,1	3,4	4	4,5	—	—	Gew. %	
NH_4NO_3	Essigsäure	—	—	—	1	2,3	3,9	32	Mol %	$E(CH_3CO_2H+0)$ 0,129 Mol %/ 16,47° [5]
N_2H_4 [3]										
NaBr	Methanol	14,7	14,6	14,4	13,9	13,3	—	—	Gew. %	
	Äthanol	2,39	2,33	2,28	2,22	2,25	—	—	Gew. %	
NaF	Methanol	—	—	0,42	0,46	—	—	—	Gew. %	
	Äthanol	—	—	0,09	0,12	—	—	—	Gew. %	
NaJ	Aceton	11,5	16,5	23	26,5	22,5	18	—	Gew. %	$\ddot{U}(3\rightarrow 0)$ 29,2 %/25,7°
	Methanol	—	39,4	42,2	44,69	44,3	—	—	Gew. %	$\ddot{U}(3\rightarrow 0)\approx$ 45 %/27,4°
	Äthanol	—	30,5	30,9	31	31	31	31	Gew. %	
$NaNO_3$	Essigsäure	—	—	0,150	0,175	0,29	0,475	0,775	Mol %	$E(CH_3CO_2H+0)$ 0,15 Mol %; 16,5°
$SbBr_3$ [4]	Benzol	—	10	14,9	26,8	44,0	67,99	—	Gew. %	$E(C_6H_6+2)$ 1,93 Mol %/4,5°/ $F(2)$ 66,7 Mol %/92,5°; $E(2+0)$ 84,9 Mol %/85°
	o-Xylol	13,7	22	37	58	66,9	81,9	—	Mol %	$E(C_8H_{10}+1)$ 3,4 Mol %/ −33°; $F(1)$ 50 Mol %/24°; $E(1+0)$ 52 Mol %/22,5°
	m-Xylol	20,7	39	49	55,8	65	80	—	Mol %	$E(C_8H_{10}+1)$ 2 Mol %/−59,2°; $\ddot{U}(1\rightarrow 10)$ 47 Mol %/13°
	p-Xylol	—	10,9	14,7	25	46	—	—	Mol %	$E(C_8H_{10}+{}^1/_2)$ 10,5 Mol %/10°; $F({}^1/_2)$ 66,7 Mol %/67,3°; $E({}^1/_2+0)$ 68,9 Mol %/66,5°
$SbCl_3$ [3]	Essigsäure	—	10	23	30,8	43	69,9	—	Mol %	$E(C_2H_4O_2+0)$ 18,5 Mol %/4°
$SrBr_2$	Methanol	—	53,5	54,5	55,6	57,8	—	—	Gew. %	$\ddot{U}(1{}^1/_2\rightarrow {}^1/_2)\approx$ 56 %/45,7°
	Äthanol	—	39	39	42,4	43	43,8	—	Gew. %	$\ddot{U}({}^1/_2\rightarrow 0)\approx$ 42,8 %/40,5°

[1] Bdk. 4 C_2H_5OH. [2] Bdk. 0 C_2H_5OH. [3] s. Anhang. [4] s. auch Anhang. [5] $U(\delta 0\rightarrow\gamma 0)=0{,}5$ Mol%/32°; $U(\gamma 0\rightarrow\beta 0)=3{,}8$ Mol%/82°; $U(\beta 0\rightarrow\alpha 0)$ 66,8 Mol%/124,8°.

Anhang zur Tabelle 427133

Anorganischer Stoff	Angaben über die Liquiduskurven in % (=Gew.%) oder in Mol% der anorganischen Verbindung. Temperaturangaben in °C	Organischer Stoff	
Br_2	*E*(CH_3OH+2) 7,5 Mol%/−106,5°; *F*(2) 33,3 Mol%/64,5°; *E*(2+0) 33,5 Mol%/64,7°	CH_4O	Methanol
Br_2	*F*(2) 33,3 Mol%/−67,5°; *E*(2+1) 43,5 Mol%/−76°, *F* (½) 66,7 Mol%/−35°; *E*(½+0) ≈67 Mol%/−34,5°	C_2H_6O	Äthanol
HBr	*L* 33%/−20°; 51,5%/−40°; 68,5%/−60°; *E*(C_6H_6+0) 93%/−95°	C_6H_6	Benzol
N_2H_4	*E*(CH_4O+4) =2 Mol%/≈−100°; *F*(4) 20 Mol%/−69,5°; *E*(2+4) ≈20 Mol%/≈−69,7°; *F*(2) 33,3 Mol%/−57,8°; *E*(2+1) ≈34 Mol%/≈−58°; *Ü*(1→0) ≈45 Mol%/−47,3°	CH_4O	Methanol
N_2H_4	*E*(C_2H_5OH+2) 2 Mol%/−117,3°; *F*(2) 33,3 Mol%/−31,2°; *E*(2+0) 46 Mol%/−33,7°	C_2H_5OH	Äthanol
S	*Ü* S_{rhomb}→S_{mon} ≈16%/≈95,5°, Monotekt. S_{mon}+2 fl. Ph. (29 u. 93,6%)/103°; o. kr. Lp. 68,3%/179,5°	C_7H_8	Toluol
S	*Ü*(S_{rhomb}→S_{mon} 15,9%/95,2°; Monotekt. S_{mon}+2 fl. Ph. (19,2 u. ≈95,5%)/101°; o. kr. Lp. 70%/161°	C_5H_5N	Pyridin
S	*U* S_{rhomb}→S_{mon} ≈16%/≈95,5°; Monotekt. S_{mon}+2 fl. Ph. (20 u. 93,6%)/103°; o. kr. Lp. 68,34%/179,5°	C_7H_8	Toluol
$SbBr_3$	*E*(C_6H_{12}+0) 0,07 Mol%/6,0°; Monotekt. 0+2 fl. Ph. (4,7 u. 91 Mol%)/85°; o. kr. Lp. 39,9 Mol%/175°	C_6H_{12}	Cyclohexan
$SbCl_3$	*E*($SbCl_3$+C_6H_{12}) 0,08 Mol%; Monotekt. 0+2 fl. Ph. (5,9 u. 92,3 Mol%)/70°; o. kr. Lp. 44,1 Mol%/123°	C_6H_{12}	Cyclohexan
$SbCl_3$	*E*(C_8H_{10}+1) 7,1 Mol%/−35°; *F*(1) 50 Mol%/19,5°; *E*(1+½) 50 Mol%/19,5°; *F*(½) 66,7 Mol%/33,5°; *E*(½+0) 69 Mol%/31,5°	C_8H_{10}	o-Xylol
$SbCl_3$	*E*(C_8H_{10}+1) 3,6 Mol%/−60,5°; *Ü*(1→½) 31 Mol%/−2°; *F*(½) 66,7 Mol%) 38°; *E*(½+0) 70,6 Mol%/36,5°	C_8H_{10}	m-Xylol

42714. Lösungsgleichgewichte zwischen 2 organischen Verbindungen

Verbindung I und F	Angaben über die Liquiduskurve in % (=Gew.%) oder Mol% der Verbindung II, Temperaturangabe in °C	F und Verbindung II
CCl_4 −22,9° Tetrachlormethan	$U(\alpha I \rightleftharpoons \beta I) \approx 12$ Mol%/−45°; L 12,5 Mol%/−43,5°; 35,5 Mol%/−63,7°; $E(\beta I + II)$ 66,9 Mol%/−81,4°; L 75 Mol%/−75°	−63,5° $CHCl_3$ Chloroform
CCl_4 −23° Tetrachlormethan	$U(\alpha I \rightleftharpoons \beta I) \approx 13$ Mol%/$\approx -48°$; $E(\beta I + II)$ ≈ 33 Mol%/−65°	−22,4° C_2Cl_4 Tetrachloräthylen
CCl_4 −22,9° Tetrachlormethan	$U(\alpha I \rightleftharpoons \beta I) \approx 12$ Mol%/−45°; $E(\beta I + II) \approx 36,5$ Mol%/−68°	−29,3° C_2HCl_5 Pentachloräthan
GCl_4 −22,9° Tetrachlormethan	$U(\alpha I \rightleftharpoons \beta I)$ 55,4 Mol%/−47,6°; $E(\beta I + II)$ 89 Mol%/−118°	−113,9° C_2H_6O Äthanol
CCl_4 −22,9° Tetrachlormethan	lückenlos mb.	−34,5° $C_3H_6Cl_2$ 2,2-Dichlorpropan
CCl_4 −23° Tetrachlormethan	$U(\alpha I \rightleftharpoons \beta I)$ 21,7 Mol%/−48,9°; $\ddot{U}(\beta I \rightarrow I \cdot II)$ 39 Mol%/−75,5°; $E(I \cdot II + II)$ 81,5 Mol%/−101°; Auftreten mst. Ph.	−94,8° C_3H_6O Aceton
CCl_4 −23° Tetrachlormethan	$U(\alpha I \rightleftharpoons \beta I)$ 13,9 Mol%/−47,8°; $E(\beta I + I \cdot 2II)$ 58 Mol%/−87°; $F(I \cdot 2II)$ $\approx 85°$; $E(I \cdot 2II + II)$ 83,5 Mol%/−90°	−83,7° $C_4H_8O_2$ Äthylacetat
CCl_4 −22,7° Tetrachlormethan	$E(\alpha I + 2I \cdot II)$ 5,2 Mol%/−24,7°; $F(2I \cdot II)$ −18,2°; $E(2I \cdot II + II)$ 49,5 Mol%/−20,2°	11,8° $C_4H_8O_2$ 1,4-Dioxan
CCl_4 −22,7° Tetrachlormethan	$E(\alpha I + 2I \cdot II)$ 21,6 Mol%/−47,9°; $F(2I \cdot II)$ −42,6°; $E(2I \cdot II + II) \approx 72,5$ Mol%/$\approx -62,5°$	−41,8° C_5H_5N Pyridin
CCl_4 −23,7° Tetrachlormethan	$E(\alpha I + I \cdot II) \approx 23$ Mol%/$\approx -47°$; $\ddot{U}(I \cdot II \rightarrow II)$ 48 Mol%/−34,2°; Auftreten mst. Ph.	5,3° C_6H_6 Benzol
CCl_4 −22,9° Tetrachlormethan	Monotekt. (II) + 2 fl. Ph. (≈ 3 u. ≈ 74 Mol%)/162,3°	173° $C_6H_6O_2$ Hydrochinon
CCl_4 −22,9° Tetrachlormethan	$U(\alpha I \rightleftharpoons \beta I) \approx 12$ Mol%/−46°; $E(\beta I + I \cdot II) \approx 24$ Mol%/−52,5°; $F(I \cdot II)$ −42°; $E(I \cdot II + \beta II) \approx 75$ Mol%/−61,5°; $U(\beta II \rightleftharpoons \alpha II)$ ≈ 90 Mol%/−53°	−32° $C_6H_{10}O$ Cyclohexanon
CCl_4 −23,7° Tetrachlormethan	$U(\alpha I \rightleftharpoons \beta I) \approx 11$ Mol%/$\approx -48°$; $E(\beta I + I \cdot II)$ 40,5 Mol%/−69,5°; $F(I \cdot II) \approx -68,5°$; $E(I \cdot II + II)$ 92 Mol%/−99,5°	−95,4° C_7H_8 Toluol

Verbindung I und F	Angaben über die Liquiduskurve in % (=Gew.%) oder Mol% der Verbindung II, Temperaturangabe in °C	F und Verbindung II
CCl_4 −23° Tetrachlormethan	*U*(αI ⇌ βI) 13 Mol%/−48°; *E*(βI + I · II) 18 Mol%/−51° *F*(I · II) −42°; *E*(I · II + βII) 90 Mol%/−64,5°; *U*(βII ⇌ αII) 91 Mol%/−62°	−47° $C_8H_{10}O$ 3-Methyl-anisol
CCl_4 −22,9° Tetrachlormethan	*E*(βI + II) 39%/−66,3°	−56,8° C_8H_{18} Octan
CCl_4 −22,9° Tetrachlormethan	*E*(αI + II) 20,2%/−38,9°	−14,5° $C_{10}H_{19}N$ Caprinsäurenitril
CCl_4 −22,9° Tetrachlormethan	*E*(I + II) 5,7%/−25,2°; *L* 8,8%/−20°, 70,6%/0°	6,9° $C_{10}H_{22}O$ Decanol-(1)
CCl_4 −23° Tetrachlormethan	*U*(αI ⇌ βI) ≈ 14 Mol%/−48°; *E*(βI + βII) 35 Mol%/−62°; *U*(βII ⇌ αII) ≈ 94 Mol%/ −33°	26,9° $C_{12}H_{10}O$ Diphenyläther
CCl_4 −22,9° Tetrachlormethan	*E*(αI + II) 9,9%/−34,2°	−9,6° $C_{12}H_{26}$ Dodecan
CCl_4 −22,9° Tetrachlormethan	*E*(I + II) 1,1%/−23,3°; *L* 1,3%/−20°, 15,9%/0°, 45,3%/10°, 81,8%/20°	23,9° $C_{12}H_{26}O$ Dodecanol-(1)
CCl_4 −22,9° Tetrachlormethan	*E*(αI + II) 3,5%/−26,2° °C −20 −10 0 10 15; % II 5,2 13,1 35,9 71,0 88,9	18,2° $C_{16}H_{34}$ Hexadecan
CCl_4 −22,9° Tetrachlormethan	*E*(αI + II) 3,3%/−25,6°; *L* 11,1%/−10°, 32%/0°, 79,2%/15°	21,7° $C_{17}H_{36}$ Heptadecan
$CHBr_3$ 8° Tribrommethan	*E*(I + II) 47,6 Mol%/−27°;	5,5° C_6H_6 Benzol
$CHCl_3$ −63,5° Chloroform	*IF*(I · II) ≈ −77°; *Ü*(I → I · II) 55,2 Mol%/≈ −77°; *E*(I · II + II) 87,6 Mol%/ −111,8°	−97,8° CH_4O Methanol
$CHCl_3$ −63,5° Chloroform	*E*(I + II) ≈ 50 Mol%/≈ −87°	−32,2° $C_2H_3Cl_3$ 1,1,1-Trichloräthan
$CHCl_3$ −63,5° Chloroform	*E*(I + I · II) 38 Mol%/−114°; *F*(I · II) −99,5°; *E*(I · II + II) 73 Mol%/ −117°	−96,5° C_3H_6O Aceton
$CHCl_3$ −63,5° Chloroform	*E*(I + 2I · II) 12,6 Mol%/ −76,2°; *F*(2I · II) −59,2°; *E*(2I · II + II) 37,5 Mol%/−60°; *L* 60 Mol%/−17°	11,8° $C_4H_8O_2$ 1,4-Dioxan
$CHCl_3$ −62,6° Chloroform	*E*(I + I · II) 25,4 Mol%/−80,4°; *F*(I · II) −65,9°; *E*(I · II + II) 69,7 Mol%/−68,8°	−41,3° C_5H_5N Pyridin
$CHCl_3$ −63,0° Chloroform	*E*(I + II) 18 Mol%/−71°; *L* 40 Mol%/−36°, 60 Mol%/ −16,5°	5,9° $C_6H_5NO_2$ Nitrobenzol
$CHCl_3$ −63,5° Chloroform	*E*(I + II) ≈ 26 Mol%/≈ −77°; *L* 40 Mol%/−52°, 60 Mol%/ −28°	5° C_6H_6 Benzol

Verbindung I und F	Angaben über die Liquiduskurve in % (=Gew.%) oder Mol% der Verbindung II, Temperaturangabe in °C	F und Verbindung II
$CHCl_3$ − 63,5° Chloroform	*L* 2 Mol%/20°, 7,5 Mol%/60°, 20 Mol%/73°, 40 Mol%/80°	104,5° $C_6H_6O_2$ Brenzcatechin
$CHCl_3$ − 63,5° Chloroform	*E*(I + II) ≈ 38 Mol%/≈ −80°; *L* 60 Mol%/− 58°, 80 Mol%/ − 28°	6,2° C_6H_{12} Cyclohexan
$CHCl_3$ − 63,5° Chloroform	*E*(I + II) ≈ 95 Mol%/− 98°	− 94,6° C_6H_{14} Hexan
$CHCl_3$ − 62,1° Chloroform	*E*(I + I · II) 24,3 Mol%/− 77°; *F*(I · II) − 48,3°; *E*(I · II + II) 56,4 Mol%/ − 51,6°; *L* 80 Mol%/− 19°	− 5,5° C_7H_9N 2,6-Dimethylpyridin
$CHCl_3$ − 63,5° Chloroform	*L* 0,95 g/100 g $C_8H_8O_3$ bei 15°, 1,95 g/100 g $C_8H_8O_3$ bei 35°	133° $C_8H_8O_3$ D-Mandelsäure
$CHCl_3$ − 63,5° Chloroform	*E*(I + II) 25,3%/− 67,8°; *L* 73,3%/− 60°	56,8° C_8H_{18} Octan
$CHCl_3$ − 63,5° Chloroform	*E*(I + 2I · II) 5,9 Mol%/ − 69,2°; *F*(2I · II) − 40,6°; *E*(2I · II + I · II) 38,3 Mol%/ − 48,6°; *F*(I · II) − 41,5°; *E*(I · II + II) 52,6 Mol%/− 46°	178,4° $C_{10}H_{16}O$ Campher (0...60 Mol%)
$CHCl_3$ − 63,5° Chloroform	*E*(I + II) 0,3%/− 63,6°; *L* 16,5%/− 30°, 54,0%/ − 20°, 76,0%/15°	− 9,6° $C_{12}H_{26}$ Dodecan
CH_2O_2 8,2° Ameisensäure	2 fl. Ph. (13 u. 91%)/20°, (19 u. 87%)/40°, (26 u. 79%)/ 60°; o. kr. Lp. 52%/73,2°	5,3° C_6H_6 Benzol
CH_3Cl − 93° Methylchlorid	*L* 15 Mol%/− 93,5°, 31 Mol%/ − 97°, 58 Mol%/− 106°, 68 Mol%/− 108°; *E*(I + II) 76 Mol%/− 112°; *L* 84 Mol%/ − 98°	− 94° CH_4O Methanol
CH_3J − 63,5° Methyljodid	*E*(I + 3I · II) ≈ 22 Mol%/ ≈ − 73,5°; *F*(3I · II) − 72,5°; *E*(3I · II + 2I · II) 32,3 Mol%/ − 78,7°; *F*(2I · II) − 77°; *E*(2I · II + I · II) ≈ 48 Mol%/ ≈ − 92,5°; *F*(I · II) − 91,8°; *E*(I · II + αII) 80,6 Mol%/ − 123,5°	− 117,6° $C_4H_{10}O$ Diäthyläther
CH_3NO 2,5° Formamid	*L* 21,4 Mol%/− 12,7°, 48,5 Mol%/− 34,6°, 76,2 Mol%/− 65,6°; *E*(I + II) 90,5 Mol%/− 103,1°	− 98,4° CH_4O Methanol
CH_3NO 2,4° Formamid	*E*(I + I · 2II) 32,5 Mol%/ − 29,3°; *F*(I · 2II) ≈ − 8°; *E*(I · 2II + II) ≈ 68,2 Mol%/ ≈ − 8,2°	16,6° $C_2H_4O_2$ Essigsäure
CH_3NO ≈ 2,4° Formamid	*E*(I + 2I · II) 25,6 Mol%/ − 16,3°; *F*(2I · II) − 11,6°; *E*(2I · II + I · II) ≈ 50 Mol%/ ≈ − 21,8°; *F*(I · II) − 21,8°; *E*(I · II + II) ≈ 63 Mol%/ ≈ − 38°	− 20,9° C_3H_6O Propionsäure

Verbindung I und F	Angaben über die Liquiduskurve in % (=Gew.%) oder Mol% der Verbindung II, Temperaturangabe in °C	F und Verbindung II
CH_3NO 2,5° Formamid	E(I + II) ≈ 4 Mol%/− 0,6°; Monotekt. II + 2 fl. Ph. (10,4 u. ≈ 95 Mol%)/4,7°	5,8° $C_6H_5NO_2$ Nitrobenzol
CH_3NO_2 − 28,5° Nitromethan	2 fl. Ph. o. kr. Lp. 43,5%/17°	— $C_4H_{10}O$ 2-Methyl-propanol-(1)
CH_3NO_2 − 28,5° Nitromethan	E(I + II) ≈ 28 Mol%/ ≈ − 44,3°	5,8° $C_6H_5NO_2$ Nitrobenzol
CH_3NO_2 − 28,5° Nitromethan	L 12,6 Mol%/− 33,5°, 32,5 Mol%/− 22,6°, 62,8 Mol%/− 12,8°; E(I + II) ? Mol%/− 36°	5,5° C_6H_6 Benzol
CH_3NO_2 − 28,5° Nitromethan	2 fl. Ph. (22 u. 66%)/− 8°, (25,8 u. 62%)/− 6°; o. kr. Lp. 44%/− 3,4°	3° $C_6H_{12}O_2$ Capronsäure
CH_3NO_2 − 28,5° Nitromethan	2 fl. Ph. o. kr. Lp. 50%/106°	− 93,5° C_6H_{14} Hexan
CH_3NO_2 − 28,5° Nitromethan	Monotekt. (II) + 2 fl. Ph. (7 u. 80%)/≈ 24°; o. kr. Lp. 54,8°	31° $C_{10}H_{20}O_2$ Caprinsäure
CH_4N_2O 132° Harnstoff	L 40 Mol%/85°; E(I + I · 2II) 58 Mol%/37°; F(I · 2II) 41°; E(I · 2II + II) 95 Mol%/13°	16,6° $C_2H_4O_2$ Essigsäure
CH_4N_2O 132° Harnstoff	E(I + I · 2II) 64 Mol%/60°; F(I · 2II) 61°; E(I · 2II + II) 93 Mol%/35°	40,8° C_6H_6O Phenol
CH_4O − 97° Methanol	E(I + 2I · II) ≈ 9 Mol%/ ≈ − 104°; F(2I · II) − 48°; E(2I · II + II) ≈ 34 Mol%/ ≈ − 48°	8,5° $C_2H_8N_2$ Äthylendiamin
CH_4O − 98° Methanol	U(αI ⇌ βI) − 113,5°; E(I + I · II) ≈ 21 Mol%/ − 134°; F(I · II) − 66,7°; E(I · II + II) ≈ 83 Mol%/ − 114,9°	− 80° C_3H_6O Propionaldehyd
CH_4O − 95° Methanol	E(I + II) 4 Mol%/− 97,7°; L 9 Mol%/− 80°, 54 Mol%/− 40°	− 20° $C_3H_6O_2$ Propionsäure
CH_4O − 97,8° Methanol	U(αI ⇌ βI) ≈ 15 Mol%/ − 112°; E(βI + αII) ≈ 45 Mol%/≈ − 122°; Auftreten mst. Ph.	− 117° $C_4H_{10}O$ Diäthyläther
CH_4O − 97,9° Methanol	2 fl. Ph. (33 u. 97%)/20°; (49 u. 90,5%)/40°; o. kr. Lp. 71%/49,1°	6,6° C_6H_{12} Cyclohexan
CH_4O − 97,9° Methanol	2 fl. Ph. (31,5 u. 96%)/20°, (53 u. 86%)/40°; o. kr. Lp. 69,6%/42,6°	− 95,3° C_6H_{14} Hexan
$C_2HCl_3O_2$ 57° Trichloressigsäure	E(I + I · II) ≈ 49 Mol%/ ≈ − 38°; F(I · II) − 38°	− 114,5° C_2H_6O Äthanol
$C_2HCl_3O_2$ 57,3° Trichloressigsäure	L 10 Mol%/40°; E(I + I · II) ≈ 43 Mol%/≈ − 31°; F(I · II) − 27,5°; E(I · II + II) ≈ 94 Mol%/≈ − 90°	− 83,0° $C_4H_6O_2$ Essigsäure-äthylester

Verbindung I und F	Angaben über die Liquiduskurve in % (= Gew.%) oder Mol% der Verbindung II, Temperaturangabe in °C	F und Verbindung II
$C_2HCl_3O_2$ 57° Trichloressigsäure	E(I + I · II) 40 Mol%/− 13°; F(I · II) − 3,5°; E(I · II + II) 72 Mol%/− 47°	25° $C_4H_{10}O$ 2-Methyl-propanol-(2)
$C_2HCl_3O_2$ 57,3° Trichloressigsäure	E(I + II) 76,5 Mol%/− 3,8°	5,4° C_6H_6 Benzol
$C_2HCl_3O_2$ 58° Trichloressigsäure	E(I + I · II) 31,2 Mol%/31°; F(I · II) 38,5°; E(I · II + II) ≈ 79 Mol%/21,5°	41° C_6H_6O Phenol
$C_2HCl_3O_2$ 57,0° Trichloressigsäure	E(I + I · II) 38 Mol%/0°; F(I · II) 6°; E(I · II + II) 90 Mol%/− 40°	− 26° C_7H_6O Benzaldehyd
$C_2HCl_3O_2$ 57,0° Trichloressigsäure	E(I + I · II) 31 Mol%/7°; F(I · II) 66°; E(I · II + II) 64 Mol%/37°	178° $C_{10}H_{16}O$ Campher
C_2HCl_5 − 29° Pentachloräthan	E(I + II) ≈ 50 Mol%/− 62°	− 35° $C_2H_4Cl_2$ 1,2-Dichlor-äthan
$C_2H_2Br_4$ 0° 1,1,2,2-Tetrabrom-äthan	E(I + I · II) ≈ 40 Mol%/≈ − 29°; F(I · II) − 27,5°; E(I · II + II) ≈ 88 Mol%/− 41°	− 35,5° $C_2H_4Cl_2$ 1,2-Dichlor-äthan
$C_2H_2Cl_2$ − 81° *cis*-Dichlor-äthylen	E(I + II) ≈ 27%/− 91°	− 36° $C_2H_4Cl_2$ 1,2-Dichlor-äthan
$C_2H_2Cl_2$ − 53° *trans*-Dichlor-äthylen	lückenlos mb; Min. ≈ 20%/− 56°	− 36° $C_2H_4Cl_2$ 1,2-Dichlor-äthan
$C_2H_2Cl_4$ − 42,5° 1,1,2,2-Tetrachlor-äthan	E(I + I · II) ≈ 12 Mol%/− 48°; $Ü$(I · II → II) 48 Mol%/− 33,7°	10° $C_2H_4Br_2$ 1,2-Dibrom-äthan
$C_2H_2Cl_4$ − 42,5° 1,1,2,2-Tetrachlor-äthan	E(I + I · II) ≈ 17 Mol%/− 57°; F(I · II) − 31,3°; E(I · II + II) ≈ 80 Mol%/− 46°	− 35,3° $C_2H_4Cl_2$ 1,2-Dichlor-äthan
$C_2H_3ClO_2$ 61,8° Chloressigsäure	$Ü$(I → 2I · II) 34 Mol%/13,2°; E(2I · II + I · II) 45 Mol%/4,7°; F(I · II) 8,0°; E(I · II + II) 55,1 Mol%/5,6°	82° C_2H_5NO Acetamid
$C_2H_3ClO_2$ 61,3° Chloressigsäure	L 40 Mol%/47°, 60 Mol%/39°, 80 Mol%/27,5°; E(αI + II) 94,6 Mol%/4°; Auftreten mst. Ph.	5,5° C_6H_6 Benzol
$C_2H_3ClO_2$ 61,9° Chloressigsäure	L 40 Mol%/40°, 60 Mol%/25°; Ep(αI + II) ≈ 69 Mol%/≈ 16,5°; Auftreten mst. Ph.	42,4° C_6H_6O Phenol
$C_2H_3ClO_2$ 61,4° Chloressigsäure	E(αI + II) ≈ 28,5 Mol%/≈ 47°; L 40 Mol%/65°, 80 Mol%/106°	121,0° $C_7H_6O_2$ Benzoesäure
$C_2H_3ClO_2$ 61,9° Chloressigsäure	E(αI + II) 73,2 Mol%/13,5°; Auftreten mst. Ph.	32,0° $C_7H_8O_2$ Guajakol
$C_2H_3ClO_2$ 61,3° Chloressigsäure	E(αI + I · II) 30 Mol%/5,1°; F(I · II) 39,9°; E(I · II + II) ≈ 50 Mol%/≈ 39,8°	132,1° $C_7H_8O_2$ 2,6-Dimethylpyron
$C_2H_3ClO_2$ 61,4° Chloressigsäure	L 40 Mol%/22,5°; E(αI + II) ≈ 59,5 Mol%/≈ − 7,5°	21,2° C_8H_8O Acetophenon

Verbindung I und F	Angaben über die Liquiduskurve in % (=Gew.%) oder Mol% der Verbindung II, Temperaturangabe in °C	F und Verbindung II
$C_2H_3ClO_2$ 61,4° Chloressigsäure	$E(\alpha I + II) \approx 46$ Mol%/$\approx 30°$	76,7° $C_8H_8O_2$ Phenylessigsäure
$C_2H_3ClO_2$ 61,4° Chloressigsäure	$E(\alpha I + II) \approx 26$ Mol%/$\approx 48°$; L 60 Mol%/101°, 80 Mol%/120°	136,8° $C_9H_8O_2$ Zimtsäure
$C_2H_3ClO_2$ 62° Chloressigsäure	L 20 Mol%/49°, 40 Mol%/22°; $E(\alpha I + II)$ 60 Mol%/− 18°; L 80 Mol%/107°	178° $C_{10}H_{16}O$ Campher
$C_2H_3ClO_2$ 61,4° Chloressigsäure	$E(\alpha I + II) \approx 23{,}5$ Mol%/$\approx 50°$; L 60 Mol%/76°	94,0° $C_{14}H_{10}O_2$ Benzil
$C_2H_3Cl_3$ − 36,6° 1,1,2-Trichlor-äthan	$E(I + II) \approx 54$ Mol%/− 79°	− 35,3° $C_2H_4Cl_2$ 1,2-Dichlor-äthan
C_2H_3N − 45° Acetonitril	$E(I + II) \approx 5$ Mol%/− 51,4°; L 20 Mol%/− 39°, 60 Mol%/− 16°	5,5° C_6H_6 Benzol
C_2H_4 − 169,5° Äthen	$E(I + I \cdot II)$ 21,5 Mol%/− 178,5°; $F(I \cdot II)$ − 163,2°; $E(I \cdot II + II) \approx 50$ Mol%/$\approx 163°$	− 138° C_2H_6O Dimethyläther
$C_2H_4Br_2$ 9,6° 1,2-Dibrom-äthan	L 20 Mol%/− 3°, 38,4 Mol%/− 15,7°; $E(I + II)$ 55 Mol%/− 26,7°; L 60,5 Mol%/− 22,3°, 80,8 Mol%/− 7,5°	5,5° C_6H_6 Benzol
$C_2H_4Br_2$ 10° 1,2-Dibrom-äthan	$E(I + II) \approx 37$ Mol%/$\approx -2°$	40,2° C_6H_6O Phenol
$C_2H_4Br_2$ 9,7° 1,2-Dibrom-äthan	L 9,2 Mol%/5,1°, 23,5 Mol%/− 0,4°, 55 Mol%/− 9,6°; $E(I + II) \approx 84$ Mol%/$\approx -25°$	6,3° C_6H_{12} Cyclohexan
$C_2H_4Br_2$ 10° 1,2-Dibrom-äthan	L 10,7 Mol%/0°, 37,7 Mol%/− 12,4°; $E(I + II)$ 46,2 Mol% − 18,9°; L 57 Mol%/− 10,5°, 82,3 Mol%/5,1°	10° C_8H_{10} p-Xylol
$C_2H_4Cl_2$ − 96,5° 1,1-Dichlor-äthan	$E(I + II) \approx 60$ Mol%/$\approx -139°$	− 118,6° C_2H_5Br Äthylbromid
$C_2H_4Cl_2$ − 35,9° 1,2-Dichlor-äthan	L 23,5 Mol%/− 48,8°, 52,8 Mol%/− 73°; $E(I + I \cdot 3II) \approx 72{,}5$ Mol%/$\approx -104°$; $F(I \cdot 3II)$ − 103,8°; $E(I \cdot 3II + \alpha II) \approx 95$ Mol%/$\approx -120°$; Auftreten mst. Ph.	− 116,3° $C_4H_{10}O$ Diäthyläther
$C_2H_4Cl_2$ − 35,8° 1,2-Dichlor-äthan	$E(I + II)$ 32 Mol%/− 55,4°	5,4° C_6H_6 Benzol
$C_2H_4Cl_2$ − 35,9° 1,2-Dichlor-äthan	$E(I + II)$ 81 Mol%/− 104°	− 95,5° C_7H_8 Toluol
$C_2H_4Cl_2$ − 35,9° 1,2-Dichlor-äthan	L 60 Mol%/− 46°, 80 Mol%/− 52°; $E(I + II) \approx 99$ Mol%/− 128°	− 126° C_7H_{14} Methylcyclohexan
$C_2H_4Cl_2$ − 35,9° 1,2-Dichlor-äthan	$E(I + II) \approx 39{,}5$ Mol%/− 62°	− 29,1° C_8H_{10} o-Xylol
$C_2H_4Cl_2$ − 35,9° 1,2-Dichlor-äthan	$E(I + II) \approx 53$ Mol%/− 76°	− 56° C_8H_{10} m-Xylol

Verbindung I und F	Angaben über die Liquiduskurve in % (=Gew.%) oder Mol% der Verbindung II, Temperaturangabe in °C	F und Verbindung II
$C_2H_4Cl_2$ — 35,9° 1,2-Dichlor-äthan	*E*(I + II) ≈ 15 Mol%/— 46°; *L* 40 Mol%/— 23,5°	13,2° C_8H_{10} p-Xylol
$C_2H_4O_2$ 16,6° Essigsäure	*E*(I + I · II) 30 Mol%/— 11°; *Ü*(I · II → αII) 47,4 Mol%/ — 0,2°	82° C_2H_5NO Acetamid
$C_2H_4O_2$ 16,3° Essigsäure	*Ü*(I → 4I · II) 25,2 Mol%/ — 44,5°; *E*(4I · II + I · II) 34 Mol%/— 59°; *F*(I · II) — 48°; *E*(I · II + II) 70 Mol%/— 70°; Auftreten mst. Ph.	43,5° C_5H_5N Pyridin
$C_2H_4O_2$ 16,7° Essigsäure	*L* 9,2 Mol%/12,6°, 22 Mol%/ 7,2°, 65,3 Mol%/— 9,9°; *E*(I + II) 97 Mol%/— 48,5°	— 45,2° C_6H_5Cl Chlorbenzol
$C_2H_4O_2$ 16,5° Essigsäure	*E*(I + 2I · II) 16 Mol%/ — 2,4°; *F*(2I · II) 17°; *E*(2I · II + II) 80 Mol%/ — 15,5° Auftreten mst. Ph.	— 6,4° C_6H_7N Anilin
$C_2H_4O_2$ 15,3° Essigsäure	*L* 7,8%/12,7°, 36,7%/5,3°; *E*(I + II) 52,4%/0,5°; *L* 60,5%/2,3°, 79,1%/7°	13,4° C_8H_{10} p-Xylol
C_2H_5Br — 118,8° Äthylbromid	*E*(I + II) 32 Mol%/— 137°	— 112,4° C_4H_9Br Butylbromid
C_2H_5Br — 118,6° Äthylbromid	*E*(I + II) ≈ 59 Mol%/— 149°	— 117,4° C_4H_9Br Isobutylbromid
C_2H_5Br — 118,2° Äthylbromid	*L* 40 Mol%/— 129°, 80 Mol%/ — 131°, 90 Mol%/— 137°; *E*(I + II) ≈ 96 Mol%/ ≈ — 160,5°	— 160° C_5H_{12} 2-Methyl-butan
C_2H_5Br — 119° Äthylbromid	*E*(I + II) 4,5 Mol%/— 120,5°	5,5° C_6H_6 Benzol
C_2H_5Br — 118° Äthylbromid	*E*(I + II) 13,5 Mol%/— 123°; *L* 34,6 Mol%/— 110°, 61,5 Mol%/— 96,3°	— 84,8° $C_6H_{13}Br$ 1-Brom-hexan
C_2H_5NO 82° Acetamid	*E*(αI + I · II) 41,5 Mol%/ 32,5°; *Ü* (I · II ⇌ I · 2II) 49 Mol%/34°; *F*(I · 2II) 42,3°; *E*(I · 2II + II) ≈ 88 Mol%/27,5°; Auftreten mst. Ph.	40,9° C_6H_6O Phenol
C_2H_5NO 82° Acetamid	*E*(αI + II) 12,5 Mol%/70,2° (M.L. 10...93 Mol%)	178° $C_{10}H_{16}O$ Campher
C_2H_6O — 114,1° Äthanol	*E*(I + II) ≈ 21 Mol%/— 119,1°; *L* 40 Mol%/108°, 80 Mol%/— 100°	— 95,6° C_3H_6O Aceton
C_2H_6O — 114,5° Äthanol	Monotekt. II + 2 fl. Ph. (≈ 7,6 u. 70 Mol%)/13°; 2 fl. Ph. (9,5 u. 61,5 Mol%)/ 20°, (22 u. 44 Mol%)/30°; o. kr. Lp. ≈ 30 Mol%/30,5°	≈ 54° $C_4H_4N_2$ Bernsteinsäure- dinitril
C_2H_6O — 114,5° Äthanol	2 fl. Ph.; o. kr. Lp. 54 Mol%/— 31,8°	— 46,9° $C_4H_8Cl_2O$ 2,2′-Dichlor- diäthyläther

Verbindung I und F		Angaben über die Liquiduskurve in % (= Gew.%) oder Mol% der Verbindung II, Temperaturangabe in °C	F und Verbindung II	
C_2H_6O Äthanol	− 114,1°	*E*(I + II) ≈ 15 Mol%/− 118,5°; *L* 20 Mol%/− 105°, 40 Mol%/− 92°	− 83,7° Äthylacetat	$C_4H_8O_2$
C_2H_6O Äthanol	− 114,5°	*E*(I + αII) 31,7 Mol%/ − 125°; Auftreten mst. Ph.	− 116,3 Diäthyläther	$C_4H_{10}O$
C_2H_6O Äthanol	− 113,9°	*E*(I + II) 1,3 Mol%/− 115°; *L* 3 Mol%/− 85°, 10 Mol%/ − 43°, 20 Mol%/− 19,5°, 50 Mol%/− 2,2°, 80 Mol%/1,8°	5,5° Benzol	C_6H_6
C_2H_6O Äthanol	− 113,9°	2 fl. Ph. (37 u. 88 Vol.%)/30°, o. kr. Lp. 60 Vol.%/38,7°	— Diisooctyl	$C_{16}H_{34}$
$C_2H_8N_2$ Äthylendiamin	8,5°	*E*(I + I · 2II) 60,1 Mol%/ − 36°; *F*(I · 2II) − 34°, *E*(I · 2II + II) 95,2 Mol%/ − 94°	− 83° Butanol-(1)	$C_4H_{10}O$
$C_2H_8N_2$ Äthylendiamin	8,5°	*E*(I + I · 2II) 58 Mol%/ − 35,5°; *F*(I · 2II) − 33°; *E*(I · 2II + II) 95,5 Mol%/ − 115°	− 104° Butanol-(2)	$C_4H_{10}O$
$C_2H_8N_2$ Äthylendiamin	8,5°	*E*(I + I · 2II) 52 Mol%/ − 23,5°; *F*(I · 2II) − 21°; *E*(I · 2II + II) 73 Mol%/− 24°	25,5° 2-Methyl-propanol-(2)	$C_4H_{10}O$
$C_2H_8N_2$ Äthylendiamin	9°	2 fl. Ph. (14 u. 94 Mol%)/60°, (29 u. 93) Mol%/80°; o. kr. Lp. ≈ 68 Mol%/≈ 94°	6,6° Cyclohexan	C_6H_{12}
C_3H_5N Propionitril	− 91,4°	*E*(I + II) ≈ 7 Mol%/− 96°; *L* 20 Mol%/− 63°, 60 Mol%/− 20°	5,5° Benzol	C_6H_6
C_3H_6O Aceton	−96,5°	2 fl. Ph. (10,5 u. 85%)/40°, (22 u. 74%)/80°; o. kr. Lp. 47%/95,7°	18,2° Glycerin	$C_3H_8O_3$
C_3H_6O Aceton	− 95,6°	*E*(I + II) ≈ 37 Mol%/− 118°	− 87,2° Butanon	C_4H_8O
C_3H_6O Aceton	− 94,6°	*E*(I + II) ≈ 22 Mol%/≈ − 109°	− 79° Pentanon-(2)	$C_5H_{10}O$
C_3H_6O Aceton	− 94°	*E*(I + I · II) 7,2 Mol%/ − 97,1°; *F*(I · II) − 39,8°; *E*(I · II + II) 62,4 Mol%/ − 47,6°	8° o-Chlorphenol	C_6H_5ClO
C_3H_6O Aceton	− 94,8°	*E*(I + II) ≈ 8 Mol%/− 98°; *L* 19 Mol%/− 60°, 54,5 Mol%/− 20°	5,1° Benzol	C_6H_6
C_3H_6O Aceton	− 96,5°	*F*(2I · II) − 28°; *E*(2I · II + II) ≈ 43 Mol%/≈ − 47°; *L* 58 Mol%/50°, 71 Mol%/80°	109,4° Resorcin	$C_6H_6O_2$
C_3H_6O Aceton	− 95,6°	*E*(I + 2I · II) ≈ 7 Mol%/ − 102°; *F*(2I · II) − 70°; *E*(2I · II + II) ≈ 46 Mol%/ − 76°; *L* 88,1 Mol%/− 18,5°	− 6,1° Anilin	C_6H_7N
C_3H_6O Aceton	− 94,6°	*E*(I + βII) ≈ 16,5 Mol%/− 105°; *L* 24,5 Mol%/− 97,5°, 38,5 Mol%/− 86°, 73 Mol%/− 62°; *U*(IIβ ⇌ α) ≈ 94 Mol%/− 53°	− 31,2° Cyclohexanon	C_6HO_{10}

Verbindung I und F		Angaben über die Liquiduskurve in % (=Gew.%) oder Mol% der Verbindung II, Temperaturangabe in °C	F und Verbindung II	
C_3H_6O Aceton	− 96,4°	Monotekt. I + 2 fl. Ph. (≈ 2 u. ≈ 98 Mol%)/≈ − 96°; 2 fl. Ph. (3 u. 97 Mol%)/ − 80°, (6 u. 94 Mol%)/− 60°, (12,5 u. 87,5 Mol%)/− 40°; o. kr. Lp. 49,6 Mol%/ − 27,6°	− 90,6° Heptan	C_7H_{16}
C_3H_8O Propanol-(2)	− 86°	*E*(I + II) 1 Mol%/− 88°; *L* 3,3 Mol%/− 63°, 9 Mol%/ − 37°, 31 Mol%/− 10°, 49 Mol%/− 3°, 68 Mol%/0,7°	5,4° Benzol	C_6H_6
$C_3H_8O_2$ Dimethylacetal	− 104,8°	*E*(I + αII) ≈ 37 Mol%/ ≈ − 125°; Auftreten mst. Ph.	− 116,2° Diäthyläther	$C_4H_{10}O$
$C_3H_8O_3$ Glycerin	—	2 fl. Ph. (5,5 u. 91%) 80°, (12 u. 86%)/120°, (33,5 u. 67%)/160°; o. kr. Lp. ≈ 50%/164°	− 87,2° Butanon	C_4H_8O
$C_3H_8O_3$ Glycerin	18°	2 fl. Ph. (5 u. 82%)/20°, (7 u. 75%)/40°, (11 u. 63,5%)/60°; o. kr. Lp. 68,1%/74,2°	— Isoamylalkohol	$C_5H_{12}O$
$C_3H_8O_3$ Glycerin	18,2°	2 fl. Ph. (10 u. 94,5%)/120°, (16 u. 92%)/140°, (23,5 u. 86%)/160°; o. kr. Lp. 52,2%/176,6°	− 7° o-Hydroxybenzaldehyd	$C_7H_6O_2$
$C_3H_8O_3$ Glycerin	18,2°	2 fl. Ph. (24,6 u. 88%)/240°, (32,5 u. 80%)/260°; o. kr. Lp. 53,5%/275,5°	− 37,2° Anisol	C_7H_8O
$C_3H_8O_3$ Glycerin	18,2°	u. kr. Lp. 60%/39,5°; 2 fl. Ph. (30 u. 75%)/50°, (28,5 u. 75,8%)/60°, (39 u. 67%)/ 80°; o. kr. Lp. ≈ 58%/≈ 83,7°	28,2° Guajakol	$C_7H_8O_2$
$C_3H_8O_3$ Glycerin	18,2°	2 fl. Ph. (14 u. 91%)/110°, (19 u. 86%)/130°, (33 u. 73%)/150°; o. kr. Lp. 52,5%/154,4°	− 27,7° o-Toluidin	C_7H_9N
$C_3H_8O_3$ Glycerin	18,2°	u. kr. Lp. 48,8%/6,7°; 2 fl. Ph. (16 u. 79%)/20°, (12 u. 84%)/ 40°, (21 u. 80%)/100°; o. kr. Lp ≈ 58%/≈ 120,6°	− 31,0° m-Toluidin	C_7H_9N
$C_3H_8O_3$ Glycerin	18,2°	2 fl. Ph. (7 u. 87,5 Mol%)/ 220°, (9 u. 83,5 Mol%)/240°, (12,8 u. 77 Mol%)/260°; o. kr. Lp. 43,1 Mol%/287°	2,45° N,N-Dimethylanilin	$C_8H_{11}N$
C_4H_4S Thiophen	− 38,5°	*E*(I + II) 32,8 Mol%/− 60°	11,6° 1,4-Dioxan	$C_4H_8O_2$
C_4H_4S Thiophen	− 38,5°	*E*(I + II) 44 Mol%/− 80° (M.L. 40,5...71 Mol%)	− 41,8° Pyridin	C_5H_5N
C_4H_4S Thiophen	− 38,3°	*E*(I + II) 49 Mol%/− 66°	6,6° Cyclohexan	C_6H_{12}
C_4H_4S Thiophen	− 38,5°	*E*(I + II) 62,9 Mol%/− 111° (M.L. 26...78 Mol%)	− 95° Toluol	C_7H_8

Verbindung I und F	Angaben über die Liquiduskurve in % (=Gew.%) oder Mol% der Verbindung II, Temperaturangabe in °C	F und Verbindung II
C_4H_4S − 38,5° Thiophen	E(I + II) 37,9 Mol%/− 80° (M. L 16...74 Mol%)	− 47,8° C_8H_{10} m-Xylol
$C_4H_6N_2$ 56,3° 4-Methylimidazol	E(I + II) 62,5%/3,2°	5,5° C_6H_6 Benzol
$C_4H_6O_3$ −73,1° Essigsäureanhydrid	2 fl. Ph. (13 u. 93%)/20°, (20,5 u. 86%)/40°; o. kr. Lp. 52,67%/52,3°	6,6° C_6H_{12} Cyclohexan
$C_4H_6O_6$ 168,5° D-Weinsäure	E(I + I · II) 5,7 Mol%/161°; F(I · II Racemat) 205°; E(I · II + I) 94,3 Mol%/161°	168,5° $C_4H_6O_6$ L-Weinsäure
$C_4H_8Cl_2O$ − 46,7° 2,2′-Dichlordiäthyläther	E(I + II) 29 Mol%/− 60°	5,4° C_6H_6 Benzol
$C_4H_8Cl_2O$ − 46,7° 2,2′-Dichlordiäthyläther	E(I + II) 5,4 Mol%/− 48,7°; Monotekt. II + 2 fl. Ph. (52 u. 72 Mol%)/− 12,5°; o. kr. Lp. 63 Mol%/− 10,3°	6,2° C_6H_{12} Cyclohexan
$C_4H_8O_2$ 11,7° 1,4 Dioxan	L 9,7 Mol%/6,3°, 37,5 Mol%/ − 0,8°; E(I + II) ≈ 56 Mol%/ − 9,1°; L 67 Mol%/− 4,5°, 88,7 Mol%/12,1°	25,4° $C_4H_{10}O$ 2-Methyl-propanol-(2)
$C_4H_8O_2$ 11,6° 1,4-Dioxan	L 40 Mol%/− 12°; E(I + II) 81,5 Mol%/− 51°	− 41,8° C_5H_5N Pyridin
$C_4H_8O_2$ 11,6° 1,4-Dioxan	E(I + II) 66,5 Mol%/− 26°	5,5° C_6H_6 Benzol
$C_4H_8O_2$ 11,8° 1,4-Dioxan	lückenlos mb.; Min. 78,1 Mol%/− 12°	6,5° C_6H_{12} Cyclohexan
$C_4H_{10}O$ − 116,4° Diäthyläther	L 40 Mol%/− 129°, 80 Mol%/ − 147°; E(αI + II) ≈ 87,5 Mol%/− 160,6°	− 160° C_5H_{12} Isopentan
$C_4H_{10}O$ − 116,4° Diäthyläther	L 1,38%/− 30°, 5,1%/− 20°, 14,0% − 10°, 39,0%/0°, 75,2/10°, 92,4%/15°	18,18° $C_{16}H_{24}$ Hexadecan
$C_4H_{10}O$ 24° 2-Methyl-propanol-(2)	E(I + 2I · II) ≈ 12 Mol%/1°; F(2I · II) ≈ 34,5°; E(2I · II + II) ≈ 42,5 Mol%/ 28°	95° $C_6H_5NO_3$ 3-Nitrophenol
$C_4H_{10}O$ 21° 2-Methyl-propanol-(2)	E(I + 2I · II) ≈ 7 Mol%/ ≈ 13°; F(2I · II 36°; E(2I · II + II) ≈ 42 Mol%/31°	45° $C_6H_5NO_3$ 2-Nitrophenol
$C_4H_{10}O$ 24° 2-Methyl-propanol-(2)	E(I + 2I · II) 10,5 Mol%/8°; F(2I · II) 37°; E(2I·II + II) 43 Mol%/30,5°	114° $C_6H_5NO_3$ 4-Nitrophenol
$C_4H_{10}O$ 25° 2-Methyl-propanol-(2)	E(I + 2I · II) 14 Mol%/9,7°; F(2I · II) ≈ 23,5°; E(2I·II + I · 2II) 53,7 Mol%/10°; F(I·2II) ≈ 16°; E(I·2II + II) 77 Mol%/12,2°	40,1° C_6H_6O Phenol
$C_4H_{10}O$ 23° 2-Methyl-propanol-(2)	E(I + 2I · II) 10,2 Mol%/9,5°; F(2I · II) 29°; E(2I·II + I · 2II) 40,2 Mol%/26°; F(I · 2II) 69,7°; E(I·2II + II) 69,3 Mol%/69,0°	103° $C_6H_6O_2$ Brenzcatechin

Verbindung I und F		Angaben über die Liquiduskurve in % (=Gew.%) oder Mol% der Verbindung II, Temperaturangabe in °C	F und Verbindung II	
$C_4H_{10}O$ 2-Methyl-propanol-(2)	23°	*E*(I + 2I · II) 7,6 Mol%/9°; *F*(2I · II) 47,3°; *E*(2I · II + I · II) 42,6 Mol%/43,5°; *F*(I · II) 45,8°; *E*(I · II + II) 51,2 Mol%/45,5°	109° Resorcin	$C_6H_6O_2$
$C_4H_{10}O$ 2-Methyl-propanol-(2)	23°	*E*(I + 2I · II) 3,3 Mol%/16°; *F*(2I · II) 56,2°; *E*(2I · II + II) ≈ 38 Mol%/≈ 55°	126° Pyrogallol	$C_6H_6O_3$
$C_4H_{10}O$ 2-Methyl-propanol-(2)	23°	*E*(I + II) 4,5 Mol%/21,3°; *L* 20 Mol%/41°, 60 Mol%/47°	60,5° m-Phenylen-diamin	$C_6H_8N_2$
$C_4H_{10}O$ 2-Methyl-propanol-(2)	23,0°	*E*(I + II) 23,2 Mol%/5,1°	43,5° p-Toluidin	C_7H_9N
$C_4H_{10}O$ 2-Methyl-propanol-(2)	23,0°	*E*(I + 2I · II) 23,5 Mol%/ − 11,5°; *F*(2I · II) 1°; *E*(2I · II + II) 39,5 Mol%/ 3°; *L* 50 Mol%/37°, 70 Mol%/72°	92,5° 1-Naphthol	$C_{10}H_8O$
$C_4H_{10}O$ 2-Methyl-propanol-(2)	23°	*E*(I + 2I · II) 12,6 Mol%/4°; *F*(2I · II) 24°; *E*(2I · II + II) 35,7 Mol%/23°; *L* 60 Mol%/86°	122° 2-Naphthol	$C_{10}H_8O$
$C_4H_{10}O$ 2-Methyl-propanol-(2)	23°	*E*(I + 6I · II) 8,3 Mol%/15°; *F*(6I · II) 16°; *E*(6I · II + 2I · II) 23 Mol%/14°; *F*(2I · II) 24,1°; *E*(2I · II + I · 2II) 38,7 Mol%/21°; *F*(I · 2II) 29,5°; *E*(I · 2II + II) 68,8 Mol%/28,5°	48,1° 1-Naphthylamin	$C_{10}H_9N$
$C_4H_{10}O$ 2-Methyl-propanol-(2)	23°	*E*(I + β2I · II) 2,3 Mol%/18°; *U*(β-2I · II ⇌ α-2I · II)/ 17,5 Mol%/70°; *F*(α-2I · II) 92°; *E*(α-2I · II + I · 2II) 37,7 Mol%/90°; *Ü*(I · 2II ⇌ II) 64,7 Mol%/95,5°; Auftreten mst. Ph.	109° 2-Naphthylamin	$C_{10}H_9N$
$C_4H_{10}O_3$ 2,2′-Dihydroxy-diäthyläther	− 10,5°	2 fl. Ph. o. kr. Lp. 50%/ 153°	− 25,2° o-Xylol	C_8H_{10}
C_5F_{12} Perfluorpentan	—	2 fl. Ph. (10,2 u. 72,5 Mol%)/ − 20°, (20 u. 57 Mol%)/ − 10°; o. kr. Lp. 37 Mol%/ − 7,5°	− 129,7° Pentan	C_5H_{12}
$C_5H_4O_2$ Furfurol	− 36,5°	2 fl. Ph. (19 u. 91 Mol%)/ 40°, (33 u. 79 Mol%)/60°; o. kr. Lp. ≈ 55 Mol%/≈ 66,5°	6,6° Cyclohexan	C_6H_{12}
C_5H_5N Pyridin	− 40,5°	*E*(I + II) 54 Mol%/− 63,5°	− 45,2° Chlorbenzol	C_6H_5Cl
C_5H_5N Pyridin	− 40,7°	*E*(I + I · II) 22,2 Mol%/ − 61,4°; *F*(I · II) − 21,6°; *E*(I · II + II) 66,1 Mol%/ − 36,9°	8° o-Chlorphenol	C_6H_5ClO

Verbindung I und F	Angaben über die Liquiduskurve in % (=Gew.%) oder Mol% der Verbindung II, Temperaturangabe in °C	F und Verbindung II
C_5H_5N − 40,5° Pyridin	*E*(I + I · II) 13,5 Mol%/ − 47,3°; *F*(I · II) − 3,7°; *E*(I · II + II) 66,6 Mol%/ − 19,5°	42,9° C_6H_5ClO p-Chlorphenol
C_5H_5N − 41° Pyridin	*E*(I + II) 25,5 Mol%/− 57°, (M. L. 16...61 Mol%)	5,5° C_6H_6 Benzol
C_5H_5N − 41,7° Pyridin	*E*(I + I · II) 19,2 Mol%/ − 57°; *F*(I · II) ≈ − 9°; *E*(I · II + I · 2II), 53,7 Mol%/ − 10,8°; *F*(I · 2II) ≈ 6°; *E*(I · 2II + II), 76,8 Mol%/ − 2,4°	41° C_6H_6O Phenol
C_5H_5N − 41,8° Pyridin	*E*(I + II) 13,5 Mol%/− 50°; *L* 40 Mol%/− 30°, 60 Mol%/ − 24°, 80 Mol%/− 16°	6,6° C_6H_{12} Cyclohexan
C_5H_5N − 40,2° Pyridin	*E*(I + I · II) 8 Mol%/− 47,8°; *F*(I · II) 5,6°; *E*(I · II + II) 69 Mol%/− 5°	28° $C_7H_8O_2$ Guajakol
C_5H_5N − 37,5° Pyridin	*E*(I + II) 5 Mol%/− 41°; *L* 20 Mol%/4°, 60 Mol%/53°	79,4° $C_{10}H_8$ Naphthalin
$C_5H_{11}N$ − 10° Piperidin	*E*(I + I · II) 20,3 Mol%/ − 16,5°; *F*(I · II) 18,5°; *E*(I · II + I · 3II) 59,6 Mol%/ 10,9°; *F*(I · 3II) 49,3°; *E*(I · 3II + II) 89,1 Mol%/ 10,5°	40,5° C_6H_6O Phenol
$C_5H_{11}N$ − 13° Piperidin	*L* 8 Mol%/− 16,6°, 22,7 Mol%/ − 23,2; *E*(I + II) 37,7 Mol%/ − 32°; *L* 59,2 Mol%/− 11,6°, 75,6 Mol%/− 2,6°	6,2° C_6H_{12} Cyclohexan
C_5H_{12} − 160° 2-Methyl-butan	*E*(I + II) ≈ 2 Mol%/ ≈ − 162°; *L* 20 Mol%/ − 127°, 40 Mol%/− 113°	− 94,6° C_6H_{14} Hexan
$C_6H_2ClN_3O_6$ 81° 2,4,6-Trinitro-chlorbenzol	*E*(I + I · 2II) ≈ 61 Mol%/ ≈ 38°; *F*(I · 2II) 39°; *E*(I · 2II + II) 94,5 Mol%/ 2,5°	5,4° C_6H_6 Benzol
$C_6H_3BrN_2O_4$ 2,4-Dinitrobrom-benzol	s. Abb. 1	$C_6H_3ClN_2O_4$ 2,4-Dinitrochlor-benzol
$C_6H_3ClN_2O_4$ 2,4-Dinitrochlor-benzol	s. Abb. 2	$C_7H_6N_2O_4$ 2,4-Dinitroanisol
$C_6H_3N_3O_6$ 121,0° 1,3,5-Trinitro-benzol	*E*(I + I · 2II) 57 Mol%/ 70,8°; *F*(I · 2II) 71,2°; *E*(I · 2II + II) ≈ 98 Mol%/ ≈ 2°	5,4° C_6H_6 Benzol
$C_6H_4Cl_2$ − 26,2° 1,3-Dichlorbenzol	*E*(I + II) ≈ 35 Mol%/≈ − 66°	− 45° C_6H_5Cl Chlorbenzol
$C_6H_4Cl_2$ − 26,2° 1,3-Dichlorbenzol	*L* 17,7 Mol%/− 36,4°, 34 Mol%/− 49°; *E*(I + II) ≈ 58 Mol%/− 68,5°; *L* 71 Mol%/− 57°	− 36,5° C_7H_7Cl o-Chlortoluol

Verbindung I und F	Angaben über die Liquiduskurve in % (= Gew.%) oder Mol% der Verbindung II, Temperaturangabe in °C	F und Verbindung II
$C_6H_4ClNO_2$ 43,7° 1,3-Chlornitrobenzol	*L* 40 Mol%/27°; *E*(I + II) 81,9 Mol%/– 5,7°	5,5° C_6H_6 Benzol
$C_6H_4ClNO_2$ 83,2° 1,4-Chlornitrobenzol	*L* 20 Mol%/69°, 40 Mol%/54°, 60 Mol%/35°; *E* ≈ 84 Mol%/≈ – 5°	5,5° C_6H_6 Benzol
$C_6H_4N_2O_4$ 116,0° 1,2-Dinitrobenzol	*L* 43,5 Mol%/95,5°, 55,2 Mol%/87°, 70 Mol%/75°, 84 Mol%/58°, 93 Mol%/39°	5,0° C_6H_6 Benzol
$C_6H_4N_2O_4$ 90° 1,3-Dinitrobenzol	*L* 20 Mol%/78,5°, 60 Mol%/45°; *E*(I · II) 89 Mol%/0,5°	5,5° C_6H_6 Benzol
$C_6H_4N_2O_4$ 172° 1,4-Dinitrobenzol	*L* 92 Mol%/80,9°, 94,5 Mol%/70,5°, 97,6 Mol%/40,6°, 99,4 Mol%/4,8°	5,2° C_6H_6 Benzol
$C_6H_4N_2O_4$ (172°) 1,4-Dinitro-benzol	*L* 13,8 Mol%/167°, 32,5 Mol%/154°, 49,3 Mol%/133°; *Ü*(I ⇌ I · II) ? Mol%/108°; *E*(I · II + II) 86 Mol%/82°	96,0° $C_{10}H_8O$ 1-Naphthol
C_6H_5Br – 30,8° Brombenzol	*L* 16,7 Mol%/– 42°; *E*(I + II) 55 Mol%/– 65°; *L* 65,5 Mol%/– 60°, 81 Mol%/– 48°	– 36,5° C_7H_7Cl o-Chlortoluol
C_6H_5Cl – 44,0° Chlorbenzol	lückenlos mb.; Min. 43 Mol%/– 51,5°	– 29° C_6H_5J Jodbenzol
C_6H_5Cl – 44° Chlorbenzol	*E*(I + II) 20,2 Mol%/– 50,7°; *L* 60 Mol%/– 15°	5,9° $C_6H_5NO_2$ Nitrobenzol
C_6H_5Cl – 45,5° Chlorbenzol	*E*(I + II) 27 Mol%/– 60,8°	5,3° C_6H_6 Benzol
C_6H_5Cl – 45,5° Chlorbenzol	lückenlos mb.	– 95,4° C_7H_8 Toluol
C_6H_5ClO 7° o-Chlorphenol	*E*(I + II) 38,4%/– 19,5°	5,3° C_6H_6 Benzol
C_6H_5ClO 32,5° m-Chlorphenol	*E*(I + II) 61,6%/– 6,5°	5,5° C_6H_6 Benzol
C_6H_5ClO 41° p-Chlorphenol	*E*(I + II) 62,5%/– 5,5°	5,5° C_6H_6 Benzol
C_6H_5ClO 8,0° o-Chlorphenol	*E*(I + I · II) 16,2 Mol%/– 1,8°; *F*(I · II) 30,5°; *E*(I · II + II) 90,3 Mol%/– 12°	– 6,5° C_6H_7N Anilin
$C_6H_5NO_2$ 5,6° Nitrobenzol	*E*(I + II) 59 Mol%/– 29,8°	– 6,1° C_6H_7N Anilin
$C_6H_5NO_3$ 44,5° 2-Nitrophenol	*L* 20 Mol%/35°, 60 Mol%/15°; *E*(I + II) ≈ 83,5 Mol%/≈ – 5°	5,5° C_6H_6 Benzol
$C_6H_5NO_3$ 94° 3-Nitrophenol	20 Mol%/88°, 60 Mol%/75°, 80 Mol%/68°, 98 Mol%/28°	5,5° C_6H_6 Benzol
$C_6H_5NO_3$ 114° 4-Nitrophenol	20 Mol%/101,5°; 40 Mol%/94,5°, 60 Mol%/89,2°, 80 Mol%/83°; *E*(I + II) ≈ 99,8 Mol%/≈ 5°	5,5° C_6H_6 Benzol
C_6H_6 5,5° Benzol	*L* 2 Mol%/72°, 10 Mol%/102°, 40 Mol%/119°, 80 Mol%/136,5°	147,5° $C_6H_6N_2O_2$ p-Nitranilin
C_6H_6 5,5° Benzol	*E*(I + II) 37,5 Mol%/– 5,5°	40,8° C_6H_6O Phenol

Verbindung I und F		Angaben über die Liquiduskurve in % (=Gew.%) oder Mol% der Verbindung II, Temperaturangabe in °C	F und Verbindung II	
C_6H_6 Benzol	5,5°	*L* 0,6 Mol%/20°, 5,2 Mol%/60°, 29 Mol%/80°, 60 Mol%/88,5°	104,5° Brenzcatechin	$C_6H_6O_2$
C_6H_6 Benzol	5,5°	Monotekt. (II) + 2 fl. Ph. (13 u. 61 Mol%)/96°; o. kr. Lp. 35 Mol%/109,5°, *L* 80 Mol%/100°	110° Resorcin	$C_6H_6O_2$
C_6H_6 Benzol	5,5°	Monotekt. (II) + 2 fl. Ph. (18 u. 63 Mol%)/157,1°	173° Hydrochinon	$C_6H_6O_2$
C_6H_6 Benzol	5,6°	*L* 10 Mol%/0,7°, 31 Mol%/7,6°, 50 Mol%/− 16,8°; *E*(I + II) 65 Mol%/− 25°, 81 Mol%/− 16,8°	− 6,3° Anilin	C_6H_7N
C_6H_6 Benzol	5,5°	Monotekt. (II) + 2 fl. Ph. (12,3 u. 61,8 Mol%)/110,6°; o. kr. Lp. 32,3 Mol%/122,3°	122° m-Aminophenol	C_6H_7NO
C_6H_6 Benzol	5,5°	*E*(I + II) 73,5 Mol%/− 42,5°	6,6° Cyclohexan	C_6H_{12}
C_6H_6 Benzol	5,4°	*L* 60 Mol%/− 29°, 80 Mol%/− 49°; *E*(I + II) ≈ 94,5 Mol%/− 99,5°	− 94,6° Hexan	C_6H_{14}
C_6H_6 Benzol	5,3°	*E*(I + II) 15,7 Mol%/− 1,7°; *L* 30,2 Mol%/11,3°, 69,7 Mol%/30,2°	43,5° o-Nitrobenzaldehyd	$C_7H_5NO_3$
C_6H_6 Benzol	5,3°	*E*(I + II) 8,8 Mol%/− 0,8°; *L* 10 Mol%/2,8°, 24,7 Mol%/21,7°, 46 Mol%/33°, 65 Mol%/41,2°, 80,3 Mol%/47,7°	58° m-Nitro-benzaldehyd	$C_7H_5NO_3$
C_6H_6 Benzol	5,3°	*E*(I + II) 1,8 Mol%/4,1°; *L* 2,7 Mol%/12,5°, 8,3 Mol%/40,5°, 33,8 Mol%/71,3°, 59 Mol%/85°, 87,0 Mol%/98,6°	106,5° p-Nitrobenzaldehyd	$C_7H_5NO_3$
C_6H_6 Benzol	5,5°	*L* 11,9%/17°, 35,9%/50°	106,5° 2,4,6-Trinitrokresol	$C_7H_5N_3O_7$
C_6H_6 Benzol	5,0°	*E*(I + II) 11 Mol%/− 0,5°; *L* 20 Mol%/15°, 60 Mol%/51°	69,0° 2,4-Dinitro-toluol	$C_7H_6N_2O_4$
C_6H_6 Benzol	5,1°	*E*(I + II) ≈ 23 Mol%/≈ − 4,5°; *L* 60 Mol%/35,5°	59° 3,4-Dinitro-toluol	$C_7H_6N_2O_4$
C_6H_6 Benzol	5,3°	*E*(I + II) 8,7 Mol%/0,1°; *L* 20 Mol%/13,5°, 60 Mol%/43°	65° 2,6-Dinitro-toluol	$C_7H_6N_2O_4$
C_6H_6 Benzol	5,5°	*E*(I + II) 3,3 Mol%/4,3°; *L* 12,5 Mol%/40°, 44 Mol%/80°	122,4° Benzoesäure	C_7H_6O
C_6H_6 Benzol	5,5°	*L* 10,2 Mol%/− 1,6°; *E*(I + II) ≈ 34 Mol%/≈ − 19°; *L* 51,5 Mol%/− 2,6°, 86 Mol%/19,5°	26,7° p-Bromtoluol	C_7H_7Br
C_6H_6 Benzol	5,5°	*L* 20 Mol%/− 9,0°, 40 Mol%/− 25,2°, 80 Mol%/− 82,7°; *E*(I + II) 86 Mol%/− 100,5°	− 95° Toluol	C_7H_8

Verbindung I und F	Angaben über die Liquiduskurve in % (=Gew.%) oder Mol% der Verbindung II, Temperaturangabe in °C	F und Verbindung II
C_6H_6 5,4° Benzol	E(I + II) 61 Mol%/− 22°	10,8° C_7H_8O m-Kresol
C_6H_6 5,4° Benzol	L 10 Mol%/1,7°; E(I + II) 35 Mol%/− 7,5°; L 50 Mol%/− 0,4°, 80 Mol%/16,5°	28,3° $C_7H_8O_2$ Guajakol
C_6H_6 5,5° Benzol	E(I + II) 28 Mol%/− 9,5°	53° C_8H_7N Indol
C_6H_6 5,5° Benzol	L 20 Mol%/− 7,6°, 60 Mol%/− 46,3°, 80 Mol%/− 74°; E(I + II) 89,2 Mol%/− 98°	− 94,4° C_8H_{10} Äthylbenzol
C_6H_6 5,5° Benzol	E(I + II) 59,3 Mol%/− 43,5°	− 25,5° C_8H_{10} o-Xylol
C_6H_6 5,5° Benzol	L 50 Mol%/− 32°; E(I + II) 72,4 Mol%/− 59,5°	− 50° C_8H_{10} m-Xylol
C_6H_6 5,5° Benzol	E(I + II) 37,3 Mol%/− 22,2°; L 60 Mol%/− 7°	13,3° C_8H_{10} p-Xylol
C_6H_6 5,5° Benzol	E(I + II) 50,5%/− 10,5°; L 88,5 Mol%/10°	16,3° $C_8H_{16}O_2$ Caprylsäure
C_6H_6 5,5° Benzol	E(I + II) 91,8%/− 58,4°	− 56,8° C_8H_{18} Octan
C_6H_6 5,5° Benzol	L 27,3 Mol%/− 12,5°, 30,5 Mol%/− 15,5°, E(I + II) 37,2 Mol%/− 20°; L 43 Mol%/− 15°, 58,3 Mol%/− 2,0°, 72,4 Mol%/7,3°	24° C_9H_7N Isochinolin
C_6H_6 5,5° Benzol	L 22,1 Mol%/− 11,4°, 39,3 Mol%/− 24,7; E(I + II) 56 Mol%/− 39°; L 79,9 Mol%/− 18,0°	− 1,8° C_9H_8 Inden
C_6H_6 5,5° Benzol	E(I + II) 57,1%/− 26,9°	− 7,5° $C_9H_{18}O$ Nonanon-(2)
C_6H_6 5,5° Benzol	E(I + II) 54,1%/− 13,1°; L 96,4%/10°	12,2° $C_9H_{18}O_2$ Pelargonsäure
C_6H_6 5,5° Benzol	E(I + II) 13,4 Mol%/− 3,6°; L 20 Mol%/11°, 60 Mol%/55°	80° $C_{10}H_8$ Naphthalin
C_6H_6 5,03° Benzol	E(I + II) 1,0 Mol%/4,3°; L 1,8 Mol%/12°, 3,6 Mol%/32,3°, 14,6 Mol%/67°, 25,1 Mol%/77,4°, 51,8 Mol%/95,3°	121° $C_{10}H_8O$ 2-Naphthol
C_6H_6 5,5° Benzol	L 23,5 Mol%/− 13,0°, 41,2 Mol%/− 27°; E(I + II) 63,4 Mol%/− 45°; L 79 Mol%/− 17,5°, 83,8 Mol%/− 4°	49,3° $C_{10}H_{16}$ Camphen
C_6H_6 5,5° Benzol	E(I + II) 38%/− 7,5°	6,9° $C_{10}H_{22}O$ Decanol-(1)
C_6H_6 5,5° Benzol	E(I + II) 31,7%/− 5,6°	16,1° $C_{10}H_{23}N$ Decylamin
C_6H_6 5,5° Benzol	E(I + II) ≈ 64,3%/≈ − 24°	− 10° $C_{12}H_{25}Cl$ 1-Chlor-dodecan
C_6H_6 5,5° Benzol	E(I + II) ≈ 64,3%/≈ − 19°	≈ 2° $C_{12}H_{25}J$ 1-Jod-dodecan

Verbindung I und F		Angaben über die Liquiduskurve in % (=Gew.%) oder Mol% der Verbindung II, Temperaturangabe in °C	F und Verbindung II	
C_6H_6 Benzol	5,4°	E(I + II) ≈ 24,5 Mol%/ ≈ − 10,5°; L 40 Mol%/8,5°, 60 Mol%/25°	48° Benzophenon	$C_{13}H_{10}O$
C_6H_6 Benzol	5,5°	E(I + II) 11,7 Mol%/− 1,6°; L 21,6 Mol%/22,5°, 48,9 Mol%/59,0°, 71,4 Mol%/79,0°	101° Phenanthren	$C_{14}H_{10}$
C_6H_6 Benzol	5,5°	E(I + II) 6,4%/5,2°; L 12,4%/ 10°, 78%/30°	38,3° Tetradecanol	$C_{14}H_{30}O$
C_6H_6O Phenol	41°	E(I + I · II) 22 Mol%/14,8°; F(I · II) 30,4°; E(I·II + II) 92,3 Mol%/− 11,7°	− 6,4° Anilin	C_6H_7N
C_6H_6O Phenol	41°	E(I + I · II) 20,5 Mol%/18,1°; F(I · II) 42°; E(I·II + II) 80 Mol%/3,5°	20° Phenylhydrazin	$C_6H_8N_2$
C_6H_6O Phenol	41°	E(I + 2I · II) 1,3 Mol%/40°; F(2I · II) 104,9°; E(2I·II + II) 54,5 Mol%/94°; L 80 Mol%/125°	139,1° p-Phenylendiamin	$C_6H_8N_2$
C_6H_6O Phenol	40,8°	Monotekt. (I) + 2 fl. Ph. (20,4 u. 87,4%)/33,1°; 2 fl. Ph. 25 u. 85,5%/40°, 37 u. 68,5%/50°; o. kr. Lp. 52,2%/52,6°	− 95,3° Hexan	C_6H_{14}
C_6H_6O Phenol	41°	E(I + II) 57,5 Mol%/4°	13,4° p-Xylol	C_8H_{10}
$C_6H_6O_2$ Brenzcatechin	105°	$Ü$ (I ⇌ I · II) 53 Mol%/39°; E(I · II + II) ≈ 88 Mol%/ ≈ − 14,5°	− 6,5° Anilin	C_6H_7N
C_6H_7N Anilin	− 6,1°	E (I + II) 5,6%/− 10°; Monotekt. II + 2 fl. Ph. (9,7 u. 95,7%)/− 0,5°; o. kr. Lp. 53,3%/30,9°	6,4° Cyclohexan	C_6H_{12}
C_6H_7N Anilin	− 6,7°	E(I + I · II) 17 Mol%/− 20°; F(I · II) ≈ 10°; E(I·II + II) 69 Mol%/0°	30,4° o-Kresol	C_7H_8O
C_6H_7N Anilin	− 6,7°	E(I + I · II) 23 Mol%/− 30°; F(I · II) ≈ − 13,5°; E(I · II + II) 70 Mol%/− 30°	4,2° m-Kresol	C_7H_8O
C_6H_7N Anilin	− 6,4°	E(I + I · II) 11 Mol%/− 16°; F(I · II) 21,2°; E(I · II + II) 72,7 Mol%/9°	33,2° p-Kresol	C_7H_8O
C_6H_7N Anilin	− 6°	E(I + I · II) 8 Mol%/− 12°; F(I · II) 17°; E(I·II + II) 78 Mol%/10,3°	28° Guajakol	$C_7H_8O_2$
C_6H_7N Anilin	− 6°	E(I + 2I · II) 7,5 Mol%/− 14°; F(2I · II) 28°; E(2I·II + I · II) 38 Mol%/26,5°; F(I · II) 32°; E(I · II + II) 53 Mol%/31,5°; L 69 Mol%/60°	90,5° Naphthol-(1)	$C_{10}H_8O$

Verbindung I und F	Angaben über die Liquiduskurve in % (=Gew.%) oder Mol% der Verbindung II, Temperaturangabe in °C	F und Verbindung II
C_6H_7N −6° Anilin	E(I + I · II) 2,7 Mol%/−7°; F(I · II) 82,2°; E(I · II + II) 60,2 Mol%/80,5°; L 73 Mol%/100°	121,8° $C_{10}H_8O$ Naphthol-(2)
C_6H_7N −6° Anilin	E(I + II) 15 Mol%/−19°; L 40 Mol%/12°, 80 Mol%/42°	53,2° $C_{12}H_{11}N$ Diphenylamin
C_6H_{12} 6,2° Cyclohexan	U(αI ⇌ βI) ≈ 37 Mol%/−91°; E(βI + II) ≈ 70 Mol%/−109°	−94,6° C_6H_{14} Hexan
C_6H_{12} −140,5° Methylcyclopentan	E(I + II) 4,1 Mol%/−143,5°	95,3° C_6H_{14} Hexan
C_6H_{12} 6,2° Cyclohexan	U(αI ⇌ βI) 48,4 Mol%/−91°; E(βI + II) ≈ 75 Mol%/−106,5°	−95° C_7H_8 Toluol
C_6H_{12} 6,2° Cyclohexan	U(αI ⇌ βI) ≈ 44 Mol%/−91°; E(βI + II) ≈ 95 Mol%/≈ −130°	−126,3° C_7H_{14} Methylcyclohexan
C_6H_{12} 6,4° Cyclohexan	E(I + II) 22%/−14°; L 87%/10°	16,5° $C_8H_6O_2$ Caprylsäure
C_6H_{12} 6,6° Cyclohexan	E(I + II) 39,1%/−71,6°	−56,8° C_8H_{18} Octan
C_6H_{12} 6,4° Cyclohexan	E(I + II) 30,8%/−25,4°	−7,5° $C_9H_{18}O$ Nonanon-(2)
C_6H_{12} 6,4° Cyclohexan	E(I + II) 24,1%/−17,5°; L 95,8%/10°	12,2° $C_9H_{18}O_2$ Pelargonsäure
C_6H_{12} 6,4° Cyclohexan	E(I + 2I · II) 3,8 Mol%/−3°; F(2I · II) 28,8°; E(2I · II + II) 44,5 Mol%/27,3°; L 59,5 Mol%/80°	176° $C_{10}H_{16}O$ Campher
C_6H_{12} 6,6° Cyclohexan	E(I + II) 29,3%/−10,8°	6,9° $C_{10}H_{22}O$ Decanol-(1)
C_6H_{12} 6,4° Cyclohexan	E(I + II) 12,8%/−10,5°	16,1° $C_{10}H_{23}N$ Decylamin
C_6H_{12} 6,4° Cyclohexan	E(I + II) 16,2%/−5,9°; L 60%/10°, 84%/20°	28,1° $C_{11}H_{22}O_2$ Undecansäure
C_6H_{12} 6,4° Cyclohexan	E(I + II) 6,8%/3,2°; L 16,5%/10°, 40,4%/20°, 68,3%/30°	43,9° $C_{12}H_{24}O_2$ Laurinsäure
C_6H_{12} 6,4° Cyclohexan	E(I + II) ≈ 32%/≈ −32°	−10° $C_{12}H_{25}Cl$ 1-Chlordodecan
C_6H_{12} 6,4° Cyclohexan	E(I + II) 15,8%/−0,9°; L 55,6%/10°, 92,8%/20°	23,9° $C_{12}H_{26}O$ Dodecanol-(1)
C_6H_{12} 6,4° Cyclohexan	E(I + II) ≈ 28%/≈ −21°	≈ 6° $C_{14}H_{29}Br$ 1-Bromtetradecan
C_6H_{12} 6,4° Cyclohexan	E(I + II) (21,4 g/100 g C_6H_{12})/−12,5°	18,2° $C_{16}H_{34}$ Hexadecan
C_6H_{14} −128° 2,3-Dimethyl-butan	E(I + II) 7 Mol%/−138°	−95° C_6H_{14} Hexan
C_6H_{14} −95,3° Hexan	2 fl. Ph. o. kr. Lp. 36%/21,1°	— C_7H_9N o-Toluidin
C_6H_{14} −94,6° Hexan	L 20 Mol%/−98°, 60 Mol%/−114,5°; E(I + II) ≈ 85 Mol%/≈ −130°	−126,3° C_7H_{14} Methylcyclohexan

Verbindung I und F		Angaben über die Liquiduskurve in % (=Gew.%) oder Mol% der Verbindung II, Temperaturangabe in °C	F und Verbindung II	
C_7H_7Cl o-Chlortoluol	−35,1°	E(I + II) 27%/−50°	7,8°	C_7H_7Cl p-Chlortoluol
C_7H_8 Toluol	−95°	E(I + II) 43 Mol%/−116°	−94,4°	C_8H_{10} Äthylbenzol
C_7H_8 Toluol	−95°	E(I + II) 7,9 Mol%/−97,5°; L 20 Mol%/−75,5°, 40 Mol%/−56,5°	−25,5°	C_8H_{10} o-Xylol
C_7H_8 Toluol	−95°	E(I + II) 18,2 Mol%/−103,8°; L 40 Mol%/−81°, 60 Mol%/−67°	−49°	C_8H_{10} m-Xylol
C_7H_8 Toluol	−95°	E(I + II) 2,6 Mol%/−96°; L 20 Mol%/−41°, 40 Mol%/−20°, 60 Mol%/−6,5°	13,3°	C_8H_{10} p-Xylol
C_7H_8 Toluol	−95°	E(I + II) 2,2 Mol%/−96°; L 20 Mol%/11°, 60 Mol%/55°	80°	$C_{10}H_8$ Naphthalin
C_7H_8 Toluol	−95°	F(2I · II) −22,2°; E(2I · II + II) ≈ 41 Mol%/≈ 30°; L 54 Mol%/40°	176°	$C_{10}H_{16}O$ Campher
C_7H_8 Toluol	−95°	E(I + II) 0,54 Mol%/−95,4°; L 2 Mol%/−70°, 4 Mol%/−37°, 14,5 Mol%/10,4°, 40,3 Mol%/49,5°, 73,7 Mol%/80°	101°	$C_{14}H_{10}$ Phenanthren
C_8H_7N Indol	53,0°	E(I + II) 20 Mol%/40°; M. L. (12...45 Mol%)	80°	$C_{10}H_8$ Naphthalin
$C_8H_8O_3$ D-Mandelsäure	133°	E(I + I · II) 37%/114,8°; F(I · II, Racemat.)/118°; E(I · II + II) 63%/114,8°	133°	$C_8H_8O_3$ L-Mandelsäure
$C_8H_8O_3$ rac. Mandelsäure	119°	lückenlos mb.	135°	$C_8H_{14}O_3$ Hexahydromandelsäure
C_8H_{10} Äthylbenzol	−94,4°	E(I + II) 6,7%/−96,3°	−25,5°	C_8H_{10} o-Xylol
C_8H_{10} Äthylbenzol	−94,4°	E(I + II) 16%/−99,3°	−49°	C_8H_{10} m-Xylol
C_8H_{10} Äthylbenzol	−95°	E(I + II) 1,2%/−99,8°	13,3°	C_8H_{10} p-Xylol
C_8H_{10} o-Xylol	−25,5°	E(I + II) 67%/−63°	−49°	C_8H_{10} m-Xylol
C_8H_{10} o-Xylol	−25,5°	E(I + II) ≈ 24%/≈ −36°	13,2°	C_8H_{10} p-Xylol
C_8H_{10} m-Xylol	−47,8°	E(I + II) 12,5%/−55,7°; L 20%/−41,5°, 60%/−7°	13,2°	C_8H_{10} p-Xylol
C_8H_{10} o-Xylol	−25,5°	E(I + II) 6,6 Mol%/−28°; L 20 Mol%/9°, 60 Mol%/53°	80°	$C_{10}H_8$ Naphthalin
C_8H_{10} m-Xylol	−47,8°	E(I + II) 3,7 Mol%/−49°; L 20 Mol%/10°, 60 Mol%/55°	80°	$C_{10}H_8$ Naphthalin
C_8H_{10} p-Xylol	13,3°	E(I + II) 18,2 Mol%/4,2°; L 40 Mol%/35,5°, 60 Mol%/53°	80°	$C_{10}H_8$ Naphthalin
C_8H_{10} m-Xylol	−47,8°	E(I + II) 2,7 Mol%/−48,6°; L 20 Mol%/34°, 60 Mol%/87°	114°	$C_{13}H_{10}$ Fluoren

Verbindung I und F	Angaben über die Liquiduskurve in % (=Gew.%) oder Mol% der Verbindung II, Temperaturangabe in °C	F und Verbindung II
C_8H_{10} — 25,5° o-Xylol	*E*(I + II) 5,2 Mol%/— 28°; *L* 7,5 Mol%/— 20,1°, 10,3 Mol%/— 6,3°, 34,5 Mol%/ 40,7°, 60,8 Mol%/69°	101° $C_{14}H_{10}$ Phenanthren
C_8H_{10} — 47,8° m-Xylol	*E*(I + II) 3 Mol%/— 50°; *L* 19,9 Mol%/18,5°, 50 Mol%/ 59,7°, 84,5 Mol%/89,2°	100° $C_{14}H_{10}$ Phenanthren
$C_9H_{10}O_3$ 47,8° D-Mandelsäure-methylester	*E*(I + I · II) 15,5%/38,4°; *F*(I · II, Racemat.) 50%/52,2° *E*(I · II + I) 84,5%/38,4°	47,8° $C_9H_{10}O_3$ L-Mandelsäure-methylester
$C_{10}H_7Cl$ 58° 2-Chlornaphthalin	lückenlos mb.; Min. 52,7 Mol%/52°	60° $C_{10}H_7F$ 2-Fluornaphthalin
$C_{10}H_7J$ 54° 2-Jodnaphthalin	*E*(I + II) 15 Mol%/48,4° (M.L. < 7...68,5 Mol%)	110,8° $C_{10}H_9N$ 2-Naphthylamin
$C_{12}H_{10}N_2$ 66,2° Azobenzol	*E*(I + II) 39,3 Mol%/51°; (M. L. 15...76 Mol%)	92,7 $C_{14}H_{10}O_2$ Benzil

Mol% II	21,7	26,4	45,0
°C liq.	57,0	55,0	57,0
°C sol.	51,5	52,0	50,3
Mol% II	53,7	64,4	73,7
°C liq.	65,3	72,6	77,6
°C sol.	50,3	50,5	56,0

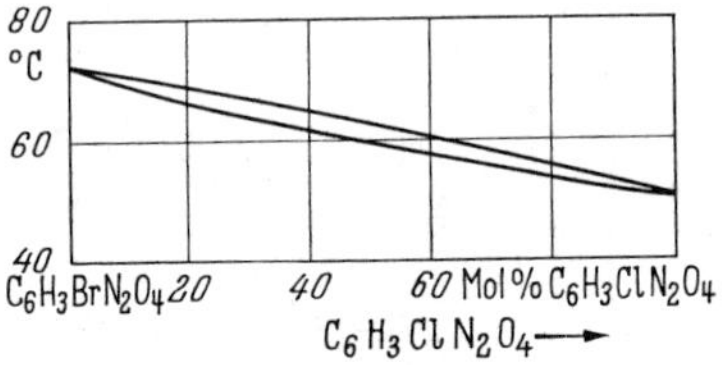

Abb. 1. 2,4-Dinitro-brombenzol—2,4-Dinitro-chlorbenzol

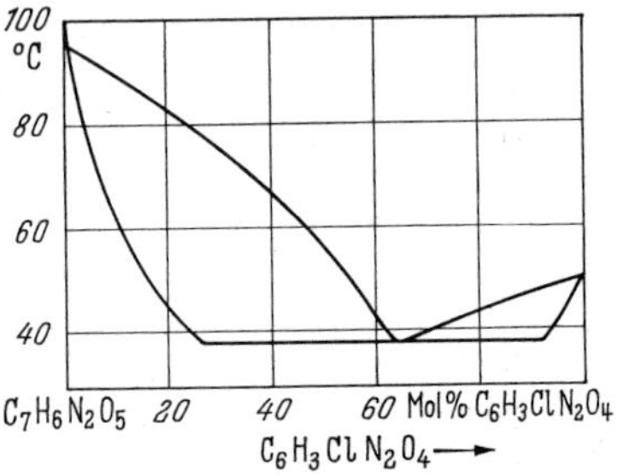

Abb. 2. 2,4-Dinitro-anisol—2,4-Dinitro-chlorbenzol
$E(C_7H_6N_2O_5 + C_6H_3ClN_2O_4)$ 64,5 Mol%/38°; M. L. (26,5...91,8 Mol%)

4272. Lösungsgleichgewichte zwischen drei kondensierten Phasen

42721. Anorganische Verbindungen in wäßrigen Lösungen organischer Verbindungen

Es ist die Masse des Stoffes I, in der in Spalte 3 angegebenen Konzentrationseinheit, die in dem aus Stoff II und H_2O zusammengesetzten Lösungsmittel gelöst ist, angegeben. Die Zusammensetzung des Lösungsmittels ist aus dem Tabellenkopf und der in Spalte 12 angegebenen Einheit zu ersehen.

Stoff I	Temperatur °C	Konzentrationseinheit für Stoff I	Konzentration des Stoffes I in der gesättigten Lösung des Lösungsmittels (Stoff II mit Wasser) der Konzentration des Stoffes II								Konzentrationseinheit für Stoff II
			0	10	20	30	40	60	80	100	
			II. Stoff CH_4O Methanol								
$B(OH)_3$	25	g/100 cm³ Lsg.	—	—	5,1	5,6	6,15	7,5	11,2	18	Gew. %
KBr	25	Gew. %	41	35,7	30,5	26	21	12	5,5	2	Gew. %
KCl	25	Gew. %	26,6	21,8	17,4	13,5	10	4,5	1,5	0,6	g/100 g Lsgm.
KJ	25	Gew. %	59,6	56	52,7	49	44,8	35,6	25	14	g/100 g Lsgm.
NaBr	25	Gew. %	48,5	46	43,4	40,5	37,5	30,5	22,75	14,5	g/100 g Lsgm.
NaCl	25	Gew. %	26,5	23	19,5	16	13	6,7	3	1,5	g/100 g Lsgm.
$NaNO_3$	25	Gew. %	47,8	43,4	38,3	32,4	26,2	15	6,6	—	g/100 g Lsgm.
			II. Stoff C_2H_6O Äthanol								
$B(OH)_3$	25	Gew. %	5,4	5,3	5,2	5,15	5,1	5,0	5,05	11,2	Gew. %
$BaCl_2$ [1]	15	Gew. %	—	20	15,5	11	8,5	3	0,3	—	g/100 g Lsgm.
KBr	30	Gew. %	41,5	36	31	26	21,3	11,5	3	—	Gew. %
KCl	25	Gew. %	26,5	21,3	16,6	12,6	9,1	3,8	—	—	g/100 g Lsgm.
$KClO_3$	30	Gew. %	9,2	6,4	4,5	3,2	2,4	1,0	0,2	—	g/100 g Lsgm.
$KClO_4$	14	Gew. %	1,24	0,85	0,67	0,53	0,42	0,25	0,11	—	g/100 g Lsgm.
KJ	18	Gew. %	—	54,5	51	46	42,5	31,7	16	—	g/100 g Lsgm.
Li_2SO_4 [2]	30	g/100 g Lsgm.	33,5	21	13,5	9	5	1,1	0	—	g/100 g Lsgm.
NaBr [3]	30	Gew. %	49,5	46,5	43,2	39,5	35,5	26	15	3,0	g/100 g Lsgm.
NaCl	30	Gew. %	26,5	22,5	19	15,5	12,5	6,4	1,5	—	g/100 g Lsgm.
NaJ [4]	30	Gew. %	65,2	59,5	53,4	47,8	42,8	34,5	—	—	g/100 g Lsgm.

$NaNO_3$	30	Gew. %	49	43,4	37,3	31,2	25,1	13	4,1	—	g/100 g Lsgm.
Na_2SO_4	36	Gew. %	33	21,3	11,5	4,6	1,65	—	—	—	g/100 g Lsgm.
$SrCl_2$	18	Gew. %	—	32	29,3	26	22,8	15,7	7,8	—	Gew. %
					II. Stoff $C_2H_6O_2$ Glykol						
K_2CO_3	25	Gew. %	52,8	50	47	43,7	40,3	32,9	26,3	25,6	g/100 g Lsgm.
K_2CO_3	40	Gew. %	54	51	48,4	45	41,5	34	27	27,5	g/100 g Lsgm.
KJ	30	Gew. %	60,5	58	56	53,5	50,6	45	39,5	33,5	g/100 g Lsgm.
					II. Stoff C_3H_6O Aceton						
KBr	25	Gew. %	41,5	38,3	34,5	30,5	26,5	17	6,3	0	Gew. %
KCl	20	Gew. %	30,5	26,3	21,6	16,9	12,6	5,4	1,0	—	g/100 g Lsgm.
NaJ[5]	25	Gew. %	64,5	62,6	60,3	57,8	55	50	45	29,5	g/100 g Lsgm.
NaOH	0	Gew. %	—	13	7,8	5,0	3,3	1	—	—	Gew. %
					II. Stoff C_3H_8O Propanol-(2)						
KNO_3[6]	25	Gew. %	26,5	18,5	13,4	9,5	6,5	2,75	0,5	—	g/100 g Lsgm.
$MgSO_4$	25	Gew. %	—	13,8	7,6	3,7	1,5	—	—	—	g/100 g Lsgm.
					II. Stoff $C_3H_8O_3$ Glycerin						
$B(OH)_3$	25	g/100 cm³ Lsg.	5,5	5,4	5,2	5,3	5,4	6,3	10,3	19	Gew. %
KBr	25	Gew. %	41,6	39	36,5	34	31,3	25,7	20,3	15	g/100 g Lsgm.
					II. Stoff $C_4H_{10}O$ tert. Butanol						
KBr	30	Gew. %	41,5	24	15,5	11,8	9	5	—	—	Gew. %
KJ	30	Gew. %	—	46	38	32	27	17	—	—	g/100 g Lsgm.
K_2SO_3	30	Gew. %	34,3	9,3	4,5	2,7	1,7	—	—	—	g/100 g Lsgm.

[1] Bdk. $BaCl_2 \cdot H_2O$, [2] Bdk. $Li_2SO_4 \cdot H_2O$, [3] Ü $NaBr \cdot 2H_2O \rightarrow NaBr$ 30°/2,03%/NaBr, 87,5 g C_2H_6O/100 g Lsgm. [4] Ü $NaJ \cdot 2H_2O \rightarrow NaJ$ 30°/37,5% NaJ; 55,37 g C_2H_6O/100 g Lsgm. [5] Ü $NaJ \cdot 2H_2O \rightarrow NaJ$ 44,5% NaJ; 85,1 g $(CH_3)_2CO$/100 g Lsgm. 25° C. [6] 2 fl. Ph. oberhalb 47° C; 50° C 31% KNO_3 18 g C_3H_8O-(2)/100 g Lsgm. und 7,5% KNO_3 50 g C_3H_8O-(2)/100 g Lsgm.

42722. Lösungsgleichgewichte mit mehreren nicht mischbaren flüssigen Phasen

427221. Einige Systeme mit Angabe der Zusammensetzung der im Gleichgewicht befindlichen flüssigen Phasen[1]

Sind alle drei Komponenten flüssig, so sind bei Systemen, die mehrere nicht mischbare Phasen bilden, im wesentlichen folgende Fälle zu unterscheiden.

1. Ein binäres Teilsystem besitzt ein Entmischungsgebiet (Mischungslücke), das sich als geschlossene Mischungslücke in das ternäre System fortsetzt. Bei steigender Temperatur, wird die Mischungslücke meist kleiner.

Es kommt auch vor, daß bei steigender Temperatur die Mischungslücke in dem Teilsystem verschwindet, jedoch noch ein Entmischungsgebiet im ternären System vorhanden bleibt. Beispiel: Phenol—Wasser—Aceton.

2. Zwei binäre Teilsysteme haben Entmischungsgebiete die sich in das ternäre Gebiet als zwei getrennte Mischungslücken fortsetzen oder auch eine durchgehende Mischungslücke bilden. Mit steigender Temperatur geht die durchgehende Mischungslücke oft in eine einzige geschlossene Mischungslücke über. Beispiel für diesen Fall: C_6H_7N Anilin—C_6H_{14} Hexan—C_6H_{12} Methylcyclopentan, Nr. 31.

3. Alle drei binäre Teilsysteme haben Entmischungsgebiete, es können sich drei geschlossene Mischungslücken bilden oder eine geschlossene Lücke mit einer durchgehenden Lücke, oder alle drei Lücken schließen sich zusammen. Dann entsteht in der Mitte des ternären Systems eine dreieckige Lücke bei der drei flüssige Phasen miteinander im Gleichgewicht stehen. Außerhalb dieser Lücke sind im allgemeinen drei verschiedene zweiphasige und davon getrennt drei einphasige Gebiete zu unterscheiden. Beispiel: $C_2H_6O_2$ Glykol—$C_{12}H_{26}O$ Dodecanol-(1)—CH_3NO_2 Nitromethan. In den zweiphasigen Gebieten sind in den Diagrammen einige der zusammengehörigen Werte des flüssig-flüssig-Gleichgewichtes auf der die Mischungslücke begrenzenden Isotherme gradlinig verbunden (Konoden). Ist der kritische Lösungspunkt bestimmt, so ist er als Kreis in die Isotherme eingetragen und seine Lage angegeben.

Die Systeme sind in der nachstehenden Übersicht aufgeführt. In dieser ist die Reihenfolge der Komponenten folgende: Zuerst stehen die Systeme mit Wasser und 2 organischen Komponenten anschließend die mit einer anderen anorganischen und 2 organischen Verbindungen und zum Schluß die mit drei organischen Komponenten. Die Reihenfolge der organischen Komponenten in den Systemen ist die nach Hill. Bei den Abbildungen sind die Komponenten oft anders geordnet und zwar so, daß als erste Komponente die in der Dreiecksdarstellung links an der Basis, als zweite die rechts an der Basis, und als dritte die an der Dreiecksspitze stehende aufgeführt ist.

Abkürzungen

g_i	Gewichtsbruch der i-Komponente
x_i	Molenbruch der i-Komponente
krit. Lp.	Kritischer Lösungspunkt
p	Druck
p_s	Sättigungsdruck
I, II usw.	Gebiete verschiedener Phasen

[1] Nach dem Beitrag C. Kux, Landolt-Börnstein, 6. Aufl., Bd. II/2c.

Verzeichnis der Abbildungen

H_2O	CCl_4	C_2H_6O	Wasser	Tetrachlorkohlenstoff	Äthanol	1
		C_3H_6O			Aceton	2
		C_3H_8O			Propanol-(1)	3
	$CHCl_3$	$C_2H_4O_2$		Chloroform	Essigsäure	4
		C_3H_6O			Aceton	5
	C_2H_4	C_4H_8O		Äthylen	Butanon-(2)	6
	$C_2H_4O_2$	$C_4H_{10}O$		Essigsäure	Diäthyläther	7
	C_2H_6O	$C_4H_{10}O$		Äthanol	Diäthyläther	8
		C_6H_6			Benzol	9
		C_6H_7N			Anilin	10
	C_3H_6O	$C_4H_{10}O$		Aceton	Diäthyläther	11
	C_3H_6O	C_6H_6		Aceton	Benzol	12
		C_6H_6O			Phenol	13
		C_8H_{10}			Xylol	14
	$C_3H_6O_2$	C_8H_{18}		Propansäure	Octan	15
	C_3H_8O	C_6H_6		Propanol-(1)	Benzol	16
		C_7H_8			Toluol	17
	$C_4H_{10}O$	$C_6H_{15}N$		Diäthyläther	Triäthylamin	18
	$C_4H_{10}O_2$	C_8H_8		Äthylcellosolve	Styrol	19
	$C_6H_5NO_2$	C_6H_7N		Nitrobenzol	Anilin	20
	C_6H_6	C_6H_7N		Benzol	Anilin	21
	C_6H_6O	C_6H_7N		Phenol	Anilin	22
		$C_6H_{15}N$			Triäthylamin	23
	C_6H_7N	C_7H_{16}		Anilin	Heptan	24
NH_3	C_6H_6	C_6H_{12}	Ammoniak	Benzol	Cyclohexan	25
	C_6H_6	C_6H_{14}			Hexan	26
SO_2	C_7H_{14}	C_7H_{16}	Schwefeldioxid	Methylcyclohexan	Heptan	27
CCl_4	C_2H_6O	$C_3H_8O_3$	Tetrachlorkohlenstoff	Äthanol	Glycerin	28
CH_3NO_2	$C_2H_6O_2$	$C_{12}H_{26}O$	Nitromethan	Glycol	Dodecanol-(1)	29
C_5H_{10}	C_6H_7N	C_6H_{14}	Cyclopentan	Anilin	2,2-Dimethylbutan	30
C_6H_7N	C_6H_{12}	C_6H_{14}	Anilin	Methylcyclopentan	Hexan	31

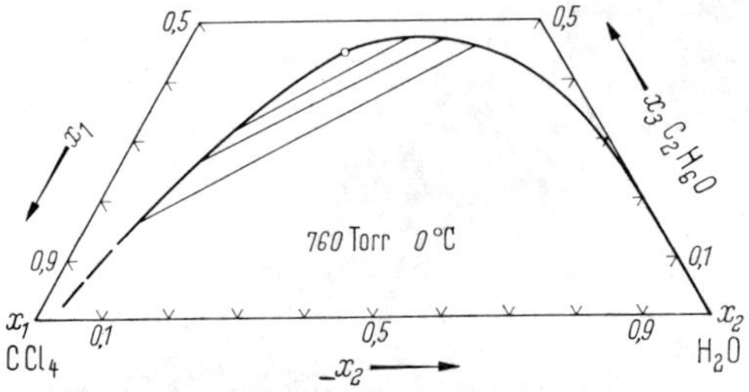

Abb. 1. x_1 CCl_4 Tetrachlorkohlenstoff
x_2 H_2O Wasser
x_3 C_2H_6O Äthanol
krit. Lp.: $x_2=0,237$; $x_3=0,447$

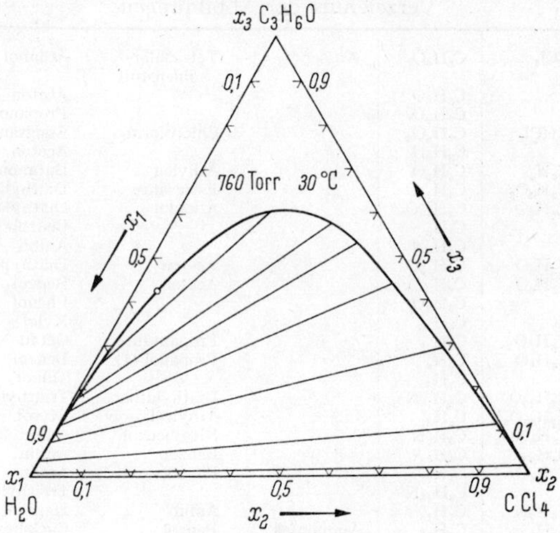

Abb. 2. x_1 H_2O Wasser
x_2 CCl_4 Tetrachlorkohlenstoff
x_3 C_3H_6O Aceton
krit. Lp.: $x_2=0{,}0486$; $x_3=0{,}4223$

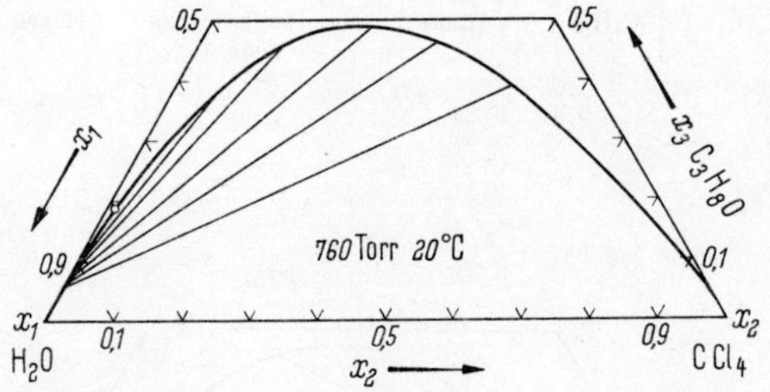

Abb. 3. x_1 H_2O Wasser
x_2 CCl_4 Tetrachlorkohlenstoff
x_3 C_3H_8O Propanol-(1)
krit. Lp.: $x_2=0{,}012$; $x_3=0{,}188$

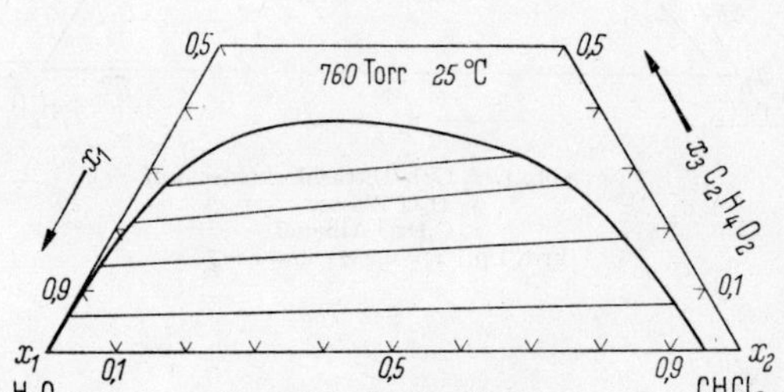

Abb. 4. x_1 H_2O Wasser
x_2 $CHCl_3$ Chloroform
x_3 $C_2H_4O_2$ Essigsäure

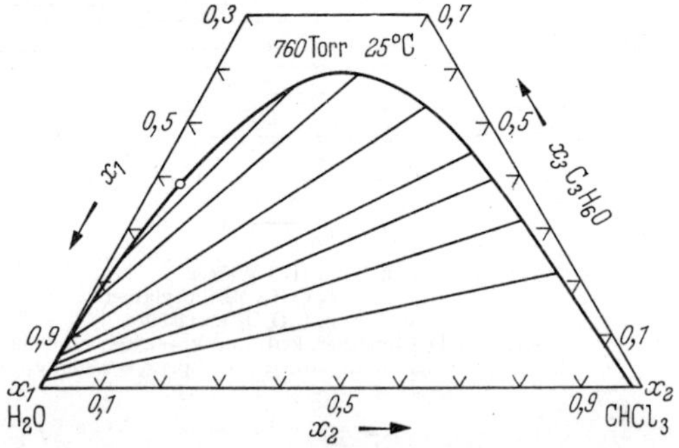

Abb. 5. x_1 H_2O Wasser
x_2 $CHCl_3$ Chloroform
x_3 C_3H_6O Aceton
krit. Lp.: $x_2=0{,}044$; $x_3=0{,}382$

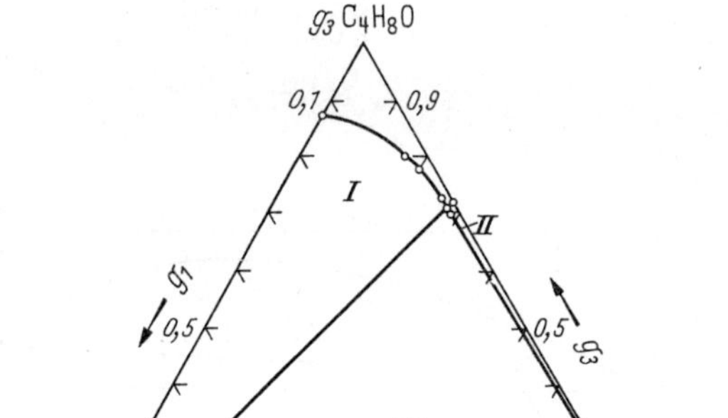

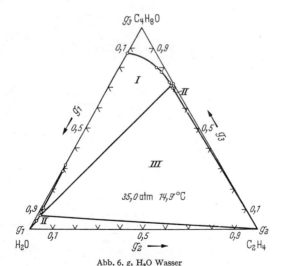

Abb. 6. g_1 H_2O Wasser
g_2 C_2H_4 Äthylen
g_3 C_4H_8O Butanon-(2)
Phasengebiete: *I* 2 flüssige Phasen; *II* 1 flüssige und 1 gasförmige Phase; *III* 2 flüssige Phasen und 1 gasförmige Phase

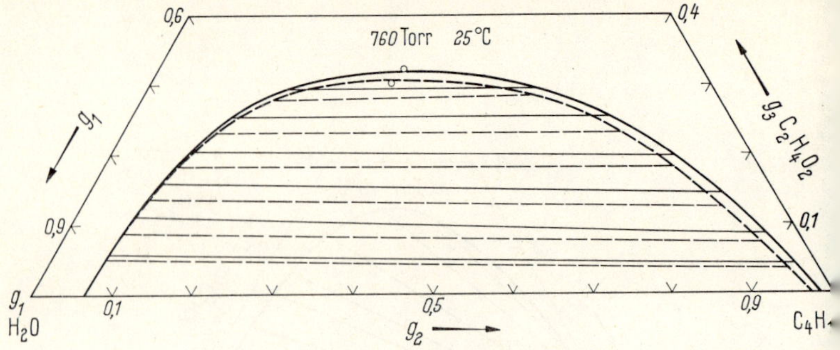

Abb. 7. g_1 H_2O Wasser
g_2 $C_4H_{10}O$ Diäthyläther
g_3 $C_2H_4O_2$ Essigsäure
— — — reiner Diäthyläther, krit. Lp.: $g_2=0{,}305$; $g_3=0{,}323$.
------ handelsüblicher Diäthyläther, krit. Lp.: $g_2=0{,}300$; $g_3=0{,}302$

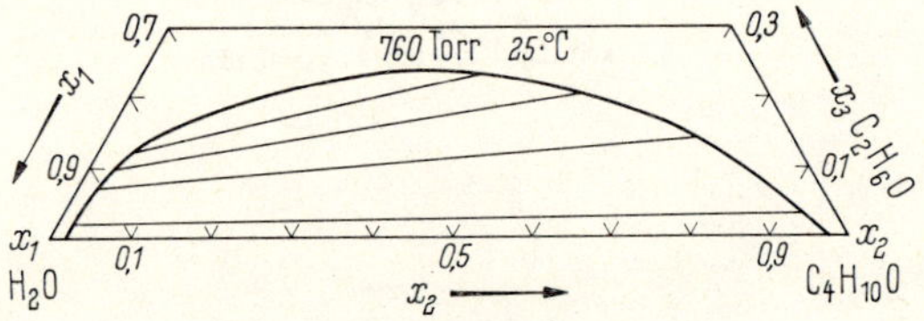

Abb. 8. x_1 H_2O Wasser
x_2 $C_4H_{10}O$ Diäthyläther
x_3 C_2H_6O Äthanol

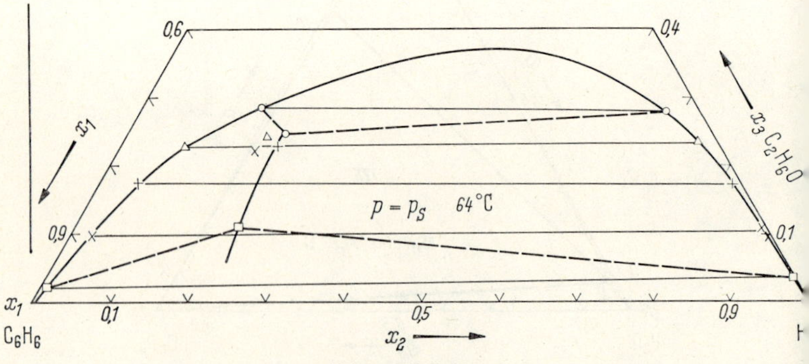

Abb. 9. x_1 C_6H_6 Benzol
x_2 H_2O Wasser
x_3 C_2H_6O Äthanol
Die Punkte innerhalb des zweiphasigen Bereichs geben die Zusammensetzung der jeweiligen Dampfphase an

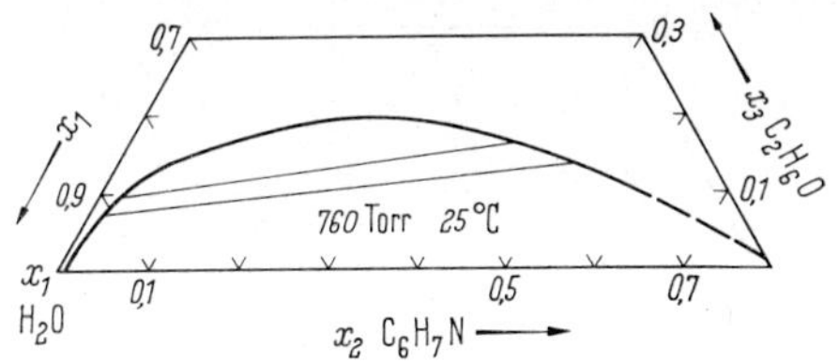

Abb. 10. x_1 H_2O Wasser
x_2 C_6H_7N Anilin
x_3 C_2H_6O Äthanol

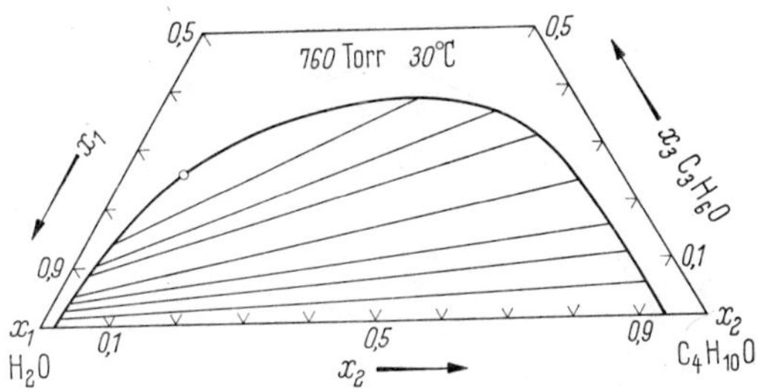

Abb. 11. x_1 H_2O Wasser
x_2 $C_4H_{10}O$ Diäthyläther
x_3 C_3H_6O Aceton
krit. Lp.: x_2=0,092; x_3=0,259

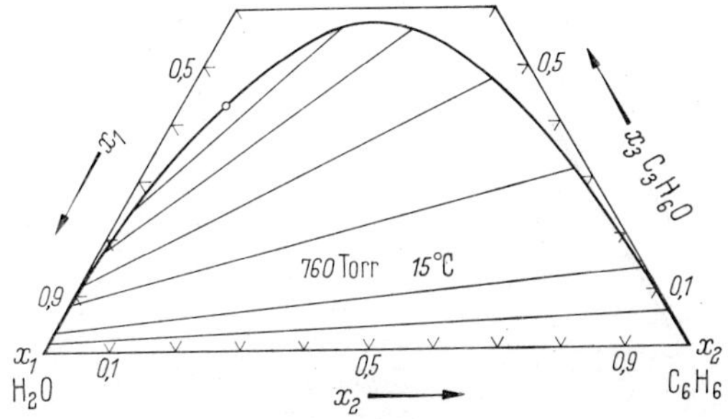

Abb. 12. x_1 H_2O Wasser
x_2 C_6H_6 Benzol
x_3 C_3H_6O Aceton
krit. Lp.: x_2=0,067; x_3=0,431

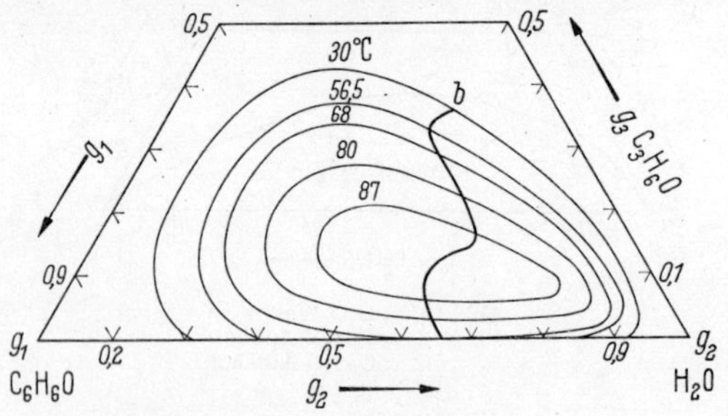

Abb. 13. g_1 C_6H_6O Phenol
g_2 H_2O Wasser
g_3 C_3H_6O Aceton
Die Kurve *b* verbindet die kritischen Lösungspunkte

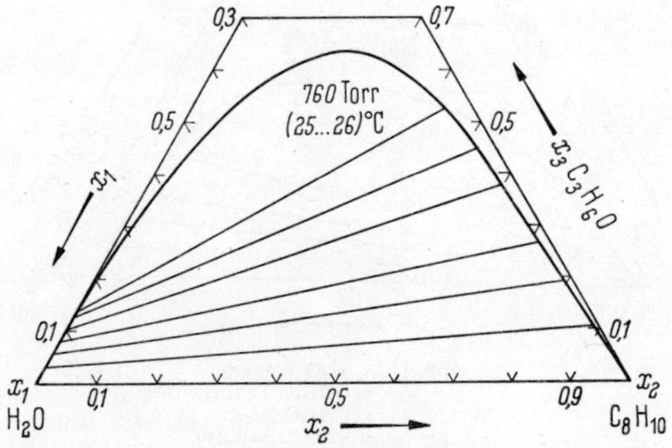

Abb. 14. x_1 H_2O Wasser
x_2 C_8H_{10} Xylol
x_3 C_3H_6O Aceton

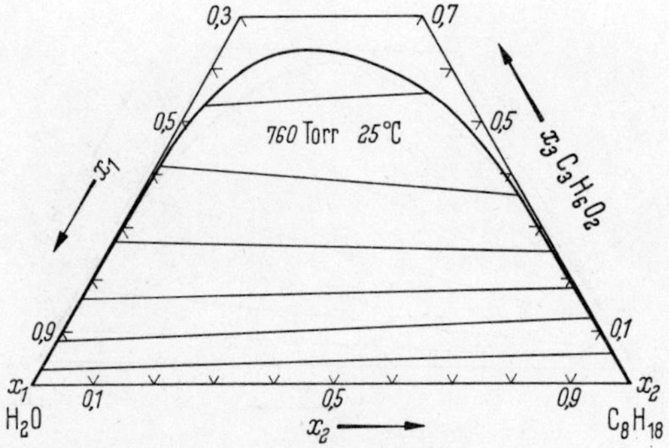

Abb. 15. x_1 H_2O Wasser
x_2 C_8H_{18} Octan
x_3 $C_3H_6O_2$ Propansäure

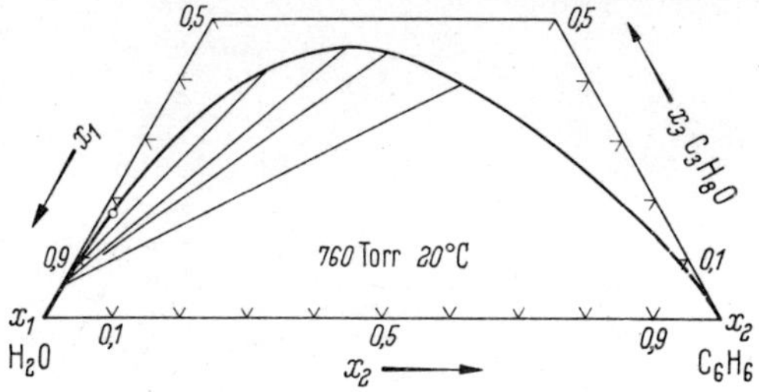

Abb. 16. x_1 H_2O Wasser
x_2 C_6H_6 Benzol
x_3 C_3H_8O Propanol-(1)
krit. Lp.: x_2=0,014; x_3=0,178

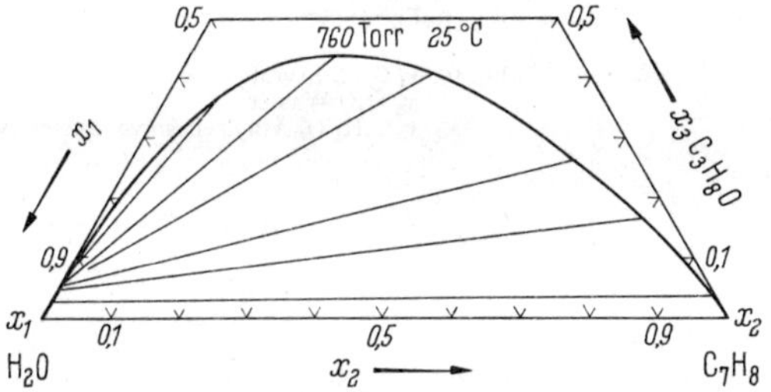

Abb. 17. x_1 H_2O Wasser
x_2 C_7H_8 Toluol
x_3 C_3H_8O Propanol-(1)
krit. Lp.: x_2=0,003; x_3=0,102

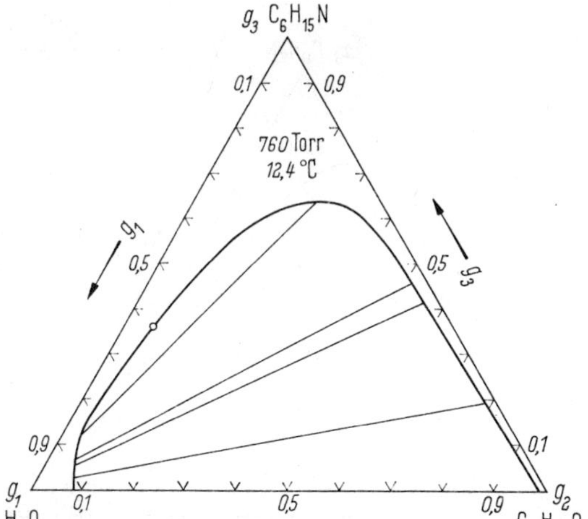

Abb. 18. g_1 H_2O Wasser
g_2 $C_4H_{10}O$ Diäthyläther
g_3 $C_6H_{15}N$ Triäthylamin
krit. Lp.: 12,4° C; x_2=0,060; x_3=0,360

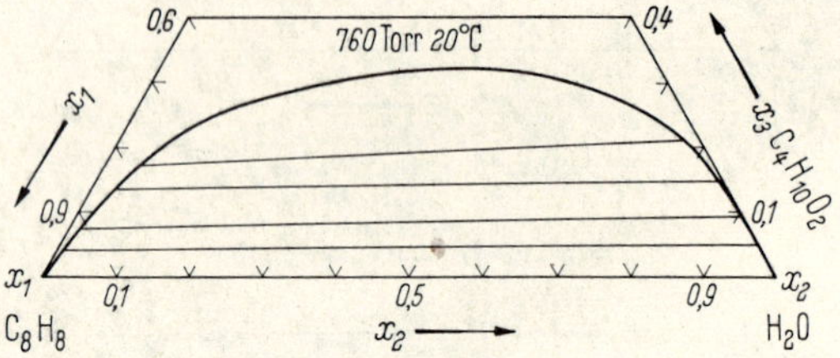

Abb. 19. x_1 C_8H_8 Styrol
x_2 H_2O Wasser
x_3 $C_4H_{10}O_2$ Äthylcellosolve (2-Äthoxyäthanol)

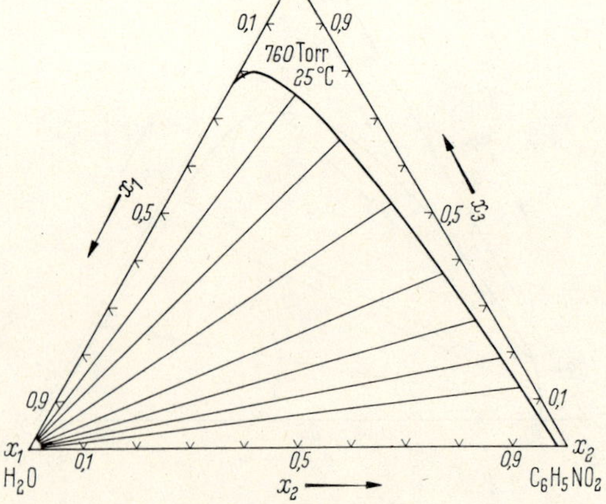

Abb. 20. x_1 H_2O Wasser
x_2 $C_6H_5NO_2$ Nitrobenzol
x_3 C_6H_7N Anilin

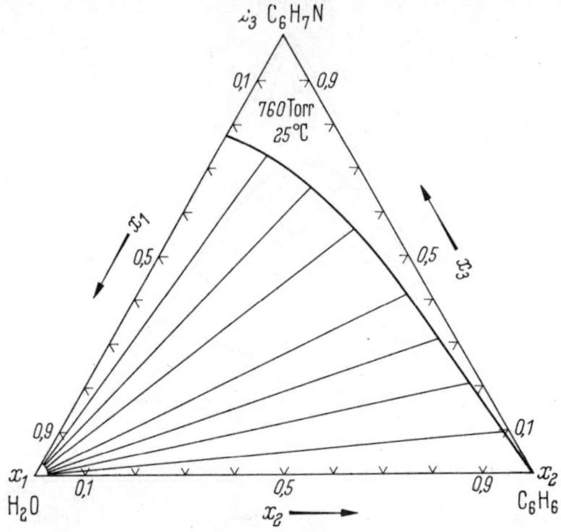

Abb. 21. x_1 H_2O Wasser
x_2 C_6H_6 Benzol
x_3 C_6H_7N Anilin

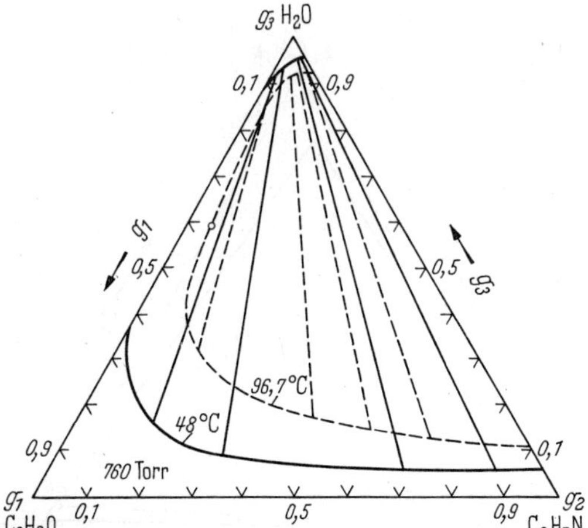

Abb. 22. g_1 C_6H_6O Phenol
g_2 C_6H_7N Anilin
g_3 H_2O Wasser
krit. Lp.: 96,7° C; g_2=0,047; g_3=0,598

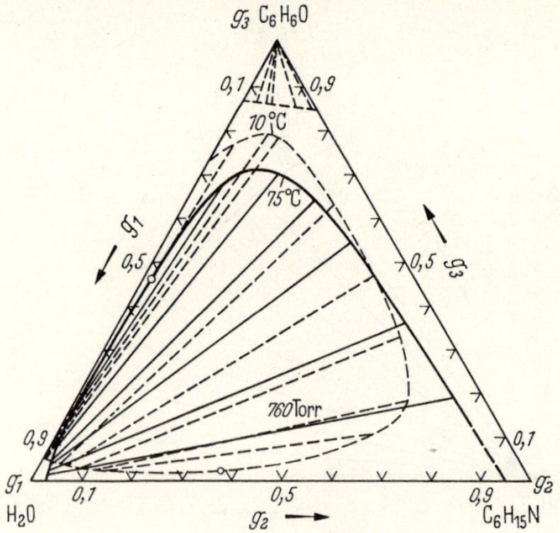

Abb. 23. g_1 H_2O Wasser
g_2 $C_6H_{15}N$ Triäthylamin
g_3 C_6H_6O Phenol
krit. Lp.: 10° C; g_2 0,370; g_3 0,020;
75° C; g_2 0,015; g_3 0,460

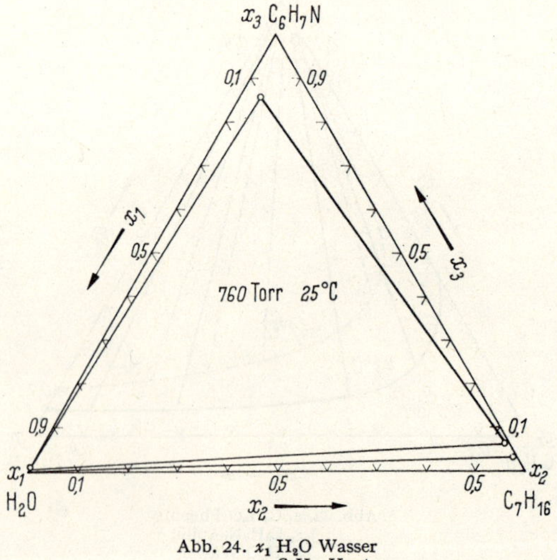

Abb. 24. x_1 H_2O Wasser
x_2 C_7H_{16} Heptan
x_3 C_6H_7N Anilin

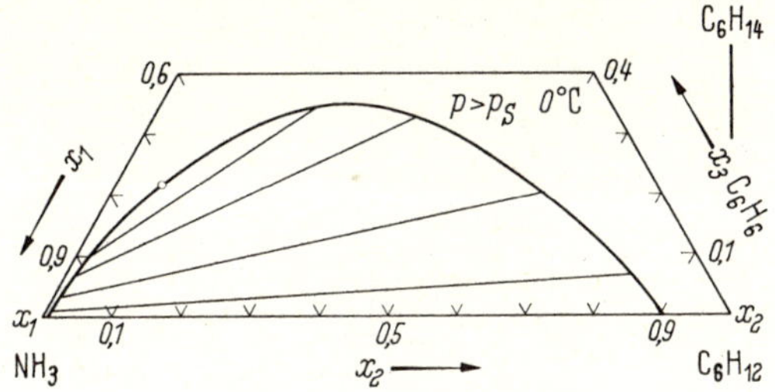

Abb. 25. x_1 NH_3 Ammoniak
x_2 C_6H_{12} Cyclohexan
x_3 C_6H_6 Benzol
krit. Lp.: $x_2 = 0{,}066$; $x_3 = 0{,}214$

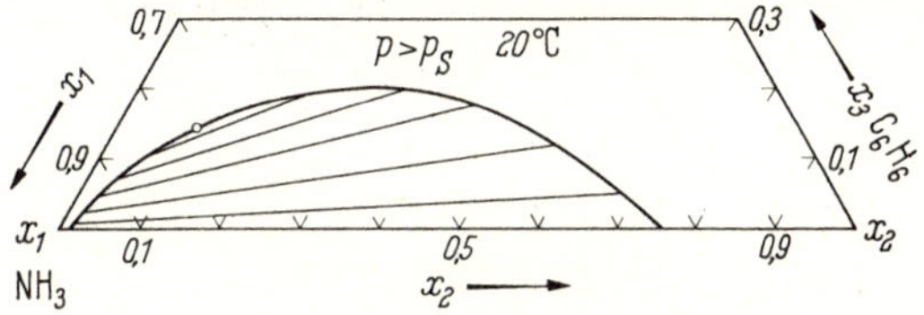

Abb. 26. x_1 NH_3 Ammoniak
x_2 C_6H_{14} Hexan
x_3 C_6H_6 Benzol
krit. Lp.: $x_2 = 0{,}099$; $x_3 = 0{,}142$

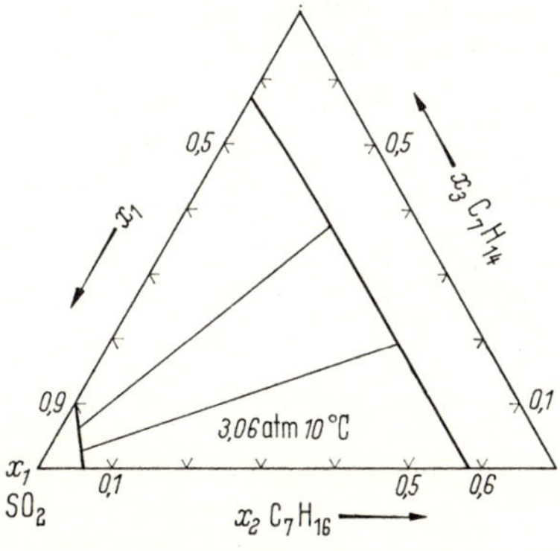

Abb. 27. x_1 SO_2 Schwefeldioxid
x_2 C_7H_{16} Heptan
x_3 C_7H_{14} Methylcyclohexan

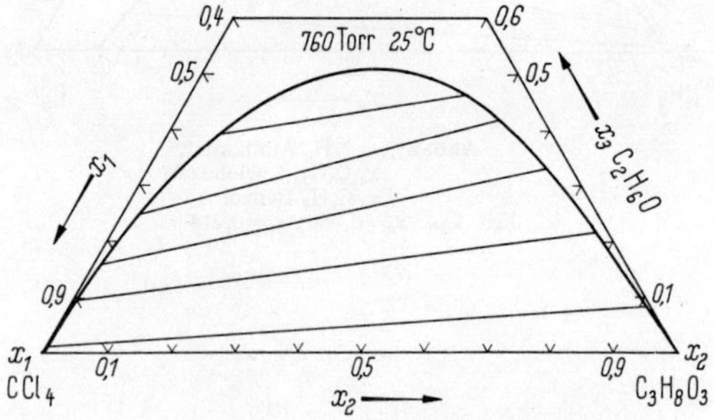

Abb. 28. x_1 CCl_4 Tetrachlorkohlenstoff
x_2 $C_3H_8O_3$ Glycerin
x_3 C_2H_6O Äthanol

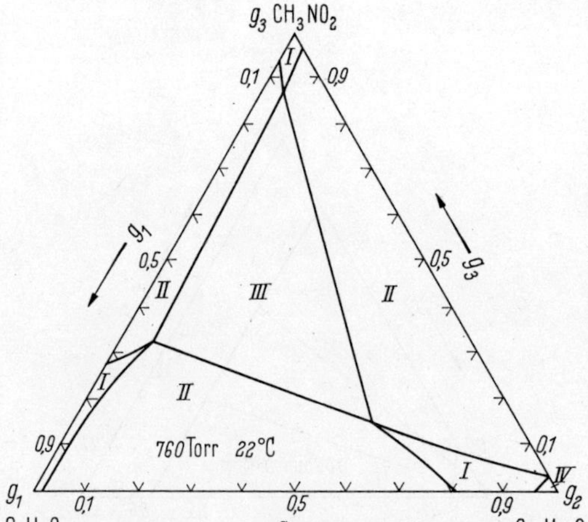

Abb. 29. g_1 $C_2H_6O_2$ Glykol; g_2 $C_{12}H_{26}O$ Dodekanol-(1); g_3 CH_3NO_2 Nitromethan
Phasengebiete: *I* 1 flüssige Phase; *II* 2 flüssige Phasen; *III* 3 flüssige Phasen; *IV* 1 flüssige und 1 feste Phase; Das Gebiet *IV* verschwindet bereits bei 24° C

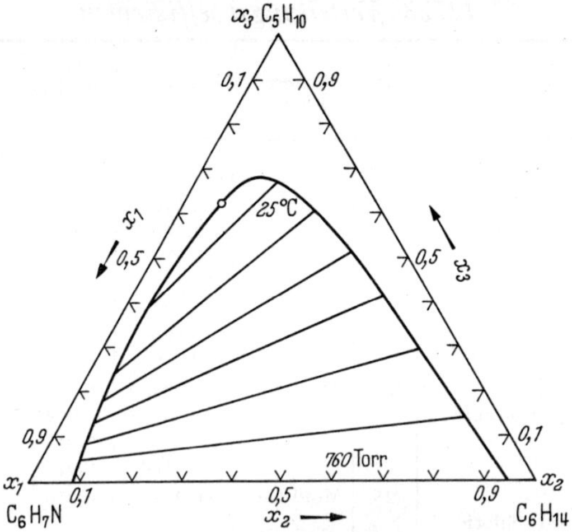

Abb. 30. x_1 C_6H_7N Anilin
x_2 C_6H_{14} 2,2-Dimethyl-butan
x_3 C_5H_{10} Cyclopentan
krit. Lp.: 25° C; x_2=0,074; x_3=0,625

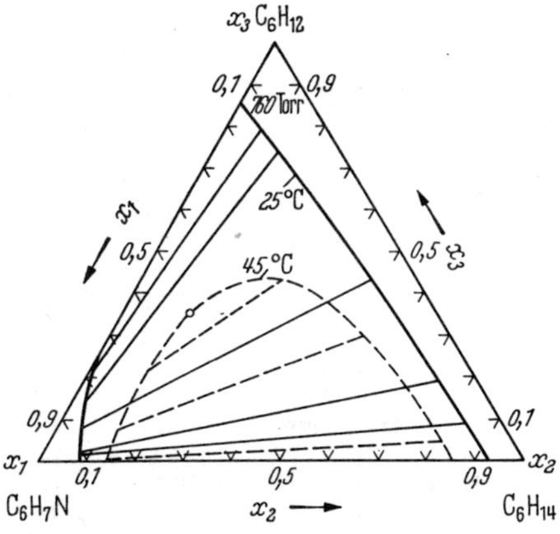

Abb. 31. x_1 C_6H_7N Anilin
x_2 C_6H_{14} Hexan
x_3 C_6H_{12} Methylcyclopentan

42723. *Verteilungskoeffizienten*

Stoff	Temperatur °C	Konzentration	In Phase *A*	In Phase *B*	*k*
		Wasser und Benzol			
HCl Chlorwasserstoffsäure	20	Mol/l Lsg.	0,946	$4{,}94 \cdot 10^{-5}$	20000
			2,599	$7{,}68 \cdot 10^{-4}$	3400
			8,555	0,025	342
			13,504	0,246	54,9
			15,062	0,477	31,6
			16,562	0,485	34,1
			19,709	0,507	38,9
$HgBr_2$ Quecksilber(II)-bromid	25	Mol/l Lsg.	0,00320	0,00353	0,90
			0,00634	0,00715	0,89
			0,01147	0,01303	0,88
			0,0170	0,0194	0,88
$HgCl_2$ Quecksilber(II)-chlorid	25	Mol/l Lsg.	0,263	0,0197	13,4
HgJ_2 Quecksilber(II)-jodid	25	Mol/l Lsg.	0,00013	0,00493	0,026
J_2 Jod	20	g/l	0,03499	12,972	0,00272
			0,05498	20,432	0,00269
			0,10997	41,240	0,00267
			0,17245	66,446	0,00260
			0,22494	90,633	0,00248
			0,25868	105,74	0,00245
CH_2O_2 Ameisensäure	25	Mol/l Lsg.	2,5739	0,00568	453
			7,4000	0,0265	279
			12,5290	0,0796	157
			22,0488	0,7760	28,4
CH_5N Methylamin	25	Mol/l Lsg.	0,5515	0,0242	22,78
			1,0545	0,0424	24,87
			1,5636	0,0485	32,23
			2,0758	0,0576	36,04
$C_2HCl_3O_2$ Trichloressigsäure	18	Mol/l Lsg.	0,0535	0,000465	115
			0,1096	0,00163	67,2
			0,2366	0,00622	35,8
			0,4512	0,02213	20,4
			1,153	0,1525	7,55
$C_2H_4O_2$ Essigsäure	25	Mol/l Lsg.	0,531	0,0125	42,5
			1,148	0,0443	25,9
			2,976	0,224	13,6
			4,743	0,486	9,99
			8,710	1,463	5,95
			11,137	3,111	3,58
C_2H_6O Äthanol	25	Gew. %	2,5	0,7	3,6
			10,6	1,2	8,8
			16,4	1,6	10,2
			24,3	2,4	10,1
			31,8	3,9	8,1
			40,5	7,0	5,8
			57,3	9,8	4,9

Stoff	Temperatur °C	Konzentration	In Phase *A*	In Phase *B*	*k*
C_2H_7N Dimethylamin	25	Mol/l Lsg.	0,3212	0,0394	8,152
			0,6234	0,0576	10,84
			0,9061	0,0788	11,50
			1,2001	0,1061	11,31
C_3H_6O Aceton	25	Mol/l Lsg.	0,01583	0,01437	1,113
			0,03209	0,02898	1,110
			0,1058	0,09650	1,098
			0,3125	0,2909	1,074
			0,6150	0,5940	1,035
			0,9040	0,9062	0,998
$C_3H_6O_2$ Propionsäure	25	Mol/l Lsg.	0,0310	0,00245	12,65
			0,0780	0,00858	9,09
			0,1241	0,0179	6,93
			0,2062	0,0398	5,18
			0,2979	0,0742	4,14
			0,4540	0,1560	2,91
			1,401	1,002	1,40
			2,799	2,710	1,03
			3,562	3,556	1,00
C_3H_9N Trimethylamin	25	Mol/l Lsg.	0,0584	0,0295	1,98
			0,2474	0,1237	2,00
			0,4663	0,2328	2,01
			1,1135	0,5681	1,90
$C_4H_8O_2$ Buttersäure	20	g/100 cm³	2,39	6,49	0,368
			3,57	13,20	0,270
			4,96	21,82	0,227
			6,39	32,16	0,196
$C_4H_8O_2$ Isobuttersäure	25	Mol/l Lsg.	0,00774	0,00213	3,63
			0,0164	0,00639	2,66
			0,0364	0,0232	1,57
			0,0877	0,1156	0,76
			0,1906	0,5014	0,38
$C_4H_{11}N$ Diäthylamin	25	Mol/l Lsg.	0,0726	0,0653	1,112
			0,1387	0,1326	1,046
			0,1979	0,1877	1,053
			0,2652	0,2501	1,060
C_5H_5N Pyridin	25	Mol/l Lsg.	0,0147	0,0363	0,405
			0,0447	0,109	0,410
			0,0933	0,207	0,450
			0,170	0,308	0,553
			0,405	0,396	1,02
C_6H_6O Phenol	25	Mol/l Lsg.	0,00202	0,00466	0,433
			0,00565	0,01324	0,427
			0,00797	0,01859	0,429
			0,01094	0,02528	0,433
			0,01440	0,03428	0,420
			0,01829	0,04370	0,419
			0,03105	0,07485	0,415
			0,05306	0,1329	0,399
			0,1029	0,2913	0,353

Stoff	Temperatur °C	Konzentration	In Phase A	In Phase B	k
			0,2531	1,198	0,211
			0,3660	2,978	0,12
			0,5299	6,487	0,08
$C_6H_{15}N$	25	Mol/l Lsg.	0,0156	0,1794	0,087
Triäthylamin			0,0417	0,5280	0,079
			0,0762	1,1233	0,068
			0,2152	3,3049	0,065
			0,2781	4,7107	0,059
$C_7H_6O_2$	6	Mol/l Lsg.	0,00329	0,0156	0,120
Benzoesäure			0,00493	0,0355	0,081
			0,00644	0,0616	0,063
			0,00874	0,1144	0,046
			0,0114	0,195	0,036
$C_7H_6O_3$	25	Mol/l Lsg.	0,00260	0,00440	0,591
Salicylsäure			0,00373	0,00634	0,588
			0,00503	0,01149	0,438
			0,00950	0,03904	0,320
			0,01187	0,04079	0,291
			0,01460	0,06150	0,237
			0,01635	0,07370	0,222
$C_8H_8O_2$	25	Mol/l Lsg.	0,00430	0,00761	0,565
Phenylessigsäure			0,00514	0,00998	0,515
			0,00732	0,01812	0,400
			0,01102	0,03682	0,292
			0,01626	0,07454	0,218
		Wasser und Chloroform			
J_2	25	Mol/l Lsg.	0,00025	0,0338	0,0074
Jod			0,00120	0,1546	0,00775
			0,00184	0,2318	0,00793
			0,00242	0,3207	0,00752
NH_3	25	Mol/l Lsg.	0,01098	0,00045	24,1
Ammoniak			0,1388	0,005794	23,94
			0,2330	0,009777	23,83
			0,4677	0,01993	23,47
			0,6882	0,02960	23,24
			1,022	0,04466	22,88
			2,08	0,095	21,9
			3,98	0,205	19,4
			6,25	0,365	17,1
			8,34	0,549	15,2
			10,23	0,864	11,8
			12,23	1,227	10,0
CH_2O_2	0	Mol/l Lsg.	1,7495	0,00709	247
Ameisensäure			7,7546	0,0543	143
			11,7973	0,1418	83,2
			16,6676	0,4610	36,2
			19,5283	1,7377	11,2
			19,9538	2,3997	8,3

Stoff	Temperatur °C	Konzentration	In Phase *A*	In Phase *B*	*k*
CH_5N Methylamin	25	Mol/l Lsg.	0,02113	0,001521	13,89
			0,06876	0,005611	12,25
			0,10151	0,008380	12,11
			0,2484	0,02104	11,80
			0,5837	0,05018	11,63
			1,1157	0,09788	11,40
			1,6858	0,1501	11,23
			2,0384	0,1834	11,11
			2,6180	0,2402	10,90
$C_2HCl_3O_2$ Trichloressigsäure	25	Mol/l Lsg.	0,0488	0,0017	28,71
			0,2960	0,0218	13,58
			0,6224	0,0765	8,14
			0,9750	0,1666	5,85
			1,4221	0,3277	4,34
			2,6737	0,7089	3,77
			3,6039	1,0011	3,60
$C_2H_4O_2$ Essigsäure	25	Mol/l Lsg.	0,405	0,0231	17,5
			0,727	0,0583	12,5
			1,188	0,1351	8,8
			2,056	0,3493	5,9
C_3H_6O Aceton	25	Mol/l Lsg.	0,0320	0,168	0,190
			0,145	0,676	0,216
			0,493	1,98	0,249
			1,01	3,06	0,332
$C_3H_6O_2$ Propionsäure	25	Mol/l Lsg.	0,036	0,0075	4,80
			0,169	0,081	2,09
			0,452	0,427	1,06
			1,004	1,506	0,67
			2,511	4,620	0,54
			5,386	6,930	0,78
$C_4H_8O_2$ Buttersäure	25	Mol/l Lsg.	0,00178	0,000924	1,925
			0,00367	0,00213	1,721
			0,01435	0,01258	1,140
			0,02832	0,03808	0,744
			0,04670	0,08520	0,548
			0,08160	0,2324	0,351
			0,1260	0,4710	0,267
C_6H_6O Phenol	25	Mol/l Lsg.	0,0737	0,254	0,29
			0,163	0,761	0,21
			0,247	1,85	0,13
			0,436	5,43	0,08
$C_9H_8O_4$ Acetylsalicylsäure	25	Mol/l Lsg.	0,0094	0,0440	0,214
			0,0127	0,0764	0,166
			0,0198	0,1810	0,109
		Wasser-Tetrachlorkohlenstoff			
Br_2 Brom	25	Mol/l Lsg.	0,00853	0,1949	0,0441
			0,03085	0,7008	0,0441
			0,13132	3,9880	0,0330

Stoff	Temperatur °C	Konzentration	In Phase *A*	In Phase *B*	*k*
J_2	20	mg/l	16,9		0,0132
Jod			27,3		0,0131
			65,1		0,0125
			93,8		0,0123
			119,9		0,0121
			182,5		0,0118
NH_3	25	Mol/l Lsg.	1,73	0,00787	222
Ammoniak			2,35	0,0118	200
			6,86	0,0464	147
			8,59	0,0735	116
CH_2O_2	25	Mol/l Lsg.	4,1492	0,00473	878
Ameisensäure			10,0005	0,0212	472
			14,3270	0,0473	303
			20,0011	0,1773	113
			23,1692	0,4137	56
$C_2HCl_3O_2$	25	Mol/l Lsg.	0,2772	0,0012	231
Trichloressigsäure			0,6262	0,0088	71,2
			1,2285	0,0268	45,8
			3,1972	0,0949	33,8
			5,5014	0,3391	16,2
			5,6000	0,6388	8,77
$C_2H_4O_2$	25	Mol/l Lsg.	0,0733	0,000945	77,6
Essigsäure			1,8560	0,0709	26,2
			3,4699	0,2128	16,8
			4,9412	0,3664	13,5
			7,7546	0,7447	10,4
			11,1354	1,7022	6,54
C_2H_6O	25	Mol/l Lsg.	0,406	0,0097	41,8
Äthanol			0,792	0,0201	39,2
			1,477	0,0353	41,8
C_3H_6O	25	Mol/l Lsg.	0,186	0,0833	2,22
Aceton			1,01	0,514	1,96
			1,66	0,997	1,66
			2,87	2,10	1,37
$C_3H_6O_2$	25	Mol/l Lsg.	0,0129	0,0004	32
Propionsäure			0,0898	0,0088	10,2
			0,716	0,283	2,53
			2,090	1,637	1,28
			7,175	5,950	1,20
$C_4H_8O_2$	25	Mol/l Lsg.	0,01524	0,00267	5,70
Buttersäure			0,2040	0,1797	1,14
			0,8858	4,4528	0,199
			1,4564	8,1204	0,179
			1,8414	8,1664	0,225
$C_4H_8O_2$	25	Mol/l Lsg.	0,01425	0,00302	4,712
Isobuttersäure			0,1221	0,0907	1,346
			0,3048	0,8561	0,356
			0,6456	3,2122	0,201

Stoff	Temperatur °C	Konzentration	In Phase *A*	In Phase *B*	*k*
			1,2888	7,9640	0,162
			1,9827	8,6235	0,230
			2,1339	8,0745	0,264
C_6H_6O	25	Mol/l Lsg.	0,0605	0,0247	2,04
Phenol			0,140	0,0712	1,92
			0,489	1,47	0,33
			0,525	2,49	0,21
Wasser und Diäthyläther					
$Fe(CNS)_3$	10	Mol/l Lsg.	0,0127	0,0128	1,00
Eisen(III)-thiocyanat	20	Mol/l Lsg.	0,0165	0,0091	1,81
	30	Mol/l Lsg.	0,0207	0,0048	4,3
$Fe(NO_3)_3$ Eisen(III)-nitrat	15	g/l Lösm.	150	0,088	1700
HNO_3	25	Mol/l Lsg.	0,0847	0,0011	76,0
Salpetersäure			0,4326	0,0165	26,2
			1,9071	0,4263	4,47
H_2O_2	18	Mol/l Lsg.	0,7194	0,0518	13,90
Wasserstoffperoxid			1,6376	0,1300	12,60
			2,9126	0,2721	10,76
			4,0711	0,4026	10,11
			6,2749	0,8003	7,84
			9,0157	1,5103	5,97
CH_2O_2	18	Mol/l Lsg.	0,0486	0,0181	2,69
Ameisensäure			0,1860	0,0721	2,58
			0,3699	0,1476	2,51
			0,6782	0,2812	2,41
			0,8450	0,3555	2,38
			1,342	0,6016	2,23
CH_3J Jodmethan	21	Mol/l Lsg.	0,00975	0,817	0,012
CH_4O Methanol	20	Mol/l Lsg.	1,920	0,274	7,14
CH_5N Methylamin	15	Mol/l Lsg.	0,094	0,0022	43,5
$C_2H_2O_4$	15	Mol/l Lsg.	0,0435	0,0022	19,8
Oxalsäure			0,0892	0,0055	16,1
			0,1885	0,01395	13,5
			0,3435	0,02945	11,6
C_2H_3N Acetonitril	20	Mol/l Lsg.	0,624	0,376	1,66
$C_2H_4O_2$	25	Mol/l Lsg.	0,01323	0,00609	2,17
Essigsäure			0,03309	0,01528	2,17
			0,06654	0,03110	2,14
			0,1341	0,06355	2,11
			0,3265	0,1624	2,01
			0,6497	0,3406	1,91
			1,2600	0,7413	1,70

Stoff	Temperatur °C	Konzentration	In Phase *A*	In Phase *B*	*k*
$C_2H_4O_3$ Glykolsäure	20	Mol/l Lsg.	0,250	0,0087	28,7
			0,447	0,0141	31,7
			0,634	0,0195	32,5
			0,890	0,0267	33,3
			1,146	0,0339	33,8
C_2H_6O Äthanol	25	Mol/l Lsg.	0,252	0,356	0,707
			0,628	1,077	0,583
			1,496	2,448	0,611
			2,215	4,118	0,538
C_2H_7N Dimethylamin	21	Mol/l Lsg.	0,0909	0,005	18,2
C_2H_7NO Äthanolamin	19	Mol/l Lsg.	0,945	0,0012	770
C_3H_6O Aceton	20	Mol/l Lsg.	0,617	0,383	1,61
$C_3H_6O_2$ Propionsäure	25	Mol/l Lsg.	0,9427	2,4408	0,39
			1,6002	3,8173	0,42
			1,9605	4,3089	0,46
$C_3H_6O_3$ Milchsäure	20	Mol/l Lsg.	0,0818	0,00684	11,9
	25	Mol/l Lsg.	0,3575	0,0320	11,17
$C_3H_6O_4$ Glycerinsäure	20	Mol/l Lsg.	0,0921	0,00082	111
$C_3H_7NO_2$ α-Alanin	19	Mol/l Lsg.	1,0	0,0014	714
C_3H_9N Propylamin	19	Mol/l Lsg.	0,194	0,0558	3,45
C_3H_9N Trimethylamin	20	Mol/l Lsg.	0,0444	0,0178	2,4
$C_4H_6O_6$ Weinsäure	27	Mol/l Lsg.	0,427	0,0016	268
			0,857	0,0033	259
			1,625	0,0070	233
$C_4H_8O_2$ Buttersäure	21	Mol/l Lsg.	0,0121	0,0744	0,163
			0,0264	0,1707	0,155
$C_4H_{10}N_2$ Piperazin	20	Mol/l Lsg.	0,798	0,00041	1887
$C_4H_{10}O$ Butanol-(1)	18	Mol/l Lsg.	0,242	1,860	0,13
$C_4H_{10}O$ Butanol-(2)	20	Mol/l Lsg.	0,390	1,743	0,222
$C_4H_{10}O$ Isobutanol	20	Mol/l Lsg.	0,259	1,789	0,145
$C_4H_{11}N$ Diäthylamin	18	Mol/l Lsg.	0,0646	0,0342	1,90
$C_4H_{11}NO_2$ Diäthanolamin	18	Mol/l Lsg.	0,921	0,0005	1840

Stoff	Temperatur °C	Konzentration	In Phase A	In Phase B	k
$C_4H_{12}N_2$ Tetramethylendiamin	23	Mol/l Lsg.	0,468	0,00059	770
C_5H_5N Pyridin	18	Mol/l Lsg.	0,302	0,354	0,833
$C_5H_8O_3$ Lävulinsäure	20	Mol/l Lsg.	0,478	0,123	3,85
$C_5H_{10}O_2$ Valeriansäure	22	Mol/l Lsg.	0,0041 0,0100	0,0907 0,2333	0,0452 0,0429
C_6H_6O Phenol	19	Mol/l Lsg.	0,0135	0,598	0,0227
$C_6H_8O_7$ Citronensäure	25,5	Mol/l Lsg.	0,241 0,481	0,00155 0,0031	154 155
$C_6H_{15}N$ Triäthylamin	18	Mol/l Lsg.	0,0164	0,0974	0,170
$C_6H_{15}NO_3$ Triäthanolamin	20	Mol/l Lsg.	0,707	0,00078	910
$C_7H_6O_2$ Benzoesäure	10	Mol/l Lsg.	0,041 0,205 0,823	0,0078 0,0373 0,124	5,3 5,3 6,6
$C_7H_8N_2O$ Phenylharnstoff	18	Mol/l Lsg.	0,0704	0,077	0,9
C_7H_9N Benzylamin	18	Mol/l Lsg.	0,0359	0,0676	0,526
$C_8H_8O_2$ Phenylessigsäure	18	Mol/l Lsg.	0,0286	1,068	0,027
$C_9H_9NO_3$ Hippursäure	17	Mol/l Lsg.	0,0237	0,00933	2,56
$C_{10}H_{15}NO$ Ephedrin	18	Mol/l Lsg.	0,0173	0,0345	0,5
$C_{13}H_{17}N_3O$ Pyramidon	20	Mol/l Lsg.	0,205	0,130	1,59
$C_{17}H_{21}NO_4$ Cocain	18	Mol/l Lsg.	0,00095	0,125	0,00725
$C_{17}H_{23}NO_2$ Atropin	19	Mol/l Lsg.	0,00522	0,0217	0,244
$C_{18}H_{21}NO_3$ Codein	18	Mol/l Lsg.	0,0127	0,0102	1,25
$C_{20}H_{24}N_2O_2$ Chinin	20	Mol/l Lsg.	0,00082	0,036	0,0227
$C_{23}H_{26}N_2O_4$ Brucin	18	Mol/l Lsg.	0,00558	0,00103	5,55

4273. Lösungsgleichgewichte zwischen Gasen und kondensierten Stoffen

42731. Gase in Metallen

Die folgende Tabelle gibt die Löslichkeit von Gasen in festen und flüssigen Metallen wieder. Dabei ist in der 1. Spalte das lösende Metall durch sein chemisches Symbol gekennzeichnet, die 2. Spalte gibt den Aggregatzustand oder die Modifikation an. Die 3. Spalte kennzeichnet das gelöste Gas durch sein chemisches Symbol. Dabei findet das für den Gaszustand maßgebende Symbol Verwendung, auch dann, wenn die molekulare Einheit im gelösten Zustand eine andere ist (H_2 im Gas, H im Metall).

Die 4. Spalte gibt den Gleichgewichtsdruck des Gases, die 5. die Temperatur. Die Spalten 6 und 7 geben die eigentliche Löslichkeit an, in Spalte 6 durch den Gew.%-Anteil des gelösten Gases und in Spalte 7 durch die Zahl der gelösten Mole/1000 cm³ Metall. Auch hier liegt der Angabe die molare Einheit des Gases im Gaszustand zugrunde. Die 8. Spalte gibt schließlich die molare Lösungsenthalpie in kJ/Mol an.

Bei der Lösung in Metallen wird die Gasmolekel stets aufgespalten, und für zweiatomige Gase folgt deshalb im Gültigkeitsbereich des Henryschen Gesetzes

$$c = k\sqrt{p}$$

wo *k* bei konstanter Temperatur eine Konstante ist. Dieser Sonderfall des Henryschen Gesetzes wird auch als „Gesetz von SIEVERTS" bezeichnet.

Bei Gültigkeit des Henryschen Gesetzes folgt ferner für die Temperaturabhängigkeit der Gaslöslichkeit

$$c = c_0 \cdot e^{-\Delta H/2RT}$$

für zweiatomige Gase bei konstantem Druck.

Wenn die Affinität eines Gases zu einem Metall relativ hoch ist, so bilden die Komponenten gewöhnlich eine neue stabile Phase, auch bei einem kleineren Gasdruck als 1 at. In solchen Fällen ist in der Tabelle die Löslichkeit im Metall im Gleichgewicht mit dieser Phase angegeben.

Wenn ein Metall Verunreinigungen enthält, die eine wesentlich höhere Affinität zu dem Gas haben, so können diese die Löslichkeit des Gases stark heraufsetzen. Dieser Effekt bedingt speziell bei Löslichkeiten von $^2H_2$ und N_2 einen größeren Meßfehler.

Für einige Metalle und Legierungen sowie Phasengleichgewichte sind Löslichkeitsdiagramme gebracht.

Metall	Zustand oder Modifikation	Gas	Im Gleichgewicht mit	Temperatur °C	Löslichkeit Gew.%	Löslichkeit Mol/1000 cm³ Metall	Lösungsenthalpie kJ/Mol
Ag Silber	f.	H_2	H_2, $p=1$ atm	400	$0,6 \cdot 10^{-5}$	0,0003	+50,2
	f.	N_2	N_2, $p=1$ atm	200...800	$<2,5 \cdot 10^{-5}$	<0,0001	
	f.	O_2	O_2, $p=1$ atm	200	(0,00187)	(0,0061)	
				600	(0,00174)	(0,0058)	
	fl.	O_2	O_2, $p=1$ atm	973	0,305	1,00	
				1075	0,277	0,91	
Al Aluminium	f.	H_2	H_2, $p=1$ atm	400	$4,5 \cdot 10^{-7}$	$6 \cdot 10^{-6}$	
				500	$1,1 \cdot 10^{-6}$	$1,5 \cdot 10^{-5}$	+79,5
				650	$3,3 \cdot 10^{-6}$	$4,3 \cdot 10^{-5}$	
	fl.	H_2	H_2, $p=1$ atm	660	$5,7 \cdot 10^{-5}$	$7,8 \cdot 10^{-4}$	+105
Ce Cer	f.	H_2	H_2, $p=1$ atm	700	1,35	45,5	
				800	1,27	43	
				1000	1,16	39,5	
				1200	0,5	16	
Co Kobalt (einige Zehntel Prozente Sauerstoff)	f.	H_2	H_2, $p=1$ atm	600	0,00008	0,004	
				900	0,00023	0,010	+69,1
				1200	0,00049	0,0215	
Kobalt (99,5%)	α	O_2	CoO	600	0,006	0,017	
				700	0,009	0,026	
				875	0,0205	0,056	
	β	O_2	CoO	875	0,0058	0,016	
				1200	0,013	0,036	
Cr Chrom (99,7%)	f.	H_2	H_2, $p=1$ atm	600	$2,9 \cdot 10^{-5}$	0,00105	
				1000	$2,35 \cdot 10^{-4}$	0,0085	+48,2
				1200	$4,35 \cdot 10^{-4}$	0,0157	
		N_2	Cr_2N	800	0,0012	0,003	+138
				1000	0,014	0,036	für
				1200	0,085	0,22	1 Cr_2N
		O_2	Cr_2O_3	1100	0,00066	0,0015	+151
				1300	0,0036	0,0080	für
				1500	0,0132	0,030	$\frac{1}{3}Cr_2O_3$
Cu Kupfer (Elektrolyt)	f.	H_2	H_2, $p=1$ atm	600	$8,0 \cdot 10^{-6}$	0,00036	
				800	$2,8 \cdot 10^{-5}$	0,0013	+117
				1000	$1,0 \cdot 10^{-4}$	0,0045	
	fl.		$p=1$ atm	1100	$4,9 \cdot 10^{-4}$	0,022	
				1300	$8,5 \cdot 10^{-4}$	0,038	+99,6
				1500	$1,3 \cdot 10^{-3}$	0,058	
Kupfer 99,99%	f.	O_2	Cu_2O	600	0,0071	0,020	
				800	0,0087	0,0245	
	fl.	O_2	Cu_2O	1100	0,45	2,0	
Fe Eisen (99,9%)	α	H_2	H_2, $p=1$ atm	600	0,00010	0,00395	
				700	0,00015	0,0058	+54,2
				800	0,00020	0,0080	
				900	0,00026	0,0103	
	γ	H_2	H_2, $p=1$ atm	1000	0,00050	0,0195	
				1200	0,000665	0,026	+45,2
				1400	0,00083	0,0325	
	δ	H_2	H_2, $p=1$ atm	1450	0,00058	0,023	
	fl.	H_2	H_2, $p=1$ atm	1550	0,0026	0,102	(+54,4)
				1800	0,00332	0,13	+62,6
	α	$^2H_2$	$^2H_2$, $p=1$ atm	600	$2,43 \cdot 10^{-4}$	0,00475	
				700	$3,57 \cdot 10^{-4}$	0,0070	+54,8
				800	$4,91 \cdot 10^{-4}$	0,0096	
				900	$6,38 \cdot 10^{-4}$	0,0125	
	γ	$^2H_2$	$^2H_2$, $p=1$ atm	1000	0,00105	0,020	
				1200	0,0014	0,027	+49,4
				1400	0,00178	0,035	
	α	N_2	Fe_8N	200	0,0088	0,025	
	α	N_2	γ—Fe—N	700	0,069	0,195	
99,96%	γ	O_2	FeO	1325..1423	0,003	0,007	
	δ	O_2	FeO	1528	0,005	0,01	
	fl.	O_2	FeO, flüssig	1550	0,19	0,43	
				1700	0,33	0,75	+110 für
				1750	0,39	0,88	1 FeO

Metall	Zustand oder Modifikation	Gas	Im Gleichgewicht mit	Temperatur °C	Löslichkeit Gew.%	Löslichkeit Mol/1000 cm³ Metall	Lösungsenthalpie kJ/Mol
Ge Germanium (spektralrein)	f.	H_2	H_2, $p=1$ atm	800...1000	$<10^{-4}$	<0,003	
Mn Mangan (dest.)	α	H_2	H_2, $p=1$ atm	25	0,0027	0,10	
				400	0,0011	0,041	−7,95
				600	0,0010	0,037	
	β[1]		H_2, $p=1$ atm	800	0,0024	0,090	
				1050	0,0030	0,11	
	γ[1]		H_2, $p=1$ atm	1100	0,0037	0,138	
				1125	0,00375	0,14	
	δ		H_2, $p=1$ atm	1165	0,0036	0,133	
				1244	0,00395	0,147	
	fl.		H_2, $p=1$ atm	1244	0,0053	0,197	
				1320	0,0056	0,208	
Mn (99,9%)	fl.	N_2	N_2, $p=1$ atm	1270	2,75	7,3	
				1400	1,9	5,0	−118,7
				1500	1,5	4,0	
Mo Molybdän (chem.-anal.) 100%)	f.	H_2	H_2, $p=1$ atm	600	$(1{,}4\cdot10^{-5})$	(0,0007)	
				800	$(2{,}8\cdot10^{-5})$	(0,0014)	(+50,2)
				1100	$(5{,}3\cdot10^{-5})$	(0,0027)	
		N_2	Mo_2N?	800	(0,0061)	(0,022)	(−147)
				1200	(0,00061)	(0,0022)	
		O_2	MoO_2	1100	(0,0046)	(0,015)	
				1600	(0,0060)	(0,02)	
Ni Nickel (99,52%)	f.	H_2	H_2, $p=1$ atm	600	0,00051	0,023	+25,8
				1000	0,00091	0,041	
				1200	0,0011	0,048	
	fl.	H_2	H_2, $p=1$ atm	1500	0,0036	0,16	
Pd Palladium	f.	H_2	H_2, $p=1$ atm	300	0,0146	0,87	
				600	0,0083	0,493	−7,2
				1000	0,0070	0,42	
Pt Platin	f.	H_2	H_2, $p=1$ atm	800	$0{,}5\cdot10^{-5}$	0,00052	
				1000	$1{,}8\cdot10^{-5}$	0,0019	+146,4
				1400	$9{,}2\cdot10^{-5}$	0,0099	
Sn Zinn (99,99%)	fl.	H_2	H_2, $p=1$ atm	1000	$0{,}3\cdot10^{-5}$	0,0001	+266
				1200	$1{,}9\cdot10^{-5}$	0,0007	
Ta Tantal	f.	H_2	H_2, $p=1$ atm	400	0,22	17,9	
				500	0,11	9,1	
				600	0,056	4,6	
	f.	N_2	TaN	1970	(0,8)	(4,0)	
	f.	O_2	Ta_xO	700	0,135	0,70	
				1100	0,28	1,45	
				1650	0,60	3,1	
Th Thorium	f.	H_2	ThH_2	500	0,024	1,38	+66
				800	0,124	7,2	
Ti Titan	α	H_2	β—Ti—H	500	0,187	4,25	
				700	0,137	3,1	
				800	0,07	1,5	
	β	H_2	γ—Ti—H	500	2,15	48	
				600	2,18	48	
Titan (99,9%)	α	N_2	TiN	20...800	$\leqq 6{,}2$	$\leqq 9{,}2$	
	β		αTi—N	1000	0,2	0,3	
	β	O_2	αTi—O	1000	0,6	0,85	
				1300	1,6	2,3	
				1500	1,8	2,6	
Zr Zirkon 0,015% O	α	H_2	$\delta(Zr_2H_3)$	400	0,02	0,67	
	β	H_2	$\delta(Zr_2H_3)$	600	0,71	23	
				800	1,09	35	
Zirkon (99,8%)	α	O_2	ZrO_2	600...1900	6,75	14,7	
	β		α—Zr—O	1100	0,35	0,7	
				1700	1,6	3,3	

[1] Hystereseerscheinungen an den Umwandlungspunkten.

Löslichkeit von Wasserstoff in Palladium unter Druck ausgedrückt durch das Atomverhältnis Pd:H = 1:*X*

p_{H_2} in atm	326° C *X*	366° C *X*	396° C *X*	437° C *X*	477° C *X*	p_{H_2} in atm	326° C *X*	366° C *X*	396° C *X*	437° C *X*	477° C *X*
25	—	0,109	0,084	0,075	0,033	290	0,602	0,587	0,568	0,558	0,508
50	0,426	0,348	0,214	0,160	0,055	990	0,691	0,676	0,664	0,655	0,611
100	0,522	0,494	0,466	0,331	0,172						

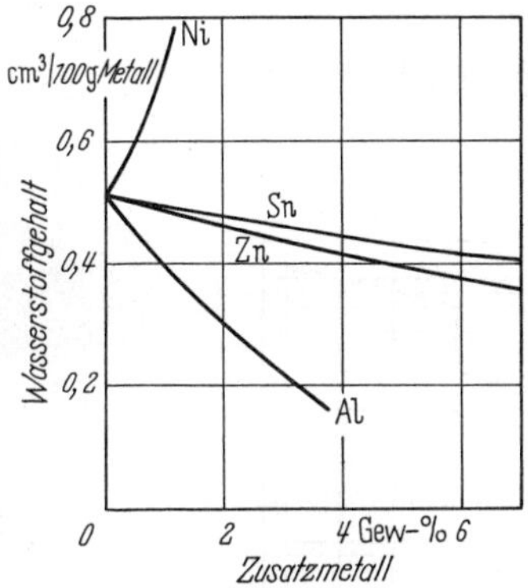

Wasserstoff-Löslichkeit bei p_{H_2} = 760 Torr und 700° C in feste Kupferlegiernungen in Abhängigkeit von der Höhe des Legierungszusatzes

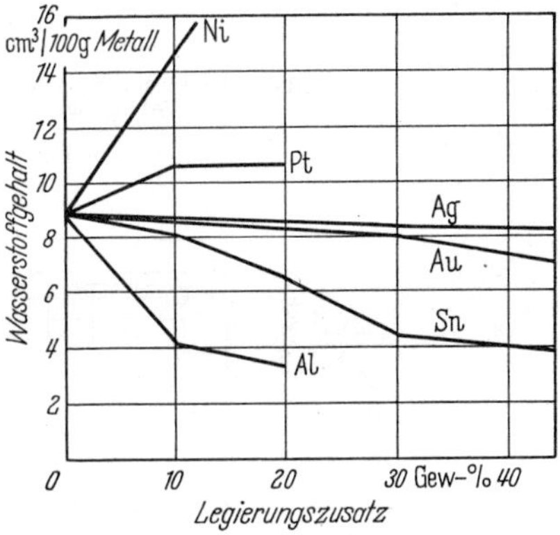

Wasserstoff-Löslichkeit bei 1200° C und p_{H_2} = 760 Torr in einigen Kupferlegierungen in geschmolzenem Zustand in Abhängigkeit von der Höhe des Legierungszusatzes

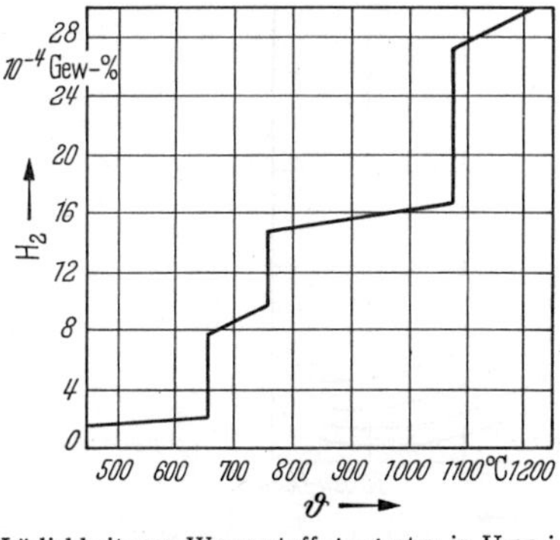

Löslichkeit von Wasserstoff $p = 1$ atm in Uran in Abhängigkeit von der Temperatur ϑ. ppm = $1 \cdot 10^{-4}$ Gew.%

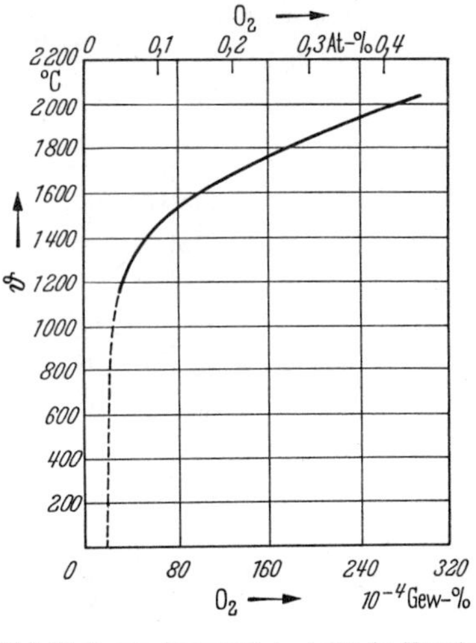

Löslichkeit von Sauerstoff $p = 1$ atm in Uran in Abhängigkeit von der Temperatur ϑ

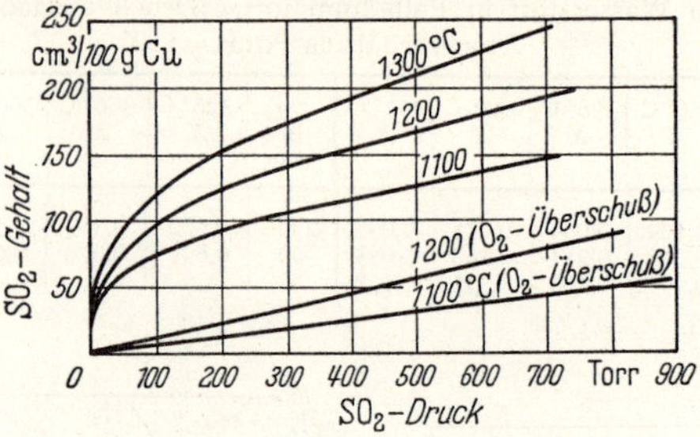

Löslichkeit von Schwefeldioxid in flüssigem Reinkupfer. Abhängigkeit vom SO_2-Druck

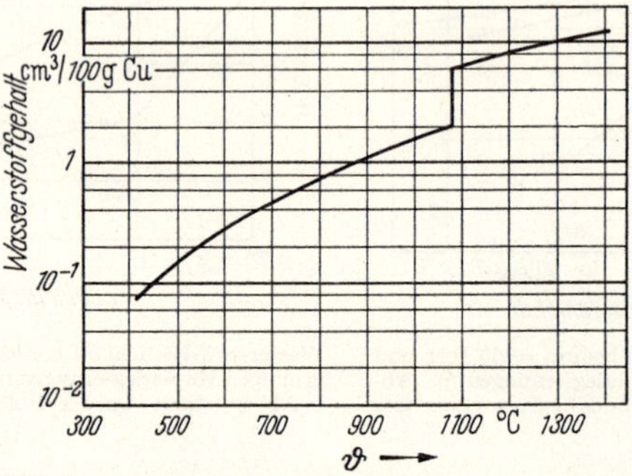

Wasserstoff-Löslichkeit in Reinkupfer bei einem Wasserstoffdruck von 760 Torr im Temperaturbereich von 300...1400° C

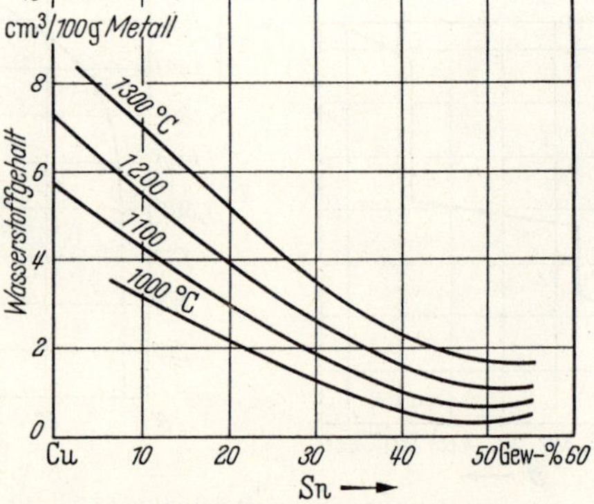

Wasserstofflöslichkeit bei $p_{H_2} = 760$ Torr in flüssigen Kupfer-Zinn-Legierungen in Abhängigkeit vom Zinngehalt

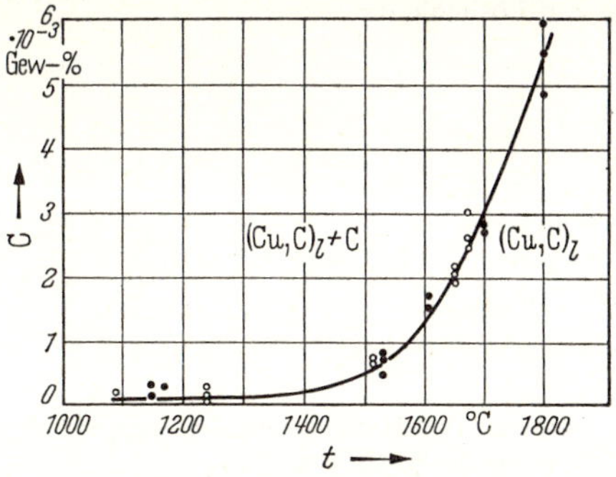

Temperaturabhängigkeit der Kohlenstoff-Löslichkeit in flüssigem Reinkupfer. ○ Versuchsreihe A
● Versuchsreihe B

42732. Löslichkeit von Gasen in Flüssigkeiten

Von ANNA MAY, München

Einleitung

Die Zahlenwerte der Löslichkeit werden hier in folgenden Größen ausgedrückt:

α, der *Bunsen*sche Löslichkeitskoeffizient (*Bunsen*scher Absorptionskoeffizient), ist diejenige Gasmenge in Ncm^3 (cm^3 reduziert auf 0° C, 1 atm, Norm-cm^3), die von 1 cm^3 Lösungsmittel bei der Meßtemperatur aufgenommen wird, wenn der Teildruck des Gases 1 atm beträgt.

λ, der technische Löslichkeitskoeffizient, ist diejenige Gasmenge in Ncm^3, die von 1 g Lösungsmittel aufgenommen wird, wenn der Teildruck des Gases 1 at (1 kp/cm^2) beträgt.

l ist diejenige Gasmenge in Ncm^3, die von 1 cm^3 Lösungsmittel bei der Meßtemperatur aufgenommen wird, wenn der Gesamtdruck (Teildruck des Gases + Dampfdruck des Lösungsmittels) 1 atm beträgt.

α'_H, die *Horiuti*sche Löslichkeit = Verhältnis der Konzentration des Gases in der Flüssigkeit zu der in der Gasphase, wobei unter Flüssigkeit das Volumen der Gaslösung verstanden wird (vgl. Definition von α').

L Löslichkeit in Ncm^3 (Gas)/g (Lösungsmittel) bzw. Ncm^3 (Gas)/cm^3 (Lösungsmittel).

Weitere in der Literatur gebräuchliche Meßgrößen:

α', die *Ostwald*sche Löslichkeit = Verhältnis der Konzentration des Gases in der Flüssigkeit zu der in der Gasphase, wobei unter Flüssigkeit das Volumen des reinen gasfreien Lösungsmittels verstanden wird (vgl. α'_H).

β, der *Kuenen*sche Absorptionskoeffizient, ist diejenige Gasmenge in Ncm^3, die von 1 g Lösungsmittel aufgenommen wird, wenn der Teildruck des Gases 1 atm beträgt.

Umrechnung von Löslichkeitswerten:

$$\alpha = \frac{\alpha' \cdot 273}{T},$$

$$\alpha = \beta \cdot D,$$

$$\lambda = \beta \cdot 0{,}9678 = \frac{\alpha}{D} \cdot 0{,}9678$$

T = Meßtemperatur in °K,

D = Dichte des Lösungsmittels bei der Meßtemperatur.

Im Gültigkeitsbereich des Henryschen Gesetzes: gelöste Gasmenge ist dem Teildruck des Gases proportional, ist

$$L \frac{\text{Ncm}^3\,(\text{Gas})}{\text{cm}^3\,(\text{Lösungsmittel})} = \alpha \cdot p \qquad (p \text{ in atm}),$$

$$L \frac{\text{Ncm}^3\,(\text{Gas})}{\text{g}\,(\text{Lösungsmittel})} = \lambda \cdot p \qquad (p \text{ in at}).$$

Umrechnung von λ-Werten in Wasser in α-Werte:

$$\alpha = \lambda \cdot \frac{D_{H_2O}}{0{,}9678} = \lambda \cdot f.$$

°C	0	5	10	15	20	25
f	1,0330	1,0331	1,0329	1,0323	1,0313	1,0301

°C	30	40	50	60	70	90
f	1,0287	1,0251	1,0208	1,0158	1,0102	0,9974

Abkürzungen

D	Dichte,	Lsg.	Lösung,
fl. Ph.	flüssige Phase,	Lsgm.	Lösungsmittel,
g. Ph.	gasförmige Phase,	Ncm³	Normkubikzentimeter,
H. G.	Henrysches Gesetz,	T	Temperatur in °K,
Konz.	Konzentration,	ϑ	Temperatur in °C.

Übersicht

4273211. Technischer Löslichkeitskoeffizient bei 0—80° C

Gas	λ in $\frac{\text{Ncm}^3\ \text{(Gas)}}{\text{g}(\text{H}_2\text{O})\ \text{at}}$ bei ϑ in °C											Gültigkeit des Henry-Gesetzes bis at
	0	5	10	15	20	25	30	40	50	60	70	90	
Argon	0,053	$0{,}045_5$	$0{,}040_5$	$0{,}036_5$	$0{,}033_0$	0,030	0,028	0,024	0,022	0,020	0,019	—	30 (0° C)
Chlordioxid	58	47	39	31	24	19 (21)	(14)	(11)	—	(6)	—	—	0,2
Distickstoffmonoxid	1,26	1,02	0,85	$0{,}71_5$	0,605	0,52	0,45	0,35	0,28	—	—	—	
Helium	0,0092	0,0089	0,0087	$0{,}0084_5$	0,0083	0,0082	$0{,}0081_5$	0,0082	$0{,}0083_5$	$0{,}0086_5$	0,0091	0,0102	50
Kohlenstoffdioxid	1,658	1,378	1,159	0,987	0,851	0,738	0,646	0,516	0,423	0,353	0,30	—	5
Kohlenstoffmonoxid	0,0342	0,0305	0,0273	0,0246	0,0225	0,0208	0,0194	0,0173	0,0158	0,0146	0,0143	0,0142	
Krypton	—	0,84	0,73	0,64	0,57	0,52	0,47	0,40	0,35	0,32	0,30	—	50
Luft	0,028	0,025	0,022	0,020	0,018	$0{,}016_5$	0,015						30
Neon	—	—	0,0111	0,0106	0,0102	0,0098	0,0096	0,0092	0,0091	0,0092	0,0094	—	50
Radon	0,49	0,38	0,32	0,26	0,22	0,19	0,165	0,136	0,112	0,096	0,086		
Sauerstoff	0,0473	0,0415	0,0368	0,0330	0,0300	0,0275	0,0255	0,0225	0,0204	0,0190	0,0181	0,0172	20
Schwefelwasserstoff	4,52	3,80	3,28	2,85	2,51	2,22	2,00	1,63	1,36	1,17	1,01	0,84	1
Stickstoff	0,0225	0,0200	0,0181	0,0165	0,0152	0,0141	0,0133	0,0119	0,0110	0,0105	0,0103	0,010	30
Stickstoffmonoxid	0,071	0,063	0,055	0,050	0,046	0,042	0,039	0,034	0,031	0,029	0,028	0,027	
Wasserstoff	0,0209	0,0198	0,0189	0,0182	0,0176	0,0171	0,0167	0,0161	0,0158	0,0157	0,0157	0,0160	
Xenon	—	—	0,152	0,121	0,105	0,093	0,083	0,067	0,056	0,048	0,043	0,040	50
Acetylen	1,69	1,46	1,28	1,13	1,01	0,91	0,83	0,69	0,59	0,52	—	—	
Äthan	0,090	0,071	0,057	0,048	0,042	0,037	0,033	0,028	0,024	0,021	0,019	0,017	
Äthylen	0,216	0,177	0,150	0,120	0,115	0,104	0,094	0,078	0,067	0,060	0,055	0,052	10
Methan	0,054	0,046	0,040	0,036	0,032	0,029	0,027	0,023	0,021	0,019	0,018	0,017	20
Propan	—	—	0,053	0,045	0,038	0,032	0,028	0,022	0,018	0,016	0,014	0,013	

4273212. Technischer Löslichkeitskoeffizient bei 0 und 25° C

Gas bzw. Dampf	λ in $\frac{Ncm^3 (Gas)}{g(H_2O)\ at}$ bei 0° C	25° C
Bromdampf Br_2	58,5	16,5
Kohlenstoffoxid-sulfid COS	1,35	0,46
Ozon O_3	0,48	0,21
Phosgen $COCl_2$	4,8	1,2
Phosphorwasserst. PH_3	—	0,19
Quecksilberdampf Hg	—	s. Tab. 427325
Schwefel-hexafluorid SF_6	0,0142	0,0049
Schwefelkohlenst. CS_2	4,24	1,25
Stickstoff-wasserstoffsäure HN_3	910	260
Aceton* C_3H_6O	—	≈680
Acrylnitril* C_3H_9N	—	210
Äthylamin C_2H_7N	—	2100
Benzol C_6H_6	15	4,0
Butadien —1,3 C_4H_6	—	0,19
n-Butan C_4H_{10}	—	0,025
Chlormethan CH_3Cl	—	2,5
Chloroform $CHCl_3$	—	5,6
Cyclopropan C_3H_6	—	0,25
Dichlormethan CH_2Cl_2	—	6,1
Methanol CH_4O	—	$5 \cdot 10^6$
Methylacetylen C_3H_4	—	1,65
Naphthalin $C_{10}H_8$	—	≈40
Propylen C_3H_6	0,46	0,17
Tetrachlor-kohlenstoff CCl_4	—	0,75
Toluol C_7H_8	—	≈3,5
Trichloräthylen C_2HCl_3	—	1,9
m-Xylol C_8H_{10}	—	≈3,5
o-Xylol C_8H_{10}	—	3,7
p-Xylol C_8H_{10}	—	3,5

* Das Henry-Gesetz ist nur bei Teildrucken ≦20 Torr erfüllt.

4273213. Prozentgehalt an Sauerstoff der aus CO_2- und NH_3-freier Luft in Wasser gelösten Phase (Sättigungszustand)[1]

ϑ °C	O_2-Gehalt %	ϑ °C	O_2-Gehalt %	ϑ °C	O_2-Gehalt %	ϑ °C	O_2-Gehalt %	ϑ °C	O_2-Gehalt %	ϑ °C	O_2-Gehalt %
0	35,5	6	35,0	12	34,5	16	34,2	22	33,9	26	33,8
2	35,3	8	34,8	14	34,4	18	34,1	24	33,9	28	33,7
4	35,1	10	34,6	15	34,3	20	34,0	25	33,8	30	33,6

[1] Berechnet nach Tabelle 4273211.

4273214. Löslichkeit von Cl_2, HCl und HBr in Wasser

Gas	l in $\frac{Ncm^3 (Gas)}{cm^3 (H_2O)}$ beim Gesamtdruck 1 atm und der Temperatur −20	−10	0	+10	20	30	50° C
HBr	680	640	610	580	545	530	475
Cl_2			(4,6)	(4,95) 3,15	2,30	1,80	1,23
HCl	597	552	512	476	443	413	366

4273215. Chlor-Teildrücke über wäßrigen Lösungen von Chlor

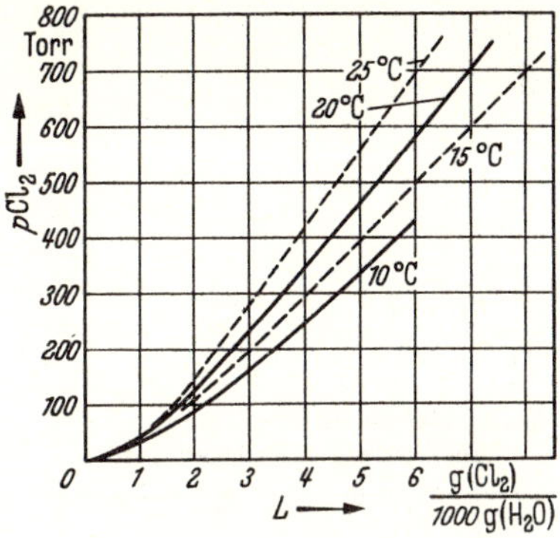

4273216. Technischer Löslichkeitskoeffizient von NH_3, HCN und SO_2 in Wasser bei Drücken $\leqq 1$ at

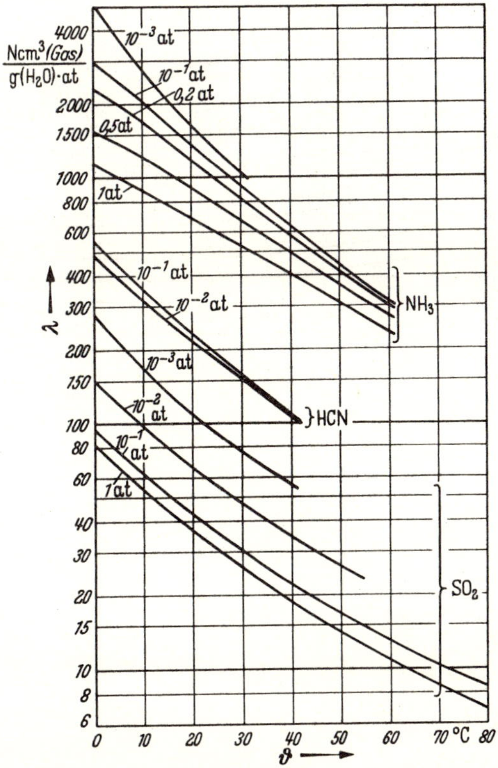

4273217. Technischer Löslichkeitskoeffizient von CO_2, CH_4, H_2 und N_2 in Wasser bei Drücken $\geqq 1$ at

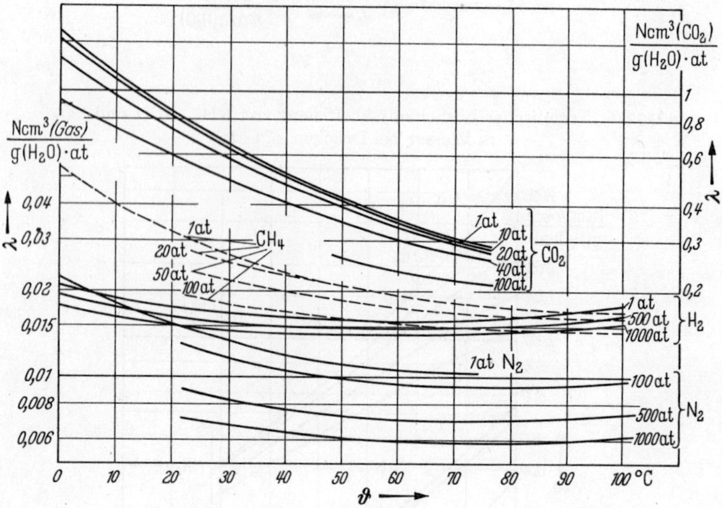

427322. Löslichkeit von Gasen in wäßrigen Lösungen

4273221. *Bunsen*scher und technischer Löslichkeitskoeffizient in wäßrigen Lösungen von anorganischen Salzen und Säuren bei 25° C

α in $\frac{\text{Ncm}^3\,(\text{Gas})}{\text{cm}^3\,(\text{Lsgm.})\,\text{atm}}$, λ in $\frac{\text{Ncm}^3\,(\text{Gas})}{\text{g}\,(\text{Lsgm.})\,\text{at}}$

Gas	Gelöster Stoff	Konzentration									
		0 Gew.%		5 Gew.%		10 Gew.%		20 Gew.%		40 Gew.%	
		α	λ	α	λ	α	λ	α	λ	α	λ
Argon	$CaCl_2$	0,0325	0,0316	0,0298	0,0278	0,0274	0,0245	0,0222	0,0183	0,0148	0,0103
	KCl			0,0290	0,0273	0,0257	0,0234	0,0189	0,0162	—	—
	LiCl			0,0287	0,0271	0,0248	0,0228	—	—	—	—
	$MgCl_2$			0,0303	0,0282	0,0279	0,0250	0,0239	0,0197	—	—
	NaCl			0,0286	0,0268	0,0248	0,0225	0,0173	0,0146	—	—
	$NaNO_3$			0,0292	0,0274	0,0262	0,0238	0,0198	0,0168	0,0090	0,0066
Chlor	HCl[1]	2,06	2,00	1,50	1,42	1,76	1,63	2,21	1,95	—	—
	KCl			1,39	1,31	1,22	1,11	0,97	0,83	—	—
	NaCl			1,32	1,24	1,06	0,96	0,71	0,60	—	—
	H_2SO_4			1,36	1,28	1,18	1,07	0,96	0,82	0,71	0,53
Chlorwasserstoff	H_2SO_4[2]	—	—	—	—	—	—	—	—	—	—
Distickstoffmonoxid	HCl[3]	0,54	0,52	0,52	0,49	0,50	0,46	0,51	0,45	—	—
	$CaCl_2$			0,42	$0{,}39_5$	0,33	0,30	0,19	$0{,}15_5$	—	—
	KCl			0,46	0,44	0,40	0,36	0,29	0,25	—	—
	KNO_3			0,49	0,46	0,45	0,41	$0{,}37_5$	0,32	—	—
	KOH			0,41	0,38	—	—	—	—	—	—
	LiCl			0,42	0,40	—	—	—	—	—	—
	NH_4Cl			0,48	0,46	$0{,}43_5$	0,41	$0{,}35_5$	$0{,}32_5$	—	—
	NaCl			0,42	0,39	0,32	0,29	0,19	0,16	—	—
	$NaNO_3$			0,47	0,44	0,41	0,37	0,30	0,25	—	—
	Na_2SO_4			0,39	0,36	0,29	0,26	0,14	0,11	—	—
	H_2SO_4[4]			0,50	0,47	0,46	0,42	0,41	0,35	0,39	0,29

[1] Minimum bei 0,7% HCl. [2] Minimum bei 89% H_2SO_4. [3] Minimum bei 13% für α, bei 17% für λ. [4] Minimum bei 35% für α, bei 40% für λ.

Gas	Gelöster Stoff	Konzentration									
		0 Gew.%		5 Gew.%		10 Gew.%		20 Gew.%		40 Gew.%	
		α	λ	α	λ	α	λ	α	λ	α	λ
Helium	HCl	$0,0084_5$	0,0082	0,0080	0,0076	0,0076	0,0070	0,0066	0,0058	—	—
	KCl			0,0075	0,0070	0,0065	0,0059	—	—	—	—
				(0,0076)	(0,0071)	(0,0067)	(0,0061)				
	LiCl			0,0079	0,0075	0,0073	0,0067	—	—	—	—
				(0,0072)	(0,0068)	(0,0060)	(0,0055)				
	NH_4Cl			0,0077	0,0074	0,0069	0,0065	0,0055	0,0050	—	—
	NaCl			0,0075	0,0070	0,0065	0,0059	0,0046	0,0039	—	—
	Na_2SO_4			0,0069	0,0064	0,0055	0,0049	0,0032	0,0026	—	—
Kohlenstoffdioxid	$CaCl_2$	0,76	0,74	—	—	—	—	—	—	0,14	0,10
	KCl			0,67	0,63	0,60	$0,54_5$	0,48	0,41	—	—
	KNO_3			0,72	$0,67_5$	0,68	0,62	0,61	0,52	—	—
	NaCl			0,61	0,57	0,49	0,44	0,31	0,26	—	—
	$NaNO_3$			0,68	0,64	$0,59_5$	0,55	0,47	0,40	0,25	0,18
	Na_2SO_4			0,58	0,54	0,44	0,39	0,24	0,19	—	—
	H_2SO_4			0,70	0,66	0,66	0,60	0,60	0,51	0,59	0,45
Radon	NaCl	0,20	0,19	0,14	0,13	0,10	0,09	0,06	0,05	—	—
Sauerstoff	$CaCl_2$	0,0283	0,0275	0,021	0,020	0,018	0,016	0,015	0,012	0,012	0,007
	KCl			0,0224	0,0211	0,0182	0,0166	0,0110	0,0095	—	—
	KNO_3			0,0245	0,0231	0,0218	0,0199	—	—	—	—
	KOH			0,0195	0,0181	—	—	—	—	—	—
	K_2SO_4			0,0223	0,0208	—	—	—	—	—	—
	LiCl			0,0212	0,0200	0,0139	0,0128	—	—	—	—
	$MgCl_2$			0,020	0,019	0,016	0,014	$0,008_5$	0,007	—	—
	NaCl			0,0208	0,0195	0,0153	0,0138	0,0082	0,0069	—	—
	NaOH			0,0164	0,0151	—	—	—	—	—	—
	Na_2SO_4			0,0208	0,0193	0,0169	0,0150	—	—	—	—
	H_2SO_4			0,0250	0,0235	0,0226	0,0206	0,0182	0,0155	—	—

Schwefeldioxid	KCl	31,1	30,2	33	31	34,5	31,5	38,5	33	—	—
	KNO_3			31	29	32	29	34	29	—	—
	NH_4Cl			33,5	32	36	34	—	—	—	—
	NaCl			29,5	27,7	29,1	26,4	—	—	—	—
	Na_2SO_4			29	27	28	25	—	—	—	—
Schwefelwasserstoff	KCl	2,27	2,21	2,04	1,93	—	—	—	—	—	—
	KNO_3			2,17	2,04	2,07	1,89	—	—	—	—
	NH_4Cl			2,18	2,07	—	—	—	—	—	—
	NaCl			1,98	1,86	—	—	—	—	—	—
	$NaNO_3$			2,12	$1,99_5$	—	—	—	—	—	—
Stickstoff	LiCl	0,0148	0,0143	0,013	0,012	—	—	—	—	—	—
	NaCl			0,093	0,0087	$0,005_5$	0,005	—	—	—	—
Wasserstoff	KOH	0,0176	0,0171	0,0134	0,0124	—	—	—	—	—	—
	NaCl			0,0142	0,0133	—	—	—	—	—	—
	NaOH			0,0114	0,0105	0,0070	0,0061	—	—	—	—
	H_2SO_4			0,0161	0,0151	0,0146	0,0134	—	—	—	—
Acetylen	$CaCl_2$	0,94	0,91	0,75	0,70	0,60	$0,53_5$	0,38	$0,31_5$	—	—
	KCl			0,81	0,77	0,70	0,64	0,53	0,46	—	—
	KNO_3			0,88	0,83	0,83	$0,75_5$	$0,72_5$	$0,62_5$	—	—
	$MgCl_2$			0,73	$0,68_5$	0,58	0,52	0,35	0,29	—	—
	NH_4Cl			0,84	0,80	0,76	0,72	0,66	0,60	—	—
	NaCl			0,75	0,70	0,59	0,54	0,37	0,31	—	—
	$NaNO_3$			0,85	0,80	$0,76_5$	$0,69_5$	0,62	$0,52_5$	—	—
	Na_2SO_4			0,72	0,67	0,55	0,49	—	—	—	—
Äthan	LiCl	0,038	0,037	0,036	0,034	$0,017_5$	0,016	—	—	—	—
	NaCl			0,037	0,035	$0,016_5$	0,015	0,007	0,006	—	—
Äthylen	LiCl	0,108	0,105	0,082	0,077	0,058	$0,053_5$	—	—	—	—
	NaCl			0,081	0,076	0,059	$0,053_5$	0,037	0,031	—	—
Methan	LiCl	0,030	0,029	0,022	0,021	0,016	0,015	—	—	—	—
	NaCl			0,022	0,021	$0,015_5$	0,014	0,007	0,006	—	—
Propan	LiCl	0,0335	0,0325	0,021	0,020	0,012	0,011	—	—	—	—
	NaCl			0,022	$0,020_5$	$0,013_5$	0,012	0,005	0,004	—	—

4273222. Löslichkeit von atmosphärischen Gasen in Meerwasser (MW)

Gas	$\frac{\text{g Cl}^-}{\text{1 MW}}$	$\frac{\text{Ncm}^3\text{(Gas)}}{\text{l (MW)}}$ aus Luft von 1 atm bei °C							
		0	4	8	12	16	20	24	28
Sauerstoff	0	10,29	9,26	8,40	7,68	7,08	6,57	6,14	5,75
	4	9,83	8,85	8,04	7,36	6,80	6,33	5,91	5,53
	8	9,36	8,45	7,68	7,04	6,52	6,07	5,67	5,31
	12	8,90	8,04	7,33	6,74	6,24	5,82	5,44	5,08
	16	8,43	7,64	6,97	6,43	5,96	5,56	5,20	4,86
	20	7,97	7,23	6,62	6,11	5,69	5,31	4,95	4,62
„Stickstoff“[1]	0	18,64	17,02	15,63	14,45	13,45	12,59	11,86	11,25
	4	17,74	16,27	14,98	13,88	12,94	12,15	11,46	10,89
	8	16,90	15,51	14,32	13,30	12,44	11,70	11,07	10,52
	12	16,03	14,75	13,66	12,72	11,93	11,25	10,67	10,16
	16	15,18	14,00	13,00	12,15	11,73	10,81	10,27	9,80
	20	14,31	13,27	12,34	11,57	10,92	10,36	9,87	9,44
Rein-Stickstoff	16	15,02	13,56	12,47	11,56	10,72	9,98	9,36	8,84
	18	14,61	13,24	12,17	11,28	10,47	9,76	9,16	8,62
	20	14,21	12,89	11,87	10,99	10,21	9,54	8,96	8,44
„Argon“[2]	16	0,400	0,379	0,343	0,313	0,288	0,268	0,249	0,231
	18	0,389	0,369	0,333	0,304	0,280	0,260	0,242	0,224
	20	0,379	0,358	0,324	0,296	0,273	0,253	0,235	0,217

[1] Edelgashaltig.
[2] Summe der atmosphärischen Edelgase.

4273223. Löslichkeit von Gasen in Sperrflüssigkeit, schwefelsäurehaltige Na_2SO_4-Lösung. Mischungsverhältnis 200 g Na_2SO_4 + 40 cm^3 konz. H_2SO_4 + 800 g H_2O

Dampfdruck der Na_2SO_4-Lösung		Löslichkeiten reiner Gase bei 25° C		Löslichkeiten von Gasmischungen bei 25° C				
°C	Torr	Gas	$\frac{\text{cm}^3\text{ Gas}}{\text{cm}^3\text{ Lsg.}}$	Vol %	Gas	Vol %	Gas	$\frac{\text{cm}^3\text{ Gas}}{\text{cm}^3\text{ Lsg.}}$
16	11,6	H_2	0,0073			100	Luft	0,0053
18	12,9	O_2	0,0089	5	CO_2	95	Luft	0,0135
20	14,7	N_2	0,0049	10	CO_2	90	Luft	0,0235
22	16,7	SO_2	13,6	20	CO_2	80	Luft	0,0447
24	18,9	N_2O	0,159	14,5	CO_2	6,1	O_2	0,0310
26	21,4	CH_4	0,0093			79,4	N_2	
28	24,7	C_2H_6	0,0108	40,3	CH_4	39,9	C_2H_4	0,056
30	27,2	C_2H_4	0,024			19,8	C_2H_2	
		C_2H_2	0,343					
		CO	0,0039					
		CO_2	0,270					

4273224. Löslichkeit von – – – CO_2 und ——— H_2S in Alkazidlauge DIK

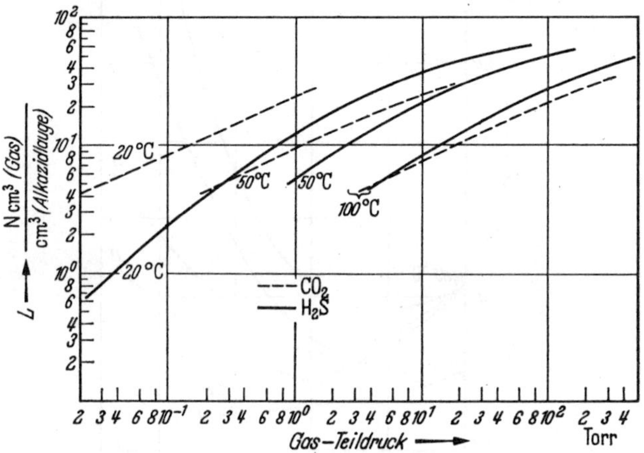

4273225. Löslichkeit von – – – CO_2 und ——— H_2S in Alkazidlauge *M*

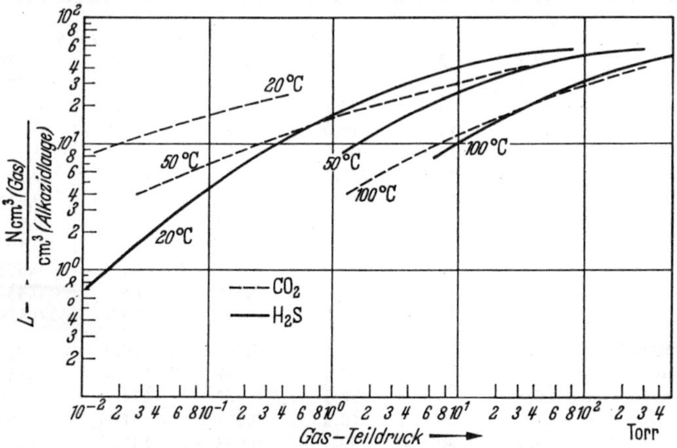

4273226. *Bunsen*scher Löslichkeitskoeffizient von CO_2 in wäßrigen Lösungen von *I* Aceton, *II* Äthanol, *III* Glycerin

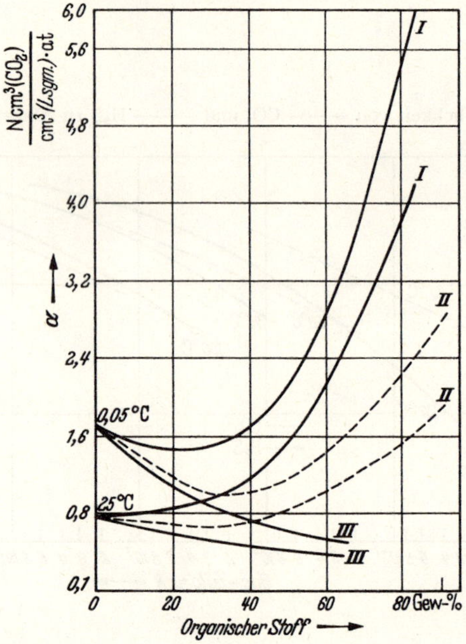

4273227. Löslichkeit von CO_2 in wäßrigen Äthanolaminlösungen[1]

Amin	Normalität des Amins	Gew. % ca.	CO_2-Teildruck Torr	Löslichkeit Mole CO_2/MolAmin	CO_2-Teildruck Torr	Löslichkeit Mole CO_2/Mol Amin
			25° C		75° C	
Mono-äthanol-amin	0,5	3,0	10,8	0,607	50,0	0,476
	0,5	3,0	99,6	0,795	130,3	0,584
	0,5	3,0	735,7	1,004	475,8	0,685
	2,0	12,1	10,6	0,527	51,1	0,430
	2,0	12,1	98,6	0,623	130,6	0,474
	2,0	12,1	736,4	0,795	477,0	0,560
	5,0	30,2	10,6	0,507	54,8	0,418
	5,0	30,2	98,7	0,563	142,6	0,460
	5,0	30,2	742,9	0,657	518,1	0,493
	12,5	75,6	45,4	0,521	64,2	0,395
	12,5	75,6	256,3	0,518	168,1	0,453
	12,5	75,6	749,1	0,548	629,9	0,479
Diäthanol-amin	0,5	5	11,0	0,551	50,0	0,355
	0,5	5	97,9	0,797	129,8	0,456
	0,5	5	732,3	0,987	474,5	0,630
	2,0	20	10,5	0,451	51,1	0,263
	2,0	20	99,3	0,633	133,3	0,356

Amin	Normalität des Amins	Gew. % ca.	CO_2-Teildruck Torr	Löslichkeit Mole CO_2/Mol Amin	CO_2-Teildruck Torr	Löslichkeit Mole CO_2/Mol Amin
			25° C		75° C	
Triäthanolamin	2,0	20	729,0	0,813	488,6	0,464
	5,0	50	44,8	0,506	54,9	0,242
	5,0	50	253,6	0,589	142,6	0,327
	5,0	50	741,1	0,661	520,0	0,403
	8,0	80	78,4	0,480	58,9	0,215
	8,0	80	268,4	0,553	155,9	0,302
	8,0	80	744,0	0,582	574,0	0,368
	0,5	7,1	10,5	0,191	50,1	0,116
	0,5	7,1	99,3	0,512	129,9	0,177
	0,5	7,1	739,3	0,921	474,7	0,327
	2,0	28,4	1,4	0,0332	51,2	0,0518
	2,0	28,4	11,0	0,0930	132,6	0,0771
	2,0	28,4	99,5	0,316	485,9	0,158
	2,0	28,4	734,0	0,715		
	5,0	71,0	10,6	0,0344[2]	56,1	0,0133
	5,0	71,0	98,7	0,115	146,6	0,0302
	5,0	71,0	737	0,432[2]	534,7	0,0669

[1] Nach J. W. Mason, B. F. Dodge, Trans. A. I. Ch. E. **32** (1936) 27.
[2] Mittelwert mehrerer Messungen.

4273228. Löslichkeit von H_2S in wäßrigen Äthanolaminlösungen[1]

Amin	Mole Amin / 1000 g H_2O	Gew.%	H_2S-Teildruck Torr	Mole H_2S/Mol Amin	H_2S-Teildruck Torr	Mole H_2S/Mol Amin	H_2S-Teildruck Torr	Mole H_2S/Mol Amin
			25° C		60° C			
Monoäthanolamin	0,6	3,5	25	0,866	25	0,551		
	0,6	3,5	100	0,986	100	0,811		
	0,6	3,5	700	1,148	700	1,083		
	0,86	5			0,00804	0,00582		
	0,86	5			106	0,714		
	1,0	5,8	25	0,833	25	0,490		
	1,0	5,8	100	0,956	100	0,757		
	1,0	5,8	700	1,086	700	1,040		
	2,0	10,2	25	0,777	25	0,388		
	2,0	10,2	100	0,919	100	0,674		
	2,0	10,2	700	1,033	700	0,968		
	5,0	23,4	25	0,643	25	0,285		
	5,0	23,4	100	0,852	100	0,547		
	5,0	23,4	700	0,991	700	0,891		
			26,7° C					
	0,86	5	0,000626	0,00336				
	0,86	5	0,0518	0,0591				
	0,86	5	73,0	0,945	48,9° C			
	2,9	15	0,0137	0,00995	0,0439	0,0156		
	2,9	15	2,24	0,190	60,8	0,609		
	2,9	15	275	0,895				

Amin	Mole Amin / 1000 g H_2O	Gew. %	H_2S-Teildruck Torr	Mole H_2S/Mol Amin	H_2S Teildruck Torr	Mole H_2S/Mol Amin	H_2S-Teildruck Torr	Mole H_2S/Mol Amin
Monoäthanolamin			26,7° C		48,9° C			
	7,0	30	0,000525	0,00121	0,0266	0,00758		
	7,0	30	0,00465	0,00557	5,92	0,133		
	7,0	30	1,50	0,155	264	0,733		
	7,0	30	57,5	0,699				
	7,0	30	289	0,908				
			15° C		25° C		50° C	
	0,987	5,7	0,53	0,243	3,14	0,454	65,6	0,714
	0,987	5,7	8,6	0,714				
	2,94	15,2	1,06	0,250	20,4	0,614	7,25	0,250
Diäthanolamin			37,8° C		60° C			
	1,06	10	0,346	0,0543	0,587	0,352		
	1,06	10	712	0,997	178	0,713		
			26,7° C		48,9° C			
	3,17	25	0,00870	0,00505	0,131	0,0134		
	3,17	25	2,89	0,130	682	0,852		
	3,17	25	320	0,862				
			37,8° C		60° C			
	9,51	50	0,0566	0,00560	0,135	0,00559		
	9,51	50	63,1	0,394	35,7	0,153		
	9,51	50	422	0,751	646	0,653		
			15° C		25° C		50° C	
	1,07	10,1	24	0,670	38	0,670	6,17	0,194
	2,47	20,6	14,6	0,465	3,3	0,175	15,1	0,221
Triäthanolamin			26,7° C		48,9° C			
	1,18	15	1,31	0,0395	0,00424	0,000776		
	1,18	15	241	0,531	4,19	0,0387		
					115	0,259		
			60° C					
	1,68	20	5,66	0,0324				
	1,68	20	624	0,412				
			37,8° C		60° C			
	2,87	30	0,568	0,0124	0,0222	0,00107		
	2,87	30	55,3	0,151	624	0,345		
			26,7° C		48,9° C			
	6,70	50	0,655	0,0106	0,00295	0,000271		
	6,70	50	22,9	0,0739	57,2	0,0829		
	6,70	50	242	0,313	693	0,334		

[1] Nach E. Riegger, H. V. Tartar u. E. G. Lingafelter, J. Am. Chem. Soc. 66 (1944) 2024; A. G. Leibusch u. A. L. Schneerson, J. angew. Chem. U.S.S.R. 23, (1950) 145; K. Atwood, M. R. Arnold u. R. C. Kindrick, Ind. Engng. Chem. 49 (1957) 1439.

4273229. Gleichzeitige Löslichkeit von CO_2 und H_2S in 15,3 %iger wäßriger Monoäthanolaminlösung[1]

°C	p_{H_2S} Torr	Mole H_2S/Mol C_2H_7NO: reines H_2S	Mole H_2S/Mol C_2H_7NO: p_{H_2S}/p_{CO_2} = 0,01	0,1	1,0	10	$\frac{\text{Mole } H_2S/\text{Mol } C_2H_7NO}{\text{Mole } CO_2/\text{Mol } C_2H_7NO}$ in der Flüssigkeit: 0,01	0,1	1,0	p_{CO_2} Torr	$\frac{\text{Mole } CO_2}{\text{Mol } C_2H_7NO}$ reines CO_2
40	1	0,128	0,0013	0,0050	0,0178	0,0500	0,0047	0,0327	0,1140	1	0,383
	10	0,374	0,0039	0,0149	0,0540	0,1450	0,0066	0,0468	0,2220	10	0,471
	100	0,802	0,0107	0,0415	0,1510	0,3900	0,0092	0,0619	0,3260	100	0,576
	1000	1,00	—	0,0920	0,3050	0,7300	—	0,0830	0,4250	1000	0,727
60	1	0,085	0,0019	0,0070	0,0239	0,0643	0,0037	0,0237	0,0775	1	—
	10	0,240	0,0044	0,0172	0,0565	0,1420	0,0059	0,0396	0,1600	10	0,412
	100	0,600	0,0102	0,0405	0,1360	0,3140	0,0092	0,0605	0,2750	100	0,516
	1000	0,970	—	0,0940	0,2900	0,5500	—	0,0910	0,3840	1000	0,650
100	1	0,029	0,0017	0,0046	0,0118	0,0224	0,0024	0,0103	0,0247	1	0,096
	10	0,091	0,0056	0,0155	0,0381	0,0720	0,0056	0,0239	0,0675	10	0,194
	100	0,279	0,0176	0,0483	0,1200	0,2250	—	0,0524	0,1650	100	0,347
	1000	0,680	—	—	0,2880	0,5820	—	—	0,3340	1000	0,509
120	1	0,012	0,0013	0,0031	0,0078	0,0115	0,0016	0,0040	0,0088	1	—
	10	0,056	0,0056	0,0140	0,0352	0,0520	0,0059	0,0163	0,0393	10	—
	100	0,182	—	0,0573	0,1380	0,1800	—	0,0558	0,1400	100	0,227
	1000	0,520	—	—	0,3630	0,5000	—	—	0,4050	1000	0,413

[1] J.H. JONES, H. R. FRONING u. E. E. CLAYTOR jr., J. Chem. Engng. Data 4 (1959) 85.

427323. Löslichkeit in verflüssigten Gasen

4273231. Löslichkeit von Ar, N_2, H_2 und „Synthesegas" in flüssigem Ammoniak

Gas	Gesamtdruck at	L in Ncm^3 (Gas)/g (NH_3) bei °C							
		−70	−50	−20	0	+25	50	75	100
Argon[1]	25,8	—	—	—	—	—	1,92	—	—
	25,9	—	—	—	—	4,05	—	—	—
	51,7	—	—	—	7,4	10,3	9,58	6,38	—
	103,4	—	—	—	14,5	21,5	27,0	30,7	27,5
	206,2	—	—	—	25,0	39,4	58,7	84,6	120,9
	413	—	—	—	—	65,5	112,0	215,2	—
	621	—	—	—	—	79,4	(131)	387	—
	828	—	—	—	—	88,0	167,5	675	—
Methan[2]	25	—	—	6,3	7,0	6,4	—	—	—
	50	—	—	12	15	16	15	—	—
	100	—	—	24	28	37	46	—	—
	200	—	—	30	44	70	110	—	—
	400	—	—	43	73	150	350	—	—
Stickstoff	51,7	—	—	—	4,10	5,73	6,63	—	—
	103,3	—	—	—	7,90	12,04	17,2	21,4	20,5
	207	—	—	—	13,7	22,5	36,2	55,5	86,3
	414	—	—	—	20,8	37,0	65,4	120,7	—
	620	—	—	—	25,0	45,4	84,8	178,0	—
	827	—	—	—	28,1	51,1	97,2	219,0	—
	1033	—	—	—	29,7	54,8	104,6	241,8	—
Wasserstoff	51,7	—	—	—	3,28	4,47	5,1	3,5	—
	103,3	—	—	—	6,70	9,88	13,5	16,4	15,7
	207	—	—	—	13,1	20,1	29,4	41,4	57,1
	414	—	—	—	24,3	38,1	58,3	88,3	140,6
	620	—	—	—	34,0	53,7	83,5	131,0	224,0
	827	—	—	—	42,3	67,6	105,4	169,2	305,2
	1033	—	—	—	49,8	79,3	124,9	203,3	388,2
„Synthesegas"	103,3	—	—	5,12	7,56	—	—	—	—
(75% H_2,	100±10	—	2,70	5,25	7,4	5,96	13,2	16,3	14,9
25% N_2)	300±10	—	6,95	13,75	—	—	—	—	—
[3]	300±10	—	—	—	18,4	25,6	41,0	67,6	104
[3]	500±10	7,05	10,85	19,65	28,45	—	69,80	—	—
	500±10	—	—	—	27,0	42,5	—	113	200
	600±10	—	—	—	—	51,4	81,3	—	—
	800±10	—	—	—	39,5	62,6	98,5	—	352

[1] Nach A. Michels, E. Dumoulin u. J. J. Th. van Dijk, Physica **27** (1961) 886. 0° C: G. I. Kaminishi, Internat. Chem. Engng. **5** (1965) 749.

[2] Aus *K*-Werte-Diagramm nach F. Isaacson u. Ch. H. Viens, Chem. Engng. 21. 1. 63, S. 136 berechnet und graphisch interpoliert. Die von G. I. Kaminishi (s. [1]) bei 0,25 und 50° C, 50...200 at gemessenen Löslichkeiten sind 11...13% größer.

[3] Nach B. Lefrançois u. C. Vaniscotte, Génie chimique **83** (1960) Nr. 5, S. 139.

4273232 Löslichkeit von $^2H_2$ (D_2), He und H_2 in flüssigem Ammoniak

Gas	Temp. °C	Teildruck at	L in $\frac{Ncm^3(Gas)}{cm^3(NH_3)}$	Gas	Temp. °C	Teildruck at	L in $\frac{Ncm^3(Gas)}{cm^3(NH_3)}$
Deuterium[1]	−64,0	1,03	0,0117	Wasserstoff	−64	1,03	0,010 (extrapoliert)
	−41,6	1,03	0,025		−41	1,03	0,018 (extrapoliert)
					−15	103,3	3,04
Helium	−16	36,7	0,554		−11	103,3	3,48
	−10	35,7	0,521		− 2,5	103,3	3,95
	+20	5,54	0,126		+ 5	103,3	4,25
	+20	13,0	0,273		10	103,3	4,62
	+20	24,1	0,465		20	103,3	5,90
	+20	40,0	0,719		25	25,8	1,61
	25	39,0	0,750		25	51,7	3,03
	30	37,8	0,824		25	103,3	6,11
					25	207	12,18

[1] K. Bar-Eli u. F. S. Klein, J. chem. Phys. **35** (1961) 1915.

4273233. Löslichkeit von Helium in flüssigem Stickstoff[1]

Gesamtdruck at	Mol% He in der Flüssigkeit									
	Temperatur									
	−195,9° C		−180,3° C		−161,0° C		−154,6° C		−154,6° C	
	He-Teildruck at	Mol%	He-Teildruck at	Mol%	He-Teildruck at	Mol%	He-Teildruck at	Mol%	He-Teildruck at	Mol%
11,9	10,6	0,25	6,9	0,38	—	—	—	—	—	—
23,1	21,7	0,44	17,7	0,92	—	—	—	—	—	—
35,1	33,7	0,75	29,0	1,50	13,7	1,92	6,6	1,71	2,45	1,17
56,1	54,7	1,1	49,3	2,6	30,8	4,1	20,8	4,8	13,1	5,4
70,2	68,6	1,3	62,7	$3,2_5$	43,3	5,5	31,6	6,9	22,1	8,3

[1] G. Buzyna, R. A. Macriss u. R. T. Ellington, Chem. Engng. Progr. Sympos. Series Vol. 59, Nr. 44.

4273234. Löslichkeit von H_2 in fl. N_2 und von He in fl. N_2, fl. CH_4, Gemischen von fl. N_2 und fl. CH_4 und Erdgaskondensat

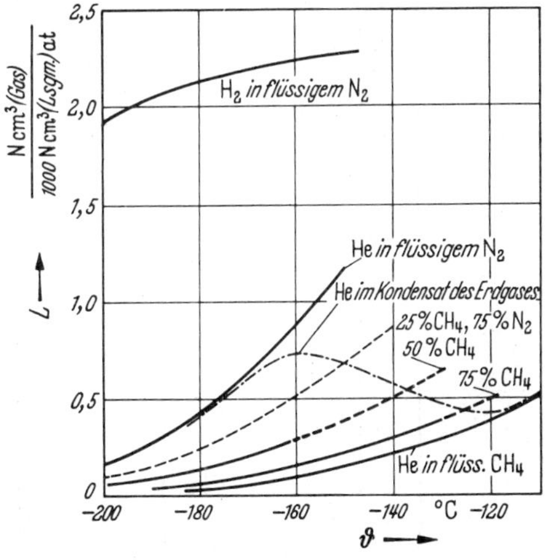

427324. Löslichkeit

4273241. Gasförmige

α in $\frac{\text{Ncm}^3\,(\text{Gas})}{\text{cm}^3\,(\text{Lsgm.})\cdot\text{atm}}$,

Lösungsmittel	°C	Ar		H_2		$^2H_2$ (D_2)		He	
		α	λ	α	λ	α	λ	α	λ
Aceton	−80	—	—	0,040	0,043	—	—	—	—
	−50	—	—	0,053	0,059	—	—	—	—
	−25	—	—	0,065	0,075	—	—	—	—
	0	—	—	0,0783	0,0933	—	—	—	—
	+15	0,271	0,329	0,086	0,104$_5$	—	—	0,0284	0,0345
	25	0,274	0,338	0,092	0,113	—	—	0,0331	0,0407
	40	0,281	0,354	0,0986	0,1241	—	—	—	—
Äthanol	−25	—	—	—	—	—	—	—	—
	0	0,251	0,301	0,072	0,086	—	—	—	—
	+15	0,243	0,296	0,075	0,092	—	—	0,0268	0,0327
	25	0,237	0,292	0,0784	0,0966	—	—	0,0294	0,0362
	50	—	—	0,0864	0,1096	—	—	—	—
Benzol	10	—	—	0,058$_5$	0,063$_5$	0,0595	0,0647	—	—
	20	0,221	0,242	0,063	0,069$_5$	0,0641	0,0706	0,018	0,021
	30	0,222	0,247	0,068	0,078	0,0690	0,0769	0,021	0,023
	40	(0,223)	(0,252)	0,0727	0,0821	—	—	0,023	0,026
	60	—	—	0,083$_5$	0,096$_5$	—	—	—	—
Butanol-1	0	—	—	—	—	—	—	—	—
	25	0,22$_5$	0,27	—	—	—	—	—	—
	50	—	—	—	—	—	—	—	—
Chlorbenzol	−40	—	—	0,036	0,030$_5$	—	—	—	—
	−20	—	—	0,041$_5$	0,035	—	—	—	—
	0	—	—	0,0479	0,0411	—	—	—	—
	+20	0,188	0,164	0,055	0,048	—	—	0,014	0,012$_5$
	40	0,187	0,167	0,0612	0,0546	—	—	0,0184	0,0164
	80	—	—	0,075	0,069$_5$	—	—	—	—
Chloroform	−20	—	—	—	—	—	—	—	—
	0	—	—	—	—	—	—	—	—
	+25	—	—	0,061	0,040	—	—	—	—
	50	—	—	—	—	—	—	—	—
Cyclohexan	15	0,31	0,39	—	—	—	—	0,0220	0,0272
	18	0,31	0,38$_5$	—	—	—	—	0,0227	0,0281
	25	0,30$_5$	0,38	—	—	—	—	0,0252	0,0315
	30	0,30	0,38	—	—	—	—	0,0268	0,0337
	37	0,30	0,37$_5$	—	—	—	—	0,029	0,037
n-Decan	15	0,30	0,39	—	—	—	—	0,023	0,031$_3$
	25	0,285	0,379	—	—	—	—	0,0273	0,036
	40	0,276	0,374	—	—	—	—	0,030	0,041
Dimethyl-formamid	25	—	—	0,04	0,04	—	—	—	—
Glycerin	20	—	—	—	—	—	—	—	—
n-Hexan	−20	—	—	—	—	—	—	—	—
	0	—	—	—	—	—	—	—	—
	+15	0,449	0,655	—	—	—	—	0,0406	0,0591
	25	0,432	0,638	0,114	0,168	—	—	0,044	0,0645
	40	0,40	0,60	—	—	—	—	0,051	0,076
„Isooctan“ (2,2,4-Trimethyl-pentan)	−25	—	—	0,083	0,110	0,086	0,114	—	—
	0	—	—	0,094	0,129	0,097	0,132	—	—
	+15	0,413	0,575	—	—	—	—	0,0376	0,0524
	25	0,395	0,555	0,106	0,149	0,108	0,151	0,0420	0,0589
	35	0,38	0,54	0,110	0,157	0,112	0,160	0,045$_5$	0,065
	50	—	—	—	—	—	—	—	—
Methanol	−25	—	—	—	—	—	—	—	—
	0	0,262	0,313	—	—	—	—	—	—
	+15	0,253	0,308	—	—	—	—	0,0298	0,0363
	25	0,245	0,302	0,087	0,107	—	—	0,0328	0,0404
	50	—	—	—	—	—	—	—	—

in organischen Flüssigkeiten

Elemente und Luft

λ in $\frac{\text{Ncm}^3\,(\text{Gas})}{\text{g}\,(\text{Lsgm.})\cdot\text{at}}$

Kr		N_2		Ne		O_2		Rn		Luft	
α	λ	α	λ	α	λ	α	λ	α	λ	α	λ
—	—	0,135	0,145	—	—	0,306	0,326	—	—	—	—
—	—	0,140	0,156	—	—	0,270	0,302	—	—	—	—
—	—	0,147	0,170	—	—	0,260	0,298	13,5	15,7	0,173	0,199
—	—	0,155	0,185	—	—	0,256	0,303	8,0	9,5	0,178	0,206
—	—	0,162	0,197	0,043	0,052	0,256	0,310	6,2	7,5	—	—
—	—	0,165	0,203	0,048	0,059	0,256	0,315	5,3	6,5	0,186	0,229
—	—	0,169	0,212	—	—	0,258	0,324	4,5	5,7	—	—
—	—	0,141	0,165	—	—	0,263	0,308	14	17	0,168	0,196
—	—	0,139	0,167	—	—	0,241	0,289	8,2	9,8	0,162	0,194
—	—	—	—	0,0381	0,0464	—	—	6,1	7,4	—	—
—	—	0,136	0,168	0,0417	0,0514	0,221	0,273	5,1	6,3	0,155	0,191
—	—	0,136	0,173	—	—	0,210	0,266	3,6	4,6	0,152	0,193
—	—	—	—	0,0236	0,0257	0,199	0,216	16,0	17,5	—	—
0,71	0,78	0,108	0,119	0,0271	0,0298	0,204	0,224	9,6	10,7	—	—
0,67$_5$	0,75	—	—	0,0306	0,0341	0,205	0,229	6,4	7,1	—	—
0,65$_5$	0,74	0,118	0,133	(0,036)	(0,041)	0,206	0,231	4,5	5,0	—	—
—	—	0,129	0,149	—	—	0,211	0,244	2,9	3,3	—	—
—	—	0,108	0,126	—	—	0,209	0,244	—	—	0,130	0,152
—	—	0,112	0,134	—	—	0,193	0,231	—	—	0,130	0,156
—	—	0,115	0,141	—	—	0,183	0,226	—	—	0,130	0,160
—	—	0,081	0,067	—	—	—	—	—	—	—	—
—	—	0,084	0,071	—	—	—	—	—	—	—	—
—	—	0,088	0,076	—	—	0,175	0,150	—	—	—	—
0,612	0,535	0,093	0,081	0,020	0,017$_5$	0,174	0,152	—	—	—	—
0,553	0,494	0,097	0,087	0,0253	0,0226	0,172	0,154	—	—	—	—
—	—	0,108	0,100	—	—	0,171	0,159	—	—	—	—
—	—	—	—	—	—	—	—	3,2	2,0	—	—
—	—	—	—	—	—	—	—	1,95	1,25	—	—
≈0,9	≈0,6	0,124	0,081	—	—	—	—	1,45	0,82	—	—
—	—	—	—	—	—	—	—	0,94	0,63	—	—
1,03	1,27	—	—	0,0333	0,0411	—	—	—	—	—	—
1,01	1,25	—	—	0,0345	0,0427	—	—	16,9	20,9	—	—
0,97	1,21	0,15	0,19	0,0373	0,0466	0,258	0,323	—	—	—	—
0,94	1,18	—	—	0,0392	0,0492	—	—	—	—	—	—
0,90	1,14	—	—	0,0419	0,0530	—	—	—	—	—	—
0,90	1,19	—	—	0,036	0,048	—	—	—	—	—	—
0,832	1,108	—	—	0,0407	0,0542	—	—	—	—	—	—
0,74	1,00	—	—	0,044	0,060	—	—	—	—	—	—
—	—	0,04	0,04	—	—	0,11	0,12	—	—	—	—
0,06	0,04	—	—	—	—	0,007	0,006	0,20	0,15	—	—
—	—	—	—	—	—	—	—	40	56	—	—
—	—	—	—	—	—	—	—	23	33	—	—
1,32	1,93	—	—	0,059	0,086	—	—	17	24,5	—	—
1,16	1,72	0,24	0,35	0,065	0,095	—	—	13,5	20	—	—
1,07	1,62	—	—	0,068	0,102	—	—	—	—	—	—
—	—	0,214	0,285	—	—	0,426	0,567	—	—	0,260	0,347
—	—	0,209	0,285	—	—	0,370	0,506	—	—	0,244	0,334
1,12	1,56	—	—	0,057	0,079	—	—	—	—	—	—
1,07	1,51	0,207	0,291	0,0625	0,0879	0,341	0,480	—	—	0,236	0,333
1,00	1,42	—	—	0,065	0,093	—	—	—	—	—	—
—	—	0,207	0,301	—	—	0,327	0,473	—	—	0,233	0,339
—	—	0,158	0,183	—	—	0,268	0,310	—	—	0,182	0,211
—	—	0,153	0,183	—	—	0,245	0,292	—	—	0,173	0,207
—	—	—	—	0,0413	0,0503	—	—	5,5	6,7	—	—
—	—	0,151	0,186	0,0444	0,0547	0,227	0,279	—	—	0,167	0,206
—	—	0,149	0,190	—	—	0,216	0,274	—	—	0,164	0,208

Lösungsmittel	°C	Ar		H_2		$^2H_2$ (D_2)		He	
		α	λ	α	λ	α	λ	α	λ
n-Octan	−25	—	—	—	0,094	—	0,098	—	—
	0	—	—	0,082	0,112	0,085	0,115	—	—
	+15	0,338	0,462	—	—	—	—	0,0300	0,0412
	25	0,336	0,466	0,094	0,130	0,096	0,133	0,0332	0,0460
	35	(0,33)	0,46	0,098	0,138	0,100	0,140	$0{,}036_5$	0,051
Toluol	−79	—	—	—	—	—	—	—	—
	−15	—	—	0,0505	0,0544	0,0530	0,0571	—	—
	0	—	—	0,0564	0,0617	0,0587	0,0643	—	—
	+15	0,228	0,253	0,0663	0,0746	—	—	0,0179	0,0199
	25	0,228	0,256	0,0704	0,0800	0,0684	0,0769	0,0205	0,0231
	35	0,228	0,260	—	—	0,0724	0,0823	0,023	0,026
	60	—	—	—	—	—	—	—	—
Xylol (techn.)	−20	—	—	≈0,11	≈0,12	—	—	—	—
	0	0,20	0,22	0,07	0,08	—	—	—	—
	+20	—	—	0,07	0,08	—	—	—	—
	40	—	—	0,09	0,10	—	—	—	—
	80	—	—	—	—	—	—	—	—

Kr		N_2		Ne		O_2		Rn		Luft	
α	λ	α	λ	α	λ	α	λ	α	λ	α	λ
—	—	—	—	—	—	—	—	—	—	—	—
—	—	—	—	—	—	—	—	—	—	—	—
1,06	1,45	—	—	0,046	0,063	—	—	—	—	—	—
0,98	1,35	—	—	0,049	0,068	—	—	—	—	—	—
0,90	1,27	—	—	$0{,}053_5$	0,075	—	—	—	—	—	—
—	—	—	—	—	—	—	—	94	94	—	—
—	—	≈0,12	≈0,11	—	—	≈0,10	≈0,11	26,5	29	—	—
—	—	—	—	—	—	—	—	18,5	20	—	—
0,744	0,828	—	—	0,0266	0,0296	—	—	13	14,5	—	—
0,710	0,798	0,11	$0{,}12_5$	0,0294	0,0331	≈0,13	≈0,15	10,5	11,7	—	—
0,68	0,77	—	—	0,032	0,036	—	—	8,5	9,7	—	—
—	—	—	—	—	—	—	—	5,2	6,1	—	—
—	—	≈0,10	≈0,11	—	—	—	—	29	31	—	—
—	—	—	—	—	—	—	—	18	20	—	—
0,79	0,89	0,111	0,124	—	—	≈0,16	≈0,18	11,5	12,5	—	—
—	—	—	—	—	—	—	—	7,3	8,2	—	—
—	—	—	—	—	—	0,18	0,21	—	—	—	—

4273242. Löslichkeit von H_2 in Butan, Dodecan, Toluol und Xylol bei hohen Gesamtdrücken

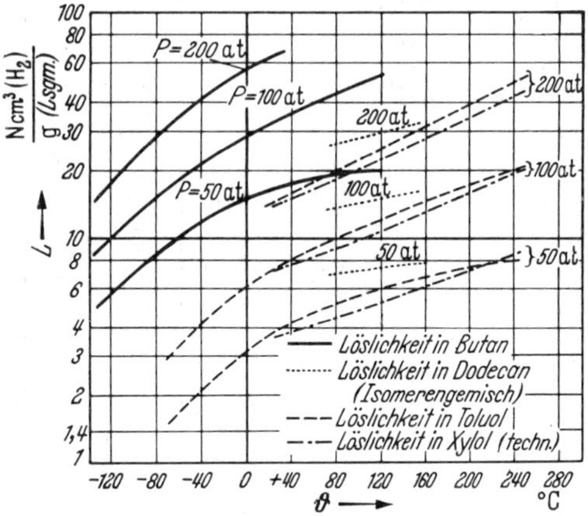

4273243. Gasförmige

α in $\frac{\text{Ncm}^3\,(\text{Gas})}{\text{cm}^3\,(\text{Lsgm.})\ \text{atm}}$,

Lösungsmittel	°C	CO		CO_2		HCl		NH_3	
		α	λ	α	λ	α	λ	α	λ
Aceton	−80	0,271	0,291	430	460	—	—	—	—
	−40	0,241	0,272	44	50	—	—	—	—
	0	0,233	0,278	11	13	—	—	—	—
	+10	—	—	8,7	10,5	—	—	—	—
	20	0,236	0,290	6,7	8,2	—	—	—	—
	40	0,241	0,303	4,3	5,4	—	—	—	—
Äthanol	−80	—	—	≈90	≈100	—	—	—	—
	−40	—	—	24,$_5$	28	—	—	—	—
	0	—	—	4,4	5,3	412	495	≈270	≈320
	+10	—	—	3,6	4,3	369	447	≈195	235
	20	0,186	0,229	2,9$_5$	3,6	328	402	≈140	≈175
	30	0,184	0,228	2,6	3,2	290	360	105	130
Benzol	10	—	—	2,6	2,9	—	—	—	—
	20	0,165	0,182	2,5	2,8	10,4	11,5	10	(13)
	25	0,165	0,183	2,4	2,7	9,6	10,6	—	—
	40	0,168	0,190	—	—	6,6	7,4	—	—
	60	0,180	0,209	—	—	—	—	—	—
Butanol-1	5	—	—	—	—	251	296	—	—
	20	—	—	—	—	213	255	—	—
	50	—	—	—	—	147	181	—	—
Chlorbenzol	−40	0,140	0,116	—	—	—	—	—	—
	−21	0,138	0,116	—	—	—	—	—	—
	0	0,138	0,118	—	—	—	—	—	—
	+20	0,138	0,121	2,3	2,0	7,1	6,3	11,4	10,0
	40	0,140	0,124	—	—	4,2$_5$	3,8	—	—
	80	0,146	0,136	—	—	—	—	—	—
Chloroform	0	—	—	—	—	(10,9)	6,6	—	—
	15	—	—	3,7	2,4	7,6	5,0	—	—
	20	—	—	—	—	—	—	66	43
	25	0,18	0,12	3,2	2,1	6,3	4,1	—	—
Cyclohexan	0	—	—	—	—	—	—	—	—
	20	—	—	—	—	—	—	—	—
	25	—	—	1,58	1,97	—	—	—	—
	40	—	—	—	—	—	—	—	—
	70	—	—	—	—	—	—	—	—
Dekalin	−45	—	—	—	—	—	—	—	—
	−21	—	—	2,0	2,1	—	—	—	—
	0	—	—	1,4	1,5	—	—	—	—
	+20	—	—	1,12	1,23	—	—	—	—
	40	—	—	0,82	0,92	—	—	—	—
Dimethylformamid	0	—	—	—	—	750	750	—	77,4
	25	0,06	0,06	4,6	4,70	—	—	—	30,8
Glycerin	25	—	—	0,028	0,022	—	—	—	—
Hexan	20	—	—	—	—	3,39	(5,06)	4,1	5,8
	25	—	—	—	—	2,7	4,1	—	—
	40	—	—	—	—	—	—	—	—
	70	—	—	—	—	—	—	—	—
Methanol	−80	—	—	200	220	—	—	—	—
	−40	—	—	21,5	24,5	—	—	—	—
	−20	—	—	9,8	11,4	—	—	—	—
	0	—	—	5,3	6,3	540	645	440	530
	+20	0,21	0,25	3,3	4,1	423	518	270	330
	40	0,21	0,26	2,5	3,2	323	406	≈160	≈200
Tetrachlorkohlenstoff	−20	0,198	0,115	—	—	—	—	—	—
	0	0,198	0,117	—	—	5,9	3,5	—	—
	+20	0,200	0,121	—	—	4,2	2,5	7,2	(4,1)
	40	0,202	0,125	2,3	1,4	—	—	—	—

[1] Beim Sättigungsdruck

anorganische Verbindungen

λ in $\frac{\text{Ncm}^3\,(\text{Gas})}{\text{g}\,(\text{Lsgm.})\,\text{at}}$, α'_H s. S. 1203

NO		N_2O			H_2O		H_2S		SO_2		
α	λ	α'_H	α	λ	ppm (Gew.)[1]	λ	α	λ	α'_H	α	λ
—	—	—	—	—	—	—	—	3000	—	—	—
—	—	—	—	—	—	—	300	340	—	—	—
—	—	9,05	—	—	—	—	—	—	—	616	735
—	—	7,64	—	—	—	—	—	—	276	—	—
—	—	6,45	—	—	—	—	—	—	—	—	—
—	—	4,73	—	—	—	—	—	—	171	—	—
—	—	—	—	—	—	—	—	—	—	—	—
—	—	—	—	—	—	—	—	—	—	—	—
$0{,}31_5$	0,38	—	4,2	5,0	—	—	17,8	21,4	—	330	395
$0{,}28_5$	$0{,}34_5$	—	3,5	4,3	—	—	12,0	14,6	—	190	230
$0{,}26_5$	$0{,}32_5$	—	3,0	3,7	—	—	7,4	9,1	—	120	150
—	—	—	—	—	—	—	—	—	—	—	—
0,26	0,29	—	4,26	4,63	310	31	—	—	—	—	—
0,27	0,30	—	3,68	4,05	450	23,5	15	16,6	84,8	—	—
0,28	0,31	(3,67)	—	—	550	21	—	—	70,0	—	—
—	—	(4,12)	2,79	3,15	910	15	—	—	43,0	—	—
—	—	—	—	—	1700	$10{,}_5$	—	—	25,4	—	—
—	—	—	—	—	—	—	—	—	—	—	—
—	—	—	—	—	—	—	—	—	—	—	—
—	—	—	—	—	—	—	—	—	—	—	—
—	—	—	—	—	—	—	—	—	—	—	—
—	—	—	—	—	—	—	—	—	—	—	—
—	—	—	—	—	—	—	—	—	169,3	—	—
—	—	3,38	—	—	—	—	13,7	12,0	59,1	—	—
—	—	2,65	—	—	—	—	—	—	29,9	—	—
—	—	—	—	—	—	—	—	—	12,2	—	—
—	—	—	—	—	—	—	—	—	—	—	—
—	—	—	—	—	—	—	—	—	—	—	—
—	—	—	—	—	—	—	32,3	20,9	—	—	—
—	—	—	—	—	—	—	—	—	—	—	—
—	—	—	—	—	30	6,1	—	—	—	—	—
—	—	—	—	—	100	5,0	7,2	9,0	—	—	—
—	—	—	—	—	125	4,8	—	—	—	—	—
—	—	—	—	—	270	4,4	—	—	—	—	—
—	—	—	—	—	1020	4,0	—	—	—	—	—
—	—	—	—	—	—	—	44	46	—	—	—
—	—	—	—	—	—	—	19	20	—	—	—
—	—	—	—	—	—	—	11	12	—	—	—
—	—	—	—	—	—	—	—	—	—	≈7,0	≈7,7
—	—	—	—	—	—	—	—	—	—	—	—
—	—	—	—	—	—	—	—	—	—	963	962
—	—	—	—	—	—	—	—	—	—	—	—
—	—	—	—	—	—	—	2,0	1,5	—	—	—
—	—	—	—	—	115	6,0	—	—	—	6,2	8,9
—	—	—	—	—	150	5,6	—	—	—	—	—
—	—	—	—	—	280	4,7	—	—	—	—	—
—	—	—	—	—	950	3,7	—	—	—	—	—
—	—	—	—	—	—	—	1270	1400	—	—	—
—	—	—	—	—	—	—	153	175	—	—	—
—	—	—	—	—	—	—	58	68	—	—	—
0,36	0,43	—	—	—	—	—	29	35	—	710	850
0,33	0,40	—	3,1	3,79	—	—	17	21	—	210	255
—	—	—	—	—	—	—	—	—	—	—	—
—	—	—	—	—	—	—	—	—	—	—	—
—	—	—	6,07	3,60	≈34	≈6,8	—	—	—	—	—
0,33	0,20	(4,57)	4,26	2,59	≈85	≈4,4	10,2	6,2	21,7	—	—
—	—	(3,67)	3,11	1,94	≈175	≈2,9	—	—	12,5	—	—

Lösungsmittel	°C	CO α	CO λ	CO_2 α	CO_2 λ	HCl α	HCl λ	NH_3 α	NH_3 λ
Toluol	−80	—	—	—	21	—	37	—	—
	−60	≈0,42	≈0,43	≈8,5	≈8,7	—	—	—	—
	−40	≈0,31	≈0,33	≈4,2	≈4,4	—	—	—	—
	0	—	—	3,25	3,5	—	—	9,2	10,1
	+20	0,16	0,18	2,7	3,0	11	12,6	7,2	(7,5)
	30	—	—	2,5	2,8	—	—	5,6	6,3
	60	—	—	—	—	—	—	—	—
Trichloräthylen	−70	—	—	37	23	—	—	—	—
	−46	—	—	13,1	8,3	—	—	—	—
	−21	—	—	6,5	4,2	—	—	—	—
	0	—	—	3,8	2,5	—	—	—	—
	+20	—	—	—	—	5,4	(3,5)	—	—
Xylol (techn.)	−60	≈0,31	≈0,32	≈7,6	≈7,8	—	—	—	—
	−40	≈0,22	≈0,23	≈4,7	≈4,9	—	—	—	—
	0	—	—	—	—	—	—	—	—
	+20	0,16	0,17	2,0	2,3	—	—	—	—
	25	0,16	0,18	1,9	$2{,}1_5$	—	—	—	—

[1] Beim Sättigungsdruck.

4273244. Gasförmige

α in $\frac{\text{Ncm}^3\,(\text{Gas})}{\text{cm}^3\ (\text{Lsgm.})\ \text{atm}}$,

Lösungsmittel	Temp. °C	$CClH_3$ (Methylchlorid) α'_H	$CClH_3$ α	$CClH_3$ λ	CH_4 (Methan) α	CH_4 λ	C_2H_2 (Acetylen) α'_H	C_2H_2 α	C_2H_2 λ
Aceton	−80	—	—	—	1,27	1,37	—	≈650	≈700
	−40	—	—	—	0,81	0,92	—	160	181
	0	—	—	—	0,623	0,742	38,6	42	50
	+10	—	—	—	0,60	0,72	30,7	32	38
	25	69,3	—	—	0,56	0,69	22,0	21	26
	40	—	—	—	0,533	0,669	16,2	$14{,}_5$	18
Äthanol	20	—	34,7	42,5	—	—	—	—	—
	25	—	—	—	0,494	0,609	—	5,7	7,0
Benzol	10	—	—	—	—	—	6,18	—	—
	20	—	47,2	52	0,528	0,582	5,20	4,74[1]	5,22[1]
	25	55,9	—	—	—	—	4,82	4,35[1]	4,82[1]
	30	—	—	—	0,51	0,57	4,50	4,03[1]	4,49[1]
	45	—	—	—	0,49	0,56	3,62	3,22[1]	3,66[1]
Chlorbenzol	−40	—	—	—	$0{,}66_5$	0,55	—	—	—
	0	—	—	—	0,498	0,428	5,19	—	—
	+20	(47,2 b.25° C)	—	—	0,448	0,392	3,80	—	—
	40	—	—	—	0,413	0,367	2,92	—	—
	70	—	—	—	0,37	0,34	2,18	—	—
Chloroform	20	—	68	44	—	—	—	—	—
	25	—	—	—	—	—	—	3,8	2,5
Dekalin	−60	—	—	—	—	—	—	—	—
	−30	—	—	—	$0{,}8_5$	0,9	—	—	—
	0	—	—	—	$0{,}4_5$	0,5	—	—	—
	+20	—	—	—			—	—	—
Dimethylformamid	0	—	—	—	0,44	0,44	—	67	67
	25	—	—	—	0,32	0,33	—	31	32
	100	—	—	—	—	—	—	4,0	4,4
Glykol (Äthylenglykol)	25	—	—	—	—	—	—	—	—

[1] Aus Interpolationsformel nach J. Vítovec u. K. Fried, Collect. czechoslov. chem. Commun. 25 (1960) 1522 berechnet.

NO		N_2O			H_2O		H_2S		SO_2		
α	λ	α'_H	α	λ	ppm (Gew).[1]	λ	α	λ	α'_H	α	λ
—	—	—	—	—	—	—	—	—	—	—	—
—	—	—	—	—	—	—	—	—	—	—	—
—	—	—	—	—	—	—	—	—	—	—	—
—	—	—	—	—	≈155	≈31	—	—	—	—	—
—	—	—	—	—	≈385	≈20	—	—	81,6	—	—
—	—	—	—	—	≈570	≈16	—	—	48,3	—	—
—	—	—	—	—	≈1630	≈10	—	—	23,4	—	—
—	—	—	—	—	—	—	—	—	—	—	—
—	—	—	—	—	—	—	—	—	—	—	—
—	—	—	—	—	—	—	—	—	—	—	—
—	—	—	—	—	—	—	—	—	—	—	—
—	—	—	—	—	—	—	12,5	8,3	—	—	—
—	—	—	—	—	—	—	—	—	—	—	—
—	—	—	—	—	—	—	—	—	—	—	—
—	—	—	—	—	≈120	≈24	—	—	—	—	—
—	—	—	—	—	≈320	≈17	—	16,6	—	—	—
—	—	—	—	—	≈400	≈15	—	—	—	—	—

organische Verbindungen

λ in $\frac{\text{Ncm}^3\text{(Gas)}}{\text{g(Lsgm.) at}}$, α'_H s. S. 1203

C_2H_4 (Äthylen)			C_2H_6 (Äthan)			C_3H_6 (Propylen)		C_3H_8 (Propan)	
α'_H	α	λ	α'_H	α	λ	α	λ	α	λ
—	48	52	—	—	—	—	—	—	—
—	11,1	12,5	—	—	—	—	—	—	—
4,84	4,8	5,7	4,20	—	—	—	—	—	—
4,31	4,1	4,9	3,76	—	—	—	—	—	—
3,64	3,2	3,9	3,23	—	—	≈11	≈14	—	—
3,14	—	—	2,79	—	—	—	—	—	—
—	—	—	—	—	—	—	—	—	—
—	2,35	2,89	—	2,63	3,24	—	—	—	—
4,02	—	—	4,89	—	—	—	—	—	—
3,59	—	—	4,36	—	—	—	—	—	—
3,40	—	—	4,12	—	—	—	—	—	—
3,24	—	—	3,92	—	—	—	—	—	—
2,83	—	—	3,40	—	—	—	—	—	—
—	—	—	—	—	—	—	—	—	—
3,88	—	—	4,90	—	—	—	—	—	—
3,02	—	—	3,75	—	—	—	—	—	—
2,46	—	—	3,01	—	—	—	—	—	—
1,93	—	—	2,31	—	—	—	—	—	—
—	—	—	—	—	—	—	—	—	—
—	—	—	—	—	—	—	—	—	—
—	9,9	10,2	—	—	—	—	—	—	—
—	5,3	5,6	—	—	—	—	—	—	—
—	3,4	3,7	—	—	—	—	—	—	—
—	—	—	—	—	—	—	—	—	—
—	$2{,}3_7$	$2{,}3_7$	2,0	2,0	2,0	—	—	6,5	6,5
—	$1{,}3_8$	$1{,}4_2$	1,6	1,50	1,54	8,1	8,3	4,0	4,1
—	—	—	—	—	—	—	—	—	—
—	—	—	—	0,215	—	—	—	—	—

Lösungs- mittel	Temp. °C	$CClH_3$ (Methylchlorid)			CH_4 (Methan)		C_2H_2 (Acetylen)		
		α'_H	α	λ	α	λ	α'_H	α	λ
n-Hexan	−60	—	—	—	—	—	—	—	—
	−40	—	—	—	—	—	—	—	—
	0	—	—	—	—	—	—	—	—
	+20	—	—	—	0,57	0,84	—	—	—
	40	—	—	—	—	—	—	—	—
Methanol	−80	—	—	—	—	—	—	490	540
	−40	—	—	—	—	—	—	72	82
	−20	—	—	—	—	—	—	36	42
	0	—	—	—	—	—	—	19	23
	+10	—	—	—	—	—	—	—	—
	20	—	—	—	—	—	—	—	—
	25	—	—	—	0,506	0,623	—	—	—
Tetrachlor- kohlenstoff	−20	—	—	—	0,873	0,506	—	—	—
	0	—	89[2]	53[2]	0,762	0,452	3,97	—	—
	+10	—	53[2]	32[2]	—	—	3,48	—	—
	20	—	37[2]	22[2]	0,677	0,410	3,10	—	—
	40	—	—	—	0,613	0,381	2,50	—	—
Toluol	−60	—	—	—	1,05	1,07	—	—	—
	−40	—	—	—	0,80	0,84	—	—	—
	−20	—	—	—	0,62	0,66	—	—	—
	0	—	—	—	0,43	0,46	—	—	—
	+20	—	—	—	—	—	—	4,20[1]	4,69[1]
	60	—	—	—	(0,37)	(0,43)	—	2,24[1]	2,61[1]
Trichlor- äthylen	−80	—	—	—	—	—	—	—	—
	−40	—	—	—	—	—	—	—	—
	0	—	—	—	—	—	—	—	—
Xylol (techn.)	−60	—	—	—	1,05	1,07	—	—	—
	−40	—	—	—	0,81	0,85	—	—	—
	−20	—	—	—	0,63	0,68	—	—	—
	0	—	—	—	0,44	0,47	—	—	—
	+20	—	—	—	0,37	0,41	—	—	—

[1] Siehe Fußnote 1, S. 1226 (unten) [2] Beim Teildruck 1 at. Henry-Gesetz gilt nicht.

427325. Löslichkeit von Quecksilberdampf in Flüssigkeiten[1]

Lösungsmittel	Temp. °C	Löslichkeit[2]	
		µMol/l	10^{-4} Gew.%
Wasser	25	0,3	0,06
	120	5,0	$1{,}0_5$
Benzol	25	12,0	$2{,}7_5$
Cyclohexan	25	11,0	$2{,}8_5$
Decan	25	5,5	1,5
Hexan	25	6,4	2,0
	40	13,5	4,2
	63	50,8	
Isopentan	25	5,5	
Methanol	25	0,78 (1,52)	0,20 (0,39)
	40	3,0	0,78
	63	18,0	
Pentan	25	5,8	
Tetrachlor- kohlenstoff	25	7,5	0,95
Toluol	25	12,5	2,9

[1] R. R. Kuntz u. G. J. Mains, J. phys. Chem. **68** (1964) 408. [2] Beim Sättigungsdruck.

C_2H_4 (Äthylen)			C_2H_6 (Äthan)			C_3H_6 (Propylen)		C_3H_8 (Propan)	
α'_H	α	λ	α'_H	α	λ	α	λ	α	λ
—	14,8	19,5	—	—	—	—	—	—	—
—	8,6	11,7	—	—	—	—	—	—	—
—	3,3	4,7	—	—	—	—	—	—	—
—	1,8	$2{,}6_5$	—	3,1	4,6	—	—	—	—
—	—	—	—	2,7	4,0	—	—	—	—
—	—	—	—	51	56	—	—	—	—
—	8,9	10,2	—	8,5	9,7	160	180	92	105
—	5,2	6,1	—	4,8	5,6	36	42	25	29
—	3,4	4,1	—	3,0	3,6	17	20	12,3	14,7
—	2,8	3,4	—	2,6	3,1	—	—	9	11
—	—	—	—	—	—	—	—	7	9
—	2,41	2,97	—	2,14	2,64	—	—	—	—
—	—	—	—	—	—	—	—	—	—
5,03	—	—	7,65	—	—	—	—	—	—
4,12	—	—	6,60	—	—	—	—	—	—
3,92	—	—	5,72	—	—	—	—	—	—
3,16	—	—	4,45	—	—	—	—	—	—
—	16,4	16,8	—	—	—	220	226	—	—
—	8,8	9,2	—	—	—	120	126	—	—
—	5,6	6,0	—	—	—	53	57	—	—
—	3,2	3,4	—	—	—	27	29	—	—
—	(1,9)	(2,2)	—	—	—	(13)	(14,5)	—	—
—	—	—	—	—	—	—	—	—	—
—	≈65	≈40	—	—	—	—	—	—	—
—	7,9	12,5	—	—	—	—	—	—	—
—	(2,8)	4,3	—	—	—	—	—	—	—
—	15,0	15,4	—	—	—	—	—	—	—
—	8,5	8,9	—	—	—	—	—	—	—
—	5,7	6,1	—	—	—	75[2]	80[2]	—	—
—	3,3	3,5	—	—	—	37[2]	40[2]	—	—
—	(2,0)	(2,2)	—	—	—	21	23	—	—

427326. Löslichkeit von Gasen in Ölen, Gummi, Gläsern

4273261. Bunsenscher Löslichkeitskoeffizient in Kerosin bei 20° C

Gas	α in $\frac{\text{Ncm}^3\,(\text{Gas})}{\text{cm}^3\,(\text{Lsgm.})\cdot\text{atm}}$	Gas	α in $\frac{\text{Ncm}^3\,(\text{Gas})}{\text{cm}^3\,(\text{Lsgm.})\cdot\text{atm}}$
Kohlenstoffmonoxid	≈0,10	Sauerstoff	0,20
Kohlenstoffdioxid	1,5	Schwefeldioxid	≈12
Krypton	0,6	Schwefelwasserstoff	$2{,}_3$
Luft	0,14	Stickstoff	0,12
Methan	≈0,5	Wasserstoff	≈0,08
		Xenon	3,2

4273262. Bunsenscher Löslichkeits-

Öl	Dichte		Zähigkeit		Oberflächenspannung	
	g/cm³	bei °C	cSt.	bei °C	dyn/cm	bei °C
Apiezonöl „GW“	0,878	20	183	20	31,7	20
	0,842	80	10,8	80	27,3	80
Clophen A 40	1,49	20	—	—	—	—
Dibutylphthalat	1,035	20	20,1	20	—	—
Paraffinöl	0,889	20	272	20	24	20
Vaseline	0,840	70	19,4	70	—	—
Siliconöl	0,971	20	107,5	20	26,7	20
DC 200	0,919	80	39,1	80	24,0	80
Siliconöl	1,072	20	37,1	20	29,1	20
DC 702	1,023	80	6,3	80	26,7	80
Öl „A 1“[1]	0,894	15	615	38	—	—
			34,4	99		
Öl „A 2“[1]	0,885	15	268	38	—	—
			20,3	99		
Öl „A 3“[1]	0,884	15	181	38	—	—
			15,7	99		
Öl „A 4“[1]	0,873	15	80,3	38	—	—
			9,1	99		
Öl „A 5“[1]	0,869	15	34,9	38	—	—
			5,4	99	—	—
Öl „B“[1]	0,890	15	260	38	—	—
			20	99	—	—
Kerosin	0,822	15	2,75	0	—	—
Oel „C“ („100 Octan“)	0,7096	15	—	—	—	—
Oel „D“ („100 Octan“)	0,7188	15	—	—	—	—
„Fuel Nr. 19“[2]	0,7665	15,6	3,60	17,7	—	—
„Fuel Nr. 20“[2] (22 % Aromaten)	0,8285	15,6	3,80	17,7	—	—

[1] Nach R. R. Baldwin u. S. G. Daniel: J. Inst. Petrol. **39**, 105 (1953).
[2] Nach L. D. Derry, E. B. Evans, B. A. Faulkner u. E. C. G. Jelfs: J. Inst. Petr. **28**, 475 (1952).

4273263. Löslichkeit in Mineralölen bei hohen Drücken

Gas	Gesamtdruck at	Teildruck at	Lösungsmittel	λ $\left(\frac{\text{Ncm}^3\text{(Gas)}}{\text{g (Lsgm.) at}}\right)$ bei 25° C	bei 50° C	L $\left(\frac{\text{Ncm}^3\text{(Gas)}}{\text{cm}^3\text{ (Lsgm.)}}\right)$ bei 25° C
Kohlenstoffdioxid	—	3—15	Gasöl[1]	1,1	0,8	—
Kohlenstoffmonoxid	—	5—25	Gasöl[1]	0,107	0,11	—
Methan	—	3—15	Gasöl[1]	0,38	0,33	—
	50	—	Gasöl[2]	—	—	19
	100	—	Gasöl[2]	—	—	39
	150	—	Gasöl[2]	—	—	60
	—	3—15	Dieselöl[3]	0,54	0,43	—
	50	—	Schweröl[4]	—	—	24
	100	—	Schweröl[4]	—	—	50
	—	0—20	Benzin[5]	(0,73 b. 30°)	—	—

Fortsetzung der Tabelle auf S. 1232, Fußnoten s. S. 1231.

koeffizient in Ölen und Fetten

Mol-Gewicht	Löslichkeit α in $\frac{\text{Ncm}^3\,(\text{Gas})}{\text{cm}^3\,(\text{Lsgm.}) \cdot \text{atm}}$							
	Ar	CO_2	H_2	He	N_2	O_2	Luft	bei °C
450	—	—	—	0,013	—	—	0,08	20
	—	—	—	0,028	—	—	—	80
256	$0,06_5$	—	—	—	0,029	—	—	20
278	0,15	—	—	—	$0,05_6$	—	$0,07_5$	20
430	0,15	—	0,04	—	$0,06_9$	—	—	20
—	0,11	—	—	—	$0,05_8$	—	—	70
400	—	—	—	0,029	—	—	0,15	20
	—	—	—	0,051	—	—	—	80
530	—	—	—	0,015	—	—	0,09	20
	—	—	—	0,024	—	—	—	80
670	—	0,853	—	—	0,0662	0,124	0,0783	20
610	—	0,861	0,0465	—	0,0664	0,126	0,0792	20
	—	0,420	0,0590		0,0739	0,118	0,0818	100
570	—	0,887	—	—	0,0717	0,129	0,0843	20
530	—	0,911	—	—	0,0748	0,137	0,0878	20
400	—	0,966	0,0483	—	0,0762	0,145	0,0903	20
	—	0,467	0,0658	—	0,0818	0,130	0,0926	100
630	—	0,850	—	—	0,0644	0,120	0,0752	20
165	—	1,51	—	—	0,118	0,212	0,136	20
≈100	—	—	—	—	—	—	0,243	20
≈100	—	—	—	—	0,204	0,344	0,235	20
—	—	—	—	—	—	—	0,152	18
—	—	—	—	—	—	—	0,123	18

[1] Russisches Gasöl aus katalytischer Krackung.
Siedebereich 227—355° C
$d_4^{20}=0,8904$
Flammpunkt 74° C, Stockpunkt 10,5° C
$n_D^{20}=1,5090$; Jodzahl 5,9; Schwefelgehalt 1,8 Gew.% (M. I. LEWINA [Brennstoff-chemie u. Technol.] russ. 1960, Nr. 4, S. 5).

[2] Amerikanisches Öl. Dichte bei 25° 0,8319
Dampfdruck bei 25° C 2 mm Hg (K. FROLICH, E. J. TAUCH, J. J. HOGAN u. A. A. PEER, Ind. Engng. Chem. **23** (1931) 548).

[3] Russisches Öl. Siedebereich 207—351° C
$d_4^{20}=0,8329$
Flammpunkt 73° C, Stockpunkt —18,5° C
Schwefelgehalt 0,85 Gew.% (Lit. s. unter [1]).

[4] Amerikanisches Öl. Dichte bei 25° C 0,8003 g/cm³
Dampfdruck bei 25° C 80 mm Hg (Lit. s. unter [2]).

[5] Siedebereich nach Vorbehandlung mit H_2SO_4 und NaOH
79,4—88,5° C bei 38 mm Hg
Dichte bei 30° C 0,7894 g/cm³
$n_D^{23}=1,4399$
Hoher Naphthengehalt (R. D. POMEROY, W. N. LACEY, N. F. SCUDDER u. F. P. STAPP, Ind. Engng. Chem. **25** (1933) 1014).

Gas	Gesamt-druck at	Teil-druck at	Lösungs-mittel	λ $\left(\frac{Ncm^3 (Gas)}{g (Lsgm.) at}\right)$ bei 25° C	λ bei 50° C	L $\left(\frac{Ncm^3 (Gas)}{cm^3 (Lsgm.)}\right)$ bei 25° C
Stickstoff	—	5—40	Gasöl[1]	0,076	0,082	—
	50	—	Gasöl[2]	—	—	4,7
	100	—	Gasöl[2]	—	—	8,7
	150	—	Gasöl[2]	—	—	12,0
	—	5—40	Dieselöl[3]	0,10	0,11	—
	50	—	Schweröl[4]	—	—	4,9
	100	—	Schweröl[4]	—	—	8,8
	150	—	Schweröl[4]	—	—	12,3
Wasserstoff	—	5—40	Gasöl[1]	0,044	0,055	—
	50	—	Gasöl[2]	—	—	3,1
	100	—	Gasöl[2]	—	—	6,1
	200	—	Gasöl[2]	—	—	12,3
	—	5—40	Dieselöl[3]	0,064	0,074	—
	50	—	Schweröl[4]	—	—	3,2
	100	—	Schweröl[4]	—	—	6,3
	200	—	Schweröl[4]	—	—	12,4

Fußnoten 1231.

4273264. Löslichkeit in natürlichem und synthetischem Gummi bei 20° C

Gas	α in $\frac{Ncm^3 (Gas)}{cm^3 (Lsgm.) atm}$	Gas	α in $\frac{Ncm^3 (Gas)}{cm^3 (Lsgm.) \cdot atm}$
Ammoniak	8...40	Sauerstoff	0,08...0,11
Butan	18	Schwefeldioxid	15...50
Helium	0,01	Schwefelwasserstoff	≈270
Kohlenstoffdioxid	0,9...1,0	Stickstoff	0,035...0,07
Luft	0,045	Wasserstoff	0,025...0,035
Methan	0,27		

4273265. Löslichkeit von Gasen in Pyrex-Glas und Quarzglas

Gas	°C	α in $\frac{Ncm^3 (Gas)}{cm^3 (Lsgm.) \cdot atm}$ in Pyrexglas	in Quarzglas
Argon	1170	Unmeßbar klein	—
Helium	20	0,0084	0,01
	500	0,0084	0,01
Sauerstoff	1170	unmeßbar klein	
Wasserstoff	200		0,005
	600		0,008
	1000		0,010
	1170	(0,06 Ncm^3 (H_2)/g (Glas) beim H_2-Teildruck 10 Torr)	

4274. Lösungsgleichgewichte von Lösungsmitteln untereinander

Es ist eine Tabelle über die physikalisch-chemischen Eigenschaften von Lösungsmitteln vorangestellt. Die Daten der Tabelle der Lösungsgleichgewichte sind der Arbeit W. M. Jackson und J. S. Drury, Ind. Eng. Chem. 51, 1491 (1959), entnommen.

Name	Formel	Relative Molekularmasse	Dichte	n_D	V °C	Flammpunkt	L in H_2O g/100 g H_2O
Tetrachlorkohlenstoff	CCl_4	153,82	$1,5924^{20}$	$1,4631^{15}$	76,7	nicht brennbar	0,077 bei 20°
Chloroform	$CHCl_3$	119,38	$1,4817^{20}$	$1,4486^{15}$	61,2	nicht brennbar	0,82 bei 20°
Dichlormethan	CH_2Cl_2	84,93	$1,336^{20}$	$1,424^{20}$	40,67	nicht brennbar	2 bei 20°
Ameisensäure	CH_2O_2	46,03	$1,22026^{20}$	$1,3719^{20}$	100,75	+69	∞
Methanol	CH_4O	32,04	$0,7952^{15}$	$1,33057^{15}$	64,7	+11	∞
Schwefelkohlenstoff	CS_2	76,14	$1,2705^{15}$	$1,62546^{20}$	46,4	−30	0,2 bei 20°
Tetrachloräthylen	C_2Cl_4	165,83	$1,6239^{15}$	$1,50547^{20}$	121,1	nicht brennbar	unl.
Trichloräthylen	C_2HCl_3	131,39	$1,4695^{15}$	$1,45914^{17}$	86,9	nicht brennbar	unl.
Pentachloräthan	C_2HCl_5	202,30	$1,6881^{15}$	$1,5054^{15}$	161,95	nicht brennbar	unl.
Dichloräthylen, cis	$C_2H_2Cl_2$	96,94	$1,2913^{15}$	$1,4519^{15}$	60,25	5...6	unl.
Dichloräthylen, trans	$C_2H_2Cl_2$	96,94	$1,2650^{15}$	$1,44903^{15}$	48,35	5...6	unl.
Tetrachloräthan	$C_2H_2Cl_4$	167,85	$1,6026^{15}$	$1,4968^{15}$	146,35	nicht brennbar	wl.
1,2-Dichloräthan	$C_2H_4Cl_2$	98,96	$1,2529^{20}$	$1,44759^{15}$	84,1	13...14	0,865 bei 25°
Ameisensäuremethylester	$C_2H_4O_2$	60,05	$0,9742^{20}$	$1,3415^{25}$	31,5	−19	21,2 bei 20°
Essigsäure	$C_2H_4O_2$	60,05	$1,0492^{20}$	$1,3744^{15}$	118,5	+42	∞
Äthylenchlorhydrin	C_2H_5ClO	80,51	$1,2022^{20}$	$1,4438^{15}$	128	+60	∞
Äthanol	C_2H_6O	46,07	$0,79367^{15}$	$1,3595^{25}$	78,32	+12	∞
Glykol	$C_2H_6O_2$	62,07	$1,11307^{20}$	$1,43178^{20}$	197,4	+111	mischbar
Aceton	C_3H_6O	58,08	$0,7906^{20}$	$1,36157^{15}$	56,2	−18	∞
Ameisensäureäthylester	$C_3H_6O_2$	74,08	$0,9117^{25}$	$1,35975^{20}$	54,1	−20	11,1 bei 18°
Essigsäuremethylester	$C_3H_6O_2$	74,08	$0,9274^{25}$	$1,35935^{20}$	56,95	−10	24,35 bei 20°
Isopropanol	C_3H_8O	60,10	$0,78505^{20}$	$1,3771^{20}$	82,4	+12	∞
Propanol	C_3H_8O	60,10	$0,8035^{20}$	$1,38533^{20}$	97,4	+15	∞
Glykolmonomethyläther	$C_3H_8O_2$	76,10	$0,9647^{20}$	$1,40238^{20}$	124,5	+52	mischbar

Name	Formel	Relative Molekularmasse	Dichte	n_D	V °C	Flammpunkt	L in H_2O g/100 g H_2O
Essigsäureanhydrid	$C_4H_6O_3$	102,09	1,08712^{15}	1,39006^{20}	140	+53	13,6
Oxalsäuredimethylester	$C_4H_6O_4$	118,09	1,1597^{56}	1,3915^{56}	164,2		
Äthylmethylketon	C_4H_8O	72,11	0,8101^{15}	1,3814^{15}	79,6	−1	20,9 bei 20°
Dioxan	$C_4H_8O_2$	88,11	1,0336^{20}	1,4244^{15}	101,3	+15	∞
Essigsäureäthylester	$C_4H_8O_2$	88,11	0,9005^{20}	1,37275^{20}	77,06	−2	8,53 bei 20°
Glykolmonoacetat	$C_4H_8O_3$	104,11				188	löslich
Butanol	$C_4H_{10}O$	74,12	0,8099^{20}	1,40118^{15}	117,5	+38	6,8 bei 18°
Diäthyläther	$C_4H_{10}O$	74,12	0,71378^{20}	1,35555^{20}	34,6	−45	6,4 bei 25°
Isobutanol	$C_4H_{10}O$	74,12	0,8027^{20}	1,39768^{15}	107,7	+28	10 bei 18°
Glykolmonoäthyläther	$C_4H_{10}O_2$	90,12	0,9297^{20}	1,40797^{20}	134,5	+44	mischbar
Furfurol	$C_5H_4O_2$	96,09	1,1598^{20}	1,5241^{24,8}	161,7	+60	löslich
Essigsäureisopropylester	$C_5H_{10}O_2$	102,13	0,8732^{18}	—	88,8	+4	3,09 bei 20°
Essigsäurepropylester	$C_5H_{10}O_2$	102,13	0,8884^{20}	1,3847^{20}	101,6	+14	1,89 bei 20°
Propionsäureäthylester	$C_5H_{10}O_2$	102,13	0,8827^{25}	1,3862^{15}	99,1	+12	2,2 bei 25°
Glykolmonomethylätheracetat	$C_5H_{10}O_3$	118,13	1,009^{19}		144,5		leicht löslich
Kohlensäurediäthylester	$C_5H_{10}O_3$	118,13	0,98043^{15}	1,38654$^{15}_{He}$	125,8		
Milchsäureäthylester	$C_5H_{10}O_3$	118,13	1,0545^{0}		154		∞
Pentan	C_5H_{12}	72,15	0,6263^{20}	1,36057^{13}	36,15	< −10	nicht mischbar
Isoamylalkohol	$C_5H_{12}O$	88,15	0,8083^{25}	1,4053^{20}	131,2	+45	2,82 bei 20°
Chlorbenzol	C_6H_5Cl	112,56	1,1117^{15}	1,52748^{15}	132	+29	0,049 bei 30°
Benzol	C_6H_6	78,11	0,8788^{20}	1,5007^{20,2}	80,2	−8	0,181 bei 20°
Cyclohexanon	$C_6H_{10}O$	98,15	0,9466^{20}	1,453^{15,3}	156	+34	löslich
Oxalsäurediäthylester	$C_6H_{10}O_4$	146,14	1,0792^{20}	1,4100^{20}	185,4		wl.
Cyclohexanol	$C_6H_{12}O$	100,16	0,9376^{36,6}	1,461^{37}	160	+68	löslich
Buttersäureäthylester	$C_6H_{12}O_2$	116,16	0,8718^{25}	1,39302^{18}	121,2	+26	0,62 bei 22°
Essigsäurebutylester	$C_6H_{12}O_2$	116,16	0,8824^{18}	1,39614^{15}	126,5	29	1 bei 22°
Essigsäureisobutylester	$C_6H_{12}O_2$	116,16	0,8747^{20}	1,3901^{20}	117,2		0,67 bei 20°
Propionsäurepropylester	$C_6H_{12}O_2$	116,16	0,8809^{20}	1,3930^{25}	123,4		

Glykolmonoäthylätheracetat	$C_6H_{12}O_3$	132,16	$0{,}976^{15}$	$1{,}4030^{25}$	156,2		
Hexan	C_6H_{14}	86,18	$0{,}6638^{15}$	$1{,}37787^{15}$	68,8	<-10	
Glykolmonobutyläther	$C_6H_{14}O_2$	118,18	$0{,}9011^{15}_{15}$	$1{,}4177^{26}$	171	+60	mischbar 1:1
Toluol	C_7H_8	92,14	$0{,}8716^{15}$	$1{,}49985^{15}$	110,8	+7	0,047 bei 16°
Benzylalkohol	C_7H_8O	108,14	$1{,}0442^{22,5}$	$1{,}5373^{219}$	205,5	+101	4 bei 17°
Methylcyclohexanon	$C_7H_{12}O$	112,17	$0{,}9240^{20}$	$1{,}450^{14,6,}$	165	+48	unl.
Methylcyclohexanol	$C_7H_{14}O$	114,19	$0{,}9302^{20}$	$1{,}459^{24,7}$	155	+68	unl.
Buttersäurepropylester	$C_7H_{14}O_2$	130,19	$0{,}89299^{0}$	$1{,}3980^{25}$	143,8		0,162 bei 17°
Essigsäureisoamylester	$C_7H_{14}O_2$	130,19	$0{,}8670^{20}$	$1{,}4003^{20}$	142		0,25 bei 15°
Propionsäurebutylester	$C_7H_{14}O_2$	130,19	$0{,}8818^{15}$	$1{,}4038^{15}$	146,8		
Heptan	C_7H_{16}	100,21	$0{,}6836^{20}$	$1{,}38777^{20}$	98,34	<-10	fast unl.
o-Xylol	C_8H_{10}	106,17	$0{,}8811^{20}$	$1{,}5052^{20}$	143,6	+28	unl.
m-Xylol	C_8H_{10}	106,17	$0{,}8656^{20}$	$1{,}497^{20}$	139	+24	unl.
p-Xylol	C_8H_{10}	106,17	$0{,}861^{20}$	$1{,}4958^{20}$	138,4	>28	unl.
Cyclohexanolacetat	$C_8H_{14}O_2$	142,20	$0{,}9806^{12}$	$1{,}4446^{12}_{He}$	174		
Buttersäurebutylester	$C_8H_{16}O_2$	144,22	$0{,}8712^{15}$	$1{,}4087^{15}$	166,4		
Essigsäurebenzylester	$C_9H_{10}O_2$	150,18	$1{,}0563^{18}$	$1{,}5057^{18}$	215,5	+102	swl.
Tetralin	$C_{10}H_{12}$	132,21	$0{,}9729^{20,2}$	$1{,}5461^{20,2}$	206,5	+78	unl.
p-Cymol	$C_{10}H_{14}$	134,22	$0{,}857^{20}$	$1{,}4933^{13,4}$	176,7	+100	unl.
dl-α-Pinen	$C_{10}H_{16}$	136,24	$0{,}8582^{20}$	$1{,}4658^{20}$	156	+31	
Decalin	$C_{10}H_{18}$	138,25	$0{,}8865^{20}$	$1{,}4753^{15}$	191,7	+57	unl.

			$CHCl_3$	C_2H_6O	C_3H_6O	$C_4H_7ClO_2$	$C_4H_{10}O$	C_5H_5N	$C_5H_{10}O$	$C_5H_{11}NO$	C_6H_6	$C_6H_{12}O_2$	$C_6H_{14}O_4$
			1	3	5	11	12	*1	16	17	19	20	24
1	$CHCl_3$	Chloroform		l	l	l	l		l	l	l	l	l
2	C_2H_5ClO	2-Chloräthanol	l	l	l	l	l	l	l	l	l	l	
3	C_2H_6O	Äthanol	l		l	l	l	l	l	l	l	l	l
4	$C_2H_6O_2$	Äthylenglykol	t	l	l	u	u	l	u	l	u	l	l
5	C_3H_6O	Aceton	l	l		l	l		l	l	l	l	
6	$C_3H_7ClO_2$	3-Chlor-1,2-propandiol	l	l	l	l	l	l	l	l	u	l	
7	$C_3H_8O_2$	Glykolmono-methyläther	l	l	l	l	l	l	l	l	l	l	
8	$C_3H_8O_2$	1,2-Propandiol	l	l	l	l	t	l	l	l	u	l	
9	$C_3H_8O_2$	1,3-Propandiol	l	l	l	u	u	l	l	l	u	l	
10	$C_3H_8O_3$	Glycerin	u	l	u	u	u	l	u	l	u	u	
11	$C_4H_7ClO_2$	Chloressigsäure-äthylester	l	l	l		l		l	l	l	l	l
12	$C_4H_{10}O$	Diäthyläther	l	l	l	l			l	l	l	l	u
13	$C_4H_{10}O_2$	1,3-Butylenglykol	l	l	l	t	t	l	l	l	u	l	
14	$C_4H_{10}O_2$	2,3-Butylenglykol	l	l	l	l	l	l	l	l	t	l	
15	$C_4H_{10}O_2$	Glykolmonoäthyläther	l	l	l	l	l	l	l	l	l	l	
16	$C_5H_{10}O$	Methylisopropylketon	l	l	l	l	l			l	l	l	l
17	$C_5H_{11}NO$	Diäthylformamid	l	l	l	l	l		l		l	l	l
18	$C_5H_{12}O_3$	Diglykolmono-methyläther	l	l	l	l	l	l	l	l	l	l	
19	C_6H_6	Benzol	l	l	l	l	l		l	l		l	t
20	$C_6H_{12}O_2$	Diäthylessigsäure	l	l	l	l	l		l	l	l		l
21	$C_6H_{14}O_2$	Glykolmonobutyläther	l	l	l	l	l	l	l	l	l	l	
22	$C_6H_{14}O_3$	Diglykolmono-äthyläther	l	l	l	l	l	l	l	l	l	l	
23	$C_6H_{14}O_3$	Dipropylenglykol	l	l	l	l	l	l	l	l	l	l	
24	$C_6H_{14}O_4$	Triäthylenglykol	l	l	l	l	u	l	l	l	t	l	
25	$C_6H_{15}N$	Diisopropylamin	l	l	l	l	l		l	r	l	r	l
26	$C_7H_{14}O_2$	Isoamylacetat	l	l	l	l	l		l	l	l	l	u
27	$C_7H_{16}O$	Heptanol-(3)	l	l	l	l	l		l	l	l	l	l
28	$C_8H_{10}O_2$	Glykolmono-phenyläther	l	l	l	l	l	l	l	l	l	l	
29	$C_8H_{11}NO$	o-Phenetidin	l	l	l	l	l		l	l	l	l	l
30	$C_8H_{18}O_2$	Glykoläthylbutyläther	l	l	l	l	l	l	l	l	l	l	
31	$C_8H_{18}O_3$	Diglykoldiäthyläther	l	l	l	l	l	l	l	l	l	l	
32	$C_8H_{18}O_3$	Diglykolmono-butyläther	l	l	l	l	l	l	l	l	l	l	
33	C_9H_8O	Zimtaldehyd	l	l	l	l	l		l	l	l	l	l
34	$C_9H_{10}O_2$	Äthylbenzoat	l	l	l	l	l		l	l	l	l	l
35	$C_9H_{18}O$	Diisobutylketon	l	l	l	l	l		l	l	l	l	u
36	$C_9H_{18}O_2$	Heptylacetat	l	l	l	l	l		l	l	l	l	u
37	$C_{10}H_{15}N$	α-Methylbenzyl-dimethylamin	l	l	l	l	l		l	l	l	l	l
38	$C_{10}H_{23}N$	Diamylamin	l	l	l	l	l		l	r	l	r	t
39	$C_{12}H_{26}O$	Hexyläther	l	l	l	l	l		l	u	l	l	u
40	$C_{12}H_{26}O_3$	Diglykoldibutyläther	l	l	l	l	l	l	l	l	l	l	
41	$C_{14}H_{14}O$	Benzyläther	l	l	l	l	l		l	l	l	l	u

r = die Lösungsmittel reagieren miteinander; l = vollständig löslich; t = teilweise löslich; u = unlöslich. — *1 Pyridin; *2 Salicylaldehyd; *3 o-Kresol; *4 Anisaldehyd; *5 2-Methyl-

$C_6H_{15}N$	$C_7H_6O_2$	C_7H_8O	$C_7H_{14}O_2$	$C_7H_{16}O$	$C_8H_8O_2$	$C_8H_{11}N$	$C_8H_{11}N$	$C_8H_{11}N$	$C_8H_{11}NO$	$C_8H_{19}N$	C_9H_8O	$C_9H_{10}O_2$	$C_9H_{18}O$	$C_9H_{18}O_2$	$C_{10}H_{15}N$	$C_{10}H_{15}NO$	$C_{10}H_{23}N$	$C_{12}H_{19}NO_2$	$C_{12}H_{26}O$	$C_{14}H_{14}O$	
25	*2	*3	26	27	*4	*5	*6	*7	29	*8	33	34	35	36	37	*9	38	*10	39	41	
l		l	l	l					l		l	l	l	l	l		l		l	l	1
r	l	l	l	l	l	r	r	r	l	r	l			l	l	l	l	l	l	l	2
l		l	l	l					l		l	l	l	l	l		l		l	l	3
l	u	l	u	l	u	l	l	l	l	l	u		u	u	l	l	t	l	u	u	4
l		l	l	l					l		l	l	l	l	l		l		l	l	5
r	l	l	l	l	l	l	r	r	l	r	l		l	l	l	l	r	l	u	l	6
l	l	l	l	l	l	l	l	l	l	l	l		l	l	l	l	l	l	l	l	7
l	l	l	l	l	l	l	l	l	l	l	l		u	u	l	l	l	l	u	u	8
l	u	l	u	l	u	l	l	l	l	l	u		u	u	l	l	l	l	u	u	9
l	u	l	u	u	u	l	l	l	u	t	u		u	u	u	l	t	l	u	u	10
l		l	l	l					l		l	l	l	l	l		l		l	l	11
l		l	l	l					l		l	l	l	l	l		l		l	l	12
l	l	l	u	l	u	l	l	l	l	l	u		u	u	l	l	l	l	u	u	13
l	l	l	l	l	l	l	l	l	l	l	l		l	l	l	l	l	l	u	u	14
l	l	l	l	l	l	l	l	l	l	l	l		l	l	l	l	l	l	l	l	15
l		l	l	l					l		l	l	l	l	l		l		l	l	16
r		l	l	l					l		l	l	l	l	l		r		u	l	17
l	l	l	l	l	l	l	l	l	l	l	l		l	l	l	l	l	l	u	l	18
l		l	l	l					l		l	l	l	l	l		l		l	l	19
r		l	l	l					l		l	l	l	l	l		r		l	l	20
l	l	l	l	l	l	l	l	l	l	l	l		l	l	l	l	l	l	l	l	21
l	l	l	l	l	l	l	l	l	l	l	l		l	l	l	l	l	l	u	l	22
l	l	l	l	l	l	l	l	l	l	l	l		l	l	l	l	l	l	u	l	23
l	l	l	u	l	l	l	l	l	l	l	l	l	u	u	l	l	t	l	u	u	24
		l	l	l					l		l	l	l	l	l		l		l	l	25
l		l		l					l		l	l	l	l	l		l		l	l	26
l		l	l						l		l	l	l	l	l		l		l	l	27
l	l	l	l	l	l	l	l	l	l	l	l		l	l	l	l	l	l	l	l	28
l		l	l	l							r	l	l	l	l		l		l	l	29
l	l	l	l	l	l	l	l	l	l	l	l		l	l	l	l	l	l	l	l	30
l	l	l	l	l	l	l	l	l	l	l	l		l	l	l	l	l	l	l	l	31
l	l	l	l	l	l	l	l	l	l	l	l		l	l	l	l	l	l	l	l	32
l		l	l	l					r			l	l	l	l		l		l	l	33
l		l	l	l					l		l		l	l	l		l		l	l	34
l		l	l	l					l		l	l		l	l		l		l	l	35
l		l	l	l					l		l	l	l		l		l		l	l	36
l		l	l	l					l		l	l	l	l			l		l	l	37
l		l	l	l					l		l	l	l	l	l				l	l	38
l		l	l	l					l		l	l	l	l	l		l			l	39
r	l	l	l	l	l	l	r	r	l	r	l		l	l	t	l	r	l	l	l	40
l		l	l	l					l		l	l	l	l	l		l		l		41

5-äthyl-pyridin; *6 α-Methylbenzylamin; *7 2-Phenyläthylamin; *8 Dibuthylamin; *9 α-Methylbenzyläthanolamin; *10 α-Methylbenzyldiäthanolamin.

5. Grenzflächen[1]

In den Tabellen 51 ist die Grenzflächenspannung in erg/cm² von Flüssigkeiten gegen den eigenen Dampf oder Luft bzw. Stickstoff angegeben (Oberflächenspannung). Für organische Verbindungen ist meist auch der Parachor, *P* (s. auch Tabelle 53), aufgeführt.

Tabelle 52 enthält Grenzflächenspannungen zweier nicht mischbarer Flüssigkeiten gegeneinander.

Tabelle 53 gibt die Werte für den Parachor an.

Tabelle 54 enthält Angaben über Grenzflächenfilme auf Wasser.

51. Grenzflächenspannung γ von Flüssigkeiten gegen den eigenen Dampf oder Luft (Oberflächenspannung)

L = Luft, *D* = eigner Dampf

511. Reine Verbindungen[2]

5111. Anorganische Verbindungen

Formel	Gemessen gegen	ϑ °C	γ dyn/cm	Formel	Gemessen gegen	ϑ °C	γ dyn/cm
AgCl	*L*	450,2	125	CO_2	*D*	−52,2	16,54
		501,3	119		unter	0,0	4,62
		550,0	113		Druck	20	1,37
$AsBr_3$	N_2	49,6	49,6	CS_2	*L*	−30	40,0
		121,0	41,0			−20	38,45
		179,7	36,1			0	35,45
$AsCl_3$	N_2	−21,0	43,8			20	32,4
		50,2	36,6			30	30,85
		110,0	31,0			50	27,8
BCl_3	*D*	20,0	16,7	Cl_2		−72	33,0
B_2H_6		−120	17,9			19,9	18,4
		−110	16,25			49,9	13,4
		−100	14,6	HCl		−110,0	27,874
$BiCl_3$	—	271,0	66,2			−80,5	22,409
		331,0	58,1	$Cr_2K_2O_7$	N_2	420	170,1
		382,0	52,0			504	137,0
HBr	—	−91,3	2,748			535	135,0
		−69,2	2,397	CsCl	N_2	663,7	89,2
$(CN)_2$	*D*	−20	21,9			979	66,4
		0	18,5			1080	56,3
		20	15,1	$CsNO_3$	N_2	425,5	91,8
HCN	*D*	0	20,5			511	83,7
		10	19,3			686,4	72,5
		20	18,1	HF		−81,8	17,6
		30	16,9			−16,3	11,19
CO	—	−203,1	12,11			19,2	8,92
		−193,1	9,83	HJ		−47,8	29,06
		−188,1	8,74			−36,6	26,96

[1] Die Daten wurden aus Landolt-Börnstein, 6. Aufl., Bd. II/3 entnommen. 511 dem Beitrag E. Beger. 512 dem Beitrag J. Stauff, und 514 dem Beitrag G. Weitzel. (Literaturangaben sind im Landolt-Börnstein zu finden.)

[2] Elemente s. Tabelle 2143.

Formel	Gemessen gegen	ϑ °C	γ dyn/cm
KBr	N_2	775	85,7
		886,5	77,8
		920	75,4
KCl	N_2	799,5	95,8
		1087,5	75,2
		1167	69,6
KJ	N_2	737	75,2
		812	69,2
		873	66,5
KNO_3	N_2	380,0	110,4
		578,0	95,2
		771,6	80,2
K_2SO_4	N_2	1070,2	143,7
		1400,0	122,4
		1656,0	106,8
$LiBO_2$	N_2	879,2	261,8
		1309,3	225,8
		1520	192,4
LiCl	N_2	614,0	137,8
		860,1	119,9
		1074,6	104,8
$LiNO_3$	N_2	358,5	111,5
		445,3	106,0
		609,4	96,2
NH_3	*L*	−50	37,95
	D	−20	31,0
	unter	0	26,55
	Druck	10	24,25
		20	22,0
		50	15,05
N_2H_4	—	25	66,7
		30	64,5
		40	60,1
NO	—	−163,0	27,79
		−156,0	24,12
		−153,6	22,11
NO_2	—	−50	14,39
		20	2,015
		30	0,552
NaBr	—	760,9	105,8
		941,5	92,9
		1165,7	78,0
Na_2CO_3	*L*		179,0
NaCl		802,6	113,8
		960,5	102,7
		1171,8	88,0
NaF		1010	199,5
		1263	173,1
		1546	143,5
$NaNO_3$	N_2	321,5	119,7
		601,6	103,4
		738,2	93,7
$NaBO_2$	N_2	1015,6	193,7
		1192,3	166,1
		1441	126,2
$Na_2B_4O_7$	*L*	1000	211,9
$Ni(CO)_4$		−10	18,5
		0	17,4
		10	16,2
		20	15,1
		30	13,9
		50	11,6
PH_3		−106,0	22,783
		−94,2	20,798
RbCl	N_2	750	95,7
		922,7	81,1
		1150	61,4
SO_2	*L*	−20	30,35
		0	26,45
		20	22,6
		30	20,6

5112. Organische Verbindungen

Formel	Name	Gemessen gegen	ϑ °C	γ dyn/cm	P
CCl_4	Tetrachlormethan	*L*	20	26,8	219,6
			40	24,2	
$CHCl_3$	Chloroform	*L*	20	27,2	183,2
			40	24,6	
CH_2Cl_2	Dichlormethan	*L*	20	28,0	147,2
			30	26,5	
CH_3NO_2	Nitromethan	*L*	20	37,0	132,6
		D	30	35,5	
CH_4O	Methanol	*L*	20	22,5	
		D	50	20,0	
$C_2H_2Cl_4$	1,1,2,2-Tetrachlor-äthan	*L*	20	35,6	256,9
			25	34,9	
C_2H_3N	Essigsäurenitril	*L*	20	29,2	122,1
			50	25,3	
$C_2H_4Br_2$	1,2-Dibrom-äthan	*L*	20	38,9	215,2
			40	36,25	
$C_2H_4Cl_2$	1,2-Dichlor-äthan	*L*	20	32,3	188,6
			30	30,9	
$C_2H_4O_2$	Essigsäure	*L*	20	27,7	131,4
			30	26,75	
C_2H_5Br	Bromäthan	*L*	20	24,0	
			30	22,8	
C_2H_5J	Jodäthan	*L*	20	28,8	
			30	27,6	
C_2H_6O	Äthanol	*L*	20	22,55	126,8
		D	30	21,7	
		N_2	50	19,9	
			70	18,1	
C_3H_6O	Propanon-(2)		20	23,3	161,5
			30	22,1	
$C_3H_6O_2$	Ameisensäure-äthylester	*L*	20	23,8	177,1
			30	22,35	
$C_3H_6O_2$	Propansäure	*L*	20	26,7	169,4
			30	25,7	
C_3H_8O	Propanol-(1)	*L*	20	23,7	165,1
			30	22,9	
C_3H_8O	Propanol-(2)	*L*	20	21,4	164,4
			30	20,6	
$C_4H_6O_3$	Acetanhydrid	*L*	20	32,6	225,9
		D	30	31,2	
$C_4H_8O_2$	Butansäure	*L*	20	26,75	209,4
			30	25,6	
$C_4H_8O_2$	1,4-Dioxan	*D*	20	33,55	205,7
			30	32,15	
$C_4H_8O_2$	Essigsäure-äthylester	*L*	20	23,8	216,2
			30	22,6	
$C_4H_8O_2$	Methylpropionsäure	*L*	20	25,1	207,8
			30	24,2	
$C_4H_{10}O$	Butanol-(1)	*L*	20	24,7	204,7
			40	23,05	

Formel	Name	Gemessen gegen	ϑ °C	γ dyn/cm	P
$C_4H_{10}O$	Diäthyläther	L	20	17,0	211,9
			30	15,9	
$C_4H_{10}O$	2-Methyl-propanol-(1)	L	20	23,0	202,0
			30	22,1	
$C_4H_{11}N$	Diäthylamin	L	20	20,1	218,6
			40	17,7	
C_5H_5N	Pyridin		20	37,2	199,2
			30	35,7	
$C_5H_{11}N$	Piperidin		20	30,0	
			30	28,8	
$C_5H_{12}O$	2-Methyl-butanol-(4)	L	20	24,3	240,8
			30	23,3	
$C_5H_{12}O$	Pentanol-(1)	L	20	25,6	243,3
			30	24,7	
C_6H_5Br	Brombenzol	L	20	36,2	257,1
			30	35,0	
C_6H_5Cl	Chlorbenzol	L	20	33,3	244,1
			30	32,1	
$C_6H_5NO_2$	Nitrobenzol	L	20	43,55	263,0
			30	42,4	
$C_6H_5NO_3$	4-Nitro-phenol	L	120	46,15	284
			150	43,65	
C_6H_6	Benzol	L	10	30,2	
			20	28,9	
			40	26,25	
			60	23,75	
C_6H_7N	Anilin	L	20	42,9	234
			50	39,4	
			100	33,7	
C_6H_{10}	Cyclohexen	L	20	26,55	230
		N_2	30	25,3	
C_6H_{12}	Cyclohexan	L	20	25,0	242
		N_2	30	23,8	
$C_6H_{12}O$	Cyclohexanol	D	20	34,4	
			30	33,4	
		N_2	19,1	33,52	
			34,7	31,96	
$C_6H_{12}O_2$	Capronsäure	L	20	28,0	288,1
			50	25,25	
C_6H_{14}	Hexan	L	20	18,4	270,8
			40	16,3	
$C_6H_{15}N$	Triäthylamin	L	20	20,8	296,6
		D	30	19,75	
C_7H_5N	Benzoesäurenitril		20	39,2	257,3
			30	38,1	
C_7H_7Cl	Benzylchlorid	L	20	37,7	285
			30	36,5	
C_7H_8	Methylbenzol	L	20	28,4	245,5
		D	30	27,3	
		N_2	50	25,0	
C_8H_8O	Acetophenon	L	20	39,5	293,3
			40	37,2	

Formel	Name	Gemessen gegen	ϑ °C	γ dyn/cm	P
C_8H_{10}	Äthylbenzol	*L*	20	29,1	284,4
			40	27,0	
C_8H_{10}	1,3-Dimethyl-benzol		20	28,6	284,2
			40	26,4	
C_8H_{10}	1,4-Dimethyl-benzol		20	28,3	284,5
			40	26,1	
$C_8H_{11}N$	Dimethylanilin	*L*	20	36,5	ca. 314
			30	35,4	
C_8H_{18}	Octan	*L*	20	21,7	350,5
		D	30	20,7	
C_9H_7N	Chinolin		20	45,0	303,6
			30	43,85	
$C_9H_{10}O_2$	Benzoesäure-äthylester	*L*	20	35,3	349,6
			40	32,9	
C_9H_{12}	Isopropylbenzol	*L*	20	28,1	321,3
			40	26,95	
$C_{10}H_8$	Naphthalin	*L*	80,5	32,29	312,3
			111,0	29,07	
$C_{10}H_{12}$	1,2,3,4-Tetrahydronaphthalin	N_2	3,0	35,23	
			33,0	32,44	
	Öle:				
	Olivenöl $\varrho_{18}=0{,}9151$	*L*	18	33,06	
	Petroleum $\varrho=0{,}8467$	*L*	0	28,9	
		L	25	26,4	
		L	50	24,2	
	$\varrho=0{,}773$	*L*	20	23,96	
	Ricinusöl $\varrho_{18}=0{,}9612$	*L*	18	36,40	
	Sesamöl DAB $\varrho_{18}=0{,}9212$	*L*	18	31,78	
	Terpentinöl $\varrho_{18}=0{,}8533$	*L*	18	26,79	

512. Grenzflächenspannung von Lösungen

5121. Metalle in Metallen

Metall 1	Metall 2	ϑ °C	Konzentrations-Maß	Obere Reihe: Konzentration untere Reihe: γ in dyn/cm			
Ag	Hg	20	Atom-% Ag	0,0129	0,0295		
			γ	*409*	*406*		
Al	Mg	700	Atom-% Mg	10,7	27	60	70
			γ	*778*	*632*	*536*	*532*
Al	Zn	700	Gew. % Al	12,1	29,3	40,2	78,8
			γ	*767*	*746*	*797*	*866*
C	Fe	1300...1420	Gew. % C		3,9		
			γ		*1500*		
Mg	Zn	700	Atom-% Zn	20	30	50	83,3
			γ	*527*	*514*	*488*	*660*
Sn	Zn	500	Atom-% Zn	25	50	75	90
			γ	*580*	*600*	*669*	*737*

5122. Grenzflächenspannung γ in wäßrigen Lösungen

51221. Anorganische Stoffe in Wasser

Formel	Name	t °C	Konzentrations Maß	Obere Reihe: Konzentration untere Reihe: γ in dyn/cm						
$Al_2(SO_4)_3$	Aluminiumsulfat	25	molal	0,1	0,2	0,3	0,5	0,7	0,9	1,0
			γ	*72,32*	*72,92*	*73,51*	*74,71*	*76,06*	*78,30*	*79,73*
$BaCl_2$	Bariumchlorid	25	molal	0,49	0,965	1,42				
			γ	*73,50*	*74,93*	*76,38*				
$CaCl_2$	Calciumchlorid	25	Mol/l	0,200	0,400	0,600	0,750	0,100	0,120	0,140
			γ	*72,50*	*73,13*	*73,60*	*74,25*	*75,05*	*75,70*	*76,40*
$HClO_4$	Perchlorsäure	25	Gew. %	4,86	10,01	20,38	30,36	53,74	63,47	72,25
			γ	*71,18*	*70,34*	*69,21*	*68,57*	*69,02*	*69,73*	*69,01*
HJO_3	Jodsäure	25	Mol/l	0,01	0,06	0,1	0,60	1,00	2,00	4,00
			γ	*71,33*	*71,26*	*71,06*	*71,99*	*72,60*	*72,27*	*73,20*
LiCl	Lithiumchlorid	25	molal	1,36	1,88	2,67	3,67			
			γ	*74,23*	*75,10*	*76,30*	*78,10*			
RbCl	Rubidiumchlorid	20	molal	2,00	3,30	5,00				
			γ	*75,2*	*76,8*	*79,2*				
H_2SO_4	Schwefelsäure	25	Gew. %	4,11	8,26	12,18	17,66	21,88	29,07	33,63
			γ	*72,21*	*72,55*	*72,80*	*73,36*	*73,91*	*74,80*	*75,29*
$(UO_2)(NO_3)_2 \cdot 6H_2O$	Uranylnitrat	25	Mol/l	0,4107	0,6210	0,8260				
			γ	*72,7*	*73,0*	*73,9*				

51222. *Organische Stoffe in Wasser*

Bruttoformel	Substanz	ϑ °C	Konzentrations Maß	Obere Reihe: Konzentration untere Reihe: γ in dyn/cm						
CH_4O	Methanol	25	Mol %	2,74	7,73	10,13	21,73	30,67	58,97	72,42
			γ	61,41	52,45	49,12	39,34	35,16	28,14	25,93
C_2H_3N	Acetonitril	20	Mol %	1,0	2,1	4,4	10,0	20,9	31,3	65,5
			γ	65,45	59,46	49,32	39,06	31,84	30,61	29,02
$C_2H_5NO_2$	Glycin	25	molal	0,502	1,005	1,507	2,009			
			γ	72,54	73,11	73,74	74,18			
$C_3H_5KO_3$	Milchsäure K-Salz	29	Gew. %	40	50	60	70			
			γ	66,4	66,4	65,4	63,4			
$C_3H_5NaO_3$	Milchsäure Na-Salz	29	Gew. %	1	10	30	40	50	60	70
			γ	70,4	69,6	68,5	64,8	45,4	56,7	60,7
$C_3H_5NH_4O_3$	Milchsäure NH_4-Salz	29	Gew. %	30	50	60	70	80	90	
			γ	35,4	34,4	35,4	35,6	38,2	44,5	
$C_3H_6O_2$	Methylacetat	25	Mol %	0,161	0,321	0,567	0,904			
			γ	66,33	62,92	58,22	55,08			
$C_3H_7NO_2$	α-Alanin	25	molal	0,502	1,005	1,338				
			γ	72,41	72,72	73,11				
$C_4H_8O_2$	Dioxan	26	Mol %	0,1	1	5	10	30	50	90
			γ	69,83	62,45	51,57	45,30	36,95	35,00	33,1
$C_4H_{10}O$	Butanol-(1)	25	Gew. %	0,25	0,87	1,59	2,78	3,96	5,29	6,99
			γ	64,7	53,0	45,8	38,6	33,3	29,4	25,8
$C_4H_{10}O$	2-Methyl-propanol-(1)	25	Gew. %	0,25	1,00	2,55	4,22	5,03	6,01	8,18
			γ	64,4	51,0	40,1	33,8	31,1	28,7	25,2
$C_4H_{10}O$	2-Methyl-propanol-(2)	25	Gew. %	0,25	1,66	3,00	4,12	6,48	15,65	54,94
			γ	65,7	51,6	45,9	42,8	37,8	27,3	22,1
C_6H_7N	Anilin	20	Mol/l	0,045	0,080	0,111	0,138	0,190	0,290	0,356
			γ	70,5	67,0	62,7	60,6	56,7	51,0	48,3

5123. Organische Substanzen in organischen Lösungsmitteln

Bruttoformel	Substanz	Lösungsmittel	ϑ °C	Konzen-trations-Maß	Obere Reihe: Konzentration untere Reihe γ in dyn/cm				
CCl_4	Tetrachlor-methan	Benzol	50	Molbruch	0,1815	0,3515	0,4712	0,6468	0,7981
				γ	24,39	24,09	23,78	23,47	23,21
CH_4O	Methanol	Benzol	27	Mol/l	0,94	1,88	2,82	3,63	
				γ	27,30	26,80	26,35	26,04	
	Methanol	Mesitylen	15	Molbruch	0,1	0,2			
				γ	28,75	26,24			
C_2H_3N	Acetonitril	Äthanol	20	Molbruch	0,12	0,35	0,53	0,72	0,90
				γ	22,92	23,92	24,36	25,08	26,51
$C_2H_4O_2$	Essigsäure	Benzol	20	Molbruch	0,1381	0,3085	0,4034	0,5047	0,7415
				γ	26,95	26,90	27,02	27,21	27,79
			35	γ	25,40	25,21	25,32	25,43	25,99
	Essigsäure	Aceton	25	Molbruch	0,25	0,50	0,75		
				γ	27,50	26,61	24,90		
C_2H_6O	Äthanol	Benzol	27	Mol/l	0,81	1,62	2,43	3,24	
				γ	27,40	27,02	26,65	26,35	
	Äthanol	Nitrobenzol	5,5	Molbruch	0,1	0,3	0,5	0,7	0,9
				$\Delta\gamma$	9,9	15,9	17,0	18,2	20,1
C_3H_6O	Aceton	Diäthyläther	25	Molbruch	0,263	0,470	0,669	0,799	0,912
				γ	18,78	19,30	20,76	21,57	22,60
$C_3H_6O_2$	Propionsäure	Benzol	27	Mol/l	0,98	1,96	2,94	3,94	
				γ	27,53	27,28	27,08	26,96	
	Propionsäure	Nitrobenzol	5,5	Molbruch	0,1	0,3	0,5	0,7	0,9
				$\Delta\gamma$	4,3	8,7	11,4	14,4	15,9
$C_4H_{10}O$	Butanol-(1)	Benzol	27	Mol/l	0,85	1,69	2,54	3,39	
				γ	27,95	27,05	26,80	26,62	
	2-Methyl-propanol-(1)	Nitrobenzol	5,5	Molbruch	0,1	0,3	0,5	0,7	0,9
				$\Delta\gamma$	11,4	17,5	19,1	19,7	21,6
C_6H_{12}	Cyclohexan	Nitrobenzol	15	Gew. %	5	10			
				γ	37,59	33,03			
C_6H_7N	Anilin	Cyclohexan	32	Molbruch	0,1316	0,3531	0,4786	0,7021	0,9609
				γ	24,21	24,51	24,50	25,61	37,45

52. Grenzenflächenspannung von Flüssigkeiten gegeneinander

521. Grenzflächenspannung γ von Wasser gegen nichtwäßrige Flüssigkeiten

Bruttoformel	Substanz	Temperatur °C	Grenzflächen-spannung γ dyn/cm
Hg	Quecksilber	18	385,1
Hg	Quecksilber	20	426,7
C_6H_6	Benzol	25	34,10
C_6H_{12}	Cyclohexan	20	51,01
		40	50,15
		70	49,09
$C_6H_{12}O$	Cyclohexanol	20	3,1
C_7H_8	Toluol	25	35,7
C_7H_{14}	Heptan	25	50,85
$C_7H_{14}O$	Methylcyclohexanol	20	4,3
C_8H_{18}	Octan	20	50,98
		40	50,24
		50	49,86
$C_{10}H_{18}$	cis-Decahydronaphthalin	20	51,74
		40	51,12
		70	50,40
$C_{10}H_{18}$	trans-Decahydronaphthalin	20	51,40
		40	50,44
		70	49,48
$C_{10}H_{22}$	Decan	20	51,24
$C_{11}H_{24}O$	Undecylalkohol	25	8,61 ± 0,05
$C_{18}H_{34}$	Octadecadien	20	14,7
$C_{18}H_{36}$	Octadecen	20	19
$C_{18}H_{36}O$	Octadecen-(9)-ol-(1)	20	15,6

522. Grenzflächenspannung γ organischer Flüssigkeiten gegen Quecksilber bei 18° C

Bruttoformel	Substanz	γ dyn/cm	Bruttoformel	Substanz	γ dyn/cm
CH_4O	Methanol	384,0	C_6H_{14}	n-Hexan	380,0
C_2H_6O	Äthanol	379,1	$C_6H_{14}O$	n-Hexanol	368,5
C_3H_8O	n-Propanol	379,1	C_6H_5Cl	Chlorbenzol	354,2
C_3H_8O	i-Propanol	384,0	C_6H_5Br	Brombenzol	376,0
$C_4H_{10}O$	n-Butanol	377,6	C_7H_{16}	n-Heptan	376,2
$C_4H_{10}O$	tert. Butanol	384,0	C_9H_{20}	n-Nonan	372,5
$C_5H_{10}O$	Cyclopentanol	364,8			

53. Parachore

Vorbemerkungen

Die empirische Größe Parachor P wurde von SUGDEN eingeführt.

$$P = \frac{M}{D_{fl} - D_D} \cdot \gamma^{\frac{1}{4}}$$

M = Molekulargewicht D = Dichte von Flüssigkeit und Dampf
γ = Oberflächenspannung.

Da D_D gegenüber D_{fl} meist vernachlässigt werden darf, ergibt sich dann

$$P = \frac{M}{D_{fl}} \cdot \gamma^{\frac{1}{4}}$$

Nach EUCKEN hängt der Parachor eng mit dem Nullpunktsvolumen zusammen, weshalb — wie schon SUGDEN bemerkte — der Parachor von organischen Verbindungen sich praktisch additiv aus Inkrementen zusammensetzen läßt.

GIBLING nahm an, daß der Parachorwert eines Atoms von seiner Stellung innerhalb der Molekel abhängig ist und setzte an Stelle von Atom- und Bindungsparachoren die Gruppenparachore. Außerdem berücksichtigte er die Kettenlängen durch Zufügen eines sog. Expansionsfaktors f^n (f=1,0004165). P ergibt sich dann als Produkt eines aus den Gruppenparachoren additiv zusammengesetzten Standardwertes (SV) und des Faktors f^n, also $P = SV f^n$, oder, unter Einführung der sog. Expansionskorrektur ($EC = P - SV$), zu $P = SV + EC$, wo $EC = (f^n - 1) \cdot SV$ ist.

Für n-Octan berechnet sich der Parachor nach GIBLING wie folgt:

$$\begin{array}{llcr} 2\,CH_3-(C) & 2 \cdot 55{,}2 & = & 110{,}4 \\ 6\,(C)-CH_2-(C) & 6 \cdot 39{,}8 & = & \underline{238{,}8} \\ & SV & = & 349{,}2 \end{array}$$

$$EC = (1{,}0004165^8 - 1) \cdot 349{,}2 \cong 1{,}2$$

$$P = 349{,}2 + 1{,}2 = 350{,}4.$$

Der aus γ berechnete Wert ist 350,5 (S. 1242).

531. Atom-Parachore nach Sugden

Element	Paracho	Element	Parachor	Element	Parachor
Ag	63	Cu	(46)	O	20,0
Al	38,6	F	25,7	Os	80,4
Ar	54,0	Ga	50	P	37,7
As	50,3	Ge	(36)	Pb	76,2
Au	61	H	17,1	Rb	(130)
B	16,4	He	20,5	S	48,2
Ba	(106)	Hg	68,7	Sb	66,0
Be	37,8	J	91,0	Se	62,5
Bi	(80)	K	110	Si	27,8
Br	68,0	Li	(50)	Sn	56,7
C	4,8	Mo	(80)	Te	79,4
Ca	(68)	N	12,5	Ti	45,3
Cd	(70)	Na	(80)	Tl	64
Cl	54,3	Ne	25,0	W	(90)
Cr	53,7	Ni	(50)	Zn	50,7
Cs	(150)				

532. Bindungs-Parachore für organische Verbindungen

	Nach SUGDEN	Nach MUMFORD und PHILLIPS
Kovalente Dreifachbindung	46,6	38
Kovalente Doppelbindung	23,2	19
Einfache Kovalenz	0	0
Semipolare Doppelbindung	−1,6	0
Dreiring	16,7	12,5
Vierring	11,6	6
Fünfring	8,5	3
Sechsring	6,1	0,8
Siebenring	4,6	−4
Achtring	2,4	
CH_2	39	40

533. Gruppen-Parachore nach Gibling

Gruppe	Parachor	Gruppe	Parachor
CH_3—(C)	55,2	H—CO—(C)	67,3
(C)—CH_2—(C)	39,8	(C)—CO—(C)	50,9
C, C >CH—(C)	22,2	(C)—O—(C)	21,5
(C), (C), (C), (C) >C<	2,4	(C)—COO—(C)	66,4
CH_2=(C)	49,7	(C)—S—(C)	52,0
(C)—CH=(C)	34,3	(C)—NH_2	47,9
C, C >C=(C)	16,7	(C)—N=N—(C)	51,8
(C)—CH_2—(O)	39,4	(C)—CH_2Cl	96,1
C, C >CH—(O)	21,4	(C)—CH_2Br	110,3
		(C)—CH_2J	131,6
		(C)—NO_2	76,8

54. Grenzflächenfilme auf Wasser

Bringt man mit Hilfe eines leicht verdampfenden Lösungsmittels eine geringe Menge einer in Wasser unlöslichen langkettigen oder cyclopolaren Verbindung auf die Oberfläche des Wassers, so bildet sich eine monomolekulare mehr oder minder zusammenhängende Schicht.

Zur Untersuchung des Flächenbedarfs jeder Molekel dieser Schichten werden mittels eines in das Wasser tauchenden Barrens auf der einen Seite die einzelnen Teilschichten zusammengeschoben, während auf der anderen Seite mittels eines beweglichen Schwimmers, der ein Meßgerät steuert, die auftretenden Schubkräfte (dyn cm^{-1}) gemessen werden. Die Abbildung zeigt grob schematisch, wie sich die Schubkraft mit dem Flächenbedarf ändert. Von *A* bis *B* bleibt die Schubkraft beim Zusammenschieben, Verkleinerung der Schichtfläche, konstant; die einzelnen Filmteile rücken aneinander. Von *BD* nimmt die Schubkraft zu, oft in mehreren Stufen (Knickpunkt *C*), erreicht bei *D* den höchsten Wert, um dann wieder abzusinken. Im Punkte *D* erfolgt ein Zusammenbruch (Kollaps) der monomolukaren Schicht, es schieben sich Teile der Schicht übereinander. Das Verhalten der Moleküle wird durch die chemische Konstitution bestimmt. Anordnung, Zahl und Art polarer Gruppen, Doppelbindungen, Alkyl- und Aryl-Substituenten beeinflussen die Filmeigenschaften.

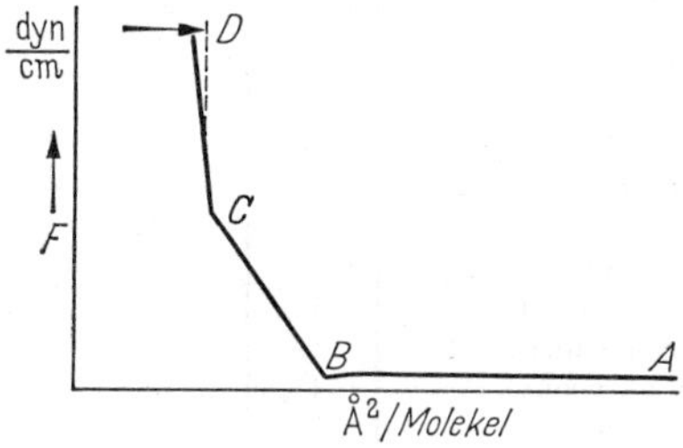

Monomolekulare Filme auf H_2O
Flächenbedarf und Schubspannung beim Kollaps

Zahl der C-Atome	Stoff	°C	Flächenbedarf Å²/Molekül bei		Schubspannung beim Kollaps dyn cm^{-1}
			Kondensationsbeginn	Kollaps	
17	2-Methyl-hexadecansäure	10	51,1	26,3	28,6
		30	55,9	32,5	22,6
	3-Methyl-hexadecansäure	10	48,1	24,8	31,2
		30	53,1	30,6	24,0
	4-Methyl-hexadecansäure	10	48,9	27,0	30,8
		30	54,3	33,0	21,6
	5-Methyl-hexadecansäure	10	49,3	27,0	32,6
		30	53,4	32,0	21,8
	6-Methyl-hexadecansäure	10	50,2	27,7	31,9
		30	53,6	33,5	23,3
	7-Methyl-hexadecansäure	10	49,2	28,2	32,5
		30	52,8	33,1	23,3
	8-Methyl-hexadecansäure	10	49,3	28,6	31,9
		30	53,1	33,1	22,2
	9-Methyl-hexadecansäure	10	46,6	28,2	33,3
		30	52,5	33,3	23,7
	10-Methyl-hexadecansäure	10	45,9	28,2	33,9
		30	52,0	33,0	23,7
	11-Methyl-hexadecansäure	10	43,7	27,9	35,1
		30	51,0	32,8	23,3
	12-Methyl-hexadecansäure	10	41,7	27,0	36,3
		30	49,9	32,5	21,9
	13-Methyl-hexadecansäure	10	41,8	26,5	37,2
		30	49,1	31,0	25,4

Zahl der C-Atome	Stoff	°C	Flächenbedarf Å²/Molekül bei		Schubspannung beim Kollaps dyn cm⁻¹
			Kondensationsbeginn	Kollaps	
	14-Methyl-hexadecansäure	10	38,2	26,1	28,0
		30	48,7	29,0	27,7
	15-Methyl-hexadecansäure	10	29,7	25,4	22,9
		30	46,4	29,1	22,5
18	2-Methyl-heptadecansäure	20	51,0	25,5	—
19	2-Methyl-octadecansäure	10	30,5	25	32,4
20	2-Äthyl-octadecansäure	21	55,4	34,4	12,6
21	2-Propyl-octadecansäure	21	64,0	42,3	9,5
22	2-Butyl-octadecansäure	21	69,9	50,7	8,3
23	2-Pentyl-octadecansäure	21	73,3	55,8	8,4
21	3-Hydroxy-3-octyl-tridecansäure	18	77,8	50,3	33,5
21	3-Hydroxy-3-hexyl-pentadecansäure	18	80,7	46,2	31,6
21	3-Hydroxy-3-propyl-octadecansäure	18,5	76,5	34,5	36,5
17	3-Methyl-hexadecanol	—	45,3	25,2	32,4
17	10-Methyl-hexadecanol	—	43,3	27,8	34,4
18	4-Hydroxy-octadecan	18,5	84,1	66,4	3,8
18	8-Hydroxy-octadecan	19	92,1	67,5	8,1
18	9-Hydroxy-octadecan	20	90,3	67,7	8,6
22	8-Hydroxy-dokosan	18	87,5	80,6	1,3
22	9-Hydroxy-dokosan	19	84,5	76,8	1,8

55. Adsorption*

551. Adsorption aus der Gasphase

5511. Anorganische Dämpfe an Adsorptionsmitteln, Abbildungen

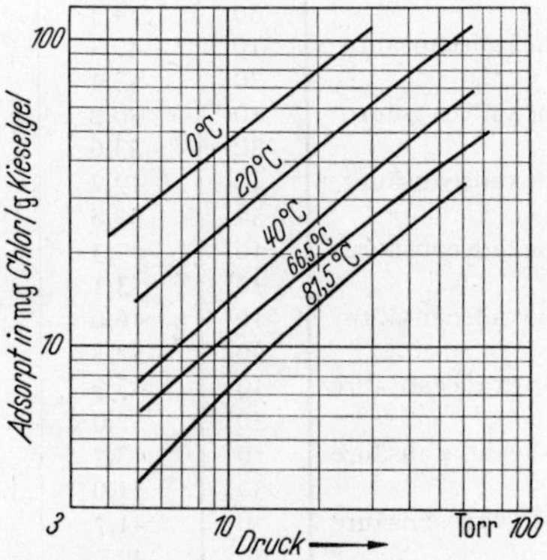

Adsorptions-Isothermen von Chlor an Kieselgel

* Nach Landolt-Börnstein, 6. Aufl., Bd. II/3, Beitrag Bratzler.

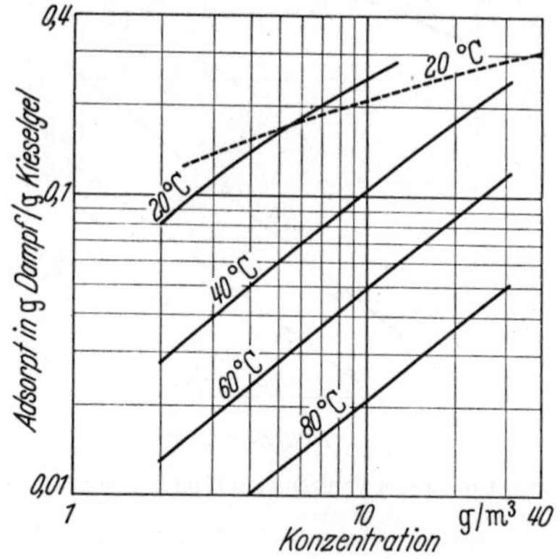

Adsorptions-Isothermen von Wasserdampf ——— und Benzoldampf --------- an Kieselgel A der Badischen Anilin- und Sodafabrik

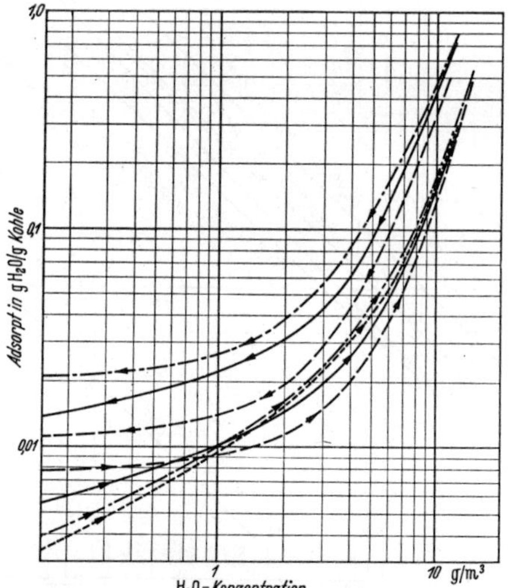

Adsorptions-Isothermen von Wasserdampf an Aktivkohlen bei 20° C. — · — · — Norit, ——— Cocosnußschalenkohle, — — — Aktivkohle AKT II, ------- Aktivkohle G 1000. ←←Adsorptionskurve, →→Desorptionskurve

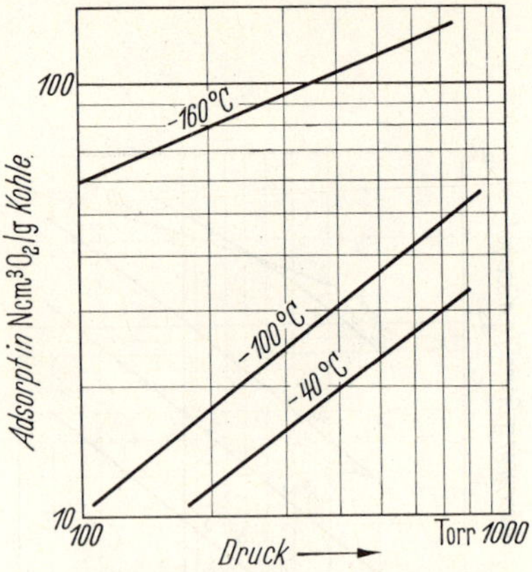

Adsorptions-Isothermen von Sauerstoff an Cocosnußschalenkohle

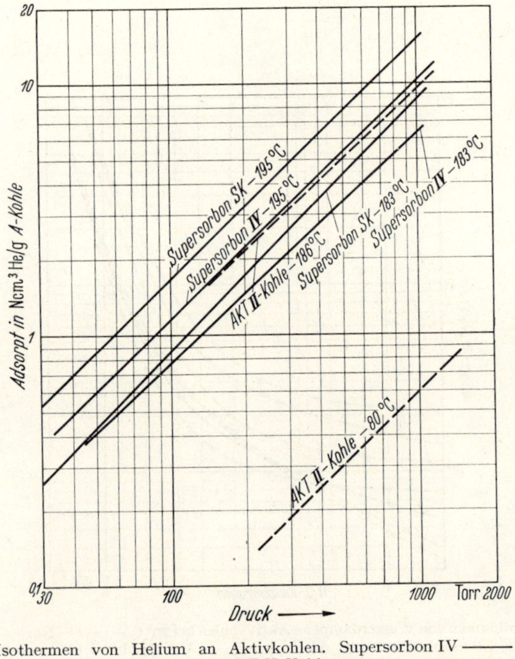

Adsorptions-Isothermen von Helium an Aktivkohlen. Supersorbon IV ——— Supersorbon SK ———, AKT II-Kohle – – –

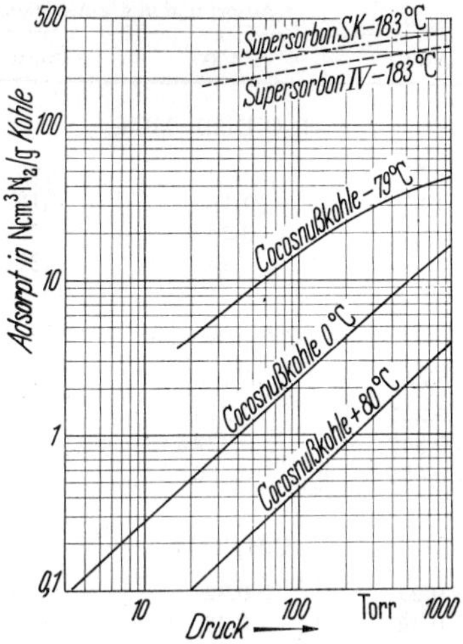

Adsorptions-Isothermen von Stickstoff an Aktivkohlen. Supersorbon SK —·—·—, Supersorbon IV – – –, Cocosnußkohle———,

5512. Adsorption an Aktivkohle bei 20° C

Organische Dämpfe

Partialdruck des Gases in Torr	Adsorption in g/g Aktivkohle			
	AKT	G 1000	Norit	Cocosnußkohle
		CCl_4 Tetrachlorkohlenstoff		
0,45	0,288	0,364	0,423	0,457
4,5	0,590	0,678	0,610	0,524
45	0,862	0,872	0,724	0,601
81	0,934	0,923	0,904	0,645
		CH_4O Methanol		
0,115	0,031	0,017	0,023	0,03
8,0	0,125	0,13	0,18	0,20
28,7	0,25	0,30	0,34	0,31
80,2	0,42	0,46	0,40	0,35
		C_2H_6O Äthanol		
0,4	0,08	0,075	0,11	0,12
4,4	0,23	0,26	0,26	0,26
36	0,47	0,47	0,37	0,33
		C_3H_6O Aceton		
0,32	0,085	0,085	0,12	0,14
1,3	0,13	0,14	0,19	0,20
12,7	0,31	0,31	0,32	0,29
127	0,45	0,45	0,40	0,33

Partialdruck des Gases in Torr	Adsorption in g/g Aktivkohle			
	AKT	G 1000	Norit	Cocosnußkohle
		$C_4H_{10}O$ Diäthyläther		
0,025	0,09	0,10	0,15	0,16
0,99	0,13	0,15	0,18	0,19
9,9	0,24	0,26	0,25	0,25
99	0,37	0,39	0,30	0,29
		C_6H_6 Benzol[1]		
0,075	0,094	0,106	0,190	0,214
0,75	0,207	0,224	0,254	0,260
7,5	0,347	0,372	0,335	0,316
67,5	0,485	0,502	0,437	0,376
		C_7H_8 Toluol		
0,22	0,27	0,32	0,29	0,26
2,2	0,42	0,43	0,33	0,29
19,65	0,50	0,51	0,42	0,37
		C_8H_{10} Xylol		
0,1	0,30	0,34	0,32	0,275
1	0,43	0,44	0,35	0,29
9	0,51	0,52	0,44	0,36

[1] AKT ist zu AKT 4 angegeben.

552. Adsorption aus flüssiger Phase an pulverförmigen Adsorptionsmitteln

Vorbemerkung

Die Tabelle gibt Werte der Konstanten K und $1/n$ für die Gleichung der Adsorptionsisotherme nach FREUNDLICH:

$$\frac{x}{m} = K \cdot c^{1/n}.$$

Es bedeuten:

c Gleichgewichtskonzentration in Mol/l

x Adsorbierter Stoff auf m Gramm Adsorptionsmittel in mMol/l

m Menge Adsorptionsmittel in g

K Konstante

$1/n$ Konstante

% Fehler: Mittlerer Fehler in %, der sich ergeben kann, wenn man bei einer beliebigen Gleichgewichtskonzentration x/m ermittelt

c_{max} Größte Gleichgewichtskonzentration, für die Messungen vorliegen

c_{min} Kleinste Gleichgewichtskonzentration, für die Messungen vorliegen.

Der Geltungsbereich der in der nachstehenden Tabelle aufgeführten Konstanten K und $1/n$ beschränkt sich streng genommen nur auf den angegebenen Konzentrationsbereich. Doch ist im allgemeinen eine Erweiterung über diesen Bereich hinaus ohne zu große Fehler möglich. Die Messungen wurden alle bei Zimmertemperatur durchgeführt und erstreckten sich über eine Zeitdauer, die praktisch eine Einstellung des Adsorptionsgleichgewichts gewährleistet.

Adsorption aus wäßriger Lösung

Adsorbierter Stoff	Adsorptionsmittel	c_{max} Mol/l	c_{min} Mol/l	K	$1/n$	Fehler %
		Anorganische Stoffe				
Jod	Carboraffin	0,05	0,001	38,9	0,43	—
Jod	Holzkohle unaktiviert	0,05	0,001	3,7	0,45	—
		Organische Stoffe				
Äpfelsäure	Norit	0,25	0,01	1,28	0,252	2,2
Adipinsäure	Norit	0,25	0,01	1,79	0,163	4,5
β-Alanin	Darco G 60	0,394	$5{,}7 \cdot 10^{-6}$	0,5	0,64	7
dl-Alanin	Darco G 60	0,225	0,015	0,8	0,86	2
Ameisensäure	Norit	0,25	0,01	2,47	0,435	2,6
o-Aminobenzoesäure	Darco G 60	0,011	0,0009	7,1	0,16	0,5
m-Aminobenzoesäure	Darco G 60	0,013	0,001	5,7	0,16	0,3
p-Aminobenzoesäure	Darco G 60	0,012	0,001	4,5	0,12	0,3
dl-α-Aminobuttersäure	Darco G 60	0,280	0,017	1,5	0,75	1,7
Anilin	Darco G 60	0,164	0,004	10	0,26	0,2
l-Asparaginsäure	Darco G 60	0,041	0,003	5,9	0,70	0,8
l-Asparagin	Darco G 60	0,164	0,004	2,2	0,64	0,3
Benzoesäure	Darco G 60	0,008	0,0004	13	0,24	0,6
Bernsteinsäure	Norit	0,25	0,01	2,83	0,303	4,3
Biotin	Darco G 60	$3{,}7 \cdot 10^{-8}$	$9{,}2 \cdot 10^{-11}$	530	0,69	10
Brenzcatechin	Charbon animal (Merck)	0,1	0,001	3,3	0,10	—
Brenztraubensäure	Norit	0,25	0,01	2,44	0,273	3,5
Buttersäure	Norit	0,25	0,01	2,46	0,177	2,3
Calcium-pantothenat (dextro)	Darco G 60	0,024	$1{,}9 \cdot 10^{-7}$	390	0,69	10
Capronsäure	Norit	0,25	0,01	3,03	0,175	1,8
Chinin-hydrochlorid	Carboraffin	0,05	0,001	1,07	0,10	—
Chinin-hydrochlorid	Norit	0,05	0,001	2,05	0,27	—
Citraconsäure	Norit	0,25	0,01	1,69	0,167	1,8
Citronensäure	Norit	0,25	0,01	0,73	0,203	3,3
Calciumpantothenat (aus Leberextrakt)	Darco G 60	0,003	$2{,}3 \cdot 10^{-7}$	26	0,56	10

Adsorbierter Stoff	Adsorptionsmittel	c_{max} Mol/l	c_{min} Mol/l	K	$1/n$	Fehler %
Erythrit	Charbon animal (Merck)	0,05	0,002	2,2	0,57	—
Essigsäure	Carboraffin	0,1	0,01	7,22	0,55	—
Essigsäure	Norit	0,1	0,01	4,23	0,50	—
Essigsäure	Holzkohle unaktiviert	0,1	0,01	1,51	0,32	—
Essigsäure	Darco G 60	1,69	0,007	3,2	0,34	±0,8
Fumarsäure	Norit	0,25	0,01	1,90	0,203	2,9
d-Glucose	Darco G 60	0,093	0,004	3,3	0,54	0,4
Glutarsäure	Norit	0,25	0,01	1,96	0,201	5,1
Glycerin	Charbon animal (Merck)	0,1	0,003	1,96	0,57	—
Glycerinsäure	Norit	0,25	0,01	1,29	0,267	6,7
Glykokoll	Darco G 60	0,659	0,082	0,2	0,76	5
Glykolsäure	Norit	0,25	0,01	1,54	0,390	4,1
Glyoxylsäure	Norit	0,25	0,01	3,89	0,455	2,3
Guajakol	Charbon animal (Merck)	0,1	0,001	4,9	0,15	—
Harnstoff	Darco G 60	0,762	0,041	2,1	0,66	1
l-Hydroxyprolin	Darco G 60	0,050	0,002	3,2	0,79	1
l-Inosit	Darco G 60	0,057	0,005	4,2	0,86	1
Isobuttersäure	Norit	0,25	0,01	2,36	0,273	12,3
dl-Isoleucin	Darco G 60	0,137	0,0009	5,4	0,50	0,5
Isovaleriansäure	Norit	0,25	0,01	2,51	0,227	2,6
Koffein	Darco G 60	0,014	0,001	3,3	0,10	1
Kreatin	Darco G 60	0,037	0,001	2,3	0,15	4
Kreatinin	Darco G 60	0,086	0,004	4,4	0,26	0
o-Kresol	Charbon animal (Merck)	0,03	0,001	4,7	0,14	—
m-Kresol	Charbon animal (Merck)	0,01	0,0005	4,6	0,13	—
p-Kresol	Charbon animal (Merck)	0,04	0,0005	4,1	0,11	—
Lävulinsäure	Norit	0,25	0,01	1,83	0,183	2,9
dl-Leucin	Darco G 60	0,012	0,0005	5,4	0,50	0,3
l-Lysin	Darco G 60	0,045	0,005	5,1	0,68	2
Maleinsäure	Norit	0,25	0,01	2,81	0,248	4,6
Mannit	Charbon animal (Merck)	0,1	0,001	2,3	0,48	—
Malonsäure	Norit	0,25	0,01	3,88	0,410	3,3
Mesaconsäure	Norit	0,25	0,01	1,80	0,133	2,4
dl-Methionin	Darco G 60	0,016	0,0005	11	0,61	0,4
Methylbernsteinsäure	Norit	0,25	0,01	1,30	0,172	1,6
Methylenblau	Carboraffin	0,01	0,0001	2,45	0,14	—
Methylenblau	Norit	0,01	0,0001	1,42	0,16	—
Milchsäure	Norit	0,25	0,01	1,66	0,335	3,6
Nicotinsäure	Darco G 60	0,006	0,0007	6,9	0,22	3
dl-Norleucin	Darco G 60	0,040	$7{,}9 \cdot 10^{-4}$	4,8	0,45	0,4
Orcin	Charbon animal (Merck)	0,1	0,001	3,7	0,10	—
Oxalsäure	Norit	0,25	0,01	3,62	0,551	4,9

Adsorbierter Stoff	Adsorptionsmittel	c_{max} Mol/l	c_{min} Mol/l	K	$1/n$	Fehler %
Phenol	Charbon animal (Merck)	0,1	0,0005	4,8	0,16	—
Propionsäure	Norit	0,25	0,01	2,46	0,236	1,8
Phenol	Carboraffin	0,01	0,0001	15,0	0,43	—
Phenol	Norit	0,01	0,0001	8,7	0,38	—
Phenol	Holzkohle unaktiviert	0,01	0,0001	0,4	0,30	—
dl-Phenylalanin	Darco G 60	0,049	0,0008	2,3	0,10	1,3
Propionsäure	Darco G 60	1,26	0,020	4,4	0,31	0,5
Pyridinhydrochlorid	Darco G 60	0,003	$9{,}7 \cdot 10^{-7}$	6,2	0,38	15
Resorcin	Charbon animal (Merck)	0,1	0,001	2,8	0,10	—
Saccharose	Charbon animal (Merck)	0,02	0,0005	0,81	0,13	—
dl-Serin	Darco G 60	0,125	0,008	0,5	0,63	8
dl-Threonin	Darco G 60	0,125	0,010	1,4	0,83	2
Thiaminhydrochlorid	Darco G 60	0,001	$1{,}3 \cdot 10^{-7}$	300	0,66	10
dl-Tryptophan	Darco G 60	0,003	0,002	3,2	0,10	0,3
l-Tyrosin	Darco G 60	0,0001	$3{,}1 \cdot 10^{-5}$	11	0,30	10
Valeriansäure	Norit	0,25	0,01	2,84	0,182	2,8
dl-Valin	Darco G 60	0,028	0,001	5,6	0,82	1
Weinsäure	Norit	0,25	0,01	0,94	0,275	3,3

6. Kalorische

61. Wärme-

611. Wärmekapazität

6111. Atomwärme

At-M relative Atommasse, Θ_D Debye-
F Schmelzpunkt, Subl. Sublimations-
V Siedetemperatur

	At-M	Θ_D und Bereich	γ mJ/Atom grd²	C_p in 20	40	60	80
Ag	107,87	225,3° K (0...4,25° K)	0,61	1,72	8,39	14,31	17,89
Al	26,9815	418° K (1...20° K)	1,46	0,23	2,09	5,77	9,65
Ar	39,948	80° K (0...10° K)	—	11,76	22,09	26,59	32,13
g							
As	74,9216	—		—	—	9,04	13,47
g							
Au	196,967	164,6° (0...4,5° K)	0,743	3,21	11,20	16,62	19,63
B (krist.)	10,811	—		—	—	0,17	0,54
g							
Ba	137,34	110° K	2,7	—	—	—	—
g							
Be	9,0122	1460° K (4...300° K)	0,23	0,014	0,090	0,37	0,816
Bi	209,98	119° K	0,02	—	—	19,33	21,38
Br_2	159,818	111° K (0...20° K)		12,72	29,00	36,34	40,52
g							
C (Graphit)	12,01115	391° K	—	(0,10)	0,35	0,77	1,17
C (Diamant)	12,01115	2800° K (0...25° K)		(0,004)	(0,01)	0,046	0,110
C (g)							
Ca	40,08	239° K (0...4,1° K)	3,08	1,59	7,78	13,64	17,11
Cd	112,40	300° K (1...12° K)	0,71	5,19	13,21	17,92	20,61
Ce	140,12			13,31	24,52	26,44	26,23
Cl_2	70,906	115° K (0...15° K)		7,74	23,97	33,47	38,62
g							
Co	58,9332	443° K (0...4,5° K)	5,02	0,28	2,38	6,50	10,8
Cr	51,996	402° K (1...4° K)	1,54			2,97	6,61
Cs	132,905	—		19,75	23,77	24,64	25,27
g							
Cu	63,54	343,8° K (0...4,25° K)	0,668	0,48	3,77	8,68	12,9
Dy	162,50	—		5,59	18,69	26,53	32,66
Er	167,26	—		21,00	24,00	28,92	32,53
F_2	37,9968	78° K (0...15° K)	—	12,99	36,73	57,24	57,71
g							
Fe (α)	55,847	465° K (0...4,5° K)	5,02	0,22	1,54	4,81	8,62
(γ)							
Ga	69,72			2,13	7,57	12,55	16,57
Gd	157,25			4,16	15,2	22,4	26,5
Ge	72,59	366° K (1...4° K)	—	0,939	4,49	7,87	11,14
n-H_2	2,01594			18,4			
H_2 (g)							
n^2H_2 g		89° K (0...12° K)	—	21,25	—	—	—
He (g)	4,0026	—					
Hf	178,49			1,69	9,14	15,41	19,18
Hg	200,59	80° K	2,1	10,30	17,94	21,42	23,16
g							
Ho	164,93			10,25	20,43	27,98	34,02
In	114,82	109° K (1...20° K)	1,84	7,088	16,13	20,19	22,12
Ir	192,2	s. Abb. 4		0,39	4,33	10,1	14,4
J_2	126,9044	76° K (0...16° K)	—	16,18	31,62	39,09	43,32
g							
K	39,102	—		9,81	18,80	22,20	23,79
g							
K_2 (g)	78,204						

Daten

kapazität

bei konstantem Druck

C_p von Elementen

temperatur, γ Elektronenwärme
temperatur, U Umwandlungstemperatur
bei 760 Torr

$JAtom^{-1}grd^{-1}$ bei T in °K									Zustandsänderungen, Abbildungsnummern
100	200	298,15	400	500	600	800	1000	1500	
20,17	24,27	25,50	25,9	26,4	27,1	28,5	29,8	31,4	*F* 1234° K
13,04	21,58	24,35	25,61	26,86	28,12	30,59	29,3		*F* 932° K
—	—								*F* 83,78° K,
20,79	20,79	20,79	20,79	20,79	20,79	20,79	20,79	20,79	*V* 87,29° K
16,69	22,72	24,64	25,6	26,5	27,4	29,3			Subl. 886° K
		20,79	20,79	20,79	20,79	20,79	20,79	20,88	
21,41	24,43	25,41	25,87	26,27	26,79	27,84	28,88	29,3	*F* 1336° K
1,07	6,05	11,09	13,8	15,6	17,5	21,3	25,0		
		20,80	20,80	20,79	20,79	20,79	20,79	20,79	
—	—	26,36	27,78	29,29	30,54	33,89	31,38	31,38	*U* 643° K, *F* 983° K
		20,79	20,79	20,79	20,79	20,79	20,84	22,22	
1,83	11,0	10,44	19,84	22,02	23,43	25,37	27,32	32,4	
22,84	25,02	25,52	27,82	30,08	31,4	31,4	31,4		*F* 544,5° K
43,61	53,79	75,71							*F* 265,95° K,
		36,1	36,7	37,1	37,3	37,5	37,7	38,0	*V* 331,4° K
1,658	4,937	8,527	11,93	14,63	16,86	19,87	21,51	24,10	
0,247	2,33	6,061	9,95	13,13	15,85	19,49	21,04		
		20,84	20,82	20,81	20,79	20,79	20,79	20,81	
19,50	24,73	26,28	27,4	29,2	30,6	33,8	39,7		*U* 713° K, *F* 1123° K
22,11	24,8	26,3	27,15	28,37	29,7	29,7	29,7		*F* 594° K, *V* 1038° K
26,02		28,8	31,6	32,2	33,9	37,2	40,6	33,5	*U* 140° K, *U* 666° K,
									F 1040° K;
									Abb. 1 und 11
42,26	66,21								*F* 172,16° K,
		33,84	35,3	36,1	36,6	37,2	37,5	38,0	*V* 239,10° K
13,9	22,2	24,6	26,6	28,5	30,0	32,0	37,2	40,2	*U* 718° K, *U* 1400° K;
									Abb. 2 und 11
9,71	20,08	23,25	26,07	27,91	29,37	31,76	33,93	39,08	Abb. 11
25,77	27,45	31,4	31,8	31,8	31,8	31,8			*F* 301,8° K, *V* 959° K
		20,79	20,79	20,79	20,79	20,79	20,79		
16,1	22,7	24,50	25,16	25,77	26,40	27,67	28,93	31,4	*F* 1356° K
34,81	29,16	28,17							*U*≈82° K u. ≈173° K
24,62	27,03	28,11							
									U 45,5° K, *F* 53,5° K,
		31,32	33,01	34,27	35,18	36,33	37,01	37,94	*V* 85,0° K
12,05	21,46	25,08	27,42	29,25	31,56	38,64	57,77	43,29	*U* 1033° K,
		26,74	27,57	28,41	29,25	30,92	32,55		*U* 1179° K; Abb. 11
18,51	23,82	26,07	27,8	27,8	27,8	27,8	27,8		*F* 303° K
28,9	36,1	36,4	29,3	30,0	30,7	32,1	33,5	37,0	
13,84	20,89	23,4	24,9	25,8	26,4	27,4	28,3	29,3	*F* 1211° K
									[n 75% (o—H_2)],
22,66	27,28	28,83	29,18	29,26	29,32	29,61	30,20	32,27	*V* 20,39° K
30,09	29,19	29,20	29,24	29,37	29,62	—	31,64	34,22	*V* 23,67° K
21,71	24,72	25,5	26,0	26,5	27,0	28,0	29,0	31,5	Abb. 11
24,25	27,28	27,98	27,36	27,13	27,15				*F* 234,29° K,
									V 629,88° K
39,16	26,50	27,15							
23,31	25,78	26,7	28,9	29,7	29,7	29,7	29,7	29,7	*F* 429,32° K; Abb. 3
17,3	23,4	25,0	25,65	26,23	26,82	28,03	29,20	32,17	Abb. 4 und 11
45,65	51,57	54,44							
		36,9	37,2	37,5	37,6	37,7	37,9	38,2	*F* 386,8° K, *V* 456° K
24,64	26,95	29,51	31,51	30,71	30,12	29,75	30,38		*F* 336,4° K, *V* 1039° K
		20,79	20,79	20,79	20,79	20,79	20,79	20,81	
		37,89	38,16	38,40	38,62	39,04	39,46	41,7	

		At-M	Θ_D und Bereich	γ mJ/Atom grd²	C_p in			
					20	40	60	80
Kr		83,80	63° K (0...10° K)		15,36	23,64	26,32	28,53
	g							
La		138,91	132° K (2...180° K)	6,2	6,19	15,69	20,21	22,34
Li		6,939	—		0,40	2,40	5,98	9,71
Mg		24,312	—		0,36	3,36	8,17	12,47
Mn	(α)	54,938		11,8			6,99	11,72
Mo		95,94	425° K (1...10° K)	2,09	0,21	1,96	5,87	10,01
N_2		28,0134	68° K (0...20° K)		19,87	37,78	45,61	
	g							
Na		22,9898	158° K	1,8			17,74	20,71
	g							
Nb		92,906	230° K (2...20° K)	8,5				
Ne		20,183	64° K (0...12° K)	—	18,03			
	g					20,79	20,79	20,79
Nd		144,24	—	—	7,36	17,24	23,10	25,69
Ni		58,71	380° K (0...5° K)	6,67	0,34	2,23	6,06	10,18
O_2		31,9988	90,9° K (0...15° K)		13,97	41,51	53,26	53,76
	g							
O_3	(g)	47,9982						
Os		190,2						
P	(rot)	30,9738						
P_4	(g)	123,8952						
Pb		207,19	94,5° K (1...70° K)	3,0	11,01	19,57	22,43	23,69
Pd		106,4	275° K	10,7	0,97	5,42	10,74	15,01
Pr		140,907			10,25	18,28	23,64	25,73
Pt		195,09	222° K (1...6° K)	6,72	1,51	7,45	13,39	17,15
Rb		85,47				22,38	24,10	24,98
	g							
Re		186,2			0,61	4,80	10,54	14,93
Rh		102,905	s. Abb. 8		0,28	2,74	7,45	11,79
Ru		101,07			0,17	1,88	5,82	10,04
S	(rhomb.)	32,064	165° K (0...10° K)		2,57	6,08	8,72	10,90
S	(monokl.)	32,064	165° K (0...10° K)		2,57	6,08	8,75	10,98
S_2	(g)	64,128						
Sb		121,75			3,20	10,13	15,48	18,54
	g							
Se		78,96	151,7° K (0...4,5° K)	—	3,43	8,70	12,80	15,98
Se_2	(g)	157,92						
Si		28,086	658° K (1...100° K)	—			3,35	5,19
Sm					7,23	18,28	26,20	32,21
Sn	(weiß)	118,69	189° K (1...4° K)	1,82		12,80	17,70	20,50
Sn	(grau)	118,69	212° K	—	3,85	9,08	13,35	17,03
Sr		87,62						
Ta		180,948	246° K (1...20° K)	5,94	1,36	7,61	13,54	17,26
Tb		158,924			4,47	16,94	24,62	28,91
Te	g	127,60	143° K (0...15° K)	—	4,52	11,76	16,90	19,79
Th		232,038			4,63	14,04	18,95	21,47
Ti		47,90	421° K (0...8° K)	3,38	0,33	2,47	6,94	10,88
	(g)							
Tl	(α)	204,37	89° K (1...20° K)	3,1	10,29	18,95	22,13	23,77
U		238,03			3,38	12,33	17,61	20,54
V		50,942	338° K (1...5° K)	9,26			6,28	10,17
W		183,85	378° K (0...15° K)	1,1	0,33	3,29	8,39	12,80
Xe		131,30	55° K (0...10° K)		16,86	23,93	25,73	26,87
	g							
Zn		65,37	321° K (1...20° K)	0,66	1,76	8,06	13,41	16,87
Zr		91,22	270° K (2...4° K)	2,95	1,17	6,15	11,92	15,86
	g							

JAtom⁻¹grd⁻¹ bei *T* in °K									Zustandsänderungen, Abbildungsnummern
100	200	298,15	400	500	600	800	1000	1500	
31,38									*F* 115,9° K,
	20,79	20,79	20,79						*V* 119,75° K
23,60		27,8	28,5	29,2	29.8	31,2			*F* 1193° K; Abb. 11
12,76	20,59	23,64	27,61	30,12	29,56	28,94	28,84		*F* 453,7° K, *V* 1604° K
15,70	22,67	24,90	26,1	27,3	28,3	31,0	33,9		*F* 923° K
14,73	23,10	26,32	28,53	30,29	31,92	34,89	37,82		*U* 1000° K, *U* 1374° K, *U* 1410° K
13,52	21,48	23,7	25,0	25,7	26,3	26,9	28,0	32,0	Abb. 11
		29,12	29,25	29,58	30,11	31,43	32,70	34,85	*U* 35,61° K, *F* 63,14° K, *V* 77,36° K; Abb. 5
22,47	25,90	28,18	31,46	30,62	29,71	28,87	29,00		*F* 370,97° K, *V* 1163° K
		20,79	20,79	20,79	20,79	20,79	20,79	20,79	
		24,89	25,27	25,69	26,11	26,90	27,70	29,71	Abb. 6 und 11
20,79	20,79	20,79	20,79						*F* 24,55° K, *V* 27,07° K
27,03									Abb. 1
13,63	22,61	26,05	28,30	31,25	35,04	31,14	32,64	36,40	*U* 630° K; Abb. 11
		29,36	30,10	31,08	32,09	33,74	34,87	36,56	*U* 23,66° K, *U* 43,76° K, *F* 54,39° K, *V* 90,13° K
		39,20	43,68	47,10	49,76	52,79	54,55		
		24,89	25,27	25,65	26,02	26,74	27,49	29,33	
		24,69	26,36	27,99	29,62	32,89			*V* 534° K
		67,2	73,3	76,3	78,4	80,4	81,3	82,3	
24,43	25,9	26,6	27,45	28,41	29,37	30,00	29,41		*F* 600,6° K; Abb. 7
17,82	24,5	26,0	26,57	27,15	27,74	28,87	30,04	32,93	
26,61									*U* 1071° K, *F* 1208° K; Abb. 8 und 11
19,66	24,5	25,69	26,28	26,82	27,36	28,49	29,62	32,43	Abb. 11
25,52	27,49	30,88							*F* 312° K, *V* 974° K
		20,79	20,79	20,79	20,79	20,79	20,79	20,80	
18,01	24,28	25,40	25,86	26,40	26,94	28,03	29,12	31,84	Abb. 11
15,11	22,6	25,5	26,40	27,28	28,16	29,87	31,59	35,90	Abb. 11
13,52	21,3	23,85	24,48	25,10	25,73	26,99	28,24	30,12	*U* 130° K, *U* 1473° K; Abb. 11
12,80	19,41	22,60							*U* (rhomb.→monokl.) 368,6° K, *F* 392° K, *V* 717,8° K
12,97	20,07	23,64							
		32,47	34,06	35,12	35,73	36,53	36,99	37,49	
20,59	24,35	25,33	25,9	26,7	27,4	28,9	31,4		*F* 903° K
		20,79	20,79	20,79	20,79	20,79	20,79	21,05	
18,18	23,36	25,36							*F* 490° K, *V* 958° K
		35,34	36,23	36,65	36,86	37,07	37,20	37,28	
7,28	15,65	19,79	22,3	23,6	24,4	25,4	26,1		
37,98	27,07	29,53							
22,38	25,44	26,36	29,04	31,67	30,54	30,54	30,54		*F* 505° K; Abb. 9
19,54	24,31	25,77							*U* (grau→weiß) 291° K
		25,15	25,73	26,32	26,86	28,03	29,16		*U* 862° K, *F* 1043° K
19,51	23,97	25,44	26,2	26,7	27,0	27,5	27,9	28,9	Abb. 10 und 11
31,64	46,84	28,95							
21,42	24,60	25,6	26,3	26,9	27,6				*F* 723° K, *V* 1263° K
22,94	26,01	27,33	29,29	31,17	33,05	36,86	40,67	50,17	Abb. 11
14,23	22,26	25,04	26,61	27,70	28,62	30,04	31,25	33,72	*U* 1353° K; Abb. 11
		24,43	23,10	22,36	21,91	21,45	21,32	22,23	
24,60	25,73	26,36	27,78	29,25	31,38	31,38			*U* 507° K, *F* 577° K
22,36	25,99	27,65	29,6	31,8	34,5	41,3	42,5	38,3	*U* 935° K, *U* 1045° K, *F* ≈1400° K; Abb. 11
13,47	22,22	24,6	26,1	26,9	27,5	28,7	30,5	36,6	Abb. 11
16,03	22,49	24,8	25,1	25,5	25,8	26,5	27,2	28,9	Abb. 11
28,33									*F* 162,2° K, *V* 165,0° K
	20,79	20,79	20,79	20,79	20,79	20,79	20,79	20,79	
19,33	24,0	25,48	26,40	27,41	28,41	31,3	31,3		*F* 692,7° K, *V* 1180° K
18,66	23,81	25,15							
		26,64	27,66	27,59	27,04	25,93	25,61	27,37	*U* 1135° K; Abb. 11

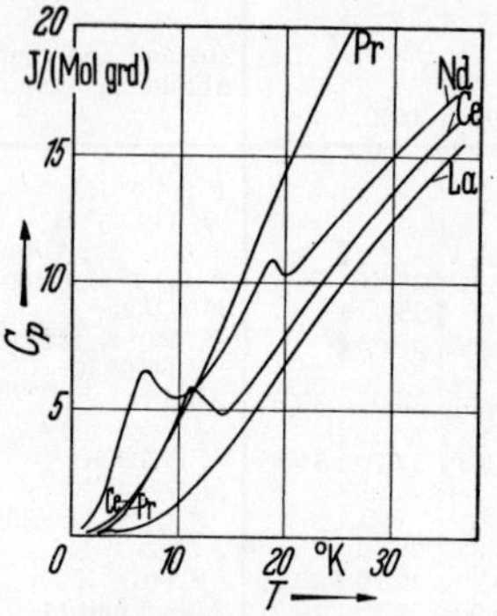

Abb. 1. Ce, Cer; Pr, Praseodym; Nd, Neodym und La, Lanthan, C_p, die Anomalien von Nd und die von Ce, sowie die bei tiefen Temperaturen von La entstehen dadurch, daß die Elektronenzustände, die zu den 4*f*-Elektronen gehören, durch das starke elektrische Feld innerhalb der Metalle aufgespalten werden

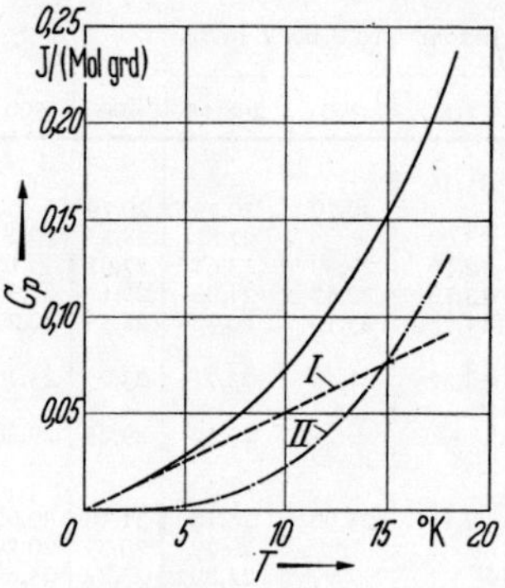

Abb. 2. Co, Cobalt, C_p. ——— gemessen; – – – – I Elektronenanteil;, $\gamma = 5{,}02$ mJ/(Molgrd²); — · — II Gitteranteil, $\Theta_D = 443°$ K

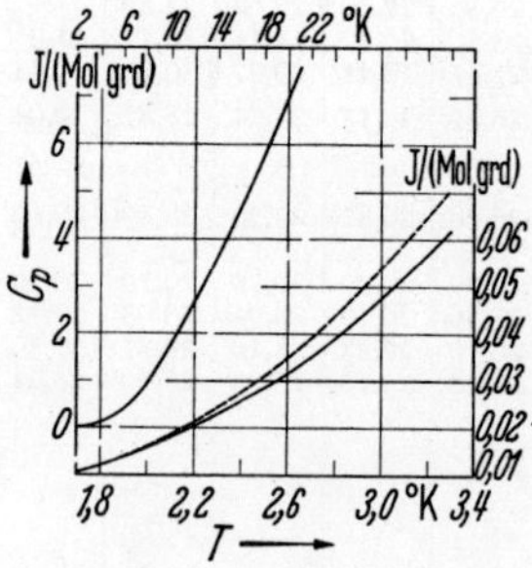

Abb. 3. In, Indium, C_p; – – – supraleitend; ——— normalleitend, $\gamma = 1{,}81$ mJ/(Molgrd²)

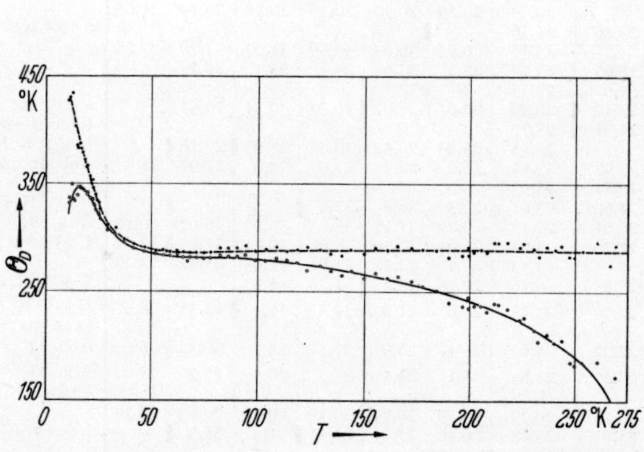

Abb. 4. Ir, Iridium, Θ_D. Untere Kurve Θ_D-Werte für C_v. Obere Kurve Θ_D-Wert für C_v nach Abzug des Elektronenanteils; $\gamma = 3{,}52$ mJ/(Molgrd²)

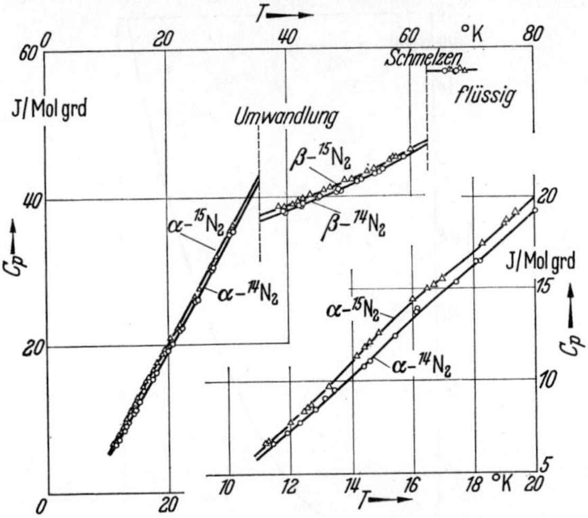

Abb. 5. N_2 Stickstoff-Isotope. C_p ○ $^{14}N_2$; △ $^{15}N_2$

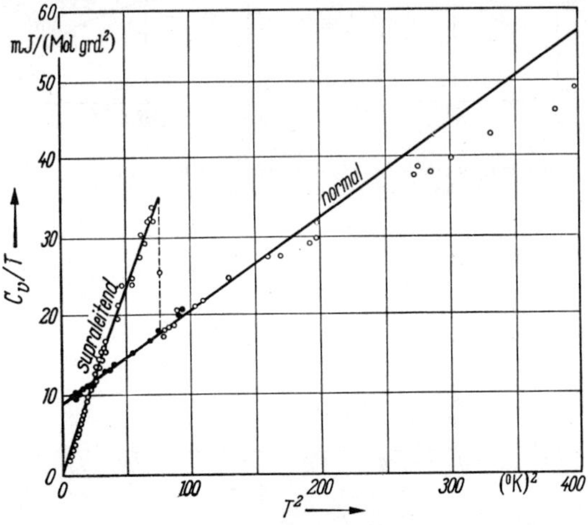

Abb. 6. Nb, Niob, $\frac{C_v}{T}$ · ○ Magnetfeld=0; ● Magnetfeld=6000 Oersted

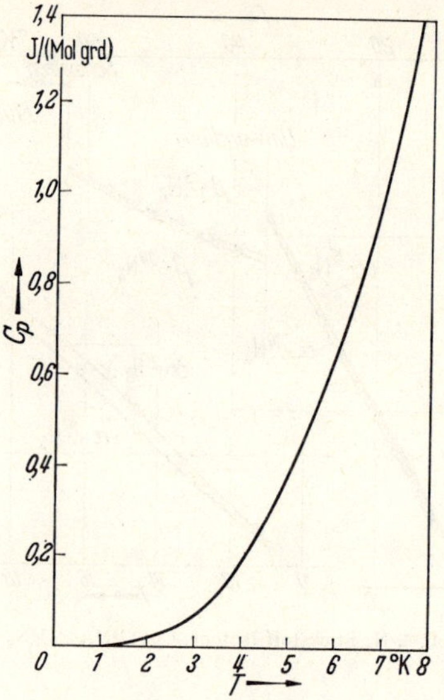

Abb. 7. Pb, Blei, C_p

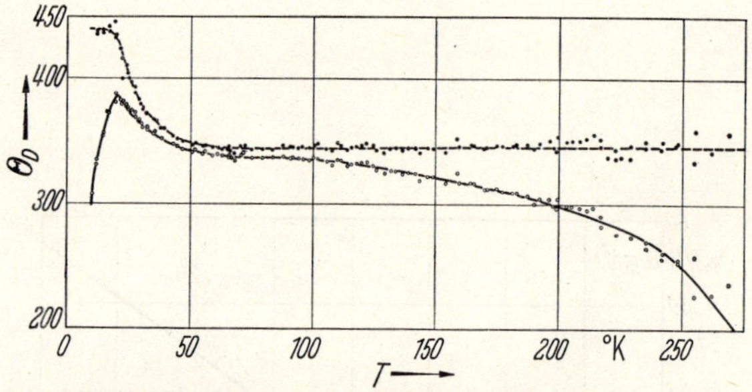

Abb. 8. Rh, Rhodium, Θ_D. Untere Kurve Θ_D-Werte für C_v. Obere Kurve Θ_D-Werte für C_v nach Abzug des Elektronenanteils; $\gamma = 4{,}18$ mJ/(Molgrd²)

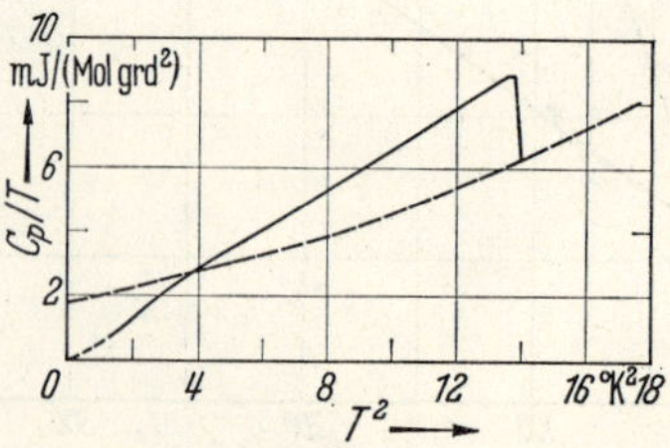

Abb. 9. Sn, Zinn, $\frac{C_p}{T}$. ——— Magnetfeld = 0; – – – Magnetfeld = 800 Oersted. Sprungtemperatur 3,722° K

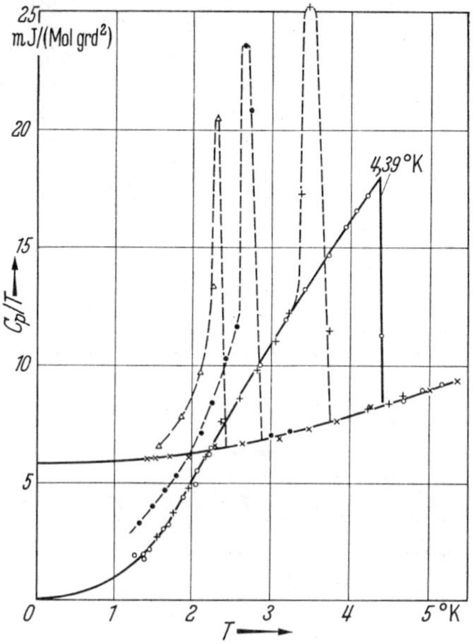

Abb. 10. Ta, Tantal, $\frac{C_p}{T}$, Sprungtemperatur 4,39° K. ○ Magnetfeld = 0; × Magnetfeld = 1930 Oersted; △ Magnetfeld = 557 Oersted; ● Magnetfeld = 457 Oersted; + Magnetfeld = 257 Oersted

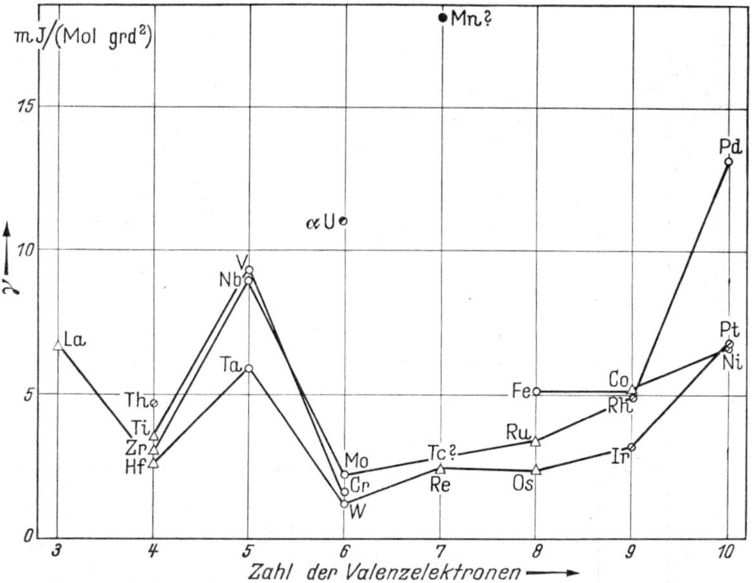

Abb. 11. Übergangsmetalle, γ = Koeffizient der Elektronenwärme (Der Wert für Mn ist zweifelhaft)

6112. Molwärmen bei konstantem Druck, C_p von anorganischen Verbindungen

M relative Molmasse, *F* Schmelztemperatur, Subl. Sublimationstemperatur, *U* Umwandlungstemperatur, *V* Siedetemperatur bei 760 Torr

Formel		*M*	C_p in $JMol^{-1}grd^{-1}$ bei *T* in °K								Zustandsänderungen
			100	200	298,15	400	500	600	800	1000	
AgBr		187,78	45,31	50,63	52,38	58,95	65,40	71,84	62,3	—	*U* 532° K, *F* 703° K
AgCl		143,32	41,67	49,71	50,78	56,86	59,83	61,63	66,9	—	*F* 728° K
	g				35,77	36,48	36,78	36,99	37,15	37,24	
AgJ		234,77	45,77	52,26	54,42	64,68	56,5	56,5	—	—	*U* 423° K
	g				36,78	37,07	37,20	37,24	37,32	37,36	
$AgNO_3$		169,87	59,91	79,08	93,05	112,3	128	128	—	—	*U* 433° K, *F* 483° K
Ag_2O		231,74	44,94	58,24	64,56	67,28	70,21	73,14	79,04	84,94	
Ag_2S		247,80	—	—	75,31	86,57	90,54	90,54	90,54	—	*U* 452° K, *U* 859° K
Ag_2SO_4		311,80	(82,8)	(112)	(131)	(144)	(155)	(167)	(190)	(205)	*U* 685° K, *F* 930° K
Al_2Cl_6		166,68	—	—	180,7	204,6	—	—	—	—	Subl. 453° K
AlF_3		83,98	24,64	56,74	75,12	84,56	91,34	97,11	97,61	100,1	*U* 727° K
Al_2O_3 (Korund)	(α)	101,96	12,84	51,14	79,01	96,18	106,04	112,50	120,32	124,74	
$Al_2(SO_4)_3$		342,15	91,50	191,0	259,5	322,4	353,0	372,9	398,9	417,7	
AsF_3		131,92	54,85	80,17	126,8						*F* 267,2° K, *V* 331° K
	g				65,6	71,9	75,1	77,2	79,9	81,9	
AsH_3		77,95	51,07	60,52							*U* 105,7° K, *F* 156,2° K, *V* 210° K
	g				38,5	45,4	49,7	53,1	58,7	63,8	
B_4C		55,26	5,10	27,32	52,51	77,19	89,54	97,29	107,3	114,3	
BF_3		67,81	53,39	—							*U* 142° K, *F* 144,4° K, *V* 173° K
	g				50,53	57,57	62,99	67,11	72,60	75,82	
B_2H_6		27,67	54,02	—							*F* 108,4° K, *V* 170,7° K
	g				56,40	71,71	86,02	98,91	119,9	135,1	
BN		24,82	—	—	12,13	13,68	15,19	16,69	19,75	22,76	
	g				29,46	30,63	31,42	32,01	33,26	34,31	

B_2O_3 (krist.)		69,62	20,8	43,9	62,05	75,60	87,49	98,78	128	128	F 723° K
(glasig)					62,05	80,00	97,61	117,7			
$BaCO_3$		197,35	50,71	73,14	85,35	99,03	106,6	113,0	124,2	134,6	U 1079° K
BaF_2		175,34	44,06	65,86	71,21	75,56	79,83	84,10	92,63	101,2	
$Ba(NO_3)_2$		261,35	95,10	128,0	151,2	175,0	193,7	210,7	246,8	—	F 868° K
BaO		153,34	31,67	43,64	47,23	49,86	52,17	53,60	55,48	56,82	
$BaSO_4$		233,40	57,53	84,18	101,8	119,4	127,3	131,6	135,9	137,9	U 1423° K, F 1623° K
Bi_2O_3		467,96	62,80	96,69	113,5	116,9	120,2	123,6	130,3	—	U 977° K, F 1080° K
BrF_3		136,904	54,02	81,25	124,4						F 281,93° K, V 398,9° K
	g				66,71	72,72	76,04	78,03	80,16	81,20	
HBr		80,92	43,26	59,66							U 89,15° K, U 113,1° K, U 116,75° K
	g				29,12	29,21	29,44	29,87	31,06	32,33	F 186,2° K, V 206,38° K (Abb. 1)
HCN		27,03	33,51	49,79	71,00						F 259,8° K, V 298,7° K
	g				35,95	39,42	42,01	44,19	47,89	50,79	
²HCN	g	28,03	—	—	38,45	41,59	44,00	46,14	49,95	53,03	
CO	g	28,01	—	—	29,15	29,34	29,79	30,44	31,90	33,19	
CO_2		44,01	39,87	—							Subl. 194,66° K
	g				37,12	41,31	44,61	47,31	51,42	54,29	
COS		60,07	44,06	70,92							F 134,3° K, V 222,9° K
	g				41,63	45,81	48,79	51,09	54,31	56,44	
CS_2		76,14	46,11	75,14	75,65						F 161° K, V 319,6° K
	g				45,65	49,58	52,38	54,39	57,11	58,66	
CaC_2		64,10	30,38	54,02	62,44	67,99	71,09	73,35	71,13	72,80	U 720° K, F 2673° K
$CaCO_3$ (Calcit)		100,09	39,54	66,61	81,86	97,11	105,1	110,5	118,0	123,8	
$CaCl_2$ (α)		110,99	48,83	67,28	72,8	75,40	77,24	78,78	81,67	84,35	F 1055° K
CaF_2		78,08	29,7	56	71,13	73,22	75,86	78,66	84,47	90,49	U 1424° K, F 1690° K
$Ca(NO_3)_2$		164,09	84,35	126,0	149,4	173,7	193,0	210,5	243,3	—	F 834° K
CaO		56,08	16,15	34,81	42,80	—	50,42	51,38	52,84	—	F 2876° K
$Ca_3(PO_4)_2$		310,18	—	—	227,8	255,2	276,5	295,6	331,4	365,8	U 1373° K, F 2003° K

Formel	M	C_p in $JMol^{-1}grd^{-1}$ bei T in °K								Zustandsänderungen
		100	200	298,15	400	500	600	800	1000	
$CaSO_4$ (natürlicher Anhydrit)	136,14	46,28	79,96	99,62	110,5	120,4	130,3	150,0	169,8	*U* 1466° K, *F* 1670° K
$CdCl_2$	183,31	51,1	68,2	73,22	77,32	81,34	85,35	93,39	—	*F* 840° K
CdO	128,40	24,10	38,9	42,97	43,85	44,73	45,19	47,32	49,08	
CdS	144,46	—	—	55,2	55,5	55,9	56,3	57,0	57,8	
$CdSO_4$	208,46	(51,9)	(81,3)	(100)	(108)	(116)	(124)	(139)	(155)	*F* 1273° K
HCl	36,46	40,00	—	—						*F* 98,4° K, *V* 188,13° K
g				29,12	29,16	29,25	29,71	30,79	31,76	
ClF_3	92,45	50,96	112,0							*U* 190° K, *F* 196,8° K, *V* 284,9° K
g				65,06	71,34	74,98	77,19	79,62	80,83	
ClO_2 g	67,45			41,84	45,86	48,11	51,13	53,97	55,61	*F* 214° K, *V* 284,1° K
$CoCl_2$	129,83	46,19	68,70	78,49	84,73	90,83	96,94	109,2	121,4	*F* 1013° K
CoO	74,93	(19,12)	(45,3)	52,72	52,74	53,22	53,85	55,35	56,99	
Co_3O_4	240,79	34,23	87,49	123,2	142,6	155,1	165,1	182,5	198,1	
CoS	91,00	—	—	(47,5)	(49,0)	(49,6)	(50,7)	(52,8)	(54,8)	
$CoSO_4$	154,99	—	—	(138)	(142)	(147)	(151)	(159)	(167)	
Cr_3C_2	180,01	31,6	75,1	99,2	113,1	121,5	127,9	138,2	147,3	
$CrCl_2$	122,90	(46,6)	(65,1)	(70,3)	(72,6)	(74,8)	(77,0)	(81,4)	(85,9)	*F* 108° K
$CrCl_3$	158,36	(49,6)	(80,6)	(90,1)	(93,1)	(96,1)	(99,0)	(105)	(111)	Subl. 1218° K
Cr_2O_3	151,99	(24,4)	(75,6)	105,0	113,3	117,7	120,5	124,3	127,0	*U* 305,9° K
$CrK(SO_4)_2$ 12 H_2O	499,41	—	—	—	—	—	—	—	—	Abb. 2
CsBr	212,81	—	—	(51,8)	(52,9)	(53,9)	(55,0)	(57,2)	—	*F* 909° K
CsCl	168,36	—	—	(52,6)	(53,6)	(54,5)	(55,5)	(57,4)	—	*U* 718° K, *F* 915° K
CsF	151,90	—	—	(50,7)	(51,8)	(52,9)	(54,1)	(56,3)	—	*F* 955° K
CsJ	259,81	—	—	(51,9)	(53,0)	(54,1)	(55,3)	(57,5)	—	*F* 894° K

$CuCl_2$		134,45	—	—	79,50	84,60	89,62	94,64	—	—	
Cu_2Cl_2		197,98	—	—	97,03	113,4	129,5	145,6	132,2	132,2	*F* 703° K
Cu_2J_2		380,88	—	—	(108)	(111)	(113)	(116)	—	—	*F* 861° K
CuO		79,54	(16,5)	(34,8)	44,78	46,82	48,83	50,84	54,85	58,87	
Cu_2O		143,08	(39,7)	(54,0)	69,45	71,88	74,27	76,65	81,42	86,19	*F* 1503° K
Cu_2S		159,14	(50)	(69)	81,59	97,28	97,28	97,28	85,02	85,02	*U* 376° K, *U* 623° K, *F* 1400° K
$CuSO_4$		159,60	—	—	100,0	107,4	114,6	121,8	136,2	—	
HF		20,01	19,79	43,10							*F* 189,8° K, *V* 292,6° K
	g				29,14	29,15	29,17	29,23	29,55	30,17	
Fe_3C		179,55	43,6	88,3	107,1	115,6	113,5	114,7	117,2	119,7	*U* 463° K
$FeCO_3$		115,86	(40,4)	(66,7)	(82,1)	(93,5)	(105)	(116)	(138)	—	
$FeCl_2$		126,753	50,92	70,71	76,35	79,66	81,63	83,09	85,40	102,1	*F* 950° K
Fe_2O_3		159,69	31,5	76,4	104,8	120,1	131,3	140,8	158,2	150,6	*U* 940° K, *U* 1040° K
Fe_3O_4		231,54	(56,6)	(117)	151,6	172,2	192,4	212,5	252,9	200,8	*U* 900° K, *F* 1867° K
FeS		87,91	—	—	54,64	65,90	72,80	57,02	58,99	61,00	*U* 411° K, *U* 598° K, *F* 1468° K
FeS_2		119,98	18,66	49,37	62,09	69,29	72,47	74,82	77,24	79,04	*F* 1443° K
GeO_2		104,59	(22,6)	(40)	(55,8)	(58,9)	(61,9)	(64,9)	(70,9)	(76,9)	*U* 980° K, *F* 1388° K
HfO_2		210,49	23,10	46,86	58,99	67,15	71,30	73,93	77,45	80,00	
Hg_2Cl_2		472,09	—	—	(102)	(105)	(108)	(111)	—	—	
$HgCl_2$		271,50	—	—	(76,9)	(81,3)	(98,7)	—	—	—	*F* 550° K
	g				58,20	59,79	60,63	61,13	61,71	62,09	
Hg_2J_2		654,99	—	—	(107)	(111)	(115)	—	—	—	
HgJ_2		454,40	—	—	77,40	77,40	84,52	104,6	—	—	*U* 403° K, *F* 530° K
	g				61,09	61,63	61,88	62,01	62,17	62,23	
HgS		232,65	—	—	(50,2)	(51,7)	(53,2)	(54,8)	(57,8)	—	*U* 659° K
HJ		127,91	43,68	47,86							*U* 125,5° K, *F* 222,4° K
	g				29,12	29,29	29,66	30,12	31,21	32,34	
KBr	g	119,01	43,34	50,20	52,51	53,93	55,31	56,69	59,50	62,26	*F* 1005° K
	g				36,31	36,94	37,11	37,20	37,29	37,32	
KCl		74,56	39,08	48,46	51,46	52,09	53,56	55,31	59,29	63,47	*F* 1045° K
	g				36,28	36,78	37,03	37,11	37,24	37,32	

Formel		M	C_p in JMol⁻¹grd⁻¹ bei T in °K								Zustandsänderungen
			100	200	298,15	400	500	600	800	1000	
KF		58,10	31,61	45,19	50,00	51,34	52,63	53,93	56,57	59,16	*F* 1130° K
KHF_2		78,11	48,87	66,99	76,82	86,19	100,2	—	—	—	*U* 469° K, *F* 512° K
KNO_3		101,11	—	—	96,32	108,5	120,5	120,5	—	—	*U* 401,0° K, *F* 607,4° K
K_2SO_4		174,27	79,12	110,0	130,0	149,1	163,1	175,2	197,2	196,7	*U* 856° K
LiBr		86,85	—	—	(51,9)	(53,2)	(54,4)	(55,7)	(58,2)	—	*F* 819° K
	g				33,85	35,27	36,09	36,62	37,25	37,63	
LiCl		42,39	—	—	(50,2)	(51,7)	(53,1)	(54,6)	(57,4)	—	*F* 887° K
	g				33,00	34,55	35,49	36,10	36,80	37,19	
LiF		25,94	13,14	32,72	41,90	46,62	49,50	51,61	55,23	59,58	*F* 1121° K
	g				33,2	34,7	35,6	36,2	36,9	37,3	
LiJ		133,84	—	—	(54,7)	(55,6)	(56,6)	(57,6)	—	—	*F* 722° K
$LiNO_3$		68,94	—	—	89,12	98,16	107,0	—	—	—	*F* 523° K
LiOH		23,95	(14,6)	(36)	40,52	58,03	63,64	68,24	86,78	—	*U* 686° K, *F* 744,2° K
Li_2O		29,88	17,4	37,2	54,18	63,85	69,58	73,85	80,67	86,53	
$MgCO_3$		84,32	24,27	58,0	75,56	90,12	99,83	107,7			
$MgCl_2$		95,22	40,2	63,5	71,20	76,07	78,62	80,25	82,51	92,47	*F* 987° K
MgF_2		62,31	21,67	48,83	63,60	69,31	72,43	74,60	77,83	80,46	
MgO		40,31	8,36	27,35	37,80	41,67	43,76	45,23	47,45	49,25	
	g				32,97	34,52	35,31	35,77	36,32	36,65	
Mn_3C		176,83	42,4	76,9	93,55	104,4	110,6	115,0	121,8	127,4	*U* 1310° K
$MnCO_3$		114,95	36,19	65,35	81,50	92,84	102,3	108,8	—	—	
$MnCl_2$		125,84	47,1	67,1	72,97	77,15	79,77	81,84	85,19	94,56	*F* 923° K
MnO		70,94	32,7	38,3	44,77	47,45	49,08	50,33	52,47	54,14	*U* 117,7° K
MnO_2		86,94	21,6	40,7	54,25	63,40	68,07	71,07	75,09	—	*U* 523° K
Mn_2O_3		157,87	—	—	98,74	109,0	115,6	120,8	129,4	137,2	*U* 873° K
Mn_3O_4		228,81	—	—	148,1	157,3	163,9	169,5	179,7	189,3	*U* 1443° K
MnS		87,00	39,16	47,78	49,96	50,71	51,46	52,22	53,72	55,23	
$MnSO_4$		151,00	47,0	79,9	100,5	119,0	129,3	136,6	147,7	—	*F* 973° K

MoO_3		143,94	31,63	59,33	73,64	84,22	90,17	94,52	101,3	107,1	*F* 1068° K
NH_3		17,03	26,07	73,47							*F* 195,4° K, *V* 239,7° K
	g				35,52	38,53	41,65	44,73	50,79	56,2	
N_2H_4		32,05	30,86	51,02	98,83						*F* 274,6° K, *V* 386,6° K
	g				52,7	63,2	70,7	76,5	86,2	93,3	
HN_3	g	43,03	—	—	43,69	49,12	53,58	57,36	63,19	67,45	
NH_4Cl		53,49	—	—	89,29	107,1	92,05	—	—	—	*U* 243° K, *F* 793° K (520 atm)
$(NH_4)NO_3$		80,04	59,62	105,9	139,3	—	—	—	—	—	*U* 257° K
$(NH_4)_2SO_4$		132,14	—	—	187,5	216,1	244,2	272,3	—	—	*U* 771° K, *F* 786° K
NH_4HSO_4		115,11	—	—	142,9	177,4	223,7	255,0	—	—	*U* 399° K, *F* 417° K
N_2O		44,01	41,42	—							*F* 182,2° K, *V* 184,5° K
	g				38,71	42,87	46,15	48,86	53,04	56,02	
NO		30,01	35,69	—							*F* 109,5° K, *V* 121,4° K
	g				29,83	29,97	30,50	31,25	32,77	34,00	
HNO_3		63,002	42,09	61,50	109,8						*F* 231,5° K
	g				53,56	63,64	71,75	—	—	—	
N_2O_4		92,01	60,71	91,71							*F* 261,9° K, *V* 292° K
	g				78,99	90,50	97,82	103,6	113,3	122,1	
$NaBO_2$		65,80	—	—	(69,2)	(74,4)	(79,5)	(84,6)	(94,8)	(105)	*F* 1239° K
NaBr		102,90	—	—	52,30	53,18	54,06				*F* 1014° K
	g				35,98	36,61	36,86	37,03	37,15	37,24	
Na_2CO_3		105,99	(61,0)	(94,6)	(110)	(125)	(138)	—	—	—	
$NaHCO_3$		84,01	(45,9)	(72,7)	(87,8)	(102)	(117)	—	—	—	
NaCl		58,44	35,1	47,0	50,79	52,47	54,10	55,73	58,99	62,26	*F* 1073° K
	g				35,44	36,28	36,69	36,90	37,11	37,20	
NaF		41,99	22,72	40,63	46,82	49,12	51,09	52,89	56,27	59,62	
NaJ		149,89	—	—	54,31	55,02	55,69	56,36	57,74	—	*F* 987° K
	g				36,23	36,74	36,94	37,07	37,20	37,28	
Na_2O		61,98	—	—	71,43	74,73	76,99	79,24	83,76	88,28	*F* 1193° K
NaOH		40,00	28,77	49,20	59,66	65,10	75,19	86,06	84,89	83,72	*U* 566° K, *F* 592° K
$NaNO_3$		84,99	52,09	75,65	93,05	116,1	138,7	155,6	—	—	*U* 548° K, *F* 579° K
Na_2SO_4		142,04	66,65	105,6	130,8	153,4	175,5	170,2	186,3	202,5	*U* 450° K, *U* 514° K

Formel		M	C_p in $JMol^{-1}grd^{-1}$ bei T in °K								Zustandsänderungen
			100	200	298,15	400	500	600	800	1000	
$Na_2Ti_3O_7$		301,68	93,39	182,4	252,3	268,6	278,3	285,6	297,4	307,7	
NbN		106,91	—	—	43,35	45,40	47,66	49,92	—	—	
Nb_2O_5		265,81	54,89	105,9	135,5	148,1	155,0	159,8	166,9	172,7	
$NiCl_2$		129,62	43,76	64,94	71,67	75,40	77,82	79,79	83,01	85,94	
NiO		74,71	13,97	33,14	44,28	52,13	64,27	51,84	53,56	55,23	*U* 523° K
NiS		90,77	—	—	54,68	60,12	65,30	70,84	—	—	*U* 669° K
$NiSO_4$		154,77	—	—	(138)	(142)	(147)	(151)	(159)	(167)	
H_2O		18,015	15,88	28,22	75,15						*F* 273,15° K, s. auch Tabelle 222
	g				33,56	34,24	35,20	36,29	38,67	41,20	
^2H_2O		20,03	16,93	33,68	84,35						*F* 276,91° K
	g				34,25	35,62	37,17	38,82	42,84	45,41	
H_2O_2		34,015	25,58	43,02	89,33						*F* 272,74° K
	g				43,14	48,45	52,55	55,69	59,83	62,84	
PH_3		34,00	46,90	—							*F* 139,3° K, *V* 185,4° K
	g				37,11	41,80	46,48	50,92	58,53	64,31	
$PbBr_2$		367,01	68,2	76,6	80,54	81,46	82,38	83,30	115,5	—	*F* 761° K
$PbCO_3$		267,20	(55,2)	(74,8)	(87,5)	(99,7)	(112)	(124)	(148)	—	
$PbCl_2$		278,10	59,51	72,34	76,78	80,17	83,51	86,86	113,8	—	*F* 771° K
PbF_2		245,19	—	—	(73,7)	(75,9)	(77,6)	(79,3)	(82,8)	86,19	*U* ~620° K
PbJ_2		461,00	—	—	81,17	83,18	85,14	87,11	135,6		*F* 685° K
PbO (rot)		223,19	—	—	49,33	51,04	52,76	54,39	57,74	—	*U* 762° K
	g				32,43	34,23	35,02	35,52	36,15		
PbO (gelb)		223,19	27,5	40,3	45,86	48,58	51,25	53,93	59,29	64,64	*U* 762° K
PbO_2		239,19	(31,6)	(53,0)	(62,9)	(66,1)	(68,4)	(72,7)	(79,2)	85,77	
PbS		239,25	39,75	47,70							
	g				35,02	36,07	36,48	36,74	36,99	37,11	
$PbSO_4$		303,25	61,25	86,53	104,3	108,7	117,7	128,6	152,4	177,3	
PdO		122,40	—	—	31,51	37,57	43,51	49,45	61,34	—	

PtS	227,15			(50,2)	(51,4)	(52,6)	(53,8)	(56,2)	(58,6)	
PtS_2	259,22	—	—	(66,9)	(70,0)	(72,9)	(75,9)	(82,0)	(88,0)	
RbBr	165,38	(46,9)	(52,2)	(51,7)	(52,8)	(53,9)	(54,9)	(57,1)	—	*F* 950° K
RbCl	120,92	—	—	(51,2)	(52,3)	(53,3)	(54,4)	(56,5)	—	*F* 990° K
RbF	104,47	—	—	(50,7)	(51,7)	(52,7)	(53,6)	(55,6)	(57,6)	*F* 1048° K
RbJ	212,37	(47,7)	(51,4)	(51,8)	(52,9)	(54,1)	(55,1)	(57,3)	—	*F* 911° K
SF_6	146,05	58,32								*F* 222,4° K, Subl. 209,3° K
g				96,26	117,9	127,1	133,5	141,6	147,2	
^2H_2S	36,09	43,97	70,58							*F* 187,14° K
g				35,77	38,12	40,65	43,17	47,59	50,92	
H_2S	34,08	39,16	68,03							*F* 187,55° K, *V* 212,77° K
g				34,22	35,60	37,21	38,69	42,58	45,88	
SO_2	64,06	48,07	87,74							*F* 197,64° K, *V* 263,07° K
g				39,87	43,47	46,53	48,99	52,43	54,52	
Sb_2O_3	291,50	(50,3)	(84,8)	(101)	(108)	(116)	(123)	(137)	—	*U* 829° K, *F* 927° K
^2H_2Se	82,99	49,08	62,76							*U* 176,01° K, *F* 206,23° K, *V*≈232° K
g				36,74	39,54	42,26	44,77	48,74	51,38	
H_2Se	80,98	43,18	59,45							*U* 172,5° K, *F* 207,4° K, *V* 231,6° K
g				34,56	36,28	38,20	40,21	44,10	47,24	
SiC	40,1	4,18	16,32	26,65	34,35	38,49	41,34	45,40	48,62	
$SiCl_4$ g	169,90			90,58	97,03	100,3	102,4	105,1	107,2	
SiH_4	32,12	60,67								
g				42,76	51,42	59,08	65,81	76,65	84,47	
SiO_2 (Quarz)	60,08	15,4	32,8	44,48	53,60	59,58	64,39	72,63	68,41	*U* 846° K
SiO_2 (Cristobalit)	60,08	15,77	32,72	44,18	53,14	61,97	65,35	67,07	72,97	*U* 498...535° K
SiO_2 (Tridymit)	60,08	16,28	33,72	44,60	61,50	62,59	63,68	65,90	68,12	*U*≈390° K und 498° K
SiO_2 (glasig)	60,08	—	—	44,35	53,09	57,91	61,30	66,02	69,96	
$SnCl_2$	189,60	—	—	79,33	83,26	87,15	—	—	—	*F* 520° K

Formel		M	C_p in $JMol^{-1}grd^{-1}$ bei T in °K								Zustandsänderungen
			100	200	298,15	400	500	600	800	1000	
$SnCl_4$	g	260,50	—	—	98,45	102,4	104,3	105,2	106,4	107,0	
SnO		134,69	(24,5)	(38,9)	(44,3)	(45,8)	(47,3)	(48,7)	(51,7)	(54,6)	
	g				31,71	33,60	34,48	35,06	35,77	36,23	
SnO_2		150,69	(20,5)	(42,2)	52,59	64,42	70,29	73,93	78,53	81,77	U 683° K
SnS		150,75	34,31	45,61	49,25	50,38	52,63	55,27	60,96	56,57	U 857° K
	g				34,43	35,65	36,19	36,53	36,82	37,04	
SnS_2		182,82	—	—	70,13	71,92	73,68	75,44	78,95	82,46	
$SrCO_3$		147,63	(44,1)	(68,9)	(83,0)	95,06	101,8	107,2	116,1	124,0	
$SrCl_2$		158,53	—	—	(79,2)	(80,2)	(81,2)	(82,3)	(84,3)	(86,4)	
SrO		103,62	24,0	40,0	44,50	48,76	50,96	52,34	54,22	55,56	
TaN		194,95	—	—	42,09	45,40	48,66	51,92	58,45	—	
Ta_2O_5		441,89	57,91	107,4	135,1	150,3	158,6	167,0	172,9	179,6	
ThO_2		264,04	—	—	62,34	66,90	69,62	71,67	74,85	77,66	
TiC		59,91	7,32	23,3	33,60	41,46	45,19	47,32	49,79	51,34	
TiN		61,91	10,79	27,53	37,10	43,68	46,86	48,37	51,04	52,51	
TiO		63,90	12,68	30,63	39,96	45,40	48,66	51,09	55,06	58,94	
TiO_2 (Rutil)		79,90			56,48	64,18	67,91	70,12	72,68	74,35	
TiO_2 (Anatas)		79,90			56,44	64,43	68,24	70,54	73,26	75,02	U 915° K
Ti_2O_3		143,80	26,69	72,30	97,36	120,2	130,8	136,5	142,8	146,3	U 473° K
UCl_3		344,39	—	—	91,50	97,15	101,5	105,1	111,9	118,4	
UCl_4		379,84	—	—	123,4	127,5	131,5	135,6	—	—	F 871° K
UO_2		270,03	29,1	52,3	63,76	72,72	77,11	79,79	83,18	85,60	
UO_3		286,03			81,63	88,91	92,76	95,31	98,99	—	
VC		62,94	10,54	20,59	33,35	38,83	42,05	44,43	48,16	51,38	
VCl_2		121,85	42,26	64,81	72,22	74,94	76,69	78,16	80,84	83,26	
VCl_3		157,30	71,13	83,76	93,18	98,37	101,6	104,1	108,2	—	

VO		66,94	14,18	33,93	45,44	49,45	52,01	53,97	57,32	60,29	
V_2O_3		149,88	28,7	80,9	103,3	116,6	123,7	128,5	135,2	140,5	
V_2O_4		165,88	—	—	125,1	134,4	143,3	148,7	155,6	160,3	*U* 345° K
V_2O_5		181,88	—	—	137,4	166,7	180,8	189,2	199,1	190,8	*F* 943° K
WC		195,86	—	—	36,11	37,03	37,95	38,83	40,67	42,47	
WO_3		231,85	(32,4)	(63,2)	(82,1)	(86,3)	(88,7)	(91,9)	(98,4)	(105)	*U* 993° K
$ZnCO_3$		125,38	(34,4)	(63,9)	(80,2)	(94,1)	(108)	(122)	—	—	
$ZnCl_2$		136,28	—	—	(76,3)	(80,9)	(85,5)	—	—	—	
ZnO		81,37	—	32,30	40,25	45,33	48,58	49,50	51,67	53,18	
	g				31,71	33,60	34,48	35,02	35,73	36,23	
ZnS		97,44	24,52	39,66	46,02	49,41	51,21	52,38	54,18	55,48	
$ZnSO_4$		161,43	—	—	(97,4)	(106)	(115)	(124)	(141)	(158)	
$ZrCl_4$		233,03	77,99	108,3	119,9	125,9	128,7	—	—	—	*F* 710° K
ZrN		105,23	18,54	31,69	40,46	44,77	47,07	48,66	50,92	52,76	
ZrO_2 (α)		123,22	19,0	43,61	56,15	63,85	67,78	70,25	73,47	75,73	*U* 1478° K

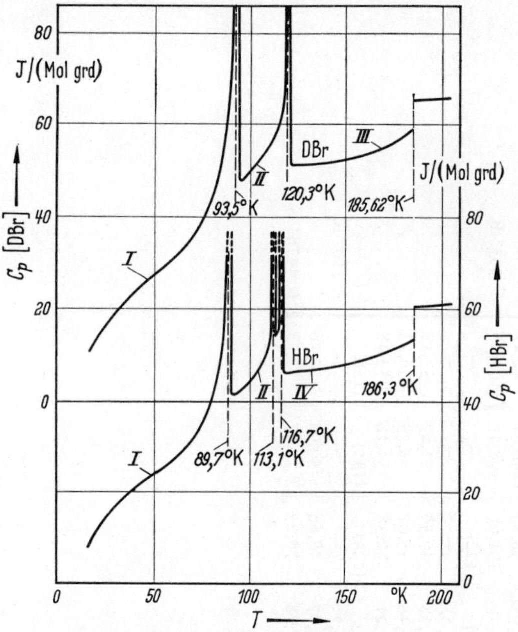

Abb. 1. HBr und DBr, Bromwasserstoff (Rotationsumwandlung)

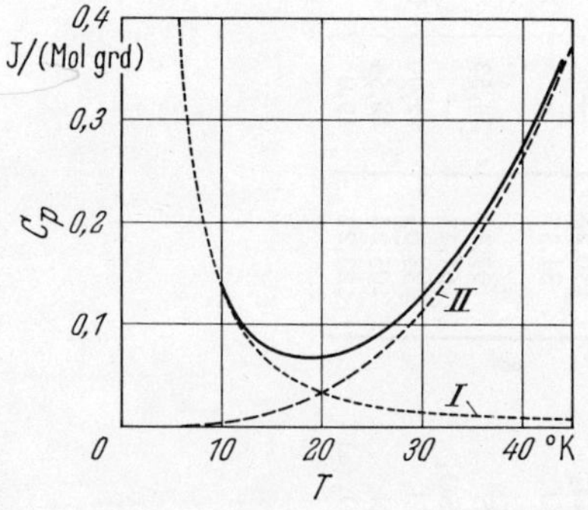

Abb. 2. $KCr(SO_4)_2 \cdot 12\,H_2O$, Kaliumchromalaun, C_p. *I* Spinanteil, *II* Gitteranteil

6113. Molwärmen bei konstantem Druck, C_p von organischen Verbindungen

M relative Molmasse; *F* Schmelztemperatur, *V* Siedetemperatur bei 760 Torr

		M		C_p in $JMol^{-1}grd^{-1}$ bei *T* in °K									Zustandsänderungen
				100	200	298,15	400	500	600	800	1000	1500	
$CClF_3$*	Trifluorchlor=	104,46											
	methan		g			66,82	77,59	85,02	90,37	96,94	100,5	104,5	*F*≈134,1° K, *V* 191,2° K
CCl_2F_2*	Difluordichlor=	120,91											
	methan		g			87,85	98,66	106,3	112,0	119,2	123,4	128,3	*F* 117,9° K, *V* 248,2° K
CCl_2O	Phosgen	98,92		55,15	99,70	—							
			g			60,67	65,96	69,47	72,07	75,58	77,75	79,71	*F* 145,4° K, *V* 280,6° K
CCl_3F*	Fluortrichlor=	137,37		62,30	112,0	121,5							
	methan		g			77,88	87,04	92,85	96,66	101,1	103,4	105,9	*F* 63,6° K, *V* 297,5° K
CCl_4	Tetrachlor=	153,82		66,94	103,34	131,67							
	methan		g			83,42	91,71	96,61	99,66	103,1	104,8	—	*F* 250,2° K, *V* 349,8° K
CF_4	Tetrafluor=	88,00		78,00	—	—							
	methan		g			61,21	72,63	80,96	87,03	94,68	98,95	—	*F* 89,4° K, *V* 145,2° K
$CHClF_2$*	Difluorchlor=	86,47		57,09	92,48								
	methan		g			55,85	65,46	74,01	77,28	87,19	92,51	99,62	*F* 115,7° K, *V* 232,5° K
$CHCl_2F$*	Fluordichlor=	102,92											
	methan		g			60,96	70,08	77,19	82,47	89,62	94,22	100,5	*F* 138,1° K, *V* 282,1° K
CH_2Cl_2*	Dichlormethan	84,93											
			g			51,13	61,46	66,40	72,63	81,09	87,03	95,98	*F* 176,4° K, *V* 312,9° K
CH_2O_2	Ameisensäure	46,03		34,83	50,75	99,04							
			g			48,69	56,96	63,91	69,66	78,40	84,68	94,27	*F* 281,5° K, *V* 373,9° K
CH_3Br*	Brommethan	94,94		49,87	77,45	—							
			g			42,43	49,92	56,74	62,63	72,17	79,50	91,25	*F* 179,5° K, *V* 276,7° K
CH_3Cl*	Chlormethan	50,49		49,04	74,10	—							
			g			40,71	48,12	55,56	61,25	71,25	78,91	91,00	*F* 176,4° K, *V* 249,4° K

* Siehe auch Tabelle 6324.

		M		C_p in JMol⁻¹grd⁻¹ bei T in °K									Zustandsänderungen
				100	200	298,15	400	500	600	800	1000	1500	
CH_3NO_2	Nitromethan	61,04		52,80	71,46	106,0							
			g			57,32	70,29	81,84	91,17	106,9	117,9	134,1	F 243,9° K, V 374,3° K
CH_3NO_3	Methylnitrat	77,04		61,71	134,1	157,2							V 338,2° K
CH_4[1]	Methan	16,04		54,81	—	—							
			g			35,79	40,74	46,58	52,49	63,18	72,01	86,7	F 90,6° K, V 111,6° K
CH_4N_2O	Harnstoff	60,06		41,30	67,03	93,14							F 405,3° K
CH_4O	Methanol	32,04		43,56	70,71	81,6							
			g			43,89	51,42	59,50	67,03	79,66	89,45	—	F 175,3° K, V 337,9° K
CH_4S	Methanthiol	48,11		49,31	86,90	—							
			g			50,69	59,02	66,75	73,70	85,24	94,28	108,7	F 150,1° K, V 279,1° K
CH_6N_2	Methylhydrazin	46,06		42,38	69,45	134,9							
			g			71,13	87,9	102	113	131	145	167	
$CH_6N_2O_2$	Carbamidsäure-NH_4-salz	78,07		58,31	94,1	131,8							
$2CH_5N_3 \cdot H_2CO_3$	Guanidincarbonat	180,17		115	187	259							F 470,3° K
$C_2CaO_4 \cdot H_2O$	Calciumoxalat	128,10		64,64	116,0	152,8							
C_2ClF_3	Chlortrifluoräthen	116,47		66,73	116,6								
			g			84,06	95,04	103,1	109,2	117,3	122,0	127,6	F 115,0° K, V 244,79° K
$C_2H_2Cl_2$*	1,1-Dichloräthen	96,94		54,98	101,6	111,3							
			g			67,03	78,66	87,28	93,89	103,4	110,0	119,8	V 310,3° K
C_2H_2O	Keten	42,04	g	—	—	47,82	56,15	62,97	69,58	77,32	83,81	93,93	F 139,1° K, V 232,1° K
$C_2H_3Cl_3$	1,1,1-Trichloräthan	133,41		64,94	123,0	144,3							
			g			93,43	107,7	118,5	126,6	139,2	147,8	161,0	V 374,3° K
C_2H_4	Äthen	28,05		71,34	—	—							
			g			43,63	53,97	63,43	71,55	84,52	94,43	110,29	F 104° K, V 169,4° K
$C_2H_4Br_2$	1,2-Dibromäthan	187,87		66,0	102,4	136,0							F 282,6° K, V 404,4° K

C_2H_4O	Acetaldehyd	44,05	g	—	—	54,64	65,81	76,44	85,86	101,3	112,8	—	*F* 149,6° K, *V* 293,3° K
	Äthylenoxid	44,05		47,82	81,40	—							
			g			48,28	65,90	75,44	86,27	102,9	114,9	—	*F* 160,60° K, *V* 283,8° K
$C_2H_4O_2$	Essigsäure (monomer)	60,05		50,3	67,2	123,4							
			g			66,53	81,67		105,2	121,7	133,8	152,5	
	Essigsäure (dimer)	120,10	g	—	—	146,4	177,2		225,5	261,3	284,8	322,2	
C_2H_5Cl	Chloräthan	64,52		59,66	95,77	—							
			g			62,80	76,99	89,58	100,3	—	—	—	*F* 134,8° K, *V* 285,4° K
$C_2H_5NO_2$	Glycin	75,07		42,76	72,68	100,3							
$C_2H_5NO_3$	Äthylnitrat	91,07		67,66	164,0	170,3							*V* 361,9° K
C_2H_6	Äthan	30,07		68,53	—	—							
			g			52,70	65,61	78,1	89,3	108,1	122,7	146,0	*F* 89,8° K, *V* 184,5° K
C_2H_6Cd	Cadmium-dimethyl	142,47		68,07	94,39	132,0							
C_2H_6O	Äthanol (krist.)	46,07		46,97	91,92	111,4							
			g			73,60	87,86	100,8	112,2	130,8	145,0	167,7	
$C_2H_6O_2$	Äthylenglykol	62,07		46,2	74,4	151							*F* 285,6° K, *V* 470,6° K
C_2H_6S	Äthanthiol	62,13		58,37	111,6	117,8							
			g			72,68	88,20	101,9	113,8	133,1	148,0	—	
C_2H_7N	Dimethylamin	45,08		53,30	126,2	—							
			g			69,04	87,40	104,3	118,9	142,0	159,8	187,1	*V* 289,8° K
$C_2H_7NO_3S$	Taurin	125,15		60,67	103,4	140,5							*F* $>$ 513,3° K
$C_2H_8N_2$	N,N-Dimethylhydrazin	60,10	g	51,8	87,3	164,1							
$C_2H_8N_2$	N,N′-Dimethylhydrazin	60,10		54,98	94,14	171,0							
C_3H_6	Propen	42,08		90,79	89,20	—							
			g			63,89	79,91	94,64	107,5	128,4	144,2	169,0	*F* 87,9° K, *V* 225,4° K
C_3H_6O	Aceton	58,08		65,6	117	125							
			g			74,89	92,05	108,3	122,8	146,1	163,8	191,3	*F* 177,6° K, *V* 329,4° K

[1] Siehe auch Abb. S. 1286. * Siehe auch Tabelle 6324.

		M		C_p in $JMol^{-1}grd^{-1}$ bei T in °K									Zustandsänderungen
				100	200	298,15	400	500	600	800	1000	1500	
$C_3H_6O_2S$	β-Thiomilch-säure	106,14		55,56	94,93	173							F 283,3° K
$C_3H_7NO_2$	d-Alanin	89,09		52,38	89,66	120,5							
$C_3H_7NO_2S$	l-Cystein	121,16		66,61	112,5	162,7							
C_3H_8	Propan	44,10		84,98	93,52	—							
			g			73,51	94,3	113,1	129,2	155,1	175,0	206,1	F 85,4° K, V 231,0° K
C_3H_8O	Propanol-(2)	60,10		53,5	110,3	153,4							V 355,6° K
C_3H_9N	Trimethylamin	59,11		60,17	118,1	—							
			g			91,76	117,5	140,7	160,4	190,9	213,3	247,9	F 156,0° K, V 276,0° K
C_4H_4O	Furan	68,08		48,62	100,5	114,6							
			g			65,44	88,70	107,7	122,6	144,0	158,5	179,7	V 305,3° K
$C_4H_4O_4$	Fumarsäure	116,07		66,7	106	142							
$C_4H_4O_4$	Maleinsäure	116,07		63,9	101	137							V 433,3° K
C_4H_4S	Thiophen	84,14		59,91	80,92	123,9							
			g			72,89	96,32	114,9	129,5	150,7	165,4	—	F 243,4° K, V 357,3° K
C_4H_6	Butadien-(1,2)	54,09		57,95	110,4	—							
			g			80,12	98,49	114,6	128,5	150,7	167,4	193,3	F 136,9° K, V 283,9° K
	Butadien-(1,3)	54,09		83,4	112,1	—							
			g			79,54	101,6	119,3	133,2	154,1	169,5	193,9	F 164,2° K, V 268,6° K
	Butin-(1)	54,09		58,05	117,2	—							
			g			81,42	99,87	115,6	129,0	150,4	166,7	193,4	F 147,4° K, 281,2° K
	Butin-(2)	54,09		66,02	81,55	125,1							
			g			77,95	94,64	110,3	124,2	147,0	164,4	191,5	
$C_4H_6N_4O_3$	Allantoin	158,12		72,76	128,2	181,1							
$C_4H_6O_4$	Bernsteinsäure	118,09		69,4	111	154							F 455,8° K, V 508° K
$C_4H_7NO_4$	l-Asparagin-säure	133,10		69,45	113,9	154,0							
$C_4H_7N_3O$	Kreatinin	113,12		65,81	103,3	139,3							

C_4H_8	Buten-(1)	56,11		107,7	110,1	—							
			g			89,33	112,7	132,8	149,9	177,1	197,7	229,8	*F* 137,8° K, *V* 266,9° K
	cis-Buten-(2)	56,11		64,42	111,5	—							
			g			78,91	101,8	123,0	141,4	171,0	193,1	227,4	*F* 134,2° K, *V* 276,8° K
	trans-Buten-(2)	56,11		61,00	112,5	—							
			g			87,82	108,9	128,4	145,6	173,6	194,9	228,2	*F* 167,6° K, *V* 274° K
	Cyclobutan	56,11		53,39	91,13	—							
			g			72,22	99,92	124,9	145,4	177,4	200,6	235,6	*V* <193° K
$C_4H_8N_2O_3$	l-Asparagin	132,12		69,45	116,3	160,7							
C_4H_8O	Butanon	72,11		66,4	147,2	164							*V* 352,7° K
$C_4H_8O_2$	Buttersäure	88,11		68,4	132	178							*F* 267,6° K, *V* 436,7° K
	Dioxan	88,11		52,8	86,4	152,9							*V* 389° K
	Essigsäure-äthylester	88,11		77,40	160,2	170							*F* 189,6° K, *V* 350,2° K
C_4H_8S	Tetrahydro-thiophen	88,17		58,24	122,1	140,2							
			g			90,88	121,1	146,6	167,6	199,4	222,3	—	
C_4H_9N	Pyrrolidin	71,12		56,70	87,28	156,6							
			g			81,13	114,3	143,9	168,7	206,5	233,6	274,3	*V* 361° K
$C_4H_9N_3O_2$	Kreatin	131,14		75,3	126,4	172,4							
C_4H_{10}	Butan	58,12		66,69	119,6	—							
			g			98,78	124,7	148,7	169,1	201,8	226,8	265,7	*F* 134,8° K, *V* 272,6° K
$C_4H_{10}N_2O_4$	Asparaginhydrat	150,13		83,14	148,1	206,7							
$C_4H_{10}O$	Butanol-(1)	74,12		64,9	138	179							*V* 390,6° K
$C_4H_{10}O$	2-Methyl-propanol-(2)	74,12		61,6	110	—							*F* 165° K, *V* 380,9° K
$C_4H_{10}O_4$	Erythrit	122,12		63,8	116	166							*F* 393° K, *V* 602° K
$C_4H_{11}N_3O_3$	Kreatinhydrat	149,15		91,76	156,0	213,5							
$C_5H_4N_4O$	Hypoxanthin	136,11		57,31	93,30	134,3							
$C_5H_4N_4O_2$	Xanthin	152,11		60,25	105,9	151,0							
$C_5H_4N_4O_3$	Harnsäure	168,11		63,89	116,6	166,1							
C_5H_5N	Pyridin	79,10		50,54	78,98	132,7							
			g			78,12	106,4	130,2	149,5	177,8	197,4	226,1	*V* 388,6° K

		M		C_p in $JMol^{-1}grd^{-1}$ bei T in °K									Zustandsänderungen
				100	200	298,15	400	500	600	800	1000	1500	
$C_5H_5N_5O$	Guanin	151,13		59,50	109,4	156,5							
C_5H_6O	Furfurylalkohol	98,10		58,3	90,1	204							
$C_5H_9NO_2$	l-Prolin	115,13		64,43	106,9	149,0							*F* 487° K
$C_5H_9NO_4$	D-Glutamin-säure	147,13		76,36	128,0	174,5							
C_5H_{10}	Penten-(1)	70,14		72,97	133,5	155,3							
			g			114,6	143,1	168,4	189,8	223,8	249,4	289,4	*V* 312° K
$C_5H_{10}O$	Cyclopentanol	86,13		63,3	—	184							*V* 412° K
C_5H_{12}	Pentan	72,15		74,14	144,2	171,5							
			g			122,6	154,4	183,9	208,7	248,4	278,5	325,3	*V* 309,3° K
$C_5H_{12}N_2O_2$	d, l-Ornithin	132,16		54,31	129,2	190,4							
$C_5H_{12}O$	Pentanol-(1)	88,15		74,06	164	209							*V* 411° K
C_6Cl_6	Hexachlor-benzol	284,78		203,0	162,5	201,4							*F* 502,6° K, *V* 596,3° K
C_6HCl_5O	Pentachlor-phenol	266,34		99,08	160,4	202,0							*F* 462° K
$C_6H_4O_2$	Benzo-chinon-(1,4)	108,10		62,55	96,7	132							*F* 388,6° K
C_6H_5Br	Brombenzol	157,02		58,49	99,75	155,4							*V* 429,3° K
C_6H_5Cl	Chlorbenzol	112,56		55,48	98,24	150,1							
			g			97,07	126,8	151,2	170,7	199,0	218,4		*V* 405° K
C_6H_5F	Fluorbenzol	96,11		54,15	95,20	146,4							
			g			94,43	125,5	150,8	171,0	200,1	220,0	248,9	*V* 358,2° K
C_6H_5J	Jodbenzol	204,01		58,24	98,99	158,7							*F* 244° K
$C_6H_5NO_2$	Nitrobenzol	123,11		67,11	107,0	187,3							*V* 484° K
C_6H_6	Benzol	78,11		50,42	83,75	136,1							
			g			81,64	111,9	137,2	157,9	188,5	209,9	241,3	*F* 278,6° K, *V* 353,3° K
$C_6{}^2H_6$	Deuterobenzol	84,16		53,6	96,2	149,6							

C_6H_6O	Phenol	94,11		53,01	85,14	134,7						*F* 313,9° K, *V* 455,3° K
$C_6H_6O_2$	1,4-Dihydroxy-benzol	110,11		51,71	92,9	142						
C_6H_6S	Benzthiol	110,18		62,65	106,7	173,2						
C_6H_{10}	Cyclohexen		g			104,9	137,1	163,5	184,6	215,9	237,6	
		82,15		57,07	121,5	140,2						
C_6H_{12}	Hexen-(1)		g			105,0	153,3	179,0	206,9	248,9	278,7	323,3	*V* 356,4° K
		84,16		79,07	158,5	183,3						
			g			138,4	173	204	229	270	301	349	*F* 133° K, *V* 336,5° K
$C_6H_{12}N_2O_4S_2$	l-Cystin	240,30		113,4	196,8	269,9						
$C_6H_{12}O_6$	α-D-Galaktose	180,16		77,9	149	220						
C_6H_{14}	Hexan	86,18		82,76	171,5	195,0						
			g			146,7	184,3	219,2	248,4	295,0	330,3	385,0	*F* 179,6° K, *V* 341,9° K
$C_6H_{14}O_6$	Dulcit	182,17		89,2	162	242						*F* 461° K
	Mannit	182,17		91,0	165	240						*F* 440° K
$C_7H_5F_3$	Phenyl-trifluor=methan	146,11		75,39	133,6	188,4						
			g			130,4	169,8	201,7	226,8	262,7	286,4	320,6	*V* 375° K
$C_7H_6O_2$	Benzoesäure	122,12		63,93	102,89	146,81						*F* 395,6° K, *V* 523° K
$C_7H_6O_3$	2-Hydroxy=benzoesäure	138,12		66,44	113,6	165,3						*F* 432° K
	3-Hydroxy=benzoesäure	138,12		66,02	113,0	164,0						*F* 475° K
	4-Hydroxy=benzoesäure	138,12		65,48	112,8	163,6						*F* 487° K
C_7H_7Cl	Benzylchlorid	126,59		71,5	120	182						*V* 452,4° K
C_7H_8	Toluol	92,14		61,9	134	162						
			g			103,8	139,1	169,6	194,9	233,1	260,2	300,3	*V* 383,9° K
C_7H_8O	Benzylalkohol	108,14		62,13	109,0	217,8						
C_7H_{14}	Cycloheptan	98,19		67,91	130,6	180,7						*F* 261° K, *V* 391° K
	Hepten-(1)	98,19		88,19	184,8	211,8						
			g			162,5	203	239	269	317	353	409	*V* 371° K
$C_7H_{14}O$	Heptanol	114,19		93,6	157,6	246						*F* 231° K, *V* 425° K

		M		C_p in JMol⁻¹grd⁻¹ bei T in °K									Zustandsänderungen
				100	200	298,15	400	500	600	800	1000	1500	
C_7H_{16}	Heptan	100,21		92,77	201,31	224,74							
			g			170,8	214,1	254,5	288,0	341,6	382,0	444,4	V 271° K
$C_7H_{16}O$	Heptanol-(1)	116,20		93,83	148,8	278							V 448° K
$C_8H_4O_3$	Phthalsäure-anhydrid	148,12		67,61	113,1	161,8							F 403,9° K, V 557,6° K
C_8H_6	Phenylacetylen	102,14		62,8	105	179							F 225...233° K, V 415° K
$C_8H_6O_4$	Phthalsäure	166,13		77,66	132,9	188,2							
C_8H_8	Cycloocta-tetraen	104,15		65,44	108,4	185,2							
			g			122,0	160,9	194,1	220,8	260,4	288,2		
	Styrol	104,15		64,85	135,4	182,9							
			g			122,1	160,3	192,2	218,2	256,9	284,2	324,6	V 418,9° K
C_8H_{10}	o-Xylol	106,17		71,67	119,9	188,8							
			g			133,3	171,7	205,5	234,2	278,8	311,1	359,5	V 416,7° K
	m-Xylol	106,17		72,84	113,6	183,2							
			g			127,6	167,5	202,6	232,3	277,9	310,6	359,4	V 412° K
	p-Xylol	106,17		75,14	117,7	183,8							
			g			126,9	166,1	201,1	230,8	276,7	309,7	358,9	F 286,4° K, V 411,5° K
C_8H_{18}	Octan	114,23		100,8	164,0	254,1							
			g			194,9	244,0	289,8	327,5	388,2	433,8	504,3	V 398,9° K
$C_9H_9NO_3$	Hippursäure	179,18		90,46	151,1	215,5							F 463° K
C_9H_{12}	1,2,3-Trimethyl-benzol	120,20		84,52	152,8	216,4							
			g			157,9	200,9	239,5	272,6	324,5	362,3		F <258° K, V 448° K
	1,2,4-Trimethyl-benzol	120,20		83,76	148	212							
			g			154	196,5	235,4	269,0	321,9	360,2		V 443,3° K
	1,3,5-Trimethyl-benzol	120,20		86,86	134,1	209,7							
			g			150,2	194,2	234,0	268,1	321,5	360,1	418,0	V 437,7° K
$C_{10}H_8$	Naphthalin	128,18		60,25	106,7	165,7							
			g			134,22	180,7	219,4	250,8	297,1	328,8	374,4	F 353,1° K, V 491,2° K

$C_{10}H_{12}$	1,2,3,4-Tetra-hydro-naphthalin	132,21		68,12	121,1	217,4							
			g			156,5	211,5	258,6	298,9	359,2	392,3		*F* 238° K, *V* 479,6° K
$C_{10}H_{18}$	cis-Decahydro-naphthalin	138,25		73,58	132,1	232,0							
			g			166,7	237,0	299,7	352,0	432,6	489,2		*F* 222° K, *V* 466° K
	trans-Deca-hydro-naphthalin	138,25		72,17	133,6	228,5							
			g			167,5	237,6	299,6	352,3	432,6	489,2		*F* 241° K, *V* 460° K
$C_{11}H_{10}$	1-Methyl-naphthalin	142,20		70,07	127,2	224,4							
			g			159,6	212,4	256,4	292,1	345,2	381,8	435,0	*F* 254° K, *V* 517,7° K
	2-Methyl-naphthalin	142,20		74,07	125,8	196,0							
			g			159,8	211,4	254,8	290,1	343,3	380,3	434,1	*F* 307° K, *V* 514° K
$C_{12}H_{10}$	Diphenyl	154,21		75,4	130	195							*F* 343° K, *V* 529° K
$C_{12}H_{10}$ Hg	Quecksilber-diphenyl	354,80		(98,7)	160	225							*F* 394° K
$C_{12}H_{10}O$	Diphenyläther	170,21		84,35	143,1	216,56							*F* 301° K, *V* 525° K
$C_{12}H_{18}$	Hexamethyl-benzol	162,28		129	191	257							
			g			248,6	310,4	362,5	406,4	474,9	525,3		*F* 438° K, *V* 537° K
$C_{12}H_{22}O_{11}$	Saccharose	342,30		146	282	425							*F* 452° K
$C_{13}H_{12}$	Diphenyl-methan	168,24		87,9	150	233							*F* 299° K, *V* 538,7° K
$C_{16}H_{10}$	Pyren	202,26		74,31	147	234							*F* 423° K, *V* <633° K
$C_{16}H_{32}O_2$	Palmitinsäure	256,43		182,9	294,0	460,7							*F* 335,3° K, *V* 612...629° K
$C_{18}H_{15}Bi$	Wismut-triphenyl	441,30		(146)	238	328							*F* 350,7° K
$C_{19}H_{15}Cl$	Triphenyl-chlormethan	278,78		122	213	312							
$C_{24}H_{20}KB$	Kaliumbor-tetraphenyl	358,33		167,3	282,7	418,2							
$C_{24}H_{20}Sn$	Zinn-tetra-phenyl	427,12		(174)	295	425							*F* 497° K, *V* >693° K

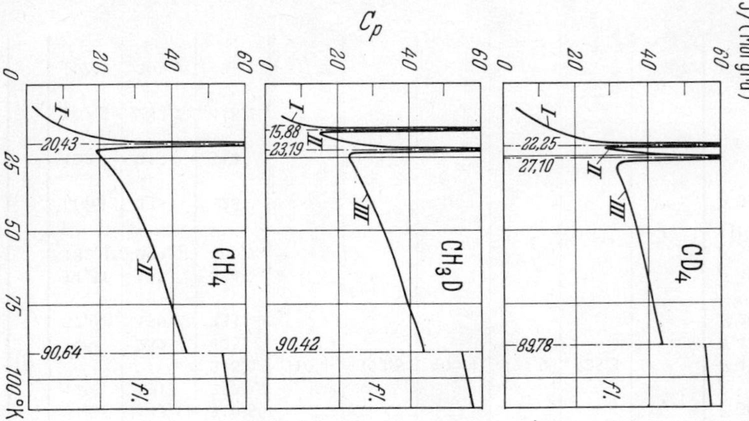

CH_4, CH_3D, CD_4, Methane, C_p, Rotationsumwandlungen

6114. Relative Wärmekapazität von Lösungen

Nach Vorlagen von J. D'Ans

Es ist die Wärmekapazität von 1 l Lösung der angegebenen Konzentration relativ zu der von 1 l reinem Wasser, die gleich 1000 gesetzt ist, tabelliert.

Stoff	Temperatur °C	Konzentration Mol/l H_2O										Bemerkungen
		0,5	1	1,5	2	3	4	5	6	8	10	
$AgNO_3$	25	996	1000	1007,5								
$BaC_4H_6O_4$	19...52	1019,5	1043,3									Ba-acetat
$Ba(NO_3)_2$	20	1002	1038									
CNSK	25	1000	1002,5	1007,5	1015							K-thiocyanat

$C_2H_2O_4$	20...52	1012	1032									Oxalsäure
$C_2H_3KO_2$	20	1001,8	1012,5	1025,8	1038,3							K-acetat
C_2H_6O	20	1030	1070	1100	1130	1189	1240	1290	1334	1418	1491	Äthanol
$C_2K_2O_4$	21...52	992	992									K-oxalat
$C_3H_6O_2$	22...50	1020	1055	1087	1121	1180	1232	1280	1323	1408	1492	Propionsäure
C_3H_8O		1042	1089	1130	1169	1240	1303	1360	1410	1502	1580	n-Propanol
$C_3H_8O_3$		1032	1069	1097	1128	1182	1240	1293	1350	1460	1572	Glycerin
$C_4H_4K_2O_6$	20	1017	1039	1090	1127							K-tartrat
$C_4H_6O_6$	18	1026	1056	1108	1143							Weinsäure
$C_4H_8O_2$		1040	1077	1110	1140	1188	1232	1280	1326	1420	1511	n-Buttersäure
$C_4H_8O_2$		1040	1077	1110	1141	1197	1249	1296				iso-Buttersäure
$C_6H_8O_7$	18	1031	1070	1110	1153							Citronensäure
$CaC_4H_6O_4$	19...52	1014,5	1039									Ca-acetat
$CaCl_2$	25	974	956	944	934	936	953	976	999			
$Ca(NO_3)_2$	20	994	998	1009,8	1028	1070	1116					
$CoCl_2$	25	976	961,5	952	950							
$FeCl_3$	20	982	974	972	978	1000	1040	1080				
$FeSO_4$	25...45	1000	1028	1064	1103	1180	1275	1360	1445	1625	1800	
HCl	20	985	971,4	960	950,2	930	915	904	895	886	885	15 m: 926
$HClO_3$	16,5... 19,5	995	995	995	995	995	995					
HF	20	998	997,8	998,1	999,8	1004	1007,6	1013	1019,8	1035	1052	15 m: 1100
HJO_3	25	1000	1010	1025	1045	1086						
HNO_3	20	992	986,7	983	982,3	992	1008	1028	1052	1112	1184	
H_2SO_4	25	1008	1016	1028	1036	1057	1077	1096	1118	1160	1207	
H_3PO_4	21	1013,9	1026,5	1039	1050	1071,8	1095	1119,8				
KBr	25	987	979	973,8	970	966,6	967	970,1				
KCl	25	987,7	980	974,7	971,2	967,7	965,7	965				
K_2CO_3	21...27	981,7	975,7	978,8	988	1012,1	1042					
$KHSO_4$	25	1072	1155									
KJ	25	987,7	981,8	977,9	975,6	977	984,3					
KNO_3	25	996	999,8	1006,5	1014	1030						

Stoff	Temperatur °C	Konzentration Mol/l H_2O										Bemerkungen
		0,5	1	1,5	2	3	4	5	6	8	10	
KOH	25	988,5	980,7	974,9	971,9	974,4						
K_2SO_4	25	983										
$La(NO_3)_3$	18	985	980	980								
LiBr	20	992	986	981	976	972	975	982	991	1012	1036	
$LiClO_3$	18	1002	1006	1011	1016	1027,5	1040					
$LiJO_3$	18	1003,5	1014,5	1028,8	1045	1081,5						
$MgBr_2$	16,5...19,5	978	962	948	936							
$MgC_4H_6O_4$	19...52	1018,9	1046,8									Mg-acetat
$MgCl_2$	25	974	956	944	936	925	923	922	941			
$Mg(NO_3)_2$	20	989	989	994	1001,9	1026	1058					
$MgSO_4$	21	985	979	981,5	991,5	1022						
$MnC_4H_6O_4$	25	1025	1057									Mn-acetat
NaBr	25	990,5	987,8	987,7	989,9	999,9	1014	1025	1055	1110		
Na_2CO_3	18	994,5	1006,6	1029,4	1054							
NaJ	25	991,3	989,3	992	998,1	1014	1023					
$NaNO_3$	25	998,9	1003,3	1010,4	1019,9	1046	1080	1112	1145	1210	1278	
NaOH	20	992	988	988	991,8	1005,8	1024,5	1048	1072			
Na_2SO_4*	25	995	1009	1032	1060	1122						* Minimum bei 0,25 Mol/l = 992,5
$NiC_4H_6O_4$	25	1027	1062									Ni-acetat
$NiCl_2$	25	974	956	941,5	932							
$Ni(NO_3)_2$	24...53	985	985,7	1000	1015,7	1085	1065,5					
$NiSO_4$	18...21	967	962,1	970,5	986							
$PbC_4H_6O_4$	25	1035	1073	1113	1155							Pb-acetat
$SrC_4H_6O_4$	19...52	1015	1041,5									Sr-acetat
$Sr(NO_3)_2$	24	995,5	1005,7	1027	1053,8	1116						
$ZnC_4H_6O_4$	25	1043	1087	1132	1177							Zn-acetat

6115. Spezifische Wärme von Mineralien

	Temperatur oder Temperaturintervall in °C	C_p oder $\bar{C}_p$ in J/g grd		Temperatur oder Temperaturintervall in °C	C_p oder $\bar{C}_p$ in J/g grd
Adular	−20...100	0,776	Kupferkies	48	0,540
Albit	0...100	0,815	Labradorit	20...98	0,816
	0...900	1,072	Lava (Ätna)	23...100	0,858
Aluminiumoxid	0...200	0,839	Magnesiaglimmer	20...98	0,863
	0...1000	1,067	Magnesit	18	0,889
Andalusit	0...100	0,705	Magnetit	0...200	0,746
Anorthit	0...100	0,796		0...1000	0,871
	0...900	1,038	Magnetkies	0...100	0,626
Aragonit	20	0,807	Magn. Silikat	0...100	0,851
Asbest	0...34,2	0,783		0...900	1,114
Basalt	10...100	0,858	Manganit	20...52	0,737
Basaltlava	30...577	1,080	Manganosit	27	0,607
Beryll	15...99	0,828	Mikroklin	0...100	0,783
Bleiglanz	9	0,210		0...900	1,026
Braunit	15...99	0,678	Natronglimmer	20...98	0,873
Brucit	35	1,302	Oligoklas	20...98	0,857
Calcit	21	0,813	Olivin	21...51	0,791
Cerussit	20,5	0,326	Orthoklas	15...99	0,786
Chalcedon	0...100	0,823	Pyrit	28	0,511
	0...1000	1,102	Pyrolusit	20,8	0,653
Chrysoberyll	50	0,84	Scheelit	19...50	0,405
Claudetit	23	0,519	Serpentin	8...98	1,067
Covellin	24	0,511	Silberglanz	15...100	0,309
Dioptas	19...50	0,762	Spinell	15...46	0,812
Diopsid	0...100	0,805	Spodumen	20...100	0,905
	0...900	1,046	Steinsalz	13...45	0,917
Gelbbleierz	9...49	0,346	Strontianit	18	0,547
Gneis	17...99	0,820	Talk	20...98	0,876
Goethit	5...93	0,854	Thorit	20	0,635
Granat, böhm.	16...100	0,736	Topas	6...100	0,858
Granit	16...100	0,829	Witherit	23	0,432
Graphit (Ceylon)	20,4...200	0,984	Wollastonit	0...900	0,981
Hornblende	20...98	0,817	Pseudowoll-	0...100	0,772
Ilmenit	17...47	0,741	astonit	0...900	0,973
Kaliglimmer	20...98	0,871	Wolframit	21...53	0,389
Kalkspat	0...100	0,839	Zinnober	24	0,216
Kalksandstein	16	0,845	Zinkblende	0...100	0,480
Kobaltglanz	15...100	0,406	Zinnstein	20...67	0,383
Kryolith	43	1,054	Zirkon	21...51	0,552
Kupferglanz	26	0,498			

612. Wärmekapazität von Gasen in Abhängigkeit vom Druck[1]

In den Tabellen und Abbildungen ist die Druckabhängigkeit der Wärmekapazität realer Gase wiedergegeben. (Plasmazustand s. Tabelle 214507c und Tabelle 222073.)

61201. Ar, Argon

T °K	C_p in J/Molgrd bei p in atm					C_p/C_v bei p in atm				
	1	10	40	70	100	1	10	40	70	100
200	20,92	22,1	27,5	34,9	43,2	1,674	1,748			
220	20,89	21,9	25,7	30,8	36,6	1,673	1,730			
240	20,87	21,6	24,6	28,3	32,4	1,672	1,718	1,89	2,08	2,3
260	20,85	21,5	23,7	26,0	28,3	1,671	1,709	1,85	2,01	2,17
280	20,84	21,4	23,2	25,0	26,9	1,670	1,702	1,81	1,94	1,06
300	20,83	21,3	22,8	24,4	25,9	1,670	1,697	1,79	1,87	1,96
350	20,82	21,1	22,0	22,9	24,3	1,669	1,686	1,76	1,82	1,87
400	20,81	21,0	21,7	22,5	23,2	1,668	1,682	1,726	1,76	1,80
500	20,80	20,9	21,4	21,8	22,2	1,668	1,676	1,703	1,728	1,753
600	20,80	20,9	21,2	21,4	21,7	1,667	1,673	1,690	1,706	1,721
800	20,79	20,8	21,0	21,1	21,3	1,667	1,669	1,678	1,685	1,693
1000	20,79	20,8	20,9	21,0	21,1	1,667	1,668	1,673	1,677	1,680
2000	20,79	20,8	20,8	20,8	20,8	1,667	1,667	1,667	1,667	1,667

61202. Dichlordifluormethan, C_p

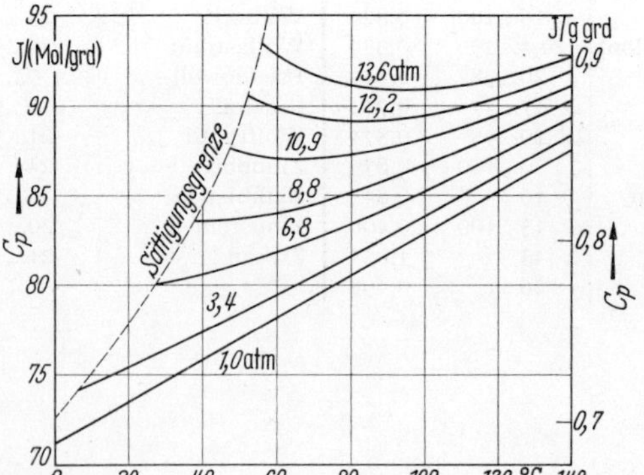

[1] Nach Landolt-Börnstein, 6. Aufl., Bd. II/4, Beitrag von H. D. Baehr.

61203. Methan, C_p

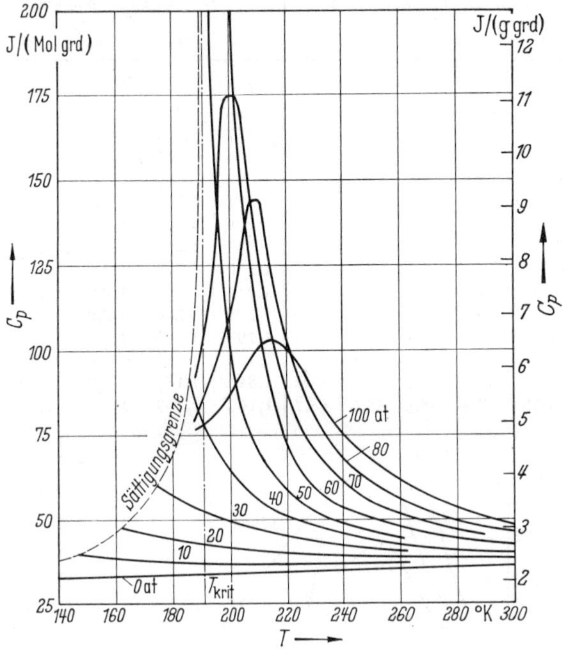

61204. CO, Kohlenstoffmonoxid

T °K	C_p in J/Mol grd bei p in atm					C_p/C_v bei p in atm				
	1	10	40	70	100	1	10	40	70	100
200	29,24	30,5				1,405	1,456			
220	29,22	30,2				1,404	1,444			
240	29,21	30,0				1,403	1,435			
260	29,19	29,8	31,8			1,402	1,429	1,524		
280	29,19	29,7	31,4	32,8	34,0	1,402	1,424	1,503	1,593	1,698
300	29,19	29,7	31,1	32,2	33,4	1,401	1,420	1,485	1,555	1,633
350	29,24	29,6	30,6	31,5	32,4	1,399	1,412	1,455	1,499	1,542
400	29,37	29,6	30,4	31,1	31,8	1,396	1,406	1,436	1,466	1,494
500	29,81	30,0	30,4	30,9	31,3	1,387	1,393	1,410	1,426	1,441
600	30,45	30,5	30,9	31,2	31,4	1,376	1,381	1,390	1,400	1,409
800	31,91	32,0	32,1	32,3	32,4	1,352	1,354	1,359	1,363	1,368
1000	33,18	33,2	33,3	33,4	33,5	1,334	1,335	1,338	1,340	1,342
1500	35,22	35,2	35,3	35,3	35,3	1,309	1,309	1,310	1,310	1,311
2000	36,24	36,3	36,3	36,3	36,3	1,298	1,298	1,298	1,298	1,298

61205. CO_2 Kohlenstoffdioxid.

T °K	C_p in J/Molgrd bei p in atm					C_p/C_v bei p in atm				
	1	10	40	70	100	1	10	40	70	100
200	34,46					1,349				
220	35,06	61,2				1,332	1,448			
240	35,85	42,6				1,317	1,401			
260	36,68	40,3				1,304	1,382			
280	37,53	40,4	61,9			1,293	1,352			
300	39,56	41,2	47,9	57,6	72,8	1,271	1,305	1,47	1,82	2,40
350	41,44	42,5	46,9	51,8	57,9	1,254	1,276	1,364	1,483	1,630
400	43,15	43,9	46,6	49,5	52,2	1,241	1,256	1,312	1,378	1,463
450	44,68	45,2	47,1	48,8	50,0	1,230	1,241	1,281	1,330	1,387
500	47,36	47,7	48,8	50,1	51,3	1,214	1,220	1,242	1,265	1,291
600	49,59	49,8	50,5	51,3	51,2	1,202	1,206	1,220	1,233	1,247
700	51,45	51,6	52,1	52,6	53,1	1,193	1,196	1,205	1,214	1,222
800	53,02	53,1	53,5	53,8	54,2	1,186	1,188	1,195	1,201	1,206
900	54,32	54,4	54,7	55,0	55,2	1,818	1,183	1,187	1,192	1,196
1000	58,38	58,4	58,5	58,6	58,7	1,166	1,167	1,169	1,170	1,172

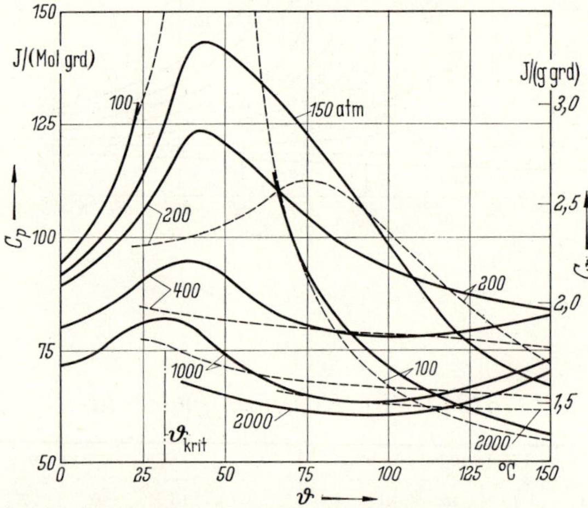

Kohlenstoffdioxid bei Temperaturen bis 150° C. -------- Meßergebnisse von zwei verschiedenen Autoren

61206. Acetylen, C_p

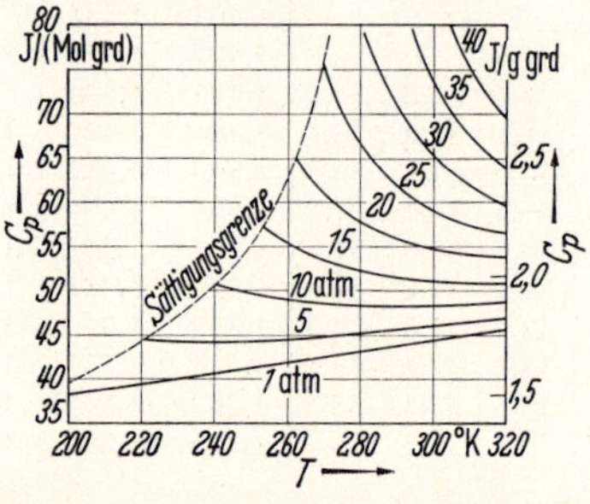

61207. *Äthylen*, C_p/C_{p0}

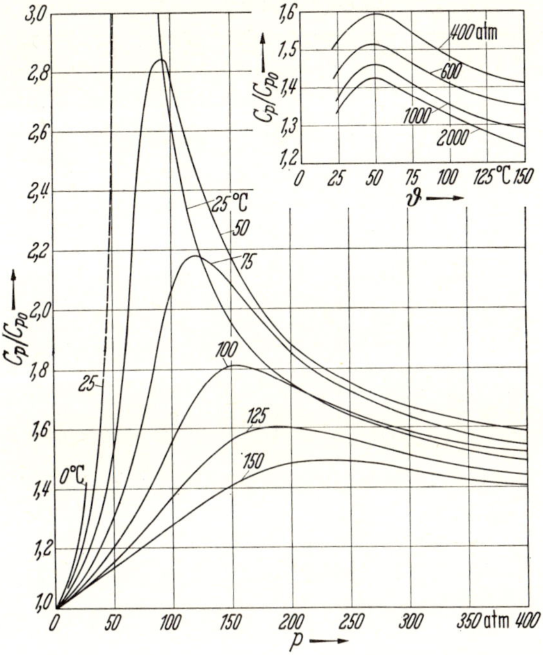

61208. *Propan*, C_p

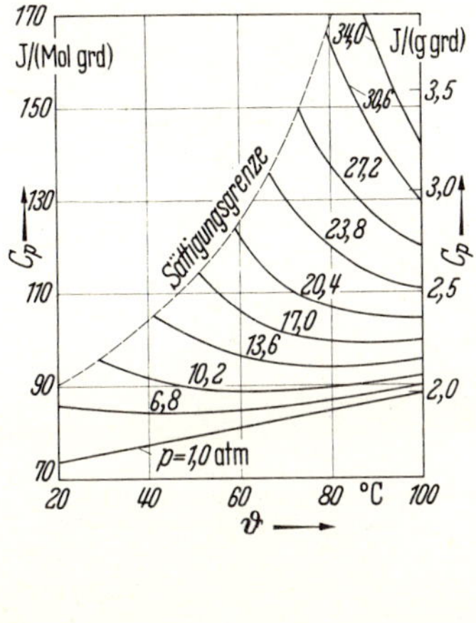

61209. H_2 *Wasserstoff*

C_p in J/(Molgrd) und C_p/C_v[1]

T °K	1 atm		10 atm		100 atm	
	C_p	C_p/C_v	C_p	C_p/C_v	C_p	C_p/C_v
40	21,32	1,700	28,8	2,205		
60	21,15	1,672	23,1	1,804	32,9	2,50
80	21,66	1,634	22,6	1,694	29,6	2,066
100	22,63	1,587	23,20	1,617	27,4	1,844
120	23,80	1,541	24,15	1,558	27,0	1,704
140	24,91	1,503	25,16	1,517	27,1	1,613
160	25,87	1,475	26,07	1,484	27,7	1,549
180	26,66	1,455	26,82	1,461	28,1	1,507
200	27,29	1,439	27,40	1,444	28,4	1,479
250	28,34	1,416	28,41	1,418	29,1	1,436
300	28,85	1,405	28,90	1,406	29,4	1,417
400	29,19	1,398	29,22	1,398	29,4	1,403
500	29,26	1,397	29,28	1,397	29,4	1,398
600	29,33	1,396	29,34	1,396	29,4	1,396

[1] Nach J. HILSENRATH u. Mitarb.: Tables of Thermal Properties of Gases. National Bur Stand. Circ. 561/1955.

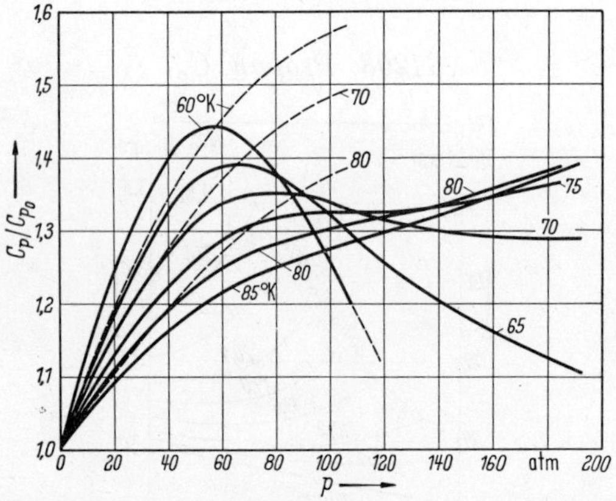

Verhältnis C_p/C_{p_0} als Funktion des Druckes bei verschiedenen Temperaturen ((C_{p_0}=Molwärme bei p=0). ——— Bestimmung aus dem integralen Kühleffekt; ------- Berechnet aus einer thermischen Zustandsgleichung

61209a. $^2H_2$ *Deuterium*

C_p und C_v von $^2H_2$ in J/Molgrd

°C	1 atm		10 atm		100 atm	
	C_p	C_v	C_p	C_v	C_p	C_v
−175	30,18	21,81	30,85	21,89	—	—
−150	29,84	21,43	30,22	21,51	33,44	22,02
−120	29,43	21,05	29,68	21,14	31,73	21,56
−100	29,30	20,97	29,47	20,97	31,02	21,35
−75	29,26	20,89	29,38	20,93	30,51	21,22
−50	29,22	20,89	29,30	20,89	30,18	21,14
0	29,22	20,89	29,26	20,93	29,80	21,05
50	29,22	20,89	29,26	20,93	29,63	21,01
100	29,26	20,93	29,26	20,93	29,55	21,22
150	29,30	20,93	29,30	20,97	29,51	21,50

61210. Helium, C_p/C_{p0}

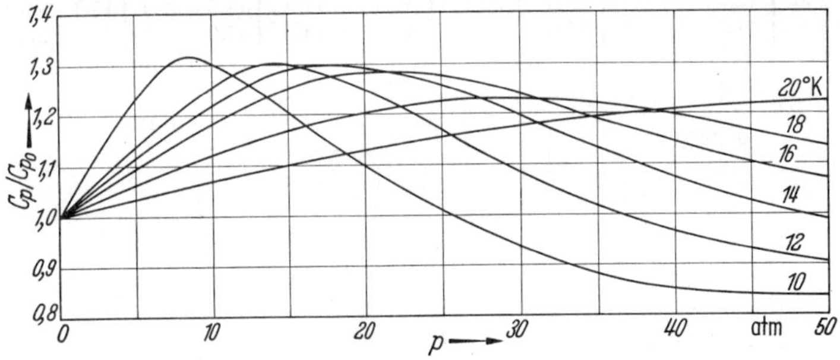

61211. N_2 *Stickstoff*

T °K	C_p in J/Molgrd bei p in atm					C_p/C_v bei p in atm				
	1	10	40	70	100	1	10	40	70	100
200	29,22	30,3	34,8	40,4	46,9	1,404	1,447	1,622	1,844	2,11
220	29,20	30,1	33,3	36,9	40,7	1,403	1,437	1,565	1,708	1,85
240	29,19	29,9	32,4	35,0	37,5	1,403	1,430	1,528	1,631	1,73
260	29,18	29,7	31,7	33,7	35,6	1,402	1,424	1,503	1,581	1,65
280	29,17	29,6	31,3	32,9	34,3	1,402	1,420	1,484	1,547	1,602
300	29,17	29,6	30,9	32,2	33,4	1,401	1,417	1,471	1,522	1,566
350	29,20	29,5	30,4	31,3	32,1	1,400	1,411	1,447	1,481	1,512
400	29,27	29,5	30,1	30,8	31,4	1,398	1,406	1,432	1,456	1,480
500	29,60	29,7	30,1	30,5	30,9	1,391	1,396	1,411	1,424	1,437
600	30,12	30,2	30,5	30,7	31,0	1,383	1,385	1,394	1,402	1,410
800	31,44	31,5	31,6	31,8	31,9	1,360	1,361	1,365	1,369	1,372
1000	32,70	32,7	32,8	32,9	33,0	1,341	1,342	1,344	1,346	1,347
2000	35,98	36,0	36,0	36,0	36,0	1,301	1,301	1,301	1,301	1,301

61212. NH_3 Ammoniak

Molwärmen C_p und C_v in J/(Molgrd)

Die Temperatur zu der Zeile „Sättigung" (Sätt.) ist in Klammern zu der Druckangabe hinzugefügt.

T °C	1 atm (−33,35° C)		5 atm (+4,5° C)		10 atm (+25,3° C)		15 atm (39,1° C)		20 atm (49,9° C)	
	C_p	C_v	C_p	C_v	C_p	C_v	C_p	C_v	C_p	C_v
Sätt.	39,90	29,65	47,60	33,83	54,01	36,86	59,38	39,03	65,48	40,86
−20	38,10	28,49	—	—	—	—	—	—	—	—
0	37,05	27,89	—	—	—	—	—	—	—	—
+20	36,80	27,91	43,71	31,69	—	—	—	—	—	—
40	36,95	28,29	41,26	30,48	48,66	34,25	—	—	—	—
60	37,26	28,62	40,23	30,14	44,88	32,47	50,77	35,22	58,78	38,39
80	37,69	29,12	39,85	30,19	42,97	31,75	46,71	33,50	51,27	35,42
100	38,21	29,68	39,83	30,47	42,10	31,58	44,67	32,77	47,58	34,02
120	38,76	30,27	40,04	30,89	41,76	31,71	43,63	32,56	45,66	33,42
150	39,67	31,22	40,59	31,64	41,78	32,21	43,04	32,77	44,38	33,30
200	41,17	32,78	41,9	33,1	42,5	33,4	43,5	33,8	44,4	34,1
250	42,74	34,42	43,3	34,7	44,1	35,0	44,5	35,4	45,3	35,6
300	44,29	35,97	45,0	36,3	45,5	36,5	45,9	36,8	46,3	37,1

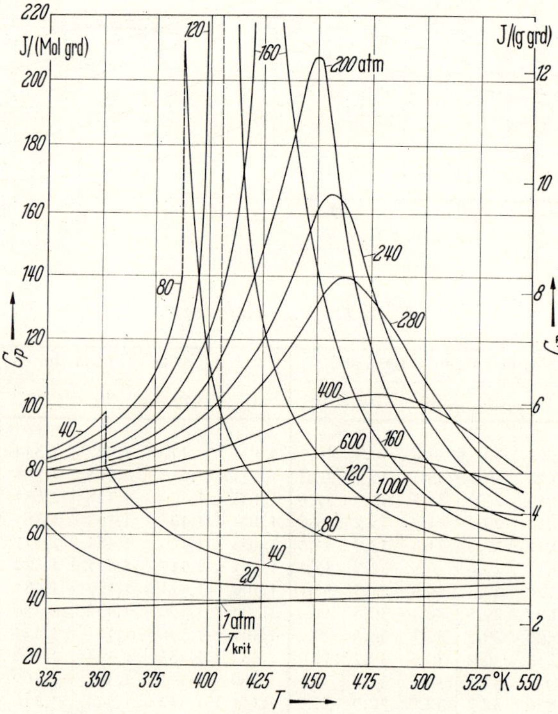

Ammoniak, C_p

61213. O_2 Sauerstoff

T °K	C_p in J/Molgrd bei p in atm					C_p/C_v bei p in atm				
	1	10	40	70	100	1	10	40	70	100
200	29,26	30,5	36,7	47,1	63,2	1,404	1,453	1,683	1,080	
220	29,25	30,2	34,4	40,2	47,9	1,403	1,441	1,602	1,818	2,120
240	29,27	30,1	33,1	36,8	41,2	1,402	1,432	1,553	1,694	1,850
260	29,30	29,9	32,3	35,0	37,7	1,400	1,425	1,520	1,623	1,721
280	29,36	29,9	31,8	33,8	35,8	1,398	1,420	1,496	1,577	1,648
300	29,44	29,9	31,5	33,1	34,6	1,396	1,414	1,478	1,542	1,599
350	29,73	30,0	31,1	32,2	33,1	1,391	1,403	1,445	1,487	1,526
400	30,14	30,4	31,1	31,9	32,6	1,382	1,391	1,421	1,450	1,478
500	31,11	31,3	31,7	32,2	32,6	1,366	1,371	1,387	1,404	1,420
600	32,10	32,2	32,5	32,8	33,1	1,350	1,353	1,363	1,373	1,383
800	33,74	33,8	33,9	34,1	34,3	1,327	1,329	1,333	1,338	1,342
1000	34,88	34,9	35,0	35,1	35,2	1,313	1,314	1,316	1,319	1,321
2000	37,78	37,8	37,8	37,8	37,8	1,282	1,282	1,282	1,283	1,283

61214. Xe Molwärme C_p und C_v in J/Molgrd

p atm	C_p	C_v	C_p	C_v	C_p	C_v	C_p	C_v
	25° C		50° C		100° C		150° C	
1	21,02	12,54	20,97	12,52	20,92	12,50	20,88	12,49
5	22,1	12,8	21,8	12,7	21,5	12,6	21,3	12,6
10	23,4	13,0	22,9	12,9	22,1	12,7	21,7	12,7
50	61,3	17,2	39,7	15,2	29,6	13,9	26,2	13,4
100	82,5	17,5	128,9	18,3	46,8	15,5	33,7	14,0
200	50,7	16,5	55,1	15,7	59,1	16,2	46,0	14,4
400	41,0	16,7	41,4	16,0	42,9	16,3	40,6	14,3
800	36,2	17,5	36,3	17,2	36,4	17,2	33,9	14,7
1200	34,6	18,3	34,7	18,1	34,6	18,0	31,9	15,4
1600	33,8	18,9	34,1	18,9	33,8	18,8	31,0	16,0
2000	33,5	19,4	33,7	19,5	33,5	19,5	30,5	16,5

62. Thermodynamische Funktionen (Einzelwerte)

Standardwerte der thermodynamischen Funktionen für Elemente s. Tabelle 214, für anorganische Verbindungen Tabelle 221, für organische Verbindungen Bd. 2, Tabelle 143

621. Verbrennungswärme und Zusammensetzung der wichtigsten Nahrungsmittel*

Nahrungsmittel	Der genießbare Teil von 100 g Rohware enthält											
					Vitamine					Mineralstoffe		
	Eiweiß g	Fett g	Kohlenhydrate g	Kalorien kcal	A[1] IE	B_1 mg	B_2 mg	Nicotinsäure mg	C mg	Calcium mg	Phosphor mg	Eisen mg
	Tierische Nahrungsmittel											
Fleisch und Fleischwaren												
Fleisch i. D.[2]	13,5	16,6	0,2	211								
Schweinefleisch i. D.	11,2	20,6	0,2	238		0,75	0,20	4,5		10	175	2,5
Schweinefleisch, mager, Schinken	10,1	13,7	0,2	170	(0)	0,70	0,20	4,0		9	170	2,5
Schweinefleisch, mittelfett, Bauch	10,9	20,7	0,2	238	—	0,80	0,20	4,5		10	185	2,5
Schweinefleisch, fett, Kamm, Brust	12,6	27,2	0,3	306	—	0,70	0,15	3,5		8	150	2,0
Rindfleisch i. D.	16,4	8,0	0,3	143		0,10	0,15	5,0		12	220	3,0
Rindfleisch, mager	17,4	3,0	0,5	101	(70)	0,10	0,25	5,2	(1,8)	12	240	5,0
Rindfleisch, mittelfett	16,7	6,6	0,3	131	(25)	0,10	0,25	5,0	(1,8)	10	210	3,0
Rindfleisch, fett	15,0	19,5	0,2	244	—	0,10	0,15	4,0		10	150	2,5
Hackfleisch (Rind)	18,2	9,1	0,8	163	(70)	0,10	0,25	4,0	(1,8)	12	240	5,0
Kalbfleisch i. D.	17,1	7,4	0,3	140	—	0,15	0,25	6,5		11	200	3,0
Kaninchenfleisch i. D.	18,4	7,0	—	141	—	0,05	0,05	12,5	4,0	10	220	3,0
Innereien i. D.	15,9	4,8	1,0	114								
Herz (Rind oder Kalb)	14,9	8,5	0,3	141	30	0,60	0,90	8,0	6,0	9	205	4,5
Leber (Rind)	19,6	3,6	3,3	127	43900	0,25	3,35	13,5	31,0	7	360	6,5
Leber (Kalb)	19,6	3,6	3,3	127	22500	0,20	3,10	16,0	36,0	6	345	10,5
Leber (Schwein)	19,2	5,2	2,5	137	14200	0,40	3,00	16,5	23,0	10	360	18,0
Niere (Rind oder Kalb)	18,4	4,5	0,4	119	1150	0,35	2,55	6,5	13,0	9	220	8,0

Lunge (Rind oder Kalb)	12,9	2,1	0,5	74	+	0,30		1,0	8,5			
Zunge (Rind oder Kalb)	14,2	15,9	0,1	207	—	0,10	0,30	5,0	—	9	185	3,0
Hirn (Rind oder Kalb)	8,5	8,1	—	110	+	0,25	0,25	4,5	18,0	16	330	3,5
Fettgewebe vom Rind	1,2	89,0	—	833	+				0,5			
Fettgewebe vom Schwein	1,3	92,0	—	861	+				—			
Fleischdauer- und Wurstwaren												
Schinken, geräuchert	21,9	21,9	—	293	—	0,70	0,20	4,0	+	9	170	2,5
Speck, geräuchert	9,0	72,8	—	714	—	0,40	0,10	2,0	+	13	110	1,0
Speck, durchwachsen	14,0	51,0	—	532	—	0,50	0,30	5,0	+	25	255	3,5
Wurst i. D.	14,0	27,8	0,9	320	+	0,05			1,5			
Mettwurst	19,0	42,9	—	477	—	0,20	0,15	2,5	—	6	115	1,5
Zervelatwurst	21,8	46,0	0,1	518	—	—	—	—	—	20	110	1,5
Leberwurst	6,9	19,5	0,3	211	5750	0,15	1,10	4,5	—	9	235	5,5
Blutwurst	13,9	43,6	0,2	463	—	—	—	—	—	10	160	2,0
Würstchen i. D.	12,4	13,9	—	180	—	0,20	0,25	2,5	—	9	165	2,5
Fleischkonserven i. D.	20,4	9,9	1,3	181	—	—	—	—	—	10	100	4,0
Wild i. D.	18,6	1,7	0,4	94	+	0,15	—	—	2,5			
Geflügel i. D.	15,3	13,1	—	185	+	0,11	0,25	6,0	7,0	10	150	3,0
Huhn	17,0	4,0	—	107	—	0,10	0,15	10,0	+	14	200	1,5
Gans	12,4	35,5	0,2	382	—	0,15	0,25	—	13,0	10	180	2,0
Ente	18,0	4,0	—	111	—	0,15	0,40	8,0	8,0	10	195	1,5
Fische und Fischwaren												
Fische, frisch, i. D.	10,0	0,2	—	43								
Aal	9,3	20,9	—	233	1800	0,30	0,35	1,5	—	18	200	0,5
Heilbutt	15,1	0,2	—	64	440	0,05	0,05	9,0	—	13	210	0,5
Hering	8,3	3,5	—	67	(100)	0,10	0,10	3,0	—	12	150	0,5
Kabeljau	8,3	0,1	—	35	+	0,05	0,10	2,0	2	10	195	0,5

* Nach der 1. Aufl. des Biochemischen Taschenbuchs.
[1] Vitamin-A-Aktivität bewirkt durch Vitamin A und Carotin oder durch Carotin; eine I. E. Vitamin A=0,0006 mg β-Carotin.
[2] i. D.=im Durchschnitt.

Nahrungsmittel	Der genießbare Teil von 100 g Rohware enthält											
					Vitamine					Mineralstoffe		
	Eiweiß g	Fett g	Kohlenhydrate g	Kalorien kcal	A IE	B_1 mg	B_2 mg	Nicotinsäure mg	C mg	Calcium mg	Phosphor mg	Eisen mg
Rotbarsch	10,9	0,5	—	49	+	0,05	0,05		0,5			
Schellfisch	9,5	0,2	—	41	—	0,05	0,10	2,5	—	23	195	0,5
Seelachs	14,2	0,3	—	61		0,10	0,15		1,0	79	115	10,5
Steinbutt	18,1	2,3	—	96			0,15					
Forelle	10,1	1,1	—	52	12	0,10	0,05	3,5	—	20	220	11,0
Hecht	10,1	0,3	—	44	—	0,10	0,05	1,5	—	20	220	11,0
Karpfen	7,5	3,9	—	67	600	0,20	0,05	—	1,0	41	115	1,5
Rheinsalm	13,6	7,9	—	129	285	0,20	0,20	7,0	9,0	24	255	1,0
Fischdauerwaren i. D.	14,3	10,5	0,5	158								
Geräucherter Fisch i. D.	14,1	9,1	—	142	830	0,10	0,15	+	+	+	+	+
Aal	13,2	22,4	0,2	263	2500	0,15	0,05	—	—	+	210	1,0
Bückling	13,7	9,9	—	148	—	+	0,30	(2,9)	—	66	255	(1,5)
Seelachs	18,9	1,0	—	87		0,10	0,15					
Salzhering	13,7	11,4	0,9	166	+	+	0,30	3,0	—	111	340	20
Ölsardinen (ohne überschüssiges Öl)	18,8	11,3	1,0	186	220	+	0,15	5,0	—	354	435	3,5
Stockfisch	55,5	1,8	—	244	+	0,10	0,45	11,0	—	(50)	890	3,5
Krabben und Muscheln	12,3	1,3	2,3	73	110	0,10	0,20	(1,5)	—	(96)	140	(7,0)
Eier												
Hühnerei	12,3	10,7	0,5	152	1140	0,10	0,30	0,1	+	54	210	2,5
Eiweiß	12,8	0,3	0,7	58	—	+	0,25	(0,1)	+	6	15	+
Eigelb	16,1	31,7	0,3	362	3210	0,25	0,35	+	+	147	585	7,0
Hühnerei, Stückw. (57 g), i. D.	7,0	6,1	0,3	87	650	0,05	0,15	+	+	31	120	1,5

Milch und Milcherzeugnisse												
Vollmilch (3 % Fettgehalt)	3,4	3,0	4,8	62	(160)	0,05	0,15	0,1	1,0	118	95	0,1
Magermilch	3,7	0,2	4,8	37	+	0,05	0,20	0,1	1,0	123	95	0,1
Buttermilch	3,7	0,7	3,7	37	+	0,05	0,20	0,1	1,0	(118)	95	0,1
Vollmilchpulver	25,2	26,8	37,0	504	1400	0,30	1,45	0,5	6,0	950	730	0,5
Magermilchpulver	33,5	1,6	50,0	357	(40)	0,35	1,95	1,0	7,0	1300	1030	0,5
Kondensierte Milch ohne Zucker	7,0	7,5	9,7	138	400	0,05	0,35	0,2	1,0	243	195	+
Schlagsahne (30 % Fettgehalt)	2,7	30,0	3,0	302	1440	+	0,10	+	1,0	78	60	—
Ziegenmilch	3,6	3,9	4,7	70	(160)	0,05	0,10	0,5	1,0	130	105	+
Schafmilch	5,4	6,1	4,7	98	—	—	—	—	3,5	207	125	—
Frauenmilch	1,3	3,8	6,8	69	350	0,05	0,05	0,5	6,0	35	20	0,5
Butter	0,9	80,0	0,9	751	3300	+	+	+	—	20	15	—
Käse i. D.	29,3	20,1	2,5	317								
Hartkäse, vollf. 45 % Fett i. T.	25,6	26,6	2,1	361	1390	+	0,40	+	—	885	865	1,0
Hartkäse, halbf. 20 % Fett i. T.	36,2	9,9	3,0	253	+	+	+	+	1,0	1200	400	1,0
Magerkäse, 10 % Fett i. T.	37,1	2,6	3,8	192	100	0,05	0,05	+	1,0	1200	400	1,0
Weichkäse	16,0	37,0	1,7	417	4000	0,05	0,50	1,0	+			
Quark, frisch, aus abgerahmter Milch	17,2	1,2	4,0	98	(20)	+	0,30	(+)	—	96	190	0,5
Fette und Öle (tierische und pflanzliche)												
Lebertran	—	99,7	—	927	85000							
Margarine	0,5	78,0	0,4	729	(3300)	—	—	—	—			—
Rindertalg	0,5	99,2	—	925	—	—	—	—	—	1	10	+
Schweineschmalz	0,3	99,4	—	926	+	+	+	+	+	+	+	+
Speiseöl	—	99,5	—	925	—	—	—	—	—	—	—	—
Pflanzenfett, Palmin und dgl.	—	99,8	—	928	—	—	—	—	—	—	—	—

Nahrungsmittel	Der genießbare Teil von 100 g Rohware enthält											
					Vitamine					Mineralstoffe		
	Eiweiß g	Fett g	Kohlenhydrate g	Kalorien kcal	A IE	B_1 mg	B_2 mg	Nicotinsäure mg	C mg	Calcium mg	Phosphor mg	Eisen mg
	Pflanzliche Nahrungsmittel											
Getreideerzeugnisse												
Ganzes Korn												
Roggen	9,7	1,7	67,1	331	—	0,45	0,20	1,5	—	(38)	376	3,5
Weizen	11,7	1,8	65,2	332	—	0,50	0,10	4,5	—	46	355	3,5
Hafer	10,1	6,0	56,3	328	—	0,50	0,25	1,5	—	80	365	5,0
Gerste	6,8	1,3	46,8	232	—	0,50	0,30	3,0	—	45	280	2,0
Geschältes Korn												
Reis, Kochreis poliert	6,9	0,5	79,4	358	—	0,20	0,05	4,0	—	24	135	1,0
Gerstengraupen	10,8	1,0	73,1	353	—	0,10	0,10	3,0	—	16	190	(2,0)
Hafermehl (Flocken)	13,8	6,5	67,2	393	—	0,80	0,20	2,0	—	160	350	4,0
Weizengrieß	9,4	1,0	74,6	354	—	0,35	0,10	4,0	—	36	340	3,0
Hafergrütze	13,4	5,9	67,0	385	—	0,60	0,15	1,0	—	53	405	4,5
Mehl												
Roggenmehl i. D. einschl. Backschrot	8,0	1,4	73,4	347	—	0,30	0,10	2,5	—	(27)	260	2,5
Roggenmehl i. D. ohne Backschrot	7,5	1,2	74,9	349	—	(0,10)	(0,20)	(1,0)	—	(13)		
Roggenmehl, Type 1150 (Ausmahlg. 0...80 %)	8,0	1,4	63,2	305	—	0,15	0,05	0,5	—	22	185	1,0
Roggenbackschrot, Type 1800 (Ausmahlg. 0...94 %)	8,7	1,5	59,9	295	—	0,60	0,20	2,5	—	54	535	4,5
Weizenmehl i. D. einschl. Backschrot	11,3	1,7	65,2	329	—	0,05	0,05	1,0	—	16	85	1,0

Weizenmehl i. D. ohne Backschrot	11,2	1,6	68,1	340	—	(0,10)	(0,15)	(3,0)	—	(23)	(+)	(+)
Weizenmehl, Typ 810 (Ausmahlg. 0...83 %)	11,3	1,6	67,3	337	—	0,25	0,05	2,0	—	24	190	1,5
Weizenmehl, Type 550 (Ausmahlg. 0...78 %)	11,1	1,5	68,8	342	—	0,10	0,05	1,5	—	20	95	1,5
Roggen- und Weizenmehl i. D. einschl. Backschrot	9,6	1,5	72,4	350	—	0,25	0,10	1,5	—	27	170	2,0
Roggen- und Weizenmehl i. D. ohne Backschrot	9,1	1,4	73,3	351	—	(0,10)	(0,15)	(2,0)		(18)		
Kartoffelstärkemehl	0,4	—	85,4	352	40	0,30	0,10	4,5	25	25	90	4,0
Sojamehl, entfettet	52,2	1,2	29,9	348	70	1,10	0,35	3,0	—	265	625	13,0
Sojamehl, Vollsojamehl	42,5	19,9	24,3	459	140	0,75	0,30	2,0	—	195	555	12,0
Nährmittel i. D.[1]	9,2	1,9	74,9	362	45	0,30	0,10	2,5	—	56	235	2,5
Puddingpulver	5,1	1,7	80,4	366	160	0,05	0,15	+	+	117	90	+
Getreidekaffee i. D.	6,5	1,4	30,1	163						20	140	1,0
Brot und Backwaren												
Brot i. D.	7,2	1,0	50,5	246	—	0,20	0,10	2,0	—	65	160	1,5
Roggenvollkornbrot	7,4	1,1	50,4	247	—	0,30	0,15	3,5	—	50	220	2,5
Roggenbrot, Kommißbrot	6,6	1,0	51,7	248	—	0,15	0,05	1,0	—	20	95	1,0
Mischbrot (50 % Roggen-, 50 % Weizenmehl)	6,9	1,0	50,1	243	—	0,20	0,10	1,5	—	72	145	1,5
Weizenvollkornbrot	9,7	1,4	45,7	240	—	0,30	0,15	3,0	—	95	265	2,0
Weizenbrot, Brötchen (Mehltype 550)	8,2	1,2	48,6	244	—	0,05	0,10	1,0	—	55	95	0,5
Knäckebrot	10,3	0,8	79,9	377	—	(0,10)	(0,10)	(1,5)	—	(96)	(145)	(1,0)
Weizenkleingebäck, einfach	8,5	7,8	53,8	323	—	0,05	0,15	1,0	—	63	105	0,5
Weizenzwieback	10,4	3,6	76,8	391	—	0,25	0,20	3,0	—	55	95	0,5

[1] Durchschnitt aus Grieß, Grütze, Haferflocken, Graupen, Puddingpulver und Reis

Nahrungsmittel	Der genießbare Teil von 100 g Rohware enthält											
					Vitamine					Mineralstoffe		
	Eiweiß g	Fett g	Kohlen hydrate g	Kalorien kcal	A IE	B_1 mg	B_2 mg	Nicotin säure mg	C mg	Calcium mg	Phos-phor mg	Eisen mg
Teigwaren												
Makkaroni, Nudeln u. a.	9,6	1,0	75,9	360	—	0,10	0,05	2,0	—	22	165	1,5
Eiernudeln	10,2	2,2	74,1	366	200	0,20	0,10	2,5	—	22	200	2,0
Zucker, Zuckerwaren, Honig												
Rübenzucker, Kochzucker	—	—	99,8	409	—	—	—	—	—	—	—	—
Speisesirup, Kunsthonig	9,5	—	64,5	303	—	—	+	+	—	46	15	4,0
Bonbons i. D.	0,6	0,1	94,3	390	—	—	—	—	—	—	—	—
Bienenhonig	0,4	—	81,0	334	—	+	0,05	+	4,0	5	15	1,0
Kartoffeln												
mit Schalen, gekocht	1,8	0,2	18,6	86	20	0,10	0,05	1,0	14,0	10	55	0,5
ohne Schalen, gekocht	2,0	0,2	20,9	96	20	0,10	0,05	1,5	17,0	15	65	1,0
Hülsenfrüchte i. D.	24,7	1,9	52,2	333	260	0,75	0,25	2,5	2,0	120	460	6,5
Linsen	26,0	1,9	52,8	341	570	0,55	0,25	2,0	5,0	59	425	7,5
Erbsen, gelbe geschält	26,0	2,0	57,0	359	370	0,75	0,30	3,0	2,0	57	390	4,5
Bohnen, weiße	23,7	2,0	56,1	346	—	0,55	0,20	2,5	2,0	163	435	7,0
Sojabohnen	33,7	19,2	27,1	428	110	1,05	0,30	2,5	+	227	585	8,0
Hefe, frisch, gepreßt	16,2	1,3	5,5	101		0,45	2,05	28,0		25	605	5,0
Gemüse i. D.	1,3	0,2	3,8	23								
Blumenkohl	1,6	0,2	2,9	20	90	0,10	0,10	0,5	70,0	22	70	1,0
Endiviensalat	1,3	0,1	1,5	12	3000	0,05	0,10	0,5	11,0	79	55	1,5
Erbsen	2,6	0,2	5,0	33	680	0,35	0,15	2,5	26,0	22	120	2,0
Feldsalat	1,7	0,3	2,2	19	5000	0,10	0,10	+	20,0	24	50	22,0
Gelbe Rüben, große Mohrrübe	0,9	0,2	6,7	33	12000	0,05	0,05	0,5		39	35	1,0

Grüne Bohnen	2,5	0,2	6,0	37	630	0,10	0,10	0,5	19,0	65	45	1,0
Grünkohl	2,2	0,4	4,6	32	7540	0,10	0,25	2,0	115,0	225	60	2,0
Gurken, ungeschält	0,6	0,2	1,0	8	+	0,05	0,05	+	8,0	10	20	0,5
Kohlrabi, Oberkohlrabi	1,7	0,1	4,1	25	+	0,05	0,05	+	61,0	46	50	0,5
Kohlrübe	1,0	0,1	5,3	27	+	0,05	0,05	0,5	28,0	40	35	0,5
Kopfsalat	0,9	0,2	1,2	10	540	0,05	0,10	+	8,0	22	25	0,5
Kürbis	0,8	0,1	4,5	23	(3400)	(0,05)	(0,10)	(0,5)	8,0	21	45	1,0
Lauch, Porree	1,9	0,2	4,3	27	3000	0,10	+	—	25,0	116	25	3,5
Meerrettich	2,2	0,3	12,7	64	+	+	+	—	100,0	97	55	22,5
Petersilie	3,5	0,7	7,0	50	8230	0,10	0,30	1,5	193,0	193	85	4,5
Radieschen	0,8	0,7	2,4	14	30	0,05	+	0,5	24,0	37	30	1,0
Rettich	1,4	0,1	6,1	32	30	0,05	0,05	+	24,0	37	30	1,0
Rosenkohl	4,7	0,5	5,9	47	50	0,10	0,10	0,5	68,0	26	50	1,0
Rote Rüben, Rote Beete	1,0	0,1	5,4	27	20	+	0,05	0,5	10,0	27	45	1,0
Rotkohl	1,3	0,2	3,8	23	16	0,10	0,10	+	40,0	29	25	18,5
Schnittlauch	3,9	0,9	9,1	62	500	0,10			70,0	146	65	11,0
Schwarzwurzeln	0,6	0,3	8,4	40					5,0	33	105	14,0
Sellerie	0,9	0,2	5,4	28	(+)	0,05	0,05	0,5	7,0	50	40	0,5
Spargel	1,3	0,1	1,6	13	1000	0,15	0,20	1,5	33,0	21	60	1,0
Spinat	1,8	0,2	1,4	15	9420	0,10	0,20	0,5	59,0	81	55	3,0
Tomaten	0,9	0,2	3,4	19	1100	0,05	0,05	0,5	23,0	11	25	0,5
Weißkohl	1,2	0,2	3,2	20	70	0,05	0,05	0,2	41,0	39	30	0,5
Wirsing	1,9	0,4	3,6	26	80	0,05	0,05	0,5	50,0	46	30	0,5
Zwiebeln	1,2	0,1	8,9	42	50	0,05	0,05	+	29,0	32	45	0,5
Gemüsedauerwaren												
Gemüsekonserven i. D.	1,8	0,2	4,7	29	330	0,05	0,10	0,5	9,0	22	40	1,5
Essiggurken	0,4	0,1	1,3	8	310	+	0,05	+	6,0	25	20	1,0
Sauerkraut	1,4	0,3[1]	2,8	25	30	+	0,05	+	16,0	36	20	(0,5)
Pilze i. D.	3,0	0,2	3,0	27	+	0,10	0,20	5,0	5,0	9	90	5,0
Champignons	2,6	0,1	1,9	19	+	0,10	0,20	6,0	10,0	3	35	4,5
Pfifferlinge	2,1	0,3	3,0	24	+	+	0,20	65,0	5,0	7	40	6,5
Steinpilze	4,3	0,3	4,1	37	+				2,5	27	110	8,5

[1] Außerdem 1,45 g Milchsäure.

Nahrungsmittel	Der genießbare Teil von 100 g Rohware enthält												
						Vitamine					Mineralstoffe		
	Eiweiß g	Fett g	Fruchtsäure g	Kohlenhydrate g	Kalorien kcal	A IE	B_1 mg	B_2 mg	Nicotinsäure mg	C mg	Calcium mg	Phosphor mg	Eisen mg
Obst und Südfrüchte													
Frischobst i. D.	0,6	—	0,9	12,4	56								
Äpfel	0,4	—	0,7	13,0	57	90	0,05	0,05	+	5,0[1]	6	10	0,5
Birnen	0,4	—	0,3	13,0	56	20	+	0,05	+	4,0	13	15	0,5
Aprikosen	0,9	—	1,2	10,5	51	2790	0,05	0,05	0,5	7,0	16	25	0,5
Kirschen, süß	0,8	—	0,7	15,3	68	620	0,05	0,05	0,5	8,0	18	20	0,5
Pfirsiche	0,7	—	0,8	13,4	61	880	+	0,05	1,0	8,0	8	20	0,5
Pflaumen	0,8	—	0,9	15,9	72	350	0,05	0,05	0,5	5,0	17	20	0,5
Brombeeren	1,1	—	0,9	8,6	43	200	0,05	0,05	0,5	21,0	32	30	1,0
Erdbeeren	1,3	—	1,8	7,6	43	60	0,05	0,05	0,5	60,0	28	25	1,0
Heidelbeeren	0,8	—	0,9	12,1	56	280	(+)	(+)	(0,5)	16,0	16	15	1,0
Himbeeren	1,4	—	1,6	6,8	39	130	+	(0,05)	(0,3)	24,0	40	35	1,0
Johannisbeeren, rot[2]	1,3	—	2,4	7,4	44	120	0,05	—	—	36,0	36	35	1,0
Preißelbeeren	0,7	—	2,0	11,6	57	40	(0,05)	(+)	+	12,0	14	10	0,5
Stachelbeeren	0,9	—	1,9	8,6	45	290	—	—	—	33,0	22	30	0,5
Weintrauben	0,7	—	0,8	17,3	77	80	0,05	0,05	+	4,0	17	20	0,5
Hagebutten	4,1	—	3,3	24,6	129	8000	+	+		(1000,0)	36	110	7,0
Südfrüchte i. D.	0,7	—	1,6	10,8	53	140	0,05	0,05	0,5	29,0	15	25	0,5
Ananas	0,3	—	0,4	8,8	39	130	0,10	+	+	24,0	16	10	0,5
Apfelsinen, Orangen	0,6	—	1,0	8,9	42	(190)	0,10	0,05	+	49,0	33	25	0,5
Bananen	1,1	—	0,3	20,1	88	430	0,05	0,05	0,5	10,0	8	30	0,5
Feigen	1,4	—	—	17,5	77	80	0,05	0,05	0,5	2,0	54	30	0,5
Grapefruit (Pampelmusen)	0,6	—	4,1	3,4	30	+	0,05	+	+	40,0	22	20	+
Zitronen	0,5	—	3,5	5,5	37	+	0,05	+	+	50,0	40	20	0,5

Hartschalenobst i. D.	9,7	30,6	—	6,1	349	42	0,35	0,25	5,5	1,0	175	400	3,0
Haselnüsse	17,4	62,6	—	7,2	683	100	0,40	—	—	3,0	290	350	4,0
Mandeln	21,4	53,2	—	13,2	637	+	0,25	0,65	4,5	+	254	475	4,5
Walnüsse	11,2	39,0	—	8,7	443	30	0,50	0,15	1,0	3,0	83	380	2,0
Erdnüsse	27,5	44,5	—	15,7	591	+	0,30	0,15	16,0	+	74	395	2,0
Obstdauerwaren													
Getrocknetes Obst i. D.	1,9	0,9	1,6	60,3	269	1850	0,10	0,15	1,5	5,0	75	110	3,5
Äpfel	1,4	0,8	3,5	55,4	252	—	0,10	0,10	1,0	12,0	19	50	1,5
Aprikosen	3,8	0,4	2,5	53,9	249	7430	+	0,15	3,5	12,0	86	120	5,0
Birnen	2,2	0,7	1,0	58,9	260	45	0,05	0,15	—		30	165	5,5
Feigen	3,3	1,3	1,1	58,8	270	80	0,15	0,10	1,5	—	186	110	3,0
Korinthen	2,8	1,3	1,1	77,3	344						38	410	7,0
Pflaumen	2,0	0,5	1,7	51,4	229	1890	0,10	0,15	1,5	3,0	54	85	4,0
Rosinen, Sultaninen	1,6	1,2	1,5	66,2	294	50	0,15	0,10	0,5	+	78	130	3,5
Obstkonserven i. D.	0,5	0,3	—	20,9	91	(500)	+	+	+	3,0	8	10	0,5
Apfelkompott	0,4	—	—	23,2	97	—	+	+	+	2,0	5	10	0,5
Marmelade i. D.	0,7	—	1,1	65,2	274	10	+	+	+	6,0	12	10	0,5
Kakao und Kakaoerzeugnisse													
Kakaopulver	18,0	14,0	—	51,0	413	(30)	0,10	0,40	2,5	—	125	710	11,5
Speiseschokolade	6,9	26,0	—	62,0	525	150	0,10	0,40	1,0	—	216	285	4,0
Pralinen i. D.	5,1	16,2	—	69,7	457	—	—	—	—	—	—	—	—

[1] Große Schwankungen von Sorte zu Sorte. [2] Johannisbeeren, schwarz 180 mg Vitamin C.

Nahrungsmittel	100 g enthalten												
						Vitamine					Mineralstoffe		
	Eiweiß g	Kohlenhydrate g[1]	Alkohol g	Extrakt g	Kalorien kcal	A IE	B_1 mg	B_2 mg	Nicotinsäure mg	C mg	Calcium mg	Phosphor mg	Eisen mg
Alkoholische Getränke													
Schankbier, dunkel	0,4	[2]	2,4	3,5	16	9					4	25	+
Schankbier, hell	0,5	[2]	3,6	4,3	20	—	+	0,05	+	—	4	25	+
Weißwein, deutsche Lage	—	0,1	7,6	2,3	8		+	+	0,05		10	15	0,5
Rotwein, deutsche Lage	—	0,1	8,5	2,6	9		0,05	0,05	0,15		10	10	
Süßwein i. D.	—	8,0	14,0	10,7	69						6		0,5
Obstwein i. D.	—	2,8	6,8	5,0	28		+			+	9		1,5
Schaumwein i. D.	—	5,9	9,8	7,8	51						+		4,0
Branntwein i. D.	—	—	31,4	—	—	—	—	—	—	—	—	—	—
Alkoholfreie Getränke			Fruchtsäure										
Himbeersaft (gezuckert)	0,2	68,9	0,7		285	100	0,05	—	—	25	20	10	—
Zitronensaft	0,4	3,0	6,7		36	—	0,05	+	0,10	50	14	10	+
Johannisbeersaft (rot)[3]	0,3	8,7	2,1		44		+	+	+	36			
Apfelsaft	0,3	15,0	1,0		66	40	+	0,05	+	1	6	10	0
Traubensaft	0,7	19,9	1,0		88	—	0,05	0,05	(0,20)	+	10	10	0,5

[1] Bei Wein und Branntwein geben die Zahlen den Zuckergehalt an. [2] Kohlenhydrate sind im Extrakt enthalten. [3] Schwarzer Johannisbeermost 75 mg Vitamin C.

6211. Brennstoffe

Nach Horst Brückner, Karlsruhe

62111. Zusammensetzung und Einteilung fester Brennstoffe

Durchschnittliche Zusammensetzung der festen Brennstoffe
(bezogen auf asche- und wasserfreie Substanz)

Brennstoff	C %	H %	O %	N %	S %	Flüchtige Bestandteile %	Heizwert kcal/kg
Holz	48...52	5,8...6,2	43...45	0,05...0,1	—	70...78	4500...4800
Torf							
Fasertorf	49...52	5...6	40...45	1	0,1...1	55...60	5000...5400
Modertorf	52...58	6...7	32...40	2...3	0,1...1	50...55	5200...5600
Lebertorf	57...60	6...8	28...35	3...4	0,1...1	45...50	5500...5800
Braunkohle							
Erdige Braunkohle	65...70	5...8	18...30	0,5...1,5	0,5...3	45...60	6200...6400
Lignit	65...70	5...6	25...30	0,5...1,5	0,5...3	35...50	6200...6700
Pechkohle	73...76	5,5...7	12...18	1...2	0,5...3	40...45	7000...7600
Steinkohle							
Flammkohle	75...80	4,5...5,8	15...20	1...1,5	0,5...1,5	40...55	7600...7800
Gasflammkohle	80...85	5,0...5,8	10...15	1...1,5	0,5...1,5	35...45	7800...8300
Gaskohle	82...86	5...5,5	8...12	1...1,5	0,5...1,5	30...38	8300...8600
Kokskohle	85...88	4,5...5,5	6...10	1...1,5	0,5...1,5	18...32	8600...8700
Eßkohle	87...90	3,5...5,0	4...6	1...1,5	0,5...1,5	12...18	8600...8700
Magerkohle	90...94	3...4,5	3...4	1	0,5...1	8...12	8700
Anthrazit	94...97	1...2,5	1...2	0,5...1	0,5	1...5	8700...8750

Gehalt von festen Brennstoffen an Asche, Wasser
und flüchtigen Bestandteilen

	Asche %	Wasser %	Flüchtige Bestandteile (ohne Wasser) %
Holz, frisch	0,3	40...50	38...45
Holz, lufttrocken	0,5	10...15	72...76
Holz, Stubben	0,5	10...12	80
Holzkohle	2...3	3...6	12...18
Torf, frisch	0,2...0,5	84...90	5...8
Torf, abgepreßt	0,2...0,5	75...80	10...12
Torf, lufttrocken	1...5	18...25	45...55
Torfkoks	3...6	4...7	7...10
Braunkohle, frisch	3...10	45...55	25...28
Braunkohle, lufttrocken	5...10	15...25	42...48
Braunkohlenbriketts	5...10	12...18	45...50
Braunkohlenstaub	5...10	10...12	45...50
Böhmische Braunkohle, frisch	3...5	25...30	35...40
Grudekoks	15...25	5...10	12...15
Steinkohle	5...15	2...6	} s. oben
Steinkohle, gewaschene Feinkohle	3...6	8...12	} s. oben
Steinkohlenkoks	6...10	0...5	0,5...3

Petrographische Einteilung der Steinkohlen

Bezeichnung		Kennzeichen	Verkokungsverhalten
Glanzkohle	Vitrit	ebener, kantiger oder muscheliger Bruch, geringe Härte	zumeist gut verkokungsfähig
Mattkohle	Clarit	mattes Aussehen, derber, unregelmäßiger Bruch	wenig verkokungsfähig
	Durit		
Übergangsstufen	Halbfusit	mikroskopisch als Einschlüsse und Einlagerungen erkennbar	wenig verkokungsfähig
	Opakmasse		
	Harzeinschlüsse		gut verkokungsfähig
	Sporen		
Faserkohle	Fusit	holzkohleähnliche, weiche Beschaffenheit	bleibt in seiner Beschaffenheit unverändert
Mineralbestandteile	Brandschiefer	$>20\,\%$ Mineralbestandteile	—
	Berge	Gestein	

Einteilung der Steinkohlen gemäß dem Verkokungsverhalten

Bezeichnung der Kohlen gemäß dem Verkokungsverhalten	Bezeichnung der Kohlen im Handel	Koksbeschaffenheit
Backkohle	Kokskohle, Gaskohle	geschmolzen, gebläht, fest
Backende Sinterkohle	Eßkohle, Gasflammkohle	geschmolzen bis gesintert, zuweilen etwas gebläht, weich
Sinterkohle	Gasflammkohle	gesintert, nicht gebläht, sehr weich
Gesinterte Sandkohle	Magerkohle, Flammkohle	schwach gesintert, pulverig
Sandkohle	Flammkohle, Anthrazit	pulverig

Einteilung und durchschnittliche Zusammensetzung von Koksen
(Auf wasserfreien Zustand bezogen)

Art des Kokses	C %	H %	O+N %	S %	Aschegehalt %
Kammerofenkoks	86...90	0,3...0,4	1,4...1,9	0,5...0,8	6...10
Retortenkoks	84...88	0,3...0,4	1,4...1,9	0,5...0,8	6...10
Hochofenkoks	86...90	0,3...0,4	1,4...1,9	0,5...0,8	6...10
Gießereikoks	88...91	0,25...0,35	0,8...1,6	0,5...0,8	6...10
Torfkoks	88...91	2,0...2,3	6,5...7,2	0,2...0,3	3...6
Holzkohle, weich	68...72	4,5...5	22...26	—	2...3
Holzkohle, hart	80...82	3,5...4	14...16	—	2...3
Meilerkohle	86...90	2,7...3	7...10	—	2...3
Braunkohlenschwelkoks	70...76	3...3,5	8...12	0,5...1,5	10...25
Steinkohlenschwelkoks	80...85	2,5...3	5...6	0,5...1,0	6...10
Mitteltemperaturkoks	82...88	1...2	2...3	0,5...1,0	6...10

62112. Flüssige Brennstoffe

Brennstoff	Dichte	Zusammensetzung		Heizwert	
		C Gew.%	H Gew.%	H_o kcal/kg	H_u kcal/kg
Kraftsprit	0,80...0,81	52	13	7140	6440
Flugbenzin	0,70...0,74	84,5...85,5	14,5...15,0	11200...11500	10000...10300
Motorenbenzin	0,72...0,75	84,5...85,5	14,5...15,0	10800...11500	9800...10500
Motorenbenzin mit 10% Alkoholzusatz	0,74...0,76	81...82	14,5...15	10800...11000	10000...10200
Motorenbenzol	0,86...0,88	90...92	8,2...8,4	10000...10200	9550...9750
Petroleum	0,80...0,82	85...86	14...15	10000...10500	9500...10000
Gasöl	0,84...0,86	86...87	13...14	10600...10900	10100...10400
Dieselöl	0,85...0,88	86...88	12...13	10600...10800	9800...10100
Braunkohlenteeröl für Dieselmotoren	0,86...0,90	86...88	8...10	10400...10600	9700...9900
Steinkohlenteeröl für Dieselmotoren	0,95...0,97	86...88	9...10	9200...9500	8700...9200
Steinkohlenteer-Heizöl	1,04...1,08	88...90	7...8	9300...9500	9000...9300
Crude oil					
California	0,917	84,00	12,70	10500	9830
Mexiko	0,975	83,70	10,20	10420	9900
Oklahoma	0,869	85,70	13,10	10835	10150
Pennsylvania	0,813	86,00	13,90	10835	10100

62113. *Gasförmige Brennstoffe*[1]

Gruppe	Gewinnung	Art	Unterarten	Heizwert kcal/Nm³	Sonstiges
Erdgase	Entstehung ohne technische Einwirkung	—	Trockenes Erdgas	7000...9000	Enthält an Kohlenwasserstoffen im wesentlichen nur Methan
			Nasses Erdgas	7000...10 500	Enthält neben Methan erhebliche Mengen Äthan, Propan, Butan (Flüssiggas) und höhere Kohlenwasserstoffe (Gasolin)
Gase aus festen Brennstoffen	Entgasung	Schwelgase	Holz-, Torf-, Braunkohlen-, Steinkohlen-, Öl schieferschwelgas	3000...10 000	Werden aus festen Brennstoffen durch Erhitzen unter Luftabschluß unterhalb Rotglut (500...600°) erhalten
		Destillationsgase	Torf-, Braunkohlen-, Steinkohlengas (Kokereigas)	3500...5500	Entstehen auf festen Brennstoffen oberhalb Rotglut
	Vergasung	mit Luft (Schwachgase)	Gichtgas	700...900	Entweicht aus der Gicht des Hochofens und besteht aus Kohlensäure, Kohlenoxid und Stickstoff
			Mondgas	800...1500	Wurde früher durch Vergasung jüngerer Kohlen mit Luft in Gegenwart von überschüssigem überhitztem Wasserdampf bei möglichst niedriger Temperatur zwecks erhöhter Ammoniakgewinnung erzeugt
			Generatorgas	800...1500	Entsteht bei der Vergasung fester Brennstoffe mit Luft, zumeist bei gleichzeitiger Dampfzugabe

		mit Wasserdampf (Wassergase)	Kokswassergas	2500...2900	Wird erzeugt durch Einblasen von Dampf in hocherhitzten Koks. Das Aufheizen des Brennstoffs erfolgt zumeist regenerativ (Blasen), in neuester Zeit auch rekuperativ
			Karburiertes Wassergas	3000...4500	Entsteht entweder durch Vergasung von Stein- oder Braunkohle mit Wasserdampf (Kohlenwassergas), so daß ein Gemisch von Schwelgas und Wassergas gebildet wird oder durch das Vermischen von Wassergas mit den Krackgasen von Ölen oder Teeren, die entweder mit dem Wasserdampf zusammen oder nach der Wassergasbildung in einem Karburator eingespritzt und in diesem zersetzt werden
	Vergasung mit Sauerstoff	Kohlenoxid	—	3000...4500	Durch Vergasen von Koks mit Sauerstoff wird technisch reines (98 %iges) Kohlenoxid, von Kohle mit Sauerstoff-Wasserdampf-Gemisch Synthesegas (Kohlenoxid-Wasserstoff-Gemisch) oder unter Druck (Lurgi-Verfahren) ein stadtgasähnliches Gas erhalten
Sonstige Gase	—	Destillations- und Krackgase	Destillationsgase	12000...18000	Werden bei der Destillation von Teeren und Ölen abgespalten
			Krackgase	15000...20000	Krackgase entstehen als Nebenerzeugnis bei der thermischen Zersetzung von höhermolekularen Kohlenwasserstoffen (Krackung) zu Benzin
		Spaltgase	Ölgas	8000...11000	Wird erzeugt durch Zersetzung von Gasöl oder Urteer im Regenerativ- oder Rekuperativverfahren bei etwa 700...800°

[1] Erweiterte Fassung des Normblattes DIN 1340.

Gruppe	Gewinnung	Art	Unterarten	Heizwert kcal/Nm^3	Sonstiges
Flüssiggase	Aus nassem Ergas, aus Destillations- und Krackgasen, aus Koksofengas, oder Nebenerzeugnis bei Synthesen flüssiger Brennstoffe	—	Gasol	13000...18000	Besteht je etwa zur Hälfte aus gesättigten und ungesättigten Kohlenwasserstoffen, die bei nur mäßig erhöhtem Druck verflüssigt und in Leichtmetallflaschen aufbewahrt werden
			Propan und Butan	22000...28000	Werden bei nur wenig erhöhtem Druck verflüssigt und dienen als Heizgas oder zum Betrieb von Kraftfahrzeugen
Gase aus flüssigen Brennstoffen	Durch Verdampfung	Kaltluftgase	Benzin-Luftgas, Benzol-Luftgas	2000...3500	Werden erhalten durch Beladen von Luft mit Benzin oder Benzoldämpfen bis oberhalb der oberen Explosionsgrenze
Sonstige Gase	Verschiedene Verfahren	Methan	Methan rein	9500	Fällt bei der Tiefkühlung von Steinkohlengas an
			Klärgas	3000...7000	Bei der biologischen Abwasserklärung wird Methan gebildet, das zunächst durch Schwefelwasserstoff und Kohlendioxid verunreinigt ist
		Acetylen	—	14000	Wird gebildet durch Zersetzung von Calciumcarbid mit Wasser oder durch kurzzeitiges Erhitzen von Kohlenwasserstoffen (Methan)
		Wasserstoff	—	3000	Wird erhalten durch Tiefkühlung von Steinkohlengas, durch Konvertierung des Kohlenoxids in Kohlenoxid-Wasserstoffgemischen mit Wasserdampf, durch thermische Zersetzung von Kohlenwasserstoffen (Methan) unter Kohlenstoffausscheidung, durch Behandeln von reduziertem Eisen bei Rotglut mit überhitzem Wasserdampf (als Regenerativverfahren) und durch Elektrolyse

Mittlere Zusammensetzung und Heizwert gasförmiger Brennstoffe

Gasart	Zusammensetzung CO_2 %	sKW %	CO %	H_2 %	CH_4 %	N_2 %	Dichteverhältnis (Luft=1)	Oberer Heizwert kcal/Nm³	Unterer Heizwert kcal/Nm³
Steinkohlengas	2...3	3...4	7...10	48...52	27...30	2...5	0,40...0,42	5400...5600	4800...5000
Kokereigas	2...3	2...2,5	6...8	52...57	24...27	8...12	0,40...0,44	4600...4800	4100...4300
Steinkohlenschwelgas	7...10	7...10	6...9	8...12	55...60	2...4	0,7 ...0,9	7000...8000	6000...7000
Braunkohlenschwelgas	35...45	4...6	4...7	30...35	18...25	2...4	0,8 ...1,0	3000...3600	2600...3200
Normengas vor 1914	2,5...3	3...3,5	15...18	50...52	25...27	3...5	0,43...0,45	5000...5100	4500...4600
Stadtgas (Normengas)	3...4	2...3	8...20	50...57	16...25	3...5	0,45...0,50	4200...4600	3700...4100
Generatorgas	4...7	—	26...30	10...12	0...0,3	52...56	0,85...0,90	1200...1300	1150...1250
Gichtgas	7...8	—	18...25	2...3	—	60...62	0,95...1,0	950...1000	9400...9800
Braunkohlengeneratorgas	6...8	1...2	25...27	12...16	1...3	45...50	0,75...0,85	1400...1600	1300...1500
Wassergas	4...7	—	36...40	46...50	0...0,5	4...7	0,52...0,58	2600...2800	2350...2550
Steinkohlenwassergas	4...6	0,2...0,5	32...35	45...48	5...8	5...8	0,52...0,56	3000...3400	2700...3000
Ölkarburiertes Wassergas	4...6	3...6	30...35	42...48	5...10	3...6	0,55...0,60	3500...4500	3300...4000

Mittlere Zusammensetzung von Stadtgas nach Volumen und Gewicht[1]

Gasanteil	Vol.-%	Gew.%	1 Nm³ Gas enthält g
CO_2	4,0	13,5	79,1
sKW	2,0	6,5	38,3
CO	20,0	42,6	250,0
H_2	53,0	8,1	47,6
CH_4	17,0	20,8	121,9
N_2	4,0	8,5	50,0
	100,0	100,0	586,9

[1] H_o=4300 kcal/Nm³, H_u=384 kcal/nm³, Dichteverhältnis 0,45.

62114. Heizwert der festen, flüssigen und gasförmigen Brennstoffe[1]

Feste Brennstoffe

Der obere Heizwert (H_o) (Verbrennungswärme) eines Stoffes ist die Wärmemenge, die bei der vollkommenen Verbrennung einer Einheit (kmol, kg oder Nm^3) des Stoffes frei wird, wenn die Verbrennungsprodukte auf die Ausgangstemperatur zurückgekühlt werden und das gebildete Wasser sich in flüssigem Zustand befindet.

Der untere Heizwert (H_u), oft einfach als Heizwert bezeichnet, ist gegenüber dem oberen Heizwert, um die Verdampfungswärme des gebildeten Wassers niedriger (Verdampfungswärme bei 0° C 597, bei 20° 585 und bei 100° 539 kcal/kg).

Ein Unterschied zwischen oberem und unterem Heizwert besteht daher nur bei Wasserstoff enthaltenden Stoffen; er beträgt bei technischen Gasen im allgemeinen 5...15% des oberen Heizwertes.

Der obere bzw. untere Heizwert von Gasgemischen setzt sich additiv aus den Heizwerten der Einzelgase zusammen.

Bei wärmetechnischen Rechnungen ist je nach der Art des Verlaufs der Verbrennung (Abkühlung der Abgase) der obere oder der untere Heizwert einzusetzen. Zumeist befindet sich in den Verbrennungsgasen das Wasser im dampfförmigen Zustand, so daß nur der untere Heizwert ausgenützt wird.

Für die Umrechnung der in den Tabellen angegebenen Heizwerte bei konstantem Druck (H_p) auf Heizwerte bei konstantem Volumen (H_v) gilt je Mol die Beziehnung:

$$H_v - H_p = n \cdot R \cdot T = 1{,}986 \cdot n \cdot T,$$

darin bedeuten T die absolute Temperatur und n die Zahl, wieviel Mole nach Ablauf der Verbrennung mehr vorhanden sind als vor der Verbrennung.

Heizwert verschiedener Kohlenstoffarten

Kohlenstoffart	Dichte	Heizwert kcal/kg
Diamant[1]	3,514	7873
α-Graphit[1]	2,258 ± 0,002	7832
β-Graphit[1]	2,220 ± 0,002	7856
Glanzkohle[1]	2,07	8051
Glanzkohle[1]	2,00	8071
Glanzkohle[1]	1,86	8148
Kokskohlenstoff	—	8080
Hochtemperaturkoks (auf asche- und wasserfrei Substanz ber.)	—	7950

[1] Nach Roth: Z. angew. Chem. **41**, 277 (1928).

Heizwerte flüssiger Brennstoffe

Stoff	Heizwert H_o kcal/kg	Heizwert H_u kcal/kg	Stoff	Heizwert H_o kcal/kg	Heizwert H_u kcal/kg
Äthylalkohol	7140	6440	Masut	10400...10700	9900...10200
95%ig	6710	5985	Motorenbenzol	~10500	10100
Benzin	10500...11500	9980...10700	Methanol	5365	4665
Benzol	10025	9615	Naphthalin	9600	9260
Braunkohlen-teeröl	~10000	~9500	Paraffinöl	10400...11000	9800...10500
			Petroleum	10000...11000	9500...10500
Erdöl	10000...10500	9500...10000	Solaröl	~10600	~10000
Gasöl	10600...10900	10100...10400	Steinkohlen-teer	8100...8800	7800...8400
Gelböl	9950...10250	9450...9750			
Heizöl	10100...10400	9600...9900	Steinkohlen-teeröl	9300...9600	9000...9300
Hexan	11550	10670			
Kreosotöl	~9000	~8600			

Heizwerte von Brenngasen (DIN 1872)

Gas	Molekulargewicht	Molvolumen bei 0° und 760 Torr	Heizwerte					
			H_o	H_u	H_o	H_u	H_o	H_u
	M	$\frac{\text{Nm}^3}{\text{kmol}}$	$\frac{\text{kcal}}{\text{kmol}}$	$\frac{\text{kcal}}{\text{kmol}}$	$\frac{\text{kcal}}{\text{kg}}$	$\frac{\text{kcal}}{\text{kg}}$	$\frac{\text{kcal}}{\text{Nm}^3}$	$\frac{\text{kcal}}{\text{Nm}^3}$
Wasserstoff	2,0156	22,43	68350	57590	33910	28570	3050	2570
Methan	16,03	22,36	212800	191290	13280	11930	9520	8550
Äthan	30,05	22,16	372800	340530	12410	11330	16820	15370
Äthylen	28,03	22,24	340000	318490	12130	11360	15290	14320
Acetylen	26,02	22,22	313000	302240	12030	11620	14090	13600
Propan	44,06	21,82	530600	487580	12040	11070	24320	22350
Propylen	42,05	21,96	495000	462730	11770	11000	22540	21070
Butan	58,08	21,49	687900	634120	11840	10920	32010	29510
Isobutan	58,08	21,77	686300	632520	11820	10890	31530	29050
Butylen	56,06	(22,4)	652000	608980	11630	10860	(29110)	(27190)
Benzoldampf	78,05	(22,4)	791000	758730	10130	9720	(35310)	(33870)
Methylchlorid	50,48	21,88	170000	153870	3370	3050	7770	7030
Kohlenoxid	28,00	22,40	67700	67700	2420	2420	3020	3020
Ammoniak	17,031	22,08	91000	74870	5340	4400	4120	3390
Schwefelwasserstoff bei Verbrennung zu SO_2	34,08	22,14	136000	125240	3990	3680	6140	5660
Bei Verbrennung zu SO_3	34,08	22,14	159500	148740	4680	4360	7200	6720

622. Bildungsenthalpie und -entropie bei metallischen Lösungsphasen[1]

Es sind die integralen Größen ΔH_B (Änderung der Enthalpie) und ΔS_B (Änderung der Entropie) bei der Vermischung bzw. Legierung von x_i und $(1-x_i)$ g Atomen zweier Metalle angegeben. (Es ist also stets auf insgesamt $6{,}024 \cdot 10^{23}$ Atomen bezogen.)

6221. Metallegierungen

Atom-% des zuerst aufgeführten Metalles	Ag—Au				Ag—Cu	Al—Fe		Al—Mg		Au—Cu		Al—Si	Al—Zn		
	f. 500° C		fl. 1080° C		fl. 1150° C	f. 300° C		f. 25° C	fl. 800° C	α-Phase ungeordnet f. 600° C	Cu II-Phase f. 390° C	fl. 1450° C	f. 380° C		fl.[2]
	ΔH_B kJ/gAt	ΔS_B J/gAtgrd	ΔH_B kJ/gAt	ΔS_B J/gAtgrd	ΔHB kJ/g-At.	Phase	ΔH_B kJ/gAt	ΔH_B kJ/gAt	ΔH_B kJ/gAt	ΔH_B kJ/gAt	ΔH_B kJ/gAt	ΔH_B kJ/gAt	ΔH_B kJ/gAt	ΔS_B J/gAtgrd	ΔH_B kJ/gAt
10	−1,56	2,18	−1,8	1,94	1,39	α	−6,05			−1,9		−1,2			0,66
20	−2,82	3,24	−3,15	2,87	2,42	α	−11,7		−2,55			−2,15			1,18
30	−3,78	3,87	−4,2	3,47	3,15	α	−17,3		−3,35	−5,0		−2,8			1,54
40	−4,40	4,21	−4,8	3,77	3,65	α	−22,0	(−3,58)	−3,8	−5,28	−6,66	−3,2	3,0	5,85	1,76
50	−4,66	4,32	−5,05	3,85	3,82	α	−26,0	−2,57	−4,0	−5,10	−6,89	−3,35	3,4	6,65	1,83
60	−4,55	4,21	−5,0	3,77	3,78	α+ζ		−1,56	−3,8	−4,42		−3,25	3,7	7,2	1,76
70	−4,05	3,87	−4,5	3,47	3,45	η	−28,7		−3,35	−3,55		−2,8	4,0	7,4	1,54
80	−3,14	3,24	−3,5	2,87	2,81				−2,55	−2,45		−2,15	4,05	7,3	1,18
90	−1,80	2,18	−2,05	1,94	1,78			−0,3		−1,25		−1,2	3,3	5,3	0,66

[1] Nach Landolt-Börnstein, 6. Aufl., Bd. II/4, Beitrag Kubaschewski. [2] Bildung aus den flüssigen Metallen

	Bi—Cd		Bi—Sn		Cd—In		Cd—Pb		Cd—Sn		Cd—Tl	Cd—Zn	Cr—Ni	
	f. 460° C		fl. 330° C		fl. 500° C		fl. 500° C		fl. 500° C		fl.450° C	fl.	f. 1000° C	
	ΔH_B kJ/gAt	ΔS_B J/gAtgrd	ΔH_B kJ/gAt	ΔS_B J/gAtgrd	ΔH_B kJ/gAt	ΔS_B J/gAtgrd	ΔH_B kJ/gAt	ΔS_B J/gAtgrd	ΔH_B kJ/gAt	ΔS_B J/gAtgrd	ΔH_B kJ/gAt	ΔH_B kJ/gAt	ΔH_B kJ/gAt	ΔS_B J/gAtgrd
10	0,23	2,8	0,04	2,51	0,46	2,8	0,84	2,51	0,63	3,12	0,71	0,82	−0,65	2,7
20	0,45	4,6	0,06	3,89	0,83	4,3	1,51	4,35	1,18	4,95	1,26	1,40	−0,80	4,05
30	0,60	5,75	0,08	4,78	1,12	5,35	2,05	5,45	1,56	6,06	1,69	1,82	−0,86	4,8
40	0,71	6,65	0,09	5,28	1,31	6,0	2,42	6,12	1,84	6,86	2,05	2,05	−0,59	4,95
50	0,80	7,0	0,10	5,50	1,42	6,2	2,68	6,54	1,99	7,12	2,22	2,10		
60	0,87	7,1	0,09	5,32	1,38	6,05	2,68	6,41	1,97	6,95	2,28	1,99		
70	0,88	6,35	0,08	4,86	1,21	5,4	2,34	5,78	1,82	6,41	2,12	1,76		
80	0,82	5,25	0,06	4,06	0,96	4,4	1,84	4,48	1,46	5,24	1,74	1,33		
90	0,60	3,45	0,04	2,60	0,59	2,9	1,09	2,80	0,88	3,40	1,10	0,75		

	Cu—Pb	Cu—Ni	Hg—Na			Mg—Zn	Pb—Sb		Pb—Sn			Sb—Zn		Sn—Zn	
	fl.	f. 675° C	f. 25° C		fl.	fl. 800° C	fl.	650° C	f. 183° C		fl.350° C	fl. 640° C		fl. 440° C	
	ΔH_B kJ/gAt	ΔH_B kJ/gAt	ΔH_B kJ/gAt	ΔS_B J/gAtgrd	ΔH_B kJ/gAt	ΔH_B kJ/gAt	ΔH_B kJ/gAt	ΔS_B J/gAtgrd	ΔH_B kJ/gAt	ΔS_B J/gAtgrd	ΔH_B kJ/gAt	ΔH_B kJ/gAt	ΔS_B J/gAtgrd	ΔH_B kJ/gAt	ΔS_B J/gAtgrd
10	2,51	0,95			−3,8		−0,17	2,85			0,50	+0,33	3,64	1,72	3,75
20	4,59	1,5			−7,75		−0,24	4,36			0,88	−0,12	5,57	2,62	6,82
30	6,16	1,75			−11,9	−4,0	−0,30	5,37			1,16	−1,42	6,50	3,15	7,12
40	7,26	1,85	−19,3	−5,32	−15,1	−5,0	−0,31	6,00			1,30	−2,47	6,40	3,41	7,82
50	7,85	1,9	−21,5	−2,90	−17,0	−5,65	−0,28	6,08			1,38	−2,74	6,55	3,32	7,88
60	7,85	1,75			−17,5	−6,15	−0,23	5,95			1,34	−2,05	6,75	2,96	7,42
70	7,25	1,45				−5,5	−0,19	5,36	2,7	6,8	1,17	−1,15	6,82	2,43	6,57
80	6,00	1,05	−16,7	−4,77	−14,0	−4,7	−0,08	4,45	2,2	5,85	0,92	−0,46	5,95	1,74	5,24
90	3,83	0,55			−8,68		−0,02	2,90	1,32	3,85	0,55	−0,12	4,1	0,92	

6222. Lösungsenthalpie bei unendlicher Verdünnung

(ΔH_i Änderung der Enthalpie bei der Auflösung von 1g-Atom des gelösten Metalles in einer (theoretisch) unendlich großen Menge des metallischen Lösungsmittels.)

Lösungsmittel	Gelöstes Metall	°C	ΔH_i kJ/g-Atom
Bi, flüssig	Ag, fest	450	+24,0
Bi, flüssig	Au, fest	450	+14,8
Cd, flüssig	Ag, fest	450	−12,8
Cd, flüssig	Au, fest	450	−48,4
Cd, flüssig	Cu, fest	450	+2,0
Cd, flüssig	Zn, flüssig		+8,05
Cd, fest	Zn, fest		+17,4
Fe, flüssig	Si, flüssig	1600	−12,1
Ge, fest	Ni, fest		+233
Hg, flüssig	Bi, fest	97	+16
Hg, flüssig	Cd, fest	150	−1,8
Hg, flüssig	Pb, fest	150	+10,1
Hg, flüssig	Sn, fest	150	+13,3
Hg, flüssig	Zn, fest	150	+10,1
In, flüssig	Au, fest	450	−33,0
In, flüssig	Cu, fest	450	13,0
Pb, flüssig	Ag, fest	450	+24,0
Pb, flüssig	Au, fest	450	+5,1
Sn, flüssig	Ag, fest	450	+15,5
Sn, flüssig	Al, fest	350	+25,5
Sn, flüssig	Au, fest	425	−21,7
Sn, flüssig	Cu, fest	427	+11,8
Sn, flüssig	Ga, flüssig	350	+2,95
Sn, flüssig	Tl, flüssig	350	+4,0
Tl, flüssig	Ag, fest	450	+25,7
Tl, flüssig	Au, fest	450	+11,0
Zn, flüssig	Cd, flüssig		+8,7
Zn, fest	Cd, fest		+28,9

6223. Metallische Lösungsphasen mit O_2 und S

O—Fe, fest (aus γ-Fe und O_2) bei 1250° C

Atom-% O	ΔH_B kJ/g Atom	ΔS_B J/g Atom · grd
51,4	−133,7	−31,8
52,0	−135,0	−32,2
53,0	−137,5	−33,1
53,8	−139,5	−34,0
57,1	−148,0	−40,7
57,9	−157,2	

O—Fe, flüssig (aus flüssigem Fe und O_2) bei 1600° C

Atom-% O	ΔH_B kJ/g Atom	ΔS_B J/g Atom · grd
0,8	−0,91	
50,5	−122,3	−25,3
52,3	−128,7	−27,9
54,6	−136,0	−31,15
57,1	−143,5	

O—Ti, fest

Atom-% O	25° C			1000° C	
	Phase	ΔH_B kJ/gAtom	ΔS_B J/(g Atom · grd)	Phase	ΔH_B kJ/gAtom
0,2	α	−1,16		β	
1,6	α	−9,6		β	
6,5	α	−37,7	−7,05	α	−37,3
15,0	α	−87,2		α	−86,0
25,0	α	−145	−29,2	α	−143
33,0	α	−192		α	−189
50,0	α-TiO	−260	−49,2	β-TiO	−256,5
60,0	α-Ti_2O_3	−304	−58,0	β-Ti_2O_3	−300
62,5	α-Ti_3O_5	−307,5	−59,3	β-Ti_3O_5	−306
66,0				TiO_2	−313
66,4	TiO_2			TiO_2	−314
66,65	TiO_2	−315	−61,8	TiO_2	−314

O—V, fest

Atom-% O	25° C	
	ΔH_B kJ/gAtom	ΔS_B J/gAtom · grd
48,0	−204,5	−46,7
52,5	−224	−48,0
60,0	−246	−53,7
65,0	−242,5	
66,7	−238,5	−61,1
68,4	−233	−59,9
70,9	−224,5	−62,4
71,1	−223,5	
71,5	−222	−63,0

S—Ag, flüssig (bei 1125° C)

Atom-% S	ΔH_B kJ/gAtom	ΔS_B J/gAtom · grd
1	−0,71	0
5	−3,68	−0,75
15	−12,35	−4,1
25	−23,1	−9,4
33,3	−34,2	−15,1

S—Co, fest (S_2-Gas bei 835° C)

Atom-% S	ΔH_B kJ/gAtom
41,1	−53,4
44,0	−57,9
47,0	−63,8
50,9	−73,4
53,0	−76,4
57,1	−80,5
66,7	−90,0

S—Fe (aus γ-Fe und S_2-Gas) bei 977° C

Atom-% S	ΔH_B kJ/gAtom	ΔS_B J/gAtom · grd
50,0	−76,0	−26,9
50,6	−76,7	−27,5
51,7	−78,0	−28,2
53,3	−77,8	−28,9
66,6	−103	−66,3

S—Ni, fest (S rhomb.) bei 25° C

Atom-% S	ΔH_B kJ/gAtom
40,0	−39,8
45,1	−44,6
50,0	−46,5
66,7	−47,3

623. Bildungsenthalpie ΔH_B in kJ · Mol⁻¹ von Ammoniakaten

Mit ΔH_B ist die Differenz zwischen dem Wärmeinhalt eines Moles des mit n Molen Ammoniak versehenen Anlagerungsstoffes und der Summe der Wärmeinhalte eines Moles des Ausgangsstoffes und der n Mole Ammoniak (alle Stoffe im Normzustand bei Zimmertemperatur) bezeichnet. ΔH_B ist, falls nicht anders vermerkt, für Zimmertemperatur angegeben.

Ausgangsstoff	ΔH_B in kJ · Mol⁻¹ bei					n	ΔH_B kJ · Mol⁻¹	ϑ in °C
	$n=1$	$n=2$	$n=4$	$n=6$	$n=8$			
$AlBr_3$	−164,5	—	—	−600,3	—	14	−879,1	0
$AlCl_3$	−134,4	—	—	−512,4	—	14	−785,3	0
AlJ_3	−132,7	—	—	−685,7	—	20	−1163,7	0
$AuCl_4Cs$	—	—	−314,8	—	—	11	−432,8	—
$AuCl_4K$	—	−146,5	—	—	—	10	−364,6	—
$AuCl_4Rb$	—	—	−281,7	—	—	12	−462,1	—
$BaBr_2$	−49,4	−93,8	—	−268,7	−344,9	—	—	—
$BaCl_2$	—	—	—	—	−301,4	—	—	—
BaJ_2	—	−112,2	−207,6	−298,9	−388,5	10	−464,7	—
$BeBr_2$	—	—	−452,1	−527,4	—	10	−669,8	—
$BeCl_2$	—	−259,5	−410,2	−477,2	—	12	−653,0	—
BeJ_2	—	—	−485,6	−552,6	—	13	−789,1	—
$CaBr_2$	−77,9	−149,9	—	−345,8	−428,6	—	—	—
$CaCl_2$	−69,1	−132,3	−216,0	—	−378,4	—	—	—
CaJ_2	−81,6	−160,7	—	−396,8	−468,8	—	—	—
$CdBr_2$	−75,8	−146,5	—	−326,5	—	12	−517,4	—
$CdCl_2$	−75,8	−144,8	−234,4	−319,0	—	10	−443,7	—
CdJ_2	—	−139,0	—	−334,0	—	—	—	—
$CoBr_2$	—	−172,5	—	−406,9	—	—	—	—
$CoCl_2$	—	−166,6	—	−391,8	—	10	−502,3	—
$CoCl_4Cs_2$		−141,9				5	−297,2	
CrO_4Cu		−99,2						
$CsNiCl_3$	−64,5							
Cs_2CuCl_4		−150,3		−291,4		10	−351,6	
$Cs_3Cu_2Cl_7$						10	−458,4	
$CuBr_2$		−167,4		−376,7		10	−502,3	
$Cu(HCOO)_2$		−117,6	−221,9	−305,6		9	−403,1	
$Cu(CH_3COO)_2$		−138,1	−191,7			5	−276,3	
$Cu(CNS)_2$		−159,9	−263,7			9	−437,9	
$CuCl_2$		−175,8		−376,7		10	−502,3	
$FeBr_2$		−170,0		−394,3				
$FeCl_2$		−163,3		−369,2		10	−489,8	
$FeCl_5K_2$				−295,1		11	−406,5	
$GaBr_3$	−126,8	—	—	−494,8	—	14	−770,2	0
$GaCl_3$	−137,7	—	—	−474,7	—	14	−738,4	0
GaJ_3	−112,6	—	—	−489,8	—	20	−954,4	0
$HgBr_2$	—	−135,6	—	—	−330,7	—	—	—
$HgCl_2$	—	−142,3	—	—	−343,3	9,5	−389,3	—
HgJ_2	—	−108,8	—	−307,3	—	—	—	—
$InBr_3$	—	(3) −252,4	—	—	—	15	−715,8	—
$InCl_3$	−92,9	−178,3	—	—	—	15	−690,7	—
InJ_3	—	−158,2	—	—	—	21	−904,2	—
$MgBr_2$	−90,8	−175,0	—	—	—	—	—	—

Ausgangs-stoff	ΔH_B in kJ · Mol^{-1} bei					n	ΔH_B kJ · Mol^{-1}	ϑ in °C
	$n=1$	$n=2$	$n=4$	$n=6$	$n=8$			
$MgCl_2$	−87,1	−161,6	—	—	—	—	—	—
MgJ_2	—	−190,0	—	—	—	—	—	—
$MnBr_2$	—	−160,7	—	−374,2	—	10	−494,0	—
$MnCl_2$	—	−154,9	—	−344,1	—	10	−466,7	—
$NiBr_2$	—	−172,5	—	−429,5	—	—	—	—
$NiCl_2$	—	−170,0	—	−409,4	—	—	—	—
$SrBr_2$	−70,3	−123,9	—	—	−398,5	—	—	—
$SrCl_2$	−48,1	—	—	—	−338,2	—	—	—
SrJ_2	−76,6	−141,5	—	−354,1	−445,4	—	—	—
$ZnBr_2$	−100,5	−166,6	−298,0	−389,3	—	—	—	—
$ZnCl_2$	−104,7	−185,0	−284,7	−374,2	—	10	−491,9	—
$(NH_4)_2ZnCl_4$	—	—	−245,7	—	—	10	−391,4	—
ZnJ_2	−92,1	−162,4	−301,4	−394,3	—	—	—	—

624. Hydratationsenthalpie ΔH in kJMol^{-1} von organischen Verbindungen bei Anlagerung von n-Molen flüssigen Wassers

Der Ausgangszustand der Verbindung und der Endzustand des Hydrates sind, falls flüssig oder gasförmig, vermerkt, ohne Angabe fest. Die Angaben sind auf 2 Dezimale abgerundet. ΔH bezieht sich, soweit nicht anders vermerkt, auf Zimmertemperatur.

Verbindung	n H_2O	Hydrat	ΔH in kJMol^{-1}	ϑ in °C
Ameisensäure,				
Sr-Salz	2	$Sr(CHO_2)_2 \cdot 2H_2O$	−25,53	—
Mn-Salz	2	$Mn(CHO_2)_2 \cdot 2H_2O$	−30,14	—
Cu-Salz	4	$Cu(CHO_2)_2 \cdot 4H_2O$	−34,34	—
Zn-Salz	2	$Zn(CHO_2)_2 \cdot 2H_2O$	−28,88	—
Essigsäure,				
Na-Salz	3	$NaC_2H_3O_2 \cdot 3H_2O$	−36,42	—
Ca-Salz	1	$Ca(C_2H_3O_2)_2 \cdot H_2O$	−6,70	—
Sr-Salz	$^1/_2$	$Sr(C_2H_3O_2)_2 \cdot {}^1/_2 H_2O$	−1,26	—
Ba-Salz	3	$Ba(C_2H_3O_2)_2 \cdot 3H_2O$	−25,12	—
Mn-Salz	4	$Mn(C_2H_3O_2)_2 \cdot 4H_2O$	−44,79	—
Cu-Salz	1	$Cu(C_2H_3O_2)_2 \cdot H_2O$	−6,70	—
Zn-Salz	2	$Zn(C_2H_3O_2)_2 \cdot 2H_2O$	−23,44	—
Pb-Salz	3	$Pb(C_2H_3O_2)_2 \cdot 3H_2O$	−28,88	—
Glykolsäure,				
Na-Salz	2	$Na_2C_2H_2O_3 \cdot 2H_2O$	−40,19	—
Mg-Salz	2	$Mg(C_2H_2O_3)_2 \cdot 2H_2O$	−24,70	—
Ca-Salz	5	$Ca(C_2H_2O_3)_2 \cdot 5H_2O$	−25,95	—
Zn-Salz	2	$Zn(C_2H_2O_3)_2 \cdot 2H_2O$	−14,23	—
Oxalsäure	2	$C_2H_2O_4 \cdot 2H_2O$	−27,63	20
Na (saures)-Salz	1	$NaC_2HO_4 \cdot H_2O$	−16,33	—
K-Salz	1	$K_2C_2O_4 \cdot H_2O$	−12,58	—
NH_4-Salz	1	$(NH_4)_2C_2O_4 \cdot H_2O$	−14,65	—
Mn-Salz	2	$MnC_2O_4 \cdot 2H_2O$	−26,16	16−19
Mn-Salz	3	$MnC_2O_4 \cdot 3H_2O$	−32,65	16−19

Verbindung	n H_2O	Hydrat	ΔH in kJMol⁻¹	ϑ in °C
Malonsäure,				
Na-Salz	1	$Na_2C_3H_2O_4 \cdot H_2O$	−18,84	—
K-Salz	1	$K_2C_3H_2O_4 \cdot H_2O$	−35,58	—
K(saures)-Salz	1/2	$KC_3H_3O_4 \cdot {}^1/_2 H_2O$	−21,77	—
Ca-Salz	4	$CaC_3H_2O_4 \cdot 4H_2O$	−66,56	—
Ba-Salz	2	$BaC_3H_2O_4 \cdot 2H_2O$	−30,56	—
Buttersäure,				
Na-Salz	3	$NaC_4H_7O_2 \cdot 3H_2O$	−3,35	—
Bernsteinsäure,				
Na-Salz	6	$Na_2C_4H_4O_4 \cdot 6H_2O$	−56,09	—
K-Salz	1	$K_2C_4H_4O_4 \cdot H_2O$	−15,07	—
K-Salz (saures)	1	$KC_4H_5O_4 \cdot H_2O$	−9,42	—
Apfelsäure,				
Na-Salz	1	$NaC_4H_5O_5 \cdot H_2O$	−4,19	—
K-Salz	1	$KC_4H_5O_5 \cdot H_2O$	−3,33	—
Weinsäure,				
Na-Salz	2	$Na_2C_4H_4O_6 \cdot 2H_2O$	−20,09	—
Na-Salz (saures)	1	$NaC_4H_5O_6 \cdot H_2O$	−12,14	—
K-Salz	1/2	$K_2C_4H_4O_6 \cdot {}^1/_2 H_2O$	−8,34	—
K-, Na-Salz	4	$KNaC_4H_4O_6 \cdot 4H_2O$	−30,56	—
SbO-, K-Salz	1/2	$K(SbO)C_4H_4O_6 \cdot {}^1/_2 H_2O$	−0,837	—
SbO-, Ba-Salz	1	$Ba[(SbO)C_4H_4O_6]_2 \cdot H_2O$	−15,07	—
Traubensäure	1	$C_4H_6O_6 \cdot H_2O$	−6,28	—
Valeriansäure,				
Na-Salz	1 1/2	$NaC_5H_9O_2 \cdot {}^3/_2 H_2O$	−4,17	—
Tricarballylsäure,				
K-Salz	1	$K_3C_6H_5O_6 \cdot H_2O$	−9,63	—
K-Salz (saures)	2	$KC_6H_7O_6 \cdot 2H_2O$	−23,02	—
Zitronensäure	1	$C_6H_8O_7 \cdot H_2O$	−10,88	—
p-Hydroxybenzoesäure	1	$C_7H_6O_3 \cdot H_2O$	−7,95	—
Chloroform (flüssig)	18	$CHCl_3 \cdot 18H_2O$ (flüssig)	−95,86	—
Chloral (flüssig)	1	$C_2HCl_3O \cdot H_2O$ (fest)	−50,86	—
Acetylen (Gas)	6	$C_2H_2 \cdot 6H_2O$ (fest)	−64,46	—
Äthylen (Gas)	6	$C_2H_4 \cdot 6H_2O$ (fest)	−64,46	—
Äthylsulfat,				
Na	1	$C_2H_5SO_4Na \cdot H_2O$	−9,21	—
Ba	2	$(C_2H_5SO_4)_2Ba \cdot 2H_2O$	−20,93	—
Cyanursäure	2	$C_3H_3O_3N_3 \cdot 2H_2O$	−15,66	—
Na-Salz	1	$C_3H_2O_3N_3Na \cdot H_2O$	−16,74	—
K-Salz	1	$C_3H_2O_3N_3K \cdot H_2O$	−8,79	—
Barbitursäure	2	$C_4H_4O_3N_2 \cdot 2H_2O$	−16,74	—
Asparagin	1	$C_4H_8O_3N_2 \cdot H_2O$	−9,42	25
Kreatin	1	$C_4H_9O_2N_3 \cdot H_2O$	−14,65	—

Verbindung	n H_2O	Hydrat	ΔH in kJMol^{-1}	ϑ in °C
m-Nitrophenol, Na	2	$C_6H_4O_3NNa \cdot 2H_2O$	−44,79	—
p-Nitrophenol, Na	2	$C_6H_4O_3NNa \cdot 2H_2O$	−42,70	—
Phenylsulfat, Na	2	$C_6H_5SO_3Na \cdot 2H_2O$	−12,14	
Phloroglucin	1	$C_6H_6O_3 \cdot H_2O$	−21,35	—
p-Phenylendiamin	2	$C_6H_8N_2 \cdot 2H_2O$	−15,07	—
Äthylacetat, Na	1	$C_6H_9O_3Na \cdot H_2O$	−17,58	—
Rhamnose	1	$C_6H_{12}O_5 \cdot H_2O$	−28,05	—
Glucose α	1	$C_6H_{12}O_6 \cdot H_2O$	−11,72	—
Glucose β	1	$C_6H_{12}O_6 \cdot H_2O$	−16,33	—
Glucose γ	1	$C_6H_{12}O_6 \cdot H_2O$	−15,07	—
d-Glucose	1	$C_6H_{12}O_6 \cdot H_2O$	−9,96	25,1
Phenylglyoxal	1	$C_8H_6O_2 \cdot H_2O$	−57,35	—
Coffein	1	$C_8H_{10}O_2N_4 \cdot H_2O$	−7,12	—
Nitrocampher	1	$C_{10}H_{15}O_3N \cdot H_2O$	−4,19	—
Pikrinsäure,				
Mg-Salz	8	$(C_6H_2O_7N_3)_2Mg \cdot 8H_2O$	−128,09	—
Ca-Salz	6	$(C_6H_2O_7N_3)_2Ca \cdot 6H_2O$	−71,58	—
Sr-Salz	6	$(C_6H_2O_7N_3)_2Sr \cdot 6H_2O$	−63,63	—
Ba-Salz	6	$(C_6H_2O_7N_3)_2Ba \cdot 6H_2O$	−41,86	—
Cu-Salz	8	$(C_6H_2O_7N_3)_2Cu \cdot 8H_2O$	−87,49	—
Zn-Salz	8	$(C_6H_2O_7N_3)_2Zn \cdot 8H_2O$	−114,70	—
Hg-Salz	4	$(C_6H_2O_7N_3)_2Hg \cdot 4H_2O$	−32,23	—
Pb-Salz	2	$(C_6H_2O_7N_3)_2Pb \cdot 2H_2O$	−25,53	—
Phenylhydrazin	1	$(C_6H_8N_2)_2 \cdot H_2O$	−12,98	—
Milchzucker	1	$C_{12}H_{22}O_{11} \cdot H_2O$	−25,95	—
Raffinose	5	$C_{18}H_{32}O_{16} \cdot 5H_2O$	−74,09	—
Cinchonin, hydrochlorid	2	$C_{19}H_{22}ON_2 \cdot HCl \cdot 2H_2O$	−6,28	—
Chinin	3	$C_{20}H_{24}O_3N_2 \cdot 3H_2O$	−15,49	—
Chinin,				
hydrochlorid	2	$Ch \cdot HCl \cdot 2H_2O$	−14,23	—
acetat	3	$Ch \cdot C_2H_4O_2 \cdot 3H_2O$	−21,77	—
oxalat	6	$Ch_2 \cdot C_2H_2O_4 \cdot 6H_2O$	−60,28	—
sulfat	2	$Ch_2 \cdot H_2SO_4 \cdot 2H_2O$	−41,02	—

625. Neutralisationsenthalpie [1]

In den Tabellen ist die Enthalpieabnahme $-\Delta H_N$ bei Neutralisation für wäßrige Lösungen angegeben.

Konzentrationsangabe:

N = Zahl der Mole Wasser pro Mol Säure bzw. Base
m = Zahl der Mole Säure bzw. Base pro 1000 g Wasser
n = Zahl der Äquivalente Säure bzw. Base pro 1000 ml Wasser.

Mit * versehene Konzentrationsangaben beziehen sich auf die Endkonzentrationen des gebildeten Salzes.

6251. Anorganische einbasische Säure mit anorganischen Basen

Konzentration beider gleich

Säure	ϑ °C	Konzentration	$-\Delta H_N$ in kJMol⁻¹ KOH	LiOH	NaOH
HBr	20	N=100	58,492	58,580	57,940
HCl	20	N=100	58,590	58,500	58,225
	25	m=12	79,266		76,11
		8	69,936		68,07
		5	64,392		62,68
		3	60,919		59,66
		1	—		57,53
		→ 0	—		55,94
$HClO_4$	25	m=24			100,081
		20			91,148
		15			78,596
		10			66,986
		5			58,388
		2			56,235
		1			55,982
HJ	20	N=100	58,187	58,229	57,694
HNO_3	20	N=100	—	57,970	57,919
	6	n=0,25	60,535		60,230
	18		58,193		57,339
	32		54,809		54,077
	6	0,1875	60,242		60,004
	18		57,993		57,247
	32		54,742		54,106
	6	0,125	60,255		59,916
	18		57,883		57,285
	32		—		53,926

[1] Nach Landolt-Börnstein, 6. Aufl., Bd. II/4, Beitrag A. Neckel.

6252. Anorganische mehrbasische Säuren mit anorganischen Basen

Säure	ϑ °C	Konzentration	Base	Konzentration	$-\Delta H_N$ kJ/Mol
H_3AsO_4	15	$N=330$	1 NH_3	$N=330$	57,55
			2 NH_3		101,7
			3 NH_3		105,1
			6 NH_3		107,1
H_3PO_4	15	$N=330$	1 NH_3	$N=330$	59,4
			2 NH_3		102,5
			3 NH_3		105,5
			6 NH_3		107,6
H_2SO_4	~15	$n=2$	2 NaOH	$n=2$	132,3
	~18	1	2 NaOH	$n=1$	131,1
		0,5	2 NaOH	$n=0{,}5$	132,9
		0,25	2 NaOH	$n=0{,}25$	128,5
	25	$N\to\infty$	2 NaOH	$N\to\infty$	113,14
H_2SiF_6	—	$n=0{,}5$	2 NaOH	$n=0{,}5$	130,2
			2 NaOH	0,25	112,3
			2 KOH	0,5	176,6
			$Ba(OH)_2$	0,5	136,2

6253. Organische Säuren mit anorganischen Basen

Formel	Name	°C	Konzentration	Base	Konzentration	$-\Delta H_N$ kJMol^{-1}
CH_2O_2	Ameisensäure	25	$N\to\infty$	NaOH	$N\to\infty$	57,03
$C_2H_2O_4$	Oxalsäure	20	$N=585$	2 NaOH	$n=0{,}105$	117,6
$C_2H_4O_2$	Essigsäure	20	$N=50$	NaOH	$N=50$	55,99
			$N=100$		$N=100$	56,34
			$N=800$		$N=800$	56,73
		25	$N\to\infty$		$N\to\infty$	56,78
$C_3H_6O_2$	Propionsäure	25	$N\to\infty$	NaOH	$N\to\infty$	56,82
$C_4H_4O_4$	Maleinsäure	18,5	fest, $n^*=0{,}014...0{,}043$	2 NaOH	$n=0{,}196$	93,63
		18,8	fest, $n^*=0{,}03...0{,}09$	1 NaOH	$n=0{,}196$	35,28
$C_4H_4O_4$	Fumarsäure	18,5	fest, $n^*=0{,}014...0{,}044$	2 NaOH	$n=0{,}196$	78,85
		18,9	fest, $n^*=0{,}03...0{,}08$	1 NaOH	$n=0{,}196$	24,74
$C_4H_6O_6$	L(—)-Weinsäure	18,4	fest, $n^*=0{,}03...0{,}085$	1 NaOH	$n=0{,}196$	38,9
		18,4	fest, $n^*=0{,}014...0{,}034$	2 NaOH	$n=0{,}196$	88,1
$C_4H_6O_6$	Traubensäure	18,4	fest, $n^*=0{,}03...0{,}08$	1 NaOH	$n=0{,}196$	29,7
$C_4H_8O_2$	Buttersäure	25	$N\to\infty$	NaOH	$N\to\infty$	59,54
$C_4H_8O_2$	Isobuttersäure	25	$N\to\infty$	NaOH	$N\to\infty$	60,71
$C_6H_8O_7$	Citronensäure	20	$N=50$	NaOH	$N=50$	53,89
		20	$N=800$		$N=800$	52,82
$C_7H_6O_2$	Benzoesäure	25	$N\to\infty$	NaOH	$N\to\infty$	56,11

626. Adsorptionswärme

Integrale Adsorptionswärme von Gasen an Aktivkohle

Stoff	Aktivkohle	Adsorbierte Menge in gAdsorpt./g Kohle	Adsorptions-wärme kJ/Mol
Argon	aktivierte Holzkohle	—	17,6
Wasserstoff	aktivierte Holzkohle	—	10,5
Stickstoff	aktivierte Holzkohle	—	18,4
Kohlenstoffmonoxid	Supersorbon TS	0,001	41,0
		0,002	36,8
		0,004	29,5
		0,006	23,4
Kohlenstoffdioxid	Supersorbon TS	0,005	31,0
		0,01	28,9
		0,02	27,4
		0,03	25,1
		0,04	23,9
Ammoniak	Supersorbon TS	0,0045	55,3
		0,0065	51,1
		0,012	45,2
		0,016	42,7
		0,023	40,6
		0,028	39,8

Integrale Adsorptionswärme von Dämpfen an Aktivkohle

Adsorbierte Menge: $2 \cdot 10^{-3}$ Mol Dampf/g Aktivkohle

Stoff	Adsorptions-temperatur °C	Adsorptions-wärme kJ/Mol
Chlormethan	25	38,5
Dichlormethan	25	53,6
Chloroform	0	60,7
Tetrachlormethan	0	64,0
Chloräthan	0	50,2
Bromäthan	25	58,2
Jodäthan	25	58,6
Methanol	25	58,2
Äthanol	25	65,3
Propanol-(1)	25	68,6
Aceton	25	61,5
Diäthyläther	25	66,1

Integrale Adsorptionswärme von Dämpfen an Kieselgel

Stoff	Adsorptions-temperatur °C	Adsorbierte Menge g Adsorpt/g Kieselgel	Adsorptions-wärme kJ/Mol
Wasser	22,3	0,0133	14,9
Hexan	19,6	0,066	45,0
Cyclohexan	21,4	0,066	43,7
Benzol	20,5	0,0166	64,5
Toluol	20,6	0,066	60,3
o-Xylol	20,2	0,066	69,5
p-Xylol	21,9	0,066	69,5
Octan	21,6	0,066	59,4
2,2,4-Trimethylpentan	22,3	0,066	51,5
Tetrachlormethan	19,7	0,066	45,2
Chlorbenzol	21,5	0,066	71,2
Methanol	19,7	0,066	63,6
Äthanol	19,4	0,066	72,4
Propanol-(1)	20,0	0,066	79,5
Aceton	20,2	0,066	73,2
Diäthyläther	20,3	0,066	72,0

63. Thermodynamische Zustandsgrößen

Daten für H_2O sind in Tabelle 222, Daten für Luft in Tabelle 2145 zu finden.

631. Einleitung

Von Klaus Schäfer, Heidelberg

In den Tabellen 63 sind die thermodynamischen Funktionen für eine Anzahl häufig benutzter Stoffe in einem größerem Temperaturgebiet angegeben. Die Standardwerte (25° C) für diese und einer Menge anderer Stoffe sind in folgenden Tabellen zu finden: Elemente Tabelle 214, S. 80f., anorganische Verbindungen Tabelle 221, S. 196f., organische Verbindungen, Bd. II, Tabelle 143, S. 1055. Es finden dabei zwei etwas verschiedene Darstellungsweisen Verwendung, von denen manchmal die eine oder die andere bei praktisch anfallenden Problemen den Vorzug verdient.

Darstellung I[1]

Für den am Kopf der Tabelle genannten Stoff findet man in der ersten Spalte eine Reihe von Daten, die die vorliegende Molekel im kondensierten und gasförmigen Zustand charakterisieren, wie das Trägheitsmoment, I, die Debeysche Temperatur, Θ_D, mit der bei den tiefsten Temperaturen eine Extrapolation der Molwärme bis $T = 0$ nach dem T^3-Gesetz vorgenommen werden kann, die Bildungsreaktion aus den Elementen usw. In der Abkürzungsliste S. 1331f. sind die einzelnen Angaben vermerkt. Die nächste Spalte enthält die Temperatur, für welche die Daten in den folgenden Spalten angegeben sind. Man findet in der Spalte 3 die Werte für die Molwärme des Kondensats (fest oder flüssig) bei dem zur jeweiligen

[1] Die Daten für die Darstellung I, wurden den Beiträgen, Auer/Schäfer und Auer des Landolt-Börnstein, 6. Aufl., Bd. II/4, die für Darstellung II in 6321–6323 dem Beitrag Otto-Thomas, die Daten für die Kältemittel dem Beitrag Steinle-Dienemann, Landolt-Börnstein, Bd. IV/4a, entnommen.

Temperatur gehörenden Sättigungsdruck. Die vierte Spalte gibt die durch T dividierte molare thermische Enthalpie $\left(\frac{H_T^0 - H_0^0}{T}\right)$ des Kondensats an; diese Größe ist durch Integration der Molwärme entsprechend $\left(\frac{1}{T}\int\limits_0^T C_p\,(\text{kond.})\,dT\right)$ erhalten worden. Im Flüssigkeitsgebiet ist in diesem Zahlwert der Anteil $\Delta H_{f\to fl}/T$ enthalten ($\Delta H_{f\to fl}$ die Schmelzenthalpie am Schmelzpunkt bzw. Tripelpunkt).

In der fünften Spalte findet man die thermische Entropie

$$S_T^0 - S_0^0 = \int\limits_0^T \frac{C_p}{T}\,dT$$

in der im Flüssigkeitsgebiet die Schmelzentropie $\Delta H_{f\to fl}/T_F$ enthalten ist. Dieser Entropiewert schließt also die Nullpunktsentropie, wenn eine solche vorhanden sein sollte, nicht mit ein.

Beim Vorliegen einer echten Nullpunktsentropie ist diese unter den charakteristischen Daten in Spalte 1 unter der Bezeichnung $S_{0,f}$ aufgeführt.

Für den Schmelzpunkt bzw. Tripelpunkt und den Siedepunkt findet man in den Spalten 4 und 5 zwei Angaben, von denen sich die jeweils zweite auf den flüssigen oder den Dampfzustand bezieht. Die weiteren Spalten geben in gleicher Weise die Molwärme, die thermische Enthalpie und die Entropie des Gases für den idealen Gaszustand; dabei ist die Entropie des Gases stets auf den Druck $p = 1$ atm, bezogen. Diese Zahlenwerte sind im allgemeinen der statistischen Theorie der Materie entnommen; bei dieser spielt die Nullpunktsentropie des idealen Gases — eigentlich die Entropie bei 1° K und $p = 1$ atm — eine ausgezeichnete Rolle. Diese Nullpunktsentropie des Gases ist als $S_{0,g}$ bei den charakteristischen Daten zu finden. Die Werte der thermodynamischen Funktionen für das Gas sind gewöhnlich weit über den Siedepunkt hinaus geführt, während die Zahlenangaben für das Kondensat mit dem Siedepunkt aufhören. Der an zweiter Stelle für die Siedetemperatur des Kondensats aufgeführte Entropiewert sollte mit dem für diese Temperatur angegebenen Entropiewert des Gases übereinstimmen. Abweichungen, welche über die durch die experimentellen Fehler bedingte Größe hinausgehen, weisen auf eine echte Nullpunktsentropie des Festkörpers hin.

Anschließend an die Spalten für den kondensierten Zustand findet man für Temperaturen oberhalb des Siedepunktes bzw. 25° C Angaben für die Änderungen der Entropie, der Enthalpie und der durch T dividierten freien Enthalpie $\frac{\Delta G_B}{T} = \frac{\Delta H_B^0 - T\Delta S^0}{T}$, die bei der Bildungsreaktion (Spalte 1) im idealen Gaszustand bei den Partialdrucken $p_i = 1$ atm auftreten.

Diese Zahlen fehlen bei den Elementen im Normalzustand ebenso wie Angaben für den kondensierten Zustand, sofern derselbe nicht realisierbar ist, wie im Falle des atomaren Wasserstoffs, Stickstoffs usw.

Aus den $\frac{\Delta G^0}{T}$-Werten erhält man durch Division mit $2{,}303\,R =$ (19,138 J/Molgrd) direkt den Logarithmus der Gleichgewichtskonstanten der Bildungsreaktion bei der betreffenden Temperatur; durch Kombination mehrerer derartiger Gleichgewichte gelingt auch die Ermittlung der Gleichgewichtskonsonanten für Reaktionen, die nicht Bildungsreaktionen aus den Elementen sind (vgl. dazu S. 876 f.).

Darstellung II

Bei dieser Darstellung, die manchmal neben der Darstellung I gebracht wird, ist meist auf die Wiedergabe der charakteristischen Daten verzichtet und nur beim Fehlen der Darstellung I findet man in der Überschrift Angaben der relativen Molmasse des Schmelz- und Siedepunktes sowie eventuell des kritischen Punktes usw. Die beiden ersten Spalten enthalten Temperatur und Sättigungsdruck des Kondensats. Die beiden nächsten Spalten 3 und 4 geben das Molvolumen V (bzw. das spezifische Volumen v) für Kondensat V' bzw. v' und Dampf V'' bzw. v'' im jeweiligen Sättigungszustande an. Der Wert für das Kondensat ist stets durch einen Strich ($'$), und der für den Dampf durch zwei Striche ($''$) gekennzeichnet.

Gelegentlich sind an Stelle des Volumens die Dichten für Kondensat (D') und Dampf (D'') angegeben. Die Spalten 5 und 6 geben gleichfalls für den Sättigungszustand die molaren Enthalpien von Kondensat H' und Dampf H'' an (bzw. die spezifische Enthalpie h' oder h''). Zum Unterschied von der Darstellung I sind diese Enthalpiewerte für Kondensat und Dampf auf einen gemeinsamen Nullpunkt bezogen, so daß $H' - H''$ stets die molare Verdampfungs- oder Sublimationsenthalpie ΔH_v bei der vorliegenden Temperatur ist (bzw. $h'' - h' = \Delta h_v$ wenn die spezifischen Enthalpien gegeben sind). Der Enthalpienullpunkt ist am Kopf der Tabelle vermerkt; es ist nicht immer bei $T = 0°$ K die Enthalpie des Kristalls gleich Null gesetzt. Manchmal ist als Nullpunkt auch der Wert bei 0° C genommen!

Die Verdampfungs(Sublimations)enthalpie ΔH_v (bzw. Δh_v) ist häufig in Spalte 7 aufgeführt. Die beiden letzten Spalten geben gleichfalls für den Sättigungszustand die molaren Entropien für Kondensat (S') und Dampf (S'') (bzw. die spezifischen Entropien s' und s''). Auch hier ist als Nullpunkt der Entropieskala nicht immer der Wert des Kondensats bei 0° K gewählt, sondern manchmal der bei 0° C. In jedem Falle ist die Differenz der Entropiewerte von Dampf und Kondensat gleich der durch die vorliegende Temperatur dividierte Verdampfungs- (Sublimations)enthalpie. Wenn die Tabelle bis zum kritischen Punkt führt, so sind die unter sich gleichen Zahlen von V' und V'' usw. für den kritischen Zustand jeweils zwischen die Spalten für das Kondensatvolumen und Dampfvolumen usw. gesetzt.

Die Stoffanordnung ist wieder die alphabetische nach den chemischen Symbolen, wobei die Elemente, die anorganischen Verbindungen und die organischen Verbindungen (Ordnung nach HILL) je für sich zusammengefaßt werden. Den Schluß bilden eine Reihe von Stoffen (anorganische und organische), die in der Kältetechnik häufig Verwendung finden; diese Werte sind stets in Darstellung II wiedergegeben. Für diese Stoffe ist am Kopf der Tabelle außerdem die volumetrische ,,Kälteleistung" angegeben, das ist die bei einer bestimmten Temperatur (gewöhnlich $-15°$ C pro m³ Dampf beim Sättigungsdruck abgeführte Wärme.

Abkürzungsliste

c_p	spezifische Wärme bei konstantem Druck
C_p^0	Molwärme bei konstantem Druck (im Gaszustand für $p \to 0$; im Kondensat für Sättigungszustand)
$C_{p_0}^0$	Grenzwert von C_p^0 für $T \to 0°$ K bei Gasen
D'	Dichte der Flüssigkeit
D''	Dichte des Dampfes
f	fest
F	Schmelzpunkt
fl (′)	flüssig

g	Quantengewicht des Elektronenzustandes des Atoms bzw. der Molekel (in Spalte 1, Darstellung I)
g ('')	Gasförmig
G.-K.	Gaskonstante für 1 g der Verbindung $(=R/M)$
$h'(h'')$	spezifische Enthalpie der Flüssigkeit (des Dampfes)
$H'(H'')$	Molare Enthalpie der Flüssigkeit (des Dampfes)
H_0^0	Molare Enthalpie am absolutem Nullpunkt für $p \to 0$ bzw. Sättigungszustand
$\frac{H_T^0 - H_0^0}{T}$	Differenz der molaren Enthalpie bei T^0 gegen die bei 0° K, dividiert durch die Temperatur in °K
I_1, I_2, I_3	Hauptträgheitsmomente
j_k	Chemische Konstante $= \frac{S_{0,g} - C_{p0}^0}{2,303\, R}$
j_p	Dampfdruckkonstante
k	Boltzmann-Konstante
Kp	Siedepunkt bei 760 Torr
M	relative Molmasse
$p_F\ (p_{Trp})$	Druck am Schmelzpunkt (Tripelpunkt)
q_0	Volumetrische Kälteleistung
R	Gaskonstante (molare Gaskonstante)
s	spezifische Entropie in Darstellung II
s	Symmetriezahl der Molekel, in Spalte 1, Darstellung I
$s'(s'')$	spezifische Entropie der Flüssigkeit (des Dampfes)
S^0	molare Entropie für den idealisierten Zustand
$S_{0,g}$	Entropiekonstante für den idealen Gaszustand (für 1° K, $p = 1$ atm)
$S_{0,f}$	Entropiekonstante für den Festkörper (für 0° K)
T	Temperatur in °K
Trp	Tripelpunkt
$u'(u'')$	spezifische innere Energie der Flüssigkeit (des Dampfes)
$v'(v'')$	spezifisches Volumen der Flüssigkeit (des Dampfes)
Δh_{v_0}	spezifische Verdampfungsenthalpie
ΔH_B^0	Änderung der Enthalpie beim Bildungsvorgang
$\Delta H_{0,f\to g}$	molare Sublimationsenthalpie bei 0° K
$\Delta H_{0,f}$	molare Bildungsenthalpie aus den Festkörpern bei 0° K
$\Delta H_{0,g}^0$	molare Bildungsenthalpie aus den Gasen bei 0° K
$\Delta H_{298,15^\circ}$	molare Standard-Bildungsenthalpie aus den Elementen im Standardzustand
$\Delta H_{289,15^\circ,g}$	molare Standard-Bildungsenthalpie des Gases
$\Delta H_{f\to fl}$	molare Schmelzenthalpie am Schmelzpunkt
$\Delta H_{fl\to g}$	molare Verdampfungsenthalpie am Siedepunkt
Δh_v	spezifische Verdampfungsenthalpie
ΔG_B^0	molare freie Bildungsenthalpie für $p = 1$ atm
ΔS_B^0	molare Bildungsentropie für $p = 1$ atm
ϑ	Temperatur in° C
ν	Schwingungszahl, Frequenz
ν_g	Grenzfrequenz nach Debye
$\Theta_D = \frac{h \cdot \nu_g}{k}$	Debye-Temperatur
$\Theta_{\mathrm{rot}_i} = \frac{h}{8\pi^2 I_i k}$	charakteristische Rotationstemperatur
$\Theta_{s_i} = \frac{h\nu_i}{k}$	charakteristische Schwingungstemperatur der Normalschwingung.

6321. Elemente

Ar Argon ($M = 39{,}948$), Darstellung I

Charakteristische Daten	T °K	Kondensierter Zustand C_p^0 J/(Molgrd)	$\frac{H_T^0 - H_0^0}{T}$ J/(Molgrd)	$S_T^0 - S_0^0$ J/(Molgrd)	Idealer Gaszustand S_T^0 für $p = 1$ atm: S_T^0 Gas J/(Molgrd)	T °K	S_T^0 J/(Molgrd)
$\Theta_D = 80°$ K, $0 < T < 10°$ K	20	11,76	5,895	6,78	98,62	100	132,07
$\Delta H_{0,f\to g} = 7{,}812$ kJMol⁻¹	40	22,09	12,711	19,08	113,0	120	135,8
$\Delta H_{f\to fl} = 1{,}176$ kJMol⁻¹	60	26,59	16,631	29,00	121,4	160	141,8
$\Delta H_{fl\to g} = 6{,}519$ kJMol⁻¹	80	32,13	19,80	37,40	127,4	200	146,5
$Trp = 83{,}85°$ K	83,85	33,26	20,36	38,95		240	150,3
$Kp = 87{,}29°$ K	83,85	42,05	34,39	52,97	128,4	280	153,5
$p_{Trp} = 516{,}5$ Torr	87,29	42,05	34,62	54,64		298,15	154,8
$j_k = 0{,}81$	87,29		110,27	129,75	129,24	400	160,9
$j_p = 0{,}84$	Im idealen Gaszustand ist bis 5000° K					500	165,5
$S_{0,g} = 36{,}34$ JMol⁻¹grd⁻¹	$C_p^0 = 20{,}79$ JMol⁻¹grd⁻¹					1000	179,9
	$\frac{H_T^0 - H_0^0}{T} = 20{,}79$ JMol⁻¹grd⁻¹					2000	194,3
						3000	202,7
						4000	213,4

Ar Sättigungszustand, Darstellung II

Bei 0° K ist für den Kristallzustand $H = 0$ und $S = 0$ gesetzt

p atm	T °K	V' cm³/Mol	V'' cm³/Mol	H' J/Mol	H'' J/Mol	S' J/Molgrd	S'' J/Molgrd
1	87,29	28,7	6999	2972	9489	53,91	128,57
2	94,43	29,6	3714	3293	9600	57,42	124,21
3	99,20	30,2	2553	3514	9652	59,73	121,61
5	105,97	31,3	1578	3855	9715	63,02	118,32
7	110,98	32,3	1144	4128	9739	65,45	116,01
10	116,81	33,4	802,5	4441	9727	68,26	113,51
15	124,22	35,3	529,3	4865	9681	71,63	110,40
20	130,03	37,2	383,6	5241	9590	74,40	107,85
25	134,86	39,6	294,7	5582	9466	76,79	104,59
30	139,06	42,3	233,8	5905	9326	78,95	103,55
40	146,12	48,7	155,6	6499	9006	82,77	99,93
48,00[1]	150,72[1]	75,2		7829		91,41	

[1] Kritischer Punkt.

Br_2 Brom ($M = 159{,}82$), Darstellung I

Charakteristische Daten und Bildungsreaktion	T °K	Kondensierter Zustand C_p^0 J/(Molgrd)	$\frac{H_T^0 - H_0^0}{T}$ J/(Molgrd)	$S_T^0 - S_0^0$ J/(Molgrd)	Idealer Gaszustand S_T^0 für $p = 1$ atm: C_p^0 J/(Molgrd)	$\frac{H_T^0 - H_0^0}{T}$ J/(Molgrd)	S_T^0 J/(Molgrd)
$I_1 = 341{,}4 \cdot 10^{-40}$ g·cm²	20	12,72	4,00	5,55			
$\Theta_{rot,1} = 0{,}118°$ K	40	29,00	12,95	20,09			
$\Theta_D = 111°$ K; $0 < T < 20°$ K	60	36,34	19,68	33,42			
$\Theta_{s,1} = 463°$ K	80	40,52	24,40	44,48			
$\Delta H_{0,f\to g} = 46{,}50$ kJ/Mol	100	43,61	27,95	53,87	30,46	29,46	208,3
$\Delta H_{f\to fl} = 10{,}58$ kJ/Mol	160	50,15	35,12	75,88	33,43	30,50	223,4
$\Delta H_{fl\to g} = 31{,}05$ kJ/Mol	200	53,79	38,49	87,47	34,52	31,20	231,0
$F = 265{,}90°$ K	260	60,71	42,75	102,37	35,56	32,10	240,1
$Kp = 331°$ K	265,90	61,66	43,16	103,74			
$j_k = 2{,}34$	265,90	77,76	82,94	143,52	35,61	32,19	241,0
$j_p = 2{,}34$	280	76,59	82,65	147,50	35,77	32,36	242,9
$S_{0,g} = 73{,}89$ JMol⁻¹grd⁻¹	298,15	75,71	82,25	152,29			
s = 2	298,15		186,5	245,35	35,99	32,59	245,33
	500				37,1	34,25	264,3
	1000				37,7	35,85	290,2
	1500				38,0	36,52	305,6
	2000				38,2	36,92	316,5

Br Brom ($M=79{,}909$), Darstellung I

	T	Idealer Gaszustand, S_T^0 für $p=1$ atm					
		Bildungsreaktion			Thermodynamische Funktionen		
		ΔS_B^0	ΔH_B^0	ΔG_B^0	C_p^0	$\frac{H_T^0-H_0^0}{T}$	S_T^0
	°K	J/(Molgrd)	kJ/Mol	J/(Molgrd)	J/(Molgrd)		
$\frac{1}{2}Br_2 \rightarrow Br$	298,15	52,22	96,44	271,2	20,79	20,79	174,9
	400	52,98	96,69	188,7	20,79	20,79	181,0
	500	53,51	96,94	140,4	20,80	20,79	185,7
	600	53,91	97,15	108,0	20,83	20,79	189,4
	800	54,55	97,61	67,4	21,03	20,82	195,5
	1000	55,08	98,07	43,6	21,37	20,90	200,2
	1500	56,24	99,54	10,2	22,26	21,21	209,0
	2000	57,24	101,3	−6,6	22,71	21,54	215,5
	2500	58,05	103,1	−16,9	22,78	21,78	220,6
	3000	58,67	104,8	−23,8	22,67	21,94	224,7

C Kohlenstoff ($M=12{,}011$), Darstellung I

Charakteristische Daten	T	Kondensierter Zustand					
		C_p^0	$\frac{H_T^0-H_0^0}{T}$	$S_T^0-S_0^0$	C_p^0	$\frac{H_T^0-H_0^0}{T}$	$S_T^0-S_0^0$
	°K	J/(Molgrd)			J/(Molgrd)		
		Graphit			Diamant		
$C_{Graphit}$:	25	0,126	0,041	0,064	(0,0050)	(0,0008)	(0,003)
$\Delta H_{0,f\rightarrow g}=711$ kJ/Mol	50	0,506	0,169	0,263	0,023	0,0071	0,013
$C_{Diamant}$:	75	1,046	0,378	0,563	0,085	0,020	0,035
$\Theta_D=1800°$ K; $0<T<25°$ K	100	1,658	0,614	0,952	0,247	0,054	0,080
$\Delta H_{0,f\rightarrow g}=708{,}5$ kJ/Mol	125	2,395	0,894	1,040	0,524	0,120	0,164
	150	3,299	1,212	1,909	1,000	0,225	0,302
	175	4,102	1,562	2,479	1,602	0,377	0,503
	200	4,937	1,934	3,089	2,336	0,575	0,765
	225	6,113	2,323	3,730	3,202	0,818	1,088
	250	6,816	2,725	4,397	4,135	1,102	1,474
	275	7,711	3,138	5,086	5,154	1,424	1,923
	298,15[1]	8,527	3,525	5,740	6,115	1,751	2,378
	298,15	—	—	—	6,061	1,797	2,438
	400	11,93	5,257	8,707	9,95	3,398	4,77
	500	14,63	6,868	11,66	13,13	5,036	7,36
	600	16,86	8,355	14,53	15,85	6,612	10,00
	700	18,54	9,695	17,27	17,94	8,097	12,59
	800	19,87	10,89	19,83	19,49	9,432	15,10
	900	20,84	11,94	22,23	20,94	10,62	17,48
	1000	21,51	12,86	24,46	21,04	11,64	19,66
	1100	22,05	13,68	26,53	21,33	12,51	21,67
	1200	22,68	14,40	28,48	21,58	13,25	23,55
	1500	24,10	16,22	33,71			
	2000	25,31	18,37	40,84			
	2500	26,19	19,83	46,57			
	3000	26,86	20,96	51,42			
	3500	27,49	21,84	55,61			
	4000	28,12	22,60	59,33			

[1] Die Werte für $T<298{,}15°$ K und die für $T>298{,}15°$ K sind verschiedenen Arbeiten entnommen.

Cg Darstellung I

T	Idealer Gaszustand S_T^0 für $p=1$ atm			T	Idealer Gaszustand S_T^0 für $p=1$ atm		
	C_p^0	$\frac{H_T^0-H_0^0}{T}$	S_T^0		C_p^0	$\frac{H_T^0-H_0^0}{T}$	S_T^0
°K	J/(Molgrd)			°K	J/(Molgrd)		
298,15	20,84	21,87	158,0	1200	20,79	21,07	187,0
300	20,84	21,87	158,1	1300	20,79	21,05	188,6
400	20,82	21,61	164,1	1400	20,80	21,03	190,2
500	20,80	21,45	168,7	1500	20,82	21,01	191,6
600	20,80	21,34	172,5	2000	20,95	20,98	197,6
700	20,79	21,26	175,7	2500	21,24	21,00	202,3
800	20,79	21,20	178,5	3000	21,62	21,07	206,2
900	20,79	21,16	181,0	3500	22,01	21,18	209,6
1000	20,79	21,12	183,2	4000	22,36	21,30	212,5
1100	20,79	21,09	185,1				

Cl_2 Chlor ($M=70{,}906$), Darstellung I

Charakteristische Daten und Bildungsreaktion	T	Kondensierter Zustand			Idealer Gaszustand S_T^0 für $p=1$ atm		
		C_p^0	$\frac{H_T^0-H_0^0}{T}$	$S_T^0-S_0^0$	C_p^0	$\frac{H_T^0-H_0^0}{T}$	S_T^0
	°K	J/(Molgrd)			J/(Molgrd)		
$I_1 = 113{,}5\cdot10^{-40}$ g·cm²	20	7,74	2,360	21,67			
$\Theta_{rot,1} = 0{,}356°$ K	40	23,97	9,623	24,56			
$\Theta_D = 115°$ K; $0<T<15°$ K	60	33,47	16,36	26,32			
$\Theta_{s,1} = 801°$ K	80	38,62	21,38	36,65			
$\Delta H_{0,f\to g} = 30{,}166$ kJ/Mol	100	42,26	25,27	45,61	29,28	29,11	188,6
$\Delta H_{f\to fl} = 6{,}406$ kJ/Mol	120	45,48	28,33	53,47			
$\Delta H_{fl\to g} = 20{,}410$ kJ/Mol	140	49,08	31,05	60,71			
$Trp = 172{,}18°$ K	160	53,05	33,56	67,49	30,53	29,38	202,6
$Kp = 239{,}11°$ K	172,18	55,52	34,98	71,42			
$j_k = 1{,}334$	172,18	67,07	72,18	168,62	30,81	29,47	204,8
$j_p = 1{,}388$	180	66,94	71,73	111,63	31,09	29,56	206,2
$S_{0,g} = 54{,}62$ JMol⁻¹grd⁻¹	200	66,61	71,34	118,66	31,64	29,71	209,5
$s = 2$	220	66,19	70,86	124,98	32,17	29,92	212,5
	239,11	65,69	70,46	130,46			
	239,11		156,3	216,31	32,64	30,12	215,28
	260				33,10	30,34	218,0
	280				33,50	30,55	220,5
	298,15				33,9	30,78	223,0
	500				36,1	32,56	241,1
	1000				37,5	34,76	266,9
	1500				38,0	35,76	282,0
	2000				38,3	36,36	293,0
	3000				38,9	37,11	308,6

Cl Chlor ($M=35{,}453$), Darstellung I

	T	Idealer Gaszustand, S_T^0 für $p=1$ atm					
		Bildungsreaktion			Thermodynamische Funktionen		
		ΔS_B^0	ΔH_B^0	$\frac{\Delta G_B^0}{T}$	C_p^0	$\frac{H_T^0-H_0^0}{T}$	S_T^0
	°K	J/(Molgrd)	kJ/Mol	J/(Molgrd)	J/(Molgrd)		
$\frac{1}{2}Cl_2 \to Cl$	298,15	53,62	121,1	352,6	21,84	21,04	165,1
	400	55,03	121,6	249,0	22,47	21,33	171,6
	500	56,09	122,0	187,9	22,75	21,59	176,6
	600	56,93	122,5	147,3	22,78	21,79	180,8
	800	58,15	123,4	96,1	22,55	22,01	187,3
	1000	58,99	124,1	65,1	22,23	22,09	192,3
	1500	60,22	125,6	23,5	21,65	22,03	201,2
	2000	60,92	126,8	2,5	21,34	21,85	207,4
	2500	61,37	127,9	−10,2	21,17	21,76	212,1
	3000	61,68	128,7	−18,8	21,06	21,65	216,0

F_2 Fluor ($M=37{,}9968$), Darstellung I

Charakteristische Daten und Bildungsreaktion	T	Kondensierter Zustand			Idealer Gaszustand S_T^0 für $p=1$ atm		
		C_p^0	$\frac{H_T^0-H_0^0}{T}$	$S_T^0-S_0^0$	C_p^0	$\frac{H_T^0-H_0^0}{T}$	S_T^0
	°K	JMol⁻¹grd⁻¹			JMol⁻¹grd⁻¹		
$I_1 = 31{,}8\cdot10^{-40}\ g\cdot cm^2$	20	12,99	4,15	5,95			
$\Theta_{rot,1} = 1{,}27°$ K	40	36,73	14,65	22,44			
$\Theta_D = 78°$ K; $0 < T < 15°$ K	53,54	51,09	35,98	51,50			
$\Theta_{s,1} = 1283°$ K	53,54	57,32	45,52	61,03	29,10	29,02	152,1
$\Delta H_{0,f\to g} = 8{,}353$ kJ/Mol	60	57,24	46,79	67,55			
$\Delta H_{f\to fl} = 0{,}510$ kJ/Mol	80	57,71	49,35	83,96			
$\Delta H_{fl\to g} = 6{,}538$ kJ/Mol	85,02	58,36	49,86	87,48			
$Trp = 53{,}54°$ K	85,02		127,30	165,59	29,10	29,05	165,54
$Kp = 85{,}02°$ K	100				29,10	29,06	170,0
$j_k = 0{,}376$	160				29,28	29,10	183,7
$j_p = 0{,}379$	200				29,67	29,17	190,3
$S_{0,g} = 36{,}29$ JMol⁻¹grd⁻¹	260				30,59	29,38	198,2
$s = 2$	298,15				31,32	29,60	202,4
	400				33,01	30,26	212,1
	500				34,27	30,94	219,6
	1000				37,01	33,45	244,5
	1500				37,94	34,81	259 7

F Fluor ($M=18{,}9984$), Darstellung I

	T	Idealer Gaszustand, S_T^0 für $p=1$ atm: Bildungsreaktion			Thermodynamische Funktionen		
		ΔS_B^0	ΔH_B^0	$\frac{\Delta G_B^0}{T}$	C_p^0	$\frac{H_T^0-H_0^0}{T}$	S_T^0
	°K	JMol⁻¹grd⁻¹	kJMol⁻¹	JMol⁻¹grd⁻¹	JMol⁻¹grd⁻¹		
$\frac{1}{2}F_2 \to F$	298,15	57,29	79,09	207,9	22,75	21,86	158,6
	400	59,22	79,33	139,1	22,43	22,05	165,3
	500	60,43	80,29	96,2	22,10	22,09	170,2
	600	61,27	80,75	73,3	21,83	22,07	174,3
	800	62,35	81,50	39,5	21,47	21,96	180,5
	1000	63,02	82,09	19,1	21,27	21,84	185,2
	1500	63,99	83,30	−8,5	21,02	21,60	193,8
	2000	64 52	84,22	−22,4	20,92	21,44	199,8
	2500	64,87	85,02	−30,9	20,88	21,33	204,5
	3000	65,10	85,73	−36,5	20,85	21,26	208,3

n-H_2 (75% o-H_2) ($M=2{,}01594$) Darstellung I

Charakteristische Daten	T	Kondensierter Zustand			Idealer Gaszustand S_T^0 für $p=1$ atm		
		C_p^0	$\frac{H_T^0-H_0^0}{T}$	$S_T^0-S_0^0$	C_p^0	$\frac{H_T^0-H_0^0}{T}$	S_T^0
	°K	J/(Molgrd)			J/(Molgrd)		
$I_1 = 0{,}473\cdot10^{-40}$ g·cm²	4	3,012	2,061	5,293	20,79	20,79	
$\Theta_{rot,1} = 85{,}29°$ K	6	1,979	2,218	6,155	20,79	20,79	43,14
$\Theta_{s,1} = 5995°$ K	8	2,125	2,175	6,985	20,79	20,79	49,12
$\Delta H_{0,f\to g} = 0{,}796$ kJ/Mol	10	2,941	2,243	7,479	20,79	20,79	53,75
$\Delta H_{f\to fl} = 0{,}117$ kJ/Mol	12	4,351	2,477	8,121	20,79	20,79	57,54
$\Delta H_{fl\to g} = 0{,}904$ kJ/Mol	13,95	6,11	2,87	8,91			
$Trp = 13{,}95°$ K	13,95	13,22	11,27	17,25	20,79	20,79	60,66
$Kp = 20{,}39°$ K	16	15,31	11,77	19,25	20,79	20,79	63,52
$j_k = -0{,}78$	18	16,90	12,23	21,14	20,79	20,79	65,96
$j_p = -0{,}75$	20,39	18,71	12,79	31,31	20,79	20,79	68,55
$S_{0,g} = 5{,}89$ J/(Molgrd)	20,39		59,83	69,18	20,79	20,79	68,55
$s = 2$							

	T	Idealer Gaszustand S_T^0 für $p=1$ atm			T	Idealer Gaszustand S_T^0 für $p=1$ atm		
		C_p^0	$\frac{H_T^0-H_0^0}{T}$	S_T^0		C_p^0	$\frac{H_T^0-H_9^0}{T}$	S_T^0
	°K	J/(Molgrd)			°K	J/(Molgrd)		
	25	20,79	20,79	72,80	700	29,43	27,30	155,5
	50	20,83	20,80	87,22	800	29,61	27,63	159,4
	100	22,66	21,14	102,0	900	29,87	27,97	162,9
	200	27,28	23,18	119,3	1000	30,20	28,09	166,1
	298,15	28,83	24,87	130,6	1200	30,98	28,50	171,7
	400	29,18	25,92	139,1	1400	31,84	28,91	176,5
	500	29,28	26,68	145,6	1600	32,69	29,34	180,8
	600	29,32	27,02	151,0	1800	33,49	29,75	184,7
					2000	34,20	30,16	188,3
					2500	35,67	31,13	196,1
					3000	36,78	31,99	202,7
					3500	37,63	32,72	208,4
					4000	38,29	33,39	213,5

n-H_2 (75 % o-H_2), Sättigungszustand, Darstellung II
Bei 298,15° C und $p=1{,}033$ at ist $H=8471$ JMol^{-1} und $S=141{,}14$ JMol^{-1}grd

T °K	p at	V' cm³/g	V'' cm³/g	H' J/Mol	H'' J/Mol	ΔH_v J/Mol	S' J/Molgrd	S'' J/Molgrd
14	0,0752	12,96	7710	434	1346	912	29,1	94,0
16	0,2084	13,25	3130	465	1384	919	30,8	88,3
18	0,4702	13,61	1530	500	1418	918	32,45	83,4
20	0,9186	14,01	840	537	1444	907	34,4	79,7
22	1,616	14,50	520	575	1469	894	35,9	76,3
24	2,630	15,11	330	624	1485	861	37,8	73,5
26	4,028	15,87	210	682	1485	803	39,6	70,4
28	5,88	16,90	144	742	1471	729	42,0	67,9
30	8,275	18,42	97	827	1435	608	44,4	64,9
32	11,28	21,44	63	953	1351	398	48,6	61,1

In Tabellen der thermodynamischen Funktionen für n-H_2, Darstellung I (vorangehende Tabelle) ist $\frac{H_T^0-H_0^0}{T}$ tabelliert. Hier dagegen H_T^0. Diese H_T^0-Werte enthalten die Nullpunktenthalpie des Gases: $^3/_4\, 2R\Theta_{\text{rot}}=1061{,}6$ JMol^{-1}.

p-H_2 p-Wasserstoff ($M=2{,}01594$), Darstellung I

Charakteristische Daten	T	Kondensierter Zustand			Idealer Gaszustand S_T^0 für $p=1$ atm		
		C_p^0	$\frac{H_T^0-H_0^0}{T}$	$S_T^0-S_0^0$	C_p^0	$\frac{H_T^0-H_0^0}{T}$	S_T^0
	°K	J/(Molgrd)			J/(Molgrd)		
$I_1=0{,}473\cdot10^{-40}\,g\cdot cm^2$	4	0,163			20,79	20,79	
$\Theta_{\text{rot},1}=85{,}29°$ K	6	0,554	0,138	0,19	20,79	20,79	36,28
$\Theta_{s,1}=5995°$ K	8	1,307	0,328	0,44	20,79	20,79	42,26
$\Delta H_{0,f\to g}=0{,}770$ kJ/Mol	10	2,459	0,633	0,85	20,79	20,79	46,90
$\Delta H_{f\to fl}=0{,}117$ kJ/Mol	12	4,02	1,067	1,43	20,79	20,79	50,69
$\Delta H_{fl\to g}=0{,}900$ kJ/Mol	13,88	5,84	1,615	2,14			
$Trp=13{,}88°$ K	13,88	13,01	10,05	10,51	20,79	20,79	53,71
$Kp=20{,}28°$ K	16	15,15	10,16	12,43	20,79	20,79	56,67
$p_{Trp}=54$ Torr	18	16,78	11,18	14,38	20,79	20,79	59,11
$j_k=-1{,}14$	20,28	18,74	11,92	16,46			
$j_p=-1{,}10$	20,28		58,76	62,41	20,79	20,79	61,59
$S_{0,g}=-0{,}96$ J/(Molgrd)							
$s=2$							

H^2H ($M=3{,}0259$), Darstellung I

Charakteristische Daten und Bildungsreaktion	T	Idealer Gaszustand, S_T^0 für $p=1$ atm					
		Bildungsreaktion			Thermodynamische Funktionen		
		ΔS_B^0	ΔH_B^0	$\frac{\Delta G_B^0}{T}$	C_p^0	$\frac{H_T^0-H_0^0}{T}$	S_T^0
	°K	J/(Molgrd)	kJ/Mol	J/(Molgrd)	J/(Molgrd)		
$\frac{1}{2}H_2+\frac{1}{2}D_2 \rightarrow HD$	298,15	5,98	0,155	−5,46	29,20	28,54	143,7
$I_1=0{,}626\cdot10^{-40}\,g\cdot cm^2$	300	5,98	0,155	−5,46	29,20	28,54	143,9
$\Theta_{rot,1}=64{,}23°$ K	400	6,01	0,162	−5,60	29,23	28,71	152,3
$\Theta_{s,1}=5223°$ K	500	6,00	0,162	−5,68	29,28	28,82	158,8
	600	5,99	0,155	−5,73	29,39	28,90	164,2
	700	5,97	0,138	−5,77	29,59	28,99	168,7
	1000	5,87	0,091	−5,78	30,71	29,45	179,4
	1500	5.84	0,00	−5,84	33,09	30,18	192,3
	2000	5,80	−0,20	−5,90	35,05	31,17	202,1

n-$^2H_2$ n-Deuterium (33,3 % p$^2H_2$) ($M=4{,}0282$), Darstellung I

Charakteristische Daten	T	Kondensierter Zustand			Idealer Gaszustand S_T^0 für $p=1$ atm		
		C_p^0	$\frac{H_T^0-H_0^0}{T}$	$S_T^0-S_0^0$	C_p^0	$\frac{H_T^0-H_0^0}{T}$	S_T^0
	°K	J/(Molgrd)			J/(Molgrd)		
$I_1=0{,}937\cdot10^{-40}\,g\cdot cm^2$	12	4,10	2,41	4,49	20,79	20,79	
$\Theta_{rot,1}=43{,}00°$ K	13	4,90	2,66	4,84	20,79	20,79	64,05
$\Theta_D=89°$ K; $0<T<12°$ K	14	5,82	2,94	5,24	20,79	20,79	65,59
$\Theta_{s,1}=4300°$ K	15	6,78	3,25	5,71	20,79	20,79	67,02
$\Delta H_{0,f\rightarrow g}=1{,}171$ kJ/Mol	16	7,95	3,59	6,15	20,79	20,79	68,36
$\Delta H_{f\rightarrow fl}=0{,}197$ kJ/Mol	17	9,20	3,96	6,66	20,79	20,79	69,62
$\Delta H_{fl\rightarrow g}=1{,}226$ kJ/Mol	18	10,63	4,36	7,23	20,79	20,79	70,81
$Trp=18{,}65°$ K	18,65	11,59	4,60	7,59			
$Kp=23{,}67°$ K	18,65	20,00	15,16	18,16	20,79	20,79	71,55
$p_{Trp}=128{,}6$ Torr	19	20,38	15,32	18,60	20,79	20,79	71,94
$j_k=-0{,}53$	20	21,25	15,66	19,66	20,80	20,79	73,00
$j_p=-0{,}55$	21	22,18	16,01	20,73	20,81	20,79	74,03
$S_{0,g}=10{,}73\ JMol^{-1}grd^{-1}$	22	23,10	16,37	21,78	20,82	20,79	74,99
	23	24,02	16,78	22,82	20,83	20,79	75,91
	23,67	24,64	17,33	23,53			
	23,67		70,26	76,14	20,85	20,79	76,52
	50				24,90	21,60	93,02
	100				30,09	25,14	112,7
	200				29,19	27,31	133,2
	298,15				29,20	27,95	144,9
	500				29,37	28,47	160,4
	1000				31,64	29,40	180,9

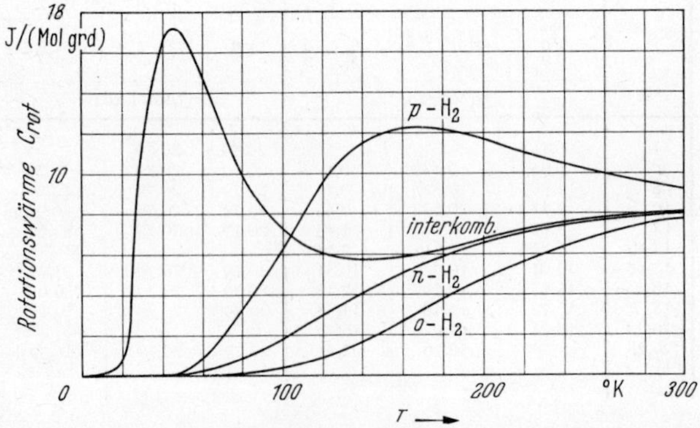

Modifikationen des H_2, Rotationswärme C_{rot}

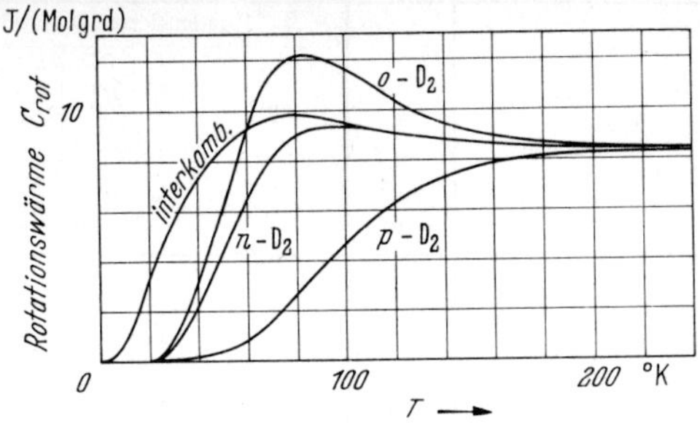

Modifikationen des D_2, Rotationswärme C_{rot}

H Wasserstoff ($M = 1{,}00797$), Darstellung I

	T	Idealer Gaszustand, S_T^0 für $p = 1$ atm			
		Bildungsreaktion			Thermodynamische Funktionen 0...4000° K $C_p = 20{,}79$ J/(Molgrd) $\frac{H_T^0 - H_0^0}{T} = 20{,}79$ J/Molgrd
		ΔS_B^0	ΔH_B^0	$\frac{G_B^0}{T}$	S_T^0
	°K	J/Mol⁻¹grd⁻¹	kJ/Mol	J/Molgrd	J/Molgrd
$\frac{1}{2}H_2 \rightarrow H$	10				44,0
$\Delta H_{0,g}^0 = 215$ kJ/Mol	50				77,5
	100				91,9
	150				100,3
	200				106,3
	250				111,0
	298,15	49,32	217,9	681,4	114,6
	400	51,12	218,5	495,2	120,7
	500	52,49	219,1	383,8	125,3
	600	53,61	219,7	312,6	129,1
	700	54,56	220,4	260,2	132,3
	800	55,36	221,0	220,8	135,1
	900	56,05	221,5	190,1	137,5
	1000	56,65	222,1	165,5	139,7
	1200	57,66	223,2	128,4	143,5
	1500	58,77	224,7	91,0	148,1
	2000	59,97	226,8	53,4	154,1
	2500	60,71	228,4	30,7	158,8
	3000	61,19	229,8	15,4	162,5
	3500	61,53	230,8	4,4	165,5
	4000	61,77	231,8	3,8	168,5

He Helium ($M = 4{,}0026$), Darstellung I

Thermodynamische Funktionen im kondensierten Zustand unter Sättigungsbedingungen im idealen Gaszustand für S_T^0 unter $p = 1$ atm

Charakteristische Daten und Bildungsreaktion	T	Kondensierter Zustand			Idealer Gaszustand	
		C_p^0	$\frac{H_T^0 - H_0^0}{T}$	$S_T^0 - S_0^0$	Für 4,21...5000° K $C_p^0 = 20{,}79$ J/(Molgrd) $\frac{H_T^0 - H_0^0}{T} = 20{,}79$ J/Molgrd	
	°K	J/(Molgrd)			T °K	S_T^0 J/(Molgrd)
$0 < T$	0	0	0		4,21	37,49
$\Delta H_{0,f \rightarrow g} = 0{,}0597$ kJ/Mol	0,5	0,0121	0,0028	0,0035	20	69,89
$\Delta H_{fl \rightarrow g} = 0{,}0837$ kJ/Mol	0,75	0,062	0,0113	0,0146	50	88,44

Charakteristische Daten und Bildungsreaktionen	T	Kondensierter Zustand			Idealer Gaszusand Für 4,21...5000° K $C_p^0 = 20{,}79$ J/(Molgrd) $\frac{H_T^0 - H_0^0}{T} = 20{,}79$ J/Molgrd	
		C_p^0	$\frac{H_T^0 - H_0^0}{T}$	$S_T^0 - S_0^0$	T	S_T^0
	°K	J/(Molgrd)			°K	J/(Molgrd)
Kp = 4,21° K	1,00	0,445	0,0615	0,0728	100	103,35
j_k = −0,689	1,1	0,77	0,1105	0,146	200	117,76
j_p = −0,762	1,2	1,30	0,1875	0,235	273,15	124,24
$S_{0,g}$ = 7,61 J/(Molgrd)	1,3	2,04	0,3015	0,367	293,15	126,06
	1,4	3,10	0,4636	0,557	400	132,12
	1,5	4,50	0,6860	0,817	600	140,60
	1,6	6,20	0,9775	1,16	800	146,58
	1,7	8,50	1,3523	1,61	1000	151,22
	1,8	11,43	1,8306	2,17	1500	159,65
	1,9	15,08	2,432	2,89	2000	165,63
	2,0	19,98	3,187	3,78	2500	170,27
	2,1	27,4	4,150	4,92	3000	174,06
	2,2	19,4	5,514	6,51	4000	180,04
	2,3	11,25	5,861	7,11	5000	184,68
	2,4	10,00	6,058	7,57		
	2,5	9,38	6,200	7,96		
	2,6	9,15	6,315	8,32		
	2,7	9,15	6,422	8,67		
	2,8	9,30	6,521	9,00		
	2,9	9,55	6,620	9,33		
	3,0	9,88	6,723	9,66		
	3,2	10,72	6,947	10,33		
	3,4	11,75	7,200	11,01		
	3,6	12,90	7,483	11,71		
	3,8	14,20	7,803	12,44		
	4,0	15,65	8,155	13,20		
	4,21	17,65	8,577	14,06		
	4,21		28,46	36,10		

Hg Quecksilber (M = 200,59), Darstellung I

Charakteristische Daten	T	Kondensierter Zustand			Idealer Gaszustand S_T^0 für p = 1 atm		
		C_p^0	$\frac{H_T^0 - H_0^0}{T}$	$S_T^0 - S_0^0$	C_p^0	$\frac{H_T^0 - H_0^0}{T}$	S_T^0
	°K	J/(Molgrd)			J/(Molgrd)		
$\Delta H_{0,f \to g}$ = 64,44 kJ/Mol	20	10,30	4,47	7,77	20,79	20,79	118,7
$\Delta H_{f \to fl}$ = 2,295 kJ/Mol	40	17,94	9,53	17,56	20,79	20,79	133,1
$\Delta H_{fl \to g}$ = 59,11 kJ/Mol	60	21,42	12,98	25,56	20,79	20,79	141,5
Trp = 234,29° K	80	23,16	15,33	31,99	20,79	20,79	147,5
Kp = 629,88° K	100	24,25	17,02	37,28	20,79	20,79	152,1
j_k = 1,862	120	25,03	18,29	41,78	20,79	20,79	155,9
j_p = 1,864	140	25,62	19,30	45,69	20,79	20,79	159,0
$S_{0,g}$ = 56,41	160	26,13	20,13	49,14	20,79	20,79	161,9
	180	26,68	20,82	52,24	20,79	20,79	164,3
	200	27,28	21,43	55,08	20,79	20,79	166,5
	220	27,94	21,99	57,71	20,79	20,79	168,5
	234,29	28,48	22,37	59,48	20,79	20,79	169,8
	234,29	28,48	32,17	69,28	20,79	20,79	169,8
	240	28,43	32,08	69,97	20,79	20,79	170,3
	260	28,28	31,79	72,24	20,79	20,79	172,0
	280	28,12	31,53	74,33	20,79	20,79	173,5
	298,15	27,98	31,32	76,09	20,79	20,79	174,8
	400	27,36	30,38	84,22	20,79	20,79	180,9
	500	27,13	29,75	90,29	20,79	20,79	185,5
	600	27,15	29,31	95,25	20,79	20,79	189,3
	629,88	27,19	29,21	96,54	20,79	20,79	190,3
	629,88		123,05	190,38	20,79	20,79	190,35

J_2 Jod (M=253,809), Darstellung I

Charakteristische Daten und Bildungsreaktion	T	Kondensierter Zustand			Idealer Gaszustand S_T^0 für p=1 atm		
		C_p^0	$\frac{H_T^0-H_0^0}{T}$	$S_T^0-S_0^0$	C_p^0	$\frac{H_T^0-H_0^0}{T}$	S_T^0
	°K	JMol⁻¹grd⁻¹			JMol⁻¹grd⁻¹		
I_1 =740,5·10⁻⁴¹g·cm²	20	16,18	5,62	8,00			
$\vartheta_{rot,1}$ =0,054° K	40	31,62	15,48	24,77			
ϑ_D =76° K; 0<T<10° K	60	39,09	22,13	39,15			
$\Theta_{s,1}$ =306,4° K	80	43,32	26,97	51,05			
$\Delta H_{0,f\to g}$ =74,08 kJ/Mol	100	45,65	30,51	61,01	33,13	30,32	221,7
$\Delta H_{f\to fl}$ =15,648 kJ/Mol	160	50,07	37,17	83,62	35,29	31,84	238,0
$\Delta H_{fl\to g}$ =43,46 kJ/Mol	200	51,57	39,90	94,96	35,97	32,00	245,7
F =387,1° K	260	53,42	42,85	108,76	36,57	33,46	255,3
Kp =456° K	298,15	54,44	44,26	116,14			
p_F =0,305 Torr	298,15				36,9	33,93	260,6
$_k$ =2,99	360				36,96	34,37	267,2
$_p$ =3,00	380				37,00	34,51	269,3
$S_{0,g}$ =86,02 JMol⁻¹grd⁻¹	387,1				37,03	34,56	269,9
s =2	500				37,5	35,25	279,8
	1000				37,9	36,48	305,9
	1500				38,2	37,01	321,4

J Jod (M=126,9044), Darstellung I

	T	Idealer Gaszustand, S_T^0 für p=1 atm					
		Bildungsreaktion			Thermodynamische Funktionen		
		ΔS_B^0	ΔH_B^0	$\frac{\Delta G_B^0}{T}$	C_p^0	$\frac{H_T^0-H_0^0}{T}$	S_T^0
	°K	J/(Molgrd)	kJ/Mol	J/(Molgrd)	J/(Molgrd)		
$\frac{1}{2}J_2\to J$	298,15	50,38	75,49	202,8	20,79	20,70	180,7
	400	51,05	75,73	138,2	20,79	20,79	186,8
	500	51,52	75,94	100,4	20,79	20,79	191,4
	600	51,89	76,15	75,0	20,79	20,79	195,2
	800	52,46	76,53	43,0	20,79	20,79	201,2
	1000	52,87	76,90	24,0	20,79	20,79	205,8
	1500	53,61	77,82	−1,7	20,94	20,81	214,3
	2000	54,16	78,78	−14,8	21,31	20,88	220,4
	2500	54,65	79,87	−22,8	21,78	21,01	225,2
	3000	55,13	82,38	−27,6	22,19	21,18	229,2

K Kalium (M=39,102), Darstellung I

Charakteristische Daten	T	Kondensierter Zustand			Idealer Gaszustand S_T^0 für p=1 atm		
		C_p^0	$\frac{H_T^0-H_0^0}{T}$	$S_T^0-S_0^0$	C_p^0	$\frac{H_T^0-H_0^0}{T}$	S_T^0
	°K	JMol⁻¹grd⁻¹			JMol⁻¹grd⁻¹		
$\Delta H_{f\to fl}$=2,318 kJ/Mol	50	20,88	11,10	18,52	20,79	20,79	123,1
F =336,4° K	100	24,85	17,23	34,56	20,79	20,79	137,5
Kp=1027° K	150	26,28	20,03	44,39	20,79	20,79	145,9
g =2	200	27,20	21,71	52,62	20,79	20,79	151,9
	250	28,07	22,89	58,78	20,79	20,79	156,6
	298,15	29,96	23,86	63,86	20,79	20,79	160,2
	336,4	33,10	24,72	67,65			
	336,4	32,13	31,61	74,54	20,79	20,79	162,7
	500	30,71	31,52	86,89	20,79	20,79	171,0
	1000	30,38	30,77	107,81	20,79	20,79	185,4

Kr Krypton ($M=83{,}80$), Darstellung I

Charakteristische Daten	T	Kondensierter Zustand			Idealer Gaszustand S_T^0 für $p=1$ atm		
		C_p^0	$\frac{H_T^0-H_0^0}{T}$	$S_T^0-S_0^0$	C_p^0	$\frac{H_T^0-H_0^0}{T}$	S_T^0
	°K	J/(Molgrd)			J/(Molgrd)		
$\Theta_D=63°$ K, $0<T<10°$ K	0	0	0				[45,56]
$\Delta H_{0,f\to g}=11{,}192$ kJ/Mol	20	15,36	6,13	10,77	20,79	20,79	107,8
$\Delta H_{f\to fl}=1{,}636$ kJ/Mol	40	23,64	14,07	24,10	20,79	20,79	122,2
$\Delta H_{fl\to g}=9{,}029$ kJ/Mol	60	26,32	17,67	33,47	20,79	20,79	130,7
$Trp=116{,}0°$ K	80	28,53	20,27	41,38	20,79	20,79	136,7
$Kp=119{,}93°$ K	100	31,38	22,25	48,12	20,79	20,79	141,4
$p_{Trp}=549$ Torr	116,0	35,86	23,79	53,09			
$j_k=1{,}29$	116,0	44,85	37,89	67,03	20,79	20,79	144,4
$j_p=1{,}26$	119,93	45,06	38,12	68,78			
	119,93		114,10	144,56	20,79	20,79	145,06
	160				20,79	20,79	151,0
	200				20,79	20,79	155,7
	240				20,79	20,79	159,5
	280				20,79	20,79	162,7
	298,15				20,79	20,79	164,0

N_2 Stickstoff ($M=14{,}0067$), Darstellung I

Charakteristische Daten	T	Kondensierter Zustand			Idealer Gaszustand S_T^0 für $p=1$ atm		
		C_p^0	$\frac{H_T^0-H_0^0}{T}$	$S_T^0-S_0^0$	C_p^0	$\frac{H_T^0-H_0^0}{T}$	S_T^0
	°K	J/(Molgrd)			J/(Molgrd)		
$I_1=13{,}8\cdot10^{-40}$ g·cm²	20	19,87	6,57	9,25	29,08	28,70	112,7
$\Theta_{rot,1}=2{,}92°$ K	35,6	45,61	17,57	27,07			
$\Theta_D(^{14}N_2)$ bei 10° K=73° K	35,6	36,28	24,02	33,51			
$\Theta_D(^{15}N_2)$ bei 10° K=72° K	40	37,78	25,44	37,87	29,10	28,89	132,8
$\Theta_D=68°$ K; $0<T<20°$ K	60	45,61	30,79	54,68	29,10	28,96	144,6
$\Theta_{s,1}=3352°$ K	63,14	47,36	31,59	57,03			
$\Delta H_{0,f\to g}=6{,}935$ kJ/Mol	63,14	55,86	43,01	68,24	29,10	28,97	146,6
$\Delta H_{f\to fl}=0{,}720$ kJ/Mol	77,36	56,99	45,44	79,75			
$\Delta H_{fl\to g}=5{,}577$ kJ/Mol	77,36		118,64	152,04	29,10	28,99	152,06
$Trp=63{,}14°$ K							
$Kp=77{,}36°$ K							
$p_{Trp}=94$ Torr							
$j_k=-0{,}187$							
$j_p=-0{,}188$							
$s=2$							
S_0(Gas) $=25{,}53$ J/Molgrd							

T	Idealer Gaszustand			T	Idealer Gaszustand		
	C_p^0	$\frac{H_T^0-H_0^0}{T}$	S_T^0		C_p^0	$\frac{H_T^0-H_0^0}{T}$	S_T^0
°K	J/(Molgrd)			°K	J/(Molgrd)		
80	29,10	28,99	153,0	600	30,11	29,27	212,1
100	29,10	29,01	159,5	800	31,43	29,65	220,9
120	29,10	29,03	164,8	1000	32,70	30,14	228,1
140	29,10	29,04	169,3	1200	33,74	30,66	234,1
160	29,10	29,05	173,2	1400	34,53	31,16	239,4
180	29,11	29,05	176,2	1600	35,14	31,62	244,0
200	29,11	29,06	179,7	1800	35,61	32,04	248,2
220	29,11	29,06	182,4	2000	35,99	32,42	252,0
240	29,11	29,07	185,0	2500	36,65	33,20	260,1
260	29,11	29,07	187,3	3000	37,07	33,81	266,8
280	29,12	29,07	189,5	3500	37,38	34,30	272,5
298,15	29,12	29,08	191,4	4000	37,61	34,70	277,5
400	29,25	29,10	200,1	4500	37,80	35,04	282,0
500	29,58	29,16	206,6	5000	37,97	35,33	286,0

N_2 Sättigungszustand, Darstellung II

Bei 0° K im Kristallzustand ist $H=0$ und $S=0$ gesetzt

p atm	T °K	V' cm³/Mol	V'' cm³/Mol	H' J/Mol	H'' J/Mol	S' J/(Molgrd)	S'' J/(Molgrd)
0,2	65,89	32,71	27040	2867	8943	70,53	162,75
0,3	68,41	33,18	18629	3009	8969	72,64	159,76
0,5	71,91	33,69	11571	3208	9011	75,48	156,18
0,7	74,45	34,12	8462	3353	9046	77,46	153,93
1	77,35	34,67	6090	3522	9100	79,66	151,78
2	83,80	36,01	3190	3874	9239	83,98	148,00
3	88,04	37,01	2186	4101	9320	86,53	145,81
5	94,09	38,64	1369	4443	9422	90,05	143,02
7	198,60	40,17	993,5	4699	9455	92,71	140,95
10	103,88	42,19	696,9	5035	9463	95,93	138,56
15	110,57	45,40	444,0	5526	9406	100,33	135,42
20	115,80	48,89	311,3	5988	9280	104,25	132,68
25	120,13	53,26	225,9	6444	9077	108,08	130,00
30	123,86	59,73	161,9	6943	8785	112,19	127,06
33,5	126,2		90,094		7922		120,00

N Stickstoff ($M=14{,}0067$), Darstellung I

Bildungsreaktion	T	Idealer Gaszustand, S_T^0 für $p=1$ atm					
		Bildungsreaktion			Thermodynamische Funktionen		
		ΔS_B^0	ΔH_B^0	$\frac{\Delta G_B^0}{T}$	C_p^0	$\frac{H_T^0-H_0^0}{T}$	S_T^0
	°K	J/(Molgrd)	kJ/Mol	J/(Molgrd)	J/(Molgrd)		
$\frac{1}{2}N_2 \to N$	298,15	57,40	470,6	1521,0	20,79	20,79	153,1
	400	59,22	471,2	1118,0	20,79	20,79	159,2
	500	60,58	471,8	883,3	20,79	20,79	163,9
	600	61,64	474,4	725,7	20,79	20,79	167,7
	800	63,20	473,0	528,7	20,79	20,79	173,6
	1000	64,26	474,5	410,2	20,79	20,79	178,3
	1200	65,02	475,3	331,1	20,79	20,79	182,1
	1500	65,82	476,4	251,8	20,79	20,79	186,7
	2000	66,70	477,9	172,3	20,79	20,79	192,7
	2500	67,29	479,2	124,4	20,83	20,79	197,3
	3000	67,74	480,4	92,4	20,97	20,81	201,1
	3500	68,11	481,7	69,5	21,28	20,85	204,4
	4000	68,49	483,1	52,3	21,82	20,94	207,3

Na Natrium ($M=22{,}9898$), Darstellung I

Charakteristische Daten	T	Kondensierter Zustand			Idealer Gaszustand S_T^0 für $p=1$ atm		
		C_p^0	$\frac{H_T^0-H_0^0}{T}$	$S_T^0-S_0^0$	C_p^0	$\frac{H_T^0-H_0^0}{T}$	S_T^0
	°K	J/(Molgrd)			J/(Molgrd)		
$\Delta H_{f\to fl}=2{,}602$ kJ/Mol	50	15,94	6,59	10,02	20,79	20,79	116,5
$F=370{,}98$° K	100	22,55	13,30	23,64	20,79	20,79	130,9
$Kp=1162$° K	150	24,81	16,81	33,27	20,79	20,79	139,3
$g=2$	200	26,19	19,00	40,61	20,79	20,79	145,3
	250	27,11	20,54	46,54	20,79	20,79	149,9
	298,15	28,20	21,67	51,42	20,79	20,79	153,6
	370,98	31,21	23,21	57,87	20,79	20,79	
	370,98	31,88	30,23	64,88	20,79	20,79	158,1
	500	30,63	30,46	74,19	20,79	20,79	164,4
	1000	29,00	29,88	94,56	20,79	20,79	178,8

Ne Neon ($M=20{,}183$), Darstellung I

Charakteristische Daten	T °K	Kondensierter Zustand C_p^0 J/(Molgrd)	$\frac{H_T^0-H_0^0}{T}$ J/(Molgrd)	$S_T^0-S_0^0$ J/(Molgrd)	Idealer Gaszustand S_T^0 für $p=1$ atm: S_T^0 Gas J/(Molgrd)	T °K	S_T^0 J/(Molgrd)
$\Theta_D=64°$ K, $0<T<12°$ K	10	5,799	1,649	2,24	75,66	40	104,5
$\Delta H_{0,f\to g}=1{,}920$ kJ/Mol	20	18,03	6,763	9,88	90,06	60	112,9
$\Delta H_{f\to fl}=0{,}335$ kJ/Mol	24,55	26,28	9,447	14,29	94,32	80	118,9
$\Delta H_{fl\to g}=1{,}761$ kJ/Mol	24,55	35,35	23,098	27,93		100	123,5
$Trp=24{,}55°$ K	27,2	37,03	24,309	31,78		120	127,3
$Kp=27{,}2°$ K	27,2		91,376	96,40	96,45	160	133,3
$p_{Trp}=324$ Torr						180	135,7
$j_k=0{,}366$						200	137,9
$j_p=0{,}363$						240	141,7
$S_{0g}=27{,}79$ J/(Molgrd)						280	144,9
						293,15	146,2

Im idealen Gaszustand ist bis 5000° K
$C_p^0=20{,}79$ J/(Molgrd)
$\frac{H_T^0-H_0^0}{T}=20{,}79$ J/(Molgrd)

O_2 Sauerstoff ($M=15{,}9988$), Darstellung I

Charakteristische Daten	T °K	Kondensierter Gaszustand C_p^0 J/(Molgrd)	$\frac{H_T^0-H_0^0}{T}$ J/(Molgrd)	$S_T^0-S_0^0$ J/(Molgrd)	Idealer Gaszustand S_T^0 für $p=1$ atm: C_p^0 J/(Molgrd)	$\frac{H_T^0-H_0^0}{T}$ J/(Molgrd)	S_T^0 J/(Molgrd)
$I_1=19{,}2\cdot10^{-40}$ g·cm²	20	13,97	4,167	5,69	29,08	27,05	126,2
$\Theta_{rot,1}=2{,}11°$ K	23,66	21,76	6,247	8,66			
$\Theta_D=90{,}9°$ K; $0<T<15°$ K	23,66	21,21	10,209	12,59	29,08	27,36	129,9
$\Theta_{s,1}=2238{,}0°$ K	40	41,51	18,610	28,32	29,09	28,07	146,4
$\Delta H_{0,f\to g}=8{,}8170$ kJ/Mol	43,76	47,28	20,83	32,30			
$\Delta H_{f\to fl}=0{,}4448$ kJ/Mol	43,76	46,32	37,81	46,29	29,09	28,16	149,0
$\Delta H_{fl\to g}=6{,}8195$ kJ/Mol	54,39	46,19	39,45	59,37			
$Trp=54{,}39°$ K	54,39	53,56	47,63	67,53	29,10	28,34	155,4
$Kp=90{,}19°$ K	60	53,26	48,18	72,80	29,10	28,41	158,2
$p_{Trp}=1{,}1$ Torr	80	53,26	49,48	88,16	29,10	28,58	166,6
$j_k=0{,}52$	90,19	54,39	49,86	94,64			
$j_p=0{,}53$	90,19		126,40	170,29	29,10	28,64	170,04
$S_{0,g}=39{,}08$ JMol⁻¹grd⁻¹							
$s=2$							

T °K	Idealer Gaszustand C_p^0 J/(Molgrd)	$\frac{H_T^0-H_0^0}{T}$ J/(Molgrd)	S_T^0 J/(Molgrd)	T °K	Idealer Gaszustand C_p^0 J/(Molgrd)	$\frac{H_T^0-H_0^0}{T}$ J/(Molgrd)	S_T^0 J/(Molgrd)
100	29,10	28,69	173,1	1200	35,69	32,02	249,9
140	29,10	28,80	182,8	1400	36,30	32,59	255,5
180	29,11	28,87	190,2	1600	36,82	33,09	260,3
220	29,14	28,92	196,0	1800	37,31	33,53	264,7
260	29,23	28,96	200,8	2000	37,78	33,93	268,7
298,15	29,36	29,00	205,0	2500	38,92	34,81	277,2
400	30,10	29,21	213,8	3000	39,97	35,58	284,4
500	31,08	29,49	220,6	3500	40,85	36,27	290,6
600	32,09	29,84	226,3	4000	41,56	36,89	296,1
800	33,74	30,62	235,8	4500	42,10	37,44	301,1
1000	34,87	31,37	243,5	5000	42,50	37,92	305,5

O_2 Sättigungszustand, Darstellung II

Bei 0° K ist im Kristallzustand $H=0$ und $S=0$ gesetzt

T °K	p at	v' cm³/g	v'' cm³/g	H' kJ/Mol	H'' kJ/Mol	ΔH_v kJ/Mol	S' J/(Molgrd)	S'' J/(Molgrd)
54,33[1]	0,00152	0,762	$95\cdot10^3$	−6,16	+1,58	7,74	67,3	209,8
60	0,00740	0,778	$21,5\cdot10^3$	−5,87	+1,75	7,62	72,5	199,5
70	0,0629	0,806	2950	−5,32	+2,04	7,35	81,2	186,2
80	0,304	0,840	690	−4,79	+2,32	7,11	87,6	177,2
90	1,012	0,878	227	−4,27	+2,56	6,83	94,2	170,2
90,19[2]	1,033	0,878	225	−4,26	+2,57	6,823	94,3	170,2
100	2,612	0,920	96	−3,71	+2,78	6,49	100,6	165,3
110	5,608	0,971	45,7	−3,15	+2,96	6,11	105,0	160,8
120	10,55	1,036	24,2	−2,57	+3,07	5,64	110,2	157,1
130	18,00	1,119	14,7	−1,97	+3,08	5,05	114,7	153,7
140	28,63	1,240	8,7	−1,20	+2,98	4,18	120,2	150,2
150	43,27	1,482	4,8	−0,16	+2,49	2,65	127,0	144,7
154,36	51,35	2,326		+1,27		0	136,0	

[1] Tripelpunkt, [2] Normaler Siedepunkt.

O und O_3, Darstellung I

Charakteristische Daten und Bildungsreaktion	T °K	Idealer Gaszustand, S_T^0 für $p=1$ atm — Bildungsreaktion: ΔS_B^0 JMol⁻¹grd⁻¹	Bildungsreaktion: ΔH_B^0 kJMol⁻¹	Bildungsreaktion: $\frac{\Delta G_B^0}{T}$ JMol⁻¹grd⁻¹	Thermodynamische Funktionen: C_p^0 JMol⁻¹grd⁻¹	Thermodynamische Funktionen: $\frac{H_T^0-H_0^0}{T}$ JMol⁻¹grd⁻¹	Thermodynamische Funktionen: S_T^0 JMol⁻¹grd⁻¹
		O Sauerstoff ($M=15{,}9994$)					
$\frac{1}{2}O_2\rightarrow O$	10				20,79	20,79	86,14
$\Delta H_{0,g}^0=245$ kJ/Mol	50				21,97	21,04	119,9
	100				23,71	22,07	135,8
	150				23,36	22,58	145,4
	200				22,73	22,69	152,1
	250				22,24	22,68	157,1
	298,15	58,39	247,4	771,4	21,90	22,55	160,9
	400	60,39	248,1	559,9	21,47	22,32	167,3
	500	61,63	248,7	435,9	21,25	22,13	172,0
	600	62,72	249,3	352,7	21,12	21,97	175,9
	700	63,51	249,8	293,3	21,03	21,84	179,1
	800	64,04	250,2	248,7	20,98	21,74	181,9
	900	64,49	250,6	213,9	20,94	21,65	184,4
	1000	64,88	250,9	185,6	20,91	21,58	186,6
	1200	65,48	251,6	144,2	20,87	21,46	190,4
	1500	66,09	252,4	102,2	20,84	21,34	195,1
	2000	66,74	253,6	60,0	20,82	21,21	201,1
	2500	67,11	254,4	34,6	20,84	21,13	205,7
	3000	67,33	255,0	17,7	20,93	21,09	209,5
	3500	67,44	255,4	5,54	21,08	21,08	212,8
	4000	67,52	255,8	−3,53	21,30	21,09	215,6
		O_3 Ozon ($M=47{,}9982$)					
$I_1=7{,}946\cdot10^{-40}$ g·cm²	298,15	−68,7	143,2	549,0	39,20	34,72	238,8
$I_2=62{,}87\cdot10^{-40}$ g·cm²	400	−69,8	142,8	427,3	43,68	36,43	250,9
$I_3=70{,}82\cdot10^{-40}$ g·cm²	500	−69,9	142,8	355,5	47,10	38,23	261,0
$\Theta_{\mathrm{rot},1}=5{,}12°$ K	600	−69,7	142,9	307,9	49,76	39,94	269,9
$\Theta_{\mathrm{rot},2}=0{,}650°$ K	700	−69,4	143,0	273,7	51,46	41,45	277,7
$\Theta_{\mathrm{rot},3}=0{,}568°$ K	800	−69,1	143,3	248,2	52,79	42,79	284,7
Θ , 1=1014° K	900	−68,9	143,5	227,9	53,80	43,96	290,9
Θ_s 2=1500° K	1000	−68,7	143,7	212,4	54,55	44,96	296,6
Θ_s 3=1596° K							
$\Delta H_{0,g}^0=145{,}8$ kJ/Mol							
$\frac{3}{2}O_2\rightarrow O_3$							

S und Se, Darstellung I

Charakteristische Daten	T °K	Kondensierter Zustand C_p^0 J/(Molgrd)	$\frac{H_T^0-H_0^0}{T}$ J/(Molgrd)	$S_T^0-S_0^0$ J/(Molgrd)	C_p^0 J/(Molgrd)	$\frac{H_T^0-H_0^0}{T}$ J/(Molgrd)	$S_T^0-S_0^0$ J/(Molgrd)
		S Schwefel ($M=32{,}064$)					
		rhombisch			monoklin		
$\Theta_D=165°$ K; $0<T<10°$ K	20	2,57	0,257	0,80	2,57	0,257	0,80
	40	6,08	2,431	4,18	6,08	2,431	4,18
	60	8,72	4,100	7,11	8,75	4,13	7,14
	80	10,90	5,531	9,92	10,98	5,54	9,97
	100	12,80	6,799	12,55	12,97	6,82	12,64
	160	17,25	9,90	19,57	17,72	10,05	19,79
	200	19,41	11,61	23,66	20,07	11,81	24,01
	260	21,56	13,68	29,05	22,47	14,01	29,61
	298,15	22,60	14,75	32,07	23,64	15,27	32,75
	360	24,20	16,23	36,51	25,39	16,87	37,37
	386,6	24,51	16,43	37,08	25,63	17,07	37,97
		Se Selen ($M=78{,}96$)					
		kristallin			glasig		
	60	12,80	5,68	8,82	13,56	6,74	10,36
	70	14,69	6,84	10,95	14,90	7,81	12,58
	80	16,15	7,91	13,01	16,15	8,77	14,67
	90	17,32	8,90	15,00	17,24	9,65	16,65
	100	18,24	9,79	16,88	18,20	10,46	18,52
	160	22,22	13,78	26,43	22,01	13,65	27,99
	200	23,47	15,60	31,53	23,43	15,46	33,06
	298,15	24,77	18,47	41,26	25,69	18,48	42,90

Xe Xenon ($M=131{,}30$), Darstellung I

Charakteristische Daten und Bildungsreaktion	T °K	Kondensierter Zustand C_p^0 J/(Molgrd)	$\frac{H_T^0-H_0^0}{T}$ J/(Molgrd)	$S_T^0-S_0^0$ J/(Molgrd)	Idealer Gaszustand S_T^0 für $p=1$ atm C_p^0 J/(Molgrd)	$\frac{H_T^0-H_0^0}{T}$ J/(Molgrd)	S_T^0 J/(Molgrd)
$\Theta_D=55°$ K, $0<T<10°$ K	20	16,86	8,188	12,97			
$\Delta H_{0,f\to g}=15{,}857$ kJ/Mol	40	23,93	14,912	27,45			
$\Delta H_{f\to fl}=2{,}295$ kJ/Mol	60	25,73	18,263	37,57			
$\Delta H_{fl\to g}=12{,}636$ kJ/Mol	80	26,87	20,28	45,15			
$Trp=161{,}3°$ K	100	28,33	21,72	51,24	20,79	20,79	146,9
$Kp=165{,}13°$ K	120	30,12	22,96	56,53	20,79	20,79	150,7
$p_{Trp}=611$ Torr	140	32,22	24,13	61,29	20,79	20,79	153,8
$j_k=1{,}59$	161,3	36,82	25,44	66,07			
$j_p=1{,}65$	161,3	44,69	39,67	80,29	20,79	20,79	156,8
$S_{0,g}=51{,}17$ JMol^{-1}grd^{-1}	165,13	44,69	39,78	81,34			
	165,13		116,81	158,45	20,79	20,79	157,32
	180				20,79	20,79	159,1
	200				20,79	20,79	161,3
	240				20,79	20,79	165,1
	280				20,79	20,79	168,3
	298,15				20,79	20,79	169,6

6322. Anorganische Verbindungen

BBr_3 und BCl_3, Darstellung I

Charakteristische Daten und Bildungsreaktion	T	Idealer Gaszustand, S_T^0 für $p=1$ atm: Bildungsreaktion			Thermodynamische Funktionen		
		ΔS_B^0	ΔH_B^0	$-\frac{\Delta G_B^0}{T}$	C_p^0	$\frac{H_T^0-H_0^0}{T}$	S_T^0
	°K	J/(Molgrd)	kJ/Mol	J/(Molgrd)	J/(Molgrd)		
BBr_3 Bortribromid ($M=250{,}57$)							
$I_1=1396\cdot10^{-40}$ g·cm²	298,15	−49,8	−217,3	−679,0	67,97	52,74	324,1
$I_2=696\cdot10^{-40}$ g·cm²	400	−48,9	−217,0	−493,6	72,82	57,28	344,8
$I_3=696\cdot10^{-40}$ g·cm²	500	−48,2	−216,6	−385,0	75,70	60,71	361,4
$\Theta_{rot,1}=0{,}029°$ K	600	−47,6	−216,3	−312,9	77,71	63,41	375,4
$\Theta_{rot,2}=0{,}058°$ K	700	−47,2	−216,1	−261,5	78,97	65,54	387,5
$\Theta_{rot,3}=0{,}058°$ K	800	−47,0	−216,0	−223,0	79,89	67,26	398,1
$\Theta_{s,1}=401°$ K	900	−47,0	−215,9	−192,8	80,51	68,72	407,5
$\Theta_{s,2}=540°$ K	1000	−47,0	−215,9	−168,9	81,02	69,93	416,0
$\Theta_{s,3}=1168$ (E) °K							
$\Theta_{s,4}=217$ (E) °K							
$s=6$							
$B+\frac{3}{2}Br_{2,g}\rightarrow BBr_3$							
BCl_3 Bortrichlorid ($M=117{,}19$)							
$I_1=528{,}6\cdot10^{-40}$ g·cm²	298,15	−50,50	−395,4	−1275,6	62,61	47,10	289,81
$I_2=264{,}3\cdot10^{-40}$ g·cm²	400	−50,1	−395,3	−938,1	68,72	51,93	309,2
$I_3=264{,}3\cdot10^{-40}$ g·cm²	500	−49,9	−395,2	−740,5	72,61	55,65	324,9
$\Theta_{rot,1}=0{,}076°$ K	600	−49,6	−395,1	−608,9	75,24	58,72	338,4
$\Theta_{rot,2}=0{,}15°$ K	700	−49,5	−395,0	−514,8	77,04	61,19	350,1
$\Theta_{rot,3}=0{,}15°$ K	800	−49,4	−394,9	−444,1	78,30	63,28	360,5
$\Theta_{s,1}=677°$ K	900	−49,4	−394,9	−389,4	79,22	65,00	369,8
$\Theta_{s,2}=670°$ K	1000	−49,5	−394,9	−345,4	79,89	66,46	378,1
$\Theta_{s,3}=1388$ (E) °K							
$\Theta_{s,4}=350$ (E) °K							
$s=6$							
$B+\frac{3}{2}Cl_2\rightarrow BCl_3$							

BF_3 Bortrifluorid ($M=67{,}81$), Darstellung I

Charakteristische Daten	T	Kondensierter Zustand			Idealer Gaszustand S_T^0 für $p=1$ atm		
		C_p^0	$\frac{H_T^0-H_0^0}{T}$	$S_T^0-S_0^0$	C_p^0	$\frac{H_T^0-H_0^0}{T}$	S_T^0
	°K	J/(Molgrd)			J/(Molgrd)		
$I_1=157{,}7\cdot10^{-40}$ g·cm²	20	12,13	4,37	5,98			
$I_2=78{,}8\cdot10^{-40}$ g·cm²	40	29,29	12,59	19,75			
$I_3=78{,}8\cdot10^{-40}$ g·cm²	60	40,46	20,18	33,93			
$\Theta_{rot,1}=0{,}255°$ K	80	47,20	22,97	46,57			
$\Theta_{rot,2}=0{,}511°$ K	100	53,39	24,25	57,78			
$\Theta_{rot,3}=0{,}511°$ K	120	60,42	29,67	68,12	35,22	33,63	216,0
$\Theta_{s,1}=1003°$ K	140	70,12	34,75	78,16	36,67	33,95	221,5
$\Theta_{s,2}=690$ (E) °K	144,46	72,80	36,69	82,89			
$\Theta_{s,3}=1277°$ K	144,46	102,51	66,06	112,8			
$\Theta_{s,4}=2094$ (E) °K	154,5	103,43	68,50	119,7			
$\Delta H_{0,f\rightarrow g}=21{,}92$ kJ/Mol	154,5		186,0	227,27	37,89	34,26	225,34
$\Delta H_{f\rightarrow fl}=4{,}242$ kJ/Mol	200				42,03	35,54	235,4
$\Delta H_{fl\rightarrow g}=18{,}00$ kJ/Mol	260				47,42	37,84	247,2
$\Delta H_{0,f}^0=-1110$ kJ/Mol							
$Trp=144{,}46°$ K							
$Kp=174°$ K							
$j_k=1{,}218$							
$j_p=1{,}319$							
$S_{0,g}=56{,}56$ JMol⁻¹grd⁻¹							
$s=6$							

	T	Idealer Gaszustand: Bildungsreaktion ΔS_B^0	ΔH_B^0	$\frac{\Delta G_B^0}{T}$	Thermodynamische Funktionen S_T^0 für $p=1$ atm: C_p^0	$\frac{H_T^0-H_0^0}{T}$	S_T^0
	°K	J/(Molgrd)	kJ/Mol	J/(Molgrd)	JMol⁻¹grd⁻¹	JMol⁻¹grd⁻¹	JMol⁻¹grd⁻¹
$B+\frac{3}{2}F_2 \rightarrow BF_3$	400	−58,06	−1111	−2721	57,57	42,90	269,73
	600	−60,4	−1112	−1793	67,11	49,53	295,0
	800	−61,6	−1113	−1330	72,60	54,67	315,2
	1000	−62,5	−1114	−1051	75,82	58,61	331,8

HBr Bromwasserstoff ($M=80{,}017$), Darstellung I

Charakteristische Daten und Bildungsreaktion	T	Kondensierter Zustand: C_p^0	$\frac{H_T^0-H_0^0}{T}$	$S_T^0-S_0^0$	Idealer Gaszustand S_T^0 für $p=1$ atm: C_p^0	$\frac{H_T^0-H_0^0}{T}$	S_T^0
	°K	J/(Molgrd)	J/(Molgrd)	J/(Molgrd)	J/(Molgrd)	J/(Molgrd)	J/(Molgrd)
$I_1=3{,}303\cdot10^{-40}$ g·cm²	20	11,05	3,800	5,37			
$\Theta_{rot,1}=12{,}18°$ K	40	20,50	10,53	17,17			
$\Theta_D=92°$ K; $0<T<14{,}5°$ K	60	26,78	14,80	26,30			
$\Theta_{s,1}=3680{,}2°$ K	80	39,33	19,12	35,45			
$\Delta H_{0,f\rightarrow g}=22{,}834$ kJ/Mol	100	43,26	27,56	48,96	29,10	28,76	166,6
$\Delta H_{f\rightarrow fl}=2{,}405$ kJ/Mol	120	45,19	36,16	63,11	29,10	28,82	172,0
$\Delta H_{fl\rightarrow g}$ 17,615 kJ/Mol	140	46,36	37,52	69,94	29,10	28,85	176,4
$\Delta H_{0,f}^0=-35{,}58$ kJ/Mol	160	47,95	38,71	76,15	29,10	28,89	180,3
$\Delta H_{0,g}^0=-35{,}79$ kJ/Mol	180	51,04	39,90	82,01	29,11	28,91	183,7
$\Delta H_{298,15,g}^0=-36{,}23$ kJ/Mol	186,3	52,05	40,30	87,78			
	186,3	59,66	53,21	96,70	29,11	28,92	184,7
$Trp=186{,}3°$ K	200	59,66	53,66	100,93	29,11	28,93	186,8
$Kp=206{,}38°$ K	206,38	59,66	53,84	102,82			
$j_k=0{,}184$	206,38		139,58	188,57	29,11	28,94	187,68
$j_p=0{,}230$	220				29,11	28,94	189,5
$j_f=-0{,}046$	240				29,11	28,96	192,1
$S_{0,g}=32{,}61$ JMol⁻¹grd⁻¹	260				29,11	28,97	194,4
	280				29,12	28,98	196,6

	T	Idealer Gaszustand, S_T^0 für $p=1$ atm — Bildungsreaktion: ΔS_B^0	ΔH_B^0	$\frac{\Delta G_B^0}{T}$	Thermodynamische Funktionen: C_p^0	$\frac{H_T^0-H_0^0}{T}$	S_T^0
	°K	J/(Molgrd)	kJ/Mol	J/(Molgrd)	JMol⁻¹grd⁻¹	JMol⁻¹grd⁻¹	JMol⁻¹grd⁻¹
$\frac{1}{2}H_2+\frac{1}{2}Br_{2,g}\rightarrow HBr$	298,15	10,40	−48,2	−172,1	29,12	28,99	198,4
	500	8,73	−48,8	−106,7	29,44	29,09	213,7
	1000	6,75	−50,2	−56,95	32,33	29,94	234,9
	1500	6,37	−50,6	−40,10	34,74	31,17	248,5

HCN und C_2N_2, Darstellung I

Charakteristische Daten und Bildungsreaktion	T (°K)	Kondensierter Zustand C_p^0 J/(Molgrd)	$\frac{H_T^0-H_0^0}{T}$ J/(Molgrd)	$S_T^0-S_0^0$ J/(Molgrd)	Idealer Gaszustand S_T^0 für $p=1$ atm C_p^0 J/(Molgrd)	$\frac{H_T^0-H_0^0}{T}$ J/(Molgrd)	S_T^0 J/(Molgrd)
		HCN Cyanwasserstoff ($M=270$)					
$I_1 = 18{,}7\cdot10^{-40}$ g·cm²	20	3,494	0,939	0,94			
$\Theta_{rot,1} = 2{,}16°$ K	40	12,84	4,47	6,10			
$\Theta_D = 160°$ K; $0 \leq T \leq 15°$ K	60	21,88	9,50	13,06			
$\Theta_{s,1} = 1024$ (E) °K	80	28,52	13,44	20,28			
$\Theta_{s,2} = 4765°$ K	100	33,51	16,97	27,20	29,16	29,05	164,8
$\Theta_{s,3} = 3002°$ K	160	43,85	25,22	45,33	30,24	29,19	181,2
$\Delta H_{0,f\to g} = 36{,}51$ kJ/Mol	200	49,79	29,54	55,53	31,74	29,63	188,1
$\Delta H_{f\to fl} = 8{,}406$ kJ/Mol	240	58,37	33,59	65,31	33,49	30,10	194,1
$\Delta H_{fl\to g} = 25{,}217$ kJ/Mol	259,86	63,68	35,76	70,15			
$\Delta H^0_{0,f} = 116{,}6$ kJ/Mol	259,86	70,37	68,27	102,5	34,35	30,41	196,7
$\Delta H^0_{0,g} = 130{,}9$ kJ/Mol	298,15	71,00	68,57	112,4	35,90	30,99	201,6
$\Delta H^0_{298,15,g} = 130{,}5$ kJ/Mol	298,80	71,00	68,58	112,6			
$Trp = 259{,}86°$ K	298,80		153,20	200,0[1]	35,91	31,00	201,60
$Kp = 298{,}80°$ K							
$j_k = 0{,}223$							
$j_p = 0{,}139$							
$S_{0,g} = 33{,}35$							

Charakteristische Daten und Bildungsreaktion	T (°K)	Idealer Gaszustand, Bildungsreaktion ΔS_B^0 J/(Molgrd)	ΔH_B^0 kJ/Mol	$\frac{\Delta G_B^0}{T}$ J/(Molgrd)	Thermodynamische Funktionen C_p^0 JMol⁻¹grd⁻¹	$\frac{H_T^0-H_0^0}{T}$ JMol⁻¹grd⁻¹	S_T^0 JMol⁻¹grd⁻¹
$\frac{1}{2}H_2+\frac{1}{2}N_2+C_{Graphit}\to$	300	34,94	129,7	400,1			
$\to HCN$	400	34,49	129,5	289,2	39,42	32,73	212,79
	600	33,68	129,1	181,5	44,19	35,80	229,73
	800	32,97	128,6	127,8	47,89	38,37	242,97
	1000	32,45	128,2	95,7	50,79	40,60	254,00
	1500	31,82	127,4	53,1	56,40	45,04	275,79
		C_2N_2 Dicyan ($M=52{,}036$)					
$2\,C_{Graphit}+N_2\to C_2N_2$	298,15	39,4	−308,9	−1075,5	56,90	42,63	242,3
$I_1 = 175\cdot10^{-40}$ g·cm²	400	42,6	−307,9	−812,3	61,92	47,03	260,1
$\Theta_{rot,1} = 0{,}23°$ K	500	44,0	−307,1	−658,2	65,44	50,29	274,0
$\Theta_{s,1} = 331$ (E) °K	600	45,0	−306,6	−556,0	68,28	53,05	286,1
$\Theta_{s,2} = 733$ (E) °K	700	45,5	−306,2	−492,9	70,75	55,40	296,8
$\Theta_{s,3} = 1222°$ K	800	45,8	−306,0	−430,0	72,93	57,40	306,2
$\Theta_{s,4} = 3092°$ K	900	46,0	−305,9	−385,9	74,77	59,29	315,1
$\Theta_{s,5} = 3351°$ K	1000	46,1	−305,8	−351,9	76,36	60,92	323,1
$s = 2$							

[1] In dieser Zahl ist als Anteil der Polymerisation 3,05 JMol⁻¹grd⁻¹ enthalten.

CO Kohlenstoffmonoxid ($M = 28{,}01$), Darstellung I

Charakteristische Daten und Bildungsreaktion

$I_1 = 14{,}318 \cdot 10^{-40}$ g·cm²
$\Theta_{\mathrm{rot},1} = 2{,}815$° K
$\Theta_D = 79{,}5$° K; $0 \leq T \leq 15$° K
$\Theta_{s,1} = 3080{,}7$° K
$\Delta H^0_{0,f\to g} = 8{,}034$ kJ/Mol
$\Delta H_{f\to fl} = 0{,}8355$ kJ/Mol
$\Delta H_{fl\to g} = 6{,}040$ kJ/Mol
$\Delta H^0_{0,f} = -117{,}5$ kJ/Mol
$\Delta H^0_{0,g} = -113{,}81$ kJ/Mol
$\Delta H^0_{298,15,g} = -110{,}52$ kJ/Mol
$Trp = 68{,}09$° K
$Kp = 81{,}61$° K
$j_k = 0{,}132$
$j_p = -0{,}072$
$S_{0,g} = 31{,}62$ J/(Molgrd)

T °K	Kondensierter Zustand: C^0_p J/(Molgrd)	$\frac{H^0_T - H^0_0}{T}$ J/(Molgrd)	$S^0_T - S^0_0$ J/(Molgrd)	Idealer Gaszustand S^0_T für $p = 1$ atm: C^0_p J/(Molgrd)	$\frac{H^0_T - H^0_0}{T}$ J/(Molgrd)	S^0_T J/(Molgrd)
20	14,02	4,717	6,69			
40	34,14	16,740	22,34			
61,55	56,15	27,02	42,17			
61,55	49,29	37,31	52,45			
68,09	52,34	38,54	57,59			
68,09	60,42	50,93	69,86	29,10	28,98	154,4
81,61	60,42	52,41	80,87			
81,61	29,10	127,44	155,77	29,10	29,00	159,68
100				20,10	29,02	165,6
160				29,10	29,05	179,3
200				29,11	29,06	185,8
260				29,12	29,07	193,4

Idealer Gaszustand, S^0_T für $p = 1$ atm

	T °K	Bildungsreaktion: ΔS^0_B J/(Molgrd)	ΔH^0_B kJ/Mol	$\frac{\Delta G^0_B}{T}$ J/(Molgrd)	Thermodynamische Funktionen: C^0_p JMol⁻¹grd⁻¹	$\frac{H^0_T - H^0_0}{T}$ JMol⁻¹grd⁻¹	S^0_T JMol⁻¹grd⁻¹
$C_{\mathrm{Graphit}} + \frac{1}{2} O_2 \rightarrow CO$	298,15	89,14	−110,5	−459,8	29,15	29,08	197,4
	400	90,89	−110,1	−366,1	29,34	29,12	206,5
	600	90,85	−110,2	−274,5	30,44	29,35	218,6
	800	89,78	−110,9	−227,9	31,90	29,81	227,5
	1000	88,59	−112,0	−200,6	33,19	30,36	234,8
	1500	85,98	−115,2	−162,8	35,23	31,68	248,7
	2000	83,70	−119,1	−143,2	36,25	32,71	259,0
	3000	80,26	−127,8	−122,8	37,23	34,08	273,9
	4000	77,27	−138,3	−111,8	37,72	34,93	284,7

CO Sättigungszustand (Darstellung II)

Bei 0° K ist im Kristallzustand $H = 0$ und $S = 0$ gesetzt

p atm	ϑ °C	V' cm³/Mol	V'' cm³/Mol	H' kJ/Mol	H'' kJ/Mol	S' J/(Molgrd)	S'' J/(Molgrd)
1,0	−191,52	35,5	6360	4,2117	10,250	84,233	158,23
1,5	−187,79	36,1	4310	4,4435	10,304	87,012	155,67
2,0	−184,90	36,6	3275	4,6177	10,337	89,017	153,84
2,5	−182,55	37,2	2669	4,7558	10,357	90,562	152,38
3,0	−180,53	37,8	2228	4,8822	10,375	91,943	151,23
4,0	−177,04	38,8	1675	5,1053	10,403	94,308	149,43
5,0	−174,17	39,6	1344	5,3079	10,430	96,384	148,13
6,0	−171,69	40,3	1132	5,4962	10,461	98,263	147,20
7,0	−169,49	40,9	981	5,6528	10,478	99,791	146,34
8,0	−167,46	41,6	868	5,7725	10,486	100,88	145,47
10,0	−163,98	43,0	693	6,0006	10,489	103,06	144,17
12,0	−161,02	44,3	580	6,1852	10,490	104,73	143,12
14,0	−158,32	45,6	495	6,3476	10,447	106,15	142,12
16,0	−155,94	46,9	430	6,5054	10,453	107,51	141,19
18,0	−153,65	48,4	374	6,6603	10,401	108,83	140,13
20,0	−151,70	49,9	329	6,8198	10,340	110,15	139,14
25,0	−147,18	54,3	239	7,3396	10,141	113,88	136,11
30,0	−143,30	62,1	171	7,7741	9,7636	117,27	132,60
34,529	−140,23	93,06		8,8021		125,07	

COS Kohlenoxidsulfid ($M = 60{,}075$), Darstellung I

Charakteristische Daten und Bildungsreaktion	T	Kondensierter Zustand			Idealer Gaszustand S_T^0 für $p = 1$ atm		
		C_p^0	$\frac{H_T^0 - H_0^0}{T}$	$S_T^0 - S_0^0$	C_p^0	$\frac{H_T^0 - H_0^0}{T}$	S_T^0
	°K	J/(Molgrd)			J/(Molgrd)		
$I_1 = 137{,}9 \cdot 10^{-40}$ g·cm²	20	11,00	2,197	5,06			
$\Theta_{rot,1} = 0{,}292°$ K	40	27,70	11,61	17,99			
$\Theta_D = 95°$ K; $0 \leqq T \leqq 15°$ K	60	35,48	18,08	30,84			
$\Theta_{s,1} = 749$ (E) °K	80	40,25	23,04	41,71			
$\Theta_{s,2} = 1234°$ K	100	44,06	31,05	51,09			
$\Theta_{s,3} = 2969°$ K	120	47,70	33,52	59,45			
$\Delta H_{0,f \to g} = 27{,}388$ kJ/Mol	134,31	50,38	35,19	64,98			
$\Delta H_{f \to fl} = 4{,}727$ kJ/Mol	134,31	73,60	70,35	100,2	31,15	29,46	202,9
$\Delta H_{fl \to g} = 18{,}506$ kJ/Mol	160	71,59	70,70	112,8	32,74	29,85	208,0
$\Delta H_{0,g}^0 = -137{,}6$ kJ/Mol	200	70,92	70,84	128,7	35,58	30,71	216,1
$\Delta H_{298,15,g}^0 = -137{,}2$ kJ/Mol	222,87	71,34	70,86	136,4			
$Trp = 134{,}31°$ K	222,87		154,18	219,95	37,10	31,29	219,99
$Kp = 222{,}87°$ K	260				39,46	32,29	225,7
$j_k = 1{,}61$							
$j_p = 1{,}61$							
$S_{0,g} = 59{,}89$ J/(Molgrd)							

Charakteristische Daten und Bildungsreaktion	T	Idealer Gaszustand Bildungsreaktion			Idealer Gaszustand S_T^0 für $p = 1$ atm		
		ΔS_B^0	ΔH_B^0	$\frac{\Delta G_B^0}{T}$	C_p^0	$\frac{H_T^0 - H_0^0}{T}$	S_T^0
	°K	J/(Molgrd)	kJ/Mol	J/(Molgrd)	J/(Molgrd)		
$C_{Graphit} + \frac{1}{2} O_2 + \frac{1}{2} S_{2,g} \to$	298,15	9,16	−202,1	−687,0	41,63	33,35	231,46
$\to COS$	400	9,85	−201,9	−514,7	45,81	35,98	244,39
	600	10,65	−201,7	−346,9	51,09	40,21	264,04
	800	10,30	−201,7	−262,4	54,31	43,39	279,25
	1000	10,13	−201,9	−212,0	56,44	45,77	291,58

CO_2 Kohlendioxid ($M = 44{,}01$)[1], Darstellung I

Charakteristische Daten und Bildungsreaktion	T	Kondensierter Zustand			Idealer Gaszustand S_T^0 für $p = 1$ atm		
		C_p^0	$\frac{H_T^0 - H_0^0}{T}$	$S_T^0 - S_0^0$	C_p^0	$\frac{H_T^0 - H_0^0}{T}$	S_T^0
	°K	J/(Molgrd)			J/(Molgrd)		
$I_1 = 70{,}6 \cdot 10^{-40}$ g·cm²	20	5,13	1,36	2,02			
$\Theta_{rot,1} = 0{,}57°$ K	40	19,62	7,02	10,09			
$\Theta_D = 140°$ K; $0 \leqq T \leqq 15°$ K	60	30,03	13,06	20,17			
$\Theta_{s,} = 961$ (E) °K	80	35,91	18,12	29,69			
$\Theta_{s,2} = 1924°$ K	100	39,87	22,07	38,15	29,21	29,11	178,7
$\Theta_{s,3} = 3379°$ K	120	43,10	25,30	45,71			
$\Delta H_{0,f \to g} = 26{,}23$ kJ/Mol	140	46,19	28,07	52,59			
$\Delta H_{f \to g}$ (194,66° K)	160	49,25	30,52	58,95	30,61	29,34	192,7
$= 25{,}23$ kJ/Mol	180	52,76	32,78	64,94	31,38	29,52	196,3
$\Delta H_{0,f}^0 = -410{,}6$ kJ/Mol	194,66	55,6	34,42	69,19			
$\Delta H_{0,g}^0 = -393{,}18$ kJ/Mol	194,66		164,43	199,16	32,11	29,66	198,82
$T_{f \to g}$ (760 Torr) $= 194{,}66°$ K	200				32,36	29,76	199,8
$j_k = 0{,}817$	220				33,33	30,04	202,8
$j_p = 0{,}835$	240				34,34	30,35	205,7
$S_{0,g} = 44{,}73$ J/(Molgrd)	260				35,30	30,69	208,5
$s = 2$	280				36,29	31,06	211,2

[1] Für den Sättigungszustand s. S. 1384.

	T	Idealer Gaszustand Bildungsreaktion			Idealer Gaszustand S_T^0 für $p=1$ atm		
		ΔS_B^0	ΔH_B^0	$\frac{\Delta G_B^0}{T}$	C_p^0	$\frac{H_T^0-H_0^0}{T}$	S_T^0
	°K	J/(Molgrd)	kJ/Mol	J/(Molgrd)	J/(Molgrd)		
$C_{Graphit}+O_2=CO_2$	298,15	2,87	−393,5	−1323	37,13	31,41	213,7
$s=2$	400	2,70	−393,6	−986,6	41,34	33,42	225,2
	600	2,25	−393,8	−658,6	47,33	37,12	243,1
	800	1,69	−394,2	−494,4	51,46	40,42	257,3
	1000	1,22	−394,6	−395,8	54,37	42,77	269,2
	1500	0,42	−395,6	−264,2	58,5	47,43	292,1
	2000	−0,21	−396,8	−198,2	60,7	50,51	309,3
	3000	−1,4	−399,9	−131,9	62,8	54,31	334,4

CS_2 Schwefelkohlenstoff ($M=76{,}14$), Darstellung I

Charakteristische Daten und Bildungsreaktion	T	Kondensierter Zustand			Idealer Gaszustand S_T^0 für $p=1$ atm		
		C_p^0	$\frac{H_T^0-H_0^0}{T}$	$S_T^0-S_0^0$	C_p^0	$\frac{H_T^0-H_0^0}{T}$	S_T^0
	°K	J/(Molgrd)			J/(Molgrd)		
$I_1=264\cdot10^{-40}$ g·cm²	20	11,97	3,78	5,23			
$\Theta_{rot,1}=0{,}15°$ K	40	27,82	11,820	18,77			
$\Theta_D=90°$ K; $0\leqq T\leqq15°$ K	60	36,23	18,792	31,68			
$\Theta_{s,1}=571$ (E) °K	80	41,09	23,533	42,89			
$\Theta_{s,2}=943°$ K	100	46,11	27,54	52,72	30,97	29,41	196,8
$\Theta_{s,3}=2190°$ K	120	50,46	31,02	61,45			
$\Delta H_{0,f\to g}=37{,}742$ kJ/Mol	140	53,97	33,77	69,48	34,39	30,33	207,8
$\Delta H_{f\to fl}=4{,}389$ kJ/Mol	160	57,32	36,48	77,18	36,21	30,96	212,5
$\Delta H_{fl\to g}$ (318,39° K) $=26{,}77$ kJ/Mol	161,11	57,49	36,63	77,58			
$\Delta H^0_{298,15,fl}=87{,}86$ kJ/Mol	161,11	75,31	63,87	104,8	36,33	31,00	212,8
$Trp=161{,}11°$ K	180	75,10	65,10	113,5	37,97	31,62	216,9
$Kp=319{,}35°$ K	200	75,14	66,10	121,4	39,58	32,35	221,0
Kp (736,5 Torr) $=318{,}39°$ K	260	75,44	68,51	140,8	43,59	34,5	231,8
$j_k=1{,}746$	298,15	75,65	69,67	151,2	45,6	35,8	237,8
$j_p=1{,}720$	318,39	75,73	70,48	156,2			
$S_{0,g}=62{,}50$	318,39		154,84	240,5	46,6	36,3	241,0
$s=2$	319,35				46,7	36,3	241,1

	T	Idealer Gaszustand Bildungsreaktion			Idealer Gaszustand S_T^0 für $p=1$ atm		
		ΔS_B^0	ΔH_B^0	$\frac{\Delta G_B^0}{T}$	C_p^0	$\frac{H_T^0-H_0^0}{T}$	S_T^0
	°K	J/(Molgrd)	kJ/Mol	J/(Molgrd)	J/(Molgrd)		
$C_{Graphit}+S_{2,g}\to CS_2$	298,15	4,0	−14,5	−52,6	45,6	35,8	237,8
	400	5,2	−14,1	−40,4	49,58	38,87	251,8
	600	6,4	−13,6	−29,1	54,39	43,30	273,0
	800	6,8	−13,3	−23,4	57,11	46,48	289,0
	1000	7,0	−13,2	−20,2	58,66	48,74	301,9

HCl, ClF$_3$ und ClO$_2$, Darstellung I

Charakteristische Daten und Bildungsreaktion	T	Kondensierter Zustand			Idealer Gaszustand S_T^0 für $p=1$ atm		
		C_p^0	$\frac{H_T^0 - H_0^0}{T}$	$S_T^0 - S_0^0$	C_p^0	$\frac{H_T^0 - H_0^0}{T}$	S_T^0
	°K	J/(Molgrd)			J/(Molgrd)		

HCl Chlorwasserstoff ($M = 36{,}461$)

$I_1 = 2{,}641 \cdot 10^{-40}$ g·cm²	20	5,86	1,657	2,25			
$\Theta_{rot,1} = 15{,}34°$ K	40	15,69	6,623	10,37			
$\Theta_D = 127{,}6°$ K;	60	22,13	10,81	18,07			
$0 < T < 20°$ K	80	27,99	14,46	25,13			
$\Theta_{s,1} = 4160{,}13°$ K	98,42	36,11	17,66	31,66			
$\Delta H_{0, f \to g} = 20{,}107$ kJ/Mol	98,42	39,79	29,75	43,74	29,10	28,67	154,3
$\Delta H_{f \to fl} = 1{,}992$ kJ/Mol	100	40,00	29,91	44,38	29,10	28,67	154,8
$\Delta H_{fl \to g} = 16{,}15$ kJ/Mol	158,97	49,66	35,31	64,87			
$\Delta H_{0,f}^0 = -96{,}71$ kJ/Mol	158,97	57,78	47,86	77,04	29,11	28,84	168,3
$\Delta H_{0,g}^0 = -92{,}13$ kJ/Mol	180	58,66	49,05	84,63			
	188,13	58,99	49,47	87,23			
$\Delta H_{298,15,g}^0 = -92{,}312$ kJ/Mol	188,13		135,76	173,50	29,11	28,88	173,20
$Tr p = 158{,}97°$ K	200				29,12	28,90	175,0
$K p = 188{,}13°$ K	260				29,13	28,95	182,6
$j_k = -0{,}432$							
$j_p = -0{,}416$							
$S_{0,g} = 20{,}82$							

	T	Idealer Gaszustand Bildungsreaktion			Idealer Gaszustand S_T^0 für $p=1$ atm		
		ΔS_B^0	ΔH_B^0	$\frac{\Delta G_B^0}{T}$	C_p^0	$\frac{H_T^0 - H_0^0}{T}$	S_T^0
	°K	J/(Molgrd)	kJ/Mol	J/(Molgrd)	J/(Molgrd)		
$\tfrac{1}{2} H_2 + \tfrac{1}{2} Cl_2 \to HCl$	298,15	10,08	−92,31	−319,69	29,13	28,97	186,7
	400	9,30	−92,51	−240,57	29,16	28,99	195,4
	500	8,50	−92,95	−194,40	29,25	29,03	201,9
	1000	6,57	−94,31	−100,88	31,76	29,78	223,0
	1400	5,94	−95,02	−73,83	33,47	30,57	233,9
	2000	5,56	−95,67	−53,39	35,52	31,76	246,2

ClF$_3$ Chlortrifluorid ($M = 92{,}459$)

$I_1 = 61{,}13 \cdot 10^{-40}$ g·cm²	298,15	−130,8	−163,1	−416,2	65,06	47,32	284,7
$I_2 = 181{,}80 \cdot 10^{-40}$ g·cm²	400	−130,1	−162,0	−274,9	71,34	54,68	304,7
$I_3 = 243{,}15 \cdot 10^{-40}$ g·cm²	500	−128,9	−161,5	−194,1	74,98	56,82	321,1
$\Theta_{rot,1} = 0{,}659°$ K	600	−127,8	−160,9	−140,4	77,19	60,04	335,0
$\Theta_{rot,2} = 0{,}221°$ K	700	−126,9	−160,3	−102,1	78,66	62,59	347,0
$\Theta_{rot,3} = 0{,}172°$ K	800	−126,1	−159,7	−73,5	79,62	64,64	357,5
$\Theta_{s,1} = 355°$ K	900	−125,3	−159,0	−50,6	80,33	66,36	366,9
$\Theta_{s,2} = 457°$ K	1000	−124,6	−158,3	−33,7	80,83	67,78	375,4
$\Theta_{s,3} = 613°$ K	1100	−124,0	−157,7	−19,4	81,21	68,99	383,1
$\Theta_{s,4} = 731°$ K	1300	−122,8	−156,4	2,5	81,76	70,92	396,9
$\Theta_{s,5} = 1021°$ K	1500	−122,0	−155,1	18,6	82,05	72,38	408,5
$\Theta_{s,6} = 1079°$ K							
$\Delta H_{0,g}^0 = -158{,}6$ kJ/Mol							
$\tfrac{1}{2} Cl_2 + \tfrac{3}{2} F_2 \to ClF_{3,g}$							

Cl$_2$O Chlormonoxid ($M = 86{,}9$)

$I_1 = 230{,}3 \cdot 10^{-40}$ g·cm²	298,15	−59,1	75,7	312,9	45,6	38,16	266,3
$I_2 = 20{,}32 \cdot 10^{-40}$ g·cm²	500	−60,0	75,48	211,0	51,5	42,51	291,4
$I_3 = 250{,}6 \cdot 10^{-40}$ g·cm²	600	−59,9	75,48	185,7	53,1	44,14	301,0
$\Theta_{rot,1} = 0{,}175°$ K	700	−59,9	75,56	167,9	54,4	45,52	309,2
$\Theta_{rot,2} = 1{,}98°$ K	800	−59,7	75,69	154,3	55,2	46,69	316,6
$\Theta_{rot,3} = 0{,}161°$ K	900	−59,5	75,77	143,7	55,6	47,66	323,1
$\Theta_{s,1} = 460°$ K	1000	−59,4	75,90	135,3	56,1	48,49	329,0
$\Theta_{s,2} = 1369°$ K	1100	−59,3	76,02	128,4	56,5	49,20	334,4
$\Theta_{s,3} = 984°$ K	1300	−59,1	76,27	117,8	57,1	50,38	343,8
$\Delta H_{0,g}^0 = 77{,}86$ kJ/Mol	1500	−59,8	76,61	109,9	57,5	51,34	352,2
$Cl_2 + \tfrac{1}{2} O_2 \to Cl_2O$							

HF Fluorwasserstoff ($M=20{,}01$), Darstellung I

Charakteristische Daten und Bildungsreaktion	T	Kondensierter Zustand			Idealer Gaszustand S_T^0 für $p=1$ atm		
		C_p^0	$\frac{H_T^0-H_0^0}{T}$	$S_T^0-S_0^0$	C_p^0	$\frac{H_T^0-H_0^0}{T}$	S_T^0
	°K	J/(Molgrd)			J/(Molgrd)		
$I_1=1{,}338\cdot10^{-40}$ g·cm²	20	2,51	0,67	0,88			
$\Theta_{\mathrm{rot},1}=30{,}1°$ K	40	9,04	3,23	3,79			
$\Theta_D=180°$ K; $0<T<15°$ K	60	13,56	5,97	8,36			
$\Theta_{s,1}=5692°$ K	80	16,95	8,31	12,74			
$\Delta H_{0,f\to g}=11{,}266$ kJ/Mol	100	19,79	10,28	16,84	29,12	28,26	141,6
$\Delta H_{f\to fl}=3{,}928$ kJ/Mol	160	28,28	15,42	27,85	29,11	28,58	155,3
$\Delta H_{fl\to g}=7{,}489$ kJ/Mol	180	34,10	17,11	31,42	29,11	28,64	158,8
$\Delta H_{0,f}^0=-274{,}8$ kJ/Mol	189,79		18,79	34,06			
$\Delta H_{0,g}^0=-268{,}1$ kJ/Mol	189,79	42,68	39,49	54,73	29,11	28,66	160,0
$\Delta H_{298,15,g}^0=-268{,}6$ kJ/Mol	200	43,10	39,62	56,93	29,11	28,68	161,8
$Trp=189{,}79°$ K	260	47,15	40,83	68,62	29,11	28,78	169,5
Kp (741,4 Torr) $=292{,}61°$ K	280	49,45	41,36	72,21	29,12	28,81	171,0
$j_k=-1{,}119$	292,61	50,92	41,73	74,38			
$S_{0,g}=7{,}68$ JMol⁻¹grd⁻¹	292,61		67,62	184,51	29,12	28,82	172,8
	298,15				29,12	28,82	173,4

	T	Idealer Gaszustand Bildungsreaktion			Idealer Gaszustand S_T^0 für $p=1$ atm		
		ΔS_B^0	ΔH_B^0	$\frac{\Delta G_B^0}{T}$	C_p^0	$\frac{H_T^0-H_0^0}{T}$	S_T^0
	°K	J/(Molgrd)	kJ/Mol	J/(Molgrd)	J/(Molgrd)		
$\frac{1}{2}H_2+\frac{1}{2}F_2\to HF$	298,15	7,03	−268,5	−907,9	29,14	28,84	173,7
	400	6,61	−268,7	−678,8	29,15	28,91	182,2
	500	6,10	−268,9	−543,9	29,17	28,97	188,7
	1000	3,88	−270,6	−274,5	30,17	29,24	209,2
	1500	2,57	−272,2	−184,1	32,23	29,89	221,8

HJ Jodwasserstoff ($M=127{,}9$), Darstellung I

Charakteristische Daten	T	Kondensierter Zustand			Idealer Gaszustand S_T^0 für $p=1$ atm		
		C_p^0	$\frac{H_T^0-H_0^0}{T}$	$S_T^0-S_0^0$	C_p^0	$\frac{H_T^0-H_0^0}{T}$	S_T^0
	°K	J/(Molgrd)			J/(Molgrd)		
$I_1=4{,}272\cdot10^{-40}$ g·cm²	20	14,14	5,452	7,97			
$\Theta_{\mathrm{rot},1}=9{,}48°$ K	40	23,26	12,255	20,90			
$\Theta_D=71{,}6°$ K; $0\leqq T\leqq20°$ K	60	35,82	17,795	32,45			
$\Theta_{s,1}=3206{,}8°$ K	80	37,40	24,468	46,08			
$\Delta H_{0,f\to g}=26{,}221$ kJ/Mol	100	43,68	28,150	54,99	29,10	28,83	174,4
$\Delta H_{f\to fl}=2{,}870$ kJ/Mol	113,75	50,79	30,485	61,09			
$\Delta H_{fl\to g}=19{,}765$ kJ/Mol	129,63	45,27	39,485	74,66			
$\Delta H_{0,f}^0=2{,}48$ kJ/Mol	140	45,35	39,920	78,13			
$\Delta H_{0,g}^0=28{,}33$ kJ/Mol	160	45,86	40,63	84,24	29,11	28,94	188,1
$\Delta H_{298,15,g}^0=25{,}94$ kJ/Mol	180	46,69	41,25	89,72	29,11	28,96	191,5
$F=222{,}37°$ K	200	47,86	41,86	94,70	29,12	28,97	194,6
$Kp=237{,}81°$ K	222,37	50,88	42,61	99,94			
$j_k=0{,}594$	222,37	60,33	55,52	112,85	29,12	28,99	197,7
$j_p=0{,}632$	237,81	59,08	55,79	116,85			
$S_{0,g}=40{,}46$ J/(Molgrd)	237,81	29,12	139,26	200,38	29,12	29,00	199,66
	240				29,12	29,00	199,9
	260				29,13	29,02	202,2
	280				29,14	29,02	204,4
	298,15				29,15	29,03	206,2

NH_3 Ammoniak[1] (17,030), Darstellung I

Charakteristische Daten und Bildungsreaktion	T °K	Kondensierter Zustand C_p^0 J/(Molgrd)	$\frac{H_T^0-H_0^0}{T}$ J/(Molgrd)	$S_T^0-S_0^0$ J/(Molgrd)	Idealer Gaszustand S_T^0 für $p=1$ atm C_p^0 J/(Molgrd)	$\frac{H_T^0-H_0^0}{T}$ J/(Molgrd)	S_T^0 J/(Molgrd)
$I_1=2{,}782\cdot10^{-40}$ g·cm²	20	1,54	0,020	0,56			
$I_2=2{,}782\cdot10^{-40}$ g·cm²	40	7,61	2,167	3,36			
$I_3=4{,}33\ \cdot10^{-40}$ g·cm²	60	14,59	5,149	7,71			
$\Theta_{\text{rot},1}=14{,}5°$ K	80	20,77	8,293	12,69			
$\Theta_{\text{rot},2}=14{,}5°$ K	100	26,07	11,32	17,89	33,25	33,25	155,4
$\Theta_{\text{rot},3}=9{,}34°$ K	120	31,34	14,22	23,11			
$\Theta_D=210°$ K; $0\leqq T\leqq 20°$ K	140	36,32	17,02	28,32			
$\Theta_{s,1}=2343{,}9$ (E) °K	160	41,09	19,73	33,49	33,37	33,25	171,0
$\Theta_{s,2}=1365{,}4°$ K[2]	180	46,15	22,38	38,60	33,51	33,28	175,0
$\Theta_{s,3}=4794{,}3°$ K	195,42	51,55	24,46	42,58			
$\Theta_{s,4}=4910{,}8$ (E) °K	195,42	73,14	53,39	71,19	33,64	33,31	177,7
$\Delta H_{0,f\to g}=29{,}185$ kJ/Mol	200	73,47	53,85	72,88	33,70	33,32	178,5
$\Delta H_{f\to fl}=5{,}653$ kJ/Mol	220	74,94	55,71	79,95	33,95	33,37	181,8
$\Delta H_{fl\to g}=23{,}351$ kJ/Mol	239,74	75,73	57,32	86,42			
$\Delta H_{0,f}^0=-64{,}02$ kJ/Mol	239,74		155,16	184,10	34,27	33,43	184,31
	260				34,66	33,54	187,4
$\Delta H_{0,g}^0=-39{,}26$ kJ/Mol	280				35,10	33,68	190,0
$\Delta H_{298,15,g}^0=-46{,}19$ kJ/Mol							
$Trp=195{,}42°$ K							
$Kp=239{,}74°$ K							
$p_{Trp}=45{,}57$ Torr							
$j_k=-1{,}619$							
$j_p=-1{,}630$							
$S_{0,g}=2{,}26$ J/(Molgrd)							
$s=3$							

	T °K	Idealer Gaszustand Bildungsreaktion ΔS_B^0 J/(Molgrd)	ΔH_B^0 kJ/Mol⁻¹	$\frac{\Delta G_B^0}{T}$ J/(Molgrd)	Idealer Gaszustand S_T^0 für $p=1$ atm C_p^0 J/(Molgrd)	$\frac{H_T^0-H_0^0}{T}$ J/(Molgrd)	S_T^0 J/(Molgrd)
$\frac{1}{2}H_2+\frac{1}{2}N_2\to NH_3$	298,15	−89,3	−46,19	−65,6	35,52	33,71	192,2
	400	−105,5	−48,42	−15,5	38,53	34,50	203,2
	500	−110,0	−50,30	9,4	41,63	35,55	211,8
	600	−112,6	−51,93	26,0	44,73	36,71	219,9
	700	−114,5	−53,16	38,6	47,91	38,18	227,1
	800	−115,8	−54,20	48,0	50,79	39,59	233,8
	900	−116,9	−55,04	55,7	53,56	40,98	239,9
	1000	−117,4	−55,8	61,6	56,2	42,3	245,8
	1500	−118,2	−56,8	80,3	66,2	48,8	271,2
	2000	−117,6	−55,9	89,7	72,0	53,9	291,1

[1] Im Sättigungszustand s. S. 1387. [2] $\Theta_{s,2}$ aufgespalten.

$(NH_4)OH$ Ammoniumhydroxid ($M=35{,}046$), Darstellung I

	T	Kondensierter Zustand		
		C_p^0	$\frac{H_T^0-H_0^0}{T}$	$S_T^0-S_0^0$
	°K	J/(Molgrd)		
$\Delta H_{f\to fl}=6{,}561$ kJ/Mol	20	3,87	1,013	1,36
$F=194{,}15°$ K	40	14,79	5,113	7,31
	60	25,58	10,15	15,37
	80	35,51	15,28	24,11
	100	44,53	20,23	33,02
	160	68,38	34,17	59,50
	194,15	81,19	40,91	73,77
	194,15	117,3	74,96	107,6
	200	119,5	76,19	111,0
	260	142,1	88,81	145,2
	298,15	154,9	96,47	165,5

N_2H_4 Hydrazin ($M\equiv 32{,}045$) Darstellung I

Charakteristische Daten und Bildungsreaktion	T	Idealer Gaszustand, S_T^0 für $p=1$ atm — Bildungsreaktion			Thermodynamische Funktionen		
		ΔS_B^0	ΔH_B^0	$\frac{\Delta G_B^0}{T}$	C_p^0	$\frac{H_T^0-H_0^0}{T}$	S_T^0
	°K	J/(Molgrd)	kJ/Mol	J/(Molgrd)	J/(Molgrd)		
$I_1=\ 6{,}18\cdot 10^{-40}$ g·cm²	298,15	−212,3	95,19	531,6	52,7	39,48	240,1
$I_2=35{,}30\cdot 10^{-40}$ g·cm²	400	−221,2	92,18	451,6	63,2	44,14	257,1
$I_3=36{,}98\cdot 10^{-40}$ g·cm²	500	−225,9	90,09	406,1	70,7	48,71	272,0
$\Theta_{rot,1}=6{,}51°$ K	600	−228,4	88,64	376,1	76,5	52,87	285,4
$\Theta_{rot,2}=1{,}14°$ K	700	−230,2	87,66	355,4	81,6	56,68	297,6
$\Theta_{rot,3}=1{,}09°$ K	800	−231,0	87,03	339,0	86,2	60,04	308,8
$\Theta_{s,1}=1198°$ K	900	−231,4	86,70	326,6	89,9	63,18	319,2
$\Theta_{s,2}=1556°$ K	1000	−231,5	86,60	318,1	93,3	66,02	328,8
$\Theta_{s,3}=1260°$ K	1100	−231,3	86,77	310,2	96,6	68,69	337,9
$\Theta_{s,4}=1675°$ K	1200	−231,1	87,11	303,7	100	71,16	346,4
$\Theta_{s,5}=1363°$ K	1300	−230,6	87,61	298,0	102	73,48	354,6
$\Theta_{s,6}=1844°$ K	1400	−230,2	88,10	293,1	105	75,64	362,2
$\Theta_{s,7}=2279°$ K	1500	−229,8	88,75	289,0	107	77,54	369,5
$\Theta_{s,8}=4680°$ K							
$\Theta_{s,9}=4544°$ K							
$\Theta_{s,10}=4724°$ K							
$\Theta_{s,11}=4832°$ K							
$\Delta H_{0,g}^0=109{,}02$ kJ/Mol							
$2H_2+N_2\rightarrow N_2H_4$							

NO, NOF, NO$_2$, Darstellung I

Charakteristische Daten und Bildungsreaktion	T	Kondensierter Zustand			Idealer Gaszustand S_T^0 für $p=1$ atm		
		C_p^0	$\dfrac{H_T^0-H_0^0}{T}$	$S_T^0-S_0^0$	C_p^0	$\dfrac{H_T^0-H_0^0}{T}$	S_T^0
	°K	J/(Molgrd)			J/(Molgrd)		

NO Stickstoffoxid ($M=30{,}006$)

$I_1 = 16{,}4 \cdot 10^{-3}$ g·cm^2	20	7,03	1,736	2,80	29,16	28,77	126,6
$\Theta_{\text{rot},1} = 2{,}45°$ K	40	17,28	7,109	11,05	31,07	29,38	146,9
$\Theta_D = 119°$ K; $0 \leq T \leq 15°$ K	60	24,35	11,707	19,41	32,59	30,20	160,3
$\Theta_{s,1} = 2700{,}6°$ K	80	30,21	15,61	27,20	32,70	30,84	169,7
$\Delta H_{0,f \to g} = 15{,}459$ kJ/Mol	100	35,69	19,07	34,48	32,29	31,19	177,0
$\Delta H_{f \to fl} = 2{,}299$ kJ/Mol	109,55	38,91	20,65	37,87			
$\Delta H_{fl \to g} = 13{,}774$ kJ/Mol	109,55	65,06	41,64	58,87	32,05	31,27	179,8
$\Delta H_{0,f}^0 = 82{,}26$ kJ/Mol	120	77,40	44,17	65,31	31,79	31,33	182,8
$\Delta H_{0,g}^0 = 89{,}83$ kJ/Mol	121,42	79,90	44,45	66,19			
$\Delta H_{298,15,g}^0 = 90{,}34$ kJ/Mol	121,42		158,65	180,16	31,76	31,33	183,12
$Trp = 109{,}55°$ K	160				30,96	31,33	191,7
$Kp = 121{,}42°$ K	200				30,42	31,20	198,5
$pTrp = 164{,}4$ Torr	260				29,97	30,96	206,6
$jk = 0{,}525$							
$jp = 0{,}370$							
$jf = 0{,}155$							
$S_{0,f} = 2{,}96$ J/(Molgrd)							
$S_{0,g} = 39{,}14$ J/(Molgrd)							
$g = 2$							

	T	Idealer Gaszustand Bildungsreaktion			Idealer Gaszustand S_T^0 für $p=1$ atm		
		ΔS_B^0	ΔH_B^0	$\dfrac{\Delta G_B^0}{T}$	C_p^0	$\dfrac{H_T^0-H_0^0}{T}$	S_T^0
	°K	J/(Molgrd)	kJ/Mol	J/(Molgrd)	J/(Molgrd)		
$\tfrac{1}{2}N_2 + \tfrac{1}{2}O_2 \to NO$	298,15	12,37	90,37	290,7	29,86	30,77	210,6
	400	12,48	90,42	213,6	29,97	30,55	219,4
	500	12,53	90,44	168,4	30,50	30,49	226,1
	600	12,55	90,46	138,2	31,25	30,55	231,8
	700	12,57	90,47	116,7	32,04	30,70	236,6
	800	12,59	90,48	100,5	32,77	30,91	240,9
	900	12,61	90,50	87,94	33,43	31,15	244,8
	1000	12,63	90,51	77,88	34,00	31,41	248,4
	1100	12,66	90,53	69,65	34,49	31,66	251,7
	1300	12,68	90,57	56,99	35,25	32,16	257,5
	1500	12,69	90,61	47,70	35,82	32,62	262,6
	2000	12,69	90,57	32,59	36,70	33,53	273,0
	3000	12,50	90,06	17,52	37,58	34,76	288,1
	4000	12,14	88,92	10,09	38,10	35,53	299,0
	5000	11,78	86,83	5,58	38,53	36,13	307,5

NOF Nitrosylfluorid ($M=49{,}004$)

$I_1 = 8{,}82 \cdot 10^{-40}$ g·cm^2	298,15				41,34	35,84	247,9
$I_2 = 70{,}84 \cdot 10^{-40}$ g·cm^2	400				44,56	37,70	260,5
$I_3 = 79{,}84 \cdot 10^{-40}$ g·cm^2	500				46,97	39,33	270,7
$\Theta_{\text{rot},1} = 4{,}57°$ K	600				48,88	40,76	279,5
$\Theta_{\text{rot},2} = 0{,}569°$ K	700				50,43	42,05	287,1
$\Theta_{\text{rot},3} = 0{,}504°$ K	800				51,67	43,17	293,9
$\Theta_{s,1} = 2651{,}7°$ K	900				52,66	44,16	300,0
$\Theta_{s,2} = 749°$ K	1000				53,47	45,05	305,7
$\Theta_{s,3} = 1101{,}3°$ K							

NO$_2$ Stickstoffdioxid ($M=46{,}005$)

$I_1 = 3{,}486 \cdot 10^{-40}$ g·cm^2	298,15	−61,0	33,32	172,8	37,11	34,23	239,8
$I_2 = 63{,}76 \cdot 10^{-40}$ g·cm^2	400	−62,6	32,77	144,5	40,42	35,35	251,2
$I_3 = 67{,}25 \cdot 10^{-40}$ g·cm^2	500	−63,5	32,40	128,3	43,51	36,69	260,5
$\Theta_{\text{rot},1} = 11{,}55°$ K	600	−63,7	32,23	117,4	46,19	38,03	268,7
$\Theta_{\text{rot},2} = 0{,}631°$ K	700	−63,7	32,19	109,7	48,33	39,37	276,0
$\Theta_{\text{rot},3} = 0{,}599°$ K	800	−63,7	32,24	104,0	50,00	40,63	282,6
$\Theta_{s,1} = 1901°$ K	900	−63,7	32,30	99,6	51,34	41,71	288,5
$\Theta_{s,2} = 1079°$ K	1000	−63,5	32,41	95,9	52,43	42,76	294,0
$\Theta_{s,3} = 2324°$ K	1500	−63,0	33,07	85,0	55,53	46,53	315,9
$\tfrac{1}{2}N_2 + O_2 \to NO_2$							

HNO_3 und N_2O, Darstellung I

Charakteristische Daten und Bildungsreaktion	T	Kondensierter Zustand			Idealer Gaszustand S_T^0 für $p=1$ atm		
		C_p^0	$\frac{H_T^0-H_0^0}{T}$	$S_T^0-S_0^0$	C_p^0	$\frac{H_T^0-H_0^0}{T}$	S_T^0
	°K	J/(Molgrd)			J/(Molgrd)		
HNO_3 Salpetersäure ($M=63{,}012$)							
$\Theta_D=130°$ K; $0\leqq T\leqq 20°$ K	20	5,18	1,506	2,27			
$\Delta H_{f\to fl}=10{,}473$ kJ/Mol	40	18,69	6,364	14,00			
$\Delta H_{fl\to g}(293°$ K) (48 Torr)	60	29,34	12,34	23,71			
$=39{,}46$ kJ/Mol	80	36,92	17,53	33,23			
$Trp=231{,}9°$ K	100	41,84	21,95	42,07			
	160	53,60	31,71	64,42			
	200	61,50	36,87	77,21			
	231,9	69,41	40,78	82,68			
	231,9	111,9	85,94	127,8			
	260	111,2	88,71	140,6			
	298,15	109,8	91,92	156,1			
N_2O Distickstoffoxid[1] ($M=44{,}013$)							
$I_1=66{,}0\cdot 10^{-40}$ g·cm²	20	6,32	0,301	2,12			
$\Theta_{rot,1}=0{,}62°$ K	40	21,46	7,29	12,38			
$\Theta_D=126°$ K; $0\leqq T\leqq 20°$ K	60	31,63	14,06	23,35			
$\Theta_{s,1}=846{,}98$ (E) °K	80	37,45	20,17	32,51			
$\Theta_{s,2}=1850{,}7°$ K	100	41,42	23,35	42,13	29,35	29,11	188,7
$\Theta_{s,3}=3198°$ K	120	45,56	26,65	49,92	29,81	29,18	190,0
$\Delta H_{0,f\to g}=24{,}270$ kJ/Mol	140	49,04	29,58	57,24	30,41	29,32	194,6
$\Delta H_{f\to fl}=6{,}540$ kJ/Mol	160	53,18	32,30	64,06	31,46	29,53	198,7
$\Delta H_{fl\to g}=16{,}552$ kJ/Mol	180	58,49	34,85	70,63	32,53	29,81	202,5
$\Delta H_{0,f}^0=72{,}01$ kJ/Mol	182,24	59,25	35,19	71,38			
	182,24	77,70	71,04	107,24	32,65	29,84	202,9
$\Delta H_{0,g}^0=84{,}94$ kJ/Mol	184,59	77,70	71,17	108,24			
$\Delta H_{298,15,g}^0=81{,}55$ J/Mol	184,59		161,35	198,41	32,80	29,87	203,30
$Trp=182{,}24°$ K	200				33,62	30,13	206,0
$Kp=184{,}59°$ K	220				34,73	30,51	209,2
$p_{Trp}=658{,}9$ Torr	240				35,76	30,89	212,3
$j_k=1{,}123$	260				36,79	31,31	215,2
$j_p=0{,}867$	280				37,73	31,74	218,0
$j_f=0{,}256$							
$S_{0,f}=4{,}9$ J/(Molgrd)							
$S_{0,g}=50{,}54$ J/(Molgrd)							

	T	Idealer Gaszustand Bildungsreaktion			Idealer Gaszustand S_T^0 für $p=1$ atm		
		ΔS_B^0	ΔH_B^0	$\frac{\Delta G_B^0}{T}$	C_p^0	$\frac{H_T^0-H_0^0}{T}$	S_T^0
	°K	J/(Molgrd)	kJ/Mol	J/(Molgrd)	J/(Molgrd)		
$N_2+\frac{1}{2}O_2\to N_2O$	298,15	−74,0	81,55	347,5	38,71	32,15	220,0
	400	−75,0	81,21	278,0	42,87	34,37	231,9
	500	−75,1	81,19	237,5	46,15	36,41	241,8
	600	−74,7	81,39	210,3	48,86	38,27	250,5
	700	−74,2	81,71	190,9	51,13	39,94	258,2
	800	−73,5	82,14	176,2	53,04	41,46	265,1
	900	−73,0	82,65	164,8	54,66	42,84	271,5
	1000	−72,5	83,12	155,6	56,02	44,10	277,3

[1] Für den Sättigungszustand s. S. 1388.

OH, O^2H und H_2O_2, Darstellung I

Charakteristische Daten und Bildungsreaktion	T	Bildungsreaktion			Idealer Gaszustand S_T^0 für $p=1$ atm		
		ΔS_B^0	ΔH_B^0	$\frac{\Delta G_B^0}{T}$	C_p^0	$\frac{H_T^0-H_0^0}{T}$	S_T^0
	°K	J/(Molgrd)	kJ/Mol	J/(Molgrd)	J/(Molgrd)		
OH Hydroxyl ($M=17{,}007$)							
$I_1=1{,}513\cdot10^{-40}$ g·cm²	298,15	15,77	42,08	125,4	29,88	29,55	183,6
$\Theta_{rot,1}=26{,}62°$ K	500	15,70	42,07	68,44	29,48	29,58	198,8
$\Theta_{s,1}=4895°$ K	1000	14,75	41,30	26,55	30,66	29,72	219,5
$\frac{1}{2}H_2+\frac{1}{2}O_2\rightarrow OH$	1500	14,05	40,47	12,93	32,90	30,41	232,4
	2000	13,65	39,80	6,25	34,65	31,27	242,1
	3000	13,13	38,56	−0,28	36,71	32,78	256,6
	4000	12,53	37,16	−3,24	37,84	33,91	267,3
	5000				38,59	34,78	275,9
O^2H ($M=18{,}0147$)							
$I_1=2{,}84\cdot10^{-40}$ g·cm²	298,15				29,96	30,17	189,4
$\Theta_{rot,1}=14{,}19°$ K	500				29,72	29,99	204,9
$\Theta_{s,1}=3785°$ K	1000				32,24	30,41	226,1
	1500				34,61	31,44	239,7
	2000				36,03	32,43	249,9
	3000				37,53	33,91	264,8
	4000				38,36	34,93	275,7
	5000				38,94	35,67	284,3
H_2O_2 Wasserstoffperoxid ($M=34{,}015$)							
$I_1=2{,}785\cdot10^{-40}$ g·cm²	298,15	−102,6	−136,1	−353,6	43,14	36,40	232,9
$I_2=34{,}0\cdot10^{-40}$ g·cm²	400	−106,6	−137,4	−278,2	48,45	38,83	246,3
$I_3=33{,}8\cdot10^{-40}$ g·cm²	500	−108,8	−138,3	−167,9	52,55	41,17	257,4
$\Theta_{rot,1}=14{,}45°$ K	600	−109,9	−139,0	−121,8	55,69	43,35	267,4
$\Theta_{rot,2}=1{,}18°$ K	700	−110,7	−139,5	−88,7	57,99	45,31	276,2
$\Theta_{rot,3}=1{,}19°$ K	800	−111,2	−139,3	−63,3	59,83	47,03	284,1
$\Theta_{s,1}=5191°$ K	900	−111,6	−140,2	−44,3	61,46	48,53	291,2
$\Theta_{s,2}=1941°$ K	1000	−111,8	−140,5	−28,7	62,84	49,87	297,8
$\Theta_{s,3}=1265°$ K							
$\Theta_{s,4}=748°$ K							
$\Theta_{s,5}=5191°$ K							
$\Theta_{s,6}=1821°$ K							
$\Delta H_{0,g}^0=-129{,}9$ kJ/Mol							
$H_2+O_2\rightarrow H_2O_2$							

PH_3 Phosphin ($M = 33{,}998$), Darstellung I

Charakteristische Daten	T °K	Kondensierter Zustand C_p^0 J/(Molgrd)	$\frac{H_T^0 - H_0^0}{T}$ J/(Molgrd)	$S_T^0 - S_0^0$ J/(Molgrd)	Idealer Gaszustand S_T^0 für $p = 1$ atm C_p^0 J/(Molgrd)	$\frac{H_T^0 - H_0^0}{T}$ J/(Molgrd)	S_T^0 J/(Molgrd)
$I_1 = 7{,}16 \cdot 10^{-40}$ g·cm²	20	10,29	3,25	4,44			
$I_2 = 6{,}285 \cdot 10^{-40}$ g·cm²	60	47,78	25,28	34,75			
$I_3 = 6{,}285 \cdot 10^{-40}$ g·cm²	80	50,46	31,26	57,15			
$\Theta_{rot,1} = 5{,}66°$ K	100	46,90	39,53	73,22			172,9
$\Theta_{rot,2} = 6{,}41°$ K	139,35	49,84	41,84	89,44			
$\Theta_{rot,3} = 6{,}41°$ K	139,35	61,71	49,96	97,55	33,30	33,25	184,0
$\Theta_D = 99°$ K; $0 \leq T \leq 15°$ K	160	60,46	51,38	105,98	33,41	33,26	188,5
$\Theta_{s,1} = 3340°$ K	180	60,50	52,38	113,11	33,61	33,28	
$\Theta_{s,2} = 1424°$ K	185,38	60,63	52,62	114,88			
$\Theta_{s,3} = 3348$ (E) °K	185,38		131,87	194,21	33,67	33,29	193,40
$\Theta_{s,4} = 1612$ (E) °K	200				33,92	33,34	196,0
$\Delta H_{0,f \to g} = 18{,}24$ kJ/Mol	260				35,61	33,64	205,1
$\Delta H_{f \to fl} = 1{,}131$ kJ/Mol	298,15				37,11	34,00	210,2
$\Delta H_{fl \to g} = 14{,}598$ kJ/Mol	400				41,80	35,52	221,7
$\Delta H^0_{298,15,g} = 9{,}25$ kJ/Mol	600				50,92	39,20	240,4
$Trp = 139{,}35°$ K	800				58,53	43,14	256,1
$Kp = 185{,}38°$ K	1000				64,31	46,86	269,9
$j_k = -0{,}704$	1500				72,84	54,35	279,8
$j_p = -0{,}662$							
$S_{0,g} = 19{,}77$ J/(Molgrd)							
$s = 3$							

H_2S Schwefelwasserstoff ($M = 34{,}080$), Darstellung I

Charakteristische Daten und Bildungsreaktion	T °K	Kondensierter Zustand C_p^0 J/(Molgrd)	$\frac{H_T^0 - H_0^0}{T}$ J/(Molgrd)	$S_T^0 - S_0^0$ J/(Molgrd)	Idealer Gaszustand S_T^0 für $p = 1$ atm C_p^0 J/(Molgrd)	$\frac{H_T^0 - H_0^0}{T}$ J/(Molgrd)	S_T^0 J/(Molgrd)
$I_1 = 5{,}926 \cdot 10^{-40}$ g·cm²	20	5,23	1,44	1,38			
$I_2 = 3{,}096 \cdot 10^{-40}$ g·cm²	40	14,90	5,95	8,00			
$I_3 = 2{,}693 \cdot 10^{-40}$ g·cm²	60	23,05	10,36	16,31			
$\Theta_{rot,1} = 6{,}84°$ K	80	30,59	14,49	23,95			
$\Theta_{rot,2} = 10{,}23°$ K	100	39,16	19,56	31,69	33,26	33,25	169,0
$\Theta_{rot,3} = 15{,}05°$ K	103,57	40,79	20,26	33,09			
$\Theta_D = 136°$ K; $0 \leq T \leq 16°$ K	103,57	46,02	35,53	48,69	33,26	33,25	170,1
$\Theta_{s,1} = 1777{,}37°$ K	120	55,52	37,24	55,48	33,26	33,38	175,0
$\Theta_{s,2} = 3753{,}18°$ K	126,24	69,04	38,39	58,74			
$\Theta_{s,3} = 3861{,}03°$ K	126,24	55,23	42,41	62,34	33,26	33,25	176,7
$\Delta H_{0,f \to g} = 24{,}686$ kJ/Mol	140	55,77	43,70	68,00	33,27	33,25	180,2
$\Delta H_{f \to fl} = 2{,}378$ kJ/Mol	160	57,11	45,29	75,51	33,27	33,25	184,6
$\Delta H_{fl \to g} = 18{,}673$ kJ/Mol	187,6	61,34	47,29	84,80			
$\Delta H^0_{0,g} = -17{,}27$ kJ/Mol	187,6	67,70	59,96	97,47	33,33	33,25	190,0
$\Delta H^0_{298,15,g} = -20{,}17$ kJ/Mol	200	68,03	60,45	101,78	33,36	33,26	192,0
$Trp = 187{,}6°$ K	212,85	68,32	60,92	105,99			
$Kp = 212{,}85°$ K	212,85		149,24	194,22	33,41	33,28	194,01
$j_k = -0{,}908$	220				33,44	33,29	195,2
$j_p = -0{,}897$	240				33,56	33,30	198,1
$s = 2$	260				33,71	33,33	200,8
$S_{0,g} = 15{,}87$ J/(Molgrd)	280				33,89	33,35	203,3

	T	Idealer Gaszustand Bildungsreaktion			Idealer Gaszustand S_T^0 für $p=1$ atm		
		ΔS_B^0	ΔH_B^0	$\frac{\Delta G_B^0}{T}$	C_p^0	$\frac{H_T^0-H_0^0}{T}$	S_T^0
	°K	J/(Molgrd)	kJ/Mol	J/(Molgrd)	J/(Molgrd)		
$H_2+\frac{1}{2}S_{2,g}\rightarrow H_2S$	400	−42,34	−85,80	−172,2	35,60	33,75	215,7
	500	−44,50	−86,81	−129,1	37,21	34,28	223,8
	600	−45,90	−87,69	−100,2	38,96	34,91	230,8
	700	−47,44	−88,44	−78,90	40,78	35,62	236,9
	800	−48,15	−89,03	−63,14	42,58	36,38	242,5
	900	−48,65	−89,49	−50,78	44,30	37,16	247,6
	1000	−49,02	−89,78	−40,76	45,88	37,96	252,3
	1200	−49,37	−90,16	−25,77	48,60	39,51	261,0
	1500	−49,48	−90,16	−10,63	51,66	41,66	272,2

SF_6 Schwefelhexafluorid ($M=146{,}05$), Darstellung I

Charakteristische Daten und Bildungsreaktion	T	Kondensierter Zustand			Idealer Gaszustand S_T^0 für $p=1$ atm		
		C_p^0	$\frac{H_T^0-H_0^0}{T}$	$S_T^0-S_0^0$	C_p^0	$\frac{H_T^0-H_0^0}{T}$	S_T^0
	°K	J/(Molgrd)			J/(Molgrd)		
$I_1=305\cdot10^{-40}$ g·cm²	20	22,64	7,97	11,30			
$\Theta_{\text{rot},1}=0{,}13°$ K	40	42,93	21,15	34,27			
$\Theta_D=63{,}3°$ K; $0\leqq T\leqq 13°$ K	60	52,34	30,05	53,60			
$\Theta_{s,1}=$ 887 (E) °K	80	60,63	36,61	69,66	35,10	33,56	214,5
$\Theta_{s,2}=$ 520 (E) °K	94,30	71,1	41,56	80,42			
$\Theta_{s,3}=$ 755 (E) °K	94,30	56,6	94,85	97,49			
$\Theta_{s,4}=1114°$ K	100	58,32	92,67	103,89	38,21	34,15	221,7
$\Theta_{s,5}=$ 927 (E) °K	120	64,43	87,45	115,06	42,80	35,18	229,9
$\Theta_{s,6}=1388$ (E) °K	140	71,38	85,81	125,48	48,56	36,66	236,9
$\Delta H_{0,f\rightarrow g}=31{,}55$ kJ/Mol	160	79,29	84,52	135,52	54,80	38,54	243,8
$\Delta H_{f\rightarrow g}(186°\,\text{K})$	180	89,66	84,47	145,44	61,44	40,70	250,7
$=23{,}49$ kJ/Mol	186	93,3	84,68	148,41			
$\Delta H_{0,f}^0=-1118$ kJ/Mol	186		211,01	259,37		41,39	253,1
	200				68,04	43,11	257,5
$\Delta H_{0,g}^0=-1110$ kJ/Mol	240				80,7	48,34	270,8
$\Delta H_{298,15,g}^0=-1096$ kJ/Mol	280				91,7	53,65	284,3
$T_{f\rightarrow g}(760\,\text{Torr})=209{,}5°$ K	298,15				96,1	56,23	290,4
$j_k=1{,}843$							
$j_p=2{,}17$							
$s=24$							
$S_{0,g}=68{,}53$ J/(Molgrd)							

SO_2 und SO_3, Darstellung I

Charakteristische Daten und Bildungsreaktion	T	Kondensierter Zustand			Idealer Gaszustand S_T^0 für $p=1$ atm		
		C_p^0	$\frac{H_T^0-H_0^0}{T}$	$S_T^0-S_0^0$	C_p^0	$\frac{H_T^0-H_0^0}{T}$	S_T^0
	°K	J/(Molgrd)			J/(Molgrd)		
		SO_2 Schwefeldioxid ($M=64{,}063$)[1]					
$I_1=13{,}3\cdot10^{-40}$ g·cm²	20	6,95	1,10	2,68			
$I_2=86{,}2\cdot10^{-40}$ g·cm²	40	24,18	8,90	12,92			
$I_3=99{,}4\cdot10^{-40}$ g·cm²	60	36,07	16,11	25,23			
$\Theta_{rot,1}=3{,}04°$ K	80	43,18	22,00	36,67			
$\Theta_{rot,2}=0{,}47°$ K	100	48,07	26,74	46,85	33,51	33,28	209,0
$\Theta_{rot,3}=0{,}41°$ K	120	51,88	30,62	55,99			
$\Theta_D=120°$ K; $0\leqq T\leqq15°$ K	140	55,69	33,92	64,26	34,38	33,45	220,5
$\Theta_{s,1}=755°$ K	160	59,96	36,91	71,98	34,99	33,65	225,1
$\Theta_{s,2}=1647°$ K	180	64,12	39,71	79,28	35,64	33,81	229,3
$\Theta_{s,3}=1918°$ K	197,64	68,24	42,11	85,50			
$\Delta H_{0,f\to g}=37{,}28$ kJ/Mol	197,64	87,78	79,56	122,95	36,24	33,99	232,6
$\Delta H_{f\to fl}=7{,}401$ kJ/Mol	200	87,74	79,67	123,99	36,31	34,02	233,0
$\Delta H_{fl\to g}=24{,}94$ kJ/Mol	220	87,28	80,38	132,34	37,01	34,27	236,7
$\Delta H_{0,f}^0=-322{,}8$ kJ/Mol	240	86,86	80,94	139,92	37,72	34,53	239,9
	260	86,44	81,38	146,86	38,45	34,81	242,8
$\Delta H_{0,g}^0=-294{,}4$ kJ/Mol	263,08	86,36	81,44	147,87			
$\Delta H_{298,15,g}^0=-296{,}9$ kJ/Mol	263,08		176,55	243,04	38,56	34,85	243,34
	280				39,18	35,09	245,7
$Trp=197{,}64°$ K							
$Kp=263{,}08°$ K							
$p_{Trp}=1{,}256$ Torr							
$j_k=1{,}187$							
$j_p=1{,}171$							
$S_{0,g}=55{,}96$ J/(Molgrd)							
$s=2$							

Charakteristische Daten und Bildungsreaktion	T	Idealer Gaszustand Bildungsreaktion			Idealer Gaszustand S_T^0 für $p=1$ atm		
		ΔS_B^0	ΔH_B^0	$\frac{\Delta G_B^0}{T}$	C_p^0	$\frac{H_T^0-H_0^0}{T}$	S_T^0
	°K	J/(Molgrd)	kJ/Mol	J/(Molgrd)	J/(Molgrd)		
$\frac{1}{2}S_{2,g}+O_2\to SO_2$	298,15	−71,0	−361,4	−1141,1	39,87	35,35	248,1
	400	−72,5	−361,9	−832,2	43,47	36,99	260,3
	500	−73,0	−362,2	−651,4	46,53	38,58	270,4
	600	−73,2	−362,3	−530,6	48,99	40,17	279,1
	700	−73,3	−362,3	−444,3	50,92	41,59	286,8
	800	−73,3	−362,3	−379,6	52,43	42,84	293,7
	900	−73,2	−362,2	−329,2	53,64	43,97	300,0
	1000	−73,1	−362,1	−289,0	54,52	44,98	305,6
	1500	−72,5	−361,3	−168,4	57,11	48,70	328,4
		SO_3 Schwefeltrioxid ($M=80{,}064$)					
$\frac{1}{2}S_{2,g}+\frac{3}{2}O_2\to SO_3$	298,15	−165,6	−459,8	−1376,6	50,63	38,91	256,0
$I_1=81{,}5\cdot10^{-40}$ g·cm²	400	−167,6	−460,4	−983,4	58,83	42,89	272,0
$I_2=81{,}5\cdot10^{-40}$ g·cm²	500	−167,7	−460,7	−753,7	65,52	46,78	285,9
$I_3=163{,}0\cdot10^{-40}$ g·cm²	600	−166,9	−460,2	−600,1	70,71	50,38	298,3
$\Theta_{rot,1}=0{,}494°$ K	700	−166,3	−459,7	−490,4	74,73	53,56	309,5
$\Theta_{rot,2}=0{,}494°$ K	800	−165,2	−458,9	−408,4	77,86	56,40	319,7
$\Theta_{rot,3}=0{,}247°$ K	900	−164,0	−457,9	−344,8	80,46	58,91	329,1
$\Theta_{s,1}=1536°$ K	1000	−162,8	−456,3	−293,5	82,68	61,21	337,7
$\Theta_{s,2}=1915$ (E) °K	1100	−162,1	−455,5	−252,0	84,56	63,26	345,7
$\Theta_{s,3}=762°$ K	1300	−159,3	−452,7	−188,9	87,70	66,78	360,0
$\Theta_{s,4}=805$ (E) °K	1500	−157,7	−449,5	−142,5	90,29	69,75	372,7
$\Delta H_{0,g}^0=-453{,}9$ kJ/Mol							

[1] Für den Sättigungszustand, s. S. 1389.

UF_6 Uranhexafluorid ($M = 352{,}02$), Darstellung I

Charakteristische Daten	T	Kondensierter Zustand		
		C_p^0	$\frac{H_T^0 - H_0^0}{T}$	$S_T^0 - S_0^0$
	°K	J/(Molgrd)		
$_1 = 508\cdot10^{-40}$ g·cm²	20	17,00	5,855	8,2
$H_{f\to fl} = 19{,}2$ kJ/Mol	40	40,31	17,35	27,3
$rp = 337{,}21°$ K	60	62,33	28,75	47,9
$p = 329$ (subl.) °K	80	80,32	39,47	68,4
$_{Trp} = 1133$ Torr	100	94,07	49,10	87,8
$= 24$	160	122,3	71,64	138,7
	200	136,6	83,24	167,5
	260	155,4	97,76	205,8
	298,15	166,7	105,9	227,8
	320	174,8	110,3	239,9
	337,21	181,9	113,8	249,2
	337,21	190,7	170,7	306,1
	340	191,1	170,9	307,7
	360	193,8	172,1	318,7

6323. Organische Verbindungen

CCl_2O Phosgen ($M = 98{,}92$), Darstellung I

Charakteristische Daten und Bildungsreaktion	T	Kondensierter Zustand			Idealer Gaszustand S_T^0 für $p = 1$ atm		
		C_p^0	$\frac{H_T^0 - H_0^0}{T}$	$S_T^0 - S_0^0$	C_p^0	$\frac{H_T^0 - H_0^0}{T}$	S_T^0
	°K	J/(Molgrd)			J/(Molgrd)		
$_1 = 105{,}4\cdot10^{-40}$ g·cm²	20	14,48	3,85	5,90			
$_2 = 240{,}1\cdot10^{-40}$ g·cm²	40	33,36	13,64	22,09			
$_3 = 345{,}5\cdot10^{-40}$ g·cm²	60	43,47	21,51	37,61	33,70	33,31	215,9
$_{\mathrm{rot},1} = 0{,}38°$ K	80	49,92	26,53	51,42	34,84	33,54	225,8
$_{\mathrm{rot},2} = 0{,}17°$ K	100	55,15	32,53	62,72	36,57	33,96	233,7
$_{\mathrm{rot},3} = 0{,}12°$ K	120	60,04	37,49	73,18	38,73	34,57	240,6
$_D = 89°$ K; $0 < T < 15°$ K	140	64,89	40,38	82,84	40,85	35,33	247,2
$_{s,1} = 817°$ K	145,40	66,19	41,46	85,44			
$_{s,2} = 2592°$ K	145,40	105,02	80,93	124,9			
$_{s,3} = 408°$ K	160	102,76	83,04	134,9	43,74	36,21	252,4
$_{s,4} = 1202°$ K	180	100,88	85,14	146,8	46,11	37,18	257,7
$_{s,5} = 630°$ K	200	99,70	86,65	157,4	48,50	38,20	262,7
$_{s,6} = 337°$ K	220	99,45	87,82	166,9	50,71	39,23	267,4
$H_{0,g}^0 = 222{,}7$ kJ/Mol	240	99,87	88,80	175,5	52,77	40,28	271,9
$H_{0,f\to g} = 38{,}00$ kJ/Mol	260	100,37	89,68	183,5	54,69	41,32	277,0
$H_{f\to fl} = 5{,}736$ kJ/Mol	280	100,79	90,45	191,0	56,40	42,33	280,4
$H_{fl\to g} = 24{,}37$ kJ/Mol	280,78	100,79	90,45	191,2	56,40	42,33	280,5
$rp = 145{,}40°$ K	280,78		177,59	278,5	56,40	42,33	280,5
$p = 280{,}78°$ K							
$= 2{,}43$							
$= 2{,}33$							
$= 0{,}10$							
$_{0,f} = 2{,}0$ J/(Molgrd)							
$= 2$							

	T	Idealer Gaszustand Bildungsreaktion			Idealer Gaszustand S_T^0 für $p = 1$ atm		
		ΔS_B^0	ΔH_B^0	$\frac{\Delta G_B^0}{T}$	C_p^0	$\frac{H_T^0 - H_0^0}{T}$	S_T^0
	°K	J/(Molgrd)	kJ/Mol	J/(Molgrd)	J/(Molgrd)		
$\mathrm{Graphit} + \frac{1}{2}O_2 + Cl_2 \to$	298,15	−41,8	−223,0	−706,1	59,0	45,0	286,0
$\to COCl_{2,g}$	400	−40,7	−222,8	−516,3	65,98	50,52	308,0
	600	−39,3	−220,3	−327,9	72,09	56,75	336,1
	800	−38,3	−218,0	−234,2	75,60	61,09	357,3
	1000	−38,5	−215,3	−176,8	77,78	64,24	374,4

CCl_4 Tetrachlormethan ($M = 153,82$), Darstellung I

Charakteristische Daten und Bildungsreaktion

$I_1 = I_2 = I_3 = 500 \times 10^{-40}\ g \cdot cm^2$
$\Theta_{rot,1} = 0,078°\ K$
$\Theta_D = 76°\ K;\ 0 < T < 18°\ K$
$\Theta_{s,1} = 312$ (E) °K
$\Theta_{s,2} = 450$ (F) °K
$\Theta_{s,3} = 660°$ K
$\Theta_{s,4} = 1091, 1136$ (F) °K[1]
$\Delta H_{0,f \to g} = 41,97$ kJ/Mol
$\Delta H_{f \to fl} = 2,515$ kJ/Mol
$\Delta H_{fl \to g} = 30,00$ kJ/Mol
$\Delta H^0_{0,f} = -92,1$ kJ/Mol
$\Delta H^0_{0,g} = -104,7$ kJ/Mol
$\Delta H^0_{298,15,g} = -106,7$ kJ/Mol
$Trp = 250,3°$ K
$Kp = 349,8°$ K
$j_k = 2,514$
$j_p = 2,419$
$j_f = 0,095$
$S_{0,f} = [1,82]$ J/(Molgrd)
$S_{0,g} = 81,36$ J/(Molgrd)
$s = 12$

T	Kondensierter Zustand			Idealer Gaszustand S^0_T für $p = 1$ atm		
	C^0_p	$\frac{H^0_T - H^0_0}{T}$	$S^0_T - S^0_0$	C^0_p	$\frac{H^0_T - H^0_0}{T}$	S^0_T
°K	J/(Molgrd)			J/(Molgrd)		
20	21,13	5,548	7,74			
40	40,92	19,18	29,88			
60	50,42	28,11	48,41			
80	58,91	34,76	64,06			
100	66,94	40,41	78,16			
120	74,48	45,46	91,06			
140	81,50	50,11	103,3	57,97	41,63	253,1
160	88,32	54,46	114,7	62,96	44,02	264,9
180	95,40	58,64	125,5	66,97	46,36	272,5
200	103,34	62,68	135,9	70,51	48,49	280,9
220	113,14	66,81	146,4	73,76	50,71	286,6
240	120,67	90,15	176,8	76,58	52,57	293,0
250,3	124,56	91,47	181,9			
250,3	129,96	101,5	192,0	78,04	53,67	296,2
260	130,33	102,9	196,9	79,4	54,71	299,2
280	131,08	104,6	207,0	81,8	56,56	307,1
298,15	131,67	106,2	214,8			
298,15		199,9	308,5	83,56	57,9	310,3

Bildungsreaktion	T	Idealer Gaszustand Bildungsreaktion			Idealer Gaszustand S^0_T für $p = 1$ atm		
		ΔS^0_B	ΔH^0_B	$\frac{\Delta G^0_B}{T}$	C^0_p	$\frac{H^0_T - H^0_0}{T}$	S^0_T
	°K	J/(Molgrd)	kJ/Mol	J/(Molgrd)	J/(Molgrd)		
$C_{Graphit} + 2\,Cl_2 \to CCl_4$	298,15	−142,0	−106,7	−215,9			
	400	−139,5	−105,9	−125,2	91,71	65,48	335,5
	500	−137,4	−104,9	−72,4	96,61	71,25	356,5
	600	−135,6	−104,0	−37,7	99,66	75,73	374,4
	700	−134,2	−103,0	−12,9	101,7	79,33	389,9
	800	−133,0	−102,1	5,4	103,1	82,22	403,6
	900	−131,7	−101,2	19,1	104,1	84,60	416,0
	1000	−131,0	−100,3	30,7	104,8	86,57	426,8

[1] aufgespalten

CF_4 Tetrafluormethan (M=88,00), Darstellung I

Charakteristische Daten und Bildungsreaktion	T (°K)	Kondensierter Zustand C_p^0 J/(Molgrd)	Kondensierter Zustand $\frac{H_T^0-H_0^0}{T}$ J/(Molgrd)	Kondensierter Zustand $S_T^0-S_0^0$ J/(Molgrd)	Idealer Gaszustand S_T^0 für p=1 atm C_p^0 J/(Molgrd)	Idealer Gaszustand $\frac{H_T^0-H_0^0}{T}$ J/(Molgrd)	Idealer Gaszustand S_T^0 J/(Molgrd)
$I_1=I_2=I_3=101,3\times$	0						[54,10]
$\times 10^{-40}$ g·cm²	20	20,29	6,88	9,71			
$\Theta_{rot,1}$ =0,4° K	40	42,80	19,54	31,34			
$\Theta_{s,1}$ = 628 (E) °K	60	58,07	29,86	51,55	33,35	33,23	190,1
$\Theta_{s,2}$ = 913 (F) °K	80	67,36	56,65	89,20	33,73	33,33	199,7
$\Theta_{s,3}$ =1300° K	89,47	67,07	57,78	96,86			
$\Theta_{s,4}$ =1800 (F) °K	89,47	78,49	65,91	104,7	34,13	33,40	204,1
$\Delta H_{0,f\to g}$ =17,385 kJ/Mol	100	78,00	66,64	113,4	34,76	33,50	207,2
$\Delta H_{f\to fl}$ = 0,700 kJ/Mol	120	78,37	68,83	127,8	36,49	33,84	213,8
$\Delta H_{fl\to g}$ (122° K)	122[1]	78,49	69,30	129,0			
= 13,05 kJ/Mol	122		176,4	219,43	36,50	33,87	214,44
$\Delta H_{0,f}^0$ =−677,7 kJ/Mol	140				38,76	34,36	219,6
$\Delta H_{0,g}^0$ =−676,9 kJ/Mol	160				41,60	35,10	225,0
	180				44,37	35,95	230,0
$\Delta H_{298,15,g}^0$=−679,9 kJ/Mol	200				47,28	37,00	234,8
Trp = 89,47° K	240				53,84	39,29	244,0
Kp =145,14° K	280				58,75	41,66	252,7
k =1,09							
p =1,35							
f =−0,26							
$S_{0,f}$ =[−4,99] J/(Molgrd)							
s=12							

	T (°K)	Idealer Gaszustand Bildungsreaktion ΔS_B^0 J/(Molgrd)	Idealer Gaszustand Bildungsreaktion ΔH_B^0 kJ/Mol	Idealer Gaszustand Bildungsreaktion $\frac{\Delta G_B^0}{T}$ J/(Molgrd)	Idealer Gaszustand S_T^0 für p=1 atm C_p^0 J/(Molgrd)	Idealer Gaszustand $\frac{H_T^0-H_0^0}{T}$ J/(Molgrd)	Idealer Gaszustand S_T^0 J/(Molgrd)
$C_{Graphit}+2F_2\to CF_4$	298,15	−149,1	−908,3	−2897	61,21	42,72	260,0
	400	−151,7	−909,1	−2124	72,63	48,95	281,3
	500	−152,2	−909,4	−1667	80,96	54,56	298,8
	600	−152,4	−909,6	−1364	87,03	59,50	314,1
	700	−152,3	−909,5	−1147	91,42	63,76	327,9
	800	−152,1	−909,3	−984,5	94,68	67,45	340,3
	900	−151,8	−909,0	−858,2	97,07	70,85	351,6
	1000	−151,4	−908,7	−757,3	98,95	73,35	362,0

[1] p(122° K)=136,5 Torr.

CH_4 Methan ($M=16{,}04$), Darstellung I

Charakteristische Daten und Bildungsreaktion	T	Kondensierter Zustand			Idealer Gaszustand S_T^0 für $p=1$ atm		
		C_p^0	$\frac{H_T^0-H_0^0}{T}$	$S_T^0-S_0^0$	C_p^0	$\frac{H_T^0-H_0^0}{T}$	S_T^0
	°K	J/(Molgrd)			J/(Molgrd)		
$I=5{,}47\cdot10^{-40}$ g·cm²	0						[−3,36]
$\Theta_{rot}=7{,}41°$ K	20	41,84	6,673	9,04			
$\Theta_D=78°$ K; $0<T<10°$ K	21	18,83	9,523	12,26			
$\Theta_{s,1}=1876{,}6$ (E) °K	40	28,66	18,45	27,40			
$\Theta_{s,2}=2186$ (E) °K	60	35,35	21,65	40,42	33,46	33,61	132,5
$\Theta_{s,3}=4190°$ K	80	40,58	25,66	51,30	33,43	33,58	142,2
$\Theta_{s,4}=4343$ (F) °K	90,64	43,10	27,56	56,53			
$\Delta H_{0,f\to g}=9{,}186$ kJ/Mol	90,64	55,44	37,90	66,86	33,43	33,56	146,1
$\Delta H_{f\to fl}=0{,}938$ kJ/Mol	100	54,81	39,51	72,83	33,42	33,55	149,6
$\Delta H_{fl\to g}=8{,}255$ kJ/Mol	111,7	54,81	41,12	78,66			
$\Delta H_{0,f}^0=-74{,}69$ kJ/Mol	111,7		115,8	153,01	33,41	33,53	153,51
$\Delta H_{0,g}^0=-66{,}91$ kJ/Mol	120				33,41	33,53	155,7
$\Delta H_{298,15,g}^0$	160				33,42	33,50	165,7
	200				33,60	33,49	172,7
$=-74{,}848$ kJ/Mol	260				34,60	33,61	181,6
$Trp=90{,}64°$ K							
$Kp=111{,}7°$ K							
$p_{Trp}=87{,}4$ Torr							
$j_k=-1{,}914$							
$j_p=-1{,}940$							
$j_f=0{,}026$							
$S_{0,f}=[0{,}50]$ J/(Molgrd)							
$s=12$							

	T	Idealer Gaszustand Bildungsreaktion			Idealer Gaszustand S_T^0 für $p=1$ atm		
		ΔS_B^0	ΔH_B^0	$\frac{\Delta G_B^0}{T}$	C_p^0	$\frac{H_T^0-H_0^0}{T}$	S_T^0
	°K	J/(Molgrd)	kJ/Mol	J/(Molgrd)	J/(Molgrd)		
$C_{Graphit}+2H_2\to CH_4$	298,15	−80,73	−74,85	−170,7	35,79	33,81	186,2
	400	−89,59	−77,94	−105,2	40,74	34,76	197,4
	500	−95,9	−80,76	−65,40	46,58	36,53	207,1
	600	−100,4	−83,23	−38,29	52,49	38,70	216,1
	700	−103,7	−85,36	−18,25	58,07	41,07	224,6
	800	−106,0	−87,12	−2,88	63,18	43,52	232,7
	900	−107,8	−88,56	9,36	67,82	45,96	240,4
	1000	−109,0	−89,66	19,31	72,01	48,37	247,7
	1500	−111,1	−92,3	49,23	86,7	58,95	280,0

C^2H_4 Deuteromethan ($M=20{,}07$), Darstellung I

Charakteristische Daten und Bildungsreaktion	T	Kondensierter Zustand			Idealer Gaszustand S_T^0 für $p=1$ atm		
		C_p^0	$\frac{H_T^0-H_0^0}{T}$	$S_T^0-S_0^0$	C_p^0	$\frac{H_T^0-H_0^0}{T}$	S_T^0
	°K	J/(Molgrd)			J/(Molgrd)		
$I_1=10{,}44\cdot10^{-40}$ g·cm²	0						[7,41]
$I_2=10{,}44\cdot10^{-40}$ g·cm²	20	20,92	5,263	7,45			
$I_3=10{,}44\cdot10^{-40}$ g·cm²	21,75	42,05	6,939	9,62			
$\Theta_{rot,1}=3{,}88°$ K	22,75	31,38	10,27	13,35			
$\Theta_{rot,2}=3{,}88°$ K	24,75	35,56	11,97	15,94			
$\Theta_{rot,3}=3{,}88°$ K	28,75	31,80	18,846	24,98			
$\Theta_D=84{,}5°$ K; $0<T<15°$ K	40	34,52	22,895	35,77			
$\Theta_{s,1}=1545{,}8$ (E) °K	60	39,12	27,40	50,71			
$\Theta_{s,2}=1432{,}2$ (F) °K	80	42,89	31,18	62,26	33,38	33,49	152,8
$\Theta_{s,3}=2998{,}2°$ K	89,78	44,77	33,65	67,32			
$\Theta_{s,4}=3248{,}4$ (F) °K	89,78	56,07	43,70	77,36	33,38	33,48	156,7
$\Delta H_{0,f\to g}=9{,}796$ kJ/Mol	100	56,90	44,97	83,47	33,38	33,47	160,3
$\Delta H_{f\to fl}=0{,}9025$ kJ/Mol	112	57,74	46,29	89,96			
$\Delta H_{fl\to g}=8{,}276$ kJ/Mol	112		120,9	164,26	33,38	33,46	163,89
$Trp=89{,}78°$ K	160				33,72	33,47	175,9
$Kp=112°$ K	200				34,79	33,61	183,5
$p_{Trp}=78{,}9$ Torr; $j_k=-1{,}35$	260				38,04	34,22	193,1
$j_p=-1{,}33$; $j_f=-0{,}02$	298,15				40,78	34,88	198,4
$S_{0,f}=[-0{,}37]$ J/(Molgrd)							
$s=12$							

CH_5N Methylamin, Sättigungszustand, Darstellung II
$M=31{,}06$, $F=-92{,}5°$ C, $Kp\,(719$ Torr$)=-7{,}55°$ C
Bei 0° C ist $h'=0$ und $s'=0$ gesetzt

ϑ	p	v'	v''	h'	h''	Δh_v	s'	s''
°C	at	cm³/g		J/g			J/(ggrd)	
−30	0,320	1,386	2032,3	−92,34	781,30	873,64	−0,3599	3,2326
−25	0,422	1,397	1575,9	−77,35	788,92	866,27	−0,2989	3,1920
−20	0,547	1,408	1239,0	−62,20	796,41	858,61	−0,2377	3,1539
−15	0,705	1,420	976,62	−46,88	803,78	850,66	−0,1771	3,1179
−10	0,891	1,432	784,35	−31,39	811,02	842,41	−0,1172	3,0836
−5	1,124	1,444	631,39	−15,78	818,14	833,92	−0,5818	3,0510
+0	1,394	1,456	516,93	0	825,13	825,13	0	3,0200
+5	1,722	1,469	424,23	15,90	831,95	816,04	+0,5776	2,9911
+10	2,100	1,482	352,93	31,94	838,73	806,79	1,1511	2,9639
+15	2,550	1,496	294,54	48,14	845,43	797,29	1,7161	2,9379
+20	3,060	1,510	248,82	64,54	852,04	787,50	2,2770	2,9137
+25	3,660	1,524	210,64	81,16	858,57	777,41	2,8337	2,8906
+30	4,326	1,538	184,95	97,99	865,02	767,03	3,3862	2,8689
+35	5,105	1,563	154,49	15,06	871,42	756,36	3,9429	2,8488
+40	5,960	1,569	134,18	132,35	877,78	745,43	4,4954	2,8300
+45	6,944	1,585	116,56	149,93	884,15	734,22	5,0480	2,8124
+50	8,016	1,602	102,18	167,80	890,51	722,71	5,6047	2,7965

C_2H_2 Acetylen ($M=26{,}04$), Darstellung I

Charakteristische Daten und Bildungsreaktion	T	Idealer Gaszustand, S^0_T für $p=1$ atm					
		Bildungsreaktion			Thermodynamische Funktionen		
		ΔS^0_B	ΔH^0_B	$\frac{\Delta G^0_B}{T}$	C^0_p	$\frac{H^0_T-H^0_0}{T}$	S^0_T
	°K	J/(Molgrd)	kJ/Mol	J/(Molgrd)	J/(Molgrd)		
1=23,79 g . cm²	298,15	58,75	226,7	701,8	43,93	33,56	200,8
2=23,79 g·cm²	300	58,75	226,7	697,1	44,07	33,62	201,1
3=23,79 g·cm²	400	58,09	226,5	508,1	50,10	37,04	214,7
$_{rot,1}=1{,}69°$ K	500	57,35	226,1	394,9	54,25	40,09	226,3
$_{rot,2}=1{,}69°$ K	600	56,46	225,6	319,6	57,44	42,73	236,5
$_{rot,3}=1{,}69°$ K	700	55,52	225,0	266,0	60,11	45,03	245,6
$_{s,1}=$ 880 (E) °K	800	54,61	224,4	225,9	62,48	47,07	253,3
$_{s,2}=1048$ (E) °K	900	53,84	223,7	194,7	64,64	48,91	261,2
$_{s,3}=4849°$ K	1000	53,09	223,0	169,9	66,62	50,58	268,2
$_{s,4}=4728°$ K	1500	50,59	219,9	96,0	74,07	57,30	296,7
$_{s,5}=2837°$ K							
$H^0_{0,g}=227{,}31$ kJ/Mol							
=2							
ubl. 189,5° K							
$C_{Graphit}+H_2\rightarrow C_2H_2$							

C_2H_2 Acetylen, Sättigungszustand, Darstellung II

p	T	V'	V''	H'	H''	S'	S''
atm	°K	cm³/Mol		J/Mol		J/(Molgrd)	
2	200,9	43,0	7840	10,711	26,755	111,88	191,75
3	209,4	43,9	5400	11,594	26,968	116,16	189,61
5	221,5	45,4	3290	12,838	27,236	122,01	187,02
7	230,4	46,7	2361	13,758	27,404	125,99	185,25
10	240,7	48,4	1654	14,721	27,559	129,97	183,29
15	253,2	50,9	1093	15,680	27,647	133,69	180,95
20	263,0	53,2	804	16,358	27,642	136,24	179,15
25	271,6	55,5	626	17,023	27,605	138,71	177,68
30	278,9	58,0	503	17,701	27,525	141,02	176,26
35	284,9	60,3	414	18,325	27,387	143,11	174,92
40	290,4	62,9	345	18,940	27,123	145,24	173,41
50	300,0	70,2	243	20,259	26,487	149,43	170,19
60	307,8	87,3	159	22,130	25,219	155,37	165,42
61,55	308,7	112,9		23,653		160,40	

C_2H_4 Äthen ($M = 28{,}05$), Darstellung I

Charakteristische Daten und Bildungsreaktion

$I_1 = 5{,}75 \cdot 10^{-40}$ g·cm²
$I_2 = 28{,}09 \cdot 10^{-40}$ g·cm²
$I_3 = 33{,}84 \cdot 10^{-40}$ g·cm²
$\Theta_{rot,1} = 7{,}01°$ K
$\Theta_{rot,2} = 1{,}44°$ K
$\Theta_{rot,3} = 1{,}19°$ K
$\Theta_D = 128°$ K; $0 < T < 15°$ K
$\Theta_{s,1} = 1180°$ K; $\Theta_{s,2} = 1366°$ K
$\Theta_{s,3} = 1582°$ K; $\Theta_{s,4} = 1930°$ K
$\Theta_{s,5} = 2076°$ K; $\Theta_{s,6} = 1360°$ K
$\Theta_{s,7} = 1366°$ K; $\Theta_{s,8} = 2334°$ K
$\Theta_{s,9} = 4341°$ K; $\Theta_{s,10} = 4298°$ K
$\Theta_{s,11} = 4415°$ K; $\Theta_{s,12} = 4465°$ K
$\Delta H_{0,f \to g} = 18{,}985$ kJ/Mol
$\Delta H_{f \to fl} = 3{,}351$ kJ/Mol
$\Delta H_{fl \to g} = 13{,}544$ kJ/Mol
$\Delta H^0_{0,f} = 45{,}38$ kJ/Mol
$\Delta H^0_{0,g} = 60{,}74$ kJ/Mol
$\Delta H^0_{298,15,g} = 52{,}28$ kJ/Mol
$Trp = 103{,}95°$ K
$Kp = 169{,}40°$ K
$j_k = -0{,}303$
$j_p = -0{,}306$
$S_{0,g} = 27{,}45$ J/(Molgrd)
$s = 4$
$2C_{Graphit} + 2H_2 \rightarrow C_2H_4$

T	Kondensierter Zustand C_p^0	$\frac{H_T^0 - H_0^0}{T}$	$S_T^0 - S_0^0$	Idealer Gaszustand S_T^0 für $p = 1$ atm: C_p^0	$\frac{H_T^0 - H_0^0}{T}$	S_T^0
°K	J/(Molgrd)			J/(Molgrd)		
20	6,36	1,71	2,32			
40	23,70	8,37	12,00			
60	37,33	15,84	24,28	33,29	33,28	163,5
80	48,33	22,55	36,48	33,29	33,28	173,1
100	71,34	29,48	49,15	33,30	33,28	180,5
103,95	83,68	31,30	52,22			
103,95	69,29	63,53	84,46	33,30	33,28	181,8
120	68,24	64,23	94,32	33,32	33,28	186,6
140	67,45	64,75	104,8	33,56	33,31	191,7
160	67,11	65,06	113,8	33,99	33,36	196,2
169,40	67,24	65,17	117,6			
169,40		145,48	198,20	34,26	33,41	198,1
180				34,69	33,47	200,3
200				35,62	33,62	203,9
220				36,74	33,87	207,4
240				38,32	34,17	210,7
260				40,06	34,57	213,8
280				41,87	35,09	216,8

T	Idealer Gaszustand Bildungsreaktion ΔS_B^0	ΔH_B^0	$\frac{\Delta G_B^0}{T}$	Idealer Gaszustand S_T^0 für $p = 1$ atm: C_p^0	$\frac{H_T^0 - H_0^0}{T}$	S_T^0
°K	J/(Molgrd)	kJ/Mol	J/(Molgrd)	J/(Molgrd)		
298,15	−53,21	52,28	228,6	43,63	35,49	219,4
400	−61,81	49,23	184,9	53,97	38,83	233,8
500	−67,83	46,60	161,0	63,43	42,80	246,8
600	−71,95	44,35	145,9	71,55	46,94	259,1
700	−74,94	42,43	135,5	78,49	50,96	270,6
800	−77,04	40,84	128,1	84,52	54,81	281,5
900	−78,47	39,53	122,4	89,79	58,41	291,8
1000	−79,70	38,51	118,2	94,43	61,76	301,5
1500	−81,76	36,02	105,8	110,29	75,60	343,1

C_2H_6 Äthan ($M=30{,}07$), Darstellung I

Charakteristische Daten und Bildungsreaktion	T	Kondensierter Zustand			Idealer Gaszustand S_T^0 für $p=1$ atm		
		C_p^0	$\frac{H_T^0-H_0^0}{T}$	$S_T^0-S_0^0$	C_p^0	$\frac{H_T^0-H_0^0}{T}$	S_T^0
	°K	J/(Molgrd)			J/(Molgrd)		
$I_1=I_2=40{,}1\cdot10^{-40}$ g·cm²	20	6,42	1,680	2,26			
$I_3=10{,}8\cdot10^{-40}$ g·cm²	40	24,87	8,468	12,13			
$\vartheta_{rot,1}=1{,}01°$ K	60	39,54	16,46	25,10			
$\vartheta_{rot,2}=1{,}01°$ K	80	53,22	23,95	38,24			
$\vartheta_{rot,3}=3{,}73°$ K	89,87	59,8	27,53	44,95			
$\vartheta_D=131°$ K; $0<T<15°$ K	89,87	68,2	59,32	76,75			
$\vartheta_{s,1}=1189$ (E) °K	100	68,53	60,40	84,00	35,67	33,18	183,3
$\vartheta_{s,2}=1427°$ K	120	69,25	61,68	96,58	36,79	34,21	189,9
$\Theta_{s,3}=1682$ (E) °K	140	69,83	62,79	107,3	38,00	34,56	195,7
$\Theta_{s,4}=1933°$ K	160	70,84	63,73	116,7	39,20	35,14	200,7
$\Theta_{s,5}=1983°$ K	180	72,22	64,59	125,1	40,51	35,67	206,0
$\Theta_{s,6}=2099$ (E) °K	184,1	72,6	64,76	126,7			
$\Theta_{s,7}=2128$ (E) °K	184,1		145,1	207,25	40,93	35,78	206,4
$\Theta_{s,8}=4141°$ K	200				42,17	36,19	209,8
$\Theta_{s,9}=4206°$ K	220				43,98	36,84	213,9
$\Theta_{s,10}=4228$ (E) °K	240				45,94	37,53	217,7
$\Theta_{s,11}=4285$ (E) °K	260				48,07	38,28	221,6
$\Delta H_{0,f\to g}=20{,}12$ kJ/Mol	280				50,45	39,05	225,2
$\Delta H_{f\to fl}=2{,}857$ kJ/Mol							
$\Delta H_{fl\to g}=14{,}70$ kJ/Mol							
$\Delta H_{0,f}^0=-86{,}39$ kJ/Mol							
$\Delta H_{0,g}^0=-69{,}02$ kJ/Mol							
$\Delta H_{298,15,g}^0=-84{,}67$ kJ/Mol							
$Trp=89{,}87°$ K							
$Kp=184{,}1°$ K							
$j_k=-0{,}662$							
$j_p=-0{,}618$							
$S_{0,g}=20{,}54$ J/(Molgrd)							
$s=18$							

	T	Idealer Gaszustand Bildungsreaktion			Idealer Gaszustand S_T^0 für $p=1$ atm		
		ΔS_B^0	ΔH_B^0	$\frac{\Delta G_B^0}{T}$	C_p^0	$\frac{H_T^0-H_0^0}{T}$	S_T^0
	°K	J/(Molgrd)	kJ/Mol	J/(Molgrd)	J/(Molgrd)		
$2C_{Graphit}+3H_2\to C_2H_2$	298,15	−174,7	−84,67	−109,4	52,70	39,76	228,5
	500	−197,5	−93,88	9,80	78,1	50,29	262,7
	1000	−215,1	−105,8	109,3	122,7	76,5	332,2
	1500	−216,8	−107,7	145,0	146,0	96,2	386,9

C_2H_6O Dimethyläther, Sättigungszustand, Darstellung II
$M=46{,}07$, $F=-140°$ C, $Kp=-24{,}9°$ C. Bei 0° C ist $h'=0$ und $s'=0$ gesetzt

ϑ	p	v'	v''	h'	h''	Δh_v	s'	s''
°C	at	cm³/g		J/g			J/(ggrd)	
−40	0,5080	1,326	824,8	−93,9	392,3	486,2	−0,373	1,712
−35	0,6495	1,337	656,4	−82,4	397,7	480,1	−0,325	1,691
−30	0,820	1,349	528,5	−70,9	402,9	473,8	−0,246	1,673
−25	1,023	1,361	430,3	−59,2	408,2	467,4	−0,228	1,656
−20	1,264	1,374	353,4	−47,6	413,5	461,1	−0,181	1,640
−15	1,547	1,388	292,7	−35,8	418,6	454,4	−0,135	1,626
−10	1,875	1,402	244,6	−24,2	423,8	448,0	−0,089	1,612
−5	2,258	1,417	205,5	−12,0	428,9	440,9	−0,045	1,600
0	2,696	1,433	174,0	0	433,9	433,9	0	1,588
5	3,199	1,449	148,0	12,1	438,8	426,7	0,043	1,577
10	3,767	1,466	126,7	24,2	443,6	419,4	0,086	1,567
15	4,412	1,483	108,9	36,5	448,4	411,9	0,129	1,558
20	5,137	1,501	94,0	49,2	453,0	403,8	0,171	1,549
25	5,948	1,520	81,5	61,2	457,4	396,2	0,212	1,541
30	6,855	1,539	70,8	73,7	461,5	387,8	0,233	1,532
35	7,861	1,559	61,7	86,3	465,6	379,3	0,293	1,524
40	8,983	1,579	53,8	98,9	469,4	370,5	0,333	1,515

C_2H_7N Äthylamin, Sättigungszustand, Darstellung II
$M=45{,}08$, $F=-83{,}25°$ C, $Kp=16{,}6°$ C.
Bei 0° C ist $h'=0$ und $s'=0$ gesetzt

ϑ	p	v'	v''	h'	h''	Δh_v	s'	s''
°C	at	cm³/g		J/g			J/(ggrd)	
−30	0,099	1,352	4549,0	78,31	586,96	665,28	0,3022	2,4331
−25	0,134	1,362	3427,1	65,46	593,99	659,46	0,2507	2,4064
−20	0,179	1,372	2604,3	52,53	600,98	653,51	0,1997	2,3812
−15	0,235	1,383	2018,9	39,51	607,93	647,44	0,1490	2,3582
−10	0,309	1,394	1561,4	26,41	614,80	641,21	0,0992	2,3369
−5	0,393	1,405	1249,2	13,23	621,62	634,85	0,0494	2,3176
+0	0,500	1,416	997,18	0	628,36	628,36	0,4855	2,3000
+5	0,630	1,427	804,80	+13,39	635,05	621,66	0,9711	2,2833
+10	0,785	1,439	655,61	27,00	641,84	614,84	0,1452	2,2682
+15	0,970	1,451	538,79	40,81	648,66	607,85	1,4524	2,2544
+20	1,188	1,463	446,73	54,83	655,52	600,69	1,9338	2,2423
+25	1,443	1,476	373,29	69,06	662,43	593,36	2,4110	2,2310
+30	1,738	1,489	314,54	83,46	669,38	585,91	2,8839	2,2209
+35	2,081	1,502	266,62	98,03	676,33	578,30	3,3569	2,2121
+40	2,472	1,515	227,74	112,76	683,27	570,51	3,8257	2,2042
+45	2,917	1,528	195,80	127,70	690,26	562,56	4,2862	2,1967
+50	3,422	1,542	169,26	142,82	697,25	554,44	4,7466	2,1895

C_3H_6, Darstellung I

C_3H_6 Cyclopropan (M=42,08)

Charakteristische Daten und Bildungsreaktion:

I_1=42,3·10⁻⁴⁰ g·cm²
I_2=42,3·10⁻⁴⁰ g·cm²
I_3=67,4·10⁻⁴⁰ g·cm²
$\Theta_{rot,1}$=0,95° K
$\Theta_{rot,2}$=0,95° K
$\Theta_{rot,3}$=0,60° K
Θ_D=130° K; 0<T<15° K
$\Theta_{s,1}$ =2064 (E) °K
$\Theta_{s,2}$ =1244 (E) °K
$\Theta_{s,3}$ =1467° K
$\Theta_{s,4}$ =1707 (E) °K
$\Theta_{s,5}$ =1058 (E) °K
$\Theta_{s,6}$ = 963° K
$\Theta_{s,7}$ =1708° K
$\Theta_{s,8}$ =1884 (E) °K
$\Theta_{s,9}$ =1582 (E) °K
$\Theta_{s,10}$=4328 (E) °K
$\Theta_{s,11}$=4386° K
$\Theta_{s,12}$=4429 (E) °K
$\Delta H_{0,f\to g}$=29,59 kJ/Mol
$\Delta H_{f\to fl}$ = 5,443 kJ/Mol
$\Delta H_{fl\to g}$ =20,05 kJ/Mol
$\Delta H^0_{0,g}$ =70,18 kJ/Mol
$\Delta H^0_{298,15,g}$ =53,22 kJ/Mol
Trp= 145,54° K
Kp =240,30° K
j_k =0,460
j_p =0,426
$S_{0,g}$ =42,05 J/(Molgrd); s=6

$3C_{Graphit}+3H_2\to C_3H_6$

T	Kondensierter Zustand			Idealer Gaszustand S^0_T für p=1 atm		
	C^0_p	$\frac{H^0_T-H^0_0}{T}$	$S^0_T-S^0_0$	C^0_p	$\frac{H^0_T-H^0_0}{T}$	S^0_T
°K	J/(Molgrd)			J/(Molgrd)		
20	5,61	1,60	2,19			
40	22,64	7,79	11,23			
60	35,94	15,04	23,08			
80	44,43	21,38	34,61			
100	51,34	26,70	44,91	33,43	33,33	194,2
120	56,99	31,28	54,77			
140	63,51	35,41	64,11			
145,54	65,35	36,63	66,71			
145,54	76,11	74,03	104,1	34,61	33,51	207,7
160	75,19	74,18	111,2	35,66	33,66	211,0
180	75,31	74,29	120,1	37,43	33,98	215,3
200	76,40	74,45	128,1	39,74	34,42	219,3
220	78,20	74,71	135,5	42,54	35,04	223,2
240	81,34	75,12	142,4	45,73	35,80	227,1
240,30	81,38	75,13	142,5			
240,30		158,9	226,5	45,77	35,81	227,1
260				48,96	36,71	230,9
280				52,93	37,71	233,9

T	Idealer Gaszustand Bildungsreaktion			Idealer Gaszustand S^0_T für p=1 atm		
	ΔS^0_B	ΔH^0_B	$\frac{\Delta G^0_B}{T}$	C^0_p	$\frac{H^0_T-H^0_0}{T}$	S^0_T
°K	J/(Molgrd)	kJ/Mol	J/(Molgrd)	J/(Molgrd)		
298,15	−170,7	53,22	349,2	55,80	38,55	238,6
400	−186,4	47,92	306,2	76,68	45,42	257,1
500	−195,7	43,78	283,3	94,73	53,58	276,2
600	−201,8	40,50	269,3	109,4	61,69	294,7
700	−205,7	37,91	259,9	121,5	69,39	312,6
800	−208,3	36,97	254,3	131,5	76,58	329,5
900	−210,0	34,19	247,9	140,4	82,81	345,5
1000	−211,0	33,63	244,6	147,9	89,26	360,7

C_3H_6 Propen (M=42,08)

Charakteristische Daten und Bildungsreaktion:

I_1= 19,348·10⁻⁴⁰ g·cm²
I_2= 89,199·10⁻⁴⁰ g·cm²
I_3=103,286·10⁻⁴⁰ g·cm²
$\Theta_{rot,1}$=2,08° K
$\Theta_{rot,2}$=0,452° K
$\Theta_{rot,3}$=0,390° K
$\Theta_{s,1}$ =4386 (E) °K
$\Theta_{s,2}$ =4386° K
$\Theta_{s,3}$ =4242 (E) °K
$\Theta_{s,4}$ =2371° K; $\Theta_{s,5}$ =2076° K
$\Theta_{s,6}$ =2035° K; $\Theta_{s,7}$ =1970° K
$\Theta_{s,8}$ =1865° K; $\Theta_{s,9}$ =1498° K
$\Theta_{s,10}$=1685° K; $\Theta_{s,11}$=1337° K
$\Theta_{s,12}$= 600° K; $\Theta_{s,13}$=4242° K
$\Theta_{s,14}$=2076° K; $\Theta_{s,15}$=1424° K
$\Theta_{s,16}$= 834° K; $\Theta_{s,17}$=1510° K
$\Theta_{s,18}$=1310° K
$\Delta H^0_{0,g}$=35,43 kJ/Mol
F = 86,8° K
K_p =226,3° K

$3C_{Graphit}+3H_2\to C_3H_6$

T	Idealer Gaszustand Bildungsreaktion			Idealer Gaszustand S^0_T für p=1 atm		
	ΔS^0_B	ΔH^0_B	$\frac{\Delta G^0_B}{T}$	C^0_p	$\frac{H^0_T-H^0_0}{T}$	S^0_T
°K	J/(Molgrd)	kJ/Mol	J/(Molgrd)	J/(Molgrd)		
298,15	−142,1	20,41	210,5	63,89	45,44	266,9
300	−142,3	20,33	210,9	64,18	45,52	267,4
400	−155,4	15,72	194,7	79,91	52,22	288,1
500	−164,6	11,69	187,9	94,64	59,20	307,4
600	−170,7	8,28	184,5	107,5	66,19	325,8
700	−175,1	5,44	182,9	118,7	72,89	343,3
800	−178,1	3,18	182,1	128,4	79,24	359,7
900	−180,2	1,42	181,8	136,8	85,19	375,4
1000	−181,6	0,13	181,7	144,2	90,8	390,2
1100	−182,5	−0,75	181,7	150,6	95,9	404,2
1200	−182,9	−1,34	181,8	156,1	100,7	417,6
1300	−183,3	−1,76	181,9	161,0	105,1	430,3
1400	−183,4	−1,97	182,0	165,3	109,3	442,3
1500	−183,4	−2,01	182,1	169,0	113,2	453,9

C_3H_8 Propan ($M = 44,09$), Darstellung I

Charakteristische Daten und Bildungsreaktion

$I_1 = 28,85 \cdot 10^{-40}$ g·cm²
$I_2 = 99,12 \cdot 10^{-40}$ g·cm²
$I_3 = 112,07 \cdot 10^{-40}$ g·cm²
$\Theta_{rot,1} = 1,40°$ K
$\Theta_{rot,2} = 0,41°$ K
$\Theta_{rot,3} = 0,36°$ K
$\Theta_D = 128°$ K; $0 < T < 15°$ K
$\Theta_{s,1} = 539°$ K; $\Theta_{s,2} = 1248°$ K
$\Theta_{s,3} = 1514°$ K; $\Theta_{s,4} = 1661°$ K
$\Theta_{s,5} = 1352°$ K; $\Theta_{s,6} = 1326°$ K
$\Theta_{s,7} = 1076°$ K; $\Theta_{s,8} = 1924°$ K
$\Theta_{s,9} = 1695°$ K; $\Theta_{s,10} = 1970°$ K
$\Theta_{s,11} = 1977°$ K
$\Theta_{s,12} = 2085$ (E) °K
$\Theta_{s,13} = 2111°$ K; $\Theta_{s,14} = 2114°$ K
$\Theta_{s,15} = 2099°$ K; $\Theta_{s,16} = 1838°$ K
$\Theta_{s,17} = 4265°$ K
$\Theta_{s,18} = 4268$ (E) °K
$\Theta_{s,19} = 4271°$ K; $\Theta_{s,20} = 4285°$ K
$\Theta_{s,21} = 4256°$ K; $\Theta_{s,22} = 4190°$ K
$\Theta_{s,23} = 4231°$ K
$\Delta H_{0,f \to g} = 27,51$ kJ/Mol
$\Delta H_{f \to fl} = 3,524$ kJ/Mol
$\Delta H_{fl \to g} = 18,77$ kJ/Mol
$\Delta H^0_{0,f} = -106,0$ kJ/Mol
$\Delta H^0_{0,g} = -\ 81,5$ kJ/Mol
$\Delta H^0_{298,15,g} = -103,81$ kJ/Mol
$F = 85,45°$ K
$K_p = 231,04°$ K
$j_k = 1,166$
$S_{0,g} = 55,56$ J/(Molgrd)
$s = 2$

T	Kondensierter Zustand			Idealer Gaszustand S^0_T für $p = 1$ atm		
	C^0_p	$\frac{H^0_T - H^0_0}{T}$	$S^0_T - S^0_0$	C^0_p	$\frac{H^0_T - H^0_0}{T}$	S^0_T
°K	J/(Molgrd)			J/(Molgrd)		
0						[55,56
20	6,66	1,712	2,34			
40	25,08	11,36	12,54			
60	39,09	18,63	25,46			
80	50,38	25,15	38,31			
85,45	53,18	26,85	41,71			
85,45	84,31	68,09	82,94			
100	84,98	70,49	96,27	40,9	35,32	210,4
120	85,98	72,99	111,9	44,1	36,47	218,7
140	87,32	74,94	125,2	46,9	37,80	225,7
160	88,91	76,58	137,0	49,7	39,14	232,0
180	90,92	78,06	147,6	52,9	40,27	238,0
200	93,51	79,47	157,3	55,8	41,89	243,7
220	96,52	80,88	166,3	59,0	43,43	249,0
231,04	98,45	81,68	171,1			
231,04		163,30	252,3	61,3	44,24	252,3

Bildungsreaktion: $3\,C_{Graphit} + 4\,H_2 \rightarrow C_3H_8$

T	Idealer Gaszustand Bildungsreaktion			Idealer Gaszustand S^0_T für $p = 1$ atm		
	ΔS^0_B	ΔH^0_B	$\frac{\Delta G^0_B}{T}$	C^0_p	$\frac{H^0_T - H^0_0}{T}$	S^0_T
°K	J(/Molgrd)	kJ/Mol	J/(Molgrd)	J/(Molgrd)		
298,15	−269,7	−103,8	−78,61	73,51	49,24	269,5
400	−288,2	−110,3	12,46	94,3	58,12	294,4
500	−300,0	−115,6	68,87	113,1	67,28	317,5
600	−308,0	−119,9	108,1	129,2	76,2	339,5
700	−313,3	−123,4	137,0	143,1	84,8	360,5
800	−316,8	−126,0	159,2	155,1	92,9	380,5
900	−319,9	−127,9	176,9	165,7	100,4	399,4
1000	−320,4	−129,3	191,1	175,0	107,4	417,4
1100	−321,1	−130,1	202,9	183,1	113,9	434,6
1200	−321,4	−130,4	212,7	190,0	120,0	450,8
1300	−321,4	−130,5	221,0	196,2	125,6	466,3
1400	−321,2	−130,3	228,2	201,5	130,8	480,3
1500	−321,2	−130,0	234,5	206,1	135,7	494,9

C_4H_6 Butadien-(1,3) ($M=54{,}09$), Darstellung I

Charakteristische Daten und Bildungsreaktion	T	Idealer Gaszustand, S_T^0 für $p=1$ atm: Bildungsreaktion			Thermodynamische Funktionen		
		ΔS_B^0	ΔH_B^0	$\frac{\Delta G_B^0}{T}$	C_p^0	$\frac{H_T^0-H_0^0}{T}$	S_T^0
	°K	J/(Molgrd)	kJ/Mol	J/(Molgrd)	J/(Molgrd)	J/(Molgrd)	J/(Molgrd)
$\Delta H_{0,g}^0=126{,}4$ kJ/Mol	298	−136,1	111,9	509,4	79,54	50,88	278,7
$Kp=277{,}9°$ K	300	−136,3	111,8	509,0	79,96	51,04	279,2
$4\,C_{Graphit}+3\,H_2 \rightarrow C_4H_6$	400	−146,9	108,0	416,9	101,6	61,04	305,3
	500	−153,6	105,1	363,8	119,3	71,00	330,0
	600	−158,1	102,6	329,1	133,2	80,25	353,0
	700	−161,6	100,7	305,5	144,6	88,66	374,0
	800	−163,3	99,04	287,1	154,1	96,27	394,3
	900	−164,4	97,78	273,0	162,4	103,2	413,0
	1000	−165,8	96,94	262,7	169,5	109,5	430,4
	1100	−166,3	96,40	253,9	175,8	115,2	446,9
	1200	−166,5	96,06	246,5	181,3	120,5	462,5
	1300	−166,7	95,86	240,4	186,1	125,4	477,2
	1400	−166,7	95,77	235,1	190,2	129,8	491,1
	1500	−166,7	95,77	230,5	193,9	134,0	504,3

C_4H_8, Darstellung I

Charakteristische Daten und Bildungsreaktion	T	Idealer Gaszustand, S_T^0 für $p=1$ atm: Bildungsreaktion			Thermodynamische Funktionen		
		ΔS_B^0	ΔH_B^0	$\frac{\Delta G_B^0}{T}$	C_p^0	$\frac{H_T^0-H_0}{T}$	S_T^0
	°K	J/(Molgrd)	kJ/Mol	J/(Molgrd)	J/(Molgrd)	J/(Molgrd)	J/(Molgrd)
		C_4H_8 Buten-(1) ($M=56{,}10$)					
$\Delta H_{0,g}^0=21{,}57$ kJ/Mol	298,15	−237,9	1,17	241,8	89,3	59,3	307,4
F =<83° K	300	−238,2	1,06	241,8	89,7	59,5	308,0
Kp =267° K	400	−254,1	−4,56	242,7	112,7	70,0	337,2
$4\,C_{Graphit}+4\,H_2 \rightarrow C_4H_8$	500	−264,8	−9,27	246,3	132,8	80,6	364,4
	600	−271,9	−13,15	250,0	149,9	90,8	390,2
	700	−276,7	−16,23	253,5	164,5	100,2	414,4
	800	−279,4	−18,66	256,6	177,1	109,1	437,2
	900	−282,0	−20,46	259,3	188,1	117,2	458,7
$I_1=$ 89,842·10⁻⁴⁰ g·cm²	1000	−283,3	−21,63	261,7	197,7	124,8	479,0
$I_2=$107,646·10⁻⁴⁰ g·cm²	1100	−283,9	−22,34	263,6	206,0	131,8	498,3
$I_3=$186,968·10⁻⁴⁰ g·cm²	1200	−284,2	−22,59	265,3	213,2	138,3	516,5
$\Theta_{rot,1}$ =0,449° K	1300	−284,3	−22,68	266,8	219,5	144,4	533,8
$\Theta_{rot,2}$ =0,374° K	1400	−284,0	−22,47	268,0	225,1	149,9	550,3
$\Theta_{rot,3}$ =0,215° K	1500	−283,8	−22,13	269,1	229,8	155,1	566,0
$\Theta_{s,1}$ =4386° K							
$\Theta_{s,2}$ =4242 (E) °K		C_4H_8 2-Methyl-propen ($M=56{,}11$)					
$\Theta_{s,3}$ =2393° K; $\Theta_{s,4}$ =1150° K	298,15	−251,7	−13,99	204,8	89,1	57,3	293,6
$\Theta_{s,5}$ =2085° K; $\Theta_{s,6}$ =1984° K	300	−252,1	−14,10	205,1	89,5	57,5	294,1
$\Theta_{s,7}$ =1999° K; $\Theta_{s,8}$ =1514° K	400	−268,3	−19,82	218,7	111,2	68,2	323,0
$\Theta_{s,9}$ = 544° K; $\Theta_{s,10}$ =4242° K	500	−279,4	−24,3	229,9	130,7	78,8	349,8
$\Theta_{s,11}$ =2085° K; $\Theta_{s,12}$ =1421° K	600	−286,8	−28,8	238,9	147,7	88,9	375,2
$\Theta_{s,13}$ =1007° K; $\Theta_{s,14}$ =4242° K	700	−292,0	−32,2	246,1	162,4	98,3	399,1
$\Theta_{s,15}$ =2085° K; $\Theta_{s,16}$ =1277° K	800	−295,5	−34,8	252,0	175,1	107,2	421,6
$\Theta_{s,17}$ = 562° K; $\Theta_{s,18}$ =4386° K	900	−297,8	−36,8	257,0	186,3	115,3	442,9
$\Theta_{,19}$ =4242 (E) °K	1000	−299,3	−38,2	261,1	196,0	122,9	463,0
$\Theta_{s,20}$ =1418° K; $\Theta_{s,21}$ =2085° K	1100	−300,0	−39,0	264,7	204,5	130,0	482,1
$\Theta_{s,22}$ =1984° K; $\Theta_{s,23}$ =1841° K	1200	−300,5	−39,3	267,7	211,8	136,5	500,2
$\Theta_{s,24}$ =1448° K; $\Theta_{s,25}$ = 620° K	1300	−300,5	−39,5	270,2	218,3	142,6	517,5
$\Delta H_{0,g}^0=7{,}012$ kJ/Mol	1400	−300,5	−39,4	272,4	223,9	148,2	533,8
F =126,3° K	1500	−300,3	−39,1	274,2	228,8	153,4	549,5
Kp=266,5° K							
$4\,C_{Graphit}+4\,H_2 \rightarrow C_4H_8$							

C_4H_{10} Butan ($M=58{,}12$), Darstellung I

Charakteristische Daten	T	Kondensierter Zustand			Idealer Gaszustand S_T^0 für $p=1$ atm		
		C_p^0	$\frac{H_T^0-H_0^0}{T}$	$S_T^0-S_0^0$	C_p^0	$\frac{H_T^0-H_0^0}{T}$	S_T^0
	°K	J/(Molgrd)			J/(Molgrd)		
$\Theta_D=101°$ K; $0<T<10°$ K	20	4,52	1,79	2,54			
$\Theta_{s,1}=1366$ (E) °K	40	27,45	9,67	13,82			
$\Theta_{s,2}=2092$ (E) °K	60	43,05	18,33	28,25			
$\Theta_{s,3}=4314$ (E) °K	80	55,65	26,42	42,23			
Gerüstschwingungen:	100	66,69	33,11	56,43			
a) gestreckte Form:	120	84,27	57,53	88,97			
$\Theta_1=1200°$ K; $\Theta_2=469°$ K	134,87	87,45	60,64	99,32			
$\Theta_3=1521°$ K; $\Theta_4=360°$ K	134,87	113,0	95,19	133,1			
$\Theta_5=1372°$ K	140	113,6	95,97	133,9			
b) geknickte Form:	160	116,1	98,34	153,5			
$\Theta_1=1133°$ K; $\Theta_2=615°$ K	180	117,3	100,4	167,3			
$\Theta_3=1524°$ K; $\Theta_4=266°$ K	200	119,6	102,2	179,8	71,8	48,9	259,4
$\Theta_5=1409°$ K	220	122,3	103,9	191,4	77,1	51,1	283,0
$\Delta H_{0,f\to g}=36{,}32$ kJ/Mol	240	125,6	105,6	202,2	82,0	53,1	290,2
$\Delta H_{f\to fl}=4{,}6597$ kJ/Mol	260	130,1	107,3	212,4	87,7	55,0	296,6
$\Delta H_{fl\to g}=22{,}389$ kJ/Mol	272,66	132,6	108,4	218,5			
$\Delta H_{0,f}^0=-130{,}3$ kJ/Mol	272,66		191,20	301,3	91,5	58,0	301,5
$\Delta H_{0,g}^0=-\ 96{,}9$ kJ/Mol							
$\Delta H_{298,15,g}^0=-124{,}69$ kJ/Mol							
$Trp=134{,}87°$ K							
$Kp=272{,}65°$ K							
$s=2$							

	T	Idealer Gaszustand Bildungsreaktion			Idealer Gaszustand S_T^0 für $p=1$ atm		
		ΔS_B^0	ΔH_B^0	$\frac{\Delta G_B^0}{T}$	C_p^0	$\frac{H_T^0-H_0^0}{T}$	S_T^0
	°K	J/(Molgrd)	J/Mol	J/(Molgrd)	J/(Molgrd)		
$4\,C_{Graphit}+5\,H_2\to C_4H_{10}$	298,15	−365,9	−124,73	−52,44	98,78	65,16	310,0
	400	−387,7	−132,3	56,85	124,6	77,07	342,7
	600	−411,1	−143,6	171,5	169,1	100,7	402,1
	800	−421,0	−150,6	232,8	201,8	122,1	455,5
	1000	−425,1	−154,3	270,8	226,8	140,6	503,4
	1200	−425,9	−155,3	296,6	245,7	156,5	546,4
	1500	−425,1	−153,9	322,5	265,7	176,5	603,4

C_4H_{10} 2-Methylpropan ($M = 58{,}12$), Darstellung I

Charakteristische Daten und Bildungsreaktion	T	Kondensierter Zustand			Idealer Gaszustand S_T^0 für $p=1$ atm		
		C_p^0	$\frac{H_T^0 - H_0^0}{T}$	$S_T^0 - S_0^0$	C_p^0	$\frac{H_T^0 - H_0^0}{T}$	S_T^0
	°K	J/(Molgrd)			J/(Molgrd)		
$\Theta_D = 106°$ K; $0 < T < 12°$ K	0						[63,68]
$\Theta_{s,1}$ = 532 (E) °K	20	10,54	2,866	3,97			
$\Theta_{s,2}$ = 630° K	40	30,75	11,75	16,98			
$\Theta_{s,3}$ = 1143° K	60	43,26	20,24	31,96			
$\Theta_{s,4}$ = 1386 (E) °K	80	54,33	27,38	46,02			
$\Theta_{s,5}$ = 4127 (E) °K	100	65,35	33,38	59,45			
$\Theta_{s,6}$ = 4256 (E) °K	113,74	71,5	38,06	68,38			
$\Theta_{s,7}$ = 1901 (E) °K	113,74	99,6	77,99	108,3			
$\Theta_{s,8}$ = 2088 (E) °K	120	100,3	82,62	113,7			
$\Theta_{s,9}$ = 1682 (E) °K	140	103,0	85,33	129,3			
$\Theta_{s,10}$ = 1366 (E) °K	160	106,8	87,77	143,3			
$\Delta H_{0,f\to g}$ = 33,16 kJ/Mol	180	110,9	90,11	156,1			
$\Delta H_{f\to fl}$ = 4,541 kJ/Mol	200	114,3	92,38	168,0	72,10	46,96	261,1
$\Delta H_{fl\to g}$ = 21,295 kJ/Mol	220	118,7	94,58	179,1	78,05	49,53	268,1
$\Delta H_{0,f}^0 = -132{,}50$ kJ/Mol	240	124,3	96,81	189,7	83,74	52,15	275,2
$\Delta H_{0,g}^0 = -103{,}00$ kJ/Mol	260	129,7	99,29	199,6			
	261,44	130,0	99,46	200,5			
$\Delta H_{298,15,g}^0$	261,44		181,2	282,5	89,8	54,40	283,1
$= -131{,}55$ kJ/Mol	280				95,6	57,47	289,2
	298,15				101,1	60,18	295,3
$Trp = 113{,}74°$ K							
$Kp = 261{,}44°$ K							
$j_k = 1{,}590$							
$s = 3$							

Charakteristische Daten und Bildungsreaktion	T	Idealer Gaszustand Bildungsreaktion			Idealer Gaszustand S_T^0 für $p=1$ atm		
		ΔS_B^0	ΔH_B^0	$\frac{\Delta G_B^0}{T}$	C_p^0	$\frac{H_T^0 - H_0^0}{T}$	S_T^0
	°K	J/(Molgrd)	kJ/Mol	J/(Molgrd)	J/(Molgrd)		
$4\,C_{Graphit} + 5\,H_2 \to C_4H_{10}$	298,15	−381,3	−131,6	−60,07	96,82	59,62	294,6
	300	−380,8	−131,7	−57,40	97,40	59,90	295,2
	400	−403,5	−139,3	55,16	124,6	72,84	326,9
	500	−417,3	−145,5	126,3	149,0	85,77	357,5
	600	−426,4	−150,5	175,6	170,0	98,1	386,6
	700	−432,4	−154,4	211,9	187,7	109,6	414,1
	800	−436,4	−157,4	239,6	202,9	120,3	440,2
	900	−438,8	−159,4	261,7	216,1	130,2	464,9
	1000	−440,2	−160,7	279,5	227,6	139,4	488,2
	1100	−440,8	−161,4	294,1	237,7	147,9	510,4
	1200	−440,8	−161,4	306,4	246,4	155,8	531,5
	1300	−440,7	−161,3	316,7	254,0	163,0	551,5
	1400	−440,0	−160,8	325,4	260,6	169,7	570,6
	1500	−439,3	−160,2	333,2	266,4	175,9	588,6

C_5H_5N Pyridin ($M=79{,}10$), Darstellung I

Charakteristische Daten und Bildungsreaktion	T °K	Kondensierter Zustand C_p^0 J/(Molgrd)	Kondensierter Zustand $\frac{H_T^0-H_0^0}{T}$ J/(Molgrd)	Kondensierter Zustand $S_T^0-S_0^0$ J/(Molgrd)	Idealer Gaszustand S_T^0 für $p=1$ atm C_p^0 J/(Molgrd)	Idealer Gaszustand $\frac{H_T^0-H_0^0}{T}$ J/(Molgrd)	Idealer Gaszustand S_T^0 J/(Molgrd)
$I_1 \cdot I_2 \cdot I_3 = 5{,}691 \cdot 10^{-113}$ g³cm⁶	0						[74,84]
$\Theta_D = 107{,}4°$ K; $0 < T < 22°$ K	20	10,83	3,33	4,61	33,23	33,23	174,4
$\Theta_{s,1} = 538°$ K; $\Theta_{s,2} = 582°$ K	40	28,77	11,84	17,99	33,25	33,23	197,5
$\Theta_{s,3} = 870°$ K; $\Theta_{s,4} = 939°$ K	60	39,23	19,39	31,82	33,42	33,26	211,0
$\Theta_{s,5} = 971°$ K; $\Theta_{s,6} = 1035°$ K	80	45,58	25,19	44,03	34,04	33,35	220,6
$\Theta_{s,7} = 1273°$ K; $\Theta_{s,8} = 1352°$ K	100	50,54	29,79	54,76	35,45	33,63	228,4
$\Theta_{s,9} = 1411°$ K; $\Theta_{s,10} = 1426°$ K	120	55,28	33,64	64,39	37,68	34,10	235,0
$\Theta_{s,11} = 1481°$ K; $\Theta_{s,12} = 1481°$ K	140	60,33	37,09	73,33	40,46	34,74	241,0
$\Theta_{s,13} = 1536°$ K; $\Theta_{s,14} = 1560°$ K	160	65,81	40,33	81,70	43,74	35,69	246,5
$\Theta_{s,15} = 1648°$ K; $\Theta_{s,16} = 1726°$ K	180	71,94	43,49	89,79	47,66	36,88	251,9
$\Theta_{s,17} = 1751°$ K; $\Theta_{s,18} = 1980°$ K	200	78,98	46,69	97,73	52,01	38,10	257,1
$\Theta_{s,19} = 2071°$ K; $\Theta_{s,20} = 2133°$ K	220	86,84	49,97	105,6	56,96	39,59	262,3
$\Theta_{s,21} = 2259°$ K; $\Theta_{s,22} = 2276°$ K	231,49	91,87	51,92	110,2			
$\Theta_{s,23} = 4346°$ K	231,49	121,1	87,68	145,9			
$\Theta_{s,24} = 4393$ (F) °K	240	122,3	88,89	150,3	61,95	41,20	267,5
$\Theta_{s,25} = 4429°$ K	260	125,5	91,58	160,2	67,29	43,00	272,6
$\Delta H_{f \to fl} = 8{,}278$ kJ/Mol	280	129,1	94,13	169,7	72,97	44,97	277,8
$\Delta H_{fl \to g} = 35{,}11$ kJ/Mol	298,15	132,7	96,37	177,9	78,12	46,82	282,8
$\Delta H^0_{298,15,g} = 140{,}2$ kJ/Mol	300	133,1	96,59	178,7	78,65	47,03	283,3
$Trp = 231{,}49°$ K	320	137,3	99,00	187,4	84,15	49,16	288,4
$Kp = 388{,}40°$ K	340	141,8	101,4	195,9	89,75	51,39	293,7
$j_k = 2{,}17$	346	143,1	102,1	198,7	91,36	52,08	295,4
$j_p = 2{,}18$	346		210,3	295,6	91,36	52,08	295,4
$j_f = -0{,}01$							
$S_{0,f} = [-0{,}20]$ J/(Molgrd)							
$s = 2$							

C_6H_6 und C_6H_{12}, Darstellung I

Charakteristische Daten und Bildungsreaktion	T °K	Kondensierter Zustand C_p^0 J/(Molgrd)	Kondensierter Zustand $\frac{H_T^0-H_0^0}{T}$ J/(Molgrd)	Kondensierter Zustand $S_T^0-S_0^0$ J/(Molgrd)	Idealer Gaszustand S_T^0 für $p=1$ atm C_p^0 J/(Molgrd)	Idealer Gaszustand $\frac{H_T^0-H_0^0}{T}$ J/(Molgrd)	Idealer Gaszustand S_T^0 J/(Molgrd)
C_6H_6 Benzol ($M=78{,}114$)							
$I_1 = 291 \cdot 10^{-40}$ g·cm²	0						[60,12]
$I_2 = 145{,}3 \cdot 10^{-40}$ g·cm²	20	8,368	1,860	3,03			
$I_3 = 145{,}3 \cdot 10^{-40}$ g·cm²	40	26,53	9,82	14,59			
$\Theta_{rot,1} = 0{,}14°$ K	60	37,93	17,43	27,69			
$\Theta_{rot,2} = 0{,}28°$ K	80	44,98	23,54	39,62			
$\Theta_{rot,3} = 0{,}28°$ K	100	50,42	28,40	50,27			
$\Theta_D = 130{,}5°$ K; $0 < T < 13°$ K	120	55,69	32,48	59,94			
$\Theta_{s,1} = 575$ (E) °K	140	61,50	36,21	68,96			
$\Theta_{s,2} = 965°$ K	160	67,91	39,77	77,59			
$\Theta_{s,3} = 985°$ K	180	75,40	43,30	86,01			
$\Theta_{s,4} = 872$ (E) °K	200	83,72	46,92	94,38	53,66	38,19	242,4
$\Theta_{s,5} = 1416$ (E) °K	220	93,39	50,70	102,8	58,86	39,85	247,8
$\Theta_{s,6} = 1427°$ K	240	104,1	54,70	111,4	64,01	41,63	252,7
$\Theta_{s,7} = 1452°$ K	260	116,1	58,95	120,2	70,09	43,59	258,6
$\Theta_{s,8} = 1461°$ K	278,69	128,7	63,20	128,7			
$\Theta_{s,9} = 1488$ (E) °K	278,69	131,9	98,60	164,1			
$\Theta_{s,10} = 1682°$ K	280	132,2	98,76	164,7	76,04	45,69	263,8
$\Theta_{s,11} = 1694$ (E) °K	300	136,5	101,1	173,9	82,19	47,91	269,4
$\Theta_{s,12} = 1222$ (E) °K	320	141,0	103,5	183,0	88,82	50,27	275,0

Charakteristische Daten und Bildungsreaktoren:

$\Theta_{s,13} = 1867°$ K
$\Theta_{s,14} = 2135$ (E) °K
$\Theta_{s,15} = 2435°$ K
$\Theta_{s,16} = 2294$ (E) °K
$\Theta_{s,17} = 4402°$ K
$\Theta_{s,18} = 4383$ (E) °K
$\Theta_{s,19} = 4400°$ K
$\Theta_{s,20} = 4429$ (E) °K
$\Delta H_{0,f\to g} = 49{,}74$ kJ/Mol
$\Delta H_{f\to fl} = 9{,}866$ kJ/Mol
$\Delta H_{fl\to g} = 30{,}75$ kJ/Mol
$\Delta H^0_{0,f} = 52{,}9$ kJ/Mol
$\Delta H^0_{0,g} = 100{,}4$ kJ/Mol
$\Delta H^0_{298,15,g} = 82{,}93$ kJ/Mol
$Trp = 278{,}69°$ K
$Kp = 353{,}26°$ K
$j_k = 1{,}403$
$j_p = 1{,}428$
$j_f = -0{,}025$
$S_{0,f} = [-0{,}48]$ J/(Molgrd)
$s = 12$

$6\,C_{Graphit} + 3\,H_2 \rightarrow C_6H_6$

T	Kondensierter Zustand			Idealer Gaszustand S^0_T für $p=1$ atm		
	C^0_p	$\frac{H^0_T - H^0_0}{T}$	$S^0_T - S^0_0$	C^0_p	$\frac{H^0_T - H^0_0}{T}$	S^0_T
°K	J/(Molgrd)			J/(Molgrd)		
340	145,9	105,8	191,6	94,49	52,69	280,6
353,26	149,4	107,4	197,2			
353,26		195,1	284,88	98,31	54,35	284,40

T	Idealer Gaszustand Bildungsreaktion			Idealer Gaszustand S^0_T für $p=1$ atm		
	ΔS^0_B	ΔH^0_B	$\frac{\Delta G^0_B}{T}$	C^0_p	$\frac{H^0_T - H^0_0}{T}$	S^0_T
K	J/(Molgrd)	kJ/Mol	J/(Molgrd)	J/(Molgrd)		
298,15	−157,0	82,93	435,1	81,67	47,74	269,2
300	−157,2	82,83	433,2	82,22	47,95	269,7
400	−172,1	77,63	366,2	111,9	60,3	297,5
500	−181,6	73,37	328,4	137,2	73,2	325,3
600	−188,0	69,92	304,5	157,9	85,7	352,2
700	−192,3	67,11	288,2	174,7	97,2	377,8
800	−195,2	64,89	276,3	188,6	107,8	402,1
900	−197,3	63,18	267,5	200,1	117,4	425,0
1000	−198,5	62,00	260,5	209,9	126,2	446,6
1100	−199,3	61,21	254,9	218,2	134,2	467,0
1200	−199,7	60,75	250,3	225,4	141,5	486,3
1300	−199,9	60,46	246,4	231,5	148,2	504,5
1400	−200,0	60,3	243,1	236,7	154,3	521,9
1500	−200,1	60,2	240,2	241,3	160,0	538,4

C_6H_{12} Cyclohexan ($M = 84{,}16$)

$I_1 \cdot I_2 \cdot I_3 = 12{,}583 \cdot 10^{-116}\ g^3cm^7$
$\Theta_{s,1} = 549°$ K; $\Theta_{s,2} = 1661°$ K
$\Theta_{s,3} = 1481°$ K; $\Theta_{s,4} = 1153°$ K
$\Theta_{s,5} = 2075°$ K; $\Theta_{s,6} = 1691°$ K
$\Theta_{s,7} = 1977°$ K; $\Theta_{s,8} = 1704°$ K
$\Theta_{s,9} = 1881°$ K; $\Theta_{s,10} = 751°$ K
$\Theta_{s,11} = 1299°$ K; $\Theta_{s,12} = 2094°$ K
$\Theta_{s,13} = 613$ (E) °K
$\Theta_{s,14} = 1478$ (E) °K
$\Theta_{s,15} = 1153$ (E) °K
$\Theta_{s,16} = 1821$ (E) °K
$\Theta_{s,17} = 1936$ (E) °K
$\Theta_{s,18} = 2075$ (E) °K
$\Theta_{s,19} = 332$ (E) °K
$\Theta_{s,20} = 1242$ (E) °K
$\Theta_{s,21} = 1481$ (E) °K
$\Theta_{s,22} = 1813$ (E) °K
$\Theta_{s,23} = 1938$ (E) °K
$\Theta_{s,24} = 2094$ (E) °K
$\Theta_{s,25} = 4242\,(12)$ °K
$s = 6$
$F = 279{,}7°$ K
$K_p = 353{,}8°$ K
$6\,C_{Graphit} + 6\,H_2 \rightarrow C_6H_{12}$

T	ΔS^0_B	ΔH^0_B	$\frac{\Delta G^0_B}{T}$	C^0_p	$\frac{H^0_T - H^0_0}{T}$	S^0_T
298,15	−519,1	−123,1	106,5	106,3	59,45	298,2
300	−520,0	−123,3	109,0	107,0	59,75	298,9
400	−547,6	−132,6	216,1	149,9	76,9	335,5
500	−570,2	−142,6	285,1	190,2	95,6	373,4
600	−581,7	−148,8	333,7	225,2	114,4	411,3
700	−588,4	−153,1	369,7	254,7	132,4	448,3
800	−591,8	−155,6	397,3	279,3	149,2	483,9
900	−593,1	−156,7	419,0	299,9	164,8	518,0
1000	−592,9	−156,5	436,4	317,1	179,3	550,6
1100	−591,7	−155,4	450,4	331,8	192,5	581,6
1200	−590,2	−153,5	462,3	343,9	204,6	610,9
1300	−588,1	−150,8	472,1	354,4	215,9	638,9
1400	−586,3	−148,3	480,4	363,2	225,9	665,3
1500	−583,9	−144,8	487,4	370,7	235,6	690,8

6324. Kältemittel

$CClF_3$ Chlortrifluormethan im Sättigungszustand, Darstellung II

$M = 104{,}46$
$G-K = 8{,}116$ mkp/kggrd
$F = -181{,}6°$ C
$Kp = -81{,}5°$ C
$\Delta h_v\ (Kp) = 150{,}07$ kJ/kg
$\Delta h_v\ (-15°\ C) = 104{,}98$ kJ/kg
$p_{krit} = 39{,}36$ at
$D_{krit} = 0{,}581$ kg/dm³
$\vartheta_{krit} = 28{,}78°$ C
$D''\ (0°\ C) = 0{,}134$ kg/dm³
$p\ (-15°\ C) = 13{,}46$ at

Bei 0° C ist $h' = 0$ und $s' = 0$ gesetzt.

ϑ °C	p at	v' dm³/kg	v'' dm³/kg	h' kJ/kg	h'' kJ/kg	Δh_v kJ/kg	s' kJ/kggrd	s'' kJ/kggrd
−140	0,0087	0,576	12378	−132,03	41,44	173,5	−0,6526	0,6501
−130	0,0271	0,587	4273	−124,58	45,46	170,0	−0,5986	0,5890
−120	0,0714	0,599	1732	−116,83	49,56	166,4	−0,5467	0,5400
−110	0,1643	0,612	798	−108,79	53,75	162,5	−0,4956	0,5006
−100	0,3392	0,626	407	−100,46	57,98	158,4	−0,4458	0,4688
−90	0,640	0,642	225,9	−91,76	62,20	154,0	−0,3977	0,4429
−80	1,120	0,658	134,2	−82,84	66,39	149,2	−0,3504	0,4224
−70	1,841	0,675	84,4	−73,67	70,49	144,2	−0,3052	0,4052
−60	2,873	0,695	55,43	−64,17	74,43	138,6	−0,2587	0,3914
−50	4,287	0,717	37,74	−54,29	78,11	132,4	−0,2139	0,3793
−40	6,17	0,741	26,42	−43,99	81,54	125,5	−0,1695	0,3688
−30	8,59	0,769	18,89	−33,45	84,52	118,0	−0,1260	0,3592
−20	11,66	0,802	13,73	−22,56	86,94	109,5	−0,0829	0,3495
−10	15,45	0,842	10,10	−11,43	88,83	100,2	−0,0410	0,3399
0	20,09	0,894	7,47	0	89,92	89,9	0	0,3290
+10	25,69	0,962	5,49	12,52	89,66	77,1	0,0431	0,3156
+20	32,41	1,079	3,829	28,26	86,19	57,9	0,0954	0,2930
+28,8	39,36	1,721		58,35		0	0,1934	

CCl_2F_2 Dichlordifluormethan im Sättigungszustand, Darstellung II

$M = 120{,}92$
$G-K = 7{,}0113$ mkp/kggrd
$F = -155{,}0°$ C
$\Delta h_F = 34{,}33$ kJ/kg
$Kp = -29{,}8°$ C
$\Delta h_v\ (Kp) = 167{,}19$ kJ/kg
$\Delta h_v\ (-15°\ C) = 161{,}45$ kJ/kg
$p_{krit} = 41{,}96$ at
$D_{krit} = 0{,}557$ kg/dm³
$\vartheta_{krit} = 112{,}0°$ C
$D''\ (0°\ C) = 0{,}0176$ kg/dm³
$p\ (-15°\ C) = 1{,}862$ at
$p\ (+30°\ C) = 7{,}581$ at
$q_0\ (-15°\ C) = 1279{,}2$ kJ/m^{-3}

Bei 0° C ist $h' = 0$ und $s' = 0$ gesetzt.

ϑ °C	p at	v' dm³/kg	v'' dm³/kg	h' kJ/kg	h'' kJ/kg	ΔH_v kJ/kg	s' kJ/kggrd	s'' kJ/kggrd
−100	0,01203	0,599	10100	−89,2	105,8	195,0	−0,4081	0,7212
−90	0,02895	0,607	4424	−79,99	110,7	190,7	−0,3533	0,6878
−80	0,0632	0,617	2135	70,95	115,5	186,5	−0,3052	0,6601
−75	0,0900	0,622	1535	−66,51	118,0	184,5	−0,2826	0,6488
−70	0,1258	0,6234	1125,9	−59,27	120,9	179,9	−0,2491	0,6371

ϑ °C	p at	v' dm³/kg	v'' dm³/kg	h' kJ/kg	h'' kJ/kg	ΔH_v kJ/kg	s' kJ/kggrd	s'' kJ/kggrd
−65	0,1721	0,6289	841,3	−55,46	123,1	178,6	−0,2302	0,6279
−60	0,2315	0,6349	639,4	−51,57	125,6	177,2	−0,2116	0,6198
−55	0,3065	0,6406	493,0	−47,59	128,0	175,7	−0,1931	0,6123
−50	0,3999	0,6468	385,4	−43,58	130,5	174,1	−0,1748	0,6056
−45	0,5150	0,6527	305,0	−39,52	133,0	172,5	−0,1567	0,5996
−40	0,6551	0,6592	244,1	−35,37	135,5	179,8	−0,1388	0,5941
−35	0,8238	0,6658	197,3	−31,19	137,9	169,1	−0,1210	0,5893
−30	1,0245	0,6725	161,3	−26,92	140,4	167,3	−0,1033	0,5850
−25	1,2616	0,6793	133,1	−22,56	142,8	165,4	−0,0860	0,5810
−20	1,5396	0,6868	110,7	−18,21	145,3	163,5	−0,0684	0,5776
−15	1,8622	0,6940	92,68	−13,73	147,7	161,5	−0,051	0,5744
−10	2,2342	0,7018	78,13	−9,21	150,2	159,4	−0,0340	0,5717
−5	2,6602	0,7092	66,35	−4,65	152,5	157,2	−0,0170	0,5692
0	3,1465	0,7173	56,67	0	154,8	154,8	0	0,5670
+5	3,6959	0,7257	48,63	−4,69	157,1	152,5	0,0170	0,5650
+10	4,3135	0,7342	42,04	9,46	159,4	149,9	0,0336	0,5632
+15	5,0076	0,7435	36,48	14,32	161,6	147,3	0,0503	0,5615
+20	5,7786	0,7524	31,75	19,21	163,8	144,5	0,0669	0,5600
+25	6,6363	0,7628	27,73	24,15	165,8	141,7	0,083	0,5586
+30	7,5810	0,7734	24,33	29,18	167,8	138,6	0,0999	0,5572
+35	8,6264	0,7849	21,36	34,24	169,6	135,3	0,1163	0,5556
+40	9,7707	0,7968	18,82	39,39	171,4	132,0	0,1326	0,5541
+45	11,023	0,8104	16,56	44,62	173,0	128,4	0,1488	0,5524
+50	12,386	0,8244	14,59	49,86	174,4	124,5	0,1650	0,5505
+60	15,481	0,8568	11,67	60,99	177,9	116,9	0,1982	0,5516
+70	19,096	0,8936	9,19	72,38	180,4	108,0	0,2310	0,5458
+80	23,290	0,9398	7,23	84,26	181,9	97,7	0,2641	0,5407
+90	28,107	1,0009	5,64	96,78	181,7	84,9	0,2978	0,5317
+100	33,614	1,0952	4,37	110,34	177,9	67,6	0,3330	0,5141
+110	39,874	1,3513	2,66	131,61	162,8	31,2	0,3838	0,4651

CCl_3F Fluortrichlormethan im Sättigungszustand, Darstellung II

M	$= 137{,}37$	p_{krit}	$= 198{,}0$ at
$G-K$	$= 6{,}173$ mkp/kggrd	D_{krit}	$= 0{,}555$ kg/dm³
F	$= 110{,}5°$ C	ϑ_{krit}	$= 198°$ C
ΔH_F	$= 50{,}16$ kJ/kg	D'' (0° C)	$= 0{,}00247$ kg/dm³
Kp	$= 23{,}77°$ C	p (−15° C)	$= 0{,}205$ at
Δh_v (Kp)	$= 182{,}13$ kJ/kg	p (+30° C)	$= 1{,}280$ at
Δh_v (−15° C)	$= 195{,}32$ kJ/kg	q_0 (−15° C)	$= 203{,}4$ kJ/m³

Bei 0° C ist $h' = 0$ und $s' = 0$ gesetzt.

ϑ °C	p at	v' dm³/kg	v'' dm³/kg	h' kJ/kg	h'' kJ/kg	Δh_v kJ/kg	s' kJ/kggrd	s'' kJ/kggrd
−70	0,00563	0,5925	21 300	−57,60	155,9	213,5	−0,2436	0,8066
−60	0,013	0,6	9960	−49,23	160,5	209,8	−0,2047	0,7811
−50	0,02685	0,607	5100	−41,11	165,4	206,4	−0,1670	0,7589
−40	0,052	0,6167	2760	−33,19	170,2	203,4	−0,1314	0,7409
−30	0,094	0,6250	1533	−24,99	175,2	200,2	−0,0975	0,7259

ϑ °C	p at	v' dm³/kg	v'' dm³/kg	h' kJ/kg	h'' kJ/kg	Δh_v kJ/kg	s' kJ/kggrd	s'' kJ/kggrd
−20	0,160	0,6335	963	−16,70	180,2	197,0	−0,0636	0,7146
−10	0,261	0,6425	616	−8,37	185,3	193,7	−0,0418	0,7041
0	0,4100	0,6519	405	0	190,4	190,4	0	0,6970
10	0,6175	0,6619	277	8,46	195,4	187,0	0,0301	0,6907
20	0,9040	0,6722	194	17,04	200,5	183,5	0,0599	0,6857
30	1,2855	0,6833	140	25,70	205,5	179,8	0,0892	0,6823
40	1,782	0,6950	103	34,49	210,4	175,9	0,1176	0,6794
50	2,403	0,7075	77	43,45	215,3	171,8	0,1461	0,6777
60	3,2	0,718	59,2	52,37	220,2	167,8	0,1733	0,6760
70	4,17	0,732	45,9	61,66	224,6	162,9	0,1997	0,6748

$CHClF_2$ Difluormonochlormethan im Sättigungszustand, Darstellung II

M	= 86,47	p_{krit}	= 50,33 at
$G-K$	= 9,806 mkp/kggrd	D_{krit}	= 0,525 kg/dm³
F	= −160° C	ϑ_{krit}	= 96,0° C
Δh_F	= 47,65 kJ/kg	D'' (°C)	= 0,0212 kg/dm³
Kp	= −40,8° C	p (−15° C)	= 3,030 at
Δh_v (Kp)	= 234,29 kJ/kg	p (+30° C)	= 12,26 at
Δh_v (−15° C)	= 217,63 kJ/kg	q_0 (−15° C)	= 2072,07 kJ/m³

Bei 0° C ist $h'=0$ und $s'=0$ gesetzt.

ϑ °C	p at	v' dm³/kg	v'' dm³/kg	h' kJ/kg	h'' kJ/kg	Δh_v kJ/kg	s' kJ/kggrd	s'' kJ/kggrd
−100	0,0210	0,6409	8340	−108,33	158,7	267,1	−0,4906	1,0515
−96	0,0292	0,6450	5890	−104,06	160,7	264,8	−0,4663	1,0285
−92	0,0410	0,6490	4250	−99,96	162,6	262,5	−0,4429	1,0063
−88	0,0575	0,6530	3117	−95,69	164,7	260,3	−0,4199	0,9862
−84	0,0781	0,6570	2330	−91,46	166,6	258,1	−0,3972	0,9674
−80	0,1050	0,6612	1775	−87,32	168,6	256,0	−0,3751	0,9502
−76	0,1400	0,6653	1363	−83,13	170,7	253,8	−0,3537	0,9335
−72	0,1832	0,6693	1060	−78,91	172,7	251,6	−0,3324	0,9184
−68	0,2370	0,6735	885	−74,72	174,7	249,4	−0,3123	0,9038
−64	0,303	0,6778	661	−70,53	176,7	247,2	−0,2922	0,8899
−60	0,382	0,6824	535	−66,35	178,7	245,0	−0,2729	0,8765
−56	0,479	0,6874	434	−62,12	180,7	242,8	−0,2528	0,8653
−52	0,593	0,6923	355	−57,85	182,7	240,6	−0,2336	0,8544
−48	0,730	0,6977	293	−53,54	184,8	238,3	−0,2143	0,8443
−44	0,891	0,7030	244	−49,18	186,8	236,0	−0,1951	0,8347
−40	1,076	0,7086	205	−44,92	188,9	233,8	−0,1762	0,8263
−36	1,295	0,7142	173	−40,52	190,7	231,3	−0,1574	0,8175
−32	1,542	0,7205	146	−36,12	192,6	228,8	−0,1390	0,8096
−28	1,824	0,7270	125	−31,60	194,6	226,2	−0,1206	0,8020
−24	2,14	0,7337	108	−27,17	196,4	223,5	−0,1030	0,7941
−20	2,51	0,7405	92,9	−22,69	198,2	220,9	−0,0854	0,7870
−16	2,92	0,7472	80,5	−18,21	200,1	218,3	−0,0682	0,7807
−12	3,37	0,7545	70,0	−13,81	201,9	215,7	−0,0511	0,7748
−8	3,89	0,7620	61,1	−9,29	203,6	212,9	−0,0343	0,7686
−4	4,46	0,7697	53,6	−4,73	205,2	209,9	−0,0172	0,7631

ϑ °C	p at	v' dm³/kg	v'' dm³/kg	h' kJ/kg	h'' kJ/kg	Δh_v kJ/kg	s' kJ/kggrd	s'' kJ/kggrd
0	5,10	0,7785	47,1	0	206,9	206,9	0	0,7577
+4	5,82	0,7867	41,6	4,86	208,5	203,6	0,0180	0,7526
+8	6,57	0,7957	36,7	10,05	210,1	200,1	0,0360	0,7476
+12	7,42	0,8050	32,6	15,07	211,5	196,4	0,0536	0,7422
+16	8,34	0,8145	28,9	20,39	212,9	192,6	0,0720	0,7380
+20	9,35	0,8244	25,8	25,66	214,0	188,4	0,0896	0,7321
+24	10,45	0,8345	23,0	31,06	215,1	184,0	0,1080	0,7271
+28	11,63	0,8455	20,6	36,63	216,2	179,6	0,1264	0,7225
+32	12,92	0,8570	18,4	42,28	217,1	174,8	0,1440	0,7171
+36	14,30	0,8695	16,5	47,85	217,8	169,9	0,1616	0,7112
+40	15,79	0,8830	14,8	53,46	218,2	164,7	0,1796	0,7058
+44	17,39	0,8972	13,3	59,15	218,6	159,5	0,1976	0,7003
+50	20,03	0,9225	11,3	67,94	219,0	151,1	0,2240	0,6915
+60	25,07	0,968	8,8	83,51	219,6	136,1	0,2679	0,6781
+70	30,97	1,029	6,7	100,25	219,0	118,8	0,3098	0,6614

$CHCl_2F$ Dichlorfluormethan im Sättigungszustand, Darstellung II

M	= 102,92	D_{krit}	= 0,522 kg/dm³
$G-K$	= 8,239 mkp/kggrd	ϑ_{krit}	= 178,5° C
F	= −135° C	D'' (0° C)	= 0,003276 kg/dm³
Kp	= 8,92° C	p (−15° C)	= 0,3692 at
Δh_v (Kp)	= 242,54 kJ/kg	p (+30° C)	= 2,198 at
Δh_v (−15° C)	= 253,17 kJ/kg	q_0 (−15° C)	= 364,2 kJ/m³
p_{krit}	= 52,68 at		

ϑ °C	p at	v' dm³/kg	v'' dm³/kg	h' kJ/kg	h'' kJ/kg	Δh_v kJ/kg	s' kJ/kggrd	s'' kJ/kggrd
−40	0,0957	0,6604	2004	−40,77	226,3	267,1	−0,1641	0,9812
−35	0,1289	0,6651	1518	−35,75	228,7	264,5	−0,1433	0,9682
−30	0,1709	0,6699	1168	−30,68	231,4	262,1	−0,1206	0,9573
−25	0,2237	0,6748	909,1	−25,66	234,0	259,9	−0,1000	0,9469
−20	0,2891	0,6798	716,9	−20,55	236,5	256,6	−0,0795	0,9343
−15	0,3692	0,6850	570,5	−15,45	239,1	254,7	−0,0590	0,9276
−10	0,4666	0,6903	458,7	−10,30	241,6	251,6	−0,0393	0,9180
−5	0,5833	0,6958	372,4	−5,20	244,0	249,2	−0,0193	0,9100
±0	0,7226	0,7014	305,3	0	246,7	246,7	0	0,9029
+5	0,8867	0,7072	252,3	5,19	249,3	244,1	0,0096	0,8971
+10	1,0797	0,7131	210,3	10,47	252,1	241,7	0,0381	0,8916
+15	1,303	0,7192	176,4	15,70	254,7	239,0	0,0565	0,8858
+20	1,562	0,7255	149,1	20,89	257,2	236,3	0,0749	0,8812
+25	1,860	0,7320	126,6	26,21	259,9	233,7	0,0934	0,8770
+30	2,198	0,7386	108,4	31,48	262,3	230,9	0,1109	0,8724
+35	2,583	0,7454	93,1	36,84	264,9	228,1	0,1281	0,8682
+40	3,017	0,7525	80,4	42,19	267,3	225,1	0,1461	0,8648
+45	3,504	0,7598	69,7	47,55	269,3	221,8	0,1628	0,8598
+50	4,048	0,7672	60,7	52,99	271,1	218,1	0,1800	0,8548

CH_2Cl_2 Dichlormethan
im Sättigungszustand, Darstellung II

M	$= 84{,}93$	p_{krit}	$= 60{,}9$ at
$G-K$	$= 9{,}948$ mkp/kggrd	D_{krit}	$= 0{,}5089$ kg/dm³
F	$= -96{,}7°$ C	ϑ_{krit}	$= 235{,}4°$ C
Δh_F	$= 54{,}2$ kJ/kg	D'' (0° C)	$= 0{,}706 \cdot 10^{-3}$ kg/dm³
Kp	$= 40{,}18°$ C	p (−15° C)	$= 0{,}0867$ at
Δh_v (Kp)	$= 330{,}3$ kJ/kg	p (+30° C)	$= 0{,}703$ at
Δh_v (−15° C)	$= 360{,}3$ kJ/kg	q_0 (−15° C)	$= 149{,}44$ kJ/m³

Bei 0° C ist $h' = 0$ und $s' = 0$ gesetzt.

ϑ °C	p at	v' dm³/kg	v'' dm³/kg	h' kJ/kg	h'' kJ/kg	Δh_v kJ/kg	s' kJ/kggrd	s'' kJ/kggrd
−20	0,0653	0,716	3849	−22,52	339,9	362,4	−0,0858	1,347
−15	0,0867	0,720	2949	−16,91	343,4	360,3	−0,0636	1,333
−10	0,114	0,725	2285	−11,26	346,9	358,2	−0,0419	1,320
−5	0,148	0,730	1790	5,65	350,3	355,9	−0,0205	1,307
0	0,190	0,735	1416	0	353,6	353,6	0	1,295
+5	0,241	0,740	1131	5,65	356,8	351,1	0,0205	1,283
+10	0,304	0,745	912	11,26	359,8	348,5	0,0402	1,272
+15	0,380	0,750	741,4	16,91	362,7	345,8	0,0603	1,261
+20	0,470	0,755	607,6	22,56	365,5	343,0	0,0795	1,250
+25	0,577	0,760	501,7	28,17	368,2	340,0	0,0988	1,239
+30	0,703	0,766	417,3	33,82	370,8	337,0	0,1172	1,229
+35	0,850	0,771	349,4	39,47	373,2	333,7	0,1356	1,219
+40	1,020	0,776	294,5	45,13	375,5	330,3	0,1540	1,209

CH_3Br Brommethan
im Sättigungszustand, Darstellung II

M	$= 94{,}94$	p_{krit}	$= 70{,}5$ at
$G-K$	$= 8{,}932$ mkp/kggrd	D_{krit}	$= 0{,}577$ kg/dm³
F	$= -93{,}7°$ C	ϑ_{krit}	$= 194°$ C
Δh_F	$= 62{,}79$ kJ/kg	D'' (0° C)	$= 0{,}00377$ kg/dm³
Kp	$= \approx 3{,}21°$ C	p (−15° C)	$= 0{,}478$ at
Δh_v (Kp)	$= 252{,}0$ kJ/kg	p (+30° C)	$= 2{,}705$ at
Δh_v (−15° C)	$= 261{,}12$ kJ/kg	q_0 (−15° C)	$= 624{,}55$ kJ/m³

Bei 0° C ist $h' = 0$ und $s' = 0$ gesetzt.

ϑ °C	p at	v' dm³/kg	v'' dm³/kg	h' kJ/kg	h'' kJ/kg	Δh_v kJ/kg	s' kJ/kggrd	s'' kJ/kggrd
−50	0,077	0,538	2594,8	−24,28	239,1	263,4	−0,0980	1,0825
−40	0,137	0,545	1516,5	−19,46	243,3	262,8	−0,0770	1,0507
−30	0,233	0,553	927,13	−14,69	247,6	262,2	−0,0569	1,0218
−20	0,380	0,561	590,35	−9,88	251,7	261,5	−0,0373	0,9958
−10	0,597	0,569	389,41	−4,94	255,8	260,7	−0,0184	0,9724
0	0,908	0,578	265,10	0	259,8	259,8	0	0,9511
10	1,341	0,586	185,60	4,98	263,7	258,7	0,0180	0,9318
20	1,927	0,596	133,23	10,09	267,6	257,5	0,0352	0,9138
30	2,705	0,606	97,81	15,24	271,4	256,2	0,0527	0,8979
40	3,716	0,617	73,27	20,47	275,2	254,7	0,0695	0,8828
50	5,005	0,628	55,90	25,79	278,9	253,1	0,0858	0,8690

CH_3Cl Chlormethan
im Sättigungszustand, Darstellung II

M	$= 50{,}49$	p_{krit}	$= 68{,}1$ at
$G-K$	$= 10{,}80$ mkp/kggrd	D_{krit}	$= 0{,}00363$ kg/dm³
F	$= -97{,}5°$ C	ϑ_{krit}	$= 143{,}1°$ C
Δh_F	$= 129{,}8$ kJ/kg	D'' (0° C)	$= 0{,}00607$ kg/dm³
Kp	$= -24{,}0°$ C	p (−15° C)	$= 1{,}487$ at
Δh_v (Kp)	$= 428{,}28$ kJ/kg	p (+30° C)	$= 6{,}658$ at
Δh_v (−15° C)	$= 420{,}4$ kJ/kg	q_0 (−15° C)	$= 1251{,}6$ kJ/m³

Bei 0° C ist $h' = 0$ und $s' = 0$ gesetzt.

t °C	p at	D' kg/dm³	D'' kg/dm³	h' kJ/kg	h'' kJ/kg	Δh_v kJ/kg	s' kJ/kggrd	s'' kJ/kggrd
−90	0,0175	1,118	$0{,}054 \cdot 10^{-3}$	−134,0	351,2	485,2	−0,5940	205,5
−80	0,040	1,101	$0{,}120 \cdot 10^{-3}$	−119,6	357,7	477,3	−0,5170	195,4
−70	0,081	1,084	$0{,}241 \cdot 10^{-3}$	−105,0	364,1	469,1	−0,4437	186,6
−60	0,159	1,067	$0{,}448 \cdot 10^{-3}$	−90,25	370,3	460,6	−0,3730	178,8
−50	0,286	1,050	$0{,}772 \cdot 10^{-3}$	−75,60	376,5	452,1	−0,3056	172,1
−40	0,484	1,031	$1{,}259 \cdot 10^{-3}$	−60,91	382,6	443,5	−0,2407	166,1
−35	0,619	1,023	$1{,}583 \cdot 10^{-3}$	−53,45	385,6	439,1	−0,2093	163,4
−30	0,783	1,014	$1{,}969 \cdot 10^{-3}$	−45,92	388,6	434,5	−0,1779	160,9
−25	0,979	1,005	$2{,}425 \cdot 10^{-3}$	−38,47	391,4	429,9	−0,1473	158,5
−20	1,212	0,997	$2{,}959 \cdot 10^{-3}$	−30,81	394,4	425,2	−0,1172	156,2
−15	1,487	0,988	$3{,}582 \cdot 10^{-3}$	−23,19	397,2	420,4	−0,0871	154,1
−10	1,808	0,979	$4{,}299 \cdot 10^{-3}$	−15,53	399,9	415,5	−0,0578	152,1
−5	2,180	0,970	$5{,}125 \cdot 10^{-3}$	−7,79	402,5	410,3	−0,0289	150,1
0	2,609	0,960	$6{,}066 \cdot 10^{-3}$	0	405,0	405,0	0	148,3
+5	3,099	0,950	$7{,}134 \cdot 10^{-3}$	7,87	407,4	399,5	0,0285	146,5
+10	3,655	0,940	$8{,}342 \cdot 10^{-3}$	15,70	409,7	394,0	0,0565	144,8
+15	4,284	0,930	$9{,}704 \cdot 10^{-3}$	23,57	411,9	388,3	0,0841	143,2
+20	4,993	0,921	0,01122	31,56	414,0	382,4	0,1118	141,6
+25	5,783	0,911	0,01293	39,60	416,0	376,4	0,1386	1,401
+30	6,658	0,901	0,01482	47,64	417,8	370,2	0,1453	1,386
+35	7,625	0,891	0,01692	55,76	419,6	363,8	0,1921	1,372
+40	8,690	0,881	0,01922	63,92	421,2	357,3	0,2181	1,359
+45	9,861	0,870	0,02175	72,13	422,8	350,7	0,2440	1,346
+50	11,14	0,849	0,02451	80,37	424,2	343,8	0,2700	1,334
+60	14,03	0,837	0,03087	96,99	426,7	329,7	0,3206	1,310
+70	17,50	0,815	0,03750	114,2	428,3	314,1	0,3717	1,287
+80	21,65	0,790	0,04600	131,9	429,1	297,2	0,4224	1,264
+90	26,55	0,763	0,05650	150,0	428,7	278,6	0,4730	1,240
+100	32,13	0,733	0,070	169,0	426,6	257,6	0,4826	1,215
+110	38,55	0,698	0,088	189,3	422,7	233,4	0,5781	1,188
+120	45,88	0,655	0,111	212,0	415,9	203,9	0,6371	1,156
+130	54,30	0,600	0,150	238,9	403,8	164,8	0,7049	1,114
+140	64,05	0,510	0,230	280,6	376,6	96,0	0,8096	1,042
+143,1	68,1	0,365		330,7		0	0,9301	

CO_2 Kohlenstoffdioxid

M	= 44,01	D_{krit}	= 463,9 kg/m³
$G-K$	= 19,27 mkp/(kggrd)	ϑ_{krit}	= 31,0° C
F (p_{Trp} = 5,28 at)	= −56,6° C	D'' (0° C)	= 0,0963 kg/dm³
Δh_F	= 195,74 kJ/kg	p (−15° C)	= 23,34 at
Subl.	= −78,92° C	p (+30° C)	= 73,34 at
Δh_{f-g} (−78,92° C)	= 573,02 kJ/kg	q_0 (−15° C)	= 8141,8 kJ/m³
p_{krit}	= 75,2 at		

Kalorische Zustandsgrößen von CO_2 im Sättigungsgebiet fest—dampfförmig und flüssig—dampfförmig

Bei 0° C ist $h'=0$ und $s'=0$ gesetzt[1].

ϑ °C	p kp/cm²	v_f l/kg	v'' l/kg	h_f kJ/kg	h'' kJ/kg	Δh subl. kJ/kg	s_f kJ/kggrd	s'' kJ/kggrd
−100	0,142	0,627	2336,1	−3,7306	212,02	585,08	−1,6761	
−90	0,379	0,632	920,06	−3,6171	218,34	580,05	−1,6116	
−80	0,914	0,639	397,83	−3,4991	223,91	573,82	−1,5492	
−78,9	1,00	0,639	365,12	−3,4857	224,45	573,02	−1,5430	
−70	2,02	0,647	185,39	−3,3660	228,22	564,82	−1,4823	
−60	4,18	0,657	91,15	−3,1935	230,48	549,83	−1,4002	
−56,6	5,28	0,661	72,22	−3,1307	230,61	543,68	−1,3709	
−56,6	5,28	0,849	72,220	−117,33	230,61	347,94	−0,4667	1,1403
−50	6,97	0,867	55,407	−104,61	232,62	337,22	−0,4102	1,1013
−45	8,49	0,881	45,809	−95,03	233,96	328,98	−0,3684	1,0737
−40	10,25	0,897	38,164	−85,44	235,13	320,56	−0,3273	1,0478
−35	12,26	0,913	32,008	−75,77	236,05	311,82	−0,2872	1,0226
−30	14,55	0,931	27,001	−66,18	236,76	302,94	−0,2478	0,9984
−25	17,14	0,950	22,885	−56,39	237,22	293,61	−0,2089	0,9745
−20	20,06	0,971	19,466	−46,34	237,68	284,80	−0,1700	0,9511
−15	23,34	0,994	16,609	−35,83	237,35	273,18	−0,1298	0,9285
−10	26,99	1,019	14,194	−24,74	236,93	261,67	−0,0892	0,9054
−5	31,05	1,048	12,141	−12,93	236,13	249,07	−0,0460	0,8828
0	35,54	1,081	10,383	0	234,96	234,96	0	0,8602
+5	40,50	1,120	8,850	12,98	232,11	219,14	0,0431	0,8309
+10	45,95	1,166	7,519	27,21	228,51	201,30	0,0913	0,8025
+15	51,93	1,223	6,323	42,28	222,57	180,29	0,1423	0,7681
+20	58,46	1,297	5,269	58,60	213,90	155,30	0,1959	0,7259
+25	65,59	1,409	4,232	78,70	198,12	119,43	0,2838	0,6634
+30	73,34	1,680	2,979	108,421	171,42	63,00	0,3575	0,5655
+31	74,96	2,156		140,23		0	0,4596	

[1] Setzt man für den Kristallzustand bei 0° K $h=0$ und $s=0$, so ergibt sich $h'=494{,}8$ kJ/kg und $s'=3{,}091$ kJ/kggrd bei 0° C.

$C_2Cl_2F_4$ 1,2-Dichlor-1,1,2,2-tetrafluor-äthan im Sättigungszustand, Darstellung II

M	= 170,92	D_{krit}	= 0,583 kg/dm³
$G-K$	= 4,961 mkp/kggrd	ϑ_{krit}	= 145,7° C
F	= −94° C	D'' (0° C)	= 0,6898 kg/dm³
Kp	= 3,5° C	p (−15° C)	= 0,475 at
Δh_v (Kp)	= 137,30 kJ/kg	p (+30° C)	= 2,598 at
p_{krit}	= 33,4 at		

Bei 0° C ist $h'=0$ und $s'=0$ gesetzt.

t	p	v'	v''	h'	h''	Δh_v	s'	s''
t °C	at	l/kg	m³/kg	kJ/kg	kJ/kg	kJ/kg	kJ/kggrd	kJ/kggrd
−40	0,134	0,6060	0,8468	−33,11	113,6	146,7	−0,1256	0,5036
−30	0,230	0,6162	0,5142	−25,45	119,5	145,0	−0,0942	0,5023
−20	0,378	0,6266	0,3250	−17,37	125,6	142,9	−0,0632	0,5015
−10	0,592	0,6376	0,2139	−8,92	131,7	140,6	−0,0314	0,5027
0	0,897	0,6494	0,1450	0	137,9	137,9	0	0,5048
10	1,314	0,6617	0,1013	9,33	144,2	134,9	0,0314	0,5078
20	1,872	0,6749	0,0725	19,13	150,6	131,4	0,0628	0,5111
30	2,598	0,6888	0,0531	29,34	157,0	127,7	0,0942	0,5153
40	3,521	0,7040	0,0397	40,06	163,6	123,5	0,1260	0,5203
50	4,673	0,7203	0,0302	51,19	170,2	119,0	0,1570	0,5253
60	6,080	0,7381	0,0233	62,58	176,9	114,3	0,1842	0,5308

$C_2H_3ClF_2$ 1-Chlor-1,1-difluor-äthan im Sättigungszustand, Darstellung II

M = 100,50
$G-K$ = 8,438 mkp/kggrd
F = −130,8° C
Δh_F = 26,75 kJ/kg
Kp = −9,5° C
$\Delta h_v\ (Kp)$ = 222,90 kJ/kg
Δh_v (−15° C) = 226,30 kJ/kg
p_{krit} = 42,04 at
D_{krit} = 0,435 kg/dm³
ϑ_{krit} = 137,1° C
D'' (0° C) = 0,00677 kg/dm³
p (−15° C) = 0,812 at
p (+30° C) = 4,013 at

Bei 0° C ist $h'=0$ und $s'=0$ gesetzt.

t	p	v'	v''	h'	h''	Δh_v	s'	s''
°C	at	dm³/kg	dm³/kg	kJ/kg	kJ/kg	kJ/kg	kJ/kggrd	kJ/kggrd
−60	0,074	0,769	2414	−71,87	175,6	247,5	−0,2960	0,8652
−50	0,139	0,781	1343	−60,19	183,1	243,3	−0,2428	0,8472
−40	0,245	0,794	791	−48,47	190,3	238,8	−0,1913	0,8330
−30	0,409	0,808	491	−36,63	197,4	234,0	−0,1415	0,8209
−20	0,653	0,822	317,4	−24,61	204,3	228,9	−0,0933	0,8108
−10	1,001	0,838	213,0	−12,39	211,2	223,6	−0,0460	0,8037
0	1,479	0,854	147,7	0	217,9	217,9	0	0,7974
10	2,119	0,872	105,3	12,60	224,5	212,0	0,0452	0,7937
20	2,952	0,890	76,9	25,53	231,2	205,7	0,0896	0,7912
30	4,013	0,911	57,3	38,68	237,8	199,1	0,1335	0,7903
40	5,286			51,45	243,5	192,0		
50	6,888			64,46	249,6	185,1		
60	8,822			77,86	255,6	177,7		
70	11,122			91,42	261,4	169,9		
80	13,788			105,15	267,1	162,0		

C_2H_5Cl Chloräthan im Sättigungszustand, Darstellung II

M = 64,52
$G-K$ = 13,15 mkp/kggrd
F = −138,7° C
Δh_F = 68,78 kJ/kg
Kp = 12,2° C
$\Delta h_v\ (Kp)$ = 383,06 kJ/kg
Δh_v (−15° C) = 403,6 kJ/kg
p_{krit} = 53,5 at
D_{krit} = 0,330 kg/dm³
ϑ_{krit} = 187,2° C
D'' (0° C) = 0,001801 kg/dm³
p (−15° C) = 0,318 at
p (+30° C) = 1,923 at
q_0 (−15° C) = 328,6 kJ/m³

Bei 0° C ist $h'=0$ und $s'=0$ gesetzt.

ϑ °C	p at	v' dm³/kg	v'' dm³/kg	h' kJ/kg	h'' kJ/kg	Δh_v kJ/kg	s' kJ/kggrd	s'' kJ/kggrd
−30	0,143	1,035	1960	−45,50	368,28	413,79	−0,1771	1,5254
−25	0,191	1,042	1555	−38,26	372,14	410,40	−0,1469	1,5074
−20	0,248	1,050	1235	−30,77	376,32	407,09	−0,1172	1,4911
−15	0,318	1,058	1010	−23,15	380,42	403,57	−0,0867	1,4764
−10	0,403	1,066	830	−15,45	384,48	399,93	−0,0578	1,4626
−5	0,505	1,074	680	−7,70	388,80	396,50	−0,0285	1,4496
0	0,627	1,083	555	0,00	392,90	392,90	0	1,4383
5	0,772	1,092	460	8,08	397,21	389,13	0,0293	1,4274
10	0,943	1,100	375	15,99	400,98	384,99	0,0573	1,4161
15	1,135	1,110	310	24,11	404,95	380,84	0,0862	1,4069
20	1,360	1,119	255	32,27	408,72	376,45	0,1139	1,3981
25	1,623	1,129	220	40,48	412,70	372,22	0,1423	1,3893
30	1,923	1,139	190	48,73	416,47	367,74	0,1691	1,3818
35	2,253	1,149	175	57,18	420,23	363,05	0,1976	1,3751
40	2,627	1,159	165	65,80	424,17	358,36	0,2244	1,3692

C_4F_8 Oktafluorcyclobutan im Sättigungszustand, Darstellung II

M	= 200,04	D_{krit}	= 0,6116 kg/dm³
$G-K$	= 4,2384 mkp/(kggrd)	ϑ_{krit}	= 115,39° C
F	= −40,5° C	D'' (0° C)	= 0,01248 kg/dm³
Δh_F	= 13,84 kJ/kg	p (−15° C)	= 0,7219 at
Kp	= −6,42° C	p (+30° C)	= 3,7924 at
Δh_v (Kp)	= 117,21 kJ/kg	q_0 (−15° C)	= 497,72 kJ/m³
p_{krit}	= 28,6 at		

Bei 0° C ist $h'=0$ und $s'=0$ gesetzt.

t °C	p at	v' dm³/kg	v'' dm³/kg	h' kJ/kg	h'' kJ/kg	Δh_v kJ/kg	s' kJ/kg°K	s'' kJ/kg°K
−40	0,2173	0,5706	444,2	−34,03	83,68	117,71	−0,1337	0,3711
−30	0,3618	0,5815	275,5	−25,79	90,25	116,04	−0,0994	0,3778
−20	0,5786	0,5932	177,2	−17,37	96,86	114,24	−0,0658	0,3855
−10	0,8930	0,6056	117,5	−8,79	103,5	112,27	−0,0328	0,3939
0	1,3350	0,6189	80,10	0	110,0	110,05	0	0,4029
10	1,9398	0,6334	55,92	9,13	116,7	107,54	0,0325	0,4123
20	2,7478	0,6492	39,87	18,63	123,2	104,57	0,0654	0,4221
30	3,7924	0,6668	28,96	28,67	129,7	101,05	0,0989	0,4322
40	5,1156	0,6867	21,43	39,39	136,2	96,78	0,1337	0,4427
50	6,7639	0,7094	16,06	50,90	142,5	91,63	0,1696	0,4532
60	8,7846	0,7361	12,19	63,38	148,8	85,44	0,2072	0,4637
70	11,220	0,7685	9,333	76,90	154,9	77,99	0,2468	0,4741
80	14,113	0,8093	7,173	91,80	160,91	69,11	0,2887	0,4844
90	17,505	0,8644	5,362	108,04	166,6	58,52	0,3340	0,4952
100	21,437	0,9475	3,901	126,63	172,1	45,46	0,3845	0,5063
110	25,932	1,1138	2,616	150,24	177,38	27,04	0,4470	0,5176
11539	28,602	1,5835		174,9		0	0,5077	

C_4F_{10} Perfluor-n-butan im Sättigungszustand, Darstellung II

M = 238,03
$G-K$ = 3,560 mkp/kggrd
Δh_F = 98,16 kJ/kg
Kp = −1,7° C
p_{krit} = 24,75 at

ϑ_{krit} = 113,3° C
D'' (0° C) = 0,01194 kg/m³
p (−15° C) = 0,607 at
p (+30° C) = 3,150 at

Bei 0° C ist h' = 0 und s' = 0 gesetzt.

ϑ °C	p at	v' l/kg	v'' m³/kg	h' kJ/kg	h'' kJ/kg	Δh_v kJ/kg	s' kJ/kggrd	s'' kJ/(kggrd)
−40	0,168	0,5814	0,495	−40,86	64,71	105,57	−0,1624	0,2905
−35	0,220	0,5866	0,395	−35,92	68,65	104,57	−0,1415	0,2976
−30	0,288	0,5917	0,295	−30,93	72,54	103,48	−0,1206	0,3052
−25	0,372	0,5978	0,241	−25,91	76,52	102,43	−0,1005	0,3127
−20	0,470	0,6039	0,186	−20,85	80,49	101,34	−0,0800	0,3202
−15	0,607	0,6200	0,150	−15,70	85,10	100,80	−0,0624	0,3282
−10	0,745	0,6161	0,121	−10,80	88,57	99,38	−0,0402	0,3361
−5	0,904	0,6224	0,102	−5,40	92,63	98,04	−0,0417	0,3454
0	0,100	0,6288	0,0837	0	96,73	96,74	0	0,3531
+5	1,350	0,6360	0,0709	5,36	100,79	95,44	0,0188	0,3621
+10	1,617	0,6431	0,0581	10,72	104,85	94,14	0,0377	0,3700
+15	1,935	0,6516	0,0496	16,20	109,17	92,97	0,0586	0,3797
+20	2,325	0,6602	0,0410	21,68	113,48	91,80	0,0758	0,3889
+25	2,725	0,6687	0,0358	27,25	117,37	90,13	0,0946	0,3968
+30	3,150	0,6772	0,0307	32,82	121,26	88,45	0,1130	0,4048

NH_3 Ammoniak im Sättigungszustand, Darstellung II

M = 17,03
$G-K$ = 49,79 mkp/kggrd
Trp = −77,9° C
p_{Trp} = 0,0619 at
Δh_F (Trp) = 331,95 kJ/kg
Kp = −33,35° C
Δh_v (Kp) = 1368,1 kJ/kg

p_{krit} = 115,21 at
D_{krit} = 0,235 kg/dm³
ϑ_{krit} = 132,4° C
D'' (0° C) = 0,00345 kg/dm³
p (−15° C) = 2,410 at
p (+30° C) = 11,895 at
q_0 (−15° C) = 2166,67 kJ/m³

Bei 0° C ist h' = 0 und s' = 0 gesetzt.

ϑ °C	p at	v' dm³/kg	v'' dm³/kg	h' kJ/kg	h'' kJ/kg	Δh_v kJ/kg	s' kJ/kg	s'' kJ/kg
−75	0,0765	1,368	1289	−331,1	1145	1476	1,409	6,041
−70	0,1114	1,3788	9009	−310,2	1154	1464	1,307	5,903
−65	0,1592	1,390	6450	−288,8	1163	1452	1,204	5,774
−60	0,2233	1,4010	4699	−267,9	1172	1440	1,103	5,654
−55	0,3075	1,413	3480	−252,3	1180,8	143,3	1,004	5,539
−50	0,4168	1,4245	2623	−224,8	1189	1414	0,887	5,433
−45	0,556	1,437	2003	−230,0	1198	1428	0,811	5,332
−40	0,7318	1,4493	1550	−140,8	1206	1387	0,714	5,237
−35	0,9503	1,4623	1215,1	−158,7	1214	1373	0,619	5,146
−30	1,2190	1,4757	963,0	−136,4	1223	1358	0,527	5,061

ϑ °C	p at	v' dm³/kg	v'' dm³/kg	h' kJ/kg	h'' kJ/kg	Δh_v kJ/kg	s' kJ/kg	s'' kJ/kg
−25	1,546	1,4895	771,2	−113,9	1229	1343	0,435	4,981
−20	1,940	1,5037	623,6	−91,3	1237	1328	0,345	4,902
−15	2,410	1,5185	508,7	−68,69	1244	131,2	0,257	4,827
−10	2,966	1,5338	418,4	−45,92	1250	1296	0,171	4,756
−5	3,619	1,5496	346,9	−23,02	1256	1279	0,085	4,688
0	4,379	1,5660	289,7	0	1262	1262	0	4,622
+5	5,259	1,5831	243,5	23,19	1267	1244	0,0837	4,558
+10	6,271	1,6008	205,8	46,51	1272	1226	0,1662	4,496
+15	7,427	1,6193	174,9	69,99	1277	1207	0,2478	4,436
+20	8,741	1,6386	149,4	93,68	1281	1187	0,3286	4,378
+25	10,225	1,6588	128,3	117,6	1284	1166	0,4086	4,322
+30	11,895	1,6800	110,7	141,6	1287	1145	0,4877	4,266
+35	13,765	1,7023	95,9	166,0	1289	1123	0,5659	4,211
+40	15,850	1,7257	83,3	190,5	1291	1100	0,6438	4,158
+45	18,165	1,7504	72,6	215,3	1292	1076	0,7208	4,105
+50	20,727	1,7775	63,5	240,2	1292	1052	0,7974	4,053
+60	26,66	1,838	48,9	291,3	1291,8	1000,5	0,9544	3,953
+70	33,77	1,905	37,9	346,2	1286,4	940,2	1,1093	3,849
80	42,26	1,9835	29,493	402,3	1276,5	874,2	1,266	3,741
90	52,24	2,0764	22,956	461,4	1261,2	799,8	1,426	3,628
100	63,87	2,1915	17,826	523,0	1238,5	715,5	1,588	3,507
110	77,32	2,3442	13,753	590,9	1209,9	6189,0	1,758	3,373
120	92,79	2,5747	10,223	669,7	1158,2	488,5	1,951	3,193
130	110,47	3,1584	6,389	784,6	1025,9	241,5	2,227	2,826
132,4	115,21	4,255		89,49			2,494	

N_2O Distickstoffmonoxid
im Sättigungszustand, Darstellung II

M	= 44,02	p_{krit}	= 74 at
$G-K$	= 19,26 mkp/kggrd	ϑ_{krit}	= 36,5° C
Trp	= −90,81° C	D_{krit}	= 0,457 kg/dm³
p_{Trp}	= 0,896 at	D'' (0° C)	= 0,0896 kg/dm³
Δh_F (Trp)	= 148,6 kJ/kg	p (−15° C)	= 21,40 at
Kp	= −88,46° C	p (+30° C)	= 64,04 at
Δh_v (Kp)	= 375,9 kJ/kg		

Bei 0° C ist $h' = 0$ gesetzt.

ϑ °C	p at	v' dm³/kg	v'' dm³/kg	h' kJ/kg	h'' kJ/kg
−88,2	1,033	0,781	343,2	−151,65	225,86
−84,4	1,336	0,790	165,2	−147,2	227,5
−78,8	1,828	0,805	198,4	−140,7	230,3
−73,3	2,461	0,821	148,5	−133,5	232,6
−67,7	3,234	0,832	113,6	−125,4	235,6
−62,2	4,077	0,843	89,2	−117,2	237,7
−56,6	5,202	0,861	71,8	−108,15	240,3
−51,1	6,397	0,885	58,3	−98,85	241,9
−45,5	7,874	0,900	46,9	−89,55	243,8
−40,0	9,631	0,918	37,8	−79,55	245,4

ϑ °C	p at	v' dm³/kg	v'' dm³/kg	h' kJ/kg	h'' kJ/kg
−34,4	11,740	0,931	32,0	−69,54	246,6
−28,9	14,271	0,953	26,5	−59,08	247,7
−23,3	16,872	0,965	22,7	−48,61	248,4
−17,8	19,895	0,989	18,9	−37,44	248,6
−12,2	23,551	1,020	16,3	−26,74	248,9
−6,7	27,206	1,054	13,5	−15,11	248,6
0	32,338	1,095	11,1	0	248,4
4,4	36,556	1,141	10,0	11,86	248,0
10,0	41,477	1,193	8,6	28,38	246,3
15,5	47,453	1,269	7,4	44,43	244,9
21,1	53,428	1,342	6,6	61,18	241,91
26,6	60,810	1,560	5,0	77,46	237,9
36,1	75,151	2,358	2,4		232,14

SO_2 Schwefeldioxid im Sättigungszustand, Darstellung II

$M = 64{,}06$

$G-K = 13{,}236$ mkp/kggrd

$F = -75{,}52$° C

$\Delta h_F = 115{,}53$ kJ/kg

$Kp = 10{,}01$° C

$\Delta h_v = 389{,}30$ kJ/kg

$p_{\text{krit}} = 80{,}4$ at

$\vartheta_{\text{krit}} = 157{,}5$° C

D'' (0° C) $= 0{,}0045455$ kg/dm³

p (−15° C) $= 0{,}823$ at

p (+30° C) $= 4{,}710$ at

q_0 (−15° C) $= 821{,}71$ kJ/m³

Bei 0° C ist $h' = 0$ und $s' = 0$ gesetzt.

ϑ °C	p at	v' dm³/kg	v'' dm³/kg	h' kJ/kg	h'' kJ/kg	Δh_v kJ/kg	s' kJ/kg	s'' kJ/kg
−50	0,118	0,6423	2490,7	−68,27	355,4	423,7	−0,2759	1,623
−45	0,163	0,6472	1843,6	−61,37	358,1	419,5	−0,2463	1,594
−40	0,220	0,6523	1387,2	−54,42	360,9	415,3	−0,2156	1,566
−35	0,294	0,6575	1058,6	−47,55	363,5	411,1	−0,1859	1,540
−30	0,388	0,6627	818,3	−38,08	366,1	406,9	−0,1574	1,516
−25	0,504	0,6680	640,6	−33,91	368,7	402,6	−0,1293	1,493
−20	0,648	0,6739	507,1	−27,08	371,3	398,4	−0,1026	1,471
−15	0,823	0,6798	405,8	−20,30	373,8	394,1	−0,0758	1,451
−10	1,034	0,6859	328,0	−13,56	376,38	389,8	−0,0507	1,431
−5	1,286	0,6916	267,5	−6,74	378,7	385,4	−0,0243	1,413
0	1,585	0,6974	220,0	0	381,0	381,0	0	1,395
+5	1,936	0,7035	182,4	6,82	383,3	376,5	0,0251	1,378
+10	2,347	0,7097	152,3	13,52	385,5	372,0	0,0481	1,362
+15	2,823	0,7163	128,0	20,30	387,7	367,4	0,0724	1,347
+20	3,370	0,7231	108,4	27,00	389,7	362,7	0,0950	1,332
+25	3,997	0,7301	92,3	33,45	391,5	358,0	0,1181	1,319
+30	4,710	0,7375	79,0	40,02	393,6	353,3	0,1394	1,305
+35	5,518	0,7453	68,0	47,13	395,5	348,4	0,1616	1,292
+40	6,427	0,7536	58,8	53,71	397,3	343,6	0,1817	1,280
+45	7,447	0,7622	51,1	60,32	399,01	338,7	0,2034	1,268
+50	8,583	0,7712	44,6	67,02	400,7	333,7	0,2235	1,256
+55	9,848	0,7808	39,1	73,84	402,2	328,4	0,2445	1,245
+60	11,25	0,7909	34,4	80,50	403,7	323,2	0,2641	1,234

64. Joule-Thomson-Effekt*

Die Tabellen und Abbildungen enthalten Angaben über den differentiellen Joule-Thomson-Koeffizienten μ, die aus Messungen gewonnen oder mittels der Gleichung

$$\mu = \frac{T\left(\frac{\partial V}{\partial T}\right)_p - V}{C_p}$$

berechnet sind.

T = Temperatur in °K
V = Molvolumen
C_p = Molwärme bei konstantem Druck.

6401. Ar Argon

ϑ °C	p in atm: 1	50	100	200
	μ in grd/atm			
−150	1,81	0,002	−0,025	−0,056
−100	0,860	0,655	0,285	0,040
−50	0,595	0,522	0,396	0,188
0	0,431	0,370	0,305	0,192
50	0,322	0,276	0,231	0,161
100	0,242	0,203	0,175	0,127
300	0,064	0,055	0,046	0,028

6402. Argon. Joule-Thomson-Koeffizient μ (Isobaren)

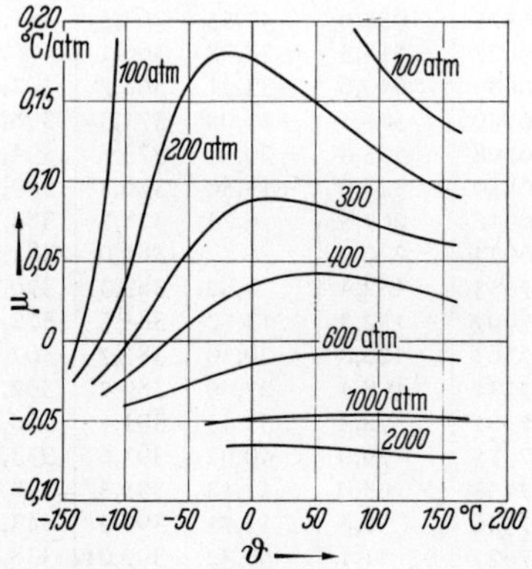

* Nach Landolt-Börnstein, 6. Aufl., Bd. II/4, Beitrag von H. D. Baehr.

6403. CO Kohlenstoffmonoxid

ϑ °C	p in atm 1	50	100	400	1000
	μ in grd/atm				
0	0,295	0,240	0,190	−0,001	−0,056
50	0,213	0,175	0,137	−0,002	−0,056
100	0,150	0,122	0,095	−0,008	−0,058
150	0,104	0,085	0,067	−0,014	−0,059

6404. CO_2 Kohlendioxid

ϑ °C	p in atm 1	20	60	100	200
	μ in grd/atm				
−50	2,413	−0,014	−0,015	−0,016	−0,025
0	1,290	1,402	0,037	0,022	0,005
50	0,895	0,895	0,880	0,557	0,093
100	0,649	0,638	0,608	0,541	0,256
300	0,265	0,243	0,208	0,187	0,151

6405. C_2H_4 Äthen

ϑ °C	p in atm 0	50	100	200	400	600	1000	2500
	μ in grd/atm							
25	1,019	1,345	0,183	0,027	−0,024	−0,040	−0,052	−0,061
50	0,841	0,870	0,426	0,066	−0,013	−0,032	−0,046	−0,054
100	0,581	0,571	0,470	0,154	0,008	−0,023	−0,042	−0,052
150	0,379	0,401	0,355	0,181	0,026	−0,014	−0,038	−0,051

6406. H_2 Wasserstoff

T °K	p in atm 0	20	60	100	140	180
	μ in grd/atm					
60	0,391	0,287	0,132	0,035	−0,017	
70	0,287	0,234	0,135	0,059	0,005	−0,039
80	0,220	0,192	0,127	0,061	0,001	−0,037
85	0,195	0,174	0,122	0,059	−0,004	−0,040

6407a. Wasserstoff. Joule-Thomson-Koeffizient μ (Isobaren)

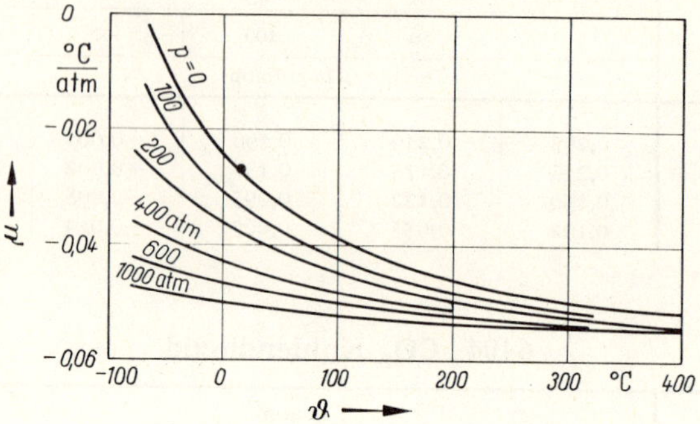

6407b. Deuterium. Joule-Thomson-Koeffizient μ (Isobaren)

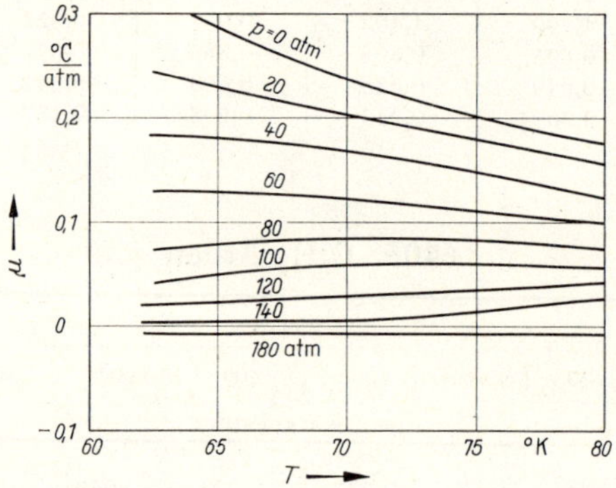

6408. He Helium

ϑ °C	μ praktisch unverändert zwischen 1 u. 200 atm μ in grd/atm
−180	−0,041
−100	−0,058
0	−0,062
100	−0,064
300	−0,061

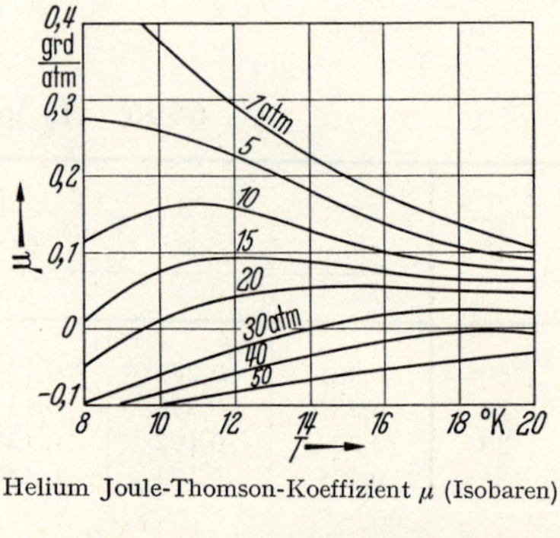

Helium Joule-Thomson-Koeffizient μ (Isobaren)

6409. N_2 Stickstoff

ϑ °C	p in atm 1	50	100	200
	μ in grd/atm			
−160	1,63	0,013	−0,008	−0,032
−137,5	0,996	0,402	0,065	−0,010
−100	0,649	0,491	0,274	0,058
−50	0,397	0,324	0,237	0,091
0	0,267	0,220	0,169	0,087
50	0,186	0,151	0,117	0,066
200	0,056	0,040	0,026	0,006
300	0,014	0,001	−0,007	−0,017

6410. Ammoniak. Joule-Thomson-Koeffizient μ (Isothermen)

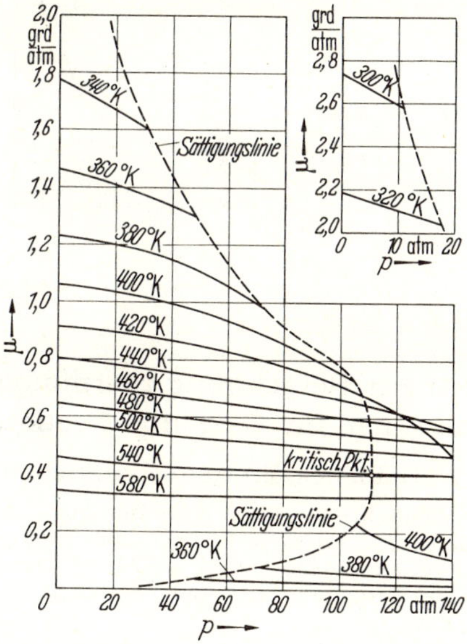

6411. O_2 bei $p = 2$ atm

°K	μ in grd/atm	°K	μ in grd/atm	°K	μ in grd/atm
110	1,69	130	1,26	150	1,00
120	1,42	140	1,12	160	0,91

6412. Xe Xenon

ϑ °C	p in atm 1	50	100	300	1000
	μ in grd/atm				
25	1,87	1,49	0,188	−0,0155	−0,0820
50	1,62	1,36	0,577	0,0115	−0,0791
100	1,28	1,09	0,804	0,0795	−0,0740
150	1,02	0,889	0,725	0,155	−0,0718

6413. Inversionskurven des Joule-Thomson-Koeffizienten μ im reduzierten Diagramm

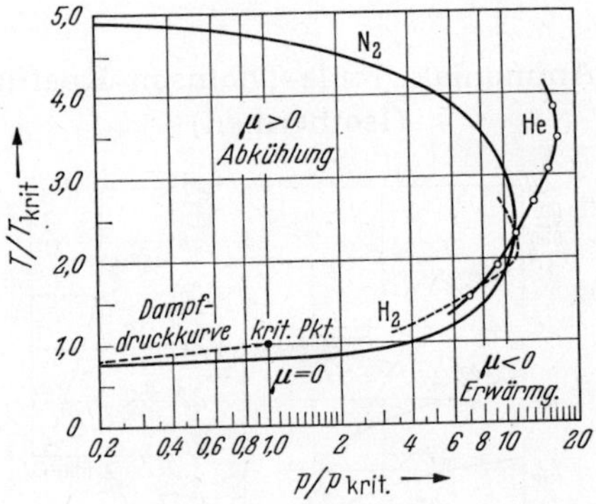

—o—o— Helium; – – – – Wasserstoff; ——— Stickstoff

65. Tabellen zur Berechnung thermodynamischer Funktionen für Gase und Festkörper

651. Planck-Einstein-Funktionen

Die thermodynamischen Funktionen für Molwärme (C), innere Energie (U) bzw. Enthalpie (H), Entropie (S) und freie Energie (F) bzw. freie Enthalpie (G) der idealen Gase lassen sich aus Anteilen für die verschiedenen Freiheitsgrade (Translation, Rotation und Schwingung) additiv zusammensetzen.

Die Molwärme ist praktisch unabhängig von der Temperatur T, wenn keine Schwingungen angeregt sind; sie hängt dann von keinen individuellen Eigenschaften der Molekel ab. Beim Vorliegen einer oder mehrerer angeregter Schwingungen der Frequenz ν_i (bzw. Wellenzahl $\tilde{\nu}_i$) bringt jede einzelne Schwingung (Normalschwingung) einen Beitrag zur thermodynamischen Funktion, der als universelle Funktion von $h\nu_i/k\,T = \Theta_{s,i}/T$ mit der charakteristischen Schwingungstemperatur $\Theta_{s,i} = h\nu_i/k = \frac{hc}{k}\tilde{\nu}_i$ ($= 1{,}438\,\tilde{\nu}_i$ cm grd) darstellbar ist. Hier ist $h =$ Plancksche Konstante, $k =$ Boltzmannsche Konstante, $c =$ Lichtgeschwindigkeit.

Die folgenden Tabellen (nach Planck-Einstein) geben als Funktionen des Arguments (Θ_s/T) die thermodynamischen Funktionen C_s, $(U_s - U_{s0})/T$, $(F_s - F_{s0})/T$ und S_s im Gebiet $0 \leqq \Theta_s/T \leqq 14$ an; dabei wurde für $R = 8{,}314$ J/(Molgrd) gesetzt.

Gewöhnlich macht die Interpolation für die Funktionen $(F_s - F_{s0})/T$ und S_s im Bereich kleiner Θ_s/T-Werte Schwierigkeiten. Aus diesem Grunde ist jeweils für den Wertebereich $0{,}0 \leqq \Theta_s/\mathrm{T} \leqq 2$ neben den thermodynamischen Funktionen die Differenz $(F_s - F_{s0})/T - R \ln T/\Theta_s$ bzw. $S_s - R \ln T/\Theta_s$ angegeben, die eine einfache Interpolation gestattet. Durch Zufügen des jeweiligen Wertes $R \ln T/\Theta_s$ kann dann sofort die gesuchte thermodynamische Funktion an der gewünschten Stelle erhalten werden.

Molwärmen C_s für einen Schwingungsfreiheitsgrad (nach Planck-Einstein) in J/grdMol

Wertebereich $0 \leqq \dfrac{\Theta_s}{T} \leqq 14$

Θ_s/T	0	1	2	3	4	5	6	7	8	9
0	8,314	8,307	8,287	8,252	8,204	8,143	8,069	7,983	7,885	7,775
1	7,655	7,524	7,385	7,236	7,080	6,916	6,747	6,571	6,391	6,207
2	6,020	5,831	5,639	5,447	5,255	5,063	4,871	4,682	4,494	4,309
3	4,126	3,947	3,772	3,600	3,433	3,270	3,112	2,959	2,810	2,667
4	2,528	2,395	2,267	2,144	2,026	1,913	1,805	1,701	1,603	1,509
5	1,420	1,335	1,254	1,178	1,105	1,036	0,971	0,910	0,852	0,797
6	0,746	0,697	0,651	0,608	0,568	0,530	0,494	0,461	0,429	0,400
7	0,372	0,346	0,322	0,300	0,279	0,259	0,241	0,223	0,207	0,193
8	0,179	0,166	0,154	0,142	0,132	0,122	0,113	0,105	0,0971	0,0898
9	0,0831	0,0769	0,0711	0,0658	0,0608	0,0562	0,0519	0,0479	0,0443	0,0409
10	0,0378	0,0348	0,0322	0,0297	0,0274	0,0252	0,0233	0,0215	0,0198	0,0182
11	0,0168	0,0155	0,0143	0,0131	0,0121	0,0111	0,0103	0,0094	0,0087	0,0080
12	0,0074	0,0068	0,0062	0,0057	0,0053	0,0048	0,0045	0,0041	0,0038	0,0035
13	0,0032	0,0029	0,0027	0,0025	0,0023	0,0021	0,0019	0,0018	0,0016	0,0015

Innere Energie für einen Schwingungsfreiheitsgrad $\dfrac{U_s - U_{s0}}{T}$

(nach Planck-Einstein) in J/grdMol

Wertebereich $0 \leqq \dfrac{\Theta_s}{T} \leqq 2$

Θ_s/T	0	1	2	3	4	5	6	7	8	9
0,0	8,314	8,273	8,232	8,190	8,149	8,108	8,067	8,027	7,986	7,946
0,1	7,906	7,865	7,826	7,786	7,746	7,706	7,667	7,628	7,589	7,550
0,2	7,511	7,472	7,433	7,395	7,357	7,318	7,280	7,242	7,205	7,167
0,3	7,129	7,092	7,055	7,018	6,981	6,944	6,907	6,871	6,834	6,798
0,4	6,762	6,726	6,690	6,655	6,619	6,583	6,548	6,513	6,478	6,443
0,5	6,408	6,374	6,339	6,305	6,271	6,236	6,203	6,169	6,135	6,101
0,6	6,068	6,035	6,002	5,969	5,936	5,903	5,870	5,838	5,805	5,773
0,7	5,741	5,709	5,677	5,646	5,614	5,583	5,551	5,520	5,489	5,458
0,8	5,427	5,397	5,366	5,336	5,306	5,275	5,245	5,216	5,186	5,156
0,9	5,127	5,097	5,068	5,039	5,010	4,981	4,952	4,924	4,895	4,867
1,0	4,839	4,811	4,783	4,755	4,727	4,700	4,672	4,645	4,617	4,590
1,1	4,563	4,537	4,510	4,483	4,457	4,430	4,404	4,378	4,352	4,326
1,2	4,300	4,275	4,249	4,224	4,198	4,173	4,148	4,123	4,099	4,074
1,3	4,049	4,025	4,000	3,976	3,952	3,928	3,904	3,881	3,857	3,833
1,4	3,810	3,787	3,763	3,740	3,717	3,695	3,672	3,649	3,627	3,604
1,5	3,582	3,560	3,538	3,516	3,494	3,472	3,451	3,429	3,408	3,386
1,6	3,365	3,344	3,323	3,302	3,282	3,261	3,240	3,220	3,200	3,179
1,7	3,159	3,139	3,119	3,100	3,080	3,060	3,041	3,021	3,002	2,983
1,8	2,964	2,945	2,926	2,907	2,888	2,870	2,851	2,833	2,815	2,796
1,9	2,778	2,760	2,742	2,725	2,707	2,689	2,672	2,654	2,637	2,620

Wertebereich $2 \leqq \frac{\Theta_s}{T} \leqq 12$

Θ_s/T	0	1	2	3	4	5	6	7	8	9
2	2,603	2,436	2,279	2,131	1,991	1,859	1,734	1,617	1,507	1,404
3	1,307	1,216	1,131	1,051	0,976	0,906	0,841	0,780	0,723	0,670
4	0,620	0,574	0,532	0,492	0,455	0,420	0,388	0,359	0,331	0,306
5	0,282	0,260	0,240	0,221	0,204	0,188	0,173	0,159	0,146	0,135
6	0,124	0,114	0,105	0,0964	0,0886	0,0814	0,0748	0,0687	0,0630	0,0579
7	0,0531	0,0487	0,0447	0,0410	0,0376	0,0345	0,0316	0,0290	0,0266	0,0244
8	0,0223	0,0204	0,0187	0,0172	0,0157	0,0144	0,0132	0,0121	0,0110	0,0101
9	0,0092	0,0084	0,0077	0,0071	0,0065	0,0059	0,0054	0,0049	0,0045	0,0041
10	0,0038	0,0034	0,0032	0,0029	0,0026	0,0024	0,0022	0,0020	0,0018	0,0017
11	0,0015	0,0014	0,0013	0,0012	0,0011	0,0010	0,0009	0,0008	0,0007	0,0007

Entropie für einen Schwingungsfreiheitsgrad (nach PLANCK-EINSTEIN) S_s in J/grdMol;

Wertebereich $0 \leqq \frac{\Theta_s}{T} \leqq 2$

$\Theta/_sT$	0	1	2	3	4	5	6	7	8	9
0,1	27,46	26,67	25,95	25,28	24,67	24,10	23,56	23,06	22,58	22,13
0,2	21,71	21,31	20,92	20,55	20,20	19,86	19,54	19,23	18,93	18,64
0,3	18,36	18,09	17,82	17,57	17,32	17,09	16,85	16,63	16,41	16,20
0,4	15,99	15,79	15,59	15,40	15,21	15,02	14,84	14,67	14,50	14,33
0,5	14,16	14,00	13,84	13,69	13,54	13,39	13,24	13,10	12,96	12,82
0,6	12,69	12,55	12,42	12,29	12,17	12,04	11,92	11,80	11,68	11,56
0,7	11,45	11,33	11,22	11,11	11,01	10,90	10,79	10,69	10,59	10,49
0,8	10,39	10,29	10,19	10,10	10,00	9,91	9,82	9,73	9,64	9,55
0,9	9,47	9,38	9,29	9,21	9,13	9,05	8,97	8,89	8,81	8,73
1,0	8,652	8,576	8,501	8,427	8,353	8,280	8,209	8,137	8,067	7,998
1,1	7,929	7,861	7,794	7,727	7,661	7,596	7,531	7,468	7,404	7,342
1,2	7,280	7,219	7,158	7,098	7,039	6,980	6,922	6,864	6,807	6,751
1,3	6,695	6,639	6,585	6,530	6,476	6,423	6,370	6,318	6,266	6,215
1,4	6,164	6,114	6,064	6,015	5,966	5,917	5,869	5,822	5,774	5,728
1,5	5,681	5,635	5,590	5,545	5,500	5,456	5,412	5,368	5,325	5,283
1,6	5,240	5,198	5,157	5,115	5,075	5,034	4,994	4,954	4,915	4,875
1,7	4,837	4,798	4,760	4,722	4,685	4,647	4,610	4,574	4,538	4,502
1,8	4,466	4,431	4,396	4,361	4,326	4,292	4,258	4,225	4,191	4,158
1,9	4,125	4,093	4,061	4,029	3,997	3,965	3,934	3,903	3,872	3,842

$\frac{\Theta_s}{T}$	$S_s - R \ln \frac{T}{\Theta_s}$	$\frac{\Theta_s}{T}$	$S_s - R \ln \frac{T}{\Theta_s}$	$\frac{\Theta_s}{T}$	$S_s - R \ln \frac{T}{\Theta_s}$	$\frac{\Theta_s}{T}$	$S_s - R \ln \frac{T}{\Theta_s}$
0,0	8,314	0,6	8,439	1,1	8,724	1,6	9,150
0,1	8,317	0,7	8,485	1,2	8,799	1,7	9,251
0,2	8,330	0,8	8,535	1,3	8,878	1,8	9,255
0,3	8,347	0,9	8,589	1,4	8,962	1,9	9,464
0,4	8,372	1,0	8,652	1,5	9,054	2,0	9,577
0,5	8,401						

Wertebereich $2 \leqq \frac{\Theta_s}{T} \leqq 11$

Θ_s/T	0	1	2	3	4	5	6	7	8	9
2	3,812	3,523	3,256	3,009	2,782	2,571	2,376	2,196	2,029	1,875
3	1,732	1,599	1,477	1,363	1,258	1,161	1,071	0,988	0,911	0,840
4	0,774	0,713	0,657	0,605	0,557	0,513	0,472	0,435	0,400	0,368
5	0,338	0,311	0,286	0,263	0,241	0,222	0,204	0,187	0,172	0,158
6	0,145	0,133	0,122	0,112	0,102	0,094	0,086	0,079	0,072	0,066
7	0,061	0,056	0,051	0,047	0,043	0,039	0,036	0,033	0,030	0,027
8	0,025	0,023	0,021	0,019	0,018	0,016	0,015	0,013	0,012	0,011
9	0,010	0,009	0,009	0,008	0,007	0,007	0,006	0,005	0,005	0,005
10	0,004	0,004	0,003	0,003	0,003	0,003	0,002	0,002	0,002	0,002

Negative freie Energie für einen Schwingungsfreiheitsgrad

$-\dfrac{F_s - F_{s0}}{T}$ (nach Planck-Einstein) in J/grd Mol

Wertebereich $0 \leqq \dfrac{\Theta_s}{T} \leqq 2$

Θ_s/T	0	1	2	3	4	5	6	7	8	9
0,1	19,56	18,81	18,12	17,50	16,92	16,39	15,89	15,43	14,99	14,59
0,2	14,20	13,83	13,49	13,16	12,84	12,54	12,26	11,98	11,72	11,47
0,3	11,23	10,99	10,77	10,55	10,34	10,14	9,95	9,76	9,57	9,40
0,4	9,23	9,06	8,90	8,74	8,59	8,44	8,30	8,16	8,02	7,89
0,5	7,76	7,63	7,51	7,38	7,27	7,15	7,04	6,93	6,82	6,72
0,6	6,62	6,52	6,42	6,32	6,23	6,14	6,05	5,96	5,87	5,79
0,7	5,71	5,63	5,55	5,47	5,39	5,32	5,24	5,17	5,10	5,03
0,8	4,96	4,89	4,83	4,76	4,70	4,64	4,57	4,51	4,45	4,40
0,9	4,34	4,28	4,23	4,17	4,12	4,07	4,01	3,96	3,91	3,86
1,0	3,814	3,766	3,718	3,672	3,626	3,581	3,536	3,493	3,450	3,407
1,1	3,365	3,324	3,284	3,244	3,204	3,166	3,127	3,090	3,052	3,016
1,2	2,980	2,944	2,909	2,874	2,840	2,807	2,774	2,741	2,709	2,677
1,3	2,646	2,615	2,584	2,554	2,524	2,495	2,466	2,438	2,409	2,382
1,4	2,354	2,327	2,301	2,274	2,248	2,223	2,197	2,172	2,148	2,123
1,5	2,099	2,076	2,052	2,029	2,006	1,984	1,961	1,939	1,918	1,896
1,6	1,875	1,854	1,833	1,813	1,793	1,773	1,753	1,734	1,715	1,696
1,7	1,677	1,659	1,641	1,623	1,605	1,587	1,570	1,553	1,536	1,519
1,8	1,502	1,486	1,470	1,454	1,438	1,422	1,407	1,392	1,377	1,362
1,9	1,347	1,332	1,318	1,304	1,290	1,276	1,262	1,249	1,235	1,222

$\dfrac{\Theta_s}{T}$	$-\dfrac{F_s-F_{s0}}{T} - R\ln\dfrac{T}{\Theta_s}$	$\dfrac{\Theta_s}{T}$	$-\dfrac{F_s-F_{s0}}{T} - R\ln\dfrac{T}{\Theta_s}$
0,0	0,000	1,1	4,157
0,1	0,410	1,2	4,496
0,2	0,816	1,3	4,827
0,3	1,218	1,4	5,152
0,4	1,607	1,5	5,471
0,5	1,992	1,6	5,784
0,6	2,372	1,7	6,090
0,7	2,742	1,8	6,390
0,8	3,110	1,9	6,685
0,9	3,462	2,0	6,973
1,0	3,814		

Wertebereich $2 \leqq \dfrac{\Theta_s}{T} \leqq 9$

Θ_s/T	0	1	2	3	4	5	6	7	8	9
2	1,209	1,086	0,976	0,878	0,791	0,712	0,642	0,578	0,522	0,471
3	0,425	0,383	0,346	0,312	0,282	0,255	0,230	0,208	0,188	0,170
4	0,154	0,139	0,126	0,114	0,103	0,093	0,084	0,076	0,069	0,062
5	0,056	0,051	0,046	0,042	0,038	0,034	0,031	0,028	0,025	0,023
6	0,021	0,019	0,017	0,015	0,014	0,013	0,011	0,010	0,009	0,008
7	0,008	0,007	0,006	0,006	0,005	0,005	0,004	0,004	0,003	0,003
8	0,003	0,003	0,002	0,002	0,002	0,002	0,002	0,001	0,001	0,001

652. Debye-Funktionen

Der *Festkörper* besitzt ein ganzes Spektrum von Normalschwingungen, über welches summiert, bzw. integriert werden muß, um die thermodynamischen Funktionen des Festkörpers zu erhalten. Die Zahl der Schwingungen, die beim Festkörper in ein gegebenes Intervall $\Delta\nu$ fallen, wird nach DEBYE proportional $\nu^2 \Delta\nu$ angesetzt bis zu einer Grenzfrequenz ν_g, jenseits deren keine Normalschwingungen mehr vorkommen. Die Grenze ist so gewählt, daß die Gesamtzahl aller Schwingungen eines einatomigen Festkörpers $3\,N_L$ Schwingungen pro Mol beträgt (N_L = Loschmidtsche Zahl). Es lassen sich dann die thermodynamischen Funktionen des Festkörpers C_v, S, $(U - U_0)/T$ und $(F - F_0)/T$ als universelle Funktionen von Θ_D/T darstellen, wobei $\Theta_D = h \cdot \nu_g/k$ ist.

Die Nullpunktsenergie U_0 des Festkörpers beträgt nach DEBYE 9/8 $R \cdot \Theta_D$ [R = Gaskonstante 8,314 J/(Molgrd)].

Die Grenzwerte Θ_D lassen sich prinzipiell aus der Schallgeschwindigkeit $\bar{v}_{Sch}$ nach DEBYE berechnen:

$$\Theta_D = \frac{h}{k}\,\bar{v}_{Sch} \cdot \sqrt[3]{\frac{3\,N_L}{4\pi V}}$$

(N_L = Loschmidtsche Zahl, V = Molvolumen).

Da es aber in einem Festkörper mehrere verschiedene Schallgeschwindigkeiten für longitudinale, transversale Wellen usw. gibt, ist $\bar{v}_{Sch}$ ein Mittelwert, der bei einfachen Kristallen gemäß

$$\frac{3}{\bar{v}^3_{Sch}} = \frac{2}{v^3_{\mathrm{trans}}} + \frac{1}{v^3_{\mathrm{long}}}$$

aus den Einzelwerten der Schallgeschwindigkeiten erhalten werden kann. Dabei können die Einzelwerte der Schallgeschwindigkeiten aus den Lameschen elastischen Konstanten eines isotropen Festkörpers (λ, μ) und seiner Dichte ϱ berechnet werden:

$$v_{\mathrm{long}} = \sqrt{\frac{\lambda + 2\mu}{\varrho}} = \sqrt{\frac{3\,(1-\sigma)}{(1+\sigma)\,\chi \cdot \varrho}}\,; \quad v_{\mathrm{trans}} = \sqrt{\frac{\mu}{\varrho}} = \sqrt{\frac{3}{2}\,\frac{1-2\sigma}{(1+\sigma)\,\chi \cdot \varrho}}$$

$$\sigma = \frac{\lambda}{2\,(\lambda + \mu)} = \text{Querkontraktionsmodul,}$$

$$\chi = \frac{3}{3\lambda + 2\mu} = \text{kubische Kompressibilität.}$$

Bei regulären Kristallen ist $c_{11} = \lambda + 2\mu$, $c_{12} = \lambda$ und $c_{44} = \mu$ zu setzen, wo die c_{ik} die elastischen Modulen des regulären Kristalls sind. Wird der Kristall durch Zentralkräfte zusammengehalten, so gilt die Cauchysche Relation $\lambda = c_{12} = c_{44} = \mu$, d.h. $\sigma = \frac{1}{4}$ und $v_{\mathrm{long}} = \sqrt{3}\,v_{\mathrm{trans}}$.

Für Θ_D kann geschrieben werden:

$$\Theta_D = \frac{3{,}62 \cdot 10^{-3}\ \mathrm{grdsMol}^{-\frac{1}{3}}}{\chi^{\frac{1}{2}} \cdot \varrho^{\frac{1}{6}} \cdot M^{\frac{1}{3}}\,[f(\sigma)]^{\frac{1}{3}}} \quad \left[= \frac{2{,}16 \cdot 10^{-3}\ \mathrm{grdsMol}^{-\frac{1}{3}}}{\chi^{\frac{1}{2}} \cdot \varrho^{\frac{1}{6}} \cdot M^{\frac{1}{3}}} \text{ für } \sigma = \frac{1}{4}\right]$$

mit M = relative Molmasse, (Molekulargewicht) der schwingenden Gitterbausteine und

$$f(\sigma) = 2\left\{\frac{2\,(1+\sigma)}{3\,(1-2\sigma)}\right\}^{\frac{3}{2}} + \left\{\frac{1+\sigma}{3\,(1-\sigma)}\right\}^{\frac{3}{2}}.$$

Neben diesen Beziehungen werden gelegentlich die Formeln

$$\Theta_D = \frac{1{,}45 \cdot 10^{-3}\,\mathrm{grdsMol}^{-\frac{1}{3}}}{\chi^{\frac{1}{2}}\,\varrho^{\frac{1}{6}}\,M^{\frac{1}{3}}} \quad \text{(Madelung-Einsteinsche Formel)}$$

oder

$$\Theta_D = 134 \sqrt{\frac{T_f}{V^{\frac{2}{3}} M}}\;\frac{\mathrm{grd}^{\frac{1}{2}}\,\mathrm{cm}\,\mathrm{g}^{\frac{1}{2}}}{\mathrm{Mol}^{\frac{5}{6}}}\,;$$

T_f = Schmelztemperatur (Lindemannsche Schmelzpunktsformel)

gebraucht, von denen die erste mit der voranstehenden Gleichung abgesehen von dem Zahlfaktor übereinstimmt und die zweite auf einer einfachen Schmelzpunktsvorstellung beruht. Der Zahlfaktor vor der Wurzel der Lindemannschen Schmelzpunktsformel ist ein für Metalle gültiger empirischer Mittelwert; bei kondensierten Gasen, bei denen die kritische Temperatur T_{kr} bekannt ist, gilt mit größerer Genauigkeit

$$\Theta_D \approx 160 \cdot \sqrt{\frac{T_{kr}}{V^{\frac{2}{3}} M}} \qquad (\Theta_D \text{ in °K, } V \text{ in cm}^3/\text{Mol}).$$

Da die Interpolation für die Funktionen $(F - F_0)/T$ und S_D für kleine Argumente von Θ_D/T Schwierigkeiten macht, sind im Gebiet $0 \leqq \Theta_D/T \leqq 2$ außerdem Angaben über $-(F - F_0)/T - 3R \ln T/\Theta_D$ bzw. $S_D - 3R \ln T/\Theta_D$ gemacht, die eine einfache Interpolation zulassen, s. S. 1395 und 1401.

Zahlenwerte der Debye-Funktionen für $R = 8{,}314$ J/(Molgrd)

Molwärme C_v in J/(Molgrd)

$\Theta_D/T = 0\ (0{,}1)\ 16$

Θ_D/T	0	1	2	3	4	5	6	7	8	9
0	24,943	24,931	24,893	24,831	24,745	24,634	24,500	24,343	24,163	23,961
1	23,739	23,497	23,236	22,956	22,660	22,348	22,021	21,680	21,327	20,963
2	20,588	20,205	19,814	19,416	19,012	18,604	18,192	17,778	17,363	16,947
3	16,531	16,117	15,704	15,294	14,887	14,484	14,086	13,693	13,305	12,923
4	12,548	12,179	11,817	11,462	11,115	10,775	10,444	10,119	9,803	9,495
5	9,195	8,903	8,619	8,342	8,074	7,814	7,561	7,316	7,078	6,848
6	6,625	6,409	6,200	5,998	5,803	5,614	5,431	5,255	5,084	4,9195
7	4,7606	4,6071	4,4590	4,3160	4,1781	4,0450	3,9166	3,7927	3,6732	3,5580
8	3,4468	3,3396	3,2362	3,1365	3,0403	2,9476	2,8581	2,7718	2,6886	2,6083
9	2,5309	2,4562	2,3841	2,3146	2,2475	2,1828	2,1203	2,0599	2,0017	1,9455
10	1,8912	1,8388	1,7882	1,7393	1,6920	1,6464	1,6022	1,5596	1,5184	1,4785
11	1,4400	1,4027	1,3667	1,3318	1,2980	1,2654	1,2337	1,2031	1,1735	1,1448
12	1,1170	1,0900	1,0639	1,0386	1,0141	0,9903	0,9672	0,9449	0,9232	0,9021
13	0,8817	0,8618	0,8426	0,8239	0,8058	0,7881	0,7710	0,7544	0,7382	0,7225
14	0,7072	0,6923	0,6779	0,6638	0,6502	0,6368	0,6239	0,6113	0,5990	0,5871
15	0,5755	0,5641	0,5531	0,5424	0,5319	0,5217	0,5117	0,5020	0,4926	0,4834

$\Theta_D/T = 16\ (1)\ 30$

Θ_D/T	C_v	Θ_D/T	C_v	Θ_D/T	C_v
16	0,4744	21	0,2099	26	0,1106
17	0,3956	22	0,1825	27	0,0988
18	0,3333	23	0,1598	28	0,0885
19	0,2834	24	0,1406	29	0,0797
20	0,2430	25	0,1244	30	0,0720

Innere Energie $(U-U_0)/T$ in J/(Molgrd)

$\Theta_D/T = 0{,}1\ (0{,}01)\ 2$

Θ_D/T	0	1	2	3	4	5	6	7	8	9
0,1	24,020	23,929	23,839	23,748	23,658	23,568	23,478	23,389	23,300	23,211
0,2	23,122	23,034	22,946	22,858	22,770	22,683	22,595	22,509	22,422	22,335
0,3	22,249	22,163	22,078	21,992	21,907	21,822	21,737	21,653	21,569	21,485
0,4	21,401	21,317	21,234	21,151	21,068	20,986	20,904	20,822	20,740	20,658
0,5	20,577	20,496	20,415	20,335	20,255	20,175	20,095	20,015	19,936	19,857
0,6	19,778	19,699	19,621	19,543	19,465	19,388	19,310	19,233	19,156	19,080
0,7	19,003	18,927	18,851	18,775	18,700	18,625	18,550	18,475	18,401	18,326
0,8	18,252	18,179	18,105	18,032	17,959	17,886	17,813	17,741	17,669	17,597
0,9	17,525	17,454	17,383	17,312	17,241	17,171	17,101	17,031	16,961	16,891
1,0	16,822	16,753	16,684	16,616	16,547	16,479	16,411	16,344	16,276	16,209
1,1	16,142	16,075	16,009	15,942	15,876	15,810	15,745	15,679	15,614	15,549
1,2	15,485	15,420	15,356	15,292	15,228	15,165	15,101	15,038	14,975	14,912
1,3	14,850	14,788	14,726	14,664	14,602	14,541	14,480	14,419	14,358	14,298
1,4	14,237	14,177	14,118	14,058	13,998	13,939	13,880	13,822	13,763	13,705
1,5	13,647	13,589	13,531	13,474	13,416	13,359	13,302	13,246	13,189	13,133
1,6	13,077	13,021	12,966	12,910	12,855	12,800	12,745	12,691	12,637	12,582
1,7	12,528	12,475	12,421	12,368	12,315	12,262	12,209	12,157	12,104	12,052
1,8	12,000	11,949	11,897	11,846	11,795	11,744	11,693	11,642	11,592	11,542
1,9	11,492	11,442	11,393	11,343	11,294	11,245	11,196	11,148	11,099	11,051

$\Theta_D/T = 0\ (0{,}1)\ 16$

Θ_D/T	0	1	2	3	4	5	6	7	8	9
0	24,9432	24,0203	23,1223	22,2492	21,4009	20,5772	19,7780	19,0032	18,2524	17,5255
1	16,8221	16,1419	15,4847	14,8500	14,2374	13,6466	13,0771	12,5284	12,0002	11,4920
2	11,0031	10,5333	10,0819	9,6484	9,2324	8,8333	8,4506	8,0837	7,7323	7,3956
3	7,0734	6,7650	6,4699	6,1877	5,9178	5,6599	5,4134	5,1779	4,9530	4,7382
4	4,5331	4,3373	4,1504	3,9721	3,8019	3,6396	3,4847	3,3369	3,1959	3,0615
5	2,9333	2,8109	2,6943	2,5830	2,4769	2,3756	2,2790	2,1869	2,0990	2,0151
6	1,9351	1,8588	1,7859	1,7163	1,6499	1,5865	1,5259	1,4681	1,4129	1,3601
7	1,3097	1,2615	1,2154	1,1713	1,1292	1,0889	1,0503	1,0134	0,9781	0,9443
8	0,9119	0,8809	0,8512	0,8227	0,7954	0,7693	0,7442	0,7201	0,6970	0,6748
9	0,6535	0,6331	0,6134	0,5946	0,5764	0,5590	0,5422	0,5261	0,5106	0,4957
10	0,4813	0,4675	0,4541	0,4413	0,4289	0,4170	0,4055	0,3944	0,3837	0,3734
11	0,3634	0,3538	0,3445	0,3356	0,3269	0,3185	0,3104	0,3026	0,2950	0,2877
12	0,2806	0,2738	0,2671	0,2607	0,2545	0,2484	0,2426	0,2369	0,2315	0,2261
13	0,2210	0,2160	0,2111	0,2064	0,2018	0,1974	0,1931	0,1889	0,1848	0,1809
14	0,1770	0,1733	0,1697	0,1661	0,1627	0,1593	0,1561	0,1529	0,1499	0,1469
15	0,1440	0,1411	0,1383	0,1357	0,1330	0,1305	0,1280	0,1256	0,1232	0,1209

Entropie S in J/(Molgrd)

$\Theta_D/T = 0\ (0{,}1)\ 15$

Θ_D/T	0	1	2	3	4	5	6	7	8	9
0	∞	90,698	73,427	63,344	56,212	50,702	46,222	42,457	39,218	36,383
1	33,870	31,619	29,585	27,736	26,046	24,493	23,061	21,736	20,507	19,3637
2	18,2979	17,3027	16,3717	15,4998	14,6819	13,9141	13,1924	12,5136	11,8746	11,2725
3	10,7050	10,1697	9,6645	9,1876	8,7371	8,3113	7,9089	7,5283	7,1683	6,8277
4	6,5052	6,1999	5,9108	5,6369	5,3774	5,1314	4,8982	4,6771	4,4674	4,2684
5	4,0796	3,9005	3,7303	3,5688	3,4154	3,2696	3,1311	2,9995	2,8743	2,7553
6	2,6421	2,5344	2,4318	2,3343	2,2413	2,1529	2,0685	1,9882	1,9116	1,8386
7	1,7690	1,7025	1,6391	1,5786	1,5208	1,4657	1,4129	1,3626	1,3144	1,2683
8	1,2243	1,1821	1,1418	1,1032	1,0662	1,0307	0,9968	0,9643	0,9331	0,9031
9	0,8744	0,8469	0,8204	0,7950	0,7706	0,7472	0,7247	0,7030	0,6822	0,6621
10	0,6429	0,6243	0,6064	0,5892	0,5727	0,5567	0,5413	0,5264	0,5121	0,4983
11	0,4850	0,4721	0,4597	0,4477	0,4361	0,4249	0,4141	0,4037	0,3936	0,3838
12	0,3743	0,3652	0,3563	0,3477	0,3394	0,3314	0,3236	0,3160	0,3087	0,3016
13	0,2947	0,2880	0,2815	0,2752	0,2691	0,2632	0,2575	0,2519	0,2464	0,2412
14	0,2360	0,2311	0,2262	0,2215	0,2169	0,2169	0,2081	0,2039	0,1998	0,1958

$\frac{\Theta_D}{T}$	$S_D - 3R \ln \frac{T}{\Theta_D}$	$\frac{\Theta_D}{T}$	$S_D - 3R \ln \frac{T}{\Theta_D}$	$\frac{\Theta_D}{T}$	$S_D - 3R \ln \frac{T}{\Theta_D}$
0,0	33,258	0,7	33,561	1,4	34,438
0,1	33,272	0,8	33,652	1,5	34,606
0,2	33,287	0,9	33,755	1,6	34,782
0,3	33,317	1,0	33,870	1,7	34,969
0,4	33,360	1,1	33,995	1,8	35,166
0,5	33,414	1,2	34,131	1,9	35,370
0,6	33,483	1,3	34,277	2,0	35,584

Negative freie Energie $-(F-F_0)/T$ in J/(Molgrd)

$\Theta_D/T = 0{,}1\ (0{,}01)\ 2$

Θ_D/T	0	1	2	3	4	5	6	7	8	9
0,1	66,68	64,39	62,31	60,41	58,65	57,02	55,51	54,08	52,75	51,49
0,2	50,30	49,18	48,11	47,09	46,12	45,19	44,30	43,45	42,64	41,85
0,3	41,10	40,37	39,66	38,99	38,33	37,70	37,08	36,49	35,91	35,35
0,4	34,81	34,28	33,77	33,27	32,79	32,31	31,85	31,41	30,97	30,54
0,5	30,12	29,72	29,32	28,93	28,55	28,18	27,82	27,46	27,12	26,78
0,6	26,44	26,12	25,80	25,48	25,18	24,88	24,58	24,29	24,01	23,73
0,7	23,45	23,18	22,92	22,66	22,41	22,16	21,91	21,67	21,43	21,20
0,8	20,97	20,74	20,52	20,30	20,08	19,870	19,661	19,456	19,254	19,054
0,9	18,858	18,665	18,474	18,287	18,102	17,920	17,741	17,564	17,389	17,218
1,0	17,048	16,881	16,716	16,554	16,394	16,236	16,080	15,926	15,774	15,625
1,1	15,477	15,331	15,187	15,045	14,905	14,767	14,630	14,495	14,362	14,231
1,2	14,101	13,973	13,846	13,721	13,597	13,475	13,355	13,235	13,118	13,001
1,3	12,887	12,773	12,661	12,550	12,440	12,332	12,225	12,119	12,014	11,911
1,4	11,809	11,707	11,607	11,509	11,411	11,314	11,219	11,124	11,031	10,938
1,5	10,847	10,756	10,667	10,578	10,490	10,404	10,318	10,233	10,149	10,066
1,6	9,984	9,903	9,822	9,743	9,664	9,586	9,509	9,432	9,357	9,282
1,7	9,208	9,135	9,062	8,990	8,919	8,849	8,779	8,710	8,642	8,574
1,8	8,507	8,441	8,375	8,310	8,245	8,182	8,118	8,056	7,994	7,933
1,9	7,872	7,812	7,752	7,693	7,634	7,576	7,519	7,462	7,406	7,350

$\Theta_D/T = 0\ (0{,}1)\ 15$

Θ/T	0	1	2	3	4	5	6	7	8	9
0	∞	66,677	50,305	41,095	34,811	30,125	26,444	23,454	20,966	18,858
1	17,048	15,477	14,101	12,887	11,809	10,847	9,9841	9,2079	8,5068	7,8717
2	7,2948	6,7694	6,2899	5,8513	5,4496	5,0808	4,7419	4,4299	4,1423	3,8769
3	3,6316	3,4048	3,1947	2,9999	2,8192	2,6515	2,4955	2,3504	2,2153	2,0895
4	1,9721	1,8626	1,7604	1,6648	1,5754	1,4918	1,4135	1,3402	1,2714	1,2069
5	1,1464	1,0895	1,0361	0,9858	0,9385	0,8940	0,8521	0,8126	0,7753	0,7401
6	0,7069	0,6756	0,6460	0,6179	0,5914	0,5664	0,5426	0,5201	0,4988	0,4785
7	0,4593	0,4411	0,4238	0,4073	0,3916	0,3768	0,3626	0,3491	0,3363	0,3240
8	0,3123	0,3012	0,2906	0,2804	0,2708	0,2615	0,2526	0,2442	0,2361	0,2283
9	0,2209	0,2138	0,2070	0,2005	0,1942	0,1882	0,1824	0,1769	0,1716	0,1665
10	0,1616	0,1568	0,1523	0,1479	0,1437	0,1397	0,1358	0,1320	0,1284	0,1249
11	0,1216	0,1183	0,1152	0,1122	0,1092	0,1064	0,1037	0,1011	0,0985	0,0961
12	0,0937	0,0914	0,0892	0,0870	0,0849	0,0829	0,0810	0,0791	0,0772	0,0754
13	0,0737	0,0720	0,0704	0,0688	0,0673	0,0658	0,0644	0,0630	0,0616	0,0603
14	0,0590	0,0578	0,0566	0,0554	0,0542	0,0531	0,0520	0,0510	0,0500	0,0490

$\frac{\Theta_D}{T}$	$\frac{-(F-F_0)}{T} - 3R \ln \frac{T}{\Theta_D}$	$\frac{\Theta_D}{T}$	$\frac{-(F-F_0)}{T} - 3R \ln \frac{T}{\Theta_D}$	$\frac{\Theta_D}{T}$	$\frac{-(F-F_0)}{T} - 3R \ln \frac{T}{\Theta_D}$
0,0	8,314	0,7	15,56	1,4	20,20
0,1	9,26	0,8	15,41	1,5	20,96
0,2	10,16	0,9	16,23	1,6	21,70
0,3	11,08	1,0	17,05	1,7	22,44
0,4	11,96	1,1	17,85	1,8	23,16
0,5	12,83	1,2	18,65	1,9	23,88
0,6	13,70	1,3	19,43	2,0	24,58

653. Anharmonizitäten

Die in der Tabelle 651 angegebenen Zahlenwerte der Funktionen C_s, $\frac{U_s - U_{s0}}{T}$, $-\frac{F_s - F_{s0}}{T}$ und S_s können nur dann unverändert als gültig angesehen werden, wenn die Schwingungen harmonisch sind, was aber in der Praxis nicht vorkommt. Die Schwingungsniveaus einer Normalschwingung bilden im allgemeinen eine nicht genau äquidistante Folge von Werten, die mit einem Anharmonizitätsgrad x_e näherungsweise geschrieben werden kann

$$E_n = h\,\nu_{\text{harm}}\left[\left(n + \frac{1}{2}\right) - x_e\left(n + \frac{1}{2}\right)^2\right],$$

so daß die Differenz der tiefsten (zu $n = 0$ und $n = 1$ gehörenden) Energieniveaus

$$E_{(0)}^{(1)} = h\,\nu_{\text{harm}}\,(1 - 2\,x_e) \equiv h\,\nu^* \qquad (h = \text{Plancksches Wirkungsquantum})$$

beträgt. Bestimmt man nun mit ν_{harm} die charakteristische Schwingungstemperatur

$$\frac{h\,\nu_{\text{harm}}}{k} \equiv \Theta_{s,\,\text{harm}} \qquad (k = \text{Boltzmannsche Konstante}),$$

so kann man die thermodynamischen Funktionen für diesen Schwingungsfreiheitsgrad aus den Tabellen 651 entnehmen, indem man die zu $\Theta_{s,\,\text{harm}}/T$ gehörenden Werte aufsucht. Zu diesen Funktionswerten ist bei höheren Temperaturen der Anharmonizitätsanteil $\Delta_{\text{anh},\,i}$ zu addieren, der stets die Gestalt

$$\Delta_{\text{anh}} = R\,(\alpha_i\,x_e + \beta_i\,x_e^2) \qquad (R = \text{Gaskonstante})$$

besitzt. Die Koeffizienten α_i und β_i sind dabei für jede der tabellierten thermodynamischen Funktionen als Funktionen der Temperatur aus der Tabelle 653 zu entnehmen. So findet man z. B. den Anteil der Molwärme für eine Schwingung mit $\Theta_{\text{harm}} = 5000°$ K bei einer Temperatur $T = 2000°$ K, $\frac{\Theta_{s,\,\text{harm}}}{T} = 2{,}5$, nach Tabelle 651 zu 5,063 J/(Molgrd); mit einem Anharmonizitätsgrad $x_e = 0{,}025$ und $\frac{\Theta_{s,\,\text{harm}}}{T} = 2{,}5$ ist nach Tabelle 653 $\alpha_1 = 1{,}96$ und $\beta_1 = 9{,}3$ womit

$$\Delta_{\text{anh}}\,C_s = R\,(1{,}96 \cdot 0{,}025 + 9{,}3 \cdot 0{,}000625) = 0{,}46 \text{ J/(Molgrd)}$$

und die gesamte Molwärme zu 5,52 J/(Molgrd) erhalten wird. Der Anharmonizitätseffekt ist in den meisten praktischen Fällen kleiner als in dem eben genannten Beispiel. Bei niedrigen Temperaturen rechnet man einfach mit $\Theta_{\text{anh}} = \Theta_{s,\,\text{harm}}\,(1 - 2\,x_e)$ und entnimmt die Werte für diese Θ_{anh} direkt der Tabelle 651. Setzt man im obigen Beispiel $T = 1000°$ K, $\frac{\Theta_{s,\,\text{harm}}}{T} = 5{,}0$, so findet man nach Tabelle 651 einen $C_{s,\,\text{harm}}$-Wert von 1,420 J/(Molgrd) und nach Tabelle 653 den Anharmonizitätsanteil zu

$$\Delta_{\text{anh}}\,C_s = R\,(1{,}09 \cdot 0{,}025 + 3{,}54 \cdot 0{,}000625) = 0{,}245 \text{ J/(Molgrd)},$$

also die gesamte Molwärme der Schwingung zu 1,66 J/(Molgrd). Nach der vereinfachten Rechnung ist $\Theta_{\text{anh}} = 5000\,(1 - 2 \cdot 0{,}025)\,°\text{K} = 4750°$ K. Man findet mit $\frac{\Theta_{\text{anh}}}{T} = 4{,}750$ aus Tabelle 651 $C_s = 1{,}65$ J/(Molgrd), also bis auf 0,01 J/(Molgrd) den gleichen Wert.

$\frac{\Theta_{s,\text{harm}}}{T}$	$\frac{\Delta_{\text{anh}} C_s}{R}$		$\frac{\Delta_{\text{anh}} (U_s - U_{s0})/T}{R}$		$-\frac{\Delta_{\text{anh}} (F_s - F_{s0})/T}{R}$		$\frac{\Delta_{\text{anh}} S_s}{R}$	
	α_1	β_1	α_2	β_2	α_3	β_3	α_4	β_4
1,00	4,07	59,8	2,15	20,05	1,84	10,34	3,99	30,4
1,25	3,30	38,2	1,86	12,9	1,41	6,71	3,27	19,6
1,50	2,81	26,5	1,52	9,02	1,11	4,76	2,63	13,8
1,75	2,48	19,3	1,33	6,65	0,89	3,55	2,22	10,2
2,00	2,25	14,7	1,18	5,18	0,72	2,77	1,905	7,95
2,50	1,96	9,3	0,935	3,45	0,50	1,82	1,435	5,27
3,00	1,78	6,52	0,765	2,57	0,33	1,27	1,10	3,84
3,50	1,61	5,00	0,61	2,02	0,23	0,92	0,84	2,94
4,00	1,45	4,15	0,48	1,67	0,15	0,67	0,63	2,34
4,50	1,32	3,71	0,37	1,34	0,099	0,495	0,47	1,84
5,00	1,09	3,54	0,28	1,15	0,068	0,354	0,35	1,50

654. Innere Rotation (bzw. Drillschwingungen)

Besitzt eine Molekel eine sog. freie drehbare Gruppe (z.B. die CH_3-Gruppe in einer organischen Molekel), so liegt eigentlich bei tiefen Temperaturen eine Drillschwingung der Gruppe mit einem relativ hohen Anharmonizitätsgrad vor; mit steigender Temperatur geht die Drillschwingung erst in die (gehemmte) innere Rotation über. Bei Drehung der Gruppe um 360° durchläuft das Potential der Kräfte, welche die Gruppe in einer bestimmten Lage festhalten wollen, n-mal ein Minimum und Maximum.

Den Potentialunterschied zwischen Minimum und Maximum nennt man die Hemmung $H_{\text{rot}\,i}$ der inneren Rotation. Die Anteile der inneren Rotation an den thermodynamischen Funktionen werden, so lange die innere Rotation eine Drillschwingung ist, durch die Zahlenwerte der Tabellen 651 und 653 erfaßt, wobei das für die Drillschwingung maßgebende $\Theta_{d,\,\text{harm}}$ durch die Beziehung

$$\Theta_{d,\,\text{harm}} = \sqrt{\Theta_{\text{rot}\,i}\, n^2\, \Theta_H} \tag{1}$$

gegeben ist. Hierbei ist $\Theta_{\text{rot}\,i} = \frac{h^2}{8\pi^2 \cdot I_{\text{red}} k}$ und $\Theta_H = \frac{H_{\text{rot}\,i}}{R}$ (h = Plancksches Wirkungsquantum, k = Boltzmannsche Konstante, I_{red} = reduziertes Trägheitsmoment der drehbaren Gruppe).

Ferner ist der Anharmonizitätsgrad x_e durch

$$x_e = \frac{n}{8} \sqrt{\frac{\Theta_{\text{rot}\,i}}{\Theta_H}} \tag{2}$$

gegeben, wobei stets ein sinusförmiges Potential der hemmenden Kräfte angenommen wurde. Selbstverständlich sind auch bei den Temperaturen, bei denen die innere Rotation nicht mehr als anharmonische Drillschwingung betrachtet werden kann, die thermodynamischen Funktionen von x und $\frac{\Theta_{d,\,\text{harm}}}{T}$ abhängig, d.h. bei festen x_e sind sie Funktionen von $\frac{\Theta_{d,\,\text{harm}}}{T}$ oder von $\frac{\Theta_{d,\,\text{harm}}}{T} \cdot \frac{1}{8x_e} = \frac{\Theta_H}{T}$, bzw. von $\frac{\Theta_{d,\,\text{harm}}}{T} \cdot 8x_e = \frac{n^2 \Theta_{\text{rot}\,i}}{T}$.

Die Tabelle 654 enthält nun für verschiedene Werte von

$$8000\, x_e^2 = \frac{4{,}185 \cdot 10^{-36}\, n^2}{I_{\text{red}}\, H_{\text{rot}\,i}\,^{*})}\ [\text{gcm}^2\,\text{J/Mol}]$$

als Funktion von $\frac{\Theta_H}{T} = \frac{H_{\text{rot}\,i}}{R\,T}$ die für die innere Rotation maßgebenden thermodynamischen Größen

$$\frac{C_{\text{rot}\,i}}{R},\ \frac{U_{\text{rot}\,i}}{R\,T} \equiv \frac{1}{R\,T}\int_0^T C_{\text{rot}\,i}\,dT$$

(in $U_{\text{rot}\,i}$ sind eventuell vorhandene Nullpunktsenergien der Drillschwingung bei tiefen Temperaturen nicht mitgezählt), den durch R dividierten Entropieunterschied zwischen freier und gehemmter innerer Rotation sowie den Unterschied der durch $R\,T$ dividierten freien Energie für gehemmte und freie innere Rotation. Die Entropie und die freie Energie der freien inneren Rotation sind durch folgende Gleichungen angegeben

$$S_{\text{rot}\,i} = \frac{R}{2}\left[\ln\left(\frac{\pi \cdot T}{n^2\,\Theta_{\text{rot}\,i}}\right) + 1\right] \quad \text{und} \quad \frac{-F_{\text{rot}\,i}}{T} = \frac{R}{2}\ln\left(\frac{\pi \cdot T}{n^2 \cdot \Theta_{\text{rot}\,i}}\right). \tag{3}$$

Am Kopf der Tabellen sind unterhalb der Werte für $4{,}1855 \cdot 10^{-36}\, n^2/(I_{\text{red}}\, H_{\text{rot}\,i})^{*}$ die zugehörigen Werte des Anharmonizitätsgrades x_e vermerkt. Will man die Werte der thermodynamischen Funktionen für niedrigere Temperaturen erhalten, als sie in den Tabellen angegeben sind, so kann man auf die Tabellen 653 und 651 für den anharmonischen Oszillator zurückgreifen. Man findet z.B. für $x_e = 0{,}0112$ und $\frac{\Theta_H}{T} = \frac{H_{\text{rot}\,i}}{R\,T} = 16$ gemäß Gl. (1) und (2) $\frac{\Theta_{d,\,\text{harm}}}{T} = 16 \cdot 8 x_e = 1{,}434$, wozu Tabelle 651 die Molwärme 7,03 J/(Molgrd) liefert. Hierzu kommt nach Tabelle 653 mit den Koeffizienten 2,95 und 31 für die Anharmonizitätsanteile ein Zuschlag von 0,31 J/(Molgrd), so daß mit 7,34 J/(Molgrd) für diese Temperatur praktisch der gleiche Wert erhalten wird, den auch Tabelle 654 gibt (7,32 J/Molgrd).

Bei tieferen Temperaturen wird die Übereinstimmung noch besser als hier. Wird der Anharmonizitätsgrad x_e größer, so treten auch bei tiefen Temperaturen größere Abweichungen zwischen der Behandlung des Problems als innere Rotation und als anharmonischer Oszillator auf. Aber je größer x_e wird, um so mehr nähert sich schließlich (bei festem $\Theta_{\text{rot}\,i}$) die Bewegung derjenigen an, die der freien Rotation entspricht [vgl. Gl. (2)], so daß dann die Verhältnisse wieder besonders einfach werden.

---

*) I_{red} in gcm²; $H_{\text{rot}\,i}$ in J/Mol.

Molwärme für einen Freiheitsgrad einer gehemmten inneren Rotation (nach K. S. PITZER)

$C_{\mathrm{rot},\,i}$ (geh.) in J/grdMol

$\Theta H / T$	$4{,}185 \cdot 10^{-36}\, n^2/I_{\mathrm{red}\,i} \cdot H_{\mathrm{rot}\,i}$										
	0	1	2	4	8	16	32	64	128	256	512
	x_e										
	0	0,0112	0,0158	0,0223	0,0316	0,0446	0,0632	0,0895	0,1265	0,1790	0,2530
0,0	4,14	4,14	4,14	4,14	4,14	4,14	4,14	4,14	4,14	4,14	4,14
0,5	4,43	4,43	4,43	4,43	4,43	4,43	4,43	4,39	4,35	4,31	4,18
1,0	5,10	5,10	5,06	5,06	5,06	5,02	4,98	4,90	4,73	4,48	4,18
2,0	7,07	7,03	7,03	6,99	6,90	6,74	6,44	5,90	5,10	4,23	
3,0	8,79	8,70	8,66	8,58	8,41	7,99	7,24	6,15	4,69		
4,0	9,58	9,50	9,42	9,25	8,91	8,29	7,24	5,65	3,97		
5,0	9,75	9,63	9,50	9,33	8,87	7,91	6,53	4,81			
6,0	9,71	9,46	9,29	9,04	8,41	7,11	5,48	3,85			
7,0	9,50	9,16	8,87	8,58	7,74	6,36	4,56	2,85			
8,0	9,29	8,83	8,54	8,04	7,03	5,61	3,81	2,18			
9,0	9,12	8,58	8,12	7,53	6,40	4,98	3,01				
10,0	9,00	8,33	7,78	7,03	5,82	4,31	2,59				
12,0	8,83	7,91	7,24	6,07	4,81	3,22	1,38				
14,0	8,70	7,57	6,74	5,19	3,89	2,30	0,79				
16,0	8,62	7,32	6,32	4,44	3,05	1,42	0,44				

Innere Energie für einen Freiheitsgrad einer gehemmten inneren Rotation (nach K. S. PITZER)

$\frac{U_{\mathrm{rot},\,i}}{T}$ (geh.) in J/grdMol

$\Theta H / T$	$4{,}185 \cdot 10^{-36}\, n^2/I_{\mathrm{red}\,i} \cdot H_{\mathrm{rot}\,i}$										
	0	1	2	4	8	16	32	64	128	256	512
	x_e										
	0	0,0112	0,0158	0,0223	0,0316	0,0446	0,0632	0,0895	0,1265	0,1790	0,2530
0,0	4,14	4,14	4,14	4,14	4,14	4,14	4,14	4,14	4,14	4,14	4,14
0,5	5,98	5,69	5,61	5,52	5,36	5,23	4,98	4,69	4,35	4,22	4,14
1,0	7,28	6,86	6,69	6,48	6,19	5,90	5,44	4,89	4,27	4,06	4,02
2,0	8,75	8,08	7,78	7,36	6,82	6,15	5,27	4,39	3,72	3,64	
3,0	9,12	8,16	7,78	7,24	6,44	5,61	4,48	3,51	3,05		
4,0	9,16	7,83	7,28	6,61	5,73	4,69	3,56	2,68	2,59		
5,0	9,08	7,45	6,78	5,94	5,02	3,81	2,76	2,01			
6,0	8,96	6,99	6,24	7,31	4,27	3,05	2,05	1,51			
7,0	8,79	6,53	5,69	4,73	3,64	2,43	1,51	1,21			
8,0	8,70	6,11	5,19	4,18	3,05	1,88	1,09	1,00			
9,0	8,62	5,77	4,77	3,76	2,63	1,38	0,79				
10,0	8,58	5,48	4,48	3,39	2,22	1,09	0,58				
12,0	8,49	4,98	3,76	2,72	1,63	0,63	0,33				
14,0	8,45	4,48	3,26	2,17	1,17	0,42	0,21				
16,0	8,45	3,97	2,80	1,67	0,75	0,25	0,17				

Entropieunterschied zwischen freier und gehemmter innerer Rotation für einen Freiheitsgrad (nach K. S. PITZER)

$(S_{\text{rot } i \text{ frei}} - S_{\text{rot } i \text{ geh}})$ in J/grdMol

Θ_H / T	$4{,}185 \cdot 10^{-36}\, n^2/I_{\text{red } i} \cdot H_{\text{rot } i}$										
	0	1	2	4	8	16	32	64	128	256	512
	x_e										
	0	0,0112	0,0158	0,0223	0,0316	0,0446	0,0632	0,0895	0,1265	0,1790	0,2530
0,0	0,00	0,00	0,00	0,00	0,00	0,00	0,00	0,00	0,00	0,00	0,00
0,5	0,12	0,12	0,12	0,12	0,12	0,12	0,12	0,12	0,12	0,08	0,08
1,0	0,50	0,50	0,50	0,50	0,50	0,46	0,46	0,42	0,37	0,25	0,12
2,0	1,76	1,72	1,72	1,72	1,67	1,59	1,51	1,21	0,88	0,42	
3,0	3,31	3,22	3,18	3,14	3,09	2,85	2,59	1,97	1,25		
4,0	4,73	4,64	4,60	4,52	4,39	4,06	3,51	2,55	1,30		
5,0	5,94	5,82	5,73	5,65	5,40	4,94	4,10	2,80			
6,0	6,95	6,78	6,69	6,57	6,24	5,61	4,52	2,85			
7,0	7,83	7,62	7,49	7,28	6,82	6,03	4,69	2,72			
8,0	8,54	8,29	8,16	7,87	7,28	6,28	4,69	2,72			
9,0	9,17	8,83	8,66	8,29	7,57	6,44	4,60				
10,0	9,71	9,25	9,04	8,62	7,78	6,49	4,44				
12,0	10,59	9,92	9,71	9,08	7,99	6,40	4,02				
14,0	11,26	10,50	10,13	9,33	7,99	6,11	3,56				
16,0	11,84	11,00	10,46	7,91	5,69	3,05					

Unterschied der freien Energie für einen Freiheitsgrad zwischen freier und gehemmter innerer Rotation

$$\frac{-(F_{\text{rot } i \text{ frei}} - F_{\text{rot } i \text{ geh}})}{T} \text{ in J/grdMol}$$

Θ_H / T	$4{,}185 \cdot 10^{-36}\, n^2\, I_{\text{red } i} \cdot H_{\text{rot } i}$										
	0	1	2	4	8	16	32	64	128	256	512
	x_e										
	0	0,0112	0,0158	0,0223	0,0316	0,0446	0,0632	0,0895	0,1265	0,1790	0,2530
0,0	0,00	0,00	0,00	0,00	0,00	0,00	0,00	0,00	0,00	0,00	0,00
0,5	1,97	1,67	1,59	1,51	1,34	1,21	0,96	0,67	0,33	0,12	0,04
1,0	3,64	3,22	3,05	2,84	2,55	2,22	1,76	1,17	0,50	0,12	0,00
2,0	6,36	5,65	5,36	4,94	4,35	3,60	2,64	1,46	0,46	−0,08	
3,0	8,29	7,24	6,82	6,27	5,40	4,31	2,93	1,34	0,17		
4,0	9,75	8,33	7,74	6,99	5,98	4,60	2,93	1,08	−0,25		
5,0	10,88	9,12	8,37	7,45	6,28	4,64	2,72	0,67			
6,0	11,76	9,63	8,79	7,74	6,36	4,52	2,42	0,21			
7,0	12,47	10,00	9,04	7,87	6,32	4,31	2,05	0,21			
8,0	13,10	10,25	9,21	7,91	6,19	4,02	1,63	−0,63			
9,0	13,64	10,46	9,29	7,91	6,07	3,68	1,25				
10,0	14,15	10,59	9,37	7,87	5,86	3,43	0,88				
12,0	14,94	10,76	9,33	7,66	5,48	2,89	0,21				
14,0	15,57	10,84	9,25	7,37	5,02	2,38	−0,37				
16,0	16,15	10,84	9,12	7,03	4,52	1,80	−0,92				

7. Dynamische Konstanten

71. Viskosität[1]

Nach dem Newtonschen Gesetz ist

$$\tau = \eta \frac{\partial v}{\partial y},$$

d.h. die zwischen zwei benachbarten strömenden Schichten auftretende Schubspannung τ ist proportional dem Geschwindigkeitsgradient senkrecht zur Strömungsrichtung. Der Proportionalitätsfaktor η heißt die *dynamische Zähigkeit* der betreffenden Flüssigkeit. Er hat die Dimension $[\mathrm{mL^{-1}\,T^{-1}}]$; die Einheit ist $\mathrm{dyn \cdot s \cdot cm^{-2} = g \cdot cm^{-1}\,s^{-1}} = 1$ Poise (P) $= 100$ Zentipoise (cP) $= 1\,000\,000$ Mikropoise (μP). $1/\eta$ heißt Fluidität oder Beweglichkeit.

Der für Strömungsvorgänge häufig als kennzeichnender Stoffwert auftretende Quotient aus dynamischer Zähigkeit und Dichte heißt die *kinematische Zähigkeit* ν (Dimension $[\mathrm{l^2\,t^{-1}}]$; die Einheit im CGS-System ist das Stokes (St); 1 St $=100$ Zentistokes (cSt) $=1000$ Millistokes (mSt).

Im technischen Maßsystem wird die dynamische Zähigkeit in

$$\frac{\mathrm{kp \cdot s}}{\mathrm{m^2}} \qquad \left(1\,\frac{\mathrm{kp \cdot s}}{\mathrm{m^2}} = 98{,}1 \text{ Poise}\right)$$

gemessen, die kinematische in

$$\frac{\mathrm{m^2}}{\mathrm{s}} \qquad \left(1\,\frac{\mathrm{m^2}}{\mathrm{s}} = 10^4 \text{ Stokes}\right).$$

Statt in absoluten Einheiten wird die Zähigkeit vielfach in Einheiten, die mit konventionellen Apparaten bestimmt werden, angegeben. (Engler-Grade E, Redwood-Sekunden R, Sayboldt-Sekunden S.)

Die Tabelle gibt die Umrechnung in cSt an.

Umrechnung von Englergraden °E, Redwoodsekunden R und Sayboldtsekunden S in kinematische Zähigkeit (cSt) nach Erk

ν in cSt	°E	R sec	S sec	ν in cSt	°E	R sec	S sec
1,0	1,00	29,2	31,1	13,8	2,20	64,5	73,6
1,8	1,10	30,5	32,9	14,8	2,30	67,8	77,2
2,8	1,20	32,8	35,6	15,7	2,40	70,8	81,2
3,9	1,30	35,4	38,8	16,6	2,50	73,7	85,2
5,0	1,40	38,2	42,1	21,1	3,00	89,0	104
6,25	1,50	41,4	46,0	25,4	3,50	105	122
7,45	1,60	44,9	49,6	29,3	4,00	119	140
8,5	1,70	48,2	53,8	33,3	4,50	133	157
9,6	1,80	51,0	57,8	37,3	5,00	149	174
10,7	1,90	54,5	62,1	41,2	5,50	163	192
11,8	2,00	57,9	66,3	45,1	6,00	178	209
12,8	2,10	61,1	70,0	52,9	7,00	206	242

[1] Die Daten sind zum Teil dem Landolt-Börnstein, 6. Aufl., Bd. IV/1. Beitrag G. Vogelpohl „Viscosität" entnommen.

Die Zähigkeit ist stark temperaturabhängig (s. die folgenden Tabellen). Für Gase wird die Abhängigkeit durch verschiedene Formeln wiedergegeben. Die von SUTHERLAND aufgestellten sind:

$$\eta=\eta_0\sqrt{\frac{T}{T_0}\,\frac{1+\frac{C}{T_0}}{1+\frac{C}{T}}}=B\,\frac{\sqrt{T}}{1+\frac{C}{T}}\,;\qquad \nu=\nu_0\sqrt{\left(\frac{T}{T_0}\right)^3\frac{1+\frac{C}{T_0}}{1+\frac{C}{T}}}=A\,\frac{\sqrt{T^3}}{1+\frac{C}{T}}.$$

Die Konstanten C (Sutherlandsche Konstante), A und B sind mit dem Temperaturbereich, in dem sie gültig sind, in nachstehender Tabelle angegeben.

Dichte, Zähigkeit und Sutherlandsche Konstanten einiger Gase und Dämpfe ($p=760$ Torr) nach ERK

	t °C	$\varrho_0\cdot 10^3$ gcm^{-3}	$\eta_0\cdot 10^7$ cm^{-1}gs^{-1}	$B\cdot 10^7$ gcm^{-1}s^{-1} grd$^{-1/2}$	C °K	ν_0 cm^{2}s^{-1}	$A\cdot 10^7$ cm^{2}s^{-1} grd$^{-3/2}$	Temperatur-Bereich [1] °C
Acetylen	20	1,091	1020	99,8	198,2	0,0935	312	20...120
Ammoniak	20	0,718	982	180,1	626	0,137	856	20...450
Argon	16	1,683	2204	193,5	142	0,131	398	0...100
Chlor	15,6	3,04	1294	168,2	351	0,0426	143	20...500
Chlorwasserstoff	0	1,639	1332	186,5	360	0,0813	417	0...250
Kohlendioxid	0	1,977	1366	165,5	274	0,0692	307	0...100
Kohlenmonoxid	0	1,250	1665	137,7	101	0,1332	403	−78...+250
Luft	0	1,293	1710	150,3	123,6	0,132	426	0...400
Methan	17	0,675	1094	108,2	198	0,162	553	0...100
Sauerstoff	0	1,429	1920	174,7	138	0,134	448	0...80
Schwefeldioxid	0	2,927	1168	178,4	416	0,0399	223	0...100
Schwefelwasserstoff	17	1,448	1251	157,3	331	0,0864	374	0...100
Stickstoffoxid	0	1,340	1797	218	162	0,134	596	—
Distickstoffoxid	0	1,978	1366	165,5	274	0,0692	307	0...100
Stickstoff	0	1,251	1665	137,8	103	0,1332	403	−78...+250
Wasserdampf $p=1$ kp/cm^2	99	0,579	1255	182,3	673	0,217	841	100...350
Wasserstoff	0	0,0899	850	67,1	83	0,945	2730	−40...+250

[1] Innerhalb des angegebenen Temperaturbereiches wurden die Versuche ausgeführt, die der Berechnung der Konstanten zugrunde liegen.

Die Zähigkeit der Gase ist, wie auch aus der kinetischen Gastheorie folgt, unabhängig vom Druck, so lange die Abweichungen von den Gasgesetzen gering sind. Für hohe Drucke steigt die Zähigkeit, wie Tabelle 712 f. zeigt, an.

Die Angaben über Viskositäten von folgenden Stoffen sind an anderer Stelle gebracht.

Elemente im flüssigen Zustand in Tabelle 2143 und 2144.

Wasser in Tabelle 22211.

Gläser in Tabelle 24423.

Die hier zusammengestellten Daten sind in 2 Gruppen geteilt:

1. Viskositäten unter Atmosphärendruck.
2. Viskositäten bei hohen Drucken.

Stoffordnung: Elemente und anorganische Verbindung alphabetisch nach den Formeln; organische Verbindung im allgemeinen nach dem Hillschen System, in einigen Fällen wurde, um Platz zu sparen, von dieser Ordnung abgewichen und Verbindungen, die unter gleichen Bedingungen gemessen wurden, in einer Tabelle zusammengefaßt.

711. Viskosität von Stoffen unter dem Druck von 1 atm oder Sättigungsdruck

7111. Flüssigkeiten

71111. Anorganische Verbindungen

$B_3H_6N_3$	ϑ	−40	−20	−10	0	10	20		°C
	η	0,594	0,460	0,408	0,365	0,328	0,301		cP
HCl	ϑ	−115	−110	−100	−90	−85			°C
	η	0,581	0,555	0,511	0,474	0,458			cP
NH_3	ϑ	−20	−10	0	10	20			°C
	$p_{\text{sätt}}$	1,94	2,966	4,379	6,271	8,741			at
	η_{fl}	0,262	0,256	0,248	0,239	0,227			cP
	η_{g}	113	117	122	129	135			µP
SO_2	ϑ	−20	−10	0	10	20	30	40	°C
	$p_{\text{sätt}}$	0,648	1,033	1,580	2,34	3,35	4,67	6,35	at
	η_{fl}	0,504	0,465	0,400	0,344	0,283			cP
	η_{g}	110	117	127,5	141	157	175	187	µP

71112. Organische

Formel	Name	η in				
		−40° C	−20° C	−10° C	0° C	10° C
CCl_2F_2	Dichlordifluormethan					
CCl_4	Tetrachlorkohlenstoff	—	—	—	1,369	1,152
$CHCl_3$	Chloroform	—	—	—	0,70	0,63
CH_2Br_2	Dibrommethan				1,340	
CH_2Cl_2	Dichlormethan	—	0,68	0,602	0,537	0,481
CH_2O_2	Ameisensäure	—	—	—	—	2,25
CH_3Cl	Monochlormethan					0,202
CH_3NO	Formamid	—	—	—	7,3	5,0
CH_3NO_2	Nitromethan	—	—	—	0,844	0,742
CH_4O	Methanol	1,75	1,16	0,970	0,817	0,686
$C_2Cl_2F_4$	1,1,1,2-Tetrafluor-2,2-dichlor-äthan	—	—	—	—	—
	1,1,2,2-Tetrafluor-1,2-dichlor-äthan	—	—	—	—	—
$C_2Cl_3F_3$	1,1,2-Trifluor-1,2,2-trichlor-äthan	—	—	—	—	—
C_2Cl_4	Tetrachloräthen	—	—	—	1,14	1,00
$C_2Cl_4F_2$	Tetrachlor-difluor-äthan				0,925	0,805
C_2HCl_3	Trichloräthylen	—	—	—	—	—
$C_2H_2Cl_3F$	1-Fluor-1,2,2-trichloräthan	—	—	—	—	—
$C_2H_2Cl_4$	Tetrachloräthan				2,66	2,15
$C_2H_3BrF_2$	1-Brom-2,2-difluoräthan					
$C_2H_3ClF_2$	1,1-Difluor-1-chloräthan	—	—	—	—	—
$C_2H_4Br_2$	1,2-Dibrom-äthan	—	—	—	2,422	2,028
$C_2H_4Cl_2$	1,2-Dichlor-äthan	—	—	—	1,123	0,962
$C_2H_4F_2$	1,1-Difluor-äthan	—	—	—	0,289	—
$C_2H_4O_2$	Essigsäure	—	—	—	—	1,45
	Ameisensäuremethylester	—	—	—	0,43	0,38
C_2H_5Cl	Chloräthan	—	0,392	0,354	0,320	0,291
C_2H_6O	Äthanol	4,79	2,38	2,23	1,78	1,46
$C_2H_6O_2$	Äthandiol-(1,2)					
C_3H_6O	Dimethylketon (Aceton)	0,713	0,513	0,447	0,389	0,358
$C_3H_6O_2$	Ameisensäureäthylester	—	—	—	0,507	0,449
	Essigsäuremethylester	—	—	—	0,479	0,425
	Propansäure	—	—	—	1,52	1,29
$C_3H_6O_3$	Dimethylcarbonat					
	Glycerin	—	—	—	12070	3950
C_3H_7Cl	1-Chlor-propan	—	—	—	0,436	0,390
C_3H_8	Propan[1]					
C_3H_8O	Propanol-(1)	13,5	6,9	5,1	3,85	2,89
C_4H_4S	Thiophen	—	—	—	0,874	0,756
$C_4H_6O_3$	Essigsäureanhydrid	—	—	—	1,24	1,05

[1] $\eta_{4,4°\,C}=0{,}133$ cP; $\eta_{15,6°\,C}=0{,}121$ cP; $\eta_{26,7°\,C}=0{,}111$ cP.

Verbindungen

cP bei

20° C	30° C	40° C	50° C	60° C	80° C	100° C	120° C	140° C	180° C
0,713	0,626	0,554	0,494						
0,986	0,856	0,751	0,665	0,593	0,483	0,404	—	—	—
0,57	0,51	0,466	0,426	0,390	—	—	—	—	—
	0,941	0,887	0,787	0,722	0,626				
0,435	0,396	0,363	—	—	—	—	—	—	—
1,78	1,46	1,22	1,03	0,89	0,68	0,54	—	—	—
0,183	0,166	0,152	0,140	0,129	0,108	0,090	0,072		
3,75	2,94	2,43	2,04	1,71	1,17	0,83	0,63	—	—
0,657	0,587	0,528	0,478	0,433	0,357	—	—	—	—
0,584	0,510	0,450	0,396	0,351	—	—	—	—	—
—	0,440	0,409	0,374	—	—	—	—	—	—
—	0,356	—	—	—	—	—	—	—	—
0,698	0,614	0,546	—	—	—	—	—	—	—
0,88	0,80	0,72	0,66	0,60	0,51	0,441	0,383	—	—
0,711	0,627	0,559							
—	—	—	0,446	—	—	—	—	—	—
1,07	0,929	0,819	0,727	0,651	—	—	—	—	—
		1,13							
0,784	0,697	0,621	0,556						
0,334	—	0,281	—	0,238	—	—	—	—	—
1,714	1,469	1,279	1,122	0,995	0,804	0,667	0,562	—	—
0,832	0,728	0,644	0,568	0,519	0,469	0,417	—	—	—
0,251	0,227	0,207	0,193	0,180	—	—	—	—	—
1,21	1,04	0,90	0,79	0,70	0,56	0,46	—	—	—
0,345	0,315	—	—	—	—	—	—	—	—
0,266	0,244	0,224	—	—	—	—	—	—	—
1,19	1,00	0,825	0,701	0,591	0,435	—	—	—	—
19,9	13,2	9,13		4,95	3,02	1,99	1,40	1,04	
0,324	0,292	0,269	0,246	0,226	—	—	—	—	—
0,402	0,362	0,329	0,301	—	—	—	—	—	—
0,381	0,344	0,311	0,284	0,258	0,217	0,182	0,154	0,130	—
1,10	0,96	0,84	0,75	0,67	0,545	0,452	0,380	0,322	—
0,625	0,549	0,487	0,435	0,392	0,355	0,323			
1412	612	284	142	81,3	31,9	14,8	—	—	—
0,352	0,319	0,291	—	—	—	—	—	—	—
2,20	1,72	1,38	—	0,92	0,63	—	—	—	—
0,664	0,582	0,526	0,474	0,431	0,354	—	—	—	—
0,9	0,79	0,69	0,62	0,55	0,453	0,377	0,320	—	—

Formel	Name	η in				
		−40° C	−20° C	−10° C	0° C	10° C
C_4H_8O	Tetrahydrofuran					
$C_4H_8O_2$	Buttersäure	—	—	—	2,260	1,875
	1,4-Dioxan	—	—	—	—	—
	Essigsäureäthylester	—	—	—	0,578	0,507
C_4H_9Cl	1-Chlor-butan	—	—	—	—	—
	2-Chlor-butan	—	—	—	—	—
	1-Chlor-2-methyl-propan	—	—	—	—	—
	2-Chlor-2-methyl-propan	—	—	—	—	—
C_4H_{10}	Butan	0,315				
$C_4H_{10}O$	Butanol-(1)	22,4	10,3	7,4	5,19	3,87
	Butanol-(2)					
	2-Methyl-propanol-(1)	51,3	18,4	12,3	8,3	5,65
	2-Methyl-propanol-(2)					
	Diäthyläther	0,47	0,364	0,328	0,296	0,268
C_5H_5N	Pyridin	—	—	—	1,33	1,12
$C_5H_6O_2$	Furfurylalkohol					
C_5H_8	2-Methyl-butadien-(1,3)	—	—	—	0,260	0,236
C_5H_8O	Cyclopentanon					
	Tetrahydropyran					
C_5H_{10}	Cyclopentan				0,572	
$C_5H_{10}O$	Cyclopentanol					
$C_5H_{10}O_2$	Essigsäurepropylester	—	—	—	0,769	0,664
$C_5H_{10}O_3$	Diäthylcarbonat					
C_5H_{12}	Pentan	0,432	0,345	0,309	0,274	0,250
	2-Methyl-butan	—	—	—	0,272	0,246
$C_5H_{12}O$	3-Methyl-butanol-(1) opt. inakt.	—	—	—	8,79	6,12
C_6H_5Br	Brombenzol	—	—	—	1,52	1,31
C_6H_5Cl	Chlorbenzol	—	—	—	1,06	0,91
C_6H_5F	Fluorbenzol	—	—	—	0,752	0,657
$C_6H_5N_2O$	Nitrobenzol	—	—	—	—	2,483
C_6H_6	Benzol	—	—	—	0,91	0,758
C_6H_6O	Phenol	—	—	—	—	—
C_6H_7N	Anilin	—	—	—	10,2	6,5
C_6H_{10}	Hexin-(1)					
C_6H_{12}	Cyclohexan					
	Hexen-(1)					
	2-Methyl-penten-(1)					
	4-Methyl-penten-(2)					
$C_6H_{12}O$	Cyclohexanol					
$C_6H_{12}O_2$	Butansäureäthylester	—	—	—	—	—
	Essigsäurebutylester	—	—	—	1,004	0,851
C_6H_{14}	Hexan	0,611	0,486	0,432	0,383	0,342
	2-Methyl-pentan	—	—	—	0,372	0,332
$C_7H_5F_3$	Trifluortoluol	—	—	—	—	—
C_7H_5N	Benzonitril					1,62

cP bei									
20° C	30° C	40° C	50° C	60° C	80° C	100° C	120° C	140° C	180° C
0,486	0,428	0,389	0,358	0,328	0,280				
1,560	1,303	1,114	0,972	0,851	0,675	0,545	0,449	0,373	—
1,26	1,06	0,917	0,778	0,685	0,539	—	—	—	—
0,449	0,400	0,360	0,326	0,297	0,248	0,210	0,178	0,152	0,109
0,440	0,399	0,361	0,328	0,299	—	—	—	—	—
0,408	0,366	0,331	0,302	0,276	—	—	—	—	—
0,442	0,398	0,360	0,325	0,295	—	—	—	—	—
0,508	0,438	0,387	0,342	—	—	—	—	—	—
0,164	—	0,136	—	0,113	0,0950	0,0778			
2,95	2,28	1,78	1,41	1,14	0,76	0,54	—	—	—
3,68	2,53	1,80	1,31	1,01	0,610				
3,95	2,85	2,12	1,61	1,24	0,78	0,52	—	—	—
	3,35	2,08	1,40	0,997	0,580				
0,243	0,220	0,199	—	0,166	0,140	0,118	—	—	—
0,974	0,835	0,735	0,651	0,580	0,482	—	—	—	—
	4,40	3,24	2,57	2,01	1,35	0,95	0,708	—	—
0,216	0,198	—	—	—	—	—	—	—	—
1,149	0,989	0,859	0,758	0,603	0,543				
0,875	0,761	0,663	6,583	0,515	0,416				
0,456	0,406								
11,80	7,93	5,55	4,00	2,94	1,74				
0,580	0,511	0,455	0,408	0,368	0,303	0,253	—	—	—
0,813	0,707	0,623	0,553	0,495	0,445	0,403	0,334		
0,226	0,205	0,187	—	—	—	—	—	—	—
0,223	0,202	—	—	—	—	—	—	—	—
4,40	3,24	2,43	1,862	1,452	0,927	0,627	0,449	—	—
1,13	1,00	0,89	0,79	0,72	0,60	0,52	—	—	—
0,80	0,71	0,64	0,57	0,52	0,435	0,370	0,320	0,275	0,210
0,581	0,521	0,470	0,423	0,389	0,356	—	—	—	—
2,034	—	—	—	0,982	0,842	0,718	—	—	—
0,647	0,559	0,489	0,433	0,386	0,314	0,262	0,219	0,184	0,132
—	—	—	3,020	2,175	1,230	0,783	—	—	—
4,40	3,12	2,30	1,80	1,50	1,10	0,80	0,59	—	—
0,373	0,333	0,298	0,268	0,242					
0,979	0,825	0,702	0,602	0,527	0,419				
0,283	0,254	0,231	0,210	0,193					
0,290	0,263	0,237	0,212						
0,265	0,238	0,213	0,193						
fest	41,5	22,7	13,36	8,35	3,73				
—	—	—	0,466	—	—	—	—	—	—
0,732	0,637	0,563	—	0,448	0,366	0,304	—	—	—
0,308	0,278	0,252	0,230	0,210	—	—	—	—	—
0,300	0,272	0,247	0,226	0,207	—	—	—	—	—
0,573	0,512	0,462	0,420	0,387	—	—	—	—	—
1,33	1,13	0,984	0,864	0,767		0,515			

Formel	Name	η in				
		−40° C	−20° C	−10° C	0° C	10° C
C_7H_7Br	o-Bromtoluol	—	—	—	2,21	1,81
	m-Bromtoluol	—	—	—	1,73	1,45
$C_7H_7NO_2$	2-Nitrotoluol	—	—	—	3,96	2,96
	3-Nitrotoluol	—	—	—	—	—
	4-Nitrotoluol	—	—	—	—	—
C_7H_8	Methylbenzol (Toluol)	—	—	—	0,772	0,669
C_7H_8O	Anisol	—	—	—	1,78	1,51
	o-Kresol					
	m-Kresol					43,9
	p-Kresol					
C_7H_9N	2-Toluidin	—	—	—	10,2	6,4
	3-Toluidin	—	—	—	8,7	5,5
	4-Toluidin	—	—	—	—	—
C_7H_{16}	Heptan	0,865	0,682	0,600	0,525	0,464
	2-Methyl-hexan	—		—	0,476	0,424
$C_7H_{16}O$	Heptanol				10,0	7,62
C_8H_7N	o-Tolunitril					
	m-Tolunitril					
	p-Tolunitril					
C_8H_8	Cyclooctatetraen					
C_8H_{10}	1,2-Dimethyl-benzol	—	—	—	1,102	0,935
	1,3-Dimethyl-benzol	—	—	—	0,802	0,698
	1,4-Dimethyl-benzol	—	—	—	0,840	0,733
$C_8H_{11}N$	Äthylanilin	—	—	—	—	2,98
	Dimethylanilin	—	—	—	—	1,69
	Äthylbenzol				0,895	0,775
C_8H_{16}	Äthylcyclohexan				1,142	
	1-Äthyl-hexen-(1)					
	Cyclooctan					
	1,2-Dimethylcyclohexan (cis)				1,615	
	1,2-Dimethylcyclohexan (trans)				1,111	
	1,3-Dimethylcyclohexan (cis)				1,203	
	1,3-Dimethylcyclohexan (trans)				0,831	
	1,4-Dimethylcyclohexan (cis)				1,224	
	1,4-Dimethylcyclohexan (trans)				0,951	
	Octen-(1)					
	Octen-(2)					
	Propylcyclopentan				0,889	
C_8H_{18}	Octan	1,22	0,955	0,828	0,714	0,621
C_9H_{20}	Nonan	1,73	1,332	1,138	0,964	0,823
$C_{10}H_8$	Naphthalin	—	—	—	—	—
$C_{10}H_{12}$	Tetralin	—	—	—	—	—
$C_{10}H_{15}N$	Diäthylanilin	—	—	—	—	2,85
$C_{10}H_{22}$	Decan				1,298	
$C_{11}H_{24}$	Hendekan	—	—	2,167	—	—
$C_{12}H_{10}$	Diphenyl	—	—	—	—	—

cP bei									
20° C	30° C	40° C	50° C	60° C	80° C	100° C	120° C	140° C	180° C
1,51	1,29	1,12	—	0,87	0,71	0,59	—	—	—
1,25	1,08	0,96	—	0,76	0,63	0,59	—	—	—
2,37	1,91	1,63	—	1,21	0,94	0,76	—	—	—
2,33	1,91	1,60	—	1,18	0,92	0,75	—	—	—
—	—	—	—	1,20	0,94	0,76	—	—	—
0,588	0,523	0,469	0,423	0,384	0,320	0,272	0,232	0,201	0,151
1,32	1,21	1,12	1,04	0,97	—	—	—	—	—
		4,49	3,24	2,22					
20,8	10,0	6,18	4,38	3,97					
		7,00	4,95	3,66					
4,35	3,20	2,44	1,94	1,57	1,11	0,83	—	—	—
3,81	2,79	2,14	—	1,40	1,00	0,77	—	—	—
—	—	—	—	1,45	1,00	0,75	—	—	—
0,413	0,370	0,334	0,302	0,274	0,230	0,195	—	—	—
0,379	0,341	0,309	0,281	0,257	0,216	—	—	—	—
5,42	3,97	2,99	—	1,82	—	0,82	0,60	0,45	
1,755	1,456	1,235	1,063	0,928	0,727	0,594	0,497	0,421	
1,653	1,370	1,160	0,999	0,873	0,691	0,564	0,468	0,399	
	1,437	1,200	1,050	0,916	0,722	0,588	0,491	0,415	—
1,367	1,147	0,978	0,833	0,722	0,568				
0,806	0,704	0,622	0,555	0,499	0,412	0,345	0,294	0,254	—
0,615	0,548	0,492	0,446	0,404	0,340	0,289	0,250	0,219	—
0,643	0,570	0,508	0,458	0,415	0,345	0,293	0,250	0,217	—
2,25	—	1,43	—	1,01	0,76	0,60	—	—	—
1,41	1,18	1,02	—	0,79	0,64	—	—	—	—
0,678	0,600	0,535	0,481	0,436	0,364	0,308			
0,842		0,651							
0,472	0,423	0,381	0,345	0,313	0,263	0,225			
2,560	2,050	1,675	1,385	1,169		0,866			
1,114		0,818							
0,817		0,627							
0,866		0,654							
0,631		0,500							
0,875		0,659							
0,706		0,547							
0,506	0,450	0,406	0,365	0,333	0,276	0,233			
0,506	0,451	0,408	0,366	0,333	0,277	0,234			
0,681	0,612	0,540		0,443	0,366	0,336			
0,546	0,485	0,433	0,389	0,351	0,291	0,245	0,208	—	—
0,713	0,625	0,553	0,493	0,441	0,361	0,301	0,254	0,215	—
—	—	—	—	—	0,967	0,776	—	—	—
2,02	—	—	1,3	—	—	—	—	—	—
2,18	1,75	1,42	1,2	1,02	0,777	—	—	—	—
0,907			0,601		0,452	0,357			
1,186	—	—	0,761	—	—	0,438	—	—	—
—	—	—	—	—	—	—	0,760	0,615	0,431

71113. *Viskosität von Brennstoffen und Ölen*

	η in cP bei ϑ in °C					
	20° C	30° C	40° C	50° C	60° C	70° C
Benzin	0,650	0,563	0,493	0,436	0,389	
Brennöl Burma, dkl.braun, $D_{20}=0{,}889$ gcm^{-3}	16,8	11,1	7,85	5,90	4,53	3,50
Brennöl Rumänien, schwarz, $D_{20}=0{,}949$ gcm^{-3}		365	197	100		

	Gasolin Nr.	$D^{15,6}_{15,6}$	η in cP bei ϑ in °C					
			5° C	15° C	25° C	35° C	45° C	55° C
Gasolin, Motorenbenzin	1	0,737	0,690	0,603	0,518	0,472	0,426	0,382
	3	0,743	0,775	0,641	0,541	0,493	0,441	—
	5	0,722	0,529	0,457	0,410	0,360	0,325	0,293
	6	0,717	0,568	0,481	0,418	0,361	0,339	—
	8	0,708	0,493	0,435	0,389	0,336	0,301	0,278
	10	0,701	0,435	0,382	0,349	0,300	0,268	0,251
	13	0,680	0,347	0,310	0,274	0,242	0,227	0,211
Petroleum		0,813	2,57	2,13	1,64	1,41	1,19	—

		η in cP bei ϑ in °C						
		0° C	20° C	30° C	40° C	50° C	60° C	70° C
Öle, pflanzliche und tierische	Erdnußöl	—	83	54	36	25	18	
	Leinöl	78	52	35	25	18	13,5	
	Olivenöl, $D_{20}=0{,}913$		84,0	54	36,3	25,8	18,7	12,4
	Rapsöl	257	78	53	39	29	21	
	Ricinusöl	—	977	447	226	129	—	
	Walöl, Tran	204	72	51	38	29	22	

71114. Viskosität in P von Schmelzen[1]

a) Anorganische Salze

	°C	P	°C	P	°C	P	°C	P	°C	P	°C	P	°C	P	C°	P
AgBr	609	0,01863	649	0,0166	688	0,0149	770	0,0122	803	0,0119	—	—	—	—	—	—
AgCl	603	0,0161	669	0,0137	734	0,0180	—	—	—	—	—	—	—	—	—	—
AgJ	605	0,0303	730	0,0212	827	0,0156	—	—	—	—	—	—	—	—	—	—
$AgNO_3$	244	0,0377	275	0,0305	342	0,0230	—	—	—	—	—	—	—	—	—	—
$K_2Cr_2O_7$	400	0,1316	410	0,1241	420	0,1171	440	0,1042	460	0,092	480	0,0806	490	0,0752	500	0,0699
KNO_3	350	0,02728	360	0,02578	380	0,02312	400	0,02094	450	0,01663	500	0,01380	550	0,01211	—	—
KOH	400	0,023	450	0,017	500	0,013	550	0,01	600	0,008	—	—	—	—	—	—
$LiNO_3$	259	0,0559	284	0,0450	344	0,0294	—	—	—	—	—	—	—	—	—	—
$Na_2B_4O_7$	621	10400	653	2080	683	474	714	157	752	49	888	5	—	—	—	—
NaBr	762	0,0142	766	0,0135	780	0,0128	—	—	—	—	—	—	—	—	—	—
NaCl	825	0,01432	850	0,01275	875	0,01138	900	0,01017	925	0,00912	950	0,00820	975	0,00752	1000	0,00704
$NaNO_3$	308	0,0292	328	0,0266	368	0,0224	388	0,0206	418	0,0183	—	—	—	—	—	—
NaOH	350	0,04	400	0,028	450	0,022	500	0,018	550	0,015	—	—	—	—	—	—

[1] Viskosität von Gläsern s. Tabelle 24423.

b) Mineralien

Minerale	Zusammensetzung in Gew. %				η in P bei						
	CaO	MgO	Al_2O_3	SiO_2	1300° C	1350° C	1400° C	1450° C	1500° C	1550° C	1600° C
Akermanit	41,14	14,79		44,07	28,00	6,82	4,53	3,18	2,30	1,77	1,40
Anorthit	20,16		36,65	43,19	—	—	—	111,00	60,50	38,00	25,00
Monticellit	35,84	25,77		38,39	—	—	—	—	1,74	1,20	1,13
Diopsid	25,90	18,62		55,48	—	—	26,00	3,80	1,85	1,40	1,20
Calciumbisilicat	48,28			51,72	—	—	—	—	—	2,73	2,40

c) Schlacken

Zusammensetzung der Schlacke				η in P bei °C						
CaO	MgO	Al_2O_3	SiO_2	1300	1350	1400	1450	1500	1550	1600
32,03[1]	5,17	15,88	36,37	16,50	9,75	6,35	4,30	3,19	2,40	1,95
41,05[2]	8,87	14,87	35,21	15,75	9,55	6,15	4,40	3,35	2,60	2,15
38,80[3]	7,39	12,30	41,51	30,20	19,15	12,71	8,40	6,02	4,68	3,80
24,75[4]	14,90	7,33	53,02	24,00	12,00	6,90	4,40	3,03	2,28	1,85
29,98[5]	2,96	21,99	45,07	140,00	78,25	41,00	24,40	16,35	10,00	6,30
41,08[6]	10,94	9,67	38,31	16,00	5,85	4,05	2,26	2,15	1,52	1,06
32,75[7]	8,87	14,66	43,72	35,25	21,20	13,95	9,05	6,35	4,70	3,70
42,52[8]	8,87	7,44	41,18	32,00	7,83	5,30	3,80	2,77	2,00	1,54
46,85	2,96	—	50,19	—	—	5,53	4,00	2,95	2,13	1,60
46,07	—	11,15	42,78	25,30	15,78	10,17	6,38	4,42	3,57	3,20
25,78	—	29,32	44,90	—	—	71,80	40,50	27,00	23,00	22,50
31,96	17,10	16,03	44,91	—	6,25	4,24	3,00	2,00	1,20	0,60
33,42	14,13	—	52,45	26,00	7,80	5,60	4,32	3,45	2,81	2,41

[1] Bessemer-Roheisenschlacke.
[2] Hämatit-Roheisenschlacke.
[3–5] Gießereieisen-Schlacke.
[6] Pendeleisen-Schlacke.
[7] Thomaseisen-Schlacke.
[8] Spiegeleisen-Schlacke.

7112. Lösungen

71121. Seewasser

Temperatur °C	η[1] in cP bei einem Gesamtsalzgehalt in Promille								
	0	5	10	15	20	25	30	35	40
0	1,80	1,82	1,83	1,85	1,86	1,87	1,88	1,89	1,91
1	1,73	1,74	1,76	1,77	1,78	1,80	1,81	1,82	1,83
2	1,67	1,68	1,70	1,71	1,73	1,74	1,75	1,76	1,78
3	1,62	1,63	1,65	1,66	1,67	1,69	1,70	1,71	1,72
5	1,53	1,54	1,55	1,57	1,58	1,59	1,60	1,62	1,63
10	1,31	1,33	1,34	1,35	1,37	1,38	1,39	1,40	1,41
15	1,15	1,16	1,17	1,19	1,19	1,20	1,22	1,23	1,24
20	1,01	1,02	1,03	1,04	1,06	1,07	1,08	1,09	1,10
25	0,90	0,91	0,92	0,93	0,94	0,95	0,96	0,97	0,98
30	0,81	0,82	0,83	0,84	0,85	0,86	0,87	0,88	0,88

[1] η wurde errechnet aus den Relativwerten gegen reines Wasser von 0° C mit 1,80 cP. Dieser Wert wurde durch Vergleich der Relativzahlen mit den absoluten Werten bei 35‰ gefunden.

71122. *Viskosität von Säuren-Wassergemischen*

°C	Meß-größe	Gew.% Säure 5	10	20	30	40	50	60	70	80	90	95	100	Einheit
							HCl							
0	η	1,84	1,89											cP
10	η	1,38	1,45											cP
20	η	1,08	1,16	1,36	1,70									cP
							HNO_3							
10	η		1,306	1,413	1,607	1,908	2,331	2,618	2,621	2,363	1,667	—	1,026	cP
	ϱ		1,0560	1,1220	1,1880	1,2540	1,3200	1,3780	1,4280	1,4685	1,5025	—	1,5130	gcm^{-3}
	ν		1,237	1,258	1,352	1,522	1,767	1,898	1,836	1,625	1,110	—	0,695	cSt
20	η		1,038	1,136	1,306	1,551	1,834	2,021	2,083	1,837	1,361		0,881	cP
	ϱ		1,0515	1,1160	1,1805	1,2450	1,3085	1,3650	1,4135	1,4535	1,4860		1,5140	gcm^{-3}
	ν		0,986	1,018	1,106	1,245	1,402	1,482	1,475	1,264	0,915		0,582	cSt
40	η		0,703	0,789	0,912	1,063	1,224	1,360	1,363	1,253	0,966		0,682	cP
	ϱ		1,0440	1,1040	1,1640	1,2240	1,2840	1,3380	1,3830	1,4195	1,4520		1,4825	gcm^{-3}
	ν		0,674	0,715	0,784	0,868	0,969	1,017	0,985	0,882	0,666		0,458	cSt
							H_2SO_4							
0	η	1,970	2,138	2,576	3,408	4,571	6,478	10,233	19,952	fest	47,588	44,926	fest	cP
	ϱ	1,038	1,073	1,152	1,232	1,321	1,0501	1,539	1,630	fest	1,836	1,855	fest	gcm^{-3}
	ν	1,90	1,99	2,24	2,76	3,46	4,31	6,64	12,25	fest	25,90	24,22	fest	cSt
25	η	1,010	1,122	1,398	1,901	2,510	3,547	5,370	9,016	17,378	18,197	17,681	*24,20*[1]	cP
	ϱ	1,033	1,065	1,137	1,215	1,305	1,483	1,518	1,608	1,723	1,811	1,831	*1,832*	gcm^{-3}
	ν	0,98	1,05	1,23	1,57	1,92	2,39	3,54	5,60	10,08	10,04	9,64	*13,20*	cSt
50	η	0,620	0,686	0,835	1,127	1,583	2,275	3,361	5,192	8,091	9,089	9,099	*10,80*	cP
	ϱ	1,028	1,058	1,122	1,198	1,285	1,465	1,498	1,586	1,699	1,786	1,807	*1,808*	gcm^{-3}
	ν	0,60	0,65	0,74	0,94	1,23	1,55	2,24	3,23	4,76	5,09	5,03	*6,00*	cSt
75	η	0,440	0,480	0,590	0,777	1,084	1,596	2,323	3,311	4,677	5,356	5,368	*6,06*	cP
	ϱ	1,023	1,048	1,108	1,180	1,267	1,446	1,478	1,564	1,674	1,762	1,782	*1,785*	gcm^{-3}
	ν	0,43	0,46	0,53	0,66	0,86	1,10	1,57	2,12	2,79	3,08	3,02	*3,40*	cSt

[1] 99,6%ige H_2SO_4.

71123. Relative Viskosität von wäßrigen Lösungen anorganischer Salze in Abhängigkeit von der Konzentration.

Quotient aus der Viskosität der Lösung und der des Wassers bei 25° C

Gelöster Stoff	Konzentration			
	1 n	0,5 n	0,25 n	0,125 n
$AgNO_3$	1,1150	1,0491	1,0240	1,0114
$Al_2(SO_4)_3$	1,4064	1,1782	1,0825	1,0381
H_3AsO_4	1,2707	1,1291	1,0595	1,0309
$BaCl_2$	1,1228	1,0572	1,0263	1,0128
$Ba(NO_3)_2$	1,0893	1,0437	1,0214	1,0084
HBr	1,0320	1,0164	1,0095	1,0068
HCOOH	1,0312	1,0169	1,0092	1,0049
$CaCl_2$	1,1563	1,0764	1,0362	1,0172
$Ca(NO_3)_2$	1,1172	1,0553	1,0218	1,0076
$CdCl_2$	1,1342	1,0631	1,0310	1,0202
$Cd(NO_3)_2$	1,1648	1,0742	1,0385	1,0177
$CdSO_4$	1,3476	1,1574	1,0780	1,0335
HCl	1,0671	1,0338	1,0166	1,0095
$HClO_3$	1,0520	1,0255	1,0145	1,0059
$HClO_4$	1,0118	1,0032	0,9998	0,9992
$CoCl_2$	1,2041	1,0975	1,0482	1,0232
$Co(NO_3)_2$	1,1657	1,0754	1,0318	0,0180
$CoSO_4$	1,3543	1,1598	1,0766	1,0402
$CuCl_2$	1,2050	1,0977	1,0470	1,0268
$Cu(NO_3)_2$	1,1792	1,0802	1,0400	1,0179
$CuSO_4$	1,3580	1,1603	1,0802	1,0384
$FeCl_3$	1,2816	1,1334	1,0602	1,0302
$Fe(CN)_6K_3$	1,0610	1,0211	1,0108	1,0082
$Fe(CN)_6K_4$	1,1124	1,0516	1,0228	1,0116
$HgCl_2$	1,0460	—	1,0116	1,0042
K_2CO_3	1,1667	1,0784	1,0391	1,0192
K_2CrO_4	1,1133	1,0528	1,0224	1,0116
$K_2Cr_2O_7$	—	1,0061	1,0034	0,9999
KCl	0,9872	0,9874	0,9903	0,9928
KNO_3	0,9753	0,9822	0,9870	0,9921
KOH	1,1294	1,0637	1,0313	1,0130
K_2SO_4	1,1051	1,0486	1,0206	1,0078
$MgCl_2$	1,2015	1,0940	1,0445	1,0206
$Mg(NO_3)_2$	1,1706	1,0824	1,0396	1,0198
$MgSO_4$	1,3672	1,1639	1,0784	1,0320
$MnCl_2$	1,2089	1,0982	1,0481	1,0230
$Mn(NO_3)_2$	1,1831	1,0867	1,0426	1,0235
$MnSO_4$	1,3640	1,1690	1,0761	1,0366
HNO_3	1,0266	1,0115	1,0052	1,0027
NH_4Cl	0,9884	0,9976	0,9990	0,9999
NH_4NO_3	0,9722	0,9862	0,9908	0,9958
NH_4OH	1,0245	1,0105	1,0058	1,0030
$(NH_4)_2SO_4$	1,1114	1,0552	1,0302	1,0148
Na_2CO_3	1,2847	1,1367	1,0610	1,0310
NaCl	1,0973	1,0471	1,0239	1,0126
$NaNO_3$	1,0655	1,0259	1,0122	1,0069
NaOH	1,2355	1,1087	1,0560	1,0302

Gelöster Stoff	Konzentration			
	1 n	0,5 n	0,25 n	0,125 n
Na_2SO_4	1,2291	1,1058	1,0522	1,0235
$NiCl_2$	1,2055	1,0968	1,0443	1,0210
$Ni(NO_3)_2$	1,1800	1,0840	1,0422	1,0195
$NiSO_4$	1,3615	1,1615	1,0751	1,0323
H_3PO_4	1,2871	1,1331	1,0656	1,0312
$Pb(NO_3)_2$	1,1010	1,0418	1,0174	1,0066
H_2SO_4	1,0898	1,0433	1,0216	1,0082
$SrCl_2$	1,1411	1,0674	1,0338	1,0141
$Sr(NO_3)_2$	1,1150	1,0491	1,0240	1,0114
$ZnCl_2$	1,1890	1,0959	1,0526	1,0238
$Zn(NO_3)_2$	1,1642	1,0875	1,0390	1,0186
$ZnSO_4$	1,3671	1,1726	1,0824	1,0358

71124. Viskosität von wäßrigen Lösungen organischer Stoffe in Abhängigkeit von Temperatur und Konzentration

Gew.-%	η in cP bei °C									
	0	10	20	30	40	50	60	70	80	90
					CH_4O Methanol					
10	2,59	1,78	1,32	1,03	—	—	—	—	—	—
20	3,23	2,17	1,58	1,21	—	—	—	—	—	—
30	3,61	2,46	1,76	1,32	—	—	—	—	—	—
40	3,65	2,54	1,84	1,37	—	—	—	—	—	—
50	3,35	2,89	1,76	1,34	—	—	—	—	—	—
60	2,89	2,11	1,60	1,24	—	—	—	—	—	—
70	2,37	1,79	1,39	1,09	—	—	—	—	—	—
80	1,76	1,42	1,14	0,92	—	—	—	—	—	—
90	1,19	1,00	0,86	0,72	—	—	—	—	—	—
100	0,82	0,68	0,58	0,51	0,45	0,40	0,35	—	—	—
					C_2H_6O Äthanol					
10	3,31	2,18	1,54	1,16	0,91	0,73	0,61	0,51	0,43	—
20	5,32	3,17	2,18	1,55	1,16	0,91	0,74	0,61	0,51	—
30	6,94	4,05	2,71	1,87	1,37	1,05	0,83	0,68	0,57	—
40	7,14	4,39	2,91	2,02	1,48	1,13	0,89	0,73	0,60	—
50	6,58	4,18	2,87	2,02	1,50	1,16	0,91	0,74	0,61	—
60	5,75	3,77	2,67	1,93	1,45	1,13	0,90	0,73	0,60	—
70	4,76	3,27	2,37	1,77	1,34	1,06	0,86	0,70	—	—
80	3,69	2,71	2,01	1,53	1,20	0,97	0,79	0,65	—	—
90	2,73	2,10	1,61	1,28	1,04	0,85	0,70	0,59	—	—
100	1,77	1,47	1,20	1,00	0,83	0,70	0,59	0,50	—	—

$C_2H_4O_2$ Essigsäure

Gew.-%	η in cP bei 13° C	20° C	30° C	40° C	50° C	Gew.-%	η in cP bei 13° C	20° C	30° C	40° C	50° C
2,1	1,906	1,640	1,353	1,128	0,967	19,6	3,354	2,726	2,093	1,635	1,327
5,7	2,671	2,222	1,752	1,421	—	21,4	3,360	2,727	2,079	1,640	1,327
10,8	3,106	2,549	1,981	1,575	1,287	23,3	3,388	2,739	2,091	1,643	1,316
13,0	3,187	2,601	2,009	1,595	1,304	23,9	3,322	2,701	2,052	1,618	1,314
15,3	3,303	2,682	2,069	1,626	1,327	24,4	3,355	2,708	2,073	1,623	1,287
17,2	3,330	2,694	2,070	1,643	1,324	27,7	3,314	2,644	2,038	1,603	1,297

$C_3H_8O_3$ Glycerin

Gew.-%	D_{25}^{25}	η in cP bei 20° C	25° C	30° C	Gew.%	D_{25}^{25}	η in cP bei 20° C	25° C	30° C
0,00	0,99705	1,005	0,893	0,800	50,00	1,12387	6,050	5,041	4,247
5,00	1,00886	1,143	1,010	0,900	55,00	1,13753	7,997	6,582	5,494
10,00	1,02068	1,311	1,153	1,024	60,00	1,15119	10,96	8,823	7,312
15,00	1,03299	1,517	1,331	1,174	65,00	1,16490	15,54	12,36	10,02
20,00	1,04530	1,769	1,542	1,360	70,00	1,17861	22,94	17,96	14,32
25,00	1,05802	2,095	1,810	1,590	75,00	1,19212	36,46	27,73	21,68
30,00	1,07078	2,501	2,157	1,876	80,00	1,20568	62,0	45,86	34,92
35,00	1,08394	3,040	2,600	2,249	85,00	1,21894	112,9	81,5	60,05
40,00	1,09715	3,750	3,181	2,731	90,00	1,23220	234,6	163,6	115,3
45,00	1,11051	4,715	3,967	3,380	95,00	1,24541	545	366,0	248,8
					100,00	1,25828	1499	945	624

C_3H_8O Propanol

Gew.%	η cP bei 20° C	η cP bei 30° C
10	1,59	1,17
20	2,14	1,54
30	2,62	1,85
60	3,14	2,30
80	2,79	2,09
90	2,53	1,93
100	2,20	1,72

C_5H_5N Pyridin

Gew.%	η cP bei 0° C	η cP bei 25,08° C
10	2,46	1,11
20	3,18	1,35
30	3,89	1,59
60	5,53	2,19
80	4,08	1,91
90	2,43	1,33
100	1,32	0,89

$C_{12}H_{22}O_{11}$ Rohrzucker

Gew.-%	η in cP bei °C 0	5	10	20	30	40	50	60	70	80	90
1	1,82	1,55	1,32	1,02	0,82	0,67	0,56	0,48	0,41	0,36	0,32
5	2,04	1,72	1,47	1,13	0,90	0,74	0,61	0,52	0,45	0,39	0,35
10	2,44	2,04	1,73	1,32	1,04	0,85	0,70	0,59	0,51	0,44	0,39
20	3,72	3,09	2,60	1,92	1,47	1,18	0,96	0,80	0,68	0,59	0,51
40	14,79	11,42	9,03	5,98	4,24	3,15	2,41	1,91	1,55	1,29	1,09

7113. Viskosität von Gasen

71131. Anorganische Gase

711311. Bei tiefen Temperaturen

Gas	η in μP bei T in °K						
	20	30	40	50	60	70	80
H_2	10,4	15,8	20,5	24,8	28,7	32,4	35,9
$^2H_2(D_2)$	13,4	20,8	27,4	33,5	39,2	44,6	49,7
He	34,9	45,4	54,7	63,1	71,0	78,5	85,6
Ne	33,0	50,0	66,3	81,8	96,6	110,8	124,5

	η in μP bei ϑ in °C					
	−200	−150	−100	−80	−50	−20
Ar	—	100	142	—	179	—
CO			112		142	157
CO_2			85,6	96,5	113	127
H_2	33	48	61	—	78	—
$^2H_2(D_2)$	46,8	—	86,1	93,1	—	112,0
He	80	113	140		165	
O_2	—	97	132		163	

711312. Bei Temperaturen ≧0° C

Formel	η in μP bei ϑ in °C								
	0	20	50	100	200	300	400	600	800
Ar	212	222	242	271	321	367	410	487	554
Br_2	—	157,8	—	194,2	244,0	293,5	341,7	—	—
CO	166	177	189	210	247	279	—	—	—
CO_2	137,0	146,3	160,2	182,8	225,0	264,5	298,8	360,2	413,5
CS_2	—	—	—	125,4	159,5	193,6	—	—	—
Cl_2	123,0	132,7	146,9	167,9	208,5	249,2	287,0	—	—
H_2	83,5	88,6	93,7	103,4	121,4	138,1	153,5	182,5	210,2
$^2H_2(D_2)$	118	124	—	—	—	—	—	—	—
HCl	131	143	—	183	230	253	—	—	—
HJ	—	165,5	201,8	231,6	292,4	—	—	—	—
H_2S	117	124	—	159	—	—	—	—	—
He	187,5	196	206,1	228,8	269,0	306,9	342,3	407,0	466,1
J_2	—	—	—	174,7	219,8	263,9	307,7	—	—
Kr	233,4	249,6	—	306,3					
N_2	165	174	187	208	246	280	311	366	413
NH_3	90,0	98,0	112,0	131,0	169	207	251	—	—
NO	179	188	204	227	268	—	—	—	—
N_2O	137	146	160	183	225	265	—	—	—
Ne	297,2	310	—	361,7	422,0	478,2	530,6	625,3	710,0
O_2	192	203	218	244	290	—	369	435	493
SO_2	—	125,0	—	163,0	207,0	246,1	282,4	346,1	403,9
Xe	210,7	226,0	—	282,7					

71132. Organische Gase

Formel	Name	η in μP bei ϑ in °C								
		0	20	50	100	120	160	200	250	300
CCl_2F_2	Dichlordifluormethan		—	122,7	135	—	—	—		
CCl_4	Tetrachlorkohlenstoff	90	—	108	120	—	—	152	170	—
$CHClF_2$	Chlor-difluormethan			136	154					
$CHCl_3$	Chloroform	—	100,0	109,5	125,0	—	—	158,5	175	191
CH_2Cl_2	Dichlormethan	—	98,5	109,0	126,5	—	—	160,0	176,5	192,5
CH_3Br	Methylbromid	—	133	146	—	180	—	—	—	—
CH_3Cl	Methylchlorid	—	106,1	117,5	135,7	144,0	—	—	—	—
CH_4	Methan	102	108	118	133	—	—	161	174	186
CH_4O	Methanol	—	—	—	—	129,0	142,8	156,3	188,3	—
C_2F_4	Tetrafluoräthen		144	160	—					
C_2F_6	Hexafluoräthan		143	155	174					
C_2H_2	Äthin	96	102	111	126	132	—	—	—	—
C_2H_4	Äthen	94	101	110	126	—	—	154	166	—
C_2H_5Cl	Äthylchlorid				120	127				
C_2H_6	Äthan	86	92	101	115	—	—	142	154	—
C_2H_6O	Äthanol	75	—	—	109	—	—	137,4	151,2	164,6
C_2H_6O	Dimethyläther	85	91	—	117	123	—	—	—	—
C_3H_6	Propen	78	84	96	107	112	—	—	—	—
C_3H_6O	Aceton	66	—	—	—	99	110	—	133	—
C_3H_8	Propan	75	80	88	101	—	—	125	136	144
C_3H_8O	Propanol	68	—	—	—	103	—	—	—	—
C_3H_8O	Isopropylalkohol	70	—	—	—	103	—	125	138	—
C_4H_{10}	Butan	69	74	—	95	100	—	—	—	—
$C_4H_{10}O$	Diäthyläther	68	—	—	96	—	108	—	130	—
C_5H_{12}	Pentan	62	—	—	—	91	100	—	119	—
C_6H_6	Benzol	68	74	92	—	—	111	121	134	147
C_6H_{12}	Cyclohexan	76,4	—	—	87,3	—	—	108,6	119,0	129,2
C_6H_{14}	Hexan	59	—	—	—	87	96	—	114	—
C_7H_8	Toluol	—	—	—	89,1	—	—	112,1	122,7	—

71133. *Viskosität von reinen Gasen I und II und Gasgemischen I und II in Abhängigkeit von der Temperatur*

I II	°C	II									I
		η in µP	Vol.-% I	η in µP	Vol.-% I	η in µP	Vol.-% I	η in µP	Vol.-% I	η in µP	η in µP
Ar—H_2	20	87,5	34,85	185,7	37,38	189,5	55,43	205,6	70,58	214,0	221,1
	100	102,9		223,8		227,5		248,8		258,6	268,4
	200	121,1		263,6		269,7		294,8		307,0	320,8
	250	129,6		282,6		289,4		316,4		331,0	344,6
Ar—He	20	197,3	50,94	229,6	61,80	229,1	65,95	227,8	—	—	221,1
	100	232,0		275,0		274,5		273,6		—	268,4
	200	271,5		—		325,0		—		—	320,8
	250	290,3		—		348,8		—		—	344,8
Ar—Ne	20	309,2	26,80	280,8	60,91	250,4	74,20	240,1	—	—	221,3
	100	362,3		331,3		299,0		288,5		—	269,3
	200	422,0		389,0		352,9		341,3		—	322,2
	250	450,1		415,0		379,3		365,8		—	346,0
CH_4—C_2H_6	20	90,9	19,03	93,75	48,74	98,6	56,70	99,9	81,16	104,55	108,7
	100	114,2		117,4		122,6		123,9		128,8	133,1
	200	140,85		144,2		149,6		151,1		156,2	160,3
	250	152,6		155,95		161,4		163,0		168,2	172,4
CH_4—C_3H_8	20	80,1	16,59	83,1	36,17	87,8	63,16	94,8			108,7
	100	100,8		104,2		110,05		118,2	—		133,1
	200	125,3		129,1		135,5		144,05	—		160,3
	250	136,3		140,3		146,5		155,3	—		172,5
CH_4—H_2	20	87,6	7,77	9,55	39,78	108,6	51,45	109,8	71,72	109,9	108,7
	100	103,25		113,2		130,6		132,8		133,7	133,1

I II	°C	II η in µP	Vol.-% I	η in µP	Vol.-% I	η in µP	Vol.-% I	η in µP	Vol.-% I	η in µP	I η in µP
	200	121,25		133,75		155,1		158,65		160,2	160,3
	250	129,6		142,3		166,2		169,9		171,8	172,5
CH_4—NH_3	14,5	96,6	20	102,5	40	106,3	60	108,5	80	109,1	107,7
CO—N_2	26,9	177,6	22,20	177,8	60,30	178,1	77,11	178,1	81,54	178,2	178,1
	126,9	218,3		218,4		218,3		219,3		218,6	219,0
	226,9	254,8		255,1		255,8		255,5		256,0	256,0
	276,9	271,4		272,1		271,9		272,2		272,1	272,7
CO—O_2	26,9	205,7	18,06	201,2	22,67	199,8	40,73	194,8	57,99	190,0	
			76,63	184,1	82,28	182,4					177,6
	126,9	256,8	18,06	250,1	22,67	248,2		240,7		243,3	
			76,63	226,8	82,28	225,0					218,3
	226,9	301,7	18,06	292,8	22,67	290,8		282,2		274,1	
			76,63	265,0	82,28	262,6					254,8
CO_2—H_2	26,9	89,1	11,12	123,2	21,50	137,0	40,54	147,8	58,71	150,6	
			80,07	150,1	88,21	150,2					149,3
	126,9	108,1	11,12	152,6	21,50	171,3		187,8		193,3	
			80,07	194,5	88,21	195,1					194,4
	226,9	125,6	11,12	178,3	21,50	202,6		223,9		232,1	
			80,07	235,8	88,21	236,0					235,3
	276,9	134,1	11,12	190,4	21,50	217,3		247,1		250,6	
			80,07	254,2	88,21	255,4					555,6
CO_2—HCl	18,0	142,6	20	145,3	40	147,3	60	148,3	80	148,1	146,4
CO_2—NO	26,9	148,8	19,97	—	40,24	149,4	60,33	149,5	80,97	149,0	
			89,13	149,5							149,3
	126,9	149,3	19,97	194,2		195,0		195,0		194,1	
			89,13	194,5							194,4

	226,9	235,5	19,97	235,7		236,5		236,5		235,8	
			89,13	235,8							235,3
	276,9	255,5	19,97	255,5		256,2		256,4		255,1	
			89,13	235,5							255,6
CO_2—SO_2	15,8	124,3	20	129,9	40	134,6	60	138,8			145,8
C_2H_4—N_2	26,9	178,1	8,00	171,5	24,05	157,4	56,95	130,08	76,21	116,9	103,3
	126,9	219,0		210,8		195,6		165,5		149,1	134,8
	226,9	256,0		246,4		229,2		196,3		178,6	162,2
	276,9	272,7		263,6		245,3		210,8		192,1	175,3
C_2H_4—NH_3	20	98,2	11,33	100,1	19,29	101,3	30,39	102,2	48,28	103,0	100,8
			70,07	102,7	89,04	101,5					
	100	127,9	11,33	129,4	19,29	130,1		130,4		130,3	125,7
			70,07	129,1	89,04	126,9					
	200	164,6	11,33	164,7	19,29	164,8		163,9		162,2	154,1
			70,07	159,5	89,04	156,1					
	250	181,3	11,33	180,9	19,29	180,5		179,1		176,4	166,6
			70,07	172,9	89,04	168,9					
C_2H_4—O_2	20	201,9	13,06	185,4	41,45	152,9	60,81	134,1	77,03	119,8	101,0
	50	218,1		200,4		165,8		145,6		130,8	110,7
	100	243,3		224,3		186,5		164,5		147,9	126,2
C_2H_6—C_3H_8	20	80,1	15,26	81,45	25,63	82,8	43,27	84,1			90,9
	100	100,8		102,5		103,9		105,8			114,2
	200	125,3		127,2		129,8		131,3			140,9
	250	136,25		138,2		140,1		142,5			152,6
C_2H_6—H_2	20	87,6	14,32	99,5	14,85	99,3	49,10	98,8	55,00	97,75	90,9
	100	103,25		119,4		118,9		121,6		120,8	114,2
	200	121,25		141,75		141,2		146,9		146,65	140,85
	250	129,6		151,7		151,1		158,6		158,3	152,6
C_3H_8—H_2	26,9	89,1	7,75	97,0	12,50	98,7	21,18	98,5	41,82	92,4	
			62,96	87,36	81,79	83,6					81,7

I II	°C	II: η in µP	Vol.-% I	η in µP	Vol.-% I	η in µP	Vol.-% I	η in µP	Vol.-% I	η in µP	I: η in µP
	126,9	108,1	7,75	119,4	12,50	122,1		123,3		117,2	107,0
			62,96	113,0	81,79	109,1					
	226,9	125,6	7,75	139,2	12,50	143,3		145,9		141,7	130,8
			62,90	136,6	81,79	132,4					
	276,9	134,7	7,75	148,5	12,50	153,6		156,6		152,9	142,2
			62,96	147,8	81,79	143,8					
H_2—He	20	197,4	55,20	131,7	60,69	125,2	69,18	116,6			87,5
	100	232,0		155,1		147,8		138,3	—		102,9
	200	271,5		181,7		172,8		161,9	—		121,1
	250	290,3		193,9		185,2		173,2	—		129,6
H_2—NH_3	20	98,2	9,95	100,4	29,13	104,7	48,23	108,0	70,25	108,7	87,7
			77,61	107,2	89,18	101,1					
	100	127,9	9,95	129,9	29,13	133,3		135,4		132,9	103,0
			77,61	129,9	89,18	120,4					
	200	164,6	9,95	166,0	29,13	168,0		167,6		161,0	121,1
			77,61	156,0	89,18	143,2					
	250	181,3	9,95	182,5	29,13	183,7		182,3		173,7	129,6
			77,61	167,8	89,18	—					
H_2—NO	26,9	148,8	39,89	148,1	59,61	145,1	78,57	134,8	91,10	120,1	89,1
	126,9	194,3		190,7		184,9		168,4		148,4	108,1
	226,9	235,5		229,2		220,6		199,0		170,4	125,6
	276,9	255,5		247,7		237,6		213,7		186,3	134,1
H_2—Ne	20	309,2	25,20	287,2	46,09	242,7	77,15	168,4	88,95	130,1	87,5
	100	362,3		326,9		284,5		198,1		152,9	102,9
	200	422,0		380,7		332,7		231,9		179,5	121,1
	250	450,1		405,4		354,0		247,6		191,7	129,6

H_2—O_2	26,9	205,7	18,35	201,9	39,45	192,5	60,30	178,4	86,33	131,4	88,9
	126,9	256,8		250,7		238,1		219,2		160,2	108,7
	226,9	301,7		295,0		279,0		255,6		186,7	125,9
	276,9	322,0		314,7		297,8		273,3		199,1	138,1
He—Ne	20	309,2	26,59	297,1	56,24	270,2	76,21	242,9			194,1
	100	362,3		347,9		317,1		284,6			228,1
	200	422,0		405,6		370,2		332,7			267,2
	250	450,1		431,0		—		355,5			285,3
N_2—NH_3	20	98,2	11,17	109,2	28,53	125,4	43,62	138,3	88,89	169,0	174,5
	100	127,9		139,8		156,9		171,0		203,1	208,5
	200	164,6		176,8		194,6		208,5		240,8	246,2
	250	181,3		193,9		211,2		225,2		257,2	262,7
N_2—NO	20	188,2	30,52	183,3	41,63	182,7	73,26	177,8			174,7
	100	227,2		222,2		220,9		213,2			208,4
N_2—O_2	26,9	205,7	18,64	200,8	24,08	199,5	58,93	189,4	78,22	184,3	178,1
	126,9	256,8		248,9		148,0		234,5		227,5	219,0
	226,9	301,7		292,0		290,9		274,1		265,8	256,0
	276,9	322,0		—		310,9		293,2		284,0	272,7
NH_3—O_2	20	202,3	13,51	192,4	47,86	160,4	70,79	135,0	87,55	114,3	98,2
	100	244,0		232,6		197,2		168,9		145,9	127,9
	200	290,2		277,3		239,0		208,5		184,0	164,6

712. Viskosität bei hohen Drucken

7121. Elemente

Ar[1]	p	1,01	5,04	10,02	20,19	30,12	40,33	50,88	atm
	η (20°)	223,0	223,8	224,9	227,1	229,7	232,6	236,1	μP
H_2 [2]	p	11,9	32,5	60,8	80,1	111,4	138,2		atm
	η (50°)	72,8	73,3	73,9	74,4	75,4	76,2		μP
	p	10,1	28,9	49,8	88,9	110,9	134,7	160,3	atm
	η (0°)	83,8	84,0	84,4	85,0	85,5	86,2	86,9	μP
	p	26,2	54,5	83,1	113,9	145,6	175,5		atm
	η (25°)	89,0	89,5	90,0	90,5	91,3	92,5		μP
	p	13,4	29,7	52,7	84,4	118,0	138,6		atm
	η (150°)	115,1	114,5	114,4	114,6	114,8	115,0		μP
$^2H_2(D_2)$ [2]	p	14,3	29,4	51,5	78,8	105,2	122,4		atm
	η (50°)	103,9	104,2	105,1	105,8	107,2	107,6		μP
	p	17,2	35,6	66,0	90,8	116,2	138,5		atm
	η (0°)	119,9	120,3	121,2	121,8	122,5	123,3		μP
	p	17,9	37,3	54,1	72,2	99,3	125,4	160,4	atm
	η (25°)	127,6	128,0	128,3	128,8	129,5	130,2	130,9	μP
	p	14,6	37,5	68,4	91,3	116,4	157,3		atm
	η (150°)	163,5	163,5	163,8	164,0	164,3	165,0		μP
He[1]	p	1,05	6,01	12,84	21,55	32,03	42,44	63,40	atm
	η (20°)	196,0	196,2	196,0	196,1	196,0	196,0	196,1	μP
N_2	p	100	200	300	400	500	800		atm
	η (25°)	199	230	265	303	341	451		μP
	η (50°)	209	233	262	297	331	430		μP
	η (100°)	228	248	270	293	319	344		μP
Ne[2]	p	1,02	10,15	19,75	30,19	40,06	49,31		atm
	η (20°)	314,1	314,8	315,0	315,4	315,7	316,0		μP
O_2	p	1	100	200	300	400	500	800	at
	η (25°)	208	248	289	333	381	430	583	μP
	η (50°)	221	259	297	334	378	420		μP
	η (100°)	244	279	309	340	—			μP

[1] Nach Kestin, J., u. A. Nagashima: J. chem. Phys. **40**, 3649 (1964).

[2] Nach Barna, A. K., M. Afzal, G. P. Flynn u. J. Ross: J. chem. Phys. **41**, 374 (1964).

7122. Mischungen von Elementen bei 20° C[1]

Ar—Ne											
Mol % Ar 66,8	p	1,03	5,04	10,12	15,02	20,12	25,16	35,02			atm
	η	247,9	248,5	248,9	249,9	250,6	251,3	253,1			µP
Mol % Ar 40,2	p	1,02	7,87	14,75	21,55	28,63	35,43				atm
	η	271,6	272,2	273,0	273,6	274,3	275,3				µP
He—Ne											
Mol % He 94,9	p	1,07	7,81	16,38	24,88	32,17					atm
	η	208,8	208,9	208,8	208,7	208,6					µP
Mol % He 84,6	p	1,06	8,08	15,02	23,11	31,35					atm
	η	230,3	230,5	230,5	230,4	230,5					µP
Mol % He 65,0	p	1,04	8,03	15,97	25,02	31,48					atm
	η	261,8	262,3	262,2	262,2	262,0					µP
Mol % He 43,3	p	1,03	5,08	9,64	14,75	19,85	24,88	29,90	33,93	36,61	atm
	η	285,5	285,7	285,8	285,9	285,9	286,1	286,1	286,2	286,3	µP
Mol % He 25,9	p	1,03	5,03	10,12	15,02	20,05	24,65	30,12	35,09	38,73	atm
	η	299,5	299,6	299,7	299,7	299,9	300,0	300,2	300,4	300,4	µP

[1]Nach Kestin, J., u. A. Nagashima: J. chem. Phys. **40**, 3649 (1964).

7123. Anorganische Verbindungen

Viskosität des flüssigen und dampfförmigen CO_2 beim Sättigungsdruck p_s

ϑ	−15	−10	0	10	20	30	31 °C
p_s	23,34	26,99	35,54	45,95	58,40	73,34	74,96 at
η_{fl}	1202	1156	1047	903	729	494	328 μP
η_d	172	174	180	191	211	245	328 μP

CO_2 Viskosität bei 25° C

p	10,82	28,74	44,98	54,04	62,05	65,06	atm
η	150,7	155,1	163,8	175,4	201,3	613	μP
p	74,59	109,6	180,5	307,3	522,9	864,3	1323 atm
η	648	760,6	920,6	1121	1386	1739	2188 μP

NH_3 (zum Teil im fl. Zustand)

ϑ	η in μP bei p in atm						
°C	1	13,6	27,2	54,4	68	136	204
37,8	106,53	104,62	1171,98	1199,61	1211,05	1259,79	1301,35
71,1	119,60	117,69	116,82	865,56	876,95	924,06	971,08
104,4	132,72	130,81	130,14	133,58	597,53	678,11	736,14
137,8	145,70	143,83	143,49	146,37	149,53	390,69	528,58
204,4	171,65	169,68	169,73	171,65	173,56	189,12	224,65

SO_2 [1] (zum Teil im fl. Zustand)

ϑ	η in μP bei p in at								
°C	0,5	1,0	2,0	3,0	4,0	5,0	6,0	7,0	8,0
−20	105	4900	5020	5100	5150	5200	5230	5260	5280
−10	109	112	4500	4600	4670	4720	4770	4810	4850
0	113	117	3920	4020	4100	4160	4210	4250	4280
10	118	122	130,5	3380	3470	3530	3580	3620	3660
20	124	126	132,5	145	2790	2870	2930	2980	3020
30	129	131	134	139	152	—	—	—	—
40	136	137	140	144	151	162	176,5	—	—

[1] Bei $p_{\text{sätt}}$ s. S. 1389

CO[1]

p	13,48	25,0	50,0	75,0	89,21	100,0	atm
η (50°)	142,5	144,6	152,8	164,2	172,6	178,3	µP
p	17,38	32,84	53,14	83,20	103,23		atm
η (0°)	167,9	170,7	175,1	184,2	191,6		µP
p	25,43	54,32	87,30	115,72	150,33	174,06	atm
η (25°)	181,0	186,8	194,6	202,5	214,3	223,3	µP
p	29,97	60,54	90,06	122,77	152,95	174,0	atm
η (75°)	203,9	208,6	216,1	224,2	230,8	236,4	µP

[1] Nach Barua, A. K, M. Afzal, G. P. Flynn u. J. Ross: J. Chem. Phys. **41**, 374 (1964) (Auszug).

7124. Organische Verbindungen

CCl_2F_2[1]

p	1,03	3,8	5,5		at
η (25°)	125,2	131,1	139,0		µP
p	1,03	5,5	11,3		at
η (50°)	130,1	140,4	157,1		µP
p	1,03	5,8	10,4	16,4	at
η (100°)	143,8	148,0	157,6	172,8	µP
p	1,03	5,9	10,3	15,0	at
η (200°)	172,3	176,2	179,4	185,3	µP

$CHClF_2$

p	1,03	3,5	6,1	9,0		at
η (25°)	129,3	135,5	146,1	159,3		µP
p	1,03	5,5	9,5	16,0		at
η (50°)	136,3	145,0	154,5	171,0		µP
p	1,03	4,8	9,5	14,1	18,7	at
η (100°)	153,8	157,6	162,3	170,8	181,8	µP
p	1,03	5,5	9,5	14,3	19,4	at
η (200°)	186,1	188,3	191,0	195,0	201,5	µP

$CHCl_2F$

p	1,03			at
η (25°)	114,3			µP
p	1,03	1,79	3,6	at
η (50°)	122,7	125,3	132,2	µP
p	1,03	3,5	6,4	at
η (100°)	135,0	139,9	146,3	µP
p	1,03	3,8	6,4	at
η (150°)	148,6	151,2	156,4	µP

[1] Siehe auch S. 1435, letzte Tabelle

CH_3Cl

Die Werte oberhalb der Trennungslinie beziehen sich auf flüssiges CH_3Cl

Druck °C	η in μP bei p in at 0,5	1	2	3	4	5	6	7
−20	87	93	3155	3215	3255	3285	3310	3325
−10	94	97	3030	3090	3140	3180	3205	3220
0	97	100	107	2960	3010	3050	3080	3095
10	102	103	106	113	2835	2880	2915	2935
20	107	108	109	113	119,5	2700	2735	2750
30	111	111	112	114	118,5	126,5	140	2540

CH_4 [1]

p	20,0	60,0	80,0	120,0	140,0	160,0		atm
η (−50°)	88,2	108,8	135,3	216,4	250,1	273,1		μP
p	14,0	25,9	48,8	69,2	97,6	131,8	166,7	atm
η (0°)	104,1	106,4	112,6	120,1	134,5	158,0	184,9	μP
p	28,6	54,7	78,8	113,5	157,3	175,2		atm
η (25°)	114,8	121,2	129,2	143,8	167,3	177,1		μP
p	11,6	28,1	56,1	83,9	125,5	155,8	170,0	atm
η (150°)	150,6	152,3	156,2	160,6	168,3	175,0	178,3	μP

[1] Nach Barna, A. K., M. Afzal; G. P. Flynn und J. Ross: J. Chem., Phys. **41**, 374 (1964) (Auszug).

Verbindung	ϑ °C	η in cP bei p in at 1	500	1000	1500	2000	2500	3000
C_2H_6O Äthanol	0	1,780	2,395	3,100	3,800	4,660	5,550	—
	15	1,340	1,828	2,293	2,755	3,228	3,710	—
	30	1,020	1,317	1,608	1,840	2,250	2,610	2,910
$C_4H_{10}O$ Diäthyläther	0	—	0,400	0,535	0,674	0,858	1,061	1,345
	17	—	0,382	0,472	0,585	0,760	0,935	1,172
	34	—	0,325	0,415	0,495	0,643	0,800	0,996

C_3H_8 Propan[1]

p in atm.	η in μP bei °C							
	21,1	37,8	54,4	71,1	87,8	104,4	137,0	237,8
1	80	85	89	93	98	102	110	133
6,81	81	86	91	96	100	105	114	135
13,7	1010	849	93	98	102	107	116	137
27,4	1040	877	725	562	112	116	123	141
34,05	1055	891	741	588	127	125	129	143
68,5	1125	956	814	682	560	432	208	162
102	1189	1017	877	753	643	543	362	197
136	1247	1074	935	815	705	615	453	240
204	1351	1176	1037	922	815	725	575	327

[1] siehe auch die letzte Tabelle dieses Abschnitts 7124.

C_4H_{10} Butan und 2-Methyl-propan[1]

°C	η in μP bei p in atm								
	1	1,36	2,72	4,08	6,8	13,6	27,2	68	136
				Butan					
37,8	78,4	78,7	82,1	—	—	1486	1506	1565	1637
54,4	82,6	83,1	85,3	88,2	—	1248	1272	1332	1398
71,1	86,9	87,4	89,1	91,7	98,3	1034	1058	1120	1190
87,8	91,0	91,4	93,3	95,8	101	836	862	930	1009
104,4	94,7	95,3	97,8	99,8	104	125	—	—	—
				2-Methylpropan					
37,8	76,5	77,5	79,2	82,1	—	1334	1376	1456	1554
54,4	79,5	80,2	81,8	84,2	89,8	1071	1102	1186	1297
71,1	82,6	83,1	85,2	87,3	92,5	896	928	1011	1006
87,8	85,7	86,6	88,7	91,1	95,7	117	780	862	954
104,4	88,7	89,8	92,1	94,2	99,5	114	—	—	—

[1] siehe auch die nächste Tabelle.

Verbindungen		°C	η in μP bei p in kbar						
			0 [2])	2000	4000	6000	8000	10000	12000
CCl_2F_2		30	0,3	0,76	1,43				
C_3H_6	Propen	30	0,1	0,31	0,53	0,79	1,12	1,55	2,08
C_3H_8	Propan	30	0,1	0,38	0,70	1,08	1,57	2,21	—
C_4H_{10}	Butan	30	0,1	0,56	1,06	1,85	2,93	4,55	—
	2-Methyl-propan	30	0,1	0,64	1,29	2,28	3,85	—	—
C_5H_{12}	Pentan	30	0,2	0,73	1,54	2,82	4,77	—	—

[2]) extrapoliert.

In den folgenden Abbildungen ist lg $\eta + 1$ (η in μP) in Abhängigkeit von p in at für Temperaturen zwischen 25° und 80° C angegeben. (Nach E. Kuss, Z. angew. Phys. 7 (1955), 372.)

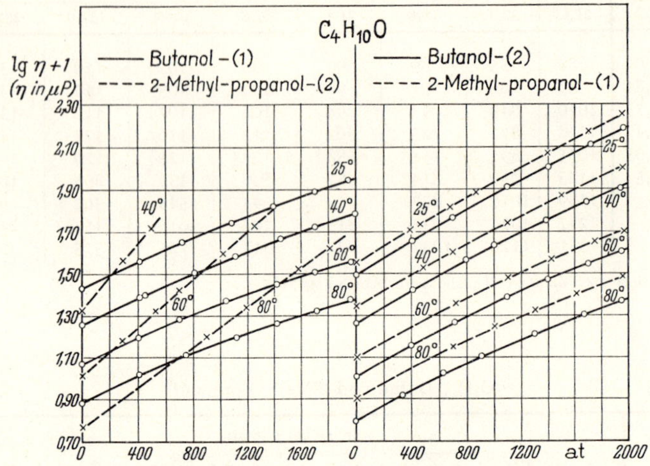

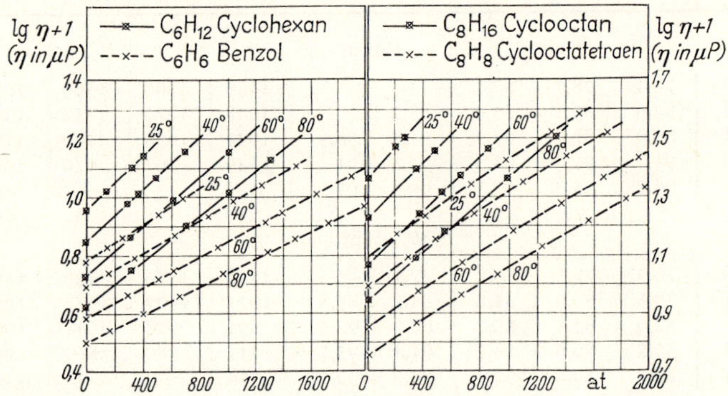

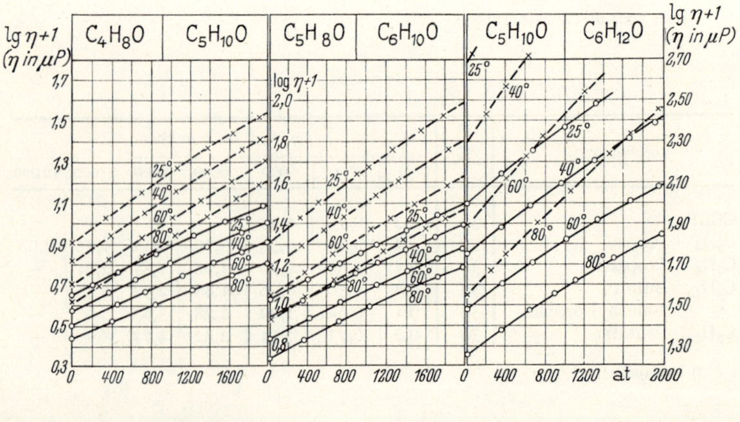

72. Diffusion

721. Diffusion zwischen zwei kondensierten Phasen

Der Diffusionskoeffizient D ist durch die erste Ficksche Gleichung definiert:

$$j = -D \frac{\partial c}{\partial x},$$

j ist die entlang der Senkrechten zur Berührungsfläche (x-Achse) der zwei Körper, deren Diffusion ineinander untersucht wird, durch einen Querschnitt von 1 cm² pro Zeiteinheit hindurchdiffundierende Materialmenge, $\partial c/\partial x$ das Konzentrationsgefälle. Die Geschwindigkeit der Änderung der Konzentration c mit der Zeit t an einer Stelle, an der der Konzentrationsgradient $\partial c/\partial x$ beträgt, ist

$$\frac{\partial c}{\partial t} = \frac{\partial}{\partial x}\left(D \frac{\partial c}{\partial x}\right).$$

Wird D als unabhängig von der Konzentration angenommen, so ist

$$\frac{\partial c}{\partial t} = D \frac{\partial^2 c}{\partial x^2}.$$

Dies ist die einfachste Form des zweiten Fickschen Gesetzes.

Die Temperaturabhängigkeit des Diffusionskoeffizienten wird im allgemeinen befriedigend durch die Arrheniussche Gleichung

$$D = D_0 \cdot e^{-Q/RT}$$

dargestellt.

In homogenen festen Phasen erfolgt der Konzentrationsausgleich (Diffusion) durch Platzwechsel der Gitterbausteine unter Benutzen von Fehlstellen im Gitter oder Zwischengitterplätzen. In polykristallinen Stoffen findet die Diffusion sowohl entlang der Korngrenze als auch im Volumen statt. Die Werte dafür sind verschieden.

Bei älteren Arbeiten ist angenommen, daß der Diffusionskoeffizient (D) unabhängig von der Konzentration ist. Man hat also einen integralen Diffusionskoeffizienten bestimmt. Die neueren Methoden liefern einen differentiellen Diffusionskoeffizienten, der nur in engeren Bereichen gültig ist. Der integrale Diffusionskoeffizient gibt etwa das Mittel aus den differentiellen Diffusionskoeffizienten in demselben Gebiet.

Die Tabelle ist wie folgt angeordnet: Spalte 1 gibt die Komponenten des untersuchten Systems (flüssiger Aggregatzustand durch fl gekennzeichnet). Spalte 2 gibt das bei der Diffusion wandernde experimentell bestimmte Element an. Bei der Verwendung radioaktiver Isotopen sind diese durch Fettdruck hervorgehoben, und soweit bekannt die Massenzahl angegeben. ch in dieser Spalte bezeichnet, daß Interdiffusion chemisch bestimmt ist. Spalte 3 gibt die Konzentration der diffundierenden Komponente in Atom-% an. $1/\infty$ bedeutet eine Konzentration kleiner als 0,1 Atom-%. Außerdem ist die 1. Komponente eventuell noch weiter gekennzeichnet, z.B. EK Einkristall oder Richtung der Wanderung usw. (s. Abkürzungen). In Spalte 4 ist der Temperaturbereich angegeben, in dem die in Spalte 5 und 6 gebrachten Zahlenwerte der Konstanten der Gleichung $D = D_0\, e^{-Q/RT}$ Gültigkeit haben.

Abkürzungen

Dg	Korngrenzendiffusion	gst.	gesättigt
Dv	Volumdiffusion	PD	Packungsdichte
EK	Einkristall	PK	Polykristall.
Fs	Fehlstellen		

7211. Metallische Lösungen[1]

System	Nachweis	C_2 Atom-%	$\vartheta_1...\vartheta_2$	D_0 cm^2s^{-1}	Q kJ/g-At.
Ag—Au	^{198}Au	EK 1/∞	650...960	0,32	192
	ch	0...20	620...940	$1{,}25 \cdot 10^{-3}$	134
	^{198}Au	25	656...910	$6{,}4 \cdot 10^{-2}$	179
		49,2	760...970	0,12	184,5
	ch	46...55	720...970	0,14	174,5
	^{198}Au	75	717...992	$4{,}1 \cdot 10^{-2}$	170,5
Ag—Cu	^{64}Cu	EK 1/∞	710...950	1,23	193
	ch	0...2	760...900	$(6 \cdot 10^{-5})$	(104)
	^{110}Ag	1,75	750...850	0,66	188
		6,55	700...850	0,51	182
Ag—Ge	^{71}Ge	1/∞	675...850	$8{,}4 \cdot 10^{-2}$	153
	^{110}Ag	1,5 Ge	700...850	0,55	184,5
		3,0 Ge	700...850	1,6	190
		5,5 Ge	700...775	2,18	185
Ag—Pb	^{200}Pb	1/∞	700...800	0,22	159,7
		0,25 Pb	700...800	0,22	158,4
	^{110}Ag	0,21 Pb	700...800	0,22	178
		1,3 Pb	700...800	0,70	182
	^{200}Pb	1,3 Pb	705...775	0,46	161,2
Ag—Sb	^{124}Sb	1/∞	460...950	0,17	160,5
Ag—Tl	^{204}Tl	1/∞	645...800	0,15	158,5
Al—Co	^{60}Co	1/∞	359...629	$1{,}1 \cdot 10^{-6}$	83,5
Al—Cr	*Cr*	1/∞	250...605	$3{,}0 \cdot 10^{-7}$	64,5
Al—Cu	ch	0...0,2 [2]	505...635	0,29	130,5
Al—Fe	^{59}Fe	1/∞	359...630	$4{,}1 \cdot 10^{-9}$	58,3
Al—Mg	ch	0,1	395...535	$8{,}3 \cdot 10^{-2}$	111
	ch	2,2	395...535	13,8	146
Al—Mg, fl	ch	0...100	700...800	0,175	71
Al—Mn	^{54}Mn	1/∞	450...650	0,22	121
Al—Ni	^{63}Ni	1/∞	359...626	$2{,}9 \cdot 10^{-8}$	65,7
Al—Ni, fl	ch	0...11	800...1000	$1{,}7 \cdot 10^{-3}$	33,5
Al—Si	ch	0,05	450...600	0,48	125
		0,4	450...600	20,5	158
Al—Zn	^{65}Zn	1/∞	405...654	1,1	129,5
		4,3	360...610	0,35	118,5
		9,2	360...575	0,20	113
		16,7	360...525	0,10	105
		36,9	360...450	0,16	101
		49,4	360...440	$4{,}8 \cdot 10^{-2}$	92
		62,9	360...405	$1{,}2 \cdot 10^{-2}$	84
Al—Zn, fl	ch	0...66	700...800	$1{,}9 \cdot 10^{-2}$	46
Au—Ag	ch	0...8,8	800...1020	$4{,}7 \cdot 10^{-2}$	161
Au—Cu	ch	0...25	440...750	$1{,}2 \cdot 10^{-3}$	119
Au—Fe	^{59}Fe	1/∞	701...948	$8{,}2 \cdot 10^{-2}$	174
Au—Pd	ch	0...17	725...970	$1{,}4 \cdot 10^{-3}$	158
Bi—Pb, fl	^{210}Pb	0,26	280...415	$1{,}2 \cdot 10^{-1}$	40,5
Cd—Au	^{198}Au	50	300...590	0,17	117
	^{115}Cd	50	300...590	0,23	118

[1] Nach Landolt-Börnstein, 6. Aufl., Bd. II/5, Beitrag KUBASCHEWSKI.

[2] Unabhängig von *C*.

System	Nachweis	C_2 Atom-%	$\vartheta_1 \ldots \vartheta_2$	D_0 cm^2s^{-1}	Q kJ/g-At.
Co—Fe	^{55}*Fe*	1/∞	1104...1406	0,21	262
α	*Co*	50	840...925	$2{,}6 \cdot 10^{-6}$	115
γ	*Co*	50	1000...1250	$1{,}1 \cdot 10^{-4}$	175
Co—Ni	^{63}*Ni*	1/∞	772...1048	0,34	269,5
		1/∞	1190...1300	0,17	260
Cr—Fe	^{59}Fe	16 Fe	1040...1400	$1{,}45 \cdot 10$	343
	^{51}*Cr*	16 Fe	1040...1400	$3{,}75 \cdot 10$	269
		31 Fe	950...1250	24,6	316
	^{59}*Fe*	49 Fe	1040...1400	$2{,}5 \cdot 10^{2}$	313
	^{51}*Cr*	49 Fe	950...1250	$4{,}0 \cdot 10^{1}$	294
	^{59}*Fe*	73 Fe	1040...1400	$1{,}95 \cdot 10^{-1}$	211
	^{51}*Cr*	74 Fe	950...1250	$1{,}55 \cdot 10^{-1}$	203
Cu—Ag	*Ag*	1/∞ Dg	250...450	$3{,}1 \cdot 10^{-6}$	72
		1/∞ Dv	700...900	$4{,}6 \cdot 10^{-2}$	170
Cu—Al	ch	2	700...905	$2{,}3 \cdot 10^{-2}$	160
Cu—Au	^{198}*Au*	1/∞	750...1000	0,17	194
Cu—Be	ch	1	700...850	$2{,}4 \cdot 10^{-4}$	118
Cu—Mn	^{54}*Mn*	1/∞	754...1069	10^{7}	383
Cu—Ni	^{63}*Ni*	1/∞	700...1075	3,0	237
Cu—Si	ch	1 Si	700...805	0,19	175
Cu—Sn	ch	1 Si	700...805	0,59	181,5
Cu—Zn	^{65}*Zn*	EK 1/∞	605...1050	0,34	191
	ch	25,3 Zn	770...920	$3{,}2 \cdot 10^{-2}$	136
	Zn	25,3 Zn	770...920	$3{,}8 \cdot 10^{-2}$	136
	Cu	25,3 Zn	770...920	$6{,}7 \cdot 10^{-2}$	150
Cu—Zn	^{65}*Zn*	26,5 Zn	795...890	0,62	172
	^{64}*Cu*	26,5 Zn	795...890	0,85	186,5
(β-Ms.)	^{65}*Zn*	44 Zn	640...870	$3{,}1 \cdot 10^{-2}$	97,7
	Cu	44 Zn	640...870	$3{,}8 \cdot 10^{-2}$	105
(γ-Ms.)	ch	58,3 Zn	375...650	$2{,}45 \cdot 10^{-2}$	98
α-Fe—Co	^{60}*Co*	1/∞	800...1500	6,6	259
γ-Fe—Co		1/∞	1100...1200	$3{,}0 \cdot 10^{2}$	365
γ-Fe—Cr	ch		950...1150	$7{,}1 \cdot 10^{-5}$	170
α-Fe—Mo	ch	1,1...1,2	930...1260	3,47	241
γ-Fe—Mo	ch	0...0,83 unabh. C	1150...1265	$6{,}8 \cdot 10^{-2}$	247
γ-Fe—Ni	^{63}*Ni*	1/∞	950...1400	$1{,}6 \cdot 10^{-2}$	244
		5,5	1152...1400	2,1	308
		14,3	1152...1400	5,0	317
	^{59}*Fe*	20	—	$7{,}1 \cdot 10^{1}$	331
γ-Fe—S	^{35}*S*	1/∞	1200...1350	2,42	223
Ge—Ag	$^{110+111}$*Ag*	1/∞	710...900	$4{,}4 \cdot 10^{-2}$	96
Ge—Be	Be	1/∞	720...920	0,5	241
Ge—Cd	^{115}*Cd*	1/∞	760...915	$1{,}75 \cdot 10^{9}$	426
Ge—Cu	Cu	1/∞	700...900	$1{,}9 \cdot 10^{-4}$	17,2
Ge—Fe	^{59}*Fc*	1/∞	775...930	0,13	105
Ge—Ni	Ni	1/∞	700...875	0,8	88
Ge—Te	^{128}*Te*	1/∞	770...900	5,6	234
In—Tl	*Tl*	PK 1/∞	50...155	0,05	65,0
Mo—Cr	^{51}*Cr*	17	1200...1350	4,3	305
Ni—Al	ch	0...0,17	800...970	1,1	250
Ni—Fe	*Fe*	1/∞	950...1125	$8{,}4 \cdot 10^{-3}$	214
Ni—Mo	ch	0...0,93	1150...1400	3,0	288

System	Nachweis	C_2 Atom-%	$\vartheta_1 \ldots \vartheta_2$	D_0 cm^2s^{-1}	Q kJ/g-At.
Pb—Cu, fl	ch	0...3,5	478...750	$2,7 \cdot 10^{-4}$	12,4
γ-U—Cr	^{51}Cr	1/∞	γ-Bereich	$2,0 \cdot 10^{-3}$	91
U—Mo	^{234}U	10	800...1040	$2,5 \cdot 10^{-3}$	138
U—Nb	ch	0,5	800...996	$3,4 \cdot 10^{-6}$	108
		10	800...996	$2,4 \cdot 10^{-7}$	91
U—Ti	ch	10	950...1075	$1,1 \cdot 10^{-2}$	153
U—Zr	*U*	10	800...1040	$1,25 \cdot 10^{-4}$	92
W—Mo	ch	0...40	1530...2060	$6,3 \cdot 10^{-4}$	335
W—Th	ch	gering D_v	1720...2250	1,0	500
		D_g	1720...2250	1,1	392

7212. Ionendiffusion in Metallverbindungen[1]

Die Angaben sind wie Tabelle 7211 gemacht. In Spalte 2 sind die diffundierenden Atome bzw. Ionen zum Teil mit Ladungen angegeben, Art und Ausmaß dieser Ladungen sind nur selten experimentell bestimmt.

Metallverbindung	Typ	Konzentration C_2 (At-%) u. Bemerkung	$\Delta\vartheta$ °C	D_0 cm^2s^{-1}	Q kJ/Mol
AgCl	$^{110}Ag^+$		130...400	6,5	95
	$^{36}Cl^-$	Preßk.	350...450	$8,6 \cdot 10^{-2}$	172
		EK	350...450	$1,25 \cdot 10^{3}$	172
Al_2O_3	$^{18}O^{--}$	EK	1200...1600	$6,3 \cdot 10^{-8}$	241
		EK	1500...1780	$1,9 \cdot 10^{3}$	637
Bi_2Te_3	^{64}Cu	∥ *c*-Achse	200...500	$7,1 \cdot 10^{-2}$	77,2
		⊥ *c*-Achse	25...450	$3,4 \cdot 10^{-3}$	20,3
	^{110}Ag	∥ *c*-Achse	270...540	$5,4 \cdot 10^{-3}$	43,5
		⊥ *c*-Achse	270...540	$1,0 \cdot 10^{-2}$	93
CdS	Cu^+	∥ u. ⊥ *c*-Achse	450...750	$1,5 \cdot 10^{-3}$	73,7
Cu_2O	$^{65}Cu^+$	$pO_2 = 0,1$ Torr	800...1050	0,12	151
	$^{18}O^{--}$	$pO_2 = 0,1$ Torr	1050...1120	$6,5 \cdot 10^{-3}$	165
FeO	Fe^{++}	52,5	700...1100	$1,4 \cdot 10^{-2}$	127
		53,0	800...1110	$3,1 \cdot 10^{-2}$	135
Fe_2O_3	$^{55}Fe^{+++}$	PD 98 %	940...1270	$4 \cdot 10^{4}$	469
	$^{18}O^{--}$	Pulver	1150...1250	10^{11}	611
GaAs	^{64}Cu		100...600	$3,0 \cdot 10^{-2}$	50,3
	^{110}Ag		600...1000	$3,9 \cdot 10^{-11}$	31,8
GaSb	^{72}Ga		650...700	$3,2 \cdot 10^{3}$	304
	^{124}Sb		650...700	$3,4 \cdot 10^{4}$	332
	^{114}In		320...650	$1,2 \cdot 10^{-7}$	51
	^{113}Sn		320...650	$2,4 \cdot 10^{-5}$	77,5
	^{124}Sb		320...650	$8,7 \cdot 10^{-3}$	110
InAs	Cd		600...900	$4,35 \cdot 10^{-9}$	113
	Ge		600...900	$3,75 \cdot 10^{-6}$	113
	Sn		600...900	$1,5 \cdot 10^{-6}$	113
	S		600...900	6,78	212

[1] Nach Landolt-Börnstein, 6. Aufl., Bd. II/5, Beitrag KUBASCHEWSKI.

Metallverbindung	Typ	Konzentration C_2 (At-%) und Bemerkung	$\Delta\vartheta$ °C	D_0 cm^2s^{-1}	Q kJ/Mol
KBr	$^{42}K^+$	EK	460...710	10^{-2}	121,5
	$^{82}Br^-$	EK	480...720	$2 \cdot 10^{-2}$	138,5
	Tl^+	1/∞ EK	350...510	$5{,}0 \cdot 10$	194
	Tl	1/∞ EK	520...700	$4{,}1 \cdot 10^{-5}$	99,5
NaCl	$^{24}Na^+$	EK	560...780	0,6	158
	Cl^-	EK	630...800	$1{,}1 \cdot 10^2$	215
PbSe	$^{210}Pb^{++}$	10^{18} Fs/cm³	400...800	$5{,}0 \cdot 10^{-6}$	80
		10^{19} Fs/cm³	400...800	$4{,}4 \cdot 10^{-7}$	53
		$5 \cdot 10^{19}$ e^-/cm³	400...800	$4{,}3 \cdot 10^2$	155
PbTe	Pb^{++}	$2 \cdot 10^{18}$ Fs/cm³	260...500	$2{,}9 \cdot 10^{-5}$	58
	$^{127}Te^-$	$2 \cdot 10^{18}$ Fs/cm³	500...800	$2{,}7 \cdot 10^{-6}$	72,5
	$^{124}Sb^-$	$2 \cdot 10^{18}$ Fs/cm³	530...800	$4{,}9 \cdot 10^{-2}$	148,5
$TaC_{0,975}$	^{185}W		2130...2300	19,2	395
$TiC_{0,925}$			2130...2300	7,7	482
$WC_{0,98}$			2130...2300	7,33	579

722. Diffusion von Flüssigkeiten ineinander

7221. Diffusionskoeffizienten *D* in Lösungen von anorganischen Verbindungen in Wasser gegen reines H_2O

Gelöste Verbindung	ϑ °C	Diffundierender Stoff	1. Zeile Konzentration des gelösten Stoffes 2. Zeile Diffusionskoeffizient						
$AlCl_3$	23		0,0	0,39	0,66	1,16	1,54	2,31	Mol l^{-1}
		H_2O	2,45	2,04	1,79	1,35	0,94	0,57	10^{-5} cm^2s^{-1}
$BaCl_2$	23		0,0	0,50	1,00	1,46			Mol l^{-1}
		H_2O	2,50	2,32	2,07	1,82			10^{-5} cm^2s^{-1}
$CaCl_2$	25		0,010	0,282	0,803	2,68	4,02	5,36	Mol l^{-1}
		Ca^{++}	0,78	0,76	0,65	0,41	0,23	0,10	10^{-5} cm^2s^{-1}
		Cl^-	1,89	1,72	1,60	0,91	0,45	0,16	10^{-5} cm^2s^{-1}
			0,25	0,50	0,1				Mol l^{-1}
		H_2O	2,14	2,03	1,79				10^{-5} cm^2s^{-1}
$CdCl_2$	25		0,00015	0,0008	0,00219	0,0050	0,01		Mol l^{-1}
		$CdCl_2$	1,28	1,23	1,23	1,13	1,09		10^{-5} cm^2s^{-1}
		Cd^{++}	0,71	0,69	0,68	0,63	0,60		10^{-5} cm^2s^{-1}
		Cl^-	1,99	1,95	1,94	1,84	1,76		10^{-5} cm^2s^{-1}
HCl			0,0	0,75	1,50	3,00	6,00	12,0	
		H_2O	2,47	2,44	2,45	2,21	1,89	1,21	
CsJ	25		0,04765	0,1136	0,5126	0,690	1,195		Mol l^{-1}
		Cs^+	2,06	2,05	2,08	2,07	2,09		10^{-5} cm^2s^{-1}
		J^-	2,00	1,96	1,96	1,98	1,98		10^{-5} cm^2s^{-1}
	23		0,0	0,20	0,40	0,80	1,60		Mol l^{-1}
		H_2O	2,47	2,43	2,46	2,61	2,71		10^{-5} cm^2s^{-1}

Gelöste Verbindung	ϑ °C	Diffundierender Stoff	1. Zeile Konzentration des gelösten Stoffes 2. Zeile Diffusionskoeffizient						
KBr	25		0,10	0,50	1,00	2,00	3,00	4,00	Mol l^{-1}
		Br^-	1,95	1,96	1,93	1,92	1,86	1,77	10^{-5} cm^2s^{-1}
	23		0,0	0,43	0,87	1,73	3,46		Mol l^{-1}
		H_2O	2,45	2,55	2,70	2,68	2,71		10^{-5} cm^2s^{-1}
K_2CO_3	23		0,0	0,47	0,85	1,46	2,55	5,10	Mol l^{-1}
		H_2O	2,47	2,23	2,07	1,77	1,31	0,52	10^{-5} cm^2s^{-1}
KCl	25		0,1	0,25	0,5	1,0	2,0	4,0	Mol l^{-1}
		Cl^-	1,96	1,97	1,96	1,95	1,91	1,77	10^{-5} cm^2s^{-1}
	23		0,0	0,22	0,43	0,86	1,73	3,45	Mol l^{-1}
			2,47	2,48	2,49	2,40	2,44	2,38	10^{-5} cm^2s^{-1}
KF	23		0,0	0,5	1,01	3,15	5,55	11,10	Mol l^{-1}
			0,45	2,30	2,14	1,72	1,23	0,63	10^{-5} cm^2s^{-1}
KOH	23		0,0	0,19	0,39	0,74	1,49	2,97	Mol l^{-1}
		H_2O	2,41	2,42	2,36	2,25	2,10	1,72	10^{-5} cm^2s^{-1}
KJ	25		0,010	0,10	0,20	0,50	1,0	3,0	Mol l^{-1}
		J^-	2,02	1,98	1,97	1,93	1,94	1,84	10^{-5} cm^2s^{-1}
			0	1	2	3	4	5	Mol l^{-1}
		H_2O	2,57	2,76	2,86	2,90	2,92	2,85	10^{-5} cm^2s^{-1}
KNO_3	23		0,0	0,42	0,71	1,25	2,50		Mol l^{-1}
		H_2O	2,38	2,51	2,53	2,58	2,58		10^{-5} cm^2s^{-1}
LiBr	23		0,0	0,46	0,92	2,36	4,60	9,21	Mol l^{-1}
		H_2O	2,46	2,45	2,30	1,92	1,50	0,58	10^{-5} cm^2s^{-1}
LiCl	23		0,0	0,56	1,12	2,80	5,60	11,2	Mol l^{-1}
		H_2O	2,46	2,27	2,18	1,78	1,13	0,31	10^{-5} cm^2s^{-1}
LiOH	23		0,0	0,43	0,85	1,70	3,41		Mol l^{-1}
		H_2O	2,44	2,28	2,03	1,76	1,14		10^{-5} cm^2s^{-1}
$MgCl_2$	23		0,0	0,19	0,38	0,75	1,50	3,00	Mol l^{-1}
		H_2O	2,42	2,32	2,19	1,96	1,48	0,80	10^{-5} cm^2s^{-1}
$MgSO_4$	25		0,078	0,36	0,72				Mol l^{-1}
			2,29	1,96	1,68				10^{-5} cm^2s^{-1}
HNO_3	23		0,0	1,02	2,72	4,05	8,15	16,3	Mol l^{-1}
		H_2O	2,47	2,44	2,29	2,05	1,64	1,04	10^{-5} cm^2s^{-1}
NaBr	25		0,05	0,50	1,00	1,50	2,00	2,50	Mol l^{-1}
		Br^-	1,94	1,94	1,78	1,75	1,67	1,58	10^{-5} cm^2s^{-1}
			0,0	0,62	1,68	3,35	6,71		Mol l^{-1}
			2,44	2,39	2,26	1,93	1,24		10^{-5} cm^2s^{-1}
NaCl	25		0,05	0,5	1	2	3	4	Mol l^{-1}
		Na^+	1,30	1,32	1,25	1,13	1,02	0,9	10^{-5} cm^2s^{-1}
		Cl^-	1,46	1,85	1,78	1,61	1,94	1,26	10^{-5} cm^2s^{-1}
		H_2O			2,45	2,20	2,0	1,85	10^{-5} cm^2s^{-1}
NaJ	25		0,01	0,05	0,1	0,2	1,0	1,5	Mol l^{-1}
		Na^+	1,31	1,28	1,274	1,27	1,264	1,25	10^{-5} cm^2s^{-1}
		J^-	1,96	1,88	1,87	1,85	1,75	1,67	10^{-5} cm^2s^{-1}
NaOH	23		0,0	0,68	1,13	1,70	3,40		Mol l^{-1}
		H_2O	2,44	2,12	2,02	1,82	1,20		10^{-5} cm^2s^{-1}

Gelöste Verbindung	ϑ °C	Diffundierender Stoff	1. Zeile Konzentration des gelösten Stoffes 2. Zeile Diffusionskoeffizient						
Na_2HPO_4			0,025	0,05	0,10	0,15	0,2		Mol l^{-1}
		HPO_4^{--}	1,13	1,03	0,93	0,90	0,87		10^{-5} cm^2s^{-1}
Na_2SO_4	25		0,00	0,01	0,05	0,2	1,2	2,0	Val l^{-1}
		Na^+	1,33	1,30	1,27	1,22	1,08	0,89	10^{-5} cm^2s^{-1}
		SO_4^{--}	1,06	1,06	0,83	0,71	0,61	0,61	10^{-5} cm^2s^{-1}
H_2SO_4	23		0,0	0,78	1,34	4,68	10,1	18,2	Mol l^{-1}
		H_2O	2,44	2,22	2,03	1,16	0,47	0,1	10^{-5} cm^2s^{-1}
$SrCl_2$	25		0,25	0,50	1,0				Mol l^{-1}
		H_2O	2,12	2,03	1,78				10^{-5} cm^2s^{-1}
$ThClO_4$	23		0,0	0,27	0,54	0,82	1,32		Mol l^{-1}
		H_2O	2,20	1,92	1,53	1,22	0,64		10^{-5} cm^2s^{-1}
$ZnCl_2$	23		0,0	0,79	1,44	2,47	4,31	8,64	
			2,40	2,04	1,87	1,66	1,12	0,24	10^{-5} cm^2s^{-1}

7222. Diffusionskoeffizienten *D* von Gasen in H_2O

	ϑ °C	*D* 10^{-5} cm^2s^{-1}		ϑ °C	*D* 10^{-5} cm^2s^{-1}
Ar	21,7	2,0	N_2	25	2,34
CH_3Cl	20,1	1,39	NH_3	20	1,46
CO_2	20	1,60	NO_2	20	1,23
HC:CH	17,5	1,69	N_2O	20	2,11
$H_2C:CH_2$	25,4	1,085	Ne	22,1	2,8
$CH_3CH_2:CH_2$	25	0,895	O_2	21	2,33
Cl_2*	20	1,22	H_2S	25	1,36
H_2	21	3,81	SO_2*	20	1,62
	37	5,07		40	2,59
He	22,1	5,8			

* Chemische Reaktion.

7223. Diffusionskoeffizienten flüssiger anorganischer Stoffe in flüssigen anorganischen Stoffen

Stoffpaar	ϑ °C	Diffundierendes Ion	*D* in 10^{-5} cm^2s^{-1}
CsCl — NaCl	831	Cs^+	6,9
	965		11,4
KCl — NaCl	831	K^+	8,8
	967		12,4
KCl — NaJ	791	Na^+	7,9
	914		10,0
NaCl — RbCl	831	Rb^+	8,1
	940		10,3

7224. Diffusionskoeffizient *D* organischer Verbindungen in Wasser und Lösungen der Verbindung in Wasser in Abhängigkeit von der Konzentration der Lösung und der Temperatur

Organische Verbindung	Temperatur oder Konzentration des Stoffes in H_2O	Diffundierender Stoff	1. Zeile: Konzentration (*c*) des Stoffes in H_2O oder Temperatur (ϑ) 2. Zeile: Diffusionskonstante					
CH_4NO_2	25° C		*c*	0,1250	0,500	0,7500	1,000	Mol/l
Harnstoff		CH_4NO_2	*D*	1,38	1,39	1,4	1,4	10^{-5} cm²s⁻¹
	25° C		*c*	2,000	3,0002	3,9999		Mol/l
		CH_4NO_2	*D*	1,42	1,43	1,44		10^{-5} cm²s⁻¹
	c=0,38 Gew. %		ϑ	1	13	25	37	°C
	25° C	CH_4NO_2	*D*	0,68	1,00	1,38	1,81	10^{-5} cm²s⁻¹
CH_4NS	25° C		*c*	0	0,07887	0,15775	0,23662	Mol/l
Thioharnstoff		CH_4NS	*D*	1,37	1,31	1,29	1,28	10^{-5} cm²s⁻¹
CH_4O	20° C		*c*	0,78	6,25	9,38	12,49	Mol/l
Methanol		CH_4O	*D*	1,20	1,06	0,89	0,82	10^{-5} cm²s⁻¹
$C_2H_2O_4$	*c*=0,25 Gew. %	$C_2H_2O_4$		14,0				°C
Oxalsäure			*D*	1,09				10^{-5} cm²s⁻¹
$C_2H_4O_2$	25° C	$C_2H_2O_4$	*c*	0,04283	0,2374	0,4214	1,5187	Mol/l
Essigsäure			*D*	1,21	1,18	1,15	1,02	10^{-5} cm²s⁻¹
	25° C	$C_2H_2O_4$	*c*	3,0446	6,0430	8,9161	12,4050	Mol/l
			D	0,88	0,67	0,59	0,57	10^{-5} cm²s⁻¹
	c=0,05 Mol/l	$C_2H_2O_4$	ϑ	9,7	14	20	25	°C
			D	0,77	0,90	1,01	1,21	10^{-5} cm²s⁻¹
C_2H_5NO	25° C	C_2H_5NO	*c*	0,2583	10,3532	20,4347	63,827	Gew. %
Acetamid			*D*	1,24	1,06	0,95	0,56	10^{-5} cm²s⁻¹
$C_2H_5NO_2$	25° C	$C_2H_5NO_2$	*c*	0,0600	0,1250	0,9998	4,0000	Gew. %
Glycolamid			*D*	1,14	1,13	1,05	0,82	10^{-5} cm²s⁻¹

$C_2H_5NO_2$ Glycin	25° C	$C_2H_5NO_2$	c	0,01	0,1	1		Mol/l
			D	0,91	0,89	0,75		10^{-5} cm²s⁻¹
C_2H_6O Äthanol	25° C	C_2H_6O	c	0	50	100	200	g/l
			D	1,24	1,08	0,93	0,69	10^{-5} cm²s⁻¹
			c	400	500	700	185,1	g/l
			D	0,38	0,37	0,77	1,13	10^{-5} cm²s⁻¹
$C_3H_8O_3$ Glycerin	25° C	$C_3H_8O_3$	c	10	40	60	80	Gew. %
			D	0,9	0,42	0,23	0,09	10^{-5} cm²s⁻¹
$C_4H_{11}N$ Diäthylamin	$c \approx 0$	$C_4H_{11}N$	ϑ	20				°C
			D	0,97				10^{-5} cm²s⁻¹
$C_4H_{11}NO_2$ Diäthanolamin	25° C	$C_4H_{11}NO_2$	c	0,42	2,10	4,19	5,24	Mol/l
			D	0,57	0,38	0,28	0,23	10^{-5} cm²s⁻¹
$C_5H_4O_2$ Furfurol	$c = 40$ g/l		ϑ	20	30			°C
		$C_5H_4O_2$	D	1,04 ± 0,08	1,28 ± 0,08			10^{-5} cm²s⁻¹
	$c = 30$ g/l		ϑ	20	30			°C
		H_2O	D	0,9 ± 0,10	1,69 ± 0,04			10^{-5} cm²s⁻¹
C_5H_5N Pyridin	25° C		c	0	30	50	60	Gew. %
		C_5H_5N	D	1,09	0,60	0,53	0,50	10^{-5} cm²s⁻¹
	25° C	H_2O	D	2,30	1,36	1,00	0,86	10^{-5} cm²s⁻¹
			c	75	80	90	100	Gew. %
	25° C	C_5H_5N	D	0,60	0,71	1,03	1,50	10^{-5} cm²s⁻¹
		H_2O	D	0,78	0,80	0,99	1,52	10^{-5} cm²s⁻¹
$C_6H_6O_3$ Pyrogallol	$c = 0{,}25$ Gew. %		ϑ	18				°C
		$C_6H_6O_3$	D	0,764				10^{-5} cm²s⁻¹
C_6H_6O Phenol			c	1,019	4,81	9,95	14,72	g/l
	20° C	C_6H_6O	D	0,88	0,86	0,83	0,82	10^{-5} cm²s⁻¹
			ϑ	20	30	40	50	°C
	$c \approx 0$	C_6H_6O	D	0,89	1,12	1,41	1,74	10^{-5} cm²s⁻¹

Organische Verbindung	Temperatur oder Konzentration des Stoffes in H_2O	Diffundierender Stoff	1. Zeile: Konzentration (c) des Stoffes in H_2O oder Temperatur (ϑ) 2. Zeile: Diffusionskonstante					
C_6H_7N			ϑ	20				°C
Anilin	c=2...3 Gew. %	C_6H_7N	D	0,92±0,4				10^{-5} cm²s⁻¹
			ϑ	20				°C
	c=2...3 Gew. %	H_2O	D	0,70±0,1				10^{-5} cm²s⁻¹
$C_6H_8O_2$			ϑ	18				°C
Resorcin	c=0,25 Gew. %	$C_6H_8O_2$	D	0,87				10^{-5} cm²s⁻¹
$C_6H_{12}O_6$	25° C		c	0,75	29,90	60,42	80,61	Gew. %
Glucose		$C_6H_{12}O_6$	D	0,67	0,40	0,13	0,01	10^{-5} cm²s⁻¹
$C_6H_{14}O_6$			ϑ	0	20	50	70	°C
Mannit	c=0,3 g/l	$C_6H_{14}O_6$	D	0,26	0,56	1,10	1,56	10^{-5} cm²s⁻¹
$C_6H_{15}NO_3$			c	0,03	0,15	1,52	3,04	Mol/l
Triäthanolamin	25° C	$C_6H_{15}NO_3$	D	0,71	0,66	0,42	0,17	10^{-5} cm²s⁻¹
C_7H_8O			ϑ	20	30	40	50	°C
o-Kresol	—	C_7H_8O	D	0,78	1,03	1,33	1,68	10^{-5} cm²s⁻¹
m-Kresol	—	C_7H_8O	D	0,79	1,02	1,31	1,66	10^{-5} cm²s⁻¹
p-Kresol	—	C_7H_8O	D	0,83	1,07	1,35	1,68	10^{-5} cm²s⁻¹
$C_{10}H_{14}N_2$			c	0,1	0,5	1,0	—	Mol/l
Nicotin	20° C	$C_{10}H_{14}N_2$	D	0,56	0,43	0,31		10^{-5} cm²s⁻¹
$C_{12}H_{22}O_{11}$			c	0,729	61,48	70,82	74,84	Gew. %
Saccharose	25° C	$C_{12}H_{22}O_{11}$	D	0,52	0,11	0,05	0,03	10^{-5} cm²s⁻¹
$C_{12}H_{22}O_{11}$			c	0,1	0,25	0,5	—	Mol/l
Maltose	19,5° C	$C_{12}H_{22}O_{11}$	D	0,36	0,34	0,33		10^{-5} cm²s⁻¹
$C_{12}H_{23}O_2K$			c	20	25	35	45	Mol/l
Kaliumlaurat	25° C	$C_{12}H_{23}O_2K$	D	0,83	0,82	0,67	0,51	10^{-5} cm²s⁻¹
$C_{18}H_{32}O_{16} \cdot 5\,H_2O$			c	0,05	0,10	0,25		Mol/l
Raffinose	19,3° C	$C_{18}H_{32}O_{16} \cdot 5\,H_2O$	D	0,29	0,30	0,27	—	10^{-5} cm²s⁻¹

7225. Diffusionskoeffizient *D* organischer Verbindungen in organischen Verbindungen in Abhängigkeit von Temperatur ϑ und Konzentration *c*

Stoffpaar x_1 — x_2	Temperatur oder Konzentration	Diffundierender Stoff	1. Zeile: Konzentration (*c*) oder Temperatur (ϑ); 2. Zeile: Diffusionskoeffizient					
CCl_4 — C_2H_6O Äthan	25° C	x_2	*c*	0,23	0,50	0,89	1,60	Mol % x_2
			D	1,90	1,75	1,49	1,17	10^{-5} cm²s⁻¹
— C_3H_6O Aceton	25° C	x_1	*c*	5,9	29,4	61,5	80,4	Mol % x_1
			D	3,29	2,61	1,73	1,50	10^{-5} cm²s⁻¹
	25° C	x_2	*c*	6,0	34,3	71,0	86,5	Mol % x_2
			D	1,75	2,00	3,07	3,74	10^{-5} cm²s⁻¹
— $C_6H_5NO_2$ Nitrobenzol	20° C	x_1	*c*	1,0	5,0	9,0	13,0	Mol % x_1
			D	0,65	0,80	0,83	0,77	10^{-5} cm²s⁻¹
	20° C	x_2	*c*	1,028	2,230	8,042	13,695	Mol % x_2
			D	0,90	0,91	0,92	0,93	10^{-5} cm²s⁻¹
— C_6H_{12} Cyclohexan	25° C	—	*c*	0	20	60	100	Mol % x_1
			D	1,49	1,46	1,38	1,26	10^{-5} cm²s⁻¹
— C_6H_{14} n-Hexan	25° C	—	*c*	0,42	14,89	54,54	98,93	Mol % x_1
			D	3,86	3,39	2,37	1,49	10^{-5} cm²s⁻¹
$CHCl_3$ — C_3H_6O Aceton	25° C	x_1	*c*	0,034	0,126	0,563	0,809	Mol % x_1
			D	3,64	3,24	2,64	2,45	10^{-5} cm²s⁻¹
	25° C	x_2	*c*	0,071	0,187	0,531	0,833	Mol % x_2
			D	2,55	2,47	3,05	3,52	10^{-5} cm²s⁻¹
— $C_4H_{10}O$ Diäthyläther	25° C	—	*c*	0,435	20,44	60,1	99,7	Mol % x_2
			D	2,15	2,91	4,21	4,51	10^{-5} cm²s⁻¹
CH_4 — C_6H_{14} n-Hexan	—	x_1	ϑ	25	40	50	60	°C
			D	0,089	0,095	0,100	0,106	10^{-5} cm²s⁻¹
CH_4 — C_6H_{14} 3 Methylpropan	—	x_1	ϑ	25	40	50	60	°C
			D	0,087	0,096	0,102	0,107	10^{-5} cm²s⁻¹

Stoffpaar x_1	Stoffpaar x_2	Temperatur oder Konzentration	Diffundierender Stoff	1. Zeile: Konzentration (c) oder Temperatur (ϑ) 2. Zeile: Diffusionskoeffizient					
CH_4O —	C_3H_8O			c	4,64	9,26	25,39	38,51	Mol % x_1
Methanol	n-Propanol	30° C	—	D	0,80	0,87	1,05	1,14	10^{-5} cm^{2}s^{-1}
				c	50,27	60,53	84,78	97,34	Mol % x_1
		30° C	—	D	1,13	1,27	1,73	1,95	10^{-5} cm^{2}s^{-1}
—	C_6H_6O			ϑ	6,2	11	15,8	18,8	°C
	Phenol	$c<2$ Gew. % x_1	x_1	D	1,26	1,38	1,40	1,63	10^{-5} cm^{2}s^{-1}
C_2H_6O —	C_6H_6O			ϑ	10,0	14,6	18,8	21,8	°C
Äthanol	Phenol	$c<2$ Gew. % x_1	x_1	D	0,64	0,70	0,75	0,85	10^{-5} cm^{2}s^{-1}
$C_4H_{10}O_3$ —	C_6H_6			c	1	5	25	50	g x_2/l
Diglykol	Benzol	25° C	—	D	0,10	0,07	0,05	0,04	10^{-5} cm^{2}s^{-1}
—	C_7H_8			c	1	5	10	25	g x_2/l
	Toluol	25° C	—	D	0,15	0,12	0,09	0,05	10^{-5} cm^{2}s^{-1}
C_6H_5Br —	C_6H_5Cl			c	3,32	51,22	76,17	96,52	Mol % x_2
Brombenzol	Chlorbenzol	27° C	x_2	D	1,34	1,51	1,60	1,71	10^{-5} cm^{2}s^{-1}
C_6H_5Cl —	C_7H_8			c	1,337	25,01	49,92	98,62	Mol % x_2
Chlorbenzol	Toluol	27° C	—	D	1,76	1,85	1,98	2,26	10^{-5} cm^{2}s^{-1}
C_6H_6 —	$C_{12}H_{10}$			c	0,4552	0,9501	2,931	2,996	Mol x_2/l
Benzol	Diphenyl	25° C	x_1	D	2,06	1,91	1,31	—	10^{-5} cm^{2}s^{-1}
		25° C	x_2	D	1,44	1,31	—	0,89	10^{-5} cm^{2}s^{-1}
C_6H_{14} —	$C_{16}H_{34}$			c	0,417	9,53	39,24	98,54	Mol % x_2
Hexan	n-Hexadecan	25° C	—	D	2,19	1,93	1,49	1,87	10^{-5} cm^{2}s^{-1}
C_7H_{16} —	$C_{16}H_{34}$			c	0,56	10,64	39,34	97,61	Mol % x_2
n-Heptan	n-Hexadecan	25° C	—	D	1,77	1,59	1,24	0,76	10^{-5} cm^{2}s^{-1}
C_8H_{10} —	C_8H_{10}			ϑ	20	30	50	70	°C
o-Xylol	p-Xylol	—	x_1	D	1,12	1,40	2,03	2,85	10^{-5} cm^{2}s^{-1}
C_8H_{18} —	$C_{12}H_{26}$			c	6,98	22,37	61,08	85,88	Mol % x_2
n-Octan	n-Dodecan	25° C	—	D	1,67	1,57	1,32	1,21	10^{-5} cm^{2}s^{-1}

7226. Diffusionskoeffizient *D* organischer Verbindungen in organische Lösungsmittel

Stoffpaar x_1	x_2		ϑ °C	Diffundierender Stoff	Diffusionskonstante 10^{-5} cm² s⁻¹
C_5H_{12} Pentan —	C_6H_{12}	Benzol	22	x_2	2,33
	C_6H_{14}	Hexan	20	x_1	2,15
	$C_{10}H_{12}$	Tetrahydronaphthalin	22	x_2	0,95
	$C_{10}H_{18}$	Decahydronaphthalin	22	x_2	0,83
C_6H_6 Benzol —	$CHBr_3$	Bromoform	20	x_2	1,69
	CH_4O	Methanol	20	x_2	3,04
	C_2H_6O	Äthanol	20	x_2	2,57
	C_3H_8O	n-Propanol	20	x_2	2,38
	$C_4H_{10}O$	n-Butanol	20	x_2	2,11
	C_6Cl_6	Hexachlorbenzol	7,6	x_2	1,02
	$C_6H_2Cl_4$	1,2,4,5-Tetrachlorbenzol	7,6	x_2	1,24
	$C_6H_3Cl_3$	1,2,4-Trichlorbenzol	7,6	x_2	1,34
	$C_6H_4Cl_2$	o-Dichlorbenzol	7,6	x_2	1,62
		m-Dichlorbenzol	7,6	x_2	1,58
		p-Dichlorbenzol	7,6	x_2	1,42
	C_6H_{14}	n-Hexan	22	x_2	2,13
	C_7H_{16}	Heptan	22	x_2	2,06
	C_8H_{18}	Octan	22	x_2	1,82
	C_9H_{20}	Nonan	22	x_2	1,71
	$C_{10}H_{22}$	Decan	22	x_2	1,53
	$C_{12}H_{26}$	Dodecan	22	x_2	1,40
C_6H_{14} Hexan—	CH_4O	Methanol	20	x_2	3,04
	$C_2H_4O_2$	Methylformiat	20	x_2	2,72
	C_3H_8O	Propanol	20	x_2	2,38
	$C_4H_{10}O$	n-Butanol	20	x_2	2,11
	C_6H_5Br	Brombenzol	7,4	x_2	2,59
	$C_6H_{14}O$	n-Hexanol	20	x_2	1,79
	$C_7H_{16}O$	n-Heptanol	20	x_2	1,63
	$C_8H_{18}O$	n-Octanol	20	x_2	1,50
	$C_{10}H_{12}$	Tetrahydronaphthalin	22	x_2	0,86
	$C_{10}H_{18}$	Decahydronaphthalin	22	x_2	0,76
	$C_{10}H_{22}$	Decan	20	x_2	1,42
	$C_{14}H_{30}$	Tetradecan	20	x_2	1,16
	$C_{18}H_{38}$	Octadecan	20	x_2	0,97
	$C_{20}H_{42}$	Eikosan	20	x_2	0,91
C_7H_8 Toluol —	$C_2H_4O_2$	Essigsäure	20	x_2	2,0
	$C_4H_{11}N$	Diäthylamin	20	x_2	2,36
	C_6H_5Br	Brombenzol	7,4	x_2	1,59
	$C_7H_6O_2$	Benzoesäure	20	x_1	1,74
CCl_4 Tetrachlorkohlenstoff —	$C_4H_{10}O$	n-Butanol	21,5	x_2	1,31
	C_5H_{12}	n-Pentan	25	x_2	1,57
	$C_7H_6O_2$	Benzoesäure	20	x_2	1,45
	C_8H_{18}	Octan	20	x_2	1,26
	$C_{10}H_{22}$	Decan	25	x_2	1,08
	$C_{10}H_{22}O$	n-Deylalkohol	21,5	x_2	1,0
	$C_{12}H_{26}O$	n-Dodeylalkohol	21,5	x_2	0,91
	$C_{14}H_{30}O$	n-Tetradeylalkohol	21,5	x_2	0,85
	$C_{16}H_{34}O$	n-Cetylalkohol	21,5	x_2	0,77
	$C_{16}H_{32}O_2$	Palmitinsäure	21,5	x_2	0,65
	$C_{18}H_{36}O_2$	Stearinsäure	21,5	x_2	0,73
C_2H_6O Äthanol —	$CHBr_3$	Bromoform	20	x_2	0,97
	C_4H_9BrO	Bromdiäthyläther	7,3	x_2	3,47
	$C_5H_{11}Br$	Isoamylbromid	7,3	x_2	3,59
	$C_6H_5NO_2$	Nitrobenzol	7,3	x_2	3,24
	C_6H_6	Benzol	20	x_1	2,57
	C_6H_6O	Phenol	22	x_1	0,85
	C_6H_{14}	Hexan	20	x_1	2,57
	$C_7H_6O_2$	Benzoesäure	25	x_2	1,65
	$C_9H_8O_2$	Zimtsäure	25	x_2	1,60

723. Diffusion in Gasen

(vgl. zur Diffusion auch Tabelle 721)

Wegen der Unabhängigkeit des idealen Gasgesetzes von der Natur des Gases muß die Zahl der Teilchen, die vom Gase *A* ins Gas *B* diffundiert gleich der Zahl der Teilchen sein, die aus *B* nach *A* diffundieren. Darum braucht bei Gasen nur *ein* vom Gaspaar abhängiger gemeinsamer Diffusionskoeffizient angegeben zu werden, eine Unterscheidung einer Diffusion $A \rightarrow B$ gegen Diffusion $B \rightarrow A$ entfällt somit. Bei Gasen ist die Diffusion im allgemeinen nur wenig von der Konzentration abhängig (Diffusion einer Mischung *A*—*B* gegen eine zweite Mischung *A*—*B* anderer Konzentration usw.); deshalb finden sich nur gelegentlich Angaben über die Konzentrationsabhängigkeit. Dagegen ist der Diffusionskoeffizient bei Gasen relativ stark vom Druck abhängig; im Gültigkeitsgebiet des idealen Gasgesetzes ist der jeweilig gemessene Diffusionskoeffizient umgekehrt proportional der Dichte bzw. dem Druck. Es bezieht sich in diesen Fällen die Angabe der Tabelle jeweils auf 1 atm Druck (Gesamtdruck). In einigen Fällen sind Angaben bei höheren Drucken gemacht, dann ist der Diffusionskoeffizient der Tabelle *nicht* auf 1 atm umgerechnet. Die Temperaturabhängigkeit des Diffusionskoeffizienten bei Gasen läßt sich durch einen Ausdruck $D = D_0 (T/T_0)^n$ mit einem geeigneten Exponenten $n (\approx 1{,}5 - 2)$ beschreiben. Diese Gesetzmäßigkeit läßt sich bei Inter- und Extrapolationen verwenden.

Messungen mit Isotopen bzw. radioaktiven Isotopen gestatten die Ermittlung von Selbstdiffusionskoeffizienten. Weil die Diffusion in Gasen wesentlich durch die relative Molekulargeschwindigkeit bestimmt wird und die Molekulargeschwindigkeit des Isotops sich ein wenig von der des primären Gases unterscheidet, wird die im Isotopengemisch ermittelte Diffusion vielfach durch Multiplikation mit $\sqrt{2M_{\text{iso}}/(M + M_{\text{iso}})}$ auf die wahre Selbstdiffusion umgerechnet; es bedeutet hier M_{iso} die relative Molmasse des Isotops und *M* die des normalen Moleküls.

Die folgenden Tabellen enthalten in der ersten Spalte das Diffusions-Gaspaar, bei Angabe von Selbstdiffusion nur das eine Gas. Es folgen dann in der zweiten Spalte die Temperatur (bzw. der Druck) und der Diffusionskoeffizient jeweils ihrer Zugehörigkeit entsprechend untereinander bzw. nebeneinander.

Aus den Diffusionskoeffizienten der Gase läßt sich die Größe des Molekülquerschnitts bzw. des Moleküldurchmessers entnehmen (s. Bd. III).

Anordnung:

7231. Selbstdiffusion

7232. Diffusion in Luft

7233. Diffusion weiterer Gase ineinander

Abkürzungen:

D Diffusionskoeffizient

D_T Diffusionskoeffizient bei Temperatur T

p Druck

T Temperatur in °K

ϑ Temperatur in °C

7231. Selbstdiffusion

72311. Elemente

72311. Elemente

	Temperatur T in °K oder ϑ in °C; D Diffusionskoeffizient in cm^2s^{-1}						
Ar	ϑ	−1950	−183,0	−78,5°	0,0	22,0	80,0 °C
	D	0,0134	0,0180	0,083	0,156	0,178	0,249 cm^2s^{-1}
	p	68	88,8	117,7	194,0	291,0 atm	
	$D_{49,9°C}$	0,00272	0,00194	0,00161	0,00095	0,00066 cm^2s^{-1}	
H in H_2	T	349	372	422	498	666° K	
	D	2,26	2,92	3,08	3,75	5,42 cm^2s^{-1}	
H_2	T	65,1	76,6	192	296° K		
	D_{H_2}	0,1006	0,134	0,673	1,647 cm^2s^{-1}		
$^2H_2$	$D_{^2H_2}$	0,0871	0,116	0,583	1,27 cm^2s^{-1}		
^4He	ϑ	0	20	30	45° C		
	D	1,403	1,582	1,617	1,811 cm^2s^{-1}		
Kr	p	3,65	15,48	67,41	110,1	187,9 atm	
	$D_{35°C}$	0,0276	0,00671	0,00139	0,000815	0,000418 cm^2s^{-1}	
	T	199	273	373	474° K		
	D	0,045	0,0795	0,140	0,214 cm^2s^{-1}		
N_2	ϑ	−195,5	−78,5	0,0	25	80° C	
	D	0,0168	0,104	0,185	0,212	0,287 cm^2s^{-1}	
Ne	ϑ	0	20	30	40° C		
	D	0,452	0,504	0,504	0,579 cm^2s^{-1}		
O_2	ϑ	−195,5	−78,5	0,0	25	80° C	
	D	0,0153	0,104	0,187	0,232	0,301 cm^2s^{-1}	
Xe	T	194,4	273,2	324,5	378,0° K		
	D	0,0257	0,0480	0,0684	0,090 cm^2s^{-1}		

72312. Anorganische Verbindungen

BF_3	ϑ 25° C	D 0,080 cm^2s^{-1}	ϑ 43° C	D 0,087 cm^2s^{-1}		
HBr—²HBr	ϑ 22,1° C	D 0,0792 cm^2s^{-1}				
CO	T	194,7	273,2	319,6	373,0° K	
	D	0,1095	0,1904	0,2473	0,323 cm^2s^{-1}	
CO_2	ϑ	−78,5	0,0	25	80° C	
	D	0,050	0,0974	0,113	0,153 cm^2s^{-1}	
	ϑ	24,9	24,9	25,2	25,1	25,0 °C
	p	9,5	16,7	34,3	47,6	61,2 atm
	D	0,0110	0,00577	0,00271	0,00131	0,00106 cm^2s^{-1}
	p	103	402	752	1023 atm	
	$D_{25°C}$	9,34	4,34	3,18	2,53 10^{-5} cm^2s^{-1}	
HCl—²HCl	ϑ 21,8° C	D 0,1246 cm^2s^{-1}				

72313. Organische Verbindungen

CH_4	ϑ	−183,0	−78,5	0,0	25	80° C
	D	0,0266	0,0992	0,206	0,240	0,318 cm^2s^{-1}
$C_4H_{10}O$						
Butanol-(1)	ϑ 25° C	D 0,81 cm^2s^{-1}				
Butanol-(2)	ϑ 25° C	D 0,76 cm^2s^{-1}				
2 Methyl-propanol-(1)	ϑ 25° C	D 0,80 cm^2s^{-1}				
2 Methyl-propanol-(2)	ϑ 25° C	D 0,73 cm^2s^{-1}				

7232. Diffusion von Gasen in Luft

Diffundierendes Gas	Temperatur T in °K oder ϑ in °C Diffusionskoeffizient D in cm^2s^{-1}						
			Elemente				
H_2	ϑ 27,9° C	D 0,070 cm^2s^{-1}					
$^2H_2$	ϑ 27,7° C	D 0,565 cm^2s^{-1}					
He	ϑ 3	44	73° C				
	D 0,624	0,765	0,902 cm^2s^{-1}				
Hg	ϑ 140° C	D 0,18 cm^2s^{-1};	ϑ 200° C D 0,32 cm^2s^{-1}				
J_2	ϑ 14,0	20,0	25,0	30° C			
	D 0,077	0,081	0,084	0,085 cm^2s^{-1}			
			Anorganische Verbindungen				
HCN	ϑ 0° C	D 0,173 cm^2s^{-1}					
CNCl	ϑ 0° C	D 0,111 cm^2s^{-1}					
$COCl_2$	ϑ 0° C	D 0,173					
CO_2	ϑ 0° C	D 0,1420 cm^2s^{-1}	ϑ 40° C D 0,1772 cm^2s^{-1}				
CS_2	ϑ 0	19,9	32,8° C				
	D 0,088	0,101	0,112 cm^2s^{-1}				
NH_3	ϑ 0° C	D 202 cm^2s^{-1}	ϑ 22° C 0,247 cm^2s^{-1}				
H_2O	ϑ 0	15,6	49,4	92,3	120	175	236° C
	D 0,219	0,240	0,283	0,335	0,429	0,547	0,680 cm^2s^{-1}
^2H_2O	ϑ 24,8	40,0	45	60 °C			
	0,247	0,277	0,288	0,314 cm^2s^{-1}			
H_2O_2	ϑ 60° C	D 0,188 cm^2s^{-1}					

Organische Verbindungen

Diffundierendes Gas	Name	Temperatur ϑ in °C, Diffusionskoeffizient D in cm^2s^{-1}
CCl_4	Tetrachlorkohlenstoff	ϑ 0° C, D 0,1236 cm^2s^{-1}; 20° C, D 0,1424 cm^2s^{-1}
$CHCl_3$	Chloroform	ϑ 0° C, D 0,091 cm^2s^{-1}
CH_2O_2	Ameisensäure	ϑ 0° C, D 0,131 cm^2s^{-1}, ϑ 65,4° C, D 0,203 cm^2s^{-1}
CH_4	Methan	ϑ 15,8° C, D 0,216 cm^2s^{-1}; ϑ 21,6° C, D 0,230 cm^2s^{-1}
CH_4O	Methanol	ϑ 0° C, D 0,132 cm^2s^{-1}; ϑ 49,6° C, D 0,181 cm^2s^{-1}
$C_2H_4O_2$	Essigsäure	ϑ 0° C, D 0,106 cm^2s^{-1}; ϑ 62,5° C, D 0,164 cm^2s^{-1}; ϑ 99° C, D 0,199 cm^2s^{-1}
C_2H_6O	Äthanol	ϑ 25° C, D 0,135 cm^2s^{-1}; ϑ 42° C, D 0,145 cm^2s^{-1}; ϑ 67° C, D 0,153 cm^2s^{-1}
$C_3H_6O_2$	Propionsäure	ϑ 0° C, D 0,0838 cm^2s^{-1}; ϑ 50,8° C, D 0,117 cm^2s^{-1}
	Essigsäuremethylester	ϑ 0° C, D 0,084 cm^2s^{-1}; ϑ 50,8° C, D 0,118 cm^2s^{-1}
	Ameisensäureäthylester	ϑ 0° C, D 0,084 cm^2s^{-1}, ϑ 50,0° C, D 0,118 cm^2s^{-1}
C_3H_7Br	Propanbromid	ϑ 21° C, D 0,101 cm^2s^{-1}; ϑ 62,5° C, D 0,127 cm^2s^{-1}
C_3H_7J	Propanjodid	ϑ 31° C, D 0,049 cm^2s^{-1}; ϑ 74,1° C, D 0,130 cm^2s^{-1}
C_3H_8O	Propanol-(1)	ϑ 0° C, D 0,080 cm^2s^{-1}; ϑ 66,9° C, D 0,1237 cm^2s^{-1}
$C_4H_8O_2$	Ameisensäurepropylester	ϑ 0° C, D 0,071 cm^2s^{-1}; ϑ 46,1° C, D 0,101 cm^2s^{-1}
	Buttersäure	ϑ 0° C, D 0,068 cm^2s^{-1}; ϑ 18,6° C, D 0,126 cm^2s^{-1}
	2-Methyl-propionsäure	ϑ 0° C, D 0,070 cm^2s^{-1}; ϑ 98,1° C, D 0,130 cm^2s^{-1}
	Essigsäureäthylester	ϑ 0° C, D 0,071 cm^2s^{-1}; ϑ 46,1° C, D 0,097 cm^2s^{-1}
	Propionsäuremethylester	ϑ 0° C, D 0,074 cm^2s^{-1}; ϑ 46,2° C, D 0,103 cm^2s^{-1}
$C_4H_{10}O$	Butanol-(1)	ϑ 0° C, D 0,068 cm^2s^{-1}; ϑ 99,1° C, D 0,126 cm^2s^{-1}
	Butanol-(2)	ϑ 25° C, D 0,089 cm^2s^{-1}; ϑ 59° C, D 1,08 cm^2s^{-1}
	2-Methyl-propanol-(1)	ϑ 0° C, D 0,069 cm^2s^{-1}; ϑ 83,1° C, D 0,118 cm^2s^{-1}
	2-Methyl-propanol-(2)	ϑ 21,2° C, D 0,102 cm^2s^{-1}; ϑ 67.3° C, D 0,133 cm^2s^{-1}
	Diäthyläther	ϑ 10° C, D 0,093 cm^2s^{-1}; ϑ 30,2° C, D 1,06 cm^2s^{-1}
$C_4H_{11}N$	Butylamin	ϑ 63° C, D 0,126 cm^2s^{-1}
$C_5H_{10}O_2$	Valeriansäure	ϑ 82° C, D 0,087 cm^2s^{-1}; ϑ 99,8° C, D 0,096 cm^2s^{-1}
	2-Methyl-valeriansäure	ϑ 70,8° C, D 0,087 cm^2s^{-1}; ϑ 99,8° C, D 0,102 cm^2s^{-1}
$C_5H_{12}O$	Pentanol-(1)	ϑ 0° C, D 0,059 cm^2s^{-1}; ϑ 99,1° C, D 0,109 cm^2s^{-1}
C_6H_5Cl	Chlorbenzol	ϑ 42° C, D 0,094 cm^2s^{-1}; ϑ 67° C, D 0,100 cm^2s^{-1}
$C_6H_5NO_2$	Nitrobenzol	ϑ 25° C, D 0,085 cm^2s^{-1}
C_6H_6	Benzol	ϑ 26,9° C, D 0,102 cm^2s^{-1}; ϑ 67° C, D 0,124 cm^2s^{-1}
C_6H_{12}	Hexen	ϑ 20° C, D 0,079 cm^2s^{-1}; ϑ 30° C, D 0,083 cm^2s^{-1}
	Cyclohexan	ϑ 45° C, D 0,086 cm^2s^{-1}
C_6H_{14}	Hexan	ϑ 25° C, D 0,080 cm^2s^{-1}; ϑ 50,2° C, D 0,090 cm^2s^{-1}
$C_6H_{14}O$	Hexanol-(1)	ϑ 0° C, D 0,050 cm^2s^{-1}; ϑ 99° C, D 0,093 cm^2s^{-1}
C_7H_8	Toluol	ϑ 25° C, D 0,086 cm^2s^{-1}; ϑ 59° C, D 0,104 cm^2s^{-1}
C_8H_{10}		ϑ 50 75 99,8° C
	ortho-Xylol	0,085 0,099 0,113 cm^2s^{-1}
	meta-Xylol	D 0,080 0,094 0,108 cm^2s^{-1}
	para-Xylol	D 0,067 0,092 0,106 cm^2s^{-1}
C_8H_{16}	Octen	ϑ 40° C, D 0,079 cm^2s^{-1}; ϑ 97° C, D 0,093 cm^2s^{-1}
C_8H_{18}	Octan	ϑ 0° C, D 0,054 cm^2s^{-1}; ϑ 25° C, D 0,060 cm^2s^{-1}
C_9H_{12}	Mesitylen	ϑ 60,5° C, D 0,085 cm^2s^{-1}; ϑ 99,8° C, D 0,106 cm^2s^{-1}
$C_{10}H_8$	Naphthalin	ϑ 25° C, D 0,061 cm^2s^{-1}
$C_{10}H_{22}$	Decan	ϑ 39,9° C, D 0,61 cm^2s^{-1}; ϑ 86,4° C, D 0,078 cm^2s^{-1}

7233. Diffusion weiterer Gase ineinander

1. Gas	2. Gas	Temperatur T in °K oder in °C und Diffusionskoeffizient D in cm^2s^{-1}				
Ar	H_2	T 29,10	313,0	344,8	373,0	473,0° K
		D 0,764	0,874	1,05	1,26	1,96 cm^2s^{-1}
	He	ϑ 20	59	82	99	109° C
		D 0,72	0,89	1,02	1,125	1,15 cm^2s^{-1}
	Kr	T 199,5	273	353	373	473° K
		D 0,072	0,126	0,197	0,216	0,327 cm^2s^{-1}
	N_2	T 244,2	274,6	303,5	347,7° K	
		D 0,135	0,169	0,200	0,243 cm^2s^{-1}	
	Ne	ϑ 0,0	15	30	45° C	
		D 0,276	0,300	0,327	0,357 cm^2s^{-1}	

1. Gas	2. Gas	Temperatur *T* in °K oder in °C und Diffusionskoeffizient *D* in cm^2s^{-1}				
	O_2	*T* 243	274,7	304,5	334,0° K	
		0,135	0,168	0,202	0,239	
	Xe	*T* 194,7	273,2	329,9	378,0° K	
		D 0,051	0,094	0,137	0,176 cm^2s^{-1}	
	CO	ϑ 22,6° C	*D* 0,188 cm^2s^{-1}			
	CO_2	*T* 288,6	328,0	373,0	410,0	473,0° K
		D 0,135	0,185	0,235	0,280	0,365 cm^2s^{-1}
	NH_3	ϑ 22° C	*D* 0,232 cm^2s^{-1}			
H_2	He	ϑ 15° C	*D* 1,24 cm^2s^{-1}			
	Hg	ϑ 50° C	*D* 0,54 cm^2s^{-1} $p_{Hg}=3,2$ Torr			
	Kr[1]	ϑ 22,4° C	*D* 0,687 cm^2s^{-1}			
	N_2	*T* 195	292	373	473	523° K
		D 0,406	0,834	1,259	1,862	2,192 cm^2s^{-1}
	Ne	*T* 242,2	274,2	303,2	341,2° K	
		D 0,792	0,974	1,150	1,405 cm^2s^{-1}	
	O_2	*T* 300	400	500° K		
		D 0,887	1,420	2,04 cm^2s^{-1}		
	CO	*T* 295,6	345,0	374,5	436,0	471,0° K
		D 0,743	0,979	1,14	1,49	1,68 cm^2s^{-1}
	CO_2	*T* 300	400		500	550 °K
		D 0,806	1,272		1,807	2,09 cm^2s^{-1}
	HCl	*T* 294	327	372	473	523° K
		D 0,795	0,954	1,187	1,798	2,10 cm^2s^{-1}
	NH_3[2]	ϑ 23,7° C	*D* 0,856 cm^2s^{-1}			
	NO_2	ϑ 0° C	*D* 0,535 cm^2s^{-1}			
	H_2O	ϑ 34,1	55,4	79,5° C		
		D 0,91	0,99	1,10 cm^2s^{-1}		
	CH_4	*T* 293	373	473	523° K	
		D 0,770	1,208	1,790	2,11 cm^2s^{-1}	
	CH_4O	ϑ 25,6° C	*D* 0,6015 cm^2s^{-1}			
	C_2H_4	*T* 195	272	373	473	1165° K
		D 0,236	0,418	0,741	1,131	5,19 cm^2s^{-1}
	C_2H_6	*T* 293	373	473	573° K	
		D 0,507	0,782	1,157	1,367 cm^2s^{-1}	
	CH_3CH_2OH	ϑ 0	40,4	63,6	°C	
		D 0,38	0,50	0,56 cm^2s^{-1}		
	n-C_3H_8	*T* 300	400	500	550° K	
		D 0,450	0,732	1,059	1,236 cm^2s^{-1}	
	C_6H_6	ϑ 0	19,9	45° C		
		D 0,294	0,341	0,399 cm^2s^{-1}		
He	Kr	ϑ 0	15	30	45° C	
		D 0,556	0,605	0,659	0,720 cm^2s^{-1}	
	N_2	ϑ 25	50	110	170	225° C
		D 0,687	0,766	1,077	1,289	1,650 cm^2s^{-1}
	Ne	ϑ 0	15	30	45° C	
		D 0,906	0,986	1,065	1,158 cm^2s^{-1}	
	O_2	ϑ 25	50	110	170	225° C
		D 0,729	0,809	1,120	1,420	1,683 cm^2s^{-1}
	Xe	*T* 273,2	315,0	354,2	394,0° K	
		D 0,473	0,572	0,721	0,882 cm^2s^{-1}	

[1] Kr in $^2H_2$ $\vartheta = 22,6°$, D = 0,488 cm^2s^{-1}.
[2] NH_3 in $^2H_2$ $\vartheta = 23,7°$ C, D = 0,630 cm^2s^{-1},

1. Gas	2. Gas	Temperatur T in °K oder in °C und Diffusionskoeffizient D in cm^2s^{-1}					
	CO	T	295,6	345,0	400,0	470,0° K	
		D	0,702	0,914	1,17	1,54 cm^2s^{-1}	
	CO_2	T	287,0	318,0	344,8	400	454,6° K
		D	0,592	0,684	0,782	1,02	1,28 cm^2s^{-1}
	NH_3	T	274,8	308,2	333,1° K		
		D	0,668	0,783	0,881 cm^2s^{-1}		
	H_2O	ϑ	34,0	55,3	79,3° C		
		D	0,902	1,011	1,121 cm^2s^{-1}		
	CH_4O	ϑ	150° C	D 1,032 cm^2s^{-1}			
	CH_3CH_2OH	ϑ	150° C	D 0,862 cm^2s^{-1}			
	C_6H_6	ϑ	150° C	D 0,610 cm^2s^{-1}			
N_2	Br_2	ϑ	13° C	D 0,105 cm^2s^{-1}			
	O_2	T	300	400	500	550° K	
		D	0,243	0,400	0,586	0,685 cm^2s^{-1}	
	CO	T	194,7	273,2	319,6	373,0° K	
		D	0,105	0,186	0,242	0,318 cm^2s^{-1}	
	CO_2	T	290,4	315,4	373,0	410,0	473,0° K
		D	0,135	0,184	0,258	0,307	0,386 cm^2s^{-1}
	NH_3	ϑ	20	100	200	250° C	
		D	0,241	0,407	0,612	0,741 cm^2s^{-1}	
	H_2O	ϑ	34,4	55,4	79,0° C		
		D	0,256	0,303	0,359 cm^2s^{-1}		
	SF_6	T	289,8	348,0	410,0	473° K	
		D	0,104	0,130	0,179	0,231 cm^2s^{-1}	
	CH_4	p	6,81	34,05	68,1	102,1	170,25 atm
		$D_{60°\,C}$	0,0364	0,0068	0,0033	0,0021	0,0012 cm^2s^{-1}
	C_2H_4	T	300	400	500	550° K	
		D	0,188	0,311	0,461	0,547 cm^2s^{-1}	
	C_2H_6	p	6,81	34,04	68,1	102,1	170,25 atm
		$D_{60°\,C}$	0,0208	0,0037	0,0017	0,00098	0,00052 cm^2s^{-1}
	C_6H_6	ϑ	38,7° C	D 0,1022 cm^2s^{-1}			
O_2	Br_2	ϑ	13°	D 0,118 cm^2s^{-1}			
	CO	T	300	400	500° K		
		D	0,245	0,401	0,585 cm^2s^{-1}		
	CO_2	ϑ	20° C	D 0,139 cm^2s^{-1}			
	NH_3	ϑ	20	100	200° C		
		D	0,253	0,410	0,652 cm^2s^{-1}		
	H_2O	T	308,1	352,4	500	700	1000° K
		D	0,282	0,352	0,68	1,20	2,39 cm^2s^{-1}
	C_2H_4	ϑ	20° C	D 0,182 cm^2s^{-1}			
	C_6H_6	ϑ	23° C	D 0,092 cm^2s^{-1}			
CO	CO_2	T	296,7	348,0	410,0	473,0° K	
		D	0,152	0,227	0,295	0,381 cm^2s^{-1}	
	NH_3	ϑ	22°	D 0,240 cm^2s^{-1}			
	SF_6	T	296,8	348,0	410,0	473,0° K	
		D	0,0887	0,125	0,174	0,222 cm^2s^{-1}	
CO_2	CS_2	ϑ	0	19,9	32,8° C		
		D	0,063	0,0726	0,0789 cm^2s^{-1}		
	N_2O	T	273,1	300	400	500° K	
		D	0,1073	0,1293	0,225	0,340 cm^2s^{-1}	
	H_2O	ϑ	0	49,5	92,4° C		
		D	0,132	0,181	0,238 cm^2s^{-1}		

1. Gas	2. Gas	Temperatur T in °K oder in °C und Diffusionskoeffizient D in cm^2s^{-1}			
	SF_6	T 298,8	328,0	373,0	472,0° K
		0,0647	0,0774	0,0980	0,151 cm^2s^{-1}
	SO_2	T 263	343	473° K	
		D 0,064	0,108	0,194 cm^2s^{-1}	
H_2O	SO_2	ϑ 24,8° C	D 0,124 cm^2s^{-1}		
	CCl_2F_2	ϑ 25° C	D 0,105 cm^2s^{-1}		
	CH_4	ϑ 24,8	40,0	50,0	60,0° C
		D 0,251	0,278	0,297	0,313 cm^2s^{-1}
	C_2H_4	ϑ 34,6	55,3	79,4° C	
		D 0,204	0,233	0,247 cm^2s^{-1}	
	C_2H_6	ϑ 24,8° C	D 0,177 cm^2s^{-1}		
	C_3H_8	ϑ 28,8° C	D 0,156 cm^2s^{-1}		

73. Wärmeleitfähigkeit

731. Wärmeleitfähigkeit λ von Flüssigkeiten[1]

7311. Wärmeleitfähigkeit λ von reinen Flüssigkeiten

73111. Elemente

Substanz	T	λ in 10^{-3} $Wm^{-1}grd^{-1}$ bei p in atm					
	°K	$p=25$	100	200	300	400	500
Argon Ar	91,1	121,3	126,5	133,0			
	105,4	104,0	110,9	118,7	125,8	131,9	137,4
	120,4	85,0	93,5	102,8	111,3	118,1	124,4
	135,8	62,7	76,0	87,2	96,4	103,8	110,7
	149,6	—	61,7	74,5	84,6	92,7	100,2

<table>
<tr><th>Substanz</th><th>λ in 10^{-3} $Wm^{-1}grd^{-1}$ in Abhängigkeit von Temperatur T und Druck p</th></tr>
<tr><td>Wasserstoff
H_2</td><td>$15° \leqq T \leqq 27°$ K: $71{,}2+2{,}333\ T$
für Normal- und Para-H_2 übereinstimmend</td></tr>
<tr><td>Deuterium
$^2H_2$</td><td>$19° \leqq T \leqq 26°$ K: $84{,}5+2{,}078\ T$
für Normal- und Ortho-$^2H_2$ übereinstimmend</td></tr>
<tr><td>Helium
He</td><td>^{4}He-I: $2{,}24 \leqq T \leqq 4{,}18°$ K: $9{,}6+4{,}2\ T$ (± 10 %)
^{4}He-II: unterhalb 2,18° K (λ-Punkt) anomales Verhalten
^{3}He (Isotop): 0,3° K: 7; 2,7° K: 19</td></tr>
<tr><td>Quecksilber
Hg</td><td><table><tr><td>ϑ °C</td><td>20</td><td>200</td></tr><tr><td>λ</td><td>8720</td><td>12200</td></tr></table></td></tr>
</table>

[1] Nach Landolt-Börnstein, Bd. II/5, Beitrag Riedel.

Substanz	T °K	λ in 10^{-3} Wm^{-1} grd^{-1} bei p in atm 25	100	200	300	400	500
Krypton Kr	125,5	87,9	91,2	95,2	98,8		
	150,3	71,2	75,8	81,1	85,7	89,9	93,6
	175,3	54,2	60,4	67,2	72,7	77,6	82,0
	200,3	41,2	46,2	54,4	60,9	66,3	71,0
	235,5	—	27,5	39,6	47,1	52,9	58,2

$65° \leqq T \leqq 90°$ K: $244,3 - 1,354\ T$

Substanz	T °K	λ in 10^{-3} Wm^{-1} grd^{-1} bei p in atm 33,5	67,0	100,5	134,0
Stickstoff N^2	85	126,0	128,9	131,8	135,4
	90	117,6	121,0	124,5	128,5
	100	100,4	105,9	110,3	115,1
	110	83,3	90,4	96,1	101,3
	120	66,1	75,1	82,2	87,9
	124	59,2	69,3	77,0	83,7

Substanz	T °K	λ in 10^{-3} $Wm^{-1}grd^{-1}$ bei p in atm 25	50	75	100	125
Sauerstoff O_2	80	164,5	166,2	167,8	169,5	171,2
	90	151,5	153,6	155,7	157,8	159,9
	100	138,5	141,0	143,6	146,1	148,6
	110	125,1	127,9	130,6	133,5	136,4
	120	110,9	114,3	117,4	120,6	123,9
	130	96,3	100,4	104,0	107,6	111,2
	140	—	85,8	90,0	94,2	98,4
	150	—	67,8	75,4	80,8	85,8
Ozon O_3	ϑ °C	−196	−183	−165	−128	
	λ	218	222	227	231	

Substanz	T °K	λ in 10^{-3} $Wm^{-1}grd^{-1}$ bei p in atm 25	100	200	300	400	500
Xenon Xe	170,3	68,9	72,0	74,8			
	190,4	62,0	64,9	68,3	71,5	74,2	76,8
	210,2	54,4	57,7	61,8	65,4	68,5	71,2
	235,0	44,7	49,0	54,1	57,7	61,2	64,5

73112. Anorganische Verbindungen

p_s = Sättigungsdruck

Flüssigkeit	Wärmeleitfähigkeit
BF_3	$\lambda = 203 \cdot 10^{-3}\ Wm^{-1}grd^{-1}$ ($-124° \leqq \vartheta \leqq 105°$ C)
B_5H_9	$\lambda = 147{,}5 \cdot 10^{-3}\ Wm^{-1}grd^{-1}$ ($18° \leqq \vartheta \leqq 40°$ C)

CO

ϑ	−195	−183	−170	−161 °C
λ	148,6	120,5	99,6	87,9 $10^{-3}\ Wm^{-1}grd^{-1}$

Flüssigkeit	ϑ °C	λ in $10^{-3}\ Wm^{-1}grd^{-1}$ bei p in at				
		p_s	50	60	70	90
CO_2	10	97,2	98,6	101,2	103,3	107,5
	15	92,5	—	94,7	96,8	100,9
	20	87,2	—	87,6	90,2	94,6
	25	81,4	—	—	83,0	88,2
	30	70,4	—	—	—	81,6

CS_2: $\lambda = 143{,}7 \cdot 10^{-3}\ Wm^{-1}grd^{-1}$ (12° C);
$\lambda = 149{,}6 \cdot 10^{-3}\ Wm^{-1}grd^{-1}$ (20° C)

Flüssigkeit	ϑ °C	λ in $10^{-3}\ Wm^{-1}grd^{-1}$ bei p in atm			
		p_s	100	200	300
NH_3	0	516	526	536	547
	20	480	492	505	520
	40	442	455	472	490
	60	395	412	436	459
	80	341	361	392	425
	100	279	300	343	386
	120	—	—	299	348

Flüssigkeit	ϑ °C	λ in $10^{-3}\ Wm^{-1}grd^{-1}$ bei p in atm			
		p_s	100	200	300
N_2O	4,4	101,2	108,4	117,4	125,6
	37,8	—	—	92,0	99,3
NO_2	4,4	140,0	143,4	146,8	—
	37,8	123,7	127,3	131,0	134,7
	71,1	96,9	101,0	105,2	109,6

HNO_3	weiße rauchende Salpetersäure $\lambda = (269 + 0{,}52\ \vartheta)\ 10^{-3}\ Wm^{-1}grd^{-1}$ ($40° \leqq \vartheta \leqq 50°$ C) HNO_3 mit 2% H_2O $\lambda = (265 + 0{,}22\ \vartheta)\ 10^{-3}\ Wm^{-1}grd^{-1}$ ($28° \leqq \vartheta \leqq 80°$ C)
SO_2	$\lambda = (211 - 0{,}63\ \vartheta)\ 10^{-3}\ Wm^{-1}grd^{-1}$ ($-13° \leqq \vartheta \leqq 25°$ C) bei $p = 525$ at
H_2SO_4	$\lambda = (308 + 1{,}08\ \vartheta)\ 10^{-3}\ Wm^{-1}grd^{-1}$ ($10 \leqq \vartheta \leqq 80°$ C)
$SiCl_4$	$\lambda = 138 \cdot 10^{-3}\ Wm^{-1}grd^{-1}$ (32° C)
UF_6	$\lambda \approx 160 \cdot 10^{-3}\ Wm^{-1}grd^{-1}$ (72° C)

73113. Organische Verbindungen

731131. Bei normalem Druck

Formel	Name	λ in 10^{-3} Wm^{-1}grd^{-1} ϑ in °C	ϑ in °C
CCl_2F_2	Dichlor-difluor-methan	$81{,}4-0{,}465\,\vartheta$	$-53\leqq\vartheta\leqq20°$
CCl_3F	Fluor-trichlor-methan	$100{,}9-0{,}29\,\vartheta$	$-58°\leqq\vartheta\leqq15°$
CCl_4	Tetrachlor-methan	$106{,}8-0{,}17\,\vartheta$	$15°\leqq\vartheta\leqq90°$
		115,1	−20°
$CHClF_2$	Chlor-difluor-methan	$95{,}3-0{,}42\,\vartheta$	$-75°\leqq\vartheta\leqq18°$
CH_2Cl_2	Dichlor-methan	$157{,}5-0{,}17\,\vartheta$	$-12\leqq\vartheta\leqq25°$
CH_2O_2	Ameisensäure	$275{,}0-0{,}08\,\vartheta$	$15°\leqq\vartheta\leqq90°$
CH_3Cl	Chlor-methan	$179-0{,}85\,\vartheta$	$-13°\leqq\vartheta\leqq25°$
CH_3Cl_3Si	Methyl-trichlor-silan	142	32°
CH_3NO_2	Nitromethan	$225{,}7-0{,}614\,\vartheta$	$43°\leqq\vartheta\leqq76°$
CH_4	Methan	unter Druck s. Tabelle 731132	
CH_4Cl_2Si	Methyl-dichlor-silan	121	32°
CH_4O	Methanol	ϑ: 0 | 100 | 160 | 200 | 220 °C $p=p_s$; λ: 218 | 178 | 156 | 127 | 111 10^{-3} Wm^{-1}grd^{-1}	
$C_2H_3ClF_2$	1,1-Difluor-1-chlor-äthan	94,2	20°
$C_2Cl_2F_4$	1,2-Dichlor-1,1,2,2-tetrafluor-äthan	$68{,}4-0{,}246\,\vartheta$	$-91°\leqq\vartheta\leqq-27°$
		$71{,}5-0{,}25\,\vartheta$	$-20\leqq\vartheta\leqq20°$
C_2H_4	Äthen	ϑ: −160 | −129 | −100 | −74 | −29 | 0 °C; λ: 253 | 222 | 184 | 155 | 126 | 80 10^{-3} Wm^{-1}grd^{-1}	
$C_2H_4Br_2$	1,2-Dibrom-äthan	$103{,}8-0{,}106\,\vartheta$	$15°\leqq\vartheta\leqq90°$
$C_2H_4Cl_2$	1,2-Dichlor-äthan	$140{,}2-0{,}25\,\vartheta$	$-20°\leqq\vartheta\leqq80°$
$C_2H_4O_2$	Essigsäure	$166{,}3-0{,}193\,\vartheta$	$15°\leqq\vartheta\leqq90°$
		158,61	20°
C_2H_5Br	Brom-äthan	101,2	20°
		101,8	30°
C_2H_5Cl	Chlor-äthan	123,9	5°
		106,7	25°
C_2H_5NO	Acetamid	262	80°
$C_2H_5NO_2$	Nitroäthan	$184{,}8-0{,}483\,\vartheta$	$42°\leqq\vartheta\leqq76°$
C_2H_6	Äthan	unter Druck s. Tabelle 731132	
C_2H_6O	Äthanol	ϑ: 0 | 100 | 160 | 200 | 230 °C $p=p_s$; λ: 190 | 159 | 146 | 128 | 95 10^{-3} Wm^{-1}grd^{-1}	
$C_2H_6O_2$	Äthandiol-(1,2) (Äthylenglykol)	$250+0{,}20\,\vartheta$	$20°\leqq\vartheta\leqq70°$
C_3H_6O	Aceton	$170{,}0-0{,}30\,\vartheta$	$20°\leqq\vartheta\leqq50°$
		163	100°
C_3H_7NO	Dimethyl-formamid	$190{,}4-0{,}35\,\vartheta$	$23°\leqq\vartheta\leqq92°$
C_3H_8	Propan	unter Druck s. Tabelle 731132	
C_3H_8O	Propanol-(1)	$156{,}9-0{,}21\,\vartheta$	$15°\leqq\vartheta\leqq70°$
C_3H_8O	Propanol-(2)	$142{,}5-0{,}18\,\vartheta$	$-50°\leqq\vartheta\leqq60°$
$C_3H_8O_3$	Propantriol-(1,2,3) (Glycerin)	$283+0{,}14\,\vartheta$	$0°\leqq\vartheta\leqq132°$
$C_4H_8O_2$	Äthansäure-äthylester Äthylacetat	$150-0{,}30\,\vartheta$	$0°\leqq\vartheta\leqq150°$

Formel	Name	λ in 10^{-3} Wm^{-1}grd^{-1} ϑ in °C	ϑ in °C
$C_4H_8O_2$	Buttersäure	153 − 0,17 ϑ	0° ≦ ϑ ≦ 168°
$C_4H_8O_2$	Dioxan-(1,4)	163,3 bzw. 154,0	20°
$C_4H_8O_2$	Isobuttersäure	142,3	12°
C_4H_{10}	Butan	116 − 0,44 ϑ (extrapoliert) unter Druck s. Tabelle 731132	−100° ≦ ϑ ≦ 0°
$C_4H_{10}O$	Butanol-(1)	156,5 − 0,18 ϑ	−60° ≦ ϑ ≦ 80°
$C_4H_{10}O$	Diäthyläther	138,5 − 0,42 ϑ	−80° ≦ ϑ ≦ 30°
$C_4H_{10}O$	2-Methyl-propanol-(1)	137,7 − 0,134 ϑ	15° ≦ ϑ ≦ 90°
		110	100°
$C_4H_{10}O$	2-Methyl-propanol-(2)	124,8 − 0,23 ϑ	34° ≦ ϑ ≦ 77°
$C_4H_{10}O_2$	Butandiol-(1,3)	193	19°
		224	69°
$C_4H_{10}O_2$	Butandiol-(1,4)	213	20°
		220	62°
$C_4H_{10}O_3$	Diäthylenglykol	207,3 + 0,062 ϑ	30° ≦ ϑ ≦ 90°
C_5H_5N	Pyridin	162,6 − 0,02 ϑ	24° ≦ ϑ ≦ 60°
$C_5H_6O_2$	Furfuryl-alkohol	179,7	30°
$C_5H_8O_2$	Acetyl-aceton	152,9	30°
$C_5H_{11}N$	Piperidin	180	22°
C_6H_5Br	Brombenzol	116,2 − 0,195 ϑ	−20° ≦ ϑ ≦ 80°
C_6H_5Cl	Chlorbenzol	132,8 − 0,20 ϑ	−40° ≦ ϑ ≦ 90°
C_6H_5J	Jodbenzol	104,3 − 0,13 ϑ	−20° ≦ ϑ ≦ 80°
$C_6H_5NO_2$	Nitrobenzol	154,5 − 0,16 ϑ	16° ≦ ϑ ≦ 150°
C_6H_6	Benzol	151,0 − 0,26 ϑ unter Druck s. Tabelle 731132	15° ≦ ϑ ≦ 71°
$C_6{}^2H_6$	Perdeutero-benzol	143,7 − 0,29 ϑ	23° ≦ ϑ ≦ 74°
C_6H_6O	Phenol	160,5	50°
C_6H_7N	Anilin	174,4 − 0,08 ϑ	15° ≦ ϑ ≦ 90°
C_7H_9N	2-Methyl-anilin	156,8	20°
		162,8	30°
C_7H_9N	3-Methyl-anilin	160,5	20°
C_7H_9N	4-Methyl-anilin	164,0	50°
C_7H_9N	N-Methyl-anilin	185	22°
C_7H_{14}	Methyl-cyclohexan	110,4 − 0,08 ϑ	30° ≦ ϑ ≦ 70°
C_8H_8O	Acetophenon	142,1	20° ≦ ϑ ≦ 30°
C_8H_{10}	Äthyl-benzol	133,0	20°
		117,5	80°
C_8H_{10}	o-Xylol	137,2 − 0,17 ϑ	16° ≦ ϑ ≦ 91°
		123,1	63°
C_8H_{10}	m-Xylol	132,5 − 0,075 ϑ unter Druck s. Tabelle 731132	30° ≦ ϑ ≦ 90°
C_8H_{10}	p-Xylol	137,7 − 0,08 ϑ	30° ≦ ϑ ≦ 90°
		133,4	20°
C_8H_{18}	Octan	135,0 − 0,26 ϑ unter Druck s. Tabelle 731132	30° ≦ ϑ ≦ 110°
C_8H_{18}	2,2,4-Trimethyl-pentan	104,2 − 0,18 ϑ	16° ≦ ϑ ≦ 90°
C_9H_7N	Chinolin	154,9 − 0,28 ϑ	15° ≦ ϑ ≦ 90°
C_9H_{12}	2-Phenyl-propan	128,7 − 0,197 ϑ	0° ≦ ϑ ≦ 100°

Formel	Name	λ in 10^{-3} Wm^{-1}grd^{-1} ϑ in °C	ϑ in °C
C_9H_{12}	1,3,5-Trimethyl-benzol (Mesitylen)	136,4 122,1	20° 80°
$C_{10}H_8$	Naphthalin	142,2 − 0,10 ϑ	100° ≦ ϑ ≦ 140°
C_6H_{10}	Cyclohexen	143,4 − 0,37 ϑ 134,1	37° ≦ ϑ ≦ 74° 20°
$C_6H_{10}O$	Cyclohexanon	157,0 − 0,41 ϑ	37° ≦ ϑ ≦ 76°
C_6H_{12}	Cyclohexan	125,9 − 0,255 ϑ	21° ≦ ϑ ≦ 72°
$C_6H_{12}O$	Cyclohexanol	136,4 137,8	20° 30°
C_6H_{14}	Hexan	130,7 − 0,25 ϑ unter Druck s. Tabelle 731132	16° ≦ ϑ ≦ 60°
$C_6H_{15}N$	Triäthyl-amin	125,0 − 0,27 ϑ	−80° ≦ ϑ ≦ 50°
C_7H_6O	Benzaldehyd	151,8	30°
C_7H_7Cl	Chlor-phenyl-methan (Benzylchlorid)	198,0	20°
C_7H_8	Methyl-benzol (Toluol)	140,3 − 0,286 ϑ	−15° ≦ ϑ ≦ 112°
C_7H_8O	Anisol (Methoxy-benzol)	144,8	30°
C_7H_8O	Benzyl-alkohol	159,7	20°
C_7H_8O	o-Kresol	153,5	30°
C_7H_8O	m-Kresol	149,5	20°
C_7H_8O	p-Kresol	144,4	20°
$C_{10}H_{12}$	1,2,3,4-Tetrahydro-naphthalin (Tetralin)	131,7 − 0,054 ϑ	20° ≦ ϑ ≦ 90°
$C_{10}H_{14}$	1-Methyl-4-isopropyl-benzol (p-Cymol)	123,5	20°
$C_{10}H_{14}$	1,2,4,5-Tetramethyl-benzol (Durol)	132,8 − 0,113 ϑ	80° ≦ ϑ ≦ 150°
$C_{12}H_{10}$	Diphenyl	148,3 − 0,145 ϑ	81° ≦ ϑ ≦ 308°
$C_{12}H_{10}O$	Diphenyläther	147,7 − 0,155 ϑ	57° ≦ ϑ ≦ 238°

731132. Bei höheren Drucken

		ϑ	λ in 10^{-3} Wm^{-1}grd^{-1} bei p in atm				
		°C	p_s	50	100	200	500
CH_4	Methan	−174,2 −122,9 −98,0	212 137 103	217 146 114	226 159 131	— 192 167	

		ϑ	λ in 10^{-3} Wm^{-1}grd^{-1} bei p in atm				
		°C	p_s	50	100	200	300
C_2H_6	Äthan	4,4	84,5	89,1	98,0	112,2	120,6

		ϑ	λ in 10^{-3} Wm^{-1}grd^{-1} bei p in atm				
		°C	p_s	100	150	200	250
C_3H_8	Propan	50,0 87,2	78 68	90 77	97 84	102 90	107 96

		ϑ °C	λ in 10^{-3} $Wm^{-1}grd^{-1}$ bei p in atm p_s	40	100	200	400
C_4H_{10}	Butan	75,3		97	102	110	122
		105,6		87	94	102	115
		140,8		82	89	97	111

		ϑ °C	λ in 10^{-3} $Wm^{-1}grd^{-1}$ bei p in atm p_s	20	100	200	500
C_6H_{14}	Hexan	20		130	134	139	151
		100		108	113	118	133
		200		80	91	99	116

		ϑ	20	100	200	260	280	288,5	°C
C_6H_6	Benzol	p	1	3	48	48	48	48	atm
		λ	139	127	108	81	64	49	10^{-3} $Wm^{-1}grd^{-1}$

		ϑ °C	λ in 10^{-3} $Wm^{-1}grd^{-1}$ bei p in atm p_s	20	100	200	500
C_8H_{18}	Octan	20		139	143	147	157
		100		120	124	129	141
		200		98	106	113	128

		ϑ	0	100	200	300	340	°C
C_8H_{10}	1,3-Dimethyl-benzol (m-Xylol)	p	1	1	38	38	38	atm
		λ	145	128	113	83	57	10^{-3} $Wm^{-1}grd^{-1}$

7312. Wärmeleitfähigkeit von wäßrigen Lösungen

73121. Anorganische Verbindungen

731211. Säuren

Gelöster Stoff	T °C	λ in 10^{-3} $Wm^{-1}grd^{-1}$ — Konzentration des gelösten Stoffes in Gew.% 0	10	20	30	40	60	80	90	98
HCl	29	610	570	522	470					
	30	618	566	512	457					
HNO_3	0	551	533	514	492	469	412	343	303	265
	20	599	573	546	518	489	421	340	297	260
	40	634	602	571	538	504	427	338	293	256
	60	659	627	593	557	520	432	336	289	251
	80	674	640	605	567	526	434	335	286	248
	100	682	646	609	572	532	436	334	283	243

Gelöster Stoff	T °C	λ in 10^{-3} $Wm^{-1}grd^{-1}$ Konzentration des gelösten Stoffes in Gew.%								
		0	10	20	30	40	60	80	90	98
H_3PO_4	29	610	588	565	541	518	474	453	445	—
H_2SO_4	0	551	527	503	479	458	414	368	339	317*
	20	599	572	546	520	494	442	384	350	326*
	40	634	605	576	548	520	463	402	362	333*
	60	659	630	601	572	542	483	420	373	339*
	80	674	648	622	592	560	498	432	385	346*
	100	682	659	635	607	574	508	442	397	352*

* bei 96 Gew.%

731212. Basen und Salzlösungen

Gelöster Stoff	°C	λ in 10^{-3} $Wm^{-1}grd^{-1}$ Konzentration des gelösten Stoffes in Gew.%									
		0	5	10	15	20	25	30	35	40	45
$AgNO_3$	29	610	605	599	592	585	578	569	560	549	537
$AlCl_3$	25	608	592	574	555	534	512	489			
$Al_2(SO_4)_3$	29	610	602	593	581	567	550				
$BaBr_2$	20	599	590	581	572	563	553	542	531	518	
$BaCl_2$	20	599	594	589	583	576					
$Ba(OH)_2$	29	610									
$BeSO_4$	25	608	597	585	572	558	544				
$CaBr_2$	20	599	590	579	567	555	542	528	511		
$CaCl_2$	−30						497	491			
	−20						512	505	498		
	1,5	563	561	558	553	547	540	533	526		
	20	596	590	584	578	572	565	558	551	544	
$Co(NO_3)_2$	29	610	601	592	582	572	562	551	541	531	
H_2CrO_4	29	610	599	588	577	565	552	539	526	511	
$Na_2Cr_2O_7$	20	599	596	593	590	586	582	577	573	568	
$CuSO_4$*	32	616									
$K_4Fe(CN)_6$	29	610	602	594	588						
KBr	20	599	588	576	563	549	534	519	503		
KCl	1,5	563	557	550	542	532					
	20	599	589	578	568	558	547				
K_2CO_3	20	599	597	593	588	581	572	563	552	539	
KF	20	599	595	589	581	572					
KOH	1,5	563	573	574	572	568	562	555	547	539	
	20	597	602	604	603	599	592	584	575	565	
	50	640	644	645	643	638	632	624	616	605	
	80	669	674	675	673	668	661	653	643	633	
KJ	20	599	587	575	562	547	531	514	495	477	
KNO_2	29	610	603	595	587	578	569	560	550	539	
KNO_3	20	599	592	585	577	567					
K_2SO_4	20	599	595	591							
LiBr	20	599	585	571	556	540	523	507	490	474	
LiCl	20	599	587	576	565	555	546	537			
LiJ	20	599	584	568	552	535	518	502	486	469	
LiOH	29	610	636								

* Bei 18 Gew.% 586.

Gelöster Stoff	°C	λ in 10^{-3} $Wm^{-1}grd^{-1}$									
		Konzentration des gelösten Stoffes in Gew. %									
		0	5	10	15	20	25	30	35	40	45
Li_2SO_4	20	599	597	595	592	588					
$MgBr_2$	20	599	585	570	555	537	517	498	478	458	439
$MgCl_2$	−20					480	470				
	1,5	563	554	544	531	516	501	486			
	20	599	588	576	563	548	531	514			
$MgSO_4$	20	599	595	591	587	582					
NaBr	20	599	590	581	571	559	547	534	520		
$NaBrO_3$	20	599	594	588	583	577	572				
Na_2CO_3	20	599	603	608							
NaCl	1,5	563	559	556	552	549	545				
	20	599	595	590	585	579	572				
	25	608	605	600	594	588	582				
	30	618	611	604	597	590	583				
$NaClO_3$	20	599	592	584	576	568	559	549	539	529	
$NaClO_4$	20	599	591	583	575	567	558	547	535		
NaF	20	599	601								
NaOH	1,5	563	585	599	606	612	618	624			
	20	599	616	629	636	640	642	643	644	644	
	50	640	656	667	676	683	686	687	687	687	
	80	669	690	703	713	719	720	721	721	721	
NaJ	20	599	589	578	567	554	541	526	510	493	
$NaNO_2$	20	599	596	592	588	584	579	573	566	558	
$NaNO_3$	20	599	596	592	587	581	574	567	560		
Na_3PO_4	20	599	606	613							
Na_2SO_3	20	599	599	598	597	593					
Na_2SO_4	20	599	600	600	601						
$Na_2S_2O_3$	20	599	596	593	589	584	577	568	557	544	
$ZnCl_2$	32	616				564[1]			516		
$ZnSO_4$	30	618	611	604	598	592	584	575			

[1] Bei 17,5%.

73122. Organische Verbindungen

Gelöster Stoff	ϑ °C	λ in 10^{-3} $Wm^{-1}grd^{-1}$						
		Konzentration des gelösten Stoffes in Gew.%						
		0	20	40	60	80	90	100
CH_4O Methanol	−70	—	—	—	299	261	—	232
	−30	—	—	362	303	252	—	217
	20	599	484	385	308	244	—	202
	50	641	513	401	314	242	—	192
CH_4NO_2 Harnstoff	25	608	594	581	567	553	—	540
$C_2H_4O_2$ Essigsäure	11	624	518	415	326	249	—	180
C_2H_6O Äthanol	−70	—	—	—	—	227	—	197
	−30	—	—	340	274	221	—	183
	20	599	466	361	277	213	—	167
	60	652	504	377	284	209	—	157

Gelöster Stoff	ϑ °C	λ in 10^{-3} $Wm^{-1}grd^{-1}$ Konzentration des gelösten Stoffes in Gew.% 0	20	40	60	80	90	100
$C_2H_6O_2$ Äthylenglykol	−50	—	—	—	322	284	—	—
	−20	—	—	394	338	290	—	—
	20	599	511	422	358	297	—	262*
	80	670	566	469	387	311	—	270*
C_3H_6O Aceton	−20	—	—	—	262	212	—	178
	20	599	463	351	264	202	—	160
	40	628	480	358	266	195	—	152
C_3H_8O Propanol	−20	—	—	—	—	201	—	163
	20	599	463	351	261	194	—	155
	60	652	497	364	275	191	—	150
$C_3H_8O_3$ Glycerin	−20	—	—	—	365	319	—	—
	10	583	506	440	381	326	297	—
	20	599	523	453	388	328	302	—
	50	641	566	492	416	342	305	—
	80	670	585	501	423	350	319	—

* bei 97,5 Gew.%.

	ϑ °C	Gew.% 0	10	20	30	40	50	60
$C_6H_{12}O_6$ bzw. $C_{12}H_{22}O_{11}$ Glucose oder Saccharose	1,5	565	540	509	478	448	419	391
	20	599	569	537	505	471	439	409
	50	641	604	573	538	502	466	429
	80	672	640	602	565	529	490	449
	25	608	583	559	532	506	479	452

CH_4, C_2H_4, C_2H_6, C_3H_8

ϑ °C	λ in μW/(cm grd) bei p in bar 1	10	20	50	100	200	300	400
				CH_4 Methan				
−75	215	226	234	392	844	1090	1220	1360
−25	274	276	283	333	439	772	912	1020
0	303	306	313	356	440	693	818	901
25	337	339	346	383	455	653	750	811
50	371	374	382	411	472	628	718	780
100	442	454	460	472	511	612	701	749
200	605	634	640	652	664	702	737	776
				C_2H_4 Äthen				
50	240	244	257	307	—	—		
67,2	261	265	278	309	474	790		
75	272	276	288	311	—	—		
100	310	312	321	—	—	—		
150	370	377	389	—	—	—		

ϑ °C	λ in µW/(cmgrd) bei p in bar 1	10	20	50	100	200	300	400
				C_2H_6 Äthan				
50	245	254	264	359	690	867	965	
75	281	286	296	346	563	772	886	
100	316	318	328	362	497	694	819	
150	385	388	394	414	471	630	746	
				C_3H_8 Propan				
50	210	232	—	—	—	—	—	
75	241	251	271	—	—	—	—	
100	272	279	294	647	718	834	941	
150	340	347	355	378	620	770	868	

732. Wärmeleitfähigkeit von Gasen

7321. Temperaturabhängigkeit der Wärmeleitfähigkeit

73211. Elemente und anorganische Verbindungen

732111. Temperaturen zwischen 0 und 200° C, $p \approx 1$ bar (Kursivdruck zeigt an, daß $p < 1$ bar).

Formel	λ in µW/(cmgrd) bei ϑ in °C 0	25	50	100	150	200
Ar	164	177	189	213	235	255
BCl_3	*101*	*110*	*124*	80°C *139*	—	—
BF_3	*173*	*191*	*204*	80°C *222*	—	—
Br_2	*43,3*	*46,7*	*50,4*	*57,8*	*65,6*	*73,8*
HBr	*79,2*	*87,0*	*94,8*	*111*	*126*	*142*
HCN	*110*	*122*	*135*	*163*	*194*	*230*
CO	231	249	267	304	335	368
CO_2	145	164	184	223	262	302
Cl_2	*79,9*	*88,4*	*96,8*	*114*	*131*	*149*
HCl	*127*	*139*	*151*	*176*	*201*	*225*
F_2	*243*	*264*	*286*	*327*	*368*	*406*
H_2	1710	1810	1910	2110	2300	2490
H_2O	—	—	*(199)*	246	296	332
$^2H_2O(D_2O)$	—	—	—	*243*	286	335
He	1430	1500	1580	1740	1900	2050
Kr	87,8	95,1	102	116	129	142
Luft	241	260	276	314	354	385
N_2	240	259	277	308	338	367
NH_3	216	242	270	332	400	472
NO	239	257	275	310	346	380
N_2O	153	173	193	236	280	322
Ne	461	489	516	571	626	675
O_2	245	264	283	318	353	386
Rn[1]	21,4	23,8	26,0	30,1	34,1	37,7
SO_2	86,2	99,4	113	138	165	191
Xe	51,0	55,5	60,0	69,0	77,7	81,5

[1] Berechnete Werte.

732112. Anorganische Gase

Temperatur von 80...1400° K, $p \approx 1$ bar[1]

T	λ in µW/cmgrd						
°K	Ar	Br_2	HBr	CO	CO_2	Cl_2	HCl
80	—	—	—	*69,2*	—	—	
100	65,8	—	—	87,3	—	—	
150	96,4	—	—	132	—	—	
200	125	—	*56,4*	174	95	*55,3*	*91,7*
250	152	—	*71,9*	214	128	*72,2*	*116*
273	164	*43,3*	*79,2*	231	145	*79,9*	*127*
400	224	*61,8*	*119*	320	244	*124*	*189*
500	266	*78,2*	*150*	385	322	*158*	*238*
600	305	*95,7*	*182*	446	397	*192*	
700	341	*114*	—	505	469		
800	373	—	—	560	539		
900	402	—	—	613	607		
1000	429	—	—	661	671		
1100	455	—	—	719	731		
1200	479	—	—	—	788		
1400	524	—	—	—	—		

T	λ in µW/cmgrd							
°K	F_2	H_2	$^2H_2$	He	Hg	Kr	N_2	Luft
80	—	550	480	637	—	—	76,7	*73,5*
100	*90,5*	674	(587)	735	—	—	95,4	92,0
150	*135*	985	(826)	950	—	50,5	146	139
200	*179*	1280	(1040)	1150	—	66,1	190	182
250	*223*	1570	(1230)	1340	—	81,0	226	221
273	*245*	1710	(1310)	1430	*45,4*	87,8	240	241
400	*349*	2220	—	1820	*62,7*	125	325	336
500	*426*	2590	—	2140	*80,2*	148	382	402
600	*495*	2950	—	2460	*91,5*	172	436	460
700	—	3310	—	2790	*113*	195	487	516
800	—	3660	—	3110	—	217	534	570
900	—	3990	—	—	—	236	580	624
1000	—	4300	—	—	—	254	621	672
1100	—	4640	—	—	—	278	660	724
1200	—	4960	—	—	—	289	696	768
1400	—	5580	—	—	—	321	760	830

[1] Kursivdruck zeigt an, daß $p < 1$ bar.

T °K	λ in μW/cmgrd							
	NH_3	N_2O	NO	Ne	O_2	H_2O	^2H_2O	Xe
80	—	—	—	*71,2*	—	—	—	—
100	—	—	—	90,3	—	—	222	—
150	—	—	135	138	—	—	302	—
200	—	97,6	173	183	—	—	372	38,4
250	194	134	219	225	—	—	434	47,1
273	216	153	239	245	—	—	461	51,0
400	368	260	330	337	266	266	602	73,8
500	509	348	398	404	364	367	702	91,1
600	659	437	466	469	469	480	801	108
700	815	526	—	533	570	616	891	124
800	—	614	—	596	673	—	996	138
900	—	(703)	—	656	776	—	—	—
1000	—	—	—	713	882	—	—	—
1100	—	—	—	769	994	—	—	—
1200	—	—	—	823	1102	—	—	—
1400	—	—	—	929	(1320)	—	—	—

73212. Organische Gase

0...200° C, $p \approx 1$ bar

Kursivdruck zeigt an, daß $p < 1$ bar

Formel	Substanz	λ in μW/(cmgrd) bei ϑ in °C					
		0	25	50	100	150	200
$CBrF_3$	Bromtrifluormethan	82	93	105	130	153	—
CBr_2F_2	Dibromdifluormethan	*55*	63	72	88	105	—
CBr_3F	Tribromfluormethan	—	—	52	63	75	—
$CClF_3$	Chlortrifluormethan	—	—	—	178	205	235
CCl_2F_2	Dichlordifluormethan	—	99	111	135	160	—
CCl_3F	Trichlorfluormethan	—	88	100	123	—	—
CCl_4	Tetrachlormethan	*60*	*67*	*75*	90	105	—
$CHClF_2$	Chlordifluormethan	—	115	127	153	—	—)
$CHCl_2F$	Dichlorfluormethan	—	97	101	110	—	—
$CHCl_3$	Trichlormethan	*62*	*70*	*82*	101	123	(143)
CH_2Cl_2	Dichlormethan	*66*	*80*	93	118	143	169)
CH_3Br	Brommethan	*70*	80	91	114	136	(160
CH_3Cl	Chlormethan	91	107	124	157	195	(230
CH_3J	Jodmethan	*46*	*55*	63	82	(100)	—
CH_3NO_2	Nitromethan	—	—	—	*135*	167	—
CH_4	Methan	303	337	371	442	520	605
CH_4O	Methanol	*(136)*	*(164)*	*195*	236	276	—
$C_2Cl_2F_4$	1,2-Dichlor-1,1,2,2-tetrafluoräthan	—	105	119	146	175	—
$C_2Cl_3F_3$	1,1,2-Trichlor-1,2,2-trifluoräthan	—	*75*	90	120	—	—
C_2H_2	Äthin	186	215	246	303	—	—
C_2H_3N	Äthannitril	—	—	—	152	180	—
C_2H_4	Äthen	175	208	240	310	370	440
$C_2H_4Cl_2$	1,1-Dichloräthan	—	*91*	*107*	136	165	196
C_2H_4O	Acetaldehyd	*110*	124	140	179	—	—

Formel	Substanz	λ in μW/(cmgrd) bei ϑ in °C					
		0	25	50	100	150	200
C_2H_4O	Äthylenoxid	*93*	118	143	193	249	—
$C_2H_4O_2$	Essigsäure	—	*122*	*140*	*176*	—	—
C_2H_5Cl	Chloräthan	*92*	109	131	176	220	—
C_2H_6	Äthan	183	212	245	316	385	465
C_2H_6O	Äthanol	*130*	*154*	*180*	220	273	—
C_2H_7N	Dimethylamin	*106*	160	210	305	404	—
C_3H_6	Propen	140	170	200	—	—	—
C_3H_6	Cyclopropan	—	—	(175)	243	312	—
C_3H_6O	Aceton	*98*	*130*	*146*	176	227	—
$C_3H_6O_2$	Ameisensäureäthylester	*80*	*105*	*137*	187	230	—
$C_3H_6O_2$	Essigsäuremethylester	*101*	*119*	*137*	180	230	—
C_3H_7Cl	1-Chlorpropan	*97*	*115*	135	180	—	—
C_3H_7Cl	2-Chlorpropan	*103*	*122*	140	(186)	—	—
C_3H_8	Propan	151	180	210	272	340	425
C_3H_8O	Propanol-(1)	*119*	*136*	*156*	206	—	—
C_3H_8O	Propanol-(2)	—	*148*	*170*	218	—	—
C_3H_8O	Methyläthyläther	—	—	193	243	—	—
C_4H_6	Butadien-(1,3)	*122*	158	184	—	—	—
C_4H_8	Buten-(1)	123	160	185	—	—	—
C_4H_8	Buten-(2), cis	*116*	152	170	—	—	—
C_4H_8	Buten-(2), trans	*119*	153	176	—	—	—
C_4H_8	2-Methyl-propen-(1)	129	163	—	—	—	—
C_4H_8O	Butanon-(2)	*110*	*130*	*150*	—	—	—
$C_4H_8O_2$	Essigsäureäthylester	*69*	*101*	*125*	173	225	—
$C_4H_8O_2$	Dioxan-(1,4)	—	—	—	*170*	220	—
C_4H_9Cl	1-Chlorbutan	—	*119*	*136*	183	—	—
C_4H_9Cl	2-Chlorbutan	—	*111*	*135*	(187)	—	—
C_4H_{10}	Butan	135	163	185	245	310	—
$C_4H_{10}O$	Butanol-(1)	—	*(135)*	*150*	*197*	(250)	—
$C_4H_{10}O$	Butanol-(2)	—	*135*	*157*	200	—	—
$C_4H_{10}O$	Diäthyläther	*130*	*150*	172	221	276	335
$C_4H_{10}O$	Methylpropyläther	—	—	172	225	—	—
$C_4H_{11}N$	Diäthylamin	*108*	*136*	*163*	222	283	—
C_5H_6	3-Methyl-butin-(1)	*116*	*138*	162	—	—	—
C_5H_8	Pentadien-(1,3)	*116*	*136*	157	—	—	—
C_5H_8	2-Methyl-butadien-(1,3)	*112*	*148*	175	—	—	—
C_5H_{10}	Penten-(1)	*119*	*139*	159	—	—	—
C_5H_{12}	Pentan	*130*	*150*	173	228	294	—
C_5H_{12}	2-Methyl-butan	*124*	*145*	169	220	275	—
$C_5H_{12}O$	Pentanol-(1)	—	*135*	*148*	*190*	—	—
$C_5H_{12}O$	Pentanol-(2)	—	*140*	*159*	*200*	—	—
C_6H_6	Benzol	*89*	*107*	*125*	165	214	(260)
C_6H_{12}	Hexen-(1)	*104*	*124*	*145*	186	—	—
C_6H_{12}	Cyclohexan	*78*	*(105)*	*132*	185	243	—
C_6H_{14}	Hexan	*120*	*130*	*150*	202	260	—
$C_6H_{14}O$	Dipropyläther	—	—	*146*	194	—	—
$C_6H_{14}O$	Dipropyl-(2)-äther	—	—	*152*	204	—	—
$C_6H_{14}O$	Äthylbutyläther	—	—	*148*	198	—	—
$C_6H_{15}N$	Triäthylamin	*112*	*127*	*150*	194	253	—
C_7H_{16}	Heptan	—	—	66° C 153	176	—	—
$C_7H_{16}O$	Propylbutyläther	—	—	*136*	*178*	—	—
$C_8H_{18}O$	Dibutyläther	—	—	*125*	*167*	—	—

73213. Gasmischungen, Abweichung von der Linearität für $p \approx 1$ bar

Es ist angegeben $r = \frac{\lambda_M}{x_1\lambda_1 + x_2\lambda_2}$, λ_M Wärmeleitfähigkeit der Mischung, λi Wärmeleitfähigkeit der i-Komponente, x_i Molenbruch der i-Komponente

Mischung	ϑ °C	r für x_1 0,1	0,25	0,50	0,75	0,90
Ar—CH_3OH	78	1,01	1,02	1,04	10,4	1,02
Ar—$CH_3 \cdot CH_3$	1,8	1,00	0,99	0,99	0,98	0,99
	200,8	1,01	1,01	1,02	1,01	1,00
Ar—CH_4	2,8	0,98	0,97	0,96	0,96	0,98
	101,5	0,99	0,97	0,97	0,96	0,98
	688,4	1,00	1,00	1,00	1,00	1,00
Ar—C_6H_6	78	0,97	0,95	0,91	0,93	0,97
	125	0,99	0,97	0,95	0,96	0,98
Ar—H_2	0	0,78	0,67	0,67	0,77	0,89
	38	0,77	0,67	0,68	0,76	0,88
Ar—He	0	0,84	0,75	0,65	0,63	0,73
	29	0,88	0,75	0,65	0,62	0,71
	520	0,88	0,78	0,67	0,65	0,74
Ar—N_2	0	1,00	0,99	0,98	0,99	0,99
	38	0,98	0,97	0,98	0,99	1,00
Ar—Ne	18	0,96	0,93	0,90	0,91	0,93
	520	0,96	0,92	0,89	0,89	0,93
Ar—O_2	38	0,96	0,93	0,94	0,96	0,98
$CHCl_3$—$C_2H_5OC_2H_5$	59,3	1,00	1,00	1,00	1,00	1,00
	104,6	1,00	1,00	1,00	1,00	1,00
CH_4—$CH_3 \cdot CH_2 \cdot CH_3$	50	0,98	0,96	0,94	0,95	0,97
	100	0,99	0,98	0,97	0,98	0,99
	150	0,99	0,99	0,99	0,99	0,99
$CH_2{:}CH_2$—H_2	25	0,88	0,78	0,69	0,67	0,76
$CH_2{:}CH_2$—N_2	42	1,00	1,00	1,00	1,00	1,00
$CH_2{:}CH_2$—NH_3	25	1,02	1,04	1,05	1,09	1,02
$CH_3 \cdot CO \cdot CH_3$—C_6H_6	76,7	1,01	1,02	1,04	1,03	1,01
	125,1	1,00	1,02	1,03	1,03	1,01
C_6H_6—$CH_3 \cdot (CH_2)_4 \cdot CH_3$	87,6	1,00	1,00	1,00	1,00	1,00
	125	1,00	1,00	1,00	1,00	1,00
CO—CO_2	1	—	1,00	1,00	1,00	—
	101	—	1,00	1,00	1,00	—
	311	—	1,00	1,00	1,00	—
	502	—	1,02	1,03	1,02	—
CO—N_2	1	1,00	1,00	1,00	1,00	1,00
	101	1,00	1,00	1,00	1,00	1,00
	498	1,00	1,00	1,00	1,00	1,00

Mischung	ϑ °C	r für x_1 0,1	0,25	0,50	0,75	0,90
CO—Luft	18	1,00	1,00	1,00	1,00	1,00
CO_2—H_2	0	0,84	0,78	0,60	0,59	0,69
	25	0,87	0,77	0,63	0,60	0,71
CO_2—N_2	50	0,99	0,97	0,96	0,96	0,98
	250	1,00	1,01	1,01	1,01	1,00
CO_2—Luft	40	—	0,98	0,98	0,99	—
CO_2—O_2	97	0,99	0,97	0,96	0,97	0,99
H_2—$^2H_2$	0	0,99	0,98	0,97	0,98	0,99
H_2—He	0	0,98	0,96	0,96	0,97	0,98
	45	0,99	0,98	0,97	0,99	0,99
H_2—N_2	0	0,76	0,67	0,66	0,74	0,86
	25,3	0,81	0,72	0,75	0,83	0,91
	99,1	0,81	0,73	0,75	0,84	0,93
H_2—NH_3	25,3	0,86	0,77	0,79	0,85	0,94
	99,1	0,85	0,78	0,83	0,89	0,95
H_2—Ne	30	0,96	0,92	0,85	0,81	0,89
	45	0,95	0,91	0,85	0,83	0,91
H_2—O_2	22	0,81	0,71	0,77	0,87	0,94
	31			0,70	0,79	0,86
He—Kr	18	0,60	0,52	0,55	0,70	0,85
	520	0,64	0,56	0,58	0,70	0,85
He—Ne	18	0,93	0,89	0,91	0,94	0,98
	520	0,92	0,88	0,86	0,92	0,97
He—O_2	30	0,81	0,69	0,67	0,75	0,86
	45	0,81	0,69	0,66	0,76	0,86
Kr—N_2	30	0,96	0,93	0,88	0,87	0,92
	45	0,96	0,93	0,88	0,88	0,93
Kr—He	18	0,98	0,97	0,96	0,97	0,98
N_2—Ne	30	0,96	0,93	0,92	0,93	0,96
N_2—H_2O	65	1,04	1,07	1,09	1,08	1,04
	330	1,03	1,07	1,11	1,12	1,07
N_2—NH_3	25,3	1,02	1,04	1,06	1,06	1,03
	74,8	1,05	1,11	1,14	1,12	1,08
	351	—	1,02	1,03	1,03	—
Luft—H_2O	80	—	1,06	1,10	1,12	—
O_2—H_2O	227			1,07	1,08	
	527			1,09	1,09	

7322. Druckabhängigkeit der Wärmeleitfähigkeit

73221. Elemente und anorganische Verbindungen

Substanz	ϑ °C	λ in μW/(cmgrd) bei p in bar 1	10	20	50	100	200	500	1000	2000
Ar	−100	110	115	123	164	350	545			
	0	164	167	173	183	216	294	492		
	25	177	179	185	195	220	284	460	708	1080
	100	213	216	220	226	245	290	420		
	500	365	370	374	380	391	409	464		
CO_2	25	164	170	178	243					
	100	223	227	230	248	327	610			
	200	302	303	305	308	332	451			
H_2	25	1810	1810	1820	1820	1850	1900	1970		
	100	2110	2120	2120	2130	2140	2180	2230		
	300	2850	2870	2880	2910	2940	2980	3016		
He	25	1500	1520	1530	1550	1580	1610			
	100	1740	1750	1770	1790	1820	1850			
	300	2380	2400	2410	2440	2470	2490			
N_2	−100	167	173	180	222	342				
	0	240	247	254	272	302				
	25	259	265	271	287	316	409	643	930	1360
	100	308	312	317	328	350				
	500	521	(524)	(526)	(533)	542	561	621	726	
NO	25	257	264	273	298	341				
	100	310	317	324	347	384				
NH_3	25	242	306							
	75	301	333	367						
	100	332	355	378	497					
	200	472	482	494	529	599	1126			
NO_2	25	173	178	184						
	100	236	236	241	262	325	532	688		
Luft s. Tabelle 214509										
N_2O	25	173	178	184						
	50	193	196	203	252					
	100	236	236	241	262	325	532			
Ne	25	489	490	494	503	517	545	634	786	1080
	75	543	545	548	554	566	590	668	804	1070
O_2	−100	158	163	176	240	476				
	0	245	249	254	273	318				
	50	283	289	294	310	341				

H_2O und ^2H_2O s. Tabelle 22212

73222. *Organische Verbindungen* (CH_4, C_2H_4, C_2H_6, C_3H_8)

Substanz Formel	Name	ϑ °C	λ in μW/(cmgrd) bei p in bar 1	10	20	50	100	200	500
CH_4	Methan	−50	245	250	256	315	558	896	1270
		0	303	306	313	356	440	693	966
		25	337	339	346	383	455	653	875
		100	442	454	460	472	511	612	769
C_2H_4	Äthen	50	240	244	257	307			
		100	310	312	321				
C_2H_6	Äthan	50	245	254	264	359	690	867	965*
		100	316	318	328	362	497	694	819*
C_3H_8	Propan	50	210	232					
		100	272	279	294	647	718	834	941*

* bei 300 bar.

73223. *Weitere organische Verbindungen*

Substanz Formel	Name		ϑ in °C 0	25	50	100	150	200
CH_4O	Methanol	p [bar]	0,04	0,16	0,60	3,56	13,9	40,5
		λ [μW/cmgrd]	136	164	195	256	349	445
C_2H_6O	Äthanol	p [bar]	0,02	0,08	0,31	2,21	9,67	29,2
		λ [μW/cmgrd]	130	154	180	230	285	387
C_3H_6O	Aceton	p [bar]	0,09	0,30	0,82	3,67	11,5	28,1
		λ [μW/cmgrd]	98	130	146	184	244	390
C_3H_8O	Propanol-(1)	p [bar]	0,01	0,02	0,14	1,31	5,40	16,5
		λ [μW/cmgrd]	119	136	156	209	263	332
$C_4H_8O_2$	Essigsäure-äthylester	p [bar]	0,03	0,12	0,36	2,14	8,23	25,3
		λ [μW/cmgrd]	69	101	125	179	233	305
$C_4H_{10}O$	Diäthyläther	p [bar]	0,24	0,71	1,75	6,56	18,1	—
		λ [μW/cmgrd]	130	150	187	254	325	—
C_6H_6	Benzol	p [bar]	0,03	0,18	0,77	1,83	5,88	13,5
		λ [μW/cmgrd]	106	129	154	205	255	304

Substanz: Formel	Substanz: Name		ϑ in °C: 0	25	50	100	150	200
C_7H_8	Methylbenzol (Toluol)	p [bar]	0,01	0,04	0,12	0,75	2,79	7,83
		$\lambda\left[\frac{\mu W}{cm grd}\right]$	129	146	167	212	266	318
C_8H_{10}	1,3-Dimethyl-benzol	p [bar]	0,002	0,01	0,04	0,33	1,35	4,25
		$\lambda\left[\frac{\mu W}{cm grd}\right]$	133	144	164	180	202	224

74. Effekte in ungleich temperierten Systemen[1]

Abkürzungen

c_i Konzentration der Komponente i in Mol/l
m_i Molmasse der Komponente i
p Druck in atm
R_T Reduktionsfaktor
s Soret-Koeffizient s. S. 1476
T Temperatur in °K
x_i Molenbruch der Komponente i
α Thermodiffusionskoeffizient
ν Abstoßungsexponent.

741. Thermodiffusion in Gasen

Befindet sich ein Gasgemisch in einem Gefäß, dessen Wände verschiedene Temperaturen (T_1 und T_2) haben, so findet eine Entmischung statt, deren Größe von den bei den Stoßprozessen wirksamen Abstoßungskräften abhängt.

In der Tabelle ist der Thermodiffusionskoeffizient α gemäß der Gleichung

$$\Delta x = \alpha x (1 - x) \frac{\Delta T}{T_m}$$

angegeben.

x = Molenbruch der leichteren Komponente
Δx = Unterschied im Molenbruch an der heißen und kalten Wand
ΔT = Temperaturdifferenz zwischen den Wänden
T_m = mittlere Temperatur in °K.

Bei starr elastischen Kugeln mit einem Abstoßungsgesetz $r^{-\nu} = r^{-\infty}$ gilt für Isotope bei relativ kleiner Massendifferenz

$$\alpha = \frac{105}{118} \frac{m_B - m_A}{m_A + m_B}$$

m_A = Molmassen des leichteren Isotops
m_B = Molmassen des schwereren Isotops.

Bei nicht starrelastischem Zusammenstoß ($\nu \neq \infty$) multipliziert man rechts mit einem Reduktionsfaktor R_T (letzte Spalte der Tabelle).

α ist hier als positiv angegeben, wenn sich die leichtere Komponente auf der heißeren Seite anreichert.

[1] Nach Landolt-Börnstein, 6. Aufl., Bd. II/5, Beitrag DICKEL.

Ordnung 1. und 2. Komponente nach steigender relativer Molekularmasse

Komponenten der Mischung A B	m_B/m_A	x_A	T_1 und T_2 bzw. T_m (°K)	α	R_T
H_2—$^2H_2$	2,00	0,21	300	0,168	—
		0,44	300	0,157	—
		0,60	300	0,153	—
		0,80	300	0,148	—
		0,503	18,5	−0,119	−0,43
			29,3	0,0655	0,018
			46,5	0,063	0,23
			73,6	0,102	0,37
			116,7	0,133	0,48
			293	0,152	0,55
H_2—H^3H *	2,00	1,00	293 und 503	0,11	—
H_2—He	2,00	0,2	90 und 291	0,142	—
		0,50	90 und 291	0,144	—
		0,50	228 und 375	0,192	0,80
		0,60	228 und 375	0,184	0,77
		0,80	228 und 375	0,177	0,66
		0,90	228 und 375	0,147	0,63
$^2H_2$—H^3H*	1,00	1,00	293 und 503	−0,028	—
$^2H_2$—He	1,01	0,787	194 und 293	0,024	—
He—N_2	7,00	0,345	81 und 284	0,29	0,57
		0,345	170 und 284	0,349	0,69
		0,345	240 und 284	0,369	0,71
He—Ar	9,98	0,10	200 und 373	0,278	0,68
		0,20	200 und 373	0,298	0,67
		0,40	200 und 373	0,338	0,63
		0,50	200 und 373	0,372	0,63
NH_3—^{20}Ne	1,18	0,108	285 und 452	0,0119	—
		0,415	285 und 452	−0,0097	—
		0,702	285 und 452	−0,0201	—
		0,900	285 und 452	−0,0239	—
N^2H_3—^{20}Ne	1,00	0,111	285 und 452	−0,0314	—
		0,418	285 und 452	−0,0456	—
		0,702	285 und 452	−0,0512	—
		0,896	285 und 452	−0,0531	—
$^{14}NH_3$—$^{15}NH_3$	1,06	0,85	197 und 298	−0,010	−0,39
		0,85	197 und 373	−0,004	−0,15
		0,85	298 und 457	+0,10	+0,41
^{20}Ne—^{22}Ne	1,10	0,90	90 und 195	0,0162	0,39
		0,90	90 und 296	0,0187	0,44
		0,90	195 und 490	0,0254	0,66
		0,90	460 und 638	0,0318	0,75
Ne—Ar	1,98	0,2	288 und 375	0,146	0,52
		0,5	288 und 375	0,183	0,55
Ne—Kr	4,15	0,2	288 und 373	0,203	0,50
		0,5	288 und 373	0,267	0,52

* ^3H als Tracer

Komponenten der Mischung A B	m_B/m_A	x_A	T_1 und T_2 bzw. T_m (°K)	α	R_T
		0,53	117	0,159	0,30
		0,53	233	0,249	0,47
		0,53	585	0,339	0,64
$^{14}N_2$—$^{14}N^{15}N$	1,035	0,915	294 und 678	0,0091	0,58
		0,917	195 und 428	0,0078	0,50
$^{16}O_2$—$^{16}O^{18}O$	1,06	0,997	195 und 375	0,0099	0,37
			296 und 703	0,0145	0,54
^{36}Ar—^{40}Ar	1,11	0,003	90 und 296	0,0071	0,15
			195 und 495	0,0146	0,31
			638 und 835	0,0256	0,53
CO_2—C_3H_8	1,00	—	290 und 470	0,0078*	

* Zwischen 0,3 und 1,8 atm keine Druckabhängigkeit.

742. Thermodiffusion in Flüssigkeitsgemischen (Ludwig-Soret-Effekt)

Die „*thermische Entmischung*" in flüssigen Mischungen bzw. Lösungen wird durch den Soret-Koeffizienten s beschrieben, der durch die Gleichung

$$\Delta x = s\,x(1-x)\,\Delta T$$

definiert ist (x=Molenbruch).

In Tabelle 7421 ist der Soret-Koeffizient für Mischungen aus zwei organischen Verbindungen in Abhängigkeit von der Konzentration und den mittleren Temperaturen bzw. den Temperaturen der heißen und kalten Wand angegeben.

Tabelle 7422 gibt den Soret-Koeffizienten für wäßrige Elektrolytlösung in Abhängigkeit von der Konzentration und Wandtemperatur an.

Hier wird s positiv angegeben, wenn sich die 1. Komponente an der wärmeren Wand anreichert, negativ, wenn sich die Komponente 2 dort anreichert.

7421. Thermodiffusion in Flüssigkeitsgemischen

Komponente 1	Komponente 2	x_1	T_m bzw. T_1 und T_2 (°K)	s
CBr_4 Tetrabrom-kohlenstoff	CCl_4 Tetrachlor-kohlenstoff	0,9	282	−6,22
			298	−5,30
			328	−4,33
CCl_4 Tetrachlor-kohlenstoff	C_6H_5Cl Chlorbenzol	0,1	292 und 306	19,3
		0,4		11,2
		0,8		8,6
CH_4O Methanol	CCl_4 Tetrachlor-kohlenstoff	0,17	T_m=308	9,4
		0,49		17,1
		0,70		11,9
		0,90		8,55

Komponente 1	Komponente 2	x_1	T_m bzw. T_1 und T_2 (°K)	s
CH_4O Methanol	C_6H_6 Benzol	0,39 0,52 0,84	$T_m = 308$	0,0 1,49 2,98
$C_2H_4Cl_2$ 1,1-Dichloräthan	CS_2 Schwefelkohlenstoff	0,2 0,5 0,8	$T_m = 279$	−2,36 −3,00 −2,70
$C_2H_4Cl_2$ 1,2-Dichloräthan	CS_2 Schwefelkohlenstoff	0,2 0,5 0,8	$T_m = 279$	−3,45 −6,25 −4,85
C_2H_6O Äthanol	$C_4H_{11}N$ Diäthylamin	0,43 0,683 0,971	$T_m = 323$	−3,44 −1,49 −3,46
C_2H_6O Äthanol	C_6H_{12} Cyclohexan	0,064 0,17 0,38 0,85	$T_m = 313$	−11 −7 6 9
C_6H_6 Benzol	C_6H_5Cl Chlorbenzol	0,1 0,4 0,8	292 und 306	1,40 1,10 1,42
C_6H_6 Benzol	$C_6H_5NO_2$ Nitrobenzol	0,075 0,34 0,84	313 und 333	13 12 11
C_6H_6 Benzol	C_6H_{12} Cyclohexan	0,20 0,50 0,80	$T_m = 313$	1,85 1,28 0,32
C_6H_6 Benzol	$C_{14}H_{10}$ Phenanthren	0,954	$T_m = 800$	7,4
C_6H_{12} Cyclohexan	$C_6H_{12}O$ Cyclohexanol	0,61 0,96	313, 333	30 40
C_6H_{14} Hexan	CCl_4 Tetrachlorkohlenstoff	0,50	$\Delta T = 40°$	50
C_6H_{14} Hexan	C_6H_{12} Cyclohexan	0,05 0,25 0,75	228, 328	0,1 5,6 4,9
C_8H_{10} Äthylbenzol	CS_2 Schwefelkohlenstoff	0,2 0,5 0,8	$T_m = 282$	0,285 0,43 0,43
C_8H_{10} o-Xylol	CS_2 Schwefelkohlenstoff	0,2 0,5 0,8	$T_m = 281$	−1,35 −0,67 0
C_8H_{10} m-Xylol	CS_2 Schwefelkohlenstoff	0,2 0,5 0,8	$T_m = 281$	−0,21 +0,50 0,0
C_8H_{10} p-Xylol	CS_2 Schwefelkohlenstoff	0,2 0,5 0,65	$T_m = 280$	0,75 0,57 0,50

7422. Thermodiffusion in wäßrigen Elektrolytlösungen
Komponente 1: H_2O, Wasser

Komponente 2 (gelöster Stoff)	c_2 Mol/l	T_m oder T_1; T_2 °K	$s \cdot 10^3$
$AgNO_3$	0,1	298	3,17
	1,0	297	4,45
		317,5	4,91
	2,0	297	7,5
		317	7,3
	4,0	297	10,2
		317,5	9,0
	8,0	297	13,1
		317,5	11,3
HBr	0,01		
	0,1	295; 303	1,13
		296; 306	3,3
HCl	0,25	297,9; 311,8	5,43
	0,50	299,3; 313,5	6,71
	0,75	299,3; 313,7	6,37
	1,00	299,4; 313,0	5,57
	1,60	297,8; 311,7	4,68
	2,00	299,3; 313,6	4,17
	3,20	297,7; 311,3	2,88
	4,00	299,4; 313,7	2,27
	6,00	299,1; 313,5	1,19
	8,00	299 ; 313,6	0,62
HJ	0,1	296; 306	2,66
KCl	1,0	293; 303	0,35
	2,0		0,76
	4,0		0,86
	1,0	313; 323	1,78
	2,0		1,92
	4,0		2,10
KBr	0,5	298,2; 332,1	1,88
	0,99	298,2; 322,1	2,06
	1,99	298,0; 321,9	2,10
	3,00	299,8; 314,0	2,13
	3,97	298,2; 322,0	2,60
KOH	0,277	299,6; 313,4	14,20
	1,11	299,6; 313,3	11,83
	3,66	299,7; 313,3	5,53
	7,33	299,5; 313,3	2,38
LiBr	0,05	293; 313	−0,24
		313; 333	0,95
LiCl	0,1	283; 363	0,54
	1,0	283; 363	0,43
	2,0	283; 363	0,40
	4,0	283; 363	0,31
LiJ	0,05	293; 313	−1,35
		313; 333	−0,14

Komponente 2 (gelöster Stoff)	c_2 Mol/l	T_m oder T_1; T_2 °K	$s \cdot 10^3$
LiOH	4,473	298; 308	3,8
NH_4Cl	0,00994	293; 303	1,05
	0,0994	293; 303	0,39
NaBr	1,00	300,2; 314,2	2,06
	2,00	297,9; 311,8	2,14
	6,00	299,6; 313,7	2,36
NaCl	1,00	299,4; 313,4	1,46
	2,00	298,0; 311,8	1,77
	4,00	297,0; 310,9	2,03
NaJ	1,00	299,9; 314	0,79
	2,00	300,0; 314,2	1,20
	6,00	299,4; 313,7	1,50
NaOH	0,2	299,6; 313,5	12,6
	1,98	299,4; 313,4	10,80
	3,97	299,3; 313,2	8,80
	7,93	299,4; 313,5	4,86
$NiSO_4$	1,09	296,7; 310,5	7,50
	4,35	296,6; 311,2	3,32
$Pb(NO_3)_2$	1,00	299,8; 313,6	6,55
	2,00	299,6; 313	8,60

75. Reaktionsgeschwindigkeiten

751. Oxydationsgeschwindigkeit von Metallen an Oberflächen[1]

Als Geschwindigkeitskonstanten für die Oxydation sind im folgenden entweder die praktische Zunderkonstante

$$k'' = \left(\frac{\Delta m}{q}\right)^2 \cdot \frac{1}{t},$$

oder die Phasenreaktionskonstante

$$l'' = \frac{\Delta m}{q} \cdot \frac{1}{t}$$

Δm umgesetzte Masse in g
q Oberfläche in cm^2
t Zeit in s

angegeben.

[1] Nach Landolt-Börnstein, 6. Aufl., Bd. II/5, Beitrag HAUFFE.

752. Zunderkonstante k'' von Metallen

Element	Nähere Angabe über das Metall oder die Oxydation	Gas und Gasdruck	Temperatur °C	Zunder-Konstante k'' $g^2 \cdot cm^{-4} \cdot s^{-1}$
Al		Luft, $p=1$ atm	600	$0{,}85 \cdot 10^{-15}$
Be	3,0 Gew.% BeO 0,7 Gew.% andere Metalle	Sauerstoff, $p=0{,}13$ atm	840...970	0,22
Cd		Luft, $p=1$ atm	300	$3{,}2 \cdot 10^{-11}$
	flüssig	Luft, $p=1$ atm	500	$2 \cdot 10^{-10}$
Co		Sauerstoff, $p=0{,}1$ atm	200	$4{,}2 \cdot 10^{-16}$
			300	$4{,}0 \cdot 10^{-14}$
			400	$1{,}2 \cdot 10^{-12}$
			500	$2{,}8 \cdot 10^{-12}$
			600	$0{,}8 \cdot 10^{-11}$
			700	$1{,}3 \cdot 10^{-11}$
Cr		Sauerstoff, $p=0{,}1$ atm	700	$0{,}81 \cdot 10^{-13}$
			800	$0{,}45 \cdot 10^{-12}$
			800	$2{,}0 \cdot 10^{-12}$
		$p_{ges}=1$ atm	900	$4{,}1 \cdot 10^{-11}$
Cu	raffiniert, O_2 frei NTB (0,0005% Ag)	Luft, $p=1$ atm	615	$0{,}28 \cdot 10^{-9}$
			705	$1{,}3 \cdot 10^{-9}$
			806	$0{,}61 \cdot 10^{-8}$
			908	$2{,}4 \cdot 10^{-8}$
	raffiniert mit Phosphor NTF (0,0005% Ag)	Luft, $p=1$ atm	615	$0{,}26 \cdot 10^{-9}$
			705	$1{,}5 \cdot 10^{-9}$
			806	$4{,}7 \cdot 10^{-9}$
			908	$2{,}7 \cdot 10^{-8}$
Cu	Handelskupfer, NPE (Garkupfer)	Luft, $p=1$ atm	615	$0{,}39 \cdot 10^{-9}$
			705	$1{,}35 \cdot 10^{-9}$
			806	$0{,}64 \cdot 10^{-8}$
			908	$2{,}4 \cdot 10^{-8}$
Fe		$p_{ges}=1$ atm		
	$\rightarrow FeO$	60...70 Vol.-% H_2O, Rest H_2	800	$5{,}3 \cdot 10^{-8}$
		50...80 Vol.-% H_2O, Rest H_2	897	$2{,}5 \cdot 10^{-7}$
		60...85 Vol.-% H_2O, Rest H_2	983	$6{,}7 \cdot 10^{-7}$
	$\rightarrow Fe_3O_4$	90 Vol.-% H_2O + 10 Vol.-% Ar	1000	$8{,}1 \cdot 10^{-9}$
			1050	$1{,}7 \cdot 10^{-8}$
			1100	$3{,}2 \cdot 10^{-8}$
	$\rightarrow Fe_2O_3$	100 Vol.-% O_2	1000	$2{,}3 \cdot 10^{-9}$
			1100	$1{,}0 \cdot 10^{-8}$
Mn	elektrolytisch	Luft, $p=1$ atm	400...1000	$1{,}95 \cdot 10^{-3}$
	—	Luft, $p=1$ atm	400	$1{,}4 \cdot 10^{-12}$
			500	$2{,}8 \cdot 10^{-11}$
			700	$1{,}3 \cdot 10^{-9}$
			1000	$3{,}3 \cdot 10^{-8}$
Mo	0,1 Gew.% Beimengungen	Sauerstoff, $p=0{,}1$ atm	350...450	$3{,}55 \cdot 10^{-2}$
Nb		Sauerstoff, $p=1$ atm	350	$2{,}8 \cdot 10^{-13}$

Element	Nähere Angabe über das Metall oder die Oxydation	Gas und Gasdruck	Temperatur °C	Zunder-Konstante k'' $g^2 \cdot cm^{-4} \cdot s^{-1}$
Ni		Sauerstoff, $p=1$ atm	1000	$2,4 \cdot 10^{-10}$
		Luft, $p=1$ atm	900	$0,5 \cdot 10^{-10}$
	Cr 0,1 Atom-%	Sauerstoff, $p=1$ atm	1000	$8,4 \cdot 10^{-10}$
	0,3 Atom-%	Sauerstoff, $p=1$ atm	1000	$10,7 \cdot 10^{-10}$
	3,0 Atom-%	Sauerstoff, $p=1$ atm	1000	$30 \cdot 10^{-10}$
	10,0 Atom-%	Sauerstoff, $p=1$ atm	1000	$2 \cdot 10^{-10}$
	Ag 0,3 Atom-%	Sauerstoff, $p=1$ atm	1000	$2,4 \cdot 10^{-10}$
	1,0 Atom-%	Sauerstoff, $p=1$ atm	1000	$3 \cdot 10^{-10}$
	Mn 0,3 Atom-%	Sauerstoff, $p=1$ atm	1000	$9 \cdot 10^{-10}$
	3,0 Atom-%	Sauerstoff, $p=1$ atm	1000	$16 \cdot 10^{-10}$
	10,0 Atom-%	Sauerstoff, $p=1$ atm	1000	$35 \cdot 10^{-10}$
	Th 0,25 Atom-%	Luft, $p=1$ atm	900	$3 \cdot 10^{-10}$
Ni	Ta 3,4 Atom-%	Luft, $p=1$ atm	900	$4 \cdot 10^{-10}$
	Mo 4,6 Atom-%	Luft, $p=1$ atm	900	$4 \cdot 10^{-10}$
	Cu 1,8 Atom-%	Luft, $p=1$ atm	900	$1,9 \cdot 10^{-10}$
	Ce 0,2 Atom-%	Luft, $p=1$ atm	900	$1,7 \cdot 10^{-10}$
	W 0,75 Atom-%	Luft, $p=1$ atm	900	$1,8 \cdot 10^{-10}$
Pb	0,42 Gew. % Beimengungen	Luft, $p=1$ atm	100...300	$0,9 \cdot 10^{-2}$
	flüssig	Luft, $p=1$ atm	350	$1,7 \cdot 10^{-11}$
			450	$1,5 \cdot 10^{-10}$
			500	$0,8 \cdot 10^{-10}$
U		Luft, $p=0,265$ atm	112	$5,2 \cdot 10^{-15}$
			133	$1,7 \cdot 10^{-14}$
			150	$4,8 \cdot 10^{-14}$
			167	$1,4 \cdot 10^{-13}$
V	0,1 Gew. % N; 0,060 Gew. % Ca	Sauerstoff, $p=0,1$ atm	400...600	$1,3 \cdot 10^{-3}$
W		Luft, $p=1$ atm	700	$4,5 \cdot 10^{-9}$
			800	$5,5 \cdot 10^{-8}$
			1000	$1,3 \cdot 10^{-7}$
Zn		Sauerstoff, $p=1$ atm	400	$2,0 \cdot 10^{-14}$
			390	$2,2 \cdot 10^{-13}$
	1,0 Al Atom-%	Luft, $p=1$ atm	390	$<2,8 \cdot 10^{-15}$
	0,4 Li Atom-%	Luft, $p=1$ atm	390	$5,6 \cdot 10^{-11}$
	0,1 Tl Atom-%	Luft, $p=1$ atm	390	$5,6 \cdot 10^{-13}$
	0,5 Tl Atom-%	Luft, $p=1$ atm	390	$5,6 \cdot 10^{-13}$
	1,0 Tl Atom-%	Luft, $p=1$ atm	390	$3,6 \cdot 10^{-14}$
	flüssig	Luft, $p=1$ atm	430	$1,9 \cdot 10^{-11}$

753. Phasenreaktionskonstante von Metallen

Element	Angaben über das Metall oder das Oxydationsergebnis	Gas und Gasdruck p	ϑ °C	Phasenreaktionskonstante l'' $g \cdot cm^{-2} \cdot s^{-1}$
Ba		Luft, $p=1$ atm	17	$3{,}2 \cdot 10^{-8}$
Ca	1,25 Gew. % $CaCl_2$; 1,62 Gew. % Mg	Luft, $p=1$ atm	300	$8{,}7 \cdot 10^{-8}$
Ce		Luft, $p=1$ atm	300	$1{,}95 \cdot 10^{-6}$
La		Luft, $p=1$ atm	300	$3{,}0 \cdot 10^{-7}$
Mg	0,1 Gew. % Al, Cd, Cu, Mn, Si, Zn	Sauerstoff, $p=1$ atm	475…575	$1{,}7 \cdot 10^{6}$
Ti		Sauerstoff, $p=1$ atm	650	$0{,}33 \cdot 10^{-8}$
			725	$1{,}1 \cdot 10^{-8}$
			800	$3{,}9 \cdot 10^{-8}$
			900	$38 \cdot 10^{-8}$
			950	$82 \cdot 10^{-8}$
U		Luft, $p=0{,}265$ atm	192	$1{,}03 \cdot 10^{-8}$
			215	$3{,}0 \cdot 10^{-8}$

754. Zündgrenzen in Luft und Sauerstoff[1]

Gas oder Dampf		Zündgrenze in Luft				Zündgrenze in O_2			
		untere %		obere %		untere %		obere %	
H_2	Wasserstoff	4,1	4,0	74	—	—	4,0	94	—
H_2S	Schwefelwasserstoff	—	4,3	—	45,5	—	79	—	—
NH_3	Ammoniak	—	16,0	—	27	—	15	—	79
CO	Kohlenmonoxid	12,5	—	74	—	—	—	—	—
CS_2	Schwefelkohlenstoff	1,25	—	44	50	—	—	—	—
HCN	Cyanwasserstoff	—	5,6	—	40	—	—	—	—
CH_3Br	Methylbromid	—	13,5	—	14,5	—	—	—	—
CH_3Cl	Methylchlorid	10,7	8,0	17,4	19	—	8,0	—	66
CH_4	Methan	5,3	(5,0)	14	15	—	5,4	—	59
CH_4O	Methanol	7,3	6,7	—	36	—	—	—	—
C_2H_2	Acetylen	2,5	(2,3)	—	80	—	—	—	—
$C_2H_2Cl_2$	Dichloräthylen	9,7	—	12,8	—	—	—	—	—
C_2H_3Cl	Vinylchlorid	4,0	—	22,0	—	—	—	—	—
C_2H_4	Äthylen	3,0	2,75	29	—	3,1	2,9	80	—
$C_2H_4Cl_2$	1,2-Dichloräthan	6,2	—	15,9	—	—	—	—	—
C_2H_4O	Acetaldehyd	—	4,0	—	57	—	—	—	—
C_2H_4O	Äthylenoxid	3,0	—	80	—	—	—	—	—
$C_2H_4O_2$	Methyl-formiat	5,9	5,0	20	23	—	—	—	—
C_2H_5Br	Äthylbromid	—	6,7	—	11,2	—	—	—	—
C_2H_5Cl	Äthylchlorid	4,2	4,0	14,3	14,8	—	—	—	—
C_2H_6	Äthan	3,2	—	12,5	—	—	4,1	—	50
C_2H_6O	Äthanol	4,3	3,3	—	19	—	—	—	—
C_3H_6	Cyclopropan	—	2,4	—	10,3	—	2,45	63	—
C_3H_6	Propen	—	2,0	—	11,1	2,1	—	53	—
$C_3H_6Cl_2$	Dichlorpropan	—	3,4	—	14,5	—	—	—	—
C_3H_6O	Aceton	3,0	2,55	11	13	—	—	—	—
C_3H_6O	1,2-Propylenoxid	2,1	—	21,5	—	—	—	—	—

[1] Nach RIEDINGER: Brennstoffe und Schmierstoffe 1949

Gas oder Dampf		Zündgrenze in Luft				Zündgrenze in O_2			
		untere %		obere %		untere %		obere %	
$C_3H_6O_2$	Äthyl-formiat	2,7	2,7	13,5	16,5	—	—	—	—
$C_3H_6O_2$	Methylacetat	—	3,1	—	15,5	—	—	—	—
C_3H_8	Propan	2,4	—	9,5	—	—	—	—	—
C_3H_8O	Methyl-äthyläther	—	2,0	—	10,1	—	—	—	—
C_3H_8O	Propanol	—	2,5	—	—	—	—	—	—
C_3H_8O	Isopropanol	—	2,6	—	—	—	—	—	—
C_4H_6O	Crotonaldehyd	—	2,1	—	15,5	—	—	—	—
C_4H_6O	Divinyläther	—	1,7	—	27	—	1,8	—	85
C_4H_8	Buten	—	1,7	—	9,0	—	—	—	—
C_4H_8O	Methyl-äthyl-keton	—	1,8	—	10	—	—	—	—
$C_4H_8O_2$	Dioxan	—	2,0	—	22	—	—	—	—
C_4H_{10}	Butan	1,85	—	8,4	—	—	—	—	—
C_4H_{10}	Isobutan	1,8	—	8,4	—	—	—	—	—
$C_4H_{10}O$	Butanol	—	1,7	—	—	—	—	—	—
$C_4H_{10}O$	Isobutanol	—	1,8	—	—	—	—	—	—
$C_4H_{10}O$	Diäthyläther	1,9	1,85	48	—	2,1	—	—	82
$C_4H_{10}Se$	Diäthylselenid	—	2,5	—	—	—	—	—	—
$C_4H_{12}Pb$	Bleitetramethyl	—	1,8	—	—	—	—	—	—
$C_4H_{12}Sn$	Zinntetramethyl	—	1,9	—	—	—	—	—	—
$C_5H_4O_2$	Furfurol	2,1	—	—	—	—	—	—	—
C_5H_5N	Pyridin	—	1,8	—	12,4	—	—	—	—
$C_5H_{10}O$	Methyl-propyl-keton	—	1,5	—	8,5	—	—	—	—
$C_5H_{10}O_2$	Propylacetat	2,0	2,2	8,5	11,5	—	—	—	—
$C_5H_{10}O_2$	Isopropylacetat	—	1,8	—	7,8	—	—	—	—
C_5H_{12}	Pentan	1,4	—	7,8	—	—	—	—	—
$C_5H_{12}O$	Amylalkohol	—	1,2	—	—	—	—	—	—
$C_5H_{12}O$	Isoamylalkohol	—	1,2	—	—	—	—	—	—
C_6H_6	Benzol	1,4	—	6,7	—	—	—	—	—
C_6H_{12}	Cyclohexan	1,3	1,2	8,3	—	—	—	—	—
C_6H_{12}	Methylcyclohexan	1,2	—	—	—	—	—	—	—
$C_6H_{12}O$	Methyl-butyl-keton	—	1,2	—	8	—	—	—	—
$C_6H_{12}O_2$	Butylacetat	1,7	—	—	—	—	—	—	—
$C_6H_{12}O_3$	Paraldehyd	—	1,3	—	—	—	—	—	—
C_6H_{14}	Hexan	1,2	—	6,9	—	—	—	—	—
C_7H_8	Toluol	1,4	1,3	6,7	—	—	—	—	—
C_7H_{16}	Heptan	—	1,0	—	6,0	—	—	—	—
C_8H_{10}	o-Xylol	—	1,0	—	6,0	—	—	—	—
C_8H_{18}	Octan	0,95	—	—	—	—	—	—	—
C_9H_{20}	Nonan	—	0,8	—	—	—	—	—	—
$C_{10}H_{22}$	Dekan	—	0,7	—	—	—	—	—	—

76. Quantenausbeute

Regt man eine Reaktion durch Lichteinstrahlung an, so bezeichnet man das Verhältnis der Anzahl der an der Reaktion teilnehmenden Moleküle zu der Anzahl der absorbierten Lichtquanten als Quantenausbeute. Die Quantenausbeute ist bei Gasreaktionen von Temperatur und Druck abhängig; in vielen Fällen wird sie wesentlich durch geringe Beimengungen fremder Gase beeinflußt. Zur Einleitung mancher Reaktion ist das Hinzufügen eines Gases, das die Strahlung absorbiert und die aufgenommene Energie an die reagierenden Gase überträgt, selbst jedoch nach der Reaktion unverändert ist, nötig („sensibilisierte Reaktion“).

761. Reaktionen in der Gasphase

Absorbierende Substanz	Bruttoreaktion	Wellenlänge λ in Å	Temperatur °C	Quantenausbeute
Br_2	$Br_2+C_2H_2 \rightarrow C_2H_2Br_2$	5460	90	4,2...10^4
Br_2	$Br_2+C_6H_{12} \rightarrow C_6H_{11}Br+HBr$	4700		~1
Br_2	$Br_2+H_2 \rightarrow HBr$	5000...5780		0...2
CO	$CO \rightarrow CO_2$, C_3O_2	1295	~25	~1
CO_2	$CO_2 \rightarrow CO$, O_2, O_3	1295, 1470	~25	0,98
CH_2O	$HCHO \rightarrow H_2$, CO	2500...3600		≦1
CH_3Br	$CH_3Br \rightarrow CH_4$, Br_2	2537	~20	$4 \cdot 10^{-3}$
CH_3Br	$CH_3Br+NO \rightarrow CH_3NO$, Br_2	2537	~20	~1
CH_3J	$CH_3J \rightarrow CH_4$, C_2H_6, J_2	2026...2100	25	<0,01
CH_3J	$CH_3J+NO \rightarrow CH_3NO$, J_2			0,9...1,2
CH_4	$CH_4 \rightarrow H_2$, C_nH_{2n+2}	1295, 1470	~25	0,35...0,5
$(COBr)_2$	$(COBr)_2 \rightarrow CO$, Br_2	4358...2537	~20	0,9...1
C_2H_2	$C_2H_2 \rightarrow (C_2H_2)_n$	2150	25	10
C_2H_4O	$CH_3CHO \rightarrow CH_4$, C_2H_6,	2537, 2804	30	~0,9
	CO, H_2	3130	300	410
C_2H_6	$C_2H_6 \rightarrow H_2$, C_2H_2, C_2H_4, C_nH_{2n+2}	1295, 1470	~25	0,8...0,97
C_2H_6Hg	$Hg(CH_3)_2 \rightarrow Hg$, C_2H_6, CH_4	2537	20	1
		2537	190	2,2
$C_2H_6N_2$	$(CH_3)_2N_2 \rightarrow C_2H_6$, N_2	3130	20...225	2
		2537		≦1
C_3H_6O	$(CH_3)_2CO \rightarrow C_2H_6$, CO, CH_4	3130	60	0,2
C_4H_6	$(CH_2{=}CH)_2 \rightarrow$ Polymerisat	2537		0,25
$C_4H_{12}Pb$	$Pb(CH_3)_4 \rightarrow Pb$, C_2H_6	2537	25...29	1,1
Cl_2	$Cl_2+CHCl_3 \rightarrow CCl_4$, HCl	4358	60	~300
Cl_2	$Cl_2+CH_4 \rightarrow CH_xCl_{4-x}$	2537, 4360		~10^5
Cl_2	$Cl_2+C_6H_6 \rightarrow C_6H_6Cl_6$	3660, 3103	25	12...46
Cl_2	$Cl_2+SO_2 \rightarrow SO_2Cl_2$	4200		~1
Cl_2O	$Cl_2O \rightarrow Cl_2$, O_2	2350...2750	20	2...4,5
Cl_2O	$Cl_2O \rightarrow Cl_2$, O_2, Cl_2O_6	3650...4360	17...31	2,7...3,1
HBr	$HBr \rightarrow H_2$, Br_2	2070, 2537		2
HJ	$HJ \rightarrow H_2$, J_2	2070, 2820	27	1,98...2,08
NH_3	$NH_3 \rightarrow N_2$, H_2	2000...2200	20	0,14...0,2
			500	>0,5
N_2H_4	$N_2H_4 \rightarrow NH_3$, N_2, H_2	1990	25	1...1,7
N_2O	$N_2O \rightarrow N_2$, O_2, NO	Al-Funke		~1
NO	$NO \rightarrow N_2$, O_2	Al-Funke	~40	0,75
NO_2	$NO_2 \rightarrow NO$, O_2	3130...4050	25	<2
N_2O_4	$N_2O_4 \rightarrow NO$, O_2	2800, 2650	0	0,2 bzw. 0,4
N_2O_5	$N_2O_5 \rightarrow NO$, O_2, N_2	2800, 2650	0	0,6
NOCl	$NOCl \rightarrow NO$, Cl_2	3650...6300	22	2,1
O_2	$O_2+H_2 \rightarrow H_2O_2$, O_3	1719...1725		<1
O_2	$O_2 \rightarrow O_3$	2070...2537		<2
O_3	$O_3 \rightarrow O_2$	2080...3130	0...60	1,8...6,2
H_2S	$H_2S \rightarrow H_2$, S	2050		2

762. Reaktionen in flüssiger Phase

Absorbierende Substanz	Lösungsmittel	Bruttoreaktion	Wellenlänge λ in Å	Temperatur °C	Quantenausbeute
Br_2	C_6H_6	$C_6H_6+Br_2\rightarrow C_6H_6Br_6$	3000...5500		0,4...0,9
Cl_2	C_7H_8	$C_7H_8+Cl_2\rightarrow C_6H_5CH_2Cl$	4050	17...50	~27
Cl_2	CCl_4	$Cl_2+CCl_3Br\rightarrow CCl_4+Br_2$	4100, 4490		0,9
Cl_2O	CCl_4	$Cl_2O\rightarrow Cl_2, O_2$	4450		~1
ClO_2	CCl_4	$ClO_2\rightarrow Cl_2, O_2$	4100		~2
HClO	H_2O	$HClO\rightarrow HCl, HClO_3, O_2$	3660, 4360		~2
HJ	HJ	$HJ\rightarrow H_2, J_2$	3000		1,84
HJ	C_6H_{14}	$HJ\rightarrow H_2, J_2$	2220, 2820		1,52 1,78
HJ	H_2O	$HJ\rightarrow H_2, J_2$	2220, 2820		0,078 0,114
H_2O_2	H_2O	$H_2O_2\rightarrow H_2O, O_2$	2750...3660	2...26	20...500
J_3^-	H_2O	$J_2+2Fe^{++}\rightarrow J^-, Fe^{+++}$	3660...5790		~1
J_3^-	H_2O	$J_2+HCOO^-\rightarrow J^-, CO$	3450...3500	15...25	~26...64

77. Reaktionsgeschwindigkeiten in Gasen

Einleitung

Einteilung der Reaktionen

Die Aufteilung der Reaktionen auf die verschiedenen Tabellen erfolgt nicht nach der Reaktionsordnung oder nach anderen formal-reaktionskinetischen Gesichtspunkten, sondern:

1. nach den Reaktionspartnern in die drei Hauptgruppen Molekül-, Atom- und Radikal- sowie Ionenreaktionen. Dabei sind Atome und Radikale vor Molekülen, Ionen vor Atomen, Radikalen und Molekülen bestimmend für die Einordnung; d.h. wenn z.B. an einer Reaktion Moleküle und Radikale (als Reaktionspartner oder -produkte) beteiligt sind, ist die Reaktion unter „Atom- und Radikal-Reaktionen" eingeordnet.

2. nach der stöchiometrischen Reaktionsgleichung in Umlagerung, Zerfall, Austausch und Anlagerung, die folgendermaßen definiert werden:

Umlagerung: $A\rightarrow B$, Reaktion *einer* Molekülart unter Erhaltung der Bruttoformel des Moleküls;

Zerfall: $A(+M)\rightarrow \nu B+\mu C+(+M)$, Reaktion *einer* Molekül- (bzw. Radikal-) Art unter Vergrößerung der Molzahl oder Bildung von mehr als einer Art von Molekülen usw.

Austausch: $A+\nu B\rightarrow \mu C+\lambda D$, Reaktion von zwei verschiedenen Molekül- (bzw. Radikal- usw.) Arten unter Bildung von zwei oder mehreren Molekülen usw.

Anlagerung: $A+B+(+M)\rightarrow C+(+M)$, Reaktion von zwei oder mehr Molekülen usw. unter Verringerung der Molzahl.

Reaktionen, die nicht ohne weiteres in diese vier Gruppen eingeordnet werden können, sind in den Tabellen „Sonstige Reaktionen" enthalten; dort sind auch, abgesehen von Zerfallsreaktionen, die Reaktionen untergebracht, bei denen die Reaktionsprodukte bzw. ihre Stöchiometrie nicht bekannt sind.

Die Molekülreaktionen werden grundsätzlich als Bruttoreaktionen behandelt. Die Tabellen „Reaktionen mit Molekülen" enthalten sowohl kompliziert zusammengesetzte, über Radikale verlaufende Reaktionen, als auch einfache Reaktionen. Über die Mechanismen werden keine Angaben gemacht. Die in den Tabellen „Reaktionen mit Atomen bzw. Radikalen" angegebenen Reaktionen werden dagegen, von der Tabelle 7724 „Sonstige Reaktionen" abgesehen, als einfache Reaktionen, die in einem Schritt ablaufen, angesehen.

Da die Tabellen nur chemische Reaktionen enthalten sollen, werden reine Photoreaktionen (z. B. Photorekombinationen $A + B \rightarrow AB + h\nu$), Ladungsübertragungsreaktionen, thermische Ionisationsreaktionen usw. nicht berücksichtigt. In die Tabelle 773 „Reaktionen mit Ionen" sind nur Ionen-Molekül-Austauschreaktionen aufgenommen.

Reihenfolge und Bezeichnung der Verbindungen

Für die Reihenfolge der Verbindungen in den einzelnen Tabellen gilt die alphabetische Anordnung (anorganisch) oder das Hillsche System (organisch). Bei mehreren Reaktionspartnern bestimmt derjenige die Einordnung, der nach der Anordnung zuerst kommt. Bei Atom- und Radikalreaktionen sind die Atome bzw. Radikale, bei Ionenreaktionen die Ionen für die Einordnung bestimmend. Katalysatoren oder Dreierstoßpartner sind für die Einordnung nicht berücksichtigt.

Die anorganischen Verbindungen erscheinen in den Tabellen vor den organischen. Bei anorganischen Halogenverbindungen wurden ebenso wie bei den organischen die Halogene für die Einordnung als eine einzige elementar behandelt. Bei organischen Verbindungen von gleicher Bruttoformel stehen aliphatische vor cyclischen, geradkettige vor verzweigten, größere vor kleineren Ringen.

Anorganische Verbindungen und organische Verbindungen bis C_3 werden meist nur durch ihre chemische Bruttoformel bezeichnet. Bei organischen Verbindungen mit mehr als drei Kohlenstoffatomen ist die Eindeutigkeit durch Angabe des Namens der Verbindung oder der Strukturformel gewährleistet; für die Namen wird, soweit vorhanden, die IUPAC-Nomenklatur, sonst die im Beilstein verwendete benutzt.

Aufbau der Tabellen, Tabellierte Größen und ihre Maßeinheiten

Die einzelnen Spalten der Tabellen enthalten:

1. die Reaktionsgleichung,

1a) in den Tabellen 7721 und 7722 (Zerfall und Anlagerung mit Atomen bzw. Radikalen) den Stoßpartner M,

2. die Methode, mit der die Reaktionsgeschwindigkeit gemessen wurde, gekennzeichnet durch einen großen Buchstaben für die Versuchsanordnung und einen kleinen für die Analysenmethode (vgl. unten Verzeichnis der Abkürzungen),

3. die zu der gemessenen Reaktionsgeschwindigkeit gehörende Temperatur bzw. den Temperaturbereich in °C. Bei Ionenreaktionen ist, da die Ionen ihre kinetische Energie durch Beschleunigung im elektrischen Feld und nicht durch thermische Bewegung erhalten, stattdessen die maximale kinetische Energie der Ionen in eV angegeben (vgl. unten Bemerkungen zu Tabelle 773).

4. den Druck in Torr zu Anfang der Reaktion bzw. den Bereich, in dem der Anfangsdruck bei den Messungen variiert wurde. Wenn die Konzentration einzelner Reaktionspartner oder irgendwelcher Zusätze bekannt ist, sind die Partialdrucke angegeben. Dabei ist dann die laufende Nummer des betreffenden Reaktionspartners (in der Reaktionsgleichung von links nach rechts durchnumeriert) oder die chemische Bezeichnung des Zusatzes in Klammern hinter die Partialdruckangabe gestellt.

5. die Gleichung für die Reaktionsgeschwindigkeit. $d\xi/dt$ ist die Reaktionsgeschwindigkeit (in $l \cdot Mol^{-1} \cdot s^{-1}$) für einen Formelumsatz (d. h. ξ ist die Konzentration eines Reaktionspartners, dividiert durch seinen stöchio-

metrischen Faktor in der Reaktionsgleichung). Der in dieser Spalte angegebene Ausdruck gibt an, wie $d\xi/dt$ aus den Konzentrationen (1), (2) usw. der in der Reaktionsgleichung von links nach rechts durchnumerierten Reaktionspartner und -produkte berechnet wird. Diese Geschwindigkeitsgleichung, z.B. $d\xi/dt = k$ (1) (2) für eine Reaktion 2. Ordnung, ist im allgemeinen als Definition für die Geschwindigkeitskonstante k (d.h. als Grundlage für die Auswertung der Messungen durch die Autoren) und nicht als ein exakt gültiges Geschwindigkeitsgesetz anzusehen.

6. den dekadischen Logarithmus der Geschwindigkeitskonstanten k. k ist durch die Formel für $d\xi/dt$ definiert und in seiner Dimension festgelegt. k ist in den Einheiten l, Mol, s angegeben, d.h. für eine Reaktion n-ter Ordnung (n = Summe der Exponenten in der Formel für $d\xi/dt$) ist die Maßeinheit $\mathrm{l}^{n-1}\mathrm{Mol}^{1-n}\mathrm{s}^{-1}$. In komplizierteren Geschwindigkeitsgleichungen treten z.T. auch zwei Konstanten auf, die dann mit k und k' bezeichnet sind, worauf in der Spalte „Bemerkung“ hingewiesen wird.

In Tabelle 773 (Ionen-Reaktionen) sind zum Teil neben k oder statt k die Wirkungsquerschnitte $\pi\sigma^2$, als die primären Versuchsergebnisse in $10^{-16}\,\mathrm{cm}^2 = \mathrm{Å}^2$ angegeben.

7. den dekadischen Logarithmus des „Häufigkeitsfaktors“ H und die scheinbare Aktivierungsenergie E, wenn in dem betreffenden Temperaturintervall $d(\ln k)\,d(1/T)$ konstant ist. k läßt sich dann durch die Arrheniussche Formel

$$k = H \cdot \exp\left(-\frac{E}{RT}\right) \quad (R = \text{Gaskonstante})$$

bzw.

$${}^{10}\log k = {}^{10}\log H - \frac{E\ (\text{cal})}{4{,}575\,T}$$

darstellen. Die Dimension von H ist ebenso wie die von k mit den Einheiten l, Mol und s ausgedrückt, E in kcal/Mol[1].

Bemerkungen zu den einzelnen Tabellen

Zu Tabelle 7711, 7712 und 7721:

Bei Reaktionen 1. Ordnung mit druckabhängiger Geschwindigkeitskonstante ist zum Teil nur k_∞, d.h. die Geschwindigkeitskonstante bei „unendlich hohem“ Druck, angegeben. Dann ist entweder k im ganzen Druckbereich der Messung druckabhängig, und k_∞ ist durch Extrapolation gewonnen, oder k bereits im untersuchten Druckbereich konstant, d.h. k_∞ ist direkt gemessen als die Geschwindigkeitskonstante am oberen Ende des Druckintervalls. Die Angabe des Druckbereichs ist in diesen Fällen eingeklammert, da der Druckbereich wohl zur Messung, aber nicht zur Geschwindigkeitskonstanten gehört. Bei Reaktionen, die unterhalb des angegebenen Druckbereichs druckabhängig werden, ist dies in der Spalte „Bemerkungen“ angegeben.

Zu Tabelle 7723 und 773:

Diese Tabellen enthalten nur Reaktionen 2. Ordnung, die nach der Geschwindigkeitsgleichung $d\xi/dt = k$ (1) (2) ablaufen. Die Spalte „$d\xi/dt$“ ist daher in diesen Tabellen weggelassen worden.

Zu Tabelle 7722 und 7723:

Einen großen Teil dieser Tabellen nehmen die Reaktionen mit CH_3- und CD_3-Radikalen ein. Diese Reaktionen sind zum überwiegenden Teil als Parallel-Reaktionen zur CH_3-bzw. CD_3- Rekombination untersucht worden. Die Geschwindigkeitskonstanten k_R dieser Rekombinationen, die selbst nicht sehr genau bekannt sind, gehen in die Auswertung mit $k_R^{1/2}$ ein.

[1] Eine Umrechnung von E in kJ/Mol wurde bei Abrundung auf die gleiche Stellenzahl eine Neuberechnung von H verlangen; deshalb wurde hier der in den Originalarbeiten bisher verwandten Einheit kcal/Mol der Vorzug gegeben.

Die k_R-Werte aus der Literatur sind (vgl. Tabelle 7722)
für CH_3 $10^{10,55}$ und auch $10^{10,34}$ und $10^{10,36}$
für CD_3 $10^{10,58}$ $l\,Mol^{-1}s^{-1}$.

Da keinem Wert ohne weiteres der Vorzug gegeben werden kann, und da der Wert für CD_3 vielleicht nur durch Zufall höher liegt als der für CH_3, wurde, soweit nicht von den Autoren selbst ausgewertete k angegeben werden, einheitlich $k_R = 10^{10,50}$ $l\,Mol^{-1}s^{-1}$ verwendet (in der Tabelle durch * gekennzeichnet). k_R ist als Temperatur- und druckabhängig angenommen worden.

Zu Tabelle 7723:

Reaktionen, die mit der Diffusionsflammenmethode (POLANYI) untersucht worden sind, sind nicht in die Tabelle aufgenommen, wenn ihre Geschwindigkeitskonstanten nur mit Hilfe von gewissen Annahmen (z.B. über Wirkungsquerschnitte) abgeschätzt worden sind.

Zu Tabelle 773:

Aus den angegebenen maximalen Ionenenergien E_{max} kann man die zeitlich gemittelten Ionenenergien $\overline{E}$ nach $\overline{E} = \frac{1}{3}E_{max}$ berechnen. Für einzelne Reaktionen, bei denen mit definierter Ionenenergie E gearbeitet wurde (ohne Feld-Beschleunigung im Reaktionsraum, wird E statt E_{max} angegeben. Zwischen k und dem Wirkungsquerschnitt σ besteht die angenäherte Beziehung

$$k = N_L \cdot \sigma \cdot v \qquad \tfrac{1}{2}Mv^2 = E \text{ bzw. } \overline{E}$$

(v = Ionengeschwindigkeit, N_L = Loschmidt-Zahl, M = Molekularmasse)

Abkürzungen

Die experimentelle Methode ist durch einen großen Buchstaben, die Art der Analyse durch einen kleinen Buchstaben charakterisiert:

Methode:
- *B* Blitzlichtphotolyse
- *D* Diffusionsflammenmethode
- *E* Explosionen und Flammen
- *F* Strömungsmethode
- *G* Gasentladung
- *K* Kombination mehrerer Arbeiten, Auswertung fremder Experimente
- *M* Massenspektrometer
- *S* statisch
- *T* Tandem-Massenspektrometer
- *W* Stoßwellenrohr
- *Φ* photochemisch
- *R* Berechnung aus Rückreaktion und Gleichgewichtskonstante

Analyse:
- *a* chemische Analyse
- *e* Lichtemission
- *g* Gaschromatographie
- *k* kalorimetrische Messung
- *i* Bestimmung des Auftrittspotentials von Ionen
- *m* Massenspektrometrie
- *l* Lichtabsorption (einschl. UV und IR)
- *p* Druckmessung
- *r* Messung der Radioaktivität
- *t* destillative Trennung, Partialdruckmessung
- *λ* Messung der Wärmeleitfähigkeit
- *s* intermittierende Belichtung

Bei den Abkürzungen *K* und *R* werden die zugrunde liegenden experimentellen Methoden in Klammern vermerkt; z.B.

R(*S*): aus der Rückreaktion berechnet, diese wurden statisch untersucht;

K(*W*, *B*): kombiniert aus Stoßwellen- und Blitzlichtphotolyseuntersuchungen.

In der Spalte Bemerkungen bedeutet:

Z mit Zusatz von...

Φ Photolyse von...

771. Reaktionen mit Molekülen

7711. Umlagerungen

Reaktion	Methode	Temperatur °C	Druck Torr	$d\xi/dt$	log k	log H	E	Bemerkung
CHD=CHD trans→cis 1,2-Dideuteroäthen	*Sl*	450...550	9...310	$k(1)$		12,51	61,3	
CH_2—CH_2, \\CH_2/ → CH_2=$CHCH_3$ Cyclopropan	*Sg*	420...535	300	$k(1)$		15,296	65,084	
	Sg	470...560	1,5	$k(1)$		13,50	60,79	
			10			14,04	61,8	
		420...560	50			14,84	64,17	
CH_2—CHD, \\CHD/ trans→cis	*Sl*	415...475	0,3	$k(1)$		14,0	59,5	
			15,0			14,6	59,6	
			2300 (H_2)			16,41	65,1	H_2-Überschuß
CH_2—CHD, \\CHD/ →Dideuteropropen trans-Dideutero-cyclopropan	*Sg*	415...475	0,3	$k(1)$		13,3	61,4	
			15,0			14,3	63,0	
			2300 (H_2)			15,12	65,4	H_2-Überschuß
CF_2—CFCl | | CF_2—CFCl cis→trans	*Sg*	425...470	60	$k(1)$		15,10	60,2	
trans→cis	*Sg*	425...470	60	$k(1)$		14,88	60,2	
C_4H_6, Cyclobuten CH_2—CH | ‖ CH_2—CH → Butadien-1,3	*Sl*	130...175	8...14	$k(1)$		13,08	32,5	

Reaktion	Methode	Temperatur °C	Druck Torr	$d\xi/dt$	log k	log H	E	Bemerkungen
$C_4H_4{}^2H_2$, 1-Methyl, 2,3-dideutero-cyclopropan	Sgl	380...420	11	$k(1)$		15,35	60,5	
CHD–CHCH$_3$–CHD (Ring) cis→trans								
→Dideuterobuten	Sgl	380...420	11	$k(1)$		14,43	62,3	
C_4H_8, Buten-(2) CH_3—CH=CH—CH_3 cis→trans	Sg	410...470	0,0047	$k(1)$		13,23	62,4	<10 Torr druckabhängig
			1,76			13,75	62,8	
			16,1			13,48	61,9	>10 Torr komplizierter Mechanismus
C_5H_8 CH_2–CH(—CH=CH_2)–CH_2 (Ring) Vinylcyclopropan→Isomerisierung	Sg	325...390	10...11,5	$k(1)$		13,72	50	Bruttoreaktion
(→Cyclopenten ≈97 %		325...390	10...11,5	$k(1)$		13,61	49,7	Parallelreaktionen
Pentadien-1,4 ≈ 1 %		325...390	10...11,5	$k(1)$		14,43	57,3	Parallelreaktionen
cis-Pentadien-1,3 ≈ 1 %		325...390	10...11,5	$k(1)$		13,9	56,2	Parallelreaktionen
trans-Pentadien-1,3 ≈ 1 %		325...390	10...11,5	$k(1)$		13,0	53,6	
C_5H_{10} CH—CH_3 / CH_2 / CH—CH_3 (Ring) cis-1,2-Dimethylcyclopropan								
→cis-Penten-(2)	Sg	435...475	25	$k(1)$		13,92	61,4	Parallelreaktionen
→trans-Penten-(2)	Sg	435...475	25	$k(1)$		13,96	61,2	Parallelreaktionen

trans-1,2-Dimethylcyclopropan								
→cis-Penten-(2)	*Sg*	435...475	25	$k(1)$		14,40	63,6	} Parallelreaktionen
→trans-Penten-(2)	*Sg*	435...475	25	$k(1)$		14,30	62,9	
1,2-Dimethylcyclopropan (cis oder trans)								
→2-Methylbuten-1	*Sg*	435...475	25	$k(1)$		13,93	61,9	} Parallelreaktionen
→2-Methylbuten-2	*Sg*	435...475	25	$k(1)$		14,08	62,3	
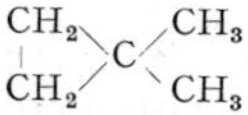 → 2-Methylbuten-2	*Sg*	440...480	3,98	$k(1)$		15,23	63,2	
1,1-Dimethyl-cyclopropan	*Sg*	440...480	3,98	$k(1)$		15,37	63,6	k extrapoliert auf $p=\infty$; <35 Torr k druckabhängig
$C_6H_{10}O$, Isopropenylallyläther→Hexen-1-on-5	*Sl*	140...190	20...760	$k(1)$		11,27	29,3	

Bicyclo-[2,2,1]-heptadien-2,5								
→Cycloheptatrien-1,3,5	*Fg*	345...430	—	$k(1)$		14,68	50,61	} N_2 Trägergas Parallelreaktionen
→Toluol	*Fg*	345...430	—	$k(1)$		14,23	53,14	
C_9H_7N								
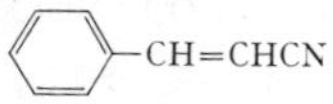								
Zimtsäurenitril								
cis→trans	*Sa*	310...380	150...450	$k(1)$		11,78	46	
trans→cis	*Sa*	310...380	150...450	$k(1)$		11,6	46	
$C_{10}H_{10}O_2$, Zimtsäuremethylester cis→trans	*Sa*	290...390	6...570	$k(1)$		10,54	41,6	<5 Torr druckabhängig

7712. Zerfallsreaktionen

Reaktion	Methode	Temperatur °C	Druck Torr	$d\xi/dt$	log K	log H	E	Bemerkungen
$CCl_2O \rightarrow CO + Cl_2$ Phosgen	*Sr*	375...450	130...730	$k(1)\ (3)^{\frac{1}{2}}$		13,38	52,8	
$(CClO)_2 \rightarrow CO + COCl_2$ Oxalylchlorid	*Sp*	260...300	20...60	$k(1)$		12,55	38,88	
$CCl_4 \rightarrow Cl_2, C_2Cl_4, C_2Cl_6$	*Fa*	555...690	8...30	$k(1)$		12,33	55,1	mit u. ohne Toluol als Trägergas
$CH_2N_2 \rightarrow$ Zerfall Diazomethan	*Ft*	330...420	20 0,15...0,3 (1)	$k(1)$		10,90	31,75	N_2 Trägergas
$CH_2O_2 \rightarrow CO_2 + H_2$ Ameisensäure	*Spm*	440...530	3...650	$k(1)$		4,8	30,6	
$CH_2O_2 \rightarrow CO + H_2O$ Ameisensäure	*Spm*	440...530	200...600	$k(1)^2$		7,46	28,5	
$CH_3Cl \rightarrow HCl, CH_4, C_2H_2$	*Fa*	790...875	24	$k(1)$		15,0	85,5	k druckabhängig
$CH_5N \rightarrow HCN + 2H_2$	*Spa*	590...670	30...250	$k(1)$		13,34	58	k_∞
$CH_6N_2 \rightarrow NH_3$ usw. Methylhydrazin	*Fg*	470...590	10...30 0,1...1,2 (1)	$k(1)$		13,19	51,9	Toluol als Trägergas
$C_2HCl_3O \rightarrow$ Zerfall Trichloracetaldehyd	*Sp*	445	100 225	$k(1)$		−2,41 −2,34	—	
$C_2H_2O_4 \rightarrow HCOOH + CO_2$ Oxalsäure	*Sa*	127...157	0,9	$k(1)$		11,9	30,0	

$C_2H_4 \rightarrow C_2H_2 + H_2$ Äthen	*Wg*	1030...1530	3800	$k(1)$			8,87	46,4	Ar-Überschuß (99,5 %) Parallelreaktion →Butadien
$C_2H_4O \rightarrow CH_4$, CO, C_2H_6, H_2 Äthanal	*Spa*	450...580	50...450	$k(1)^{\frac{3}{2}}$			10,87	46	
$C_2H_4O \rightarrow$ Pyrolyse Epoxyäthan	*Sa* *Fk*	370...430 600...900	300 760	$k(1)$ $k(1)$			14,13 11,0	59,9 42	*Z*: C_3H_6 Trägergas: N_2; Ar; CO_2
$C_2H_5Cl \rightarrow C_2H_4 + HCl$ Chloräthan	*Spa*	400...490	20...200	$k(1)$			14,2	59,5	
$C_2H_6 \rightarrow C_2H_4 + H_2$ Äthan	*Sp*	550...665	100...500	$k(1)$			15,72	76,4	k_∞; <100 Torr k druckabhängig
$C_2H_6N_2 \rightarrow N_2$, C_2H_6 usw. Azomethan	*St*	230...320	0,2 5,0 158,0 794,3	$k(1)$			13,12 15,23 16,38 16,82	46,2 50,0 52,0 52,9	
$C_2H_6O \rightarrow H_2$, CO, CH_4, CH_3CHO usw. Äthanol	*Sag*	580...620	20...350	$k(1)$			10,0	46,2	*Z*: NO als Inhibator
$C_2H_6O \rightarrow$ Zerfall Dimethyläther (CH_4, H_2, CO)	*Sp*	480...530	5...500	$k(1)^{\frac{3}{2}}$			12,53	53,2	*Z*: H_2S
$C_2H_6O_2 \rightarrow$ Zerfall Äthylperoxid	*Fag*	280...380	10...20 ≈0,2(1)	$k(1)$			13,4	37,7	Benzol Trägergas
$C_2H_6O_2 \rightarrow CH_3OH$, CO usw. Dimethylperoxid	*Spa*	167	23	$k(1)$			15,7	36,1	
$C_2H_7N \rightarrow$ Zerfall Dimethylamin	*Sp*	480...510	4...620	$k(1)$			9,56	43,4	k_∞: <300 Torr k druckabhängig

Reaktion	Methode	Temperatur °C	Druck Torr	$d\xi/dt$	log K	log H	E	Bemerkungen
$C_3H_6O \rightarrow$ Zerfall Propanon	*Sp*	540...580	5...130	$k(1)$		14,99	68,1	k_∞
$C_3H_6O \rightarrow C_2H_4 + CH_2O$ Trimethylenoxid	*Spa*	420...460	100	$k(1)$		14,78	60	
$C_3H_9N \rightarrow$ Zerfall Trimethylamin	*Sa*	380 440	500...1000	$k(1)$	−5,40 −3,77		59	
C_4H_8 Cyclobutan $\rightarrow 2\,C_2H_4$	*Spm*	420...470	100...1000	$k(1)$		15,6	62,5	< 100 Torr k druckabhängig
C_6H_{12} Cyclohexan $\rightarrow H_2$, C_2H_4, Butadien usw.	*Sp*	485...565	10...200	$k(1)^{\frac{3}{2}}$		14,05	59,5	
C_7H_8 Toluol $\rightarrow$ Benzol usw.	*Fam*	935...1180	—	$k(1)$		14,53	80	
C_7H_{12} Isopropenylcyclobutan $\rightarrow C_2H_4$ + Isopren	*Sg*	300...350	1...40	$k(1)$		14,64	51,03	Parallelreaktion (Isomerisierung) beachten
C_8H_{10} o-Xylol $\rightarrow$ Zerfall	*Fa*	730...840	3...4	$k(1)$		13,70	74,8	
C_8H_{10} p-Xylol $\rightarrow$ Zerfall	*Fam*	935...1180		$k(1)$		12,64	67,5	
$C_{13}H_{16}$ Triphenylmethan $\rightarrow$ Benzol, H_2 usw.	*Fm*	645...745	2...12	$k(1)$		16,45	83,0	
$Cl_2O_7 \rightarrow Cl_2 + \frac{7}{2}O_2$	*Sp*	100...120	(1,5...80)	$k(1)$		15,65	32,9	k extrapoliert auf $p \rightarrow \infty$, < 50 Torr k druckabhängig Z: F_2, Cl_2, O_2

$HJ \rightarrow \frac{1}{2} H_2 + \frac{1}{2} J_2$	*St*	360...465	50...2000	$k(1)^2$		$9,27 + \frac{1}{2} \lg T$	43,7	
	Fa	600...775	35...210	$k(1)^2$		12,55	49,2	
$^2HJ \rightarrow \frac{1}{2}\, ^2H_2 + \frac{1}{2} J_2$	*Sa*	390...450	≈800	$k(1)^2$		$8,80 + \frac{1}{2} \lg T$	42,7	
	Sl	420...510	60...310	$k(1)^2$		$9,91 + \frac{1}{2} \lg T$	46,4	
$NH_3 + M \rightarrow$ Zerfall	*We*	1700...2700	770...1080	$k(1)^{\frac{3}{2}} (2)^{\frac{1}{2}}$		13,40	77,7	M = Ar (92...97 %)
$N_2H_4 \rightarrow$ Zerfall	*Wl*	1000...1300	2300	$k(1)$		12,0	48	Ar-Überschuß
			6800			12,8	52	
	F	530...730	—	$k(1)$		10,33	36,17	
$NO \rightarrow \frac{1}{2} N_2 + \frac{1}{2} O_2$	*F*	950...1650	—	$k(1)^2 +$		9,41	63,8	k
	Sl	900...1250	50...500	$+ k'(1)(3)^{\frac{1}{2}}$		12,6	101	k'
$HNO_3 + M \rightarrow H_2O, NO_2, O_2, + M$	*Sl*	375...425	0,5...20	$k(1)(2)$		14,75	38,3	$M = HNO_3 +$ Reakt. prod.
$N_2O \rightarrow N_2 + \frac{1}{2} O_2$	*Sp*	560...670	(80...8000)	$k(1)$		9,62	53	k extrapol. auf $p \rightarrow \infty$
$N_2O + M \rightarrow N_2, O_2, NO, + M$	*Wl*	1200...2200	$1,5 \cdot 10^3 ... 2 \cdot 10^4$	$k(1)(2)$		12,3	61	M = Ar (97...99,5 %) NO-Bildung ≈25 % der Gesamtreaktion
$N_2O_4 + M \rightarrow 2 NO_2 + M$	*Wl*	−20...+28	760	$k(1)(2)$		14,3	11	$M = N_2$
$N_2O_5 \rightarrow 2 NO_2 + \frac{1}{2} O_2$	*F, Sp*	0...120	0,05...760	$k(1)$		13,61	24,65	<0,05 Torr k druckabhängig
$Ni(CO)_4 \rightarrow$ Zerfall	*Sp*	35...80	15...80	$k(1)$		13,6	19,1	
$H_2O_2 \rightarrow H_2O + \frac{1}{2} O_2$	*Fa*	570...660	1,6...7; 760	$k(1)^2$		15,7	48	
$O_3 \rightarrow \frac{3}{2} O_2$	*Sp*	115...130	11...52	$k(1)^2$		13,2	24,3	
$SO_2 + M \rightarrow \frac{1}{2} SO_3 + \frac{1}{2} SO + M$	*Wl*	2700...3700	170...850	$k(1)(2)$		9,81	56	

7713. Anlagerungsreaktionen

Reaktion	Methode	Temperatur °C	Druck Torr	$d\xi/dt$	log k	log H	E	Bemerkung
$Br_2 + 2NO \rightarrow 2NOBr$	*Sp*	−8...+15	5...34	$k(1)(2)^2$		4,57	1,5	
$HBr + (CH_3)_2C{=}CH_2 \rightarrow (CH_3)_3CBr$	*R(S)*	90...260	≈100	$k(1)(2)$		7,2	22,5	
$2CF_2{=}CF_2 \rightarrow$ $CF_2{-}CF_2$ / $CF_2{-}CF_2$ (Ring)	*Spl*	290...470	30...620	$k(1)^2$		8,22	26,3	
$2C_2H_4 \rightarrow C_4H_8$	*Sa*	450 600	≈700	$k(1)^2$	−3,21 −1,34		36	Z: C_2H_6
$2CH_2{=}CHCH{=}CH_2$ Butadien-1,3→ 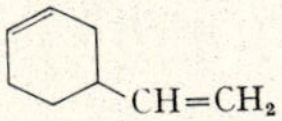 Vinylcyclohexen-(3)	*Sp*	170...390	330...2900	$k(1)^2$		6,95	23,7	
$C_2H_4 + CH_2{=}CH{-}CH{=}CH_2 \rightarrow$ Cyclohexen	*Fta*	490...650	760 200...690(1) 70...110(2)	$k(1)(2)$		7,48	27,5	
$CH_2{=}CHCH{=}CH_2 + CH_2{=}CHCHO$ Butadien-(1,3) + Propenal → 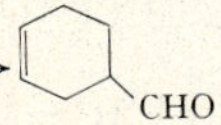	*Sp*	155...330	40...360(1) 100...470(2)	$k(1)(2)$	6,17	19,7		

$CH_2=CHCH=CH_2+CH_3CH=CHCHO$ Butadien-(1,3) + Buten-(2)-al → 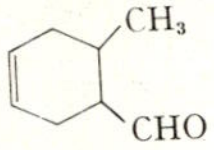	Sp	240...300	90...220 390...440	$k(1)(2)$		5,95	22,0	
$Cl_2+CO \rightarrow CCl_2O$	Sp	350...450	440...790	$k(1)^{\frac{3}{2}}(2)$		8,023	26,25	
$Cl_2+2NO \rightarrow 2NOCl$	Sp Sp	30...200 250...300	8...150 —	$k(1)(2)^2$ $k(1)(2)^2$		4,36 5,4	4,5 6,0	
$HCl+C_2H_4 \rightarrow C_2H_5Cl$	$R(S)$	400...490	—	$k(1)(2)$		9,0	42	Rückreaktion und Gleichgewichtskonstante sind nicht im gleichen Temperaturbereich untersucht
$HCl+CH_2=CH-CH_3 \rightarrow CH_3-CHCl-CH_3$	$R(S)$	370...410		$k(1)(2)$		7,56	33	
$HCl+(CH_3)_2C=CH_2 \rightarrow (CH_3)_3CCl$	$R(S)$	90...260	≈100	$k(1)(2)$		8,0	28,8	
$H_2+C_2H_2 \rightarrow C_2H_4$	Sp	495...535	20...70	$k(1)(2)$		11,04	42,0	
$H_2+C_2H_4 \rightarrow C_2H_6$	Sp	475...550	750	$k(1)(2)$		9,80	43,15	
$2NO_2+M \rightarrow N_2O_4+M$	$R(W)$	−20...+25	760	$k(1)^2(2)$		6,5	−2,3	
$O_2+2NO \rightarrow 2NO_2$	Sp	−130 0 141	0,5...120 0,5...120 10...30	$k(1)(2)^2$	5,17 4,02 3,60			

7714. Austauschreaktionen

Reaktion	Methode	Temperatur °C	Druck Torr	$d\xi/dt$	log k	log H	E	Bemerkung
$H_2+Br_2 \to 2\,HBr$	$K(W, S)$	200...1430	—	$\frac{k(1)(2)^{\frac{1}{2}}}{1+k'\frac{(3)}{(2)}}$		$11{,}58+\frac{1}{2}\lg T$ $-0{,}92$	40,9 0	k k'
$^{82}Br_2+CBrCl_3 \to Br^{82}Br+C^{82}BrCl_3$	Sr	155...180	400...1200	$k(1)^{\frac{1}{2}}(2)$		12,75	33,1	
$4\,HBr+O_2 \to 2\,H_2O+2\,Br_2$	Sl	430...530	270...360	$k(1)(2)$		9,5	37,7	
$^{14}CO+COCl_2+Cl_2 \to CO+^{14}COCl_2+Cl_2$	Sr	375...450	130...730	$k(1)(3)^{\frac{1}{2}}$		13,38	52,8	
$2\,C_2H_4 \to$ 1,3-Butadien $+H_2$	Wg	1030...1530	3800	$k(1)^2$		8,51	29,5	
$C_2H_6+C_2H_4 \to C_4H_8+H_2$	Sa	600	30...700 (1) 80...(600) (2)	$k(1)(2)$	−2,155			
$H_2+J_2 \to 2\,HJ$	Sa Fa	280...510 600...775	— 240...440	$k(1)(2)$ $k(1)(2)$		$9{,}22+\frac{1}{2}\lg T$ 12,09	38,9 41,0	
$^2H_2+J_2 \to 2\,^2HJ$	St	360...530	50...2000	$k(1)(2)$		$9{,}50+\frac{1}{2}\lg T$	40,79	Reaktion über Atome nicht enthalten
$H_2+NO \to H_2O+\frac{1}{2}N_2$	Fa	850...1066	770...800	$\frac{k(1)^{\frac{1}{2}}(2)^2}{1-k'(1)^{\frac{1}{2}}}$		9,34 0,48	41,2 0	k k'
$HJ+CH_3J \to J_2+CH_4$	Sl	250...320	3...400	$k(1)(2)+k'\frac{(1)(2)}{(1)+(3)}$		$10{,}94+\frac{1}{2}\lg T$ 12,59	33,4 43,0	k k'
$J^{131}J+CH_3J \to J_2+CH_3{}^{131}J$	Sr	60...140	≈400	$k(1)(2)$		3,4	9	heterogen beeinflußt
$HBr+CBrCl_3 \to Br_2+CHCl_3$	Sa	150...180	550...1000 (1) 300...700 (2) 15...40 (3)	$\frac{k(2)(3)^{\frac{1}{2}}}{1+k'\frac{(3)}{(1)}}$		12,7 1,4	32,93 0	k k'

$2HJ + C_2H_4 \rightarrow J_2 + C_2H_6$	*Spg*	290...330	30...220	$k(1)(2)$		8,52	28,9	
$NO + N_2O \rightarrow NO_2 + N_2$	*Sl*	650...750	100 (1) 25...200 (2)	$k(1)(2)$		14,4	50	
$^{15}NO_2 + N_2O_5 \rightarrow NO_2 + N^{15}NO_5$	*Sam*	−9...+10	35...130	$k(1)$		12,78	19,0	
$O_3 + NO \rightarrow NO_2 + O_2$	*Fl*	−75...−43	0,03...0,3 (1) 0,02...0,25 (2)	$k(1)(2)$		8,90	2,5	
$NO_2 + CO \rightarrow NO + CO_2$	*St*	270...455	1...20	$k(1)(2)$		10,08	31,6	
$2HCl + NO_2 \rightarrow NO + H_2O + Cl_2$	*Sl*	100...420	—	$k(1)(2)$		8,6	23,4	
$O_2 + N_2 \rightarrow 2NO$	*Wl*	4000...6000	10...1000	$k(1)(2)$		$24,96 - \frac{5}{2} \lg T$	128,5	

7715. Sonstige Reaktionen

Reaktion	Methode	Temperatur °C	Druck Torr	$d\xi/dt$	$\log k$	$\log H$	E	Bemerkung
$NH_3 + NO \rightarrow H_2O, N_2, H_2$	*Fa*	850...1050	800	$\frac{k(1)^{\frac{1}{2}}(2)}{1 - k'(1)^{\frac{1}{2}}(2)}$	 2,84	10,50	58,4	k k'
$NH_3 + NO_2 \rightarrow N_2, NO, H_2O$	*Sl*	330...530	40...400	$k(1)(2)$		9,7	27,5	
$N_2O + C_2H_4 \rightarrow N_2, CO, CH_4, C_2H_6$ usw.	*Sa*	550...600	20...100	$k(1)(2)$		10,1	39	
$NO_2 + C_2H_4 \rightarrow CO_2, CO, NO$ usw.	*Sp*	110...180	50...400	$k(1)(2)$		8,28	15,2	
$NO_2 + CH_3CHO \rightarrow CO_2, NO$ usw.	*Slp*	110...180	50...400	$k(1)(2)$		8,28	15,2	
$NO_2 + C_3H_6 \rightarrow$ Oxydationsprodukte	*Spl*	160...260	120 (1)	$k(1)^2(2)$		9,7	13,6	
$O_3 + CH_4 \rightarrow CO_2, CO, HCOOH, H_2O$ usw.	*Sl*	35...70	760	$k(1)(2)$		7,15 8,20	13,9 15,3	 mit O_2-Überschuß
$O_3 + C_3H_8 \rightarrow CO_2, CO, HCOOH, CH_3COCH_3$ usw.	*Sl*	25...50	760	$k(1)(2)$		6,49	12,1	
$O_3 + Cl_2 \rightarrow O_2, Cl_2O_7, ClO_3$	*Sp*	35...60	100...500	$k(1)^{\frac{3}{2}}(2)^{\frac{1}{2}}$		8,8	18,7	

772. Reaktionen mit Atomen bzw. Radikalen

7721. Zerfallsreaktionen

Reaktion	M	Methode	Temperatur °C	Druck Torr	$d\xi/dt$	log k	log H	E	Bemerkung
$Br_2 + M \rightarrow 2\,Br + M$	Ar	Wl	1050...1950	$\approx 10^3$	$k(1)(2)$		$8{,}40 + \frac{1}{2}\lg T$	30,69	
	Br_2	Wl	750...1950	$\approx 10^3$	$k(1)(2)$		$8{,}43 + \frac{1}{2}\lg T$	29,21	
$CH_2N_2 \rightarrow CH_2 + N_2$ Diazomethan		Sg	225...450	50...100	$k(1)$		12,08	34,0	Z: Olefine
$CO_2 + M \rightarrow CO + O + M$	Ar	Wa, e	2280...2740	$10^4...1{,}6\cdot10^4$	$k(1)(2)$		$8{,}48 + \frac{1}{2}\lg T$	86	
$C_2Cl_5 \rightarrow C_2Cl_4 + Cl$		Φlp	85...250		$k(1)$		12,8	16,8	
$C_2HCl_4 \rightarrow C_2HCl_3 + Cl$		Φm	160...220	100...140	$k(1)$		13,7	20,4	
$CH_2Cl-CH_2Cl \rightarrow CH_2Cl-CH_2 + Cl$		Sp	380...470	20...200	$k(1)$		13,0	70	
$C_2H_5 \rightarrow C_2H_4 + H$		Φtg	360...505	≈ 30	$k(1)$		11,45	32	Φ Propionaldehyd
$C_2H_6 \rightarrow 2\,CH_3$		Sg	565...610	60...200	$k(1)$		17,45	91,7	
$CH_3OCH_3 \rightarrow CH_3 + CH_3O$		Sg	450...480	6...550	$k(1)$		17,5	81	Z: HCl
$CH_3COCH_3 \rightarrow CH_3CO + CH_3$		Fa	720...830	5...21 0,1...0,4(1)	$k(1)$		14,38	72	Toluol als Trägergas
$F_2C{-}CF_2 / F_2C{-}CF_2$ (Ring) $\rightarrow C_3F_6 + CF_2$		Sg	460...565	20...600	$k(1)$		17,2	87,0	Parallelreaktion
$C_6H_5Br \rightarrow C_6H_5 + Br$ Brombenzol		Fa	760...870	10...15 0,12...1,2(1)	$k(1)$		13,3	70,9	Toluol als Trägergas

$C_6H_5COCl \rightarrow C_6H_5CO + Cl$ Benzoylchlorid		*Fa*	700...810	7...21 0,03...0,3 (1)	*k* (1)		15,38	73,6	Toluol als Trägergas
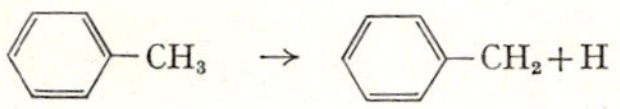		*Fta*	680...850	2...15	*k* (1)		12,3	77,5	
C_7H_9N $C_6H_5CH_2NH_2 \rightarrow C_6H_5CH_2 + NH_2$ Benzylamin		*Fa*	650...800	7...16	*k* (1)		12,78	59	Toluol als Trägergas
$C_8H_{10} \rightarrow$ 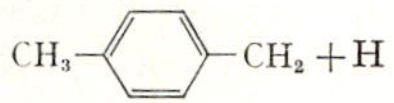		*Fa, m*	935...1180	—	*k* (1)		14,38	78	
$C_6H_5CH_2COOH \rightarrow C_6H_5CH_2 + COOH$ Phenylessigsäure		*Fa*	590...720	5...12	*k* (1)		12,90	55,0	Toluol als Trägergas
$C_{10}H_{14}$ 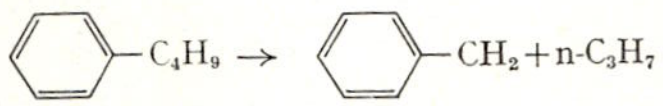		*Ftg*	590...735	9...14	*k* (1)		14,5	67,2	Anilin als Trägergas
$Ga(CH_3)_3 \rightarrow Ga(CH_3)_2 + CH_3$		*Fg*	460...370	13	*k* (1)		15,54	59,5	Toluol als Trägergas
$H_2 + M \rightarrow 2H + M$	Xe H_2 H	*W*	2900...4600 2900...4600 2900...4600	370...470	*k* (1) (2)		$14{,}25 - \frac{1}{2} \lg T$ $17{,}25 - \frac{3}{2} \lg T$ $15{,}08 - \frac{1}{2} \lg T$	103,2* 103,2* 103,2*	*Z*: Xe *Z*: Xe *Z*: Xe Dichtemessung mit Röntgen-Strahlen

* Dissoziationsenergie bei 0° K.

Reaktion	M	Methode	Temperatur °C	Druck Torr	$d\xi/dt$	log k	log H	E	Bemerkung
$J_2+M \rightarrow 2J+M$	Ar	$K(W, R)$	20...1300		$k(1)(2)$		$17{,}5-1{,}8 \lg T$	35,54	
$NO_2+M \rightarrow NO+O+M$	Ar	Wl	1100...2000	500...3000	$k(1)(2)$		13,18	65,4	
$N_2O_5+M \rightarrow NO_3+NO_2+M$	$NO+N_2O_5$	Sl	27...71	—	$k(1)(2)$		16,11	19,27	k extrapoliert auf $p=0$
$O_2+M \rightarrow 2O+M$	Ar	Wl	5000...11000	—	$k(1)(2)$		11,46	118*	
$O_3+M \rightarrow O_2+O+M$	O_3	SpK	70...110	15...600	$k(1)(2)$		12,66	24	
$N_2H_4 \rightarrow 2NH_2$		Fa	630...780	—	$k(1)$		12,6	60	Toluol als Trägergas
$NO_2+M \rightarrow NO+O+M$	Ar	Wl	1100...2000	500...3000	$k(1)(2)$		13,18	65,4	
$NOCl+M \rightarrow NO+Cl+M$	CO_2	Sp	250...300	8...50(1)	$k(1)(2)$		14,3	37	
$N_2O+M \rightarrow N_2+O+M$	Ar (97...99,5 %)	Wl	1200...2200	$1{,}5\cdot10^3$...$2\cdot10^4$	$k(1)(2)$		12,0	61	
$H_2O_2+M \rightarrow 2OH+M$	N_2	F	440...560	12...760	$k(1)(2)$		14,15	46,3	
$ZnCH_3+M \rightarrow Zn+CH_3+M$	Toluol usw.	Fa	570...830	16	$k(1)(2)$		16,36	35	Toluol als Trägergas

* Dissoziationsenergie bei 0° K.

7722. Anlagerungsreaktionen

Reaktion	M	Methode	Temperatur °C	Druck Torr	$d\xi/dt$	log k	log H	E	Bemerkung
$2\,Br + M \rightarrow Br_2 + M$	He	Φl	25	30...700	$k(1)^2(2)$	9,13			Meth. Photo-
	Ar			0,2 ...0,9 (3)		9,34			stationärer
	O_2					9,84			Zustand
$2\,CF_3 \rightarrow C_2F_6$		Ds	127	40	$k(1)$	10,37			Φ CF_3COCF_3
$2\,CH_3 \rightarrow C_2H_6$		Φs	135	30 (Aceton)	$k(1)^2$	10,52			Φ Aceton (< 10 Torr) k druckabhängig
$2\,C^2H_3 \rightarrow C_2{}^2H_6$		Φs	165	30	$k(1)^2$	10,58			Φ $C^2H_3COC^2H_3$
$CH_3 + C_2H_4 \rightarrow C_3H_7$		Φam	145...285	—	$k(1)(2)$		8,4	7,0	Φ Aceton*
$CH_3 + C_2H_5 \rightarrow C_3H_8$		Φg	100	—	$k(1)(2)$	10,62			
$CO + O \rightarrow CO_2$		Ge	65...260	0,2...1,4	$k(1)(2)$		7,0	4,0	
$C_2H_2 + H \rightarrow C_2H_3$		Fk	2...100	3,5...4 (H_2) 0,0016...0,007 (2)	$k(1)(2)$	8,0	1,5		
$C_2H_5 + O_2 \rightarrow C_2H_5O_2$		Be	22	4,3...103	$k(1)(2)$	9,65			Φ Azoäthan
$2\,C_2H_5 \rightarrow C_4H_{10}$		Φs	50	46	$k(1)^2$	10,18			Φ Diäthylketon
			100	36	$k(1)$	10,3			
			150	8	$k(1)$	10,62			
$2\,Cl + M \rightarrow Cl_2 + M$	Cl_2	Gk	40	0,4...1,6	$k(1)^2(2)$	10,46			
	He					9,48			
$Cl + NO + M \rightarrow NOCl + M$	Cl_2	Sp	197,5	—	$k(1)(2)(3)$	10,20			
	NO_2	Sp	197,5	—	$k(1)(2)(3)$	9,57			

* Auswertung unter Benutzung von $k = 10^{10,5}\,l\,Mol^{-1}s^{-1}$ für $2\,CH_3 \rightarrow C_2H_6$ bzw. $2\,C^2H_3 \rightarrow C_2{}^2H_6$.

Reaktion	M	Methode	Temperatur °C	Druck Torr	$d\xi/dt$	log k	log H	E	Bemerkung
$2H+M \rightarrow H_2+M$	H_2	Ge	20	0,35…0,7	$k(1)(2)$	10,04			
	H_2	RW	2500…4800	100…700	$k(1)^2(2)$		$12,48-\lg T$	0	
	Xe	RW	2500…4800	100…700	$k(1)^2(2)$		$12,18-\lg T$	0	
	Ar	RW	2700…5050	—	$k(1)^2(2)$		$11,87-\lg T$	0	
$2\,{}^2H+M \rightarrow {}^2H_2+M$	Ar	RW	2700…4000	150…700	$k(1)^2(2)$		$11,85-\lg T$	0	
	${}^2H_2$						$12,0-\lg T$		
$H+OH+M \rightarrow H_2O+M$	H_2O	Ee	1380	760	$k(1)(2)(3)$	11,73			
$H+O_2+M \rightarrow HO_2+M$	H_2O	Ee	1380	760	$k(1)(2)(3)$	11,73			
$2J+M \rightarrow J_2+M$	He	Φl	25	—	$k(1)^2(2)$	9,50			Methode: Photo-stationärer Zustand
	O_2					10,15			
$2N+M \rightarrow N_2+M$	N_2	Gk	20	0,5…1	$k(1)^2(2)$	9,78			
	N_2	Ge	20	5		9,65			
			100	5		9,72			
			300	5		9,74			
$2NH_2 \rightarrow N_2H_4$	—	Ge	20	0,4…0,85	$k(1)(2)$	9,37			
$O+N+M \rightarrow NO+M$	N_2	Ge	77	0,6…2,3	$k(1)(2)(3)$	9,52			
$O+NO+M \rightarrow NO_2+M$	N_2	Φa	20	760 $6\cdot10^{-5}…2,5\cdot10^{-3}$(4)	$k(1)(2)(3)$	10,25			
	CO_2	Ge	23	0,2…1,6		10,65			
$O+NO_2 \rightarrow NO_3+M$	N_2	Φa	20	760 $6\cdot10^{-5}…2,5\cdot10^{-3}$(2)	$k(1)(2)(3)$	11,0			Φ NO_2
$2O+M \rightarrow O_2+M$	O_2	Gl	27	0,3…1,3	$k(1)^2(2)$	9,00			
	He	Ge	20	6,3…7	$k(1)^2(2)$	8,51			
	CO_2			5,5…6,4		9,48			
$O+O_2+M \rightarrow O_3+M$	O_3	SpK	70…110	15…600 15…350(4)	$k(1)(2)(3)$		7,78	−0,6	
	O_2						7,42	−0,6	
	He						7,31	−0,6	

7723. Austauschreaktionen

$$\frac{d\xi}{dt} = k(1)(2) \qquad \text{(vgl. 77)}$$

Reaktion	Methode	Temperatur °C	Druck Torr	log *k*	log *H*	*E*	Bemerkung
$Br + HBr \rightarrow Br_2 + H$	*R*(*S*, *W*)	200...1200	—		$9{,}86 + \frac{1}{2}\lg T$	44	
$Br + BrCl \rightarrow Br_2 + Cl$	*Φl*	20	10...15 (Cl_2) 4...20 (Br_2)	3,53			
$Br + CH_4 \rightarrow HBr + CH_3$	*Φl*	150...230	210...640 (2) 16...53 (Br_2)		} 9,17	17,8	
	Sl	300					
Br + [illegible] → $HBr + C_2H_5$	*Φg*	58...200	100...250		10,90	13,4	Gemessen als Parallelreaktion zu $Br + CH_3Br$
[illegible]	*Φl*	20...60	10...15 (Cl_2) 4...20 (Br_2)		9,65	6,9	
[illegible]	*Wl*	1030...1430			$9{,}55 + \frac{1}{2}\lg T$	18,3	
	K(*W*, *S*)	200...1430			$9{,}53 + \frac{1}{2}\lg T$	18,3	
[illegible]	*Wl*	1030...1430			$9{,}28 + \frac{1}{2}\lg T$	19,8	
	[illegible](*W*, *S*)	200...1430			$9{,}26 + \frac{1}{2}\lg T$	19,7	
[illegible]	[illegible]	250	65...120		8,7	10,3	*Φ* CF_3COCF_3
[illegible]	[illegible]		≈50		11,84	9,5	F *Φ*$_3$C $COCF_3$

[redacted]	Methode	Temperatur °C	Druck Torr	log k	log H	E	Bemerkung
[redacted]O → $CH_4 + HCO$	Φl	360...460	1...30 (2) 50...58 (Azomethan)		8,1	6,2	* Φ Azomethan
	Φgm	120...150			8,3	6,6	* Φ Di-tert.-butyl-peroxid
$CH_3 + CH_3Cl \rightarrow CH_4 + CH_2Cl$	Φa	130...210	100 (Aceton) 100 (2)		8,6	9,5	* Φ Aceton
$CH_3 + C^2H_4 \rightarrow CH_3{}^2H + C^2H_3$	Φm	150...430	20...40 (Aceton) 25...90 (2)		8,2	13	* Φ Aceton
$C^2H_3 + {}^{14}C^2H_4 \rightarrow C^2H_4 + {}^{14}C^2H_3$	Φr	200...350	65...290 (2) ≈50 ($C^2H_3COC^2H_3$)		9,61	17,8	Φ $C^2H_3COC^2H_3$
$CH_3 + CH_3NH_2 \rightarrow CH_4 + CH_3NH$	Smg	120...175	30...50		6,63	5,7	*
$CH_3 + CH_3N^2H_2 \rightarrow CH_3{}^2H + CH_3N^2H$	Smg	120...175	30...50		6,69	7,0	*
$CH_3 + CH_3N^2H_2 \rightarrow CH_4 + CH_2N^2H_2$	Smg	120...175	30...50		8,23	9,0	*
$C^2H_3 + CH_3NH_2 \rightarrow C^2H_3H$ + Radikal	Φa	180...340	—		8,05	8	* Φ $C^2H_3COC^2H_3$
$CH_3 + C_2H_6 \rightarrow CH_4 + C_2H_5$	Φa	115...295	40...60 (Aceton) 40...60 (2)		8,3	10,5	Φ Aceton*
$C^2H_3 + C_2H_6 \rightarrow C^2H_3H + C_2H_5$	Φm	280...420	—		$7,63 + \frac{1}{2} \lg T$	11,5	Φ $C^2H_3COC^2H_3$
$C^2H_3 + CH_3C^2H_3 \rightarrow C^2H_4 + CH_3C^2H_2$	Φm	280...420	—		$7,48 + \frac{1}{2} \lg T$	13,5	Φ $C^2H_3COC^2H_3$
$C^2H_3 + C_2{}^2H_6 \rightarrow C^2H_4 + C_2{}^2H_5$	Φm	280...420	—		$7,63 + \frac{1}{2} \lg T$	13,0	Φ $C^2H_3COC^2H_3$
$C^2H_3 + C_2H_5OH \rightarrow C^2H_3H$ + Radikal	Φa	190...340	—		8,55	9	Φ $C^2H_3COC^2H_3$

$C^2H_3+CH_3NHCH_3 \rightarrow C^2H_3H+$Radikal	Φa	180...340	—		8,2	7	Φ $C^2H_3COC^2H_3$
$CH_3+C_2H_5CHO \rightarrow CH_4+C_2H_5CO$	Sa	120...160	8...140 (2) 14...16 (Peroxid)		9,0	7,5	CH_3 aus Di-tert.-butylperoxid
$CH_3+C_7H_8$ (Toluol)$\rightarrow CH_4+$Benzyl	Φt	50...250	≈40 13...18 (2)		8,0	8	*
	Fa	400...600	≈16 (2)		10,0	13	*
$CH_3+o\text{-}C_8H_{10}$(o-Xylol)$\rightarrow CH_4+$Radikal	Φta	100...200	70...100		8,2	7,8	*
$CH_3+m\text{-}C_8H_{10}$(m-Xylol)$\rightarrow CH_4+$Radikal	Φta	100...200	≈100		8,5	8,5	*
$CH_3+p\text{-}C_8H_{10}$(p-Xylol)$\rightarrow CH_4+$Radikal	Φta	100...200	≈100		7,9	7,4	*
$CH_3+H_2 \rightarrow CH_4+H$	Φm	130...290	150...300		8,5	10	* Φ Aceton
$C^2H_3+H_2 \rightarrow C^2H_3H+H$	Φm	130...290	150...300		9,04	11	*
$C^2H_3+{}^2H_2 \rightarrow C^2H_4+{}^2H$	Φm	130...290	55...300		8,56	11	*
$CH_3+{}^2H_2 \rightarrow CH_3{}^2H+{}^2H$	Φm	130...290	150...300		9	12	* Φ Aceton
$CH_3+HJ \rightarrow CH_4+J$	Sl	260...320	10...150		9,5	2,3	
$CH_3+J_2 \rightarrow CH_3J+J$	Sl	260...320	10...150		10,0	1,5	
$CH_3+NH_3 \rightarrow CH_4+NH_2$	Φm	125...175	—		7,88	9,8	* Φ Azomethan
$CH_3+N^2H_3 \rightarrow CH_3{}^2H+N^2H_2$	Φm	110...180	—		8,08	10,9	* Φ Azomethan
$C^2H_3+NH_3 \rightarrow C^2H_3H+NH_2$	Φa	180...340	—		7,85	10	* Φ $C^2H_3COC^2H_3$
$COCl+Cl_2 \rightarrow COCl_2+Cl$	Φsl	25...55	50...350 (2) 100...500 (CO)		9,40	2,96	
$COCl+NOCl \rightarrow COCl_2+NO$ (oder $\rightarrow Cl_2+CO+NO$)	Φsl	25...55	0,0028 (2) 300 (Cl_2) 100...300 (CO)		10,68	1,14	

* Auswertung unter Benutzung von $k=10^{10,5}$ $l\,Mol^{-1}s^{-1}$ für $2\,CH_3 \rightarrow C_2H_6$ bzw. $2\,CD_3 \rightarrow C_2D_6$.

Reaktion	Methode	Temperatur °C	Druck Torr	log *k*	log *H*	*E*	Bemerkung
$C_2H_3Cl_2+Cl_2 \rightarrow C_2H_3Cl_3+Cl$	*Φsl*	25...55	50 (2) 2...150 (CH_3Cl)		8,75	0,92	
$C_2H_5+C_2H_5 \rightarrow C_2H_6+C_2H_4$	*Φsl*, *K*	150	0...80		9,8		
$C_2H_5+HJ \rightarrow C_2H_6+J$	*Sg*	263...303	13...57		8,92	1,1	
$C_2H_5+N_2O \rightarrow C_2H_5O+N_2$	*Sa*, *K*	553...588	≈200		11,75	22,5	
$Cl+Br_2 \rightarrow BrCl+Br$	*Φl*	20	10...15 (Cl_2) 4...20 (Br_2)	8,36			
$Cl+BrCl \rightarrow Cl_2+Br$	*Φl*	20...60	10...15 (Cl_2) 4...20 (Br_2)		9,3	1,1	
$Cl+CHCl_3 \rightarrow HCl+CCl_3$	*Φg*	0...300	1...5 (Cl_2)		9,84	3,35	N_2-Überschuß
$Cl+CH_2Cl_2 \rightarrow HCl+CHCl_2$	*Φg*	0...300	1...5 (Cl_2)		10,43	3,0	N_2-Überschuß
$Cl+CH_3Cl \rightarrow HCl+CH_2Cl$	*Φg*	0...300	1...5 (Cl_2)		10,53	3,3	
$Cl+CH_4 \rightarrow HCl+CH_3$	*Φg*	−80...300	500 0,25...2,5 (2) 0,025...0,25 (Cl_2)	10,38	3,85		
$Cl+H_2 \rightarrow HCl+H$	*K*	20...900	—		10,9	5,5	
$H+Br_2 \rightarrow HBr+Br$	*K*(*S*, *W*)	170...1400			$10{,}02+\frac{1}{2}\lg T$	1,5	
$H+CH_4 \rightarrow H_2+CH_3$	*F* *E*	99...163 930...1530	≈300 30...140		7,01 11,30	4,5 11,5	*E* wahrscheinlich zu niedrig
$H+CO_2 \rightarrow CO+OH$	*Em*	930...1080			12,48	33,3	
$H+C_2H_6 \rightarrow H_2+C_2H_5$	*K*(*G*, *E*)	80...1200	—		11,117	9,71	
$H+ClH \rightarrow H_2+Cl$	*R*	20...800			10,67	4,5	

$H+Cl_2 \to HCl+Cl$	*K*	30...200			11,3	2,0	Gemessen als Parallelreaktion zu $H+HCl=H_2+Cl$
	K	0...65			11,5	3,0	
$H+H_2 \to H_2+H$	*G λ*	10...100	0,56		10,4	7,25	
$p\text{-}H_2 \to o\text{-}H_2$	*S λ*	580...730	3...74			5,5	
$H+H^2H \to H_2+{}^2H$	*S λ, K*	450...600	100...400		10,4	7,1	
		580...730	3...30				
${}^2H+H_2 \to H^2H+H$	*S λ, K*	450...600	100...400		10,6	6,2	
		580...730	3...30				
${}^2H+H^2H \to {}^2H_2+H$	*S λ, K*	450...600	100...400		10,3	6,5	
		580...730	3...30				
$H+{}^2H_2 \to H^2H+{}^2H$	*S λ*	580...730	3...30		10,8	6,6	
${}^2H+{}^2H_2 \to {}^2H_2+{}^2H$	*S λ*	630...710	8...29		10,4	6,0	
$o\text{-}{}^2H_2 \to p\text{-}{}^2H_2$							
$H+H_2O \to H_2+OH$	*E m*	987...1507	60...410		12,0	25,5	
$H+N_2O \to N_2+OH$	*E m*	990...1510	60...410		11,60	16,3	
$H+NO_2 \to OH+NO$	*G m*	25	0,4	10,46			Überschuß von Ar bzw. He
			$\approx 10^{-3}$ (1)				
			$1...25 \cdot 10^{-3}$ (2)				
$H+O_2 \to OH+O$	*K(W, E)*	520...1372			11,48	17,5	
	E m	987...1507	60...410		11,75	18	
$H+O_3 \to OH+O_2$	*G m*	25	0,4...0,5	10,20			
$N+NO \to N_2+O$	*E m*	1910...2130	—		10,48	7,0	
	G m	25	0,02...0,06	10,1			
$N+O_2 \to NO+O$	*G m*	120...140	2		9,4	6,2	
	G e	140...480	1,5...6,5		9,92	7,1	

Reaktion	Methode	Temperatur °C	Druck Torr	log *k*	log *H*	*E*	Bemerkung
$N+O_3 \rightarrow NO+O_2$	*Gm*	20	0,2...0,7	8,5			
$NH_2+NH_2 \rightarrow NH_3+NH$	*Wm*	1727	30...190	10,40			Ar-Überschuß
$O+H_2 \rightarrow OH+H$	*G*	136...460	2		$8{,}56+\frac{1}{2}\lg T$	8,9	
	E	560...660	25...90		10,96	12,1	Aus der unteren Explosionsgrenze von H_2/O_2
$O+OH \rightarrow H+O_2$	*GF*	20	0,5...4	9,8...10,1			He Trägergas
$O+N_2 \rightarrow NO+N$	*Wl*	4000...6000	10...1000		10,85	75,5	
$O+NO \rightarrow O_2+N$	*Sl, K*	900...1250	50...500		10,15	41,7	
	Wl, K	200...4700	10...1000		$6{,}50+\lg T$	39,1	
$O+N_2O \rightarrow 2NO$	*E*	1200...1700	60...100		11,3	28	
$O+NO_2 \rightarrow NO+O_2$	*Φa*	20	760	9,32			
			$6\cdot10^{-5}...2{,}5\cdot10^{-3}$ (2)				
$O+O_3 \rightarrow 2O_2$	*Sl*	70...100	5...170 (1) 0...240 (2)		9,36	5,0	
	Fa	100...150	760				
$O_3+NO_2 \rightarrow NO_3+O_2$	*Sl*	13...29	3...35		9,77	7,0	
$OH+CH_4 \rightarrow CH_3+H_2O$	*E*	930...1530	30...140		11,54	9	
$OH+CO \rightarrow CO_2+H$	*Em*	1030...1680	30...140		10,36	10,3	*E* noch sehr unsicher
$OH+H_2 \rightarrow H+H_2O$	*Em*	990...1510	60...410		11,4	10	
$OH+OH \rightarrow H_2O+O$	*G*	20	0,5...4	9,18			

7724. Sonstige Reaktionen

Reaktion	Methode	Temperatur °C	Druck Torr	$-d\xi/dt$	log k	log H	E	Bemerkung
$H + N + M \rightarrow NH_3, N_2, H_2 + M$	*Ga*	25	2,5...4,5	$k(1)(2)(3)$	8,69			$M = N, N_2, H, H_2$
$N_2O + Br \rightarrow N_2 + \frac{1}{2}O_2 + Br$	*Sp*	600...700	20...40	$k(1)(2)$		11,3	37	
$N_2O + Cl \rightarrow N_2 + \frac{1}{2}O_2 + Cl$	*Sp*	650...760	20...40	$k(1)(2)$		11,11	33,5	
$O + CCl_4 \rightarrow \cdots$	*Fl*	4...100	2...4	$k(1)(2)$		7,30	4,5	
$O + CH_3 \rightarrow CO + \cdots$	*E*	940...1630	40...80	$k(1)(2)$	10,28			
$O + CH_3OH \rightarrow \cdots$	*G*	75...230	2...14	$k(1)(2)$		8,71	3,1	
$O + C_2H_4 \rightarrow \cdots$	*Ggm*	−50...340	1,5...2,4	$k(1)(2)$		9,92	1,6	
$O + NH_3 \rightarrow \cdots$	*G*	75...185	4...16	$k(1)(2)$		6,95	0	

773. Reaktionen mit Ionen

Reaktion	Methode	Druck Torr	E_{max} (eV)	$\pi\sigma^2$ (Å²)	log k	Bemerkung
$Ar^+ + CH_4 \rightarrow ArH^+ + CH_3$	*Mi*	$4{,}5 \cdot 10^{-2}$	2,5		8,68	
$Ar^+ + H_2 \rightarrow ArH^+ + H$	*Mi*	$10^{-5}...10^{-4}$	0,7	182		
			2,8	100		
			11,1	58		
		$4 \cdot 10^{-5}...2 \cdot 10^{-4}$	0,75	150	11,98	

Reaktion	Methode	Druck Torr	E_{max} (eV)	$\pi\sigma^2$ (Å²)	log k	Bemerkung
$Ar^+ + H^2H \rightarrow ArH^+ + {}^2H$	Mi	$10^{-5}...10^{-4}$	0,7	143		
			2,8	71		
			11,1	31		
$Ar^+ + H^2H \rightarrow Ar^2H^+ + H$	Mi	$10^{-5}...10^{-4}$	0,7	168		
			2,8	84		
			11,1	37		
$CH_3^+ + CH_4 \rightarrow C_2H_5^+ + H_2$	M	$10^{-5}...10^{-4}$	0,3	165		
	Mi	$10^{-4}...10^{-2}$	$\approx 0,5$	58	11,70	
			≈ 5	8,4	11,31	
$CH_4^+ + HCl \rightarrow CH_5^+ + Cl$	Mi	$10^{-4}...10^{-2}$	$\approx 0,5$	33	11,44	
$CH_4^+ + {}^2H_2 \rightarrow CH_3{}^2H + H^2H$	M	$\leqq 0,3$	2,5		9,76	
$CO^+ + {}^2H_2 \rightarrow C^2HO^+ + {}^2H$	M		≈ 1		11,95	
$C_2^+ + C_2H_2 \rightarrow C_4H^+ + H$	Mi	$10^{-4}...10^{-2}$	$\approx 0,5$	68	11,71	
			≈ 5	18	11,52	
$C_2^+ + C_2H_4 \rightarrow C_4H_2^+ + H_2$	Mi	$10^{-4}...10^{-2}$	$\approx 0,5$	89	11,78	
			≈ 5	18	11,54	
$C_2H^+ + C_2H_4 \rightarrow C_4H_3^+ + H_2$	Mi	$10^{-4}...10^{-2}$	$\approx 0,5$	34	11,36	
			≈ 5	5,1	10,98	
$H_2^+ + H_2 \rightarrow H_3^+ + H$	M	$4 \cdot 10^{-5}...2 \cdot 10^{-4}$	0,75	60	12,24	
${}^2H_2^+ + {}^2H_2 \rightarrow {}^2H_3^+ + {}^2H$	M	$10^{-5}...10^{-4}$	0,7	50		
			2,8	23		
	M		0,66		11,94	
			1,64		11,92	
			6,6		11,84	

Anhang

Die Größe der elektrischen Einheiten wurde 1948 neu festgesetzt. Die vor 1948 gebräuchlichen Einheiten waren international vereinbart (sie tragen daher den Index „int") und wurden durch Normalwiderstände und das Normalelement[1] verkörpert. Die Größe dieser Einheiten ergab für die Energieeinheit Joule eine von der in der Mechanik gebräuchlichen (Erg im CGS-System, Joule im MKS-System) abweichende Größe. 1948 wurden die elektrischen Einheiten an die mechanischen angeschlossen und im Gegensatz zu den internationalen Einheiten als absolute Einheiten bezeichnet. Der Zusatz „absolut" zur Einheit ist mittlerweile fortgefallen. Für die Angaben in älteren Arbeiten, in denen mit Volt_{int} usw. gerechnet wird, benötigt man folgende Umrechnungsfaktoren:

$$\begin{aligned}
1\ \text{A}_{\text{int}} &= 0{,}99985\ \text{A}\\
1\ \text{V}_{\text{int}} &= 1{,}00034\ \text{V},\\
1\ \Omega_{\text{int}} &= 1{,}00049\ \Omega,\\
1\ \text{C}_{\text{int}} &= 0{,}99985\ \text{C},\\
1\ \text{W}_{\text{int}} &= 1{,}00019\ \text{W},\\
1\ \text{S}_{\text{int}} &= 0{,}99951\ \text{S},\\
1\ \text{F}_{\text{int}} &= 0{,}99951\ \text{F},\\
1\ \text{Wb}_{\text{int}} &= 1{,}00034\ \text{Wb},\\
1\ \text{H}_{\text{int}} &= 1{,}00049\ \text{H},\\
1\ \text{J}_{\text{int}} &= 1{,}00019\ \text{J}.
\end{aligned}$$

[1] Weston Normalelement, dessen EMK bei 20° C zu $U\,(\text{NE})_{20^\circ\text{C}} = 1{,}01830\ \text{Volt}_{\text{int}}$.

Sachverzeichnis